Beilsteins Handbuch der Organischen Chemie

Beilsteins Handbuch der Organischen Chemie

Vierte Auflage

Drittes und Viertes Ergänzungswerk
Die Literatur von 1930 bis 1959 umfassend

Herausgegeben vom
Beilstein-Institut für Literatur der Organischen Chemie
Frankfurt am Main

Bearbeitet von

Hans-G. Boit

Unter Mitwirkung von

Oskar Weissbach

Erich Bayer · Marie-Elisabeth Fernholz · Volker Guth · Hans Härter
Irmgard Hagel · Ursula Jacobshagen · Rotraud Kayser · Maria Kobel
Klaus Koulen · Bruno Langhammer · Dieter Liebegott · Richard Meister
Annerose Naumann · Wilma Nickel · Burkhard Polenski · Annemarie Reichard
Eleonore Schieber · Eberhard Schwarz · Ilse Sölken · Achim Trede · Paul Vincke

Achtzehnter Band

Erster Teil

Springer-Verlag Berlin · Heidelberg · New York   1975

ISBN 3-540-07522-4 Springer-Verlag, Berlin·Heidelberg·New York
ISBN 0-387-07522-4 Springer-Verlag, New York·Heidelberg·Berlin

Die Wiedergabe von Gebrauchsnamen, Handelsnamen, Warenbezeichnungen usw. im Beilstein-Handbuch berechtigt auch ohne besondere Kennzeichnung nicht zu der Annahme, dass solche Namen im Sinn der Warenzeichen- und Markenschutz-Gesetzgebung als frei zu betrachten wären und daher von jedermann benutzt werden dürften.

Das Werk ist urheberrechtlich geschützt. Die dadurch begründeten Rechte, insbesondere die der Übersetzung, des Nachdruckes, der Entnahme von Abbildungen, der Funksendung, der Wiedergabe auf photomechanischem oder ähnlichem Wege und der Speicherung in Datenverarbeitungsanlagen bleiben, auch bei nur auszugsweiser Verwertung, vorbehalten.

© by Springer-Verlag, Berlin · Heidelberg 1975
Library of Congress Catalog Card Number: 22—79
Printed in Germany

Satz, Druck und Bindearbeiten: Universitätsdruckerei H. Stürtz AG Würzburg

Mitarbeiter der Redaktion

Drittes und viertes Ergänzungswerk, 18. Band

1. Teil

Elise Blazek
Kurt Bohg
Kurt Bohle
Reinhard Bollwan
...
Ingeborg Mischon
Klaus-Diether Möhle
Gerhard Mühle
...
Walter Eggersglüss
Irene Eigen
Adolf Fahrmeir
Hellmut Fiedler
Franz Heinz Flock
Manfred Frodl
Ingeborg Geibler
Friedo Giese
Libuse Goebels
Gerhard Grimm
Karl Grimm
Friedhelm Gundlach
Alfred Haltmeier
Franz-Josef Heinen
Erika Henseleit
Karl-Heinz Herbst
Ruth Hintz-Kowalski
Guido Höffer
Eva Hoffmann
Werner Hoffmann
Gerhard Hofmann
Günter Imsieke
Gerhard Jooss
Klaus Kinsky
Heinz Klute
Ernst Heinrich Koetter
Irene Kowol
Gisela Lange

Hans Richter
Helmut Rockelmann
Lutz Rogge
Günter Roth
Liselotte Sauer
Siegfried Schenk
Max Schick
Gundula Schindler
Joachim Schmidt
Gerhard Schmitt
Thilo Schmitt
Peter Schomann
Wolfgang Schütt
Wolfgang Schurek
Wolfgang Staehle
Wolfgang Stender
Karl-Heinz Störr
Josef Sunkel
Hans Tarrach
Elisabeth Tauchert
Otto Unger
Mathilde Urban
Rüdiger Walentowski
Hartmut Wehrt
Hedi Weissmann
Frank Wente
Ulrich Winckler
Renate Wittrock

Drittes und viertes Ergänzungswerk, 18. Band

1. Teil

Seite 205, Zeile 2 v. u. An Stelle von „C. A. **1959** 19998" ist zu setzen „C. A. **1959** 19988".

Drittes und viertes Ergänzungswerk, 18. Band

1. Teil

Seite 460, Textzeile 4 v. o.: Vor „Ežegodnik" ist einzufügen „Naučn.".

Seite 483, Zeile 5 v. o.: Anstelle von „3β-Acetoxy-5α-ergosta-9(11),22t-dien-7-on" ist zu setzen „3β-Acetoxy-5α,8α-ergosta-9(11),22t-dien-7-on".

Inhalt

Abkürzungen VIII
Stereochemische Bezeichnungsweisen X
Transliteration von russischen Autorennamen XX
Verzeichnis der Kürzungen für die Literaturquellen XXI

Dritte Abteilung

Heterocyclische Verbindungen
(Fortsetzung)

1. Verbindungen mit einem Chalkogen-Ringatom

III. Oxo-Verbindungen

G. Hydroxy-oxo-Verbindungen

1. Hydroxy-oxo-Verbindungen mit drei Sauerstoffatomen

1. Hydroxy-oxo-Verbindungen $C_nH_{2n-2}O_3$ 3
2. Hydroxy-oxo-Verbindungen $C_nH_{2n-4}O_3$ 48
3. Hydroxy-oxo-Verbindungen $C_nH_{2n-6}O_3$ 81
4. Hydroxy-oxo-Verbindungen $C_nH_{2n-8}O_3$ 138
5. Hydroxy-oxo-Verbindungen $C_nH_{2n-10}O_3$ 154
6. Hydroxy-oxo-Verbindungen $C_nH_{2n-12}O_3$ 282
7. Hydroxy-oxo-Verbindungen $C_nH_{2n-14}O_3$ 490
8. Hydroxy-oxo-Verbindungen $C_nH_{2n-16}O_3$ 569
9. Hydroxy-oxo-Verbindungen $C_nH_{2n-18}O_3$ 598
10. Hydroxy-oxo-Verbindungen $C_nH_{2n-20}O_3$ 685
11. Hydroxy-oxo-Verbindungen $C_nH_{2n-22}O_3$ 788
12. Hydroxy-oxo-Verbindungen $C_nH_{2n-24}O_3$ 811
13. Hydroxy-oxo-Verbindungen $C_nH_{2n-26}O_3$ 820
14. Hydroxy-oxo-Verbindungen $C_nH_{2n-28}O_3$ 841
15. Hydroxy-oxo-Verbindungen $C_nH_{2n-30}O_3$, $C_nH_{2n-32}O_3$ usw. 852

Sachregister 872
Formelregister 996

Abkürzungen und Symbole
für physikalische Grössen und Einheiten[1])

Å	Ångström-Einheiten (10^{-10} m)
at	technische Atmosphäre(n) (98066,5 N·m^{-2} = 0,980665 bar = 735,559 Torr)
atm	physikalische Atmosphäre(n) (101325 N·m^{-2} = 1,01325 bar = 760 Torr)
C_p (C_p^0)	Wärmekapazität (des idealen Gases) bei konstantem Druck
C_v (C_v^0)	Wärmekapazität (des idealen Gases) bei konstantem Volumen
d	Tag(e)
D	1) Debye (10^{-18} esE·cm)
	2) Dichte (z. B. D_4^{20}: Dichte bei 20°, bezogen auf Wasser von 4°)
D (R—X)	Energie der Dissoziation der Verbindung RX in die freien Radikale R· und X·
E	Erstarrungspunkt
EPR	Elektronen-paramagnetische Resonanz (= Elektronenspin-Resonanz)
F	Schmelzpunkt
h	Stunde(n)
K	Grad Kelvin
Kp	Siedepunkt
$[M]_\lambda^t$	molares optisches Drehungsvermögen für Licht der Wellenlänge λ bei der Temperatur t
min	Minute(n)
n	1) bei Dimensionen von Elementarzellen: Anzahl der Moleküle pro Elementarzelle
	2) Brechungsindex (z. B. $n_{656,1}^{15}$: Brechungsindex für Licht der Wellenlänge 656,1 nm bei 15°)
nm	Nanometer (= mμ = 10^{-9} m)
pK	negativer dekadischer Logarithmus der Dissoziationskonstante
s	Sekunde(n)
Torr	Torr (= mm Quecksilber)
α	optisches Drehungsvermögen (z. B. α_D^{20}: ... [unverd.; $l = 1$]: Drehungsvermögen der unverdünnten Flüssigkeit für Licht der Natrium-D-Linie bei 20° und 1 dm Rohrlänge)
$[\alpha]$	spezifisches optisches Drehungsvermögen (z. B. $[\alpha]_{546}^{23}$: ... [Butanon; c = 1,2]: spezifisches Drehungsvermögen einer Lösung in Butanon, die 1,2 g der Substanz in 100 ml Lösung enthält, für Licht der Wellenlänge 546 nm bei 23°)
ε	1) Dielektrizitätskonstante
	2) Molarer dekadischer Extinktionskoeffizient
μ	Mikron (10^{-6} m)
°	Grad Celcius oder Grad (Drehungswinkel)

---

[1]) Bezüglich weiterer, hier nicht aufgeführter Symbole und Abkürzungen für physikalisch chemische Grössen und Einheiten s. International Union of Pure and Applied Chemistry Manual of Symbols and Terminology for Physicochemical Quantities and Units (1969) [London 1970]; s. a. Symbole, Einheiten und Nomenklatur in der Physik (Vieweg-Verlag, Braunschweig).

Weitere Abkürzungen

A.	Äthanol	Py.	Pyridin
Acn.	Aceton	*RRI*	The Ring Index [2. Aufl. 1960]
Ae.	Diäthyläther	*RIS*	The Ring Index [2. Aufl. 1960] Supplement
alkal.	alkalisch		
Anm.	Anmerkung	S.	Seite
B.	Bildungsweise(n), Bildung	s.	siehe
Bd.	Band	s. a.	siehe auch
Bzl.	Benzol	s. o.	siehe oben
Bzn.	Benzin	sog.	sogenannt
bzw.	beziehungsweise	Spl.	Supplement
Diss.	Dissertation	stdg.	stündig
E	Ergänzungswerk des Beilstein-Handbuches	s. u.	siehe unten
		Syst. Nr.	System-Nummer (im Beilstein-Handbuch)
E.	Äthylacetat		
Eg.	Essigsäure (Eisessig)	Tl.	Teil
engl. Ausg.	englische Ausgabe	unkorr.	unkorrigiert
Gew.-%	Gewichtsprozent	unverd.	unverdünnt
H	Hauptwerk des Beilstein-Handbuches	verd.	verdünnt
		vgl.	vergleiche
konz.	konzentriert	W.	Wasser
korr.	korrigiert	wss.	wässrig
Me.	Methanol	z. B.	zum Beispiel
opt.-inakt.	optisch inaktiv	Zers.	Zersetzung
PAe.	Petroläther		

In den Seitenüberschriften sind die Seiten des Beilstein-Hauptwerks angegeben, zu denen der auf der betreffenden Seite des vorliegenden Ergänzungswerks befindliche Text gehört.

Die mit einem Stern (*) markierten Artikel betreffen Präparate, über deren Konfiguration und konfigurative Einheitlichkeit keine Angaben oder hinreichend zuverlässige Indizien vorliegen. Wenn mehrere Präparate in einem solchen Artikel beschrieben sind, ist deren Identität nicht gewährleistet.

Stereochemische Bezeichnungsweisen

Übersicht

Präfix	Definition in §	Symbol	Definition in §
allo	5c, 6c	c	4
altro	5c, 6c	c_F	7a
anti	9	D	6
arabino	5c	D_g	6b
cat$_F$	7a	D_r	7b
cis	2	D_s	6b
endo	8	(*E*)	3
ent	10d	L	6
erythro	5a	L_g	6b
exo	8	L_r	7b
galacto	5c, 6c	L_s	6b
gluco	5c, 6c	r	4c, d, e
glycero	6c	(*r*)	1a
gulo	5c, 6c	(*R*)	1a
ido	5c, 6c	(R_a)	1b
lyxo	5c	(R_p)	1b
manno	5c, 6c	(*s*)	1a
meso	5b	(*S*)	1a
rac	10d	(S_a)	1b
racem.	5b	(S_p)	1b
ribo	5c	t	4
syn	9	t_F	7a
talo	5c, 6c	(*Z*)	3
threo	5a	α	10a, c
trans	2	α_F	10b, c
xylo	5c	β	10a, c
		β_F	10b, c
		ξ	11a
		Ξ	11b
		(Ξ)	11b
		(Ξ_a)	11c
		(Ξ_p)	11c

§ 1. a) Die Symbole (*R*) und (*S*) bzw. (*r*) und (*s*) kennzeichnen die absolute Konfiguration an Chiralitätszentren (Asymmetriezentren) bzw. „Pseudoasymmetriezentren" gemäss der „Sequenzregel" und ihren Anwendungsvorschriften (*Cahn, Ingold, Prelog,* Experientia **12** [1956] 81; Ang. Ch. **78** [1966] 413, 419; Ang. Ch. internat. Ed. **5** [1966] 385, 390; *Cahn, Ingold,* Soc. **1951** 612; s. a. *Cahn,* J. chem. Educ. **41** [1964] 116, 508). Zur Kennzeichnung der Konfiguration von Racematen aus Verbindungen mit mehreren Chiralitätszentren dienen die Buchstabenpaare (*RS*) und (*SR*), wobei z. B. durch das Symbol (1*RS*:2*SR*) das aus dem (1*R*:2*S*)-Enantiomeren und dem (1*S*:2*R*)-Enantiomeren bestehende Racemat spezifiziert wird (vgl. *Cahn, Ingold, Prelog*, Ang. Ch. **78** 435; Ang. Ch. internat. Ed. **5** 404).

Beispiele:
(R)-Propan-1,2-diol [E IV **1** 2468]
(1R:2S:3S)-Pinanol-(3) [E III **6** 281]
(3aR:4S:8R:8aS:9s)-9-Hydroxy-2.2.4.8-tetramethyl-decahydro-4.8-methano-azulen [E III **6** 425]
(1RS:2SR)-1-Phenyl-butandiol-(1.2) [E III **6** 4663]

b) Die Symbole (R_a) und (S_a) bzw. (R_p) und (S_p) werden in Anlehnung an den Vorschlag von *Cahn, Ingold* und *Prelog* (Ang. Ch. **78** 437; Ang. Ch. internat. Ed. **5** 406) zur Kennzeichnung der Konfiguration von Elementen der axialen bzw. planaren Chiralität verwendet.

Beispiele:
(R_a)-1,11-Dimethyl-5,7-dihydro-dibenz[c, e]oxepin [E III/IV **17** 642]
(R_a:S_a)-3.3'.6'.3''-Tetrabrom-2'.5'-bis-[((1R)-menthyloxy)-acetoxy]-2.4.6.2''.4''.6''-hexamethyl-p-terphenyl [E III **6** 5820]
(R_p)-Cyclohexanhexol-(1r.2c.3t.4c.5t.6t) [E III **6** 6925]

§ 2. Die Präfixe *cis* und *trans* geben an, dass sich in (oder an) der Bezifferungseinheit[1]), deren Namen diese Präfixe vorangestellt sind, die beiden Bezugsliganden[2]) auf der gleichen Seite (*cis*) bzw. auf den entgegengesetzten Seiten (*trans*) der (durch die beiden doppelt-gebundenen Atome verlaufenden) Bezugsgeraden (bei Spezifizierung der Konfiguration an einer Doppelbindung) oder der (durch die Ringatome festgelegten) Bezugsfläche (bei Spezifizierung der Konfiguration an einem Ring oder einem Ringsystem) befinden. Bezugsliganden sind

1) bei Verbindungen mit konfigurativ relevanten Doppelbindungen die von Wasserstoff verschiedenen Liganden an den doppelt-gebundenen Atomen,

2) bei Verbindungen mit konfigurativ relevanten angularen Ringatomen die exocyclischen Liganden an diesen Atomen,

3) bei Verbindungen mit konfigurativ relevanten peripheren Ringatomen die von Wasserstoff verschiedenen Liganden an diesen Atomen.

Beispiele:
β-Brom-*cis*-zimtsäure [E III **9** 2732]
trans-β-Nitro-4-methoxy-styrol [E III **6** 2388]
5-Oxo-*cis*-decahydro-azulen [E III **7** 360]
cis-Bicyclohexyl-carbonsäure-(4) [E III **9** 261]

§ 3. Die Symbole (**E**) und (**Z**) am Anfang des Namens (oder eines Namensteils) einer Verbindung kennzeichnen die Konfiguration an der (den) Doppelbindung(en), deren Stellungsbezeichnung bei Anwesenheit von

---

[1]) Eine Bezifferungseinheit ist ein durch die Wahl des Namens abgegrenztes cyclisches, acyclisches oder cyclisch-acyclisches Gerüst (von endständigen Heteroatomen oder Heteroatom-Gruppen befreites Molekül oder Molekül-Bruchstück), in dem jedes Atom eine andere Stellungsziffer erhält; z. B. liegt im Namen Stilben nur eine Bezifferungseinheit vor, während der Name 3-Phenyl-penten-(2) aus zwei, der Name [1-Äthyl-propenyl]-benzol aus drei Bezifferungseinheiten besteht.

[2]) Als „Ligand" wird hier ein einfach kovalent gebundenes Atom oder eine einfach kovalent gebundene Atomgruppe verstanden.

mehreren Doppelbindungen dem Symbol beigefügt ist. Sie zeigen an, dass sich die — jeweils mit Hilfe der Sequenzregel (s. § 1a) ausgewählten — Bezugsliganden[2]) der beiden doppelt gebundenen Atome auf den entgegengesetzten Seiten (*E*) bzw. auf der gleichen Seite (*Z*) der (durch die doppelt gebundenen Atome verlaufenden) Bezugsgeraden befinden.

Beispiele:
(*E*)-1,2,3-Trichlor-propen [E IV 1 748]
(*Z*)-1,3-Dichlor-but-2-en [E IV 1 786]

§ 4. a) Die Symbole *c* bzw. *t* hinter der Stellungsziffer einer C,C-Doppelbindung sowie die der Bezeichnung eines doppelt-gebundenen Radikals (z. B. der Endung „yliden") nachgestellten Symbole -(*c*) bzw. -(*t*) geben an, dass die jeweiligen „Bezugsliganden"[2]) an den beiden doppelt-gebundenen Kohlenstoff-Atomen cis-ständig (*c*) bzw. transständig (*t*) sind (vgl. § 2). Als Bezugsligand gilt auf jeder der beiden Seiten der Doppelbindung derjenige Ligand, der der gleichen Bezifferungseinheit[1]) angehört wie das mit ihm verknüpfte doppelt-gebundene Atom; gehören beide Liganden eines der doppelt-gebundenen Atome der gleichen Bezifferungseinheit an, so gilt der niedrigerbezifferte als Bezugsligand.

Beispiele:
3-Methyl-1-[2.2.6-trimethyl-cyclohexen-(6)-yl]-hexen-(2*t*)-ol-(4) [E III 6 426]
(1*S*:9*R*)-6.10.10-Trimethyl-2-methylen-bicyclo[7.2.0]undecen-(5*t*)
  [E III 5 1083]
5α-Ergostadien-(7.22*t*) [E III 5 1435]
5α-Pregnen-(17(20)*t*)-ol-(3β) [E III 6 2591]
(3*S*)-9.10-Seco-ergostatrien-(5*t*.7*c*.10(19))-ol-(3) [E III 6 2832]
1-[2-Cyclohexyliden-äthyliden-(*t*)]-cyclohexanon-(2) [E III 7 1231]

b) Die Symbole *c* bzw. *t* hinter der Stellungsziffer eines Substituenten an einem doppelt-gebundenen endständigen Kohlenstoff-Atom eines acyclischen Gerüstes (oder Teilgerüstes) geben an, dass dieser Substituent cis-ständig (*c*) bzw. trans-ständig (*t*) (vgl. § 2) zum „Bezugsliganden" ist. Als Bezugsligand gilt derjenige Ligand[2]) an der nichtendständigen Seite der Doppelbindung, der der gleichen Bezifferungseinheit angehört wie die doppelt-gebundenen Atome; liegt eine an der Doppelbindung verzweigte Bezifferungseinheit vor, so gilt der niedriger bezifferte Ligand des nicht-endständigen doppelt-gebundenen Atoms als Bezugsligand.

Beispiele:
1*c*.2-Diphenyl-propen-(1) [E III 5 1995]
1*t*.6*t*-Diphenyl-hexatrien-(1.3*t*.5) [E III 5 2243]

c) Die Symbole *c* bzw. *t* hinter der Stellungsziffer 2 eines Substituenten am Äthylen-System (Äthylen oder Vinyl) geben die cis-Stellung (*c*) bzw. die trans-Stellung (*t*) (vgl. § 2) dieses Substituenten zu dem durch das Symbol *r* gekennzeichneten Bezugsliganden an dem mit 1 bezifferten Kohlenstoff-Atom an.

Beispiele:
1.2*t*-Diphenyl-1*r*-[4-chlor-phenyl]-äthylen [E III 5 2399]
4-[2*t*-Nitro-vinyl-(*r*)]-benzoesäure-methylester [E III 9 2756]

d) Die mit der Stellungsziffer eines Substituenten oder den Stellungsziffern einer im Namen durch ein Präfix bezeichneten Brücke eines Ringsystems kombinierten Symbole c bzw. t geben an, dass sich der Substituent oder die mit dem Stamm-Ringsystem verknüpften Brückenatome auf der gleichen Seite (c) bzw. der entgegengesetzten Seite (t) der „Bezugsfläche" befinden wie der Bezugsligand [2]) (der auch aus einem Brückenzweig bestehen kann), der seinerseits durch Hinzufügen des Symbols r zu seiner Stellungsziffer kenntlich gemacht ist. Die „Bezugsfläche" ist durch die Atome desjenigen Ranges (oder Systems von ortho/peri-anellierten Ringen) bestimmt, in dem alle Liganden gebunden sind, deren Stellungsziffern die Symbole r, c oder t aufweisen. Bei einer aus mehreren isolierten Ringen oder Ringsystemen bestehenden Verbindung kann jeder Ring bzw. jedes Ringsystem als gesonderte Bezugsfläche für Konfigurationskennzeichen fungieren; die zusammengehörigen (d. h. auf die gleichen Bezugsflächen bezogenen) Sätze von Konfigurationssymbolen r, c und t sind dann im Namen der Verbindung durch Klammerung voneinander getrennt oder durch Strichelung unterschieden (s. Beispiele 3 und 4 unter Abschnitt e).

Beispiele:
1r.2t.3c.4t-Tetrabrom-cyclohexan [E III 5 51]
1r-Äthyl-cyclopentanol-(2c) [E III 6 79]
1r.2c-Dimethyl-cyclopentanol-(1) [E III 6 80]

e) Die mit einem (gegebenenfalls mit hochgestellter Stellungsziffer ausgestatteten) Atomsymbol kombinierten Symbole r, c oder t beziehen sich auf die räumliche Orientierung des indizierten Atoms (das sich in diesem Fall in einem weder durch Präfix noch durch Suffix benannten Teil des Moleküls befindet). Die Bezugsfläche ist dabei durch die Atome desjenigen Ringsystems bestimmt, an das alle indizierten Atome und gegebenenfalls alle weiteren Liganden gebunden sind, deren Stellungsziffern die Symbole r, c oder t aufweisen. Gehört ein indiziertes Atom dem gleichen Ringsystem an wie das Ringatom, zu dessen konfigurativer Kennzeichnung es dient (wie z. B. bei Spiro-Atomen), so umfasst die Bezugsfläche nur denjenigen Teil des Ringsystems [3]), dem das indizierte Atom nicht angehört.

Beispiele:
2t-Chlor-(4arH.8atH)-decalin [E III 5 250]
(3arH.7acH)-3a.4.7.7a-Tetrahydro-4c.7c-methano-inden [E III 5 1232]
1-[(4aR)-6t-Hydroxy-2c.5.5.8at-tetramethyl-(4arH)-decahydro-naphthyl-(1t)]-2-[(4aR)-6t-hydroxy-2t.5.5.8at-tetramethyl-(4arH)-decahydronaphthyl-(1t)]-äthan [E III 6 4829]
4c.4't'-Dihydroxy-(1rH.1'r'H)-bicyclohexyl [E III 6 4153]
6c.10c-Dimethyl-2-isopropyl-(5rC¹)-spiro[4.5]decanon-(8) [E III 7 514]

§ 5. a) Die Präfixe *erythro* bzw. *threo* zeigen an, dass sich die jeweiligen „Bezugsliganden" an zwei Chiralitätszentren, die einer acyclischen Bezifferungseinheit [1]) (oder dem unverzweigten acyclischen Teil einer komplexen Bezifferungseinheit) angehören, in der Projektionsebene

---

[3]) Bei Spiran-Systemen erfolgt die Unterteilung des Ringsystems in getrennte Bezugssysteme jeweils am Spiro-Atom.

auf der gleichen Seite (*erythro*) bzw. auf den entgegengesetzten Seiten (*threo*) der „Bezugsgeraden" befinden. Bezugsgerade ist dabei die in „gerader Fischer-Projektion"[4]) wiedergegebene Kohlenstoff-Kette der Bezifferungseinheit, der die beiden Chiralitätszentren angehören. Als Bezugsliganden dienen jeweils die von Wasserstoff verschiedenen extracatenalen (d. h. nicht der Kette der Bezifferungseinheit angehörenden) Liganden [2]) der in den Chiralitätszentren befindlichen Atome.

Beispiele:
threo-Pentan-2,3-diol [E IV **1** 2543]
threo-2-Amino-3-methyl-pentansäure-(1) [E III **4** 1463]
threo-3-Methyl-asparaginsäure [E III **4** 1554]
erythro-2.4'.α.α'-Tetrabrom-bibenzyl [E III **5** 1819]

b) Das Präfix *meso* gibt an, dass ein mit 2n Chiralitätszentren (n = 1, 2, 3 usw.) ausgestattetes Molekül eine Symmetrieebene aufweist. Das Präfix *racem.* kennzeichnet ein Gemisch gleicher Mengen von Enantiomeren, die zwei identische Chiralitätszentren oder zwei identische Sätze von Chiralitätszentren enthalten.

Beispiele:
meso-Pentan-2,4-diol [E IV **1** 2543]
racem.-1.2-Dicyclohexyl-äthandiol-(1.2) [E III **6** 4156]
racem.-(1*rH*.1'*r*'*H*)-Bicyclohexyl-dicarbonsäure-(2*c*.2'*c*') [E III **9** 4020]

c) Die „Kohlenhydrat-Präfixe" *ribo*, *arabino*, *xylo* und *lyxo* bzw. *allo*, *altro*, *gluco*, *manno*, *gulo*, *ido*, *galacto* und *talo* kennzeichnen die relative Konfiguration von Molekülen mit drei Chiralitätszentren (deren mittleres ein „Pseudoasymmetriezentrum" sein kann) bzw. vier Chiralitätszentren, die sich jeweils in einer unverzweigten acyclischen Bezifferungseinheit [1]) befinden. In den nachstehend abgebildeten „Leiter-Mustern" geben die horizontalen Striche die Orientierung der wie unter a) definierten Bezugsliganden an der jeweils in „abwärts bezifferter vertikaler Fischer-Projektion" [5]) wiedergegebenen Kohlenstoff-Kette an.

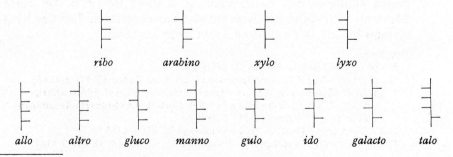

---

[4]) Bei „gerader Fischer-Projektion" erscheint eine Kohlenstoff-Kette als vertikale oder horizontale Gerade; in dem der Projektion zugrunde liegenden räumlichen Modell des Moleküls sind an jedem Chiralitätszentrum (sowie an einem Zentrum der Pseudoasymmetrie) die catenalen (d. h. der Kette angehörenden) Bindungen nach der dem Betrachter abgewandten Seite der Projektionsebene, die extracatenalen (d. h. nicht der Kette angehörenden) Bindungen nach der dem Betrachter zugewandten Seite der Projektionsebene hin gerichtet.

Beispiele:
ribo-2,3,4-Trimethoxy-pentan-1,5-diol [E IV **1** 2834]
galacto-Hexan-1,2,3,4,5,6-hexaol [E IV **1** 2844]

§ 6. a) Die „Fischer-Symbole" D bzw. L im Namen einer Verbindung mit einem Chiralitätszentrum geben an, dass sich der Bezugsligand (der von Wasserstoff verschiedene extracatenale Ligand; vgl. § 5a) am Chiralitätszentrum in der „abwärts-bezifferten vertikalen Fischer-Projektion" [5]) der betreffenden Bezifferungseinheit [1]) auf der rechten Seite (D) bzw. auf der linken Seite (L) der das Chiralitätszentrum enthaltenden Kette befindet.

Beispiele:
D-Tetradecan-1,2-diol [E IV **1** 2631]
L-4-Hydroxy-valeriansäure [E III **3** 612]

b) In Kombination mit dem Präfix *erythro* geben die Symbole D und L an, dass sich die beiden Bezugsliganden (s. § 5a) auf der rechten Seite (D) bzw. auf der linken Seite (L) der Bezugsgeraden in der „abwärts-bezifferten vertikalen Fischer-Projektion" der betreffenden Bezifferungseinheit befinden. Die mit dem Präfix *threo* kombinierten Symbole D_g und D_s geben an, dass sich der höherbezifferte (D_g) bzw. der niedrigerbezifferte (D_s) Bezugsligand auf der rechten Seite der „abwärts-bezifferten vertikalen Fischer-Projektion" befindet; linksseitige Position des jeweiligen Bezugsliganden wird entsprechend durch die Symbole L_g bzw. L_s angezeigt.

In Kombination mit den in § 5c aufgeführten konfigurationsbestimmenden Präfixen werden die Symbole D und L ohne Index verwendet; sie beziehen sich dabei jeweils auf die Orientierung des höchstbezifferten (d. h. des in der Abbildung am weitesten unten erscheinenden) Bezugsliganden (die in § 5c abgebildeten „Leiter-Muster" repräsentieren jeweils das D-Enantiomere).

Beispiele:
D-*erythro*-Nonan-1,2,3-triol [E IV **1** 2792]
D_s-*threo*-2.3-Diamino-bernsteinsäure [E III **4** 1528]
L_g-*threo*-Hexadecan-7,10-diol [E IV **1** 2636]
D-*lyxo*-Pentan-1,2,3,4-tetraol [E IV **1** 2811]
6-Allyloxy-D-*manno*-hexan-1,2,3,4,5-pentaol [E IV **1** 2846]

c) Kombinationen der Präfixe D-*glycero* oder L-*glycero* mit einem der in § 5c aufgeführten, jeweils mit einem Fischer-Symbol versehenen Kohlenhydrat-Präfixe für Bezifferungseinheiten mit vier Chiralitätszentren dienen zur Kennzeichnung der Konfiguration von Molekülen mit fünf in einer Kette angeordneten Chiralitätszentren (deren mittleres auch „Pseudoasymmetriezentrum" sein kann). Dabei bezieht sich das Kohlenhydrat-Präfix auf die vier niedrigstbezifferten Chiralitätszentren nach der in § 5c und § 6b gegebenen Definition, das Präfix D-*glycero* oder L-*glycero* auf das höchstbezifferte (d. h. in der Abbildung am weitesten unten erscheinende) Chiralitätszentrum.

---

[5]) Eine „abwärts-bezifferte vertikale Fischer-Projektion" ist eine vertikal orientierte „gerade Fischer-Projektion" (s. Anm. 4), bei der sich das niedrigstbezifferte Atom am oberen Ende der Kette befindet.

Beispiel:
D-*glycero*-L-*gulo*-Heptit [E IV **1** 2854]

§ 7. a) Die Symbole c_F bzw. t_F hinter der Stellungsziffer eines Substituenten an einer mehrere Chiralitätszentren aufweisenden unverzweigten acyclischen Bezifferungseinheit [1]) geben an, dass sich dieser Substituent und der Bezugssubstituent, der seinerseits durch das Symbol r_F gekennzeichnet wird, auf der gleichen Seite (c_F) bzw. auf den entgegengesetzten Seiten (t_F) der wie in § 5a definierten Bezugsgeraden befinden. Ist eines der endständigen Atome der Bezifferungseinheit Chiralitätszentrum, so wird der Stellungsziffer des „catenoiden" Substituenten (d. h. des Substituenten, der in der Fischer-Projektion als Verlängerung der Kette erscheint) das Symbol cat_F beigefügt.

b) Die Symbole D_r bzw. L_r am Anfang eines mit dem Kennzeichen r_F ausgestatteten Namens geben an, dass sich der Bezugssubstituent auf der rechten Seite (D_r) bzw. auf der linken Seite (L_r) der in „abwärtsbezifferter vertikaler Fischer-Projektion" wiedergegebenen Kette der Bezifferungseinheit befindet.

Beispiele:
Heptan-1,2r_F,3c_F,4t_F,5c_F,6c_F,7-heptaol [E IV **1** 2854]
D_r-1cat_F.2cat_F-Diphenyl-1r_F-[4-methoxy-phenyl]-äthandiol-(1.2c_F)
[E III **6** 6589]

§ 8. Die Symbole *exo* bzw. *endo* hinter der Stellungsziffer eines Substituenten an einem dem Hauptring [6]) angehörenden Atom eines Bicycloalkan-Systems geben an, dass der Substituent der Brücke [6]) zugewandt (*exo*) bzw. abgewandt (*endo*) ist.

Beispiele:
2*endo*-Phenyl-norbornen-(5) [E III **5** 1666]
(±)-1.2*endo*.3*exo*-Trimethyl-norbornandiol-(2*exo*.3*endo*) [E III **6** 4146]
Bicyclo[2.2.2]octen-(5)-dicarbonsäure-(2*exo*.3*exo*) [E III **9** 4054]

§ 9. a) Die Symbole *syn* bzw. *anti* hinter der Stellungsziffer eines Substituenten an einem Atom der Brücke [6]) eines Bicycloalkan-Systems oder einer Brücke über einem ortho- oder ortho/peri-anellierten Ringsystem geben an, dass der Substituent demjenigen Hauptzweig [6]) zugewandt (*syn*) bzw. abgewandt (*anti*) ist, der das niedrigstbezifferte aller in den Hauptzweigen enthaltenen Ringatome aufweist.

Beispiele:
1.7*syn*-Dimethyl-norbornanol-(2*endo*) [E III **6** 236]
(3aS)-3c.9*anti*-Dihydroxy-1c.5.5.8ac-tetramethyl-(3arH)-decahydro-1t.4t-methano-azulen [E III **6** 4183]

---

[6]) Ein Brücken-System besteht aus drei „Zweigen", die zwei „Brückenkopf-Atome" miteinander verbinden; von den drei Zweigen bilden die beiden „Hauptzweige" den „Hauptring", während der dritte Zweig als „Brücke" bezeichnet wird. Als Hauptzweige gelten
1. die Zweige, die einem ortho- oder ortho/peri-anellierten Ringsystem angehören (und zwar a) dem Ringsystem mit der grössten Anzahl von Ringen, b) dem Ringsystem mit der grössten Anzahl von Ringgliedern),
2. die gliedreichsten Zweige (z. B. bei Bicycloalkan-Systemen),
3. die Zweige, denen auf Grund vorhandener Substituenten oder Mehrfachbindungen Bezifferungsvorrang einzuräumen ist.

(3aR)-2c.8t.11c.11ac.12anti-Pentahydroxy-1.1.8c-trimethyl-4-methylen-(3arH.4acH)-tetradecahydro-7t.9at-methano-cyclopenta[b]heptalen [E III 6 6892]

b) In Verbindung mit einem stickstoffhaltigen Funktionsabwandlungssuffix an einem auf ,,-aldehyd" oder ,,-al" endenden Namen kennzeichnen *syn* bzw. *anti* die cis-Orientierung bzw. trans-Orientierung des Wasserstoff-Atoms der Aldehyd-Gruppe zum Substituenten X der abwandelnden Gruppe =N-X, bezogen auf die durch die doppeltgebundenen Atome verlaufende Gerade.

Beispiel:
Perillaaldehyd-*anti*-oxim [E III 7 567]

§ 10. a) Die Symbole α bzw. β hinter der Stellungsziffer eines ringständigen Substituenten im halbrationalen Namen einer Verbindung mit einer dem Cholestan [E III 5 1132] entsprechenden Bezifferung und Projektionslage geben an, dass sich der Substituent auf der dem Betrachter abgewandten (α) bzw. zugewandten (β) Seite der Fläche des Ringgerüstes befindet.

Beispiele:
3β-Chlor-7α-brom-cholesten-(5) [E III 5 1328]
Phyllocladandiol-(15α.16α) [E III 6 4770]
Lupanol-(1β) [E III 6 2730]
Onocerandiol-(3β.21α) [E III 6 4829]

b) Die Symbole $α_F$ bzw. $β_F$ hinter der Stellungsziffer eines an der Seitenkette befindlichen Substituenten im halbrationalen Namen einer Verbindung der unter a) erläuterten Art geben an, dass sich der Substituent auf der rechten ($α_F$) bzw. linken ($β_F$) Seite der in ,,aufwärtsbezifferter vertikaler Fischer-Projektion"[7] dargestellten Seitenkette befindet.

Beispiele:
3β-Chlor-24$α_F$-äthyl-cholestadien-(5.22t) [E III 5 1436]
24$β_F$-Äthyl-cholesten-(5) [E III 5 1336]

c) Sind die Symbole α, β, $α_F$ oder $β_F$ nicht mit der Stellungsziffer eines Substituenten kombiniert, sondern zusammen mit der Stellungsziffer eines angularen Chiralitätszentrums oder eines Wasserstoff-Atoms — in diesem Fall mit dem Atomsymbol H versehen (αH, βH, $α_F H$ bzw. $β_F H$) — unmittelbar vor dem Namensstamm einer Verbindung mit halbrationalem Namen angeordnet, so kennzeichnen sie entweder die Orientierung einer angularen exocyclischen Bindung, deren Lage durch den Namen nicht festgelegt ist, oder sie zeigen an, dass die Orientierung des betreffenden exocyclischen Liganden oder Wasserstoff-Atoms (das — wie durch Suffix oder Präfix ausgedrückt — auch substituiert sein kann) in der angegebenen Weise von der mit dem Namensstamm festgelegten Orientierung abweicht.

Beispiele:
5-Chlor-5α-cholestan [E III 5 1135]
5β.14β.17βH-Pregnan [E III 5 1120]

---

[7] Eine ,,aufwärts-bezifferte vertikale Fischer-Projektion" ist eine vertikal orientierte ,,gerade Fischer-Projektion" (s. Anm. 4), bei der sich das niedrigstbezifferte Atom am unteren Ende der Kette befindet.

18α.19βH-Ursen-(20(30)) [E III **5** 1444]
(13R)-8βH-Labden-(14)-diol-(8.13) [E III **6** 4186]
5α.20β_FH.24β_FH-Ergostanol-(3β) [E III **6** 2161]

d) Die Symbole α bzw. β vor einem systematischen oder halbrationalen Namen eines Kohlenhydrats geben an, dass sich die am niedriger bezifferten Nachbaratom des cyclisch gebundenen Sauerstoff-Atoms befindliche Hydroxy-Gruppe (oder sonstige Heteroatom-Gruppe) in der geraden Fischer-Projektion auf der gleichen (α) bzw. der entgegengesetzten (β) Seite der Bezugsgeraden befindet wie der Bezugsligand (vgl. § 5a, 5c, 6a).

Beispiele:
Methyl-α-D-ribopyranosid [E III/IV **17** 2425]
Tetra-O-acetyl-α-D-fructofuranosylchlorid [E III/IV **17** 2651]

e) Das Präfix *ent* vor dem Namen einer Verbindung mit mehreren Chiralitätszentren, deren Konfiguration mit dem Namen festgelegt ist, dient zur Kennzeichnung des Enantiomeren der betreffenden Verbindung. Das Präfix *rac* wird zur Kennzeichnung des einer solchen Verbindung entsprechenden Racemats verwendet.

Beispiele:
ent-7βH-Eudesmen-(4)-on-(3) [E III **7** 692]
rac-Östrapentaen-(1.3.5.7.9) [E III **5** 2043]

§ 11. a) Das Symbol ξ tritt an die Stelle von *cis*, *trans*, *c*, *t*, c_F, t_F, cat_F, *endo*, *exo*, *syn*, *anti*, α, β, $α_F$ oder $β_F$, wenn die Konfiguration an der betreffenden Doppelbindung bzw. an dem betreffenden Chiralitätszentrum (oder die konfigurative Einheitlichkeit eines Präparats hinsichtlich des betreffenden Strukturelements) ungewiss ist.

Beispiele:
(Ξ)-3.6-Dimethyl-1-[(1Ξ)-2.2.6c-trimethyl-cyclohexyl-(r)]-octen-(6ξ)-in-(4)-ol-(3) [E III **6** 2097]
1*t*,2-Dibrom-3-methyl-penta-1,3ξ-dien [E IV **1** 1022]
10*t*-Methyl-(8ξH.10aξH)-1.2.3.4.5.6.7.8.8a.9.10.10a-dodecahydro-phenanthren-carbonsäure-(9r) [E III **9** 2626]
D_r-1ξ-Phenyl-1ξ-*p*-tolyl-hexanpentol-($2r_F.3t_F.4c_F.5c_F$.6) [E III **6** 6904]
(1S)-1.2ξ.3.3-Tetramethyl-norbornanol-(2ξ) [E III **6** 331]
3ξ-Acetoxy-5ξ.17ξ-pregnen-(20) [E III **6** 2592]
28-Nor-17ξ-oleanen-(12) [E III **5** 1438]
5.6β.22ξ.23ξ-Tetrabrom-3β-acetoxy-24$β_F$-äthyl-5α-cholestan [E III **6** 2179]

b) Das Symbol Ξ tritt an die Stelle von D oder L, das Symbol (Ξ) an die Stelle von (R) oder (S) bzw. von (E) oder (Z), wenn die Konfiguration an dem betreffenden Chiralitätszentrum bzw. an der betreffenden Doppelbindung (oder die konfigurative Einheitlichkeit eines Präparats hinsichtlich des betreffenden Strukturelements) ungewiss ist.

Beispiele:
N-{N-[N-(Toluol-sulfonyl-(4))-glycyl]-Ξ-seryl}-L-glutaminsäure [E III **11** 280]
(Ξ)-1-Acetoxy-2-methyl-5-[(R)-2.3-dimethyl-2.6-cyclo-norbornyl-(3)]-pentanol-(2) [E III **6** 4183]
(14Ξ:18Ξ)-Ambranol-(8) [E III **6** 431]
(1Z,3Ξ)-1,2-Dibrom-3-methyl-penta-1,3-dien [E IV **1** 1022]

c) Die Symbole ($\varXi_a$) und ($\varXi_p$) zeigen unbekannte Konfiguration von Strukturelementen mit axialer bzw. planarer Chiralität (oder ungewisse Einheitlichkeit eines Präparats hinsichtlich dieser Elemente) an; das Symbol (ξ) kennzeichnet unbekannte Konfiguration eines Pseudoasymmetriezentrums.

Beispiele:
($\varXi_a$)-3β.3'β-Dihydroxy-(7ξH.7'ξH)-[7.7']bi[ergostatrien-(5.8.22*t*)-yl] [E III **6** 5897]
(3ξ)-5-Methyl-spiro[2.5]octan-dicarbonsäure-(1*r*.2*c*) [E III **9** 4002]

Transliteration von russischen Autorennamen

Russisches Schrift-zeichen		Deutsches Äquivalent (BEILSTEIN)	Englisches Äquivalent (Chemical Abstracts)	Russisches Schrift-zeichen		Deutsches Äquivalent (BEILSTEIN)	Englisches Äquivalent (Chemical Abstracts)
А	а	a	a	Р	р	r	r
Б	б	b	b	С	с	$\bar{s}$	s
В	в	w	v	Т	т	t	t
Г	г	g	g	У	у	u	u
Д	д	d	d	Ф	ф	f	f
Е	е	e	e	Х	х	ch	kh
Ж	ж	sh	zh	Ц	ц	z	ts
З	з	s	z	Ч	ч	tsch	ch
И	и	i	i	Ш	ш	sch	sh
Й	й	ï	ï	Щ	щ	schtsch	shch
К	к	k	k	Ы	ы	y	y
Л	л	l	l		ь	'	'
М	м	m	m	Э	э	ė	e
Н	н	n	n	Ю	ю	ju	yu
О	о	o	o	Я	я	ja	ya
П	п	p	p				

Verzeichnis der Kürzungen für die Literatur-Quellen

Kürzung	Titel
A.	Liebigs Annalen der Chemie
Abh. Braunschweig. wiss. Ges.	Abhandlungen der Braunschweigischen Wissenschaftlichen Gesellschaft
Abh. Gesamtgebiete Hyg.	Abhandlungen aus dem Gesamtgebiete der Hygiene. Leipzig
Abh. Kenntnis Kohle	Gesammelte Abhandlungen zur Kenntnis der Kohle
Abh. Preuss. Akad.	Abhandlungen der Preussischen Akademie der Wissenschaften. Mathematisch-naturwissenschaftliche Klasse
Acad. Iași Stud. Cerc. științ.	Academia Republicii Populare Romîne, Filiala Iași, Studii și Cercetări Științifice
Acad. Romîne Bulet. științ.	Academia Republicii Populare Romîne, Buletin științific
Acad. Romîne Stud. Cerc. Chim.	Academia Republicii Populare Romîne, Studii și Cercetări de Chimie
Acad. sinica Mem. Res. Inst. Chem.	Academia Sinica, Memoir of the National Research Institute of Chemistry
Acad. Timișoara Stud. Cerc. chim.	Academia Republicii Populare Romîne, Baza de Cercetări Științifice Timișoara Studii i Cercetări Științifice
Acetylen	Acetylen in Wissenschaft und Industrie
A. ch.	Annales de Chimie
Acta Acad. Åbo	Acta Academiae Åboensis. Ser. B. Mathematica et Physica
Acta bot. fenn.	Acta Botanica Fennica
Acta brevia neerl. Physiol.	Acta Brevia Neerlandica de Physiologia, Pharmacologia, Microbiologia E. A.
Acta chem. scand.	Acta Chemica Scandinavica
Acta chim. hung.	Acta Chimica Academiae Scientiarum Hungaricae
Acta chim. sinica	Acta Chimica Sinica [Hua Hsueh Hsueh Pao]
Acta chirurg. scand.	Acta Chirurgica Scandinavica
Acta chirurg. scand. Spl.	Acta Chirurgica Scandinavica Supplementum
Acta Comment. Univ. Tartu	Acta et Commentationes Universitatis Tartuensis (Dorpatensis)
Acta cryst.	Acta Crystallographica. London (ab Bd. 5 Kopenhagen)
Acta endocrin.	Acta Endocrinologica. Kopenhagen
Acta forest. fenn.	Acta Forestalia Fennica
Acta latviens. Chem.	Acta Universitatis Latviensis, Chemicorum Ordinis Series [Latvijas Universitates Raksti, Kimijas Fakultates Serija]. Riga
Acta med. Nagasaki	Acta Medica Nagasakiensia
Acta med. scand.	Acta Medica Scandinavica
Acta med. scand. Spl.	Acta Medica Scandinavica Supplementum
Acta path. microbiol. scand. Spl.	Acta Pathologica et Microbiologica Scandinavica, Supplementum
Acta pharmacol. toxicol.	Acta Pharmacologica et Toxicologica. Kopenhagen
Acta pharm. int.	Acta Pharmaceutica Internationalia
Acta pharm. jugosl.	Acta Pharmaceutica Jugoslavica
Acta phys. austriaca	Acta Physica Austriaca
Acta physicoch. U.R.S.S.	Acta Physicochimica U.R.S.S.
Acta physiol. scand.	Acta Physiologica Scandinavica
Acta physiol. scand. Spl.	Acta Physiologica Scandinavica Supplementum
Acta phys. polon.	Acta Physica Polonica
Acta phytoch. Tokyo	Acta Phytochimica. Tokyo

Kürzung	Titel
Acta Polon. pharm.	Acta Poloniae Pharmaceutica (Beilage zu Farmacja Współczesna)
Acta polytech. scand.	Acta Polytechnica Scandinavica
Acta salmantic.	Acta Salmanticensia Serie de Ciencias
Acta Sch. med. Univ. Kioto	Acta Scholae Medicinalis Universitatis Imperialis in Kioto
Acta Soc. Med. fenn. Duodecim	Acta Societatis Medicorum Fennicae „Duodecim"
Acta Soc. Med. upsal.	Acta Societatis Medicorum Upsaliensis
Acta Univ. Asiae mediae	s. Trudy sredneaziatskogo gosudarstvennogo Universiteta. Taschkent
Acta Univ. Lund	Acta Universitatis Lundensis
Acta Univ. Szeged	Acta Universitatis Szegediensis. Sectio Scientiarum Naturalium (1928—1939 Acta Chemica, Mineralogica et Physica; 1942—1950 Acta Chemica et Physica; ab 1955 Acta Physica et Chemica)
Acta vitaminol.	Acta Vitaminologica (ab **21** [1967]) et Enzymologica. Mailand
Actes Congr. Froid	Actes du Congrès International du Froid (Proceedings of the International Congress of Refrigeration)
Adv. Cancer Res.	Advances in Cancer Research. New York
Adv. Carbohydrate Chem.	Advances in Carbohydrate Chemistry. New York
Adv. Catalysis	Advances in Catalysis and Related Subjects. New York
Adv. Chemistry Ser.	Advances in Chemistry Series. Washington, D.C.
Adv. clin. Chem.	Advances in Clinical Chemistry. New York
Adv. Colloid Sci.	Advances in Colloid Science. New York
Adv. Enzymol.	Advances in Enzymology and Related Subjects of Biochemistry. New York
Adv. Food Res.	Advances in Food Research. New York
Adv. inorg. Chem. Radiochem.	Advances in Inorganic Chemistry and Radiochemistry. New York
Adv. Lipid Res.	Advances in Lipid Research. New York
Adv. Mass Spectr.	Advances in Mass Spectrometry
Adv. org. Chem.	Advances in Organic Chemistry: Methods and Results. New York
Adv. Petr. Chem.	Advances in Petroleum Chemistry and Refining. New York
Adv. Protein Chem.	Advances in Protein Chemistry. New York
Aero Digest	Aero Digest. New York
Afinidad	Afinidad. Barcelona
Agra Univ. J. Res.	Agra University Journal of Research. Teil 1: Science
Agric. biol. Chem. Japan	Agricultural and Biological Chemistry. Tokyo
Agric. Chemicals	Agricultural Chemicals. Baltimore, Md.
Agricultura Louvain	Agricultura. Louvain
Akust. Z.	Akustische Zeitschrift. Leipzig
Alabama polytech. Inst. Eng. Bl.	Alabama Polytechnic Institute, Engeneering Bulletin
Allg. Öl Fett Ztg.	Allgemeine Öl- und Fett-Zeitung
Aluminium	Aluminium. Berlin
Am.	American Chemical Journal
Am. Doc. Inst.	American Documentation (Institute). Washington, D.C.
Am. Dyest. Rep.	American Dyestuff Reporter
Am. Fertilizer	American Fertilizer (ab **113** Nr. 6 [1950]) & Allied Chemicals
Am. Fruit Grower	American Fruit Grower
Am. Gas Assoc. Monthly	American Gas Association Monthly
Am. Gas Assoc. Pr.	American Gas Association, Proceedings of the Annual Convention

Kürzungen für die Literatur-Quellen XXIII

Kürzung	Titel
Am. Gas J.	American Gas Journal
Am. Heart J.	American Heart Journal
Am. Inst. min. met. Eng. tech. Publ.	American Institute of Mining and Metallurgical Engineers, Technical Publications
Am. J. Bot.	American Journal of Botany
Am. J. Cancer	American Journal of Cancer
Am. J. clin. Path.	American Journal of Clinical Pathology
Am. J. Hyg.	American Journal of Hygiene
Am. J. med. Sci.	American Journal of the Medical Sciences
Am. J. Obstet. Gynecol.	American Journal of Obstetrics and Gynecology
Am. J. Ophthalmol.	American Journal of Ophthalmology
Am. J. Path.	American Journal of Pathology
Am. J. Pharm.	American Journal of Pharmacy (ab **109** [1937]) and the Sciences Supporting Public Health
Am. J. Physiol.	American Journal of Physiology
Am. J. publ. Health	American Journal of Public Health (ab 1928) and the Nation's Health
Am. J. Roentgenol. Radium Therapy	American Journal of Roentgenology and Radium Therapy
Am. J. Sci.	American Journal of Science
Am. J. Syphilis	American Journal of Syphilis (ab **18** [1934]) and Neurology bzw. (ab **20** [1936]) Gonorrhoea and Venereal Diseases
Am. Mineralogist	American Mineralogist
Am. Paint J.	American Paint Journal
Am. Perfumer	American Perfumer and Essential Oil Review
Am. Petr. Inst.	s. A.P.I.
Am. Rev. Tuberculosis	American Review of Tuberculosis
Am. Soc.	Journal of the American Chemical Society
An. Acad. Farm.	Anales de la Real Academia de Farmacia. Madrid
Anais Acad. brasil. Cienc.	Anais da Academia Brasileira de Ciencias
Anais Assoc. quim. Brasil	Anais da Associação Química do Brasil
Anais Fac. Farm. Odont. Univ. São Paulo	Anais da Faculdade de Farmácia e Odontologia da Universidade de São Paulo
Anais Fac. Farm. Univ. Recife	Anais de Faculdade de Farmácia da Universidade do Recife
Anal. Acad. România	Analele Academiei Republicii Socialiste România
Anal. Biochem.	Analytical Biochemistry. Baltimore, Md.
Anal. Chem.	Analytical Chemistry Washington, D.C.
Anal. chim. Acta	Analytica Chimica Acta. Amsterdam
Anal. Min. România	Analele Minelor din România (Annales des Mines de Roumanie)
Analyst	Analyst. London
An. Asoc. quim. arg.	Anales de la Asociación Química Argentina
An. Asoc. Quim. Farm. Uruguay	Anales de la Asociación de Química y Farmacia del Uruguay
An. Bromatol.	Anales de Bromatologia. Madrid
Anesthesiol.	Anesthesiology. Philadelphia, Pa.
An. Farm. Bioquim. Buenos Aires	Anales de Farmacia y Bioquímica. Buenos Aires
Ang. Ch.	Angewandte Chemie (Forts. von Z. ang. Ch. bzw. Chemie)
Ang. Ch. Monogr.	Angewandte Chemie, Monographien
Angew. makromol. Ch.	Angewandte Makromolekulare Chemie
Anilinokr. Promyšl.	Anilinokrasočnaja Promyšlennost
An. Inst. Farmacol. españ.	Anales del Instituto de Farmacologia Española

Kürzung	Titel
An. Inst. Invest. cient. Univ. Nuevo León	Anales del Instituto de Investigaciones Cientificas, Universidad de Nuevo León. Monterrey, Mexico
An. Inst. Invest. Univ. Santa Fé	Anales del Instituto de Investigaciones Científicas y Tecnológicas. Universidad Nacional del Litoral, Santa Fé, Argentinien
Ann. Acad. Sci. fenn.	Annales Academiae Scientiarum Fennicae
Ann. Acad. Sci. tech. Varsovie	Annales de l'Académie des Sciences Techniques à Varsovie
Ann. ACFAS	Annales de l'Association Canadienne-française pour l'Avancement des Sciences. Montreal
Ann. agron.	Annales Agronomiques
Ann. appl. Biol.	Annals of Applied Biology. London
Ann. Biochem. exp. Med. India	Annals of Biochemistry and Experimental Medicine. India
Ann. Biol. clin.	Annales de Biologie clinique
Ann. Bot.	Annals of Botany. London
Ann. Chim. anal.	Annales de Chimie Analytique (ab **24** [1942]) Fortsetzung von:
Ann. Chim. anal. appl.	Annales de Chimie Analytique et de Chimie Appliquée
Ann. Chimica	Annali di Chimica (ab **40** [1950]). Fortsetzung von:
Ann. Chimica applic.	Annali di Chimica applicata
Ann. Chimica farm.	Annali di Chimica farmaceutica (1938–1940 Beilage zu Farmacista Italiano)
Ann. entomol. Soc. Am.	Annals of the Entomological Society of America
Ann. Fac. Sci. Marseille	Annales de la Faculté des Sciences de Marseille
Ann. Fac. Sci. Toulouse	Annales de la Faculté des Sciences de l'Université de Toulouse pour les Sciences Mathématiques et les Sciences Physiques
Ann. Falsificat.	Annales des Falsifications et des Fraudes
Ann. Fermentat.	Annales des Fermentations
Ann. Hyg. publ.	Annales d'Hygiène Publique, Industrielle et Sociale
Ann. Inst. Pasteur	Annales de l'Institut Pasteur
Ann. Ist. super. agrar. Portici	Annali del regio Istituto superiore agrario di Portici
Ann. Méd.	Annales de Médecine
Ann. Mines	Annales des Mines (von Bd. **132–135** [1943–1946]) et des Carburants
Ann. Mines Belg.	Annales des Mines de Belgique
Ann. N.Y. Acad. Sci.	Annals of the New York Academy of Sciences
Ann. Off. Combust. liq.	Annales de l'Office National des Combustibles Liquides
Ann. paediatrici	Annales paediatrici (Jahrbuch für Kinderheilkunde). Basel
Ann. pharm. franç.	Annales Pharmaceutiques Françaises
Ann. Physik	Annalen der Physik
Ann. Physiol. Physicoch. biol.	Annales de Physiologie et de Physicochimie Biologique
Ann. Physique	Annales de Physique
Ann. Priestley Lect.	Annual Priestley Lectures
Ann. Rep. Fac. Pharm. Kanazawa Univ.	Annual Report of the Faculty of Pharmacy, Kanazawa University [Kanazawa Daigaku Yakugakubu Kenkyu Nempo]
Ann. Rep. ITSUU Labor.	Annual Report of ITSUU Laboratory. Tokyo [ITSUU Kenkyusho Nempo]
Ann. Rep. Kyoritsu Coll. Pharm.	Annual Report of the Kyoritsu College of Pharmacy [Kyoritsu Yakka Daigaku Kenkyu Nempo]
Ann. Rep. Low Temp. Res. Labor. Capetown	Union of South Africa, Department of Agriculture and Forestry, Annual Report of the Low Temperature Research Laboratory, Capetown

Kürzung	Titel
Ann. Rep. Progr. Chem.	Annual Reports on the Progress of Chemistry. London
Ann. Rep. Res. Inst. Tuberc. Kanazawa Univ.	Annual Report of the Research Institute of Tuberculosis, Kanazawa University [Kanazawa Daigaku Kekkaku Kenkyusho Nempo]
Ann. Rep. Shionogi Res. Labor.	Annual Report of Shionogi Research Laboratory [Shionogi Kenkyusho Nempo]
Ann. Rep. Takamine Labor.	Annual Report of Takamine Laboratory [Takamine Kenkyusho Nempo]
Ann. Rep. Takeda Res. Labor.	Annual Reports of the Takeda Research Laboratories [Takeda Kenkyusho Nempo]
Ann. Rep. Tanabe pharm. Res.	Annual Report of Tanabe Pharmaceutical Research [Tanabe Seiyaku Kenkyu Nempo]
Ann. Rep. Tohoku Coll. Pharm.	Annual Report of Tohoku College of Pharmacy
Ann. Rev. Biochem.	Annual Review of Biochemistry. Stanford, Calif.
Ann. Rev. Microbiol.	Annual Review of Microbiology. Stanford, Calif.
Ann. Rev. phys. Chem.	Annual Review of Physical Chemistry. Palo Alto, Calif.
Ann. Rev. Plant Physiol.	Annual Review of Plant Physiology. Palo Alto, Calif.
Ann. Sci.	Annals of Science. London
Ann. scient. Univ. Jassy	Annales scientifiques de l'Université de Jassy. Sect. I. Mathématiques, Physique, Chimie. Rumänien
Ann. Soc. scient. Bruxelles	Annales de la Société Scientifique de Bruxelles
Ann. Sperim. agrar.	Annali della Sperimentazione agraria
Ann. Staz. chim. agrar. Torino	Annuario della regia Stazione chimica agraria in Torino
Ann. trop. Med. Parasitol.	Annals of Tropical Medicine and Parasitology. Liverpool
Ann. Univ. Åbo	Annales Universitatis (Fennicae) Aboensis. Ser. A. Physicomathematica, Biologica
Ann. Univ. Ferrara	Annali dell' Università di Ferrara
Ann. Univ. Lublin	Annales Universitatis Mariae Curie-Skłodowska, Lublin-Polonia [Roczniki Uniwersytetu Marii Curie-Skłodowskiej w Lublinie. Sectio AA. Fizyka i Chemia]
Ann. Univ. Pisa Fac. agrar.	Annali dell' Università di Pisa, Facoltà agraria
Ann. Zymol.	Annales de Zymologie. Gent
An. Quim.	Anales de Química
An. Soc. cient. arg.	Anales de la Sociedad Cientifica Argentina
An. Soc. españ.	Anales de la Real Sociedad Española de Física y Química; 1940—1947 Anales de Física y Química
Antibiotics Chemotherapy	Antibiotics and Chemoterapy
Antigaz	Antigaz. Bukarest
Ann. Univ. catol. Valparaiso	Anales de la Universidad Católica do Valparaiso
Anz. Akad. Wien	Anzeiger der Akademie der Wissenschaften in Wien. Mathematisch-naturwissenschaftliche Klasse
A. P.	s. U. S. P.
Aparato respir. Tuberc.	Aparato Respiratorio y Tuberculosis
A. P. I. Res. Project	A. P. I. (American Petroleum Institute) Research Project
A. P. I. Toxicol. Rev.	A. P. I. (American Petroleum Institute) Toxicological Review
Apoth.-Ztg.	Apotheker-Zeitung
Appl. scient. Res.	Applied Scientific Research. den Haag
Appl. Spectr.	Applied Spectroscopy. New York
Ar.	Archiv der Pharmazie [und Berichte der Deutschen Pharmazeutischen Gesellschaft]

Kürzung	Titel
Arb. Archangelsk. Forsch. Inst. Algen	Arbeiten des Archangelsker wissenschaftlichen Forschungsinstituts für Algen
Arbeitsphysiol.	Arbeitsphysiologie
Arbeitsschutz	Arbeitsschutz
Arb. Inst. exp. Therap. Frankfurt/M.	Arbeiten aus dem Staatlichen Institut für Experimentelle Therapie und dem Forschungsinstitut für Chemotherapie zu Frankfurt/Main
Arb. kaiserl. Gesundheitsamt	Arbeiten aus dem Kaiserlichen Gesundheitsamt
Arb. med. Fak. Okayama	Arbeiten aus der medizinischen Fakultät Okayama
Arb. physiol. angew. Entomol.	Arbeiten über physiologische und angewandte Entomologie aus Berlin-Dahlem
Arch. Biochem.	Archives of Biochemistry (ab **31** [1951]) and Biophysics. New York
Arch. biol. hung.	Archiva Biologica Hungarica
Arch. biol. Nauk	Archiv Biologičeskich Nauk
Arch. Dermatol. Syphilis	Archiv für Dermatologie und Syphilis
Arch. Elektrotech.	Archiv für Elektrotechnik
Arch. exp. Zellf.	Archiv für experimentelle Zellforschung, besonders Gewebezüchtung
Arch. Farmacol. sperim.	Archivio di Farmacologia sperimentale e Scienze affini
Arch. Farm. Bioquim. Tucumán	Archivos de Farmacía y Bioquímica del Tucumán
Arch. Gewerbepath.	Archiv für Gewerbepathologie und Gewerbehygiene
Arch. Gynäkol.	Archiv für Gynäkologie
Arch. Hyg. Bakt.	Archiv für Hygiene und Bakteriologie
Arch. ind. Hyg.	Archives of Industrial Hygiene. Chicago, Ill.
Arch. internal Med.	Archives of Internal Medicine. Chicago, Ill.
Arch. int. Pharmacod.	Archives internationales de Pharmacodynamie et de Thérapie
Arch. int. Physiol.	Archives internationales de Physiologie
Arch. Ist. biochim. ital.	Archivio dell' Istituto Biochimico Italiano
Arch. ital. Biol.	Archives Italiennes de Biologie
Archiwum Chem. Farm.	Archiwum Chemji i Farmacji. Warschau
Archiwum mineral.	Archiwum Mineralogiczne. Warschau
Arch. Maladies profess.	Archives des Maladies professionnelles, de Médecine du Travail et de Sécurité sociale
Arch. Math. Naturvid.	Archiv for Mathematik og Naturvidenskab. Oslo
Arch. Mikrobiol.	Archiv für Mikrobiologie
Arch. Muséum Histoire natur.	Archives du Muséum national d'Histoire naturelle
Arch. néerl. Physiol.	Archives Néerlandaises de Physiologie de l'Homme et des Animaux
Arch. néerl. Sci. exactes nat.	Archives Néerlandaises des Sciences Exactes et Naturelles
Arch. Neurol. Psychiatry	Archives of Neurology and Psychiatry. Chicago, Ill.
Arch. Ophthalmol. Chicago	Archives of Ophthalmology. Chicago, Ill.
Arch. Path.	Archives of Pathology. Chicago, Ill.
Arch. Pflanzenbau	Archiv für Pflanzenbau (= Wissenschaftliches Archiv für Landwirtschaft, Abt. A)
Arch. Pharm. Chemi	Archiv for Pharmaci og Chemi. Kopenhagen
Arch. Phys. biol.	Archives de Physique biologique (ab **8** [1930]) et de Chimie-physique des Corps organisés
Arch. Sci.	Archives des Sciences. Genf
Arch. Sci. biol.	Archivio di Scienze biologiche
Arch. Sci. med.	Archivio per le Science mediche

Kürzung	Titel
Arch. Sci. physiol.	Archives des Sciences physiologiques
Arch. Sci. phys. nat.	Archives des Sciences physiques et naturelles. Genf
Arch. Soc. Biol. Montevideo	Archivos de la Sociedad de Biologia de Montevideo
Arch. Suikerind. Neder-ld. Nederl.-Indië	Archief voor de Suikerindustrie in Nederlandenen Nederlandsch-Indië
Arch. Wärmewirtsch.	Archiv für Wärmewirtschaft und Dampfkesselwesen
Arh. Hem. Farm.	Arhiv za Hemiju i Farmaciju. Zagreb; ab **12** [1938]:
Arh. Hem. Tehn.	Arhiv za Hemiju i Tehnologiju. Zagreb; ab **13** Nr. 3/6 [1939]:
Arh. Kemiju	Arhiv za Kemiju. Zagreb; ab **28** [1956] Croatica chemica Acta
Ark. Fysik	Arkiv för Fysik. Stockholm
Ark. Kemi	Arkiv för Kemi, Mineralogi och Geologi; ab 1949 Arkiv för Kemi
Ark. Mat. Astron. Fysik	Arkiv för Matematik, Astronomi och Fysik. Stockholm
Army Ordonance	Army Ordonance. Washington, D.C.
Ar. Pth.	Naunyn-Schmiedeberg's Archiv für experimentelle Pathologie und Pharmakologie
Arquivos Biol. São Paulo	Arquivos de Biologia. São Paulo
Arquivos Inst. biol. São Paulo	Arquivos do Instituto biologico. São Paulo
Arzneimittel-Forsch.	Arzneimittel-Forschung
ASTM Bl.	ASTM (American Society for Testing and Materials) Bulletin
ASTM Proc.	Amerian Society for Testing and Materials. Proceedings
Astrophys. J.	Astrophysical Journal. Chicago, Ill.
Ateneo parmense	Ateneo parmense. Parma
Atti Accad. Ferrara	Atti della Accademia delle Scienze di Ferrara
Atti Accad. Gioenia Catania	Atti dell' Accademia Gioenia di Scienze Naturali in Catania
Atti Accad. Palermo	Atti della Accademia di Scienze, Lettere e Arti di Palermo, Parte 1
Atti Accad. peloritana	Atti della Reale Accademia Peloritana
Atti Accad. pugliese	Atti e Relazioni dell' Accademia Pugliese delle Scienze. Bari
Atti Accad. Torino	Atti della Reale Accademia delle Scienze di Torino. I: Classe di Scienze Fisiche, Matematiche e Naturali
Atti X. Congr. int. Chim. Rom 1938	Atti del X. Congresso Internationale di Chimica. Rom 1938
Atti Congr. naz. Chim. ind.	Atti del Congresso Nazionale di Chimica Industriale
Atti Congr. naz. Chim. pura appl.	Atti del Congresso Nazionale di Chimica Pura ed Applicata
Atti Ist. veneto	Atti del Reale Istituto Veneto di Scienze, Lettere ed Arti. Parte II: Classe di Scienze Matematiche e Naturali
Atti Mem. Accad. Padova	Atti e Memorie della Reale Accademia di Scienze, Lettere ed Arti in Padova. Memorie della Classe di Scienze Fisico-matematiche
Atti Soc. ital. Progr. Sci.	Atti della Società Italiana per il Progresso delle Scienze
Atti Soc. ital. Sci. nat.	Atti della Societa Italiana di Scienze Naturali
Atti Soc. Nat. Mat. Modena	Atti della Società dei Naturalisti e Matematici di Modena
Atti Soc. peloritana	Atti della Società Peloritana di Scienze Fisiche, Matematiche e Naturali
Atti Soc. toscana Sci. nat.	Atti della Società Toscana di Scienze naturali
Australas. J. Pharm.	Australasian Journal of Pharmacy
Austral. chem. Inst. J. Pr.	Australian Chemical Institute Journal and Proceedings
Austral. J. appl. Sci.	Australian Journal of Applied Science
Austral. J. Chem.	Australian Journal of Chemistry

Kürzung	Titel
Austral. J. exp. Biol. med. Sci.	Australian Journal of Experimental Biology and Medical Science
Austral. J. Sci.	Australian Journal of Science
Austral. J. scient. Res.	Australian Journal of Scientific Research
Austral. P.	Australisches Patent
Austral. veterin. J.	Australian Veterinary Journal
Autog. Metallbearb.	Autogene Metallbearbeitung
Avtog. Delo	Avtogennoe Delo (Autogene Industrie; Acetylene Welding)
Azerbajdžansk. neft. Chozjajstvo	Azerbajdžanskoe Neftjanoe Chozjajstvo (Petroleum-Wirtschaft von Aserbaidshan)
B.	Berichte der Deutschen Chemischen Gesellschaft; ab **80** [1947] Chemische Berichte
Bacteriol. Rev.	Bacteriological Reviews. USA
Beitr. Biol. Pflanzen	Beiträge zur Biologie der Pflanzen
Beitr. Klin. Tuberkulose	Beiträge zur Klinik der Tuberkulose und spezifischen Tuberkulose-Forschung
Beitr. Physiol.	Beiträge zur Physiologie
Belg. P.	Belgisches Patent
Bell Labor. Rec.	Bell Laboratories Record. New York
Ber. Bunsenges.	Berichte der Bunsengesellschaft für Physikalische Chemie
Ber. Dtsch. Bot. Ges.	Berichte der Deutschen Botanischen Gesellschaft
Ber. Ges. Kohlentech.	Berichte der Gesellschaft für Kohlentechnik
Ber. ges. Physiol.	Berichte über die gesamte Physiologie (ab Bd. 3) und experimentelle Pharmakologie
Ber. Ohara-Inst.	Berichte des Ohara-Instituts für landwirtschaftliche Forschungen in Kurashiki, Provinz Okayama, Japan
Ber. Sächs. Akad.	Berichte über die Verhandlungen der Sächsischen Akademie der Wissenschaften zu Leipzig, Mathematisch-physische Klasse
Ber. Sächs. Ges. Wiss.	Berichte über die Verhandlungen der Sächsischen Gesellschaft der Wissenschaften zu Leipzig
Ber. Schimmel	Bericht der Schimmel & Co. A.G., Miltitz b. Leipzig, über Ätherische Öle, Riechstoffe usw.
Ber. Schweiz. bot. Ges.	Berichte der Schweizerischen Botanischen Gesellschaft (Bulletin de la Société botanique suisse)
Biochemistry	Biochemistry. Washington, D.C.
Biochem. biophys. Res. Commun.	Biochemical and Biophysical Research Communications. New York
Biochem. J.	Biochemical Journal. London
Biochem. Pharmacol.	Biochemical Pharmacology. Oxford
Biochem. Prepar.	Biochemical Preparations. New York
Biochim. biophys. Acta	Biochimica et Biophysica Acta. Amsterdam
Biochimija	Biochimija
Biochim. Terap. sperim.	Biochimica e Terapia sperimentale
Biodynamica	Biodynamica. St. Louis, Mo.
Biol. Bl.	Biological Bulletin. Lancaster, Pa.
Biol. Rev. Cambridge	Biological Reviews (bis **9** [1934]: and Biological Proceedings) of the Cambridge Philosophical Society
Biol. Symp.	Biological Symposia. Lancaster, Pa.
Biol. Zbl.	Biologisches Zentralblatt
BIOS Final Rep.	British Intelligence Objectives Subcommittee. Final Report
Bio. Z.	Biochemische Zeitschrift
Bjull. chim. farm. Inst.	Bjulleten Naučno-issledovatelskogo Chimiko-farmacevtičeskogo Instituta

Kürzung	Titel
Bjull. chim. Obšč. Mendeleev	Bjulleten Vsesojuznogo Chimičeskogo Obščestva im Mendeleeva
Bjull. eksp. Biol. Med.	Bjulleten Eksperimentalnoj Biologii i Mediciny
Bl.	Bulletin de la Société Chimique de France
Bl. Acad. Belgique	Bulletin de la Classe des Sciences, Académie Royale de Belgique
Bl. Acad. Méd.	Bulletin de l'Académie de Médecine. Paris
Bl. Acad. Méd. Belgique	Bulletin de l'Académie royale de Médecine de Belgique
Bl. Acad. Méd. Roum.	Bulletin de l'Académie de Médecine de Roumanie
Bl. Acad. polon.	Bulletin International de l'Académie Polonaise des Sciences et des Lettres, Classe des Sciences Mathematiques [A] et Naturelles [B]
Bl. Acad. Sci. Agra Oudh	Bulletin of the Academy of Sciences of the United Provinces of Agra and Oudh. Allahabad, Indien
Bl. Acad. Sci. U.S.S.R. Chem. Div.	Bulletin of the Academy of Sciences of the U.S.S.R., Division of Chemical Science. Englische Übersetzung von Izvestija Akademii Nauk S.S.S.R., Otdelenie Chimičeskich Nauk
Bl. agric. chem. Soc. Japan	Bulletin of the Agricultural Chemical Society of Japan
Bl. Am. Assoc. Petr. Geol.	Bulletin of the American Association of Petroleum Geologists
Bl. Am. phys. Soc.	Bulletin of the American Physical Society
Bl. Assoc. Chimistes	Bulletin de l'Association des Chimistes
Bl. Assoc. Chimistes Sucr. Dist.	Bulletin de l'Association des Chimistes de Sucrerie et de Distillerie de France et des Colonies
Blast Furnace Steel Plant	Blast Furnace and Steel Plant. Pittsburgh, Pa.
Bl. Bur. Mines	s. Bur. Mines Bl.
Bl. chem. Res. Inst. non-aqueous Solutions Tohoku Univ.	Bulletin of the Chemical Research Institute of Non-Aqueous Solutions, Tohoku University [Tohoku Daigaku Hisuiyoeki Kagaku Kenkyusho Hokoku]
Bl. chem. Soc. Japan	Bulletin of the Chemical Society of Japan
Bl. Coun. scient. ind. Res. Australia	Commonwealth of Australia. Council for Scientific and Industrial Research. Bulletin
Bl. entomol. Res.	Bulletin of Entomological Research. London
Bl. Fac. Agric. Kagoshima Univ.	Bulletin of the Faculty of Agriculture, Kagoshima University
Bl. Fac. Pharm. Cairo Univ.	Bulletin of the Faculty of Pharmacy, Cairo University
Bl. Forestry exp. Sta. Tokyo	Bulletin of the Imperial Forestry Experimental Station. Tokyo
Bl. imp. Inst.	Bulletin of the Imperial Institute. London
Bl. Inst. chem. Res. Kyoto	Bulletin of the Institute for Chemical Research Kyoto University
Bl. Inst. Insect Control Kyoto	Scientific Pest Control [Bochu Kagaku] = Bulletin of the Institute of Insect Control. Kyoto University
Bl. Inst. nuclear Sci. B. Kidrich	Bulletin of the Institute of Nuclear Science „Boris Kidrich". Belgrad
Bl. Inst. phys. chem. Res. Abstr. Tokyo	Bulletin of the Institute of Physical and Chemical Research, Abstracts. Tokyo
Bl. Inst. phys. chem. Res. Tokyo	Bulletin of the Institute of Physical and Chemical Research. Tokyo [Rikagaku Kenkyusho Iho]
Bl. Inst. Pin	Bulletin de l'Institut de Pin
Bl. int. Acad. yougosl.	Bulletin International de l'Académie Yougoslave des Sciences et des Beaux Arts [Jugoslavenska Akademija Znanosti i Umjetnosti], Classe des Sciences mathématiques et naturelles
Bl. int. Inst. Refrig.	Bulletin of the International Institute of Refrigeration (Bulletin de l'Institut International du Froid). Paris

Kürzung	Titel
Bl. Japan Soc. scient. Fish.	Bulletin of the Japanese Society of Scientific Fisheries [Nippon Suisan Gakkaishi]
Bl. Jardin bot. Buitenzorg	Bulletin du Jardin Botanique de Buitenzorg
Bl. Johns Hopkins Hosp.	Bulletin of the Johns Hopkins Hospital. Baltimore, Md.
Bl. Kobayashi Inst. phys. Res.	Bulletin of the Kobayashi Institute of Physical Research [Kobayashi Rigaku Kenkyusho Hokoku]
Bl. Mat. grasses Marseille	Bulletin des Matières grasses de l'Institut colonial de Marseille
Bl. mens. Soc. linné. Lyon	Bulletin mensuel de la Société Linnéenne de Lyon
Bl. Nagoya City Univ. pharm. School	Bulletin of the Nagoya City University Pharmaceutical School [Nagoya Shiritsu Daigaku Yakugakubu Kiyo]
Bl. Naniwa Univ.	Bulletin of the Naniwa University. Japan
Bl. Narcotics	Bulletin on Narcotics. New York
Bl. nation. Formul. Comm.	Bulletin of the National Formulary Committee. Washington, D. C.
Bl. nation. hyg. Labor. Tokyo	Bulletin of the National Hygienic Laboratory, Tokyo [Eisei Shikensho Hokoku]
Bl. nation. Inst. Sci. India	Bulletin of the National Institute of Sciences of India
Bl. Orto bot. Univ. Napoli	Bulletino dell'Orto botanico della Reale Università di Napoli
Bl. Patna Sci. Coll. phil. Soc.	Bulletin of the Patna Science College Philosophical Society. Indien
Bl. Res. Coun. Israel	Bulletin of the Research Council of Israel
Bl. scient. Univ. Kiev	Bulletin Scientifique de l'Université d'État de Kiev, Série Chimique
Bl. Sci. pharmacol.	Bulletin des Sciences pharmacologiques
Bl. Sect. scient. Acad. roum.	Bulletin de la Section Scientifique de l'Académie Roumaine
Bl. Soc. bot. France	Bulletin de la Société Botanique de France
Bl. Soc. chim. Belg.	Bulletin de la Société Chimique de Belgique; ab 1945 Bulletin des Sociétés Chimiques Belges
Bl. Soc. Chim. biol.	Bulletin de la Société de Chimie Biologique
Bl. Soc. Encour. Ind. nation.	Bulletin de la Société d'Encouragement pour l'Industrie Nationale
Bl. Soc. franç. Min.	Bulletin de la Société française de Minéralogie (ab **72** [1949]: et de Cristallographie)
Bl. Soc. franç. Phot.	Bulletin de la Société française de Photographie (ab **16** [1929]: et de Cinématographie)
Bl. Soc. fribourg. Sci. nat.	Bulletin de la Societe Fribourgeoise de Sciences Naturelles
Bl. Soc. ind. Mulh.	Bulletin de la Société Industrielle de Mulhouse
Bl. Soc. neuchatel. Sci. nat.	Bulletin de la Société Neuchateloise des Sciences naturalles
Bl. Soc. Path. exot.	Bulletin de la Société de Pathologie exotique
Bl. Soc. Pharm. Bordeaux	Bulletin de la Société de Pharmacie de Bordeaux (ab **89** [1951] Fortsetzung von Bulletin des Travaux de la Société de Pharmacie de Bordeaux)
Bl. Soc. Pharm. Lille	Bulletin de la Société de Pharmacie de Lille
Bl. Soc. roum. Phys.	Bulletin de la Société Roumaine de Physique
Bl. Soc. scient. Bretagne	Bulletin de la Société Scientifique de Bretagne. Sciences Mathématiques, Physiques et Naturelles
Bl. Soc. Sci. Liège	Bulletin de la Société Royale des Sciences de Liège
Bl. Soc. vaud. Sci. nat.	Bulletin de la Société vaudoise des Sciences naturelles
Bl. Tokyo Univ. Eng.	Bulletin of the Tokyo University of Engineering [Tokyo Kogyo Daigaku Gakuho]

Kürzung	Titel
Bl. Trav. Pharm. Bordeaux	Bulletin des Travaux de la Société de Pharmacie de Bordeaux
Bl. Univ. Asie centrale	Bulletin de l'Université d'Etat de l'Asie centrale. Taschkent
Bl. Univ. Osaka Prefect.	Bulletin of the University of Osaka Prefecture
Bl. Wagner Free Inst.	Bulletin of the Wagner Free Institute of Science. Philadelphia, Pa.
Bl. Yamagata Univ. nat. Sci.	Bulletin of the Yamagata University Natural Science [Yamagata Daigaku Kiyo Shizen Kagaku]
Bodenk. Pflanzenernähr.	Bodenkunde und Pflanzenernährung
Bol. Acad. Cienc. exact. fis. nat. Madrid	Boletin de la Academia de Ciencias Exactas, Fisicas y Naturales Madrid
Bol. Acad. Córdoba Arg.	Boletin de la Academia Nacional de Ciencias Córdoba. Argentinien
Bol. Inform. petr.	Boletín de Informaciones petroleras. Buenos Aires
Bol. Inst. Med. exp. Cáncer	Boletin del Instituto de Medicina experimental para el Estudio y Tratamiento del Cáncer. Buenos Aires
Bol. Inst. Quim. Univ. Mexico	Boletin del Instituto de Química de la Universidad Nacional Autónoma de México
Boll. Accad. Gioenia Catania	Bollettino delle Sedute dell' Accademia Gioenia di Scienze Naturali in Catania
Boll. chim. farm.	Bollettino chimico farmaceutico
Boll. Ist. sieroterap. milanese	Bollettino dell'Istituto Sieroterapico Milanese
Boll. scient. Fac. Chim. ind. Bologna	Bollettino Scientifico della Facoltà di Chimica Industriale dell'Università di Bologna
Boll. Sez. ital. Soc. int. Microbiol.	Bolletino della Sezione Italiana della Società Internazionale di Microbiologia
Boll. Soc. eustach. Camerino	Bollettino della Società Eustachiana degli Istituti Scientifici dell'Università di Camerino
Boll. Soc. ital. Biol.	Bollettino della Società Italiana di Biologia sperimentale
Boll. Soc. Nat. Napoli	Bollettino della Societá dei Naturalisti in Napoli
Boll. Zool. agrar. Bachicoltura	Bollettino di Zoologia agraria e Bachicoltura, Università degli Studi di Milano
Bol. Minist. Agric. Brazil	Boletim do Ministério da Agricultura, Brazil
Bol. Minist. Sanidad Asist. soc.	Boletin del Ministerio de Sanidad y Asistencia Social Venezuela
Bol. ofic. Asoc. Quim. Puerto Rico	Boletin oficial de la Asociación de Químicos de Puerto Rico
Bol. Soc. Biol. Santiago Chile	Boletin de la Sociedad de Biologia de Santiago de Chile
Bol. Soc. chilena Quim.	Boletin de la Sociedad Chilena de Química
Bol. Soc. quim. Peru	Boletin de la Sociedad química del Peru
Bot. Arch.	Botanisches Archiv
Bot. Gaz.	Botanical Gazette. Chicago, Ill.
Bot. Mag. Japan	Botanical Magazine. Tokyo [Shokubutsugaku Zasshi]
Bot. Rev.	Botanical Review. Lancaster, Pa.
Bot. Ž.	Botaničeskij Žurnal. Leningrad
Bräuer-D'Ans	Fortschritte in der Anorganisch-chemischen Industrie. Herausg. von *A. Bräuer* u. *J. D'Ans*
Braunkohlenarch.	Braunkohlenarchiv. Halle/Saale
Brennerei-Ztg.	Brennerei-Zeitung
Brennstoffch.	Brennstoff-Chemie
Brit. Abstr.	British Abstracts
Brit. ind. Finish.	British Industrial Finishing
Brit. J. exp. Path.	British Journal of Experimental Pathology
Brit. J. ind. Med.	British Journal of Industrial Medicine

Kürzung	Titel
Brit. J. Nutrit.	British Journal of Nutrition
Brit. J. Pharmacol. Chemotherapy	British Journal of Pharmacology and Chemotherapy
Brit. J. Phot.	British Journal of Photography
Brit. med. Bl.	British Medical Bulletin
Brit. med. J.	British Medical Journal
Brit. P.	Britisches Patent
Brit. Plastics	British Plastics
Brown Boveri Rev.	Brown Boveri Review. Bern
Bulet.	Buletinul de Chimie Pură si Aplicată al Societății Române de Chimie
Bulet. Cernăuți	Buletinul Facultății de Științe din Cernăuți
Bulet. Cluj	Buletinul Societății de Științe din Cluj
Bulet. Inst. Cerc. tehnol.	Buletinul Institutului Național de Cercetări Tehnologice
Bulet. Inst. politehn. Iași	Buletinul Institutului Politehnic din Iași
Bulet. Soc. Chim. România	Buletinul Societății de Chimie din România
Bulet. Soc. Şti. farm. România	Buletinul Societății de Științe farmaceutice din România
Bulet. Univ. Babeș-Bolyai	Buletinul Universitatilor „V. Babeș" și „Bolyai", Cluj Serie Științele Naturii
Bur. Mines Bl.	U. S. Bureau of Mines. Bulletins. Washington, D. C.
Bur. Mines Informat. Circ.	U. S. Bureau of Mines. Information Circulars
Bur. Mines Rep. Invest.	U. S. Bureau of Mines. Report of Investigations
Bur. Mines tech. Pap.	U. S. Bureau of Mines, Technical Papers
Bur. Stand. Circ.	U. S. National Bureau of Standards Circulars. Washington, D.C.
C.	Chemisches Zentralblatt
C. A.	Chemical Abstracts
Calif. Agric. Exp. Sta. Bl.	California Agricultural Experiment Station Bulletin
Calif. Citrograph	The California Citrograph
Calif. Inst. Technol. tech. Rep.	California Institute of Technology, Technical Report
Calif. Oil Wd.	California Oil World
Canad. Chem. Met.	Canadian Chemistry and Metallurgy (ab 22 [1938]):
Canad. Chem. Process Ind.	Canadian Chemistry and Process Industries
Canad. J. Biochem. Physiol.	Canadian Journal of Biochemistry and Physiology
Canad. J. Chem.	Canadian Journal of Chemistry
Canad. J. med. Technol.	Canadian Journal of Medical Technology
Canad. J. Microbiol.	Canadian Journal of Microbiology
Canad. J. Physics	Canadian Journal of Physics
Canad. J. Res.	Canadian Journal of Research
Canad. J. Technol.	Canadian Journal of Technology
Canad. med. Assoc. J.	Canadian Medical Association Journal
Canad. P.	Canadisches Patent
Canad. Textile J.	Canadian Textile Journal
Cancer Res.	Cancer Research. Chicago, Ill.
Caoutch. Guttap.	Caoutchouc et la Gutta-Percha
Carbohydrate Res.	Carbohydrate Research. Amsterdam
Caryologia	Caryologia. Giornale di Citologia, Citosistematica e Citogenetica. Florenz
Č. čsl. Lékárn.	Časopis Československého (ab V. 1939 Českého) Lékárnictva (Zeitschrift des tschechoslowakischen Apothekenwesens)

Kürzung	Titel
Cellulosech.	Cellulosechemie
Cellulose Ind. Tokyo	Cellulose Industry. Tokyo [Sen-i-so Kogyo]
Cereal Chem.	Cereal Chemistry. St. Paul, Minn.
Chaleur Ind.	Chaleur et Industrie
Chalmers Handl.	Chalmers Tekniska Högskolas Handlingar. Göteborg
Ch. Apparatur	Chemische Apparatur
Chem. Age India	Chemical Age of India
Chem. Age London	Chemical Age. London
Chem. and Ind.	Chemistry and Industry. London
Chem. Canada	Chemistry in Canada
Chem. Commun.	Chemical Communications. London
Chem. Eng.	Chemical Engineering. New York
Chem. Eng. Japan	Chemical Engineering Tokyo [Kagaku Kogaku]
Chem. eng. mining Rev.	Chemical Engineering and Mining Review. Melbourne
Chem. eng. News	Chemical and Engineering News. Washington, D.C.
Chem. eng. Progr.	Chemical Engineering Progress. New York
Chem. eng. Progr. Symp. Ser.	Chemical Engineering Progress Symposium Series
Chem. eng. Sci.	Chemical Engineering Science. Oxford
Chem. High Polymers Japan	Chemistry of High Polymers. Tokyo [Kobunshi Kagaku]
Chemia	Chemia. Revista de Centro Estudiantes universitarios de Química Buenos Aires
Chemie	Chemie
Chem. Industries	Chemical Industries. New York
Chemist-Analyst	Chemist-Analyst. Phillipsburg, N. J.
Chemist Druggist	Chemist and Druggist. London
Chemistry Taipei	Chemistry. Taipei [Hua Hsueh]
Chem. Letters	Chemistry Letters. Tokyo
Chem. Listy	Chemické Listy pro Vědu a Průmysl (Chemische Blätter für Wissenschaft und Industrie). Prag
Chem. met. Eng.	Chemical and Metallurgical Engineering. New York
Chem. News	Chemical News and Journal of Industrial Science. London
Chem. Obzor	Chemický Obzor (Chemische Rundschau). Prag
Chem. Penicillin 1949	The Chemistry of Penicillin. Herausg. von *H. T. Clarke, J. R. Johnson, R. Robinson*. Princeton, N. J. 1949
Chem. pharm. Bl.	Chemical and Pharmaceutical Bulletin. Tokyo
Chem. Products	Chemical Products and the Chemical News. London
Chem. Reviews	Chemical Reviews. Washington, D.C.
Chem. Soc. spec. Publ.	Chemical Society, Special Publication
Chem. Soc. Symp. Bristol 1958	Chemical Society Symposia Bristol 1958
Chem. Tech.	Chemische Technik. Leipzig
Chem. tech. Rdsch.	Chemisch-Technische Rundschau. Berlin
Chem. Trade J.	Chemical Trade Journal and Chemical Engineer. London
Chem. Weekb.	Chemisch Weekblad
Chem. Zvesti	Chemické Zvesti (Chemische Nachrichten). Pressburg
Ch. Fab.	Chemische Fabrik
Chim. anal.	Chimie analytique. Paris
Chim. et Ind.	Chimie et Industrie
Chim. farm. Promyšl.	Chimiko-farmacevtičeskaja Promyšlennost
Chimia	Chimia. Zürich
Chimica	Chimica. Mailand
Chimica e Ind.	Chimica e l'Industria. Mailand
Chimica Ind. Agric. Biol.	Chimica nell'Industria, nell'Agricoltura, nella Biologia e nelle Realizzazioni Corporative

Kürzung	Titel
Chimija chim. Technol.	Izvestija vysšich učebnych Zavedenij (IVUZ) (Nachrichten von Hochschulen und Lehranstalten); Chimija i chimičeskaja Technologija
Chimija geterocikl. Soedin.	Chimija Geterocikličeskich Soedinenii; englische Ausgabe: Chemistry of Heterocyclic Compounds U.S.S.R.
Chimija prirodn. Soedin.	Chimija Prirodnych Soedinenii; englische Ausgabe: Chemistry of Natural Compounds
Chimika Chronika	Chimika bzw. Chemika Chronika. Athen
Chimis. socialist. Seml.	Chimisacija Socialističeskogo Semledelija (Chemisation of Socialistic Agriculture)
Chim. Mašinostr.	Chimičeskoe Mašinostroenie
Chim. Nauka Promyšl.	Chimičeskaja Nauka i Promyšlennost
Chim. Promyšl.	Chimičeskaja Promyšlennost (Chemische Industrie)
Chimstroi	Chimstroi (Journal for Projecting and Construction of the Chemical Industry in U.S.S.R.)
Chim. tverd. Topl.	Chimija Tverdogo Topliva (Chemie der festen Brennstoffe)
Ch. Ing. Tech.	Chemie-Ingenieur-Technik
Chin. J. Physics	Chinese Journal of Physics
Chin. J. Physiol.	Chinese Journal of Physiology [Chung Kuo Sheng Li Hsueh Tsa Chih]
Chromatogr. Rev.	Chromatographic Reviews
Ch. Tech.	Chemische Technik (Fortsetzung von Chemische Fabrik)
Ch. Umschau Fette	Chemische Umschau auf dem Gebiet der Fette, Öle, Wachse und Harze
Ch. Z.	Chemiker-Zeitung
Ciencia	Ciencia. Mexico City
Ciencia e Invest.	Ciencia e Investigación. Buenos Aires
CIOS Rep.	Combined Intelligence Objectives Subcommittee Report
Citrus Leaves	Citrus Leaves. Los Angeles, Calif.
Č. Lékářu Českých	Časopis Lékářu Českých (Zeitschrift der tschechischen Ärzte)
Clin. Med.	Clinical Medicine (von 34 [1927] bis 47 Nr. 8 [1940]) and Surgery. Wilmette, Ill.
Clin. veterin.	Clinica Veterinaria e Rassegna di Polizia Sanitaria i Igiene
Coke and Gas	Coke and Gas. London
Cold Spring Harbor Symp. quant. Biol.	Cold Spring Harbor Symposia on Quantitative Biology
Collect.	Collection des Travaux Chimiques de Tchécoslovaquie; ab 16/17 [1951/52]: Collection of Czechoslovak Chemical Communications
Collegium	Collegium (Zeitschrift des Internationalen Vereins der Leder-Industrie-Chemiker). Darmstadt
Colliery Guardian	Colliery Guardian. London
Colloid Symp. Monogr.	Colloid Symposium Monograph
Coll. int. Centre nation. Rech. scient.	Colloques Internationaux du Centre National de la Recherche Scientifique
Combustibles	Combustibles. Zaragoza
Comment. biol. Helsingfors	Societas Scientiarum Fennica. Commentationes Biologicae. Helsingfors
Comment. phys. math. Helsingfors	Societas Scientiarum Fennica. Commentationes Physico-mathematicae. Helsingfors
Commun. Kamerlingh-Onnes Lab. Leiden	Communications from the Kamerlingh-Onnes Laboratory of the University of Leiden
Congr. int. Ind. Ferment. Gent 1947	Congres International des Industries de Fermentation, Conferences et Communications. Gent 1947
IX. Congr. int. Quim. Madrid 1934	IX. Congreso Internacional de Química Pura y Aplicada. Madrid 1934

Kürzung	Titel
II. Congr. mondial Pétr. Paris 1937	II. Congrès Mondial du Pétrole. Paris 1937
Contrib. Biol. Labor. Sci. Soc. China Zool. Ser.	Contributions from the Biological Laboratories of the Science Society of China Zoological Series
Contrib. Boyce Thompson Inst.	Contributions from Boyce Thompson Institute. Yonkers, N.Y.
Contrib. Inst. Chem. Acad. Peiping	Contributions from the Institute of Chemistry, National Academy of Peiping
Corrosion Anticorrosion	Corrosion et Anticorrosion
C. r.	Comptes Rendus Hebdomadaires des Séances de l'Académie des Sciences
C. r. Acad. Agric. France	Comptes Rendus Hebdomadaires des Séances de l'Académie d'Agriculture de France
C. r. Acad. Roum.	Comptes rendus des Séances de l'Académie des Sciences de Roumanie
C. r. 66. Congr. Ind. Gaz Lyon 1949	Compte Rendu du 66me Congrès de l'Industrie du Gaz, Lyon 1949
C. r. V. Congr. int. Ind. agric. Scheveningen 1937	Comptes Rendus du V. Congrès international des Industries agricoles, Scheveningen 1937
C. r. Doklady	Comptes Rendus (Doklady) de l'Académie des Sciences de l'U.R.S.S.
Croat. chem. Acta	Croatica Chemica Acta
C. r. Soc. Biol.	Comptes Rendus des Séances de la Société de Biologie et de ses Filiales
C. r. Soc. Phys. Genève	Compte Rendu des Séances de la Société de Physique et d'Histoire naturelle de Genève
C. r. Trav. Carlsberg	Comptes Rendus des Travaux du Laboratoire Carlsberg, Kopenhagen
C. r. Trav. Fac. Sci. Marseille	Comptes Rendus des Travaux de la Faculté des Sciences de Marseille
Čsl. Farm.	Československa Farmacie
Cuir tech.	Cuir Technique
Curierul farm.	Curierul Farmaceutic. Bukarest
Curr. Res. Anesth. Analg.	Current Researches in Anesthesia and Analgesia. Cleveland, Ohio
Curr. Sci.	Current Science. Bangalore
Cvetnye Metally	Cvetnye Metally (Nichteisenmetalle)
Dän. P.	Dänisches Patent
Danske Vid. Selsk. Biol. Skr.	Kongelige Danske Videnskabernes Selskab. Biologiske Skrifter
Danske Vid. Selsk. Math. fys. Medd.	Kongelige Danske Videnskabernes Selskab. Mathematisk-Fysiske Meddelelser
Danske Vid. Selsk. Mat. fys. Skr.	Kongelige Danske Videnskabernes Selskab. Matematisk-fysiske Skrifter
Danske Vid. Selsk. Skr.	Kongelige Danske Videnskabernes Selskabs Skrifter, Naturvidenskabelig og Mathematisk Afdeling
Dansk Tidsskr. Farm.	Dansk Tidsskrift for Farmaci
D. A. S.	Deutsche Auslegeschrift
D. B. P.	Deutsches Bundespatent
Dental Cosmos	Dental Cosmos. Chicago, Ill.
Destrukt. Gidr. Topl.	Destruktivnaja Gidrogenizacija Topliv
Discuss. Faraday Soc.	Discussions of the Faraday Society
Diss. Abstr.	Dissertation Abstracts (Microfilm Abstracts). Ann Arbor, Mich.
Diss. pharm.	Dissertationes Pharmaceuticae. Warschau

Kürzung	Titel
Doklady Akad. Armjansk. S.S.R.	Doklady Akademii Nauk Armjanskoj S.S.R.
Doklady Akad. Belorussk. S.S.R.	Doklady Akademii Nauk Belorusskoj S.S.R.
Doklady Akad. S.S.S.R.	Doklady Akademii Nauk S.S.S.R. (Comptes Rendus de l'Académie des Sciences de l'Union des Républiques Soviétiques Socialistes)
Doklady Akad. Tadžiksk. S.S.R.	Doklady Akademii Nauk Tadžikskoj S.S.R.
Doklady Akad. Uzbeksk. S.S.R.	Doklady Akademii Nauk Uzbekskoj S.S.R.
Doklady Bolgarsk. Akad.	Doklady Bolgarskoi Akademii Nauk (Comptes Rendus de l'Académie bulgare des Sciences)
Doklady Chem. N.Y.	Doklady Chemistry New York ab **148** [1963]. Englische Ausgabe von Doklady Akademii Nauk U.S.S.R.
Dragoco Rep.	Dragoco Report. Holzminden
D.R.B.P. Org. Chem. 1950—1951	Deutsche Reichs- und Bundespatente aus dem Gebiet der Organischen Chemie 1950—1951
D.R.P.	Deutsches Reichspatent
D.R.P. Org. Chem.	Deutsche Reichspatente aus dem Gebiete der Organischen Chemie 1939—1945. Herausg. von Farbenfabriken Bayer, Leverkusen
Drug cosmet. Ind.	Drug and Cosmetic Industry. New York
Drugs Oils Paints	Drugs, Oils & Paints. Philadelphia, Pa.
Dtsch. Apoth.-Ztg.	Deutsche Apotheker-Zeitung
Dtsch. Arch. klin. Med.	Deutsches Archiv für klinische Medizin
Dtsch. Ch. Ztschr.	Deutsche Chemiker-Zeitschrift
Dtsch. Essigind.	Deutsche Essigindustrie
Dtsch. Färber-Ztg.	Deutsche Färber-Zeitung
Dtsch. Lebensm.-Rdsch.	Deutsche Lebensmittel-Rundschau
Dtsch. med. Wschr.	Deutsche medizinische Wochenschrift
Dtsch. Molkerei-Ztg.	Deutsche Molkerei-Zeitung
Dtsch. Parf.-Ztg.	Deutsche Parfümerie-Zeitung
Dtsch. Z. ges. ger. Med.	Deutsche Zeitschrift für die gesamte gerichtliche Medizin
Dyer Calico Printer	Dyer and Calico Printer, Bleacher, Finisher and Textile Review; ab **71** Nr. 8 [1934]:
Dyer Textile Printer	Dyer, Textile Printer, Bleacher and Finisher. London
East Malling Res. Station ann. Rep.	East Malling Research Station, Annual Report. Kent
Econ. Bot.	Economic Botany. New York
Edinburgh med. J.	Edinburgh Medical Journal
Egypt. J. Chem.	Egyptian Journal of Chemistry
Egypt. pharm. Bl.	Egyptian Pharmaceutical Bulletin
Electroch. Acta	Electrochimica Acta. Oxford
Electrotech. J. Tokyo	Electrotechnical Journal. Tokyo
Electrotechnics	Electrotechnics. Bangalore
Elektr. Nachr.-Tech.	Elektrische Nachrichten-Technik
Elelm. Ipar	Élelmezési Ipar (Nahrungsmittelindustrie). Budapest
Empire J. exp. Agric.	Empire Journal of Experimental Agriculture. London
Endeavour	Endeavour. London
Endocrinology	Endocrinology. Boston bzw. Springfield, Ill.
Energia term.	Energia Termica. Mailand
Énergie	Énergie. Paris
Eng.	Engineering. London
Eng. Mining J.	Engineering and Mining Journal. New York

Kürzung	Titel
Enzymol.	Enzymologia. Holland
E. P.	s. Brit. P.
Erdöl Kohle	Erdöl und Kohle
Erdöl Teer	Erdöl und Teer
Ergebn. Biol.	Ergebnisse der Biologie
Ergebn. Enzymf.	Ergebnisse der Enzymforschung
Ergebn. exakt. Naturwiss.	Ergebnisse der Exakten Naturwissenschaften
Ergebn. Physiol.	Ergebnisse der Physiologie
Ernährung	Ernährung. Leipzig
Ernährungsf.	Ernährungsforschung. Berlin
Experientia	Experientia. Basel
Exp. Med. Surgery	Experimental Medicine and Surgery. New York
Exposés ann. Biochim. méd.	Exposés annuels de Biochimie médicale
Eẑegodnik Saratovsk. Univ.	Eẑegodnik Saratovskogo Universiteta
Fachl. Mitt. Öst. Tabakregie	Fachliche Mitteilungen der Österreichischen Tabakregie
Farbe Lack	Farbe und Lack
Farben Lacke Anstrichst.	Farben, Lacke, Anstrichstoffe
Farben-Ztg.	Farben-Zeitung
Farmacija Moskau	Farmacija. Moskau
Farmacija Sofia	Farmacija. Sofia
Farmaco	Il Farmaco Scienza e Tecnica. Pavia
Farmacognosia	Farmacognosia. Madrid
Farmacoterap. actual	Farmacoterapia actual. Madrid
Farmakol. Toksikol.	Farmakologija i Toksikologija
Farm. chilena	Farmacia Chilena
Farm. Farmakol.	Farmacija i Farmakologija
Farm. Glasnik	Farmaceutski Glasnik. Zagreb
Farm. ital.	Farmacista italiano
Farm. Notisblad	Farmaceutiskt Notisblad. Helsingfors
Farmacia nueva	Farmacia nueva Madrid
Farm. Revy	Farmacevtisk Revy. Stockholm
Farm. Ž.	Farmacevtičnij Žurnal
Faserforsch. Textiltech.	Faserforschung und Textiltechnik. Berlin
Federal Register	Federal Register. Washington, D. C.
Federation Proc.	Federation Proceedings. Washington, D.C.
Fermentf.	Fermentforschung
Fettch. Umschau	Fettchemische Umschau (ab **43** [1936]):
Fette Seifen	Fette und Seifen (ab **55** [1953]: Fette, Seifen, Anstrichmittel)
Feuerungstech.	Feuerungstechnik
FIAT Final Rep.	Field Information Agency, Technical, United States Group Control Council for Germany. Final Report
Finnish Paper Timber J.	Finnish Paper and Timber Journal
Finska Kemistsamf. Medd.	Finska Kemistsamfundets Meddelanden [Suomen Kemistiseuran Tiedonantoja]
Fischwirtsch.	Fischwirtschaft
Fish. Res. Board Canada Progr. Rep. Pacific Sta.	Fisheries Research Board of Canada, Progress Reports of the Pacific Coast Stations
Fisiol. Med.	Fisiologia e Medicina. Rom
Fiziol. Ž.	Fiziologičeskij Žurnal S.S.S.R.
Fiz. Sbornik Lvovsk. Univ.	Fizičeskij Sbornik, Lvovskij Gosudarstvennyj Universitet imeni I. Franko
Flora	Flora oder Allgemeine Botanische Zeitung

Kürzung	Titel
Folia pharmacol. japon.	Folia pharmacologica japonica
Food	Food. London
Food Manuf.	Food Manufacture. London
Food Res.	Food Research. Champaign, Ill.
Food Technol.	Food Technology. Champaign, Ill.
Foreign Petr. Technol.	Foreign Petroleum Technology
Forest Res. Inst. Dehra-Dun Bl.	Forest Research Institute Dehra-Dun Indian Forest Bulletin
Forest Sci.	Forest Science. Washington, D.C.
Forschg. Fortschr.	Forschungen und Fortschritte
Forschg. Ingenieurw.	Forschung auf dem Gebiete des Ingenieurwesens
Forschungsd.	Forschungsdienst. Zentralorgan der Landwirtschaftswissenschaft
Formosan Sci.	Formosan Science [Tai-Wan Ko Hsueh]
Fortschr. chem. Forsch.	Fortschritte der Chemischen Forschung
Fortschr. Ch. org. Naturst.	Fortschritte der Chemie Organischer Naturstoffe
Fortschr. Hochpolymeren-Forsch.	Fortschritte der Hochpolymeren-Forschung. Berlin
Fortschr. Min.	Fortschritte der Mineralogie. Stuttgart
Fortschr. Röntgenstr.	Fortschritte auf dem Gebiete der Röntgenstrahlen
Fortschr. Therap.	Fortschritte der Therapie
F. P.	Französisches Patent
Fr.	s. Z. anal. Chem.
France Parf.	La France et ses Parfums
Frdl.	Fortschritte der Teerfarbenfabrikation und verwandter Industriezweige. Begonnen von *P. Friedländer*, fortgeführt von *H. E. Fierz-David*
Fruit Prod. J.	Fruit Products Journal and American Vinegar Industry (ab **23** [1943]) and American Food Manufacturer
Fuel	Fuel in Science and Practice. London
Fuel Economist	Fuel Economist. London
Fukuoka Acta med.	Fukuoka Acta Medica [Fukuoka Igaku Zassi]
Furman Stud. Bl.	Furman Studies, Bulletin of Furman University
Fysiograf. Sällsk. Lund Förh.	Kungliga Fysiografiska Sällskapets i Lund Förhandlingar
Fysiograf. Sällsk. Lund Handl.	Kungliga Fysiografiska Sällskapets i Lund Handlingar
G.	Gazzetta Chimica Italiana
Garcia de Orta	Garcia de Orta. Review of the Overseas Research Council. Lissabon
Gas Age Rec.	Gas Age Record (ab **80** [1937]: Gas Age). New York
Gas J.	Gas Journal. London
Gas Los Angeles	Gas. Los Angeles, Calif.
Gasschutz Luftschutz	Gasschutz und Luftschutz
Gas-Wasserfach	Gas- und Wasserfach
Gas Wd.	Gas World. London
Gidroliz. lesochim. Promyšl.	Gidroliznaja i Lesochimičeskaja Promyšlennost (Hydrolyse- und Holzchemische Industrie)
Gen. Electric Rev.	General Electric Review. Schenectady, N.Y.
Gigiena Sanit.	Gigiena i Sanitarija
Giorn. Batteriol. Immunol.	Giornale di Batteriologia e Immunologia
Giorn. Biol. ind.	Giornale di Biologia industriale, agraria ed alimentare
Giorn. Chimici	Giornale dei Chimici
Giorn. Chim. ind. appl.	Giornale di Chimica industriale ed applicata

Kürzung	Titel
Giorn. Farm. Chim.	Giornale di Farmacia, di Chimica e di Scienze affini
Glasnik chem. Društva Beograd	Glasnik Chemiskog Društva Beograd; mit Bd. 11 [1940/46] Fortsetzung von
Glasnik chem. Društva Jugosl.	Glasnik Chemiskog Društva Kral'evine Jugoslavije (Bulletin de la Société Chimique du Royaume de Yougoslavie)
Glasnik Društva Hem. Tehnol. Bosne Hercegovine	Glasnik Društva Hemicara i Tehnologa Bosne i Hercegovine
Glasnik šumarskog Fak. Univ. Beograd	Glasnik Šumarskog Fakulteta, Univerzitet u Beogradu
Glückauf	Glückauf
Glutathione Symp.	Glutathione Symposium Ridgefield 1953; London 1958
Gmelin	Gmelins Handbuch der Anorganischen Chemie. 8. Aufl. Herausg. vom Gmelin-Institut
Godišnik Univ. Sofia	Godišnik na Sofijskija Universitet. II. Fiziko-matematičeski Fakultet (Annuaire de l'Université de Sofia. II. Faculté Physico-mathématique)
Gornyj Ž.	Gornyj Žurnal (Mining Journal). Moskau
Group. franç. Rech. aéronaut.	Groupement Français pour le Développement des Recherches Aéronautiques.
Gummi Ztg.	Gummi-Zeitung
Gynaecologia	Gynaecologia. Basel
H.	s. Z. physiol. Chem.
Helv.	Helvetica Chimica Acta
Helv. med. Acta	Helvetica Medica Acta
Helv. phys. Acta	Helvetica Physica Acta
Helv. physiol. Acta	Helvetica Physiologica et Pharmacologica Acta
Het Gas	Het Gas. den Haag
Hilgardia	Hilgardia. A Journal of Agricultural Science. Berkeley, Calif.
Hochfrequenztech. Elektroakustik	Hochfrequenztechnik und Elektroakustik
Holzforschung	Holzforschung. Berlin
Holz Roh- u. Werkst.	Holz als Roh- und Werkstoff. Berlin
Houben-Weyl	*Houben-Weyl*, Methoden der Organischen Chemie. 3. Aufl. bzw. 4. Aufl. Herausg. von *E. Müller*
Hung. Acta chim.	Hungarica Acta Chimica
Ind. agric. aliment.	Industries agricoles et alimentaires
Ind. Chemist	Industrial Chemist and Chemical Manufacturer. London
Ind. chim. belge	Industrie Chimique Belge
Ind. chimica	L'Industria Chimica. Il Notiziario Chimico-industriale
Ind. chimique	Industrie Chimique
Ind. Corps gras	Industries des Corps gras
Ind. eng. Chem.	Industrial and Engineering Chemistry. Industrial Edition. Washington, D.C.
Ind. eng. Chem. Anal.	Industrial and Engineering Chemistry. Analytical Edition
Ind. eng. Chem. News	Industrial and Engineering Chemistry. News Edition
Ind. eng. Chem. Process Design. Devel.	Industrial and Engineering Chemistry, Process Design and Development
Indian Forest Rec.	Indian Forest Records
Indian J. agric. Sci.	Indian Journal of Agricultural Science
Indian J. Chem.	Indian Journal of Chemistry
Indian J. med. Res.	Indian Journal of Medical Research
Indian J. Pharm.	Indian Journal of Pharmacy

Kürzung	Titel
Indian J. Physics	Indian Journal of Physics and Proceedings of the Indian Association for the Cultivation of Science
Indian J. veterin. Sci.	Indian Journal of Veterinary Science and Animal Husbandry
Indian Lac Res. Inst. Bl.	Indian Lac Research Institute, Bulletin
Indian Soap J.	Indian Soap Journal
Indian Sugar	Indian Sugar
India Rubber J.	India Rubber Journal. London
India Rubber Wd.	India Rubber World. New York
Ind. Med.	Industrial Medicine. Chicago, Ill.
Ind. Parfum.	Industrie de la Parfumerie
Ind. Plastiques	Industries des Plastiques
Ind. Química	Industria y Química. Buenos Aires
Ind. saccar. ital.	Industria saccarifera Italiana
Ind. textile	Industrie textile. Paris
Informe Estación exp. Puerto Rico	Informe de la Estación experimental de Puerto Rico
Inform. Quim. anal.	Información de Química analitica. Madrid
Ing. Chimiste Brüssel	Ingénieur Chimiste. Brüssel
Ing. Nederl.-Indië	Ingenieur in Nederlandsch-Indië
Ing. Vet. Akad. Handl.	Ingeniörs vetenskaps akademiens Handlingar. Stockholm
Inorg. Chem.	Inorganic Chemistry. Washington, D.C.
Inorg. chim. Acta	Inorganica Chimica Acta. Padua
Inorg. Synth.	Inorganic Syntheses. New York
Inst. cubano Invest. tecnol.	Instituto Cubano de Investigaciones Tecnológicas, Serie de Estudios sobre Trabajos de Investigación
Inst. Gas Technol. Res. Bl.	Institute of Gas Technology, Research Bulletin. Chicago, Ill.
Inst. nacion. Tec. aeronaut. Madrid Comun.	I.N.T.A. = Instituto Nacional de Técnica Aeronáutica. Madrid. Comunicadó
2. Int. Conf. Biochem. Probl. Lipids Gent 1955	Biochemical Problems of Lipids, Proceedings of the 2. International Conference Gent 1955
Int. Congr. Microbiol. ... Abstr.	International Congress for Microbiology (III. New York 1939; IV. Kopenhagen 1947), Abstracts bzw. Report of Proceedings
Int. J. Air Pollution	International Journal of Air Pollution
XIV. Int. Kongr. Chemie Zürich 1955	XIV. Internationaler Kongress für Chemie, Zürich 1955
Int. landwirtsch. Rdsch.	Internationale landwirtschaftliche Rundschau
Int. Sugar J.	International Sugar Journal. London
Int. Z. Vitaminf.	Internationale Zeitschrift für Vitaminforschung. Bern
Ion	Ion. Madrid
Iowa Coll. agric. Exp. Station Res. Bl.	Iowa State College of Agriculture and Mechanic Arts, Agricultura Experiment Station, Research Bulletin
Iowa Coll. J.	Iowa State College Journal of Science
Israel J. Chem.	Israel Journal of Chemistry
Ital. P.	Italienisches Patent
I.V.A.	Ingeniörsvetenskapsakademien. Tidskrift för teknisk-vetenskaplig Forskning. Stockholm
Izv. Akad. Kazachsk. S.S.R.	Izvestija Akademii Nauk Kazachskoi S.S.R.
Izv. Akad. Kirgizsk. S.S.R. Ser. estestv. tech.	Izvestija Akademii Nauk Kirgizskoj S.S.R. Serija Estestvennych i Techničeskich Nauk
Izv. Akad. S.S.S.R.	Izvestija Akademii Nauk S.S.S.R.; englische Ausgabe: Bulletin of the Academy of Science of the U.S.S.R.

Kürzung	Titel
Izv. Armjansk. Akad.	Izvestija Armjanskogo Filiala Akademii Nauk S.S.S.R.; ab 1944 Izvestija Akademii Nauk Armjanskoj S.S.R.
Izv. biol. Inst. Permsk. Univ.	Izvestija Biologičeskogo Naučno-issledovatelskogo Instituta pri Permskom Gosudarstvennom Universitete (Bulletin de l'Institut des Recherches Biologiques de Perm)
Izv. chim. Inst. Bulgarska Akad.	Izvestija na Chimičeskija Institut, Bulgarska Akademija na Naukite
Izv. Inst. fiz. chim. Anal.	Izvestija Instituta Fiziko-chimičeskogo Analiza
Izv. Inst. koll. Chim.	Izvestija Gosudarstvennogo Naučno-issledovatelskogo Instituta Kolloidnoj Chimii (Bulletin de l'Institut des Recherches scientifiques de Chimie colloidale à Voronège)
Izv. Inst. Platiny	Izvestija Instituta po Izučeniju Platiny (Annales de l'Institut du Platine)
Izv. Ivanovo-Vosnessensk. politech. Inst.	Izvestija Ivanovo-Vosnessenskij Politechničeskogo Instituta
Izv. Sektora fiz. chim. Anal.	Akademija Nauk S.S.S.R., Institut Obščej i Neorganičeskoj Chimii: Izvestija Sektora Fiziko-chimičeskogo Analiza (Institut de Chimie Générale: Annales du Secteur d'Analyse Physico-chimique)
Izv. Sektora Platiny	Izvestija Sektora Platiny i Drugich Blagorodnich Metallov, Institut Obščej i Neorganičeskoj Chimii
Izv. Sibirsk. Otd. Akad. S.S.S.R.	Izvestija Sibirskogo Otdelenija Akademii Nauk S.S.S.R.
Izv. Tomsk. ind. Inst.	Izvestija Tomskogo industrialnogo Instituta
Izv. Tomsk. politech. Inst.	Izvestija Tomskogo Politechničeskogo Instituta
Izv. Univ. Armenii	Izvestija Gosudarstvennogo Universiteta S.S.R. Armenii
Izv. Uralsk. politech. Inst.	Izvestija Uralskogo Politechničeskogo Instituta
J.	Liebig-Kopps Jahresbericht über die Fortschritte der Chemie
J. acoust. Soc. Am.	Journal of the Acoustical Society of America
J. agric. chem. Soc. Japan	Journal of the Agricultural Chemical Society of Japan
J. agric. Food Chem.	Journal of Agricultural and Food Chemistry. Washington, D.C.
J. Agric. prat.	Journal d'Agriculture pratique et Journal d'Agriculture
J. agric. Res.	Journal of Agricultural Research. Washington, D.C.
J. agric. Sci.	Journal of Agricultural Science. London
J. Alabama Acad.	Journal of the Alabama Academy of Science
J. Am. Leather Chemists Assoc.	Journal of the American Leather Chemists' Association
J. Am. med. Assoc.	Journal of the American Medical Association
J. Am. Oil Chemists Soc.	Journal of the American Oil Chemists' Society
J. Am. pharm. Assoc.	Journal of the American Pharmaceutical Association. Scientific Edition
J. Am. Soc. Agron.	Journal of the American Society of Agronomy
J. Am. Water Works Assoc.	Journal of the American Water Works Association
J. Annamalai Univ.	Journal of the Annamalai University. Indien
J. Antibiotics Japan	Journal of Antibiotics. Tokyo
Japan Analyst	Japan Analyst [Bunseki Kagaku]
Japan. J. Bot.	Japanese Journal of Botany
Japan. J. exp. Med.	Japanese Journal of Experimental Medicine
Japan. J. med. Sci.	Japanese Journal of Medical Sciences
Japan. J. Obstet. Gynecol.	Japanese Journal of Obstetrics and Gynecology

Kürzung	Titel
Japan. J. Pharm. Chem.	Japanese Journal of Pharmacy and Chemistry [Yakugaku Kenkyu]
Japan. J. Physics	Japanese Journal of Physics
Japan. med. J.	Japanese Medical Journal
Japan. P.	Japanisches Patent
J. appl. Chem.	Journal of Applied Chemistry. London
J. appl. Chem. U.S.S.R.	Journal of Applied Chemistry of the U.S.S.R. Englische Übersetzung von Žurnal Prikladnoj Chimii
J. appl. Mechanics	Journal of Applied Mechanics. Easton, Pa.
J. appl. Physics	Journal of Applied Physics. New York
J. appl. Polymer Sci.	Journal of Applied Polymer Science. New York
J. Assoc. agric. Chemists	Journal of the Association of Official Agricultural Chemists. Washington, D.C.
J. Assoc. Eng. Architects Palestine	Journal of the Association of Engineers and Architects in Palestine
J. Austral. Inst. agric. Sci.	Journal of the Australian Institute of Agricultural Science
J. Bacteriol.	Journal of Bacteriology. Baltimore, Md.
Jb. brennkrafttech. Ges.	Jahrbuch der Brennkrafttechnischen Gesellschaft
Jber. chem.-tech. Reichsanst.	Jahresbericht der Chemisch-technischen Reichsanstalt
Jber. Pharm.	Jahresbericht der Pharmazie
J. Biochem. Tokyo	Journal of Biochemistry. Tokyo [Seikagaku]
J. biol. Chem.	Journal of Biological Chemistry. Baltimore, Md.
J. Biophysics Tokyo	Journal of Biophysics. Tokyo
Jb. phil. Fak. II Univ. Bern	Jahrbuch der philosophischen Fakultät II der Universität Bern
Jb. Radioakt. Elektronik	Jahrbuch der Radioaktivität und Elektronik
Jb. wiss. Bot.	Jahrbücher für wissenschaftliche Botanik
J. cellular compar. Physiol.	Journal of Cellular and Comparative Physiology
J. chem. Educ.	Journal of Chemical Education. Washington, D.C.
J. chem. Eng. China	Journal of Chemical Engineering. China
J. chem. eng. Data	Journal of the Chemical and Engineering Data Series; ab **4** [1959] Journal of Chemical and Engineering Data
J. chem. met. min. Soc. S. Africa	Journal of the Chemical, Metallurgical and Mining Society of South Africa
J. Chemotherapy	Journal of Chemotherapy and Advanced Therapeutics
J. chem. Physics	Journal of Chemical Physics. New York
J. chem. Soc. Japan Ind. Chem. Sect. Pure Chem. Sect.	Journal of the Chemical Society of Japan; 1948—1971: Industrial Chemistry Section [Kogyo Kagaku Zasshi] und Pure Chemistry Section [Nippon Kagaku Zasshi]
J. Chim. phys.	Journal de Chimie Physique
J. Chin. agric. chem. Soc.	Journal of the Chinese Agricultural Chemical Society
J. Chin. chem. Soc.	Journal of the Chinese Chemical Society. Peking; Serie II Taiwan
J. Chromatography	Journal of Chromatography. Amsterdam
J. clin. Endocrin.	Journal of Clinical Endocrinology (ab **12** [1952]) and Metabolism. Springfield, Ill.
J. clin. Invest.	Journal of Clinical Investigation. Cincinnati, Ohio
J. Colloid Sci.	Journal of Colloid Science. New York
J. Coun. scient. ind. Res. Australia	Commonwealth of Australia. Council for Scientific and Industrial Research. Journal
J. C. S. Chem. Commun.	
J. C. S. Dalton	Aufteilung ab 1972 des Journal of the Chemical Society. London
J. C. S. Faraday	
J. C. S. Perkin	

Kürzung	Titel
J. Dairy Res.	Journal of Dairy Research. London
J. Dairy Sci.	Journal of Dairy Science. Columbus, Ohio
J. dental Res.	Journal of Dental Research. Columbus, Ohio
J. Dep. Agric. Kyushu Univ.	Journal of the Department of Agriculture, Kyushu Imperial University
J. Dep. Agric. S. Australia	Journal of the Department of Agriculture of South Australia
J. econ. Entomol.	Journal of Economic Entomology. Baltimore, Md.
J. electroch. Assoc. Japan	Journal of the Electrochemical Association of Japan
J. E. Mitchell scient. Soc.	Journal of the Elisha Mitchell Scientific Society Chapel Hill, N.C.
J. Endocrin.	Journal of Endocrinology
Jernkontor. Ann.	Jernkontorets Annaler
J. europ. Stéroides	Journal Européen des Stéroides
J. exp. Biol.	Journal of Experimental Biology. London
J. exp. Med.	Journal of Experimental Medicine. Baltimore, Md.
J. Fabr. Sucre	Journal des Fabricants de Sucre
J. Fac. Agric. Hokkaido	Journal of the Faculty of Agriculture, Hokkaido University
J. Fac. Agric. Kyushu Univ.	Journal of the Faculty of Agriculture, Kyushu University
J. Fac. Sci. Hokkaido	Journal of the Faculty of Science, Hokkaido University
J. Fac. Sci. Univ. Tokyo	Journal of the Faculty of Science, Imperial University of Tokyo
J. Fermentat. Technol. Japan	Journal of Fermentation Technology. Japan [Hakko Kogaku Zasshi]
J. Fish. Res. Board Canada	Journal of the Fisheries Research Board of Canada
J. Four électr.	Journal du Four électrique et des Industries électrochimiques
J. Franklin Inst.	Journal of the Franklin Institute. Philadelphia, Pa.
J. Fuel Soc. Japan	Journal of the Fuel Society of Japan [Nenryo Kyokaishi]
J. gen. appl. Microbiol. Tokyo	Journal of General and Applied Microbiology. Tokyo
J. gen. Chem. U.S.S.R.	Journal of General Chemistry of the U.S.S.R. Englische Übersetzung von Žurnal Obščej Chimii
J. gen. Microbiol.	Journal of General Microbiology. London
J. gen. Physiol.	Journal of General Physiology. Baltimore, Md.
J. heterocycl. Chem.	Journal of Heterocyclic Chemistry. Albuquerque, N. Mex.
J. Hyg.	Journal of Hygiene. London
J. Immunol.	Journal of Immunology. Baltimore, Md.
J. ind. Hyg.	Journal of Industrial Hygiene and Toxicology. Baltimore, Md.
J. Indian chem. Soc.	Journal of the Indian Chemical Society
J. Indian chem. Soc. News	Journal of the Indian Chemical Society; Industrial and News Edition
J. Indian Inst. Sci.	Journal of the Indian Institute of Science
J. inorg. Chem. U.S.S.R.	Journal of Inorganic Chemistry of the U.S.S.R. Englische Übersetzung von Žurnal Neorganičeskoj Chimii **1 – 3**
J. inorg. nuclear Chem.	Journal of Inorganic and Nuclear Chemistry. London
J. Inst. Brewing	Journal of the Institute of Brewing. London
J. Inst. electr. Eng. Japan	Journal of the Institute of the Electrical Engineers. Japan
J. Inst. Fuel	Journal of the Institute of Fuel. London
J. Inst. Petr.	Journal of the Institute of Petroleum. London (ab **25** [1939]) Fortsetzung von:
J. Inst. Petr. Technol.	Journal of the Institution of Petroleum Technologists. London

Kürzung	Titel
J. Inst. Polytech. Osaka City Univ.	Journal of the Institute of Polytechnics, Osaka City University
J. int. Soc. Leather Trades Chemists	Journal of the International Society of Leather Trades' Chemists
J. Iowa State med. Soc.	Journal of the Iowa State Medical Society
J. Japan. biochem. Soc.	Journal of Japanese Biochemical Society [Nippon Seikagaku Kaishi]
J. Japan. Bot.	Journal of Japanese Botany [Shokubutsu Kenkyu Zasshi]
J. Japan. Chem.	Journal of Japanese Chemistry [Kagaku No Ryoiki]
J. Japan Soc. Colour Mat.	Journal of the Japan Society of Colour Material
J. Japan. Soc. Food Nutrit.	Journal of the Japanese Society of Food and Nutrition [Eiyo to Shokuryo]
J. Japan Wood Res. Soc.	Journal of the Japan Wood Research Society [Nippon Mokuzai Gakkaishi]
J. Karnatak Univ.	Journal of the Karnatak University
J. Korean chem. Soc.	Journal of the Korean Chemical Society
J. Kumamoto Womens Univ.	Journal of Kumamoto Women's University [Kumamoto Joshi Daigaku Gakujitsu Kiyo]
J. Labor. clin. Med.	Journal of Laboratory and Clinical Medicine. St. Louis, Mo.
J. Lipid Res.	Journal of Lipid Research. New York
J. Madras Univ.	Journal of the Madras University
J. Maharaja Sayajirao Univ. Baroda	Journal of the Maharaja Sayajirao University of Baroda
J. makromol. Ch.	Journal für Makromolekulare Chemie
J. Marine Res.	Journal of Marine Research. New Haven, Conn.
J. med. Chem.	Journal of Medicinal Chemistry. Easton, Pa. Fortsetzung von:
J. med. pharm. Chem.	Journal of Medicinal and Pharmaceutical Chemistry. New York
J. Missouri State med. Assoc.	Journal of the Missouri State Medical Association
J. mol. Spectr.	Journal of Molecular Spectroscopy. New York
J. Mysore Univ.	Journal of the Mysore University; ab 1940 unterteilt in A. Arts und B. Science incl. Medicine and Engineering
J. nation. Cancer Inst.	Journal of the National Cancer Institute, Washington, D.C.
J. nerv. mental Disease	Journal of Nervous and Mental Disease. New York
J. New Zealand Inst. Chem.	Journal of the New Zealand Institute of Chemistry
J. Nutrit.	Journal of Nutrition. Philadelphia, Pa.
J. Oil Chemists Soc. Japan	Journal of the Oil Chemists' Society. Japan [Yushi Kagaku Kyokaishi]
J. Oil Colour Chemists Assoc.	Journal of the Oil & Colour Chemists' Association. London
J. Okayama med. Soc.	Journal of the Okayama Medical Society [Okayama-Igakkai-Zasshi]
J. opt. Soc. Am.	Journal of the Optical Society of America
J. organomet. Chem.	Journal of Organometallic Chemistry. Amsterdam
J. org. Chem.	Journal of Organic Chemistry. Baltimore, Md.
J. org. Chem. U.S.S.R.	Journal of Organic Chemistry of the U.S.S.R. Englische Übersetzung von Žurnal organičeskoi Chimii
J. oriental Med.	Journal of Oriental Medicine. Manchu
J. Osmania Univ.	Journal of the Osmania University. Heiderabad
Journée Vinicole-Export	Journée Vinicole-Export
J. Path. Bact.	Journal of Pathology and Bacteriology. Edinburgh
J. Penicillin Tokyo	Journal of Penicillin. Tokyo

Kürzung	Titel
J. Petr. Technol.	Journal of Petroleum Technology. New York
J. Pharmacol. exp. Therap.	Journal of Pharmacology and Experimental Therapeutics. Baltimore, Md.
J. pharm. Assoc. Siam	Journal of the Pharmaceutical Association of Siam
J. Pharm. Belg.	Journal de Pharmacie de Belgique
J. Pharm. Chim.	Journal de Pharmacie et de Chimie
J. Pharm. Pharmacol.	Journal of Pharmacy and Pharmacology. London
J. pharm. Sci.	Journal of Pharmaceutical Sciences. Washington, D.C.
J. pharm. Soc. Japan	Journal of the Pharmaceutical Society of Japan [Yakugaku Zasshi]
J. phys. Chem.	Journal of Physical (1947—51 & Colloid) Chemistry. Washington, D.C.
J. Physics U.S.S.R.	Journal of Physics. Academy of Sciences of the U.S.S.R.
J. Physiol. London	Journal of Physiology. London
J. physiol. Soc. Japan	Journal of the Physiological Society of Japan [Nippon Seirigaku Zasshi]
J. Phys. Rad.	Journal de Physique et le Radium
J. phys. Soc. Japan	Journal of the Physical Society of Japan
J. Polymer Sci.	Journal of Polymer Science. New York
J. pr.	Journal für Praktische Chemie
J. Pr. Inst. Chemists India	Journal and Proceedings of the Institution of Chemists, India
J. Pr. Soc. N.S. Wales	Journal and Proceedings of the Royal Society of New South Wales
J. Recherches Centre nation.	Journal des Recherches du Centre National de la Recherche Scientifique, Laboratoires de Bellevue
J. Res. Bur. Stand.	Bureau of Standards Journal of Research; ab 13 [1934] Journal of Research of the National Bureau of Standards. Washington, D.C.
J. Rheol.	Journal of Rheology
J. roy. horticult. Soc.	Journal of the Royal Horticultural Society
J. roy. tech. Coll.	Journal of the Royal Technical College. Glasgow
J. Rubber Res.	Journal of Rubber Research. Croydon, Surrey
J. S. African chem. Inst.	Journal of the South African Chemical Institute
J. S. African veterin. med. Assoc.	Journal of the South African Veterinary Medical Association
J. scient. ind. Res. India	Journal of Scientific and Industrial Research, India
J. scient. Instruments	Journal of Scientifics Instruments. London
J. scient. Labor. Denison Univ.	Journal of the Scientific Laboratories, Denison University. Granville, Ohio
J. scient. Res. Inst. Tokyo	Journal of the Scientific Research Institute. Tokyo
J. Sci. Food Agric.	Journal of the Science of Food and Agriculture. London
J. Sci. Hiroshima Univ.	Journal of Science of the Hiroshima University
J. Sci. Soil Manure Japan	Journal of the Science of Soil and Manure, Japan [Nippon Dojo Hiryogaku Zasshi]
J. Sci. Technol. India	Journal of Science and Technology, India
J. Shanghai Sci. Inst.	Journal of the Shanghai Science Institute
J. Soc. chem. Ind.	Journal of the Society of Chemical Industry. London
J. Soc. chem. Ind. Japan	Journal of the Society of Chemical Industry, Japan [Kogyo Kwagaku Zasshi]
J. Soc. chem. Ind. Japan Spl.	Journal of the Society of Chemical Industry, Japan. Supplemental Binding
J. Soc. cosmet. Chemists	Journal of the Society of Cosmetic Chemists. Oxford
J. Soc. Dyers Col.	Journal of the Society of Dyers and Colourists. Bradford, Yorkshire

Kürzung	Titel
J. Soc. Leather Trades Chemists	Journal of the (von **9** Nr. 10 [1925] — **31** [1947] International) Society of Leather Trades' Chemists
J. Soc. org. synth. Chem. Japan	Journal of the Society of Organic Synthetic Chemistry, Japan [Yuki Gosei Kagaku Kyokaishi]
J. Soc. Rubber Ind. Japan	Journal of the Society of Rubber Industry of Japan [Nippon Gomu Kyokaishi]
J. Soc. trop. Agric. Taihoku Univ.	Journal of the Society of Tropical Agriculture Taihoku University
J. Soc. west. Australia	Journal of the Royal Society of Western Australia
J. State Med.	Journal of State Medicine. London
J. Taiwan pharm. Assoc.	Journal of the Taiwan Pharmaceutical Association [T'ai-Wan Yao Hsueh Tsa Chih]
J. Tennessee Acad.	Journal of the Tennessee Academy of Science
J. Textile Inst.	Journal of the Textile Institute, Manchester
J. Tokyo chem. Soc.	Journal of the Tokyo Chemical Society [Tokyo Kagakukai Shi]
J. trop. Med. Hyg.	Journal of Tropical Medicine and Hygiene. London
Jugosl. P.	Jugoslawisches Patent
J. Univ. Bombay	Journal of the University of Bombay
J. Univ. Poona	Journal of the University of Poona
J. Urol.	Journal of Urology. Baltimore, Md.
J. Usines Gaz	Journal des Usines à Gaz
J. Vitaminol. Japan	Journal of Vitaminology. Osaka bzw. Kyoto
J. Washington Acad.	Journal of the Washington Academy of Sciences
Kali	Kali, verwandte Salze und Erdöl
Kaučuk Rez.	Kaučuk i Rezina (Kautschuk und Gummi)
Kautschuk	Kautschuk. Berlin
Kautschuk Gummi	Kautschuk und Gummi
Keemia Teated	Keemia Teated (Chemie-Nachrichten). Tartu
Kem. Maanedsb.	Kemisk Maanedsblad og Nordisk Handelsblad for Kemisk Industri. Kopenhagen
Kimya Ann.	Kimya Annali. Istanbul
Kirk-Othmer	Encyclopedia of Chemical Technology. 1. Aufl. herausg. von *R. E. Kirk* u. *D. F. Othmer*; 2. Aufl. von *A. Standen, H. F. Mark, J. M. McKetta, D. F. Othmer*
Klepzigs Textil-Z.	Klepzigs Textil-Zeitschrift
Klin. Med. S.S.S.R.	Kliničeskaja Medicina S.S.S.R.
Klin. Wschr.	Klinische Wochenschrift
Koks Chimija	Koks i Chimija
Koll. Beih.	Kolloidchemische Beihefte; ab **33** [1931] Kolloid-Beihefte
Koll. Z.	Kolloid-Zeitschrift
Koll. Žurnal	Kolloidnyi Žurnal
Konserv. Plod. Promyšl.	Konservnaja i Plodoovoščnaja Promyšlennost (Konserven, Früchte- und Gemüse-Industrie)
Korros. Metallschutz	Korrosion und Metallschutz
Kraftst.	Kraftstoff
Kulturpflanze	Die Kulturpflanze. Berlin
Kumamoto med. J.	Kumamoto Medical Journal
Kumamoto pharm. Bl.	Kumamoto Pharmaceutical Bulletin
Kunstsd.	Kunstseide
Kunstsd. Zellw.	Kunstseide und Zellwolle
Kunstst.	Kunststoffe
Kunstst.-Tech.	Kunststoff-Technik und Kunststoff-Anwendung
Labor. Praktika	Laboratornaja Praktika (La Pratique du Laboratoire)

Kürzung	Titel
Lait	Lait. Paris
Lancet	Lancet. London
Landolt-Börnstein	*Landolt-Börnstein.* 5. Aufl.: Physikalisch-chemische Tabellen. Herausg. von *W. A. Roth* und *K. Scheel*. — 6. Aufl.: Zahlenwerte und Funktionen aus Physik, Chemie, Astronomie, Geophysik und Technik. Herausg. von *A. Eucken*
Landw. Jb.	Landwirtschaftliche Jahrbücher
Landw. Jb. Schweiz	Landwirtschaftliches Jahrbuch der Schweiz
Landw. Versuchsstat.	Die landwirtschaftlichen Versuchs-Stationen
Lantbruks Högskol. Ann.	Kungliga Lantbrusk-Högskolans Annaler
Latvijas Akad. mežsaimn. Probl. Inst. Raksti	Latvijas P.S.R. Zinātņu Akademija, Mežsaimniecibas Problemu Instituta Raksti
Latvijas Akad. Vēstis	Latvijas P.S.R. Zinātņu Akademijas Vēstis
Leder	Das Leder
Lesochim. Promyšl.	Lesochimičeskaja Promyšlennost (Holzchemische Industrie)
Lietuvos Akad. Darbai	Lietuvos TSR Mokslų Akademijos Darbai
Listy cukrovar.	Listy Cukrovarnické (Blätter für die Zuckerindustrie). Prag
M.	Monatshefte für Chemie. Wien
Machinery New York	Machinery. New York
Magyar biol. Kutatointezet Munkai	Magyar Biologiai Kutatóintézet Munkái (Arbeiten des ungarischen biologischen Forschungs-Instituts in Tihany)
Magyar gyogysz. Tars. Ert.	Magyar Gyógyszerésztudományi Társaság Értesitöje (Berichte der Ungarischen Pharmazeutischen Gesellschaft)
Magyar kem. Folyoirat	Magyar Kémiai Folyóirat (Ungarische Zeitschrift für Chemie)
Magyar kem. Lapja	Magyar Kémikusok Lapja (Zeitschrift des Vereins Ungarischer Chemiker)
Magyar orvosi Arch.	Magyar Orvosi Archiwum (Ungarisches medizinisches Archiv)
Makromol. Ch.	Makromolekulare Chemie
Manuf. Chemist	Manufacturing Chemist and Pharmaceutical and Fine Chemical Trade Journal. London
Margarine-Ind.	Margarine-Industrie
Maslob. žir. Delo	Maslobojno-žirovoe Delo (Öl- und Fett-Industrie)
Materials chem. Ind. Tokyo	Materials for Chemical Industry. Tokyo [Kagaku Kogyo Shiryo]
Mat. grasses	Les Matières Grasses. — Le Pétrole et ses Dérivés
Math. nat. Ber. Ungarn	Mathematische und naturwissenschaftliche Berichte aus Ungarn
Mat. termeszettud. Ertesitö	Matematikai és Természettudományi Értesitö. A Magyar Tudományos Akadémia III. Osztályának Folyóirata (Mathematischer und naturwissenschaftlicher Anzeiger der Ungarischen Akademie der Wissenschaften)
Mech. Eng.	Mechanical Engineering. Easton, Pa.
Med. Ch. I. G.	Medizin und Chemie. Abhandlungen aus den Medizinisch-chemischen Forschungsstätten der I. G. Farbenindustrie AG.
Medd. norsk farm. Selsk.	Meddelelser fra Norsk Farmaceutisk Selskap
Meded. vlaam. Acad.	Mededeelingen van de Koninklijke Vlaamsche Academie voor Wetenschappen, Letteren en Schoone Kunsten van Belgie, Klasse der Wetenschappen
Medicina Buenos Aires	Medicina. Buenos Aires
Med. J. Australia	Medical Journal of Australia
Med. Klin.	Medizinische Klinik
Med. Promyšl.	Medicinskaja Promyšlennost S.S.S.R.

Kürzung	Titel
Med. sperim. Arch. ital.	Medicina sperimentale Archivio italiano
Med. Welt	Medizinische Welt
Melliand Textilber.	Melliand Textilberichte
Mem. Acad. Barcelona	Memorias de la real Academia de Ciencias y Artes de Barcelona
Mém. Acad. Belg. 8°	Académie Royale de Belgique, Classe des Sciences: Mémoires. Collection in 8°
Mem. Accad. Bologna	Memorie della Reale Accademia delle Scienze dell'Istituto di Bologna. Classe di Scienze Fisiche
Mem. Accad. Italia	Memorie della Reale Accademia d'Italia. Classe di Scienze Fisiche, Matematiche e Naturali
Mem. Accad. Lincei	Memorie della Reale Accademia Nazionale dei Lincei. Classe di Scienze Fisiche, Matematiche e Naturali. Sezione II: Fisica, Chimica, Geologia, Palaeontologia, Mineralogia
Mém. Artillerie franç.	Mémorial de l'Artillerie française. Sciences et Techniques de l'Armament
Mem. Asoc. Tecn. azucar. Cuba	Memoria de la Asociación de Técnicos Azucareros de Cuba
Mem. Coll. Agric. Kyoto Univ.	Memoirs of the College of Agriculture, Kyoto Imperial University
Mem. Coll. Eng. Kyushu Univ.	Memoirs of the College of Engineering, Kyushu Imperial University
Mem. Coll. Sci. Kyoto Univ.	Memoirs of the College of Science, Kyoto Imperial University
Mem. Fac. Agric. Kagoshima Univ.	Memoirs of the Faculty of Agriculture, Kagoshima University
Mem. Fac. Eng. Kyoto Univ.	Memoirs of the Faculty of Engeneering Kyoto University
Mem. Fac. Eng. Kyushu Univ.	Memoirs of the Faculty of Engineering, Kyushu University
Mem. Fac. Sci. Eng. Waseda Univ.	Memoirs of the Faculty of Science and Engineering. Waseda University, Tokyo
Mem. Fac. Sci. Kyushu Univ.	Memoirs of the Faculty of Science, Kyushu University
Mém. Inst. colon. belge 8°	Institut Royal Colonial Belge, Section des Sciences naturelles et médicales, Mémoires, Collection in 8°
Mem. Inst. O. Cruz	Memórias do Instituto Oswaldo Cruz. Rio de Janeiro
Mem. Inst. scient. ind. Res. Osaka Univ.	Memoirs of the Institute of Scientific and Industrial Research, Osaka University
Mem. N.Y. State agric. Exp. Sta.	Memoirs of the N.Y. State Agricultural Experiment Station
Mém. Poudres	Mémorial des Poudres
Mem. Ryojun Coll. Eng.	Memoirs of the Ryojun College of Engineering. Mandschurei
Mem. School Eng. Okayama Univ.	Memoirs of the School of Engeneering, Okayama University
Mém. Services chim.	Mémorial des Services Chimiques de l'État
Mém. Soc. Sci. Liège	Mémoires de la Société royale des Sciences de Liège
Mercks Jber.	E. Mercks Jahresbericht über Neuerungen auf den Gebieten der Pharmakotherapie und Pharmazie
Metal Ind. London	Metal Industry. London
Metal Ind. New York	Metal Industry. New York
Metall Erz	Metall und Erz
Metallurg	Metallurg
Metallurgia ital.	Metallurgia italiana
Metals Alloys	Metals and Alloys. New York
Mezögazd. Kutat.	Mezögazdasági Kutatások (Landwirtschaftliche Forschung)

Kürzung	Titel
Mich. Coll. Agric. eng. Exp. Sta. Bl.	Michigan State College of Agriculture and Applied Science, Engineering Experiment Station, Bulletin
Microchem. J.	Microchemical Journal. New York
Mikrobiologija	Mikrobiologija; englische Ausgabe: Microbiology U.S.S.R.
Mikroch.	Mikrochemie. Wien (ab **25** [1938]):
Mikroch. Acta	Mikrochimica Acta. Wien
Milchwirtsch. Forsch.	Milchwirtschaftliche Forschungen
Mineração	Mineração e Metalurgia. Rio de Janeiro
Mineral. Syrje	Mineral'noe Syrje (Mineralische Rohstoffe)
Minicam Phot.	Minicam Photography. New York
Mining Met.	Mining and Metallurgy. New York
Misc. Rep. Res. Inst. nat. Resources Tokyo	Miscellaneous Reports of the Research Institute for Natural Resources. Tokyo [Shigen Kagaku Kenkyusho Iho]
Mitt. chem. Forschungs-inst. Ind. Öst.	Mitteilungen des Chemischen Forschungsinstitutes der Industrie Österreichs
Mitt. Kältetech. Inst.	Mitteilungen des Kältetechnischen Instituts und der Reichs-forschungs-Anstalt für Lebensmittelfrischhaltung an der Technischen Hochschule Karlsruhe
Mitt. Kohlenforschungs-inst. Prag	Mitteilungen des Kohlenforschungsinstituts in Prag
Mitt. Lebensmittelunters. Hyg.	Mitteilungen aus dem Gebiete der Lebensmitteluntersuchung und Hygiene. Bern
Mitt. med. Akad. Kioto	Mitteilungen aus der Medizinischen Akademie zu Kioto
Mitt. Physiol.-chem. Inst. Berlin	Mitteilungen des Physiologisch-chemischen Instituts der Universität Berlin
Mod. Plastics	Modern Plastics. New York
Mol. Physics	Molecular Physics. New York
Monatsber. Dtsch. Akad. Berlin	Monatsberichte der Deutschen Akademie der Wissenschaften zu Berlin
Monats-Bl. Schweiz. Ver. Gas-Wasserf.	Monats-Bulletin des Schweizerischen Vereins von Gas- und Wasserfachmännern
Monatsschr. Psychiatrie	Monatsschrift für Psychiatrie und Neurologie
Monatsschr. Textilind.	Monatsschrift für Textil-Industrie
Monit. Farm.	Monitor de la Farmacia y de la Terapéutica. Madrid
Monit. Prod. chim.	Moniteur des Produits chimiques
Monthly Bl. agric. Sci. Pract.	Monthly Bulletin of Agricultural Science and Practice. Rom
Müegyet. Közlem.	Müegyetemi Közlemenyek, Budapest
Mühlenlab.	Mühlenlaboratorium
Münch. med. Wschr.	Münchener Medizinische Wochenschrift
Nachr. Akad. Göttingen	Nachrichten von der Akademie der Wissenschaften zu Göttingen. Mathematisch-physikalische Klasse
Nachr. Ges. Wiss. Göttingen	Nachrichten von der Gesellschaft der Wissenschaften zu Göttingen. Mathematisch-physikalische Klasse
Nahrung	Nahrung. Berlin
Nation. Advis. Comm. Aeronautics	National Advisory Committee for Aeronautics. Washington, D.C.
Nation. Centr. Univ. Sci. Rep. Nanking	National Central University Science Reports. Nanking
Nation. Inst. Health Bl.	National Institutes of Health Bulletin. Washington, D.C.
Nation. nuclear Energy Ser.	National Nuclear Energy Series
Nation. Petr. News	National Petroleum News. Cleveland, Ohio
Nation. Res. Coun. Conf. electric Insulation	National Research Council, Conference on Electric Insulation

Kürzung	Titel
Nation. Stand. Lab. Australia Tech. Pap.	Commonwealth Scientific and Industrial Research Organisation, Australia. National Standards Laboratory Technical Paper
Nature	Nature. London
Naturf. Med. Dtschld. 1939—1946	Naturforschung und Medizin in Deutschland 1939—1946
Naturwiss.	Naturwissenschaften
Natuurw. Tijdschr.	Natuurwetenschappelijk Tijdschrift
Naučn. Bjull. Leningradsk. Univ.	Naučnyj Bjulleten Leningradskogo Gosudarstvennogo Ordena Lenina Universiteta
Naučn. Ežegodnik Saratovsk. Univ.	Naučnyj Ežegodnik za God Saratowskogo Universiteta
Naučni Trudove višsija med. Inst. Sofija	Naučni Trudove na Višsija Medicinski Institut Sofija
Naučno-issledov. Trudy Moskovsk. tekstil. Inst.	Naučno-issledovatelskie Trudy Moskovskij Tekstilnyj Institut
Naučn. Trudy Erevansk. Univ.	Naučnye Trudy, Erevanskij Gosudarstvennyj Universitet
Naučn. Zap. Dnepropetrovsk. Univ.	Naučnye Zapiski, Dnepropetrovskij Gosudarstvennyj Universitet
Naučn. Zap. Užgorodsk. Univ.	Naučnye Zapiski Užgorodskogo Gosudarstvennogo Universiteta
Nauk. Zap. Krivorizk. pedagog. Inst.	Naukovi Zapiski Krivorizkogo Deržavnogo Pedagogičnogo Instituta
Naval Res. Labor. Rep.	Naval Research Laboratories. Reports
Nederl. Tijdschr. Geneesk.	Nederlandsch Tijdschrift voor Geneeskunde
Nederl. Tijdschr. Pharm. Chem. Toxicol.	Nederlandsch Tijdschrift voor Pharmacie, Chemie en Toxicologie
Neft. Chozjajstvo	Neftjanoe Chozjajstvo (Petroleum-Wirtschaft); **21** [1940] — **22** [1941] Neftjanaja Promyšlennost
Neftechimija	Neftechimija
Netherlands Milk Dairy J.	Netherlands Milk and Dairy Journal
New England J. Med.	New England Journal of Medicine. Boston, Mass.
New Phytologist	New Phytologist. Cambridge
New Zealand J. Agric.	New Zealand Journal of Agriculture
New Zealand J. Sci. Technol.	New Zealand Journal of Science and Technology
Niederl. P.	Niederländisches Patent
Nitrocell.	Nitrocellulose
N. Jb. Min. Geol.	Neues Jahrbuch für Mineralogie, Geologie und Paläontologie
N. Jb. Pharm.	Neues Jahrbuch Pharmazie
Nordisk Med.	Nordisk Medicin. Stockholm
Norges Apotekerforen. Tidsskr.	Norges Apotekerforenings Tidsskrift
Norges tekn. Vit. Akad.	Norges Tekniske Vitenskapsakademi
Norske Vid. Akad. Avh.	Norske Videnskaps-Akademi i Oslo. Avhandlinger. I. Matematisk-naturvidenskapelig Klasse
Norske Vid. Selsk. Forh.	Kongelige Norske Videnskabers Selskab. Forhandlinger
Norske Vid. Selsk. Skr.	Kongelige Norske Videnskabers Selskab. Skrifter
Norsk Veterin.-Tidsskr.	Norsk Veterinär-Tidsskrift
North Carolina med. J.	North Carolina Medical Journal
Noticias farm.	Noticias Farmaceuticas. Portugal
Nova Acta Leopoldina	Nova Acta Leopoldina. Halle/Saale
Nova Acta Soc. Sci. upsal.	Nova Acta Regiae Societatis Scientiarum Upsaliensis
Novosti tech.	Novosti Techniki (Neuheiten der Technik)

Kürzung	Titel
Nucleonics	Nucleonics. New York
Nucleus	Nucleus. Cambridge, Mass.
Nuovo Cimento	Nuovo Cimento
N. Y. State Agric. Exp. Sta.	New York State Agricultural Experiment Station. Technical Bulletin
N. Y. State Dep. Labor monthly Rev.	New York State Department of Labor; Monthly Review. Division of Industrial Hygiene
Obščestv. Pitanie	Obščestvennoc Pitanie (Gemeinschaftsverpflegung)
Obstet. Ginecol.	Obstetricía y Ginecología latino-americanas
Occupat. Med.	Occupational Medicine. Chicago, Ill.
Öf. Fi.	Öfversigt af Finska Vetenskapssocietetens Förhandlingar, A. Matematik och Naturvetenskaper
Öle Fette Wachse	Öle, Fette, Wachse (ab 1936 Nr. 7), Seife, Kosmetik
Öl Kohle	Öl und Kohle
Ö. P.	Österreichisches Patent
Öst. bot. Z.	Österreichische botanische Zeitschrift
Öst. Chemiker-Ztg.	Österreichische Chemiker-Zeitung; Bd. **45** Nr. 18/20 [1942] — Bd. **47** [1946] Wiener Chemiker-Zeitung
Offic. Digest Federation Paint Varnish Prod. Clubs	Official Digest of the Federation of Paint & Varnish Production Clubs. Philadelphia, Pa.
Ogawa Perfume Times	Ogawa Perfume Times [Ogawa Koryo Jiho]
Ohio J. Sci.	Ohio Journal of Science
Oil Colour Trades J.	Oil and Colour Trades Journal. London
Oil Fat Ind.	Oil an Fat Industries
Oil Gas J.	Oil and Gas Journal. Tulsa, Okla.
Oil Soap	Oil and Soap. Chicago, Ill.
Oil Weekly	Oil Weekly. Houston, Texas
Oléagineux	Oléagineux
Onderstepoort J. veterin. Res.	Onderstepoort Journal of Veterinary Research
Onderstepoort J. veterin. Sci.	Onderstepoort Journal of Veterinary Science and Animal Industry
Optics Spectr.	Optics and Spectroscopy. Englische Übersetzung von Optika i Spektroskopija
Optika Spektr.	Optika i Spektroskopija; englische Ausgabe: Optics and Spectroscopy
Org. Reactions	Organic Reactions. New York
Org. Synth.	Organic Syntheses. New York
Org. Synth. Isotopes	Organic Syntheses with Isotopes. New York
Paint Manuf.	Paint Incorporating Paint Manufacture. London
Paint Oil chem. Rev.	Paint, Oil and Chemical Review. Chicago, Ill.
Paint Technol.	Paint Technology. Pinner, Middlesex, England
Pakistan J. scient. ind. Res.	Pakistan Journal of Scientific and Industrial Research
Pakistan J. scient. Res.	Pakistan Journal of Scientific Research
Paliva	Paliva a Voda (Brennstoffe und Wasser). Prag
Paperi ja Puu	Paperi ja Puu. Helsinki
Paper Ind.	Paper Industry. Chicago, Ill.
Paper Trade J.	Paper Trade Journal. New York
Papeterie	Papeterie. Paris
Papier	Papier. Darmstadt
Papierf.	Papierfabrikant. Technischer Teil
Parf. Cosmét. Savons	Parfumerie, Cosmétique, Savons

Kürzung	Titel
Parf. France	Parfums de France
Parf. Kosmet.	Parfümerie und Kosmetik
Parf. moderne	Parfumerie moderne
Parfumerie	Parfumerie. Paris
Peintures	Peintures, Pigments, Vernis
Perfum. essent. Oil Rec.	Perfumery and Essential Oil Record. London
Period. Min.	Periodico di Mineralogia. Rom
Period. polytech.	Periodica Polytechnica (Reihe Chemisches Ingenieurwesen). Budapest
Petr. Berlin	Petroleum. Berlin
Petr. Eng.	Petroleum Engineer. Dallas, Texas
Petr. London	Petroleum. London
Petr. Processing	Petroleum Processing. Cleveland, Ohio
Petr. Refiner	Petroleum Refiner. Houston, Texas
Petr. Technol.	Petroleum Technology. New York
Petr. Times	Petroleum Times. London
Pflanzenschutz Ber.	Pflanzenschutz Berichte. Wien
Pflügers Arch. Physiol.	Pflügers Archiv für die gesamte Physiologie der Menschen und Tiere
Pharmacia	Pharmacia. Tallinn (Reval), Estland
Pharmacol. Rev.	Pharmacological Reviews. Baltimore, Md.
Pharm. Acta Helv.	Pharmaceutica Acta Helvetiae
Pharm. Arch.	Pharmaceutical Archives. Madison, Wisc.
Pharmazie	Pharmazie
Pharm. Bl.	Pharmaceutical Bulletin. Tokyo
Pharm. Ind.	Pharmazeutische Industrie
Pharm. J.	Pharmaceutical Journal. London
Pharm. Monatsh.	Pharmazeutische Monatshefte. Wien
Pharm. Presse	Pharmazeutische Presse
Pharm. Tijdschr. Nederl.-Indië	Pharmaceutisch Tijdschrift voor Nederlandsch-Indië
Pharm. Weekb.	Pharmaceutisch Weekblad
Pharm. Zentralhalle	Pharmazeutische Zentralhalle für Deutschland
Pharm. Ztg.	Pharmazeutische Zeitung
Ph. Ch.	s. Z. physik. Chem.
Philippine Agriculturist	Philippine Agriculturist
Philippine J. Agric.	Philippine Journal of Agriculture
Philippine J. Sci.	Philippine Journal of Science
Phil. Mag.	Philosophical Magazine. London
Phil. Trans.	Philosophical Transactions of the Royal Society of London
Phot. Ind.	Photographische Industrie
Phot. J.	Photographic Journal. London
Phot. Korresp.	Photographische Korrespondenz
Photochem. Photobiol.	Photochemistry and Photobiology. London
Phys. Ber.	Physikalische Berichte
Physica	Physica. Nederlandsch Tijdschrift voor Natuurkunde; ab 1934 Archives Néerlandaises des Sciences Exactes et Naturelles Ser. IV A
Physics	Physics. New York
Physiol. Plantarum	Physiologia Plantarum. Kopenhagen
Physiol. Rev.	Physiological Reviews. Washington, D.C.
Phys. Rev.	Physical Review. New York
Phys. Z.	Physikalische Zeitschrift. Leipzig
Phys. Z. Sowjet.	Physikalische Zeitschrift der Sowjetunion
Phytochemistry	Phytochemistry. London
Phytopathology	Phytopathology. St. Paul, Minn.

Kürzung	Titel
Pitture Vernici	Pitture e Vernici
Planta	Planta. Archiv für wissenschaftliche Botanik (= Zeitschrift für wissenschaftliche Biologie, Abt. E)
Planta med.	Planta Medica
Plant Disease Rep. Spl.	The Plant Disease Reporter, Supplement (United States Department of Agriculture)
Plant Physiol.	Plant Physiology. Lancaster, Pa.
Plant Soil	Plant and Soil. den Haag
Plaste Kautschuk	Plaste und Kautschuk
Plastic Prod.	Plastic Products. New York
Plast. Massy	Plastičeskie Massy
Polymer Bl.	Polymer Bulletin
Polymer Sci. U.S.S.R.	Polymer Science U.S.S.R. Englische Übersetzung von Vysokomolekuljarnje Soedinenija
Polythem. collect. Rep. med. Fac. Univ. Olomouc	Polythematical Collected Reports of the Medical Faculty of the Palacký University Olomouc (Olmütz)
Portugaliae Physica	Portugaliae Physica
Power	Power. New York
Pr. Acad. Sci. Agra Oudh	Proceedings of the Academy of Sciences of the United Provinces of Agra Oudh. Allahabad, India
Pr. Acad. Sci. U.S.S.R.	Proceedings of the Academy of Sciences of the U.S.S.R. Englische Ausgabe von Doklady Akademii Nauk S.S.S.R.
Pr. Acad. Tokyo	Proceedings of the Imperial Academy of Japan; ab 21 [1945] Proceedings of the Japan Academy
Pr. Akad. Amsterdam	Koninklijke Nederlandse Akademie van Wetenschappen, Proceedings. Amsterdam
Prakt. Desinf.	Der Praktische Desinfektor
Praktika Akad. Athen.	Praktika tes Akademias Athenon
Pr. Am. Acad. Arts Sci.	Proceedings of the American Academy of Arts and Sciences
Pr. Am. Petr. Inst.	Proceedings of the Annual Meeting, American Petroleum Institute. New York
Pr. Am. Soc. hort. Sci.	Proceedings of the American Society for Horticultural Science
Pr. ann. Conv. Sugar Technol. Assoc. India	Proceedings of the Annual Convention of the Sugar Technologists' Association. India
Pr. Cambridge phil. Soc.	Proceedings of the Cambridge Philosophical Society
Pr. chem. Soc.	Proceedings of the Chemical Society. London
Presse méd.	Presse médicale
Pr. Fac. Eng. Keiogijuku Univ.	Proceedings of the Faculty of Engineering Keiogijuku University
Pr. Florida Acad.	Proceedings of the Florida Academy of Sciences
Pr. Indiana Acad.	Proceedings of the Indiana Academy of Science
Pr. Indian Acad.	Proceedings of the Indian Academy of Sciences
Pr. Inst. Food Technol.	Proceedings of Institute of Food Technologists
Pr. Inst. Radio Eng.	Proc. I.R.E. = Proceedings of the Institute of Radio Engineers and Waves and Electrons. Menasha, Wisc.
Pr. int. Conf. bitum. Coal	Proceedings of the International Conference on Bituminous Coal. Pittsburgh, Pa.
Pr. IV. int. Congr. Biochem. Wien 1958	Proceedings of the IV. International Congress of Biochemistry. Wien 1958
Pr. XI. int. Congr. pure appl. Chem. London 1947	Proceedings of the XI. International Congress of Pure and Applied Chemistry. London 1947
Pr. Iowa Acad.	Proceedings of the Iowa Academy of Science
Pr. Irish Acad.	Proceedings of the Royal Irish Academy
Priroda	Priroda (Natur). Leningrad

Kürzung	Titel
Pr. Japan Acad.	Proceedings of the Japan Academy
Pr. Leeds phil. lit. Soc.	Proceedings of the Leeds Philosophical and Literary Society, Scientific Section
Pr. Louisiana Acad.	Proceedings of the Louisiana Academy of Sciences
Pr. Minnesota Acad.	Proceedings of the Minnesota Academy of Science
Pr. Montana Acad.	Proceedings of the Montana Academy of Sciences
Pr. nation. Acad. India	Proceedings of the National Academy of Sciences, India
Pr. nation. Acad. U.S.A.	Proceedings of the National Academy of Sciences of the United States of America
Pr. nation. Inst. Sci. India	Proceedings of the National Institute of Sciences of India
Pr. N. Dakota Acad.	Proceedings of the North Dakota Academy of Science
Pr. Nova Scotian Inst. Sci.	Proceedings of the Nova Scotian Institute of Science
Procès-Verbaux Soc. Sci. phys. nat. Bordeaux	Procès-Verbaux des Séances de la Société des Sciences Physiques et Naturelles de Bordeaux
Prod. Finish.	Products Finishing. Cincinnati, Ohio
Prod. pharm.	Produits Pharmaceutiques. Paris
Progr. Chem. Fats Lipids	Progress in the Chemistry of Fats and other Lipids. Herausg. von *R. T. Holman, W. O. Lundberg* und *T. Malkin*
Progr. org. Chem.	Progress in Organic Chemistry. London
Pr. Oklahoma Acad.	Proceedings of the Oklahoma Academy of Science
Promyšl. chim. Reakt. osobo čist. Veščestv	Promyšlennost Chimičeskich Reaktivov i Osobo čistych Veščestv (Industrie chemischer Reagentien und besonders reiner Substanzen)
Promyšl. org. Chim.	Promyšlennost' Organičeskoj Chimii (Industrie der organischen Chemie)
Protar	Protar. Schweizerische Zeitschrift für Zivilschutz
Protoplasma	Protoplasma. Wien
Pr. Pennsylvania Acad.	Proceedings of the Pennsylvania Academy of Science
Pr. pharm. Soc. Egypt	Proceedings of the Pharmaceutical Society of Egypt
Pr. phys. math. Soc. Japan	Proceedings of the Physico-Mathematical Society of Japan [Nippon Suugaku-Buturigakkwai Kizi]
Pr. phys. Soc. London	Proceedings of the Physical Society. London
Pr. roy. Soc.	Proceedings of the Royal Society of London
Pr. roy. Soc. Edinburgh	Proceedings of the Royal Society of Edinburgh
Pr. roy. Soc. Queensland	Proceedings of the Royal Society of Queensland
Pr. Rubber Technol. Conf.	Proceedings of the Rubber Technology Conference. London 1948
Pr. scient. Sect. Toilet Goods Assoc.	Proceedings of the Scientific Section of the Toilet Goods Association. Washington, D.C.
Pr. S. Dakota Acad.	Proceedings of the South Dakota Academy of Science
Pr. Soc. chem. Ind. Chem. eng. Group	Society of Chemical Industry, London, Chemical Engineering Group, Proceedings
Pr. Soc. exp. Biol. Med.	Proceedings of the Society for Experimental Biology and Medicine. New York
Pr. Trans. Nova Scotian Inst. Sci.	Proceedings and Transactions of the Nova Scotian Institute of Science
Pr. Univ. Durham phil. Soc.	Proceedings of the University of Durham Philosophical Society. Newcastle upon Tyne
Pr. Utah Acad.	Proceedings of the Utah Academy of Sciences, Arts and Letters
Pr. Virginia Acad.	Proceedings of the Virginia Academy of Science
Przeg. chem.	Przeglad Chemiczny (Chemische Rundschau). Lwów
Przem. chem.	Przemysł Chemiczny (Chemische Industrie). Warschau
Pubbl. Ist. Chim. ind. Univ. Bologna	Pubblicazioni dell' Istituto di Chimica Industriale dell' Universite di Bologna

Kürzung	Titel
Publ. Am. Assoc. Adv. Sci.	Publication of the American Association for the Advancement of Science. Washington
Publ. Centro Invest. tisiol.	Publicaciones del Centro de Investigaciones tisiológicas. Buenos Aires
Public Health Bl.	Public Health Bulletin
Public Health Rep.	U. S. Public Health Service: Public Health Reports
Public Health Rep. Spl.	Public Health Reports. Supplement
Public Health Service	U. S. Public Health Service
Publ. Inst. Quim. Alonso Barba	Publicaciones del Instituto de Química „Alonso Barba". Madrid
Publ. scient. tech. Minist. Air	Publications Scientifiques et Techniques du Ministère de l'Air
Publ. tech. Univ. Tallinn	Publications from the Technical University of Estonia at Tallinn [Tallinna Tehnikaülikooli Toimetused]
Publ. Wagner Free Inst.	Publications of the Wagner Free Institute of Science. Philadelphia, Pa.
Pure appl. Chem.	Pure and Applied Chemistry. London
Pyrethrum Post	Pyrethrum Post. Nakuru, Kenia
Quaderni Nutriz.	Quaderni della Nutrizione
Quart. J. exp. Physiol.	Quarterly Journal of Experimental Physiology. London
Quart. J. Indian Inst. Sci.	Quarterly Journal of the Indian Institute of Science
Quart. J. Med.	Quarterly Journal of Medicine. Oxford
Quart. J. Pharm. Pharmacol.	Quarterly Journal of Pharmacy and Pharmacology. London
Quart. J. Studies Alcohol	Quarterly Journal of Studies on Alcohol. New Haven, Conn.
Quart. Rev.	Quarterly Reviews. London
Queensland agric. J.	Queensland Agricultural Journal
Química Mexico	Química. Mexico
R.	Recueil des Travaux Chimiques des Pays-Bas
Radiat. Res.	Radiation Research. New York
Radiochimija	Radiochimija; englische Ausgabe: Radiochemistry U.S.S.R., ab **4** [1962] Soviet Radiochemistry
Radiologica	Radiologica. Berlin
Radiology	Radiology. Syracuse, N.Y.
Rad. jugosl. Akad.	Radovi Jugoslavenske Akademije Znanosti i Umjetnosti. Razreda Matematicko-Priridoslovnoga (Mitteilungen der Jugoslawischen Akademie der Wissenschaften und Künste. Mathematisch-naturwissenschaftliche Reihe)
R.A.L.	Atti della Reale Accademia Nazionale dei Lincei, Classe di Scienze Fisiche, Matematiche e Naturali: Rendiconti
Rasayanam	Rasayanam (Journal for the Progress of Chemical Science). Indien
Rass. clin. Terap.	Rassegna di clinica Terapia e Scienze affini
Rass. Med. ind.	Rassegna di Medicina Industriale
Reakc. Sposobn. org. Soedin.	Reakcionnaja Sposobnost Organičeskich Soedinenii. Tartu
Rec. chem. Progr.	Record of Chemical Progress. Kresge-Hooker Scientific Library. Detroit, Mich.
Recent Progr. Hormone Res.	Recent Progress in Hormone Research
Recherches	Recherches. Herausg. von Soc. Anon. Roure-Bertrand Fils & Justin Dupont
Refiner	Refiner and Natural Gasoline Manufacturer. Houston, Texas
Refrig. Eng.	Refrigerating Engineering. New York

Kürzung	Titel
Reichsamt Wirtschaftsausbau Chem. Ber.	Reichsamt für Wirtschaftsausbau. Chemische Berichte
Reichsber. Physik	Reichsberichte für Physik (Beihefte zur Physikalischen Zeitschrift)
Rend. Accad. Bologna	Rendiconti delle Accademia delle Scienze dell' Istituto di Bologna
Rend. Accad. Sci. fis. mat. Napoli	Rendiconto dell'Accademia delle Scienze Fisiche e Matematiche. Napoli
Rend. Fac. Sci. Cagliari	Rendiconti del Seminario della Facoltà di Scienze della Università di Cagliari
Rend. Ist. lomb.	Rendiconti dell'Istituto Lombardo di Science e Lettere. Ser. A. Scienze Matematiche, Fisiche, Chimiche e Geologiche
Rend. Ist. super. Sanità	Rendiconti Istituto superiore di Sanità
Rend. Soc. chim. ital.	Rendiconti della Società Chimica Italiana
Rensselaer polytech. Inst. Bl.	Rensselaer Polytechnic Institute Buletin. Troy, N. Y.
Rep. Connecticut agric. Exp. Sta.	Report of the Connecticut Agricultural Experiment Station
Rep. Food Res. Inst. Tokyo	Report of the Food Research Institute. Tokyo [Shokuryo Kenkyusho Kenkyu Hokoku]
Rep. Gov. chem. ind. Res. Inst. Tokyo	Reports of the Government Chemical Industrial Research Institute. Tokyo [Tokyo Kogyo Shikensho Hokoku]
Rep. Gov. ind. Res. Inst. Nagoya	Reports of the Government Industrial Research Institute, Nagoya [Nagoya Kogyo Gijutsu Shikensho Hokoku]
Rep. Himeji Inst. Technol.	Reports of the Himeji Institute of Technology [Himeji Kogyo Daigaku Kenkyu Hokoku]
Rep. Inst. chem. Res. Kyoto Univ.	Reports of the Institute for Chemical Research, Kyoto University
Rep. Inst. Sci. Technol. Tokyo	Reports of the Institute of Science and Technology of the University of Tokyo [Tokyo Daigaku Rikogaku Kenkyusho Hokoku]
Rep. Osaka ind. Res. Inst.	Reports of the Osaka Industrial Research Institute [Osaka Kogyo Gijutsu Shikenjo Hokoku]
Rep. Osaka munic. Inst. domestic Sci.	Report of the Osaka Municipal Institute for Domestic Science [Osaka Shiritsu Seikatsu Kagaku Konkyusho Kenkyu Hokoku]
Rep. Radiat. Chem. Res. Inst. Tokyo Univ.	Reports of the Radiation Chemistry Research Institute, Tokyo University
Rep. scient. Res. Inst. Tokyo	Reports of the Scientific Research Institute Tokyo [Kagaku Kenkyusho Hokoku]
Rep. Tokyo ind. Testing Lab.	Reports of the Tokyo Industrial Testing Laboratory
Res. Bl. Gifu Coll. Agric.	Research Bulletin of the Gifu Imperial College of Agriculture [Gifu Koto Norin Gakko Kagami Kenkyu Hokoku]
Research	Research. London
Res. Electrotech. Labor. Tokyo	Researches of the Electrotechnical Laboratory Tokyo [Denki Shikensho Kenkyu Hokoku]
Res. Rep. Fac. Eng. Chiba Univ.	Research Reports of the Faculty of Engineering, Chiba University [Chiba Daigaku Kogakubu Kenkyu Hokoku]
Rev. Acad. Cienc. exact. fis. nat. Madrid	Revista de la Academia de Ciencias Exacta, Físicas y Naturales de Madrid
Rev. alimentar	Revista alimentar. Rio de Janeiro
Rev. appl. Entomol.	Review of Applied Entomology. London
Rev. Asoc. bioquim. arg.	Revista de la Asociación Bioquímica Argentina

Kürzung	Titel
Rev. Asoc. Ing. agron.	Revista de la Asociación de Ingenieros agronomicos. Montevideo
Rev. Assoc. brasil. Farm.	Revista da Associação brasileira de Farmacêuticos
Rev. belge Sci. méd.	Revue Belge des Sciences médicales
Rev. brasil. Biol.	Revista Brasileira de Biologia
Rev. brasil. Farm.	Revista Brasileira de Farmácia
Rev. brasil. Quim.	Revista Brasileira de Química
Rev. canad. Biol.	Revue Canadienne de Biologie
Rev. Centro Estud. Farm. Bioquim.	Revista del Centro Estudiantes de Farmacia y Bioquímica. Buenos Aires
Rev. Chim. Acad. roum.	Revue de Chimie, Academie de la Republique Populaire Roumaine
Rev. Chimica ind.	Revista de Chimica industrial. Rio de Janeiro
Rev. Chim. ind.	Revue de Chimie industrielle. Paris
Rev. Ciencias	Revista de Ciencias. Lima
Rev. Colegio Farm. nacion.	Revista del Colegio de Farmaceuticos nacionales. Rosario, Argentinien
Rev. Fac. Cienc. quim. La Plata	Revista de la Facultad de Ciencias Químicas, Universidad Nacional de La Plata
Rev. Fac. Cienc. Univ. Coimbra	Revista da Faculdade de Ciencias, Universidade de Coimbra
Rev. Fac. Cienc. Univ. Lissabon	Revista da Faculdade de Ciencias, Universidade de Lisboa
Rev. Fac. Farm. Bioquim. Univ. San Marcos	Revista de la Facultad de Farmacia y Bioquímica, Universidad Nacional Mayor de San Marcos de Lima, Peru
Rev. Fac. Ing. quim. Santa Fé	Revista de la Facultad de Ingenieria Química, Universidad Nacional del Litoral. Santa Fé, Argentinien
Rev. Fac. Med. veterin. Univ. São Paulo	Revista da Faculdade de Medicina Veterinaria, Universidade de São Paulo
Rev. Fac. Quim. Santa Fé	Revista de la Facultad de Química Industrial y Agricola. Santa Fé, Argentinien
Rev. Fac. Sci. Istanbul	Revue de la Faculté des Sciences de l'Université d'Istanbul
Rev. farm. Buenos Aires	Revista Farmaceutica. Buenos Aires
Rev. franç. Phot.	Revue française de Photographie et de Cinématographie
Rev. Gastroenterol.	Review of Gastroenterology. New York
Rev. gén. Bot.	Revue générale de Botanique
Rev. gén. Caoutchouc	Revue générale du Caoutchouc
Rev. gén. Colloides	Revue générale des Colloides
Rev. gén. Froid	Revue générale du Froid
Rev. gén. Mat. col.	Revue générale des Matières colorantes de la Teinture, de l'Impression, du Blanchiment et des Apprêts
Rev. gén. Mat. plast.	Revue générale des Matières plastiques
Rev. gén. Sci.	Revue générale des Sciences pures et appliquées (ab 1948) et Bulletin de la Société Philomatique
Rev. gén. Teinture	Revue générale de Teinture, Impression, Blanchiment, Apprêt (Tiba)
Rev. Immunol.	Revue d'Immunologie (ab Bd. **10** [1946]) et de Thérapie antimicrobienne
Rev. Inst. A. Lutz	Revista do Instituto Adolfo Lutz. São Paulo
Rev. Inst. franç. Pétr.	Revue de l'Institut Français du Pétrole et Annales des Combustibles liquides
Rev. Inst. Salubridad	Revista del Instituto de Salubridad y Enfermedades tropicales. Mexico
Rev. Marques Parf. France	Revue des Marques — Parfums de France

Kürzung	Titel
Rev. Marques Parf. Savonn.	Revue des Marques de la Parfumerie et de la Savonnerie
Rev. mod. Physics	Reviews of Modern Physics. New York
Rev. Opt.	Revue d'Optique Théorique et Instrumentale
Rev. Parf.	Revue de la Parfumerie et des Industries s'y Rattachant
Rev. petrolif.	Revue pétrolifère
Rev. phys. Chem. Japan	Review of Physical Chemistry of Japan
Rev. portug. Farm.	Revista Portuguesa de Farmácia
Rev. Prod. chim.	Revue des Produits Chimiques
Rev. pure appl. Chem.	Reviews of Pure and Applied Chemistry. Melbourne, Australien
Rev. Quim. Farm.	Revista de Química e Farmácia. Rio de Janeiro
Rev. quim. farm. Chile	Revista químico farmacéutica. Santiago, Chile
Rev. Quim. ind.	Revista de Química industrial. Rio de Janeiro
Rev. roum. Chim.	Revue Roumaine de Chimie
Rev. scient.	Revue scientifique. Paris
Rev. scient. Instruments	Review of Scientific Instruments. New York
Rev. Soc. arg. Biol.	Revista de la Sociedad Argentina de Biologia
Rev. Soc. brasil. Quim.	Revista da Sociedade Brasileira de Química
Rev. ştiinţ. Adamachi	Revista Ştiinţifică „V. Adamachi"
Rev. sud-am. Endocrin.	Revista sud-americana de Endocrinologia, Immunologia, Quimioterapia
Rev. univ. Mines	Revue universelle des Mines
Rev. Viticult.	Revue de Viticulture
Rhodora	Rhodora (Journal of the New England Botanical Club). Lancaster, Pa.
Ric. scient.	Ricerca Scientifica ed il Progresso Tecnico nell'Economia Nazionale; ab 1945 Ricerca Scientifica e Ricostruzione: ab 1948 Ricerca Scientifica
Riechst. Aromen	Riechstoffe, Aromen, Körperpflegemittel
Riechstoffind.	Riechstoffindustrie und Kosmetik
Riforma med.	Riforma medica
Riv. Combust.	Rivista dei Combustibili
Riv. ital. Essenze Prof.	Rivista Italiana Essenze, Profumi, Pianti Offizinali, Olii Vegetali, Saponi
Riv. ital. Petr.	Rivista Italiano del Petrolio
Riv. Med. aeronaut.	Rivista di Medicina aeronautica
Riv. Patol. sperim.	Rivista di Patologia sperimentale
Riv. Viticolt.	Rivista di Viticoltura e di Enologia
Rocky Mountain med. J.	Rocky Montain Medical Journal. Denver, Colorado
Roczniki Chem.	Roczniki Chemji (Annales Societatis Chimicae Polonorum)
Roczniki Farm.	Roczniki Farmacji. Warschau
Rossini, Selected Values 1953	Selected Values of Physical and Thermodynamic Properties of Hydrocarbons and Related Compounds. Herausg. von F. D. *Rossini*, K. S. *Pitzer*, R. L. *Arnett*, R. M. *Braun*, G. C. *Pimentel*. Pittsburgh 1953. Comprising the Tables of the A.P.I. Res. Project 44
Roy. Inst. Chem.	Royal Institute of Chemistry, London, Lectures, Monographs, and Reports
Rubber Age N.Y.	Rubber Age. New York
Rubber Chem. Technol.	Rubber Chemistry and Technology. Lancaster, Pa.
Russ. chem. Rev.	Russian Chemical Reviews. Englische Übersetzung von Uspechi Chimii
Russ. P.	Russisches Patent

Kürzung	Titel
Safety in Mines Res. Board	Safety in Mines Research Board. London
S. African J. med. Sci.	South African Journal of Medical Sciences
S. African J. Sci.	South African Journal of Science
Sammlg. Vergiftungsf.	Fühner-Wielands Sammlung von Vergiftungsfällen
Sber. Akad. Wien	Sitzungsberichte der Akademie der Wissenschaften Wien. Mathematisch-naturwissenschaftliche Klasse
Sber. Bayer. Akad.	Sitzungsberichte der Bayerischen Akademie der Wissenschaften, Mathematisch-naturwissenschaftliche Klasse
Sber. finn. Akad.	Sitzungsberichte der Finnischen Akademie der Wissenschaften
Sber. Ges. Naturwiss. Marburg	Sitzungsberichte der Gesellschaft zur Beförderung der gesamten Naturwissenschaften zu Marburg
Sber. Heidelb. Akad.	Sitzungsberichte der Heidelberger Akademie der Wissenschaften. Mathematisch-naturwissenschaftliche Klasse
Sber. naturf. Ges. Rostock	Sitzungsberichte der Naturforschenden Gesellschaft zu Rostock
Sber. Naturf. Ges. Tartu	Sitzungsberichte der Naturforscher-Gesellschaft bei der Universität Tartu
Sber. phys. med. Soz. Erlangen	Sitzungsberichte der physikalisch-medizinischen Sozietät zu Erlangen
Sber. Preuss. Akad.	Sitzungsberichte der Preussischen Akademie der Wissenschaften, Physikalisch-mathematische Klasse
Sborník čsl. Akad. zeměd.	Sborník Československé Akademie Zemědělské (Annalen der Tschechoslowakischen Akademie der Landwirtschaft)
Sbornik Rabot. Inst. Chim. Akad. Belorussk. S.S.R.	Sbornik Naučnych Rabot Instituta Chimii Akademii Nauk Belorusskoj S.S.R.
Sbornik. Rabot. Moskovsk. farm. Inst.	Sbornik Naučnych Rabot Moskovskogo Farmacevtičeskogo Instituta
Sbornik Statei obšč. Chim.	Sbornik Statei po Obščej Chimii, Akademija Nauk S.S.S.R.
Sbornik Statei org. Poluprod. Krasit.	Sbornik Statei, Naučno-issledovatelskii Institut Organičeskich Poluproduktov i Krasiteli
Sbornik Trudov Armjansk. Akad.	Sbornik Trudov Armjanskogo Filial. Akademija Nauk
Sbornik Trudov Kuibyševsk. ind. Inst.	Sbornik Naučnych Trudov, Kuibyševskij Industrialnyj Institut imeni Kuibyševa
Sbornik Trudov opytnogo Zavoda Lebedeva	Sbornik Trudov opytnogo Zavoda imeni S. V. Lebedeva (Gesammelte Arbeiten aus dem Versuchsbetrieb S. V. Lebedew)
Sbornik Trudov Voronežsk. Otd. chim. Obšč.	Sbornik Trudov Voronežskogo Otdelenija Vsesojuznogo Chimičeskogo Obščestva
Schmerz	Schmerz, Narkose, Anaesthesie
Schwed. P.	Schwedisches Patent
Schweiz. Apoth. Ztg.	Schweizerische Apotheker-Zeitung
Schweiz. Arch. angew. Wiss. Tech.	Schweizer Archiv für Angewandte Wissenschaft und Technik
Schweiz. med. Wschr.	Schweizerische medizinische Wochenschrift
Schweiz. P.	Schweizer Patent
Schweiz. Wschr. Chem. Pharm.	Schweizerische Wochenschrift für Chemie und Pharmacie
Schweiz. Z. allg. Path.	Schweizerische Zeitschrift für allgemeine Pathologie und Bakteriologie
Sci.	Science. New York/Washington, D. C.

Kürzungen für die Literatur-Quellen

Kürzung	Titel
Sci. Bl. Fac. Agric. Kyushu Univ.	La Bulteno Scienca de la Facultato Tercultura, Kjusu Imperia Universitato; Fukuoka, Japanujo; nach **11** Nr. 2/3 [1945]: Science Bulletin of the Faculty of Agriculture, Kyushu University
Sci. Culture	Science and Culture. Calcutta
Scientia Peking	Scientia. Peking [K'o Hsueh T'ung Pao]
Scientia pharm.	Scientia Pharmaceutica. Wien
Scientia sinica	Scientia Sinica. Peking
Scientia Valparaiso	Scientia Valparaiso. Chile
Scient. J. roy. Coll. Sci.	Scientific Journal of the Royal College of Science
Scient. Pap. Inst. phys. chem. Res.	Scientific Papers of the Institute of Physical and Chemical Research. Tokyo
Scient. Pap. Osaka Univ.	Scientific Papers from the Osaka University
Scient. Pr. roy. Dublin Soc.	Scientific Proceedings of the Royal Dublin Society
Scient. Rep. Matsuyama agric. Coll.	Scientific Reports of the Matsuyama Agricultural College
Sci. Ind. Osaka	Science & Industry. Osaka [Kagaku to Kogyo]
Sci. Ind. phot.	Science et Industries photographiques
Sci. Progr.	Science Progress. London
Sci. Quart. Univ. Peking	Science Quarterly of the National University of Peking
Sci. Rec. China	Science Record, China [K'o Hsueh Chi Lu]. Peking
Sci. Rep. Saitama Univ.	Science Reports of the Saitama University
Sci. Rep. Tohoku Univ.	Science Reports of the Tohoku Imperial University
Sci. Rep. Tokyo Bunrika Daigaku	Science Reports of the Tokyo Bunrika Daigaku (Tokyo University of Literature and Science)
Sci. Rep. Tsing Hua Univ.	Science Reports of the National Tsing Hua University
Sci. Rep. Univ. Peking	Science Reports of the National University of Peking
Sci. Studies St. Bonaventure Coll.	Science Studies, St. Bonaventure College. New York
Sci. Technol. China	Science and Technology. Sian, China [K'o Hsueh Yu Chi Shu]
Sci. Tokyo	Science. Tokyo [Kagaku Tokyo]
Securitas	Securitas. Mailand
Seifens.-Ztg.	Seifensieder-Zeitung
Sei-i-kai-med. J.	Sei-i-kai Medical Journal. Tokyo [Sei-i-kai Zassi]
Semana med.	Semana médica. Buenos Aires
Sint. Kaučuk	Sintetičeskij Kaučuk
Sint. org. Soedin.	Sintezy Organičeskich Soedinenii; deutsche Ausgabe: Synthesen Organischer Verbindungen
Skand. Arch. Physiol.	Skandinavisches Archiv für Physiologie
Skand. Arch. Physiol. Spl.	Skandinavisches Archiv für Physiologie. Supplementum
Soap	Soap. New York
Soap Perfum. Cosmet.	Soap, Perfumery and Cosmetics. London
Soap sanit. Chemicals	Soap and Sanitary Chemicals. New York
Soc.	Journal of the Chemical Society. London
Soc. Sci. Lodz. Acta chim.	Societatis Scientiarum Lodziensis Acta Chimica
Soil Sci.	Soil Science. Baltimore, Md.
Soobšč. Akad. Gruzinsk. S.S.R.	Soobščenija Akademii Nauk Gruzinskoj S.S.R. (Mitteilungen der Akademie der Wissenschaften der Georgischen Republik)
Soobšč. chim. Obšč.	Soobščenija o Naučnych Rabotach Členov Vsesojuznogo Chimičeskogo Obščestva

Kürzung	Titel
Soobšč. Rabot Kievsk. ind. Inst.	Soobščenija naučn-issledovatelskij Rabot Kievskogo industrialnogo Instituta
Sovešč. sint. Prod. Kanifoli Skipidara Gorki 1963	Soveščanija sintetičeskich Produktov i Kanifoli i Skipidara Gorki 1963
Sovešč. Stroenie židkom Sost. Kiew 1953	Stroenie i Fizičeskie Svoistva Veščestva v Židkom Sostojanie (Struktur und physikalische Eigenschaften der Materie im flüssigen Zustand; Konferenz Kiew 1953)
Sovet. Farm.	Sovetskaja Farmacija
Sovet. Sachar	Sovetskaja Sachar
Soviet Physics JETP	Soviet Physics JETP; englische Ausgabe von Žurnal Eksperimentalnoj i Teoretičeskoj Fiziki
Spectrochim. Acta	Spectrochimica Acta. Berlin; Bd. 3 Città del Vaticano; ab 4 London
Sperimentale Sez. Chim. biol.	Sperimentale, Sezione di Chimica Biologica
Spisy přírodov. Mas. Univ.	Spisy Vydávané Přírodovědeckou Fakultou Masarykovy University
Spisy přírodov. Univ. Brno	Spisy Přírodovedecké Fakulty J. E. Purkyne University v Brnj
Sprawozd. Tow. fiz.	Sprawozdania i Prace Polskiego Towarzystwa Fizycznego (Comptes Rendus des Séances de la Société Polonaise de Physique)
Sprawozd. Tow. nauk. Warszawsk.	Sprawozdania z Posiedzeń Towarzystwa Naukowego Warszawskiego
Stärke	Stärke. Stuttgart
Stain Technol.	Stain Technology. Baltimore
Steroids	Steroids. San Francisco, Calif.
Strahlentherapie	Strahlentherapie
Structure Reports	Structure Reports. Herausg. von *A. J. C. Wilson*. Utrecht
Stud. Inst. med. Chem. Univ. Szeged	Studies from the Institute of Medical Chemistry, University of Szeged
Südd. Apoth.-Ztg.	Süddeutsche Apotheker-Zeitung
Sugar	Sugar. New York
Sugar J.	Sugar Journal. New Orleans, La.
Suomen Kem.	Suomen Kemistilehti (Acta Chemica Fennica)
Suomen Paperi ja Puu.	Suomen Paperi- ja Puutavaralehti
Superphosphate	Superphosphate. Hamburg
Svenska Mejeritidn.	Svenska Mejeritidningen
Svensk farm. Tidskr.	Svensk Farmaceutisk Tidskrift
Svensk kem. Tidskr.	Svensk Kemisk Tidskrift
Svensk Papperstidn.	Svensk Papperstidning
Symp. Soc. exp. Biol.	Symposia of the Society for Experimental Biology. New York
Synth. appl. Finishes	Synthetic and Applied Finishes. London
Synthesis	Synthesis
Synth. org. Verb.	Synthesen Organischer Verbindungen. Deutsche Übersetzung von Sintezy Organičeskich Soedinenii
Talanta	Talanta. An International Journal of Analytical Chemistry. London
Tappi	Tappi (Technical Association of the Pulp and Paper Industry). New York
Tech. Ind. Schweiz. Chemiker Ztg.	Technik-Industrie und Schweizer Chemiker-Zeitung
Tech. Mitt. Krupp	Technische Mitteilungen Krupp
Technika Budapest	Technika. Budapest

Kürzung	Titel
Technol. Chem. Papier-Zellstoff-Fabr.	Technologie und Chemie der Papier- und Zellstoff-Fabrikation
Technol. Museum Sydney Bl.	Technological Museum Sydney. Bulletin
Technol. Rep. Osaka Univ.	Technology Reports of the Osaka University
Technol. Rep. Tohoku Univ.	Technology Reports of the Tohoku Imperial University
Tech. Physics U.S.S.R.	Technical Physics of the U.S.S.R. (Forts. J. Physics U.S.S.R.)
Tecnica ital.	Tecnica Italiana
Teer Bitumen	Teer und Bitumen
Teintex	Teintex. Paris
Tekn. Tidskr.	Teknisk Tidskrift. Stockholm
Tekn. Ukeblad	Teknisk Ukeblad. Oslo
Tekst. Promyšl.	Tekstilnaja Promyšlennost. Moskau
Teoret. eksp. Chim.	Teoretičeskaja i Eksperimentalnaja Chimija; englische Ausgabe: Theoretical and Experimental Chemistry U.S.S.R.
Tetrahedron	Tetrahedron. London
Tetrahedron Letters	Tetrahedron Letters
Tetrahedron Spl.	Tetrahedron, Supplement. Oxford
Texas J. Sci.	Texas Journal of Science
Textile Colorist	Textile Colorist. New York
Textile Res. J.	Textile Research Journal. New York
Textile Wd.	Textile World. New York
Teysmannia	Teysmannia. Batavia
Theoret. chim. Acta	Theoretica chimica Acta. Berlin
Therap. Gegenw.	Therapie der Gegenwart
Tidsskr. Hermetikind.	Tidsskrift for Hermetikindustri. Stavanger
Tidsskr. Kjemi Bergv.	Tidsskrift för Kjemi og Bergvesen. Oslo
Tidsskr. Kjemi Bergv. Met.	Tidsskrift för Kjemi, Bergvesen og Metallurgi. Oslo
Tijdschr. Artsenijk.	Tijdschrift voor Artsenijkunde
Tijdschr. Plantenz.	Tijdschrift over Plantenziekten
Tohoku J. agric. Res.	Tohoku Journal of Agricultural Research
Tohoku J. exp. Med.	Tohoku Journal of Experimental Medicine
Trab. Lab. Bioquim. Quim. apl.	Trabajos del Laboratorio de Bioquímica y Química aplicada, Instituto ,,Alonso Barba", Universidad de Zaragoza
Trans. Am. electroch. Soc.	Transactions of the American Electrochemical Society
Trans. Am. Inst. chem. Eng.	Transactions of the American Institute of Chemical Engineers
Trans. Am. Inst. min. met. Eng.	Transactions of the American Institute of Mining and Metallurgical Engineers
Trans. Am. Soc. mech. Eng.	Transactions of the American Society of Mechanical Engineers
Trans. Bose Res. Inst. Calcutta	Transactions of the Bose Research Institute, Calcutta
Trans. Brit. ceram. Soc.	Transactions of the British Ceramic Society
Trans. ... Conf. biol. Antioxidants New York ...	Transactions of the ... Conference on Biological Antioxidants, New York (1. 1946, 2. 1947, 3. 1948)
Trans. electroch. Soc.	Transactions of the Electrochemical Society. New York
Trans. Faraday Soc.	Transactions of the Faraday Society. Aberdeen, Schottland
Trans. Illinois Acad.	Transactions of the Illinois State Academy of Science
Trans. Indian Inst. chem. Eng.	Transactions, Indian Institute of Chemical Engineers
Trans. Inst. chem. Eng.	Transactions of the Institution of Chemical Engineers. London

Kürzung	Titel
Trans. Inst. min. Eng.	Transactions of the Institution of Mining Engineers. London
Trans. Inst. Rubber Ind.	Transactions of the Institution of the Rubber Industry (= I.R.I.-Transactions). London
Trans. Kansas Acad.	Transactions of the Kansas Academy of Science
Trans. Kentucky Acad.	Transactions of the Kentucky Academy of Science
Trans. nation. Inst. Sci. India	Transactions of the National Institute of Science of India
Trans. N.Y. Acad. Sci.	Transactions of the New York Academy of Sciences
Trans. Pr. roy. Soc. New Zealand	Transactions and Proceedings of the Royal Society of New Zealand
Trans. roy. Soc. Canada	Transactions of the Royal Society of Canada
Trans. roy. Soc. S. Africa	Transactions of the Royal Society of South Africa
Trans. roy. Soc. trop. Med. Hyg.	Transactions of the Royal Society of Tropical Medicine and Hygiene. London
Trans. third Comm. int. Soc. Soil Sci.	Transactions of the Third Commission of the International Society of Soil Science
Trav. Labor. Chim. gén. Univ. Louvain	Travaux du Laboratoire de Chimie Génerale, Université Louvain
Trav. Soc. Chim. biol.	Travaux des Membres de la Société de Chimie Biologique
Trav. Soc. Pharm. Montpellier	Travaux de la Societé de Pharmacie de Montpellier
Trudy Akad. Belorussk. S.S.R.	Trudy Akademii Nauk Belorusskoj S.S.R.
Trudy Azerbajdžansk. Univ.	Trudy Azerbajdžanskogo Gosudarstvennogo Universiteta
Trudy central. biochim. Inst.	Trudy centralnogo naučno-issledovatelskogo biochimičeskogo Instituta Piščevoj i Vkusovoj Promyšlennosti (Schriften des zentralen biochemischen Forschungsinstituts der Nahrungs- und Genußmittelindustrie)
Trudy Charkovsk. chim. technol. Inst.	Trudy Charkovskogo Chimiko-technologičeskogo Instituta
Trudy Chim. chim. Technol.	Trudy po Chimii i Chimičeskoj Technologii. Gorki
Trudy chim. Fak. Charkovsk. Univ.	Trudy Chimičeskogo Fakulteta i Naučno-issledovatelskogo Instituta Chimii Charkovskogo Universiteta
Trudy chim. farm. Inst.	Trudy Naučnogo Chimiko-farmacevtičeskogo Instituta
Trudy Chim. prirodn. Soedin. Kišinevsk. Univ.	Trudy po Chimii Prirodnych Soedinenij, Kišinevskii Gosudarstevennyi Universitet
Trudy Gorkovsk. pedagog. Inst.	Trudy Gorkovskogo Gosudarstvennogo Pedagogičeskogo Instituta
Trudy Inst. č. chim. Reakt.	Trudy Instituta Čistych Chimičeskich Reaktivov (Arbeiten des Instituts für reine chemische Reagentien)
Trudy Inst. Chim. Akad. Uralsk. S.S.R.	Trudy Instituta Chimii i Metallurgii, Akademija Nauk S.S.S.R., Uralskii Filial
Trudy Inst. Chim. Charkovsk. Univ.	Trudy Institutu Chimii Charkovskogo Gosudarstvennogo Universiteta
Trudy Inst. efirno-maslič. Promyšl.	Trudy Vsesojuznogo Instituta efirno-masličnoj Promyšlennosti
Trudy Inst. Fiz. Mat. Akad. Azerbajdžansk. S.S.R.	Trudy Instituta Fiziki i Matematiki, Akademija Nauk Azerbajdžanskoj S.S.R. Serija Fizičeskaja
Trudy Inst. iskusstven. Volokna	Naučno-issledovatelskie Trudy, Vsesojuznyj Naučno-issledovatelskij Institut Iskusstvennogo Volokna
Trudy Inst. Krist. Akad. S.S.S.R.	Trudy Instituta Kristallografii, Akademija Nauk S.S.S.R.

Kürzung	Titel
Trudy Inst. lekarstv. aromat. Rast.	Trudy Vsesojuznogo Naučno-issledovatelskogo Instituta lekarstvennych i aromaticeskich Rastenii
Trudy Inst. Nefti Akad. S.S.S.R.	Trudy Instituta Nefti, Akademija Nauk S.S.S.R.
Trudy Inst. sint. nat. dušist. Veščestv	Trudy Vsesojuznogo Naučno-issledovatelskogo Instituta Sintetičeskich i Naturalnych Dušistych Veščestv
Trudy Ivanovsk. chim. technol. Inst.	Trudy Ivanovskogo Chimiko-technologičeskogo Instituta
Trudy Kazansk. chim. technol. Inst.	Trudy Kazanskogo Chimiko-technologičeskogo Instituta
Trudy Kievsk. technol. Inst. piščevoj Promyšl.	Trudy Kievskogo Technologičeskogo Instituta Piščevoj Promyšlennosti
Trudy Kinofotoinst.	Trudy Vsesojuznogo Naučno-issledovatelskogo Kinofotoinstituta
Trudy Kubansk. selskochoz. Inst.	Trudy Kubanskogo Selskochozjaistvennogo Instituta
Trudy Leningradsk. ind. Inst.	Trudy Leningradskogo Industrialnogo Instituta
Trudy Lvovsk. med. Inst.	Trudy Lvovskogo Medicinskogo Instituta
Trudy Mendeleevsk. S.	Trudy (VI.) Vsesojuznogo Mendeleevskogo Sezda po teoretičeskoj i prikladnoj Chimii (Charkow 1932)
Trudy Molotovsk. med. Inst.	Trudy Molotovskogo Medicinskogo Instituta
Trudy Moskovsk. chim. technol. Inst.	Trudy Moskovskogo Chimiko-technologičeskogo Instituta imeni Mendeleewa
Trudy Moskovsk. technol. Inst. piščevoj Promyšl.	Trudy Moskovskij Technologičeskij Institut Piščevoj Promyšlennosti
Trudy Moskovsk. zootech. Inst. Konevod.	Trudy Moskovskogo Zootechničeskogo Instituta Konevodstva
Trudy opytno-issledovatelsk. Zavoda Chimgaz	Trudy Opytno-issledovatelskogo Zavoda Chimgaz
Trudy radiev. Inst.	Trudy Gosudarstvennogo Radievogo Instituta
Trudy Sessii Akad. Nauk org. Chim.	Trudy Sessii Akademii Nauk po Organičeskoj Chimii
Trudy Sovešč. Terpenov Terpenoidov Wilna 1959	Trudy Vsesojuznogo Soveščanija po Voprosi Chimij Terpenov i Terpenoidov Akademija Nauk Litovskoi S.S.R. Wilna 1959
Trudy Sovešč. Vopr. Ispolz. Pentozan. Syrja Riga 1955	Trudy Vsesojuznogo Soveščanija Voprosy Ispolzovanija Pentozansoderžaščego Syrja Riga 1955
Trudy sredneaziatsk. Univ. Taschkent	Trudy Sredneaziatskogo Gosudarstvennogo Universiteta. Taschkent [Acta Universitatis Asiae Mediae]
Trudy Tbilissk. Univ.	Trudy Tbilisskogo Gosudarstvennogo Universiteta
Trudy Uzbeksk. Univ. Sbornik Rabot Chim.	Trudy Uzbekskogo Gosudarstvennogo Universiteta. Sbornik Rabot Chimii (Sammlung chemischer Arbeiten)
Trudy vitamin. Inst.	Trudy Vsesojuznogo Naučno-issledovatelskogo Vitaminnogo Instituta
Trudy Voronežsk. Univ.	Trudy Voronežskogo Gosudarstvennogo Universiteta; Chimičeskij Otdelenie (Acta Universitatis Voronegiensis; Sectio chemica)
Uč. Zap. Azerbajdžansk. Univ.	Učenye Zapiski Azerbajdžanskogo Gosudarstvennogo Universiteta
Uč. Zap. Gorkovsk. Univ.	Učenye Zapiski Gorkovskogo Gosudarstvennogo Universiteta
Uč. Zap. Kazansk. Univ.	Učenye Zapiski, Kazanskij Gosudarstvennyj Universitet

Kürzung	Titel
Uč. Zap. Kišinevsk. Univ.	Učenye Zapiski, Kišinevskij Gosudarstvennyi Universitet
Uč. Zap. Leningradsk. Univ.	Učenye Zapiski, Leningradskogo Gosudarstvennogo Universiteta
Uč. Zap. Minsk. pedagog. Inst.	Učenye Zapiski, Minskij Gosudarstvennyj Pedagogičeskij Institut
Uč. Zap. Molotovsk Univ.	Učenye Zapiski Molotovskogo Gosudarstvennogo Universiteta
Uč. Zap. Moskovsk. Univ.	Učenye Zapiski Moskovskogo Gosudarstvennogo Universiteta; Chimija
Uč. Zap. Rostovsk. Univ.	Učenye Zapiski Rostovskogo na Donu Gosudarstvennogo Universiteta
Uč. Zap. Saratovsk. Univ.	Učenye Zapiski Saratovskogo Gosudarstvennogo Universiteta
Udobr.	Udobrenie i Urožaj (Düngung und Ernte)
Ugol	Ugol (Kohle)
Ukr. biochim. Ž.	Ukrainskij Biochimičnij Žurnal (Ukrainian Biochemical Journal)
Ukr. chim. Ž.	Ukrainskij Chimičnij Žurnal, Naukova Častina (Journal Chimique de l'Ukraine, Partie Scientifique)
Ukr. Inst. eksp. Farm. Konsult. Mat.	Ukrainskij Gosudarstvennyj Institut Eksperimentalnoj Farmazii Konsultatsionnye Materialy
Ullmann	Ullmanns Encyklopädie der Technischen Chemie, 3. bzw. 4. Aufl. Herausg. von *W. Foerst*
Underwriter's Lab. Bl.	Underwriters' Laboratories, Inc., Bulletin of Research. Chicago, Ill.
Ung. P.	Ungarisches Patent
Union Burma J. Sci. Technol.	Union of Burma Journal of Science and Technology
Union pharm.	Union pharmaceutique
Union S. Africa Dep. Agric. Sci. Bl.	Union South Africa Department of Agriculture, Science Bulletin
Univ. Allahabad Studies	University of Allahabad Studies
Univ. California Publ. Pharmacol.	University of California Publications. Pharmacology
Univ. California Publ. Physiol.	University of California Publications. Physiology
Univ. Colorado Studies	University of Colorado Studies
Univ. Illinois eng. Exp. Sta. Bl.	University of Illinois Bulletin. Engineering Experiment Station. Bulletin Series
Univ. Kansas Sci. Bl.	University of Kansas Science Bulletin
Univ. Philippines Sci. Bl.	University of the Philippines Natural and Applied Science Bulletin
Univ. Queensland Pap. Dep. Chem.	University of Queensland Papers, Department of Chemistry
Univ. São Paulo Fac. Fil.	Universidade de São Paulo, Faculdade de Filosofia, Ciencias e Letras
Univ. Texas Publ.	University of Texas Publication
U.S. Dep. Agric. Bur. Chem. Circ.	U.S. Department of Agriculture. Bureau of Chemistry Circular
U.S. Dep. Agric. Bur. Entomol.	U.S. Department of Agriculture Bureau of Entomology and Plant Quarantine, Entomological Technic
U.S.Dep.Agric.misc.Publ	U.S. Department of Agriculture. Miscellaneous Publications
U.S. Dep. Agric. tech. Bl.	U.S. Department of Agriculture. Technical Bulletin
U.S. Dep. Comm. Off. Tech. Serv. Rep.	U.S. Department of Commerce, Office of Technical Services, Publication Board Report

Kürzung	Titel
U. S. Naval med. Bl.	United States Naval Medical Bulletin
U. S. P.	Patent der Vereinigten Staaten von Amerika
Uspechi Chim.	Uspechi Chimii (Fortschritte der Chemie); englische Ausgabe: Russian Chemical Reviews
Uspechi fiz. Nauk	Uspechi fizičeskich Nauk
Uzbeksk. chim. Ž.	Uzbekskij Chimičeskij Žurnal
V.D.I.-Forschungsh.	V.D.I.-Forschungsheft. Supplement zu Forschung auf dem Gebiete des Ingenieurwesens
Verh. naturf. Ges. Basel	Verhandlungen der Naturforschenden Gesellschaft in Basel
Verh. Schweiz. Ver. Physiol. Pharmakol.	Verhandlungen des Schweizerischen Vereins der Physiologen und Pharmakologen
Verh. Vlaam. Acad. Belg.	Verhandelingen van de Koninklijke Vlaamsche Academie voor Wetenschappen, Letteren en Schone Kunsten van België. Klasse der Wetenschappen
Vernici	Vernici
Veröff. K.W.I. Silikatf.	Veröffentlichungen aus dem K.W.I. für Silikatforschung
Verre Silicates ind.	Verre et Silicates Industriels, Céramique, Émail, Ciment
Versl. Akad. Amsterdam	Verslag van de Gewone Vergadering der Afdeeling Natuurkunde, Nederlandsche Akademie van Wetenschappen
Vestnik kožev. Promyšl.	Vestnik koževennoj Promyšlennosti i Torgovli (Nachrichten aus Lederindustrie und -handel)
Vestnik Leningradsk. Univ.	Vestnik Leningradskogo Universiteta
Vestnik Moskovsk. Univ.	Vestnik Moskovskogo Universiteta
Vestnik Oftalmol.	Vestnik Oftalmologii. Moskau
Vestsi Akad. Belarusk. S.S.R.	Vestsi Akademii Navuk Belaruskaj S.S.R.
Veterin. J.	Veterinary Journal. London
Virch. Arch. path. Anat.	Virchows Archiv für pathologische Anatomie und Physiologie und für klinische Medizin
Virginia Fruit	Virginia Fruit
Virginia J. Sci.	Virginia Journal of Science
Virology	Virology. New York
Visti Inst. fiz. Chim. Ukr.	Visti Institutu Fizičnoj Chimii Akademija Nauk U.R.S.R. Institut Fizičnoj Chimii
Vitamine Hormone	Vitamine und Hormone. Leipzig
Vitamin Res. News U.S.S.R.	Vitamin Resurcy News U.S.S.R.
Vitamins Hormones	Vitamins and Hormones. New York
Vjschr. naturf. Ges. Zürich	Vierteljahresschrift der Naturforschenden Gesellschaft in Zürich
Voeding	Voeding (Ernährung). den Haag
Voenn. Chim.	Voennaja Chimija
Vopr. Pitanija	Voprosy Pitanija (Ernährungsfragen)
Vorratspflege Lebensmittelf.	Vorratspflege und Lebensmittelforschung
Vysokomol. Soedin.	Vysokomolekuljarnye Soedinenija; englische Ausgabe: Polymer Science U.S.S.R.
Waseda appl. chem. Soc. Bl.	Waseda Applied Chemical Society Bulletin. Tokyo [Waseda Oyo Kagaku Kaiho]
Wasmann Collector	Wasmann Collector. San Francisco, Calif.
Wd. Health Organ.	World Health Organization. New York
Wd. Petr. Congr. London 1933	World Petroleum Congress. London 1933. Proceedings

Kürzung	Titel
Wd. Rev. Pest Control	World Review of Pest Control
Weeds	Weeds. Gainesville, Flo.
Wiadom. farm.	Wiadomości Farmaceutyczne. Warschau
Wien. klin. Wschr.	Wiener Klinische Wochenschrift
Wien. med. Wschr.	Wiener medizinische Wochenschrift
Wis- en natuurk. Tijdschr.	Wis- en Natuurkundig Tijdschrift. Gent
Wiss. Ind.	Wissenschaft und Industrie
Wiss. Mitt. Öst. Heilmittelst.	Wissenschaftliche Mitteilungen der Österreichischen Heilmittelstelle
Wiss. Veröff. Dtsch. Ges. Ernähr.	Wissenschaftliche Veröffentlichungen der Deutschen Gesellschaft für Ernährung
Wiss. Veröff. Siemens	Wissenschaftliche Veröffentlichungen aus dem Siemens-Konzern bzw. (ab 1935) den Siemens-Werken
Wiss. Z. T. H. Leuna-Merseburg	Wissenschaftliche Zeitschrift der Technischen Hochschule für Chemie „Carl Schorlemmer" Leuna-Merseburg
Wochenbl. Papierf.	Wochenblatt für Papierfabrikation
Wool Rec. Textile Wd.	Wool Record and Textile World. Bradford
Wschr. Brauerei	Wochenschrift für Brauerei
X-Sen	X-Sen (Röntgen-Strahlen). Japan
Yale J. Biol. Med.	Yale Journal of Biology and Medicine
Yonago Acta med.	Yonago Acta Medica. Japan
Z. anal. Chem.	Zeitschrift für Analytische Chemie
Ž. anal. Chim.	Žurnal Analitičeskoj Chimii; englische Ausgabe: Journal of Analytical Chemistry of the U.S.S.R.
Z. ang. Ch.	Zeitschrift für angewandte Chemie
Z. angew. Entomol.	Zeitschrift für angewandte Entomologie
Z. angew. Math. Phys.	Zeitschrift für angewandte Mathematik und Physik
Z. angew. Phot.	Zeitschrift für angewandte Photographie in Wissenschaft und Technik
Z. ang. Phys.	Zeitschrift für angewandte Physik
Z. anorg. Ch.	Zeitschrift für Anorganische und Allgemeine Chemie
Zap. Inst. Chim. Ukr.	Ukrainska Akademija Nauk. Zapiski Institutu Chimii bzw. Zapiski Institutu Chimii Akademija Nauk U.R.S.R.
Zavod. Labor.	Zavodskaja Laboratorija (Betriebslaboratorium)
Z. Berg-, Hütten- Salinenw.	Zeitschrift für das Berg-, Hütten- und Salinenwesen im Deutschen Reich
Z. Biol.	Zeitschrift für Biologie
Zbl. Bakt. Parasitenk.	Zentralblatt für Bakteriologie, Parasitenkunde, Infektionskrankheiten und Hygiene [I] Orig. bzw. [II]
Zbl. Gewerbehyg.	Zentralblatt für Gewerbehygiene und Unfallverhütung
Zbl. inn. Med.	Zentralblatt für Innere Medizin
Zbl. Min.	Zentralblatt für Mineralogie
Zbl. Zuckerind.	Zentralblatt für die Zuckerindustrie
Z. Bot.	Zeitschrift für Botanik
Z. Chem.	Zeitschrift für Chemie. Leipzig
Ž. chim. Promyśl.	Žurnal Chimičeskoj Promyšlennosti (Journal der Chemischen Industrie)
Z. Desinf.	Zeitschrift für Desinfektions- und Gesundheitswesen
Ž. eksp. Biol. Med.	Žurnal Eksperimentalnoj Biologii i Mediciny
Ž. eksp. teor. Fiz.	Žurnal Eksperimentalnoj i Teoretičeskoj Fiziki; englische Ausgabe: Soviet Physics JETP

Kürzung	Titel
Z. El. Ch.	Zeitschrift für Elektrochemie und Angewandte Physikalische Chemie
Zellst. Papier	Zellstoff und Papier
Zesz. Politech. Śląsk.	Zeszyty Naukowe Politechniki Śląskiej. Chemia
Zesz. Probl. Nauki Polsk.	Zeszyty Problemowe Nauki Polskiej
Zesz. Uniw. Łodzk.	Zeszyty Naukowa Uniwersytetu. Łódźkiego. II Nauki Matematyczno-przyrodnicze
Z. Farben Textil Ind.	Zeitschrift für Farben- und Textil-Industrie
Ž. fiz. Chim.	Žurnal Fizičeskoj Chimii; englische Ausgabe: Russian Journal of Physical Chemistry
Z. ges. Brauw.	Zeitschrift für das gesamte Brauwesen
Z. ges. exp. Med.	Zeitschrift für die gesamte experimentelle Medizin
Z. ges. Getreidew.	Zeitschrift für das gesamte Getreidewesen
Z. ges. innere Med.	Zeitschrift für die gesamte Innere Medizin
Z. ges. Kälteind.	Zeitschrift für die gesamte Kälteindustrie
Z. ges. Naturwiss.	Zeitschrift für die gesamte Naturwissenschaft
Z. ges. Schiess-Sprengstoffw.	Zeitschrift für das gesamte Schiess- und Sprengstoffwesen
Z. Hyg. Inf.-Kr.	Zeitschrift für Hygiene und Infektionskrankheiten
Z. hyg. Zool.	Zeitschrift für hygienische Zoologie und Schädlingsbekämpfung
Židkofaz. Okisl. nepredeln. org. Soedin.	Židkofaznoe Okislenie Nepredelnych Organičeskich Soedinenij
Z. Immunitätsf.	Zeitschrift für Immunitätsforschung und experimentelle Therapie
Zinatn. Raksti Latvijas Univ.	Zinatniskie Raksti, Latvijas Valsts Universitates. Kimijas Fakultate
Zinatn. Raksti Rigas politehn. Inst.	Zinatniskie Raksti, Rigas Politehniskais Instituts, Kimijas Fakultate (Wissenschaftliche Berichte des Politechnischen Instituts Riga)
Z. Kinderheilk.	Zeitschrift für Kinderheilkunde
Z. klin. Med.	Zeitschrift für klinische Medizin
Z. kompr. flüss. Gase	Zeitschrift für komprimierte und flüssige Gase
Z. Kr.	Zeitschrift für Kristallographie, Kristallgeometrie, Kristallphysik, Kristallchemie
Z. Krebsf.	Zeitschrift für Krebsforschung
Z. Lebensm. Unters.	Zeitschrift für Lebensmittel-Untersuchung und -Forschung
Ž. Mikrobiol.	Žurnal Mikrobiologii, Epidemiologii i Immunobiologii
Z. Naturf.	Zeitschrift für Naturforschung
Ž. neorg. Chim.	Žurnal Neorganičeskoj Chimii; englische Ausgabe **1–3**: Journal of Inorganic Chemistry of the U.S.S.R.; ab **4** [1959] Russian Journal of Inorganic Chemistry
Ž. obšč. Chim.	Žurnal Obščej Chimii; englische Ausgabe: Journal of General Chemistry of the U.S.S.R. (ab **1949**)
Ž. org. Chim.	Žurnal Organičeskoj Chimii; englische Ausgabe: Journal of Organic Chemistry of the U.S.S.R.
Z. Pflanzenernähr.	Zeitschrift für Pflanzenernährung, Düngung und Bodenkunde
Z. Phys.	Zeitschrift für Physik
Z. phys. chem. Unterr.	Zeitschrift für den physikalischen und chemischen Unterricht
Z. physik. Chem.	Zeitschrift für Physikalische Chemie. Leipzig
Z. physiol. Chem.	Hoppe-Seylers Zeitschrift für Physiologische Chemie
Ž. prikl. Chim.	Žurnal Prikladnoj Chimii (Journal für Angewandte Chemie); englische Ausgabe: Journal of Applied Chemistry of the U.S.S.R.
Z. psych. Hyg.	Zeitschrift für psychische Hygiene

Kürzung	Titel
Ž. rezin. Promyšl.	Žurnal Rezinovoj Promyšlennosti (Journal of the Rubber Industry)
Ž. russ. fiz.-chim. Obšč.	Žurnal Russkogo Fiziko-chimičeskogo Obščestva. Čast Chimičeskaja (= Chem. Teil)
Z. Spiritusind.	Zeitschrift für Spiritusindustrie
Ž. struktur. Chim.	Žurnal Strukturnoj Chimii; englische Ausgabe: Journal of Structural Chemistry U.S.S.R.
Ž. tech. Fiz.	Žurnal Techničeskoj Fiziki
Z. tech. Phys.	Zeitschrift für Technische Physik
Z. Tierernähr.	Zeitschrift für Tierernährung und Futtermittelkunde
Z. Tuberkulose	Zeitschrift für Tuberkulose
Zucker	Zucker. Hannover
Zucker-Beih.	Zucker-Beihefte
Z. Unters. Lebensm.	Zeitschrift für Untersuchung der Lebensmittel
Z. Unters. Nahrungs- u. Genussm.	Zeitschrift für Untersuchung der Nahrungs- und Genussmittel sowie der Gebrauchsgegenstände. Berlin
Z.V.D.I.	Zeitschrift des Vereins Deutscher Ingenieure
Z.V.D.I. Beih. Verfahrenstech.	Zeitschrift des Vereins Deutscher Ingenieure. Beiheft Verfahrenstechnik
Z. Verein dtsch. Zuckerind.	Zeitschrift des Vereins der Deutschen Zuckerindustrie
Z. Vitaminf.	Zeitschrift für Vitaminforschung. Bern
Z. Vitamin-Hormon-Fermentf.	Zeitschrift für Vitamin-, Hormon- und Fermentforschung. Wien
Z. Wirtschaftsgr. Zuckerind.	Zeitschrift der Wirtschaftsgruppe Zuckerindustrie
Z. wiss. Phot.	Zeitschrift für wissenschaftliche Photographie, Photophysik und Photochemie
Z. Zuckerind.	Zeitschrift für Zuckerindustrie
Z. Zuckerind. Čsl.	Zeitschrift für die Zuckerindustrie der Čechoslovakischen Republik
Zymol. Chim. Colloidi	Zymologica e Chimica dei Colloidi
Ж.	s. Ž. russ. fiz.-chim. Obšč.

Dritte Abteilung

Heterocyclische Verbindungen

Verbindungen mit einem cyclisch gebundenen Chalkogen-Atom

III. Oxo-Verbindungen

(Fortsetzung)

G. Hydroxy-oxo-Verbindungen

1. Hydroxy-oxo-Verbindungen mit drei Sauerstoff-Atomen

Hydroxy-oxo-Verbindungen $C_nH_{2n-2}O_3$

Hydroxy-oxo-Verbindungen $C_4H_6O_3$

3-Hydroxy-dihydro-furan-2-on, 2,4-Dihydroxy-buttersäure-4-lacton $C_4H_6O_3$.

a) **(R)-2,4-Dihydroxy-buttersäure-4-lacton** $C_4H_6O_3$, Formel I.
Diese Konfiguration ist dem rechtsdrehenden 2,4-Dihydroxy-buttersäure-4-lacton (s. E I 296 und E II 3) auf Grund seiner genetischen Beziehung zu D-Äpfelsäure zuzuordnen; folglich ist das linksdrehende Enantiomere (s. E II 3) als (S)-2,4-Dihydroxybuttersäure-4-lacton (Formel II) zu formulieren (s. a. *Crum*, Adv. Carbohydrate Chem. **13** [1958] 169, 175).

b) **(±)-2,4-Dihydroxy-buttersäure-4-lacton** $C_4H_6O_3$, Formel I + II (E I 296; E II 3).
B. Beim Erhitzen von (±)-2,4-Dibrom-buttersäure mit Bariumhydroxid und Wasser und Erhitzen des Reaktionsprodukts unter vermindertem Druck (*Wenuš-Danilowa, Kasimirowa*, Ž. obšč. Chim. **8** [1938] 1439, 1445; C. **1940** I 1490). Beim Erhitzen von 4-Hydroxy-buttersäure-lacton mit Brom und rotem Phosphor, Erwärmen des von Brom befreiten Reaktionsgemisches mit Bariumhydroxid und Wasser und Erhitzen des Reaktionsprodukts unter vermindertem Druck (*Späth, Platzer*, B. **69** [1936] 255, 257). Beim Erhitzen von (±)-2-Chlor-4-hydroxy-buttersäure-lacton mit Bariumhydroxid und Wasser (*Reppe et al.*, A. **596** [1955] 158, 164, 186).
Kp$_5$: 138–141° (*We.-Da., Ka.*); Kp$_{0,5}$: 128–130° (*Sp., Pl.*; *Re. et al.*).
Bildung von 2,4-Dihydroxy-buttersäure-amid beim Behandeln mit flüssigem Ammoniak: *Glattfeld, Macmillan*, Am. Soc. **56** [1934] 2481; *Re. et al.*, l. c. S. 186. Beim Erhitzen mit 1 Mol 2-Amino-benzylamin unter Stickstoff auf 200° ist 1,2,3,9-Tetrahydropyrrolo[2,1-*b*]chinazolin-3-ol erhalten worden (*Sp., Pl.*).

(±)-3-Phenoxy-dihydro-furan-2-on, (±)-4-Hydroxy-2-phenoxy-buttersäure-lacton $C_{10}H_{10}O_3$, Formel III (X = H).
B. Beim Behandeln von (±)-2-Brom-4-hydroxy-buttersäure-lacton mit Natriumphenolat in Äthanol (*Julia, Baillargé*, Bl. **1954** 470).
Krystalle (aus Bzl. + PAe.); F: 72°.

I   II   III   IV

(±)-3-[2-Chlor-phenoxy]-dihydro-furan-2-on, (±)-2-[2-Chlor-phenoxy]-4-hydroxybuttersäure-lacton $C_{10}H_9ClO_3$, Formel III (X = Cl).
B. Beim Behandeln von (±)-2-Brom-4-hydroxy-buttersäure-lacton mit Natrium-[2-chlor-phenolat] in Äthanol (*Julia, Baillargé*, Bl. **1954** 470).
Krystalle (aus Bzl. + PAe.); F: 70,5°.

(±)-3-[3-Chlor-phenoxy]-dihydro-furan-2-on, (±)-2-[3-Chlor-phenoxy]-4-hydroxy-buttersäure-lacton $C_{10}H_9ClO_3$, Formel IV.

B. Beim Behandeln von (±)-2-Brom-4-hydroxy-buttersäure-lacton mit Natrium-[3-chlor-phenolat] in Äthanol (*Julia, Baillargé*, Bl. **1954** 470).

Kp$_1$: 195°.

(±)-3-[4-Chlor-phenoxy]-dihydro-furan-2-on, (±)-2-[4-Chlor-phenoxy]-4-hydroxy-buttersäure-lacton $C_{10}H_9ClO_3$, Formel V (X = H).

B. Beim Behandeln von (±)-2-Brom-4-hydroxy-buttersäure-lacton mit Natrium-[4-chlor-phenolat] in Äthanol (*Julia, Baillargé*, Bl. **1954** 470).

Krystalle (aus Bzl. + PAe.); F: 75°.

(±)-3-[2,4-Dichlor-phenoxy]-dihydro-furan-2-on, (±)-2-[2,4-Dichlor-phenoxy]-4-hydroxy-buttersäure-lacton $C_{10}H_8Cl_2O_3$, Formel V (X = Cl).

B. Beim Behandeln von (±)-2-Brom-4-hydroxy-buttersäure-lacton mit Natrium-[2,4-dichlor-phenolat] in Äthanol (*Julia, Baillargé*, Bl. **1954** 470).

Krystalle (aus Bzl. + PAe.); F: 99°.

(±)-3-[2,4,5-Trichlor-phenoxy]-dihydro-furan-2-on, (±)-4-Hydroxy-2-[2,4,5-trichlor-phenoxy]-buttersäure-lacton $C_{10}H_7Cl_3O_3$, Formel VI.

B. Beim Behandeln von (±)-2-Brom-4-hydroxy-buttersäure-lacton mit Natrium-[2,4,5-trichlor-phenolat] in Äthanol (*Julia, Baillargé*, Bl. **1954** 470).

Krystalle (aus Bzl. + PAe.); F: 85,5°.

V　　　　　　VI　　　　　　VII　　　　　　VIII

(±)-3-[4-Chlor-2-methyl-phenoxy]-dihydro-furan-2-on, (±)-2-[4-Chlor-2-methyl-phenoxy]-4-hydroxy-buttersäure-lacton $C_{11}H_{11}ClO_3$, Formel VII (X = Cl).

B. Beim Behandeln von (±)-2-Brom-4-hydroxy-buttersäure-lacton mit Natrium-[4-chlor-2-methyl-phenolat] in Äthanol (*Julia, Baillargé*, Bl. **1954** 470).

Krystalle (aus Bzl. + PAe.); F: 110°.

(±)-3-*m*-Tolyloxy-dihydro-furan-2-on, (±)-4-Hydroxy-2-*m*-tolyloxy-buttersäure-lacton $C_{11}H_{12}O_3$, Formel VIII.

B. Beim Behandeln von (±)-2-Brom-4-hydroxy-buttersäure-lacton mit Natrium-[3-methyl-phenolat] in Äthanol (*Julia, Baillargé*, Bl. **1954** 470).

Kp$_1$: 175°.

(±)-3-[2,4-Dimethyl-phenoxy]-dihydro-furan-2-on, (±)-2-[2,4-Dimethyl-phenoxy]-4-hydroxy-buttersäure-lacton $C_{12}H_{14}O_3$, Formel VII (X = CH$_3$).

B. Beim Behandeln von (±)-2-Brom-4-hydroxy-buttersäure-lacton mit Natrium-[2,4-dimethyl-phenolat] in Äthanol (*Cocker et al.*, Soc. **1955** 824).

Krystalle (aus PAe.); F: 62−63°. Kp$_6$: 224−226°.

IX　　　　　　X　　　　　　XI

(±)-3-[2]Naphthyloxy-dihydro-furan-2-on, (±)-4-Hydroxy-2-[2]naphthyloxy-buttersäure-lacton $C_{14}H_{12}O_3$, Formel IX.

B. Beim Behandeln von (±)-2-Brom-4-hydroxy-buttersäure-lacton mit Natrium-

[2]naphtholat in Äthanol (*Julia, Baillargé*, Bl. **1954** 470).
Krystalle (aus Bzl. oder wss. A.); F: 136°.

(±)-3-Methyl-4-[2-oxo-tetrahydro-[3]furyloxy]-benzoesäure $C_{12}H_{12}O_5$, Formel X, und
(±)-5-Methyl-2-[2-oxo-tetrahydro-[3]furyloxy]-benzoesäure $C_{12}H_{12}O_5$, Formel XI.
Diese beiden Konstitutionsformeln kommen für die nachstehend beschriebene Verbindung in Betracht.
B. Aus (±)-4(oder 2)-[1-Carboxy-3-hydroxy-propoxy]-3(oder 5)-methyl-benzoesäure (F: 135—136°) beim Erhitzen mit wss. Schwefelsäure sowie beim Erhitzen ohne Zusatz auf Temperaturen oberhalb des Schmelzpunkts (*Cocker et al.*, Soc. **1955** 824).
Krystalle (aus wss. A.); F: 170°. Absorptionsmaximum (A.): 252 nm.

(±)-3-Methylmercapto-dihydro-furan-2-on, (±)-4-Hydroxy-2-methylmercapto-buttersäure-lacton $C_5H_8O_2S$, Formel I (R = CH_3).
B. Beim Behandeln von (±)-2-Brom-4-hydroxy-buttersäure-lacton mit Natriummethanthiolat in Methanol (*Wagner et al.*, Am. Soc. **77** [1955] 5140, 5142).
$Kp_{0,1}$: 64—66,5°. n_D^{25}: 1,5040.

(±)-3-Benzylmercapto-dihydro-furan-2-on, (±)-2-Benzylmercapto-4-hydroxy-buttersäure-lacton $C_{11}H_{12}O_2S$, Formel I (R = $CH_2\text{-}C_6H_5$).
B. Beim Behandeln von (±)-2-Brom-4-hydroxy-buttersäure-lacton mit Benzylmercaptan und Natriummethylat in Methanol (*Merck & Co. Inc.*, U.S.P. 2842558 [1954], 2842590 [1954]).
$Kp_{0,03}$: 137—140°. n_D^{25}: 1,5752.

(±)-3-Thiocyanato-dihydro-furan-2-on, (±)-4-Hydroxy-2-thiocyanato-buttersäure-lacton $C_5H_5NO_2S$, Formel I (R = CN).
B. Beim Behandeln von (±)-2-Brom-4-hydroxy-buttersäure-lacton mit Natriumthiocyanat in Wasser (*Reppe et al.*, A. **596** [1955] 1, 158, 187; s. a. *BASF*, D.B.P. 801992 [1948]; D.R.B.P. Org. Chem. 1950—1951 **5** 3).
Bei 138—143°/5 Torr unter partieller Zersetzung destillierbar.

(±)-3-Carbamimidoylmercapto-dihydro-furan-2-on, (±)-2-Carbamimidoylmercapto-4-hydroxy-buttersäure-lacton $C_5H_8N_2O_2S$, Formel I (R = $C(NH_2)$=NH).
B. Als Hydrobromid beim Behandeln von (±)-2-Brom-4-hydroxy-buttersäure-lacton mit Thioharnstoff (*Reppe et al.*, A. **596** [1955] 1, 158, 188; s. a. *BASF*, D.B.P. 801992 [1948]; D.R.B.P. Org. Chem. 1950—1951 **5** 3).
Krystalle (aus W. oder Me.); F: 132—134° (*BASF*; *Re. et al.*).
Hydrobromid. Krystalle (aus W.); F: 164—166° (*BASF*; s. a. *Re. et al.*).

(±)-3-Diäthylthiocarbamoylmercapto-dihydro-furan-2-on, (±)-2-Diäthylthiocarbamoylmercapto-4-hydroxy-buttersäure-lacton $C_9H_{15}NO_2S_2$, Formel I (R = CS-N(C_2H_5)$_2$).
B. Beim Behandeln von (±)-2-Brom-4-hydroxy-buttersäure-lacton mit Diäthylamindiäthyldithiocarbamat [aus Schwefelkohlenstoff und Diäthylamin in Wasser hergestellt] (*BASF*, D.B.P. 801992 [1948]; D.R.B.P. Org. Chem. 1950—1951 **5** 3).
Krystalle (aus Me.); F: 63—64°.

I   II   III

*Opt.-inakt. Bis-[2-oxo-tetrahydro-[3]furyl]-sulfid $C_8H_{10}O_4S$, Formel II.
B. Beim Behandeln von (±)-2-Brom-4-hydroxy-buttersäure-lacton mit Natriumsulfid in Wasser (*Reppe et al.*, A. **596** [1955] 1, 158, 187; s. a. *BASF*, D.B.P. 801992 [1948]; D.R.B.P. Org. Chem. 1950—1951 **5** 3).
Krystalle (aus W.); F: 88—89° (*BASF*), 88° (*Re. et al.*). Kp_2: 208° (*Re. et al.*), 205° (*BASF*).

*Opt.-inakt. Bis-[2-oxo-tetrahydro-[3]furyl]-disulfid $C_8H_{10}O_4S_2$, Formel III.
    B. Beim Behandeln von (±)-2-Brom-4-hydroxy-buttersäure-lacton oder von (±)-2-Chlor-4-hydroxy-buttersäure-lacton mit Natriumdisulfid in Wasser (*Reppe et al.*, A. **596** [1955] 1,158, 165, 187).
    Krystalle (aus W.); F: 111—113°.

(±)-4-Hydroxy-dihydro-furan-2-on, (±)-3,4-Dihydroxy-buttersäure-4-lacton $C_4H_6O_3$, Formel IV (R = H) (H 1; E I 296; E II 3).

B. Neben kleinen Mengen 4-Hydroxy-*cis*-crotonsäure-lacton beim Behandeln von (±)-3-Chlor-propan-1,2-diol mit Kaliumcyanid in wss. Äthanol und Erhitzen des erhaltenen 3,4-Dihydroxy-butyronitrils mit wss. Natronlauge (*Rambaud, Ducher*, C. r. **238** [1954] 1231; s. a. *Glattfeld et al.*, Am. Soc. **53** [1931] 3164, 3166, 3170). Beim Behandeln von (±)-2,3-Epoxy-propan-1-ol mit wss. Cyanwasserstoffsäure und Erhitzen des Reaktionsprodukts mit Bariumhydroxid in Wasser (*Glattfeld, Klaas*, Am. Soc. **55** [1933] 1114, 1117). Beim Behandeln von But-3-ensäure mit Bariumchlorat und wenig Osmium(VIII)-oxid in Wasser (*Glattfeld, Rietz*, Am. Soc. **62** [1940] 974, 976) oder mit Peroxybenzoesäure in Chloroform (*Mannich*, Ar. **273** [1935] 415, 417). Beim Behandeln von But-3-ennitril mit wss. Wasserstoffperoxid und wss. Ameisensäure (*Weimberg*, J. biol. Chem. **234** [1959] 727). Als Hauptprodukt beim Erwärmen von (±)-3,4-Epoxy-buttersäure-äthylester mit wss. Schwefelsäure (*Rambaud et al.*, Bl. **1955** 877, 882).
    Krystalle (aus Acn. + Ae.); F: 22,5—26° (*Gl. et al.*). Kp_5: 150—151° (*Gl. et al.*); Kp_4: 144—145°; D_4^{18}: 1,303; n_D^{18}: 1,467 [flüssiges Präparat] (*Ra. et al.*).
    Bildung von 3,4-Dihydroxy-buttersäure und 4-Hydroxy-*cis*-crotonsäure-lacton beim Behandeln mit wss. Kaliumcarbonat-Lösung: *Rambaud, Ducher*, Bl. **1956** 466, 475. Beim Behandeln einer äthanol. Lösung mit Chlorwasserstoff ist 4-Chlor-3-hydroxy-buttersäureäthylester erhalten worden (*Glattfeld, Stack*, Am. Soc. **59** [1937] 753, 757). Eine beim Erhitzen mit Butan-1-ol und wenig Schwefelsäure erhaltene, von *Glattfeld, Stack* als 4-Hydroxy-*cis*-crotonsäure-butylester angesehene Verbindung ist nach *Ducher* (Bl. **1959** 1259, 1266) wahrscheinlich als 3-Formyl-hept-3-endisäure-dibutylester zu formulieren.
    Charakterisierung durch Überführung in 3,4-Dihydroxy-buttersäure-[N'-phenylhydrazid] (F: 109°): *Gl. et al.*, l. c. S. 3167; *Gl., Kl.*

(±)-4-Methoxy-dihydro-furan-2-on, (±)-4-Hydroxy-3-methoxy-buttersäure-lacton $C_5H_8O_3$, Formel IV (R = CH_3).

B. Beim Erwärmen von (±)-4-Chlor-3-methoxy-buttersäure-methylester mit wss. Natronlauge (*Rambaud, Brini-Fritz*, Bl. **1958** 1426).
    Kp_{13}: 118—118,5°. D^{23}: 1,168. n_D^{23}: 1,442. Raman-Spektrum: *Ra., Br.-Fr.*, l. c. S. 1428.

(±)-4-Äthoxy-dihydro-furan-2-on, (±)-3-Äthoxy-4-hydroxy-buttersäure-lacton $C_6H_{10}O_3$, Formel IV (R = C_2H_5).

B. Beim Erwärmen von (±)-3-Äthoxy-4-chlor-buttersäure-äthylester mit wss. Natronlauge (*Rambaud*, C. r. **200** [1935] 2089; *Rambaud, Brini-Fritz*, Bl. **1958** 1426) oder mit wss. Kalilauge (*Vessière*, Bl. **1959** 1645, 1649).
    Kp_{20}: 131,5° (*Ra.*); $Kp_{17,5}$: 126—126,5°; $Kp_{14,5}$: 122—123° (*Ra., Br.-Fr.*); Kp_2: 101—101,5° (*Ve.*). D_4^{15}: 1,118; D_4^{18}: 1,116 (*Ra., Br.-Fr.*), 1,115 (*Ra.*); D_4^{21}: 1,093 (*Ve.*). n_D^{15}: 1,443 (*Ra., Br.-Fr.*); n_D^{18}: 1,443 (*Ra.*), 1,442 (*Ra., Br.-Fr.*); n_D^{21}: 1,4462 (*Ve.*). Raman-Spektrum: *Ra., Br.-Fr.*

(±)-4-Propoxy-dihydro-furan-2-on, (±)-4-Hydroxy-3-propoxy-buttersäure-lacton $C_7H_{12}O_3$, Formel IV (R = CH_2-CH_2-CH_3).

B. Beim Erhitzen von (±)-4-Chlor-3-propoxy-buttersäure-propylester mit wss. Natronlauge (*Rambaud, Fritz*, C. r. **222** [1946] 744; *Rambaud, Brini-Fritz*, Bl. **1958** 1426).
    $Kp_{13,5}$: 131—132°; D_4^{21}: 1,072; n_D^{21}: 1,442 (*Ra., Fr.*; *Ra., Br.-Fr.*). Raman-Spektrum: *Ra., Br.-Fr.*

(±)-4-Acetoxy-dihydro-furan-2-on, (±)-3-Acetoxy-4-hydroxy-buttersäure-lacton $C_6H_8O_4$, Formel IV (R = CO-CH_3).

B. Beim Erwärmen von (±)-Natrium-[3,4-dihydroxy-butyrat] mit Acetylchlorid

(*Glattfeld, Stack*, Am. Soc. **59** [1937] 753, 755).
Kp$_4$: 119—121°.

(±)-4-Butyryloxy-dihydro-furan-2-on, (±)-3-Butyryloxy-4-hydroxy-buttersäure-lacton
$C_8H_{12}O_4$, Formel IV (R = CO-CH$_2$-CH$_2$-CH$_3$).

B. Beim Behandeln von (±)-3,4-Dihydroxy-buttersäure-4-lacton mit Butyrylchlorid und Pyridin (*van Tamelen et al.*, Am. Soc. **81** [1959] 750).
Kp$_{28}$: 173—178°; Kp$_{0,5}$: 106—108°. n$_D^{25}$: 1,4478.

(±)-5-Methoxy-dihydro-furan-2-on, (±)-4-Hydroxy-4-methoxy-buttersäure-lacton
$C_5H_8O_3$, Formel V (R = CH$_3$).

B. Beim Behandeln von opt.-inakt. 2-Methoxy-cyclopropancarbonsäure-methylester (Kp$_{16}$: 54,5—55,5°) mit wss. Natronlauge und Erhitzen der erhaltenen 2-Methoxy-cyclopropancarbonsäure unter vermindertem Druck (*Rambaud et al.*, Bl. **1957** 681, 687). Beim Erwärmen von opt.-inakt. 2,5-Dimethoxy-2,5-dihydro-furan-2-carbonsäure-methyl= ester (Kp$_4$: 92—93°) mit wss. Salzsäure (*Hachihama, Shono*, J. chem. Soc. Japan. Ind. Chem. Sect. **58** [1955] 806; C. A. **1956** 12015).

Kp$_{15}$: 89—89,5° (*Ra. et al.*), 88—89° (*Ducher*, Bl. **1959** 1259, 1266); Kp$_{12}$: 77—80° (*Ha., Sh.*). D$_4^{19,5}$: 1,141 (*Ra. et al.*); D$_4^{20}$: 1,118 (*Du.*). n$_D^{19,5}$: 1,434 (*Ra. et al.*); n$_D^{20}$: 1,431 (*Du.*). Raman-Spektrum: *Ra. et al.; Du.*

Charakterisierung durch Überführung in 4-[2,4-Dinitro-phenylhydrazono]-buttersäure-methylester (F: 133—133,5°): *Ha., Sh.*

IV   V   VI   VII

(±)-5-Äthoxy-dihydro-furan-2-on, (±)-4-Äthoxy-4-hydroxy-buttersäure-lacton $C_6H_{10}O_3$,
Formel V (R = C$_2$H$_5$).

B. Beim Erhitzen von opt.-inakt. 2-Äthoxy-cyclopropancarbonsäure (Kp$_8$: 112,5° bis 115,5°) unter vermindertem Druck (*D'jakonow, Lugowzowa*, Ž. obšč. Chim. **21** [1951] 839, 849; engl. Ausg. S. 921, 930). Beim Behandeln von opt.-inakt. 2-Äthoxy-cyclo= propancarbonsäure-äthylester (Kp$_6$: 77—78°) mit wss. Natronlauge und Erhitzen der erhaltenen 2-Äthoxy-cyclopropancarbonsäure unter vermindertem Druck (*Rambaud et al.*, Bl. **1957** 681, 687). Neben anderen Verbindungen beim Erhitzen von 4-Hydroxy-*cis*-crotonsäure-lacton mit Äthanol und wss. Salzsäure unter Luftausschluss auf 115° (*Ducher*, Bl. **1959** 1259, 1263). Beim Erhitzen von (±)-5-Äthoxy-2-oxo-tetrahydro-furan-3-carbonsäure (aus [2,2-Diäthoxy-äthyl]-malonsäure-diäthylester durch Er= hitzen mit wss.-äthanol. Natronlauge hergestellt) auf 150° (*Štrukow*, Ž. obšč. Chim. **22** [1952] 521, 523; engl. Ausg. S. 587, 589). Bei der Hydrierung von (±)-4-Äthoxy-4-hydroxy-*cis*-crotonsäure-lacton an Raney-Nickel in Äthanol bei 85°/115 at oder an Palladium/Bariumsulfat in Äthanol (*Schenck*, A. **584** [1953] 156, 172).

Kp$_{15}$: 95,5° (*Sch.*); Kp$_{14}$: 96—97° (*Ra. et al.*); Kp$_{12}$: 93—94,5° (*Du.*); Kp$_{10}$: 88—90° (*Št.*); Kp$_6$: 86—86,5° (*D'j., Lu.*). D$_4^{15}$: 1,096 (*Ra. et al.*); D$_4^{20}$: 1,0899 (*Sch.*); D$_4^{21}$: 1,091 (*D'j., Lu.*). n$_D^{15}$: 1,4365 (*Ra. et al.*); n$_D^{20}$: 1,435 (*Du.*), 1,4343 (*Sch.*); n$_D^{21}$: 1,4335 (*D'j., Lu.*). n$_{656,3}^{20}$: 1,4321, n$_{456,1}^{20}$: 1,4395, n$_{434,0}^{20}$: 1,4433 (*Sch.*). Raman-Spektrum: *Ra. et al.; Du.*

Beim Aufbewahren in Stickstoff-Atmosphäre unter Lichtausschluss erfolgt Umwand= lung in 4-Oxo-buttersäure-äthylester (*Ra. et al.*).

(±)-5-Propoxy-dihydro-furan-2-on, (±)-4-Hydroxy-4-propoxy-buttersäure-lacton
$C_7H_{12}O_3$, Formel V (R = CH$_2$-CH$_2$-CH$_3$).

B. Beim Behandeln von opt.-inakt. 2-Propoxy-cyclopropancarbonsäure-methylester (Kp$_{18,5}$: 85—86°) mit wss. Natronlauge und Erhitzen der erhaltenen 2-Propoxy-cyclo= propancarbonsäure unter vermindertem Druck (*Rambaud et al.*, Bl. **1957** 681, 687). Neben anderen Verbindungen beim Erhitzen von 4-Hydroxy-*cis*-crotonsäure-lacton mit Propan-1-ol und wss. Salzsäure auf 115° unter Luftausschluss (*Ducher*, Bl. **1959** 1259, 1265).

Kp$_{15}$: 108—109°; D^{19}: 1,062; n$_D^{19}$: 1,436 (*Ra. et al.*). Raman-Spektrum: *Ra. et al.*, l. c. S. 689.

(±)-5-Butoxy-dihydro-furan-2-on, (±)-4-Butoxy-4-hydroxy-buttersäure-lacton $C_8H_{14}O_3$, Formel V (R = [CH$_2$]$_3$-CH$_3$).

B. Neben anderen Verbindungen beim Erhitzen von 4-Hydroxy-cis-crotonsäure-lacton mit Butan-1-ol und wss. Salzsäure auf 116° (*Ducher*, Bl. **1959** 1259, 1266).

Kp$_{2,5}$: 102—105° [unreines Präparat]. Raman-Spektrum: *Du.*

(±)-5-Phenoxy-dihydro-furan-2-on, (±)-4-Hydroxy-4-phenoxy-buttersäure-lacton $C_{10}H_{10}O_3$, Formel VI (X = H).

B. Beim Erhitzen von 4-Phenoxy-but-3-ensäure (F: 32°) auf 120° (*Canonica et al.*, R.A.L. [8] **18** [1955] 520, 525). Beim Behandeln einer Lösung von (±)-cis-2-Phenoxy-cyclopropancarbonylchlorid in Benzol mit Wasser und wenig Pyridin (*Julia, Tchernoff*, C. r. **246** [1958] 2897). Neben anderen Verbindungen beim Erwärmen von 4-Phenoxy-*trans*-crotonsäure-äthylester mit methanol. Kalilauge (*Julia, Tchernoff*, Bl. **1954** 474, 477).

Krystalle (aus Bzl. + PAe.); F: 83° (*Ca. et al.*), 82° (*Ju., Tch.*, Bl. **1954** 477). UV-Spektrum (Cyclohexan; 220—280 nm): *Ca. et al.*, l. c. S. 522.

Beim Behandeln mit [2,4-Dinitro-phenyl]-hydrazin und wss.-äthanol. Salzsäure ist 4-[2,4-Dinitro-phenylhydrazono]-buttersäure erhalten worden (*Ca. et al.*, l. c. S. 526).

(±)-5-[4-Chlor-phenoxy]-dihydro-furan-2-on, (±)-4-[4-Chlor-phenoxy]-4-hydroxy-buttersäure-lacton $C_{10}H_9ClO_3$, Formel VI (X = Cl).

B. Neben 4-[4-Chlor-phenoxy]-but-3-en-säure (F: 94°) beim Erwärmen von 4-[4-Chlor-phenoxy]-*trans*(?)-crotonsäure-äthylester (n$_D^{22}$: 1,5247) mit methanol. Kalilauge (*Julia, Tchernoff*, Bl. **1954** 474, 478).

Krystalle (aus wss. A.); F: 66°.

(±)-5-Methylmercapto-dihydro-furan-2-on, (±)-4-Hydroxy-4-methylmercapto-buttersäure-lacton $C_5H_8O_2S$, Formel VII (R = CH$_3$).

B. In kleiner Menge neben 4-Methylmercapto-*trans*-crotonsäure und 4-Methylmercapto-but-3-ensäure (*S*-Benzyl-isothiuronium-Salz: F: 136—137°) beim Behandeln von 4-Methylmercapto-*trans*-crotonsäure-methylester mit Bariumhydroxid und Wasser und anschliessenden Ansäuern mit wss. Salzsäure (*Birkofer, Hartwig*, B. **87** [1954] 1189, 1195).

Öl; bei 45—50°/0,001 Torr destillierbar. IR-Spektrum (CCl$_4$; 2—12 μ): *Bi., Ha.*, l. c. S. 1193. UV-Spektrum (Dioxan; 230—300 nm): *Bi., Ha.*, l. c. S. 1191.

Reaktion mit Phenylhydrazin unter Bildung von 4-Phenylhydrazono-buttersäure-[*N*′-phenyl-hydrazid]: *Bi., Ha.*

(±)-5-Benzylmercapto-dihydro-furan-2-on, (±)-4-Benzylmercapto-4-hydroxy-buttersäure-lacton $C_{11}H_{12}O_2S$, Formel VII (R = CH$_2$-C$_6$H$_5$).

B. Neben 4-Benzylmercapto-*trans*-crotonsäure beim Behandeln von 4-Benzylmercapto-*trans*-crotonsäure-methylester mit Bariumhydroxid und Wasser und anschliessenden Ansäuern mit wss. Salzsäure (*Birkofer, Birkofer*, B. **89** [1956] 1226, 1228).

Öl; bei 110°/0,001 Torr destillierbar.

---

*Opt.-inakt. 1,2-Bis-[4-oxo-oxetan-2-ylmethylmercapto]-äthan $C_{10}H_{14}O_4S_2$, Formel VIII.

B. Beim Behandeln einer Lösung von Diketen (3-Hydroxy-but-3-ensäure-lacton) in Cyclohexan mit Äthan-1,2-dithiol und wenig [α,α′]Azoisobutyronitril unter Bestrahlung mit UV-Licht (*Du Pont de Nemours & Co.*, U.S.P. 2675392 [1951]).

Krystalle (aus Acn.); F: 119—120° [Zers.].

VIII   IX

(±)-3-Äthylmercapto-3-methyl-thietan-2-on $C_6H_{10}OS_2$, Formel IX.

B. Beim Behandeln einer mit Triäthylamin versetzten Lösung von (±)-2-Äthyl=

mercapto-3-chlor-2-methyl-propionylchlorid in Dichlormethan und Äther mit Schwefel=
wasserstoff (*Lin'kowa et al.*, Doklady Akad. S.S.S.R. **127** [1959] 564; Pr. Acad. Sci.
U.S.S.R. Chem. Sect. 127—129 [1959] 579).
$Kp_{0,1}$: 68—70°. D_4^{20}: 1,154. n_D^{20}: 1,5425.

Hydroxy-oxo-Verbindungen $C_5H_8O_3$

(±)-3-Hydroxy-tetrahydropyran-2-on, (±)-2,5-Dihydroxy-valeriansäure-5-lacton $C_5H_8O_3$,
Formel I.
B. Beim Behandeln von Brom-[3-chlor-propyl]-malonsäure-diäthylester mit wss.-
äthanol. Natronlauge und Erwärmen des mit Wasser versetzten Reaktionsgemisches
(*Reichstein, Grüssner*, Helv. **23** [1940] 650, 654). Aus Ornithin mit Hilfe von Natrium=
nitrit (*Hoffmann-La Roche*, Schweiz.P. 215561 [1939]).
Kp_{12}: 127—135° (*Hoffmann-La Roche*); Kp_{10}: 123—125° (*Re., Gr.*); $Kp_{0,1}$: 70° (*Re., Gr.*).
Charakterisierung durch Überführung in 2,5-Dihydroxy-valeriansäure-[N'-phenyl-
hydrazid] (F: 106—107° [korr.]): *Re., Gr.*

(±)-2,5,5-Trimethoxy-tetrahydro-pyran, (±)-6-Methoxy-dihydropyran-3-on-dimethyl=
acetal $C_8H_{16}O_4$, Formel II.
Diese Verbindung hat vermutlich in den nachstehend beschriebenen Präparaten vor-
gelegen.
B. Beim Erwärmen von opt.-inakt. 2,5-Dimethoxy-tetrahydro-furfurylalkohol
(Kp_{13}: 106—107°; n_D^{25}: 1,4477) oder von opt.-inakt. 2-Acetoxymethyl-2,5-dimethoxy-
tetrahydro-furan (Kp_{13}: 114—115°; n_D^{25}: 1,4358) mit Chlorwasserstoff enthaltendem
Methanol und Versetzen des Reaktionsgemisches mit Natrium (*Clauson-Kaas et al.*, Acta
chem. scand. **7** [1953] 845, 847).
Kp_{760}: 203—205°; Kp_{12}: 82—84°. n_D^{25}: 1,4352.
Beim Erwärmen mit wss. Schwefelsäure und anschliessenden Behandeln mit Natrium=
perjodat sind 4-Oxo-buttersäure und Formaldehyd erhalten worden.

(±)-5-Methoxy-5-methyl-dihydro-furan-2-on, (±)-4-Hydroxy-4-methoxy-valeriansäure-
lacton $C_6H_{10}O_3$, Formel III (R = CH_3).
B. Beim Behandeln von Lävulinsäure-chlorid mit Methanol und Natriumcarbonat
(*Langlois, Wolff*, Am. Soc. **70** [1948] 2624). Neben Lävulinsäure-methylester beim
Behandeln von 4-Hydroxy-pent-3t-ensäure-lacton mit Methanol und mit Chlorwasser=
stoff in Äther (*La., Wo.*).
Kp_{15}: 93—95° (*Cason, Reist*, J. org. Chem. **23** [1958] 1668, 1672), 90—92° (*La., Wo.*).
D_4^{20}: 1,1071 (*La., Wo.*). n_D^{20}: 1,4390 (*La., Wo.*); n_D^{25}: 1,4330 (*Ca., Re.*).
Beim Erwärmen mit Chlorwasserstoff enthaltendem Methanol erfolgt Umwandlung
in Lävulinsäure-methylester (*La., Wo.*).

(±)-5-Äthoxy-5-methyl-dihydro-furan-2-on, (±)-4-Äthoxy-4-hydroxy-valeriansäure-
lacton $C_7H_{12}O_3$, Formel III (R = C_2H_5).
B. Beim Behandeln von Lävulinsäure-chlorid mit Äthanol und Natriumcarbonat
(*Staley Mfg. Co.*, U.S.P. 2493676 [1947]). Neben Lävulinsäure-äthylester beim Behan-
deln von 4-Hydroxy-pent-3t-ensäure-lacton mit Äthanol und mit Chlorwasserstoff in
Äther (*Staley Mfg. Co.*). Bei der Hydrierung von (±)-4-Äthoxy-4-hydroxy-pent-2c-en=
säure-lacton an Raney-Nickel in Äthanol unter 110 at (*Schenck*, A. **584** [1953] 156, 173).
Kp_{16}: 95—97°; D_{4}^{20}: 1,0439; $n_{656,3}^{20}$: 1,4266; n_D^{20}: 1,4293; $n_{486,1}^{20}$: 1,4372; $n_{434,0}^{20}$: 1,4443 (*Sch.*).

(±)-5-Isopropoxy-5-methyl-dihydro-furan-2-on, (±)-4-Hydroxy-4-isopropoxy-valerian=
säure-lacton $C_8H_{14}O_3$, Formel III (R = $CH(CH_3)_2$).
B. Beim Behandeln von 4-Hydroxy-pent-3t-ensäure-lacton mit Isopropylalkohol in
Gegenwart von Chlorwasserstoff (*Langlois, Wolff*, Am. Soc. **70** [1948] 2624).
Kp_{15}: 103—105°. D_4^{20}: 1,0151. n_D^{20}: 1,4300.

(±)-5-Butoxy-5-methyl-dihydro-furan-2-on, (±)-4-Butoxy-4-hydroxy-valeriansäure-
lacton $C_9H_{16}O_3$, Formel III (R = $[CH_2]_3$-CH_3).
B. Neben Lävulinsäure-butylester beim Behandeln von 4-Hydroxy-pent-3t-ensäure-

lacton mit Butan-1-ol in Gegenwart von Chlorwasserstoff (*Staley Mfg. Co.*, U.S.P. 2493676 [1947]).
Kp$_{15}$: 113—115°. D$_4^{20}$: 0,9985. n$_D^{20}$: 1,4343.

*Opt.-inakt. 5-*sec*-Butoxy-5-methyl-dihydro-furan-2-on, 4-*sec*-Butoxy-4-hydroxy-valeriansäure-lacton C$_9$H$_{16}$O$_3$, Formel III (R = CH(CH$_3$)-CH$_2$-CH$_3$).
B. Beim Behandeln von 4-Hydroxy-pent-3*t*-ensäure-lacton mit (±)-Butan-2-ol in Gegenwart von Chlorwasserstoff (*Staley Mfg. Co.*, U.S.P. 2493676 [1947]).
Kp$_{15}$: 113—115°. D$_4^{20}$: 1,0108. n$_D^{20}$: 1,4361.

I II III IV

*Opt.-inakt. 5-[1,2-Dimethyl-propoxy]-5-methyl-dihydro-furan-2-on, 4-[1,2-Dimethylpropoxy]-4-hydroxy-valeriansäure-lacton C$_{10}$H$_{18}$O$_3$, Formel III (R = CH(CH$_3$)-CH(CH$_3$)$_2$).
B. Beim Behandeln von 4-Hydroxy-pent-3*t*-ensäure-lacton mit (±)-3-Methyl-butan-2-ol in Gegenwart von Chlorwasserstoff (*Staley Mfg. Co.*, U.S.P. 2493676 [1947]).
Kp$_{15}$: 120—121°. D$_4^{20}$: 1,0013. n$_D^{20}$: 1,4435.

*Opt.-inakt. 5-[1,3-Dimethyl-butoxy]-5-methyl-dihydro-furan-2-on, 4-[1,3-Dimethylbutoxy]-4-hydroxy-valeriansäure-lacton C$_{11}$H$_{20}$O$_3$, Formel III
(R = CH(CH$_3$)-CH$_2$-CH(CH$_3$)$_2$).
B. Beim Behandeln von 4-Hydroxy-pent-3*t*-ensäure-lacton mit (±)-4-Methyl-pentan-2-ol in Gegenwart von Chlorwasserstoff (*Staley Mfg. Co.*, U.S.P. 2493676 [1947]; *Langlois, Wolff*, Am. Soc. **70** [1948] 2624).
Kp$_{15}$: 124—126° (*Staley Mfg. Co.*); Kp$_2$: 107—108° (*La., Wo.*); D$_4^{20}$: 0,9828; n$_D^{20}$: 1,4384 (*Staley Mfg. Co.*; *La., Wo.*).

(±)-5-Allyloxy-5-methyl-dihydro-furan-2-on, (±)-4-Allyloxy-4-hydroxy-valeriansäurelacton C$_8$H$_{12}$O$_3$, Formel III (R = CH$_2$-CH=CH$_2$).
B. Neben kleineren Mengen Lävulinsäure-allylester beim Behandeln von 4-Hydroxypent-3*t*-ensäure-lacton mit Allylalkohol in Gegenwart von Chlorwasserstoff (*Langlois, Wolff*, Am. Soc. **70** [1948] 2624) oder von Toluol-4-sulfonsäure (*Staley Mfg. Co.*, U.S.P. 2493676 [1947]).
Kp$_{10}$: 106—108°; Kp$_3$: 93°; D$_4^{20}$: 1,0677; n$_D^{20}$: 1,4525 (*La., Wo.*).

(±)-5-Cyclohexyloxy-5-methyl-dihydro-furan-2-on, (±)-4-Cyclohexyloxy-4-hydroxy-valeriansäure-lacton C$_{11}$H$_{18}$O$_3$, Formel III (R = C$_6$H$_{11}$).
B. Beim Behandeln von 4-Hydroxy-pent-3*t*-ensäure-lacton mit Cyclohexanol in Gegenwart von Chlorwasserstoff (*Staley Mfg. Co.*, U.S.P. 2493676 [1947]; *Langlois, Wolff*, Am. Soc. **70** [1948] 2624).
Kp$_{15}$: 146—148° (*Staley Mfg. Co.*); Kp$_1$: 112—113° (*La., Wo.*). D$_4^{20}$: 1,0632; n$_D^{20}$: 1,4668 (*Staley Mfg. Co.*; *La., Wo.*).

(±)-5-Methyl-5-phenoxy-dihydro-furan-2-on, (±)-4-Hydroxy-4-phenoxy-valeriansäurelacton C$_{11}$H$_{12}$O$_3$, Formel III (R = C$_6$H$_5$).
B. Beim Behandeln von 4-Hydroxy-pent-3*t*-ensäure-lacton mit Phenol in Gegenwart von Chlorwasserstoff (*Staley Mfg. Co.*, U.S.P. 2493676 [1947]).
Kp$_3$: 130—132°. D$_4^{20}$: 1,1467. n$_D^{20}$: 1,5131.

(±)-5-Acetoxy-5-methyl-dihydro-furan-2-on, (±)-4-Acetoxy-4-hydroxy-valeriansäurelacton C$_7$H$_{10}$O$_4$, Formel III (R = CO-CH$_3$) (H 2; E I 296; E II 4).
Krystalle (aus wss. A.); F: 74,5—75° (*Rasmussen, Brattain*, Am. Soc. **71** [1949] 1073, 1079). IR-Banden (CHCl$_3$) im Bereich von 2,3 µ bis 7,3 µ: *Ra., Br.*, l. c. S. 1077.
Beim Erwärmen mit Benzol und Aluminiumchlorid sind 1-Phenyl-pentan-1,4-dion und kleine Mengen 4,4-Diphenyl-valeriansäure erhalten worden (*Helberger*, A. **522** [1936] 269,

275). Bildung von 3,6-Bis-[2-carboxy-äthyl]-3,6-dimethyl-[1,2,4,5]tetroxan (F: ca. 196°) beim Behandeln mit wss. Wasserstoffperoxid: *Fichter, Lurie*, Helv. **16** [1933] 885.

---

*Opt.-inakt. **4-Hydroxy-5-methyl-dihydro-furan-2-on, 3,4-Dihydroxy-valeriansäure-4-lacton** $C_5H_8O_3$, Formel IV (vgl. H 2).
B. Beim Behandeln von Pent-3-ensäure mit wss. Bariumchlorat-Lösung und Osmium(VIII)-oxid (*van Tamelen et al.*, Am. Soc. **81** [1959] 750).
$Kp_{0,6}$: 139—141°. n_D^{25}: 1,4632.
Beim Behandeln mit Benzoylchlorid und Pyridin ist ein *O*-Benzoyl-Derivat $C_{12}H_{12}O_4$ (3-Benzoyloxy-4-hydroxy-valeriansäure-lacton; Krystalle [aus wss. A.], F: 81,5—83°), beim Behandeln mit 4-Nitro-benzoylchlorid und Pyridin ist ein *O*-[4-Nitrobenzoyl]-Derivat $C_{12}H_{11}NO_6$ (4-Hydroxy-3-[4-nitro-benzoyloxy]-valeriansäurelacton; gelbliche Krystalle [aus wss. A.], F: 134—135° [korr.]) erhalten worden.

3-Hydroxy-5-methyl-dihydro-furan-2-on, 2,4-Dihydroxy-valeriansäure-4-lacton $C_5H_8O_3$, Formel V (R = H) (vgl. H 2; E II 4).
Opt.-inakt. Präparate (Kp_{12}: 140—142° bzw. $Kp_{0,2}$: 89°) sind beim Behandeln von (±)-3-Hydroxy-butyraldehyd mit wss. Natriumcyanid-Lösung und Calciumchlorid und Erhitzen des Reaktionsprodukts mit wss. Natronlauge erhalten worden (*v. Wacek, Wagner*, Öst. Chemiker-Ztg. **40** [1937] 387, 390, 401, 408; *Reichstein, Grüssner*, Helv. **23** [1940] 650, 652).
Über ein aus Buchenholzteer isoliertes Präparat (Kp_{12}: 135—137°) von unbekanntem opt. Drehungsvermögen s. *v. Wa., Wa.*, l. c. S. 404, 406.

---

*Opt.-inakt. **3-Äthoxy-5-methyl-dihydro-furan-2-on, 2-Äthoxy-4-hydroxy-valeriansäure-lacton** $C_7H_{12}O_3$, Formel V (R = C_2H_5).
B. Bei der Hydrierung von (±)-2-Äthoxy-4-hydroxy-pent-2c-ensäure-lacton an Platin in Essigsäure (*Rossi, Schinz*, Helv. **31** [1948] 1740, 1744).
$Kp_{0,03}$: 55°. D_4^{17}: 1,0523. n_D^{17}: 1,4370.

---

*Opt.-inakt. **3-Acetoxy-5-methyl-dihydro-furan-2-on, 2-Acetoxy-4-hydroxy-valeriansäure-lacton** $C_7H_{10}O_4$, Formel V (R = CO-CH$_3$).
B. Bei der Hydrierung von (±)-2-Acetoxy-4-hydroxy-pent-2c-ensäure-lacton an Palladium/Calciumcarbonat in Äthanol (*Fleck et al.*, Helv. **33** [1950] 130, 137).
$Kp_{0,1}$: 80—81°. D_4^{19}: 1,1867. n_D^{19}: 1,4450.

V   VI   VII

***4-Brom-3-hydroxy-5-methyl-dihydro-furan-2-on, 3-Brom-2,4-dihydroxy-valeriansäure-4-lacton** $C_5H_7BrO_3$, Formel VI.
Zwei opt.-inakt. Verbindungen dieser Konstitution vom F: 78—79° und vom F: 118° bis 119° (jeweils aus CCl_4 + Bzl.) sind beim Behandeln von (±)-4-Hydroxy-pent-2c-ensäure-lacton mit wss. Hypobromigsäure unter Lichtausschluss erhalten worden (*Lukeš et al.*, Collect. **24** [1959] 3228).

---

*Opt.-inakt. **3-Hydroxy-4-jod-5-methyl-dihydro-furan-2-on, 2,4-Dihydroxy-3-jod-valeriansäure-4-lacton** $C_5H_7IO_3$, Formel VII (R = H).
B. Beim Behandeln einer wss. Lösung des Natrium-Salzes der (±)-2-Hydroxy-pent-3t-ensäure mit einer wss. Lösung von Jod und Kaliumjodid (*Rossi, Schinz*, Helv. **31** [1948] 473, 487).
Krystalle (aus W.); F: 115—116°.

*Opt.-inakt. 3-Acetoxy-4-jod-5-methyl-dihydro-furan-2-on, 2-Acetoxy-4-hydroxy-3-jod-valeriansäure-lacton $C_7H_9IO_4$, Formel VII (R = $CO-CH_3$).

B. Beim Erwärmen der im vorangehenden Artikel beschriebenen Verbindung mit Acetanhydrid und wenig Schwefelsäure (*Rossi, Schinz*, Helv. **31** [1948] 473, 487).

Krystalle (aus E. + Cyclohexan); F: 61—62°.

Beim Erwärmen mit Pyridin ist 2-Acetoxy-4-hydroxy-pent-2c-ensäure-lacton erhalten worden.

(±)-5-Hydroxymethyl-dihydro-furan-2-on, (±)-4,5-Dihydroxy-valeriansäure-4-lacton $C_5H_8O_3$, Formel VIII (R = H) (H 2; E I 296).

B. Beim Behandeln von Pent-4-ensäure mit Ameisensäure und wss. Wasserstoff= peroxid (*Dangjan, Arakeljan*, Naučn. Trudy Erevansk. Univ. **44** [1954] 35; C. A. **1959** 21648) oder mit Silberchlorat und wenig Osmium(VIII)-oxid in Wasser und anschliessend mit wss. Salzsäure (*Reichstein, Grüssner*, Helv. **23** [1940] 653). Beim Erhitzen von (±)-4,5-Dibrom-valeronitril mit wss. Ammoniumcarbonat-Lösung auf 180° (*BASF*, D.B.P. 860203 [1951]). Beim Erwärmen von (±)-5-Brom-4-hydroxy-valeriansäure-lacton mit Wasser (*BASF*).

Kp_{12}: 160—161° (*Da., Ar.*); Kp_{10}: 163° (*BASF*); $Kp_{0,1}$: 100° (*Re., Gr.*). D_4^{20}: 1,2439; n_D^{20}: 1,4624 (*Da., Ar.*).

(±)-5-Methoxymethyl-dihydro-furan-2-on, (±)-4-Hydroxy-5-methoxy-valeriansäure-lacton $C_6H_{10}O_3$, Formel VIII (R = CH_3) (E I 297).

B. Beim Behandeln von (±)-1,2-Epoxy-3-methoxy-propan mit der Natrium-Verbindung des Malonsäure-diäthylesters in Äthanol und Erhitzen des nach der Hydrolyse erhaltenen Reaktionsprodukts unter vermindertem Druck (*Rothstein, Ficini*, C. r. **234** [1952] 1293).

Kp_{25}: 138°. D_4^{19}: 1,1245. n_D^{19}: 1,4475.

(±)-5-Äthoxymethyl-dihydro-furan-2-on, (±)-5-Äthoxy-4-hydroxy-valeriansäure-lacton $C_7H_{12}O_3$, Formel VIII (R = C_2H_5) (E I 297).

B. Beim Behandeln von (±)-1-Äthoxy-2,3-epoxy-propan mit der Natrium-Verbindung des Malonsäure-diäthylesters in Äthanol und Erhitzen des nach der Hydrolyse erhaltenen Reaktionsprodukts unter vermindertem Druck (*Rothstein, Ficini*, C. r. **234** [1952] 1293). Beim Behandeln von (±)-5-Chlor-4-hydroxy-valeriansäure-lacton mit Natriumäthylat in Äthanol (*Winterfeld, Holschneider*, Ar. **277** [1939] 221, 228; *Ro., Fi.*). Beim Erhitzen von opt.-inakt. 5-Äthoxy-2-cyan-4-hydroxy-valeriansäure-lacton (n_D^{25}: 1,4531) mit wss. Kali= lauge und Erhitzen der mit wss. Salzsäure angesäuerten Reaktionslösung (*Van Zyl et al.*, Am. Soc. **75** [1953] 5002, 5006).

Kp_{25}: 138° (*Ro., Fi.*); Kp_{14}: 127—129° (*Wi., Ho.*; *Van Zyl et al.*); Kp_{11}: 119° (*Ro., Fi.*). D_4^{20}: 1,0775; D_4^{24}: 1,0691 (*Ro.,Fi.*). n_D^{20}: 1,4440; n_D^{24}: 1,4431 (*Ro., Fi.*); n_D^{25}: 1,4419 (*Van Zyl et al.*).

(±)-5-Propoxymethyl-dihydro-furan-2-on, (±)-4-Hydroxy-5-propoxy-valeriansäure-lacton $C_8H_{14}O_3$, Formel VIII (R = $CH_2-CH_2-CH_3$).

B. Beim Behandeln von (±)-1,2-Epoxy-3-propoxy-propan mit der Natrium-Verbindung des Malonsäure-diäthylesters in Äthanol und Erhitzen des nach der Hydrolyse erhaltenen Reaktionsprodukts unter vermindertem Druck (*Rothstein, Ficini*, C. r. **234** [1952] 1293).

Kp_{12}: 132°. D_4^{17}: 1,0434. $n_D^{16,5}$: 1,4460.

(±)-5-Isopropoxymethyl-dihydro-furan-2-on, (±)-4-Hydroxy-5-isopropoxy-valeriansäure-lacton $C_8H_{14}O_3$, Formel VIII (R = $CH(CH_3)_2$).

B. Aus (±)-1,2-Epoxy-3-isopropoxy-propan und der Natrium-Verbindung des Malon= säure-diäthylesters analog (±)-4-Hydroxy-5-propoxy-valeriansäure-lacton [s. o.] (*Rothstein, Ficini*, C. r. **234** [1952] 1293).

Kp_{12}: 125°. D_4^{20}: 1,0392. n_D^{20}: 1,4420.

(±)-5-Butoxymethyl-dihydro-furan-2-on, (±)-5-Butoxy-4-hydroxy-valeriansäure-lacton $C_9H_{16}O_3$, Formel VIII (R = $[CH_2]_3-CH_3$).

B. Aus (±)-1-Butoxy-2,3-epoxy-propan und der Natrium-Verbindung des Malonsäure-diäthylesters analog (±)-4-Hydroxy-5-propoxy-valeriansäure-lacton [s. o.] (*Rothstein,

Ficini, C. r. **234** [1952] 1293).
Kp$_{15}$: 149°. D$_4^{18}$: 1,0237. n$_D^{18}$: 1,4461.

VIII   IX   X

(±)-5-Isobutoxymethyl-dihydro-furan-2-on, (±)-4-Hydroxy-5-isobutoxy-valeriansäure-lacton C$_9$H$_{16}$O$_3$, Formel VIII (R = CH$_2$-CH(CH$_3$)$_2$).
B. Aus (±)-1,2-Epoxy-3-isobutoxy-propan und der Natrium-Verbindung des Malon=säure-diäthylesters analog (±)-4-Hydroxy-5-propoxy-valeriansäure-lacton [S. 12] (*Rothstein, Ficini,* C. r. **234** [1952] 1293).
Kp$_{12}$: 136°. D$_4^{18}$: 1,0185. n$_D^{18}$: 1,4440.

(±)-5-Isopentyloxymethyl-dihydro-furan-2-on, (±)-4-Hydroxy-5-isopentyloxy-valeriansäure-lacton C$_{10}$H$_{18}$O$_3$, Formel VIII (R = CH$_2$-CH$_2$-CH(CH$_3$)$_2$).
B. Aus (±)-1,2-Epoxy-3-isopentyloxy-propan und der Natrium-Verbindung des Malon=säure-diäthylesters analog (±)-4-Hydroxy-5-propoxy-valeriansäure-lacton [S. 12] (*Rothstein, Ficini,* C. r. **234** [1952] 1293).
Kp$_{12}$: 150°. D$_4^{19}$: 1,0040. n$_D^{19}$: 1,4475.

(±)-5-Hexyloxymethyl-dihydro-furan-2-on, (±)-5-Hexyloxy-4-hydroxy-valeriansäure-lacton C$_{11}$H$_{20}$O$_3$, Formel VIII (R = [CH$_2$]$_5$-CH$_3$).
B. Aus (±)-1,2-Epoxy-3-hexyloxy-propan und der Natrium-Verbindung des Malon=säure-diäthylesters analog (±)-4-Hydroxy-5-propoxy-valeriansäure-lacton [S. 12] (*Rothstein, Ficini,* C. r. **234** [1952] 1293).
Kp$_7$: 153°. D$_4^{19,5}$: 0,9935. n$_D^{19,5}$: 1,4500.

(±)-5-Heptyloxymethyl-dihydro-furan-2-on, (±)-5-Heptyloxy-4-hydroxy-valerian=säure-lacton C$_{12}$H$_{22}$O$_3$, Formel VIII (R = [CH$_2$]$_6$-CH$_3$).
B. Aus (±)-1,2-Epoxy-3-heptyloxy-propan und der Natrium-Verbindung des Malon=säure-diäthylesters analog (±)-4-Hydroxy-5-propoxy-valeriansäure-lacton [S. 12] (*Rothstein, Ficini,* C. r. **234** [1952] 1293).
Kp$_2$: 137°. D$_4^{21}$: 0,9776. n$_D^{21}$: 1,4494.

(±)-5-Octyloxymethyl-dihydro-furan-2-on, (±)-4-Hydroxy-5-octyloxy-valeriansäure-lacton C$_{13}$H$_{24}$O$_3$, Formel VIII (R = [CH$_2$]$_7$-CH$_3$).
B. Aus (±)-1,2-Epoxy-3-octyloxy-propan und der Natrium-Verbindung des Malon=säure-diäthylesters analog (±)-4-Hydroxy-5-propoxy-valeriansäure-lacton [S. 12] (*Rothstein, Ficini,* C. r. **234** [1952] 1293).
Kp$_{15}$: 184°. D$_4^{25}$: 0,9657. n$_D^{25}$: 1,4490.

(±)-5-Phenoxymethyl-dihydro-furan-2-on, (±)-4-Hydroxy-5-phenoxy-valeriansäure-lacton C$_{11}$H$_{12}$O$_3$, Formel VIII (R = C$_6$H$_5$).
B. Aus (±)-1,2-Epoxy-3-phenoxy-propan und der Natrium-Verbindung des Malonsäure-diäthylesters analog (±)-4-Hydroxy-5-propoxy-valeriansäure-lacton [S. 12] (*Rothstein, Ficini,* C. r. **234** [1952] 1293). Aus (±)-5-Chlor-4-hydroxy-valeriansäure-lacton und Natrium-phenolat (*Ro., Fi.*).
F: 48−49°. Kp$_3$: 172°.

(±)-5-*o*-Tolyloxymethyl-dihydro-furan-2-on, (±)-4-Hydroxy-5-*o*-tolyloxy-valeriansäure-lacton C$_{12}$H$_{14}$O$_3$, Formel IX.
B. Aus (±)-1,2-Epoxy-3-*o*-tolyloxy-propan und der Natrium-Verbindung des Malon=säure-diäthylesters analog (±)-4-Hydroxy-5-propoxy-valeriansäure-lacton [S. 12] (*Rothstein, Ficini,* C. r. **234** [1952] 1293).
Kp$_2$: 184°. D$_4^{19}$: 1,1597. n$_D^{19}$: 1,5351.

(±)-5-m-Tolyloxymethyl-dihydro-furan-2-on, (±)-4-Hydroxy-5-m-tolyloxy-valerian=
säure-lacton $C_{12}H_{14}O_3$, Formel X.

B. Aus (±)-1,2-Epoxy-3-m-tolyloxy-propan und der Natrium-Verbindung des Malon=
säure-diäthylesters analog (±)-4-Hydroxy-5-propoxy-valeriansäure-lacton [S. 12] (*Rothstein, Ficini*, C. r. **234** [1952] 1293).

F: 44,5—45°. $Kp_{1,5}$: 164—165°.

(±)-5-p-Tolyloxymethyl-dihydro-furan-2-on, (±)-4-Hydroxy-5-p-tolyloxy-valeriansäure-
lacton $C_{12}H_{14}O_3$, Formel XI.

B. Aus (±)-1,2-Epoxy-3-p-tolyloxy-propan und der Natrium-Verbindung des Malon=
säure-diäthylesters analog (±)-4-Hydroxy-5-propoxy-valeriansäure-lacton [S. 12] (*Rothstein, Ficini*, C. r. **234** [1952] 1293).

F: 68,5—69°. $Kp_{1,5}$: 171°.

(±)-5-Benzyloxymethyl-dihydro-furan-2-on, (±)-5-Benzyloxy-4-hydroxy-valeriansäure-
lacton $C_{12}H_{14}O_3$, Formel VIII (R = CH_2-C_6H_5).

B. Aus (±)-1-Benzyloxy-2,3-epoxy-propan und der Natrium-Verbindung des Malon=
säure-diäthylesters analog (±)-4-Hydroxy-5-propoxy-valeriansäure-lacton [S. 12] (*Rothstein, Ficini*, C. r. **234** [1952] 1293).

Kp_2: 170°. D_4^{17}: 1,1532. n_D^{17}: 1,5276.

(±)-5-Phenäthyloxymethyl-dihydro-furan-2-on, (±)-4-Hydroxy-5-phenäthyloxy-valerian=
säure-lacton $C_{13}H_{16}O_3$, Formel VIII (R = CH_2-CH_2-C_6H_5).

B. Aus (±)-1,2-Epoxy-3-phenäthyloxy-propan und der Natrium-Verbindung des Malon=
säure-diäthylesters analog (±)-4-Hydroxy-5-propoxy-valeriansäure-lacton [S. 12] (*Rothstein, Ficini*, C. r. **234** [1952] 1293).

$Kp_{1,5}$: 172°. D_4^{26}: 1,1199. n_D^{26}: 1,5194.

(±)-5-[3-Phenyl-propoxymethyl]-dihydro-furan-2-on, (±)-4-Hydroxy-5-[3-phenyl-
propoxy]-valeriansäure-lacton $C_{14}H_{18}O_3$, Formel VIII (R = $[CH_2]_3$-C_6H_5).

B. Aus (±)-1,2-Epoxy-3-[3-phenyl-propoxy]-propan und der Natrium-Verbindung des Malonsäure-diäthylesters analog (±)-4-Hydroxy-5-propoxy-valeriansäure-lacton [S. 12] (*Rothstein, Ficini*, C. r. **234** [1952] 1293).

Kp_1: 173°. $D_4^{15,5}$: 1,0989. $n_D^{15,5}$: 1,5179.

(±)-5-[2-Methoxy-phenoxymethyl]-dihydro-furan-2-on, (±)-4-Hydroxy-5-[2-methoxy-
phenoxy]-valeriansäure-lacton $C_{12}H_{14}O_4$, Formel XII.

B. Aus (±)-1,2-Epoxy-3-[2-methoxy-phenoxy]-propan und der Natrium-Verbindung des Malonsäure-diäthylesters analog (±)-4-Hydroxy-5-propoxy-valeriansäure-lacton [S. 12] (*Rothstein, Ficini*, C. r. **234** [1952] 1293).

F: 71—71,5°. Kp_1: 186°.

XI XII XIII

(±)-5-Acetoxymethyl-dihydro-furan-2-on, (±)-5-Acetoxy-4-hydroxy-valeriansäure-
lacton $C_7H_{10}O_4$, Formel VIII (R = CO-CH_3).

Über ein aus Pent-4-ensäure mit Hilfe von Peroxyessigsäure erhaltenes Präparat (Öl; bei 95°/0,0001 Torr destillierbar), in dem vermutlich diese Verbindung vorgelegen hat, s. *Böeseken*, R. **51** [1932] 551, 555.

(±)-5-Mercaptomethyl-dihydro-thiophen-2-on $C_5H_8OS_2$, Formel XIII.

B. Beim Behandeln von (±)-4,5-Bis-acetylmercapto-valeriansäure-äthylester mit wss. Natronlauge (*Evans, Owen*, Soc. **1949** 244, 248).

$Kp_{0,2}$: 83—84°. n_D^{17}: 1,5630.

(±)-5-[[1]Naphthylcarbamoylmercapto-methyl]-dihydro-thiophen-2-on $C_{16}H_{15}NO_2S_2$, Formel I.
B. Aus (±)-5-Mercaptomethyl-dihydro-thiophen-2-on und [1]Naphthylisocyanat (*Evans, Owen*, Soc. **1949** 244, 248).
Krystalle (aus PAe.); F: 138°.

(±)-3-Hydroxy-3-methyl-dihydro-furan-2-on, (±)-2,4-Dihydroxy-2-methyl-buttersäure-4-lacton $C_5H_8O_3$, Formel II.
B. Beim Behandeln von 4-Hydroxy-butan-2-on mit wss. Natriumhydrogensulfit-Lösung und mit wss. Kaliumcyanid-Lösung und anschliessend mit wss. Salzsäure (*Cavallito, Haskell*, Am. Soc. **68** [1946] 2332). Beim Behandeln von 4-Chlor-butan-2-on mit wss. Kaliumcyanid-Lösung und mit wss. Salzsäure (*Houff, Sell*, Am. Soc. **74** [1952] 3183).
Kp_6: 109—110° (*Ho., Sell*); Kp_5: 105—106° (*Ca., Ha.*). n_D^{20}: 1,458 (*Ca., Ha.*).

I   II   III

(±)-3-Methyl-3-[4-nitro-benzoyloxy]-dihydro-furan-2-on, (±)-4-Hydroxy-2-methyl-2-[4-nitro-benzoyloxy]-buttersäure-lacton $C_{12}H_{11}NO_6$, Formel III.
B. Aus (±)-3-Hydroxy-3-methyl-dihydro-furan-2-on und 4-Nitro-benzoylchlorid (*Cavallito, Haskell*, Am. Soc. **68** [1946] 2332; *Houff, Sell*, Am. Soc. **74** [1952] 3183).
Krystalle (aus A.); F: 162° (*Ca., Ha.*), 161—161,5° (*Ho., Sell*).

(±)-3-Hydroxymethyl-dihydro-furan-2-on $C_5H_8O_3$, Formel IV.
B. Bei der Hydrierung von [2-Hydroxy-äthyl]-malonaldehydsäure-lacton an Raney-Nickel in Äthanol bei 100°/100at (*Allied Chem. & Dye Corp.*, U.S.P. 2624723 [1947]). Bei der Hydrierung der Natrium-Verbindung des [2-Hydroxyäthyl]-malonaldehydsäure-lactons an Raney-Nickel in wss. Essigsäure bei 100°/130 at (*Claeson*, Ark. Kemi **12** [1958] 63).
Kp_1: 110—112° (*Allied Chem. & Dye Corp.*); $Kp_{0,5}$: 95—98° (*Cl.*); D_{20}^{20}: 1,2353; n_D^{20}: 1,4700 (*Allied Chem. & Dye Corp.*).
Beim Erwärmen mit Phosphor(III)-bromid in Benzol und anschliessend mit Methanol ist 4-Brom-2-brommethyl-buttersäure-methylester erhalten worden (*Cl.*).

(±)-3-[3,5-Dinitro-benzoyloxymethyl]-dihydro-furan-2-on, (±)-3-[3,5-Dinitro-benzoyloxymethyl]-4-hydroxy-buttersäure-lacton $C_{12}H_{10}N_2O_8$, Formel V.
B. Aus (±)-3-Hydroxymethyl-dihydro-furan-2-on und 3,5-Dinitro-benzoylchlorid (*Allied Chem. & Dye Corp.*, U.S.P. 2624723 [1947]; *Suchý et al.*, Tetrahedron Letters **1959** Nr. 10, S. 5).
F: 123° (*Allied Chem. & Dye Corp.*), 122° (*Su. et al.*).

IV   V   VI   VII

*Opt.-inakt. 5-Äthoxy-4-methyl-dihydro-furan-2-on, 4-Äthoxy-4-hydroxy-3-methyl-buttersäure-lacton $C_7H_{12}O_3$, Formel VI.
B. Beim Erwärmen von (±)-4,4-Diäthoxy-3-methyl-buttersäure-äthylester mit äthanol.

Kalilauge (*Pino et al.*, Rend. Ist. lomb. **87** [1954] 200, 211).
Kp_1: 65°. D_4^{16}: 1,0496. n_D^{16}: 1,4313. UV-Spektrum (Heptan; 220—290 nm): *Pino et al.*, l. c. S. 206.

(±)-4-Hydroxy-4-methyl-dihydro-furan-2-on, (±)-3,4-Dihydroxy-3-methyl-buttersäure-4-lacton $C_5H_8O_3$, Formel VII (R = H).

B. Beim Behandeln von 3-Methyl-but-3-ennitril mit Peroxyessigsäure in wss. Essigsäure und Erhitzen des Reaktionsprodukts mit wss. Salzsäure (*Cheldelin, Schink,* Am. Soc. **69** [1947] 2625). Beim Erwärmen von 4-Acetoxy-3-hydroxy-3-methyl-buttersäureäthylester mit wss.-äthanol. Natronlauge (*Stewart, Wolley,* Am. Soc. **81** [1959] 4951).
$Kp_{0,001}$: 90° (*St., Wo.*).

(±)-4-Acetoxy-4-methyl-dihydro-furan-2-on, (±)-3-Acetoxy-4-hydroxy-3-methyl-buttersäure-lacton $C_7H_{10}O_4$, Formel VII (R = CO-CH_3).

B. Aus Acetoxyaceton und Bromessigsäure-äthylester mit Hilfe von Zink (*Fleck, Schinz,* Helv. **33** [1950] 146).

Krystalle (aus Ae. + PAe.); F: 59—60°. Kp_{11}: 122—125°.

Beim Erhitzen mit Kaliumhydrogensulfat auf 150° ist 4-Hydroxy-3-methyl-*cis*-crotonsäure-lacton erhalten worden.

3-Hydroxy-4-methyl-dihydro-furan-2-on, 2,4-Dihydroxy-3-methyl-buttersäure-4-lacton $C_5H_8O_3$.

a) (±)-*cis*-3-Hydroxy-4-methyl-dihydro-furan-2-on, (±)-*erythro*-2,4-Dihydroxy-3-methyl-buttersäure-4-lacton $C_5H_8O_3$, Formel VIII (R = H) + Spiegelbild.

B. Beim Erwärmen von (±)-*trans*-3-Hydroxy-4-methyl-dihydro-furan-2-on (s. u.) mit Natriumäthylat in Äthanol und Erhitzen der nach dem Entfernen des Äthanols erhaltenen Natrium-Verbindung in Xylol unter Stickstoff (*Fleck, Schinz,* Helv. **33** [1950] 140, 142). Beim Erwärmen von (±)-*cis*-3-Acetoxy-4-methyl-dihydro-furan-2-on mit Äthanol und wenig Benzolsulfonsäure (*Fl., Sch.*).

$Kp_{0,03}$: 65—66°. D_4^{20}: 1,1942. n_D^{20}: 1,4597.

Beim Behandeln mit Benzoylchlorid und Pyridin sowie mit Toluol-4-sulfonylchlorid und Pyridin erfolgt keine Reaktion.

b) (±)-*trans*-3-Hydroxy-4-methyl-dihydro-furan-2-on, (±)-*threo*-2,4-Dihydroxy-3-methyl-buttersäure-4-lacton $C_5H_8O_3$, Formel IX (R = H) + Spiegelbild.

B. Bei der Hydrierung von 2,4-Dihydroxy-3-methyl-*cis*-crotonsäure-4-lacton (E III/IV **17** 5831; aus dem Enolacetat hergestellt) an Palladium/Calciumcarbonat oder an Raney-Nickel in Äthanol oder Wasser (*Fleck et al.,* Helv. **33** [1950] 130, 136). Beim Behandeln von (±)-*trans*-3-Acetoxy-4-methyl-dihydro-furan-2-on mit wss. Natronlauge (*Fl. et al.,* l. c. S. 135).

$Kp_{0,1}$: 80—83°. D_4^{20}: 1,2229. n_D^{20}: 1,4620. Hygroskopisch.

(±)-*trans*-3-Methoxy-4-methyl-dihydro-furan-2-on, (±)-*threo*-4-Hydroxy-2-methoxy-3-methyl-buttersäure-lacton $C_6H_{10}O_3$, Formel IX (R = CH_3) + Spiegelbild.

B. Bei der Hydrierung von 4-Hydroxy-2-methoxy-3-methyl-*cis*-crotonsäure-lacton an Palladium/Calciumcarbonat in Äthanol (*Fleck et al.,* Helv. **33** [1950] 130, 136).

Kp_{11}: 93°.

3-Acetoxy-4-methyl-dihydro-furan-2-on, 2-Acetoxy-4-hydroxy-3-methyl-buttersäure-lacton $C_7H_{10}O_4$.

a) (±)-*cis*-3-Acetoxy-4-methyl-dihydro-furan-2-on, (±)-*erythro*-2-Acetoxy-4-hydroxy-3-methyl-buttersäure-lacton $C_7H_{10}O_4$, Formel VIII (R = CO-CH_3) + Spiegelbild.

B. Beim Erhitzen von (±)-*trans*-4-Methyl-3-[toluol-4-sulfonyloxy]-dihydro-furan-2-on mit Acetanhydrid, Natriumacetat und Essigsäure (*Fleck, Schinz,* Helv. **33** [1950] 140, 143).

D_4^{20}: 1,1773. n_D^{20}: 1,4456.

Beim Behandeln mit wss. Natronlauge ist ein Gemisch der beiden 2,4-Dihydroxy-3-methyl-buttersäure-4-lactone erhalten worden.

b) (±)-*trans*-3-Acetoxy-4-methyl-dihydro-furan-2-on, (±)-*threo*-2-Acetoxy-4-hydroxy-3-methyl-buttersäure-lacton $C_7H_{10}O_4$, Formel IX (R = CO-CH_3) + Spiegelbild.

B. Bei der Hydrierung von 2-Acetoxy-4-hydroxy-3-methyl-*cis*-crotonsäure-lacton an

Palladium/Calciumcarbonat in Äthanol (*Fleck et al.*, Helv. **33** [1950] 130, 135).
Kp$_{0,2}$: 98—100°. D$_4^{14,5}$: 1,1868. n$_D^{14,5}$: 1,4480.

VIII   IX   X   XI

(±)-*trans*-3-Benzoyloxy-4-methyl-dihydro-furan-2-on, (±)-*threo*-2-Benzoyloxy-4-hydr=
oxy-3-methyl-buttersäure-lacton C$_{12}$H$_{12}$O$_4$, Formel IX (R = CO-C$_6$H$_5$) + Spiegelbild.
  B. Bei der Hydrierung von 2-Benzoyloxy-4-hydroxy-3-methyl-*cis*-crotonsäure-lacton an Palladium/Calciumcarbonat in Äthanol (*Fleck et al.*, Helv. **33** [1950] 130, 137). Beim Behandeln von (±)-*trans*-3-Hydroxy-4-methyl-dihydro-furan-2-on mit Benzoylchlorid, Pyridin und Äther (*Fl. et al.*, l. c. S. 136).
  Krystalle (aus Bzl. + PAe. oder aus Bzl. + Cyclohexan); F: 81—82°.

(±)-*trans*-4-Methyl-3-[toluol-4-sulfonyloxy]-dihydro-furan-2-on, (±)-*threo*-4-Hydroxy-
3-methyl-2-[toluol-4-sulfonyloxy]-buttersäure-lacton C$_{12}$H$_{14}$O$_5$S, Formel IX
(R = SO$_2$-C$_6$H$_4$-CH$_3$) + Spiegelbild.
  B. Beim Behandeln von (±)-*trans*-3-Hydroxy-4-methyl-dihydro-furan-2-on mit Toluol-4-sulfonylchlorid und Pyridin (*Fleck, Schinz*, Helv. **33** [1950] 140, 143).
  Krystalle (aus wss. Acn.); F: 130—131°.
  Beim Erhitzen mit Acetanhydrid, Natriumacetat und Essigsäure ist *cis*-3-Acetoxy-4-methyl-dihydro-furan-2-on erhalten worden.

*Opt.-inakt. 2-Äthoxy-3-diäthoxymethyl-tetrahydro-furan, 2-Äthoxy-tetrahydro-furan-
3-carbaldehyd-diäthylacetal C$_{11}$H$_{22}$O$_4$, Formel X.
  B. Beim Behandeln von 2,3-Dihydro-furan mit Orthoameisensäure-triäthylester und dem Borfluorid-Äther-Addukt (*Gen. Aniline & Film Corp.*, U.S.P 2517543 [1948]).
  Kp$_{13}$: 110°; n$_D^{25}$: 1,4250 (*Gen. Aniline & Film Corp.*).
  Beim Behandeln mit Hydrazin-dihydrochlorid in wss. Äthanol ist 2-Pyrazol-4-yl-äthanol erhalten worden (*Jones, Mann*, Am. Soc. **75** [1953] 4048, 4051).

*Opt.-inakt. 2,3-Epoxy-5,5-bis-methoxycarbonylamino-pentan-1-ol, [3,4-Epoxy-5-hydr=
oxy-pentyliden]-bis-carbamidsäure-dimethylester C$_9$H$_{16}$N$_2$O$_6$, Formel XI.
  B. Beim Behandeln von [5-Hydroxy-pent-3*t*-enyliden]-bis-carbamidsäure-dimethylester mit Peroxybenzoesäure in Chloroform (*Fraser, Raphael*, Soc. **1955** 4280, 4283).
  Krystalle (aus E.); F: 122°.

Hydroxy-oxo-Verbindungen C$_6$H$_{10}$O$_3$

(±)-7-Äthoxy-oxepan-2-on, (±)-6-Äthoxy-6-hydroxy-hexansäure-lacton C$_8$H$_{14}$O$_3$,
Formel I.
  Diese Konstitution kommt vielleicht der nachstehend beschriebenen Verbindung zu.
  B. Beim Behandeln von Cyclohexanon mit Kalium-*tert*-butylat in *tert*-Butylalkohol und mit Sauerstoff und Behandeln des Reaktionsprodukts mit Chlorwasserstoff enthaltendem Äthanol (*Doering, Haines*, Am. Soc. **76** [1954] 482, 485).
  Kp$_3$: 76—79°. D$_4^{26,5}$: 1,0457. n$_D^{26}$: 1,4440.
  Beim Behandeln mit Salpetersäure ist Adipinsäure erhalten worden.

I   II   III   IV

(±)-7-Diäthoxymethoxy-oxepan-2-on, (±)-6-Diäthoxymethoxy-6-hydroxy-hexansäure-lacton, (±)-Orthoameisensäure-diäthylester-[7-oxo-oxepan-2-ylester] $C_{11}H_{20}O_5$, Formel II.
Diese Konstitution kommt vielleicht der nachstehend beschriebenen Verbindung zu.

B. Beim Behandeln von Cyclohexanon mit Kalium-*tert*-butylat in *tert*-Butylalkohol und mit Sauerstoff und Behandeln des Reaktionsprodukts mit Orthoameisensäure-triäthylester und Äthanol unter Einleiten von Chlorwasserstoff (*Doering, Haines*, Am. Soc. **76** [1954] 482, 484).

Orangefarbene Flüssigkeit; $D_4^{22,5}$: 1,0471. $n_D^{22,5}$: 1,4319.

Beim Behandeln mit Salpetersäure ist Adipinsäure erhalten worden.

4-Hydroxy-6-methyl-tetrahydro-pyran-2-on, 3,5-Dihydroxy-hexansäure-5-lacton $C_6H_{10}O_3$, Formel III.

Eine ursprünglich (*Tamura*, J. gen. appl. Microbiol. Tokyo **2** [1956] 431) unter dieser Konstitution beschriebene, als Hiochinsäure-lacton bezeichnete Verbindung ist als (−)-Mevalolacton (S. 19) zu formulieren (*Tamura*, Bl. agric. chem. Soc. Japan **21** [1957] 202; *Tamura, Folkers*, J. org. Chem. **23** [1958] 772).

---

*Opt.-inakt. **6-Phenoxy-tetrahydro-pyran-2-carbaldehyd** $C_{12}H_{14}O_3$, Formel IV.

B. Beim Erwärmen von (±)-3,4-Dihydro-2*H*-pyran-2-carbaldehyd mit Phenol und Chlorwasserstoff enthaltendem Methanol oder mit Phenol, Benzol und wenig Schwefelsäure (*Shell Devel. Co.*, U.S.P. 2574444 [1948]; *N.V. de Bataafsche Petr. Mij.*, D.B.P. 841002 [1949]; D.R.B.P. Org. Chem. 1950−1951 **6** 2394, 2398).

Kp_5: 130−135°; n_D^{20}: 1,5250.

---

*Opt.-inakt. **2-Dimethoxymethyl-6-methoxy-tetrahydro-pyran, 6-Methoxy-tetrahydro-pyran-2-carbaldehyd-dimethylacetal** $C_9H_{18}O_4$, Formel V (R = CH_3).

B. Beim Behandeln von (±)-3,4-Dihydro-2*H*-pyran-2-carbaldehyd mit Chlorwasserstoff enthaltendem Methanol (*Distillers Co.*, D.B.P. 845519 [1949]; D.R.B.P. Org. Chem. 1950−1951 **6** 2391, 2393; U.S.P. 2574919 [1950]; *Shell Devel. Co.*, U.S.P. 2766259 [1950]; *Hall*, Soc. **1953** 1398, 1400). Aus (±)-3,4-Dihydro-2*H*-pyran-2-carbaldehyd und Methanol in Gegenwart von Toluol-4-sulfonsäure (*Shell Devel. Co.*).

Kp_{15}: 98−101°; n_D^{20}: 1,4275 (*Shell Devel. Co.*). Kp_{10}: 94−96°; n_D^{20}: 1,4368 (*Distillers Co.*). Kp_{10}: 93−96°; n_D^{20}: 1,4369 (*Hall*).

V   VI   VII   VIII

*Opt.-inakt. **2-Äthoxy-6-diäthoxymethyl-tetrahydro-pyran, 6-Äthoxy-tetrahydro-pyran-2-carbaldehyd-diäthylacetal** $C_{12}H_{24}O_4$, Formel V (R = C_2H_5).

B. Beim Behandeln von (±)-3,4-Dihydro-2*H*-pyran-2-carbaldehyd mit Chlorwasserstoff enthaltendem Äthanol (*Distillers Co.*, D.B.P. 845519 [1949]; D.R.B.P. Org. Chem. 1950−1951 **6** 2391, 2393; U.S.P. 2574919 [1950]; *Hall*, Soc. **1953** 1398, 1400). Beim Erwärmen von (±)-2-Hydroxy-adipinaldehyd mit Äthanol, Benzol und wss. Schwefelsäure unter Entfernen des entstehenden Wassers (*Shell Devel. Co.*, U.S.P. 2766259 [1950]).

Kp_9: 114−117°; n_D^{20}: 1,4330 (*Hall*). Kp_9: 113−115°; n_D^{20}: 1,4330 (*Distillers Co.*). Kp_{1-2}: 65,8−70°; n_D^{20}: 1,432 (*Shell Devel. Co.*).

5-Hydroxy-3-methyl-tetrahydro-pyran-2-on, 4,5-Dihydroxy-2-methyl-valeriansäure-5-lacton $C_6H_{10}O_3$, Formel VI, und **5-Hydroxymethyl-3-methyl-dihydro-furan-2-on, 4,5-Dihydroxy-2-methyl-valeriansäure-4-lacton** $C_6H_{10}O_3$, Formel VII.

Diese beiden Konstitutionsformeln kommen für die nachstehend beschriebene opt.-inakt. Verbindung in Betracht.

B. Beim Behandeln von 2-Methyl-acetessigsäure-äthylester mit (±)-Epichlorhydrin und Natriumäthylat in Äthanol (*Štepanow*, Ž. obšč. Chim. **25** [1955] 2480, 2483; engl. Ausg. S. 2369, 2372).

Kp$_{17}$: 163—167°; D$_4^{20}$: 1,1209; n$_D^{20}$: 1,4548 (*St.*).

O-[3,5-Dinitro-benzoyl]-Derivat C$_{13}$H$_{12}$N$_2$O$_8$. Krystalle (aus A.); F: 112° (*St.*).

Die Formulierung als 4,5-Dihydroxy-2-methyl-valeriansäure-5-lacton wird von *Štepanow* (l. c. S. 2370) auch für eine von *Dangjan*, *Arakeljan* (Naučn. Trudy Erevansk. Univ. **44** [1954] 35; C. A. **1959** 21 648) beim Behandeln von 2-Methyl-pent-4-ensäure mit Ameisensäure und wss. Wasserstoffperoxid erhaltene, als 4,5-Dihydroxy-2-methyl-valeriansäure-4-lacton angesehene opt.-inakt. Verbindung (Kp$_{11}$: 156—158°; D$_4^{20}$: 1,1831; n$_D^{20}$: 1,4570) in Betracht gezogen.

---

*Opt.-inakt. **2-Äthoxy-3-diäthoxymethyl-tetrahydro-pyran, 2-Äthoxy-tetrahydro-pyran-3-carbaldehyd-diäthylacetal** C$_{12}$H$_{24}$O$_4$, Formel VIII.

B. Beim Behandeln von 3,4-Dihydro-2*H*-pyran mit Orthoameisensäure-triäthylester unter Zusatz des Borfluorid-Äther-Addukts (*Gen. Aniline & Film Corp.*, U.S.P. 2 517 543 [1948]) oder unter Zusatz von aktiviertem Aluminiumsilicat und Äther (*Union Carbide & Carbon Corp.*, U.S.P. 2 556 312 [1949]).

Kp$_{17}$: 123—124°; n$_D^{25}$: 1,4324 (*Gen. Aniline & Film Corp.*). Kp$_{0,5}$: 60—61°; D$_4^{30}$: 0,971; n$_D^{30}$: 1,4302 (*Union Carbide & Carbon Corp.*).

Beim Behandeln mit Hydrazin-dihydrochlorid in wss. Äthanol ist 3-Pyrazol-4-yl-propan-1-ol erhalten worden (*Jones*, *Mann*, Am. Soc. **75** [1953] 4048, 4052).

4-Hydroxy-tetrahydro-pyran-3-carbaldehyd C$_6$H$_{10}$O$_3$, Formel IX.

Diese Konstitution kommt vermutlich der nachstehend beschriebenen opt.-inakt. Verbindung zu.

B. Beim Behandeln von opt.-inakt. 3-Hydroxymethyl-tetrahydro-pyran-4-ol (Kp$_1$: 140—141°) mit Kaliumdichromat und wss. Schwefelsäure (*Olsen*, Acta chem. scand. **5** [1951] 1326, 1331).

Kp$_{12}$: 83—85°.

Bei der Umsetzung mit Semicarbazid ist eine Verbindung C$_7$H$_{11}$N$_3$O$_2$ vom F: 208° [Zers.] (vermutlich **1-Carbamoyl-1,3a,4,6,7,7a-hexahydro-pyrano[4,3-*c*]pyrazol**), bei der Umsetzung mit [2,4-Dinitro-phenyl]-hydrazin ist eine Verbindung C$_{12}$H$_{12}$N$_4$O$_5$ vom F: 234° (vermutlich **1-[2,4-Dinitro-phenyl]-1,3a,4,6,7,7a-hexahydro-pyrano[4,3-*c*]pyrazol**) erhalten worden (*Ol.*, l. c. S. 1334).

4-Hydroxy-4-methyl-tetrahydro-pyran-2-on, 3,5-Dihydroxy-3-methyl-valeriansäure-5-lacton, Mevalonsäure-lacton, Mevalolacton C$_6$H$_{10}$O$_3$.

Über die Konstitution s. *Wolf et al.*, Am. Soc. **78** [1956] 4499, **79** [1957] 1486; über die Konfiguration der Enantiomeren s. *Eberle*, *Arigoni*, Helv. **43** [1960] 1508, 1512.

Zusammenfassende Darstellung: *Wagner*, *Folkers*, Adv. Enzymol. **23** [1961] 471.

a) **(*R*)-3,5-Dihydroxy-3-methyl-valeriansäure-5-lacton, (*R*)-Mevalonsäure-lacton, (−)-Mevalolacton** C$_6$H$_{10}$O$_3$, Formel X.

Identität von Hiochinsäure-lacton (*Tamura*, J. gen. appl. Microbiol. Tokyo **2** [1956] 431) mit (−)-Mevalolacton: *Tamura*, Bl. agric. chem. Soc. Japan **21** [1957] 202; *Tamura*, *Folkers*, J. org. Chem. **23** [1958] 772.

Isolierung aus Kulturen von Aspergillus oryzae: *Tamura*, J. gen. appl. Microbiol. Tokyo **2** [1956] 431; J. agric. chem. Soc. Japan **32** [1958] 707, 783; C. A. **1959** 14220.

Hygroskopische Krystalle (aus CH$_2$Cl$_2$ + Ae.); F: 19—20° [nach Sintern] (*Cornforth et al.*, Tetrahedron **18** [1962] 1351, 1354). Bei 145—150°/5 Torr bzw. bei 130—135°/2 Torr destillierbar; n$_D^{19}$: 1,474; [α]$_D^{20}$: −19,9° [A.; c = 3] (*Tam.*, Bl. agric. chem. Soc. Japan **21** 202; J. agric. chem. Soc. Japan **32** 783). [α]$_D^{20}$: −23,0° [A.; c = 3] (*Co. et al.*, Tetrahedron **18** 1354). IR-Spektrum (Film sowie Lösung in CHCl$_3$; 2—14 μ): *Tam.*, Bl. agric. chem. Soc. Japan **21** 203; J. agric. chem. Soc. Japan **32** 785.

Überführung in Cholesterin mit Hilfe von Rattenleber-Präparaten: *Tavormina et al.*, Am. Soc. **78** [1956] 4498; *Isler et al.*, Helv. **40** [1957] 2369, 2373; *Cornforth et al.*, Tetrahedron **5** [1959] 311, 326; s. a. *Popjak*, *Cornforth*, Adv. Enzymol. **22** [1960] 281. Verwendung bei der Biosynthese von β-Carotin in Kulturen von Phycomyces blakesleeanus:

Braithwaite, Goodwin, Biochem. J. **67** [1957] 13 P; bei der Biosynthese von Auroglaucin (E III **8** 2759) in Kulturen von Aspergillus novus: *Birch et al.*, Chem. and Ind. **1958** 1321; bei der Biosynthese von Rosenonolacton (E III/IV **17** 6261) in Kulturen von Trichothecium roseum sowie bei der Biosynthese von Giberellsäure (Syst. Nr. 2625) in Kulturen von Gibberella fujikuroi: *Birch et al.*, Tetrahedron **7** [1959] 241, 249, 250; bei der Biosynthese von Mycophenolsäure (Syst. Nr. 2625) in Kulturen von Penicillium brevicompactum sowie bei der Biosynthese von Mycelianamid (Syst. Nr. 3636) in Kulturen von Penicillium griseofulvum: *Birch et al.*, Soc. **1958** 369, 370.

IX   X   XI

b) (±)-3,5-Dihydroxy-3-methyl-valeriansäure-5-lacton, (±)-Mevalonsäure-lacton, (±)-Mevalolacton $C_6H_{10}O_3$, Formel X + Spiegelbild.

B. Beim Behandeln von 4-Acetoxy-butan-2-on mit Keten und Borfluorid in Äther und Behandeln des Reaktionsprodukts mit methanol. Kalilauge und anschliessend mit Chlorwasserstoff enthaltendem Methanol (*Cornforth et al.*, Tetrahedron **5** [1959] 311, 325). Beim Erhitzen von (±)-5-Acetoxy-1,1-dimethoxy-3-methyl-pentan-3-ol mit Essigsäure, wenig Schwefelsäure und wss. Wasserstoffperoxid (*Co. et al.*, Tetrahedron **5** 326). Beim Erhitzen von (±)-3,5-Dihydroxy-3-methyl-valeriansäure-äthylester (aus 3-Hydroxy-3-methyl-glutarsäure-diäthylester hergestellt) mit Bariumhydroxid und Wasser auf 120°, Behandeln des erhaltenen Barium-Salzes mit wss. Schwefelsäure und Erhitzen des Reaktionsprodukts (*Wolf et al.*, Am. Soc. **79** [1957] 1486). Beim Behandeln von (±)-5-Acetoxy-3-hydroxy-3-methyl-valeriansäure-methylester mit methanol. Kalilauge und anschliessend mit Chlorwasserstoff enthaltendem Methanol (*Cornforth et al.*, Biochem. J. **69** [1958] 146, 152). Beim Erwärmen von (±)-5-Acetoxy-3-hydroxy-3-methyl-valeriansäure-äthylester mit wss.-äthanol. Natronlauge und Erwärmen der erhaltenen, über das N,N'-Dibenzyl-äthylendiamin-Salz gereinigten (±)-3,5-Dihydroxy-3-methyl-valeriansäure unter 0,3 Torr (*Hoffman et al.*, Am. Soc. **79** [1957] 2316). Beim Behandeln von (±)-Barium-[3-hydroxy-5,5-dimethoxy-3-methyl-valerat] mit wss. Salzsäure und Behandeln der mit wss. Natronlauge neutralisierten Reaktionslösung mit Kaliumboranat und anschliessend mit wss. Salzsäure (*Eggerer, Lynen*, A. **608** [1957] 71, 80; s. a. *Shunk et al.*, Am. Soc. **79** [1957] 3294). Beim Behandeln einer Lösung von 3-Methyl-hex-5-en-1,3-diol in Essigsäure mit Ozon und anschliessend wss. Wasserstoffperoxid (*Tamura, Takai*, Bl. agric. chem. Soc. Japan **21** [1957] 260). Beim Behandeln einer Lösung von 4-Methyl-hepta-1,6-dien-4-ol in Essigsäure mit Ozon, Behandeln des Reaktionsgemisches mit Natriumboranat in Äthanol und Erhitzen des Reaktionsprodukts mit Aluminiumisopropylat in Xylol (*Tamura*, J. agric. chem. Soc. Japan **32** [1958] 783, 787; C. A. **1959** 14220; Bl. agric. chem. Soc. Japan **21** [1957] 202).

Hygroskopische Krystalle; F: 28° [aus Ae.] (*Co. et al.*, Tetrahedron **5** 325), 27–28° [aus Acn. + Ae.] (*Ho. et al.*). Bei 145–150°/5 Torr destillierbar (*Ta.*, J. agric. chem. Soc. Japan **32** 787; Bl. agric. chem. Soc. Japan **21** 202); $Kp_{0,01}$: 114° (*Co. et al.*, Tetrahedron **5** 325). n_D^{19}: 1,473 (*Ta.*, J. agric. chem. Soc. Japan **32** 787). IR-Spektrum (Film sowie Lösung in $CHCl_3$; 2–14 µ): *Ta.*, J. agric. chem. Soc. Japan **32** 785; Bl. agric. chem. Soc. Japan **21** 203.

(±)-5-Äthoxy-5-äthyl-dihydro-furan-2-on, (±)-4-Äthoxy-4-hydroxy-hexansäure-lacton $C_8H_{14}O_3$, Formel XI.

B. Beim Eintragen von 4-Oxo-hexanoylchlorid in ein Gemisch von Äthanol und Natriumcarbonat (*Cason, Reist*, J. org. Chem. **23** [1958] 1668, 1672).

Kp_9: 91–94°. n_D^{18}: 1,4400.

2-[4-Äthyl-5-oxo-tetrahydro-[2]furyloxy]-buttersäure $C_{10}H_{16}O_5$, Formel XII.

Diese Konstitution ist der nachstehend beschriebenen opt.-inakt. Verbindung zugeordnet worden (*Schtschukina, Preobrashenskii*, Ž. obšč. Chim. **10** [1940] 1363, 1366; C. A. **1941** 3606).

Aus opt.-inakt. 2-Äthyl-4-[1-carboxy-propoxy]-but-3-ensäure (F: 148—150°) beim Erhitzen unter vermindertem Druck (*Sch., Pr.*).

Kp$_{11}$: 204—207°.

(±)-3-[2-Hydroxy-äthyl]-dihydro-furan-2-on, (±)-4-Hydroxy-2-[2-hydroxy-äthyl]-buttersäure-lacton C$_6$H$_{10}$O$_3$, Formel XIII (R = H).

B. Beim Erhitzen von Malonsäure-diäthylester mit Äthylenoxid und Piperidin unter 12 at auf 120° (*Pakendorf*, Doklady Akad. S.S.S.R. **27** [1940] 956, 958; C. r. Doklady **27** [1940] 956). Beim Behandeln von Acetessigsäure-äthylester mit Äthylenoxid und Piperidin (*Pakendorf, Matschus*, Doklady Akad. S.S.S.R. **29** [1940] 578; C. r. Doklady **29** [1940] 579).

Kp$_{15}$: 173—175° (*Pa., Ma.*); Kp$_{12}$: 160—165° (*Pa.*). n$_D^{20}$: 1,4693 (*Pa., Ma.*); n$_D^{25}$: 1,4662 (*Pa.*).

XII   XIII   XIV

(±)-3-[2-Acetoxy-äthyl]-dihydro-furan-2-on, (±)-2-[2-Acetoxy-äthyl]-4-hydroxy-buttersäure-lacton C$_8$H$_{12}$O$_4$, Formel XIII (R = CO-CH$_3$).

B. Beim Erhitzen von (±)-3-[2-Hydroxy-äthyl]-dihydro-furan-2-on mit Acetanhydrid (*Pakendorf*, Doklady Akad. S.S.S.R. **27** [1940] 956, 959; C. r. Doklady **27** [1940] 956).

Kp$_{15}$: 174—176°. n$_D^{23}$: 1,4550.

(±)-3-[2-Phenylcarbamoyloxy-äthyl]-dihydro-furan-2-on, (±)-4-Hydroxy-2-[2-phenylcarbamoyloxy-äthyl]-buttersäure-lacton C$_{13}$H$_{15}$NO$_4$, Formel XIII (R = CO-NH-C$_6$H$_5$).

B. Aus (±)-3-[2-Hydroxy-äthyl]-dihydro-furan-2-on und Phenylisocyanat (*Pakendorf*, Doklady Akad. S.S.S.R. **27** [1940] 956, 958; C. r. Doklady **27** [1940] 956).

Krystalle (aus A.); F: 69°.

---

*Opt.-inakt. 4-Hydroxy-4,5-dimethyl-dihydro-furan-2-on, 3,4-Dihydroxy-3-methyl-valeriansäure-4-lacton C$_6$H$_{10}$O$_3$, Formel XIV.

B. Beim Erwärmen von opt.-inakt. 4-Acetoxy-3-hydroxy-3-methyl-valeriansäure-äthylester (Kp$_{50}$: 56°; aus (±)-3-Acetoxy-butan-2-on und Bromessigsäure-äthylester mit Hilfe von Zink hergestellt) mit wss.-äthanol. Natronlauge und anschliessenden Behandeln mit wss. Salzsäure (*Stewart, Wooley*, Am. Soc. **81** [1959] 4951).

Kp$_{0,1}$: 93—96°.

---

*Opt.-inakt. 3-Hydroxy-4,5-dimethyl-dihydro-furan-2-on, 2,4-Dihydroxy-3-methyl-valeriansäure-4-lacton C$_6$H$_{10}$O$_3$, Formel I.

B. Beim Behandeln von opt.-inakt. 3-Hydroxy-2-methyl-butyraldehyd (Kp$_{12}$: 73—76°; als Natriumhydrogensulfit-Addukt eingesetzt) mit wss. Kaliumcyanid-Lösung und Behandeln des Reaktionsgemisches mit Äther und mit wss. Salzsäure (*Drell, Dunn*, Am. Soc. **76** [1954] 2804).

Kp$_{4,5}$: 110—112°. n$_D^{25}$: 1,4571.

---

*Opt.-inakt. 3-Hydroxymethyl-5-methyl-dihydro-furan-2-on C$_6$H$_{10}$O$_3$, Formel II.

B. Bei der Hydrierung von (±)-2-Formyl-4-hydroxy-valeriansäure-lacton an Raney-Nickel in Äthanol bei 100°/100 at (*Allied Chem. & Dye Corp.*, U.S.P. 2624723 [1947]).

Kp$_1$: 102—104°. D$_{20}^{20}$: 1,158. n$_D^{20}$: 1,4625.

O-[3,5-Dinitro-benzoyl]-Derivat C$_{13}$H$_{12}$N$_2$O$_8$ (3-[3,5-Dinitro-benzoyloxymethyl]-5-methyl-dihydro-furan-2-on). F: 127—128°.

3-Hydroxy-4,4-dimethyl-dihydro-furan-2-on, 2,4-Dihydroxy-3,3-dimethyl-buttersäure-4-lacton $C_6H_{10}O_3$.

a) **(R)-2,4-Dihydroxy-3,3-dimethyl-buttersäure-4-lacton, D-Pantoinsäure-lacton, D-Pantolacton** $C_6H_{10}O_3$, Formel III (R = H).

Isolierung aus dem Hydrolysat von Thunfisch-Leber: *Kuhn, Wieland*, B. **73** [1940] 962, 964, 970; aus dem Hydrolysat von Leber-Extrakten: *Stiller et al.*, Am. Soc. **62** [1940] 1779.

Gewinnung aus dem unter c) beschriebenen Racemat (über Salze der D-Pantoinsäure) mit Hilfe von (R)-1-Phenyl-äthylamin: *Ozegowski, Haering*, Pharmazie **12** [1957] 254; von (+)-Ephedrin: *Nopco Chem. Co.*, U.S.P. 2460239 [1945], von Chinin: *Kuhn, Wieland*, B. **73** [1940] 971, 975; *Reichstein, Grüssner*, Helv. **23** [1940] 650, 655, 656; *Grüssner et al.*, Helv. **23** [1940] 1276, 1283; *Stiller et al.*, Am. Soc. **62** [1940] 1785, 1788; *Funabashi, Michi*, Bl. Inst. phys. chem. Res. Tokyo **22** [1943] 681, 683; C. A. **1947** 6199; *Velluz, Joly*, Ann. pharm. franç. **3** [1945] 119, 122, von Cinchonidin und von Chinidin: *Merck & Co. Inc.*, U.S.P. 2319545 [1940]; von Brucin: *Beutel, Tishler*, Am. Soc. **68** [1946] 1463; von D-Galactamin (über D-Pantoinsäure-[D-*galacto*-2,3,4,5,6-pentahydroxy-hexylamid]): *Kagan et al.*, Am. Soc. **79** [1957] 3545, 3548; über das Pyridin-Salz des Di-*O*-acetyl-L$_g$-weinsäure-mono-[(R)-4,4-dimethyl-2-oxo-tetrahydro-[3]furylesters]: *Be., Ti.* Gewinnung aus (±)-4-Hydroxy-3,3-dimethyl-2-sulfooxy-buttersäure-lacton mit Hilfe von Strychnin: *Bergel et al.*, B. **85** [1952] 711, 713. Gewinnung aus 4,4-Dimethyl-dihydro-furan-2,3-dion mit Hilfe von gärender Hefe: *Kuhn, Wieland*, B. **75** [1942] 121.

Hygroskopische Krystalle; F: 92–93° [aus Ae. + PAe. oder aus Diisoamyläther] (*Stiller et al.*, Am. Soc. **62** [1940] 1779, 1782), 91° [durch Sublimation gereinigtes Präparat] (*Fu., Mi.*), 90,5–91,5° (*Be. et al.*), 90–91° [aus Bzl. + Bzn.] (*Oz., Ha.*). Kp$_{15}$: 120–122° (*Oz., Ha.*). Bei 25°/0,0001 Torr sublimierbar (*St. et al.*, l. c. S. 1782; *Fu., Mi.*). $[\alpha]_D^{17}$: −17,4° [Acn.; c = 4] (*Gr. et al.*); $[\alpha]_D^{20}$: −28,0° [Me.; c = 5] (*Kuhn, Wieland*, B. **73** [1940] 1134); $[\alpha]_D^{11}$: −53° [W.; c = 2] (*Fu., Mi.*); $[\alpha]_D^{12}$: −50,5° [W.; c = 2] (*Kuhn, Wi.*, B. **75** 121); $[\alpha]_D^{18}$: −50,6° [W.; c = 2] (*Be. et al.*); $[\alpha]_D^{20}$: −50,1° [W.; c = 2] (*Oz., Ha.*); $[\alpha]_D^{25}$: −51,5° [W.; c = 0,5] (*Frost*, Ind. eng. Chem. Anal. **15** [1943] 306), −50,7° [W.; c = 2] (*St. et al.*, l. c. S. 1788).

Racemisierung beim Erhitzen auf Temperaturen von 145° bis 240° in Abhängigkeit von der Dauer des Erhitzens: *Nopco Chem. Co.*, U.S.P. 2743284 [1952]. Racemisierung beim Erhitzen in Gegenwart von Natriumsilicat auf 145°: *Nopco Chem. Co.*, U.S.P. 2688027 [1952]. Polarimetrische Untersuchung des Gleichgewichts zwischen D-Pantoinsäure-lacton und D-Pantoinsäure in wss. Lösungen vom pH 7,6 und pH 4,5 bei 60°: *Fr.* Beim Behandeln mit Lithiumalanat in Tetrahydrofuran ist (R)-2,4-Dihydroxy-3,3-dimethyl-butyraldehyd erhalten worden (*Arth*, Am. Soc. **75** [1953] 2413).

Verbindung mit Brucin $C_{23}H_{26}N_2O_4 \cdot C_6H_{10}O_3$. Krystalle (aus A.); F: 211–212° (*Be., Ti.*).

| I | II | III | IV |

b) **(S)-2,4-Dihydroxy-3,3-dimethyl-buttersäure-4-lacton, L-Pantoinsäure-lacton, L-Pantolacton** $C_6H_{10}O_3$, Formel IV (R = H).

Gewinnung aus dem unter c) beschriebenen Racemat (über Salze der L-Pantoinsäure) mit Hilfe von (R)-1-Phenyl-äthylamin: *Ozegowski, Haering*, Pharmazie **12** [1957] 254; von Chinin: *Kuhn, Wieland*, B. **73** [1940] 971, 975; *Reichstein, Grüssner*, Helv. **23** [1940] 650, 655, 656; *Grüssner et al.*, Helv. **23** [1940] 1276, 1283; *Stiller et al.*, Am. Soc. **62** [1940] 1785, 1788; *Merck & Co. Inc.*, U.S.P. 2319545 [1940]; von D-Galactamin (über L-Pantoinsäure-[D-*galacto*-2,3,4,5,6-pentahydroxy-hexylamid]): *Kagan et al.*, Am. Soc. **79** [1957] 3545, 3548.

Krystalle; F: 92° [aus Ae.] (*Thomas, Stalder*, Z. physiol. Chem. **317** [1959] 269, 273), 91–91,5° [aus Bzl.] (*Merck & Co. Inc.*, U.S.P. 2319545), 89–90° [aus Bzl. + PAe.].

(*Gr. et al.*), 88° [aus Bzl. + Bzn.] (*Oz., Ha.*). $Kp_{0,5}$: 110° (*Kuhn, Wi.*). $[\alpha]_D^{18}$: +14,5° [Acn.; c = 5] (*Gr. et al.*); $[\alpha]_D^{17}$: +51,5° [W.; c = 4] (*Gr. et al.*); $[\alpha]_D^{22}$: +48,3° [W.; c = 2] (*Oz., Ha.*); $[\alpha]_D^{25}$: +51,4° [W.] (*Merck & Co. Inc.*, U.S.P. 2319545), +50,1° [W.; c = 2] (*St. et al.*).

Racemisierung beim Erhitzen auf 150°: *St. et al.*, l. c. S. 1788; auf 230°: *Nopco Chem. Co.*, U.S.P. 2743284 [1952]; beim Erhitzen unter Zusatz von Natriumhydroxid oder wss. Natronlauge: *Am. Cyanamid Co.*, U.S.P. 2789987 [1952]; unter Zusatz von Kalium=carbonat oder Natriumcarbonat: *Merck & Co. Inc.*, U.S.P. 2377390 [1942], 2739157 [1952]; unter Zusatz von Trinatriumphosphat-decahydrat oder Natriumsilicat: *Ka. et al.*; *Nopco Chem. Co.*, U.S.P. 2688027 [1952]; unter Zusatz von äthanol. Natrium=äthylat: *St. et al.*; unter Zusatz von methanol. Natriummethylat: *Nopco Chem. Co.*, U.S.P. 2463734 [1945].

Verbindung mit Brucin $C_{23}H_{26}N_2O_4 \cdot C_6H_{10}O_3$. Krystalle (aus A.), F: 165—168°; $[\alpha]_D^{25}$: +80,0° [$CHCl_3$; c = 2] (*Beutel, Tishler*, Am. Soc. **68** [1946] 1463).

c) (±)-2,4-Dihydroxy-3,3-dimethyl-buttersäure-4-lacton, DL-Pantoinsäure-lacton, DL-Pantolacton $C_6H_{10}O_3$, Formel IV + Spiegelbild (H 3; E I 297; dort als α-Oxy-β,β-dimethyl-butyrolacton bezeichnet).

B. Beim Behandeln von Isobutyraldehyd mit Formaldehyd und Kaliumcyanid in wss. Lösung und anschliessenden Erwärmen mit wss. Salzsäure (*Parke, Davis & Co.*, U.S.P. 2443334 [1942]; s. a. *Parke, Davis & Co.*, U.S.P. 2399362 [1942]). Beim Behandeln von 3-Hydroxy-2,2-dimethyl-propionaldehyd mit Kaliumcyanid und Calcium=chlorid in wss. Lösung und anschliessenden Erwärmen mit Oxalsäure (*Carter, Ney*, Am. Soc. **63** [1941] 312; *Abbott Labor.*, U.S.P. 2305466 [1944]; *Beér, Preobrashenskii*, Vitamin Res. News U.S.S.R. **1946** Nr. 1, S. 43, 46; C. A. **1948** 2579; s. a. *Reichstein, Grüssner*, Helv. **23** [1940] 650, 655) oder mit Natriumcyanid und Calciumchlorid in wss. Lösung und anschliessenden Erwärmen mit wss. Salzsäure (*Ford*, Am. Soc. **66** [1944] 20; *Sikorska, Lewenstein*, Acta Polon. pharm. **16** [1959] 425; C. A. **1960** 7979). Beim Erwärmen von (±)-2,4-Dihydroxy-3,3-dimethyl-butyrimidsäure-4-lacton mit Wasser (*Salamon, Müegyet. Közlem.* **1949** 72, 75; C. A. **1951** 552). Bei der Hydrierung von 4,4-Dimethyl-dihydro-furan-2,3-dion an Platin in Wasser oder in wss. Salzsäure (*Kuhn, Wieland*, B. **75** [1942] 121).

Reinigung über das Natrium-Salz der (±)-Pantoinsäure: *Nopco Chem. Co.*, U.S.P. 2439905 [1943].

Krystalle; F: 89,8—91° (*Ford*), 89—90° [aus Ae. + PAe.] (*Ôkôti, Egawa*, J. agric. chem. Soc. Japan **17** [1941] 578; C. A. **1951** 2037), 88—90° (*Si., Le.*). Kp_{13}: 126° (*Ôk., Eg.*); Kp_{11}: 120—121° (*Ford*).

Überführung in 4,4-Dimethyl-dihydro-furan-2,3-dion durch Erwärmen mit Blei(IV)-acetat in Benzol: *Lipton, Strong*, Am. Soc. **71** [1949] 2364. Beim Behandeln mit Thionyl=chlorid, Äther und Pyridin und Erhitzen des Reaktionsprodukts auf 130° ist 2-Chlor-4-hydroxy-3,3-dimethyl-buttersäure-lacton erhalten worden (*Hilton et al.*, Weeds **7** [1959] 381, 383). Bildung von kleinen Mengen 2-Chlor-4-hydroxy-3,3-dimethyl-buttersäure-äthylester beim Behandeln mit Chlorwasserstoff enthaltendem Äthanol: *Hi. et al.*, l. c. S. 385. Reaktion mit Ammoniak in methanol. oder wss. Lösung unter Bildung von Pantamid (2,4-Dihydroxy-3,3-dimethyl-buttersäure-amid): *Sakuragi, Kummerow*, Am. Soc. **78** [1956] 838; Reaktion mit Phenäthylamin unter Bildung von 2,4-Dihydroxy-3,3-dimethyl-buttersäure-phenäthylamid: *Shive, Snell*, J. biol. Chem. **160** [1945] 287; *Lutz et al.*, J. org. Chem. **12** [1947] 96, 106.

(±)-3-Benzyloxy-4,4-dimethyl-dihydro-furan-2-on, (±)-2-Benzyloxy-4-hydroxy-3,3-di=methyl-buttersäure-lacton, O-Benzyl-DL-pantolacton $C_{13}H_{16}O_3$, Formel III (R = CH_2-C_6H_5) + Spiegelbild.

B. Beim Behandeln von DL-Pantolacton (s. o.) mit Natriumäthylat in Äthanol und Erhitzen des Reaktionsprodukts mit Benzylchlorid in Xylol (*Baddiley, Thain*, Soc. **1951** 246, 249).

Krystalle; F: 46—47°. $Kp_{0,0001}$: 80°.

(*R*)-3-Acetoxy-4,4-dimethyl-dihydro-furan-2-on, (*R*)-2-Acetoxy-4-hydroxy-3,3-dimethyl-buttersäure-lacton, O-Acetyl-D-pantolacton $C_8H_{12}O_4$, Formel III (R = CO-CH_3).

B. Beim Behandeln von D-Pantolacton (S. 22) mit Acetanhydrid und Pyridin (*Stiller*

et al., Am. Soc. **62** [1940] 1779, 1782). Neben kleineren Mengen Di-*O*-acetyl-D-pantoin=
säure beim Erhitzen von Natrium-D-pantoat mit Acetanhydrid (*Harris et al.*, Am. Soc.
63 [1941] 2662, 2665).
Krystalle; F: 44—45° [aus Ae.] (*Ha. et al.*), 41—42° [nach Sublimation im Vakuum]
(*St. et al.*). $[\alpha]_D^{29}$: −13,1° [A.; c = 3] (*Ha. et al.*).

(*R*)-4,4-Dimethyl-3-propionyloxy-dihydro-furan-2-on, (*R*)-4-Hydroxy-3,3-dimethyl-
2-propionyloxy-buttersäure-lacton, *O*-Propionyl-D-pantolacton $C_9H_{14}O_4$, Formel III
(R = CO-CH$_2$-CH$_3$) auf S. 22.
B. Beim Erwärmen von D-Pantolacton (S. 22) mit Propionylchlorid und Aceton (*Hoff-
mann-La Roche*, D.B.P. 840839 [1951]; D.R.B.P. Org. Chem. 1950—1951 **3** 515).
Kp$_{12}$: 136—137°. $[\alpha]_D^{20}$: −22° [Me.; c = 3].

(*R*)-3-Hexanoyloxy-4,4-dimethyl-dihydro-furan-2-on, (*R*)-2-Hexanoyloxy-4-hydroxy-
3,3-dimethyl-buttersäure-lacton, *O*-Hexanoyl-D-pantolacton $C_{12}H_{20}O_4$, Formel III
(R = CO-[CH]$_4$-CH$_3$) auf S. 22.
Kp$_{11}$: 164—165° (*Hoffmann-La Roche*, D.B.P. 840839 [1951]; D.R.B.P. Org. Chem.
1950—1951 **3** 515).

(±)-4,4-Dimethyl-3-palmitoyloxy-dihydro-furan-2-on, (±)-4-Hydroxy-3,3-dimethyl-
2-palmitoyloxy-buttersäure-lacton, *O*-Palmitoyl-DL-pantolacton $C_{22}H_{40}O_4$, Formel III
(R = CO-[CH$_2$]$_{14}$-CH$_3$) + Spiegelbild auf S. 22.
B. Beim Behandeln von DL-Pantolacton (S. 23) mit Palmitoylchlorid, Pyridin und
Chloroform (*Sakuragi, Kummerow*, Am. Soc. **78** [1956] 838).
Krystalle (aus A.); F: 56—56,5°.

(*R*)-3-Linoleoyloxy-4,4-dimethyl-dihydro-furan-2-on, (*R*)-4-Hydroxy-2-linoleoyloxy-
3,3-dimethyl-buttersäure-lacton, *O*-Linoleoyl-D-pantolacton $C_{24}H_{40}O_4$, Formel V.
B. Beim Erwärmen von D-Pantolacton (S. 22) mit Linoleoylchlorid und Pyridin (*Hoff-
mann-La Roche*, D.B.P. 840839 [1951]; D.R.B.P. Org. Chem. 1950—1951 **3** 515).
Kp$_{0,001}$: 196—200°. $[\alpha]_D^{26}$: −3,3° [Me.; c = 3].

(±)-3-Benzoyloxy-4,4-dimethyl-dihydro-furan-2-on, (±)-2-Benzoyloxy-4-hydroxy-
3,3-dimethyl-buttersäure-lacton, *O*-Benzoyl-DL-pantolacton $C_{13}H_{14}O_4$, Formel VI
(X = H) + Spiegelbild.
B. Beim Erwärmen von DL-Pantolacton (S. 23) mit Benzoylchlorid und Pyridin (*Lee,
Heineman*, U.S.P. 2371245 [1941]).
Krystalle (aus wss. A.); F: 63—64,5°.

V   VI

4,4-Dimethyl-3-[4-nitro-benzoyloxy]-dihydro-furan-2-on, 4-Hydroxy-3,3-dimethyl-
2-[4-nitro-benzoyloxy]-buttersäure-lacton $C_{13}H_{13}NO_6$.
a) (*R*)-4-Hydroxy-3,3-dimethyl-2-[4-nitro-benzoyloxy]-buttersäure-lacton,
O-[4-Nitro-benzoyl]-D-pantolacton $C_{13}H_{13}NO_6$, Formel VI (X = NO$_2$).
B. Beim Behandeln von D-Pantolacton (S. 22) mit 4-Nitro-benzoylchlorid und Pyridin
(*Stiller et al.*, Am. Soc. **62** [1940] 1785, 1788).
Krystalle (aus A.); F: 112°.

b) (*S*)-4-Hydroxy-3,3-dimethyl-2-[4-nitro-benzoyloxy]-buttersäure-lacton,
O-[4-Nitro-benzoyl]-L-pantolacton $C_{13}H_{13}NO_6$, Formel VII.
B. Beim Behandeln von L-Pantolacton (S. 22) mit 4-Nitro-benzoylchlorid und Pyridin
(*Stiller et al.*, Am. Soc. **62** [1940] 1785, 1788).
Krystalle (aus A.); F: 114°.

c) (±)-4-Hydroxy-3,3-dimethyl-2-[4-nitro-benzoyloxy]-buttersäure-lacton,
O-[4-Nitro-benzoyl]-DL-pantolacton C$_{13}$H$_{13}$NO$_6$, Formel VI (X = NO$_2$) + VII.
  B. Beim Erwärmen von DL-Pantolacton (S. 23) mit 4-Nitro-benzoylchlorid und Pyridin (*Stiller et al.*, Am. Soc. **62** [1940] 1785, 1788; *Karrer, Schwyzer*, Helv. **30** [1947] 1767).
  Krystalle (aus A.); F: 138° (*Ka., Sch.*), 137—138° (*St. et al.*).

(*R*)-3-[3,5-Dinitro-benzoyloxy]-4,4-dimethyl-dihydro-furan-2-on, (*R*)-2-[3,5-Dinitro-benzoyloxy]-4-hydroxy-3,3-dimethyl-buttersäure-lacton, *O*-[3,5-Dinitro-benzoyl]-D-pantolacton C$_{13}$H$_{12}$N$_2$O$_8$, Formel VIII.
  B. Beim Erwärmen von D-Pantolacton (S. 22) mit 3,5-Dinitro-benzoylchlorid und Pyridin (*Stiller et al.*, Am. Soc. **62** [1940] 1779, 1782).
  Gelbe Krystalle (aus A.); F: 156—157°.

(*R*)-3-*trans*-Cinnamoyloxy-4,4-dimethyl-dihydro-furan-2-on, (*R*)-2- *trans*-Cinnamoyloxy-4-hydroxy-3,3-dimethyl-buttersäure-lacton, *O-trans*-Cinnamoyl-D-pantolacton C$_{15}$H$_{16}$O$_4$, Formel IX (R = CO-CH=CH-C$_6$H$_5$).
  B. Aus D-Pantolacton (S. 22) und *trans*-Cinnamoylchlorid in Aceton (*Hoffmann-La Roche*, D.B.P. 840839 [1951]; D.R.B.P. Org. Chem. 1950—1951 **3** 515).
  F: 92—94°.

(±)-Bernsteinsäure-mono-[4,4-dimethyl-2-oxo-tetrahydro-[3]furylester] C$_{10}$H$_{14}$O$_6$, Formel IX (R = CO-CH$_2$-CH$_2$-COOH) + Spiegelbild.
  B. Beim Behandeln von DL-Pantolacton (S. 23) mit Bernsteinsäure-anhydrid und Pyridin (*Merck & Co. Inc.*, U.S.P. 2328000 [1940]).
  Kp$_3$: 178—180°.

VII   VIII   IX

(±)-Phthalsäure-mono-[4,4-dimethyl-2-oxo-tetrahydro-[3]furylester] C$_{14}$H$_{14}$O$_6$, Formel X (X = COOH) + Spiegelbild.
  B. Beim Behandeln von DL-Pantolacton (S. 23) mit Phthalsäure-anhydrid und Pyridin (*Merck & Co. Inc.*, U.S.P. 2328000 [1940]).
  Krystalle (aus Butan-1-ol); F: 172—173°.

(*R*)-3-Benzyloxycarbonyloxy-4,4-dimethyl-dihydro-furan-2-on, (*R*)-2-Benzyloxycarbonyloxy-4-hydroxy-3,3-dimethyl-buttersäure-lacton, *O*-Benzyloxycarbonyl-D-pantolacton C$_{14}$H$_{16}$O$_5$, Formel IX (R = CO-O-CH$_2$-C$_6$H$_5$).
  B. Beim Behandeln von D-Pantolacton (S. 22) mit einer Lösung von Phosgen in Benzol und mit Benzylalkohol unter Zusatz von Antipyrin (*Harris et al.*, Am. Soc. **63** [1941] 2662, 2665).
  Krystalle (aus W. + A.); F: 78°. [α]$_D^{29}$: +12,3° [A.; c = 2].

(±)-4,4-Dimethyl-3-salicyloyloxy-dihydro-furan-2-on, (±)-4-Hydroxy-3,3-dimethyl-2-salicyloyloxy-buttersäure-4-lacton, *O*-Salicyloyl-DL-pantolacton C$_{13}$H$_{14}$O$_5$, Formel X (X = OH) + Spiegelbild.
  B. Aus der im folgenden Artikel beschriebenen Verbindung (*Hoffmann-La Roche*, D.B.P. 840839 [1951]; D.R.B.P. Org. Chem. 1950—1951 **3** 515).
  Krystalle; F: 84—86°.

(±)-3-[2-Acetoxy-benzoyloxy]-4,4-dimethyl-dihydro-furan-2-on, (±)-2-[2-Acetoxy-benzoyloxy]-4-hydroxy-3,3-dimethyl-buttersäure-lacton, *O*-[2-Acetoxy-benzoyl]-DL-pantolacton C$_{15}$H$_{16}$O$_6$, Formel X (X = O-CO-CH$_3$) + Spiegelbild.
  B. Aus DL-Pantolacton (S. 23) und 2-Acetoxy-benzoylchlorid (*Hoffmann-La Roche*,

D.B.P. 840839 [1951]; D.R.B.P. Org. Chem. 1950—1951 3 515).
Kp$_{0,002}$: 159—162°.

Di-O-acetyl-L$_g$-weinsäure-mono-[(R)-2-oxo-4,4-dimethyl-tetrahydro-[3]furylester]
$C_{14}H_{18}O_{10}$, Formel XI.
B. Beim Erwärmen von DL-Pantolacton (S. 23) mit Di-O-acetyl-L$_g$-weinsäure-anhydrid, Benzol und Pyridin und Behandeln des erhaltenen, in Benzol schwerer löslichen Pyridin-Salzes des Di-O-acetyl-L$_g$-weinsäure-mono-[(R)-2-oxo-4,4-dimethyl-tetrahydro-[3]furyl=
esters] mit wss. Salzsäure (*Beutel, Tishler*, Am. Soc. **68** [1946] 1463).
Krystalle (aus E.); F: 188°. [α]$_D^{25}$: —1,2° [A.; c = 2].
Pyridin-Salz. Krystalle (aus Isopropylalkohol und Ae.); F: 164—165°.

4,4-Dimethyl-3-[toluol-4-sulfonyloxy]-dihydro-furan-2-on, 4-Hydroxy-3,3-dimethyl-2-[toluol-4-sulfonyloxy]-buttersäure-lacton $C_{13}H_{16}O_5S$.

a) **(R)-4-Hydroxy-3,3-dimethyl-2-[toluol-4-sulfonyloxy]-buttersäure-lacton, O-[Toluol-4-sulfonyl]-D-pantolacton** $C_{13}H_{16}O_5S$, Formel XII.
B. Beim Behandeln von D-Pantolacton (S. 22) mit Toluol-4-sulfonylchlorid und Pyridin (*Bretschneider, Haas*, M. **81** [1950] 945, 948).
Krystalle (nach Destillation bei 205°/0,5 Torr); F: 100—100,5°. [α]$_D$: —19° [CHCl$_3$; c = 10].
Beim Behandeln mit 1 Mol Natriumhydroxid in Wasser bei 20° ist Natrium-[(R)-4-hydr=
oxy-3,3-dimethyl-2-(toluol-4-sulfonyloxy)-butyrat] ([α]$_D$: +46° [W.]), beim Erhitzen mit 2 Mol Natriumhydroxid in Wasser sind Toluol-4-sulfonsäure, Formaldehyd, 3-Methyl-crotonsäure und partiell racemisches O-[Toluol-4-sulfonyl]-L-pantolacton erhalten worden.

b) **(S)-4-Hydroxy-3,3-dimethyl-2-[toluol-4-sulfonyloxy]-buttersäure-lacton, O-[Toluol-4-sulfonyl]-L-pantolacton** $C_{13}H_{16}O_5S$, Formel XIII.
B. Beim Behandeln von L-Pantolacton (S. 22) mit Toluol-4-sulfonylchlorid und Pyridin (*Bretschneider, Haas*, M. **81** [1950] 945, 950).
Krystalle (aus wss. Me.); F: 94—97°. [α]$_D$: +16° [CHCl$_3$; c = 10].

c) **(±)-4-Hydroxy-3,3-dimethyl-2-[toluol-4-sulfonyloxy]-buttersäure-lacton, O-[Toluol-4-sulfonyl]-DL-pantolacton** $C_{13}H_{16}O_5S$, Formel XII + XIII.
B. Beim Behandeln von DL-Pantolacton (S. 23) mit Toluol-4-sulfonylchlorid und Pyridin (*Barnett et al.*, Soc. **1944** 94, 96; *Bretschneider, Haas*, M. **81** [1950] 945, 949).
Krystalle; F: 114—115° [unkorr.; aus Me.] (*Ba. et al.*), 111—111,5° (*Br., Haas*).

(R)-4,4-Dimethyl-3-[(1S)-2-oxo-bornan-10-sulfonyloxy]-dihydro-furan-2-on, (R)-4-Hydroxy-3,3-dimethyl-2-[(1S)-2-oxo-bornan-10-sulfonyloxy]-buttersäure-lacton, O-[(1S)-2-Oxo-bornan-10-sulfonyl]-D-pantolacton $C_{16}H_{24}O_6S$, Formel XIV.
B. Beim Erwärmen von D-Pantolacton (S. 22) mit (1S)-2-Oxo-bornan-10-sulfonyl=
chlorid und Pyridin (*Merck & Co. Inc.*, U.S.P. 2328000 [1940]).
Krystalle (aus A. + PAe.); F: 119—120°.

**(R)-4,4-Dimethyl-3-sulfooxy-dihydro-furan-2-on, (R)-4-Hydroxy-2-sulfooxy-3,3-di=
methyl-buttersäure-lacton, O-Sulfo-D-pantolacton** $C_6H_{10}O_6S$, Formel IX (R = SO$_2$OH).
B. Als Strychnin-Salz bzw. Brucin-Salz bei der Behandlung von DL-Pantolacton (S. 23) mit Chloroschwefelsäure und Chloroform, Umsetzung des Reaktionsprodukts mit Strychnin bzw. Brucin und fraktionierten Krystallisation des erhaltenen Salz-Gemisches aus Wasser (*Bergel et al.*, B. **85** [1952] 711, 713).
Strychnin-Salz $C_{21}H_{22}N_2O_2 \cdot C_6H_{10}O_6S$. Krystalle (aus W.) mit 1 Mol H$_2$O; F: ca. 270°

[unkorr.; Zers.]. $[\alpha]_D^{20}$: $-25°$ [wss. A.].
Brucin-Salz $C_{23}H_{26}N_2O_4 \cdot C_6H_{10}O_6S$. Krystalle mit 1 Mol H_2O; F: 173—174° [unkorr.]. $[\alpha]_D^{20}$: $-21,5°$ [wss. A.].

(±)-4,4-Dimethyl-3-phosphonooxy-dihydro-furan-2-on, (±)-Phosphorsäure-mono-[4,4-dimethyl-2-oxo-tetrahydro-[3]furylester], O-Phosphono-DL-pantolacton $C_6H_{11}O_6P$, Formel IX (R = $PO(OH)_2$) + Spiegelbild auf S. 25.

B. Bei der Hydrierung von O-Diphenoxyphosphoryl-DL-pantolacton (s. u.) an Platin in Äthanol (*King et al.*, J. biol. Chem. **189** [1951] 307, 309) oder in Essigsäure (*Baddiley, Thain*, Soc. **1951** 246, 249).

Hygroskopische Krystalle (aus A. oder Isopropylalkohol), F: 189—190° (*King et al.*); Krystalle, F: 130—140° (*Ba., Th.*).

Geschwindigkeit der Hydrolyse des Barium-Salzes in wss. Salzsäure bei 100°: *Ba., Th.*, l. c. S. 248, 251. Reaktion mit Cyclohexylamin in Äthanol unter Bildung von N-Cyclohexyl-O^2-phosphono-DL-pantamid: *Ba., Th.*, l. c. S. 249.

Dinatrium-Salz $Na_2C_6H_9O_6P$. Hygroskopische Krystalle (aus wss. Me.); F: 208° bis 210° [korr.] (*King et al.*, l. c. S. 310).

Cyclohexylamin-Salz $C_6H_{13}N \cdot C_6H_{11}O_6P$. Krystalle (aus A.); F: 202—203° (*Ba., Th.*).

XIII   XIV   XV

(±)-3-[Hydroxy-phenoxy-phosphoryloxy]-4,4-dimethyl-dihydro-furan-2-on, (±)-Phosphorsäure-[4,4-dimethyl-2-oxo-tetrahydro-[3]furylester]-phenylester, (±)-O-[Hydroxy-phenoxy-phosphoryl]-DL-pantolacton $C_{12}H_{15}O_6P$, Formel IX (R = $PO(OH)$-OC_6H_5) + Spiegelbild auf S. 25.

Diese Konstitution wird der nachstehend beschriebenen, als Cyclohexylamin-Salz isolierten Verbindung zugeordnet (*Baddiley, Thain*, Soc. **1953** 903, 904).

Cyclohexylamin-Salz $C_6H_{13}N \cdot C_{12}H_{15}O_6P$. B. Beim Behandeln einer heissen Lösung von O-Diphenoxyphosphoryl-DL-pantolacton (s. u.) in Dioxan mit Ammoniak und Behandeln einer wss. Lösung des Reaktionsprodukts mit Cyclohexylamin (*Ba., Th.*, l. c. S. 906). — Krystalle (aus W.); F: 235°. — Beim Erwärmen mit Cyclohexylamin auf 100° ist eine wahrscheinlich als Cyclohexylamin-Salz des N-Cyclohexyl-O^2-[hydroxy-phenoxy-phosphoryl]-DL-pantamids zu formulierende Verbindung (F: 206°) erhalten worden.

(±)-3-Diphenoxyphosphoryloxy-4,4-dimethyl-dihydro-furan-2-on, (±)-Phosphorsäure-[4,4-dimethyl-2-oxo-tetrahydro-[3]furylester]-diphenylester, O-Diphenoxyphosphoryl-DL-pantolacton $C_{18}H_{19}O_6P$, Formel IX (X = $PO(OC_6H_5)_2$) + Spiegelbild auf S. 25.

B. Beim Behandeln von DL-Pantolacton (S. 23) mit Chlorophosphorsäure-diphenylester und Pyridin (*King et al.*, J. biol. Chem. **189** [1951] 307, 308; *Baddiley, Thain*, Soc. **1951** 246, 248).

Krystalle; F: 75° [aus A.] (*King et al.*), 70° [aus Ae. + PAe.] (*Ba., Th.*, Soc. **1951** 248). Bei 150°/10⁻⁵ Torr destillierbar (*Ba., Th.*, Soc. **1951** 248).

Reaktion mit Ammoniak in Methanol unter Bildung von O-[Hydroxy-phenoxy-phosphoryl]-DL-pantolacton: *Baddiley, Thain*, Soc. **1953** 903, 906. Reaktion mit Cyclohexylamin unter Bildung des Cyclohexylamin-Salzes des 2,4-Hydroxyphosphoryldioxy-3,3-dimethyl-buttersäure-cyclohexylamids: *Ba., Th.*, Soc. **1953** 905. Beim Erwärmen mit β-Alanin-[2-mercapto-äthylamid] auf 100° ist N-[2,4-Hydroxyphosphoryldioxy-3,3-dimethyl-butyryl]-β-alanin-[2-mercapto-äthylamid] erhalten worden (*Ba., Th.*, Soc. **1953** 906).

(±)-3-Hydroxy-4,4-dimethyl-dihydro-furan-2-on-imin, (±)-2,4-Dihydroxy-3,3-dimethyl-butyrimidsäure-4-lacton $C_6H_{11}NO_2$, Formel XV (X = H).
B. Beim Behandeln einer Lösung von DL-Pantonitril ((±)-2,4-Dihydroxy-3,3-dimethyl-butyronitril) in Äther mit Chlorwasserstoff und Behandeln des erhaltenen Hydrochlorids mit wss. Kaliumcarbonat-Lösung (*Salamon*, Müegyet. Közlem. **1949** 72, 75; C. A. **1951** 552; *Wieland et al.*, B. **85** [1952] 1035, 1042).
Krystalle; F: 108—110° (*Sa.*).

(±)-3-Hydroxy-4,4-dimethyl-dihydro-furan-2-on-phenylimin, (±)-2,4-Dihydroxy-3,3-dimethyl-*N*-phenyl-butyrimidsäure-4-lacton $C_{12}H_{15}NO_2$, Formel XV (X = C_6H_5).
B. Beim Erwärmen von (±)-2,4-Dihydroxy-3,3-dimethyl-butyrimidsäure-4-lacton mit Anilin (*Salamon*, Müegyet. Közlem. **1949** 72, 75; C. A. **1951** 552).
Krystalle (aus A.); F: 152—153°.

(±)-*N*-[3-Hydroxy-4,4-dimethyl-dihydro-[2]furyliden]-β-alanin $C_9H_{15}NO_4$, Formel XV (X = CH_2-CH_2-COOH).
Natrium-Salz $NaC_9H_{14}NO_4$. B. Beim Behandeln des im folgenden Artikel beschriebenen Äthylesters mit wss.-äthanol. Natronlauge (*Salamon*, Müegyet. Közlem. **1949** 72, 75; C. A. **1951** 552). — Krystalle. — Beim Erwärmen mit wss. Wasserstoffperoxid und Aceton ist Natrium-DL-pantothenat (Natrium-[*N*-(2,4-dihydroxy-3,3-dimethyl-butyryl)-β-alaninat]) erhalten worden (*Sa.*, l. c. S. 76).

(±)-*N*-[3-Hydroxy-4,4-dimethyl-dihydro-[2]furyliden]-β-alanin-äthylester $C_{11}H_{19}NO_4$, Formel XV (X = CH_2-CH_2-CO-OC_2H_5).
B. Beim Behandeln von (±)-2,4-Dihydroxy-3,3-dimethyl-butyrimidsäure-4-lacton mit β-Alanin-äthylester-hydrochlorid in Chloroform (*Salamon*, Müegyet. Közlem. **1949** 72, 75; C. A. **1951** 552).
Krystalle (aus Ae.); F: 72—73°.

[G. Hofmann]

Hydroxy-oxo-Verbindungen $C_7H_{12}O_3$

(±)-4-Äthyl-4-hydroxy-tetrahydro-pyran-2-on, (±)-3-Äthyl-3,5-dihydroxy-valeriansäure-5-lacton $C_7H_{12}O_3$, Formel I.
B. Aus (±)-3-Äthyl-hex-5-en-1,3-diol mit Hilfe von Ozon und wss. Wasserstoffperoxid (*Tamura, Takai*, Bl. agric. chem. Soc. Japan **21** [1957] 394).
Kp_2: 130—134°.

4-Äthoxy-4-[2,2-diäthoxy-äthyl]-tetrahydro-pyran, [4-Äthoxy-tetrahydro-pyran-4-yl]-acetaldehyd-diäthylacetal $C_{13}H_{26}O_4$, Formel II.
B. Aus Äthyl-vinyl-äther und 4,4-Diäthoxy-tetrahydro-pyran in Gegenwart von Eisen(III)-chlorid (*Nasarow et al.*, Ž. obšč. Chim. **29** [1959] 3683, 3686; engl. Ausg. S. 3641).
Kp_{20}: 160—162°. D_{20}^{20}: 0,9648. n_D^{20}: 1,4448.

I   II   III   IV

(±)-5-Hydroxy-2,2-dimethyl-tetrahydro-pyran-4-on $C_7H_{12}O_3$, Formel III.
B. In kleiner Menge beim Behandeln von (±)-1,2-Epoxy-5-methyl-hex-4-en-3-on mit wss. Schwefelsäure (*Nasarow, Achrem*, Ž. obšč. Chim. **22** [1952] 442, 446; engl. Ausg. S. 509).
Krystalle (aus $CHCl_3$); F: 158°.

(±)-4-Hydroxy-5,5-dimethyl-tetrahydro-pyran-2-on, (±)-3,5-Dihydroxy-4,4-dimethyl-valeriansäure-5-lacton $C_7H_{12}O_3$, Formel IV.

B. Beim Erwärmen von 3-Hydroxy-2,2-dimethyl-propionaldehyd mit Bromessigsäure-äthylester und Zink in Benzol, Erhitzen des erhaltenen Esters mit wss.-äthanol. Kali=lauge, Behandeln der Reaktionslösung mit wss. Salzsäure und Erhitzen des Reaktions-produkts im Vakuum (*Barnett, Robinson*, Biochem. J. **36** [1942] 357, 360).

Krystalle (aus PAe.) mit 1 Mol H_2O; F: 126—126,5°.

*Opt.-inakt. 4-Hydroxy-3,4-dimethyl-tetrahydro-pyran-2-on, 3,5-Dihydroxy-2,3-dimethyl-valeriansäure-5-lacton $C_7H_{12}O_3$, Formel V.

B. Beim Erwärmen von opt.-inakt. 5-Acetoxy-3-hydroxy-2,3-dimethyl-valeriansäure-äthylester (Kp_2: 125—129°) mit wss.-äthanol. Natronlauge und Ansäuern der Reaktions-lösung (*Tamura, Takai*, Bl. agric. chem. Soc. Japan **21** [1957] 394).

Kp_2: 140°.

*Opt.-inakt. 4-Hydroxy-4,5-dimethyl-tetrahydro-pyran-2-on, 3,5-Dihydroxy-3,4-dimethyl-valeriansäure-5-lacton $C_7H_{12}O_3$, Formel VI.

B. Aus opt.-inakt. 2,3-Dimethyl-hex-5-en-1,3-diol (Kp_7: 115—117°) mit Hilfe von Ozon und wss. Wasserstoffperoxid (*Tamura, Takai*, Bl. agric. chem. Soc. Japan **21** [1957] 394). Neben 5-Hydroxy-3,4-dimethyl-pent-2c-ensäure-lacton beim Erwärmen von opt.-inakt. 5-Acetoxy-3-hydroxy-3,4-dimethyl-valeriansäure-äthylester (Kp_{130}: 80—82°) mit wss.-äthanol. Natronlauge, Erhitzen des Reaktionsgemisches unter Entfernen des Äthan=ols und anschliessenden Ansäuern mit wss. Salzsäure (*Stewart, Woolley*, Am. Soc. **81** [1959] 4951, 4952).

Kp_2: 133—137° (*Ta., Ta.*). IR-Banden (Film) im Bereich von 2,8 µ bis 11,4 µ: *St., Wo.*, l. c. S. 4953.

V VI VII VIII

4-Hydroxy-3,5-dimethyl-tetrahydro-pyran-2-on, 3,5-Dihydroxy-2,4-dimethyl-valerian=säure-5-lacton $C_7H_{12}O_3$.

Über die Konfiguration der beiden folgenden Stereoisomeren s. *Celmer*, Am. Soc. **87** [1965] 1799, 1801; *Harris et al.*, Tetrahedron Letters **1965** 679, 684.

a) (3S)-4c-Hydroxy-3r,5t-dimethyl-tetrahydro-pyran-2-on, D-*lyxo*-3,5-Dihydroxy-2,4-dimethyl-valeriansäure-5-lacton $C_7H_{12}O_3$, Formel VII (R = H).

B. Neben anderen Verbindungen beim Behandeln von Dihydroerythronolid-A ((2R)-$3t_F,5t_F,6c_F,9c_F,11t_F,12c_F,13c_F$-Heptahydroxy-$2r_F,4c_F,6t_F,8t_F,10c_F,12t_F$-hexameth=yl-pentadecansäure-13-lacton) mit Natriumperjodat in wss. Methanol und Erwärmen des Reaktionsprodukts mit Trifluor-peroxyessigsäure und Dinatriumhydrogenphosphat in Dichlormethan (*Gerzon et al.*, Am. Soc. **78** [1956] 6396, 6405).

Krystalle (aus Ae. + PAe.); F: 93—94°. $[\alpha]_D^{25}$: +56,1° [Me.; c = 1].

b) (3R)-4t-Hydroxy-3r,5c-dimethyl-tetrahydro-pyran-2-on, D-*xylo*-3,5-Dihydroxy-2,4-dimethyl-valeriansäure-5-lacton $C_7H_{12}O_3$, Formel VIII.

B. Neben anderen Verbindungen bei der Behandlung von Dihydroerythronolid-A ((2R)-$3t_F,5t_F,6c_F,9c_F,11t_F,12c_F,13c_F$-Heptahydroxy-$2r_F,4c_F,6t_F,8t_F,10c_F,12t_F$-hexa=methyl-pentadecansäure-13-lacton) mit Natriumperjodat in wss. Methanol und Hydrie-rung des Reaktionsprodukts an Platin in Methanol und Äthanol in Gegenwart von Eisen(II)-chlorid (*Gerzon et al.*, Am. Soc. **78** [1956] 6396, 6397, 6403).

Krystalle (aus $CHCl_3$ + PAe.); F: 88—88,5°. Im Hochvakuum bei 90° destillierbar. $[\alpha]_D^{27}$: −5,0° [Me.; c = 2].

(3*S*)-4*c*-Acetoxy-3*r*,5*t*-dimethyl-tetrahydro-pyran-2-on, D-*lyxo*-3-Acetoxy-5-hydroxy-2,4-dimethyl-valeriansäure-lacton $C_9H_{14}O_4$, Formel VII (R = CO-CH$_3$).

B. Neben D-*lyxo*-3,5-Dihydroxy-2,4-dimethyl-valeriansäure-5-lacton (S. 29) beim Behandeln von D-*lyxo*-3-Hydroxy-2,4-dimethyl-6-oxo-heptanal (E IV **1** 4162) mit Trifluor-peroxyessigsäure und Dinatriumhydrogenphosphat in Dichlormethan (*Gerzon et al.*, Am. Soc. **78** [1956] 6396, 6399, 6406).

Krystalle (aus Ae. + PAe.); F: 65—66°.

(±)-2-[3-Phenoxy-propyl]-dihydro-thiophen-3-on $C_{13}H_{16}O_2S$, Formel IX.

B. Beim Erhitzen von opt.-inakt. 4-Oxo-5-[3-phenoxy-propyl]-tetrahydro-thiophen-3-carbonsäure-äthylester (n_D^{20}: 1,5481) mit wss. Schwefelsäure (*Cheney, Piening*, Am. Soc. **67** [1945] 2213, 2215).

Krystalle (aus A.); F: 42—43°.

IX   X   XI

(±)-2-[3-Phenoxy-propyl]-dihydro-thiophen-3-on-semicarbazon $C_{14}H_{19}N_3O_2S$, Formel X.

B. Aus (±)-2-[3-Phenoxy-propyl]-dihydro-thiophen-3-on und Semicarbazid (*Cheney, Piening*, Am. Soc. **67** [1945] 2213, 2215).

Krystalle (aus 4-Methyl-pentan-2-on); F: 192—193°.

(±)-5-[3-Phenoxy-propyl]-dihydro-thiophen-3-on $C_{13}H_{16}O_2S$, Formel XI.

B. Beim Erhitzen von opt.-inakt. 4-Oxo-2-[3-phenoxy-propyl]-tetrahydro-thiophen-3-carbonsäure-methylester (Semicarbazon: F: 143—144,5°) mit wss. Schwefelsäure und Essigsäure (*Baker et al.*, J. org. Chem. **12** [1947] 138, 145).

Krystalle (aus Me. oder Bzn.); F: 59—61°.

(±)-5-[3-Phenoxy-propyl]-dihydro-thiophen-3-on-semicarbazon $C_{14}H_{19}N_3O_2S$, Formel XII.

B. Aus (±)-5-[3-Phenoxy-propyl]-dihydro-thiophen-3-on und Semicarbazid (*Baker et al.*, J. org. Chem. **12** [1947] 138, 145).

Krystalle (aus A.); F: 159—160° (*Ba. et al.*).

XII   XIII

*Opt.-inakt. 5-[3-Chlor-propyl]-3-hydroxy-dihydro-furan-2-on, 7-Chlor-2,4-dihydroxy-heptansäure-4-lacton $C_7H_{11}ClO_3$, Formel XIII.

B. Beim Erwärmen von opt.-inakt. 2,7-Dichlor-4-hydroxy-heptansäure-lacton (Kp$_5$: 169°) mit wss. Natronlauge, Ansäuern der Reaktionslösung mit wss. Salzsäure und Erhitzen des Reaktionsprodukts unter vermindertem Druck (*Hinz et al.*, Reichsamt Wirtschaftsausbau Chem. Ber. **1942** 1043, 1049).

Kp$_{10}$: 170—171°.

(±)-5-[3-Hydroxy-propyl]-dihydro-furan-2-on, (±)-4,7-Dihydroxy-heptansäure-4-lacton $C_7H_{12}O_3$, Formel I (R = H).

B. Beim Erwärmen von (±)-4,7-Diacetoxy-heptansäure-äthylester mit Chlorwasserstoff enthaltendem Methanol (*Paul*, C. r. **212** [1941] 398, 401; *Hinz et al.*, Reichsamt Wirt-

schaftsausbau Chem. Ber. **1942** 1043, 1047).
Kp_{10}: 185° (*Hinz et al.*), Kp_9: 184—186°; D_{15}^{9}: 1,145; n_D^9: 1,4746 (*Paul*).

(±)-5-[3-Acetoxy-propyl]-dihydro-furan-2-on, (±)-7-Acetoxy-4-hydroxy-heptansäure-lacton $C_9H_{14}O_4$, Formel I (R = CO-CH$_3$).

B. Beim Erwärmen von (±)-3-Tetrahydro[2]furyl-propionsäure-äthylester mit Acetylchlorid und Zinkchlorid und anschliessenden Erhitzen (*Paul*, C. r. **212** [1941] 398, 400).
Kp_8: 173—175°. D_{15}^5: 1,140. n_D^5: 1,46072.

*Opt.-inakt. 4-Hydroxy-2-isopropyl-dihydro-furan-3-on $C_7H_{12}O_3$, Formel II.
B. Neben 2-Isopropyl-dihydro-furan-3-on bei der Hydrierung von opt.-inakt. 1,2;4,5-Diepoxy-5-methyl-hexan-3-on ($Kp_{2,5}$: 80°; n_D^{20}: 1,4560) an Raney-Nickel in Äthanol (*Nasarow et al.*, Izv. Akad. S.S.S.R. Otd. chim. **1957** 80, 86; engl. Ausg. S. 85, 90).
$Kp_{1,5}$: 97—98°. D_4^{20}: 1,1015. n_D^{20}: 1,4570.
Semicarbazon $C_8H_{15}N_3O_3$. Krystalle (aus A.); F: 186,5° [Zers.].

I II III IV

*Opt.-inakt. 4-[1-Hydroxy-äthyl]-5-methyl-dihydro-furan-2-on, 4-Hydroxy-3-[1-hydroxy-äthyl]-valeriansäure-lacton $C_7H_{12}O_3$, Formel III.
B. Neben kleineren Mengen 3-Acetyl-4-hydroxy-valeriansäure-lacton (Kp_3: 119° bis 119,5°) bei der Hydrierung von (±)-3-Acetyl-4-oxo-valeriansäure-äthylester an Platin (*Lukeš, Syhora*, Collect. **19** [1954] 1205, 1214).
$Kp_{2,5}$: 127—128°.

*Opt.-inakt. 5-Äthyl-3-hydroxy-4-methyl-dihydro-furan-2-on, 2,4-Dihydroxy-3-methyl-hexansäure-4-lacton $C_7H_{12}O_3$, Formel IV.
B. Beim aufeinanderfolgenden Behandeln von opt.-inakt. 3-Hydroxy-2-methyl-valeraldehyd (aus Propionaldehyd hergestellt) mit wss. Natriumhydrogensulfit-Lösung, mit wss. Kaliumcyanid-Lösung und mit wss. Salzsäure (*Drell, Dunn*, Am. Soc. **76** [1954] 2804, 2805).
Kp_2: 120—121°. n_D^{25}: 1,4575.

*Opt.-inakt. 3-Äthyl-5-hydroxymethyl-dihydro-furan-2-on, 2-Äthyl-4,5-dihydroxy-valeriansäure-4-lacton $C_7H_{12}O_3$, Formel V (R = H).
B. Beim Behandeln von (±)-2-Äthyl-pent-4-ensäure (H **2** 447) mit wss. Wasserstoffperoxid und Ameisensäure (*Dangjan, Arakeljan*, Naučn. Trudy Erevansk. Univ. **44** [1954] 35, 38; C. A. **1959** 21 649).
Kp_{12}: 162—163°. D_4^{20}: 1,1363. n_D^{20}: 1,4568.

*Opt.-inakt. 5-Äthoxymethyl-3-äthyl-dihydro-furan-2-on, 5-Äthoxy-2-äthyl-4-hydroxy-valeriansäure-lacton $C_9H_{16}O_3$, Formel V (R = C_2H_5).
B. Beim Erhitzen von opt.-inakt. 5-Äthoxymethyl-3-äthyl-2-oxo-tetrahydro-furan-3-carbonsäure-äthylester (Kp_1: 145—148°; n_D^{25}: 1,4462) mit wss. Natronlauge und Erhitzen der Reaktionslösung mit wss. Salzsäure (*Van Zyl et al.*, Am. Soc. **75** [1953] 5002, 5004).
Kp_{20}: 159°. n_D^{25}: 1,4411.

*Opt.-inakt. 3-Äthyl-5-phenoxymethyl-dihydro-furan-2-on, 2-Äthyl-4-hydroxy-5-phenoxy-valeriansäure-lacton $C_{13}H_{16}O_3$, Formel V (R = C_6H_5).
B. Beim Erhitzen von opt.-inakt. 3-Äthyl-2-oxo-5-phenoxymethyl-tetrahydro-furan-

3-carbonsäure-äthylester (Kp$_2$: 198—200°; n$_D^{25}$: 1,5187) mit wss. Natronlauge und Erhitzen der Reaktionslösung mit wss. Salzsäure (*Van Zyl et al.*, Am. Soc. **75** [1953] 5002, 5005).
F: 38—39°. Kp$_3$: 177—180°.

V   VI   VII

*Opt.-inakt. 2-[1-Benzylmercapto-äthyl]-4-methyl-dihydro-furan-3-on C$_{14}$H$_{18}$O$_2$S, Formel VI.
Diese Konstitution wird für die nachstehend beschriebene opt.-inakt. Verbindung in Betracht gezogen (*Nasarow et al.*, Ž. obšč. Chim. **25** [1955] 708, 712, 724; engl. Ausg. S. 677, 680, 689).
B. Neben kleinen Mengen einer Verbindung C$_{14}$H$_{18}$O$_2$S (F: 71—72°; Kp$_{3,5}$: 159° bis 162°; möglicherweise 3-Benzylmercapto-2,5-dimethyl-tetrahydro-pyran-4-on [Formel VII]) beim Erhitzen von opt.-inakt. 4,5-Epoxy-1-methoxy-2-methyl-hexan-3-on (Kp$_2$: 75°; n$_D^{20}$: 1,4378) mit Benzylmercaptan auf 145° (*Na. et al.*).
Kp$_2$: 136—138°; D$_4^{20}$: 1,1018; n$_D^{20}$: 1,4540.

*4-Äthyl-3-hydroxy-4-methyl-dihydro-furan-2-on, 3-Äthyl-2,4-dihydroxy-3-methyl-buttersäure-4-lacton C$_7$H$_{12}$O$_3$, Formel VIII.
Linksdrehende Präparate (Kp$_{13}$: 125—130°; [α]$_D$: —25° [Me.] bzw. Kp$_{12}$: ca. 130°; [α]$_D^{18}$: —25,5° [Me.]) sind bei der Einwirkung von gärender Hefe auf (+)-3-Äthyl-4-hydr=oxy-3-methyl-2-oxo-buttersäure-lacton bzw. (—)-3-Äthyl-4-hydroxy-3-methyl-2-oxo-but=tersäure-lacton in wss. Lösung erhalten worden (*Wieland, Möller*, B. **81** [1948] 316, 321, 322).

3-Äthyl-4-hydroxymethyl-dihydro-furan-2-on, 2-Äthyl-4-hydroxy-3-hydroxymethyl-buttersäure-lacton C$_7$H$_{12}$O$_3$.
a) (±)-*cis*-3-Äthyl-4-hydroxymethyl-dihydro-furan-2-on, (±)-Pilopalkohol C$_7$H$_{12}$O$_3$, Formel IX + Spiegelbild.
B. Beim Behandeln von (±)-4c-Äthyl-5-oxo-tetrahydro-furan-3r-carbaldehyd mit Aluminium-Amalgam und wasserhaltigem Äther (*Preobrashenski et al.*, B. **68** [1935] 844, 846; Izv. Akad. S.S.S.R. Ser. chim. **1936** 989; C. **1937** II 998).
Kp$_{0,05}$: 117,8° (*Pr. et al.*, B. **68** 846).

VIII   IX   X

b) (±)-*trans*-3-Äthyl-4-hydroxymethyl-dihydro-furan-2-on, (±)-Isopilopalkohol C$_7$H$_{12}$O$_3$, Formel X + Spiegelbild.
B. Beim Behandeln von (±)-4*t*-Äthyl-5-oxo-tetrahydro-furan-3r-carbaldehyd mit Aluminium-Amalgam und wasserhaltigem Äther (*Preobrashenski et al.*, B. **67** [1934] 710, 713; Izv. Akad. S.S.S.R. Ser. chim. **1936** 983, 989; C. **1937** II 998).
Kp$_2$: 132—135° (*Brochmann-Hanssen et al.*, J. Am. pharm. Assoc. **40** [1951] 61, 64); Kp$_{0,07}$: 116—117° (*Pr. et al.*, B. **67** 713).

(±)-3-Hydroxy-3,5,5-trimethyl-dihydro-furan-2-on, (±)-2,4-Dihydroxy-2,5-dimethyl-valeriansäure-4-lacton $C_7H_{12}O_3$, Formel XI (H 4; E I 297).

B. Neben Hex-5-innitril (Hauptprodukt) beim Erwärmen von Toluol-4-sulfonsäure-pent-4-inylester mit Kaliumcyanid in wss. Aceton und Ansäuern der Reaktionslösung (*Eglinton, Whiting,* Soc. **1953** 3052, 3053, 3056).
Krystalle (aus Bzl.); F: 66,5—67,5°. Absorptionsmaximum (A.): 221 nm.

*Opt.-inakt. 2-[Benzylmercapto-methyl]-2,5-dimethyl-dihydro-furan-3-on $C_{14}H_{18}O_2S$, Formel XII.

B. Beim Erhitzen von opt.-inakt. 1,2-Epoxy-5-methoxy-2-methyl-hexan-3-on (Kp$_2$: 57—57,5°; n$_D^{20}$: 1,4368) mit Benzylmercaptan auf 145° (*Nasarow et al.,* Ž. obšč. Chim. **25** [1955] 708, 711, 721; engl. Ausg. S. 677, 687).
Krystalle; F: 73°. Kp$_2$: 157—158°.

XI   XII   XIII

*Opt.-inakt. 3-Hydroxy-4,4,5-trimethyl-dihydro-furan-2-on, 2,4-Dihydroxy-3,3-dimethyl-valeriansäure-4-lacton, ω-Methyl-pantolacton $C_7H_{12}O_3$, Formel XIII.

B. Beim aufeinanderfolgenden Behandeln von (±)-3-Hydroxy-2,2-dimethyl-butanal mit wss. Natriumhydrogensulfit-Lösung und wss. Kaliumcyanid-Lösung und Erhitzen des Reaktionsprodukts mit wss. Salzsäure (*Drell, Dunn,* Am. Soc. **70** [1948] 2057).
Krystalle (aus Ae. + PAe.); F: 60—60,5°.
O-[3,5-Dinitro-benzoyl]-Derivat $C_{14}H_{14}N_2O_8$ (2-[3,5-Dinitro-benzoyloxy]-4-hydr=oxy-3,3-dimethyl-valeriansäure-lacton). Krystalle (aus A.); F: 123—124°.

*Opt.-inakt. 1,2-Epoxy-5-methoxy-2-methyl-hexan-3-on $C_8H_{14}O_3$, Formel XIV.

B. Beim Behandeln einer Lösung von (±)-5-Methoxy-2-methyl-hex-1-en-3-on in Methanol mit wss. Wasserstoffperoxid und wss. Natronlauge (*Nasarow et al.,* Ž. obšč. Chim. **25** [1955] 708, 710, 716; engl. Ausg. S. 677, 684).
Kp$_2$: 57—57,5°. D$_4^{20}$: 0,9986. n$_D^{20}$: 1,4368.
Beim Erwärmen mit wasserhaltigem Äthylamin ist 2-Äthylaminomethyl-2,5-dimethyl-dihydro-furan-3-on erhalten worden (*Na. et al.,* l. c. S. 719).
2,4-Dinitro-phenylhydrazon $C_{14}H_{18}N_4O_6$. Orangefarbene Krystalle (aus A.); F: 146—148°.

*Opt.-inakt. 4,5-Epoxy-1-methoxy-2-methyl-hexan-3-on $C_8H_{14}O_3$, Formel XV.

B. Neben kleinen Mengen 1-Methoxy-2-methyl-hexan-3,4-dion beim Behandeln einer Lösung von (±)-1-Methoxy-2-methyl-hex-4ξ-en-3-on (n$_D^{20}$: 1,4505) in Methanol mit wss. Wasserstoffperoxid und wss. Natronlauge (*Nasarow et al.,* Ž. obšč. Chim. **25** [1955] 708, 712, 722; engl. Ausg. S. 677, 687).
Kp$_2$: 75°. D$_4^{20}$: 1,0110. n$_D^{20}$: 1,4378.
2,4-Dinitro-phenylhydrazon $C_{14}H_{18}N_4O_6$. Orangefarbene Krystalle; F: 120—122°.

XIV   XV   XVI

(±)-4,5-Epoxy-1-methoxy-5-methyl-hexan-3-on $C_8H_{14}O_3$ Formel XVI.

B. Neben kleinen Mengen einer vermutlich als 5-Hydroperoxy-1-methoxy-5-methylhexan-3-on (E IV **1** 4092) zu formulierenden Verbindung $C_8H_{16}O_4$ ($Kp_{2,5}$: 76—78°; D_4^{20}: 1,0781; n_D^{20}: 1,4455) beim Behandeln von (±)-1-Methoxy-5-methyl-hex-4-en-3-on in Methanol mit wss. Wasserstoffperoxid-Lösung und wss. Natronlauge unterhalb 0° (*Nasarow, Achrem*, Ž. obšč. Chim. **20** [1950] 2183, 2186; engl. Ausg. S. 2267).

$Kp_{2,5}$: 73—74°. D_4^{20}: 1,0135. n_D^{20}: 1,4385.

Semicarbazon. F: 87—88°.

Hydroxy-oxo-Verbindungen $C_8H_{14}O_3$

(±)-7-[2-Hydroxy-äthyl]-oxepan-2-on, (±)-6,8-Dihydroxy-octansäure-6-lacton $C_8H_{14}O_3$, Formel I (R = H).

B. Beim Erhitzen von (±)-6,8-Diacetoxy-octansäure oder von (±)-5-[1,3]Dioxan-4-yl-valeriansäure mit wss.-äthanol. Schwefelsäure, Erwärmen des vom Äthanol befreiten Reaktionsgemisches mit wss. Natronlauge und anschliessenden Ansäuern (*Braude et al.*, Soc. **1956** 3074, 3077).

Bei 140°/0,0001 Torr destillierbar; n_D^{22}: 1,4738 [unreines Präparat].

(±)-7-[2-Methoxy-äthyl]-oxepan-2-on, (±)-6-Hydroxy-8-methoxy-octansäure-lacton $C_9H_{16}O_3$, Formel I (R = CH_3).

B. Beim Erhitzen von (±)-6-Hydroxy-8-methoxy-octansäure-äthylester mit wenig Toluol-4-sulfonsäure auf 170° (*Schmidt, Grafen*, B. **92** [1959] 1177, 1179, 1183).

$Kp_{0,001}$: 77°. n_D^{20}: 1,4642.

I II III IV

(±)-7-[2-Acetoxy-äthyl]-oxepan-2-on, (±)-8-Acetoxy-6-hydroxy-octansäure-lacton $C_{10}H_{16}O_4$, Formel I (R = $CO-CH_3$).

B. Aus (±)-2-[2-Acetoxy-äthyl]-cyclohexanon mit Hilfe von Peroxyessigsäure (*Segre et al.*, Am. Soc. **79** [1957] 3503).

$Kp_{0,5}$: 126—130°. n_D^{23}: 1,4595.

6-Hydroxy-3,6-dimethyl-oxepan-2-on, 5,6-Dihydroxy-2,5-dimethyl-hexansäure-6-lacton $C_8H_{14}O_3$, Formel II.

Diese Konstitution ist der nachstehend beschriebenen opt.-inakt. Verbindung zugeordnet worden (*Union Carbide Corp.*, U.S.P. 2823211 [1954] vgl. aber *Hall*, Soc. **1953** 1398).

B. Beim Eintragen von (±)-2,5-Dimethyl-3,4-dihydro-2*H*-pyran-2-carbaldehyd (E III/IV **17** 4322) in ein heisses Gemisch von verd. wss. Schwefelsäure und Dioxan und Erhitzen der auf pH 6,5 gebrachten Reaktionslösung (*Union Carbide Corp.*).

F: 54°. Kp_1: 112°. n_D^{30}: 1,4710.

(±)-6-[3-Äthoxy-propyl]-tetrahydro-pyran-2-on, (±)-8-Äthoxy-5-hydroxy-octansäure-lacton $C_{10}H_{18}O_3$, Formel III.

B. Beim Behandeln von 8-Äthoxy-5-oxo-octansäure mit wss. Natronlauge und wss. Kaliumboranat-Lösung und Ansäuern der Reaktionslösung (*Campbell*, Soc. **1955** 4218).

Kp_1: 130—131°. n_D^{20}: 1,4591.

(±)-6-[3-Mercapto-propyl]-tetrahydro-pyran-2-on, (±)-5-Hydroxy-8-mercapto-octansäure-lacton $C_8H_{14}O_2S$, Formel IV.

B. Beim Erwärmen von (±)-8-Brom-5-hydroxy-octansäure-lacton (im Gemisch mit (±)-8-Brom-4-hydroxy-octansäure-lacton eingesetzt; aus 4-Tetrahydro[2]furyl-buttersäure mit Hilfe von Bromwasserstoff oder Acetylbromid hergestellt) mit Thioharnstoff in

Methanol, Erhitzen des Reaktionsprodukts mit wss. Kalilauge und Ansäuern der Reaktionslösung mit wss. Salzsäure (*Bullock et al.*, Am. Soc. **76** [1954] 1828, 1830).
$Kp_{0,15}$: 121—122°; D^{20}: 1,116; n_D^{20}: 1,5100 [Präparat von zweifelhafter Einheitlichkeit].

(±)-3-[3-Hydroxy-propyl]-tetrahydro-pyran-2-on, (±)-5-Hydroxy-2-[3-hydroxy-propyl]-valeriansäure-lacton $C_8H_{14}O_3$, Formel V (R = H).
B. Aus 3,4,6,7-Tetrahydro-2*H*,5*H*-pyrano[2,3-*b*]pyran mit Hilfe von wss. Säure (*McElvain, McKay*, Am. Soc. **77** [1955] 5601, 5604).
$Kp_{0,1}$: 140°.

(±)-3-[3-(4-Nitro-benzoyloxy)-propyl]-tetrahydro-pyran-2-on, (±)-5-Hydroxy-2-[3-(4-nitro-benzoyloxy)-propyl]-valeriansäure-lacton $C_{15}H_{17}NO_6$, Formel V (R = CO-C$_6$H$_4$-NO$_2$).
B. Aus der im vorangehenden Artikel beschriebenen Verbindung und 4-Nitro-benzoylchlorid (*McElvain, McKay*, Am. Soc. **77** [1955] 5601, 5604).
Krystalle (aus PAe.); F: 108—109,5°.

---

*Opt.-inakt. 6-Acetyl-2-methoxy-2-methyl-tetrahydro-pyran, 1-[6-Methoxy-6-methyl-tetrahydro-pyran-2-yl]-äthanon $C_9H_{16}O_3$, Formel VI (R = CH$_3$), s. E III **1** 3319.
Semicarbazon $C_{10}H_{19}N_3O_3$ (1-[6-Methoxy-6-methyl-tetrahydro-pyran-2-yl]-äthanon-semicarbazon). Krystalle (aus Me.); F: 183° (*Alder et al.*, B. **74** [1941] 905, 919).

V   VI   VII

*Opt.-inakt. 6-Acetyl-2-äthoxy-2-methyl-tetrahydro-pyran, 1-[6-Äthoxy-6-methyl-tetrahydro-pyran-2-yl]-äthanon $C_{10}H_{18}O_3$, Formel VI (R = C$_2$H$_5$), s. E III **1** 3319.
Semicarbazon $C_{11}H_{21}N_3O_3$ (1-[6-Äthoxy-6-methyl-tetrahydro-pyran-2-yl]-äthanon-semicarbazon). Krystalle (aus A.); F: 180° (*Alder et al.*, B. **74** [1941] 905, 919).

*Opt.-inakt. Bis-[6-acetyl-2-methyl-tetrahydro-pyran-2-yl]-peroxid $C_{16}H_{26}O_6$, Formel VII.
B. Beim Behandeln von (±)-1-[6-Methyl-3,4-dihydro-2*H*-pyran-2-yl]-äthanon mit Essigsäure und wss. Wasserstoffperoxid (*Alder et al.*, B. **74** [1941] 905, 919).
Krystalle (aus Acn.); F: 124—125°.

3-Acetyl-4-methyl-tetrahydro-pyran-4-ol, 1-[4-Hydroxy-4-methyl-tetrahydro-pyran-3-yl]-äthanon $C_8H_{14}O_3$, Formel VIII.
Diese Konstitution kommt wahrscheinlich der nachstehend beschriebenen opt.-inakt. Verbindung zu. (*Treibs*, Ang. Ch. **60** [1948] 289, 291).
B. Beim Erhitzen von Bis-[3-oxo-butyl]-äther mit Natriumsulfat, Natriumacetat, Magnesiumoxid oder Kaliumcarbonat (*Tr.*).
$Kp_{0,5}$: 67°; D_{41}^{20}: 1,0857.
Semicarbazon $C_9H_{17}N_3O_3$. F: 202° [Zers.].

---

*Opt.-inakt. Bis-[6,6-dimethyl-4-oxo-tetrahydro-thiopyran-3-ylmethyl]-äther $C_{16}H_{26}O_3S_2$, Formel IX.
B. Neben 5-Dimethylaminomethyl-2,2-dimethyl-tetrahydro-thiopyran-4-on beim Erwärmen von 2,2-Dimethyl-tetrahydro-thiopyran-4-on mit Dimethylamin-hydrochlorid und wss. Formaldehyd in Methanol (*Nasarow, Golowin*, Ž. obšč. Chim. **26** [1956] 483, 485, 489; engl. Ausg. S. 507, 511).
Krystalle (aus A.); F: 117°.

VIII   IX   X

5-Hydroxy-2,5-dimethyl-tetrahydro-pyran-2-carbaldehyd $C_8H_{14}O_3$, Formel X.

Diese Konstitution ist der nachstehend beschriebenen opt.-inakt. Verbindung zugeordnet worden (*Union Carbide & Carbon Corp.*, U.S.P. 2694077 [1952]; D.B.P. 945243 [1953]; vgl. aber den folgenden Artikel).

B. Neben 2-Hydroxy-2,5-dimethyl-adipinaldehyd (Kp$_2$: 155°) beim Erwärmen von (±)-2,5-Dimethyl-3,4-dihydro-2H-pyran-2-carbaldehyd mit Schwefelsäure enthaltendem wss. Dioxan (*Union Carbide & Carbon Corp.*).

Kp$_2$: 116°. n_D^{30}: 1,4758.

*Opt.-inakt. **6-Methoxy-2,5-dimethyl-tetrahydro-pyran-2-carbaldehyd** $C_9H_{16}O_3$, Formel XI (R = CH$_3$).

B. Neben anderen Verbindungen beim Behandeln von (±)-2,5-Dimethyl-3,4-dihydro-2H-pyran-2-carbaldehyd mit Chlorwasserstoff enthaltendem Methanol (*Hall*, Soc. **1953** 1398, 1401).

Als Semicarbazon $C_{10}H_{19}N_3O_3$ (F: 211°) isoliert.

*Opt.-inakt. **6-Äthoxy-2,5-dimethyl-tetrahydro-pyran-2-carbaldehyd** $C_{10}H_{18}O_3$, Formel XI (R = C$_2$H$_5$).

B. Neben anderen Verbindungen beim Behandeln von (±)-2,5-Dimethyl-3,4-dihydro-2H-pyran-2-carbaldehyd mit Chlorwasserstoff enthaltendem Äthanol (*Hall*, Soc. **1953** 1398, 1401).

Als Semicarbazon $C_{11}H_{21}N_3O_3$ (F: 223−224°) isoliert.

2,5-Dimethyl-6-phenoxy-tetrahydro-pyran-2-carbaldehyd $C_{14}H_{18}O_3$, Formel XI (R = C$_6$H$_5$).

Eine opt.-inakt. Verbindung dieser Konstitution hat wahrscheinlich in dem nachstehend beschriebenen Präparat vorgelegen.

B. Beim Behandeln von (±)-2,5-Dimethyl-3,4-dihydro-2H-pyran-2-carbaldehyd mit Phenol und Chlorwasserstoff in Benzol (*Shell Devel. Co.*, U.S.P. 2574444 [1948]; *N.V. de Bataafsche Petr. Mij.*, D.B.P. 841002 [1951]; D.R.B.P. Org. Chem. 1950−1951 **6** 2394, 2397).

Bei 116−126°/2 Torr destillierbar; n_D^{20}: 1,5158.

XI   XII   XIII   XIV

*Opt.-inakt. **2-Dimethoxymethyl-6-methoxy-2,5-dimethyl-tetrahydro-pyran**, **6-Methoxy-2,5-dimethyl-tetrahydro-pyran-2-carbaldehyd-dimethylacetal** $C_{11}H_{22}O_4$, Formel XII (R = CH$_3$).

B. Neben anderen Verbindungen beim Behandeln von (±)-2,5-Dimethyl-3,4-dihydro-2H-pyran-2-carbaldehyd mit Chlorwasserstoff enthaltendem Methanol (*Hall*, Soc. **1953** 1398, 1401).

Kp$_{10}$: 101−102°. D_4^{20}: 1,0063. n_D^{20}: 1,4399.

*Opt.-inakt. **6-Äthoxy-2-diäthoxymethyl-2,5-dimethyl-tetrahydro-pyran**, **6-Äthoxy-2,5-dimethyl-tetrahydro-pyran-2-carbaldehyd-diäthylacetal** $C_{14}H_{28}O_4$, Formel XII (R = C$_2$H$_5$).

B. Neben anderen Verbindungen beim Behandeln von (±)-2,5-Dimethyl-3,4-dihydro-

2H-pyran-2-carbaldehyd mit Chlorwasserstoff enthaltendem Äthanol (*Hall*, Soc. **1953** 1398, 1401).
Kp$_{12}$: 125—125,5°. n$_D^{20}$: 1,4332.

---

*Opt.-inakt. **4-Hydroxy-2,6-dimethyl-tetrahydro-pyran-3-carbaldehyd** C$_8$H$_{14}$O$_3$, Formel XIII.

Die ursprünglich (s. H **1** 825) unter dieser Konstitution beschriebene, als Dialdan bezeichnete opt.-inakt. Verbindung[1]) hat die Zusammensetzung C$_{16}$H$_{28}$O$_6$ („Dimeres des Dialdans") und ist vermutlich als 2-[4-Hydroxy-2,6-dimethyl-tetrahydropyran-3-yl]-5,7-dimethyl-tetrahydro-pyrano[4,3-*d*][1,3]dioxin-4-ol (Formel XIV) zu formulieren (*Späth et al.*, B. **76** [1943] 722, 725, 727).

B. Beim Erhitzen des erwähnten „Dimeren" (Krystalle [aus W.], F: 139—140°; Di-*O*-acetyl-Derivat C$_{20}$H$_{32}$O$_8$: F: 137,5°), das neben 2,5,7-Trimethyl-tetrahydropyrano[4,3-*d*]dioxin-4-ol (F: 128—129°) bei mehrtägigem Behandeln von Paraldehyd mit wss. Salzsäure erhalten wird, unter 10 Torr auf 190° (*Sp. et al.*, l. c. S. 725, 726, 729, 731).

Kp$_{10}$: 122—123°.

Wenig beständig; beim Aufbewahren erfolgt Umwandlung in das Dimere. Beim Erhitzen mit wss. Salzsäure ist 2,6-Dimethyl-5,6-dihydro-2H-pyran-3-carbaldehyd erhalten worden (*Sp. et al.*, l. c. S. 728, 732). Das Dimere reagiert mit Phenylhydrazin unter Bildung von 4-Hydroxy-2,6-dimethyl-tetrahydro-pyran-3-carbaldehyd-phenylhydrazon (C$_{14}$H$_{20}$N$_2$O$_2$; Formel XV [R = X = H]; Krystalle [aus Ae. + PAe.], F: 126,5—127°), mit [4-Brom-phenyl]-hydrazin unter Bildung von 4-Hydroxy-2,6-dimethyl-tetrahydro-pyran-3-carbaldehyd-[4-brom-phenylhydrazon] (C$_{14}$H$_{19}$BrN$_2$O$_2$; Formel XV [R = H, X = Br]; Krystalle [aus wss. Me.], F: 185°), mit [4-Nitro-phenyl]-hydrazin unter Bildung von 4-Hydroxy-2,6-dimethyl-tetrahydro-pyran-3-carbaldehyd-[4-nitro-phenylhydrazon] (C$_{14}$H$_{19}$N$_3$O$_4$; Formel XV [R = H, X = NO$_2$]; gelbe Krystalle [aus wss. Me.], F: 203—204°).

XV   XVI   XVII

*Opt.-inakt. **4-Hydroxy-2,6-dimethyl-tetrahydro-pyran-3-carbaldehyd-[2,4-dinitrophenylhydrazon]** C$_{14}$H$_{18}$N$_4$O$_6$, Formel XV (R = X = NO$_2$).

B. Neben anderen Verbindungen beim Behandeln von *trans*(?)-Crotonaldehyd mit Paraformaldehyd und wss. Schwefelsäure, Behandeln des Reaktionsprodukts mit Acetanhydrid und wss. Schwefelsäure und Behandeln des erhaltenen 4-Acetoxy-5,7-dimethyltetrahydro-pyrano[4,3-*d*][1,3]dioxins mit [2,4-Dinitro-phenyl]-hydrazin und wss. Salzsäure (*Pummerer et al.*, A. **583** [1953] 161, 167, 181).

Gelbe Krystalle (aus Xylol); F: 173—174°.

---

*Opt.-inakt. **5-Methoxymethyl-3,5-dimethyl-tetrahydro-pyran-2-on, 5-Hydroxy-4-methoxymethyl-2,4-dimethyl-valeriansäure-lacton** C$_9$H$_{16}$O$_3$, Formel XVI (R = CH$_3$).

B. Beim Behandeln von Methacrylaldehyd mit methanol. Natronlauge in Gegenwart von Hydrochinon (*Shell Devel. Co.*, U.S.P. 2576901 [1950]). Beim Behandeln von opt.-inakt. 2-Methoxymethyl-2,4-dimethyl-glutaraldehyd (Kp$_{0,1}$: 63°) mit Aluminiumisopropylat in Tetrachlormethan (*Shell Devel. Co.*, U.S.P. 2526702 [1948]).

Kp$_{0,3}$: 90—94°; D$_4^{20}$: 1,043; n$_D^{20}$: 1,4559 (*Shell Devel. Co.*, U.S.P. 2526702). Kp$_5$: 91—95° (*Shell Devel. Co.*, U.S.P. 2576901 [1950]).

*Opt.-inakt. **5-Äthoxymethyl-3,5-dimethyl-tetrahydro-pyran-2-on, 4-Äthoxymethyl-5-hydroxy-2,4-dimethyl-valeriansäure-lacton** C$_{10}$H$_{18}$O$_3$, Formel XVI (R = C$_2$H$_5$).

B. Aus Methacrylaldehyd beim Behandeln mit äthanol. Kalilauge in Gegenwart von

---

[1]) Die Angaben über Dialdan im II. Ergänzungswerk (E II **18** 4) sind zu streichen.

Hydrochinon (*Shell Devel. Co.*, U.S.P. 2576901 [1950]) oder mit Natriumäthylat in Äthanol unter Stickstoff (*Eastman Kodak Co.*, U.S.P. 2725387 [1949]). Beim Behandeln von opt.-inakt. 2-Äthoxymethyl-2,4-dimethyl-glutaraldehyd (Kp$_{0,5}$: 71—73°) mit Aluminiumisopropylat in Tetrachlormethan (*Shell Devel. Co.*, U.S.P. 2526702 [1948]).
Kp$_1$: 92—95° (*Eastman Kodak Co.*). Kp$_1$: 95—96°; n$_D^{20}$: 1,450 (*Shell Devel. Co.*, U.S.P. 2526702).

*Opt.-inakt. **4-Hydroxy-3,4,5-trimethyl-tetrahydro-pyran-2-on, 3,5-Dihydroxy-2,3,4-trimethyl-valeriansäure-5-lacton** $C_8H_{14}O_3$, Formel XVII.
Beim Behandeln von opt.-inakt. 5-Acetoxy-3-hydroxy-2,3,4-trimethyl-valeriansäure-äthylester (Kp$_{0,1}$: 76°) mit wss.-äthanol. Natronlauge (*Stewart, Woolley*, Am. Soc. **81** [1959] 4951, 4953).
Kp$_{0,07}$: 75°.

(±)-2-[4-Methoxy-butyl]-dihydro-thiophen-3-on $C_9H_{16}O_2S$, Formel I.
B. Beim Erhitzen von opt.-inakt. 5-[4-Methoxy-butyl]-4-oxo-tetrahydro-thiophen-3-carbonsäure-äthylester (Kp$_{0,01}$: ca. 115°) mit wss. Essigsäure und Schwefelsäure unter Stickstoff (*Schmid*, Helv. **27** [1944] 127, 128, 137).
Kp$_{0,05}$: 102—103°.
Beim Behandeln einer Lösung in wss. Methanol mit Brom unter Zusatz von Calciumcarbonat und Erwärmen des Reaktionsprodukts mit Hydroxylamin-hydrochlorid und Kaliumacetat in wss. Äthanol ist 2-[4-Methoxy-butyl]-thiophen-3,4-dion-dioxim (Syst. Nr. 2651) erhalten worden (*Sch.*). Überführung in Bis-[8-methoxy-3-oxo-octyl]-sulfid (E III **1** 3308) durch Erhitzen mit amalgamiertem Zink, wss. Salzsäure und Toluol: *Schmid, Schnetzler*, Helv. **34** [1951] 894; s. a. *Schmid, Grob*, Helv. **31** [1948] 360, 368.

(±)-5-[4-Hydroxy-butyl]-dihydro-furan-2-on, (±)-4,8-Dihydroxy-octansäure-4-lacton, $C_8H_{14}O_3$, Formel II.
B. Bei der Hydrierung von (*E*)-[2,2']Bifuranyliden-5,5'-dion an Ruthenium in Dioxan bei 200°/70—200 atm (*Holmquist et al.*, Am. Soc. **81** [1959] 3681, 3685).
Kp$_{0,5}$: 142°. n$_D^{25}$: 1,4715.

I II III

*Opt.-inakt. **5-Hydroxymethyl-3-propyl-dihydro-furan-2-on, 4,5-Dihydroxy-2-propyl-valeriansäure-4-lacton** $C_8H_{14}O_3$, Formel III.
B. Beim Erwärmen von (±)-2-Propyl-pent-4-ensäure mit wss. Wasserstoffperoxid und Ameisensäure (*Dangjan, Arakeljan*, Naučn. Trudy Erevansk. Univ. **53** [1956] 3, 5; C. A. **1960** 283).
Kp$_{10}$: 170°. D$_4^{20}$: 1,1110. n$_D^{20}$: 1,4590.

*Opt.-inakt. **5-Hydroxymethyl-4-isopropyl-dihydro-furan-2-on, 4,5-Dihydroxy-3-isopropyl-valeriansäure-4-lacton** $C_8H_{14}O_3$, Formel IV.
B. Bei der Hydrierung von (±)-5-Hydroxy-3-isopropyl-4-oxo-valeriansäure an Platin in Essigsäure und Behandlung des Reaktionsprodukts mit wss. Salzsäure bei 95° (*Sutter, Schlittler*, Helv. **30** [1947] 403, 408).
Krystalle (aus Ae. + Pentan); F: 91,5—92°.
O-[3,5-Dinitro-benzoyl]-Derivat $C_{15}H_{16}N_2O_8$ (5-[3,5-Dinitro-benzoyloxy]-4-hydroxy-3-isopropyl-valeriansäure-lacton). Krystalle (aus Bzl. + Pentan); F: 114,5 bis 115° [korr.].

IV   V   VI

*Opt.-inakt. 5-Hydroxymethyl-3-isopropyl-dihydro-furan-2-on, 4,5-Dihydroxy-2-isopropyl-valeriansäure-4-lacton $C_8H_{14}O_3$, Formel V.

B. Aus (±)-2-Isopropyl-pent-4-ensäure beim Erwärmen mit einem Gemisch von wss. Wasserstoffperoxid-Lösung und Ameisensäure (*Dangjan, Arakeljan*, Naučn. Trudy Erevansk. Univ. **53** [1956] 3, 6; C. A. **1960** 283) sowie beim Behandeln mit Kaliumpermanganat in wss. Natronlauge und Ansäuern der Reaktionslösung mit wss. Salzsäure (*Sutter*, Helv. **29** [1946] 1488, 1489).

Kp_{10}: 167—168°; D_4^{20}: 1,1202; n_D^{20}: 1,4590 (*Da., Ar.*).

O-[3,5-Dinitro-benzoyl]-Derivat $C_{15}H_{16}N_2O_8$. (5-[3,5-Dinitro-benzoyloxy]-4-hydroxy-2-isopropyl-valeriansäure-lacton). Krystalle (aus Bzl. + Pentan); F: 106—107° [korr.] (*Su.*).

3,5-Diäthyl-4-hydroxy-dihydro-furan-2-on, 2-Äthyl-3,4-dihydroxy-hexansäure-4-lacton $C_8H_{14}O_3$, Formel VI.

Diese Konstitution kommt vermutlich der nachstehend beschriebenen opt.-inakt. Verbindung zu.

B. In kleiner Menge neben Propionsäure beim Behandeln von (±)-2-Äthyl-hex-3-enal (Kp_{52}: 81—84°; n_D^{20}: 1,4340) mit Kaliumpermanganat und Magnesiumsulfat in Wasser (*Mannich, Kniss*, B. **74** [1941] 1637, 1638, 1642).

Krystalle (aus W.); F: 78°.

(*R*)-4,4-Diäthyl-3-hydroxy-dihydro-furan-2-on, (*R*)-3,3-Diäthyl-2,4-dihydroxybuttersäure-4-lacton $C_8H_{14}O_3$, Formel VII.

B. Aus 3,3-Diäthyl-4-hydroxy-2-oxo-buttersäure-lacton mit Hilfe von gärender Hefe; Reinigung über das Chinin-Salz der entsprechenden Carbonsäure (*Wieland, Maul*, Bio. Z. **326** [1955] 18, 19, 22).

Kp_5: 136—137°. $[\alpha]_D^{19}$: −12° [A.; c = 0,3].

VII   VIII   IX

(±)-*trans*-3-Äthyl-4-[2-hydroxy-äthyl]-dihydro-furan-2-on, (±)-Homoisopilopalkohol $C_8H_{14}O_3$, Formel VII + Spiegelbild.

B. Bei der Hydrierung von (±)-Homoisopilopsäure-chlorid ((±)-[4*t*-Äthyl-5-oxo-tetrahydro-[3*r*]furyl]-acetylchlorid; über die Konfiguration s. *Hill, Barcza*, Tetrahedron **22** [1966] 2889, 2890) an Palladium in Xylol und Behandlung des erhaltenen Reaktionsprodukts mit amalgamiertem Aluminium und wasserhaltigem Äther (*Preobrashenškiǐ, Kuleschowa*, Ž. obšč. Chim. **15** [1945] 237, 240; C. A. **1946** 2147; *Brochmann-Hanssen et al.*, J. Am. pharm. Assoc. **40** [1951] 61, 65).

Kp_3: 161—163° (*Pr., Ku.*); Kp_3: 160—161° (*Br.-Ha. et al.*). D^{20}: 1,1100 (*Pr., Ku.*).

(±)-3-[2-Hydroxy-äthyl]-5,5-dimethyl-dihydro-furan-2-on $C_8H_{14}O_3$, Formel IX.

B. Beim Behandeln von Methallylmalonsäure-diäthylester mit 2-Chlor-äthanol und Natriumäthylat, Erwärmen der Reaktionslösung mit methanol. Kalilauge und Erhitzen

des Reaktionsprodukts bis auf 160° (*Phillips, Johnson,* Am. Soc. **77** [1955] 5977, 5981).
Kp$_{0,6}$: 118—120°. n$_D^{23}$: 1,4578.

3-[1-Hydroxy-äthyl]-3,4-dimethyl-dihydro-furan-2-on C$_8$H$_{14}$O$_3$, Formel X.

Diese Konstitution kommt wahrscheinlich der nachstehend beschriebenen opt.-inakt. Verbindung zu.

B. Beim Behandeln von Acetomycin ((−)-4-Acetoxy-2-acetyl-4-hydroxy-2,3-dimethylbuttersäure-lacton [F: 115—116°; [α]$_D$: —167° [A.]]) mit Natriumboranat in Äthanol (*Keller-Schierlein et al.,* Helv. **41** [1958] 220, 223, 228).

Krystalle (nach Sublimation im Hochvakuum bei 75°); F: 113—113,5° [korr.]. [α]$_D$: —12° [A.; c = 1]. IR-Spektrum (KBr; 3—13 μ): *Ke.-Sch. et al.*

(±)-4-Hydroxy-2,2,5,5-tetramethyl-dihydro-furan-3-on C$_8$H$_{14}$O$_3$, Formel XI.

B. Beim Erwärmen von 4-Hydroxyimino-2,2,5,5-tetramethyl-dihydro-furan-3-on (Stereoisomeren-Gemisch) mit wss. Essigsäure und Zink-Pulver (*Korobizyna et al.,* Doklady Akad. S.S.S.R. **117** [1957] 237, 239; Pr. Acad. Sci. U.S.S.R. Chem. Sect. **112–117** [1957] 1001, 1005).

Krystalle (aus PAe.); F: 98,5—99° (*Ko. et al.,* Doklady Akad. S.S.S.R. **117** 240).

Bildung von 2-Amino-4,4,6,6-tetramethyl-4,6-dihydro-furo[3,4-*d*]thiazol beim Erhitzen mit Ammoniumthiocyanat auf 140° sowie Bildung von 1,1,3,3,5,5,7,7-Octamethyl-5,7-dihydro-1*H*,3*H*-difuro[3,4-*b*;3′,4′-*e*]pyrazin beim Erhitzen mit Ammoniumacetat: *Korobizyna et al.,* Ž. obšč. Chim. **29** [1959] 2190, 2192, 2194; engl. Ausg. S. 2157, 2160. Beim Erhitzen mit Thioharnstoff und Essigsäure ist 4,4,6,6-Tetramethyl-4,6-dihydro-1*H*,3*H*-furo[3,4-*d*]imidazol-2-thion, beim Erhitzen mit Harnstoff und Essigsäure ist 2,2,5,5-Tetramethyl-4-ureido-dihydro-furan-2-on erhalten worden (*Ko. et al.,* Ž. obšč. Chim. **29** 2191, 2192, 2194, 2195).

X   XI   XII   XIII

(±)-4-Hydroxy-2,2,5,5-tetramethyl-dihydro-furan-3-on-phenylhydrazon C$_{14}$H$_{20}$N$_2$O$_2$, Formel XII (X = H).

B. Aus (±)-4-Hydroxy-2,2,5,5-tetramethyl-dihydro-furan-3-on und Phenylhydrazin (*Korobizyna et al.,* Doklady Akad. S.S.S.R. **117** [1957] 237, 240; Pr. Acad. Sci. U.S.S.R. Chem. Sect. **112–117** [1957] 1001, 1004).

Krystalle (aus Octan); F: 136—137°.

(±)-4-Hydroxy-2,2,5,5-tetramethyl-dihydro-furan-3-on-[2,4-dinitro-phenylhydrazon] C$_{14}$H$_{18}$N$_4$O$_6$, Formel XII (X = NO$_2$).

B. Aus (±)-4-Hydroxy-2,2,5,5-tetramethyl-dihydro-furan-3-on und [2,4-Dinitrophenyl]-hydrazin (*Korobizyna et al.,* Doklady Akad. S.S.S.R. **117** [1957] 237, 240; Pr. Acad. Sci. U.S.S.R. Chem. Sect. **112–117** [1957] 1001, 1004).

Krystalle (aus wss. A.); F: 187—188°.

*Opt.-inakt. 2,3-Epoxy-6-methoxy-3-methyl-heptan-4-on C$_9$H$_{16}$O$_3$, Formel XIII.

B. Beim Behandeln von opt.-inakt. 6-Methoxy-3-methyl-hept-2-en-4-on (Kp$_{10}$: 81—83°; n$_D^{18}$: 1,4565) in Methanol mit wss. Wasserstoffperoxid und wss. Natronlauge (*Nasarow et al.,* Ž. obšč. Chim. **26** [1955] 725, 727, 731; engl. Ausg. S. 691, 695).

Kp$_2$: 67—68°. D$_4^{20}$: 1,0156. n$_D^{20}$: 1,4575.

2,4-Dinitro-phenylhydrazon C$_{15}$H$_{20}$N$_4$O$_6$. Orangefarbene Krystalle (aus A.); F: 169°.

Hydroxy-oxo-Verbindungen $C_9H_{16}O_3$

*Opt.-inakt. 3-Hydroxy-4-pentyl-dihydro-furan-2-on, 2,4-Dihydroxy-3-pentyl-buttersäure-4-lacton $C_9H_{16}O_3$, Formel I (R = H).

B. Beim Behandeln der im folgenden Artikel beschriebenen Verbindung mit wss. Natronlauge und Ansäuern der Reaktionslösung (*Fleck et al.*, Helv. **33** [1950] 130, 131, 137).

$Kp_{0,08}$: 65—66°. D_4^{18}: 1,0661. n_D^{18}: 1,4658.

Charakterisierung durch Überführung in 2-Hydroxy-3-hydroxymethyl-octansäurehydrazid (F: 123,5—125°): *Fl. et al.*

*Opt.-inakt. 3-Acetoxy-4-pentyl-dihydro-furan-2-on, 2-Acetoxy-3-hydroxymethyl-octansäure-lacton, 2-Acetoxy-4-hydroxy-3-pentyl-buttersäure-lacton $C_{11}H_{18}O_4$, Formel I (R = CO-CH$_3$).

B. Bei der Hydrierung von 3-Acetoxy-4-pentyl-5H-furan-2-on an Palladium/Calciumcarbonat in Äthanol (*Fleck et al.*, Helv. **33** [1950] 130, 137).

$Kp_{0,05}$: 101—103°. $D_4^{16,5}$: 1,0707. $n_D^{16,5}$: 1,4561.

---

*Opt.-inakt. 3-Methoxy-1-[2-methyl-tetrahydro-[2]furyl]-butan-1-on $C_{10}H_{18}O_3$, Formel II.

B. Beim Erwärmen von (±)-2-But-3-en-1-inyl-2-methyl-tetrahydro-furan mit Methanol, Quecksilber(II)-sulfat und wenig Schwefelsäure (*Nasarow, Torgow*, Ž. obšč. Chim. **18** [1948] 1480, 1483, 1489; C. A. **1949** 2162).

Kp_{20}: 128—129°. D_4^{20}: 1,0099. n_D^{20}: 1,4487.

(3R)-3r-Butyl-4t-hydroxy-5c-methyl-dihydro-furan-2-on, (R)-2-[(1R,2S)-1,2-Dihydroxypropyl]-hexansäure-2-lacton, L-*arabino*-2-Butyl-3,4-dihydroxy-valeriansäure-4-lacton, (−)-Blastmycinlactol $C_9H_{16}O_3$, Formel III (R = H).

B. Bei mehrtägigem Behandeln der im folgenden Artikel beschriebenen Verbindung mit wss. Natronlauge und Ansäuern der Reaktionslösung mit wss. Salzsäure (*Yonehara, Takeuchi*, J. Antibiotics Japan [A] **11** [1958] 254, 257, 261).

Krystalle (aus Ae. + PAe.); F: 49,5—50°; $[\alpha]_D^{26}$: −5,27° [Me.; c = 10] (*Yo., Ta.*). IR-Spektrum (2—15 μ): *Yo., Ta.*, l. c. S. 256.

I II III

(3R)-3r-Butyl-4t-isovaleryloxy-5c-methyl-dihydro-furan-2-on, (R)-2-[(1R,2S)-2-Hydroxy-1-isovaleryloxy-propyl]-hexansäure-lacton, L-*arabino*-2-Butyl-4-hydroxy-3-isovaleryloxy-valeriansäure-lacton, (+)-Blastmycinon $C_{14}H_{24}O_4$, Formel III (R = CO-CH$_2$-CH(CH$_3$)$_2$).

Konfigurationszuordnung: *Kinoshita et al.*, J. Antibiotics Japan **25** [1972] 373; s. a. *Koyama et al.*, Agric. biol. Chem. Japan **37** [1973] 915; *Aburaki et al.*, Bl. chem. Soc. Japan **48** [1975] 1254.

B. Neben (+)-Blastmycinsäure (N-[3-Formylamino-2-hydroxy-benzoyl]-L$_s$-threonin) beim Behandeln von (+)-Blastmycin ((3S)-7t-Butyl-3r-[3-formylamino-2-hydroxy-benzoylamino]-8c-isovaleryloxy-4c,9t-dimethyl-[1,5]dioxonan-2,6-dion) mit wss. Natronlauge (*Yonehara, Takeuchi*, J. Antibiotics Japan [A] **11** [1958] 254, 257, 259).

Kp: 190—191° [partielle Zersetzung]. $[\alpha]_D^{25}$: +11,5° [CHCl$_3$; c = 11]. IR-Spektrum (2—14 μ): *Yo., Ta.*, l. c. S. 256.

---

*Opt.-inakt. 3-Butyl-5-hydroxymethyl-dihydro-furan-2-on, 2-[2,3-Dihydroxy-propyl]-hexansäure-2-lacton, 2-Butyl-4,5-dihydroxy-valeriansäure-4-lacton $C_9H_{16}O_3$, Formel IV.

B. Beim Behandeln von (±)-2-Butyl-pent-4-ensäure mit wss. Wasserstoffperoxid und

Ameisensäure bei 60—70° (*Dangjan, Arakeljan*, Naučn. Trudy Erevansk. Univ. **53** [1956] 3, 6; C. A. **1960** 283).

Kp_8: 167—168°. D_4^{20}: 1,0432. n_D^{20}: 1,4610.

O-Benzoyl-Derivat $C_{16}H_{20}O_4$ (5-Benzoyloxy-2-butyl-4-hydroxy-valerian= äure-lacton). Krystalle; F: 74°.

IV V VI VII

*Opt.-inakt. **5-Hydroxymethyl-3-isobutyl-dihydro-furan-2-on, 4,5-Dihydroxy-2-isobutyl-valeriansäure-4-lacton** $C_9H_{16}O_3$, Formel V.

B. Beim Erwärmen von (±)-2-Isobutyl-pent-4-ensäure mit wss. Wasserstoffperoxid und Essigsäure (*Dangjan, Arakeljan*, Naučn. Trudy Erevansk. Univ. **53** [1956] 3, 8; C. A. **1960** 283).

Kp_8: 162—164°. D_4^{20}: 1,0703. n_D^{20}: 1,4610.

O-Benzoyl-Derivat $C_{16}H_{20}O_4$ (5-Benzoyloxy-4-hydroxy-2-isobutyl-valer= iansäure-lacton). Krystalle; F: 42°.

*Opt.-inakt. **3-[1-Hydroxy-äthyl]-4,5,5-trimethyl-dihydro-furan-2-on** $C_9H_{16}O_3$, Formel VI.

B. Aus opt.-inakt. 3-Acetyl-4,5,5-trimethyl-dihydro-furan-2-on (Kp_{10}: 121—122°; Semicarbazon: F: 215°) bei der katalytischen Hydrierung (*Dreux*, Bl. **1956** 1777, 1779).

Kp_{15}: 138—139°. $D_4^{24,5}$: 1,059. $n_D^{24,5}$: 1,4587.

*Opt.-inakt. **4,5-Epoxy-1-methoxy-5-methyl-octan-3-on** $C_{10}H_{18}O_3$, Formel VII.

B. Bei 2-tägigem Behandeln von 1-Methoxy-5-methyl-oct-4-en-3-on (Kp_3: 84—86°; n_D^{19}: 1,4550) in Methanol mit wss. Wasserstoffperoxid und wss. Natronlauge (*Tischtschenko et al.*, Ž. obšč. Chim. **29** [1959] 809, 810, 818; engl. Ausg. S. 795, 802).

Kp_1: 93—94°. D_4^{20}: 0,9754. n_D^{20}: 1,4420.

2,4-Dinitro-phenylhydrazon $C_{16}H_{22}N_4O_6$. Gelbe Krystalle (aus A.); F: 215°.

Hydroxy-oxo-Verbindungen $C_{10}H_{18}O_3$

(±)-**7-Hydroxy-oxacycloundecan-6-on** $C_{10}H_{18}O_3$, Formel VIII.

B. Beim Eintragen einer Lösung von 5,5'-Oxy-di-valeriansäure-dimethylester in Xylol in eine Suspension von Natrium in Xylol bei 125° (*Prelog et al.*, Helv. **33** [1950] 1937, 1941, 1946).

$Kp_{0,07}$: 76—78°.

Überführung in **Oxacycloundecan-6,7-dion-bis-[2,4-dinitro-phenylhydr= azon]** ($C_{22}H_{24}N_8O_9$, Krystalle [aus Dioxan + Me.]; Zers. oberhalb 250°): *Pr. et al.*

VIII IX X

*Opt.-inakt. **5-Hydroxy-2-tetrahydropyran-2-yl-valeraldehyd** $C_{10}H_{18}O_3$, Formel IX, und **Octahydro-[2,3']bipyranyl-2'-ol** $C_{10}H_{18}O_3$, Formel X.

In Schwefelkohlenstoff-Lösung liegt überwiegend Octahydro[2,3']bipyranyl-2'-ol vor (*Colonge, Corbet*, Bl. **1960** 283, 284).

B. Beim Behandeln von 5-Hydroxy-valeraldehyd (E IV **1** 4002) mit wss. Natronlauge

(*Colonge, Corbet*, C. r. **245** [1957] 974; Bl. **1960** 285).
Krystalle (aus PAe.); F: 85°. Kp$_4$: 145°. IR-Banden (CS$_2$; 3400 cm^{-1} bis 885 cm^{-1}): *Co., Co.*, Bl. **1960** 284.

---

*Opt.-inakt. **4-Methoxy-1-[2-methyl-tetrahydro-pyran-4-yl]-butan-2-on** C$_{11}$H$_{20}$O$_3$, Formel XI.

B. Bei der Hydrierung von ($\pm$)-4-Methoxy-1-[2-methyl-tetrahydro-pyran-4-yliden]-butan-2-on (S. 69) an Platin in Äthanol (*Nasarow, Wartanjan*, Izv. Akad. S.S.S.R. Otd. chim. **1953** 314, 316; engl. Ausg. S. 287, 289).
Kp$_2$: 90—92°. D$_4^{20}$: 0,9987. n$_D^{20}$: 1,4600.

(4*S*,6*Ξ*)-**4-Isopropyl-6-[(*Ξ*)-1-methoxy-äthyl]-tetrahydro-pyran-2-on**, (3*S*,5*Ξ*,6*Ξ*)-**5-Hydr=oxy-3-isopropyl-6-methoxy-heptansäure-lacton** C$_{11}$H$_{20}$O$_3$, Formel XII.

B. Bei der Hydrierung von (*S*)-3-[(2*Ξ*,3*Ξ*)-2-Hydroxy-3-methoxy-butyl]-4-methyl-pent-4-ensäure-lacton (Kp$_{15}$: 162—166°; α$_D$: +7,6° [l = 1]) an Palladium in Methanol (*Treibs*, B. **65** [1932] 1314, 1316, 1322).
Kp$_{15}$: 159—162°. D^{20}: 1,030. n$_D$: 1,464.

---

*Opt.-inakt. **5-Hexyl-3-hydroxy-dihydro-furan-2-on**, **2,4-Dihydroxy-decansäure-4-lacton** C$_{10}$H$_{18}$O$_3$, Formel I.

B. Bei 4-tägigem Erwärmen von opt.-inakt. 2,4-Dichlor-decansäure-äthylester (Kp$_2$: 118—120°) mit Kaliumcarbonat in wss. Äthanol und Ansäuern der Reaktionslösung mit wss. Salzsäure (*U.S. Rubber Co.*, U.S.P. 2485100 [1948]).
Krystalle (aus Hexan); F: 42,5—43°. Kp$_1$: 133—135°.

---

*Opt.-inakt. **5-Hydroxymethyl-3-isopentyl-dihydro-furan-2-on**, **2-[2,3-Dihydroxy-propyl]-5-methyl-hexansäure-2-lacton**, **4,5-Dihydroxy-2-isopentyl-valeriansäure-4-lacton** C$_{10}$H$_{18}$O$_3$, Formel II.

B. Beim Erwärmen von ($\pm$)-2-Isopentyl-pent-4-ensäure mit wss. Wasserstoffperoxid und Essigsäure (*Dangjan, Arakeljan*, Naučn. Trudy Erevansk. Univ. **53** [1956] 3, 9; C. A. **1960** 283).
Kp$_6$: 178—179°. D$_4^{20}$: 1,04322. n$_D^{20}$: 1,4610.

O-Benzoyl-Derivat C$_{17}$H$_{22}$O$_4$ (5-Benzoyloxy-4-hydroxy-2-isopentyl-valerian=säure-lacton). Krystalle; F: 70°.

---

*Opt.-inakt. **4-[3-Hydroxy-butyl]-5,5-dimethyl-dihydro-furan-2-on** C$_{10}$H$_{18}$O$_3$, Formel III.

B. Bei der Hydrierung von ($\pm$)-5,5-Dimethyl-4-[3-oxo-butyl]-dihydro-furan-2-on an Raney-Nickel in Äthanol und kleinen Mengen wss. Natronlauge (*Le-Van-Thoi*, A. ch. [12] **10** [1955] 35, 51, 54).

Krystalle (aus A.) mit 1 Mol H_2O, F: $79-80°$; die wasserfreie Verbindung schmilzt bei $326-327°$.

*Opt.-inakt. **2,5-Diäthyl-4-hydroxy-2,5-dimethyl-dihydro-furan-3-on** $C_{10}H_{18}O_3$, Formel IV.

B. Beim Erhitzen von opt.-inakt. 2,5-Diäthyl-2,5-dimethyl-furan-3,4-dion-monooxim (F: $72-73°$; E III/IV **17** 5881) mit wss. Essigsäure und Zink-Pulver (*Korobizyna et al.*, Doklady Akad. S.S.S.R. **117** [1957] 237, 240; Pr. Acad. Sci. U.S.S.R. Chem. Sect. **112** bis **117** [1957] 1001, 1005).

Kp_3: $75-76°$. D_4^{20}: 1,0221. n_D^{20}: 1,4531.

2,4-Dinitro-phenylhydrazon $C_{16}H_{22}N_4O_6$. Krystalle (aus A.); F: $145-146,5°$.

Hydroxy-oxo-Verbindungen $C_{11}H_{20}O_3$

*Opt.-inakt. **1-[2,2-Dimethyl-tetrahydro-pyran-4-yl]-3-methoxy-butan-1-on** $C_{12}H_{22}O_3$, Formel V.

B. Bei der Hydrierung von $(\pm)$-1-[2,2-Dimethyl-3,6-dihydro-2H-pyran-4-yl]-3-methoxy-butan-1-on an Raney-Nickel in Methanol (*Nasarow, Torgow*, Ž. obšč. Chim. **18** [1948] 1338, 1340, 1343; C. A. **1949** 2161).

Kp_8: $119-122°$. D_4^{20}: 0,9842. n_D^{20}: 1,4560.

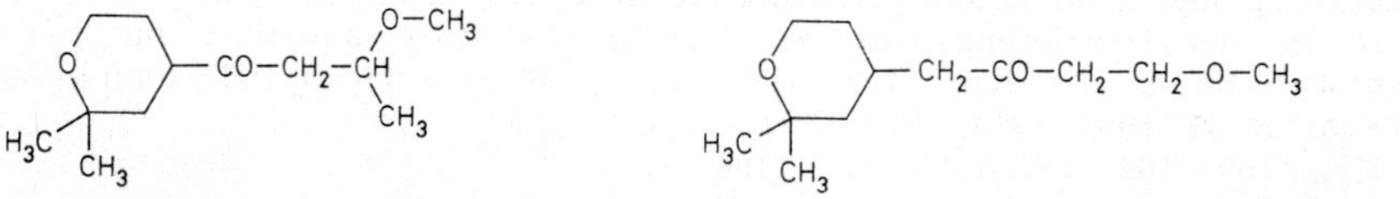

V VI

$(\pm)$-**1-[2,2-Dimethyl-tetrahydro-pyran-4-yl]-4-methoxy-butan-2-on** $C_{12}H_{22}O_3$, Formel VI.

B. Bei der Hydrierung von 1-[2,2-Dimethyl-tetrahydro-pyran-4-yliden]-4-methoxy-butan-2-on (S. 75) an Platin in Äthanol (*Nasarow, Torgow*, Ž. obšč. Chim. **18** [1948] 1338, 1341; C. A. **1949** 2161).

$Kp_{1,5}$: $94°$. D_4^{20}: 1,0010. n_D^{20}: 1,4594.

*Opt.-inakt. **4-[4-Hydroxy-2,6-dimethyl-tetrahydro-pyran-3-yl]-butan-2-on** $C_{11}H_{20}O_3$, Formel VII.

B. Beim Erwärmen von opt.-inakt. 2,5,7-Trimethyl-4a,7,8,8a-tetrahydro-4H,5H-pyrano[4,3-b]pyran (Kp_{13}: $100°$; n_D^{15}: 1,4755) mit Wasser (*Badoche*, C. r. **215** [1942] 142).

Semicarbazon $C_{12}H_{23}N_3O_3$. Krystalle (aus W.) mit 2 Mol H_2O, F: $102°$; die wasserfreie Verbindung schmilzt bei $191-192°$.

*Opt.-inakt. **5-Hexyl-3-methoxy-5-methyl-dihydro-furan-2-on, 4-Hydroxy-2-methoxy-4-methyl-decansäure-lacton** $C_{12}H_{22}O_3$, Formel VIII.

B. Beim Behandeln von opt.-inakt. 2-Brom-4-hydroxy-4-methyl-decansäure-lacton (Kp_1: $121-122°$; n_D^{20}: 1,4890) mit Natriummethylat in Methanol (*Frank et al.*, Am. Soc. **66** [1944] 4).

Kp_3: $107-108°$. D_{20}^{20}: 0,964. n_D^{20}: 1,4408.

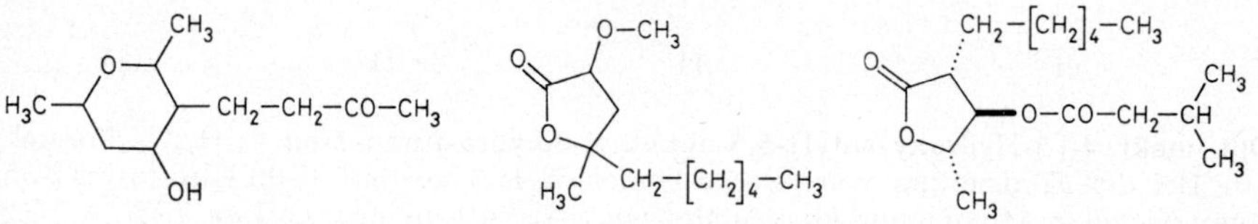

VII VIII IX

(3R)-3r-Hexyl-4t-isovaleryloxy-5c-methyl-dihydro-furan-2-on, (R)-2-[(1R,2S)-2-Hydr=
oxy-1-isovaleryloxy-propyl]-octansäure-lacton, L-*arabino*-2-Hexyl-4-hydroxy-3-iso=
valeryloxy-valeriansäure-lacton, Antimycinlacton $C_{16}H_{28}O_4$, Formel IX.

Konstitution: *Liu et al.*, Am. Soc. **82** [1960] 1652. Konfiguration: *Kinoshita et al.*,
J. Antibiotics Japan **25** [1972] 373.

B. Neben (+)-Antimycinsäure (N-[3-Amino-2-hydroxy-benzoyl]-L$_s$-threonin) beim
Behandeln eines überwiegend aus Antimycin-A$_1$ (Syst. Nr. 2934) bestehenden Antimycin-
A-Präparats (F: 139,2—140,6°) mit wss. Natronlauge (*Tener et al.*, Am. Soc. **75** [1953]
1100, 1102).

Kp: 208—210° [partielle Zersetzung]. $[\alpha]_D^{25}$: +15,4° [unverd.]. Im Vakuum destillierbar.

---

*Opt.-inakt. 3-Hexyl-5-hydroxymethyl-dihydro-furan-2-on, 2-[2,3-Dihydroxy-propyl]-
octansäure-2-lacton, 2-Hexyl-4,5-dihydroxy-valeriansäure-4-lacton $C_{11}H_{20}O_3$, Formel X.

B. Beim Erwärmen von (±)-2-Hexyl-pent-4-ensäure mit wss. Wasserstoffperoxid und
Ameisensäure und Erhitzen des Reaktionsprodukts unter vermindertem Druck (*Arakel-
jan, Dangjan*, Naučn. Trudy Erevansk. Univ. **60** [1957] 17, 19).

F: 73,5° [aus Bzn.].

X   XI   XII

---

*Opt.-inakt. 3-Methoxy-1-[2,2,5-trimethyl-tetrahydro-[3]furyl]-butan-1-on $C_{12}H_{22}O_3$,
Formel XI.

B. Bei der Hydrierung von opt.-inakt. 3-Methoxy-1-[2,2,5-trimethyl-2,5-dihydro-
[3]furyl]-butan-1-on (S. 75) an Platin in Äthanol (*Nasarow et al.*, Ž. obšč. Chim. **27**
[1957] 2961, 2963, 2968; engl. Ausg. S. 2992, 2997).

Kp$_3$: 85—87°. D_4^{20}: 0,9518. n_D^{20}: 1,4468.

---

*Opt.-inakt. 4-Methoxy-1-[2,2,5-trimethyl-tetrahydro-[3]furyl]-butan-2-on $C_{12}H_{22}O_3$,
Formel XII.

B. Bei der Hydrierung von (±)-4-Methoxy-1-[2,2,5-trimethyl-dihydro-[3]furyliden]-
butan-2-on (S. 75) an Platin in Äthanol (*Nasarow et al.*, Ž. obšč. Chim. **27** [1957] 2961,
2962, 2967; engl. Ausg. S. 2992, 2997).

Kp$_3$: 97—99°. D_4^{20}: 0,9643. n_D^{20}: 1,4500.

Hydroxy-oxo-Verbindungen $C_{12}H_{22}O_3$

(±)-8-Hydroxy-oxacyclotridecan-7-on $C_{12}H_{22}O_3$, Formel I.

B. Beim Eintragen einer Lösung von 6,6'-Oxy-di-hexansäure-dimethylester in Xylol
in eine Suspension von Natrium in Xylol bei 125° (*Prelog et al.*, Helv. **33** [1950] 1937,
1941, 1947).

Kp$_{0,1}$: 95—96°.

Charakterisierung durch Überführung in Oxacyclotridecan-7,8-dion-bis-[2,4-di=
nitro-phenylhydrazon] ($C_{24}H_{28}N_8O_9$; Krystalle [aus CHCl$_3$ + Eg.], F: 276° [korr.;
Zers.]): *Pr. et al.*

I   II

Opt.-inakt. 2,4-Di-*tert*-butyl-4-hydroxy-1,1-dioxo-dihydro-1λ^6-thiophen-3-on $C_{12}H_{22}O_4S$, Formel II (R = H).

B. Beim Behandeln von opt.-inakt. 2ξ,4t-Di-*tert*-butyl-1,1-dioxo-tetrahydro-1λ^6-thiophen-3r,4c-diol (F: 192,5°) mit Blei(IV)-acetat in Essigsäure oder Benzol (*Backer, Strating,* R. **56** [1937] 1069, 1073, 1084).

Krystalle (aus W. oder PAe.); F: 82—83°.

Beim Behandeln mit Natrium, Äthanol und Benzol sowie beim Erhitzen mit Kalilauge ist 1-[2,2-Dimethyl-propan-1-sulfonyl]-3,3-dimethyl-butan-2-on erhalten worden.

Opt.-inakt. 4-Acetoxy-2,4-di-*tert*-butyl-1,1-dioxo-dihydro-1λ^6-thiophen-3-on $C_{14}H_{24}O_5S$, Formel II (R = CO-CH$_3$).

B. Beim Erhitzen der im vorangehenden Artikel beschriebenen Verbindung mit Acetanhydrid und Schwefelsäure (*Backer, Strating,* R. **56** [1937] 1069, 1085).

Krystalle (aus PAe.); F: 106—106,5°.

Opt.-inakt. 3-Methoxy-1-[2,2,5,5-tetramethyl-tetrahydro-[3]furyl]-butan-1-on $C_{13}H_{24}O_3$, Formel III.

B. Bei der Hydrierung von ($\pm$)-3-Methoxy-1-[2,2,5,5-tetramethyl-2,5-dihydro-[3]furyl]-butan-1-on an Platin in Äthanol (*Nasarow et al.,* Ž. obšč. Chim. **27** [1957] 2961, 2963, 2967; engl. Ausg. S. 2992, 2996).

Kp$_{11}$: 110—112°. D$_4^{20}$: 0,9436. n$_D^{20}$: 1,4424.

2,4-Dinitro-phenylhydrazon. Krystalle (aus A.); F: 113—115°.

($\pm$)-4-Methoxy-1-[2,2,5,5-tetramethyl-tetrahydro-[3]furyl]-butan-2-on $C_{13}H_{24}O_3$, Formel IV.

B. Bei der Hydrierung von ($\pm$)-4-Methoxy-1-[2,2,5,5-tetramethyl-dihydro-[3]furyliden]-butan-2-on an Platin in Äthanol (*Nasarow et al.,* Ž. obšč. Chim. **27** [1957] 2961, 2962, 2965; engl. Ausg. S. 2992, 2995).

Kp$_2$: 85—86°. D$_4^{20}$: 0,9643. n$_D^{20}$: 1,4514.

2,4-Dinitro-phenylhydrazon. Krystalle (aus A.); F: 163—165°.

Hydroxy-oxo-Verbindungen $C_{13}H_{24}O_3$

(3R(?))-*trans*-4-Heptyl-3-hydroxymethyl-tetrahydro-pyran-2-on $C_{13}H_{24}O_3$, vermutlich Formel V.

B. Beim Behandeln von Tetrahydropalitantin (2R(?))-3t-Heptyl-5c,6c-dihydroxy-2r-hydroxymethyl-cyclohexanon; E III **8** 3341) mit Natriumperjodat in wss. Äthanol und Behandeln des Reaktionsprodukts mit Natriumboranat in Methanol (*Bowden et al.,* Soc. **1959** 1662, 1663, 1666).

Krystalle (aus Bzn.); F: 46°; [α]$_D^{18}$: $-19°$ [A.] (*Bo. et al.*).

O-[Toluol-4-sulfonyl]-Derivat $C_{20}H_{30}O_5S$ ((3R(?))-*trans*-4-Heptyl-3-[toluol-4-sulfonyloxymethyl]-tetrahydro-pyran-2-on). F: 76° [aus E. + Bzn.] (*Bo. et al.*).

*Opt.-inakt. 5-Hydroxymethyl-3-octyl-dihydro-furan-2-on, 2-[2,3-Dihydroxy-propyl]-decansäure-2-lacton, 4,5-Dihydroxy-2-octyl-valeriansäure-4-lacton $C_{13}H_{24}O_3$, Formel VI.

B. Beim Erwärmen von (±)-2-Octyl-pent-4-ensäure mit wss. Wasserstoffperoxid und Ameisensäure und Erhitzen des Reaktionsprodukts unter vermindertem Druck (*Arakeljan, Dangjan*, Naučn. Trudy Erevansk. Univ. **60** [1957] 17, 19).

Kp_5: 196—197°; Kp_2: 181°.

Hydroxy-oxo-Verbindungen $C_{16}H_{30}O_3$

(±)-10-Hydroxy-oxacycloheptadecan-2-on, (±)-9,16-Dihydroxy-hexadecansäure-16-lacton $C_{16}H_{30}O_3$, Formel VII.

B. Bei der Hydrierung von 16-Hydroxy-9-oxo-hexadecansäure-lacton an Platin in Eisen(II)-sulfat enthaltendem Äthanol (*Hunsdiecker, Erlbach*, B. **80** [1947] 129, 136).

F: ca. 56—59°. $Kp_{0,5}$: 165°.

*Opt.-inakt. 3,5-Diäthyl-6-[1-hydroxymethyl-propyl]-4-propyl-tetrahydro-pyran-2-on, $C_{16}H_{30}O_3$, Formel VIII (R = H).

Eine Verbindung dieser Konstitution hat in dem von *Pummerer, Smit* (A. **610** [1957] 192, 193, 206) als 3,5-Diäthyl-5-hydroxymethyl-4,6-dipropyl-tetrahydro-pyran-2-on $C_{16}H_{30}O_3$ angesehenen Präparat (n_D^{20}: 1,4790) sowie in dem als Verbindung $C_{16}H_{30}O_3$ bezeichneten Präparat (n_D^{20}: 1,4780) von *Distillers Co.* (U.S.P. 2528592 [1947]) (vgl. *Nielsen*, J. org. Chem. **28** [1963] 2115, 2117) vorgelegen.

B. Neben anderen Verbindungen beim Behandeln von 2-Äthyl-hex-2t-enal (E IV **1** 3494) mit wss.-methanol. Kalilauge unter Stickstoff und Behandeln der in wss. Alkalilauge löslichen Anteile des Reaktionsprodukts mit wss. Salzsäure (*Nielsen*, Am. Soc. **79** [1957] 2524, 2527; s. a. *Pu., Smit*, l. c. S. 193; *Distillers Co.*).

Kp_2: 165°; n_D^{20}: 1,4780 (*Distillers Co.*). $Kp_{0,3}$: 153—155° [unkorr.]; n_D^{25}: 1,4757 (*Ni.*, Am. Soc. **79** 2527). $Kp_{0,1}$: 183°; n_D^{20}: 1,4790 (*Pu., Smit*, l. c. S. 193). IR-Banden im Bereich von 2,8 µ bis 10 µ: *Ni.*, Am. Soc. **79** 2527.

VII VIII

*Opt.-inakt. 6-[1-Acetoxymethyl-propyl]-3,5-diäthyl-4-propyl-tetrahydro-pyran-2-on, 6-Acetoxymethyl-2,4-diäthyl-5-hydroxy-3-propyl-octansäure-lacton $C_{18}H_{32}O_4$, Formel VIII (R = CO-CH$_3$).

B. Beim Behandeln des im vorangehenden Artikel beschriebenen Präparats mit Acetanhydrid und wenig Schwefelsäure (*Nielsen*, Am. Soc. **79** [1957] 2524, 2530).

$Kp_{0,5}$: 158—162° [unkorr.]. n_D^{25}: 1,4662.

Hydroxy-oxo-Verbindungen $C_{18}H_{34}O_3$

*Opt.-inakt. 5-Hydroxy-6-tridecyl-tetrahydro-pyran-2-on, 4,5-Dihydroxy-octadecansäure-5-lacton $C_{18}H_{34}O_3$, Formel IX.

B. Bei der Hydrierung von (±)-5-Hydroxy-4-oxo-octadecansäure-lacton an Raney-Nickel in Äthanol (*Boughton et al.*, Soc. **1952** 671, 675).

Krystalle (aus PAe.); F: 57—58°.

*Opt.-inakt. 5-[1-Hydroxy-tetradecyl]-dihydro-furan-2-on, 4,5-Dihydroxy-octadecansäure-4-lacton $C_{18}H_{34}O_3$, Formel X (R = H).

B. In kleiner Menge beim Hydrieren von (±)-5-Hydroxy-4-oxo-octadecansäure-äthylester an Raney-Nickel in Äthanol, Erhitzen des Reaktionsprodukts mit wss. Natronlauge und Ansäuern der Reaktionslösung (*Boughton et al.*, Soc. **1952** 671, 675).

Krystalle (aus PAe.); F: 66—68° [Präparat von ungewisser Einheitlichkeit].

*Opt.-inakt. 5-[1-Methoxy-tetradecyl]-dihydro-furan-2-on, 4-Hydroxy-5-methoxy-octadecansäure-lacton $C_{19}H_{36}O_3$, Formel X (R = CH_3).

B. Beim Hydrieren von (±)-5-Methoxy-4-oxo-octadecansäure-methylester an Raney-Nickel in Äthanol, Erwärmen des Reaktionsprodukts mit Alkalilauge und Erhitzen des danach isolierten Reaktionsprodukts (*Boughton et al.*, Soc. **1952** 671, 676).

$Kp_{0,5}$: 186°. n_D^{20}: 1,4587.

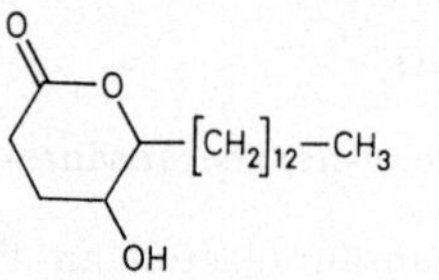

IX 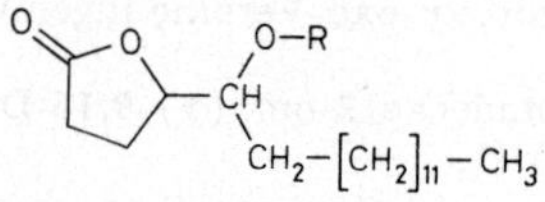   X 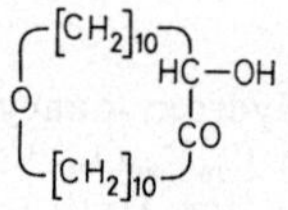   XI

Hydroxy-oxo-Verbindungen $C_{22}H_{42}O_3$

(±)-13-Hydroxy-oxacyclotricosan-12-on $C_{22}H_{42}O_3$, Formel XI.

B. Beim Erhitzen von 11,11'-Oxy-di-undecansäure-dimethylester mit Natrium in Xylol (*Prelog et al.*, Helv. **33** [1950] 1937, 1941, 1947).

Bei 200—220°/0,3 Torr destillierbar.

Charakterisierung durch Überführung in Oxacyclotricosan-12,13-dion-bis-[2,4-dinitro-phenylhydrazon] ($C_{34}H_{48}N_8O_9$; Krystalle [aus E. + Me.], F: 198° [korr.]): *Pr. et al.*
[*Kowol*]

Hydroxy-oxo-Verbindungen $C_nH_{2n-4}O_3$

Hydroxy-oxo-Verbindungen $C_4H_4O_3$

2-Acetylimino-5-thiocyanato-2,3-dihydro-thiophen, *N*-[5-Thiocyanato-3*H*-[2]thienyliden]-acetamid $C_7H_6N_2OS_2$, Formel I, und 2-Acetylamino-5-thiocyanato-thiophen, *N*-[5-Thiocyanato-[2]thienyl]-acetamid $C_7H_6N_2OS_2$, Formel II.

B. Beim Erwärmen von 2-Acetylamino-thiophen (E III/IV **17** 4286) mit Natriumthiocyanat in Wasser unter Zusatz von Kupfer(II)-sulfat (*Hurd, Moffat*, Am. Soc. **73** [1951] 613).

Krystalle (aus $CHCl_3$ + Pentan), F: 201—203° [Zers.]; bei langsamem Erhitzen schmilzt die Verbindung zwischen 180° und 190°.

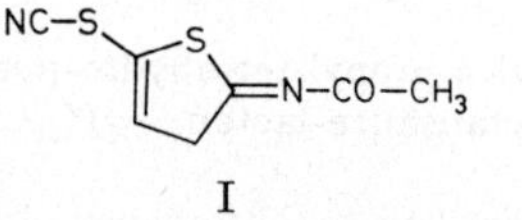

I 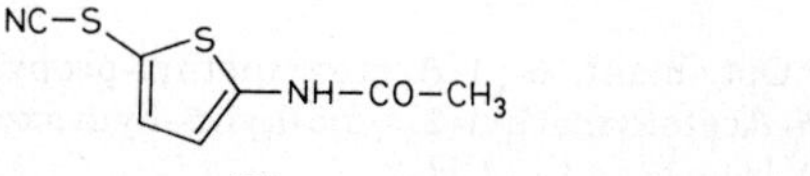   II

Bis-[5-acetylimino-4,5-dihydro-[2]thienyl]-sulfid $C_{12}H_{12}N_2O_2S_3$, Formel III, und Bis-[5-acetylamino-[2]thienyl]-sulfid $C_{12}H_{12}N_2O_2S_3$, Formel IV.

B. Beim Behandeln von 2-Acetylamino-thiophen (E III/IV **17** 4286) mit Schwefeldichlorid in Benzol (*Dann, Möller*, B. **80** [1947] 23, 32, 35).

Krystalle (aus A.); F: 248—252° [unkorr.; Zers.; Block].

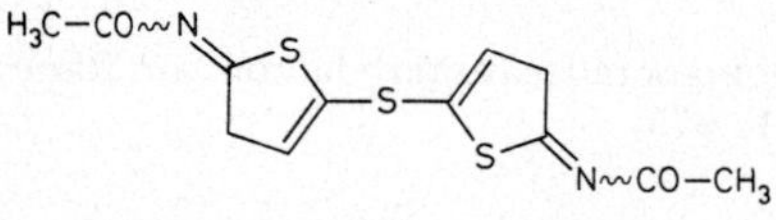

III 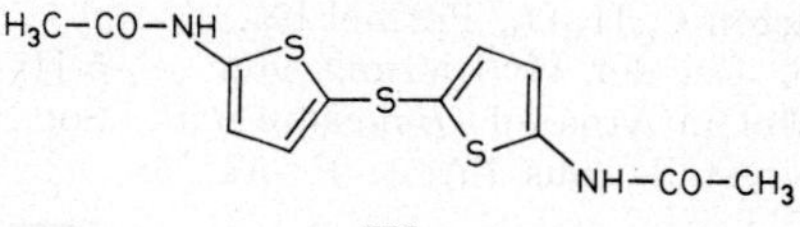   IV

Bis-[5-acetylimino-4,5-dihydro-[2]thienyl]-disulfid $C_{12}H_{12}N_2O_2S_4$, Formel V, und Bis-[5-acetylamino-[2]thienyl]-disulfid $C_{12}H_{12}N_2O_2S_4$, Formel VI.

B. Beim Behandeln von 2-Acetylamino-thiophen (E III/IV **17** 4286) mit Dischwefeldichlorid in Benzol (*Dann, Möller*, B. **80** [1947] 23, 33, 36).

Krystalle (aus E.); F: 218—221° [unkorr.; Zers.; Block].

E III/IV 18   Syst. Nr. 2506—2507 / H 6   49

V   VI

N-[5-Methansulfonyl-3H-[2]thienyliden]-phthalamidsäure $C_{13}H_{11}NO_5S_2$, Formel VII, und
N-[5-Methansulfonyl-[2]thienyl]-phthalamidsäure $C_{13}H_{11}NO_5S_2$, Formel VIII.

B. Beim Erhitzen von N-[5-Methansulfonyl-[2]thienyl]-phthalimid mit wss. Natrium=
hydrogencarbonat-Lösung (*Cymerman-Craig et al.*, Soc. **1956** 4114).
Krystalle (aus Acn. + PAe.); F: 220°.

VII   VIII

**(±)-2-Imino-5-methansulfonyl-3-nitro-2,3-dihydro-thiophen, (±)-5-Methansulfonyl-
3-nitro-3H-thiophen-2-on-imin** $C_5H_6N_2O_4S_2$, Formel IX, und **2-Amino-5-methansulfonyl-
3-nitro-thiophen, 5-Methansulfonyl-3-nitro-[2]thienylamin** $C_5H_6N_2O_4S_2$, Formel X.

B. Beim Einleiten von Ammoniak in eine Lösung von 2-Chlor-5-methansulfonyl-
3-nitro-thiophen in Äthanol (*Eastman Kodak Co.*, U.S.P. 2825726, 2827450 [1955]).
Krystalle (aus W.); F: 187—189°.

3-Methoxy-5H-furan-2-on, 4-Hydroxy-2-methoxy-cis-crotonsäure-lacton $C_5H_6O_3$,
Formel XI.

Isolierung aus Narthecium ossifragum: *Stabursvik*, Acta chem. scand. **8** [1954] 525;
Norges tekn. Vit. Akad. [2] Nr. 6 [1959] 1, 61; C. A. **1961** 14599.

B. Beim Behandeln von 2,4-Dihydroxy-cis-crotonsäure-4-lacton (E III/IV **17** 5815) mit
Diazomethan in Äther (*St.*, Norges tekn. Vit. Akad. [2] Nr. 6, S. 1, 63).

Krystalle (aus Ae.); F: 57°. IR-Spektrum (CHCl$_3$; 2—14 µ) sowie UV-Spektrum
(A.; 220—290 nm): *St.*, Norges tekn. Vit. Akad. [2] Nr. 6, S. 58, 59, 60.

4-Methoxy-5H-furan-2-on, 4-Hydroxy-3-methoxy-cis-crotonsäure-lacton $C_5H_6O_3$,
Formel XII (R = CH$_3$).

B. Beim Behandeln von Tetronsäure (E III/IV **17** 5817) mit Diazomethan in Äther
(*Kumler*, Am. Soc. **60** [1938] 2532; *Calam et al.*, Biochem. J. **45** [1949] 520, 522).
Krystalle; F: 67° [aus Bzl.] (*Ca. et al.*), 63° [aus Dioxan oder Me.] (*Ku.*).

IX   X   XI   XII

4-Äthoxy-5H-furan-2-on, 3-Äthoxy-4-hydroxy-cis-crotonsäure-lacton $C_6H_8O_3$, Formel XII
(R = C$_2$H$_5$).

B. Beim Erhitzen von (±)-3,3-Diäthoxy-4-tetrahydropyran-2-yloxy-buttersäure-
äthylester mit Zinkchlorid unter Stickstoff auf 140° (*Gillespie, Price*, J. org. Chem. **22**
[1957] 780, 781).

F: 13—13,2°. Kp$_{0,08}$: 65—66°. D$_{25}^{25}$: 1,1609. n$_D^{25}$: 1,4777. IR-Spektrum (3—13 µ): *Gi.*,
Pr. Absorptionsmaxima (A.): 219 nm und 270 nm.

**4-[4-Nitro-benzoyloxy]-5H-furan-2-on, 4-Hydroxy-3-[4-nitro-benzoyloxy]-cis-croton=
säure-lacton** $C_{11}H_7NO_6$, Formel I.

B. Beim aufeinanderfolgenden Behandeln der im vorangehenden Artikel beschriebenen

Verbindung mit wss. Bromwasserstoffsäure, mit wss. Natronlauge und mit 4-Nitrobenzoylchlorid (*Gillespie, Price*, J. org. Chem. **22** [1957] 780, 781).
Krystalle (aus Bzl.); F: 172,5—174°. IR-Spektrum (Nujol; 3—12,5 µ): *Gi., Pr.*

3-Chlor-4-methoxy-5H-furan-2-on, 2-Chlor-4-hydroxy-3-methoxy-*cis*-crotonsäure-lacton
$C_5H_5ClO_3$, Formel II (R = CH_3).
B. Beim Behandeln von 2-Chlor-3,4-dihydroxy-*cis*-crotonsäure-4-lacton (E III/IV **17** 5819) mit Diazomethan in Äther (*Kumler*, Am. Soc. **60** [1938] 2532).
Krystalle (aus Dioxan oder Me.); F: 66°.

3-Chlor-4-phenoxy-5H-furan-2-on, 2-Chlor-4-hydroxy-3-phenoxy-*cis*-crotonsäure-lacton
$C_{10}H_7ClO_3$, Formel II (R = C_6H_5).
Diese Konstitution ist für die früher (s. H **18** 6) als 3-Chlor-4-hydroxy-2-phenoxy-*cis*-crotonsäure-lacton formulierte Verbindung $C_{10}H_7ClO_3$ in Betracht zu ziehen (vgl. *Wasserman, Precopio*, Am. Soc. **76** [1954] 1242).

3-Brom-4-methoxy-5H-furan-2-on, 2-Brom-4-hydroxy-3-methoxy-*cis*-crotonsäure-lacton
$C_5H_5BrO_3$, Formel III (R = CH_3).
B. Beim Behandeln von 2-Brom-3,4-dihydroxy-*cis*-crotonsäure-4-lacton (E III/IV **17** 5819) mit Diazomethan in Äther (*Kumler*, Am. Soc. **60** [1938] 2532).
Dipolmoment (ε; Dioxan): 6,19 D (*Kumler*, Am. Soc. **62** [1940] 3292; *Halverstadt, Kumler*, Am. Soc. **64** [1942] 2988, 2991).
Krystalle (aus Dioxan oder Me.); F: 116° (*Ku.*, Am. Soc. **60** 2532).

4-Äthoxy-3-brom-5H-furan-2-on, 3-Äthoxy-2-brom-4-hydroxy-*cis*-crotonsäure-lacton
$C_6H_7BrO_3$, Formel III (R = C_2H_5).
B. Beim Erwärmen von 3-Äthoxy-4-hydroxy-*cis*-crotonsäure-lacton mit Brom in Tetrachlormethan (*Gillespie, Price*, J. org. Chem. **22** [1957] 780, 781).
Krystalle (aus Bzl.); F: 96—98°. IR-Spektrum (Nujol; 3—14 µ): *Gi., Pr.*

I   II   III   IV

3-Brom-4-phenoxy-5H-furan-2-on, 2-Brom-4-hydroxy-3-phenoxy-*cis*-crotonsäure-lacton
$C_{10}H_7BrO_3$, Formel III (R = C_6H_5).
Diese Konstitution ist für die früher (s. H **18** 6) als 3-Brom-4-hydroxy-2-phenoxy-*cis*-crotonsäure-lacton formulierte Verbindung $C_{10}H_7BrO_3$ in Betracht zu ziehen (*Wasserman, Precopio*, Am. Soc. **76** [1954] 1242).

3-Brom-4-[4-nitro-benzyloxy]-5H-furan-2-on, 2-Brom-4-hydroxy-3-[4-nitro-benzyloxy]-*cis*-crotonsäure-lacton $C_{11}H_8BrNO_5$, Formel IV.
B. Beim Erwärmen von 2-Brom-3,4-dihydroxy-*cis*-crotonsäure-4-lacton (E III/IV **17** 5819) mit 4-Nitro-benzylbromid und wss.-äthanol. Natronlauge (*Kumler*, Am. Soc. **60** [1938] 859, 863).
Krystalle (aus A.); F: 177°.

3-Jod-4-methoxy-5H-furan-2-on, 4-Hydroxy-2-jod-3-methoxy-*cis*-crotonsäure-lacton
$C_5H_5IO_3$, Formel V auf S. 52.
B. Beim Behandeln von 3,4-Dihydroxy-2-jod-*cis*-crotonsäure-4-lacton (E III/IV **17** 5820) mit Diazomethan in Äther (*Kumler*, Am. Soc. **60** [1938] 2532).
Dipolmoment (ε; Dioxan): 6,22 D (*Halverstadt, Kumler*, Am. Soc. **64** [1942] 2988, 2991).
Krystalle (aus Dioxan oder Me.); F: 158° (*Ku.*).

(±)-5-Methoxy-5H-furan-2-on, (±)-4-Hydroxy-4-methoxy-*cis*-crotonsäure-lacton
$C_5H_6O_3$, Formel VI (R = CH_3) auf S. 52.
B. Beim Schütteln von Furfural mit Methanol und Sauerstoff in Gegenwart von

Eosin unter Bestrahlung mit Glühlampenlicht (*Schenck*, A. **584** [1953] 156, 170, 176).
Kp$_{17}$: 92—93°. D$_4^{20}$: 1,1873. n$_D^{20}$: 1,4501.

(±)-5-Äthoxy-5H-furan-2-on, (±)-4-Äthoxy-4-hydroxy-*cis*-crotonsäure-lacton C$_6$H$_8$O$_3$, Formel VI (R = C$_2$H$_5$).
B. Beim Schütteln von Furan bzw. von Furfural mit Äthanol und Sauerstoff in Gegenwart von Eosin bzw. in Gegenwart von Eosin und Vanadium(V)-oxid unter Bestrahlung mit Glühlampenlicht (*Schenck*, A. **584** [1953] 156, 170, 171, 175).
Kp$_{16}$: 103°. D$_4^{20}$: 1,1108; n$_{656,3}^{20}$: 1,44761; n$_D^{20}$: 1,45037; n$_{486,1}^{20}$: 1,45745; n$_{434,0}^{20}$: 1,46298.

(±)-5-Propoxy-5H-furan-2-on, (±)-4-Hydroxy-4-propoxy-*cis*-crotonsäure-lacton C$_7$H$_{10}$O$_3$, Formel VI (R = CH$_2$-CH$_2$-CH$_3$).
B. Aus Furfural und Propan-1-ol analog (±)-5-Methoxy-5H-furan-2-on [S. 50] (*Schenck*, A. **584** [1953] 156, 170, 176).
Kp$_{13}$: 107—109°. n$_D^{20}$: 1,4503.

(±)-5-Isopropoxy-5H-furan-2-on, (±)-4-Hydroxy-4-isopropoxy-*cis*-crotonsäure-lacton C$_7$H$_{10}$O$_3$, Formel VI (R = CH(CH$_3$)$_2$).
B. Aus Furfural und Isopropylalkohol analog (±)-5-Methoxy-5H-furan-2-on [S. 50] (*Schenck*, D.B.P. 881 193 [1941], 875 650 [1942]).
Kp$_{11}$: 98—101°.

(±)-5-Butoxy-5H-furan-2-on, (±)-4-Butoxy-4-hydroxy-*cis*-crotonsäure-lacton C$_8$H$_{12}$O$_3$, Formel VI (R = [CH$_2$]$_3$-CH$_3$).
B. Aus Furfural und Butan-1-ol analog (±)-5-Methoxy-5H-furan-2-on [S. 50] (*Schenck*, A. **584** [1953] 156, 170, 176).
Kp$_{11}$: 113—114°.

(±)-5-Acetoxy-5H-furan-2-on, (±)-4-Acetoxy-4-hydroxy-*cis*-crotonsäure-lacton C$_6$H$_6$O$_4$, Formel VI (R = CO-CH$_3$).
B. Aus 2-Acetoxy-furan mit Hilfe von Blei(IV)-acetat (*Elming, Clauson-Kaas*, Acta chem. scand. **6** [1952] 565, 567).
Kp$_{0,05}$: 72—73°. n$_D^{25}$: 1,4594.

(±)-3,4-Dichlor-5-methoxy-5H-furan-2-on, (±)-2,3-Dichlor-4-hydroxy-4-methoxy-*cis*-crotonsäure-lacton C$_5$H$_4$Cl$_2$O$_3$, Formel VII (R = CH$_3$) (H 6; dort als Mucochlorsäure-pseudomethylester bezeichnet).
B. Beim Erwärmen von Mucochlorsäure (Dichlormaleinaldehydsäure) mit Methanol und Schwefelsäure (*Mowry*, Am. Soc. **72** [1950] 2535; *Shono, Hachihama*, J. chem. Soc. Japan Ind. Chem. Sect. **58** [1955] 692; C. A. **1956** 12015; *Hachihama, Shono*, Technol. Rep. Osaka Univ. **7** [1957] 177, 179; vgl. H 6).
Kp$_{16}$: 113° (*Mo.*). Kp$_6$: 106—108°; D$_4^{20}$: 1,4701; n$_D^{20}$: 1,4952 (*Sh., Ha.*; *Ha., Sh.*). n$_D^{25}$: 1,4937 (*Mo.*). UV-Spektrum (A.; 200—300 nm): *Mo.*
Beim Behandeln mit Anilin und Methanol ist 3-Anilino-2-chlor-4-hydroxy-4-methoxy-*cis*-crotonsäure-lacton erhalten worden (*Wasserman, Precopio*, Am. Soc. **76** [1954] 1242).

(±)-5-Äthoxy-3,4-dichlor-5H-furan-2-on, (±)-4-Äthoxy-2,3-dichlor-4-hydroxy-*cis*-crotonsäure-lacton C$_6$H$_6$Cl$_2$O$_3$, Formel VII (R = C$_2$H$_5$) (H 7; dort als Mucochlorsäure-pseudoäthylester bezeichnet).
B. Beim Erwärmen von Mucochlorsäure (Dichlormaleinaldehydsäure) mit Äthanol, Benzol und Schwefelsäure (*Shono, Hachihama*, J. chem. Soc. Japan Ind. Chem. Sect. **58** [1955] 692; C. A. **1956** 12015; *Hachihama, Shono*, Technol. Rep. Osaka Univ. **7** [1957] 177, 179).
Kp$_4$: 87—88°; D$_4^{20}$: 1,3677; n$_D^{20}$: 1,4856 (*Sh., Ha.*; *Ha., Sh.*).

(±)-3,4-Dichlor-5-isopropoxy-5H-furan-2-on, (±)-2,3-Dichlor-4-hydroxy-4-isopropoxy-*cis*-crotonsäure-lacton C$_7$H$_8$Cl$_2$O$_3$, Formel VII (R = CH(CH$_3$)$_2$).
B. Analog (±)-3,4-Dichlor-5-methoxy-5H-furan-2-on [s. o.] (*Shono, Hachihama*, J. chem. Soc. Japan Ind. Chem. Sect. **58** [1955] 692; C. A. **1956** 12015; *Hachihama, Shono*, Technol. Rep. Osaka Univ. **7** [1957] 177, 179).
F: 23—24°; Kp$_6$: 109—111° (*Sh., Ha.*; *Ha., Sh.*).

V   VI   VII   VIII

(±)-5-Butoxy-3,4-dichlor-5H-furan-2-on, (±)-4-Butoxy-2,3-dichlor-4-hydroxy-cis-croton=
säure-lacton $C_8H_{10}Cl_2O_3$, Formel VII (R = [CH$_2$]$_3$-CH$_3$).
 B. Analog (±)-3,4-Dichlor-5-methoxy-5H-furan-2-on [S. 51] (Shono, Hachihama, J. chem. Soc. Japan Ind. Chem. Sect. **58** [1955] 692; C. A. **1956** 12015; Hachihama, Shono, Technol. Rep. Osaka Univ. **7** [1957] 177, 179).
 Kp$_4$: 99—101°; D$_4^{20}$: 1,2760; n$_D^{20}$: 1,4789 (Sh., Ha.; Ha., Sh.).

(±)-3,4-Dichlor-5-dodecyloxy-5H-furan-2-on, (±)-2,3-Dichlor-4-dodecyloxy-4-hydr=
oxy-cis-crotonsäure-lacton $C_{16}H_{26}Cl_2O_3$, Formel VII (R = [CH$_2$]$_{11}$-CH$_3$).
 B. Aus Mucochlorsäure (Dichlormaleinaldehydsäure) und Dodecan-1-ol analog (±)-5-Äthoxy-3,4-dichlor-5H-furan-2-on [S. 51] (Mowry, Am. Soc. **72** [1950] 2535).
 E: 34°. Kp$_2$: 192°. n$_D^{25}$: 1,4735 [unterkühlte Flüssigkeit].

(±)-3,4-Dichlor-5-vinyloxy-5H-furan-2-on, (±)-2,3-Dichlor-4-hydroxy-4-vinyloxy-
cis-crotonsäure-lacton $C_6H_4Cl_2O_3$, Formel VII (R = CH=CH$_2$) (E III **3** 1310; dort als Dichlormaleinaldehydsäure-vinylester formuliert).
 B. Beim Erwärmen von Mucochlorsäure (Dichlormaleinaldehydsäure) mit Vinylacetat und Schwefelsäure unter Zusatz von Quecksilber(II)-acetat und Hydrochinon (Mowry, Am. Soc. **72** [1950] 2535; vgl. E III **3** 1310).
 Kp$_{20}$: 121—122°; Kp$_2$: 71—72° (Mo.); Kp$_{15}$: 115° (Redemann et al., Am. Soc. **70** [1948] 2582). n$_D^{25}$: 1,5028 (Re. et al.; Mo.).

(±)-5-Allyloxy-3,4-dichlor-5H-furan-2-on, (±)-4-Allyloxy-2,3-dichlor-4-hydroxy-
cis-crotonsäure-lacton $C_7H_6Cl_2O_3$, Formel VII (R = CH$_2$-CH=CH$_2$) (H **7**; dort als Muco=
chlorsäure-pseudoallylester bezeichnet).
 B. Aus Mucochlorsäure (Dichlormaleinaldehydsäure) und Allylalkohol analog (±)-5-Äth=
oxy-3,4-dichlor-5H-furan-2-on [S. 51] (Mowry, Am. Soc. **72** [1950] 2535).
 Kp$_{28}$: 144—145°. n$_D^{25}$: 1,4780.

(±)-5-Benzyloxy-3,4-dichlor-5H-furan-2-on, (±)-4-Benzyloxy-2,3-dichlor-4-hydroxy-
cis-crotonsäure-lacton $C_{11}H_8Cl_2O_3$, Formel VII (R = CH$_2$-C$_6$H$_5$).
 B. Beim Erwärmen von Mucochlorsäure (Dichlormaleinaldehydsäure) mit Benzylalkohol, Toluol und Schwefelsäure (Shono, Hachihama, J. chem. Soc. Japan Ind. Chem. Sect. **58** [1955] 692; C. A. **1956** 12015; Hachihama, Shono, Technol. Rep. Osaka Univ. **7** [1957] 177, 179).
 Kp$_4$: 169—173°; D$_4^{20}$: 1,0615; n$_D^{20}$: 1,6019 (Sh., Ha.; Ha., Sh.).

(±)-5-Acetoxy-3,4-dichlor-5H-furan-2-on, (±)-4-Acetoxy-2,3-dichlor-4-hydroxy-
cis-crotonsäure-lacton $C_6H_4Cl_2O_4$, Formel VII (R = CO-CH$_3$).
 B. Beim Erhitzen von Mucochlorsäure (Dichlormaleinaldehydsäure) mit Acetanhydrid unter Entfernen der entstehenden Essigsäure (Mowry, Am. Soc. **72** [1950] 2535).
 Kp$_{10}$: 128°. n$_D^{25}$: 1,4923. UV-Spektrum (A.; 200—300 nm): Mo.

(±)-3,4-Dichlor-5-myristoyloxy-5H-furan-2-on, (±)-2,3-Dichlor-4-hydroxy-4-myristoyl=
oxy-cis-crotonsäure-lacton $C_{18}H_{28}Cl_2O_4$, Formel VII (R = CO-[CH$_2$]$_{12}$-CH$_3$).
 B. Beim Erhitzen von Mucochlorsäure (Dichlormaleinaldehydsäure) mit Myristoyl=
chlorid (Allied Chem. & Dye Corp., U.S.P. 2786798 [1955]).
 Krystalle (aus PAe.); F: 55,5—56,5°.

(±)-3,4-Dichlor-5-palmitoyloxy-5H-furan-2-on, (±)-2,3-Dichlor-4-hydroxy-4-palmitoyl=
oxy-cis-crotonsäure-lacton $C_{20}H_{32}Cl_2O_4$, Formel VII (R = CO-[CH$_2$]$_{14}$-CH$_3$).
 B. Beim Erhitzen von Mucochlorsäure (Dichlormaleinaldehydsäure) mit Palmitoyl=

chlorid (*Allied Chem. & Dye Corp.*, U.S.P. 2786798 [1955]).
Krystalle (aus PAe.); F: 63—64°.

(±)-5-Benzoyloxy-3,4-dichlor-5H-furan-2-on, (±)-4-Benzoyloxy-2,3-dichlor-4-hydroxy-*cis*-crotonsäure-lacton $C_{11}H_6Cl_2O_4$, Formel VII (R = $CO-C_6H_5$).
B. Beim Erhitzen von Mucochlorsäure (Dichlormaleinaldehydsäure) mit Benzoyl=
chlorid (*Mowry*, Am. Soc. **72** [1950] 2535).
Krystalle (aus wss. Me.); F: 113—114° [korr.].

(±)-3,4-Dichlor-5-phenylcarbamoyloxy-5H-furan-2-on, (±)-2,3-Dichlor-4-hydroxy-4-phenylcarbamoyloxy-*cis*-crotonsäure-lacton $C_{11}H_7Cl_2NO_4$, Formel VII (R = $CO-NH-C_6H_5$).
B. Beim Erwärmen von Mucochlorsäure (Dichlormaleinaldehydsäure) mit Phenyl=
isocyanat in Benzol (*Mowry*, Am. Soc. **72** [1950] 2535).
Krystalle (aus wss. A.); F: 116° [korr.]. Absorptionsmaximum: 235 nm.

*Opt.-inakt. 3,4-Dichlor-5-tetrahydrofurfuryloxy-5H-furan-2-on, 2,3-Dichlor-4-hydroxy-4-tetrahydrofurfuryloxy-*cis*-crotonsäure-lacton $C_9H_{10}Cl_2O_4$, Formel VIII (X = Cl).
B. Beim Erhitzen von Mucochlorsäure (Dichlormaleinaldehydsäure) mit (±)-Tetra=
hydrofurfurylalkohol, Toluol und Schwefelsäure (*Shono, Hachihama*, J. chem. Soc. Japan Ind. Chem. Sect. **58** [1955] 692; C. A. **1956** 12015; *Hachihama, Shono*, Technol. Rep. Osaka Univ. **7** [1957] 177, 179).
Kp_4: 136—140°; D_4^{20}: 1,3847; n_D^{20}: 1,5072 (*Sh., Ha.; Ha., Sh.*).

Bis-[3,4-dichlor-5-oxo-2,5-dihydro-[2]furyl]-äther $C_8H_2Cl_4O_5$, Formel IX.
a) Opt.-inakt. Stereoisomeres vom F: 180°.
B. s. bei dem unter b) beschriebenen Stereoisomeren.
Krystalle (aus Bzl. + Dioxan); F: 180° [korr.] (*Mowry*, Am. Soc. **72** [1950] 2535).
UV-Spektrum (A.; 200—300 nm): *Mo*.

b) Opt.-inakt. Stereoisomeres vom F: 143°.
B. Neben kleinen Mengen des unter a) beschriebenen Stereoisomeren aus Mucochlor=
säure (Dichlormaleinaldehydsäure) beim Erwärmen mit Benzolsulfonsäure, Benzol und Dioxan sowie beim Behandeln von Lösungen in Chlorbenzol mit konz. Schwefelsäure oder rauchender Schwefelsäure (*Mowry*, Am. Soc. **72** [1950] 2535).
Krystalle (aus Bzl. + Hexan); F: 141—143° [korr.]. UV-Spektrum (A.; 200—300 nm): *Mo*.

(±)-4-Brom-3-chlor-5-methoxy-5H-furan-2-on, (±)-3-Brom-2-chlor-4-hydroxy-4-methoxy-*cis*-crotonsäure-lacton $C_5H_4BrClO_3$, Formel X.
B. Beim Erwärmen von 3-Brom-2-chlor-maleinaldehydsäure mit Methanol und Schwefelsäure (*Wasserman, Precopio*, Am. Soc. **76** [1954] 1242).
$Kp_{0,1}$: 53—54°. n_D^{25}: 1,5148.
Wenig beständig.

(±)-3,4-Dibrom-5-methoxy-5H-furan-2-on, (±)-2,3-Dibrom-4-hydroxy-4-methoxy-*cis*-crotonsäure-lacton $C_5H_4Br_2O_3$, Formel XI (R = CH_3) (H 7; dort als Mucobrom=
säure-pseudomethylester bezeichnet).
B. Beim Erwärmen von Mucobromsäure (Dibrommaleinaldehydsäure) mit Methanol und Schwefelsäure (*Shono, Hachihama*, J. chem. Soc. Japan Ind. Chem. Sect. **58** [1955] 692; C. A. **1956** 12015; *Hachihama, Shono*, Technol. Rep. Osaka Univ. **7** [1957] 177, 179; vgl. H 7).
Krystalle; F: 50—51° (*Schemjakin*, Ž. obšč. Chim. **13** [1943] 290, 299; C. A. **1944** 962), 48,5—49,5°; Kp_3: 105° (*Sh., Ha.; Ha., Sh.*).
Reaktion mit Anilin unter Bildung von 3-Anilino-2-brom-4-hydroxy-4-methoxy-*cis*-crotonsäure-lacton: *Wasserman, Precopio*, Am. Soc. **76** [1954] 1242.

(±)-5-Äthoxy-3,4-dibrom-5H-furan-2-on, (±)-4-Äthoxy-2,3-dibrom-4-hydroxy-*cis*-crotonsäure-lacton $C_6H_6Br_2O_3$, Formel XI (R = C_2H_5) (H 7; dort als Mucobrom=
säure-pseudoäthylester bezeichnet).
B. Beim Erwärmen von Mucobromsäure (Dibrommaleinaldehydsäure) mit Äthanol,

Benzol und Schwefelsäure (*Shono, Hachihama*, J. chem. Soc. Japan Ind. Chem. Sect. **58** [1955] 692; C. A. **1956** 12015; *Hachihama, Shono*, Technol. Rep. Osaka Univ. **7** [1957] 177, 179).

F: 48−49°; Kp$_5$: 120−121° (*Sh., Ha.; Ha., Sh.*).

IX X XI

(±)-3,4-Dibrom-5-isopropoxy-5*H*-furan-2-on, (±)-2,3-Dibrom-4-hydroxy-4-isopropoxy-*cis*-crotonsäure-lacton C$_7$H$_8$Br$_2$O$_3$, Formel XI (R = CH(CH$_3$)$_2$).

B. Analog (±)-3,4-Dibrom-5-methoxy-5*H*-furan-2-on [S. 53] (*Shono, Hachihama*, J. chem. Soc. Japan Ind. Chem. Sect. **58** [1955] 692; C. A. **1956** 12015; *Hachihama, Shono*, Technol. Rep. Osaka Univ. **7** [1957] 177, 179).

F: 21−22°; Kp$_{0,2}$: 100−102°; D$_4^{20}$: 1,7557; n$_D^{20}$: 1,5109 (*Sh., Ha.; Ha., Sh.*).

(±)-3,4-Dibrom-5-butoxy-5*H*-furan-2-on, (±)-2,3-Dibrom-4-butoxy-4-hydroxy-*cis*-crotonsäure-lacton C$_8$H$_{10}$Br$_2$O$_3$, Formel XI (R = [CH$_2$]$_3$-CH$_3$).

B. Analog (±)-3,4-Dibrom-5-methoxy-5*H*-furan-2-on [S. 53] (*Shono, Hachihama*, J. chem. Soc. Japan Ind. Chem. Sect. **58** [1955] 692; C. A. **1956** 12015; *Hachihama, Shono*, Technol. Rep. Osaka Univ. **7** [1957] 177, 179).

Kp$_{0,3}$: 110−113°; D$_4^{20}$: 1,6087; n$_D^{20}$: 1,5091 (*Sh., Ha.; Ha., Sh.*).

(±)-5-Benzyloxy-3,4-dibrom-5*H*-furan-2-on, (±)-4-Benzyloxy-2,3-dibrom-4-hydroxy-*cis*-crotonsäure-lacton C$_{11}$H$_8$Br$_2$O$_3$, Formel XI (R = CH$_2$-C$_6$H$_5$).

B. Beim Erhitzen von Mucobromsäure (Dibrommaleinaldehydsäure) mit Benzyl= alkohol, Toluol und Schwefelsäure (*Shono, Hachihama*, J. chem. Soc. Japan Ind. Chem. Sect. **58** [1955] 692; C. A. **1956** 12015; *Hachihama, Shono*, Technol. Rep. Osaka Univ. **7** [1957] 177, 179).

Kp$_{0,4}$: 167−170°; D$_4^{20}$: 1,1226; n$_D^{20}$: 1,6041 (*Sh., Ha.; Ha., Sh.*).

*Opt.-inakt. 3,4-Dibrom-5-tetrahydrofurfuryloxy-5*H*-furan-2-on, 2,3-Dibrom-4-hydroxy-4-tetrahydrofurfuryloxy-*cis*-crotonsäure-lacton C$_9$H$_{10}$Br$_2$O$_4$, Formel VIII (X = Br) auf S. 52.

B. Beim Erhitzen von Mucobromsäure (Dibrommaleinaldehydsäure) mit (±)-Tetra= hydrofurfurylalkohol, Toluol und Schwefelsäure (*Shono, Hachihama*, J. chem. Soc. Japan Ind. Chem. Sect. **58** [1955] 692; C. A. **1956** 12015; *Hachihama, Shono*, Technol. Rep. Osaka Univ. **7** [1957] 177, 179).

F: 49−50°; Kp$_{0,3}$: 158−160° (*Sh., Ha.; Ha., Sh.*).

Hydroxy-oxo-Verbindungen C$_5$H$_6$O$_3$

4-Methoxy-5,6-dihydro-pyran-2-on, 5-Hydroxy-3-methoxy-pent-2*c*-ensäure-lacton C$_6$H$_8$O$_3$, Formel I.

B. Beim Behandeln von 5-Hydroxy-pent-2-insäure-methylester mit Methanol unter Zusatz von Quecksilber(II)-oxid und dem Borfluorid-Äther-Addukt (*Jones, Whiting*, Soc. **1949** 1423, 1429).

Krystalle (aus CCl$_4$ + PAe.). Absorptionsmaximum (A.): 233 nm.

I II III IV

5-Methoxy-6*H*-thiopyran-3-on C$_6$H$_8$O$_2$S, Formel II.

B. Beim Behandeln von Thiopyran-3,5-dion mit Diazomethan in Äther (*Fehnel, Paul*,

Am. Soc. **77** [1955] 4241, 4242).
Krystalle (aus Bzn.); F: 64—65°. Absorptionsmaximum (A.): 251 nm.

5-Methoxy-1-oxo-6H-1λ⁴-thiopyran-3-on $C_6H_8O_3S$, Formel III.
B. Beim Behandeln von 1-Oxo-1λ⁴-thiopyran-3,5-dion mit Diazomethan in Äther *(Fehnel, Paul,* Am. Soc. **77** [1955] 4241, 4242).
Krystalle (aus Bzl.); F: 128—129° [Zers.]. Absorptionsmaximum (A.): 253 nm.

(±)-3-Hydroxy-5-methyl-3H-furan-2-on, (±)-2,4-Dihydroxy-pent-3t-ensäure-4-lacton $C_5H_6O_3$, Formel IV.
Diese Konstitution wird der nachstehend beschriebenen Verbindung zugeordnet.
B. In kleiner Menge beim Behandeln von 2-Methyl-furan mit Peroxyessigsäure in Essigsäure *(Böeseken et al.,* R. **50** [1931] 1023, 1029).
Krystalle; F: 87—89°.

5-Methoxy-5-methyl-5H-furan-2-on, 4-Hydroxy-4-methoxy-pent-2c-ensäure-lacton $C_6H_8O_3$, Formel V (R = CH_3), s. E III **3** 1311 im Artikel 4-Oxo-pent-2-ensäure-methyl=ester.

(±)-5-Äthoxy-5-methyl-5H-furan-2-on, (±)-4-Äthoxy-4-hydroxy-pent-2c-ensäure-lacton $C_7H_{10}O_3$, Formel V (R = C_2H_5) (vgl. H **3** 731; E II **3** 460; E III **3** 1311).
B. Beim Schütteln von 2-Methyl-furan mit Äthanol und Sauerstoff in Gegenwart von Eosin und Vanadium(V)-oxid unter Bestrahlung mit Glühlampenlicht *(Schenck,* A. **584** [1953] 156, 170, 173).
Kp_{14}: 89—91°. D_4^{20}: 1,0357. $n_{656,3}^{20}$: 1,43356; n_D^{20}: 1,43595; $n_{486,1}^{20}$: 1,44196; $n_{434,0}^{20}$: 1,44615.
Beim Erhitzen mit wss. Salzsäure ist 4-Oxo-pent-2t-ensäure erhalten worden.

(±)-5-Acetoxy-5-methyl-5H-furan-2-on, (±)-4-Acetoxy-4-hydroxy-pent-2c-ensäure-lacton $C_7H_8O_4$, Formel V (R = $CO\text{-}CH_3$) (E II 4).
B. In kleiner Menge beim Erhitzen von (±)-5-Hydroxy-5-methyl-5H-furan-2-on (E III **3** 1310) mit Acetanhydrid *(Shaw,* Am. Soc. **68** [1946] 2510, 2512). Beim Behandeln von opt.-inakt. 3,4-Dibrom-4-hydroxy-valeriansäure-lacton mit Natriumacetat in Essig= säure *(Nakazaki,* J. Japan. Chem. **3** [1949] 108; C. A. **1952** 4484; *Sakuma,* J. pharm. Soc. Japan **73** [1953] 1137; C. A. **1954** 12070; vgl. E II 5).
Krystalle; F: 28,5° [aus Ae. + Bzn.] *(Na.),* 27,5—28,5° [aus Ae. + PAe.] *(Sa.).*
Beim Erwärmen mit Schwefelsäure, Acetanhydrid und Essigsäure ist Protoanemonin (5-Methylen-5H-furan-2-on) erhalten worden *(Shaw; Sa.).*

(±)-4-Benzoyloxy-5-methyl-5H-furan-2-on, (±)-3-Benzoyloxy-4-hydroxy-pent-2c-en= säure-lacton $C_{12}H_{10}O_4$, Formel VI.
B. Beim Behandeln von (±)-3,4-Dihydroxy-pent-2c-ensäure-4-lacton (E III/IV **17** 5826) mit Benzoylchlorid und wss. Natriumcarbonat-Lösung *(Haynes, Jamieson,* Soc. **1958** 4132, 4135).
Krystalle (aus Bzn.); F: 39—43°.

(±)-3-Methoxy-5-methyl-5H-furan-2-on, (±)-4-Hydroxy-2-methoxy-pent-2c-ensäure-lacton $C_6H_8O_3$, Formel VII (R = CH_3).
B. Beim Behandeln von (±)-4-Hydroxy-2-oxo-valeriansäure-lacton (E III/IV **17** 5828) mit Diazomethan in Äther *(Rossi, Schinz,* Helv. **31** [1948] 473, 485).
$Kp_{0,1}$: 71—72°; D_4^{19}: 1,1475; n_D^{19}: 1,4673 *(Ro., Sch.).*
Beim Behandeln mit Brom in Tetrachlormethan und Behandeln des Reaktions-gemisches mit Methanol ist 3-Brom-4-hydroxy-2,2-dimethoxy-valeriansäure-lacton (F: 89—90° [E III/IV **17** 5829]) erhalten worden *(Fleck et al.,* Helv. **32** [1949] 998, 1002, 1012).

(±)-3-Äthoxy-5-methyl-5H-furan-2-on, (±)-2-Äthoxy-4-hydroxy-pent-2c-ensäure-lacton $C_7H_{10}O_3$, Formel VII (R = C_2H_5).
B. Beim Behandeln von (±)-4-Hydroxy-2-oxo-valeriansäure-lacton (E III/IV **17** 5828)

mit Diazoäthan in Äther (*Rossi, Schinz*, Helv. **31** [1948] 1740, 1743).
Kp$_{0,04}$: 74—75°. D$_4^{19}$: 1,1005. n$_D^{19}$: 1,4640.

V   VI   VII   VIII

(±)-3-Acetoxy-5-methyl-5H-furan-2-on, (±)-2-Acetoxy-4-hydroxy-pent-2c-ensäure-lacton C$_7$H$_8$O$_4$, Formel VII (R = CO-CH$_3$).

B. Beim Behandeln einer Lösung von (±)-4-Hydroxy-2-oxo-valeriansäure-lacton (E III/IV **17** 5828) in Äther mit Acetylchlorid und wenig Pyridin (*Rossi, Schinz*, Helv. **31** [1948] 473, 485). Beim Erwärmen von opt.-inakt. 2-Acetoxy-4-hydroxy-3-jod-valeriansäure-lacton (F: 61—62°) mit Pyridin (*Ro., Sch.*, l. c. S. 488).

Kp$_{0,05}$: 78—80°. D$_4^{20}$: 1,1996. n$_D^{20}$: 1,4651.

(±)-3-Benzoyloxy-5-methyl-5H-furan-2-on, (±)-2-Benzoyloxy-4-hydroxy-pent-2c-en-säure-lacton C$_{12}$H$_{10}$O$_4$, Formel VII (R = CO-C$_6$H$_5$).

B. Beim Behandeln einer Lösung von (±)-4-Hydroxy-2-oxo-valeriansäure-lacton (E III/IV **17** 5828) in Äther mit Benzoylchlorid und wenig Pyridin (*Rossi, Schinz*, Helv. **31** [1948] 473, 485).

Krystalle (aus Bzl. + Cyclohexan); F: 74—74,5°.

(±)-4-Brom-3-methoxy-5-methyl-5H-furan-2-on, (±)-3-Brom-4-hydroxy-2-methoxy-pent-2c-ensäure-lacton C$_6$H$_7$BrO$_3$, Formel VIII (R = H).

B. Beim Behandeln von (±)-3-Brom-4-hydroxy-2-oxo-valeriansäure-lacton (E III/IV **17** 5829) mit Diazomethan in Äther (*Fleck et al.*, Helv. **32** [1948] 998, 1011).

Kp$_{0,05}$: 55—56°. D$_4^{23}$: 1,5940. n$_D^{23}$: 1,5115.

(±)-3-Acetoxy-4-brom-5-methyl-5H-furan-2-on, (±)-2-Acetoxy-3-brom-4-hydroxy-pent-2c-ensäure-lacton C$_7$H$_7$BrO$_4$, Formel VIII (R = CO-CH$_3$).

B. Beim Behandeln von (±)-3-Brom-4-hydroxy-2-oxo-valeriansäure-lacton (E III/IV **17** 5829) mit Acetylchlorid, Äther und wenig Pyridin (*Fleck et al.*, Helv. **32** [1948] 998, 1012).

Krystalle (aus Bzl. + Cyclohexan); F: 69—70°.

(±)-5-Hydroxymethyl-5H-furan-2-on, (±)-4,5-Dihydroxy-pent-2c-ensäure-4-lacton C$_5$H$_6$O$_3$, Formel IX.

Diese Konstitution ist für die nachstehend beschriebene Verbindung in Betracht gezogen worden.

B. Beim Behandeln von Furfurylalkohol mit Peroxyessigsäure in wss. Essigsäure (*Böeseken et al.*, R. **50** [1931] 1023, 1031).

Kp$_{0,05}$: 55°.

(5S)-5-β-D-Glucopyranosyloxymethyl-5H-furan-2-on, (4S)-5-β-D-Glucopyranosyloxy-4-hydroxy-pent-2c-ensäure-lacton, Ranunculin C$_{11}$H$_{16}$O$_8$, Formel X (R = H).

Über Konstitution und Konfiguration s. *Hill, van Heyningen*, Biochem. J. **49** [1951] 332; *Hellström*, Lantbruks Högskol. Ann. **25** [1959] 171; *Bredenberg*, Suomen Kem. **34** [1961] 80; *Benn, Yelland*, Canad. J. Chem. **46** [1968] 729; *Boll*, Acta chem. scand. **22** [1968] 3245.

Isolierung aus Ranunculus-Arten: *Hill, v. Hey.*

Krystalle; F: 140—143° (*Hel.*, l. c. S. 180), 141—142° [aus Me.] (*Hill, v. Hey.*). [α]$_D^{17,5}$: —80,7° [W.; c = 2] (*Hill, v. Hey.*); [α]$_D^{20}$: —80° [W.; c = 2] (*Hel.*). IR-Spektrum (KBr; 2—15 µ): *Hel.*, l. c. S. 172. UV-Spektrum (W. oder A.; 200—280 nm): *Hel.*, l. c. S. 173, 180. 1 g löst sich bei Raumtemperatur (?) in 0,7 ml Wasser (*Hill, v. Hey.*).

Beim Erhitzen mit wss. Natriumacetat-Lösung ist Protoanemonin (5-Methylen-5H-furan-2-on) erhalten worden (*Hill, v. Hey.*; *Hel.*, l. c. S. 182).

(5S)-5-[Tetra-O-acetyl-β-D-glucopyranosyloxymethyl]-5H-furan-2-on, (4S)-4-Hydroxy-5-[tetra-O-acetyl-β-D-glucopyranosyloxy]-pent-2c-ensäure-lacton, Tetra-O-acetyl-ranunculin $C_{19}H_{24}O_{12}$, Formel X (R = CO-CH$_3$).

B. Beim Behandeln von Ranunculin (S. 56) mit Acetanhydrid, Essigsäure und wenig Pyridin (*Hill, van Heyningen,* Biochem. J. **49** [1951] 332, 334).
Krystalle (aus wss. Me.); F: 136—137°.

2-Acetoxy-2-diacetoxymethyl-5-nitro-2,5-dihydro-furan $C_{11}H_{13}NO_9$, Formel XI (R = CO-CH$_3$), und **2-Acetoxy-5-diacetoxymethyl-2-nitro-2,5-dihydro-furan** $C_{11}H_{13}NO_9$, Formel XII (R = CO-CH$_3$).

Diese beiden Konstitutionsformeln werden für die nachstehend beschriebene, früher (s. E III **2** 369) als 1,1,5-Triacetoxy-1-nitro-penta-2,4-dien-2-ol formulierte opt.-inakt. Verbindung in Betracht gezogen (*Kimura,* J. pharm. Soc. Japan **75** [1955] 1175; C. A. **1956** 8586; *Holly et al.,* Acta chim. hung. **61** [1969] 45, 48).

B. Beim Behandeln von Furfural mit Salpetersäure und Acetanhydrid (*Michels, Hayes,* Am. Soc. **80** [1958] 1114) oder mit Salpetersäure, Acetanhydrid und Schwefelsäure (*Ho. et al.*). Beim Behandeln von 2-Diacetoxymethyl-furan mit Salpetersäure, Acetanhydrid und wenig Schwefelsäure (*Sugisawa, Aso,* Tohoku J. agric. Res. **5** [1954] 147, 148; C. A. **1956** 4941; *Kimura,* J. pharm. Soc. Japan **75** [1955] 424; C. A. **1956** 2539).

Krystalle (aus E.), F: 114,5—115,5°; Krystalle (aus Bzl. oder E.), F: 106—107° (*Ki.,* l. c. S. 425); Krystalle (aus Me.), F: 109—111° (*Ho. et al.*); Krystalle (aus Bzl.), F: 107—108° (*Mi., Ha.*); Krystalle (aus PAe. + Bzl.), F: 106—107° (*Su., Aso*). IR-Spektrum (Nujol; 5,5—14 µ): *Ki.,* l. c. S. 1176. UV-Spektrum (A.; 230—310 nm): *Ki.,* l. c. S. 427.

Bildung von 2-Diacetoxymethyl-5-nitro-furan beim Behandeln mit Basen: *Ki.,* l. c. S. 426; Geschwindigkeitskonstante der Umwandlung in 2-Diacetoxymethyl-5-nitro-furan in gepufferten wss. Lösungen vom pH 3,1 bis pH 5 bei 30°: *Mi., Ha.* Beim Erhitzen mit wss. Ammoniumsulfat-Lösung sind Pyridin-2,3-diol und Bernsteinsäure, beim Erhitzen mit Hydroxylamin-hydrochlorid sind Bernsteinsäure und Fumarsäure erhalten worden (*Su., Aso*).

*Opt.-inakt. 2-Diacetoxymethyl-5-methoxy-2,5-dihydro-furan $C_{10}H_{14}O_6$, Formel XIII.
B. Bei der Hydrierung von opt.-inakt. 2-Diacetoxymethyl-2,5-dimethoxy-2,5-dihydro-furan (F: 113°) an Raney-Nickel in Methanol (*Potts, Robinson,* Soc. **1955** 2675, 2686).
Kp$_{0,06}$: 82—87°. n$_D^{23}$: 1,4508. Absorptionsmaxima (Me.): 210 nm, 216 nm, 255 nm und 270 nm.

Hydrierung an Raney-Nickel in Methanol unter Bildung von 2-Diacetoxymethyl-tetrahydro-furan: *Po., Ro.*

5-Methoxy-4-methyl-furan-3-on $C_6H_8O_3$, Formel XIV.
B. Neben 4-Methoxy-3-methyl-5H-furan-2-on beim Behandeln von 4-Hydroxy-2-methyl-acetessigsäure-lacton mit Diazomethan (*Stodola et al.,* Am. Soc. **74** [1952] 5415,

5418; *Pelizzoni, Jommi,* G. **89** [1959] 1894, 1897); beim Behandeln der Silber-Verbindung des 4-Hydroxy-2-methyl-acetessigsäure-lactons mit Methyljodid und Benzol (*Pe., Jo.*).
Krystalle; F: 84—85° [aus Acn. + PAe.] (*St. et al.*), 84—85° [aus Bzn.]; $Kp_{0,6}$: 40° (*Pe., Jo.*). IR-Banden im Bereich von 1700 cm⁻¹ bis 1140 cm⁻¹: *Pe., Jo.,* l. c. S. 1896. Absorptionsmaximum (A.): 267 nm (*St. et al.*; s. a. *Pe., Jo.*).

4-Methoxy-3-methyl-5*H*-furan-2-on, 4-Hydroxy-3-methoxy-2-methyl-*cis*-crotonsäure-lacton $C_6H_8O_3$, Formel XV (vgl. H 8).

B. s. im vorangehenden Artikel.
$Kp_{0,6}$: 90° (*Pelizzoni, Jommi,* G. **89** [1959] 1894, 1898). IR-Banden im Bereich von 1760 cm⁻¹ bis 1045 cm⁻¹: *Pe., Jo.,* l. c. S. 1896. Absorptionsmaximum: 232 nm.

4-[2,4-Dinitro-phenoxy]-3-methyl-5*H*-furan-2-on, 3-[2,4-Dinitro-phenoxy]-4-hydroxy-2-methyl-*cis*-crotonsäure-lacton $C_{11}H_8N_2O_7$, Formel XVI.

B. Beim Behandeln von 4-Hydroxy-2-methyl-acetessigsäure-lacton mit wss. Natrium=hydrogencarbonat-Lösung und mit einer Lösung von 1-Fluor-2,4-dinitro-benzol in Äthanol (*Pelizzoni, Jommi,* G. **89** [1959] 1894, 1898).
Gelbe Krystalle (aus A.); F: 92°.
Beim Behandeln mit Benzoylchlorid (oder 4-Nitro-benzoylchlorid) und Pyridin sowie beim Erhitzen mit Pyridin ist 4-Hydroxy-2-methyl-acetessigsäure-lacton erhalten worden.

XVI XVII XVIII

3-Methyl-4-[tetra-*O*-acetyl-β-D-glucopyranosyloxy]-5*H*-furan-2-on, 4-Hydroxy-2-methyl-3-[tetra-*O*-acetyl-β-D-glucopyranosyloxy]-*cis*-crotonsäure-lacton $C_{19}H_{24}O_{12}$, Formel XVII ($R = CO-CH_3$).

B. Beim Behandeln der Silber-Verbindung des 4-Hydroxy-2-methyl-acetessigsäure-lactons mit α-D-Acetobromglucopyranose (Tetra-*O*-acetyl-α-D-glucopyranosylbromid) in Benzol (*Calam et al.,* Biochem. J. **45** [1949] 520, 522).
Krystalle (aus Bzl. + Bzn.); F: 160—161°.

3-Methoxy-4-methyl-5*H*-furan-2-on, 4-Hydroxy-2-methoxy-3-methyl-*cis*-crotonsäure-lacton $C_6H_8O_3$, Formel XVIII ($R = CH_3$).

B. Aus 2,4-Dihydroxy-3-methyl-*cis*-crotonsäure-4-lacton (E III/IV **17** 5831) beim Behandeln mit Diazomethan in Äther oder beim Erwärmen mit Methyljodid und Natrium=äthylat in Äthanol (*Schinz, Hinder,* Helv. **30** [1947] 1349, 1361) sowie beim Behandeln mit wss. Natronlauge und Dimethylsulfat (*Fleck et al.,* Helv. **32** [1949] 998, 1006).
Krystalle; F: 42—43° [aus Ae. + PAe.] (*Sch., Hi.*). Kp_{11}: 109—111° (*Fl. et al.*). Absorptionsmaximum: 230 nm (*Sch., Hi.*).
Beim Behandeln mit Brom in Tetrachlormethan und Behandeln des Reaktionsgemisches mit Methanol ist β-Brom-γ-hydroxy-α,α-dimethoxy-isovaleriansäure-lacton (E III/IV **17** 5832) erhalten worden (*Fl. et al.,* l. c. S. 1007).

3-Acetoxy-4-methyl-5*H*-furan-2-on, 2-Acetoxy-4-hydroxy-3-methyl-*cis*-crotonsäure-lacton $C_7H_8O_4$, Formel XVIII ($R = CO-CH_3$).

B. Beim Behandeln von 2,4-Dihydroxy-3-methyl-*cis*-crotonsäure-4-lacton (E III/IV **17** 5831) mit Acetanhydrid und Pyridin (*Schinz, Hinder,* Helv. **30** [1947] 1349, 1360).
Krystalle (aus Ae. + PAe.); F: 32—33° (*Sch., Hi.*). $Kp_{0,3}$: 105—108° (*Fleck et al.,* Helv. **32** [1949] 998, 1005). Über die UV-Absorption s. *Sch., Hi.*

3-Benzoyloxy-4-methyl-5*H*-furan-2-on, 2-Benzoyloxy-4-hydroxy-3-methyl-*cis*-croton=säure-lacton $C_{12}H_{10}O_4$, Formel XVIII ($R = CO-C_6H_5$).

B. Beim Erwärmen von 2,4-Dihydroxy-3-methyl-*cis*-crotonsäure-4-lacton (E III/IV **17**

5831) mit Benzoylchlorid, Äther und Pyridin (*Schinz, Hinder*, Helv. **30** [1947] 1349, 1361).
Krystalle (aus Ae. + PAe.); F: 72—73°.

Hydroxy-oxo-Verbindungen $C_6H_8O_3$

**(±)-4-Methoxy-6-methyl-5,6-dihydro-pyran-2-on, (±)-5-Hydroxy-3-methoxy-hex-2c-en=
säure-lacton** $C_7H_{10}O_3$, Formel I.

B. Bei mehrtägigem Behandeln von (±)-5-Hydroxy-hex-2-insäure-methylester mit
Methanol, Quecksilber(II)-oxid und dem Borfluorid-Äther-Addukt (*Jones, Whiting*, Soc.
1949 1423, 1429).
Krystalle (aus Cyclohexen); F: 69°. Absorptionsmaximum (A.): 234 nm.

I II III

**(±)-6-Methyl-4-[4-phenyl-phenacyloxy]-5,6-dihydro-pyran-2-on, (±)-5-Hydroxy-
3-[4-phenyl-phenacyloxy]-hex-2c-ensäure-lacton** $C_{20}H_{18}O_4$, Formel II.

B. Aus (±)-3,5-Dihydroxy-hex-2c-ensäure-5-lacton [E III/IV **17** 5834] (*Jones, Whi-
ting*, Soc. **1949** 1419, 1422).
Krystalle (aus Bzl. + Bzn.); F: 174—174,5°.

(R)-2-Hydroxymethyl-4H-pyran-3-on $C_6H_8O_3$, Formel III, und Tautomeres (2-Hydr=
oxymethyl-2H-pyran-3-ol).

B. Neben 2-Desoxy-D-glucose (Hauptprodukt) beim Behandeln von D-Glucal (D-*arabino*-
1,5-Anhydro-2-desoxy-hex-1-enit) mit wss. Schwefelsäure (*Matthews et al.*, Soc. **1955**
2511, 2513).
$Kp_{0,01}$: 120—130°. n_D^{21}: 1,507. $[\alpha]_D^{18}$: +15° [Me.; c = 7].

3-Hydroxy-5-methyl-thiopyrylium $[C_6H_7OS]^+$, Formel IV.
Diese Konstitution kommt wahrscheinlich für die nachstehend beschriebene Ver-
bindung in Betracht, die von *Philippi et al.* (B. **68** [1935] 1810) als 3-Methyl-5-oxo-
2,5-dihydro-thiopyrylium [Formel V] formuliert worden ist.
Chlorid $[C_6H_7OS]Cl$. *B.* Beim Behandeln von Aceton mit Thionylchlorid bei —15°
(*Ph. et al.*). — Krystalle (aus A. + Ae.); F: 125° [Zers.; nach Sintern bei 80°]. — Beim
Behandeln mit wss. Alkalilauge ist eine Verbindung C_6H_6OS (Krystalle [aus A.],
F: 182° [Zers.]; Phenylhydrazon, F: 141°) erhalten worden.

**(±)-5-Äthyl-3-methoxy-5H-furan-2-on, (±)-4-Hydroxy-2-methoxy-hex-2c-ensäure-
lacton** $C_7H_{10}O_3$, Formel VI (R = CH_3).

B. Beim Behandeln von (±)-2,4-Dihydroxy-hex-2c-ensäure-4-lacton (E III/IV **17** 5835)
mit Diazomethan in Äther (*Rossi, Schinz*, Helv. **31** [1948] 473, 486).
$Kp_{0,1}$: 76—77°. D_4^{20}: 1,1138. n_D^{20}: 1,4690.

IV V VI VII

(±)-3-Acetoxy-5-äthyl-5H-furan-2-on, (±)-2-Acetoxy-4-hydroxy-hex-2c-ensäure-lacton
$C_8H_{10}O_4$, Formel VI (R = CO-CH_3).

B. Beim Erwärmen von (±)-2,4-Dihydroxy-hex-2c-ensäure-4-lacton (E III/IV **17** 5835)

mit Acetylchlorid, Äther und wenig Pyridin (*Rossi, Schinz*, Helv. **31** [1948] 473, 485).
Kp$_{0,08}$: 85—86°. D$_4^{18}$: 1,1658. n$_D^{18}$: 1,4659.

[(2Ξ,4S)-4-Hydroxy-dihydro-[2]furyliden]-acetaldehyd C$_6$H$_8$O$_3$, Formel VII.
Diese Konstitution und Konfiguration kommt dem nachstehend beschriebenen **Proto=
glucal** zu.
B. Neben Isoglucal (D-*arabino*-3,6-Anhydro-2-desoxy-hexose [Hauptprodukt]) beim
Behandeln von Di-*O*-acetyl-pseudoglucal (*O*^{4},*O*^{6}-Diacetyl-D-*erythro*-2,3-didesoxy-hex-
2-enose) mit Bariumhydroxid in Wasser (*Bergmann et al.*, A. **508** [1934] 25, 36).
Kp$_{0,4}$: 104—106°. [α]$_D^{20}$: +35° [A.; p = 1]. Hygroskopisch.
4-Nitro-phenylhydrazon C$_{12}$H$_{13}$N$_3$O$_4$. Krystalle (aus wss. A.) mit 1 Mol H$_2$O;
F: 152° [korr.] (*Be. et al.*, l. c. S. 37).

**3-Äthyl-4-dimethylcarbamoyloxy-5*H*-furan-2-on, 2-Äthyl-3-dimethylcarbamoyloxy-
4-hydroxy-*cis*-crotonsäure-lacton** C$_9$H$_{13}$NO$_4$, Formel VIII.
Diese Konstitution wird der nachstehend beschriebenen Verbindung zugeordnet.
B. Beim Erwärmen von 2-Äthyl-4-hydroxy-acetessigsäure-lacton mit Dimethylcarb=
amoylchlorid und Kaliumcarbonat in Benzol (*Geigy A.G.*, D.B.P. 844741 [1949]; D.R.B.P.
Org. Chem. 1950—1951 **5** 74, 75).
Kp$_{0,2}$: 127—129°.

**4-Methoxy-5,5-dimethyl-5*H*-furan-2-on, 4-Hydroxy-3-methoxy-4-methyl-pent-2*c*-en=
säure-lacton** C$_7$H$_{10}$O$_3$, Formel IX (R = CH$_3$).
B. Beim Erwärmen von 4-Hydroxy-4-methyl-pent-2-insäure-methylester mit Natrium=
methylat in Methanol (*Jones, Whiting*, Soc. **1949** 1423, 1428).
Krystalle (aus Bzl. + Bzn.); F: 73—74°. Absorptionsmaximum (A.): 218 nm.

VIII   IX   X

**4-Äthoxy-5,5-dimethyl-5*H*-furan-2-on, 3-Äthoxy-4-hydroxy-4-methyl-pent-2*c*-ensäure-
lacton** C$_8$H$_{12}$O$_3$, Formel IX (R = C$_2$H$_5$).
B. Aus 4-Hydroxy-4-methyl-pent-2-insäure-äthylester beim Erwärmen mit Natrium=
äthylat in Äthanol (*Jones, Whiting*, Soc. **1949** 1423, 1428).
Krystalle (aus Bzn.); F: 40°. Kp$_{0,01}$: 72°. Absorptionsmaximum (A.): 219 nm.

**4-Acetoxy-5,5-dimethyl-5*H*-furan-2-on, 3-Acetoxy-4-hydroxy-4-methyl-pent-2*c*-ensäure-
lacton** C$_8$H$_{10}$O$_4$, Formel IX (R = CO-CH$_3$).
B. Beim Behandeln von 3,4-Dihydroxy-4-methyl-pent-2-ensäure-4-lacton (E III/IV
17 5845) mit Acetanhydrid und wenig Schwefelsäure (*Haynes, Jamieson*, Soc. **1958** 4132,
4134).
F: 59—60°.
Beim Erwärmen mit Zinn(IV)-chlorid in Nitrobenzol ist 3-Acetyl-5,5-dimethyl-
furan-2,4-dion erhalten worden.

**4-Benzoyloxy-5,5-dimethyl-5*H*-furan-2-on, 3-Benzoyloxy-4-hydroxy-4-methyl-pent-
2*c*-ensäure-lacton** C$_{13}$H$_{12}$O$_4$, Formel IX (R = CO-C$_6$H$_5$).
B. Beim Behandeln von 3,4-Dihydroxy-4-methyl-pent-2*c*-ensäure-4-lacton (E III/IV **17**
5845) mit Benzoylchlorid und wss. Natriumcarbonat-Lösung (*Haynes, Jamieson*, Soc.
1958 4132, 4135).
Krystalle (aus Bzn.); F: 130—131°.

*Opt.-inakt. 5-Methyl-5-tetrahydropyran-2-yloxymethyl-5H-furan-2-on, 4-Hydroxy-4-methyl-5-tetrahydropyran-2-yloxy-pent-2c-ensäure-lacton $C_{11}H_{16}O_4$, Formel X.
B. Bei der Hydrierung von opt.-inakt. 4-Hydroxy-4-methyl-5-tetrahydropyran-2-yloxy-pent-2-insäure-methylester (E III/IV **17** 1075) an Lindlar-Katalysator in Benzol und Pentan (*Sondheimer et al.*, J. org. Chem. **24** [1959] 1280, 1284).
Bei 120°/0,5 Torr destillierbar. Absorptionsmaximum (A.): 214 nm.

(±)-3-Methoxy-4,5-dimethyl-5H-furan-2-on, (±)-4-Hydroxy-2-methoxy-3-methyl-pent-2c-ensäure-lacton $C_7H_{10}O_3$, Formel XI (R = CH_3).
B. Beim Behandeln von (±)-2,4-Dihydroxy-3-methyl-pent-2c-ensäure-4-lacton (E III/IV **17** 5846) mit Diazomethan in Äther (*Schinz, Rossi*, Helv. **31** [1948] 1953, 1960).
$Kp_{0,06}$: 46—47°. $D_4^{15,5}$: 1,1130. $n_D^{15,5}$: 1,4692.

(±)-3-Acetoxy-4,5-dimethyl-5H-furan-2-on, (±)-2-Acetoxy-4-hydroxy-3-methyl-pent-2c-ensäure-lacton $C_8H_{10}O_4$, Formel XI (R = CO-CH_3).
B. Beim Behandeln von (±)-2,4-Dihydroxy-3-methyl-pent-2c-ensäure-4-lacton (E III/IV **17** 5846) mit Acetylchlorid, Äther und wenig Pyridin (*Schinz, Rossi*, Helv. **31** [1948] 1953, 1960).
$Kp_{0,06}$: 89—90°. D_4^{17}: 1,1687. n_D^{17}: 1,4670.

XI   XII   XIII   XIV

(±)-4,5-Dimethyl-3-[4-nitro-benzoyloxy]-5H-furan-2-on, (±)-4-Hydroxy-3-methyl-2-[4-nitro-benzoyloxy]-pent-2c-ensäure-lacton $C_{13}H_{11}NO_6$, Formel XI (R = CO-C_6H_4-NO_2).
B. Beim Behandeln von (±)-2,4-Dihydroxy-3-methyl-pent-2c-ensäure-4-lacton (E III/IV **17** 5846) mit 4-Nitro-benzoylchlorid und Pyridin (*Schinz, Rossi*, Helv. **31** [1948] 1953, 1960).
Krystalle (aus Bzl. + PAe.); F: 103—104°.

(±)-5-Methoxy-3,5-dimethyl-5H-furan-2-on, (±)-4-Hydroxy-4-methoxy-2-methyl-pent-2c-ensäure-lacton $C_7H_{10}O_3$, Formel XII (R = CH_3).
B. Beim Behandeln von 2-Methyl-4-oxo-pent-2c-ensäure mit Diazomethan in Äther (*Buchta, Satzinger*, B. **92** [1959] 471, 473).
Kp_{13}: 93—93,5°. Absorptionsmaximum (A.): 220 nm.

(±)-5-Acetoxy-3,5-dimethyl-5H-furan-2-on, (±)-4-Acetoxy-4-hydroxy-2-methyl-pent-2c-ensäure-lacton $C_8H_{10}O_4$, Formel XII (R = CO-CH_3).
B. In kleiner Menge beim Erwärmen von 2-Methyl-4-oxo-pent-2c-ensäure mit Acetylchlorid (*Buchta, Satzinger*, B. **92** [1959] 471, 473).
Kp_{12}: 113—115°.

(±)-4-Äthoxy-3,5-dimethyl-5H-furan-2-on, (±)-3-Äthoxy-4-hydroxy-2-methyl-pent-2c-ensäure-lacton $C_8H_{12}O_3$, Formel XIII.
B. Beim Erhitzen von opt.-inakt. 3,3-Diäthoxy-4-brom-2-methyl-valeriansäure-äthylester (n_D^{25}: 1,4538) auf 200° (*McElvain, Davie*, Am. Soc. **74** [1952] 1816, 1819). Beim Erwärmen von (±)-4-Hydroxy-2-methyl-3-oxo-valeriansäure-lacton mit Keten-diäthylacetal (*McE., Da.*).
Kp_{25}: 155—157°. Kp_{15}: 147—150°. D_4^{25}: 1,074. n_D^{25}: 1,4720.

5-Äthoxy-3,3-dimethyl-3H-furan-2-on, 4t-Äthoxy-4c-hydroxy-2,2-dimethyl-but-3-ensäure-lacton $C_8H_{12}O_3$, Formel XIV.
B. Neben 3-Methyl-crotonsäure-äthylester aus Dimethylketen und Diazoessigsäure-

äthylester (*Kende*, Chem. and Ind. **1956** 1053).
Krystalle; F: 50—51°. Kp_{10}: 76—79°.

Hydroxy-oxo-Verbindungen $C_7H_{10}O_3$

(±)-4-Methoxy-5-propyl-5H-furan-2-on, (±)-4-Hydroxy-3-methoxy-hept-2c-ensäure-lacton $C_8H_{12}O_3$, Formel I.

B. Beim Behandeln von (±)-4-Hydroxy-hept-2-insäure-methylester mit Methanol unter Zusatz von Quecksilber(II)-oxid, Trichloressigsäure und dem Borfluorid-Äther-Addukt (*Jones, Whiting*, Soc. **1949** 1423, 1428).
$Kp_{0,1}$: 87°. n_D^{18}: 1,4717. Absorptionsmaximum (A.): 221 nm.

(±)-3-Acetoxy-5-propyl-5H-furan-2-on, (±)-2-Acetoxy-4-hydroxy-hept-2c-ensäure-lacton $C_9H_{12}O_4$, Formel II (R = CO-CH$_3$).

B. Beim Behandeln von (±)-2,4-Dihydroxy-hept-2c-ensäure-4-lacton (E III/IV **17** 5854) mit Acetylchlorid, Äther und Pyridin (*Schinz, Rossi*, Helv. **31** [1948] 1953, 1958).
$Kp_{0,04}$: 96°. $D_4^{23,5}$: 1,1222. $n_D^{23,5}$: 1,4640.

I   II   III

(±)-3-[4-Nitro-benzoyloxy]-5-propyl-5H-furan-2-on, (±)-4-Hydroxy-2-[4-nitro-benzoyloxy]-hept-2c-ensäure-lacton $C_{14}H_{13}NO_6$, Formel II (R = CO-C$_6$H$_4$-NO$_2$).

B. Beim Erwärmen von (±)-2,4-Dihydroxy-hept-2c-ensäure-4-lacton (E III/IV **17** 5854) mit 4-Nitro-benzoylchlorid, Äther und Pyridin (*Schinz, Rossi*, Helv. **31** [1948] 1953, 1958).
Krystalle (aus Bzl. + Cyclohexan); F: 82°.

4-Dimethylcarbamoyloxy-3-propyl-5H-furan-2-on, 3-Dimethylcarbamoyloxy-4-hydroxy-2-propyl-cis-crotonsäure-lacton $C_{10}H_{15}NO_4$, Formel III.

Diese Konstitution wird der nachstehend beschriebenen Verbindung zugeordnet.
B. Beim Erwärmen von 4-Hydroxy-2-propyl-acetessigsäure-lacton mit Dimethylcarbamoylchlorid und Kaliumcarbonat in Benzol (*Geigy A.G.*, D.B.P. 844741 [1949]; D.R.B.P. Org. Chem. 1950—1951 **5** 74, 76).
$Kp_{0,3}$: 142—143°.

(±)-5-Isopropyl-3-methoxy-5H-furan-2-on, (±)-4-Hydroxy-2-methoxy-5-methyl-hex-2c-ensäure-lacton $C_8H_{12}O_3$, Formel IV (R = CH$_3$).

B. Beim Behandeln von (±)-2,4-Dihydroxy-5-methyl-hex-2c-ensäure-4-lacton (E III/IV **17** 5855) mit Diazomethan in Äther (*Rossi, Schinz*, Helv. **31** [1948] 473, 486).
Krystalle (aus PAe.); F: 58°. $Kp_{0,1}$: 95°.

(±)-3-Acetoxy-5-isopropyl-5H-furan-2-on, (±)-2-Acetoxy-4-hydroxy-5-methyl-hex-2c-ensäure-lacton $C_9H_{12}O_4$, Formel IV (R = CO-CH$_3$).

B. Beim Erwärmen von (±)-2,4-Dihydroxy-5-methyl-hex-2c-ensäure-4-lacton (E III/IV **17** 5855) mit Acetylchlorid, Äther und Pyridin (*Rossi, Schinz*, Helv. **31** [1948] 473, 486).
$Kp_{0,08}$: 89—91°. $D_4^{20,5}$: 1,1270. $n_D^{20,5}$: 1,4662.

(±)-2-[α-Methoxy-isopropyl]-furan-3-on $C_8H_{12}O_3$, Formel V (R = CH$_3$).

B. Beim Erhitzen von opt.-inakt. 1,2;4,5-Diepoxy-5-methyl-hexan-3-on (n_D^{20}: 1,4560) mit Methanol auf 250° (*Nasarow et al.*, Izv. Akad. S.S.S.R. Otd. chim. **1957** 80, 84; engl. Ausg. S. 85, 89).
Krystalle (aus Hexan); F: 125—126°.

IV   V   VI

(±)-2-[α-Äthoxy-isopropyl]-furan-3-on $C_9H_{14}O_3$, Formel V (R = C_2H_5).
B. Beim Erhitzen von opt.-inakt. 1,2;4,5-Diepoxy-5-methyl-hexan-3-on (n_D^{20}: 1,4560) mit Äthanol auf 250° (*Nasarow et al.*, Izv. Akad. S.S.S.R. Otd. chim. **1957** 80, 85; engl. Ausg. S. 85, 89).
Krystalle (aus Hexan); F: 116—117°.

(±)-2-[α-Isopropoxy-isopropyl]-furan-3-on $C_{10}H_{16}O_3$, Formel V (R = $CH(CH_3)_2$).
B. Beim Erhitzen von opt.-inakt. 1,2;4,5-Diepoxy-5-methyl-hexan-3-on (n_D^{20}: 1,4560) mit Isopropylalkohol auf 240° (*Nasarow et al.*, Izv. Akad. S.S.S.R. Otd. chim. **1957** 80, 85; engl. Ausg. S. 85, 90).
Krystalle (aus Hexan); F: 128,5—129°.

4-Dimethylcarbamoyloxy-3-isopropyl-5H-furan-2-on, 3-Dimethylcarbamoyloxy-4-hydr= oxy-2-isopropyl-*cis*-crotonsäure-lacton $C_{10}H_{15}NO_4$, Formel VI.
Diese Konstitution wird der nachstehend beschriebenen Verbindung zugeordnet.
B. Beim Erwärmen von 2-Isopropyl-4-hydroxy-acetessigsäure-lacton mit Dimethyl= carbamoylchlorid und Kaliumcarbonat in Benzol (*Geigy A.G.*, D.B.P. 844741 [1949]; D.R.B.P. Org. Chem. 1950—1951 **5** 74, 75).
$Kp_{0,2}$: 129—131°.

(±)-3-Acetoxy-5-äthyl-4-methyl-5H-furan-2-on, (±)-2-Acetoxy-4-hydroxy-3-methyl-hex-2c-ensäure-lacton $C_9H_{12}O_4$, Formel VII.
B. Beim Behandeln von (±)-2,4-Dihydroxy-3-methyl-hex-2c-ensäure-4-lacton (E III/ IV **17** 5856) mit Acetanhydrid und Pyridin (*Monnin*, Helv. **40** [1957] 1983, 1987).
$Kp_{0,05}$: 90—92°. D_4^{23}: 1,130. n_D^{20}: 1,4660.

(R)-5-[(S)-1-Hydroxy-äthyl]-4-methyl-5H-furan-2-on, L-*erythro*-4,5-Dihydroxy-3-meth= yl-hex-2c-ensäure-4-lacton $C_7H_{10}O_3$, Formel VIII.
B. Beim Behandeln von Cladinonsäure-4-lacton (3,O^3-Dimethyl-L-*ribo*-2,6-didesoxy-hexonsäure-4-lacton (nicht einheitliches Präparat; 3,5-Dinitro-benzoyl-Derivat, F: 123° bis 125°) mit wss. Natronlauge (*Wiley, Weaver*, Am. Soc. **78** [1956] 808).
$Kp_{0,7}$: 117—130°; n_D^{25}: 1,4849 [Präparat von zweifelhafter Einheitlichkeit]. Absorptions-maximum: 212 nm.
Beim Erwärmen mit Hydrazin und Methanol ist eine als 6-[1-Hydroxy-äthyl]-5-methyl-4,5-dihydro-2H-pyridazin-3-on angesehene Verbindung $C_7H_{12}N_2O_2$ (Krystalle [aus A.], F: 190—192°; λ_{max}: 242 nm) erhalten worden.

(±)-4exo-Hydroxy-6-oxa-bicyclo[3.2.1]octan-7-on, (±)-3c,4t-Dihydroxy-cyclohexan-r-carbonsäure-3-lacton $C_7H_{10}O_3$, Formel IX (X = H) + Spiegelbild.
B. Beim Erhitzen von (±)-3c,4t-Dihydroxy-cyclohexan-r-carbonsäure unter 0,06 Torr (*Grewe et al.*, B. **89** [1956] 1978, 1986).
Krystalle (aus E. + PAe.); F: 172°.
Geschwindigkeit der Hydrolyse in Wasser bei 100°: *Gr. et al.*, l. c. S. 1980.

(±)-4exo-[Toluol-4-sulfonyloxy]-6-oxa-bicyclo[3.2.1]octan-7-on, (±)-3c-Hydroxy-4t-[toluol-4-sulfonyloxy]-cyclohexan-r-carbonsäure-lacton $C_{14}H_{16}O_5S$, Formel IX (X = SO_2-C_6H_4-CH_3) + Spiegelbild.
B. Beim Behandeln der im vorangehenden Artikel beschriebenen Verbindung mit

Toluol-4-sulfonylchlorid und Pyridin (*Grewe et al.*, B. **89** [1956] 1978, 1986).
Krystalle (aus E. + PAe.); F: 103°.

VII   VIII   IX   X

(±)-6*exo*-Hydroxy-2-oxa-bicyclo[2.2.2]octan-3-on, (±)-3*t*,4*c*-Dihydroxy-cyclohexan-*r*-carbonsäure-4-lacton $C_7H_{10}O_3$, Formel X (X = H) + Spiegelbild.
B. Bei 20-stdg. Erhitzen von (±)-3*t*,4*c*-Dihydroxy-cyclohexan-*r*-carbonsäure auf 185° (*Grewe et al.*, B. **89** [1956] 1978, 1985).
Krystalle (aus E. + PAe.); F: 69°.
Geschwindigkeit der Hydrolyse in Wasser bei 100°: *Gr. et al.*, l. c. S. 1980.

(±)-6*exo*-[Toluol-4-sulfonyloxy]-2-oxa-bicyclo[2.2.2]octan-3-on, (±)-4*c*-Hydroxy-3*t*-[toluol-4-sulfonyloxy]-cyclohexan-*r*-carbonsäure-lacton $C_{14}H_{16}O_5S$, Formel X (X = SO_2-C_6H_4-CH_3) + Spiegelbild.
B. Beim Behandeln der im vorangehenden Artikel beschriebenen Verbindung mit Toluol-4-sulfonylchlorid und Pyridin (*Grewe et al.*, B. **89** [1956] 1978, 1985).
Krystalle (aus E. + PAe.); F: 108°.

Hydroxy-oxo-Verbindungen $C_8H_{12}O_3$

3-Butyl-4-dimethylcarbamoyloxy-5*H***-furan-2-on, 2-Butyl-3-dimethylcarbamoyloxy-4-hydroxy-*cis*-crotonsäure-lacton** $C_{11}H_{17}NO_4$, Formel I.
Diese Konstitution wird der nachstehend beschriebenen Verbindung zugeordnet.
B. Beim Erwärmen von 2-Butyl-4-hydroxy-acetessigsäure-lacton mit Dimethyl=carbamoylchlorid und Kaliumcarbonat in Benzol (*Geigy A.G.*, D.B.P. 844741 [1949]; D.R.B.P. Org. Chem. 1950—1951 **5** 74, 76).
$Kp_{0,3}$: 151°.

*Opt.-inakt. **3-Hydroxy-hexahydro-benzofuran-2-on** $C_8H_{12}O_3$, Formel II (R = H).
Ein Präparat (Kp_{15}: 171—172°) von zweifelhafter konfigurativer Einheitlichkeit (s. diesbezüglich *Howe et al.*, Soc. [C] **1967** 2510, 2512) ist beim Behandeln von opt.-inakt. 3-Hydroxy-2-oxo-octahydro-benzofuran-3-carbonsäure-äthylester ($Kp_{1,3}$: 180°) mit äthanol. Kalilauge und Erhitzen des Reaktionsprodukts auf 130° erhalten worden (*Rosenmund et al.*, Ar. **287** [1954] 441, 444).

*Opt.-inakt. **3-Methoxy-hexahydro-benzofuran-2-on, [2-Hydroxy-cyclohexyl]-methoxy-essigsäure-lacton** $C_9H_{14}O_3$, Formel II (R = CH_3).
B. Neben Cyclohex-1-enyl-methoxy-essigsäure beim Erwärmen von Brom-cyclo=hexyliden-essigsäure mit Natriummethylat in Methanol und Behandeln des Reaktions-produkts mit wss. Salzsäure (*Newman, Owen*, Soc. **1952** 4713, 4719).
Kp_{30}: 120°; n_D^{16}: 1,4710.

I   II   III

3-Acetoxy-hexahydro-benzofuran-2-on, Acetoxy-[2-hydroxy-cyclohexyl]-essigsäure-lacton $C_{10}H_{14}O_4$, Formel II (R = CO-CH$_3$).
Eine opt.-inakt. Verbindung dieser Konstitution hat wahrscheinlich in dem nachstehend beschriebenen Präparat vorgelegen (*Plattner, Jampolsky*, Helv. **26** [1943] 687, 688).
B. Bei der Hydrierung von 3-Acetoxy-5,6-dihydro-4H-benzofuran-2-on an Platin in Äthanol (*Pl., Ja.*, l. c. S. 692).
Krystalle (aus PAe.); F: 66—68°. Bei 50°/0,01 Torr sublimierbar.

5-Benzyloxy-hexahydro-benzofuran-2-on, [5-Benzyloxy-2-hydroxy-cyclohexyl]-essigsäure-lacton $C_{15}H_{18}O_3$.
Über die Konfiguration der folgenden Stereoisomeren s. *Fry*, J. org. Chem. **17** [1952] 1484; s. a. *Fry*, Am. Soc. **76** [1954] 284.

a) (±)-5c(?)-Benzyloxy-(3ar,7ac)-hexahydro-benzofuran-2-on, (±)-[5t(?)-Benzyloxy-2c-hydroxy-cyclohex-r-yl]-essigsäure-lacton $C_{15}H_{18}O_3$, vermutlich Formel III + Spiegelbild.
B. s. bei dem unter b) beschriebenen Stereoisomeren.
Krystalle (aus A.); F: 78—79° (*Fry*, J. org. Chem. **17** [1952] 1484, 1488).

IV V VI

b) (±)-5t(?)-Benzyloxy-(3ar,7ac)-hexahydro-benzofuran-2-on, (±)-[5c(?)-Benzyloxy-2c-hydroxy-cyclohex-r-yl]-essigsäure-lacton $C_{15}H_{18}O_3$, vermutlich Formel IV + Spiegelbild.
B. Neben dem unter a) beschriebenen Stereoisomeren und einem flüssigen Präparat (Kp$_{0,6}$: 167—177°), in dem vermutlich ein Gemisch von (±)-[5c-Benzyloxy-2t-hydroxy-cyclohex-r-yl]-essigsäure-lacton (Formel V + Spiegelbild) und (±)-[5t-Benzyloxy-2t-hydroxy-cyclohex-r-yl]-essigsäure-lacton (Formel VI + Spiegelbild) vorgelegen hat, beim Behandeln von opt.-inakt. [2,5-Dihydroxy-cyclohexyl]-essigsäure-2-lacton (Stereoisomeren-Gemisch) mit Benzylbromid und wenig Triäthylamin in Chloroform, zuletzt bei 180° (*Fry*, J. org. Chem. **17** [1952] 1484, 1487).
Krystalle (aus A.); F: 100—102°.

7-Hydroxy-hexahydro-benzofuran-2-on, [2,3-Dihydroxy-cyclohexyl]-essigsäure-2-lacton $C_8H_{12}O_3$.

a) (±)-7c-Hydroxy-(3ar,7ac)-hexahydro-benzofuran-2-on, (±)-[2c,3t-Dihydroxy-cyclohex-r-yl]-essigsäure-2-lacton $C_8H_{12}O_3$, Formel VII (R = H) + Spiegelbild.
B. Neben grösseren Mengen des unter c) beschriebenen Stereoisomeren beim Behandeln von (±)-Cyclohex-2-enyl-essigsäure mit wss. Wasserstoffperoxid und Ameisensäure und Erwärmen des Reaktionsgemisches mit wss. Natronlauge und anschliessend mit wss. Salzsäure (*Rosenmund, Kositzke*, B. **92** [1959] 486, 490; *Arbusow et al.*, Ž. obšč. Chim. **34** [1964] 1100, 1103; engl. Ausg. S. 1090, 1093).
Als O-[Toluol-4-sulfonyl]-Derivat (F: 133—135° [S. 66]) charakterisiert.

b) (±)-7c-Hydroxy-(3ar,7at)-hexahydro-benzofuran-2-on, (±)-[2t,3t-Dihydroxy-cyclohex-r-yl]-essigsäure-2-lacton $C_8H_{12}O_3$, Formel VIII (R = H) + Spiegelbild.
B. Beim Erhitzen von (±)-7c-Hydroxy-2-oxo-(3ar,7at)-octahydro-benzofuran-3-carbonsäure im Vakuum auf 200° (*Abe et al.*, J. pharm. Soc. Japan **72** [1952] 394, 397; C. A. **1953** 6358).
Krystalle (aus PAe. + Bzl.); F: 85°. Kp$_4$: 185°.
O-[4-Nitro-benzoyl]-Derivat (F: 175° [S. 66]): *Abe et al.*

c) (±)-7t-Hydroxy-(3ar,7at)-hexahydro-benzofuran-2-on, (±)-[2t,3c-Dihydroxy-cyclohex-r-yl]-essigsäure-2-lacton $C_8H_{12}O_3$, Formel IX (R = H) + Spiegelbild.
B. Aus (±)-7t-Hydroxy-2-oxo-(3ar,7at)-octahydro-benzofuran-3-carbonsäure beim Er-

hitzen auf 160° sowie beim Erhitzen mit Pyridin (*Rosenmund, Kositzke*, B. **92** [1959] 486, 490; *Arbusow et al.*, Doklady Akad. S.S.S.R. **137** [1961] 1106; Pr. Acad. Sci. U.S.S.R. Chem. Sect. **136**–141 [1961] 365; s. a. *Abe et al.*, J. pharm. Soc. Japan **72** [1952] 394, 397; C. A. **1953** 6358). Weitere Bildungsweise s. bei dem unter a) beschriebenen Stereoisomeren.

Krystalle (aus Ae.); F: 39,5—40° (*Arbusow et al.*, Ž. obšč. Chim. **34** [1964] 1100, 1103; engl. Ausg. S. 1090, 1093). Kp_4: 177° (*Abe et al.*).

O-[4-Nitro-benzoyl]-Derivat (F: 143° [s. u.]): *Abe et al.*; O-[3,5-Dinitro-benzoyl]-Derivat (F: 112—113° [s. u.]): *Ar. et al.*, Doklady Akad. S.S.S.R. **137** 1106; Ž. obšč. Chim. **34** 1103; O-[Toluol-4-sulfonyl]-Derivat (F: 102—103° [s. u.]): *Ro., Ko.*

| VII | VIII | IX | X |

($\pm$)-7ξ-Äthoxy-(3ar,7ac)-hexahydro-benzofuran-2-on, ($\pm$)-[3ξ-Äthoxy-2c-hydroxy-cyclohex-r-yl]-essigsäure-lacton $C_{10}H_{16}O_3$, Formel X (R = C_2H_5) + Spiegelbild.

B. Neben anderen Verbindungen beim Erwärmen von ($\pm$)-[2c-Hydroxy-3t-jod-cyclohex-r-yl]-essigsäure-lacton mit Malonsäure-diäthylester und Natriumäthylat in Äthanol (*Klein*, Am. Soc. **81** [1959] 3611, 3614).

Bei 110—115°/1,5 Torr destillierbar.

7-[4-Nitro-benzoyloxy]-hexahydro-benzofuran-2-on, [2-Hydroxy-3-(4-nitro-benzoyloxy)-cyclohexyl]-essigsäure-lacton $C_{15}H_{15}NO_6$.

a) ($\pm$)-7c-[4-Nitro-benzoyloxy]-(3ar,7at)-hexahydro-benzofuran-2-on $C_{15}H_{15}NO_6$, Formel VIII (R = CO-C_6H_4-NO_2) + Spiegelbild.

B. Aus ($\pm$)-7c-Hydroxy-(3ar,7at)-hexahydro-benzofuran-2-on und 4-Nitro-benzoylchlorid (*Abe et al.*, J. pharm. Soc. Japan **72** [1952] 394, 397; C. A. **1953** 6358).

Hellgelbe Krystalle (aus Me.); F: 175°.

b) ($\pm$)-7t-[4-Nitro-benzoyloxy]-(3ar,7at)-hexahydro-benzofuran-2-on $C_{15}H_{15}NO_6$, Formel IX (R = CO-C_6H_4-NO_2) + Spiegelbild.

B. Aus ($\pm$)-7t-Hydroxy-(3ar,7at)-hexahydro-benzofuran-2-on und 4-Nitro-benzoylchlorid (*Abe et al.*, J. pharm. Soc. Japan **72** [1952] 394, 397; C. A. **1953** 6358).

Krystalle; F: 143°.

($\pm$)-7t-[3,5-Dinitro-benzoyloxy]-(3ar,7at)-hexahydro-benzofuran-2-on, ($\pm$)-[3c-(3,5-Dinitro-benzoyloxy)-2t-hydroxy-cyclohex-r-yl]-essigsäure-lacton $C_{15}H_{14}N_2O_8$, Formel IX (R = CO-$C_6H_3(NO_2)_2$) + Spiegelbild.

B. Aus ($\pm$)-7t-Hydroxy-(3ar,7at)-hexahydro-benzofuran-2-on und 3,5-Dinitro-benzoylchlorid (*Arbusow et al.*, Ž. obšč. Chim. **34** [1964] 1100, 1103; engl. Ausg. S. 1090, 1093).

Krystalle (aus A. oder wss. A.); F: 112—113°.

7-[Toluol-4-sulfonyloxy]-hexahydro-benzofuran-2-on, [2-Hydroxy-3-(toluol-4-sulfonyloxy)-cyclohexyl]-essigsäure-lacton $C_{15}H_{18}O_5S$.

a) ($\pm$)-7c-[Toluol-4-sulfonyloxy]-(3ar,7ac)-hexahydro-benzofuran-2-on $C_{15}H_{18}O_5S$, Formel VII (R = SO_2-C_6H_4-CH_3) + Spiegelbild.

B. Aus ($\pm$)-7c-Hydroxy-(3ar,7ac)-hexahydro-benzofuran-2-on und Toluol-4-sulfonylchlorid (*Rosenmund, Kositzke*, B. **92** [1959] 486, 491).

Krystalle (aus Bzl.); F: 133—135°.

b) ($\pm$)-7t-[Toluol-4-sulfonyloxy]-(3ar,7at)-hexahydro-benzofuran-2-on $C_{15}H_{18}O_5S$, Formel IX (R = SO_2-C_6H_4-CH_3) + Spiegelbild.

B. Aus ($\pm$)-7t-Hydroxy-(3ar,7at)-hexahydro-benzofuran-2-on und Toluol-4-sulfonylchlorid (*Rosenmund, Kositzke*, B. **92** [1959] 486, 491).

Krystalle (aus Bzl.); F: 102—103°.

Hydroxy-oxo-Verbindungen $C_9H_{14}O_3$

5-Methoxy-2,2,6,6-tetramethyl-6H-pyran-3-on $C_{10}H_{16}O_3$, Formel I.

B. Beim Behandeln von 2,2,5,5-Tetramethyl-furan-3,4-dion mit Diazomethan in Äther (*Korobizyna et al.*, Ž. obšč. Chim. **29** [1959] 691; engl. Ausg. S. 686).

F: 74—75° [durch Sublimation im Vakuum gereinigtes Präparat].

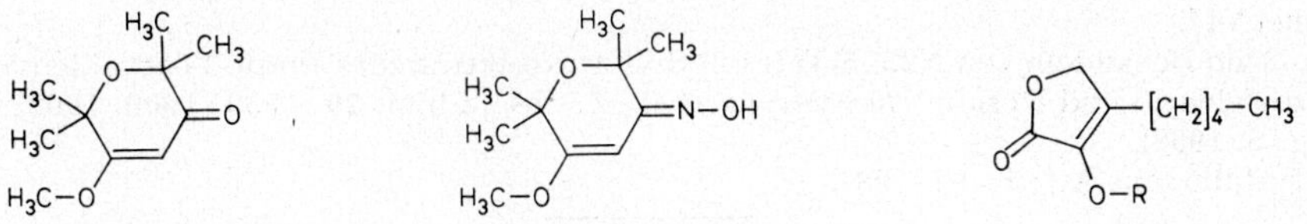

5-Methoxy-2,2,6,6-tetramethyl-6H-pyran-3-on-oxim $C_{10}H_{17}NO_3$, Formel II.

B. Aus 5-Methoxy-2,2,6,6-tetramethyl-6H-pyran-3-on und Hydroxylamin (*Korobizyna et al.*, Ž. obšč. Chim. **29** [1959] 691; engl. Ausg. S. 686).

F: 116,5°.

3-Methoxy-4-pentyl-5H-furan-2-on, 3-Hydroxymethyl-2-methoxy-oct-2t-ensäure-lacton, 4-Hydroxy-2-methoxy-3-pentyl-cis-crotonsäure-lacton $C_{10}H_{16}O_3$, Formel III (R = CH_3).

B. Aus 4-Pentyl-dihydro-furan-2,3-dion mit Hilfe von Diazomethan (*Schinz, Hinder*, Helv. **30** [1947] 1349, 1364).

Kp_{11}: 136—139°. D_4^{15}: 1,0360. n_D^{15}: 1,4740.

3-Acetoxy-4-pentyl-5H-furan-2-on, 2-Acetoxy-3-hydroxymethyl-oct-2t-ensäure-lacton, 2-Acetoxy-4-hydroxy-3-pentyl-cis-crotonsäure-lacton $C_{11}H_{16}O_4$, Formel III (R = $CO-CH_3$).

B. Beim Behandeln von 4-Pentyl-dihydro-furan-2,3-dion mit Acetanhydrid und Pyridin (*Schinz, Hinder*, Helv. **30** [1947] 1349, 1365).

$Kp_{0,07}$: 112—115°. D_4^{16}: 1,0876. n_D^{16}: 1,4711.

4-Dimethylcarbamoyloxy-3-isopentyl-5H-furan-2-on, 3-Dimethylcarbamoyloxy-4-hydr≠oxy-2-isopentyl-cis-crotonsäure-lacton $C_{12}H_{19}NO_4$, Formel IV.

Diese Konstitution wird der nachstehend beschriebenen Verbindung zugeordnet.

B. Beim Erwärmen von 2-Isopentyl-4-hydroxy-acetessigsäure-lacton (H **17** 426) mit Dimethylcarbamoylchlorid und Kaliumcarbonat in Benzol (*Geigy A.G.*, D.B.P. 844741 [1949]; D.R.B.P. Org. Chem. 1950—1951 **5** 74, 76).

$Kp_{0,3}$: 161°.

(±)-5-tert-Butyl-4-methoxy-3-methyl-5H-furan-2-on, (±)-4-Hydroxy-3-methoxy-2,5,5-trimethyl-hex-2c-ensäure-lacton $C_{10}H_{16}O_3$, Formel V.

B. Beim Behandeln von (±)-5-tert-Butyl-3-methyl-furan-2,4-dion mit Diazomethan in Äther und Methanol (*Reid, Denny*, Am. Soc. **81** [1959] 4632, 4635).

$Kp_{0,16}$: 78,6—81°. n_D^{25}: 1,4685.

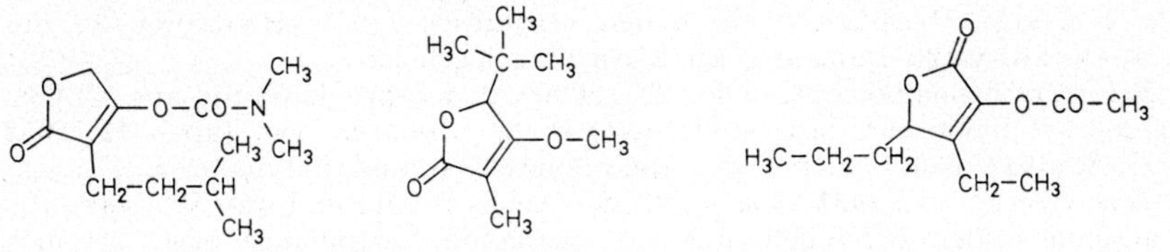

(±)-3-Acetoxy-4-äthyl-5-propyl-5H-furan-2-on, (±)-2-Acetoxy-3-äthyl-4-hydroxy-hept-2c-ensäure-lacton $C_{11}H_{16}O_4$, Formel VI.
B. Beim Behandeln von (±)-4-Äthyl-5-propyl-dihydro-furan-2,3-dion mit Acetan= hydrid und Pyridin (Monnin, Helv. 40 [1957] 1983, 1987).
$Kp_{0,05}$: 109—110°. D_4^{20}: 1,080. n_D^{20}: 1,4667.

4-[(Ξ)-Benzoyloxymethylen]-2,2,5,5-tetramethyl-dihydro-furan-3-on $C_{16}H_{18}O_4$, Formel VII.
B. Beim Behandeln von 2,2,5,5-Tetramethyl-4-oxo-tetrahydro-furan-3-carbaldehyd mit Benzoylchlorid und Pyridin (Korobizyna et al., Ž. obšč. Chim. 29 [1959] 1960, 1962; engl. Ausg. S. 1932).
Krystalle (aus A.); F: 97—98°.

(±)-3ξ-Hydroxy-(4ar,8ac)-hexahydro-chroman-2-on $C_9H_{14}O_3$, Formel VIII (R = H) + Spiegelbild.
B. Bei der Hydrierung von (±)-3ξ-Hydroxy-(4ar,8ac)-4a,5,8,8a-tetrahydro-chroman-2-on (F: 135°) an Palladium/Kohle in Äthanol (Hillyer, Edmonds, J. org. Chem. 17 [1952] 600, 606).
Krystalle (aus A.); F: 140—141°.
Überführung in cis-Hexahydro-benzofuran-2-on durch Erwärmen mit Natrium= dichromat und wss. Schwefelsäure: Hi., Ed.

VII   VIII   IX

(±)-3ξ-Acetoxy-(4ar,8ac)-hexahydro-chroman-2-on, (±)(Ξ)-2-Acetoxy-3-[(Ξ)-cis-2-hydroxy-cyclohexyl]-propionsäure-lacton $C_{11}H_{16}O_4$, Formel VIII (R = CO-CH_3) + Spiegelbild.
B. Beim Erhitzen der im vorangehenden Artikel beschriebenen Verbindung mit Acet= anhydrid (Hillyer, Edmonds, J. org. Chem. 17 [1952] 600, 606).
Krystalle (aus Hexan); F: 86—87°.

*Opt.-inakt. 3-Hydroxy-3-methyl-hexahydro-benzofuran-2-on $C_9H_{14}O_3$, Formel IX.
B. Bei der Hydrierung von opt.-inakt. 3-Hydroxy-3-methyl-3a,4,5,6-tetrahydro-3H-benzofuran-2-on (F: 135°) an Palladium/Bariumsulfat in Essigsäure (Rosenmund et al., Ar. 287 [1954] 441, 447).
Krystalle (aus Bzn.); F: 129°.

*Opt.-inakt. 7-Hydroxy-3-methyl-hexahydro-benzofuran-2-on, 2-[2,3-Dihydroxy-cyclo= hexyl]-propionsäure-2-lacton $C_9H_{14}O_3$, Formel X.
a) Präparat vom F: 106°.
B. Beim Behandeln von opt.-inakt. 2-Cyclohex-2-enyl-propionsäure (aus (±)-Cyclo= hex-2-enyl-methyl-malonsäure hergestellt) mit Kaliumpermanganat in wss. Kalilauge (Abe et al., J. pharm. Soc. Japan 72 [1952] 418, 422; C. A. 1953 6357).
Krystalle (aus Ae.); F: 106°.
O-[4-Nitro-benzoyl]-Derivat $C_{16}H_{17}NO_6$. Krystalle (aus Me.); F: 209—210°.
b) Flüssige Präparate, in denen vermutlich (±)-7t-Hydroxy-3ξ-methyl-(3ar,7at)-hexahydro-benzofuran-2-on vorgelegen hat.
B. Beim Erwärmen von opt.-inakt. 2-Cyclohex-2-enyl-propionsäure [aus (±)-Cyclohex-2-enyl-methyl-malonsäure hergestellt] (Abe et al., J. pharm. Soc. Japan 72 [1952] 418, 422; C. A. 1953 6357) oder von (±)-Cyclohex-2-enyl-methyl-malonsäure-diäthylester (Gunstone, Heggie, Soc. 1952 1354, 1356) mit Ameisensäure und wss. Wasserstoffperoxid und anschliessenden Behandeln mit wss.-methanol. Natronlauge bzw. mit methanol. Kalilauge. Beim Erhitzen von opt.-inakt. 2-[2-Brom-3-hydroxy-cyclohexyl]-propionsäure

(F: 173°) mit wss. Natronlauge (*Abe, Sumi*, J. pharm. Soc. Japan **72** [1952] 652, 654; C. A. **1953** 6358). Beim Erwärmen von opt.-inakt. 2-[3-Brom-2-hydroxy-cyclohexyl]-propionsäure-lacton (E III/IV **17** 4342) mit Bariumhydroxid in wss. Methanol (*Abe, Sumi*). Beim Erhitzen von (±)-7*t*-Hydroxy-3ξ-methyl-2-oxo-(3a*t*,7a*t*)-octahydro-benzofuran-3ξ-carbonsäure (F: 173° [Zers.]) mit Kupfer-Pulver im Vakuum bis auf 200° (*Abe et al.*).

Kp_6: 175—181° [Präparat aus opt.-inakt. 2-Cyclohex-2-enyl-propionsäure]; Kp_3: 165° bis 170° [Präparat aus (±)-7*t*-Hydroxy-3ξ-methyl-2-oxo-(3a*r*,7a*t*)-octahydro-benzofuran-3ξ-carbonsäure (*Abe et al.*). E: 0°; Kp_1: 154—156° (*Gu., He.*).

Aus dem Präparat von *Abe et al.* vom Kp_3: 165—170° ist ein *O*-[4-Nitro-benzoyl]-Derivat $C_{16}H_{17}NO_6$ (Krystalle [aus Me.], F: 125°), aus dem Präparat von *Gunstone* und *Heggie* ist ein *O*-[3,5-Dinitro-benzoyl]-Derivat $C_{16}H_{16}N_2O_8$ (Krystalle [aus Me.], F: 184—185° [unkorr.]) hergestellt worden.

X   XI   XII

5-Benzyloxy-7a-methyl-hexahydro-benzofuran-2-on, [5-Benzyloxy-2-hydroxy-2-methyl-cyclohexyl]-essigsäure-lacton $C_{16}H_{20}O_3$.

Ein Präparat ($Kp_{0,6}$: 182—184°), in dem vielleicht **(±)-5*c*-Benzyloxy-7a-methyl-(3a*r*,7a*c*)-hexahydro-benzofuran-2-on** (Formel XI [R = CH_2-C_6H_5] + Spiegelbild) als Hauptbestandteil vorgelegen hat, ist beim Behandeln von (±)-[5*t*-Benzyloxy-2-oxo-cyclohex-*r*-yl]-essigsäure mit äther. Methylmagnesiumjodid-Lösung unterhalb 0° und Erwärmen des mit kalter wss. Salzsäure behandelten und vom Äther befreiten Reaktionsgemisches in Benzol erhalten und durch Behandlung mit Acetylchlorid und wenig Zinn(IV)-chlorid in eine Verbindung $C_{11}H_{16}O_4$ (F: 61,5—63° [aus wss. A.]; vielleicht (±)-5*c*-Acetoxy-7a-methyl-(3a*r*,7a*c*)-hexahydro-benzofuran-2-on [Formel XI (R = CO-CH_3) + Spiegelbild]), durch Behandlung mit Benzoylchlorid und wenig Zinn(IV)-chlorid in eine Verbindung $C_{16}H_{18}O_4$ (F: 82—84° [aus wss. A.]; vielleicht (±)-5*c*-Benzoyloxy-7a-methyl-(3a*r*,7a*c*)-hexahydro-benzofuran-2-on [Formel XI (R = CO-C_6H_5) + Spiegelbild]) übergeführt worden (*Fry*, J. org. Chem. **17** [1952] 1484, 1488).

(±)-4*exo*-Hydroxy-5,8*anti*-dimethyl-6-oxa-bicyclo[3.2.1]octan-7-on, (±)-3*c*,4*t*-Dihydroxy-2*c*,3*t*-dimethyl-cyclohexan-*r*-carbonsäure-3-lacton $C_9H_{14}O_3$, Formel XII + Spiegelbild.

B. Neben 3*t*,4*t*-Epoxy-2*c*,3*c*-dimethyl-cyclohexan-*r*-carbonsäure beim Behandeln einer Lösung von (±)-2*c*,3-Dimethyl-cyclohex-3-en-*r*-carbonsäure in Chloroform mit Peroxyessigsäure (*Kutscherow et al.*, Izv. Akad. S.S.S.R. Otd. chim. **1959** 682, 688; engl. Ausg. S. 652, 657). Beim Erwärmen von (±)-3*t*,4*t*-Epoxy-2*c*,3*c*-dimethyl-cyclohexan-*r*-carbonsäure mit wss. Dioxan oder mit wss. Methanol (*Ku. et al.*).

Krystalle (aus Ae. + PAe.); F: 74—75°.

Hydroxy-oxo-Verbindungen $C_{10}H_{16}O_3$

(+)-6-[1-Methoxy-1-methyl-butyl]-3,4-dihydro-pyran-2-on, (+)-5-Hydroxy-6-methoxy-6-methyl-non-4*t*-ensäure-lacton $C_{11}H_{18}O_3$, Formel I.

Über ein beim Erhitzen von (+)-6-Methoxy-6-methyl-5-oxo-nonansäure mit Acetanhydrid und wenig Natriumacetat erhaltenes Präparat ($[\alpha]_D^{19}$: +19,5° [Ae.]) s. *Lewis, Polgar*, Soc. **1958** 102, 105.

(±)-4-Methoxy-1-[(Ξ)-2-methyl-tetrahydro-pyran-4-yliden]-butan-2-on $C_{11}H_{18}O_3$, Formel II.

B. Beim Behandeln von opt.-inakt. 4-But-3-en-1-inyl-2-methyl-tetrahydro-pyran-4-ol

(E III/IV **17** 1333) mit Methanol und Quecksilber(II)-sulfat (*Nasarow, Wartanjan*, Izv. Akad. S.S.S.R. Otd. chim. **1953** 314, 316; engl. Ausg. S. 287, 289).
Kp_1: 109—111°. D_4^{20}: 1,0340. n_D^{20}: 1,4800.

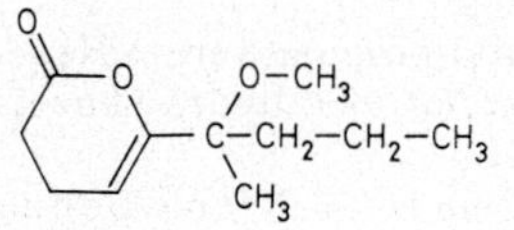

I 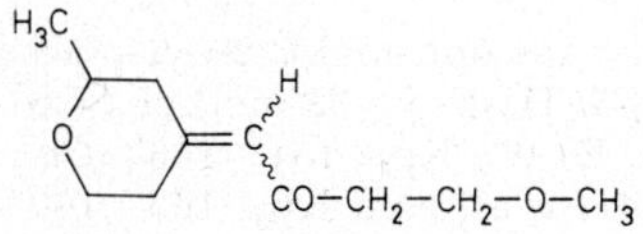 II 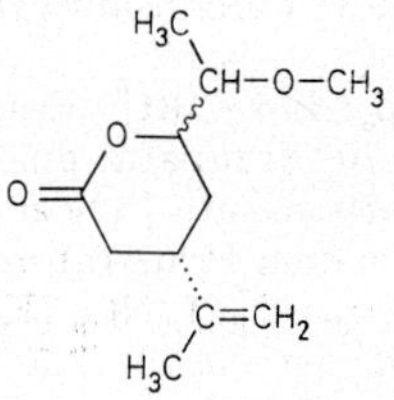 III

(4*S*,6*Ξ*)-4-Isopropenyl-6-[(*Ξ*)-1-methoxy-äthyl]-tetrahydro-pyran-2-on, (*S*)-3-[(2*Ξ*,3*Ξ*)-2-Hydroxy-3-methoxy-butyl]-4-methyl-pent-4-ensäure-lacton $C_{11}H_{18}O_3$, Formel III.

B. Beim Erhitzen von (*S*)-3-[(2*S*,3*Ξ*)-2-Hydroxy-3-methoxy-butyl]-4-methyl-pent-4-ensäure (n_D: 1,470; aus (1*R*,4*S*,6*S*)-6-Hydroxy-1-methoxy-*p*-menth-8-en-2-on [E III **8** 1951] hergestellt) im Vakuum (*Treibs*, B. **65** [1932] 1314, 1322).
Kp_{15}: 162—166°. D^{20}: 1,054. n_D: 1,4778. α_D: +7,6° [unverd.; l = 1].

(±)-5-Hexyl-3-[4-nitro-benzoyloxy]-5*H*-furan-2-on, (±)-4-Hydroxy-2-[4-nitro-benzoyl= oxy]-dec-2*c*-ensäure-lacton $C_{17}H_{19}NO_6$, Formel IV.

B. Beim Behandeln von (±)-2,4-Dihydroxy-dec-2*c*-ensäure-4-lacton (E III/IV **17** 5876) mit 4-Nitro-benzoylchlorid, Äther und Pyridin (*Schinz, Rossi*, Helv. **31** [1948] 1953, 1959).
Krystalle (aus Bzl. + Cyclohexan); F: 73°.

3-Acetoxy-4-isohexyl-5*H*-furan-2-on, 2-Acetoxy-3-hydroxymethyl-7-methyl-oct-2*t*-en= säure-lacton, 2-Acetoxy-4-hydroxy-3-isohexyl-*cis*-crotonsäure-lacton $C_{12}H_{18}O_4$, Formel V.

B. Beim Behandeln von 4-Isohexyl-dihydro-furan-2,3-dion mit Acetanhydrid und Pyridin (*Schinz, Hinder*, Helv. **30** [1947] 1349, 1365).
$Kp_{0,05}$: 115—118°.

4-[(*Ξ*)-1-Methoxy-äthyliden]-2,2,5,5-tetramethyl-dihydro-furan-3-on $C_{11}H_{18}O_3$, Formel VI (R = CH_3).

B. Bei mehrtägigem Behandeln von 4-Acetyl-2,2,5,5-tetramethyl-dihydro-furan-3-on mit Diazomethan in Äther (*Korobizyna et al.*, Ž. obšč. Chim. **29** [1959] 2196, 2200; engl. Ausg. S. 2163, 2166).
Krystalle (aus Bzn.); F: 42°. Kp_2: 73—75°.

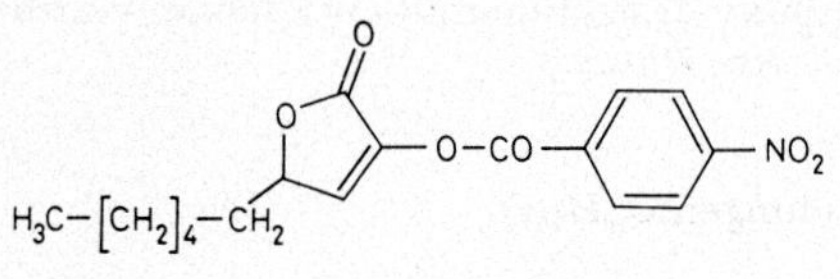

IV 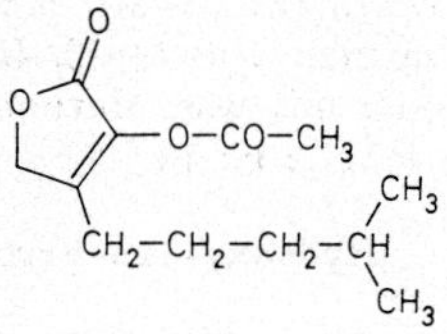 V 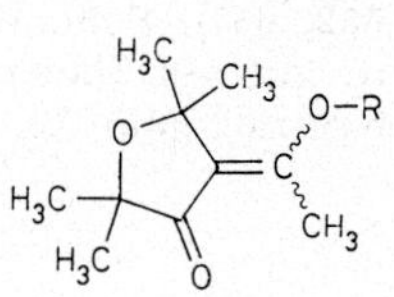 VI

4-[(*Ξ*)-1-Benzoyloxy-äthyliden]-2,2,5,5-tetramethyl-dihydro-furan-3-on $C_{17}H_{20}O_4$, Formel VI (R = $CO-C_6H_5$).

B. Beim Behandeln von 4-Acetyl-2,2,5,5-tetramethyl-dihydro-furan-3-on mit Benzoyl= chlorid und Pyridin (*Korobizyna et al.*, Ž. obšč. Chim. **29** [1959] 2196, 2200; engl. Ausg. S. 2163, 2166).
Krystalle (aus A. + W.); F: 89—89,5°.

(±)-4-Cyclohexyl-4-hydroxy-dihydro-furan-2-on, (±)-3-Cyclohexyl-3,4-dihydroxy-buttersäure-4-lacton $C_{10}H_{16}O_3$, Formel VII (R = H).

B. Neben 3-Cyclohexyl-4-hydroxy-cis-crotonsäure-lacton beim Erwärmen von (±)-3-Cyclohexyl-3-hydroxy-4-methoxy-buttersäure mit Bromwasserstoff in Essigsäure (*Rubin et al.*, J. org. Chem. **6** [1941] 260, 266). Bei der Hydrierung von (±)-3,4-Dihydroxy-3-[4-oxo-cyclohexyl]-buttersäure-4-lacton an Platin in Essigsäure (*Hardegger et al.*, Helv. **29** [1946] 477, 480). In kleiner Menge beim Erhitzen von 2-Acetoxy-1-cyclohexyl-äthanon mit Bromessigsäure-äthylester, Zink und Benzol und anschliessenden Behandeln mit wss. Salzsäure (*Linville, Elderfield*, J. org. Chem. **6** [1941] 270).

Krystalle; F: 112° [korr.; aus W.] (*Li., El.*; *Ru. et al.*), 109—111° [korr.; aus Acn. + PAe.] (*Ha. et al.*).

VII   VIII   IX

(±)-4-Acetoxy-4-cyclohexyl-dihydro-furan-2-on, (±)-3-Acetoxy-3-cyclohexyl-4-hydroxy-buttersäure-lacton $C_{12}H_{18}O_4$, Formel VII (R = CO-CH$_3$).

B. Aus (±)-3-Cyclohexyl-3,4-dihydroxy-buttersäure-4-lacton beim Behandeln mit Acetanhydrid und Acetylchlorid (*Hardegger et al.*, Helv. **29** [1946] 477, 480) sowie beim Erhitzen mit Acetanhydrid (*Knowles et al.*, J. org. Chem. **7** [1942] 383, 386).

Krystalle; F: 93—95° [aus PAe.] (*Kn. et al.*), 90—91° (*Ha. et al.*). Bei 170°/50 Torr (*Kn. et al.*) bzw. bei 80° im Hochvakuum (*Ha. et al.*) sublimierbar.

---

*Opt.-inakt. 4-Cyclohexyl-3-hydroxy-dihydro-furan-2-on, 3-Cyclohexyl-2,4-dihydroxy-buttersäure-4-lacton $C_{10}H_{16}O_3$, Formel VIII.

B. In kleiner Menge beim Erwärmen von opt.-inakt. 2-Chlor-3-cyclohexyl-4-hydroxy-buttersäure-lacton (F: 131,5°) mit wss. Natronlauge (*Blout, Elderfield*, J. org. Chem. **8** [1943] 29, 32).

Krystalle (aus PAe.); F: 144° [korr.].

O-[4-Nitro-benzoyl]-Derivat $C_{17}H_{19}NO_6$ (4-Cyclohexyl-3-[4-nitro-benzoyloxy]-dihydro-furan-2-on). Hellgelbe Krystalle (aus wss. A.); F: 154—154,5° [korr.].

(±)-4-[*trans*-4-Hydroxy-cyclohexyl]-dihydro-furan-2-on $C_{10}H_{16}O_3$, Formel IX + Spiegelbild.

B. Bei der Hydrierung von (±)-3-[*trans*-4-Acetoxy-cyclohexyl]-4-hydroxy-cis-crotonsäure-lacton an Platin in Essigsäure und Behandlung des erhaltenen (±)-3-[*trans*-4-Acetoxy-cyclohexyl]-4-hydroxy-buttersäure-lactons mit Chlorwasserstoff enthaltendem Methanol (*Hardegger et al.*, Helv. **29** [1946] 477, 483).

Kp$_{12}$: 230°.

---

*Opt.-inakt. 4-[x-Hydroxy-cyclohexyl]-dihydro-furan-2-on $C_{10}H_{16}O_3$, Formel X.

B. Beim Behandeln von opt.-inakt. 3-[x-Brom-cyclohexyl]-4-hydroxy-buttersäure-lacton (s. E III/IV **17** 4353 im Artikel (±)-4-Cyclohexyl-dihydro-furan-2-on) mit wss.-äthanol. Natronlauge und anschliessenden Erwärmen mit wss. Salzsäure (*Blout, Elderfield*, J. org. Chem. **8** [1943] 29, 34).

Kp$_{0,7}$: 140—152°. n$_D^{25}$: 1,4946.

O-[4-Nitro-benzoyl]-Derivat $C_{17}H_{19}NO_6$ (4-[x-(4-Nitro-benzoyloxy)-cyclohexyl]-dihydro-furan-2-on). Hellgelbe Krystalle (aus A.); F: 163—164,5° [korr.].

(4a*R*)-3ξ-Acetoxy-4*c*,7*c*-dimethyl-(4a*r*,7a*c*)-hexahydro-cyclopenta[*c*]pyran-1-on, (1*R*)-2*c*-[(α*R*,β*Ξ*)-β-Acetoxy-β-hydroxy-isopropyl]-5*t*-methyl-cyclopentan-*r*-carbonsäure-lacton $C_{12}H_{18}O_4$, Formel XI.

Diese Konstitution und Konfiguration kommt der nachstehend beschriebenen

(+)-*O*-Acetyl-nepetalsäure zu.

B. Beim Erwärmen von (+)-Nepetalsäure (E III **10** 2862) mit Acetanhydrid (*McElvain et al.*, Am. Soc. **63** [1941] 1558, 1563).
Krystalle (aus Ae. + PAe.); F: 68—69°. $Kp_{0,1}$: 124—126°. $[\alpha]_D^{23}$: +72,2° [$CHCl_3$].

X   XI   XII

Bis-[(4a*R*)-4*c*,7*c*-dimethyl-1-oxo-(4a*r*,7a*c*)-octahydro-cyclopenta[*c*]pyran-3ξ-yl]-äther $C_{20}H_{30}O_5$, Formel XII.

Isolierung aus dem ätherischen Öl von Nepeta cataria: *McElvain et al.*, Am. Soc. **64** [1942] 1828, 1830.

B. Neben (+)-*O*-Acetyl-nepetalsäure (s. o.) beim Behandeln von (+)-Nepetalsäure (E III **10** 2862) mit Acetylchlorid in Tetrachlormethan (*McE. et al.*).
Krystalle (aus PAe. oder A.); F: 139—140°. $[\alpha]_D^{25}$: +136° [$CHCl_3$].

Beim Erhitzen unter Normaldruck ist *cis, trans*-Nepetalacton ((4a*S*)-4,7*c*-Dimethyl-(4a*r*,7a*c*)-5,6,7,7a-tetrahydro-4a*H*-cyclopenta[*c*]pyran-1-on) erhalten worden.

(4a*S*)-5*t*-Hydroxy-4*t*,7*c*-dimethyl-(4a*r*,7a*c*)-hexahydro-cyclopenta[*c*]pyran-3-on $C_{10}H_{16}O_3$, Formel I (R = H).

Diese Konstitution und Konfiguration kommt dem nachstehend beschriebenen, von *Cohn et al.* (Helv. **37** [1954] 790, 794) als 4-Hydroxy-3,6-dimethyl-hexahydrocyclopenta[*b*]pyran-2-on formulierten **Desoxyverbanol** zu (*Büchi, Manning*, Tetrahedron **18** [1962] 1049, 1053).

B. Neben anderen Verbindungen bei der Hydrierung von Verbenalin ((4a*S*)-1*c*-β-D-Glucopyranosyloxy-7*c*-methyl-5-oxo-(4a*r*,7a*c*)-1,4a,5,6,7,7a-hexahydro-cyclopenta[*c*]-pyran-4-carbonsäure-methylester) an Raney-Nickel in Wasser bei 100°/15 at (*Karrer, Salomon*, Helv. **29** [1946] 1544, 1550, 1552).

Krystalle (aus E. + Ae. oder aus W.); F: 137—138° (*Ka., Sa.*). IR-Spektrum (Nujol; 2—16 μ): *Cohn et al.*

I   II   III   IV

(4a*S*)-4*t*,7*c*-Dimethyl-5*t*-[toluol-4-sulfonyloxy]-(4a*r*,7a*c*)-hexahydro-cyclopenta[*c*]pyran-3-on, (*S*)-2-[(1*S*)-2*c*-Hydroxymethyl-3*t*-methyl-5*c*-(toluol-4-sulfonyloxy)-cyclopent-*r*-yl]-propionsäure-lacton $C_{17}H_{22}O_5S$, Formel I (R = SO_2-C_6H_4-CH_3).

Diese Konstitution und Konfiguration kommt dem nachstehend beschriebenen *O*-[Toluol-4-sulfonyl]-desoxyverbanol zu.

B. Beim Behandeln von Desoxyverbanol (s. o.) mit Toluol-4-sulfonylchlorid und Pyridin (*Cohn et al.*, Helv. **37** [1954] 790, 796).
Krystalle (aus E.); F: 180° [Zers.]. $[\alpha]_D^{18}$: +14,4° [Dioxan; c = 2].

3a-Hydroxy-3,3-dimethyl-hexahydro-benzofuran-2-on, 2-[1,2-Dihydroxy-cyclohexyl]-2-methyl-propionsäure-2-lacton $C_{10}H_{16}O_3$, Formel II.

Diese Konstitution kommt vermutlich der nachstehend beschriebenen opt.-inakt. Verbindung zu.

B. Beim Erwärmen von opt.-inakt. 2-[2-Acetoxy-1-hydroxy-cyclohexyl]-2-methyl-

propionsäure-äthylester (Kp$_{3-4}$: 127—130°) mit methanol. Kalilauge (*Cocker, Hornsby,* Soc. **1947** 1157, 1165).
Krystalle (aus Eg.); F: 107—108°.
Beim aufeinanderfolgenden Behandeln mit wss.-äthanol. Schwefelsäure und mit wss. Natronlauge ist 2-Methyl-2-[2-oxo-cyclohexyl]-propionsäure erhalten worden.

*Opt.-inakt. **3-Hydroxy-3,5-dimethyl-hexahydro-benzofuran-2-on** C$_{10}$H$_{16}$O$_3$, Formel III.
B. Neben 3,5-Dimethyl-hexahydro-benzofuran-2-on (Kp$_{13}$: 132°) bei der Hydrierung von opt.-inakt. 3-Hydroxy-3,5-dimethyl-3a,4,5,6-tetrahydro-3H-benzofuran-2-on (F: 125°) an Palladium/Bariumsulfat in Äthanol (*Rosenmund et al.,* Ar. **287** [1954] 441, 447).
Krystalle (aus Bzn.); F: 159—160°. Kp$_{0,2}$: 84—86°.

(±)-**3a-Hydroxy-5,5-dimethyl-(3a*r*,7a*c*)-hexahydro-benzofuran-2-on**, (±)-**[1,2*c*-Dihydroxy-5,5-dimethyl-cyclohex-*r*-yl]-essigsäure-2-lacton** C$_{10}$H$_{16}$O$_3$, Formel IV + Spiegelbild.
Die Konstitution der nachstehend beschriebenen Verbindung ergibt sich aus ihrer genetischen Beziehung zu Allocyclogeraniumsäure ([5,5-Dimethyl-cyclohex-1-enyl]-essigsäure).
B. Bei 4-tägigem Erhitzen von [1,2-Epoxy-5,5-dimethyl-cyclohexyl]-essigsäure-methylester mit Essigsäure und Dioxan auf 140° (*Vodoz, Schinz,* Helv. **33** [1950] 1040, 1049).
Krystalle (aus Ae. + PAe.); F: 98—99°.

1-Hydroxy-2,2,6-trimethyl-7-oxa-bicyclo[4.2.0]octan-8-on, 1,2-Dihydroxy-2,6,6-trimethyl-cyclohexancarbonsäure-2-lacton C$_{10}$H$_{16}$O$_3$, Formel V.
Das früher (s. H **18** 10) mit Vorbehalt unter dieser Konstitution beschriebene Oxyjonolacton (F: ca. 130°) ist wahrscheinlich als 3-Hydroxy-4,4,7a-trimethyl-5,6,7,7a-tetrahydro-4H-benzofuran-2-on (E III/IV **17** 5965) zu formulieren (*Brooks et al.,* Soc. **1961** 308).

*Opt.-inakt. **1-[1,2-Epoxy-cyclohexyl]-3-methoxy-butan-1-on** C$_{11}$H$_{18}$O$_3$, Formel VI.
B. Beim Behandeln von (±)-1-Cyclohex-1-enyl-3-methoxy-butan-1-on mit wss. Wasserstoffperoxid und wss.-methanol. Natronlauge bei −7° (*Nasarow, Achrem,* Izv. Akad. S.S.S.R. Otd. chim. **1956** 1457, 1460; engl. Ausg. S. 1499, 1502).
Kp$_{1,5}$: 90°. D$_4^{20}$: 1,0314. n$_D^{20}$: 1,4720.

V   VI   VII   VIII

(1*S*)-**1,6-Epoxy-8-methoxy-*cis*-*p*-menthan-2-on** C$_{11}$H$_{18}$O$_3$, Formel VII.
Diese Verbindung hat vermutlich in einem von *Treibs* (B. **70** [1937] 384, 387) als 2,3-Epoxy-5-[methoxy-*tert*-butyl]-cyclohexanon angesehenen, beim Behandeln von (*S*)-8-Methoxy-*p*-menth-1(6)-en-2-on (E III **8** 56) mit wss. Wasserstoffperoxid und methanol. Kalilauge erhaltenen Präparat (Kp$_{17}$: 132—134°; D$_{15}$: 1,0303; n$_D^{15}$: 1,488; [α]$_D$: −19,5° [unverd.(?)]) als Hauptbestandteil vorgelegen (vgl. *Büchi, Erickson,* Am. Soc. **76** [1954] 3493; bezüglich der Konfiguration an den C-Atomen 1 und 6 s. *Klein, Ohloff,* Tetrahedron **19** [1963] 1091, 1092, 1093).

(±)-**3a-Hydroxy-6,6,6a-trimethyl-(3a*r*,6a*c*)-cyclopenta[*b*]furan-2-on**, (±)-**[1,2*c*-Dihydroxy-2*t*,3,3-trimethyl-cyclopent-*r*-yl]-essigsäure-2-lacton** C$_{10}$H$_{16}$O$_3$, Formel VIII + Spiegelbild (H 9; dort als „Lacton der niedrigschmelzenden Dioxydihydro-β-campholensäure" bezeichnet).
B. Beim Erhitzen von β-Campholensäure ([2,3,3-Trimethyl-cyclopent-1-enyl]-essig

säure) mit Essigsäure und wss. Wasserstoffperoxid (*Buchman, Sargent*, J. org. Chem. **7** [1942] 140, 146).
Krystalle (aus Diisopropyläther + A.); F: 143—143,5°.

7-Hydroxy-1-isopropyl-4-methyl-2-oxa-norbornan-3-on, 2,3-Dihydroxy-3-isopropyl-1-methyl-cyclopentancarbonsäure-3-lacton $C_{10}H_{16}O_3$, Formel IX.

Diese Konstitution kommt vermutlich der nachstehend beschriebenen opt.-inakt. Verbindung zu.

B. In kleiner Menge beim Behandeln von (±)-Carvenon ((±)-*p*-Menth-3-en-2-on) mit methanol. Kalilauge in einer Sauerstoff-Atmosphäre (*Treibs*, B. **65** [1932] 163, 167).
Krystalle (aus $CHCl_3$ + PAe.); F: 138—139°.

(±)-3endo-Benzoyloxy-1-isopropyl-4-methyl-7-oxa-norbornan-2-on, (1RS,2SR)-2-Benzoyloxy-1,4-epoxy-*p*-menthan-3-on $C_{17}H_{20}O_4$, Formel X (X = O) + Spiegelbild.

B. Beim Behandeln von (1*RS*,2*RS*,3*SR*)-2-Benzoyloxy-1,4-epoxy-*p*-menthan-3-ol mit Chrom(VI)-oxid in Essigsäure (*Jacob, Ourisson*, Bl. **1958** 734).
Krystalle (nach Sublimation); F: 71—72°.

(±)-3endo-Benzoyloxy-1-isopropyl-4-methyl-7-oxa-norbornan-2-on-[2,4-dinitro-phenyl-hydrazon], (1RS,2RS)-2-Benzoyloxy-1,4-epoxy-*p*-menthan-3-on-[2,4-dinitro-phenyl-hydrazon] $C_{23}H_{24}N_4O_7$, Formel X (X = N-NH-$C_6H_3(NO_2)_2$) + Spiegelbild.

B. Aus der im vorangehenden Artikel beschriebenen Verbindung und [2,4-Dinitrophenyl]-hydrazin (*Jacob, Ourisson*, Bl. **1958** 734).
Krystalle (aus A.); F: 166,5—167,5°. Absorptionsmaximum (A.): 351 nm.

*Opt.-inakt. 5-Methoxy-1,3,3-trimethyl-2-oxa-bicyclo[2.2.2]octan-6-on, 1,8-Epoxy-3-methoxy-*p*-menthan-2-on $C_{11}H_{18}O_3$, Formel XI.

B. Beim Erwärmen von opt.-inakt. 1,8-Epoxy-3-methoxy-*p*-menthan-2-on-semicarbazon (F: 208° [s. u.]) mit wss. Schwefelsäure (*Cusmano*, Mem. Accad. Italia **9** [1938] 219, 240).
Krystalle (aus PAe.); F: 45—46°.

*Opt.-inakt. 5-Hydroxy-1,3,3-trimethyl-2-oxa-bicyclo[2.2.2]octan-6-on-semicarbazon, 1,8-Epoxy-3-hydroxy-*p*-menthan-2-on-semicarbazon $C_{11}H_{19}N_3O_3$, Formel XII (R = H).

B. Aus opt.-inakt. 3-Brom-1,8-epoxy-*p*-menthan-2-on-semicarbazon (hergestellt aus opt.-inakt. 3-Brom-1,8-epoxy-*p*-menthan-2-on vom F: ca. 90° [E I **17** 144]) beim Erwärmen mit Wasser sowie beim Behandeln mit wss. Kaliumhydrogencarbonat-Lösung (*Cusmano*, Mem. Accad. Italia **9** [1938] 219, 239).
Krystalle (aus Me.); Zers. bei 197—205°.

*Opt.-inakt. 5-Methoxy-1,3,3-trimethyl-2-oxa-bicyclo[2.2.2]octan-6-on-semicarbazon, 1,8-Epoxy-3-methoxy-*p*-menthan-2-on-semicarbazon $C_{12}H_{21}N_3O_3$, Formel XII (R = CH_3).

B. Beim Erwärmen von opt.-inakt. 3-Brom-1,8-epoxy-*p*-menthan-2-on-semicarbazon (aus opt.-inakt. 3-Brom-1,8-epoxy-*p*-menthan-2-on vom F: ca. 90° [E I **17** 144] hergestellt) mit wss.-methanol. Natriumcarbonat-Lösung (*Cusmano*, Mem. Accad. Italia **9** [1938] 219, 239).
Krystalle (aus Me. oder W.); F: 208°.

*Opt.-inakt. 5-Benzoyloxy-1,3,3-dimethyl-2-oxa-bicyclo[2.2.2]octan-6-on-semicarbazon,
3-Benzoyloxy-1,8-epoxy-*p*-menthan-2-on-semicarbazon $C_{18}H_{23}N_3O_4$, Formel XII
(R = $CO-C_6H_5$).
    B. Beim Erwärmen von opt.-inakt. 3-Brom-1,8-epoxy-*p*-menthan-2-on-semicarbazon
(aus opt.-inakt. 3-Brom-1,8-epoxy-*p*-menthan-2-on vom F: ca. 90° [E I **17** 144] hergestellt) mit Natriumbenzoat in wss. Methanol (*Cusmano*, Mem. Accad. Italia **9** [1938]
219, 239).
    Krystalle; F: 225—226°.

Hydroxy-oxo-Verbindungen $C_{11}H_{18}O_3$

(±)-1-[2,2-Dimethyl-3,6-dihydro-2*H*-pyran-4-yl]-3-methoxy-butan-1-on $C_{12}H_{20}O_3$,
Formel I.
    B. Beim Erwärmen von 4-But-3-en-1-inyl-2,2-dimethyl-3,6-dihydro-2*H*-pyran mit
Methanol, Quecksilber(II)-sulfat und wss. Schwefelsäure auf 60° (*Nasarow, Torgow*,
Ž. obšč. Chim. **18** [1948] 1338, 1343; C. A. **1949** 2161).
    Kp_2: 93—95°. D_4^{20}: 1,0154. n_D^{20}: 1,4817.

1-[(*Ξ*)-2,2-Dimethyl-tetrahydro-pyran-4-yliden]-4-methoxy-butan-2-on $C_{12}H_{20}O_3$,
Formel II.
    B. Beim Behandeln von (±)-4-But-3-en-1-inyl-2,2-dimethyl-tetrahydro-pyran-4-ol mit
Quecksilber(II)-oxid, Methanol und dem Borfluorid-Äther-Addukt (*Nasarow, Torgow*,
Izv. Akad. S.S.S.R. Otd. chim. **1943** 129, 136; C. A. **1944** 4595) oder mit Methanol und
Quecksilber(II)-sulfat (*Nasarow, Torgow*, Ž. obšč. Chim. **18** [1948] 1338, 1340; C. A. **1949**
2161).
    Kp_3: 109—110° (*Na., To.*, Izv. Akad. S.S.S.R. Otd. chim. **1943** 137). Kp_2: 102—105°;
D_4^{20}: 1,0282; n_D^{20}: 1,4820 (*Na., To.*, Ž. obšč. Chim. **18** 1340).

*Opt.-inakt. 3-Methoxy-1-[2,2,5-trimethyl-2,5-dihydro-[3]furyl]-butan-1-on $C_{12}H_{20}O_3$,
Formel III.
    B. Beim Erwärmen von (±)-3-But-3-en-1-inyl-2,2,5-trimethyl-2,5-dihydro-furan mit
wss. Methanol, Quecksilber(II)-sulfat und Schwefelsäure (*Nasarow et al.*, Ž. obšč. Chim.
27 [1957] 2961, 2968; engl. Ausg. S. 2992, 2997).
    Kp_4: 94—95°. D_4^{20}: 0,9784. n_D^{20}: 1,4660.

(±)-4-Methoxy-1-[(*Ξ*)-2,2,5-trimethyl-dihydro-[3]furyliden]-butan-2-on
$C_{12}H_{20}O_3$, Formel IV.
    B. Beim Erwärmen von opt.-inakt. 3-But-3-en-1-inyl-2,2,5-trimethyl-tetrahydro-furan-
3-ol ($Kp_{1,5}$: 78—79°; n_D^{20}: 1,500) mit Methanol und Quecksilber(II)-sulfat (*Nasarow et al.*,
Ž. obšč. Chim. **27** [1957] 2961, 2967; engl. Ausg. S. 2992, 2997).
    $Kp_{5,5}$: 113—114°. D_4^{20}: 1,0007. n_D^{20}: 1,4710.

*Opt.-inakt. 3-Cyclohexyl-5-hydroxymethyl-dihydro-furan-2-on, 2-Cyclohexyl-4,5-dihydroxy-valeriansäure-4-lacton $C_{11}H_{18}O_3$, Formel V.

B. Beim Behandeln von (±)-2-Cyclohexyl-pent-4-ensäure mit Ameisensäure und wss. Wasserstoffperoxid und Erhitzen des Reaktionsprodukts unter vermindertem Druck (*Arakeljan, Dangjan*, Naucn. Trudy Erevansk. Univ. **60** [1957] 17, 19).

Kp_2: 172°. D_4^{20}: 1,1337. n_D^{20}: 1,4880.

(3aR)-7ξ-Hydroxy-3a,6t,7ξ-trimethyl-(3ar,7a ξ)-hexahydro-benzofuran-2-on, [(1R)-2ξ,3ξ-Dihydroxy-1,3ξ,4c-trimethyl-cyclohex-r-yl]-essigsäure-2-lacton $C_{11}H_{18}O_3$, Formel VI.

B. Neben 2-Methyl-propan-1,2,3-tricarbonsäure beim Erhitzen von [(1R)-1,3,4c-Tri≠methyl-cyclohex-2-en-r-yl]-essigsäure mit Chrom(VI)-oxid, Essigsäure und wss. Schwefel≠säure (*Jeger et al.*, Helv. **30** [1947] 1294, 1302).

Krystalle (aus Me. + PAe.); F: 148°. [α]$_D$: +45° [A.; c = 0,3]. Im Hochvakuum sublimierbar.

7-Hydroxy-4,4,7a-trimethyl-hexahydro-benzofuran-2-on, [2,3-Dihydroxy-2,6,6-trimethyl-cyclohexyl]-essigsäure-2-lacton $C_{11}H_{18}O_3$.

a) **(±)-7c-Hydroxy-4,4,7a-trimethyl-(3ar,7ac)-hexahydro-benzofuran-2-on, (±)-[2c,3t-Dihydroxy-2t,6,6-trimethyl-cyclohex-r-yl]-essigsäure-2-lacton** $C_{11}H_{18}O_3$, Formel VII (R = H) + Spiegelbild.

B. Beim Erhitzen von opt.-inakt. [2,3-Epoxy-2,6,6-trimethyl-cyclohexyl]-essigsäure (F: 97,5—98,5°) oder dem Methylester (Kp$_{13}$: 128,5—130°) dieser Säure mit wss. Schwefel≠säure auf 115° (*Stoll et al.*, Helv. **33** [1950] 1510, 1514).

Krystalle (aus PAe.); F: 118—119° [unkorr.].

V VI VII VIII

b) **(±)-7t-Hydroxy-4,4,7a-trimethyl-(3ar,7at)-hexahydro-benzofuran-2-on, (±)-[2t,3c-Dihydroxy-2c,6,6-trimethyl-cyclohex-r-yl]-essigsäure-2-lacton** $C_{11}H_{18}O_3$, Formel VIII (R = H) + Spiegelbild.

B. Neben [3c-Acetoxy-2t-hydroxy-2c,6,6-trimethyl-cyclohex-r-yl]-essigsäure-lacton beim Erhitzen mit opt.-inakt. [2,3-Epoxy-2,6,6-trimethyl-cyclohexyl]-essigsäure (F: 97,5° bis 98,5°) mit Essigsäure (*Stoll et al.*, Helv. **33** [1950] 1510, 1514).

Krystalle; F: 127—127,5° [unkorr.].

(±)-7c-Methoxy-4,4,7a-trimethyl-(3ar,7ac)-hexahydro-benzofuran-2-on, (±)-[2c-Hydr≠oxy-3t-methoxy-2t,6,6-trimethyl-cyclohex-r-yl]-essigsäure-lacton $C_{12}H_{20}O_3$, Formel VII (R = CH$_3$) + Spiegelbild.

B. Neben [2,6,6-Trimethyl-3-oxo-cyclohexyl]-essigsäure-methylester (Semicarbazon: F: 156—157°) beim Erwärmen von opt.-inakt. [2,3-Epoxy-2,6,6-trimethyl-cyclohexyl]-essigsäure-methylester (Kp$_{13}$: 128,5—130°) mit Schwefelsäure enthaltendem Methanol (*Stoll et al.*, Helv. **33** [1950] 1510, 1514).

Krystalle; F: 81—81,5°.

(±)-7t-Acetoxy-4,4,7a-trimethyl-(3ar,7at)-hexahydro-benzofuran-2-on, (±)-[3c-Acetoxy-2t-hydroxy-2c,6,6-trimethyl-cyclohex-r-yl]-essigsäure-lacton $C_{13}H_{20}O_4$, Formel VIII (R = CO-CH$_3$) + Spiegelbild.

B. s. o. im Artikel (±)-7t-Hydroxy-4,4,7a-trimethyl-(3ar,7at)-hexahydro-benzofuran-2-on.

Kp$_{0,03}$: 131—132° (*Stoll et al.*, Helv. **33** [1950] 1510, 1515).

(±)-7c-Benzolsulfonyloxy-4,4,7a-trimethyl-(3ar,7ac)-hexahydro-benzofuran-2-on,
(±)-[3t-Benzolsulfonyloxy-2c-hydroxy-2t,6,6-trimethyl-cyclohex-r-yl]-essigsäure-lacton
$C_{17}H_{22}O_5S$, Formel VII (R = SO_2-C_6H_5) + Spiegelbild.

B. Beim Erwärmen von opt.-inakt. [2,3-Epoxy-2,6,6-trimethyl-cyclohexyl]-essigsäuremethylester (Kp_{13}: 128,5—130°) mit Benzolsulfonsäure in Benzol (*Stoll et al.*, Helv. **33** [1950] 1510, 1515).

Krystalle (aus A. + PAe.); F: 141—142° [unkorr.].

Hydroxy-oxo-Verbindungen $C_{12}H_{20}O_3$

(±)-5-Äthoxy-4,5-di-*tert*-butyl-5*H*-furan-2-on, (±)-4-Äthoxy-3-*tert*-butyl-4-hydroxy-5,5-dimethyl-hex-2c-ensäure-lacton $C_{14}H_{24}O_3$, Formel IX.

B. Beim Erwärmen von (±)-3-*tert*-Butyl-4-chlor-4-hydroxy-5,5-dimethyl-hex-2c-ensäure-lacton mit Silbernitrat, Äthanol und wenig Pyridin (*Newman, Kahle*, J. org. Chem. **23** [1958] 666, 669).

Krystalle (aus PAe.); F: 82,5—83,2°. UV-Spektrum (A.; 270—320 nm): *Ne., Ka.*

(±)-3-Methoxy-1-[2,2,5,5-tetramethyl-2,5-dihydro-[3]furyl]-butan-1-on $C_{13}H_{22}O_3$, Formel X.

B. Beim Erwärmen von 3-But-3-en-1-inyl-2,2,5,5-tetramethyl-2,5-dihydro-furan mit wss. Methanol, wenig Quecksilber(II)-sulfat und Schwefelsäure (*Nasarow et al.*, Ž. obšč. Chim. **27** [1957] 2961, 2966; engl. Ausg. S. 2992, 2996).

Kp_5: 100—101°. D_4^{20}: 0,9571. n_D^{20}: 1,4605.

4-Methoxy-1-[(*Ξ*)-2,2,5,5-tetramethyl-dihydro-[3]furyliden]-butan-2-on $C_{13}H_{22}O_3$, Formel XI.

B. Beim Erwärmen von (±)-3-But-3-en-1-inyl-2,2,5,5-tetramethyl-tetrahydro-furan-3-ol mit Methanol und wenig Quecksilber(II)-sulfat (*Nasarow et al.*, Ž. obšč. Chim. **27** [1957] 2961, 2965; engl. Ausg. S. 2992, 2995).

Kp_2: 95—96°. D_4^{20}: 0,9731. n_D^{20}: 1,4600.

(±)-6t-Hydroxy-1,1,6c-trimethyl-(4ar,8ac)-hexahydro-isochroman-3-on, (±)-[1,8-Dihydroxy-neomenthyl]-essigsäure-8-lacton $C_{12}H_{20}O_3$, Formel XII + Spiegelbild.

Über die Konstitution und Konfiguration dieser ursprünglich von *Kuhn, Hoffer* (B. **64** [1931] 1243, 1247) als [1,4-Dihydroxy-*p*-menthan-3-yl]-essigsäure-1-lacton angesehenen opt.-inakt. Verbindung („Oxylacton B") s. *Berkoff, Crombie*, Soc. **1960** 3734, 3735, 3739. Die gleiche Verbindung hat wahrscheinlich auch in einem von *Wul'fson, Schemjakin* (Ž. obšč. Chim. **13** [1943] 436, 442; C. A. **1944** 3254) als 3,5-Dihydroxy-5,9-dimethyl-dec-8-ensäure-3-lacton angesehenen opt.-inakt. Präparat (F: 120°;

O-Acetyl-Derivat $C_{14}H_{22}O_4$: Krystalle [aus Bzl.], F: 117—118°) vorgelegen.

B. Beim Erhitzen von opt.-inakt. [1,8-Dihydroxy-neomenthyl]-malonsäure-dilacton („Citryliden-malonsäure") mit wss. Kalilauge (2 Mol) und anschliessenden Behandeln mit wss. Schwefelsäure (Kuhn, Ho., l. c. S. 1249). Beim Erhitzen der im folgenden Artikel beschriebenen Verbindung mit wss. Kalilauge und anschliessenden Behandeln mit wss. Schwefelsäure (Kuhn, Ho.).

Krystalle (aus Bzl. + PAe.); F: 118—119° [korr.; Block] (Kuhn, Ho.).

Beim Behandeln einer methanol. Lösung mit Chlorwasserstoff ist [1,8-Dichlor-p-menthan-3-yl]-essigsäure-methylester (F: 124° [E III 9 117]) erhalten worden (Kuhn, Ho.).

(±)-6endo-[α-Hydroxy-isopropyl]-2-oxa-bicyclo[3.3.1]nonan-3-on, (±)-[1,8-Dihydroxy-neomenthyl]-essigsäure-1-lacton $C_{12}H_{20}O_3$, Formel XIII + Spiegelbild.

Über die Konstitution und Konfiguration dieser ursprünglich von Kuhn, Hoffer (B. 64 [1931] 1243, 1247) als [1,4-Dihydroxy-p-menthan-3-yl]-essigsäure-4-lacton angesehenen opt.-inakt. Verbindung („Oxylacton A") s. Berkoff, Crombie, Soc. 1960 3734, 3735, 3739.

B. Beim Erwärmen von opt.-inakt. [1,8-Dihydroxy-neomenthyl]-malonsäure-dilacton („Citryliden-malonsäure") mit wss. Natronlauge [1 Mol] (Kuhn, Ho., l. c. S. 1249).

Krystalle (aus Bzl. + PAe., aus Ae. oder aus W.); F: 123—123,5° [korr.; Block] (Kuhn, Ho.).

Beim Erhitzen mit wss. Kalilauge und anschliessenden Behandeln mit wss. Schwefelsäure ist die im vorangehenden Artikel beschriebene Verbindung erhalten worden (Kuhn, Ho.). Bildung von [1,8-Dichlor-p-menthan-3-yl]-essigsäure-methylester (F: 124° [E III 9 117]) beim Behandeln einer methanol. Lösung mit Chlorwasserstoff: Kuhn, Ho.

Hydroxy-oxo-Verbindungen $C_{13}H_{22}O_3$

4-Methoxy-5-octanoyl-3,6-dihydro-2H-pyran, 1-[4-Methoxy-5,6-dihydro-2H-pyran-3-yl]-octan-1-on $C_{14}H_{24}O_3$, Formel I.

Eine unter dieser Konstitution beschriebene Verbindung (F: 65°) ist bei 60-stdg. Erhitzen der Natrium-Verbindung des 3-Octanoyl-tetrahydro-pyran-4-ons mit Methyljodid und Chloroform auf 110° erhalten worden (Winterfeld et al., Pharm. Zentralhalle 91 [1952] 320, 324).

(±)-3c(?)-Hydroxy-3t(?),4,4,5,5,6a-hexamethyl-(3ar,6ac)-hexahydro-cyclopenta[b]furan-2-on $C_{13}H_{22}O_3$, vermutlich Formel II + Spiegelbild.

B. Beim Erwärmen der im folgenden Artikel beschriebenen Verbindung (F: 203°) mit wss. Essigsäure (Kolobielski, A. ch. [12] 10 [1955] 271, 283, 302).

Krystalle (aus A.); F: 172—173°.

(±)-3c(?)-Hydroxy-3t(?),4,4,5,5,6a-hexamethyl-(3ar,6ac)-hexahydro-cyclopenta[b]furan-2-on-imin $C_{13}H_{23}NO_2$, vermutlich Formel III (X = H) + Spiegelbild.

Diese Konstitution kommt vermutlich der nachstehend beschriebenen Verbindung zu (Kolobielski, A. ch. [12] 10 [1955] 271, 281, 283).

B. Beim Erwärmen von (±)-1-[2c-Hydroxy-2t,4,4,5,5-pentamethyl-cyclopent-r-yl]-äthanon mit Cyanwasserstoff und methanol. Kalilauge (Ko., l. c. S. 301).

Krystalle (aus A.); F: 203°.

Beim Erwärmen mit wss. Salzsäure sind 2-[2-Amino-2,4,4,5,5-pentamethyl-cyclopentyliden]-propionsäure-lactam und kleine Mengen einer als 2-[2-Amino-2,4,4,5,5-pentamethyl-cyclopentyl]-2-hydroxy-propionsäure-lactam angesehenen Verbindung [F: 178°]

(*Ko.*, l. c. S. 311), beim Erwärmen mit wss. Essigsäure sind die im vorangehenden Artikel beschriebene Verbindung (F: 172—173°) und kleine Mengen zweier (isomerer) Verbindungen $C_{13}H_{22}O_3$ vom F: 138—139° und vom F: 122—123° (*Ko.*, l. c. S. 302) erhalten worden. Überführung in 1-[2,4,4,5,5-Pentamethyl-cyclopent-1-enyl]-äthanon durch Erwärmen mit wss. Kalilauge: *Ko.*, l. c. S. 302. Bildung einer als (±)-3c(?)-Hydroxy-3t(?),4,4,5,5,6a-hexamethyl-(3a*r*,6a*c*)-hexahydro-cyclopenta[*b*]furan-2-on-oxim (vermutlich Formel III [X = OH] + Spiegelbild) angesehenen Verbindung $C_{13}H_{23}NO_3$ (Krystalle: [aus Ae. + PAe.]; F: 162—163°) beim Erwärmen mit Hydroxylamin-hydrochlorid, wss.-äthanol. Salzsäure und Pyridin: *Ko.*, l. c. S. 302.

Hydrochlorid $C_{13}H_{23}NO_2 \cdot HCl$. Krystalle (aus Acn.); F: 152° (*Ko.*, l. c. S. 301).

(±)-9*syn*-Hydroxy-2*endo*,6,6,9*anti*-tetramethyl-3-oxa-bicyclo[3.3.1]nonan-2*exo*-carb= aldehyd $C_{13}H_{22}O_3$, Formel IV + Spiegelbild, und (±)-3c,6,6,7a-Tetramethyl-(3a*r*,7a*c*)-octahydro-3*t*,7*t*-oxaäthano-benzofuran-2ξ-ol $C_{13}H_{22}O_3$, Formel V + Spiegelbild.

Diese beiden Formeln kommen für die nachstehend beschriebene Verbindung in Betracht.

B. Neben einer wahrscheinlich als 2*exo*-Hydroxymethyl-2*endo*,6,6,9*anti*-tetramethyl-3-oxa-bicyclo[3.3.1]nonan-9*syn*-ol zu formulierenden Verbindung (F: 107—108°) beim Erwärmen von (±)-9*syn*-Hydroxy-2*endo*,6,6,9*anti*-tetramethyl-3-oxa-bicyclo[3.3.1]nonan-2*exo*-carbonsäure-lacton (?) (F: 113—114°) mit Lithiumalanat in Äther (*Dietrich et al.*, A. **603** [1957] 8, 13).

Krystalle (aus Ae. + PAe.); F: 139—140°.

O-Acetyl-Derivat $C_{15}H_{24}O_4$. $Kp_{0,02}$: 85°; n_D^{21}: 1,4817 (*Di. et al.*, l. c. S. 14).

IV V VI VII

Hydroxy-oxo-Verbindungen $C_{15}H_{26}O_3$

(±)-4c-Hydroxy-3ξ,6ξ,10ξ-trimethyl-(3a*r*,11a*t*)-decahydro-cyclodeca[*b*]furan-2-on, (±)-(*Ξ*)-2-[(1*Ξ*)-2*t*,10*t*-Dihydroxy-4ξ,8ξ-dimethyl-cyclodec-*r*-yl]-propionsäure-lacton, *rac*-(11*Ξ*)-6α,8α-Dihydroxy-4ξ*H*,10ξ*H*-germacran-12-säure-lacton [1]) $C_{15}H_{26}O_3$, Formel VI + Spiegelbild.

Diese Konfiguration kommt vermutlich der nachstehend beschriebenen Verbindung zu (*Suchý et al.*, Collect. **28** [1963] 1715, 1717).

B. Aus der im folgenden Artikel beschriebenen Verbindung mit Hilfe von Alkalilauge (*Suchý et al.*, Croat. chem. Acta **29** [1957] 247, 251).

Krystalle (aus Diisopropyläther); F: 124° (*Su. et al.*, Collect. **28** 1717), 123° [Block] (*Su. et al.*, Croat. chem. Acta **29** 251).

Überführung in *rac*-(11*Ξ*)-6α-Hydroxy-8-oxo-4ξ*H*,10ξ*H*-germacran-12-säure-lacton (F: 90°) durch Behandlung mit Chrom(VI)-oxid in Essigsäure: *Su. et al.*, Croat. chem. Acta **29** 251.

(3a*S*)-4c-[(*S*)-β-Hydroxy-isobutyryloxy]-3ξ,6c,10*t*-trimethyl-(3a*r*,11a*t*)-decahydro-cyclodeca[*b*]furan-2-on, (*Ξ*)-2-[(1*S*)-2*t*-Hydroxy-10*t*-((*S*)-β-hydroxy-isobutyryloxy)-4c,8*t*-dimethyl-cyclodec-*r*-yl]-propionsäure-2-lacton, (11*Ξ*)-6α-Hydroxy-8α-[(*S*)-β-hydr= oxy-isobutyryloxy]-germacran-12-säure-6-lacton [1]) $C_{19}H_{32}O_5$, Formel VII.

Diese Konfiguration kommt vermutlich der nachstehend beschriebenen Verbindung zu (*Suchý et al.*, Collect. **28** [1963] 1715, 1717).

---

[1]) Stellungsbezeichnung bei von Germacran abgeleiteten Namen s. E III/IV **17** 4393.

B. Neben anderen Verbindungen bei der Hydrierung von (+)-Arctiopicrin (6α,15-Di=
hydroxy-8α-[(S)-β-hydroxy-isobutyryloxy]-germacra-1(10)t,4t,11(13)-trien-12-säure-
6-lacton) an Platin in Methanol (*Suchý et al.*, Collect. **22** [1957] 1902, 1906).
Krystalle (aus Diisopropyläther + A.); F: 108° [Block]; $[\alpha]_D^{20}$: −21,7° [CHCl$_3$] [vermutlich partiell racemisches Präparat] (*Su. et al.*, Collect. **22** 1906). IR-Spektrum
(CHCl$_3$; 2,5−12,5 μ): *Su. et al.*, Collect. **22** 1903.

O-Phenylcarbamoyl-Derivat C$_{26}$H$_{37}$NO$_6$. Krystalle (aus Diisopropyläther + A.);
F: 134° [Block] (*Su. et al.*, Collect. **22** 1906).

(3aS)-9c-Hydroxy-3t,6ξ,10c-trimethyl-(3ar,11at)-decahydro-cyclodeca[b]furan-2-on,
(R)-2-[(1S)-2t,5t-Dihydroxy-4t,8ξ-dimethyl-cyclodec-r-yl]-propionsäure-2-lacton,
(11R)-3α,6α-Dihydroxy-4βH,10ξH-germacran-12-säure-6-lacton[1]) C$_{15}$H$_{26}$O$_3$, Formel VIII.

Diese Konstitution und Konfiguration kommt dem nachstehend beschriebenen
Hydroxypelanolid-a zu.

B. Bei der Hydrierung von (11R)-3α,6α-Dihydroxy-4βH-germacr-1(10)t-en-12-säure-
6-lacton (F: 98° [S. 127]) an Platin in Essigsäure (*Herout, Šorm*, Collect. **21** [1956]
1494, 1498).

Krystalle (aus Diisopropyläther); F: 86−87°. $[\alpha]_D^{20}$: +80,7° [CHCl$_3$(?)].

**6-Äthyl-4-hydroxy-7-isopropyl-3,6-dimethyl-hexahydro-benzofuran-2-on, 2-[4-Äthyl-
2,6-dihydroxy-3-isopropyl-4-methyl-cyclohexyl]-propionsäure-2-lacton** C$_{15}$H$_{26}$O$_3$, Formel IX.

a) **Rechtsdrehendes Isomeres vom F: 231°; Tetrahydrotemisin.**

B. Bei der Hydrierung von Temisin (2-[2,6-Dihydroxy-3-isopropenyl-4-methyl-4-vinyl-
cyclohexyl]-propionsäure-2-lacton [S. 143]) an Platin in Essigsäure (*Nakamura et al.*, Pr.
Acad. Tokyo **9** [1933] 91, 92; C. **1934** II 2694; *Asahina et al.*, J. pharm. Soc. Japan **60** [1940]
204, 207; dtsch. Ref. S. 72; C. A. **1940** 5427). Beim Erhitzen von Tetrahydroisotemisin
(s. u.) mit Amylalkohol und Natrium (*Asahina, Ukita*, J. pharm. Soc. Japan **63** [1943]
29, 34; Bl. chem. Soc. Japan **18** [1943] 338, 344).

Krystalle (aus A.); F: 231° (*Na. et al.; As. et al.; As., Uk.*). Brechungsindices der
Krystalle: *Mitsuhashi*, J. pharm. Soc. Japan **70** [1950] 711, 714; C. A. **1951** 5365. $[\alpha]_D^{19}$:
+45,9° [Py.; c = 2] (*As. et al.*).

Überführung in 2-[4-Äthyl-2-hydroxy-3-isopropyl-4-methyl-6-oxo-cyclohexyl]-propion=
säure-lacton (F: 109,5°) durch Erwärmen mit Chrom(VI)-oxid, Essigsäure und wss.
Schwefelsäure: *As. et al.* Beim Erhitzen mit Amylalkohol und Natrium ist α-Tetra=
hydrotemisol (5-Äthyl-2-[β-hydroxy-isopropyl]-4-isopropyl-5-methyl-cyclohexan-1,3-diol;
F: 148°) erhalten worden (*As. et al.*).

O-Acetyl-Derivat C$_{17}$H$_{28}$O$_4$. Krystalle (aus A.); F: 83° (*Na. et al.*).

b) **Linksdrehendes Isomeres vom F: 112° [Monohydrat]; Tetrahydroiso=
temisin.**

B. Bei der Hydrierung von Isotemisin (2-[2,6-Dihydroxy-3-isopropenyl-4-methyl-
4-vinyl-cyclohexyl]-propionsäure-2-lacton [S. 143]) an Platin in Essigsäure (*Asahina,
Ukita*, J. pharm. Soc. Japan **63** [1943] 29, 33; Bl. chem. Soc. Japan **18** [1943] 338, 343).

Krystalle (aus wss. A.) mit 1 Mol H$_2$O; F: 112°; die wasserfreie Verbindung ist ölig
(*As., Uk.*). Brechungsindices der Krystalle: *Mitsuhashi*, J. pharm. Soc. Japan **70** [1950]
711, 714; C.A. **1951** 5365. $[\alpha]_D^{19}$: −7,4° [A.] (*As., Uk.*).

Beim Erwärmen mit Phosphor(V)-bromid in Chloroform und Behandeln des Reaktionsprodukts mit verkupfertem Zink und Essigsäure sind Desoxytetrahydrotemisin
((+)-2-[4-Äthyl-2-hydroxy-3-isopropyl-4-methyl-cyclohexyl]-propionsäure-lacton) und
eine als Dihydro-bis-anhydro-tetrahydroisotemisin bezeichnete, vielleicht als 6,6'-Di=
äthyl-7,7'-diisopropyl-3,6,3',6'-tetramethyl-octahydro-[3a,3'a]bibenzofuran=
yl-2,2'-dion zu formulierende Verbindung C$_{30}$H$_{50}$O$_4$ (Krystalle [aus E.], F: 302°; $[\alpha]_D^{22}$:
−17,4° [CHCl$_3$]) erhalten worden (*As., Uk.*). Bildung von Tetrahydrotemisin und
α-Tetrahydrotemisol (5-Äthyl-2-[β-hydroxy-isopropyl]-4-isopropyl-5-methyl-cyclohexan-
1,3-diol; F: 148°) beim Erhitzen mit Amylalkohol und Natrium: *As., Uk.*

O-Formyl-Derivat C$_{16}$H$_{26}$O$_4$. Krystalle (aus A.); F: 156−157° (*As., Uk.*).

---

[1]) Stellungsbezeichnung bei von Germacran abgeleiteten Namen s. E III/IV **17** 4393.

VIII IX X

Hydroxy-oxo-Verbindungen $C_{17}H_{30}O_3$

*Opt.-inakt. 1-[4-Hydroxy-4-methyl-pentyl]-1,6-dimethyl-hexahydro-isochroman-3-on, [2-(1,5-Dihydroxy-1,5-dimethyl-hexyl)-5-methyl-cyclohexyl]-essigsäure-1-lacton $C_{17}H_{30}O_3$, Formel X.
 B. Bei der Hydrierung von opt.-inakt. 1-[4-Hydroxy-4-methyl-pentyl]-1,6-dimethyl-4a,7,8,8a-tetrahydro-isochroman-3-on (F: 116°) an Raney-Nickel in Äthanol (*Asselineau, Lederer*, Bl. **1959** 320, 326).
 $Kp_{0,1}$: 150°. D_4^{22}: 1,032. n_D^{22}: 1,4940.
 Beim Erwärmen mit Acetanhydrid ist ein O-Acetyl-Derivat $C_{19}H_{32}O_4$ ($Kp_{0,1}$: 150°) erhalten und durch Erhitzen unter 65 Torr bis auf 250° in 1,6-Dimethyl-1-[4-methyl-pent-4-enyl]-hexahydro-isochroman-3-on (Kp_1: 160°) übergeführt worden.
 [*Rabien*]

Hydroxy-oxo-Verbindungen $C_nH_{2n-6}O_3$

Hydroxy-oxo-Verbindungen $C_5H_4O_3$

4-Methoxy-pyran-2-on, 5c-Hydroxy-3-methoxy-penta-2c,4-diensäure-lacton $C_6H_6O_3$, Formel I (R = CH_3).
 B. Beim Erhitzen von 4-Methoxy-6-oxo-6H-pyran-2-carbonsäure mit Kupfer-Pulver (*Stetter, Schellhammer*, A. **605** [1957] 58, 63).
 Krystalle (aus Bzn.); F: 82—83°. Kp_{14}: 155°.

4-Äthoxy-pyran-2-on, 3-Äthoxy-5c-hydroxy-penta-2c,4-diensäure-lacton $C_7H_8O_3$, Formel I (R = C_2H_5).
 B. Beim Erhitzen von 4-Äthoxy-6-oxo-6H-pyran-2-carbonsäure mit Kupfer-Pulver (*Stetter, Schellhammer*, A. **605** [1957] 58, 62).
 Krystalle (aus Bzn.); F: 57—58°. Kp_{12}: 153°.

3-Methoxy-pyran-2-on, 5c-Hydroxy-2-methoxy-penta-2c,4-diensäure-lacton $C_6H_6O_3$, Formel II (H 11).
 B. Beim Behandeln von 3-Hydroxy-pyran-2-on (E III/IV **17** 5908) mit Diazomethan in Äther (*Wiley, Jarboe*, Am. Soc. **78** [1956] 2398, 2400, 2401; *Mayer*, B. **90** [1957] 2369, 2372).
 Hygroskopische Krystalle; F: 64,0—64,3° (*Ma.*), 61° [aus PAe.] (*Wi., Ja.*). IR-Banden (KBr) im Bereich von 3160 cm^{-1} bis 1405 cm^{-1}: *Wi., Ja.*

3-Methoxy-pyran-4-on $C_6H_6O_3$, Formel III (R = CH_3) (H 12; E II 5).
 B. Beim Behandeln von 3-Hydroxy-pyran-4-on (E III/IV **17** 5906) mit Diazomethan in Äther (*Bickel*, Am. Soc. **69** [1947] 1801; s. a. *Berlin*, Ž. obšč. Chim. **19** [1949] 1177; engl. Ausg. S. 1171).
 Hygroskopische Krystalle; F: 94,5—95,5° [nach Sublimation bei 135°/20 Torr] (*Bi.*), 94° [aus Bzl.] (*Be.*), 92,3—92,6° [nach Sublimation bei 100°/14 Torr] (*Mayer*, B. **90** [1957] 2369, 2371). UV-Spektrum (220—350 nm) einer Lösung in Wasser (λ_{max}: 270 nm) sowie einer Lösung in Heptan (λ_{max}: 258 nm): *Tolstikow*, Ž. obšč. Chim. **29** [1959] 2372, 2375; engl. Ausg. S. 2337.

Beim Erhitzen mit 2,2-Diäthoxy-äthylamin und Wasser auf 130° ist 1-[2,2-Diäthoxy-äthyl]-3-methoxy-1H-pyridin-4-on erhalten worden (*Kleipool, Wibaut*, R. **66** [1947] 459, 461).

3-Acetoxy-pyran-4-on $C_7H_6O_4$, Formel III (R = CO—CH$_3$) (H 12).

B. Beim Behandeln von 3-Hydroxy-pyran-4-on (E III/IV **17** 5906) mit Acetylchlorid (*Mayer*, B. **90** [1957] 2369, 2371).

Krystalle; F: 93—93,5° [aus A.] (*Ma.*), 91° [aus A.] (*Eiden*, Ar. **292** [1959] 355, 361). UV-Spektrum (Me.; 200—320 nm; λ_{max}: 249 nm): *Ei.*, l. c. S. 358.

3-Benzoyloxy-pyran-4-on $C_{12}H_8O_4$, Formel III (R = CO-C$_6$H$_5$).

B. Beim Erwärmen von 3-Hydroxy-pyran-4-on (E III/IV **17** 5906) mit Benzoyl= chlorid in Chloroform in Gegenwart von Schwefelsäure (*Garkuscha*, Ž. obšč. Chim. **16** [1946] 2025, 2030, 2031; C. A. **1948** 566).

Krystalle (aus A.); F: 152—153°.

3-Acetoxy-2-brom-pyran-4-on $C_7H_5BrO_4$, Formel IV.

B. Beim Erwärmen von 2-Brom-3-hydroxy-pyran-4-on (E III/IV **17** 5907) mit Acetylchlorid (*Shimmin, Challenger*, Soc. **1949** 1185).

Krystalle (aus Bzl. + PAe.); F: 99°.

3-Methoxy-2-nitro-pyran-4-on $C_6H_5NO_5$, Formel V.

B. Beim Behandeln von 3-Hydroxy-2-nitro-pyran-4-on (E III/IV **17** 5908) mit Diazomethan in Äther (*Shimmin, Challenger*, Soc. **1949** 1185).

Orangefarbenes Pulver; F: 88° [Zers.].

3-Acetoxy-pyran-4-thion $C_7H_6O_3S$, Formel VI.

B. Beim Behandeln von 3-Hydroxy-pyran-4-thion (E III/IV **17** 5908) mit Acetyl= chlorid (*Eiden*, Ar. **292** [1959] 153, 158).

Orangegelbe Krystalle (aus PAe.); F: 48—49° (*Ei.*, l. c. S. 158). Absorptionsspektrum (Hexan; 200—400 nm; λ_{max}: 332 nm): *Eiden*, Ar. **292** [1959] 461, 464.

3-Hydroxy-furfural $C_5H_4O_3$, Formel VII.

In dem früher (s. H 12) unter dieser Konstitution beschriebenen Präparat hat wahrscheinlich Maleinaldehydsäure (5-Hydroxy-5H-furan-2-on) vorgelegen (*Clauson-Kaas, Fakstorp*, Acta chem. scand. **1** [1947] 415, 416).

5-[N-Acetyl-sulfanilyl]-furfural, Essigsäure-[4-(5-formyl-furan-2-sulfonyl)-anilid] $C_{13}H_{11}NO_5S$, Formel VIII.

B. Beim Erhitzen von 5-Brom-furfural mit Natrium-[4-acetylamino-benzolsulfinat]-dihydrat in 2-Äthoxy-äthanol (*Bauer*, Am. Soc. **73** [1951] 5862).

Krystalle (aus A.); F: 172—173°.

5-Sulfanilyl-furfural-thiosemicarbazon $C_{12}H_{12}N_4O_3S_2$, Formel IX (R = H).

B. Beim Erhitzen von 5-[N-Acetyl-sulfanilyl]-furfural-thiosemicarbazon mit wss.

Natronlauge [5 n] (*Bauer*, Am. Soc. **73** [1951] 5862).

Gelbliche Krystalle (aus wss. A.), Zers. bei 207°; gelbliche Krystalle (aus wss. Lsg.) mit 1,5 Mol H_2O, F: 199—200° [nach Sintern bei 140°).

5-[N-Acetyl-sulfanilyl]-furfural-thiosemicarbazon $C_{14}H_{14}N_4O_4S_2$, Formel IX (R = $CO-CH_3$).

B. Aus 5-[N-Acetyl-sulfanilyl]-furfural und Thiosemicarbazid (*Bauer*, Am. Soc. **73** [1951] 5862).

Gelbe Krystalle (aus A.); F: 240—242° [Zers.].

5-Methoxy-thiophen-2-carbaldehyd $C_6H_6O_2S$, Formel X (R = CH_3).

B. Beim Behandeln einer Lösung von 5-Methoxy-[2]thienyllithium (aus 2-Methoxy-thiophen und Phenyllithium hergestellt) in Äther mit Dimethylformamid und anschliessend mit Eis (*Sicé*, Am. Soc. **75** [1953] 3697). Beim aufeinanderfolgenden Behandeln von N-Methyl-formanilid mit Phosphorylchlorid und mit 2-Methoxy-thiophen und anschliessend mit Eis (*Profft*, A. **622** [1959] 196, 199).

Krystalle (aus Hexan + Ae.); F: 24—26° (*Sicé*). Kp_{16}: 130—135° (*Pr.*); $Kp_{0,6}$: 75° (*Sicé*).

Beim Erwärmen mit Thiophen-2-carbaldehyd und Kaliumcyanid in wss. Äthanol ist [5-Methoxy-[2]thienyl]-[2]thienyl-äthandion erhalten worden (*Sicé*). Charakterisierung als 4-Nitro-phenylhydrazon (F: 171—172°): *Sicé*; als Thiosemicarbazon (F: 170—171°): *Pr.*; durch Überführung in 2-Methoxy-5-[2-nitro-vinyl]-thiophen (F: 129,6—130° [korr.]): *Herz, Tsai*, Am. Soc. **77** [1955] 3529, 3532.

IX

X

5-Äthoxy-thiophen-2-carbaldehyd $C_7H_8O_2S$, Formel X (R = C_2H_5).

B. Beim aufeinanderfolgenden Behandeln von N-Methyl-formanilid mit Phosphorylchlorid und mit 2-Äthoxy-thiophen und anschliessend mit Eis (*Profft*, A. **622** [1959] 196, 199).

Kp_{15}: 136—139°.

Charakterisierung als 4-Nitro-phenylhydrazon (F: 163,5—164°) und als Thiosemicarbazon (F: 155—156°): *Pr.*

5-Propoxy-thiophen-2-carbaldehyd $C_8H_{10}O_2S$, Formel X (R = $CH_2-CH_2-CH_3$).

B. Aus N-Methyl-formanilid und 2-Propoxy-thiophen analog 5-Äthoxy-thiophen-2-carbaldehyd [s. o.] (*Profft*, A. **622** [1959] 196, 199).

Kp_{14}: 147—149°.

Charakterisierung als 4-Nitro-phenylhydrazon (F: 128°) und als Thiosemicarbazon (F: 147—148°): *Pr.*

5-Butoxy-thiophen-2-carbaldehyd $C_9H_{12}O_2S$, Formel X (R = $[CH_2]_3-CH_3$).

B. Aus N-Methyl-formanilid und 2-Butoxy-thiophen analog 5-Äthoxy-thiophen-2-carbaldehyd [s. o.] (*Profft*, A. **622** [1959] 196, 199).

Bei 148—156°/20 Torr destillierbar [unreines Präparat].

Charakterisierung als Thiosemicarbazon (F: 160—161,5°): *Pr.*

5-Pentyloxy-thiophen-2-carbaldehyd $C_{10}H_{14}O_2S$, Formel X (R = $[CH_2]_4-CH_3$).

B. Aus N-Methyl-formanilid und 2-Pentyloxy-thiophen analog 5-Äthoxy-thiophen-2-carbaldehyd [s. o.] (*Profft*, A. **622** [1959] 196, 199).

Kp_{15}: 175—178°.

Charakterisierung als Thiosemicarbazon (F: 98—99,5°): *Pr.*

5-Propoxy-thiophen-2-carbaldehyd-pyren-1-ylimin $C_{24}H_{19}NOS$, Formel I.

B. Beim Erwärmen von 5-Propoxy-thiophen-2-carbaldehyd mit Pyren-1-ylamin (*Profft*, A. **622** [1959] 196, 199).

Gelbe Krystalle (aus A. + $CHCl_3$); F: 117—118,5°.

5-Methoxy-thiophen-2-carbaldehyd-[4-nitro-phenylhydrazon] $C_{12}H_{11}N_3O_3S$, Formel II (R = CH_3).
 B. Aus 5-Methoxy-thiophen-2-carbaldehyd und [4-Nitro-phenyl]-hydrazin (Sicé, Am. Soc. **75** [1953] 3697, 3699).
 Rote Krystalle (aus A.); F: 171—172°.

I
II

5-Methoxy-thiophen-2-carbaldehyd-thiosemicarbazon $C_7H_9N_3OS_2$, Formel III (R = CH_3).
 B. Aus 5-Methoxy-thiophen-2-carbaldehyd und Thiosemicarbazid (Profft, A. **622** [1959] 196, 200).
 Krystalle (aus Me.); F: 170—171°.

5-Äthoxy-thiophen-2-carbaldehyd-[4-nitro-phenylhydrazon] $C_{13}H_{13}N_3O_3S$, Formel II (R = C_2H_5).
 B. Aus 5-Äthoxy-thiophen-2-carbaldehyd und [4-Nitro-phenyl]-hydrazin (Profft, A. **622** [1959] 196, 199).
 Rote Krystalle (aus A.); F: 163,5—164°.

5-Äthoxy-thiophen-2-carbaldehyd-thiosemicarbazon $C_8H_{11}N_3OS_2$, Formel III (R = C_2H_5).
 B. Aus 5-Äthoxy-thiophen-2-carbaldehyd und Thiosemicarbazid (Profft, A. **622** [1959] 196, 200).
 Krystalle (aus Me.); F: 155—156°.

5-Propoxy-thiophen-2-carbaldehyd-[4-nitro-phenylhydrazon] $C_{14}H_{15}N_3O_3S$, Formel II (R = CH_2-CH_2-CH_3).
 B. Aus 5-Propoxy-thiophen-2-carbaldehyd und [4-Nitro-phenyl]-hydrazin (Profft, A. **622** [1959] 196, 199).
 Rote Krystalle (aus A.); F: 128°.

5-Propoxy-thiophen-2-carbaldehyd-thiosemicarbazon $C_9H_{13}N_3OS_2$, Formel III (R = CH_2-CH_2-CH_3).
 B. Aus 5-Propoxy-thiophen-2-carbaldehyd und Thiosemicarbazid (Profft, A. **622** [1959] 196, 200).
 Krystalle (aus Me.); F: 147—148°.

5-Butoxy-thiophen-2-carbaldehyd-thiosemicarbazon $C_{10}H_{15}N_3OS_2$, Formel III (R = $[CH_2]_3$-CH_3).
 B. Aus 5-Butoxy-thiophen-2-carbaldehyd und Thiosemicarbazid (Profft, A. **622** [1959] 196, 200).
 Krystalle (aus Me); F: 160—161,5°.

5-Pentyloxy-thiophen-2-carbaldehyd-thiosemicarbazon $C_{11}H_{17}N_3OS_2$, Formel III (R = $[CH_2]_4$-CH_3).
 B. Aus 5-Pentyloxy-thiophen-2-carbaldehyd und Thiosemicarbazid (Profft, A. **622** [1959] 196, 200).
 Krystalle (aus Me.); F: 98—99,5°.

5-Methylmercapto-thiophen-2-carbaldehyd $C_6H_6OS_2$, Formel IV (R = CH_3).
 B. Aus 2-Methylmercapto-thiophen mit Hilfe von Dimethylformamid und Phosphorylchlorid (Cymerman-Craig, Loder, Soc. **1954** 236, 242) oder mit Hilfe von N-Methylformanilid und Phosphorylchlorid (Profft, Monatsber. dtsch. Akad. Berlin **1** [1959] 180, 181).
 Krystalle (aus PAe.); F: 26° (Cy.-Cr., Lo.). $Kp_{0,35}$: 78° (Pr.); $Kp_{0,3}$: 86° (Cy.-Cr., Lo.). n_D^{20}: 1,6624 [flüssiges Präparat] (Pr.).

5-Methansulfonyl-thiophen-2-carbaldehyd $C_6H_6O_3S_2$, Formel V.

B. Beim Erwärmen von 2-Diacetoxymethyl-5-methylmercapto-thiophen (aus 5-Methylmercapto-thiophen-2-carbaldehyd und Acetanhydrid mit Hilfe von Schwefelsäure hergestellt) mit Essigsäure und wss. Wasserstoffperoxid (*Cymerman-Craig, Loder*, Soc. **1954** 237, 241). Beim Erwärmen mit *C*-[5-Methansulfonyl-[2]thienyl]-methylamin-hydrochlorid mit Hexamethylentetramin, wss. Formaldehyd und Essigsäure (*Cy.-Cr., Lo.*).

Charakterisierung als 2,4-Dinitro-phenylhydrazon (F: 276—277°): *Cy.-Cr., Lo.*

5-Äthylmercapto-thiophen-2-carbaldehyd $C_7H_8OS_2$, Formel IV (R = C_2H_5).

B. Aus 2-Äthylmercapto-thiophen mit Hilfe von *N*-Methyl-formanilid und Phosphorylchlorid (*Profft*, Monatsber. dtsch. Akad. Berlin **1** [1959] 180, 182, 183).

$Kp_{0,35}$: 82°. n_D^{20}: 1,6320.

Charakterisierung als 4-Nitro-phenylhydrazon (F: 164—165°) und als Thiosemicarbazon (F: 163—164°): *Pr.*

5-Propylmercapto-thiophen-2-carbaldehyd $C_8H_{10}OS_2$, Formel IV (R = CH_2-CH_2-CH_3).

B. Aus 2-Propylmercapto-thiophen mit Hilfe von *N*-Methyl-formanilid und Phosphorylchlorid (*Profft*, Monatsber. dtsch. Akad. Berlin **1** [1959] 180, 182, 183).

$Kp_{0,35}$: 96—97°. n_D^{20}: 1,6256.

Charakterisierung als 4-Nitro-phenylhydrazon (F: 131,5—132,5°) und als Thiosemicarbazon (F: 130,5—132°): *Pr.*

5-Isopropylmercapto-thiophen-2-carbaldehyd $C_8H_{10}OS_2$, Formel IV (R = $CH(CH_3)_2$).

B. Aus 2-Isopropylmercapto-thiophen mit Hilfe von *N*-Methyl-formanilid und Phosphorylchlorid (*Profft*, Monatsber. dtsch. Akad. Berlin **1** [1959] 180, 182, 183).

$Kp_{2,5}$: 114°. n_D^{20}: 1,6033.

Charakterisierung als 4-Nitro-phenylhydrazon (F: 157—158°) und als Thiosemicarbazon (F: 149—150°): *Pr.*

III   IV   V

5-Butylmercapto-thiophen-2-carbaldehyd $C_9H_{12}OS_2$, Formel IV (R = $[CH_2]_3$-CH_3).

B. Aus 2-Butylmercapto-thiophen mit Hilfe von *N*-Methyl-formanilid und Phosphorylchlorid (*Profft*, Monatsber. dtsch. Akad. Berlin **1** [1959] 180, 182, 183).

$Kp_{0,4}$: 109—110°. n_D^{20}: 1,6063.

Charakterisierung als 4-Nitro-phenylhydrazon (F: 109—110°) und als Thiosemicarbazon (F: 122—123°): *Pr.*

5-Isobutylmercapto-thiophen-2-carbaldehyd $C_9H_{12}OS_2$, Formel IV (R = CH_2-$CH(CH_3)_2$).

B. Aus 2-Isobutylmercapto-thiophen mit Hilfe von *N*-Methyl-formanilid und Phosphorylchlorid (*Profft*, Monatsber. dtsch. Akad. Berlin **1** [1959] 180, 182, 183).

$Kp_{0,4}$: 96—98°.

Charakterisierung als 4-Nitro-phenylhydrazon (F: 150—151°) und als Thiosemicarbazon (F: 139—140°): *Pr.*

5-Pentylmercapto-thiophen-2-carbaldehyd $C_{10}H_{14}OS_2$, Formel IV (R = $[CH_2]_4$-CH_3).

B. Aus 2-Pentylmercapto-thiophen mit Hilfe von *N*-Methyl-formanilid und Phosphorylchlorid (*Profft*, Monatsber. dtsch. Akad. Berlin **1** [1959] 180, 182, 183).

$Kp_{0,7}$: 126—128°. n_D^{20}: 1,5948.

Charakterisierung als 4-Nitro-phenylhydrazon (F: 126—127°) und als Thiosemicarbazon (F: 106,5—107,5°): *Pr.*

5-Isopentylmercapto-thiophen-2-carbaldehyd $C_{10}H_{14}OS_2$, Formel IV (R = CH_2-CH_2-$CH(CH_3)_2$).

B. Aus 2-Isopentylmercapto-thiophen mit Hilfe von *N*-Methyl-formanilid und Phosphorylchlorid (*Profft*, Monatsber. dtsch. Akad. Berlin **1** [1959] 180, 182, 183).

$Kp_{0,15}$: 103,5°. n_D^{20}: 1,5987.

Charakterisierung als 4-Nitro-phenylhydrazon (F: 117—118°) und als Thiosemicarbazon (F: 124,5—126°): *Pr.*

5-Hexylmercapto-thiophen-2-carbaldehyd $C_{11}H_{16}OS_2$, Formel IV (R = [CH_2]$_5$-CH_3).
B. Aus 2-Hexylmercapto-thiophen mit Hilfe von *N*-Methyl-formanilid und Phosphorylchlorid (*Profft*, Monatsber. dtsch. Akad. Berlin **1** [1959] 180, 182, 183).
$Kp_{0,2}$: 113,5°. n_D^{20}: 1,5902.
Charakterisierung als 4-Nitro-phenylhydrazon (F: 120—121°) und als Thiosemicarbazon (F: 103,5—104,5°): *Pr.*

5-Heptylmercapto-thiophen-2-carbaldehyd $C_{12}H_{18}OS_2$, Formel IV (R = [CH_2]$_6$-CH_3).
B. Aus 2-Heptylmercapto-thiophen mit Hilfe von *N*-Methyl-formanilid und Phosphorylchlorid (*Profft*, Monatsber. dtsch. Akad. Berlin **1** [1959] 180, 182, 183).
$Kp_{1,7}$: 157,5—159°. n_D^{20}: 1,5790.
Charakterisierung als 4-Nitro-phenylhydrazon (F: 100—101°) und als Thiosemicarbazon (F: 89—90°): *Pr.*

5-Dodecylmercapto-thiophen-2-carbaldehyd $C_{17}H_{28}OS_2$, Formel IV (R = [CH_2]$_{11}$-CH_3).
B. Aus 2-Dodecylmercapto-thiophen mit Hilfe von *N*-Methyl-formanilid und Phosphorylchlorid (*Profft*, Monatsber. dtsch. Akad. Berlin **1** [1959] 180, 182, 183).
F: 33,5—34,5°.
Charakterisierung als 4-Nitro-phenylhydrazon (F: 80—81,5°) und als Thiosemicarbazon (F: 106—107°): *Pr.*

5-Octadecylmercapto-thiophen-2-carbaldehyd $C_{23}H_{40}OS_2$, Formel IV (R = [CH_2]$_{17}$-CH_3).
B. Aus 2-Octadecylmercapto-thiophen mit Hilfe von *N*-Methyl-formanilid und Phosphorylchlorid (*Profft*, Monatsber. dtsch. Akad. Berlin **1** [1959] 180, 182, 183).
F: 58,5—60°.
Charakterisierung als 4-Nitro-phenylhydrazon (F: 88—90°) und als Thiosemicarbazon (F: 110,5—111,5°): *Pr.*

5-Propylmercapto-thiophen-2-carbaldehyd-pyren-1-ylimin $C_{24}H_{19}NS_2$, Formel VI.
B. Aus 5-Propylmercapto-thiophen-2-carbaldehyd und Pyren-1-ylamin (*Profft*, Monatsber. dtsch. Akad. Berlin **1** [1959] 180, 184).
Krystalle (aus A.); F: 71°.

5-Methylmercapto-thiophen-2-carbaldehyd-oxim $C_6H_7NOS_2$, Formel VII (X = OH).
B. Aus 5-Methylmercapto-thiophen-2-carbaldehyd und Hydroxylamin (*Cymerman-Craig, Loder*, Soc. **1954** 237, 242).
Gelbliche Krystalle (aus wss. Me.); F: 80,5°.

5-Methylmercapto-thiophen-2-carbaldehyd-[4-nitro-phenylhydrazon] $C_{12}H_{11}N_3O_2S_2$, Formel VIII (X = H).
B. Aus 5-Methylmercapto-thiophen-2-carbaldehyd und [4-Nitro-phenyl]-hydrazin (*Profft*, Monatsber. dtsch. Akad. Berlin **1** [1959] 180, 182).
Rote Krystalle (aus A.); F: 173—173,5°.

5-Methylmercapto-thiophen-2-carbaldehyd-[2,4-dinitro-phenylhydrazon] $C_{12}H_{10}N_4O_4S_2$, Formel VIII (X = NO_2).
B. Aus 5-Methylmercapto-thiophen-2-carbaldehyd und [2,4-Dinitro-phenyl]-hydrazin (*Cymerman-Craig, Loder*, Soc. **1954** 237, 242).
Rote Krystalle (aus Toluol); F: 215—216°.

5-Methylmercapto-thiophen-2-carbaldehyd-semicarbazon $C_7H_9N_3OS_2$, Formel VII
(X = NH-CO-NH$_2$).

B. Aus 5-Methylmercapto-thiophen-2-carbaldehyd und Semicarbazid (*Cymerman-Craig, Loder*, Soc. **1954** 237, 242).

Gelbe Krystalle (aus A.); F: 186°.

5-Methylmercapto-thiophen-2-carbaldehyd-thiosemicarbazon $C_7H_9N_3S_3$, Formel VII
(X = NH-CS-NH$_2$).

B. Aus 5-Methylmercapto-thiophen-2-carbaldehyd und Thiosemicarbazid (*Cymerman-Craig, Loder*, Soc. **1954** 237, 242; *Profft*, Monatsber. dtsch. Akad. Berlin **1** [1959] 180, 185).

Gelbe Krystalle; F: 144—145° [aus Me.] (*Cy.-Cr., Lo.*), 142—143° [aus A.] (*Pr.*).

5-Methansulfonyl-thiophen-2-carbaldehyd-[2,4-dinitro-phenylhydrazon] $C_{12}H_{10}N_4O_6S_2$, Formel IX.

B. Aus 5-Methansulfonyl-thiophen-2-carbaldehyd und [2,4-Dinitro-phenyl]-hydrazin (*Cymerman-Craig, Loder*, Soc. **1954** 237, 241).

Orangebraune Krystalle (aus 2-Äthoxy-äthanol); F: 276—277°.

5-Äthylmercapto-thiophen-2-carbaldehyd-[4-nitro-phenylhydrazon] $C_{13}H_{13}N_3O_2S_2$, Formel X (R = C_2H_5).

B. Aus 5-Äthylmercapto-thiophen-2-carbaldehyd und [4-Nitro-phenyl]-hydrazin (*Profft*, Monatsber. dtsch. Akad. Berlin **1** [1959] 180, 182, 184).

Rote Krystalle (aus A.); F: 164—165°.

5-Äthylmercapto-thiophen-2-carbaldehyd-thiosemicarbazon $C_8H_{11}N_3S_3$, Formel XI (R = C_2H_5).

B. Aus 5-Äthylmercapto-thiophen-2-carbaldehyd und Thiosemicarbazid (*Profft*, Monatsber. dtsch. Akad. Berlin **1** [1959] 180, 185).

Krystalle (aus A.); F: 163—164°.

5-Propylmercapto-thiophen-2-carbaldehyd-[4-nitro-phenylhydrazon] $C_{14}H_{15}N_3O_2S_2$, Formel X (R = CH_2-CH_2-CH_3).

B. Aus 5-Propylmercapto-thiophen-2-carbaldehyd und [4-Nitro-phenyl]-hydrazin (*Profft*, Monatsber. dtsch. Akad. Berlin **1** [1959] 180, 182).

Hellrote Krystalle (aus A.); F: 131,5—132,5°.

5-Propylmercapto-thiophen-2-carbaldehyd-thiosemicarbazon $C_9H_{13}N_3S_3$, Formel XI (R = CH_2-CH_2-CH_3).

B. Aus 5-Propylmercapto-thiophen-2-carbaldehyd und Thiosemicarbazid (*Profft*, Monatsber. dtsch. Akad. Berlin **1** [1959] 180, 185).

Krystalle (aus A.); F: 130,5—132°.

5-Isopropylmercapto-thiophen-2-carbaldehyd-[4-nitro-phenylhydrazon] $C_{14}H_{15}N_3O_2S_2$, Formel X (R = $CH(CH_3)_2$).

B. Aus 5-Isopropylmercapto-thiophen-2-carbaldehyd und [4-Nitro-phenyl]-hydrazin (*Profft*, Monatsber. dtsch. Akad. Berlin **1** [1959] 180, 182).

Hellrote Krystalle (aus A.); F: 157—158°.

5-Isopropylmercapto-thiophen-2-carbaldehyd-thiosemicarbazon $C_9H_{13}N_3S_3$, Formel XI (R = $CH(CH_3)_2$).

B. Aus 5-Isopropylmercapto-thiophen-2-carbaldehyd und Thiosemicarbazid (*Profft*, Monatsber. dtsch. Akad. Berlin **1** [1959] 180, 185).

Krystalle (aus A.); F: 149—150°.

5-Butylmercapto-thiophen-2-carbaldehyd-[4-nitro-phenylhydrazon] $C_{15}H_{17}N_3O_2S_2$, Formel X (R = [CH$_2$]$_3$-CH$_3$).
B. Aus 5-Butylmercapto-thiophen-2-carbaldehyd und [4-Nitro-phenyl]-hydrazin (*Profft*, Monatsber. dtsch. Akad. Berlin **1** [1959] 180, 184).
Hellrote Krystalle (aus A.); F: 109—110°.

5-Butylmercapto-thiophen-2-carbaldehyd-thiosemicarbazon $C_{10}H_{15}N_3S_3$, Formel XI (R = [CH$_2$]$_3$-CH$_3$).
B. Aus 5-Butylmercapto-thiophen-2-carbaldehyd und Thiosemicarbazid (*Profft*, Monatsber. dtsch. Akad. Berlin **1** [1959] 180, 185).
Krystalle (aus A.); F: 122—123°.

5-Isobutylmercapto-thiophen-2-carbaldehyd-[4-nitro-phenylhydrazon] $C_{15}H_{17}N_3O_2S_2$, Formel X (R = CH$_2$-CH(CH$_3$)$_2$).
B. Aus 5-Isobutylmercapto-thiophen-2-carbaldehyd und [4-Nitro-phenyl]-hydrazin (*Profft*, Monatsber. dtsch. Akad. Berlin **1** [1959] 180, 184).
Rote Krystalle (aus A.); F: 150—151°.

X

XI

5-Isobutylmercapto-thiophen-2-carbaldehyd-thiosemicarbazon $C_{10}H_{15}N_3S_3$, Formel XI (R = CH$_2$-CH(CH$_3$)$_2$).
B. Aus 5-Isobutylmercapto-thiophen-2-carbaldehyd und Thiosemicarbazid (*Profft*, Monatsber. dtsch. Akad. Berlin **1** [1959] 180, 185).
Krystalle (aus A.); F: 139—140°.

5-Pentylmercapto-thiophen-2-carbaldehyd-[4-nitro-phenylhydrazon] $C_{16}H_{19}N_3O_2S_2$, Formel X (R = [CH$_2$]$_4$-CH$_3$).
B. Aus 5-Pentylmercapto-thiophen-2-carbaldehyd und [4-Nitro-phenyl]-hydrazin (*Profft*, Monatsber. dtsch. Akad. Berlin **1** [1959] 180, 184).
Rote Krystalle (aus A.); F: 126—127°.

5-Pentylmercapto-thiophen-2-carbaldehyd-thiosemicarbazon $C_{11}H_{17}N_3S_3$, Formel XI (R = [CH$_2$]$_4$-CH$_3$).
B. Aus 5-Pentylmercapto-thiophen-2-carbaldehyd und Thiosemicarbazid (*Profft*, Monatsber. dtsch. Akad. Berlin **1** [1959] 180, 185).
Krystalle (aus A.); F: 106,5—107,5°.

5-Isopentylmercapto-thiophen-2-carbaldehyd-[4-nitro-phenylhydrazon] $C_{16}H_{19}N_3O_2S_2$, Formel X (R = CH$_2$-CH$_2$-CH(CH$_3$)$_2$).
B. Aus 5-Isopentylmercapto-thiophen-2-carbaldehyd und [4-Nitro-phenyl]-hydrazin *Profft*, Monatsber. dtsch. Akad. Berlin **1** [1959] 180, 184).
Rote Krystalle (aus A.); F: 117—118°.

5-Isopentylmercapto-thiophen-2-carbaldehyd-thiosemicarbazon $C_{11}H_{17}N_3S_3$, Formel XI (R = CH$_2$-CH$_2$-CH(CH$_3$)$_2$).
B. Aus 5-Isopentylmercapto-thiophen-2-carbaldehyd und Thiosemicarbazid (*Profft*, Monatsber. dtsch. Akad. Berlin **1** [1959] 180, 185).
Krystalle (aus A.); F: 124,5—126°.

5-Hexylmercapto-thiophen-2-carbaldehyd-[4-nitro-phenylhydrazon] $C_{17}H_{21}N_3O_2S_2$, Formel X (R = [CH$_2$]$_5$-CH$_3$).
B. Aus 5-Hexylmercapto-thiophen-2-carbaldehyd und [4-Nitro-phenyl]-hydrazin (*Profft*, Monatsber. dtsch. Akad. Berlin **1** [1959] 180, 184).
Rote Krystalle (aus A.); F: 120—121°.

5-Hexylmercapto-thiophen-2-carbaldehyd-thiosemicarbazon $C_{12}H_{19}N_3S_3$, Formel XI
(R = [CH$_2$]$_5$-CH$_3$).
B. Aus 5-Hexylmercapto-thiophen-2-carbaldehyd und Thiosemicarbazid (*Profft*, Monatsber. dtsch. Akad. Berlin **1** [1959] 180, 185).
Krystalle (aus A.); F: 103,5—104,5°.

5-Heptylmercapto-thiophen-2-carbaldehyd-[4-nitro-phenylhydrazon] $C_{18}H_{23}N_3O_2S_2$,
Formel X (R = [CH$_2$]$_6$-CH$_3$).
B. Aus 5-Heptylmercapto-thiophen-2-carbaldehyd und [4-Nitro-phenyl]-hydrazin (*Profft*, Monatsber. dtsch. Akad. Berlin **1** [1959] 180, 184).
Rote Krystalle (aus A.); F: 100—101°.

5-Heptylmercapto-thiophen-2-carbaldehyd-thiosemicarbazon $C_{13}H_{21}N_3S_3$, Formel XI
(R = [CH$_2$]$_6$-CH$_3$).
B. Aus 5-Heptylmercapto-thiophen-2-carbaldehyd und Thiosemicarbazid (*Profft*, Monatsber. dtsch. Akad. Berlin **1** [1959] 180, 185).
Krystalle (aus A.); F: 89—90°.

5-Dodecylmercapto-thiophen-2-carbaldehyd-[4-nitro-phenylhydrazon] $C_{23}H_{33}N_3O_2S_2$.
Formel X (R = [CH$_2$]$_{11}$-CH$_3$).
B. Aus 5-Dodecylmercapto-thiophen-2-carbaldehyd und [4-Nitro-phenyl]-hydrazin (*Profft*, Monatsber. dtsch. Akad. Berlin **1** [1959] 180, 184).
Gelbe Krystalle (aus A.); F: 80—81,5°.

5-Dodecylmercapto-thiophen-2-carbaldehyd-thiosemicarbazon $C_{18}H_{31}N_3S_3$, Formel XI
(R = [CH$_2$]$_{11}$-CH$_3$).
B. Aus 5-Dodecylmercapto-thiophen-2-carbaldehyd und Thiosemicarbazid (*Profft*, Monatsber. dtsch. Akad. Berlin **1** [1959] 180, 185).
Krystalle (aus A.); F: 106—107°.

5-Octadecylmercapto-thiophen-2-carbaldehyd-[4-nitro-phenylhydrazon] $C_{29}H_{45}N_3O_2S_2$,
Formel X (R = [CH$_2$]$_{17}$-CH$_3$).
B. Aus 5-Octadecylmercapto-thiophen-2-carbaldehyd und [4-Nitro-phenyl]-hydrazin (*Profft*, Monatsber. dtsch. Akad. Berlin **1** [1959] 180, 184).
Gelbe Krystalle (aus A.); F: 88—90°.

5-Octadecylmercapto-thiophen-2-carbaldehyd-thiosemicarbazon $C_{24}H_{43}N_3S_3$, Formel XI
(R = [CH$_2$]$_{17}$-CH$_3$).
B. Aus 5-Octadecylmercapto-thiophen-2-carbaldehyd und Thiosemicarbazid (*Profft*, Monatsber. dtsch. Akad. Berlin **1** [1959] 180, 185).
Krystalle (aus A.); F: 110,5—111,5°.

Hydroxy-oxo-Verbindungen $C_6H_6O_3$

4-Methoxy-6-methyl-pyran-2-on, 5-Hydroxy-3-methoxy-hexa-2c,4t-diensäure-lacton $C_7H_8O_3$, Formel I (R = CH$_3$).
Diese Konstitution kommt dem früher (s. H **18** 13) als 2-Methoxy-6-methyl-pyran-4-on oder 4-Methoxy-6-methyl-pyran-2-on formulierten, von *Arndt, Avan* (B. **84** [1951] 343, 346) als 2-Methoxy-6-methyl-pyran-4-on angesehenen *O*-Methyl-triacetsäure-lacton zu (*Herbst et al.*, Am. Soc. **81** [1959] 2427; s. a. *Chmielewska, Cieślak*, Przem. chem. **31** [1952] 196; C. A. **1954** 5185; *Janiszewska-Drabarek*, Roczniki Chem. **27** [1953] 456, 463; C. A. **1955** 3176).
B. Neben kleineren Mengen 2-Methoxy-6-methyl-pyran-4-on beim Behandeln von Triacetsäure-lacton (4-Hydroxy-6-methyl-pyran-2-on [E III/IV **17** 5915]) mit Diazomethan in Äther (*Ch., Ci.*; *Ja.-Dr.*, l. c. S. 459, 462; *He. et al.*; s. a. *Wiley, Jarboe*, Am. Soc. **78** [1956] 624; *Nakata et al.* Tetrahedron Letters **1959** Nr. 16, S. 9, 12). Aus Triacetsäurelacton beim Behandeln mit Dimethylsulfat und wss. Natronlauge sowie beim Erwärmen mit Chlorwasserstoff enthaltendem Methanol (*Ja.-Dr.*, l. c. S. 464). Neben wenig 2-Methoxy-6-methyl-pyran-4-on beim Erwärmen der Silber-Verbindung des Triacetsäure-lactons (s. H **17** 443) mit Methyljodid (Überschuss) und Äther (*Ja.-Dr.*, l. c.

S. 463).
Krystalle; F: 89—90° [aus W.] (Ch., Ci.), 89° [aus PAe.] (Wi., Ja.), 88—89° (Ja.-Dr.), 87—88° [aus Cyclohexan] (He. et al.). UV-Spektrum (A.; 200—380 nm; λ_{max}: 280 nm): Ch., Ci.; Berson, Am. Soc. **74** [1952] 5172.
Verbindung mit Hexachloroplatin(IV)-säure. Orangerote Krystalle; F: 125° bis 126° [Zers.] (Ja.-Dr., l. c. S. 465; Chmielewska et al., Roczniki Chem. **30** [1956] 1009; C. A. **1957** 8733).

4-Äthoxy-6-methyl-pyran-2-on, 3-Äthoxy-5-hydroxy-hexa-2c,4t-diensäure-lacton $C_8H_{10}O_3$, Formel I (R = C_2H_5).
Diese Konstitution kommt dem früher (s. H **18** 13) beschriebenen O-Äthyl-triacetsäurelacton zu (vgl. die entsprechende Angabe im vorangehenden Artikel).
B. Beim Erhitzen der Kalium-Verbindung des Triacetsäure-lactons (4-Hydroxy-6-methyl-pyran-2-ons [E III/IV **17** 5915]) mit Diäthylsulfat (Malachowski, Wanczura, Bl. Acad. polon. [A] **1933** 547, 551).
Krystalle (aus Ae.); F: 62°.

4-Benzoyloxy-6-methyl-pyran-2-on, 3-Benzoyloxy-5-hydroxy-hexa-2c,4t-diensäure-lacton $C_{13}H_{10}O_4$, Formel I (R = $CO-C_6H_5$), und **2-Benzoyloxy-6-methyl-pyran-4-on** $C_{13}H_{10}O_4$, Formel II (R = $CO-C_6H_5$).
Diese beiden Konstitutionsformeln kommen für die nachstehend beschriebene Verbindung in Betracht.
B. Beim Behandeln von Triacetsäure-lacton (4-Hydroxy-6-methyl-pyran-2-on [E III/IV **17** 5915]) mit Benzoylchlorid unter Zusatz von Pyridin und Piperidin oder von Aluminiumchlorid (Miyaki, Yamagishi, J. pharm. Soc. Japan **75** [1955] 43, 46; C. A. **1956** 980).
Krystalle; F: 90—92°.

I   II   III   IV

6-Methyl-4-[(4-nitro-phenyl)-acetoxy]-pyran-2-on, 5-Hydroxy-3-[(4-nitro-phenyl)-acetoxy]-hexa-2c,4t-diensäure-lacton $C_{14}H_{11}NO_6$, Formel I (R = $CO-CH_2-C_6H_4-NO_2$), und **6-Methyl-2-[(4-nitro-phenyl)-acetoxy]-pyran-4-on** $C_{14}H_{11}NO_6$, Formel II (R = $CO-CH_2-C_6H_4-NO_2$).
Diese beiden Konstitutionsformeln kommen für die nachstehend beschriebene Verbindung in Betracht.
B. Beim Behandeln von Triacetsäure-lacton (4-Hydroxy-6-methyl-pyran-2-on [E III/IV **17** 5915]) mit [4-Nitro-phenyl]-acetylchlorid und wenig Schwefelsäure (Miyaki, Yamagishi, J. pharm. Soc. Japan **75** [1955] 43, 46; C. A. **1956** 980).
F: 63—65°.

4-Dimethylcarbamoyloxy-6-methyl-pyran-2-on, 3-Dimethylcarbamoyloxy-5-hydroxyhexa-2c,4t-diensäure-lacton $C_9H_{11}NO_4$, Formel I (R = $CO-N(CH_3)_2$).
B. Beim Erwärmen der Kalium-Verbindung des Triacetsäure-lactons (4-Hydroxy-6-methyl-pyran-2-ons [E III/IV **17** 5915]) mit Dimethylcarbamoylchlorid in Aceton (Geigy A.G., D.B.P. 844741 [1950]; D.R.B.P. Org. Chem. 1950—1951 **5** 74; Geigy A.G., U.S.P. 2681916 [1952]).
$Kp_{0,3}$: 150—152°.

3-Brom-4-methoxy-6-methyl-pyran-2-on, 2-Brom-5-hydroxy-3-methoxy-hexa-2c,4t-diensäure-lacton $C_7H_7BrO_3$, Formel III (X = Br).
Diese Konstitution kommt der früher (s. H **18** 14) als x-Brom-2-methoxy-6-methyl-pyran-4-on oder x-Brom-4-methoxy-6-methyl-pyran-2-on formulierten, von Arndt, Avan (B. **84** [1951] 343, 346; E II **18** 6) als 3-Brom-2-methoxy-6-methyl-pyran-4-on

angesehenen Verbindung zu (*Yamada*, Bl. chem. Soc. Japan **35** [1962] 1323, 1328).

B. Beim Behandeln von 3-Brom-6-methyl-pyran-2,4-dion (E II **17** 450) mit Diazo=
methan in Äther (*Ar., Avan; Ya.*). Beim Behandeln von 4-Methoxy-6-methyl-pyran-2-on
mit N-Brom-succinimid in Tetrachlormethan (*Harris et al.*, J. org. Chem. **35** [1970] 1329,
1333).

Krystalle; F: 155—156° [korr.] (*Ha. et al.*), 153° [aus Bzl.] (*Ar., Avan*), 151—152°
(*Ya.*).

**4-Methoxy-6-methyl-3-nitro-pyran-2-on, 5-Hydroxy-3-methoxy-2-nitro-hexa-2c,4t-dien=
säure-lacton** $C_7H_7NO_5$, Formel III (X = NO_2).

Diese Konstitution kommt der nachstehend beschriebenen, von *Arndt, Avan* (B. **84**
[1951] 343, 346) als 2-Methoxy-6-methyl-3-nitro-pyran-4-on angesehenen Ver-
bindung zu (*Yamada*, Bl. chem. Soc. Japan **35** [1962] 1323, 1328).

B. Beim Behandeln von 3-Nitro-6-methyl-pyran-2,4-dion (E II **17** 450) mit Diazo=
methan in Äther (*Ar., Avan; Ya.*).

Hellgelbe Krystalle; F: 169° [aus A.] (*Ar., Avan*), 165—167° (*Ya.*).

4-Methoxy-6-methyl-pyran-2-thion $C_7H_8O_2S$, Formel IV.

B. Beim Erwärmen von 4-Methoxy-6-methyl-pyran-2-on (S. 89) mit Phosphor(V)-
sulfid in Benzol (*Arndt, Avan*, B. **84** [1951] 343, 347).

Krystalle (aus Ae.); F: 106°.

Beim Erhitzen mit wss. Salzsäure ist eine Verbindung $C_{12}H_{10}O_4S_2$ (hellgelbe Krystalle,
F: 120°) erhalten worden, die sich durch Erhitzen mit Zink-Pulver und wss. Salzsäure in
eine krystalline Verbindung $Zn(C_6H_5O_2S)_2$ hat überführen lassen.

3-[2,4-Dinitro-phenoxy]-2-methyl-pyran-4-on $C_{12}H_8N_2O_7$, Formel V.

F: 192—192,5° [unkorr.] (*Wolf, Westveer*, Arch. Biochem. **28** [1950] 201).

2-Methyl-3-phenylcarbamoyloxy-pyran-4-on $C_{13}H_{11}NO_4$, Formel VI (H 13).

F: 152—153° [aus Me.] (*Kariyone, Sawada*, J. pharm. Soc. Japan **79** [1959] 265;
C. A. **1959** 11532).

5-Methoxy-2-methyl-pyran-4-on $C_7H_8O_3$, Formel VII (R = CH_3) (E II 5).

B. Beim Behandeln von 5-Hydroxy-2-methyl-pyran-4-on (E III/IV **17** 5914) mit
Diazomethan in Äther (*Brown*, Soc. **1956** 2558).

F: 69—70° (*Campbell et al.*, J. org. Chem. **15** [1950] 221).

Beim aufeinanderfolgenden Behandeln mit Dimethylsulfat, wss. Perchlorsäure und
wss. Ammoniumcarbonat-Lösung ist 4,5-Dimethoxy-2-methyl-pyridin erhalten worden
(*Ca. et al.*).

V   VI   VII

5-Allyloxy-2-methyl-pyran-4-on $C_9H_{10}O_3$, Formel VII (R = CH_2—CH=CH_2).

B. Beim Behandeln von 5-Hydroxy-2-methyl-pyran-4-on (E III/IV **17** 5914) mit
Natriummethylat in Methanol unter Zusatz von Wasser und anschliessend mit Allyl=
bromid (*Hurd, Trofimenko*, J. org. Chem. **23** [1958] 1276).

Krystalle (aus Ae. + Bzn.); F: ca. 20°.

Beim Erhitzen unter 11 Torr auf 180° erfolgt Umwandlung in 2-Allyl-3-hydroxy-
6-methyl-pyran-4-on [E III/IV **17** 5998].

5-Benzoyloxy-2-methyl-pyran-4-on $C_{13}H_{10}O_4$, Formel VII (R = CO-C_6H_5) (E II 6).

Krystalle; F: 128—128,5° [aus W.] (*Brown*, Soc. **1956** 2558), 126—127° [korr.; aus
Diisopropyläther] (*Beélik, Purves*, Canad. J. Chem. **33** [1955] 1361, 1371).

5-[3,5-Dinitro-benzoyloxy]-2-methyl-pyran-4-on $C_{13}H_8N_2O_8$, Formel VII (R = $CO-C_6H_3(NO_2)_2$).

B. Beim Behandeln von 5-Hydroxy-2-methyl-pyran-4-on (E III/IV **17** 5914) mit 3,5-Dinitro-benzoylchlorid und Pyridin (*Hurd, Trofimenko*, J. org. Chem. **23** [1958] 1276).

Explosive Krystalle (aus Bzl. + Hexan); F: 215—216°. IR-Banden im Bereich von 3,2 μ bis 12,6 μ: *Hurd, Tr.*

2-Chlormethyl-5-methoxy-pyran-4-on $C_7H_7ClO_3$, Formel VIII (R = CH_3) (E II 6).

B. Aus 2-Hydroxymethyl-5-methoxy-pyran-4-on mit Hilfe von Thionylchlorid (*Campbell et al.*, J. org. Chem. **15** [1950] 221).

F: 119—120° [aus W.] (*Heyns, Vogelsang*, B. **87** [1954] 1377, 1384), 118° [unkorr.] (*Ca. et al.*).

5-Äthoxy-2-chlormethyl-pyran-4-on $C_8H_9ClO_3$, Formel VIII (R = C_2H_5).

B. Aus 5-Äthoxy-2-hydroxymethyl-pyran-4-on mit Hilfe von Thionylchlorid (*Soc. Usines Chim. Rhône-Poulenc*, U.S.P. 2752283 [1955]).

F: 76—78°.

5-Acetoxy-2-chlormethyl-pyran-4-on $C_8H_7ClO_4$, Formel VIII (R = $CO-CH_3$).

B. Beim Behandeln von 2-Chlormethyl-5-hydroxy-pyran-4-on (E III/IV **17** 5914) mit Acetylchlorid und Benzol (*Woods, Dix*, J. org. Chem. **24** [1959] 1148).

Krystalle (aus Heptan); F: 96—97°.

Beim Erhitzen mit Acetanhydrid und Kaliumacetat auf 130° ist 2-Chlormethyl-6-methyl-pyrano[3,2-*b*]pyran-4,8-dion erhalten worden.

5-Benzoyloxy-2-chlormethyl-pyran-4-on $C_{13}H_9ClO_4$, Formel VIII (R = $CO-C_6H_5$) (E II 6).

B. Beim Behandeln von 2-Chlormethyl-5-hydroxy-pyran-4-on (E III/IV **17** 5914) mit Benzoylchlorid in Benzol (*Woods, Dix*, J. org. Chem. **24** [1959] 1148).

Krystalle (aus Heptan); F: 119—120° [Fisher-Johns-Block].

2-Chlormethyl-5-*trans*(?)-cinnamoyloxy-pyran-4-on $C_{15}H_{11}ClO_4$, vermutlich Formel IX.

B. Beim Behandeln von 2-Chlormethyl-5-hydroxy-pyran-4-on (E III/IV **17** 5914) mit *trans*(?)-Cinnamoylchlorid in Benzol (*Woods, Dix*, J. org. Chem. **24** [1959] 1148).

Krystalle (aus Heptan); F: 150° [Fisher-Johns-Block].

VIII   IX   X

2-Chlormethyl-5-phenoxyacetoxy-pyran-4-on $C_{14}H_{11}ClO_5$, Formel VIII (R = $CO-CH_2-O-C_6H_5$).

B. Beim Behandeln von 2-Chlormethyl-5-hydroxy-pyran-4-on (E III/IV **17** 5914) mit Phenoxyacetylchlorid in Benzol (*Woods, Dix*, J. org. Chem. **24** [1959] 1148).

Krystalle (aus Heptan); F: 96—97°.

Beim Erhitzen mit Acetanhydrid und Kaliumacetat auf 130° ist 2-Chlormethyl-6-methyl-7-phenoxy-pyrano[3,2-*b*]pyran-4,8-dion erhalten worden.

2-Methoxy-6-methyl-pyran-4-on $C_7H_8O_3$, Formel X.

Eine von *Arndt, Avan* (B. **84** [1951] 343, 346) unter dieser Konstitution beschriebene Verbindung ist als 4-Methoxy-6-methyl-pyran-2-on (S. 89) zu formulieren.

B. Neben 4-Methoxy-6-methyl-pyran-2-on beim Behandeln von Triacetsäure-lacton (4-Hydroxy-6-methyl-pyran-2-on [E III/IV **17** 5915]) mit Diazomethan in Äther (*Chmielewska, Cieślak*, Przem. chem. **31** [1952] 196; C. A. **1954** 5185; *Janiszewska-Drabarek*, Roczniki Chem. **27** [1953] 456, 459, 462; C. A. **1955** 3176; *Herbst et al.*, Am. Soc. **81**

[1959] 2427; s. a. *Nakata et al.*, Tetrahedron Letters **1959** Nr. 16, S. 9, 13).
Krystalle; F: 94—94,5° [aus Cyclohexan] (*He. et al.*), 92—94° (*Ja.-Dr.*), 91—92° [aus Hexan] (*Ch., Ci.*). UV-Sekptrum (A.; 210—280 nm; λ_{max}: 240 nm): *Ch., Ci.*
Beim Erwärmen mit Chlorwasserstoff enthaltendem Methanol erfolgt Umwandlung in 4-Methoxy-6-methyl-pyran-2-on (*Ja.-Dr.*, l. c. S. 461, 465; *Chmielewska et al.*, Roczniki Chem. **30** [1956] 1009; C. A. **1957** 8733).
Verbindung mit Chlorwasserstoff; wahrscheinlich 4-Hydroxy-2-methoxy-6-methyl-pyrylium-chlorid [$C_7H_9O_3$]Cl. F: 83—85° [Zers.] (*Ch. et al.*).
Verbindung mit Hexachloroplatin(IV)-säure $2C_7H_8O_3 \cdot H_2PtCl_6$; 4-Hydroxy-2-methoxy-6-methyl-pyrylium-hexachloroplatinat(IV) [$C_7H_9O_3]_2PtCl_6$. Gelbe Krystalle; F: 143—144° [Zers.] (*Ja.-Dr.*, l. c. S. 466; *Ch. et al.*). [*Hofmann*]

2-Acetyl-3-hydroxy-furan, 1-[3-Hydroxy-[2]furyl]-äthanon, Isomaltol $C_6H_6O_3$, Formel I (R = H).
Konstitution: *Fisher, Hodge*, J. org. Chem. **29** [1964] 776.
Isolierung aus Brotteig durch Erhitzen auf 150°: *Backe*, C. r. **150** I [1910] 540, **151** I [1910] 78.
Krystalle; F: 100—101° [nach Sublimation unter 1 Torr] (*Hodge, Nelson*, Cereal Chem. **38** [1961] 207, 214), 98° (*Ba.*, C. r. **151** I 78).
Kupfer(II)-Salz $Cu(C_6H_5O_3)_2 \cdot H_2O$. Grüne Krystalle; in Wasser fast unlöslich, in Äthanol löslich (*Ba.*, C. r. **151** I 78).

2-Acetyl-3-methoxy-furan, 1-[3-Methoxy-[2]furyl]-äthanon, *O*-Methyl-isomaltol $C_7H_8O_3$, Formel I (R = CH_3).
B. Aus Isomaltol (s. o.) und Diazomethan (*Backe*, C. r. **151** I [1910] 78).
Krystalle (aus Ae.); F: 102° (*Ba.*), 101,5—103° (*Hodge, Nelson*, Cereal Chem. **38** [1961] 207, 217).

2-Acetyl-3-benzoyloxy-furan, 1-[3-Benzoyloxy-[2]furyl]-äthanon, *O*-Benzoyl-isomaltol $C_{13}H_{10}O_4$, Formel I (R = CO-C_6H_5).
B. Aus Isomaltol [s. o.] (*Backe*, C. r. **151** I [1910] 78).
Krystalle; F: 100—101° (*Hodge, Nelson*, Cereal Chem. **38** [1961] 207, 218), 99° (*Ba.*).

2-Acetyl-5-methoxy-thiophen, 1-[5-Methoxy-[2]thienyl]-äthanon $C_7H_8O_2S$, Formel II.
B. Neben kleineren Mengen 1-[2-Methoxy-[3]thienyl]-äthanon beim Behandeln von 2-Methoxy-thiophen mit Acetylchlorid und Zinn(IV)-chlorid in Schwefelkohlenstoff bei —20° (*Sicé*, Am. Soc. **75** [1953] 3697, 3700).
Krystalle (aus Hexan); F: 34—35° [evakuierte Kapillare]. Absorptionsmaxima (A.): 256 nm und 314 nm.

I
II
III

1-[5-Methoxy-[2]thienyl]-äthanon-[4-nitro-phenylhydrazon] $C_{13}H_{13}N_3O_3S$, Formel III.
B. Aus 1-[5-Methoxy-[2]thienyl]-äthanon und [4-Nitro-phenyl]-hydrazin (*Sicé*, Am. Soc. **75** [1953] 3697, 3700).
Rote Krystalle (aus wss. A.); F: 198—199° [korr.; evakuierte Kapillare].

5-Acetyl-2-methoxy-3-nitro-thiophen, 1-[5-Methoxy-4-nitro-[2]thienyl]-äthanon $C_7H_7NO_4S$, Formel IV (R = CH_3).
B. Beim Erwärmen von 1-[5-Chlor-4-nitro-[2]thienyl]-äthanon mit Methanol und wss. Kalilauge (*Hurd, Kreuz*, Am. Soc. **74** [1952] 2965, 2969). Beim Behandeln von 1-[5-Hydroxy-4-nitro-[2]thienyl]-äthanon (E III/IV **17** 5918) mit Diazomethan in Äther (*Hurd, Kr.*, l. c. S. 2968).
Krystalle (aus Me.); F: 158—159°.

5-Acetyl-2-äthoxy-3-nitro-thiophen, 1-[5-Äthoxy-4-nitro-[2]thienyl]-äthanon $C_8H_9NO_4S$, Formel IV (R = C_2H_5).
B. Beim Behandeln von 1-[5-Chlor-4-nitro-[2]thienyl]-äthanon mit Äthanol und wss. Kalilauge (*Hurd, Kreuz*, Am. Soc. **74** [1952] 2965, 2969).
Krystalle (aus Me.); F: 125—126° (*Hurd, Kr.*).

5-Acetyl-2-allyloxy-3-nitro-thiophen, 1-[5-Allyloxy-4-nitro-[2]thienyl]-äthanon $C_9H_9NO_4S$, Formel IV (R = CH_2-CH=CH_2).
B. Beim Behandeln einer Lösung von 1-[5-Chlor-4-nitro-[2]thienyl]-äthanon in Benzol mit Natriumallylat in Allylalkohol (*Hurd, Anderson*, Am. Soc. **76** [1954] 1267).
Krystalle (aus Cyclohexan); F: 92—93°. Wenig beständig.

5-Acetyl-3-nitro-2-phenoxy-thiophen, 1-[4-Nitro-5-phenoxy-[2]thienyl]-äthanon $C_{12}H_9NO_4S$, Formel IV (R = C_6H_5).
B. Beim Erwärmen von 1-[5-Chlor-4-nitro-[2]thienyl]-äthanon mit Kaliumphenolat (*Hurd, Kreuz*, Am. Soc. **74** [1952] 2965, 2969).
Krystalle (aus A.); F: 122—123°.

2-Acetyl-5-methylmercapto-thiophen, 1-[5-Methylmercapto-[2]thienyl]-äthanon $C_7H_8OS_2$, Formel V (R = CH_3).
B. Aus 2-Methylmercapto-thiophen beim Erwärmen mit Acetanhydrid und wenig Phosphorsäure sowie beim Behandeln einer Lösung in Benzol mit Acetylchlorid und Zinn(IV)-chlorid (*Gol'dfarb et al.*, Ž. obšč. Chim. **29** [1959] 2034, 2037, 2040; engl. Ausg. S. 2003, 2007, 2008). Beim Behandeln von 1-[5-Brom-[2]thienyl]-äthanon mit äthanol. Kalilauge und Methanthiol (*Du Pont de Nemours & Co.*, U.S.P. 2746973 [1955]).
Krystalle; F: 53° (*Go. et al.*), 52—53° [aus Hexan] (*Du Pont*). Kp_2: 112—114° (*Go. et al.*).

2-Acetyl-5-propylmercapto-thiophen, 1-[5-Propylmercapto-[2]thienyl]-äthanon $C_9H_{12}OS_2$, Formel V (R = CH_2-CH_2-CH_3).
B. Beim Erhitzen von 2-Propylmercapto-thiophen mit Acetanhydrid und wenig Zinkchlorid (*Profft*, Ch. Z. **82** [1958] 295, 298).
$Kp_{2,5}$: 150—156°. n_D^{20}: 1,5938.

2-Acetyl-5-isopropylmercapto-thiophen, 1-[5-Isopropylmercapto-[2]thienyl]-äthanon $C_9H_{12}OS_2$, Formel V (R = $CH(CH_3)_2$).
B. Beim Erhitzen von 2-Isopropylmercapto-thiophen mit Acetanhydrid und wenig Phosphorsäure (*Profft*, Ch. Z. **82** [1958] 295, 298).
Kp_{10}: 160—164° [geringfügige Zers.]. n_D^{20}: 1,5895.

2-Acetyl-5-butylmercapto-thiophen, 1-[5-Butylmercapto-[2]thienyl]-äthanon $C_{10}H_{14}OS_2$, Formel V (R = $[CH_2]_3$-CH_3).
B. Beim Erhitzen von 2-Butylmercapto-thiophen mit Acetanhydrid und wenig Phosphorsäure (*Profft*, Ch. Z. **82** [1958] 295, 298).
$Kp_{0,6}$: 137—140°. n_D^{20}: 1,5873.

2-Acetyl-5-isobutylmercapto-thiophen, 1-[5-Isobutylmercapto-[2]thienyl]-äthanon $C_{10}H_{14}OS_2$, Formel V (R = CH_2-$CH(CH_3)_2$).
B. Beim Erhitzen von 2-Isobutylmercapto-thiophen mit Acetanhydrid und wenig Phosphorsäure (*Profft*, Ch. Z. **82** [1958] 295, 298).
$Kp_{0,5}$: 131—133°. n_D^{20}: 1,5865.

IV   V   VI   VII

2-Acetyl-5-pentylmercapto-thiophen, 1-[5-Pentylmercapto-[2]thienyl]-äthanon $C_{11}H_{16}OS_2$, Formel V (R = $[CH_2]_4$-CH_3).
B. Beim Erhitzen von 2-Pentylmercapto-thiophen mit Acetanhydrid und wenig

Phosphorsäure (*Profft*, Ch. Z. **82** [1958] 295, 298).
Kp$_{4,5}$: 180—184°. n$_D^{20}$: 1,5788.

2-Acetyl-5-isopentylmercapto-thiophen, 1-[5-Isopentylmercapto-[2]thienyl]-äthanon
C$_{11}$H$_{16}$OS$_2$, Formel V (R = CH$_2$-CH$_2$-CH(CH$_3$)$_2$).
B. Beim Erhitzen von 2-Isopentylmercapto-thiophen mit Acetanhydrid und wenig Phosphorsäure (*Profft*, Ch. Z. **82** [1958] 295, 298).
Kp$_{14}$: 182—184° [geringfügige Zers.]. n$_D^{20}$: 1,5779.

2-Acetyl-5-hexylmercapto-thiophen, 1-[5-Hexylmercapto-[2]thienyl]-äthanon C$_{12}$H$_{18}$OS$_2$, Formel V (R = [CH$_2$]$_5$-CH$_3$).
B. Beim Erhitzen von 2-Hexylmercapto-thiophen mit Acetanhydrid und wenig Phosphorsäure (*Profft*, Ch. Z. **82** [1958] 295, 298).
Kp$_{0,8}$: 166—168°. n$_D^{20}$: 1,5708.

2-Acetyl-5-heptylmercapto-thiophen, 1-[5-Heptylmercapto-[2]thienyl]-äthanon
C$_{13}$H$_{20}$OS$_2$, Formel V (R = [CH$_2$]$_6$-CH$_3$).
B. Beim Erhitzen von 2-Heptylmercapto-thiophen mit Acetanhydrid und wenig Phosphorsäure (*Profft*, Ch. Z. **82** [1958] 295, 298).
Kp$_{0,5}$: 170—174°. n$_D^{20}$: 1,5640.

2-Acetyl-5-octylmercapto-thiophen, 1-[5-Octylmercapto-[2]thienyl]-äthanon C$_{14}$H$_{22}$OS$_2$, Formel V (R = [CH$_2$]$_7$-CH$_3$).
B. Beim Erhitzen von 2-Octylmercapto-thiophen mit Acetanhydrid und wenig Phosphorsäure (*Profft*, Ch. Z. **82** [1958] 295, 298).
Kp$_{0,3}$: 170—175° [geringfügige Zers.]. n$_D^{20}$: 1,5589.

2-Acetyl-5-nonylmercapto-thiophen, 1-[5-Nonylmercapto-[2]thienyl]-äthanon C$_{15}$H$_{24}$OS$_2$, Formel V (R = [CH$_2$]$_8$-CH$_3$).
B. Beim Erhitzen von 2-Nonylmercapto-thiophen mit Acetanhydrid und wenig Phosphorsäure (*Profft*, Ch. Z. **82** [1958] 295, 298).
Kp$_{0,4}$: 173—180° [partielle Zers.]. n$_D^{20}$: 1,5538.

1-[5-Methylmercapto-[2]thienyl]-äthanon-oxim C$_7$H$_9$NOS$_2$, Formel VI.
B. Aus 1-[5-Methylmercapto-[2]thienyl]-äthanon und Hydroxylamin (*Gol'dfarb et al.*, Ž. obšč. Chim. **29** [1959] 2034, 2040; engl. Ausg. S. 2003, 2007).
F: 97°.

2-Glykoloyl-furan, 1-[2]Furyl-2-hydroxy-äthanon C$_6$H$_6$O$_3$, Formel VII (R = H).
B. Beim Erwärmen von 2-Diazo-1-[2]furyl-äthanon (E III/IV **17** 5977) mit wss. Schwefelsäure und Dioxan (*Kipnis et al.*, Am. Soc. **70** [1948] 142). Beim Erwärmen von 2-Brom-1-[2]furyl-äthanon mit Natriumformiat und Methanol (*Šaldabol et al.*, Latvijas Akad. Věstis 1959 Nr. 4, S. 81, 84; C. A. **1959** 21862).
Krystalle; F: 83—84,5° [nach Sublimation bei 80°/2 Torr] (*Miller, Cantor*, Am. Soc. **74** [1952] 5236), 83—84° [aus PAe.] (*Ša. et al.*), 81—82° [aus Hexan] (*Ki. et al.*). Absorptionsmaximum (W.): 275 nm (*Mi., Ca.*).

2-Acetoxy-1-[2]furyl-äthanon C$_8$H$_8$O$_4$, Formel VII (R = CO-CH$_3$).
B. Beim Erwärmen von 2-Chlor-1-[2]furyl-äthanon mit Essigsäure und wss. Äthanol (*Allcock et al.*, Am. Soc. **70** [1948] 3949).
Krystalle (nach Destillation im Vakuum); F: 31,5—32,5°.

2-Butyryloxy-1-[2]furyl-äthanon C$_{10}$H$_{12}$O$_4$, Formel VII (R = CO-CH$_2$-CH$_2$-CH$_3$).
B. Beim Erwärmen von 2-Chlor-1-[2]furyl-äthanon mit Buttersäure und wss. Äthanol (*Allcock et al.*, Am. Soc. **70** [1948] 3949).
Kp$_{0,03}$: 110—112°.

2-Benzoyloxy-1-[2]furyl-äthanon C$_{13}$H$_{10}$O$_4$, Formel VII (R = CO-C$_6$H$_5$).
B. Beim Erwärmen von 2-Chlor-1-[2]furyl-äthanon mit Benzoesäure und wss. Äthanol

(*Allcock et al.*, Am. Soc. **70** [1948] 3949). Beim Behandeln von 1-[2]Furyl-2-hydroxy-äthanon mit Benzoylchlorid und Pyridin (*Miller, Cantor*, Am. Soc. **74** [1952] 5236).
Krystalle (aus Hexan); F: 75,5—76° (*Al. et al.*), 74,5—76° (*Mi., Ca.*; *Aso, Sugisawa*, Tohoku J. agric. Res. **5** [1954] 143, 144).

1-[2]Furyl-2-hydroxy-äthanon-oxim $C_6H_7NO_3$, Formel VIII (X = H).
B. Aus 1-[2]Furyl-2-hydroxy-äthanon und Hydroxylamin (*Vargha, Gönczy*, Am. Soc. **72** [1950] 2738).
Krystalle (aus W.); F: 132—134°.

1-[2]Furyl-2-hydroxy-äthanon-[O-(toluol-4-sulfonyl)-oxim] $C_{13}H_{13}NO_5S$, Formel VIII (X = SO_2-C_6H_4-CH_3).
B. Beim Behandeln von 1-[2]Furyl-2-hydroxy-äthanon-oxim mit Toluol-4-sulfonyl=chlorid und Pyridin (*Vargha, Gönczy*, Am. Soc. **72** [1950] 2738).
Krystalle (aus Bzl. + PAe.); F: 86—87° [Zers.].
Bei 24-stdg. Behandeln mit Äthanol sind 6,6-Diäthoxy-hex-4c-en-2,3-dion und Am=monium-[toluol-4-sulfonat] erhalten worden.

2-Acetoxy-1-[2]furyl-äthanon-semicarbazon $C_9H_{11}N_3O_4$, Formel IX (R = CO-CH_3).
B. Aus 2-Acetoxy-1-[2]furyl-äthanon und Semicarbazid (*Allcock et al.*, Am. Soc. **70** [1948] 3949).
Krystalle (aus wss. A.); F: 95—95,5°.

2-Butyryloxy-1-[2]furyl-äthanon-semicarbazon $C_{11}H_{15}N_3O_4$, Formel IX (R = CO-CH_2-CH_2-CH_3).
B. Aus 2-Butyryloxy-1-[2]furyl-äthanon und Semicarbazid (*Allcock et al.*, Am. Soc. **70** [1948] 3949).
Krystalle (aus wss. A.); F: 114—116° [korr.; Fisher-Johns-App.].

VIII　　　　　IX　　　　　X

2-Benzoyloxy-1-[2]furyl-äthanon-semicarbazon $C_{14}H_{13}N_3O_4$, Formel IX (R = CO-C_6H_5).
B. Aus 2-Benzoyloxy-1-[2]furyl-äthanon und Semicarbazid (*Allcock et al.*, Am. Soc. **70** [1948] 3949).
Krystalle (aus wss. A.); F: 180—182° [Zers.; Fisher-Johns-App.].

2-Glykoloyl-5-nitro-furan, 2-Hydroxy-1-[5-nitro-[2]furyl]-äthanon $C_6H_5NO_5$, Formel X (R = H).
B. Beim Erwärmen von 2-Acetoxy-1-[5-nitro-[2]furyl]-äthanon (*Šaldabol et al.*, Latvijas Akad. Vēstis **1959** Nr. 4, S. 81, 84; C. A. **1959** 21862) oder von 2-Diazo-1-[5-nitro-[2]furyl]-äthanon [E III/IV **17** 5977] (*Eaton Labor. Inc.*, U.S.P. 2416235 [1945]) mit wss. Schwefelsäure.
Gelbliche Krystalle (aus E. + Bzn.); F: 116—117,5° (*Eaton Labor. Inc.*), 114—116° (*Ša. et al.*). Polarographie: *Stradin' et al.*, Doklady Akad. S.S.S.R. **129** [1959] 816; Pr. Acad. Sci. U.S.S.R. Chem. Sect. **124**—**129** [1959] 1077.

2-Acetoxy-1-[5-nitro-[2]furyl]-äthanon $C_8H_7NO_6$, Formel X (R = CO-CH_3).
B. Beim Erhitzen von 2-Diazo-1-[5-nitro-[2]furyl]-äthanon (E III/IV **17** 5977) mit Essigsäure (*Šaldabol*, Latvijas Akad. Vēstis **1958** Nr. 7, S. 75; C. A. **1959** 10164). Beim Erhitzen von 2-Brom-1-[5-nitro-[2]furyl]-äthanon mit Natriumacetat und Essigsäure (*Šaldabol et al.*, Latvijas Akad. Vēstis **1959** Nr. 4, S. 81, 84; C. A. **1959** 21862).
Gelbe Krystalle (aus A.); F: 85—86° (*Ša.*; *Ša. et al.*).

2-Hydroxy-1-[5-nitro-[2]furyl]-äthanon-phenylhydrazon $C_{12}H_{11}N_3O_4$, Formel XI (R = C_6H_5).
B. Aus 2-Hydroxy-1-[5-nitro-[2]furyl]-äthanon und Phenylhydrazin (*Šaldabol et al.*

Latvijas Akad. Vēstis **1959** Nr. 4, S. 81, 83, 85; C. A. **1959** 21862).
Krystalle (aus A.); Zers. bei 117—119°.

2-Hydroxy-1-[5-nitro-[2]furyl]-äthanon-[2,4-dinitro-phenylhydrazon] $C_{12}H_9N_5O_8$,
Formel XI (R = $C_6H_3(NO_2)_2$).
B. Aus 2-Hydroxy-1-[5-nitro-[2]furyl]-äthanon und [2,4-Dinitro-phenyl]-hydrazin (*Šaldabol et al.*, Latvijas Akad. Vēstis **1959** Nr. 4, S. 81, 83, 85; C. A. **1959** 21862).
Krystalle (aus A.); F: 224—225° [Zers.].

2-Hydroxy-1-[5-nitro-[2]furyl]-äthanon-[dichloracetyl-hydrazon], Dichloressigsäure-[2-hydroxy-1-(5-nitro-[2]furyl)-äthylidenhydrazid] $C_8H_7Cl_2N_3O_5$, Formel XI (R = CO-CHCl$_2$).
B. Aus 2-Hydroxy-1-[5-nitro-[2]furyl]-äthanon und Dichloressigsäure-hydrazid (*Šaldabol et al.*, Latvijas Akad. Vēstis **1959** Nr. 4, S. 81, 83; C. A. **1959** 21862).
Krystalle (aus A.); Zers. bei 129—131°.

2-Hydroxy-1-[5-nitro-[2]furyl]-äthanon-oxamoylhydrazon, Oxamidsäure-[2-hydroxy-1-(5-nitro-[2]furyl)-äthylidenhydrazid] $C_8H_8N_4O_6$, Formel XI (R = CO-CO-NH$_2$).
B. Aus 2-Hydroxy-1-[5-nitro-[2]furyl]-äthanon und Oxamidsäure-hydrazid (*Šaldabol et al.*, Latvijas Akad. Vēstis **1959** Nr. 4, S. 81, 83, 85; C. A. **1959** 21862).
Krystalle (aus wss. A.); Zers. bei 215—216°.

2-Hydroxy-1-[5-nitro-[2]furyl]-äthanon-[(2-hydroxy-äthyloxamoyl)-hydrazon], [2-Hydroxy-äthyl]-oxamidsäure-[2-hydroxy-1-(5-nitro-[2]furyl)-äthylidenhydrazid] $C_{10}H_{12}N_4O_7$, Formel XI (R = CO-CO-NH-CH$_2$-CH$_2$-OH).
B. Aus 2-Hydroxy-1-[5-nitro-[2]furyl]-äthanon und [2-Hydroxy-äthyl]-oxamidsäure-hydrazid (*Šaldabol et al.*, Latvijas Akad. Vēstis **1959** Nr. 4, S. 81, 83, 85; C. A. **1959** 21862).
Krystalle (aus wss. A.); Zers. bei 198—200°.

2-Hydroxy-1-[5-nitro-[2]furyl]-äthanon-[cyanacetyl-hydrazon], Cyanessigsäure-[2-hydroxy-1-(5-nitro-[2]furyl)-äthylidenhydrazid] $C_9H_8N_4O_5$, Formel XI (R = CO-CH$_2$-CN).
B. Aus 2-Hydroxy-1-[5-nitro-[2]furyl]-äthanon und Cyanessigsäure-hydrazid (*Šaldabol et al.*, Latvijas Akad. Vēstis **1959** Nr. 4, S. 81, 83, 85; C. A. **1959** 21862).
Krystalle (aus A.); Zers. bei 169—170°.

2-Hydroxy-1-[5-nitro-[2]furyl]-äthanon-semicarbazon $C_7H_8N_4O_5$, Formel XI (R = CO-NH$_2$).
B. Aus 2-Hydroxy-1-[5-nitro-[2]furyl]-äthanon und Semicarbazid (*Beckett, Robinson*, J. med. pharm. Chem. **1** [1959] 135, 139; *Šaldabol et al.*, Latvijas Akad. Vēstis **1959** Nr. 4, S. 81, 85; C. A. **1959** 21862).
Krystalle; F: 204—207° [unkorr.; Zers.] (*Be., Ro.*), 198° [Zers.] (*Ša. et al.*). Absorptionsmaximum (W.): 260 nm (*Be., Ro.*).

2-Hydroxy-1-[5-nitro-[2]furyl]-äthanon-[4-phenyl-semicarbazon] $C_{13}H_{12}N_4O_5$, Formel XI (R = CO-NH-C$_6$H$_5$).
B. Aus 2-Hydroxy-1-[5-nitro-[2]furyl]-äthanon und 4-Phenyl-semicarbazid (*Šaldabol et al.*, Latvijas Akad. Vēstis **1959** Nr. 4, S. 81, 83, 85; C. A. **1959** 21862).
Krystalle (aus A.); Zers. bei 190—192°.

2-Hydroxy-1-[5-nitro-[2]furyl]-äthanon-thiosemicarbazon $C_7H_8N_4O_4S$, Formel XI (R = CS-NH$_2$).
B. Aus 2-Hydroxy-1-[5-nitro-[2]furyl]-äthanon und Thiosemicarbazid (*Šaldabol et al.*, Latvijas Akad. Vēstis **1959** Nr. 4, S. 81, 83, 85; C. A. **1959** 21862).
Krystalle (aus A.); Zers. bei 165—166°.

2-Hydroxy-1-[5-nitro-[2]furyl]-äthanon-[2-methyl-semicarbazon] $C_8H_{10}N_4O_5$, Formel XII (R = CH_3).
  B. Aus 2-Hydroxy-1-[5-nitro-[2]furyl]-äthanon und 2-Methyl-semicarbazid (Šaldabol et al., Latvijas Akad. Vēstis **1959** Nr. 4, S. 81, 83, 85; C. A. **1959** 21862).
  Krystalle (aus A.); Zers. bei 132—133°.

2-Hydroxy-1-[5-nitro-[2]furyl]-äthanon-[2-(2-hydroxy-äthyl)-semicarbazon] $C_9H_{12}N_4O_6$, Formel XII (R = CH_2-CH_2OH).
  B. Aus 2-Hydroxy-1-[5-nitro-[2]furyl]-äthanon und 2-[2-Hydroxy-äthyl]-semicarbazid (Šaldabol et al., Latvijas Akad. Vēstis **1959** Nr. 4, S. 81, 83, 85; C. A. **1959** 21862).
  Krystalle (aus A.); Zers. bei 181—183°.

2-Acetoxy-1-[5-nitro-[2]furyl]-äthanon-semicarbazon $C_9H_{10}N_4O_6$, Formel XIII.
  B. Aus 2-Acetoxy-1-[5-nitro-[2]furyl]-äthanon und Semicarbazid (Šaldabol, Giller, Trudy Sovešč. Vopr. Ispolz. Pentozan. Syrja Riga 1955 S. 379, 390; C. A. **1959** 15039; Šaldabol et al., Latvijas Akad. Vēstis **1959** Nr. 4, S. 81, 84; C. A. **1959** 21862).
  Gelbe Krystalle; F: 201—202° [Zers.] (Sa., Gi.; Sa. et al.).

[2-[2]Furyl-2-oxo-äthyl]-dimethyl-sulfonium $[C_8H_{11}O_2S]^+$, Formel I (R = CH_3).
  Bromid $[C_8H_{11}O_2S]Br$. B. Bei mehrtägigem Behandeln einer Lösung von 2-Brom-1-[2]furyl-äthanon in Aceton mit Dimethylsulfid (Šaldabol, Giller, Latvijas Akad. Vēstis **1959** Nr. 3, S. 53; C. A. **1960** 6677). — Krystalle (aus A.); F: 149—151°.

Diäthyl-[2-[2]furyl-2-oxo-äthyl]-sulfonium $[C_{10}H_{15}O_2S]^+$, Formel I (R = C_2H_5).
  Bromid $[C_{10}H_{15}O_2S]Br$. B. Bei mehrtägigem Behandeln einer Lösung von 2-Brom-1-[2]furyl-äthanon in Aceton mit Diäthylsulfid (Šaldabol, Giller, Latvijas Akad. Vēstis **1959** Nr. 3, S. 53; C. A. **1960** 6677). — Krystalle (aus A.); F: 102—104°.

Dibutyl-[2-[2]furyl-2-oxo-äthyl]-sulfonium $[C_{14}H_{23}O_2S]^+$, Formel I (R = $[CH_2]_3$-CH_3).
  Bromid $[C_{14}H_{23}O_2S]Br$. B. Bei mehrtägigem Behandeln einer Lösung von 2-Brom-1-[2]furyl-äthanon in Aceton mit Dibutylsulfid (Šaldabol, Giller, Latvijas Akad. Vēstis **1959** Nr. 3, S. 53; C. A. **1960** 6677). — Krystalle (aus A.); F: 105—106°.

[2-[2]Furyl-2-oxo-äthyl]-diisopentyl-sulfonium $[C_{16}H_{27}O_2S]^+$, Formel I (R = CH_2-CH_2-$CH(CH_3)_2$).
  Bromid $[C_{16}H_{27}O_2S]Br$. B. Bei mehrtägigem Behandeln einer Lösung von 2-Brom-1-[2]furyl-äthanon in Aceton mit Diisopentylsulfid (Šaldabol, Giller, Latvijas, Akad. Vēstis **1959** Nr. 3, S. 53; C. A. **1960** 6677). — Krystalle (aus A.); F: 98—99°.

I II III

[2-(2,4-Dinitro-phenylhydrazono)-2-[2]furyl-äthyl]-dimethyl-sulfonium $[C_{14}H_{15}N_4O_5S]^+$, Formel II (R = CH_3, X = H).
  Bromid $[C_{14}H_{15}N_4O_5S]Br$. B. Aus [2-[2]Furyl-2-oxo-äthyl]-dimethyl-sulfonium-bromid und [2,4-Dinitro-phenyl]-hydrazin (Šaldabol, Giller, Trudy Sovešč. Vopr. Ispolz. Pentozan. Syrja Riga 1955 S. 379, 389, 390; C. A. **1959** 15039). — F: 197—198° [Zers.].

[2-[2]Furyl-2-semicarbazono-äthyl]-dimethyl-sulfonium $[C_9H_{14}N_3O_2S]^+$, Formel III.
  Chlorid $[C_9H_{14}N_3O_2S]Cl$. B. Aus [2-[2]Furyl-2-oxo-äthyl]-dimethyl-sulfonium-bromid und Semicarbazid (Šaldabol, Giller, Trudy Sovešč. Vopr. Ispolz. Pentozan. Syrja Riga 1955 S. 379, 389, 390; C. A. **1959** 15039). — F: 148—149° [Zers.].

Diäthyl-[2-(2,4-dinitro-phenylhydrazono)-2-[2]furyl-äthyl]-sulfonium $[C_{16}H_{19}N_4O_5S]^+$, Formel II (R = C_2H_5, X = H).
  Bromid $[C_{16}H_{19}N_4O_5S]Br$. B. Aus Diäthyl-[2-[2]furyl-2-oxo-äthyl]-sulfonium-bromid

und [2,4-Dinitro-phenyl]-hydrazin (*Šaldabol, Giller*, Trudy Sovešč. Vopr. Ispolz. Pentozan. Syrja Riga 1955 S. 379, 389, 390; C. A. **1959** 15039). — F: 174—175° [Zers.].

Dimethyl-[2-(5-nitro-[2]furyl)-2-oxo-äthyl]-sulfonium $[C_8H_{10}NO_4S]^+$, Formel IV (R = CH_3).
Bromid $[C_8H_{10}NO_4S]Br$. *B*. Bei mehrtägigem Behandeln einer Lösung von 2-Brom-1-[5-nitro-[2]furyl]-äthanon in Aceton mit Dimethylsulfid (*Šaldabol, Giller*, Latvijas Akad. Vēstis **1959** Nr. 3, S. 53; C. A. **1960** 6677). — Gelbliche Krystalle (aus A. + Ae.); F: 133—134°.

Diäthyl-[2-(5-nitro-[2]furyl)-2-oxo-äthyl]-sulfonium $[C_{10}H_{14}NO_4S]^+$, Formel IV (R = C_2H_5).
Bromid $[C_{10}H_{14}NO_4S]Br$. *B*. Bei mehrtägigem Behandeln einer Lösung von 2-Brom-1-[5-nitro-[2]furyl]-äthanon in Aceton mit Diäthylsulfid (*Šaldabol, Giller*, Latvijas Akad. Vēstis **1959** Nr. 3, S. 53; C. A. **1960** 6677). — Gelbliche Krystalle (aus A. + Ae.); F: 112° bis 114°.

[2-(5-Nitro-[2]furyl)-2-oxo-äthyl]-dipropyl-sulfonium $[C_{12}H_{18}NO_4S]^+$, Formel IV (R = CH_2-CH_2-CH_3).
Bromid $[C_{12}H_{18}NO_4S]Br$. *B*. Bei mehrtägigem Behandeln einer Lösung von 2-Brom-1-[5-nitro-[2]furyl]-äthanon in Aceton mit Dipropylsulfid (*Šaldabol, Giller*, Latvijas Akad. Vēstis **1959** Nr. 3, S. 53; C. A. **1960** 6677). — Gelbliche Krystalle (aus A. + Ae); F: 105° bis 106°.

Dibutyl-[2-(5-nitro-[2]furyl)-2-oxo-äthyl]-sulfonium $[C_{14}H_{22}NO_4S]^+$, Formel IV (R = $[CH_2]_3$-CH_3).
Bromid $[C_{14}H_{22}NO_4S]Br$. *B*. Bei mehrtägigem Behandeln einer Lösung von 2-Brom-1-[5-nitro-[2]furyl]-äthanon in Aceton mit Dibutylsulfid (*Šaldabol, Giller*, Latvijas Akad. Vēstis **1959** Nr. 3, S. 53; C. A. **1960** 6677). — Gelbliche Krystalle (aus A. + Ae.); F: 94—95°.

Diisopentyl-[2-(5-nitro-[2]furyl)-2-oxo-äthyl]-sulfonium $[C_{16}H_{26}NO_4S]^+$, Formel IV (R = CH_2-CH_2-$CH(CH_3)_2$).
Bromid $[C_{16}H_{26}NO_4S]Br$. *B*. Bei mehrtägigem Behandeln einer Lösung von 2-Brom-1-[5-nitro-[2]furyl]-äthanon in Aceton mit Diisopentylsulfid (*Šaldabol, Giller*, Latvijas Akad. Vēstis **1959** Nr. 3, S. 53; C. A. **1960** 6677). — Gelbliche Krystalle (aus A. + Ae.); F: 89—90,5°.

[2-(2,4-Dinitro-phenylhydrazono)-2-(5-nitro-[2]furyl)-äthyl]-dimethyl-sulfonium $[C_{14}H_{14}N_5O_7S]^+$, Formel II (R = CH_3, X = NO_2).
Bromid $[C_{14}H_{14}N_5O_7S]Br$. *B*. Aus Dimethyl-[2-(5-nitro-[2]furyl)-2-oxo-äthyl]-sulfonium-bromid und [2,4-Dinitro-phenyl]-hydrazin (*Šaldabol, Giller*, Trudy Sovešč. Vopr. Ispolz. Pentozan. Syrja Riga 1955 S. 379, 389, 390; C. A. **1959** 15039). — F: 175—176° [Zers.].

2-Glykoloyl-thiophen, 2-Hydroxy-1-[2]thienyl-äthanon $C_6H_6O_2S$, Formel V (R = H).
B. Bei mehrtägigem Erwärmen von 2-Brom-1-[2]thienyl-äthanon mit Natriumformiat in Methanol (*Kipnis et al.*, Am. Soc. **71** [1949] 10).
Krystalle (aus Hexan); F: 73—74°.

2-Acetoxy-1-[2]thienyl-äthanon $C_8H_8O_3S$, Formel V (R = CO-CH_3).
B. Beim Erhitzen von 2-Brom-1-[2]thienyl-äthanon mit Essigsäure und Natriumacetat (*Kipnis et al.*, Am. Soc. **71** [1949] 10).
Kp_3: 113—114°.

IV   V   VI

2-Benzoyloxy-1-[2]thienyl-äthanon $C_{13}H_{10}O_3S$, Formel V (R = $CO-C_6H_5$).
B. Beim Erhitzen von 2-Brom-1-[2]thienyl-äthanon mit Benzoesäure in einem mit wss. Salzsäure angesäuerten Gemisch von Wasser und Äthylenglykol (*Kipnis et al.*, Am. Soc. **71** [1949] 10).
Krystalle (aus CCl_4); F: 95—96°.

2-*trans*-Cinnamoyloxy-1-[2]thienyl-äthanon, *trans*-Zimtsäure-[2-oxo-2-[2]thienyl-äthylester] $C_{15}H_{12}O_3S$, Formel V (R = $CO-CH{=}CH-C_6H_5$).
B. Beim Erhitzen von 2-Brom-1-[2]thienyl-äthanon mit *trans*-Zimtsäure in einem mit wss. Salzsäure angesäuerten Gemisch von Wasser und Äthylenglykol (*Kipnis et al.*, Am. Soc. **71** [1949] 10).
Krystalle (aus CCl_4); F: 118—120° [Fisher-Johns-App.].

2-Butylmercapto-1-[2]thienyl-äthanon $C_{10}H_{14}OS_2$, Formel VI (R = $[CH_2]_3-CH_3$).
B. Beim Erhitzen von 2-Brom-1-[2]thienyl-äthanon mit Natrium-butan-1-thiolat in Toluol (*Kipnis, Ornfelt*, Am. Soc. **70** [1948] 3950).
Kp$_3$: 122—126°.

2-Phenylmercapto-1-[2]thienyl-äthanon $C_{12}H_{10}OS_2$, Formel VI (R = C_6H_5).
B. Beim Erhitzen von 2-Brom-1-[2]thienyl-äthanon mit Natrium-thiophenolat in Toluol (*Kipnis, Ornfelt*, Am. Soc. **70** [1948] 3950).
Kp$_3$: 165—170°.

2-Benzylmercapto-1-[2]thienyl-äthanon $C_{13}H_{12}OS_2$, Formel VI (R = $CH_2-C_6H_5$).
B. Beim Erhitzen von 2-Brom-1-[2]thienyl-äthanon mit Natriumbenzylmercaptid in Toluol (*Kipnis, Ornfelt*, Am. Soc. **70** [1948] 3950).
Krystalle (aus CCl_4 + Hexan); F: 78—79°.

2-Thiocyanatoacetyl-thiophen, 1-[2]Thienyl-2-thiocyanato-äthanon $C_7H_5NOS_2$, Formel VI (R = CN) (H 14; dort als 2-Rhodanacetyl-thiophen bezeichnet).
B. Beim Erwärmen von 2-Chlor-1-[2]thienyl-äthanon mit Ammoniumthiocyanat in Äthanol (*Emerson, Patrick*, J. org. Chem. **13** [1948] 722, 725).
Krystalle (aus A.); F: 90—91°.

1-[2]Thienyl-2-thiocyanato-äthanon-[2,4-dinitro-phenylhydrazon] $C_{13}H_9N_5O_4S_2$, Formel VII.
B. Aus 1-[2]Thienyl-2-thiocyanato-äthanon und [2,4-Dinitro-phenyl]-hydrazin (*Emerson, Patrick*, J. org. Chem. **13** [1948] 722, 725).
Krystalle (aus A. + E.); F: 160—161° [korr.].

2-Chlor-5-thiocyanatoacetyl-thiophen, 1-[5-Chlor-[2]thienyl]-2-thiocyanato-äthanon $C_7H_4ClNOS_2$, Formel VIII.
B. Beim Erwärmen von 2-Chlor-1-[5-chlor-[2]thienyl]-äthanon mit Ammoniumthiocyanat in Äthanol (*Emerson, Patrick*, J. org. Chem. **13** [1948] 722, 725).
Krystalle (aus A.); F: 99°.

3-Acetyl-2-methoxy-thiophen, 1-[2-Methoxy-[3]thienyl]-äthanon $C_7H_8O_2S$, Formel IX.
B. In kleiner Menge neben 1-[5-Methoxy-[2]thienyl]-äthanon beim Behandeln von 2-Methoxy-thiophen mit Acetylchlorid und Zinn(IV)-chlorid in Schwefelkohlenstoff bei −20° (*Sicé*, Am. Soc. **75** [1953] 3697, 3700).
Krystalle (nach Sublimation bei 85° im Hochvakuum); F: 127—128° [korr.; evakuierte Kapillare]. Absorptionsmaxima (A.): 242 nm und 303 nm.

5-Hydroxymethyl-furan-2-carbaldehyd $C_6H_6O_3$, Formel X (R = H) (H 14; E I 298; E II 6; dort als 5-Oxymethyl-2-formyl-furan und als 5-Oxymethyl-furfurol bezeichnet).
B. Beim Erhitzen von Saccharose oder von D-Fructose mit wss. Schwefelsäure und Butan-1-ol (*Food Chem. Research Labor.*, U.S.P. 2750394 [1952]). Beim Erhitzen von Chitose (E I 387) mit Wasser auf 120° (*Tanaka*, Mem. Coll. Sci. Kyoto [A] **13** [1930] 265, 267). Beim Erwärmen von Saccharose mit wenig Jod in Dimethylformamid auf

100° (*Bonner et al.*, Soc. **1960** 787, 788). Beim Erhitzen von 5-Chlormethyl-furan-2-carbaldehyd mit Wasser (*Haworth, Jones*, Soc. **1944** 667, 670).

F: 33,3—33,5° [korr.; durch Destillation bei 0,002 Torr gereinigtes Präparat] (*Wolfrom et al.*, Am. Soc. **71** [1949] 3518, 3522). D_{25}^{25}: 1,2620; n_D^{25}: 1,5533 [flüssiges Präparat] (*Ta.*, l. c. S. 276). Verbrennungswärme: *Ta.*, l. c. S. 276. UV-Spektrum von Lösungen in Äthanol (220—320 nm): *Bredereck et al.*, B. **86** [1953] 1271, 1275; in Wasser (220 bis 340 nm): *Scallet, Gardner*, Am. Soc. **67** [1945] 1934; *Wolfrom et al.*, Am. Soc. **70** [1948] 514, 516; *Singh et al.*, Am. Soc. **70** [1948] 517, 518; *Ewstigneew, Nikiforowa*, Biochimija **15** [1950] 86, 87; C. A. **1950** 5212; *Turner et al.*, Anal. Chem. **26** [1954] 898. Absorptionsmaxima (W.): 230 nm und 284 nm (*Si. et al.*), 230 nm und 282,5 nm (*Ew., Ni.*), 228 nm und 282,5 nm (*Mackinney, Temmer*, Am. Soc. **70** [1948] 3586, 3587). Polarographie: *Cantor, Peniston*, Am. Soc. **62** [1940] 2113, 2116; *Baltes et al.*, Fette Seifen **55** [1953] 457; s. a. *Ma., Te.*

Geschwindigkeitskonstante der Hydrolyse in wss. Natronlauge (0,14n und 1,3n) bei 96° sowie der Hydrolyse in wss. Salzsäure (0,2n bis 3,9n) bei 78°, 88° und 96—97°: *Huzimura*, J. chem. Soc. Japan Ind. Chem. Sect. **54** [1951] 271; C. A. **1953** 2581; der Hydrolyse in wss. Salzsäure (0,1n bis 0,5n), in wss. Schwefelsäure (0,1n bis 0,5n), in wss. Bromwasserstoffsäure (0,1n bis 0,5n), in wss. Jodwasserstoffsäure (0,1n bis 0,5n) und in wss. Oxalsäure (0,1n bis 0,5n) bei 100°: *Teunissen*, R. **49** [1930] 784, 820; der Hydrolyse in Wasser-Äthanol-Gemischen und in Wasser-Methanol-Gemischen bei 100° nach Zusatz von wss. Salzsäure: *Teunissen*, R. **50** [1931] 1, 11. Druckhydrierung an Raney-Nickel in Äther bei 160° unter Bildung von cis-2,5-Bis-hydroxymethyl-tetrahydro-furan: *Cope, Baxter*, Am. Soc. **77** [1955] 393, 394; s. a. *Haworth et al.*, Soc. **1945** 1. Beim Erhitzen mit Wasser auf 140°, auch nach Zusatz von Oxalsäure, sind 1-[2]Furyl-2-hydroxy-äthanon und Bis-[5-formyl-furfuryl]-äther erhalten worden (*Aso, Sugisawa, Tohoku* J. agric. Res. **5** [1954] 143, 144). Bildung von [5-Hydroxymethyl-[2]furyl]-bis-[4-hydroxy-[1]naphthyl]-methan beim Erwärmen mit [1]Naphthol und wss. Natronlauge: *Bredereck*, B. **65** [1932] 1110, 1112.

VII   VIII   IX   X

5-Methoxymethyl-furan-2-carbaldehyd $C_7H_8O_3$, Formel X (R = CH_3) (E I 299; E II 7; dort als 5-Methoxymethyl-furfurol bezeichnet).

B. Beim Behandeln von Tetra-O-methyl-D-*arabino*-1,5-anhydro-hex-1-enit (E III/IV 17 2657) mit wss. Salzsäure (*Wolfrom et al.*, Am. Soc. **64** [1942] 265, 267). Neben Lävulinsäure-methylester beim Erhitzen von D-Fructose oder von Saccharose mit Chlorwasserstoff enthaltendem Methanol (*Spengler et al.*, D.R.P. 632322, 635783 [1934]; Frdl. **23** 75, 76; *Weidenhagen, Korotkyj*, Z. Wirtschaftsgr. Zuckerind. **85** [1935] 131, 132, 134). Gewinnung aus Wurzeln von Asparagus lucidus: *Kobayashi et al.*, Japan. J. Pharm. Chem. **30** [1958] 477; C. A. **1959** 20699.

F: —8° (*Wo. et al.*). Kp_{16}: 114° (*Sp. et al.*); Kp_{13}: 111—112,5° (*We., Ko.*).

5-Äthoxymethyl-furan-2-carbaldehyd $C_8H_{10}O_3$, Formel X (R = C_2H_5) (E I 299; E II 7; dort als 5-Äthoxymethyl-furfurol bezeichnet).

B. Neben Lävulinsäure-äthylester beim Erhitzen von D-Fructose, von Saccharose oder von Inulin mit Chlorwasserstoff enthaltendem Äthanol auf 110°, auch nach Zusatz von Calciumsulfat oder Natriumsulfat (*Weidenhagen, Korotkyj*, Z. Verein dtsch. Zuckerind. **84** [1934] 470, 476, 485; *Spengler et al.*, D.R.P. 632322, 635783 [1934]; Frdl. **23** 75, 76).

Dipolmoment (ε; Bzl.): 3,45 D (*Bredereck, Fritzsche*, B. **70** [1937] 802, 809).

Beim Erhitzen mit Ammoniumsulfat und Wasser auf 160° sind Lävulinsäure und 6-Hydroxymethyl-pyridin-3-ol erhalten worden (*Aso*, J. agric. chem. Soc. Japan **16** [1940] 249, 251; C. A. **1940** 2678).

5-Isopropoxymethyl-furan-2-carbaldehyd $C_9H_{12}O_3$, Formel X (R = $CH(CH_3)_2$).

B. Neben Lävulinsäure-isopropylester beim Erhitzen von Saccharose mit Chlorwasserstoff enthaltendem Isopropylalkohol auf 160° (*Weidenhagen, Korotkyj,* Z. Wirtschaftsgr. Zuckerind. **85** [1935] 131, 135).

Kp_{12}: 117—120°.

Charakterisierung als Semicarbazon (F: 188—189° [S. 113]): *We., Ko.*

5-Butoxymethyl-furan-2-carbaldehyd $C_{10}H_{14}O_3$, Formel X (R = $[CH_2]_3$-CH_3).

B. Neben Lävulinsäure-butylester beim Erhitzen von Saccharose mit Chlorwasserstoff enthaltendem Butan-1-ol auf 160° (*Weidenhagen, Korotkyj,* Z. Wirtschaftsgr. Zuckerind. **85** [1935] 131, 135).

Charakterisierung als Semicarbazon (F: 169—170° [S. 113]): *We., Ko.*

5-Trityloxymethyl-furan-2-carbaldehyd $C_{25}H_{20}O_3$, Formel X (R = $C(C_6H_5)_3$).

B. Beim Erwärmen von 5-Hydroxymethyl-furan-2-carbaldehyd mit Tritylchlorid und Pyridin (*Bredereck,* B. **65** [1932] 1833, 1837).

Krystalle (aus A.); F: 139—141° [korr.].

5-Acetoxymethyl-furan-2-carbaldehyd $C_8H_8O_4$, Formel X (R = CO-CH_3) (H 15; E II 7; dort als 5-Acetoxymethyl-furfurol bezeichnet).

B. Beim Behandeln von Dimethylformamid mit Phosphorylchlorid und anschliessend mit Furfurylacetat (*Okuzumi,* J. chem. Soc. Japan Pure Chem. Sect. **79** [1958] 1366, 1373; C. A. **1960** 24634).

Krystalle (aus A. + PAe.); F: 55—56°.

5-[(4-Nitro-phenylcarbamoyloxy)-methyl]-furan-2-carbaldehyd, [4-Nitro-phenyl]- carbamidsäure-[5-formyl-furfurylester], $C_{13}H_{10}N_2O_6$, Formel XI (X = H).

B. Beim Erwärmen von 5-Hydroxymethyl-furan-2-carbaldehyd mit 4-Nitro-phenylisocyanat in Benzol (*van Hoogstraten,* R. **51** [1932] 414, 424, 427).

Gelbe Krystalle (aus A.); F: 187°.

5-[(2,4-Dinitro-phenylcarbamoyloxy)-methyl]-furan-2-carbaldehyd, [2,4-Dinitro-phenyl]- carbamidsäure-[5-formyl-furfurylester] $C_{13}H_9N_3O_8$, Formel XI (X = NO_2).

B. Beim Erwärmen von 5-Hydroxymethyl-furan-2-carbaldehyd mit N'-[2,4-Dinitrophenyl]-N-methyl-N-nitro-harnstoff in Benzol (*van Ginkel,* R. **61** [1942] 149, 157).

Gelbe Krystalle (aus Bzl. + PAe.); F: 156°.

XI   XII

Bis-[5-formyl-furfuryl]-äther $C_{12}H_{10}O_5$, Formel XII (H 15; E I 299; E II 7).

B. Beim Erwärmen von 5-Hydroxymethyl-furan-2-carbaldehyd mit Brenztraubensäure (*Iseki,* Z. physiol. Chem. **216** [1933] 130).

Krystalle; F: 114—115° [korr.; aus A.] (*Reichstein, Beitter,* B. **63** [1930] 816, 824), 114° [korr.; aus A.] (*Mackinney, Temmer,* Am. Soc. **70** [1948] 3586, 3587), 114° [aus wss. A.] (*Is.*). UV-Spektrum (W.; 200—350 nm): *Turner et al.,* Anal. Chem. **26** [1954] 898; Absorptionsmaxima: 226,5 nm, 242 nm und 281 nm [A.], 230 nm, 243,5 nm und 282 nm [W.] (*Ma., Te.*); 230 nm und 282,5 nm [W.] (*Tu. et al.*).

Nach Verfütterung an Hunde, Kaninchen und Hühner wird im Harn Bis-[5-carboxyfurfuryl]-äther ausgeschieden (*Is.*).

5-Hydroxymethyl-furan-2-carbaldehyd-phenylimin, 5-[Phenylimino-methyl]-furfurylalkohol $C_{12}H_{11}NO_2$, Formel I (R = H).

B. Bei kurzem Erwärmen von D-Fructose oder von Saccharose mit Anilin-hydrochlorid und Phosphorylchlorid in Äthanol (*Knotz, Zinke,* Scientia pharm. **26** [1958] 191, 194). Als Perchlorat beim Behandeln von 5-Hydroxymethyl-furan-2-carbaldehyd mit Anilin.

Äthanol und wss. Perchlorsäure (*Kallinich*, Ar. **291** [1958] 274, 277).
Krystalle (aus E. + CCl₄ oder aus Cyclohexan); F: 101—102° (*Kn., Zi.*).
Beim Erwärmen mit Benzoesäure-hydrazid in Äthanol ist 5-Hydroxymethyl-furan-2-carbaldehyd-benzoylhydrazon erhalten worden (*Knotz*, M. **89** [1958] 718, 721).
Perchlorat C₁₂H₁₁NO₂·HClO₄. Gelbe Krystalle (aus Eg.); F: 150—151° [Kofler-App.] (*Ka.*). Absorptionsspektrum (Acetanhydrid; 270—450 nm; λ_{max}: 368 nm): *Ka.*

[5-Hydroxymethyl-furfuryliden]-methyl-phenyl-ammonium [C₁₃H₁₄NO₂]⁺, Formel II (R = CH₃).
Perchlorat [C₁₃H₁₄NO₂]ClO₄. *B*. Beim Behandeln von 5-Hydroxymethyl-furan-2-carb=aldehyd mit *N*-Methyl-anilin, Äthanol und wss. Perchlorsäure (*Kallinich*, Ar. **291** [1958] 274, 277). — Hellgelbe Krystalle (aus Eg.); F: 111—112° [Kofler-App.]. Absorptionsspektrum (Acetanhydrid; 250—400 nm; λ_{max}: 340 nm): *Ka.*

[5-Hydroxymethyl-furfuryliden]-diphenyl-ammonium [C₁₈H₁₆NO₂]⁺, Formel II (R = C₆H₅).
Perchlorat [C₁₈H₁₆NO₂]ClO₄. *B*. Beim Behandeln von 5-Hydroxymethyl-furan-2-carb=aldehyd mit Diphenylamin, Äthanol und wss. Perchlorsäure (*Kallinich*, Ar **291** [1958] 274, 277). — Orangegelbe Krystalle (aus Eg.); F: 148—150° [Kofler-App.]. Absorptionsspektrum (Acetanhydrid; 250—450 nm; λ_{max}: 375 nm): *Ka.*

5-Hydroxymethyl-furan-2-carbaldehyd-*o*-tolylimin, 5-[*o*-Tolylimino-methyl]-furfuryl=alkohol C₁₃H₁₃NO₂, Formel I (R = CH₃).
B. Bei kurzem Erwärmen von D-Fructose mit *o*-Toluidin-hydrochlorid in Äthanol unter Zusatz von Phosphorylchlorid (*Knotz, Zinke*, Scientia pharm. **26** [1958] 191, 195).
Krystalle (aus Cyclohexan); F: 108°.

I   II   III

5-Hydroxymethyl-furan-2-carbaldehyd-*p*-tolylimin, 5-[*p*-Tolylimino-methyl]-furfuryl=alkohol C₁₃H₁₃NO₂, Formel III (X = CH₃).
B. Bei kurzem Erwärmen von D-Fructose mit *p*-Toluidin-hydrochlorid in Äthanol unter Zusatz von Phosphorylchlorid (*Knotz, Zinke*, Scientia pharm. **26** [1958] 191, 195).
Krystalle (aus Cyclohexan); F: 110°.

5-Hydroxymethyl-furan-2-carbaldehyd-[2]naphthylimin, 5-[[2]Naphthylimino-methyl]-furfurylalkohol C₁₆H₁₃NO₂, Formel IV (E I 299; dort als 5-Oxymethyl-furfurol-β-naphth=ylimid bezeichnet).
B. Beim Erwärmen von 5-Hydroxymethyl-furan-2-carbaldehyd mit [2]Naphthylamin in Äthanol (*Reichstein, Beitter*, B. **63** [1930] 816, 824).
Krystalle (aus Toluol + Bzn.); F: 136—137° [korr.].

5-Hydroxymethyl-furan-2-carbaldehyd-[4-hydroxy-phenylimin], 5-[(4-Hydroxy-phenyl=imino)-methyl]-furfurylalkohol C₁₂H₁₁NO₃, Formel III (X = OH).
B. Bei kurzem Erwärmen von D-Fructose mit 4-Amino-phenol-hydrochlorid und Chlor=wasserstoff in Äthanol (*Knotz, Zinke*, Scientia pharm. **26** [1958] 191, 193). Beim Erwärmen von D-Fructose, von Saccharose oder von Inulin mit 4-Amino-phenol-hydrochlorid in Äthanol unter Zusatz von Phosphorylchlorid (*Kn., Zi.*).
Gelbe Krystalle (aus A. + Bzl.); F: 168—170° [Zers.].
Beim Behandeln mit Benzoylchlorid und wss. Natronlauge ist 1-Benzoylamino-4-benzoyloxy-benzol erhalten worden.
Hydrochlorid C₁₂H₁₁NO₃·HCl. Rotbraune Krystalle (aus A. + Bzl.).

**5-Hydroxymethyl-furan-2-carbaldehyd-[4-methoxy-phenylimin], 5-[(4-Methoxy-phenyl=
imino)-methyl]-furfurylalkohol** $C_{13}H_{13}NO_3$, Formel III (X = OCH_3).

Perchlorat $C_{13}H_{13}NO_3 \cdot HClO_4$. *B.* Beim Behandeln von 5-Hydroxymethyl-furan-
2-carbaldehyd mit *p*-Anisidin, Äthanol und wss. Perchlorsäure (*Kallinich*, Ar. **291** [1958]
274, 277). — Braune Krystalle (aus Eg.); F: 160—161° [Kofler-App.]. Absorptions-
spektrum (Acetanhydrid; 250—500 nm; λ_{max}: 390 nm): *Ka*.

**5-Hydroxymethyl-furan-2-carbaldehyd-[4-äthoxy-phenylimin], 5-[(4-Äthoxy-phenyl=
imino)-methyl]-furfurylalkohol** $C_{14}H_{15}NO_3$, Formel III (X = OC_2H_5).

B. Bei kurzem Erwärmen von 5-Hydroxymethyl-furan-2-carbaldehyd oder von
D-Fructose mit *p*-Phenetidin-hydrochlorid in Äthanol unter Zusatz von Phosphorylchlorid
(*Knotz, Zinke,* Scientia pharm. **26** [1958] 191, 194).

Gelbliche Krystalle (aus wss. A.); F: 117—119°.

5-Methoxymethyl-furan-2-carbaldehyd-oxim $C_7H_9NO_3$, Formel V (E II 8).

B. Aus 5-Methoxymethyl-furan-2-carbaldehyd (*Wolfrom et al.,* Am. Soc. **64** [1942]
265, 268).

Krystalle (aus PAe. + Ae); F: 97—98°.

Bis-[5-(hydroxyimino-methyl)-furfuryl]-äther $C_{12}H_{12}N_2O_5$, Formel VI (H 15).

B. Aus Bis-[5-formyl-furfuryl]-äther (*Newth, Wiggins,* Soc. **1947** 396).

Krystalle (aus A.); F: 167—168°.

5-Hydroxymethyl-furan-2-carbaldehyd-phenylhydrazon $C_{12}H_{12}N_2O_2$, Formel VII (X = H)
(II 16).

B. Aus 5-Hydroxymethyl-furan-2-carbaldehyd (*Wahhab,* Am. Soc. **70** [1948] 3580).

Krystalle (aus Toluol); F: 142,8° [korr.].

5-Hydroxymethyl-furan-2-carbaldehyd-[4-nitro-phenylhydrazon] $C_{12}H_{11}N_3O_4$, Formel VII
(X = NO_2) (vgl. H 16).

Zwei Präparate (a) braune Krystalle [aus wss. A.], F: 187° [Kofler-App.] und b) rote
Krystalle [aus wss. A.], F: 166° [Kofler-App.]) sind beim Behandeln von 5-Hydroxy=
methyl-furan-2-carbaldehyd mit [4-Nitro-phenyl]-hydrazin und wss. Essigsäure erhalten
worden (*Völksen,* Ar. **287** [1954] 459, 462).

5-Hydroxymethyl-furan-2-carbaldehyd-[5-chlor-2-nitro-phenylhydrazon] $C_{12}H_{10}ClN_3O_4$,
Formel VIII (X = Cl).

B. Aus 5-Hydroxymethyl-furan-2-carbaldehyd und [5-Chlor-2-nitro-phenyl]-hydrazin

(*Maaskant*, R. **56** [1937] 211, 228).
Rote Krystalle; F: 192°.

5-Hydroxymethyl-furan-2-carbaldehyd-[5-brom-2-nitro-phenylhydrazon] $C_{12}H_{10}BrN_3O_4$, Formel VIII (X = Br).
B. Aus 5-Hydroxymethyl-furan-2-carbaldehyd und [5-Brom-2-nitro-phenyl]-hydrazin (*Maaskant*, R. **56** [1937] 211, 230).
Rote Krystalle; F: 195°.

5-Hydroxymethyl-furan-2-carbaldehyd-[2,4-dinitro-phenylhydrazon] $C_{12}H_{10}N_4O_6$.
Über die Konfiguration der beiden nachstehend beschriebenen Präparate s. *Bocca*, Riv. ital. Essenze Prof. **49** [1967] 207.

a) Präparat vom F: 200°, möglicherweise **(Z)-5-Hydroxymethyl-furan-2-carbaldehyd-[2,4-dinitro-phenylhydrazon]**, Formel IX.
B. Beim Behandeln einer wss. Lösung von 5-Hydroxymethyl-furan-2-carbaldehyd mit einer aus [2,4-Dinitro-phenyl]-hydrazin und wss. Salzsäure bereiteten Lösung (*Scallet, Gardner*, Am. Soc. **67** [1945] 1934; *Stadtman*, Am. Soc. **70** [1948] 3583, 3584).
Krystalle; F: 198—200° [Zers.; Fisher-Johns-App.; aus A.] (*Wolfrom et al.*, Am. Soc. **71** [1949] 3518, 3523), 199° [aus A.] (*St.*), 197—199° [korr.; aus A.] (*Sc., Ga.*). Absorptionsspektrum (A.; 250—525 nm): *St.*

b) Präparat vom F: 221°, möglicherweise **(E)-5-Hydroxymethyl-furan-2-carbaldehyd-[2,4-dinitro-phenylhydrazon]**, Formel X.
B. Beim Eintragen einer methanol. Lösung von 5-Hydroxymethyl-furan-2-carbaldehyd in eine aus [2,4-Dinitro-phenyl]-hydrazin und wss.-äthanol. Schwefelsäure bereitete Lösung (*Kato*, Bl. agric. chem. Soc. Japan **23** [1959] 551, 554).
Rote Krystalle (aus Bzl.); F: 221° [unkorr.]. Absorptionsspektrum (Me.; 230—440 nm): *Kato.*

5-Hydroxymethyl-furan-2-carbaldehyd-[5-chlor-2,4-dinitro-phenylhydrazon] $C_{12}H_9ClN_4O_6$, Formel XI (R = H, X = Cl).
B. Aus 5-Hydroxymethyl-furan-2-carbaldehyd und [5-Chlor-2,4-dinitro-phenyl]-hydrazin (*Robert*, R. **56** [1937] 413, 416, 421).
Rote Krystalle; F: 208° [Block].

X   XI

5-Hydroxymethyl-furan-2-carbaldehyd-pikrylhydrazon $C_{12}H_9N_5O_8$, Formel XI (R = NO_2, X = H).
B. Aus 5-Hydroxymethyl-furan-2-carbaldehyd und Pikrylhydrazin (*Blanksma, Wackers*, R. **55** [1936] 661, 665, 667).
Rotbraune Krystalle; F: 216°.

5-Hydroxymethyl-furan-2-carbaldehyd-[methyl-(2-nitro-phenyl)-hydrazon] $C_{13}H_{13}N_3O_4$, Formel XII (R = NO_2, X = H).
B. Aus 5-Hydroxymethyl-furan-2-carbaldehyd und N-Methyl-N-[2-nitro-phenyl]-hydrazin (*Maaskant*, R. **56** [1937] 211, 218, 220).
Rote Krystalle; F: 90°.

5-Hydroxymethyl-furan-2-carbaldehyd-[methyl-(4-nitro-phenyl)-hydrazon] $C_{13}H_{13}N_3O_4$, Formel XII (R = H, X = NO_2).
B. Aus 5-Hydroxymethyl-furan-2-carbaldehyd und N-Methyl-N-[4-nitro-phenyl]-hydrazin (*Maaskant*, R. **56** [1937] 211, 218, 219).
Rötliche Krystalle; F: 196°.

5-Hydroxymethyl-furan-2-carbaldehyd-[(4-chlor-2-nitro-phenyl)-methyl-hydrazon]
$C_{13}H_{12}ClN_3O_4$, Formel XII (R = NO_2, X = Cl).
B. Aus 5-Hydroxymethyl-furan-2-carbaldehyd und N-[4-Chlor-2-nitro-phenyl]-N-methyl-hydrazin (*Maaskant*, R. **56** [1937] 211, 218, 225).
Rote Krystalle, die bei 55—62° schmelzen.

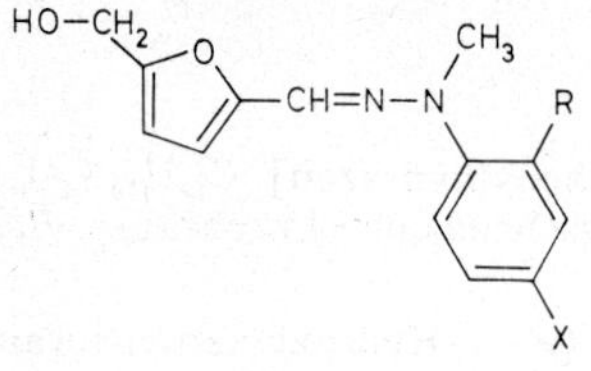

XII 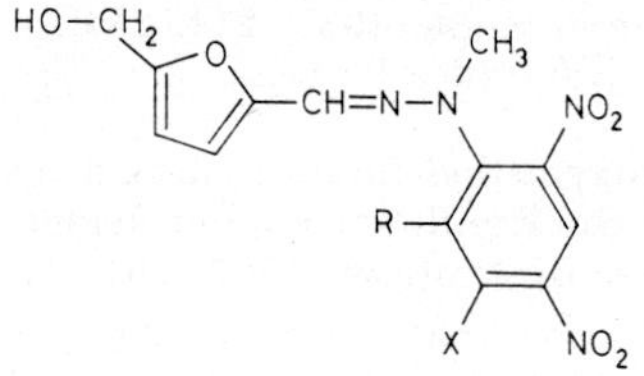   XIII

5-Hydroxymethyl-furan-2-carbaldehyd-[4-brom-2-nitro-phenyl)-methyl-hydrazon]
$C_{13}H_{12}BrN_3O_4$, Formel XII (R = NO_2, X = Br).
B. Aus 5-Hydroxymethyl-furan-2-carbaldehyd und N-[4-Brom-2-nitro-phenyl]-N-methyl-hydrazin (*Maaskant*, R. **56** [1937] 211, 218, 226).
Rote Krystalle; F: 90°.

5-Hydroxymethyl-furan-2-carbaldehyd-[(2,4-dinitro-phenyl)-methyl-hydrazon]
$C_{13}H_{12}N_4O_6$, Formel XIII (R = X = H).
B. Aus 5-Hydroxymethyl-furan-2-carbaldehyd und N-[2,4-Dinitro-phenyl]-N-methyl-hydrazin (*Blanksma, Wackers*, R. **55** [1936] 655, 657, 659).
Orangerote Krystalle; F: 100°.

5-Hydroxymethyl-furan-2-carbaldehyd-[(5-chlor-2,4-dinitro-phenyl)-methyl-hydrazon]
$C_{13}H_{11}ClN_4O_6$, Formel XIII (R = H, X = Cl).
B. Aus 5-Hydroxymethyl-furan-2-carbaldehyd und N-[5-Chlor-2,4-dinitro-phenyl]-N-methyl-hydrazin (*Robert*, R. **56** [1937] 413, 418, 423).
Orangefarbene Krystalle mit 1 Mol H_2O(?); F: 126—127° [Block], 108° [Thiele-App.].

5-Hydroxymethyl-furan-2-carbaldehyd-[methyl-pikryl-hydrazon] $C_{13}H_{11}N_5O_8$, Formel XIII (R = NO_2, X = H).
B. Aus 5-Hydroxymethyl-furan-2-carbaldehyd und N-Methyl-N-pikryl-hydrazin (*Blanksma, Wackers*, R. **55** [1936] 661, 663, 666).
Rote Krystalle; F: 196°.

5-Hydroxymethyl-furan-2-carbaldehyd-[(2,4-dinitro-[1]naphthyl)-methyl-hydrazon]
$C_{17}H_{14}N_4O_6$, Formel XIV.
B. Aus 5-Hydroxymethyl-furan-2-carbaldehyd und N-[2,4-Dinitro-[1]naphthyl]-N-methyl-hydrazin (*Robert*, R. **56** [1937] 909, 917).
Wasserhaltige rote Krystalle; F: 122° [Block].

5-Hydroxymethyl-furan-2-carbaldehyd-[5-äthoxy-2,4-dinitro-phenylhydrazon]
$C_{14}H_{14}N_4O_7$, Formel XV (R = H).
B. Aus 5-Hydroxymethyl-furan-2-carbaldehyd und [5-Äthoxy-2,4-dinitro-phenyl]-hydrazin (*Robert*, R. **56** [1937] 909, 911, 913).
Gelbe und rote Krystalle; F: 177—180°.

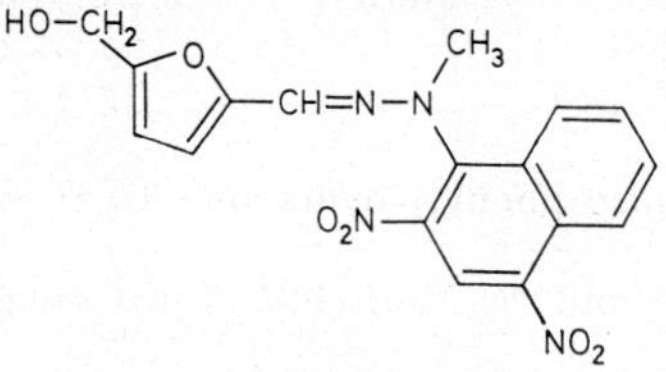

XIV 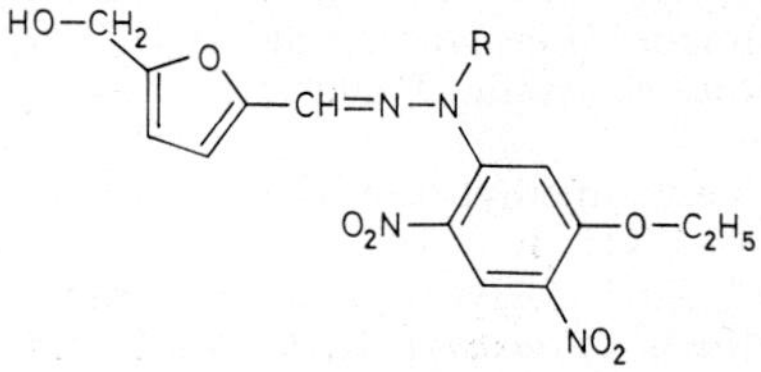   XV

5-Hydroxymethyl-furan-2-carbaldehyd-[(5-äthoxy-2,4-dinitro-phenyl)-methyl-hydrazon] $C_{15}H_{16}N_4O_7$, Formel XV (R = CH_3).

B. Aus 5-Hydroxymethyl-furan-2-carbaldehyd und *N*-[5-Äthoxy-2,4-dinitro-phenyl]-*N*-methyl-hydrazin (*Robert*, R. **56** [1937] 909, 911, 915).

Rote Krystalle; F: 136—137°.

5-Hydroxymethyl-furan-2-carbaldehyd-formylhydrazon, Ameisensäure-[5-hydroxymethyl-furfurylidenhydrazid] $C_7H_8N_2O_3$, Formel I (R = CHO).

B. Beim Erwärmen von 5-Hydroxymethyl-furan-2-carbaldehyd-phenylimin mit Ameisensäure-hydrazid in Äthanol (*Knotz*, M. **89** [1958] 718, 721).

Krystalle (aus A.); F: 174°.

5-Hydroxymethyl-furan-2-carbaldehyd-benzoylhydrazon, Benzoesäure-[5-hydroxymethyl-furfurylidenhydrazid] $C_{13}H_{12}N_2O_3$, Formel I (R = CO-C_6H_5).

B. Beim Erwärmen von 5-Hydroxymethyl-furan-2-carbaldehyd-phenylimin mit Benzoesäure-hydrazid in Äthanol (*Knotz*, M. **89** [1958] 718, 721).

Krystalle (aus W.); F: 155—156°.

5-Hydroxymethyl-furan-2-carbaldehyd-[4-nitro-benzoylhydrazon], 4-Nitro-benzoesäure-[5-hydroxymethyl-furfurylidenhydrazid] $C_{13}H_{11}N_3O_5$, Formel I (R = CO-C_6H_4-NO_2).

B. Aus 5-Hydroxymethyl-furan-2-carbaldehyd und 4-Nitro-benzoesäure-hydrazid (*Völksen*, Ar. **287** [1954] 459, 462).

Krystalle; F: ca. 205—208°.

5-Hydroxymethyl-furan-2-carbaldehyd-[methyloxamoyl-hydrazon], Methyloxamidsäure-[5-hydroxymethyl-furfurylidenhydrazid] $C_9H_{11}N_3O_4$, Formel I (R = CO-CO-NH-CH_3).

B. Aus 5-Hydroxymethyl-furan-2-carbaldehyd und Methyloxamidsäure-hydrazid in Wasser (*Tierie*, R. **52** [1933] 357, 362, 364).

Krystalle (aus W.); F: 204—205° [Zers.].

5-Hydroxymethyl-furan-2-carbaldehyd-[cyclohexyloxamoyl-hydrazon], Cyclohexyloxamidsäure-[5-hydroxymethyl-furfurylidenhydrazid] $C_{14}H_{19}N_3O_4$, Formel I (R = CO-CO-NH-C_6H_{11}).

B. Aus 5-Hydroxymethyl-furan-2-carbaldehyd und Cyclohexyloxamidsäure-hydrazid (*de Vries*, R. **61** [1942] 223, 241, 243).

Krystalle; F: 226°.

5-Hydroxymethyl-furan-2-carbaldehyd-[phenyloxamoyl-hydrazon], Phenyloxamidsäure-[5-hydroxymethyl-furfurylidenhydrazid] $C_{14}H_{13}N_3O_4$, Formel I (R = CO-CO-NH-C_6H_5).

B. Aus 5-Hydroxymethyl-furan-2-carbaldehyd und Phenyloxamidsäure-hydrazid (*Tierie*, R. **52** [1933] 533, 534).

F: 219° [Zers.].

I   II

5-Hydroxymethyl-furan-2-carbaldehyd-[(2,4-dimethyl-phenyloxamoyl)-hydrazon], [2,4-Dimethyl-phenyl]-oxamidsäure-[5-hydroxymethyl-furfurylidenhydrazid] $C_{16}H_{17}N_3O_4$, Formel II (R = H).

B. Aus 5-Hydroxymethyl-furan-2-carbaldehyd und [2,4-Dimethyl-phenyl]-oxamidsäure-hydrazid in wss. Äthanol (*van Kleef*, R. **55** [1936] 765, 781, 784).

Krystalle (aus wss. A.); F: 200°.

5-Hydroxymethyl-furan-2-carbaldehyd-[(2,4,5-trimethyl-phenyloxamoyl)-hydrazon], [2,4,5-Trimethyl-phenyl]-oxamidsäure-[5-hydroxymethyl-furfurylidenhydrazid] $C_{17}H_{19}N_3O_4$, Formel II (R = CH_3).

B. Aus 5-Hydroxymethyl-furan-2-carbaldehyd und [2,4,5-Trimethyl-phenyl]-oxamid-

säure-hydrazid in wss. Äthanol *(van Kleef,* R. **55** [1936] 765, 783, 784).
Gelb, amorph (aus wss. Acn.); F: 174°.

**N-Äthoxyoxalyl-N'-[5-hydroxymethyl-furfurylidenhydrazinooxalyl]-äthylendiamin,
N,N'-Äthandiyl-bis-oxamidsäure-äthylester-[5-hydroxymethyl-furfurylidenhydrazid]**
$C_{14}H_{18}N_4O_7$, Formel I (R = CO-CO-NH-CH_2-CH_2-NH-CO-CO-O-C_2H_5).
B. Aus 5-Hydroxymethyl-furan-2-carbaldehyd und *N*-Äthoxyoxalyl-*N'*-hydrazino=
oxalyl-äthylendiamin in wss. Äthanol *(Gaade,* R. **55** [1936] 541, 548, 556).
Braungelb, amorph; F: 221°.

HO—CH_2
[Furan]—CH=N—NH—CO—CO—NH—N=CH—[Furan]
CH_2—OH
III

Oxalsäure-bis-[5-hydroxymethyl-furfurylidenhydrazid] $C_{14}H_{14}N_4O_6$, Formel III.
B. Beim Behandeln einer warmen Lösung von 5-Hydroxymethyl-furan-2-carbaldehyd-
phenylimin in Äthanol mit Oxalsäure-dihydrazid in Wasser *(Knotz,* M. **89** [1958] 718,
722).
Krystalle (aus A.); Zers. oberhalb 260°.

Malonsäure-bis-[5-hydroxymethyl-furfurylidenhydrazid] $C_{15}H_{16}N_4O_6$, Formel IV.
B. Aus 5-Hydroxymethyl-furan-2-carbaldehyd und Malonsäure-dihydrazid in Äthanol
(Blanksma, Bakels, R. **58** [1939] 497, 498).
Krystalle; F: 187°.

HO—CH_2
[Furan]—CH=N—NH—CO—CH_2—CO—NH—N=CH—[Furan]
CH_2—OH
IV

Bernsteinsäure-bis-[5-hydroxymethyl-furfurylidenhydrazid] $C_{16}H_{18}N_4O_6$, Formel V.
B. Aus 5-Hydroxymethyl-furan-2-carbaldehyd und Bernsteinsäure-dihydrazid in
Äthanol oder Wasser *(Blanksma, Bakels,* R. **58** [1939] 497, 500).
Krystalle; F: 199°.

HO—CH_2
[Furan]—CH=N—NH—CO—CH_2—CH_2—CO—NH—N=CH—[Furan]
CH_2—OH
V

5-Hydroxymethyl-furan-2-carbaldehyd-thiosemicarbazon $C_7H_9N_3O_2S$, Formel I
(R = CS-NH_2).
B. Aus 5-Hydroxymethyl-furan-2-carbaldehyd und Thiosemicarbazid *(Gardner et al.,*
J. org. Chem. **16** [1951] 1121, 1124). Beim Erwärmen von 5-Hydroxymethyl-furan-
2-carbaldehyd-phenylimin mit Thiosemicarbazid in wss. Äthanol *(Knotz,* M. **89** [1958]
718, 722).
Krystalle; F: 190° [unkorr.; aus A.] *(Ga. et al.)*, 184—185° [Zers.; aus A. oder W.]
(Kn.).

**5-Hydroxymethyl-furan-2-carbaldehyd-[2-cyan-4-nitro-phenylhydrazon], 2-[5-Hydroxy=
methyl-furfurylidenhydrazino]-5-nitro-benzonitril** $C_{13}H_{10}N_4O_4$, Formel VI (R = H).
Eine von *Hartmans* (R. **65** [1946] 468, 474) unter dieser Konstitution beschriebene
Verbindung (F: 236°) ist wahrscheinlich als 3-[5-Hydroxymethyl-furfurylidenamino]-
5-nitro-1*H*-indazol zu formulieren *(Parnell,* Soc. **1959** 2363).

5-Hydroxymethyl-furan-2-carbaldehyd-[(2-cyan-4-nitro-phenyl)-methyl-hydrazon], 2-[(5-Hydroxymethyl-furfuryliden)-methyl-hydrazino]-5-nitro-benzonitril $C_{14}H_{12}N_4O_4$, Formel VI (R = CH₃).

Eine von *Hartmans* (R. **65** [1946] 468, 474) unter dieser Konstitution beschriebene Verbindung (F: 121°) ist wahrscheinlich als 3-[5-Hydroxymethyl-furfurylidenamino]-1-methyl-5-nitro-1H-indazol zu formulieren (*Parnell*, Soc. **1959** 2363).

5-Hydroxymethyl-furan-2-carbaldehyd-salicyloylhydrazon, Salicylsäure-[5-hydroxymethyl-furfurylidenhydrazid] $C_{13}H_{12}N_2O_4$, Formel VII (R = OH, X = H).

B. Aus 5-Hydroxymethyl-furan-2-carbaldehyd und Salicylsäure-hydrazid (*Knotz, Zinke*, Scientia pharm. **26** [1958] 191, 196). Beim Erwärmen von 5-Hydroxymethyl-furan-2-carbaldehyd-phenylimin mit Salicylsäure-hydrazid in Äthanol (*Knotz*, M. **89** [1958] 718, 721).

Krystalle; F: 174—176° [aus A., wss. A. oder E.] (*Kn.*; *Kn., Zi.*).

VI   VII

5-Hydroxymethyl-furan-2-carbaldehyd-[4-cyan-2-nitro-phenylhydrazon], 4-[5-Hydroxymethyl-furfurylidenhydrazino]-3-nitro-benzonitril $C_{13}H_{10}N_4O_4$, Formel VIII.

B. Aus 5-Hydroxymethyl-furan-2-carbaldehyd und 4-Hydrazino-3-nitro-benzonitril (*Blanksma, Witte*, R. **60** [1941] 811, 821, 822).

Rotbraune Krystalle; F: 177°.

5-Hydroxymethyl-furan-2-carbaldehyd-[4-hydroxy-benzoylhydrazon], 4-Hydroxybenzoesäure-[5-hydroxymethyl-furfurylidenhydrazid] $C_{13}H_{12}N_2O_4$, Formel VII (R = H, X = OH).

B. Aus 5-Hydroxymethyl-furan-2-carbaldehyd und 4-Hydroxy-benzoesäure-hydrazid (*Knotz, Zinke*, Scientia pharm. **26** [1958] 191, 196). Beim Erwärmen von 5-Hydroxymethyl-furan-2-carbaldehyd-phenylimin mit 4-Hydroxy-benzoesäure-hydrazid in Äthanol (*Knotz*, M. **89** [1958] 718, 721).

Krystalle (aus E. + A.); F: 206—207° (*Kn., Zi.*; *Kn.*).

5-Hydroxymethyl-furan-2-carbaldehyd-[2-hydroxymethyl-benzoylhydrazon], 2-Hydroxymethyl-benzoesäure-[5-hydroxymethyl-furfurylidenhydrazid] $C_{14}H_{14}N_2O_4$, Formel IX (X = H).

B. Aus 5-Hydroxymethyl-furan-2-carbaldehyd und 2-Hydroxymethyl-benzoesäure-hydrazid (*Blanksma, Bakels*, R. **58** [1939] 497, 505).

F: 157°.

VIII   IX

5-Hydroxymethyl-furan-2-carbaldehyd-[2-hydroxymethyl-5-nitro-benzoylhydrazon], 2-Hydroxymethyl-5-nitro-benzoesäure-[5-hydroxymethyl-furfurylidenhydrazid] $C_{14}H_{13}N_3O_6$, Formel IX (X = NO₂).

B. Aus 5-Hydroxymethyl-furan-2-carbaldehyd und 2-Hydroxymethyl-5-nitro-benzoesäure-hydrazid (*Blanksma, Bakels*, R. **58** [1939] 497, 505, 506).

F: 166°.

Citronensäure-tris-[5-hydroxymethyl-furfurylidenhydrazid] $C_{24}H_{26}N_6O_{10}$, Formel X.

B. Aus 5-Hydroxymethyl-furan-2-carbaldehyd und Citronensäure-trihydrazid (*Blanksma, Bakels,* R. **58** [1939] 497, 501, 502).

F: 166°.

X

5-Hydroxymethyl-furan-2-carbaldehyd-[4-amino-benzoylhydrazon], 4-Amino-benzoesäure-[5-hydroxymethyl-furfurylidenhydrazid] $C_{13}H_{13}N_3O_3$, Formel VII (R = H, X = NH_2).

B. Beim Behandeln von 5-Hydroxymethyl-furan-2-carbaldehyd-phenylimin mit 4-Amino-benzoesäure-hydrazid in wss. Äthanol (*Knotz,* M. **89** [1958] 718, 721).

Gelbe Krystalle (aus A.); F: 196—198°.

Beim Erwärmen mit Phenylhydrazin in Äthanol sind 5-Hydroxymethyl-furan-2-carbaldehyd-phenylhydrazon und 4-Amino-benzoesäure-hydrazid erhalten worden.

1-[N',N'-Dimethyl-hydrazino]-5-[5-hydroxymethyl-furfurylidenhydrazino]-2,4-dinitrobenzol, 5-Hydroxymethyl-furan-2-carbaldehyd-[5-(N',N'-dimethyl-hydrazino)-2,4-dinitrophenylhydrazon] $C_{14}H_{16}N_6O_6$, Formel XI (R = H).

B. Aus 5-Hydroxymethyl-furan-2-carbaldehyd und 1-[N',N'-Dimethyl-hydrazino]-5-hydrazino-2,4-dinitro-benzol (*B. Vis,* Diss. [Leiden 1938] S. 96; s. a. *Vis,* R. **58** [1939] 387, 393).

Rote Krystalle (aus Nitrobenzol); F: 243° (*Vis,* Diss. S. 96).

1,5-Bis-[5-hydroxymethyl-furfurylidenhydrazino]-2,4-dinitro-benzol $C_{18}H_{16}N_6O_8$, Formel XII (R = X = H).

B. Aus 5-Hydroxymethyl-furan-2-carbaldehyd und 1,5-Dihydrazino-2,4-dinitrobenzol (*B. Vis,* Diss. [Leiden 1938] S. 56; s. a. *Vis,* R. **58** [1939] 387, 392).

Rote Krystalle (aus A.) mit 1 Mol H_2O; F: ca. 242—245° (*Vis,* Diss. S. 56).

1-[N',N'-Dimethyl-hydrazino]-5-[(5-hydroxymethyl-furfuryliden)-methyl-hydrazino]-2,4-dinitro-benzol, 5-Hydroxymethyl-furan-2-carbaldehyd-{[5-(N',N'-dimethylhydrazino)-2,4-dinitro-phenyl]-methyl-hydrazon} $C_{15}H_{18}N_6O_6$, Formel XI (R = CH_3).

B. Aus 5-Hydroxymethyl-furan-2-carbaldehyd und 1-[N',N'-Dimethyl-hydrazino]-5-[N-methyl-hydrazino]-2,4-dinitro-benzol (*B. Vis,* Diss. [Leiden 1938] S. 117; s. a. *Vis,* R. **58** [1939] 387, 393).

Rote Krystalle (aus A.), die bei 109—116° schmelzen (*Vis,* Diss. S. 117).

XI   XII

1-[5-Hydroxymethyl-furfurylidenhydrazino]-5-[(5-hydroxymethyl-furfuryliden)-methylhydrazino]-2,4-dinitro-benzol $C_{19}H_{18}N_6O_8$, Formel XII (R = CH_3, X = H).

B. Aus 5-Hydroxymethyl-furan-2-carbaldehyd und 1-Hydrazino-5-[N-methyl-hydrazino]-2,4-dinitro-benzol (*Robert,* R. **56** [1937] 413, 431, 433).

Rote Krystalle; Zers. bei 223°.

1,5-Bis-[(5-hydroxymethyl-furfuryliden)-methyl-hydrazino]-2,4-dinitro-benzol
$C_{20}H_{20}N_6O_8$, Formel XII (R = X = CH_3).

B. Aus 5-Hydroxymethyl-furan-2-carbaldehyd und 1,5-Bis-[*N*-methyl-hydrazino]-2,4-dinitro-benzol (*B. Vis*, Diss. [Leiden 1938] S. 67; s. a. *Vis*, R. **58** [1939] 387, 392).
Rot; F: 158° (*Vis*, Diss. S. 67).

5-Methoxymethyl-furan-2-carbaldehyd-phenylhydrazon $C_{13}H_{14}N_2O_2$, Formel XIII (R = CH_3, X = H) (vgl. E I 300).

B. Aus 5-Methoxymethyl-furan-2-carbaldehyd und Phenylhydrazin (*Irvine, Montgomery*, Am. Soc. **55** [1933] 1988, 1993).
F: 88,5—89,5°.

5-Methoxymethyl-furan-2-carbaldehyd-[2,4-dinitro-phenylhydrazon] $C_{13}H_{12}N_4O_6$, Formel XIV (R = CH_3, X = H).
Zwei Präparate (a) rote Krystalle [aus Py.], F: 183—184° [korr.] und b) gelbe Krystalle [aus A.], F: 137—138° [korr.]) sind beim Erwärmen von 5-Methoxymethyl-furan-2-carbaldehyd mit [2,4-Dinitro-phenyl]-hydrazin in Äthanol, zuletzt unter Zusatz von Chlorwasserstoff enthaltendem Äthanol, erhalten worden (*Bredereck*, B. **65** [1932] 1833, 1838).

5-Methoxymethyl-furan-2-carbaldehyd-pikrylhydrazon $C_{13}H_{11}N_5O_8$, Formel XIV (R = CH_3, X = NO_2).
Zwei Präparate (a) rote Krystalle [aus Acn. + A.], F: 180—182° und b) rote Krystalle [aus Acn. + A.], F: 165—167°) sind beim Erwärmen von 5-Methoxymethyl-furan-2-carbaldehyd mit Pikrylhydrazin in Äthanol, zuletzt unter Zusatz von wss. Salzsäure, erhalten worden (*Bredereck, Fritzsche*, B. **70** [1937] 802, 806).

5-Äthoxymethyl-furan-2-carbaldehyd-phenylhydrazon $C_{14}H_{16}N_2O_2$, Formel XIII (R = C_2H_5, X = H) (E I 300).

B. Aus 5-Äthoxymethyl-furan-2-carbaldehyd und Phenylhydrazin (*Weidenhagen, Korotkyj*, Z. Verein dtsch. Zuckerind. **84** [1934] 470, 483).
Gelbe Krystalle (aus PAe.); F: 62—63°.

5-Äthoxymethyl-furan-2-carbaldehyd-[2-nitro-phenylhydrazon] $C_{14}H_{15}N_3O_4$, Formel XIII (R = C_2H_5, X = NO_2).

B. Beim Erwärmen von 5-Äthoxymethyl-furan-2-carbaldehyd mit [2-Nitro-phenyl]-hydrazin in Äthanol, zuletzt unter Zusatz von wss. Salzsäure (*Bredereck, Fritzsche*, B. **70** [1937] 802, 807).
Krystalle (aus wss. A.); F: 127—129°.

5-Äthoxymethyl-furan-2-carbaldehyd-[2,4-dinitro-phenylhydrazon] $C_{14}H_{14}N_4O_6$, Formel XIV (R = C_2H_5, X = H).

a) **5-Äthoxymethyl-furan-2-carbaldehyd-[2,4-dinitro-phenylhydrazon] vom F: 210°.**
B. Bei 10 Minuten langem Erwärmen von 5-Äthoxymethyl-furan-2-carbaldehyd mit [2,4-Dinitro-phenyl]-hydrazin in Äthanol unter Zusatz von wss. Salzsäure (*Bredereck*, B. **65** [1932] 1833, 1835).
Rote Krystalle (aus Py.); F: 208—210° [korr.].

b) **5-Äthoxymethyl-furan-2-carbaldehyd-[2,4-dinitro-phenylhydrazon] vom F: 161°.**
B. Bei 2 Minuten langem Erwärmen von 5-Äthoxymethyl-furan-2-carbaldehyd mit [2,4-Dinitro-phenyl]-hydrazin in Äthanol unter Zusatz von wss. Salzsäure (*Bredereck*, B. **65** [1932] 1833, 1836).
Gelbe Krystalle (aus Acn. + PAe.); F: 160—161° [korr.].
Beim Erwärmen mit Äthanol unter Zusatz von wss. Salzsäure erfolgt Umwandlung in das unter a) beschriebene Präparat.

XIII

XIV

5-Äthoxymethyl-furan-2-carbaldehyd-pikrylhydrazon $C_{14}H_{13}N_5O_8$, Formel XIV
($R = C_2H_5$, $X = NO_2$).

a) **5-Äthoxymethyl-furan-2-carbaldehyd-pikrylhydrazon vom F: 178°.**
B. Neben dem unter b) beschriebenen Präparat bei kurzem Erwärmen von 5-Äthoxy=
methyl-furan-2-carbaldehyd mit Pikrylhydrazin in Äthanol, zuletzt unter Zusatz von
wss. Salzsäure (*Bredereck, Fritzsche*, B. **70** [1937] 802, 805).
Dipolmoment bei 25° (ε; Bzl.): 5,94 D.
Rote Krystalle (aus Acn. + A.); F: 176—178°.

b) **5-Äthoxymethyl-furan-2-carbaldehyd-pikrylhydrazon vom F: 154°.**
B. s. bei dem unter a) beschriebenen Präparat.
Dipolmoment bei 25° (ε; Bzl.): 4,98 D (*Bredereck, Fritzsche*, B. **70** [1937] 802, 804).
Rote Krystalle (aus wss. A.); F: 152—154°.
Beim Erhitzen mit Essigsäure erfolgt Umwandlung in das unter a) beschriebene
Präparat.

5-Äthoxymethyl-furan-2-carbaldehyd-[methyl-pikryl-hydrazon] $C_{15}H_{15}N_5O_8$, Formel XV
($R = CH_3$, $X = NO_2$).
B. Beim Erwärmen von 5-Äthoxymethyl-furan-2-carbaldehyd mit *N*-Methyl-*N*-pikryl=
hydrazin in Äthanol, zuletzt unter Zusatz von wss. Salzsäure (*Bredereck, Fritzsche*, B. **70**
[1937] 802, 808).
Rote Krystalle (aus wss. A.); F: 116—118°.

**5-Äthoxymethyl-furan-2-carbaldehyd-[acetyl-(2,4-dinitro-phenyl)-hydrazon], Essigsäure-
[(5-äthoxymethyl-furfuryliden)-(2,4-dinitro-phenyl)-hydrazid]** $C_{16}H_{16}N_4O_7$, Formel XV
($R = CO\text{-}CH_3$, $X = H$).
B. Beim Erhitzen der beiden 5-Äthoxymethyl-furan-2-carbaldehyd-[2,4-dinitro-phen=
ylhydrazone] (S. 111) mit Acetanhydrid und Pyridin (*Bredereck*, B. **65** [1932] 1833, 1834,
1836).
Krystalle (aus A.); F: 166—167° [korr.].

XV   XVI

**5-Äthoxymethyl-furan-2-carbaldehyd-benzoylhydrazon, Benzoesäure-[5-äthoxymethyl-
furfurylidenhydrazid]** $C_{15}H_{16}N_2O_3$, Formel XVI.
B. Beim Eintragen von 5-Hydroxymethyl-furan-2-carbaldehyd-benzoylhydrazon in
Thionylchlorid und Behandeln des Reaktionsprodukts (gelbliche Krystalle) mit Äthanol
unter Zusatz von Natriumbenzoat (*Knotz*, Scientia pharm. **27** [1959] 87, 90).
Krystalle (aus wss. A.); F: 167—168°.

**5-[4-Chlor-phenoxymethyl]-furan-2-carbaldehyd-benzoylhydrazon, Benzoesäure-
[5-(4-chlor-phenoxymethyl)-furfurylidenhydrazid]** $C_{19}H_{15}ClN_2O_3$, Formel XVII.
B. Beim Eintragen von 5-Hydroxymethyl-furan-2-carbaldehyd-benzoylhydrazon in
Thionylchlorid und Behandeln des Reaktionsprodukts mit 4-Chlor-phenol (*Knotz*, Scientia,
pharm. **27** [1959] 87, 90).
Krystalle (aus wss. A.); F: 224°.

5-Trityloxymethyl-furan-2-carbaldehyd-[2,4-dinitro-phenylhydrazon] $C_{31}H_{24}N_4O_6$,
Formel XIV ($R = C(C_6H_5)_3$, $X = H$).
a) **5-Trityloxymethyl-furan-2-carbaldehyd-[2,4-dinitro-phenylhydrazon] vom
F: 248°.**
B. Beim Erwärmen von 5-Trityloxymethyl-furan-2-carbaldehyd mit [2,4-Dinitro-
phenyl]-hydrazin und Chlorwasserstoff enthaltendem Äthanol (*Bredereck*, B. **65** [1932]

1833, 1837).
Rote Krystalle (aus Py.); F: 246—248° [korr.].

b) 5-Trityloxymethyl-furan-2-carbaldehyd-[2,4-dinitro-phenylhydrazon] vom F: 215°.

B. Neben dem unter a) beschriebenen Präparat bei kurzem Erwärmen von 5-Trityl=
oxymethyl-furan-2-carbaldehyd mit [2,4-Dinitro-phenyl]-hydrazin in Äthanol und Behandeln der abgekühlten Reaktionslösung mit Chlorwasserstoff enthaltendem Äthanol (*Bredereck*, B. **65** [1932] 1833, 1838).
Gelbe Krystalle (aus Acn. + PAe); F: 212—215° [korr.].

5-Acetoxymethyl-furan-2-carbaldehyd-pikrylhydrazon $C_{14}H_{11}N_5O_9$, Formel XIV (R = CO-CH$_3$, X = NO$_2$) auf S. 111.

Zwei Präparate (jeweils rote Krystalle [aus Acn. + A.] vom F: 205—207° bzw. F: 198—199°) sind bei 2-tägigem Erhitzen von 5-Äthoxymethyl-furan-2-carbaldehyd-pikrylhydrazon (S. 112) oder von 5-Methoxymethyl-furan-2-carbaldehyd-pikrylhydr= azon (S. 111) mit Essigsäure und Acetanhydrid erhalten worden (*Bredereck, Fritzsche*, B. **70** [1937] 802, 806, 807).

XVII   XVIII

5-Isopropoxymethyl-furan-2-carbaldehyd-semicarbazon $C_{10}H_{15}N_3O_3$, Formel XVIII (R = CH(CH$_3$)$_2$).

B. Aus 5-Isopropoxymethyl-furan-2-carbaldehyd und Semicarbazid (*Weidenhagen, Korotkyj*, Z. Wirtschaftsgr. Zuckerind. **85** [1935] 131, 135).
Krystalle (aus A.); F: 188—189°.

5-Butoxymethyl-furan-2-carbaldehyd-semicarbazon $C_{11}H_{17}N_3O_3$, Formel XVIII (R = [CH$_2$]$_3$-CH$_3$).

B. Aus 5-Butoxymethyl-furan-2-carbaldehyd und Semicarbazid (*Weidenhagen, Korotkyj*, Z. Wirtschaftsgr. Zuckerind. **85** [1935] 131, 136).
Krystalle (aus A.); F: 169—170°.

Hydroxy-oxo-Verbindungen $C_7H_8O_3$

1-[4-Mercapto-[2]thienyl]-propan-2-thion $C_7H_8S_3$, Formel I, und **5-[2-Mercaptopropenyl]-thiophen-3-thiol** $C_7H_8S_3$, Formel II.
Über die Konstitution s. *Arndt, Walter*, B. **94** [1961] 1757.
B. Beim Erwärmen von 2,5-Dimethyl-$S\lambda^4$-[1,2]dithiolo[1,5-b][1,2]dithiol mit methanol. Kalilauge (*Arndt*, Rev. Fac. Sci. Istanbul [A] **13** [1948] 57, 74).
Krystalle (aus PAe.); F: 52°.

(±)-1-[2]Furyl-1-hydroxy-aceton $C_7H_8O_3$, Formel III.
B. Neben 1-[2]Furyl-äthanol beim Behandeln eines Gemisches von Furan-2-carb= aldehyd, Kaliumcyanid, Äther und Wasser mit wss. Natriumhydrogensulfit-Lösung und Erwärmen des Reaktionsprodukts mit Methylmagnesiumjodid in Äther (*Kaji*, J. pharm. Soc. Japan **77** [1957] 851, 854; C. A. **1958** 1949).
Kp$_9$: 91—92°.

I   II   III   IV

(±)-1-[2]Furyl-1-hydroxy-aceton-semicarbazon $C_8H_{11}N_3O_3$, Formel IV.

B. Aus (±)-1-[2]Furyl-1-hydroxy-aceton und Semicarbazid (Kaji, J. pharm. Soc. Japan 77 [1957] 851, 853, 854; C. A. **1958** 1949).

F: 187°.

(±)-1-Hydroxy-1-[2]thienyl-aceton $C_7H_8O_2S$, Formel V.

B. Neben 1-[2]Thienyl-äthanol beim Behandeln eines Gemisches von Thiophen-2-carbaldehyd, Kaliumcyanid, Äther und Wasser mit wss. Natriumhydrogensulfit-Lösung und Erwärmen des Reaktionsprodukts mit Methylmagnesiumjoid in Äther (Kaji, J. pharm. Soc. Japan 77 [1957] 851, 854; C. A. **1958** 1949).

Kp_7: 110—111°.

V   VI   VII

(±)-1-Hydroxy-1-[2]thienyl-aceton-semicarbazon $C_8H_{11}N_3O_2S$, Formel VI.

B. Aus (±)-1-Hydroxy-1-[2]thienyl-aceton und Semicarbazid (Kaji, J. pharm. Soc. Japan 77 [1957] 851, 854; C. A. **1958** 1949).

F: 180°.

(±)-1,1,3-Triäthoxy-3-[2]furyl-propan, (±)-3-Äthoxy-3-[2]furyl-propionaldehyd-diäthylacetal $C_{13}H_{22}O_4$, Formel VII.

B. Aus Furfural-diäthylacetal und Äthyl-vinyl-äther in Gegenwart von Zinkchlorid in Essigsäure (Michaïlow, Ter-Šarkišjan, Ž. obšč. Chim. **29** [1959] 2560, 2563; engl. Ausg. S. 2524, 2526) sowie in Gegenwart von Eisen(III)-chlorid (Nasarow et al., Ž. obšč. Chim. **29** [1959] 3683, 3684; engl. Ausg. S. 3641, 3642).

Kp_{10}: 124—125°; D_4^{20}: 0,9899; n_D^{20}: 1,4470 (Mi., Ter-Ša.). Kp_{10}: 122—124°; D_{20}^{20}: 0,9880; n_D^{20}: 1,4458 (Na. et al.).

Beim Erhitzen mit Essigsäure und wenig Natriumacetat ist 3-[2]Furyl-acrylaldehyd erhalten worden (Mi., Ter-Ša.).

5-Isopropyliden-4-methoxy-5H-furan-2-on, 4-Hydroxy-3-methoxy-5-methyl-hexa-2c,4-diensäure-lacton $C_8H_{10}O_3$, Formel VIII (X = H).

B. Beim Behandeln einer Lösung von 4-Hydroxy-3-methoxy-5-methyl-hexa-2c,5-dien= säure-lacton in Methanol mit wss. Ammoniak (Raphael, Soc. **1947** 805).

Krystalle (aus PAe.), F: 76—78°; Absorptionsmaximum (A.): 270 nm (Ra., Soc. **1947** 806).

Überführung in 3-Methoxy-5-methyl-4-oxo-hex-2-ensäure (F: 85—86°) durch Behandlung mit wss.-methanol. Natronlauge: Ra., Soc. **1947** 805. Reaktion mit Brom in Essig= säure unter Bildung von 2-Brom-4-hydroxy-3-methoxy-5-methyl-hexa-2c,4-diensäure-lacton: Raphael, Soc. **1948** 1508, 1510. Beim Erwärmen mit N-Brom-succinimid und wenig Dibenzoylperoxid in Tetrachlormethan ist bei 74—95° schmelzendes Gemisch der beiden 5-[β-Brom-isopropyliden]-4-methoxy-5H-furan-2-one (6-Brom-4-hydroxy-3-methoxy-5-methyl-hexa-2c,4-diensäure-lactone $C_8H_9BrO_3$; Formel IX) erhalten worden (Ra., Soc. **1948** 1511).

3-Brom-5-isopropyliden-4-methoxy-5H-furan-2-on, 2-Brom-4-hydroxy-3-methoxy-5-methyl-hexa-2c,4-diensäure-lacton, $C_8H_9BrO_3$, Formel VIII (X = Br).

B. Beim Behandeln der im vorangehenden Artikel beschriebenen Verbindung mit Brom in Essigsäure (Raphael, Soc. **1948** 1508, 1510).

Krystalle (aus wss. Me.); F: 121—122°. Absorptionsmaximum (A.): 282 nm.

5-Isopropyliden-3-jod-4-methoxy-5H-furan-2-on, 4-Hydroxy-2-jod-3-methoxy-5-methyl-hexa-2c,4-diensäure-lacton $C_8H_9IO_3$, Formel VIII (X = I).

B. Beim Erwärmen von 4-Hydroxy-3-methoxy-5-methyl-hexa-2c,4-diensäure-lacton

mit Jod und Silberbenzoat in Benzol (*Raphael*, Soc. **1948** 1508, 1510).
Krystalle (aus PAe.); F: 154—156°.

VIII   IX   X   XI

(±)-5-Isopropenyl-4-methoxy-5*H*-furan-2-on, (±)-4-Hydroxy-3-methoxy-5-methyl-hexa-2*c*,5-diensäure-lacton $C_8H_{10}O_3$, Formel X.

B. Beim Behandeln von 4-Hydroxy-5-methyl-hex-5-en-2-insäure-methylester mit Methanol unter Zusatz von Quecksilber(II)-oxid, Trichloressigsäure und dem Borfluorid-Äther-Addukt (*Raphael*, Soc. **1947** 805).

Krystalle; F: 42—43°. Absorptionsmaximum (A.): 221 nm.

Beim Behandeln einer Lösung in Methanol mit wss. Ammoniak ist 4-Hydroxy-3-methoxy-5-methyl-hexa-2*c*,4-diensäure-lacton erhalten worden. Überführung in 3-Methoxy-5-methyl-4-oxo-hex-2-ensäure (F: 85—86°) durch Behandlung mit wss.-methanol. Natronlauge: *Ra*.

3-Acetyl-5-methyl-2-methylmercapto-thiophen, 1-[5-Methyl-2-methylmercapto-[3]thienyl]-äthanon $C_8H_{10}OS_2$, Formel XI.

B. Beim Behandeln einer Lösung von 2-Methyl-5-methylmercapto-thiophen in Benzol mit Acetylchlorid und Zinn(IV)-chlorid (*Gol'dfarb et al.*, Ž. obšč. Chim. **29** [1959] 2034, 2037, 2040; engl. Ausg. S. 2003, 2007).

F: 97°.

5-[2-Acetoxy-äthyl]-thiophen-2-carbaldehyd $C_9H_{10}O_3S$, Formel XII.

B. Aus 2-[2-Acetoxy-äthyl]-thiophen mit Hilfe von *N*-Methyl-formanilid und Phosphorylchlorid (*Gol'dfarb, Ibragimowa*, Doklady Akad. S.S.S.R. **113** [1957] 594, 595; Pr. Acad. Sci. U.S.S.R. **112–117** [1957] 261).

Kp_{15}: 178—180°. D_4^{20}: 1,2142. n_D^{20}: 1,5511.

XII   XIII

5-[2-Acetoxy-äthyl]-thiophen-2-carbaldehyd-[2,4-dinitro-phenylhydrazon] $C_{15}H_{14}N_4O_6S$, Formel XIII.

B. Aus 5-[2-Acetoxy-äthyl]-thiophen-2-carbaldehyd (*Gol'dfarb, Ibragimowa*, Doklady Akad. S.S.S.R. **113** [1957] 594, 595; Pr. Acad. Sci. U.S.S.R. **112–117** [1957] 261).

F: 200—201°.

2-Acetyl-4-chlor-3-hydroxy-5-methyl-furan, 1-[4-Chlor-3-hydroxy-5-methyl-[2]furyl]-äthanon $C_7H_7ClO_3$, Formel XIV (X = Cl) und Tautomere.

Diese Konstitution kommt der E II **17** 317 im Artikel 3,5-Dichlor-2,6-dimethyl-pyran-4-on beschriebenen Verbindung $C_7H_7ClO_3$ (F: 83—84°) zu (*Anderton, Rickards*, Soc. **1965** 2543).

2-Acetyl-4-brom-3-hydroxy-5-methyl-furan, 1-[4-Brom-3-hydroxy-5-methyl-[2]furyl]-äthanon $C_7H_7BrO_3$, Formel XIV (X = Br) und Tautomere.

Diese Konstitution kommt der H **17** 295 und E II **17** 317 im Artikel 3,5-Dibrom-2,6-dimethyl-pyran-4-on beschriebenen Verbindung $C_7H_7BrO_3$ (F: 106°) zu (*Anderton, Rickards*, Soc. **1965** 2543).

2-Acetyl-3-hydroxy-4-jod-5-methyl-furan, 1-[3-Hydroxy-4-jod-5-methyl-[2]furyl]-äthanon $C_7H_7IO_3$, Formel XIV (X = I), und Tautomere.

Diese Konstitution kommt der H **17** 294 und E II **17** 316 im Artikel 2,6-Dimethylpyran-4-on beschriebenen Verbindung $C_7H_7IO_3$ (F: 110—111°) zu (*Anderton, Rickards,* Soc. **1965** 2543).

2-Acetyl-5-hydroxymethyl-furan, 1-[5-Hydroxymethyl-[2]furyl]-äthanon $C_7H_8O_3$, Formel XV (R = H).

B. Beim mehrtägigen Behandeln von 5-Hydroxymethyl-furan-2-carbaldehyd mit Diazomethan in Äther (*Ramonczai, Vargha,* Am. Soc. **72** [1950] 2737). Bei 2-tägigem Behandeln von 1-[5-Acetoxymethyl-[2]furyl]-äthanon mit wss.-methanol. Kalilauge (*Chute et al.,* J. org. Chem. **6** [1941] 157, 159, 166).

Krystalle (aus Me. + PAe.); F: 43—44° (*Ch. et al.*); Kp₃: 130° (*Ra., Va.*).

XIV XV XVI

2-Acetoxymethyl-5-acetyl-furan, 1-[5-Acetoxymethyl-[2]furyl]-äthanon $C_9H_{10}O_4$, Formel XV (R = CO-CH₃).

B. Beim Erwärmen von 5-Acetoxymethyl-[2]furylquecksilber-chlorid mit Keten in Chloroform (*Chute et al.,* J. org. Chem. **6** [1941] 157, 159, 165).

Krystalle (aus Me. + Ae. + PAe.); F: 46,5—47°.

1-[5-Hydroxymethyl-[2]furyl]-äthanon-semicarbazon $C_8H_{11}N_3O_3$, Formel XVI (R = H).

B. Aus 1-[5-Hydroxymethyl-[2]furyl]-äthanon und Semicarbazid (*Ramonczai, Vargha,* Am. Soc. **72** [1950] 2737).

Krystalle (aus wss. A.); F: 184°.

1-[5-Acetoxymethyl-[2]furyl]-äthanon-semicarbazon $C_{10}H_{13}N_3O_4$, Formel XVI (R = CO-CH₃).

B. Aus 1-[5-Acetoxymethyl-[2]furyl]-äthanon und Semicarbazid (*Chute et al.,* J. org. Chem. **6** [1941] 157, 165).

Krystalle (aus Bzl. + A.); F: 173—174°.

2-Acetyl-5-äthansulfonylmethyl-thiophen, 1-[5-Äthansulfonylmethyl-[2]thienyl]-äthanon $C_9H_{12}O_3S_2$, Formel XVII.

B. Beim Behandeln von 2-Äthansulfonylmethyl-thiophen mit Acetylchlorid, Chlorbenzol und Zinn(IV)-chlorid (*Gol'dfarb et al.,* Izv. Akad. S.S.S.R. Otd. chim. **1959** 2021, 2025; engl. Ausg. S. **1925**, 1928).

Krystalle (aus A.); F: 111—112°.

XVII XVIII

1-[5-Äthansulfonylmethyl-[2]thienyl]-äthanon-oxim $C_9H_{13}NO_3S_2$, Formel XVIII.

B. Aus 1-[5-Äthansulfonylmethyl-[2]thienyl]-äthanon und Hydroxylamin (*Gol'dfarb et al.,* Izv. Akad. S.S.S.R. Otd. chim. **1959** 2021, 2025; engl. Ausg. S. **1925**, 1928).

Krystalle (aus A.); F: 161,5—162,5°.

Hydroxy-oxo-Verbindungen $C_8H_{10}O_3$

(±)-4,4,4-Trichlor-3-hydroxy-1-[2]thienyl-butan-1-on $C_8H_7Cl_3O_2S$, Formel I (X = H).

B. Bei 30-stdg. Erhitzen von 1-[2]Thienyl-äthanon mit Chloral und Essigsäure (*CIBA,*

U.S.P. 2583508 [1951]).
Krystalle (aus PAe.); F: 109°.

(±)-4,4,4-Trichlor-1-[5-chlor-[2]thienyl]-3-hydroxy-butan-1-on $C_8H_6Cl_4O_2S$, Formel I (X = Cl).
B. Bei 40-stdg. Erhitzen von 1-[5-Chlor-[2]thienyl]-äthanon mit Chloral und Essigsäure auf 110° (CIBA, U.S.P. 2583508 [1951]).
Krystalle (aus PAe.); F: 85°.

(±)-1-[5-Brom-[2]thienyl]-4,4,4-trichlor-3-hydroxy-butan-1-on $C_8H_6BrCl_3O_2S$, Formel I (X = Br).
B. Bei 40-stdg. Erhitzen von 1-[5-Brom-[2]thienyl]-äthanon mit Chloral und Essigsäure auf 110° (CIBA, U.S.P. 2583508 [1951]).
Krystalle (aus PAe.); F: 95°.

(±)-4-[2]Furyl-4-hydroxy-butan-2-on $C_8H_{10}O_3$, Formel II.
B. Beim Behandeln von Furfural mit Aceton und wss. Alkalilauge (I.G. Farbenind., D.R.P. 702894 [1939]; D.R.P. Org. Chem. 6 2345).
Kp_{16-18}: 133—135°.

(±)-3-Hydroxy-3-[2]thienyl-butan-2-on $C_8H_{10}O_2S$, Formel III.
B. Beim Behandeln von Butandion mit [2]Thienylmagnesiumjodid in Äther und Behandeln des Reaktionsprodukts mit wss. Essigsäure (Steinkopf, Hanske, A. 541 [1939] 238, 243 Anm. 2, 259).
Kp_1: 82°.

3-Acetyl-5-äthyl-2-äthylmercapto-thiophen, 1-[5-Äthyl-2-äthylmercapto-[3]thienyl]-äthanon $C_{10}H_{14}OS_2$, Formel IV.
B. Beim Behandeln von 2-Äthyl-5-äthylmercapto-thiophen mit Acetylchlorid, Zinn(IV)-chlorid und Benzol (Gol'dfarb et al., Ž. obšč. Chim. 29 [1959] 2034, 2037, 2040; engl. Ausg. S. 2003, 2007).
F: 47,5—48°.

1-[5-Äthyl-2-äthylmercapto-[3]thienyl]-äthanon-semicarbazon $C_{11}H_{17}N_3OS_2$, Formel V.
B. Aus 1-[5-Äthyl-2-äthylmercapto-[3]thienyl]-äthanon und Semicarbazid (Gol'dfarb et al., Ž. obšč. Chim. 29 [1959] 2034, 2040; engl. Ausg. S. 2003, 2007).
F: 165—165,8°.

3-Acetyl-5-hydroxymethyl-2-methyl-furan, 1-[5-Hydroxymethyl-2-methyl-[3]furyl]-äthanon $C_8H_{10}O_3$, Formel VI.
B. Beim Erwärmen von D-Glycerinaldehyd mit Pentan-2,4-dion, Zinkchlorid und wss. Methanol (López Aparicio et al., An. Soc. españ. [B] 54 [1958] 705, 711).
$Kp_{0,2}$: 122°. $Kp_{0,1}$: 116°. n_D^{20}: 1,5138.

1-[5-Hydroxymethyl-2-methyl-[3]furyl]-äthanon-semicarbazon $C_9H_{13}N_3O_3$, Formel VII.

B. Aus 1-[5-Hydroxymethyl-2-methyl-[3]furyl]-äthanon und Semicarbazid (*López Aparicio et al.*, An. Soc. españ. [B] **54** [1958] 705, 712).

Krystalle (aus A. + W.); F: 156°.

(±)-3-Acetoxy-5,6,7,7a-tetrahydro-4H-benzofuran-2-on, (±)-Acetoxy-[(E)-2-hydroxy-cyclohexyliden]-essigsäure-lacton $C_{10}H_{12}O_4$, Formel VIII.

B. Bei der Hydrierung von 3-Acetoxy-5,6-dihydro-4H-benzofuran-2-on an Platin in Äthanol (*Plattner, Jampolsky*, Helv. **26** [1943] 687, 692).

Krystalle (aus A.); F: 100—101° [korr.]. UV-Spektrum (A.; 220—290 nm): *Pl., Ja.*, l. c. S. 689.

(±)-3ξ-Äthoxy-(3ar,7ac)-3a,4,7,7a-tetrahydro-3H-isobenzofuran-1-on, (±)-cis-6-[(Ξ)-Äthoxy-hydroxy-methyl]-cyclohex-3-encarbonsäure-lacton $C_{10}H_{14}O_3$, Formel IX + Spiegelbild.

B. Beim Erhitzen von (±)-4-Äthoxy-4-hydroxy-cis-crotonsäure-lacton mit Buta-1,3-dien in Gegenwart von Hydrochinon auf 140° (*Alder, Fariña*, An. Soc. españ. [B] **54** [1958] 689, 694).

Kp$_1$: 94°. n_D^{20}: 1,4817.

(±)-6c-Hydroxy-(3ar)-hexahydro-3,5-methano-cyclopenta[b]furan-2-on, (±)-5exo,6endo-Dihydroxy-norbornan-2endo-carbonsäure-6-lacton $C_8H_{10}O_3$, Formel X (R = H) + Spiegelbild.

B. Beim Erwärmen von (±)-Norborn-5-en-2endo-carbonsäure oder von (±)-Norborn-5-en-2endo-carbonsäure-methylester mit Wasserstoffperoxid und Ameisensäure und anschliessenden Erhitzen unter Durchleiten von Wasserdampf (*Henbest, Nicholls*, Soc. **1959** 221, 226).

F: 160° [Kofler-App.].

VII　　　　　VIII　　　　IX　　　　X

(±)-6c-Acetoxy-(3ar)-hexahydro-3,5-methano-cyclopenta[b]furan-2-on, (±)-5exo-Acetoxy-6endo-hydroxy-norbornan-2endo-carbonsäure-lacton $C_{10}H_{12}O_4$, Formel X (R = CO-CH$_3$) + Spiegelbild.

B. Beim Behandeln von (±)-5exo,6endo-Dihydroxy-norbornan-2endo-carbonsäure-6-lacton mit Acetanhydrid und Pyridin (*Henbest, Nicholls*, Soc. **1959** 221, 226). Beim Behandeln einer Lösung von (±)-6c-Acetoxy-(3ar)-hexahydro-3,5-methano-cyclopenta[b]furan (E III/IV **17** 1295) in Aceton mit Chromsäure (*He., Ni.*).

Krystalle (aus Diisopropyläther); F: 95—96°.

Hydroxy-oxo-Verbindungen $C_9H_{12}O_3$

3-[3,5-Dinitro-benzoyloxy]-6-methyl-2-propyl-pyran-4-on $C_{16}H_{14}N_2O_8$, Formel I.

B. Beim Erwärmen von 6-Methyl-2-propyl-pyran-3,4-dion (E III/IV **17** 5935) mit 3,5-Dinitro-benzoylchlorid und Pyridin (*Hurd, Trofimenko*, J. org. Chem. **23** [1958] 1276, 1278).

Krystalle (aus Bzl. + Hexan); F: 125°. IR-Banden (KBr) im Bereich von 3,2 μ bis 12,6 μ: *Hurd, Tr.*

*Opt.-inakt. 4-[2]Furyl-4-hydroxy-3-methyl-butan-2-on $C_9H_{12}O_3$, Formel II.

B. Beim Behandeln von Furfural mit Butanon und wss. Natronlauge (*Midorikawa,*

Bl. chem. Soc. Japan **26** [1953] 460, 462; s. a. *I.G. Farbenind.*, D.R.P. 702894 [1939]; D.R.P. Org. Chem. **6** 2345).
Kp$_{10}$: 117—118° [unreines Präparat].

I II III

*Opt.-inakt. **3-Äthoxy-2-äthyl-3-[2]furyl-propionaldehyd, 2-[α-Äthoxy-furfuryl]-butyraldehyd** C$_{11}$H$_{16}$O$_3$, Formel III.
B. In kleiner Menge beim Behandeln von Furfural mit Äthyl-but-1-enyl-äther in Gegenwart eines Borsäure-Oxalsäure-Katalysators bei 40° (*Hoaglin et al.*, Am. Soc. **80** [1958] 3069, 3070).
Kp$_1$: 83°. D$_{15,6}^{20}$: 1,022. n$_D^{20}$: 1,4640.

3-[1]Naphthylmethoxy-1-oxa-spiro[4.5]dec-3-en-2-on, 3c-[1-Hydroxy-cyclohexyl]-2-[1]naphthylmethoxy-acrylsäure-lacton C$_{20}$H$_{20}$O$_3$, Formel IV.
B. Beim Erhitzen von 3-[1]Naphthylmethoxy-2-oxo-1-oxa-spiro[4.5]dec-3-en-4-carbonsäure mit Pyridin in Gegenwart von Hydrochinon (*Stacy et al.*, J. org. Chem. **22** [1957] 765, 768).
Krystalle (aus wss. A.); F: 119—120° [korr.].

3-[4-Nitro-benzoyloxy]-1-oxa-spiro[4.5]dec-3-en-2-on, 3c-[1-Hydroxy-cyclohexyl]-2-[4-nitro-benzoyloxy]-acrylsäure-lacton C$_{16}$H$_{15}$NO$_6$, Formel V.
B. Beim Behandeln von [1-Hydroxy-cyclohexyl]-brenztraubensäure-lacton (E III/IV **17** 5937) mit 4-Nitro-benzoylchlorid und Pyridin (*Stacy et al.*, J. org. Chem. **22** [1957] 765, 769).
Krystalle (aus Bzl.); F: 174—176° [korr.].

4-Methoxy-1-oxa-spiro[4.5]dec-3-en-2-on, 3c-[1-Hydroxy-cyclohexyl]-3t-methoxy-acrylsäure-lacton C$_{10}$H$_{14}$O$_3$, Formel VI (R = CH$_3$).
B. Beim Erwärmen von [1-Hydroxy-cyclohexyl]-propiolsäure-methylester mit Natriummethylat in Methanol (*Jones, Whiting*, Soc. **1949** 1423, 1428). Bei mehrtägigem Behandeln von 3-[1-Hydroxy-cyclohexyl]-3-oxo-propionsäure-lacton (E III/IV **17** 5938) mit Methyljodid und wss.-methanol. Natronlauge (*Jones, Whiting*, Soc. **1949** 1419, 1421).
Krystalle (aus wss. Me.); F: 108°. Absorptionsmaximum (A.): 221 nm (*Jo., Wh.*, l. c. S. 1426).

IV V VI

4-Phenoxy-1-oxa-spiro[4.5]dec-3-en-2-on, 3c-[1-Hydroxy-cyclohexyl]-3t-phenoxy-acrylsäure-lacton C$_{15}$H$_{16}$O$_3$, Formel VI (R = C$_6$H$_5$).
B. Neben 3t-[1-Hydroxy-cyclohexyl]-3c-phenoxy-acrylsäure-methylester beim Erwärmen von [1-Hydroxy-cyclohexyl]-propiolsäure-methylester mit Natriumphenolat und Phenol (*Jones, Whiting*, Soc. **1949** 1423, 1429).
Krystalle (aus Me. + W. oder aus Bzn.); F: 69,5°. Absorptionsmaxima (A.): 223 nm und 237 nm (*Jo., Wh.*, l. c. S. 1426).

**4-[2-Hydroxy-äthoxy]-1-oxa-spiro[4.5]dec-3-en-2-on, 3t-[2-Hydroxy-äthoxy]-
3c-[1-hydroxy-cyclohexyl]-acrylsäure-1-lacton** $C_{11}H_{16}O_4$, Formel VI (R = CH_2-CH_2OH).

B. Beim Erwärmen von [1-Hydroxy-cyclohexyl]-propiolsäure-methylester mit Natrium-
[2-hydroxy-äthylat] in Äthylenglykol (*Jones, Whiting*, Soc. **1949** 1423, 1428).
Krystalle (aus E. + Bzl.); F: 126°. Absorptionsmaximum (A.): 221 nm (*Jo., Wh.*, l. c.
S. 1426).

**4-Acetoxy-1-oxa-spiro[4.5]dec-3-en-2-on, 3t-Acetoxy-3c-[1-hydroxy-cyclohexyl]-acryl=
säure-lacton** $C_{11}H_{14}O_4$, Formel VI (R = CO-CH_3).

B. Beim Behandeln von 3-[1-Hydroxy-cyclohexyl]-3-oxo-propionsäure-lacton mit
Acetanhydrid und Schwefelsäure (*Haynes, Jamieson*, Soc. **1958** 4132, 4134).
Krystalle (aus PAe.); F: 93°.

**4-Benzoyloxy-1-oxa-spiro[4.5]dec-3-en-2-on, 3t-Benzoyloxy-3c-[1-hydroxy-cyclohexyl]-
acrylsäure-lacton** $C_{16}H_{16}O_4$, Formel VI (R = CO-C_6H_5).

B. Bei mehrtägigem Behandeln von 3-[1-Hydroxy-cyclohexyl]-3-oxo-propionsäure-
lacton mit Benzoylchlorid und wss. Natriumcarbonat-Lösung (*Haynes, Jamieson*, Soc.
1958 4132, 4135).
Krystalle (aus PAe.); F: 125—128°.
Beim Erhitzen mit Zinn(IV)-chlorid in Nitrobenzol ist 2-Benzoyl-3-[1-hydroxy-
cyclohexyl]-3-oxo-propionsäure-lacton erhalten worden.

**4-Benzylmercapto-1-oxa-spiro[4.5]dec-3-en-2-on, 3t-Benzylmercapto-3c-[1-hydroxy-
cyclohexyl]-acrylsäure-lacton** $C_{16}H_{18}O_2S$, Formel VII (R = CH_2-C_6H_5).

B. Neben 3c-Benzylmercapto-3t-[1-hydroxy-cyclohexyl]-acrylsäure beim Behandeln
von [1-Hydroxy-cyclohexyl]-propiolsäure-methylester mit Benzylmercaptan und wenig
Triäthylamin und anschliessend mit wss.-methanol. Kalilauge (*Jones, Whiting*, Soc. **1949**
1423, 1430).
Krystalle (aus PAe.); F: 94°. Absorptionsmaximum (A.): 265 nm (*Jo., Wh.*, l. c.
S. 1426).

(±)-3ξ-Hydroxy-(4ar,8ac)-4a,5,8,8a-tetrahydro-chroman-2-on $C_9H_{12}O_3$, Formel VIII
(R = H) + Spiegelbild.
Konstitution: *Hillyer, Edmonds*, J. org. Chem. **17** [1952] 600, 603.
B. In kleiner Menge beim Erhitzen von Furfural mit Buta-1,3-dien und Wasser auf
200° (*Hi., Ed.*, l. c. S. 605; s. a. *Phillips Petr. Co.*, U.S.P. 2683151 [1949]).
Krystalle; F: 135,5° [nach Sublimation] (*Phillips Petr. Co.*), 135° [aus Ae.] (*Hi., Ed.*).

VII   VIII   IX   X   XI

**(±)-3ξ-Acetoxy-(4ar,8ac)-4a,5,8,8a-tetrahydro-chroman-2-on, (±)(Ξ)-2-Acetoxy-
3-[(Ξ)-cis-6-hydroxy-cyclohex-3-enyl]-propionsäure-lacton** $C_{11}H_{14}O_4$, Formel VIII
(R = CO-CH_3) + Spiegelbild.
B. Beim Erhitzen von (±)-3ξ-Hydroxy-(4ar,8ac)-4a,5,8,8a-tetrahydro-chroman-2-on
(s. o.) mit Acetanhydrid (*Hillyer, Edmonds*, J. org. Chem. **17** [1952] 600, 606).
Krystalle (aus Hexan); F: 85—86°.

***Opt.-inakt. 7-Acetoxy-3-methyl-3a,4,5,7a-tetrahydro-3H-benzofuran-2-on, 2-[3-Acet=
oxy-2-hydroxy-cyclohex-3-enyl]-propionsäure-lacton** $C_{11}H_{14}O_4$, Formel IX.
B. Beim Erhitzen von opt.-inakt. 2-[2-Hydroxy-3-oxo-cyclohexyl]-propionsäure-lacton
(F: 86—87° [E III/IV **17** 5940]) mit Acetanhydrid und Toluol-4-sulfonsäure (*Gunstone*,

Heggie, Soc. **1952** 1354, 1358).
Krystalle (aus Bzn.); F: 124—126° [unkorr.].

*Opt.-inakt. 3-Hydroxy-3-methyl-3a,4,5,6-tetrahydro-3H-benzofuran-2-on $C_9H_{12}O_3$, Formel X.
B. Beim Erhitzen von Cyclohexanon mit Brenztraubensäure auf 135° (*Rosenmund et al.*, Ar. **287** [1954] 441, 444, 447).
Krystalle; F: 135°.

**(±)-6t-Hydroxy-3-methyl-(3ar)-hexahydro-3,5-methano-cyclopenta[b]furan-2-on,
(±)-5endo,6endo-Dihydroxy-2exo-methyl-norbornan-2endo-carbonsäure-6-lacton**
$C_9H_{12}O_3$, Formel XI + Spiegelbild.
B. Beim Erwärmen von (±)-5*exo*-Brom-6*endo*-hydroxy-2*exo*-methyl-norbornan-2*endo*-carbonsäure-lacton oder von (±)-6*endo*-Hydroxy-5*exo*-jod-2*exo*-methyl-norbornan-2*endo*-carbonsäure-lacton mit wss.-äthanol. Kalilauge (*Meek, Trapp*, Am. Soc. **79** [1957] 3909, 3911).
Krystalle (aus W.); F: 129—130°.

Hydroxy-oxo-Verbindungen $C_{10}H_{14}O_3$

(±)-6-Cyclopentyl-4-methoxy-5,6-dihydro-pyran-2-on, (±)-5-Cyclopentyl-5-hydroxy-3-methoxy-pent-2c-ensäure-lacton $C_{11}H_{16}O_3$, Formel I (R = CH_3).
B. Aus (±)-5-Cyclopent-1-enyl-5-hydroxy-3-methoxy-pent-2c-ensäure-lacton durch Hydrierung an Palladium (*Kögl, de Bruin*, R. **69** [1950] 729, 751).
Krystalle; F: 43—45°. UV-Spektrum (A.; 220—280 nm): *Kögl, de Br.*, l. c. S. 743.

(±)-4-Äthoxy-6-cyclopentyl-5,6-dihydro-pyran-2-on, (±)-3-Äthoxy-5-cyclopentyl-5-hydroxy-pent-2c-ensäure-lacton $C_{12}H_{18}O_3$, Formel I (R = C_2H_5).
B. Aus (±)-3-Äthoxy-5-cyclopent-1-enyl-5-hydroxy-pent-2c-ensäure-lacton durch Hydrierung an Palladium in Äthanol (*Kögl, de Bruin*, R. **69** [1950] 729, 750).
Krystalle (aus Cyclohexan); F: 68°. UV-Spektrum (A.; 220—290 nm): *Kögl, de Br.*, l. c. S. 741.

4-[4-Hydroxy-cyclohexyl]-5H-furan-2-on $C_{10}H_{14}O_3$.
a) **4-[cis-4-Hydroxy-cyclohexyl]-5H-furan-2-on** $C_{10}H_{14}O_3$, Formel II (R = H).
B. Beim Behandeln von 4-[*cis*-4-Acetoxy-cyclohexyl]-5H-furan-2-on (s. u.) mit Chlorwasserstoff enthaltendem Methanol (*Hardegger et al.*, Helv. **29** [1946] 477, 478, 482).
Krystalle (nach Destillation im Hochvakuum bei 150°); F: 65—67°.

b) **4-[trans-4-Hydroxy-cyclohexyl]-5H-furan-2-on** $C_{10}H_{14}O_3$, Formel III (R = H).
B. Beim Behandeln von 4-[*trans*-4-Acetoxy-cyclohexyl]-5H-furan-2-on (S. 122) mit Chlorwasserstoff enthaltendem Methanol (*Hardegger et al.*, Helv. **27** [1944] 793, 800).
Krystalle (aus E. + PAe.); F: 95—95,5°.

I II III

4-[4-Acetoxy-cyclohexyl]-5H-furan-2-on, 3-[4-Acetoxy-cyclohexyl]-4-hydroxy-crotonsäure-lacton $C_{12}H_{16}O_4$.
a) **4-[cis-4-Acetoxy-cyclohexyl]-5H-furan-2-on** $C_{12}H_{16}O_4$, Formel II (R = CO-CH_3).
B. Neben 4-Cyclohex-3-enyl-5H-furan-2-on beim Erhitzen von 4-[*trans*-4-(Toluol-4-sulfonyloxy)-cyclohexyl]-5H-furan-2-on (S. 122) mit Essigsäure und Natriumacetat und Erhitzen des Reaktionsprodukts unter vermindertem Druck (*Hardegger et al.*, Helv. **29** [1946] 477, 482).
Krystalle (aus E. + PAe.); F: 66—67°.

b) **4-[*trans*-4-Acetoxy-cyclohexyl]-5H-furan-2-on** $C_{12}H_{16}O_4$, Formel III
(R = CO-CH$_3$).

B. Beim Erhitzen von (±)-4-Acetoxy-4-[*trans*-4-acetoxy-cyclohexyl]-dihydro-furan-2-on unter vermindertem Druck bis auf 240° (*Hardegger et al.*, Helv. **27** [1944] 793, 800).
Krystalle (aus E. + PAe.); F: 88—89°.

4-[4-Phenylcarbamoyloxy-cyclohexyl]-5H-furan-2-on, 4-Hydroxy-3-[4-phenylcarbamoyl= oxy-cyclohexyl]-crotonsäure-lacton $C_{17}H_{19}NO_4$.

a) **4-[*cis*-4-Phenylcarbamoyloxy-cyclohexyl]-5H-furan-2-on** $C_{17}H_{19}NO_4$, Formel II
(R = CO-NH-C$_6$H$_5$).

B. Beim Erwärmen von 4-[*cis*-4-Hydroxy-cyclohexyl]-5H-furan-2-on (S. 121) mit Phenylisocyanat (*Hardegger et al.*, Helv. **29** [1946] 477, 482).
Krystalle (aus Bzl.); F: 171—172° [korr.].

b) **4-[*trans*-4-Phenylcarbamoyloxy-cyclohexyl]-5H-furan-2-on** $C_{17}H_{19}NO_4$,
Formel III (R = CO-NH-C$_6$H$_5$).

B. Beim Erwärmen von 4-[*trans*-4-Hydroxy-cyclohexyl]-5H-furan-2-on (S. 121) mit Phenylisocyanat (*Hardegger et al.*, Helv. **29** [1946] 477, 483).
Krystalle (nach Sublimation im Hochvakuum); F: 180—181° [korr.].

4-[*trans*-4-(Toluol-4-sulfonyloxy)-cyclohexyl]-5H-furan-2-on, 4-Hydroxy-3-[*trans*-4-(toluol-4-sulfonyloxy)-cyclohexyl]-*cis*-crotonsäure-lacton $C_{17}H_{20}O_5S$, Formel III
(R = SO$_2$-C$_6$H$_4$-CH$_3$).

B. Beim Behandeln von 4-[*trans*-4-Hydroxy-cyclohexyl]-5H-furan-2-on (S. 121) mit Toluol-4-sulfonylchlorid und Pyridin (*Hardegger et al.*, Helv. **29** [1946] 477, 482).
Krystalle (aus E.); F: 119—120° [korr.].

4-Methoxy-1-oxa-spiro[5.5]undec-3-en-2-on, 4-[1-Hydroxy-cyclohexyl]-3-methoxy-*cis*-crotonsäure-lacton $C_{11}H_{16}O_3$, Formel IV.

B. Beim Erwärmen von (±)-4-[1-Hydroxy-cyclohexyl]-but-2-insäure-methylester mit Methanol unter Zusatz von Quecksilber(II)-oxid und dem Borfluorid-Äther-Addukt (*Henbest, Jones*, Soc. **1950** 3628, 3630, 3633).
Krystalle (aus Bzn.); F: 80°.

IV   V   VI   VII

*Opt.-inakt. **3-Hydroxy-3,5-dimethyl-3a,4,5,6-tetrahydro-3H-benzofuran-2-on** $C_{10}H_{14}O_3$, Formel V.

B. Beim Erhitzen von 4-Methyl-cyclohexanon mit Brenztraubensäure auf 135° (*Rosenmund et al.*, Ar. **287** [1954] 441, 444, 447).
Krystalle (aus E.); F: 124—125°.

**(±)-3ξ-Äthoxy-5,6-dimethyl-(3a*r*,7a*c*)-3a,4,7,7a-tetrahydro-3H-isobenzofuran-1-on,
(±)-6c-[(Ξ)-Äthoxy-hydroxy-methyl]-3,4-dimethyl-cyclohex-3-en-*r*-carbonsäure-lacton** $C_{12}H_{18}O_3$, Formel VI + Spiegelbild.

B. Beim Erhitzen von (±)-4-Äthoxy-4-hydroxy-*cis*-crotonsäure-lacton mit 2,3-Dimethyl-buta-1,3-dien in Toluol (*Alder, Fariña*, An. Soc. espan. [B] **54** [1958] 689, 694).
Kp$_{0,2}$: 92—93°. n$_D^{25}$: 1,4828.

4,5-Epoxy-4-hexadecyloxy-2,3,5,6-tetramethyl-cyclohex-2-enon $C_{26}H_{46}O_3$, Formel VII
(R = [CH$_2$]$_{15}$-CH$_3$).

Eine von *Boyer* (Am. Soc. **73** [1951] 733, 739) unter dieser Konstitution beschriebene

opt.-inakt. Verbindung (F: 40,5°) ist als 4-Äthoxy-4-hexadecyloxy-2,3,5,6-tetra=
methyl-cyclohexa-2,5-dienon $C_{28}H_{50}O_3$ zu formulieren (*Martius, Eilingsfeld*, A.
607 [1957] 159, 165).

Hydroxy-oxo-Verbindungen $C_{11}H_{16}O_3$

(±)-3-Acetoxy-6-cyclohexyl-5,6-dihydro-pyran-2-on, (±)-2-Acetoxy-5-cyclohexyl-
5-hydroxy-pent-2c-ensäure-lacton $C_{13}H_{18}O_4$, Formel VIII.
Diese Konstitution kommt vermutlich der nachstehend beschriebenen Verbindung
zu.
B. Beim Erhitzen von 5-Cyclohexyl-2-oxo-pent-4-ensäure (F: 93—94° [E III **10** 2917])
mit Acetanhydrid (*Blout et al.*, J. org. Chem. **8** [1943] 37, 41).
Gelbe Krystalle (aus PAe.); F: 87—88°.

(7aR)-6c-Hydroxy-4,4,7a-trimethyl-(7ar)-5,6,7,7a-tetrahydro-4H-benzofuran-2-on,
[(1Z,2R)-2r,4t-Dihydroxy-2,6,6-trimethyl-cyclohexyliden]-essigsäure-2-lacton, Digipro=
lacton, Loliolid $C_{11}H_{16}O_3$, Formel IX.
Über die Konstitution s. *Wada, Satoh*, Chem. pharm. Bl. **12** [1964] 752; *Wada*, Chem.
pharm. Bl. **12** [1964] 1117; *Hodges, Porte*, Tetrahedron **20** [1964] 1463; über die Kon-
figuration s. *Ho., Po.; Isoe et al.*, Tetrahedron Letters **1972** 2517.
Isolierung aus Digitalis purpurea: *Satoh et al.*, Chem. pharm. Bl. **4** [1956] 284, 289;
Wada, Sa.; aus Lolium perenne: *Ho., Po.*; aus Raygras-Futter: *White*, New Zealand
J. agric. Res. **1** [1958] 859.
Krystalle; F: 149° [aus CCl_4] (*Wh.*), 149—151° [aus Acn. + PAe.] (*Wada, Sa.*).
$[\alpha]_D^{25}$: —100,5° [$CHCl_3$; c = 1] (*Wada, Sa.*); $[\alpha]_D$: —103° [A.; c = 0,8] (*Wh.*). Absorp-
tionsmaximum (A.): 214 nm (*Wada, Sa.*), 215 nm (*Wh.*).

4-Hydroxy-octahydro-4a,1-oxaäthano-naphthalin-10-on, 4,4a-Dihydroxy-decahydro-
[1]naphthoesäure-4a-lacton $C_{11}H_{16}O_3$.
a) (±)-4c,4a-Dihydroxy-(4ar,8at)-decahydro-[1c]naphthoesäure-4a-lacton $C_{11}H_{16}O_3$,
Formel X (R = H) + Spiegelbild.
B. Aus (±)-4a-Hydroxy-4-oxo-(4ar,8at)-decahydro-[1c]naphthoesäure-lacton (E III/IV
17 6023) durch Hydrierung an Platin in Essigsäure (*Kutscherow et al.*, Izv. Akad. S.S.S.R.
Otd. chim. **1959** 673, 678; engl. Ausg. S. 644, 649; *Nasarow et al.*, Croat. chem. Acta
29 [1957] 369, 379, 388).
Krystalle (aus Acn. + Ae.); F: 133—134° [korr.] (*Ku. et al.; Na. et al.*).

VIII   IX   X

b) (±)-4t,4a-Dihydroxy-(4ar,8at)-decahydro-[1c]naphthoesäure-4a-lacton $C_{11}H_{16}O_3$,
Formel XI (R = H) + Spiegelbild.
B. Aus (±)-4c,4a-Epoxy-(4ar, 8ac)-decahydro-[1t]naphthoesäure beim Behandeln einer
Lösung in Benzol mit Chlorwasserstoff (*Kutscherow et al.*, Izv. Akad. S.S.S.R. Otd.
chim. **1959** 673, 677; engl. Ausg. S. 644, 648; *Nasarow et al.*, Croat. chem. Acta **29** [1957]
369, 379, 387), beim Behandeln mit wss. Kalilauge und anschliessend mit wss. Salzsäure
sowie beim Erwärmen mit Methanol (*Ku. et al.*).
Krystalle (aus Ae. + PAe.); F: 90—91° (*Ku. et al.; Na. et al.*).

(±)-4t-Methoxy-(8at)-octahydro-4ar,1c-oxaäthano-naphthalin-10-on, (±)-4a-Hydroxy-
4t-methoxy-(4ar,8at)-decahydro-[1c]naphthoesäure-lacton $C_{12}H_{18}O_3$, Formel XI
(R = CH_3) + Spiegelbild.
B. Beim Erwärmen von (±)-4a-Hydroxy-4t-[toluol-4-sulfonyloxy]-(4ar,8at)-decahydro-

[1c]naphthoesäure-lacton mit Methanol und Natriumhydrogencarbonat (*Kutscherow et al.*, Izv. Akad. S.S.S.R. Otd. chim. **1959** 673, 679; engl. Ausg. S. 644, 649).
Kp$_9$: 138—140°. n$_D^{20}$: 1,4918.

4-Acetoxy-octahydro-4a,1-oxaäthano-naphthalin-10-on, 4-Acetoxy-4a-hydroxy-decahydro-[1]naphthoesäure-lacton $C_{13}H_{18}O_4$.

a) (±)-4c-Acetoxy-4a-hydroxy-(4ar,8at)-decahydro-[1c]naphthoesäure-lacton $C_{13}H_{18}O_4$, Formel X (R = CO-CH$_3$) + Spiegelbild.
B. Beim Erwärmen einer Lösung von (±)-4c,4a-Dihydroxy-(4ar,8at)-decahydro-[1c]naphthoesäure-4a-lacton (S. 123) in Benzol mit Acetylchlorid (*Kutscherow et al.*, Izv. Akad. S.S.S.R. Otd. chim. **1959** 673, 679; engl. Ausg. S. 644, 649; *Nasarow et al.*, Croat. chem. Acta **29** [1957] 369, 388).
Krystalle; F: 126—127° [aus Ae. + PAe.] (*Ku. et al.*), 126—127° [korr.] (*Na. et al.*).

XI   XII   XIII

b) (±)-4t-Acetoxy-4a-hydroxy-(4ar,8at)-decahydro-[1c]naphthoesäure-lacton $C_{13}H_{18}O_4$, Formel XI (R = CO-CH$_3$) + Spiegelbild.
B. Beim Erwärmen einer Lösung von (±)-4t,4a-Dihydroxy-(4ar,8at)-decahydro-[1c]naphthoesäure-4a-lacton (S. 123) in Benzol mit Acetylchlorid (*Kutscherow et al.*, Izv. Akad. S.S.S.R. Otd. chim. **1959** 673, 677; engl. Ausg. S. 644, 648).
Krystalle (aus Ae. und PAe.); F: 129—130°.

4-[Toluol-4-sulfonyloxy]-octahydro-4a,1-oxaäthano-naphthalin-10-on, 4a-Hydroxy-4-[toluol-4-sulfonyloxy]-decahydro-[1]naphthoesäure-lacton $C_{18}H_{22}O_5S$.

a) (±)-4a-Hydroxy-4c-[toluol-4-sulfonyloxy]-(4ar,8at)-decahydro-[1c]naphthoesäure-lacton $C_{18}H_{22}O_5S$, Formel X (R = SO$_2$-C$_6$H$_4$-CH$_3$) + Spiegelbild.
B. Bei 5-tägigem Behandeln von (±)-4c,4a-Dihydroxy-(4ar,8at)-decahydro-[1c]naphthoesäure-4a-lacton (S. 123) mit Toluol-4-sulfonylchlorid und Pyridin (*Kutscherow et al.*, Izv. Akad. S.S.S.R. Otd. chim. **1959** 673, 679; engl. Ausg. S. 644, 649).
Krystalle (aus Acn.); F: 199—200°.

b) (±)-4a-Hydroxy-4t-[toluol-4-sulfonyloxy]-(4ar,8at)-decahydro-[1c]naphthoesäure-lacton $C_{18}H_{22}O_5S$, Formel XI (R = SO$_2$-C$_6$H$_4$-CH$_3$) + Spiegelbild.
B. Bei 5-tägigem Behandeln von (±)-4t,4a-Dihydroxy-(4ar, 8at)-decahydro-[1c]naphthoesäure-4a-lacton (S. 123) mit Toluol-4-sulfonylchlorid und Pyridin (*Kutscherow et al.*, Izv. Akad. S.S.S.R. Otd. chim. **1959** 673, 679; engl. Ausg. S. 644, 649).
Krystalle (aus Acn.); F: 191—192°.

(±)-6-Methoxy-5c(?)-methyl-(4ar,8ac)-octahydro-1t,6t-epoxido-naphthalin-4-on
$C_{12}H_{18}O_3$, vermutlich Formel XII + Spiegelbild.
B. Beim Behandeln von (±)-6-Methoxy-5c(?)-methyl-(4ar,8ac)-decahydro-1t,6t-epoxido-naphthalin-4t-ol (E III/IV **17** 2062) mit *N*-Brom-acetamid, Pyridin und *tert*-Butylalkohol (*Beyler, Sarett*, Am. Soc. **74** [1952] 1406, 1410).
Krystalle (aus PAe.); F: 74—74,5°.
Beim Behandeln mit wss.-methanol. Essigsäure ist 4c-Hydroxy-8c(?)-methyl-(4ar,8ac)-octahydro-naphthalin-1,7-dion erhalten worden.

7-Hydroxy-3a,4,4-trimethyl-hexahydro-3,5-methano-cyclopenta[b]furan-2-on, 3,6-Dihydroxy-1,7,7-trimethyl-norbornan-2-carbonsäure-6-lacton $C_{11}H_{16}O_3$, Formel XIII.

Diese Konstitution wird für die nachstehend beschriebene opt.-inakt. Verbindung in Betracht gezogen.
B. Beim Erhitzen von β-Camphylsäure-methylester (2,3,3-Trimethyl-cyclopenta-

1,4-diencarbonsäure-methylester) mit Vinylacetat auf 230°, Erwärmen des erhaltenen Gemisches (Kp$_{12}$: 142—146°) von 5-Acetoxy-1,7,7-trimethyl-norborn-2-en-2-carbonsäure-methylester und 6-Acetoxy-1,7,7-trimethyl-norborn-2-en-2-carbonsäure-methylester mit methanol. Kalilauge und Ansäuern der Reaktionslösung mit wss. Schwefelsäure (*Alder, Windemuth*, A. **543** [1940] 41, 53, 55).
Krystalle (aus E. + Bzn.); F: 206°.
Überführung in ein Phenylcarbamoyl-Derivat (F: 177°): *Al., Wi.*

Hydroxy-oxo-Verbindungen $C_{12}H_{18}O_3$

(±)-13-Hydroxy-6-oxa-dispiro[4.1.4.2]tridecan-12-on $C_{12}H_{18}O_3$, Formel I.
B. Beim Erhitzen von 6-Oxa-dispiro[4.1.4.2]tridecan-12,13-dion-monooxim (E III/IV **17** 6029) mit wss. Essigsäure und Zink (*Korobizyna et al.*, Doklady Akad. S.S.S.R. **117** [1957] 237, 239; Pr. Acad. Sci. U.S.S.R. Chem. Sect. **112–117** [1957] 1001, 1005). F: 47—48°. Kp$_3$: 112—113°.
Beim Erhitzen mit Ammoniumthiocyanat auf 120° ist 2'-Amino-dispiro[cyclopentan-1,4'-furo[3,4-*d*]thiazol-6',1''-cyclopentan] erhalten worden (*Korobizyna et al.*, Ž. obšč. Chim. **29** [1959] 2190, 2195; engl. Ausg. S. 2157, 2161).

I   II

(±)-13-Hydroxy-6-oxa-dispiro[4.1.4.2]tridecan-12-on-[2,4-dinitro-phenylhydrazon] $C_{18}H_{22}N_4O_6$, Formel II.
B. Aus der im vorangehenden Artikel beschriebenen Verbindung und [2,4-Dinitro-phenyl]-hydrazin (*Korobizyna et al.*, Doklady Akad. S.S.S.R. **117** [1957] 237, 240; Pr. Acad. Sci. U.S.S.R. Chem. Sect. **112–117** [1957] 1001, 1004).
Krystalle (aus wss. A.); F: 177°.

(3a*R*)-3ξ-Hydroxy-7,8,8-trimethyl-(3a*r*,7a*c*)-hexahydro-4*c*,7*c*-methano-benzofuran-2-on $C_{12}H_{18}O_3$, Formel III, und (3a*S*)-3ξ-Hydroxy-7,8,8-trimethyl-(3a*r*,7a*c*)-hexahydro-4*t*,7*t*-methano-benzofuran-2-on $C_{12}H_{18}O_3$, Formel IV.
Diese beiden Formeln kommen für die nachstehend beschriebene Verbindung in Betracht.
B. Aus [(1*R*)-3-Oxo-4,7,7,-trimethyl-[2ξ]norbornyl]-glyoxylsäure (E III **10** 3531) mit Hilfe von Natrium-Amalgam (*Jäger, Färber*, B. **92** [1959] 2492, 2497).
Krystalle (aus PAe.); F: 81°.

III   IV   V

---

*Opt.-inakt. 8a-Hydroxy-1-methyl-hexahydro-1,3a-äthano-cyclohepta[*c*]furan-3-on, 1,8a-Dihydroxy-1-methyl-octahydro-azulen-3a-carbonsäure-1-lacton $C_{12}H_{18}O_3$, Formel V.
B. In kleiner Menge bei 21-tägigem Erwärmen einer Lösung von (±)-2-Oxo-1-[3-oxo-butyl]-cycloheptancarbonsäure-methylester in wss. Äthanol mit amalgamiertem Aluminium (*Lloyd, Rowe*, Soc. **1954** 4232).
Krystalle (aus Bzl.); F: 157,5°.

Hydroxy-oxo-Verbindungen $C_{13}H_{20}O_3$

(3R)-4t-Hepta-1,3t-dien-t-yl-3r-hydroxymethyl-tetrahydro-pyran-2-on $C_{13}H_{20}O_3$, Formel VI.
Diese Konfiguration kommt wahrscheinlich der nachstehend beschriebenen Verbindung zu.

B. Beim Behandeln einer äthanol. Lösung von Palitantin (wahrscheinlich (2R)-3t-Hepta-1,3t-dien-t-yl-5c,6c-dihydroxy-2r-hydroxymethyl-cyclohexanon; E III **8** 3344) mit wss. Natriumperjodat-Lösung, Behandeln des Reaktionsprodukts mit Natriumboranat in Methanol und Ansäuern der mit Wasser versetzten Reaktionslösung (*Bowden et al.*, Soc. **1959** 1662, 1669).

Krystalle (aus Ae. + Bzn.); F: 78°. $[\alpha]_D^{18}$: $-25°$ [A.]. Absorptionsmaximum (A.): 231 nm.

Beim Behandeln einer äthanol. Lösung mit wss. Jod-Lösung ist eine wahrscheinlich als 5-Jod-6-pent-1-enyl-hexahydro-pyrano[3,4-c]pyran-1-on zu formulierende Verbindung $C_{13}H_9IO_3$ (F: 78°; $[\alpha]_D^{18}$: $-55°$ [$CHCl_3$]) erhalten worden.

O-[Toluol-4-sulfonyl]-Derivat $C_{20}H_{26}O_5S$ (wahrscheinlich (3R)-4t-Hepta-1,3t-dien-t-yl-3r-[toluol-4-sulfonyloxymethyl]-tetrahydro-pyran-2-on). Krystalle (aus Ae. + Bzn.); F: 94°.

(±)-3′a-Hydroxy-(3′a*r*,7′a*t*)-hexahydro-spiro[cyclohexan-1,1′-isobenzofuran]-3′-on,
(±)-2*t*,1′-Dihydroxy-(1*rH*)-bicyclohexyl-2*c*-carbonsäure-1′-lacton $C_{13}H_{20}O_3$, Formel VII + Spiegelbild.

B. Neben grösseren Mengen von (±)-2c,1′-Dihydroxy-(1*rH*)-bicyclohexyl-2*t*-carbonsäure-1′-lacton (nicht charakterisiert) beim Erwärmen einer Lösung von (±)-1′-Hydroxy-bicyclohexyl-2-on (E III **8** 97) in Äthanol mit Kaliumcyanid und Essigsäure und anschliessenden Behandeln mit Wasser (*Overberger, Kabasakalian*, Am. Soc. **79** [1957] 3182, 3185).

Krystalle (aus Ae.); F: 159–161° [korr.].

Beim Erwärmen einer Lösung in Pyridin mit Thionylchlorid ist 2-[1-Hydroxy-cyclohexyl]-cyclohex-1-encarbonsäure-lacton erhalten worden.

Hydroxy-oxo-Verbindungen $C_{14}H_{22}O_3$

(±)-15-Hydroxy-7-oxa-dispiro[5.1.5.2]pentadecan-14-on $C_{14}H_{22}O_3$, Formel VIII.

B. Beim Erhitzen von 7-Oxa-dispiro[5.1.5.2]pentadecan-14,15-dion-monooxim (E III/IV **17** 6039) mit wss. Essigsäure und Zink (*Korobizyna et al.*, Doklady Akad. S.S.S.R. **117** [1957] 237, 240; Pr. Acad. Sci. U.S.S.R.Chem. Sect. **112–117** [1957] 1001, 1004).

Krystalle (aus Hexan); F: 75–76° (*Ko. et al.*, Doklady Akad. S.S.S.R. **117** 240).

Beim Erhitzen mit Ammoniumthiocyanat auf 150° ist 2′-Amino-dispiro[cyclohexan-1,4′-furo[3,4-d]thiazol-6′,1″-cyclohexan], beim Erhitzen mit Thioharnstoff und Essigsäure ist 1′,3′-Dihydro-dispiro[cyclohexan-1,4′-furo[3,4-d]imidazol-6′,1″-cyclohexan]-2′-thion erhalten worden (*Korobizyna et al.*, Ž. obšč. Chim. **29** [1959] 2190, 2195; engl. Ausg. S. 2157, 2161).

(±)-15-Hydroxy-7-oxa-dispiro[5.1.5.2]pentadecan-14-on-[2,4-dinitro-phenylhydrazon] $C_{20}H_{26}N_4O_6$, Formel IX.

B. Aus der im vorangehenden Artikel beschriebenen Verbindung und [2,4-Dinitrophenyl]-hydrazin (*Korobizyna et al.*, Doklady Akad. S.S.S.R. **117** [1957] 237, 240; Pr. Acad. Sci. U.S.S.R. Chem. Sect. **112**–**117** [1957] 1001, 1004).
Krystalle (aus A.); F: 211°.

(7aS)-8syn-Hydroxy-9anti-isopropyl-7a-methyl-(4ac(?),7ar)-hexahydro-1c,4c-äthanocyclopenta[c]pyran-3-on, (7aS)-6t,7t-Dihydroxy-5c-isopropyl-7a-methyl-(3ac(?),7ar)-hexahydro-indan-4t-carbonsäure-7-lacton $C_{11}H_{22}O_3$, vermutlich Formel X.

Diese Konstitution und Konfiguration kommt dem nachstehend beschriebenen Tetra= hydrodesoxy-picrotoxinid zu (vgl. *Porter*, Chem. Reviews **67** [1967] 441, 443, 448).

B. Beim Behandeln von Dihydropicrotoxinid-äthylenmercaptal ((7′aS)-6′t,7′t-Dihydr= oxy-5′c-isopropyl-7′a-methyl-(3′ac(?),7′ar)-octahydro-spiro[[1.3]dithiolan-2,2′-indan]-4′t-carbonsäure-7′-lacton) mit Raney-Nickel in Äthanol (*Conroy*, Am. Soc. **74** [1952] 491, 497).

Krystalle (aus E. + Cyclohexan); F: 162,2 – 162,8° [korr.] (*Co.*). IR-Spektrum (CHCl₃; 2 – 12,5 μ): *Co.*, l. c. S. 495.

O-Benzoyl-Derivat $C_{21}H_{26}O_4$. Krystalle (aus Cyclohexan); F: 134,5 – 134,8° [korr.] (*Co.*).

Hydroxy-oxo-Verbindungen $C_{15}H_{24}O_3$

(3aS,6E)-9c-Hydroxy-3t,6,10c-trimethyl-(3ar,11at)-3a,4,5,8,9,10,11,11a-octahydro-3H-cyclodeca[b]furan-2-on, (R)-2-[(1S)-7t,10t-Dihydroxy-4,8t-dimethyl-cyclodec-4t-en-r-yl]-propionsäure-10-lacton, (11R)-3α,6α-Dihydroxy-4βH-germacr-1(10)t-en-12-säure-6-lacton [1]), Hydroxypelenolid-a $C_{15}H_{24}O_3$, Formel I.

Über Konstitution und Konfiguration s. *Suchý et al.*, Collect. **32** [1967] 3917; *Bates et al.*, J. org. Chem. **35** [1970] 3960.

Isolierung aus Artemisia absinthium: *Herout et al.*, Collect. **21** [1956] 1485, 1489.

Krystalle (aus A. + Diisopropyläther); F: 108° [korr.] und F: 98° [dimorph]. $[α]_D^{20}$: –14,0° [CHCl₃; c = 3] (*He. et al.*). IR-Spektrum (CHCl₃; 3500 – 700 cm⁻¹): *Herout, Šorm*, Collect. **21** [1956] 1494, 1495.

O-Acetyl-Derivat $C_{17}H_{26}O_4$ ((11R)-3α-Acetoxy-6α-hydroxy-4βH-germacr-1(10)t-en-12-säure-lacton). Krystalle (aus Diisopropyläther); F: 92° (*He. et al.*).

I   II   III   IV

(3aR)-4c-Hydroxy-3ξ,6ξ-dimethyl-10-methylen-(3ar,11at)-decahydro-cyclodeca[b]furan-2-on, (Ξ)-2-[(1R)-2t,10t-Dihydroxy-4ξ-methyl-8-methylen-cyclodec-r-yl]-propionsäure-10-lacton, (11Ξ)-6α,8α-Dihydroxy-10ξH-germacr-4(15)-en-12-säure-lacton [1]) $C_{15}H_{24}O_3$, Formel II.

Diese Konstitution und Konfiguration ist wahrscheinlich der nachstehend beschriebenen Verbindung auf Grund ihrer genetischen Beziehung zu Arctiopicrin (6α,15-Dihydroxy-8α-[(S)-β-hydroxy-isobutyryloxy]-germacra-1(10)t,4t,11(13)-trien-12-säure-6-lacton) zuzuordnen (s. dazu *Suchý et al.*, Collect. **30** [1965] 3473).

B. Aus (11Ξ)-6α,8α,15-Trihydroxy-4ξH,10ξH-germacran-12-säure-6-lacton (F: 143°; $[α]_D^{20}$: +60° [CHCl₃]; hergestellt aus Arctiopicrin) bei der Chromatographie an Aluminium=

---

[1]) Stellungsbezeichnung bei von Germacran abgeleiteten Namen s. E III/IV **17** 4393.

oxid (Suchý et al., Croat. chem. Acta **29** [1957] 246, 250).
F: 157°; $[\alpha]_D^{20}$: +77° [CHCl$_3$(?)] (Su. et al., Croat. chem. Acta **29** 250).

(4aS)-7t-[(Ξ)-α,β-Epoxy-isopropyl]-8a-hydroxy-1t,4a-dimethyl-(4ar,8ac)-octahydronaphthalin-2-on, (11Ξ)-11,12-Epoxy-5-hydroxy-4βH,5β,7βH-eudesman-3-on [1]) $C_{15}H_{24}O_3$, Formel III.
B. Beim Behandeln einer Lösung von 5-Hydroxy-4βH,5β,7βH-eudesm-11-en-3-on in Chloroform mit Peroxybenzoesäure (Howe et al., Soc. **1959** 363, 369).
Krystalle (aus Bzl. + Bzn.); F: 162°. $[\alpha]_D$: −51,3° [CHCl$_3$; c = 1].

(3aS)-4c-Hydroxy-3c,4a,8c-trimethyl-(3ar,4at,7ac,9ac)-decahydro-azuleno[6,5-b]-furan-2-on, (R)-2-[(3aR)-4t,6c-Dihydroxy-3a,8t-dimethyl-(3ar,8at)-decahydro-azulen-5c-yl]-propionsäure-6-lacton, (11R)-6α,8β-Dihydroxy-ambrosan-12-säure-8-lacton [2]), Desoxodihydromexicanin-C $C_{15}H_{24}O_3$, Formel IV.
Über Konstitution und Konfiguration s. Herz et al., Tetrahedron **19** [1963] 1359, 1365.
B. Beim Behandeln von Dihydromexicanin-C ((11R)-6α,8β-Dihydroxy-4-oxo-ambrosan-12-säure-8-lacton) mit Äthan-1,2-dithiol und dem Borfluorid-Äther-Addukt und Erwärmen des Reaktionsprodukts mit Raney-Nickel in Äthanol (Herz et al., Am. Soc. **81** [1959] 6061, 6065).
Krystalle (aus Bzl. + Bzn.), F: 134−135° [unkorr.]; $[\alpha]_D^{24}$: +15° [A.; c = 0,3] (Herz et al., Am. Soc. **81** 6065).

(3aS)-4t-Acetoxy-3t,4a,8c-trimethyl-(3ar,4at,7ac,9ac)-decahydro-azuleno[6,5-b]furan-2-on, (S)-2-[(3aR)-4c-Acetoxy-6c-hydroxy-3a,8t-dimethyl-(3ar,8at)-decahydro-azulen-5c-yl]-propionsäure-lacton, (11S)-6β-Acetoxy-8β-hydroxy-ambrosan-12-säure-lacton [2]), Desoxotetrahydrobalduilin $C_{17}H_{26}O_4$, Formel V.
Die Konfiguration ergibt sich aus der genetischen Beziehung zu Tetrahydrobalduilin ((11S)-6β-Acetoxy-8β-hydroxy-4-oxo-ambrosan-12-säure-lacton; über diese Verbindung s. Herz et al., Tetrahedron **19** [1963] 1359, 1365; Hendrickson, Tetrahedron **19** [1963] 1387).
B. Beim Erwärmen einer Lösung von Tetrahydrobalduilin-äthylendithioketal ((11S)-6β-Acetoxy-4-äthandiyldimercapto-8β-hydroxy-ambrosan-12-säure-lacton) in Äthanol mit Raney-Nickel (Herz et al., Am. Soc. **81** [1959] 6061, 6064).
Krystalle (aus Bzn.); F: 165−166° [unkorr.]; $[\alpha]_D$: +72° [A.; c = 0,4] (Herz et al., Am. Soc. **81** 6064).

4-Hydroxy-3,6,9a-trimethyl-decahydro-azuleno[4,5-b]furan-2-on, 2-[4,6-Dihydroxy-3a,8-dimethyl-decahydro-azulen-5-yl]-propionsäure-4-lacton $C_{15}H_{24}O_3$.

a) (3aR)-4c-Hydroxy-3c,6c,9a-trimethyl-(3ar,6ac,9at,9bc)-decahydro-azuleno[4,5-b]furan-2-on, (S)-2-[(3aR)-4c,6t-Dihydroxy-3a,8t-dimethyl-(3ar,8at)-decahydro-azulen-5c-yl]-propionsäure-4-lacton, (11S)-6β,8α-Dihydroxy-ambrosan-12-säure-6-lacton [2]), Desoxo-desacetyl-dihydroalloisotenulin $C_{15}H_{24}O_3$, Formel VI (R = H).
Konstitution: Herz et al., Am. Soc. **84** [1962] 3857, 3860; bezüglich der Konfiguration vgl. Herz et al., Tetrahedron **19** [1963] 1359, 1364, 1365.
B. Beim Erhitzen von Dihydroisotenulin ((11R)-6β-Acetoxy-8α-hydroxy-4-oxo-ambrosan-12-säure-lacton), von Desacetyldihydroalloisotenulin ((11S)-6β,8α-Dihydroxy-4-oxo-ambrosan-12-säure-6-lacton) oder von Desacetyldihydroisotenulin ((11R)-6β,8α-Dihydroxy-4-oxo-ambrosan-12-säure-8-lacton) mit Hydrazin-hydrat und Kaliumhydroxid enthaltendem Triäthylenglykol bis auf 200° (Braun et al., Am. Soc. **78** [1956] 4423, 4428).
Krystalle (aus Bzn.); F: 157−158° [unkorr.]; $[\alpha]_D$: −48,4° [A.; c = 0,8] (Br. et al.).

b) (3aR)-4t-Hydroxy-3c,6c,9a-trimethyl-(3ar, 6ac,9at,9bc)-decahydro-azuleno=[4,5-b]furan-2-on, (S)-2-[(3aR)-4c,6c-Dihydroxy-3a,8t-dimethyl-(3ar,8at)-decahydro-azulen-5c-yl]-propionsäure-lacton, (11S)-6β,8β-Dihydroxy-ambrosan-12-säure-6-lacton [2]), Desoxo-desacetyl-tetrahydrobalduilin $C_{15}H_{24}O_3$, Formel VII.
Konstitution und Konfiguration: Herz et al., Am. Soc. **84** [1962] 3857, 3866.
B. Neben einem Isomeren beim Erwärmen einer Lösung von Desoxotetrahydrobalduilin

---

[1]) Stellungsbezeichnung bei von Eudesman abgeleiteten Namen s. E III **7** 515, 516.
[2]) Stellungsbezeichnung bei von Ambrosan abgeleiteten Namen s. E III/IV **17** 4670.

((11S)-6β-Acetoxy-8β-hydroxy-ambrosan-12-säure-lacton) in Äthanol mit wss. Natron=
lauge und Behandeln des Reaktionsgemisches mit wss. Salzsäure (*Herz et al.*, Am. Soc.
81 [1959] 6061, 6064).
Krystalle; F: 157,5—158° [unkorr.; aus Bzn.] (*Herz et al.*, Am. Soc. **84** 3866), 157°
[unkorr.] (*Herz et al.*, Am. Soc. **81** 6064). $[α]_D$: $-90°$ [A.; c = 0,5] (*Herz et al.*, Am. Soc.
84 3866).

V   VI   VII   VIII

c) (3aR)-4t-Hydroxy-3c,6c,9a-trimethyl-(3ar,6ac,9at,9bt)-decahydro-azuleno=
[4,5-b]furan-2-on, (S)-2-[(3aR)-4t,6c-Dihydroxy-3a,8t-dimethyl-(3ar,8at)-decahydro-
azulen-5c-yl]-propionsäure-4-lacton, (11S)-6α,8β-Dihydroxy-ambrosan-12-säure-
6-lacton[1]), Desoxoallotetrahydrohelenalin $C_{15}H_{24}O_3$, Formel VIII.
Konstitution und Konfiguration ergeben sich aus der genetischen Beziehung zu Tetra=
hydrohelenalin ((11S)-6α,8β-Dihydroxy-4-oxo-ambrosan-12-säure-8-lacton; über diese
Verbindung s. *Herz et al.*, Tetrahedron **19** [1963] 1359, 1365).
B. Beim Erwärmen einer Lösung von Tetrahydrohelenalin-äthylendithioketal
((11S)-4-Äthandiyldimercapto-6α,8β-dihydroxy-ambrosan-12-säure-8-lacton) in Äthanol
mit Raney-Nickel und Chromatographieren des Reaktionsprodukts (Desoxotetra=
hydrohelenalin, (11S)-6α,8β-Dihydroxy-ambrosan-12-säure-8-lacton; $[α]_D^{24}$: $-1,6°$
[A.]) an basischem Aluminiumoxid oder Erhitzen des Reaktionsprodukts mit wss.
Natronlauge und anschliessenden Behandeln mit wss. Salzsäure (*Herz, Mitra*, Am. Soc.
80 [1958] 4876, 4879).
Krystalle (aus wss. Me.); F: 165° [unkorr.]; $[α]_D^{24}$: $-88,6°$ [A.; c = 0,6] (*Herz, Mi.*).

(3aR)-4c-Acetoxy-3c,6c,9a-trimethyl-(3ar,6ac,9at,9bc)-decahydro-azuleno[4,5-b]furan-
2-on, (S)-2-[(3aR)-6t-Acetoxy-4c-hydroxy-3a,8t-dimethyl-(3ar,8at)-decahydro-azulen-
5c-yl]-propionsäure-lacton, (11S)-8α-Acetoxy-6β-hydroxy-ambrosan-12-säure-lacton[1]),
Desoxodihydroalloisotenulin $C_{17}H_{26}O_4$, Formel VI (R = CO-CH$_3$).
B. Beim Behandeln von Desoxo-desacetyl-dihydroalloisotenulin ((11S)-6β,8α-Dihydr=
oxy-ambrosan-12-säure-6-lacton [S. 128]) mit Acetanhydrid und Pyridin (*Braun et al.*,
Am. Soc. **78** [1956] 4423, 4428).
Krystalle (aus wss. A.); F: 123,2—124,5° [unkorr.]. $[α]_D$: $-31,7°$ [A.; c = 1].

4-Hydroxy-3,6,9-trimethyl-decahydro-azuleno[4,5-b]furan-2-on, 2-[4,6-Dihydroxy-
3,8-dimethyl-decahydro-azulen-5-yl]-propionsäure-4-lacton $C_{15}H_{24}O_3$, Formel IX
[R = H].
B. Bei 2-tägigem Behandeln einer Lösung von (−)-4-Acetoxy-3,6,9-trimethyl-deca=
hydro-azuleno[4,5-b]furan-2-on (F: 115,5°; S. 130) in Methanol mit wss. Kaliumcarbonat-
Lösung (*Čekan et al.*, Collect. **22** [1957] 1921, 1926).
Krystalle (aus Diisopropyläther + PAe.); F: 157° [Kofler-App.].

4-Acetoxy-3,6,9-trimethyl-decahydro-azuleno[4,5-b]furan-2-on, 2-[6-Acetoxy-4-hydroxy-
3,8-dimethyl-decahydro-azulen-5-yl]-propionsäure-lacton $C_{17}H_{26}O_4$, Formel IX
(R = CO-CH$_3$).
a) Linksdrehendes Stereoisomeres vom F: 123°.
B. Neben dem unter b) beschriebenen Stereoisomeren bei der Hydrierung von Matricin
((−)-4-Acetoxy-9-hydroxy-3,6,9-trimethyl-3a,4,5,9,9a,9b-hexahydro-3H-azuleno[4,5-b]=
furan-2-on) an Platin in Essigsäure (*Čekan et al.*, Collect. **22** [1957] 1921, 1925, s. a. *Čekan*

---

[1]) Stellungsbezeichnung bei von Ambrosan abgeleiteten Namen s. E III/IV **17** 4670.

et al., Collect. **19** [1954] 798, 803).
Krystalle; F: 123° [korr.; aus PAe.] (*Če. et al.*, Collect. **19** 803), 123° [Kofler-App.] (*Če. et al.*, Collect. **22** 1925). [α]$_D^{20}$: —9,0° [CHCl$_3$; c = 4] (*Če. et al.*, Collect. **22** 1925). IR-Spektrum (CCl$_4$; 3500—700 cm^{-1}): *Če. et al.*, Collect. **19** 800.

b) **Linksdrehendes Stereoisomeres** vom F: 115°.
B. s. bei dem unter a) beschriebenen Stereoisomeren.
Krystalle; F: 115,5° [korr.; aus PAe.] (*Čekan et al.*, Collect. **19** [1954] 798, 803), 115,5° [Kofler-App.] (*Čekan et al.*, Collect. **22** [1957] 1921, 1925). [α]$_D^{20}$: —6,5° [CHCl$_3$; |c = 10] (*Če. et al.*, Collect. **22** 1925). IR-Spektrum (CCl$_4$; 3500—700 cm^{-1}): *Če. et al.*, Collect. **19** 800.

6-Hydroxy-3,6,9-trimethyl-decahydro-azuleno[4,5-*b*]furan-2-on, 2-[4,8-Dihydroxy-3,8-dimethyl-decahydro-azulen-5-yl]-propionsäure-4-lacton C$_{15}$H$_{24}$O$_3$.

a) **(3a*S*)-6*t*-Hydroxy-3*c*,6*c*,9*c*-trimethyl-(3a*r*,6a*c*,9a*c*,9b*t*)-decahydro-azuleno[4,5-*b*]furan-3-on, (*S*)-2-[(3a*S*)-4*c*,8*t*-Dihydroxy-3*c*,8*c*-dimethyl-(3a*r*,8a*c*)-decahydro-azulen-5*t*-yl]-propionsäure-4-lacton, (11*S*)-6α,10-Dihydroxy-4βH,10βH-guajan-12-säure-6-lacton**[1]) C$_{15}$H$_{24}$O$_3$, Formel X.

Diese Konstitution und Konfiguration kommt dem nachstehend beschriebenen **Tetrahydroartabsin-b** zu (*Vokáč et al.*, Collect. **37** [1972] 1346).

B. Neben den beiden folgenden Stereoisomeren und anderen Verbindungen bei der Hydrierung von Artabsin (S. 234) an Platin in Essigsäure (*Herout et al.*, Collect. **22** [1957] 1914, 1918).

Krystalle (aus A. + Diisopropyläther), F: 158—159° [korr.]; [α]$_D^{20}$: —8,9° [CHCl$_3$; c = 3] (*He. et al.*). IR-Spektrum (CHCl$_3$; 3700—700 cm^{-1}): *He. et al.*

IX   X   XI   XII

b) **(3a*S*)-6*t*-Hydroxy-3*c*,6*c*,9*t*-trimethyl-(3a*r*,6aξ,9a*c*,9b*t*)-decahydro-azuleno[4,5-*b*]furan-3-on, (*S*)-2-[(3a*S*)-4*c*,8*t*-Dihydroxy-3*t*,8*c*-dimethyl-(3a*r*,8aξ)-decahydro-azulen-5*t*-yl]-propionsäure-4-lacton, (11*S*)-6α,10-Dihydroxy-1ξ,10βH-guajan-12-säure-6-lacton**[1]) C$_{15}$H$_{24}$O$_3$, Formel XI.

Diese Konstitution und Konfiguration ist dem nachstehend beschriebenen **Tetrahydroarborescin (Tetrahydroartabsin-c)** auf Grund seiner genetischen Beziehung zu Arborescin ((11*S*)-1,10-Epoxy-6α-hydroxy-1ξ,10ξ*H*-guaj-3-en-12-säure-lacton) und zu Artabsin (S. 234) zuzuordnen. Über die Konfiguration an den C-Atomen 4 und 5 (Guajan-Bezifferung) s. *Vokáč et al.*, Collect. **37** [1972] 1346, 1350.

B. Bei der Hydrierung von Arborescin an Palladium in Äthylacetat (*Mazur, Meisels*, Chem. and Ind. **1956** 492). Weitere Bildungsweise s. bei dem unter a) beschriebenen Stereoisomeren.

Krystalle; F: 136° [korr.; aus Diisopropyläther] (*Herout et al.*, Collect. **22** [1957] 1915, 1918), 136° (*Ma., Me.*). [α]$_D^{20}$: +30,5° [CHCl$_3$; c = 3] (*He. et al.*); [α]$_D$: +36° [CHCl$_3$] (*Ma., Me.*). IR-Spektrum (CHCl$_3$; 3700—800 cm^{-1}): *He. et al.*

c) **(3a*S*)-6*t*-Hydroxy-3*c*,6*c*,9ξ-trimethyl-(3a*r*,6aξ,9aξ,9b*t*)-decahydro-azuleno[4,5-*b*]furan-3-on, (*S*)-2-[(4*S*)-4*r*,8*t*-Dihydroxy-3ξ,8*c*-dimethyl-(3aξ,8aξ)-decahydro-azulen-5*t*-yl]-propionsäure-4-lacton** C$_{15}$H$_{24}$O$_3$, Formel XII.

Diese Konstitution und Konfiguration ist dem nachstehend beschriebenen **Tetrahydroartabsin-a** auf Grund seiner genetischen Beziehung zu Artabsin (S. 234) zuzuordnen.
B. s. bei dem unter a) beschriebenen Stereoisomeren.

---

[1]) Stellungsbezeichnung bei von Guajan abgeleiteten Namen s. E III/IV **17** 4677.

Krystalle; F: 108—109° [korr.; aus A. + Diisopropyläther] (*Herout et al.*, Collect. **22** [1957] 1914, 1919), 108° [unkorr.; aus Acn. + PAe.] (*Herout, Šorm*, Collect. **18** [1953] 854, 868). IR-Spektrum (CHCl$_3$; 3700—800 cm^{-1}): *He. et al.*

6-Hydroxy-3,5,8a-trimethyl-decahydro-naphtho[2,3-*b*]furan-2-on, 2-[3,7-Dihydroxy-4a,8-dimethyl-decahydro-[2]naphthyl]-propionsäure-3-lacton C$_{15}$H$_{24}$O$_3$.
Über die Konfiguration an den C-Atomen 3 und 4 (Eudesman-Bezifferung) der drei folgenden Stereoisomeren s. *Tanabe*, Chem. pharm. Bl. **6** [1958] 218.

a) **(3a*R*)-6*t*-Hydroxy-3*t*,5*c*,8a-trimethyl-(3a*r*,4a*c*,8a*t*,9a*c*)-decahydro-naphtho=[2,3-*b*]furan-2-on, (11*S*)-3β,8β-Dihydroxy-4β*H*-eudesman-12-säure-8-lacton**[1]) C$_{15}$H$_{24}$O$_3$, Formel I (R = H).
B. Bei der Hydrierung von (11*S*)-8β-Hydroxy-3-oxo-4β*H*-eudesman-12-säure-lacton (E III/IV **17** 6049) an Platin in Äthanol (*Tanabe*, Chem. pharm. Bl. **6** [1958] 218, 221).
Krystalle (aus Bzl. + Hexan); F: 171—172°. [α]$_D^{23}$: —16,1° [CHCl$_3$; c = 1].
Beim Behandeln mit Phosphorylchlorid und Pyridin ist (11*S*)-3α-Chlor-8β-hydroxy-4β*H*-eudesman-12-säure-lacton erhalten worden.

I   II   III

b) **(3a*R*)-6*c*-Hydroxy-3*t*,5*t*,8a-trimethyl-(3a*r*,4a*c*,8a*t*,9a*c*)-decahydro-naphtho=[2,3-*b*]furan-2-on, (11*S*)-3α,8β-Dihydroxy-eudesman-12-säure-8-lacton**[1]) C$_{15}$H$_{24}$O$_3$, Formel II (R = H).
B. Bei der Hydrierung von (11*S*)-3α,8β-Dihydroxy-eudesm-4(15)-en-12-säure-8-lacton (S. 145) an Platin in Äthanol oder Äthylacetat (*Tanabe*, Chem. pharm. Bl. **6** [1958] 218, 220; *Matsumura et al.*, J. pharm. Soc. Japan **74** [1954] 738, 740; C. A. **1955** 3090).
Krystalle; F: 143—144° [aus Bzl. + Hexan bzw. aus Bzl. + PAe.] (*Ta.*; *Ma. et al.*). [α]$_D^{15}$: —1,3° [CHCl$_3$; c = 2] (*Ma. et al.*); [α]$_D^{23}$: —0,8° [CHCl$_3$; c = 3] (*Ta.*).

c) **(3a*R*)-6*t*-Hydroxy-3*t*,5*t*,8a-trimethyl-(3a*r*,4a*c*,8a*t*,9a*c*)-decahydro-naphtho=[2,3-*b*]furan-2-on, (11*S*)-3β,8β-Dihydroxy-eudesman-12-säure-8-lacton**[1]) C$_{15}$H$_{24}$O$_3$, Formel III (R = H).
B. Beim Behandeln von (11*S*)-8β-Hydroxy-3-oxo-eudesman-12-säure-lacton (E III/IV **17** 6050) mit Natriumboranat in Äthanol (*Tanabe*, Chem. pharm. Bl. **6** [1958] 218, 221).
Krystalle (aus Bzl. + Hexan); F: 165—166°. [α]$_D^{23}$: —19,2° [CHCl$_3$; c = 2].

6-Acetoxy-3,5,8a-trimethyl-decahydro-naphtho[2,3-*b*]furan-2-on, 2-[7-Acetoxy-3-hydr=oxy-4a,8-dimethyl-decahydro-[2]naphthyl]-propionsäure-lacton C$_{17}$H$_{26}$O$_4$.

a) **(3a*R*)-6*t*-Acetoxy-3*t*,5*c*,8a-trimethyl-(3a*r*,4a*c*,8a*t*,9a*c*)-decahydro-naphtho=[2,3-*b*]furan-2-on, (11*S*)-3β-Acetoxy-8β-hydroxy-4β*H*-eudesman-12-säure-lacton**[1]) C$_{17}$H$_{26}$O$_4$, Formel I (R = CO-CH$_3$).
B. Beim Behandeln von (11*S*)-3β,8β-Dihydroxy-4β*H*-eudesman-12-säure-8-lacton mit Acetanhydrid und Pyridin (*Tanabe*, Chem. pharm. Bl. **6** [1958] 218, 221).
F: 153°. [α]$_D^{23}$: —0,4° [CHCl$_3$; c = 3].

b) **(3a*R*)-6*c*-Acetoxy-3*t*,5*t*,8a-trimethyl-(3a*r*,4a*c*,8a*t*,9a*c*)-decahydro-naphtho=[2,3-*b*]furan-2-on, (11*S*)-3α-Acetoxy-8β-hydroxy-eudesman-12-säure-lacton**[1]) C$_{17}$H$_{26}$O$_4$, Formel II (R = CO-CH$_3$).
B. Beim Behandeln von (11*S*)-3α,8β-Dihydroxy-eudesman-12-säure-8-lacton mit Acetanhydrid und Pyridin (*Tanabe*, Chem. pharm. Bl. **6** [1958] 218, 220).
Krystalle (aus Hexan); F: 94—95°. [α]$_D^{23}$: —21° [CHCl$_3$; c = 2].

c) **(3a*R*)-6*t*-Acetoxy-3*t*,5*t*,8a-trimethyl-(3a*r*,4a*c*,8a*t*,9a*c*)-decahydro-naphtho=[2,3-*b*]furan-2-on, (11*S*)-3β-Acetoxy-8β-hydroxy-eudesman-12-säure-lacton**[1]) C$_{17}$H$_{26}$O$_4$, Formel III (R = CO-CH$_3$).
B. Beim Behandeln von (11*S*)-3β,8β-Dihydroxy-eudesman-12-säure-8-lacton mit

---
[1]) Stellungsbezeichnung bei von Eudesman abgeleiteten Namen s. E III **7** 515, 516.

Acetanhydrid und Pyridin (*Tanabe*, Chem. pharm. Bl. **6** [1958] 218, 221).
F: 168°. $[\alpha]_D^{23}$: −55,1° [CHCl$_3$; c = 2].

(3a*R*)-6c-Benzoyloxy-3*t*,5*t*,8a-trimethyl-(3a*r*,4a*c*,8a*t*,9a*c*)-decahydro-naphtho=
[2,3-*b*]furan-2-on, (11*S*)-3α-Benzoyloxy-8β-hydroxy-eudesman-12-säure-lacton [1])
C$_{22}$H$_{28}$O$_4$, Formel II (R = CO-C$_6$H$_5$).
B. Beim Behandeln von (11*S*)-3α,8β-Dihydroxy-eudesman-12-säure-8-lacton mit Benzoylchlorid und Pyridin (*Matsumura et al.*, J. pharm. Soc. Japan **74** [1954] 738, 740; C. A. **1955** 3090).
Krystalle (aus Bzn. + Bzl.); F: 154−155°. $[\alpha]_D^{15}$: −34,1° [CHCl$_3$; c = 2].

(3a*R*)-8ξ-Hydroxy-3*t*,5c,8a-trimethyl-(3a*r*,4a*t*,8a*t*,9a*t*)-decahydro-naphtho[2,3-*b*]furan-2-on, (11*S*)-1ξ,8α-Dihydroxy-4βH,5βH-eudesman-12-säure-8-lacton [1]), Hexahydro=
anhydropseudosantonsäure C$_{15}$H$_{24}$O$_3$, Formel IV.
Über die (nicht bewiesene) Konfiguration an den C-Atomen 4 und 5 (Eudesman-Be=
zifferung) s. *Chopra et al.*, Soc. **1956** 1828, 1831.
B. Bei der Hydrierung von Anhydropseudosantonsäure ((11*S*)-8α-Hydroxy-1-oxo-eudesma-2,4-dien-12-säure-lacton) an Platin in Essigsäure (*Cocker, Lipman*, Soc. **1949** 1170, 1173).
Krystalle (aus wss. A.); F: 150−152°.

IV   V   VI   VII

(3a*R*)-8*t*-Acetoxy-3*t*,5*t*,8a-trimethyl-(3a*r*,4a*c*,8a*t*,9a*t*)-decahydro-naphtho[2,3-*b*]furan-2-on, (11*S*)-1β-Acetoxy-8α-hydroxy-eudesman-12-säure-lacton [1]) C$_{17}$H$_{26}$O$_4$, Formel V (R = CO-CH$_3$).
B. Beim Erhitzen von Hexahydropseudosantonin ((11*S*)-1β,8α-Dihydroxy-eudesman-12-säure) mit Acetanhydrid (*Clemo, Cocker*, Soc. **1946** 30, 34). Bei der Hydrierung von (11*S*)-1β-Acetoxy-8α-hydroxy-eudesm-5-en-12-säure-lacton an Platin in Essigsäure (*Cl., Co.*).
Krystalle; F: 125,8−127,5° [korr.; aus Ae. + Hexan] (*Dauben, Hance*, Am. Soc. **77** [1955] 606, 610), 126−126,5° (*Chopra et al.*, Soc. **1956** 1828, 1832), 125° [aus A.] (*Cl., Co.*).
$[\alpha]_D^{20}$: −45,2° [Lösungsmittel nicht angegeben] (*Ch. et al.*); $[\alpha]_D^{25}$: −54° [A.; c = 0,6] (*Da., Ha.*).

4-Hydroxy-3,5a,9-trimethyl-decahydro-naphtho[1,2-*b*]furan-2-on, 2-[1,3-Dihydroxy-4a,8-dimethyl-decahydro-[2]naphthyl]-propionsäure-1-lacton C$_{15}$H$_{24}$O$_3$.

a) (3a*R*)-4c-Hydroxy-3c,5a,9c-trimethyl-(3a*r*,5a*t*,9a*c*,9b*t*)-decahydro-naphtho=
[1,2-*b*]furan-2-on, (11*S*)-6α,8α-Dihydroxy-4βH-eudesman-12-säure-6-lacton [1]),
γ-Desoxytetrahydroartemisin C$_{15}$H$_{24}$O$_4$, Formel VI.
Über Konstitution und Konfiguration s. *Sumi*, Am. Soc. **80** [1958] 4869.
B. Beim Erwärmen einer Lösung von (11*S*)-3,3-Äthandiyldimercapto-6α,8α-dihydroxy-4βH-eudesman-12-säure-6-lacton in Äthanol mit Raney-Nickel (*Sumi*, l. c. S. 4875).
Krystalle (aus A.); F: 236° [unkorr.]; $[\alpha]_D^{18}$: +42° [A.] (*Sumi*).

b) (3a*R*)-4c-Hydroxy-3c,5a,9*t*-trimethyl-(3a*r*,5a*t*,9a*c*,9b*t*)-decahydro-naphtho=
[1,2-*b*]furan-2-on, (11*S*)-6α,8α-Dihydroxy-eudesman-12-säure-6-lacton [1]) C$_{15}$H$_{24}$O$_3$,
Formel VII.
Über Konstitution und Konfiguration s. *Suchý et al.*, Collect. **24** [1959] 1542; *Sumi*, Am. Soc. **80** [1958] 4869, 4872.
B. Neben (+)-α-Tetrahydrosantonin ((11*S*)-6α-Hydroxy-3-oxo-4βH-eudesman-12-säure-

---

[1]) Stellungsbezeichnung bei von Eudesman abgeleiteten Namen s. E III **7** 515, 516.

lacton) beim Erhitzen von Artemisin ((11S)-6α,8α-Dihydroxy-3-oxo-eudesma-1,4-dien-12-säure-6-lacton) mit wss. Salzsäure und amalgamiertem Zink (*Suchý et al.*). In kleiner Menge neben einer Verbindung $C_{15}H_{24}O_3$ (F: 205°) beim Erhitzen von α-Tetrahydro=artemisin mit wss. Salzsäure und amalgamiertem Zink (*Tettweiler et al.*, A. **492** [1932] 105, 107, 118).
Krystalle; F: 232° [aus Dioxan] (*Suchý et al.*), 228° [aus E. + PAe.] (*Te. et al.*). $[\alpha]_D^{20}$: $+37,5°$ [CHCl$_3$; c = 1]; $[\alpha]_D^{20}$: $+32,5°$ [CHCl$_3$; c = 0,7] (*Suchý et al.*). IR-Spektrum (2000-800 cm^{-1}): *Suchý et al.*

8-Hydroxy-3,5a,9-trimethyl-decahydro-naphtho[1,2-*b*]furan-2-on, 2-[1,7-Dihydroxy-4a,8-dimethyl-decahydro-[2]naphthyl]-propionsäure-1-lacton $C_{15}H_{24}O_3$.

a) **(3a*S*)-8*c*-Hydroxy-3*c*,5a,9*c*-trimethyl-(3a*r*,5a*t*,9a*c*,9b*t*)-decahydro-naphtho=[1,2-*b*]furan-2-on, (11*S*)-3α,6α-Dihydroxy-4β*H*-eudesman-12-säure-6-lacton** [1]) $C_{15}H_{24}O_3$, Formel VIII (R = H).
Konfigurationszuordnung: *Yamakawa*, J. org. Chem. **24** [1959] 897; *Pathak, Kulkarni*, Chem. and Ind. **1968** 1566.
B. Neben (11*S*)-3β,6α-Dihydroxy-4β*H*-eudesman-12-säure-6-lacton bei der Hydrierung von (11*S*)-6α-Hydroxy-3-oxo-4β*H*-eudesman-12-säure-lacton an Platin in Essigsäure (*Cocker, McMurry*, Soc. **1956** 4549, 4555). Bei der Hydrierung von (11*S*)-2α-Brom-3α,6α-dihydroxy-4β*H*-eudesman-12-säure-6-lacton an Palladium/Kohle in äthanol. Kali=lauge (*Ya.*, l. c. S. 900).
Krystalle (aus A.); F: 143—144° [unkorr.] (*Ya.*), 142—143° (*Co., McM.*). $[\alpha]_D^{25}$: $+16,6°$ [CHCl$_3$; c = 0,7] (*Co., McM.*).

b) **(3a*S*)-8*c*-Hydroxy-3*c*,5a,9*t*-trimethyl-(3a*r*,5a*t*,9a*c*,9b*t*)-decahydro-naphtho=[1,2-*b*]furan-2-on, (11*S*)-3α,6α-Dihydroxy-eudesman-12-säure-6-lacton** [1]) $C_{15}H_{24}O_3$, Formel IX.
Konfigurationszuordnung: *Kadival, Kulkarni*, Chem. and Ind. **1967** 2084.
B. Bei der Hydrierung von (−)-α-Santonin ((11*S*)-6α-Hydroxy-3-oxo-eudesma-1,4-di=en-12-säure-lacton) an Platin in Methanol bei 120 at (*Kovács et al.*, Collect. **21** [1956] 225, 235).
Krystalle; F: 146° (*Ka., Ku.*), 135° [unkorr.; aus wss. Me.] (*Ko. et al.*). $[\alpha]_D^{20}$: $+42°$ [CHCl$_3$; c = 4] (*Ko. et al.*); $[\alpha]_D$: $+56°$ [Lösungsmittel nicht angegeben] (*Ka., Ku.*). IR-Spektrum (CHCl$_3$; 3500—700 cm^{-1}): *Ko. et al.*, l. c. S. 228.

c) **(3a*S*)-8*t*-Hydroxy-3*c*,5a,9*c*-trimethyl-(3a*r*,5a*t*,9a*c*,9b*t*)-decahydro-naphtho=[1,2-*b*]furan-2-on, (11*S*)-3β,6α-Dihydroxy-4β*H*-eudesman-12-säure-6-lacton** [1]) $C_{15}H_{24}O_3$, Formel X (R = H).
Konfigurationszuordnung: *Pathak, Kulkarni*, Chem. and Ind. **1968** 1566.
B. Beim Behandeln einer Lösung von (11*S*)-6α-Hydroxy-3-oxo-4β*H*-eudesman-12-säure-lacton in Methanol mit Kaliumboranat in Wasser (*Cocker, McMurry*, Soc. **1956** 4549, 4556).
Krystalle (aus A.), F: 171—172°; $[\alpha]_D^{15}$: $+50,7°$ [CHCl$_3$; c = 0,6] (*Co., McM.*).
Beim Behandeln mit Phosphorylchlorid und Pyridin ist (11*S*)-3α-Chlor-6α-hydroxy-4β*H*-eudesman-12-säure-lacton erhalten worden (*Co., McM.*).

VIII   IX   X

d) **(3a*S*)-8*t*-Hydroxy-3*c*,5a,9*t*-trimethyl-(3a*r*,5a*t*,9a*c*,9b*t*)-decahydro-naphtho=[1,2-*b*]furan-2-on, (11*S*)-3β,6α-Dihydroxy-eudesman-12-säure-6-lacton** [1]) $C_{15}H_{24}O_3$, Formel XI (R = H).
Konfigurationszuordnung: *Siscovic et al.*, Tetrahedron Letters **1966** 1471; *Kadival*,

---

[1]) Stellungsbezeichnung bei von Eudesman abgeleiteten Namen s. E III **7** 515, 516.

Kulkarni, Chem. and Ind. **1967** 2084.

B. Neben kleinen Mengen (11S)-3β,6α-Dihydroxy-5β-eudesman-12-säure-6-lacton bei der Hydrierung von (−)-α-Santonin ((11S)-6α-Hydroxy-3-oxo-eudesma-1,4-dien-12-säure-lacton) an Platin in Essigsäure (Cocker, McMurry, Soc. **1956** 4549, 4554).
Krystalle (aus A.), F: 108−110°; $[α]_D^{20}$: +36° [$CHCl_3$; c = 1] (Co., McM.).

e) **(3aS)-8c-Hydroxy-3t,5a,9t-trimethyl-(3ar,5at,9ac,9bt)-decahydro-naphtho=[1,2-b]furan-2-on, (11R)-3α,6α-Dihydroxy-eudesman-12-säure-6-lacton** [1]) $C_{15}H_{24}O_3$, Formel XII (R = H).

B. Bei der Hydrierung von (−)-β-Santonin ((11R)-6α-Hydroxy-3-oxo-eudesma-1,4-dien-12-säure-lacton) oder von (+)-Tetrahydro-β-santonin-a ((11R)-6α-Hydroxy-3-oxo-eu=desman-12-säure-lacton) an Platin in Essigsäure (Cocker et al., Tetrahedron **3** [1958] 160, 167).
Krystalle (aus E. + Bzn.); F: 146−147°. $[α]_D^{15}$: +94° [$CHCl_3$; c = 1].

f) **(3aS)-8t-Hydroxy-3t,5a,9c-trimethyl-(3ar,5at,9ac,9bt)-decahydro-naphtho=[1,2-b]furan-2-on, (11R)-3β,6α-Dihydroxy-4βH-eudesman-12-säure-6-lacton** [1]) $C_{15}H_{24}O_3$, Formel XIII (R = H).

B. Beim Behandeln einer Lösung von (+)-Tetrahydro-β-santonin-b ((11R)-6α-Hydroxy-3-oxo-4βH-eudesman-12-säure-lacton) in Methanol mit Kaliumboranat in Wasser (Cocker et al., Tetrahedron **3** [1958] 160, 166).
Krystalle (aus wss. A.); F: 154°. $[α]_D^{15}$: +119,8° [$CHCl_3$; c = 1].

XI   XII   XIII

g) **(3aS)-8c-Hydroxy-3c,5a,9t-trimethyl-(3ar,5at,9at,9bt)-decahydro-naphtho=[1,2-b]furan-2-on, (11S)-3α,6α-Dihydroxy-5β-eudesman-12-säure-6-lacton** [1]) $C_{15}H_{24}O_3$, Formel XIV (R = H).

B. Beim Behandeln einer Lösung von (+)-β-Tetrahydrosantonin ((11S)-6α-Hydroxy-3-oxo-5β-eudesman-12-säure-lacton) in Methanol mit Kaliumboranat in Wasser (Cocker, McMurry, Soc. **1956** 4549, 4556).
Krystalle (aus A.); F: 143−144°. $[α]_D$: −38,0° [$CHCl_3$; c = 0,6].

h) **(3aS)-8t-Hydroxy-3c,5a,9c-trimethyl-(3ar,5at,9at,9bt)-decahydro-naphtho=[1,2-b]furan-2-on, (11S)-3β,6α-Dihydroxy-4βH,5β-eudesman-12-säure-6-lacton** [1]) $C_{15}H_{24}O_3$, Formel XV (R = H).

B. Beim Erwärmen von (11S)-3β,6α-Dihydroxy-4βH,5β-eudesman-12-säure-methylester mit wss.-methanol. Kalilauge und kurzen Erhitzen der erhaltenen Säure unter 1,5 Torr auf 200° (Banerji et al., Soc. **1957** 5041, 5047). Beim Behandeln einer Lösung von (11S)-6α-Hydroxy-3-oxo-4βH,5β-eudesman-12-säure in wss. Methanol mit Kaliumboranat und Kaliumhydroxid, Ansäuern des Reaktionsgemisches und anschliessenden Erwärmen (Cocker, McMurry, Soc. **1956** 4549, 4557). Bei der Hydrierung von (11S)-6α-Hydroxy-3-oxo-4βH,5β-eudesman-12-säure an Platin in Essigsäure (Co., McM.).
Krystalle; F: 156−157° [aus Acn. + Bzn.] (Ba. et al.), 153−154° [aus A.] (Co., McM.). $[α]_D$: +39° [$CHCl_3$; c = 1,5] (Ba. et al.); $[α]_D^{14}$: +36,6° [$CHCl_3$; c = 1] (Co., McM.).

i) **(3aS)-8t-Hydroxy-3c,5a,9t-trimethyl-(3ar,5at,9at,9bt)-decahydro-naphtho=[1,2-b]furan-2-on, (11S)-3β,6α-Dihydroxy-5β-eudesman-12-säure-6-lacton** [1]) $C_{15}H_{24}O_3$, Formel XVI (R = H).
Konfigurationszuordnung: Yanagita, Yamakawa, J. org. Chem. **24** [1959] 903.

B. Bei der Hydrierung von (+)-β-Tetrahydrosantonin [(11S)-6α-Hydroxy-3-oxo-5β-eudesman-12-säure-lacton] (Kovács et al., Collect. **21** [1956] 225, 234; Cocker, McMurry, Soc. **1956** 4549, 4556) oder von (−)-α-Santonin [(11S)-6α-Hydroxy-3-oxo-eudesma-

---

[1]) Stellungsbezeichnung bei von Eudesman abgeleiteten Namen s. E III **7** 515, 516.

1,4-dien-12-säure-lacton] (*Ruzicka, Eichenberger*, Helv. **13** [1930] 1117, 1122; *Co., McM.,* l. c. S. 4554) an Platin in Essigsäure. Bei der Hydrierung von (11*S*)-2β-Brom-3β,6α-di= hydroxy-5β-eudesman-12-säure-6-lacton an Palladium in äthanol. Kalilauge und Ansäuern des Reaktionsgemisches (*Ya., Ya.,* l. c. S. 907).

Krystalle; F: 213—215° [unkorr.; aus Me.] (*Ko. et al.*), 210—212° [unkorr.; aus A.] (*Ya., Ya.; Co., McM.,* l. c. S. 4554), 210—211° [unkorr.; aus Me.] (*Ru., Ei.*), 209° (*Tettweiler et al.,* A. **492** [1932] 105, 123). $[\alpha]_D^{16}$: —8,5° [CHCl$_3$; c = 0,8] (*Co., McM.,* l. c. S. 4554); $[\alpha]_D^{20}$: —8,5° [CHCl$_3$; c = 4] (*Ko. et al.*).

XIV   XV   XVI

8-Acetoxy-3,5a,9-trimethyl-decahydro-naphtho[1,2-*b*]furan-2-on, 2-[7-Acetoxy-1-hydroxy-4a,8-dimethyl-decahydro-[2]naphthyl]-propionsäure-lacton C$_{17}$H$_{26}$O$_4$.

a) **(3a*S*)-8*c*-Acetoxy-3*c*,5a,9*c*-trimethyl-(3a*r*,5a*t*,9a*c*,9b*t*)-decahydro-naphtho= [1,2-*b*]furan-2-on, (11*S*)-3α-Acetoxy-6α-hydroxy-4β*H*-eudesman-12-säure-lacton** [1]) C$_{17}$H$_{26}$O$_4$, Formel VIII (R = CO-CH$_3$) auf S. 133.

B. Beim Erwärmen von (11*S*)-3α,6α-Dihydroxy-4β*H*-eudesman-12-säure-6-lacton mit Acetanhydrid und Pyridin (*Cocker, McMurry,* Soc. **1956** 4549, 4555).

Krystalle (aus E. + Bzn.); F: 153—154°. $[\alpha]_D^{17}$: —28,3° [CHCl$_3$; c = 0,7].

b) **(3a*S*)-8*t*-Acetoxy-3*c*,5a,9*c*-trimethyl-(3a*r*,5a*t*,9a*c*,9b*t*)-decahydro-naphtho= [1,2-*b*]furan-2-on, (11*S*)-3β-Acetoxy-6α-hydroxy-4β*H*-eudesman-12-säure-lacton** [1]) C$_{17}$H$_{26}$O$_4$, Formel X (R = CO-CH$_3$) auf S. 133.

B. Beim Erwärmen von (11*S*)-3β,6α-Dihydroxy-4β*H*-eudesman-12-säure-6-lacton mit Acetanhydrid und Pyridin (*Cocker, McMurry,* Soc. **1956** 4549, 4556).

Krystalle (aus A.); F: 143°. $[\alpha]_D^{17}$: +63,1° [CHCl$_3$; c = 1].

c) **(3a*S*)-8*t*-Acetoxy-3*c*,5a,9*t*-trimethyl-(3a*r*,5a*t*,9a*c*,9b*t*)-decahydro-naphtho= [1,2-*b*]furan-2-on, (11*S*)-3β-Acetoxy-6α-hydroxy-eudesman-12-säure-lacton** [1]) C$_{17}$H$_{26}$O$_4$, Formel XI (R = CO-CH$_3$).

B. Beim Erwärmen von (11*S*)-3β,6α-Dihydroxy-eudesman-12-säure-6-lacton mit Acetanhydrid und Pyridin (*Cocker, McMurry,* Soc. **1956** 4549, 4554).

Krystalle (aus A.); F: 199—200°. $[\alpha]_D^{20}$: +15,4° [CHCl$_3$; c = 0,7].

d) **(3a*S*)-8*c*-Acetoxy-3*t*,5a,9*t*-trimethyl-(3a*r*,5a*t*,9a*c*,9b*t*)-decahydro-naphtho= [1,2-*b*]furan-2-on, (11*R*)-3α-Acetoxy-6α-hydroxy-eudesman-12-säure-lacton** [1]) C$_{17}$H$_{26}$O$_4$, Formel XII (R = CO-CH$_3$).

B. Beim Erwärmen von (11*R*)-3α,6α-Dihydroxy-eudesman-12-säure-6-lacton mit Acetanhydrid und Pyridin (*Cocker et al.,* Tetrahedron **3** [1958] 160, 167).

Krystalle (aus E.); F: 170—172°. $[\alpha]_D^{15}$: +55,7° [CHCl$_3$; c = 1].

e) **(3a*S*)-8*t*-Acetoxy-3*t*,5a,9*c*-trimethyl-(3a*r*,5a*t*,9a*c*,9b*t*)-decahydro-naphtho= [1,2-*b*]furan-2-on, (11*R*)-3β-Acetoxy-6α-hydroxy-4β*H*-eudesman-12-säure-lacton** [1]) C$_{17}$H$_{26}$O$_4$, Formel XIII (R = CO-CH$_3$).

B. Beim Erwärmen von (11*R*)-3β,6α-Dihydroxy-4β*H*-eudesman-12-säure-6-lacton mit Acetanhydrid und Pyridin (*Cocker et al.,* Tetrahedron **3** [1958] 160, 167).

Krystalle (aus wss. A.); F: 99—100°. $[\alpha]_D^{15}$: +107,2° [CHCl$_3$; c = 0,4].

f) **(3a*S*)-8*c*-Acetoxy-3*c*,5a,9*t*-trimethyl-(3a*r*,5a*t*,9a*t*,9b*t*)-decahydro-naphtho= [1,2-*b*]furan-2-on, (11*S*)-3α-Acetoxy-6α-hydroxy-5β-eudesman-12-säure-lacton** [1]) C$_{17}$H$_{26}$O$_4$, Formel XIV (R = CO-CH$_3$).

B. Beim Erwärmen von (11*S*)-3α,6α-Dihydroxy-5β-eudesman-12-säure-6-lacton mit Acetanhydrid und Pyridin (*Cocker, McMurry,* Soc. **1956** 4549, 4557).

Krystalle (aus A.); F: 181—182°. $[\alpha]_D^{15}$: —31,9° [CHCl$_3$; c = 1].

---

[1]) Stellungsbezeichnung bei von Eudesman abgeleiteten Namen s. E III **7** 515, 516.

g) **(3aS)-8t-Acetoxy-3c,5a,9c-trimethyl-(3ar,5at,9at,9bt)-decahydro-naphtho=
[1,2-b]furan-2-on, (11S)-3β-Acetoxy-6α-hydroxy-4βH,5β-eudesman-12-säure-lacton** [1])
$C_{17}H_{26}O_4$, Formel XV (R = $CO-CH_3$).

B. Beim Behandeln von (11S)-3β,6α-Dihydroxy-4βH,5β-eudesman-12-säure-6-lacton mit Acetanhydrid und Pyridin (*Banerji et al.*, Soc. **1957** 5041, 5047; *Cocker, McMurry*, Soc. **1956** 4549, 4557).

Krystalle (aus A.); F: 153—154° (*Ba. et al.*), 151—152° (*Co., McM.*). $[\alpha]_D^{17}$: +70,6° [$CHCl_3$; c = 1] (*Co., McM.*); $[\alpha]_D$: +72° [$CHCl_3$; c = 1,5]; $[\alpha]_D$: +92° [Eg.; c = 1] (*Ba. et al.*).

h) **(3aS)-8t-Acetoxy-3c,5a,9t-trimethyl-(3ar,5at,9at,9bt)-decahydro-naphtho=
[1,2-b]furan-2-on, (11S)-3β-Acetoxy-6α-hydroxy-5β-eudesman-12-säure-lacton** [1])
$C_{17}H_{26}O_4$, Formel XVI (R = $CO-CH_3$).

B. Beim Erwärmen von (11S)-3β,6α-Dihydroxy-5β-eudesman-12-säure-6-lacton mit Acetanhydrid und Pyridin (*Cocker, McMurry*, Soc. **1956** 4549, 4556).

Krystalle (aus A.); F: 129—130°. $[\alpha]_D^{16}$: +32,7° [$CHCl_3$; c = 0,5].

7-Brom-8-hydroxy-3,5a,9-trimethyl-decahydro-naphtho[1,2-b]furan-2-on, 2-[6-Brom-1,7-dihydroxy-4a,8-dimethyl-decahydro-[2]naphthyl]-propionsäure-1-lacton $C_{15}H_{23}BrO_3$.

a) **(3aS)-7c-Brom-8c-hydroxy-3c,5a,9c-trimethyl-(3ar,5at,9ac,9bt)-decahydro-naphtho[1,2-b]furan-2-on, (11S)-2α-Brom-3α,6α-dihydroxy-4βH-eudesman-12-säure-6-lacton** [1]) $C_{15}H_{23}BrO_3$, Formel I.

B. Beim Behandeln von (11S)-2α-Brom-6α-hydroxy-3-oxo-4βH-eudesman-12-säure-lacton (E III/IV **17** 6056) mit Natriumboranat in Äthanol (*Yamakawa*, J. org. Chem. **24** [1959] 897, 900).

Krystalle (aus A.); F: 91—93°. $[\alpha]_D^{26}$: +12,7° [$CHCl_3$; c = 1,5].

b) **(3aS)-7t-Brom-8t-hydroxy-3c,5a,9t-trimethyl-(3ar,5at,9at,9bt)-decahydro-naphtho[1,2-b]furan-2-on, (11S)-2β-Brom-3β,6α-dihydroxy-5β-eudesman-12-säure-6-lacton** [1]) $C_{15}H_{23}BrO_3$, Formel II.

B. Beim Behandeln von (11S)-2β-Brom-6α-hydroxy-3-oxo-5β-eudesman-12-säure-lacton (E III/IV **17** 6057) mit Natriumboranat in Äthanol (*Yanagita, Yamakawa*, J. org. Chem. **24** [1959] 903, 907).

Krystalle (aus A.); F: 215—217° [Zers.]. $[\alpha]_D^{26}$: −13,8° [$CHCl_3$; c = 1].

**(3aS)-6c-Hydroxymethyl-6t,9a-dimethyl-(3ar,5at,9ac,9bt)-decahydro-naphtho[1,2-c]=
furan-3-on, ent-11,14-Dihydroxy-8βH-driman-12-säure-11-lacton** [2]) $C_{15}H_{24}O_3$, Formel III (R = H).

Die Konfiguration ergibt sich aus der genetischen Beziehung zu Isodihydroiresin (*ent*-3β,11,14-Trihydroxy-8βH-driman-12-säure-11-lacton).

B. Bei der Hydrierung von *ent*-11,14-Dihydroxy-8βH-drim-2-en-12-säure-11-lacton („Δ²-Anhydro-isodihydroiresin" [S. 145]) an Palladium/Kohle in Äthylacetat (*Djerassi et al.*, Am. Soc. **80** [1958] 1972, 1976).

Krystalle (aus Acn. + Hexan); F: 110—111° [Kofler-App.]. $[\alpha]_D$: +10° [$CHCl_3$].

I II III

**(3aS)-6t,9a-Dimethyl-6c-trityloxymethyl-(3ar,5at,9ac,9bt)-decahydro-naphtho[1,2-c]=
furan-3-on, ent-11-Hydroxy-14-trityloxy-8βH-driman-12-säure-lacton** [2]) $C_{34}H_{38}O_3$, Formel III (R = $C(C_6H_5)_3$).

B. Beim Erwärmen von *ent*-11-Hydroxy-3-oxo-14-trityloxy-8βH-driman-12-säure-

---

[1]) Stellungsbezeichnung bei von Eudesman abgeleiteten Namen s. E III **7** 515, 516.
[2]) Stellungsbezeichnung bei von Driman abgeleiteten Namen s. E III **9** 273 Anm. 3.

lacton mit Äthanol, Hydrazin-hydrat, Diäthylenglykol und Kaliumhydroxid bis auf 200° (*Djerassi et al.*, Am. Soc. **80** [1958] 1972, 1976).
Krystalle (aus $CHCl_3$ + Hexan); F: 243—244° [Kofler-App.; von 225° an sublimierend]. $[\alpha]_D$: —27° $[CHCl_3]$.

(3a*S*)-6*c*-Methansulfonyloxymethyl-6*t*,9a-dimethyl-(3a*r*,5a*t*,9a*c*,9b*t*)-decahydro-naphtho[1,2-*c*]furan-3-on, *ent*-11-Hydroxy-14-methansulfonyloxy-8*βH*-driman-12-säure-lacton [1]) $C_{16}H_{26}O_5S$, Formel III (R = SO_2-CH_3).
B. Beim Behandeln von *ent*-11,14-Dihydroxy-8*βH*-driman-12-säure-11-lacton (S. 136) mit Methansulfonylchlorid und Pyridin (*Djerassi et al.*, Am. Soc. **80** [1958] 1972, 1976).
Krystalle (aus Acn. + Hexan); F: 123—124° [Kofler-App.]. $[\alpha]_D$: 0° [Lösungsmittel nicht angegeben].

———

(5a*R*)-8*c*-Hydroxy-1,3,3,6*t*-tetramethyl-(5a*r*,8a*t*)-octahydro-1*t*,4*t*-äthano-cyclopent[*c*]-oxepin-9-on, *ent*-10,11-Epoxy-2α-hydroxy-1*β*,7*βH*-guajan-8-on [2]) $C_{15}H_{24}O_3$, Formel IV (R = H).
B. Beim Behandeln von Kessylglykol (E III/IV **17** 2065) mit Chrom(VI)-oxid in Essigsäure (*Kaneoka, Yosikura,* J. pharm. Soc. Japan **61** [1941] 8; C. A. **1941** 4773). Beim Erwärmen von *ent*-2α-Acetoxy-10,11-epoxy-1*β*,7*βH*-guajan-8-on mit äthanol. Kalilauge (*Ka., Yo.*).
Krystalle (aus PAe.); F: 87—88°. $[\alpha]_D^{24,5}$: +32,7° [A.; c = 2].

(5a*R*)-8*c*-Acetoxy-1,3,3,6*t*-tetramethyl-(5a*r*,8a*t*)-octahydro-1*t*,4*t*-äthano-cyclopent[*c*]-oxepin-9-on, *ent*-2α-Acetoxy-10,11-epoxy-1*β*,7*βH*-guajan-8-on [2]) $C_{17}H_{26}O_4$, Formel IV (R = CO-CH_3).
Über Konstitution und Konfiguration s. *Itô et al.*, Tetrahedron **23** [1967] 553.
B. Beim Behandeln von O-Acetyl-kessylglykol (E III/IV **17** 2066) mit Chrom(VI)-oxid in Essigsäure (*Kaneoka, Tutida,* J. pharm. Soc. Japan **61** [1941] 6; C. A. **1941** 4773).
Krystalle; F: 137° (*Ukita,* J. pharm. Soc. Japan **64** [1944] Nr. 5, S. 285, 290; C. A. **1951** 2912), 135° [aus A.] (*Ka., Tu.*). $[\alpha]_D^{23}$: +7,31° [A.; c = 2] (*Ka., Tu.*).

(5a*R*)-8*c*-Acetoxy-1,3,3,6*t*-tetramethyl-(5a*r*,8a*t*)-octahydro-1*t*,4*t*-äthano-cyclopent[*c*]-oxepin-9-on-semicarbazon, *ent*-2α-Acetoxy-10,11-epoxy-1*β*,7*βH*-guajan-8-on-semicarbazon $C_{18}H_{29}N_3O_4$, Formel V (R = CO-NH_2).
B. Aus *ent*-2α-Acetoxy-10,11-epoxy-1*β*,7*βH*-guajan-8-on und Semicarbazid (*Kaneoka, Tutida,* J. pharm. Soc. Japan **61** [1941] 6, 7; C. A. **1941** 4773).
Krystalle (aus Ae.); F: 209—210°.

IV   V   VI

Hydroxy-oxo-Verbindungen $C_{17}H_{28}O_3$

*Opt.-inakt. 1-[4-Hydroxy-4-methyl-pentyl]-1,6-dimethyl-4a,7,8,8a-tetrahydro-iso-chroman-3-on, [6-(1,5-Dihydroxy-1,5-dimethyl-hexyl)-3-methyl-cyclohex-2-enyl]-essig-säure-1-lacton $C_{17}H_{28}O_3$, Formel VI.
B. Neben anderen Verbindungen beim Erhitzen von 3-Hydroxy-5,9,13-trimethyl-tetradeca-4,8,12-triensäure-äthylester (D_4^{19}: 0,952; n_D^{19}: 1,4900; aus Farnesal [E IV **3** 3603] hergestellt) mit Ameisensäure, Erwärmen der neutralen Anteile des Reaktionsprodukts mit äthanol. Kalilauge und Erhitzen der erhaltenen Säure mit Ameisensäure (*Asselineau, Lederer,* Bl. **1959** 320, 326).
Krystalle (aus E.); F: 116°.

———

[1]) Stellungsbezeichnung bei von Driman abgeleiteten Namen s. E III **9** 273 Anm. 3.
[2]) Stellungsbezeichnung bei von Guajan abgeleiteten Namen s. E III/IV **17** 4677.

(4'aS)-2'c-Hydroxy-2't,5',5',8'a-tetramethyl-(2cO,4'ar,8'at)-decahydro-spiro[furan-2,1'-naphthalin]-5-on, 3-[(4aS)-1c,2c-Dihydroxy-2t,5,5,8a-tetramethyl-(4ar,8at)-decahydro-[1t]naphthyl]-propionsäure-1-lacton, 8,9-Dihydroxy-14,15,16-trinor-labdan-13-säure-9-lacton [1]) $C_{17}H_{28}O_3$, Formel VII.
Konfigurationszuordnung: *Mangoni, Belardini,* G. **93** [1963] 465, 469.

B. Beim mehrtägigen Behandeln von 14,15,16-Trinor-labd-8-en-13-säure mit Osmium(VIII)-oxid in Pyridin, Erwärmen einer Lösung des Reaktionsprodukts in Äthanol und Benzol mit Mannit enthaltender wss. Natronlauge und Ansäuern der von Neutralstoffen befreiten Reaktionslösung mit wss. Schwefelsäure (*Dietrich et al.,* Helv. **37** [1954] 705, 708; *Burn, Rigby,* Soc. **1957** 2964, 2974).

Krystalle; F: 143—144° [korr.; aus Ae. + PAe.; durch Sublimation im Vakuum bei 130° gereinigtes Präparat] (*Di. et al.*), 142,5—144° [aus Ae. + Bzn.] (*Burn, Ri.*). $[\alpha]_{578}^{18}$: $-4,5°$ [$CHCl_3$; c = 1] (*Di. et al.*); $[\alpha]_D^{20}$: $-3,75°$ [$CHCl_3$; c = 1,5] (*Burn, Ri.*).

VII   VIII   IX

Hydroxy-oxo-Verbindungen $C_{20}H_{34}O_3$

(6aS)-10c-Hydroxy-3t,6a,9,9,12a-pentamethyl-(6ar,8at,12ac,12bt)-tetradecahydronaphth[2,1-b]oxocin-5-on, *ent*-(13S)-3β,8-Dihydroxy-labdan-15-säure-8-lacton [1]), **Lithofellolacton** $C_{20}H_{34}O_3$, Formel VIII.
Bezüglich der Konstitution und Konfiguration s. *Albert et al.,* Bl. Soc. chim. Belg. **82** [1973] 785.

B. Beim Erwärmen einer Lösung von Lithofellinsäure (*ent*-(13S)-3β,8-Dihydroxy-labdan-15-säure) in Äthanol mit wss. Salzsäure (*Jünger, Klages,* B. **28** [1895] 3045, 3047).

Kp_{16}: 245—248°; $D^{17,5}$: 1,044; $n_D^{17,5}$: 1,5087 (*Jü., Kl.*).

Hydroxy-oxo-Verbindungen $C_{23}H_{40}O_3$

13-Cyclopentyl-1-[4-methoxy-5,6-dihydro-2H-pyran-3-yl]-tridecan-1-on $C_{24}H_{42}O_3$, Formel IX.

B. Bei 60-stdg. Erhitzen der Natrium-Verbindung des 3-[13-Cyclopentyl-tridecanoyl]-tetrahydro-pyran-4-ons mit Methyljodid und Chloroform auf 110° (*Winterfeld et al.,* Pharm. Zentralhalle **91** [1952] 320, 326).

Krystalle; F: 105° [chromatographisch gereinigtes Präparat].

Hydroxy-oxo-Verbindungen $C_nH_{2n-8}O_3$

Hydroxy-oxo-Verbindungen $C_8H_8O_3$

3-Difluorboryloxy-1-[2]thienyl-but-2ξ-en-1-on $C_8H_7BF_2O_2S$, Formel I, und 4ξ-Difluorboryloxy-4ξ-[2]thienyl-but-3-en-2-on $C_8H_7BF_2O_2S$, Formel II.

Diese Konstitutionsformeln kommen für die nachstehend beschriebene, von *Hartough, Kosak* (Am. Soc. **70** [1948] 867) als Triacetylthiophen ($C_{10}H_{10}O_3S$) angesehene Verbindung in Betracht (*Badger, Sasse,* Soc. **1961** 746).

B. Beim Erwärmen von 1-[2]Thienyl-äthanon mit Acetanhydrid und dem Borfluorid-Äther-Addukt (*Ha., Ko.*).

Gelbe Krystalle (nach Sublimation im Vakuum), F: 176—177° (*Ha., Ko.*); orangegelbe Krystalle (aus Bzl.), F: 174—175° (*Ba., Sa.*).

---

[1]) Stellungsbezeichnung bei von Labdan abgeleiteten Namen s. E III **5** 297.

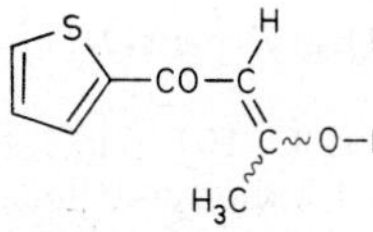

I 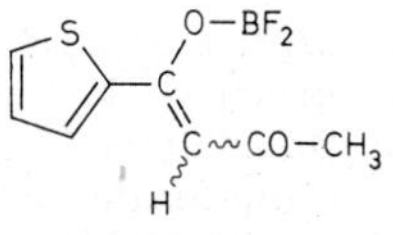 II 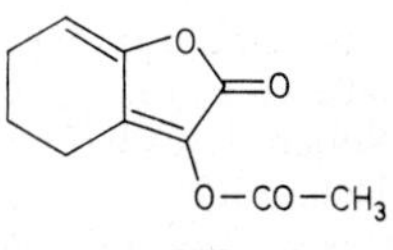 III

3-Acetoxy-5,6-dihydro-4H-benzofuran-2-on, Acetoxy-[(E)-2-hydroxy-cyclohex-2-enyliden]-essigsäure-lacton $C_{10}H_{10}O_4$, Formel III.

B. Beim Erhitzen von [2-Oxo-cyclohexyl]-glyoxylsäure mit Acetanhydrid unter Zusatz von Bromwasserstoff in Essigsäure (*Plattner, Jampolsky,* Helv. **26** [1943] 687, 691).

Krystalle (aus A.); F: 89—92°. UV-Spektrum (210—360 nm): *Pl., Ja.,* l. c. S. 689. Am Licht erfolgt Orangefärbung.

Hydroxy-oxo-Verbindungen $C_9H_{10}O_3$

3-[3,5-Dinitro-benzoyloxy]-6-methyl-2-ξ-propenyl-pyran-4-on $C_{16}H_{12}N_2O_8$, Formel IV.

B. Beim Behandeln von 6-Methyl-2-ξ-propenyl-pyran-3,4-dion (E III/IV **17** 5997) mit 3,5-Dinitro-benzoylchlorid und Pyridin (*Hurd, Trofimenko,* J. org. Chem. **23** [1958] 1276).

Krystalle (aus Bzl. + Hexan); F: 234—235°. IR-Banden (KBr) im Bereich von 3,2 μ bis 12,6 μ: *Hurd, Tr.*

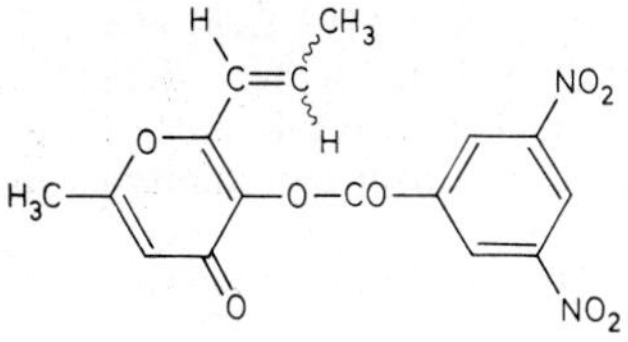

IV 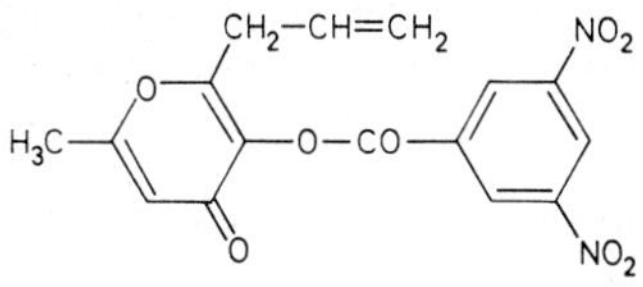 V

2-Allyl-3-[3,5-dinitro-benzoyloxy]-6-methyl-pyran-4-on $C_{16}H_{12}N_2O_8$, Formel V.

B. Beim Behandeln von 2-Allyl-6-methyl-pyran-3,4-dion mit 3,5-Dinitro-benzoylchlorid und Pyridin (*Hurd, Trofimenko,* J. org. Chem. **23** [1958] 1276).

Krystalle (aus Bzl. + Hexan); F: 96,5°. IR-Banden (KBr) im Bereich von 3,2 μ bis 12,6 μ: *Hurd, Tr.*

(±)-3,5,5-Triäthoxy-1t(?)-[2]furyl-pent-1-en, (±)-3-Äthoxy-5t(?)-[2]furyl-pent-4-enal-diäthylacetal $C_{15}H_{24}O_4$, vermutlich Formel VI.

B. Beim Behandeln von 3,3-Diäthoxy-1t(?)-[2]furyl-propen (Kp$_3$: 98—99°; n_D^{20}: 1,4920) mit Äthyl-vinyl-äther, Zinkchlorid und Essigsäure (*Michaĭlow, Ter-Šarkišjan,* Ž. obšč. Chim. **29** [1959] 2560, 2563; engl. Ausg. S. 2524, 2527).

Kp$_2$: 135—137°. D_4^{20}: 0,9937. n_D^{20}: 1,4790.

(±)-5-Äthoxy-5-[2]furyl-pent-2t(?)-enal $C_{11}H_{14}O_3$, vermutlich Formel VII.

B. Neben kleineren Mengen 5t(?)-[2]Furyl-penta-2t(?),4-dienal (F: 68—69°) beim Erhitzen des im folgenden Artikel beschriebenen Acetals mit Essigsäure und Natriumacetat unter Stickstoff (*Michaĭlow, Ter-Šarkišjan,* Ž. obšč. Chim. **29** [1959] 2560, 2564; engl. Ausg. S. 2524, 2527).

Bei 120—125°/6 Torr destillierbar.

2,4-Dinitro-phenylhydrazon $C_{17}H_{18}N_4O_6$. F: 143—144° [aus A.].

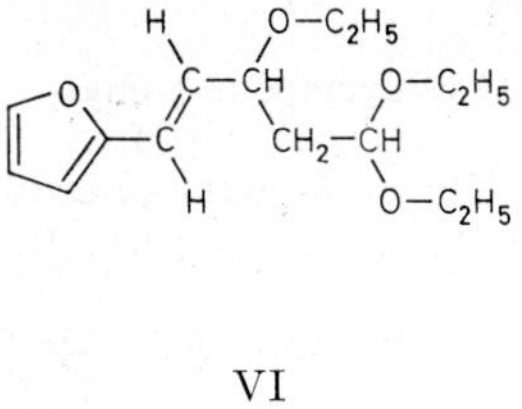

VI 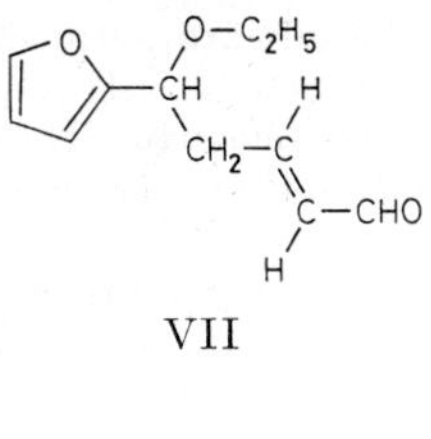 VII 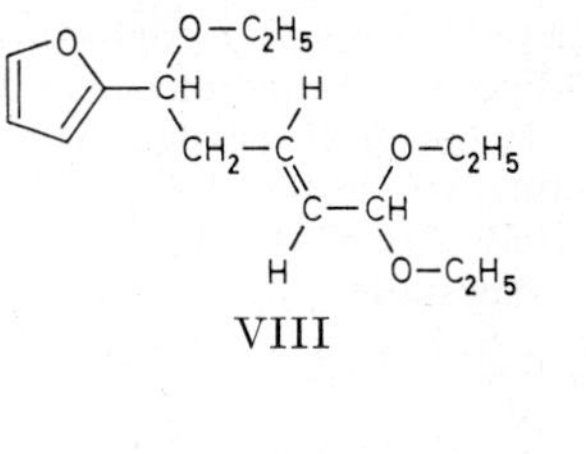 VIII

140 Hydroxy-oxo-Verbindungen $C_nH_{2n-8}O_3$ mit einem Chalkogen-Ringatom C_9-C_{13}

(±)-1,1,5-Triäthoxy-5-[2]furyl-pent-2*t*(?)-en, (±)-5-Äthoxy-5-[2]furyl-pent-2*t*(?)-enal-diäthylacetal $C_{15}H_{24}O_4$, vermutlich Formel VIII.

B. Neben 1,1,5,9-Tetraäthoxy-9-[2]furyl-nona-2,6-dien (Kp$_4$: 193—197°; n$_D^{20}$: 1,4697) beim Behandeln von 2-Diäthoxymethyl-furan mit Äthyl-buta-1,3-dienyl-äther (nicht charakterisiert), Zinkchlorid und Essigsäure (*Michaĭlow, Ter-Šarkišjan, Ž. obšč. Chim.* **29** [1959] 2560, 2564; engl. Ausg. S. 2524, 2527).

Kp$_2$: 124—126°. D$_4^{20}$: 0,9857. n$_D^{20}$: 1,4612.

7-Acetoxy-3-methyl-5,6-dihydro-4*H*-benzofuran-2-on, 2-[(*Z*)-3-Acetoxy-2-hydroxy-cyclohex-2-enyliden]-propionsäure-lacton $C_{11}H_{12}O_4$, Formel IX.

B. Beim Erhitzen von 2-[2,3-Dihydroxy-cyclohex-2-enyliden]-propionsäure (F: 108°) mit Acetanhydrid (*Abe et al.*, J. pharm. Soc. Japan **72** [1952] 1451, 1454; C. A. **1953** 8023).

Krystalle (aus Me.); F: 95,5°. UV-Spektrum (Me.; 210—320 nm): *Abe et al.*, l. c. S. 1453.

7-Acetoxy-3-methyl-4,5-dihydro-3*H*-benzofuran-2-on, 2-[3-Acetoxy-2-hydroxy-cyclo≈ hexa-1,3-dienyl]-propionsäure-lacton $C_{11}H_{12}O_4$, Formel X, und Tautomeres (7-Acetoxy-3-methyl-4,5-dihydro-benzofuran-2-ol).

B. Neben 7-Acetoxy-3-methyl-5,6-dihydro-4*H*-benzofuran-2-on beim Erwärmen von 2-[2,3-Dihydroxy-cyclohex-2-enyliden]-propionsäure (F: 108°) mit Acetanhydrid und anschliessenden Erhitzen unter vermindertem Druck bis auf 170° (*Abe et al.*, J. pharm. Soc. Japan **72** [1952] 1451, 1455; C. A. **1953** 8023). Neben kleinen Mengen einer bei 165° schmelzenden Substanz beim Behandeln von 7-Acetoxy-3-methyl-5,6-dihydro-4*H*-benzofuran-2-on mit Palladium/Kohle und Essigsäure unter Durchleiten von Wasser≈ stoff (*Abe et al.*).

Krystalle (aus E.); F: 108,5°. UV-Spektrum (Me.; 240—300 nm): *Abe et al.*, l. c. S. 1453.

IX   X   XI   XII

3-Acetoxy-7-methyl-5,6-dihydro-4*H*-benzofuran-2-on, Acetoxy-[(*E*)-2-hydroxy-3-methyl-cyclohex-2-enyliden]-essigsäure-lacton $C_{11}H_{12}O_4$, Formel XI (E I 301).

F: 77—78° (*Plattner, Jampolsky,* Helv. **26** [1943] 687, 694). Absorptionsspektrum (220—400 nm): *Pl., Ja.*, l. c. S. 689.

***Opt.-inakt. 3-Äthoxy-3a,4,7,7a-tetrahydro-3*H*-4,7-methano-isobenzofuran-1-on, 3-[Äthoxy-hydroxy-methyl]-norborn-5-en-2-carbonsäure-lacton** $C_{11}H_{14}O_3$, Formel XII.

B. Aus Cyclopentadien und (±)-4-Äthoxy-4-hydroxy-*cis*-crotonsäure-lacton (*Alder, Fariña,* An. Soc. españ. [B] **54** [1958] 689, 694).

Bei 85—88°/0,05—0,1 Torr destillierbar.

Hydroxy-oxo-Verbindungen $C_{10}H_{12}O_3$

(±)-6-Cyclopent-1-enyl-4-methoxy-5,6-dihydro-pyran-2-on, (±)-5-Cyclopent-1-enyl-5-hydroxy-3-methoxy-pent-2*c*-ensäure-lacton $C_{11}H_{14}O_3$, Formel XIII (R = CH$_3$).

B. Beim Erwärmen von Cyclopent-1-encarbaldehyd mit 4-Brom-3-methoxy-croton≈ säure-äthylester (Kp$_{0,5}$: 75—77°; n$_D^{19}$: 1,4988), Benzol und Zink (*Kögl, de Bruin,* R. **69** [1950] 729, 734, 738).

Krystalle (aus Cyclohexan); F: 73°. UV-Spektrum (A.; 220—280 nm): *Kögl, de Br.*, l. c. S. 736.

(±)-4-Äthoxy-6-cyclopent-1-enyl-5,6-dihydro-pyran-2-on, (±)-3-Äthoxy-5-cyclopent-1-enyl-5-hydroxy-pent-2c-ensäure-lacton $C_{12}H_{16}O_3$, Formel XIII (R = C_2H_5).

B. Beim Erwärmen von Cyclopent-1-encarbaldehyd mit 3-Äthoxy-4-brom-crotonsäure-äthylester ($Kp_{0,43}$: 77—80°; n_D^{20}: 1,4821), Benzol und Zink (*Kögl, de Bruin,* R. **69** [1950] 729, 733, 748).

Krystalle (aus Cyclohexan); F: 48—49°. UV-Spektrum (A.; 220—315 nm): *Kögl, de Br.,* l. c. S. 735.

Bei 68-stdg. Behandeln mit wss. Schwefelsäure (2 n) bei 0° ist 6-Cyclopent-1-enyl-dihydro-pyran-2,4-dion, bei 1-stdg. Behandeln mit wss. Schwefelsäure (8 n) bei 20° ist hingegen 5-Cyclopent-1-enyl-3-oxo-pent-4-ensäure erhalten worden (*Kögl, de Br.,* l. c. S. 749, 750).

XIII   XIV   XV

(±)-6-Cyclopent-1-enyl-4-[4-phenyl-phenacyloxy]-5,6-dihydro-pyran-2-on,
(±)-5-Cyclopent-1-enyl-5-hydroxy-3-[4-phenyl-phenacyloxy]-pent-2c-ensäure-lacton $C_{24}H_{22}O_4$, Formel XIV.

B. Beim Erwärmen von (±)-6-Cyclopent-1-enyl-dihydro-pyran-2,4-dion mit 1-Biphenyl-4-yl-2-brom-äthanon und Natriumhydrogencarbonat in wss. Äthanol (*Brown et al.,* Soc. **1950** 3634, 3640).

Krystalle (aus A.); F: 184—188° [korr.; Kofler-App.]. Absorptionsmaximum (A.): 289 nm.

Hydroxy-oxo-Verbindungen $C_{11}H_{14}O_3$

(±)-3ξ,4ξ-Dibrom-6*t*-hydroxy-(2a*r*,5a*c*,8a*c*,8b*c*)-2a,3,4,5,5a,6,8a,8b-octahydro-naphtho[1,8-*bc*]furan-2-on, (±)-2ξ,3ξ-Dibrom-5*t*,8*t*-dihydroxy-(4a*r*,8a*c*)-1,2,3,4,4a,5,8,8a-octahydro-[1*t*]naphthoesäure-8-lacton $C_{11}H_{12}Br_2O_3$, Formel XV.

Über die Konstitution s. *Adlerová et al.,* Collect. **25** [1960] 221, 223.

B. In kleiner Menge neben 6*c*-Brom-4*t*-hydroxy-(4a*r*,8a*c*)-1,4,4a,5,6,7,8,8a-octahydro-1*t*,7*t*-epoxido-naphthalin-5-carbonsäure-lacton beim Behandeln von (±)-5*t*,8*t*-Dihydroxy-(4a*r*,8a*c*)-1,4,4a,5,8,8a-hexahydro-[1*t*]naphthoesäure-8-lacton mit Brom in Dichlormethan (*Woodward et al.,* Tetrahedron **2** [1958] 1, 14, 39) oder in Chloroform (*Ad. et al.,* l. c. S. 229).

Krystalle (aus Acn.); F: 175—176° [Block] (*Wo. et al.*), 174—175° [Kofler-App.] (*Ad. et al.*). IR-Spektrum (Nujol; 2,7—3,2 μ und 5,3—13 μ): *Ad. et al.*

Hydroxy-oxo-Verbindungen $C_{13}H_{18}O_3$

13-[(Ξ)-Benzoyloxymethylen]-6-oxa-dispiro[4.1.4.2]tridecan-12-on $C_{20}H_{22}O_4$, Formel I.

B. Beim Behandeln von 13-Oxo-6-oxa-dispiro[4.1.4.2]tridecan-12-carbaldehyd mit Benzoylchlorid und Pyridin (*Korobizyna et al.,* Ž. obšč. Chim. **29** [1959] 1960, 1963; engl. Ausg. S. 1931, 1933).

Krystalle (aus A.); F: 110—111°.

I   II   III

Hydroxy-oxo-Verbindungen $C_{14}H_{20}O_3$

5-Methoxy-1,1,3,3,7,7-hexamethyl-3,7-dihydro-1*H*-isobenzofuran-4-on $C_{15}H_{22}O_3$, Formel II (R = CH_3).

B. Beim Erwärmen von 1,1,3,3,7,7-Hexamethyl-1,3,6,7-tetrahydro-isobenzofuran-4,5-dion mit Methyljodid und Natriumäthylat in Benzol (*Tamate*, J. chem. Soc. Japan Pure Chem. Sect. **79** [1958] 494, 499; C. A. **1960** 4530).

Krystalle (aus A.); F: 115—116°. IR-Banden (CCl_4) im Bereich von 1670 cm^{-1} bis 1000 cm^{-1}: *Ta.*, l. c. S. 496.

5-Acetoxy-1,1,3,3,7,7-hexamethyl-3,7-dihydro-1*H*-isobenzofuran-4-on $C_{16}H_{22}O_4$, Formel II (R = $CO\text{-}CH_3$).

B. Aus 1,1,3,3,7,7-Hexamethyl-1,3,6,7-tetrahydro-isobenzofuran-4,5-dion bei 4-tägigem Behandeln mit Acetanhydrid und Pyridin sowie beim Erhitzen mit Acetanhydrid und Kaliumacetat (*Tamate*, J. chem. Soc. Japan Pure Chem. Sect. **79** [1958] 494, 499; C. A. **1960** 4530).

Krystalle; F: 117—118°. IR-Banden (CCl_4) im Bereich von 1773 cm^{-1} bis 998 cm^{-1}: *Ta.*, l. c. S. 496.

(±)-7-Hydroxy-15-thia-bicyclo[10.2.1]pentadeca-12,14(1)-dien-6-on, (±)-6-Hydroxy-[10](2,5)thienophan-5-on, (±)-7-Hydroxy-[2,5]thiena-cycloundecan-6-on[1]) $C_{14}H_{20}O_2S$, Formel III.

B. Beim Erhitzen von 2,5-Bis-[4-methoxycarbonyl-butyl]-thiophen mit Natrium in Xylol unter Stickstoff (*Gol'dfarb et al.*, Izv. Akad. S.S.S.R. Otd. chim. **1957** 1264; engl. Ausg. S. 1287).

F: 69,5—71°.

Hydroxy-oxo-Verbindungen $C_{15}H_{22}O_3$

9-Acetoxy-9-[3]furyl-2,6-dimethyl-non-5ξ-en-4-on $C_{17}H_{24}O_4$, Formel IV.

In den von *McDowall* (Soc. **127** [1925] 2200, 2204), von *Brandt, Ross* (Soc. **1949** 2778, 2781) und von *Birch et al.* (Austral. J. Chem. **6** [1953] 385, 389) beim Erhitzen von (−)-Ngaion (4-Methyl-1-[(2S)-5t-methyl-2,3,4,5-tetrahydro-[2r,3′]bifuryl-5c-yl]-pentan-2-on) mit Acetanhydrid und Natriumacetat erhaltenen, als Isongaion-acetat bezeichneten Präparaten sowie in den von *Birch et al.* (Chem. and Ind. **1954** 902) und von *Kubota, Matsuura* (Chem. and Ind. **1956** 521; J. chem. Soc. Japan Pure Chem. Sect. **78** [1957] 385, 387; C. A. **1959** 21861; Soc. **1958** 3667, 3669) beim Erhitzen von (+)-Ngaion (Ipomeamaron; 4-Methyl-1-[(2R)-5t-methyl-2,3,4,5-tetrahydro-[2r,3′]bifuryl-5c-yl]-pentan-2-on) mit Acetanhydrid und Natriumacetat erhaltenen, als Acetyl-isoipo≠meamaron bezeichneten Präparaten haben Gemische von 9-Acetoxy-9-[3]furyl-2,6-di≠methyl-non-5ξ-en-4-on (Formel IV) mit 9-Acetoxy-9-[3]furyl-2,6-dimethyl-non-6ξ-en-4-on ($C_{17}H_{24}O_4$; Formel V) vorgelegen (*Hegarty et al.*, Austral. J. Chem. **23** [1970] 107, 111).

B. Beim Erwärmen von 1-Dimethoxyphosphoryloxy-4-methyl-pentan-2-on mit Natriumhydrid in Äther und anschliessend mit (±)-5-Acetoxy-5-[3]furyl-pentan-2-on (*Burka et al.*, J. org. Chem. **39** [1974] 2212).

^{1}H-NMR-Spektrum (CCl_4) sowie ^{1}H-^{1}H-Spin-Spin-Kopplungskonstante: *Bu. et al.* IR-Banden (CCl_4) im Bereich von 3130 cm^{-1} bis 1620 cm^{-1}: *Bu. et al.*

---

[1]) Über diese Beziehung s. *Kauffmann*, Tetrahedron **28** [1972] 183.

*3-Hydroxy-4-methyl-4-[2-(2,6,6-trimethyl-cyclohex-2-enyl)-vinyl]-oxetan-2-on,
2,3-Dihydroxy-3-methyl-5-[2,6,6-trimethyl-cyclohex-2-enyl]-pent-4-ensäure-3-lacton
$C_{15}H_{22}O_3$, Formel VI.

Diese Konstitution ist für die nachstehend beschriebene opt.-inakt. Verbindung in Betracht gezogen worden (*Naves*, Bl. **1950** 1188).

B. Neben anderen Verbindungen beim Behandeln von (±)-*trans*-α-Jonon (E III **7** 641) mit Chloressigsäure-äthylester und Natriumäthylat, Erwärmen des Reaktionsprodukts mit wss. Kalilauge und Erhitzen der nach dem Ansäuern mit wss. Schwefelsäure erhaltenen Carbonsäure unter 10 Torr (*Na. et al.*).

Krystalle (aus A.); F: 139—140° [korr.].

VI VII VIII

4-Hydroxy-7-isopropenyl-3,6-dimethyl-6-vinyl-hexahydro-benzofuran-2-on,
2-[2,6-Dihydroxy-3-isopropenyl-4-methyl-4-vinyl-cyclohexyl]-propionsäure-2-lacton
$C_{15}H_{22}O_3$, Formel VII.

Über die Konstitution der beiden nachstehend beschriebenen Stereoisomeren s. *Asahina, Ukita*, B. **74** [1941] 952; J. pharm. Soc. Japan **61** [1941] 376; Bl. chem. Soc. Japan **18** [1943] 338; J. pharm. Soc. Japan **63** [1943] 29.

a) Rechtsdrehendes Stereoisomeres vom F: 230°; **Temisin**.

Isolierung aus Artemisia maritima; *Nakamura et al.*, Pr. Acad. Tokyo **9** [1933] 91; C. **1934** II 2694.

Krystalle; F: 230° [aus wss. A.] (*Mitsuhashi*, J. pharm. Soc. Japan **68** [1948] 201; C. A. **1953** 9566), 228° [aus A. bzw. wss. A.] (*Na. et al.*; *Mitsuhashi*, J. pharm. Soc. Japan **70** [1950] 711, 713; C. A. **1951** 5365), 228° [aus E. oder A.] (*Asahina et al.*, J. pharm. Soc. Japan **60** [1940] 204, 206; dtsch. Ref. S. 72; C. A. **1940** 5427). Krystalloptik: *Mitsuhashi*, J. pharm. Soc. Japan **68** 202, **70** 713, **72** [1952] 1339, 1342; C. A. **1953** 1335. $[α]_D^{13}$: +65,7° [$CHCl_3$; c = 2] (*Na. et al.*); $[α]_D^{20}$: +69,9° [$CHCl_3$; c = 2] (*As. et al.*).

O-Acetyl-Derivat $C_{17}H_{24}O_4$ (2-[6-Acetoxy-2-hydroxy-3-isopropenyl-4-methyl-4-vinyl-cyclohexyl]-propionsäure-lacton). Krystalle (aus A.); F: 86° (*Na. et al.*).

O-Benzoyl-Derivat $C_{22}H_{26}O_4$ (2-[6-Benzoyloxy-2-hydroxy-3-isopropenyl-4-methyl-4-vinyl-cyclohexyl]-propionsäure-lacton). Krystalle (aus A.); F: 133° (*Na. et al.*).

b) Linksdrehendes Stereoisomeres vom F: 73°; **Isotemisin**.

Isolierung aus Artemisia maritima: *Nakamura, Ohta*, Pr. Acad. Tokyo **10** [1934] 215; C. **1935** I 2683.

Krystalle (aus wss. A.) mit 1 Mol H_2O, F: 85—87° (*Asahina, Ukita*, Bl. chem. Soc. Japan **18** [1943] 338, 342; J. pharm. Soc. Japan **63** [1943] 29, 31; *Mitsuhashi*, J. pharm. Soc. Japan **70** [1950] 711, 712; C. A. **1951** 5365), 86° [nach Sintern bei 83°] (*Na., Ohta*); die wasserfreie Verbindung schmilzt bei 70—73° (*Na., Ohta*; *As., Uk.*). Krystalloptik: *Mitsuhashi*, J. pharm. Soc. Japan **70** 713, **72** [1952] 1339, 1342; C. A. **1953** 1335. $[α]_D^{18}$: −24,4° [$CHCl_3$; c = 2] [wasserfreie Verbindung] (*Na., Ohta*); $[α]_D^{24}$: −22,1° [$CHCl_3$; c = 2] [wasserfreie Verbindung]; $[α]_D^{19}$: −10,3° [A.; c = 2] [Monohydrat] (*As., Uk.*).

Bei der Hydrierung an Platin in Äthanol ist eine Verbindung $C_{15}H_{24}O_3$ (Krystalle [aus wss. A.] mit 1 Mol H_2O, F: 90—91°; die wasserfreie Verbindung schmilzt bei 77°; $[α]_D^{16}$: −24,9° [$CHCl_3$; wasserfreie Verbindung]; O-Acetyl-Derivat $C_{17}H_{26}O_4$: F: 140°) erhalten worden (*Na., Ohta*).

O-Acetyl-Derivat $C_{17}H_{24}O_4$ (2-[6-Acetoxy-2-hydroxy-3-isopropenyl-4-methyl-4-vinyl-cyclohexyl]-propionsäure-lacton). Krystalle (aus wss. A.); F: 133—134° bzw. F: 133° (*As., Uk.*; *Na., Ohta*).

15-[(Ξ)-Benzoyloxymethylen]-7-oxa-dispiro[5.1.5.2]pentadecan-14-on $C_{22}H_{26}O_4$, Formel VIII.

B. Beim Behandeln von 15-Oxo-7-oxa-dispiro[5.1.5.2]pentadecan-14-carbaldehyd mit Benzoylchlorid und Pyridin (*Korobizyna et al.*, Ž. obšč. Chim. **29** [1959] 1960, 1964; engl. Ausg. S. 1931, 1934).

Krystalle (aus A.); F: 137—138°.

(3aS)-6t-Hydroxy-3c,6c,9-trimethyl-(3ar,6aξ,9bt)-3a,4,5,6,6a,7,8,9b-octahydro-3H-azuleno[4,5-b]furan-2-on, **(S)-2-[(4S)-4r,8t-Dihydroxy-3,8c-dimethyl-(8aξ)-1,2,4,5,6,7,8,8a-octahydro-azulen-5t-yl]-propionsäure-4-lacton** $C_{15}H_{22}O_3$, Formel IX.

Diese Konstitution und Konfiguration kommt dem nachstehend beschriebenen **Dihydroartabsin** zu (*Vokáč et al.*, Collect. **34** [1969] 2288, 2294, **37** [1972] 1346, 1348).

B. Bei der Hydrierung von Artabsin (S. 234) an Platin in Äthanol (*Herout et al.*, Collect. **22** [1957] 1914, 1918).

Krystalle (aus Diisopropyläther), F: 133,5—134° [korr.]; $[\alpha]_D^{20}$: —130° [CHCl$_3$; c = 2] (*He. et al.*).

(6aS)-9ξ-Hydroxy-3,6t,9a-trimethyl-(6ar,9at,9bc)-5,6,6a,7,8,9,9a,9b-octahydro-4H-azuleno[4,5-b]furan-2-on, **2-[(3aS,5Z)-3ξ,4c-Dihydroxy-3a,8c-dimethyl-(3ar,8at)-octahydro-azulen-5-yliden]-propionsäure-4-lacton**, **4ξ,6β-Dihydroxy-10αH-ambros-7(11)-en-12-säure-6-lacton**[1]) $C_{15}H_{22}O_3$, Formel X.

Diese Konstitution und Konfiguration kommt dem nachstehend beschriebenen **Dihydroisoambrosinol** zu (*Bernardi, Büchi*, Experientia **13** [1957] 466; *Šorm et al.*, Collect. **24** [1959] 1548; *Herz et al.*, Am. Soc. **84** [1962] 2601, 2603; *Suchý et al.*, Collect. **28** [1963] 2257).

B. Bei der Hydrierung von Ambrosin ((3aS)-6t,9a-Dimethyl-3-methylen-(3ar,6ac,9at,9bc)-3,3a,4,5,6,6a,9a,9b-octahydro-azuleno[4,5-b]furan-2,9-dion[E III/IV **17** 6226]) oder von Dihydroisoambrosin ((6aS)-3,6t,9a-Trimethyl-(6ar,9at,9bc)-4,5,6,6a,7,8,9a,9b-octahydro-azuleno[4,5-b]furan-2,9-dion [E III/IV **17** 6106]) an Platin in Methanol (*Abu-Shady, Soine*, J. Am. pharm. Assoc. **43** [1954] 365).

Krystalle (aus Heptan); F: 85—87° (*Abu-Sh., So.*). IR-Spektrum (3—12 µ): *Abu-Sh., So.*, l. c. S. 369.

O-Acetyl-Derivat $C_{17}H_{24}O_4$ (4ξ-Acetoxy-6β-hydroxy-ambros-7(11)-en-12-säure-lacton). Krystalle (aus PAe.); F: 104° (*Abu-Sh., So.*).

O-[3,5-Dinitro-benzoyl]-Derivat $C_{22}H_{24}N_2O_8$ (4ξ-[3,5-Dinitro-benzoyloxy]-6β-hydroxy-ambros-7(11)-en-12-säure-lacton). F: 150° (*Abu-Sh., So.*).

O-Phenylcarbamoyl-Derivat $C_{22}H_{27}NO_4$ (6β-Hydroxy-4ξ-phenylcarbamoyloxy-ambros-7(11)-en-12-säure-lacton). F: 210—212° (*Abu-Sh., So.*).

IX   X   XI   XII

(3aR)-8t-Acetoxy-3t,5t,8a-trimethyl-(3ar,8at,9at)-3a,5,6,7,8,8a,9,9a-octahydro-3H-naphtho[2,3-b]furan-2-on, **(11S)-1β-Acetoxy-8α-hydroxy-eudesm-5-en-12-säure-lacton**[2]) $C_{17}H_{24}O_4$, Formel XI.

Diese Konstitution und Konfiguration ist dem nachstehend beschriebenen **Acetylanhydrotetrahydropseudosantonin** auf Grund seiner genetischen Beziehung zu Tetrahydropseudosantonin (E III **10** 1360) zuzuordnen; bezüglich der Konfiguration am C-Atom 8 (Eudesman-Bezifferung) s. aber *Moss et al.*, J.C.S. Perkin I **1974** 1525.

---

[1]) Stellungsbezeichnung bei von Ambrosan abgeleiteten Namen s. E III/IV **17** 4670.
[2]) Stellungsbezeichnung bei von Eudesman abgeleiteten Namen s. E III **7** 515, 516.

B. Beim Erhitzen von Tetrahydro-pseudosantonin ((11S)-1β,8α-Dihydroxy-eudesm-5-en-12-säure) mit Acetanhydrid (*Clemo, Cocker*, Soc. **1946** 30, 31, 34).
Krystalle (aus wss. A.); F: 104° (*Cl., Co.*).

**(3a*R*)-6*c*-Hydroxy-3*t*,8a-dimethyl-5-methylen-(3a*r*,4a*c*,8a*t*,9a*c*)-decahydro-naphtho=
[2,3-*b*]furan-2-on, (11*S*)-3α,8β-Dihydroxy-eudesm-4(15)-en-12-säure-8-lacton** [1])
$C_{15}H_{22}O_3$, Formel XII (R = H).
Über Konstitution und Konfiguration s. *Tanabe*, Chem. Pharm. Bl. **6** [1958] 218; die Konfiguration am C-Atom 11 (Eudesman-Bezifferung) ergibt sich aus der genetischen Beziehung zu Dihydroisoalantolacton ((11*S*)-8β-Hydroxy-eudesm-4(15)-en-12-säure-lacton [E III/IV 17 4764]).
B. Beim Erwärmen von Dihydroisoalantolacton mit Selendioxid und wss. Äthanol (*Matsumura et al.*, J. pharm. Soc. Japan **74** [1954] 738, 740; C. A. **1955** 3090; *Ta.*).
Krystalle (aus Bzl.); F: 182—183° (*Ma. et al.*), 179—180° (*Ta.*). $[\alpha]_D^{15}$: —10,5° [$CHCl_3$; c = 2] (*Ma. et al.*); $[\alpha]_D^{23}$: —12,5° [$CHCl_3$; c = 2] (*Ta.*). IR-Spektrum (Nujol; 2—16 µ): *Ma. et al.*, l. c. S. 739.
O-Benzoyl-Derivat $C_{22}H_{26}O_4$ ((11*S*)-3α-Benzoyloxy-8β-hydroxy-eudesm-4(15)-en-12-säure-lacton). Krystalle (aus Bzl. + Bzn.), F: 163,5—164°; $[\alpha]_D^{15}$: —55,6° [$CHCl_3$; c = 3] (*Ma. et al.*).

**(3a*S*)-6*c*-Hydroxymethyl-6*t*,9a-dimethyl-(3a*r*,5a*t*,9a*c*,9b*t*)-3a,4,5,5a,6,9,9a,9b-octa=
hydro-1*H*-naphtho[1,2-*c*]furan-3-on, *ent*-11,14-Dihydroxy-8βH-drim-2-en-12-säure-11-lacton** [2]), $C_{15}H_{22}O_3$, Formel XIII (R = H).
Über die Konfiguration dieser in der Literatur auch als Δ²-Anhydroisodihydro=iresin bezeichneten Verbindung s. *Djerassi, Burstein*, Tetrahedron **7** [1959] 37, 43.
B. Beim Erhitzen des im folgenden Artikel beschriebenen O-Trityl-Derivats mit wss. Schwefelsäure und Dioxan (*Djerassi et al.*, Am. Soc. **80** [1958] 1972, 1975).
Krystalle (aus $CHCl_3$ + Hexan); F: 115—116° [Kofler-App.]; $[\alpha]_D$: —53° [$CHCl_3$] (*Dj. et al.*). UV-Absorption (200—230 nm): *Dj. et al.*

**(3a*S*)-6*t*,9a-Dimethyl-6*c*-trityloxymethyl-(3a*r*,5a*t*,9a*c*,9b*t*)-3a,4,5,5a,6,9,9a,9b-octa=
hydro-1*H*-naphtho[1,2-*c*]furan-3-on, *ent*-11-Hydroxy-14-trityloxy-8βH-drim-2-en-12-säu=
re-lacton** [2]) $C_{34}H_{36}O_3$, Formel XIII (R = C(C_6H_5)$_3$).
B. Beim Behandeln von (3a*S*)-7*c*-Hydroxy-6*t*,9a-dimethyl-6*c*-trityloxymethyl-(3a*r*,5a*t*,9a*c*,9b*t*)-decahydro-naphtho[1,2-*c*]furan-3-on mit Methansulfonylchlorid und Pyridin und Erwärmen des Reaktionsprodukts mit Natriumjodid in Aceton (*Djerassi et al.*, Am. Soc. **80** [1958] 1972, 1975). Beim Erwärmen von (3a*S*)-7*c*-[4-Brom-benzolsulfonyloxy]-6*t*,9a-dimethyl-6*c*-trityloxymethyl-(3a*r*,5a*t*,9a*c*,9b*t*)-decahydro-naphtho[1,2-*c*]furan-3-on mit Natriumjodid und Aceton (*Dj. et al.*). Beim Erhitzen von (3a*S*)-6*t*,9a-Dimethyl-7*c*-[toluol-4-sulfonyloxy]-6*c*-trityloxymethyl-(3a*r*,5a*t*,9a*c*,9b*t*)-decahydro-naphtho[1,2-*c*]=
furan-3-on mit Collidin (*Dj. et al.*).
Krystalle (aus wss. Acn. oder aus $CHCl_3$ + Hexan); F: 273—276° [Kofler-App.]. $[\alpha]_D$: —78° [$CHCl_3$].

**(3a*S*)-6*c*-Acetoxymethyl-6*t*,9a-dimethyl-(3a*r*,5a*t*,9a*c*,9b*t*)-3a,4,5,5a,6,9,9a,9b-octa=
hydro-1*H*-naphtho[1,2-*c*]furan-3-on, *ent*-14-Acetoxy-11-hydroxy-8βH-drim-2-en-12-säu=
re-lacton** [2]) $C_{17}H_{24}O_4$, Formel XIII (R = CO-CH_3).
B. Beim Behandeln von (3a*S*)-6*c*-Hydroxymethyl-6*t*,9a-dimethyl-(3a*r*,5a*t*,9a*c*,9b*t*)-3a,4,5,5a,6,9,9a,9b-octahydro-1*H*-naphtho[1,2-*c*]furan-3-on (s. o.) mit Acetanhydrid (*Djerassi et al.*, Am. Soc. **80** [1958] 1972, 1976).
Krystalle (aus Acn. + Hexan); F: 171—173° [Kofler-App.].

**(3a*S*)-7ξ-Hydroxy-3*t*,6,6a-trimethyl-(3a*r*,6a*t*,9b*t*)-octahydro-6*c*,9a*c*-cyclo-azuleno=
[4,5-*b*]furan-2-on, (*R*)-2-[(8a*R*)-1ξ,4*t*-Dihydroxy-8,8a-dimethyl-(8a*r*)-octahydro-3a*t*,8*t*-cyclo-azulen-5*c*-yl]-propionsäure-4-lacton** $C_{15}H_{22}O_3$, Formel XIV.
Konstitution und Konfiguration ergeben sich aus der genetischen Beziehung zu

---

[1]) Stellungsbezeichnung bei von Eudesman abgeleiteten Namen s. E III **7** 515, 516.
[2]) Stellungsbezeichnung bei von Driman abgeleiteten Namen s. E III **9** 273 Anm. 3.

β-Lumisantonin ((R)-2-[(8aR)-4t-Hydroxy-8,8a-dimethyl-1-oxo-(8ar)-4,5,6,7,8,8a-hexahydro-1H-3at,8t-cyclo-azulen-5c-yl]-propionsäure-lacton [E III/IV **17** 6241]).

B. Beim Behandeln von β-Dihydrolumisantoninsäure ((R)-2-[(8aR)-4t-Hydroxy-8,8a-dimethyl-1-oxo-(8ar)-octahydro-3at,8t-cyclo-azulen-5c-yl]-propionsäure) mit wss. Natronlauge und Kaliumboranat und Ansäuern des Reaktionsgemisches (*Cocker et al.*, Soc. **1947** 3416, 3421, 3426).

Krystalle (aus Bzn.); F: 114°.

(3aR,10aR)-6ξ-Hydroxy-1t,5t,8-trimethyl-(3ar,7at)-octahydro-4c,8c-cyclo-azuleno-[4,3a-b]furan-2-on, (S)-2-[(3aR)-4c,7ξ-Dihydroxy-1,6c-dimethyl-(8ac)-octahydro-1t,5t-cyclo-azulen-3ar-yl]-propionsäure-4-lacton $C_{15}H_{22}O_3$, Formel XV.

Diese Konstitution und Konfiguration kommt vermutlich der nachstehend beschriebenen Verbindung zu.

B. Beim Behandeln von Santonsäure ((S)-2-[(3aR)-4,7-Dioxo-1,6c-dimethyl-(8ac)-octahydro-1t,5t-cyclo-azulen-3ar-yl]-propionsäure [E III **10** 3540]) mit wss. Natronlauge und Kaliumboranat und Ansäuern des Reaktionsgemisches (*Cocker et al.*, Soc. **1957** 3416, 3419, 3425).

Krystalle (aus E. + Bzn.); F: 158°. $[\alpha]_D^{19}$: +40° [CHCl$_3$; c = 1].

7a-Hydroxy-dodecahydro-4a,8-cyclo-dibenz[b,e]oxocin-6-on, [4a,11-Dihydroxy-dodecahydro-5,9-methano-benzocycloocten-11-yl]-essigsäure-4a-lacton $C_{15}H_{22}O_3$, Formel XVI (R = H).

Diese Konstitution wird der nachstehend beschriebenen opt.-inakt. Verbindung zugeordnet.

B. Beim Erwärmen einer Lösung von (±)-1,2,3,4,5,6,7,8,9,10-Decahydro-5,9-methano-benzocycloocten-11-on in Benzol mit Bromessigsäure-äthylester und Zink und Erwärmen des Reaktionsprodukts mit methanol. Kalilauge und anschliessend mit wss. Schwefelsäure (*Julia, Varech*, Bl. **1959** 1127, 1132).

Krystalle (aus Ae. + PAe.); F: 112° [unkorr.].

XIII   XIV   XV   XVI

Hydroxy-oxo-Verbindungen $C_{16}H_{24}O_3$

7a-Hydroxy-12-methyl-dodecahydro-4a,8-cyclo-dibenz[b,e]oxocin-6-on, [4a,11-Dihydroxy-10-methyl-dodecahydro-5,9-methano-benzocycloocten-11-yl]-essigsäure-4a-lacton $C_{16}H_{24}O_3$, Formel XVI (R = CH$_3$).

Diese Konstitution wird der nachstehend beschriebenen opt.-inakt. Verbindung zugeordnet.

B. Beim Erwärmen einer Lösung von opt.-inakt. 10-Methyl-1,2,3,4,5,6,7,8,9,10-decahydro-5,9-methano-benzocycloocten-11-on in Benzol mit Bromessigsäure-äthylester und Zink und Erwärmen des Reaktionsprodukts mit methanol. Kalilauge und anschliessend mit wss. Schwefelsäure (*Julia, Varech*, Bl. **1959** 1127, 1132).

Krystalle (aus Ae. + PAe.); F: 128° [unkorr.].

Hydroxy-oxo-Verbindungen $C_{17}H_{26}O_3$

17β-Acetoxy-5-chlor-4-oxa-5ξ-östran-3-on, 17β-Acetoxy-5ξ-chlor-5ξ-hydroxy-3,5-seco-A-nor-östran-3-säure-lacton $C_{19}H_{27}ClO_4$, Formel I (R = CO-CH$_3$).

B. Beim Erwärmen von 17β-Acetoxy-5-oxo-3,5-seco-A-nor-östran-3-säure mit Acetyl-

chlorid (*Hartman et al.*, Am. Soc. **78** [1956] 5662, 5665).
Krystalle (aus Diisopropyläther); F: 131—132° [unkorr.; Zers.]. $[\alpha]_D^{27}$: $+16,3°$ [CHCl$_3$; c = 1].
Wenig beständig (Zersetzung unter Abgabe von Chlorwasserstoff).

17β-Benzoyloxy-5-chlor-4-oxa-5ξ-östran-3-on, 17β-Benzoyloxy-5ξ-chlor-5ξ-hydroxy-3,5-seco-A-nor-östran-3-säure-lacton C$_{24}$H$_{29}$ClO$_4$, Formel I (R = CO-C$_6$H$_5$).
B. Beim Erwärmen von 17β-Benzoyloxy-5-oxo-3,5-seco-A-nor-östran-3-säure mit Acetylchlorid (*Hartman et al.*, Am. Soc. **78** [1956] 5662, 5666).
Krystalle (aus Acn.); F: 184,2—186,2° [unkorr.; Zers.].

I   II   III

Hydroxy-oxo-Verbindungen C$_{18}$H$_{28}$O$_3$

6-[2,4-Di-*sec*-butyl-1-hydroxy-cyclopentyl]-pyran-2-on C$_{18}$H$_{28}$O$_3$, Formel II.
In einem von *Kögl* (Naturwiss. **30** [1942] 392, 395) und von *Kögl et al.* (Z. physiol. Chem. **280** [1944] 135, 140, 145) unter dieser Konstitution beschriebenen, als Lumiauxon bezeichneten Präparat (F: 172°) hat Hydrochinon vorgelegen (*Vliegenthart, Vliegenthart*, R. **85** [1966] 1266, 1269).

17β-Hydroxy-4-oxa-5ξ-androstan-3-on, 5ξ,17β-Dihydroxy-3,5-seco-A-nor-androstan-3-säure-5-lacton C$_{18}$H$_{28}$O$_3$, Formel III.
B. Beim Erwärmen von 17β-Hydroxy-5-oxo-3,5-seco-A-nor-androstan-3-säure mit Äthanol und Natrium und Behandeln des Reaktionsgemisches mit wss. Essigsäure oder wss. Schwefelsäure (*Bolt*, R. **70** [1951] 940, 947).
Krystalle (aus Acn.), F: 176—176,5° [korr.; Block]; $[\alpha]_D$: $+80,7°$ [CHCl$_3$; c = 1] (*Bolt*). IR-Banden (CCl$_4$) im Bereich von 1747 cm^{-1} bis 1047 cm^{-1}: *Jones, Gallagher*, Am. Soc. **81** [1959] 5242, 5244.

Hydroxy-oxo-Verbindungen C$_{19}$H$_{30}$O$_3$

17β-Acetoxy-11ξ,12ξ-dideuterio-4-oxa-A-homo-5β-androstan-3-on, 17β-Acetoxy-11ξ,12ξ-dideuterio-4-hydroxy-3,4-seco-5β-androstan-3-säure-lacton C$_{21}$H$_{30}$D$_2$O$_4$, Formel IV.
B. In kleiner Menge neben 17β-Acetoxy-11ξ,12ξ-dideuterio-5β-androstan-3α-ol (F: 168° bis 170°) bei mehrtägiger Behandlung von 11ξ,12ξ-Dideuterio-3α-hydroxy-5β-pregnan-20-on (1,64 Mol Deuterium enthaltend; E III **8** 622) mit Peroxybenzoesäure in Tetrachlormethan (*Koechlin et al.*, J. biol. Chem. **184** [1950] 393, 396).
Krystalle; F: 217—218,5°. $[\alpha]_D^{25}$: $+34°$ [CHCl$_3$].

IV   V

8-Cyclohexancarbonyloxy-5a,7a-dimethyl-hexadecahydro-cyclopenta[5,6]naphth-[2,1-c]oxepin-3-on $C_{26}H_{40}O_4$.

a) **17β-Cyclohexancarbonyloxy-4-oxa-A-homo-5α-androstan-3-on, 17β-Cyclohexancarbonyloxy-4-hydroxy-3,4-seco-5α-androstan-3-säure-lacton** $C_{26}H_{40}O_4$, Formel V.

B. Als Hauptprodukt neben 17β-Cyclohexancarbonyloxy-2-hydroxy-2,3-seco-5α-androstan-3-säure-lacton beim Behandeln von 17β-Cyclohexancarbonyloxy-5α-androstan-3-on mit Trifluorperoxyessigsäure und Dinatriumhydrogenphosphat in Dichlormethan (*Rull, Ourisson*, Bl. **1958** 1573, 1579).

Krystalle (aus CH_2Cl_2 + PAe.); F: 187—188° [korr.; Kofler-App.]. $[\alpha]_{578}^{20}$: 0° [$CHCl_3$].

b) **17α-Cyclohexancarbonyloxy-4-oxa-A-homo-5α-androstan-3-on, 17α-Cyclohexancarbonyloxy-4-hydroxy-3,4-seco-5α-androstan-3-säure-lacton** $C_{26}H_{40}O_4$, Formel VI.

B. Bei mehrtägigem Behandeln von 17α-Cyclohexancarbonyloxy-5α-androstan-3-on mit Peroxybenzoesäure in Chloroform bei —10° (*Prelog et al.*, Helv. **28** [1945] 618, 625).

Krystalle; F: 195,5—196° [korr.] (chromatographisch gereinigtes Präparat). $[\alpha]_D^{16}$: —36° [$CHCl_3$; c = 0,8].

Beim Leiten im Gemisch mit Stickstoff durch ein auf 300° erhitztes Rohr ist 4-Hydroxy-3,4-seco-5α-androst-16-en-3-säure-lacton erhalten worden.

VI VII

17α-Benzoyloxy-4-oxa-A-homo-5β-androstan-3-on, 17α-Benzoyloxy-4-hydroxy-3,4-seco-5β-androstan-3-säure-lacton $C_{26}H_{34}O_4$, Formel VII.

B. Bei mehrtägigem Behandeln von 17α-Benzoyloxy-5β-androstan-3-on mit Peroxybenzoesäure in Chloroform bei —10° (*Ruzicka et al.*, Helv. **28** [1945] 1651, 1657).

Krystalle (aus Acn.); F: 208,5—209,5° [korr.]. $[\alpha]_D^{20}$: —20,8° [$CHCl_3$; c = 1].

17β-Cyclohexancarbonyloxy-3-oxa-A-homo-5α-androstan-4-on, 17β-Cyclohexancarbonyloxy-2-hydroxy-2,3-seco-5α-androstan-3-säure-lacton $C_{26}H_{40}O_4$, Formel VIII.

B. s. o. im Artikel 17β-Cyclohexancarbonyloxy-4-oxa-A-homo-5α-androstan-3-on.

Krystalle (aus CH_2Cl_2 + Me.), F: 230—232° [korr.; Kofler-App.]; $[\alpha]_{578}^{20}$: +26° [$CHCl_3$; c = 1] (*Rull, Ourisson*, Bl. **1958** 1573, 1579).

8-Hydroxy-10a,12a-dimethyl-hexadecahydro-naphtho[2,1-f]chromen-2-on $C_{19}H_{30}O_3$.

a) **3α-Hydroxy-17a-oxa-D-homo-5β-androstan-17-on, 3α,13-Dihydroxy-5β,13αH-13,17-seco-androstan-17-säure-13-lacton** $C_{19}H_{30}O_3$, Formel IX.

B. Beim Behandeln von 3α-Acetoxy-5β-androstan-17-on mit Peroxyessigsäure, Essigsäure und Toluol-4-sulfonsäure und Erwärmen des Reaktionsprodukts mit methanol. Alkalilauge und anschliessend mit Säure (*Searle & Co.*, U.S.P. 2499248 [1947]).

Krystalle (aus Bzl. + 2,2-Dimethyl-butan); F: 180—182,5° (*Searle & Co.*). IR-Spektrum ($CHCl_3$; 5,6—6,1 μ, 6,8—7,7 μ und 8,7—11,6 μ): *G. Roberts, B. S. Gallagher, R. N. Jones*, Infrared Absorption Spectra of Steroids, Bd. 2 [New York 1958] Nr. 668.

VIII IX X

b) **3β-Hydroxy-17a-oxa-D-homo-5α-androstan-17-on, 3β,13-Dihydroxy-5α,13αH-13,17-seco-androstan-17-säure-13-lacton, Isoandrololacton** $C_{19}H_{30}O_3$, Formel X (R = H).

B. Beim Erwärmen von 3β-Acetoxy-13-hydroxy--5α,13αH-13,17-seco-androstan-17-säure-lacton (s. u.) mit wss.-methanol. Kalilauge und Erwärmen des Reaktionsgemisches mit wss. Salzsäure (*Levy, Jacobsen,* J. biol. Chem. **171** [1947] 71, 75).

Krystalle (aus E. + 2,2-Dimethyl-butan); F: 169,7—169,9° (*Levy, Ja.*). IR-Spektrum (KBr; 3—15 μ): *Gual et al.,* Spectrochim. Acta **13** [1959] 248, 249.

c) **3α-Hydroxy-17a-oxa-D-homo-5α-androstan-17-on, 3α,13-Dihydroxy-5α,13αH-13,17-seco-androstan-17-säure-13-lacton, Andrololacton** $C_{19}H_{30}O_3$, Formel XI (R = H).

B. Beim Erwärmen von 3α-Acetoxy-13-hydroxy-5α,13αH-13,17-seco-androstan-17-säure-lacton (s. u.) mit wss.-methanol. Kalilauge und Erwärmen des Reaktionsgemisches mit wss. Salzsäure (*Levy, Jacobsen,* J. biol. Chem. **171** [1947] 71, 77).

Krystalle (aus E.); F: 237—237,5° [Block] (*Levy, Ja.*). IR-Spektrum (CHCl$_3$; 5,6 μ bis 6,2 μ, 6,8—7,7 μ und 8,7—11,6 μ): *G. Roberts, B. S. Gallagher, R. N. Jones,* Infrared Absorption Spectra of Steroids, Bd. 2 [New York 1958] Nr. 666.

8-Acetoxy-10a,12a-dimethyl-hexadecahydro-naphtho[2,1-*f*]chromen-2-on $C_{21}H_{32}O_4$.

a) **3β-Acetoxy-17a-oxa-D-homo-5α-androstan-17-on, 3β-Acetoxy-13-hydroxy-5α,13αH-13,17-seco-androstan-17-säure-lacton, O-Acetyl-isoandrololacton** $C_{21}H_{32}O_4$, Formel X (R = CO-CH$_3$).

B. Beim Behandeln einer Lösung von 3β-Acetoxy-5α-androstan-17-on in Essigsäure mit Peroxyessigsäure und Toluol-4-sulfonsäure oder mit wss. Wasserstoffperoxid, jeweils unter Lichtausschluss (*Levy, Jacobsen,* J. biol. Chem. **171** [1947] 71, 74).

Krystalle; F: 160—161,5° [korr.] (*Turner et al.,* Am. Soc. **79** [1957] 1108, 1114), 159—160° [korr.; aus Ae. + PAe.] (*Leeds et al.,* Am. Soc. **76** [1954] 2265), 158,5—159,5° [aus Bzl. + 2,2-Dimethyl-butan] (*Levy, Ja.*). $[\alpha]_D^{23}$: −42° [Dioxan] (*Le. et al.*); $[\alpha]_D$: −40° [CHCl$_3$; c = 2] (*Tu. et al.*). IR-Spektrum (KBr; 3—15 μ): *Gual et al.,* Spectrochim. Acta **13** [1959] 248, 249.

b) **3α-Acetoxy-17a-oxa-D-homo-5α-androstan-17-on, 3α-Acetoxy-13-hydroxy-5α,13αH-13,17-seco-androstan-17-säure-lacton, O-Acetyl-andrololacton** $C_{21}H_{32}O_4$, Formel XI (R = CO-CH$_3$).

B. Beim Behandeln einer Lösung von 3α-Acetoxy-5α-androstan-17-on in Essigsäure mit Peroxyessigsäure und Toluol-4-sulfonsäure unter Lichtausschluss (*Levy, Jacobsen,* J. biol. Chem. **171** [1947] 71, 76).

Krystalle (aus E. + 2,2-Dimethyl-butan); F: 184,1—185,4° (*Levy, Ja.*). IR-Spektrum (CCl$_4$ [5,6—6,2 μ und 6,7—7,7 μ] sowie CS$_2$ [7,1—14,7 μ]): *G. Roberts, B. S. Gallagher, R. N. Jones,* Infrared Absorption Spectra of Steroids, Bd. 2 [New York 1958] Nr. 667; s. a. *Jones, Gallagher,* Am. Soc. **81** [1959] 5242, 5247.

XI XII XIII

3β-Acetoxy-5,6β-dibrom-17a-oxa-D-homo-5α-androstan-17-on, 3β-Acetoxy-5,6β-dibrom-13-hydroxy-5α,13αH-13,17-seco-androstan-17-säure-lacton $C_{21}H_{30}Br_2O_4$, Formel XII.

B. Beim Behandeln einer Lösung von 3β-Acetoxy-5,6β-dibrom-5α-androstan-17-on in Essigsäure mit Peroxyessigsäure und Toluol-4-sulfonsäure unter Lichtausschluss (*Levy, Jacobsen,* J. biol. Chem. **171** [1947] 71, 77).

Krystalle (aus E. + 2,2-Dimethyl-butan); F: 170,5—170,9° [Zers.].

3β-Acetoxy-17-oxa-D-homo-5α-androstan-17a-on, 3β-Acetoxy-16-hydroxy-16,17-seco-5α-androstan-17-säure-lacton $C_{21}H_{32}O_4$, Formel XIII.

B. Bei der Behandlung von 3β,16-Diacetoxy-16,17-seco-5α-androstan-17-säure-methyl=

ester mit warmer wss.-methanol. Kalilauge und mit wss. Schwefelsäure und anschliessenden Acetylierung (*Turner et al.*, Am. Soc. **79** [1957] 1108, 1111, 1114).

F: 168,5—170° [korr.]. $[\alpha]_D$: +12,9° [$CHCl_3$; c = 2].

3β-Acetoxy-5,6β-dibrom-17-oxa-D-homo-5α-androstan-17a-on, 3β-Acetoxy-5,6β-dibrom-16-hydroxy-16,17-seco-5α-androstan-17-säure-lacton $C_{21}H_{30}Br_2O_4$, Formel I.

Bezüglich der Zuordnung der Konfiguration an den C-Atomen 5 und 6 vgl. das analog hergestellte 5,6β-Dibrom-5α-cholestan-3β-ol (E III **6** 2149).

B. Beim Behandeln von 3β-Acetoxy-16-hydroxy-16,17-seco-androst-5-en-17-säurelacton mit Brom in Essigsäure (*v. Seemann, Grant*, Am. Soc. **72** [1950] 4073, 4076).

Krystalle (aus wss. Eg.); F: 153—154° [korr.].

8-Hydroxy-10a,12a-dimethyl-hexadecahydro-naphth[2,1-*f*]isochromen-3-on $C_{19}H_{30}O_3$.

a) **3β-Hydroxy-17-oxa-D-homo-5α-androstan-16-on, 3β,17-Dihydroxy-16,17-seco-5α-androstan-16-säure-17-lacton** $C_{19}H_{30}O_3$, Formel II.

B. Beim Behandeln von 3β,17β-Dihydroxy-5α-androstan-16-on mit Blei(IV)-acetat und wss. Essigsäure, Hydrieren des Reaktionsprodukts an Platin in Eisen(II)-chlorid enthaltendem wss. Äthanol und Behandeln der Reaktionslösung mit wss.-äthanol. Natronlauge und anschliessend mit wss. Schwefelsäure (*Huffman et al.*, J. biol. Chem. **196** [1952] 367, 372).

Krystalle (aus Acn. + Cyclohexan); F: 201° [unkorr.].

I   II   III

b) **3α-Hydroxy-17-oxa-D-homo-5α-androstan-16-on, 3α,17-Dihydroxy-16,17-seco-5α-androstan-16-säure-17-lacton** $C_{19}H_{30}O_3$, Formel III.

B. Beim Behandeln von 3α,17β-Dihydroxy-5α-androstan-16-on mit Blei(IV)-acetat und wss. Essigsäure, Hydrieren des Reaktionsprodukts an Platin in Eisen(II)-chlorid enthaltendem wss. Äthanol und Behandeln der Reaktionslösung mit wss.-äthanol. Natronlauge und anschliessend mit wss. Schwefelsäure (*Huffman et al.*, J. biol. Chem. **196** [1952] 367, 373).

Krystalle (aus Isopropylalkohol); F: 228,5—229,5° [unkorr.].

3β-Acetoxy-5,6β-dibrom-17-oxa-D-homo-5α-androstan-16-on, 3β-Acetoxy-5,6β-dibrom-17-hydroxy-16,17-seco-5α-androstan-16-säure-lacton $C_{21}H_{30}Br_2O_4$, Formel IV.

Bezüglich der Zuordnung der Konfiguration an den C-Atomen 5 und 6 vgl. das analog hergestellte 5,6β-Dibrom-5α-cholestan-3β-ol (E III **6** 2149).

B. Beim Behandeln von 3β-Acetoxy-17-hydroxy-16,17-seco-androst-5-en-16-säurelacton mit Brom in Essigsäure (*v. Seemann, Grant*, Am. Soc. **72** [1950] 4073, 4076).

Krystalle (aus wss. Me.); F: 179—180° [korr.; Zers.].

IV   V   VI

17β-Hydroxy-17α-methyl-4-oxa-5α-androstan-3-on, 5α,17β-Dihydroxy-17α-methyl-3,5-seco-A-nor-androstan-3-säure-5-lacton $C_{19}H_{30}O_3$, Formel V.

B. Beim Erwärmen von 17β-Hydroxy-17α-methyl-5-oxo-3,5-seco-A-nor-androstan-3-säure mit Äthanol und Natrium und Behandeln des Reaktionsgemisches mit wss. Schwefelsäure (*Bolt*, R. **70** [1951] 940, 948).
Krystalle (aus E.); F: 185,5—186° [korr.; Block]. $[\alpha]_D$: +61,9° [$CHCl_3$; c = 1].

(5aS)-9t-Acetoxy-12ξ-brom-3,8,8,11a-tetramethyl-(7ac,11at,11bc)-dodecahydro-3c,5ar-methano-naphth[2,1-b]oxepin-4-on, *ent*-3β-Acetoxy-14ξ-brom-8-hydroxy-13α-methyl-podocarpan-13β-carbonsäure-lacton[1]) $C_{21}H_{31}BrO_4$, Formel VI.
Über Konstitution und Konfiguration s. *Diara et al.*, Bl. **1960** 2171, **1963** 99.

B. Beim Behandeln von *ent*-3β-Acetoxy-13α-methyl-podocarp-8(14)-en-13β-carbonsäure mit Brom in Chloroform (*Pudles et al.*, Bl. **1959** 693, 695, 700).
Krystalle (aus Me.), die bei 193—200° [korr.; Kofler-App.] schmelzen. $[\alpha]_D$: —18° [A.; c = 0,8]. IR-Banden (*Nujol*): 1785 cm^{-2}, 1730 cm^{-1} und 1250 cm^{-1}.

Hydroxy-oxo-Verbindungen $C_{20}H_{32}O_3$

20ξ-Hydroxy-4-oxa-5α-pregnan-3-on, 5α,20ξ-Dihydroxy-3,5-seco-A-nor-pregnan-3-säure-5-lacton $C_{20}H_{32}O_3$, Formel VII.

a) Stereoisomeres vom F: 236°.
B. Neben dem unter b) beschriebenen Stereoisomeren beim Erwärmen von 5,20-Dioxo-3,5-seco-A-nor-pregnan-3-säure mit Äthanol und Natrium und Behandeln des Reaktionsgemisches mit wss. Schwefelsäure (*Bolt*, R. **70** [1951] 940, 947).
Krystalle (aus A.); F: 234—236° [korr.; Block]. $[\alpha]_D$ +60,9° [$CHCl_3$; c = 1].

b) Stereoisomeres vom F: 205°.
B. s. bei dem unter a) beschriebenen Stereoisomeren.
Krystalle (aus A.); F: 204—205° [korr.; Block]; $[\alpha]_D$: +75,2° [$CHCl_3$; c = 1] (*Bolt*, R. **70** [1951] 940, 947).

(4aS)-7t-[α-Hydroxy-isopropyl]-1t,4b-dimethyl-(4bt,8ac,10at)-dodecahydro-4ar,1c-oxa=äthano-phenanthren-12-on, *ent*-10-Hydroxy-13α-[α-hydroxy-isopropyl]-9-methyl-17-nor-podocarpan-16-säure-10-lacton[1]), *ent*-10,15-Dihydroxy-9-methyl-20-nor-13βH-abietan-19-säure-10-lacton[2]) $C_{20}H_{36}O_3$, Formel VIII.
Konstitution und Konfiguration: *Wenkert, Chamberlin*, Am. Soc. **81** [1959] 688, 690; *Gough et al.*, J. org. Chem. **25** [1960] 1269.

B. Beim Behandeln von Pimarsäure (13α-Methyl-13β-vinyl-podocarp-8(14)-en-15-säure) mit Schwefelsäure bei —20° und Behandeln der Reaktionslösung mit Eis (*Fleck, Palkin*, Am. Soc. **62** [1940] 2044, 2045). Neben anderen Verbindungen beim Behandeln von *ent*-10-Hydroxy-13α-isopropyl-9-methyl-17-nor-podocarpan-16-säure-lacton mit Chrom=(VI)-oxid, Acetanhydrid und Essigsäure und Behandeln des Reaktionsprodukts mit wss. Alkalilauge und anschliessend mit wss. Säure (*Minn et al.*, Am. Soc. **78** [1956] 630, 632).
Krystalle; F: 181—182° [aus Acn. + Hexan] (*Fl., Pa.*), 180,5—181,6° [unkorr.; aus Acn.] (*Minn et al.*), 180—181° [aus PAe. + Acn.] (*We., Ch.*, l. c. S. 692). $[\alpha]_D^{20}$: —4° [A.; c = 1] (*Fl., Pa.*); $[\alpha]_D^{25}$: —7,6° [$CHCl_3$; c = 1] (*Minn et al.*).

(4aR)-7c-Äthyl-10c-hydroxy-1t,4b,7t-trimethyl-(4bc,8at,10at)-dodecahydro-4ar,1c-oxa=äthano-phenanthren-12-on, 6β,10-Dihydroxy-10β-rosan-19-säure-10-lacton[3]), Dihydro=rosololacton $C_{20}H_{32}O_3$, Formel IX (R = H).
Über die Konstitution und Konfiguration s. *Scott et al.*, Pr. chem. Soc. **1964** 19; *Djerassi*

---

[1]) Stellungsbezeichnung bei von Podocarpan abgeleiteten Namen s. E III **6** 2098 Anm. 2.
[2]) Stellungsbezeichnung bei von Abietan abgeleiteten Namen s. E III **5** 1310, Anm. 1.
[3]) Stellungsbezeichnung bei von Rosan abgeleiteten Namen s. E. III/IV **17** 4776.

et al., Soc. [C] **1966** 624.

B. Bei der Hydrierung von Rosololacton (6β,10-Dihydroxy-10β-ros-15-en-19-säure-lacton) an Palladium/Kohle in Äthanol (*Harris et al.*, Soc. **1958** 1807, 1811).

Krystalle (aus Me.); F: 183° (*Ha. et al.*). Bei 212°/0,15 Torr sublimierbar. $[\alpha]_D^{18}$: $+20°$ [CHCl$_3$; c = 3] (*Ha. et al.*).

Beim Erhitzen mit Naphthalin-2-sulfonsäure unter vermindertem Druck sowie beim Erwärmen mit wss.-äthanol. Salzsäure ist Rosa-1(10),5-dien-19-säure erhalten worden (*Ha. et al.*, l. c. S. 1812; *Cox et al.*, Soc. **1965** 7257).

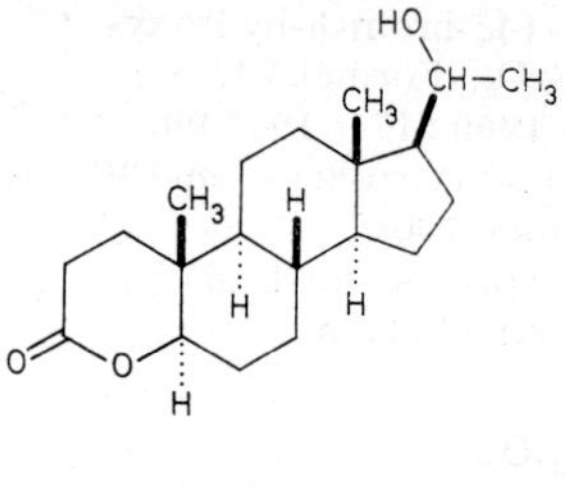

VII 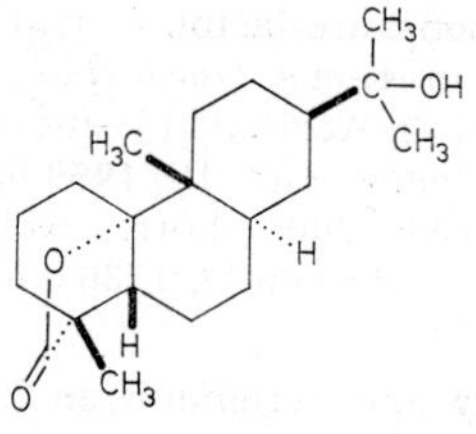 VIII 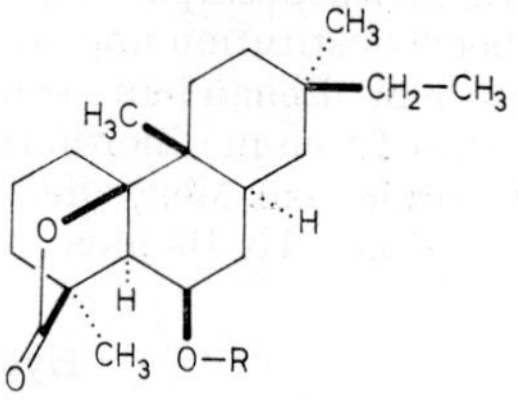 IX

(4a*R*)-10*c*-Acetoxy-7*c*-äthyl-1*t*,4b,7*t*-trimethyl-(4b*c*,8a*t*,10a*t*)-dodecahydro-4a*r*,1*c*-oxa=äthano-phenanthren-12-on, 6β-Acetoxy-10-hydroxy-10β-rosan-19-säure-lacton[1]),
O-Acetyl-dihydrorosololacton $C_{22}H_{34}O_4$, Formel IX (R = CO-CH$_3$).

B. Beim Erhitzen der im vorangehenden Artikel beschriebenen Verbindung mit Acetanhydrid und Natriumacetat (*Harris et al.*, Soc. **1958** 1807, 1811).

Krystalle (aus A.); F: 160°.

(4a*R*)-7*c*-Äthyl-9*c*-hydroxy-1*t*,4b,7*t*-trimethyl-(4b*c*,8a*c*,10a*t*)-dodecahydro-4a*r*,1*c*-oxa=äthano-phenanthren-12-on, 7β,10-Dihydroxy-8β,10β-rosan-19-säure-10-lacton[1]),
Dihydroisorosenololacton $C_{20}H_{32}O_3$, Formel X.

Über Konstitution und Konfiguration s. *Ellestad et al.*, Soc. **1965** 7246; *Cairns et al.*, Soc. [B] **1966** 654.

B. Beim Behandeln von Dihydroisorosenonolacton (10-Hydroxy-7-oxo-8β,10β-rosan-19-säure-lacton) mit Kaliumboranat und wenig Natriumhydroxid in wss. Methanol (*Harris et al.*, Soc. **1958** 1799, 1805).

Krystalle (aus Me.); F: 166° (*Ha. et al.*).

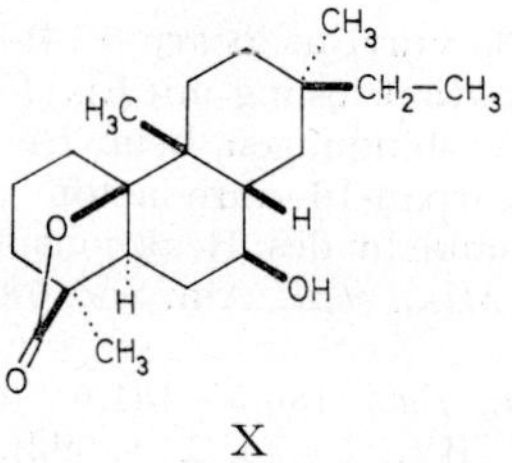

X 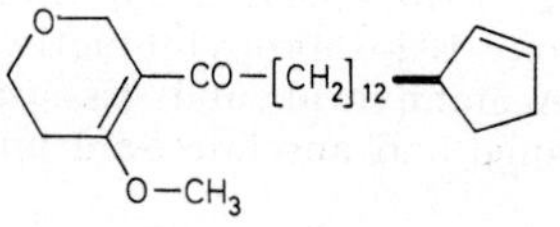 XI

Hydroxy-oxo-Verbindungen $C_{23}H_{38}O_3$

(*R*)-13-Cyclopent-2-enyl-1-[4-methoxy-5,6-dihydro-2*H*-pyran-3-yl]-tridecan-1-on $C_{24}H_{40}O_3$, Formel XI.

B. Beim Erhitzen der Natrium-Verbindung des (*R*)-13-Cyclopent-2-enyl-1-[(*Ξ*)-4-oxo-tetrahydro-pyran-3-yl]-tridecan-1-ons (E III/IV **17** 6063) mit Methyljodid und Chloroform auf 110° (*Winterfeld et al.*, Pharm. Zentralhalle **91** [1952] 320, 325).

Krystalle; F: 89° [chromatographisch gereinigtes Präparat].

---

[1]) Stellungsbezeichnung bei von Rosan abgeleiteten Namen s. E III/IV **17** 4776.

Hydroxy-oxo-Verbindungen $C_{27}H_{46}O_3$

3β-Hydroxy-7a-oxa-B-homo-5α-cholestan-7-on, 3β,8α-Dihydroxy-7,8-seco-5α-cholestan-7-säure-8-lacton $C_{27}H_{46}O_3$, Formel XII (R = H).

B. Beim Behandeln von 3β-Hydroxy-5α-cholestan-7-on mit Peroxybenzoesäure in Chloroform unter Lichtausschluss (*Heusser et al.*, Helv. **31** [1948] 1183, 1185).

Krystalle (aus Acn. + Hexan); F: 184—185° [korr.; evakuierte Kapillare]. $[\alpha]_D^{18}$: —11,2° [$CHCl_3$; c = 0,8].

3β-Acetoxy-7a-oxa-B-homo-5α-cholestan-7-on, 3β-Acetoxy-8α-hydroxy-7,8-seco-5α-cholestan-7-säure-lacton $C_{29}H_{48}O_4$, Formel XII (R = CO-CH_3).

B. Beim Behandeln von 3β-Acetoxy-5α-cholestan-7-on mit Peroxybenzoesäure in Chloroform unter Lichtausschluss (*Heusser et al.*, Helv. **31** [1948] 1183, 1185). Beim Behandeln der im vorangehenden Artikel beschriebenen Verbindung mit Acetanhydrid und Pyridin (*He. et al.*, l. c. S. 1187).

Krystalle (aus Me. oder aus Acn. + Hexan); F: 149° [korr.; evakuierte Kapillare; nach Sublimation im Hochvakuum]. $[\alpha]_D^{22}$: —15,4° [$CHCl_3$; c = 0,8].

3β-Pivaloyloxy-7a-oxa-B-homo-5α-cholestan-7-on, 8α-Hydroxy-3β-pivaloyloxy-7,8-seco-5α-cholestan-7-säure-lacton $C_{32}H_{54}O_4$, Formel XII (R = CO-C(CH_3)$_3$).

B. Bei mehrtägigem Behandeln von 3β-Pivaloyloxy-5α-cholestan-7-on mit Peroxy= benzoesäure in Chloroform unter Lichtausschluss (*Heusser et al.*, Helv. **31** [1948] 1183, 1186).

Krystalle (aus E.); F: 188—190° [korr.; evakuierte Kapillare]. $[\alpha]_D^{21}$: —12,1° [$CHCl_3$; c = 1].

3β-Benzoyloxy-7a-oxa-B-homo-5α-cholestan-7-on, 3β-Benzoyloxy-8α-hydroxy-7,8-seco-5α-cholestan-7-säure-lacton $C_{34}H_{50}O_4$, Formel XII (R = CO-C_6H_5).

B. Beim Behandeln von 3β-Benzoyloxy-5α-cholestan-7-on mit Peroxybenzoesäure in Chloroform unter Lichtausschluss (*Heusser et al.*, Helv. **31** [1948] 1183, 1185).

Krystalle (aus Acn.); F: 160—161° [korr.; evakuierte Kapillare]. $[\alpha]_D^{20}$: —5,2° [$CHCl_3$; c = 0,7].

3β-Benzoyloxy-15-oxa-D-homo-5α-cholestan-16-on, 3β-Benzoyloxy-14β-hydroxy-14,15-seco-5α-cholestan-15-säure-lacton $C_{34}H_{50}O_4$, Formel XIII (R = CO-C_6H_5).

B. In kleiner Menge beim Behandeln einer Lösung von 3β-Benzoyloxy-5α-cholest-14-en in Äthylchlorid mit Ozon bei —70°, Erwärmen des erhaltenen Ozonids mit Essigsäure und Zink-Pulver und Erhitzen des Reaktionsprodukts im Stickstoff-Strom unter 15 Torr bis auf 250° (*Cornforth et al.*, Biochem. J. **65** [1957] 94, 99, 100, 101).

Krystalle (aus A.); F: 183,5°.

XII   XIII   XIV

Hydroxy-oxo-Verbindungen $C_{28}H_{48}O_3$

3β-Hydroxy-12a-oxa-C-homo-5α-ergostan-12-on, 3β,13-Dihydroxy-5α,13αH-12,13-seco-ergostan-12-säure-13-lacton $C_{28}H_{48}O_3$, Formel XIV (R = H).

B. Bei mehrtägigem Behandeln von 3β-Acetoxy-5α-ergostan-12-on mit Peroxybenzoesäure in Chloroform und Essigsäure unter Zusatz von wss. Schwefelsäure bei Lichtausschluss (*Dauben et al.*, Am. Soc. **81** [1959] 403, 407).

Krystalle (aus Me.); F: 195,5−196,5° [korr.]. $[\alpha]_D^{25}$: −8° [$CHCl_3$; c = 1].

3β-Acetoxy-12a-oxa-C-homo-5α-ergostan-12-on, 3β-Acetoxy-13-hydroxy-5α,13αH-12,13-seco-ergostan-12-säure-lacton $C_{30}H_{50}O_4$, Formel XIV (R = CO-CH_3).

B. Aus 3β-Acetoxy-5α-ergostan-12-on mit Hilfe von Peroxybenzoesäure (*Dauben, Hutton*, Am. Soc. **78** [1956] 2647).

F: 158−159°. $[\alpha]_D^{25}$: −14° [$CHCl_3$].

Hydroxy-oxo-Verbindungen $C_{29}H_{50}O_3$

(2R,8aΞ)-8a-Äthoxy-2,5,7,8-tetramethyl-2-[(4R,8R)-4,8,12-trimethyl-tridecyl]-8aH-chroman-6-on $C_{31}H_{54}O_3$, Formel XV.

Diese Konstitution und Konfiguration kommt der nachstehend beschriebenen, von *Boyer* (Am. Soc. **73** [1951] 733) und von *Harrison et al.* (Biochim. biophys. Acta **21** [1956] 150) als **α-Tocopheroxid** bezeichneten Verbindung zu (*Martius, Eilingsfeld*, Bio. Z. **328** [1957] 507; A. **607** [1957] 159, 161).

B. Beim Behandeln von (2R,4′R,8′R)-α-Tocopherol (E III/IV **17** 1436) mit Eisen(III)-chlorid und Äthanol bei −10° (*Ma., Ei.*, A. **607** 166), auch in Gegenwart von [2,2′]Bipyridyl (*Bo.*, l. c. S. 737).

Öl. IR-Spektrum (2−10 μ): *Bo.*, l. c. S. 734. UV-Spektrum (Isooctan; 200−300 nm): *Bo.*, l. c. S. 733; Absorptionsmaximum (A.): 241 nm (*Bo.*, l. c. S. 735).

[*Kowol*]

XV

Hydroxy-oxo-Verbindungen $C_nH_{2n-10}O_3$

Hydroxy-oxo-Verbindungen $C_8H_6O_3$

3-Hydroxy-3H-benzofuran-2-on $C_8H_6O_3$, Formel I und Tautomere (Benzofuran-2,3-diol, 2-Hydroxy-benzofuran-3-on und [2-Hydroxy-phenyl]-glyoxal) (H 17; dort als 3-Oxy-2-oxo-cumaron bzw. 2.3-Dioxy-cumaron bezeichnet)

Die Verbindung liegt nach Ausweis der IR-Absorption und der ^{1}H-NMR-Absorption bei tiefen Temperaturen (unterhalb Raumtemperatur) und in polaren Lösungsmitteln als 2-Hydroxy-benzofuran-3-on (Formel II) vor; in unpolaren Lösungsmitteln lässt sich bei höheren Temperaturen daneben auch 3-Hydroxy-3H-benzofuran-2-on nachweisen (*Sterk et al.*, M. **99** [1968] 2223, 2226; s. a. *Howe et al.*, Soc. [C] **1967** 2510, 2513).

B. Beim Behandeln einer Lösung von 2-Hydroxy-mandelonitril in Äther mit Chlorwasserstoff und Schütteln des Reaktionsprodukts mit Wasser (*Ladenburg et al.*, Am. Soc. **58** [1936] 1292; s. a. *Howe et al.*, l. c. S. 2513). Neben grösseren Mengen [2-Hydroxy-phenyl]-glyoxylsäure beim Erwärmen von 1-[2-Hydroxy-phenyl]-äthanon mit Selendioxid (1 Mol) und wasserhaltigem Dioxan (*Howe et al.*; s. dazu *Fodor, Kovács*, Am. Soc. **71** [1949] 1045, 1047).

Krystalle; F: 108° [aus Ae.] (*Howe et al.*), 107−108° [aus Bzl.] (*La. et al.*). ^{1}H-NMR-Absorption: *Howe et al.*; s. a. *St. et al.* CO-Valenzschwingungsbande von 2-Hydroxy-benzofuran-3-on: 1700 cm^{-1} [Nujol] (*Howe et al.*) bzw. 1720 cm^{-1} [CHBr$_3$] (*St. et al.*), von 3-Hydroxy-3*H*-benzofuran-2-on: 1810 cm^{-1} [CHBr$_3$] (*St. et al.*).

Beim Erwärmen mit wss. Natriumcarbonat-Lösung sind [2-Hydroxy-phenyl]-glyoxyl= säure, 2-Hydroxy-1-[2-hydroxy-phenyl]-äthanon und [2-Hydroxy-phenyl]-glyoxylsäure-[2-hydroxy-phenacylester] erhalten worden (*Howe et al.*; s. dagegen *La. et al.*). Reaktion mit *o*-Phenylendiamin in Methanol unter Bildung von 2-[2-Hydroxy-phenyl]-chinoxalin: *Howe et al.*; eine von *Fodor, Kovács* (l. c.) als Produkt der Reaktion mit *o*-Phenylendiamin beschriebene, als *N,N'*-Bis-[2-hydroxy-phenacyliden]-*o*-phenylendiamin angesehene Verbindung C$_{22}$H$_{16}$N$_2$O$_4$ (F: 295°) ist von *Howe et al.* (l. c.) nicht wieder erhalten worden.

5-Hydroxy-3*H*-benzofuran-2-on, [2,5-Dihydroxy-phenyl]-essigsäure-2-lacton, Homo= gentisinsäure-lacton C$_8$H$_6$O$_3$, Formel III (R = H) (H 17; E I 301).

B. Beim Behandeln von 2-Äthoxy-benzofuran-5-ol mit Bromwasserstoff in Dioxan (*McElvain, Engelhardt*, Am. Soc. **66** [1944] 1077, 1081). Aus [2,5-Dihydroxy-phenyl]-essigsäure beim Erwärmen in Benzol sowie beim Erhitzen unter vermindertem Druck (*Isono*, J. agric. chem. Soc. Japan **28** [1954] 196; C. A. **1954** 13803; vgl. H 17). Beim Erhitzen von [2,5-Dimethoxy-phenyl]-essigsäure mit wss. Bromwasserstoffsäure (*Abbott, Smith*, J. biol. Chem. **179** [1949] 365, 367; *Wolkowitz, Dunn*, Biochem. Prepar. **4** [1955] 6, 9). Beim Erhitzen von [2,5-Dihydroxy-phenyl]-essigsäure-äthylester mit wss. Salz= säure (*McEl., En.*).

Krystalle; F: 195° [aus W.] (*Wells*, zit. bei *Wo., Dunn*, l. c. S. 9), 191° [Kofler-App.; aus wss. A.] (*Siegel, Keckeis*, M. **84** [1953] 910, 918), 190—191° [aus Bzl. oder CHCl$_3$] (*Is.*), 189—191° [aus W.] (*McEl., En.*). Absorptionsmaximum (W.): 288 nm (*Wo., Dunn*, l. c. S. 11). In 100 g Wasser lösen sich bei 25° 0,075 g (*Wo., Dunn*).

I II III IV

5-Äthoxy-3*H*-benzofuran-2-on, [5-Äthoxy-2-hydroxy-phenyl]-essigsäure-lacton C$_{10}$H$_{10}$O$_3$, Formel III (R = C$_2$H$_5$).

B. Beim Erhitzen von 5-Hydroxy-3*H*-benzofuran-2-on oder von 2-Äthoxy-benzofuran-5-ol mit Natriumisopentylat, Äthyljodid und Isopentylalkohol und Behandeln des jeweiligen Reaktionsprodukts mit einem Gemisch von wss. Salzsäure und Dioxan (*McElvain, Engelhardt*, Am. Soc. **66** [1944] 1077, 1081). Beim Behandeln einer Lösung von 1-Acetoxy-4-äthoxy-2-allyl-benzol in Essigsäure mit Ozon, anschliessenden Behandeln mit wss. Wasserstoffperoxid, Erwärmen des Reaktionsprodukts mit Natriumäthylat in Äthanol und Ansäuern des Reaktionsgemisches mit wss. Salzsäure (*McEl., En.*).

Krystalle (aus wss. A.); F: 89—90°.

7(?)-Brom-5-hydroxy-3*H*-benzofuran-2-on, [3(?)-Brom-2,5-dihydroxy-phenyl]-essig= säure-2-lacton C$_8$H$_5$BrO$_3$, vermutlich Formel IV.

B. Beim Erwärmen von Brom-[1,4]benzochinon mit Keten-diäthylacetal in Benzol und Erwärmen des Reaktionsprodukts mit wss. Äthanol (*McElvain, Engelhardt*, Am. Soc. **66** [1944] 1077, 1082).

Krystalle (aus A.); F: 202—204°. Bei 170°/1 Torr sublimierbar.

6-Hydroxy-3*H*-benzofuran-2-on, [2,4-Dihydroxy-phenyl]-essigsäure-2-lacton C$_8$H$_6$O$_3$, Formel V (R = H) auf S. 157.

B. Beim Erwärmen von [1-Hydroxy-4-oxo-cyclohexa-2,5-dienyl]-essigsäure-äthylester mit Acetanhydrid und wenig Schwefelsäure und Erhitzen des Reaktionsprodukts mit wss. Schwefelsäure (*Wessely, Metlesics*, M. **85** [1954] 637, 647, 651). Beim Erhitzen von [2,4-Dimethoxy-phenyl]-essigsäure mit Essigsäure und wss. Bromwasserstoffsäure (*We.,*

Me., l. c. S. 652).
Krystalle (aus Ae.); F: 175—178° [Kofler-App.]. Bei 100—120°/0,05 Torr sublimierbar.

6-Methoxy-3H-benzofuran-2-on, [2-Hydroxy-4-methoxy-phenyl]-essigsäure-lacton $C_9H_8O_3$, Formel V (R = CH_3).

B. Beim Erhitzen von [2-Hydroxy-4-methoxy-phenyl]-essigsäure unter vermindertem Druck (*Hromatka*, B. **75** [1942] 123, 131; *Chatterjea*, J. Indian chem. Soc. **34** [1957] 299, 304).
Krystalle; F: 56° [aus Ae.] (*Hr.*), 55—56° (*Ch.*).
Beim Erwärmen mit Natriumhydrid in Benzol ist 3-[2-Hydroxy-4-methoxy-phenyl-acetyl]-6-methoxy-3H-benzofuran-2-on erhalten worden (*Ch.*).

6-Äthoxy-3H-benzo[b]thiophen-2-on $C_{10}H_{10}O_2S$, Formel VI.

B. Beim Erhitzen von [4-Äthoxy-2-mercapto-phenyl]-essigsäure mit wss. Salzsäure (*Glauert, Mann*, Soc. **1952** 2127, 2131).
Krystalle; F: 47—48° und F: 39—40° [dimorph].
Beim Erwärmen mit *N,N'*-Diphenyl-formamidin in Äthanol ist 6-Äthoxy-3-phenyl-iminomethyl-3H-benzo[b]thiophen-2-on erhalten worden.

(±)-3-Methoxy-phthalid $C_9H_8O_3$, Formel VII (R = CH_3) (H 17; E I 302; E II 9).

B. Beim Erwärmen von 2-Diacetoxymethyl-benzoesäure-methylester mit wss.-methanol. Schwefelsäure (*Horrom, Zaugg*, Am. Soc. **72** [1950] 721, 724).
Krystalle; F: 46—47° (*Grove, Willis*, Soc. **1951** 877), 44° (*Hirshberg et al.*, Soc. **1951** 1030, 1033), 43,5—44° [aus wss. Me.] (*Ho., Za.*). Kp_{20}: 149—151° (*Hi. et al.*); $Kp_{0,6}$: 100—104° (*Ho., Za.*). n_D^{28}: 1,5326 (*Ho., Za.*). UV-Spektrum (Dioxan sowie A.; 200—310 nm): *Hi. et al.*

(±)-3-Äthoxy-phthalid $C_{10}H_{10}O_3$, Formel VII (R = C_2H_5) (H 17).

B. Beim Erwärmen von Phthalaldehydsäure mit Äthanol (*Wheeler et al.*, J. org. Chem. **22** [1957] 547, 553; vgl. H 17).
Krystalle; F: 66° (*Austin et al.*, Am. Soc. **59** [1937] 864), 65—66° (*Hurd, Iwashige*, J. org. Chem. **24** [1959] 1321, 1323), 65° [aus wss. A.] (*Dey, Srinivasan*, Pr. Indian Acad. [A] **5** [1937] 329, 333). IR-Spektrum (Nujol; 2,5—16 μ): *Wh. et al.*, l. c. S. 549. UV-Spektrum (W. ?; 230—300 nm): *Buu-Hoi, Lin-Che-Kin*, C. r. **209** [1939] 221.
Beim Behandeln einer Lösung in Schwefelkohlenstoff mit Toluol und Aluminium-chlorid ist 3-*p*-Tolyl-phthalid erhalten worden (*Hurd, Iw.*, l. c. S. 1324).

(±)-3-[2-Chlor-äthoxy]-phthalid $C_{10}H_9ClO_3$, Formel VII (R = CH_2-CH_2Cl).

B. Beim Erhitzen von Phthalaldehydsäure mit 2-Chlor-äthanol (*Dow Chem. Co.*, U.S.P. 2830999 [1956]).
n_D^{20}: 1,5473.

(±)-3-Propoxy-phthalid $C_{11}H_{12}O_3$, Formel VII (R = CH_2-CH_2-CH_3).

B. Beim Erwärmen von Phthalaldehydsäure mit Propan-1-ol (*Wheeler et al.*, J. org. Chem. **22** [1957] 547, 552, 555).
Krystalle (aus A. oder PAe.); F: 32—33°.

(±)-3-Isopropoxy-phthalid $C_{11}H_{12}O_3$, Formel VII (R = $CH(CH_3)_2$).

B. Beim Erwärmen von Phthalaldehydsäure mit Isopropylalkohol (*Wheeler et al.*, J. org. Chem. **22** [1957] 547, 552, 555).
Krystalle (aus A. oder PAe.); F: 61—62°.

(±)-3-Butoxy-phthalid $C_{12}H_{14}O_3$, Formel VII (R = $[CH_2]_3$-CH_3).

B. Beim Erhitzen von Phthalaldehydsäure mit Butan-1-ol (*Dow Chem. Co.*, U.S.P. 2840569 [1956]).
Kp_{17}: 184—186°. n_D^{20}: 1,5126.

*Opt.-inakt. 3-*sec*-Butoxy-phthalid $C_{12}H_{14}O_3$, Formel VII (R = $CH(CH_3)$-CH_2-CH_3).

B. Beim Erhitzen von Phthalaldehydsäure mit (±)-*sec*-Butylalkohol (*Dow Chem. Co.*,

U.S.P. 2840569 [1956]).
Kp$_{16}$: 175—177°. n$_D^{20}$: 1,5118.

(±)-3-Isobutoxy-phthalid C$_{12}$H$_{14}$O$_3$, Formel VII (R = CH$_2$CH(CH$_3$)$_2$).
B. Beim Erwärmen von Phthalaldehydsäure mit Isobutylalkohol (Dow Chem. Co., U.S.P. 2840569 [1956]).
Kp$_{17}$: 175—178°. n$_D^{20}$: 1,5109.

(±)-3-[β-Nitro-isobutoxy]-phthalid C$_{12}$H$_{13}$NO$_5$, Formel VII (R = CH$_2$-C(CH$_3$)$_2$-NO$_2$).
B. Beim Erhitzen von Phthalaldehydsäure mit β-Nitro-isobutylalkohol (Dow Chem. Co., U.S.P. 2830999 [1956]).
F: 50—55°.

V   VI   VII   VIII

(±)-3-*tert*-Butoxy-phthalid C$_{12}$H$_{14}$O$_3$, Formel VII (R = C(CH$_3$)$_3$).
B. Beim Erhitzen von Phthalaldehydsäure mit *tert*-Butylalkohol (Wheeler et al., J. org. Chem. 22 [1957] 547, 552, 555).
Krystalle; F: 87—88° [aus CH$_2$Cl$_2$ + PAe.] (Cava et al., Am. Soc. 85 [1963] 2076, 2079), 77—79° [aus A. oder PAe.] (Wh. et al.).

(±)-3-[2,2,2-Trichlor-1,1-dimethyl-äthoxy]-phthalid C$_{12}$H$_{11}$Cl$_3$O$_3$, Formel VII (R = C(CH$_3$)$_2$-CCl$_3$).
B. Beim Erhitzen von Phthalaldehydsäure mit 1,1,1-Trichlor-2-methyl-propan-2-ol (Dow Chem. Co., U.S.P. 2830999 [1956]).
Krystalle (aus Acn.); F: 131—133°.

(±)-3-Octyloxy-phthalid C$_{16}$H$_{22}$O$_3$, Formel VII (R = [CH$_2$]$_7$-CH$_3$).
B. Beim Erhitzen von Phthalaldehydsäure mit Octan-1-ol (Dow Chem. Co., U.S.P. 2840569 [1956]; Wheeler et al., J. org. Chem. 22 [1957] 547, 552, 555).
Kp$_5$: 171—172° (Wh. et al.); Kp$_4$: 172—177°; n$_D^{20}$: 1,5078 (Dow Chem. Co.).

(±)-3-Tetradecyloxy-phthalid C$_{22}$H$_{34}$O$_3$, Formel VII (R = [CH$_2$]$_{13}$-CH$_3$).
B. Beim Erhitzen von Phthalaldehydsäure mit Tetradecan-1-ol (Dow Chem. Co., U.S.P. 2863877 [1956]).
F: 49—54°. Kp$_1$: 214—218°.

(±)-3-Hexadecyloxy-phthalid C$_{24}$H$_{38}$O$_3$, Formel VII (R = [CH$_2$]$_{15}$-CH$_3$).
B. Beim Erhitzen von Phthalaldehydsäure mit Hexadecan-1-ol (Wheeler et al., J. org. Chem. 22 [1957] 547, 552, 555).
Krystalle (aus A. oder PAe.); F: 65—66°.

(±)-3-Allyloxy-phthalid C$_{11}$H$_{10}$O$_3$, Formel VII (R = CH$_2$-CH=CH$_2$).
B. Beim Erhitzen von Phthalaldehydsäure mit Allylalkohol (Dow Chem. Co., U.S.P. 2802830 [1956]; Wheeler et al., J. org. Chem. 22 [1957] 547, 552, 555).
Kp$_2$: 128—129° (Wh. et al.). n$_D^{20}$: 1,5390 (Dow Chem. Co.).

(±)-3-Cyclohexyloxy-phthalid C$_{14}$H$_{16}$O$_3$, Formel VII (R = C$_6$H$_{11}$).
B. Beim Erhitzen von Phthalaldehydsäure mit Cyclohexanol (Wheeler et al., J. org. Chem. 22 [1957] 547, 452, 555).
F: 79—81°.

(±)-3-Prop-2-inyloxy-phthalid C$_{11}$H$_8$O$_3$, Formel VII (R = CH$_2$-C≡CH).
B. Beim Erhitzen von Phthalaldehydsäure mit Prop-2-in-1-ol (Dow Chem. Co., U.S.P.

2 802 830 [1956]).
n_D^{20}: 1,5501.

(±)-3-[4-Chlor-phenoxy]-phthalid $C_{14}H_9ClO_3$, Formel VIII (X = Cl).
B. Beim Erhitzen von Phthalaldehydsäure mit 4-Chlor-phenol unter vermindertem Druck (*Dow Chem. Co.*, U.S.P. 2 802 832 [1956]).
Krystalle (aus Bzl.); F: 157—158°.

(±)-3-*p*-Tolyloxy-phthalid $C_{15}H_{12}O_3$, Formel VIII (X = CH_3).
B. Beim Erhitzen von Phthalaldehydsäure mit *p*-Kresol (*Dow Chem. Co.*, U.S.P. 2 802 831 [1956]).
F: 107—109°.

(±)-3-Benzyloxy-phthalid $C_{15}H_{12}O_3$, Formel VII (R = CH_2-C_6H_5).
B. Beim Erhitzen von Phthalaldehydsäure mit Benzylalkohol (*Wheeler et al.*, J. org. Chem. **22** [1957] 547, 552, 555).
F: 47—50°.

(±)-3-[2-Phenoxy-äthoxy]-phthalid $C_{16}H_{14}O_4$, Formel VII (R = CH_2-CH_2-O-C_6H_5).
B. Beim Erhitzen von Phthalaldehydsäure mit 2-Phenoxy-äthanol (*Dow Chem. Co.*, U.S.P. 2 817 668 [1956]).
F: 90—92°.

(±)-3-[2-Biphenyl-2-yloxy-äthoxy]-phthalid $C_{22}H_{18}O_4$, Formel IX.
B. Beim Erhitzen von Phthalaldehydsäure mit 2-Biphenyl-2-yloxy-äthanol (*Dow Chem. Co.*, U.S.P. 2 817 668 [1956]).
F: 57—60°.

***Opt.-inakt. 1,2-Bis-phthalidyloxy-äthan** $C_{18}H_{14}O_6$, Formel X (R = X = H).
B. Beim Erhitzen von Phthalaldehydsäure mit Äthylenglykol (0,5 Mol) unter vermindertem Druck bis auf 210° (*Dow Chem. Co.*, U.S.P. 2 802 833 [1956]; *Wheeler et al.*, J. org. Chem. **22** [1957] 547, 554, 555).
F: 94—96° (*Wh. et al.*), 85—90° (*Dow Chem. Co.*).

***Opt.-inakt. 3-[β-Methoxy-isopropoxy]-phthalid** $C_{12}H_{14}O_4$, Formel VII (R = $CH(CH_3)$-CH_2-O-CH_3).
B. Beim Erhitzen von Phthalaldehydsäure mit (±)-1-Methoxy-propan-2-ol (*Dow Chem. Co.*, U.S.P. 2 817 668 [1956]).
Öl; n_D^{20}: 1,5202.

***Opt.-inakt. 3-[β-Butoxy-isopropoxy]-phthalid** $C_{15}H_{20}O_4$, Formel VII (R = $CH(CH_3)$-CH_2-O-$[CH_2]_3$-CH_3).
B. Beim Erhitzen von Phthalaldehydsäure mit (±)-1-Butoxy-propan-2-ol (*Dow Chem. Co.* U.S.P. 2 817 668 [1956]).
Kp_3: 140—146°.

IX   X

***Opt.-inakt. 1,2-Bis-phthalidyloxy-propan** $C_{19}H_{16}O_6$, Formel X (R = CH_3, X = H).
B. Beim Erhitzen von Phthalaldehydsäure mit (±)-Propan-1,2-diol (*Dow Chem. Co.*, U.S.P. 2 802 833 [1956]).
n_D^{60}: 1,5523.

*Opt.-inakt. **1,3-Bis-phthalidyloxy-butan** $C_{20}H_{18}O_6$, Formel XI.
B. Beim Erhitzen von Phthalaldehydsäure mit (±)-Butan-1,3-diol (*Dow Chem. Co.*, U.S.P. 2 802 833 [1956]).
F: 105—108°.

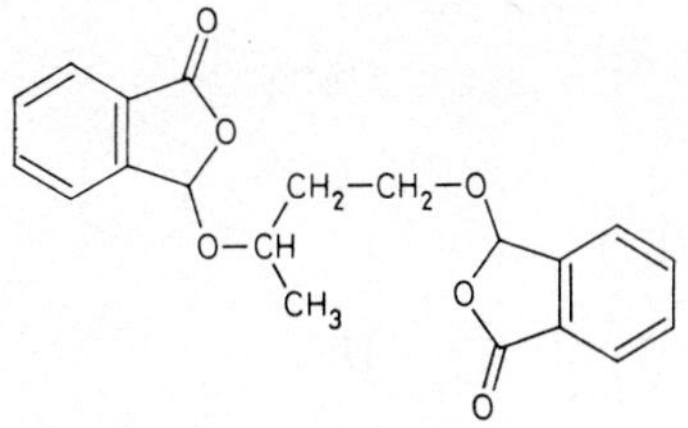

XI

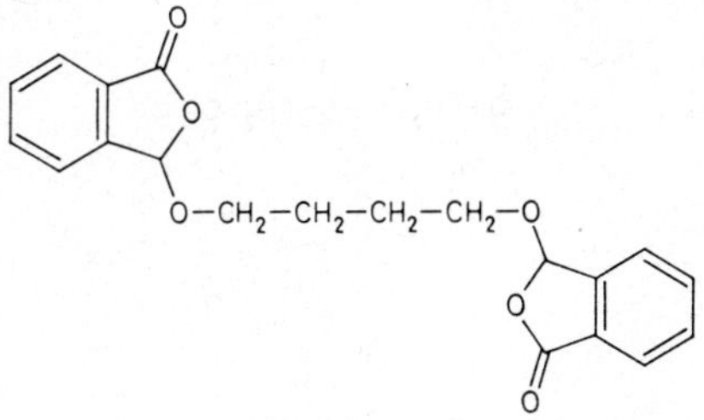

XII

*Opt.-inakt. **1,4-Bis-phthalidyloxy-butan** $C_{20}H_{18}O_6$, Formel XII.
B. Beim Erhitzen von Phthalaldehydsäure mit Butan-1,4-diol (0,5 Mol) unter vermindertem Druck auf 200° (*Dow Chem. Co.*, U.S.P. 2 802 833 [1956]).
Krystalle (aus Bzl.); F: 86—88°.

*Opt.-inakt. **2,3-Bis-phthalidyloxy-butan** $C_{20}H_{18}O_6$, Formel X (R = X = CH_3).
B. Beim Erhitzen von Phthalaldehydsäure mit opt.-inakt. Butan-2,3-diol [0,5 Mol; nicht charakterisiert] (*Wheeler et al.*, J. org. Chem. **22** [1957] 547, 554, 555).
F: 188—190° [unkorr.].

*Opt.-inakt. **2-Methyl-1,2-bis-phthalidyloxy-propan** $C_{20}H_{18}O_6$, Formel XIII.
B. Beim Erhitzen von Phthalaldehydsäure mit 2-Methyl-propan-1,2-diol [0,5 Mol] (*Dow Chem. Co.*, U.S.P. 2 802 833 [1956]).
F: 139—143°.

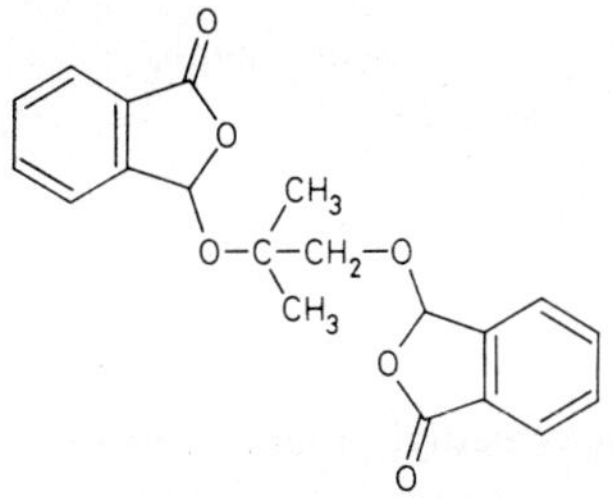

XIII

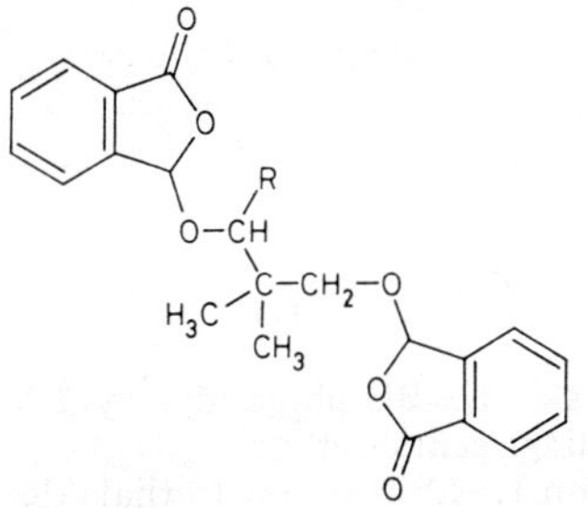

XIV

*Opt.-inakt. **2,2-Dimethyl-1,3-bis-phthalidyloxy-propan** $C_{21}H_{20}O_6$, Formel XIV (R = H).
B. Beim Erhitzen von Phthalaldehydsäure mit 2,2-Dimethyl-propan-1,3-diol (*Dow Chem. Co.*, U.S.P. 2 802 833 [1956]).
n_D^{60}: 1,5389.

*Opt.-inakt. **2,2,4-Trimethyl-1,3-bis-phthalidyloxy-pentan** $C_{24}H_{26}O_6$, Formel XIV (R = $CH(CH_3)_2$).
B. Beim Erhitzen von Phthalaldehydsäure mit (±)-2,2,4-Trimethyl-pentan-1,3-diol (*Dow Chem. Co.*, U.S.P. 2 802 833 [1956]).
F: 52—57°.

*Opt.-inakt. **1,4-Bis-phthalidyloxy-but-2-in** $C_{20}H_{14}O_6$, Formel I.
B. Beim Erhitzen von Phthalaldehydsäure mit But-2-in-1,4-diol [0,5 Mol] (*Wheeler et al.*, J. org. Chem. **22** [1957] 547, 554, 555; *Dow Chem. Co.*, U.S.P. 2 811 536 [1956]).
F: 150—155° (*Dow Chem. Co.*), 144—147° [unkorr.] (*Wh. et al.*, l. c. S. 554).

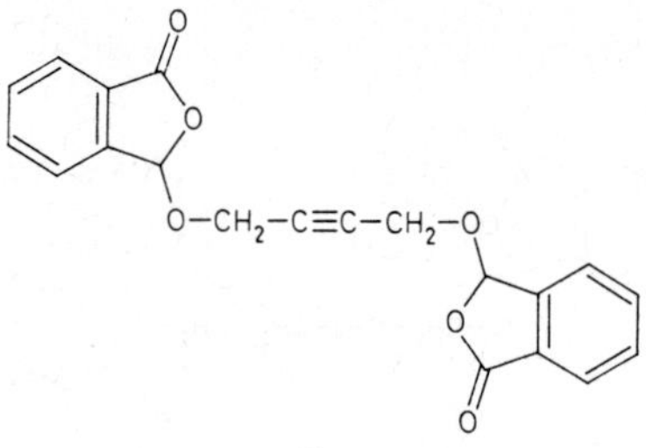

I 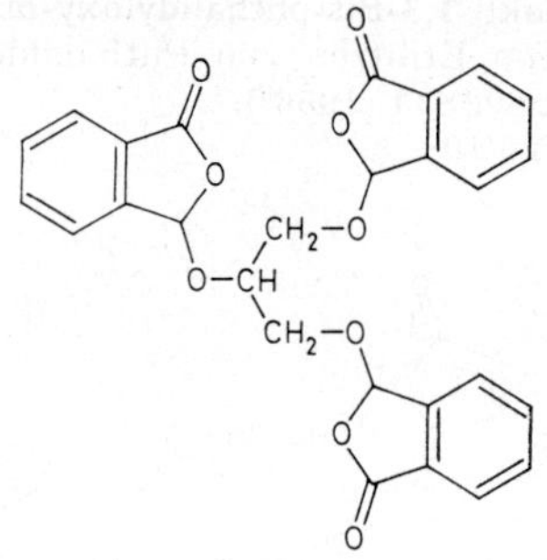 II

*Opt.-inakt. 1,2,3-Tris-phthalidyloxy-propan, Tri-*O*-phthalidyl-glycerin $C_{27}H_{20}O_9$, Formel II.
B. Beim Erhitzen von Phthalaldehydsäure mit Glycerin [0,3 Mol] (*Dow Chem. Co.*, U.S.P. 2809965 [1956]).
F: 54—57°.

*Opt.-inakt. 1,2,6-Tris-phthalidyloxy-hexan $C_{30}H_{26}O_9$, Formel III.
B. Beim Erhitzen von Phthalaldehydsäure mit (±)-Hexan-1,2,6-triol [0,3 Mol] (*Dow Chem. Co.*, U.S.P. 2809965 [1956]).
n_D^{60}: 1,5595.

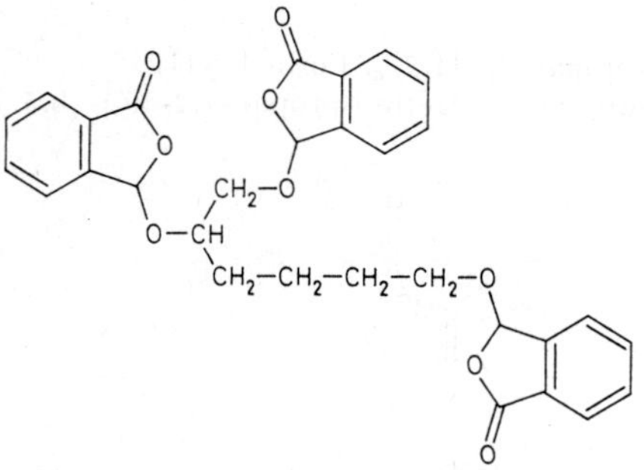

III 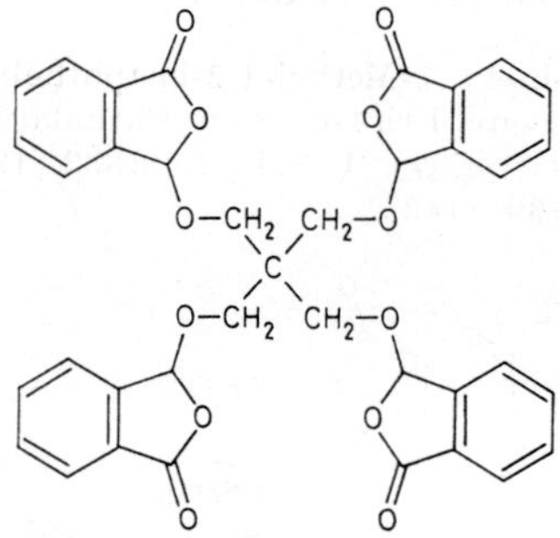 IV

*Opt.-inakt. 1,3-Bis-phthalidyloxy-2,2-bis-phthalidyloxymethyl-propan, Tetra-*O*-phthalidyl-pentaerythrit $C_{37}H_{28}O_{12}$, Formel IV.
B. Beim Erwärmen von Phthalaldehydsäure mit Pentaerythrit in Wasser (*Dow Chem. Co.*, U.S.P. 2809965 [1956]).
F: 81—84°.

*Opt.-inakt. Bis-phthalidyloxy-methan $C_{17}H_{12}O_6$, Formel V.
B. Beim Erhitzen von Phthalaldehydsäure mit Paraformaldehyd (*Dow Chem. Co.*, U.S.P. 2802833 [1956]).
F: 130—134°.

(±)-3-Acetoxy-phthalid, (±)-Essigsäure-phthalidylester $C_{10}H_8O_4$, Formel VI (R = CO-CH$_3$) (H 17; E II 9).
B. Beim Erhitzen von Phthalaldehydsäure mit Acetanhydrid auf 150° unter Entfernen der entstehenden Essigsäure (*Wheeler et al.*, J. org. Chem. **22** [1957] 547, 553, 555).
F: 62—63°.

(±)-3-Propionyloxy-phthalid, (±)-Propionsäure-phthalidylester $C_{11}H_{10}O_4$, Formel VI (R = CO-CH$_2$-CH$_3$).
B. Beim Erhitzen von Phthalaldehydsäure mit Propionsäure-anhydrid unter Ent-

fernen der entstehenden Propionsäure (*Wheeler et al.*, J. org. Chem. **22** [1957] 547, 553, 555).
F: 72—74°.

(±)-3-Hexanoyloxy-phthalid, (±)-Hexansäure-phthalidylester $C_{14}H_{16}O_4$, Formel VI (R = CO-[CH$_2$]$_4$-CH$_3$).
B. Beim Erhitzen von Phthalaldehydsäure mit Hexansäure-anhydrid unter Entfernen der entstehenden Hexansäure (*Wheeler et al.*, J. org. Chem. **22** [1957] 547, 553, 555).
F: 47—48°.

(±)-3-Benzoyloxy-phthalid, (±)-Benzoesäure-phthalidylester $C_{15}H_{10}O_4$, Formel VI (R = CO-C$_6$H$_5$).
B. Beim Erhitzen von Phthalaldehydsäure mit Benzoesäure und Acetanhydrid bis auf 200° (*Wheeler et al.*, J. org. Chem. **22** [1957] 547, 553, 555).
Krystalle (aus A.); F: 129—130° [unkorr.]. IR-Spektrum (Nujol; 2,5—16 µ): *Wh. et al.*, l. c. S. 550.

V   VI   VII

(±)-3-Carbamoylmethoxy-phthalid, (±)-Phthalidyloxyessigsäure-amid $C_{10}H_9NO_4$, Formel VI (R = CH$_2$-CO-NH$_2$).
B. Beim Erhitzen von Phthalaldehydsäure mit Glykolsäure-amid (*Dow Chem. Co.*, U.S.P. 2811535 [1956]).
Öl; n_D^{60}: 1,5697.

*Opt.-inakt. 3-[1-Äthoxycarbonyl-äthoxy]-phthalid, 2-Phthalidyloxy-propionsäure-äthylester $C_{13}H_{14}O_5$, Formel VI (R = CH(CH$_3$)-CO-O-C$_2$H$_5$).
B. Beim Erhitzen von Phthalaldehydsäure mit DL-Milchsäure-äthylester (*Dow Chem. Co.*, U.S.P. 2811535 [1956]).
Öl; n_D^{20}: 1,5259.

(±)-3-[2-Cyan-äthoxy]-phthalid, (±)-3-Phthalidyloxy-propionitril $C_{11}H_9NO_3$, Formel VI (R = CH$_2$-CH$_2$-CN).
B. Beim Erhitzen von Phthalaldehydsäure mit 3-Hydroxy-propionitril (*Dow Chem. Co.*, U.S.P. 2811535 [1956]).
F: 95—98°.

(Ξ)-3-ξ-D-Glucopyranosyloxy-phthalid, [(Ξ)-Phthalidyl]-ξ-D-glucopyranosid $C_{11}H_{16}O_8$, Formel VII.
B. Beim Erwärmen von Phthalaldehydsäure mit D-Glucose (1 Mol) in Wasser (*Dow Chem. Co.*, U.S.P. 2809965 [1956]).
F: 60—63°.

[(Ξ)-Phthalidyl]-[tetra-O-((Ξ)-phthalidyl)-ξ-D-glucopyranosid] $C_{46}H_{32}O_{16}$, Formel VIII.
B. Beim Erhitzen von Phthalaldehydsäure mit D-Glucose (0,2 Mol) in Wasser (*Dow Chem. Co.*, U.S.P. 2809965 [1956]).
F: 70—75°.

*Opt.-inakt. Diphthalidyläther, 3,3'-Oxy-di-phthalid $C_{16}H_{10}O_5$, Formel IX (H 17; E I 302; E II 9).
B. In kleiner Menge neben einer als 7,14-Dihydroxy-7,14-dihydro-dibenzo[c,h][1,6]di=

162 Hydroxy-oxo-Verbindungen $C_nH_{2n-10}O_3$ mit einem Chalkogen-Ringatom C_8

oxecin-5,12-dion angesehenen Verbindung beim Erhitzen des Natriumhydrogensulfit-Addukts der Phthalonsäure mit konz. wss. Salzsäure (*Dey, Srinivasan*, Pr. Indian Acad. [A] **5** [1937] 329, 332, 333).
Krystalle (aus Eg.); F: 222°.

VIII IX X

(±)-3-Butylmercapto-phthalid $C_{12}H_{14}O_2S$, Formel X (R = $[CH_2]_3$-CH_3).
B. Beim Erhitzen von Phthalaldehydsäure mit Butan-1-thiol (*Dow Chem. Co.*, U.S.P. 2 838 522 [1956]).
n_D^{20}: 1,5472.

*Opt.-inakt. 3-*sec*-Butylmercapto-phthalid $C_{12}H_{14}O_2S$, Formel X (R = $CH(CH_3)$-CH_2-CH_3).
B. Beim Erhitzen von Phthalaldehydsäure mit (±)-Butan-2-thiol (*Wheeler et al.*, J. org. Chem. **22** [1957] 547, 552, 555).
Krystalle (aus wss. A.); F: 47−48°.

(±)-3-[1,1,2,2-Tetramethyl-butylmercapto]-phthalid $C_{16}H_{22}O_2S$, Formel X (R = $C(CH_3)_2$-$C(CH_3)_2$-CH_2-CH_3).
B. Beim Erhitzen von Phthalaldehydsäure mit 2,3,3-Trimethyl-pentan-2-thiol (*Wheeler et al.*, J. org. Chem. **22** [1957] 547, 552, 555).
Krystalle (aus wss. A.); F: 65−66°.

(±)-3-Dodecylmercapto-phthalid $C_{20}H_{30}O_2S$, Formel X (R = $[CH_2]_{11}$-CH_3).
B. Beim Erhitzen von Phthalaldehydsäure mit Dodecan-1-thiol (*Wheeler et al.*, J. org. Chem. **22** [1957] 547, 552, 555).
F: 36−38°. IR-Spektrum (Nujol; 2,5−16 μ): *Wh. et al.*, l. c. S. 549.

(±)-3-Octadecylmercapto-phthalid $C_{26}H_{42}O_2S$, Formel X (R = $[CH_2]_{17}$-CH_3).
B. Beim Erhitzen von Phthalaldehydsäure mit Octadecan-1-thiol (*Wheeler et al.*, J. org. Chem. **22** [1957] 547, 552, 555).
Krystalle (aus wss. A.); F: 68−69°.

(±)-3-Phenylmercapto-phthalid $C_{14}H_{10}O_2S$, Formel I (X = H).
B. Beim Erhitzen von Phthalaldehydsäure mit Thiophenol (*Wheeler et al.*, J. org. Chem. **22** [1957] 547, 552, 555).
Krystalle (aus wss. A.); F: 102−103° [unkorr.].

(±)-3-[4-Chlor-phenylmercapto]-phthalid $C_{14}H_9ClO_2S$, Formel I (X = Cl).
B. Beim Erhitzen von Phthalaldehydsäure mit 4-Chlor-thiophenol (*Wheeler et al.*, J. org. Chem. **22** [1957] 547, 552, 555).
Krystalle (aus wss. A.); F: 120−121° [unkorr.].

(±)-3-[4-Nitro-phenylmercapto]-phthalid $C_{14}H_9NO_4S$, Formel I (X = NO_2).
B. Beim Behandeln einer Lösung von Phthalaldehydsäure und 4-Nitro-thiophenol in Essigsäure mit Chlorwasserstoff bei 80° (*Fel'dman, Gurewitsch*, Ž. obšč. Chim. **21** [1951]

1544, 1547; engl. Ausg. S. 1695, 1697).
Gelbliche Krystalle (aus E.); F: 177—178°.

(±)-3-[4-Nitro-benzolsulfonyl]-phthalid $C_{14}H_9NO_6S$, Formel II (X = NO_2).
B. Beim Erwärmen einer Lösung von (±)-3-[4-Nitro-phenylmercapto]-phthalid in Essigsäure und Acetanhydrid mit wss. Wasserstoffperoxid (*Fel'dman, Gurewitsch,* Ž. obšč. Chim. **21** [1951] 1544, 1548; engl. Ausg. S. 1695, 1698).
Krystalle (aus Eg.); F: 186—187°.

(±)-3-[4-Amino-phenylmercapto]-phthalid $C_{14}H_{11}NO_2S$, Formel I (X = NH_2).
B. Bei der Hydrierung von (±)-3-[4-Nitro-phenylmercapto]-phthalid an Raney-Nickel in Äthanol (*Fel'dman, Gurewitsch,* Ž. obšč. Chim. **21** [1951] 1544, 1548; engl. Ausg. S. 1695, 1698).
Krystalle (aus A.); F: 160—161°.

I   II   III

(±)-3-Sulfanilyl-phthalid $C_{14}H_{11}NO_4S$, Formel II (X = NH_2).
B. Bei der Hydrierung von (±)-3-[4-Nitro-benzolsulfonyl]-phthalid an Raney-Nickel in Äthanol (*Fel'dman, Gurewitsch,* Ž. obšč. Chim. **21** [1951] 1544, 1548; engl. Ausg. S. 1695, 1698).
Krystalle (aus A.); F: 221—222°.

4-Hydroxy-phthalid $C_8H_6O_3$, Formel III (R = H).
B. Neben 6-Hydroxymethyl-benzo[1,3]dioxan-5-carbonsäure-lacton beim Behandeln von 3-Hydroxy-benzoesäure mit wss. Formaldehyd, wss. Salzsäure und wenig Schwefelsäure unter Einleiten von Chlorwasserstoff (*Buehler et al.,* Am. Soc. **66** [1944] 417; s. a. *Buehler et al.,* Am. Soc. **68** [1946] 574). Beim Behandeln einer Lösung von 3-Acetoxy-phthalsäure-2-methylester in Tetrahydrofuran mit Lithiumalanat in Äther bei —60°, anschliessenden Behandeln mit wss. Schwefelsäure und Erhitzen des Reaktionsprodukts mit wss. Salzsäure (*Eliel et al.,* Am. Soc. **77** [1955] 5092). Bei der Hydrierung von 5,7-Dibrom-4-hydroxy-phthalid an Raney-Nickel in Äthanol bei 150—200°/35 at (*Bu. et al.,* Am. Soc. **66** 417). Beim Erhitzen einer aus 4-Amino-phthalid bereiteten Diazoniumsalz-Lösung mit wss. Schwefelsäure (*Tirouflet,* Bl. Soc. scient. Bretagne **26** [1951] Sonderheft 5, S. 7, 27). Beim Behandeln von 3-Hydroxy-phthalsäure-imid mit Zink und wss. Natronlauge unter Zusatz von Kupfer(II)-sulfat und Erhitzen des angesäuerten Reaktionsgemisches (*Eliel et al.,* J. org. Chem. **18** [1953] 1679, 1682).
Krystalle; F: 255—256,5° [aus wss. Me.] (*Bu. et al.,* Am. Soc. **68** 576), 255—256° [aus wss. Me. oder W.] (*Ti.*), 255—256° [Zers.; aus W.] (*El. et al.,* J. org. Chem. **18** 1682).

4-Methoxy-phthalid $C_9H_8O_3$, Formel III (R = CH_3).
B. Beim Erwärmen von 4-Hydroxy-phthalid mit Dimethylsulfat und wss. Natronlauge (*Buehler et al.,* Am. Soc. **66** [1944] 417; *Triouflet,* Bl. Soc. scient. Bretagne **26** [1951] Sonderheft 5, S. 7, 28). Neben 7-Methoxy-phthalid beim Erhitzen von 3-Methoxy-phthalsäure-anhydrid mit Essigsäure, wss. Salzsäure und Zink (*Duncanson et al.,* Soc. **1953** 1331; *Blair et al.,* Soc. **1955** 708, 711).
Krystalle; F: 129° [aus wss. Me.] (*Ti.*), 127° [aus W.] (*Bu. et al.*).
Geschwindigkeitskonstante der Hydrolyse in Natriumhydroxid (0,002 Mol) enthaltendem wss. Äthanol (20%ig) bei 15—45°: *Vène, Tirouflet,* Bl. **1954** 211, 215; in Natriumhydroxid (0,1 Mol) enthaltendem wss. Äthanol (15%ig) bei 25°: *Ti.,* l. c. S. 95.

4-Äthoxy-phthalid $C_{10}H_{10}O_3$, Formel III (R = C_2H_5).
B. Beim Erwärmen von 4-Hydroxy-phthalid mit Diäthylsulfat und wss. Natronlauge

(*Buehler et al.*, Am. Soc. **66** [1944] 417; *Tirouflet*, Bl. Soc. scient. Bretagne **26** [1951] Sonderheft 5, S. 7, 28).
Krystalle (aus wss. A.); F: 170° (*Bu. et al.*; *Ti.*).

4-Acetoxy-phthalid $C_{10}H_8O_4$, Formel III (R = CO-CH$_3$).
B. Beim Behandeln von 4-Hydroxy-phthalid mit Acetanhydrid und Kaliumcarbonat (*Buehler et al.*, Am. Soc. **66** [1944] 417).
Krystalle; F: 96—97° [aus W.] (*Bu. et al.*; *Eliel et al.*, J. org. Chem. **18** [1953] 1679, 1682).

5,7-Dibrom-4-hydroxy-phthalid $C_8H_4Br_2O_3$, Formel IV.
B. Beim Behandeln von 2,4-Dibrom-5-hydroxy-benzoesäure mit wss. Formaldehyd, wss. Salzsäure und wenig Schwefelsäure unter Einleiten von Chlorwasserstoff bei 50° (*Buehler et al.*, Am. Soc. **66** [1944] 417).
Krystalle (aus Me. + W.); F: 146°.

5-Hydroxy-phthalid $C_8H_6O_3$, Formel V (R = H) (H 18).
B. Beim Erhitzen einer aus 5-Amino-phthalid bereiteten Diazoniumsalz-Lösung mit wss. Schwefelsäure (*Tirouflet*, Bl. Soc. scient. Bretagne **26** [1951] Sonderheft 5, S. 7, 41; s. a. *Levy, Stephen*, Soc. **1931** 867, 870).
Krystalle; F: 223° (*Ti.*), 222° [nach Erweichen bei 210°; durch Sublimation gereinigtes Präparat] (*Levy, St.*).

5-Methoxy-phthalid $C_9H_8O_3$, Formel V (R = CH$_3$).
B. Beim Behandeln von 5-Hydroxy-phthalid mit Dimethylsulfat und wss. Natronlauge und anschliessenden Erhitzen mit wss. Salzsäure (*Tirouflet*, Bl. Soc. scient. Bretagne **26** [1951] Sonderheft 5, S. 7, 42; *Vène, Tirouflet*, C. r. **232** [1951] 2328). Beim Behandeln von 4-Methoxy-phthalaldehydsäure mit wss. Natronlauge und mit Natrium-Amalgam und Erhitzen des angesäuerten Reaktionsgemisches (*Chakravarti, Swaminathan*, J. Indian chem. Soc. **11** [1934] 873).
Krystalle; F: 119° [aus W.] (*Ch., Sw.*), 118° [aus wss. Me.] (*Vène, Ti.*, C. r. **232** 2328), 117° [aus wss. Me.] (*Ti.*).
Geschwindigkeitskonstante der Hydrolyse in Natriumhydroxid (0,002 Mol und 0,01 Mol) enthaltendem wss. Äthanol (20%ig und 75%ig) bei 15—45°: *Vène, Tirouflet*, Bl. **1954** 211, 215; in Natriumhydroxid (0,1 Mol) enthaltendem wss. Äthanol (15%ig) bei 25°: *Ti.*, l. c. S. 95.

5-Äthoxy-phthalid $C_{10}H_{10}O_3$, Formel V (R = C$_2$H$_5$).
B. Beim Erwärmen von 5-Hydroxy-phthalid mit Diäthylsulfat und wss. Natronlauge und Erhitzen des Reaktionsgemisches mit wss. Salzsäure (*Tirouflet*, Bl. Soc. scient. Bretagne **26** [1951] Sonderheft 5, S. 7, 42; *Vène, Tirouflet*, C. r. **232** [1951] 2328).
Krystalle (aus A. oder wss. Me.); F: 141° (*Ti.*, Bl. Soc. scient. Bretagne **26** Sonderheft 5, S. 42; *Vène, Ti.*).
Geschwindigkeitskonstante der Hydrolyse in Natriumhydroxid (0,1 Mol) enthaltendem wss. Äthanol (15%ig) bei 25°: *Tirouflet*, Bl. Soc. scient. Bretagne **26** Sonderheft 5, S. 96; C. r. **235** [1952] 962.

IV   V   VI

5-Acetoxy-phthalid $C_{10}H_8O_4$, Formel V (R = CO-CH$_3$).
B. Aus 5-Hydroxy-phthalid und Acetanhydrid (*Levy, Stephen*, Soc. **1931** 867, 870).
Krystalle (aus W.); F: 126,5°.

6-Hydroxy-phthalid $C_8H_6O_3$, Formel VI (R = H).
  B. Beim Erhitzen einer aus 6-Amino-phthalid bereiteten Diazoniumsalz-Lösung mit wss. Schwefelsäure (*Vaughan, Baird*, Am. Soc. **68** [1946] 1314; *Tirouflet*, Bl. Soc. scient. Bretagne **26** [1951] Sonderheft 5, S. 7, 47).
  Krystalle; F: 201—202° [aus W.] (*Ti.*), 200,5—201,2° [korr.; aus W.] (*Va., Ba.*).

6-Methoxy-phthalid $C_9H_8O_3$, Formel VI (R = CH_3) (H 18; E II 9).
  B. Beim Behandeln von 6-Hydroxy-phthalid mit Dimethylsulfat und wss. Natronlauge (*Vaughan, Baird*, Am. Soc. **68** [1946] 1314; *Tirouflet*, Bl. Soc. scient. Bretagne **26** [1951] Sonderheft 5, S. 7, 48). Neben 7-Chlormethyl-6-methoxy-phthalid beim Erwärmen von 3-Methoxy-benzoesäure mit wss. Formaldehyd und wss. Salzsäure (*Ikeda et al.*, Ann. Rep. Fac. Pharm. Kanazawa Univ. **6** [1956] 48; C. A. **1957** 4349; vgl. E II 9).
  Krystalle; F: 119,5—120° [aus Me.] (*Ti.*), 119,5—120° [korr.; aus W.] (*Va., Ba.*), 119—120° [aus Me.] (*Ik. et al.*).
  Geschwindigkeitskonstante der Hydrolyse in Natriumhydroxid (0,002 Mol) enthaltendem wss. Äthanol (20%ig) bei 15—45°: *Vène, Tirouflet*, Bl. **1954** 211, 215; in Natriumhydroxid (0,1 Mol) enthaltendem wss. Äthanol (15%ig) bei 25°: *Ti.*, l. c. S. 95.

6-Äthoxy-phthalid $C_{10}H_{10}O_3$, Formel VI (R = C_2H_5) (H 18).
  B. Beim Erwärmen von 6-Hydroxy-phthalid mit Diäthylsulfat und wss. Natronlauge (*Tirouflet*, Bl. Soc. scient. Bretagne **26** [1951] Sonderheft 5, S. 7, 48).
  Krystalle (aus wss. A.); F: 85°.
  Geschwindigkeitskonstante der Hydrolyse in Natriumhydroxid (0,1 Mol) enthaltendem wss. Äthanol (15%ig) bei 25°: *Ti.*, l. c. S. 93, 96.

7-Chlor-6-hydroxy-phthalid $C_8H_5ClO_3$, Formel VII (R = H).
  B. Beim Behandeln von 2-Chlor-3-hydroxy-benzoesäure mit wss. Formaldehyd und wss. Salzsäure unter Einleiten von Chlorwasserstoff und Erhitzen des Reaktionsgemisches (*Buehler et al.*, Am. Soc. **68** [1946] 574, 577).
  Krystalle (aus 2-Äthoxy-äthanol); F: 290,3—290,7° [korr.; Zers.].
  Beim Behandeln mit Paraformaldehyd und konz. Schwefelsäure ist 8-Chlor-6-hydroxymethyl-benzo[1,3]dioxan-7-carbonsäure-lacton erhalten worden.

7-Chlor-6-methoxy-phthalid $C_9H_7ClO_3$, Formel VII (R = CH_3).
  B. Beim Erwärmen von 7-Chlor-6-hydroxy-phthalid mit Dimethylsulfat und wss. Natronlauge (*Buehler et al.*, Am. Soc. **68** [1946] 574, 577).
  Krystalle (aus Bzl.); F: 187—187,5° [unkorr.].

6-Acetoxy-7-chlor-phthalid $C_{10}H_7ClO_4$, Formel VII (R = CO-CH_3).
  B. Beim Behandeln von 7-Chlor-6-hydroxy-phthalid mit Acetanhydrid und Kaliumcarbonat (*Buehler et al.*, Am. Soc. **68** [1946] 574, 577).
  Krystalle (aus A.); F: 166,5—167° [unkorr.].

6-Methoxy-4-nitro-phthalid $C_9H_7NO_5$, Formel VIII.
  B. Beim Behandeln von 7-Hydrazino-6-methoxy-4-nitro-phthalid mit wss. Kupfer(II)-sulfat-Lösung (*Blanksma, Bakels*, R. **58** [1939] 497, 508).
  Braun; F: 143°.

7-Hydroxy-phthalid $C_8H_6O_3$, Formel IX (R = H).
  B. Beim Erhitzen von 2-Hydroxy-6-hydroxymethyl-benzoesäure auf 140° (*Vène, Tirouflet*, C. r. **232** [1951] 2328). Beim Erhitzen von 2-Acetoxy-6-brommethyl-benzoesäure mit wss. Natronlauge und Erwärmen der angesäuerten Reaktionslösung (*Eliel et al.*, J. org. Chem. **18** [1953] 1679, 1685). Beim Erhitzen von 2-Acetoxy-6-brommethylbenzoesäure-methylester mit wss. Salzsäure (*El. et al.*). Beim Erhitzen von 7-Methoxyphthalid mit wss. Bromwasserstoffsäure (*Duncanson et al.*, Soc. **1953** 1331; *Blair et al.*, Soc. **1955** 708, 711).
  Krystalle; F: 135—136,5° [aus Bzl. + PAe.] (*El. et al.*), 134—136° [aus E. + PAe.] (*Bl. et al.*), 132° [aus W.] (*Du. et al.*), 128—129° (*Vène, Ti.*).

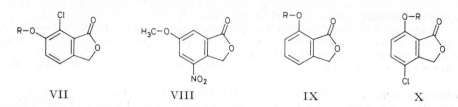

VII VIII IX X

7-Methoxy-phthalid $C_9H_8O_3$, Formel IX (R = CH_3).

B. Beim Erwärmen von 2-Amino-3-methoxy-benzoesäure mit Lithiumalanat in Äther, Behandeln des gebildeten Alkohols mit Natriumnitrit und wss. Salzsäure, Behandeln der erhaltenen Diazoniumsalz-Lösung mit Kaliumcyanid unter Zusatz von Kupfer(II)-sulfat und Erhitzen des Reaktionsprodukts mit wss. Kalilauge (*Blair et al.*, Soc. **1955** 708, 711). Beim Behandeln von 7-Hydroxy-phthalid mit Diazomethan in Äther (*Bl. et al.*; *Farmer et al.*, Soc. **1956** 3600, 3606). Neben 4-Methoxy-phthalid beim Erhitzen von 3-Methoxy-phthalsäure-anhydrid mit Essigsäure, wss. Salzsäure und Zink (*Duncanson et al.*, Soc. **1953** 1331; *Bl. et al.*).

Krystalle; F: 107—109° [aus E. + PAe.] (*Bl. et al.*), 108° [aus PAe.] (*Fa. et al.*), 96° [aus PAe.] (*Du. et al.*).

7-Acetoxy-phthalid $C_{10}H_8O_4$, Formel IX (R = CO-CH_3).

Krystalle; F: 108—109° (*Eliel et al.*, J. org. Chem. **18** [1953] 1679, 1686).

4-Chlor-7-hydroxy-phthalid $C_8H_5ClO_3$, Formel X (R = H).

B. Beim Erhitzen von 4-Chlor-7-methoxy-phthalid mit wss. Bromwasserstoffsäure (*Boothe et al.*, Am. Soc. **79** [1957] 4564).

Krystalle; F: 158—159° (*Bo. et al.*), 155—157° (*Webb et al.*, Am. Soc. **79** [1957] 4563). Bei 100°/15—20 Torr sublimierbar (*Bo. et al.*). Absorptionsmaxima: 235 nm und 308 nm [wss. Salzsäure (0,1 n)] bzw. 254 nm und 343 nm [wss. Natronlauge (0,1 n)] (*Bo. et al.*).

4-Chlor-7-methoxy-phthalid $C_9H_7ClO_3$, Formel X (R = CH_3).

B. Beim Erhitzen von 7-Chlor-4-methoxy-3-oxo-phthalan-1-carbonsäure auf Temperaturen oberhalb des Schmelzpunkts (*Boothe et al.*, Am. Soc. **79** [1957] 4564).

Krystalle; F: 167—168°. Bei 175°/760 Torr sublimierbar. Absorptionsmaxima: 215 nm, 236 nm und 308 nm [wss. Salzsäure (0,1 n)] bzw. 286 nm [wss. Natronlauge (0,1 n)] (*Bo. et al.*).

Hydroxy-oxo-Verbindungen $C_9H_8O_3$

(±)-4-Phenylmercapto-chroman-2-on, (±)-3-[2-Hydroxy-phenyl]-3-phenylmercapto-propionsäure-lacton $C_{15}H_{12}O_2S$, Formel I (R = X = H).

B. Beim Erwärmen von Cumarin mit Thiophenol und wenig Piperidin (*Mustafa et al.*, Am. Soc. **78** [1956] 5011, 5015).

Krystalle (aus Bzl. + PAe.); F: 110° [unkorr.].

(±)-4-o-Tolylmercapto-chroman-2-on, (±)-3-[2-Hydroxy-phenyl]-3-o-tolylmercapto-propionsäure-lacton $C_{16}H_{14}O_2S$, Formel I (R = CH_3, X = H).

B. Beim Erwärmen von Cumarin mit Thio-o-kresol und wenig Piperidin (*Mustafa et al.*, Am. Soc. **78** [1956] 5011, 5015).

Krystalle (aus Bzl. + PAe.); F: 111° [unkorr.].

(±)-4-p-Tolylmercapto-chroman-2-on, (±)-3-[2-Hydroxy-phenyl]-3-p-tolylmercapto-propionsäure-lacton $C_{16}H_{14}O_2S$, Formel I (R = H, X = CH_3).

B. Beim Erwärmen von Cumarin mit Thio-p-kresol und wenig Piperidin (*Mustafa et al.*, Am. Soc. **78** [1956] 5011, 5015).

Krystalle (aus Bzl. + PAe.); F: 151° [unkorr.].

(±)-4-[N-Acetyl-sulfanilyl]-chroman-2-on, (±)-3-[N-Acetyl-sulfanilyl]-3-[2-hydroxy-phenyl]-propionsäure-lacton $C_{17}H_{15}NO_5S$, Formel II.

B. Beim Erwärmen von Cumarin mit 4-Acetylamino-benzolsulfinsäure in Äthanol

(*Basu, Sen*, J. Indian chem. Soc. **27** [1950] 462).
Krystalle (aus A.); F: 213—214°.

5-Hydroxy-chroman-2-on, 3-[2,6-Dihydroxy-phenyl]-propionsäure-lacton $C_9H_8O_3$, Formel III (R = H).

Die früher (s. E II 9) unter dieser Konstitution beschriebene Verbindung (F: 224° bis 225°) ist als 3,4,6,7-Tetrahydro-pyrano[3,2-*g*]chromen-2,8-dion zu formulieren (*Das Gupta et al.*, Soc. [C] **1969** 29, 30; s. a. *Nógradý et al.*, Festschrift K. Venkataraman [New York 1962] 227, 230, 231).

B. Bei der Hydrierung von 5-Hydroxy-cumarin an Palladium/Kohle (*Das Gupta et al.*). Beim Behandeln von 3-[1-Acetoxy-6-oxo-cyclohexa-2,4-dienyl]-propionsäure-äthylester mit Acetanhydrid und wenig Schwefelsäure und Erwärmen einer Lösung des Reaktionsprodukts in Äthanol mit wss. Schwefelsäure (*Nó. et al.*).

Krystalle; F: 170—172° [aus Toluol] (*Das Gupta et al.*), 168—170° [aus Me.] (*Nó. et al.*).

5-Methoxy-chroman-2-on, 3-[2-Hydroxy-6-methoxy-phenyl]-propionsäure-lacton $C_{10}H_{10}O_3$, Formel III (R = CH_3).

B. Aus 3-[2-Hydroxy-6-methoxy-phenyl]-propionsäure beim Erhitzen (*Gruber*, M. **75** [1944] 14, 23). Bei der Hydrierung von 5-Methoxy-cumarin an Raney-Nickel in Äthanol (*Huls*, Bl. Acad. Belgique [5] **39** [1953] 1064, 1072).

Krystalle; F: 43—45° (*Gr.*), 43° [aus PAe.] (*Huls*). $Kp_{0,7}$: 142° (*Huls*).

6-Hydroxy-chroman-2-on, 3-[2,5-Dihydroxy-phenyl]-propionsäure-2-lacton $C_9H_8O_3$, Formel IV (X = H) (H 19; E II 9).

B. Beim Erhitzen von 3-[2,5-Dimethoxy-phenyl]-propionsäure in einer Natrium=chlorid-Aluminiumchlorid-Schmelze auf 180° (*Hayes, Thomson*, Soc. **1956** 1585, 1589). Beim Erhitzen einer aus 3-[5-Amino-2-methoxy-phenyl]-propionsäure-äthylester (hergestellt aus 3-[2-Methoxy-5-nitro-phenyl]-propionsäure-äthylester durch Hydrierung an Palladium/Kohle) bereiteten Diazoniumsalz-Lösung mit wss. Schwefelsäure, Erhitzen einer Lösung des Reaktionsprodukts in Essigsäure mit wss. Jodwasserstoffsäure und Erhitzen des danach isolierten Reaktionsprodukts unter vermindertem Druck (*Asano, Kawasaki*, J. pharm. Soc. Japan **70** [1950] 480, 483; C. A. **1951** 5661).

Krystalle (aus W.); F: 163° (*Ha., Th.*), 161° (*As., Ka.*). Absorptionsmaximum 286 nm [A.] bzw. 265 nm [wss.-äthanol. Natronlauge] (*Schmir et al.*, Am. Soc. **81** [1959] 2228, 2229).

Beim Erhitzen mit wss. Eisen(III)-chlorid-Lösung ist 3-[3,6-Dioxo-cyclohexa-1,4-dienyl]-propionsäure erhalten worden (*As., Ka.*).

5,7-Dibrom-6-hydroxy-chroman-2-on, 3-[2,4-Dibrom-3,6-dihydroxy-phenyl]-propion=säure-6-lacton $C_9H_6Br_2O_3$, Formel IV (X = Br).

B. Beim Behandeln von 6-Hydroxy-chroman-2-on mit Brom und Natriumacetat in wss. Essigsäure (*Schmir et al.*, Am. Soc. **81** [1959] 2228, 2232).

Krystalle (aus Bzl. + PAe.); F: 182—184° [unkorr.]. Absorptionsmaximum: 295 nm [A.] bzw. 255 nm [wss.-äthanol. Natronlauge] (*Schmir et al.*, l. c. S. 2229).

7-Hydroxy-chroman-2-on, 3-[2,4-Dihydroxy-phenyl]-propionsäure-2-lacton $C_9H_8O_3$, Formel V (R = H) (E II 10).

B. Aus 3-[2,4-Dihydroxy-phenyl]-propionsäure beim Erhitzen auf 130° (*Bridge et al.*,

Soc. **1937** 1530, 1533).
Krystalle; F: 134° [aus Ae. + PAe.] (*Späth, Klager*, B. **66** [1933] 749, 752), 133° [Kofler-App.] (*Chatterjee, Bhattacharya*, Soc. **1959** 1922). Absorptionsmaximum: 280 nm [A.] bzw. 295 nm [wss.-äthanol. Natronlauge] (*Schmir et al.*, Am. Soc. **81** [1959] 2228, 2229).

Beim Erhitzen mit Platin/Kohle auf 200° sind 7-Hydroxy-cumarin und kleine Mengen 4-Äthyl-phenol erhalten worden (*Späth, Galinovsky*, B. **70** [1937] 235, 238).

7-Benzyloxy-chroman-2-on, 3-[4-Benzyloxy-2-hydroxy-phenyl]-propionsäure-lacton $C_{16}H_{14}O_3$, Formel V (R = CH_2-C_6H_5).
B. Beim Erwärmen von 7-Hydroxy-chroman-2-on mit Benzylbromid und Kalium=carbonat in Aceton (*Bridge et al.*, Soc. **1937** 1530, 1533).
$Kp_{0,3}$: 220°.

7-[(4aS)-6t-Acetoxy-2c,5,5,8a-tetramethyl-(4ar,8at)-decahydro-[1c]naphthylmethoxy]-chroman-2-on, 7-[3α-Acetoxy-5β,10α-driman-11-yloxy]-chroman-2-on [1]**, 3-[4-(3α-Acet=oxy-5β,10α-driman-11-yloxy)-phenyl]-propionsäure-lacton, O-Acetyl-tetrahydro-farnesiferol-A** $C_{26}H_{36}O_5$, Formel VI.
B. Bei der Hydrierung von *O*-Acetyl-farnesiferol-A (7-[(4aS)-6t-Acetoxy-5,5,8a-tri=methyl-2-methylen-(4ar,8at)-decahydro-[1c]naphthylmethoxy]-cumarin) an Palladium/Kohle in Essigsäure (*Caglioti et al.*, Helv. **41** [1958] 2278, 2290).
Krystalle (aus Ae. + PAe.); F: 120—121° [unkorr.]. $[\alpha]_D$: +14° [$CHCl_3$; c = 1].
Bei der Hydrierung an Platin in Essigsäure und Behandlung des Reaktionsprodukts mit warmer wss.-methanol. Kalilauge ist (4aR)-5t-Hydroxymethyl-1,1,4a,6t-tetramethyl-(4ar,8at)-decahydro-[2c]naphthol erhalten worden.

V   VI   VII

7-Acetoxy-chroman-2-on, 3-[4-Acetoxy-2-hydroxy-phenyl]-propionsäure-lacton $C_{11}H_{10}O_4$, Formel V (R = CO-CH_3) (E II 10).
F: 115° (*Späth, Močnik*, B. **70** [1937] 2276, 2280).

6,8-Dibrom-7-hydroxy-chroman-2-on, 3-[3,5-Dibrom-2,4-dihydroxy-phenyl]-propion=säure-2-lacton $C_9H_6Br_2O_3$, Formel VII.
B. Beim Behandeln von 7-Hydroxy-chroman-2-on mit Brom und Natriumacetat in wss. Essigsäure (*Schmir et al.*, Am. Soc. **81** [1959] 2228, 2231).
Krystalle (aus Bzl.); F: 182—184° [unkorr.]. Absorptionsmaximum: 293 nm [A.] bzw. 310 nm [wss.-äthanol. Natronlauge] (*Schmir et al.*, l. c. S. 2229, 2231).

8-Methoxy-chroman-2-on, 3-[2-Hydroxy-3-methoxy-phenyl]-propionsäure-lacton $C_{10}H_{10}O_3$, Formel VIII.
Die früher (s. E I 302) unter dieser Konstitution beschriebene Verbindung (F: 107°) ist als 3-[2-Hydroxy-3-methoxy-phenyl]-propionsäure zu formulieren (*Koelsch, Stephens*, Am. Soc. **72** [1950] 3291; *Hallet, Huls*, Bl. Soc. chim. Belg. **61** [1952] 33, 36, 42).
B. Aus 3-[2-Hydroxy-3-methoxy-phenyl]-propionsäure beim Erhitzen auf 120° (*Ha., Huls*) sowie beim Erhitzen unter vermindertem Druck (*Borsche, Hahn-Weinheimer*, B. **85** [1952] 198, 201). Bei der Hydrierung von 8-Methoxy-cumarin an Raney-Nickel in Methanol (*Ha., Huls*; vgl. a. *Ko., St.*).
Krystalle; F: 81° [aus Me.] (*Bo., Hahn-We.*), 77° [aus wss. A.] (*Ha., Huls*), 76—77°

---

[1]) Stellungsbezeichnung bei von Driman abgeleiteten Namen s. E III **9** 273, 274.

[aus Ae. + PAe.] (Ko., St.).

Beim Behandeln mit Acetylchlorid und Aluminiumchlorid in Schwefelkohlenstoff ist 5(?)-Acetyl-8-methoxy-chroman-2-on (F: 61°; 2,4-Dinitro-phenylhydrazon: F: 173°) erhalten worden (Bo., Hahn-We.).

7-Methoxy-chroman-3-on $C_{10}H_{10}O_3$, Formel IX.

B. Beim Behandeln von 3-Acetoxy-7-methoxy-2H-chromen mit wss.-äthanol. Natronlauge (Richards et al., Soc. **1948** 1610).
Krystalle (aus Bzl.); F: 163°.

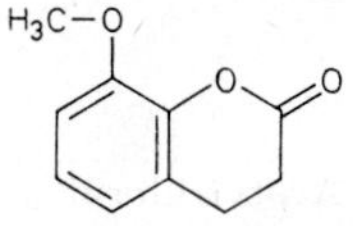

VIII 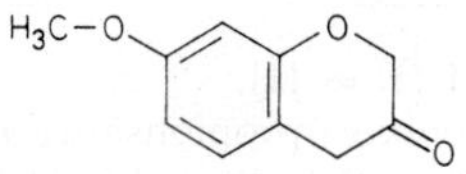 IX 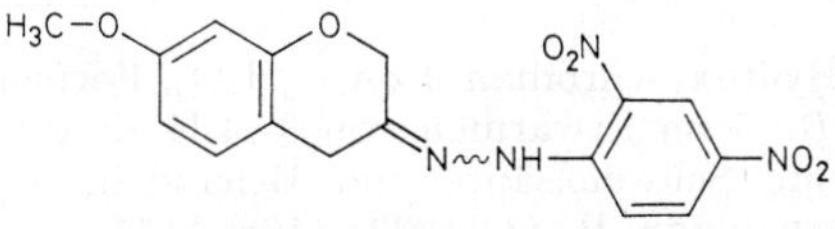 X

7-Methoxy-chroman-3-on-[2,4-dinitro-phenylhydrazon] $C_{16}H_{14}N_4O_6$, Formel X.

B. Aus 7-Methoxy-chroman-3-on und [2,4-Dinitro-phenyl]-hydrazin (Richards et al., Soc. **1948** 1610).
Orangefarbene Krystalle (aus A.); F: 186°.

8-Methoxy-chroman-3-on $C_{10}H_{10}O_3$, Formel I.

B. Neben kleineren Mengen 4-Acetyl-8-methoxy-chroman-3-on beim Erhitzen von [2-Carboxymethoxy-3-methoxy-phenyl]-essigsäure mit Acetanhydrid und Natriumacetat und Behandeln des Reaktionsprodukts mit methanol. Natronlauge (Richards et al., Soc. **1948** 1610). Beim Erhitzen des Thorium-Salzes der [2-Carboxymethoxy-3-methoxy-phenyl]-essigsäure unter vermindertem Druck auf 350° (Ri. et al.).
Krystalle (aus PAe.).

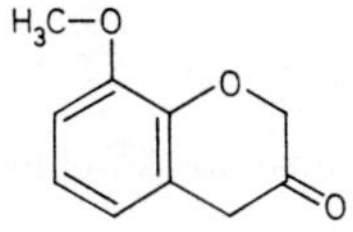

I 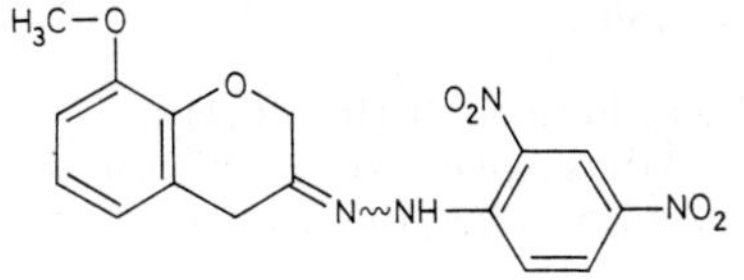 II 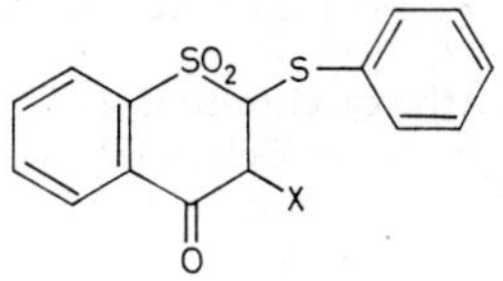 III

8-Methoxy-chroman-3-on-[2,4-dinitro-phenylhydrazon] $C_{16}H_{14}N_4O_6$, Formel II.

B. Aus 8-Methoxy-chroman-3-on und [2,4-Dinitro-phenyl]-hydrazin (Richards et al., Soc. **1948** 1610).
Orangefarbene Krystalle (aus A.); F: 192°.

(±)-1,1-Dioxo-2-phenylmercapto-1λ^6-thiochroman-4-on $C_{15}H_{12}O_3S_2$, Formel III (X = H).

B. Beim Erwärmen von 1,1-Dioxo-1λ^6-thiochromen-4-on mit Thiophenol, Äthanol und wss. Natronlauge oder mit Thiophenol und Pyridin (Nambara, J. pharm. Soc. Japan **78** [1958] 624, 626; C. A. **1958** 18392).
Krystalle (aus A.); F: 151°.

(±)-1,1-Dioxo-2-phenylmercapto-1λ^6-thiochroman-4-on-phenylhydrazon $C_{21}H_{18}N_2O_2S_2$, Formel IV.

B. Aus (±)-1,1-Dioxo-2-phenylmercapto-1λ^6-thiochroman-4-on und Phenylhydrazin (Nambara, J. pharm. Soc. Japan **78** [1958] 624, 626; C. A. **1958** 18392).
(Hellgelbe Krystalle (aus Eg.); F: 198°.

***Opt.-inakt. 3-Brom-1,1-dioxo-2-phenylmercapto-1λ^6-thiochroman-4-on** $C_{15}H_{11}BrO_3S_2$, Formel III (X = Br).

B. Beim Behandeln von (±)-1,1-Dioxo-2-phenylmercapto-1λ^6-thiochroman-4-on mit

Brom in Chloroform unter der Einwirkung von Sonnenlicht (*Nambara*, J. pharm. Soc. Japan **78** [1958] 624, 626; C. A. **1958** 18392).
Krystalle (aus Eg.); F: 192° [Zers.].
Beim Erhitzen mit Pyridin ist 1,1-Dioxo-2-phenylmercapto-1λ^6-thiochromen-4-on erhalten worden.

(±)-3-Acetoxy-chroman-4-on $C_{11}H_{10}O_4$, Formel V.
B. Beim Erwärmen von Chroman-4-on mit Blei(IV)-acetat in Essigsäure (*Cavill et al.*, Soc. **1954** 4573, 4579).
Krystalle (aus PAe. + E.); F: 74°.

6-Hydroxy-chroman-4-on $C_9H_8O_3$, Formel VI (R = H).
B. Beim Erwärmen von 3-[4-Hydroxy-phenoxy]-propionsäure mit Acetylchlorid und wenig Schwefelsäure und Behandeln des Reaktionsprodukts mit wss. Schwefelsäure (*Gottesmann*, B. **66** [1933] 1168, 1177).
Gelbe Krystalle (aus W.); F: 134—135°.

IV V VI

6-Methoxy-chroman-4-on $C_{10}H_{10}O_3$, Formel VI (R = CH_3) (E II 10).
B. Beim Erhitzen von 3-[4-Methoxy-phenoxy]-propionsäure in Toluol mit Polyphosphorsäure (*Colonge, Guyot*, Bl. **1958** 325, 326).
F: 48° (aus PAe). Kp_{23}: 178—180°.

6-Äthoxy-chroman-4-on $C_{11}H_{12}O_3$, Formel VI (R = C_2H_5).
B. Beim Behandeln von 3-[4-Äthoxy-phenoxy]-propionsäure mit Phosphor(V)-chlorid und Aluminiumchlorid (*Wiley*, Am. Soc. **73** [1951] 4205, 4208).
F: 63—65°.

6-Methoxy-chroman-4-on-oxim $C_{10}H_{11}NO_3$, Formel VII (E II 10).
B. Aus 6-Methoxy-chroman-4-on und Hydroxylamin (*Thorn*, Canad. J. Chem. **30** [1952] 224).
F: 120,5—121° [unkorr.].

(±)-3-Brom-6-methoxy-chroman-4-on $C_{10}H_9BrO_3$, Formel VIII.
B. Beim Behandeln von 6-Methoxy-chroman-4-on mit Brom (1 Mol) in Äther (*Colonge, Guyot*, Bl. **1958** 329, 330) oder in Chloroform (*Wiley*, Am. Soc. **73** [1951] 4205, 4208).
Krystalle (aus Bzl. + PAe.); F: 92—94° (*Wi.*), 93° (*Co., Gu.*).

6-Hydroxy-thiochroman-4-on $C_9H_8O_2S$, Formel IX (R = H).
B. Neben 6-Methoxy-thiochroman-4-on beim Erwärmen von 3-[4-Methoxy-phenylmercapto]-propionsäure mit konz. Schwefelsäure und wenig Phosphor(V)-oxid (*Chu, Chang*, Acta chim. sinica **24** [1958] 87, 91; C. A. **1959** 7161). Beim Erhitzen einer aus 6-Amino-thiochroman-4-on bereiteten Diazoniumsalz-Lösung mit wss. Schwefelsäure (*Chu, Ch.*).
Hellgelbe Krystalle (aus Me. oder W.); F: 147,5—148° [unkorr.]. Bei 205—208°/8 Torr destillierbar.

6-Methoxy-thiochroman-4-on $C_{10}H_{10}O_2S$, Formel IX (R = CH_3) (E II 11).
B. Neben kleinen Mengen 6-Hydroxy-thiochroman-4-on beim Behandeln von 3-[4-Methoxy-phenylmercapto]-propionsäure mit konz. Schwefelsäure und wenig Phosphor(V)-oxid

(*Chu, Chang*, Acta chim. sinica **24** [1958] 87, 91; C. A. **1959** 7161).
Gelbe Krystalle (aus PAe.); F: 28—29°. Bei 165—167°/8 Torr destillierbar.

7-Hydroxy-chroman-4-on $C_9H_8O_3$, Formel X (R = H) (E II 11).
B. Beim Behandeln von 3-Chlor-1-[2,4-dihydroxy-phenyl]-propan-1-on mit wss. Natronlauge (*Dann et al.*, A. **587** [1954] 16, 27; *Naylor et al.*, Soc. **1958** 1190). Bei der Hydrierung von 7-Hydroxy-chromen-4-on an Raney-Nickel in Methanol und Äthanol (*Na. et al.*). Aus 7-Methoxy-chroman-4-on beim Erwärmen mit Aluminiumbromid in Benzol (*Pfeiffer et al.*, J. pr. [2] **129** [1931] 31, 42) sowie beim Erhitzen mit Aluminium= chlorid auf 130° (*Loudon, Razdan*, Soc. **1954** 4299, 4301).
Krystalle; F: 149° [aus W.] (*Na. et al.*), 147—148° [aus W.] (*Pf. et al.*), 146° [aus E.] (*Dann et al.*).

VII   VIII   IX   X

7-Methoxy-chroman-4-on $C_{10}H_{10}O_3$, Formel X (R = CH_3) (E I 302, E II 11).
B. Aus 3-[3-Methoxy-phenoxy]-propionsäure beim Erhitzen mit Polyphosphorsäure auf 200° (*Loudon, Razdan*, Soc. **1954** 4299, 4301) sowie beim Erhitzen mit Polyphosphor= säure und Toluol (*Colonge, Guyot*, Bl. **1958** 325, 326). Beim Behandeln eines Gemisches von 3-[3-Methoxy-phenoxy]-propionitril, Zinkchlorid und Äther mit Chlorwasserstoff und Erhitzen des Reaktionsprodukts mit Wasser (*Padfield, Tomlinson*, Soc. **1950** 2272, 2275). Beim Behandeln von 1-[2-Hydroxy-4-methoxy-phenyl]-propenon mit wss. Natron= lauge (*Pa., To.*, l. c. S. 2277).
Krystalle; F: 78° (?) (*Pa., To.*, l. c. S. 2277), 55° [aus PAe.] (*Co., Gu.*), 52—54° [aus W.] (*Bachman, Levine*, Am. Soc. **70** [1948] 599), 52—54° (*Lo., Ra.*). Kp_6: 162—163° (*Chen et al.*, Acta chim. sinica **22** [1956] 455, 458; C. A. **1958** 11029).
Überführung in 5,7-Dihydroxy-indan-1-on durch Erhitzen mit Aluminiumchlorid auf 210°: *Lo., Ra*. Beim Behandeln mit 2,4-Dihydroxy-benzaldehyd in Äthylacetat und mit Chlorwasserstoff ist 10-Hydroxy-3-methoxy-6*H*-chromeno[4,3-*b*]chromenylium-chlorid erhalten worden (*Keller, Robinson*, Soc. **1934** 1533).

7-Benzyloxy-chroman-4-on $C_{16}H_{14}O_3$, Formel X (R = CH_2-C_6H_5).
Die von *Gregory, Tomlinson* (Soc. **1956** 795) unter dieser Konstitution beschriebene Verbindung (F: 153—155°) ist als 6-Benzyl-2,3,8,9-tetrahydro-pyrano[2,3-*f*]chromen-4,10-dion zu formulieren (*Fitton, Ramage*, Soc. **1962** 4870).
B. Beim Erwärmen von 7-Hydroxy-chroman-4-on mit Benzylchlorid, Natriumjodid und Kaliumcarbonat in Aceton (*Fi., Ra.*, l. c. S. 4872).
Krystalle (aus Me.); F: 103—105°.
Beim Erhitzen mit konz. wss. Salzsäure ist 6-Benzyl-7-hydroxy-chroman-4-on erhalten worden (*Fi., Ra.*, l. c. S. 4873).

3-[4-Oxo-chroman-7-yloxy]-propionsäure $C_{12}H_{12}O_5$, Formel X (R = CH_2-CH_2-COOH).
B. Beim Behandeln von 1,3-Bis-[2-cyan-äthoxy]-benzol mit 85%ig. wss. Schwefel= säure (*Bachman, Levine*, Am. Soc. **70** [1948] 599). Beim Behandeln einer Suspension von 1,3-Bis-[2-cyan-äthoxy]-benzol und Zinkchlorid in Äther mit Chlorwasserstoff und Behandeln des Reaktionsprodukts mit wss. Natriumcarbonat-Lösung (*Gregory, Tomlinson*, Soc. **1956** 795). Aus 1,3-Bis-[2-carboxy-äthoxy]-benzol beim Erwärmen mit Phosphor(V)-oxid und Phosphorsäure (*Arbusow, Isaewa*, Ž. obšč. Chim. **22** [1952] 1645; engl. Ausg. S. 1685) sowie beim Erhitzen einer Lösung in Dioxan mit Polyphosphor= säure (*Colonge, Guyot*, Bl. **1958** 325, 326).
Krystalle; F: 173—175° [aus A.] (*Gr., To.*), 171—173° [aus W.] (*Ba., Le.*), 169—171° [aus A.] (*Ar., Iš.*), 169° [aus Dioxan] (*Co., Gu.*).

3-[4-Hydroxyimino-chroman-7-yloxy]-propionsäure $C_{12}H_{13}NO_5$, Formel XI
($R = CH_2\text{-}CH_2\text{-}COOH$, $X = OH$).

B. Aus der im vorangehenden Artikel beschriebenen Verbindung und Hydroxylamin (*Colonge, Guyot*, Bl. **1958** 325, 326).
Krystalle; F: 223°.

7-Hydroxy-chroman-4-on-semicarbazon $C_{10}H_{11}N_3O_3$, Formel XI ($R = H$, $X = NH\text{-}CO\text{-}NH_2$).

B. Aus 7-Hydroxy-chroman-4-on und Semicarbazid (*Naylor et al.*, Soc. **1958** 1190, 1192).
Krystalle (aus wss. A.); F: 237—238° [Zers.].

7-Methoxy-chroman-4-on-[2,4-dinitro-phenylhydrazon] $C_{16}H_{14}N_4O_6$, Formel XI ($R = CH_3$, $X = NH\text{-}C_6H_3(NO_2)_2$).

Diese Konstitution kommt vermutlich auch der von *Bergel et al.* (Soc. **1944** 261, 263) als 1-[2-Hydroxy-4-methoxy-phenyl]-propenon-[2,4-dinitro-phenylhydrazon] angesehenen Verbindung (F: 244—245°) zu (*Padfield, Tomlinson*, Soc. **1950** 2272, 2275).

B. Aus 7-Methoxy-chroman-4-on und [2,4-Dinitro-phenyl]-hydrazin (*Pa., To.*).
Rote Krystalle; F: 245° [aus Eg.] (*Pa., To.*).

7-Methoxy-chroman-4-on-semicarbazon $C_{11}H_{13}N_3O_3$, Formel XI ($R = CH_3$, $X = NH\text{-}CO\text{-}NH_2$) (E I 302).

B. Aus 7-Methoxy-chroman-4-on und Semicarbazid (*Bridge et al.*, Soc. **1937** 1530, 1534).
Krystalle; F: 231°.

XI   XII   XIII   XIV

(±)-3-Brom-7-methoxy-chroman-4-on $C_{10}H_9BrO_3$, Formel XII.

B. Beim Behandeln von 7-Methoxy-chroman-4-on mit Brom (1 Mol) in Äther (*Colonge, Guyot*, Bl. **1958** 329, 330).
F: 153°.

7-Methoxy-thiochroman-4-on $C_{10}H_{10}O_2S$, Formel XIII.

B. Beim Erwärmen von 3-[3-Methoxy-phenylmercapto]-propionsäure mit Phosphor(V)-oxid in Benzol (*Chu et al.*, Acta chim. sinica **22** [1956] 371, 375; C. A. **1958** 11044).
Krystalle (aus PAe.); F: 55—56°. Bei 159—161°/4 Torr destillierbar.

8-Methoxy-chroman-4-on $C_{10}H_{10}O_3$, Formel XIV (E II 11).

B. Beim Erhitzen von 3-[2-Methoxy-phenoxy]-propionsäure mit Toluol und Polyphosphorsäure (*Colonge, Guyot*, Bl. **1958** 325, 326).
Krystalle (aus W.); F: 89°.

8-Methoxy-chroman-4-on-oxim $C_{10}H_{11}NO_3$, Formel I (E II 12).

B. Aus 8-Methoxy-chroman-4-on und Hydroxylamin (*Thorn*, Canad. J. Chem. **30** [1952] 224).
F: 148—149°.

8-Methoxy-thiochroman-4-on $C_{10}H_{10}O_2S$, Formel II.

B. Beim Erhitzen von 3-[2-Methoxy-phenylmercapto]-propionsäure mit Phosphor(V)-oxid unter vermindertem Druck (*Sen, Arora*, J. Indian chem. Soc. **35** [1958] 197, 199).
Krystalle; F: 98°.

I II III IV

8-Methoxy-thiochroman-4-on-[2,4-dinitro-phenylhydrazon] $C_{16}H_{14}N_4O_5S$, Formel III.

B. Aus 8-Methoxy-thiochroman-4-on und [2,4-Dinitro-phenyl]-hydrazin (*Sen, Arora*, J. Indian chem. Soc. **35** [1958] 197, 199).

Krystalle; F: 233°.

5-Hydroxy-4-methyl-3H-benzofuran-2-on, [3,6-Dihydroxy-2-methyl-phenyl]-essigsäure-6-lacton $C_9H_8O_3$, Formel IV.

B. Beim Erwärmen von 1,4-Bis-benzoyloxy-2-brommethyl-3-methyl-benzol mit Kaliumcyanid in Methanol und Erwärmen des Reaktionsprodukts mit wss.-äthanol. Salzsäure (*Sannié et al.*, Bl. **1955** 1039, 1043).

Krystalle (aus wss. A. oder W.); F: 223—225° [Kofler-App.].

6-Hydroxy-2,3-dihydro-benzofuran-5-carbaldehyd $C_9H_8O_3$, Formel V (R = H).

B. Beim Behandeln einer Suspension von 2,3-Dihydro-benzofuran-6-ol und Zinkcyanid in Äther mit Chlorwasserstoff und Erwärmen des Reaktionsprodukts mit Wasser (*Horning, Reisner*, Am. Soc. **70** [1948] 3619; *Davies et al.*, Soc. **1950** 3206, 3212). Beim Behandeln von 2,3-Dihydro-benzofuran-6-ol in Äther mit Cyanwasserstoff, Zinkchlorid und Chlorwasserstoff und Erwärmen des Reaktionsprodukts mit Wasser (*Foster et al.*, Soc. **1948** 2254, 2257).

Krystalle; F: 113° [aus wss. A.] (*Fo. et al.*), 109—110° [nach Sublimation unter Normaldruck] (*Ho., Re.*), 109° [Kofler-App.; aus Me.] (*Simonitsch et al.*, M. **88** [1957] 541, 557), 108° [aus Me.] (*Da. et al.*).

6-Methoxy-2,3-dihydro-benzofuran-5-carbaldehyd $C_{10}H_{10}O_3$, Formel V (R = CH_3).

B. Beim Erwärmen von 6-Hydroxy-2,3-dihydro-benzofuran-5-carbaldehyd mit Dimethylsulfat und wss. Kalilauge (*Simonitsch et al.*, M. **88** [1957] 541, 558).

Krystalle (nach Sublimation bei 100—110°/0,01 Torr); F: 121° [Kofler-App.].

6-Acetoxy-2,3-dihydro-benzofuran-5-carbaldehyd $C_{11}H_{10}O_4$, Formel V (R = CO-CH_3).

B. Neben 3-[6-Acetoxy-2,3-dihydro-benzofuran-5-yl]-acrylsäure (F: 197°) beim Erhitzen von 6-Hydroxy-2,3-dihydro-benzofuran-5-carbaldehyd mit Acetanhydrid und Natriumacetat (*Foster et al.*, Soc. **1948** 2254, 2258).

Als 2,4-Dinitro-phenylhydrazon (s. u.) charakterisiert.

V VI VII

6-Hydroxy-2,3-dihydro-benzofuran-5-carbaldehyd-[2,4-dinitro-phenylhydrazon] $C_{15}H_{12}N_4O_6$, Formel VI (R = H).

B. Aus 6-Hydroxy-2,3-dihydro-benzofuran-5-carbaldehyd und [2,4-Dinitro-phenyl]-hydrazin (*Foster et al.*, Soc. **1948** 2254, 2257).

Rote Krystalle (aus E.); F: 274°.

6-Acetoxy-2,3-dihydro-benzofuran-5-carbaldehyd-[2,4-dinitro-phenylhydrazon] $C_{17}H_{14}N_4O_7$, Formel VI (R = CO-CH_3).

B. Aus 6-Acetoxy-2,3-dihydro-benzofuran-5-carbaldehyd und [2,4-Dinitro-phenyl]-

hydrazin (*Foster et al.*, Soc. **1948** 2254, 2258).
Orangerote Krystalle (aus Eg.); F: 266°.

5-Hydroxy-6-methyl-3H-benzofuran-2-on, [2,5-Dihydroxy-4-methyl-phenyl]-essigsäure-2-lacton $C_9H_8O_3$, Formel VII (R = H).
B. Beim Erhitzen von [2,5-Dihydroxy-4-methyl-phenyl]-essigsäure unter vermindertem Druck bis auf 180° (*Posternak et al.*, Helv. **39** [1956] 1564, 1576).
Krystalle (aus W.); F: 163—164°.

5-Methoxy-6-methyl-3H-benzofuran-2-on, [2-Hydroxy-5-methoxy-4-methyl-phenyl]-essigsäure-lacton $C_{10}H_{10}O_3$, Formel VII (R = CH_3).
B. Beim Erhitzen von [2-Hydroxy-5-methoxy-4-methyl-phenyl]-essigsäure auf 180° (*Posternak et al.*, Helv. **39** [1956] 1564, 1577).
Krystalle (aus PAe.); F: 104—106°.

4-Chlor-5-hydroxy-7-methyl-3H-benzofuran-2-on, [2-Chlor-3,6-dihydroxy-5-methyl-phenyl]-essigsäure-6-lacton $C_9H_7ClO_3$, Formel VIII.
B. Beim Erhitzen von 4-Chlor-5-hydroxy-7-methyl-2-oxo-2,3-dihydro-benzofuran-3-carbonsäure-äthylester mit wss. Essigsäure (*Murakami, Seno*, J. chem. Soc. Japan Pure Chem. Sect. **76** [1955] 1325; C. A. **1957** 17874; *Murakami, Senoh*, Mem. Inst. scient. ind. Res. Osaka Univ. **12** [1955] 167).
Krystalle (aus A.); F: 180—181°.

(±)-3-Acetoxy-3-methyl-phthalid $C_{11}H_{10}O_4$, Formel IX.
B. Beim Erhitzen von 2-Acetyl-benzoesäure mit Acetanhydrid und Natriumacetat oder mit Acetanhydrid und Pyridin (*Jones, Congdon*, Am. Soc. **81** [1959] 4291, 4294).
Krystalle (aus Heptan oder A.); F: 68,5—69,5°.

VIII IX X XI

(±)-3-Brommethyl-3-methoxy-phthalid $C_{10}H_9BrO_3$, Formel X (R = CH_3).
Diese Konstitution kommt auch der früher (H **10** 693) als 2-Bromacetyl-benzoesäure-methylester beschriebenen Verbindung (F: 61—62°) zu (*Grove, Willis*, Soc. **1951** 877, 882; s. a. *de Diesbach, Klement*, Helv. **24** [1941] 158, 160).
B. Beim Behandeln von 2-Bromacetyl-benzoesäure mit Methanol und mit Chlorwasserstoff (*Boyer, Straw*, Am. Soc. **75** [1953] 2683; s. a. H **10** 693).
Krystalle; F: 62° [aus Me.] (*Gr., Wi.*), 59—60° (*Bo., St.*).
Beim Erhitzen mit Anilin (1 Mol) und Pyridin ist 3-Anilino-3-brommethyl-phthalid erhalten worden (*de Di., Kl.*, l. c. S. 161).

(±)-3-Äthoxy-3-brommethyl-phthalid $C_{11}H_{11}BrO_3$, Formel X (R = C_2H_5).
B. Beim Behandeln von 2-Bromacetyl-benzoesäure mit Äthanol und mit Chlorwasserstoff sowie beim Behandeln von 2-Acetyl-benzoesäure-äthylester mit Brom in Acetanhydrid oder Chloroform (*de Diesbach, Klement*, Helv. **24** [1941] 158, 160).
Krystalle (aus PAe.); F: 55° (*de Di., Kl.*, l. c. S. 163).

(±)-3-Dibrommethyl-3-methoxy-phthalid $C_{10}H_8Br_2O_3$, Formel XI.
B. Beim Behandeln von 2-Dibromacetyl-benzoesäure mit Methanol und mit Chlorwasserstoff (*Grove, Willis*, Soc. **1951** 877, 879).
Krystalle; F: 122°.

(±)-3-Methoxy-3-nitromethyl-phthalid $C_{10}H_9NO_5$, Formel I (R = CH_3).
B. Beim Behandeln von 2-Nitroacetyl-benzoesäure-methylester mit Essigsäure unter

Zusatz von Salpetersäure (*Salukaew*, Ž. obšč. Chim. **26** [1956] 914, 918; engl. Ausg. S. 1039, 1042). Neben 2-Nitroacetyl-benzoesäure-methylester beim Erwärmen von 2-Nitro-indan-1,3-dion mit Methanol (*Sa.*, l. c. S. 916, 917).

Krystalle (aus A., Eg. oder W.); F: 115—116°.

(±)-3-Äthoxy-3-nitromethyl-phthalid $C_{11}H_{11}NO_5$, Formel I (R = C_2H_5).

B. Beim Behandeln von 2-Nitroacetyl-benzoesäure-äthylester mit Essigsäure unter Zusatz von Salpetersäure (*Salukaew*, Ž. obšč. Chim. **26** [1956] 914, 918; engl. Ausg. S. 1039, 1042). Neben 2-Nitroacetyl-benzoesäure-äthylester beim Erwärmen von 2-Nitroindan-1,3-dion mit Äthanol (*Sa.*, l. c. S. 917).

Krystalle (aus A. oder Eg.); F: 95—96°.

(±)-7-Hydroxy-3-methyl-phthalid $C_9H_8O_3$, Formel II (R = H).

B. Beim Behandeln von 1-[2-Amino-3-methoxy-phenyl]-äthanon mit Lithiumalanat in Äther, Behandeln einer aus dem Reaktionsprodukt bereiteten Diazoniumsalz-Lösung mit Natriumcyanid unter Zusatz von Kupfer(I)-chlorid und Erhitzen des Reaktionsprodukts mit wss. Bromwasserstoffsäure (*Kushner et al.*, Am. Soc. **75** [1953] 1097, 1098). Aus 2-Acetyl-6-hydroxy-benzoesäure, aus 2-Acetyl-6-hydroxy-benzoesäure-äthylester oder aus (±)-7-Hydroxy-3-methoxy-3-methyl-phthalid mit Hilfe von Natrium-Amalgam und Wasser (*Horii et al.*, J. pharm. Soc. Japan **74** [1954] 471, 473; C. A. **1955** 6883). Beim Erhitzen einer aus 7-Amino-3-methyl-phthalid bereiteten Diazoniumsalz-Lösung mit wss. Schwefelsäure (*Horii et al.*, J. pharm. Soc. Japan **73** [1953] 526; C. A. **1954** 3305).

Krystalle, F: 60—63° [nach Sublimation bei 50°/0,3 Torr] (*Ku. et al.*), 59—60° (*Hochstein, Pasternack*, Am. Soc. **74** [1952] 3905, 3906); Krystalle (aus W. oder wss. Me.) mit 1 Mol H_2O, F: 110—112° [korr.] (*Ho., Pa.*, l. c. S. 3906), 109—110° (*Ho. et al.*, J. pharm. Soc. Japan **73** 527, **74** 473), 109—110° [korr.] (*Pasternack et al.*, Am. Soc. **74** [1952] 1926). IR-Spektrum (2—16 μ) des Monohydrats: *Ho., Pa.*, l. c. S. 3906. Absorptionsspektren von Lösungen des Monohydrats in Methanol und in Natriumhydroxid enthaltendem Methanol (230—400 nm): *Ho., Pa.*, l. c. S. 3906, in Methanol(?) (220—340 nm): *Ho. et al.*, J. pharm. Soc. Japan **73** 527. Scheinbarer Dissoziationsexponent pK'_a: 8,5 (*Ho., Pa.*).

I II III IV

(±)-7-Methoxy-3-methyl-phthalid $C_{10}H_{10}O_3$, Formel II (R = CH_3).

B. Beim Behandeln von 1-[2-Amino-3-methoxy-phenyl]-äthanon mit Lithiumalanat in Äther, Behandeln einer aus dem Reaktionsprodukts bereiteten Diazoniumsalz-Lösung mit Natriumcyanid unter Zusatz von Kupfer(I)-chlorid und Erhitzen einer Lösung des Reaktionsprodukts in Benzol mit wss. Bromwasserstoffsäure (*Kushner et al.*, Am. Soc. **75** [1953] 1097, 1098). Aus 2-Acetyl-6-methoxy-benzoesäure, aus 2-Acetyl-6-methoxy-benzoesäure-äthylester oder aus (±)-3,7-Dimethoxy-3-methyl-phthalid mit Hilfe von Natrium-Amalgam und Wasser (*Horii et al.*, J. pharm. Soc. Japan **74** [1954] 471, 473; C. A. **1955** 6883; s. a. *Hochstein, Pasternack*, Am. Soc. **74** [1952] 3905). Beim Behandeln von (±)-7-Hydroxy-3-methyl-phthalid mit Diazomethan in Äther (*Ho., Pa.*; *Horii et al.*, J. pharm. Soc. Japan **73** [1953] 526; C. A. **1954** 3305).

Krystalle; F: 75—75,5° [aus E. + PAe.] (*Ku. et al.*), 74—75° [aus W.] (*Ho., Pa.*), 73—75° [aus W.] (*Ho., Pa.*, J. pharm. Soc. Japan **74** 473). IR-Spektrum ($CHCl_3$; 2—16 μ): *Ho., Pa.*, l. c. S. 3906.

(±)-7-Acetoxy-3-methyl-phthalid $C_{11}H_{10}O_4$, Formel II (R = CO-CH_3).

B. Beim Behandeln von (±)-7-Hydroxy-3-methyl-phthalid mit Acetanhydrid und Pyridin (*Hochstein, Pasternack*, Am. Soc. **74** [1952] 3905, 3906; *Horii et al.*, J. pharm. Soc. Japan **73** [1953] 526; C. A. **1954** 3305).

Krystalle; F: 90,2—90,8° [aus Bzl. + Bzn.] (*Ho., Pa.*), 89—90° (*Ho. et al.*).

(±)-4-Chlor-7-hydroxy-3-methyl-phthalid $C_9H_7ClO_3$, Formel III (R = H).
B. Beim Erhitzen von (±)-4-Chlor-7-methoxy-3-methyl-phthalid mit wss. Jodwasserstoffsäure (*Kushner et al.*, Am. Soc. **75** [1953] 1097, 1099).
Krystalle; F: 114—115,5° [aus Bzl. + PAe.] (*Ku. et al.*), 110—112° [nach Sublimation] (*Stephens et al.*, Am. Soc. **76** [1954] 3568, 3574). Absorptionsmaxima einer angesäuerten methanol. Lösung: 235 nm und 310 nm (*St. et al.*).

(±)-4-Chlor-7-methoxy-3-methyl-phthalid $C_{10}H_9ClO_3$, Formel III (R = CH_3).
B. Aus (±)-7-Methoxy-3-methyl-phthalid beim Behandeln mit Chlor in Essigsäure sowie beim Schütteln einer Lösung in wss. Salzsäure mit wss. Natriumhypochlorit-Lösung (*Kushner et al.*, Am. Soc. **75** [1953] 1097, 1099).
Krystalle; F: 113—114° [aus wss. A.] (*Ku. et al.*), 112—113° (*Hutchings et al.*, Am. Soc. **74** [1952] 3711).

(±)-7-Hydroxy-3-methyl-4,6-dinitro-phthalid $C_9H_6N_2O_7$. Formel IV.
B. Beim Erwärmen von (±)-7-Hydroxy-3-methyl-phthalid mit Salpetersäure (*Hochstein, Pasternack*, Am. Soc. **74** [1952] 3905, 3907; *Horii et al.*, J. pharm. Soc. Japan **73** [1953] 526; C. A. **1954** 3305).
Krystalle; F: 189,2—190,4° [korr.; aus wss. Salzsäure] (*Ho., Pa.*), 188—189° (*Ho. et al.*). Scheinbarer Dissoziationsexponent pK'_a: 2,57 (*Ho., Pa.*).

(±)-6-Hydroxy-3-methyl-phthalid $C_9H_8O_3$, Formel V.
B. Beim Erhitzen einer aus 6-Amino-3-methyl-phthalid bereiteten Diazoniumsalz-Lösung mit wss. Schwefelsäure (*Horii et al.*, J. pharm. Soc. Japan **74** [1954] 471, 473; C. A. **1955** 6883).
Krystalle (aus W.); F: 139°.

(±)-6-Methoxy-3-trichlormethyl-phthalid $C_{10}H_7Cl_3O_3$, Formel VI.
B. Beim Behandeln von 3-Methoxy-benzoesäure mit Chloralhydrat und konz. Schwefelsäure (*Berner*, Acta chem. scand. **10** [1956] 1208, 1212).
Krystalle (aus A); F: 138°.

V VI VII

(±)-7-Chlor-6-hydroxy-3-trichlormethyl-phthalid $C_9H_4Cl_4O_3$, Formel VII (R = H).
B. Beim Behandeln von 2-Chlor-3-hydroxy-benzoesäure mit Chloralhydrat und konz. Schwefelsäure (*Buehler, Block*, Am. Soc. **68** [1946] 532).
Krystalle (aus wss. A.); F: 195,5—196°.

(±)-6-Acetoxy-7-chlor-3-trichlormethyl-phthalid $C_{11}H_6Cl_4O_4$, Formel VII (R = CO-CH_3).
B. Beim Behandeln von (±)-7-Chlor-6-hydroxy-3-trichlormethyl-phthalid mit Acetanhydrid und Kaliumcarbonat (*Buehler, Block*, Am. Soc. **68** [1946] 532).
Krystalle (aus Me.); F: 181,5—182°.

(±)-6-Methoxy-3-nitromethyl-phthalid $C_{10}H_9NO_5$, Formel VIII.
B. Beim Erwärmen von 2-Formyl-5-methoxy-benzoesäure mit Nitromethan und wss.-äthanol. Kalilauge (*Beke, Szántay*, Period. Polytech. **2** [1958] 89, 93; Ar. **291** [1958] 342, 346).
Krystalle; F: 145—146°.

(±)-5-Hydroxy-3-methyl-phthalid $C_9H_8O_3$, Formel IX.
B. Beim Erhitzen einer aus (±)-5-Amino-3-methyl-phthalid bereiteten Diazoniumsalz-Lösung mit wss. Schwefelsäure (*Horii et al.*, J. pharm. Soc. Japan **74** [1954] 471, 473;

C. A. **1955** 6883).
Krystalle (aus wss. A.); F: 138,5—139,5°.

VIII   IX   X

(±)-5-Methoxy-3-nitromethyl-phthalid $C_{10}H_9NO_5$, Formel X.
B. Beim Erwärmen von 2-Formyl-4-methoxy-benzoesäure mit Nitromethan und wss.-äthanol. Kalilauge (*Beke, Szántay*, Period. Polytech. **2** [1958] 89, 93; Ar. **291** [1958] 342, 346).
Krystalle; F: 170—171°.

(±)-4-Hydroxy-3-methyl-phthalid $C_9H_8O_3$, Formel I (R = H).
B. Beim Erhitzen einer aus (±)-4-Amino-3-methyl-phthalid bereiteten Diazoniumsalz-Lösung mit wss. Schwefelsäure (*Hochstein, Pasternack*, Am. Soc. **74** [1952] 3905, 3908).
Krystalle (aus A. + W.); F: 199—200° [korr.]. Bei 160°/0,1 Torr sublimierbar.

I   II   III   IV

(±)-4-Methoxy-3-methyl-phthalid $C_{10}H_{10}O_3$, Formel I (R = CH_3).
B. Beim Behandeln von (±)-4-Hydroxy-3-methyl-phthalid mit Diazomethan in Äther (*Hochstein, Pasternack*, Am. Soc. **74** [1952] 3905, 3908).
Krystalle; F: 103—105° [korr.].

6-Methoxy-4-methyl-phthalid $C_{10}H_{10}O_3$, Formel II (E I 303).
B. Neben 7-Chlormethyl-4-methoxy-6-methyl-phthalid und 5-Chlormethyl-4-methoxy-6-methyl-phthalid bei kurzem Erhitzen (<2 min) von 3-Methoxy-5-methyl-benzoesäure mit wss. Formaldehyd, wss. Salzsäure und Essigsäure (*Charlesworth, Levene*, Canad. J. Chem. **41** [1963] 1071, 1074; s. a. *Charlesworth et al.*, Canad. J. Res. [B] **23** [1945] 17, 22).
Krystalle (aus A.); F: 105—106° (*Ch., Le.*).

4-Hydroxymethyl-phthalid $C_9H_8O_3$, Formel III.
Über diese Verbindung (Krystalle [aus Ae.]; F: 109,5—110,5°) s. *Wenkert et al.*, J. org. Chem. **29** [1964] 2534, 2539.
Ein Präparat (F: 103—105,5°), in dem vermutlich ebenfalls diese Verbindung vorgelegen hat, ist beim Erhitzen von Phthalan-4-carbonsäure mit wss. Salzsäure erhalten worden (*Blair et al.*, Soc. **1958** 304).

7-Chlormethyl-6-methoxy-phthalid $C_{10}H_9ClO_3$, Formel IV.
B. Neben 6-Methoxy-phthalid beim Erwärmen von 3-Methoxy-benzoesäure mit wss. Formaldehyd und wss. Salzsäure (*Ikeda et al.*, Ann. Rep. Fac. Pharm. Kanazawa Univ. **6** [1956] 48; C. A. **1957** 4349). Beim Erwärmen von 6-Methoxy-phthalid mit wss. Formaldehyd und wss. Salzsäure (*Ikeda et al.*, Ann. Rep. Fac. Pharm. Kanazawa Univ. **7** [1957] 64; C. A. **1958** 9025).
Krystalle; F: 182° [aus $CHCl_3$] (*Numata et al.*, J. pharm. Soc. Japan **88** [1968] 1151, 1158; C. A. **70** [1969] 47193), 176—178° [aus Me.] (*Ik. et al.*, Ann. Rep. Fac. Pharm.

Kanazawa Univ. 6 48).
Beim Erwärmen mit wss. Natriumcarbonat-Lösung und anschliessenden Ansäuern mit wss. Salzsäure ist 7-Hydroxymethyl-4-methoxy-phthalid erhalten worden (*Ik. et al.*, Ann. Rep. Fac. Pharm. Kanazawa Univ. **6** 48).

4-Hydroxy-7-methyl-phthalid $C_9H_8O_3$, Formel V (R = H).
B. Beim Behandeln von 5-Hydroxy-2-methyl-benzoesäure mit wss. Formaldehyd und wss. Salzsäure (*Charlesworth et al.*, Canad. J. Chem. **32** [1954] 941, 944). Aus 4-Methoxy-7-methyl-phthalid beim Erhitzen mit wss. Jodwasserstoffsäure und rotem Phosphor sowie beim Erwärmen mit Aluminiumchlorid in Benzol (*Ch. et al.*, l. c. S. 943).
Krystalle (aus A.); F: 223—224°.
Beim Erhitzen mit wss. Formaldehyd und wss. Salzsäure ist 8-Hydroxymethyl-6-methyl-4H-benzo[1,3]dioxin-7-carbonsäure-lacton erhalten worden (*Ch. et al.*, l. c. S. 944).

4-Methoxy-7-methyl-phthalid $C_{10}H_{10}O_3$, Formel V (R = CH_3).
B. Beim Erwärmen von 5-Methoxy-2-methyl-benzoesäure mit wss. Formaldehyd und wss. Salzsäure (*Charlesworth et al.*, Canad. J. Res. [B] **23** [1945] 17, 23). Beim Erhitzen von (±)-7-Methoxy-4-methyl-3-oxo-phthalan-1-carbonsäure mit Chinolin und Kupferoxid-Chromoxid auf 180° (*Ch. et al.*, Canad. J. Res. [B] **23** 24).
Krystalle; F: 165—166° [unkorr.; aus wss. Eg.] (*Ch. et al.*, Canad. J. Res. [B] **23** 24), 165—166° [aus A.] (*Charlesworth et al.*, Canad. J. Chem. **32** [1954] 941, 945).

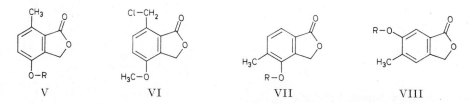

V　　　　　VI　　　　　VII　　　　　VIII

7-Chlormethyl-4-methoxy-phthalid $C_{10}H_9ClO_3$, Formel VI.
B. Beim Erwärmen von 7-Hydroxymethyl-4-methoxy-phthalid mit Thionylchlorid (*Ikeda et al.*, Ann. Rep. Fac. Pharm. Kanazawa Univ. **7** [1957] 64; C. A. **1958** 9025).
Krystalle; F: 140—142° [aus A.] (*Numata et al.*, J. pharm. Soc. Japan **88** [1968] 1151, 1158; C. A. **70** [1969] 47193), 136,5—138° [aus Me.] (*Ik. et al.*).

4-Hydroxy-5-methyl-phthalid $C_9H_8O_3$, Formel VII (R = H).
B. Beim Erhitzen von 7-Hydroxy-6-methyl-3-oxo-phthalan-4-carbonsäure mit Chinolin und Kupferoxid-Chromoxid auf 185° (*Charlesworth et al.*, Canad. J. Chem. **31** [1953] 65, 69).
Krystalle (aus W.); F: 190—191°.

4-Methoxy-5-methyl-phthalid $C_{10}H_{10}O_3$, Formel VII (R = CH_3).
B. Beim Erwärmen von 4-Hydroxy-5-methyl-phthalid mit Dimethylsulfat und wss. Natronlauge (*Charlesworth et al.*, Canad. J. Chem. **31** [1953] 65, 69).
Krystalle (aus wss. Acn.); F: 119—120°.

6-Hydroxy-5-methyl-phthalid $C_9H_8O_3$, Formel VIII (R = H).
B. Aus 6-Methoxy-5-methyl-phthalid beim Erwärmen mit Aluminiumchlorid in Benzol (*Charlesworth et al.*, Canad. J. Chem. **31** [1953] 65, 68) sowie beim Erhitzen mit wss. Bromwasserstoffsäure (*Duncanson et al.*, Soc. **1953** 3637, 3644).
Krystalle; F: 210° [korr.; aus E. oder W.] (*Du. et al.*), 205° [aus A.] (*Ch. et al.*).

6-Methoxy-5-methyl-phthalid $C_{10}H_{10}O_3$, Formel VIII (R = CH_3).
B. Beim Erwärmen von 3-Methoxy-4-methyl-benzoesäure mit wss. Formaldehyd und wss. Salzsäure (*Charlesworth et al.*, Canad. J. Res. [B] **23** [1945] 17, 21). Beim Erhitzen von (±)-5-Methoxy-6-methyl-3-oxo-phthalan-1-carbonsäure bis auf 260° (*Ch. et al.*).

Krystalle; F: 144° [unkorr.; aus A.] (*Ch. et al.*), 143—144° (*Neelakantan et al.*, Biochem. J. **66** [1957] 234, 236).

6-Äthoxy-5-methyl-phthalid $C_{11}H_{12}O_3$, Formel VIII (R = C_2H_5).
B. Beim Erwärmen von 3-Äthoxy-4-methyl-benzoesäure mit wss. Formaldehyd und wss. Salzsäure (*Suemitsu et al.*, Bl. agric. chem. Soc. Japan **23** [1959] 547, 550).
Krystalle (aus Me.); F: 114—115°.

7-Jod-6-methoxy-5-methyl-phthalid $C_{10}H_9IO_3$, Formel IX (X = I).
B. Beim Behandeln einer aus 7-Amino-6-methoxy-5-methyl-phthalid bereiteten Diazoniumsalz-Lösung mit wss. Kaliumjodid-Lösung (*Blair, Newbold*, Soc. **1954** 3935, 3937).
Krystalle (aus. A.); F: 117—118°. Absorptionsmaxima (A.): 222 nm, 246 nm und 302 nm.

6-Methoxy-5-methyl-7-nitro-phthalid $C_{10}H_9NO_5$, Formel IX (X = NO_2).
B. Beim Behandeln von 6-Methoxy-5-methyl-phthalid mit Salpetersäure und Acet= anhydrid (*Blair, Newbold*, Soc. **1954** 3935, 3937).
Krystalle (aus A.); F: 146°. Absorptionsmaxima (A.): 208 nm und 289 nm.

7-Hydroxy-6-methyl-phthalid $C_9H_8O_3$, Formel X (R = H).
B. In kleiner Menge neben 5-Hydroxy-6-methyl-phthalid beim Erhitzen von 5-Hydr= oxy-6-methyl-1-oxo-phthalan-4-carbonsäure mit Chinolin und Kupferoxid-Chromoxid auf 180° (*Duncanson et al.*, Soc. **1953** 3637, 3644).
Krystalle (aus Me.); F: 127° [korr.].

IX   X   XI   XII

7-Methoxy-6-methyl-phthalid $C_{10}H_{10}O_3$, Formel X (R = CH_3).
B. Beim Erwärmen einer aus 2-Amino-3-methoxy-4-methyl-benzylalkohol bereiteten Diazoniumsalz-Lösung mit wss. Kaliumcyanid-Lösung und Kupfer(II)-sulfat, Erhitzen des Reaktionsprodukts mit wss. Kalilauge und anschliessenden Ansäuern mit wss. Salzsäure (*Brown, Newbold*, Soc. **1953** 1285, 1288). Beim Behandeln von 7-Hydroxy-6-methyl-phthalid mit Diazomethan in Äther und wenig Methanol (*Duncanson et al.*, Soc. **1953** 3637, 3645).
Krystalle; F: 120° [aus W.] (*Br., Ne.*), 118° [korr.] (*Du. et al.*). Bei 80°/0,001 Torr sublimierbar (*Br., Ne.*). Absorptionsmaxima (A.): 213 nm, 237 nm und 295 nm (*Br., Ne.*).

5-Hydroxy-6-methyl-phthalid $C_9H_8O_3$, Formel XI (R = H).
B. Neben wenig 7-Hydroxy-6-methyl-phthalid beim Erhitzen von 5-Hydroxy-6-methyl-1-oxo-phthalan-4-carbonsäure mit Chinolin und Kupferoxid-Chromoxid auf 180° (*Grove*, Biochem. J. **50** [1952] 648, 650, 665; *Duncanson et al.*, Soc. **1953**, 3637, 3644).
Krystalle (aus A.); F: 244° [korr.]; bei 160—180°/10⁻⁵ Torr sublimierbar.

5-Methoxy-6-methyl-phthalid $C_{10}H_{10}O_3$, Formel XI (R = CH_3).
B. Beim Erwärmen einer aus 2-Amino-5-methoxy-4-methyl-benzylalkohol bereiteten Diazoniumsalz-Lösung mit wss. Kaliumcyanid-Lösung und Kupfer(II)-sulfat, Erhitzen des Reaktionsprodukts mit wss. Natronlauge und anschliessenden Ansäuern (*Gardner, Grove*, Soc. **1953** 3646). Beim Behandeln von 5-Hydroxy-6-methyl-phthalid mit Diazo= methan in Äther (*Duncanson et al.*, Soc. **1953** 3637, 3645).
Krystalle; F: 144° [korr.; aus W.] (*Ga., Gr.*), 144° [korr.] (*Du. et al.*). Bei 100°/0,1 Torr sublimierbar (*Ga., Gr.*).

4-Methoxy-6-methyl-phthalid $C_{10}H_{10}O_3$, Formel XII (E I 303).

B. Beim Erhitzen von (±)-7-Methoxy-5-methyl-3-oxo-phthalan-1-carbonsäure mit Chinolin und Kupferoxid-Chromoxid auf 160° (*Raistrick et al.*, Soc. **1933** 488).
Krystalle (aus A.); F: 134—135°.

Hydroxy-oxo-Verbindungen $C_{10}H_{10}O_3$

*Opt.-inakt. **3-Hydroxy-4-jod-5-phenyl-dihydro-furan-2-on, 2,4-Dihydroxy-3-jod-4-phenyl-buttersäure-4-lacton** $C_{10}H_9IO_3$, Formel I, und Tautomere (vgl. H 21; dort als β-Jod-α-oxy-γ-phenyl-butyrolacton bezeichnet).

B. Aus (±)-2-Hydroxy-4-phenyl-but-3-ensäure (hergestellt aus (±)-4-Hydroxy-4-phenyl-crotonsäure [F: 91°] mit Hilfe von Oxalsäure) beim Behandeln mit Jod (*Delaby et al.*, C. r. **237** [1953] 66; vgl. H 21).
F: 134°.

(±)-5-[2-Hydroxy-phenyl]-dihydro-furan-2-on $C_{10}H_{10}O_3$, Formel II (R = H).

B. Beim Hydrieren des Kalium-Salzes der 4-[2-Hydroxy-phenyl]-4-oxo-buttersäure in wss. Kalilauge an Palladium/Bariumsulfat und Erhitzen des Reaktionsgemisches mit wss. Salzsäure (*Rosenmund, Schapiro*, Ar. **272** [1934] 313, 322).
F: 107—108° [aus E. + PAe.].

(±)-5-[2-Methoxy-phenyl]-dihydro-furan-2-on, (±)-4-Hydroxy-4-[2-methoxy-phenyl]-buttersäure-lacton $C_{11}H_{12}O_3$, Formel II (R = CH₃).

B. Beim Erwärmen von 4-[2-Methoxy-phenyl]-4-oxo-buttersäure mit Äthanol und Natrium und Erhitzen des Reaktionsgemisches mit wss. Schwefelsäure (*Trivedi, Nargund*, J. Univ. Bombay **10**, Tl. 3 A [1941] 99).
Kp₁₆: 170°.

(±)-5-[5-Chlor-2-methoxy-phenyl]-dihydro-furan-2-on, (±)-4-[5-Chlor-2-methoxy-phenyl]-4-hydroxy-buttersäure-lacton $C_{11}H_{11}ClO_3$, Formel III (R = CH₃).

B. Beim Erwärmen von 4-[5-Chlor-2-methoxy-phenyl]-4-oxo-buttersäure-äthylester mit Aluminiumisopropylat und Isopropylalkohol und Erwärmen des Reaktionsprodukts mit äthanol. Natronlauge und anschliessend mit wss. Schwefelsäure (*Dalal et al.*, J. Indian chem. Soc. **35** [1958] 745, 747).
Kp₃: 185—190°.

(±)-5-[2-Äthoxy-5-chlor-phenyl]-dihydro-furan-2-on, (±)-4-[2-Äthoxy-5-chlor-phenyl]-4-hydroxy-buttersäure-lacton $C_{12}H_{13}ClO_3$, Formel III (R = C₂H₅).

B. Beim Erwärmen von 4-[2-Äthoxy-5-chlor-phenyl]-4-oxo-buttersäure-äthylester mit Aluminiumisopropylat und Isopropylalkohol und Erwärmen des Reaktionsprodukts mit äthanol. Natronlauge und anschliessend mit wss. Schwefelsäure (*Dalal et al.*, J. Indian chem. Soc. **35** [1958] 745, 747).
Kp₃: 240—245°.

(±)-5-[5-Chlor-2-propoxy-phenyl]-dihydro-furan-2-on, (±)-4-[5-Chlor-2-propoxy-phenyl]-4-hydroxy-buttersäure-lacton $C_{13}H_{15}ClO_3$, Formel III (R = CH₂-CH₂-CH₃).

B. Beim Erwärmen von 4-[5-Chlor-2-propoxy-phenyl]-4-oxo-buttersäure-äthylester mit Aluminiumisopropylat und Isopropylalkohol und Erwärmen des Reaktionsprodukts mit äthanol. Natronlauge und anschliessend mit wss. Schwefelsäure (*Dalal et al.*, J. Indian chem. Soc. **35** [1958] 745, 747).
Kp₇: 215—220°.

(±)-5-[2-Butoxy-5-chlor-phenyl]-dihydro-furan-2-on, (±)-4-[2-Butoxy-5-chlor-phenyl]-
4-hydroxy-buttersäure-lacton $C_{14}H_{17}ClO_3$, Formel III (R = [CH$_2$]$_3$-CH$_3$).
    B. Beim Erwärmen von 4-[2-Butoxy-5-chlor-phenyl]-4-oxo-buttersäure-äthylester mit Aluminiumisopropylat und Isopropylalkohol und Erwärmen des Reaktionsprodukts mit äthanol. Natronlauge und anschliessend mit wss. Schwefelsäure (*Dalal et al.*, J. Indian chem. Soc. **35** [1958] 745, 747).
    Kp$_4$: 220—225°.

(±)-5-[5-Chlor-2-pentyloxy-phenyl]-dihydro-furan-2-on, (±)-4-[5-Chlor-2-pentyloxy-
phenyl]-4-hydroxy-buttersäure-lacton $C_{15}H_{19}ClO_3$, Formel III (R = [CH$_2$]$_4$-CH$_3$).
    B. Beim Erwärmen von 4-[5-Chlor-2-pentyloxy-phenyl]-4-oxo-buttersäure-äthylester mit Aluminiumisopropylat und Isopropylalkohol und Erwärmen des Reaktionsprodukts mit äthanol. Natronlauge und anschliessend mit wss. Schwefelsäure (*Dalal et al.*, J. Indian chem. Soc. **35** [1958] 745, 747).
    Kp$_4$: 215—218°.

(±)-5-[5-Chlor-2-hexyloxy-phenyl]-dihydro-furan-2-on, (±)-4-[5-Chlor-2-hexyloxy-
phenyl]-4-hydroxy-buttersäure-lacton $C_{16}H_{21}ClO_3$, Formel III (R = [CH$_2$]$_5$-CH$_3$).
    B. Beim Erwärmen von 4-[5-Chlor-2-hexyloxy-phenyl]-4-oxo-buttersäure-äthylester mit Aluminiumisopropylat und Isopropylalkohol und Erwärmen des Reaktionsprodukts mit äthanol. Natronlauge und anschliessend mit wss. Schwefelsäure (*Dalal et al.*, J. Indian chem. Soc. **35** [1958] 745, 747).
    Kp$_3$: 224—230°.

(±)-5-[4-Hydroxy-phenyl]-dihydro-furan-2-on $C_{10}H_{10}O_3$, Formel IV (R = H).
    B. Beim Hydrieren des Kalium-Salzes der 4-[4-Hydroxy-phenyl]-4-oxo-buttersäure in wss. Kalilauge an Palladium/Bariumsulfat oder an Raney-Nickel und Erhitzen des Reaktionsgemisches mit wss. Salzsäure (*Rosenmund et al.*, B. **84** [1951] 711, 716).
    Krystalle (aus E.); F: 134—135°.

(±)-5-[4-Methoxy-phenyl]-dihydro-furan-2-on, (±)-4-Hydroxy-4-[4-methoxy-phenyl]-
buttersäure-lacton $C_{11}H_{12}O_3$, Formel IV (R = CH$_3$) (H 21; E I 303; dort als γ-[4-Methoxy-phenyl]-butyrolacton bezeichnet).
    B. Beim Hydrieren von 4-[4-Methoxy-phenyl]-4-oxo-buttersäure an Palladium/Bariumsulfat in Äthanol und Erhitzen des Reaktionsprodukts mit wss. Salzsäure (*Rosenmund, Schapiro*, Ar. **272** [1934] 313, 319). Beim Erwärmen von 4-[4-Methoxy-phenyl]-4-oxo-buttersäure-methylester mit Aluminiumisopropylat und Isopropylalkohol, Erhitzen des Reaktionsprodukts mit wss. Alkalilauge und Ansäuern des Reaktionsgemisches (*Soffer, Hunt*, Am. Soc. **67** [1945] 692).
    Krystalle; F: 55—57° [aus Ae. + PAe. oder aus wss. Me.] (*So., Hunt*), 53—55° [aus Ae.] (*Ro., Sch.*).
    Beim Erhitzen mit Kaliumcyanid unter Stickstoff auf 210° ist 3-Cyan-4-[4-methoxy-phenyl]-buttersäure erhalten worden (*Price, Kaplan*, Am. Soc. **66** [1944] 477).

(±)-5-[4-Äthoxy-phenyl]-dihydro-furan-2-on, (±)-4-[4-Äthoxy-phenyl]-4-hydroxy-
buttersäure-lacton $C_{12}H_{14}O_3$, Formel IV (R = C$_2$H$_5$).
    B. Beim Erwärmen von 4-[4-Äthoxy-phenyl]-4-oxo-buttersäure mit Äthanol und Natrium und Erhitzen des Reaktionsgemisches mit wss. Schwefelsäure (*Trivedi, Nargund*, J. Univ. Bombay **11**, Tl. 3 A [1942] 127, 129).
    Krystalle (aus A.); F: 73—74°.

(±)-5-[4-Propoxy-phenyl]-dihydro-furan-2-on, (±)-4-Hydroxy-4-[4-propoxy-phenyl]-
buttersäure-lacton $C_{13}H_{16}O_3$, Formel IV (R = CH$_2$-CH$_2$-CH$_3$).
    B. Beim Erhitzen von (±)-4-Hydroxy-4-[4-propoxy-phenyl]-buttersäure mit wss. Schwefelsäure (*Trivedi, Nargund*, J. Univ. Bombay **11**, Tl. 3 A [1942] 127, 129).
    Krystalle (aus PAe.); F: 64°.

(±)-5-[4-Butoxy-phenyl]-dihydro-furan-2-on, (±)-4-[4-Butoxy-phenyl]-4-hydroxy-
buttersäure-lacton $C_{14}H_{18}O_3$, Formel IV (R = [CH$_2$]$_3$-CH$_3$).
    B. Beim Erhitzen von (±)-4-[4-Butoxy-phenyl]-4-hydroxy-buttersäure mit wss.

Schwefelsäure (*Trivedi, Nargund*, J. Univ. Bombay **11**, Tl. 3 A [1942] 127, 129).
Krystalle (aus PAe.); F: 63—64°.

IV V

(±)-5-[4-Isobutoxy-phenyl]-dihydro-furan-2-on, (±)-4-Hydroxy-4-[4-isobutoxyphenyl]-buttersäure-lacton $C_{14}H_{18}O_3$, Formel IV (R = CH_2-$CH(CH_3)_2$).
B. Beim Erhitzen von (±)-4-Hydroxy-4-[4-isobutoxy-phenyl]-buttersäure mit wss. Schwefelsäure (*Trivedi, Nargund*, J. Univ. Bombay **11**, Tl. 3 A [1942] 127, 130).
Kp_5: 198°. $D_4^{35,5}$: 1,0849. $n_D^{35,5}$: 1,5166.

(±)-5-[4-Isopentyloxy-phenyl]-dihydro-furan-2-on, (±)-4-Hydroxy-4-[4-isopentyloxyphenyl]-buttersäure-lacton $C_{15}H_{20}O_3$, Formel IV (R = CH_2-CH_2-$CH(CH_3)_2$).
B. Beim Erhitzen von (±)-4-Hydroxy-4-[4-isopentyloxy-phenyl]-buttersäure mit wss. Schwefelsäure (*Trivedi, Nargund*, J. Univ. Bombay **11**, Tl. 3 A [1942] 127, 130).
Krystalle (aus A.); F: 74°.

(±)-5-[4-Hexyloxy-phenyl]-dihydro-furan-2-on, (±)-4-[4-Hexyloxy-phenyl]-4-hydroxybuttersäure-lacton $C_{16}H_{22}O_3$, Formel IV (R = $[CH_2]_5$-CH_3).
B. Beim Erwärmen von 4-[4-Hexyloxy-phenyl]-4-oxo-buttersäure mit Äthanol und Natrium und Erhitzen des Reaktionsgemisches mit wss. Schwefelsäure (*Trivedi, Nargund*, J. Univ. Bombay **11**, Tl. 3 A [1942] 127, 130).
Krystalle (aus wss. A.); F: 66—67°.

(±)-5-[4-Phenoxy-phenyl]-dihydro-furan-2-on, (±)-4-Hydroxy-4-[4-phenoxy-phenyl]-buttersäure-lacton $C_{16}H_{14}O_3$, Formel IV (R = C_6H_5).
B. Aus 4-Oxo-4-[4-phenoxy-phenyl]-buttersäure mit Hilfe von Natrium-Amalgam (*Tomita et al.*, J. pharm. Soc. Japan **64** [1944] Nr. 11, S. 65; C. A. **1951** 5660).
Krystalle (aus E.); F: 54°.

(±)-5-[4-(2-Hydroxy-äthoxy)-phenyl]-dihydro-furan-2-on $C_{12}H_{14}O_4$, Formel IV (R = CH_2-CH_2OH).
B. Beim Behandeln von 4-[4-(2-Hydroxy-äthoxy)-phenyl]-4-oxo-buttersäure mit wss. Natronlauge und Natrium-Amalgam und Erhitzen der Reaktionslösung mit wss. Schwefelsäure (*Shenolikar et al.*, J. Karnatak Univ. **3** [1958] 66, 70, 71).
Krystalle (aus wss. A.); F: 92—93°.

*****Opt.-inakt. Bis-[4-(5-oxo-tetrahydro-[2]furyl)-phenyl]-äther** $C_{20}H_{18}O_5$, Formel V.
B. Aus Bis-[4-(3-carboxy-propionyl)-phenyl]-äther mit Hilfe von Natrium-Amalgam (*Tomita et al.*, J. pharm. Soc. Japan **64** [1944] Nr. 11, S. 65; C. A. **1951** 5660).
Krystalle; F: 48—51°.

(±)-5-[3-Chlor-4-methoxy-phenyl]-dihydro-furan-2-on, (±)-4-[3-Chlor-4-methoxyphenyl]-4-hydroxy-buttersäure-lacton $C_{11}H_{11}ClO_3$, Formel VI (R = CH_3).
B. Beim Erwärmen von 4-[3-Chlor-4-methoxy-phenyl]-4-oxo-buttersäure-äthylester mit Aluminiumisopropylat und Isopropylalkohol und Erhitzen des Reaktionsprodukts mit äthanol. Natronlauge und anschliessend mit wss. Schwefelsäure (*Dalal et al.*, J. Indian chem. Soc. **35** [1958] 742, 744).
Krystalle (aus A.); F: 74°.

(±)-5-[4-Äthoxy-3-chlor-phenyl]-dihydro-furan-2-on, (±)-4-[4-Äthoxy-3-chlor-phenyl]-4-hydroxy-buttersäure-lacton $C_{12}H_{13}ClO_3$, Formel VI (R = C_2H_5).
B. Beim Erwärmen von 4-[4-Äthoxy-3-chlor-phenyl]-4-oxo-buttersäure-äthylester mit Aluminiumisopropylat und Isopropylalkohol und Erhitzen des Reaktionsprodukts mit äthanol. Natronlauge und anschliessend mit wss. Schwefelsäure (*Dalal et al.*, J. Indian chem. Soc. **35** [1958] 742, 744).
Krystalle (aus A.); F: 82°.

(±)-5-[3-Chlor-4-propoxy-phenyl]-dihydro-furan-2-on, (±)-4-[3-Chlor-4-propoxyphenyl]-4-hydroxy-buttersäure-lacton $C_{13}H_{15}ClO_3$, Formel VI (R = CH_2-CH_2-CH_3).
B. Beim Erwärmen von 4-[3-Chlor-4-propoxy-phenyl]-4-oxo-buttersäure-äthylester mit Aluminiumisopropylat und Isopropylalkohol und Erhitzen des Reaktionsprodukts mit äthanol. Natronlauge und anschliessend mit wss. Schwefelsäure (*Dalal et al.*, J. Indian chem. Soc. **35** [1958] 742, 744).
Kp_3: 195—200°.

(±)-5-[4-Butoxy-3-chlor-phenyl]-dihydro-furan-2-on, (±)-4-[4-Butoxy-3-chlor-phenyl]-4-hydroxy-buttersäure-lacton $C_{14}H_{17}ClO_3$, Formel VI (R = $[CH_2]_3$-CH_3).
B. Beim Erwärmen von 4-[4-Butoxy-3-chlor-phenyl]-4-oxo-buttersäure-äthylester mit Aluminiumisopropylat und Isopropylalkohol und Erhitzen des Reaktionsprodukts mit äthanol. Natronlauge und anschliessend mit wss. Schwefelsäure (*Dalal et al.*, J. Indian chem. Soc. **35** [1958] 742, 744).
Kp_3: 180—185°.

VI VII VIII

(±)-5-[3-Chlor-4-pentyloxy-phenyl]-dihydro-furan-2-on, (±)-4-[3-Chlor-4-pentyloxyphenyl]-4-hydroxy-buttersäure-lacton $C_{15}H_{19}ClO_3$, Formel VI (R = $[CH_2]_4$-CH_3).
B. Beim Erwärmen von 4-[3-Chlor-4-pentyloxy-phenyl]-4-oxo-buttersäure-äthylester mit Aluminiumisopropylat und Isopropylalkohol und Erhitzen des Reaktionsprodukts mit äthanol. Natronlauge und anschliessend mit wss. Schwefelsäure (*Dalal et al.*, J. Indian chem. Soc. **35** [1958] 742, 744).
Kp_6: 200—205°.

(±)-5-[3-Chlor-4-hexyloxy-phenyl]-dihydro-furan-2-on, (±)-4-[3-Chlor-4-hexyloxyphenyl]-4-hydroxy-buttersäure-lacton $C_{16}H_{21}ClO_3$, Formel VI (R = $[CH_2]_5$-CH_3).
B. Beim Erwärmen von 4-[3-Chlor-4-hexyloxy-phenyl]-4-oxo-buttersäure-äthylester mit Aluminiumisopropylat und Isopropylalkohol und Erhitzen des Reaktionsprodukts mit äthanol. Natronlauge und anschliessend mit wss. Schwefelsäure (*Dalal et al.*, J. Indian chem. Soc. **35** [1958] 742, 744).
Kp_6: 208—212°.

(±)-3-Benzolsulfonyl-3-phenyl-dihydro-furan-2-on, (±)-2-Benzolsulfonyl-4-hydroxy-2-phenyl-buttersäure-lacton $C_{16}H_{14}O_4S$, Formel VII.
B. Beim Erwärmen von (±)-3-Benzolsulfonyl-3-phenyl-dihydro-furan-2-on-imin mit wss.-methanol. Salzsäure (*Searle & Co.*, U.S.P. 2802013 [1954]).
Krystalle (aus wss. Me.); F: 125—125,5°.

(±)-3-Benzolsulfonyl-3-phenyl-dihydro-furan-2-on-imin, (±)-2-Benzolsulfonyl-4-hydroxy-2-phenyl-butyrimidsäure-lacton $C_{16}H_{15}NO_3S$, Formel VIII.
B. Beim Behandeln von (±)-Benzolsulfonyl-phenyl-acetonitril mit wss. Kalilauge und mit Äthylenoxid (*Searle & Co.*, U.S.P. 2802013 [1954]).
F: 125—127°.

(±)-3-[4-Chlor-phenyl]-3-methansulfonyl-dihydro-furan-2-on-imin, (±)-2-[4-Chlorphenyl]-4-hydroxy-2-methansulfonyl-butyrimidsäure-lacton $C_{11}H_{12}ClNO_3S$, Formel IX (X = H).
B. Beim Behandeln von (±)-[4-Chlor-phenyl]-methansulfonyl-acetonitril mit wss. Kalilauge und mit Äthylenoxid (*Searle & Co.*, U.S.P. 2802013 [1954]).
Krystalle (aus wss. Me.); F: 105—106°.

(±)-3-[3,4-Dichlor-phenyl]-3-methansulfonyl-dihydro-furan-2-on, (±)-2-[3,4-Dichlor-phenyl]-4-hydroxy-2-methansulfonyl-buttersäure-lacton $C_{11}H_{10}Cl_2O_4S$, Formel X.

B. Beim Erwärmen von (±)-3-[3,4-Dichlor-phenyl]-3-methansulfonyl-dihydro-furan-2-on-imin mit wss.-methanol. Salzsäure (Searle & Co., U.S.P. 2802013 [1954]).
Krystalle (aus wss. Acn.); F: 161—162,5°.

IX   X   XI

(±)-3-[3,4-Dichlor-phenyl]-3-methansulfonyl-dihydro-furan-2-on-imin, (±)-2-[3,4-Dichlor-phenyl]-4-hydroxy-2-methansulfonyl-butyrimidsäure-lacton $C_{11}H_{11}Cl_2NO_3S$, Formel IX (X = Cl).

B. Beim Behandeln von (±)-[3,4-Dichlor-phenyl]-methansulfonyl-acetonitril mit wss. Kalilauge und mit Äthylenoxid (Searle & Co., U.S.P. 2802013 [1954]).
Krystalle (aus wss. Me. oder aus Acn. + Cyclohexan); F: 133—135°.

*Opt.-inakt. 5-Acetoxy-3-phenyl-dihydro-furan-2-on, 4-Acetoxy-4-hydroxy-2-phenyl-buttersäure-lacton $C_{12}H_{12}O_4$, Formel XI.

B. Beim Erhitzen von (±)-4-Oxo-2-phenyl-buttersäure mit Acetanhydrid (Swain et al., Soc. **1944** 548, 550).
Krystalle (aus wss. Me.); F: 84—85°.

(±)-3-[2-Methoxy-phenyl]-dihydro-furan-2-on, (±)-4-Hydroxy-2-[2-methoxy-phenyl]-buttersäure-lacton $C_{11}H_{12}O_3$, Formel XII.

B. Beim Erwärmen von (±)-2-[2-Methoxy-phenyl]-bernsteinsäure-4-äthylester (aus (±)-[2-Methoxy-phenyl]-bernsteinsäure-anhydrid durch Erwärmen mit Äthanol hergestellt) mit Äthanol und Natrium und Erhitzen des Reaktionsgemisches mit wss. Schwefelsäure (Vyas et al., J. Univ. Bombay **9**, Tl. 3 [1940] 145, 148). Beim Behandeln von (±)-4-Hydroxy-2-[2-methoxy-phenyl]-butyronitril mit wss. Alkalilauge und Erwärmen der angesäuerten Reaktionslösung (Vyas et al.).
Kp_{17}: 185—190°. D_4^{35}: 1,0791. n_D^{35}: 1,3416.

(±)-3-[4-Methoxy-phenyl]-dihydro-furan-2-on, (±)-4-Hydroxy-2-[4-methoxy-phenyl]-buttersäure-lacton $C_{11}H_{12}O_3$, Formel XIII.

B. Beim Erwärmen von (±)-2-[4-Methoxy-phenyl]-bernsteinsäure-4-äthylester mit Äthanol und Natrium und Erhitzen des Reaktionsgemisches mit wss. Schwefelsäure (Vyas et al., J. Univ. Bombay **9**, Tl. 3 [1940] 145, 147). Beim Behandeln von (±)-4-Hydroxy-2-[4-methoxy-phenyl]-butyronitril mit wss. Natronlauge und Erwärmen der angesäuerten Reaktionslösung (Vyas et al., l. c. S. 147).
Kp_{25}: 215—220°; Kp_{12}: 210°. D_4^{35}: 1,0796. n_D^{35}: 1,5433.

(±)-4-[3,5-Dichlor-4-methoxy-phenyl]-dihydro-furan-2-on, (±)-3-[3,5-Dichlor-4-methoxy-phenyl]-4-hydroxy-buttersäure-lacton $C_{11}H_{10}Cl_2O_3$, Formel XIV (X = Cl).

B. Beim Erhitzen des Disilber-Salzes der 3-[3,5-Dichlor-4-methoxy-phenyl]-glutarsäure mit Jod und Quarzsand auf 150° (Limaye, Chitre, J. Univ. Bombay **4**, Tl. 2 [1935] 94, 98, 99).
Krystalle (aus wss. A.); F: 72°.

(±)-4-[3,5-Dibrom-4-methoxy-phenyl]-dihydro-furan-2-on, (±)-3-[3,5-Dibrom-4-methoxy-phenyl]-4-hydroxy-buttersäure-lacton $C_{11}H_{10}Br_2O_3$, Formel XIV (X = Br).

B. Beim Erhitzen des Disilber-Salzes der 3-[3,5-Dibrom-4-methoxy-phenyl]-glutar=

säure mit Jod und Quarzsand auf 150° (*Limaye, Chitre*, J. Univ. Bombay **4**, Tl. 2 [1935] 94, 99).
Krystalle (aus wss. A.); F: 98°.

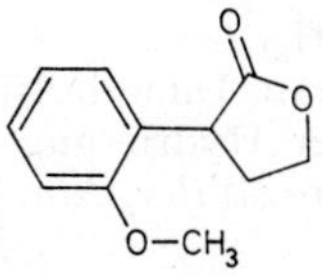

XII 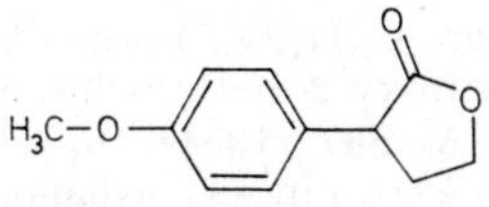 XIII 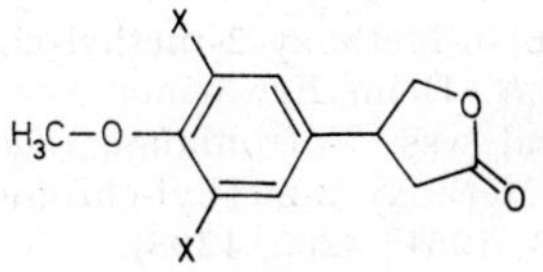 XIV

7-Methoxy-4,5-dihydro-3H-benz[b]oxepin-2-on, 4-[2-Hydroxy-5-methoxy-phenyl]-buttersäure-lacton $C_{11}H_{12}O_3$, Formel I.

B. Beim Behandeln von 6-Methoxy-3,4-dihydro-2H-naphthalin-1-on mit Methanol, Kaliumperoxodisulfat (oder Natriumperoxid) und konz. Schwefelsäure, Erwärmen des Reaktionsprodukts mit wss. Natronlauge und Erhitzen der erhaltenen 4-[2-Hydroxy-5-methoxy-phenyl]-buttersäure (*Schroeter*, D.R.P. 562827 [1928]; Frdl. **19** 655).

Kp_{14}: 180°.

8-Methoxy-3,4-dihydro-2H-benz[b]oxepin-5-on $C_{11}H_{12}O_3$, Formel II.

B. Bei 10-tägigem Behandeln von 4-[3-Methoxy-phenoxy]-buttersäure mit Fluorwasserstoff (*Dann, Arndt*, A. **587** [1954] 38, 45).

$Kp_{0,6}$: 140°. n_D^{19}: 1,576.

8-Methoxy-3,4-dihydro-2H-benz[b]oxepin-5-on-oxim $C_{11}H_{13}NO_3$, Formel III (X = OH).

B. Aus 8-Methoxy-3,4-dihydro-2H-benz[b]oxepin-5-on und Hydroxylamin (*Dann, Arndt*, A. **587** [1954] 38, 45).

F: 99—100°.

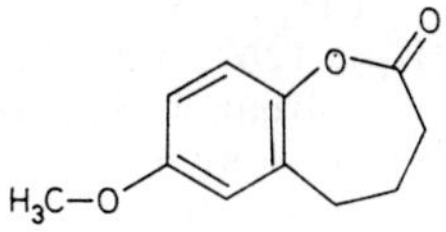

I 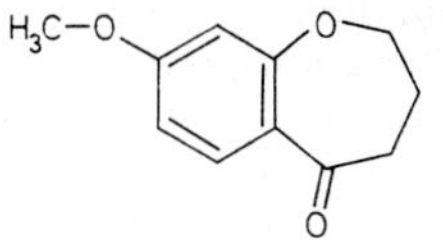 II 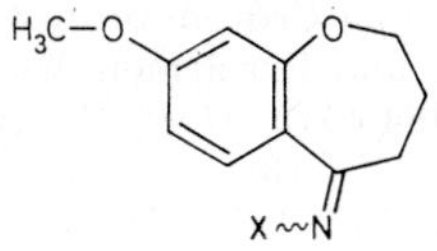 III 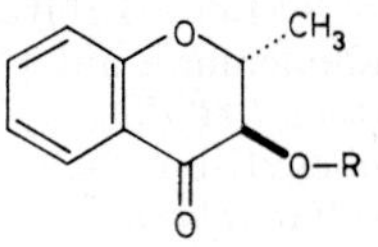 IV

8-Methoxy-3,4-dihydro-2H-benz[b]oxepin-5-on-semicarbazon $C_{12}H_{15}N_3O_3$, Formel III (X = NH-CO-NH$_2$).

B. Aus 8-Methoxy-3,4-dihydro-2H-benz[b]oxepin-5-on und Semicarbazid (*Dann, Arndt*, A. **587** [1954] 38, 45).

F: 193,5—194,5°.

(±)-*trans*(?)-3-Hydroxy-2-methyl-chroman-4-on $C_{10}H_{10}O_3$, vermutlich Formel IV (R = H) + Spiegelbild.

B. Beim Erwärmen von (±)-*trans*(?)-3-Acetoxy-2-methyl-chroman-4-on mit wss.-methanol. Salzsäure (*Cavill et al.*, Soc. **1954** 4573, 4580).

Krystalle (aus Me.); F: 103°.

Beim Behandeln mit *o*-Phenylendiamin in Methanol ist 6-Methyl-6a,7-dihydro-6H-chromano[3,4-b]chinoxalin (F: 155°) erhalten worden.

(±)-*trans*(?)-3-Acetoxy-2-methyl-chroman-4-on $C_{12}H_{12}O_4$, vermutlich Formel IV (R = CO-CH$_3$) + Spiegelbild.

B. Beim Erwärmen von (±)-2-Methyl-chroman-4-on mit Blei(IV)-acetat in Essigsäure (*Cavill et al.*, Soc. **1954** 4573, 4580).

Krystalle (aus Me. oder aus E. + PAe.); F: 97°.

(±)-6-Hydroxy-2-methyl-chroman-4-on $C_{10}H_{10}O_3$, Formel V (R = H).
B. Beim Erwärmen von 1,4-Bis-crotonoyloxy-benzol (F: 112—114°) mit Fluorwasserstoff (*Dann et al.*, A. **587** [1954] 16, 30).
Krystalle (aus Bzl.); F: 152—153°.

(±)-6-Methoxy-2-methyl-chroman-4-on $C_{11}H_{12}O_3$, Formel V (R = CH_3).
B. Beim Erwärmen von (±)-6-Hydroxy-2-methyl-chroman-4-on mit Dimethylsulfat und wss. Natronlauge (*Dann et al.*, A. **587** [1954] 16, 30). Bei der Hydrierung von 6-Methoxy-2-methyl-chromen-4-on an Platin in wss.-äthanol. Salzsäure (*Wiley*, Am. Soc. **73** [1951] 4205, 4208).
Krystalle; F: 68—70° [aus A.] (*Wi.*), 65—67° [aus Bzl.] (*Dann et al.*).

(±)-7-Hydroxy-2-methyl-chroman-4-on $C_{10}H_{10}O_3$, Formel VI (R = H).
B. Beim Erhitzen von Resorcin mit *trans*(?)-Crotonsäure und Fluorwasserstoff auf 100° (*Dann et al.*, A. **587** [1954] 16, 26) oder mit *trans*(?)-Crotonsäure und Zinkchlorid auf 180° (*Miyano, Matsui*, Bl. chem. Soc. Japan **31** [1958] 397, 401). Neben 1-[2,4-Dihydroxy-phenyl]-but-2-en-1-on (F: 117°) beim Behandeln von Resorcin mit *trans*(?)-Crotonoylchlorid und Aluminiumchlorid in Nitrobenzol (*Richards et al.*, Soc. **1948** 1610). Beim Behandeln von 1-[2-Crotonoyloxy-4-hydroxy-phenyl]-but-2-en-1-on (F: 138°) mit wss.-äthanol. Natronlauge (*Dann et al.*).
Krystalle; F: 177° [aus A.] (*Ri. et al.*), 175—176° [aus Bzl.] (*Dann et al.*), 167—168° [unkorr.; aus wss. Me.] (*Mi., Ma.*).

V   VI   VII

(±)-7-Methoxy-2-methyl-chroman-4-on $C_{11}H_{12}O_3$, Formel VI (R = CH_3).
B. Beim Erhitzen von Crotonsäure-[3-methoxy-phenylester] (Kp_3: 125°) mit Aluminiumchlorid auf 150° und Erwärmen des Reaktionsprodukts mit wss.-äthanol. Salzsäure (*Cavill et al.*, Soc. **1954** 4573, 4580). Beim Behandeln von 1-[2-Crotonoyloxy-4-hydroxyphenyl]-but-2-en-1-on (F: 138°) mit wss. Natronlauge und anschliessend mit Dimethylsulfat (*Dann et al.*, A. **587** [1954] 16, 30). Beim Erwärmen von (±)-7-Hydroxy-2-methyl-chroman-4-on mit Methyljodid und Kaliumcarbonat in Aceton (*Richards et al.*, Soc. **1948** 1610).
Krystalle; F: 77° [aus PAe. + Bzl.] (*Ca. et al.*), 77° [aus wss. A.] (*Ri. et al.*), 74—77° (*Dann et al.*).
Beim Erhitzen mit Blei(IV)-acetat in Essigsäure sind 3*t*-Acetoxy-7-methoxy-2*r*-methyl-chroman-4-on und kleine Mengen 3*c*-Acetoxy-7-methoxy-2*r*-methyl-chroman-4-on erhalten worden (*Ca. et al.*).

(±)-7-Methoxy-2-methyl-chroman-4-on-oxim $C_{11}H_{13}NO_3$, Formel VII (R = CH_3, X = OH).
B. Aus (±)-7-Methoxy-2-methyl-chroman-4-on und Hydroxylamin (*Richards et al.*, Soc. **1948** 1610).
Krystalle (aus A.); F: 161°.

(±)-7-Hydroxy-2-methyl-chroman-4-on-[2,4-dinitro-phenylhydrazon] $C_{16}H_{14}N_4O_6$, Formel VII (R = H, X = NH-$C_6H_3(NO_2)_2$).
B. Aus (±)-7-Hydroxy-2-methyl-chroman-4-on und [2,4-Dinitro-phenyl]-hydrazin (*Richards et al.*, Soc. **1948** 1610).
Rote Krystalle (aus E.); F: 259° [Zers.].

(±)-7-Methoxy-2-methyl-chroman-4-on-[2,4-dinitro-phenylhydrazon] $C_{17}H_{16}N_4O_6$, Formel VII (R = CH_3, X = NH-$C_6H_3(NO_2)_2$).
B. Aus (±)-7-Methoxy-2-methyl-chroman-4-on und [2,4-Dinitro-phenyl]-hydrazin

(*Richards et al.*, Soc. **1948** 1610; *Cavill et al.*, Soc. **1954** 4573, 4580).
Rote Krystalle; F: 252° (*Ca. et al.*), 250° [Zers.; aus E.] (*Ri. et al.*).

(±)-7-Methoxy-2-methyl-chroman-4-on-semicarbazon $C_{12}H_{15}N_3O_3$, Formel VII
(R = CH_3, X = $NH-CO-NH_2$).
B. Aus (±)-7-Methoxy-2-methyl-chroman-4-on und Semicarbazid (*Richards et al.*, Soc. **1948** 1610).
Krystalle (aus PAe. + Dioxan oder aus A.); F: 218—219°.

(±)-7-Methoxy-2-methyl-chroman-4-on-thiosemicarbazon $C_{12}H_{15}N_3O_2S$, Formel VII
(R = CH_3, X = $NH-CS-NH_2$).
B. Aus (±)-7-Methoxy-2-methyl-chroman-4-on und Thiosemicarbazid (*Richards et al.*, Soc. **1948** 1610).
Krystalle (aus A.); F: 239° [Zers.].

(±)-6-Hydroxy-3-methyl-chroman-2-on, (±)-3-[2,5-Dihydroxy-phenyl]-2-methyl-propionsäure-2-lacton $C_{10}H_{10}O_3$, Formel VIII.
B. Beim Erhitzen einer aus (±)-3-[5-Amino-2-methoxy-phenyl]-2-methyl-propionsäure-äthylester (hergestellt aus (±)-3-[2-Methoxy-5-nitro-phenyl]-2-methyl-propionsäure-äthylester durch Hydrierung an Palladium/Kohle in Äthanol) bereiteten Diazoniumsalz-Lösung mit wss. Schwefelsäure und Erhitzen des Reaktionsprodukts mit Essigsäure und wss. Jodwasserstoffsäure (*Asano, Kawasaki*, J. pharm. Soc. Japan **70** [1950] 480, 483; C. A. **1951** 5661).
Krystalle (aus Bzl.); F: 133—134°.

(±)-5-Hydroxy-4-methyl-chroman-2-on, (±)-3-[2,6-Dihydroxy-phenyl]-buttersäure-lacton $C_{10}H_{10}O_3$, Formel IX.
B. Bei der Hydrierung von 5-Hydroxy-4-methyl-cumarin an Raney-Nickel in Äthanol bei 60° (*Woodruff*, Am. Soc. **64** [1942] 2859, 2860).
Krystalle (aus wss. A. oder aus Bzn. + PAe.); F: 160°. Kp_5: 214°.

(±)-7-Hydroxy-4-methyl-chroman-2-on, (±)-3-[2,4-Dihydroxy-phenyl]-buttersäure-2-lacton $C_{10}H_{10}O_3$, Formel X (R = H).
B. Bei der Hydrierung von 7-Hydroxy-4-methyl-cumarin an Palladium/Kohle in Methanol und Essigsäure (*Kawai et al.*, J. pharm. Soc. Japan **72** [1952] 553, 555; C. A. **1952** 8809).
Krystalle (aus Bzl.); F: 109—110°.

VIII　　　IX　　　X　　　XI

(±)-7-Äthoxy-4-methyl-chroman-2-on, (±)-3-[4-Äthoxy-2-hydroxy-phenyl]-buttersäure-lacton $C_{12}H_{14}O_3$, Formel X (R = C_2H_5).
F: 30° (*Pfau*, Riechstoffind. **10** [1935] 57).

(±)-6-Methyl-4-phenylmercapto-chroman-2-on, (±)-3-[2-Hydroxy-5-methyl-phenyl]-3-phenylmercapto-propionsäure-lacton $C_{16}H_{14}O_2S$, Formel XI (R = C_6H_5).
B. Beim Erwärmen von 6-Methyl-cumarin mit Thiophenol und wenig Piperidin (*Mustafa et al.*, Am. Soc. **78** [1956] 5011, 5012, 5015).
Krystalle (aus Bzl. + PAe.); F: 96°.

(±)-6-Methyl-4-*o*-tolylmercapto-chroman-2-on, (±)-3-[2-Hydroxy-5-methyl-phenyl]-3-*o*-tolylmercapto-propionsäure-lacton $C_{17}H_{16}O_2S$, Formel XII (R = CH_3, X = H) auf S. 189.
B. Beim Erwärmen von 6-Methyl-cumarin mit Thio-*o*-kresol und wenig Piperidin

(*Mustafa et al.*, Am. Soc. **78** [1956] 5011, 5012, 5015).
Krystalle (aus Bzl. + PAe.); F: 122° [unkorr.].

(±)-6-Methyl-4-*p*-tolylmercapto-chroman-2-on, (±)-3-[2-Hydroxy-5-methyl-phenyl]-3-*p*-tolylmercapto-propionsäure-lacton $C_{17}H_{16}O_2S$, Formel XII (R = H, X = CH_3).
B. Beim Erwärmen von 6-Methyl-cumarin mit Thio-*p*-kresol und wenig Piperidin (*Mustafa et al.*, Am. Soc. **78** [1956] 5011, 5012, 5015).
Krystalle (aus Bzl. + PAe.); F: 116° [unkorr.].

(±)-4-Benzylmercapto-6-methyl-chroman-2-on, (±)-3-Benzylmercapto-3-[2-hydroxy-5-methyl-phenyl]-propionsäure-lacton $C_{17}H_{16}O_2S$, Formel XI (R = CH_2-C_6H_5).
B. Beim Erwärmen von 6-Methyl-cumarin mit Benzylmercaptan und wenig Piperidin (*Mustafa et al.*, Am. Soc. **78** [1956] 5011, 5012, 5015).
Krystalle (aus Bzl. + PAe.); F: 115° [unkorr.].

7-Methoxy-6-methyl-chroman-2-on, 3-[2-Hydroxy-4-methoxy-5-methyl-phenyl]-propionsäure-lacton $C_{11}H_{12}O_3$, Formel XIII.
B. Neben 7-Methoxy-6-methyl-cumarin beim Erhitzen von 7-Methoxy-2-oxo-2*H*-chromen-6-carbaldehyd mit Toluol, wss. Salzsäure und amalgamiertem Zink (*Hata, Tanaka*, J. pharm. Soc. Japan **77** [1957] 937, 940; C. A. **1958** 3799).
Krystalle (aus A.); F: 93—94°.

6-Hydroxy-8-methyl-chroman-2-on, 3-[2,5-Dihydroxy-3-methyl-phenyl]-propionsäure-2-lacton $C_{10}H_{10}O_3$, Formel XIV.
B. Beim Erwärmen von 6-Hydroxy-8-methyl-2-oxo-chroman-3-carbonsäure-äthylester mit wss. Salzsäure und Aceton unter Stickstoff (*Smith, Byers*, Am. Soc. **63** [1941] 612, 615).
Krystalle (aus A.); F: 149—150°.

8-Hydroxy-3-methyl-isochroman-1-on $C_{10}H_{10}O_3$.
a) (*R*)-8-Hydroxy-3-methyl-isochroman-1-on, Mellein, Ochracin $C_{10}H_{10}O_3$, Formel XV (R = H).
Konstitution: *Birch, Donovan*, Chem. and Ind. **1954** 1047; *Blair, Newbold*, Chem. and Ind. **1955** 93; Soc. **1955** 2871. Konfiguration: *Arakawa*, Bl. chem. Soc. Japan **41** [1968] 2541; *Arakawa et al.*, A. **728** [1969] 152, 155.
Isolierung aus den Stoffwechselprodukten von Aspergillus melleus: *Nishikawa*, J. agric. chem. Soc. Japan **9** [1933] 772; C. A. **1934** 2751; Bl. agric. chem. Soc. Japan **9** [1933] 107; *Burton*, Nature **165** [1950] 274; von Aspergillus ochraceus: *Yabuta, Sumiki*, J. agric. chem. Soc. Japan **9** [1933] 1264, 1267; C. A. **1934** 2350.
Krystalle; F: 58—58,5° [aus Bzn.] (*Ya., Su.*, J. agric. chem. Soc. Japan **9** 1268), 58° (*Ni.*, J. agric. chem. Soc. Japan **9** 773; Bl. agric. chem. Soc. Japan **9** 108; *Bu.*). $[\alpha]_D$: —124,9° [$CHCl_3$; c = 1] (*Ya., Su.*, J. agric. chem. Soc. Japan **9** 1268); $[\alpha]_D^{12}$: —108,2° [$CHCl_3$; c = 1] (*Ni.*, J. agric. chem. Soc. Japan **9** 774; Bl. agric. chem. Soc. Japan **9** 107); $[\alpha]_D^{20}$: —72,6° [Me.] (*Ar. et al.*, l. c. S. 154). Circulardichroismus (Me.; 210—350 nm): *Ar.*; *Ar. et al.* IR-Spektrum ($CHCl_3$; 2,5—12 μ): *Matsui*, Agric. biol. Chem. Japan **28** [1964] 896, 898. Absorptionsmaxima (A.): 212 nm, 246 nm und 314 nm (*Bl., Ne.*, Soc. **1955** 2873, 2874).
Beim Erhitzen mit Kaliumhydroxid auf 200° ist 2-Hydroxy-6-propenyl-benzoesäure (F: 170°), beim Erhitzen mit Kaliumhydroxid auf 300° ist hingegen 2-Hydroxy-6-methyl-benzoesäure erhalten worden (*Nishikawa*, J. agric. chem. Soc. Japan **9** [1933] 1059, 1061; C. A. **1934** 1073; Bl. agric. chem. Soc. Japan **9** [1933] 148; *Yabuta, Sumiki*, J. agric. chem. Soc. Japan **10** [1934] 703, 709; C. A. **1935** 160).

b) (±)-8-Hydroxy-3-methyl-isochroman-1-on $C_{10}H_{10}O_3$, Formel XV (R = H) + Spiegelbild.
B. Beim Erhitzen von (±)-8-Methoxy-3-methyl-isochroman-1-on mit wss. Bromwasserstoffsäure unter Leuchtgas (*Bendz*, Ark. Kemi **14** [1959] 511, 517).
Krystalle (aus wss. A.); F: 39° (*Be.*). IR-Spektrum ($CHCl_3$; 2,5—12 μ): *Matsui*, Agric.

biol. Chem. Japan **28** [1964] 896, 898. Absorptionsmaxima (A.(?)): 212 nm, 247 nm und 314 nm (*Be.*, l. c. S. 513).

XII   XIII   XIV   XV

8-Methoxy-3-methyl-isochroman-1-on, 2-[2-Hydroxy-propyl]-6-methoxy-benzoesäure-lacton $C_{11}H_{12}O_3$.

a) **(R)-8-Methoxy-3-methyl-isochroman-1-on, O-Methyl-mellein** $C_{11}H_{12}O_3$, Formel XV (R = CH_3).

B. Beim Behandeln von Mellein (S. 188) mit Diazomethan in Äther (*Yabuta, Sumiki,* J. agric. chem. Soc. Japan **9** [1933] 1264, 1269; C. A. **1934** 2350; *Blair, Newbold,* Soc. **1955** 2871, 2874) oder mit wss. Kalilauge und Dimethylsulfat (*Ya., Su.*).

Krystalle; F: 88—89° [aus PAe.] (*Bl., Ne.*), 88—89° [aus Bzn.] (*Ya., Su.*). $[\alpha]_D^{15}$: $-250°$ [$CHCl_3$; c = 0,5]; $[\alpha]_D^{15}$: $-245°$ [$CHCl_3$; c = 1] (*Bl., Ne.*). Absorptionsmaxima (A.): 213 nm, 243 nm und 305 nm (*Bl., Ne.*).

b) **(±)-8-Methoxy-3-methyl-isochroman-1-on** $C_{11}H_{12}O_3$, Formel XV (R = CH_3) + Spiegelbild.

B. Beim Behandeln einer aus (±)-1-[2-Amino-3-methoxy-phenyl]-propan-2-ol bereiteten Diazoniumsalz-Lösung mit Kaliumcyanid unter Zusatz von Nickel(II)-chlorid und Natriumcarbonat, Erhitzen des Reaktionsgemisches mit wss. Kalilauge und anschliessenden Ansäuern (*Blair, Newbold,* Soc. **1955** 2871, 2874).

Krystalle (aus PAe.); F: 66—67° (*Bl., Ne.*). Absorptionsmaxima (A.): 212 nm, 244 nm und 305 nm (*Bl., Ne.*).

Beim Erhitzen mit Kaliumhydroxid auf 200° ist 2-Methoxy-6-propenyl-benzoesäure (F: 129—130°) erhalten worden (*Bendz,* Ark. Kemi **14** [1959] 511, 517).

(R)-8-Acetoxy-3-methyl-isochroman-1-on, 2-Acetoxy-6-[(R)-2-hydroxy-propyl]-benzoesäure-lacton, O-Acetyl-mellein $C_{12}H_{12}O_4$, Formel XV (R = $CO-CH_3$).

B. Beim Behandeln von Mellein (S. 188) mit Acetanhydrid und Pyridin (*Nishikawa,* J. agric. chem. Soc. Japan **9** [1933] 1059, 1061; C. A. **1934** 1073; Bl. agric. chem. Soc. Japan **9** [1933] 148) oder mit Acetanhydrid und Natriumacetat (*Yabuta, Sumiki,* J. agric. chem. Soc. Japan **9** [1933] 1264, 1269; C. A. **1934** 2350).

Krystalle; F: 126—127° [aus Bzn.] (*Ya., Su.*), 126° [aus W.] (*Ni.*). $[\alpha]_D^{28}$: $-171,8°$ [$CHCl_3$; c = 1] (*Ni.*).

(R)-8-Benzoyloxy-3-methyl-isochroman-1-on, 2-Benzoyloxy-6-[(R)-2-hydroxy-propyl]-benzoesäure-lacton, O-Benzoyl-mellein $C_{17}H_{14}O_4$, Formel XV (R = $CO-C_6H_5$).

B. Beim Behandeln von Mellein (S. 188) mit Benzoylchlorid und Pyridin (*Yabuta, Sumiki,* Krystalle (aus Bzn. oder W.); F: 101—102°.

(R)-5,7-Dibrom-8-hydroxy-3-methyl-isochroman-1-on $C_{10}H_8Br_2O_3$, Formel I (R = X = Br).

Diese Konstitution kommt vermutlich dem nachstehend beschriebenen Dibrom-mellein zu.

B. Beim Behandeln von Mellein (S. 188) mit wss. Äthanol und mit Brom (*Yabuta, Sumiki,* J. agric. chem. Soc. Japan **9** [1933] 1264, 1271; C. A. **1934** 2350).

Krystalle (aus A.); F: 143—144°.

(R)-8-Hydroxy-3-methyl-5-nitro-isochroman-1-on $C_{10}H_9NO_5$, Formel I (R = NO_2, X = H), und **(R)-8-Hydroxy-3-methyl-7-nitro-isochroman-1-on** $C_{10}H_9NO_5$, Formel I (R = H, X = NO_2).

Diese Konstitutionsformeln kommen für das nachstehend beschriebene Nitro-mellein in Betracht.

B. Beim Behandeln von Mellein (S. 188) mit wss. Salpetersäure [D: 1,4] (*Nishikawa*, J. agric. chem. Soc. Japan **9** [1933] 772, 774; C. A. **1934** 2751; Bl. agric. chem. Soc. Japan **9** [1933] 107, 109; s. a. *Yabuta, Sumiki*, J. agric. chem. Soc. Japan **9** [1933] 1264, 1270; C. A. **1934** 2350).

Gelbliche Krystalle; F: 184—185° [aus A.] (*Ya., Su.*), 183—184° [aus Me.] (*Ni.*). $[\alpha]_D^{19}$: —171,6° [$CHCl_3$; c = 1] (*Ni.*).

I II III

(*R*)-8-Hydroxy-3-methyl-5,7-dinitro-isochroman-1-on $C_{10}H_8N_2O_7$, Formel I (R = X = NO_2).

Diese Konstitution kommt vermutlich dem nachstehend beschriebenen Dinitro≠mellein zu.

B. Beim Erhitzen von Mellein (S. 188) mit wss. Salpetersäure [D: 1,4] (*Nishikawa*, J. agric. chem. Soc. Japan **9** [1933] 1059, 1060; C. A. **1934** 1073; Bl. agric. chem. Soc. Japan **9** [1933] 148, 149; *Yabuta, Sumiki*, J. agric. chem. Soc. Japan **9** [1933] 1264, 1270; C. A. **1934** 2350). Beim Erhitzen der im vorangehenden Artikel beschriebenen Verbindung mit wss. Salpetersäure (*Ni.*).

Hellgelbe Krystalle; F: 161—162° [aus Bzn. + A.] (*Ya., Su.*), 160° [aus Me.] (*Ni.*). $[\alpha]_D^{32}$: —508,7° [$CHCl_3$; c = 1] (*Ni.*).

(±)-2-Acetyl-2,3-dihydro-benzofuran-4-ol, (±)-1-[4-Hydroxy-2,3-dihydro-benzo≠furan-2-yl]-äthanon $C_{10}H_{10}O_3$, Formel II.

Die Identität eines von *Schamschurin* (Ž. obšč. Chim. **21** [1951] 2068, 2071; engl. Ausg. S. 2313, 2316) unter dieser Konstitution beschriebenen Präparats (Krystalle [aus W.], F: 184—185°) ist ungewiss (*Miyano, Matsui*, B. **93** [1960] 1194; s. a. *Crombie*, Fortschr. Ch. org. Naturst. **21** [1963] 275, 310, 311). Dies gilt auch für das als 1-[4-Benzyloxy-2,3-dihydro-benzofuran-2-yl]-äthanon angesehene Benzoyl-Derivat $C_{17}H_{14}O_4$ (Krystalle [aus wss. Me.], F: 118—118,5°) und für das als 1-[4-Hydr≠oxy-2,3-dihydro-benzofuran-2-yl]-äthanon-oxim angesehene Oxim $C_{10}H_{11}NO_3$ (Krystalle, F: 224—225°).

5-Acetyl-2,3-dihydro-benzofuran-6-ol, 1-[6-Hydroxy-2,3-dihydro-benzofuran-5-yl]-äthanon $C_{10}H_{10}O_3$, Formel III (R = H).

B. Beim Behandeln eines Gemisches aus 2,3-Dihydro-benzofuran-6-ol, Acetonitril, Zinkchlorid und Äther mit Chlorwasserstoff und Erhitzen des Reaktionsprodukts mit wss. Schwefelsäure (*Davies et al.*, Soc. **1950** 3206, 3211). Beim Behandeln von 6-Acetoxy-2,3-dihydro-benzofuran mit Aluminiumchlorid in Nitrobenzol (*Da. et al.*; *Gruber, Horváth*, M. **81** [1950] 828, 833).

Krystalle; F: 107—109° [aus Ae. + PAe.] (*Gr., Ho.*), 107—108° [aus Me. oder A.] (*Da. et al.*).

Beim Erwärmen mit Natrium und Äthylacetat ist 1-[6-Hydroxy-2,3-dihydro-benzo≠furan-5-yl]-butan-1,3-dion erhalten worden (*Gr., Ho.*, l. c. S. 834).

5-Acetyl-6-benzoyloxy-2,3-dihydro-benzofuran, 1-[6-Benzoyloxy-2,3-dihydro-benzo≠furan-5-yl]-äthanon $C_{17}H_{14}O_4$, Formel III (R = CO-C_6H_5).

F: 113—114° (*Pavanaram, Row*, Curr. Sci. **24** [1955] 301).

Beim Behandeln mit Pyridin und Kaliumhydroxid ist 1-[6-Hydroxy-2,3-dihydro-benzofuran-5-yl]-3-phenyl-propan-1,3-dion erhalten worden.

1-[6-Hydroxy-2,3-dihydro-benzofuran-5-yl]-äthanon-[2,4-dinitro-phenylhydrazon] $C_{16}H_{14}N_4O_6$, Formel IV.

B. Aus 1-[6-Hydroxy-2,3-dihydro-benzofuran-5-yl]-äthanon und [2,4-Dinitro-phenyl]-

hydrazin (*Davies et al.*, Soc. **1950** 3206, 3211).
Rote Krystalle (aus Eg.); F: 293° [Zers.].

6-Acetyl-2,3-dihydro-benzofuran-5-ol, 1-[5-Hydroxy-2,3-dihydro-benzofuran-6-yl]-äthanon $C_{10}H_{10}O_3$, Formel V (R = H).

B. Neben 1-[5-Methoxy-2,3-dihydro-benzofuran-6-yl]-äthanon beim Erwärmen von 5-Methoxy-2,3-dihydro-benzofuran mit Acetylchlorid und Aluminiumchlorid in Äther oder Schwefelkohlenstoff (*Ramage, Stead*, Soc. **1953** 3602, 3604). Beim Erwärmen von 1-[5-Methoxy-2,3-dihydro-benzofuran-6-yl]-äthanon mit Aluminiumchlorid in Äther (*Ra., St.*).
Gelbe Krystalle (aus Eg.); F: 109—111°.

Beim Erwärmen mit Äthylacetat und Natrium ist 6-Methyl-2,3-dihydro-furo[2,3-*g*]= chromen-8-on, beim Erwärmen mit Diäthyloxalat und Natrium ist 4-[5-Hydroxy-2,3-dihydro-benzofuran-6-yl]-2,4-dioxo-buttersäure-äthylester erhalten worden (*Ra., St.*, l. c. S. 3605).

6-Acetyl-5-methoxy-2,3-dihydro-benzofuran, 1-[5-Methoxy-2,3-dihydro-benzofuran-6-yl]-äthanon $C_{11}H_{12}O_3$, Formel V (R = CH_3).

B. Neben 1-[5-Hydroxy-2,3-dihydro-benzofuran-6-yl]-äthanon beim Erwärmen von 5-Methoxy-2,3-dihydro-benzofuran mit Acetylchlorid und Aluminiumchlorid in Äther (*Ramage, Stead*, Soc. **1953** 3602, 3604).
Krystalle (aus Me.); F: 82°.

IV   V   VI

1-[5-Hydroxy-2,3-dihydro-benzofuran-6-yl]-äthanon-[2,4-dinitro-phenylhydrazon] $C_{16}H_{14}N_4O_6$, Formel VI (R = H).

B. Aus 1-[5-Hydroxy-2,3-dihydro-benzofuran-6-yl]-äthanon und [2,4-Dinitro-phenyl]-hydrazin (*Ramage, Stead*, Soc. **1953** 3602, 3604).
Rote Krystalle (aus 2-Äthoxy-äthanol); F: 240°.

1-[5-Methoxy-2,3-dihydro-benzofuran-6-yl]-äthanon-[2,4-dinitro-phenylhydrazon] $C_{17}H_{16}N_4O_6$, Formel VI (R = CH_3).

B. Aus 1-[5-Methoxy-2,3-dihydro-benzofuran-6-yl]-äthanon und [2,4-Dinitro-phenyl]-hydrazin (*Ramage, Stead*, Soc. **1953** 3602, 3604).
Rote Krystalle (aus E.); F: 212°.

(±)-6-Hydroxy-3-methyl-2,3-dihydro-benzofuran-5-carbaldehyd $C_{10}H_{10}O_3$, Formel VII (R = H) (E II 13; dort als 6-Oxy-3-methyl-cumaran-aldehyd-(5) bezeichnet).

B. Beim Behandeln von (±)-3-Methyl-2,3-dihydro-benzofuran-6-ol mit Cyanwasserstoff in Äther, mit Zinkchlorid und mit Chlorwasserstoff und Erwärmen des Reaktionsprodukts mit Wasser (*Foster et al.*, Soc. **1948** 2254, 2256, 2259).
Krystalle (aus A.); F: 74°.

(±)-6-Acetoxy-3-methyl-2,3-dihydro-benzofuran-5-carbaldehyd $C_{12}H_{12}O_4$, Formel VII (R = $CO-CH_3$).

B. Neben 3-[6-Acetoxy-3-methyl-2,3-dihydro-benzofuran-5-yl]-acrylsäure (F: 207°) beim Erhitzen von (±)-6-Hydroxy-3-methyl-2,3-dihydro-benzofuran-5-carbaldehyd mit Acetanhydrid und Natriumacetat (*Foster et al.*, Soc. **1948** 2254, 2259).
Öl; als 2,4-Dinitro-phenylhydrazon (S. 192) charakterisiert.

(±)-6-Hydroxy-3-methyl-2,3-dihydro-benzofuran-5-carbaldehyd-[2,4-dinitro-phenyl= hydrazon] $C_{16}H_{14}N_4O_6$, Formel VIII (R = H).

B. Aus (±)-6-Hydroxy-3-methyl-2,3-dihydro-benzofuran-5-carbaldehyd und [2,4-Di=

nitro-phenyl]-hydrazin (*Foster et al.*, Soc. **1948** 2254, 2259).
Rote Krystalle (aus E.); F: 282°.

VII   VIII   IX

(±)-6-Acetoxy-3-methyl-2,3-dihydro-benzofuran-5-carbaldehyd-[2,4-dinitro-phenyl=
hydrazon] $C_{18}H_{16}N_4O_7$, Formel VIII (R = CO-CH$_3$).
B. Aus (±)-6-Acetoxy-3-methyl-2,3-dihydro-benzofuran-5-carbaldehyd und [2,4-Di=
nitro-phenyl]-hydrazin (*Foster et al.*, Soc. **1948** 2254, 2259).
Orangefarbene Krystalle (aus Eg.); F: 245°.

(±)-7-Hydroxy-3,6-dimethyl-3*H*-benzofuran-2-on, (±)-2-[2,3-Dihydroxy-4-methyl-
phenyl]-propionsäure-2-lacton $C_{10}H_{10}O_3$, Formel IX.
Diese Konstitution wird der nachstehend beschriebenen Verbindung zugeordnet (*Clemo,
McQuillin*, Soc. **1952** 3835, 3836).
B. Neben 2-[4-Methyl-2-oxo-cyclohexyl]-propionsäure (F: 117°) beim Behandeln von
opt.-inakt. 2-[3-Äthoxycarbonyl-4-methyl-2-oxo-cyclohexyl]-propionsäure-äthylester
(n_D^{21}: 1,4618) mit wss. Kalilauge und Natriumnitrit und anschliessend mit Schwefelsäure
und Erhitzen des Reaktionsprodukts mit wss. Salzsäure und Essigsäure (*Cl., McQu.*,
l. c. S. 3838).
Krystalle (aus PAe.); F: 107°. Bei 80—90°/0,2 Torr sublimierbar. UV-Spektrum
(240—295 nm) einer Kaliumhydroxid (?) enthaltenden Lösung in Äthanol (λ_{max}: 279 nm):
Cl., McQu., l. c. S. 3836.
Bei der Hydrierung an Platin in Essigsäure ist eine als 2-[3-Hydroxy-4-methyl-
cyclohexyl]-propionsäure ($Kp_{0,02}$: 145°) angesehene Verbindung erhalten worden.

5-Hydroxy-4,6-dimethyl-3*H*-benzofuran-2-on, [3,6-Dihydroxy-2,4-dimethyl-phenyl]-
essigsäure-6-lacton $C_{10}H_{10}O_3$, Formel X.
B. Beim Erhitzen von [3,6-Dihydroxy-2,4-dimethyl-phenyl]-essigsäure-äthylester mit
wss. Salzsäure (*McElvain, Engelhardt*, Am. Soc. **66** [1944] 1077, 1082).
Krystalle (aus W.); F: 143—144°.

5-Hydroxy-4,7-dimethyl-3*H*-benzofuran-2-on, [2,5-Dihydroxy-3,6-dimethyl-phenyl]-
essigsäure-2-lacton $C_{10}H_{10}O_3$, Formel XI.
B. Beim Erhitzen von 5-Hydroxy-4,7-dimethyl-2-oxo-2,3-dihydro-benzofuran-
3-carbonsäure-äthylester (aus 2,5-Dimethyl-[1,4]benzochinon und der Natrium-Ver=
bindung des Malonsäure-diäthylesters in Dioxan hergestellt) mit Wasserdampf (*Smith,
Nichols*, Am. Soc. **65** [1943] 1739, 1746).
Krystalle (aus A.); F: 214—216°.

X   XI   XII   XIII

6-Brom-5-hydroxy-4,7-dimethyl-3*H*-benzofuran-2-on, [4-Brom-2,5-dihydroxy-
3,6-dimethyl-phenyl]-essigsäure-2-lacton $C_{10}H_9BrO_3$, Formel XII (R = H).
B. Beim Erhitzen von [4-Brom-2,5-dimethyl-3,6-dioxo-cyclohexa-1,4-dienyl]-malon=

säure-diäthylester mit wss. Essigsäure und Zink (*Smith, Nichols,* Am. Soc. **65** [1943] 1739, 1744). Beim Erhitzen von 6-Brom-5-hydroxy-4,7-dimethyl-2-oxo-2,3-dihydro-benzofuran-3-carbonsäure-äthylester mit wss. Essigsäure (*Sm., Ni.*). Beim Erhitzen von 5-Acetoxy-6-brom-4,7-dimethyl-2-oxo-2,3-dihydro-benzofuran-3-carbonsäure-äthylester mit wss. Salzsäure und Essigsäure (*Sm., Ni.*).
Krystalle (aus A.); F: 200—201°.

6-Brom-5-methoxy-4,7-dimethyl-3H-benzofuran-2-on, [4-Brom-2-hydroxy-5-methoxy-3,6-dimethyl-phenyl]-essigsäure-lacton $C_{11}H_{11}BrO_3$, Formel XII (R = CH_3).
B. Beim Erhitzen von 6-Brom-5-methoxy-4,7-dimethyl-2-oxo-2,3-dihydro-benzofuran-3-carbonsäure-äthylester oder von 6-Brom-2,5-dimethoxy-4,7-dimethyl-benzofuran-3-carbonsäure mit wss. Essigsäure (*Smith, Nichols,* Am. Soc. **65** [1943] 1739, 1744).
Krystalle (aus PAe.); F: 165—166°.

5-Acetoxy-6-brom-4,7-dimethyl-3H-benzofuran-2-on, [3-Acetoxy-4-brom-6-hydroxy-2,5-dimethyl-phenyl]-essigsäure-lacton $C_{12}H_{11}BrO_4$, Formel XII (R = $CO\text{-}CH_3$).
B. Beim Behandeln von 6-Brom-5-hydroxy-4,7-dimethyl-3H-benzofuran-2-on mit Acetanhydrid und wenig Schwefelsäure (*Smith, Nichols,* Am. Soc. **65** [1943] 1739, 1744). Beim Erhitzen von 5-Acetoxy-6-brom-4,7-dimethyl-2-oxo-2,3-dihydro-benzofuran-3-carbonsäure-äthylester mit Essigsäure (*Sm., Ni.*).
Krystalle (aus PAe.); F: 166—168°.

4-Brom-5-hydroxy-6,7-dimethyl-3H-benzofuran-2-on, [2-Brom-3,6-dihydroxy-4,5-dimethyl-phenyl]-essigsäure-6-lacton $C_{10}H_9BrO_3$, Formel XIII (R = H).
B. Beim Erhitzen von [2-Brom-3,6-dihydroxy-4,5-dimethyl-phenyl]-malonsäure-diäthylester mit Essigsäure und wenig Zink (*Smith, Austin,* Am. Soc. **64** [1942] 528, 532). Beim Erhitzen von [2,5-Diacetoxy-6-brom-3,4-dimethyl-phenyl]-malonsäure-diäthylester mit Essigsäure und wss. Salzsäure (*Sm., Au.*). Beim Erhitzen von 4-Brom-5-hydroxy-6,7-dimethyl-2-oxo-2,3-dihydro-benzofuran-3-carbonsäure-äthylester mit Essigsäure (*Sm., Au.*).
Krystalle (aus Ae. + PAe.); F: 155—156°.

4-Brom-5-methoxy-6,7-dimethyl-3H-benzofuran-2-on, [2-Brom-6-hydroxy-3-methoxy-4,5-dimethyl-phenyl]-essigsäure-lacton $C_{11}H_{11}BrO_3$, Formel XIII (R = CH_3).
B. Beim Erwärmen von 4-Brom-5-hydroxy-6,7-dimethyl-2-oxo-2,3-dihydro-benzofuran-3-carbonsäure-äthylester mit methanol. Kalilauge und Dimethylsulfat und Erhitzen des Reaktionsprodukts mit Wasserdampf (*Smith, Austin,* Am. Soc. **64** [1942] 528, 532). Beim Erhitzen von 4-Brom-2,5-dimethoxy-6,7-dimethyl-benzofuran-3-carbonsäure mit Wasserdampf (*Sm., Au.*).
Krystalle (aus PAe.); F: 113—113,5°.

5-Acetoxy-4-brom-6,7-dimethyl-3H-benzofuran-2-on, [3-Acetoxy-2-brom-6-hydroxy-4,5-dimethyl-phenyl]-essigsäure-lacton $C_{12}H_{11}BrO_4$, Formel XIII (R = $CO\text{-}CH_3$).
B. Beim Behandeln von 4-Brom-5-hydroxy-6,7-dimethyl-3H-benzofuran-2-on mit Acetanhydrid und wenig Schwefelsäure (*Smith, Austin,* Am. Soc. **64** [1942] 528, 532). Beim Erhitzen von 5-Acetoxy-4-brom-6,7-dimethyl-2-oxo-2,3-dihydro-benzofuran-3-carbonsäure-äthylester mit Essigsäure (*Sm., Au.*).
Krystalle (aus A. + Acn.); F: 195—197°.

(±)-3-Äthyl-3-methoxy-phthalid $C_{11}H_{12}O_3$, Formel I (R = CH_3) (E I 305).
Krystalle (nach Sublimation bei 120°/1,5 Torr); F: 51—52° [nach Erweichen bei 47°] (*Kohlrausch, Seka,* B. **77/79** [1944/46] 469, 475). Kp$_{18}$: 148°; Kp$_2$: 106°. n_D^{18}: 1,5180 [flüssiges Präparat]. Raman-Spektrum: *Ko., Seka.*

(±)-3-Äthyl-3-benzoyloxy-phthalid $C_{17}H_{14}O_4$, Formel I (R = $CO\text{-}C_6H_5$).
Diese Verbindung hat auch in einem von *Frank et al.* (Am. Soc. **66** [1944] 1, 3) als 1-Äthyl-4-phenyl-1H-1,4-epoxido-benzo[d][1,2]dioxepin-5-on angesehenen Präparat $C_{17}H_{14}O_4$ vorgelegen (*Criegee et al.,* A. **583** [1953] 19, 25).
B. Beim Erwärmen von 2-Propionyl-benzoesäure mit Benzoesäure-anhydrid (*Cr. et al.,*

1. c. S. 25). Beim Behandeln des Silber-Salzes der 2-Propionyl-benzoesäure in Dioxan mit Benzoylchlorid (*Cr. et al.*, 1. c. S. 26). Beim Behandeln einer Lösung von 3-Äthyl-2-phenyl-inden-1-on in Tetrachlormethan mit Ozon und 2-tägigen Aufbewahren des erhaltenen Ozonids [Krystalle, F: 50° (Zers.)] (*Cr. et al.*, 1. c. S. 26; s. a. *Fr. et al.*).

Krystalle; F: 92—93° [aus CH_2Cl_2 + PAe. oder aus Me.] (*Cr. et al.*), 92—93° [aus A.] (*Fr. et al.*).

      I   II   III

(±)-3-Äthyl-4,5,6,7-tetrachlor-3-propionyloxy-phthalid $C_{13}H_{10}Cl_4O_4$, Formel II.

B. Neben 3-Äthyliden-4,5,6,7-tetrachlor-phthalid (F: 161—162°) beim Erhitzen von Tetrachlorphthalsäure-anhydrid mit Propionsäure-anhydrid und Natriumpropionat (*Mowry et al.*, Am. Soc. **71** [1949] 120).

Krystalle (aus wss. A.); F: 107—108° [korr.].

Beim Erwärmen mit wss.-äthanol. Natronlauge ist 2,3,4,5-Tetrachlor-6-propionyl-benzoesäure $C_{10}H_6Cl_4O_3$ (gelbe Krystalle [aus wss. A.], F: 178—180°) erhalten worden.

(±)-3-Äthyl-7-hydroxy-phthalid, (±)-Isoochracin $C_{10}H_{10}O_3$, Formel III.

B. Beim Behandeln von 2-Hydroxymethyl-6-methoxy-benzoesäure-dimethylamid mit Chrom(VI)-oxid und wss. Essigsäure, Behandeln des Reaktionsprodukts mit Äthyl=magnesiumbromid in Äther und anschliessend mit wss. Salzsäure und Erhitzen des danach isolierten Reaktionsprodukts mit wss. Bromwasserstoffsäure (*Blair, Newbold*, Soc. **1955** 2871, 2875). Beim Erhitzen von Melleinsäure (E III **10** 867) mit wss. Schwefel=säure (*Yabuta, Sumiki*, J. agric. chem. Soc. Japan **10** [1934] 703, 712; C. A. **1935** 160). Beim Behandeln von 1-[3-Methoxy-2-nitro-phenyl]-propan-1-on mit Natriumboranat in wss. Äthanol, Hydrieren des Reaktionsprodukts an Raney-Nickel in Äthylacetat, Behandeln einer aus dem Reaktionsprodukt bereiteten wss. Diazoniumsalz-Lösung mit Kaliumcyanid unter Zusatz von Nickel(II)-chlorid und Natriumcarbonat und aufein=anderfolgenden Erhitzen des Reaktionsgemisches mit wss. Kalilauge und mit wss. Bromwasserstoffsäure (*Bl., Ne.*). Beim Erwärmen einer aus (±)-3-Äthyl-7-amino-phthalid-hydrochlorid bereiteten Diazoniumsalz-Lösung mit wss. Schwefelsäure (*Tamura et al.*, J. agric. chem. Soc. Japan **15** [1939] 685, 688; C. A. **1940** 400; Bl. agric. chem. Soc. Japan **15** [1939] 112).

Krystalle; F: 81° [aus Bzn.] (*Ta. et al.*), 78—79° [aus Bzn.] (*Ya., Su.*), 78° [aus PAe.] (*Bl., Ne.*). Bei 75°/0,001 Torr sublimierbar (*Bl., Ne.*). Absorptionsmaxima (A.): 214 nm, 234 nm und 300 nm (*Bl., Ne.*).

(±)-3-Äthyl-4(?)-methoxy-phthalid $C_{11}H_{12}O_3$, vermutlich Formel IV.

B. Beim Behandeln von 3-Äthyliden-4(?)-methoxy-phthalid (F: 125°) mit wss. Alkali=lauge und Natrium-Amalgam (*Tamura et al.*, J. agric. chem. Soc. Japan **15** [1939] 685, 688; C. A. **1940** 400; s. a. *Tamura*, Bl. agric. chem. Soc. Japan **15** [1939] 112).

Krystalle (aus A.); F: 58°.

---

*Opt.-inakt. 3-[1-Hydroxy-äthyl]-phthalid $C_{10}H_{10}O_3$, Formel V.

B. Beim Behandeln von 2-Propenyl-benzoesäure (vermutlich Gemisch der Stereo-isomeren; s. diesbezüglich *Berti et al.*, Ann. Chimica **49** [1959] 1994, 2008) mit Per=oxybenzoesäure in Chloroform (*Berti*, J. org. Chem. **24** [1959] 934, 937).

F: 90—91° (*Be.*).

6-Hydroxy-3,3-dimethyl-phthalid $C_{10}H_{10}O_3$, Formel VI (R = H) (E I 305).
  B. Beim Erhitzen einer aus 6-Amino-3,3-dimethyl-phthalid bereiteten Diazoniumsalz-Lösung mit wss. Schwefelsäure (*Cahn*, Soc. **1930** 986, 990, 991).
  Krystalle; F: 152°.
  Beim Erhitzen mit Kaliumhydroxid auf 300° sind Aceton, 3-Hydroxy-benzoesäure und wenig Phenol erhalten worden.

6-Methoxy-3,3-dimethyl-phthalid $C_{11}H_{12}O_3$, Formel VI (R = CH_3) (E I 305).
  B. Beim Behandeln von 6-Hydroxy-3,3-dimethyl-phthalid mit wss. Natronlauge und Dimethylsulfat (*Cahn*, Soc. **1930** 986, 991; E I 305).
  Krystalle (aus wss. Me.); F: 100°.

IV   V   VI   VII

6-Acetoxy-3,3-dimethyl-phthalid $C_{12}H_{12}O_4$, Formel VI (R = CO-CH_3) (E I 305).
  B. Beim Behandeln von 6-Hydroxy-3,3-dimethyl-phthalid mit Acetylchlorid und Pyridin (*Cahn*, Soc. **1930** 986, 991).
  Krystalle (aus wss. Eg.); F: 84°.

5,7-Dibrom-6-hydroxy-3,3-dimethyl-phthalid $C_{10}H_8Br_2O_3$, Formel VII.
  B. Beim Behandeln von 6-Hydroxy-3,3-dimethyl-phthalid mit Brom in wss. Essigsäure (*Cahn*, Soc. **1930** 986, 992).
  Krystalle (aus wss. Eg.) mit 1 Mol H_2O; die wasserfreie Verbindung schmilzt bei 125°.

(±)-3-Hydroxymethyl-3-methyl-phthalid $C_{10}H_{10}O_3$, Formel I.
  B. Beim Behandeln von 2-Isopropenyl-benzoesäure mit Peroxybenzoesäure in Chloroform (*Berti*, J. org. Chem. **24** [1959] 934, 937).
  F: 118—119° [unkorr.; Kofler-App.].

(±)-3-Methoxy-3,7-dimethyl-phthalid $C_{11}H_{12}O_3$, Formel II.
  Diese Konstitution kommt der nachstehend beschriebenen, von *Heilbron, Wilkinson* (Soc. **1930** 2546, 2553) als 2-Acetyl-5-methyl-benzoesäure-methylester, von *Westenberg, Wibaut* (R. **50** [1931] 188, 195) als 2-Acetyl-6-methyl-benzoesäure-methylester angesehenen Verbindung zu (*Heilbron, Wilkinson*, Soc. **1932** 2809).
  B. Beim Behandeln einer Lösung von 2-Acetyl-6-methyl-benzoesäure in Methanol mit Chlorwasserstoff (*We., Wi.; He., Wi.*, Soc. **1932** 2810).
  Krystalle; F: 71—72° [aus PAe.] (*He., Wi.*, Soc. **1932** 2810), 71—72° [aus PAe. + Bzl.] (*He., Wi.*, Soc. **1930** 2553), 67—68° [aus Bzn.] (*We., Wi.*).

(±)-4-Methoxy-7-methyl-3-trichlormethyl-phthalid $C_{11}H_9Cl_3O_3$, Formel III.
  B. Beim Behandeln von 5-Methoxy-2-methyl-benzoesäure mit Chloralhydrat und wss. Schwefelsäure (*Charlesworth et al.*, Canad. J. Res. [B] **23** [1945] 17, 23).
  Krystalle (aus A.); F: 134—135° [unkorr.].

I   II   III   IV

(±)-4-Hydroxy-6-methyl-3-trichlormethyl-phthalid $C_{10}H_7Cl_3O_3$, Formel IV (R = H).
B. Neben kleinen Mengen 6-Hydroxy-4-methyl-3-trichlormethyl-phthalid beim Behandeln von 3-Hydroxy-5-methyl-benzoesäure mit Chloralhydrat und Schwefelsäure bei 0° (*Meldrum, Vaidyanathan*, Pr. Indian Acad. [A] **1** [1935] 510, 516).
Krystalle (aus Eg. oder Bzl.); F: 184°.
Beim Erwärmen mit Benzoylchlorid und Pyridin und Behandeln des Reaktionsprodukts mit wss. Schwefelsäure ist 2-Benzoyloxy-6-carboxy-4-methyl-mandelsäure erhalten worden (*Me., Va.*, l. c. S. 517).

(±)-4-Methoxy-6-methyl-3-trichlormethyl-phthalid $C_{11}H_9Cl_3O_3$, Formel IV (R = CH_3).
B. Neben kleinen Mengen 6-Methoxy-4-methyl-3-trichlormethyl-phthalid beim Erwärmen von 3-Methoxy-5-methyl-benzoesäure mit Chloralhydrat und Schwefelsäure (*Meldrum, Vaidyanathan*, Pr. Indian Acad. [A] **1** [1935] 510, 515, 516).
Krystalle (aus Me.); F: 138°.

(±)-4-Acetoxy-6-methyl-3-trichlormethyl-phthalid $C_{12}H_9Cl_3O_4$, Formel IV (R = CO-CH_3).
B. Beim Behandeln von (±)-4-Hydroxy-6-methyl-3-trichlormethyl-phthalid mit Acetanhydrid und wenig Schwefelsäure (*Meldrum, Vaidyanathan*, Pr. Indian Acad. [A] **1** [1935] 510, 517).
Krystalle (aus A.); F: 164°.

(±)-5,7-Dibrom-4-hydroxy-6-methyl-3-trichlormethyl-phthalid $C_{10}H_5Br_2Cl_3O_3$, Formel V.
B. Beim Erhitzen einer Lösung von (±)-4-Hydroxy-6-methyl-3-trichlormethyl-phthalid in Essigsäure mit Brom (*Meldrum, Vaidyanathan*, Pr. Indian Acad. [A] **1** [1935] 510, 522).
Krystalle (aus Eg.); F: 216°.

(±)-6-Hydroxy-5-methyl-3-trichlormethyl-phthalid $C_{10}H_7Cl_3O_3$, Formel VI (R = H).
Diese Konstitution kommt der nachstehend beschriebenen, von *Meldrum, Kapadia* (J. Indian chem. Soc. **9** [1932] 483, 485) als (±)-4-Hydroxy-5-methyl-3-trichlormethyl-phthalid angesehenen Verbindung $C_{10}H_7Cl_3O_3$ zu (*Desai, Usgaonkar*, J. Indian chem. Soc. **42** [1965] 439, 441, 444).
B. Bei 3-tägigem Behandeln von 3-Hydroxy-4-methyl-benzoesäure mit Chloralhydrat und Schwefelsäure (*Me., Ka.; De., Us.*).
Krystalle; F: 232° [aus Acn. + PAe.] (*Me., Ka.*), 231—232° [aus Eg.] (*De., Us.*).
Beim Erwärmen mit wss. Natronlauge ist 2-Carboxy-4-hydroxy-5-methyl-mandelsäure erhalten worden (*Me., Ka.*).

(±)-6-Methoxy-5-methyl-3-trichlormethyl-phthalid $C_{11}H_9Cl_3O_3$, Formel VI (R = CH_3).
B. Bei 3-tägigem Behandeln von 3-Methoxy-4-methyl-benzoesäure mit Chloralhydrat und Schwefelsäure (*Meldrum, Kapadia*, J. Indian chem. Soc. **9** [1932] 483, 489).
Krystalle (aus wss. A.); F: 132°.
Beim Erhitzen mit wss. Natronlauge ist 5-Methoxy-6-methyl-3-oxo-phthalan-1-carbonsäure erhalten worden.

(±)-6-Acetoxy-5-methyl-3-trichlormethyl-phthalid $C_{12}H_9Cl_3O_4$, Formel VI (R = CO-CH_3).
Diese Konstitution ist der nachstehend beschriebenen, von *Meldrum, Kapadia* (J. Indian chem. Soc. **9** [1932] 483, 485) als (±)-4-Acetoxy-5-methyl-3-trichlormethylphthalid angesehenen Verbindung $C_{12}H_9Cl_3O_4$ zuzuordnen (vgl. *Desai, Usgaonkar*, J. Indian chem. Soc. **42** [1965] 439, 441).
B. Aus (±)-6-Hydroxy-5-methyl-3-trichlormethyl-phthalid [s. o.] (*Me., Ka.*).
Krystalle (aus wss. A.); F: 142° (*Me., Ka.*).

(±)-6-Benzoyloxy-5-methyl-3-trichlormethyl-phthalid $C_{17}H_{11}Cl_3O_4$, Formel VI (R = CO-C_6H_5).
Diese Konstitution ist der nachstehend beschriebenen, von *Meldrum, Kapadia* (J. Indian chem. Soc. **9** [1932] 483, 485) als (±)-4-Benzoyloxy-5-methyl-3-trichlormethyl-phthalid angesehenen Verbindung $C_{17}H_{11}Cl_3O_4$ zuzuordnen (vgl. *Desai, Usgaonkar*, J. Indian chem. Soc. **42** [1965] 439, 441).

B. Aus (±)-6-Hydroxy-5-methyl-3-trichlormethyl-phthalid [S. 196] (*Me., Ka.*).
Krystalle (aus Me.); F: 154° (*Me., Ka.*).

| V | VI | VII | VIII |

(±)-7-Hydroxy-3,4-dimethyl-phthalid $C_{10}H_{10}O_3$, Formel VII.
Diese Konstitution kommt wahrscheinlich der nachstehend beschriebenen Verbindung zu (*Eskola et al.*, Suomen Kem. **30** B [1957] 34, 36, 37).
B. Neben 4-Hydroxy-4-[2-methyl-5-oxo-tetrahydro-[3]furyl]-pent-2-ensäure (F: 151° bis 151,5°) beim Erwärmen von β-Angelicalacton ((±)-5-Methyl-5*H*-furan-2-on) mit Natriummethylat in Äther und Xylol (*Eskola et al.*, Suomen Kem. **20** B [1947] 13, 15; s. a. *Losanitsch*, E I **17/19** 139, Zeile 26 von oben). Beim Behandeln von opt.-inakt. 2,2'-Dimethyl-3',4'-dihydro-2*H*-[2,3']bifuryl-5,5'-dion (F: 85°) mit Natriumäthylat in Äther (*Es. et al.*, Suomen Kem. **30** B 37; vgl. a. *Es. et al.*, Suomen Kem. **20** B 14, 15).
Krystalle; F: 103—104° (*Lo.*), 102,7—103,2° [aus A.] (*Es. et al.*, Suomen Kem. **30** B 36, 37), 102—102,5° [aus wss. A.] (*Es. et al.*, Suomen Kem. **20** B 15). Absorptionsmaxima: 234 nm und 307 nm [A.] bzw. 221 nm und 342 nm [wss. Natronlauge (0,1 n)] (*Es. et al.*, Suomen Kem. **30** B 36).

(±)-6-Hydroxy-4-methyl-3-trichlormethyl-phthalid $C_{10}H_7Cl_3O_3$, Formel VIII (R = H).
B. Neben 4-Hydroxy-6-methyl-3-trichlormethyl-phthalid beim Erwärmen von 3-Hydroxy-5-methyl-benzoesäure mit Chloralhydrat und Schwefelsäure (*Meldrum, Vaidyanathan*, Pr. Indian Acad. [A] **1** [1935] 510, 516).
Krystalle (aus Eg. oder Bzl.); F: 178°.

(±)-6-Methoxy-4-methyl-3-trichlormethyl-phthalid $C_{11}H_9Cl_3O_3$, Formel VIII (R = CH₃).
B. Neben 4-Methoxy-6-methyl-3-trichlormethyl-phthalid beim Erwärmen von 3-Methoxy-5-methyl-benzoesäure mit Chloralhydrat und Schwefelsäure (*Meldrum, Vaidyanathan*, Pr. Indian Acad. [A] **1** [1935] 510, 515, 516).
Krystalle (aus A.); F: 118°.

(±)-6-Acetoxy-4-methyl-3-trichlormethyl-phthalid $C_{12}H_9Cl_3O_4$, Formel VIII (R = CO-CH₃).
B. Beim Behandeln von (±)-6-Hydroxy-4-methyl-3-trichlormethyl-phthalid mit Acetanhydrid und wenig Schwefelsäure (*Meldrum, Vaidyanathan*, Pr. Indian Acad. [A] **1** [1935] 510, 517).
Krystalle (aus A.); F: 128°.

(±)-5,7-Dibrom-6-hydroxy-4-methyl-3-trichlormethyl-phthalid $C_{10}H_5Br_2Cl_3O_3$, Formel IX.
B. Beim Erhitzen einer Lösung von (±)-6-Hydroxy-4-methyl-3-trichlormethyl-phthalid in Essigsäure mit Brom (*Meldrum, Vaidyanathan*, Pr. Indian Acad. [A] **1** [1935] 510, 521).
Krystalle (aus Eg. oder Bzl.); F: 214°.

7-Chlormethyl-4-methoxy-6-methyl-phthalid $C_{11}H_{11}ClO_3$, Formel X.
B. Neben 6-Methoxy-4-methyl-phthalid und 5-Chlormethyl-4-methoxy-6-methylphthalid bzw. neben 6-Methoxy-4-methyl-phthalid und 7-Chlormethyl-6-methoxy-4-methyl-phthalid bei kurzem (<2 min) bzw. längerem (>20 min) Erhitzen von 3-Methoxy-5-methyl-benzoesäure mit wss. Formaldehyd, wss. Salzsäure und Essigsäure (*Charlesworth, Levene*, Canad. J. Chem. **41** [1963] 1071, 1072, 1075; s. a. *Charlesworth et al.*, Canad. J. Res. [B] **23** [1945] 17, 18, 22).
Krystalle (aus A.); F: 134—135° (*Ch., Le.*).

7-Hydroxy-4,6-dimethyl-phthalid $C_{10}H_{10}O_3$, Formel XI (R = H).
Isolierung aus Kulturfiltraten von Penicillium gladioli: *Grove*, Biochem. J. **50** [1952] 648, 659.

B. Beim Erhitzen von 7-Methoxy-4,6-dimethyl-phthalid mit wss. Bromwasserstoffsäure (*Gr.*, l. c. S. 664) oder mit wss. Jodwasserstoffsäure und rotem Phosphor (*Raistrick, Ross*, Biochem. J. **50** [1952] 635, 643).

Krystalle; F: 159,5—160,5° [unkorr.; aus wss. Me.] (*Ra., Ross*), 158° [korr.; aus A.] (*Gr.*). Bei 100°/10⁻⁴ Torr sublimierbar (*Gr.*).

IX X XI

7-Methoxy-4,6-dimethyl-phthalid $C_{11}H_{12}O_3$, Formel XI (R = CH_3).
B. Beim Erhitzen von 7-Methoxy-6-methyl-1-oxo-phthalan-4-carbaldehyd (*Duncanson et al.*, Soc. **1953** 3637, 3642), von Dihydrogladiolsäure [3-Formyl-2-hydroxymethyl-6-methoxy-5-methyl-benzoesäure] (*Raistrick, Ross*, Biochem. J. **50** [1952] 635, 637, 643) oder von Gladiolsäure [2,3-Diformyl-6-methoxy-5-methyl-benzoesäure] (*Ra., Ross*, l. c. S. 646; *Grove*, Biochem. J. **50** [1952] 648, 652, 664) mit wss. Salzsäure und amalgamiertem Zink.

Krystalle; F: 116—116,5° [unkorr.; aus PAe.] (*Ra., Ross*), 113° [korr.; aus W.] (*Gr.*), 112° [korr.] (*Du. et al.*).

Beim Erhitzen mit wss. Jodwasserstoffsäure und rotem Phosphor ist je nach Reaktionsdauer 7-Hydroxy-4,6-dimethyl-phthalid oder 2,4,5-Trimethyl-phenol erhalten worden (*Ra., Ross*, l. c. S. 643, 644).

4-Chlormethyl-7-methoxy-6-methyl-phthalid $C_{11}H_{11}ClO_3$, Formel XII.
B. Beim Erwärmen von 7-Methoxy-6-methyl-phthalid mit wss. Formaldehyd und wss. Salzsäure (*Brown, Newbold*, Soc. **1953** 1285, 1288).

Krystalle (aus Ae. + Bzn.); F: 88—90°. Absorptionsmaxima (A.): 216 nm und 298 nm.

7-Chlormethyl-6-methoxy-4-methyl-phthalid $C_{11}H_{11}ClO_3$, Formel XIII.
B. Neben 6-Methoxy-4-methyl-phthalid und 7-Chlormethyl-4-methoxy-6-methyl-phthalid bei längerem (>20 min) Erhitzen von 3-Methoxy-5-methyl-benzoesäure mit wss. Formaldehyd, wss. Salzsäure und Essigsäure (*Charlesworth, Levene*, Canad. J. Chem. **41** [1963] 1071, 1072, 1075; s. a. *Charlesworth et al.*, Canad. J. Res. [B] **23** [1945] 17, 18, 22).

Krystalle; F: 178—179° (*Ch., Le.*), 177—179° [unkorr.] (*Ch. et al.*).

XII XIII XIV

5-Chlormethyl-4-methoxy-6-methyl-phthalid $C_{11}H_{11}ClO_3$, Formel XIV.
B. Neben 6-Methoxy-4-methyl-phthalid und 7-Chlormethyl-4-methoxy-6-methyl-phthalid bei kurzem Erhitzen (< 2 min) von 3-Methoxy-5-methyl-benzoesäure mit wss. Formaldehyd, wss. Salzsäure und Essigsäure (*Charlesworth, Levene*, Canad. J. Chem. **41** [1963] 1071, 1072, 1074; s. a. *Charlesworth et al.*, Canad. J. Res. [B] **23** [1945] 17, 22).

Krystalle (aus A.); F: 153—154° (*Ch., Le.*).

Hydroxy-oxo-Verbindungen $C_{11}H_{12}O_3$

(±)-3,7,7-Triäthoxy-1ξ-[2]furyl-hepta-1,5ξ-dien, 5-Äthoxy-7ξ-[2]furyl-hepta-2ξ,6-dienal-diäthylacetal $C_{17}H_{26}O_4$, Formel I.

B. Beim Behandeln von 3,3-Diäthoxy-1-[2]furyl-propen (Kp$_3$: 98—99°; n$_D^{20}$: 1,4920) mit 1*t*-Äthoxy-buta-1,3-dien und dem Borfluorid-Äther-Addukt (*Michailow, Ter-Sarkisjan*, Ž. obšč. Chim. **29** [1959] 2560, 2564; engl. Ausg. S. 2524, 2527).

Kp$_3$: 148—151°. D$_4^{20}$: 0,9941. n$_D^{20}$: 1,4928.

(±)-6-[4-Methoxy-phenyl]-tetrahydro-pyran-2-on, (±)-5-Hydroxy-5-[4-methoxyphenyl]-valeriansäure-lacton $C_{12}H_{14}O_3$, Formel II (R = CH$_3$).

B. Beim Hydrieren von 5-[4-Methoxy-phenyl]-5-oxo-valeriansäure an Palladium/Bariumsulfat in Äthanol und Erhitzen des Reaktionsprodukts mit wss. Salzsäure (*van der Zanden*, R. **61** [1942] 365, 366). Neben 5,6-Dihydroxy-5,6-bis-[4-methoxy-phenyl]-decandisäure (F: 208°) beim Behandeln einer wss. Lösung des Natrium-Salzes der 5-[4-Methoxy-phenyl]-5-oxo-valeriansäure mit Natrium-Amalgam und anschliessenden Behandeln mit wss. Salzsäure (*v. d. Za.*).

Krystalle (aus Bzl.); F: 143,5—144°.

I   II

(±)-6-[4-Äthoxy-phenyl]-tetrahydro-pyran-2-on, (±)-5-[4-Äthoxy-phenyl]-5-hydroxyvaleriansäure-lacton $C_{13}H_{16}O_3$, Formel II (R = C$_2$H$_5$).

B. Neben 5,6-Bis-[4-äthoxy-phenyl]-5,6-dihydroxy-decandisäure beim Behandeln einer wss. Lösung des Natrium-Salzes der 5-[4-Äthoxy-phenyl]-5-oxo-valeriansäure mit Natrium-Amalgam und anschliessenden Behandeln mit wss. Salzsäure (*van der Zanden*, R. **61** [1942] 365, 369).

Krystalle (aus wss. A.); F: 161—161,5°.

5-[3-Hydroxy-benzyl]-dihydro-furan-2-on $C_{11}H_{12}O_3$.

a) **(+)-5-[3-Hydroxy-benzyl]-dihydro-furan-2-on** $C_{11}H_{12}O_3$, Formel III (R = H) oder Spiegelbild.

Isolierung aus dem Harn von Kaninchen nach Verabreichung von (+)-Catechin (E III/IV **17** 3841): *Oshima, Watanabe*, J. Biochem. Tokyo **45** [1958] 973, 974.

Krystalle (aus Bzl.); F: 105—106°; [α]$_D^{16}$: +32,8° [A.] (*Os., Wa.*). IR-Spektrum (Nujol; 2—14 μ): *Watanabe*, Bl. agric. chem. Soc. Japan **23** [1959] 257, 258. UV-Spektrum (A.; 210—300 nm): *Wa.*, l. c. S. 258.

b) **(±)-5-[3-Hydroxy-benzyl]-dihydro-furan-2-on** $C_{11}H_{12}O_3$, Formel III (R = H) + Spiegelbild.

B. Beim Erhitzen von (±)-5-[3-Methoxy-benzyl]-dihydro-furan-2-on mit wss. Bromwasserstoffsäure (*Watanabe*, Bl. agric. chem. Soc. Japan **23** [1959] 263, 267).

Krystalle (aus Bzl.); F: 105—106°.

5-[3-Methoxy-benzyl]-dihydro-furan-2-on, 4-Hydroxy-5-[3-methoxy-phenyl]-valeriansäure-lacton $C_{12}H_{14}O_3$.

a) **Opt.-akt. 5-[3-Methoxy-benzyl]-dihydro-furan-2-on, 4-Hydroxy-5-[3-methoxyphenyl]-valeriansäure-lacton** $C_{12}H_{14}O_3$, Formel III (R = CH$_3$) oder Spiegelbild.

B. Beim Behandeln von (+)-5-[3-Hydroxy-benzyl]-dihydro-furan-2-on (s. o.) mit Diazomethan in Äther (*Watanabe*, Bl. agric. chem. Soc. Japan **23** [1959] 257).

Kp$_{0,8}$: 148—150°. IR-Spektrum (2 μ bis 12 μ) der unverdünnten Flüssigkeit: *Wa.*, l. c. S. 258; einer Lösung in Tetrachlormethan: *Watanabe*, Bl. agric. chem. Soc. Japan **23** [1959] 263, 266.

b) (±)-5-[3-Methoxy-benzyl]-dihydro-furan-2-on, (±)-4-Hydroxy-5-[3-methoxy-phenyl]-valeriansäure-lacton $C_{12}H_{14}O_3$, Formel III (R = CH_3) + Spiegelbild.

B. Beim Erwärmen von (±)-5-[3-Methoxy-benzyl]-2-oxo-tetrahydro-furan-3-carbon-säure-äthylester mit wss. Natronlauge und Erhitzen des nach dem Ansäuern mit wss. Salzsäure erhaltenen Reaktionsprodukts auf 130° (*Watanabe*, Bl. agric. chem. Soc. Japan **23** [1959] 263, 267).

$Kp_{0,8}$: 146–148°. IR-Spektrum (CCl_4; 2–12 μ): *Wa.*, l. c. S. 266.

III IV V

Opt.-akt. 5-[3-(4-Nitro-benzoyloxy)-benzyl]-dihydro-furan-2-on, 4-Hydroxy-5-[3-(4-nitro-benzoyloxy)-phenyl]-valeriansäure-lacton $C_{18}H_{15}NO_6$, Formel III (R = $CO-C_6H_4-NO_2$) oder Spiegelbild.

B. Beim Behandeln von (+)-5-[3-Hydroxy-benzyl]-dihydro-furan-2-on (S. 199) mit 4-Nitro-benzoylchlorid und Pyridin (*Watanabe*, Bl. agric. chem. Soc. Japan **23** [1959] 257).

Krystalle (aus A.); F: 78°.

(±)-3-[2-Äthoxy-benzyl]-dihydro-furan-2-on, (±)-2-[2-Äthoxy-benzyl]-4-hydroxy-buttersäure-lacton $C_{13}H_{16}O_3$, Formel IV.

B. Bei der Hydrierung von 3-[(*E*?)-2-Äthoxy-benzyliden]-dihydro-furan-2-on (S. 367) an Platin in Methanol (*Zimmer, Rothe*, J. org. Chem. **24** [1959] 28, 31, 32).

Kp_5: 154–156°. n_D^{20}: 1,5421.

(±)-3-[3-Hydroxy-benzyl]-dihydro-furan-2-on $C_{11}H_{12}O_3$, Formel V.

B. Bei der Hydrierung von 3-[3-Hydroxy-benzyliden]-dihydro-furan-2-on (S. 367) an Platin in Methanol (*Zimmer, Rothe*, J. org. Chem. **24** [1959] 28, 31, 32).

Krystalle (aus wss. Me.); F: 120–121° [unkorr.].

(±)-3-[4-Hydroxy-benzyl]-dihydro-furan-2-on $C_{11}H_{12}O_3$, Formel VI (R = H).

B. Bei der Hydrierung von 3-[4-Hydroxy-benzyliden]-dihydro-furan-2-on (S. 368) an Platin in Methanol (*Zimmer, Rothe*, J. org. Chem. **24** [1959] 28, 31, 32).

Kp_4: 192–193°. n_D^{20}: 1,5546.

(±)-3-[4-Methoxy-benzyl]-dihydro-furan-2-on, (±)-4-Hydroxy-2-[4-methoxy-benzyl]-buttersäure-lacton $C_{12}H_{14}O_3$, Formel VI (R = CH_3).

B. Bei der Hydrierung von 3-[4-Methoxy-benzyliden]-dihydro-furan-2-on (S. 368) an Platin in Methanol (*Zimmer, Rothe*, J. org. Chem. **24** [1959] 28, 31, 32).

Krystalle (aus A. + PAe.); F: 44°.

VI VII VIII

(±)-3-[4-Isopropoxy-benzyl]-dihydro-furan-2-on, (±)-4-Hydroxy-2-[4-isopropoxy-benzyl]-buttersäure-lacton $C_{14}H_{18}O_3$, Formel VI (R = $CH(CH_3)_2$).

B. Bei der Hydrierung von 3-[4-Isopropoxy-benzyliden]-dihydro-furan-2-on (S. 368)

an Platin in Methanol (*Zimmer, Rothe*, J. org. Chem. **24** [1959] 28, 31, 32).
Kp$_4$: 136—141°. n$_D^{20}$: 1,4957.

(±)-4-Benzyl-4-hydroxy-dihydro-furan-2-on, (±)-3-Benzyl-3,4-dihydroxy-buttersäure-4-lacton C$_{11}$H$_{12}$O$_3$, Formel VII.
B. Beim Behandeln von 1-Acetoxy-3-phenyl-aceton oder von 1-Bromacetoxy-3-phenyl-aceton mit Bromessigsäure-äthylester und Zink (*Plattner, Heusser*, Helv. **28** [1945] 1044, 1047).
Krystalle (aus Bzl.); F: 99—100° [evakuierte Kapillare].

*Opt.-inakt. 4-[α-Hydroxy-benzyl]-dihydro-furan-2-on C$_{11}$H$_{12}$O$_3$, Formel VIII.
B. Beim Erwärmen von (±)-4-Benzoyl-dihydro-furan-2-on mit Aluminiumisopropylat und Isopropylalkohol (*Rothe, Zimmer*, J. org. Chem. **24** [1959] 586, 589).
Kp$_5$: 195—197°. n$_D^{26}$: 1,5461.

(±)-5-[4-Methoxy-2-methyl-phenyl]-dihydro-furan-2-on, (±)-4-Hydroxy-4-[4-methoxy-2-methyl-phenyl]-buttersäure-lacton C$_{12}$H$_{14}$O$_3$, Formel IX (R = CH$_3$).
B. Beim Hydrieren von 4-[4-Methoxy-2-methyl-phenyl]-4-oxo-buttersäure an Palladium/Bariumsulfat in Äthanol und Erhitzen des Reaktionsprodukts mit wss. Salzsäure (*Rosenmund, Schapiro*, Ar. **272** [1934] 313, 320).
Krystalle (aus wss. A.); F: 55—57°.

(±)-5-[4-Äthoxy-2-methyl-phenyl]-dihydro-furan-2-on, (±)-4-[4-Äthoxy-2-methyl-phenyl]-4-hydroxy-buttersäure-lacton C$_{13}$H$_{16}$O$_3$, Formel IX (R = C$_2$H$_5$).
B. Beim Erwärmen von 4-[4-Äthoxy-2-methyl-phenyl]-4-oxo-buttersäure mit Äthanol und Natrium und Erhitzen des Reaktionsgemisches mit wss. Schwefelsäure (*Bhatt et al.*, J. Univ. Bombay **15**, Tl. 3A [1946] 31, 37).
Kp$_{18}$: 190°. D$_4^{27}$: 1,135. n$_D^{27}$: 1,5306.

(±)-5-[2-Methyl-4-propoxy-phenyl]-dihydro-furan-2-on, (±)-4-Hydroxy-4-[2-methyl-4-propoxy-phenyl]-buttersäure-lacton C$_{14}$H$_{18}$O$_3$, Formel IX (R = CH$_2$-CH$_2$-CH$_3$).
B. Beim Erwärmen von 4-[2-Methyl-4-propoxy-phenyl]-4-oxo-buttersäure mit Äthanol und Natrium und Erhitzen des Reaktionsgemisches mit wss. Schwefelsäure (*Bhatt et al.*, J. Univ. Bombay **15**, Tl. 3A [1946] 31, 38).
Kp$_{40}$: 235—240°. D$_4^{31}$: 1,118. n$_D^{31}$: 1,5362.

(±)-5-[4-Butoxy-2-methyl-phenyl]-dihydro-furan-2-on, (±)-4-[4-Butoxy-2-methyl-phenyl]-4-hydroxy-buttersäure-lacton C$_{15}$H$_{20}$O$_3$, Formel IX (R = [CH$_2$]$_3$-CH$_3$).
B. Beim Erwärmen von 4-[4-Butoxy-2-methyl-phenyl]-4-oxo-buttersäure mit Äthanol und Natrium und Erhitzen des Reaktionsgemisches mit wss. Schwefelsäure (*Bhatt et al.*, J. Univ. Bombay **15**, Tl. 3A [1946] 31, 38).
Kp$_{45}$: 175°. D$_4^{31}$: 1,068. n$_D^{31}$: 1,5635.

(±)-5-[4-Isobutoxy-2-methyl-phenyl]-dihydro-furan-2-on, (±)-4-Hydroxy-4-[4-isobutoxy-2-methyl-phenyl]-buttersäure-lacton C$_{15}$H$_{20}$O$_3$, Formel IX (R = CH$_2$-CH(CH$_3$)$_2$).
B. Beim Erwärmen von 4-[4-Isobutoxy-2-methyl-phenyl]-4-oxo-buttersäure mit Äthanol und Natrium und Erhitzen des Reaktionsgemisches mit wss. Schwefelsäure (*Bhatt et al.*, J. Univ. Bombay **15**, Tl. 3A [1946] 31, 39).
Kp$_{12}$: 130°. D$_4^{31}$: 1,072. n$_D^{27}$: 1,5310.

(±)-5-[4-Isopentyloxy-2-methyl-phenyl]-dihydro-furan-2-on, (±)-4-Hydroxy-4-[4-isopentyloxy-2-methyl-phenyl]-buttersäure-lacton C$_{16}$H$_{22}$O$_3$, Formel IX (R = CH$_2$-CH$_2$-CH(CH$_3$)$_2$).
B. Beim Erwärmen von 4-[4-Isopentyloxy-2-methyl-phenyl]-4-oxo-buttersäure mit Äthanol und Natrium und Erhitzen des Reaktionsgemisches mit wss. Schwefelsäure (*Bhatt et al.*, J. Univ. Bombay **15**, Tl. 3A [1946] 31, 39).
Kp$_{20}$: 200—205°. D$_4^{28}$: 1,056. n$_D^{28}$: 1,5258.

(±)-5-[4-Hexyloxy-2-methyl-phenyl]-dihydro-furan-2-on, (±)-4-[4-Hexyloxy-2-methyl-phenyl]-4-hydroxy-buttersäure-lacton $C_{17}H_{24}O_3$, Formel IX (R = $[CH_2]_5$-CH_3).
  B. Beim Erwärmen von 4-[4-Hexyloxy-2-methyl-phenyl]-4-oxo-buttersäure mit Äthanol und Natrium und Erhitzen des Reaktionsgemisches mit wss. Schwefelsäure (*Bhatt et al.*, J. Univ. Bombay **15**, Tl. 3 A [1946] 31, 39).
  Kp_{45}: 205–210°. D_4^{30}: 1,113. n_D^{30}: 1,5301.

(±)-5-[4-(2-Hydroxy-äthoxy)-2-methyl-phenyl]-dihydro-furan-2-on $C_{13}H_{16}O_4$, Formel IX (R = CH_2-CH_2OH).
  B. Beim Behandeln von 4-[4-(2-Hydroxy-äthoxy)-2-methyl-phenyl]-4-oxo-buttersäure mit wss. Natronlauge und mit Natrium-Amalgam und Erhitzen des Reaktionsgemisches mit wss. Schwefelsäure (*Shenolikar et al.*, J. Karnatak Univ. **3** [1958] 66, 70, 71).
  Kp_{30}: 150°. D_4^{25}: 1,069. n_D^{25}: 1,5395.

(±)-5-[4-Hydroxy-3-methyl-phenyl]-dihydro-furan-2-on $C_{11}H_{12}O_3$, Formel X (R = H).
  B. Beim Hydrieren des Kalium-Salzes der 4-[4-Hydroxy-3-methyl-phenyl]-4-oxo-buttersäure in wss. Kalilauge an Palladium/Bariumsulfat oder an Raney-Nickel und Erhitzen der Reaktionslösung mit wss. Salzsäure (*Rosenmund et al.*, B. **84** [1951] 711, 717).
  Krystalle (aus E. + PAe.); F: 131–132°.

(±)-5-[4-Methoxy-3-methyl-phenyl]-dihydro-furan-2-on, (±)-4-Hydroxy-4-[4-methoxy-3-methyl-phenyl]-buttersäure-lacton $C_{12}H_{14}O_3$, Formel X (R = CH_3).
  B. Beim Hydrieren von 4-[4-Methoxy-3-methyl-phenyl]-4-oxo-buttersäure an Palladium/Bariumsulfat in Äthanol und Erhitzen des Reaktionsprodukts mit wss. Salzsäure (*Rosenmund, Schapiro*, Ar. **272** [1934] 313, 320).
  Krystalle; F: 75°.

(±)-5-[4-Äthoxy-3-methyl-phenyl]-dihydro-furan-2-on, (±)-4-[4-Äthoxy-3-methyl-phenyl]-4-hydroxy-buttersäure-lacton $C_{13}H_{16}O_3$, Formel X (R = C_2H_5).
  B. Beim Erwärmen von 4-[4-Äthoxy-3-methyl-phenyl]-4-oxo-buttersäure mit Äthanol und Natrium und Erhitzen des Reaktionsgemisches mit wss. Schwefelsäure (*Bhatt et al.*, J. Univ. Bombay **15**, Tl. 3A [1946] 31, 34).
  Krystalle; F: 40°. Kp_7: 185–190°.

(±)-5-[3-Methyl-4-propoxy-phenyl]-dihydro-furan-2-on, (±)-4-Hydroxy-4-[3-methyl-4-propoxy-phenyl]-buttersäure-lacton $C_{14}H_{18}O_3$, Formel X (R = CH_2-CH_2-CH_3).
  B. Beim Erwärmen von 4-[3-Methyl-4-propoxy-phenyl]-4-oxo-buttersäure mit Äthanol und Natrium und Erhitzen des Reaktionsgemisches mit wss. Schwefelsäure (*Bhatt et al.*, J. Univ. Bombay **15**, Tl. 3A [1946] 31, 34).
  Kp_{60}: 240°. D_4^{29}: 1,087. n_D^{29}: 1,5237.

(±)-5-[4-Butoxy-3-methyl-phenyl]-dihydro-furan-2-on, (±)-4-[4-Butoxy-3-methyl-phenyl]-4-hydroxy-buttersäure-lacton $C_{15}H_{20}O_3$, Formel X (R = $[CH_2]_3$-CH_3).
  B. Beim Erwärmen von 4-[4-Butoxy-3-methyl-phenyl]-4-oxo-buttersäure mit Äthanol und Natrium und Erhitzen des Reaktionsgemisches mit wss. Schwefelsäure (*Bhatt et al.*, J. Univ. Bombay **15**, Tl. 3A [1946] 31, 35).
  Kp_{25}: 200°. D_4^{28}: 1,082. n_D^{30}: 1,5202.

IX   X   XI

(±)-5-[4-Isobutoxy-3-methyl-phenyl]-dihydro-furan-2-on, (±)-4-Hydroxy-4-[4-isobutoxy-3-methyl-phenyl]-buttersäure-lacton $C_{15}H_{20}O_3$, Formel X (R = CH_2-$CH(CH_3)_2$).

B. Beim Erwärmen von 4-[4-Isobutoxy-3-methyl-phenyl]-4-oxo-buttersäure mit Äthanol und Natrium und Erhitzen des Reaktionsgemisches mit wss. Schwefelsäure (*Bhatt et al.*, J. Univ. Bombay **15**, Tl. 3A [1946] 31, 35).

Kp_{20}: 220°. D_4^{28}: 1,068. n_D^{29}: 1,5213.

(±)-5-[4-Isopentyloxy-3-methyl-phenyl]-dihydro-furan-2-on, (±)-4-Hydroxy-4-[4-isopentyloxy-3-methyl-phenyl]-buttersäure-lacton $C_{16}H_{22}O_3$, Formel X (R = CH_2-CH_2-$CH(CH_3)_2$).

B. Beim Erwärmen von 4-[4-Isopentyloxy-3-methyl-phenyl]-4-oxo-buttersäure mit Äthanol und Natrium und Erhitzen des Reaktionsgemisches mit wss. Schwefelsäure (*Bhatt et al.*, J. Univ. Bombay **15**, Tl. 3A [1946] 31, 36).

Kp_{17}: 230°. D_4^{28}: 1,055. n_D^{30}: 1,5216.

(±)-5-[4-Hexyloxy-3-methyl-phenyl]-dihydro-furan-2-on, (±)-4-[4-Hexyloxy-3-methyl-phenyl]-4-hydroxy-buttersäure-lacton $C_{17}H_{24}O_3$, Formel X (R = $[CH_2]_5$-CH_3).

B. Beim Erwärmen von 4-[4-Hexyloxy-3-methyl-phenyl]-4-oxo-buttersäure mit Äthanol und Natrium und Erhitzen des Reaktionsgemisches mit wss. Schwefelsäure (*Bhatt et al.*, J. Univ. Bombay **15**, Tl. 3A [1946] 31, 36).

Kp_{15}: 225°. D_4^{28}: 1,053. n_D^{28}: 1,5148.

(±)-5-[4-Heptyloxy-3-methyl-phenyl]-dihydro-furan-2-on, (±)-4-[4-Heptyloxy-3-methyl-phenyl]-4-hydroxy-buttersäure-lacton $C_{18}H_{26}O_3$, Formel X (R = $[CH_2]_6$-CH_3).

B. Beim Erwärmen von 4-[4-Heptyloxy-3-methyl-phenyl]-4-oxo-buttersäure mit Äthanol und Natrium und Erhitzen des Reaktionsgemisches mit wss. Schwefelsäure (*Bhatt et al.*, J. Univ. Bombay **15**, Tl. 3A [1946] 31, 37).

Kp_{15}: 230°. D_4^{28}: 1,043. n_D^{28}: 1,5235.

(±)-5-[4-(2-Hydroxy-äthoxy)-3-methyl-phenyl]-dihydro-furan-2-on $C_{13}H_{16}O_4$, Formel X (R = CH_2-CH_2OH).

B. Beim Behandeln von 4-[4-(2-Hydroxy-äthoxy)-3-methyl-phenyl]-4-oxo-buttersäure mit wss. Natronlauge und mit Natrium-Amalgam und Erhitzen des Reaktionsgemisches mit wss. Schwefelsäure (*Shenolikar et al.*, J. Karnatak Univ. **3** [1958] 66, 70, 71).

Kp_{30}: 144°. D_4^{25}: 1,053. n_D^{25}: 1,540.

(±)-5-[2-Hydroxy-5-methyl-phenyl]-dihydro-furan-2-on $C_{11}H_{12}O_3$, Formel XI (R = H).

B. Beim Hydrieren des Kalium-Salzes der 4-[2-Hydroxy-5-methyl-phenyl]-4-oxo-buttersäure in wss. Kalilauge an Palladium/Bariumsulfat oder an Raney-Nickel und Erhitzen der Reaktionslösung mit wss. Salzsäure (*Rosenmund, Schapiro*, Ar. **272** [1934] 313, 322; *Rosenmund et al.*, B. **84** [1951] 711, 717).

Krystalle; F: 116—117° [aus E.] (*Ro. et al.*), 110—112° [aus E. + Bzn.] (*Ro., Sch.*).

(±)-5-[2-Methoxy-5-methyl-phenyl]-dihydro-furan-2-on, (±)-4-Hydroxy-4-[2-methoxy-5-methyl-phenyl]-buttersäure-lacton $C_{12}H_{14}O_3$, Formel XI (R = CH_3).

B. Beim Hydrieren von 4-[2-Methoxy-5-methyl-phenyl]-4-oxo-buttersäure an Palladium/Bariumsulfat in Äthanol und Erhitzen des Reaktionsprodukts mit wss. Salzsäure (*Rosenmund, Schapiro*, Ar. **272** [1934] 313, 320).

Krystalle (aus A. + W.); F: 52—55°.

(±)-5-[2-Äthoxy-5-methyl-phenyl]-dihydro-furan-2-on, (±)-4-[2-Äthoxy-5-methyl-phenyl]-4-hydroxy-buttersäure-lacton $C_{13}H_{16}O_3$, Formel XI (R = C_2H_5).

B. Beim Erwärmen von 4-[2-Äthoxy-5-methyl-phenyl]-4-oxo-buttersäure mit Äthanol und Natrium und Erhitzen des Reaktionsgemisches mit wss. Schwefelsäure (*Bhatt et al.*, J. Univ. Bombay **15**, Tl. 3A [1946] 31, 40).

Kp_{27}: 125°. D_4^{29}: 1,114. n_D^{D}: 1,5292.

(±)-5-[5-Methyl-2-propoxy-phenyl]-dihydro-furan-2-on, (±)-4-Hydroxy-4-[5-methyl-2-propoxy-phenyl]-buttersäure-lacton $C_{14}H_{18}O_3$, Formel XI (R = CH_2-CH_2-CH_3).

B. Beim Erwärmen von 4-[5-Methyl-2-propoxy-phenyl]-4-oxo-buttersäure mit Äthanol

und Natrium und Erhitzen des Reaktionsgemisches mit wss. Schwefelsäure (*Bhatt et al.*, J. Univ. Bombay **15**, Tl. 3A [1946] 31, 40).
Kp$_{12}$: 175°. D$_4^{28}$: 1,095. n$_D^{27}$: 1,5225.

(±)-5-[2-Butoxy-5-methyl-phenyl]-dihydro-furan-2-on, (±)-4-[2-Butoxy-5-methylphenyl]-4-hydroxy-buttersäure-lacton $C_{15}H_{20}O_3$, Formel XI (R = [CH$_2$]$_3$-CH$_3$) auf S. 202.
B. Beim Erwärmen von 4-[2-Butoxy-5-methyl-phenyl]-4-oxo-buttersäure mit Äthanol und Natrium und Erhitzen des Reaktionsgemisches mit wss. Schwefelsäure (*Bhatt et al.*, J. Univ. Bombay **15**, Tl. 3A [1946] 31, 41).
Kp$_{55}$: 170°. D$_4^{29}$: 1,076. n$_D^{29}$: 1,5135.

(±)-5-[2-Isobutoxy-5-methyl-phenyl]-dihydro-furan-2-on, (±)-4-Hydroxy-4-[2-isobutoxy-5-methyl-phenyl]-buttersäure-lacton $C_{15}H_{20}O_3$, Formel XI (R = CH$_2$-CH(CH$_3$)$_2$) auf S. 202.
B. Beim Erwärmen von 4-[2-Isobutoxy-5-methyl-phenyl]-4-oxo-buttersäure mit Äthanol und Natrium und Erhitzen des Reaktionsgemisches mit wss. Schwefelsäure (*Bhatt et al.*, J. Univ. Bombay **15**, Tl. 3A [1946] 31, 41).
Kp$_7$: 125°. D$_4^{30}$: 1,084. n$_D^{27}$: 1,5225.

(±)-5-[2-Isopentyloxy-5-methyl-phenyl]-dihydro-furan-2-on, (±)-4-Hydroxy-4-[2-isopentyloxy-5-methyl-phenyl]-buttersäure-lacton $C_{16}H_{22}O_3$, Formel XI (R = CH$_2$-CH$_2$-CH(CH$_3$)$_2$) auf S. 202.
B. Beim Erwärmen von 4-[2-Isopentyloxy-5-methyl-phenyl]-4-oxo-buttersäure mit Äthanol und Natrium und Erhitzen des Reaktionsgemisches mit wss. Schwefelsäure (*Bhatt et al.*, J. Univ. Bombay **15**, Tl. 3A [1946] 31, 41).
Kp$_{30}$: 210°. D$_4^{28}$: 1,059. n$_D^{25}$: 1,5162.

(±)-5-[2-Hexyloxy-5-methyl-phenyl]-dihydro-furan-2-on, (±)-4-[2-Hexyloxy-5-methylphenyl]-4-hydroxy-buttersäure-lacton $C_{17}H_{24}O_3$, Formel XI (R = [CH$_2$]$_5$-CH$_3$) auf S. 202.
B. Beim Erwärmen von 4-[2-Hexyloxy-5-methyl-phenyl]-4-oxo-buttersäure mit Äthanol und Natrium und Erhitzen des Reaktionsgemisches mit wss. Schwefelsäure (*Bhatt et al.*, J. Univ. Bombay **15**, Tl. 3A [1946] 31, 41).
Kp$_{40}$: 190°. D$_4^{30}$: 1,097. n$_D^{30}$: 1,5225.

(±)-5-[2-(2-Hydroxy-äthoxy)-5-methyl-phenyl]-dihydro-furan-2-on $C_{13}H_{16}O_4$, Formel XI (R = CH$_2$-CH$_2$OH) auf S. 202.
B. Beim Behandeln von 4-[2-(2-Hydroxy-äthoxy)-5-methyl-phenyl]-4-oxo-buttersäure mit wss. Natronlauge und mit Natrium-Amalgam und Erhitzen des Reaktionsgemisches mit wss. Schwefelsäure (*Shenolikar et al.*, J. Karnatak Univ. **3** [1958] 66, 70, 71).
Krystalle (aus wss. A.); F: 84—85°.

(±)-3-[4-Methoxy-3-methyl-phenyl]-dihydro-furan-2-on, (±)-4-Hydroxy-2-[4-methoxy-3-methyl-phenyl]-buttersäure-lacton $C_{12}H_{14}O_3$, Formel XII.
B. Beim Erwärmen von (±)-2-[4-Methoxy-3-methyl-phenyl]-bernsteinsäure-4-äthylester mit Äthanol und Natrium und Erhitzen des Reaktionsgemisches mit wss. Schwefelsäure (*Vyas et al.*, J. Univ. Bombay **9**, Tl. 3 [1940] 145, 148, 149).
Bei 200—210°/4 Torr destillierbar. D$_4^{33}$: 1,888. n$_D^{33}$: 1,5388.

(±)-3-[2-Methoxy-5-methyl-phenyl]-dihydro-furan-2-on, (±)-4-Hydroxy-2-[2-methoxy-5-methyl-phenyl]-buttersäure-lacton $C_{12}H_{14}O_3$, Formel XIII.
B. Beim Erwärmen von (±)-2-[2-Methoxy-5-methyl-phenyl]-bernsteinsäure-4-äthylester mit Äthanol und Natrium und Erhitzen des Reaktionsgemisches mit wss. Schwefelsäure (*Vyas et al.*, J. Univ. Bombay **9**, Tl. 3 [1940] 145, 149).
Krystalle (aus Bzn. + PAe.); F: 62°. Bei 195—200°/12 Torr destillierbar.

(±)-5-[2-Hydroxy-4-methyl-phenyl]-dihydro-furan-2-on $C_{11}H_{12}O_3$, Formel XIV (R = H).
B. Beim Hydrieren des Kalium-Salzes der 4-[5-Chlor-2-hydroxy-4-methyl-phenyl]-4-oxo-buttersäure in wss. Kalilauge an Palladium/Bariumsulfat und Ansäuern der Reaktionslösung mit wss. Salzsäure (*Rosenmund et al.*, B. **84** [1951] 711, 717).
Krystalle (aus E. + PAe.); F: 147—148°.

XII　　　　　　　　　　　XIII　　　　　　　　　　　XIV

(±)-5-[2-Methoxy-4-methyl-phenyl]-dihydro-furan-2-on, (±)-4-Hydroxy-4-[2-methoxy-4-methyl-phenyl]-buttersäure-lacton $C_{12}H_{14}O_3$, Formel XIV (R = CH_3).

B. Beim Erwärmen von 4-[2-Methoxy-4-methyl-phenyl]-4-oxo-buttersäure mit Äthanol und Natrium und Erhitzen des Reaktionsgemisches mit wss. Schwefelsäure (*Trivedi, Nargund*, J. Univ. Bombay **10**, Tl. 3A [1941] 99). Beim Hydrieren des Kalium-Salzes der 4-[5-Chlor-2-methoxy-4-methyl-phenyl]-4-oxo-buttersäure in wss. Kalilauge an Palladium/Bariumsulfat und Erwärmen der Reaktionslösung mit wss. Salzsäure (*Rosenmund et al.*, B. **84** [1951] 711, 717).

Kp_9: 197–198°; $D_4^{31,5(?)}$: 1,071; $n_D^{36,5}$: 1,5309 (*Tr., Na.*).

(±)-5-[5-Chlor-2-hydroxy-4-methyl-phenyl]-dihydro-furan-2-on $C_{11}H_{11}ClO_3$, Formel I (R = H).

B. Beim Erwärmen von 4-[2-Acetoxy-5-chlor-4-methyl-phenyl]-4-oxo-buttersäure-äthylester mit Aluminiumisopropylat und Isopropylalkohol, Behandeln des Reaktionsprodukts mit wss.-äthanol. Kalilauge und anschliessenden Erwärmen mit wss. Salzsäure (*Rosenmund et al.*, B. **84** [1951] 711, 718).

Krystalle (aus E. + PAe.); F: 152–153°.

(±)-5-[5-Chlor-2-methoxy-4-methyl-phenyl]-dihydro-furan-2-on, (±)-4-[5-Chlor-2-methoxy-4-methyl-phenyl]-4-hydroxy-buttersäure-lacton $C_{12}H_{13}ClO_3$, Formel I (R = CH_3).

B. Beim Erwärmen von 4-[5-Chlor-2-methoxy-4-methyl-phenyl]-4-oxo-buttersäure-äthylester mit Aluminiumisopropylat und Isopropylalkohol, Behandeln des Reaktionsprodukts mit wss.-äthanol. Kalilauge und Erwärmen der Reaktionslösung mit wss. Salzsäure (*Rosenmund et al.*, B. **84** [1951] 711, 718).

Öl.

(±)-5-[2-Methoxy-phenyl]-5-methyl-dihydro-furan-2-on, (±)-4-Hydroxy-4-[2-methoxy-phenyl]-valeriansäure-lacton $C_{12}H_{14}O_3$, Formel II.

B. Beim Behandeln von Lävulinsäure-äthylester mit 2-Methoxy-phenylmagnesiumbromid in Äther, Erwärmen des nach der Hydrolyse (wss. Schwefelsäure) erhaltenen Reaktionsprodukts mit äthanol. Kalilauge und Erhitzen des danach isolierten Reaktionsprodukts mit wss. Schwefelsäure (*Obata*, J. pharm. Soc. Japan **73** [1953] 1301; C. A. **1955** 176).

$Kp_{5(?)}$: 140–141° (*Ob.*); $Kp_{0,6}$: 129–131°; n_D^{26}: 1,5311 (*Gupta et al.*, Tetrahedron **23** [1967] 2481, 2490).

I　　　　　　　　　　　II　　　　　　　　　　　III

(±)-5-[2-Chlor-5-methoxy-phenyl]-5-methyl-dihydro-furan-2-on, (±)-4-[2-Chlor-5-methoxy-phenyl]-4-hydroxy-valeriansäure-lacton $C_{12}H_{13}ClO_3$, Formel III.

B. Beim Erwärmen von 4-[2-Chlor-5-methoxy-phenyl]-4-oxo-buttersäure mit Methylmagnesiumbromid in Äther und Benzol und Behandeln des Reaktionsgemisches mit wss. Salzsäure (*Huang et al.*, Acta chim. sinica **24** [1958] 311, 318; C. A. **1959** 19998).

$Kp_{0,03}$: 133–134°.

(±)-5-[4-Methoxy-phenyl]-5-methyl-dihydro-furan-2-on, (±)-4-Hydroxy-4-[4-methoxy-phenyl]-valeriansäure-lacton $C_{12}H_{14}O_3$, Formel IV.

B. Beim Erwärmen von (±)-4-Hydroxy-4-[4-methoxy-phenyl]-valeriansäure mit wss. Schwefelsäure (Trivedi, Nargund, J. Univ. Bombay **10**, Tl. 3A [1941] 102; Obata, J. pharm. Soc. Japan **73** [1953] 1301; C. A. **1955** 176).

Krystalle (aus A.); F: 137—138° (Ob.). Kp_{42}: 215—220° (Tr., Na.).

*Opt.-inakt. 5-[4-Brom-phenyl]-5-methoxy-4-methyl-dihydro-furan-2-on, 4-[4-Brom-phenyl]-4-hydroxy-4-methoxy-3-methyl-buttersäure-lacton $C_{12}H_{13}BrO_3$, Formel V.

B. Beim Erhitzen von 4-[4-Brom-phenyl]-4-methoxy-3-methyl-but-3-ensäure (F: 122,5°) mit Essigsäure (Lutz, Am. Soc. **56** [1934] 1378, 1381). Beim Erhitzen von (±)-5-[4-Brom-phenyl]-5-methoxy-4-methyl-5H-furan-2-on mit Essigsäure und Zink (Lutz, Am. Soc. **56** 1381).

Krystalle (aus A.); F: 98° (Lutz, Am. Soc. **56** 1381). Absorptionsmaximum (A.): 260 nm (Lutz et al., Am. Soc. **75** [1953] 5039, 5041).

IV   V   VI

*Opt.-inakt. 3-Hydroxy-4-methyl-5-phenyl-dihydro-furan-2-on, 2,4-Dihydroxy-3-methyl-4-phenyl-buttersäure-4-lacton $C_{11}H_{12}O_3$, Formel VI (X = H).

B. Neben Mandelsäure beim Behandeln von Benzaldehyd mit Propionaldehyd und wss. Kaliumcarbonat-Lösung, Behandeln des Reaktionsprodukts mit wss. Natrium=hydrogensulfit-Lösung und anschliessend mit Kaliumcyanid und Erhitzen des danach isolierten Reaktionsprodukts mit wss. Salzsäure (Drell, Dunn, Am. Soc. **76** [1954] 2804, 2805).

Krystalle (aus Ae. + PAe.); F: 80—81°. Bei 170—174°/1 Torr destillierbar.

*Opt.-inakt. 3-Hydroxy-4-jod-4-methyl-5-phenyl-dihydro-furan-2-on, 2,4-Dihydroxy-3-jod-3-methyl-4-phenyl-buttersäure-4-lacton $C_{11}H_{11}IO_3$, Formel VI (X = I).

B. Beim Behandeln von (±)-2-Hydroxy-3-methyl-4-phenyl-but-3-ensäure (F: 132°) mit Jod und wss. Alkalihydrogencarbonat-Lösung (Girard, C. r. **204** [1937] 1071).

F: 80°.

*Opt.-inakt. 5-[4-Methoxy-phenyl]-4-methyl-dihydro-furan-2-on, 4-Hydroxy-4-[4-methoxy-phenyl]-3-methyl-buttersäure-lacton $C_{12}H_{14}O_3$, Formel VII.

B. Beim Erwärmen von (±)-3-Hydroxy-4-[4-methoxy-phenyl]-3-methyl-buttersäure mit Essigsäure und konz. Schwefelsäure (Müller et al., J. org. Chem. **16** [1951] 1003, 1018). Neben anderen Verbindungen beim Behandeln des Natrium-Salzes der (±)-4-[4-Methoxy-phenyl]-3-methyl-buttersäure mit Kaliumpermanganat in Wasser (van der Zanden, R. **62** [1943] 383, 384, 385).

Krystalle; F: 93—94° [aus A.] (Mü. et al.), 92,5—93° [aus Bzn.] (v. d. Za.). $Kp_{0,05}$: 167—168° (Mü. et al.).

VII   VIII   IX

*Opt.-inakt. 5-Methoxy-5-methyl-3-phenyl-dihydro-furan-2-on, 4-Hydroxy-4-methoxy-2-phenyl-valeriansäure-lacton $C_{12}H_{14}O_3$, Formel VIII.

B. Neben 4-Oxo-2-phenyl-valeriansäure-methylester beim Behandeln von (±)-4-Oxo-2-phenyl-valeriansäure mit Thionylchlorid und Behandeln einer Lösung des Reaktionsprodukts in Äther mit Methanol unter Zusatz von Natriumcarbonat (*Eskola*, Suomen Kem. **29 B** [1956] 39, 41).
Krystalle; F: 70,8—72°.

*Opt.-inakt. 5-Hydroxymethyl-3-phenyl-dihydro-furan-2-on, 4,5-Dihydroxy-2-phenyl-valeriansäure-4-lacton $C_{11}H_{12}O_3$, Formel IX.

B. Beim Erwärmen von (±)-2-Phenyl-pent-4-ensäure mit Ameisensäure und wss. Wasserstoffperoxid (*Arakeljan, Dangjan*, Naučn. Trudy Erevansk. Univ. **60** [1957] 17, 18).
Krystalle (aus A.); F: 103°. Kp_4: 195—198°.

3-Hydroxy-3-methyl-5-phenyl-dihydro-furan-2-on, 2,4-Dihydroxy-2-methyl-4-phenyl-buttersäure-4-lacton $C_{11}H_{12}O_3$.

a) (±)-3r-Hydroxy-3-methyl-5c-phenyl-dihydro-furan-2-on, (2RS,4RS)-2,4-Dihydroxy-2-methyl-4-phenyl-buttersäure-4-lacton $C_{11}H_{12}O_3$, Formel X + Spiegelbild.

B. Neben dem unter b) beschriebenen Stereoisomeren beim Behandeln des Natrium-Salzes der (±)-2-Hydroxy-2-methyl-4-oxo-4-phenyl-buttersäure mit Kaliumboranat in Wasser und Behandeln der Reaktionslösung mit wss. Salzsäure (*Leclerc et al.*, Bl. **1967** 1302, 1306; s. a. *Chaker, Schreiber*, C. r. **246** [1958] 3646).
F: 113° (*Le. et al.*, l. c. S. 1307).

b) (±)-3r-Hydroxy-3-methyl-5t-phenyl-dihydro-furan-2-on, (2RS,4SR)-2,4-Dihydroxy-2-methyl-4-phenyl-buttersäure-4-lacton $C_{11}H_{12}O_3$, Formel XI + Spiegelbild.

B. s. bei dem unter a) beschriebenen Stereoisomeren.
F: 83° (*Leclerc et al.*, Bl. **1967** 1302, 1307).

*Opt.-inakt. 5-[5-Chlor-2-methoxy-phenyl]-3-methyl-dihydro-furan-2-on, 4-[5-Chlor-2-methoxy-phenyl]-4-hydroxy-2-methyl-buttersäure-lacton $C_{12}H_{13}ClO_3$, Formel XII.

B. Beim Erwärmen von (±)-4-[5-Chlor-2-methoxy-phenyl]-2-methyl-4-oxo-buttersäure-äthylester mit Aluminiumisopropylat und Isopropylalkohol und Erhitzen des Reaktionsprodukts mit äthanol. Natronlauge und anschliessend mit wss. Schwefelsäure (*Genge, Kshatriya*, J. Indian chem. Soc. **35** [1958] 525).
Kp_6: 202—207°. n_D^{38}: 1,556.

*Opt.-inakt. 5-[3-Chlor-4-methoxy-phenyl]-3-methyl-dihydro-furan-2-on, 4-[3-Chlor-4-methoxy-phenyl]-4-hydroxy-2-methyl-buttersäure-lacton $C_{12}H_{13}ClO_3$, Formel I.

B. Beim Erwärmen von (±)-4-[3-Chlor-4-methoxy-phenyl]-2-methyl-4-oxo-buttersäure-äthylester mit Aluminiumisopropylat und Isopropylalkohol und Erhitzen des Reaktionsprodukts mit äthanol. Natronlauge und anschliessend mit wss. Schwefelsäure (*Genge, Kshatriya*, J. Indian chem. Soc. **35** [1958] 521, 524).
Kp_8: 205—210°. n_D^{40}: 1,534.

S-[(3Ξ,5Ξ)-2-Oxo-5-phenyl-tetrahydro-[3]furylmethyl]-L-cystein $C_{14}H_{17}NO_4S$, Formel II.

Eine von *van Tamelen, Bach* (Am. Soc. **77** [1955] 4683) unter dieser Konstitution beschriebene Verbindung (F: 171—173° [Zers.]) ist als S-[(3Ξ,4Ξ)-2-Oxo-4-phenyl-tetra=

hydro-[3]furylmethyl]-L-cystein (s. u.) zu formulieren (*Dalton, Elmes*, Austral. J. Chem. **25** [1972] 625, 626).

B. Beim Erwärmen von (±)-3-Methylen-5-phenyl-dihydro-furan-2-on mit L-Cystein in wss. Äthanol (*Da., El.*, l. c. S. 631).

Krystalle; F: 200° [Kofler-App.] (*Da., El.*).

S-[(3Ξ,4Ξ)-2-Oxo-4-phenyl-tetrahydro-[3]furylmethyl]-L-cystein $C_{14}H_{17}NO_4S$, Formel III.

Diese Konstitution kommt der nachstehend beschriebenen, von *van Tamelen, Bach* (Am. Soc. **77** [1955] 4683) als S-[(3Ξ,5Ξ)-2-Oxo-5-phenyl-tetrahydro-[3]furylmethyl]-L-cystein angesehenen Verbindung zu (*Dalton, Elmes*, Austral. J. Chem. **25** [1972] 625, 626).

B. Beim Erwärmen von (±)-3-Methylen-4-phenyl-dihydro-furan-2-on mit L-Cystein in wss. Äthanol (*Da., El.*, l. c. S. 631; s. a. *v. Ta., Bach*).

Krystalle; F: 173—175° [Kofler-App.] (*Da., El.*), 171—173° [korr.; Zers.; aus A.] (*v. Ta., Bach*).

(±)-2-Furfuryl-4-hydroxy-3-methyl-cyclopent-2-enon $C_{11}H_{12}O_3$, Formel IV (R = H) (in der Literatur auch als **Furethrolon** bezeichnet).

B. Beim Behandeln von (±)-7-[2]Furyl-3-hydroxy-heptan-2,5-dion mit wss. Natronlauge in Gegenwart von Hydrochinon (*Matsui et al.*, Am. Soc. **74** [1952] 2181; s. a. *Matsui et al.*, Bl. chem. Soc. Japan **26** [1953] 194, 196).

$Kp_{0,3}$: 140—141°; n_D^{25}: 1,5410 (*Ma. et al.*, Am. Soc. **74** 2182). Polarographie: *Krupička*, Collect. **24** [1959] 2324, 2325.

(1R)-2,2-Dimethyl-3*t*-[2-methyl-propenyl]-cyclopropan-*r*-carbonsäure-[(Ξ)-3-furfuryl-2-methyl-4-oxo-cyclopent-2-enylester], (Ξ)-4-[(1R)-2,2-Dimethyl-3*t*-(2-methyl-propenyl)-cyclopropan-*r*-carbonyloxy]-2-furfuryl-3-methyl-cyclopent-2-enon, Furethrin $C_{21}H_{26}O_4$, Formel V.

B. Beim Behandeln von (±)-2-Furfuryl-4-hydroxy-3-methyl-cyclopent-2-enon mit dem aus (+)-*trans*-Chrysanthemumsäure (E III **9** 211) hergestellten Säurechlorid, Pyridin und Benzol (*Matsui et al.*, Am. Soc. **74** [1952] 2181).

Öl; n_D^{25}: 1,5177.

(±)-2-Furfuryl-3-methyl-4-[4-nitro-benzoyloxy]-cyclopent-2-enon $C_{18}H_{15}NO_6$, Formel IV (R = $CO\text{-}C_6H_4\text{-}NO_2$).

B. Aus (±)-2-Furfuryl-4-hydroxy-3-methyl-cyclopent-2-enon (*Matsui et al.*, Am. Soc. **74** [1952] 2181; Bl. chem. Soc. Japan **26** [1953] 194, 196).

F: 108—109°.

(±)-4-[3,5-Dinitro-benzoyloxy]-2-furfuryl-3-methyl-cyclopent-2-enon $C_{18}H_{14}N_2O_8$, Formel IV (R = $CO-C_6H_3(NO_2)_2$).
B. Aus (±)-2-Furfuryl-4-hydroxy-3-methyl-cyclopent-2-enon (*Matsui et al.*, Am. Soc. **74** [1952] 2181; Bl. chem. Soc. Japan **26** [1953] 194, 196).
F: 168—169°.

(±)-2-Furfuryl-4-hydroxy-3-methyl-cyclopent-2-enon-semicarbazon $C_{12}H_{15}N_3O_3$, Formel VI.
B. Aus (±)-2-Furfuryl-4-hydroxy-3-methyl-cyclopent-2-enon und Semicarbazid (*Matsui et al.*, Am. Soc. **74** [1952] 2181; Bl. chem. Soc. Japan **26** [1953] 194, 196).
Krystalle; F: 216,5—217° [Zers.; aus E.] (*Ma. et al.*, Am. Soc. **74** 2182), 201—202° [aus A.] (*Ma. et al.*, Bl. chem. Soc. Japan **26** 196).

(±)-3-Äthyl-6-hydroxy-chroman-2-on, (±)-2-[2,5-Dihydroxy-benzyl]-buttersäure-2-lacton, (±)-2-Äthyl-3-[2,5-dihydroxy-phenyl]-propionsäure-2-lacton $C_{11}H_{12}O_3$, Formel VII.
B. Beim Erhitzen einer aus (±)-2-[5-Amino-2-methoxy-benzyl]-buttersäure-äthylester (hergestellt durch Hydrierung von (±)-2-[2-Methoxy-5-nitro-benzyl]-buttersäure-äthyl= ester an Palladium/Kohle in Äthanol) bereiteten Diazoniumsalz-Lösung mit wss. Schwefel= säure und Erhitzen des Reaktionsprodukts mit Essigsäure und wss. Jodwasserstoffsäure (*Asano, Kawasaki*, J. pharm. Soc. Japan **70** [1950] 480, 483; C. A. **1951** 5661).
Krystalle (aus W. oder aus Bzl. + Bzn.); F: 122—123°.

VII   VIII   IX

(±)-3-[2-Hydroxy-äthyl]-chroman-2-on $C_{11}H_{12}O_3$, Formel VIII.
Diese Konstitution kommt der nachstehend beschriebenen, ursprünglich (*Zimmer, Rothe*, J. org. Chem. **24** [1959] 28, 31, 32) als (±)-3-Salicyl-dihydro-furan-2-on ($C_{11}H_{12}O_3$) angesehenen Verbindung zu (*Walter, Zimmer*, J. heterocycl. Chem. **1** [1964] 217).
B. Bei der Hydrierung von 3-[2-Hydroxy-benzyliden]-dihydro-furan-2-on an Platin in Methanol (*Zi., Ro.; Wa., Zi.*).
Kp_5: 174—175°; n_D^{20}: 1,5485 (*Zi., Ro.*).

6-Äthyl-7-hydroxy-chroman-4-on $C_{11}H_{12}O_3$, Formel IX.
B. Beim Behandeln einer Lösung von 4-Äthyl-resorcin in Nitrobenzol mit 3-Chlor-propionylchlorid und Aluminiumchlorid, Behandeln einer Lösung des Reaktionsprodukts in Äther mit wss. Natronlauge und anschliessenden Ansäuern mit wss. Salzsäure (*Naylor et al.*, Soc. **1958** 1190, 1193). Bei der Hydrierung von 6-Äthyl-7-hydroxy-chromen-4-on an Raney-Nickel in Äthanol (*Na. et al.*).
Krystalle (aus W.); F: 159°.

6-Äthyl-7-hydroxy-chroman-4-on-semicarbazon $C_{12}H_{15}N_3O_3$, Formel X.
B. Aus 6-Äthyl-7-hydroxy-chroman-4-on und Semicarbazid (*Naylor et al.*, Soc. **1958** 1190, 1193).
Krystalle (aus W.); F: 258° [Zers.].

6-Acetyl-chroman-7-ol, 1-[7-Hydroxy-chroman-6-yl]-äthanon $C_{11}H_{12}O_3$, Formel XI.
B. Beim Behandeln von Chroman-7-ol mit Acetanhydrid, Aluminiumchlorid und Nitrobenzol (*Naylor et al.*, Soc. **1958** 1190, 1192). Beim Erhitzen von 7-Acetoxy-chroman mit Aluminiumchlorid auf 120° (*Na. et al.*).
Krystalle (aus PAe.); F: 93°.

X XI XII

1-[7-Hydroxy-chroman-6-yl]-äthanon-[2,4-dinitro-phenylhydrazon] $C_{17}H_{16}N_4O_6$, Formel XII (R = $C_6H_3(NO_2)_2$).
B. Aus 1-[7-Hydroxy-chroman-6-yl]-äthanon und [2,4-Dinitro-phenyl]-hydrazin (*Naylor et al.*, Soc. **1958** 1190, 1192).
Orangefarbene Krystalle (aus Dioxan); F: 304° [Zers.].

1-[7-Hydroxy-chroman-6-yl]-äthanon-semicarbazon $C_{12}H_{15}N_3O_3$, Formel XII (R = CO-NH_2).
B. Aus 1-[7-Hydroxy-chroman-6-yl]-äthanon und Semicarbazid (*Naylor et al.*, Soc. **1958** 1190, 1192).
Krystalle (aus A.); F: 304° [Zers.].

5-Hydroxy-2,2-dimethyl-chroman-4-on $C_{11}H_{12}O_3$, Formel I.
B. Beim Erhitzen von 5-Hydroxy-2,2-dimethyl-4-oxo-chroman-6-carbonsäure mit Chinolin und Kupfer-Pulver bis auf 240° (*Nickl*, B. **92** [1959] 1989, 1997).
Krystalle (nach Sublimation bei 60—70°/0,1 Torr); F: 77°.

6-Hydroxy-2,2-dimethyl-chroman-4-on $C_{11}H_{12}O_3$, Formel II (R = H).
B. Beim Behandeln von 1-[2,5-Dihydroxy-phenyl]-3-methyl-but-2-en-1-on mit wss. Natronlauge (*Quilico et al.*, G. **80** [1950] 325, 338).
Krystalle (aus Bzn.), F: 159°; bei 140°/20 Torr sublimierbar (*Qu. et al.*). IR-Spektrum ($CHCl_3$; 2—14 μ): *Quilico, Cardani*, G. **83** [1953] 1088, 1101. Absorptionsspektrum (A.; 230—420 nm): *Simonetta, Cardani*, G. **80** [1950] 750, 753.

6-Methoxy-2,2-dimethyl-chroman-4-on $C_{12}H_{14}O_3$, Formel II (R = CH_3).
B. Aus 1-[2-Hydroxy-5-methoxy-phenyl]-3-methyl-but-2-en-1-on beim Erhitzen unter vermindertem Druck sowie beim Behandeln mit wss.-äthanol. Natronlauge (*Quilico et al.*, G. **80** [1950] 325, 337). Beim Behandeln von 6-Hydroxy-2,2-dimethyl-chroman-4-on mit wss. Natronlauge und Dimethylsulfat (*Qu. et al.*, l. c. S. 339).
Krystalle (aus PAe.); F: 75°. $Kp_{4,5}$: 140—142°.

6-Hydroxy-2,2-dimethyl-chroman-4-on-oxim $C_{11}H_{13}NO_3$, Formel III (R = H, X = OH).
B. Aus 6-Hydroxy-2,2-dimethyl-chroman-4-on und Hydroxylamin (*Quilico et al.*, G. **80** [1950] 325, 339).
Krystalle (aus Bzl.); F: 144—146°.

6-Hydroxy-2,2-dimethyl-chroman-4-on-[4-nitro-phenylhydrazon] $C_{17}H_{17}N_3O_4$, Formel III (R = H, X = NH-C_6H_4-NO_2).
B. Aus 6-Hydroxy-2,2-dimethyl-chroman-4-on und [4-Nitro-phenyl]-hydrazin (*Quilico et al.*, G. **80** [1950] 325, 339).
Orangefarbene Krystalle (aus A.); F: 229°.

6-Hydroxy-2,2-dimethyl-chroman-4-on-[2,4-dinitro-phenylhydrazon] $C_{17}H_{16}N_4O_6$, Formel III (R = H, X = NH-$C_6H_3(NO_2)_2$).
B. Beim Erwärmen von 1-[2,5-Dihydroxy-phenyl]-3-methyl-but-2-en-1-on oder von 6-Hydroxy-2,2-dimethyl-chroman-4-on mit [2,4-Dinitro-phenyl]-hydrazin und wss.-methanol. Salzsäure (*Quilico et al.*, G. **80** [1950] 325, 331, 339, 340).
Rote Krystalle (aus Acn. oder A.); F: 274—275°.

6-Hydroxy-2,2-dimethyl-chroman-4-on-semicarbazon $C_{12}H_{15}N_3O_3$, Formel III (R = H, X = NH-CO-NH$_2$).

B. Aus 6-Hydroxy-2,2-dimethyl-chroman-4-on und Semicarbazid (*Quilico et al.*, G. **80** [1950] 325, 338).

Krystalle (aus Me.); F: 219—221°.

I   II   III   IV

6-Methoxy-2,2-dimethyl-chroman-4-on-[2,4-dinitro-phenylhydrazon] $C_{18}H_{18}N_4O_6$, Formel III (R = CH$_3$, X = NH-C$_6$H$_3$(NO$_2$)$_2$).

B. In kleiner Menge beim Erhitzen von 6-Methoxy-2,2-dimethyl-2*H*-chromen mit [2,4-Dinitro-phenyl]-hydrazin, konz. Schwefelsäure und Butan-1-ol (*Livingstone, Watson,* Soc. **1957** 1509, 1511).

Orangerote Krystalle (aus Bzl.); F: 199—207°.

7-Hydroxy-2,2-dimethyl-chroman-4-on $C_{11}H_{12}O_3$, Formel IV (R = H).

B. Beim Behandeln von 3-Methyl-crotonsäure mit Resorcin und Fluorwasserstoff (*Offe, Barkow,* B. **80** [1947] 458, 462). Beim Erhitzen von 3-Methyl-crotonsäure mit Resorcin unter Zusatz von Antimon(III)-chlorid oder Zinn(II)-chlorid-dihydrat auf 140° (*Miyano, Matsui,* Bl. chem. Soc. Japan **31** [1958] 397, 400, 401). Beim Behandeln von β-Bromisovalerylchlorid (*Bridge et al.,* Soc. **1937** 1530, 1531, 1532) oder von 3-Methyl-crotonoyl= chlorid (*Br. et al.; Offe, Ba.*) mit Resorcin, Nitrobenzol und Aluminiumchlorid. Beim Erhitzen von 7-Hydroxy-2,2-dimethyl-4-oxo-chroman-6-carbonsäure mit Chinolin und Kupfer-Pulver (*Nickl,* B. **92** [1959] 1989, 1994).

Krystalle; F: 172° [aus CHCl$_3$ + PAe.] (*Br. et al.*), 172° [aus wss. Me.] (*Ni.*), 172° [aus A.] (*Offe, Ba.*), 169° [unkorr.; aus wss. A.] (*Mi., Ma.*).

7-Methoxy-2,2-dimethyl-chroman-4-on $C_{12}H_{14}O_3$, Formel IV (R = CH$_3$).

B. Beim Erwärmen von 7-Hydroxy-2,2-dimethyl-chroman-4-on mit Methyljodid, Aceton und Kaliumcarbonat (*Bridge et al.,* Soc. **1937** 1530, 1532).

Krystalle (aus PAe.); F: 77°.

7-Benzyloxy-2,2-dimethyl-chroman-4-on $C_{18}H_{18}O_3$, Formel IV (R = CH$_2$-C$_6$H$_5$).

B. Beim Erwärmen von 7-Hydroxy-2,2-dimethyl-chroman-4-on mit Benzylbromid, Aceton und Kaliumcarbonat (*Bridge et al.,* Soc. **1937** 1530, 1534).

Krystalle (aus PAe.); F: 73°. Kp$_{0,3}$: 172—174°.

7-Acetoxy-2,2-dimethyl-chroman-4-on $C_{13}H_{14}O_4$, Formel IV (R = CO-CH$_3$).

B. Beim Behandeln von 7-Hydroxy-2,2-dimethyl-chroman-4-on mit Acetanhydrid und Pyridin (*Bridge et al.,* Soc. **1937** 1530, 1532; *Miyano, Matsui,* Bl. chem. Soc. Japan **31** [1958] 397, 400).

Krystalle; F: 91° [aus PAe.] (*Br. et al.*), 90—91° (*Mi., Ma.*), 89° [aus PAe.] (*Offe, Barkow,* B. **80** [1947] 458, 462).

2,2-Dimethyl-7-[4-nitro-benzoyloxy]-chroman-4-on $C_{18}H_{15}NO_6$, Formel IV (R = CO-C$_6$H$_4$-NO$_2$).

B. Beim Erwärmen von 7-Hydroxy-2,2-dimethyl-chroman-4-on mit 4-Nitro-benzoyl= chlorid und Pyridin (*Bridge et al.,* Soc. **1937** 1530, 1532).

Gelbe Krystalle (aus A.); F: 137°.

7-Hydroxy-2,2-dimethyl-chroman-4-on-[2,4-dinitro-phenylhydrazon] $C_{17}H_{16}N_4O_6$, Formel V (R = H, X = NH-C$_6$H$_3$(NO)$_2$).

B. Aus 7-Hydroxy-2,2-dimethyl-chroman-4-on und [2,4-Dinitro-phenyl]-hydrazin

(*Miyano, Matsui*, Bl. chem. Soc. Japan **31** [1958] 397, 400).
Krystalle (aus A. + E.), die unterhalb 250° nicht schmelzen.

7-Methoxy-2,2-dimethyl-chroman-4-on-[2,4-dinitro-phenylhydrazon] $C_{18}H_{18}N_4O_6$,
Formel V (R = CH_3, X = NH-$C_6H_3(NO_2)_2$).
B. In kleiner Menge beim Erhitzen von 7-Methoxy-2,2-dimethyl-2*H*-chromen mit [2,4-Dinitro-phenyl]-hydrazin, konz. Schwefelsäure und Butan-1-ol (*Livingstone, Watson*, Soc. **1957** 1509, 1511).
Rote Krystalle; F: 221° [aus E.] (*Bridge et al.*, Soc. **1937** 1530, 1532), 219—220° [aus E.] (*Li., Wa.*).

7-Methoxy-2,2-dimethyl-chroman-4-on-semicarbazon $C_{13}H_{17}N_3O_3$, Formel V (R = CH_3, X = NH-CO-NH_2).
B. Aus 7-Methoxy-2,2-dimethyl-chroman-4-on und Semicarbazid (*Bridge et al.*, Soc. **1937** 1530, 1532).
Krystalle (aus A.); F: 226° [Zers.].

(±)-7-Hydroxy-2,6-dimethyl-chroman-4-on $C_{11}H_{12}O_3$, Formel VI (R = H).
B. Beim Erwärmen von 4-Methyl-resorcin mit *trans*-Crotonsäure und Fluorwasserstoff (*Dann et al.*, A. **587** [1954] 16, 31).
Krystalle (aus E. + Bzn.); F: 194—196°.

(±)-7-Methoxy-2,6-dimethyl-chroman-4-on $C_{12}H_{14}O_3$, Formel VI (R = CH_3).
B. Beim Behandeln von (±)-7-Hydroxy-2,6-dimethyl-chroman-4-on mit wss. Kalilauge und Dimethylsulfat (*Dann et al.*, A. **587** [1954] 16, 31).
Krystalle (aus wss. Me.); F: 116—117°.

(±)-7-Hydroxy-2,6-dimethyl-chroman-4-on-oxim $C_{11}H_{13}NO_3$, Formel VII.
B. Aus (±)-7-Hydroxy-2,6-dimethyl-chroman-4-on und Hydroxylamin (*Dann et al.*, A. **587** [1954] 16, 31).
Krystalle (aus E. + PAe.); F: 172—174°.

(±)-7-Hydroxy-2,8-dimethyl-chroman-4-on $C_{11}H_{12}O_3$, Formel VIII (R = H).
B. Beim Erwärmen von 2-Methyl-resorcin mit *trans*-Crotonsäure und Fluorwasserstoff (*Dann et al.*, A. **587** [1954] 16, 31).
Krystalle (aus E. + PAe.); F: 175—176°.

(±)-7-Methoxy-2,8-dimethyl-chroman-4-on $C_{12}H_{14}O_3$, Formel VIII (R = CH_3).
B. Beim Erwärmen von (±)-7-Hydroxy-2,8-dimethyl-chroman-4-on mit Methyljodid, Aceton und Kaliumcarbonat (*Dann et al.*, A. **587** [1954] 16, 31).
Krystalle (aus Bzn.); F: 80—81°.

(±)-7-Hydroxy-2,8-dimethyl-chroman-4-on-oxim $C_{11}H_{13}NO_3$, Formel IX.

B. Aus (±)-7-Hydroxy-2,8-dimethyl-chroman-4-on und Hydroxylamin (*Dann et al.*, A. **587** [1954] 16, 31).

F: 194—196° [aus E. + PAe.].

7-Hydroxy-4,4-dimethyl-chroman-2-on, 3-[2,4-Dihydroxy-phenyl]-3-methyl-buttersäure-2-lacton $C_{11}H_{12}O_3$, Formel X.

B. Beim Erhitzen von 3-Methyl-crotonsäure-methylester mit Resorcin und konz. Schwefelsäure (*Colonge et al.*, Bl. **1957** 776, 778; s. a. *Colonge*, Recherches Nr. 8 [1958] 33, 37).

Krystalle (aus PAe. + A.); F: 176° (*Co. et al.*). Kp_8: 194° (*Co.*).

5-Brom-6-hydroxy-7,8-dimethyl-chroman-2-on, 3-[2-Brom-3,6-dihydroxy-4,5-dimethyl-phenyl]-propionsäure-6-lacton $C_{11}H_{11}BrO_3$, Formel XI.

B. Beim Erwärmen von 5-Brom-6-hydroxy-7,8-dimethyl-2-oxo-chroman-3-carbonsäure-methylester mit Aceton und wss. Salzsäure (*Smith*, *Wiley*, Am. Soc. **68** [1946] 887, 890).

Krystalle; F: 171—172°.

(±)-5-Acetyl-3-methyl-2,3-dihydro-benzofuran-4-ol, (±)-1-[4-Hydroxy-3-methyl-2,3-dihydro-benzofuran-5-yl]-äthanon $C_{11}H_{12}O_3$, Formel I.

B. Bei der Hydrierung von 1-[4-Hydroxy-3-methyl-benzofuran-5-yl]-äthanon an Palladium/Kohle in Methanol (*Phillipps et al.*, Soc. **1952** 4951, 4954).

F: ca. 20°. $Kp_{0,5}$: 160°.

I II III

(±)-1-[4-Hydroxy-3-methyl-2,3-dihydro-benzofuran-5-yl]-äthanon-[2,4-dinitro-phenylhydrazon] $C_{17}H_{16}N_4O_6$, Formel II.

B. Aus der im vorangehenden Artikel beschriebenen Verbindung und [2,4-Dinitrophenyl]-hydrazin (*Phillipps et al.*, Soc. **1952** 4951, 4954).

Rote Krystalle (aus Dioxan + A.); F: 268—269°.

(±)-5-Acetyl-3-methyl-2,3-dihydro-benzofuran-6-ol, (±)-1-[6-Hydroxy-3-methyl-2,3-dihydro-benzofuran-5-yl]-äthanon $C_{11}H_{12}O_3$, Formel III (R = H).

B. Beim Erhitzen von (±)-3-Methyl-2,3-dihydro-benzofuran-6-ol mit Essigsäure und Acetanhydrid unter Einleiten von Borfluorid und Erhitzen des Reaktionsprodukts mit wss.-äthanol. Natronlauge (*Phillipps et al.*, Soc. **1952** 4951, 4955). Bei der Hydrierung von 1-[6-Hydroxy-3-methyl-benzofuran-5-yl]-äthanon an Palladium/Kohle in Methanol (*Ph. et al.*).

Krystalle (aus PAe.); F: 86°.

(±)-6-Acetoxy-5-acetyl-3-methyl-2,3-dihydro-benzofuran, (±)-1-[6-Acetoxy-3-methyl-2,3-dihydro-benzofuran-5-yl]-äthanon $C_{13}H_{14}O_4$, Formel III (R = CO-CH$_3$).

B. Aus der im vorangehenden Artikel beschriebenen Verbindung (*Phillipps et al.*, Soc. **1952** 4951, 4955).

Krystalle (aus PAe.); F: 100°.

(±)-1-[6-Hydroxy-3-methyl-2,3-dihydro-benzofuran-5-yl]-äthanon-[2,4-dinitro-phenylhydrazon] $C_{17}H_{16}N_4O_6$, Formel IV.

B. Aus (±)-1-[6-Hydroxy-3-methyl-2,3-dihydro-benzofuran-5-yl]-äthanon und [2,4-Di-

nitro-phenyl]-hydrazin (*Phillipps et al.*, Soc. **1952** 4951, 4955).
Rote Krystalle (aus Dioxan); F: 300° [Zers.].

(±)-3-Acetoxy-4,6,7-trimethyl-3*H*-benzofuran-2-on, (±)-Acetoxy-[2-hydroxy-3,4,6-tri=methyl-phenyl]-essigsäure-lacton $C_{13}H_{14}O_4$, Formel V.
B. Beim Behandeln von 3-Acetoxy-4,6,7-trimethyl-benzofuran mit Brom in Tetrachlor=methan und Behandeln der Reaktionslösung mit wss. Natriumhydrogensulfit-Lösung (*Smith et al.*, Am. Soc. **65** [1943] 1594, 1595, 1597).
Krystalle (aus $CHCl_3$ + PAe.); F: 127,5—128,5°.

5-Hydroxy-4,6,7-trimethyl-3*H*-benzofuran-2-on, [2,5-Dihydroxy-3,4,6-trimethyl-phenyl]-essigsäure-2-lacton $C_{11}H_{12}O_3$, Formel VI (R = H).
B. Beim Behandeln von Trimethyl-[1,4]benzochinon mit der Natrium-Verbindung des Malonsäure-diäthylesters in Äthanol, Behandeln des Reaktionsgemisches mit wss. Salz=säure und anschliessenden Erhitzen mit Wasserdampf (*Smith, MacMullen*, Am. Soc. **58** [1936] 629, 631, 632). Neben 2,4,6,7-Tetramethyl-benzofuran-5-ol beim Behandeln von Trimethyl-[1,4]benzochinon mit der Natrium-Verbindung des Acetessigsäure-äthylesters in Äthanol, Behandeln des Reaktionsgemisches mit wss. Salzsäure und anschliessenden Erhitzen mit Wasserdampf (*Sm., MacM.*) sowie beim Erhitzen von 1-[5-Hydroxy-2-oxo-4,6,7-trimethyl-2,3-dihydro-benzofuran-3-yl]-äthanon mit Wasserdampf (*Smith, Kaiser*, Am. Soc. **62** [1940] 133, 138).
Krystalle; F: 200,5—202,5° (*Sm., Ka.*), 197—198° [aus A.] (*Sm., MacM.*), 195—196° [aus A.] (*Bergel et al.*, Soc. **1938** 1375, 1380).
Beim Erwärmen mit methanol. Kalilauge und Dimethylsulfat ist [2,5-Dimethoxy-3,4,6-trimethyl-phenyl]-essigsäure erhalten worden (*Sm., MacM.*). Reaktion mit Benz=aldehyd in Äthanol in Gegenwart von Piperidin (Bildung von 3-Benzyliden-5-hydroxy-4,6,7-trimethyl-3*H*-benzofuran-2-on) sowie Reaktion mit Butyraldehyd unter ähnlichen Bedingungen (Bildung einer Verbindung $C_{26}H_{30}O_6$ vom F: 218,5—221°): *Smith, Hurd*, J. org. Chem. **22** [1957] 588.

IV   V   VI

5-Acetoxy-4,6,7-trimethyl-3*H*-benzofuran-2-on, [3-Acetoxy-6-hydroxy-2,4,5-trimethyl-phenyl]-essigsäure-lacton $C_{13}H_{14}O_4$, Formel VI (R = $CO-CH_3$).
B. Aus 5-Hydroxy-4,6,7-trimethyl-3*H*-benzofuran-2-on (*Smith, Prichard*, J. org. Chem. **4** [1939] 342, 349).
Krystalle (aus wss. Eg.); F: 166—167°.

5-Hydroxy-3,3,6-trimethyl-phthalid $C_{11}H_{12}O_3$, Formel VII (R = H).
B. Beim Erhitzen einer aus 5-Amino-3,3,6-trimethyl-phthalid bereiteten Diazoniumsalz-Lösung mit wss. Schwefelsäure (*Cahn*, Soc. **1930** 986, 989).
Krystalle (aus Bzl.); F: 198°.

5-Methoxy-3,3,6-trimethyl-phthalid $C_{12}H_{14}O_3$, Formel VII (R = CH_3).
B. Aus 5-Hydroxy-3,3,6-trimethyl-phthalid beim Behandeln mit wss. Natronlauge und Dimethylsulfat sowie beim Erwärmen mit Methyljodid, Silberoxid und Benzol (*Cahn*, Soc. **1930** 986, 989).
Krystalle (aus Me.); F: 182°.

5-Acetoxy-3,3,6-trimethyl-phthalid $C_{13}H_{14}O_4$, Formel VII (R = CO-CH_3).
B. Beim Behandeln von 5-Hydroxy-3,3,6-trimethyl-phthalid mit Acetylchlorid und

Pyridin (*Cahn*, Soc. **1930** 986, 989).
Krystalle (aus A.); F: 93°.

VII   VIII   IX

(±)-3-Methoxy-3,6,7-trimethyl-phthalid $C_{12}H_{14}O_3$, Formel VIII.
Diese Konstitution kommt der nachstehend beschriebenen, ursprünglich (*Heilbron, Wilkinson*, Soc. **1930** 2546, 2553) als 6-Acetyl-2,3-dimethyl-benzoesäure-methylester beschriebenen Verbindung zu (*Heilbron, Wilkinson*, Soc. **1932** 2809).
B. Beim Erwärmen von 6-Acetyl-2,3-dimethyl-benzoesäure mit Methanol und Schwefel=
säure (*He., Wi.*, Soc. **1930** 2553).
Krystalle (aus PAe. + Bzl.); F: 78—79° (*He., Wi.*, Soc. **1930** 2553).

(±)-6*t*-Hydroxy-(5a*r*,8a*c*,8b*c*)-4,5,5a,6,8a,8b-hexahydro-naphtho[1,8-*bc*]furan-2-on,
(±)-5*t*,8*t*-Dihydroxy-(4a*r*,8a*c*)-3,4,4a,5,8,8a-hexahydro-[1]naphthoesäure-8-lacton
$C_{11}H_{12}O_3$, Formel IX (R = H) + Spiegelbild.
B. Aus (±)-5*t*,8*t*-Dihydroxy-(4a*r*,8a*c*)-3,4,4a,5,8,8a-hexahydro-[1]naphthoesäure beim Erhitzen mit Dicyclohexylcarbodiimid in Dioxan sowie beim Erhitzen ohne Zusatz auf 200° (*Novák et al.*, Collect. **25** [1960] 2196, 2201; s. a. *Novák et al.*, Tetrahedron Letters **1959** Nr. 5, S. 10, 12).
Krystalle (aus Acn. + PAe.); F: 123°. IR-Spektrum ($CHCl_3$; 3800—3000 cm^{-1} sowie 1900—800 cm^{-1}): *No. et al.*, Collect. **25** 2201. Absorptionsmaximum (A.): 229 nm.

(±)-6*t*-Acetoxy-(5a*r*,8a*c*,8b*c*)-4,5,5a,6,8a,8b-hexahydro-naphtho[1,8-*bc*]furan-2-on,
(±)-5*t*-Acetoxy-8*t*-hydroxy-(4a*r*,8a*c*)-3,4,4a,5,8,8a-hexahydro-[1]naphthoesäure-lacton
$C_{13}H_{14}O_4$, Formel IX (R = CO-CH_3) + Spiegelbild.
B. Beim Behandeln von (±)-5*t*,8*t*-Dihydroxy-(4a*r*,8a*c*)-3,4,4a,5,8,8a-hexahydro-[1]naphthoesäure oder von (±)-5*t*,8*t*-Dihydroxy-(4a*r*,8a*c*)-3,4,4a,5,8,8a-hexahydro-[1]naphthoesäure-8-lacton mit Acetanhydrid und Pyridin (*Novák et al.*, Collect. **25** [1960] 2196, 2202; s. a. *Novák et al.*, Tetrahedron Letters **1959** Nr. 5, S. 10, 12).
Krystalle (aus Me.); F: 123—124°.

6-Hydroxy-2a,5,5a,6,8a,8b-hexahydro-naphtho[1,8-*bc*]furan-2-on, 5,8-Dihydroxy-1,4,4a,5,8,8a-hexahydro-[1]naphthoesäure-8-lacton $C_{11}H_{12}O_3$.

a) (2a*R*)-6*t*-Hydroxy-(2a*r*,5a*c*,8a*c*,8b*c*)-2a,5,5a,6,8a,8b-hexahydro-naphtho[1,8-*bc*]=
furan-2-on, (4a*S*)-5*t*,8*t*-Dihydroxy-(4a*r*,8a*c*)-1,4,4a,5,8,8a-hexahydro-[1*t*]naphthoesäure-8-lacton $C_{11}H_{12}O_3$, Formel X (R = H).
Die Konfiguration ergibt sich aus der genetischen Beziehung zu Reserpin (Syst. Nr. 3692).
B. Beim Erwärmen von (4a*S*)-5*t*-Hydroxy-8-oxo-(4a*r*,8a*c*)-1,4,4a,5,8,8a-hexahydro-[1*t*]naphthoesäure-lacton mit Aluminiumisopropylat und Isopropylalkohol (*Velluz et al.*, Bl. **1958** 673, 676).
Krystalle (aus Ae.); F: 151°. $[\alpha]_D^{20}$: —3° [A.; c = 0,5].
Beim Behandeln einer Lösung in *tert*-Butylalkohol mit *N*-Brom-succinimid ist (4a*S*)-6*c*-Brom-4*t*-hydroxy-(4a*r*,8a*c*)-1,4,4a,5,6,7,8,8a-octahydro-1*t*,7*t*-epoxido-naphthalin-5*t*-carb=
onsäure-lacton erhalten worden.

b) (±)-6*t*-Hydroxy-(2a*r*,5a*c*,8a*c*,8b*c*)-2a,5,5a,6,8a,8b-hexahydro-naphtho[1,8-*bc*]=
furan-2-on, (±)-5*t*,8*t*-Dihydroxy-(4a*r*,8a*c*)-1,4,4a,5,8,8a-hexahydro-[1*t*]naphthoesäure-8-lacton $C_{11}H_{12}O_3$, Formel X (R = H) + Spiegelbild.
B. Beim Erwärmen von (±)-5*t*-Hydroxy-8-oxo-(4a*r*,8a*c*)-1,4,4a,5,8,8a-hexahydro-

[1*t*]naphthoesäure-methylester, von (±)-5*t*-Hydroxy-8-oxo-(4a*r*,8a*c*)-1,4,4a,5,8,8a-hexahydro-[1*t*]naphthoesäure-lacton oder von (±)-5,8-Dioxo-(4a*r*,8a*c*)-1,4,4a,5,8,8a-hexahydro-[1*t*]naphthoesäure-methylester mit Aluminiumisopropylat und Isopropylalkohol (*Woodward et al.*, Tetrahedron **2** [1958] 1, 36, 37; s. a. *Woodward et al.*, Am. Soc. **78** [1956] 2657).

Krystalle (aus Acn. + Ae.); F: 122—123° [Heizbank] (*Wo. et al.*, Tetrahedron **2** 37). IR-Spektrum (CHCl$_3$; 2—12 μ): *Wo. et al.*, Tetrahedron **2** 37.

Bildung von 5*t*,8*t*-Dihydroxy-(4a*r*,8a*c*)-3,4,4a,5,8,8a-hexahydro-[1]naphthoesäure beim Erwärmen mit wss.-äthanol. Kalilauge: *Novák et al.*, Collect. **25** [1960] 2196, 2200; s. a. *Novák et al.*, Tetrahedron Letters **1959** Nr. 5, S. 10, 12. Beim Behandeln mit Brom in Methanol ist 6*c*-Brom-4*t*-hydroxy-(4a*r*,8a*c*)-1,4,4a,5,6,7,8,8a-octahydro-1*t*,7*t*-epoxidonaphthalin-5*t*-carbonsäure-lacton, beim Behandeln mit Brom in Dichlormethan sind daneben kleine Mengen 2ξ,3ξ-Dibrom-5*t*,8*t*-dihydroxy-(4a*r*,8a*c*)-1,2,3,4,4a,5,8,8a-octahydro-[1*t*]naphthoesäure-8-lacton (F: 175—176°) erhalten worden (*Wo. et al.*, Tetrahedron **2** 39, 40; s. a. *Adlerová et al.*, Collect. **25** [1960] 221, 223).

(±)-6*t*-Acetoxy-(2a*r*,5a*c*,8a*c*,8b*c*)-2a,5,5a,6,8a,8b-hexahydro-naphtho[1,8-*bc*]furan-2-on, (±)-5*t*-Acetoxy-8*t*-hydroxy-(4a*r*,8a*c*)-1,4,4a,5,8,8a-hexahydro-[1*t*]naphthoesäure-lacton C$_{13}$H$_{14}$O$_4$, Formel X (R = CO-CH$_3$) + Spiegelbild.

B. Beim Behandeln von (±)-5*t*,8*t*-Dihydroxy-(4a*r*,8a*c*)-1,4,4a,5,8,8a-hexahydro-[1*t*]naphthoesäure-8-lacton mit Acetanhydrid und Pyridin (*Adlerová et al.*, Collect. **25** [1960] 221, 232; s. a. *Novák et al.*, Tetrahedron Letters **1959** Nr. 5, S. 10, 12).

Krystalle (aus Me.); F: 97—98°. IR-Spektrum (CHCl$_3$; 5—12 μ): *Ad. et al.*, l. c. S. 231.

X   XI   XII

(±)-Bernsteinsäure-mono-[2-oxo-(2a*r*,5a*c*,8a*c*,8b*c*)-2a,5,5a,6,8a,8b-hexahydro-2*H*-naphtho[1,8-*bc*]furan-6*t*-ylester], (±)-6*t*-[3-Carboxy-propionyloxy]-(2a*r*,5a*c*,8a*c*,8b*c*)-2a,5,5a,6,8a,8b-hexahydro-naphtho[1,8-*bc*]furan-2-on C$_{15}$H$_{16}$O$_6$, Formel X (R = CO-CH$_2$-CH$_2$-COOH) + Spiegelbild.

B. Beim Erwärmen von (±)-5*t*,8*t*-Dihydroxy-(4a*r*,8a*c*)-1,4,4a,5,8,8a-hexahydro-[1*t*]naphthoesäure-8-lacton mit Bernsteinsäure-anhydrid und Pyridin (*Novák et al.*, Collect. **25** [1960] 2196, 2200; s. a. *Novák et al.*, Tetrahedron Letters **1959** Nr. 5, S. 10, 11).

Krystalle (aus Acn. + Ae.); F: 142° [Kofler-App.].

Phthalsäure-mono-[2-oxo-2a,5,5a,6,8a,8b-hexahydro-2*H*-naphtho[1,8-*bc*]furan-6-ylester], 6-[2-Carboxy-benzoyloxy]-2a,5,5a,6,8a,8b-hexahydro-naphtho[1,8-*bc*]furan-2-on C$_{19}$H$_{16}$O$_6$.

a) **Phthalsäure-mono-[(2a*R*)-2-oxo-(2a*r*,5a*c*,8a*c*,8b*c*)-2a,5,5a,6,8a,8b-hexahydro-2*H*-naphtho[1,8-*bc*]furan-6*t*-ylester]** C$_{19}$H$_{16}$O$_6$, Formel XI.

B. Beim Erwärmen von (4a*S*)-5*t*,8*t*-Dihydroxy-(4a*r*,8a*c*)-1,4,4a,5,8,8a-hexahydro-[1*t*]naphthoesäure-8-lacton mit Phthalsäure-anhydrid und Pyridin (*Novák et al.*, Collect. **25** [1960] 2196, 2199, 2200).

Krystalle; F: 190° [Kofler-App.]. [α]$_D^{20}$: −54° [CHCl$_3$; c = 1].

b) **Phthalsäure-mono-[(2a*S*)-2-oxo-(2a*r*,5a*c*,8a*c*,8b*c*)-2a,5,5a,6,8a,8b-hexahydro-2*H*-naphtho[1,8-*bc*]furan-6*t*-ylester]** C$_{19}$H$_{16}$O$_6$, Formel XII.

Gewinnung aus dem unter c) beschriebenen Racemat mit Hilfe von Brucin: *Novák et al.*, Collect. **25** [1960] 2196, 2200; s. a. *Novák et al.*, Tetrahedron Letters **1959** Nr. 5,

S. 10, 11.
Krystalle (aus wss. Me.); F: 190—193° [Kofler-App.]. $[\alpha]_D^{20}$: +57° [CHCl$_3$; c = 1].
Brucin-Salz C$_{23}$H$_{26}$N$_2$O$_4$·C$_{19}$H$_{16}$O$_6$. Krystalle (aus Me.); F: 218—222° [Kofler-App.].
$[\alpha]_D^{20}$: +5° [CHCl$_3$; c = 1].

c) (±)-Phthalsäure-mono-[2-oxo-(2a*r*,5a*c*,8a*c*,8b*c*)-2a,5,5a,6,8a,8b-hexahydro-
2*H*-naphtho[1,8-*bc*]furan-6*t*-ylester] C$_{19}$H$_{16}$O$_6$, Formel XII + Spiegelbild.
B. Beim Erwärmen von (±)-5*t*,8*t*-Dihydroxy-(4a*r*,8a*c*)-1,4,4a,5,8,8a-hexahydro-[1*t*]=
naphthoesäure-8-lacton mit Phthalsäure-anhydrid und Pyridin (*Novák et al.*, Collect. **25**
[1960] 2196, 2199; s. a. *Novák et al.*, Tetrahedron Letters **1959** Nr. 5, S. 10, 11).
Krystalle (aus Dioxan + Diisopropyläther); F: 215° [Kofler-App.].

6-[*p*-Menthan-3-yloxy-acetoxy]-2a,5,5a,6,8a,8b-hexahydro-naphtho[1,8-*bc*]furan-2-on,
8-Hydroxy-5-[*p*-menthan-3-yloxy-acetoxy]-1,4,4a,5,8,8a-hexahydro-[1]naphthoesäure-
lacton C$_{23}$H$_{32}$O$_5$.

a) (2a*R*)-6*t*-[(1*R*)-Menthyloxy-acetoxy]-(2a*r*,5a*c*,8a*c*,8b*c*)-2a,5,5a,6,8a,8b-hexa=
hydro-naphtho[1,8-*bc*]furan-2-on, (4a*S*)-8*t*-Hydroxy-5*t*-[(1*R*)-menthyloxy-acetoxy]-
(4a*r*,8a*c*)-1,4,4a,5,8,8a-hexahydro-[1*t*]naphthoesäure-lacton C$_{23}$H$_{32}$O$_5$, Formel XIII.
B. Beim Behandeln von (4a*S*)-5*t*,8*t*-Dihydroxy-(4a*r*,8a*c*)-1,4,4a,5,8,8a-hexahydro-
[1*t*]naphthoesäure-8-lacton mit [(1*R*)-Menthyloxy]-acetylchlorid und Pyridin (*Novák
et al.*, Collect. **25** [1960] 2196, 2200).
Krystalle (aus Me.); F: 107° [Kofler-App.]. $[\alpha]_D^{20}$: —93° [CHCl$_3$; c = 1].

XIII XIV

b) (2a*S*)-6*t*-[(1*R*)-Menthyloxy-acetoxy]-(2a*r*,5a*c*,8a*c*,8b*c*)-2a,5,5a,6,8a,8b-hexa=
hydro-naphtho[1,8-*bc*]furan-2-on, (4a*R*)-8*t*-Hydroxy-5*t*-[(1*R*)-menthyloxy-acetoxy]-
(4a*r*,8a*c*)-1,4,4a,5,8,8a-hexahydro-[1*t*]naphthoesäure-lacton C$_{23}$H$_{32}$O$_5$, Formel XIV.
B. Beim Behandeln von (±)-5*t*,8*t*-Dihydroxy-(4a*r*,8a*c*)-1,4,4a,5,8,8a-hexahydro-[1*t*]=
naphthoesäure-8-lacton mit [(1*R*)-Menthyloxy]-acetylchlorid und Pyridin (*Novák et al.*,
Collect. **25** [1960] 2196, 2200; s. a. *Novák et al.*, Tetrahedron Letters **1959** Nr. 5, S. 10, 11).
Krystalle (aus Me.); F: 128—129° [Kofler-App.]. $[\alpha]_D^{20}$: —36° [CHCl$_3$; c = 1].

Hydroxy-oxo-Verbindungen C$_{12}$H$_{14}$O$_3$

(±)-3-[4-Methoxy-benzyl]-tetrahydro-pyran-2-on, (±)-5-Hydroxy-2-[4-methoxy-
benzyl]-valeriansäure-lacton C$_{13}$H$_{16}$O$_3$, Formel I.
Diese Konstitution wird der nachstehend beschriebenen Verbindung zugeordnet
(*Darzens, Lévy*, C. r. **200** [1935] 469).
B. Neben 6-Methoxy-4-methyl-1,2,3,4-tetrahydro-[2]naphthoesäure (F: 123°) beim
Behandeln von (±)-2-[4-Methoxy-benzyl]-pent-4-ensäure (E III **10** 889) mit 80%ig. wss.
Schwefelsäure (*Da., Lévy*).
F: 57°. Kp$_4$: 182°.

(±)-6-[4-Methoxy-phenyl]-6-methyl-tetrahydro-pyran-2-on, (±)-5-Hydroxy-
5-[4-methoxy-phenyl]-hexansäure-lacton C$_{13}$H$_{16}$O$_3$, Formel II.
B. Beim Behandeln von 5-Oxo-hexansäure-äthylester mit 4-Methoxy-phenylmagne=
sium-bromid in Äther und anschliessend mit wss. Salzsäure (*Clark*, Soc. **1950** 3397, 3402).
Krystalle (aus Bzl. + Cyclohexan); F: 79,5—80,5°. Kp$_{0,2}$: 155—157°.

I II III

(±)-5-[4-Methoxy-phenäthyl]-dihydro-furan-2-on, (±)-4-Hydroxy-6-[4-methoxy-phenyl]-hexansäure-lacton $C_{13}H_{16}O_3$, Formel III.
B. Bei der Hydrierung von 5-[4-Methoxy-styryl]-3*H*-furan-2-on (F: 115—115,5°) an Palladium/Strontiumcarbonat in Äthanol (*Rapson, Shuttleworth*, Soc. **1942** 33).
Kp_5: 195—200°.

(±)-5-[5-Äthyl-2-methoxy-phenyl]-dihydro-furan-2-on, (±)-4-[5-Äthyl-2-methoxyphenyl]-4-hydroxy-buttersäure-lacton $C_{13}H_{16}O_3$, Formel IV.
B. Beim Erwärmen von 4-[5-Äthyl-2-methoxy-phenyl]-4-oxo-buttersäure mit Äthanol und Natrium und Erhitzen des Reaktionsgemisches mit wss. Schwefelsäure (*Irani et al.,* J. Univ. Bombay **16**, Tl. 5 A [1948] 37, 39).
Kp_{36}: 280°.

IV V VI

*Opt.-inakt. 3-Benzyl-5-hydroxymethyl-dihydro-furan-2-on, 2-Benzyl-4,5-dihydroxyvaleriansäure-4-lacton $C_{12}H_{14}O_3$, Formel V.
B. Beim Erwärmen von (±)-2-Benzyl-pent-4-ensäure mit Ameisensäure und wss. Wasserstoffperoxid (*Arakeljan, Dangjan,* Naučn. Trudy Erevansk. Univ. **60** [1957] 17, 18; C. A. **1959** 21 649).
Kp_6: 213°. D_4^{20}: 1,1489. n_D^{20}: 1,5330.

*Opt.-inakt. 3-[4-Methoxy-benzyl]-5-methyl-dihydro-furan-2-on, 4-Hydroxy-2-[4-methoxy-benzyl]-valeriansäure-lacton $C_{13}H_{16}O_3$, Formel VI.
B. Neben kleinen Mengen 3-[4-Methoxy-phenyl]-2-propyl-propionsäure bei der Hydrierung von 3-[4-Methoxy-benzyliden]-5-methyl-3*H*-furan-2-on (H **18** 43) an Platin in Äthanol (*Jacobs, Scott,* J. biol. Chem. **93** [1931] 139, 149).
Krystalle (aus PAe.); F: 60—61° (*Ja., Sc.*).
Eine ebenfalls als 4-Hydroxy-2-[4-methoxy-benzyl]-valeriansäure-lacton beschriebene opt.-inakt. Verbindung (Kp_4: 182°) ist beim Erhitzen von (±)-2-[4-Methoxy-benzyl]-pent-4-ensäure (E III **10** 889) unter vermindertem Druck auf 184° erhalten und durch Behandlung mit 80%ig. wss. Schwefelsäure in 6-Methoxy-4-methyl-1,2,3,4-tetrahydro-[2]naphthoesäure (F: 123°) und 3-[4-Methoxy-benzyl]-tetrahydro-pyran-2-on (?) (S. 217) übergeführt worden (*Darzens, Lévy,* C. r. **200** [1935] 469).

*Opt.-inakt. 3-Benzyl-4-hydroxy-4-methyl-dihydro-furan-2-on, 2-Benzyl-3,4-dihydroxy-3-methyl-buttersäure-4-lacton $C_{12}H_{14}O_3$, Formel VII.
B. Neben 3-Benzyl-4-methyl-5*H*-furan-2-on beim Behandeln von opt.-inakt. 4-Acetoxy-2-benzyl-3-hydroxy-3-methyl-buttersäure-äthylester ($Kp_{0,004}$: 120°) mit wss.-äthanol. Natronlauge und anschliessenden Ansäuern mit wss. Salzsäure (*Stewart, Woolley,* Am. Soc. **81** [1959] 4951, 4953).
$Kp_{0,06}$: 75°.

(±)-5-[2-Methoxy-5-methyl-phenyl]-5-methyl-dihydro-furan-2-on, (±)-4-Hydroxy-4-[2-methoxy-5-methyl-phenyl]-valeriansäure-lacton $C_{13}H_{16}O_3$, Formel VIII.

B. Beim Behandeln von 4-[2-Methoxy-5-methyl-phenyl]-4-oxo-buttersäure mit Methylmagnesiumjodid in Äther und anschliessend mit wss. Salzsäure (*Bloom*, Am. Soc. **80** [1958] 6280, 6283).

Kp_{27}: 180—186°.

Bei der Hydrierung an Palladium/Kohle in Essigsäure ist 4-[2-Methoxy-5-methyl-phenyl]-valeriansäure erhalten worden.

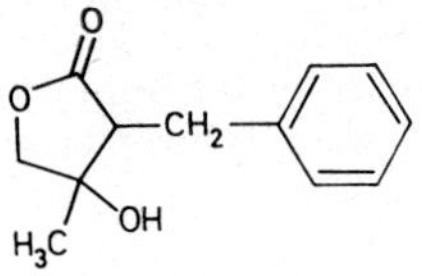

VII 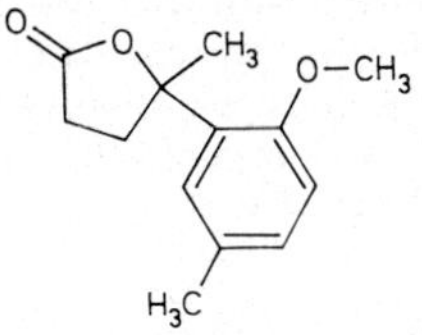   VIII 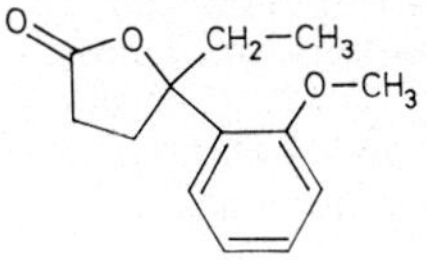   IX 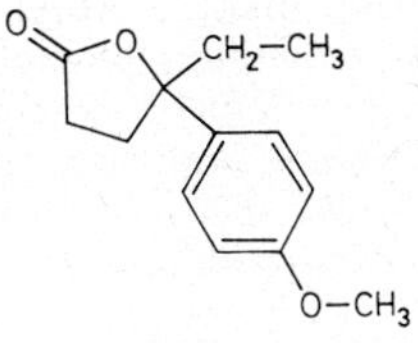   X

(±)-5-Äthyl-5-[2-methoxy-phenyl]-dihydro-furan-2-on, (±)-4-Hydroxy-4-[2-methoxy-phenyl]-hexansäure-lacton $C_{13}H_{16}O_3$, Formel IX.

B. Beim Behandeln einer Lösung von 4-[4-Methoxy-phenyl]-4-oxo-buttersäure in Benzol mit Äthylmagnesiumjodid in Äther und anschliessenden Ansäuern (*Baddar et al.*, Soc. **1955** 456, 460).

Kp_4: 155—158°. n_D^{27}: 1,5725.

(±)-5-Äthyl-5-[4-methoxy-phenyl]-dihydro-furan-2-on, (±)-4-Hydroxy-4-[4-methoxy-phenyl]-hexansäure-lacton $C_{13}H_{16}O_3$, Formel X.

B. Beim Erhitzen von (±)-4-Hydroxy-4-[4-methoxy-phenyl]-hexansäure mit wss. Schwefelsäure (*Trivedi, Nargund*, J. Univ. Bombay **10**, Tl. 3A [1941] 102, 105).

Kp_5: 180—185°. $n_D^{31,5}$: 1,5284.

*Opt.-inakt. 5-Äthyl-4-[4-hydroxy-phenyl]-dihydro-furan-2-on $C_{12}H_{14}O_3$, Formel XI (R = H).

B. Beim Erhitzen der im folgenden Artikel beschriebenen Verbindung mit Bromwasserstoff in Essigsäure (*Paranjape et al.*, J. Univ. Bombay **11**, Tl. 5 A [1943] 104, 107).

Kp_{35}: 198°. D_4^{28}: 1,016. n_D^{28}: 1,4722.

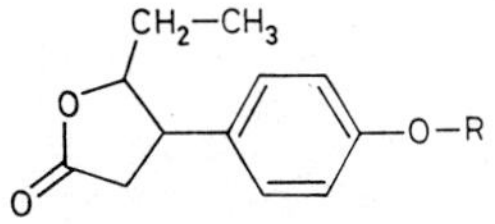

XI 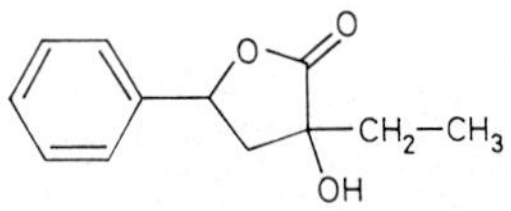   XII 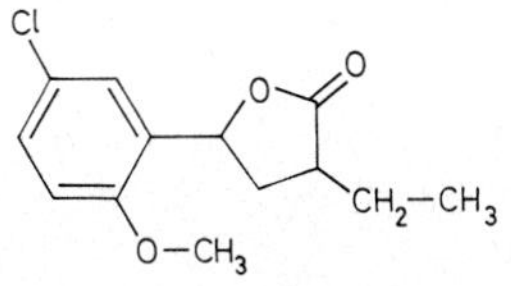   XIII

*Opt.-inakt. 5-Äthyl-4-[4-methoxy-phenyl]-dihydro-furan-2-on, 4-Hydroxy-3-[4-methoxy-phenyl]-hexansäure-lacton $C_{13}H_{16}O_3$, Formel XI (R = CH₃).

B. Bei 4-tägigem Behandeln von 3-[4-Methoxy-phenyl]-hex-3-ensäure (Kp_{25}: 210° [E III **10** 889]) mit wss. Schwefelsäure (*Paranjape et al.*, J. Univ. Bombay **11**, Tl. 5A [1943] 104, 107).

Kp_{20}: 185°. D_4^{28}: 1,0110. n_D^{28}: 1,4733.

*Opt.-inakt. 3-Äthyl-3-hydroxy-5-phenyl-dihydro-furan-2-on, 2-Äthyl-2,4-dihydroxy-4-phenyl-buttersäure-4-lacton $C_{12}H_{14}O_3$, Formel XII.

B. Beim Behandeln von (±)-2-Äthyl-2-hydroxy-4-oxo-4-phenyl-buttersäure mit wss. Alkalihydrogencarbonat-Lösung und Kaliumboranat (*Chaker, Schreiber*, C. r. **246** [1959] 3646).

F: 67°.

*Opt.-inakt. 3-Äthyl-5-[5-chlor-2-methoxy-phenyl]-dihydro-furan-2-on, 2-Äthyl-4-[5-chlor-2-methoxy-phenyl]-4-hydroxy-buttersäure-lacton $C_{13}H_{15}ClO_3$, Formel XIII.

B. Beim Erwärmen von ($\pm$)-2-Äthyl-4-[5-chlor-2-methoxy-phenyl]-4-oxo-buttersäure-äthylester mit Aluminiumisopropylat und Isopropylalkohol und aufeinanderfolgenden Erwärmen des Reaktionsprodukts mit äthanol. Natronlauge und mit wss. Schwefelsäure (*Genge, Kshatriya*, J. Indian chem. Soc. **35** [1958] 525, 527).

Kp_9: 227—232°, n_D^{26}: 1,545.

*Opt.-inakt. 3-Äthyl-5-[4-methoxy-phenyl]-dihydro-furan-2-on, 2-Äthyl-4-hydroxy-4-[4-methoxy-phenyl]-buttersäure-lacton $C_{13}H_{16}O_3$, Formel I (X = H).

B. Beim Erwärmen von ($\pm$)-2-Äthyl-4-[4-methoxy-phenyl]-4-oxo-buttersäure mit Äthanol und Natrium und Erhitzen des Reaktionsgemisches mit wss. Schwefelsäure (*Mehta et al.*, J. Univ. Bombay **12**, Tl. 5 A [1944] 33).

Krystalle (aus Me.); F: 91—92°.

*Opt.-inakt. 3-Äthyl-5-[3-chlor-4-methoxy-phenyl]-dihydro-furan-2-on, 2-Äthyl-4-[3-chlor-4-methoxy-phenyl]-4-hydroxy-buttersäure-lacton $C_{13}H_{15}ClO_3$, Formel I (X = Cl).

B. Beim Erwärmen von ($\pm$)-2-Äthyl-4-[3-chlor-4-methoxy-phenyl]-4-oxo-buttersäure-äthylester mit Aluminiumisopropylat und Isopropylalkohol und aufeinanderfolgenden Erwärmen des Reaktionsprodukts mit äthanol. Natronlauge und wss. Schwefelsäure (*Genge, Kshatriya*, J. Indian chem. Soc. **35** [1958] 521, 524).

Krystalle (aus wss. A.); F: 85°.

($\pm$)-3-[2-Hydroxy-äthyl]-3-phenyl-dihydro-furan-2-on, ($\pm$)-4-Hydroxy-2-[2-hydroxy-äthyl]-2-phenyl-buttersäure-lacton $C_{12}H_{14}O_3$, Formel II (R = H).

B. Beim Erwärmen von ($\pm$)-3-[2-Brom-äthyl]-3-phenyl-dihydro-furan-2-on mit methanol. Kalilauge und anschliessenden Ansäuern (*Walton, Green*, Soc. **1945** 315, 317). Beim Behandeln von ($\pm$)-3-[2-Hydroxy-äthyl]-3-phenyl-dihydro-furan-2-on-imin mit wss. Salzsäure oder mit wss. Natriumnitrit-Lösung (*Anker, Cook*, Soc. **1948** 806, 808). Beim Erwärmen von 2-Phenyl-4-vinyloxy-2-[2-vinyloxy-äthyl]-butyronitril mit wss. Salzsäure (*Bergel et al.*, Soc. **1944** 267).

Krystalle (aus CCl_4 + Bzl.); F: 77° (*An., Cook*). Kp_{15}: 220° (*Wa., Gr.*); $Kp_{0,1}$: 172° (*Be. et al.*).

I   II   III

($\pm$)-3-[2-(4-Nitro-benzoyloxy)-äthyl]-3-phenyl-dihydro-furan-2-on, ($\pm$)-2-[2-Hydroxy-äthyl]-4-[4-nitro-benzoyloxy]-2-phenyl-buttersäure-lacton $C_{19}H_{17}NO_6$, Formel II (R = $CO-C_6H_4-NO_2$).

B. Aus der im vorangehenden Artikel beschriebenen Verbindung (*Walton, Green*, Soc. **1945** 315, 317).

Krystalle; F: 116—117°.

($\pm$)-3-[2-Hydroxy-äthyl]-3-phenyl-dihydro-furan-2-on-imin, ($\pm$)-4-Hydroxy-2-[2-hydr= oxy-äthyl]-2-phenyl-butyrimidsäure-lacton $C_{12}H_{15}NO_2$, Formel III.

B. Beim Behandeln der Natrium-Verbindung des Phenylacetonitrils mit Äthylenoxid (2 Mol) in Äther (*Anker, Cook*, Soc. **1948** 806, 808).

Krystalle (aus Me.); F: 130°.

(±)-3-[4-Chlor-phenyl]-3-[2-hydroxy-äthyl]-dihydro-furan-2-on, (±)-2-[4-Chlor-phenyl]-4-hydroxy-2-[2-hydroxy-äthyl]-buttersäure-lacton $C_{12}H_{13}ClO_3$, Formel IV.

B. Beim Behandeln der Natrium-Verbindung des [4-Chlor-phenyl]-acetonitrils mit Äthylenoxid in Äther und Behandeln des Reaktionsprodukts mit wss. Salzsäure und mit wss. Natriumnitrit-Lösung (Marshall, J. org. Chem. **23** [1958] 503).
Krystalle (aus $CHCl_3$ + Bzl.); F: 89—91°.

*Opt.-inakt. 5-[4-Methoxy-phenyl]-3,5-dimethyl-dihydro-furan-2-on, 4-Hydroxy-4-[4-methoxy-phenyl]-2-methyl-valeriansäure-lacton $C_{13}H_{16}O_3$, Formel V.

B. Neben grösseren Mengen 4-Hydroxy-4-[4-methoxy-phenyl]-2-methyl-valeriansäure-äthylester (Kp_6: 183—185°) beim Behandeln von (±)-4-[4-Methoxy-phenyl]-2-methyl-4-oxo-buttersäure-äthylester mit äther. Methylmagnesiumjodid-Lösung und anschliessend mit wss. Salzsäure (Mitter, De, J. Indian chem. Soc. **16** [1939] 199, 201, 205).
Kp_5: 175—177°.

IV   V   VI

(±)-5-[4-Methoxy-phenyl]-2,2-dimethyl-dihydro-furan-3-on $C_{13}H_{16}O_3$, Formel VI.

B. Beim Erhitzen von 4-Hydroxy-1-[4-methoxy-phenyl]-4-methyl-pent-1-en-3-on (Kp_6: 184—187°; n_D^{15}: 1,610 [E III **8** 2375]) mit Phosphorsäure auf 105° (Nasarow, Izv. Akad. S.S.S.R. Otd. chim. **1948** 107, 115, 116; C. A. **1948** 7737).
Krystalle; F: 28—29°. Kp_8: 157—158°. D_4^{20}: 1,105. n_D^{20}: 1,5229.

(±)-5-[4-Methoxy-phenyl]-2,2-dimethyl-dihydro-furan-3-on-semicarbazon $C_{14}H_{19}N_3O_3$, Formel VII.

B. Aus (±)-5-[4-Methoxy-phenyl]-2,2-dimethyl-dihydro-furan-3-on und Semicarbazid (Nasarow, Izv. Akad. S.S.S.R. Otd. chim. **1948** 107, 116; C. A. **1948** 7737).
Krystalle (aus wss. A.); F: 185°.

VII   VIII

*Opt.-inakt. 5-[4-Methoxy-phenyl]-3,4-dimethyl-dihydro-furan-2-on, 4-Hydroxy-4-[4-methoxy-phenyl]-2,3-dimethyl-buttersäure-lacton $C_{13}H_{16}O_3$, Formel VIII.

B. Beim Erwärmen von opt.-inakt. 3-Hydroxy-4-[4-methoxy-phenyl]-2,3-dimethyl-buttersäure-äthylester (Kp_{13}: 193—196°) mit Essigsäure und Schwefelsäure (Müller et al., J. org. Chem. **16** [1951] 1003, 1014).
Krystalle (aus A.); F: 85°. $Kp_{0,05}$: 152—154°.

(±)-4-[4-Methoxy-phenyl]-3,3-dimethyl-dihydro-furan-2-on, (±)-4-Hydroxy-3-[4-methoxy-phenyl]-2,2-dimethyl-buttersäure-lacton $C_{13}H_{16}O_3$, Formel IX.

B. Beim Hydrieren von (±)-3-[4-Methoxy-phenyl]-2,2-dimethyl-4-oxo-buttersäure (⇌ 5-Hydroxy-4-[4-methoxy-phenyl]-3,3-dimethyl-dihydro-furan-2-on) an Raney-Nik= kel in wss. Natronlauge und Erhitzen der Reaktionslösung mit wss. Salzsäure (Horeau,

Emiliozzi, Bl. **1957** 381, 385).
Krystalle (aus Me. oder aus Bzl. + Hexan); F: 127,5—128,5°.

(±)-4-Hydroxy-7,8-dimethyl-3,4-dihydro-2H-benz[b]oxepin-5-on $C_{12}H_{14}O_3$, Formel X (R = H).
B. In kleiner Menge beim Behandeln von (±)-4-Brom-7,8-dimethyl-3,4-dihydro-2*H*-benz[*b*]oxepin-5-on mit äthanol. Kalilauge (*Dann, Arndt*, A. **587** [1954] 38, 48). Beim Behandeln von (±)-4-Acetoxy-7,8-dimethyl-3,4-dihydro-2*H*-benz[*b*]oxepin-5-on mit wss.-äthanol. Salzsäure (*Dann, Ar.*).
Krystalle (aus wss. Me.); F: 99—100°.

IX   X   XI

(±)-4-Acetoxy-7,8-dimethyl-3,4-dihydro-2H-benz[b]oxepin-5-on $C_{14}H_{16}O_4$, Formel X (R = CO-CH$_3$).
B. Beim Erwärmen von 7,8-Dimethyl-3,4-dihydro-2*H*-benz[*b*]oxepin-5-on mit Blei(IV)-acetat in Essigsäure (*Dann, Arndt*, A. **587** [1954] 38, 49). Beim Erwärmen von (±)-4-Brom-7,8-dimethyl-3,4-dihydro-2*H*-benz[*b*]oxepin-5-on mit Essigsäure, Natriumacetat und wenig Pyridin (*Dann, Ar.*, l. c. S. 48).
Krystalle (aus Me.); F: 92—93°.

5-Hydroxy-2,2-dimethyl-chroman-6-carbaldehyd $C_{12}H_{14}O_3$, Formel XI.
B. Beim Behandeln einer Lösung von Dihydroseselin (8,8-Dimethyl-9,10-dihydro-8*H*-pyrano[2,3-*f*]chromen-2-on) in Dichlormethan mit Ozon und Erwärmen einer wss. Lösung des Reaktionsprodukts mit Zink-Pulver unter Zusatz von Silbernitrat und Hydrochinon (*Stamm et al.*, Helv. **41** [1958] 2006, 2020).
$Kp_{0,005}$: 70°. n_D^{22}: 1,5788.

7-Hydroxy-2,2-dimethyl-chroman-6-carbaldehyd $C_{12}H_{14}O_3$, Formel I.
B. Beim Behandeln einer Lösung von 2,2-Dimethyl-chroman-7-ol in Äther mit Cyanwasserstoff und Chlorwasserstoff (*Bell et al.*, Soc. **1937** 1542, 1544) oder mit Zinkcyanid und Chlorwasserstoff (*Späth, Močnik*, B. **70** [1937] 2276, 2280) und Erwärmen des Reaktionsprodukts mit Wasser. Beim Behandeln einer Lösung von Dihydroxanthyletin (8,8-Dimethyl-7,8-dihydro-6*H*-pyrano[3,2-*g*]chromen-2-on) in Chloroform mit Ozon und Behandeln des Reaktionsprodukts mit Wasser (*Bell et al.*).
Krystalle (nach Sublimation im Hochvakuum), F: 104° (*Bell et al.*); Krystalle (aus Ae. + PAe.), F: 104°; Krystalle (nach Destillation im Hochvakuum), F: 93—94° (*Sp., Mo.*).
Beim Behandeln mit Cyanessigsäure und wss. Natronlauge und Erhitzen des Reaktionsprodukts mit wss. Salzsäure ist 8,8-Dimethyl-2-oxo-7,8-dihydro-2*H*,6*H*-pyrano[3,2-*g*]chromen-3-carbonsäure erhalten worden (*Bell et al.*).

I   II   III

7-Hydroxy-2,2-dimethyl-chroman-6-carbaldehyd-[2,4-dinitro-phenylhydrazon] $C_{18}H_{18}N_4O_6$, Formel II.
B. Aus 7-Hydroxy-2,2-dimethyl-chroman-6-carbaldehyd und [2,4-Dinitro-phenyl]-

hydrazin (*Bell et al.*, Soc. **1937** 1542, 1544).
Orangerote Krystalle (aus E.); F: 302° [Zers.].

6-Hydroxy-2,2,7-trimethyl-chroman-4-on $C_{12}H_{14}O_3$, Formel III.
B. Beim Behandeln von 1-[2,5-Dihydroxy-4-methyl-phenyl]-3-methyl-but-2-en-1-on mit wss. Natronlauge und anschliessenden Ansäuern mit wss. Salzsäure (*Cardani*, G. **82** [1952] 155, 173).
Krystalle (aus Bzn.); F: 184°.

6-Hydroxy-2,2,7-trimethyl-chroman-4-on-[2,4-dinitro-phenylhydrazon] $C_{18}H_{18}N_4O_6$, Formel IV (X = NH-$C_6H_3(NO_2)_2$).
B. Aus 6-Hydroxy-2,2,7-trimethyl-chroman-4-on und [2,4-Dinitro-phenyl]-hydrazin (*Cardani*, G. **82** [1952] 155, 173).
Rote Krystalle; F: 269° [Zers.].

6-Hydroxy-2,2,7-trimethyl-chroman-4-on-semicarbazon $C_{13}H_{17}N_3O_3$, Formel IV (X = NH-CO-NH_2).
B. Aus 6-Hydroxy-2,2,7-trimethyl-chroman-4-on und Semicarbazid (*Cardani*, G. **82** [1952] 155, 173).
Krystalle (aus A.); F: 259° [Zers.; bei schnellem Erhitzen].

6-Hydroxy-5,7,8-trimethyl-chroman-2-on, 3-[2,5-Dihydroxy-3,4,6-trimethyl-phenyl]-propionsäure-2-lacton $C_{12}H_{14}O_3$, Formel V (R = H).
B. Bei der Hydrierung von 6-Hydroxy-5,7,8-trimethyl-2-oxo-2H-chromen-3-carbon= säure an Platin in Äthanol (*Smith, Denyes*, Am. Soc. **58** [1936] 304, 306). Beim Erwärmen von 6-Hydroxy-5,7,8-trimethyl-2-oxo-chroman-3-carbonsäure-äthylester mit Aceton und wss. Salzsäure (*Sm., De.*).
Krystalle (aus $CHCl_3$ + PAe.); F: 173—174° (*Sm., De.*). UV-Spektrum (Hexan; 240—320 nm): *Webb et al.*, J. org. Chem. **4** [1939] 389, 394.
Beim Erwärmen einer Lösung in Benzol mit wss.-methanol. Natronlauge (*Sm., De.*) bzw. mit Silbernitrat und Methanol (*John et al.*, Z. physiol. Chem. **257** [1939] 173, 183) ist 3-[2,4,5-Trimethyl-3,6-dioxo-cyclohexa-1,4-dienyl]-propionsäure bzw. deren Methylester erhalten worden.

IV V VI

6-Acetoxy-5,7,8-trimethyl-chroman-2-on, 3-[3-Acetoxy-6-hydroxy-2,4,5-trimethyl-phenyl]-propionsäure-lacton $C_{14}H_{16}O_4$, Formel V (R = CO-CH_3).
B. Aus 6-Hydroxy-5,7,8-trimethyl-chroman-2-on (*Smith, Denyes*, Am. Soc. **58** [1936] 304, 306).
Krystalle (aus $CHCl_3$ + PAe.); F: 147—148°.

(3R)-8-Hydroxy-3r,4t,5-trimethyl-3,4-dihydro-isochromen-6-on $C_{12}H_{14}O_3$, Formel VI, und Tautomere (in der Literatur auch als *l*-Decarboxycitrinin bezeichnet).
B. Beim Erwärmen von (−)-Decarboxydihydrocitrinin ((3R)-3r,4t,5-Trimethyl-iso= chroman-6,8-diol) mit Eisen(III)-chlorid in Äthanol (*Wang et al.*, Sci. Rec. China **4** [1951] 253, 258).
Gelbliche Krystalle (aus Bzl. + Cyclohexan); F: 161,5—162,5° [korr.; Zers.]. UV-Spektrum (A.; 220—360 nm; λ_{max}: 283 nm und 328 nm): *Wang et al.*, l. c. S. 255.

(±)-7-Äthyl-6-hydroxy-3,5-dimethyl-3H-benzofuran-2-on, (±)-2-[3-Äthyl-2,4-dihydr=
oxy-5-methyl-phenyl]-propionsäure-2-lacton $C_{12}H_{14}O_3$, Formel VII.
 B. Beim Erhitzen von (±)-7-Acetyl-6-hydroxy-3,5-dimethyl-3H-benzofuran-2-on mit
wss. Salzsäure, amalgamiertem Zink und Toluol (*Asahina, Yanagita*, B. **71** [1938] 2260,
2268). Beim Erhitzen von [7-Äthyl-6-hydroxy-3,5-dimethyl-benzofuran-2-yl]-carbamid=
säure-äthylester (s. u.) mit wss. Kalilauge und Erhitzen des Reaktionsprodukts auf 180°
(*Yanagita*, B. **71** [1938] 2269, 2273).
 Krystalle (aus Bzn.); F: 113° (*As., Ya.; Ya.*).

VII   VIII   IX

(±)-2-Äthoxycarbonylimino-7-äthyl-3,5-dimethyl-2,3-dihydro-benzofuran-6-ol,
(±)-[7-Äthyl-6-hydroxy-3,5-dimethyl-3H-benzofuran-2-yliden]-carbamidsäure-äthylester
$C_{15}H_{19}NO_4$, Formel VIII, und Tautomeres ([7-Äthyl-6-hydroxy-3,5-dimethyl-
benzofuran-2-yl]-carbamidsäure-äthylester).
 B. Beim Behandeln von 7-Äthyl-6-hydroxy-3,5-dimethyl-benzofuran-2-carbonsäure-
hydrazid mit Essigsäure und mit wss. Natriumnitrit-Lösung und Erwärmen des er-
haltenen 7-Äthyl-6-hydroxy-3,5-dimethyl-benzofuran-2-carbonylazids
($C_{13}H_{13}N_3O_3$: gelbes Pulver; Zers. bei 135°) mit Äthanol (*Yanagita*, B. **71** [1938] 2269,
2273).
 Krystalle (aus Bzn.); F: 140°.

5-[1-Cyan-1-methyl-äthoxy]-3,3,4,7-tetramethyl-3H-benzofuran-2-on, 2-[3-(1-Cyan-
1-methyl-äthoxy)-6-hydroxy-2,5-dimethyl-phenyl]-2-methyl-propionsäure-lacton
$C_{16}H_{19}NO_3$, Formel IX.
 B. Neben anderen Verbindungen beim Erhitzen von 2,5-Dimethyl-[1,4]benzochinon
mit [α,α']Azoisobutyronitril in Toluol und Behandeln des Reaktionsgemisches mit Wasser=
dampf (*Aparicio, Waters*, Soc. **1952** 4666, 4670, 4671).
 Krystalle (aus Bzn.); F: 105—106°.

Hydroxy-oxo-Verbindungen $C_{13}H_{16}O_3$

5-Hydroxymethyl-5-methyl-2-phenyl-tetrahydro-pyran-4-on $C_{13}H_{16}O_3$, Formel I.
 Eine ursprünglich (*Morgan, Holmes*, Soc. **1932** 2667, 2671) unter dieser Konstitution
beschriebene opt.-inakt. Verbindung ist nach *Morgan, Griffith* (Soc. **1937** 841, 843) als
1-[5-Methyl-2-phenyl-[1,3]dioxan-5-yl]-äthanon zu formulieren.

I   II   III

(±)-5-[3-(3-Methoxy-phenyl)-propyl]-dihydro-furan-2-on, (±)-4-Hydroxy-7-[3-meth=
oxy-phenyl]-heptansäure-lacton $C_{14}H_{18}O_3$, Formel II.
 B. Beim Erhitzen von 7-[3-Methoxy-phenyl]-4-oxo-heptansäure mit Äthanol und
Natrium auf 160° und Erhitzen des Reaktionsgemisches mit wss. Salzsäure (*Lin et al.*,
Soc. **1937** 68, 69).
 $Kp_{0,15}$: 178°. n_D^{12}: 1,5315.

(±)-5-[2-Methoxy-5-propyl-phenyl]-dihydro-furan-2-on, (±)-4-Hydroxy-4-[2-methoxy-5-propyl-phenyl]-buttersäure-lacton $C_{14}H_{18}O_3$, Formel III.

B. Beim Erwärmen von 4-[2-Methoxy-5-propyl-phenyl]-4-oxo-buttersäure-äthylester mit Äthanol und Natrium und Erhitzen des Reaktionsgemisches mit wss. Schwefelsäure (*Irani et al.*, J. Univ. Bombay **16**, Tl. 5A [1948] 37, 39).

Kp_{50}: 215—220°.

*Opt.-inakt. 3-Äthyl-5-[4-methoxy-3-methyl-phenyl]-dihydro-furan-2-on, 2-Äthyl-4-hydroxy-4-[4-methoxy-3-methyl-phenyl]-buttersäure-lacton $C_{14}H_{18}O_3$, Formel IV.

B. Beim Erwärmen von (±)-2-Äthyl-4-[4-methoxy-3-methyl-phenyl]-4-oxo-buttersäure mit Äthanol und Natrium und Erhitzen des Reaktionsgemisches mit wss. Schwefelsäure (*Mehta et al.*, J. Univ. Bombay **12**, Tl. 5A [1944] 33).

Krystalle (aus Bzn.); F: 63—64°.

IV   V   VI

(±)-5-[4-Methoxy-phenyl]-5-propyl-dihydro-furan-2-on, (±)-4-Hydroxy-4-[4-methoxyphenyl]-heptansäure-lacton $C_{14}H_{18}O_3$, Formel V.

B. Beim Erhitzen von (±)-4-Hydroxy-4-[4-methoxy-phenyl]-heptansäure (hergestellt durch Umsetzung von 4-[4-Methoxy-phenyl]-4-oxo-buttersäure-äthylester mit Propyl= magnesiumbromid und anschliessende Hydrolyse) mit wss. Schwefelsäure (*Trivedi, Nargund*, J. Univ. Bombay **10**, Tl. 3A [1941] 102, 105).

Kp_{20}: 215—217°. n_D^{31}: 1,5273.

*Opt.-inakt. 4-[4-Hydroxy-phenyl]-5-propyl-dihydro-furan-2-on $C_{13}H_{16}O_3$, Formel VI (R = H).

B. Beim Erhitzen der im folgenden Artikel beschriebenen Verbindung mit Brom= wasserstoff in Essigsäure (*Paranjape et al.*, J. Univ. Bombay **11**, Tl. 5A [1943] 104, 108).

Kp_{35}: 220°. n_D^{28}: 1,4771.

*Opt.-inakt. 4-[4-Methoxy-phenyl]-5-propyl-dihydro-furan-2-on, 4-Hydroxy-3-[4-meth= oxy-phenyl]-heptansäure-lacton $C_{14}H_{18}O_3$, Formel VI (R = CH_3).

B. Beim Behandeln von 3-[4-Methoxy-phenyl]-hept-3-ensäure (Kp_{20}: 195° [E III **10** 899]) mit wss. Schwefelsäure (*Paranjape et al.*, J. Univ. Bombay **11**, Tl. 5A [1943] 104, 108).

Kp_{16}: 186°. D_4^{28}: 1,008. n_D^{28}: 1,4790.

*Opt.-inakt. 5-[5-Chlor-2-methoxy-phenyl]-3-propyl-dihydro-furan-2-on, 2-[5-Chlor-β-hydroxy-2-methoxy-phenäthyl]-valeriansäure-lacton, 4-[5-Chlor-2-methoxy-phenyl]-4-hydroxy-2-propyl-buttersäure-lacton $C_{14}H_{17}ClO_3$, Formel VII.

B. Beim Erwärmen von (±)-4-[5-Chlor-2-methoxy-phenyl]-4-oxo-2-propyl-buttersäure-äthylester mit Aluminiumisopropylat und Isopropylalkohol und aufeinanderfolgenden Erwärmen des Reaktionsprodukts mit äthanol. Natronlauge und mit wss. Schwefelsäure (*Genge, Kshatriya*, J. Indian chem. Soc. **35** [1958] 525).

Kp_2: 210—215°. n_D^{26}: 1,548.

*Opt.-inakt. 5-[4-Methoxy-phenyl]-3-propyl-dihydro-furan-2-on, 2-[β-Hydroxy-4-meth= oxy-phenäthyl]-valeriansäure-lacton, 4-Hydroxy-4-[4-methoxy-phenyl]-2-propyl-butter= säure-lacton $C_{14}H_{18}O_3$, Formel VIII (X = H).

B. Beim Erwärmen von (±)-4-[4-Methoxy-phenyl]-4-oxo-2-propyl-buttersäure mit

Äthanol und Natrium und Erhitzen des Reaktionsgemisches mit wss. Schwefelsäure (*Mehta et al.*, J. Univ. Bombay **12**, Tl. 5 A [1944] 33).
Krystalle (aus A.); F: 98—99°.

VII   VIII

*Opt.-inakt. 5-[3-Chlor-4-methoxy-phenyl]-3-propyl-dihydro-furan-2-on, 2-[3-Chlor-β-hydroxy-4-methoxy-phenäthyl]-valeriansäure-lacton, 4-[3-Chlor-4-methoxy-phenyl]-4-hydroxy-2-propyl-buttersäure-lacton $C_{14}H_{17}ClO_3$, Formel VIII (X = Cl).
B. Beim Erwärmen von (±)-4-[3-Chlor-4-methoxy-phenyl]-2-propyl-4-oxo-buttersäure-äthylester mit Aluminiumisopropylat und Isopropylalkohol und aufeinanderfolgenden Erwärmen des Reaktionsprodukts mit äthanol. Natronlauge und mit wss. Schwefelsäure (*Genge, Kshatriya*, J. Indian chem. Soc. **35** [1958] 521, 524).
Krystalle (aus wss. A.); F: 88°.

(±)-5-Isopropyl-5-[4-methoxy-phenyl]-dihydro-furan-2-on, (±)-4-Hydroxy-4-[4-methoxy-phenyl]-5-methyl-hexansäure-lacton $C_{14}H_{18}O_3$, Formel IX.
B. Beim Erwärmen von (±)-4-Hydroxy-4-[4-methoxy-phenyl]-5-methyl-hexansäure (hergestellt durch Umsetzung von 4-[4-Methoxy-phenyl]-4-oxo-buttersäure-äthylester mit Isopropylmagnesiumbromid und anschliessende Hydrolyse) mit wss. Schwefelsäure (*Trivedi, Nargund*, J. Univ. Bombay **10**, Tl. 3A [1941] 102, 105).
Kp_{12}: 190°.

6-Acetyl-2,2-dimethyl-chroman-5-ol, 1-[5-Hydroxy-2,2-dimethyl-chroman-6-yl]-äthanon $C_{13}H_{16}O_3$, Formel X.
B. Bei der Hydrierung von 1-[5-Hydroxy-2,2-dimethyl-2*H*-chromen-6-yl]-äthanon an Platin in Methanol (*Nickl*, B. **91** [1958] 1372, 1375).
Krystalle (aus wss. Me.); F: 72—73°.

IX   X   XI

6-Hydroxy-2,2,7,8-tetramethyl-chroman-4-on $C_{13}H_{16}O_3$, Formel XI.
B. Beim Behandeln von 1-[2,5-Dihydroxy-3,4-dimethyl-phenyl]-3-methyl-but-2-en-1-on mit wss. Natronlauge und anschliessenden Ansäuern mit wss. Salzsäure (*Cardani*, G. **82** [1952] 155, 167).
Krystalle (aus Me.); F: 190—191°.
Beim Behandeln mit Hydroxylamin-hydrochlorid und Natriumacetat in wss. Methanol sind kleine Mengen einer Verbindung vom F: 118—120° (möglicherweise 6-Hydroxy-2,2,7,8-tetramethyl-chroman-4-on-oxim [$C_{13}H_{17}NO_3$]) erhalten worden.

6-Hydroxy-2,2,7,8-tetramethyl-chroman-4-on-[2,4-dinitro-phenylhydrazon] $C_{19}H_{20}N_4O_6$, Formel I (X = NH-$C_6H_3(NO_2)_2$).
B. Beim Erwärmen von 1-[2,5-Dihydroxy-3,4-dimethyl-phenyl]-3-methyl-but-2-en-1-on mit [2,4-Dinitro-phenyl]-hydrazin in Äthanol unter Zusatz von wss. Salzsäure

(*Cardani*, G. **82** [1952] 155, 158, 166). Aus 6-Hydroxy-2,2,7,8-tetramethyl-chroman-4-on und [2,4-Dinitro-phenyl]-hydrazin (*Ca.*, l. c. S. 168).
Rote Krystalle (aus Eg.); Zers. bei 298°.

6-Hydroxy-2,2,7,8-tetramethyl-chroman-4-on-semicarbazon $C_{14}H_{19}N_3O_3$, Formel I (X = NH-CO-NH$_2$).
B. Aus 6-Hydroxy-2,2,7,8-tetramethyl-chroman-4-on und Semicarbazid (*Cardani*, G. **82** [1952] 155, 167).
Krystalle (aus wss. Me.); F: 213—214°.

(±)-6-Hydroxy-2,5,7,8-tetramethyl-chroman-4-on $C_{13}H_{16}O_3$, Formel II (R = H).
B. Beim Erwärmen von 2,3,5-Trimethyl-hydrochinon mit *trans*(?)-Crotonsäure und Fluorwasserstoff (*Dann et al.*, A. **587** [1954] 16, 33). Beim Erwärmen von 1,4-Bis-crotonyloxy-2,3,5-trimethyl-benzol (F: 124°) mit Fluorwasserstoff und Behandeln des Reaktionsgemisches mit wss. Natronlauge (*Dann et al.*).
Krystalle (aus Bzl.); F: 111—113°.

I II III

(±)-6-Methoxy-2,5,7,8-tetramethyl-chroman-4-on $C_{14}H_{18}O_3$, Formel II (R = CH$_3$).
B. Beim Behandeln von (±)-6-Hydroxy-2,5,7,8-tetramethyl-chroman-4-on mit Natronlauge und Dimethylsulfat (*Dann et al.*, A. **587** [1954] 16, 33).
Krystalle (aus Me.); F: 81—82°.

(±)-6-Hydroxy-2,5,7,8-tetramethyl-chroman-4-on-oxim $C_{13}H_{17}NO_3$, Formel III.
B. Aus (±)-6-Hydroxy-2,5,7,8-tetramethyl-chroman-4-on und Hydroxylamin (*Dann et al.*, A. **587** [1954] 16, 33).
Krystalle (aus Bzn. + Bzl.); F: 151—153°.

(±)-1-Hydroxymethyl-4,4,7-trimethyl-isochroman-3-on $C_{13}H_{16}O_3$, Formel IV.
Die früher (s. H **18** 24) unter dieser Konstitution beschriebene Verbindung („Dehydroirenoxylacton"; F: 154—155°) ist als 2-[1,1-Dimethyl-2-oxo-propyl]-3-methyl-benzoesäure (E III **10** 3100) zu formulieren (*Bogert, Apfelbaum*, Am. Soc. **60** [1938] 930, 932; s. a. *Naves et al.*, Helv. **30** [1947] 1599, 1608).

8-Hydroxy-3,3,6,7-tetramethyl-isochroman-1-on $C_{13}H_{16}O_3$, Formel V (R = H).
B. Neben anderen Verbindungen beim Erhitzen von opt.-inakt. 4a,9-Dibrom-3,3,6,10-tetramethyl-hexahydro-6,9-methano-pyrano[3,4-*d*]oxepin-1,8-dion (F: 159—160°) mit Kaliumhydroxid in Äthylenglykol auf 180° (*Chrétien-Bessière*, A. ch. [13] **2** [1957] 301, 340, 341, 344, 348).
Krystalle (aus wss. A.); F: 196°. Absorptionsmaxima (A.?): 259 nm und 306 nm (*Ch.-Be.*, l. c. S. 342).
Beim Behandeln mit wasserhaltiger Diazomethan-Lösung ist 6-[β-Hydroxy-isobutyl]-2-methoxy-3,4-dimethyl-benzoesäure-methylester erhalten worden (*Ch.-Be.*, l. c. S. 341, 348).

IV V VI

8-Acetoxy-3,3,6,7-tetramethyl-isochroman-1-on, 2-Acetoxy-6-[β-hydroxy-isobutyl]-3,4-dimethyl-benzoesäure-lacton $C_{15}H_{18}O_4$, Formel V (R = CO-CH$_3$).

B. Aus 8-Hydroxy-3,3,6,7-tetramethyl-isochroman-1-on (*Chrétien-Bessière*, A. ch. [13] **2** [1957] 301, 348).
Krystalle; F: 149°. Absorptionsmaxima (A.?): 247 nm und 290 nm.

(±)-5-Acetyl-2-isopropyl-2,3-dihydro-benzofuran-6-ol, (±)-1-[6-Hydroxy-2-isopropyl-2,3-dihydro-benzofuran-5-yl]-äthanon, Tetrahydroeuparin $C_{13}H_{16}O_3$, Formel VI (R = H).

B. Beim Behandeln von (±)-2-Isopropyl-2,3-dihydro-benzofuran-6-ol mit Acetonitril, Äther, Zinkchlorid und Chlorwasserstoff und Erwärmen des Reaktionsprodukts mit Wasser (*Kamthong, Robertson*, Soc. **1939** 933, 935). Bei der Hydrierung von Euparin (1-[6-Hydroxy-2-isopropenyl-benzofuran-5-yl]-äthanon) an Palladium/Kohle in Äthyl≠ acetat (*Kamthong, Robertson*, Soc. **1939** 925, 928).
Krystalle; F: 71° [aus Bzn.] (*Ka., Ro.*, l. c. S. 928), 70−71° [aus PAe] (*Ka., Ro.*, l. c. S. 935).

Beim Erwärmen einer Lösung in Äthylacetat mit Natrium ist 1-[6-Hydroxy-2-iso= propyl-2,3-dihydro-benzofuran-5-yl]-butan-1,3-dion erhalten worden (*Ka., Ro.*, l. c. S. 936).

(±)-5-Acetyl-2-isopropyl-6-methoxy-2,3-dihydro-benzofuran, (±)-1-[2-Isopropyl-6-methoxy-2,3-dihydro-benzofuran-5-yl]-äthanon $C_{14}H_{18}O_3$, Formel VI (R = CH$_3$).

B. Beim Erwärmen von (±)-1-[6-Hydroxy-2-isopropyl-2,3-dihydro-benzofuran-5-yl]-äthanon mit Methyljodid, Aceton und Kaliumcarbonat (*Kamthong, Robertson*, Soc. **1939** 925, 928). Bei der Hydrierung von O-Methyl-euparin (1-[2-Isopropenyl-6-methoxy-benzo= furan-5-yl]-äthanon) an Palladium/Kohle in Äthylacetat (*Ka., Ro.*).
Krystalle (aus Bzn.); F: 57°.

(±)-6-Acetoxy-5-acetyl-2-isopropyl-2,3-dihydro-benzofuran, (±)-1-[6-Acetoxy-2-isopropyl-2,3-dihydro-benzofuran-5-yl]-äthanon $C_{15}H_{18}O_4$, Formel VI (R = CO-CH$_3$).

B. Beim Behandeln von (±)-1-[6-Hydroxy-2-isopropyl-2,3-dihydro-benzofuran-5-yl]-äthanon mit Acetanhydrid und Pyridin (*Kamthong, Robertson*, Soc. **1939** 925, 928).
Krystalle (aus PAe); F: 96−97°.

(±)-1-[6-Hydroxy-2-isopropyl-2,3-dihydro-benzofuran-5-yl]-äthanon-oxim, Tetra= hydroeuparin-oxim $C_{13}H_{17}NO_3$, Formel VII (R = H, X = OH).

B. Aus (±)-1-[6-Hydroxy-2-isopropyl-2,3-dihydro-benzofuran-5-yl]-äthanon und Hydr= oxylamin (*Kamthong, Robertson*, Soc. **1939** 925, 928).
Krystalle (aus PAe.); F: 133°.

(±)-1-[2-Isopropyl-6-methoxy-2,3-dihydro-benzofuran-5-yl]-äthanon-oxim $C_{14}H_{19}NO_3$, Formel VII (R = CH$_3$, X = OH).

B. Aus (±)-1-[2-Isopropyl-6-methoxy-2,3-dihydro-benzofuran-5-yl]-äthanon und Hydr= oxylamin (*Kamthong, Robertson*, Soc. **1939** 925, 928).
Krystalle (aus PAe.); F: 139°.

(±)-1-[6-Hydroxy-2-isopropyl-2,3-dihydro-benzofuran-5-yl]-äthanon-[2,4-dinitro-phenylhydrazon], Tetrahydroeuparin-[2,4-dinitro-phenylhydrazon] $C_{19}H_{20}N_4O_6$, Formel VII (R = H, X = NH-C$_6$H$_3$(NO$_2$)$_2$).

B. Aus (±)-1-[6-Hydroxy-2-isopropyl-2,3-dihydro-benzofuran-5-yl]-äthanon und [2,4-Dinitro-phenyl]-hydrazin (*Kamthong, Robertson*, Soc. **1939** 925, 928).
Rote Krystalle (aus Bzl.); F: 240−241°.

(±)-7-Acetyl-2-isopropyl-2,3-dihydro-benzofuran-6-ol, (±)-1-[6-Hydroxy-2-isopropyl-2,3-dihydro-benzofuran-7-yl]-äthanon $C_{13}H_{16}O_3$, Formel VIII.

B. Beim Behandeln von (±)-6-Acetoxy-2-isopropyl-2,3-dihydro-benzofuran mit Alu= miniumchlorid in Nitrobenzol (*Kamthong, Robertson*, Soc. **1939** 933, 935).
Krystalle (aus PAe.); F: 115−116°.

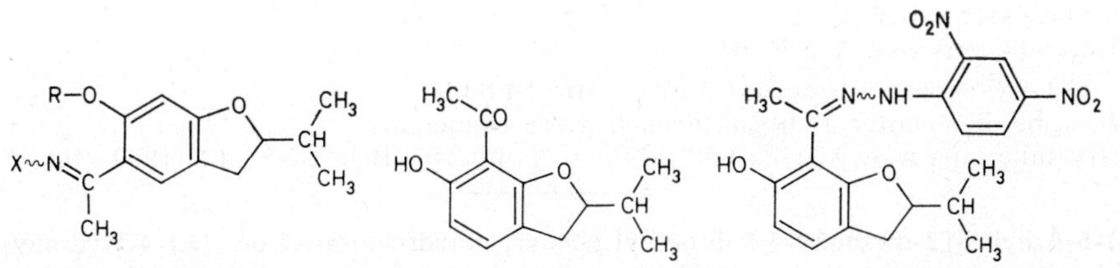

(±)-1-[6-Hydroxy-2-isopropyl-2,3-dihydro-benzofuran-7-yl]-äthanon-[2,4-dinitrophenylhydrazon] $C_{19}H_{20}N_4O_6$, Formel IX.
B. Aus (±)-1-[6-Hydroxy-2-isopropyl-2,3-dihydro-benzofuran-7-yl]-äthanon und [2,4-Dinitro-phenyl]-hydrazin (*Kamthong, Robertson*, Soc. **1939** 933, 936).
Orangefarbene Krystalle (aus A.); F: 295—297°.

Hydroxy-oxo-Verbindungen $C_{14}H_{18}O_3$

(±)-5-[5-Butyl-2-methoxy-phenyl]-dihydro-furan-2-on, (±)-4-[5-Butyl-2-methoxyphenyl]-4-hydroxy-buttersäure-lacton $C_{15}H_{20}O_3$, Formel I.
B. Beim Erwärmen von 4-[5-Butyl-2-methoxy-phenyl]-4-oxo-buttersäure mit Äthanol und Natrium und Erhitzen des Reaktionsgemisches mit wss. Schwefelsäure (*Irani et al.*, J. Univ. Bombay **16**, Tl. 5A [1948] 37, 39).
Kp_{60}: 220°.

(±)-5-[4-Hydroxy-5-isopropyl-2-methyl-phenyl]-dihydro-furan-2-on $C_{14}H_{18}O_3$, Formel II (R = H).
B. Beim Hydrieren von 4-[4-Hydroxy-5-isopropyl-2-methyl-phenyl]-4-oxo-buttersäure an Palladium/Bariumsulfat in Essigsäure und Erhitzen des Reaktionsprodukts mit wss. Salzsäure (*Rosenmund, Schapiro*, Ar. **272** [1934] 313, 323).
F: 88—91°.

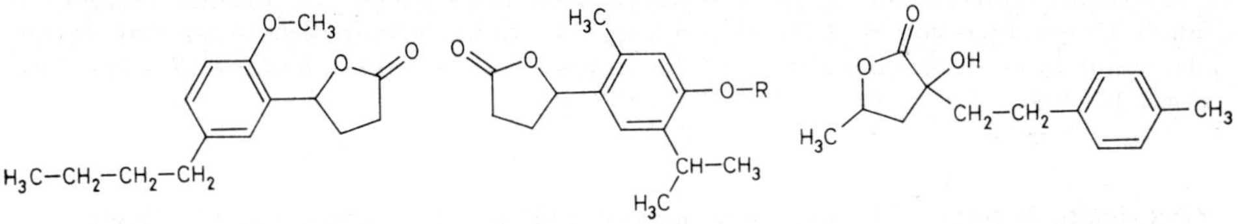

(±)-5-[5-Isopropyl-4-methoxy-2-methyl-phenyl]-dihydro-furan-2-on, (±)-4-Hydroxy-4-[5-isopropyl-4-methoxy-2-methyl-phenyl]-buttersäure-lacton $C_{15}H_{20}O_3$, Formel II (R = CH_3).
B. Beim Hydrieren von 4-[5-Isopropyl-4-methoxy-2-methyl-phenyl]-4-oxo-buttersäure an Palladium/Bariumsulfat in Essigsäure und Erhitzen des Reaktionsprodukts mit wss. Salzsäure (*Rosenmund, Schapiro*, Ar. **272** [1934] 313, 320).
Krystalle (aus Bzn.); F: 75°.

3-Hydroxy-5-methyl-3-[4-methyl-phenäthyl]-dihydro-furan-2-on, 2,4-Dihydroxy-2-[4-methyl-phenäthyl]-valeriansäure-4-lacton $C_{14}H_{18}O_3$, Formel III.
a) Opt.-inakt. Stereoisomeres vom F: 94°.
B. Neben 2-Hydroxy-4-p-tolyl-buttersäure bei der Hydrierung von (±)-2-Hydroxy-2-[4-methyl-phenäthyl]-4-oxo-valeriansäure an Raney-Nickel in schwach alkal. wss. Lösung und Behandlung des Reaktionsgemisches mit wss. Salzsäure (*Cordier*, J. Pharm. Belg. [NS] **14** [1959] 106, 110). Neben dem unter b) beschriebenen Stereoisomeren beim Behandeln von (±)-2-Hydroxy-2-[4-methyl-phenäthyl]-4-oxo-valeriansäure mit wss. Natriumcarbonat-Lösung und Kaliumboranat und Behandeln des Reaktionsgemi-

sches mit wss. Salzsäure (Co.).
Krystalle (aus wss. A.); F: 94°.

b) Opt.-inakt. Stereoisomeres vom F: 60°.
B. s. bei dem unter a) beschriebenen Stereoisomeren.
Krystalle (aus wss. A.); F: 60° (Cordier, J. Pharm. Belg. [NS] 14 [1959] 106, 110).

(±)-5-Äthyl-5-[2-methoxy-4,5-dimethyl-phenyl]-dihydro-furan-2-on, (±)-4-Hydroxy-4-[2-methoxy-4,5-dimethyl-phenyl]-hexansäure-lacton $C_{15}H_{20}O_3$, Formel IV.
B. Beim Erhitzen von 4-[2-Methoxy-4,5-dimethyl-phenyl]-hex-3-ensäure (F: 82,5°) mit Kaliumhydrogensulfat auf 160° (Cocker et al., Soc. 1950 1781, 1790).
Krystalle (aus Bzn.); F: 98—99°.

*Opt.-inakt. 5-[4-Methoxy-3-methyl-phenyl]-3-propyl-dihydro-furan-2-on, 2-[β-Hydroxy-4-methoxy-3-methyl-phenäthyl]-valeriansäure-lacton, 4-Hydroxy-4-[4-methoxy-3-methyl-phenyl]-2-propyl-buttersäure-lacton $C_{15}H_{20}O_3$, Formel V.
B. Beim Erwärmen von 4-[4-Methoxy-3-methyl-phenyl]-4-oxo-2-propyl-buttersäure mit Äthanol und Natrium und Erhitzen des Reaktionsgemisches mit wss. Schwefelsäure (Mehta et al., J. Univ. Bombay 12, Tl. 5A [1944] 33).
Krystalle (aus Bzn.); F: 93°.

IV   V   VI

(±)-5-Butyl-5-[4-methoxy-phenyl]-dihydro-furan-2-on, (±)-4-Hydroxy-4-[4-methoxy-phenyl]-octansäure-lacton $C_{15}H_{20}O_3$, Formel VI.
B. Beim Erhitzen von (±)-4-Hydroxy-4-[4-methoxy-phenyl]-octansäure (hergestellt durch Umsetzung von 4-[4-Methoxy-phenyl]-4-oxo-buttersäure-äthylester mit Butylmagnesiumbromid und anschliessende Hydrolyse) mit wss. Schwefelsäure (Trivedi, Nargund, J. Univ. Bombay 10, Tl. 3A [1941] 102, 105).
Kp$_{15}$: 220—225°. D$_4^{30}$: 1,070. n$_D^{30}$: 1,5222.

*Opt.-inakt. 3-Butyl-5-[5-chlor-2-methoxy-phenyl]-dihydro-furan-2-on, 2-[5-Chlor-β-hydroxy-2-methoxy-phenäthyl]-hexansäure-lacton, 2-Butyl-4-[5-chlor-2-methoxy-phenyl]-4-hydroxy-buttersäure-lacton $C_{15}H_{19}ClO_3$, Formel VII.
B. Beim Erwärmen von (±)-2-Butyl-4-[5-chlor-2-methoxy-phenyl]-4-oxo-buttersäure-äthylester mit Aluminiumisopropylat und Isopropylalkohol und aufeinanderfolgenden Erwärmen des Reaktionsprodukts mit äthanol. Natronlauge und mit wss. Schwefelsäure (Genge, Kshatriya, J. Indian chem. Soc. 35 [1958] 525).
Kp$_{35}$: 175—180°. n$_D^{26}$: 1,547.

VII   VIII

*Opt.-inakt. 3-Butyl-5-[3-chlor-4-methoxy-phenyl]-dihydro-furan-2-on, 2-[3-Chlor-β-hydroxy-4-methoxy-phenäthyl]-hexansäure-lacton, 2-Butyl-4-[3-chlor-4-methoxy-phenyl]-4-hydroxy-buttersäure-lacton $C_{15}H_{19}ClO_3$, Formel VIII.
B. Beim Erwärmen von (±)-2-Butyl-4-[3-chlor-4-methoxy-phenyl]-4-oxo-buttersäure-

äthylester mit Aluminiumisopropylat und Isopropylalkohol und aufeinanderfolgenden Erwärmen des Reaktionsprodukts mit äthanol. Natronlauge und mit wss. Schwefelsäure (*Genge, Kshatriya*, J. Indian chem. Soc. **35** [1958] 521, 524).
Krystalle (aus wss. A.); F: 89°.

(±)-5-Isobutyl-5-[4-methoxy-phenyl]-dihydro-furan-2-on, (±)-4-Hydroxy-4-[4-methoxy-phenyl]-6-methyl-heptansäure-lacton $C_{15}H_{20}O_3$, Formel IX.
B. Beim Erhitzen von (±)-4-Hydroxy-4-[4-methoxy-phenyl]-6-methyl-heptansäure (hergestellt durch Umsetzung von 4-[4-Methoxy-phenyl]-4-oxo-buttersäure-äthylester mit Isobutylmagnesiumbromid und anschliessende Hydrolyse) mit wss. Schwefelsäure (*Trivedi, Nargund*, J. Univ. Bombay **10**, Tl. 3A [1941] 102, 105).
Kp_{22}: 200—205°.

IX   X   XI

*Opt.-inakt. 3-[2-Hydroxy-propyl]-5-methyl-3-phenyl-dihydro-furan-2-on, 4-Hydroxy-2-[2-hydroxy-propyl]-2-phenyl-valeriansäure-lacton $C_{14}H_{18}O_3$, Formel X.
B. Neben anderen Verbindungen aus 2-Allyl-2-phenyl-pent-4-ensäure-amid mit Hilfe von 94%ig. wss. Schwefelsäure (*Bobrański, Wojtowski*, Bl. Acad. polon. Ser. chim. **7** [1959] 399).
Krystalle; F: 127°.

*Opt.-inakt. 3,4-Diäthyl-5-[4-methoxy-phenyl]-dihydro-furan-2-on, 2-Äthyl-3-[α-hydroxy-4-methoxy-benzyl]-valeriansäure-lacton, 2,3-Diäthyl-4-hydroxy-4-[4-methoxy-phenyl]-buttersäure-lacton $C_{15}H_{20}O_3$, Formel XI.
B. Beim Erhitzen von opt.-inakt. 2,3-Diäthyl-4-[4-methoxy-phenyl]-4-oxo-buttersäure-methylester (n_D^{29}: 1,5193) mit wss. Salzsäure, amalgamiertem Zink und Toluol (*Baker*, Am. Soc. **65** [1943] 1572, 1577, 1578).
Kp_2: 143—146°. n_D^{29}: 1,4963.

(±)-6-Hydroxy-3-isopentyl-chroman-2-on, (±)-2-[2,5-Dihydroxy-benzyl]-5-methyl-hexansäure-2-lacton, (±)-3-[2,5-Dihydroxy-phenyl]-2-isopentyl-propionsäure-2-lacton $C_{14}H_{18}O_3$, Formel XII (R = H).
B. Beim Erhitzen einer aus (±)-2-[5-Amino-2-methoxy-benzyl]-5-methyl-hexansäure-äthylester (hergestellt durch Hydrierung von (±)-2-[2-Methoxy-5-nitro-benzyl]-5-methyl-hexansäure-äthylester an Palladium/Kohle in Äthanol) bereiteten Diazoniumsalz-Lösung mit wss. Schwefelsäure und Erhitzen des danach isolierten Reaktionsprodukts mit Essigsäure und wss. Jodwasserstoffsäure (*Asano et al.*, J. pharm. Soc. Japan **70** [1950] 480, 481, 483; C. A. **1951** 5661).
Krystalle (aus Bzn.); F: 84—84,5°.
Beim Erhitzen mit wss. Eisen(III)-chlorid-Lösung ist 3-[3,6-Dioxo-cyclohexa-1,4-dienyl]-2-isopentyl-propionsäure erhalten worden.

XII   XIII

(±)-6-Acetoxy-3-isopentyl-chroman-2-on, (±)-2-[5-Acetoxy-2-hydroxy-benzyl]-
5-methyl-hexansäure-lacton, (±)-3-[5-Acetoxy-2-hydroxy-phenyl]-2-isopentyl-propion=
säure-lacton $C_{16}H_{20}O_4$, Formel XII (R = CO-CH$_3$).
 B. Aus 3-[3,6-Dioxo-cyclohexa-1,4-dienyl]-2-isopentyl-propionsäure (Asano et al., J.
pharm. Soc. Japan **70** [1950] 480, 484; C. A. **1951** 5661). Beim Behandeln von
(±)-6-Hydroxy-3-isopentyl-chroman-2-on mit Acetanhydrid und wenig Schwefelsäure
(As. et al.).
 Krystalle (aus Me.); F: 82°.

6-Isopentyl-7-methoxy-chroman-2-on, 3-[2-Hydroxy-5-isopentyl-4-methoxy-phenyl]-
propionsäure-lacton, Tetrahydrosuberosin $C_{15}H_{20}O_3$, Formel XIII.
 B. Bei der Hydrierung von Suberosin (7-Methoxy-6-[3-methyl-but-2-enyl]-cumarin) an
Palladium/Kohle in Äthanol (Ewing et al., Austral. J. scient. Res. [A] **3** [1950] 342, 344).
Bei der Hydrierung von Geijerin (6-Isovaleryl-7-methoxy-cumarin) an Palladium/Kohle
in Essigsäure bei 65° (Lahey, Wluka, Austral. J. Chem. **8** [1955] 125, 127).
 Krystalle (aus wss. A.); F: 49° (La., Wl.), 48° (Ew. et al.).

8-Isopentyl-7-methoxy-chroman-2-on, 3-[2-Hydroxy-3-isopentyl-4-methoxy-phenyl]-
propionsäure-lacton, Tetrahydroosthol $C_{15}H_{20}O_3$, Formel XIV.
 B. Bei der Hydrierung von Osthol (7-Methoxy-8-[3-methyl-but-2-enyl]-cumarin) an
Palladium/Kohle in Essigsäure (Späth, Pesta, B. **66** [1933] 754, 758).
 Öl; bei 145—150°/0,006 Torr destillierbar.

6-Hydroxy-2,2,5,7,8-pentamethyl-chroman-4-on $C_{14}H_{18}O_3$, Formel XV.
 B. Beim Erwärmen von 2,3,5-Trimethyl-hydrochinon mit 3-Methyl-crotonoylchlorid
und Aluminiumchlorid in Nitrobenzol (John et al., B. **71** [1938] 2637, 2643). Neben
5-Hydroxy-2-isopropyl-4,6,7-trimethyl-benzofuran-3-on (?) (F: 184° [E III/IV **17** 2135])
und einer Verbindung $C_{14}H_{18}O_4$ (F: 130°) beim Erwärmen von 2,3,5-Trimethyl-hydro=
chinon mit 3-Methyl-crotonsäure und Fluorwasserstoff (Offe, Barkow, B. **80** [1947] 464,
467).
 Gelbe, stark lichtbrechende Krystalle; F: 169—171° [durch Sublimation gereinigtes
Präparat] (Offe, Ba.), 162° [aus Ae. + PAe.] (John et al.). Absorptionsmaxima: 267 nm
und 350 nm (John et al.; Offe, Ba.).

XIV   XV   XVI

6-Hydroxy-4,4,5,7,8-pentamethyl-chroman-2-on, 3-[2,5-Dihydroxy-3,4,6-trimethyl-
phenyl]-3-methyl-buttersäure-2-lacton $C_{14}H_{18}O_3$, Formel XVI.
 Diese Konstitution wird für die nachstehend beschriebene Verbindung in Betracht
gezogen (Offe, Barkow, B. **80** [1947] 464, 468).
 B. Beim Behandeln einer auf 110° erhitzten Lösung von 2,3,5-Trimethyl-hydrochinon
und 3-Methyl-crotonsäure in Diisopentyläther mit Fluorwasserstoff (Offe, Ba.). Neben
einer Verbindung $C_{14}H_{18}O_3$ (F: 109°) beim Behandeln von 2,3,5-Trimethyl-hydrochinon
mit 3-Methyl-crotonoylchlorid und Aluminiumchlorid in Nitrobenzol oder in Schwefel=
kohlenstoff (John et al., B. **71** [1938] 2637, 2640, 2645).
 Krystalle; F: 117° [aus Ae. + PAe.] (John et al.), 117° [aus Bzl. + Hexan oder aus
wss. Me.] (Offe, Ba.). Absorptionsmaximum: 284 nm (John et al.).

5-Hydroxy-4,4,6,7,8-pentamethyl-chroman-2-on, 3-[2,6-Dihydroxy-3,4,5-trimethyl-
phenyl]-3-methyl-buttersäure-lacton $C_{14}H_{18}O_3$, Formel XVII (R = H).
 B. Beim Erhitzen einer aus 5-Amino-4,4,6,7,8-pentamethyl-chroman-2-on bereiteten

Diazoniumsalz-Lösung mit wss. Schwefelsäure und Kupfer(II)-sulfat (*Smith, Prichard,* Am. Soc. **62** [1940] 780, 783).
Krystalle (aus Me.); F: 207—208°.

XVII   XVIII   XIX

**5-Methoxy-4,4,6,7,8-pentamethyl-chroman-2-on, 3-[2-Hydroxy-6-methoxy-3,4,5-tri=
methyl-phenyl]-3-methyl-buttersäure-lacton** $C_{15}H_{20}O_3$, Formel XVII (R = CH_3).
B. Beim Erwärmen von 5-Hydroxy-4,4,6,7,8-pentamethyl-chroman-2-on mit methanol. Kalilauge und Dimethylsulfat (*Smith, Prichard,* Am. Soc. **62** [1940] 780, 783).
Krystalle (aus wss. Me.); F: 132—132,5°.

**5-[1-Cyan-1-methyl-äthoxy]-7-isopropyl-3,3,4-trimethyl-3*H*-benzofuran-2-on,
2-[3-(1-Cyan-1-methyl-äthoxy)-6-hydroxy-5-isopropyl-2-methyl-phenyl]-2-methyl-
propionsäure-lacton** $C_{18}H_{23}NO_3$, Formel XVIII, und **5-[1-Cyan-1-methyl-äthoxy]-4-iso=
propyl-3,3,7-trimethyl-3*H*-benzofuran-2-on, 2-[3-(1-Cyan-1-methyl-äthoxy)-6-hydroxy-
2-isopropyl-5-methyl-phenyl]-2-methyl-propionsäure-lacton** $C_{18}H_{23}NO_3$, Formel XIX.
Diese beiden Konstitutionsformeln kommen für die nachstehend beschriebene Verbindung in Betracht.
B. Neben anderen Verbindungen beim Erhitzen von 2-Isopropyl-5-methyl-[1,4]benzo=
chinon mit [α,α']Azoisobutyronitril in Toluol und Behandeln des Reaktionsgemisches mit Wasserdampf (*Aparicio, Waters,* Soc. **1952** 4666, 4671).
Krystalle (aus wss. Me.); F: 64°.   [*Hofmann*]

Hydroxy-oxo-Verbindungen $C_{15}H_{20}O_3$

**(±)-5-[2-Methoxy-5-pentyl-phenyl]-dihydro-furan-2-on, (±)-4-Hydroxy-4-[2-methoxy-
5-pentyl-phenyl]-buttersäure-lacton** $C_{16}H_{22}O_3$, Formel I.
B. Beim Erwärmen von 4-[2-Methoxy-5-pentyl-phenyl]-4-oxo-buttersäure mit Äthanol und Natrium und Erwärmen des Reaktionsprodukts mit wss. Schwefelsäure (*Irani et al.,* J. Univ. Bombay **16**, Tl. 5A [1948] 37, 39).
Kp_{15}: 238—240°. D_4^{26}: 1,065. n_D^{26}: 1,5135.

I   II

*Opt.-inakt. **4-[4-Hydroxy-phenyl]-5-pentyl-dihydro-furan-2-on** $C_{15}H_{20}O_3$, Formel II (R = H).
Diese Konstitution wird der nachstehend beschriebenen Verbindung zugeordnet (*Paranjape et al.,* J. Univ. Bombay **11**, Tl. 5A [1943] 104, 109).
B. Beim Erwärmen einer als 4-[4-Methoxy-phenyl]-5-pentyl-dihydro-furan-2-on (Formel II [R = CH_3]) angesehenen Verbindung $C_{16}H_{22}O_3$ (Kp_{30}: 245°; D_4^{28}: 1,004; n_D^{28}: 1,4894; aus 3-[4-Methoxy-phenyl]-non-3-ensäure [E III **10** 918] durch Behandlung mit wss. Schwefelsäure hergestellt) mit Bromwasserstoff in Essigsäure (*Pa. et al.*).
Krystalle (aus PAe.); F: 44°.

Opt.-inakt. 5-[4-Methoxy-phenyl]-3-pentyl-dihydro-furan-2-on, 2-[β-Hydroxy-4-methoxy-phenäthyl]-heptansäure-lacton, 4-Hydroxy-4-[4-methoxy-phenyl]-2-pentyl-buttersäure-lacton $C_{16}H_{22}O_3$, Formel III (X = H).

B. Beim Erwärmen von (±)-4-[4-Methoxy-phenyl]-4-oxo-2-pentyl-buttersäure mit Äthanol und Natrium und Erwärmen des Reaktionsprodukts mit wss. Schwefelsäure (*Mehta et al.*, J. Univ. Bombay **12**, Tl. 5A [1944] 33).

Krystalle (aus A.); F: 92°.

III
IV

Opt.-inakt. 5-[3-Chlor-4-methoxy-phenyl]-3-pentyl-dihydro-furan-2-on, 2-[3-Chlor-β-hydroxy-4-methoxy-phenäthyl]-heptansäure-lacton, 4-[3-Chlor-4-methoxy-phenyl]-4-hydroxy-2-pentyl-buttersäure-lacton $C_{16}H_{21}ClO_3$, Formel III (X = Cl).

B. Beim Erwärmen von (±)-4-[3-Chlor-4-methoxy-phenyl]-4-oxo-2-pentyl-buttersäure-äthylester mit Aluminiumisopropylat in Isopropylalkohol, anschliessenden Erwärmen mit äthanol. Natronlauge und Erwärmen des Reaktionsprodukts mit wss. Schwefelsäure (*Genge, Kshatriya*, J. Indian chem. Soc. **35** [1958] 521, 522).

Krystalle (aus A.); F: 92°.

(±)-5-Isopentyl-5-[4-methoxy-phenyl]-dihydro-furan-2-on, (±)-4-Hydroxy-4-[4-methoxy-phenyl]-7-methyl-octansäure-lacton $C_{16}H_{22}O_3$, Formel IV.

B. Beim Behandeln von 4-[4-Methoxy-phenyl]-4-oxo-buttersäure-äthylester mit Isopentylmagnesiumbromid in Äther, Erwärmen des nach der Hydrolyse (wss. Schwefelsäure) erhaltenen Reaktionsprodukts mit wss.-äthanol. Natronlauge und Erwärmen des danach isolierten Reaktionsprodukts mit wss. Schwefelsäure (*Trivedi, Nargund*, J. Univ. Bombay **10**, Tl. 3A [1941] 102, 105).

Kp_{15}: 205–210°. $D_4^{26,5}$: 1,068. $n_D^{26,5}$: 1,5199.

(3aR,6E,10E)-4t-[4-Hydroxy-2-hydroxymethyl-*trans*-crotonoyloxy]-6,10-dimethyl-3-methylen-(3ar,11at)-3a,4,5,8,9,11a-hexahydro-3H-cyclodeca[*b*]furan-2-on, 4-Hydroxy-2-hydroxymethyl-*trans*-crotonsäure-[(3aR,6E,10E)-6,10-dimethyl-3-methylen-2-oxo-(3ar,11at)-2,3,3a,4,5,8,9,11a-octahydro-cyclodeca[*b*]furan-4t-ylester], 6α-Hydroxy-8β-[4-hydroxy-2-hydroxymethyl-*trans*-crotonoyloxy]-germacra-1(10)t,4t,11(13)-trien-12-säure-6-lacton [1]), **Eupatoriopicrin** $C_{20}H_{26}O_6$, Formel V.

Konstitution: *Dolejš, Herout*, Collect. **27** [1962] 2654. Konfiguration: *Doskotch, El-Feraly*, J. org. Chem. **35** [1970] 1928, 1932; *Drozdz et al.*, Collect. **37** [1972] 1546.

Isolierung aus Eupatorium cannabinum: *Gizycki*, Pharmazie **6** [1951] 686.

Krystalle; F: 157–161° [Block; aus wss. A.] (*Do., He.*), 155° [aus A.] (*Gi.*). [α]$_D^{20}$: +95° [CHCl$_3$] (*Do., He.*). IR-Banden (CHCl$_3$) im Bereich von 3620 cm⁻¹ bis 1148 cm⁻¹: *Do., He.* UV-Absorptionsmaximum: 211 nm (*Do., He.*).

(3aS)-6t-Hydroxy-3c,6c,9-trimethyl-(3ar,9bt)-3a,4,5,6,8,9b-hexahydro-3H-azuleno[4,5-*b*]furan-2-on, (S)-2-[(4S)-4r,8t-Dihydroxy-3,8c-dimethyl-2,4,5,6,7,8-hexahydro-azulen-5t-yl]-propionsäure-4-lacton, (11S)-6α,10-Dihydroxy-10βH-guaja-1,4-dien-12-säure-6-lacton [2]), **Artabsin, Pro-chamazulenogen** $C_{15}H_{20}O_3$, Formel VI.

Konstitution: *Vokáč et al.*, Tetrahedron Letters **1968** 3855; Collect. **34** [1969] 2288. Konfiguration: *Vokáč et al.*, Collect. **37** [1972] 1346.

---

[1]) Stellungsbezeichnung bei von Germacran abgeleiteten Namen s. E III/IV **17** 4393.
[2]) Stellungsbezeichnung bei von Guajan abgeleiteten Namen s. E III/IV **17** 4677.

Isolierung aus Artemisia absinthium: *Herout, Šorm*, Collect. **18** [1953] 854, 860; *Herout et al.*, Collect. **21** [1956] 1486, 1488.

Krystalle (aus A.), F: 133—135° [korr.; im vorgeheizten Bad]; $[\alpha]_D^{20}$: —49° [CHCl$_3$; c = 2] (*Herout, Šorm*, Collect. **19** [1954] 792, 795). IR-Spektrum (Nujol; 2,8—14,3 μ) sowie UV-Spektrum (A.; 220—370 nm): *He., Šorm*, Collect. **18** 861.

Beim Behandeln mit Lithiumalanat in Äther und Erhitzen des Reaktionsprodukts mit Schwefel auf 190° sind S-Guajazulen (7-Isopropyl-1,4-dimethyl-azulen) und Artem=azulen (3,6,9-Trimethyl-azuleno[4,5-b]furan) erhalten worden (*He., Šorm*, Collect. **19** 796). Bildung von 7-Äthyl-1,2,4-trimethyl-azulen bzw. 2,7-Diäthyl-1,4-dimethyl-azulen beim Erwärmen mit Formaldehyd bzw. Acetaldehyd und wss. Natronlauge und an= schliessend mit wss. Schwefelsäure: *Suchý*, Collect. **24** [1959] 1303; s. a. *Suchý et al.*, Collect. **21** [1956] 477, 484.

V   VI   VII

(4aR)-6t-Hydroxy-3,4a,5c-trimethyl-(4ar,8at)-4a,5,6,7,8,8a-hexahydro-4H-naphtho= [2,3-b]furan-9-on, 8,12-Epoxy-3α-hydroxy-10α-eremophila-7,11-dien-9-on [1]**), Euryopsonol** C$_{15}$H$_{20}$O$_3$, Formel VIII (R = H).

Konstitution: *Rivett, Woolard*, Tetrahedron **23** [1967] 2431. Konfiguration: *Nagano et al.*, Bl. chem. Soc. Japan **46** [1973] 2840, 2842.

Isolierung aus Euryops floribundus: *Horn et al.*, J. S. African chem. Inst. **7** [1954] 22, 24.

Krystalle; F: 230—232° [korr.; Zers.; aus Me.] (*Horn et al.*), 230—231° [unkorr.; aus A.] (*Ri., Wo.*, l. c. S. 2434). $[\alpha]_D^{15}$: —36° [CHCl$_3$; c = 1] (*Ri., Wo.*). $[\alpha]_D^{22}$: —36° [CHCl$_3$] (*Horn et al.*). ^{1}H-NMR-Absorption: *Ri., Wo.* IR-Banden (CHCl$_3$) im Bereich von 3640 cm^{-1} bis 880 cm^{-1}: *Ri., Wo.* Absorptionsmaximum (A.): 280 nm (*Ri., Wo.*).

VIII   IX   X

(4aR)-6t-Acetoxy-3,4a,5c-trimethyl-(4ar,8at)-4a,5,6,7,8,8a-hexahydro-4H-naphtho= [2,3-b]furan-9-on, 3α-Acetoxy-8,12-epoxy-10α-eremophila-7,11-dien-9-on [1]**), O-Acetyl-euryopsonol** C$_{17}$H$_{22}$O$_4$, Formel VIII (R = CO-CH$_3$).

B. Beim Erhitzen von Euryopsonol (s. o.) mit Acetanhydrid (*Horn et al.*, J. S. African chem. Inst. **7** [1954] 22, 26; s. a. *Rivett, Woolard*, Tetrahedron **23** [1967] 2431, 2434).

Krystalle; F: 197—198° [unkorr.; aus Me.] (*Ri., Wo.*), 196—198° [korr.; aus A.]

---

[1]) Für den Kohlenwasserstoff (4aR)-7c-Isopropyl-1c,8a-dimethyl-(4ar,8ac)-decahydro-naphthalin (Formel VII) ist die Bezeichnung **Eremophilan** vorgeschlagen worden. Die Stellungsbezeichnung bei von Eremophilan abgeleiteten Namen entspricht der in Formel VII angegebenen.

(Horn et al.). ^{1}H-NMR-Absorption: Ri., Wo. Absorptionsmaximum (A.): 280 nm (Ri., Wo.).

(4aR)-6t-Hydroxy-3,4a,5c-trimethyl-(4ar,8at)-4a,5,6,7,8,8a-hexahydro-4H-naphtho=
[2,3-b]furan-9-on-[2,4-dinitro-phenylhydrazon], 8,12-Epoxy-3α-hydroxy-10α-eremophila-
7,11-dien-9-on-[2,4-dinitro-phenylhydrazon] [1]), Euryopsonol-[2,4-dinitro-phenylhydrazon] $C_{21}H_{24}N_4O_6$, Formel IX.

B. Aus Euryopsonol (S. 235) und [2,4-Dinitro-phenyl]-hydrazin (Horn et al., J. S. African chem. Inst. **7** [1954] 22, 26).

Orangefarbene Krystalle (aus E.); F: 288,5−289° [korr.].

(5aR)-8ξ-Acetoxy-3t,5a,9-trimethyl-(5ar,9bc)-5,5a,6,7,8,9b-hexahydro-3H-naphtho=
[1,2-b]furan-2-on, (S)-2-[(4aR)-7ξ-Acetoxy-1t-hydroxy-4a,8-dimethyl-(4ar)-1,4,4a,=
5,6,7-hexahydro-[2]naphthyl]-propionsäure-lacton, (11S)-3ξ-Acetoxy-6α-hydroxy-
eudesma-4,7-dien-12-säure-lacton [2]) $C_{17}H_{22}O_4$, Formel X.

Diese Konstitution und Konfiguration kommt dem nachstehend beschriebenen **O-Acetyl-dehydromibulacton** zu.

B. Beim Erhitzen von O-Acetyl-mibulacton ((11S)-3ξ-Acetoxy-4,6α-dihydroxy-4ξH,5ξ-eudesm-7-en-12-säure-6-lacton) mit Acetanhydrid auf 160° (Fuki, J. pharm. Soc. Japan **78** [1958] 712, 714; C. A. **1958** 18506).

Krystalle (aus A.); F: 207−208°.

(3aR,6aS,9aS)-7a-Hydroxy-3ξ,6,8c-trimethyl-(6ar,7ac)-octahydro-6t,9t-cyclo-cyclobuta=
[1,2]pentaleno[1,6a-b]furan-2-on, (Ξ)-2-[(1aS)-1a,6b-Dihydroxy-1c,6-dimethyl-(1ar,=
3ac,6ac,6bc)-octahydro-3t,6t-cyclo-cyclobut[cd]inden-3a-yl]-propionsäure-6b-lacton
$C_{15}H_{20}O_3$, Formel XIa ≡ XIb (R = H).

Diese Konstitution und Konfiguration kommt vermutlich dem früher (s. H **18** 24) beschriebenen **Hydrosantonid** zu (Hortmann, Daniel, J. org. Chem. **37** [1972] 4446).

XIa   XIb   XIIa   XIIb

(3aR,6aS,9aS)-7a-Acetoxy-3t,6,8c-trimethyl-(6ar,7ac)-octahydro-6t,9t-cyclo-cyclobuta=
[1,2]pentaleno[1,6a-b]furan-2-on, (R)-2-[(1aS)-1a-Acetoxy-6b-hydroxy-1c,6-dimethyl-
(1ar,3ac,6ac,6bc)-octahydro-3t,6t-cyclo-cyclobut[cd]inden-3a-yl]-propionsäure-lacton
$C_{17}H_{22}O_4$, Formel XIIa ≡ XIIb (R = CO-CH$_3$).

Diese Konstitution und Konfiguration kommt dem früher (s. H **18** 24) und nachstehend beschriebenen **Acetylhydrosantonid** zu (Hortmann, Daniel, J. org. Chem. **37** [1972] 4446).

B. Neben Diacetyldihydrosantonsäure ((Ξ)-2-[(1aS)-1a,6b-Diacetoxy-1c,6-dimethyl-(1ar,3ac,6ac,6bc)-octahydro-3t,6t-cyclo-cyclobut[cd]inden-3a-yl]-propionsäure) beim Erhitzen eines Dihydrosantonsäure-Präparats vom F: 190−192° (s. E III **10** 4196) mit Acetanhydrid (Wedekind, Engel, J. pr. [2] **139** [1934] 115, 126).

Krystalle (aus E. + PAe.); F: 204° (We., En.).

(3aR,6aS,9aS)-7a-Benzoyloxy-3ξ,6,8a-trimethyl-(6ar,7ac)-octahydro-6t,9t-cyclo-cyclo=
buta[1,2]pentaleno[1,6a-b]furan-2-on, (Ξ)-2-[(1aS)-1a-Benzoyloxy-6b-hydroxy-1c,6-di=
methyl-(1ar,3ac,6ac,6bc)-octahydro-3t,6t-cyclo-cyclobut[cd]inden-3a-yl]-propionsäure-
lacton $C_{22}H_{24}O_4$, Formel XIa ≡ XIb (R = CO-C$_6$H$_5$).

Diese Konstitution und Konfiguration kommt wahrscheinlich dem früher (s. H **18** 24) beschriebenen **Benzoylhydrosantonid** zu (vgl. Hortmann, Daniel, J. org. Chem. **37** [1972] 4446).

---

[1]) Stellungsbezeichnung bei von Eremophilan abgeleiteten Namen s. S. 235.
[2]) Stellungsbezeichnung bei von Eudesman abgeleiteten Namen s. E III **7** 515, 516.

Hydroxy-oxo-Verbindungen $C_{16}H_{22}O_3$

(±)-5-[5-Hexyl-2-methoxy-phenyl]-dihydro-furan-2-on, (±)-4-[5-Hexyl-2-methoxy-phenyl]-4-hydroxy-buttersäure-lacton $C_{17}H_{24}O_3$, Formel I.

B. Beim Erwärmen von 4-[5-Hexyl-2-methoxy-phenyl]-4-oxo-buttersäure mit Äthanol und Natrium und Erwärmen des.Reaktionsprodukts mit wss. Schwefelsäure (*Irani et al.*, J. Univ. Bombay **16**, Tl. 5A [1948] 37, 40).

Kp_{22}: 238—240°. D_4^{27}: 1,056. n_D^{27}: 1,5130.

I II

*Opt.-inakt. 5-[4-Methoxy-3-methyl-phenyl]-3-pentyl-dihydro-furan-2-on, 2-[β-Hydroxy-4-methoxy-3-methyl-phenäthyl]-heptansäure-lacton, 4-Hydroxy-4-[4-methoxy-3-methyl-phenyl]-2-pentyl-buttersäure-lacton $C_{17}H_{24}O_3$, Formel II.

B. Beim Erwärmen von (±)-4-[4-Methoxy-3-methyl-phenyl]-4-oxo-2-pentyl-buttersäure mit Äthanol und Natrium und Erwärmen des Reaktionsprodukts mit wss. Schwefelsäure (*Mehta et al.*, J. Univ. Bombay **12**, Tl. 5A [1944] 33).

F: 38—39°. Kp_{28}: 258°.

(±)-5-Hexyl-5-[4-methoxy-phenyl]-dihydro-furan-2-on, (±)-4-Hydroxy-4-[4-methoxy-phenyl]-decansäure-lacton $C_{17}H_{24}O_3$, Formel III.

B. Beim Behandeln von 4-[4-Methoxy-phenyl]-4-oxo-buttersäure-äthylester mit Hexyl-magnesiumbromid in Äther, Erwärmen des nach der Hydrolyse (wss. Schwefelsäure) erhaltenen Reaktionsprodukts mit wss.-äthanol. Natronlauge und Erwärmen des danach isolierten Reaktionsprodukts mit wss. Schwefelsäure (*Trivedi, Nargund*, J. Univ. Bombay **10**, Tl. 3A [1941] 102, 105).

Kp_7: 215—220°. D_4^{35}: 1,048. n_D^{35}: 1,5174.

III IV V

*Opt.-inakt. 5-[5-Chlor-2-methoxy-phenyl]-3-hexyl-dihydro-furan-2-on, 2-[5-Chlor-β-hydroxy-2-methoxy-phenäthyl]-octansäure-lacton, 4-[5-Chlor-2-methoxy-phenyl]-2-hexyl-4-hydroxy-buttersäure-lacton $C_{17}H_{23}ClO_3$, Formel IV.

B. Beim Erwärmen von (±)-4-[5-Chlor-2-methoxy-phenyl]-2-hexyl-4-oxo-buttersäure-äthylester mit Aluminiumisopropylat in Isopropylalkohol, anschliessenden Erwärmen mit äthanol. Natronlauge und Erwärmen des Reaktionsprodukts mit wss. Schwefelsäure (*Genge, Kshatriya*, J. Indian chem. Soc. **35** [1958] 525).

Krystalle (aus wss. A.); F: 85°.

*Opt.-inakt. 3-Hexyl-5-[4-methoxy-phenyl]-dihydro-furan-2-on, 2-[β-Hydroxy-4-methoxy-phenäthyl]-octansäure-lacton, 2-Hexyl-4-hydroxy-4-[4-methoxy-phenyl]-buttersäure-lacton $C_{17}H_{24}O_3$, Formel V (X = H).

B. Beim Erwärmen von (±)-2-Hexyl-4-[4-methoxy-phenyl]-4-oxo-buttersäure mit Äthanol und Natrium und Erwärmen des Reaktionsprodukts mit wss. Schwefelsäure

(*Mehta et al.*, J. Univ. Bombay **12**, Tl. 5A [1944] 33).
Krystalle (aus A.); F: 90°.

*Opt.-inakt. 5-[3-Chlor-4-methoxy-phenyl]-3-hexyl-dihydro-furan-2-on, 2-[3-Chlor-
β-hydroxy-4-methoxy-phenäthyl]-octansäure-lacton, 4-[3-Chlor-4-methoxy-phenyl]-
2-hexyl-4-hydroxy-buttersäure-lacton** $C_{17}H_{23}ClO_3$, Formel V (X = Cl).

B. Beim Erwärmen von (±)-4-[3-Chlor-4-methoxy-phenyl]-2-hexyl-4-oxo-buttersäure-
äthylester mit Aluminiumisopropylat in Isopropylalkohol, anschliessenden Erwärmen mit
äthanol. Natronlauge und Erwärmen des Reaktionsprodukts mit wss. Schwefelsäure
(*Genge, Kshatriya*, J. Indian chem. Soc. **35** [1958] 521, 522).
Krystalle (aus A.); F: 89°.

Hydroxy-oxo-Verbindungen $C_{17}H_{24}O_3$

**(±)-5-[5-Heptyl-2-methoxy-phenyl]-dihydro-furan-2-on, (±)-4-[5-Heptyl-2-methoxy-
phenyl]-4-hydroxy-buttersäure-lacton** $C_{18}H_{26}O_3$, Formel VI.

B. Beim Erwärmen von 4-[5-Heptyl-2-methoxy-phenyl]-4-oxo-buttersäure mit Äthanol
und Natrium und Erwärmen des Reaktionsprodukts mit wss. Schwefelsäure (*Irani et al.*,
J. Univ. Bombay **16**, Tl. 5A [1948] 37, 40).
Kp_{10}: 235—240°. D_4^{30}: 1,036. n_D^{30}: 1,5072.

**17β-Acetoxy-4-oxa-östr-5-en-3-on, 17β-Acetoxy-5-hydroxy-3,5-seco-A-nor-östr-5-en-
3-säure-lacton** $C_{19}H_{26}O_4$, Formel VII (R = CO-CH₃).
Diese Konstitution und Konfiguration kommt wahrscheinlich der nachstehend be-
schriebenen Verbindung zu (*Hartman et al.*, Am. Soc. **78** [1956] 5662, 5663; s. a. *Kushinsky*,
J. biol. Chem. **230** [1958] 31, 36).
B. Beim Erhitzen von 17β-Acetoxy-5-oxo-3,5-seco-A-nor-östran-3-säure mit Acet≠
anhydrid und Natriumacetat unter Stickstoff (*Ha. et al.*; *Ku.*).
Krystalle; F: 129,6—130,6° [unkorr.; aus Ae.] (*Ha. et al.*), 121—125° [unkorr.; aus E.]
(*Ku.*, l. c. S. 32). $[\alpha]_D^{25}$: −37,9° [CHCl₃; c = 1] (*Ha. et al.*). IR-Banden (CS₂ bzw. CHCl₃)
im Bereich von 5,6 μ bis 6 μ: *Ku.*; *Ha. et al.*

**17β-Acetoxy-4-oxa-östr-5(10)-en-3-on, 17β-Acetoxy-5-hydroxy-3,5-seco-A-nor-östr-
5(10)-en-3-säure-lacton** $C_{19}H_{26}O_4$, Formel VIII (R = CO-CH₃).
Diese Konstitution und Konfiguration kommt wahrscheinlich der nachstehend be-
schriebenen Verbindung zu (*Hartman et al.*, Am. Soc. **78** [1956] 5662, 5663; s. a. *Kushinsky*,
J. biol. Chem. **230** [1958] 31, 36).
B. Beim Behandeln von 17β-Acetoxy-5-oxo-3,5-seco-A-nor-östran-3-säure mit Acet≠
anhydrid und Acetylchlorid (*Ha. et al.*, l. c. S. 5666).
Krystalle; F: 138,4—141,6° [unkorr.; aus Ae. + PAe.] (*Ha. et al.*), 138—141° [unkorr.]
(*Ku.*). $[\alpha]_D^{20}$: +57° [CHCl₃; c = 1] (*Ha. et al.*). IR-Banden (CS₂ bzw. CHCl₃) im Bereich
von 5,6 μ bis 6 μ: *Ku.*; *Ha. et al.*

VI   VII   VIII

**17β-Benzoyloxy-4-oxa-östr-5(10)-en-3-on, 17β-Benzoyloxy-5-hydroxy-3,5-seco-A-nor-
östr-5(10)-en-3-säure-lacton** $C_{24}H_{28}O_4$, Formel VIII (R = CO-C₆H₅), und **17β-Benzoyloxy-
4-oxa-östr-5-en-3-on, 17β-Benzoyloxy-5-hydroxy-3,5-seco-A-nor-östr-5-en-3-säure-lacton**
$C_{24}H_{28}O_4$, Formel VII (R = CO-C₆H₅).
Diese beiden Konstitutionsformeln kommen für die nachstehend beschriebene Verbin-
dung in Betracht.

B. Beim Erhitzen von 17β-Benzoyloxy-5-chlor-4-oxa-5ξ-östran-3-on (S. 147) mit Collidin (*Hartman et al.*, Am. Soc. **78** [1956] 5662, 5666).
Krystalle (aus Ae.); F: 164,8—167,0° [unkorr.]. $[\alpha]_D^{27}$: +71,2° [CHCl$_3$; c = 1]. Absorptionsmaxima (A.): 230 nm, 270 nm und 278 nm.

Hydroxy-oxo-Verbindungen C$_{18}$H$_{26}$O$_3$

7-Heptyl-6-hydroxy-2,2-dimethyl-chroman-4-on C$_{18}$H$_{26}$O$_3$, Formel IX (R = H).
B. Aus 1-[4-Heptyl-2,5-dihydroxy-phenyl]-3-methyl-but-2-en-1-on beim Erhitzen unter vermindertem Druck (*Cardani*, G. **82** [1952] 155, 159, 171).
Krystalle (aus Bzn.); F: 130° (*Ca.*). IR-Spektrum (CHCl$_3$; 2—14 μ): *Quilico, Cardani*, G. **83** [1953] 1088, 1101.

IX X

7-Heptyl-6-methoxy-2,2-dimethyl-chroman-4-on C$_{19}$H$_{28}$O$_3$, Formel IX (R = CH$_3$).
B. Beim Behandeln einer Lösung von 7-Heptyl-6-hydroxy-2,2-dimethyl-chroman-4-on in wss. Aceton mit Dimethylsulfat und Alkalilauge (*Cardani*, G. **82** [1952] 155, 172).
Krystalle (aus PAe.); F: 60°.

7-Heptyl-6-hydroxy-2,2-dimethyl-chroman-4-on-[2,4-dinitro-phenylhydrazon]
C$_{24}$H$_{30}$N$_4$O$_6$, Formel X.
B. Aus 7-Heptyl-6-hydroxy-2,2-dimethyl-chroman-4-on und [2,4-Dinitro-phenyl]-hydrazin (*Cardani*, G. **82** [1952] 155, 172).
Rote Krystalle (aus A.); F: 203°.

17β-Acetoxy-4-oxa-androst-5-en-3-on, 17β-Acetoxy-5-hydroxy-3,5-seco-*A*-nor-androst-5-en-3-säure-lacton C$_{20}$H$_{28}$O$_4$, Formel XI (R = CO-CH$_3$).
B. Beim Erhitzen von 17β-Hydroxy-5-oxo-3,5-seco-*A*-nor-androstan-3-säure mit Acetanhydrid und Natriumacetat (*Ringold, Rosenkranz*, J. org. Chem. **22** [1957] 602, 605). Aus 17β-Acetoxy-5-oxo-3,5-seco-*A*-nor-androstan-3-säure (*Fujimoto*, Am. Soc. **73** [1951] 1856).
Krystalle; F: 129—133° [Kofler-App.] (*Fu.*).
Beim Behandeln einer Lösung in Benzol mit Ammoniak sind 17β-Acetoxy-5-oxo-3,5-seco-*A*-nor-androstan-3-säure-amid und 17β-Acetoxy-4-aza-androst-5-en-3-on erhalten worden (*Uskoković, Gut*, Helv. **42** [1959] 2258, 2260). Überführung in Testosteron mit Hilfe von Methylmagnesiumjodid: *Fu.*; in 17β-Hydroxy-4-methyl-androst-4-en-3-on mit Hilfe von Äthylmagnesiumbromid: *Ri., Ro.*; *Sondheimer, Mazur*, Am. Soc. **81** [1959] 2906, 2909.

XI XII

17β-Benzoyloxy-4-oxa-androst-5-en-3-on, 17β-Benzoyloxy-5-hydroxy-3,5-seco-*A*-nor-androst-5-en-3-säure-lacton C$_{25}$H$_{30}$O$_4$, Formel XI (R = CO-C$_6$H$_5$).
B. Beim Erhitzen von 17β-Benzoyloxy-5-oxo-3,5-seco-*A*-nor-androstan-3-säure mit Acetanhydrid und Acetylchlorid (*Turner*, Am. Soc. **72** [1950] 579, 584).
Krystalle (aus CH$_2$Cl$_2$ + PAe.); F: 202—202,5° [korr.]. $[\alpha]_D$: —19° [CHCl$_3$].

5,10-Epoxy-17β-hydroxy-5β-östran-3-on $C_{18}H_{26}O_3$, Formel XII.

B. Beim Behandeln von 17β-Hydroxy-östr-5(10)-en-3-on mit Peroxybenzoesäure in Benzol (*Searle & Co.*, U.S.P. 2729654 [1954]) oder mit Monoperoxyphthalsäure in Chloroform und Äther bei $-70°$ (*Ruelas et al.*, J. org. Chem. **23** [1958] 1744, 1746).

Krystalle; F: 208—210° [unkorr.; aus Acn. + Bzl.] (*Ru. et al.*), ca. 198,5—200,5° [aus Acn.] (*Searle & Co.*). $[\alpha]_D^{25}$: $-39°$ [CHCl$_3$; c = 1] (*Searle & Co.*); $[\alpha]_D$: $-32°$ [CHCl$_3$] (*Ru. et al.*).

Beim Behandeln mit Borfluorid in Äther und Benzol ist 5-Fluor-10,17β-dihydroxy-5α-östran-3-on, beim Erwärmen mit methanol. Kalilauge ist 10,17β-Dihydroxy-östr-4-en-3-on erhalten worden (*Ru. et al.*).

Hydroxy-oxo-Verbindungen $C_{19}H_{28}O_3$

7-Heptyl-6-hydroxy-2,2,8-trimethyl-chroman-4-on $C_{19}H_{28}O_3$, Formel I.

B. Beim Erwärmen von 1-[4-Heptyl-2,5-dihydroxy-3-methyl-phenyl]-3-methyl-but-2-en-1-on mit Essigsäure und wss. Salzsäure (*Quilico et al.*, G. **80** [1950] 325, 341).

Krystalle (aus Bzn.); F: 102,5° (*Qu. et al.*). Absorptionsspektrum (A.; 245—430 nm): *Simonetta, Cardani*, G. **80** [1950] 750, 753.

7-Heptyl-6-hydroxy-2,2,8-trimethyl-chroman-4-on-oxim $C_{19}H_{29}NO_3$, Formel II (X = OH).

B. Aus 7-Heptyl-6-hydroxy-2,2,8-trimethyl-chroman-4-on und Hydroxylamin (*Quilico et al.*, G. **80** [1950] 325, 331, 342).

Krystalle (aus Bzl.); F: 87°.

I   II

7-Heptyl-6-hydroxy-2,2,8-trimethyl-chroman-4-on-[2,4-dinitro-phenylhydrazon] $C_{25}H_{32}N_4O_6$, Formel II (X = NH-C$_6$H$_3$(NO$_2$)$_2$).

B. Aus 7-Heptyl-6-hydroxy-2,2,8-trimethyl-chroman-4-on und [2,4-Dinitro-phenyl]-hydrazin (*Quilico et al.*, G. **80** [1950] 325, 331, 342).

Rote Krystalle (aus A.); F: 194—195°.

7-Heptyl-6-hydroxy-2,2,8-trimethyl-chroman-4-on-semicarbazon $C_{20}H_{31}N_3O_3$, Formel II (X = NH-CO-NH$_2$).

B. Aus 7-Heptyl-6-hydroxy-2,2,8-trimethyl-chroman-4-on und Semicarbazid (*Quilico et al.*, G. **80** [1950] 325, 331, 342).

Krystalle (aus Me.); F: 190—191° [Zers.].

7-Heptyl-6-hydroxy-2,2-dimethyl-chroman-8-carbaldehyd $C_{19}H_{28}O_3$, Formel III.

Über die Konstitution s. *Quilico, Cardani*, G. **83** [1953] 1088, 1100.

B. Beim Erhitzen von Flavoglaucin (6-Heptyl-2,5-dihydroxy-3-[3-methyl-but-2-enyl]-benzaldehyd) mit Essigsäure und Phosphorsäure (*Cardani et al.*, Rend. Ist. lomb. **91** [1957] 624, 635; s. a. *Qu., Ca.*).

Gelbe Krystalle (aus Hexan); F: 104—105° (*Ca. et al.*). IR-Spektrum (CHCl$_3$; 2—14 µ): *Qu., Ca.*, l. c. S. 1101.

3β-Hydroxy-17a-oxa-D-homo-androst-5-en-17-on, 3β,13-Dihydroxy-13αH-13,17-seco-androst-5-en-17-säure-13-lacton $C_{19}H_{28}O_3$, Formel IV (R = H).

B. Beim Erwärmen der im folgenden Artikel beschriebenen Verbindung mit Kaliumhydrogencarbonat in Methanol und Erwärmen des Reaktionsgemisches mit wss. Salzsäure unter Stickstoff (*Levy, Jacobsen*, J. biol. Chem. **171** [1947] 71, 78).

Krystalle; F: 239,5—243,5° (*Hershberg et al.*, Arch. Biochem. **19** [1948] 300, 307), 238—242,2° [aus E.; im vorgeheizten Bad] (*Levy, Ja.*). [α]$_D^{20}$: —254,7° [Dioxan] (*He. et al.*).

3β-Acetoxy-17a-oxa-*D*-homo-androst-5-en-17-on, 3β-Acetoxy-13-hydroxy-13αH-13,17-seco-androst-5-en-17-säure-lacton $C_{21}H_{30}O_4$, Formel IV (R = CO-CH$_3$).

B. Beim Erwärmen von 3β-Acetoxy-5,6β-dibrom-13-hydroxy-5α,13αH-13,17-seco-androstan-17-säure-lacton mit Natriumjodid in Butanon (*Levy, Jacobsen*, J. biol. Chem. **171** [1947] 71, 77).

Krystalle (aus Bzl. + 2,2-Dimethyl-butan); F: 183—185° [im vorgeheizten Bad] (*Levy, Ja.*). [α]$_D^{20}$: —109,4° [Dioxan] (*Hershberg et al.*, Arch. Biochem. **19** [1948] 300, 307).

3β-Hydroxy-17-oxa-*D*-homo-androst-5-en-17a-on, 3β,16-Dihydroxy-16,17-seco-androst-5-en-17-säure-16-lacton $C_{19}H_{28}O_3$, Formel V (R = H).

B. Aus 3β,16-Dihydroxy-16,17-seco-androst-5-en-17-säure bei langsamem Erhitzen auf Schmelztemperatur (*Hershberg et al.*, Arch. Biochem. **19** [1948] 300, 307). Beim Erwärmen von 3β-Acetoxy-16-hydroxy-16,17-seco-androst-5-en-17-säure-lacton mit wss. Natronlauge (*Seemann, Grant*, Am. Soc. **72** [1950] 4073, 4077) oder mit methanol. Kalilauge (*Ayerst, McKenna & Harrison Ltd.*, U.S.P. 2508786 [1948]) und anschliessenden Behandeln mit wss. Schwefelsäure.

Krystalle (aus wss. Me.), F: 206—208° (*Se., Gr.*); Krystalle (aus E.) mit 0,5 Mol Äthylacetat, F: 207—209,5° (*He. et al.*). [α]$_D^{25}$: —65,1° [Dioxan] (*He. et al.*); [α]$_D^{30}$: —55,5° [CHCl$_3$] (*Se., Grant*); [α]$_D^{27}$: —56,5° [Me.] (*Ayerst, McKenna & Harrison Ltd.*). IR-Spektrum (Mineralöl; 2,5—3,3 μ, 7,6—9,3 μ und 8,8—11,5 μ): *Papineau-Couture, Grant*, Chem. Canada **4** [1952] Nr. 1, S. 37, 39. IR-Banden (CS$_2$ sowie CCl$_4$) im Bereich von 5,7 μ bis 9,6 μ: *Jones, Gallagher*, Am. Soc. **81** [1959] 5242, 5244.

III IV V

3β-Acetoxy-17-oxa-*D*-homo-androst-5-en-17a-on, 3β-Acetoxy-16-hydroxy-16,17-seco-androst-5-en-17-säure-lacton $C_{21}H_{30}O_4$, Formel V (R = CO-CH$_3$).

B. Bei der Hydrierung von 3β-Acetoxy-16,17-seco-androst-5-en-16-thio-16,17-disäure-S^{16}-benzylester-17-methylester an Raney-Nickel in Methanol (*Seemann, Grant*, Am. Soc. **72** [1950] 4073, 4076). Beim Erhitzen von 3β,16-Dihydroxy-16,17-seco-androst-5-en-17-säure-16-lacton mit Acetanhydrid (*Hershberg et al.*, Arch. Biochem. **19** [1948] 300, 307).

Krystalle; F: 188—189,8° [aus Me.] (*Se., Gr.*), 186—188° [aus Acn. + Bzn.] (*He. et al.*). [α]$_D^{25}$: —65,1° [Dioxan] (*He. et al.*); [α]$_D^{27}$: —73,7° [CHCl$_3$] (*Se., Gr.*). IR-Spektrum (CCl$_4$; 1500—1300 cm^{-1}): *Jones, Gallagher*, Am. Soc. **81** [1959] 5242, 5247. IR-Banden (CS$_2$ sowie CCl$_4$) im Bereich von 1739 cm^{-1} bis 1108 cm^{-1}: *Jo., Ga.*, l. c. S. 5244.

3β-Hydroxy-17-oxa-*D*-homo-androst-5-en-16-on, 3β,17-Dihydroxy-16,17-seco-androst-5-en-16-säure-17-lacton $C_{19}H_{28}O_3$, Formel VI (R = H).

B. Bei der Behandlung von 3β,17α-Dihydroxy-androst-5-en-16-on mit Blei(IV)-acetat in wss. Essigsäure, Hydrierung des Reaktionsprodukts an Nickel in Äthanol und anschliessenden Behandlung mit wss. Schwefelsäure (*Huffman et al.*, Am. Soc. **70** [1948] 4268; J. biol. Chem. **196** [1952] 367, 371). Beim Erwärmen von 3β-Acetoxy-17-hydroxy-16,17-seco-androst-5-en-16-säure-lacton mit wss. Natronlauge und Behandeln des Reaktionsgemisches mit wss. Schwefelsäure (*Seemann, Grant*, Am. Soc. **72** [1950] 4073, 4076).

Krystalle (aus wss. Me.), F: 205—207° (*Se., Gr.*); Krystalle (aus wss. Isopropylalkohol) mit 1 Mol H$_2$O, F: 205,5—206,5° (*Hu. et al.*, J. biol. Chem. **196** 371). [α]$_D^{27}$: —92,2° [Me.] (*Se., Gr.*); [α]$_D^{27}$: —89,6° [Me.] (*Ayerst, McKenna & Harrison Ltd.*, U.S.P. 2508786 [1948]). IR-Spektrum (Mineralöl; 2,5—3,3 μ; 7,6—9,3 μ; 8,8—11,5 μ): *Papineau-Couture, Grant*,

Chem. Canada **4** [1952] Nr. 1, S. 37, 39. IR-Banden (CS$_2$ sowie CCl$_4$) im Bereich von 5,7 µ bis 9,6 µ: *Jones, Gallagher*, Am. Soc. **81** [1959] 5242, 5244.

3β-Acetoxy-17-oxa-D-homo-androst-5-en-16-on, 3β-Acetoxy-17-hydroxy-16,17-seco-androst-5-en-16-säure-lacton C$_{21}$H$_{30}$O$_4$, Formel VI (R = CO-CH$_3$).

B. Bei der Hydrierung von 3β-Acetoxy-16,17-seco-androst-5-en-17-thio-16,17-disäure-S^{17}-benzylester-16-methylester an Raney-Nickel in Methanol (*Seemann, Grant*, Am. Soc. **72** [1950] 4073, 4076).

Krystalle (aus wss. Me.); F: 176—177° (*Se., Gr.*). [α]$_D^{30}$: —110,6° [CHCl$_3$] (*Se., Gr.*); [α]$_D^{27}$: —132,2° [Me.] (*Ayerst, McKenna & Harrison Ltd.*, U.S.P. 2508786 [1948]). IR-Spektrum (CCl$_4$; 1500—1300 cm^{-1}): *Jones, Gallagher*, Am. Soc. **81** [1959] 5242, 5247. IR-Banden (CS$_2$ sowie CCl$_4$) im Bereich von 1742 cm^{-1} bis 1042 cm^{-1}: *Jo., Ga.*, l. c. S. 5244.

1α,2α-Epoxy-17β-hydroxy-5α-androstan-3-on C$_{19}$H$_{28}$O$_3$, Formel VII (R = H).

B. Beim Behandeln von 17β-Hydroxy-5α-androst-1-en-3-on mit wss. Wasserstoffperoxid und methanol. Natronlauge (*Hoehn*, J. org. Chem. **23** [1958] 929). Beim Erwärmen von 17β-Acetoxy-1α,2α-epoxy-5α-androstan-3-on mit wss.-äthanol. Natronlauge (*Ho.*).

Krystalle (aus wss. Me.); F: 161—162° [Block]. IR-Banden (KBr) im Bereich von 2,8 µ bis 12,6 µ: *Ho.*

VI   VII   VIII

17β-Acetoxy-1α,2α-epoxy-5α-androstan-3-on C$_{21}$H$_{30}$O$_4$, Formel VII (R = CO-CH$_3$).

B. Beim Behandeln von 17β-Acetoxy-5α-androst-1-en-3-on mit wss. Wasserstoffperoxid und methanol. Natronlauge (*Hoehn*, J. org. Chem. **23** [1958] 929).

Krystalle; F: 160—161° [Block]. IR-Banden (KBr) im Bereich von 5,7 µ bis 12,6 µ: *Ho.*

1α,2α-Epoxy-17β-propionyloxy-5α-androstan-3-on C$_{22}$H$_{32}$O$_4$, Formel VII (R = CO-CH$_2$-CH$_3$).

B. Beim Behandeln von 17β-Propionyloxy-5α-androst-1-en-3-on (aus 17β-Hydroxy-5α-androst-1-en-3-on und Propionsäure-anhydrid mit Hilfe von Pyridin hergestellt) mit wss. Wasserstoffperoxid und methanol. Natronlauge (*Searle & Co.*, U.S.P. 2851454 [1957]).

IR-Banden im Bereich von 5,7 µ bis 11,5 µ: *Searle & Co.*

4,5-Epoxy-17-hydroxy-10,13-dimethyl-hexadecahydro-cyclopenta[a]phenanthren-3-on C$_{19}$H$_{28}$O$_3$.

a) **4β,5-Epoxy-17β-hydroxy-5β-androstan-3-on** C$_{19}$H$_{28}$O$_3$, Formel VIII (R = H) (in der Literatur auch als 4β,5-Epoxy-ätiocholan-17β-ol-3-on bezeichnet).

B. Neben dem unter b) beschriebenen Stereoisomeren beim Behandeln von Testosteron (17β-Hydroxy-androst-4-en-3-on) mit wss. Wasserstoffperoxid und wss.-methanol. Natronlauge (*Camerino, Patelli*, Farmaco Ed. scient. **11** [1956] 579, 584; *Ringold et al.*, J. org. Chem. **21** [1956] 1432, 1433). Beim Erwärmen von 17β-Acetoxy-4β,5-epoxy-5β-androstan-3-on mit wss.-methanol. Kaliumcarbonat-Lösung (*Camerino, Cattapan*, Farmaco Ed. scient. **13** [1958] 39, 46).

Krystalle; F: 157—158° [unkorr.; aus Ae.] (*Ri. et al.*), 156—157° [Block; aus Me. oder PAe.] (*Ca., Pa.*). [α]$_D^{20}$: +145° [CHCl$_3$; c = 1] (*Ca., Pa.*); [α]$_D^{20}$: +136° [CHCl$_3$] (*Ri. et al.*).

Beim Behandeln mit Aceton und wss. Schwefelsäure ist 2α,17-Dihydroxy-androst-4-en-3-on (*Camerino et al.*, Farmaco Ed. scient. **11** [1956] 598, 600; Am. Soc. **78** [1956] 3540), beim Behandeln mit Borfluorid in Benzol ist 4,17β-Dihydroxy-androst-4-en-3-on

(*Ca., et al.*, Am. Soc. **78** 3540) erhalten worden. Bildung von 17β-Acetoxy-4-hydroxy-androst-4-en-3-on beim Behandeln mit Schwefelsäure enthaltender Essigsäure: *Ca. et al.*, Am. Soc. **78** 3540.

b) **4α,5-Epoxy-17β-hydroxy-5α-androstan-3-on** $C_{19}H_{28}O_3$, Formel IX (R = H).
B. s. bei dem unter a) beschriebenen Stereoisomeren.
Krystalle (aus Me. oder aus Ae. + PAe.); F: 147—148° [Block] (*Camerino, Patelli*, Farmaco Ed. scient. **11** [1956] 579, 583). $[\alpha]_D^{20}$: −33° [CHCl$_3$; c = 1] (*Ca., Pa.*).
Beim Behandeln mit Borfluorid in Benzol ist 4,17β-Dihydroxy-androst-4-en-3-on erhalten worden (*Camerino et al.*, Am. Soc. **78** [1956] 3540). Bildung von 17β-Acetoxy-4-hydroxy-androst-4-en-3-on beim Behandeln mit Schwefelsäure enthaltender Essigsäure: *Ca. et al.*

17-Acetoxy-4,5-epoxy-10,13-dimethyl-hexadecahydro-cyclopenta[a]phenanthren-3-on $C_{21}H_{30}O_4$.

a) **17β-Acetoxy-4β,5-epoxy-5β-androstan-3-on** $C_{21}H_{30}O_4$, Formel VIII (R = CO-CH$_3$).
F: 155—157° (*Camerino et al.*, Am. Soc. **78** [1956] 3540). $[\alpha]_D$: +130° [CHCl$_3$] (*Ca. et al.*).
Beim Behandeln mit Natriumboranat in Äthanol sind 17β-Acetoxy-4β,5-epoxy-5β-androstan-3α-ol und 4β,5-Epoxy-5β-androstan-3α,17β-diol, beim Behandeln einer Lösung in Tetrahydrofuran mit Lithiumalanat in Äther sind 5β-Androstan-3α,5,17β-triol (Hauptprodukt) und 5β-Androstan-3α,4β,17β-triol erhalten worden (*Camerino, Cattapan*, Farmaco Ed. scient. **13** [1958] 39, 42, 45).

b) **17β-Acetoxy-4α,5-epoxy-5α-androstan-3-on** $C_{21}H_{30}O_4$, Formel IX (R = CO-CH$_3$).
F: 172—173°; $[\alpha]_D$: −62° [CHCl$_3$] (*Camerino et al.*, Am. Soc. **78** [1956] 3540).
Bildung von 17β-Acetoxy-4β,5-dihydroxy-5α-androstan-3-on beim Behandeln mit Aceton und wss. Schwefelsäure: *Ca. et al.* Beim Behandeln einer Lösung in Tetrahydrofuran mit Lithiumalanat in Äther ist 5α-Androstan-3β,5,17β-triol erhalten worden (*Camerino, Cattapan*, Farmaco Ed. scient **13** [1958] 39, 45, 49).

5,6-Epoxy-3-hydroxy-10,13-dimethyl-hexadecahydro-cyclopenta[a]phenanthren-17-on $C_{19}H_{28}O_3$.
Über die Konfiguration der beiden folgenden Stereoisomeren an den C-Atomen 5 und 6 s. *Ehrenstein*, J. org. Chem. **13** [1948] 214.

a) **5,6β-Epoxy-3β-hydroxy-5β-androstan-17-on** $C_{19}H_{28}O_3$, Formel X (R = H) (in der Literatur auch als 5,6β-Epoxy-ätiocholan-3β-ol-17-on bezeichnet).
B. Beim Erwärmen von 3β,5-Diacetoxy-6β-hydroxy-5α-androstan-17-on oder von 3β,5,6β-Triacetoxy-5α-androstan-17-on mit äthanol. Kalilauge (*Davis, Petrow*, Soc. **1949** 2536, 2538).
Krystalle (aus Ae. + PAe); F: 166—167° [korr.].

b) **5,6α-Epoxy-3β-hydroxy-5α-androstan-17-on** $C_{19}H_{28}O_3$, Formel XI (R = H).
B. Beim Behandeln von Dehydroandrosteron (3β-Hydroxy-androst-5-en-17-on) mit Peroxybenzoesäure in Chloroform (*Uschakow* [*Ouchakov*], *Ljutenberg*, Ž. obšč. Chim. **7** [1937] 1821, 1822; Bl. [5] **4** [1937] 1394, 1396; *Miescher, Fischer*, Helv. **21** [1938] 336, 354; s. a. *Selinskiĭ, Uschakow*, Izv. Akad. S.S.S.R. Ser. chim. **1936** 879, 890; C. A. **1937** 5372). Beim Erwärmen von 3β-Acetoxy-5-hydroxy-6β-methansulfonyloxy-5α-androstan-17-on mit methanol. Kalilauge (*Fürst, Koller*, Helv. **30** [1947] 1454, 1459).
Krystalle; F: 229—230° [aus Acn. oder Me.] (*Mi., Fi.*), 227,5—228,5° [korr.; aus E.] (*Usch., Lj.*), 228° [korr.] (*Fü., Ko.*). $[\alpha]_D$: −13,9° [CHCl$_3$; c = 1] (*Fü., Ko.*).
Beim Behandeln mit Schwefelsäure enthaltendem wss. Aceton (*Usch., Lj.*) sowie beim Erhitzen mit Wasser auf 110° (*Mi., Fi.*) ist 3β,5,6β-Trihydroxy-5α-androstan-17-on, beim Erhitzen mit Essigsäure (*Ehrenstein*, J. org. Chem. **6** [1941] 626, 639) sind 6β-Acetoxy-3β,5-dihydroxy-5α-androstan-17-on und 3β,6β-Diacetoxy-5-hydroxy-5α-androstan-17-on erhalten worden. Bildung von 5,6α-Epoxy-5α-androstan-3β,17β-diol beim Behandeln mit Natriumboranat in Äthanol: *Wada*, J. pharm. Soc. Japan **79** [1959] 684, 687; C. A. **1959** 22085. Reaktion mit Methylmagnesiumbromid in Äther und Tetrahydrofuran unter Bildung von 6β,17α-Dimethyl-5α-androstan-3β,5,17β-triol: *Campbell et al.*, Am. Soc. **80** [1958] 4717, 4719.

3-Acetoxy-5,6-epoxy-10,13-dimethyl-hexadecahydro-cyclopenta[a]phenanthren-17-on $C_{21}H_{30}O_4$.

a) **3β-Acetoxy-5,6β-epoxy-5β-androstan-17-on** $C_{21}H_{30}O_4$, Formel X (R = $CO-CH_3$).

B. Neben dem unter b) beschriebenen Stereoisomeren aus 3β-Acetoxy-androst-5-en-17-on beim Erwärmen mit Kaliumpermanganat in wss. Essigsäure (*Ehrenstein, Decker*, J. org. Chem. **5** [1940] 544, 552) sowie beim Behandeln mit Monoperoxyphthalsäure in Äther und Tetrachlormethan (*Ruzicka, Muhr*, Helv. **27** [1944] 503, 507).

Krystalle; F: 188—190° [aus Ae.] (*Eh., De.*), 186—187° [korr.; aus E. + A.] (*Ru., Muhr*). $[\alpha]_D^{15}$: +40,7° [$CHCl_3$; c = 2]; $[\alpha]_D^{15}$: +47° [Acn.; c = 1] (*Ru., Muhr*); $[\alpha]_D^{26}$: +58,4° [Acn.; c = 2] (*Eh., De.*). IR-Spektrum von Lösungen in Schwefelkohlenstoff (2—16 μ): *Günthard et al.*, Helv. **36** [1953] 1900, 1906; in Tetrachlormethan (5,6—6,25 μ und 6,7—7,7 μ) und in Schwefelkohlenstoff (7,1—15,2 μ): *G. Roberts, B. S. Gallagher, R. N. Jones,* Infrared Absorption Spectra of Steroids, Bd. 2 [New York 1958] Nr. 437.

Beim Erhitzen mit Essigsäure ist 3β,5-Diacetoxy-6β-hydroxy-5α-androstan-17-on erhalten worden (*Ehrenstein,* J. org. Chem. **6** [1941] 626, 638). Hydrierung an Platin in Essigsäure unter Bildung von 5α-Androstan-17-on, 5α-Androstan-17β-ol (E III **6** 2100) und 3β-Acetoxy-5α-androstan-6β,17β-diol (?) [F: 204—207°]: *Ru., Muhr,* l. c. S. 511.

b) **3β-Acetoxy-5,6α-epoxy-5α-androstan-17-on** $C_{21}H_{30}O_4$, Formel XI (R = $CO-CH_3$).

B. Beim Behandeln von 3β-Acetoxy-androst-5-en-17-on mit Peroxybenzoesäure in Chloroform (*Ehrenstein,* J. org. Chem. **6** [1941] 626, 637). Beim Erhitzen von 5,6α-Epoxy-3β-hydroxy-5α-androstan-17-on mit Acetanhydrid (*Ehrenstein, Decker,* J. org. Chem. **5** [1940] 544, 555) oder mit Acetanhydrid und Pyridin (*Urushibara, Chuman,* Bl. chem. Soc. Japan **22** [1949] 1). Weitere Bildungsweisen s. bei dem unter a) beschriebenen Stereoisomeren.

Krystalle; F: 223—224° [aus Ae.] (*Eh., De.; Eh.*), 222—224° [korr.; aus E. + A.] (*Ruzicka, Muhr,* Helv. **27** [1944] 503, 507), 222—223° [aus A.] (*Fukuda,* J. agric. chem. Soc. Japan **28** [1954] 929, 931; C. A. **1958** 20643). $[\alpha]_D^{14}$: —12° [$CHCl_3$; c = 1]; $[\alpha]_D^{16}$: —12,4° [Acn.; c = 1] (*Ru., Muhr*); $[\alpha]_D^{26}$: —10,0° [Acn.; c = 1] (*Eh., De.*). IR-Spektrum von 2 μ bis 16 μ (Nujol): *Günthard et al.,* Helv. **36** [1953] 1900, 1906; von 5,6 μ bis 6,1 μ und von 6,7 μ bis 7,7 μ (CCl_4) sowie von 7,1 μ bis 14,7 μ (CS_2): *G. Roberts, B. S. Gallagher, R. N. Jones,* Infrared Absorption Spectra of Steroids, Bd. 2 [New York 1958] Nr. 430.

Beim Behandeln mit Chrom(VI)-oxid, Essigsäure und Chloroform ist 3β-Acetoxy-5-hydroxy-5α-androstan-6,17-dion (*Ruzicka et al.,* Helv. **23** [1940] 1518, 1524), beim Erhitzen mit Essigsäure ist 3β,6β-Diacetoxy-5-hydroxy-5α-androstan-17-on (*Eh.,* l. c. S. 638) erhalten worden. Hydrierung an Platin in Äthanol unter Bildung von 3β-Acetoxy-5,6α-epoxy-5α-androstan-17β-ol, Hydrierung an Platin in Essigsäure unter Bildung von 3β-Acetoxy-5-hydroxy-5α-androstan-17-on: *Ru., Muhr,* l. c. S. 509, 510. Bildung von 5α-Androstan-3β,5,17β-triol beim Behandeln einer Lösung in Tetrahydrofuran mit Lithiumalanat in Äther: *Julia et al.,* Helv. **35** [1952] 665, 669.

5,6α-Epoxy-3β-propionyloxy-5α-androstan-17-on $C_{22}H_{32}O_4$, Formel XI (R = $CO-CH_2-CH_3$).

B. Beim Behandeln von 5,6α-Epoxy-3β-hydroxy-5α-androstan-17-on mit Propionsäure-anhydrid und Pyridin (*Wada,* J. pharm. Soc. Japan **79** [1959] 693; C. A. **1959** 22086).

Krystalle (aus Acn. + Dioxan); F: 202,5—204° [unkorr.].

3β-Benzoyloxy-5,6α-epoxy-5α-androstan-17-on $C_{26}H_{32}O_4$, Formel XI (R = $CO-C_6H_5$).

B. Beim Behandeln von 3β-Benzoyloxy-androst-5-en-17-on mit Monoperoxyphthal=
säure in Chloroform und Äther (*Ruzicka et al.*, Helv. **23** [1940] 1518, 1522).

Krystalle; F: 242—243° [korr.] (*Davis, Petrow*, Soc. **1949** 2973, 2974), 218—220°
[korr.; aus E. + PAe.] (*Ru. et al.*).

9,11-Epoxy-3-hydroxy-10,13-dimethyl-hexadecahydro-cyclopenta[a]phenanthren-17-on
$C_{19}H_{28}O_3$.

a) **9,11α-Epoxy-3α-hydroxy-5β-androstan-17-on** $C_{19}H_{28}O_3$, Formel XII (R = H) (in
der Literatur auch als 9α,11α-Epoxy-ätiocholan-3α-ol-17-on bezeichnet).

B. Beim Behandeln von 3α-Hydroxy-5β-androst-9(11)-en-17-on mit Peroxybenzoe=
säure in Chloroform (*Lieberman et al.*, J. biol. Chem. **196** [1952] 793, 797, 801; s. a.
Dobriner et al., J. biol. Chem. **169** [1947] 221).

Krystalle (aus Acn. + Bzn.); F: 175—177° [korr.] (*Li. et al.*; *Do. et al.*). $[\alpha]_D^{23}$: +123°
[A.; c = 0,2] (*Li. et al.*; *Do. et al.*).

b) **9,11α-Epoxy-3β-hydroxy-5α-androstan-17-on** $C_{19}H_{28}O_3$, Formel XIII (R = H).

B. Aus 3β-Acetoxy-9,11α-epoxy-5α-androstan-17-on mit Hilfe von methanol. Kalilauge
(*Reich, Lardon*, Helv. **30** [1947] 329, 333).

Krystalle (aus Ae. + PAe.); F: 182—186° [korr.].

c) **9,11α-Epoxy-3α-hydroxy-5α-androstan-17-on** $C_{19}H_{28}O_3$, Formel XIV (R = H).

B. Beim Behandeln von 3α-Hydroxy-5α-androst-9(11)-en-17-on mit Peroxybenzoe=
säure in Chloroform (*Lieberman et al.*, J. biol. Chem. **196** [1952] 793, 803).

Krystalle (aus Acn. + Ae.); F: 196—198° [korr.; Kofler-App.]. $[\alpha]_D^{18}$: +90,4° [A.;
c = 1].

XII XIII XIV

3-Acetoxy-9,11-epoxy-10,13-dimethyl-hexadecahydro-cyclopenta[a]phenanthren-17-on
$C_{21}H_{30}O_4$.

a) **3α-Acetoxy-9,11α-epoxy-5β-androstan-17-on** $C_{21}H_{30}O_4$, Formel XII
(R = $CO-CH_3$).

B. Beim Behandeln von 9,11α-Epoxy-3α-hydroxy-5β-androstan-17-on mit Acet=
anhydrid und Pyridin (*Lieberman et al.*, J. biol. Chem. **196** [1952] 793, 801).

Krystalle (aus Pentan); F: 114° [korr.; Kofler-App.]. $[\alpha]_D^{16}$: +128° [A.; c = 1].

b) **3β-Acetoxy-9,11α-epoxy-5α-androstan-17-on** $C_{21}H_{30}O_4$, Formel XIII
(R = $CO-CH_3$).

B. Beim Behandeln von 3β-Acetoxy-5α-androst-9(11)-en-17-on mit Peroxybenzoesäure
in Chloroform unter Lichtausschluss (*Reich, Lardon*, Helv. **30** [1947] 329, 333).

Krystalle (aus Ae. + PAe.); F: 172—178° [Kofler-App.]. $[\alpha]_D^{16}$: +71,3° [Acn.; c = 1].

c) **3α-Acetoxy-9,11α-epoxy-5α-androstan-17-on** $C_{21}H_{30}O_4$, Formel XIV
(R = $CO-CH_3$).

B. Beim Behandeln von 9,11α-Epoxy-3α-hydroxy-5α-androstan-17-on mit Acet=
anhydrid und Pyridin (*Lieberman et al.*, J. biol. Chem. **196** [1952] 793, 803).

Krystalle (aus Ae. + Bzn.); F: 160—162° [korr.]. $[\alpha]_D^{17}$: +82,7° [A.; c = 0,7].

3α-Benzoyloxy-9,11α-epoxy-5α-androstan-17-on $C_{26}H_{32}O_4$, Formel XIV (R = $CO-C_6H_5$).

B. Beim Behandeln von 9,11α-Epoxy-3α-hydroxy-5α-androstan-17-on mit Benzoyl=
chlorid und Pyridin (*Lieberman et al.*, J. biol. Chem. **196** [1952] 793, 803).

Krystalle (aus Ae. + Bzn.); F: 186—188° [korr.]. $[\alpha]_D^{18}$: +85,4° [A.; c = 0,5].

11α,12α-Epoxy-3α-hydroxy-5β-androstan-17-on $C_{19}H_{28}O_3$, Formel XV (R = H) (in der Literatur auch als 11α,12α-Epoxy-ätiocholan-3α-ol-17-on bezeichnet).

B. Aus 3α-Acetoxy-11α,12α-epoxy-5β-androstan-17-on mit Hilfe von methanol. Kali=
lauge (*Lardon, Liebermann*, Helv. **30** [1947] 1373, 1378).

Krystalle (aus Ae. + PAe.); F: 220—224° [korr.].

3α-Acetoxy-11α,12α-epoxy-5β-androstan-17-on $C_{21}H_{30}O_4$, Formel XV (R = CO-CH₃).

B. Beim Behandeln von 3α-Acetoxy-5β-androst-11-en-17-on mit Peroxybenzoesäure in Chloroform unter Lichtausschluss (*Lardon, Liebermann*, Helv. **30** [1947] 1373, 1377).

Krystalle (aus Ae. + PAe.); F: 126—135° und (nach Wiedererstarren bei weiterem Erhitzen) 150—154° [korr.]. $[\alpha]_D^{15}$: +116,8° [CHCl₃; c = 0,7].

3β-Acetoxy-14,15β-epoxy-5α,14β-androstan-17-on $C_{21}H_{30}O_4$, Formel XVI.

B. Beim Behandeln von 3β-Acetoxy-5α-androst-14-en-17-on mit Peroxybenzoesäure in Chloroform (*Sondheimer, Burstein*, Pr. chem. Soc. **1959** 228).

F: 159—160°. $[\alpha]_D$: +105° [CHCl₃].

Beim Erwärmen mit Natriumcarbonat in wss. *tert*-Butylalkohol ist 3β-Acetoxy-14-hydroxy-5α,14β-androst-15-en-17-on erhalten worden.

Hydroxy-oxo-Verbindungen $C_{20}H_{30}O_3$

(±)-1-[8-Hydroxy-7-methyl-3-propyl-isochroman-6-yl]-heptan-2-on $C_{20}H_{30}O_3$, Formel I (R = H).

Diese Konstitution kommt dem nachstehend beschriebenen Hexahydro-aporubro=
punctatin zu (*Haws, Holker*, Soc. **1961** 3820).

B. Bei der Hydrierung von Rubropunctatin ((−)-3-Hexanoyl-9a-methyl-6-propenyl-9a*H*-furo[3,2-*g*]isochromen-2,9-dion [F: 156,5—157°]) an Palladium/Kohle in Essigsäure (*Haws et al.*, Soc. **1959** 3598, 3609).

Krystalle (aus PAe.); F: 76—77° (*Haws et al.*). Absorptionsmaximum (A.): 282 nm (*Haws et al.*).

(±)-1-[8-Methoxy-7-methyl-3-propyl-isochroman-6-yl]-heptan-2-on $C_{21}H_{32}O_3$, Formel I (R = CH₃).

B. Beim Behandeln von (±)-1-[8-Hydroxy-7-methyl-3-propyl-isochroman-6-yl]-heptan-2-on (s. o.) mit Dimethylsulfat, Kaliumcarbonat und Aceton (*Haws et al.*, Soc. **1959** 3598, 3609).

Krystalle (aus wss. A.); F: 49—50°. Absorptionsmaximum (A.): 272 nm.

Beim Erwärmen mit Kaliumpermanganat in Aceton ist 8-Methoxy-7-methyl-1-oxo-3-propyl-isochroman-6-carbonsäure erhalten worden.

(±)-1-[8-Acetoxy-7-methyl-3-propyl-isochroman-6-yl]-heptan-2-on $C_{22}H_{32}O_4$, Formel I ($R = CO-CH_3$).

B. Beim Behandeln von (±)-1-[8-Hydroxy-7-methyl-3-propyl-isochroman-6-yl]-heptan-2-on (S. 246) mit Acetanhydrid und Pyridin (*Haws et al.*, Soc. **1959** 3598, 3609).
Krystalle (aus wss. A.); F: 71,5—72,5°. Absorptionsmaximum (A.): 266 nm.

(±)-1-[8-Methoxy-7-methyl-3-propyl-isochroman-6-yl]-heptan-2-on-oxim $C_{21}H_{33}NO_3$, Formel II.

B. Aus (±)-1-[8-Methoxy-7-methyl-3-propyl-isochroman-6-yl]-heptan-2-on (S. 246) und Hydroxylamin (*Haws et al.*, Soc. **1959** 3598, 3609).
Krystalle (aus wss. A.); F: 80—81°.

---

ent-19-β-L-Glucopyranosyloxy-15-hydroxy-labda-8(20),13*t*-dien-16-säure-lacton [1]), Neoandrographolid $C_{26}H_{40}O_8$, Formel III ($R = H$).
Konstitution und Konfiguration: *Chan et al.*, Tetrahedron **27** [1971] 5081.
Isolierung aus Andrographis paniculata: *Kleipool*, Nature **169** [1952] 33.
Krystalle; F: 174—174,5°; $[\alpha]_D^{24,5}$: —39,9° [Lösungsmittel nicht angegeben] (*Kl.*).
Krystalle (aus A.); F: 167—168° [unkorr.; Kofler-App.]; $[\alpha]_D$: —48° [*Py.*; c = 1] (*Chan et al.*).

III   IV

ent-15-Hydroxy-19-[tetra-*O*-acetyl-β-L-glucopyranosyloxy]-labda-8(20),13*t*-dien-16-säure-lacton [1]), *O*-Acetyl-neoandrographolid $C_{31}H_{48}O_{12}$, Formel III ($R = CO-CH_3$).
B. Beim Behandeln von Neoandrographolid (s. o.) mit Acetanhydrid und Zinkchlorid oder mit Acetanhydrid und Pyridin (*Kleipool*, Nature **169** [1952] 33; *Chan et al.*, Tetrahedron **27** [1971] 5081, 5088).
Krystalle; F: 157° (*Kl.*), 155—157° [unkorr.; Kofler-App.; aus A.] (*Chan et al.*). $[\alpha]_D$: —31° [$CHCl_3$; c = 1] (*Chan et al.*).

(4a*R*)-9-Acetoxy-7*c*-äthyl-1,4b,7*t*-trimethyl-(4b*c*,10a*t*)-1,3,4,4b,5,6,7,8,10,10a-decahydro-2*H*-4a*r*,1*c*-oxaäthano-phenanthren-12-on, (4a*R*)-9-Acetoxy-7*c*-äthyl-4a-hydroxy-1*t*,4b,7*t*-trimethyl-(4a*r*,4b*c*,10a*t*)-1,2,3,4,4a,4b,5,6,7,8,10,10a-dodecahydro-phenanthren-1*c*-carbonsäure-lacton, 7-Acetoxy-10-hydroxy-10β-ros-7-en-19-säure-lacton [2]) $C_{22}H_{32}O_4$, Formel IV.
Konstitution und Konfiguration: *Ellestad et al.*, Soc. **1965** 7246, 7249.
B. Beim Behandeln von Dihydroisorosenonolacton (10-Hydroxy-7-oxo-8β,10β-rosan-19-säure-lacton [E III/IV **17** 6121]) mit Acetanhydrid und Pyridin (*Robertson et al.*, Soc. **1949** 879, 883).
Krystalle (aus A.); F: 184°; $[\alpha]_D^{20}$: —34° [$CHCl_3$; c = 1] (*Ro. et al.*).

9-Hydroxy-1,4b,7-trimethyl-7-vinyl-dodecahydro-4a,1-oxaäthano-phenanthren-12-on, 4a,9-Dihydroxy-1,4b,7-trimethyl-7-vinyl-tetradecahydro-phenanthren-1-carbonsäure-4a-lacton $C_{20}H_{30}O_3$.
Über die Konfiguration der folgenden Stereoisomeren s. *Scott et al.*, Pr. chem. Soc.

---

[1]) Stellungsbezeichnung bei von **Labdan** abgeleiteten Namen s. E III **5** 297.
[2]) Stellungsbezeichnung bei von **Rosan** abgeleiteten Namen s. E III/IV **17** 4776.

1964 19; *Ellestad et al.*, Soc. **1965** 7246, 7249; über die Konfiguration am C-Atom 7 (Rosan-Bezifferung) s. *Cairns et al.*, Soc. [B] **1966** 654.

a) (4aR)-9c-Hydroxy-1,4b,7t-trimethyl-7c-vinyl-(4bc,8ac,10at)-dodecahydro-4ar,1c-oxaäthano-phenanthren-12-on, 7β,10-Dihydroxy-8β,10β-ros-15-en-19-säure-10-lacton [1]), Isorosenololacton $C_{20}H_{30}O_3$, Formel V.

B. Beim Behandeln von Isorosenonolacton (10-Hydroxy-7-oxo-8β,10β-ros-15-en-19-säure-lacton [E III/IV **17** 6261]) mit Kaliumboranat in wss. Methanol unter Zusatz von wss. Natronlauge (*Harris et al.*, Soc. **1958** 1799, 1804).

Krystalle (aus Me.); F: 181°.

b) (4aR)-9c-Hydroxy-1,4b,7t-trimethyl-7c-vinyl-(4bc,8at,10at)-dodecahydro-4ar,1c-oxaäthano-phenanthren-12-on, 7β,10-Dihydroxy-10β-ros-15-en-19-säure-10-lacton [1]), Rosenololacton $C_{20}H_{30}O_3$, Formel VI (R = H).

B. Beim Behandeln von Rosenonolacton (10-Hydroxy-7-oxo-10β-ros-15-en-19-säure-lacton [E III/IV **17** 6261]) mit Kaliumboranat in wss. Methanol unter Zusatz von wss. Natronlauge (*Harris et al.*, Soc. **1958** 1799, 1804).

Krystalle (aus Bzl. + CHCl$_3$); F: 222° [nach Sintern bei 218°] (*Ha. et al.*).

V   VI   VII

(4aR)-9c-Acetoxy-1,4b,7t-trimethyl-7c-vinyl-(4bc,8at,10at)-dodecahydro-4ar,1c-oxa=äthano-phenanthren-12-on, (4aR)-9c-Acetoxy-4a-hydroxy-1t,4b,7t-trimethyl-7c-vinyl-(4ar,4bc,8at,10at)-tetradecahydro-phenanthren-1c-carbonsäure-lacton, 7β-Acetoxy-10-hydroxy-10β-ros-15-en-19-säure-lacton [1]), *O*-Acetyl-rosenololacton $C_{22}H_{32}O_4$, Formel VI (R = CO-CH$_3$).

B. Beim Behandeln von Rosenololacton (s. o.) mit Acetanhydrid und Pyridin (*Harris et al.*, Soc. **1958** 1799, 1804).

Krystalle (aus Me.); F: 186°. $[\alpha]_D^{20}$: +59,2° [CHCl$_3$; c = 0,1].

(4aR)-10c-Hydroxy-1,4b,7t-trimethyl-7c-vinyl-(4bc,8at,10at)-dodecahydro-4ar,1c-oxa=äthano-phenanthren-12-on, (4aR)-4a,10c-Dihydroxy-1t,4b,7t-trimethyl-7c-vinyl-(4ar,4bc,8at,10at)-tetradecahydro-phenanthren-1c-carbonsäure-4a-lacton, 6β,10-Di=hydroxy-10β-ros-15-en-19-säure-10-lacton [1]), Rosololacton $C_{20}H_{30}O_3$, Formel VII (R = H).

Konstitution: *Scott et al.*, Am. Soc. **84** [1962] 3197. Konfiguration: *Scott et al.*, Pr. chem. Soc. **1964** 19; *Djerassi et al.*, Soc. [C] **1966** 624.

Isolierung aus Trichothecium roseum: *Robertson et al.*, Soc. **1949** 879, 882.

Krystalle; F: 186° [aus wss. A. oder PAe.] (*Ro. et al.*), 186° (*Harris et al.*, Soc. **1958** 1807, 1810). $[\alpha]_D^{18}$: +6,3° [CHCl$_3$; c = 2] (*Ha. et al.*). UV-Absorption (A.): *Ha. et al.*

Beim Behandeln mit Chrom(VI)-oxid in Essigsäure ist 10-Hydroxy-6-oxo-10β-ros-15-en-19-säure-lacton erhalten worden (*Ha. et al.*).

(4aR)-10c-Acetoxy-1,4b,7t-trimethyl-7c-vinyl-(4bc,8at,10at)-dodecahydro-4ar,1c-oxa=äthano-phenanthren-12-on, (4aR)-10c-Acetoxy-4a-hydroxy-1t,4b,7t-trimethyl-7c-vinyl-(4ar,4bc,8at,10at)-tetradecahydro-phenanthren-1c-carbonsäure-lacton, 6β-Acetoxy-10-hydroxy-10β-ros-15-en-19-säure-lacton [1]), *O*-Acetyl-rosololacton $C_{22}H_{32}O_4$, Formel VII (R = CO-CH$_3$).

B. Beim Erhitzen von Rosololacton (s. o.) mit Acetanhydrid und Natriumacetat (*Harris et al.*, Soc. **1958** 1807, 1810).

Krystalle (aus wss. A.); F: 167°.

---

[1]) Stellungsbezeichnung bei von Rosan abgeleiteten Namen s. E III/IV **17** 4776.

3β-Acetoxy-5,6α-epoxy-D-homo-5α-androstan-17a-on $C_{22}H_{32}O_4$, Formel VIII.

Diese Konstitution und Konfiguration kommt wahrscheinlich der nachstehend beschriebenen Verbindung zu (*Goldberg et al.*, Helv. **30** [1947] 1441, 1442).

B. Neben kleinen Mengen der im folgenden Artikel beschriebenen Verbindung bei der Hydrierung von 3β-Acetoxy-5,6α-epoxy-17ξ-hydroxy-5α-androstan-17ξ-carbonitril (Diastereoisomeren-Gemisch; aus 3β-Acetoxy-5,6α-epoxy-5α-androstan-17-on mit Hilfe von Natriumcyanid und Essigsäure hergestellt) an Platin in Essigsäure und Behandlung der Reaktionslösung mit wss. Natriumnitrit-Lösung unter Lichtausschluss (*Go. et al.*, l. c. S. 1447, 1448).

Krystalle (aus Ae. + PAe.); F: 167—168° [korr.]. $[\alpha]_D^{17}$: —145° [$CHCl_3$; c = 2].

Bei der Hydrierung an Platin in Essigsäure sind 3β-Acetoxy-D-homo-5α-androstan-5,17aα-diol und 3β-Acetoxy-D-homo-5α-androstan-5,17aβ-diol, bei der Hydrierung an Platin in Äthanol sind 3β-Acetoxy-5,6α-epoxy-D-homo-5α-androstan-17aα-ol und 3β-Acetoxy-5,6α-epoxy-D-homo-5α-androstan-17aβ-ol erhalten worden (*Go. et al.*, l. c. S. 1449, 1450).

Semicarbazon $C_{23}H_{35}N_3O_4$. Krystalle (aus Me.); Zers. bei 220—222° [korr.].

VIII   IX

3β-Acetoxy-5,6α-epoxy-D-homo-5α-androstan-17-on $C_{22}H_{32}O_4$, Formel IX.

Diese Konstitution und Konfiguration kommt wahrscheinlich der nachstehend beschriebenen Verbindung zu (*Goldberg et al.*, Helv. **30** [1947] 1441, 1442).

B. s. im vorangehenden Artikel.

Krystalle (aus Ae. + Hexan); F: 160—161° [korr.] (*Go. et al.*, l. c. S. 1448). $[\alpha]_D^{18}$: —116,4° [$CHCl_3$; c = 1].

Semicarbazon $C_{23}H_{35}N_3O_4$. F: 165° [korr.; Zers.].

4,5-Epoxy-17-hydroxy-10,13,17-trimethyl-hexadecahydro-cyclopenta[a]phenanthren-3-on $C_{20}H_{30}O_3$.

a) **4β,5-Epoxy-17β-hydroxy-17α-methyl-5β-androstan-3-on, 4β,5-Epoxy-17-hydroxy-21-nor-5β,17βH-pregnan-3-on** $C_{20}H_{30}O_3$, Formel X.

B. Neben dem unter b) beschriebenen Stereoisomeren beim Behandeln von 17β-Hydroxy-17α-methyl-androst-4-en-3-on mit wss. Wasserstoffperoxid und wss.-methanol. Natronlauge (*Ringold et al.*, J. org. Chem. **21** [1956] 1432, 1434).

Krystalle (aus Acn.); F: 134—136° [unkorr.]. $[\alpha]_D^{20}$: +113° [$CHCl_3$].

X   XI   XII

b) **4α,5-Epoxy-17β-hydroxy-17α-methyl-5α-androstan-3-on, 4α,5-Epoxy-17-hydroxy-21-nor-5α,17βH-pregnan-3-on** $C_{20}H_{30}O_3$, Formel XI.

B. s. bei dem unter a) beschriebenen Stereoisomeren.

Krystalle (aus Acn.), F: 190—194° [unkorr.]; [α]$_D^{20}$: —88° [CHCl$_3$] (*Ringold et al.*, J. org. Chem. **21** [1956] 1432, 1434).

9,11β-Epoxy-17β-hydroxy-17α-methyl-5α,9β-androstan-3-on, 9,11β-Epoxy-17-hydroxy-21-nor-5α,9β,17βH-pregnan-3-on C$_{20}$H$_{30}$O$_3$, Formel XII.

B. Beim Behandeln von 9-Brom-11β,17β-dihydroxy-17α-methyl-5α-androstan-3-on mit wss.-methanol. Natronlauge (*Upjohn Co.*, U.S.P. 2838494 [1956]). Bei der Hydrierung von 9,11β-Epoxy-17β-hydroxy-17α-methyl-9β-androst-4-en-3-on an Palladium/Kohle in Äthanol (*Upjohn Co.*, U.S.P. 2806863, 2838494 [1956]).

Krystalle (aus Acn.); F: 206—210°. [α]$_D^{24}$: +8° [A.].

8-Hydroxy-5b,11c-dimethyl-hexadecahydro-naphth[2′,1′;4,5]indeno[7,1-*bc*]furan-3-on C$_{20}$H$_{30}$O$_3$.

a) **3β,12α-Dihydroxy-5β-androstan-17α-carbonsäure-12-lacton, 3β,12α-Dihydroxy-21-nor-5β,17βH-pregnan-20-säure-12-lacton** C$_{20}$H$_{30}$O$_3$, Formel XIII.

B. Neben kleinen Mengen 3β,12β-Dihydroxy-5β-androstan-17α-carbonsäure bei der Hydrierung von 3,12-Dioxo-5β-androstan-17α-carbonsäure-methylester an Raney-Nickel in methanol. Natronlauge und anschliessenden Behandlung mit wss. Salzsäure (*Sorkin, Reichstein*, Helv. **29** [1946] 1218, 1228).

Krystalle (aus Ae. + PAe.); F: 220—222° [korr.]. [α]$_D^{18}$: +5,7° [CHCl$_3$; c = 1].

Beim Behandeln mit Chrom(VI)-oxid und Essigsäure ist 12α-Hydroxy-3-oxo-5β-androstan-17α-carbonsäure-lacton erhalten worden.

b) **3α,12α-Dihydroxy-5β-androstan-17α-carbonsäure-12-lacton, 3α,12α-Dihydroxy-21-nor-5β,17βH-pregnan-20-säure-12-lacton** C$_{20}$H$_{30}$O$_3$, Formel XIV (R = H).

B. Beim Erwärmen von 3α,12α-Dihydroxy-5β-androstan-17β-carbonsäure-methylester mit Natriummethylat in Methanol, zuletzt unter Zusatz von Wasser, und Erwärmen des Reaktionsprodukts mit wss. Salzsäure (*Sorkin, Reichstein*, Helv. **29** [1946] 1218, 1224). Als Hauptprodukt neben 12α-Hydroxy-5β-androstan-17α-carbonsäure-lacton und kleinen Mengen 3β,12α-Dihydroxy-5β-androstan-17α-carbonsäure-12-lacton bei der Hydrierung von 3,12-Dioxo-5β-androstan-17α-carbonsäure-methylester an Platin in Essigsäure und Behandlung des Reaktionsprodukts mit warmer wss.-methanol. Kalilauge und anschliessend mit wss. Salzsäure (*So., Re.*, l. c. S. 1229).

Krystalle (aus CHCl$_3$ + Ae. oder aus Ae. + PAe.); F: 172—173° [korr.]. [α]$_D^{18}$: +6,3° [CHCl$_3$; c = 1].

3α-Acetoxy-12α-hydroxy-5β-androstan-17α-carbonsäure-lacton, 3α-Acetoxy-12α-hydroxy-21-nor-5β,17βH-pregnan-20-säure-lacton C$_{22}$H$_{32}$O$_4$, Formel XIV (R = CO-CH$_3$).

B. Beim Erwärmen von 3α,12α-Dihydroxy-5β-androstan-17α-carbonsäure-12-lacton mit Acetanhydrid und Pyridin (*Sorkin, Reichstein*, Helv. **29** [1946] 1218, 1225).

Krystalle (aus Ae. + PAe.); F: 169—170° [korr.]. [α]$_D^{18}$: +27,2° [CHCl$_3$; c = 1].

XIII XIV XV

3α-Benzoyloxy-12α-hydroxy-5β-androstan-17α-carbonsäure-lacton, 3α-Benzoyloxy-12α-hydroxy-21-nor-5β,17βH-pregnan-20-säure-lacton C$_{27}$H$_{34}$O$_4$, Formel XIV (R = CO-C$_6$H$_5$).

B. Beim Behandeln von 3α,12α-Dihydroxy-5β-androstan-17α-carbonsäure-12-lacton mit Benzoylchlorid und Pyridin (*Sorkin, Reichstein*, Helv. **29** [1946] 1218, 1225).

Krystalle (aus Ae. + PAe.); F: 208—209° [korr.]. [α]$_D^{19}$: +17,1° [CHCl$_3$; c = 0,8].

**3β-Acetoxy-14-hydroxy-5β,14β-androstan-17β-carbonsäure-lacton, 3β-Acetoxy-14-hydr=
oxy-21-nor-5β,14β-pregnan-20-säure-lacton** $C_{22}H_{32}O_4$, Formel XV.
Über die Konstitution s. *Linde, Meyer*, Helv. **42** [1959] 807, 812.
B. Neben 3β-Acetoxy-14-hydroxy-5β,14β-androstan-17β-carbonsäure beim Behandeln
von 3β-Acetoxy-21-nor-5β,14β-pregnan-14,20-diol mit Chrom(VI)-oxid und Essigsäure
(*Li., Me.*, l. c. S. 822).
Krystalle (aus Ae. + PAe.); F: 168–170° [korr.; Kofler-App.]. $[\alpha]_D^{21}$: −14,7° [$CHCl_3$;
c = 1]. IR-Spektrum (CH_2Cl_2; 2,5–13 μ): *Li., Me.*, l. c. S. 812.

Hydroxy-oxo-Verbindungen $C_{21}H_{32}O_3$

**(±)-3-Dodecyl-6-hydroxy-chroman-2-on, (±)-2-[2,5-Dihydroxy-benzyl]-tetradecansäure-
2-lacton, (±)-3-[2,5-Dihydroxy-phenyl]-2-dodecyl-propionsäure-2-lacton** $C_{21}H_{32}O_3$,
Formel I (R = H).
B. Beim Erhitzen von (±)-2-Dodecyl-3-[5-hydroxy-2-methoxy-phenyl]-propionsäure
mit Essigsäure und Jodwasserstoffsäure (*Asano, Kawasaki*, J. pharm. Soc. Japan **70** [1950]
480, 483; C. A. **1951** 5661).
Krystalle (aus PAe.); F: 99,5–100°.

I II

**(±)-6-Acetoxy-3-dodecyl-chroman-2-on, (±)-2-[5-Acetoxy-2-hydroxy-benzyl]-tetra=
decansäure-lacton, (±)-3-[5-Acetoxy-2-hydroxy-phenyl]-2-dodecyl-propionsäure-lacton**
$C_{23}H_{34}O_4$, Formel I (R = CO-CH_3).
B. Beim Behandeln von (±)-3-Dodecyl-6-hydroxy-chroman-2-on mit Acetanhydrid
und Schwefelsäure (*Asano, Kawasaki*, J. pharm. Soc. Japan **70** [1950] 480, 483; C. A.
1951 5661).
Krystalle (aus Eg. oder A.); F: 88,5–89°.

**(3a*S*)-7*t*-Acetoxy-3a,3b,6,6,9a-pentamethyl-(3a*r*,3b*t*,5a*c*,9a*t*,9b*c*)-Δ^{11}-dodecahydro-phen=
anthro[2,1-*b*]furan-2-on, [(4a*R*)-7*t*-Acetoxy-2-hydroxy-1*c*,4b,8,8,10a-pentamethyl-
(4a*r*,4b*t*,8a*c*,10a*t*)-1,4,4a,4b,5,6,7,8,8a,9,10,10a-dodecahydro-[1*t*]phenanthryl]-essig=
säure-lacton, [3β-Acetoxy-13-hydroxy-8,14α-dimethyl-podocarp-12-en-14β-yl]-essig=
säure-lacton** [1]) $C_{23}H_{34}O_4$, Formel II.
Konstitution und Konfiguration: *Arigoni et al.*, Helv. **37** [1954] 2306, 2311, 2312.
B. Beim Erhitzen von [(4a*R*)-7*t*-Hydroxy-1*c*,4b,8,8,10a-pentamethyl-2-oxo-(4a*r*,4b*t*,=
8a*c*,10a*t*)-tetradecahydro-[1*t*]phenanthryl]-essigsäure mit Acetanhydrid und Natrium=
acetat (*Ar. et al.*, l. c. S. 2320).
Krystalle (aus CH_2Cl_2 + Hexan); F: 231–232° [korr.]. $[\alpha]_D$: +24° [$CHCl_3$; c = 0,5].
IR-Spektrum (Nujol; 2,5–15 μ): *Ar. et al.*, l. c. S. 2309.

20α$_F$,21-Epoxy-3α-hydroxy-5β-pregnan-11-on $C_{21}H_{32}O_3$, Formel III.
B. Beim Behandeln von 3α,21-Diacetoxy-20α$_F$-[toluol-4-sulfonyloxy]-5β-pregnan-11-on
mit methanol. Kalilauge (*Sarett*, Am. Soc. **71** [1949] 1175, 1178).
Krystalle (aus wss. Acn.); F: 173–174° [korr.; Kofler-App.]. $[\alpha]_D^{25}$: +50° [Acn.; c = 1].
Beim Erwärmen mit Natrium-methanthiolat in Methanol ist 3α,20α$_F$-Dihydroxy-
21-methylmercapto-5β-pregnan-11-on erhalten worden.

17,20β$_F$-Epoxy-3α-hydroxy-5β-pregnan-11-on $C_{21}H_{32}O_3$, Formel IV (R = H).
B. Beim Behandeln von 3α-Acetoxy-17-hydroxy-20α$_F$-[toluol-4-sulfonyloxy]-5β-pregn=

---

[1]) Stellungsbezeichnung bei von Podocarpan abgeleiteten Namen s. E III **6** 2098.

an-11-on mit wss. Kalilauge und Aceton (*Sarett*, Am. Soc. **71** [1949] 1175, 1179).

Wasserhaltige Krystalle (aus wss. Me.), die bei 103—112° [Kofler-App.] schmelzen. [α]$_D$: +54,5° [Acn.; c = 0,5].

Bei der Hydrierung an Raney-Nickel in Äthanol bei 120° ist 3α,20β$_F$-Dihydroxy-5β-pregnan-11-on erhalten worden.

III   IV   V

3α-Acetoxy-17,20β$_F$-epoxy-5β-pregnan-11-on $C_{23}H_{34}O_4$, Formel IV (R = CO-CH$_3$).

B. Neben 3α,20β$_F$-Diacetoxy-17-hydroxy-5β-pregnan-11-on beim Behandeln einer Lösung von 3α-Acetoxy-17-hydroxy-5β-pregnan-11,20-dion in Dimethylformamid mit Natriumboranat in Wasser, Behandeln des Reaktionsprodukts mit Methansulfonyl= chlorid und Pyridin, Behandeln des danach isolierten Reaktionsprodukts mit Methanol und wss. Kalilauge und anschliessenden Acetylieren (*Wendler et al.*, Tetrahedron **3** [1958] 144, 151).

Prismen (aus Ae.), die sich bei 112° in Nadeln vom F: 128—129° umwandeln.

Beim Erwärmen mit Lithiummalanat in Tetrahydrofuran, Behandeln des Reaktionsprodukts mit Acetanhydrid und Pyridin und Behandeln des danach isolierten Reaktionsprodukts mit Chrom(VI)-oxid und Essigsäure ist 3α-Acetoxy-17-hydroxy-5β-pregnan-11-on erhalten worden (*We. et al.*, l. c. S. 152).

3β-Acetoxy-20β$_F$-hydroxy-5α-pregnan-18-säure-lacton $C_{23}H_{34}O_4$, Formel V.

B. Neben 3β-Acetoxy-20-oxo-5α-pregnan-18-säure beim Erhitzen von 3β-Acetoxy-18,20β$_F$-epoxy-5α-pregnan mit Chrom(VI)-oxid und Essigsäure (*Cainelli et al.*, Helv. **42** [1959] 1124, 1126).

Krystalle (aus wss. Me.); F: 159—160° [unkorr.; evakuierte Kapillare]. Im Hochvakuum bei 150° sublimierbar. [α]$_D$: +2° [CHCl$_3$; c = 1].

18,20ξ-Epoxy-3,3,20ξ-trimethoxy-5α-pregnan $C_{24}H_{40}O_4$, Formel VI.

B. Beim Behandeln von Dihydroholarrhimin (3β,20α$_F$-Diamino-5α-pregnan-18-ol) mit N-Chlor-succinimid in Dichlormethan, Erwärmen des erhaltenen Chloramins mit Natrium= methylat in Methanol und Behandeln des Reaktionsprodukts mit Chlorwasserstoff enthaltendem Methanol (*Lábler*, *Šorm*, Collect. **24** [1959] 4010, 4012). Beim Behandeln von 18,20ξ-Epoxy-20ξ-hydroxy-5α-pregnan-3-on (18-Hydroxy-5α-pregnan-3,20-dion) mit Chlorwasserstoff enthaltendem Methanol (*Lá.*, *Šorm*).

Krystalle (aus Me.); F: 139—140° [Kofler-App.]. [α]$_D^{20}$: +79,5° [CHCl$_3$; c = 2].

17-Acetyl-5,6-epoxy-10,13-dimethyl-hexadecahydro-cyclopenta[a]phenanthren-3-ol $C_{21}H_{22}O_3$.

a) **5,6β-Epoxy-3β-hydroxy-5β-pregnan-20-on** $C_{21}H_{32}O_3$, Formel VII (R = H).

B. Neben kleinen Mengen 5,6α-Epoxy-3β-hydroxy-5α-pregnan-20-on beim Behandeln von 3β-Hydroxy-pregn-5-en-20-on mit N-Brom-acetamid, Dioxan und wss. Perchlor= säure und Erwärmen des Reaktionsgemisches mit methanol. Kalilauge (*Ellis*, *Petrow*, Soc. **1956** 4417).

Krystalle (aus E.); F: 188—189° (*El.*, *Pe.*). [α]$_D^{22}$: +71° [CHCl$_3$; c = 1] (*El.*, *Pe.*). IR-Spektrum (KBr; 2—15 μ): *W. Neudert*, *H. Röpke*, Steroid-Spektrenatlas [Berlin 1965] Nr. 347.

Beim Behandeln mit Chrom(VI)-oxid und Pyridin ist Pregn-4-en-3,6,20-trion erhalten worden (*El.*, *Pe.*).

VI   VII   VIII

b) **5,6α-Epoxy-3β-hydroxy-5α-pregnan-20-on** $C_{21}H_{32}O_3$, Formel VIII (R = H).

B. Beim Behandeln von 3β-Hydroxy-pregn-5-en-20-on mit Peroxybenzoesäure in Chloroform (*Ehrenstein, Stevens*, J. org. Chem. **6** [1941] 908, 912; *Ehrenstein*, J. org. Chem. **13** [1948] 214, 220), mit Monoperoxyphthalsäure in Chloroform (*Davis, Petrow*, Soc. **1950** 1185, 1188) oder mit Peroxyessigsäure und Natriumacetat (*Upjohn Co.*, U.S.P. 2838528 [1957]).

Krystalle; F: 190—191° [aus wss. A.] (*Ellis, Petrow*, Soc. **1956** 4417), 190—190,5° [korr.; aus Acn.] (*Da., Pe.*). $[α]_D^{20}$: +1° [$CHCl_3$; c = 1] (*El., Pe.*); $[α]_D^{24}$: +1° [Acn.; c = 1] (*Eh., St.*).

Überführung in 5-Hydroxy-5α-pregnan-3,6,20-trion durch Behandlung mit Chrom(VI)-oxid (oder Kaliumpermanganat) und wasserhaltiger Essigsäure: *Eh., St.*, l. c. S. 918. Reaktion mit Fluorwasserstoff in Dichlormethan und Tetrahydrofuran unter Bildung von 6β-Fluor-3β,5-dihydroxy-5α-pregnan-20-on: *Hogg et al.*, Chem. and Ind. **1958** 1002. Beim Behandeln mit wss. Aceton und Schwefelsäure ist 3β,5,6β-Trihydroxy-5α-pregnan-20-on erhalten worden (*Eh., St.*). Bildung von 6β-Acetoxy-3β,5-dihydroxy-5α-pregnan-20-on und kleinen Mengen 3β,6β-Diacetoxy-5-hydroxy-5α-pregnan-20-on beim Erhitzen mit Essigsäure: *Eh., St.*, l. c. S. 914. Überführung in 5,6α-Epoxy-5α-pregnan-3β,20β$_F$-diol durch Behandlung mit Natriumboranat in Äthanol: *Wada*, J. pharm. Soc. Japan **79** [1959] 684, 687; C. A. **1959** 22085.

3-Acetoxy-17-acetyl-5,6-epoxy-10,13-dimethyl-hexadecahydro-cyclopenta[*a*]phenanthren $C_{23}H_{34}O_4$.

a) **3β-Acetoxy-5,6β-epoxy-5β-pregnan-20-on** $C_{23}H_{34}O_4$, Formel VII (R = CO-CH$_3$).

B. Aus 5,6β-Epoxy-3β-hydroxy-5β-pregnan-20-on (*Ellis, Petrow*, Soc. **1956** 4417).

Krystalle (aus wss. Me.); F: 133—134°. $[α]_D^{20}$: +52° [$CHCl_3$; c = 1].

b) **3β-Acetoxy-5,6α-epoxy-5α-pregnan-20-on** $C_{23}H_{34}O_4$, Formel VIII (R = CO-CH$_3$).

B. Aus 5,6α-Epoxy-3β-hydroxy-5α-pregnan-20-on beim Erhitzen mit Acetanhydrid (*Ehrenstein, Stevens*, J. org. Chem. **6** [1941] 908, 913) sowie beim Behandeln mit Acetanhydrid und Pyridin (*Urushibara et al.*, Bl. chem. Soc. Japan **24** [1951] 83; *Bowers et al.*, Am. Soc. **81** [1959] 3707, 3710). Beim Behandeln von 3β-Acetoxy-pregn-5-en-20-on mit Peroxyessigsäure und Natriumacetat (*Upjohn Co.*, U.S.P. 2838528 [1957]) oder mit Monoperoxyphthalsäure in Äther und Chloroform, anfangs bei —60° (*Bowers, Ringold*, Tetrahedron **3** [1958] 14, 25).

Krystalle; F: 167—168° [korr.; Fisher-Johns-App.; aus Acn. + Ae.] (*Eh., St.*), 167—168° (*Ellis, Petrow*, Soc. **1956** 4417), 167—168° [unkorr.] (*Bo. et al.*, l. c. S. 3710). $[α]_D$: +11° [$CHCl_3$] (*Bo., Ri.*); $[α]_D^{20}$: +7° [$CHCl_3$; c = 1] (*El., Pe.*).

Bildung von 3β-Acetoxy-5-hydroxy-6β-nitryloxy-5α-pregnan-20-on beim Behandeln einer Lösung in Äther mit Salpetersäure: *Bo. et al.*, l. c. S. 3710. Beim Erhitzen mit Kaliumcyanid in Äthanol auf 150° sowie beim Erhitzen mit Kaliumcyanid in Äthylenglykol auf 200° ist 20-Oxo-pregna-3,5-dien-6-carbonitril, beim Erwärmen mit Kaliumcyanid in Äthylenglykol auf 90° sind 3β,5-Dihydroxy-20-oxo-5α-pregnan-6α-carbonitril und 3β,5-Dihydroxy-20-oxo-5α-pregnan-6β-carbonitril, beim Erhitzen mit Kaliumcyanid in Äthylenglykol auf 140° sind 3β,5-Dihydroxy-20-oxo-5α-pregnan-6α-carbonitril und 3β-Hydroxy-20-oxo-pregn-5-en-6-carbonitril erhalten worden (*Bowers et al.*, Am. Soc. **81** [1959] 5233, 5239).

3β-Acetoxy-5,6α-epoxy-5α-pregnan-20-on-oxim $C_{23}H_{35}NO_4$, Formel IX.

B. Aus 3β-Acetoxy-5,6α-epoxy-5α-pregnan-20-on und Hydroxylamin (*Ehrenstein, Decker,* J. org. Chem. **5** [1940] 544, 558).
Krystalle (aus wss. A.); F: 219—221° [korr.; Fisher-Johns-App.].

9,11α-Epoxy-3α-hydroxy-5β-pregnan-20-on $C_{21}H_{32}O_3$, Formel X (R = H).

B. Beim Erwärmen von 3α-Acetoxy-9,11α-epoxy-5β-pregnan-20-on mit Natrium=
methylat in Methanol (*Heymann, Fieser,* Am. Soc. **74** [1952] 5938, 5940).
Krystalle (aus Me.); F: 177,4—178,3° [korr.]. $[\alpha]_D^{22}$: +77,4° [CHCl$_3$; c = 2].
Beim Behandeln mit Chrom(VI)-oxid und wss. Essigsäure ist 3α,9-Epoxy-3β-hydroxy-5β-pregnan-11,20-dion erhalten worden.

IX X

**3-Acetoxy-17-acetyl-9,11-epoxy-10,13-dimethyl-hexadecahydro-cyclopenta[a]phen=
anthren** $C_{23}H_{34}O_4$.

a) **3α-Acetoxy-9,11α-epoxy-5β-pregnan-20-on** $C_{23}H_{34}O_4$, Formel X (R = CO-CH$_3$).

B. Beim Behandeln von 3α-Acetoxy-5β-pregn-9(11)-en-20-on mit Peroxybenzoesäure in Benzol (*Heymann, Fieser,* Am. Soc. **74** [1952] 5938, 5940).
Krystalle (aus A.); F: 184,0—185,1° und (nach Wiedererstarren) F: 177° [korr.]. $[\alpha]_D^{22}$: +93,4° [CHCl$_3$; c = 1].

b) **3β-Acetoxy-9,11α-epoxy-5α-pregnan-20-on** $C_{23}H_{34}O_4$, Formel I.

B. Beim Behandeln von 3β-Acetoxy-5α-pregn-9(11)-en-20-on mit Peroxybenzoesäure in Chloroform (*Djerassi et al.,* J. org. Chem. **16** [1951] 1278, 1282).
Krystalle (aus Hexan + Ae.); F: 149—152° [unkorr.].

3β-Acetoxy-14,15β-epoxy-5α,14β,17βH-pregnan-20-on $C_{23}H_{34}O_4$, Formel II.

Diese Konstitution und Konfiguration ist der nachstehend beschriebenen Verbindung zugeordnet worden (*Plattner et al.,* Helv. **30** [1947] 385, 393).

B. Neben anderen Verbindungen bei der Hydrierung von 3β-Acetoxy-14,15β-epoxy-5α,14β-pregn-16-en-20-on an Palladium/Bariumsulfat in Äthanol (*Pl. et al.*).
Krystalle (aus Hexan + Ae.); F: 147—150° [korr.]. $[\alpha]_D^{20}$: −4,1° [CHCl$_3$; c = 2]. Absorptionsmaximum: 284 nm.

17-Acetyl-16,17-epoxy-10,13-dimethyl-hexadecahydro-cyclopenta[a]phenanthren-3-ol $C_{21}H_{32}O_3$.

a) **16α,17-Epoxy-3β-hydroxy-5β-pregnan-20-on** $C_{21}H_{32}O_3$, Formel III (R = H).

B. Aus 3β-Acetoxy-16α,17-epoxy-5β-pregnan-20-on mit Hilfe von äthanol. Natronlauge (*Marker et al.,* Am. Soc. **64** [1942] 468), von methanol. Kalilauge (*Hirschmann, Daus,* J. org. Chem. **24** [1959] 1114, 1118) oder von wss. Kalilauge und *tert*-Butylalkohol (*Kenney et al.,* Am. Soc. **80** [1958] 5568).
Krystalle; F: 227—229° [korr.; aus wss. Acn.] (*Hi., Daus*), 228° [aus E.] (*Ke. et al.*), 223—225° [aus wss. Me.] (*Ma. et al.*). $[\alpha]_D^{25}$: +66,3° [CHCl$_3$; c = 2] (*Ke.et al.*); $[\alpha]_D^{21}$: +57° [Acn.; c = 0,7]; $[\alpha]_D^{21}$: +62° [A.; c = 0,9] (*Hi., Daus*).

b) **16α,17-Epoxy-3α-hydroxy-5β-pregnan-20-on** $C_{21}H_{32}O_3$, Formel IV (R = H).

B. Beim Behandeln einer Lösung von 3α-Acetoxy-5β-pregn-16-en-20-on in Methanol mit wss. Natronlauge und wss. Wasserstoffperoxid (*Neher et al.,* Helv. **42** [1959] 132, 147). Beim Behandeln einer Lösung von 3α-Acetoxy-16β-[(*R*)-5-acetoxy-4-methyl-valer=

yloxy]-5β-pregnan-20-on (aus (25R)-5β,22βO-Spirostan-3α-ol hergestellt) in Methanol mit wss. Natronlauge und wss. Wasserstoffperoxid (*Syntex S.A.*, U.S.P. 2782193 [1954]).
Krystalle; F: 200—203° [korr.; Kofler-App.; aus Ae. + Pentan] (*Ne. et al.*), 199—201° (*Syntex S.A.*).

I   II   III

c) **16α,17-Epoxy-3β-hydroxy-5α-pregnan-20-on** $C_{21}H_{32}O_3$, Formel V (R = H).
B. Beim Behandeln einer Lösung von 3β-Acetoxy-5α-pregn-16-en-20-on in Methanol mit wss. Natronlauge und wss. Wasserstoffperoxid und Erwärmen des Reaktionsprodukts mit wss.-methanol. Kaliumcarbonat-Lösung oder wss.-methanol. Kaliumhydrogen≈carbonat-Lösung (*Camerino et al.*, G. **83** [1953] 795, 800; *Toldy*, Acta chim. hung. **16** [1958] 411, 413; s. a. *Neher et al.*, Helv. **41** [1958] 1667, 1689). Aus 3β-Acetoxy-16α,17β-epoxy-5α-pregnan-20-on beim Erwärmen mit äthanol. Natronlauge (*Marker et al.*, Am. Soc. **64** [1942] 468). Bei der Hydrierung von 16α,17-Epoxy-3β-hydroxy-pregn-5-en-20-on an Palladium in Äthanol (*Ercoli, de Ruggieri*, G. **84** [1954] 479, 487).
Krystalle; F: 189—190° [unkorr.] (*Camerino, Vercellone*, G. **86** [1956] 260, 265), 184—186° [unkorr.; aus Me.] (*Ca. et al.*; *To.* l. c. S. 414), 181—182° [aus Me.] (*Ma. et al.*), Krystalle (aus Acn.) mit 1 Mol H_2O; F: 178—179° [unkorr.] (*Er., de Ru.*).
Beim Behandeln mit Bromwasserstoff in Essigsäure und Erwärmen des gebildeten 16β(?)-Brom-3β,17-dihydroxy-5α-pregnan-20-ons $C_{21}H_{33}BrO_3$ (Krystalle, F: 160° bis 165° [unkorr.]) mit Raney-Nickel in Äthanol ist 3β,17-Dihydroxy-5α-pregnan-20-on erhalten worden (*Ca. et al.*).

d) **16α,17-Epoxy-3α-hydroxy-5α-pregnan-20-on** $C_{21}H_{32}O_3$, Formel VI (R = H).
B. Beim Behandeln einer Lösung von 3α-Acetoxy-5α-pregn-16-en-20-on in Methanol mit wss. Natronlauge und wss. Wasserstoffperoxid (*Romo, Lisci*, Bol. Inst. Quim. Univ. Mexico **7** [1955] 63, 65).
Krystalle (aus $CHCl_3$ + Me.); F: 181—182° [unkorr.]. $[α]_D^{20}$: $+63°$ [$CHCl_3$].

IV   V   VI

e) **16β,17-Epoxy-3β-hydroxy-5α,17βH-pregnan-20-on** $C_{21}H_{32}O_3$, Formel VII (R = H).
B. Beim Behandeln von 3β-Acetoxy-16β-[(R)-5-acetoxy-4-methyl-valeryloxy]-5α-pregnan-20-on mit Brom in Essigsäure und Erwärmen des Reaktionsprodukts mit wss.-methanol. Kalilauge (*Neher et al.*, Helv. **42** [1959] 132, 150). Beim Erwärmen von 3β-Acetoxy-17-brom-16β-hydroxy-5α-pregnan-20-on mit wss.-äthanol. Kalilauge (*Ne. et al.*) oder mit wss.-methanol. Kaliumcarbonat-Lösung (*Levine, Wall*, Am. Soc. **81** [1959] 2829).
Krystalle (aus Ae. + Pentan); F: 90° und (nach Wiedererstarren bei weiterem Erhitzen) F: 124° (*Ne. et al.*).

3-Acetoxy-17-acetyl-16,17-epoxy-10,13-dimethyl-hexadecahydro-cyclopenta[a]phen= anthren $C_{23}H_{34}O_4$.

a) **3β-Acetoxy-16α,17-epoxy-5β-pregnan-20-on** $C_{23}H_{34}O_4$, Formel III (R = CO-CH$_3$).
B. Aus 3β-Acetoxy-5β-pregn-16-en-20-on beim Erwärmen mit wss. Wasserstoffperoxid und Essigsäure (*Marker et al.*, Am. Soc. **64** [1942] 468) sowie beim Behandeln einer Lösung in Methanol mit wss. Natronlauge und wss. Wasserstoffperoxid (*Kenney et al.*, Am. Soc. **80** [1958] 5568; *Hirschmann, Daus*, J. org. Chem. **24** [1959] 1114, 1118).
Krystalle; F: 185° [aus Acn.] (*Ke. et al.*), 179—180° [aus Me.] (*Ma. et al.*). $[\alpha]_D^{25}$: +61,2° [CHCl$_3$; c = 2] (*Ke. et al.*).

b) **3α-Acetoxy-16α,17-epoxy-5β-pregnan-20-on** $C_{23}H_{34}O_4$, Formel IV (R = CO-CH$_3$).
B. Aus 16α,17-Epoxy-3α-hydroxy-5β-pregnan-20-on (*Syntex S.A.*, U.S.P. 2782193 [1954]).
F: 164—166°.

c) **3β-Acetoxy-16α,17-epoxy-5α-pregnan-20-on** $C_{23}H_{34}O_4$, Formel V (R = CO-CH$_3$).
Über die Konstitution s. *Plattner et al.*, Helv. **30** [1947] 385, 387; über die Konfiguration an den C-Atomen 16 und 17 s. *Plattner et al.*, Helv. **31** [1948] 2210, 2211.
B. Aus 3β-Acetoxy-5α-pregn-16-en-20-on beim Erwärmen mit wss. Wasserstoffperoxid und Essigsäure (*Marker et al.*, Am. Soc. **64** [1942] 468; *Pl. et al.*, Helv. **30** 390), beim Behandeln mit Peroxybenzoesäure in Chloroform (*Pl. et al.*, Helv. **30** 389) sowie beim Behandeln einer Lösung in Methanol mit wss. Natronlauge und wss. Wasserstoffperoxid und Erwärmen des Reaktionsprodukts mit Acetanhydrid und Pyridin (*Toldy*, Acta chim. hung. **16** [1958] 411, 413). Bei der Hydrierung von 16α,17-Epoxy-3β-hydroxy-pregn-5-en-20-on an Palladium in Äthanol und Dioxan und Behandlung des Reaktionsprodukts mit Acetanhydrid und Pyridin (*Schwarz et al.*, Collect. **23** [1958] 940, 942). Bei der Hydrierung von 3β-Acetoxy-16α,17-epoxy-pregn-5-en-20-on an Palladium in Äthanol (*Micheli, Bradsher*, Am. Soc. **77** [1955] 4788, 4792). Beim Behandeln von 3β,20-Diacetoxy-16α,17-epoxy-5α-pregn-20-en mit wss.-äthanol. Natronlauge und Behandeln des Reaktionsprodukts mit Acetanhydrid und Pyridin (*Moffett, Slomp*, Am. Soc. **76** [1954] 3678, 3681).
Krystalle; F: 188—189° [unkorr.; Fisher-Johns-App.; aus Ae. + Pentan] (*Mo., Sl.*), 188—189° [korr.; Kofler-App.; aus Me.] (*Mi., Br.*), 186—187° [korr.; evakuierte Kapillare; aus Acn. + A.] (*Pl. et al.*, Helv. **30** 390). $[\alpha]_D^{20}$: +53° [CHCl$_3$; c = 1] (*Camerino et al.*, G. **83** [1953] 795, 800); $[\alpha]_D^{20}$: +52° [CHCl$_3$; c = 1] (*To.*); $[\alpha]_D^{20}$: +51,6° [CHCl$_3$; c = 1] (*Pl. et al.*, Helv. **30** 390); $[\alpha]_D^{20}$: +42° [CHCl$_3$; c = 1] (*Mo., Sl.*); $[\alpha]_D^{29}$: +50,5° [CHCl$_3$] (*Mi., Br.*). IR-Spektrum (Nujol; 7,75—8,5 μ und 10,7—12,5 μ): *Meda et al.*, G. **85** [1955] 41, 46. UV-Spektrum (A. (?); 220—340 nm): *Pl. et al.*, Helv. **30** 386, 397; s. a. *Ca. et al.*
Beim Erwärmen mit Lithiumalanat in Benzol und Äther und Behandeln des Reaktionsprodukts mit Acetanhydrid und Pyridin sind 3β,20β$_F$-Diacetoxy-5α-pregnan-17-ol, 3β,20α$_F$-Diacetoxy-5α-pregnan-17-ol und 3β,20β$_F$-Diacetoxy-16α,17-epoxy-5α-pregnan erhalten worden (*Pl. et al.*, Helv. **31** 2212). Bildung von 3β-Acetoxy-16α-hydroxy-5α-pregnan-20-on (Hauptprodukt) und 3β-Acetoxy-5α-pregn-16-en-20-on beim Behandeln mit Chrom(II)-acetat und wss. Essigsäure: *Sch. et al.*

d) **3α-Acetoxy-16α,17-epoxy-5α-pregnan-20-on** $C_{23}H_{34}O_4$, Formel VI (R = CO-CH$_3$).
B. Beim Behandeln von 16α,17-Epoxy-3α-hydroxy-5α-pregnan-20-on mit Acetanhydrid und Pyridin (*Romo, Lisci*, Bol. Inst. Quim. Univ. Mexico **7** [1955] 63, 65).
Krystalle (aus Ae. + Me.); F: 159—160° [unkorr.]. $[\alpha]_D^{20}$: +61° [CHCl$_3$].

VII   VIII   IX

e) **3β-Acetoxy-16β,17-epoxy-5α,17βH-pregnan-20-on** $C_{23}H_{34}O_4$, Formel VII (R = CO-CH$_3$).

B. Beim Erwärmen von 16β,17-Epoxy-3β-hydroxy-5α,17βH-pregnan-20-on mit Acetanhydrid und Pyridin (*Neher et al.*, Helv. **42** [1959] 132, 150; s. a. *Levine, Wall*, Am. Soc. **81** [1959] 2826, 2828, 2830).

Krystalle (aus Me.); F: 159—161° [korr.; Kofler-App.] (*Ne. et al.*), 158—159° (*Le., Wall*). $[\alpha]_D^{25}$: $-64,2°$ [CHCl$_3$; c = 1] (*Le., Wall*).

5,6β-Dichlor-16α,17-epoxy-3β-hydroxy-5α-pregnan-20-on $C_{21}H_{30}Cl_2O_3$, Formel VIII (R = H).

B. Beim Behandeln einer Lösung von 3β-Acetoxy-5,6β-dichlor-5α-pregn-16-en-20-on (hergestellt aus 3β-Acetoxy-pregna-5,16-dien-20-on durch Behandlung einer Lösung in Chloroform und Pyridin mit Chlor in Tetrachlormethan) in Methanol und Benzol mit wss. Wasserstoffperoxid und wss. Natronlauge (*Merck & Co. Inc.*, U.S.P. 2811522 [1953]). Beim Erwärmen von 3β-Acetoxy-5,6β-dichlor-16α,17-epoxy-5α-pregnan-20-on mit äthanol. Kalilauge (*Stevens et al.*, Brit. P. 778334 [1957]).

Krystalle; F: 192—194° (*St. et al.*), 191—192° [Zers.] (*Merck & Co. Inc.*).

3-Acetoxy-17-acetyl-5,6-dichlor-16,17-epoxy-10,13-dimethyl-hexadecahydro-cyclopenta[a]phenanthren $C_{23}H_{32}Cl_2O_4$.

a) **3β-Acetoxy-5,6β-dichlor-16α,17-epoxy-5α-pregnan-20-on** $C_{23}H_{32}Cl_2O_4$, Formel VIII (R = CO-CH$_3$).

B. Beim Behandeln einer Lösung von 3β-Acetoxy-16α,17-epoxy-pregn-5-en-20-on in Dichlormethan und wenig Pyridin mit Chlor in Tetrachlormethan (*Stevens et al.*, Brit. P. 778334 [1957]).

Krystalle (aus Acn.); F: 218—221°. $[\alpha]_D^{25}$: $-18°$ [CHCl$_3$].

b) **3β-Acetoxy-5,6α-dichlor-16α,17-epoxy-5α-pregnan-20-on** $C_{23}H_{32}Cl_2O_4$, Formel IX.

B. Aus 3β-Acetoxy-16α,17-epoxy-pregn-5-en-20-on mit Hilfe von Dichlorojod-benzol (*Stevens et al.*, Brit. P. 778334 [1957]).

F: 245—248°. $[\alpha]_D$: $+20°$ [CHCl$_3$].

3β-Acetoxy-21-brom-16α,17-epoxy-5α-pregnan-20-on $C_{23}H_{33}BrO_4$, Formel X.

B. Aus 3β,20-Diacetoxy-16α,17-epoxy-5α-pregn-20-en und Brom in Dichlormethan bei $-10°$ (*Moffett, Slomp*, Am. Soc. **76** [1954] 3678, 3681).

Krystalle (aus Acn.); F: 188—190° [unkorr.; Fisher-Johns-Block]. $[\alpha]_D^{24}$: $+45°$ [CHCl$_3$; c = 0,8].

2ξ,16β-Dihydroxy-20β$_F$-methyl-A-nor-5α-pregnan-21-säure-16-lacton, 2ξ,16β-Dihydroxy-A,23,24-trinor-5α-cholan-22-säure-16-lacton $C_{21}H_{32}O_3$, Formel XI (R = H).

Über die Konstitution s. *Tschesche, Hagedorn*, B. **69** [1936] 797, 803.

B. Bei der Hydrierung von 16β-Hydroxy-2-oxo-A,23,24-trinor-5α-cholan-22-säurelacton an Platin in Essigsäure (*Windaus, Linsert*, Z. physiol. Chem. **147** [1925] 275, 282).

Krystalle (aus Ae. + PAe.); F: 194°.

2ξ-Acetoxy-16β-hydroxy-20β$_F$-methyl-A-nor-5α-pregnan-21-säure-lacton, 2ξ-Acetoxy-16β-hydroxy-A,23,24-trinor-5α-cholan-22-säure-lacton $C_{23}H_{34}O_4$, Formel XI (R = CO-CH$_3$).

B. Beim Erhitzen von 2ξ,16β-Dihydroxy-A,23,24-trinor-5α-cholan-22-säure-16-lacton

mit Acetanhydrid und Natriumacetat (*Windaus, Linsert*, Z. physiol. Chem. **147** [1925] 275, 283).
Krystalle (aus Ae. + PAe.); F: 197°.

Hydroxy-oxo-Verbindungen $C_{22}H_{34}O_3$

3β,17-Dihydroxy-5α,17βH-pregnan-21-carbonsäure-17-lacton, 3β,17-Dihydroxy-21,24-dinor-5α,17βH-cholan-23-säure-17-lacton $C_{22}H_{34}O_3$, Formel I (R = H).
B. Bei der Hydrierung von 3β,17-Dihydroxy-21,24-dinor-17βH-chol-5-en-23-säure-17-lacton an Palladium/Kohle in Äthanol (*Cella et al.*, J. org. Chem. **24** [1959] 743, 748).
Krystalle (aus E.); F: 199—201° [unkorr.; Fisher-Johns-Block]. $[\alpha]_D$: —20,0° [CHCl₃].

3β-Acetoxy-17-hydroxy-5α,17βH-pregnan-21-carbonsäure-lacton, 3β-Acetoxy-17-hydroxy-21,24-dinor-5α,17βH-cholan-23-säure-lacton $C_{24}H_{36}O_4$, Formel I (R = CO-CH₃).
B. Bei der Hydrierung von 3β-Acetoxy-17-hydroxy-21,24-dinor-5α,17βH-chol-20c-en-23-säure-lacton an Platin in Essigsäure (*Wenner, Reichstein*, Helv. **27** [1944] 24, 38). Beim Behandeln von 3β-Acetoxy-17,23-epoxy-21,24-dinor-5α,17βH-cholan mit Chrom(VI)-oxid und Essigsäure (*We., Re.*).
Krystalle (aus Ae. + PAe.); F: 162—163°. $[\alpha]_D^{19}$: —20,9° [Acn.; c = 1].

2-Hydroxy-4a,6a,7-trimethyl-octadecahydro-naphth[2′,1′;4,5]indeno[2,1-*b*]furan-8-on $C_{22}H_{34}O_3$.

a) **3β,16β-Dihydroxy-20β$_F$-methyl-5β-pregnan-21-säure-16-lacton, 3β,16β-Dihydroxy-23,24-dinor-5β-cholan-22-säure-16-lacton** $C_{22}H_{34}O_3$, Formel II (R = H) (in der Literatur auch als Sarsasapogeninlacton bezeichnet).
B. Aus 3β-Hydroxy-16-oxo-23,24-dinor-5β-cholan-22-säure bei der Hydrierung an Platin in Äthanol und Äther oder in wss.-äthanol. Salzsäure sowie bei der Behandlung mit Äthanol und Natrium (*Marker, Rohrmann*, Am. Soc. **61** [1939] 1285; *Marker et al.*, Am. Soc. **63** [1941] 2274). Beim Erwärmen von 3β-Acetoxy-16β-hydroxy-23,24-dinor-5β-cholan-22-säure-lacton mit äthanol. Kalilauge (*Farmer, Kon*, Soc. **1937** 414, 417).
Krystalle; F: 202° [aus Acn. + PAe.] (*Fa., Kon*), 200—202° [aus Ae. + Pentan] (*Ma. et al.*); beim Umkrystallisieren aus Äther und Pentan sind Modifikationen vom F: 198—200° und vom F: 186—188° erhalten worden (*Ma., Ro.*, Am. Soc. **61** 1286, 1287; s. dazu *Marker, Rohrmann*, Am. Soc. **62** [1940] 76). $[\alpha]_D^{25}$: —36,2°; $[\alpha]_{546}^{25}$: —44,2° [jeweils in CHCl₃; c = 0,7] (*Fa., Kon*).
Beim Behandeln mit Chrom(VI)-oxid und Essigsäure ist bei Raumtemperatur 16β-Hydroxy-3-oxo-23,24-dinor-5β-cholan-22-säure-lacton (*Fa., Kon*), bei 55° hingegen 16β-Hydroxy-3,4-seco-23,24-dinor-5β-cholan-3,4,22-trisäure-22-lacton (*Ma., Ro.*, Am. Soc. **62** 77) erhalten worden.

I   II   III

b) **3α,16β-Dihydroxy-20β$_F$-methyl-5β-pregnan-21-säure-16-lacton, 3α,16β-Dihydroxy-23,24-dinor-5β-cholan-22-säure-16-lacton**, $C_{22}H_{34}O_3$, Formel III (R = H) (in der Literatur auch als Episarsasapogeninlacton bezeichnet).
B. Neben dem unter a) beschriebenen Stereoisomeren bei der Hydrierung von 16β-Hydroxy-3-oxo-23,24-dinor-5β-cholan-22-säure-lacton an Platin in Äthanol (*Marker, Rohrmann*, Am. Soc. **62** [1940] 76).
Krystalle (aus Ae. + Acn. + Pentan); F: 198—200°.

c) **3β,16β-Dihydroxy-20β$_F$-methyl-5α-pregnan-21-säure-16-lacton, 3β,16β-Dihydroxy-23,24-dinor-5α-cholan-22-säure-16-lacton** $C_{22}H_{34}O_3$, Formel IV (R = H) (in der Literatur auch als Tigogeninlacton bezeichnet).

B. Aus 3β-Acetoxy-16β-hydroxy-23,24-dinor-5α-cholan-22-säure-lacton beim Erwärmen mit wss.-äthanol. Kalilauge (*Tschesche, Hagedorn*, B. **68** [1935] 1412, 1417; *Tsukamoto et al.*, J. pharm. Soc. Japan **56** [1936] 931, 938; dtsch. Ref. **57** [1937] 9, 16; *Marker et al.*, Am. Soc. **63** [1941] 763, 766) sowie beim Erwärmen mit Chlorwasserstoff enthaltendem Äthanol (*Kuhn, Löw*, B. **85** [1952] 416, 423). Neben anderen Verbindungen beim Behandeln von 16β-Hydroxy-3-oxo-23,24-dinor-chol-4-en-22-säure-lacton mit Äthanol und Natrium (*Marker, Rohrmann*, Am. Soc. **61** [1939] 1291). Beim Erwärmen von 16β-Hydroxy-3β-propionyloxy-23,24-dinor-5α-cholan-22-säure-lacton mit Chlorwasserstoff enthaltendem Äthanol (*Magyar*, Acta chim. hung. **20** [1959] 331, 333).

Krystalle; F: 237—239° [korr.] (*Corcoran, Hirschmann*, Am. Soc. **78** [1956] 2325, 2330), 235—236° (*Kuhn, Löw*; *Mag.*), 234—235° (*Mar., Ro.*), 233,5° [aus A.] (*Tsch., Ha.*, B. **68** 1418). Bei 170—190° im Hochvakuum sublimierbar (*Kuhn, Löw*). $[\alpha]_D^{17}$: −40,9° [CHCl$_3$] (*Tsu. et al.*); $[\alpha]_D^{18}$: −41,2° [CHCl$_3$; c = 1] (*Tsch., Ha.*, B. **68** 1418); $[\alpha]_D^{20}$: −41,6° [CHCl$_3$] (*Kuhn, Löw*).

Beim Behandeln mit Chrom(VI)-oxid und Essigsäure ist bei Raumtemperatur 16β-Hydroxy-3-oxo-23,24-dinor-5α-cholan-22-säure-lacton (*Tsch., Ha.*, B. **68** 1418; s.a. *Mar., Ro.*), bei höherer Temperatur hingegen 16β-Hydroxy-2,3-seco-23,24-dinor-5α-cholan-2,3,22-trisäure-22-lacton (*Tschesche, Hagedorn*, B. **69** [1936] 797, 805) erhalten worden.

d) **3β,16β-Dihydroxy-20α$_F$-methyl-5α-pregnan-21-säure-16-lacton, 3β,16β-Dihydroxy-23,24-dinor-5α-cholan-21-säure-16-lacton** $C_{22}H_{34}O_3$, Formel V (R = H).

B. Aus 3β-Acetoxy-16β-hydroxy-23,24-dinor-5α-cholan-21-säure-lacton mit Hilfe von wss.-methanol. Kaliumcarbonat-Lösung (*Corcoran, Hirschmann*, Am. Soc. **78** [1956] 2325, 2330).

Krystalle (aus Acn.); F: 248—253° [korr.; Zers.; bei schnellem Erhitzen].

IV   V   VI

2-Acetoxy-4a,6a,7-trimethyl-octadecahydro-naphth[2′,1′;4,5]indeno[2,1-*b*]furan-8-on $C_{24}H_{36}O_4$.

a) **3β-Acetoxy-16β-hydroxy-20β$_F$-methyl-5β-pregnan-21-säure-lacton, 3β-Acetoxy-16β-hydroxy-23,24-dinor-5β-cholan-22-säure-lacton** $C_{24}H_{36}O_4$, Formel II (R = CO-CH$_3$).

B. Beim Erhitzen von 3β,16β-Dihydroxy-23,24-dinor-5β-cholan-22-säure-16-lacton mit Acetanhydrid (*Marker, Rohrmann*, Am. Soc. **62** [1940] 518; *Marker, Shabica*, Am. Soc. **64** [1942] 147). Neben anderen Verbindungen beim Erwärmen von *O*-Acetyl-sarsasapogenin ((25S)-3β-Acetoxy-5β,22α*O*-spirostan) mit Chrom(VI)-oxid und wasserhaltiger Essigsäure (*Farmer, Kon*, Soc. **1937** 414, 417; s. a. *Fieser, Jacobsen*, Am. Soc. **60** [1938] 28, 31) sowie beim Behandeln mit Kaliumpermanganat und wss. Essigsäure (*Marker, Rohrmann*, Am. Soc. **62** [1940] 222). Beim Erwärmen von *O*-Acetyl-smilagenin ((25R)-3β-Acetoxy-5β,22α*O*-spirostan) mit Chrom(VI)-oxid und wasserhaltiger Essigsäure (*Fa., Kon*, l. c. S. 418).

Krystalle; F: 184,5—185,5° [aus Ae. + Hexan] (*Fi., Ja.*), 184,5—185,5° [nach Sublimation im Hochvakuum bei 130—140°] (*Marker, Rohrmann*, Am. Soc. **62** [1940] 76), 184,5° [aus A.] (*Fa., Kon*). $[\alpha]_D^{25}$: −32°; $[\alpha]_{564}^{25}$: −40° [jeweils in CHCl$_3$; c = 0,5] (*Fa., Kon*).

Überführung in 3β-Hydroxy-16-oxo-23,24-dinor-5β-cholan-22-säure durch Erwärmen mit Chrom(VI)-oxid und wss. Essigsäure und Erwärmen des Reaktionsprodukts mit wss. Natronlauge: *Ma., Ro.*, Am. Soc. **62** 78. Beim Behandeln einer Lösung in Äthanol mit Bromwasserstoff sind eine Verbindung $C_{24}H_{34}O_3$ (Krystalle [aus Bzl.], F: 201°) und eine durch Erhitzen mit Zink und Essigsäure in eine Verbindung $C_{22}H_{32}O_2$ (Krystalle [aus A.], F: 99°) überführbare Substanz erhalten worden *(Fa., Kon)*.

b) **3α-Acetoxy-16β-hydroxy-20β$_F$-methyl-5β-pregnan-21-säure-lacton, 3α-Acetoxy-16β-hydroxy-23,24-dinor-5β-cholan-22-säure-lacton** $C_{24}H_{36}O_4$, Formel III (R = CO-CH$_3$) auf S. 258.

B. Beim Erhitzen von 3α,16β-Dihydroxy-23,24-dinor-5β-cholan-22-säure-16-lacton mit Acetanhydrid *(Marker, Rohrmann,* Am. Soc. **62** [1940] 76). Beim Erwärmen von Di-*O*-acetyl-cholegenin ((25S)-3α,26-Diacetoxy-22,25-epoxy-5β,22α*H*-furostan) oder von *O*-Acetyl-epismilagenin ((25R)-3α-Acetoxy-5β,22α*O*-spirostan) mit Chrom(VI)-oxid und wasserhaltiger Essigsäure *(Mazur, Spring,* Soc. **1954** 1223, 1225).

Krystalle; F: 159—160° [aus Ae. + Pentan] *(Ma., Ro.),* 158° [aus Ae. + PAe.] *(Ma., Sp.).* Bei 140° im Hochvakuum sublimierbar *(Ma., Sp.).* $[α]_D^{15}$: +3° [CHCl$_3$; c = 0,4] *(Ma., Sp.).*

c) **3β-Acetoxy-16β-hydroxy-20β$_F$-methyl-5α-pregnan-21-säure-lacton, 3β-Acetoxy-16β-hydroxy-23,24-dinor-5α-cholan-22-säure-lacton** $C_{24}H_{36}O_4$, Formel IV (R = CO-CH$_3$).

B. Aus *O*-Acetyl-tigogenin ((25R)-3β-Acetoxy-5α,22α*O*-spirostan) beim Erwärmen mit Chrom(VI)-oxid und wasserhaltiger Essigsäure *(Tschesche, Hagedorn,* B. **68** [1935] 1412, 1417; s. a. *Tsukamoto et al.,* J. pharm. Soc. Japan **56** [1936] 931, 937; dtsch. Ref. **57** [1937] 9, 15) sowie beim Behandeln einer Lösung in Chloroform und Äther mit Salpeter≠ säure *(Anagnostopoulos, Fieser,* Am. Soc. **76** [1954] 532, 536; *Klass et al.,* Am. Soc. **77** [1955] 3829, 3833). Beim Erwärmen von *N,O*-Diacetyl-tomatidin ((22R,25S)-3β-Acetoxy-*N*-acetyl-5α-tomatanin) mit Chrom(VI)-oxid und Essigsäure *(Kuhn, Löw,* B. **85** [1952] 416, 422).

Krystalle; F: 220—222° [korr.] *(Corcoran, Hirschmann,* Am. Soc. **78** [1956] 2325, 2329), 219—222° [unkorr.; Hershberg-App.] *(Kl. et al.),* 220—221° [aus Me. oder nach Sublimation] *(Kuhn, Löw; Danieli et al.,* Chem. and Ind. **1958** 1724), 219° [aus wss. A.] *(Tsch., Ha.).* $[α]_D^{17}$: —49,5° [CHCl$_3$] *(Tsu. et al.);* $[α]_D^{18}$: —49,5° [CHCl$_3$; c = 1] *(Tsch., Ha.);* $[α]_D^{20}$: —50,3° [CHCl$_3$] *(Kuhn, Löw);* $[α]_D^{27}$: —48° [CHCl$_3$; c = 1] *(Co., Hi.).* IR-Banden (CS$_2$) im Bereich von 5,6 μ bis 9,9 μ: *Co., Hi.,* l. c. S. 2328, 2329.

Beim Erwärmen mit Lithiumalanat in Tetrahydrofuran ist 23,24-Dinor-5α-cholan-3β,16β,22-triol erhalten worden *(Kl. et al.; Co., Hi.).*

d) **3α-Acetoxy-16β-hydroxy-20β$_F$-methyl-5α-pregnan-21-säure-lacton, 3α-Acetoxy-16β-hydroxy-23,24-dinor-5α-cholan-22-säure-lacton** $C_{24}H_{36}O_4$, Formel VI (R = CO-CH$_3$).

B. Beim Erhitzen von 16β-Hydroxy-3β-[toluol-4-sulfonyloxy]-23,24-dinor-5α-cholan-22-säure-lacton mit Essigsäure und Natriumacetat *(Corcoran, Hirschmann,* Am. Soc. **78** [1956] 2325, 2330).

Krystalle (aus A.); F: 240—243° [korr.]. $[α]_D^{29}$: —31° [CHCl$_3$; c = 0,7]. IR-Banden (CS$_2$) im Bereich von 5,6 μ bis 9,9 μ: *Co., Hi.,* l. c. S. 2328, 2330.

e) **3β-Acetoxy-16β-hydroxy-20α$_F$-methyl-5α-pregnan-21-säure-lacton, 3β-Acetoxy-16β-hydroxy-23,24-dinor-5α-cholan-21-säure-lacton** $C_{24}H_{36}O_4$, Formel V (R = CO-CH$_3$).

B. Neben dem unter c) beschriebenen Stereoisomeren beim Erwärmen von 3,3;16,16-Bis-äthandiyldioxy-23,24-dinor-5α-cholan-22-säure-methylester mit Natriummethylat in Benzol, Behandeln des Reaktionsgemisches mit wss.-methanol. Kalilauge, Erwärmen der sauren Anteile des Reaktionsprodukts mit wss. Essigsäure und anschliessend mit Natriumboranat in wss. Methanol und Behandeln des danach isolierten Reaktionsprodukts mit Acetanhydrid *(Corcoran, Hirschmann,* Am. Soc. **78** [1956] 2325, 2330). Beim Behandeln von 3β,16α-Diacetoxy-23,24-dinor-5α-cholan-21-säure-äthylester mit Kalilauge, Erwärmen des Reaktionsprodukts mit wss. Salzsäure und Essigsäure und Behandeln des danach isolierten Reaktionsprodukts mit Acetanhydrid *(Danieli et al.,* Chem. and Ind. **1958** 1724).

Krystalle; F: 227—229° [korr.; aus Me.] *(Co., Hi.),* 225—226° *(Da. et al.).* $[α]_D^{27}$: —34° [CHCl$_3$; c = 0,7] *(Co., Hi.);* $[α]_D$: —36° [CHCl$_3$] *(Da. et al.).* IR-Banden (CS$_2$) im Bereich von 5,6 μ bis 9,9 μ: *Co., Hi.,* l. c. S. 2328, 2330.

Über die Epimerisierung am C-Atom 20 s. *Co., Hi.; Da. et al.*

f) **3β-Acetoxy-16α-hydroxy-20β$_F$-methyl-5α,17β*H*-pregnan-21-säure-lacton, 3β-Acetoxy-16α-hydroxy-23,24-dinor-5α,17β*H*-cholan-22-säure-lacton** $C_{24}H_{36}O_4$, Formel VII.

B. Bei der Hydrierung von 3β-Acetoxy-16α-hydroxy-23,24-dinor-5α-chol-17(20)*t*-en-

21-säure-lacton an Platin in Äthylacetat (*Danieli et al.*, Chem. and Ind. **1958** 1724).
F: 199—201°. [α]$_D$: +21° [CHCl$_3$].

g) **3β-Acetoxy-16α-hydroxy-20α$_F$-methyl-5α,17βH-pregnan-21-säure-lacton, 3β-Acetoxy-16α-hydroxy-23,24-dinor-5α,17βH-cholan-21-säure-lacton** C$_{24}$H$_{36}$O$_4$, Formel VIII.

B. Bei der Behandlung des unter f) beschriebenen Stereoisomeren mit warmer methanol. Kalilauge und anschliessenden Acetylierung (*Danieli et al.*, Chem. and Ind. **1958** 1724).
F: 190—191°. [α]$_D$: +13° [CHCl$_3$].

VII   VIII

16β-Hydroxy-20β$_F$-methyl-3β-propionyloxy-5α-pregnan-21-säure-lacton, 16β-Hydroxy-3β-propionyloxy-23,24-dinor-5α-cholan-22-säure-lacton C$_{25}$H$_{38}$O$_4$, Formel IV (R = CO-CH$_2$-CH$_3$) auf S. 259.

B. Beim Behandeln von *N,O*-Dipropionyl-tomatidin ((22*R*,25*S*)-3β-Propionyloxy-*N*-propionyl-5α-tomatanin) mit Chrom(VI)-oxid und Essigsäure (*Magyar*, Acta chim. hung. **20** [1959] 331, 333).
Krystalle (aus Me.); F: 218—222° [unkorr.]. [α]$_D^{20}$: −49,8° [CHCl$_3$; c = 1].

3β-Benzoyloxy-16β-hydroxy-20β$_F$-methyl-5β-pregnan-21-säure-lacton, 3β-Benzoyloxy-16β-hydroxy-23,24-dinor-5β-cholan-22-säure-lacton C$_{29}$H$_{38}$O$_4$, Formel II (R = CO-C$_6$H$_5$) auf S. 258.

B. Beim Behandeln von 3β,16β-Dihydroxy-23,24-dinor-5β-cholan-22-säure-16-lacton mit Benzoylchlorid und Pyridin (*Marker, Rohrmann*, Am. Soc. **62** [1940] 76).
Krystalle (aus Acn. + Pentan); F: 207,5—209°.

16β-Hydroxy-20β$_F$-methyl-3β-[toluol-4-sulfonyloxy]-5α-pregnan-21-säure-lacton, 16β-Hydroxy-3β-[toluol-4-sulfonyloxy]-23,24-dinor-5α-cholan-22-säure-lacton C$_{29}$H$_{40}$O$_5$S, Formel IV (R = SO$_2$-C$_6$H$_4$-CH$_3$) auf S. 259.

B. Beim Behandeln von 3β,16β-Dihydroxy-23,24-dinor-5α-cholan-22-säure-16-lacton mit Toluol-4-sulfonylchlorid und Pyridin (*Corcoran, Hirschmann*, Am. Soc. **78** [1956] 2325, 2330).
Krystalle (aus Acn.); F: 168,5—173,5° [korr.; Zers.]. IR-Banden (CS$_2$) im Bereich von 5,6 μ bis 9,9 μ: *Co., Hi.*, l. c. S. 2328, 2330. Absorptionsmaximum (CH$_2$Cl$_2$): 262,5 nm und 273 nm.

Beim Erhitzen mit Essigsäure und Natriumacetat sind 3α-Acetoxy-16β-hydroxy-23,24-dinor-5α-cholan-22-säure-lacton und ein vermutlich überwiegend aus 16β-Hydroxy-23,24-dinor-5α-chol-2-en-22-säure-lacton bestehendes Präparat erhalten worden.

3-Acetoxy-17-acetyl-5,6-epoxy-10,13,16-trimethyl-hexadecahydro-cyclopenta[*a*]phen₌ anthren C$_{24}$H$_{36}$O$_4$.

a) **3β-Acetoxy-5,6β-epoxy-16α-methyl-5β-pregnan-20-on** C$_{24}$H$_{36}$O$_4$, Formel IX.

B. Neben dem unter b) beschriebenen Stereoisomeren beim Behandeln einer Lösung von 3β-Acetoxy-16α-methyl-pregn-5-en-20-on in Chloroform mit Monoperoxyphthalsäure in Äther (*Edwards et al.*, Pr. chem. Soc. **1959** 87; Am. Soc. **82** [1960] 2318, 2321) oder mit Peroxyessigsäure und Natriumacetat in Chloroform (*Graber et al.*, J. org. Chem. **27** [1962] 2534, 2539).
Krystalle (aus Me.), F: 143—144°; [α]$_D^{24}$: +32,8° [CHCl$_3$; c = 1] (*Gr. et al.*). Krystalle (aus Acn. + Hexan), F: 120—121° [unkorr.]; [α]$_D$: +40° [CHCl$_3$] (*Ed. et al.*).

b) 3β-Acetoxy-5,6α-epoxy-16α-methyl-5α-pregnan-20-on $C_{24}H_{36}O_4$, Formel X.

B. s. bei dem unter a) beschriebenen Stereoisomeren.

Krystalle (aus Acn. + PAe.), F: 165,7—166,8°; $[\alpha]_D$: —11,6° [CHCl$_3$; c = 1] (*Graber et al.*, J. org. Chem. **27** [1962] 2534, 2539).

9-Hydroxy-3,6b,12c-trimethyl-octadecahydro-cyclopenta[*de*]naphtho[2,1-*g*]chromen-4-on $C_{22}H_{34}O_3$.

Über die Konfiguration der beiden folgenden Stereoisomeren am C-Atom 20 (Cholan-Bezifferung) s. *Arigoni et al.*, Helv. **37** [1954] 878.

a) **3α,12β-Dihydroxy-20β$_F$-methyl-5β-pregnan-21-säure-12-lacton, 3α,12β-Dihydroxy-23,24-dinor-5β-cholan-22-säure-12-lacton** $C_{22}H_{34}O_3$, Formel XI (R = H).

B. Neben dem unter b) beschriebenen Stereoisomeren und einer weiteren Verbindung $C_{22}H_{34}O_3$ („Oxylacton-C" [E III **10** 1617]) beim Erhitzen von 3α,12β-Dihydroxy-23,24-dinor-5β-cholan-22-säure in Toluol auf 190° (*Sorkin, Reichstein*, Helv. **27** [1944] 1631, 1642).

b) **3α,12β-Dihydroxy-20α$_F$-methyl-5β-pregnan-21-säure-12-lacton, 3α,12β-Dihydroxy-23,24-dinor-5β-cholan-21-säure-12-lacton** $C_{22}H_{34}O_3$, Formel XII (R = H).

B. Beim Erhitzen von 3α,12β-Dihydroxy-23,24-dinor-5β-cholan-21-säure in Toluol auf 190° (*Sorkin, Reichstein*, Helv. **27** [1944] 1631, 1643). Über eine weitere Bildungsweise s. bei dem unter a) beschriebenen Stereoisomeren.

Krystalle (aus Acn. + Ae.); F: 230—232° [korr.; Kofler-App.]. $[\alpha]_D^{14}$: +51,8° [Acn.; c = 0,8].

Beim Behandeln mit Chrom(VI)-oxid und Essigsäure sind 12β-Hydroxy-3-oxo-23,24-dinor-5β-cholan-21-säure-lacton und 3,12-Dioxo-23,24-dinor-5β-cholan-21-säure erhalten worden (*So., Re.*, l. c. S. 1647).

9-Acetoxy-3,6b,12c-trimethyl-octadecahydro-cyclopenta[*de*]naphtho[2,1-*g*]chromen-4-on $C_{24}H_{36}O_4$.

Über die Konfiguration der beiden folgenden Stereoisomeren am C-Atom 20 (Cholan-Bezifferung) s. *Arigoni et al.*, Helv. **37** [1954] 878.

a) **3α-Acetoxy-12β-hydroxy-20β$_F$-methyl-5β-pregnan-21-säure-lacton, 3α-Acetoxy-12β-hydroxy-23,24-dinor-5β-cholan-22-säure-lacton** $C_{24}H_{36}O_4$, Formel XI (R = CO-CH$_3$).

B. Beim Behandeln von 3α,12β-Dihydroxy-23,24-dinor-5β-cholan-22-säure-12-lacton mit Acetanhydrid und Pyridin (*Sorkin, Reichstein*, Helv. **27** [1944] 1631, 1642).

Krystalle (aus Ae. + PAe. oder aus Me.); F: 241—242° [korr.; Kofler-App.]. $[\alpha]_D^{17}$: +48,2° [Acn.; c = 0,7].

b) **3α-Acetoxy-12β-hydroxy-20α$_F$-methyl-5β-pregnan-21-säure-lacton, 3α-Acetoxy-12β-hydroxy-23,24-dinor-5β-cholan-21-säure-lacton** $C_{24}H_{36}O_4$, Formel XII (R = CO-CH$_3$).
B. Beim Behandeln von 3α,12β-Dihydroxy-23,24-dinor-5β-cholan-21-säure-12-lacton mit Acetanhydrid und Pyridin (*Sorkin, Reichstein*, Helv. **27** [1944] 1631, 1643).
Krystalle (aus Ae. + PAe. oder aus CHCl$_3$ + PAe. oder aus Me.); F: 209—212° [korr.; Kofler-App.]. $[\alpha]_D^{16}$: +64,2° [Acn.; c = 1].

Hydroxy-oxo-Verbindungen $C_{23}H_{36}O_3$

3β,20ξ-Dihydroxy-21-nor-5α-cholan-24-säure-20-lacton $C_{23}H_{36}O_3$, Formel I (R = H).
B. Bei der Hydrierung von 3β-Hydroxy-20-oxo-21-nor-chol-5-en-24-säure an Platin in Essigsäure (*Plattner et al.*, Helv. **29** [1946] 253, 257).
Krystalle (nach Sublimation im Hochvakuum); F: 246—246,5° [korr.; evakuierte Kapillare]. $[\alpha]_D^{20}$: −21,9° [A.; c = 0,4].

3β-Acetoxy-20ξ-hydroxy-21-nor-5α-cholan-24-säure-lacton $C_{25}H_{38}O_4$, Formel I (R = CO-CH$_3$).
B. Beim Erwärmen von 3β,20ξ-Dihydroxy-21-nor-5α-cholan-24-säure-20-lacton (s. o.) mit Acetanhydrid und wenig Acetylchlorid (*Plattner et al.*, Helv. **29** [1946] 253, 257).
Krystalle (nach Sublimation im Hochvakuum); F: 203—204° [korr.; evakuierte Kapillare]. $[\alpha]_D^{20}$: −23,0° [A.; c = 0,6].

4-[3-Hydroxy-10,13-dimethyl-hexadecahydro-cyclopenta[*a*]phenanthren-17-yl]-dihydro-furan-2-on $C_{23}H_{36}O_3$.

a) **(20*R*?)-3β-Hydroxy-5β,14α-cardanolid** $C_{23}H_{36}O_3$, vermutlich Formel II (R = H).
Über die Konfiguration der nachstehend beschriebenen, in der Literatur auch als Tetrahydro-„β"-anhydrodigitoxigenin bezeichneten Verbindung am C-Atom 20 s. *Cardwell, Smith*, Soc. **1954** 2012, 2013; s. aber *Janiak et al.*, Helv. **50** [1967] 1249, 1253.
B. Neben anderen Verbindungen bei der Hydrierung von β-Anhydrodigitoxigenin (3β-Hydroxy-5β-carda-14,20(22)-dienolid) an Platin in Essigsäure (*Windaus, Freese*, B. **58** [1925] 2503, 2508; *Windaus, Stein*, B. **61** [1928] 2436, 2438) oder in Äthanol (*Ca., Sm.*, l. c. S. 2020). Bei der Hydrierung von β-Anhydro-dihydrodigitoxigenin vom F: 181° (vermutlich überwiegend aus (20*R*?)-3β-Hydroxy-5β-card-14-enolid bestehend) an Platin in Essigsäure (*Wi., St.*).
Krystalle; F: 167—168° (*Wi., St.*), 167° [aus Me.] (*Ca., Sm.*). $[\alpha]_D^{20}$: +24,6° [Me.; c = 2] (*Wi., St.*); $[\alpha]_D^{20}$: +21,3° [Me.]; $[\alpha]_{578}^{20}$: +26,3° [Me.] (*Ca., Sm.*).

b) **(20*S*?)-3β-Hydroxy-5β,14β,17βH-cardanolid** $C_{23}H_{36}O_3$, vermutlich Formel III (R = H).
Über die Konfiguration am C-Atom 20 s. *Wada*, Chem. pharm. Bl. **13** [1965] 312, 314.
B. s. bei dem unter c) beschriebenen Stereoisomeren.
Krystalle (aus wss. Me.); F: 203° (*Cardwell, Smith*, Soc. **1954** 2012, 2022). $[\alpha]_D^{20}$: +16,3° [Me.]; $[\alpha]_{578}^{20}$: +19,0° [Me.] (*Ca., Sm.*).

c) **(20*R*?)-3β-Hydroxy-5β,14β,17βH-cardanolid** $C_{23}H_{36}O_3$, vermutlich Formel IV (R = H).
Über die Konfiguration am C-Atom 20 der nachstehend beschriebenen, in der Literatur

auch als Hexahydrodigitaligenin, als Tetrahydrodianhydrodihydrogitoxi=
genin und als Hexahydrodianhydrogitoxigenin bezeichneten Verbindung s.
Wada, Chem. pharm. Bl. **13** [1965] 312, 314.

B. Neben Tetrahydrodigitaligenin (3β-Hydroxy-5β,14β,$17\beta H$-card-20(22)-enolid) und
dem unter b) beschriebenen Stereoisomeren bei der Hydrierung von Digitaligenin
(3β-Hydroxy-5β-carda-14,16,20(22)-trienolid) an Palladium/Kohle in Methanol (*Wada*;
s. a. *Windaus, Bandte*, B. **56** [1923] 2001, 2005; *Mannich et al.*, Ar. **268** [1930] 453, 472).
Neben dem unter b) beschriebenen Stereoisomeren bei der Hydrierung von Digitaligenin
an Platin in Essigsäure (*Windaus, Schwarte*, B. **58** [1925] 1515, 1519; vgl. *Cardwell,
Smith*, Soc. **1954** 2012, 2022). Neben anderen Verbindungen bei der Hydrierung von
Dianhydrodihydrogitoxigenin (($20\varXi$)-3β-Hydroxy-5β-carda-14,16-dienolid [S. 558]) an
Platin in Äthanol (*Windaus et al.*, B. **61** [1928] 1847, 1850).

Krystalle; F: 217—218° [aus wss. Me.] (*Ca., Sm.*), 214° [aus wss. A.] (*Wi. et al.*). $[\alpha]_D^{20}$:
+75,7° [A.; c = 1] (*Wi. et al.*); $[\alpha]_D^{20}$: +72,9° [A.]; $[\alpha]_{578}^{20}$: +85,7° [A.] (*Ca., Sm.*).

d) **(20S?)-3β-Hydroxy-5α,14α-cardanolid** $C_{23}H_{36}O_3$, vermutlich Formel V (R = H).
Diese Konstitution und Konfiguration kommt dem nachstehend beschriebenen
α_1-Tetrahydro-β-anhydrouzarigenin zu (*Tschesche*, Z. physiol. Chem. **229** [1934]
219, 221, 225; *Tschesche, Bohle*, B. **68** [1935] 2252, 2253; *Ruzicka et al.*, Helv. **24** [1941]
716, 718); bezüglich der Zuordnung der Konfiguration am C-Atom 20 s. *Plattner et al.*,
Helv. **28** [1945] 389, 391.

B. Beim Erwärmen von (20S?)-3β-Acetoxy-5α,14α-cardanolid (S. 265) mit wss.-
äthanol. Salzsäure (*Tschesche*, Z. physiol. Chem. **222** [1933] 50, 54).

Krystalle (aus Acn.), F: 217°; $[\alpha]_D^{18}$: +11,4° [CHCl$_3$; c = 1] (*Tsch.*, Z. physiol. Chcm.
222 54).

e) **(20R?)-3β-Hydroxy-5α,14α-cardanolid** $C_{23}H_{36}O_3$, vermutlich Formel VI (R = H).
Diese Konstitution und Konfiguration kommt dem nachstehend beschriebenen
α_2-Tetrahydro-β-anhydrouzarigenin zu (*Tschesche*, Z. physiol. Chem. **229** [1934]
219, 221, 225; *Tschesche, Bohle*, B. **68** [1935] 2252, 2253; *Ruzicka et al.*, Helv. **24** [1941]
716, 718); bezüglich der Zuordnung der Konfiguration am C-Atom 20 s. *Plattner et al.*,
Helv. **28** [1945] 389, 391.

B. Beim Erwärmen von (20R?)-3β-Acetoxy-5α,14α-cardanolid (S. 265) mit wss.-
äthanol Salzsäure (*Tschesche*, Z. physiol. Chem. **222** [1933] 50, 54).

Krystalle (aus E.), F: 230°; $[\alpha]_D^{17}$: +20,2° [CHCl$_3$; c = 1] (*Tsch.*, Z. physiol. Chem.
222 54).

IV   V   VI

**4-[3-Acetoxy-10,13-dimethyl-hexadecahydro-cyclopenta[a]phenanthren-17-yl]-dihydro-
furan-2-on** $C_{25}H_{38}O_4$.

a) **(20S?)-3β-Acetoxy-5β,14α-cardanolid** $C_{25}H_{38}O_4$, vermutlich Formel VII
(R = CO-CH$_3$).
Bezüglich der Zuordnung der Konfiguration am C-Atom 20 s. *Cardwell, Smith*, Soc.
1954 2012, 2013; s. aber *Janiak et al.*, Helv. **50** [1967] 1249, 1253.

B. Neben dem unter b) beschriebenen Stereoisomeren bei der Hydrierung von 3β-Acet=
oxy-5β,14α-card-20(22)-enolid an Platin in Äthanol (*Brown, Wright*, J. Pharm. Pharmacol.
13 [1961] 262, 266).

Krystalle (aus A.), F: 137—139°; $[\alpha]_D$: +24° [CHCl$_3$; c = 0,8] (*Br., Wr.*).

b) **(20R?)-3β-Acetoxy-5β,14α-cardanolid** $C_{25}H_{38}O_4$, vermutlich Formel II
(R = CO-CH$_3$) auf S. 263.

Bezüglich der Zuordnung der Konfiguration am C-Atom 20 s. *Cardwell, Smith*, Soc.
1954 2012, 2013; s. aber *Janiak et al.*, Helv. **50** [1967] 1249, 1253.

B. s. beim unter a) beschriebenen Stereoisomeren.

Krystalle (aus A.), F: 126—128°; [α]$_D$: +51° [CHCl$_3$; c = 0,6] (*Brown, Wright*, J.
Pharm. Pharmacol. **13** [1961] 262, 266).

c) **(20S?)-3β-Acetoxy-5β,14β,17βH-cardanolid** $C_{25}H_{38}O_4$, vermutlich Formel III
(R = CO-CH$_3$) auf S. 263.

B. Aus (20S?)-3β-Hydroxy-5β,14β,17βH-cardanolid [S. 263] (*Wada*, Chem. pharm. Bl.
13 [1965] 312, 315).

F: 144—146° [unkorr.]. [α]$_D^{23}$: +17,1° [CHCl$_3$; c = 1].

d) **(20R?)-3β-Acetoxy-5β,14β,17βH-cardanolid** $C_{25}H_{38}O_4$, vermutlich Formel IV
(R = CO-CH$_3$).

B. Aus (20R?)-3β-Hydroxy-5β,14β,17βH-cardanolid [S. 263] (*Wada*, Chem. pharm.
Bl. **13** [1965] 312, 315; s. a. *Windaus et al.*, B. **61** [1928] 1847, 1853).

Krystalle; F: 156° (*Windaus, Schwarte*, B. **58** [1925] 1515, 1519; *Wi. et al.*). [α]$_D^{23}$:
+36,6° [CHCl$_3$; c = 1] (*Wada*).

e) **(20S?)-3β-Acetoxy-5α,14α-cardanolid** $C_{25}H_{38}O_4$, vermutlich Formel V
(R = CO-CH$_3$).

Bezüglich der Zuordnung der Konfiguration am C-Atom 20 s. *Plattner et al.*, Helv. **28**
[1945] 389, 391.

B. Neben dem unter f) beschriebenen Stereoisomeren bei der Hydrierung von 3β-Acet=
oxy-5α-carda-14,20(22)-dienolid an Platin in Essigsäure (*Tschesche*, Z. physiol. Chem. **222**
[1933] 50, 53) oder in Äthanol (*Windaus, Haack*, B. **63** [1930] 1377, 1380) sowie bei der
Hydrierung von 3β-Acetoxy-14α-carda-5,20(22)-dienolid an Platin in Essigsäure (*Ru-
zicka et al.*, Helv. **24** [1941] 716, 723).

Krystalle; F: 248° [aus E.] (*Tsch.*), 243° [korr.; aus A.] (*Ru. et al.*). [α]$_D^{18}$: +3,9° [CHCl$_3$;
c = 1] (*Tsch.*); [α]$_D$: +5,9° [CHCl$_3$; c = 1] (*Ru. et al.*).

f) **(20R?)-3β-Acetoxy-5α,14α-cardanolid** $C_{25}H_{38}O_4$, vermutlich Formel VI
(R = CO-CH$_3$).

Bezüglich der Zuordnung der Konfiguration am C-Atom 20 s. *Plattner et al.*, Helv. **28**
[1945] 389, 391.

B. s. bei dem unter e) beschriebenen Stereoisomeren.

Krystalle; F: 205° [aus E.] (*Tschesche*, Z. physiol. Chem. **222** [1933] 50, 54), 203—204°
[korr.; aus A.] (*Ruzicka et al.*, Helv. **24** [1941] 716, 724). [α]$_D^{18}$: +20,2° [CHCl$_3$; c = 1]
(*Tsch.*); [α]$_D$: +19,7° [CHCl$_3$; c = 0,7] (*Ru. et al.*).

(20R?)-3β-Propionyloxy-5β,14β,17βH-cardanolid $C_{26}H_{40}O_4$, vermutlich Formel IV
(R = CO-CH$_2$-CH$_3$).

Über ein aus (20R?)-3β-Hydroxy-5β,14β,17βH-cardanolid (S. 263) erhaltenes Präparat
(Krystalle; F: 163—164°) von ungewisser konfigurativer Einheitlichkeit s. *Windaus et al.*,
B. **61** [1928] 1847, 1853.

VII   VIII   IX

4-[11-Hydroxy-10,13-dimethyl-hexadecahydro-cyclopenta[a]phenanthren-17-yl]-dihydro-furan-2-on $C_{23}H_{36}O_3$.

a) (20S?)-11β-Hydroxy-5β,14α-cardanolid $C_{23}H_{36}O_3$, vermutlich Formel VIII.
Bezüglich der Zuordnung der Konfiguration am C-Atom 11 s. *Fieser*, Experientia **6** [1950] 312, 313.

B. Bei der Hydrierung eines vermutlich als (20S?)-11-Oxo-5β,14α-cardanolid zu formulierenden Ketons vom F: 162° an Platin in Essigsäure (*Tschesche, Bohle*, B. **69** [1936] 2497, 2502).

Krystalle (aus A.); F: 226—228° (*Tsch., Bo.*).

b) (20R?)-11β-Hydroxy-5β,14α-cardanolid $C_{23}H_{36}O_3$, vermutlich Formel IX.
Bezüglich der Konfiguration am C-Atom 11 s. *Fieser*, Experientia **6** [1950] 312, 313.

B. Bei der Hydrierung eines vermutlich als (20R?)-11-Oxo-5β,14α-cardanolid zu formulierenden Ketons vom F: 193° an Platin in Essigsäure (*Tschesche, Bohle*, B. **69** [1936] 2497, 2503).

Krystalle (aus A.), F: 206—208°; $[\alpha]_D^{16}$: +49,5° [$CHCl_3$; c = 0,8] (*Tsch., Bo.*).

3-[3,17-Dihydroxy-10,13-dimethyl-hexadecahydro-cyclopenta[a]phenanthren-17-yl]-buttersäure-17-lacton $C_{23}H_{36}O_3$.

a) 3β,17-Dihydroxy-24-nor-5β,17α(?)H-cholan-23-säure-17-lacton $C_{23}H_{36}O_3$, vermutlich Formel X.

B. Neben 3β,17-Dihydroxy-24-nor-5α,17α(?)H-cholan-23-säure-17-lacton bei der Hydrierung von 3β,17-Dihydroxy-24-nor-chol-5,17α(?)H-en-23-säure-17-lacton mit Hilfe von Platin (*Ryer, Gebert*, Am. Soc. **74** [1952] 4464).

Krystalle (aus Ae.); F: 234,6—236,4° [korr.]. $[\alpha]_D^{20}$: —15,2° [$CHCl_3$; c = 2].

b) 3β,17-Dihydroxy-24-nor-5α,17α(?)H-cholan-23-säure-17-lacton $C_{23}H_{36}O_3$, vermutlich Formel XI (R = H).

B. s. bei dem unter a) beschriebenen Stereoisomeren.

Krystalle (aus Acn.), F: 284—285,4° [korr.]; $[\alpha]_D^{20}$: —16,4° [$CHCl_3$; c = 2] (*Ryer, Gebert*, Am. Soc. **74** [1952] 4464).

3β-Acetoxy-17-hydroxy-24-nor-5α,17α(?)H-cholan-23-säure-lacton $C_{25}H_{38}O_4$, vermutlich Formel XI (R = $CO-CH_3$).

B. Beim Erhitzen von 3β,17-Dihydroxy-24-nor-5α,17α(?)H-cholan-23-säure-17-lacton mit Acetanhydrid (*Ryer, Gebert*, Am. Soc. **74** [1952] 4464).

Krystalle (aus Me. + Acn.); F: 240,6—242,6° [korr.]. $[\alpha]_D^{22}$: —21,1° [$CHCl_3$; c = 2].

X   XI   XII

5,6β-Dibrom-3β,17-dihydroxy-24-nor-5α,17α(?)H-cholan-23-säure-17-lacton $C_{23}H_{34}Br_2O_3$, vermutlich Formel XII (R = H).

Diese Verbindung (bezüglich der Zuordnung der Konfiguration an den C-Atomen 5 und 6 vgl. das analog hergestellte 5,6β-Dibrom-5α-cholestan-3β-ol [E III **6** 2149]) hat vermutlich als Hauptbestandteil in dem nachstehend beschriebenen Präparat vorgelegen.

B. Beim Behandeln von 3β,17-Dihydroxy-24-nor-chol-5-en-23-säure-17-lacton mit Brom in Essigsäure (*Ryer, Gebert*, Am. Soc. **74** [1952] 41, 44).

Krystalle (aus Me.); F: 127,2—127,4° [korr.; Zers.].

3β-Acetoxy-5,6β-dibrom-17-hydroxy-24-nor-5α,17α(?)H-cholan-23-säure-lacton $C_{25}H_{36}Br_2O_4$, vermutlich Formel XII (R = $CO-CH_3$).

Bezüglich der Zuordnung der Konfiguration an den C-Atomen 5 und 6 vgl. das analog hergestellte 5,6β-Dibrom-5α-cholestan-3β-ol (E III **6** 2149).

B. Beim Behandeln von 3β-Acetoxy-17-hydroxy-24-nor-17α(?)H-chol-5-en-23-säure-lacton mit Brom in Essigsäure (*Ryer, Gebert*, Am. Soc. **74** [1952] 41, 44).

Krystalle (aus Me.); F: 158—159° [korr.; Zers.]. $[\alpha]_D^{22}$: —66,0° [CHCl$_3$; c = 2]. Wenig beständig.

3-[3-Acetoxy-12-hydroxy-10,13-dimethyl-hexadecahydro-cyclopenta[a]phenanthren-17-yl]-buttersäure-lacton C$_{25}$H$_{38}$O$_4$.

a) **3α-Acetoxy-12α-hydroxy-24-nor-5β,20β$_F$H-cholan-23-säure-lacton** C$_{25}$H$_{38}$O$_4$, Formel XIII.

B. Bei der Hydrierung von 3α-Acetoxy-12α-hydroxy-24-nor-5β-chol-20(22)c-en-23-säure-lacton an Platin in Äthanol (*Plattner, Pataki*, Helv. **27** [1944] 1544, 1550). Neben 3α,21-Diacetoxy-12α-hydroxy-24-nor-5β,20β$_F$H-cholan-23-säure-lacton bei der Hydrierung von 3α,21-Diacetoxy-12α-hydroxy-24-nor-5β-chol-20(22)c-en-23-säure-lacton an Platin in Äthanol (*Pl., Pa.,* l. c. S. 1551).

Krystalle (aus Me.); F: 222—224° [korr.]. $[\alpha]_D^{15}$: +46,1° [CHCl$_3$; c = 1].

XIII XIV

b) **3α-Acetoxy-12α-hydroxy-24-nor-5β-cholan-23-säure-lacton** C$_{25}$H$_{38}$O$_4$, Formel XIV.

B. In kleiner Menge neben 3α,12α-Diacetoxy-24-nor-5β-cholan-23-säure beim Erhitzen von Nordesoxycholsäure (3α,12α-Dihydroxy-24-nor-5β-cholan-23-säure) mit Acetanhydrid und Pyridin (*Plattner, Pataki*, Helv. **27** [1944] 1544, 1552).

Krystalle (nach Sublimation im Hochvakuum); F: 215,5—216° [korr.]. $[\alpha]_D^{17}$: +22,6° [CHCl$_3$; c = 3].

Hydroxy-oxo-Verbindungen C$_{24}$H$_{38}$O$_3$

4-[4-Hydroxy-phenyl]-5-tetradecyl-dihydro-furan-2-on C$_{24}$H$_{38}$O$_3$, Formel I.

Diese Konstitution ist der nachstehend beschriebenen opt.-inakt. Verbindung zugeordnet worden (*Paranjape et al.*, J. Univ. Bombay **11**, Tl. 5A [1943] 104, 110).

B. Beim Behandeln einer als 3-[4-Methoxy-phenyl]-octadec-3-ensäure angesehenen Verbindung (F: 48°) mit wss. Schwefelsäure (60%ig) und Erhitzen des erhaltenen, als 4-[4-Methoxy-phenyl]-5-tetradecyl-dihydro-furan-2-on C$_{25}$H$_{40}$O$_3$ angesehenen Reaktionsprodukts (Kp$_{25}$: 299°) mit Bromwasserstoff in Essigsäure (*Pa. et al.*).

Krystalle (aus Hexan); F: 45°.

I II

*Opt.-inakt. **5-[4-Methoxy-phenyl]-3-tetradecyl-dihydro-furan-2-on, 2-[β-Hydroxy-4-methoxy-phenäthyl]-hexadecansäure-lacton, 4-Hydroxy-4-[4-methoxy-phenyl]-2-tetradecyl-buttersäure-lacton** C$_{25}$H$_{40}$O$_3$, Formel II.

B. Beim Behandeln von (±)-4-[4-Methoxy-phenyl]-4-oxo-2-tetradecyl-buttersäure mit Äthanol und Natrium und anschliessenden Erwärmen mit wss. Schwefelsäure (*Mehta et al.*, J. Univ. Bombay **12**, Tl. 5A [1944] 33).

Krystalle (aus A.); F: 79—80°.

5-[3-Hydroxy-10,13-dimethyl-hexadecahydro-cyclopenta[a]phenanthren-17-yl]-tetrahydro-pyran-2-on $C_{24}H_{38}O_3$.

a) **(20Ξ)-3β-Hydroxy-5β,14β,17βH-bufanolid** $C_{24}H_{38}O_3$ vom F: **205°**, Formel III (R = H).
Konfigurationszuordnung: *Meyer*, Helv. **32** [1949] 1993, 2000.
B. Neben kleinen Mengen des unter b) beschriebenen Stereoisomeren und anderen Verbindungen bei der Hydrierung von Bufotalien (3β-Hydroxy-5β-bufa-14,16,20,22-tetraenolid) an Palladium in Äthanol (*Wieland, Behringer*, A. **549** [1941] 209, 219; s. a. *Wieland, Weil*, B. **46** [1913] 3315, 3325).
Krystalle (aus A.); F: 204—205°; $[\alpha]_D^{24}$: +56° [$CHCl_3$; c = 2] (*Wi., Be.*).
Beim Behandeln mit Chrom(VI)-oxid und Essigsäure ist α-Bufotalanon ((20Ξ)-3-Oxo-5β,14β,17βH-bufanolid [E III/IV **17** 6273]) erhalten worden (*Wieland et al.*, A. **493** [1932] 272, 280). Hydrierung an Platin in Essigsäure unter Bildung von 21,24-Epoxy-5β,14β,17βH,20ξH-cholan-3β-ol (E III/IV **17** 1406): *Wi., Be.*, l. c. S. 231.

b) **(20Ξ)-3β-Hydroxy-5β,14β,17βH-bufanolid** $C_{24}H_{38}O_3$ vom F: **174°**, Formel III (R = H).
Konfigurationszuordnung: *Meyer*, Helv. **32** [1949] 1993, 2000.
B. s. bei dem unter a) beschriebenen Stereoisomeren.
Krystalle (aus A. + $CHCl_3$); F: 173,5—174,5°; $[\alpha]_D^{23}$: +30,8° [$CHCl_3$; c = 2] (*Wieland, Beringer*, A. **549** [1941] 209, 220).

c) **(20Ξ)-3α-Hydroxy-5β,14β,17βH-bufanolid** $C_{24}H_{38}O_3$, Formel IV.
B. Bei der Hydrierung von (20Ξ)-3-Oxo-5β,14β,17βH-bufanolid (E III/IV **17** 6273) an Platin in wss. Bromwasserstoffsäure enthaltender Essigsäure (*Wieland, Behringer*, A. **549** [1941] 209, 230).
Krystalle (aus A.); F: 176—178°.

III   IV   V

5-[3-Acetoxy-10,13-dimethyl-hexadecahydro-cyclopenta[a]phenanthren-17-yl]-tetrahydro-pyran-2-on $C_{26}H_{40}O_4$.

a) **(20Ξ)-3β-Acetoxy-5β,14β,17βH-bufanolid** $C_{26}H_{40}O_4$ vom F: **165°**, Formel III (R = CO-CH_3).
Über die Konstitution s. *Wieland, Behringer*, A. **549** [1941] 209, 210, 214; bezüglich der Konfiguration s. *Meyer*, Helv. **32** [1949] 1993, 2000.
B. Bei der Hydrierung von O-Acetyl-bufotalien (3β-Acetoxy-5β-bufa-14,16,20,22-tetraenolid an Palladium in Äther (*Wieland, Alles*, B. **55** [1922] 1789, 1792).
Krystalle; F: 165° [aus A.] (*Wi., Al.*).
Beim Erwärmen mit methanol. Kalilauge ist Bufotalansäure ($C_{24}H_{40}O_4$; Krystalle [aus wss. A.], F: 153—154°; vermutlich 3β,21-Dihydroxy-5β,14β,17βH,20ξH-cholan-24-säure) erhalten worden, die sich durch Aufbewahren in äthanol. Lösung sowie durch Erhitzen unter vermindertem Druck in das höherschmelzende (20Ξ)-3β-Hydroxy-5β,14β,17βH-bufanolid (s. o.) hat umwandeln lassen (*Wieland et al.*, A. **493** [1932] 272, 278).

b) **(20Ξ)-3β-Acetoxy-5β,14β,17βH-bufanolid** $C_{26}H_{40}O_4$ vom F: **154°**, Formel III (R = CO-CH_3).
B. Aus (20Ξ)-3β-Hydroxy-5β,14β,17βH-bufanolid vom F: 174° [s. o.] (*Wieland, Behringer*, A. **549** [1941] 209, 220).
Krystalle (aus A.); F: 153—154°.

(20Ξ)-14-Hydroxy-5α,14β-bufanolid $C_{24}H_{38}O_3$, Formel V.

Diese Konstitution und Konfiguration kommt dem nachstehend beschriebenen Octa=
hydroscillaridin-A auf Grund der genetischen Beziehung zu Scillaridin-A (S. 682)
zu.

B. Neben Oxyscillansäure (14-Hydroxy-5α,14β-cholan-24-säure) bei der Hydrierung
von Scillaridin-A (14-Hydroxy-14β-bufa-3,5,20,22-tetraenolid) an Platin in Essigsäure
(*Stoll et al.*, Helv. **17** [1934] 1334, 1350, 1351).

Krystalle (aus A.); F: 183° [korr.].

3β,20-Dihydroxy-5α,20ξH-cholan-24-säure-20-lacton $C_{24}H_{38}O_3$, Formel VI (R = H).

B. Beim Erhitzen von 3β,20-Dihydroxy-5α,20ξH-cholan-24-säure auf Temperaturen
oberhalb des Schmelzpunkts (*Ryer, Gebert*, Am. Soc. **74** [1952] 4336, 4338).

F: 244—244,4° [korr.]. $[α]_D$: +31,3° [CHCl₃] (*Ryer, Ge.*, l. c. S. 4337).

VI   VII

**5-[3-Acetoxy-10,13-dimethyl-hexadecahydro-cyclopenta[a]phenanthren-17-yl]-5-methyl-
dihydro-furan-2-on** $C_{26}H_{40}O_4$.

a) **3β-Acetoxy-20-hydroxy-5β,20ξH-cholan-24-säure-lacton** $C_{26}H_{40}O_4$, Formel VII.

B. In kleiner Menge neben dem unter b) beschriebenen Stereoisomeren bei der Hydrierung von 3β-Acetoxy-20-hydroxy-20ξH-chol-5-en-24-säure-lacton (S. 476) an Platin in
Essigsäure (*Billeter, Miescher*, Helv. **30** [1947] 1409, 1417).

Krystalle (aus A.); F: 194—195° [korr.]. $[α]_D$: +30° [CHCl₃; c = 1].

b) **3β-Acetoxy-20-hydroxy-5α,20ξH-cholan-24-säure-lacton** $C_{26}H_{40}O_4$, Formel VI
(R = CO-CH₃).

B. s. bei dem unter a) beschriebenen Stereoisomeren.

Krystalle; F: 247,2—249° [korr.] (*Ryer, Gebert*, Am. Soc. **74** [1952] 4336, 4338),
245—248° [korr.; aus E.] (*Billeter, Miescher*, Helv. **30** [1947] 1409, 1417). $[α]_D^{22}$: +22,6°
[CHCl₃; c = 2] (*Ryer, Ge.*); $[α]_D$: +25° [CHCl₃; c = 2] (*Bi., Mi.*).

**(22Ξ)-3α-Acetoxy-16β,22-epoxy-5β-cholan-24-al, 3α-Acetoxy-25,26,27-trinor-5β,22ξH-
furostan-24-al** $C_{26}H_{40}O_4$, Formel VIII.

B. Beim Behandeln von 27-Nor-5β,22ξH-furost-24t-en-3α-ol (E III/IV **17** 1514) mit
Acetanhydrid und Pyridin und Behandeln des Reaktionsprodukts mit Osmium(VIII)-
oxid und Natriumperjodat in wss. Dioxan (*Thompson et al.*, Am. Soc. **81** [1959] 5225,
5229).

IR-Banden: 2725 cm⁻¹, 1736 cm⁻¹ und 1730 cm⁻¹ (*Th. et al.*, l. c. S. 5226, 5229).

Semicarbazon $C_{27}H_{43}N_3O_4$. Krystalle (aus Me.); F: 217—220° [Kofler-App.].

11α,12α-Dihydroxy-5β-cholan-24-säure-12-lacton $C_{24}H_{38}O_3$, Formel IX.

Diese Konstitution und Konfiguration kommt vermutlich der nachstehend beschriebenen Verbindung zu.

B. Aus 11α,12α-Dihydroxy-5β-cholan-24-säure beim Erhitzen unter 0,05 Torr bis auf
350° oder unter 12 Torr bis auf 280° (*Alther, Reichstein*, Helv. **25** [1942] 805, 815).

Krystalle (aus Bzl. + Pentan); F: 240—242° [korr.; Kofler-App.]. $[α]_D^{17}$: —41,8°
[Bzl.; c = 1]. Bei 190°/0,02 Torr sublimierbar.

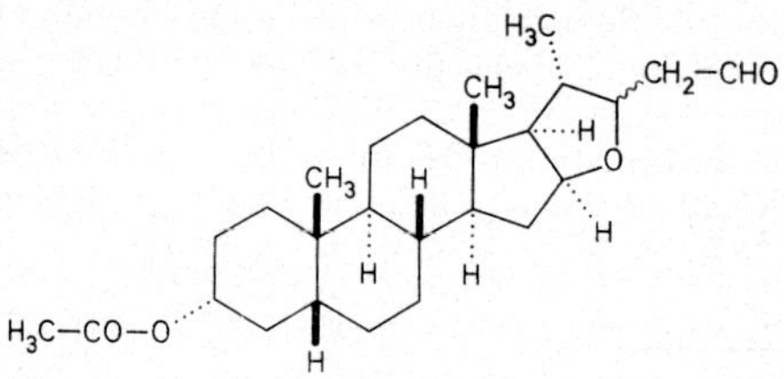

270 Hydroxy-oxo-Verbindungen $C_nH_{2n-10}O_3$ mit einem Chalkogen-Ringatom $C_{26}-C_{27}$

VIII 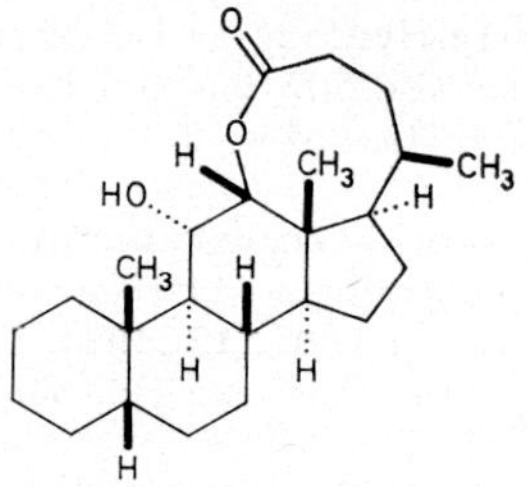 IX

Hydroxy-oxo-Verbindungen $C_{26}H_{42}O_3$

5-Hexadecyl-4-[4-hydroxy-phenyl]-dihydro-furan-2-on $C_{26}H_{42}O_3$, Formel X.
Diese Konstitution ist der nachstehend beschriebenen opt.-inakt. Verbindung zugeordnet worden (*Paranjape et al.*, J. Univ. Bombay **11**, Tl. 5A [1943] 104, 106).

B. Beim Behandeln einer als 3-[4-Methoxy-phenyl]-eicos-3-ensäure angesehenen Verbindung (F: 76°) mit wss. Schwefelsäure (60%ig) und Erhitzen des erhaltenen, als 5-Hexadecyl-4-[4-methoxy-phenyl]-dihydro-furan-2-on $C_{27}H_{44}O_3$ angesehenen Reaktionsprodukts (F: 58°) mit Bromwasserstoff in Essigsäure (*Pa. et al.*).
Krystalle (aus Hexan); F: 78—79°.

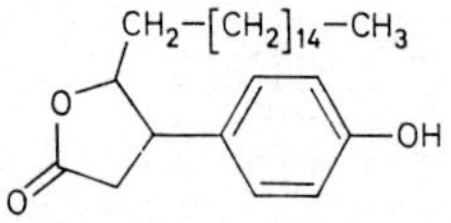

X 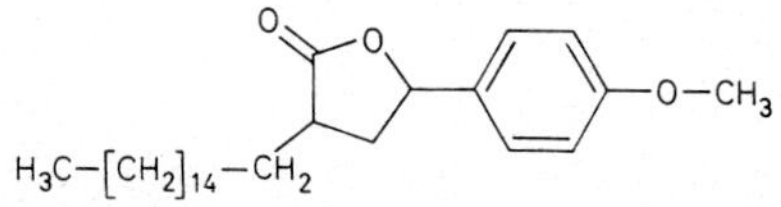 XI

*Opt.-inakt. **3-Hexadecyl-5-[4-methoxy-phenyl]-dihydro-furan-2-on, 2-[β-Hydroxy-4-methoxy-phenäthyl]-octadecansäure-lacton, 2-Hexadecyl-4-hydroxy-4-[4-methoxy-phenyl]-buttersäure-lacton** $C_{27}H_{44}O_3$, Formel XI.
B. Beim Behandeln von (±)-2-Hexadecyl-4-[4-methoxy-phenyl]-4-oxo-buttersäure mit Äthanol und Natrium und anschliessenden Erwärmen mit wss. Schwefelsäure (*Mehta et al.*, J. Univ. Bombay **12**, Tl. 5A [1944] 33).
Krystalle (aus A.); F: 95—96°.

3α-Hydroxy-27-nor-5β,22ξH-furostan-25-on $C_{26}H_{42}O_3$, Formel XII (R = H).
B. Beim Behandeln von Dihydrocholegenin ((25S)-5β,22ξH-Furostan-3α,25,26-triol [E III/IV **17** 2349]) mit Natriumperjodat in wss. Dioxan (*Thompson et al.*, Am. Soc. **81** [1959] 5222). Aus 3α-Acetoxy-27-nor-5β,22ξH-furostan-25-on (S. 271) mit Hilfe von methanol. Kalilauge (*Th. et al.*).
Krystalle (aus wss. Acn.); F: 138—140° [Kofler-App.]. $[\alpha]_D^{20}$: +9° [$CHCl_3$; c = 1].
Semicarbazon $C_{27}H_{45}N_3O_3$. Krystalle (aus wss. Me.); F: 220—224° [Zers.; Kofler-App.].

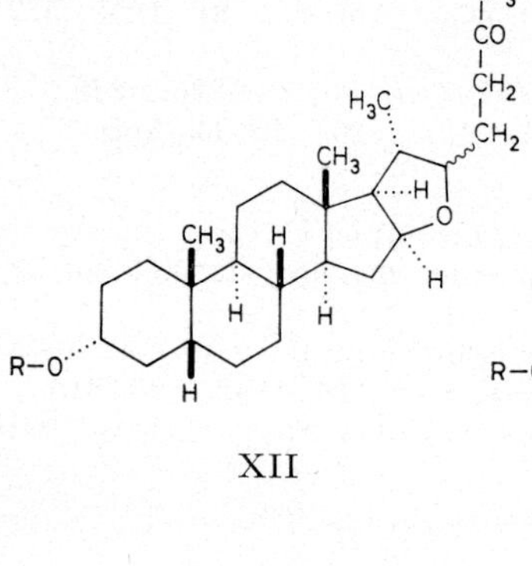

XII 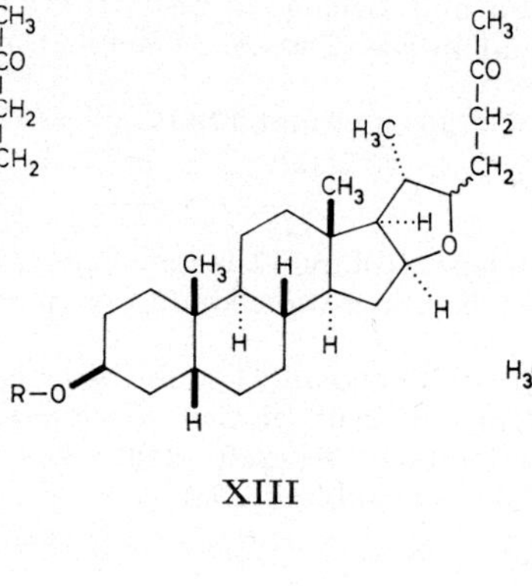 XIII 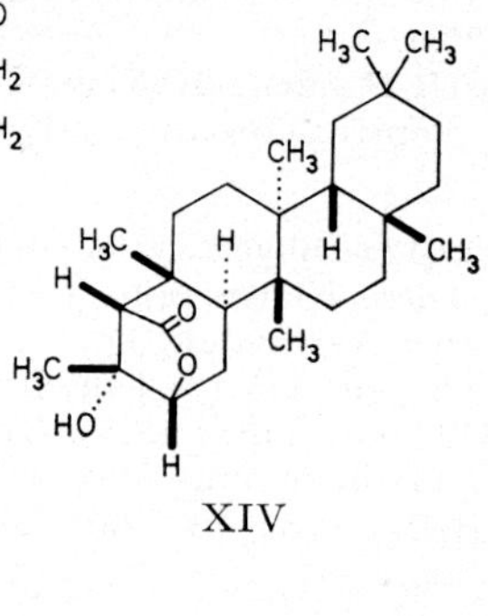 XIV

2-Acetoxy-4a,6a,7-trimethyl-8-[3-oxo-butyl]-octadecahydro-naphth[2',1';4,5]indeno-[2,1-b]furan $C_{28}H_{44}O_4$.

a) **3β-Acetoxy-27-nor-5β,22ξH-furostan-25-on** $C_{28}H_{44}O_4$, Formel XIII (R = CO-CH$_3$).

B. Beim Behandeln von 3β-Acetoxy-5β,22ξH-furost-25-en (E III/IV **17** 1516) mit Osmium(VIII)-oxid und Natriumperjodat in wss. Dioxan (*Thompson et al.*, Am. Soc. **81** [1959] 5225, 5228).

Krystalle (aus wss. Acn.); F: 157—159° [Kofler-App.]. $[\alpha]_D^{20}$: +3° [CHCl$_3$; c = 1].

b) **3α-Acetoxy-27-nor-5β,22ξH-furostan-25-on** $C_{28}H_{44}O_4$, Formel XII (R = CO-CH$_3$).

B. Beim Behandeln von 3α-Acetoxy-5β-22ξH-furost-25-en (E III/IV **17** 1516) mit Osmium(VIII)-oxid und Natriumperjodat in wss. Dioxan (*Thompson et al.*, Am. Soc. **81** [1959] 5225, 5228).

Krystalle (aus wss. Acn.); F: 114—116° [Kofler-App.]. $[\alpha]_D^{20}$: +26° [CHCl$_3$; c = 1].

Semicarbazon $C_{29}H_{47}N_3O_4$. Krystalle; F: 209—212° [Kofler-App.].

(4aS)-2c,3c-Dihydroxy-2t,4b,6a,9,9,10b,12a-heptamethyl-(4ar,4bt,6at,10at,10bc,12at)-octadecahydro-chrysen-1c-carbonsäure-3-lacton, 5,6α-Dihydroxy-5αH-des-A-friedelan-10α-carbonsäure-6-lacton[1]) $C_{26}H_{42}O_3$, Formel XIV.

Konstitution und Konfiguration: *Corey, Ursprung*, Am. Soc. **78** [1956] 5041, 5044.

B. Beim 14-tägigen Behandeln von Des-A-friedel-5-en-10α-carbonsäure-methylester (E III **9** 2922) mit Osmium(VIII)-oxid in Äther unter Lichtausschluss und Erwärmen des Reaktionsprodukts mit Mannit, wss.-äthanol. Kalilauge und Benzol und anschliessenden Behandeln mit wss. Salzsäure (*Perold et al.*, Helv. **32** [1949] 1246, 1254).

Krystalle; F: 236—237° [nach Sublimation im Hochvakuum bei 210°].

Hydroxy-oxo-Verbindungen $C_{27}H_{44}O_3$

3β-Benzoyloxy-15-oxa-D-homo-5α-cholest-8(14)-en-16-on, 3β-Benzoyloxy-14-hydroxy-14,15-seco-5α-cholest-8(14)-en-15-säure-lacton $C_{34}H_{48}O_4$, Formel I.

B. Beim Erhitzen von 3β-Benzoyloxy-14-oxo-14,15-seco-5α-cholestan-15-säure mit Acetanhydrid und wenig Natriumacetat (*Tsuda, Hayatsu*, Am. Soc. **78** [1956] 4107, 4110).

Krystalle (aus Me.); F: 146—148° [korr.].

I
II

3β,20-Dihydroxy-4,4,8,14-tetramethyl-18-nor-5α-cholan-24-säure-20-lacton, 3β,20-Dihydroxy-18(13→8)-abeo-25,26,27-trinor-lanostan-24-säure-20-lacton, 3β,20-Dihydroxy-25,26,27-trinor-dammaran-24-säure-20-lacton $C_{27}H_{44}O_3$, Formel II (R = H).

B. Beim Behandeln von 20-Hydroxy-3-oxo-25,26,27-trinor-dammaran-24-säure-lacton (E III/IV **17** 6276) mit Kaliumboranat in wss. Dioxan (*Crabbé et al.*, Tetrahedron **3** [1958] 279, 292).

Krystalle (aus CHCl$_3$ + PAe.); F: 205—206°. $[\alpha]_{578}$: +39° [CHCl$_3$; c = 1].

Beim Behandeln mit Phosphor(V)-chlorid in Benzol ist 20-Hydroxy-A-neo-25,26,27-trinor-dammar-3-en-24-säure-lacton erhalten worden (*Cr. et al.*, l. c. S. 295).

---

[1]) Stellungsbezeichnung bei von Friedelan (D:A-Friedo-oleanan) abgeleiteten Namen s. E III **5** 1341, 1342.

5-[3-Acetoxy-4,4,8,10,14-pentamethyl-hexadecahydro-cyclopenta[a]phenanthren-17-yl]-5-methyl-dihydro-furan-2-on $C_{29}H_{46}O_4$.

a) **3β-Acetoxy-20-hydroxy-4,4,8,14-tetramethyl-18-nor-5α,20β_FH-cholan-24-säure-lacton, 3β-Acetoxy-20-hydroxy-18(13→8)-abeo-25,26,27-trinor-20β_FH-lanostan-24-säure-lacton, 3β-Acetoxy-20-hydroxy-25,26,27-trinor-20β_FH-dammaran-24-säure-lacton** $C_{29}H_{46}O_4$, Formel III.

B. Beim Behandeln von Monoacetyl-dammarandiol-I (3β-Acetoxy-20β_FH-dammaran-20-ol; über die Konfiguration dieser Verbindung s. *Tanaka et al.*, Tetrahedron Letters **1964** 2291, 2292) mit Chrom(VI)-oxid in Essigsäure und wenig Benzol (*Mills*, Soc. **1956** 2196, 2201).

Krystalle (aus A. + E.), F: 278—279°; [α]$_D$: +28° [CHCl$_3$; c = 1] (*Mi.*).

b) **3β-Acetoxy-20-hydroxy-4,4,8,14-tetramethyl-18-nor-5α-cholan-24-säure-lacton, 3β-Acetoxy-20-hydroxy-18(13→8)-abeo-25,26,27-trinor-lanostan-24-säure-lacton, 3β-Acetoxy-20-hydroxy-25,26,27-trinor-dammaran-24-säure-lacton** $C_{29}H_{46}O_4$, Formel II (R = CO-CH$_3$).

B. Beim Behandeln von Monoacetyl-dammarandiol-II (3β-Acetoxy-dammaran-20-ol; über die Konfiguration dieser Verbindung s. *Fischer, Seiler*, A. **644** [1961] 146, 151) mit Chrom(VI)-oxid in Essigsäure und wenig Benzol (*Mills*, Soc. **1956** 2196, 2201). Beim Behandeln von 3β,20-Dihydroxy-25,26,27-trinor-dammaran-24-säure-20-lacton mit Acet=anhydrid und Pyridin (*Crabbé et al.*, Tetrahedron **3** [1958] 279, 292).

Krystalle; F: 249—250° [aus A. + E.] (*Mi.*), 237—238° [aus CH$_2$Cl$_2$ + Me.] (*Cr. et al.*). [α]$_D$: +49° [CHCl$_3$; c = 1] (*Mi.*); [α]$_{578}$: +50° [CHCl$_3$; c = 1] (*Cr. et al.*).

III IV

6α-Acetoxy-17ξ-hydroxy-17,21-seco-22,29,30-trinor-hopan-21-säure-lacton [1]), **6α-Acetoxy-22-oxa-29,30-dinor-17ξ-gammaceran-21-on** [2]), **6α-Acetoxy-17ξ-hydroxy-17,21-seco-E,29,30-trinor-gammaceran-21-säure-lacton** $C_{29}H_{46}O_4$, Formel IV.

B. Bei der Behandlung von 6α-Acetoxy-22,29,30-trinor-hopan-21-on (neben 6α-Acetoxy-30-nor-hopan-22-on beim Erwärmen von 6α-Acetoxy-hopan-22-ol mit Phosphorylchlorid und Pyridin und Behandeln einer Lösung des Reaktionsprodukts in Chloroform mit Ozon erhalten) mit Trifluorperoxyessigsäure und Natriumphosphat in warmen Dichlor=methan, anschliessenden Hydrolyse und Behandlung der sauren Anteile des Reaktions-produkts mit Acetanhydrid und Pyridin (*Barton et al.*, Soc. **1958** 2239, 2245).

Krystalle (aus wss. Me.); F: 282—285° [unkorr.; Zers.; Kofler-App.]. [α]$_D$: +43° [CHCl$_3$; c = 1].

(25Ξ)-3β-Acetoxy-5α,22ξH-furostan-26-al $C_{29}H_{46}O_4$, Formel V (R = CO-CH$_3$).

B. Neben anderen Verbindungen beim Behandeln von O^3-Acetyl-dihydrotigogenin ((25R)-3β-Acetoxy-5α,22ξH-furostan-26-ol [E III/IV **17** 2103]) mit Kaliumdichromat, wss. Schwefelsäure und Essigsäure (*Woodward et al.*, Am. Soc. **80** [1958] 6693).

Krystalle; F: 86—87°. [α]$_D$: −16° [CHCl$_3$].

---
[1]) Stellungsbezeichnung bei von Hopan abgeleiteten Namen s. E III **6** 2731 Anm. 1.
[2]) Stellungsbezeichnung bei von Gammaceran abgeleiteten Namen s. E III **6** 2731 Anm. 2.

3β-Acetoxy-5,6β-epoxy-5β-cholestan-4-on $C_{29}H_{46}O_4$, Formel VI (R = CO-CH$_3$).

B. Beim Behandeln von 3β-Acetoxy-cholest-5-en-4β-ol mit Chrom(VI)-oxid, Essigsäure und Benzol (*Petrow, Starling*, Soc. **1940** 60, 63; s. a. *Lieberman, Fukushima*, Am. Soc. **72** [1950] 5211, 5217; *Reusch et al.*, Steroids **5** [1965] 109, 111). Beim Behandeln von 3β-Acetoxy-5,6β-epoxy-5β-cholestan-4β-ol mit Chrom(VI)-oxid und Essigsäure (*Li., Fu.*).

Krystalle (aus A.), F: 173−174° [korr.]; $[\alpha]_D^{20}$: +3,8°; $[\alpha]_{546}^{20}$: +4,5° [jeweils in CHCl$_3$; c = 1] (*Pe., St.*).

Beim Erhitzen mit Essigsäure und Natriumacetat sowie beim Erhitzen einer Lösung in Benzol und Äthanol mit wss. Salzsäure ist 4-Hydroxy-cholesta-4,6-dien-3-on (*Pe., St.*; s. a. *Rosenheim, King*, Nature **139** [1937] 1015), beim Erhitzen mit Acetanhydrid und Natriumacetat ist 3-Acetoxy-cholesta-2,5-dien-4-on (*Pe., St.*, l. c. S. 65) erhalten worden.

V   VI   VII

3β-Benzoyloxy-5,6β-epoxy-5β-cholestan-4-on $C_{34}H_{48}O_4$, Formel VI (R = CO-C$_6$H$_5$).

B. Beim Behandeln von 3β-Benzoyloxy-cholest-5-en-4β-ol mit Chrom(VI)-oxid, Essigsäure und Benzol (*Petrow, Starling*, Soc. **1940** 60, 63).

Krystalle (aus Bzl. + A.); F: 185−186° [korr.]. $[\alpha]_D^{22}$: +6,4°, $[\alpha]_{546}^{22}$: +9,3° [jeweils in Bzl.; c = 1].

5,6α-Epoxy-3β-hydroxy-5α-cholestan-7-on $C_{27}H_{44}O_3$, Formel VII (R = H).

B. Beim Erwärmen der im folgenden Artikel beschriebenen Verbindung mit wss.-methanol. Natriumhydrogencarbonat-Lösung (*Bergmann, Meyers*, A. **620** [1959] 46, 60).

Krystalle (aus wss. Me.); F: 167,5−168,5° [korr.]. $[\alpha]_D^{25}$: +88,3° [CHCl$_3$; c = 0,8].

3β-Acetoxy-5,6α-epoxy-5α-cholestan-7-on $C_{29}H_{46}O_4$, Formel VII (R = CO-CH$_3$).

B. Beim Erwärmen von 3β-Acetoxy-cholest-5-en-7-on mit Trifluorperoxyessigsäure, Dinatriumhydrogenphosphat und Dichlormethan (*Bergmann, Meyers*, A. **620** [1959] 46, 60).

Krystalle (aus Me.); F: 130−131,5° [korr.]. $[\alpha]_D^{25}$: +78,9° [CHCl$_3$; c = 1].

3-Benzoyloxy-17-[1,5-dimethyl-hexyl]-5,6-epoxy-10,13-dimethyl-hexadecahydro-cyclopenta[*a*]phenanthren-7-on $C_{34}H_{48}O_4$.

a) **3β-Benzoyloxy-5,6β-epoxy-5β-cholestan-7-on** $C_{34}H_{48}O_4$, Formel VIII.

Die Identität eines von *Henbest, Wilson* (Soc. **1957** 1958, 1965) unter dieser Konstitution und Konfiguration beschriebenen, aus 3β-Benzoyloxy-5,6β-epoxy-5β-cholestan-7β-ol beim Behandeln mit Chrom(VI)-oxid und Aceton erhaltenen Präparats (Krystalle [aus Acn.], F: 156−158° [Kofler-App.]; $[\alpha]_D$: +24° [CHCl$_3$]) ist nach *Bergmann, Meyers* (A. **620** [1959] 46, 50, 51) ungewiss.

b) **3β-Benzoyloxy-5,6α-epoxy-5α-cholestan-7-on** $C_{34}H_{48}O_4$, Formel VII (R = CO-C$_6$H$_5$).

B. Beim Erwärmen von 3β-Benzoyloxy-cholest-5-en-7-on mit Trifluorperoxyessig=

säure, Dinatriumhydrogenphosphat und Dichlormethan (*Bergmann, Meyers,* A. **620** [1959] 46, 61). Beim Behandeln von 3β-Benzoyloxy-5,6α-epoxy-5α-cholestan-7α-ol mit Chrom(VI)-oxid und Pyridin (*Be., Me.*).

Krystalle (aus Me. + CHCl₃); F: 185—186° [korr.] (*Be., Me.*). $[\alpha]_D^{25}$: +82,0° [CHCl₃; c = 1] (*Be., Me.*).

Die Identität eines von *Henbest, Wilson* (Soc. **1957** 1958, 1965) ebenfalls als 3β-Benzoyl=oxy-5,6α-epoxy-5α-cholestan-7-on beschriebenen, aus 3β-Benzoyloxy-5,6α-epoxy-5α-cholestan-7α-ol beim Behandeln mit Chrom(VI)-oxid und Aceton erhaltenen Präparats (Krystalle [aus Acn.]; F: 178—182° [Kofler-App.]; $[\alpha]_D$: −23° [CHCl₃]) ist nach *Bergmann, Meyers* (l. c. S. 52) ungewiss.

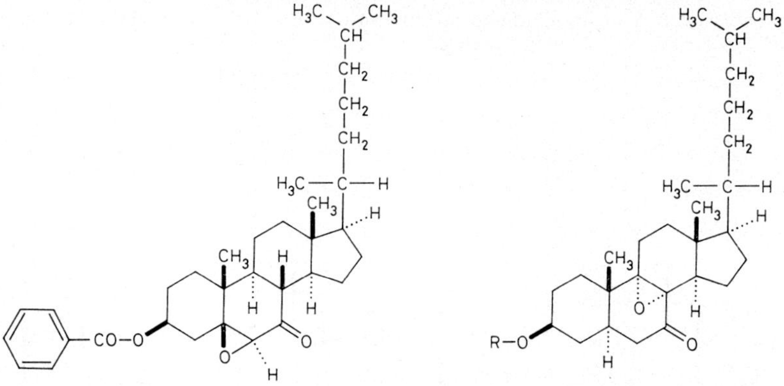

VIII   IX

8,9-Epoxy-3β-hydroxy-5α,8α-cholestan-7-on $C_{27}H_{44}O_3$, Formel IX (R = H).
B. Aus 3β-Acetoxy-8,9-epoxy-5α,8α-cholestan-7-on mit Hilfe von wss.-methanol. Kali=lauge (*Fieser et al.,* Am. Soc. **75** [1953] 4719, 4721).
F: 159—160°.

3β-Acetoxy-8,9-epoxy-5α,8α-cholestan-7-on $C_{29}H_{46}O_4$, Formel IX (R = CO-CH₃).
B. Neben 3β-Acetoxy-8,14-epoxy-5α,8α-cholestan-7-on beim Behandeln von 3β-Acet=oxy-5α-cholest-7-en mit Chrom(VI)-oxid und wasserhaltiger Essigsäure (*Fieser,* Am. Soc. **75** [1953] 4395, 4401; s. a. *Buser,* Helv. **30** [1947] 1379, 1389). Beim Behandeln von 3β-Acetoxy-8,9-epoxy-5α,8α-cholestan-7α-ol mit Chrom(VI)-oxid und wss. Essigsäure (*Fieser et al.,* Am. Soc. **75** [1953] 4719, 4721).
Krystalle (aus Me.); F: 177—179° [korr.; Kofler-App.] (*Bu.*), 177,5—178° (*Fi.*). $[\alpha]_D$: −33,8° [CHCl₃] (*Fi. et al.*).

Beim Erhitzen mit Essigsäure und Zink ist 3β-Acetoxy-5α-cholest-8-en-7-on erhalten worden (*Fi.*, l. c. S. 4402).

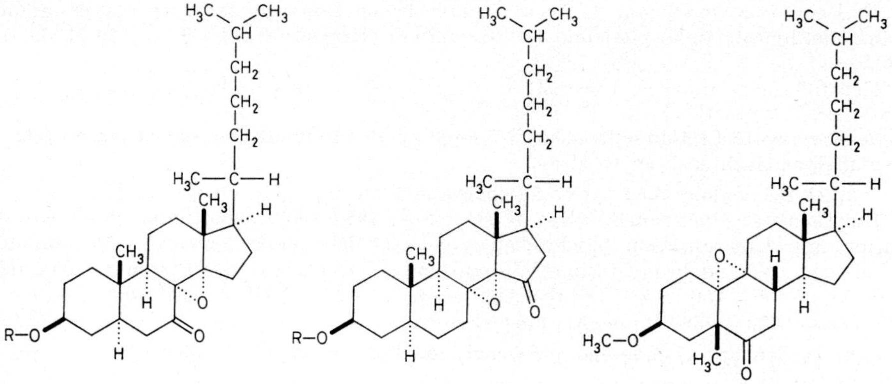

X   XI   XII

8,14-Epoxy-3β-hydroxy-5α,8α-cholestan-7-on $C_{27}H_{44}O_3$, Formel X (R = H).
  B. Beim Behandeln von 3β-Acetoxy-8,14-epoxy-5α,8α-cholestan-7-on mit wss.-methanol. Kaliumcarbonat-Lösung (*Fieser et al.*, Am. Soc. **75** [1953] 4719, 4721).
  Krystalle (aus wss. Me.); F: 177–178°. $[\alpha]_D$: $-81,2°$ [$CHCl_3$; c = 2].

3β-Acetoxy-8,14-epoxy-5α,8α-cholestan-7-on $C_{29}H_{46}O_4$, Formel X (R = CO-CH$_3$).
  B. Beim Behandeln von 3β-Acetoxy-8,14-epoxy-5α,8α-cholestan-7α-ol mit Chrom(VI)-oxid und wasserhaltiger Essigsäure (*Wintersteiner, Moore*, Am. Soc. **65** [1943] 1507, 1512). Neben anderen Verbindungen beim Behandeln von 3β-Acetoxy-5α-cholest-8(14)-en mit Chrom(VI)-oxid, Essigsäure und Benzol (*Wintersteiner, Moore*, Am. Soc. **65** [1943] 1513, 1515). Neben 3β-Acetoxy-8,9-epoxy-5α,8α-cholestan-7-on beim Behandeln von 3β-Acet≠oxy-5α-cholest-7-en mit Chrom(VI)-oxid und wasserhaltiger Essigsäure (*Fieser*, Am. Soc. **75** [1953] 4395, 4401). Beim Behandeln von 3β,7α-Diacetoxy-5α-cholest-8(14)-en mit Chrom(VI)-oxid und wasserhaltiger Essigsäure (*Fieser, Ourisson*, Am. Soc. **75** [1953] 4404, 4413).
  Krystalle; F: 142–142,5° [aus PAe. oder wss. Me.] (*Fi.*; *Fi., Ou.*), 139,5–140,5° [aus wss. Me.] (*Wi., Mo.*, l. c. S. 1515). $[\alpha]_D^{22}$: $-75,7°$ [$CHCl_3$; c = 1] (*Wi., Mo.*, l. c. S. 1512, 1515); $[\alpha]_D$: $-73,5°$ [$CHCl_3$] (*Fieser et al.*, Am. Soc. **75** [1953] 4719, 4721); $[\alpha]_D$: $-69,8°$ [$CHCl_3$] (*Fi.*).
  Beim Erwärmen mit wss.-äthanol. Salzsäure und Behandeln des Reaktionsprodukts mit Acetanhydrid und Pyridin ist 3β-Acetoxy-5α-cholesta-8,14-dien-7-on erhalten worden (*Wi., Mo.*, l. c. S. 1512, 1515; *Fi. et al.*).

3β-Acetoxy-8,14-epoxy-5α,8α-cholestan-15-on $C_{29}H_{46}O_4$, Formel XI (R = CO-CH$_3$).
  Diese Konstitution und Konfiguration wird der nachstehend beschriebenen Verbindung zugeordnet (*Wintersteiner, Moore*, Am. Soc. **65** [1943] 1513, 1515).
  B. Neben anderen Verbindungen beim Behandeln einer Lösung von 3β-Acetoxy-5α-cholest-8(14)-en in Benzol mit Chrom(VI)-oxid und Essigsäure (*Wi., Mo.*).
  Krystalle (aus Me.); F: 180–181°. $[\alpha]_D^{22}$: $+4,7°$ [$CHCl_3$; c = 1].

9,10-Epoxy-3β-methoxy-5-methyl-19-nor-5β,9α(?),10α(?)-cholestan-6-on $C_{28}H_{46}O_3$, vermutlich Formel XII.
  Über die Konfiguration an den C-Atomen 9 und 10 s. *Snatzke*, A. **686** [1965] 167, 173.
  B. Beim Behandeln von 3β-Methoxy-5-methyl-19-nor-5β-cholest-9-en-6-on mit wss. Wasserstoffperoxid und Essigsäure (*Ellis, Petrow*, Soc. **1952** 2246, 2251).
  Krystalle (aus wss. Me. + Acn.), F: 97°; $[\alpha]_D^{24}$: $-6,3°$ [$CHCl_3$; c = 1] (*El., Pe.*).
  Beim Erwärmen mit wss.-äthanol. Salzsäure sind 3β-Methoxy-5-methyl-19-nor-5β-cholesta-1(10),9(11)-dien-6-on und 3β-Methoxy-5-methyl-19-nor-5β-cholesta-9,11-dien-6-on erhalten worden (*El., Pe.*).

XIII   XIV

3β-Benzoyloxy-9,11α-epoxy-5α-cholestan-7-on $C_{34}H_{48}O_4$, Formel XIII.
  B. Beim Behandeln einer Lösung von 3β-Benzoyloxy-5α-cholesta-7,9(11)-dien in

Dioxan und Essigsäure mit wss. Wasserstoffperoxid und wss. Eisen(II)-sulfat-Lösung (*Fieser, Herz*, Am. Soc. **75** [1953] 121, 124). Beim Erwärmen von 3β-Benzoyloxy-5α-cholesta-7,9(11)-dien mit Ameisensäure und Dioxan und Behandeln des Reaktionsgemisches mit wss. Wasserstoffperoxid (*Fi., Herz*).
Krystalle (aus Acn. + W.); F: 201—202°. $[\alpha]_D$: —36° [Dioxan].
Beim Erwärmen mit methanol. Kalilauge ist 3β,11α-Dihydroxy-5α-cholest-8-en-7-on erhalten worden.

3β-Benzoyloxy-14,15ξ-epoxy-5α,14ξ-cholestan-16-on $C_{34}H_{48}O_4$, Formel XIV.

Diese Konstitution und Konfiguration wird der nachstehend beschriebenen Verbindung zugeordnet (*Tsuda, Hayatsu*, Am. Soc. **78** [1956] 4107, 4109).
B. Neben anderen Verbindungen beim Erwärmen von 3β-Benzoyloxy-5α-cholest-14-en mit Chrom(VI)-oxid und Essigsäure (*Ts., Ha.*).
F: 152—154° [korr.].

3β-Acetoxy-5-hydroxy-*B*-nor-5β-cholestan-6β-carbonsäure-lacton, 3β-Acetoxy-5-hydroxy-5β,7α*H*-5(6→7)-abeo-cholestan-6-säure-lacton $C_{29}H_{46}O_4$, Formel XV (R = CO-CH$_3$).

Über die Konstitution s. *Boswell et al.*, Bl. **1958** 1598; über die Konfiguration an den C-Atomen 5 und 6 s. *Knof, A.* **656** [1962] 183.
B. Neben kleinen Mengen einer Verbindung $C_{29}H_{48}O_5$ (Krystalle [aus wss. Acn.], F: 203°; möglicherweise 3β-Acetoxy-5-hydroxy-*B*-nor-5β-cholestan-6β-carbonsäure) beim Behandeln von 3β-Acetoxy-5-oxo-5,6-seco-cholestan-6-säure mit Benzoylchlorid und Pyridin (*Šorm, Dyková*, Collect. **13** [1948] 407, 412, 413; *Dauben, Fonken*, Am. Soc. **78** [1956] 4736, 4740).
Krystalle; F: 125° (*Bo. et al.*), 124—125° [korr.; aus Me.] (*Da., Fo.*), 122° (*Šorm, Dy.*). $[\alpha]_D^{20}$: +60° [CHCl$_3$; c = 2] (*Šorm, Dy.*); $[\alpha]_D^{25}$: +59,6° [CHCl$_3$] (*Da., Fo.*). ¹H-NMR-Spektrum: *Bo. et al.* UV-Spektrum (220—320 nm): *Šorm, Dy.*, l. c. S. 410; s. a. *Bo. et al.*
Bildung von 3β-Acetoxy-*B*-nor-cholest-5-en beim Erhitzen auf 200°: *Šorm, Dy.*; *Da., Fo.*
Bei der Hydrierung an Platin in Essigsäure und Behandlung des Reaktionsprodukts mit warmer methanol. Kalilauge ist 3β-Hydroxy-5,6-seco-cholestan-6-säure, bei der Hydrierung an Palladium/Strontiumcarbonat in Äthanol ist 5,6-Seco-cholestan-6-säure erhalten worden (*Da., Fo.*, l. c. S. 4741). Bildung von 3β-Hydroxy-5-oxo-5,6-seco-cholestan-6-säure-methylester beim Behandeln mit Natriumhydrogencarbonat und Methanol: *Da., Fo.*, l. c. S. 4740.

XV   XVI   XVII

5,6ξ-Epoxy-3β-hydroxy-*B*-nor-5ξ-cholestan-6ξ-carbaldehyd, 5,7-Epoxy-3β-hydroxy-5ξ,7ξ*H*-5(6→7)-abeo-cholestan-6-al $C_{27}H_{44}O_3$, Formel XVI.

Diese Konstitution und Konfiguration kommt möglicherweise der nachstehend beschriebenen Verbindung zu.
B. Bei langer Einwirkung von Luft auf eine Lösung von 3β-Hydroxy-*B*-nor-cholest-

5-en-6-carbaldehyd in Hexan (*Cornforth et al.*, Biochem. J. **54** [1953] 590, 591, 595).
Krystalle (aus A.) mit 0,5 Mol H_2O; F: 160—165° [unkorr.].

2α,5-Epoxy-6β-hydroxy-5α-cholestan-3-on $C_{27}H_{44}O_3$, Formel XVII (R = H).
B. Beim Erwärmen von 6β-Acetoxy-2α-brom-5-hydroxy-5α-cholestan-3-on mit methanol. Kalilauge (*Ellis, Petrow*, Soc. **1939** 1078, 1082).
Krystalle (aus wss. Acn.); F: 181—182° [korr.].

6β-Acetoxy-2α,5-epoxy-5α-cholestan-3-on $C_{29}H_{46}O_4$, Formel XVII (R = CO-CH_3).
B. Beim Behandeln der im vorangehenden Artikel beschriebenen Verbindung mit Acetanhydrid und Pyridin (*Ellis, Petrow*, Soc. **1939** 1078, 1082).
Krystalle (aus Me.); F: 84°.

Hydroxy-oxo-Verbindungen $C_{28}H_{46}O_3$

3β-Acetoxy-15-oxa-*D*-homo-5α-ergost-8(14)-en-16-on, 3β-Acetoxy-14-hydroxy-14,15-seco-5α-ergost-8(14)-en-15-säure-lacton $C_{30}H_{48}O_4$, Formel I.
Diese Konstitution kommt wahrscheinlich der nachstehend beschriebenen Verbindung zu (*Laucht*, Z. physiol. Chem. **237** [1935] 236, 241).
B. Neben anderen Verbindungen beim Behandeln einer Suspension von 3β-Acetoxy-5α-ergost-14-en (E III **6** 2691) in Essigsäure mit Ozon, anschliessenden Erwärmen mit Zink und Erhitzen des Reaktionsprodukts unter 12 Torr bis auf 200° (*La.*, l. c. S. 244, 245).
Krystalle (aus Me.); F: 144°. $[\alpha]_D^{21}$: +92,5° [$CHCl_3$; c = 1].

5,6α-Epoxy-3β-hydroxy-5α-ergostan-7-on $C_{28}H_{46}O_3$, Formel II R = H).
B. Bei der Hydrierung von 5,6α-Epoxy-3β-hydroxy-5α-ergost-22*t*-en-7-on an Platin in Methanol (*Bergmann, Meyers*, A. **620** [1959] 46, 58) oder an Palladium in Äthanol (*Windaus et al.*, A. **472** [1929] 195, 198).
Krystalle (aus Me.); F: 155—157° [korr.] (*Be., Me.*), 152—153° (*Wi. et al.*). $[\alpha]_D^{20}$: +94,6° [$CHCl_3$; c = 0,7] (*Wi. et al.*); $[\alpha]_D^{25}$: +84,1° [$CHCl_3$; c = 0,8] (*Be., Me.*).

3β-Acetoxy-5,6α-epoxy-5α-ergostan-7-on $C_{30}H_{48}O_4$, Formel II (R = CO-CH_3).
B. Beim Behandeln der im vorangehenden Artikel beschriebenen Verbindung mit Acetanhydrid und Pyridin (*Bergmann, Meyers*, A. **620** [1959] 46, 58; s. a. *Windaus et al.*, A. **472** [1929] 195, 199). Bei der Hydrierung von 3β-Acetoxy-5,6α-epoxy-5α-ergost-22*t*-en-7-on mit Hilfe von Palladium (*Wi. et al.*).
Krystalle; F: 163,5—165° [korr.; aus Me.] (*Be., Me.*), 161° [aus A.] (*Wi. et al.*). $[\alpha]_D^{17}$: +74,6° [$CHCl_3$; c = 1] (*Wi. et al.*); $[\alpha]_D^{25}$: +61,7° [$CHCl_3$; c = 0,7] (*Be., Me.*).

3-Acetoxy-17-[2,3-dibrom-1,4,5-trimethyl-hexyl]-7,8-epoxy-10,13-dimethyl-hexadecahydro-cyclopenta[a]phenanthren-11-on $C_{30}H_{46}Br_2O_4$.

Bezüglich der Zuordnung der Konfiguration an den C-Atomen 22 und 23 (Ergostan-Bezifferung) der beiden folgenden Stereoisomeren vgl. das analog hergestellte $22\alpha_F,23\alpha_F$-Dibrom-3α-acetoxy-5β-ergostan (E III **6** 2168); s. a. *Hammer, Stevenson*, Steroids **5** [1965] 637.

a) **3β-Acetoxy-22α$_F$(?),23α$_F$(?)-dibrom-7β,8-epoxy-5α,9β-ergostan-11-on** $C_{30}H_{46}Br_2O_4$, vermutlich Formel III.

B. Beim Behandeln von 3β-Acetoxy-22α$_F$(?),23α$_F$(?)-dibrom-5α,9β-ergost-7-en-11-on (F: 200°) mit Peroxybenzoesäure in Chloroform oder mit Monoperoxyphthalsäure in Äther (*Grigor et al.*, Soc. **1954** 2333, 2341).

Krystalle (aus Bzl. + Bzn.), F: 225—226°; Krystalle (aus CHCl$_3$ + Me.) mit 0,5 Mol Chloroform, F: 218—221°. $[\alpha]_D^{15}$: −29° [CHCl$_3$; c = 0,7].

b) **3β-Acetoxy-22α$_F$(?),23α$_F$(?)-dibrom-7α,8-epoxy-5α,8α-ergostan-11-on** $C_{30}H_{46}Br_2O_4$, vermutlich Formel IV.

B. Bei langem Behandeln von 3β-Acetoxy-22α$_F$(?),23α$_F$(?)-dibrom-5α-ergost-7-en-11-on (F: 189—190°) mit Peroxybenzoesäure in Chloroform (*Grigor et al.*, Soc. **1954** 2333, 2340).

Krystalle (aus CHCl$_3$ + Me.); F: 210—212°. $[\alpha]_D^{15}$: −17,5° [CHCl$_3$; c = 2].

Beim Behandeln einer Lösung in Benzol mit methanol. Kalilauge ist 22α$_F$(?),23α$_F$(?)-Dibrom-3β,7α-dihydroxy-5α-ergost-8(14)-en-11-on (F: 211°) erhalten worden.

3β-Acetoxy-8,9-epoxy-5α,8α-ergostan-7-on $C_{30}H_{48}O_4$, Formel V.

B. Bei der Hydrierung von 3β-Acetoxy-8,9-epoxy-5α,8α-ergost-22t-en-7-on an Palladium in Äthanol (*Stavely, Bollenback*, Am. Soc. **65** [1943] 1290, 1293; *Saito*, J. Fermentat. Technol. Japan **31** [1953] 328, 332; C. A. **1954** 5275). Neben 3β-Acetoxy-8,14-epoxy-5α,8α-ergostan-7-on beim Behandeln von 3β-Acetoxy-5α-ergost-7-en mit Peroxybenzoesäure in Chloroform und Erwärmen des Reaktionsprodukts mit Aceton, Chrom(VI)-oxid und wss. Schwefelsäure (*Djerassi et al.*, Am. Soc. **80** [1958] 6284, 6292).

Krystalle; F: 216—217° [Kofler-App.] (*Dj. et al.*), 211° [unkorr.; aus wss. A.] (*St., Bo.*; *Sa.*). $[\alpha]_D^{23}$: −38° [CHCl$_3$; c = 1] (*St., Bo.*); $[\alpha]_D^{20}$: −36° [CHCl$_3$; c = 1] (*Sa.*); $[\alpha]_D$: −41° [CHCl$_3$] (*Dj. et al.*).

3β-Acetoxy-8,9-epoxy-4α-methyl-5α,8α-cholestan-7-on $C_{30}H_{48}O_4$, Formel VI.

B. Neben 3β-Acetoxy-8,14-epoxy-4α-methyl-5α,8α-cholestan-7-on beim mehrtägigen Behandeln von 3β-Acetoxy-4α-methyl-5α-cholest-7-en mit Peroxybenzoesäure in Chloroform und Erwärmen des Reaktionsprodukts mit Aceton, Chrom(VI)-oxid und wss. Schwefelsäure (*Djerassi et al.*, Am. Soc. **80** [1958] 6284, 6291).

Krystalle (aus Me.); F: 190—192° [Kofler-App.]. $[\alpha]_D$: 0° [CHCl$_3$].

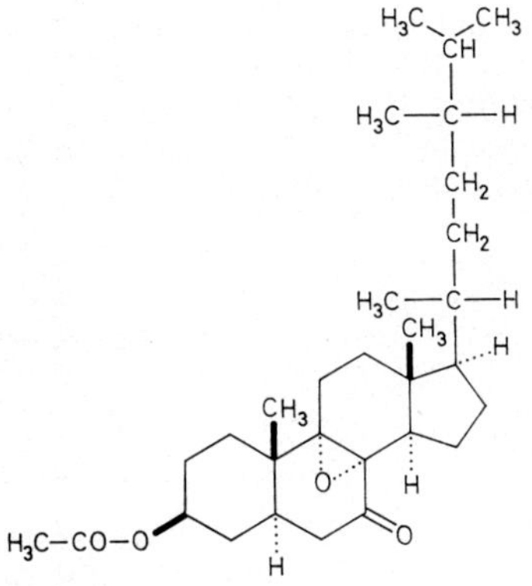

V 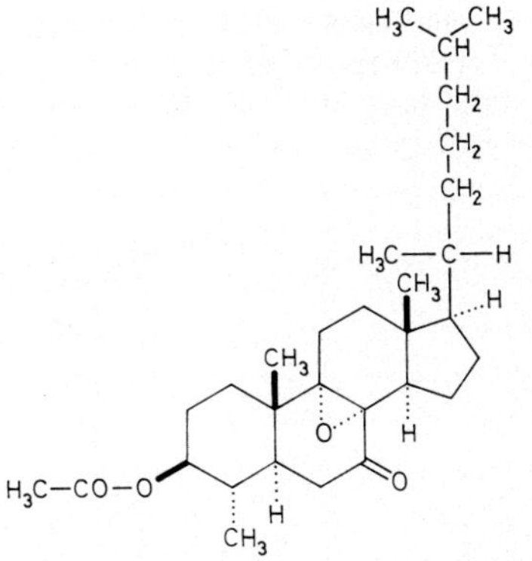   VI

3β-Acetoxy-8,14-epoxy-5α,8α-ergostan-7-on $C_{30}H_{48}O_4$, Formel VII.

B. Bei der Hydrierung von 3β-Acetoxy-8,14-epoxy-5α,8α-ergost-22t-en-7-on an Palladium in Äthanol (*Stavely, Bollenback*, Am. Soc. **65** [1943] 1290, 1293; *Saito*, J. Fermentat. Technol. Japan **31** [1953] 328, 333; C. A. **1954** 5275). Neben anderen Verbindungen beim Behandeln einer Lösung von 3β-Acetoxy-5α-ergost-8(14)-en in Benzol und Essigsäure mit Chrom(VI)-oxid und wss. Essigsäure (*Stavely, Bollenback*, Am. Soc. **65** [1943] 1285, 1288). Neben 3β-Acetoxy-8,9-epoxy-5α,8α-ergostan-7-on beim mehrtägigen Behandeln von 3β-Acetoxy-5α-ergost-7-en mit Peroxybenzoesäure in Chloroform und Erwärmen des Reaktionsprodukts mit Aceton, Chrom(VI)-oxid und wss. Schwefelsäure (*Djerassi et al.*, Am. Soc. **80** [1958] 6284, 6292).

Krystalle; F: 134° [unkorr.; aus wss. A.] (*St., Bo.*, l. c. S. 1288), 133—134° [Kofler-App.; aus Me.] (*Dj. et al.*). $[\alpha]_D^{23}$: −83° [$CHCl_3$; c = 1] (*St., Bo.*, l. c. S. 1288); $[\alpha]_D^{20}$: −72° [$CHCl_3$; c = 0,8] (*Sa.*); $[\alpha]_D$: −83° [$CHCl_3$] (*Dj. et al.*).

Beim Erwärmen mit wss.-äthanol. Salzsäure und Behandeln des Reaktionsprodukts mit Acetanhydrid und Pyridin ist 3β-Acetoxy-5α-ergosta-8,14-dien-7-on erhalten worden (*St., Bo.*, l. c. S. 1289).

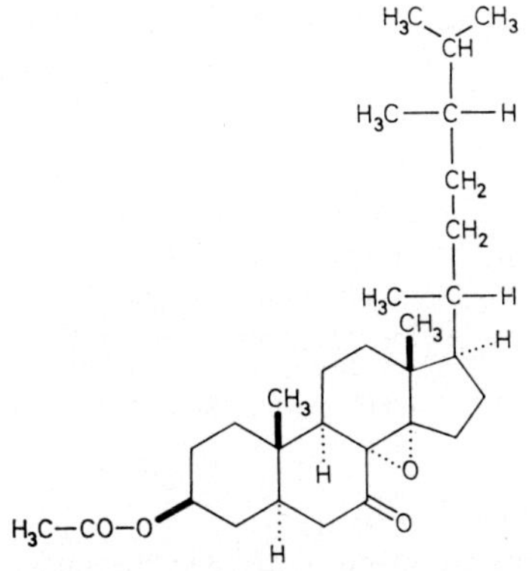

VII 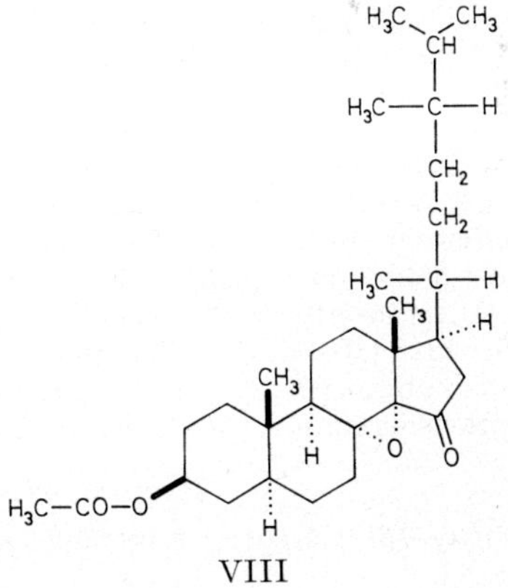   VIII

3β-Acetoxy-8,14-epoxy-5α,8α-ergostan-15-on $C_{30}H_{48}O_4$, Formel VIII.

B. Neben anderen Verbindungen beim Behandeln einer Lösung von 3β-Acetoxy-5α-ergost-8(14)-en in Benzol mit Chrom(VI)-oxid und wss. Essigsäure (*Stavely, Bollenback*, Am. Soc. **65** [1943] 1285, 1288).

Krystalle (aus wss. A.); F: 208—210° [unkorr.]. $[\alpha]_D^{23}$: −6° [$CHCl_3$; c = 1].

3β-Acetoxy-8,14-epoxy-4α-methyl-5α,8α-cholestan-7-on $C_{30}H_{48}O_4$, Formel IX.

B. Neben anderen Verbindungen beim Behandeln von 3β-Acetoxy-4α-methyl-5α-cholest-

280 Hydroxy-oxo-Verbindungen $C_nH_{2n-10}O_3$ mit einem Chalkogen-Ringatom $C_{28}-C_{30}$

8(14)-en mit *tert*-Butylchromat, Essigsäure, Benzol und Tetrachlormethan (*Djerassi et al.*, Am. Soc. **80** [1958] 6284, 6291). Über eine weitere Bildungsweise s. S. 278 im Artikel 3β-Acetoxy-8,9-epoxy-4α-methyl-5α,8α-cholestan-7-on.

Krystalle (aus Me.); F: 175—176° [Kofler-App.]. [α]$_D$: —45° [CHCl$_3$]; [α]$_{700}$: —8°; [α]$_D$: —35°; [α]$_{327}$: —930°; [α]$_{310}$: —527° [jeweils in Me.; c = 0,1].

IX X

3β-Acetoxy-22α$_F$(?),23α$_F$(?)-dibrom-9,11α-epoxy-5α-ergostan-7-on $C_{30}H_{46}Br_2O_4$, vermutlich Formel X.

Bezüglich der Zuordnung der Konfiguration an den C-Atomen 22 und 23 vgl. das analog hergestellte 22α$_F$,23α$_F$-Dibrom-3α-acetoxy-5β-ergostan (E III **6** 2168); s. a. *Hammer*, *Stevenson*, Steroids **5** [1965] 637.

B. Beim Erwärmen von 3β-Acetoxy-22α$_F$(?),23α$_F$(?)-dibrom-5α-ergosta-7,9(11)-dien (F: 233—234° [Zers.]) mit Peroxyessigsäure in Tetrachlormethan (*Anderson et al.*, Soc. **1952** 2901, 2905) oder mit Ameisensäure, wss. Wasserstoffperoxid und Äthylacetat (*Budziarek et al.*, Soc. **1952** 4874, 4876). Beim Behandeln von 3β-Acetoxy-22α$_F$(?),23α$_F$(?)-dibrom-5α-ergost-9(11)-en-7-on (F: 231—233°) mit Peroxybenzoesäure in Chloroform (*Maclean*, *Spring*, Soc. **1954** 328, 331).

Krystalle [aus CHCl$_3$ + Me.], F: 235° (*Bu. et al.*), 228—230° [korr.] (*Ma., Sp.*); Krystalle (aus Acn.), F: 222—224° [korr.] (*Ma., Sp.*), 220—221° (*Bu. et al.*). [α]$_D^{15}$: —48° [CHCl$_3$; c = 1] (*Bu. et al.*); [α]$_D^{15}$: —44° [CHCl$_3$; c = 2]; [α]$_D^{15}$: —49° [CHCl$_3$; c = 1] (*Ma., Sp.*).

Beim Behandeln einer Lösung der Modifikation vom F: 220° in Benzol mit Aluminiumoxid ist 3β-Acetoxy-22α$_F$(?),23α$_F$(?)-dibrom-11α-hydroxy-5α-ergost-8-en-7-on (F: 206° bis 207°) erhalten worden (*Bu. et al.*). Bildung von 22α$_F$(?),23α$_F$(?)-Dibrom-3β,11α-dihydroxy-5α-ergost-8-en-7-on (F: 231—232°) beim Erwärmen mit methanol. Kalilauge: *Bu. et al.*

2,4-Dinitro-phenylhydrazon $C_{36}H_{50}Br_2N_4O_7$. Gelbe Krystalle (aus CHCl$_3$ + Me.); F: 219—221° (*Bu. et al.*). Absorptionsmaximum (CHCl$_3$): 366 nm (*Bu. et al.*).

Semicarbazon $C_{31}H_{49}Br_2N_3O_4$. Krystalle (aus Me. + CHCl$_3$); F: 236—237° (*Bu. et al.*). Absorptionsmaximum (A.): 228 nm (*Bu. et al.*).

Hydroxy-oxo-Verbindungen $C_{29}H_{48}O_3$

3β-Acetoxy-7β(?),8-epoxy-9-methyl-5α,8β(?)-ergostan-11-on $C_{31}H_{50}O_4$, vermutlich Formel XI.

B. Beim Behandeln von 3β-Acetoxy-9-methyl-5α-ergost-7-en-11-on mit Peroxybenzoesäure in Benzol oder mit Peroxyessigsäure in Wasser (*Jones et al.*, Soc. **1958** 2156, 2164, 2165).

Krystalle (aus Me.); F: 138—139,5° [korr.; Kofler-App.]. [α]$_D$: —15° [CHCl$_3$; c = 1].

Hydroxy-oxo-Verbindungen $C_{30}H_{50}O_3$

(23R,25Ξ)-23-Hydroxy-3α-methoxy-8ξ,9β-lanostan-26-säure-lacton $C_{31}H_{52}O_3$, Formel XII.

Diese Konstitution und Konfiguration kommt vermutlich dem nachstehend beschriebenen **Tetrahydroabieslacton** zu.

B. Bei der Hydrierung von Abieslacton (S. 563) an Platin in Äthylacetat (*Takahashi*, J. pharm. Soc. Japan **58** [1938] 888, 894; dtsch. Ref. S. 273; C. A. **1939** 2142; *Uyeo et al.*, Tetrahedron **24** [1968] 2859, 2871).

Krystalle; F: 230—231° [korr.; nach Sublimation bei 220°/0,015 Torr] (*Uyeo et al.*), 225° [aus Me.] (*Ta.*). $[\alpha]_D^{24}$: +71° [CHCl$_3$; c = 1] (*Uyeo et al.*).

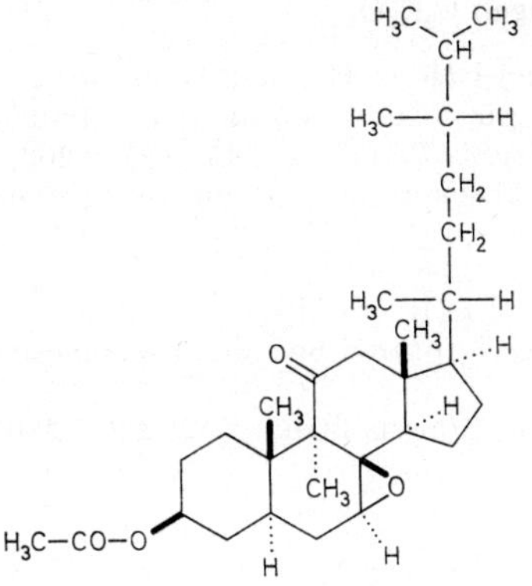

XI 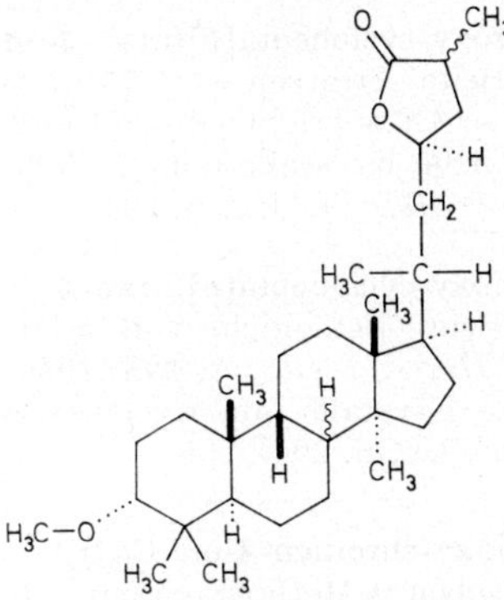   XII

3-Acetoxy-17-[1,5-dimethyl-hexyl]-13,17-epoxy-4,4,8,10,14-pentamethyl-hexadecahydro-cyclopenta[*a*]phenanthren-12-on C$_{32}$H$_{52}$O$_4$.

a) **3β-Acetoxy-13,17-epoxy-4,4,8,14-tetramethyl-18-nor-5α,13ξ,17ξH-cholestan-12-on**, **3β-Acetoxy-13,17-epoxy-13ξ,17ξH-18(13→8)-abeo-lanostan-12-on**, **3β-Acetoxy-13,17-epoxy-13ξ,17ξH-dammaran-12-on** C$_{32}$H$_{52}$O$_4$, Formel XIII.

B. Neben anderen Verbindungen beim Behandeln einer Lösung von *O*-Acetyl-iso≈ euphenol (3β-Acetoxy-dammar-13(17)-en [E III **6** 2717]) in Benzol und Essigsäure mit *tert*-Butylchromat in Benzol (*Arigoni et al.*, Helv. **37** [1954] 2306, 2319).

Krystalle (aus Me. + W.); F: 161—162° [korr.; evakuierte Kapillare]. $[\alpha]_D$: +33,5° [CHCl$_3$; c = 1].

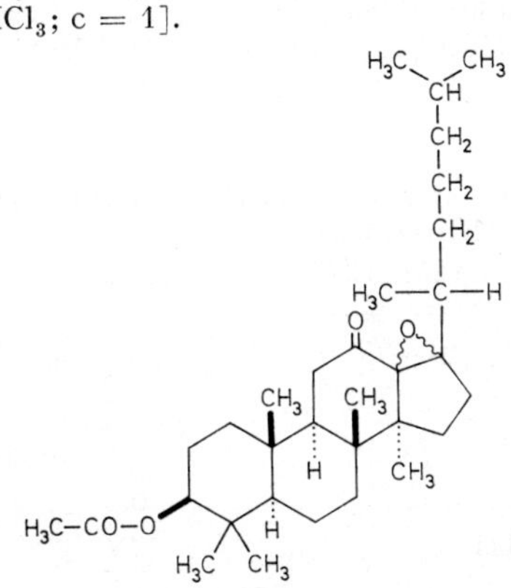

XIII 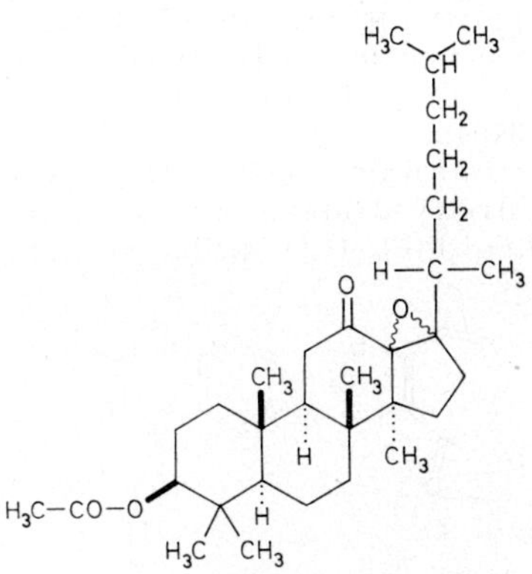   XIV

b) **3β-Acetoxy-13,17-epoxy-4,4,8,14-tetramethyl-18-nor-5α,13ξ,17ξH,20β$_F$H-chole≈ stan-12-on**, **3β-Acetoxy-13,17-epoxy-13ξ,17ξH,20β$_F$H-18(13→8)-abeo-lanostan-12-on**, **3β-Acetoxy-13,17-epoxy-13ξ,17ξH,20β$_F$H-dammaran-12-on** C$_{32}$H$_{52}$O$_4$, Formel XIV.

B. Neben 3β-Acetoxy-20β$_F$H-dammar-13(17)-en-16-on ([α]$_D$: +8° [CHCl$_3$]) beim Behandeln einer Lösung von *O*-Acetyl-isotirucallenol (3β-Acetoxy-20β$_F$H-dammar-13(17)-en) in Benzol und Essigsäure mit *tert*-Butylchromat in Benzol (*Arigoni et al.*, Helv. **38** [1955] 222, 228).

Krystalle (aus Me. + W.); F: 131—132° [korr.; evakuierte Kapillare]. [α]$_D$: +8° [CHCl$_3$; c = 0,8].

[Goebels]

Hydroxy-oxo-Verbindungen C$_n$H$_{2n-12}$O$_3$

Hydroxo-oxo-Verbindungen C$_9$H$_6$O$_3$

5-Hydroxy-cyclohepta[*b*]furan-4-on C$_9$H$_6$O$_3$, Formel I (R = H), und Tautomere.

B. Beim Erhitzen von 7,8-Dihydro-6H-cyclohepta[*b*]furan-4,5-dion mit Palladium/ Kohle in 1,2,4-Trichlor-benzol unter Stickstoff (*Heyer, Treibs,* A. **595** [1955] 203, 206).

Gelbliche Krystalle (aus Cyclohexan); F: 111°. Absorptionsspektrum (A.; 220 nm bis 380 nm): *He., Tr.,* l. c. S. 204.

5-Methoxy-cyclohepta[*b*]furan-4-on C$_{10}$H$_8$O$_3$, Formel I (R = CH$_3$).

B. Beim Behandeln von 5-Hydroxy-cyclohepta[*b*]furan-4-on mit Diazomethan in Äther (*Heyer, Treibs,* A. **595** [1955] 203, 206).

Gelbe Krystalle (aus Cyclohexan); F: 82°. Absorptionsspektrum (A.; 220—380 nm): *He., Tr.,* l. c. S. 204.

2-Methoxy-chromen-4-on C$_{10}$H$_8$O$_3$, Formel II (X = H).

B. Neben 4-Methoxy-cumarin beim Behandeln von Chroman-2,4-dion (E III/IV **17** 6153) mit Diazomethan in Äther (*Arndt et al.,* B. **84** [1951] 319, 324; *Cieślak,* Roczniki Chem. **26** [1952] 483; C. A. **1954** 9276; *Jeniszewska-Drabarek,* Roczniki Chem. **27** [1953] 456, 463; C. A. **1955** 3176) sowie beim Behandeln der Silber-Salz-Verbindung des Chroman-2,4-dions mit Methyljodid und Äther (*Ja.-Dr.*).

Krystalle; F: 108—109° [aus Hexan] (*Ci.*), 108° [aus Bzl.] (*Ar. et al.*). IR-Spektrum (1,2-Dichlor-äthan; 5,7—7 μ): *Knobloch, Prochaska,* Collect. **19** [1954] 744, 746. UV-Spektrum (Hexan und Cyclohexan; 220—300 nm): *Knobloch,* Collect. **24** [1959] 1682, 1686.

Beim Erwärmen mit Chlorwasserstoff enthaltenden Methanol ist 4-Methoxy-cumarin erhalten worden (*Ja.-Dr.,* l. c. S. 465).

Verbindung mit Chlorwasserstoff; vermutlich 4-Hydroxy-2-methoxy-chromenylium-chlorid. Hygroskopische Krystalle; F: 85° [Zers.] (*Ci.*).

Verbindung mit Perchlorsäure 2C$_{10}$H$_8$O$_3$·HClO$_4$; Verbindung von 2-Methoxy-chromen-4-on mit 4-Hydroxy-2-methoxy-chromenylium-perchlorat C$_{10}$H$_8$O$_3$· [C$_{10}$H$_9$O$_3$]ClO$_4$. F: 135—136° (*Cieślak et al.,* Roczniki Chem. **33** [1959] 349, 352; C. A. **1960** 3404).

Verbindung mit Hexachloroplatin(IV)-säure 2C$_{10}$H$_8$O$_3$·H$_2$PtCl$_6$·H$_2$O; 4-Hydroxy-2-methoxy-chromenylium-hexachloroplatinat(IV) [C$_{10}$H$_9$O$_3$]$_2$PtCl$_6$·H$_2$O. Gelbe Krystalle (aus Eg.); F: 125—127° [Zers.] (*Ja.-Dr.*).

I   II   III   IV

3-Chlor-2-methoxy-chromen-4-on C$_{10}$H$_7$ClO$_3$, Formel II (X = Cl).

B. Neben 3-Chlor-4-methoxy-cumarin beim Behandeln von 3-Chlor-chroman-2,4-dion (E III/IV **17** 6156) mit Diazomethan in Äther (*Arndt et al.,* B. **84** [1951] 319, 325; *Fučik et al.,* Collect. **18** [1953] 694, 702).

Krystalle (aus CCl$_4$); F: 163° (*Fu. et al.*). UV-Spektrum (Ae.; 240—310 nm): *Fu. et al.,* l. c. S. 708.

3-Brom-2-methoxy-chromen-4-on C$_{10}$H$_7$BrO$_3$, Formel II (X = Br).

B. Neben 3-Brom-4-methoxy-cumarin beim Behandeln von 3-Brom-chroman-2,4-dion

(E III/IV **17** 6157) mit Diazomethan in Äther (*Arndt et al.*, B. **84** [1951] 319, 325).
Krystalle (aus Me.); F: 150°.

1,1-Dioxo-2-phenylmercapto-1λ^6-thiochromen-4-on $C_{15}H_{10}O_3S_2$, Formel III.
B. Beim Erwärmen von 3-Brom-1,1-dioxo-1λ^6-thiochromen-4-on mit Thiophenol, Äthanol und wss. Natronlauge (*Nambara*, J. pharm. Soc. Japan **78** [1958] 624, 627; C. A. **1958** 18392). Beim Erwärmen von opt.-inakt. 3-Brom-1,1-dioxo-2-phenylmercapto-1λ^6-thiochroman-4-on (F: 192°) mit Pyridin (*Na.*).
Gelbe Krystalle (aus A.); F: 123°.

2-Brom-3-methoxy-thiochromen-4-on $C_{10}H_7BrO_2S$, Formel IV.
B. Beim Behandeln von 2-Brom-thiochroman-3,4-dion mit Diazomethan in Äther (*Arndt et al.*, B. **84** [1951] 329, 331).
Krystalle (aus Me.); F: 142—143°.

5-Methoxy-chromen-4-on $C_{10}H_8O_3$, Formel V (X = H).
B. Beim Behandeln von 1-[2-Hydroxy-6-methoxy-phenyl]-äthanon mit Äthylformiat und mit Natrium in Äther (*Joshi et al.*, J. Indian chem. Soc. **36** [1959] 59, 60).
Krystalle (aus PAe.); F: 83—84°.

5-Methoxy-8-nitro-chromen-4-on $C_{10}H_7NO_5$, Formel V (X = NO_2).
B. Beim Behandeln von 1-[2-Hydroxy-6-methoxy-3-nitro-phenyl]-äthanon mit Äthylformiat und mit Natrium in Äther (*Joshi et al.*, J. Indian chem. Soc. **36** [1959] 59, 60). Beim Behandeln von 5-Methoxy-chromen-4-on mit einem Gemisch von Salpetersäure und Schwefelsäure (*Jo. et al.*).
Krystalle (aus Bzl.); F: 202—203°.
Beim Erhitzen mit wss. Natronlauge ist 1-[2,6-Dihydroxy-3-nitro-phenyl]-äthanon erhalten worden.

6-Hydroxy-chromen-4-on $C_9H_6O_3$, Formel VI (R = H) (H 24).
B. Beim Behandeln von 1-[2,5-Dihydroxy-phenyl]-äthanon mit Äthylformiat und mit Natrium (*Ingle et al.*, J. Indian chem. Soc. **26** [1949] 569, 572; *Joshi et al.*, J. Indian chem. Soc. **36** [1959] 59, 62).
Krystalle (aus Me.); F: 241—242° (*Jo. et al.*; *In. et al.*).

6-Methoxy-chromen-4-on $C_{10}H_8O_3$, Formel VI (R = CH_3).
B. Beim Behandeln von 1-[2-Hydroxy-5-methoxy-phenyl]-äthanon mit Äthylformiat und mit Natrium in Äther (*Joshi et al.*, J. Indian chem. Soc. **36** [1959] 58, 62). Beim Erwärmen von 6-Hydroxy-chromen-4-on mit Methyljodid, Kaliumcarbonat und Aceton (*Ingle et al.*, J. Indian chem. Soc. **26** [1949] 569, 572). Beim Behandeln von (±)-3-Brom-6-methoxy-chroman-4-on mit Dimethylamin in Wasser (*Wiley*, Am. Soc. **73** [1951] 4205, 4208). Beim Erhitzen von 6-Methoxy-4-oxo-4H-chromen-2-carbonsäure auf 350° (*Wiley*, Am. Soc. **74** [1952] 4326).
Krystalle; F: 97—98° [aus PAe.] (*In. et al.*; *Jo. et al.*), 93—95° [aus wss. A.] (*Wi.*, Am. Soc. **74** 4327).

6-Hydroxy-5-nitro-chromen-4-on $C_9H_5NO_5$, Formel VII (R = H).
B. Beim Behandeln von 6-Hydroxy-chromen-4-on mit einem Gemisch von Salpetersäure und Schwefelsäure (*Joshi et al.*, J. Indian chem. Soc. **36** [1959] 59, 62).
Krystalle (aus A.); F: 260—262°.

6-Methoxy-5-nitro-chromen-4-on $C_{10}H_7NO_5$, Formel VII (R = CH_3).

B. Beim Erwärmen von 6-Hydroxy-5-nitro-chromen-4-on mit Methyljodid, Kalium=
carbonat und Aceton (*Joshi et al.*, J. Indian chem. Soc. **36** [1959] 59, 62). Beim Be=
handeln von 6-Methoxy-chromen-4-on mit einem Gemisch von Salpetersäure und
Schwefelsäure (*Jo. et al.*).

Krystalle (aus A.); F: 217°.

6-Methoxy-thiochromen-4-on $C_{10}H_8O_2S$, Formel VIII (E II 16).

B. Beim Erhitzen von 3c-[4-Methoxy-phenylmercapto]-acrylsäure oder von 3t-[4-Meth=
oxy-phenylmercapto]-acrylsäure mit Thionylchlorid und anschliessend mit Polyphos=
phorsäure (*Montanari, Negrini*, Ric. scient. **27** [1957] 3055, 3058).

Krystalle (aus Bzn.); F: 110—111°.

7-Hydroxy-chromen-4-on $C_9H_6O_3$, Formel IX (R = H) (H 25; E II 16).

B. Beim Erhitzen von 7-Hydroxy-4-oxo-4H-chromen-2-carbonsäure auf 300° (*Naylor et al.*, Soc. **1958** 1190, 1191). Beim Erhitzen von 7-Benzyloxy-4-oxo-4H-chromen-2-carb=
onsäure mit Bromwasserstoff in Essigsäure (*O'Toole, Wheeler*, Soc. **1956** 4411, 4413).

Krystalle; F: 221° [aus W.] (*Na. et al.*), 218° (*O'T., Wh.*). UV-Spektrum (A.; 220 nm
bis 340 nm): *Skarżyński*, Bio. Z. **301** [1939] 150, 155.

7-Acetoxy-chromen-4-on $C_{11}H_8O_4$, Formel IX (R = CO-CH_3) (E II 16).

Absorptionsspektrum (210—400 nm) einer neutralen, einer sauren und einer alkalischen
Lösung in wss. Äthanol: *Jatkar, Mattoo*, J. Indian chem. Soc. **33** [1956] 599, 603.

7-Hydroxy-8-nitro-chromen-4-on $C_9H_5NO_5$, Formel X (R = H).

B. Beim Behandeln von 7-Hydroxy-chromen-4-on mit einem Gemisch von Salpeter=
säure und Schwefelsäure (*Joshi et al.*, J. Indian chem. Soc. **36** [1959] 59, 62).

Krystalle (aus A.); F: 268—270°.

IX   X   XI   XII

7-Methoxy-8-nitro-chromen-4-on $C_{10}H_7NO_5$, Formel X (R = CH_3).

B. Beim Behandeln von 7-Methoxy-chromen-4-on mit einem Gemisch von Salpeter=
säure und Schwefelsäure (*Joshi et al.*, J. Indian chem. Soc. **36** [1959] 59, 61). Beim
Erwärmen von 7-Hydroxy-8-nitro-chromen-4-on mit Methyljodid, Kaliumcarbonat und
Aceton (*Jo. et al.*, l. c. S. 62).

Krystalle (aus E.); F: 226°.

8-Methoxy-thiochromen-4-on $C_{10}H_8O_2S$, Formel XI.

B. Beim Erhitzen von 3c-[2-Methoxy-phenylmercapto]-acrylsäure oder von 3t-[2-Meth=
oxy-phenylmercapto]-acrylsäure mit Thionylchlorid und anschliessend mit Polyphosphor=
säure (*Montanari, Negrini*, Ric. scient. **27** [1957] 3055, 3058).

Krystalle (aus Bzn.); F: 137—138°.

3-Methoxy-cumarin $C_{10}H_8O_3$, Formel XII.

B. Beim Erhitzen von Salicylaldehyd mit Natrium-methoxyacetat und Acetanhydrid
auf 160° (*Heilbron et al.*, Soc. **1931** 1701, 1702).

Krystalle; F: 162° [aus A.] (*He. et al.*), 162° (*Mangini, Passerini*, G. **87** [1957] 243, 250).
UV-Spektrum (210—370 nm) von Lösungen in Hexan, Äthanol, wss.-äthanol. Salzsäure,
wss. Perchlorsäure und wss. Kalilauge: *Ma., Pa.*, l. c. S. 250, 264.

3-Sulfooxy-cumarin, Schwefelsäure-mono-[2-oxo-2H-chromen-3-ylester] $C_9H_6O_6S$, Formel XII (R = SO_2OH).

  B. Beim Behandeln von Chroman-2,3-dion (E III/IV **17** 6152) mit Chloroschwefelsäure, Schwefelkohlenstoff und N,N-Dialkyl-anilin (*Mead et al.*, Biochem. J. **68** [1958] 61, 62).
  Kalium-Salz $KC_9H_5O_6S$. Krystalle (aus wss. A.); die unterhalb 300° nicht schmelzen.

3-Methansulfonyl-cumarin $C_{10}H_8O_4S$, Formel I (R = CH_3).
  B. Beim Erhitzen von Salicylaldehyd mit Methansulfonyl-essigsäure, Ammonium=acetat und Essigsäure (*Balasubramanian et al.*, Soc. **1955** 3296).
  Krystalle (aus Me.); F: 184—185°.

3-Äthansulfonyl-cumarin $C_{11}H_{10}O_4S$, Formel I (R = C_2H_5).
  B. Beim Erhitzen von Salicylaldehyd mit Äthansulfonyl-essigsäure, Ammoniumacetat und Essigsäure (*Balasubramanian et al.*, Soc. **1955** 3296).
  Krystalle (aus Me.); F: 163—164°.

3-[Propan-1-sulfonyl]-cumarin $C_{12}H_{12}O_4S$, Formel I (R = CH_2-CH_2-CH_3).
  B. Beim Erhitzen von Salicylaldehyd mit [Propan-1-sulfonyl]-essigsäure, Ammonium=acetat und Essigsäure (*Balasubramanian et al.*, Soc. **1955** 3296).
  Krystalle (aus Me.); F: 140—141°.

3-[Butan-1-sulfonyl]-cumarin $C_{13}H_{14}O_4S$, Formel I (R = $[CH_2]_3$-CH_3).
  B. Beim Erhitzen von Salicylaldehyd mit [Butan-1-sulfonyl]-essigsäure, Ammonium=acetat und Essigsäure (*Balasubramanian et al.*, Soc. **1955** 3296).
  Krystalle (aus Me.); F: 122—123°.

3-Phenylmercapto-cumarin $C_{15}H_{10}O_2S$, Formel II (X = H).
  B. Beim Erhitzen von Salicylaldehyd mit Phenylmercapto-essigsäure, Ammonium=acetat und Essigsäure (*Baliah, Varadachari*, J. Indian chem. Soc. **31** [1954] 666).
  Krystalle (aus Me.); F: 122—123°.

3-p-Tolylmercapto-cumarin $C_{16}H_{12}O_2S$, Formel II (X = CH_3).
  B. Beim Erhitzen von Salicylaldehyd mit p-Tolylmercapto-essigsäure, Ammonium=acetat und Essigsäure (*Baliah, Varadachari*, J. Indian chem. Soc. **31** [1954] 666).
  Krystalle (aus Me.); F: 127—128°.

3-[Toluol-α-sulfonyl]-cumarin $C_{16}H_{12}O_4S$, Formel I (R = CH_2-C_6H_5).
  B. Beim Erhitzen von Salicylaldehyd mit [Toluol-α-sulfonyl]-essigsäure, Ammonium=acetat und Essigsäure (*Balasubramanian et al.*, Soc. **1955** 3296).
  Krystalle (aus Me.); F: 161—162°.

[2-Oxo-2H-chromen-3-sulfonyl]-essigsäure-methylester $C_{12}H_{10}O_6S$, Formel I (R = CH_2-CO-O-CH_3).
  B. Neben grösseren Mengen Bis-[2-oxo-2H-chromen-3-yl]-sulfon beim Erwärmen von Salicylaldehyd mit Bis-[methoxycarbonylmethyl]-sulfon und Ammoniumacetat in Äthanol (*Baliah, Rangarajan*, Soc. **1954** 3068).
  Krystalle (aus A.); F: 214—216°.

[2-Oxo-2H-chromen-3-sulfonyl]-essigsäure-äthylester $C_{13}H_{12}O_6S$, Formel I (R = CH_2-CO-O-C_2H_5).
  B. Beim Erwärmen von Salicylaldehyd mit Bis-äthoxycarbonylmethyl-sulfon und Ammoniumacetat in Äthanol (*Baliah, Rangarajan*, Soc. **1954** 3068).
  Krystalle (aus A.); F: 195—196°.

3-[2-Oxo-2H-chromen-3-sulfonyl]-propionsäure $C_{12}H_{10}O_6S$, Formel I
(R = CH_2-CH_2-COOH).

B. Beim Erwärmen von 3-[2-Oxo-2H-chromen-3-sulfonyl]-propionsäure-methylester mit wss. Schwefelsäure und Essigsäure (*Baker, Querry*, J. org. Chem. **15** [1950] 417, 420).
Krystalle (aus Me.); F: 195—196°.

3-[2-Oxo-2H-chromen-3-sulfonyl]-propionsäure-methylester $C_{13}H_{12}O_6S$, Formel I
(R = CH_2-CH_2-CO-O-CH_3).

B. Beim Behandeln von Salicylaldehyd mit 3-Methoxycarbonylmethansulfonyl-propion= säure-methylester und wenig Piperidin (*Baker, Querry*, J. org. Chem. **15** [1950] 417, 420).
Krystalle (aus A.); F: 154—155°.

3-Sulfanilyl-cumarin $C_{15}H_{11}NO_4S$, Formel III (R = H).
B. Beim Erwärmen von 3-[N-Acetyl-sulfanilyl]-cumarin mit wss. Schwefelsäure und Essigsäure (*Baker, Querry*, J. org. Chem. **15** [1950] 417, 420).
Krystalle (aus wss. Acn.); F: 208—210°.

3-[N-Acetyl-sulfanilyl]-cumarin $C_{17}H_{13}NO_5S$, Formel III (R = CO-CH_3).
B. Beim Behandeln von Salicylaldehyd mit [N-Acetyl-sulfanilyl]-essigsäure-äthylester in Äthanol unter Zusatz von Piperidin (*Baker, Querry*, J. org. Chem. **15** [1950] 417, 420).
Krystalle (aus Py.); F: 275—277°.

Bis-[2-oxo-2H-chromen-3-yl]-sulfon $C_{18}H_{10}O_6S$, Formel IV.
B. Neben kleineren Mengen [2-Oxo-2H-chromen-3-sulfonyl]-essigsäure-methylester beim Erwärmen von Salicylaldehyd mit Bis-methoxycarbonylmethyl-sulfon und Am= moniumacetat in Äthanol (*Baliah, Rangarajan*, Soc. **1954** 3068).
Gelbliche Krystalle (aus Dioxan); F: 322—324° [Zers.].

Bis-[4-chlor-2-oxo-2H-chromen-3-yl]-sulfid $C_{18}H_8Cl_2O_4S$, Formel V.
B. Beim Erwärmen von Bis-[4-hydroxy-2-oxo-2H-chromen-3-yl]-sulfid mit Phos= phor(V)-chlorid in Chloroform (*Klosa*, Ar. **286** [1953] 348).
Krystalle (aus Eg.); F: 249—250°.

4-Methoxy-cumarin $C_{10}H_8O_3$, Formel VI (R = CH_3) (E II 16).
B. Aus Chroman-2,4-dion (E III/IV **17** 6153) beim Behandeln mit wss. Natronlauge und Dimethylsulfat (*Janiszewska-Drabarek*, Roczniki Chem. **27** [1953] 456, 464; C. A. **1955** 3176; *Nakabayashi et al.*, J. pharm. Soc. Japan **73** [1953] 565; C. A. **1954** 5187) sowie beim Erwärmen mit Chlorwasserstoff enthaltendem Methanol (*Ja.-Dr.*; *Maciere= wicz, Janiszewska-Brożek*, Roczniki Chem. **25** [1951] 132, 134; C. A. **1953** 12377). Beim Erwärmen der Kalium-Verbindung des Chroman-2,4-dions mit Methyljodid (*Klosa*, Ar. **286** [1953] 37, 42). Weitere Bildungsweisen s. S. 282 im Artikel 2-Methoxy-chromen-4-on.
Krystalle; F: 125—126° [aus Bzn.] (*Cieślak et al.*, Roczniki Chem. **33** [1959] 349, 352; C. A. **1960** 3404), 125° (*Arndt et al.*, B. **84** [1951] 319, 324), 124° (*Mangini, Passerini, G.* **87** [1957] 243, 250; *Na. et al.*). IR-Spektrum (1,2-Dichlor-äthan; 5,7—7 μ): *Knobloch, Prochaska*, Collect. **19** [1954] 744, 746. UV-Spektrum von Lösungen in Hexan und in Cyclohexan (220—330 nm): *Knobloch*, Collect. **24** [1959] 1682, 1686; in Äthanol (230 nm bis 340 nm): *Knobloch et al.*, Chem. Listy **46** [1952] 416; C. A. **1952** 11584; in Hexan, Äthanol, wss. Perchlorsäure und wss.-äthanol. Kalilauge (jeweils 220—340 nm): *Ma., Pa.*, l. c. S. 250, 266.

Verbindung mit Hexachloroplatin(IV)-säure $2C_{10}H_8O_3 \cdot H_2PtCl_6 \cdot H_2O$; 2-Hydroxy-4-methoxy-chromenylium-hexachloroplatinat(IV) $[C_{10}H_9O_3]_2PtCl_6 \cdot H_2O$. Hellgelbe Krystalle (aus Eg.); F: 144—146° [Zers.] (*Ja.-Dr.*).

4-Äthoxy-cumarin $C_{11}H_{10}O_3$, Formel VI (R = C_2H_5) (H 26).
B. Aus Chroman-2,4-dion (E III/IV **17** 6153) beim Erwärmen mit Chlorwasserstoff enthaltendem Äthanol (*Macierewicz, Janiszewska-Brożek*, Roczniki Chem. **25** [1951] 132, 134; C. A. **1953** 12377) sowie beim Behandeln mit Äthyljodid und Natriumäthylat in Äthanol (*Smissman, Gabbard*, Am. Soc. **79** [1957] 3203). Beim Erwärmen der Kalium-Verbindung des Chroman-2,4-dions mit Äthyljodid (*Klosa*, Ar. **286** [1953] 37, 41).

Krystalle; F: 140° [aus A. + W.] (*Kl.*), 136—138° (*Sm.*, *Ga.*), 136° [aus wss. A.] (*Ma.*, *Ja.-Br.*).

Beim Behandeln mit Natriumäthylat, Cyclohexanon und Xylol und Behandeln des Reaktionsprodukts mit wss. Salzsäure ist 1-[2-Hydroxy-phenyl]-3-[2-oxo-cyclohexyl]-propan-1,3-dion erhalten worden (*Sm.*, *Ga.*).

4-[2-Brom-äthoxy]-cumarin $C_{11}H_9BrO_3$, Formel VI (R = CH_2-CH_2Br).

B. Beim Erwärmen der Kalium-Verbindung oder der Silber-Verbindung des Chroman-2,4-dions (E III/IV **17** 6153) mit 1,2-Dibrom-äthan in Äthanol (*Ziegler et al.*, M. **88** [1957] 587, 596).

Krystalle (aus Me. oder Trichloräthylen); F: 163°.

4-Allyloxy-cumarin $C_{12}H_{10}O_3$, Formel VI (R = CH_2-CH=CH_2).

B. Beim Erwärmen der Silber-Verbindung des Chroman-2,4-dions (E III/IV **17** 6153) mit Allylbromid und Äthanol (*Ziegler et al.*, M. **88** [1957] 587, 595).

Krystalle (aus Cyclohexan oder Me.); F: 115,5°.

4-Acetoxy-cumarin $C_{11}H_8O_4$, Formel VI (R = CO-CH_3) (H 26).

B. Beim Behandeln von Chroman-2,4-dion (E III/IV **17** 6153) mit wss. Natronlauge und mit Acetanhydrid (*Eisenhauer*, *Link*, Am. Soc. **75** [1953] 2044; *Klosa*, Ar. **288** [1955] 356, 358, **289** [1956] 71, 73, 74). Bei kurzem Behandeln eines Gemisches von Chroman-2,4-dion, Pyridin und wenig Piperidin mit Acetylchlorid oder mit 1-Acetyl-pyridinium-chlorid (*Ei.*, *Link*). Neben kleinen Mengen 3-Acetyl-chroman-2,4-dion (E III/IV **17** 6740) beim Erhitzen von Chroman-2,4-dion mit Acetylchlorid (Überschuss) auf 150° (*Arakawa*, Pharm. Bl. **1** [1953] 331, 333).

Krystalle (aus A.); F: 110° (*Kl.*, Ar. **289** 73), 109—110° (*Ei.*, *Link*).

Überführung in 3-Acetyl-chroman-2,4-dion mit Hilfe von Pyridin und wenig Piperidin: *Ei.*, *Link*; mit Hilfe von Phosphorylchlorid: *Kl.*, Ar. **288** 358; mit Hilfe von Titan(IV)-chlorid oder Aluminiumbromid: *Kl.*, Ar. **289** 73.

4-Chloracetoxy-cumarin $C_{11}H_7ClO_4$, Formel VI (R = CO-CH_2Cl).

B. Beim Erhitzen von Chroman-2,4-dion (E III/IV **17** 6153) mit Chloracetyl-chlorid auf 160° (*Arakawa*, Pharm. Bl. **1** [1953] 331, 333; C. A. **1955** 10941).

Krystalle (aus Bzl.); F: 136°.

IV   V   VI

4-Propionyloxy-cumarin $C_{12}H_{10}O_4$, Formel VI (R = CO-CH_2-CH_3).

B. Beim Behandeln von Chroman-2,4-dion (E III/IV **17** 6153) mit wss. Natronlauge und mit Propionsäure-anhydrid (*Klosa*, Ar. **289** [1956] 71, 74).

Krystalle (aus A.); F: 91—93°.

Überführung in 3-Propionyl-chroman-2,4-dion (E III/IV **17** 6746) mit Hilfe von Titan(IV)-chlorid oder Aluminiumbromid: *Kl.*

4-Butyryloxy-cumarin $C_{13}H_{12}O_4$, Formel VI (R = CO-CH_2-CH_2-CH_3).

B. Beim Behandeln von Chroman-2,4-dion (E III/IV **17** 6153) mit wss. Natronlauge und mit Buttersäure-anhydrid (*Klosa*, Ar. **289** [1956] 71, 74).

Krystalle (aus A.); F: 73—75°.

Überführung in 3-Butyryl-chroman-2,4-dion (E III/IV **17** 6748) mit Hilfe von Titan(IV)-chlorid oder Aluminiumbromid: *Kl.*

4-Hexanoyloxy-cumarin $C_{15}H_{16}O_4$, Formel VI (R = CO-$[CH_2]_4$-CH_3).

B. Neben grösseren Mengen 3-Hexanoyl-chroman-2,4-dion (E III/IV **17** 6753) beim

Erhitzen von Chroman-2,4-dion (E III/IV **17** 6153) mit Hexanoylchlorid (Überschuss) auf 150° (*Arakawa*, Pharm. Bl. **1** [1953] 331, 333; C. A. **1955** 10941).
Krystalle (aus Bzl.); F: 71°.
Überführung in 3-Hexanoyl-chroman-2,4-dion (E III/IV **17** 6753) durch Erhitzen mit Pyridin: *Ar.*

4-Benzoyloxy-cumarin $C_{16}H_{10}O_4$, Formel VI (R = $CO-C_6H_5$).
B. Beim Behandeln von Chroman-2,4-dion (E III/IV **17** 6153) mit Benzoylchlorid, Pyridin und wenig Piperidin (*Eisenhauer, Link*, Am. Soc. **75** [1953] 2046, 2049; s. a. *Vereš, Horák*, Collect. **20** [1955] 371, 373). Neben 3-Benzoyl-chroman-2,4-dion (E III/IV **17** 6791) beim Erhitzen von Chroman-2,4-dion mit Benzoylchlorid (Überschuss) auf 150° (*Arakawa*, Pharm. Bl. **1** [1953] 331, 333).
Krystalle; F: 127—129° [aus A.] (*Ei., Link*), 126—127° [unkorr.] (*Ve., Ho.*), 126° [aus Bzl.] (*Ar.*).
Überführung in 3-Benzoyl-chroman-2,4-dion (E III/IV **17** 6791) durch Erhitzen mit Aluminiumchlorid auf 150°: *Ve., Ho.*; s. a. *Vereš et al.*, Collect. **24** [1959] 3471, 3472. Beim Erhitzen mit Pyridin-hydrochlorid in Nitrobenzol bis auf 200° sind Chroman-2,4-dion und Benzoylchlorid erhalten worden (*Ve., Ho.*).

4-Phenylacetoxy-cumarin $C_{17}H_{12}O_4$, Formel VI (R = $CO-CH_2-C_6H_5$).
B. Bei kurzem Behandeln von Chroman-2,4-dion (E III/IV **17** 6153) mit Phenyl= acetylchlorid, Pyridin und wenig Piperidin (*Eisenhauer, Link*, Am. Soc. **75** [1953] 2046, 2049). Neben 3-Phenylacetyl-chroman-2,4-dion (E III/IV **17** 6791) beim Erhitzen von Chroman-2,4-dion mit Phenylacetylchlorid (Überschuss) auf 150° (*Arakawa*, Pharm. Bl. **1** [1953] 331, 333).
Krystalle; F: 156—158° [Zers.; aus Bzl. + A.] (*Ei., Link*), 136° [aus Bzl.] (*Ar.*).
Überführung in 3-Phenylacetyl-chroman-2,4-dion durch Erhitzen mit Pyridin: *Ar.*; mit Pyridin und wenig Piperidin: *Ei., Link*.

4-[3-Phenyl-propionyloxy]-cumarin $C_{18}H_{14}O_4$, Formel VI (R = $CO-CH_2-CH_2-C_6H_5$).
B. Neben grösseren Mengen 3-[3-Phenyl-propionyl]-chroman-2,4-dion (E III/IV **17** 6793) beim Erhitzen von Chroman-2,4-dion (E III/IV **17** 6153) mit 3-Phenyl-propionyl= chlorid (Überschuss) auf 150° (*Arakawa*, Pharm. Bl. **1** [1953] 331, 333).
Krystalle (aus Bzl.); F: 207°.
Überführung in 3-[3-Phenyl-propionyl]-chroman-2,4-dion durch Erhitzen mit Pyridin: *Ar.*

4-*trans*-Cinnamoyloxy-cumarin, *trans*-Zimtsäure-[2-oxo-2*H*-chromen-4-ylester] $C_{18}H_{12}O_4$, Formel VI (R = $CO-CH\text{=}CH-C_6H_5$).
B. Bei kurzem Behandeln von Chroman-2,4-dion (E III/IV **17** 6153) mit *trans*-Cinn= amoylchlorid, Pyridin und wenig Piperidin (*Eisenhauer, Link*, Am. Soc. **75** [1953] 2046, 2049). In kleiner Menge neben 3-*trans*-Cinnamoyl-chroman-2,4-dion (E III/IV **17** 6804) beim Erhitzen von Chroman-2,4-dion mit *trans*-Zimtsäure, Phosphorylchlorid und 1,1,2,2-Tetrachlor-äthan auf 140° (*Ziegler et al.*, M. **87** [1956] 439, 445).
Krystalle; F: 156—158° [aus A. oder wss. A.] (*Ei., Link*), 156° [aus A.] (*Zi. et al.*).
Überführung in 3-*trans*-Cinnamoyl-chroman-2,4-dion durch Erhitzen mit Phosphoryl= chlorid auf 105°: *Zi. et al.*

4-Dimethylcarbamoyloxy-cumarin $C_{12}H_{11}NO_4$, Formel VI (R = $CO-N(CH_3)_2$).
B. Beim Erwärmen von Chroman-2,4-dion (E III/IV **17** 6153) mit Dimethylcarb= amoylchlorid, Pyridin und Xylol (*Macko*, Chem. Zvesti **12** [1958] 430, 432, 436; C. A. **1959** 3204). Beim Erwärmen der Kalium-Verbindung des Chroman-2,4-dions mit Di= methylcarbamoylchlorid in Aceton (*Geigy A.G.*, D.R.P. 844741 [1950]; D.R.B.P. Org. Chem. 1950—1951 **5** 74).
Krystalle (aus Me.); F: 97—97,5° (*Ma.*). $Kp_{0,2}$: 182—184° (*Geigy A.G.*).

4-[2-Methoxy-benzoyloxy]-cumarin, 2-Methoxy-benzoesäure-[2-oxo-2*H*-chromen-4-yl= ester] $C_{17}H_{12}O_5$, Formel VII (R = CH_3).
B. Bei kurzem Behandeln von Chroman-2,4-dion (E III/IV **17** 6153) mit 2-Methoxy-benzoylchlorid, Pyridin und wenig Piperidin (*Eisenhauer, Link*, Am. Soc. **75** [1953]

2046, 2049).
Krystalle (aus A.); F: 121—123°.
Beim Erwärmen mit Acetylchlorid, Pyridin und wenig Piperidin ist 3-Acetyl-chroman-2,4-dion (E III/IV **17** 6740) erhalten worden (*Ei., Link*).

4-[2-Acetoxy-benzoyloxy]-cumarin, 2-Acetoxy-benzoesäure-[2-oxo-2H-chromen-4-yl-ester] $C_{18}H_{12}O_6$, Formel VII (R = CO-CH$_3$).
B. Bei kurzem Behandeln von Chroman-2,4-dion (E III/IV **17** 6153) mit 2-Acetoxy-benzoylchlorid, Pyridin und wenig Piperidin (*Eisenhauer, Link,* Am. Soc. **75** [1953] 2046, 2049).
Krystalle (aus A.); F: 121—123°.
Überführung in 3-Acetyl-chroman-2,4-dion (E III/IV **17** 6740) durch Erwärmen mit Pyridin oder mit Pyridin-hydrochlorid und Pyridin: *Ei., Link*.

4-[3-Acetoxy-benzoyloxy]-cumarin, 3-Acetoxy-benzoesäure-[2-oxo-2H-chromen-4-yl-ester] $C_{18}H_{12}O_6$, Formel VIII (R = X = H).
B. Bei kurzem Behandeln von Chroman-2,4-dion (E III/IV **17** 6153) mit 3-Acetoxy-benzoylchlorid, Pyridin und wenig Piperidin (*Eisenhauer, Link,* Am. Soc. **75** [1953] 2046, 2049).
Krystalle (aus A.); F: 128—129°.

4-[4-Methoxy-benzoyloxy]-cumarin, 4-Methoxy-benzoesäure-[2-oxo-2H-chromen-4-yl-ester] $C_{17}H_{12}O_5$, Formel IX (R = CH$_3$).
B. Beim Behandeln von Chroman-2,4-dion (E III/IV **17** 6153) mit 4-Methoxy-benzoylchlorid, Pyridin und wenig Piperidin (*Vereš, Horák,* Collect. **20** [1955] 371, 374).
Krystalle (aus A.); F: 161—163° [unkorr.] (*Ve., Ho.*).
Beim Erhitzen mit dem Borfluorid-Äther-Addukt auf 130° ist 4-Hydroxy-3-[4-methoxy-benzoyl]-cumarin erhalten worden (*Vereš et al.,* Collect. **24** [1959] 3471, 3474, 3475).
Bildung von 4-Hydroxy-3-[4-hydroxy-benzoyl]-cumarin beim Erhitzen mit Aluminiumchlorid auf 150°: *Ve., Ho.*

VII   VIII   IX

4-[4-Acetoxy-benzoyloxy]-cumarin, 4-Acetoxy-benzoesäure-[2-oxo-2H-chromen-4-yl-ester] $C_{18}H_{12}O_6$, Formel IX (R = CO-CH$_3$).
B. Beim Behandeln von Chroman-2,4-dion (E III/IV **17** 6153) mit 4-Acetoxy-benzoylchlorid, Pyridin und wenig Piperidin (*Eisenhauer, Link,* Am. Soc. **75** [1953] 2046, 2049).
Krystalle (aus A.); F: 162—164°.
Beim Erwärmen mit Pyridin-hydrochlorid in Pyridin ist 3-Acetyl-chroman-2,4-dion (E III/IV **17** 6740) erhalten worden.

4-[3,4-Diacetoxy-benzoyloxy]-cumarin, 3,4-Diacetoxy-benzoesäure-[2-oxo-2H-chromen-4-ylester] $C_{20}H_{14}O_8$, Formel VIII (R = H, X = O-CO-CH$_3$).
B. Beim Behandeln von Chroman-2,4-dion (E III/IV **17** 6153) mit 3,4-Diacetoxy-benzoylchlorid, Pyridin und wenig Piperidin (*Eisenhauer, Link,* Am. Soc. **75** [1953] 2046, 2049).
Krystalle (aus A.); F: 155—156°.

4-[3,4,5-Triacetoxy-benzoyloxy]-cumarin, 3,4,5-Triacetoxy-benzoesäure-[2-oxo-2H-chromen-7-ylester] $C_{22}H_{16}O_{10}$, Formel VIII (R = X = O-CO-CH$_3$).
B. Beim Behandeln von Chroman-2,4-dion (E III/IV **17** 6153) mit 3,4,5-Triacetoxy-benzoylchlorid, Pyridin und wenig Piperidin (*Eisenhauer, Link,* Am. Soc. **75** [1953] 2046,

2049).
Krystalle (aus A.); F: 170—174°.

4-β-D-Glucopyranosyloxy-cumarin $C_{15}H_{16}O_8$, Formel X (R = H).

B. Beim Behandeln von 4-[Tetra-O-acetyl-β-D-glucopyranosyloxy]-cumarin mit Bariummethylat in Methanol (*Huebner et al.*, Am. Soc. **66** [1944] 906, 908).
Krystalle (aus Me.); F: 201—202°. $[\alpha]_D^{25}$: $-106°$ [Me.; c = 16].

4-[Tetra-O-acetyl-β-D-glucopyranosyloxy]-cumarin $C_{23}H_{24}O_{12}$, Formel X (R = CO-CH$_3$).

B. Bei mehrtägigem Behandeln der Silber-Verbindung des Chroman-2,4-dions (E III/IV **17** 6153) mit α-D-Acetobromglucopyranose (Tetra-O-acetyl-α-D-glucopyranosyl=bromid) und Calciumsulfat in Benzol (*Huebner et al.*, Am. Soc. **66** [1944] 906, 908).
Krystalle (aus Me.); F: 178—179°. $[\alpha]_D^{25}$: $-63,2°$ [CHCl$_3$; c = 2].

4-Diäthoxyphosphoryloxy-cumarin, Phosphorsäure-diäthylester-[2-oxo-2H-chromen-2-ylester] $C_{13}H_{15}O_6P$, Formel XI (X = PO(OC$_2$H$_5$)$_2$).

B. Beim Erwärmen von Chroman-2,4-dion (E III/IV **17** 6153) mit Chlorophosphorsäure-diäthylester, Kaliumcarbonat und Aceton (*Losco, Peri*, G. **89** [1959] 1298, 1312).
Krystalle (aus Bzn.); F: 64—65°.

4-Dimethoxythiophosphoryloxy-cumarin, Thiophosphorsäure-O,O'-dimethylester-O''-[2-oxo-2H-chromen-4-ylester] $C_{11}H_{11}O_5PS$, Formel XI (X = PS(OCH$_3$)$_2$).

B. Beim Erwärmen von Chroman-2,4-dion (E III/IV **17** 6153) mit Chlorothiophosphorsäure-O,O'-dimethylester, Kaliumcarbonat und Aceton (*Losco, Peri*, G. **89** [1959] 1298, 1312).
Krystalle (aus Me.); F: 48—49°.

4-Diäthoxythiophosphoryloxy-cumarin, Thiophosphorsäure-O,O'-diäthylester-O''-[2-oxo-2H-chromen-4-ylester] $C_{13}H_{15}O_5PS$, Formel XI (X = PS(OC$_2$H$_5$)$_2$).

B. Beim Erwärmen von Chroman-2,4-dion (E III/IV **17** 6153) mit Chlorothiophosphor=säure-O,O'-diäthylester, Kaliumcarbonat und Aceton (*Losco, Peri*, G. **89** [1959] 1298, 1312).
Öl; $Kp_{0,1}$: 180°.

3-Chlor-4-methoxy-cumarin $C_{10}H_7ClO_3$, Formel XII (R = CH$_3$).

B. Neben 3-Chlor-2-methoxy-chromen-4-on beim Behandeln von 3-Chlor-chroman-2,4-dion (E III/IV **17** 6156) mit Diazomethan in Äther (*Arndt et al.*, B. **84** [1951] 319, 325; *Fučík et al.*, Collect. **18** [1953] 694, 702). Beim Erwärmen von 3,4-Dichlor-cumarin mit Natriummethylat (1 Mol) in Methanol (*Newman, Schiff*, Am. Soc. **81** [1959] 2266, 2269).
Krystalle; F: 92° [aus A.] (*Fu. et al.*), 87,9—88,6° [aus Bzn.] (*Ne., Sch.*). UV-Spektrum (Ae.; 230—340 nm): *Fu. et al.*, l. c. S. 708.

3-Chlor-4-phenoxy-cumarin $C_{15}H_9ClO_3$, Formel XII (R = C$_6$H$_5$).

B. Beim Erhitzen von 3,4-Dichlor-cumarin mit Natriumphenolat in Phenol auf 120° (*Newman, Schiff*, Am. Soc. **81** [1959] 2266, 2269).
Krystalle (aus wss. A.); F: 88,8—90,4°.

4-Acetoxy-3-chlor-cumarin $C_{11}H_7ClO_4$, Formel XII (R = CO-CH$_3$).

B. Beim Erhitzen von 3-Chlor-chroman-2,4-dion (E III/IV **17** 6156) mit Acetan=hydrid (*Fučík et al.*, Collect. **18** [1953] 695, 700).
Krystalle (aus Acetanhydrid); F: 170°.

4-Acetoxy-6-chlor-cumarin $C_{11}H_7ClO_4$, Formel XIII (R = CO-CH$_3$).

B. Beim Behandeln von 6-Chlor-chroman-2,4-dion (E III/IV **17** 6156) mit Acetyl=
chlorid, Pyridin und wenig Piperidin oder mit wss. Natronlauge und mit Acetanhydrid
(*Klosa*, Ar. **289** [1956] 143, 147, 148).

Krystalle (aus A.); F: 150—152°.

Überführung in 3-Acetyl-6-chlor-chroman-2,4-dion (E III/IV **17** 6743) durch Erhitzen
mit Aluminiumchlorid bis auf 150°: *Kl.*

6-Chlor-4-propionyloxy-cumarin $C_{12}H_9ClO_4$, Formel XIII (R = CO-CH$_2$-CH$_3$).

B. Beim Behandeln von 6-Chlor-chroman-2,4-dion (E III/IV **17** 6156) mit Propionyl=
chlorid, Pyridin und wenig Piperidin oder mit wss. Natronlauge und mit Propionsäure-
anhydrid (*Klosa*, Ar. **289** [1956] 143, 148).

Krystalle (aus A.); F: 119—121°.

4-Acetoxy-6,7-dichlor-cumarin $C_{11}H_6Cl_2O_4$, Formel I.

B. Beim Behandeln von 6,7-Dichlor-chroman-2,4-dion (E III/IV **17** 6157) mit Acet=
anhydrid (*Ziegler, Junek*, M. **86** [1955] 506, 510).

Krystalle (aus CCl$_4$); F: 145—147°.

3-Brom-4-methoxy-cumarin $C_{10}H_7BrO_3$, Formel II.

B. Neben 3-Brom-2-methoxy-chromen-4-on beim Behandeln von 3-Brom-chroman-
2,4-dion (E III/IV **17** 6157) mit Diazomethan in Äther (*Arndt et al.*, B. **84** [1951] 319,
325; s. a. *Huebner, Link*, Am. Soc. **67** [1945] 99, 100).

Krystalle; F: 90—91° [aus Me.] (*Ar. et al.*).

Beim Erhitzen mit Kupfer-Pulver auf 210° und Behandeln des Reaktionsprodukts
(4,4'-Dimethoxy-[3,3']bichromenyl-2,2'-dion $C_{20}H_{14}O_6$; F: 215—218°) mit wss. Jod=
wasserstoffsäure und Essigsäure ist Furo[3,2-c;4,5-c']dichromen-6,7-dion erhalten
worden (*Hu., Link*).

I II III IV

4-Methoxy-3,6-dinitro-cumarin $C_{10}H_6N_2O_7$, Formel III.

B. Beim Behandeln von 3,6-Dinitro-chroman-2,4-dion (E III/IV **17** 6158) mit Diazo=
methan in Äther (*Huebner, Link*, Am. Soc. **67** [1945] 99, 101).

Krystalle (aus Eg.); F: 208—210°.

4-Benzylmercapto-3-chlor-cumarin $C_{16}H_{11}ClO_2S$, Formel IV.

B. Beim Erwärmen von 3,4-Dichlor-cumarin mit Benzylmercaptan und Natrium=
äthylat in Äthanol (*Newman, Schiff*, Am. Soc. **81** [1959] 2266, 2269).

Krystalle (aus A.); F: 96,9—97,6°.

5-Hydroxy-cumarin $C_9H_6O_3$, Formel V (R = H).

B. Aus 5-Methoxy-cumarin beim Erhitzen mit Aluminiumchlorid auf 150° (*Shah, Shah*,
Soc. **1938** 1832) sowie beim Erhitzen mit Aluminiumbromid (*Huls*, Bl. Acad. Belgique [5]
39 [1953] 1064, 1069). Beim Erhitzen von 5-Acetoxy-cumarin mit wss. Schwefelsäure
(*Böhme*, B. **72** [1939] 2130, 2133; *Nakabayashi et al.*, J. pharm. Soc. Japan **73** [1953] 669,
672; C. A. **1953** 10348). Beim Erwärmen von 5-Hydroxy-2-oxo-2H-chromen-3-carbon=
säure mit wss. Natriumhydrogensulfit-Lösung und anschliessend mit wss. Natronlauge
(*Adams, Bockstahler*, Am. Soc. **74** [1952] 5346).

Krystalle; F: 229° [nach Sublimation bei 170—180°/0,001 Torr] (*Bö.*), 228,5—229°
[korr.; aus W.] (*Ad., Bo.*), 227—228° [unkorr.] (*Na. et al.*), 226,6—227,2° [unkorr.; aus
wss. A.] (*Wheelock*, Am. Soc. **81** [1959] 1348, 1349). UV-Spektrum einer Lösung in Äthanol

(220—350 nm): *Na. et al.*; einer Lösung in Methanol (210—360 nm): *Böhme, Severin,* Ar. **290** [1957] 405, 408. Absorptionsmaximum (A.): 299 nm (*Wh.*).
Bei aufeinanderfolgendem Erhitzen mit wss. Natriumsulfit-Lösung und mit wss. Kalilauge ist 2,6-Dihydroxy-*trans*-zimtsäure erhalten worden (*Ad., Bo.*).

5-Methoxy-cumarin $C_{10}H_8O_3$, Formel V (R = CH_3).
B. Beim Behandeln einer Lösung von 5-Hydroxy-cumarin in Aceton mit Diazomethan in Äther (*Böhme,* B. **72** [1939] 2130, 2133; *Nakabayashi et al.,* J. pharm. Soc. Japan **73** [1953] 669, 672; C. A. **1953** 10348). Beim Erwärmen von 5-Hydroxy-cumarin mit Methyl= jodid und mit Natriummethylat in Methanol (*Böhme, Severin,* Ar. **290** [1957] 405, 410). Beim Erhitzen von 5-Methoxy-2-oxo-2*H*-chromen-3,8-dicarbonsäure mit Chinolin und Kupfer-Pulver (*Shah, Shah,* Soc. **1938** 1832; *Huls,* Bl. Acad. Belgique [5] **39** [1953] 1064, 1069).
Krystalle; F: 85—87° [aus W.] (*Shah, Shah*), 85° [aus wss. Me.; Kofler-App.] (*Huls*), 85° [aus W.] (*Bö., Se.,* l. c. S. 410). UV-Spektrum einer Lösung in Äthanol (220—350 nm): *Na. et al.*; einer Lösung in Methanol (220—350 nm): *Böhme, Severin,* Ar. **290** [1957] 448, 449.
Beim aufeinanderfolgendem Erhitzen mit wss. Natriumsulfit-Lösung und mit wss. Kalilauge (*Bö., Se.,* l. c. S. 410) sowie beim Erwärmen mit Natriumäthylat in Äthanol (*Gruber,* M. **75** [1944] 14, 23) ist 2-Hydroxy-6-methoxy-*trans*-zimtsäure erhalten worden. Bildung von 2,6-Dimethoxy-*cis*-zimtsäure beim Erwärmen einer Lösung in Aceton mit wss. Natronlauge und Dimethylsulfat: *Shah, Shah; Bö., Se.,* l. c. S. 410.

5-Acetoxy-cumarin $C_{11}H_8O_4$, Formel V (R = CO-CH_3).
B. Beim Erhitzen von 2,6-Dihydroxy-benzaldehyd mit Acetanhydrid und Natrium= acetat bis auf 180° (*Böhme,* B. **72** [1939] 2130, 2133; *Nakabayashi et al.,* J. pharm. Soc. Japan **73** [1953] 669, 672; C. A. **1953** 10348). Beim Erhitzen von 5-Hydroxy-cumarin mit Acetanhydrid und Pyridin (*Shah, Shah,* Soc. **1938** 1832).
Krystalle; F: 88—89° [aus W.] (*Shah, Shah*), 86° (*Na. et al.*), 84° [aus W.] (*Bö.*). UV-Spektrum (A.; 220—350 nm): *Na. et al.*

5-Sulfooxy-cumarin, Schwefelsäure-mono-[2-oxo-2*H*-chromen-5-ylester] $C_9H_6O_6S$. Formel V (R = SO_2OH).
B. Beim Behandeln von 5-Hydroxy-cumarin mit Chloroschwefelsäure, Schwefel= kohlenstoff und *N,N*-Dialkyl-anilin (*Mead et al.,* Biochem. J. **68** [1958] 61, 62).
Kalium-Salz $KC_9H_5O_6S$. Krystalle (aus wss. A.), die unterhalb 300° nicht schmelzen.

3-Chlor-5-hydroxy-cumarin $C_9H_5ClO_3$, Formel VI (R = H).
B. Beim Erhitzen von (±)-6-Brom-3-chlor-7,8-dihydro-6*H*-chromen-2,5-dion mit Essigsäure (*Roedig, Schödel,* B. **91** [1958] 330, 338).
Krystalle (aus Eg.); F: 256—258° [durch Sublimation bei 180° im Hochvakuum ge= reinigtes Präparat].

V　　　　　　VI　　　　　　VII　　　　　　VIII

3-Chlor-5-methoxy-cumarin $C_{10}H_7ClO_3$, Formel VI (R = CH_3).
B. Beim Behandeln von 3-Chlor-5-hydroxy-cumarin mit wss. Natronlauge und Di= methylsulfat (*Roedig, Schödel,* B. **91** [1958] 330, 338).
Krystalle (aus Me.); F: 170—171° [durch Sublimation bei 160° im Hochvakuum ge= reinigtes Präparat].

5-Acetoxy-3-chlor-cumarin $C_{11}H_7ClO_4$, Formel VI (R = CO-CH_3).
B. Beim Erwärmen von 3-Chlor-5-hydroxy-cumarin mit Acetanhydrid und wenig

Schwefelsäure (*Roedig*, *Schödel*, B. **91** [1958] 330, 338).
Krystalle (aus Eg.); F: 151—152,5°.

6-Hydroxy-cumarin $C_9H_6O_3$, Formel VII (R =H) (H 26; E I 306).
B. Beim Behandeln von Cumarin mit wss. Natronlauge und Quecksilber(II)-oxid und anschliessend mit Kaliumperoxodisulfat und Erwärmen des nach dem Erhitzen mit wss. Salzsäure und Natriumhydrogensulfit erhaltenen Reaktionsprodukts (2,5-Dihydroxyzimtsäure) mit wss. Quecksilber(II)-chlorid-Lösung (*Sastri et al.*, Pr. Indian Acad. [A] **37** [1953] 681, 687).
Krystalle; F: 249—250° [aus W. sowie nach Sublimation im Hochvakuum] (*Böhme*, *Severin*, Ar. **290** [1957] 405, 410), 248—250° [aus A.] (*Sa. et al.*), 249° [korr.] (*Patzak*, *Neugebauer*, M. **83** [1952] 776). UV-Spektrum einer Lösung in Äthanol (220—390 nm): *Mangini*, *Passerini*, G. **87** [1957] 243, 270; *Nakabayashi et al.*, J. pharm. Soc. Japan **73** [1953] 669, 672; C. A. **1953** 10438; einer Lösung in Methanol (210—380 nm): *Bö.*, *Se.*, l. c. S. 408. Absorptionsmaxima (A.): 226 nm, 281 nm und 349 nm (*Ma.*, *Pa.*, l. c. S. 251). Polarographie: *Pa.*, *Ne.*, l. c. S. 779, 781.

6-Methoxy-cumarin $C_{10}H_8O_3$, Formel VII (R = CH_3) (H 26; E I 306).
B. Beim Behandeln von 6-Hydroxy-cumarin mit Diazomethan in Äther (*Nakabayashi et al.*, J. pharm. Soc. Japan **73** [1953] 669, 672; C. A. **1953** 10348).
Krystalle; F: 106—107° (*Pfau*, Riechstoffind. **10** [1935] 57), 103—104° (*Ingle*, *Bhide*, J. Univ. Bombay **23**, Tl. 3A [1954] 33, 35), 102° [nach Sublimation bei 100°/0,001 Torr] (*Böhme*, *Severin*, Ar. **290** [1957] 448, 452), 101,5° [unkorr.] (*Na. et al.*). UV-Spektrum einer Lösung in Äthanol (220—230 nm): *Na. et al.*; in Methanol (220—380 nm): *Bö.*, *Se.*, l. c. S. 450; von Lösungen in Äthanol, in wss. Perchlorsäure und in wss.-äthanol. Kalilauge (jeweils 220—400 nm): *Mangini*, *Passerini*, G. **87** [1957] 243, 270. Absorptionsmaxima (A.): 226 nm, 276 nm und 344 nm (*Ma.*, *Pa.*, l. c. S. 251).

6-Äthoxy-cumarin $C_{11}H_{10}O_3$, Formel VII (R = C_2H_5).
F: 106—107° (*Pfau*, Riechstoffind. **10** [1935] 57).

6-Acetoxy-cumarin $C_{11}H_8O_4$, Formel VII (R = $CO-CH_3$)(H 26).
UV-Spektrum (A.; 220—350 nm): *Nakabayashi et al.*, J. pharm. Soc. Japan **73** [1953] 669, 672; C. A. **1953** 10348.

6-Sulfooxy-cumarin, Schwefelsäure-mono-[2-oxo-2H-chromen-6-ylester] $C_9H_6O_6S$, Formel VII (R = SO_2OH).
B. In kleinen Mengen beim Behandeln von Cumarin mit Kaliumperoxodisulfat, wss. Kalilauge und Eisen(II)-sulfat und anschliessend mit Schwefelsäure (*Mead et al.*, Biochem. J. **68** [1958] 61, 62).
Kalium-Salz $KC_9H_5O_6S$. Krystalle (aus wss. A.), die unterhalb 300° nicht schmelzen. Absorptionsmaxima (W.): 273 nm und 317 nm (*Mead et al.*).

3,4-Dichlor-6-methoxy-cumarin $C_{10}H_6Cl_2O_3$, Formel VIII (R = H, X = Cl).
B. In kleiner Menge beim Behandeln von 4-Methoxy-phenol mit Aluminiumchlorid in Schwefelkohlenstoff und mit Hexachlorpropen (*Newman*, *Schiff*, Am. Soc. **81** [1959] 2266, 2268, 2269).
Krystalle (aus wss. A.); F: 157,1—158,3° [korr.].

6-Methoxy-8-nitro-cumarin $C_{10}H_7NO_5$, Formel VIII (R = NO_2, X = H).
B. Neben 2-Hydroxy-5-methoxy-3-nitro-*trans*-zimtsäure beim Erhitzen von 2-Hydroxy-5-methoxy-3-nitro-benzaldehyd mit Acetanhydrid und Natriumacetat (*Crawford*, *Rasburn*, Soc. **1956** 2155, 2158).
Gelbliche Krystalle (aus Eg.); F: 219—219,5°.
Überführung in 2-Hydroxy-5-methoxy-3-nitro-*cis*-zimtsäure durch Behandlung mit wss. Natronlauge: *Cr.*, *Ra.*

6-Methoxy-thiochromen-2-thion $C_{10}H_8OS_2$, Formel IX auf S. 295.
B. In kleiner Menge neben 5-[2,5-Dimethoxy-phenyl]-[1,2]dithiol-3-thion beim Er-

hitzen von 2-Allyl-1,4-dimethoxy-benzol mit Schwefel in Äthylbenzoat (*Mollier, Lozac'h*, Bl. **1958** 651, 654).
Orangerote Krystalle (aus Cyclohexan); F: 128,5°.

7-Hydroxy-cumarin, Umbelliferon, Piloselin, Dichrin-A, Skimmetin $C_9H_6O_3$, Formel X (R = H) (H 27; E I 306; E II 16).
Isolierung aus Hydrangea paniculata: *Hashimoto, Kawana*, J. pharm. Soc. Japan **55** [1935] 183; dtsch. Ref. S. 44; C. A. **1935** 5112; aus dem Öl der Schalen von Citrus grandis: *Markley et al.*, J. biol. Chem. **118** [1937] 433, 440; von Citrus aurantium: *Nomura*, J. Japan. Chem. **4** [1950] 561; C. A. **1951** 7112; aus der grünen Rinde von Aegle marmelos: *Chatterjee, Bhattacharya*, Soc. **1959** 1922.
B. Beim Erhitzen von Resorcin mit Äpfelsäure unter Zusatz von Titan-diphosphat oder Zirkoniumphosphat auf 120° (*Austerweil*, C.r. **248** [1959] 1810). Beim Erwärmen von 2,4-Dihydroxy-benzaldehyd mit Malonsäure und Pyridin (*Pandya, Sodhi*, Pr. Indian Acad. [A] **7** [1938] 381). Beim Erhitzen von 7-Hydroxy-chroman-2-on mit Palladium auf 200° (*Späth, Galinovsky*, B. **70** [1937] 235, 238). Beim Erwärmen von 7-Hydroxy-2-oxo-2H-chromen-3-carbonsäure mit wss. Natriumhydrogensulfit-Lösung und anschliessend mit Schwefelsäure (*Cramer, Windel*, B. **89** [1956] 354, 364, 365).
F: 238° (*Austerweil*, C.r. **248** [1959] 1810), 236° [korr.] (*Patzak, Neugebauer*, M. **83** [1952] 776, 781), 232−232,2° [aus W.] (*Ma. et al.*), 232° [aus A.] (*No.*). 232° [Kofler-App.; aus E. sowie nach Sublimation bei 160°/0,001 Torr] (*Ch., Bh.*), 230−231° [unkorr.; evakuierte Kapillare; nach Sublimation im Hochvakuum] (*Caglioti et al.*, Helv., **42** [1959] 2557, 2567). Absorptionsspektren von Lösungen in Äthanol (220−370 nm): *Nakabayashi et al.*, J. pharm. Soc. Japan **73** [1953] 669, 672; C. A. **1953** 10348; *Goodwin, Pollock*, Arch. Biochem. **49** [1954] 1, 4; *Cingolani*, Ann. Chimica **47** [1957] 557, 559; *Sen, Bagchi*, J. org. Chem. **24** [1959] 316, 317; in Methanol (210−360 nm): *Böhme, Severin*, Ar. **290** [1957] 405, 409; in Äthanol und in wss. Perchlorsäure (jeweils 220−380 nm): *Cingolani, Gaudiano*, Rend. Ist. super. Sanità **19** [1956] 1256, 1262; in Äthanol, in wss.-äthanol. Salzsäure und in wss. Kalilauge (jeweils 220−400 nm): *Mangini, Passerini*, G. **87** [1957] 243, 271; von wss. Lösungen vom pH 3,5 und pH 10 (225−400 nm): *Sutherland*, Arch. Biochem. **75** [1958] 412, 415; in wss. Natronlauge (220−430 nm): *Ci.*, l. c. S. 570; *Ci., Ga.*, l. c. S. 1265; von wss. Lösungen von pH 3,9 bis pH 11,5 (230−400 nm): *Foffani et al.*, Ric. scient. **27** [1957] Spl. A, Bd. 3, S. 115, 118. Fluorescenzmaximum (A.): 441 nm (*Wheelock*, Am. Soc. **81** [1959] 1348). Fluorescenz von festen Lösungen in Borsäure im UV-Licht, von Lösungen in Äthanol im UV-Licht und in der Tageslicht sowie Phosphorescenz von festen Lösungen im UV-Licht: *Neelakantam, Sitaraman*, Pr. Indian Acad. [A] **21** [1945] 272, 276, 277. Magnetische Susceptibilität: $-88,22 \cdot 10^{-6}$ cm$^3 \cdot$ mol^{-1} (*Mathur*, Trans. Faraday Soc. **54** [1958] 1609, 1610). Polarographie: *Pa., Ne.*
Bildung von 6,7-Dihydroxy-cumarin beim Behandeln mit Natriumperoxodisulfat in wss. Natronlauge: *Sawhney et al.*, Pr. Indian Acad. [A] **33** [1951] 11, 15. Beim Erhitzen einer Suspension in Essigsäure mit Isopren, wenig Quecksilber(II)-chlorid und wenig Jod bis auf 220° ist 8,8-Dimethyl-7,8-dihydro-6H-pyrano[3,2-g]chromen-2-on erhalten worden (*Späth, Močnik*, B. **70** [1937] 2276, 2279). Bildung von 8,8-Dimethyl-8H-pyrano[2,3-f]=chromen-2-on und kleinen Mengen 8,8-Dimethyl-8H-pyrano[3,2-g]chromen-2-on beim Erhitzen mit 2-Methyl-but-3-in-1-ol auf 200°: *Späth, Hillel*, B. **72** [1939] 963, 2093. Bildung von 7-Äthoxy-cumarin und kleinen Mengen Furo[2,3-h]chromen-2-on beim Erhitzen der Natrium-Verbindung mit Bromacetaldehyd-diäthylacetal in Xylol auf 180°: *Späth, Pailer*, B. **67** [1934] 1212. Beim Erhitzen mit Äpfelsäure und konz. Schwefel= säure auf 100° sind Pyrano[2,3-f]chromen-2,8-dion und kleine Mengen Pyrano[3,2-g]=chromen-2,8-dion erhalten worden (*Rangaswami, Seshadri*, Pr. Indian Acad. [A] **6** [1937] 112, 115; *Späth, Löwy*, M. **71** [1938] 365, 368). Bildung von 3-[4-Chlor-phenyl]-7-hydroxy-cumarin beim Behandeln einer Lösung in Aceton mit wss. 4-Chlor-benzoldiazonium-chlorid-Lösung, Natriumacetat und wss. Kupfer(II)-chlorid-Lösung: *Meerwein et al.*, J. pr. [2] **152** [1939] 237, 256. Reaktion mit Quecksilber(II)-acetat und Methanol unter Bildung von 3,6,8-Tris-acetoxomercurio-7-hydroxy-4-methoxy-chroman-2-on: *Rao et al.*, Pr. Indian Acad. [A] **9** [1939] 22, 24.
Über eine Verbindung mit Jod (rotbraune Krystalle; F: 223°) s. *Cramer, Windel*, B. **89** [1956] 354, 356, 365.

7-Methoxy-cumarin, Herniarin, Ayapanin $C_{10}H_8O_3$, Formel X (R = CH_3) (H 27; E I 307; E II 17).
Isolierung aus Blättern von Eupatorium ayapana: *Bose, Roy,* J. Indian chem. Soc. **13** [1936] 586; *Späth et al.,* B. **70** [1937] 702, 703.

B. Aus 2-Hydroxy-4-methoxy-*trans*-zimtsäure sowie aus dem Methylester oder dem Äthylester dieser Säure beim Erhitzen sowie bei der Bestrahlung von Lösungen in Äthanol mit Sonnenlicht (*Dey et al.,* J. Indian chem. Soc. **11** [1934] 743, 748). Aus 2-Hydroxy-4-methoxy-*trans*-zimtsäure bei der Bestrahlung einer Lösung in Methanol mit UV-Licht (*Gruber,* M. **75** [1944] 14, 24). Aus 7-Hydroxy-cumarin durch Behandeln mit Diazomethan in Äther (*Nakabayashi et al.,* J. pharm. Soc. Japan **73** [1953] 565; C. A. **48** [1954] 5187), beim Behandeln mit Methyljodid und methanol. Natronlauge (*Gupta, Seshadri,* J. scient. ind. Res. India **16** B [1957] 257, 260; C. A. **1958** 376), beim Erwärmen mit Methyljodid, Kaliumcarbonat und Aceton (*Huls,* Bl. Acad. Belgique [5] **39** [1953] 1064, 1070) sowie beim Erwärmen mit Dimethylsulfat, Kaliumcarbonat und Benzol (*Dey et al.,* J. Indian chem. Soc. **12** [1935] 140).

Krystalle; F: 118—119° [aus $CHCl_3$ + Ae.] (*Sp. et al.*), 118° [korr.] (*Patzak, Neugebauer,* M. **83** [1952] 776, 781), 117,5—118° [aus W.] (*Pfau,* Helv. **22** [1939] 382, 389). Absorptionsspektren von Lösungen in Äthanol (220—360 nm): *Nakabayashi et al.,* J. pharm. Soc. Japan **73** [1933] 669, 672; C. A. **1953** 10348; *Cingolani,* Ann. Chimica **47** [1957] 557, 559; in Methanol (220—360 nm): *Böhme, Severin,* Ar. **290** [1957] 448, 450; in Äthanol und in wss. Perchlorsäure (jeweils 220—380 nm): *Cingolani, Gaudiano,* Rend. Ist. super. Sanità **19** [1956] 1256, 1262; in wss. Natronlauge (220—400 nm): *Ci.,* l. c. S. 571; *Ci., Ga.,* l. c. S. 1265; in Hexan, in Äthanol, in wss. Perchlorsäure und in wss.-äthanol. Kalilauge (220—390 nm): *Mangini, Passerini,* G. **87** [1957] 243, 251, 271. Fluorescenzmaximum (A).: 385 nm (*Wheelock,* Am. Soc. **81** [1959] 1348, 1349). Polarographie: *Pa., Ne.*

Bei der Bestrahlung mit UV-Licht (300—350 nm) erfolgt Umwandlung in 3,9-Dimethoxy-(6a*r*,6b*c*,12a*c*,12b*c*)-6a,6b,12a,12b-tetrahydro-cyclobuta[1,2-*c*:3,4-*c'*]dichromen-6,12-dion (*Fischer,* Ar. **279** [1941] 306; *v. Wessely, Plaichinger,* B. **75** [1942] 971, 974; *Frasson et al.,* Ric. scient. **28** [1958] 517, 518; *Leenders et al.,* J. org. Chem. **38** [1973] 957).

7-Äthoxy-cumarin $C_{11}H_{10}O_3$, Formel X (R = C_2H_5) (H 28).
B. Beim Erwärmen von 7-Hydroxy-cumarin mit Äthyljodid, Kaliumcarbonat und Aceton (*Bose et al.,* Ann. Biochem. exp. Med. India **5** [1945] 1, 5; C. A. **1946** 2224).
Krystalle; F: 88—90° [aus wss. A.] (*Ishifuku et al.,* J. pharm. Soc. Japan **73** [1953] 332; C. A. **1954** 2695), 89° [aus wss. A.] (*Bose et al.; Pfau,* Riechstoffind. **10** [1935] 57).

7-Propoxy-cumarin $C_{12}H_{12}O_3$, Formel X (R = $CH_2\text{-}CH_2\text{-}CH_3$).
B. Beim Erwärmen von 7-Hydroxy-cumarin mit Propyljodid, Kaliumcarbonat und Aceton (*Bose et al.,* Ann. Biochem. exp. Med. India **5** [1945] 1, 5; C. A. **1946** 2224). Beim Erhitzen von 2-Oxo-7-propoxy-2*H*-chromen-3-carbonsäure mit Kupfer-Pulver auf 240° (*Baltzly,* Am. Soc. **74** [1952] 2692).
Krystalle; F: 70° (*Kariyone, Matsuno,* J. pharm. Soc. Japan **74** [1954] 493; C. A. **1954** 10303), 64° [aus wss. A.] (*Bose et al.*), 62,5—63° [aus Ae. + Hexan] (*Ba.*).

7-Isopropoxy-cumarin $C_{12}H_{12}O_3$, Formel X (R = $CH(CH_3)_2$).
B. Beim Erwärmen von 7-Hydroxy-cumarin mit Isopropyljodid, Kaliumcarbonat und Aceton (*Bose et al.,* Ann. Biochem. exp. Med. India **5** [1945] 1, 5; C. A. **1946** 2224) oder mit Isopropyljodid und äthanol. Kalilauge (*Ishifuku et al.,* J. pharm. Soc. Japan **73** [1953] 332; C. A. **1954** 2695).
Krystalle; F: 57—58° (*Bose et al.*), 54—55° [aus Ae. + PAe.] (*Is. et al.*).

7-Butoxy-cumarin $C_{13}H_{14}O_3$, Formel X (R = $[CH_2]_3\text{-}CH_3$).
B. Beim Erwärmen von 7-Hydroxy-cumarin mit Butyljodid, Kaliumcarbonat und

Aceton (*Bose et al.*, Ann. Biochem. exp. Med. India **5** [1945] 1, 5; C. A. **1946** 2224) oder mit Butyljodid und äthanol. Kalilauge (*Ishifuku et al.*, J. pharm. Soc. Japan **73** [1953] 332; C. A. **1954** 2695).
Krystalle; F: 40—41° [aus Ae. + PAe.] (*Is. et al.*), 40° [aus wss. Me.] (*Bose et al.*).

7-Isobutoxy-cumarin $C_{13}H_{14}O_3$, Formel X (R = CH_2-$CH(CH_3)_2$).
B. Beim Erwärmen von 7-Hydroxy-cumarin mit Isobutyljodid, Kaliumcarbonat und Aceton (*Bose et al.*, Ann. Biochem. exp. Med. India **5** [1945] 1, 5; C. A. **1946** 2224).
Krystalle (aus wss. Me.); F: 80°.

7-Isopentyloxy-cumarin $C_{14}H_{16}O_3$, Formel X (R = CH_2-CH_2-$CH(CH_3)_2$).
B. Beim Erwärmen von 7-Hydroxy-cumarin mit Isopentyljodid und äthanol. Kalilauge (*Ishifuku et al.*, J. pharm. Soc. Japan **73** [1953] 332; C. A. **1954** 2695).
Krystalle (aus Ae. + PAe.); F: 60,5°.

7-Heptyloxy-cumarin $C_{16}H_{20}O_3$, Formel X (R = $[CH_2]_6$-CH_3).
B. Beim Erwärmen von 7-Hydroxy-cumarin mit Heptylbromid und äthanol. Kalilauge (*Kariyone, Matsuno*, Pharm. Bl. **1** [1953] 121).
Krystalle (aus Bzn.); F: 38—40°.
Beim Erwärmen mit wss. Natronlauge und Dimethylsulfat ist eine Verbindung $C_{17}H_{24}O_4$ (Krystalle [aus PAe.], F: 67°; wahrscheinlich 4-Heptyloxy-2-methoxyzimtsäure) erhalten worden (*Ka., Ma.*).

7-Allyloxy-cumarin $C_{12}H_{10}O_3$, Formel X (R = CH_2-CH_2=CH_2).
B. Beim Erwärmen von 7-Hydroxy-cumarin mit Allylbromid (oder Allyljodid), Kaliumcarbonat und Aceton (*Krishnaswamy, Seshadri*, Pr. Indian Acad. [A] **13** [1941] 43, 46; *Bose et al.*, Ann. Biochem. exp. Med. India **5** [1945] 1, 5; C. A. **1946** 2224).
Krystalle; F: 89° (*Kariyone, Matsuno*, J. pharm. Soc. Japan **74** [1954] 493; C. A. **1954** 10303), 86—87° [aus Ae. + PAe.] (*Bose et al.*), 79—80° [aus A.] (*Kr., Se.*).
Beim Erhitzen unter vermindertem Druck auf 200° ist 8-Allyl-7-hydroxy-cumarin erhalten worden (*Kr., Se.*). Bildung von 7-Hydroxy-cumarin und kleineren Mengen 7-Propoxy-cumarin bei der Hydrierung an Platin in Tetrahydrofuran: *Ka., Ma.*

7-[3-Methyl-but-2-enyloxy]-cumarin $C_{14}H_{14}O_3$, Formel X (R = CH_2-CH=$C(CH_3)_2$).
B. Beim Erwärmen der Natrium-Verbindung des 7-Hydroxy-cumarins mit 1-Brom-3-methyl-but-2-en in Methanol (*Späth, Vierhapper*, B. **71** [1938] 1667, 1672).
Krystalle; F: 76° (*Patzak, Neugebauer*, M. **83** [1952] 776, 780), 70—71° [aus PAe.] (*Sp., Vi.*). Polarographie: *Pa., Ne.*
Bildung von 7-Hydroxy-cumarin beim Erhitzen auf 200°: *Caglioti et al.*, Helv. **42** [1959] 2557, 2559 Anm. 3.

7-[3,7-Dimethyl-octa-2ξ,6-dienyloxy]-cumarin $C_{19}H_{22}O_3$, Formel XI.
Diese Konstitution kommt dem von *Komatsu et al.* (J. chem. Soc. Japan **51** [1930] 478, 483; C. A. **1932** 717) isolierten, als 7-Heptyloxy-cumarin angesehenen **Aurapten (Feronialacton)** zu (*Kariyone, Matsuno*, Pharm. Bl. **1** [1953] 119, 120).
Isolierung aus dem Öl der Schalen von Citrus decumana: *Ko. et al.*; von Citrus aurantia: *Ka., Ma.* Isolierung aus der Wurzelrinde von Feronia elephantum: *Govindachari et al.*, B. **91** [1958] 34.
B. Beim Erwärmen von 7-Hydroxy-cumarin mit Geranylchlorid (E IV **1** 1058) und Natriumäthylat in Äthanol (*Ka., Ma.*). Beim Erhitzen der Natrium-Verbindung des 7-Hydroxy-cumarins mit Geranylbromid (E IV **1** 1059) in Toluol (*Go. et al.*).
Krystalle; F: 68—69° [aus Me.] (*Go. et al.*), 68° (*Ko. et al.*; *Nomura*, J. Japan. Chem. **4** [1950] 561, 562; C. A. **1951** 7112).
Bei der Hydrierung an Platin in Äthanol sind 7-Hydroxy-cumarin und eine Verbindung $C_{19}H_{26}O_3$ (Kp_2: 220°; vermutlich (±)-7-[3,7-Dimethyl-octyloxy]-cumarin) erhalten worden (*Go. et al.*). Bildung von 7-Hydroxy-cumarin beim Erhitzen auf 200°: *Caglioti et al.*, Helv. **42** [1959] 2557, 2599 Anm. 3.

7-[3,7,11-Trimethyl-dodeca-2t,6t,10-trienyloxy]-cumarin, 7-Farnesyloxy-cumarin, Umbelliprenin $C_{24}H_{30}O_3$, Formel XII.
Konfiguration: *Bates et al.*, Tetrahedron Letters **1963** 1683, 1686.
Isolierung aus Samen von Angelica archangelica: *Späth, Vierhapper*, B. **71** [1938] 1667, 1671; M. **72** [1939] 179, 188; *Corcilius*, Ar. **289** [1956] 75, 85.
Krystalle; F: 61—63° [aus Ae. + PAe.] (*Sp., Vi.*), 61—62° (*Co.*).

XII XIII

7-Benzyloxy-cumarin $C_{16}H_{12}O_3$, Formel XIII (R = CH_2-C_6H_5).
B. Beim Erwärmen von 7-Hydroxy-cumarin mit Benzylchlorid (oder Benzylbromid), Kaliumcarbonat und Aceton (*Bridge et al.*, Soc. **1937** 1530, 1533; *Bose et al.*, Ann. Biochem. exp. Med. India **5** [1945] 1, 5). Beim Erwärmen von 7-Hydroxy-cumarin mit Benzylchlorid und äthanol. Kalilauge unter Zusatz von Kaliumjodid (*Ishifuku et al.*, J. pharm. Soc. Japan **73** [1952] 332; C. A. **1954** 2695).
Krystalle; F: 155° [aus wss. A.] (*Bose et al.*), 154° [aus Bzl.] (*Br. et al.*).

7-[2-Hydroxy-äthoxy]-cumarin $C_{11}H_{10}O_4$, Formel XIII (R = CH_2-CH_2OH).
B. Aus der Natrium-Verbindung des 7-Hydroxy-cumarins und 2-Chlor-äthanol (*Sen, Sen Gupta*, J. Indian chem. Soc. **32** [1955] 120).
Krystalle (aus A.); F: 225°.

1,2-Bis-[2-oxo-2H-chromen-7-yloxy]-äthan $C_{20}H_{14}O_6$, Formel I (n = 2).
B. Beim Erwärmen von 7-Hydroxy-cumarin mit 1,2-Dibrom-äthan, Kaliumcarbonat und Aceton (*Bose et al.*, Ann. Biochem. exp. Med. India **5** [1945] 1, 5; C. A. **1946** 2224).
Krystalle (aus Py. + A.); F: 226°.

I II

1,3-Bis-[2-oxo-2H-chromen-7-yloxy]-propan $C_{21}H_{16}O_6$, Formel I (n = 3).
B. Beim Erwärmen von 7-Hydroxy-cumarin mit 1,3-Dibrom-propan, Kaliumcarbonat und Aceton (*Bose et al.*, Ann. Biochem. exp. Med. India **5** [1945] 1, 5; C. A. **1946** 2224).
Krystalle (aus Py.); F: 181—182°.

7-[5-((1S)-3c-Hydroxy-2,2-dimethyl-6-methylen-cyclohex-r-yl)-3-methyl-pent-2t-enyloxy]-cumarin, Farnesiferol-B $C_{24}H_{30}O_4$, Formel II (R = H).
Über Konstitution und Konfiguration s. *Caglioti et al.*, Helv. **42** [1959] 2557, 2563.
Isolierung aus dem Harz von Ferula assa-foetida: *Caglioti et al.*, Helv. **41** [1958] 2278, 2288.
Krystalle (aus A.); F: 113,5—114° [unkorr.]; $[\alpha]_D$: +10° [$CHCl_3$; c = 1] (*Ca. et al.*, Helv. **41** 2279). IR-Banden ($CHCl_3$) im Bereich von 3590 cm^{-1} bis 890 cm^{-1}: *Ca. et al.*, Helv. **41** 2288. Absorptionsmaxima (A.): 242 nm, 252 nm, 298 nm und 326 nm (*Ca. et al.*, Helv. **41** 2288, **42** 2557).
Beim Behandeln einer äthanol. Lösung mit Natrium und flüssigem Ammoniak ist (1R)-2,2-Dimethyl-4-methylen-3c-[3-methyl-pent-3t-enyl]-cyclohexan-r-ol erhalten worden (*Ca. et al.*, Helv. **42** 2567).

7-[5-((1S)-3c-Acetoxy-2,2-dimethyl-6-methylen-cyclohex-r-yl)-3-methyl-pent-2t-enyloxy]-cumarin, O-Acetyl-farnesiferol-B $C_{26}H_{32}O_5$, Formel II (R = CO-CH_3).
B. Beim Erwärmen von Farnesiferol-B (s. o.) mit Acetanhydrid und Pyridin (*Caglioti*

et al., Helv. **42** [1959] 2557, 2566, 2567).
Krystalle (aus Ae. + Bzn.); F: 70,5—71,5° [evakuierte Kapillare]. $[\alpha]_D$: —18° [$CHCl_3$; c = 1].

7-[6-Hydroxy-5,5,8a-trimethyl-2-methylen-decahydro-[1]naphthylmethoxy]-cumarin $C_{24}H_{30}O_4$.

a) **7-[(4aS)-6c-Hydroxy-5,5,8a-trimethyl-2-methylen-(4ar,8at)-decahydro-[1t]naphthylmethoxy]-cumarin, 7-[*ent*-3α-Hydroxy-drim-8(12)-en-11-yloxy]-cumarin**[1]), **Gummosin, Asaresen-A** $C_{24}H_{30}O_4$, Formel III.
Über Konstitution und Konfiguration s. *Kir'jalow, Mowtschan*, Chimija prirodn. Soedin. **2** [1966] 383; engl. Ausg. S. 313. Über die Konfiguration am C-Atom 9 (Driman-Bezifferung) s. *Šaidchodshaew, Nikonow*, Chimija prirodn. Soedin. **9** [1973] 490; engl. Ausg. S. 462.
Isolierung aus Ferula assa-foetida: *Casparis, Baumann*, Pharm. Acta Helv. **3** [1928] 163, 178; aus Ferula galbaniflua: *Kunz, Wöldicke*, B. **70** [1937] 359, 365; aus Ferula gummosa, Ferula samarkandica und Ferula pseudoreoselinum: *Ki., Mo.*
Krystalle; F: 180—181° [aus A.] (*Ki., Mo.*), 175—176° [aus E.] (*Kunz, Wö.*), 172° [aus wss. A.] (*Ca., Ba.*). $[\alpha]_D$: —54° [$CHCl_3$] (*Ki., Mo.*); $[\alpha]_D^{20}$: —48° [A.; c = 1] (*Ca., Ba.*).

III IV

b) **7-[(4aS)-6t-Hydroxy-5,5,8a-trimethyl-2-methylen-(4ar,8at)-decahydro-[1c]naphthylmethoxy]-cumarin, 7-[*ent*-3β-Hydroxy-9βH-drim-8(12)-en-11-yloxy]-cumarin**[1]), **Farnesiferol-A** $C_{24}H_{30}O_4$, Formel IV (R = H).
Konstitution und Konfiguration: *Caglioti et al.*, Helv. **41** [1958] 2278, 2279, 2285; s. a. *van Tamelen, Coates*, Chem. Commun. **1966** 413.
Isolierung aus Ferula assa-foetida: *Ca. et al.*; *Kunz, Wöldicke*, B. **70** [1937] 359, 366.
Krystalle; F: 155—156° [aus Me.] (*Kunz, Wö.*), 155—155,5° [unkorr.; aus A.] (*Ca. et al.*, l. c. S. 2288). $[\alpha]_D$: —55° ($CHCl_3$; c = 1); $[\alpha]_D$: —63° [A.] (*Ca. et al.*). Absorptionsmaxima (A.): 242 nm, 250 nm, 298 nm und 324 nm (*Ca. et al.*, l. c. S. 2288).

7-[(4aS)-6t-Acetoxy-5,5,8a-trimethyl-2-methylen-(4ar,8at)-decahydro-[1c]naphthylmethoxy]-cumarin, 7-[*ent*-3β-Acetoxy-9βH-drim-8(12)-en-11-yloxy]-cumarin, *O*-Acetylfarnesiferol-A $C_{26}H_{32}O_5$, Formel IV (R = CO-CH_3).
B. Beim Erwärmen von Farnesiferol-A (s. o.) mit Acetanhydrid und Pyridin (*Caglioti et al.*, Helv. **41** [1958] 2278, 2288).
Krystalle (aus A.); F: 142—144° [unkorr.]. $[\alpha]_D$: —55° [$CHCl_3$; c = 1].

7-[(6*Ξ*)-6,7-Dihydroxy-3,7-dimethyl-oct-2t-enyloxy]-cumarin $C_{19}H_{24}O_5$, Formel V.
Diese Konstitution und Konfiguration kommt dem nachstehend beschriebenen **Marmin** zu (*Chatterjee et al.*, Tetrahedron Letters **1967** 471; *Coates, Melvin*, Tetrahedron **26** [1970] 5699, 5704).
Isolierung aus der Rinde von Aegle marmelos: *Chatterjee, Choudhury*, Naturwiss. **42** [1955] 512; *Chatterjee, Bhattacharya*, Soc. **1959** 1922.
Krystalle; F: 125° (*Ch., Ch.*), 124° [Kofler-App.; aus E.] (*Ch., Bh.*), 123—124° (*Ch. et al.*). $[\alpha]_D^{30}$: +25° [A.] (*Ch., Bh.*; *Ch. et al.*). IR-Banden (Nujol) im Bereich von 2,8 μ bis 10 μ: *Ch., Bh.*. Absorptionsmaximum (A.): 324 nm (*Ch., Bh.*). Scheinbarer Dissoziationsexponent pK'_a: 10,11 (*Ch., Bh.*).

---

[1]) Stellungsbezeichnung bei von Driman abgeleiteten Namen s. E III **9** 273, 274.

7-Acetonyloxy-cumarin $C_{12}H_{10}O_4$, Formel VI (R = CH_2-CO-CH_3).

B. Beim Erwärmen der Natrium-Verbindung des 7-Hydroxy-cumarins mit Chloraceton und Äthanol (*Râdy et al.*, Soc. **1935** 813, 815).
Krystalle (aus A.); F: 167°.

7-[(4aS)-5,5,8a-Trimethyl-2-methylen-6-oxo-(4ar,8at)-decahydro-[1c]naphthylmeth= oxy]-cumarin, 7-[*ent*-3-Oxo-9βH-drim-8(12)-en-11-yloxy]-cumarin, *ent*-11-[2-Oxo-2H-chromen-7-yloxy]-9βH-drim-8(12)-en-3-on [1]) $C_{24}H_{28}O_4$, Formel VII.

B. Beim Behandeln von Farnesiferol-A (S. 298) mit Cyclohexanon, Aluminiumisoprop= ylat und Toluol oder mit Chrom(VI)-oxid, wss. Schwefelsäure und Aceton (*Caglioti et al.*, Helv. **41** [1958] 2278, 2288, 2289).
Krystalle (aus CH_2Cl_2 + Bzn.); F: 134—135° [unkorr.]. $[\alpha]_D$: —43° [$CHCl_3$; c = 1].
Absorptionsmaxima (A.): 242 nm, 252 nm, 293 nm und 324 nm.

7-Phenacyloxy-cumarin $C_{17}H_{12}O_4$, Formel VI (R = CH_2CO-C_6H_5).

B. Beim Erwärmen der Natrium-Verbindung des 7-Hydroxy-cumarins mit Phenacyl= bromid und Äthanol (*Râdy et al.*, Soc. **1945** 813, 815).
Krystalle (aus A.); F: 167°.

7-Acetoxy-cumarin $C_{11}H_8O_4$, Formel VI (R = CO-CH_3) (H 28; E II 17).

B. Aus Hydroxy-7-cumarin mit Hilfe von Acetanhydrid und Natriumacetat (*Mead et al.*, Biochem. J. **68** [1958] 67, 69).
Krystalle; F: 147° (*Râdy et al.*, Soc. **1935** 813, 815), 142—142,2° [aus wss. A.] (*Markley et al.*, J. biol. Chem. **118** [1937] 433, 440), 142° (*Nomura*, J. Japan. Chem. **4** [1950] 561, 562; C. A. **1951** 7112). UV-Spektrum (A.; 220—350 nm): *Nakabayashi et al.*, J. pharm. Soc. Japan **73** [1953] 669, 672; C. A. **1953** 10348. Polarographie: *Patzak, Neugebauer*, M. **83** [1952] 776, 781.

Beim Erhitzen mit Aluminiumchlorid sind 8-Acetyl-7-hydroxy-cumarin und 6-Acetyl-7-hydroxy-cumarin erhalten worden (*Limaye, Joshi*, Rasayanam **1** [1941] 225; *Shah, Shah*, J. org. Chem. **19** [1954] 1681, 1682, 1683).

7-Chloracetoxy-cumarin $C_{11}H_7ClO_4$, Formel VI (R = CO-CH_2Cl).

B. Aus 7-Hydroxy-cumarin und Chloracetylchlorid (*Row, Seshadri*, Pr. Indian Acad. [A] **11** [1940] 206, 209).
Krystalle (aus A.); F: 163—164°.

7-Propionyloxy-cumarin $C_{12}H_{10}O_4$, Formel VI (R = CO-CH_2-CH_3).

B. Beim Erhitzen von 7-Hydroxy-cumarin mit Propionsäure-anhydrid und Pyridin (*Shah, Contractor*, J. Indian chem. Soc. **36** [1959] 679).
Krystalle (aus A.); F: 84°.

---

[1]) Stellungsbezeichnung bei von Driman abgeleiteten Namen s. E III **9** 273, 274.

7-Butyryloxy-cumarin $C_{13}H_{12}O_4$, Formel VI (R = $CO\text{-}CH_2\text{-}CH_2\text{-}CH_3$).
 B. Beim Erhitzen von 7-Hydroxy-cumarin mit Buttersäure-anhydrid und Pyridin (*Shah, Contractor*, J. Indian chem. Soc. **36** [1959] 679).
 Krystalle (aus A.); F: 75°.

7-Isovaleryloxy-cumarin $C_{14}H_{14}O_4$, Formel VI (R = $CO\text{-}CH_2\text{-}CH(CH_3)_2$).
 B. Aus 7-Hydroxy-cumarin und Isovalerylchlorid mit Hilfe von Pyridin (*Kumar et al.*, J. Indian chem. Soc. **23** [1946] 365, 368; *Shah et al.*, J. scient. ind. Res. India **14** B [1955] 670).
 Krystalle (aus PAe.); F: 68° (*Ku. et al.*; *Shah et al.*).

(±)-7-[α-Chlor-isovaleryloxy]-cumarin, (±)-α-Chlor-isovaleriansäure-[2-oxo-2H-chromen-7-ylester] $C_{14}H_{13}ClO_4$, Formel VI (R = $CO\text{-}CHCl\text{-}CH(CH_3)_2$).
 B. Aus 7-Hydroxy-cumarin und (±)-α-Chlor-isovalerylchlorid mit Hilfe von Pyridin (*Kumar et al.*, J. Indian chem. Soc. **23** [1946] 365, 368).
 Krystalle (aus PAe.); F: 77°.

7-Benzoyloxy-cumarin $C_{16}H_{10}O_4$, Formel VI (R = $CO\text{-}C_6H_5$).
 B. Beim Erhitzen von 7-Hydroxy-cumarin mit Benzoylchlorid und Pyridin (*Marathey, Athavale*, J. Univ. Poona Nr. 4 [1953] 90; *Shah, Shah*, J. org. Chem. **19** [1954] 1681, 1683).
 Krystalle; F: 162° [aus Eg.] (*Shah, Shah*), 160° [aus wss. Eg.] (*Ma., At.*).

Malonsäure-bis-[2-oxo-2H-chromen-7-ylester] $C_{21}H_{12}O_8$, Formel VIII (R = H).
 B. Beim Erhitzen von 7-Hydroxy-cumarin mit Malonsäure, Phosphorylchlorid und 1,1,2,2-Tetrachlor-äthan auf 120° (*Ziegler, Schaar*, M. **90** [1959] 866, 868).
 Krystalle (aus Dioxan + W.); F: 202° [Zers.].

Butylmalonsäure-bis-[2-oxo-2H-chromen-7-ylester] $C_{25}H_{20}O_8$, Formel VIII (R = $[CH_2]_3\text{-}CH_3$).
 B. Beim Erhitzen von 7-Hydroxy-cumarin mit Butylmalonsäure und Phosphoryl= chlorid auf 120° (*Ziegler, Schaar*, M. **90** [1959] 866, 868).
 Krystalle (aus A.); F: 128°.
 Beim Erhitzen auf 275° ist 9-Butyl-10-hydroxy-pyrano[2,3-*f*]chromen-2,8-dion (9-Butyl-pyrano[2,3-*f*]chromen-2,8,10-trion) erhalten worden.

[2-Oxo-2H-chromen-7-yloxy]-essigsäure $C_{11}H_8O_5$, Formel VI (R = $CH_2\text{-}COOH$).
 B. Beim Erwärmen von 7-Hydroxy-cumarin mit Chloressigsäure, Kaliumcarbonat und Aceton (*Bose et al.*, Ann. Biochem. exp. Med. India **5** [1945] 1, 6, C. A. **1946** 2224).
 Krystalle (aus W.); F: 210—212°.

2-Methyl-4-[2,3,6-trimethyl-6-(2-oxo-2H-chromen-7-yloxymethyl)-cyclohex-2-enyl]-buttersäure $C_{24}H_{30}O_5$, Formel IX.
 Diese Konstitution kommt der nachstehend beschriebenen **Galbansäure** zu (*Borišow et al.*, Chimija prirodn. Soedin. **9** [1973] 429; engl. Ausg. S. 400).
 Isolierung aus Wurzeln von Ferula gummosa und Ferula kokanica: *Pigulewškiĭ, Naugol'naja*, Doklady Akad. S.S.S.R. **108** [1956] 853; Pr. Acad. Sci. U.S.S.R. Chem. Sect. **106–111** [1956] 317; *Kir'jalow*, Vestnik Akad. S.S.S.R. **29** [1959] Nr. 9, S. 47; C. A. **1960** 14375; *Kir'jalow et al.*, Bot. Ž. **44** [1959] 101, 103; C. A. **1959** 13287.
 Krystalle; F: 94—96° [aus Ae. + PAe.] (*Ki.*; *Ki. et al.*), 92—93° [aus Bzn.] (*Pi., Na.*). $[\alpha]_D$: $-35,2°$ [A.] (*Pi., Na.*); $[\alpha]_D$: $-33,9°$ [A.; c = 10] (*Ki.*). Raman-Banden ($CHCl_3$): *Pi., Na.* Absorptionsmaximum (A.): 325 nm (*Pi., Na.*).
 Galbansäure-äthylester $C_{26}H_{34}O_5$. B. Aus Galbansäure beim Behandeln mit Chlor= wasserstoff enthaltendem Äthanol sowie beim Erwärmen mit Äthanol und wenig Schwe= felsäure (*Pi., Na.*). — Krystalle (aus A.); F: 81—82° (*Pi., Na.*).

7-[3-Methyl-5-((1S)-1,3,3-trimethyl-7-oxa-[2exo]norbornyl)-pent-2t-enyloxy]-cumarin $C_{24}H_{30}O_4$, Formel X.
 Diese Konstitution und Konfiguration kommt vermutlich dem nachstehend be= schriebenen **Farnesiferol-C** zu (*Caglioti et al.*, Helv. **42** [1959] 2557, 2564, 2566; s. a.

van Tamelen, Coates, Chem. Commun. **1966** 413).
Isolierung aus Ferula assa-foetida: *Caglioti et al.*, Helv. **41** [1958] 2278, 2287.
Krystalle (aus Ae. + Hexan), F: 83,5—84,5°; $[\alpha]_D$: —29,6° [$CHCl_3$; c = 0,8] (*Ca. et al.*, Helv. **41** 2287). Absorptionsmaxima (A.): 243 nm, 254 nm, 298 nm und 327 nm (*Ca. et al.*, Helv. **41** 2287).

IX X

7-[(2Ξ,4aS)-6*t*-Hydroxy-5,5,8a-trimethyl-(4a*r*,8a*t*)-octahydro-spiro[naphthalin-2,2′-oxiran]-1*c*-ylmethoxy]-cumarin, 7-[*ent*-8,12-Epoxy-3β-hydroxy-8ξH,9βH-driman-11-yloxy]-cumarin [1]) $C_{24}H_{30}O_5$, Formel XI.
B. Beim Behandeln von Farnesiferol-A (S. 298) mit Peroxybenzoesäure in Chloroform (*Caglioti et al.*, Helv. **41** [1958] 2278, 2289, 2290).
Krystalle (aus Me.); F: 144—147° [unkorr.]. $[\alpha]_D$: —45° [$CHCl_3$; c = 1]. Absorptionsmaxima (A.): 244 nm, 254 nm, 296 nm und 325 nm.

XI XII

7-β-D-Glucopyranosyloxy-cumarin, Skimmin $C_{15}H_{16}O_8$, Formel XII (R = H) (H **31** 245).
Isolierung aus nicht entrindetem Holz von Skimmia japonica: *Späth, Neufeld, R.* **57** [1938] 535, 538, 539.
B. Beim Schütteln von 7-[Tetra-*O*-acetyl-β-D-glucopyranosyloxy]-cumarin mit wss. Bariumhydroxid in Wasser (*Sp., Ne.*, l. c. S. 540; vgl. H **31** 245).
Krystalle (aus W.) mit 1 Mol H_2O; F: 221—222° [evakuierte Kapillare] (*Sp., Ne.*). $[\alpha]_D^{16}$: —79,4° (Py.; c = 10] (*Sp., Ne.*); $[\alpha]_D^{25}$: —75° [W.; c = 0,2] (*Smith*, Biochem. J. **60** [1955] 436, 437).

7-[Tetra-*O*-acetyl-β-D-glucopyranosyloxy]-cumarin $C_{23}H_{24}O_{12}$, Formel XII (R = CO-CH_3) (H **31** 246).
B. Beim Behandeln von 7-Hydroxy-cumarin mit wss. Natronlauge und mit α-D-Acetobromglucopyranose (Tetra-*O*-acetyl-α-D-glucopyranosylbromid) in Aceton sowie beim Behandeln von 7-β-D-Glucopyranosyloxy-cumarin mit Pyridin und Acetanhydrid (*Späth, Neufeld, R.* **57** [1938] 535, 539, 540).
Krystalle (aus Me.); F: 183—184° [evakuierte Kapillare]. $[\alpha]_D^{16}$: —63,3° [Py.; c = 10].

7-Sulfooxy-cumarin, Schwefelsäure-mono-[2-oxo-2*H*-chromen-7-ylester] $C_9H_6O_6S$, Formel XIII (X = SO_2OH).
B. Beim Behandeln von 7-Hydroxy-cumarin mit Chloroschwefelsäure und Pyridin (*Mead et al.*, Biochem. J. **61** [1955] 569).
Kalium-Salz $KC_9H_5O_6S$. Krystalle (aus wss. A.).

7-[Chlor-hydroxy-phosphoryloxy]-cumarin, Chlorophosphorsäure-mono-[2-oxo-2*H*-chromen-7-ylester] $C_9H_6ClO_5P$, Formel XIII (X = PO(OH)-Cl).
B. Beim Erwärmen von 7-Hydroxy-cumarin mit Phosphorylchlorid und Magnesium

---
[1]) Stellungsbezeichnung bei von Driman abgeleiteten Namen s. E III **9** 273, 274.

in Benzol oder Dioxan (*Sen, Sen Gupta*, J. Indian chem. Soc. **32** [1955] 120).
Krystalle (aus A.); F: 198°.

7-Diäthoxythiophosphoryloxy-cumarin, Thiophosphorsäure-*O,O'*-diäthylester-*O''*-[2-oxo-2*H*-chromen-7-ylester] $C_{13}H_{15}O_5PS$, Formel XIII (R = $PS(OC_2H_5)_2$).
  B. Beim Erwärmen von 7-Hydroxy-cumarin mit Chlorothiophosphorsäure-*O,O'*-diäthylester, Kaliumcarbonat und Kupfer-Pulver in Chlorbenzol (*Farbenfabr. Bayer*, D.B.P. 814297 [1948]; D.R.B.P. Org. Chem. 1950—1951 **5** 112; U.S.P. 2624745 [1949]; C. A. **1953** 8092). Beim Erwärmen der Natrium-Verbindung des 7-Hydroxy-cumarins mit Chlorothiophosphorsäure-*O,O'*-diäthylester und Äthanol (*Sen, Sen Gupta*, J. Indian chem. Soc. **32** [1955] 120).
  Krystalle; F: 46° (*Farbenfabr. Bayer*). Kp_8: 170° (*Sen, Sen Gu.*).

6-Chlor-7-hydroxy-cumarin $C_9H_5ClO_3$, Formel XIV (R = H).
  B. Beim Erhitzen von 4-Chlor-resorcin mit Äpfelsäure und konz. Schwefelsäure (*Chakravarti, Ghosh*, J. Indian chem. Soc. **12** [1935] 622, 624). Beim Erhitzen von 6-Chlor-7-hydroxy-2-oxo-2*H*-chromen-3-carbonsäure auf 260° (*Chakravarti, Ghosh*, J. Indian chem. Soc. **12** [1935] 791, 797).
  Krystalle; F: 271° [aus Eg.] (*Ch., Gh.*, l. c. S. 624), 271° [nach Sublimation] (*Ch., Gh.*, l. c. S. 797).

XIII   XIV   XV   XVI

7-Acetoxy-6-chlor-cumarin $C_{11}H_7ClO_4$, Formel XIV (R = $CO-CH_3$).
  B. Beim Erhitzen von 6-Chlor-7-hydroxy-cumarin mit Acetanhydrid und Natriumacetat (*Chakravarti, Ghosh*, J. Indian chem. Soc. **12** [1935] 622, 624).
  Krystalle (aus wss. A.); F: 166°.

7-Benzoyloxy-6-chlor-cumarin $C_{16}H_9ClO_4$, Formel XIV (R = $CO-C_6H_5$).
  B. Aus 6-Chlor-7-hydroxy-cumarin (*Shah, Shah*, J. org. Chem. **19** [1954] 1681, 1684).
  Krystalle (aus Eg.); F: 187°.

8-Chlor-7-hydroxy-cumarin $C_9H_5ClO_3$, Formel XV.
  B. Beim Behandeln einer aus 8-Amino-7-hydroxy-cumarin bereiteten wss. Diazoniumsalz-Lösung mit Kupfer(I)-chlorid (*Chakravarti, Ghosh*, J. Indian chem. Soc. **12** [1935] 791, 796).
  Krystalle (aus Eg.); F: 263°.

3-Brom-7-hydroxy-cumarin $C_9H_5BrO_3$, Formel XVI (R = H) (E II 17).
  B. Beim Behandeln einer Lösung von 7-Hydroxy-cumarin in Essigsäure mit Brom (*Seshadri, Varadarajan*, J. scient. ind. Res. India **11** B [1952] 39, 43).
  Krystalle (aus wss. A.); F: 235—236° [Zers.].

3-Brom-7-methoxy-cumarin $C_{10}H_7BrO_3$, Formel XVI (R = CH_3) (H 28).
  B. Beim Erwärmen von 3-Brom-7-hydroxy-cumarin mit Dimethylsulfat, Kaliumcarbonat und Aceton (*Seshadri, Varadarajan*, J. scient. ind. Res. India **11** B [1952] 39, 43). Aus 7-Methoxy-cumarin und Brom in Essigsäure (*v. Wessely, Plaichinger*, B. **75** [1942] 971, 976; *Se., Va.*).
  Krystalle; F: 160—161° [aus Eg.] (*Se., Va.*), 157—158° [aus A.] (*v. We., Pl.*).

6-Brom-7-hydroxy-cumarin $C_9H_5BrO_3$, Formel I (R = H).
  B. Beim Erhitzen von 4-Brom-resorcin mit Äpfelsäure und konz. Schwefelsäure (*Shah, Shah*, J. org. Chem. **19** [1954] 1681, 1684).
  Krystalle (aus A.); F: 283°.

7-Acetoxy-6-brom-cumarin $C_{11}H_7BrO_4$, Formel I (R = CO-CH$_3$).
B. Aus 6-Brom-7-hydroxy-cumarin (*Shah, Shah*, J. org. Chem. **19** [1954] 1681, 1684).
Krystalle (aus A.); F: 185°.

7-Benzoyloxy-6-brom-cumarin $C_{16}H_9BrO_4$, Formel I (R = CO-C$_6$H$_5$).
B. Beim Behandeln von 6-Brom-7-hydroxy-cumarin mit Benzoylchlorid und Pyridin (*Shah, Shah*, J. org. Chem. **19** [1954] 1681, 1684).
Krystalle (aus Eg.); F: 205°.

7-Hydroxy-6-nitro-cumarin $C_9H_5NO_5$, Formel II (R = H).
B. Neben grösseren Mengen 7-Hydroxy-8-nitro-cumarin beim Eintragen eines Gemisches von Salpetersäure und Schwefelsäure in eine Lösung von 7-Hydroxy-cumarin in konz. Schwefelsäure (*Chakravarti, Ghosh*, J. Indian chem. Soc. **12** [1935] 791, 795).
Krystalle (aus Eg.); F: 220°.

7-Acetoxy-6-nitro-cumarin $C_{11}H_7NO_6$, Formel II (R = CO-CH$_3$).
B. Aus 7-Hydroxy-6-nitro-cumarin (*Chakravarti, Ghosh*, J. Indian chem. Soc. **12** [1935] 791, 795).
Krystalle (aus Eg.); F: 180°.

7-Acetoxy-8-nitro-cumarin $C_{11}H_7NO_6$, Formel III (R = CO-CH$_3$, X = H).
B. Aus 7-Hydroxy-8-nitro-cumarin (*Chakravarti, Ghosh*, J. Indian chem. Soc. **12** [1935] 791, 795).
Krystalle (aus Eg.); F: 185°.

7-Hydroxy-3,6,8-trinitro-cumarin $C_9H_3N_3O_9$, Formel III (R = H, X = NO$_2$) (H 29).
B. Beim Behandeln von 3,6,8-Tris-acetoxomercurio-7-hydroxy-4-methoxy-chroman-2-on mit konz. Schwefelsäure und mit einem Gemisch von Salpetersäure und Schwefelsäure unterhalb −5° (*Rao et al.*, Pr. Indian Acad. [A] **9** [1939] 22, 25).
Gelbe Krystalle (aus Bzl.); F: 219—220°.

7-Diäthoxythiophosphoryloxy-chromen-2-thion, Thiophosphorsäure-O,O'-diäthylester-O''-[2-thioxo-2H-chromen-7-ylester] $C_{13}H_{15}O_4PS_2$, Formel IV (R = C$_2$H$_5$).
B. Beim Erhitzen von 7-Diäthoxythiophosphoryloxy-cumarin mit Phosphor(V)-sulfid in Xylol und Toluol auf 130° (*Losco, Peri*, G. **89** [1959] 1298, 1312, 1314).
Krystalle (aus A.); F: 89—90°.

7-Hydroxy-thiochromen-2-on $C_9H_6O_2S$, Formel V (R = H).
B. Beim Erhitzen einer aus 7-Amino-thiochromen-2-on bereiteten wss. Diazoniumsalz-Lösung (*Ricci*, Ann. Chimica **48** [1958] 985, 995).
Krystalle (aus Me.); F: 231—232°.

7-Methoxy-thiochromen-2-on $C_{10}H_8O_2S$, Formel V (R = CH$_3$).
B. Beim Behandeln von 7-Hydroxy-thiochromen-2-on mit wss. Kalilauge und mit Methyljodid (*Ricci*, Ann. Chimica **48** [1958] 985, 995).
Krystalle (aus wss. Me.); F: 108°.

7-Thiocyanato-thiochromen-2-on $C_{10}H_5NOS_2$, Formel VI.
B. Beim Erwärmen einer aus 7-Amino-thiochromen-2-on bereiteten wss. Diazoniumsalz-Lösung mit Kaliumthiocyanat und Kupfer(I)-thiocyanat (*Ricci*, Ann. Chimica **48** [1958] 985, 994).
Gelbe Krystalle (aus wss. Me.); F: 154—155°.

8-Hydroxy-cumarin $C_9H_6O_3$, Formel VII (R = H).
Die Identität des von *Bizzarri* (s. H 29) unter dieser Konstitution beschriebenen Präparats ist ungewiss (*Böhme*, B. **72** [1939] 2130, 2131; *Dey, Kutti*, Pr. nation. Inst. Sci. India **6** [1940] 641, 652).

B. Aus 8-Methoxy-cumarin beim Erwärmen mit Aluminiumbromid in Benzol (*Bö.*; *Böhme, Severin*, Ar. **290** [1957] 405, 411) sowie beim Erhitzen mit wss. Bromwasserstoffsäure und Essigsäure (*Dey, Ku.*, l. c. S. 667). Beim Erhitzen von 2-Cyan-3*t*-[2,3-dimethoxyphenyl]-acrylsäure oder von 8-Methoxy-2-oxo-2*H*-chromen-3-carbonsäure mit Pyridinhydrochlorid (*Cingolani*, G. **84** [1954] 843, 851, 852).

Krystalle; F: 160° [nach Sublimation bei 130°/0,001 Torr] (*Bö.*; *Bö., Se.*), 156° [aus wss. A.] (*Ci.*), 156° [aus W.] (*Dey, Ku.*). UV-Spektren von Lösungen in Methanol (210 nm bis 350 nm): *Bö., Se.*, l. c. S. 409; in Äthanol, in wss. Perchlorsäure und in wss. Natronlauge (jeweils 210−350 nm): *Cingolani*, Ann. Chimica **47** [1957] 557, 558, 567; *Cingolani, Gaudiano*, Rend. Ist. super. Sanità **19** [1956] 1256, 1262, 1264.

8-Methoxy-cumarin $C_{10}H_8O_3$, Formel VII (R = CH_3) (E I 307).
B. Aus 8-Methoxy-2-oxo-2*H*-chromen-3-carbonsäure beim Erhitzen bis auf 350° (*Hopkins et al.*, Canad. J. Res. **23**B [1954] 84, 87), beim Erhitzen mit Kupfer-Pulver (*Dey, Kutti*, Pr. nation. Inst. Sci. India **6** [1940] 641, 654; *Borsche, Hahn-Weinheimer*, B. **85** [1952] 198, 201), beim Erhitzen mit Chinolin und Kupfer-Pulver (*Hallet, Huls*, Bl. Soc. chim. Belg. **61** [1952] 33, 41) sowie beim aufeinanderfolgenden Erhitzen mit wss. Natriumhydrogensulfit-Lösung und mit Schwefelsäure (*Cingolani*, G. **84** [1954] 843, 852).

Krystalle; F: 90−91° [nach Sublimation bei 70°/0,001 Torr] (*Böhme*, B. **72** [1939] 2130, 2132; *Böhme, Severin*, Ar. **290** [1957] 448, 452), 89−90° [aus wss. A.] (*Ci.*, G. **84** 852), 89−90° [aus W.] (*Ho. et al.*). UV-Spektren von Lösungen in Äthanol (210 nm bis 330 nm): *Cingolani*, G. **89** [1959] 999, 1002; in Methanol (220−340 nm): *Bö., Se.*, l. c. S. 451; in wss. Natronlauge (210−380 nm): *Cingolani*, G. **89** [1959] 985, 992. Polarographie: *Patzak, Neugebauer*, M. **83** [1952] 776, 781.

Beim Behandeln mit wss. Natronlauge und mit Kaliumperoxodisulfat unter Zusatz von Eisen(II)-sulfat ist 6-Hydroxy-8-methoxy-cumarin erhalten worden (*Mauthner*, J. pr. [2] **152** [1939] 24).

V   VI   VII   VIII

8-Acetoxy-cumarin $C_{11}H_8O_4$, Formel VII (R = $CO-CH_3$).
B. Beim Erhitzen von 8-Hydroxy-cumarin mit Acetanhydrid (*Böhme*, B. **72** [1939] 2130, 2132).
Krystalle (aus W.); F: 131°.

8-Sulfooxy-cumarin, Schwefelsäure-mono-[2-oxo-2*H*-chromen-8-ylester] $C_9H_6O_6S$, Formel VII (R = SO_2OH).
B. Beim Behandeln von 8-Hydroxy-cumarin mit Chloroschwefelsäure, Schwefelkohlenstoff und N,N-Dialkyl-anilin (*Mead et al.*, Biochem. J. **68** [1958] 61, 62).
Kalium-Salz $KC_9H_5O_6S$. Krystalle (aus wss. A.), die unterhalb 300° nicht schmelzen.

5-Chlor-8-methoxy-cumarin $C_{10}H_7ClO_3$, Formel VIII (X = Cl).
B. Beim Behandeln einer Lösung von 8-Methoxy-cumarin in Essigsäure mit Chlor (*Dey, Kutti*, Pr. nation. Inst. Sci. India **6** [1940] 641, 666). Beim Behandeln einer aus 5-Amino-8-methoxy-cumarin bereiteten wss. Diazoniumsalz-Lösung mit wss. Salzsäure und Kupfer(I)-chlorid (*Dey, Ku.*, l. c. S. 655).
Krystalle (aus A.); F: 182°.

6-Chlor-8-methoxy-cumarin $C_{10}H_7ClO_3$, Formel IX (X = Cl).
B. Beim Behandeln einer aus 6-Amino-8-methoxy-cumarin bereiteten wss. Diazonium=

salz-Lösung mit wss. Salzsäure und Kupfer(I)-chlorid (*Dey, Kutti*, Pr. nation. Inst. Sci. India **6** [1940] 641, 659).
Krystalle (aus A.); F: 121—122°.

5-Brom-8-methoxy-cumarin $C_{10}H_7BrO_3$, Formel VIII (X = Br).
B. Beim Behandeln einer Lösung von 8-Methoxy-cumarin in Essigsäure mit Brom (*Dey, Kutti*, Pr. nation. Inst. Sci. India **6** [1940] 641, 667; s. a. *Borsche, Hahn-Weinheimer*, B. **85** [1952] 198, 201). Beim Behandeln einer aus 5-Amino-8-methoxy-cumarin bereiteten wss. Diazoniumsalz-Lösung mit Kupfer(I)-bromid und wss. Bromwasserstoffsäure (*Dey, Ku.*, l. c. S. 656).
Krystalle; F: 172° (*Bo., Hahn-We.*), 167° [aus A. oder Eg.] (*Dey, Ku.*).

6-Brom-8-methoxy-cumarin $C_{10}H_7BrO_3$, Formel IX (X = Br).
B. Beim Behandeln einer aus 6-Amino-8-methoxy-cumarin bereiteten wss. Diazoniumsalz-Lösung mit Kupfer(I)-bromid und wss. Bromwasserstoffsäure (*Dey, Kutti*, Pr. nation. Inst. Sci. India **6** [1940] 641, 659, 660).
Krystalle (aus A.); F: 115°.

8-Methoxy-5-nitro-cumarin $C_{10}H_7NO_5$, Formel VIII (X = NO_2).
B. Beim Behandeln von 8-Methoxy-cumarin mit einem Gemisch von Salpetersäure und Essigsäure und anschliessend mit konz. Schwefelsäure (*Dey, Kutti*, Pr. nation. Inst. Sci. India **6** [1940] 641, 654). Beim Erhitzen von 8-Methoxy-5-nitro-2-oxo-2H-chromen-3-carbonsäure mit Quarzsand und Kupfer-Pulver (*Dey, Ku.*, l. c. S. 669).
Gelbe Krystalle (aus wss. A. oder Eg.); F: 206°.

IX   X   XI   XII

8-Methoxy-6-nitro-cumarin $C_{10}H_7NO_5$, Formel IX (X = NO_2).
B. Beim Erhitzen von 2-Hydroxy-3-methoxy-5-nitro-benzaldehyd mit Acetanhydrid und Natriumacetat bis auf 200° (*Dey, Kutti*, Pr. nation. Inst. Sci. India **6** [1940] 641, 658).
Krystalle (aus Eg.); F: 203°.

8-Hydroxy-7-nitro-cumarin $C_9H_5NO_5$, Formel X (R = H).
B. Beim Behandeln von 8-Hydroxy-cumarin mit einem Gemisch von Salpetersäure und Schwefelsäure (*Dey, Kutti*, Pr. nation. Inst. Sci. India **6** [1940] 641, 667).
Gelbe Krystalle (aus Eg.); F: 224°.

8-Methoxy-7-nitro-cumarin $C_{10}H_7NO_5$, Formel X (R = CH_3).
B. Beim Erwärmen von 8-Hydroxy-7-nitro-cumarin mit Methyljodid, Silberoxid und Chloroform (*Dey, Kutti*, Pr. nation. Inst. Sci. India **6** [1940] 641, 667). Beim Erhitzen von 8-Methoxy-7-nitro-2-oxo-2H-chromen-3-carbonsäure mit Quarzsand und Kupfer-Pulver (*Dey, Ku.*, l. c. S. 664).
Krystalle (aus A. oder wss. A.); F: 164—165°.

8-Hydroxy-5,7-dinitro-cumarin $C_9H_4N_2O_7$, Formel XI (R = H).
B. Beim Behandeln von 8-Hydroxy-cumarin mit Essigsäure und Salpetersäure und anschliessend mit Schwefelsäure (*Dey, Kutti*, Pr. nation. Inst. Sci. India **6** [1940] 641, 668).
Gelbe Krystalle (aus Eg.); F: 196°.

8-Methoxy-5,7-dinitro-cumarin $C_{10}H_6N_2O_7$, Formel XI (R = CH_3).
B. Beim Behandeln von 8-Methoxy-cumarin mit konz. Schwefelsäure und Kaliumnitrat (*Borsche, Hahn-Weinheimer*, B. **85** [1952] 198, 202).
Gelbe Krystalle (aus Me.); F: 133°.

8-Methoxy-thiochromen-2-thion $C_{10}H_8OS_2$, Formel XII.

B. Neben 5-[2,3-Dimethoxy-phenyl]-[1,2]dithiol-3-thion beim Erhitzen von 1-Allyl-2,3-dimethoxy-benzol mit Schwefel in Äthylbenzoat (*Mollier, Lozac'h,* Bl. **1958** 651, 654).
Orangegelbe Krystalle (aus Bzl. + PAe.); F: 161°.

3-[2-Chlor-äthoxy]-isocumarin $C_{11}H_9ClO_3$, Formel I.

B. Beim Erhitzen von [2-Carboxy-phenyl]-essigsäure-[2-chlor-äthylester] mit Phosphor(V)-chlorid (*Rosnati, Püschner,* G. **87** [1957] 1240, 1245, 1246).
Krystalle (aus A.); F: 117°. Absorptionsmaxima (A.): 270 nm, 280 nm und 320 nm.

I   II   III

7-Methoxy-isocumarin $C_{10}H_8O_3$, Formel II.

B. Beim Erhitzen von 7-Methoxy-1-oxo-1*H*-isochromen-4-carbonsäure mit Kupfer-Pulver auf 280° (*Kamal et al.,* Soc. **1950** 3375, 3377, 3378).
Krystalle (aus Bzl. + Bzn. oder aus $CHCl_3$); F: 108—109°. Kp_{12}: 175°.

3-Hydroxy-benzo[*b*]thiophen-2-carbaldehyd $C_9H_6O_2S$, Formel III, und Tautomere (E I 307; E II 17).

B. Beim Erhitzen von 2-[2-Oxo-äthylmercapto]-benzoesäure mit Acetanhydrid (*Rodionow et al.,* Izv. Akad. S.S.S.R. Otd. chim. **1948** 536, 545; C. A. **1949** 2200).
Krystalle (aus wss. A.); F: 107°.

2-[Phenylimino-methyl]-benzo[*b*]thiophen-3-ol, 3-Hydroxy-benzo[*b*]thiophen-2-carbaldehyd-phenylimin $C_{15}H_{11}NOS$, Formel IV ($X = C_6H_5$), und **2-Anilinomethylen-benzo[*b*]thiophen-3-on** $C_{15}H_{11}NOS$, Formel V (E I 307).

B. Neben kleinen Mengen 2-[3-Hydroxy-benzo[*b*]thiophen-2-ylmethylen]-benzo[*b*]thiophen-3-on beim Erwärmen von Benzo[*b*]thiophen-3-ol mit *N,N'*-Diphenyl-formamidin in Äthanol (*Šweschnikow, Lewkoew,* Ž. obšč. Chim. **10** [1940] 274, 277, 278; C. **1940** II 1577).
Krystalle; F: 178—179° [aus Me.] (*Šw., Le.*), 160° (*Kiprianow, Timoschenko,* Ž. obšč. Chim. **17** [1947] 1468, 1475; C. A. **1948** 8475). Absorptionsmaximum (Me.): 445 nm (*Šw., Le.,* l. c. S. 276).
Beim Erwärmen mit Benzo[*b*]thiophen-3-ol und wss.-äthanol. Salzsäure ist 2-[3-Hydroxy-benzo[*b*]thiophen-2-ylmethylen]-benzo[*b*]thiophen-3-on erhalten worden (*Šw., Le.,* l. c. S. 279).

IV   V   VI

3-Hydroxy-benzo[*b*]thiophen-2-carbaldehyd-semicarbazon $C_{10}H_9N_3O_2S$, Formel IV ($X = NH-CO-NH_2$), und Tautomeres.

B. Aus 3-Hydroxy-benzo[*b*]thiophen-2-carbaldehyd und Semicarbazid (*Rodionow et al.,* Izv. Akad. S.S.S.R. Otd. chim. **1948** 536, 546; C. A. **1949** 2200).
Krystalle (aus wss. A.); F: 185° [Zers.].

Bis-[3-hydroxy-benzo[*b*]thiophen-2-ylmethylen]-hydrazin, 3-Hydroxy-benzo[*b*]thiophen-2-carbaldehyd-azin $C_{18}H_{12}N_2O_2S_2$, Formel VI, und Tautomere.

B. Beim Erhitzen von 3-Hydroxy-benzo[*b*]thiophen-2-carbaldehyd mit Hydrazin und

wss. Essigsäure (*Rodionow et al.*, Izv. Akad. S.S.S.R. Otd. chim. **1948** 536, 546; C. A. **1949** 2200).
Gelbe Krystalle (aus Bzl.); F: 196°.

6-Äthoxy-3-chlor-benzo[*b*]thiophen-2-carbaldehyd $C_{11}H_9ClO_2S$, Formel VII (R = C_2H_5).
B. Beim Erwärmen von 6-Äthoxy-benzo[*b*]thiophen-3-ol mit einem aus *N*-Methylformanilid und Phosphorylchlorid bereiteten Reaktionsgemisch (*I.G. Farbenind.*, D.R.P. 514415 [1927]; Frdl. **17** 564; *Grasselli Dyestuff Corp.*, U.S.P. 1717567 [1928]).
Krystalle (aus A.); F: 166°.

2-Methoxy-benzo[*b*]thiophen-3-carbaldehyd $C_{10}H_8O_2S$, Formel VIII (R = CH_3), und
3-Methoxymethylen-3*H*-benzo[*b*]thiophen-2-on $C_{10}H_8O_2S$, Formel IX (R = CH_3).
Diese beiden Konstitutionsformeln werden für die nachstehend beschriebene Verbindung in Betracht gezogen (*Glauert, Mann*, Soc. **1952** 2127, 2130).
B. Beim Behandeln von 2-Oxo-2,3-dihydro-benzo[*b*]thiophen-3-carbaldehyd mit Diazomethan in Äther (*Gl., Mann*, l. c. S. 2134).
Krystalle (aus wss. A.); F: 67°.

VII   VIII   IX   X

2-Benzoyloxy-benzo[*b*]thiophen-3-carbaldehyd $C_{16}H_{10}O_3S$, Formel VIII (R = CO-C_6H_5), und **3-Benzoyloxymethylen-3*H*-benzo[*b*]thiophen-2-on** $C_{16}H_{10}O_3S$, Formel IX (R = CO-C_6H_5).
Diese beiden Konstitutionsformeln werden für die nachstehend beschriebene Verbindung in Betracht gezogen (*Glauert, Mann*, Soc. **1952** 2127, 2131).
B. Beim Behandeln von 2-Oxo-2,3-dihydro-benzo[*b*]thiophen-3-carbaldehyd mit Benzoylchlorid und wss. Natronlauge (*Gl., Mann*).
Gelbe Krystalle (aus Bzl.); F: 178°.

4-Hydroxy-benzofuran-5-carbaldehyd, Karanjaldehyd $C_9H_6O_3$, Formel X.
B. Beim Erhitzen von Benzofuran-4-ol mit wss. Natronlauge und Chloroform (*Limaye*, Rasayanam **1** [1936] 1, 14).
Krystalle (aus W.); F: 60°.
Beim Erhitzen mit Natriumacetat und Acetanhydrid auf 170° ist Furo[2,3-*h*]chromen-2-on erhalten worden.

4-Hydroxy-benzofuran-5-carbaldehyd-semicarbazon $C_{10}H_9N_3O_3$, Formel XI (X = NH-CO-NH_2).
B. Aus 4-Hydroxy-benzofuran-5-carbaldehyd und Semicarbazid (*Limaye*, Rasayanam **1** [1936] 1, 14).
F: 253°.

6-Methoxy-benzofuran-5-carbaldehyd $C_{10}H_8O_3$, Formel XII.
B. Beim Erwärmen von 6-Methoxy-2,3-dihydro-benzofuran-5-carbaldehyd mit *N*-Bromsuccinimid und Dibenzoylperoxid in Tetrachlormethan und Erhitzen des Reaktionsprodukts mit *N,N*-Dimethyl-anilin auf 200° (*Simonitsch et al.*, M. **88** [1957] 541, 559).
Krystalle (nach Sublimation im Hochvakuum); F: 84—85° (*Si. et al.*, l. c. S. 557).

Methoxymethylen-phthalid $C_{10}H_8O_3$, Formel XIII.
Die von *Gabriel* (s. H 29) unter dieser Konstitution beschriebene Verbindung (F: 75°) ist auf Grund neuerer Befunde von *Knott* (Soc. **1963** 402) als 4-Methoxy-isocumarin zu formulieren.

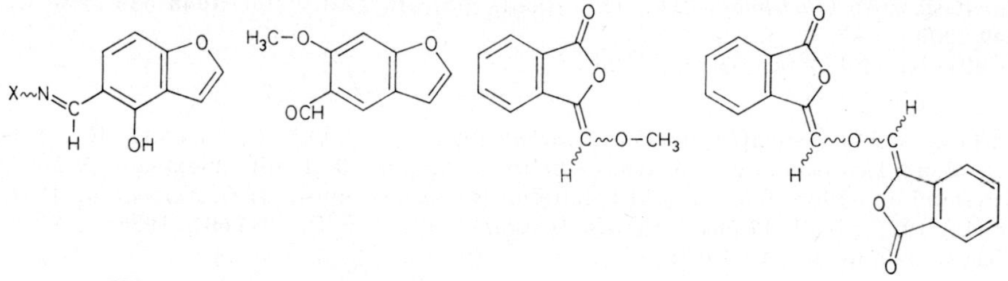

XI XII XIII XIV

Bis-phthalidylidenmethyl-äther $C_{18}H_{10}O_5$, Formel XIV.
Die Identität des früher (s. H 30) unter dieser Konstitution beschriebenen Präparats ist ungewiss, da die Ausgangsverbindung nicht die angegebene Konstitution gehabt hat (vgl. die Angaben im Artikel Isochroman-1,4-dion [E III/IV **17** 6159]).
[*G. Hofmann*]

Hydroxy-oxo-Verbindungen $C_{10}H_8O_3$

5-[2-Acetoxy-phenyl]-3H-furan-2-on, 4t-[2-Acetoxy-phenyl]-4c-hydroxy-but-3-ensäure-lacton $C_{12}H_{10}O_4$, Formel I (R = CO-CH$_3$).
B. Beim Behandeln einer Lösung von 4-[2-Hydroxy-phenyl]-4-oxo-buttersäure in Pyridin mit Acetanhydrid (*Zymalkowski*, Ar. **284** [1951] 292, 296).
Krystalle (aus Me.); F: 75°.

5-[4-Methoxy-phenyl]-3H-furan-2-on, 4c-Hydroxy-4t-[4-methoxy-phenyl]-but-3-ensäure-lacton $C_{11}H_{10}O_3$, Formel II (R = CH$_3$).
B. Beim Erhitzen von 4-[4-Methoxy-phenyl]-4-oxo-buttersäure mit Acetanhydrid (*Walton*, Soc. **1940** 438, 442).
Krystalle; F: 110—111° [aus Me.] (*Wa.*), 110° [nach Vakuumsublimation] (*Swain et al.*, Soc. **1944** 548, 553).
Zur Hydrierung an Palladium/Bariumsulfat in Äthylacetat unter Bildung von 4-Hydr≠oxy-4-[4-methoxy-phenyl]-buttersäure-lacton und 4-[4-Methoxy-phenyl]-buttersäure s. *Rosenmund et al.*, B. **87** [1954] 1258, 1262.

5-[4-Äthoxy-phenyl]-3H-furan-2-on, 4t-[4-Äthoxy-phenyl]-4c-hydroxy-but-3-ensäure-lacton $C_{12}H_{12}O_3$, Formel II (R = C$_2$H$_5$).
B. Beim Erwärmen von 4-[4-Äthoxy-phenyl]-4-oxo-buttersäure mit Acetanhydrid (*Shah, Phalnikar*, J. Univ. Bombay **13**, Tl. 3A [1944] 22, 25).
Krystalle (aus Me.); F: 120°.

5-[4-Propoxy-phenyl]-3H-furan-2-on, 4c-Hydroxy-4t-[4-propoxy-phenyl]-but-3-ensäure-lacton $C_{13}H_{14}O_3$, Formel II (R = CH$_2$-CH$_2$-CH$_3$).
B. Beim Erwärmen von 4-Oxo-4-[4-propoxy-phenyl]-buttersäure mit Acetanhydrid (*Shah, Phalnikar*, J. Univ. Bombay **13**, Tl. 3A [1944] 22, 25).
Krystalle (aus PAe.); F: 110°.

5-[4-Butoxy-phenyl]-3H-furan-2-on, 4t-[4-Butoxy-phenyl]-4c-hydroxy-but-3-ensäure-lacton $C_{14}H_{16}O_3$, Formel II (R = [CH$_2$]$_3$-CH$_3$).
B. Beim Erwärmen von 4-[4-Butoxy-phenyl]-4-oxo-buttersäure mit Acetanhydrid (*Shah, Phalnikar*, J. Univ. Bombay **13**, Tl. 3A [1944] 22, 25).
Krystalle (aus PAe.); F: 92°.

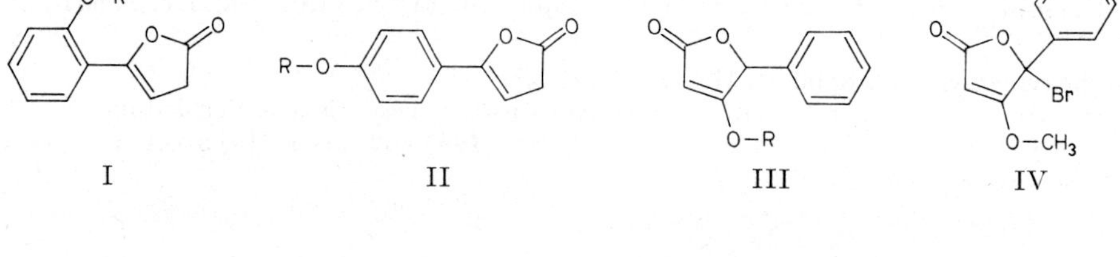

I II III IV

5-[4-Phenoxy-phenyl]-3H-furan-2-on 4c-Hydroxy-4t-[4-phenoxy-phenyl]-but-3-ensäure-lacton $C_{16}H_{12}O_3$, Formel II (R = C_6H_5).

B. Beim Erwärmen von 4-Oxo-4-[4-phenoxy-phenyl]-buttersäure mit Acetanhydrid (*Shah, Phalnikar*, J. Univ. Bombay **13**, Tl. 3 A [1944] 22, 25).
Krystalle (aus Me.); F: 107°.

5-[4-Acetoxy-phenyl]-3H-furan-2-on, 4t-[4-Acetoxy-phenyl]-4c-hydroxy-but-3-ensäure-lacton $C_{12}H_{10}O_4$, Formel II (R = CO-CH$_3$).

B. Beim Erhitzen von 4-[4-Hydroxy-phenyl]-4-oxo-buttersäure mit Acetanhydrid (*Swain et al.*, Soc. **1944** 548, 553).
Krystalle; F: 123–124° [nach Sublimation] (*Sw. et al.*), 120° [aus Me.] (*Zymalkowski*, Ar. **284** [1951] 292, 297). Absorptionsmaximum (A.): 265 nm (*Sw. et al.*).

(±)-4-Methoxy-5-phenyl-5H-furan-2-on, (±)-4-Hydroxy-3-methoxy-4-phenyl-*cis*-croton-säure-lacton $C_{11}H_{10}O_3$, Formel III (R = CH$_3$).

B. Beim Erwärmen einer Lösung von (±)-4-Hydroxy-4-phenyl-but-2-insäure-methyl-ester in Methanol mit Aktivkohle und Behandeln der Reaktionslösung mit einem aus Quecksilber(II)-oxid, Trichloressigsäure und Borfluorid in Äther bereiteten Reaktions-gemisch (*Nineham, Raphael*, Soc. **1949** 118, 120). Beim Behandeln von (±)-4-Hydroxy-4-phenyl-acetessigsäure-lacton (E III/IV **17** 6165) mit Diazomethan in Äther (*Ni., Ra.*).
Krystalle (aus PAe.); F: 97–98°. Absorptionsmaximum (A.): 220 nm.

(±)-4-Acetoxy-5-phenyl-5H-furan-2-on, (±)-3-Acetoxy-4-hydroxy-4-phenyl-*cis*-croton-säure-lacton $C_{12}H_{10}O_4$, Formel III (R = CO-CH$_3$).

B. Aus (±)-4-Hydroxy-4-phenyl-acetessigsäure-lacton (E III/IV **17** 6165) beim Be-handeln mit Acetanhydrid und wenig Schwefelsäure sowie beim Erwärmen mit Iso-propenylacetat und wenig 2,5-Dichlor-benzolsulfonsäure (*Haynes et al.*, Soc. **1956** 4661, 4663).
Krystalle (aus PAe.); F: 79,5°.

(±)-4-Benzoyloxy-5-phenyl-5H-furan-2-on, 3-Benzoyloxy-4-hydroxy-4-phenyl-*cis*-croton-säure-lacton $C_{17}H_{12}O_4$, Formel III (R = CO-C$_6$H$_5$).

B. Beim Behandeln von (±)-4-Hydroxy-4-phenyl-acetessigsäure-lacton (E III/IV **17** 6165) mit wss. Natriumcarbonat-Lösung und Benzoylchlorid (*Haynes, Jamieson*, Soc. **1958** 4132, 4135).
Krystalle (aus Bzn.); F: 93°.

(±)-5-Brom-4-methoxy-5-phenyl-5H-furan-2-on, (±)-4-Brom-4-hydroxy-3-methoxy-4-phenyl-*cis*-crotonsäure-lacton $C_{11}H_9BrO_3$, Formel IV.

B. Beim Erwärmen von (±)-4-Hydroxy-3-methoxy-4-phenyl-*cis*-crotonsäure-lacton mit Brom in Tetrachlormethan (*Nineham, Raphael*, Soc. **1949** 118, 120).
Krystalle (aus Bzn.); F: 114–115°. Absorptionsmaximum (A.): 242 nm.

(±)-4-Brom-3-methoxy-5-phenyl-5H-furan-2-on, (±)-3-Brom-4-hydroxy-2-methoxy-4-phenyl-*cis*-crotonsäure-lacton $C_{11}H_9BrO_3$, Formel V (R = CH$_3$).

Diese Konstitution kommt der nachstehend beschriebenen, von *Reimer* (Am. Soc. **58** [1936] 1108, 1110 Anm. 9) als 3-Brom-2-oxo-4-phenyl-but-3-ensäure-methylester an-gesehenen Verbindung zu (*Stecher, Clements*, Am. Soc. **76** [1954] 503, 504).

B. Aus (±)-4-Brom-5-phenyl-dihydro-furan-2,3-dion (E III/IV **17** 6171) mit Hilfe von Diazomethan (*Re.; St., Cl.*).
Krystalle (aus wss. Me.); F: 62° (*Re.*), 60–61° (*St., Cl.*). Absorptionsmaximum (Isooctan): 242 nm (*St., Cl.*).

(±)-3-Acetoxy-4-brom-5-phenyl-5H-furan-2-on, (±)-2-Acetoxy-3-brom-4-hydroxy-4-phenyl-*cis*-crotonsäure-lacton $C_{12}H_9BrO_4$, Formel V (R = CO-CH$_3$).

B. Beim Behandeln von (±)-4-Brom-5-phenyl-dihydro-furan-2,3-dion (E III/IV **17** 6171) mit Acetanhydrid und Schwefelsäure (*Stecher, Clements*, Am. Soc. **76** [1954] 503,

504).
F: 90—91°.

(±)-4-Brom-5-[4-brom-phenyl]-3-methoxy-5H-furan-2-on, (±)-3-Brom-4-[4-brom-phenyl]-4-hydroxy-2-methoxy-cis-crotonsäure-lacton $C_{11}H_8Br_2O_3$, Formel VI (R = CH_3).
Diese Konstitution kommt der nachstehend beschriebenen, von *Reimer, Tobin* (Am. Soc. **62** [1940] 2515, 2518) als 3-Brom-4-[4-brom-phenyl]-2-oxo-but-3-ensäure-methylester angesehenen Verbindung zu (*Stecher, Clements,* Am. Soc. **76** [1954] 503, 504).
B. Beim Behandeln von (±)-4-Brom-5-[4-brom-phenyl]-dihydro-furan-2,3-dion (E III/IV **17** 6171) mit Diazomethan in Äther (*Re., To.*).
F: 101—101,5° [korr.] (*St., Cl.*), 101° (*Re., To.*). IR-Spektrum (CHCl₃; 3—13 μ) sowie UV-Spektrum (Isooctan; 200—280 nm): *St., Cl.*, l. c. S. 505.

V   VI   VII

(±)-3-Acetoxy-4-brom-5-[4-brom-phenyl]-5H-furan-2-on, (±)-2-Acetoxy-3-brom-4-[4-brom-phenyl]-4-hydroxy-cis-crotonsäure-lacton $C_{12}H_8Br_2O_4$, Formel VI (R = CO-CH_3).
B. Beim Behandeln von (±)-4-Brom-5-[4-brom-phenyl]-dihydro-furan-2,3-dion (E III/IV **17** 6171) mit Acetanhydrid und Schwefelsäure (*Stecher, Clements,* Am. Soc. **76** [1954] 503, 504).
F: 115,5—116,5° [korr.]. Absorptionsmaximum (Isooctan): 226,5 nm.

(±)-3,4-Dichlor-5-[4-hydroxy-phenyl]-5H-furan-2-on $C_{10}H_6Cl_2O_3$, Formel VII (R = H).
B. Beim Erwärmen von Mucochlorsäure (Dichlormaleinaldehydsäure) mit Phenol, Phosphorsäure und Phosphor(V)-oxid (*Ettel et al.,* Chem. Listy **46** [1952] 634; C. A. **1953** 8038).
Krystalle (aus W. oder wss. Me.); F: 154,5—155°.

(±)-3,4-Dichlor-5-[4-methoxy-phenyl]-5H-furan-2-on, (±)-2,3-Dichlor-4-hydroxy-4-[4-methoxy-phenyl]-cis-crotonsäure-lacton $C_{11}H_8Cl_2O_3$, Formel VII (R = CH_3).
B. Beim Erwärmen von Mucochlorsäure (Dichlormaleinaldehydsäure) mit Anisol, Phosphorsäure und Phosphor(V)-oxid (*Ettel et al.,* Chem. Listy **46** [1952] 634; C. A. **1953** 8038).
Krystalle (aus Me.); F: 70°.

(±)-5-[4-Acetoxy-phenyl]-3,4-dichlor-5H-furan-2-on, (±)-4-[4-Acetoxy-phenyl]-2,3-dichlor-4-hydroxy-cis-crotonsäure-lacton $C_{12}H_8Cl_2O_4$, Formel VII (R = CO-CH_3).
B. Beim Erwärmen von (±)-3,4-Dichlor-5-[4-hydroxy-phenyl]-5H-furan-2-on mit Acetanhydrid und Benzol (*Ettel et al.,* Chem. Listy **46** [1952] 634; C. A. **1953** 8038).
Krystalle (aus Me.); F: 142—143°.
Beim Erwärmen mit wss.-äthanol. Essigsäure und Zink ist 4-[4-Hydroxy-phenyl]-4-oxo-buttersäure erhalten worden.

(±)-3-Acetoxy-4-phenyl-3H-furan-2-on, (±)-2-Acetoxy-4c-hydroxy-3-phenyl-but-3-ensäure-lacton $C_{12}H_{10}O_4$, Formel VIII.
B. Neben 4-Oxo-3-phenyl-crotonsäure-äthylester (Semicarbazon, F: 167°) beim Erhitzen von Phenylacetaldehyd mit (±)-Äthoxy-hydroxy-essigsäure-äthylester und Acetanhydrid auf 145° (*Schemjakin,* Ž. obšč. Chim. **9** [1939] 484, 487; C. **1939** II 4477).
Krystalle (aus A.); F: 140—141° (*Sch.,* l. c. S. 487).
Bei kurzem Erwärmen mit wss. Natronlauge ist 3t,4c-Diphenyl-cyclobutan-1r,2t-dicarbonsäure erhalten worden (*Schemjakin,* Ž. obšč. Chim. **9** [1939] 491, 494; C. **1939** II 4478).

3-[4-Methoxy-phenyl]-5H-furan-2-on, 4-Hydroxy-2-[4-methoxy-phenyl]-*cis*-crotonsäure-lacton $C_{11}H_{10}O_3$, Formel IX.

B. Beim Erhitzen von (±)-2-[4-Methoxy-phenyl]-4-oxo-buttersäure mit Bromwasser=stoff in Essigsäure (*Swain et al.*, Soc. **1944** 548, 551).
Krystalle (aus Bzl. + PAe.); F: 123—124°. Absorptionsmaximum (A.): 279 nm.

3-Methoxy-4-[2-nitro-phenyl]-5H-furan-2-on, 4-Hydroxy-2-methoxy-3-[2-nitro-phenyl]-*cis*-crotonsäure-lacton $C_{11}H_9NO_5$, Formel X (R = CH_3).

B. Beim Erwärmen von 4-[2-Nitro-phenyl]-dihydro-furan-2,3-dion mit Dimethyl=sulfat und wss. Natronlauge (*Tichý, Stuchlik*, Chem. Listy **50** [1956] 663; C. A. **1956** 8532).
Krystalle (aus Me.); F: 79°.

VIII IX X

3-Benzoyloxy-4-[2-nitro-phenyl]-5H-furan-2-on, 2-Benzoyloxy-4-hydroxy-3-[2-nitro-phenyl]-*cis*-crotonsäure-lacton $C_{17}H_{11}NO_6$, Formel X (R = CO-C_6H_5).

B. Beim Erwärmen von 4-[2-Nitro-phenyl]-dihydro-furan-2,3-dion mit Benzoyl=chlorid, Benzol und Pyridin (*Tichý, Stuchlik*, Chem. Listy **50** [1956] 663; C. A. **1956** 8532).
Krystalle (aus Me.); F: 88°.

4-[2-Methoxy-phenyl]-5H-furan-2-on, 4-Hydroxy-3-[2-methoxy-phenyl]-*cis*-crotonsäure-lacton $C_{11}H_{10}O_3$, Formel XI.

B. Beim Erhitzen von (±)-3-Hydroxy-4-methoxy-3-[2-methoxy-phenyl]-buttersäure-äthylester mit Bromwasserstoff in Essigsäure auf 110° (*Marshall et al.*, J. org. Chem. **7** [1942] 444, 453).
Krystalle (aus Bzl.); F: 95,1—95,6°.
Beim Behandeln mit Bromwasserstoff in Essigsäure oder mit wss. Bromwasserstoffsäure ist Benzofuran-3-yl-essigsäure erhalten worden.

4-[3-Hydroxy-phenyl]-5H-furan-2-on $C_{10}H_8O_3$, Formel XII (R = H).

B. Beim Erwärmen von 2-Acetoxy-1-[3-acetoxy-phenyl]-äthanon mit Bromessigsäure-äthylester, Zink und Benzol und Erwärmen des Reaktionsprodukts mit wss. Salzsäure (*Marshall et al.*, J. org. Chem. **7** [1942] 444, 451).
Krystalle (aus Me.); F: 187,5—188,5° [korr.; geschlossene Kapillare].

XI XII XIII

4-[3-Methoxy-phenyl]-5H-furan-2-on, 4-Hydroxy-3-[3-methoxy-phenyl]-*cis*-crotonsäure-lacton $C_{11}H_{10}O_3$, Formel XII (R = CH_3).

B. Aus 4-[3-Hydroxy-phenyl]-5H-furan-2-on mit Hilfe von Diazomethan (*Marshall et al.*, J. org. Chem. **7** [1942] 444, 451).
Krystalle (aus W.); F: 86,3—87,3°.

4-[4-Hydroxy-phenyl]-5H-furan-2-on $C_{10}H_8O_3$, Formel XIII (R = H).

B. Beim Erwärmen von 2-Acetoxy-1-[4-acetoxy-phenyl]-äthanon mit Bromessigsäure-äthylester, Zink und Benzol und Erwärmen des Reaktionsprodukts mit wss. Salzsäure (*Marshall et al.*, J. org. Chem. **7** [1942] 444, 450). Beim Erhitzen von 4-Hydroxy-3-[4-methoxy-phenyl]-*cis*-crotonsäure-lacton mit Bromwasserstoff in Essigsäure unter Zusatz von wss. Bromwasserstoffsäure (*Ma. et al.*).

Krystalle (aus A.); F: 262,5—263,5° [korr.; geschlossene Kapillare].

4-[4-Methoxy-phenyl]-5H-furan-2-on, 4-Hydroxy-3-[4-methoxy-phenyl]-*cis*-crotonsäure-lacton $C_{11}H_{10}O_3$, Formel XIII (R = CH_3).

B. Beim Erhitzen von (±)-3-Hydroxy-4-methoxy-3-[4-methoxy-phenyl]-buttersäure mit Bromwasserstoff in Essigsäure auf 110° (*Marshall et al.*, J. org. Chem. **7** [1942] 444, 449). Beim Erwärmen von 2-Acetoxy-1-[4-methoxy-phenyl]-äthanon mit Bromessigsäure-äthylester, Zink und Benzol und Erhitzen des Reaktionsprodukts mit Bromwasserstoff in Essigsäure (*Swain et al.*, Soc. **1944** 548, 552). Beim Behandeln einer Lösung von 4-[4-Hydroxy-phenyl]-5H-furan-2-on in Aceton mit Diazomethan (*Ma. et al.*, l. c. S. 450).

Krystalle; F: 124,5° [korr.; aus wss. A.] (*E. Lilly & Co.*, U.S.P. 2359208 [1941]), 122° [aus Bzl.] (*Sw. et al.*), 120° [korr.; aus wss. A.] (*Ma. et al.*). Absorptionsmaxima (A.?): 225 nm und 302 nm (*Sw. et al.*).

4-[4-Acetoxy-phenyl]-5H-furan-2-on, 3-[4-Acetoxy-phenyl]-4-hydroxy-*cis*-crotonsäure-lacton $C_{12}H_{10}O_4$, Formel XIII (R = CO-CH_3).

B. Beim Behandeln von 4-[4-Hydroxy-phenyl]-5H-furan-2-on mit Acetanhydrid und Natriumacetat (*Marshall et al.*, J. org. Chem. **7** [1944] 444, 450).

Krystalle (aus wss. Me.); F: 138,5—140,5° [korr.].

4-[4-β-D-Glucopyranosyloxy-phenyl]-5H-furan-2-on, 3-[4-β-D-Glucopyranosyloxy-phenyl]-4-hydroxy-*cis*-crotonsäure-lacton $C_{16}H_{18}O_8$, Formel I (R = H).

B. Beim Behandeln der im folgenden Artikel beschriebenen Verbindung mit Barium= methylat in Methanol (*Linnell, Said*, J. Pharm. Pharmacol. **1** [1949] 148).

Krystalle; F: 208—209°. Hygroskopisch. In Äthanol leicht löslich.

I   II

4-[4-(Tetra-*O*-acetyl-β-D-glucopyranosyloxy)-phenyl]-5H-furan-2-on, 4-Hydroxy-3-[4-(tetra-*O*-acetyl-β-D-glucopyranosyloxy)-phenyl]-*cis*-crotonsäure-lacton $C_{24}H_{26}O_{12}$, Formel I (R = CO-CH_3).

B. Beim Behandeln von 4-[4-Hydroxy-phenyl]-5H-furan-2-on mit wss. Natronlauge und mit α-D-Acetobromglucopyranose (Tetra-*O*-acetyl-α-D-glucopyranosylbromid) in Aceton (*Linnell, Said*, J. Pharm. Pharmacol. **1** [1949] 148).

Krystalle (aus A.); F: 195—195,5°.

Bis-[4-(5-oxo-2,5-dihydro-[3]furyl)-phenyl]-äther $C_{20}H_{14}O_5$, Formel II.

B. Beim Erwärmen von Bis-[4-acetoxyacetyl-phenyl]-äther mit Bromessigsäure-äthylester, Zink und Dioxan und Behandeln des Reaktionsprodukts mit wss. Salz= säure und Acetanhydrid (*Campbell, Hunt*, Soc. **1951** 960).

Krystalle (aus Cyclohexanon); F: 243—244°.

3-Methoxy-2-methyl-chromen-4-on $C_{11}H_{10}O_3$, Formel III (R = CH_3).

B. Aus 2-Methyl-chroman-3,4-dion (E III/IV **17** 6175) mit Hilfe von Diazomethan (*Vargha et al.*, Am. Soc. **71** [1949] 2652, 2654).

Krystalle (aus wss. A.); F: 106°.

3-Acetoxy-2-methyl-chromen-4-on $C_{12}H_{10}O_4$, Formel III (R = CO-CH_3).

B. Beim Behandeln von 2-Methyl-chroman-3,4-dion (E III/IV **17** 6175) mit Acet=

anhydrid und Pyridin (*Vargha et al.*, Am. Soc. **71** [1949] 2652, 2654). Beim Erhitzen von 2-Brom-1-[2-hydroxy-phenyl]-äthanon mit Acetanhydrid und Natriumacetat auf 180° (*Va. et al.*, l. c. S. 2655).

Krystalle (aus wss. A. oder Bzn.); F: 112° (*Va. et al.*). Absorptionsmaximum (A.): 301 nm (*Geissman, Armen*, Am. Soc. **77** [1955] 1623, 1624).

3-Benzoyloxy-2-methyl-chromen-4-on $C_{17}H_{12}O_4$, Formel III (R = CO-C_6H_5).

B. Aus 2-Methyl-chroman-3,4-dion (E III/IV **17** 6175) mit Hilfe von Benzoylchlorid (*Vargha et al.*, Am. Soc. **71** [1949] 2652, 2654).

Krystalle (aus A.); F: 165°.

2-Methyl-3-[toluol-4-sulfonyloxy]-chromen-4-on $C_{17}H_{14}O_5S$, Formel III (R = SO_2-C_6H_4-CH_3).

B. Beim Behandeln von 2-Methyl-chroman-3,4-dion (E III/IV **17** 6175) mit Toluol-4-sulfonylchlorid und Pyridin (*Vargha et al.*, Am. Soc. **71** [1949] 2652, 2654).

Krystalle (aus Acn.); F: 152°.

5-Hydroxy-2-methyl-chromen-4-on $C_{10}H_8O_3$, Formel IV (R = H).

B. Beim Erhitzen von 1-[2-Hydroxy-6-methoxy-phenyl]-butan-1,3-dion mit wss. Jod=wasserstoffsäure und Essigsäure (*Rao, Venkateswarlu*, R. **75** [1956] 1321, 1324). Aus 5-Methoxy-2-methyl-chromen-4-on beim Erhitzen mit wss. Jodwasserstoffsäure und Acetanhydrid sowie beim Erwärmen mit Aluminiumchlorid in Benzol (*Rao, Ve.*). Beim Erhitzen von 3-Acetyl-5-hydroxy-2-methyl-chromen-4-on mit wss. Natriumcarbonat-Lösung (*Limaye, Kelkar*, Rasayanam **1** [1936] 24, 27; *Sen, Bagchi*, J. org. Chem. **24** [1959] 316, 319).

Krystalle; F: 92° [aus PAe.] (*Sen, Ba.*), 92° [aus wss. Eg.] (*Li., Ke.*), 92° [nach Sub=limation bei 85°/0,01 Torr] (*Rao, Ve.*). UV-Spektrum (A.; 220—350 nm): *Sen., Ba.* Absorp=tionsmaxima (wss. A.): 226,5 nm, 233 nm, 252 nm und 325 nm (*Jatkar, Mattoo*, J. Indian chem. Soc. **33** [1956] 599, 602). Stabilitätskonstante des Kupfer(II)-Komplexes in wss. Dioxan: *Saxena, Seshadri*, Pr. Indian Acad. [A] **46** [1957] 218, 219.

III IV V VI

5-Methoxy-2-methyl-chromen-4-on $C_{11}H_{10}O_3$, Formel IV (R = CH_3).

B. Beim Erwärmen von 1-[2-Hydroxy-6-methoxy-phenyl]-butan-1,3-dion mit Äthanol und wss. Salzsäure (*Rao, Venkateswarlu*, R. **75** [1956] 1321, 1324). Beim Erwärmen von 5-Hydroxy-2-methyl-chromen-4-on mit Aceton, Methyljodid und Kaliumcarbonat (*Naik et al.*, Pr. Indian Acad. [A] **38** [1953] 31, 35).

Krystalle; F: 105° [nach Sublimation bei 100°/0,01 Torr] (*Rao, Ve.*), 102—103° [aus A.] (*Naik et al.*).

5-Acetoxy-2-methyl-chromen-4-on $C_{12}H_{10}O_4$, Formel IV (R = CO-CH_3).

B. Aus 5-Hydroxy-2-methyl-chromen-4-on beim Erhitzen mit Acetanhydrid und Natriumacetat (*Limaye, Kelkar*, Rasayanam **1** [1936] 24, 28) sowie beim Behandeln mit Acetanhydrid und Pyridin (*Rao, Venkateswarlu*, R. **75** [1956] 1321, 1325).

Krystalle; F: 111—112° (*Rao, Ve.*), 108—110° (*Li., Ke.*).

5-Benzoyloxy-2-methyl-chromen-4-on $C_{17}H_{12}O_4$, Formel IV (R = CO-C_6H_5).

B. Beim Erhitzen von 5-Hydroxy-2-methyl-chromen-4-on mit Benzoylchlorid (*Limaye, Kelkar*, Rasayanam **1** [1936] 24, 28).

Krystalle (aus wss. A.); F: 149°.

8-Brom-5-hydroxy-2-methyl-chromen-4-on $C_{10}H_7BrO_3$, Formel V.

Die Position des Broms ist zweifelhaft (s. hierzu *Hooper et al.*, Soc. [C] **1971** 3580,

3582).

B. Beim Behandeln von 5-Hydroxy-2-methyl-chromen-4-on mit Brom in Essigsäure (*Naik, Sethna,* J. Indian chem. Soc. **29** [1952] 493, 495).
Krystalle (aus A.); F: 140° (*Naik, Se.*).

6,8-Dibrom-5-hydroxy-2-methyl-chromen-4-on $C_{10}H_6Br_2O_3$, Formel VI (X = H).
B. Beim Behandeln von 5-Hydroxy-2-methyl-chromen-4-on mit Brom in Essigsäure (*Naik, Sethna,* J. Indian chem. Soc. **29** [1952] 493, 496).
Krystalle (aus Eg.); F: 199°.

3(?),6,8-Tribrom-5-hydroxy-2-methyl-chromen-4-on $C_{10}H_5Br_3O_3$, vermutlich Formel VI (X = Br).
B. Beim Behandeln von 5-Hydroxy-2-methyl-chromen-4-on mit Brom (*Naik, Sethna,* J. Indian chem. Soc. **29** [1952] 493, 497).
Gelbe Krystalle (aus Eg.); F: 180°.

5-Hydroxy-6-jod-2-methyl-chromen-4-on $C_{10}H_7IO_3$, Formel VII (R = H).
Diese Konstitution kommt der nachstehend beschriebenen, ursprünglich (*Shah, Sethna,* Soc. **1959** 2676) als 5-Hydroxy-8-jod-2-methyl-chromen-4-on angesehenen Verbindung zu (*Hooper et al.,* Soc. [C] **1971** 3580, 3582).
B. Beim Behandeln einer Lösung von 5-Hydroxy-2-methyl-chromen-4-on in Äthanol mit Jod und Jodsäure in Wasser (*Shah, Se.*). Beim Behandeln von 5-Hydroxy-2-methyl-chromen-4-on mit wss. Ammoniak und Dioxan und mit einer wss. Lösung von Jod und Kaliumjodid (*Shah, Se.*). Beim Erwärmen einer Lösung von 5-Hydroxy-2-methyl-chromen-4-on in Essigsäure oder Äthanol mit Jodmonochlorid und wss. Salzsäure (*Shah, Se.*).
Krystalle (aus Eg.); F: 171° (*Shah, Se.*).

6-Jod-5-methoxy-2-methyl-chromen-4-on $C_{11}H_9IO_3$, Formel VII (R = CH_3).
B. Beim Erwärmen der im vorangehenden Artikel beschriebenen Verbindung mit Dimethylsulfat, Kaliumcarbonat und Aceton (*Shah, Sethna,* Soc. **1959** 2676).
F: 92—95°.

5-Hydroxy-6,8-dijod-2-methyl-chromen-4-on $C_{10}H_6I_2O_3$, Formel VIII (R = H).
B. Beim Behandeln einer Lösung von 5-Hydroxy-2-methyl-chromen-4-on in Äthanol mit Jod und Jodsäure in Wasser (*Shah, Sethna,* Soc. **1959** 2676). Beim Behandeln von 5-Hydroxy-2-methyl-chromen-4-on mit wss. Ammoniak und Dioxan und mit einer wss. Lösung von Jod und Kaliumjodid (*Shah, Se.*). Beim Erwärmen einer Lösung von 5-Hydroxy-2-methyl-chromen-4-on in Essigsäure oder Äthanol mit Jodmonochlorid und wss. Salzsäure (*Shah, Se.*).
Krystalle (aus Eg.); F: 238°.

6,8-Dijod-5-methoxy-2-methyl-chromen-4-on $C_{11}H_8I_2O_3$, Formel VIII (R = CH_3).
B. Beim Erwärmen von 5-Hydroxy-6,8-dijod-2-methyl-chromen-4-on mit Dimethylsulfat, Kaliumcarbonat und Aceton (*Shah, Sethna,* Soc. **1959** 2676).
F: 207—208°.

VII   VIII   IX   X

5-Hydroxy-2-methyl-6-nitro-chromen-4-on $C_{10}H_7NO_5$, Formel IX (X = H).
Die Position der Nitro-Gruppe ist zweifelhaft (s. hierzu *Hooper et al.,* Soc. [C] **1971** 3580, 3582).
B. Neben 3-Acetyl-5-hydroxy-2-methyl-6(?)-nitro-chromen-4-on (F: 289°) beim Er-

hitzen von 1-[2,6-Dihydroxy-3-nitro-phenyl]-äthanon mit Natriumacetat und Acetan=
hydrid unter Zusatz von Pyridin (*Naik, Thakor*, Pr. Indian Acad. [A] **37** [1953] 774,
777). Beim Erwärmen von 3-Acetyl-5-hydroxy-2-methyl-6(?)-nitro-chromen-4-on (F:
289°) mit wss. Natriumcarbonat-Lösung (*Naik, Th.*).
Hellgelbe Krystalle (aus Eg.); F: 161° (*Naik, Th.*).

5-Hydroxy-2-methyl-8-nitro-chromen-4-on $C_{10}H_7NO_5$, Formel X (R = H).
Die Position der Nitro-Gruppe ist zweifelhaft (s. hierzu *Hooper et al.*, Soc. [C] **1971**
3580, 3582).
B. Beim Erhitzen von 1-[2-Hydroxy-6-methoxy-3(?)-nitro-phenyl]-äthanon mit
Natriumcarbonat, Acetanhydrid und Pyridin (*Naik, Thakor*, Pr. Indian Acad. [A] **37**
[1953] 774, 779). Beim Behandeln von 5-Hydroxy-2-methyl-chromen-4-on mit Salpeter=
säure und Essigsäure oder mit Salpetersäure und Schwefelsäure (*Naik et al.*, Pr. Indian
Acad. [A] **38** [1953] 31, 33). Beim Erwärmen von 8(?)-Nitro-5-methoxy-2-methyl-
chromen-4-on (s. u.) mit äthanol. Kalilauge (*Naik et al.*).
Krystalle (aus Eg.); F: 218° (*Naik et al.*).

5-Methoxy-2-methyl-8-nitro-chromen-4-on $C_{11}H_9NO_5$, Formel X (R = CH_3).
Die Position der Nitro-Gruppe ist zweifelhaft (s. hierzu *Hooper et al.*, Soc. [C] **1971**
3580, 3582).
B. Beim Behandeln von 5-Methoxy-2-methyl-chromen-4-on mit Salpetersäure und
Schwefelsäure (*Naik et al.*, Pr. Indian Acad. [A] **38** [1953] 31, 35).
Gelbe Krystalle (aus Eg.); F: 215° (*Naik et al.*).

5-Acetoxy-2-methyl-8(?)-nitro-chromen-4-on $C_{12}H_9NO_6$, vermutlich Formel X
(R = $CO-CH_3$).
B. Aus 5-Hydroxy-2-methyl-8(?)-nitro-chromen-4-on [s. o.] (*Naik et al.*, Pr. Indian
Acad. [A] **38** [1953] 31, 34).
Krystalle (aus A.); F: 196—197°.

8-Brom-5-hydroxy-2-methyl-6-nitro-chromen-4-on $C_{10}H_6BrNO_5$, Formel IX (X = Br).
Die Positionen der Nitro-Gruppe und des Broms sind zweifelhaft (s. hierzu *Hooper
et al.*, Soc. [C] **1971** 3580, 3582).
B. Beim Behandeln von 8(?)-Brom-5-hydroxy-2-methyl-chromen-4-on (F: 140°)
oder von 6,8-Dibrom-5-hydroxy-2-methyl-chromen-4-on mit Salpetersäure und Essig=
säure (*Naik, Sethna*, J. Indian chem. Soc. **29** [1952] 493, 495, 497).
Gelbe Krystalle (aus Eg.); F: 209° (*Naik, Se.*).

6-Brom-5-hydroxy-2-methyl-8-nitro-chromen-4-on $C_{10}H_6BrNO_5$, Formel XI (X = Br).
Die Positionen der Nitro-Gruppe und des Broms sind zweifelhaft (s. hierzu *Hooper
et al.*, Soc. [C] **1971** 3580, 3582).
B. Beim Behandeln von 5-Hydroxy-2-methyl-8(?)-nitro-chromen-4-on (s. o.) mit
Brom in Essigsäure (*Naik, Sethna*, J. Indian chem. Soc. **29** [1952] 493, 496).
Gelbe Krystalle (aus Eg.); F: 148—149° (*Naik, Se.*).

5-Hydroxy-6-jod-2-methyl-8-nitro-chromen-4-on $C_{10}H_6INO_5$, Formel XI (X = I).
Diese Konstitution kommt der nachstehend beschriebenen, von *Shah, Sethna* (Soc.
1959 2676) als 5-Hydroxy-8-jod-2-methyl-6-nitro-chromen-4-on angesehenen
Verbindung zu (s. dazu *Hooper et al.*, Soc. [C] **1971** 3580, 3582).
B. Beim Behandeln von 5-Hydroxy-6-jod-2-methyl-chromen-4-on (S. 314) mit Sal=
petersäure und Essigsäure (*Shah, Se.*).
Gelbliche Krystalle (aus Eg.); F: 215—216° [Zers.] (*Shah, Se.*).

5-Hydroxy-2-methyl-6,8-dinitro-chromen-4-on $C_{10}H_6N_2O_7$, Formel XII (R = H).
B. Beim Erwärmen von 5-Hydroxy-2-methyl-chromen-4-on (*Naik et al.*, Pr. Indian
Acad. [A] **38** [1953] 31, 34) oder von 6,8-Dibrom-5-hydroxy-2-methyl-chromen-4-on
(*Naik, Sethna*, J. Indian chem. Soc. **29** [1952] 493, 497) mit Salpetersäure und Essigsäure.
Gelbe Krystalle (aus Eg.); F: 204—205° (*Naik et al.*).

5-Acetoxy-2-methyl-6,8-dinitro-chromen-4-on $C_{12}H_8N_2O_8$, Formel XII (R = CO-CH$_3$).
B. Aus 5-Hydroxy-2-methyl-6,8-dinitro-chromen-4-on (*Naik et al.*, Pr. Indian Acad.
[A] **38** [1953] 31, 34).
Krystalle (aus A.); F: 155°.

6-Hydroxy-2-methyl-chromen-4-on $C_{10}H_8O_3$, Formel XIII (R = H) (H 30).
B. Beim Erwärmen von 3-Acetyl-6-hydroxy-2-methyl-chromen-4-on mit wss. Natrium=
carbonat-Lösung (*Desai, Mavani*, Pr. Indian Acad. [A] **25** [1947] 353, 354).
Krystalle; F: 252° (*Pandit, Sethna*, J. Indian chem. Soc. **27** [1950] 1, 3), 247° [unkorr.;
aus Eg.] (*Sen, Bagchi*, J. org. Chem. **24** [1959] 316, 319). UV-Spektrum (A.; 220—350 nm):
Sen, Ba.

6-Methoxy-2-methyl-chromen-4-on $C_{11}H_{10}O_3$, Formel XIII (R = CH$_3$).
B. Beim Behandeln von 1-[2-Hydroxy-5-methoxy-phenyl]-äthanon mit Äthylacetat
und mit Natriumhydrid in Benzol und Erhitzen des Reaktionsprodukts mit Essigsäure
und wss. Salzsäure (*Wiley*, Am. Soc. **73** [1951] 4205, 4208). Beim Erhitzen von 1-[2-Hydr=
oxy-5-methoxy-phenyl]-butan-1,3-dion mit wss. Salzsäure (*Jongebreur*, Pharm. Weekb.
86 [1951] 661, 668).
Krystalle; F: 107—108° [aus Bzn.] (*Jo.*), 105—107° [aus A.] (*Wi.*, Am. Soc. **73** 4208).
Beim Erhitzen mit Mangan(IV)-oxid und Brom in Essigsäure ist 2-Dibrommethyl-
6-methoxy-chromen-4-on erhalten worden (*Wiley*, Am. Soc. **74** [1952] 4326).

6-Acetoxy-3-chlor-2-methyl-chromen-4-on $C_{12}H_9ClO_4$, Formel I.
Diese Konstitution kommt vermutlich der nachstehend beschriebenen Verbindung zu.
B. Neben anderen Verbindungen beim Erhitzen von 2-Chlor-1-[2,5-diacetoxy-phenyl]-
äthanon mit Acetanhydrid, wenig Schwefelsäure und Natriumacetat (*Kloetzel et al.*, J.
org. Chem. **20** [1955] 38, 45).
Krystalle (aus A.); F: 163—163,5° [unkorr.].

8-Brom-6-hydroxy-2-methyl-chromen-4-on $C_{10}H_7BrO_3$, Formel II (X = H).
B. Beim Behandeln von 6-Hydroxy-2-methyl-chromen-4-on mit Brom in Essig=
säure (*Desai et al.*, J. scient. ind. Res. India **13** B [1954] 328).
Krystalle (aus A.); F: 228°.

2-Brommethyl-6-methoxy-chromen-4-on $C_{11}H_9BrO_3$, Formel III (X = H).
B. Beim Erwärmen von 6-Methoxy-2-methyl-chromen-4-on mit N-Brom-succinimid
in Tetrachlormethan (*Wiley*, Am. Soc. **74** [1952] 4326).
Krystalle (aus A.); F: 124—126°.

5,8-Dibrom-6-hydroxy-2-methyl-chromen-4-on $C_{10}H_6Br_2O_3$, Formel II (X = Br).
B. Beim Behandeln von 6-Hydroxy-2-methyl-chromen-4-on mit Brom in Essig=
säure (*Desai et al.*, J. scient. ind. Res. India **13** B [1954] 328).
Krystalle (aus A.); F: 232°.

2-Dibrommethyl-6-methoxy-chromen-4-on $C_{11}H_8Br_2O_3$, Formel III (X = Br).
B. Beim Erhitzen von 6-Methoxy-2-methyl-chromen-4-on mit Mangan(IV)-oxid und Brom in Essigsäure (*Wiley*, Am. Soc. **74** [1952] 4326).
Krystalle (aus A.); F: 158,5—160° [unkorr.].

6-Hydroxy-2-methyl-8-nitro-chromen-4-on $C_{10}H_7NO_5$, Formel IV (X = H).
B. Beim Behandeln von 6-Hydroxy-2-methyl-chromen-4-on mit Essigsäure und wss. Salpetersäure [D: 1,42] (*Desai et al.*, J. scient. ind. Res. India **13** B [1954] 328).
Rotbraune Krystalle (aus wss. A.); F: 226°.

6-Hydroxy-2-methyl-5,8-dinitro-chromen-4-on $C_{10}H_6N_2O_7$, Formel IV (X = NO_2).
B. Beim Behandeln von 6-Hydroxy-2-methyl-chromen-4-on mit Essigsäure und Salpetersäure (*Desai et al.*, J. scient. ind. Res. India **13** B [1954] 328).
Gelbe Krystalle (aus Bzl.); F: 185°.

7-Hydroxy-2-methyl-chromen-4-on $C_{10}H_8O_3$, Formel V (R = H) (H 30).
B. Beim Behandeln von 3-Chlor-1-[2,4-dihydroxy-phenyl]-but-2-en-1-on mit wss. Natronlauge (*Dann et al.*, A. **587** [1954] 16, 36). Beim Erwärmen von 2-[2-Acetoxy-4-benzoyloxy-phenyl]-äthanon mit Natrium in Benzol (*Virkar, Shah*, Pr. Indian Acad. [A] **30** [1949] 57, 59). Beim Behandeln von (±)-1-[2-Hydroxy-4-tetrahydropyran-2-yloxy-phenyl]-äthanon mit Äthylacetat und Natrium und Erwärmen des erhaltenen (±)-1-[2-Hydroxy-4-tetrahydropyran-2-yloxy-phenyl]-butan-1,3-dions ($C_{15}H_{18}O_5$; F: 97—98°) mit wss.-methanol. Salzsäure (*Geissman*, Am. Soc. **73** [1951] 3514). Beim Erwärmen von 7-Acetoxy-3-acetyl-2-methyl-chromen-4-on mit wss. Natrium=carbonat-Lösung (*Rao et al.*, J. org. Chem. **24** [1959] 683).
F: 254—255° [nach Sublimation bei 245°/0,01 Torr] (*Rao et al.*), 253—254° [aus Me.] (*Ge.*), 252° [unkorr.; aus Py.] (*Sen, Bagchi*, J. org. Chem. **24** [1959] 316, 319). Absorptionsspektren von Lösungen in Äthanol (220—370 nm): *Sen, Ba.*; in wss. Äthanol (210—400 nm; λ_{max}: 216 nm, 248 nm und 294 nm), in wss.-äthanol. Salzsäure und in wss.-äthanol. Natronlauge (jeweils 210—400 nm): *Jatkar, Mattoo*, J. Indian chem. Soc. **33** [1956] 599, 602. Fluorescenzspektren (400—625 nm) von Lösungen in wss. Äthanol (λ_{max}: 470 nm), in wss.-äthanol. Salzsäure (λ_{max}: 485 nm) und in wss.-äthanol. Natronlauge (λ_{max}: 470 nm): *Ja., Ma.*

Beim Erwärmen mit Salpetersäure und Essigsäure ist 2,4-Dihydroxy-3,5-dinitrobenzoesäure, beim Erwärmen mit Salpetersäure und Schwefelsäure ist 1-[2,4-Dihydr=oxy-3,5-dinitro-phenyl]-äthanon erhalten worden (*Mehta et al.*, Pr. Indian Acad. [A] **29** [1949] 314, 318).

7-Methoxy-2-methyl-chromen-4-on $C_{11}H_{10}O_3$, Formel V (R = CH_3) (H 30).
B. Aus 1-[2-Hydroxy-4-methoxy-phenyl]-butan-1,3-dion beim Erwärmen mit wss. Salzsäure (*Baker, Butt*, Soc. **1949** 2142, 2148) sowie beim Behandeln mit Bromwasserstoff in Essigsäure (*Virkar, Shah*, Pr. Indian Acad. [A] **30** [1949] 57, 60). Beim Erwärmen von 3-[3-Methoxy-phenoxy]-crotonsäure (F: 120°) mit Acetylchlorid und Schwefelsäure (*Dann, Illing*, A. **605** [1957] 158, 167). Aus 7-Hydroxy-2-methyl-chromen-4-on beim Behandeln mit Diazomethan in Äther (*Schönberg, Sina*, Am. Soc. **72** [1950] 1611, 1615) sowie beim Erwärmen mit Methyljodid, Kaliumcarbonat und Aceton (*Mehta et al.*, Pr. Indian Acad. [A] **29** [1949] 314, 316; vgl. H 30).
F: 114—115° [aus Bzn.] (*Sch., Sina*, Am. Soc. **72** 1615). UV-Spektrum (wss. A.; 210—320 nm): *Jatkar, Mattoo*, J. Indian chem. Soc. **33** [1956] 599, 602.
Beim Behandeln mit wss. Kalilauge tritt eine rotviolette Färbung auf (*Schönberg, Sina*, Soc. **1950** 3344; Am. Soc. **72** 1615).

7-Äthoxy-2-methyl-chromen-4-on $C_{12}H_{12}O_3$, Formel V (R = C_2H_5) (H 30).
B. Beim Behandeln von 7-Hydroxy-2-methyl-chromen-4-on mit Diazoäthan in Äther (*Schönberg, Sina*, Am. Soc. **72** [1950] 1611, 1615).
F: 123—124° [aus Bzn.] (*Sch., Sina*). Absorptionsmaxima (A.): 247,5 nm und 297 nm (*Skarżyński*, Bio. Z. **301** [1939] 150, 169).

2-Methyl-7-propoxy-chromen-4-on $C_{13}H_{14}O_3$, Formel V (R = CH_2-CH_2-CH_3).
B. Beim Erwärmen von 7-Hydroxy-2-methyl-chromen-4-on mit Propyljodid und äthanol. Kalilauge (*Schönberg, Sina,* Am. Soc. **72** [1950] 1611, 1615).
Krystalle (aus Bzn.); F: 125—126°.

7-Isopropoxy-2-methyl-chromen-4-on $C_{13}H_{14}O_3$, Formel V (R = $CH(CH_3)_2$).
B. Beim Erwärmen von 7-Hydroxy-2-methyl-chromen-4-on mit Isopropyljodid und äthanol. Kalilauge (*Schönberg, Sina,* Am. Soc. **72** [1950] 1611, 1615).
Krystalle (aus Bzn.); F: 135°.

7-Butoxy-2-methyl-chromen-4-on $C_{14}H_{16}O_3$, Formel V (R = $[CH_2]_3$-CH_3).
B. Beim Erwärmen von 7-Hydroxy-2-methyl-chromen-4-on mit Butyljodid und äthanol. Kalilauge (*Schönberg, Sina,* Am. Soc. **72** [1950] 1611, 1615).
Krystalle (aus Bzn.); F: 85°.

7-Allyloxy-2-methyl-chromen-4-on $C_{13}H_{12}O_3$, Formel V (R = CH_2-CH=CH_2).
B. Beim Erwärmen von 1-[4-Allyloxy-2-hydroxy-phenyl]-äthanon mit Äthylacetat und Natrium und Erhitzen des Reaktionsprodukts mit Essigsäure und kleinen Mengen wss. Salzsäure (*Davies, Norris,* Soc. **1949** 3080). Beim Erwärmen von 7-Hydroxy-2-methyl-chromen-4-on mit Allyljodid und äthanol. Kalilauge (*Schönberg, Sina,* Am. Soc. **72** [1950] 1611, 1615).
Krystalle (aus wss. Me. oder Bzn.); F: 92° (*Da., No.; Sch., Sina*).

7-Benzyloxy-2-methyl-chromen-4-on $C_{17}H_{14}O_3$, Formel V (R = CH_2-C_6H_5).
B. Beim Erwärmen von 1-[4-Benzyloxy-2-hydroxy-phenyl]-äthanon mit Äthylacetat und Natrium und Erwärmen des Reaktionsprodukts mit wss.-äthanol. Schwefelsäure (*Gulati et al.,* Soc. **1934** 1765).
Krystalle (aus A.); F: 137°.

7-Benzoyloxy-2-methyl-chromen-4-on $C_{17}H_{12}O_4$, Formel V (R = CO-C_6H_5).
B. Aus 7-Hydroxy-2-methyl-chromen-4-on und Benzoylchlorid (*Kelkar, Limaye,* Rasayanam **1** [1939] 183).
Krystalle (aus wss. A.); F: 125°.

IV   V   VI

[2-Methyl-4-oxo-4H-chromen-7-yloxy]-essigsäure $C_{12}H_{10}O_5$, Formel V (R = CH_2-COOH).
B. Beim Erhitzen der im folgenden Artikel beschriebenen Verbindung mit wss. Schwefelsäure (*Da Re et al.,* Farmaco Ed. scient **13** [1958] 561, 568).
Krystalle (aus wss. A.); F: 276—277°.

[2-Methyl-4-oxo-4H-chromen-7-yloxy]-essigsäure-äthylester $C_{14}H_{14}O_5$, Formel V (R = CH_2-CO-OC_2H_5).
B. Beim Erwärmen von 7-Hydroxy-2-methyl-chromen-4-on mit Bromessigsäure-äthylester, Kaliumcarbonat und Aceton (*Da Re et al.,* Farmaco Ed. scient **13** [1958] 561, 568).
Krystalle (aus Bzn.); F: 90—92°.

7-Hydroxy-2-methyl-chromen-4-on-[2,4-dinitro-phenylhydrazon] $C_{16}H_{12}N_4O_6$, Formel VI (R = H).
B. Aus 7-Hydroxy-2-methyl-chromen-4-on und [2,4-Dinitro-phenyl]-hydrazin (*Rao et al.,* J. org. Chem. **24** [1959] 683).
Rote Krystalle (aus E.); F: 320°.

7-Methoxy-2-methyl-chromen-4-on-[2,4-dinitro-phenylhydrazon] $C_{17}H_{14}N_4O_6$, Formel VI (R = CH_3).

B. Aus 7-Methoxy-2-methyl-chromen-4-on und [2,4-Dinitro-phenyl]-hydrazin (*Rao et al.*, J. org. Chem. **24** [1959] 683).

Krystalle (aus E.); F: 173—174°.

7-Methoxy-2-trifluormethyl-chromen-4-on $C_{11}H_7F_3O_3$, Formel VII.

B. Beim Erwärmen von 4,4,4-Trifluor-1-[2-hydroxy-4-methoxy-phenyl]-butan-1,3-dion mit Äthanol und kleinen Mengen wss. Salzsäure (*Whalley*, Soc. **1951** 3235, 3237).

Krystalle (aus wss. Me.); F: 110°.

3-Brom-7-methoxy-2-methyl-chromen-4-on $C_{11}H_9BrO_3$, Formel VIII.

Diese Konstitution kommt der nachstehend beschriebenen, ursprünglich (*Wiley*, Am. Soc. **74** [1952] 4329) als 2-Brommethyl-7-methoxy-chromen-4-on angesehenen Verbindung zu (*Dass et al.*, J. scient. ind. Res. India **13** B [1954] 160, 161).

B. Aus 7-Methoxy-2-methyl-chromen-4-on beim Behandeln mit Brom in Essigsäure (*Dass et al.*) sowie beim Erwärmen mit *N*-Brom-succinimid in Tetrachlormethan (*Wi.*) oder mit *N*-Brom-succinimid und Dibenzoylperoxid in Tetrachlormethan (*Dass et al.*).

Krystalle; F: 161—163° [unkorr.] (*Wi.*), 157—158° [aus E. + PAe.] (*Dass et al.*).

VII VIII IX

8-Brom-7-hydroxy-2-methyl-chromen-4-on $C_{10}H_7BrO_3$, Formel IX (R = H).

B. Aus 7-Hydroxy-2-methyl-chromen-4-on beim Behandeln mit Brom in Essigsäure (*Naik, Sethna*, J. Indian chem. Soc. **29** [1952] 493, 494) sowie beim Erwärmen mit *N*-Brom-succinimid und Dibenzoylperoxid in Tetrachlormethan (*Dass et al.*, J. scient. ind. Res. India **13** B [1954] 160, 165). Beim Behandeln von 7-Acetoxy-2-methyl-chromen-4-on (H 31) mit Brom in Esssigsäure oder Tetrachlormethan (*Dass et al.*).

Krystalle; F: 260—261° [Zers.; aus A.] (*Naik, Se.*; *Dass et al.*), 255° [aus PAe.] (*Desai, Desai*, J. scient. ind. Res. India **13** B [1954] 249).

8-Brom-7-methoxy-2-methyl-chromen-4-on $C_{11}H_9BrO_3$, Formel IX (R = CH_3).

B. Beim Erwärmen von 8-Brom-7-hydroxy-2-methyl-chromen-4-on mit Dimethylsulfat, Kaliumcarbonat und Aceton (*Dass et al.*, J. scient. ind. Res. India **13** B [1954] 160, 165).

Krystalle (aus A.) mit 4 Mol H_2O; F: 183—184°.

2-Brommethyl-7-hydroxy-chromen-4-on $C_{10}H_7BrO_3$, Formel X (R = H).

B. Beim Erwärmen einer Lösung von 7-Acetoxy-2-brommethyl-chromen-4-on in Äthanol mit wss. Bromwasserstoffsäure (*Dass et al.*, J. scient. ind. Res. India **13** B [1954] 160, 164).

Krystalle (aus E.); F: 231—232°.

2-Brommethyl-7-methoxy-chromen-4-on $C_{11}H_9BrO_3$, Formel X (R = CH_3).

Eine von *Wiley* (Am. Soc. **74** [1952] 4329) unter dieser Konstitution beschriebene Verbindung ist als 3-Brom-7-methoxy-2-methyl-chromen-4-on (s. o.) zu formulieren (*Dass et al.*, J. scient. ind. Res. India **13** B [1954] 160, 161).

B. Beim Erwärmen von 2-Brommethyl-7-hydroxy-chromen-4-on mit Dimethylsulfat, Kaliumcarbonat und Aceton (*Dass et al.*). Beim Erwärmen von 2-Äthoxymethyl-7-methoxy-chromen-4-on mit Bromwasserstoff in Essigsäure (*Dass et al.*).

Krystalle (aus E. + PAe.); F: 141—142° (*Dass et al.*).

7-Acetoxy-2-brommethyl-chromen-4-on $C_{12}H_9BrO_4$, Formel X (R = $CO\text{-}CH_3$).

B. Beim Erwärmen von 7-Acetoxy-2-methyl-chromen-4-on mit *N*-Brom-succinimid und

Dibenzoylperoxid in Tetrachlormethan (*Dass et al.*, J. scient. ind. Res. India **13** B [1954] 160, 164).
Krystalle (aus E.); F: 177—178°.

6,8-Dibrom-7-hydroxy-2-methyl-chromen-4-on $C_{10}H_6Br_2O_3$, Formel XI (X = H).
B. Beim Behandeln von 7-Hydroxy-2-methyl-chromen-4-on mit Brom in Essig= säure (*Desai, Desai*, J. scient. ind. Res. India **13** B [1954] 249; s. a. *Naik, Sethna*, J. Indian chem. Soc. **29** [1952] 493, 495).
Krystalle; F: 246—247° [aus Eg.] (*Naik, Se.*), 230° [aus PAe.] (*De., De.*).

X   XI   XII

3(?),6,8-Tribrom-7-hydroxy-2-methyl-chromen-4-on $C_{10}H_5Br_3O_3$, vermutlich Formel XI (X = Br).
B. Beim Behandeln von 7-Hydroxy-2-methyl-chromen-4-on mit Brom (*Naik, Sethna*, J. Indian chem. Soc. **29** [1952] 493, 495).
Braune Krystalle (aus Eg.); F: 237—238°.

7-Hydroxy-6-jod-2-methyl-chromen-4-on $C_{10}H_7IO_3$, Formel XII (R = H).
B. Beim Erhitzen von 7-Hydroxy-6,8-dijod-2-methyl-chromen-4-on mit Essigsäure (*Shah, Sethna*, Soc. **1959** 2676).
Krystalle (aus Eg.); F: 258—260° [Zers.].

6-Jod-7-methoxy-2-methyl-chromen-4-on $C_{11}H_9IO_3$, Formel XII (R = CH_3).
B. Beim Erwärmen von 7-Hydroxy-6-jod-2-methyl-chromen-4-on mit Dimethylsulfat, Kaliumcarbonat und Aceton (*Shah, Sethna*, Soc. **1959** 2676).
Krystalle (aus A.); F: 238°.

7-Hydroxy-8-jod-2-methyl-chromen-4-on $C_{10}H_7IO_3$, Formel I (R = H).
B. Beim Behandeln einer Lösung von 7-Hydroxy-2-methyl-chromen-4-on in Äthanol mit Jod und Jodsäure in Wasser (*Shah, Sethna*, Soc. **1959** 2676). Beim Behandeln von 7-Hydroxy-2-methyl-chromen-4-on mit wss. Ammoniak und mit einer wss. Lösung mit Jod und Kaliumjodid (*Shah, Se.*). Beim Erwärmen einer Lösung von 7-Hydroxy-2-methyl-chromen-4-on in Essigsäure oder Äthanol mit Jodmonochlorid und wss. Salzsäure (*Shah, Se.*).
Krystalle (aus Eg.); F: 213°.

8-Jod-7-methoxy-2-methyl-chromen-4-on $C_{11}H_9IO_3$, Formel I (R = CH_3).
B. Beim Erwärmen von 7-Hydroxy-8-jod-2-methyl-chromen-4-on mit Dimethyl= sulfat, Kaliumcarbonat und Aceton (*Shah, Sethna*, Soc. **1959** 2676).
F: 191—192°.

7-Hydroxy-6,8-dijod-2-methyl-chromen-4-on $C_{10}H_6I_2O_3$, Formel II (R = H).
B. Beim Behandeln einer Lösung von 7-Hydroxy-2-methyl-chromen-4-on in Äthanol mit Jod und Jodsäure in Wasser (*Shah, Sethna*, Soc. **1959** 2676).
Krystalle (aus Eg.); F: 122°.

6,8-Dijod-7-methoxy-2-methyl-chromen-4-on $C_{11}H_8I_2O_3$, Formel II (R = CH_3).
B. Beim Erwärmen von 7-Hydroxy-6,8-dijod-2-methyl-chromen-4-on mit Dimethyl= sulfat, Kaliumcarbonat und Aceton (*Shah, Sethna*, Soc. **1959** 2676).
F: 162°.

7-Hydroxy-2-methyl-6-nitro-chromen-4-on $C_{10}H_7NO_5$, Formel III (X = H).
B. Beim Erwärmen von 3-Acetyl-7-hydroxy-2-methyl-6-nitro-chromen-4-on mit wss.

Natriumcarbonat-Lösung (*Naik, Thakor*, Pr. Indian Acad. [A] **37** [1953] 774, 779).
Krystalle (aus Eg.), die unterhalb 305° nicht schmelzen.

I   II   III

7-Hydroxy-2-methyl-8-nitro-chromen-4-on $C_{10}H_7NO_5$, Formel IV (R = H).
B. Beim Behandeln von 7-Hydroxy-2-methyl-chromen-4-on mit Salpetersäure und Schwefelsäure (*Mehta et al.*, Pr. Indian Acad. [A] **29** [1949] 314, 316). Beim Erhitzen von 3-Acetyl-7-hydroxy-2-methyl-8-nitro-chromen-4-on mit wss. Schwefelsäure (*Thanawalla et al.*, J. Indian chem. Soc. **36** [1959] 674).
Gelbe Krystalle; F: 272° [aus Eg.] (*Th. et al.*), 268° [aus A.] (*Me. et al.*).

7-Methoxy-2-methyl-8-nitro-chromen-4-on $C_{11}H_9NO_5$, Formel IV (R = CH_3).
B. Beim Behandeln von 7-Methoxy-2-methyl-chromen-4-on mit Salpetersäure und Schwefelsäure (*Mehta et al.*, Pr. Indian Acad. [A] **29** [1949] 314, 317). Beim Erhitzen der Natrium-Verbindung des 7-Hydroxy-2-methyl-8-nitro-chromen-4-ons mit Dimethylsulfat in Toluol (*Me. et al.*).
Krystalle (aus A.); F: 211°.

7-Acetoxy-2-methyl-8-nitro-chromen-4-on $C_{12}H_9NO_6$, Formel IV (R = CO-CH_3).
B. Aus 7-Hydroxy-2-methyl-8-nitro-chromen-4-on (*Mehta et al.*, Pr. Indian Acad. [A] **29** [1949] 314, 316).
Hellbraune Krystalle (aus A.); F: 164°.

8-Brom-7-hydroxy-2-methyl-6-nitro-chromen-4-on $C_{10}H_6BrNO_5$, Formel III (X = Br).
B. Beim Behandeln von 8-Brom-7-hydroxy-2-methyl-chromen-4-on mit Salpetersäure und Schwefelsäure (*Naik, Sethna*, J. Indian chem. Soc. **29** [1952] 493, 494).
Gelbe Krystalle (aus Eg.); F: 211—212°.

7-Hydroxy-2-methyl-6,8-dinitro-chromen-4-on $C_{10}H_6N_2O_7$, Formel V (R = H).
B. Beim Behandeln von 7-Hydroxy-2-methyl-chromen-4-on (*Mehta et al.*, Pr. Indian Acad. [A] **29** [1949] 314, 317) oder von 7-Hydroxy-2-methyl-6-nitro-chromen-4-on (*Naik, Thakor*, Pr. Indian Acad. [A] **37** [1953] 774, 780) mit Salpetersäure und Schwefelsäure.
Gelbe Krystalle (aus A.); F: 233° (*Me. et al.*; *Naik, Th.*).

IV   V   VI

7-Methoxy-2-methyl-6,8-dinitro-chromen-4-on $C_{11}H_8N_2O_7$, Formel V (R = CH_3).
B. Beim Behandeln von 7-Methoxy-2-methyl-chromen-4-on mit Salpetersäure und Schwefelsäure (*Mehta et al.*, Pr. Indian Acad. [A] **29** [1949] 314, 318). Beim Erhitzen der Natrium-Verbindung des 7-Hydroxy-2-methyl-6,8-dinitro-chromen-4-ons mit Dimethylsulfat und Toluol (*Me. et al.*).
Krystalle (aus A.); F: 114°.

7-Methoxy-2-methyl-chromen-4-thion $C_{11}H_{10}O_2S$, Formel VI.
B. Beim Erhitzen von 7-Methoxy-2-methyl-chromen-4-on mit Phosphor(V)-sulfid auf 130° (*Baker, Butt*, Soc. **1949** 2142, 2150).
Orangerote Krystalle (aus A.); F: 146°.

Beim Erwärmen mit Phenylhydrazin, Äthanol und wss. Natronlauge ist 5-Methoxy-2-[3-methyl-1-phenyl-pyrazol-5-yl]-phenol erhalten worden.

2-Hydroxymethyl-chromen-4-on $C_{10}H_8O_3$, Formel VII (R = H).
B. Beim Erhitzen von 2-Methoxymethyl-chromen-4-on mit wss. Jodwasserstoffsäure (*Schmutz et al.*, Helv. **34** [1951] 767, 775). Beim Erwärmen von 2-Benzyloxymethyl-chromen-4-on mit konz. Schwefelsäure oder mit wss. Salzsäure (*Geissman, Bolger*, Am. Soc. **73** [1951] 5875). Beim Erhitzen einer Lösung von 2-Acetoxymethyl-chromen-4-on in Essigsäure mit wss. Salzsäure (*Sch. et al.*).
Krystalle; F: 167—169° [aus A. + Ae.] (*Sch. et al.*), 165—165,5° [aus Me. + PAe.] (*Ge., Bo.*). UV-Spektrum (A.; 225—310 nm): *Ge., Bo.*

2-Methoxymethyl-chromen-4-on $C_{11}H_{10}O_3$, Formel VII (R = CH_3).
B. Beim Erwärmen von 1-[2-Hydroxy-phenyl]-äthanon mit Methoxyessigsäure-äthylester und Natrium und Erhitzen des Reaktionsprodukts mit wss. Salzsäure und Essigsäure (*Schmutz et al.*, Helv. **34** [1951] 767, 774).
Kp_{15}: 176—180°.
Verbindung mit Quecksilber(II)-chlorid. Krystalle (aus Ae.); F: 126—127°.

2-Phenoxymethyl-chromen-4-on $C_{16}H_{12}O_3$, Formel VII (R = C_6H_5).
B. Beim Erwärmen von 2-Jodmethyl-chromen-4-on mit Phenol und Kaliumcarbonat (*Offe*, B. **71** [1938] 1837, 1842).
Krystalle (aus A.); F: 102°. Beim Trocknen im Hochvakuum bei 50° erfolgt Violettfärbung.

2-Benzyloxymethyl-chromen-4-on $C_{17}H_{14}O_3$, Formel VII (R = CH_2-C_6H_5).
B. Beim Behandeln von 1-[2-Benzyloxyacetoxy-phenyl]-äthanon mit Natriumhydrid in Dioxan und Behandeln des Reaktionsprodukts mit wss.-methanol. Salzsäure (*Geissman, Bolger*, Am. Soc. **73** [1951] 5875).
Krystalle (aus wss. Me.); F: 64—65°.

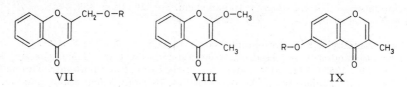

VII   VIII   IX

2-Acetoxymethyl-chromen-4-on $C_{12}H_{10}O_4$, Formel VII (R = CO-CH_3).
B. Beim Erhitzen von 2-Jodmethyl-chromen-4-on mit Silberacetat und Essigsäure (*Schmutz et al.*, Helv. **34** [1951] 767, 774).
Krystalle (aus Ae. + PAe.); F: 69—71°.

2-Methoxy-3-methyl-chromen-4-on $C_{11}H_{10}O_3$, Formel VIII.
B. Neben 4-Methoxy-3-methyl-cumarin beim Behandeln von 3-Methyl-chroman-2,4-dion (E III/IV **17** 6176) mit Diazomethan in Äther (*Cieślak et al.*, Roczniki Chem. **33** [1959] 349, 351; C. A. **1960** 3404).
Krystalle (aus Bzn.); F: 76—77°. Absorptionsmaximum (A.): 295 nm.
Verbindung mit Perchlorsäure $2C_{11}H_{10}O_3 \cdot HClO_4$; Verbindung von 2-Methoxy-3-methyl-chroman-4-on mit 4-Hydroxy-2-methoxy-3-methyl-chromenyliumperchlorat $C_{11}H_{10}O_3 \cdot [C_{11}H_{11}O_3]ClO_4$. Krystalle; F: 133—135°.

6-Hydroxy-3-methyl-chromen-4-on $C_{10}H_8O_3$, Formel IX (R = H).
B. Beim Erhitzen von 6-Hydroxy-3-methyl-4-oxo-4*H*-chromen-2-carbonsäure auf Temperaturen oberhalb des Schmelzpunkts (*Clerc-Bory et al.*, Bl. **1955** 1083, 1085).
Krystalle (aus A. oder Eg.); F: 212°. UV-Spektrum (230—360 nm): *Cl.-Bory et al.*, l. c. S. 1086.

6-Methoxy-3-methyl-chromen-4-on $C_{11}H_{10}O_3$, Formel IX (R = CH_3).
B. Beim Behandeln von 1-[2-Hydroxy-5-methoxy-phenyl]-propan-1-on mit Äthyl≠formiat und Natrium (*Legrand*, Bl. **1959** 1599, 1605).
Krystalle (aus Cyclohexan); F: 77°.

6-Methoxy-3-methyl-chromen-4-thion $C_{11}H_{10}O_2S$, Formel X.
B. Beim Behandeln von 6-Methoxy-3-methyl-chromen-4-on mit Phosphor(V)-sulfid (*Legrand*, Bl. **1959** 1599, 1605).
Rote Krystalle (aus Bzl. + Cyclohexan); F: 125,5°.

7-Hydroxy-3-methyl-chromen-4-on $C_{10}H_8O_3$, Formel XI (R = H).
B. Beim Behandeln von 1-[2,4-Dihydroxy-phenyl]-propan-1-on mit Äthylformiat und Natrium (*Legrand*, Bl. **1959** 1599, 1605). Beim Erhitzen von 7-Methoxy-3-methyl-chromen-4-on mit Pyridin-hydrochlorid (*Da Re et al.*, Ann. Chimica **49** [1959] 2089, 2096). Beim Erhitzen von 7-Hydroxy-3-methyl-4-oxo-4H-chromen-2-carbonsäure auf Temperaturen oberhalb des Schmelzpunkts (*Clerc-Bory et al.*, Bl. **1955** 1083, 1085).
Krystalle; F: 244° [aus A. oder Eg.] (*Cl.-Bory*), 238° [aus A.] (*Le.*). UV-Spektrum (230—240 nm): *Cl.-Bory*.

X   XI   XII

7-Methoxy-3-methyl-chromen-4-on $C_{11}H_{10}O_3$, Formel XI (R = CH_3).
B. Beim Behandeln von 1-[2-Hydroxy-4-methoxy-phenyl]-propan-1-on mit Äthyl≠formiat und Natrium und Erhitzen des Reaktionsprodukts (Krystalle [aus wss. A.], F: 145—146°; vermutlich 2-Hydroxy-7-methoxy-3-methyl-chroman-4-on ⇌ 1-[2-Hydroxy-4-methoxy-phenyl]-2-methyl-propan-1,3-dion [$C_{11}H_{12}O_4$]) mit Essigsäure und Schwefelsäure (*Da Re et al.*, Ann. Chimica **49** [1959] 2089, 2095). Aus der Natrium-Verbindung des 7-Hydroxy-3-methyl-chromen-4-ons mit Hilfe von Di≠methylsulfat (*Legrand*, Bl. **1959** 1599, 1605).
Krystalle (aus A.); F: 110° (*Le.*), 109—110,5° (*Da Re et al.*).

7-Acetoxy-3-methyl-chromen-4-on $C_{12}H_{10}O_4$, Formel XI (R = $CO-CH_3$).
B. Aus 7-Hydroxy-3-methyl-chromen-4-on (*Da Re et al.*, Ann. Chimica **49** [1959] 2089, 2096).
Krystalle (aus A.); F: 109—111°.

7-β-D-Glucopyranosyloxy-3-methyl-chromen-4-on $C_{16}H_{18}O_8$, Formel XII (R = H).
B. Beim Erwärmen der im folgenden Artikel beschriebenen Verbindung mit Äthanol und wss. Natronlauge (*Da Re et al.*, Ann. Chimica **49** [1959] 2089, 2093).
Krystalle (aus A.) mit 2 Mol H_2O; F: 208—209°. $[\alpha]_D^{20}$: −47° [Py.; c = 4].

3-Methyl-7-[tetra-O-acetyl-β-D-glucopyranosyloxy]-chromen-4-on $C_{24}H_{26}O_{12}$, Formel XII (R = $CO-CH_3$).
B. Beim Behandeln von 7-Hydroxy-3-methyl-chromen-4-on mit α-D-Acetobromgluco≠pyranose (Tetra-O-acetyl-α-D-glucopyranosylbromid) in wss. Natronlauge und Aceton (*Da Re et al.*, Ann. Chimica **49** [1959] 2089, 2093).
Krystalle (aus A.); F: 191—192°. $[\alpha]_D^{20}$: −42,0° [Py.; c = 4].

7-Methoxy-3-methyl-chromen-4-thion $C_{11}H_{10}O_2S$, Formel I.
B. Beim Behandeln von 7-Methoxy-3-methyl-chromen-4-on mit Phosphor(V)-sulfid (*Legrand*, Bl. **1959** 1599, 1606).
Rote Krystalle (aus A.); F: 135°.

4-Methoxy-3-methyl-cumarin $C_{11}H_{10}O_3$, Formel II (R = CH_3).
Die früher (s. E II 19) unter dieser Konstitution beschriebene Verbindung ist als 3,3-Dimethyl-chroman-2,4-dion zu formulieren (*Anker, Massicot*, Bl. **1969** 2181).
B. Neben 2-Methoxy-3-methyl-chromen-4-on beim Behandeln von 3-Methyl-chroman-2,4-dion (E III/IV **17** 6176) mit Diazomethan in Äther (*Cieślak et al.*, Roczniki Chem. **33** [1959] 349, 351; C. A. **1960** 3404).
Krystalle (aus Bzn.); F: 42—43° (*Ci. et al.*). Absorptionsmaxima (A.): 272 nm, 282 nm und 310 nm (*Ci. et al.*).

I   II   III

4-Acetoxy-3-methyl-cumarin $C_{12}H_{10}O_4$, Formel II (R = CO-CH_3).
B. Beim Erhitzen von 3-Methyl-chroman-2,4-dion (E III/IV **17** 6176) mit Acet= anhydrid (*Mentzer, Meunier*, Bl. [5] **10** [1943] 356, 360).
Krystalle; F: 154° (*Mentzer, Vercier*, M. **88** [1957] 264, 265), 150° [aus A.] (*Men., Meu.*). Absorptionsmaxima: 270 nm und 310 nm (*Me., Ve.*).

6-Hydroxy-3-methyl-cumarin $C_{10}H_8O_3$, Formel III (R = H).
B. Beim Erhitzen von 6-Methoxy-3-methyl-cumarin mit wss. Jodwasserstoffsäure und Acetanhydrid (*Cingolani et al.*, G. **83** [1953] 647, 652).
Krystalle (aus wss. Me.); F: 192°.

6-Methoxy-3-methyl-cumarin $C_{11}H_{10}O_3$, Formel III (R = CH_3).
B. Beim Erhitzen von 2-Hydroxy-5-methoxy-benzaldehyd mit Natriumpropionat, Propionsäure-anhydrid und wenig Piperidin (*Cingolani et al.*, G. **83** [1953] 647, 651).
Krystalle (aus wss. Me.); F: 110° (*Ci. et al.*). UV-Spektren von Lösungen in Äthanol (220—370 nm; λ_{max}: 225 nm, 277 nm und 337 nm), in wss. Perchlorsäure (210—370 nm) und in wss. Natronlauge (210—380 nm): *Cingolani*, G. **84** [1954] 825, 829, 836.

6-Methoxy-3-methyl-chromen-2-thion $C_{11}H_{10}O_2S$, Formel IV.
B. Neben 6-Methoxy-3-methyl-thiochromen-2-thion beim Erhitzen von 2-Methallyl-4-methoxy-phenol mit Schwefel in Diäthylphthalat auf 240° (*Mollier, Lozac'h*, Bl. **1958** 651, 653).
Gelbe Krystalle (aus Cyclohexan); F: 122°.

IV   V   VI

6-Methoxy-3-methyl-thiochromen-2-thion $C_{11}H_{10}OS_2$, Formel V.
B. Neben 6-Methoxy-3-methyl-chromen-2-thion beim Erhitzen von 2-Methallyl-4-methoxy-phenol mit Schwefel in Diäthylphthalat auf 240° (*Mollier, Lozac'h*, Bl. **1958** 651, 653). Neben 5-[2,5-Dimethoxy-phenyl]-4-methyl-[1,2]dithiol-3-thion beim Erhitzen von 2-Methallyl-1,4-dimethoxy-benzol mit Schwefel in Äthylbenzoat (*Mo., Lo.*).
Rote Krystalle (aus Cyclohexan); F: 165° (*Mo., Lo.*).

7-Hydroxy-3-methyl-cumarin $C_{10}H_8O_3$, Formel VI (R = H) (H 31).
B. Aus 7-Methoxy-3-methyl-cumarin mit Hilfe von wss. Jodwasserstoffsäure (*Cingolani et al.*, G. **83** [1953] 647, 652).
F: 218°.

7-Methoxy-3-methyl-cumarin $C_{11}H_{10}O_3$, Formel VI (R = CH_3).
B. Beim Erhitzen von 2-Hydroxy-4-methoxy-benzaldehyd mit Natriumpropionat, Propionsäure-anhydrid und wenig Piperidin (*Cingolani et al.*, G. **83** [1953] 647, 652). Krystalle (aus wss. Me.); F: 144° (*Ci. et al.*). UV-Spektren von Lösungen in Äthanol (220—350 nm; λ_{max}: 320 nm), in wss. Perchlorsäure (210—390 nm) und in wss. Natronlauge (210—370 nm): *Cingolani*, G. **84** [1954] 825, 829, 836.

8-Hydroxy-3-methyl-cumarin $C_{10}H_8O_3$, Formel VII (R = H).
B. Beim Erhitzen von 8-Methoxy-3-methyl-cumarin mit wss. Jodwasserstoffsäure und Acetanhydrid (*Cingolani et al.*, G. **83** [1953] 647, 653).
Krystalle (aus Me. oder W.); F: 176°.

8-Methoxy-3-methyl-cumarin $C_{11}H_{10}O_3$, Formel VII (R = CH_3).
B. Beim Erhitzen von 2-Hydroxy-3-methoxy-benzaldehyd mit Natriumpropionat, Propionsäure-anhydrid und wenig Piperidin (*Cingolani et al.*, G. **83** [1953] 647, 652). Krystalle (aus Me.); F: 81° (*Ci. et al.*). UV-Spektren von Lösungen in Äthanol (220 bis 330 nm; λ_{max}: 252 nm und 287 nm), in wss. Perchlorsäure (210—340 nm) und wss. Natronlauge (220—360 nm): *Cingolani*, G. **84** [1954] 825, 829, 836.

8-Acetoxy-3-methyl-cumarin $C_{12}H_{10}O_4$, Formel VII (R = CO-CH_3).
B. Beim Erwärmen von 8-Hydroxy-3-methyl-cumarin mit Acetanhydrid und Pyridin (*Cingolani et al.*, G. **83** [1953] 647, 653).
Krystalle (aus W.); F: 110°.

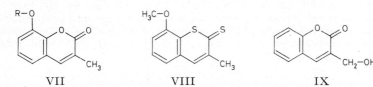

VII   VIII   IX

8-Methoxy-3-methyl-thiochromen-2-thion $C_{11}H_{10}OS_2$, Formel VIII.
B. Neben 5-[2-Hydroxy-3-methoxy-phenyl]-4-methyl-[1,2]dithiol-3-thion beim Erhitzen von 2-Methallyl-6-methoxy-phenol mit Schwefel in Diäthylphthalat auf 240° (*Mollier, Lozac'h*, Bl. **1958** 651, 653). Beim Erhitzen von 1-Methallyl-2,3-dimethoxy-benzol mit Schwefel in Äthylbenzoat (*Mo., Lo.*, l. c. S. 655).
Orangefarbene Krystalle (aus Cyclohexan); F: 185°.

3-Hydroxymethyl-cumarin $C_{10}H_8O_3$, Formel IX.
B. Bei langem Behandeln von 3,5-Dichlor-2-[2-oxo-2H-chromen-3-ylmethoxy]-benzoesäure-methylester mit Natriumhydrogencarbonat in wss. Methanol (*Nummy, Tarbell*, Am. Soc. **73** [1951] 1500, 1503).
Krystalle (aus wss. A.); F: 186—187° [unkorr.]. Unter vermindertem Druck sublimierbar.

3,5-Dichlor-2-[2-oxo-2H-chromen-3-ylmethoxy]-benzoesäure $C_{17}H_{10}Cl_2O_5$, Formel X (X = OH).
B. Beim Behandeln einer Lösung von 3,5-Dichlor-2-[2-oxo-2H-chromen-3-ylmethoxy]-benzoesäure-amid in Essigsäure mit wss. Schwefelsäure und wss. Natriumnitrit-Lösung (*Nummy, Tarbell*, Am. Soc. **73** [1951] 1500, 1502).
Krystalle (aus Eg.); F: 185—187° [unkorr.; Zers.].

3,5-Dichlor-2-[2-oxo-2H-chromen-3-ylmethoxy]-benzoesäure-methylester $C_{18}H_{12}Cl_2O_5$, Formel X (X = OCH_3).
B. Beim Erwärmen von 3-Brommethyl-cumarin mit 3,5-Dichlor-2-hydroxy-benzoesäure-methylester in Butanon unter Zusatz von Natriumjodid und wss. Kaliumcarbonat-Lösung (*Nummy, Tarbell*, Am. Soc. **73** [1951] 1500, 1503).
Krystalle (aus Eg.); F: 171° [unkorr.].

Beim Behandeln mit konz. Schwefelsäure ist 3,5-Dichlor-2-hydroxy-benzoesäure-methylester erhalten worden.

3,5-Dichlor-2-[2-oxo-2H-chromen-3-ylmethoxy]-benzoesäure-amid, 3-[2-Carbamoyl-4,6-dichlor-phenoxymethyl]-cumarin $C_{17}H_{11}Cl_2NO_4$, Formel X (X = NH_2).
B. Beim Erwärmen von 3-Brommethyl-cumarin mit 3,5-Dichlor-2-hydroxy-benzoe-säure-amid in Butanon unter Zusatz von Natriumjodid und wss. Kaliumcarbonat-Lösung (*Nummy, Tarbell,* Am. Soc. **73** [1951] 1500, 1502).
Krystalle (aus wss. Eg.); F: 208—209° [unkorr.].

5-Hydroxy-4-methyl-cumarin $C_{10}H_8O_3$, Formel XI (R = H).
B. Neben 5-Hydroxy-2-methyl-chromen-4-on beim Erhitzen von 1-[2,6-Dihydroxy-phenyl]-äthanon mit Acetanhydrid und Natriumacetat und Erhitzen des Reaktionsprodukts mit wss. Natriumcarbonat-Lösung (*Sen, Bagchi,* J. org. Chem. **24** [1959] 316, 319). Beim Erhitzen von 5-Hydroxy-4-methyl-2-oxo-2H-chromen-6-carbonsäure bis zum Schmelzpunkt (*Sethna et al.,* Soc. **1938** 228, 231; *Woodruff,* Am. Soc. **64** [1942] 2859). Beim Erhitzen von 5-Hydroxy-4-methyl-2-oxo-2H-chromen-6-carbonsäure-methylester mit wss. Salzsäure und Essigsäure auf 185° (*Se. et al.*).
Krystalle (aus A.); F: 263° (*Limaye, Kelkar,* Rasayanam **1** [1936] 45, 47; *Se. et al.*). UV-Spektrum (A.; 210—350 nm): *Cingolani,* Ann. Chimica **47** [1957] 557, 558; *Sen, Ba.* UV-Spektrum (210—340 nm) und Fluorescenz-Spektrum (400—625 nm) von Lösungen in wss. Äthanol, wss.-äthanol. Salzsäure und wss.-äthanol. Alkalilauge: *Mattoo,* Trans. Faraday Soc. **52** [1956] 1184, 1187. Wahrer Dissoziationsexponent pK_a (Wasser; spektrophotometrisch ermittelt) bei 25°: 8,26 (*Mattoo,* Trans. Faraday Soc. **54** [1958] 19, 20).
Beim Erwärmen mit Hexamethylentetramin und Essigsäure und Erhitzen des Reaktionsgemisches mit wss. Salzsäure ist 5-Hydroxy-4-methyl-2-oxo-2H-chromen-6,8-dicarbaldehyd erhalten worden (*Naik, Thakor,* J. org. Chem. **22** [1957] 1626, 1628).

X   XI   XII

5-Methoxy-4-methyl-cumarin $C_{11}H_{10}O_3$, Formel XI (R = CH_3).
B. Beim Behandeln von 5-Hydroxy-4-methyl-cumarin mit Dimethylsulfat und Natronlauge (*Limaye, Kelkar,* Rasayanam **1** [1936] 45, 47; *Sethna et al.,* Soc. **1938** 228, 231).
Krystalle; F: 143° [aus wss. A.] (*Li., Ke.*), 140—142° [aus Bzl.] (*Se. et al.*).

5-Acetoxy-4-methyl-cumarin $C_{12}H_{10}O_4$, Formel XI (R = $CO-CH_3$).
B. Beim Erhitzen von 5-Hydroxy-4-methyl-cumarin mit Acetanhydrid und Natriumacetat auf 160° (*Limaye, Kelkar,* Rasayanam **1** [1936] 45, 47).
Krystalle; F: 114° [aus W.] (*Li., Ke.*), 112—114° [aus Bzl.] (*Sethna et al.,* Soc. **1938** 228, 231). UV-Spektrum (210—350 nm) von Lösungen in Äthanol, in wss.-äthanol. Salzsäure und in wss.-äthanol. Kalilauge: *Mattoo,* Trans. Faraday Soc. **52** [1956] 1184, 1187.

4-Methyl-5-propionyloxy-cumarin $C_{13}H_{12}O_4$, Formel XI (R = $CO-CH_2-CH_3$).
B. Beim Erhitzen von 5-Hydroxy-4-methyl-cumarin mit Propionylchlorid (*Deliwala, Shah,* Soc. **1939** 1250, 1252).
Krystalle (aus A.); F: 100—101°.

5-Butyryloxy-4-methyl-cumarin $C_{14}H_{14}O_4$, Formel XI (R = $CO-CH_2-CH_2-CH_3$).
B. Beim Erhitzen von 5-Hydroxy-4-methyl-cumarin mit Buttersäure-anhydrid und Pyridin (*Deliwala, Shah,* Soc. **1939** 1250, 1252).
Krystalle (aus wss. A.); F: 100—101°.

5-Benzoyloxy-4-methyl-cumarin $C_{17}H_{12}O_4$, Formel XI (R = $CO-C_6H_5$).
B. Aus 5-Hydroxy-4-methyl-cumarin (*Sethna et al.*, Soc. **1938** 228, 231).
Krystalle (aus A.); F: 175—177°.

8-Brom-5-hydroxy-4-methyl-cumarin $C_{10}H_7BrO_3$, Formel XII (R = H).
B. Beim Behandeln von 5-Hydroxy-4-methyl-cumarin mit Brom in Essigsäure (*Lele et al.*, J. Indian chem. Soc. **30** [1953] 610, 612).
Krystalle (aus wss. Eg.); F: 256°.

8-Brom-5-methoxy-4-methyl-cumarin $C_{11}H_9BrO_3$, Formel XII (R = CH_3).
B. Beim Erwärmen von 8-Brom-5-hydroxy-4-methyl-cumarin mit Dimethylsulfat, Kaliumcarbonat und Aceton (*Lele et al.*, J. Indian chem. Soc. **30** [1953] 610, 612). Beim Behandeln von 5-Methoxy-4-methyl-cumarin mit Brom in Essigsäure (*Lele et al.*).
Krystalle (aus wss. A.); F: 223°.

3,8-Dibrom-5-methoxy-4-methyl-cumarin $C_{11}H_8Br_2O_3$, Formel I.
B. Beim Erwärmen von 5-Methoxy-4-methyl-cumarin mit Brom in Essigsäure (*Lele et al.*, J. Indian chem. Soc. **30** [1953] 610, 613).
Gelbe Krystalle (aus wss. Eg.); F: 168°.

6,8-Dibrom-5-hydroxy-4-methyl-cumarin $C_{10}H_6Br_2O_3$, Formel II (R = H).
B. Beim Erwärmen von 5-Hydroxy-4-methyl-cumarin mit Brom in Essigsäure (*Lele et al.*, J. Indian chem. Soc. **30** [1953] 610, 612).
Krystalle (aus wss. A.); F: 227°.

6,8-Dibrom-5-methoxy-4-methyl-cumarin $C_{11}H_8Br_2O_3$, Formel II (R = CH_3).
B. Beim Behandeln von 6,8-Dibrom-5-hydroxy-4-methyl-cumarin mit Dimethylsulfat, Kaliumcarbonat und Aceton (*Lele et al.*, J. Indian chem. Soc. **30** [1953] 610, 613).
Krystalle (aus wss. Eg.); F: 214—215.

3,6,8-Tribrom-5-hydroxy-4-methyl-cumarin $C_{10}H_5Br_3O_3$, Formel III (R = H).
B. Beim Erwärmen von 5-Hydroxy-4-methyl-cumarin mit Brom in Essigsäure (*Lele et al.*, J. Indian chem. Soc. **30** [1953] 610, 613).
Krystalle (aus Eg.); F: 238°.

3,6,8-Tribrom-5-methoxy-4-methyl-cumarin $C_{11}H_7Br_3O_3$, Formel III (R = CH_3).
B. Beim Behandeln von 5-Methoxy-4-methyl-cumarin mit Brom in Essigsäure (*Lele et al.*, J. Indian chem. Soc. **30** [1953] 610, 613). Beim Erwärmen von 3,6,8-Tribrom-5-hydroxy-4-methyl-cumarin mit Dimethylsulfat, Kaliumcarbonat und Benzol (*Lele et al.*).
Krystalle (aus Eg.); F: 183—184°.

5-Hydroxy-6-jod-4-methyl-cumarin $C_{10}H_7IO_3$, Formel IV (R = H).
B. Beim Behandeln von 5-Hydroxy-4-methyl-cumarin mit wss. Ammoniak und mit einer wss. Lösung von Jod und Kaliumjodid (*Lele, Sethna*, J. org. Chem. **23** [1958] 1731, 1733).
Krystalle (aus Eg.); F: 175° [unkorr.].

6-Jod-5-methoxy-4-methyl-cumarin $C_{11}H_9IO_3$, Formel IV (R = CH_3).
B. Beim Erwärmen einer Lösung von 5-Hydroxy-6-jod-4-methyl-cumarin in Aceton mit Dimethylsulfat und Kaliumcarbonat (*Lele, Sethna*, J. org. Chem. **23** [1958] 1731,

1733).
Krystalle; F: 155° [unkorr.].

5-Hydroxy-8-jod-4-methyl-cumarin $C_{10}H_7IO_3$, Formel V (R = H).
B. Beim Erwärmen einer Lösung von 5-Hydroxy-4-methyl-cumarin in Äthanol mit wss. Salzsäure und Jodmonochlorid (*Lele, Sethna,* J. org. Chem. **23** [1958] 1731, 1733).
Krystalle (aus Eg.); F: 242° [unkorr.].

8-Jod-5-methoxy-4-methyl-cumarin $C_{11}H_9IO_3$, Formel V (R = CH_3).
B. Beim Erwärmen einer Lösung von 5-Methoxy-4-methyl-cumarin in Essigsäure mit Jodmonochlorid (*Lele, Sethna,* J. org. Chem. **23** [1958] 1731, 1733). Beim Erwärmen einer Lösung von 5-Hydroxy-8-jod-4-methyl-cumarin in Aceton mit Dimethylsulfat und Kaliumcarbonat (*Lele, Se.*).
Krystalle (aus Eg.); F: 254° [unkorr.].

5-Hydroxy-6,8-dijod-4-methyl-cumarin $C_{10}H_6I_2O_3$, Formel VI (R = H).
B. Beim Erwärmen einer Lösung von 5-Hydroxy-4-methyl-cumarin in Äthanol mit wss. Salzsäure und Jodmonochlorid oder mit Jod und Jodsäure in Wasser (*Lele, Sethna,* J. org. Chem. **23** [1958] 1731, 1733). Beim Behandeln von 5-Hydroxy-4-methyl-cumarin mit wss. Ammoniak und mit einer wss. Lösung von Jod und Kaliumjodid (*Lele, Se.*).
F: 230° [unkorr.].

6,8-Dijod-5-methoxy-4-methyl-cumarin $C_{11}H_8I_2O_3$, Formel VI (R = CH_3).
B. Beim Erwärmen einer Lösung von 5-Hydroxy-6,8-dijod-4-methyl-cumarin in Aceton mit Dimethylsulfat und Kaliumcarbonat (*Lele, Sethna,* J. org. Chem. **23** [1958] 1731, 1733).
Krystalle; F: 224° [unkorr.].

V   VI   VII   VIII

5-Hydroxy-4-methyl-6-nitro-cumarin $C_{10}H_7NO_5$, Formel VII (X = H).
Unter dieser Konstitution sind die beiden nachstehend aufgeführten Präparate beschrieben worden.

a) Präparat vom F: 210°.
B. Beim Erhitzen von 4-Nitro-resorcin mit Acetessigsäure-äthylester und Aluminiumchlorid (*Parekh, Shah,* J. Indian chem. Soc. **19** [1942] 339, 341).
Krystalle (aus wss. Salzsäure); F: 209—210° (*Pa., Shah*).
O-Methyl-Derivat $C_{11}H_9NO_5$ (5-Methoxy-4-methyl-6-nitro-cumarin (?)). Krystalle (aus W.); F: 132—133° (*Pa., Shah*).

b) Präparat vom F: 189°.
B. Neben 5-Hydroxy-4-methyl-8-nitro-cumarin (?) (F: 265° [S. 329]) beim Behandeln von 5-Hydroxy-4-methyl-cumarin mit Essigsäure und wss. Salpetersäure [D: 1,42] (*Naik, Thakor,* J. org. Chem. **22** [1957] 1240). Beim Erwärmen von 5-Hydroxy-4-methyl-8-nitro-cumarin (?) (F: 265° [S. 329]) mit wss. Natronlauge (*Naik, Th.*).
Gelbe Krystalle (aus A.); F: 188—189° (*Naik, Th.*).
O-Methyl-Derivat $C_{11}H_9NO_5$ (5-Methoxy-4-methyl-6-nitro-cumarin (?)). Krystalle (aus A.); F: 148° (*Naik, Th.*).

5-Hydroxy-4-methyl-8-nitro-cumarin $C_{10}H_7NO_5$, Formel VIII (X = H).
Unter dieser Konstitution sind die beiden nachstehend aufgeführten Präparate beschrieben worden.

a) Präparat vom F: 176°.
B. Beim Behandeln von 5-Hydroxy-4-methyl-cumarin mit Schwefelsäure und Salpeter=

säure (*Parekh, Shah,* J. Indian chem. Soc. **19** [1942] 335, 337).
Gelbe Krystalle (aus Eg.); F: 174—176° [Zers.] (*Pa., Shah*).

b) Präparat vom F: 265°.
B. Neben 5-Hydroxy-4-methyl-6-nitro-cumarin (?) (F: 188—189° [S. 328]) beim Behandeln von 5-Hydroxy-4-methyl-cumarin mit Essigsäure und wss. Salpetersäure [D: 1,42] (*Naik, Thakor,* J. org. Chem. **22** [1957] 1240).
Krystalle (aus Eg.); F: 265° [Zers.] (*Naik, Th.*).

O-Methyl-Derivat $C_{11}H_9NO_5$ (5-Methoxy-4-methyl-8-nitro-cumarin (?)). B. Aus 5-Hydroxy-4-methyl-8-nitro-cumarin (?) (F: 265°) sowie aus 5-Methoxy-4-methyl-cumarin mit Hilfe von Salpetersäure (*Naik, Th.*). — Krystalle (aus Eg.); F: 225° (*Naik, Th.*).

5-Hydroxy-4-methyl-6,8-dinitro-cumarin $C_{10}H_6N_2O_7$, Formel VII (X = NO_2).
B. Beim Behandeln einer Lösung von 5-Hydroxy-4-methyl-cumarin mit Essigsäure und Salpetersäure (*Parekh, Shah,* J. Indian chem. Soc. **19** [1942] 335, 338).
Gelbe Krystalle (aus Me.); F: 182—184° (*Merchant, Shah,* J. Indian chem. Soc. **34** [1957] 45, 49), 181—182° (*Pa., Shah*).

5-Hydroxy-4-methyl-3,6,8-trinitro-cumarin $C_{10}H_5N_3O_9$, Formel VIII (X = NO_2).
B. Beim Behandeln von 5-Hydroxy-4-methyl-cumarin, von 5-Hydroxy-4-methyl-2-oxo-2H-chromen-6-carbonsäure oder von 5-Hydroxy-4-methyl-2-oxo-3,8-disulfo-2H-chromen-6-carbonsäure mit Essigsäure und Salpetersäure (*Merchant, Shah,* J. Indian chem. Soc. **34** [1957] 45, 49).
Gelbe Krystalle (aus Eg.); F: 208—209° [korr.; Zers.].

6-Hydroxy-4-methyl-cumarin $C_{10}H_8O_3$, Formel IX (R = H) (H 31; E I 308).
B. Beim Behandeln von 1,4-Diacetoxy-benzol mit Acetessigsäure-äthylester und wss. Schwefelsäure (*Desai, Mavani,* Pr. Indian Acad. [A] **15** [1942] 11, 12). Beim Erwärmen von Acetessigsäure-[4-hydroxy-phenylester] mit wss. Schwefelsäure (*Farbenfabr. Bayer,* D.B.P. 823140 [1951]; D.R.B.P. Org. Chem. 1950—1951 **6** 2407; *Lacey,* Soc. **1954** 854, 857). Beim Behandeln von 4-Methyl-cumarin mit wss. Natronlauge und Kaliumperoxodisulfat und Erwärmen des Reaktionsprodukts mit wss. Salzsäure (*Parekh, Sethna,* J. Indian chem. Soc. **27** [1950] 369, 371). Beim Erhitzen von [6-Hydroxy-2-oxo-2H-chromen-4-yl]-essigsäure (*Dixit, Padukone,* J. Indian chem. Soc. **27** [1950] 127, 129).
F: 248° [korr.; Block; aus wss. A.] (*La.*), 245° [unkorr.; aus Eg.] (*Sen, Bagchi,* J. org. Chem. **24** [1959] 316, 319; *Di., Pa.*). Im Hochvakuum sublimierbar (*Sen, Ba.*). Absorptionsspektrum (A.; 220—350 nm bzw. 230—400 nm): *Sen, Ba.*; *Iguchi, Utsugi,* J. pharm. Soc. Japan **73** [1953] 1290; C. A. **1955** 304. Absorptionsspektrum (210—420 nm) und Fluorescenz-Spektrum (400—625 nm) von Lösungen in wss. Äthanol, in wss.-äthanol. Salzsäure und in wss.-äthanol. Alkalilauge: *Mattoo,* Trans. Faraday Soc. **52** [1956] 1184, 1188. Absorptionsmaximum (270 nm) und Fluorescenzmaximum (427 nm) von Lösungen in Äthanol: *Wheelock,* Am. Soc. **81** [1959] 1348, 1349. Magnetische Susceptibilität: $-98,7 \cdot 10^{-6}$ cm$^3 \cdot$ mol^{-1} (*Mathur,* Trans. Faraday Soc. **54** [1958] 1609, 1610). Wahrer Dissoziationsexponent pK_a (Wasser; spektrophotometrisch ermittelt) bei 25°: 9,14 (*Mattoo,* Trans. Faraday Soc. **54** [1958] 19, 21). Löslichkeit in Wasser bei 37°: 1 g/1333 g (*Kitagawa,* J. pharm. Soc. Japan **76** [1956] 582, 583; C. A. **1956** 13285). Verteilung zwischen Äther und Wasser: *Ki.*

Beim Behandeln mit der Quecksilber-Verbindung des Acetamids und wss. Natronlauge ist eine als Quecksilber-hydroxid-[4-methyl-2-oxo-2H-chromen-6-olat] (6-Hydroxomercurioxy-4-methyl-cumarin) angesehene Verbindung $C_{10}H_8HgO_4$, beim Behandeln mit wss. Natronlauge und Quecksilber(II)-acetat ist eine als Quecksilber-acetat-[4-methyl-2-oxo-2H-chromen-6-olat] (6-Acetoxomercurioxy-4-methyl-cumarin) angesehene Verbindung $C_{12}H_{10}HgO_5$ (Zers. bei 230°) erhalten worden (*Naik, Patel,* Soc. **1934** 1043, 1046).

6-Methoxy-4-methyl-cumarin $C_{11}H_{10}O_3$, Formel IX (R = CH_3).
B. Aus 6-Hydroxy-4-methyl-cumarin mit Hilfe von Alkalilauge und Dimethylsulfat (*Desai, Mavani,* Pr. Indian Acad. [A] **15** [1942] 11, 12) oder mit Hilfe von Diazomethan

(*Nakabayashi et al.*, J. pharm. Soc. Japan **73** [1953] 565; C. A. **1954** 5187).
Krystalle (aus A.); F: 169° (*De., Ma.*). UV-Spektrum von Lösungen in Äthanol (220 – 365 nm; λ_{max}: 225 nm, 273 nm und 340 nm), in wss. Perchlorsäure und in wss. Natronlauge (jeweils 210 – 375 nm): *Cingolani*, G. **84** [1954] 825, 830, 838. Absorptionsmaximum (275 nm) und Fluorescenzmaximum (418 nm) von Lösungen in Äthanol: *Wheelock*, Am. Soc. **81** [1959] 1348, 1349. Magnetische Susceptibilität: $-109,5 \cdot 10^{-6}$ cm³·mol⁻¹ (*Mathur*, Trans. Faraday Soc. **54** [1958] 1609, 1610).

6-Äthoxy-4-methyl-cumarin $C_{12}H_{12}O_3$, Formel IX (R = C_2H_5).
F: 113 – 114° (*Pfau*, Riechstoffind. **10** [1935] 57).

6-Acetoxy-4-methyl-cumarin $C_{12}H_{10}O_4$, Formel IX (R = CO-CH₃) (H 31).
UV-Spektrum (210 – 380 nm) von Lösungen in wss. Äthanol, in wss.-äthanol. Salzsäure und in wss.-äthanol. Kalilauge sowie Fluorescenz-Spektrum (380 – 625 nm) von Lösungen in wss. Äthanol und in wss.-äthanol. Kalilauge: *Mattoo*, Trans. Faraday Soc. **52** [1956] 1184, 1192.

6-*trans*-Crotonoyloxy-4-methyl-cumarin, *trans*-Crotonsäure-[4-methyl-2-oxo-2*H*-chromen-6-ylester] $C_{14}H_{12}O_4$, Formel IX (R = CO-CH=CH-CH₃).
B. Beim Erhitzen von 6-Hydroxy-4-methyl-cumarin mit *trans*-Crotonsäure-[2,4-dichlorphenylester] auf 280° (*Ziegler, Schaar*, M. **90** [1959] 866, 870).
Krystalle (aus A.); F: 140 – 141°.

6-Benzoyloxy-4-methyl-cumarin $C_{17}H_{12}O_4$, Formel IX (R = CO-C₆H₅).
B. Aus 6-Hydroxy-4-methyl-cumarin mit Hilfe von Benzoylchlorid (*Desai, Mavani*, Pr. Indian Acad. [A] **15** [1942] 11, 12; *Dixit, Padukone*, J. Indian chem. Soc. **27** [1950] 127, 129).
Krystalle; F: 139° [aus wss. Eg.] (*Di., Pa.*), 125° [aus A.] (*De., Ma.*).

Butylmalonsäure-bis-[4-methyl-2-oxo-2*H*-chromen-6-ylester] $C_{27}H_{24}O_8$, Formel X.
B. Beim Erhitzen von 6-Hydroxy-4-methyl-cumarin mit Butylmalonsäure, Phosphorylchlorid und 1,1,2,2-Tetrachlor-äthan auf 120° (*Ziegler, Schaar*, M. **90** [1959] 866, 869).
Krystalle (aus A.); F: 156 – 157°.

6-Methoxycarbonyloxy-4-methyl-cumarin $C_{12}H_{10}O_5$, Formel IX (R = CO-O-CH₃).
B. Beim Behandeln von 6-Hydroxy-4-methyl-cumarin mit Alkalilauge und Chlorokohlensäure-methylester (*Desai, Mavani*, Pr. Indian Acad. [A] **15** [1942] 11,12).
Krystalle (aus wss. A.); F: 139°.

4-Methyl-6-[toluol-4-sulfonyloxy]-cumarin $C_{17}H_{14}O_5S$, Formel IX (R = SO₂-C₆H₄-CH₃).
B. Aus 6-Hydroxy-4-methyl-cumarin und Toluol-4-sulfonylchlorid (*Bhavsar, Desai*, J. Indian chem. Soc. **31** [1954] 141, 144).
Krystalle (aus wss. A.); F: 160 – 161°.

6-Dimethoxythiophosphoryloxy-4-methyl-cumarin, Thiophosphorsäure-*O,O'*-dimethylester-*O''*-[4-methyl-2-oxo-2*H*-chromen-6-ylester] $C_{12}H_{13}O_5PS$, Formel IX (R = PS(OCH₃)₂).
B. Beim Erwärmen von 6-Hydroxy-4-methyl-cumarin mit Chlorothiophosphorsäure-*O,O'*-dimethylester, Kaliumcarbonat und Kupfer-Pulver in Chlorbenzol (*Farbenfabr.*

Bayer, D.B.P. 814297 [1948]; D.R.B.P. Org. Chem. 1950—1951 **5** 112; U.S.P. 2624745 [1949]).
F: 42° (*Schrader*, Ang. Ch. Monogr. **62** [1952] 65); F: 60° (*G. Schrader*, Die Entwicklung neuer insektizider Phosphorsäure-Ester, 3. Aufl. [Weinheim 1963] S. 191).

6-Diäthoxythiophosphoryloxy-4-methyl-cumarin, Thiophosphorsäure-O,O'-diäthylester-O''-[4-methyl-2-oxo-2H-chromen-6-ylester] $C_{14}H_{17}O_5PS$, Formel IX (R = $PS(OC_2H_5)_2$).
B. Beim Erwärmen von 6-Hydroxy-4-methyl-cumarin mit Chlorothiophosphorsäure-O,O'-diäthylester, Kaliumcarbonat und Kupfer-Pulver in Chlorbenzol (*Farbenfabr. Bayer*, D.B.P. 814297 [1948]; D.R.B.P. Org. Chem. 1950—1951 **5** 112; U.S.P. 2624745 [1949]).
F: 67° (*G. Schrader*, Die Entwicklung neuer insektizider Phosphorsäure-Ester, 3. Aufl. [Weinheim 1963] S. 191).

7-Chlor-6-hydroxy-4-methyl-cumarin $C_{10}H_7ClO_3$, Formel XI (R = H).
B. Beim Behandeln von 2-Chlor-hydrochinon mit Acetessigsäure-äthylester und wss. Schwefelsäure (*Desai, Mavani*, Pr. Indian Acad. [A] **15** [1942] 11, 15).
Krystalle (aus A.); F: 198°.

5-Acetoxy-7-chlor-4-methyl-cumarin $C_{12}H_9ClO_4$, Formel XI (R = $CO-CH_3$).
B. Aus 7-Chlor-6-hydroxy-4-methyl-cumarin (*Desai, Mavani*, Pr. Indian Acad. [A] **15** [1942] 11, 15).
Krystalle (aus A.); F: 182°.

3-Brom-6-hydroxy-4-methyl-cumarin $C_{10}H_7BrO_3$, Formel XII (R = H).
B. Beim Erhitzen von 3-Brom-6-methoxy-4-methyl-cumarin mit Aluminiumchlorid auf 160° (*Dalvi, Sethna*, J. Indian chem. Soc. **26** [1949] 467, 468).
Gelbe Krystalle (aus Eg.); F: 258—260°.

3-Brom-6-methoxy-4-methyl-cumarin $C_{11}H_9BrO_3$, Formel XII (R = CH_3).
B. Beim Behandeln von 6-Methoxy-4-methyl-cumarin mit Brom in Essigsäure (*Dalvi, Sethna*, J. Indian chem. Soc. **26** [1949] 467, 468).
Gelbe Krystalle (aus wss. A.); F: 125—127°.

3,5(?)-Dibrom-6-hydroxy-4-methyl-cumarin $C_{10}H_6Br_2O_3$, vermutlich Formel XIII (R = H).
Diese Konstitution kommt der früher (s. H **18** 31) als 5,7-Dibrom-6-hydroxy-4-methyl-cumarin angesehenen Verbindung $C_{10}H_6Br_2O_3$ (F: 202—203°) zu (*Dalvi, Sethna*, J. Indian chem. Soc. **26** [1949] 467, 468).

3,5(?)-Dibrom-6-methoxy-4-methyl-cumarin $C_{11}H_8Br_2O_3$, vermutlich Formel XIII (R = CH_3).
B. Beim Erwärmen der im vorangehenden Artikel aufgeführten Verbindung mit Methyljodid, Kaliumcarbonat und Aceton (*Dalvi, Sethna*, J. Indian chem. Soc. **26** [1949] 467, 469).
F: 212—214°.

3,7(?)-Dibrom-6-hydroxy-4-methyl-cumarin $C_{10}H_6Br_2O_3$, vermutlich Formel XIV (R = H).
B. Beim Erwärmen von 6-Hydroxy-4-methyl-cumarin mit Brom in Essigsäure (*Dalvi, Sethna*, J. Indian chem. Soc. **26** [1949] 467, 469).
Gelbe Krystalle (aus Eg.); F: 276—280°.

3,7(?)-Dibrom-6-methoxy-4-methyl-cumarin $C_{11}H_8Br_2O_3$, vermutlich Formel XIV (R = CH_3).
   B. Beim Erwärmen der im vorangehenden Artikel beschriebenen Verbindung mit Methyljodid, Kaliumcarbonat und Aceton (*Dalvi, Sethna*, J. Indian chem. Soc. **26** [1949] 467, 469). Beim Behandeln von 6-Methoxy-4-methyl-cumarin mit Brom (*Da., Se.*).
   Krystalle (aus Eg.); F: 205—207°.

3,5,7-Tribrom-6-hydroxy-4-methyl-cumarin $C_{10}H_5Br_3O_3$, Formel XV (R = H).
   B. Beim Behandeln von 6-Hydroxy-4-methyl-cumarin mit Brom (*Dalvi, Sethna*, J. Indian chem. Soc. **26** [1949] 467, 470).
   Krystalle (aus Eg.); F: 196—198°.

3,5,7-Tribrom-6-methoxy-4-methyl-cumarin $C_{11}H_7Br_3O_3$, Formel XV (R = CH_3).
   B. Beim Erwärmen von 3,5,7-Tribrom-6-hydroxy-4-methyl-cumarin mit Methyljodid, Kaliumcarbonat und Aceton (*Dalvi, Sethna*, J. Indian chem. Soc. **26** [1949] 467, 470).
   Gelbe Krystalle (aus Eg.); F: 174—176°.

6-Hydroxy-4-methyl-5-nitro-cumarin $C_{10}H_7NO_5$, Formel I (R = H) auf S. 335 (H 31).
   Magnetische Susceptibilität: $-105,6 \cdot 10^{-6}$ cm$^3 \cdot$mol^{-1} (*Mathur*, Trans. Faraday Soc. **54** [1958] 1609, 1610).

6-Methoxy-4-methyl-5-nitro-cumarin $C_{11}H_9NO_5$, Formel I (R = CH_3) auf S. 335.
   B. Neben 6-Methoxy-4-methyl-5,7-dinitro-cumarin beim Behandeln von 6-Methoxy-4-methyl-cumarin mit Schwefelsäure und Salpetersäure (*Mewada, Shah*, B. **89** [1956] 2209).
   Krystalle (aus A.); F: 180°.

6-Acetoxy-4-methyl-5-nitro-cumarin $C_{12}H_9NO_6$, Formel I (R = CO-CH_3) auf S. 335.
   B. Aus 6-Hydroxy-4-methyl-5-nitro-cumarin (*Mewada, Shah*, B. **89** [1956] 2209).
   F: 121°.

6-Benzoyloxy-4-methyl-5-nitro-cumarin $C_{17}H_{11}NO_6$, Formel I (R = CO-C_6H_5) auf S. 335 (H 31).
   F: 169° (*Mewada, Shah*, B. **89** [1956] 2209).

6-Hydroxy-4-methyl-5,7-dinitro-cumarin $C_{10}H_6N_2O_7$, Formel II (R = H) auf S. 335 (H 31).
   F: 220° [Zers.] (*Mewada, Shah*, B. **89** [1956] 2209). Magnetische Susceptibilität: $-111,9 \cdot 10^{-6}$ cm$^3 \cdot$mol^{-1} (*Mathur*, Trans. Faraday Soc. **54** [1958] 1609, 1610).

6-Methoxy-4-methyl-5,7-dinitro-cumarin $C_{11}H_8N_2O_7$, Formel II (R = CH_3) auf S. 335.
   B. Beim Behandeln von 6-Methoxy-4-methyl-cumarin oder von 6-Methoxy-4-methyl-5-nitro-cumarin mit Schwefelsäure und Salpetersäure (*Mewada, Shah*, B. **89** [1956] 2209).
   Gelbe Krystalle; F: 180°.

6-Acetoxy-4-methyl-5,7-dinitro-cumarin $C_{12}H_8N_2O_8$, Formel II (R = CO-CH_3) auf S. 335.
   B. Aus 6-Hydroxy-4-methyl-5,7-dinitro-cumarin (*Mewada, Shah*, B. **89** [1956] 2209).
   F: 188°.

6-Benzoyloxy-4-methyl-5,7-dinitro-cumarin $C_{17}H_{10}N_2O_8$, Formel II (R = CO-C_6H_5) auf S. 335.
   B. Aus 6-Hydroxy-4-methyl-5,7-dinitro-cumarin (*Mewada, Shah*, B. **89** [1956] 2209).
   F: 201°.

7-Hydroxy-4-methyl-cumarin $C_{10}H_8O_3$, Formel III (R = H) auf S. 335 (H 31[1]); E I 309; E II 19).
   B. Beim Erwärmen von Resorcin mit Buta-2,3-diensäure-methylester, Benzol und dem

---

[1]) Berichtigung zu H **18**, S. 32, Zeile 6 von oben: An Stelle von „7-Amino-4-methyl-umbelliferon" ist zu setzen „7-Amino-4-methyl-cumarin".

Borfluorid-Äther-Addukt (*Drysdale et al.*, Am. Soc. **81** [1959] 4908, 4910). Beim Behandeln von Resorcin mit Acetessigsäure-äthylester und Äthanol unter Einleiten von Chlorwasserstoff (*Appel*, Soc. **1935** 1031). Beim Erhitzen von Acetessigsäure-äthylester mit Resorcin und wenig Schwefelsäure (*Israelstam, Barris*, Chem. and Ind. **1958** 1430; vgl. H 31; E II 19). Aus Resorcin und Acetessigsäure-äthylester beim Behandeln mit Phosphor(V)-oxid (*Canter et al.*, Soc. **1931** 1255, 1262), beim Behandeln mit Phosphorsäure (*Chakravarti*, J. Indian chem. Soc. **12** [1935] 536, 537), beim Erwärmen mit Polyphosphorsäure (*Koo*, Chem. and Ind. **1955** 445; *Is., Ba.*; *Kapil, Joshi*, J. Indian chem. Soc. **36** [1959] 596), beim Erwärmen mit Tetrachlorsilan (*Trivedi*, Curr. Sci. **28** [1959] 67), beim Erwärmen mit Boroxid (*Ch.*), beim Behandeln mit Zinn(IV)-chlorid, Titan(IV)-chlorid oder Eisen(III)-chlorid (*Horii*, J. pharm. Soc. Japan **59** [1939] 201; dtsch. Ref. S. 59; C. A. **1939** 4973), beim Erwärmen mit Natriumäthylat in Äthanol (*Ch.*), beim Erhitzen mit Natriumacetat (*Ch.*) sowie beim Behandeln mit dem Borfluorid-Äther-Addukt (*Shah et al.*, J. Indian chem. Soc. **32** [1955] 302). Beim Behandeln einer Lösung von Acetessigsäure-[3-hydroxy-phenylester] in Essigsäure mit Chlorwasserstoff (*Lacey*, Soc. **1954** 854, 857). Beim Behandeln von Acetessigsäure-[3-hydroxy-phenylester] mit Schwefelsäure (*La.*), mit wss. Schwefelsäure (*Farbenfabr. Bayer*, D.B.P. 823140 [1949]; D.R.B.P. Org. Chem. 1950—1951 **6** 2407; U.S.P. 2704766 [1950]) oder mit wss. Phosphorsäure (*Farbenfabr. Bayer*). Beim Behandeln einer Lösung von Resorcin in Äther mit Diketen und wenig Schwefelsäure bei $-10°$ und Erwärmen der Reaktionslösung (*Rall', Perekalin*, Ž. obšč. Chim. **25** [1955] 815, 819; engl. Ausg. S. 781, 784).

F: 188—188,5° [aus A.] (*Korschak, Matwejewa*, Izv. Akad. S.S.S.R. Otd. chim. **1953** 547, 552; C. A. **1954** 9918), 186—187° [unkorr.; aus wss. Me.] (*Dr. et al.*). UV-Spektrum (A.; 220—360 nm): *Goodwin, Pollock*, Arch. Biochem. **49** [1954] 1, 4; *Kitagawa*, J. pharm. Soc. Japan **76** [1956] 582, 584; C. A. **1956** 13285; *Sen, Bagchi*, J. org. Chem. **24** [1959] 316, 317. Absorptionsspektrum (210—420 nm) und Fluorescenz-Spektrum (390—625 nm) von Lösungen in wss. Äthanol, in wss.-äthanol. Salzsäure und in wss.-äthanol. Alkalilauge: *Mattoo*, Trans. Faraday Soc. **52** [1956] 1184, 1188. Absorptionsmaximum (325 nm) und Fluorescenzmaximum (442 nm) von Lösungen in Äthanol: *Wheelock*, Am. Soc. **81** [1959] 1348, 1349. Magnetische Susceptibilität [$cm^3 \cdot mol^{-1}$]: $-99{,}9 \cdot 10^{-6}$ (*Mathur*, Trans. Faraday Soc. **54** [1958] 1609, 1610), $-99{,}0 \cdot 10^{-6}$ (*Pacault*, A. ch. [12] **1** [1946] 527, 556). Wahrer Dissoziationsexponent pK_a (Wasser; spektrophotometrisch ermittelt) bei 25°: 7,80 (*Mattoo*, Trans. Faraday Soc. **54** [1958] 19, 22). Polarographie: *Patzak, Neugebauer*, M. **83** [1952] 776, 781; *Mashiko*, J. pharm. Soc. Japan **72** [1952] 18; C. A. **1952** 6325. Löslichkeit in Wasser bei 37°: 1 g/458 g (*Ki.*, l. c. S. 583). Verteilung zwischen Äther und Wasser: *Ki.*

Beim Behandeln einer Lösung in Essigsäure mit Chlor in Tetrachlormethan ist 3-Chlor-7-hydroxy-4-methyl-cumarin erhalten worden (*Grover et al.*, J. scient. ind. Res. India **11** B [1952] 50, 52). Die beim Behandeln mit Brom (1 Mol) in Essigsäure erhaltene Verbindung (s. E I 309) ist nicht als 8-Brom-7-hydroxy-4-methyl-cumarin, sondern als 3-Brom-7-hydroxy-4-methyl-cumarin zu formulieren (*Dalvi, Sethna*, J. Indian chem. Soc. **26** [1949] 359, 360). Beim Behandeln mit Salpetersäure und Schwefelsäure ist neben 7-Hydroxy-4-methyl-8-nitro-cumarin (s. H 32) auch 7-Hydroxy-4-methyl-6-nitro-cumarin erhalten worden (*Shah, Mehta*, J. Indian chem. Soc. **31** [1954] 784). Reaktion mit Quecksilber(II)-acetat in Essigsäure enthaltendem Methanol unter Bildung von 8-Acetoxomercurio-7-hydroxy-4-methyl-cumarin: *Rao et al.*, Pr. Indian Acad. [A] **9** [1939] 22, 25. Bildung von 4-Methyl-pyrano[2,3-*f*]chromen-2,8-dion beim Erwärmen mit Äpfelsäure und Schwefelsäure sowie Bildung von 4,10-Dimethyl-pyrano[2,3-*f*]chromen-2,8-dion beim Behandeln mit Acetessigsäure-äthylester und Schwefelsäure: *Sen, Chakravarti*, J. Indian chem. Soc. **6** [1929] 793, 798; *Rangaswami, Seshadri*, Pr. Indian Acad. [A] **6** [1937] 112, 117.

7-Methoxy-4-methyl-cumarin $C_{11}H_{10}O_3$, Formel III (R = CH_3) auf S. 335 (H 32; E I 309; E II 19).

B. Beim Behandeln von 3-Methoxy-phenol (*Chakravarti*, J. Indian chem. Soc. **9** [1932] 25, 30) oder von 1,3-Dimethoxy-benzol (*Ch.*; *Robertson et al.*, Soc. **1932** 1681, 1688) mit Acetessigsäure-äthylester und Schwefelsäure. Beim Behandeln von 3-Methoxy-phenol mit Acetessigsäure-äthylester und Phosphor(V)-oxid (*Ch.*). Beim Behandeln von 3-[3-Methoxy-phenoxy]-crotonsäure (F: 120°) oder von 3-[3-Methoxy-phenoxy]-crotonsäure-methylester ($n_D^{19,5}$: 1,5310) mit wss. Schwefelsäure oder mit Phosphorsäure und Phosphor(V)-oxid (*Dann, Illing*, A. **605** [1957] 158, 165). Beim Behandeln von 7-Hydroxy-4-methyl-cumarin mit Dimethylsulfat und Natronlauge (*Limaye, Bhide, Rasayanam* **1** [1938] 136, 138) oder mit Methyljodid, Kaliumcarbonat und Aceton (*Murty et al.*, Pr. Indian Acad. [A] **6** [1937] 316, 321).

F: 160° (*Mu. et al.*). Bei 195°/3 Torr destillierbar (*Weelock*, Am. Soc. **81** [1959] 1348, 1349). Raman-Spektrum (CHCl$_3$): *Mookerjee, Gupta*, Indian J. Physics **13** [1939] 339, 442. Absorptionsspektrum von Lösungen in Äthanol (220—350 nm; λ_{max}: 249 nm und 320 nm), in wss. Perchlorsäure (210—380 nm) und in wss. Natronlauge (210—350 nm): *Cingolani*, G. **84** [1954] 825, 830, 838; einer Lösung in wss. Salzsäure sowie von wss. Lösungen vom pH >10,7 (jeweils 210—400 nm): *Mattoo*, Trans. Faraday Soc. **54** [1958] 19, 23. Absorptionsspektrum (210—360 nm) und Fluorescenz-Spektrum (385—550 nm) von Lösungen in wss. Äthanol, in wss.-äthanol. Salzsäure und in wss.-äthanol. Alkalilauge: *Mattoo*, Trans. Faraday Soc. **52** [1956] 1184, 1190. Absorptionsmaximum (320 nm) und Fluorescenzmaximum (392 nm) einer Lösung in Athanol: *Wh*. Magnetische Susceptibilität: −110,5 · 10^{-6} cm^3·mol^{-1} (*Mathur*, Trans. Faraday Soc. **54** [1958] 1609, 1610).

Beim Behandeln mit Phenylmagnesiumbromid in Äther und Behandeln des Reaktionsgemisches mit wss. Salzsäure ist 7-Methoxy-4-methyl-2,2-diphenyl-2H-chromen erhalten worden (*Heilbron, Howard*, Soc. **1934** 1571; *Kartha, Menon*, Pr. Indian Acad. [A] **18** [1943] 28).

7-Äthoxy-4-methyl-cumarin $C_{12}H_{12}O_3$, Formel III (R = C_2H_5).

B. Beim Behandeln von 3-Äthoxy-phenol mit Acetessigsäure-äthylester und Schwefelsäure oder mit Acetessigsäure-äthylester und Natriumäthylat in Äthanol (*Selected Chem. Inc.*, U.S.P. 1 934 361 [1933]). Beim Behandeln von 7-Hydroxy-4-methyl-cumarin mit Natriumäthylat in Äthanol und anschliessenden Erwärmen mit Äthylbromid (*Selected Chem. Inc.*).

Krystalle; F: 115°.

4-Methyl-7-propoxy-cumarin $C_{13}H_{14}O_3$, Formel III (R = CH_2-CH_2-CH_3).

B. Neben 7-Hydroxy-4-methyl-cumarin bei der Hydrierung von 7-Allyloxy-4-methylcumarin an Platin in Tetrahydrofuran (*Kariyone, Matsuno*, J. pharm. Soc. Japan **74** [1954] 493; C. A. **1954** 10303).

Krystalle (aus A.); F: 76—78° (*Ka., Ma.*), 72—73° (*Pfau*, Riechstoffind. **10** [1935] 57).

7-Isopropoxy-4-methyl-cumarin $C_{13}H_{14}O_3$, Formel III (R = $CH(CH_3)_2$).

B. Beim Erwärmen von 7-Hydroxy-4-methyl-cumarin mit Isopropylhalogenid, Kaliumcarbonat und Aceton (*Bose et al.*, Ann. Biochem. exp. Med. India **5** [1945] 1, 6; C. A. **1946** 2224) oder mit Isopropyljodid und äthanol. Kalilauge (*Ishifuku et al.*, J. pharm. Soc. Japan **73** [1953] 332; C. A. **1954** 2695).

Krystalle; F: 88° [aus wss. A.] (*Bose et al.*), 83—84° (*Is. et al.*).

7-Butoxy-4-methyl-cumarin $C_{14}H_{16}O_3$, Formel III (R = [CH_2]$_3$-CH_3).

B. Beim Erwärmen von 7-Hydroxy-4-methyl-cumarin mit Butylhalogenid, Kaliumcarbonat und Aceton (*Bose et al.*, Ann. Biochem. exp. Med. India **5** [1945] 1, 6; C. A. **1946** 2224) oder mit Butyljodid und äthanol. Kalilauge (*Ishifuku et al.*, J. pharm. Soc. Japan **73** [1953] 332; C. A. **1954** 2695). Beim Behandeln von 7-Hydroxy-4-methylcumarin mit Benzolsulfonsäure-butylester und Kaliumcarbonat in m-Xylol (*Clinton, Wilson*, Am. Soc. **73** [1951] 1852).

Krystalle; F: 51—52° (*Cl., Wi.*), 51° (*Bose et al.*), 47—47,5° [aus Ae.] (*Is. et al.*).

7-Isobutoxy-4-methyl-cumarin $C_{14}H_{16}O_3$, Formel III (R = CH_2-$CH(CH_3)_2$).

F: 55—56° (*Pfau*, Riechstoffind. **10** [1935] 57).

l-Isopentyloxy-4-methyl-cumarin $C_{15}H_{18}O_3$, Formel III (R = CH_2-CH_2-$CH(CH_3)_2$).

B. Beim Erwärmen von 7-Hydroxy-4-methyl-cumarin mit Isopentylbromid und Natriumäthylat in Äthanol (*Schamschurin*, Trudy Uzbeksk. Univ. **15** [1939] 33, 36; C. A. **1941** 3994).

Krystalle (aus wss. A.); F: 54—55°.

7-Hexyloxy-4-methyl-cumarin $C_{16}H_{20}O_3$, Formel III (R = $[CH_2]_5\text{-}CH_3$).

B. Beim Erwärmen von 7-Hydroxy-4-methyl-cumarin mit Hexyljodid und Natrium= äthylat in Äthanol (*Schamschurin, Ibadulin,* Trudy Uzbeksk. Univ. [NS] Nr. 25 Chimija Nr. 1 [1941] 1, 3; C. A. **1941** 5876).

Krystalle (aus wss. A.); F: 134—135°.

7-Allyloxy-4-methyl-cumarin $C_{13}H_{12}O_3$, Formel III (R = $CH_2\text{-}CH{=}CH_2$).

B. Beim Erwärmen von 7-Hydroxy-4-methyl-cumarin mit Allylchlorid und Natrium= methylat in Methanol (*Nesmejanow, Sarewitsch,* B. **68** [1935] 1476, 1477; Ž. obšč. Chim. **6** [1936] 140, 141), mit Allylbromid, Kaliumcarbonat und Aceton (*Baker, Lothian,* Soc. **1935** 628, 631) oder mit Allyljodid, Kaliumcarbonat und Aceton (*Schamschurin,* Ž. obšč. Chim. **14** [1944] 211, 212; C. A. **1945** 2286).

Krystalle; F: 102,5—103° [aus Me.] (*Ne., Sa.*), 101° [aus wss. Eg.] (*Ba., Lo.*).

I II III

7-[2-Brom-allyloxy]-4-methyl-cumarin $C_{13}H_{11}BrO_3$, Formel III (R = $CH_2\text{-}CBr{=}CH_2$).

B. Beim Erwärmen von 7-Hydroxy-4-methyl-cumarin mit 2,3-Dibrom-propen und Natriumäthylat in Äthanol (*Schamschurin, Ibadulin,* Trudy Uzbeksk. Univ. [NS] Nr. 25 Chimija Nr. 1 [1941] 1, 6; C. A. **1941** 5876).

Krystalle (aus A.); F: 109°.

4-Methyl-7-[3-methyl-but-2-enyloxy]-cumarin $C_{15}H_{16}O_3$, Formel III (R = $CH_2\text{-}CH{=}C(CH_3)_2$).

B. Beim Erwärmen von 7-Hydroxy-4-methyl-cumarin mit 1-Brom-3-methyl-but-2-en und Natriummethylat in Methanol (*Nesmejanow et al.,* Ž. obšč. Chim. **7** [1937] 2767, 2773; C. **1938** II 2262).

Krystalle (aus Ae.); F: 86—87°.

7-Benzyloxy-4-methyl-cumarin $C_{17}H_{14}O_3$, Formel III (R = $CH_2\text{-}C_6H_5$).

B. Beim Erwärmen von 7-Hydroxy-4-methyl-cumarin mit Benzylchlorid und Natrium= äthylat in Äthanol (*Schamschurin, Ibadulin,* Trudy Uzbeksk. Univ. [NS] Nr. 25 Chimija Nr. 1 [1941] 1, 4; C. A. **1941** 5876). Beim Erwärmen von 7-Hydroxy-4-methyl-cumarin mit Benzylchlorid, Kaliumcarbonat und Aceton (*Mullaji, Shah,* Pr. Indian Acad. [A] **34** [1951] 173, 176) oder mit Benzylbromid, Kaliumcarbonat und Aceton (*Bridge et al.,* Soc. **1937** 1530, 1534).

Krystalle (aus A.); F: 118—120° (*Mu., Shah*), 117,5° (*Br. et al.*).

7-Acetonyloxy-4-methyl-cumarin $C_{13}H_{12}O_4$, Formel III (R = $CH_2\text{-}CO\text{-}CH_3$).

B. Beim Erwärmen von 7-Hydroxy-4-methyl-cumarin mit Chloraceton und Natrium= äthylat in Äthanol (*Râ y et al.,* Soc. **1935** 813, 815).

Krystalle (aus wss. A.); F: 157°.

Beim Erwärmen mit Natriumäthylat in Äthanol ist 3,5-Dimethyl-furo[3,2-*g*]chromen-7-on erhalten worden.

4-Methyl-7-phenacyloxy-cumarin $C_{18}H_{14}O_4$, Formel III (R = $CH_2\text{-}CO\text{-}C_6H_5$).

B. Beim Erwärmen von 7-Hydroxy-4-methyl-cumarin mit Phenacylbromid, Kalium= carbonat und Aceton (*Caporale, Antonello,* Farmaco Ed. scient. **13** [1958] 363, 365).

Krystalle (aus Me.); F: 173°. Absorptionsmaxima (A.): 219 nm, 242 nm und 320 nm.

Beim Erwärmen mit Natriumäthylat in Äthanol ist 5-Methyl-3-phenyl-furo[3,2-*g*]= chromen-7-on erhalten worden.

7-Acetoxy-4-methyl-cumarin $C_{12}H_{10}O_4$, Formel III (R = $CO\text{-}CH_3$) (H 32).

B. Beim Behandeln von 7-Hydroxy-4-methyl-cumarin mit wss. Alkalilauge und Acet=

anhydrid (*Korschak, Matwejewa,* Izv. Akad. S.S.S.R. Otd. chim. **1953** 547, 553; C. A. **1954** 9918).

F: 153—154° (*Ko., Ma.*), 151° (*Russell et al.,* Am. Soc. **62** [1940] 1441). UV-Spektrum (210—360 nm) und Fluorescenzspektrum (430—665 nm) von Lösungen in wss. Äthanol, in wss.-äthanol. Salzsäure und in wss.-äthanol. Alkalilauge: *Mattoo,* Trans. Faraday Soc. **62** [1956] 1184, 1190. Polarographie: *Patzak, Neugebauer,* M. **83** [1952] 776, 781.

Bildung von 7-Hydroxy-4-methyl-cumarin und 8-Acetyl-7-hydroxy-4-methyl-cumarin beim Behandeln mit Aluminiumchlorid unter verschiedenen Reaktionsbedingungen: *Thakor, Shah,* J. Indian chem. Soc. **23** [1946] 199, 201).

7-Chloracetoxy-4-methyl-cumarin $C_{12}H_9ClO_4$, Formel III (R = $CO-CH_2Cl$).

B. Beim Erwärmen von 7-Hydroxy-4-methyl-cumarin mit Chloracetylchlorid (*Row, Seshadri,* Pr. Indian Acad. [A] **11** [1940] 206, 208) oder mit Chloracetylchlorid und Pyridin (*Schamschurin, Ibadulin,* Trudy Uzbeksk. Univ. [NS] Nr. 25 Chimija Nr. 1 [1941] 1, 5; C. A. **1941** 5876).

Krystalle (aus Toluol), F: 232° (*Sch., Ib.*); Krystalle (aus A.), F: 181—182° (*Row, Se.*).

4-Methyl-7-propionyloxy-cumarin $C_{13}H_{12}O_4$, Formel III (R = $CO-CH_2-CH_3$).

B. Beim Erhitzen von 7-Hydroxy-4-methyl-cumarin mit Propionylchlorid (*Limaye, Shenolikar,* Rasayanam **1** [1937] 93) oder mit Propionsäure-anhydrid (*Russell et al.,* Am. Soc. **62** [1940] 1441).

Krystalle (aus A.); F: 150° (*Li., Sh.*), 148,5° (*Ru. et al.*).

7-Butyryloxy-4-methyl-cumarin $C_{14}H_{14}O_4$, Formel III (R = $CO-CH_2-CH_2-CH_3$).

B. Beim Erhitzen von 7-Hydroxy-4-methyl-cumarin mit Butyrylchlorid (*Limaye, Talwalkar,* Rasayanam **1** [1938] 141, 143) oder mit Butyrylchlorid und Pyridin (*Schamschurin, Archangelskaja,* Trudy Uzbeksk. Univ. [NS] Nr. 25 Chimija Nr. 1 [1941] 9, 10; C. A. **1941** 5874). Beim Erhitzen von 7-Hydroxy-4-methyl-cumarin mit Buttersäureanhydrid (*Russell et al.,* Am. Soc. **62** [1940] 1441).

Krystalle (aus A.); F: 94° (*Li., Ta.*), 92,5° (*Sch., Ar.*), 91° (*Ru. et al.*).

4-Methyl-7-valeryloxy-cumarin $C_{15}H_{16}O_4$, Formel III (R = $CO-[CH_2]_3-CH_3$).

B. Beim Erhitzen von 7-Hydroxy-4-methyl-cumarin mit Valerylchlorid (*Bhagwat, Shahane,* Rasayanam **1** [1939] 191) oder mit Valerylchlorid und Pyridin (*Adams et al.,* Am. Soc. **62** [1940] 2201, 2202).

Krystalle (aus A.); F: 77° (*Bh., Sh.*), 75—76° (*Ad. et al.*).

7-Isovaleryloxy-4-methyl-cumarin $C_{15}H_{16}O_4$, Formel III (R = $CO-CH_2-CH(CH_3)_2$).

B. Beim Behandeln von 7-Hydroxy-4-methyl-cumarin mit Isovalerylchlorid und Pyridin (*Robertson, Subramaniam,* Soc. **1937** 278).

Krystalle (aus A.); F: 63—64°.

7-Hexanoyloxy-4-methyl-cumarin $C_{16}H_{18}O_4$, Formel III (R = $CO-[CH_2]_4-CH_3$).

B. Beim Erwärmen von 7-Hydroxy-4-methyl-cumarin mit Hexanoylchlorid und Pyridin (*Russell et al.,* Am. Soc. **62** [1940] 1441).

Krystalle (aus Me.); F: 72°.

4-Methyl-7-[3-methyl-crotonoyloxy]-cumarin $C_{15}H_{14}O_4$, Formel III (R = $CO-CH=C(CH_3)_2$).

B. Beim Behandeln von 7-Hydroxy-4-methyl-cumarin mit 3-Methyl-crotonoylchlorid und Pyridin (*Nickl,* B. **92** [1959] 1989, 1998).

Krystalle (aus Me.); F: 120°.

7-Benzoyloxy-4-methyl-cumarin $C_{17}H_{12}O_4$, Formel IV (R = X = H) (H 32; E II 18).

Verhalten beim Behandeln mit Aluminiumchlorid unter verschiedenen Reaktionsbedingungen (Bildung von 7-Hydroxy-4-methyl-cumarin und 8-Benzoyl-7-hydroxy-4-methyl-cumarin): *Thakor, Shah,* J. Indian chem. Soc. **23** [1946] 199, 202.

7-[4-Chlor-benzoyloxy]-4-methyl-cumarin $C_{17}H_{11}ClO_4$, Formel IV (R = H, X = Cl).

B. Beim Erhitzen von 7-Hydroxy-4-methyl-cumarin mit 4-Chlor-benzoylchlorid und

Toluol (*Firestone Tire & Rubber Co.*, U.S.P. 2686170 [1952]).
Krystalle (aus Bzl.); F: 163,7—164,8°.

7-[2,4-Dichlor-benzoyloxy]-4-methyl-cumarin $C_{17}H_{10}Cl_2O_4$, Formel IV (R = X = Cl).
B. Beim Erhitzen von 7-Hydroxy-4-methyl-cumarin mit 2,4-Dichlor-benzoylchlorid und Toluol (*Firestone Tire & Rubber Co.*, U.S.P. 2686170 [1952]).
Krystalle (aus Bzl.); F: 195°.

4-Methyl-7-*o*-toluoyloxy-cumarin $C_{18}H_{14}O_4$, Formel IV (R = CH_3, X = H).
B. Beim Erhitzen von 7-Hydroxy-4-methyl-cumarin mit *o*-Toluoylchlorid (*Limaye, Talwalkar*, Rasayanam **1** [1938] 141).
Krystalle (aus A. oder Eg.); F: 142°.

4-Methyl-7-*m*-toluoyloxy-cumarin $C_{18}H_{14}O_4$, Formel V.
B. Beim Erhitzen von 7-Hydroxy-4-methyl-cumarin mit *m*-Toluoylchlorid (*Bhagwat, Shahane*, Rasayanam **1** [1939] 191).
Krystalle (aus A.); F: 146°.

4-Methyl-7-*p*-toluoyloxy-cumarin $C_{18}H_{14}O_4$, Formel IV (R = H, X = CH_3).
B. Beim Erhitzen von 7-Hydroxy-4-methyl-cumarin mit *p*-Toluoylchlorid (*Limaye, Shenolikar*, Rasayanam **1** [1937] 93, 97).
Krystalle (aus A.); F: 157°.

7-*trans*-Cinnamoyloxy-4-methyl-cumarin, *trans*-Zimtsäure-[4-methyl-2-oxo-2*H*-chromen-7-ylester] $C_{19}H_{14}O_4$, Formel VI (R = CO-CH≟CH-C_6H_5).
B. Beim Erwärmen von 7-Hydroxy-4-methyl-cumarin mit *trans*-Cinnamoylchlorid und Pyridin (*Schamschurin, Ibadulin*, Trudy Uzbeksk. Univ. [NS] Nr. 25 Chimija Nr. 1 [1941] 1, 5; C. A. **1941** 5876).
Krystalle (aus Bzl.); F: 146—147°.

Malonsäure-bis-[4-methyl-2-oxo-2*H*-chromen-7-ylester] $C_{23}H_{16}O_8$, Formel VII (R = H).
B. Beim Erhitzen von 7-Hydroxy-4-methyl-cumarin mit Malonsäure, Phosphoryl=chlorid und 1,1,2,2-Tetrachlor-äthan (*Ziegler, Schaar*, M. **90** [1959] 866, 869).
Krystalle (aus A.); F: 190—191° [Zers.].

Butylmalonsäure-bis-[4-methyl-2-oxo-2*H*-chromen-7-ylester] $C_{27}H_{24}O_8$, Formel VII (R = $[CH_2]_3$-CH_3).
B. Beim Erhitzen von 7-Hydroxy-4-methyl-cumarin mit Butylmalonsäure und Phos=phorylchlorid (*Ziegler, Schaar*, M. **90** [1959] 866, 869).
Krystalle (aus A.); F: 114°.
Beim Erhitzen auf 255° ist 9-Butyl-10-hydroxy-4-methyl-pyrano[2,3-*f*]chromen-2,8-dion erhalten worden.

7-Dimethylcarbamoyloxy-4-methyl-cumarin $C_{13}H_{13}NO_4$, Formel VI (R = CO-N(CH$_3$)$_2$).

B. Beim Erwärmen von 7-Hydroxy-4-methyl-cumarin mit Pyridin, Dimethylcarb=
amoylchlorid und Benzol (*Macko*, Chem. Zvesti **12** [1958] 430, 432; C. A. **1959** 3204).
Krystalle; F: 123—124,5° [Kofler-App.] (*Ma.*), 122° (*Schrader*, Ang. Ch. Monogr. 62
[1952] 65).

[4-Methyl-2-oxo-2H-chromen-7-yloxy]-essigsäure $C_{12}H_{10}O_5$, Formel VI
(R = CH$_2$-COOH).

B. Beim Erhitzen einer wss. Lösung der Kalium-Verbindung des 7-Hydroxy-4-methyl-
cumarins mit wss. Natrium-chloracetat-Lösung (*Hamol A.G.*, U.S.P. 2680746 [1950]).
Krystalle (aus A. oder W.); F: 203°.

7-[2-Diäthylamino-äthoxy]-4-methyl-cumarin $C_{16}H_{21}NO_3$, Formel VI
(R = CH$_2$-CH$_2$-N(C$_2$H$_5$)$_2$).

B. Beim Erwärmen der Natrium-Verbindung des 7-Hydroxy-4-methyl-cumarins mit
Diäthyl-[2-chlor-äthyl]-amin und Aceton (*Massarani*, Farmaco Ed. scient. **12** [1957]
691, 693).

Hydrochlorid $C_{16}H_{21}NO_3 \cdot HCl$. Krystalle; F: 213—215°.

Diäthyl-methyl-[2-(4-methyl-2-oxo-2H-chromen-7-yloxy)-äthyl]-ammonium
$[C_{17}H_{24}NO_3]^+$, Formel VI (R = CH$_2$-CH$_2$-N(C$_2$H$_5$)$_2$-CH$_3]^+$).

Jodid $[C_{17}H_{24}NO_3]I$. *B.* Beim Erwärmen von 7-[2-Diäthylamino-äthoxy]-4-methyl-
cumarin mit Methyljodid und Äthanol (*Massarani*, Farmaco Ed. scient. **12** [1957] 691,
694). — Krystalle; F: 208—210°.

4-Methyl-7-β-D-xylopyranosyloxy-cumarin $C_{15}H_{16}O_7$, Formel VIII (R = H).

B. Beim Erwärmen von 4-Methyl-7-[tri-*O*-acetyl-β-D-xylopyranosyloxy]-cumarin mit
Natriummethylat in Methanol (*Constantzas, Kocourek*, Collect. **24** [1959] 1099, 1102).
Krystalle (aus W.); F: 212—213° [korr.]. [α]$_D^{20}$: —22,4° [Py.; c = 0,8] (*Co., Ko.*, l. c.
S. 1101).

4-Methyl-7-[tri-*O*-acetyl-β-D-xylopyranosyloxy]-cumarin $C_{21}H_{22}O_{10}$, Formel VIII
(R = CO-CH$_3$).

B. Beim Behandeln einer Lösung von 7-Hydroxy-4-methyl-cumarin in Aceton mit
α-D-Acetobromxylopyranose (Tri-*O*-acetyl-α-D-xylopyranosylbromid) und wss. Natron=
lauge (*Constantzas, Kocourek*, Collect. **24** [1959] 1099, 1100).
Krystalle (aus A.); F: 155—156° [korr.]. [α]$_D^{20}$: —43,9° [CHCl$_3$; c = 4].

VIII IX

4-Methyl-7-[3,4,5-trihydroxy-6-hydroxymethyl-tetrahydro-pyran-2-yloxy]-cumarin
$C_{16}H_{18}O_8$.

a) **7-β-D-Glucopyranosyloxy-4-methyl-cumarin** $C_{16}H_{18}O_8$, Formel IX (R = H).

B. Aus 4-Methyl-7-[tetra-*O*-acetyl-β-D-glucopyranosyloxy]-cumarin beim Behandeln
mit Bariummethylat in Methanol (*Robinson*, Biochem. J. **63** [1956] 39, 40), beim Er-
wärmen mit Natriummethylat in Methanol (*Constantzas, Kocourek*, Collect. **24** [1959]
1099, 1102) sowie beim Erwärmen mit äthanol. Natronlauge (*Da Re et al.*, Ann. Chimica
49 [1959] 2089, 2094).
Krystalle (aus W.) mit 0,5 Mol H$_2$O; F: 211° (*Ro.*). [α]$_D^{20}$: —61,5° [Py.; c = 2] [wasser-
freie Verbindung] (*Da Re et al.*); [α]$_D^{20}$: —89,5° [W.; c = 0,5] [Hemihydrat] (*Ro.*).

b) **7-α-D-Galactopyranosyloxy-4-methyl-cumarin** $C_{16}H_{18}O_8$, Formel X (R = H).

B. Beim Erwärmen von 4-Methyl-7-[tetra-*O*-acetyl-α-D-galactopyranosyloxy]-cumarin

mit Natriummethylat in Methanol (*Constantzas, Kocourek*, Collect. **24** [1959] 1099, 1102).
Krystalle (aus W.); F: 221—222° [korr.]. $[\alpha]_D^{20}$: —237,0° [W.; c = 0,3] (*Co., Ko.*, l.c. S. 1101).

c) **7-β-D-Galactopyranosyloxy-4-methyl-cumarin** $C_{16}H_{18}O_8$, Formel XI (R = H).
B. Beim Erwärmen von 4-Methyl-7-[tetra-*O*-acetyl-β-D-galactopyranosyloxy]-cumarin mit Natriummethylat in Methanol (*Constantzas, Kocourek*, Collect. **24** [1959] 1099, 1102).
Krystalle (aus W.); F: 230° [korr.; Zers.]. $[\alpha]_D^{20}$: —61,2° [Py.; c = 0,7] (*Co., Ko.*, l.c. S. 1101).

4-Methyl-7-[3,4,5-triacetoxy-6-acetoxymethyl-tetrahydro-pyran-2-yloxy]-cumarin $C_{24}H_{26}O_{12}$.

a) **4-Methyl-7-[tetra-*O*-acetyl-β-D-glucopyranosyloxy]-cumarin** $C_{24}H_{26}O_{12}$, Formel IX (R = CO-CH$_3$).
B. Beim Behandeln einer Lösung von 7-Hydroxy-4-methyl-cumarin in Aceton mit α-D-Acetobromglucopyranose (Tetra-*O*-acetyl-α-D-glucopyranosylbromid) und wss. Natronlauge (*Robinson*, Biochem. J. **63** [1956] 39; *Constantzas, Kocourek*, Collect. **24** [1959] 1099, 1100).
Krystalle (aus A.); F: 144° (*Ro.*). $[\alpha]_D^{20}$: —40° [CHCl$_3$; c = 0,5] (*Ro.*); $[\alpha]_D^{20}$: —54,8° [Py.; c = 4] (*Da Re*, Ann. Chimica **49** [1959] 2089, 2094).

X   XI

b) **4-Methyl-7-[tetra-*O*-acetyl-α-D-galactopyranosyloxy]-cumarin** $C_{24}H_{26}O_{12}$, Formel X (R = CO-CH$_3$).
B. Beim Erhitzen von 7-Hydroxy-4-methyl-cumarin mit Penta-*O*-acetyl-β-D-galactopyranose und Zinkchlorid in Xylol (*Constantzas, Kocourek*, Collect. **24** [1959] 1099, 1100).
Krystalle (aus A.); F: 173—174° [korr.]. $[\alpha]_D^{20}$: +113,9° [CHCl$_3$; c = 3].

c) **4-Methyl-7-[tetra-*O*-acetyl-β-D-galactopyranosyloxy]-cumarin** $C_{24}H_{26}O_{12}$, Formel XI (R = CO-CH$_3$).
B. Beim Behandeln einer Lösung von 7-Hydroxy-4-methyl-cumarin in Aceton mit α-D-Acetobromgalactopyranose (Tetra-*O*-acetyl-α-D-galactopyranosylbromid) und wss. Natronlauge (*Constantzas, Kocourek*, Collect. **24** [1959] 1099, 1100).
Krystalle (aus A.); F: 141—142° [korr.]. $[\alpha]_D^{20}$: —7,9° [CHCl$_3$; c = 1].

7-[3,4-Dihydroxy-6-hydroxymethyl-5-(3,4,5-trihydroxy-6-hydroxymethyl-tetrahydro-pyran-2-yloxy)-tetrahydro-pyran-2-yloxy]-4-methyl-cumarin $C_{22}H_{28}O_{13}$.

a) **7-[*O*^{4}-α-D-Glucopyranosyl-β-D-glucopyranosyloxy]-4-methyl-cumarin, 7-β-Maltosyloxy-4-methyl-cumarin** $C_{22}H_{28}O_{13}$, Formel XII (R = H).
B. Beim Erwärmen von 7-[Hepta-*O*-acetyl-β-maltosyloxy]-4-methyl-cumarin mit Natriummethylat in Methanol (*Constantzas, Kocourek*, Collect. **24** [1959] 1099, 1102).
Krystalle (aus W.) mit 1 Mol H$_2$O, F: 230° [korr.; Zers.]; $[\alpha]_D^{20}$: +6,4° [Py.; c = 8] (*Co., Ko.*, l.c. S. 1101).

XII   XIII

b) **7-[O^4-β-D-Glucopyranosyl-β-D-glucopyranosyloxy]-4-methyl-cumarin, 7-β-Cello=
biosyloxy-4-methyl-cumarin** $C_{22}H_{28}O_{13}$, Formel XIII (R = H).

B. Beim Erwärmen von 7-[Hepta-*O*-acetyl-β-cellobiosyloxy]-4-methyl-cumarin mit Natriummethylat in Methanol (*Constantzas, Kocourek*, Collect. **24** [1959] 1099, 1102).

Krystalle (aus W.) mit 2 Mol H_2O, F: 230° [korr.; Zers.]; $[\alpha]_D^{20}$: −39,6° [Py.; c = 2] (*Co., Ko.*, l. c. S. 1101).

**7-[3,4-Diacetoxy-6-acetoxymethyl-5-(3,4,5-triacetoxy-6-acetoxymethyl-tetrahydro-
pyran-2-yloxy)-tetrahydro-pyran-2-yloxy]-4-methyl-cumarin** $C_{36}H_{42}O_{20}$.

a) **4-Methyl-7-[O^2,O^3,O^6-triacetyl-O^4-(tetra-O-acetyl-α-D-glucopyranosyl)-β-D-gluco=
pyranosyloxy]-cumarin, 7-[Hepta-O-acetyl-β-maltosyloxy]-4-methyl-cumarin** $C_{36}H_{42}O_{20}$, Formel XII (R = CO-CH$_3$).

B. Beim Behandeln einer Lösung von 7-Hydroxy-4-methyl-cumarin in Aceton mit Hepta-*O*-acetyl-α-maltosylbromid und wss. Natronlauge (*Constantzas, Kocourek*, Collect. **24** [1959] 1099, 1100).

Krystalle (aus A.); F: 176−177° [korr.]. $[\alpha]_D^{20}$: +26,2° [CHCl$_3$; c = 4].

b) **4-Methyl-7-[O^2,O^3,O^6-triacetyl-O^4-(tetra-O-acetyl-β-D-glucopyranosyl)-β-D-gluco=
pyranosyloxy]-cumarin, 7-[Hepta-O-acetyl-β-cellobiosyloxy]-4-methyl-cumarin** $C_{36}H_{42}O_{20}$, Formel XIII (R = CO-CH$_3$).

B. Beim Behandeln einer Lösung von 7-Hydroxy-4-methyl-cumarin in Aceton mit Hepta-*O*-acetyl-α-cellobiosylbromid und wss. Natronlauge (*Constantzas, Kocourek*, Collect. **24** [1959] 1099, 1100).

Krystalle (aus A.); F: 203−204° [korr.]. $[\alpha]_D^{20}$: −44,1° [CHCl$_3$; c = 5].

7-Methansulfonyloxy-4-methyl-cumarin $C_{11}H_{10}O_5S$, Formel I (R = CH$_3$).

B. Beim Behandeln einer Lösung von 7-Hydroxy-4-methyl-cumarin in Aceton mit Methansulfonylchlorid und wss. Natriumcarbonat-Lösung (*Desai, Parghi*, J. Indian chem. Soc. **33** [1956] 483, 485) oder mit Methansulfonylchlorid und Kaliumcarbonat (*Ešajan, Wardanjan*, Izv. Armjansk. Akad. Ser. chim. **10** [1957] 353; C. A. **1958** 12854). Beim Erwärmen von 7-Hydroxy-4-methyl-cumarin mit Methansulfonylchlorid und wss. Natronlauge (*Eš., Wa.*).

Krystalle; F: 172° [aus A.] (*De., Pa.*), 165° (*Schrader*, Ang. Ch. Monogr. **62** [1952] 66), 163−164° [aus wss. Acn.] (*Eš., Wa.*).

7-Äthansulfonyloxy-4-methyl-cumarin $C_{12}H_{12}O_5S$, Formel I (R = C$_2$H$_5$).

B. Beim Erwärmen von 7-Hydroxy-4-methyl-cumarin mit Äthansulfonylchlorid, Kaliumcarbonat und Aceton oder mit Äthansulfonylchlorid und wss. Natronlauge (*Ešajan, Wardanjan*, Izv. Armjansk. Akad. Ser. chim. **10** [1957] 353; C. A. **1958** 12854).

Krystalle (aus wss. Acn.); F: 98°.

4-Methyl-7-[propan-1-sulfonyloxy]-cumarin $C_{13}H_{14}O_5S$, Formel I (R = CH$_2$-CH$_2$-CH$_3$).

B. Aus 7-Hydroxy-4-methyl-cumarin und Propan-1-sulfonylchlorid analog der im vorangehenden Artikel beschriebenen Verbindung (*Ešajan, Wardanjan*, Izv. Armjansk. Akad. Ser. chim. **10** [1957] 353; C. A. **1958** 12854).

Krystalle (aus wss. Acn.); F: 117−118°.

4-Methyl-7-[propan-2-sulfonyloxy]-cumarin $C_{13}H_{14}O_5S$, Formel I (R = CH(CH$_3$)$_2$).

B. Aus 7-Hydroxy-4-methyl-cumarin und Propan-2-sulfonylchlorid analog 7-Äthan=
sulfonyloxy-4-methyl-cumarin [s. o.] (*Ešajan, Wardanjan*, Izv. Armjansk. Akad. Ser. chim. **10** [1957] 353; C. A. **1958** 12854).

Krystalle (aus wss. Acn.); F: 120−121°.

7-[Butan-1-sulfonyloxy]-4-methyl-cumarin $C_{14}H_{16}O_5S$, Formel I (R = [CH$_2$]$_3$-CH$_3$).

B. Aus 7-Hydroxy-4-methyl-cumarin und Butan-1-sulfonylchlorid analog 7-Äthan=
sulfonyloxy-4-methyl-cumarin [s. o.] (*Ešajan, Wardanjan*, Izv. Armjansk. Akad. Ser. chim. **10** [1957] 353; C. A. **1958** 12854).

Krystalle (aus wss. Acn.); F: 87−88°.

7-[4-Chlor-butan-1-sulfonyloxy]-4-methyl-cumarin $C_{14}H_{15}ClO_5S$, Formel I (R = [CH$_2$]$_3$-CH$_2$Cl).

B. Beim Erwärmen von 7-Hydroxy-4-methyl-cumarin mit 4-Chlor-butan-1-sulfonyl=

chlorid, Kaliumcarbonat und Aceton (Ešajan et al., Izv. Armjansk. Akad. Ser. chim. **12** [1959] 221, 225; C. A. **1960** 22614).
F: 74° (aus wss. Acn.).

4-Methyl-7-[2-methyl-propan-1-sulfonyloxy]-cumarin $C_{14}H_{16}O_5S$, Formel I
(R = CH_2-CH(CH_3)$_2$).

B. Beim Erwärmen von 7-Hydroxy-4-methyl-cumarin mit 2-Methyl-propan-1-sulfonyl=
chlorid, Kaliumcarbonat und Aceton oder mit 2-Methyl-propan-1-sulfonylchlorid und
wss. Natronlauge (Ešajan, Wardanjan, Izv. Armjansk. Akad. Ser. chim. **10** [1957] 353;
C. A. **1958** 12854).
Krystalle (aus wss. Acn.); F: 100°.

4-Methyl-7-[octan-1-sulfonyloxy]-cumarin $C_{18}H_{24}O_5S$, Formel I (R = $[CH_2]_7$-CH_3).

B. Aus 7-Hydroxy-4-methyl-cumarin und Octan-1-sulfonylchlorid analog der im voran-
gehenden Artikel beschriebenen Verbindung (Ešajan, Wardanjan, Izv. Armjansk. Akad.
Ser. chim. **10** [1957] 353; C. A. **1958** 12854).
Krystalle (aus Acn.); F: 62−63°.

7-Äthylensulfonyloxy-4-methyl-cumarin $C_{12}H_{10}O_5S$, Formel I (R = CH=CH_2).

B. Beim Erwärmen von 7-Hydroxy-4-methyl-cumarin mit 2-Chlor-äthansulfonyl=
chlorid, Kaliumcarbonat und Aceton (Ešajan et al., Izv. Armjansk. Akad. Ser. chim.
12 [1959] 221, 224; C. A. **1960** 22614).
F: 99−100° [aus wss. Acn.].

4-Methyl-7-[prop-1-en-1ξ-sulfonyloxy]-cumarin $C_{13}H_{12}O_5S$, Formel I
(R = CH=CH-CH_3).

B. Beim Erwärmen von 7-Hydroxy-4-methyl-cumarin mit Prop-1-en-1ξ-sulfonylchlorid,
Kaliumcarbonat und Aceton oder mit Prop-1-en-1ξ-sulfonylchlorid und wss. Natron=
lauge (Ešajan, Wardanjan, Izv. Armjansk. Akad. Ser. chim. **10** [1957] 353; C. A. **1958**
12854).
Krystalle (aus wss. Acn.); F: 105−106°.

4-Methyl-7-[prop-2-en-1-sulfonyloxy]-cumarin $C_{13}H_{12}O_5S$, Formel I (R = CH_2-CH=CH_2).

B. Beim Erwärmen von 7-Hydroxy-4-methyl-cumarin mit Prop-2-en-1-sulfonylchlorid,
Kaliumcarbonat und Aceton oder mit Prop-2-en-1-sulfonylchlorid und Pyridin (Ešajan,
Wardanjan, Izv. Armjansk. Akad. Ser. chim. **10** [1957] 353; C. A. **1958** 12854).
Krystalle (aus wss. Acn.); F: 112−113°.

7-[3-Chlor-but-2ξ-en-1-sulfonyloxy]-4-methyl-cumarin $C_{14}H_{13}ClO_5S$, Formel I
(R = CH_2-CH=CCl-CH_3).

B. Beim Behandeln von 7-Hydroxy-4-methyl-cumarin mit 3-Chlor-but-2ξ-en-1-sulfonyl=
chlorid (nicht charakterisiert) und Pyridin (Ešajan et al., Izv. Armjansk. Akad. Ser.
chim. **10** [1957] 277, 279; C. A. **1959** 4111; Ešajan, Wardanjan, Izv. Armjansk. Akad.
Ser. chim. **10** [1957] 353; C. A. **1958** 12854) oder beim Erwärmen von 7-Hydroxy-
4-methyl-cumarin mit 3-Chlor-but-2ξ-en-1-sulfonylchlorid und Kaliumcarbonat in Aceton
(Eš., Wa.).
Krystalle (aus A. oder Me.); F: 129−130° (Eš. et al.).

7-Benzolsulfonyloxy-4-methyl-cumarin $C_{16}H_{12}O_5S$, Formel II (R = H).

B. Beim Erwärmen von 7-Hydroxy-4-methyl-cumarin mit Benzolsulfonylchlorid und
Natriumäthylat in Äthanol (Schamschurin, Ibadulin, Trudy Uzbeksk. Univ. [NS] Nr. 25
Chimija Nr. 1 [1941] 1, 27; C. A. **1941** 5876), mit Benzolsulfonylchlorid, Kaliumcarbonat
und Aceton (Ešajan, Wardanjan, Izv. Armjansk. Akad. Ser. chim. **10** [1957] 353; C. A.

1958 12854) oder mit Benzolsulfonylchlorid und wss. Natronlauge (*Eš., Wa.*).
Krystalle; F: 107—108° [aus A.] (*Sch., Ib.*), 104—105° [aus wss. Acn.] (*Eš., Wa.*).
Beim Erhitzen mit Aluminiumchlorid auf 130° sind 8-Chlor-7-hydroxy-4-methyl-cumarin und 8-Benzolsulfonyl-7-hydroxy-4-methyl-cumarin, beim Erhitzen mit Aluminiumchlorid in Nitrobenzol sind hingegen 6-Benzolsulfonyl-7-hydroxy-4-methyl-cumarin und 8-Benzolsulfonyl-7-hydroxy-4-methyl-cumarin erhalten worden (*Aleykutty, Baliah*, J. Indian chem. Soc. **32** [1955] 773, 774).

4-Methyl-7-[toluol-4-sulfonyloxy]-cumarin $C_{17}H_{14}O_5S$, Formel II (R = CH_3).
B. Beim Erwärmen von 7-Hydroxy-4-methyl-cumarin mit Toluol-4-sulfonylchlorid und Natriumäthylat in Äthanol (*Schamschurin, Ibadulin*, Trudy Uzbeksk. Univ. [NS] Nr. 25 Chimija Nr. 1 [1941] 1, 2, 7; C. A. **1941** 5876). Beim Behandeln einer Lösung von 7-Hydroxy-4-methyl-cumarin und Toluol-4-sulfonylchlorid in Aceton mit wss. Natriumhydrogencarbonat-Lösung (*Bhavsar, Desai*, J. Indian chem. Soc. **31** [1954] 141, 142).
Krystalle (aus A.); F: 114—115° (*Sch., Ib.*), 112° (*Bh., De.*).

4-Methyl-7-[toluol-α-sulfonyloxy]-cumarin $C_{17}H_{14}O_5S$, Formel I (R = CH_2-C_6H_5).
B. Beim Behandeln von 7-Hydroxy-4-methyl-cumarin mit Toluol-α-sulfonylchlorid und Pyridin, mit Toluol-α-sulfonylchlorid, Kaliumcarbonat und Aceton oder mit Toluol-α-sulfonylchlorid und wss. Natronlauge (*Ešajan, Wardanjan*, Izv. Armjansk. Akad. Ser. chim. **10** [1957] 353; C. A. **1958** 12854).
Krystalle (aus wss. Acn.); F: 139°.

4-Methyl-7-[4-thiocyanato-butan-1-sulfonyloxy]-cumarin $C_{15}H_{15}NO_5S_2$, Formel I (R = $[CH_2]_4$-SCN).
B. Beim Erwärmen einer Lösung von 7-[4-Chlor-butan-1-sulfonyloxy]-4-methyl-cumarin in Äthanol mit Kaliumthiocyanat (*Ešajan et al.*, Izv. Armjansk. Akad. Ser. chim. **12** [1959] 221, 225; C. A. **1960** 22614).
F: 97° [aus wss. Acn.].

7-Chlormethansulfonyloxy-4-methyl-cumarin $C_{11}H_9ClO_5S$, Formel I (R = CH_2Cl).
B. Beim Behandeln von 7-Hydroxy-4-methyl-cumarin mit Chlormethansulfonylchlorid und Pyridin (*Ešajan et al.*, Izv. Armjansk. Akad. Ser. chim. **12** [1959] 221, 222; C. A. **1960** 22614).
Krystalle (aus wss. Acn.); F: 126—127°.

4-Methyl-7-sulfooxy-cumarin, Schwefelsäure-mono-[4-methyl-2-oxo-2*H*-chromen-7-ylester] $C_{10}H_8O_6S$, Formel I (R = OH).
B. Beim Behandeln von 7-Hydroxy-4-methyl-cumarin mit Chloroschwefelsäure und Pyridin (*Mead et al.*, Biochem. J. **61** [1955] 569).
Kalium-Salz $KC_{10}H_7O_6S$. Krystalle (aus wss. A.).

7-[Äthoxy-methyl-thiophosphinoyloxy]-4-methyl-cumarin, Methylthiophosphonsäure-*O*-äthylester-*O'*-[4-methyl-2-oxo-2*H*-chromen-7-ylester] $C_{13}H_{15}O_4PS$, Formel III (R = CH_3, X = OC_2H_5).
B. Beim Behandeln von 7-Hydroxy-4-methyl-cumarin mit Natriumäthylat in Äthanol und Erwärmen des Reaktionsgemisches mit Methylthiophosphonsäure-*O*-äthylester-chlorid (*Kabatschnik et al.*, Ž. obšč. Chim. **28** [1958] 1568, 1570; engl. Ausg. S. 1618, 1621).
Krystalle (aus PAe.); 72—73°.

7-Dimethoxythiophosphoryloxy-4-methyl-cumarin, Thiophosphorsäure-*O,O'*-dimethyl-ester-*O''*-[4-methyl-2-oxo-2*H*-chromen-7-ylester] $C_{12}H_{13}O_5PS$, Formel III (R = X = OCH_3).
B. Beim Erwärmen von 7-Hydroxy-4-methyl-cumarin mit Chlorbenzol, Chlorothio-phosphorsäure-*O,O'*-dimethylester, Kaliumcarbonat und Kupfer-Pulver (*Farbenfabr. Bayer*, D.B.P. 814297 [1948]; D.R.B.P. Org. Chem. 1950—1951 **5** 112; U.S.P. 2624745 [1949]).
Krystalle; F: 85° (*G. Schrader*, Die Entwicklung neuer insektizider Phosphorsäure-Ester, 3. Aufl. [Weinheim 1963] S. 91), F: 77° [aus Me.] (*Farbenfabr. Bayer*). D_4^{20}: 4,31

(*Schrader*, Ang. Ch. Monogr. **62** [1952] 65). Polarographie: *Kováč*, Chem. Zvesti **8** [1954] 272, 276, 277; C. A. **1955** 6784.

7-Diäthoxythiophosphoryloxy-4-methyl-cumarin, Thiophosphorsäure-*O,O'*-diäthylester-*O''*-[4-methyl-2-oxo-2*H*-chromen-7-ylester] $C_{14}H_{17}O_5PS$, Formel III (R = X = OC_2H_5) auf S. 341 (in der Literatur auch als Potasan bezeichnet).

B. Beim Erwärmen von 7-Hydroxy-4-methyl-cumarin mit Chlorbenzol, Chlorothio=phosphorsäure-*O,O'*-diäthylester, Kaliumcarbonat, Kupfer-Pulver und Kaliumbromid (*Farbenfabr. Bayer*, D.B.P. 814297 [1948]; D.R.B.P. Org. Chem. 1950—1951 **5** 112; U.S.P. 2624745 [1949]).

Krystalle [aus PAe.] (*Schrader*, Ang. Ch. Monogr. **62** [1952] 63); F: 41,5° (*Aldridge, Davidson*, Biochem. J. **52** [1952] 663, 669), 38° (*Farbenfabr. Bayer*; *Sch.*). Kp$_1$: 210° [Zers.] (*Sch.*). D_4^{38}: 1,260 (*Sch.*; *Edwards*, U.S. Dep. Agric. Bur. Entomol. E-832 [1951]). n_D^{37}: 1,5685 (*Sch.*; *Ed.*). Polarographie: *Kováč*, Chem. Zvesti **8** [1954] 272; C. A. **1955** 6784. In Wasser schwer löslich (*Sch.*; *Ed.*). Wässrige Lösungen vom pH 7—8 fluorescieren blau (*Sch.*).

7-Diisopropoxythiophosphoryloxy-4-methyl-cumarin, Thiophosphorsäure-*O,O'*-diiso=propylester-*O''*-[4-methyl-2-oxo-2*H*-chromen-7-ylester] $C_{16}H_{21}O_5PS$, Formel III (R = X = O-C(CH$_3$)$_2$) auf S. 341.

B. Beim Erwärmen von 7-Hydroxy-4-methyl-cumarin mit Chlorothiophosphorsäure-*O,O'*-diisopropylester, Kaliumcarbonat und Aceton (*Losco, Peri*, G. **89** [1959] 1298, 1306).

Krystalle (aus A.); F: 80—81°.

4-Methyl-7-[2-thioxo-2λ^5-benzo[1,3,2]dioxaphosphol-2-yl]-cumarin, Thiophosphorsäure-*O*-[4-methyl-2-oxo-2*H*-chromen-7-ylester]-*O',O''-o*-phenylenester $C_{16}H_{11}O_5PS$, Formel IV.

B. Beim Behandeln der Natrium-Verbindung des 7-Hydroxy-4-methyl-cumarins mit Chlorothiophosphorsäure-*O,O'-o*-phenylenester in Chlorbenzol oder Toluol (*Tichý et al.*, Chem. Zvesti **11** [1957] 398, 399, 401; C. A. **1958** 7191).

Krystalle (aus PAe. oder Bzl.); F: 146° [unkorr.].

7-Hydroxy-4-trifluormethyl-cumarin $C_{10}H_5F_3O_3$, Formel V (R = H).

B. Beim Behandeln von Resorcin mit 4,4,4-Trifluor-acetessigsäure-äthylester und Schwefelsäure (*Whalley*, Soc. **1951** 3235, 3237).

Krystalle (aus Me.); F: 178°.

7-Methoxy-4-trifluormethyl-cumarin $C_{11}H_7F_3O_3$, Formel V (R = CH$_3$).

B. Beim Behandeln von 3-Methoxy-phenol mit 4,4,4-Trifluor-acetessigsäure-äthylester und Schwefelsäure (*Whalley*, Soc. **1951** 3235, 3237). Beim Erwärmen von 7-Hydroxy-4-trifluormethyl-cumarin mit Methyljodid, Kaliumcarbonat und Aceton (*Wh.*).

Krystalle (aus wss. Me.); F: 112°. Bei 120°/0,1 Torr sublimierbar.

3-Chlor-7-hydroxy-4-methyl-cumarin $C_{10}H_7ClO_3$, Formel VI (R = H) (H 32).

B. Beim Behandeln einer Lösung von Resorcin und 2-Chlor-acetessigsäure-äthylester in Äthanol mit Phosphor(V)-oxid (*Chakravarti*, J. Indian chem. Soc. **8** [1931] 129, 136). Beim Behandeln einer Lösung von 7-Hydroxy-4-methyl-cumarin in Essigsäure mit Chlor (1 Mol) in Tetrachlormethan (*Grover et al.*, J. scient. ind. Res. India **11 B** [1952] 50, 52). Beim Erwärmen von 7-Acetoxy-3-chlor-4-methyl-cumarin mit Schwefelsäure und Äthanol (*Gr. et al.*).

Krystalle (aus wss. A.); F: 242—243° [unkorr.] (*Wheelock*, Am. Soc. **81** [1959] 1348, 1349), 240° (*Gr. et al.*). Absorptionsmaximum (332 nm) und Fluorescenzmaximum (458 nm) einer Lösung in Äthanol: *Wh*.

3-Chlor-7-methoxy-4-methyl-cumarin $C_{11}H_9ClO_3$, Formel VI (R = CH$_3$).

B. Beim Behandeln von 3-Methoxy-phenol mit 2-Chlor-acetessigsäure-äthylester und Schwefelsäure (*Grover et al.*, J. scient. ind. Res. India **11 B** [1952] 50, 52). Beim Behandeln einer Lösung von 7-Methoxy-4-methyl-cumarin in Essigsäure mit Chlor (1 Mol) in Tetra=chlormethan (*Gr. et al.*). Beim Erwärmen von 3-Chlor-7-hydroxy-4-methyl-cumarin mit Dimethylsulfat, Kaliumcarbonat und Aceton (*Gr. et al.*).

Krystalle (aus A.); F: 135—136°.

IV V VI

7-Acetoxy-3-chlor-4-methyl-cumarin $C_{12}H_9ClO_4$, Formel VI (R = CO-CH$_3$) (H 33).
B. Beim Behandeln einer Lösung von 7-Acetoxy-4-methyl-cumarin in Essigsäure mit Chlor in Tetrachlormethan (*Grover et al.*, J. scient. ind. Res. India **11** B [1952] 50, 53).
F: 160—167°.

3-Chlor-4-methyl-7-propionyloxy-cumarin $C_{13}H_{11}ClO_4$, Formel VI (R = CO-CH$_2$-CH$_3$).
B. Beim Erhitzen von 3-Chlor-7-hydroxy-4-methyl-cumarin mit Propionsäure-anhydrid und Pyridin (*Shah, Shah*, B. **92** [1959] 2933, 2936).
Krystalle (aus Eg.); F: 140°.

3-Chlor-7-dimethoxythiophosphoryloxy-4-methyl-cumarin, Thiophosphorsäure-O-[3-chlor-4-methyl-2-oxo-2H-chromen-7-ylester]-O',O''-dimethylester $C_{12}H_{12}ClO_5PS$, Formel VI (R = PS(OCH$_3$)$_2$).
B. Beim Erwärmen von 3-Chlor-7-hydroxy-4-methyl-cumarin mit Butanon, Chlorothiophosphorsäure-O,O'-dimethylester, Kaliumcarbonat und Kupfer-Pulver (*Farbenfabr. Bayer*, D.B.P. 881194 [1951]; U.S.P. 2748146 [1952]).
Krystalle (aus Me.); F: 108° (*Farbenfabr. Bayer*, U.S.P. 2748146), 105° (*Farbenfabr. Bayer*, D.B.P. 881194).

3-Chlor-7-diäthoxythiophosphoryloxy-4-methyl-cumarin, Thiophosphorsäure-O,O'-diäthylester-O''-[3-chlor-4-methyl-2-oxo-2H-chromen-7-ylester] $C_{14}H_{16}ClO_5PS$, Formel VI (R = PS(OC$_2$H$_5$)$_2$).
B. Beim Erwärmen von 3-Chlor-7-hydroxy-4-methyl-cumarin mit Butanon, Chlorothiophosphorsäure-O,O'-diäthylester, Kaliumcarbonat und Kupfer-Pulver (*Farbenfabr. Bayer*, D.B.P. 881194 [1951]; U.S.P. 2748146 [1952]).
Krystalle (aus A.); F: 95° (*Farbenfabr. Bayer*, U.S.P. 2748146), 91° (*Farbenfabr. Bayer*, D.B.P. 881194).

6-Chlor-7-hydroxy-4-methyl-cumarin $C_{10}H_7ClO_3$, Formel VII (R = H).
B. Beim Behandeln von 4-Chlor-resorcin mit Acetessigsäure-äthylester und Schwefelsäure (*Chakravarti, Ghosh*, J. Indian chem. Soc. **12** [1935] 622, 624). Beim Erwärmen von 4-Chlor-resorcin mit Acetessigsäure-äthylester und Phosphor(V)-oxid bzw. Polyphosphorsäure (*Ch., Gh.*; *Kapil, Joshi*, J. Indian chem. Soc. **36** [1959] 596).
Krystalle (aus Eg.); F: 280° (*Ch., Gh.*). Absorptionsspektrum (210—420 nm) und Fluorescenzspektrum (385—625 nm) von Lösungen in wss. Äthanol, in wss.-äthanol. Salzsäure und in wss.-äthanol. Alkalilauge: *Mattoo*, Trans. Faraday Soc. **52** [1956] 1184, 1189. Wahrer Dissoziationsexponent pK_a (Wasser; spektrophotometrisch ermittelt) bei 25°: 6,10 (*Mattoo*, Z. physik. Chem. [N.F.] **12** [1957] 232, 237).

6-Chlor-7-methoxy-4-methyl-cumarin $C_{11}H_9ClO_3$, Formel VII (R = CH$_3$).
B. Aus 6-Chlor-7-hydroxy-4-methyl-cumarin mit Hilfe von Dimethylsulfat (*Chakravarti, Banerji*, J. Indian chem. Soc. **14** [1937] 37).
Krystalle (aus Eg.); F: 252°.

6-Chlor-7-[2-hydroxy-äthoxy]-4-methyl-cumarin $C_{12}H_{11}ClO_4$, Formel VII (R = CH$_2$-CH$_2$-OH).
B. Beim Behandeln von 6-Chlor-7-hydroxy-4-methyl-cumarin mit Natrium in Dioxan (oder Benzol) und anschliessend mit 2-Chlor-äthanol (*Sen, Sen Gupta*, J. Indian chem. Soc. **32** [1955] 120).
Krystalle (aus A.); F: 200°.

7-Acetoxy-6-chlor-4-methyl-cumarin $C_{12}H_9ClO_4$, Formel VII (R = CO-CH$_3$).
B. Beim Erhitzen von 6-Chlor-7-hydroxy-4-methyl-cumarin mit Acetanhydrid und

Natriumacetat (*Chakravarti, Ghosh*, J. Indian chem. Soc. **12** [1935] 622, 624).
Krystalle; F: 168° [aus wss. A.] (*Ch., Gh.*), 167° [aus A.] (*Setalvad, Shah*, J. Indian chem. Soc. **31** [1954] 600, 603).

6-Chlor-4-methyl-7-propionyloxy-cumarin $C_{13}H_{11}ClO_4$, Formel VII (R = CO-CH$_2$-CH$_3$).
B. Beim Erhitzen von 6-Chlor-7-hydroxy-4-methyl-cumarin mit Propionsäure-anhydrid und wenig Schwefelsäure (*Setalvad, Shah*, J. Indian chem. Soc. **34** [1957] 289, 296).
Krystalle (aus A.); F: 111°.

7-Butyryloxy-6-chlor-4-methyl-cumarin $C_{14}H_{13}ClO_4$, Formel VII (R = CO-CH$_2$-C$_2$H$_5$).
Krystalle (aus A.); F: 119° (*Setalvad, Shah*, J. Indian chem. Soc. **34** [1957] 289, 297).

7-Benzoyloxy-6-chlor-4-methyl-cumarin $C_{17}H_{11}ClO_4$, Formel VII (R = CO-C$_6$H$_5$).
B. Beim Erhitzen von 6-Chlor-7-hydroxy-4-methyl-cumarin mit Benzoylchlorid (*Limaye, Patwardhan*, Rasayanam **2** [1950] 32, 34).
Krystalle (aus Eg.); F: 225° (*Li., Pa.*), 222° (*Setalvad, Shah*, J. Indian chem. Soc. **31** [1954] 600, 603).

6-Chlor-7-[chlor-hydroxy-phosphoryloxy]-4-methyl-cumarin, Chlorophosphorsäure-mono-[6-chlor-4-methyl-2-oxo-2*H*-chromen-7-ylester] $C_{10}H_7Cl_2O_5P$, Formel VII (R = PO(OH)-Cl).
B. Beim Erwärmen von 6-Chlor-7-hydroxy-4-methyl-cumarin in Benzol oder Dioxan mit Phosphorylchlorid und Magnesium (*Sen, Sen Gupta*, J. Indian chem. Soc. **32** [1955] 120).
Krystalle (aus A.); F: 230°.

6-Chlor-7-diäthoxyphosphoryloxy-4-methyl-cumarin, Phosphorsäure-diäthylester-[6-chlor-4-methyl-2-oxo-2*H*-chromen-7-ylester] $C_{14}H_{16}ClO_6P$, Formel VII (R = PO(OC$_2$H$_5$)$_2$).
B. Beim Erwärmen von 6-Chlor-7-hydroxy-4-methyl-cumarin mit Chlorophosphorsäure-diäthylester, Kaliumcarbonat und Aceton (*Losco, Peri*, G. **89** [1959] 1298, 1306).
Krystalle (aus Me.); F: 130—131°.

6-Chlor-7-dimethoxythiophosphoryloxy-4-methyl-cumarin, Thiophosphorsäure-*O*-[6-chlor-4-methyl-2-oxo-2*H*-chromen-7-ylester]-*O',O''*-dimethylester $C_{12}H_{12}ClO_5PS$, Formel VII (R = PS(OCH$_3$)$_2$).
B. Beim Erwärmen von 6-Chlor-7-hydroxy-4-methyl-cumarin mit Chlorothiophosphorsäure-*O,O'*-dimethylester, Kaliumcarbonat und Aceton (*Losco, Peri*, G. **89** [1959] 1298, 1306).
Krystalle (aus Me.); F: 117—118°.

VII   VIII   IX   X

6-Chlor-7-diäthoxythiophosphoryloxy-4-methyl-cumarin, Thiophosphorsäure-*O,O'*-diäthylester-*O''*-[6-chlor-4-methyl-2-oxo-2*H*-chromen-7-ylester] $C_{14}H_{16}ClO_5PS$, Formel VII (R = PS(OC$_2$H$_5$)$_2$).
B. Beim Erwärmen der Natrium-Verbindung des 6-Chlor-7-hydroxy-4-methyl-cumarins mit Chlorothiophosphorsäure-*O,O'*-diäthylester in Äthanol (*Sen, Sen Gupta*, J. Indian chem. Soc. **32** [1955] 120). Beim Erwärmen von 6-Chlor-7-hydroxy-4-methyl-cumarin mit Chlorothiophosphorsäure-*O,O'*-diäthylester, Kaliumcarbonat und Aceton (*Losco, Peri*, G. **89** [1959] 1298, 1306).
Krystalle (aus Me.); F: 133—134° (*Lo., Peri*). Kp$_{10}$: 165° (*Sen, Sen Gu.*).

8-Chlor-7-hydroxy-4-methyl-cumarin $C_{10}H_7ClO_3$, Formel VIII (R = H).
Die Identität des früher (s. E I 309) unter dieser Konstitution beschriebenen Präparats

ist ungewiss (s. *Grover et al.*, J. scient. ind. Res. India **11** B [1952] 50).

B. Beim Behandeln von 2-Chlor-resorcin mit Acetessigsäure-äthylester und Schwefel=
säure (*Gr. et al.*, l. c. S. 54). Neben 8-Benzolsulfonyl-7-hydroxy-4-methyl-cumarin beim
Erhitzen von 7-Benzolsulfonyloxy-4-methyl-cumarin mit Aluminiumchlorid auf 130°
(*Aleykutty, Baliah*, J. Indian chem. Soc. **32** [1955] 773, 774). Beim Behandeln von
7-Hydroxy-4-methyl-2-oxo-2*H*-chromen-8-diazonium-betain (H **18** 652; dort als An=
hydro-[7-oxy-4-methyl-cumarin-diazoniumhydroxyd-(8)] bezeichnet) mit wss. Salzsäure
und Kupfer(I)-chlorid (*Chakravarti, Ghosh*, J. Indian chem. Soc. **12** [1935] 791, 793).

Krystalle; F: 270° [aus A.] (*Al., Ba.*), 269—270° [aus Eg.] (*Gr. et al.*).

8-Chlor-7-methoxy-4-methyl-cumarin $C_{11}H_9ClO_3$, Formel VIII (R = CH_3).

B. Beim Erwärmen einer Lösung von 8-Chlor-7-hydroxy-4-methyl-cumarin in Aceton
mit Dimethylsulfat und Kaliumcarbonat (*Grover et al.*, J. scient. ind. Res. India **11** B
[1952] 50, 54).

Krystalle (aus Eg.); F: 196—198°.

7-Acetoxy-8-chlor-4-methyl-cumarin $C_{12}H_9ClO_4$, Formel VIII (R = CO-CH_3).

B. Beim Erhitzen von 8-Chlor-7-hydroxy-4-methyl-cumarin mit Acetanhydrid und
Natriumacetat (*Chakravarti, Ghosh*, J. Indian chem. Soc. **12** [1935] 791, 794) oder mit
Acetanhydrid und Pyridin (*Grover et al.*, J. scient. ind. Res. India **11** B [1952] 50, 54).

Krystalle; F: 188—189° [aus A.] (*Ch., Gh.*), 182—183° [aus Eg.] (*Gr. et al.*).

3,6-Dichlor-7-hydroxy-4-methyl-cumarin $C_{10}H_6Cl_2O_3$, Formel IX (R = H).

B. Aus 4-Chlor-resorcin und 2-Chlor-acetessigsäure-äthylester mit Hilfe von Schwefel=
säure (*Chakravarti, Ghosh*, J. Indian chem. Soc. **12** [1935] 622, 626; *Grover et al.*, J.
scient. ind. Res. India **11**B [1952] 50, 53) oder mit Hilfe von Phosphor(V)-oxid (*Ch., Gh.*).
Beim Behandeln einer Lösung von 6-Chlor-7-hydroxy-4-methyl-cumarin in Essigsäure
mit Chlor (1 Mol) in Tetrachlormethan (*Gr. et al.*).

Krystalle; F: 254° [aus wss. A.] (*Ch., Gh.*), 252—254° [aus Eg.] (*Gr. et al.*).

3,6-Dichlor-7-methoxy-4-methyl-cumarin $C_{11}H_8Cl_2O_3$, Formel IX (R = CH_3).

B. Beim Behandeln von 3,6-Dichlor-7-hydroxy-4-methyl-cumarin mit Aceton, Di=
methylsulfat und Kaliumcarbonat (*Grover et al.*, J. scient. ind. Res. India **11**B [1952]
50, 53). Beim Behandeln einer Lösung von 6-Chlor-7-methoxy-4-methyl-cumarin in
Essigsäure mit Chlor (1 Mol) in Tetrachlormethan (*Gr. et al.*).

Krystalle (aus Eg.); F: 225—227°.

7-Acetoxy-3,6-dichlor-4-methyl-cumarin $C_{12}H_8Cl_2O_4$, Formel IX (R = CO-CH_3).

B. Beim Erhitzen von 3,6-Dichlor-7-hydroxy-4-methyl-cumarin mit Acetanhydrid und
Natriumacetat (*Chakravarti, Ghosh*, J. Indian chem. Soc. **12** [1935] 622, 626; *Grover
et al.*, J. scient. ind. Res. India **11**B [1952] 50, 54).

Krystalle; F: 192° [aus wss. A.] (*Ch., Gh.*), 185—187° [aus Eg.] (*Gr. et al.*).

3,8-Dichlor-7-hydroxy-4-methyl-cumarin $C_{10}H_6Cl_2O_3$, Formel X (R = H).

B. Beim Behandeln von 2-Chlor-resorcin mit 2-Chlor-acetessigsäure-äthylester und
Schwefelsäure (*Grover et al.*, J. scient. ind. Res. India **11**B [1952] 50, 54). Beim Be=
handeln einer Lösung von 8-Chlor-7-hydroxy-4-methyl-cumarin in Essigsäure mit Chlor
(1 Mol) in Tetrachlormethan (*Gr. et al.*).

Krystalle (aus Eg.); F: 280—281°.

3,8-Dichlor-7-methoxy-4-methyl-cumarin $C_{11}H_8Cl_2O_3$, Formel X (R = CH_3).

B. Beim Behandeln von 3,8-Dichlor-7-hydroxy-4-methyl-cumarin mit Dimethylsulfat
und Kaliumcarbonat (*Grover et al.*, J. scient. ind. Res. India **11**B [1952] 50, 55).

Krystalle (aus Eg.); F: 261—263°.

6,8-Dichlor-7-hydroxy-4-methyl-cumarin $C_{10}H_6Cl_2O_3$, Formel XI (R = H).

B. Beim Behandeln von 2,4-Dichlor-resorcin mit Acetessigsäure-äthylester und
Schwefelsäure (*Grover et al.*, J. scient. ind. Res. India **11**B [1952] 50, 55).

Krystalle (aus Eg.); F: 249—250°.

6,8-Dichlor-7-methoxy-4-methyl-cumarin $C_{11}H_8Cl_2O_3$, Formel XI (R = CH_3).

B. Beim Erwärmen von 6,8-Dichlor-7-hydroxy-4-methyl-cumarin mit Dimethylsulfat,

Kaliumcarbonat und Aceton (*Grover et al.*, J. scient. ind. Res. India **11**B [1952] 50, 55).
Krystalle (aus Eg.); F: 198—199°.

3,6,8-Trichlor-7-hydroxy-4-methyl-cumarin $C_{10}H_5Cl_3O_3$, Formel XII (R = H) (E I 309).
B. Beim Behandeln von 2,4-Dichlor-resorcin mit 2-Chlor-acetessigsäure-äthylester und Schwefelsäure (*Grover et al.*, J. scient. ind. Res. India **11**B [1952] 50, 55). Beim Erwärmen einer Lösung von 7-Hydroxy-4-methyl-cumarin in Essigsäure mit Chlor (Überschuss) in Tetrachlormethan (*Gr. et al.*; vgl. E I 309).

3,6,8-Trichlor-7-methoxy-4-methyl-cumarin $C_{11}H_7Cl_3O_3$, Formel XII (R = CH_3).
B. Beim Behandeln einer Lösung von 3,6,8-Trichlor-7-hydroxy-4-methyl-cumarin in Aceton mit Dimethylsulfat und Kaliumcarbonat (*Grover et al.*, J. scient. ind. Res. India **11**B [1952] 50, 55).
Krystalle (aus Eg.); F: 189—190°.

3-Brom-7-hydroxy-4-methyl-cumarin $C_{10}H_7BrO_3$, Formel XIII (R = H) (E II 20).
Diese Konstitution kommt auch der früher (s. E I **18** 309) als 8-Brom-7-hydroxy-4-methyl-cumarin angesehenen Verbindung zu (*Dalvi, Sethna*, J. Indian chem. Soc. **26** [1949] 359, 360).
Magnetische Susceptibilität: $-127,3 \cdot 10^{-6}$ cm$^3 \cdot$ mol^{-1} (*Mathur*, Trans. Faraday Soc. **54** [1958] 1609, 1610).

3-Brom-7-methoxy-4-methyl-cumarin $C_{11}H_9BrO_3$, Formel XIII (R = CH_3).
B. Beim Erwärmen von 3-Brom-7-hydroxy-4-methyl-cumarin mit Methyljodid, Kaliumcarbonat und Aceton (*Dalvi, Sethna*, J. Indian chem. Soc. **26** [1949] 359, 362). Beim Behandeln von 7-Methoxy-4-methyl-cumarin mit Brom in Essigsäure (*Limaye, Bhide*, Rasayanam **1** [1938] 136, 138). Beim Erwärmen von 7-Methoxy-4-methyl-cumarin mit *N*-Brom-succinimid in Tetrachlormethan (*Molho, Mentzer*, C. r. **223** [1946] 1141; s. dazu jedoch *Sehgal, Seshadri*, J. scient. ind. Res. India **12**B [1953] 346, 347).
Krystalle (aus A.); F: 147—148° (*Seh., Ses.*), 147° (*Li., Bh.*).

7-Acetoxy-3-brom-4-methyl-cumarin $C_{12}H_9BrO_4$, Formel XIII (R = CO-CH_3).
B. Beim Behandeln von 3-Brom-7-hydroxy-4-methyl-cumarin mit Acetanhydrid und Natriumacetat (*Sehgal, Seshadri*, J. scient. ind. Res. India **12**B [1953] 346, 348).
Krystalle (aus A.); F: 152—153°.

XI   XII   XIII   XIV

3-Brom-7-butyryloxy-4-methyl-cumarin $C_{14}H_{13}BrO_4$, Formel XIII (R = CO-CH_2-CH_2-CH_3).
F: 138° (*Shah, Shah*, B. **92** [1959] 2933, 2936).

3-Brom-7-diäthoxythiophosphoryloxy-4-methyl-cumarin, Thiophosphorsäure-*O,O*'-di-äthylester-*O*''-[3-brom-4-methyl-2-oxo-2*H*-chromen-7-ylester] $C_{14}H_{16}BrO_5PS$, Formel XIII (R = PS(OC_2H_5)$_2$).
B. Beim Erwärmen einer Lösung von 3-Brom-7-hydroxy-4-methyl-cumarin in Pentan-2-on mit Chlorothiophosphorsäure-*O,O*'-diäthylester, Kaliumcarbonat und Kupfer-Pulver (*Farbenfabr. Bayer*, D.B.P. 881194 [1951]; U.S.P. 2748146 [1952]).
Krystalle (aus A.); F: 105°.

6-Brom-7-hydroxy-4-methyl-cumarin $C_{10}H_7BrO_3$, Formel XIV (R = H) (E I 309).
B. Beim Behandeln von 4-Brom-resorcin mit Acetessigsäure-äthylester und Phosphor(V)-oxid (*Chakravarti, Mukerjee*, J. Indian chem. Soc. **14** [1937] 725, 729).
Krystalle (aus Eg.); F: 283° [Zers.] (*Setalvad, Shah*, J. Indian chem. Soc. **31** [1954] 600, 601), 278° (*Ch., Mu.*).

6-Brom-7-methoxy-4-methyl-cumarin $C_{11}H_9BrO_3$, Formel XIV (R = CH_3).
B. Beim Behandeln von 6-Brom-7-hydroxy-4-methyl-cumarin mit Dimethylsulfat und Alkalilauge (*Chakravarti, Mukerjee,* J. Indian chem. Soc. **14** [1937] 725, 730). Aus 7-Methoxy-4-methyl-2-oxo-2*H*-chromen-6-diazonium-bromid mit Hilfe von Kupfer(I)-bromid (*Ch., Mu.*).
Krystalle (aus Eg.); F: 245°.

7-Acetoxy-6-brom-4-methyl-cumarin $C_{12}H_9BrO_4$, Formel XIV (R = $CO\text{-}CH_3$).
B. Aus 6-Brom-7-hydroxy-4-methyl-cumarin beim Erhitzen mit Acetanhydrid und Natriumacetat (*Chakravarti, Mukerjee,* J. Indian chem. Soc. **14** [1937] 725, 729) sowie beim Behandeln mit Acetanhydrid und Pyridin (*Setalvad, Shah,* J. Indian chem. Soc. **31** [1954] 600, 601).
Krystalle; F: 179° [aus Eg.] (*Se., Shah*), 170° [aus wss. A.] (*Ch., Mu.*).

6-Brom-4-methyl-7-propionyloxy-cumarin $C_{13}H_{11}BrO_4$, Formel XIV (R = $CO\text{-}CH_2\text{-}CH_3$).
Krystalle (aus A.); F: 128° (*Setalvad, Shah,* J. Indian chem. Soc. **34** [1957] 289, 294).

6-Brom-7-butyryloxy-4-methyl-cumarin $C_{14}H_{13}BrO_4$, Formel XIV (R = $CO\text{-}CH_2\text{-}CH_2\text{-}CH_3$).
B. Beim Erhitzen von 6-Brom-7-hydroxy-4-methyl-cumarin mit Buttersäure-anhydrid und wenig Schwefelsäure (*Setalvad, Shah,* J. Indian chem. Soc. **34** [1957] 289, 295).
Krystalle (aus A.); F: 120°.

7-Benzoyloxy-6-brom-4-methyl-cumarin $C_{17}H_{11}BrO_4$, Formel XIV (R = $CO\text{-}C_6H_5$).
B. Beim Erwärmen von 6-Brom-7-hydroxy-4-methyl-cumarin mit Benzoylchlorid und Pyridin (*Setalvad, Shah,* J. Indian chem. Soc. **31** [1954] 600, 601).
Krystalle (aus Eg.); F: 213°.

8-Brom-7-hydroxy-4-methyl-cumarin $C_{10}H_7BrO_3$, Formel I.
Die früher (s. E I 309) unter dieser Konstitution beschriebene Verbindung ist als 3-Brom-7-hydroxy-4-methyl-cumarin zu formulieren (*Dalvi, Sethna,* J. Indian chem. Soc. **26** [1949] 359, 360).
B. Beim Behandeln von 7-Hydroxy-4-methyl-2-oxo-2*H*-chromen-8-diazonium-betain (H **18** 652; dort als Anhydro-[7-oxy-4-methyl-cumarin-diazoniumhydroxyd-(8)] bezeichnet) mit wss. Bromwasserstoffsäure und Kupfer(I)-bromid (*Chakravarti, Mukerjee,* J. Indian chem. Soc. **14** [1937] 725, 729).
Krystalle (aus Eg.); F: 251−252°.

4-Brommethyl-7-hydroxy-cumarin $C_{10}H_7BrO_3$, Formel II (R = H).
B. Beim Behandeln von Resorcin mit 4-Brom-acetessigsäure-äthylester und Schwefel=säure (*Seshadri, Varadarajan,* J. scient. ind. Res. India **11**B [1952] 39, 44).
Krystalle (aus wss. A.); F: 260−261° [Zers.].

4-Brommethyl-7-methoxy-cumarin $C_{11}H_9BrO_3$, Formel II (R = CH_3).
B. Beim Erwärmen einer Lösung von 4-Brommethyl-7-hydroxy-cumarin in Aceton mit Dimethylsulfat und Kaliumcarbonat (*Seshadri, Varadarajan,* J. scient. ind. Res. India **11**B [1952] 39, 44). Beim Erwärmen von 7-Methoxy-4-methyl-cumarin mit *N*-Brom-succinimid und wenig Dibenzoylperoxid in Tetrachlormethan (*Sehgal, Seshadri,* J. scient. ind. Res. India **12**B [1953] 346, 349).
Krystalle; F: 214−215° [aus E.] (*Seh., Ses.*), 209−210° [Zers.; aus A.] (*Se., Va.*), 204° [aus Eg.] (*Dey, Radhabai,* J. Indian chem. Soc. **11** [1934] 635, 647).
Beim Erhitzen mit wss. Alkalilauge ist [6-Methoxy-benzofuran-3-yliden]-essigsäure (F: 126°) erhalten worden (*Dey, Ra.*).

7-Acetoxy-4-brommethyl-cumarin $C_{12}H_9BrO_4$, Formel II (R = $CO-CH_3$).

B. Beim Erwärmen von 7-Acetoxy-4-methyl-cumarin mit N-Brom-succinimid und wenig Dibenzoylperoxid in Tetrachlormethan (*Sehgal, Seshadri,* J. scient. ind. Res. India **12B** [1953] 346, 348).
Krystalle (aus E.); F: 183—184°.

3,6-Dibrom-7-hydroxy-4-methyl-cumarin $C_{10}H_6Br_2O_3$, Formel III (R = H).

B. Neben 3,8-Dibrom-7-hydroxy-4-methyl-cumarin beim Erwärmen von 7-Hydroxy-4-methyl-cumarin mit Brom (2 Mol) in Essigsäure (*Dalvi, Sethna,* J. Indian chem. Soc. **26** [1949] 359, 362).
Krystalle (aus Eg.); F: 246—248°.

3,6-Dibrom-7-methoxy-4-methyl-cumarin $C_{11}H_8Br_2O_3$, Formel III (R = CH_3).

B. Beim Erwärmen von 3,6-Dibrom-7-hydroxy-4-methyl-cumarin mit Methyljodid, Kaliumcarbonat und Aceton (*Dalvi, Sethna,* J. Indian chem. Soc. **26** [1949] 359, 362). Beim Behandeln von 7-Methoxy-4-methyl-cumarin mit Brom (2 Mol) in Essigsäure (*Limaye, Bhide,* Rasayanam **1** [1938] 136, 138; s. a. *Da., Se.* l. c. S. 360).
Krystalle (aus Eg.); F: 240° (*Li., Bh.;* *Da., Se.*).

3,8-Dibrom-7-hydroxy-4-methyl-cumarin $C_{10}H_6Br_2O_3$, Formel IV (R = H).

B. s. o. im Artikel 3,6-Dibrom-7-hydroxy-4-methyl-cumarin.
Krystalle (aus Eg.); F: 274—276° (*Dalvi, Sethna,* J. Indian chem. Soc. **26** [1949] 359, 362).

3,8-Dibrom-7-methoxy-4-methyl-cumarin $C_{11}H_8Br_2O_3$, Formel IV (R = CH_3).

B. Beim Erwärmen von 3,8-Dibrom-7-hydroxy-4-methyl-cumarin mit Methyljodid, Kaliumcarbonat und Aceton (*Dalvi, Sethna,* J. Indian chem. Soc. **26** [1949] 359, 362).
Krystalle (aus Eg.); F: 235°.

3,6,8-Tribrom-7-hydroxy-4-methyl-cumarin $C_{10}H_5Br_3O_3$, Formel V (R = H).

B. Beim Behandeln von 7-Hydroxy-4-methyl-cumarin mit Brom [Überschuss] (*Dalvi, Sethna,* J. Indian chem. Soc. **26** [1949] 359, 363).
Krystalle (aus Eg.); F: 250—252° (*Da., Se.;* *Merchant, Shah,* J. Indian chem. Soc. **34** [1957] 35, 40).

3,6,8-Tribrom-7-methoxy-4-methyl-cumarin $C_{11}H_7Br_3O_3$, Formel V (R = CH_3).

B. Beim Erwärmen von 7-Methoxy-4-methyl-cumarin mit Brom [Überschuss] (*Dalvi, Sethna,* J. Indian chem. Soc. **26** [1949] 359, 363). Aus 3,6,8-Tribrom-7-hydroxy-4-methyl-cumarin (*Da., Se.*).
Krystalle (aus Eg.); F: 196—198°.

3-Jod-7-methoxy-4-methyl-cumarin $C_{11}H_9IO_3$, Formel VI.

B. Beim Erwärmen einer Lösung von 7-Methoxy-4-methyl-cumarin in Essigsäure mit Jodmonochlorid (*Lele, Sethna,* J. org. Chem. **23** [1958] 1731, 1733).
Krystalle (aus Eg.); F: 162° [unkorr.].

7-Hydroxy-8-jod-4-methyl-cumarin $C_{10}H_7IO_3$, Formel VII (R = H).

B. Aus 7-Hydroxy-4-methyl-cumarin beim Behandeln einer Lösung in Äthanol mit Jod und Jodsäure in Wasser sowie beim Behandeln mit wss. Ammoniak und mit einer wss. Lösung von Jod und Kaliumjodid (*Lele, Sethna,* J. org. Chem. **23** [1958] 1731, 1733).
Krystalle (aus Eg.); F: 268° [unkorr.].

V   VI   VII   VIII

8-Jod-7-methoxy-4-methyl-cumarin $C_{11}H_9IO_3$, Formel VII (R = CH_3).

B. Beim Erwärmen einer Lösung von 7-Hydroxy-8-jod-4-methyl-cumarin in Aceton

mit Dimethylsulfat und Kaliumcarbonat (*Lele, Sethna,* J. org. Chem. **23** [1958] 1731, 1733).
F: 199° [unkorr.].

7-Hydroxy-3,6-dijod-4-methyl-cumarin $C_{10}H_6I_2O_3$, Formel VIII (R = H).
B. Neben 7-Hydroxy-3,8-dijod-4-methyl-cumarin beim Erwärmen einer Lösung von 7-Hydroxy-4-methyl-cumarin in Essigsäure mit wss. Salzsäure und Jodmonochlorid [4 Mol] (*Lele, Sethna,* J. org. Chem. **23** [1958] 1731, 1733).
Krystalle (aus Eg.); F: 249° [unkorr.].

3,6-Dijod-7-methoxy-4-methyl-cumarin $C_{11}H_8I_2O_3$, Formel VIII (R = CH_3).
B. Beim Erwärmen einer Lösung von 7-Hydroxy-3,6-dijod-4-methyl-cumarin in Aceton mit Dimethylsulfat und Kaliumcarbonat (*Lele, Sethna,* J. org. Chem. **23** [1958] 1731, 1733). Beim Erwärmen von 7-Methoxy-4-methyl-cumarin mit Jodmonochlorid (Überschuss) in Essigsäure (*Lele, Se.*).
Krystalle (aus Eg.); F: 248° [unkorr.].

7-Hydroxy-3,8-dijod-4-methyl-cumarin $C_{10}H_6I_2O_3$, Formel IX (R = H).
B. s. o. im Artikel 7-Hydroxy-3,6-dijod-4-methyl-cumarin.
Krystalle (aus Eg.); F: 264° [unkorr.] (*Lele, Sethna,* J. org. Chem. **23** [1958] 1731, 1733).

3,8-Dijod-7-methoxy-4-methyl-cumarin $C_{11}H_8I_2O_3$, Formel IX (R = CH_3).
B. Beim Erwärmen einer Lösung von 7-Hydroxy-3,8-dijod-4-methyl-cumarin in Aceton mit Dimethylsulfat und Kaliumcarbonat (*Lele, Sethna,* J. org. Chem. **23** [1958] 1731, 1733).
F: 262° [unkorr.].

7-Hydroxy-6,8-dijod-4-methyl-cumarin $C_{10}H_6I_2O_3$, Formel X (R = H).
B. Beim Behandeln von 7-Hydroxy-4-methyl-cumarin mit wss. Ammoniak und mit einer wss. Lösung von Jod und Kaliumjodid (*Lele, Sethna,* J. org. Chem. **23** [1958] 1731, 1733).
Krystalle (aus Eg.); F: 230° [unkorr.].

6,8-Dijod-7-methoxy-4-methyl-cumarin $C_{11}H_8I_2O_3$, Formel X (R = CH_3).
B. Beim Erwärmen einer Lösung von 7-Hydroxy-6,8-dijod-4-methyl-cumarin in Aceton mit Dimethylsulfat und Kaliumcarbonat (*Lele, Sethna,* J. org. Chem. **23** [1958] 1731, 1733).
F: 212° [unkorr.].

7-Hydroxy-3,6,8-trijod-4-methyl-cumarin $C_{10}H_5I_3O_3$, Formel XI (R = H).
B. Aus 7-Hydroxy-4-methyl-cumarin beim Erwärmen einer Lösung in Essigsäure mit wss. Salzsäure und Jodmonochlorid (Überschuss) sowie beim Behandeln einer Lösung in Äthanol mit Jod und Jodsäure in Wasser (*Lele, Sethna,* J. org. Chem. **23** [1958] 1731, 1733).
Krystalle (aus Eg.); F: 254° [unkorr.].

3,6,8-Trijod-7-methoxy-4-methyl-cumarin $C_{11}H_7I_3O_3$, Formel XI (R = CH_3).
B. Beim Erwärmen einer Lösung von 7-Hydroxy-3,6,8-trijod-4-methyl-cumarin in Aceton mit Dimethylsulfat und Kaliumcarbonat (*Lele, Sethna,* J. org. Chem. **23** [1958] 1731, 1733).
F: 217° [unkorr.].

IX   X   XI   XII

7-Hydroxy-4-methyl-6-nitro-cumarin $C_{10}H_7NO_5$, Formel XII (R = H).
B. Beim Behandeln von 4-Nitro-resorcin mit Acetessigsäure-äthylester und Schwefel=

säure (*Chakravarti, Banerji*, J. Indian chem. Soc. **14** [1937] 37). Neben 7-Hydroxy-4-methyl-8-nitro-cumarin beim Behandeln von 7-Hydroxy-4-methyl-cumarin mit Salpetersäure und Schwefelsäure (*Shah, Mehta*, J. Indian chem. Soc. **31** [1954] 784; s. a. *Naik, Jadhav*, J. Indian chem. Soc. **25** [1948] 171) sowie beim Erwärmen mit Salpetersäure und Essigsäure (*Shah, Me.*).

Gelbe Krystalle; F: 262° [aus Bzl.] (*Shah, Me.*), 255° [aus Eg.] (*Ch., Ba.*). Magnetische Susceptibilität: $-105,5 \cdot 10^{-6}$ cm$^3 \cdot$ mol^{-1} (*Mathur*, Trans. Faraday Soc. **54** [1958] 1609, 1610).

7-Methoxy-4-methyl-6-nitro-cumarin $C_{11}H_9NO_5$, Formel XII (R = CH$_3$).

B. Beim Erwärmen von 7-Methoxy-4-methyl-cumarin mit Salpetersäure und Essigsäure (*Naik, Jadhav*, J. Indian chem. Soc. **25** [1948] 171). Beim Erwärmen von 7-Hydroxy-4-methyl-6-nitro-cumarin mit Methyljodid, Kaliumcarbonat und Aceton (*Naik, Ja.*; *Shah, Mehta*, J. Indian chem. Soc. **31** [1954] 784).

Krystalle (aus Eg.); F: 282° (*Naik, Ja.*; *Shah, Me.*).

7-Acetoxy-4-methyl-6-nitro-cumarin $C_{12}H_9NO_6$, Formel XII (R = CO-CH$_3$).

B. Beim Behandeln von 7-Hydroxy-4-methyl-6-nitro-cumarin mit Acetanhydrid und Pyridin (*Setalvad, Shah*, J. Indian chem. Soc. **31** [1954] 600, 604) oder mit Acetanhydrid und Schwefelsäure (*Shah, Mehta*, J. Indian chem. Soc. **31** [1954] 784).

Krystalle (aus Eg.); F: 173° (*Shah, Me.*; *Se., Shah*).

7-Benzoyloxy-4-methyl-6-nitro-cumarin $C_{17}H_{11}NO_6$, Formel XII (R = CO-C$_6$H$_5$).

B. Beim Behandeln von 7-Hydroxy-4-methyl-6-nitro-cumarin mit Benzoylchlorid und Pyridin (*Shah, Mehta*, J. Indian chem. Soc. **31** [1954] 784).

Krystalle (aus Eg.); F: 210°.

7-Hydroxy-4-methyl-8-nitro-cumarin $C_{10}H_7NO_5$, Formel I (R = H) (H 33).

B. Beim Behandeln von 2-Nitro-resorcin mit Acetessigsäure-äthylester und Schwefelsäure (*Chakravarti, Ghosh*, J. Indian chem. Soc. **12** [1935] 622, 625). Neben 7-Hydroxy-4-methyl-6-nitro-cumarin beim Behandeln von 7-Hydroxy-4-methyl-cumarin mit Salpetersäure und Schwefelsäure (*Shah, Mehta*, J. Indian chem. Soc. **31** [1954] 784).

Gelbe Krystalle; F: 256° [Zers.; aus Eg.] (*Ch., Gh.*). Magnetische Susceptibilität: $-106,0 \cdot 10^{-6}$ cm$^3 \cdot$ mol^{-1} (*Mathur*, Trans. Faraday Soc. **54** [1958] 1609, 1610).

7-Methoxy-4-methyl-8-nitro-cumarin $C_{11}H_9NO_5$, Formel I (R = CH$_3$) (H 33).

B. Beim Behandeln von 7-Hydroxy-4-methyl-8-nitro-cumarin mit Methyljodid, Kaliumcarbonat und Aceton (*Shah, Mehta*, J. Indian chem. Soc. **31** [1954] 784).

Krystalle (aus Eg.); F: 229°.

7-Acetoxy-4-methyl-8-nitro-cumarin $C_{12}H_9NO_6$, Formel I (R = CO-CH$_3$) (H 33).

B. Aus 7-Hydroxy-4-methyl-8-nitro-cumarin beim Erhitzen mit Acetanhydrid und Natriumacetat (*Chakravarti, Ghosh*, J. Indian chem. Soc. **12** [1935] 622, 625) sowie beim Behandeln mit Acetanhydrid und Schwefelsäure (*Shah, Mehta*, J. Indian chem. Soc. **31** [1954] 784).

Krystalle (aus Eg.); F: 199° (*Shah, Me.*), 198° (*Ch., Gh.*).

7-Benzoyloxy-4-methyl-8-nitro-cumarin $C_{17}H_{11}NO_6$, Formel I (R = CO-C$_6$H$_5$).

B. Beim Behandeln von 7-Hydroxy-4-methyl-8-nitro-cumarin mit Benzoylchlorid und Pyridin (*Shah, Mehta*, J. Indian chem. Soc. **31** [1954] 784).

Krystalle (aus Eg.); F: 205°.

7-Diäthoxythiophosphoryloxy-4-methyl-8-nitro-cumarin, Thiophosphorsäure-O,O'-diäthylester-O''-[4-methyl-8-nitro-2-oxo-2H-chromen-7-ylester] $C_{14}H_{16}NO_7PS$, Formel I (R = PS(OC$_2$H$_5$)$_2$).

B. Beim Erwärmen von 7-Hydroxy-4-methyl-8-nitro-cumarin mit Chlorothiophosphorsäure-O,O'-diäthylester, Kaliumcarbonat und Aceton (*Losco, Peri*, G. **89** [1959] 1298, 1305, 1306).

F: 120—121° [aus Bzl. + Bzn.].

I   II   III   IV

7-Hydroxy-4-methyl-6,8-dinitro-cumarin $C_{10}H_6N_2O_7$, Formel II (vgl. H 33).
Diese Konstitution kommt nach *Naik, Jadhav* (J. Indian chem. Soc. **25** [1948] 171, 174) der nachstehend beschriebenen Verbindung zu.
B. Beim Behandeln von 7-Hydroxy-4-methyl-2-oxo-2*H*-chromen-6-carbonsäure mit Salpetersäure und Essigsäure (*Naik, Ja.*).
Gelbe Krystalle (aus Eg.); F: 291—292°.

7-Hydroxy-4-methyl-3,6,8-trinitro-cumarin $C_{10}H_5N_3O_9$, Formel III (R = H).
B. Beim Behandeln von 7-Hydroxy-4-methyl-cumarin oder von 7-Hydroxy-4-methyl-2-oxo-2*H*-chromen-6-carbonsäure (*Naik, Jadhav*, J. Indian chem. Soc. **25** [1948] 171, 172, 174) sowie von 8-Acetyl-7-hydroxy-4-methyl-cumarin (*Naik, Jadhav*, J. Indian chem. Soc. **26** [1949] 245, 246) mit Essigsäure und Salpetersäure.
Gelbe Krystalle (aus Eg.); F: 225—226° [Zers.].

7-Methoxy-4-methyl-3,6,8-trinitro-cumarin $C_{11}H_7N_3O_9$, Formel III (R = CH_3).
B. Beim Behandeln von 7-Methoxy-4-methyl-cumarin mit Salpetersäure und Schwefel=säure (*Naik, Jadhav*, J. Indian chem. Soc. **25** [1948] 171, 172).
Gelbe Krystalle (aus Eg.); F: 180—181°.

7-Dimethoxythiophosphoryloxy-4-methyl-chromen-2-thion, Thiophosphorsäure-*O,O*-di=methylester-*O''*-[4-methyl-2-thioxo-2*H*-chromen-7-ylester] $C_{12}H_{13}O_4PS_2$, Formel IV (R = CH_3).
B. Beim Erhitzen von 7-Dimethoxythiophosphoryloxy-4-methyl-cumarin mit Phos=phor(V)-sulfid in Toluol und Xylol (*Losco, Peri*, G. **89** [1959] 1298, 1312).
F: 78—79° [aus A.].

7-Diäthoxythiophosphoryloxy-4-methyl-chromen-2-thion, Thiophosphorsäure-*O,O'*-di=äthylester-*O''*-[4-methyl-2-thioxo-2*H*-chromen-7-ylester] $C_{14}H_{17}O_4PS_2$, Formel IV (R = C_2H_5).
B. Beim Erhitzen von 7-Diäthoxythiophosphoryloxy-4-methyl-cumarin mit Phos=phor(V)-sulfid in Toluol und Xylol (*Losco, Peri*, G. **89** [1959] 1298, 1312).
F: 65—66° [aus A.].

7-Diisopropoxythiophosphoryloxy-4-methyl-chromen-2-thion, Thiophosphorsäure-*O,O'*-diisopropylester-*O''*-[4-methyl-2-thioxo-2*H*-chromen-7-ylester] $C_{16}H_{21}O_4PS_2$, Formel IV (R = $CH(CH_3)_2$).
B. Beim Erhitzen von 7-Diisopropoxythiophosphoryloxy-4-methyl-cumarin mit Phosphor(V)-sulfid in Toluol und Xylol (*Losco, Peri*, G. **89** [1959] 1298, 1312).
F: 56—57° [aus A.].

7-Hydroxy-5-methyl-cumarin $C_{10}H_8O_3$, Formel V (R = H) (H 33; dort auch als Homo=umbelliferon bezeichnet).
B. Beim Behandeln von 7-Acetoxy-5-methyl-cumarin mit äthanol. Kalilauge (*Fuzikawa, Inoue*, J. pharm. Soc. Japan **60** [1940] 181, 184; dtsch. Ref. S. 58; C. A. **1940** 5426). Beim Erhitzen von 7-Hydroxy-5-methyl-2-oxo-2*H*-chromen-3-carbonsäure mit Chinolin und Kupfer auf 150° (*Rao, Seshadri*, Pr. Indian Acad. [A] **13** [1941] 255).
F: 250° [aus A.] (*Fu., In.*).
Beim Erwärmen mit Äpfelsäure und Schwefelsäure ist 5-Methyl-pyrano[2,3-*f*]chromen-2,8-dion erhalten worden (*Sen, Chakravarti*, J. Indian chem. Soc. **6** [1929] 793, 797).

7-Allyloxy-5-methyl-cumarin $C_{13}H_{12}O_3$, Formel V (R = CH_2-CH=CH_2).
B. Beim Erwärmen von 7-Hydroxy-5-methyl-cumarin mit Allylbromid, Kalium=

carbonat und Aceton (*Krishnaswamy et al.*, Pr. Indian Acad. [A] **19** [1944] 5, 11).
Krystalle (aus A.); F: 78—79°.

7-Acetoxy-5-methyl-cumarin $C_{12}H_{10}O_4$, Formel V (R = CO-CH$_3$) (H 34).
  B. Beim Erhitzen von 3-Formyl-2,6-dihydroxy-4-methyl-benzoesäure-methylester mit Acetanhydrid und Natriumacetat auf 180° (*Fuzikawa, Inoue*, J. pharm. Soc. Japan **60** [1940] 181, 184; dtsch. Ref. S. 58; C. A. **1940** 5426).
  F: 126°.

4-Acetoxy-6-methyl-cumarin $C_{12}H_{10}O_4$, Formel VI (R = CO-CH$_3$).
  Eine von *Garden et al.* (Soc. **1956** 3315, 3318) unter dieser Konstitution beschriebene Verbindung ist als 3-Acetyl-4-hydroxy-6-methyl-cumarin (E III/IV **17** 6746) zu formulieren (*Levas, Levas*, C. r. **250** [1960] 2819, 2821).
  B. Beim Behandeln von 6-Methyl-chroman-2,4-dion mit Acetanhydrid und Natronlauge oder mit Acetylchlorid, Pyridin und wenig Piperidin (*Klosa*, Ar. **289** [1956] 156, 159).
  Krystalle (aus A.); F: 114—116°.

V VI VII

6-Methyl-4-propionyloxy-cumarin $C_{13}H_{12}O_4$, Formel VI (R = CO-CH$_2$-CH$_3$).
  B. Beim Behandeln von 6-Methyl-chroman-2,4-dion mit Acetanhydrid und Natronlauge oder mit Acetylchlorid, Pyridin und wenig Piperidin (*Klosa*, Ar. **289** [1956] 156, 159).
  Krystalle (aus A.); F: 117—119°.

4-β-D-Glucopyranosyloxy-6-methyl-cumarin $C_{16}H_{18}O_8$, Formel VII (R = H).
  B. Aus der im nachfolgenden Artikel beschriebenen Verbindung mit Hilfe von Bariummethylat (*Huebner et al.*, Am. Soc. **66** [1944] 906, 908).
  Krystalle (aus Py. + W.); F: 223—224°. $[\alpha]_D^{25}$: −86° [Py.; c = 0,8].

6-Methyl-4-[tetra-*O*-acetyl-β-D-glucopyranosyloxy]-cumarin $C_{24}H_{26}O_{12}$, Formel VII (R = CO-CH$_3$).
  B. Beim Behandeln der Silber-Verbindung des 4-Hydroxy-6-methyl-cumarins (E III/IV **17** 6176) mit α-D-Acetobromglucopyranose (Tetra-*O*-acetyl-α-D-glucopyranosylbromid) und Calciumsulfat in Benzol (*Huebner et al.*, Am. Soc. **66** [1944] 906, 908).
  Krystalle (aus A.); F: 168—170°. $[\alpha]_D^{25}$: −24,9° [Bzl.; c = 2].

3-Chlor-4-methoxy-6-methyl-cumarin $C_{11}H_9ClO_3$, Formel VIII.
  B. Beim Erwärmen von 3,4-Dichlor-6-methyl-cumarin mit Natriummethylat (1 Mol) in Methanol (*Newman, Schiff*, Am. Soc. **81** [1959] 2266, 2269).
  Krystalle; F: 107,8—108,5° [korr.].

4-Benzylmercapto-3-chlor-6-methyl-cumarin $C_{17}H_{13}ClO_2S$, Formel IX.
  B. Beim Erwärmen von 3,4-Dichlor-6-methyl-cumarin mit Benzylmercaptan (1 Mol) und Natriumäthylat in Äthanol (*Newman, Schiff*, Am. Soc. **81** [1959] 2266, 2269).
  Krystalle; F: 122,6—123,8° [korr.].

6-Methyl-7-hydroxy-cumarin $C_{10}H_8O_3$, Formel X (R = H).
  B. Beim Erwärmen einer Lösung von 7-Acetoxy-6-methyl-cumarin in Äthanol mit wss. Natronlauge oder mit wss. Salzsäure (*Bell, Robertson*, Soc. **1936** 1828, 1831). Bei der

Hydrierung von 7-Hydroxy-2-oxo-2H-chromen-6-carbaldehyd an Palladium/Kohle in Essigsäure (*Bell, Ro.*).
Krystalle (aus wss. A.); F: 248°.

VIII　　　　　　　　　IX　　　　　　　　　X

7-Methoxy-6-methyl-cumarin $C_{11}H_{10}O_3$, Formel X (R = CH_3).
B. Beim Erwärmen von 7-Methoxy-2-oxo-2H-chromen-6-carbaldehyd mit amalgamiertem Zink, Toluol und wss. Salzsäure (*Hata, Tanaka*, J. pharm. Soc. Japan **77** [1957] 937, 940; C. A. **1958** 3799).
Krystalle (nach Sublimation unter vermindertem Druck); F: 134—134,5°.

7-Acetoxy-6-methyl-cumarin $C_{12}H_{10}O_4$, Formel X (R = $CO-CH_3$).
B. Beim Erhitzen von 2,4-Dihydroxy-5-methyl-benzaldehyd mit Acetanhydrid und Natriumacetat auf 180° (*Bell, Robertson*, Soc. **1936** 1828, 1831).
Krystalle (aus A.); F: 147° (*Fujikawa, Nakajima*, J. pharm. Soc. Japan **71** [1951] 67; C. A. **1951** 8518), 145—146° (*Bell, Ro.*).

5-Hydroxy-7-methyl-cumarin $C_{10}H_8O_3$, Formel XI.
B. Beim Erwärmen von 2,4-Dihydroxy-6-methyl-benzoesäure-äthylester mit Äpfelsäure und Schwefelsäure (*Sastry, Seshadry*, Pr. Indian Acad. [A] **12** [1940] 498, 505). Beim Behandeln von 3-Formyl-2,4-dihydroxy-6-methyl-benzoesäure-äthylester mit Malonsäure-diäthylester und Schwefelsäure (*Sa., Se.* l. c. S. 503). Beim kurzen Erhitzen von 5-Hydroxy-7-methyl-2-oxo-2H-chromen-3-carbonsäure mit wss. Natriumhydrogensulfit-Lösung und. Kalilauge und Behandeln des Reaktionsgemisches mit wss. Salzsäure (*Adams, Mathieu*, Am. Soc. **70** [1948] 2120).
Krystalle [aus wss. Dioxan] (*Ad., Ma.*) bzw. Krystalle [aus A.] mit 0,5 Mol H_2O (*Sa., Se.*); F: 215—216° [Zers.] (*Sa., Se.; Ad., Ma.*).

6-Hydroxy-7-methyl-cumarin $C_{10}H_8O_3$, Formel XII (R = H).
B. Beim Erwärmen von 2-Methyl-hydrochinon mit Äpfelsäure und 85%ig. wss. Schwefelsäure (*Desai, Mavani*, Pr. Indian Acad. [A] **25** [1947] 327, 329).
Krystalle (aus A.); F: 210°.

XI　　　　　　　　XII　　　　　　　　XIII　　　　　　　　XIV

6-Acetoxy-7-methyl-cumarin $C_{12}H_{10}O_4$, Formel XII (R = $CO-CH_3$).
B. Aus 6-Hydroxy-7-methyl-cumarin (*Desai, Mavani*, Pr. Indian Acad. [A] **25** [1947] 327, 329).
Krystalle (aus A.); F: 151°.

5-Chlor-3-methoxy-8-methyl-thiochromen-4-on $C_{11}H_9ClO_2S$, Formel XIII.
F: 153° (*Farbenfabr. Bayer*, D.B.P. 954599 [1956]).

7-Hydroxy-8-methyl-cumarin $C_{10}H_8O_3$, Formel XIV (R = H).
B. Beim Erhitzen von 2-Methyl-resorcin mit Äpfelsäure und Schwefelsäure auf 120°

(*Seshadri, Venkateswarlu*, Pr. Indian Acad. [A] **14** [1941] 297, 304). Bei der Hydrierung von 7-Hydroxy-2-oxo-2H-chromen-8-carbaldehyd an Palladium/Kohle in Essigsäure (*Se., Ve.*).
Krystalle (aus A.); F: 231—232°.

7-Methoxy-8-methyl-cumarin $C_{11}H_{10}O_3$, Formel XIV (R = CH_3).
B. Beim Erwärmen von 7-Hydroxy-cumarin mit Methyljodid und methanol. Kalilauge (*Gupta, Seshadri*, J. scient. ind. Res. India **16**B [1957] 257, 260). Beim Erwärmen einer Lösung von 7-Hydroxy-8-methyl-cumarin in Aceton mit Methyljodid und Kalium= carbonat (*Seshadri, Venkateswarlu*, Pr. Indian Acad. [A] **14** [1941] 297, 305). Beim Erhitzen von 7-Methoxy-8-methyl-2-oxo-2H-chromen-3-carbonsäure mit Chinolin und Kupfer auf 160° (*Se., Ve.*). Beim Erhitzen von Ostholsäure ([7-Methoxy-2-oxo-2H-chromen-8-yl]-essigsäure) mit Chinolin und Kupfer (*Späth, Pesta*, B. **66** [1933] 754, 759).
Krystalle; F: 136,5—137,5° [nach Sublimation bei 110—125°/0,008 Torr] (*Böhme, Schneider*, B. **72** [1939] 780, 783), 136—137,5° [aus Ae. + PAe.; nach Sublimation] (*Sp., Pe.*), 122—123° [aus A. oder Me.] (*Se., Ve.; Gu., Se.*).

8-Hydroxy-3-methyl-isocumarin $C_{10}H_8O_3$, Formel I (R = H).
Isolierung aus Kulturen von Marasmius ramealis: *Bendz*, Ark. Kemi **14** [1959] 511, 514.
B. Beim Behandeln von 2-Methoxy-6-propenyl-benzoesäure (F: 129—130°) mit Brom in Essigsäure und Erhitzen des Reaktionsprodukts auf 220° (*Be.*).
Krystalle (aus wss. Me.); F: 99—100°. Bei 70°/10 Torr sublimierbar. IR-Spektrum (2—15 μ): *Be.*, l. c. S. 515. Absorptionsmaxima (A.): 219 nm, 228 nm, 234,5 nm, 256 nm und 341 nm (*Be.*, l. c. S. 513).

8-Benzoyloxy-3-methyl-isocumarin $C_{17}H_{12}O_4$, Formel I (R = CO-C_6H_5).
B. Beim Erwärmen von 8-Hydroxy-3-methyl-isocumarin mit Benzoylchlorid und Pyridin (*Bendz*, Ark. Kemi **14** [1959] 511, 516).
Krystalle (aus A.); F: 141—142° [Kofler-App.].

5-Hydroxy-7-methyl-isocumarin $C_{10}H_8O_3$, Formel II (R = H).
B. Beim Erhitzen von 5-Hydroxy-7-methyl-1-oxo-1H-isochromen-4-carbonsäure mit Kupfer-Pulver auf 240° (*Kamal et al.*, Soc. **1950** 3375, 3378).
Krystalle (aus Bzl. + Bzn.); F: 163—164°.

5-Methoxy-7-methyl-isocumarin $C_{11}H_{10}O_3$, Formel II (R = CH_3).
B. Beim Erhitzen von 5-Methoxy-7-methyl-1-oxo-1H-isochromen-4-carbonsäure-methylester mit Borfluorid in Essigsäure (*Kamal et al.*, Soc. **1950** 3375, 3379).
Krystalle (aus wss. Me.); F: 108°.

2-Acetyl-benzofuran-3-ol, 1-[3-Hydroxy-benzofuran-2-yl]-äthanon $C_{10}H_8O_3$, Formel III (R = H), und Tautomere (z. B. 2-Acetyl-benzofuran-3-on).
B. Beim Erhitzen von Salicylsäure-methylester mit Chloraceton, Kaliumcarbonat und Aceton (*Geissman, Armen*, Am. Soc. **77** [1955] 1613, 1626). Beim Behandeln einer Lösung von 1-[2-Hydroxy-phenyl]-butan-1,3-dion in Chloroform mit Brom und Kaliumcarbonat (*Ge., Ar.*).
Krystalle (aus wss. A.); F: 90—92°. Absorptionsmaxima (A.): 236 nm und 307 nm.

I II III IV

3-Acetoxy-2-acetyl-benzofuran, 1-[3-Acetoxy-benzofuran-2-yl]-äthanon $C_{12}H_{10}O_4$, Formel III (R = CO-CH_3).
B. Beim Behandeln von 1-[3-Hydroxy-benzofuran-2-yl]-äthanon mit Acetanhydrid

und Pyridin (*Geissman, Armen,* Am. Soc. **77** [1955] 1623, 1626).
F: 86—87°. Absorptionsmaxima (A.): 231 nm und 297 nm.

2-Acetyl-benzo[*b*]thiophen-3-ol, 1-[3-Hydroxy-benzo[*b*]thiophen-2-yl]-äthanon
$C_{10}H_8O_2S$, Formel IV (R = H), und Tautomere (z. B. 2-Acetyl-benzo[*b*]thiophen-3-on) (E II 20; dort als 3-Oxy-2-acetyl-thionaphthen bezeichnet).
B. Beim Erwärmen von 2-Mercapto-benzoesäure mit Chloraceton, Natriumacetat und Äthanol (*Rodionow et al.*, Izv. Akad. S.S.S.R. Otd. chim. **1948** 536, 539; C. A. **1949** 2200). Neben 3-Acetoxy-benzo[*b*]thiophen beim Erhitzen von 2,2′-Disulfandiyl-di-benzoesäure mit Acetanhydrid und Kaliumacetat auf 120° (*D'Silva, McClelland,* Soc. **1932** 2883, 2886). Aus 2-[1-Acetyl-2-oxo-propylmercapto]-benzoesäure-benzolsulfonylamid beim Erhitzen mit wss. Natronlauge oder Pyridin sowie beim Behandeln mit Schwefel=
säure (*Barton, McClelland,* Soc. **1947** 1574, 1576). Beim Erwärmen von 2-[1-Phenyl=
imino-äthyl]-benzo[*b*]thiophen-3-ol (s. u.) mit wss. äthanol. Kalilauge (*Glauert, Mann,* Soc. **1952** 2127, 2134).
Beim Erhitzen mit Hydrazin-hydrat und Essigsäure ist 3-Methyl-1*H*-benzo[4,5]thieno=
[3,2-*c*]pyrazol, beim Erhitzen mit Hydrazin-hydrat und Äthanol ist daneben eine Ver=
bindung $C_{20}H_{16}N_2O_2S_2$ (rote Krystalle [aus Anilin]; F: 305°) erhalten worden (*Barry, McClelland,* Soc. **1935** 471, 473). Reaktion mit Phenylhydrazin in Äthanol oder Essig=
säure unter Bildung von 3-Methyl-1-phenyl-1*H*-benzo[4,5]thieno[3,2-*c*]pyrazol: *Ba., McC.*
Bildung von 2-[1*H*-[2]Chinolyliden]-benzothiophen-3-on (Syst. Nr. 4229) beim Er=
wärmen mit 2-Amino-benzaldehyd und wss.-äthanol. Natronlauge: *Jenny,* Helv. **34** [1951] 539, 554.

**2-Acetyl-1,1-dioxo-1λ^6-benzo[*b*]thiophen-3-ol, 1-[3-Hydroxy-1,1-dioxo-1λ^6-benzo[*b*]=
thiophen-2-yl]-äthanon** $C_{10}H_8O_4S$, Formel V, und Tautomere (z. B. 2-Acetyl-1,1-di=
oxo-1λ^6-benzo[*b*]thiophen-3-on).
B. Beim Erwärmen von Chloraceton mit dem Kalium-Salz der 2-Sulfino-benzoesäure in Äthanol und Erwärmen des Reaktionsgemisches mit Natriumäthylat in Äthanol (*Cohen, Smiles,* Soc. **1930** 406, 411).
Krystalle (aus Bzl. + Bzn.); F: 164°.

3-Acetoxy-2-acetyl-benzo[*b*]thiophen, 1-[3-Acetoxy-benzo[*b*]thiophen-2-yl]-äthanon
$C_{12}H_{10}O_3S$, Formel IV (R = CO-CH$_3$).
B. Beim Erhitzen von 1-[3-Hydroxy-benzo[*b*]thiophen-2-yl]-äthanon mit Acetanhydrid (*Rodionow et al.*, Izv. Akad. S.S.S.R. Otd. chim. **1948** 536, 539; C. A. **1949** 2200) oder mit Acetanhydrid, Toluol und Pyridin (*Fowkes, McClelland,* Soc. **1941** 187, 189).
Krystalle; F: 127° (*Fo., McC.*), 126° [aus A.] (*Ro. et al.*).

**2-[1-Phenylimino-äthyl]-benzo[*b*]thiophen-3-ol, 1-[3-Hydroxy-benzo[*b*]thiophen-2-yl]-
äthanon-phenylimin** $C_{16}H_{13}NOS$, Formel VI, und Tautomere (2-[1-Anilino-äthyliden]-benzo[*b*]thiophen-3-on und 2-[1-Phenylimino-äthyl]thiophen-3-on).
B. Beim Erhitzen von Benzo[*b*]thiophen-3-on mit *N,N′*-Diphenyl-acetamidin auf 150° unter Stickstoff (*Glauert, Mann,* Soc. **1952** 2127, 2134).
Orangegelbe Krystalle (aus Cyclohexan); F: 111°.

1-[3-Hydroxy-benzo[*b*]thiophen-2-yl]-äthanon-[4-brom-phenylhydrazon]
$C_{16}H_{13}BrN_2OS$, Formel VII (R = H, X = Br), und Tautomere.
B. Aus 1-[3-Hydroxy-benzo[*b*]thiophen-2-yl]-äthanon und [4-Brom-phenyl]-hydrazin in Äthanol (*Barry, McClelland,* Soc. **1935** 471, 473).
Gelbe Krystalle (aus A.); F: 160—161°.
Beim Erwärmen mit Schwefelsäure enthaltendem Äthanol ist 1-[4-Brom-phenyl]-3-methyl-1*H*-benzo[4,5]thieno[3,2-*c*]pyrazol erhalten worden.

1-[3-Hydroxy-benzo[*b*]thiophen-2-yl]-äthanon-[2-nitro-phenylhydrazon] $C_{16}H_{13}N_3O_3S$,
Formel VII (R = NO$_2$, X = H), und Tautomere.
B. Aus 1-[3-Hydroxy-benzo[*b*]thiophen-2-yl]-äthanon und [2-Nitro-phenyl]-hydrazin (*McClelland, Smith,* Soc. **1945** 408).
Rote Krystalle (aus Eg.); F: 225°.

1-[3-Hydroxy-benzo[*b*]thiophen-2-yl]-äthanon-[3-nitro-phenylhydrazon] $C_{16}H_{13}N_3O_3S$, Formel VIII, und Tautomere.

B. Aus 1-[3-Hydroxy-benzo[*b*]thiophen-2-yl]-äthanon und [3-Nitro-phenyl]-hydrazin in Äthanol (*McClelland, Smith*, Soc. **1945** 408).

Krystalle (aus A.); F: 225°.

Beim Erwärmen mit Schwefelsäure enthaltendem Äthanol ist 3-Methyl-1-[3-nitro-phenyl]-1*H*-benzo[4,5]thieno[3,2-*c*]pyrazol erhalten worden.

1-[3-Hydroxy-benzo[*b*]thiophen-2-yl]-äthanon-[4-nitro-phenylhydrazon] $C_{16}H_{13}N_3O_3S$, Formel VII (R = H, X = NO_2), und Tautomere.

B. Aus 1-[3-Hydroxy-benzo[*b*]thiophen-2-yl]-äthanon und [4-Nitro-phenyl]-hydrazin in Äthanol (*McClelland, Smith*, Soc. **1945** 408).

Braunrote Krystalle (aus Cyclohexanon); F: 256—258°.

Beim Erhitzen mit Essigsäure und wenig Schwefelsäure ist 3-Methyl-1-[4-nitro-phenyl]-1*H*-benzo[4,5]thieno[3,2-*c*]pyrazol erhalten worden.

1-[3-Hydroxy-benzo[*b*]thiophen-2-yl]-äthanon-[2,4-dinitro-phenylhydrazon] $C_{16}H_{12}N_4O_5S$, Formel VII (R = X = NO_2), und Tautomere.

B. Aus 1-[3-Hydroxy-benzo[*b*]thiophen-2-yl]-äthanon und [2,4-Dinitro-phenyl]-hydrazin in Äthanol (*McClelland, Smith*, Soc. **1945** 408).

Rote Krystalle (aus Nitrobenzol); F: 279°.

1-[3-Hydroxy-benzo[*b*]thiophen-2-yl]-äthanon-*o*-tolylhydrazon $C_{17}H_{16}N_2OS$, Formel VII (R = CH_3, X = H), und Tautomere.

B. Aus 1-[3-Hydroxy-benzo[*b*]thiophen-2-yl]-äthanon und *o*-Tolylhydrazin in Äthanol (*McClelland, Smith*, Soc. **1945** 408).

Gelbe Krystalle (aus Bzl.); F: 151°.

1-[3-Hydroxy-benzo[*b*]thiophen-2-yl]-äthanon-[2-methoxy-phenylhydrazon] $C_{17}H_{16}N_2O_2S$, Formel VII (R = OCH_3, X = H), und Tautomere.

B. Aus 1-[3-Hydroxy-benzo[*b*]thiophen-2-yl]-äthanon und [2-Methoxy-phenyl]-hydrazin in Äthanol (*McClelland, Smith*, Soc. **1945** 408).

Gelbe Krystalle (aus Bzl.); F: 177°.

1-[3-Hydroxy-benzo[*b*]thiophen-2-yl]-äthanon-[4-methoxy-phenylhydrazon] $C_{17}H_{16}N_2O_2S$, Formel VII (R = H, X = OCH_3), und Tautomere.

B. Aus 1-[3-Hydroxy-benzo[*b*]thiophen-2-yl]-äthanon und [4-Methoxy-phenyl]-hydrazin in Äthanol (*McClelland, Smith*, Soc. **1945** 408).

Gelbe Krystalle (aus Bzl.); F: 155°.

Beim Erwärmen mit Schwefelsäure enthaltendem Äthanol ist 1-[4-Methoxy-phenyl]-3-methyl-1*H*-benzo[4,5]thieno[3,2-*c*]pyrazol erhalten worden.

1-[3-Hydroxy-1,1-dioxo-1λ^6-benzo[*b*]thiophen-2-yl]-äthanon-phenylhydrazon
$C_{16}H_{14}N_2O_3S$, Formel IX (R = X = H), und Tautomere.

B. Aus 1-[3-Hydroxy-1,1-dioxo-1λ^6-benzo[*b*]thiophen-2-yl]-äthanon und Phenylhydrazin (*Cohen, Smiles*, Soc. **1930** 406, 411).

Gelbe Krystalle (aus A.); F: 210°.

Beim Erwärmen mit Essigsäure und Schwefelsäure ist 3-Methyl-1-phenyl-1*H*-benzo-[4,5]thieno[3,2-*c*]pyrazol-4,4-dioxid erhalten worden.

1-[3-Hydroxy-1,1-dioxo-1λ^6-benzo[*b*]thiophen-2-yl]-äthanon-[2-nitro-phenylhydrazon]
$C_{16}H_{13}N_3O_5S$, Formel IX (R = NO_2, X = H), und Tautomere.

B. Aus 1-[3-Hydroxy-1,1-dioxo-1λ^6-benzo[*b*]thiophen-2-yl]-äthanon und [2-Nitrophenyl]-hydrazin (*McClelland, Smith*, Soc. **1945** 408).

Orangegelbe Krystalle (aus Eg.); F: 242° [Zers.].

1-[3-Hydroxy-1,1-dioxo-1λ^6-benzo[*b*]thiophen-2-yl]-äthanon-[2,4-dinitro-phenylhydrazon] $C_{16}H_{12}N_4O_7S$, Formel IX (R = X = NO_2), und Tautomere.

B. Aus 1-[3-Hydroxy-1,1-dioxo-1λ^6-benzo[*b*]thiophen-2-yl]-äthanon und [2,4-Dinitrophenyl]-hydrazin in Äthanol (*McClelland, Smith*, Soc. **1945** 408).

Gelbe Krystalle (aus wss. Dioxan); F: 255° [Zers.].

1-[3-Hydroxy-1,1-dioxo-1λ^6-benzo[*b*]thiophen-2-yl]-äthanon-*o*-tolylhydrazon
$C_{17}H_{16}N_2O_3S$, Formel IX (R = CH_3, X = H), und Tautomere.

B. Aus 1-[3-Hydroxy-1,1-dioxo-1λ^6-benzo[*b*]thiophen-2-yl]-äthanon und *o*-Tolylhydrazin in Äthanol (*McClelland, Smith*, Soc. **1945** 408).

Gelbe Krystalle (aus Bzl.); F: 243°.

1-[3-Hydroxy-1,1-dioxo-1λ^6-benzo[*b*]thiophen-2-yl]-äthanon-[2-methoxy-phenylhydrazon] $C_{17}H_{16}N_2O_4S$, Formel IX (R = OCH_3, X = H), und Tautomere.

B. Aus 1-[3-Hydroxy-1,1-dioxo-1λ^6-benzo[*b*]thiophen-2-yl]-äthanon und [2-Methoxyphenyl]-hydrazin in Äthanol (*McClelland, Smith*, Soc. **1945** 408).

Krystalle (aus Bzl.); F: 202°.

2-Acetyl-5-chlor-benzo[*b*]thiophen-3-ol, 1-[5-Chlor-3-hydroxy-benzo[*b*]thiophen-2-yl]-äthanon $C_{10}H_7ClO_2S$, Formel X (R = H), und Tautomere (z. B. 2-Acetyl-5-chlor-benzo[*b*]thiophen-3-on).

B. Beim Erwärmen von 5,5'-Dichlor-2,2'-disulfandiyl-di-benzoesäure mit Pentan-2,4-dion und Schwefelsäure (*Fowkes, McClelland*, Soc. **1941** 187, 189).

Gelbe Krystalle (aus A.); F: 166°.

2-Acetyl-5-chlor-1,1-dioxo-1λ^6-benzo[*b*]thiophen-3-ol, 1-[5-Chlor-3-hydroxy-1,1-dioxo-1λ^6-benzo[*b*]thiophen-2-yl]-äthanon $C_{10}H_7ClO_4S$, Formel XI, und Tautomere (z. B. 2-Acetyl-5-chlor-1,1-dioxo-1λ^6-benzo[*b*]thiophen-3-on).

B. Beim Behandeln einer Suspension von 1-[5-Chlor-3-hydroxy-benzo[*b*]thiophen-2-yl]-äthanon in Essigsäure mit wss. Wasserstoffperoxid (*Fowkes, McClelland*, Soc. **1941** 187, 189).

Krystalle (aus Bzl. + PAe.); F: 265°.

X   XI   XII

3-Acetoxy-2-acetyl-5-chlor-benzo[*b*]thiophen, 1-[3-Acetoxy-5-chlor-benzo[*b*]thiophen-2-yl]-äthanon $C_{12}H_9ClO_3S$, Formel X (R = $CO-CH_3$).

B. Beim Erwärmen von 1-[5-Chlor-3-hydroxy-benzo[*b*]thiophen-2-yl]-äthanon mit Acetanhydrid, Toluol und Pyridin (*Fowkes, McClelland*, Soc. **1941** 187, 189).

Krystalle; F: 132°.

1-[5-Chlor-3-hydroxy-benzo[b]thiophen-2-yl]-äthanon-phenylhydrazon $C_{16}H_{13}ClN_2OS$, Formel XII, und Tautomere.

B. Aus 1-[5-Chlor-3-hydroxy-benzo[b]thiophen-2-yl]-äthanon und Phenylhydrazin in Benzol (*Fowkes, McClelland*, Soc. **1941** 187, 189).

Gelbe Krystalle (aus Bzl.); F: 162°.

2-Acetyl-benzofuran-4-ol, 1-[4-Hydroxy-benzofuran-2-yl]-äthanon $C_{10}H_8O_3$, Formel I (R = H).

B. Aus 2-Acetyl-4-hydroxy-benzofuran-5-carbonsäure bei kurzem Erhitzen auf 260° (*Miyano, Matsui*, B. **92** [1959] 2487, 2490) sowie beim Erhitzen mit Chinolin und Kupfer (*Schamschurin*, Ž. obšč. Chim. **16** [1946] 1877, 1882; C. A. **1947** 6237).

Krystalle (aus W.); F: 179° [unkorr.] (*Mi.; Ma.*), 178—179° (*Sch.*).

2-Acetyl-4-benzyloxy-benzofuran, 1-[4-Benzyloxy-benzofuran-2-yl]-äthanon $C_{17}H_{14}O_3$, Formel I (R = CH_2-C_6H_5).

B. Beim Erwärmen von 1-[4-Hydroxy-benzofuran-2-yl]-äthanon mit Benzylbromid, Kaliumcarbonat und Aceton (*Miyano, Matsui*, B. **92** [1959] 2487, 2490; Bl. agric. chem. Soc. Japan **23** [1959] 141).

Krystalle (aus Cyclohexan); F: 113—114° [unkorr.].

4-Acetoxy-2-acetyl-benzofuran, 1-[4-Acetoxy-benzofuran-2-yl]-äthanon $C_{12}H_{10}O_4$, Formel I (R = CO-CH_3).

B. Beim Behandeln von 1-[4-Hydroxy-benzofuran-2-yl]-äthanon mit Acetanhydrid und Pyridin (*Miyano, Matsui*, B. **92** [1959] 2487, 2490; Bl. agric. chem. Soc. Japan **23** [1959] 141).

Krystalle; F: 117—118° [unkorr.].

2-Acetyl-4-benzoyloxy-benzofuran, 1-[4-Benzoyloxy-benzofuran-2-yl]-äthanon $C_{17}H_{12}O_4$, Formel I (R = CO-C_6H_5).

B. Beim Erhitzen von 1-[4-Hydroxy-benzofuran-2-yl]-äthanon mit Benzoesäureanhydrid und Natriumbenzoat auf 180° (*Schamschurin*, Ž. obšč. Chim. **16** [1946] 1877, 1882; C. A. **1947** 6237).

Krystalle (aus wss. Me.); F: 109,5—110,5°.

1-[4-Hydroxy-benzofuran-2-yl]-äthanon-oxim $C_{10}H_9NO_3$, Formel II.

B. Aus 1-[4-Hydroxy-benzofuran-2-yl]-äthanon und Hydroxylamin (*Schamschurin*, Ž. obšč. Chim. **16** [1946] 1877, 1882; C. A. **1947** 6237).

Krystalle; F: 222—223°.

5-Methoxy-2-trifluoracetyl-benzofuran, 2,2,2-Trifluor-1-[5-methoxy-benzofuran-2-yl]-äthanon $C_{11}H_7F_3O_3$, Formel III.

B. Beim Behandeln einer Lösung von 5-Methoxy-benzofuran in Äther mit einem mit Chlorwasserstoff gesättigten Gemisch von Trifluoracetonitril, Zinkchlorid und Äther und Erwärmen des Reaktionsprodukts mit Wasser (*Whalley*, Soc. **1953** 3479).

F: 85°.

2-Acetyl-benzofuran-6-ol, 1-[6-Hydroxy-benzofuran-2-yl]-äthanon $C_{10}H_8O_3$, Formel IV (R = H).

B. Beim Erwärmen von 1-[6-Acetoxy-benzofuran-2-yl]-äthanon mit wss. Natronlauge (*Gruber, Horváth*, M. **81** [1950] 828, 833).

Krystalle (aus Me.); F: 186—188°.

2-Acetyl-6-methoxy-benzofuran, 1-[6-Methoxy-benzofuran-2-yl]-äthanon $C_{11}H_{10}O_3$, Formel IV (R = CH_3).
B. Beim Behandeln von 1-[6-Hydroxy-benzofuran-2-yl]-äthanon mit Dimethylsulfat und wss. Kalilauge (*Gruber, Horváth*, M. **81** [1950] 828, 833).
F: 97—99° [aus Ae. + PAe.].

2-Acetyl-6-benzyloxy-benzofuran, 1-[6-Benzyloxy-benzofuran-2-yl]-äthanon $C_{17}H_{14}O_3$, Formel IV (R = CH_2-C_6H_5).
B. Beim Erwärmen von 4-Benzyloxy-2-hydroxy-benzaldehyd mit Chloraceton und äthanol. Kalilauge (*Mackenzie et al.*, Soc. **1949** 2057, 2061).
Krystalle (aus wss. A.); F: 98°. $Kp_{0,01}$: 130°.
2,4-Dinitro-phenylhydrazon s. u.

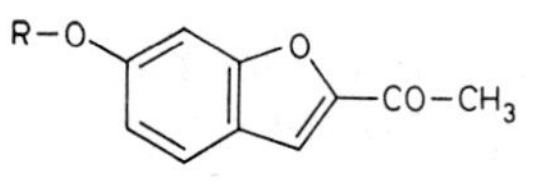

IV 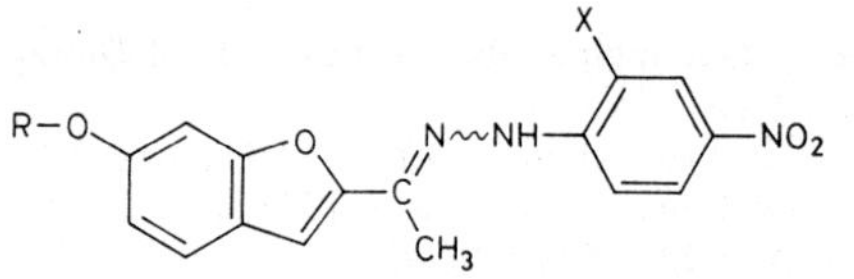   V

6-Acetoxy-2-acetyl-benzofuran, 1-[6-Acetoxy-benzofuran-2-yl]-äthanon $C_{12}H_{10}O_4$, Formel IV (R = CO-CH_3).
B. Beim Erwärmen von 6-Acetoxy-benzofuran mit Acetylchlorid und Aluminiumchlorid in Schwefelkohlenstoff (*Gruber, Horváth*, M. **81** [1950] 828, 832).
Krystalle (aus Ae. + Me.); F: 112—114°.
4-Nitro-phenylhydrazon s. u.

1-[6-Benzyloxy-benzofuran-2-yl]-äthanon-[2,4-dinitro-phenylhydrazon] $C_{23}H_{18}N_4O_6$, Formel V (R = CH_2-C_6H_5, X = NO_2).
B. Aus 1-[6-Benzyloxy-benzofuran-2-yl]-äthanon und [2,4-Dinitro-phenyl]-hydrazin (*Mackenzie et al.*, Soc. **1949** 2057, 2061).
Rote Krystalle (aus E.); F: 248°.

1-[6-Acetoxy-benzofuran-2-yl]-äthanon-[4-nitro-phenylhydrazon] $C_{18}H_{15}N_3O_5$, Formel V (R = CO-CH_3, X = H).
B. Aus 1-[6-Acetoxy-benzofuran-2-yl]-äthanon und [4-Nitro-phenyl]-hydrazin (*Gruber, Horváth*, M. **81** [1950] 828, 832).
Gelbe Krystalle (aus Me.); F: 231—233° [Zers.].

2-Trifluoracetyl-benzofuran-6-ol, 2,2,2-Trifluor-1-[6-hydroxy-benzofuran-2-yl]-äthanon $C_{10}H_5F_3O_3$, Formel VI (R = H).
B. Beim Behandeln einer Lösung von Benzofuran-6-ol in Äther mit einem mit Chlorwasserstoff gesättigten Gemisch von Trifluoracetonitril, Zinkchlorid und Äther und Erwärmen des Reaktionsprodukts mit Wasser (*Whalley*, Soc. **1953** 3479).
F: 168°.

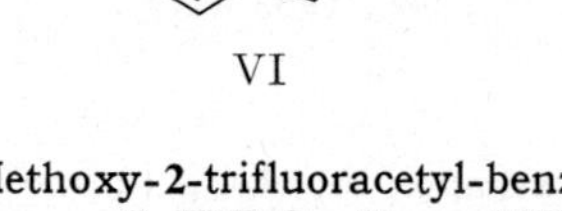

VI 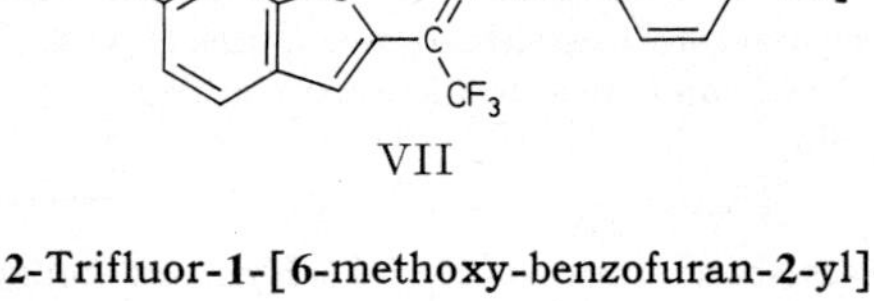   VII

6-Methoxy-2-trifluoracetyl-benzofuran, 2,2,2-Trifluor-1-[6-methoxy-benzofuran-2-yl]-äthanon $C_{11}H_7F_3O_3$, Formel VI (R = CH_3).
B. Aus 6-Methoxy-benzofuran analog der im vorangehenden Artikel beschriebenen Verbindung (*Whalley*, Soc. **1953** 3479, 3480).
Krystalle (aus Bzn.); F: 114°.

2,2,2-Trifluor-1-[6-methoxy-benzofuran-2-yl]-äthanon-[2,4-dinitro-phenylhydrazon] $C_{17}H_{11}F_3N_4O_6$, Formel VII.

B. Aus 2,2,2-Trifluor-1-[6-methoxy-benzofuran-2-yl]-äthanon und [2,4-Dinitro-phenyl]-hydrazin (*Whalley*, Soc. **1951** 3229, 3235).

Rote Krystalle (aus A.); F: 190—191° [Zers.].

2-Trichloracetyl-benzofuran-6-ol, 2,2,2-Trichlor-1-[6-hydroxy-benzofuran-2-yl]-äthanon $C_{10}H_5Cl_3O_3$, Formel VIII (R = H).

B. Aus Benzofuran-6-ol und Trichloracetonitril analog 2,2,2-Trifluor-1-[6-hydroxy-benzofuran-2-yl]-äthanon [S. 360] (*Whalley*, Soc. **1953** 3479).

F: 150°.

6-Methoxy-2-trichloracetyl-benzofuran, 2,2,2-Trichlor-1-[6-methoxy-benzofuran-2-yl]-äthanon $C_{11}H_5Cl_3O_3$, Formel VIII (R = CH$_3$).

B. Aus 6-Methoxy-benzofuran und Trichloracetonitril analog 2,2,2-Trifluor-1-[6-hydr≈oxy-benzofuran-2-yl]-äthanon [S. 360] (*Whalley*, Soc. **1953** 3479).

F: 130°

2-Acetyl-7-methoxy-benzofuran, 1-[7-Methoxy-benzofuran-2-yl]-äthanon $C_{11}H_{10}O_3$, Formel IX.

B. Beim Erwärmen von 2-Hydroxy-3-methoxy-benzaldehyd mit Chloraceton und wss.-äthanol. Kalilauge (*Bergel et al.*, Soc. **1944** 261, 263).

Krystalle; F: 94° [aus W.] (*Bisagni et al.*, Soc. **1955** 3688, 3692), 92° [aus Ae. oder Bzn.] (*Be. et al.*). Kp$_{15}$: 176—180° (*Bi. et al.*).

2-Glykoloyl-benzofuran, 1-Benzofuran-2-yl-2-hydroxy-äthanon $C_{10}H_8O_3$, Formel X (R = H).

B. Beim Erwärmen einer Lösung von 1-Benzofuran-2-yl-2-brom-äthanon in wss. Äthanol mit Kaliumformiat und wss. Salzsäure (*Zaugg*, Am. Soc. **76** [1954] 5818). Beim Erwärmen einer Lösung von 1-Benzofuran-2-yl-2-diazo-äthanon in Dioxan mit wss. Schwefelsäure (*Wagner, Tome*, Am. Soc. **72** [1950] 3477).

Krystalle; F: 129—130° [aus A.] (*Za.*), 128—129° [aus Acn. + Pentan] (*Wa., Tome*).

VIII IX X

2-Acetoxyacetyl-benzofuran, 2-Acetoxy-1-benzofuran-2-yl-äthanon $C_{12}H_{10}O_4$, Formel X (R = CO-CH$_3$).

B. Beim Erwärmen von 1-Benzofuran-2-yl-2-chlor-äthanon (*Wagner, Tome*, Am. Soc. **72** [1950] 3477) oder von 1-Benzofuran-2-yl-2-brom-äthanon (*Shriner, Anderson*, Am. Soc. **61** [1939] 2705, 2706) mit Natriumacetat und wss.-äthanol. Salzsäure. Beim Erwärmen von 1-Benzofuran-2-yl-2-diazo-äthanon mit Essigsäure (*Wa., Tome*).

Krystalle; F: 86,5—87,5° [aus A. oder aus Bzl. + Pentan] (*Wa., Tome*), 86—87° [aus E.] (*Sh., An.*).

[2-Benzofuran-2-yl-2-oxo-äthylmercapto]-essigsäure $C_{12}H_{10}O_4S$, Formel XI.

B. Beim Behandeln einer Lösung von 1-Benzofuran-2-yl-2-chlor-äthanon in wss. Dioxan mit Mercaptoessigsäure und Natriumhydroxid (*Wagner, Tome*, Am. Soc. **72** [1950] 3477).

Krystalle (aus wss. A.); F: 148,5—149,5°.

XI XII

1-Benzo[*b*]thiophen-2-yl-2-phenylmercapto-äthanon $C_{16}H_{12}OS_2$, Formel XII.

B. Beim Behandeln von 1-Benzo[*b*]thiophen-2-yl-2-brom-äthanon mit Thiophenol und Pyridin (*Pandya et al.*, J. scient. ind. Res. India **18** B [1959] 516, 520).
Krystalle (aus A.); F: 73°.

Beim Erwärmen mit Phosphor(V)-oxid und 1,2-Dichlor-benzol ist [2,3']Bi[benzo=[*b*]thiophenyl] erhalten worden.

1-Benzo[*b*]thiophen-2-yl-2-phenylmercapto-äthanon-[2,4-dinitro-phenylhydrazon] $C_{22}H_{16}N_4O_4S_2$, Formel XIII.

B. Aus 1-Benzo[*b*]thiophen-2-yl-2-phenylmercapto-äthanon und [2,4-Dinitro-phenyl]-hydrazin (*Pandya et al.*, J. scient. ind. Res. India **18** B [1959] 516, 520).
Krystalle (aus Eg.); F: 224°.

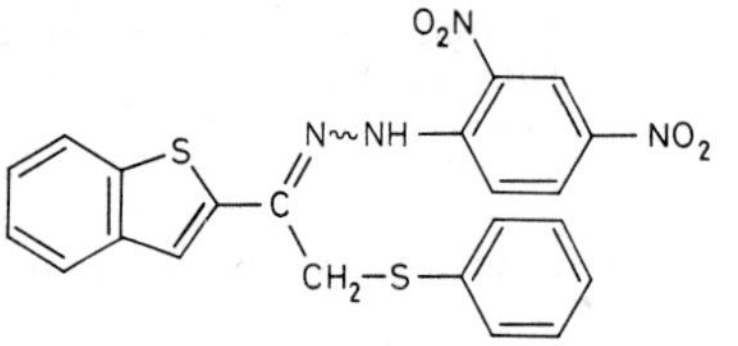

XIII 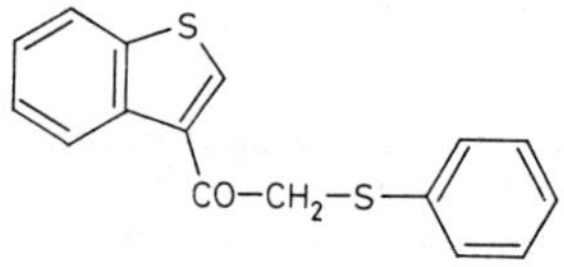   XIV

1-Benzo[*b*]thiophen-3-yl-2-phenylmercapto-äthanon $C_{16}H_{12}OS_2$, Formel XIV.

B. Beim Erwärmen von 1-Benzo[*b*]thiophen-3-yl-2-brom-äthanon mit Thiophenol und Natriumäthylat in Äthanol oder mit Thiophenol in Pyridin (*Pandya et al.*, J. scient. ind. Res. India **18** B [1959] 516, 519).
Krystalle (aus A.); F: 63,5—64°.

Bis-[2-benzo[*b*]thiophen-3-yl-2-oxo-äthyl]-sulfid $C_{20}H_{14}O_2S_3$, Formel I.

B. Beim Behandeln von 1-Benzo[*b*]thiophen-3-yl-2-chlor-äthanon mit Natriumsulfid in Äthanol (*Emerson*, Am. Soc. **73** [1951] 1854).
Krystalle (aus Bzl. + Hexan); F: 150—151° [unkorr.].

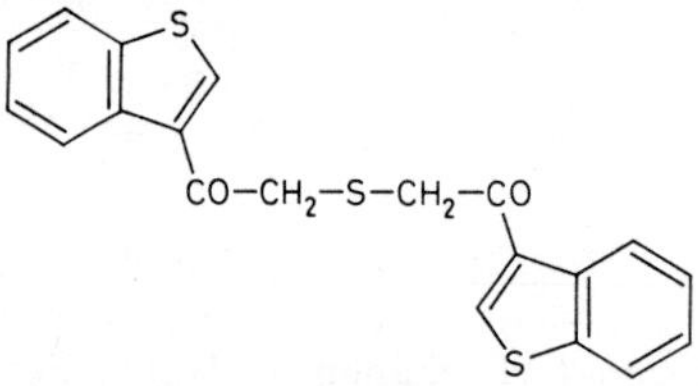

I 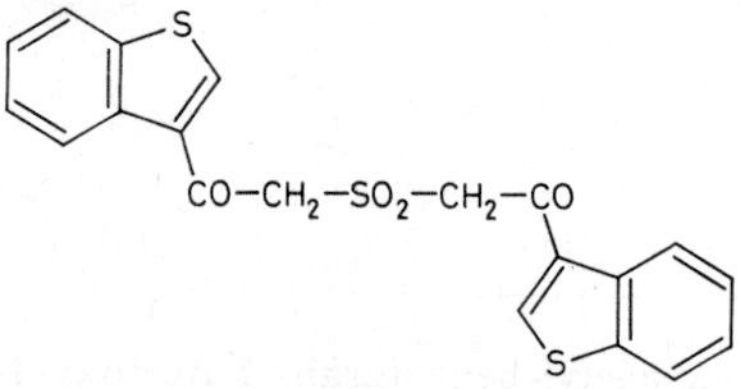   II

Bis-[2-benzo[*b*]thiophen-3-yl-2-oxo-äthyl]-sulfon $C_{20}H_{14}O_4S_3$, Formel II.

B. Beim Erwärmen einer Suspension von Bis-[2-benzo[*b*]thiophen-3-yl-2-oxo-äthyl]-sulfid in Essigsäure mit wss. Wasserstoffperoxid (*Emerson*, Am. Soc. **73** [1951] 1854).
Krystalle (aus Toluol + A.); F: 236—237° [unkorr.].

1-Benzo[*b*]thiophen-3-yl-2-phenylmercapto-äthanon-[2,4-dinitro-phenylhydrazon] $C_{22}H_{16}N_4O_4S_2$, Formel III.

B. Aus 1-Benzo[*b*]thiophen-3-yl-2-phenylmercapto-äthanon und [2,4-Dinitro-phenyl]-hydrazin (*Pandya et al.*, J. scient. ind. Res. India **18** B [1959] 516, 519).
Krystalle (aus Bzl.); F: 219—220°.

3-[(Ξ)-1-Methoxy-äthyliden]-3*H*-benzofuran-2-on, 2-[2-Hydroxy-phenyl]-3-methoxy-ξ-crotonsäure-lacton $C_{11}H_{10}O_3$, Formel IV (R = CH_3).

Diese Konstitution kommt der nachstehend beschriebenen, ursprünglich (*Pfeiffer, Enders*, B. **84** [1951] 247, 252) als 2-Methyl-benzofuran-3-carbonsäure-methylester an-

gesehenen Verbindung zu (*Geissman, Armen,* Am. Soc. **77** [1955] 1623, 1625).
  B. Beim Behandeln von 3-Acetyl-3*H*-benzofuran-2-on mit Diazomethan in Äther (*Pf., En.; Ge., Ar.*).
  Krystalle (aus Bzn.); F: 129—130° (*Pf., En.*), 125—126° (*Ge., Ar.*).

3-[(*Ξ*)-1-Acetoxy-äthyliden]-3*H*-benzofuran-2-on, 3-Acetoxy-2-[2-hydroxy-phenyl]-ξ-crotonsäure-lacton $C_{12}H_{10}O_4$, Formel IV (R = CO-CH$_3$).

Diese Konstitution kommt der nachstehend beschriebenen, ursprünglich (*Pfeiffer, Enders,* B. **84** [1951] 247, 252) als [2-Acetoxy-phenyl]-essigsäure-anhydrid angesehenen Verbindung zu (*Geissman, Armen,* Am. Soc. **77** [1955] 1623, 1625; *Chatterjea,* J. Indian chem. Soc. **33** [1956] 175, 176).
  B. Beim Erhitzen von [2-Hydroxy-phenyl]-essigsäure (*Pf., En.*), von 3*H*-Benzofuran-2-on (*Ch.*), von 3-Acetyl-3*H*-benzofuran-2-on (*Ge., Ar.*) oder von 3-[(2-Hydroxy-phenyl)-acetyl]-3*H*-benzofuran-2-on (*Ch.*) mit Acetanhydrid und Natriumacetat.
  Krystalle; F: 119—120° [aus A.] (*Ch.*), 118—119° [aus Bzn.] (*Pf., En.*), 114—116° (*Ge., Ar.*).

7-Methoxy-4-trifluoracetyl-benzofuran, 2,2,2-Trifluor-1-[7-methoxy-benzofuran-4-yl]-äthanon $C_{11}H_7F_3O_3$, Formel V.

B. Beim Behandeln einer Lösung von 7-Methoxy-benzofuran in Äther mit einem mit Chlorwasserstoff gesättigten Gemisch von Trifluoracetonitril, Zinkchlorid und Äther und Erwärmen des Reaktionsprodukts mit Wasser (*Whalley,* Soc. **1953** 3479, 3482).
  Krystalle (aus Bzn.); F: 110°.
  Hydrolyse zu 7-Methoxy-benzofuran-carbonsäure (F: 227°): *Wh.*

5-Acetyl-benzofuran-4-ol, 1-[4-Hydroxy-benzofuran-5-yl]-äthanon $C_{10}H_8O_3$, Formel VI (R = H).

B. Beim ½-stdg. Erhitzen von [4-Acetyl-2-formyl-3-hydroxy-phenoxy]-essigsäure mit Natriumacetat und Acetanhydrid (*Rao et al.,* J. org. Chem. **24** [1959] 685). Beim Erwärmen von 1-[4-Methoxy-benzofuran-5-yl]-äthanon mit wss. Jodwasserstoffsäure und Essigsäure (*Manjunath, Seetharamiah,* J. Mysore Univ. **2** [1941] 19). Neben 1-[4-Methoxy-benzofuran-5-yl]-äthanon beim Erwärmen von 1-[4-Methoxy-benzofuran-5-yl]-3-phenyl-propan-1,3-dion mit methanol. Kalilauge (*Rao et al.*).
  Krystalle; F: 95° [aus wss. Me.] (*Khanna, Seshadri,* Tetrahedron **19** [1963] 219, 224), 92° (*Ma., Se.*), 86—87° [aus PAe.] (*Rao et al.*).
  Beim Erhitzen mit Natriumacetat und Acetanhydrid ist 3-Acetyl-2-methyl-furo[2,3-*h*]-chromen-4-on erhalten worden (*Rao et al.*).

III IV V VI

5-Acetyl-4-methoxy-benzofuran, 1-[4-Methoxy-benzofuran-5-yl]-äthanon $C_{11}H_{10}O_3$, Formel VI (R = CH$_3$).

B. Beim Behandeln von 4-Methoxy-benzofuran-5-carbonylchlorid mit Methylzinkjodid in Toluol (*Manjunath, Seetharamiah,* J. Mysore Univ. **2** [1941] 19). Beim Behandeln von 4-Methoxy-benzofuran-5-carbonylchlorid mit der Natrium-Verbindung des Acetessigsäure-äthylesters in Äther und Erwärmen des Reaktionsprodukts mit wss. Kalilauge (*Narayanaswamy et al.,* Soc. **1954** 1871). Beim Erwärmen von 1-[4-Methoxy-benzofuran-5-yl]-3-phenyl-propan-1,3-dion mit methanol. Kalilauge (*Na. et al.;* *Rao et al.,* J. org. Chem. **24** [1959] 685).
  Krystalle; F: 60° [aus Bzn.] (*Na. et al.*), 58—59° [aus PAe.] (*Rao et al.*).

5-Acetyl-4-benzoyloxy-benzofuran, 1-[4-Benzoyloxy-benzofuran-5-yl]-äthanon $C_{17}H_{12}O_4$, Formel VI (R = CO-C$_6$H$_5$).
B. Beim Behandeln von 1-[4-Hydroxy-benzofuran-5-yl]-äthanon mit Benzoylchlorid und Pyridin (*Rao, Venkateswarlu*, Curr. Sci. **27** [1958] 482).
F: 100—102° [nach Sintern].

1-[4-Methoxy-benzofuran-5-yl]-äthanon-[2,4-dinitro-phenylhydrazon] $C_{17}H_{14}N_4O_6$, Formel VII (R = C$_6$H$_3$(NO$_2$)$_2$).
B. Aus 1-[4-Methoxy-benzofuran-5-yl]-äthanon und [2,4-Dinitro-phenyl]-hydrazin (*Narayanaswamy et al.*, Soc. **1954** 1871; *Rao et al.*, J. org. Chem. **24** [1959] 685).
Krystalle (aus A.); F: 221° (*Na. et al.*), 215—216° (*Rao et al.*).

VII VIII IX X

1-[4-Methoxy-benzofuran-5-yl]-äthanon-semicarbazon $C_{12}H_{13}N_3O_3$, Formel VII (R = CO-NH$_2$).
B. Aus 1-[4-Methoxy-benzofuran-5-yl]-äthanon und Semicarbazid (*Manjunath, Seetharamiah*, J. Mysore Univ. **2** [1941] 19).
Krystalle (aus Me.); F: 165°.

5-Acetyl-benzofuran-6-ol, 1-[6-Hydroxy-benzofuran-5-yl]-äthanon $C_{10}H_8O_3$, Formel VIII.
B. Beim Erhitzen von 1-[6-Hydroxy-2,3-dihydro-benzofuran-5-yl]-äthanon mit Palladium auf 200° bzw. 150° (*Gruber, Horváth*, M. **81** [1950] 828, 834; *Davies et al.*, Soc. **1950** 3206, 3213).
Krystalle (aus Me.); F: 98—100° (*Gr., Ho.*), 96° (*Da. et al.*).

6-Acetyl-benzofuran-5-ol, 1-[5-Hydroxy-benzofuran-6-yl]-äthanon $C_{10}H_8O_3$, Formel IX.
B. Beim Erhitzen von 1-[5-Hydroxy-2,3-dihydro-benzofuran-6-yl]-äthanon mit Palladium/Kohle unter vermindertem Druck auf 150° (*Ramage, Stead*, Soc. **1953** 3602, 3606).
Krystalle (aus Bzn.); F: 89°.
Beim Erwärmen mit Äthylacetat und Natrium und Behandeln des Reaktionsprodukts mit wss. Essigsäure ist 6-Methyl-furo[2,3-g]chromen-8-on erhalten worden.

6-Methoxy-3-methyl-benzofuran-2-carbaldehyd $C_{11}H_{10}O_3$, Formel X (R = CH$_3$).
B. Beim Behandeln von 6-Methoxy-3-methyl-benzofuran mit Cyanwasserstoff und Chlorwasserstoff in Äther und Erwärmen des Reaktionsprodukts mit Wasser (*Foster et al.*, Soc. **1939** 1594, 1597).
Krystalle (aus A.); F: 105°.

6-Acetoxy-3-methyl-benzofuran-2-carbaldehyd $C_{12}H_{10}O_4$, Formel X (R = CO-CH$_3$).
B. Beim Behandeln von 6-Hydroxy-3-methyl-benzofuran-2-carbaldehyd (E II 21) mit Acetylchlorid und Pyridin (*Foster et al.*, Soc. **1948** 2254, 2258).
Krystalle (aus A.); F: 117°.

6-Methoxy-3-methyl-benzofuran-2-carbaldehyd-[2,4-dinitro-phenylhydrazon] $C_{17}H_{14}N_4O_6$, Formel XI (R = CH$_3$).
B. Aus 6-Methoxy-3-methyl-benzofuran-2-carbaldehyd und [2,4-Dinitro-phenyl]-hydrazin (*Foster et al.*, Soc. **1939** 1594, 1598).
Rote Krystalle (aus E.); F: 262°.

XI XII XIII

6-Acetoxy-3-methyl-benzofuran-2-carbaldehyd-[2,4-dinitro-phenylhydrazon] $C_{18}H_{14}N_4O_7$, Formel XI (R = CO-CH$_3$).

B. Aus 6-Acetoxy-3-methyl-benzofuran-2-carbaldehyd und [2,4-Dinitro-phenyl]-hydrazin (*Foster et al.*, Soc. **1948** 2254, 2258).
Rote Krystalle (aus E.); F: 275°.

6-Chlor-3-hydroxy-4-methyl-benzo[b]thiophen-2-carbaldehyd $C_{10}H_7ClO_2S$, Formel XII, und Tautomere (z. B. 6-Chlor-4-methyl-3-oxo-2,3-dihydro-benzo[b]thiophen-2-carbaldehyd).

B. Aus 6-Chlor-4-methyl-benzo[b]thiophen-3-ol beim Behandeln mit Formamid und Phosphorylchlorid oder beim Erhitzen mit Formamid und Aluminiumchlorid auf 110° und Behandeln des jeweiligen Reaktionsgemisches mit Wasser (*I. G. Farbenind.*, D.R.P. 519806 [1928]; Frdl. **17** 566; *Gen. Aniline Works*, U.S.P. 1807693 [1928]). Beim Behandeln von 6-Chlor-4-methyl-benzo[b]thiophen-3-ol mit Cyanwasserstoff in Chloroform unter Einleiten von Chlorwasserstoff und Erhitzen des Reaktionsprodukts mit wss. Natronlauge (*Glauert, Mann*, Soc. **1952** 2127, 2133). Beim Erwärmen von 2-[6-Chlor-4-methyl-3-oxo-3H-benzo[b]thiophen-2-yliden]-indolin-3-on (aus 2-Chlor-indol-3-on und 6-Chlor-4-methyl-benzo[b]thiophen-3-ol hergestellt) mit wss.-äthanol. Kalilauge (*Harley-Mason, Mann*, Soc. **1942** 404, 414). Neben 6-Chlor-4-methyl-2-oxo-2,3-dihydro-benzo[b]thiophen-3-carbaldehyd beim Erwärmen von 6-Chlor-4-methyl-benzo[b]thiophen-2,3-dion mit Indol-3-ol, wss. Salzsäure und Essigsäure und Erwärmen des Reaktionsprodukts mit äthanol. Kalilauge (*Gl., Mann*).
Krystalle (aus wss. A.); F: 170—171° (*Gl., Mann*).
Phenylhydrazon $C_{16}H_{13}ClN_2OS$. Krystalle (aus wss. A.); F: 153—154° (*Ha.-Ma., Mann*).
2,4-Dinitro-phenylhydrazon $C_{16}H_{11}ClN_4O_5S$. Braune Krystalle (aus Eg.); F: 263—264° [Zers.] (*Gl., Mann*).
Azin $C_{20}H_{14}Cl_2N_2O_2S_2$. F: 277—278° (*I. G. Farbenind.*; *Gen. Aniline Works*).

3-[(Ξ)-Äthyliden]-4(?)-methoxy-phthalid $C_{11}H_{10}O_3$, vermutlich Formel XIII.

B. Beim Erhitzen von 3-Methoxy-phthalsäure-anhydrid mit Propionsäure-anhydrid und Natriumpropionat auf 180° (*Tamura et al.*, J. agric. chem. Soc. Japan **15** [1939] 685, 688; C. A. **1940** 400).
Krystalle (aus A.); F: 125° (*Ta. et al.*). Absorptionsmaxima (A.): 224 nm, 256 nm und 325 nm (*Bendz*, Ark. Kemi **14** [1959] 511, 513). [*Tauchert*]

Hydroxy-oxo-Verbindungen $C_{11}H_{10}O_3$

(±)-4-Methoxy-6-phenyl-5,6-dihydro-pyran-2-on, (±)-5-Hydroxy-3-methoxy-5-phenyl-pent-2c-ensäure-lacton $C_{12}H_{12}O_3$, Formel I (R = CH$_3$).

B. Beim Erwärmen von (±)-5-Hydroxy-5-phenyl-pent-2-insäure-methylester mit Methanol unter Zusatz von Quecksilber(II)-oxid, Trichloressigsäure und dem Borfluorid-Äther-Addukt (*Henbest, Jones*, Soc. **1950** 3628, 3631). Beim Behandeln von (±)-6-Phenyl-dihydro-pyran-2,4-dion (E III/IV **17** 6184) mit Diazomethan in Äther oder mit Chlorwasserstoff enthaltendem Methanol (*He., Jo.*, l. c. S. 3632; *Reid, Ruby*, Am. Soc. **73** [1951] 1054, 1059, 1060).
Krystalle; F: 146—147° [korr.; aus A. oder wss. Acn.; Kofler-App.] (*He., Jo.*), 143° bis 144,5° [aus Me.] (*Reid, Ruby*). Absorptionsmaximum (A.): 235 nm (*He., Jo.*).

(±)-4-Äthoxy-6-phenyl-5,6-dihydro-pyran-2-on, (±)-3-Äthoxy-5-hydroxy-5-phenyl-pent-2c-ensäure-lacton $C_{13}H_{14}O_3$, Formel I (R = C_2H_5).

B. Beim Erwärmen von 3-Äthoxy-4-brom-crotonsäure-äthylester ($Kp_{0,43}$: 77—80°; n_D^{20}: 1,4821 bzw. $Kp_{1,5}$: 97—100,5°; n_D^{29}: 1,4912) mit Benzaldehyd und aktiviertem Zink in Benzol oder in Benzol und Äther (*Kögl, de Bruin, R.* **69** [1950] 729, 749; *Reid, Ruby,* Am. Soc. **73** [1951] 1054, 1058). Beim Behandeln von (±)-6-Phenyl-dihydro-pyran-2,4-dion (E III/IV **17** 6184) mit Äthyljodid, Silberoxid und Äthanol unter Lichtausschluss oder mit Chlorwasserstoff enthaltendem Äthanol (*Reid, Ruby,* l. c. S. 1059).

Krystalle; F: 93—94° [aus Ae.] (*Kögl, de Br.*), 93—94° [aus Ae. + A. oder aus wss. A.] (*Reid, Ruby,* l. c. S. 1058, 1059). UV-Spektrum (A.; 220—280 nm): *Kögl, de Br.,* l. c. S. 736.

Hydrierung an Raney-Nickel in Äthanol unter Bildung von 3-Äthoxy-5-phenyl-pent-2c-ensäure: *Reid, Siegel,* Am. Soc. **76** [1954] 938. Beim Erhitzen mit wss.-äthanol. Schwefelsäure ist 4-Phenyl-but-3t-en-2-on erhalten worden (*Reid, Ruby,* l. c. S. 1059).

3-Benzyl-4-methoxy-5H-furan-2-on, 2-Benzyl-4-hydroxy-3-methoxy-*cis*-crotonsäure-lacton $C_{12}H_{12}O_3$, Formel II (R = CH_3).

B. Beim Behandeln von 3-Benzyl-4-chlor-5H-furan-2-on mit Natriummethylat in Methanol (*Reichert, Schäfer,* Ar. **291** [1958] 100, 104). Aus 3-Benzyl-furan-2,4-dion beim Erwärmen mit Dimethylsulfat und wss. Natronlauge (*Re., Sch.*) sowie beim Behandeln mit Diazomethan in Äther (*Calam et al.,* Biochem. J. **45** [1949] 520, 522).

Kp_2: 180—182° (*Re., Sch.*); $Kp_{0,005}$: 155—160° (*Ca. et al.*).

I   II   III

4-Acetoxy-3-benzyl-5H-furan-2-on, 3-Acetoxy-2-benzyl-4-hydroxy-*cis*-crotonsäure-lacton $C_{13}H_{12}O_4$, Formel II (R = $CO-CH_3$).

B. Beim Erhitzen von 3-Benzyl-furan-2,4-dion mit Acetanhydrid (*Calam et al.,* Biochem. J. **45** [1949] 520, 522).

Krystalle (aus Me.); F: 69—70°.

4-Benzoyloxy-3-benzyl-5H-furan-2-on, 3-Benzoyloxy-2-benzyl-4-hydroxy-*cis*-crotonsäure-lacton $C_{18}H_{14}O_4$, Formel II (R = $CO-C_6H_5$) (H 35).

B. Beim Behandeln von 3-Benzyl-furan-2,4-dion mit Benzoylchlorid und wss. Natronlauge (*Reichert, Schäfer,* Ar. **291** [1958] 100, 105).

Krystalle (aus A.); F: 109—110,5° [unkorr.; Kofler-App.].

3-Benzyl-4-[4-nitro-benzoyloxy]-5H-furan-2-on, 2-Benzyl-4-hydroxy-3-[4-nitro-benzoyloxy]-*cis*-crotonsäure-lacton $C_{18}H_{13}NO_6$, Formel II (R = $CO-C_6H_4-NO_2$).

B. Beim Behandeln von 3-Benzyl-furan-2,4-dion mit 4-Nitro-benzoylchlorid und Pyridin (*Reichert, Schäfer,* Ar. **291** [1958] 100, 105).

Krystalle (aus Acn. + Me.); F: 152° [unkorr.; Kofler-App.].

3-Benzyl-4-[2,4-dinitro-benzoyloxy]-5H-furan-2-on, 2-Benzyl-3-[2,4-dinitro-benzoyloxy]-4-hydroxy-*cis*-crotonsäure-lacton $C_{18}H_{12}N_2O_8$, Formel II (R = $CO-C_6H_3(NO_2)_2$).

B. Beim Behandeln von 3-Benzyl-furan-2,4-dion mit 2,4-Dinitro-benzoylchlorid und Pyridin (*Reichert, Schäfer,* Ar. **291** [1958] 100, 105).

Krystalle (aus A.); F: 210° [Zers.; unkorr.; Kofler-App.].

3-Benzyl-4-phenylacetoxy-5H-furan-2-on, 2-Benzyl-4-hydroxy-3-phenylacetoxy-*cis*-crotonsäure-lacton $C_{19}H_{16}O_4$, Formel II (R = $CO-CH_2-C_6H_5$).

B. Beim Behandeln von 3-Benzyl-furan-2,4-dion mit Phenylacetylchlorid und wss. Kalilauge (*Reichert, Schäfer,* Ar. **291** [1958] 100, 105).

Krystalle (aus Me.); F: 78°.

4-[2-Methoxy-benzyl]-5H-furan-2-on, 4-Hydroxy-3-[2-methoxy-benzyl]-cis-crotonsäure-lacton $C_{12}H_{12}O_3$, Formel III.

B. Beim Erwärmen von 1-Acetoxy-3-[2-methoxy-phenyl]-aceton mit Bromessigsäure-äthylester, Zink und Benzol und Erhitzen des Reaktionsprodukts mit Bromwasserstoff in Essigsäure (*Conine, Jones*, J. Am. pharm. Assoc. **43** [1954] 670, 672).

Öl. UV-Spektrum (A.; 220—300 nm): *Co., Jo.*

4-[4-Methoxy-benzyl]-5H-furan-2-on, 4-Hydroxy-3-[4-methoxy-benzyl]-cis-crotonsäure-lacton $C_{12}H_{12}O_3$, Formel IV.

B. Beim Erwärmen von 1-Acetoxy-3-[4-methoxy-phenyl]-aceton mit Bromessigsäure-äthylester, Zink und Benzol und Erhitzen des Reaktionsprodukts mit Bromwasserstoff in Essigsäure (*Conine, Jones*, J. Am. pharm. Assoc. **43** [1954] 670, 672).

F: 51—52°. UV-Spektrum (A.; 220—320 nm): *Co., Jo.*

3-[(E?)-Salicyliden]-dihydro-furan-2-on $C_{11}H_{10}O_3$, vermutlich Formel V (R = H).
Bezüglich der Konfigurationszuordnung vgl. *Koenig et al.*, Acta cryst. [B] **25** [1969] 1211, 1213.

B. Beim Behandeln von Salicylaldehyd mit 4-Hydroxy-buttersäure-lacton und Natriummethylat (2,5 Mol) in Benzol (*Zimmer, Rothe*, J. org. Chem. **24** [1959] 28, 30, 32).
Krystalle (aus Me.); F: 184—185° [unkorr.] (*Zi., Ro.*).

Eine bei der Hydrierung an Platin in Methanol erhaltene, von *Zimmer, Rothe* (l. c.) als 3-Salicyl-dihydro-furan-2-on angesehene Verbindung ist als 3-[2-Hydroxy-äthyl]-chrom-an-2-on zu formulieren (*Walter, Zimmer*, J. heterocycl. Chem. **1** [1964] 217).

3-[(E?)-2-Äthoxy-benzyliden]-dihydro-furan-2-on, 3t(?)-[2-Äthoxy-phenyl]-2-[2-hydr-oxy-äthyl]-acrylsäure-lacton $C_{13}H_{14}O_3$, vermutlich Formel V (R = C_2H_5).
Bezüglich der Konfigurationszuordnung vgl. *Koenig et al.*, Acta cryst. [B] **25** [1969] 1211, 1213.

B. Neben kleinen Mengen einer Verbindung $C_{13}H_{16}O_4$ (F: 134,5—136° [aus Me.]; viel-leicht 3-[2-Äthoxy-α-hydroxy-benzyl]-dihydro-furan-2-on) beim Behandeln von 2-Äthoxy-benzaldehyd mit 4-Hydroxy-buttersäure-lacton und Natriummethylat (1,5 Mol) in Benzol (*Zimmer, Rothe*, J. org. Chem. **24** [1959] 28, 30, 31).
Krystalle (aus Me.); F: 105—105,5° [unkorr.].

IV V VI

3-[(E?)-2-Acetoxy-benzyliden]-dihydro-furan-2-on, 3t(?)-[2-Acetoxy-phenyl]-2-[2-hydroxy-äthyl]-acrylsäure-lacton $C_{13}H_{12}O_4$, vermutlich Formel V (R = $CO-CH_3$).
B. Aus 3-[(E?)-Salicyliden]-dihydro-furan-2-on [s. o.] (*Zimmer, Rothe*, J. org. Chem. **24** [1959] 28, 30).
Krystalle (aus Me.); F: 122—123° [unkorr.].

3-[(Ξ)-3-Hydroxy-benzyliden]-dihydro-furan-2-on $C_{11}H_{10}O_3$, Formel VI (R = H).
B. Beim Behandeln von 3-Hydroxy-benzaldehyd mit 4-Hydroxy-buttersäure-lacton und Natriummethylat (2,5 Mol) in Benzol (*Zimmer, Rothe*, J. org. Chem. **24** [1959] 28, 30, 31).
Krystalle (aus Me.); F: 196—197° [unkorr.].

3-[(Ξ)-3-Acetoxy-benzyliden]-dihydro-furan-2-on, 3ξ-[3-Acetoxy-phenyl]-2-[2-hydroxy-äthyl]-acrylsäure-lacton $C_{13}H_{12}O_4$, Formel VI (R = $CO-CH_3$).
B. Aus 3-[(Ξ)-3-Hydroxy-benzyliden]-dihydro-furan-2-on [s. o.] (*Zimmer, Rothe*, J.

org. Chem. **24** [1959] 28, 30).
Krystalle (aus Me.); F: 108,5—110° [unkorr.].

3-[(Ξ)-4-Hydroxy-benzyliden]-dihydro-furan-2-on $C_{11}H_{10}O_3$, Formel VII (R = H).
B. Beim Behandeln von 4-Hydroxy-benzaldehyd mit 4-Hydroxy-buttersäure-lacton und Natriummethylat (2,5 Mol) in Benzol (*Zimmer, Rothe*, J. org. Chem. **24** [1959] 28, 30, 31). Beim Erhitzen von 3-[(Ξ)-4-Benzyloxy-benzyliden]-dihydro-furan-2-on (s. u.) mit konz. wss. Salzsäure und Essigsäure (*Zi., Ro.*, l. c. S. 32).
Krystalle (aus W.); F: 181—182° [unkorr.].

3-[(Ξ)-4-Methoxy-benzyliden]-dihydro-furan-2-on, 2-[2-Hydroxy-äthyl]-3ξ-[4-methoxy-phenyl]-acrylsäure-lacton $C_{12}H_{12}O_3$, Formel VII (R = CH_3).
B. Beim Behandeln von 4-Methoxy-benzaldehyd mit 4-Hydroxy-buttersäure-lacton und Natriummethylat (1,5 Mol) in Benzol (*Zimmer, Rothe*, J. org. Chem. **24** [1959] 28, 30, 31).
Krystalle (aus A.); F: 126—127° [unkorr.].

3-[(Ξ)-4-Isopropoxy-benzyliden]-dihydro-furan-2-on, 2-[2-Hydroxy-äthyl]-3ξ-[4-isopropoxy-phenyl]-acrylsäure-lacton $C_{14}H_{16}O_3$, Formel VII (R = $CH(CH_3)_2$).
B. Beim Behandeln von 4-Isopropoxy-benzaldehyd mit 4-Hydroxy-buttersäure-lacton und Natriummethylat (1,5 Mol) in Benzol (*Zimmer, Rothe*, J. org. Chem. **24** [1959] 28, 30, 31).
Krystalle (aus Me.); F: 115—115,5° [unkorr.].

(±)-3-[(Ξ)-4-*sec*-Butoxy-benzyliden]-dihydro-furan-2-on, (±)-3ξ-[4-*sec*-Butoxy-phenyl]-2-[2-hydroxy-äthyl]-acrylsäure-lacton $C_{15}H_{18}O_3$, Formel VII (R = $CH(CH_3)$-CH_2-CH_3).
B. Beim Behandeln von (±)-4-*sec*-Butoxy-benzaldehyd mit 4-Hydroxy-buttersäure-lacton und Natriummethylat (1,5 Mol) in Benzol (*Zimmer, Rothe*, J. org. Chem. **24** [1959] 28, 30, 31).
Krystalle (aus Me.); F: 54—55,5°.

3-[(Ξ)-4-Benzyloxy-benzyliden]-dihydro-furan-2-on, 3ξ-[4-Benzyloxy-phenyl]-2-[2-hydroxy-äthyl]-acrylsäure-lacton $C_{18}H_{16}O_3$, Formel VII (R = CH_2-C_6H_5).
B. Beim Behandeln von 4-Benzyloxy-benzaldehyd mit 4-Hydroxy-buttersäure-lacton und Natriummethylat (1,5 Mol) in Benzol (*Zimmer, Rothe*, J. org. Chem. **24** [1959] 28, 30, 31).
Gelbliche Krystalle (aus Eg.); F: 166—166,5° [unkorr.].

VII   VIII   IX

3-[(Ξ)-4-Acetoxy-benzyliden]-dihydro-furan-2-on, 3ξ-[4-Acetoxy-phenyl]-2-[2-hydroxy-äthyl]-acrylsäure-lacton $C_{13}H_{12}O_4$, Formel VII (R = CO-CH_3).
B. Aus 3-[(Ξ)-4-Hydroxy-benzyliden]-dihydro-furan-2-on [s. o.] (*Zimmer, Rothe*, J. org. Chem. **24** [1959] 28, 30).
Krystalle (aus Bzl.); F: 142,5—143,5° [unkorr.].

5-[4-Methoxy-2-methyl-phenyl]-3*H*-furan-2-on, 4*c*-Hydroxy-4*t*-[4-methoxy-2-methyl-phenyl]-but-3-ensäure-lacton $C_{12}H_{12}O_3$, Formel VIII.
B. Beim Erhitzen von 4-[4-Methoxy-2-methyl-phenyl]-4-oxo-buttersäure mit Acetanhydrid (*Zymalkowski*, Ar. **284** [1951] 292, 295).
Krystalle (aus Me.); F: 77°.

5-[4-Methoxy-3-methyl-phenyl]-3H-furan-2-on, 4c-Hydroxy-4t-[4-methoxy-3-methyl-phenyl]-but-3-ensäure-lacton $C_{12}H_{12}O_3$, Formel IX (R = CH_3).

B. Beim Erhitzen von 4-[4-Methoxy-3-methyl-phenyl]-4-oxo-buttersäure mit Acet=
anhydrid (*Shah, Phalnikar*, J. Univ. Bombay **13**, Tl. 3A [1944] 22, 25; *Zymalkowski*,
Ar. **284** [1951] 292, 295).

Krystalle (aus Me.); F: 136° (*Zy.*), 132° (*Shah. Ph.*).

5-[4-Acetoxy-3-methyl-phenyl]-3H-furan-2-on, 4t-[4-Acetoxy-3-methyl-phenyl]-4c-hydroxy-but-3-ensäure-lacton $C_{13}H_{12}O_4$, Formel IX (R = CO-CH_3).

B. Beim Erhitzen von 4-[4-Acetoxy-3-methyl-phenyl]-4-oxo-buttersäure mit Acet=
anhydrid (*Zymalkowski*, Ar. **284** [1951] 292, 297).

Krystalle (aus Me.); F: 124°.

Beim Erwärmen mit wss.-äthanol. Salzsäure ist 4-[4-Hydroxy-3-methyl-phenyl]-4-oxo-
buttersäure-äthylester erhalten worden.

5-[2-Methoxy-5-methyl-phenyl]-3H-furan-2-on, 4c-Hydroxy-4t-[2-methoxy-5-methyl-phenyl]-but-3-ensäure-lacton $C_{12}H_{12}O_3$, Formel X (R = CH_3).

B. Beim Erhitzen von 4-[2-Methoxy-5-methyl-phenyl]-4-oxo-buttersäure mit Acet=
anhydrid (*Shah, Phalnikar*, J. Univ. Bombay **13**, Tl. 3A [1944] 22, 25; *Zymalkowski*,
Ar. **284** [1951] 292, 295).

Rote Krystalle; F: 124—125° [aus Me.] (*Shah, Ph.*), 124° [aus A.] (*Zy.*).

X XI XII

5-[2-Acetoxy-5-methyl-phenyl]-3H-furan-2-on, 4t-[2-Acetoxy-5-methyl-phenyl]-4c-hydroxy-but-3-ensäure-lacton $C_{13}H_{12}O_4$, Formel X (R = CO-CH_3).

B. Beim Behandeln einer Lösung von 4-[2-Hydroxy-5-methyl-phenyl]-4-oxo-butter=
säure in Pyridin mit Acetanhydrid (*Zymalkowski*, Ar. **284** [1951] 292, 296).

Krystalle (aus wss. A.); F: 111°.

5-[2-Acetoxy-4-methyl-phenyl]-3H-furan-2-on, 4t-[2-Acetoxy-4-methyl-phenyl]-4c-hydroxy-but-3-ensäure-lacton $C_{13}H_{12}O_4$, Formel XI.

B. Beim Behandeln einer Lösung von 4-[2-Hydroxy-4-methyl-phenyl]-4-oxo-butter=
säure in Pyridin mit Acetanhydrid (*Zymalkowski*, Ar. **284** [1951] 292, 296).

Krystalle (aus Me.); F: 95°.

(±)-4-Brom-3-methoxy-5-p-tolyl-5H-furan-2-on, (±)-3-Brom-4-hydroxy-2-methoxy-4-p-tolyl-cis-crotonsäure-lacton $C_{12}H_{11}BrO_3$, Formel XII.

Diese Konstitution ist der nachstehend beschriebenen, von *Reimer, Chase* (Am. Soc.
60 [1938] 2469) als 3-Brom-2-oxo-4-p-tolyl-but-3-ensäure-methylester angesehenen Ver=
bindung zuzuordnen (*Stecher, Clements*, Am. Soc. **76** [1954] 503, 505).

B. Beim Behandeln von (±)-4-Brom-5-p-tolyl-dihydro-furan-2,3-dion mit Diazomethan
in Äther (*Re., Ch.*).

Krystalle (aus Me.); F: 77°.

4-[2-Acetoxy-phenyl]-5-methyl-3H-furan-2-on, 3-[2-Acetoxy-phenyl]-4-hydroxy-pent-3t-ensäure-lacton $C_{13}H_{12}O_4$, Formel I.

B. Beim Erwärmen von (±)-[2-Hydroxy-phenyl]-bernsteinsäure mit Acetanhydrid und
Pyridin (*Lawson*, Soc. **1957** 144, 149).

Krystalle (aus A.); F: 116°.

Beim Erhitzen mit wss. Salzsäure ist 8a-Methyl-3a,8a-dihydro-3*H*-furo[2,3-*b*]benzofuran-2-on erhalten worden.

(±)-5-[4-Brom-phenyl]-5-methoxy-4-methyl-5*H*-furan-2-on, (±)-4-[4-Brom-phenyl]-4-hydroxy-4-methoxy-3-methyl-*cis*-crotonsäure-lacton $C_{12}H_{11}BrO_3$, Formel II (R = CH_3).

B. Beim Behandeln von 4-[4-Brom-phenyl]-3-methyl-4-oxo-*cis*-crotonsäure (E III **10** 3159) mit Chlorwasserstoff enthaltendem Methanol (*Lutz, Winne*, Am. Soc. **56** [1934] 445). Beim Erwärmen von 4-[4-Brom-phenyl]-3-methyl-4-oxo-*cis*-crotonsäure-methylester mit Schwefelsäure enthaltendem Methanol (*Lutz, Wi.*). Beim Erwärmen von (±)-5-[4-Brom-phenyl]-5-chlor-4-methyl-5*H*-furan-2-on (aus (±)-4-[4-Brom-phenyl]-3-methyl-4-oxo-*cis*-crotonsäure mit Hilfe von Thionylchlorid hergestellt) mit Methanol (*Lutz, Wi.*).

Krystalle (aus Me.); F: 64° (*Lutz, Wi.*). Polarographie: *Wawzonek et al.*, Am. Soc. **67** [1945] 1300.

Bildung von 4-[4-Brom-phenyl]-4-methoxy-3-methyl-but-3-ensäure (F: 122,5°) beim Erwärmen mit Essigsäure und Zink: *Lutz*, Am. Soc. **56** [1934] 1378, 1380. Beim Erwärmen mit Magnesium-bromid-anilid in Äther und Benzol sind 2-Anilino-4-[4-brom-phenyl]-3-methyl-4-oxo-buttersäure-anilid (F: 221—222° [korr.; Zers.]) und 5-[4-Brom-phenyl]-5-hydroxy-4-methyl-1-phenyl-Δ^3-pyrrolin-2-on erhalten worden (*Lutz, Hill*, J. org. Chem. **6** [1941] 175, 203). Überführung in 3-[4-Brom-phenyl]-4-methyl-[1,2]oxazin-6-on durch Behandlung einer methanol. Lösung mit Hydroxylamin-hydrochlorid und mit Natriumcarbonat in Wasser: *Lutz, Hill*, l. c. S. 185.

I   II   III

(±)-5-Äthoxy-5-[4-brom-phenyl]-4-methyl-5*H*-furan-2-on, (±)-4-Äthoxy-4-[4-brom-phenyl]-4-hydroxy-3-methyl-*cis*-crotonsäure-lacton $C_{13}H_{13}BrO_3$, Formel II (R = C_2H_5).

B. Beim Erwärmen von (±)-5-[4-Brom-phenyl]-5-chlor-4-methyl-5*H*-furan-2-on (aus (±)-4-[4-Brom-phenyl]-3-methyl-4-oxo-*cis*-crotonsäure und mit Hilfe von Thionylchlorid hergestellt) mit Äthanol (*Lutz, Winne*, Am. Soc. **56** [1934] 445).

Kp_5: 165—168°.

(±)-5-[4-Brom-phenyl]-5-methoxy-3-methyl-5*H*-furan-2-on, (±)-4-[4-Brom-phenyl]-4-hydroxy-4-methoxy-2-methyl-*cis*-crotonsäure-lacton $C_{12}H_{11}BrO_3$, Formel III.

B. Beim Erwärmen von 4-[4-Brom-phenyl]-2-methyl-4-oxo-*cis*-crotonsäure (E III **10** 3162) mit Schwefelsäure enthaltendem Methanol (*Lutz et al.*, J. org. Chem. **4** [1939] 95, 99, 100).

Kp_2: 162°. n_D^{25}: 1,5675. Brechungsdispersion im Bereich von 486,1 nm bis 656,3 nm: *Lutz et al.*

Überführung in 4-[4-Brom-phenyl]-2-methyl-4-oxo-*trans*-crotonsäure mit Hilfe von äthanol. Natronlauge: *Lutz et al.*

2-Äthyl-7-methoxy-chromen-4-on $C_{12}H_{12}O_3$, Formel IV.

Eine ursprünglich (*Heilbron et al.*, Soc. **1933** 430, 432) unter dieser Konstitution beschriebene Verbindung vom F: 141—142° ist als 7-Methoxy-3,4-dimethyl-cumarin zu formulieren (*Heilbron et al.*, Soc. **1933** 1263).

B. Beim Erwärmen von 1-[2-Hydroxy-4-methoxy-phenyl]-pentan-1,3-dion mit wss. Salzsäure enthaltender Essigsäure (*Heilbron et al.*, Soc. **1934** 1311, 1313, **1936** 295, 300). Neben grösseren Mengen 7-Methoxy-3,4-dimethyl-cumarin beim Erhitzen von 1-[2-Hydr-

oxy-4-methoxy-phenyl]-äthanon mit Natriumpropionat und Propionsäure-anhydrid auf 200° (*He. et al.*, Soc. **1936** 299, 300; s. a. *Heilbron et al.*, Soc. **1934** 1581).
Krystalle (aus A. + PAe. oder aus A.); F: 82° (*He. et al.*, Soc. **1936** 300).

3-Äthyl-2-methoxy-chromen-4-on $C_{12}H_{12}O_3$, Formel V.
B. Neben 3-Äthyl-4-methoxy-cumarin beim Behandeln von 3-Äthyl-chroman-2,4-dion (E III/IV **17** 6191) mit Diazomethan in Äther (*Cieślak et al.*, Roczniki Chem. **33** [1959] 349, 351; C. A. **1960** 3404).
Krystalle (aus Bzn.); F: 83—84°. UV-Spektrum (A.; 230—320 nm; λ_{max}: 295 nm): *Ci. et al.*, l. c. S. 354, 355.
Verbindung mit Perchlorsäure $2 C_{12}H_{12}O_3 \cdot HClO_4$; Verbindung von 3-Äthyl-2-methoxy-chromen-4-on mit 3-Äthyl-4-hydroxy-2-methoxy-chromenylium-perchlorat $C_{12}H_{12}O_3 \cdot [C_{12}H_{13}O_3]ClO_4$. F: 126—127°.

3-Äthyl-6-hydroxy-chromen-4-on $C_{11}H_{10}O_3$, Formel VI (R = H).
B. Beim Behandeln von 1-[2,5-Dihydroxy-phenyl]-butan-1-on mit Äthylformiat und Natrium (*Ingle et al.*, J. Indian chem. Soc. **26** [1949] 568, 571).
Krystalle (aus wss. A.); F: 181°.

      IV   V   VI

3-Äthyl-6-methoxy-chromen-4-on $C_{12}H_{12}O_3$, Formel VI (R = CH_3).
B. Beim Erwärmen von 3-Äthyl-6-hydroxy-chromen-4-on mit Methyljodid, Kalium=carbonat und Aceton (*Ingle et al.*, J. Indian chem. Soc. **26** [1949] 568, 571, 572).
Krystalle (aus PAe.); F: 66°.

6-Acetoxy-3-äthyl-chromen-4-on $C_{13}H_{12}O_4$, Formel VI (R = $CO-CH_3$).
B. Beim Erhitzen von 3-Äthyl-6-hydroxy-chromen-4-on mit Acetanhydrid und Natriumacetat (*Ingle et al.*, J. Indian chem. Soc. **26** [1949] 568, 572).
Krystalle (aus wss. A.); F: 90°.

3-Äthyl-4-methoxy-cumarin $C_{12}H_{12}O_3$, Formel VII (R = CH_3).
B. Neben 3-Äthyl-2-methoxy-chromen-4-on beim Behandeln von 3-Äthyl-chroman-2,4-dion (E III/IV **17** 6191) mit Diazomethan in Äther (*Cieślak et al.*, Roczniki Chem. **33** [1959] 349, 351; C. A. **1960** 3404).
Krystalle (aus Bzn.); F: 52—53°. UV-Spektrum (A.; 220—330 nm; λ_{max}: 272 nm, 282 nm und 310 nm): *Ci. et al.*, l. c. S. 354, 355.

4-Acetoxy-3-äthyl-cumarin $C_{13}H_{12}O_4$, Formel VII (R = $CO-CH_3$).
B. Beim Erhitzen von 3-Äthyl-chroman-2,4-dion (E III/IV **17** 6191) mit Acetanhydrid (*Mentzer, Meunier*, Bl. [5] **10** [1943] 356, 360).
Krystalle (aus A.); F: 110°.

      VII   VIII   IX

3-Äthyl-7-hydroxy-cumarin $C_{11}H_{10}O_3$, Formel VIII (R = H) (H 36).
B. Bei der Hydrierung von 3-Acetyl-7-hydroxy-cumarin an Palladium/Kohle in

Methanol (*Dean et al.*, Soc. **1950** 895, 901, 902).
Krystalle mit 1 Mol H_2O; F: 128—129°.

3-Äthyl-7-methoxy-cumarin $C_{12}H_{12}O_3$, Formel VIII (R = CH_3).
B. Beim Erhitzen von 4-Methoxy-benzaldehyd mit Buttersäure-anhydrid und Natrium=
butyrat auf 160° (*Dean et al.*, Soc. **1950** 895, 901). Beim Erwärmen von 3-Äthyl-7-hydr=
oxy-cumarin mit Methyljodid, Kaliumcarbonat und Aceton (*Dean et al.*, l. c. S. 902).
Neben kleineren Mengen 3-Acetyl-7-methoxy-chroman-2-on bei der Hydrierung von
3-Acetyl-7-methoxy-cumarin an Palladium/Kohle in Methanol (*Dean et al.*).
Krystalle (aus E. + Bzn. oder aus wss. Me.); F: 98—100°.

3-[($\varXi$)-1-Acetoxy-äthyliden]-chroman-2-on, 3-Acetoxy-2-salicyl-ζ-crotonsäure-lacton
$C_{13}H_{12}O_4$, Formel IX.
B. Beim Erwärmen von 3-Acetyl-chroman-2-on mit Acetanhydrid und Pyridin (*Dean et al.*, Soc. **1950** 895, 899).
Krystalle (aus wss. A.); F: 65—66°.

4-Äthyl-7-hydroxy-cumarin $C_{11}H_{10}O_3$, Formel X.
B. Beim Behandeln von Resorcin mit 3-Oxo-valeriansäure-äthylester und Schwefel=
säure (*Mentzer et al.*, Bl. **1946** 271, 274, 275). Beim Behandeln von Resorcin mit 3-Oxo-
valeronitril und konz. Schwefelsäure und Erhitzen des Reaktionsprodukts mit wss.
Schwefelsäure (*Me. et al.*).
Krystalle (aus A. oder wss. Eg.); F: 177°.

6-Äthyl-7-hydroxy-chromen-4-on $C_{11}H_{10}O_3$, Formel XI (R = H).
B. Beim Erhitzen von 6-Äthyl-7-hydroxy-4-oxo-4H-chromen-2-carbonsäure auf 300°
(*Naylor et al.*, Soc. **1958** 1190, 1192). Beim Erhitzen von 6-Äthyl-7-benzyloxy-chromen-
4-on mit wss. Salzsäure (*Na. et al.*, l. c. S. 1193).
Krystalle (aus A.); F: 230°.

X   XI   XII

6-Äthyl-7-benzyloxy-chromen-4-on $C_{18}H_{16}O_3$, Formel XI (R = CH_2-C_6H_5).
B. Beim Erhitzen von 6-Äthyl-7-benzyloxy-4-oxo-4H-chromen-2-carbonsäure mit
Chinolin und Kupfer-Pulver (*Naylor et al.*, Soc. **1958** 1190, 1192).
Krystalle (aus Cyclohexan); F: 105°.

6-Äthyl-7-hydroxy-cumarin $C_{11}H_{10}O_3$, Formel XII (R = H).
B. Beim Erhitzen von 4-Äthyl-resorcin mit Äpfelsäure und konz. Schwefelsäure
(*Fujikawa, Nakajima*, J. pharm. Soc. Japan **71** [1951] 67; C. A. **1951** 8518; *Shah, Shah*,
J. org. Chem. **19** [1954] 1681, 1683). Beim Behandeln von 7-Acetoxy-6-äthyl-cumarin mit
wss.-äthanol. Natronlauge (*Fu., Na.*).
Krystalle (aus Bzl.); F: 156° (*Fu., Na.*).

7-Acetoxy-6-äthyl-cumarin $C_{13}H_{12}O_4$, Formel XII (R = CO-CH_3).
B. Beim Erhitzen von 5-Äthyl-2,4-dihydroxy-benzaldehyd mit Acetanhydrid und
Natriumacetat auf 190° (*Fujikawa, Nakajima*, J. pharm. Soc. Japan **71** [1951] 67; C. A.
1951 8518). Aus 6-Äthyl-7-hydroxy-cumarin (*Shah, Shah*, J. org. Chem. **19** [1954] 1681,
1683).
Krystalle (aus A. bzw. wss. A.); F: 100° (*Fu., Na.; Shah, Shah*).
Überführung in 8-Acetyl-6-äthyl-7-hydroxy-cumarin durch Erhitzen mit Aluminium=
chlorid auf 115°: *Shah, Shah*.

6-Äthyl-7-benzoyloxy-cumarin $C_{18}H_{14}O_4$, Formel XII (R = CO-C_6H_5).
B. Aus 6-Äthyl-7-hydroxy-cumarin (*Shah, Shah*, J. org. Chem. **19** [1954] 1681, 1683).
F: 115—116°.
Überführung in 6-Äthyl-8-benzoyl-7-hydroxy-cumarin durch Erhitzen mit Aluminium=
chlorid auf 160°: *Shah, Shah*.

5-Hydroxy-2,3-dimethyl-chromen-4-on $C_{11}H_{10}O_3$, Formel I (R = H).
B. Neben 5-Acetoxy-2,3-dimethyl-chromen-4-on beim Erhitzen von 1-[2,6-Dihydroxy-phenyl]-propan-1-on mit Acetanhydrid und Natriumacetat auf 170° (*Limaye et al.*, Rasayanam **1** [1941] 217, 218). In kleiner Menge neben 7-Hydroxy-2,3-dimethyl-chromen-4-on und 7-Hydroxy-3,4-dimethyl-cumarin beim Erhitzen von Resorcin mit 2-Methyl-acetessigsäure-äthylester auf 250° (*Pillon*, Bl. **1952** 324, 330).
Krystalle; F: 130° [aus wss. Eg.] (*Li. et al.*), 125—127° [aus A.] (*Pi.*). Absorptions-maxima (A.): 235 nm und 329 nm (*Pi.*, l. c. S. 327).

5-Acetoxy-2,3-dimethyl-chromen-4-on $C_{13}H_{12}O_4$, Formel I (R = CO-CH_3).
B. Beim Erhitzen von 5-Hydroxy-2,3-dimethyl-chromen-4-on mit Acetanhydrid und Natriumacetat (*Limaye et al.*, Rasayanam **1** [1941] 217, 219). Neben 5-Hydroxy-2,3-di=methyl-chromen-4-on beim Erhitzen von 1-[2,6-Dihydroxy-phenyl]-propan-1-on mit Acetanhydrid und Natriumacetat auf 170° (*Li. et al.*, l. c. S. 218).
Krystalle (aus wss. Eg.); F: 112—113°.

5-Benzoyloxy-2,3-dimethyl-chromen-4-on $C_{18}H_{14}O_4$, Formel I (R = CO-C_6H_5).
B. Beim Erhitzen von 5-Hydroxy-2,3-dimethyl-chromen-4-on mit Benzoylchlorid auf 180° (*Limaye et al.*, Rasayanam **1** [1941] 217, 219).
F: 194°.

6-Hydroxy-2,3-dimethyl-chromen-4-on $C_{11}H_{10}O_3$, Formel II (R = H) (E I 310).
B. Beim Erhitzen einer aus 6-Amino-2,3-dimethyl-chromen-4-on bereiteten wss. Diazoniumsalz-Lösung mit wss. Schwefelsäure (*Da Re*, Farmaco Ed. scient. **11** [1956] 670, 677). Beim Behandeln von 6-Acetoxy-2,3-dimethyl-chromen-4-on mit methanol. Kalilauge (*Robertson et al.*, Soc. **1931** 2426, 2430).
Krystalle; F: 248—251° [aus wss. Eg.] (*Da Re*), 247° [nach Sintern bei 241°] (*Ro. et al.*).

6-Acetoxy-2,3-dimethyl-chromen-4-on $C_{13}H_{12}O_4$, Formel II (R = CO-CH_3).
B. Beim Erhitzen von 1-[2,5-Dihydroxy-phenyl]-propan-1-on mit Acetanhydrid und Natriumacetat auf 180° (*Robertson et al.*, Soc. **1931** 2426, 2430).
Krystalle; F: 139° [aus wss. A.] (*Ro. et al.*), 135—136° (*Da Re*, Farmaco Ed. scient. **11** [1956] 670, 677).

[2,3-Dimethyl-4-oxo-4*H*-chromen-6-yloxy]-essigsäure $C_{13}H_{12}O_5$, Formel II (R = CH_2-COOH).
B. Beim Erhitzen von [2,3-Dimethyl-4-oxo-4*H*-chromen-6-yloxy]-essigsäure-äthyl=ester mit wss. Schwefelsäure (*Da Re et al.*, Farmaco Ed. scient. **13** [1958] 561, 568).
Krystalle (aus W.); F: 181—182°.

[2,3-Dimethyl-4-oxo-4*H*-chromen-6-yloxy]-essigsäure-äthylester $C_{15}H_{16}O_5$, Formel II (R = CH_2-CO-OC_2H_5).
B. Beim Erwärmen von 6-Hydroxy-2,3-dimethyl-chromen-4-on mit Bromessigsäure-äthylester, Kaliumcarbonat und Aceton (*Da Re et al.*, Farmaco Ed. scient. **13** [1958] 561, 568).
Krystalle (aus wss. A.); F: 100,5—102,5°.

[2,3-Dimethyl-4-oxo-4H-chromen-6-yloxy]-essigsäure-[2-diäthylamino-äthylester]
$C_{19}H_{25}NO_5$, Formel II (R = CH_2-CO-O-CH_2-CH_2-N(C_2H_5)$_2$).
   B. Beim Erwärmen des Natrium-Salzes der [2,3-Dimethyl-4-oxo-4H-chromen-6-yl=
oxy]-essigsäure mit Diäthyl-[2-chlor-äthyl]-amin-hydrochlorid in Isopropylalkohol
(*Da Re et al.*, Farmaco Ed. scient. **13** [1958] 561, 573).
   Hydrochlorid $C_{19}H_{25}NO_5 \cdot HCl$. Krystalle (aus A.); F: 192—193°.

7-Hydroxy-2,3-dimethyl-chromen-4-on $C_{11}H_{10}O_3$, Formel III (R = H) (H 36; E II 22).
   B. Beim Erhitzen von 1-[2,4-Diacetoxy-phenyl]-propan-1-on mit Natrium in Toluol
(*Pandit, Sethna*, J. Indian chem. Soc. **27** [1950] 1, 3). Beim Erwärmen von 7-Acetoxy-
2,3-dimethyl-chromen-4-on mit wss. Kalilauge (*Canter et al.*, Soc. **1931** 1255, 1263).
   Krystalle; F: 271—272° (*Széll*, Soc. [C] **1967** 2041, 2042), 265° (*Ca. et al.*), 262° [aus A.]
(*Pa., Se.*; *Mookerjee, Gupta*, Indian J. Physics **13** [1939] 439, 441). Raman-Spektrum
($CHCl_3$): *Mo., Gu.* l. c. S. 443. Absorptionsmaxima (A.): 250 nm und 295 nm (*Pillon*,
Bl. **1952** 324, 327).

7-Methoxy-2,3-dimethyl-chromen-4-on $C_{12}H_{12}O_3$, Formel III (R = CH_3) (H 36).
   B. Beim Erwärmen von 7-Hydroxy-2,3-dimethyl-chromen-4-on mit Methyljodid,
Kaliumcarbonat und Aceton (*Canter et al.*, Soc. **1931** 1255, 1263).
   F: 127° (*Ca. et al.*).
   Beim Erwärmen mit wss. Salzsäure und wss. Formaldehyd unter Einleiten von Chlor=
wasserstoff ist 8-Chlormethyl-7-methoxy-2,3-dimethyl-chromen-4-on erhalten worden
(*Da Re, Verlicchi*, Ann. Chimica **46** [1956] 904, 906).

7-Äthoxy-2,3-dimethyl-chromen-4-on $C_{13}H_{14}O_3$, Formel III (R = C_2H_5) (H 36).
   B. Beim Erwärmen von 7-Hydroxy-2,3-dimethyl-chromen-4-on mit Äthyljodid,
Kaliumcarbonat und Aceton (*Canter et al.*, Soc. **1931** 1255, 1263).
   F: 124°.

7-Acetoxy-2,3-dimethyl-chromen-4-on $C_{13}H_{12}O_4$, Formel III (R = CO-CH_3) (H 37).
   B. Beim Erhitzen von 1-[2,4-Dihydroxy-phenyl]-propan-1-on mit Acetanhydrid und
Natriumacetat auf 180° (*Canter et al.*, Soc. **1931** 1255, 1263).
   F: 116°.

7-Benzoyloxy-2,3-dimethyl-chromen-4-on $C_{18}H_{14}O_4$, Formel III (R = CO-C_6H_5).
   B. Aus 7-Hydroxy-2,3-dimethyl-chromen-4-on nach Schotten-Baumann (*Kelkar,
Limaye*, Rasayanam **1** [1939] 183).
   Krystalle (aus A.); F: 146°.

[2,3-Dimethyl-4-oxo-4H-chromen-7-yloxy]-essigsäure $C_{13}H_{12}O_5$, Formel III
(R = CH_2-COOH).
   B. Aus [2,3-Dimethyl-4-oxo-4H-chromen-7-yloxy]-essigsäure-äthylester und wss. Na=
triumcarbonat-Lösung (*Da Re et al.*, Farmaco Ed. scient **13** [1958] 561, 568).
   Krystalle (aus wss. A.); F: 197—198°.

[2,3-Dimethyl-4-oxo-4H-chromen-7-yloxy]-essigsäure-äthylester $C_{15}H_{16}O_5$, Formel III
(R = CH_2-CO-OC_2H_5).
   B. Beim Erwärmen von 7-Hydroxy-2,3-dimethyl-chromen-4-on mit Bromessigsäure-
äthylester, Kaliumcarbonat und Aceton (*Da Re et al.*, Farmaco Ed. scient. **13** [1958]
561, 567).
   Krystalle (aus wss. A.); F: 123—125°.

[2,3-Dimethyl-4-oxo-4H-chromen-7-yloxy]-essigsäure-[2-diäthylamino-äthylester]
$C_{19}H_{25}NO_5$, Formel III (R = CH_2-CO-O-CH_2-CH_2-N(C_2H_5)$_2$).
   B. Beim Erwärmen des Kalium-Salzes der [2,3-Dimethyl-4-oxo-4H-chromen-7-yloxy]-
essigsäure mit Diäthyl-[2-chlor-äthyl]-amin-hydrochlorid in Isopropylalkohol (*Da Re
et al.*, Farmaco Ed. scient. **13** [1958] 561, 572).
   Hydrochlorid $C_{19}H_{25}NO_5 \cdot HCl$. Krystalle (aus A. + Ae.); F: 189—191°.

7-β-D-Glucopyranosyloxy-2,3-dimethyl-chromen-4-on $C_{17}H_{20}O_8$, Formel IV (R = H).

B. Beim Erwärmen von 2,3-Dimethyl-7-[tetra-*O*-acetyl-β-D-glucopyranosyloxy]-chromen-4-on (s. u.) mit wss.-äthanol. Natronlauge (*Da Re et al.*, Ann. Chimica **49** [1959] 2089, 2092).

Krystalle (aus A.); F: 234—236°. $[\alpha]_D^{20}$: —57,6° [Py.; c = 2].

2,3-Dimethyl-7-[tetra-*O*-acetyl-β-D-glucopyranosyloxy]-chromen-4-on $C_{25}H_{28}O_{12}$, Formel IV (R = CO-CH$_3$).

B. Beim Behandeln von 7-Hydroxy-2,3-dimethyl-chromen-4-on mit α-D-Acetobromglucopyranose (Tetra-*O*-acetyl-α-D-glucopyranosylbromid), wss. Natronlauge und Aceton (*Da Re et al.*, Ann. Chimica **49** [1959] 2089, 2092).

Krystalle (aus A.); F: 194—195,5°. $[\alpha]_D^{20}$: —47,0° [Py.; c = 4].

IV   V   VI

8-Brom-7-hydroxy-2,3-dimethyl-chromen-4-on $C_{11}H_9BrO_3$, Formel V (X = H).

B. Beim Behandeln von 7-Hydroxy-2,3-dimethyl-chromen-4-on mit Brom (1 Mol) in Essigsäure (*Desai et al.*, J. Indian chem. Soc. **31** [1954] 145, 146).

Orangefarbene Krystalle (aus A.); F: 248°.

Beim Erhitzen mit wss. Natronlauge ist 2-Brom-resorcin erhalten worden.

6,8-Dibrom-7-hydroxy-2,3-dimethyl-chromen-4-on $C_{11}H_8Br_2O_3$, Formel V (X = Br).

B. Beim Behandeln von 7-Hydroxy-2,3-dimethyl-chromen-4-on mit Brom (2 Mol) in Essigsäure (*Desai et al.*, J. Indian chem. Soc. **31** [1954] 145, 147).

Rötliche Krystalle (aus A.); F: 243°.

Beim Erhitzen mit wss. Natronlauge ist 1-[3,5-Dibrom-2,4-dihydroxy-phenyl]-propan-1-on erhalten worden.

7-Hydroxy-2,3-dimethyl-8-nitro-chromen-4-on $C_{11}H_9NO_5$, Formel VI.

B. Beim Behandeln von 7-Hydroxy-2,3-dimethyl-chromen-4-on mit wss. Salpetersäure (1 Mol) und Essigsäure (*Desai et al.*, J. Indian chem. Soc. **31** [1954] 145, 147).

Gelbe Krystalle (aus A.); F: 246°.

Beim Erhitzen mit wss. Natronlauge ist 2-Nitro-resorcin erhalten worden.

7-Hydroxy-2,5-dimethyl-chromen-4-on $C_{11}H_{10}O_3$, Formel VII (R = H).

Diese Konstitution kommt der nachstehend beschriebenen, von *Sethna, Shah* (J. Indian chem. Soc. **17** [1940] 211, 214) als 7-Hydroxy-4,5-dimethyl-cumarin angesehenen Verbindung zu (*Hirata, Suga*, Bl. chem. Soc. Japan **47** [1974] 244; s. a. *Makino et al.*, Chem. pharm. Bl. **21** [1973] 149, 151, 154). Die Identität einer von *Sethna, Shah* (l. c.) als 7-Hydroxy-2,5-dimethyl-chromen-4-on beschriebenen, beim Behandeln von 1-[2,4-Dimethoxy-6-methyl-phenyl]-butan-1,3-dion mit Acetanhydrid und wss. Bromwasserstoffsäure und Erhitzen des Reaktionsprodukts mit wss. Jodwasserstoffsäure und Acetanhydrid erhaltenen Verbindung (F: 253—255; *O*-Methyl-Derivat: F: 150—152°; *O*-Acetyl-Derivat: F: 195—197°) ist ungewiss.

B. Beim Erhitzen von 7-Hydroxy-2,5-dimethyl-4-oxo-4*H*-chromen-8-carbonsäure auf 230° (*Se., Shah*, l. c. S. 213; *Hi., Suga*). Beim Behandeln einer ursprünglich als 4-Acetonyl-7-hydroxy-5-methyl-cumarin angesehenen, vermutlich aber als 3-Acetyl-7-hydroxy-2,5-dimethyl-chromen-4-on zu formulierenden Verbindung (F: 214°) mit wss. Natronlauge oder mit wss. Natriumcarbonat-Lösung (*Sethna, Shah*, J. Indian chem. Soc. **17** [1940] 239, 242, 243).

Krystalle; F: 254—255° [aus A.] (*Pandit, Sethna*, J. Indian chem. Soc. **28** [1951] 357, 362), 248—250° [aus A.] (*Se., Shah*, l. c. S. 213, 242).

7-Methoxy-2,5-dimethyl-chromen-4-on $C_{12}H_{12}O_3$, Formel VII (R = CH_3).

Bezüglich der Konstitution vgl. die entsprechende Bemerkung im Artikel 7-Hydroxy-2,5-dimethyl-chromen-4-on (S. 375).

B. Aus 7-Hydroxy-2,5-dimethyl-chromen-4-on (S. 375) beim Behandeln mit wss. Natron=
lauge und Dimethylsulfat sowie beim Erwärmen mit Methyljodid, Kaliumcarbonat und Aceton (*Sethna, Shah,* J. Indian chem. Soc. **17** [1940] 211, 213, 239, 243). Aus 1-[2-Hydroxy-4-methoxy-6-methyl-phenyl]-butan-1,3-dion beim Erhitzen auf 160°, beim Erhitzen mit Essigsäure und konz. wss. Salzsäure sowie beim Schütteln des Kupfer-Salzes mit wss. Schwefelsäure und Äther (*Pandit, Sethna,* J. Indian chem. Soc. **28** [1951] 357, 360; *Hirata, Suga,* Bl. chem. Soc. Japan **47** [1974] 244). Beim Behandeln von 3-Acetyl-7-methoxy-2,5-dimethyl-chromen-4-on mit wss. Natronlauge (*Se., Shah,* l. c. S. 243; s. a. *Hi., Suga*).

Krystalle; F: 118—119° [aus wss. A.] (*Pa., Se.*), 117—119° [aus A.] (*Se., Shah,* l. c. S. 213), 117—119° [aus wss. A.] (*Se., Shah,* l. c. S. 243).

VII VIII IX

7-Acetoxy-2,5-dimethyl-chromen-4-on $C_{13}H_{12}O_4$, Formel VII (R = CO-CH_3).

Bezüglich der Konstitution vgl. die entsprechende Bemerkung im Artikel 7-Hydroxy-2,5-dimethyl-chromen-4-on (S. 375).

B. Aus 7-Hydroxy-2,5-dimethyl-chromen-4-on (S. 375) beim Erhitzen mit Acetanhydrid und Pyridin sowie beim Erhitzen mit Acetanhydrid und Natriumacetat (*Sethna, Shah,* J. Indian chem. Soc. **17** [1940] 211, 213, 239, 243).

Krystalle (aus A.); F: 119—121° (*Se., Shah,* l. c. S. 213).

7-Benzoyloxy-2,5-dimethyl-chromen-4-on $C_{18}H_{14}O_4$, Formel VII (R = CO-C_6H_5).

Bezüglich der Konstitution vgl. die entsprechende Bemerkung im Artikel 7-Hydroxy-2,5-dimethyl-chromen-4-on (S. 375).

B. Beim Erhitzen von 7-Hydroxy-2,5-dimethyl-chromen-4-on (S. 375) mit Benzoyl=
chlorid und Pyridin (*Sethna, Shah,* J. Indian chem. Soc. **17** [1940] 211, 213).

Krystalle (aus A.); F: 130—131°.

7-Hydroxy-2,6-dimethyl-chromen-4-on $C_{11}H_{10}O_3$, Formel VIII (R = H).

B. Beim Behandeln von 4-Methyl-resorcin mit 3-Chlor-*cis*-crotonsäure und Fluor=
wasserstoff und Behandeln des Reaktionsprodukts mit wss. Natronlauge (*Dann et al.,* A. **587** [1954] 16, 36).

Krystalle (aus Me.); F: 259—260°.

7-Methoxy-2,6-dimethyl-chromen-4-on $C_{12}H_{12}O_3$, Formel VIII (R = CH_3).

B. Beim Erwärmen von 7-Hydroxy-2,6-dimethyl-chromen-4-on mit Methyljodid, Kaliumcarbonat und Aceton (*Dann et al.,* A. **587** [1954] 16, 36).

Krystalle (aus E.); F: 129—130°. Bei 150—170°/4 Torr sublimierbar.

7-Methoxy-2,6-dimethyl-chromen-4-on-oxim $C_{12}H_{13}NO_3$, Formel IX.

B. Aus 7-Methoxy-2,6-dimethyl-chromen-4-on und Hydroxylamin (*Dann et al.,* A. **587** [1954] 16, 36).

Krystalle (aus Me.); F: 225—226°.

7-Hydroxy-2,8-dimethyl-chromen-4-on $C_{11}H_{10}O_3$, Formel X (R = H).

B. Beim Behandeln von 2-Methyl-resorcin mit 3-Chlor-*cis*-crotonsäure und Fluor=
wasserstoff und Behandeln des Reaktionsprodukts mit wss. Natronlauge (*Dann et al.,*

A. **587** [1954] 16, 36, 37).
Krystalle (aus Me.); F: 255—256°.

7-Methoxy-2,8-dimethyl-chromen-4-on $C_{12}H_{12}O_3$, Formel X (R = CH_3).

B. Beim Erhitzen von 1-[2-Hydroxy-4-methoxy-3-methyl-phenyl]-butan-1,3-dion mit Essigsäure und wenig Schwefelsäure (*Jones, Robertson,* Soc. **1932** 1689, 1692). Beim Erwärmen von 7-Hydroxy-2,8-dimethyl-chromen-4-on mit Methyljodid, Kaliumcarbonat und Aceton (*Dann et al.,* A. **587** [1954] 16, 37).

Wasserhaltige Krystalle (aus wss. A.), F: 142° (*Jo., Ro.*); Krystalle (aus E.), F: 141° bis 142° (*Dann et al.*).

X   XI   XII

7-Hydroxy-2,8-dimethyl-chromen-4-on-oxim $C_{11}H_{11}NO_3$, Formel XI.

B. Aus 7-Hydroxy-2,8-dimethyl-chromen-4-on und Hydroxylamin (*Dann et al.,* A. **587** [1954] 16, 37).
Krystalle (aus wss. Me.); F: 178—179°.

6-Hydroxy-3,4-dimethyl-cumarin $C_{11}H_{10}O_3$, Formel XII (R = H) (H 37).

B. Beim Behandeln von Hydrochinon mit 2-Methyl-acetessigsäure-äthylester in Äthanol unter Zusatz von konz. Schwefelsäure (*Robertson et al.,* Soc. **1931** 2426, 2430). Neben 2-Äthyl-6-hydroxy-3-propionyl-chromen-4-on beim Erhitzen von 1-[2,5-Dihydroxy-phenyl]-äthanon mit Propionsäure-anhydrid und Natriumpropionat auf 200° und Behandeln des Reaktionsprodukts mit wss. Schwefelsäure (*Desai, Mavani,* Pr. Indian Acad. [A] **25** [1947] 351, 355).

Krystalle; F: 241° [aus A.] (*De., Ma.*), 236° [Zers.; nach Sintern bei 230°; aus A.] (*Ro. et al.*).

6-Methoxy-3,4-dimethyl-cumarin $C_{12}H_{12}O_3$, Formel XII (R = CH_3).

B. Beim Erwärmen von 6-Hydroxy-3,4-dimethyl-cumarin mit Methyljodid, Kaliumcarbonat und Aceton (*Heilbron, Howard,* Soc. **1934** 1571). In kleiner Menge aus 4-Methoxyphenol und 2-Methyl-acetessigsäure-äthylester (*He., Ho.*).

Krystalle (aus Me.); F: 177—178°.

6-Acetoxy-3,4-dimethyl-cumarin $C_{13}H_{12}O_4$, Formel XII (R = $CO\text{-}CH_3$).

B. Beim Erhitzen von 6-Hydroxy-3,4-dimethyl-cumarin mit Acetanhydrid und Pyridin (*Robertson et al.,* Soc. **1931** 2426, 2430).
Krystalle (aus A.); F: 159—161°.

6-Hydroxy-3,4-dimethyl-5(?)-nitro-cumarin $C_{11}H_9NO_5$, vermutlich Formel I.

B. Beim Behandeln von 6-Hydroxy-3,4-dimethyl-cumarin mit Natriumnitrat und konz. Schwefelsäure (*Desai, Mavani,* Pr. Indian Acad. [A] **25** [1947] 351, 355).

Gelbe Krystalle (aus A.); F: 213°.

7-Hydroxy-3,4-dimethyl-cumarin $C_{11}H_{10}O_3$, Formel II (R = H) (H 37; E I 310; E II 22).

B. Beim Behandeln von Resorcin mit 2-Methyl-acetessigsäure-äthylester unter Zusatz von Phosphorsäure, Polyphosphorsäure, Natriumacetat oder äthanol. Natriumäthylat (*Chakravarti,* J. Indian chem. Soc. **8** [1931] 129, 132, **12** [1935] 536, 539; *Koo,* Chem. and Ind. **1955** 445). Beim Erhitzen von 3-[2,4-Dimethoxy-phenyl]-2-methyl-crotonsäureäthylester (Kp$_6$: 180—182°) mit wss. Jodwasserstoffsäure auf 140° (*Chakravarti, Majumdar,* J. Indian chem. Soc. **16** [1939] 389, 392). Aus 7-Hydroxy-3,4-dimethyl-2-oxo-

2H-chromen-6-carbonsäure beim Erhitzen mit wss. Salzsäure auf 190° sowie beim Erhitzen ohne Zusatz auf 270° (*Sethna, Shah*, J. Indian chem. Soc. **15** [1938] 383, 385). Beim Erhitzen von [7-Hydroxy-4-methyl-2-oxo-2H-chromen-3-yl]-essigsäure mit Chinolin und Kupfer-Pulver (*Shah, Shah*, J. Indian chem. Soc. **19** [1942] 481, 483).

Krystalle; F: 260—262° [aus wss. A.] (*Se., Shah*), 259—260° (*Koo*), 258° (*Canter et al.*, Soc. **1931** 1255, 1263), 256° [aus A.] (*Ch.*, J. Indian chem. Soc. **8** 132; *Ch., Ma.*). Raman-Spektrum ($CHCl_3$): *Mookerjee, Gupta*, Indian J. Physics **13** [1939] 439, 442.

Beim Erwärmen mit wss. Salpetersäure und Essigsäure ist je nach der Salpetersäure-Menge 7-Hydroxy-3,4-dimethyl-6,8-dinitro-cumarin oder 1-[2,4-Dihydroxy-3,5-dinitrophenyl]-äthanon erhalten worden (*Naik, Jadhav*, J. Indian chem. Soc. **26** [1949] 245). Reaktion mit Chloroschwefelsäure unter Bildung von 7-Hydroxy-3,4-dimethyl-2-oxo-2H-chromen-6-sulfonsäure oder von 7-Hydroxy-3,4-dimethyl-2-oxo-2H-chromen-6,8-disulfonsäure: *Merchant, Shah*, J. org. Chem. **22** [1957] 884, 885.

I   II   III

7-Methoxy-3,4-dimethyl-cumarin $C_{12}H_{12}O_3$, Formel II (R = CH_3) (E II 22).

Diese Konstitution kommt auch einer ursprünglich (*Heilbron et al.*, Soc. **1933** 430, 432) als 2-Äthyl-7-methoxy-chromen-4-on angesehenen Verbindung zu (*Heilbron et al.*, Soc. **1933** 1263).

B. Beim Behandeln von 1,3-Dimethoxy-benzol mit 2-Methyl-acetessigsäure-äthylester und wss. Schwefelsäure (*Robertson et al.*, Soc. **1932** 1681, 1688). Beim Behandeln von 3-[2,4-Dimethoxy-phenyl]-2-methyl-crotonsäure-äthylester (Kp_6: 180—182°) mit konz. Schwefelsäure (*Chakravarti, Majumdar*, J. Indian chem. Soc. **16** [1939] 389, 392). Neben kleinen Mengen 2-Äthyl-7-methoxy-chromen-4-on beim Erhitzen von 1-[2-Hydroxy-4-methoxy-phenyl]-äthanon mit Propionsäure-anhydrid und Natriumpropionat auf 200° (*Heilbron et al.*, Soc. **1936** 295, 299, 300; s. a. *Heilbron et al.*, Soc. **1933** 432, **1934** 1581). Aus 7-Hydroxy-3,4-dimethyl-cumarin beim Erwärmen mit Methyljodid, Kaliumcarbonat und Aceton sowie beim Behandeln mit wss. Natronlauge und Dimethylsulfat (*Canter et al.*, Soc. **1931** 1255, 1263; *Canter, Robertson*, Soc. **1931** 1875; *Pillon*, Bl. **1952** 324, 330).

Krystalle; F: 142—143° [aus wss. A.] (*Ro. et al.*), 142° [aus A.] (*He. et al.*, Soc. **1936** 299), 141—142° [aus A.] (*He. et al.*, Soc. **1933** 432). Absorptionsmaximum (A.): 325 nm (*Pi.*, l. c. S. 327).

7-Äthoxy-3,4-dimethyl-cumarin $C_{13}H_{14}O_3$, Formel II (R = C_2H_5) (E II 22).

B. Beim Erwärmen von 7-Hydroxy-3,4-dimethyl-cumarin mit Äthyljodid, Kaliumcarbonat und Aceton (*Canter et al.*, Soc. **1931** 1255, 1263).

F: 120°.

7-Acetoxy-3,4-dimethyl-cumarin $C_{13}H_{12}O_4$, Formel II (R = CO-CH_3).

B. Aus 7-Hydroxy-3,4-dimethyl-cumarin (*Canter et al.*, Soc. **1931** 1255, 1263; *Chakravarti*, J. Indian chem. Soc. **8** [1931] 129, 132; *Pillon*, Bl. **1952** 324, 330).

Krystalle; F: 165° [aus A.] (*Ch.*), 164° [aus A.] (*Ca. et al.*), 163—164° (*Pi.*).

7-β-D-Glucopyranosyloxy-3,4-dimethyl-cumarin $C_{17}H_{20}O_8$, Formel III (R = H).

B. Beim Erwärmen von 3,4-Dimethyl-7-[tetra-O-acetyl-β-D-glucopyranosyloxy]-cumarin mit Äthanol und kleinen Mengen wss. Natronlauge (*Da Re et al.*, Ann. Chimica **49** [1959] 2089, 2094).

Krystalle (aus A.); F: 265—266°. $[\alpha]_D^{20}$: −63,5° [Py.; c = 2].

3,4-Dimethyl-7-[tetra-*O*-acetyl-*β*-D-glucopyranosyloxy]-cumarin $C_{25}H_{28}O_{12}$, Formel III (R = CO-CH$_3$).

B. Beim Behandeln von 7-Hydroxy-3,4-dimethyl-cumarin mit α-D-Acetobromgluco≠pyranose (Tetra-*O*-acetyl-α-D-glucopyranosylbromid), wss. Natronlauge und Aceton (*Da Re et al.*, Ann. Chimica **49** [1959] 2089, 2094).
Krystalle (aus A.); F: 173,5—174,5°. $[\alpha]_D^{20}$: —54° [Py.; c = 4].

6-Chlor-7-hydroxy-3,4-dimethyl-cumarin $C_{11}H_9ClO_3$, Formel IV (R = H).

B. Beim Behandeln von 4-Chlor-resorcin mit 2-Methyl-acetessigsäure-äthylester unter Zusatz von Phosphor(V)-oxid oder von Schwefelsäure (*Chakravarti, Ghosh*, J. Indian chem. Soc. **12** [1935] 622, 626).
Krystalle (aus Eg.); F: 248°.

7-Acetoxy-6-chlor-3,4-dimethyl-cumarin $C_{13}H_{11}ClO_4$, Formel IV (R = CO-CH$_3$).

B. Aus 6-Chlor-7-hydroxy-3,4-dimethyl-cumarin (*Chakravarti, Ghosh*, J. Indian chem. Soc. **12** [1935] 622, 626).
Krystalle (aus wss. A.); F: 170—171°.

8-Chlor-7-hydroxy-3,4-dimethyl-cumarin $C_{11}H_9ClO_3$, Formel V.

B. Beim Behandeln von 7-Hydroxy-3,4-dimethyl-2-oxo-2*H*-chromen-8-diazonium-betain mit konz. wss. Salzsäure und Kupfer(I)-chlorid (*Chakravarti, Ghosh*, J. Indian chem. Soc. **12** [1935] 791, 795).
Krystalle (aus Eg.); F: 272°.

IV   V   VI

6-Brom-7-hydroxy-3,4-dimethyl-cumarin $C_{11}H_9BrO_3$, Formel VI (R = H).

B. Beim Behandeln von 4-Brom-resorcin mit 2-Methyl-acetessigsäure-äthylester unter Zusatz von Phosphor(V)-oxid oder von Schwefelsäure (*Chakravarti, Mukerjee*, J. Indian chem. Soc. **14** [1937] 725, 729).
Krystalle (aus Eg.); F: 275°.

7-Acetoxy-6-brom-3,4-dimethyl-cumarin $C_{13}H_{11}BrO_4$, Formel VI (R = CO-CH$_3$).

B. Aus 6-Brom-7-hydroxy-3,4-dimethyl-cumarin (*Chakravarti, Mukerjee*, J. Indian chem. Soc. **14** [1937] 725, 729).
Krystalle (aus wss. A.); F: 162°.

6,8-Dibrom-7-hydroxy-3,4-dimethyl-cumarin $C_{11}H_8Br_2O_3$, Formel VII.

B. Beim Behandeln von 2,4-Dibrom-resorcin mit 2-Methyl-acetessigsäure-äthylester und Schwefelsäure (*Merchant, Shah*, J. org. Chem. **22** [1957] 884, 886). Beim Behandeln des Dinatrium-Salzes der 7-Hydroxy-3,4-dimethyl-2-oxo-2*H*-chromen-6,8-disulfonsäure mit Brom in Essigsäure und anschliessenden Erwärmen auf 100° (*Me., Shah*).
Krystalle (aus Eg.); F: 238° [korr.].

7-Methoxy-3,4-dimethyl-6-nitro-cumarin $C_{12}H_{11}NO_5$, Formel VIII.

B. Beim Behandeln von 7-Methoxy-3,4-dimethyl-cumarin mit konz. Schwefelsäure und Salpetersäure oder mit Essigsäure und Salpetersäure (*Naik, Jadhav*, J. Indian chem. Soc. **26** [1949] 245).
Gelbe Krystalle (aus Eg.); F: 232—233°.

7-Hydroxy-3,4-dimethyl-8-nitro-cumarin $C_{11}H_9NO_5$, Formel IX (R = H).

B. Beim Behandeln von 2-Nitro-resorcin mit 2-Methyl-acetessigsäure-äthylester und konz. Schwefelsäure (*Chakravarti, Ghosh*, J. Indian chem. Soc. **12** [1935] 622, 625). Beim Behandeln von 7-Hydroxy-3,4-dimethyl-cumarin mit Schwefelsäure und Salpeter≠

säure (*Chakravarti, Ghosh*, J. Indian chem. Soc. **12** [1935] 791, 794).
Gelbe Krystalle (aus Eg.); F: 260°.

7-Methoxy-3,4-dimethyl-8-nitro-cumarin $C_{12}H_{11}NO_5$, Formel IX (R = CH_3).
B. Beim Erwärmen von 7-Hydroxy-3,4-dimethyl-8-nitro-cumarin mit Methyljodid, Kaliumcarbonat und Aceton (*Naik, Jadhav*, J. Indian chem. Soc. **26** [1949] 245).
Gelbe Krystalle (aus A.); F: 218—220°.

7-Acetoxy-3,4-dimethyl-8-nitro-cumarin $C_{13}H_{11}NO_6$, Formel IX (R = CO-CH_3).
B. Beim Erhitzen von 7-Hydroxy-3,4-dimethyl-8-nitro-cumarin mit Acetanhydrid und Natriumacetat (*Chakravarti, Ghosh*, J. Indian chem. Soc. **12** [1935] 622, 625).
Gelbe Krystalle (aus Eg.); F: 246°.

7-Hydroxy-3,4-dimethyl-6,8-dinitro-cumarin $C_{11}H_8N_2O_7$, Formel X (R = H).
B. Beim Eintragen von wss. Salpetersäure (D: 1,42) in eine Suspension von 7-Hydroxy-3,4-dimethyl-cumarin in Essigsäure und anschliessenden kurzen Erwärmen (*Naik, Jadhav*, J. Indian chem. Soc. **26** [1949] 245).
Gelbe Krystalle (aus A.); F: 210—211°.
Beim Erwärmen mit Salpetersäure und Essigsäure ist 1-[2,4-Dihydroxy-3,5-dinitrophenyl]-äthanon erhalten worden.

7-Methoxy-3,4-dimethyl-6,8-dinitro-cumarin $C_{12}H_{10}N_2O_7$, Formel X (R = CH_3).
B. Beim Erhitzen der Natrium-Verbindung des 7-Hydroxy-3,4-dimethyl-6,8-dinitro-cumarins mit Dimethylsulfat und Toluol auf 120° (*Naik, Jadhav*, J. Indian chem. Soc. **26** [1949] 245).
Gelbliche Krystalle (aus A.); F: 141°.

7-Acetoxy-3,4-dimethyl-6,8-dinitro-cumarin $C_{13}H_{10}N_2O_8$, Formel X (R = CO-CH_3).
B. Beim Erhitzen von 7-Hydroxy-3,4-dimethyl-6,8-dinitro-cumarin mit Acetanhydrid und Pyridin (*Naik, Jadhav*, J. Indian chem. Soc. **26** [1949] 245).
Gelbe Krystalle (aus Bzl.); F: 200—201°.

4-Acetoxy-3,7-dimethyl-cumarin $C_{13}H_{12}O_4$, Formel XI.
B. Beim Behandeln von 3,7-Dimethyl-chroman-2,4-dion (E III/IV **17** 6193) mit Acetanhydrid und Pyridin (*Mentzer, Vercier*, C. r. **232** [1951] 1674).
F: 131°.

4-Acetoxy-3,8-dimethyl-cumarin $C_{13}H_{12}O_4$, Formel XII.
B. Beim Behandeln von 3,8-Dimethyl-chroman-2,4-dion (E III/IV **17** 6193) mit Acetanhydrid und Pyridin (*Mentzer, Vercier*, C. r. **232** [1951] 1674).
F: 172°.

7-Hydroxy-4,5-dimethyl-cumarin $C_{11}H_{10}O_3$, Formel XIII.

Die von *Sethna, Shah* (J. Indian chem. Soc. **17** [1940] 211, 213) unter dieser Konstitution beschriebene Verbindung (F: 248—250°; *O*-Methyl-Derivat, F: 117—119°; *O*-Acetyl-Derivat, F: 119—121°; *O*-Benzoyl-Derivat, F: 130—131°) ist als 7-Hydroxy-2,5-dimethyl-chromen-4-on zu formulieren (*Hirata, Suga*, Bl. chem. Soc. Japan **47** [1974] 244).

7-Hydroxy-4-methyl-5-trifluormethyl-cumarin $C_{11}H_7F_3O_3$, Formel I (R = H).

B. Neben kleineren Mengen 5-Hydroxy-4-methyl-7-trifluormethyl-cumarin beim Behandeln von 5-Trifluormethyl-resorcin mit Acetessigsäure-äthylester und konz. Schwefelsäure (*Whalley*, Soc. **1951** 3235, 3238).

Krystalle (aus E.); F: 273°.

7-Methoxy-4-methyl-5-trifluormethyl-cumarin $C_{12}H_9F_3O_3$, Formel I (R = CH_3).

B. Beim Erwärmen von 7-Hydroxy-4-methyl-5-trifluormethyl-cumarin mit Methyljodid, Kaliumcarbonat und Aceton (*Whalley*, Soc. **1951** 3235, 3238). In kleiner Menge beim Behandeln von 3-Methoxy-5-trifluormethyl-phenol mit Acetessigsäure-äthylester und konz. Schwefelsäure (*Wh.*).

Krystalle (aus Me. oder wss. Me.); F: 192°.

I II III IV

3-Chlor-7-hydroxy-4,5-dimethyl-cumarin $C_{11}H_9ClO_3$, Formel II (R = H).

Diese Konstitution kommt der früher (s. H **18** 37) und von *Chakravarti* (J. Indian chem. Soc. **8** [1931] 407, 408) als 3-Chlor-5-hydroxy-4,7-dimethyl-cumarin formulierten Verbindung $C_{11}H_9ClO_3$ zu (*Barris, Israelstam*, J. S. African chem. Inst. **13** [1960] 125, 127).

B. Beim Behandeln von 5-Methyl-resorcin mit 2-Chlor-acetessigsäure-äthylester unter Zusatz von konz. Schwefelsäure bei 120° (*Ba., Is.*) oder unter Zusatz von Phosphor(V)-oxid bei Raumtemperatur (*Ch.*).

Krystalle; F: 295° [A.] (*Ch.*), 290° [aus wss. A.] (*Ba., Is.*).

7-Acetoxy-3-chlor-4,5-dimethyl-cumarin $C_{13}H_{11}ClO_4$, Formel II (R = CO-CH_3).

Diese Konstitution ist der früher (s. H **18** 37) als 5-Acetoxy-3-chlor-4,7-dimethyl-cumarin („Acetyl-Derivat des 3-Chlor-5-oxy-4.7-dimethyl-cumarins") formulierten Verbindung ($C_{13}H_{11}ClO_4$; F: 160°) zuzuschreiben (s. die entsprechende Bemerkung im vorangehenden Artikel).

7-Hydroxy-4,6-dimethyl-cumarin $C_{11}H_{10}O_3$, Formel III (R = H).

B. Beim Behandeln von 4-Methyl-resorcin mit Acetessigsäure-äthylester und konz. Schwefelsäure (*Yanagita*, B. **71** [1938] 2269, 2271).

Krystalle (aus Me.); F: 254—255° [Zers.; nach Sintern bei 210°] und F: 175°. Die niedrigerschmelzende Modifikation wandelt sich bei wiederholtem Umlösen aus Methanol in die höherschmelzende Modifikation um.

7-Acetoxy-4,6-dimethyl-cumarin $C_{13}H_{12}O_4$, Formel III (R = CO-CH_3).

B. Beim Erhitzen von 7-Hydroxy-4,6-dimethyl-cumarin mit Acetanhydrid (*Yanagita*, B. **71** [1938] 2269, 2271).

Krystalle (aus A.); F: 159°.

Beim Erhitzen mit Aluminiumchlorid auf 180° und Erwärmen des Reaktionsprodukts mit wss. Natronlauge ist 1-[2,6-Dihydroxy-3-methyl-phenyl]-äthanon erhalten worden.

8-Hydroxy-4,6-dimethyl-cumarin $C_{11}H_{10}O_3$, Formel IV.

B. In kleiner Menge beim Behandeln von 4,6-Dimethyl-cumarin mit wss. Natronlauge und wss. Kaliumperoxodisulfat-Lösung und Erhitzen des Reaktionsprodukts mit konz. wss. Salzsäure (*Dalvi et al.*, J. Indian chem. Soc. **28** [1951] 366, 368).
Krystalle (aus A.); F: 214—216°.

6-Hydroxymethyl-4-methyl-cumarin $C_{11}H_{10}O_3$, Formel V.

B. Beim Erhitzen von 6-Brommethyl-4-methyl-cumarin mit wss. Kaliumcarbonat-Lösung (*Lecocq*, A. ch. [12] **3** [1948] 62, 84).
Krystalle (aus W.); F: 172—174°.

5-Hydroxy-4,7-dimethyl-cumarin $C_{11}H_{10}O_3$, Formel VI (R = H) (H 37; E II 23).

B. Beim Behandeln von 5-Methyl-resorcin mit Acetessigsäure-äthylester unter Zusatz von Phosphor(V)-oxid oder von Phosphorsäure (*Chakravarti*, J. Indian chem. Soc. **8** [1931] 407, **12** [1935] 536, 539; *Adams et al.*, Am. Soc. **63** [1941] 1977; *Kapil, Joshi*, J. Indian chem. Soc. **36** [1959] 596). Beim Erwärmen von 2,4-Dihydroxy-6-methyl-benzoesäure-äthylester mit Acetessigsäure-äthylester und konz. Schwefelsäure (*Sastry, Seshadri*, Pr. Indian Acad. [A] **12** [1940] 498, 500, 505). Beim Erhitzen von 5-Hydroxy-4,7-dimethyl-2-oxo-2H-chromen-6-carbonsäure mit Chinolin und Kupfer-Pulver (*Sa., Se.*, l. c. S. 504; *Saraiya, Shah*, Pr. Indian Acad. [A] **31** [1950] 213, 217).

Krystalle; F: 258—259° [korr.; aus wss. A.], 258° [aus A.] (*Sa., Shah*). UV-Spektrum (A.; 230—360 nm): *Iguchi, Utsugi*, J. pharm. Soc. Japan **73** [1953] 1290, 1292; C. A. **1955** 304. Fluorescenz und Phosphorescenz von festen Lösungen in Borsäure im UV-Licht sowie Fluorescenz von wss.-äthanolischen Lösungen im Tageslicht und im UV-Licht: *Neelakantam, Sitaraman*, Pr. Indian Acad. [A] **21** [1945] 272, 276, 277. Magnetische Susceptibilität: $-0,5973 \text{ cm}^3 \cdot \text{g}^{-1}$ (*Mathur*, Trans. Faraday Soc. **54** [1958] 1609, 1610).

Überführung in 3-[2,6-Dimethoxy-4-methyl-phenyl]-*cis*(?)-crotonsäure (F: 205°) durch Erhitzen mit Dimethylsulfat und wss. Natronlauge: *Desai, Gaitonde*, Pr. Indian Acad. [A] **25** [1947] 364, 366. Beim Erhitzen mit N-Methyl-formanilid, Phosphorylchlorid und 1,2-Dichlor-benzol sind kleine Mengen 5-Hydroxy-4,7-dimethyl-2-oxo-2H-chromen-6-carbaldehyd und 5-Hydroxy-4,7-dimethyl-2-oxo-2H-chromen-8-carbaldehyd erhalten worden (*Naik, Thakor*, J. org. Chem. **22** [1957] 1630, 1632). Bildung von 5-Hydroxy-4,7-dimethyl-2-oxo-2H-chromen-6,8-dicarbaldehyd beim Erhitzen mit Hexamethylentetramin und Essigsäure: *Naik, Thakor*, J. org. Chem. **22** [1957] 1626, 1629.

5-Methoxy-4,7-dimethyl-cumarin $C_{12}H_{12}O_3$, Formel VI (R = CH₃) (H 37; E I 310).

B. Beim Behandeln von 3-[2,6-Dimethoxy-4-methyl-phenyl]-*cis*(?)-crotonsäure (F: 205°) mit konz. Schwefelsäure (*Desai, Gaitonde*, Pr. Indian Acad. [A] **25** [1947] 364, 366). Beim Erwärmen von 5-Hydroxy-4,7-dimethyl-cumarin mit Methyljodid, Kaliumcarbonat und Aceton (*Parikh, Sethna*, J. Indian chem. Soc. **27** [1950] 369, 372).

Krystalle; F: 147° (*Pa., Se.*), 146° [aus A.] (*De., Ga.*). Fluorescenz und Phosphorescenz von festen Lösungen in Borsäure im UV-Licht sowie Fluorescenz von wss.-äthanolischen Lösungen im Tageslicht und im UV-Licht: *Neelakantam, Sitaraman*, Pr. Indian Acad. [A] **21** [1945] 272, 276, 277.

5-Allyloxy-4,7-dimethyl-cumarin $C_{14}H_{14}O_3$, Formel VI (R = CH₂-CH=CH₂).

B. Beim Erwärmen von 5-Hydroxy-4,7-dimethyl-cumarin mit Allylbromid, Kaliumcarbonat und Aceton (*Krishnaswamy et al.*, Pr. Indian Acad. [A] **19** [1944] 5, 6, 10).
Krystalle (aus A.); F: 127—128°.

Beim Erhitzen bis auf 165° ist 6-Allyl-5-hydroxy-4,7-dimethyl-cumarin, beim Erhitzen bis auf 200° ist dagegen 5,10-Dimethyl-3,4-dihydro-2H-pyrano[2,3-f]chromen-8-on, beim Erhitzen bis auf 230° ist daneben 8-Allyl-5-hydroxy-4,7-dimethyl-cumarin erhalten worden.

5-Benzyloxy-4,7-dimethyl-cumarin $C_{18}H_{16}O_3$, Formel VI (R = CH_2-C_6H_5).
B. Beim Erwärmen von 5-Hydroxy-4,7-dimethyl-cumarin mit Benzylchlorid, Kalium=carbonat und Aceton (*Balaiah et al.*, Pr. Indian Acad. [A] **16** [1942] 68, 81).
Krystalle (aus wss. A.); F: 150°.

5-Acetoxy-4,7-dimethyl-cumarin $C_{13}H_{12}O_4$, Formel VI (R = CO-CH_3) (H 37).
B. Beim Erhitzen von 5-Hydroxy-4,7-dimethyl-cumarin mit Acetanhydrid und Natriumacetat (*Krishnaswamy et al.*, Pr. Indian Acad. [A] **19** [1944] 5, 12).
Krystalle (aus A.); F: 202° (*Desai, Ekhlas*, Pr. Indian. Acad. [A] **8** [1938] 567, 573), 199—200° (*Kr. et al.*).
Überführung in 6-Acetyl-5-hydroxy-4,7-dimethyl-cumarin durch Erhitzen mit Alu=miniumchlorid: *Shah, Shah*, Soc. **1938** 1424, 1427; *De., Ek.*; *Kr. et al.*

5-Methansulfonyloxy-4,7-dimethyl-cumarin $C_{12}H_{12}O_5S$, Formel VI (R = SO_2-CH_3).
B. Beim Erwärmen von 5-Hydroxy-4,7-dimethyl-cumarin mit Methansulfonylchlorid, Kaliumcarbonat und Aceton (*Desai, Parghi*, J. Indian chem. Soc. **33** [1956] 661, 663).
Krystalle (aus A.); F: 198°.

4,7-Dimethyl-5-[toluol-4-sulfonyloxy]-cumarin $C_{18}H_{16}O_5S$, Formel VI (R = SO_2-C_6H_4-CH_3).
B. Beim Erwärmen von 5-Hydroxy-4,7-dimethyl-cumarin mit Toluol-4-sulfonylchlorid und Natriumhydrogencarbonat in wss. Aceton (*Bhavsar, Desai*, J. Indian chem. Soc. **31** [1954] 141, 143).
Krystalle (aus wss. A.); F: 188°.

5-Hydroxy-4-methyl-7-trifluormethyl-cumarin $C_{11}H_7F_3O_3$, Formel VII (R = H).
B. Neben grösseren Mengen 7-Hydroxy-4-methyl-5-trifluormethyl-cumarin beim Behandeln von 5-Trifluormethyl-resorcin mit Acetessigsäure-äthylester und konz. Schwefel=säure (*Whalley*, Soc. **1951** 3235, 3238).
Krystalle (aus Bzl. oder wss. Me.); F: 251°.

5-Methoxy-4-methyl-7-trifluormethyl-cumarin $C_{12}H_9F_3O_3$, Formel VII (R = CH_3).
B. Beim Erwärmen von 5-Hydroxy-4-methyl-7-trifluormethyl-cumarin mit Methyl=jodid, Kaliumcarbonat und Aceton (*Whalley*, Soc. **1951** 3235, 3238).
Krystalle (aus wss. Me.); F: 147°.

6-Chlor-5-hydroxy-4,7-dimethyl-cumarin $C_{11}H_9ClO_3$, Formel VIII.
Diese Konstitution wird der nachstehend beschriebenen Verbindung zugeordnet (*Chakravarti, Mukerjee*, J. Indian chem. Soc. **14** [1937] 725, 730).
B. Beim Behandeln von 4-Chlor-5-methyl-resorcin (?) (F: 104° [E III **6** 4535]) mit Acetessigsäure-äthylester unter Zusatz von konz. Schwefelsäure oder unter Zusatz von Phosphor(V)-oxid (*Ch., Mu.*).
Krystalle (aus Eg.); F: 264°.
O-Acetyl-Derivat. $C_{13}H_{11}ClO_4$. Krystalle (aus A.); F: 167°.

6-Brom-5-hydroxy-4,7-dimethyl-cumarin $C_{11}H_9BrO_3$, Formel IX (R = H).
Diese Konstitution kommt auch einer von *Desai, Gaitonde* (Pr. Indian Acad. [A] **25** [1947] 364, 366) als 3-Brom-5-hydroxy-4,7-dimethyl-cumarin angesehenen Verbindung $C_{11}H_9BrO_3$ zu (*Shah, Trivedi*, J. Indian chem. Soc. **51** [1974] 783).
B. Beim Behandeln von 4-Brom-5-methyl-resorcin mit Acetessigsäure-äthylester unter Zusatz von konz. Schwefelsäure oder von Phosphor(V)-oxid (*Chakravarti, Mukerjee*, J. Indian chem. Soc. **14** [1937] 725, 731). Beim Behandeln von 5-Hydroxy-4,7-dimethyl-cumarin mit Brom in Essigsäure (*De., Ga.*; s. aber *Lele et al.*, J. Indian chem. Soc. **30** [1953] 610, 611).
Krystalle (aus Eg.); F: 217° (*De., Ga.*; *Ch., Mu.*; *Shah, Tr.*).

5-Acetoxy-6-brom-4,7-dimethyl-cumarin $C_{13}H_{11}BrO_4$, Formel IX (R = CO-CH$_3$).
B. Aus 6-Brom-5-hydroxy-4,7-dimethyl-cumarin (*Chakravarti, Mukerjee*, J. Indian chem. Soc. **14** [1937] 725, 732).
Krystalle (aus wss. A.); F: 197°.

IX   X   XI   XII

8-Brom-5-hydroxy-4,7-dimethyl-cumarin $C_{11}H_9BrO_3$, Formel X (R = H).
B. Beim Erhitzen von 5-Hydroxy-4,7-dimethyl-cumarin mit Brom (1 Mol) in Essigsäure (*Lele et al.*, J. Indian chem. Soc. **30** [1953] 610, 614).
Krystalle (aus Eg.); F: 257−258° [Zers.].

8-Brom-5-methoxy-4,7-dimethyl-cumarin $C_{12}H_{11}BrO_3$, Formel X (R = CH$_3$).
B. Beim Erwärmen von 8-Brom-5-hydroxy-4,7-dimethyl-cumarin mit Dimethylsulfat, Kaliumcarbonat und Aceton (*Lele et al.*, J. Indian chem. Soc. **30** [1953] 610, 614). Beim Erhitzen von 5-Methoxy-4,7-dimethyl-cumarin mit Brom (1 Mol) in Essigsäure (*Lele et al.*).
Krystalle (aus Eg.); F: 190°.

3,8-Dibrom-5-methoxy-4,7-dimethyl-cumarin $C_{12}H_{10}Br_2O_3$, Formel XI.
B. Beim Erhitzen von 5-Methoxy-4,7-dimethyl-cumarin mit Brom (2 Mol) in Essigsäure (*Lele et al.*, J. Indian chem. Soc. **30** [1953] 610, 615). Beim Erhitzen von 8-Brom-5-methoxy-4,7-dimethyl-cumarin mit Brom (1 Mol) in Essigsäure (*Lele et al.*).
Krystalle (aus Eg.); F: 245−246°.
Überführung in 7-Brom-4-methoxy-3,6-dimethyl-benzofuran-2-carbonsäure durch Erwärmen mit äthanol. Natronlauge: *Lele et al.*

6,8-Dibrom-5-hydroxy-4,7-dimethyl-cumarin $C_{11}H_8Br_2O_3$, Formel XII (R = H).
B. Beim Erhitzen von 5-Hydroxy-4,7-dimethyl-cumarin mit Brom (2 Mol) in Essigsäure (*Lele et al.*, J. Indian chem. Soc. **30** [1953] 610, 615).
Krystalle (aus Eg.); F: 238−239° [Zers.].

6,8-Dibrom-5-methoxy-4,7-dimethyl-cumarin $C_{12}H_{10}Br_2O_3$, Formel XII (R = CH$_3$).
B. Beim Erwärmen von 6,8-Dibrom-5-hydroxy-4,7-dimethyl-cumarin mit Dimethylsulfat, Kaliumcarbonat und Aceton (*Lele et al.*, J. Indian chem. Soc. **30** [1953] 610, 615).
Krystalle (aus Eg.); F: 216°.

3,6,8-Tribrom-5-hydroxy-4,7-dimethyl-cumarin $C_{11}H_7Br_3O_3$, Formel I (R = H).
B. Aus 5-Hydroxy-4,7-dimethyl-cumarin und Brom (*Lele et al.*, J. Indian chem. Soc. **30** [1953] 610, 615).
Krystalle (aus Eg.); F: 262−263°.

3,6,8-Tribrom-5-methoxy-4,7-dimethyl-cumarin $C_{12}H_9Br_3O_3$, Formel I (R = CH$_3$).
B. Beim Erwärmen von 3,6,8-Tribrom-5-hydroxy-4,7-dimethyl-cumarin mit Dimethylsulfat, Kaliumcarbonat und Aceton (*Lele et al.*, J. Indian chem. Soc. **30** [1953] 610, 616). Aus 5-Methoxy-4,7-dimethyl-cumarin und Brom (*Lele et al.*).
Krystalle (aus Eg.); F: 232−233°.

5-Hydroxy-4,7-dimethyl-3,6,8-trinitro-cumarin $C_{11}H_7N_3O_9$, Formel II.
B. Beim Behandeln einer Lösung von 5-Hydroxy-4,7-dimethyl-2-oxo-2H-chromen-6-sulfonsäure in Essigsäure mit wss. Salpetersäure (*Merchant, Shah*, J. Indian chem. Soc. **34** [1957] 45, 49, 50).
Krystalle (aus Eg.); F: 216−218° [Zers.; korr.].

I II III IV

6-Hydroxy-4,7-dimethyl-cumarin $C_{11}H_{10}O_3$, Formel III (R = H).
B. Beim Behandeln von 2-Methyl-hydrochinon mit Acetessigsäure-äthylester und wss. Schwefelsäure (*Desai, Mavani*, Pr. Indian Acad. [A] **15** [1942] 11, 14).
Krystalle (aus A.); F: 208°.

6-Acetoxy-4,7-dimethyl-cumarin $C_{13}H_{12}O_4$, Formel III (R = CO-CH$_3$).
B. Aus 6-Hydroxy-4,7-dimethyl-cumarin (*Desai, Mavani*, Pr. Indian Acad. [A] **15** [1942] 11, 14).
Krystalle (aus A.); F: 207°.

7-Hydroxymethyl-4-methyl-cumarin $C_{11}H_{10}O_3$, Formel IV.
B. Beim Erhitzen von 7-Brommethyl-4-methyl-cumarin mit wss. Kaliumcarbonat-Lösung (*Lecocq*, A. ch. [12] **3** [1948] 62, 83).
Krystalle (aus W.); F: 151—152°.

7-Hydroxy-4,8-dimethyl-cumarin $C_{11}H_{10}O_3$, Formel V (R = H).
B. Beim Behandeln von 2-Methyl-resorcin mit Acetessigsäure-äthylester und konz. Schwefelsäure (*Rangaswami, Seshadri*, Pr. Indian Acad. [A] **6** [1937] 112, 116). Bei der Hydrierung von 7-Hydroxy-4-methyl-2-oxo-2H-chromen-8-carbaldehyd an Palladium/Kohle in Essigsäure (*Ra., Se.*, Pr. Indian Acad. [A] **6** 116). Neben 7-Methoxy-4,8-dimethyl-cumarin beim Behandeln von 7-Hydroxy-4-methyl-cumarin mit Methyljodid und methanol. Kalilauge (*Gupta, Seshadri*, J. scient. ind. Res. India **16**B [1957] 257, 260, 261).
Krystalle; F: 257—258° [aus Me.] (*Gu., Se.*), 257—258° [aus A.] (*Ra., Se.*, Pr. Indian Acad. [A] **6** 116). Fluorescenz und Phosphorescenz von festen Lösungen in Borsäure im UV-Licht sowie Fluorescenz von wss.-äthanolischen Lösungen im Tageslicht und im UV-Licht: *Neelakantam, Sitaraman*, Pr. Indian Acad. [A] **21** [1945] 45, 53, 272, 276, 277.
Beim Behandeln mit Quecksilber(II)-acetat, Methanol und Essigsäure ist 3,6-Bis-acetoxomercurio-7-hydroxy-4-methoxy-4,8-dimethyl-chroman-2-on erhalten worden (*Rangaswami, Seshadri*, Pr. Indian Acad. [A] **7** [1938] 8, 10).

7-Methoxy-4,8-dimethyl-cumarin $C_{12}H_{12}O_3$, Formel V (R = CH$_3$).
B. Neben 7-Hydroxy-4,8-dimethyl-cumarin beim Behandeln von 7-Hydroxy-4-methyl-cumarin mit Methyljodid und methanol. Kalilauge (*Gupta, Seshadri*, J. scient. ind. Res. India **16**B [1957] 257, 260).
Krystalle (aus Me.); F: 166—167°.

7-Allyloxy-4,8-dimethyl-cumarin $C_{14}H_{14}O_3$, Formel V (R = CH$_2$-CH=CH$_2$).
B. Beim Erwärmen einer Lösung von 7-Hydroxy-4,8-dimethyl-cumarin in Aceton mit Allylbromid und Kaliumcarbonat (*Rangaswami, Seshadri*, Pr. Indian Acad. [A] **7** [1938] 8, 11).
Krystalle (aus wss. A.); F: 108°.
Überführung in 6-Allyl-7-hydroxy-4,8-dimethyl-cumarin durch Erhitzen auf 220°: *Ra., Se.*

7-Acetoxy-4,8-dimethyl-cumarin $C_{13}H_{12}O_4$, Formel V (R = CO-CH$_3$).
B. Beim Erhitzen von 7-Hydroxy-4,8-dimethyl-cumarin mit Acetanhydrid und Natriumacetat oder mit Acetanhydrid und Pyridin (*Rangaswami, Seshadri*, Pr. Indian Acad. [A] **7** [1938] 8, 10; *Gupta, Seshadri*, J. scient. ind. Res. India **16**B [1957] 257, 261).
Krystalle; F: 135—136° [aus A.] (*Ra., Se.*), 135—136° (*Gu., Se.*). Fluorescenz und Phosphorescenz von festen Lösungen in Borsäure im UV-Licht sowie Fluorescenz von

wss.-äthanolischen Lösungen im Tageslicht und im UV-Licht: *Neelakantam, Sitaraman*, Pr. Indian Acad. [A] **21** [1945] 272, 276, 277.

V   VI   VII   VIII

3,6-Dibrom-7-hydroxy-4,8-dimethyl-cumarin $C_{11}H_8Br_2O_3$, Formel VI.

B. Beim Behandeln von 3,6-Bis-acetoxomercurio-7-hydroxy-4-methoxy-4,8-dimethyl-chroman-2-on mit Brom in Essigsäure (*Rangaswami, Seshadri*, Pr. Indian Acad. [A] **7** [1938] 8, 11).

Krystalle (aus Eg.) mit 1 Mol Essigsäure, die unterhalb 300° nicht schmelzen.

4-Acetoxy-5,8-dimethyl-cumarin $C_{13}H_{12}O_4$, Formel VII.

B. Beim Erhitzen von 5,8-Dimethyl-chroman-2,4-dion (E III/IV **17** 6193) mit Acet=anhydrid (*Ziegler, Maier*, M. **89** [1958] 143, 150).

Krystalle (aus Cyclohexan); F: 146,5—148,5°.

7-Hydroxy-5,8-dimethyl-cumarin $C_{11}H_{10}O_3$, Formel VIII (R = H).

B. Beim Behandeln von 7-Acetoxy-5,8-dimethyl-cumarin mit wss. Kalilauge (*Fuzikawa, Inoue*, J. pharm. Soc. Japan **60** [1940] 181, 183; dtsch. Ref. S. 58; C. A. **1940** 5426).

Krystalle; F: 285°.

7-Acetoxy-5,8-dimethyl-cumarin $C_{13}H_{12}O_4$, Formel VIII (R = CO-CH$_3$).

B. Beim Erhitzen von 2,4-Dihydroxy-3,6-dimethyl-benzaldehyd mit Acetanhydrid und Natriumacetat auf 190° (*Fuzikawa, Inoue*, J. pharm. Soc. Japan **60** [1940] 181, 182, 183; dtsch. Ref. S. 58; C. A. **1940** 5426).

Krystalle (aus W.); F: 142°.

4-Acetoxy-6,8-dimethyl-cumarin $C_{13}H_{12}O_4$, Formel IX.

B. Beim Erhitzen von 6,8-Dimethyl-chroman-2,4-dion (E III/IV **17** 6193) mit Acet=anhydrid (*Ziegler, Maier*, M. **89** [1958] 143, 147).

Krystalle (aus Bzl. oder Cyclohexan); F: 158—160°.

2-Propionyl-benzo-[*b*]thiophen-3-ol, 1-[3-Hydroxy-benzo[*b*]thiophen-2-yl]-propan-1-on $C_{11}H_{10}O_2S$, Formel X, und Tautomere (z. B. 2-Propionyl-benzo[*b*]thiophen-3-on) (E II 23; dort als 3-Oxy-2-propionyl-thionaphthen bzw. 3-Oxo-2-propionyl-dihydrothio=naphthen bezeichnet).

B. Beim Erwärmen von 2-Benzolsulfonyl-benz[*d*]isothiazol-3-on mit Butanon und wenig Piperidin (*Barton, McClelland*, Soc. **1947** 1574, 1576). Neben 3-Propionyloxy-benzo[*b*]thiophen und 3-Hydroxy-benzo[*b*]thiophen-2-carbonsäure-propionylamid beim Erhitzen von 2-Carbamoylmethylmercapto-benzoesäure mit Natriumpropionat und Propionsäure-anhydrid auf 110° (*McClelland et al.*, Soc. **1948** 81, 83). Neben 3-Propi=onyloxy-benzo[*b*]thiophen beim Erhitzen von 3-Hydroxy-benzo[*b*]thiophen-2-carbon=säure-propionylamid mit Natriumpropionat und Propionsäure-anhydrid auf 140° (*McC. et al.*).

Krystalle; F: 74° (*Ba., McC.*), 73° (*McC. et al.*).

3-[(*Ξ*)-1-Methoxy-propyliden]-3*H*-benzofuran-2-on $C_{12}H_{12}O_3$, Formel XI.

B. Beim Behandeln von 3-Propionyl-3*H*-benzofuran-2-on mit Diazomethan in Äther (*Chatterjea*, J. Indian chem. Soc. **33** [1956] 175, 180).

Krystalle (aus wss. Me.); F: 101°.

IX X XI

4-Hydroxy-2-isopropyliden-benzofuran-3-on $C_{11}H_{10}O_3$, Formel XII (R = H).
B. Beim Behandeln von Benzofuran-3,4-diol mit Aceton und äthanol. Kalilauge (*Shriner, Witte*, Am. Soc. **63** [1941] 1108).
Orangefarbene Krystalle (aus Acn.); F: 121°.

4-Benzoyloxy-2-isopropyliden-benzofuran-3-on $C_{18}H_{14}O_4$, Formel XII (R = CO-C_6H_5).
B. Beim Erwärmen von 4-Hydroxy-2-isopropyliden-benzofuran-3-on mit Benzoyl=chlorid und Natriumcarbonat in wss. Aceton (*Shriner, Witte*, Am. Soc. **63** [1941] 1108).
Gelbe Krystalle (aus E.); F: 160°.

XII XIII XIV

2-Isopropyliden-4-phenylcarbamoyloxy-benzofuran-3-on $C_{18}H_{15}NO_4$, Formel XII (R = CO-NH-C_6H_5).
B. Beim Erhitzen von 4-Hydroxy-2-isopropyliden-benzofuran-3-on mit Phenyliso=cyanat (*Shriner, Witte*, Am. Soc. **63** [1941] 1108).
Krystalle (aus Bzl. + PAe.); F: 143°.

2-Isopropyliden-6-methoxy-benzofuran-3-on $C_{12}H_{12}O_3$, Formel XIII.
B. Beim Erwärmen von 6-Methoxy-benzofuran-3-ol mit Aceton, Äthanol und Zink=chlorid (*Shriner, Anderson*, Am. Soc. **60** [1938] 1415).
Gelbe Krystalle (aus A.); F: 141—142° [korr.].
Bei der Hydrierung an Palladium in Äthanol ist 2-Isopropyl-6-methoxy-2,3-dihydro-benzofuran, bei der Hydrierung an Platin in Äthanol ist 2-Isopropyl-6-methoxy-benzo=furan-3-ol erhalten worden.

3-Acetyl-2-methyl-benzofuran-5-ol, 1-[5-Hydroxy-2-methyl-benzofuran-3-yl]-äthanon $C_{11}H_{10}O_3$, Formel XIV (R = H).
B. Neben kleineren Mengen 3,7-Diacetyl-2,6-dimethyl-benzo[1,2-b;4,5-b']difuran beim Erwärmen von [1,4]Benzochinon mit Pentan-2,4-dion, Zinkchlorid und Äthanol (*Grinew et al.*, Ž. obšč. Chim. **29** [1959] 945, 947; engl. Ausg. S. 927, 929; s. a. *Bernatek*, Acta chem. scand. **7** [1953] 677, 680). Neben 1-[5-Hydroxy-2-methyl-indol-3-yl]-äthanon beim Erwärmen von [1,4]Benzochinon mit Pentan-2,4-dion-monoimin in Aceton (*Grinew et al.*, Ž. obšč. Chim. **26** [1956] 1449; engl. Ausg. S. 1629).
Krystalle; F: 238° [aus Eg.] (*Be.*), 234—235° [aus Dioxan] (*Gr. et al.*, Ž. obšč. Chim. **26** 1450), 234° [aus A.] (*Gr. et al.*, Ž. obšč. Chim. **29** 947).

3-Acetyl-5-methoxy-2-methyl-benzofuran, 1-[5-Methoxy-2-methyl-benzofuran-3-yl]-äthanon $C_{12}H_{12}O_3$, Formel XIV (R = CH_3).
B. Beim Behandeln von 1-[5-Hydroxy-2-methyl-benzofuran-3-yl]-äthanon mit Di=methylsulfat und wss. Natronlauge (*Bernatek*, Acta chem. scand. **7** [1953] 677, 679).
Krystalle (aus wss. A.); F: 72°.

5-Acetoxy-3-acetyl-2-methyl-benzofuran, 1-[5-Acetoxy-2-methyl-benzofuran-3-yl]-äthanon $C_{13}H_{12}O_4$, Formel XIV (R = CO-CH_3).
B. Beim Erhitzen von 1-[5-Hydroxy-2-methyl-benzofuran-3-yl]-äthanon mit Acet=

anhydrid und Pyridin (*Bernatek*, Acta chem. scand. **7** [1953] 677, 679).
Krystalle (aus wss. A.); F: 88°.

**3-Acetyl-2-methyl-5-phenylcarbamoyloxy-benzofuran, 1-[2-Methyl-5-phenylcarbamoyl=
oxy-benzofuran-3-yl]-äthanon** $C_{18}H_{15}NO_4$, Formel XIV (R = CO-NH-C_6H_5).
B. Beim Erhitzen von 1-[5-Hydroxy-2-methyl-benzofuran-3-yl]-äthanon mit Phenyl=
isocyanat in Xylol (*Bernatek*, Acta chem. scand. **7** [1953] 677, 679).
Krystalle (aus Me.); F: 180°.

1-[5-Hydroxy-2-methyl-benzofuran-3-yl]-äthanon-[2,4-dinitro-phenylhydrazon]
$C_{17}H_{14}N_4O_6$, Formel I.
B. Aus 1-[5-Hydroxy-2-methyl-benzofuran-3-yl]-äthanon und [2,4-Dinitro-phenyl]-
hydrazin (*Bernatek*, Acta chem. scand. **7** [1953] 677, 679).
Rote Krystalle (aus $CHCl_3$); F: 273°.

**3-Acetyl-6,7-dichlor-2-methyl-benzofuran-5-ol, 1-[6,7-Dichlor-5-hydroxy-2-methyl-
benzofuran-3-yl]-äthanon** $C_{11}H_8Cl_2O_3$, Formel II (R = H).
B. Beim Erwärmen von 2,3-Dichlor-[1,4]benzochinon mit Pentan-2,4-dion, Zinkchlorid
und Äthanol (*Grinew et al.*, Ž. obšč. Chim. **28** [1958] 1856, 1861; engl. Ausg. S. 1900,
1904). Beim Behandeln von 2,3-Dichlor-[1,4]benzochinon mit Pentan-2,4-dion-monoimin
in Chloroform (*Grinew et al.*, Ž. obšč. Chim. **29** [1959] 945, 948; engl. Ausg. S. 927, 929).
Krystalle; F: 260,5° [Zers.; aus Dioxan] (*Gr. et al.*, Ž. obšč. Chim. **28** 1861), 256—257°
[aus wss. Dioxan] (*Gr. et al.*, Ž. obšč. Chim. **29** 948).

I   II   III

**3-Acetyl-6,7-dichlor-5-methoxy-2-methyl-benzofuran, 1-[6,7-Dichlor-5-methoxy-
2-methyl-benzofuran-3-yl]-äthanon** $C_{12}H_{10}Cl_2O_3$, Formel II (R = CH_3).
B. Beim Behandeln einer Lösung von 1-[6,7-Dichlor-5-hydroxy-2-methyl-benzofuran-
3-yl]-äthanon in Dioxan mit wss. Natronlauge und Dimethylsulfat (*Grinew et al.*, Ž. obšč.
Chim. **28** [1958] 1856, 1861; engl. Ausg. S. 1900, 1904).
Krystalle (aus Dioxan); F: 188—189°.

2-Äthyl-7-methoxy-benzofuran-3-carbaldehyd $C_{12}H_{12}O_3$, Formel III.
B. Aus 2-Äthyl-7-methoxy-benzofuran mit Hilfe von Dimethylformamid und Phos=
phorylchlorid (*Bisagni et al.*, Soc. **1955** 3688, 3692).
Krystalle (aus Bzn.); F: 62°.

2-Äthyl-7-methoxy-benzofuran-3-carbaldehyd-semicarbazon $C_{13}H_{15}N_3O_3$, Formel IV.
B. Aus 2-Äthyl-7-methoxy-benzofuran-3-carbaldehyd und Semicarbazid (*Bisagni et al.*,
Soc. **1955** 3688, 3692).
Krystalle (aus wss. A.); F: 174°.

**3-Methyl-2-trichloracetyl-benzofuran-4-ol, 2,2,2-Trichlor-1-[4-hydroxy-3-methyl-
benzofuran-2-yl]-äthanon** $C_{11}H_7Cl_3O_3$, Formel V.
B. Beim Behandeln einer Lösung von 3-Methyl-benzofuran-4-ol in Äther mit Trichlor=
acetonitril, Zinkchlorid und Chlorwasserstoff in Äther und Erwärmen des Reaktions-
produkts mit Wasser (*Whalley*, Soc. **1951** 3229, 3234, 3235).
Grüne Krystalle (aus PAe. + Bzl.); F: 159°.
Beim Erwärmen mit Äthanol und kleinen Mengen wss. Kalilauge ist 4-Hydroxy-
3-methyl-benzofuran-2-carbonsäure-äthylester erhalten worden.

3-Methyl-2-trifluoracetyl-benzofuran-5-ol, 2,2,2-Trifluor-1-[5-hydroxy-3-methyl-benzofuran-2-yl]-äthanon $C_{11}H_7F_3O_3$, Formel VI (R = H).
B. Beim Behandeln einer Lösung von 3-Methyl-benzofuran-5-ol in Äther mit Trifluoracetonitril, Zinkchlorid und Chlorwasserstoff in Äther und Erwärmen des Reaktionsprodukts mit Wasser (*Whalley*, Soc. **1953** 3479, 3480).
F: 171°.

5-Methoxy-3-methyl-2-trifluoracetyl-benzofuran, 2,2,2-Trifluor-1-[5-methoxy-3-methyl-benzofuran-2-yl]-äthanon $C_{12}H_9F_3O_3$, Formel VI (R = CH_3).
B. Beim Behandeln einer Lösung von 5-Methoxy-3-methyl-benzofuran in Äther mit Trifluoracetonitril, Zinkchlorid und Chlorwasserstoff in Äther und Erwärmen des Reaktionsprodukts mit Wasser (*Whalley*, Soc. **1953** 3479, 3480).
F: 97°.

3-Methyl-2-trichloracetyl-benzofuran-5-ol, 2,2,2-Trichlor-1-[5-hydroxy-3-methyl-benzofuran-2-yl]-äthanon $C_{11}H_7Cl_3O_3$, Formel VII (R = H).
B. Beim Behandeln einer Lösung von 3-Methyl-benzofuran-5-ol in Äther mit Trichloracetonitril, Zinkchlorid und Chlorwasserstoff in Äther und Erwärmen des Reaktionsprodukts mit Wasser (*Whalley*, Soc. **1953** 3479, 3480).
F: 168°.

5-Methoxy-3-methyl-2-trichloracetyl-benzofuran, 2,2,2-Trichlor-1-[5-methoxy-3-methyl-benzofuran-2-yl]-äthanon $C_{12}H_9Cl_3O_3$, Formel VII (R = CH_3).
B. Beim Behandeln einer Lösung von 5-Methoxy-3-methyl-benzofuran in Äther mit Trichloracetonitril, Zinkchlorid und Chlorwasserstoff in Äther und Erwärmen des Reaktionsprodukts mit Wasser (*Whalley*, Soc. **1953** 3479, 3480).
F: 108°.

2-Acetyl-3-methyl-benzofuran-6-ol, 1-[6-Hydroxy-3-methyl-benzofuran-2-yl]-äthanon $C_{11}H_{10}O_3$, Formel VIII (R = H).
B. Beim Behandeln von 3-Methyl-benzofuran-6-ol mit Acetylchlorid und Aluminiumchlorid in Nitrobenzol (*Shah, Shah*, B. **92** [1959] 2927, 2930, 2931). Beim Behandeln von 3-Methyl-benzofuran-6-ol mit Acetonitril und mit Chlorwasserstoff in Äther und Erwärmen des Reaktionsprodukts mit wss. Ammoniak (*Mackenzie et al.*, Soc. **1949** 2057, 2059). Beim Behandeln von 6-Acetoxy-3-methyl-benzofuran mit Aluminiumchlorid in Nitrobenzol (*Shah, Shah*).
Krystalle; F: 179—180° (*Shah, Shah*), 172—173° [aus wss. A.] (*Ma. et al.*).
Beim Behandeln mit Acetylchlorid und Aluminiumchlorid in Nitrobenzol ist 2,7-Diacetyl-3-methyl-benzofuran-6-ol erhalten worden (*Shah, Shah*).

2-Acetyl-6-methoxy-3-methyl-benzofuran, 1-[6-Methoxy-3-methyl-benzofuran-2-yl]-äthanon $C_{12}H_{12}O_3$, Formel VIII (R = CH_3).
B. Beim Erwärmen von 1-[2-Hydroxy-4-methoxy-phenyl]-äthanon mit Chloraceton, Kaliumcarbonat und Aceton (*Mackenzie et al.*, Soc. **1949** 2057, 2059). Beim Behandeln

von 6-Methoxy-3-methyl-benzofuran mit Acetonitril, Zinkchlorid, Äther und Chlorwasserstoff und Erwärmen des Reaktionsprodukts mit wss. Ammoniak (*Ma. et al.*). Beim Behandeln von 6-Methoxy-3-methyl-benzofuran mit Acetylchlorid und Zinn(IV)-chlorid in Schwefelkohlenstoff und anschliessend mit Eis (*Ma. et al.*). Beim Erwärmen von 1-[6-Hydroxy-3-methyl-benzofuran-2-yl]-äthanon mit Methyljodid, Kaliumcarbonat und Aceton (*Ma. et al.*).

Krystalle (aus wss. A.); F: 77°.

6-Acetoxy-2-acetyl-3-methyl-benzofuran, 1-[6-Acetoxy-3-methyl-benzofuran-2-yl]-äthanon $C_{13}H_{12}O_4$, Formel VIII (R = CO-CH$_3$).

B. Aus 1-[6-Hydroxy-3-methyl-benzofuran-2-yl]-äthanon (*Shah, Shah*, B. **92** [1959] 2927, 2931).

Krystalle (aus wss. A.); F: 105—106°.

2-Acetyl-6-benzoyloxy-3-methyl-benzofuran, 1-[6-Benzoyloxy-3-methyl-benzofuran-2-yl]-äthanon $C_{18}H_{14}O_4$, Formel VIII (R = CO-C$_6$H$_5$).

B. Beim Behandeln von 1-[6-Hydroxy-3-methyl-benzofuran-2-yl]-äthanon mit Benzoylchlorid und wss. Natronlauge (*Shah, Shah*, B. **92** [1959] 2927, 2931).

Krystalle (aus A.); F: 103°.

1-[6-Hydroxy-3-methyl-benzofuran-2-yl]-äthanon-[2,4-dinitro-phenylhydrazon] $C_{17}H_{14}N_4O_6$, Formel IX (R = H, X = C$_6$H$_3$(NO$_2$)$_2$).

B. Aus 1-[6-Hydroxy-3-methyl-benzofuran-2-yl]-äthanon und [2,4-Dinitro-phenyl]-hydrazin (*Mackenzie et al.*, Soc. **1949** 2057, 2059).

Rote Krystalle (aus Eg.); F: 283° [Zers.].

1-[6-Hydroxy-3-methyl-benzofuran-2-yl]-äthanon-semicarbazon $C_{12}H_{13}N_3O_3$, Formel IX (R = H, X = CO-NH$_2$).

B. Aus 1-[6-Hydroxy-3-methyl-benzofuran-2-yl]-äthanon und Semicarbazid (*Shah, Shah*, B. **92** [1959] 2927, 2931).

Gelbliche Krystalle (aus A.); F: 251—252° [Zers.].

1-[6-Methoxy-3-methyl-benzofuran-2-yl]-äthanon-[2,4-dinitro-phenylhydrazon] $C_{18}H_{16}N_4O_6$, Formel IX (R = CH$_3$, X = C$_6$H$_3$(NO$_2$)$_2$).

B. Aus 1-[6-Methoxy-3-methyl-benzofuran-2-yl]-äthanon und [2,4-Dinitro-phenyl]-hydrazin (*Mackenzie et al.*, Soc. **1949** 2057, 2059).

Rote Krystalle (aus Eg.); F: 260° [Zers.].

1-[6-Methoxy-3-methyl-benzofuran-2-yl]-äthanon-semicarbazon $C_{13}H_{15}N_3O_3$, Formel IX (R = CH$_3$, X = CO-NH$_2$).

B. Aus 1-[6-Methoxy-3-methyl-benzofuran-2-yl]-äthanon und Semicarbazid (*Mackenzie et al.*, Soc. **1949** 2057, 2059).

Krystalle (aus Me.); F: 269°.

3-Methyl-2-trifluoracetyl-benzofuran-6-ol, 2,2,2-Trifluor-1-[6-hydroxy-3-methyl-benzofuran-2-yl]-äthanon $C_{11}H_7F_3O_3$, Formel X (R = H).

B. Beim Behandeln einer Lösung von 3-Methyl-benzofuran-6-ol in Äther mit Trifluoracetonitril, Zinkchlorid und Chlorwasserstoff in Äther und Erwärmen des Reaktionsprodukts mit Wasser (*Whalley*, Soc. **1953** 3479, 3480).

F: 154°.

6-Methoxy-3-methyl-2-trifluoracetyl-benzofuran, 2,2,2-Trifluor-1-[6-methoxy-3-methyl-benzofuran-2-yl]-äthanon $C_{12}H_9F_3O_3$, Formel X (R = CH$_3$).

B. Beim Behandeln einer Lösung von 6-Methoxy-3-methyl-benzofuran in Äther mit Trifluoracetonitril, Zinkchlorid und Chlorwasserstoff in Äther und Erwärmen des Reaktionsprodukts mit Wasser (*Whalley*, Soc. **1951** 665, 669).

Gelbliche Krystalle (aus wss. Me.); F: 87°. Bei 100°/0,1 Torr sublimierbar.

3-Methyl-2-trichloracetyl-benzofuran-6-ol, 2,2,2-Trichlor-1-[6-hydroxy-3-methyl-benzofuran-2-yl]-äthanon $C_{11}H_7Cl_3O_3$, Formel XI (R = H).

B. Beim Behandeln einer Lösung von 3-Methyl-benzofuran-6-ol in Äther mit Trichlor-

acetonitril, Zinkchlorid und Chlorwasserstoff in Äther und Erwärmen des Reaktionsprodukts mit Wasser (*Whalley*, Soc. **1951** 665, 670).
Krystalle (aus wss. Me.); F: 180°.
Beim Erwärmen mit Methyljodid und Aceton ist 6-Methoxy-3-methyl-benzofuran-2-carbonsäure-methylester erhalten worden.

$$\underset{X}{R-O-\text{benzofuran}-CO-CF_3} \qquad \underset{XI}{R-O-\text{benzofuran}-CO-CCl_3} \qquad \underset{XII}{O-CH_3\text{-benzofuran}-CO-CF_3}$$

6-Methoxy-3-methyl-2-trichloracetyl-benzofuran, 2,2,2-Trichlor-1-[6-methoxy-3-methylbenzofuran-2-yl]-äthanon $C_{12}H_9Cl_3O_3$, Formel XI (R = CH_3).
B. Beim Behandeln einer Lösung von 6-Methoxy-3-methyl-benzofuran in Äther mit Trichloracetonitril, Zinkchlorid und Chlorwasserstoff in Äther und Erwärmen des Reaktionsprodukts mit Wasser (*Whalley*, Soc. **1951** 665, 671).
Krystalle (aus wss. Me.); F: 154°.

7-Methoxy-3-methyl-2-trifluoracetyl-benzofuran, 2,2,2-Trifluor-1-[7-methoxy-3-methylbenzofuran-2-yl]-äthanon $C_{12}H_9F_3O_3$, Formel XII.
B. Neben 2,2,2-Trifluor-1-[7-methoxy-3-methyl-benzofuran-x-yl]-äthanon $C_{12}H_9F_3O_3$ (durch Überführung in 7-Methoxy-3-methyl-benzofuran-x-carbonsäure vom F: 216° nachgewiesen) beim Behandeln einer Lösung von 7-Methoxy-3-methylbenzofuran in Äther mit Trifluoracetonitril, Zinkchlorid und Chlorwasserstoff in Äther und Erwärmen des Reaktionsprodukts mit Wasser (*Whalley*, Soc. **1953** 3479, 3482).
Krystalle (aus PAe.); F: 131°.

2-Acetyl-5-methyl-benzofuran-3-ol, 1-[3-Hydroxy-5-methyl-benzofuran-2-yl]-äthanon $C_{11}H_{10}O_3$, Formel I, und Tautomeres (z. B. 2-Acetyl-5-methyl-benzofuran-3-on) (E I 311; dort als 3-Oxy-5-methyl-2-acetyl-cumaron bzw. 5-Methyl-2-acetyl-cumaranon bezeichnet).
Kupfer(II)-Salz $Cu(C_{11}H_9O_3)_2$. Grüne Krystalle (aus Bzl.); F: 270—276° [Zers.] (*Philbin et al.*, Soc. **1954** 4174).

5-Acetyl-3-methyl-benzofuran-4-ol, 1-[4-Hydroxy-3-methyl-benzofuran-5-yl]-äthanon $C_{11}H_{10}O_3$, Formel II (R = H).
B. Beim Erhitzen von 1-[4-Acetoxy-3-methyl-benzofuran-5-yl]-äthanon mit wss. Natronlauge (*Limaye, Nagarkar*, Rasayanam **1** [1943] 255; *Phillipps et al.*, Soc. **1952** 4951, 4954). Beim Erhitzen von 6-Acetyl-3-brom-5-hydroxy-4-methyl-cumarin mit wss. Natriumcarbonat-Lösung (*Marathey, Gore*, J. Univ. Poona Nr. 16 [1959] 37).
Krystalle; F: 84° (*Ma., Gore*), 70° (*Li., Na.*), 64° [aus wss. A.] (*Ph., et al.*).

5-Acetyl-4-methoxy-3-methyl-benzofuran, 1-[4-Methoxy-3-methyl-benzofuran-5-yl]-äthanon $C_{12}H_{12}O_3$, Formel II (R = CH_3).
B. Aus 1-[4-Hydroxy-3-methyl-benzofuran-5-yl]-äthanon (*Limaye, Nagarkar*, Rasayanam **1** [1943] 255).
F: 72°.

4-Acetoxy-5-acetyl-3-methyl-benzofuran, 1-[4-Acetoxy-3-methyl-benzofuran-5-yl]-äthanon $C_{13}H_{12}O_4$, Formel II (R = $CO-CH_3$).
B. Beim Erhitzen von [2,4-Diacetyl-3-hydroxy-phenoxy]-essigsäure mit Acetanhydrid und Natriumacetat (*Limaye, Nagarkar*, Rasayanam **1** [1943] 255; *Phillipps et al.*, Soc. **1952** 4951, 4954).
Krystalle; F: 109° [aus Bzn.] (*Ph. et al.*), 108° [aus W.] (*Li., Na.*).

5-Acetyl-4-benzoyloxy-3-methyl-benzofuran, 1-[4-Benzoyloxy-3-methyl-benzofuran-5-yl]-äthanon $C_{18}H_{14}O_4$, Formel II (R = $CO-C_6H_5$).
B. Aus 1-[4-Hydroxy-3-methyl-benzofuran-5-yl]-äthanon (*Limaye, Nagarkar*, Rasayanam **1** [1943] 255).
F: 118°.

I II III

1-[4-Hydroxy-3-methyl-benzofuran-5-yl]-äthanon-[2,4-dinitro-phenylhydrazon]
$C_{17}H_{14}N_4O_6$, Formel III (R = H, X = $C_6H_3(NO_2)_2$).
B. Aus 1-[4-Hydroxy-3-methyl-benzofuran-5-yl]-äthanon und [2,4-Dinitro-phenyl]-hydrazin (*Phillipps et al.*, Soc. **1952** 4951, 4954).
Rote Krystalle (aus Dioxan); F: 265—267° [Zers.].

1-[4-Hydroxy-3-methyl-benzofuran-5-yl]-äthanon-semicarbazon $C_{12}H_{13}N_3O_3$, Formel III (R = H, X = $CO-NH_2$).
B. Aus 1-[4-Hydroxy-3-methyl-benzofuran-5-yl]-äthanon und Semicarbazid (*Limaye, Nagarkar*, Rasayanam **1** [1943] 255).
F: 255°.

1-[4-Methoxy-3-methyl-benzofuran-5-yl]-äthanon-semicarbazon $C_{13}H_{15}N_3O_3$, Formel III (R = CH_3, X = $CO-NH_2$).
B. Aus 1-[4-Methoxy-3-methyl-benzofuran-5-yl]-äthanon und Semicarbazid (*Limaye, Nagarkar*, Rasayanam **1** [1943] 255).
F: 215°.

1-[4-Acetoxy-3-methyl-benzofuran-5-yl]-äthanon-[2,4-dinitro-phenylhydrazon]
$C_{19}H_{16}N_4O_7$, Formel III (R = $CO-CH_3$, X = $C_6H_3(NO_2)_2$).
B. Aus 1-[4-Acetoxy-3-methyl-benzofuran-5-yl]-äthanon und [2,4-Dinitro-phenyl]-hydrazin (*Phillipps et al.*, Soc. **1952** 4951, 4954).
Orangefarbene Krystalle (aus Bzn. + Bzl.), F: 159°; gelbe Krystalle (aus Bzn. + Bzl.), F: 152°.

1-[4-Acetoxy-3-methyl-benzofuran-5-yl]-äthanon-semicarbazon $C_{14}H_{15}N_3O_4$, Formel III (R = $CO-CH_3$, X = $CO-NH_2$).
B. Aus 1-[4-Acetoxy-3-methyl-benzofuran-5-yl]-äthanon und Semicarbazid (*Limaye, Nagarkar*, Rasayanam **1** [1943] 255).
F: 220°.

1-[4-Benzoyloxy-3-methyl-benzofuran-5-yl]-äthanon-semicarbazon $C_{19}H_{17}N_3O_4$,
Formel III (R = $CO-C_6H_5$, X = $CO-NH_2$).
B. Aus 1-[4-Benzoyloxy-3-methyl-benzofuran-5-yl]-äthanon und Semicarbazid (*Limaye, Nagarkar*, Rasayanam **1** [1943] 255).
F: 210°.

5-Acetyl-2-brom-3-methyl-benzofuran-4-ol, 1-[2-Brom-4-hydroxy-3-methyl-benzofuran-5-yl]-äthanon $C_{11}H_9BrO_3$, Formel IV.
B. Beim Behandeln einer Lösung von 1-[4-Hydroxy-3-methyl-benzofuran-5-yl]-äthanon in Äther mit Brom in Essigsäure (*Limaye, Bhide,* Rasayanam **2** [1950] 15, 19).
Krystalle (aus A.); F: 123°.

5-Acetyl-7-brom-3-methyl-benzofuran-4-ol, 1-[7-Brom-4-hydroxy-3-methyl-benzofuran-5-yl]-äthanon $C_{11}H_9BrO_3$, Formel V.
B. Beim Erhitzen von 6-Acetyl-3,8-dibrom-5-hydroxy-4-methyl-cumarin mit wss.

Natriumcarbonat-Lösung (*Marathey, Gore*, J. Univ. Poona Nr. 16 [1959] 37).
Krystalle; F: 104°.

5-Acetyl-3-methyl-benzofuran-6-ol, 1-[6-Hydroxy-3-methyl-benzofuran-5-yl]-äthanon
$C_{11}H_{10}O_3$, Formel VI (R = H).
B. Neben 5-Acetyl-6-hydroxy-3-methyl-benzofuran-2-carbonsäure beim Erhitzen von 6-Acetyl-3-brom-7-hydroxy-4-methyl-cumarin mit wss. Natriumcarbonat-Lösung (*Desai, Hamid*, Pr. Indian Acad. [A] **6** [1937] 185, 188). Beim Erhitzen von 1-[6-Acetoxy-3-methyl-benzofuran-5-yl]-äthanon mit wss. Natronlauge (*Phillipps et al.*, Soc. **1952** 4951, 4955). Aus 5-Acetyl-6-hydroxy-3-methyl-benzofuran-2-carbonsäure (*De., Ha.*).
Krystalle (aus wss. A.); F: 138° (*De., Ha.*), 132° (*Ph. et al.*).

IV V VI

5-Acetyl-6-methoxy-3-methyl-benzofuran, 1-[6-Methoxy-3-methyl-benzofuran-5-yl]-äthanon $C_{12}H_{12}O_3$, Formel VI (R = CH_3).
B. Aus 1-[6-Hydroxy-3-methyl-benzofuran-5-yl]-äthanon (*Desai, Hamid*, Pr. Indian Acad. [A] **6** [1937] 185, 189).
Krystalle (aus Hexan); F: 94°.

6-Acetoxy-5-acetyl-3-methyl-benzofuran, 1-[6-Acetoxy-3-methyl-benzofuran-5-yl]-äthanon $C_{13}H_{12}O_4$, Formel VI (R = CO-CH_3).
B. Beim Erhitzen von [2,4-Diacetyl-5-hydroxy-phenoxy]-essigsäure mit Acetanhydrid und Natriumacetat (*Phillipps et al.*, Soc. **1952** 4951, 4955). Aus 1-[6-Hydroxy-3-methyl-benzofuran-5-yl]-äthanon (*Desai, Hamid*, Pr. Indian Acad. [A] **6** [1937] 185, 189).
Krystalle; F: 118° [aus A.] (*De., Ha.*), 108° [aus Bzn.] (*Ph. et al.*).

1-[6-Hydroxy-3-methyl-benzofuran-5-yl]-äthanon-[2,4-dinitro-phenylhydrazon]
$C_{17}H_{14}N_4O_6$, Formel VII (R = H, X = $C_6H_3(NO_2)_2$).
B. Aus 1-[6-Hydroxy-3-methyl-benzofuran-5-yl]-äthanon und [2,4-Dinitro-phenyl]-hydrazin (*Phillipps et al.*, Soc. **1952** 4951, 4955).
Rote Krystalle (aus Dioxan); F: 285° [Zers.].

1-[6-Hydroxy-3-methyl-benzofuran-5-yl]-äthanon-semicarbazon $C_{12}H_{13}N_3O_3$, Formel VII (R = H, X = CO-NH_2).
B. Aus 1-[6-Hydroxy-3-methyl-benzofuran-5-yl]-äthanon und Semicarbazid (*Desai, Hamid*, Pr. Indian Acad. [A] **6** [1937] 185, 189).
Krystalle (aus A.); F: 315° [Zers.].

1-[6-Acetoxy-3-methyl-benzofuran-5-yl]-äthanon-[2,4-dinitro-phenylhydrazon]
$C_{19}H_{16}N_4O_7$, Formel VII (R = CO-CH_3, X = $C_6H_3(NO_2)_2$).
B. Aus 1-[6-Acetoxy-3-methyl-benzofuran-5-yl]-äthanon und [2,4-Dinitro-phenyl]-hydrazin (*Phillipps et al.*, Soc. **1952** 4951, 4955).
Orangefarbene Krystalle (aus Methylacetat); F: 221°.

7-Acetyl-3-methyl-benzofuran-6-ol, 1-[6-Hydroxy-3-methyl-benzofuran-7-yl]-äthanon
$C_{11}H_{10}O_3$, Formel VIII (R = H).
B. Beim Erhitzen von 6-Acetoxy-3-methyl-benzofuran mit Aluminiumchlorid auf 130° (*Limaye, Sathe*, Rasayanam **1** [1936] 48, 59). Beim Erhitzen von 1-[6-Methoxy-3-methyl-benzofuran-7-yl]-äthanon mit Aluminiumchlorid auf 150° (*Li., Sa.*, l. c. S. 55). Beim Erhitzen von 8-Acetyl-3-chlor-7-hydroxy-4-methyl-cumarin (*Limaye, Panse*, Rasayanam **2** [1950] 27, 30; s. a. *Shah, Shah*, B. **92** [1959] 2933, 2934) oder von 8-Acet=

yl-3-brom-7-hydroxy-4-methyl-cumarin (*Li.*, *Sa.*, l. c. 57) mit wss. Natronlauge.
Beim Erhitzen von 7-Acetyl-6-hydroxy-3-methyl-benzofuran-2-carbonsäure auf Temperaturen oberhalb des Schmelzpunkts (*Li.*, *Sa.*, l. c. S. 56; *Shah, Shah*, l. c. S. 2935).
Beim Erwärmen von 7-Acetyl-6-methoxy-3-methyl-benzofuran-2-carbonsäure mit Anilinhydrojodid und Anilin (*Okazaki*, J. pharm. Soc. Japan **59** [1939] 547, 549; dtsch. Ref. S. 190, 192; C. A. **1940** 1004).
Krystalle; F: 112° [aus PAe.] (*Shah, Shah*, l. c. S. 2934), 112° [aus wss. A.] (*Li., Sa.*, l. c. S. 57; *Ok.*; *Li., Pa.*). Bei 290—292° unter Normaldruck destillierbar (*Li., Sa.*, l. c. S. 57).

Reaktion mit Acetylchlorid in Gegenwart von Aluminiumchlorid in Nitrobenzol unter Bildung von 2,7-Diacetyl-3-methyl-benzofuran-6-ol: *Shah, Shah*, B. **92** [1959] 2927, 2931.
Bei mehrwöchigem Behandeln mit 4-Methoxy-benzaldehyd und wss.-äthanol. Natronlauge unter Luftzutritt ist 8-Hydroxy-7-[4-methoxy-phenyl]-3-methyl-furo[2,3-*f*]-chromen-9-on erhalten worden (*Marathe, Limaye*, Rasayanam **2** [1952] 45). Bildung von 3,9-Dimethyl-furo[2,3-*f*]chromen-7-on und von 8-Acetyl-3,7-dimethyl-furo[2,3-*f*]chromen-9-on beim Erhitzen mit Acetanhydrid und Natriumacetat auf 160°: *Limaye, Sathe*, Rasayanam **1** [1937] 87, 89, 90.

VII   VIII   IX

7-Acetyl-6-methoxy-3-methyl-benzofuran, 1-[6-Methoxy-3-methyl-benzofuran-7-yl]-äthanon $C_{12}H_{12}O_3$, Formel VIII (R = CH_3).
B. Beim Behandeln von 1-[6-Hydroxy-3-methyl-benzofuran-7-yl]-äthanon mit wss. Natronlauge und Dimethylsulfat (*Limaye, Sathe*, Rasayanam **1** [1936] 48, 57). Beim Erhitzen von 7-Acetyl-6-methoxy-3-methyl-benzofuran-2-carbonsäure auf Temperaturen oberhalb des Schmelzpunkts (*Li., Sa.*, l. c. S. 54).
Krystalle (aus A. oder wss. A.); F: 75°.

6-Acetoxy-7-acetyl-3-methyl-benzofuran, 1-[6-Acetoxy-3-methyl-benzofuran-7-yl]-äthanon $C_{13}H_{12}O_4$, Formel VIII (R = CO-CH_3).
B. Aus 1-[6-Hydroxy-3-methyl-benzofuran-7-yl]-äthanon beim Erhitzen mit Acetanhydrid auf 150° sowie beim Erwärmen mit Acetanhydrid und Pyridin (*Limaye, Sathe*, Rasayanam **1** [1937] 87, 89; *Shah, Shah*, B. **92** [1959] 2933, 2935).
Krystalle; F: 109° [aus Eg.] (*Shah, Shah*), 106° [aus wss. Eg.] (*Li., Sa.*).

7-Acetyl-6-benzoyloxy-3-methyl-benzofuran, 1-[6-Benzoyloxy-3-methyl-benzofuran-7-yl]-äthanon $C_{18}H_{14}O_4$, Formel VIII (R = CO-C_6H_5).
B. Beim Erhitzen von 1-[6-Hydroxy-3-methyl-benzofuran-7-yl]-äthanon mit Benzoylchlorid auf 180° (*Limaye, Sathe*, Rasayanam **1** [1936] 48, 58).
Krystalle (aus A.); F: 113°.

[7-Acetyl-3-methyl-benzofuran-6-yloxy]-essigsäure $C_{13}H_{12}O_5$, Formel VIII (R = CH_2-COOH).
B. Beim Erwärmen von 1-[6-Hydroxy-3-methyl-benzofuran-7-yl]-äthanon mit Bromessigsäure-äthylester, Natriumäthylat und Äthanol (*Limaye, Panse*, Rasayanam **1** [1941] 231).
Krystalle (aus W.); F: 167° [Zers.].

[7-Acetyl-3-methyl-benzofuran-6-yloxy]-essigsäure-äthylester $C_{15}H_{16}O_5$, Formel VIII (R = CH_2-CO-OC_2H_5).
B. Aus [7-Acetyl-3-methyl-benzofuran-6-yloxy]-essigsäure (*Limaye, Panse*, Rasayanam **1** [1941] 231).
F: 48°.

1-[6-Hydroxy-3-methyl-benzofuran-7-yl]-äthanon-oxim $C_{11}H_{11}NO_3$, Formel IX (R = H, X = OH).

B. Aus 1-[6-Hydroxy-3-methyl-benzofuran-7-yl]-äthanon und Hydroxylamin (*Shah, Shah*, B. **92** [1959] 2933, 2935).
Krystalle (aus A.); F: 199°.

1-[6-Hydroxy-3-methyl-benzofuran-7-yl]-äthanon-semicarbazon $C_{12}H_{13}N_3O_3$, Formel IX (R = H, X = NH-CO-NH$_2$).

B. Aus 1-[6-Hydroxy-3-methyl-benzofuran-7-yl]-äthanon und Semicarbazid (*Limaye, Sathe*, Rasayanam **1** [1936] 48, 57).
F: 227° [Zers.].

1-[6-Methoxy-3-methyl-benzofuran-7-yl]-äthanon-semicarbazon $C_{13}H_{15}N_3O_3$, Formel IX (R = CH$_3$, X = NH-CO-NH$_2$).

B. Aus 1-[6-Methoxy-3-methyl-benzofuran-7-yl]-äthanon und Semicarbazid (*Limaye, Sathe*, Rasayanam **1** [1936] 48, 55).
F: 206°.

7-Acetyl-5-chlor-3-methyl-benzofuran-6-ol, 1-[5-Chlor-6-hydroxy-3-methyl-benzofuran-7-yl]-äthanon $C_{11}H_9ClO_3$, Formel X (R = H).

B. Neben 7-Acetyl-5-chlor-6-hydroxy-3-methyl-benzofuran-2-carbonsäure beim Erhitzen von 8-Acetyl-3,6-dichlor-7-hydroxy-4-methyl-cumarin mit wss. Natronlauge (*Limaye, Panse*, Rasayanam **2** [1950] 27, 31). Aus 7-Acetyl-5-chlor-6-hydroxy-3-methyl-benzofuran-2-carbonsäure (*Li., Pa.*).
Krystalle (aus wss. A.); F: 125°.

7-Acetyl-6-benzoyloxy-5-chlor-3-methyl-benzofuran, 1-[6-Benzoyloxy-5-chlor-3-methyl-benzofuran-7-yl]-äthanon $C_{18}H_{13}ClO_4$, Formel X (R = CO-C$_6$H$_5$).

B. Aus 1-[5-Chlor-6-hydroxy-3-methyl-benzofuran-7-yl]-äthanon (*Limaye, Panse*, Rasayanam **2** [1950] 27, 31).
F: 108°.

7-Acetyl-2-brom-3-methyl-benzofuran-6-ol, 1-[2-Brom-6-hydroxy-3-methyl-benzofuran-7-yl]-äthanon $C_{11}H_9BrO_3$, Formel XI.

B. Beim Behandeln von 1-[6-Hydroxy-3-methyl-benzofuran-7-yl]-äthanon mit Brom in Äther (*Limaye, Marathe*, Rasayanam **2** [1950] 9, 13).
Krystalle (aus A.); F: 108°.

7-Acetyl-5-brom-3-methyl-benzofuran-6-ol, 1-[5-Brom-6-hydroxy-3-methyl-benzofuran-7-yl]-äthanon $C_{11}H_9BrO_3$, Formel XII.

F: 115° (*Limaye, Marathe*, Rasayanam **2** [1950] 9, 10).

6-Methoxy-3,7-dimethyl-benzofuran-2-carbaldehyd $C_{12}H_{12}O_3$, Formel XIII.

B. Beim Behandeln von 6-Methoxy-3,7-dimethyl-benzofuran mit Cyanwasserstoff und Chlorwasserstoff in Äther und Erwärmen des Reaktionsprodukts mit Wasser (*Foster et al.*, Soc. **1939** 1594, 1600).
Krystalle (aus A.); F: 102°.

6-Methoxy-3,7-dimethyl-benzofuran-2-carbaldehyd-[2,4-dinitro-phenylhydrazon] $C_{18}H_{16}N_4O_6$, Formel XIV.

B. Aus 6-Methoxy-3,7-dimethyl-benzofuran-2-carbaldehyd und [2,4-Dinitro-phenyl]-

hydrazin (*Foster et al.*, Soc. **1939** 1594, 1600).
Rote Krystalle (aus E.); F: 284°.

(±)-8-Methoxy-4,5-dihydro-1H-1,4-methano-benz[c]oxepin-3-on, (±)-4c-Hydroxy-6-methoxy-1,2,3,4-tetrahydro-[2r]naphthoesäure-lacton $C_{12}H_{12}O_3$, Formel XV.
B. Beim Behandeln von (±)-6-Methoxy-4-oxo-1,2,3,4-tetrahydro-[2]naphthoesäure mit wss. Natronlauge und Natriumboranat und Ansäuern des Reaktionsgemisches mit wss. Schwefelsäure (*Banerjee, Bagavant*, Pr. Indian Acad. [A] **50** [1959] 282, 286). Beim Erwärmen von (±)-6-Methoxy-4-oxo-1,2,3,4-tetrahydro-[2]naphthoesäure-methylester mit Aluminiumisopropylat und Isopropylalkohol und Ansäuern des Reaktionsgemisches mit wss. Salzsäure (*Ba., Ba.*).
Krystalle (aus Bzl. + Hexan); F: 103°. Absorptionsmaxima (A.): 232 nm und 280 nm.
Beim Behandeln einer Lösung in Essigsäure und Propionsäure mit Chrom(VI)-oxid und wss. Essigsäure ist 4c-Hydroxy-6-methoxy-1-oxo-1,2,3,4-tetrahydro-[2r]naphthoe=säure-lacton erhalten worden.

XIV   XV   XVI

(±)-10anti-Methoxy-4,5-dihydro-1H-1,4-methano-benz[d]oxepin-2-on, (±)-3c-Hydroxy-2t-methoxy-1,2,3,4-tetrahydro-[1r]naphthoesäure-lacton $C_{12}H_{12}O_3$, Formel XVI + Spiegelbild.
B. Beim Behandeln von (±)-4t-Hydroxy-6c-methoxy-(4ar,8ac)-1,4,4a,5,6,7,8,8a-octa=hydro-1t,7t-epoxido-naphthalin-5t-carbonsäure-lacton mit Zinn(II)-chlorid und Acetyl=chlorid (*Woodward et al.*, Tetrahedron **2** [1958] 1, 13, 42).
Krystalle (aus CH_2Cl_2 + Ae.); F: 123—124° [Block]. Absorptionsmaxima (A.): 253 nm, 260 nm, 266 nm und 273 nm.
[*Hofmann*]

Hydroxy-oxo-Verbindungen $C_{12}H_{12}O_3$

6-[(Ξ)-4-Methoxy-benzyliden]-tetrahydro-pyran-2-on, 5-Hydroxy-6ξ-[4-methoxy-phenyl]-hex-5-ensäure-lacton $C_{13}H_{14}O_3$, Formel I.
B. Beim Behandeln von 2-[(Ξ)-4-Methoxy-benzyliden]-cyclopentanon (F: 68—69°) mit Peroxyessigsäure in Kaliumacetat enthaltender Essigsäure (*Walton*, J. org. Chem. **22** [1957] 1161, 1164).
Krystalle (aus Isopropylalkohol); F: 72—73° [Block].

(±)-5-Methoxy-3,4-dimethyl-5-phenyl-5H-furan-2-on, (±)-4-Hydroxy-4-methoxy-2,3-di=methyl-4-phenyl-cis-crotonsäure-lacton $C_{13}H_{14}O_3$, Formel II (X = H).
Diese Konstitution kommt der nachstehend beschriebenen, ursprünglich (*Lutz, Taylor*, Am. Soc. **55** [1933] 1593, 1597) als 2,3-Dimethyl-4-oxo-4-phenyl-cis-crotonsäure-methyl=ester angesehenen Verbindung zu (*Lutz, Couper*, J. org. Chem. **6** [1941] 77, 81).
B. Beim Behandeln von (±)-5-Hydroxy-3,4-dimethyl-5-phenyl-5H-furan-2-on (s. E III **10** 3171 im Artikel 2,3-Dimethyl-4-oxo-4-phenyl-cis-crotonsäure) mit Chlorwasserstoff enthaltendem Methanol (*Lutz, Co.*; *Lutz, Ta.*). Beim Erwärmen von 2,3-Dimethyl-4-oxo-4-phenyl-cis-crotonsäure-methylester (E III **10** 3171) mit Methanol und Schwefel=säure (*Lutz, Co.*). Beim Behandeln von 2,3-Dimethyl-4-oxo-4-phenyl-trans-crotonsäure-methylester mit Natriummethylat in Methanol (*Lutz, Co.*).
Krystalle (aus wss. A.); F: 53° (*Lutz, Ta.*). Bei 163—164°/9 Torr destillierbar (*Lutz, Ta.*).

(±)-5-[4-Brom-phenyl]-5-methoxy-3,4-dimethyl-5H-furan-2-on, (±)-4-[4-Brom-phenyl]-4-hydroxy-4-methoxy-2,3-dimethyl-cis-crotonsäure-lacton $C_{13}H_{13}BrO_3$, Formel II (X = Br).
B. Beim Erwärmen von 4-[4-Brom-phenyl]-2,3-dimethyl-4-oxo-cis-crotonsäure (E III

10 3172) mit Methanol und Schwefelsäure (*Lutz, Couper*, J. org. Chem. **6** [1941] 77, 89). Beim Behandeln von 4-[4-Brom-phenyl]-2,3-dimethyl-4-oxo-*cis*-crotonsäure-methylester (E III **10** 3172) mit methanol. Kalilauge (*Lutz, Co.*). Beim Behandeln von 4-[4-Brom-phenyl]-2,3-dimethyl-4-oxo-*trans*-crotonsäure-methylester mit Natriummethylat in Methanol (*Lutz, Co.*).

Krystalle (aus A.); F: 91,5°.

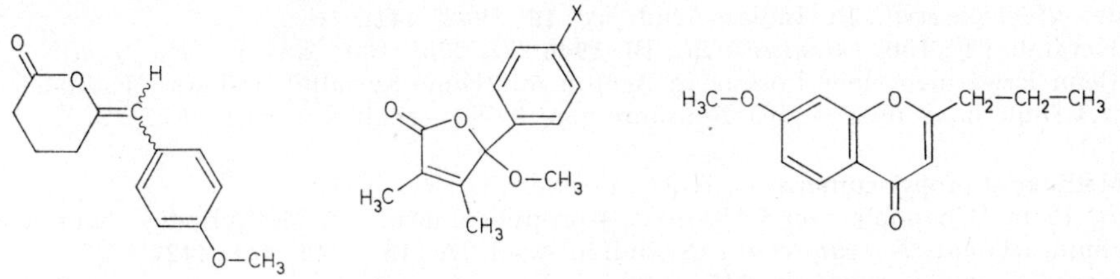

I   II   III

7-Methoxy-2-propyl-chromen-4-on $C_{13}H_{14}O_3$, Formel III.

B. Beim Erhitzen von 1-[2-Hydroxy-4-methoxy-phenyl]-hexan-1,3-dion mit Essig=säure und kleinen Mengen wss. Salzsäure (*Heilbron et al.*, Soc. **1934** 1311, 1313; s. a. *Heilbron et al.*, Soc. **1934** 1581).

Krystalle (aus A. oder PAe.); F: 83°.

2-Methoxy-3-propyl-chromen-4-on $C_{13}H_{14}O_3$, Formel IV.

B. Neben 4-Methoxy-3-propyl-cumarin beim Behandeln von 3-Propyl-chroman-2,4-dion (E III/IV **17** 6202) mit Diazomethan in Äther (*Cieślak et al.*, Roczniki Chem. **33** [1959] 349, 351, 358; C. A. **1960** 3404).

Krystalle (aus Bzn.); F: 74—75°. Absorptionsmaximum (A.): 295 nm (*Ci. et al.*, l. c. S. 355).

Verbindung mit Perchlorsäure $2C_{13}H_{14}O_3 \cdot HClO_4$; Verbindung von 2-Methoxy-3-propyl-chromen-4-on mit 4-Hydroxy-2-methoxy-3-propyl-chromenylium-perchlorat $C_{13}H_{14}O_3 \cdot [C_{13}H_{15}O_3]ClO_4$. F: 129—130°.

6-Hydroxy-3-propyl-chromen-4-on $C_{12}H_{12}O_3$, Formel V (R = H).

B. Beim Behandeln von 1-[2,5-Dihydroxy-phenyl]-pentan-1-on mit Äthylformiat und Natrium (*Ingle et al.*, J. Indian chem. Soc. **26** [1949] 569, 572).

Krystalle (aus wss. Me.); F: 119°.

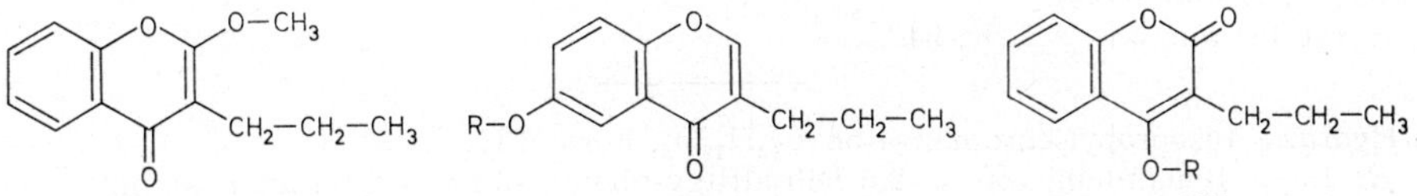

IV   V   VI

6-Methoxy-3-propyl-chromen-4-on $C_{13}H_{14}O_3$, Formel V (R = CH_3).

B. Beim Erwärmen von 6-Hydroxy-3-propyl-chromen-4-on mit Methyljodid, Aceton und Kaliumcarbonat (*Ingle et al.*, J. Indian chem. Soc. **26** [1949] 569, 573).

Krystalle (aus PAe.); F: 48—49°.

4-Methoxy-3-propyl-cumarin $C_{13}H_{14}O_3$, Formel VI (R = CH_3).

B. Neben 2-Methoxy-3-propyl-chromen-4-on (Hauptprodukt) beim Behandeln von 3-Propyl-chroman-2,4-dion (E III/IV **17** 6202) mit Diazomethan in Äther (*Cieślak et al.*, Roczniki Chem. **33** [1959] 349, 351, 358; C. A. **1960** 3404).

Krystalle (aus Bzn.); F: 49—50°. Absorptionsmaxima (A.): 272 nm, 282 nm und 310 nm (*Ci. et al.*, l. c. S. 355).

4-Acetoxy-3-propyl-cumarin $C_{14}H_{14}O_4$, Formel VI (R = CO-CH$_3$).
B. Aus 3-Propyl-chroman-2,4-dion (E III/IV **17** 6202) und Acetanhydrid (*Mentzer, Meunier,* Bl. [5] **10** [1943] 356, 360).
Krystalle; F: 67°.

7-Hydroxy-4-propyl-cumarin $C_{12}H_{12}O_3$, Formel VII (R = H).
B. Beim Behandeln von Resorcin mit 3-Oxo-hexansäure-äthylester und wss. Schwefel=
säure (*Kotwani et al.,* Pr. Indian Acad. [A] **15** [1942] 441).
Krystalle; F: 136° (*Mentzer et al.,* Bl. **1946** 271, 275), 130° [aus A.] (*Ko. et al.*).
Beim Erwärmen einer Lösung in Aceton mit Dimethylsulfat und wss. Kalilauge ist 3-[2,4-Dimethoxy-phenyl]-hex-2-ensäure vom F: 85° erhalten worden (*Ko. et al.*).

7-Methoxy-4-propyl-cumarin $C_{13}H_{14}O_3$, Formel VII (R = CH$_3$).
B. Beim Behandeln von 7-Hydroxy-4-propyl-cumarin mit Methyljodid, Aceton und Kaliumcarbonat (*Kotwani et al.,* Pr. Indian Acad. [A] **15** [1942] 441, 442).
Krystalle (aus wss. A.); F: 145—146°.

7-Acetoxy-4-propyl-cumarin $C_{14}H_{14}O_4$, Formel VII (R = CO-CH$_3$).
B. Beim Erhitzen von 7-Hydroxy-4-propyl-cumarin mit Acetanhydrid und Natrium=
acetat (*Kotwani et al.,* Pr. Indian Acad. [A] **15** [1942] 441, 442).
Krystalle (aus A.); F: 118—119°.

7-Hydroxy-5-propyl-cumarin $C_{12}H_{12}O_3$, Formel VIII (R = H).
B. Beim Behandeln einer Lösung von 7-Acetoxy-5-propyl-cumarin in Äthanol mit wss. Kalilauge (*Fuzikawa, Inoue,* J. pharm. Soc. Japan **60** [1940] 181, 183; dtsch. Ref. S. 59; C. A. **1940** 5426).
Krystalle (aus wss. A.); F: 105°.

VII   VIII   IX

7-Acetoxy-5-propyl-cumarin $C_{14}H_{14}O_4$, Formel VIII (R = CO-CH$_3$).
B. Beim Erhitzen von 2,4-Dihydroxy-6-propyl-benzaldehyd mit Acetanhydrid und Natriumacetat (*Fuzikawa, Inoue,* J. pharm. Soc. Japan **60** [1940] 181, 183; dtsch. Ref. S. 59; C. A. **1940** 5426).
Krystalle (aus wss. A.); F: 94°.

6-Hydroxy-3-isopropyl-chromen-4-on $C_{12}H_{12}O_3$, Formel IX (R = H).
B. Beim Behandeln von 1-[2,5-Dihydroxy-phenyl]-3-methyl-butan-1-on mit Äthyl=
formiat und Natrium (*Ingle et al.,* J. Indian chem. Soc. **26** [1949] 569, 573).
Krystalle (aus wss. A.); F: 191—192°.

6-Acetoxy-3-isopropyl-chromen-4-on $C_{14}H_{14}O_4$, Formel IX (R = CO-CH$_3$).
B. Beim Erwärmen von 6-Hydroxy-3-isopropyl-chromen-4-on mit Acetanhydrid und Natriumacetat (*Ingle et al.,* J. Indian chem. Soc. **26** [1949] 569, 573).
Krystalle (aus wss. A.); F: 88°.

3-Äthyl-5-hydroxy-2-methyl-chromen-4-on $C_{12}H_{12}O_3$, Formel X (R = H).
B. Neben 5-Acetoxy-3-äthyl-2-methyl-chromen-4-on beim Erhitzen von 1-[2,6-Di=
hydroxy-phenyl]-butan-1-on mit Acetanhydrid und Natriumacetat (*Limaye et al.,* Rasayanam **1** [1941] 217, 219).
Krystalle (aus wss. Eg.); F: 97°.

5-Acetoxy-3-äthyl-2-methyl-chromen-4-on $C_{14}H_{14}O_4$, Formel X (R = CO-CH$_3$).

B. Neben 3-Äthyl-5-hydroxy-2-methyl-chromen-4-on beim Erhitzen von 1-[2,6-Dihydroxy-phenyl]-butan-1-on mit Acetanhydrid und Natriumacetat (*Limaye et al.*, Rasayanam **1** [1941] 217, 219).

Krystalle (aus wss. Eg.); F: 107°.

3-Äthyl-5-benzoyloxy-2-methyl-chromen-4-on $C_{19}H_{16}O_4$, Formel X (R = CO-C$_6$H$_5$).

B. Aus 3-Äthyl-5-hydroxy-2-methyl-chromen-4-on und Benzoylchlorid (*Limaye et al.*, Rasayanam **1** [1941] 217, 220).

F: 158°.

3-Äthyl-7-hydroxy-2-methyl-chromen-4-on $C_{12}H_{12}O_3$, Formel XI (X = H).

B. Beim Erhitzen von 1-[2,4-Dihydroxy-phenyl]-butan-1-on mit Acetanhydrid und Natriumacetat und Erwärmen des Reaktionsprodukts mit wss. Kalilauge (*Canter et al.*, Soc. **1931** 1255, 1264) oder mit Natrium in Toluol (*Pandit, Sethna*, J. Indian chem. Soc. **27** [1950] 1, 4).

Krystalle (aus A.); F: 238° (*Ca. et al.*; *Pa., Se.*).

Reaktion mit Brom in Essigsäure unter Bildung von 3-Äthyl-8-brom-7-hydroxy-2-methyl-chromen-4-on und 3-Äthyl-6,8-dibrom-7-hydroxy-2-methyl-chromen-4-on: *Desai et al.*, J. Indian chem. Soc. **31** [1954] 145, 148. Beim Behandeln mit wss. Salpetersäure (D: 1,42) und Essigsäure sind 3-Äthyl-7-hydroxy-2-methyl-8-nitro-chromen-4-on und 2,4-Dihydroxy-3,5-dinitro-benzoesäure erhalten worden (*De. et al.*).

X   XI   XII

3-Äthyl-8-brom-7-hydroxy-2-methyl-chromen-4-on $C_{12}H_{11}BrO_3$, Formel XI (X = Br).

B. Beim Behandeln von 3-Äthyl-7-hydroxy-2-methyl-chromen-4-on mit Brom (1 Mol) in Essigsäure (*Desai et al.*, J. Indian chem. Soc. **31** [1954] 145, 148).

Krystalle (aus A.); F: 244° [Zers.].

3-Äthyl-6,8-dibrom-7-hydroxy-2-methyl-chromen-4-on $C_{12}H_{10}Br_2O_3$, Formel XII.

B. Beim Behandeln von 3-Äthyl-7-hydroxy-2-methyl-chromen-4-on mit Brom (2 Mol) in Essigsäure (*Desai et al.*, J. Indian chem. Soc. **31** [1954] 145, 148).

Krystalle (aus A.); F: 226°.

3-Äthyl-7-hydroxy-2-methyl-8-nitro-chromen-4-on $C_{12}H_{11}NO_5$, Formel XI (X = NO$_2$).

B. Beim Behandeln von 3-Äthyl-7-hydroxy-2-methyl-chromen-4-on mit wss. Salpetersäure (D: 1,42) und Essigsäure (*Desai et al.*, J. Indian chem. Soc. **31** [1954] 145, 148).

Gelbe Krystalle (aus A.); F: 246°.

3-Acetyl-2-methyl-chromenylium [$C_{12}H_{11}O_2$]$^+$, Formel I.

Perchlorat [$C_{12}H_{11}O_2$]ClO$_4$. Eine unter dieser Konstitution beschriebene Verbindung (gelbbraune Krystalle; F: 145—150°) ist beim Behandeln einer Lösung von 3-Salicylidenpentan-2,4-dion in Äther mit Chlorwasserstoff und anschliessend mit wss. Perchlorsäure erhalten worden (*Le Fèvre*, Soc. **1934** 450, 452).

2-Äthyl-7-hydroxy-3-methyl-chromen-4-on $C_{12}H_{12}O_3$, Formel II (R = H).

Krystalle (aus A. oder Bzn.); F: 262—263° (*Da Re et al.*, Arzneimittel-Forsch. **10** [1960] 800, 801).

2-Äthyl-7-methoxy-3-methyl-chromen-4-on $C_{13}H_{14}O_3$, Formel II (R = CH$_3$).

B. Neben wenig 4-Äthyl-7-methoxy-3-methyl-cumarin beim Erhitzen von 1-[2-Hydr=

oxy-4-methoxy-phenyl]-propan-1-on mit Propionsäure-anhydrid und Natriumpropionat (*Heilbron et al.*, Soc. **1934** 1581, 1583; s. a. *Heilbron et al.*, Soc. **1933** 430, 433). Beim Erwärmen von 1-[2,4-Dimethoxy-phenyl]-2-methyl-pentan-1,3-dion mit wss. Bromwasserstoffsäure enthaltender Essigsäure (*Heilbron et al.*, Soc. **1934** 1311, 1314).
Krystalle (aus wss. A.); F: 87° (*He. et al.*, Soc. **1934** 1314).

[2-Äthyl-3-methyl-4-oxo-4*H*-chromen-7-yloxy]-essigsäure $C_{14}H_{14}O_5$, Formel II (R = CH_2-COOH).
B. Beim Erwärmen von [2-Äthyl-3-methyl-4-oxo-4*H*-chromen-7-yloxy]-essigsäure-äthylester mit wss. Schwefelsäure (*Recordati Labor. Farm.*, U.S.P. 2 897 211 [1956]; *Da Re et al.*, Farmaco Ed. scient. **13** [1958] 561, 569).
Krystalle (aus wss. A.); F: 169—171°.

I II III

[2-Äthyl-3-methyl-4-oxo-4*H*-chromen-7-yloxy]-essigsäure-äthylester $C_{16}H_{18}O_5$, Formel II (R = CH_2-CO-O-C_2H_5).
B. Beim Erwärmen von 2-Äthyl-7-hydroxy-3-methyl-chromen-4-on mit Bromessigsäure-äthylester, Kaliumcarbonat und Aceton (*Recordati Labor. Farm.*, U.S.P. 2 897 211 [1956]; *Da Re et al.*, Farmaco Ed. scient. **13** [1958] 561, 569).
Krystalle; F: 89—90° [aus wss. A.] (*Da Re et al.*), 87—89° [aus Bzn.] (*Recordati Labor. Farm.*).

[2-Äthyl-3-methyl-4-oxo-4*H*-chromen-7-yloxy]-essigsäure-[2-dimethylamino-äthylester] $C_{18}H_{23}NO_5$, Formel II (R = CH_2-CO-O-CH_2-CH_2-N(CH_3)$_2$).
B. Beim Behandeln einer Suspension des Kalium-Salzes der [2-Äthyl-3-methyl-4-oxo-4*H*-chromen-7-yloxy]-essigsäure in Isopropylalkohol mit [2-Chlor-äthyl]-dimethylamin-hydrochlorid (*Recordati Labor. Farm.*, U.S.P. 2 897 211 [1956]; *Da Re et al.*, Farmaco Ed. scient. **13** [1958] 561, 572).
Hydrochlorid $C_{18}H_{23}NO_5 \cdot HCl$. Krystalle (aus A.); F: 195—197°.

[2-Äthyl-3-methyl-4-oxo-4*H*-chromen-7-yloxy]-essigsäure-[2-diäthylamino-äthylester] $C_{20}H_{27}NO_5$, Formel II (R = CH_2-CO-O-CH_2-CH_2-N(C_2H_5)$_2$).
B. Beim Behandeln einer Suspension des Kalium-Salzes der [2-Äthyl-3-methyl-4-oxo-4*H*-chromen-7-yloxy]-essigsäure in Isopropylalkohol mit Diäthyl-[2-chlor-äthyl]-amin-hydrochlorid (*Recordati Labor. Farm.*, U.S.P. 2 897 211 [1956]; *Da Re et al.*, Farmaco Ed. scient. **13** [1958] 561, 571).
Hydrochlorid $C_{20}H_{27}NO_5 \cdot HCl$. Krystalle (aus A. oder aus A. + Ae.); F: 158—161°.

2-Äthyl-3-methyl-7-[tetra-*O*-acetyl-*β*-D-glucopyranosyloxy]-chromen-4-on $C_{26}H_{30}O_{12}$, Formel III (R = CO-CH_3).
B. Beim Behandeln einer Lösung von 2-Äthyl-7-hydroxy-3-methyl-chromen-4-on in Aceton mit α-D-Acetobromglucopyranose (Tetra-*O*-acetyl-α-D-glucopyranosylbromid) und wss. Natronlauge (*Da Re et al.*, Ann. Chimica **49** [1959] 2089, 2093).
Krystalle (aus A.); F: 171—172°. $[\alpha]_D^{20}$: −43,1° (Py.; c = 4).

2-Äthyl-7-hydroxy-5-methyl-chromen-4-on $C_{12}H_{12}O_3$, Formel IV (R = H).
B. Beim Erhitzen von 2-Äthyl-7-methoxy-5-methyl-chromen-4-on mit Acetanhydrid und wss. Jodwasserstoffsäure (*Sethna, Shah*, J. Indian chem. Soc. **17** [1940] 487, 491).
Krystalle (aus A.); F: 195—197°.

2-Äthyl-7-methoxy-5-methyl-chromen-4-on $C_{13}H_{14}O_3$, Formel IV (R = CH_3).
   B. Beim Behandeln von 1-[2,4-Dimethoxy-6-methyl-phenyl]-pentan-1,3-dion mit wss. Bromwasserstoffsäure (Sethna, Shah, J. Indian chem. Soc. **17** [1940] 487, 491).
   Krystalle (aus A.); F: 130—132°.

6-Äthyl-7-hydroxy-2-methyl-chromen-4-on $C_{12}H_{12}O_3$, Formel V (R = H).
   B. Beim Erhitzen von 3-Acetyl-6-äthyl-7-hydroxy-2-methyl-chromen-4-on mit wss. Natriumcarbonat-Lösung (Desai, Hamid, Pr. Indian Acad. [A] **6** [1937] 287, 288).
   Krystalle; F: 209—211° [aus Me.; durch Sublimation bei 100—120°/0,005 Torr gereinigtes Präparat] (Gruber, Horváth, M. **81** [1950] 828, 834), 204° [aus wss. A.] (De., Ha.).

IV   V   VI

6-Äthyl-7-methoxy-2-methyl-chromen-4-on $C_{13}H_{14}O_3$, Formel V (R = CH_3).
   B. Aus 6-Äthyl-7-hydroxy-2-methyl-chromen-4-on mit Hilfe von Dimethylsulfat (Desai, Hamid, Pr. Indian Acad. [A] **6** [1937] 287, 288).
   Krystalle (aus Hexan); F: 90°.
   Beim Erhitzen mit wss. Natronlauge ist 5-Äthyl-2-hydroxy-4-methoxy-benzoesäure erhalten worden.

7-Acetoxy-6-äthyl-2-methyl-chromen-4-on $C_{14}H_{14}O_4$, Formel V (R = CO-CH_3).
   B. Beim Behandeln von 6-Äthyl-7-hydroxy-2-methyl-chromen-4-on mit Acetanhydrid und Pyridin (Desai, Hamid, Pr. Indian Acad. [A] **6** [1937] 287, 288).
   Krystalle (aus wss. A.); F: 99°.

6-Äthyl-8-brom-7-hydroxy-2-methyl-chromen-4-on $C_{12}H_{11}BrO_3$, Formel VI.
   B. Beim Behandeln von 6-Äthyl-7-hydroxy-2-methyl-chromen-4-on mit Brom in Essigsäure (Desai, Desai, J. scient. ind. Res. India **13**B [1954] 249).
   Krystalle (aus PAe.); F: 180°.

4-Äthyl-7-methoxy-3-methyl-cumarin $C_{13}H_{14}O_3$, Formel VII.
   B. Neben 2-Äthyl-7-methoxy-3-methyl-chromen-4-on (Hauptprodukt) beim Erhitzen von 1-[2-Hydroxy-4-methoxy-phenyl]-propan-1-on mit Propionsäure-anhydrid und Natriumpropionat (Heilbron et al., Soc. **1934** 1581, 1583).
   Krystalle (aus PAe.); F: 89°.

3-Äthyl-6-hydroxy-4-methyl-cumarin $C_{12}H_{12}O_3$, Formel VIII.
   B. Neben 3-Butyryl-6-hydroxy-2-propyl-chromen-4-on beim Erhitzen von 1-[2,5-Di=hydroxy-phenyl]-äthanon mit Buttersäure-anhydrid und Natriumbutyrat und anschliessenden Behandeln mit Schwefelsäure (Desai, Mavani, Pr. Indian Acad. [A] **25** [1947] 353, 355). Beim Behandeln von Hydrochinon mit 2-Äthyl-acetessigsäure-äthylester und Aluminiumchlorid (De., Ma., l. c. S. 356).
   Krystalle (aus wss. A.); F: 211°.

3-Äthyl-7-hydroxy-4-methyl-cumarin $C_{12}H_{12}O_3$, Formel IX (R = H).
   B. Beim Behandeln eines Gemisches von Resorcin und 2-Äthyl-acetessigsäure-äthyl=ester mit 73%ig. wss. Schwefelsäure oder mit Phosphor(V)-oxid (Canter et al., Soc. **1931** 1255, 1264; Chakravarti, J. Indian chem. Soc. **8** [1931] 129, 135). Beim Erhitzen von 3-Äthyl-7-hydroxy-4-methyl-2-oxo-2H-chromen-6-carbonsäure mit wss. Salzsäure (Sethna, Shah, J. Indian chem. Soc. **15** [1938] 383, 385).

Krystalle (aus wss. A.); F: 198° (*Ca. et al.*), 196—197° (*Se., Sh.*). Polarographie: *Mashiko*, J. pharm. Soc. Japan **72** [1952] 18; C. A. **1952** 6325.

VII   VIII   IX

3-Äthyl-7-methoxy-4-methyl-cumarin $C_{13}H_{14}O_3$, Formel IX (R = CH_3).

B. Neben 1-[2-Hydroxy-4-methoxy-phenyl]-hexan-1,3-dion beim Erhitzen von 1-[2-Hydroxy-4-methoxy-phenyl]-äthanon mit Buttersäure-anhydrid und Natrium≠ butyrat (*Heilbron et al.*, Soc. **1934** 1581). Beim Behandeln von 3-Äthyl-7-hydroxy-4-methyl-cumarin mit Methyljodid und Aceton (*Canter et al.*, Soc. **1931** 1255, 1264).

Krystalle; F: 94° (*He. et al.*), 93° [aus wss. A.] (*Chakravarti*, J. Indian chem. Soc. **8** [1931] 129, 135; *Ca. et al.*).

Reaktion mit Brom in Essigsäure unter Bildung von 3-Äthyl-6-brom-7-methoxy-4-methyl-cumarin: *Molho, Mentzer*, C. r. **223** [1946] 1141. Beim Behandeln mit *N*-Bromsuccinimid in Tetrachlormethan sind 3-[1-Brom-äthyl]-7-methoxy-4-methyl-cumarin und kleine Mengen 3-Äthyl-6-brom-7-methoxy-4-methyl-cumarin erhalten worden (*Mo., Me.*).

7-Acetoxy-3-äthyl-4-methyl-cumarin $C_{14}H_{14}O_4$, Formel IX (R = CO-CH_3).

B. Aus 3-Äthyl-7-hydroxy-4-methyl-cumarin (*Canter et al.*, Soc. **1931** 1255, 1264; *Chakravarti*, J. Indian chem. Soc. **8** [1931] 129, 135).

Krystalle (aus wss. A.); F: 110° (*Ch.*), 107° (*Ca. et al.*).

3-Äthyl-7-β-D-glucopyranosyloxy-4-methyl-cumarin $C_{18}H_{22}O_8$, Formel X (R = H).

B. Beim Behandeln von 3-Äthyl-4-methyl-7-[tetra-*O*-acetyl-β-D-glucopyranosyloxy]- cumarin mit Aceton und wss. Natronlauge (*Da Re et al.*, Ann. Chimica **49** [1959] 2089, 2095).

Krystalle (aus A.); F: 142—144°. $[\alpha]_D^{20}$: $-52,6°$ [Py.; c = 2].

3-Äthyl-4-methyl-7-[tetra-*O*-acetyl-β-D-glucopyranosyloxy]-cumarin $C_{26}H_{30}O_{12}$, Formel X (R = CO-CH_3).

B. Beim Behandeln einer Lösung von 3-Äthyl-7-hydroxy-4-methyl-cumarin in Aceton mit α-D-Acetobromglucopyranose (Tetra-*O*-acetyl-α-D-glucopyranosylbromid) und wss. Natronlauge (*Da Re et al.*, Ann. Chimica **49** [1959] 2089, 2095).

Krystalle (aus A.); F: 144—145°. $[\alpha]_D^{20}$: $-24,7°$ [Py.; c = 2].

X   XI

3-Äthyl-6-chlor-7-hydroxy-4-methyl-cumarin $C_{12}H_{11}ClO_3$, Formel XI (R = H).

B. Beim Behandeln eines Gemisches von 4-Chlor-resorcin und 2-Äthyl-acetessigsäure-äthylester mit Schwefelsäure oder mit Phosphor(V)-oxid (*Chakravarti, Ghosh*, J. Indian chem. Soc. **12** [1935] 622, 626).

Krystalle (aus Eg.); F: 257—258°.

7-Acetoxy-3-äthyl-6-chlor-4-methyl-cumarin $C_{14}H_{13}ClO_4$, Formel XI (R = CO-CH_3).

B. Aus 3-Äthyl-6-chlor-7-hydroxy-4-methyl-cumarin (*Chakravarti, Ghosh*, J. Indian chem. Soc. **12** [1935] 622, 626).

Krystalle (aus wss. A.); F: 145°.

3-[2,2-Dichlor-äthyl]-7-hydroxy-4-methyl-cumarin $C_{12}H_{10}Cl_2O_3$, Formel XII (R = H).

B. Beim Erwärmen einer Lösung von (±)-7-Hydroxy-4-methyl-3-[2,2,2-trichlor-1-hydroxy-äthyl]-cumarin oder von (±)-7-Acetoxy-3-[1-acetoxy-2,2,2-trichlor-äthyl]-4-methyl-cumarin in Essigsäure mit Zink-Pulver und wss. Salzsäure (*Kulkarni, Shah,* Pr. Indian Acad. [A] **14** [1941] 151, 154).

Krystalle (aus wss. A. oder Eg.); F: 206—207°.

3-[2,2-Dichlor-äthyl]-7-methoxy-4-methyl-cumarin $C_{13}H_{12}Cl_2O_3$, Formel XII (R = CH$_3$).

B. Beim Behandeln einer Lösung von (±)-7-Methoxy-4-methyl-3-[2,2,2-trichlor-1-methoxy-äthyl]-cumarin in Essigsäure mit Zink und wss. Salzsäure (*Chudgar, Shah,* J. Univ. Bombay **11**, Tl. 3A [1943] 116, 118).

Krystalle (aus A.); F: 113—114°.

7-Acetoxy-3-[2,2-dichlor-äthyl]-4-methyl-cumarin $C_{14}H_{12}Cl_2O_4$, Formel XII (R = CO-CH$_3$).

B. Beim Behandeln von 3-[2,2-Dichlor-äthyl]-7-hydroxy-4-methyl-cumarin mit Acetanhydrid und wenig Schwefelsäure (*Kulkarni, Shah,* Pr. Indian Acad. [A] **14** [1941] 151, 154). Beim Behandeln von (±)-7-Acetoxy-3-[1-acetoxy-2,2,2-trichlor-äthyl]-4-methyl-cumarin mit Essigsäure und Zink-Pulver (*Ku., Shah,* l. c. S. 155).

Krystalle (aus A.); F: 101—102°.

3-Äthyl-6-brom-7-hydroxy-4-methyl-cumarin $C_{12}H_{11}BrO_3$, Formel XIII (R = H).

B. Beim Behandeln eines Gemisches von 4-Brom-resorcin und 2-Äthyl-acetessigsäure-äthylester mit Schwefelsäure oder mit Phosphor(V)-oxid (*Chakravarti, Mukerjee,* J. Indian chem. Soc. **14** [1937] 725, 729; *Molho, Mentzer,* C. r. **228** [1949] 578).

Krystalle; F: 245° [aus A.] (*Mo., Me.*), 240° [aus Eg.] (*Ch., Mu.*).

3-Äthyl-6-brom-7-methoxy-4-methyl-cumarin $C_{13}H_{13}BrO_3$, Formel XIII (R = CH$_3$).

B. Beim Behandeln von 3-Äthyl-7-methoxy-4-methyl-cumarin mit Brom in Essigsäure (*Molho, Mentzer,* C. r. **223** [1946] 1141). Beim Behandeln von 3-Äthyl-6-brom-7-hydroxy-4-methyl-cumarin mit wss. Natronlauge, Dimethylsulfat und Methanol (*Molho, Mentzer,* C. r. **228** [1949] 578).

Krystalle (aus A.); F: 182°.

XII   XIII   XIV

7-Acetoxy-3-äthyl-6-brom-4-methyl-cumarin $C_{14}H_{13}BrO_4$, Formel XIII (R = CO-CH$_3$).

B. Beim Erhitzen von 3-Äthyl-6-brom-7-hydroxy-4-methyl-cumarin mit Acetanhydrid und Natriumacetat (*Chakravarti, Mukerjee,* J. Indian chem. Soc. **14** [1937] 725, 729).

Krystalle (aus wss. A.); F: 152°.

(±)-3-[1-Brom-äthyl]-7-methoxy-4-methyl-cumarin $C_{13}H_{13}BrO_3$, Formel XIV.

B. Neben kleinen Mengen 3-Äthyl-6-brom-7-methoxy-4-methyl-cumarin beim Behandeln von 3-Äthyl-7-methoxy-4-methyl-cumarin mit *N*-Brom-succinimid in Tetrachlormethan (*Molho, Mentzer,* C. r. **223** [1946] 1141).

F: 125° (*Mo., Me.,* C. r. **223** 1142).

Beim Erwärmen mit Natriumäthylat in Äthanol ist 3-Äthyl-6-brom-7-methoxy-4-methyl-cumarin erhalten worden (*Molho, Mentzer,* C. r. **224** [1947] 471). Bildung von 3-Äthyl-6-brom-7-methoxy-4-methyl-cumarin und von 2-Acetyl-3-[7-methoxy-4-methyl-2-oxo-2*H*-chromen-3-yl]-buttersäure-äthylester beim Behandeln mit der Natrium-Verbindung des Acetessigsäure-äthylesters und Natriumäthylat in Äthanol: *Mo., Me.,* C. r. **223** 1141; C. r. **224** 471.

3-[(Ξ)-1-Acetoxy-äthyliden]-6-methyl-chroman-2-on, 3ξ-Acetoxy-2-[2-hydroxy-5-methyl-benzyl]-crotonsäure-lacton $C_{14}H_{14}O_4$, Formel I.
B. Beim Behandeln von 3-Acetyl-6-methyl-chroman-2-on mit Acetanhydrid und Pyridin (*Dean et al.*, Soc. **1950** 895, 900).
Krystalle (aus wss. Me.); F: 125°.

(±)-3-[1-Hydroxy-äthyl]-7-methyl-cumarin $C_{12}H_{12}O_3$, Formel II.
Diese Konstitution kommt wahrscheinlich der nachstehend beschriebenen Verbindung zu (*Dean et al.*, Soc. **1950** 895, 896).
B. Neben 3-Acetyl-7-methyl-chroman-2-on bei der Hydrierung von 3-Acetyl-7-methyl-cumarin an Palladium/Kohle in Methanol (*Dean et al.*, l. c. S. 901).
Krystalle (aus A. + Bzl.); F: 129,5—130,5°.

5-Äthyl-7-hydroxy-4-methyl-cumarin $C_{12}H_{12}O_3$, Formel III (R = H).
B. Beim Behandeln von 5-Äthyl-resorcin mit Acetessigsäure-äthylester und Schwefelsäure (*Broadbent et al.*, Soc. **1952** 4957).
Krystalle (aus A.); F: 188°.

5-Äthyl-7-benzoyloxy-4-methyl-cumarin $C_{19}H_{16}O_4$, Formel III (R = CO-C_6H_5).
B. Beim Behandeln von 5-Äthyl-7-hydroxy-4-methyl-cumarin mit Benzoylchlorid und wss. Natronlauge (*Broadbent et al.*, Soc. **1952** 4957).
Krystalle (aus A.); F: 167°.

6-Äthyl-5-hydroxy-4-methyl-cumarin $C_{12}H_{12}O_3$, Formel IV.
B. Beim Erwärmen einer Lösung von 6-Acetyl-5-hydroxy-4-methyl-cumarin in Äthanol mit amalgamiertem Zink und wss. Salzsäure (*Sethna et al.*, Soc. **1938** 225, 232).
Krystalle (aus wss. Me.); F: 174—175°.

6-Äthyl-8-chlor-5-hydroxy-4-methyl-cumarin $C_{12}H_{11}ClO_3$, Formel V, und
8-Äthyl-6-chlor-5-hydroxy-4-methyl-cumarin $C_{12}H_{11}ClO_3$, Formel VI.
Diese beiden Konstitutionsformeln werden für die nachstehend beschriebene Verbindung in Betracht gezogen (*Chakravarti, Chakravarti*, J. Indian chem. Soc. **16** [1939] 144, 147).
B. Beim Behandeln eines Gemisches von 4-Äthyl-6-chlor-resorcin und Acetessigsäure-äthylester mit Schwefelsäure oder mit Phosphor(V)-oxid (*Ch., Ch.*).
Krystalle (aus A.); F: 175°.
O-Acetyl-Derivat $C_{14}H_{13}ClO_4$ (5-Acetoxy-6(oder 8)-äthyl-8(oder 6)-chlor-4-methyl-cumarin; hergestellt mit Hilfe von Acetanhydrid und Natriumacetat).
Krystalle (aus wss. A.); F: 100°.

6-Äthyl-7-hydroxy-4-methyl-cumarin $C_{12}H_{12}O_3$, Formel VII (R = H).
B. Beim Behandeln eines Gemisches von 4-Äthyl-resorcin und Acetessigsäure-äthylester mit Schwefelsäure (*Desai, Ekhlas*, Pr. Indian Acad. [A] **8** [1938] 194, 197; *Chakravarti, Chakravarti*, J. Indian chem. Soc. **16** [1939] 144, 149) oder mit Phosphorylchlorid (*Thakor, Shah*, J. Indian chem. Soc. **23** [1946] 423; J. Univ. Bombay **15**, Tl. 5A [1947] 14). Beim Erhitzen von 6-Äthyl-7-methoxy-4-methyl-cumarin mit wss. Jodwasserstoffsäure und Acetanhydrid (*Usgaonkar et al.*, J. Indian chem. Soc. **30** [1953] 535, 536). Beim Erwärmen einer Lösung von 6-Acetyl-7-hydroxy-4-methyl-cumarin in Äthanol mit amalgamiertem Zink und wss. Salzsäure (*Limaye, Limaye*, Rasayanam **1** [1941] 201, 204).

Krystalle (aus A.); F: 217° (*Th.*, *Shah*), 213—214° (*Us. et al.*), 213° (*De.*, *Ek.*; *Li.*, *Li.*). Absorptionsspektrum (210—420 nm) sowie Fluorescenzspektrum (400—625 nm) von Lösungen in Wasser, in wss. Natronlauge und in wss. Salzsäure: *Mattoo*, Trans. Faraday Soc. **52** [1956] 1184, 1189, 1193. Scheinbarer Dissoziationsexponent pK'_a (Wasser; spektrophotometrisch ermittelt) bei 25°: 8,01 (*Mattoo*, Z. physik. Chem. [N.F.] **12** [1957] 232, 237).

6-Äthyl-7-methoxy-4-methyl-cumarin $C_{13}H_{14}O_3$, Formel VII (R = CH_3).

B. Beim Behandeln von 2-Äthyl-5-methoxy-phenol mit Acetessigsäure-äthylester, Aluminiumchlorid und Nitrobenzol oder mit Acetessigsäure-äthylester und Schwefel= säure (*Usgaonkar et al.*, J. Indian chem. Soc. **30** [1953] 535, 536). Aus 6-Äthyl-7-hydroxy-4-methyl-cumarin (*Desai*, *Ekhlas*, Pr. Indian Acad. [A] **8** [1938] 194, 197; *Limaye*, *Limaye*, Rasayanam **1** [1941] 201, 205).

Krystalle; F: 165° (*Li.*, *Li.*), 162—163° [aus wss. A.] (*Us. et al.*), 160° [aus wss. A.] (*De.*, *Ek.*).

IV   V   VI   VII

6-Äthyl-7-[2-hydroxy-äthoxy]-4-methyl-cumarin $C_{14}H_{16}O_4$, Formel VII (R = CH_2-CH_2OH).

B. Beim Behandeln von 6-Äthyl-7-hydroxy-4-methyl-cumarin mit Natrium in Benzol und anschliessend mit 2-Chlor-äthanol (*Sen*, *Sen Gupta*, J. Indian chem. Soc. **32** [1955] 120).

Krystalle (aus A.); F: 208°.

7-Acetoxy-6-äthyl-4-methyl-cumarin $C_{14}H_{14}O_4$, Formel VII (R = CO-CH_3).

B. Beim Erwärmen von 6-Äthyl-7-hydroxy-4-methyl-cumarin mit Acetanhydrid und Natriumacetat (*Desai*, *Ekhlas*, Pr. Indian Acad. [A] **8** [1938] 194, 197; *Limaye*, *Limaye*, Rasayanam **1** [1941] 201, 204).

Krystalle (aus A.); F: 146—147° (*Thakor*, *Shah*, J. Univ. Bombay **15**, Tl. 5A [1947] 14), 145° (*Li.*, *Li.*), 143° (*De.*, *Ek.*). Absorptionsspektrum (210—420 nm) sowie Fluorescenzspektrum (400—625 nm) von Lösungen in Wasser, in wss. Natronlauge und in wss. Salzsäure: *Mattoo*, Trans. Faraday Soc. **52** [1956] 1184, 1192, 1193.

6-Äthyl-4-methyl-7-propionyloxy-cumarin $C_{15}H_{16}O_4$, Formel VII (R = CO-CH_2-CH_3).

B. Beim Erhitzen von 6-Äthyl-7-hydroxy-4-methyl-cumarin mit Propionsäure-anhydrid und wenig Schwefelsäure (*Setalvad*, *Shah*, J. Indian chem. Soc. **34** [1957] 289, 291).

Krystalle (aus A.); F: 154°.

6-Äthyl-7-butyryloxy-4-methyl-cumarin $C_{16}H_{18}O_4$, Formel VII (R = CO-CH_2-CH_2-CH_3).

B. Beim Erhitzen von 6-Äthyl-7-hydroxy-4-methyl-cumarin mit Buttersäure-anhydrid und wenig Schwefelsäure (*Setalvad*, *Shah*, J. Indian chem. Soc. **34** [1957] 289, 292).

Krystalle (aus A.); F: 125°.

6-Äthyl-7-benzoyloxy-4-methyl-cumarin $C_{19}H_{16}O_4$, Formel VII (R = CO-C_6H_5).

B. Beim Behandeln von 6-Äthyl-7-hydroxy-4-methyl-cumarin mit Benzoylchlorid und Pyridin (*Thakor*, *Shah*, J. Indian chem. Soc. **23** [1946] 423).

Krystalle; F: 157° [aus A.] (*Desai*, *Mavani*, Pr. Indian Acad. [A] **25** [1947] 341, 343), 155° (*Th.*, *Shah*; *Limaye*, *Limaye*, Rasayanam **1** [1941] 201, 205).

7-Äthoxycarbonyloxy-6-äthyl-4-methyl-cumarin $C_{15}H_{16}O_5$, Formel VII (R = CO-OC_2H_5).

B. Aus 6-Äthyl-7-hydroxy-4-methyl-cumarin mit Hilfe von Chlorokohlensäure-äthyl=

ester und wss. Natronlauge (*Desai, Ekhlas,* Pr. Indian Acad. [A] **8** [1938] 194, 197).
Krystalle (aus wss. A.); F: 144°.

6-Äthyl-7-[chlor-hydroxy-phosphoryloxy]-4-methyl-cumarin, Chlorophosphorsäure-mono-[6-äthyl-4-methyl-2-oxo-2H-chromen-7-ylester] $C_{12}H_{12}ClO_5P$, Formel VII (R = P(O)(OH)-Cl).

B. Beim Erwärmen von 6-Äthyl-7-hydroxy-4-methyl-cumarin mit Phosphorylchlorid, Magnesium und Benzol (*Sen, Sen Gupta,* J. Indian chem. Soc. **32** [1955] 120).
Krystalle (aus A.); F: 160°.

6-Äthyl-7-diäthoxythiophosphoryloxy-4-methyl-cumarin, Thiophosphorsäure-*O,O'*-diäthylester-*O''*-[6-äthyl-4-methyl-2-oxo-2H-chromen-7-ylester] $C_{16}H_{21}O_5PS$, Formel VII (R = P(S)(OC$_2$H$_5$)$_2$).

B. Beim Erwärmen der Natrium-Verbindung des 6-Äthyl-7-hydroxy-4-methyl-cumarins mit Chlorothiophosphorsäure-*O,O'*-diäthylester in Äthanol (*Sen, Sen Gupta,* J. Indian chem. Soc. **32** [1955] 120).
Kp_{10}: 112°.

6-Äthyl-3-brom-7-methoxy-4-methyl-cumarin $C_{13}H_{13}BrO_3$, Formel VIII.

B. Beim Erwärmen von 6-Äthyl-7-methoxy-4-methyl-cumarin oder von 6-Äthyl-7-methoxy-4-methyl-2-oxo-2H-chromen-3-sulfonsäure mit Brom in Essigsäure (*Merchant, Shah,* J. org. Chem. **22** [1957] 884, 887).
Krystalle (aus Eg.); F: 171—173° [korr.].

6-Äthyl-3,8-dibrom-7-hydroxy-4-methyl-cumarin $C_{12}H_{10}Br_2O_3$, Formel IX.

B. Beim Erwärmen von 6-Äthyl-7-hydroxy-4-methyl-cumarin oder von 6-Äthyl-7-hydroxy-4-methyl-2-oxo-2H-chromen-3,8-disulfonsäure mit Brom in Essigsäure (*Merchant, Shah,* J. org. Chem. **22** [1957] 884, 886).
Krystalle (aus Eg.); F: 213—215° [korr.].

7-Äthyl-6-hydroxy-4-methyl-cumarin $C_{12}H_{12}O_3$, Formel X (R = H).

B. Beim Behandeln eines Gemisches von 2-Äthyl-hydrochinon und Acetessigsäure-äthylester mit wss. Schwefelsäure (*Desai, Mavani,* Pr. Indian Acad. [A] **15** [1942] 11, 13) oder mit Phosphorylchlorid (*Mehta et al.,* J. Indian chem. Soc. **33** [1956] 135, 136).
Krystalle (aus A.); F: 200° (*De., Ma.; Me. et al.*).

7-Äthyl-6-methoxy-4-methyl-cumarin $C_{13}H_{14}O_3$, Formel X (R = CH$_3$).

B. Beim Behandeln einer Lösung von 7-Äthyl-6-hydroxy-4-methyl-cumarin in Aceton mit Dimethylsulfat und Natriumhydrogencarbonat (*Mehta et al.,* J. Indian chem. Soc. **33** [1956] 135, 137).
Krystalle (aus A.); F: 165°.

6-Acetoxy-7-äthyl-4-methyl-cumarin $C_{14}H_{14}O_4$, Formel X (R = CO-CH$_3$).

B. Aus 7-Äthyl-6-hydroxy-4-methyl-cumarin (*Desai, Mavani,* Pr. Indian Acad. [A] **15** [1942] 11, 13).
Krystalle (aus A.); F: 133°.

VIII IX X XI

7-Äthyl-6-benzoyloxy-4-methyl-cumarin $C_{19}H_{16}O_4$, Formel X (R = CO-C$_6$H$_5$).

B. Beim Behandeln von 7-Äthyl-6-hydroxy-4-methyl-cumarin mit Benzoylchlorid und

Pyridin (*Mehta et al.*, J. Indian chem. Soc. **33** [1956] 135, 136).
Krystalle (aus A.); F: 150°.

8-Äthyl-5-hydroxy-4-methyl-cumarin $C_{12}H_{12}O_3$, Formel XI (R = H).

B. Beim Erhitzen von 8-Äthyl-5-methoxy-4-methyl-cumarin mit wss. Jodwasserstoffsäure und Acetanhydrid (*Usgaonkar et al.*, J. Indian chem. Soc. **30** [1953] 535, 537). Aus 8-Äthyl-5-hydroxy-4-methyl-2-oxo-2*H*-chromen-6-carbonsäure beim Erhitzen auf 250° (*Desai, Ekhlas*, Pr. Indian Acad. [A] **8** [1938] 567, 572; *Sethna, Shah*, Soc. **1938** 1066, 1068) sowie beim Erhitzen mit Wasser auf 180° (*Se., Shah*). Beim Erhitzen von 8-Äthyl-5-hydroxy-4-methyl-2-oxo-2*H*-chromen-6-carbonsäure-methylester mit Essigsäure und wss. Salzsäure auf 180° (*Se., Shah*).
Krystalle (aus wss. A.); F: 212–213° (*Se., Shah*), 211–212° (*De., Ek.*; *Us. et al.*).

8-Äthyl-5-methoxy-4-methyl-cumarin $C_{13}H_{14}O_3$, Formel XI (R = CH_3).

B. Beim Behandeln von 2-Äthyl-5-methoxy-phenol mit Acetessigsäure-äthylester und Phosphor(V)-oxid (*Usgaonkar et al.*, J. Indian chem. Soc. **30** [1953] 535, 536). Beim Behandeln von 8-Äthyl-5-hydroxy-4-methyl-cumarin mit Dimethylsulfat und wss. Natronlauge (*Sethna, Shah*, Soc. **1938** 1066, 1068).
Krystalle (aus wss. A.); F: 107–109° (*Se., Shah*), 106–107° (*Us. et al.*).

5-Acetoxy-8-äthyl-4-methyl-cumarin $C_{14}H_{14}O_4$, Formel XI (R = CO-CH_3).

B. Beim Erhitzen von 8-Äthyl-5-hydroxy-4-methyl-cumarin mit Acetanhydrid und Natriumacetat (*Sethna, Shah*, Soc. **1938** 1066, 1068).
Krystalle (aus wss. A.); F: 112–114° (*Se., Shah*), 112–113° (*Desai, Ekhlas*, Pr. Indian Acad. [A] **8** [1938] 567, 572).

8-Äthyl-5-benzoyloxy-4-methyl-cumarin $C_{19}H_{16}O_4$, Formel XI (R = CO-C_6H_5).

B. Beim Behandeln von 8-Äthyl-5-hydroxy-4-methyl-cumarin mit Benzoylchlorid und Pyridin (*Sethna, Shah*, Soc. **1938** 1066, 1068).
Krystalle (aus A.); F: 173–174°.

8-Äthyl-7-hydroxy-4-methyl-cumarin $C_{12}H_{12}O_3$, Formel I (R = H).

B. Beim Behandeln von 2-Äthyl-resorcin mit Acetessigsäure-äthylester und Schwefelsäure (*Limaye, Ghate*, Rasayanam **1** [1939] 169, 171).
Krystalle (aus A.); F: 224°.

8-Äthyl-7-methoxy-4-methyl-cumarin $C_{13}H_{14}O_3$, Formel I (R = CH_3).

B. Beim Behandeln von 8-Äthyl-7-hydroxy-4-methyl-cumarin mit Dimethylsulfat und wss. Natronlauge (*Limaye, Ghate*, Rasayanam **1** [1939] 169, 172). Beim Erwärmen einer Lösung von 8-Acetyl-7-methoxy-4-methyl-cumarin in Äthanol mit amalgamiertem Zink und wss. Salzsäure (*Shah, Shah*, Soc. **1938** 1424, 1428).
Krystalle; F: 133–134° [aus Me.] (*Shah, Shah*), 133° [aus A.] (*Li., Gh.*).

7-Acetoxy-8-äthyl-4-methyl-cumarin $C_{14}H_{14}O_4$, Formel I (R = CO-CH_3).

B. Beim Erhitzen von 8-Äthyl-7-hydroxy-4-methyl-cumarin mit Acetanhydrid und Natriumacetat (*Limaye, Ghate*, Rasayanam **1** [1939] 169, 172).
Krystalle (aus A.); F: 104°.

I   II   III

8-Äthyl-7-benzoyloxy-4-methyl-cumarin $C_{19}H_{16}O_4$, Formel I (R = $CO-C_6H_5$).
B. Beim Behandeln von 8-Äthyl-7-hydroxy-4-methyl-cumarin mit Benzoylchlorid und wss. Natronlauge (*Limaye, Ghate*, Rasayanam **1** [1939] 169, 172).
Krystalle (aus A.); F: 147—149°.

6-Äthyl-7-hydroxy-5-methyl-cumarin $C_{12}H_{12}O_3$, Formel II.
B. Beim Behandeln von 4-Äthyl-5-methyl-resorcin mit Äpfelsäure und Schwefelsäure, zuletzt bei 100° (*Shah, Mehta*, J. Indian chem. Soc. **13** [1936] 358, 363).
Krystalle (aus wss. A.); F: 211—212°.

7-Hydroxy-2,3,5-trimethyl-chromen-4-on $C_{12}H_{12}O_3$, Formel III (R = H).
B. Beim Erhitzen von 7-Methoxy-2,3,5-trimethyl-chromen-4-on mit wss. Jodwasserstoffsäure und Acetanhydrid (*Trivedi et al.*, J. Univ. Bombay **11**, Tl. 3A [1942] 144, 148). Beim Behandeln von 7-Acetoxy-2,3,5-trimethyl-chromen-4-on mit Schwefelsäure (*Tr. et al.*, l. c. S. 146).
Krystalle (aus A.); F: 269—273°.

7-Methoxy-2,3,5-trimethyl-chromen-4-on $C_{13}H_{14}O_3$, Formel III (R = CH_3).
B. Beim Behandeln von 1-[2,4-Dimethoxy-6-methyl-phenyl]-2-methyl-butan-1,3-dion mit wss. Bromwasserstoffsäure (*Trivedi et al.*, J. Univ. Bombay **11**, Tl. 3A [1942] 144, 148).
Krystalle (aus A.); F: 159°.

7-Acetoxy-2,3,5-trimethyl-chromen-4-on $C_{14}H_{14}O_4$, Formel III (R = $CO-CH_3$).
B. Beim Erhitzen von 1-[2,4-Dihydroxy-6-methyl-phenyl]-propan-1-on mit Acetanhydrid und Natriumacetat (*Trivedi et al.*, J. Univ. Bombay **11**, Tl. 3A [1942] 144, 146).
Krystalle (aus A.); F: 122—123°.

6-Hydroxymethyl-2,3-dimethyl-chromen-4-on $C_{12}H_{12}O_3$, Formel IV (R = H).
B. Beim Erwärmen von 6-Acetoxymethyl-2,3-dimethyl-chromen-4-on mit äthanol. Kalilauge (*Da Re, Verlicchi*, Ann. Chimica **46** [1956] 910, 916).
Krystalle (aus wss. A.); F: 152—153°.

6-Äthoxymethyl-2,3-dimethyl-chromen-4-on $C_{14}H_{16}O_3$, Formel IV (R = C_2H_5).
B. Beim Erhitzen von 1-[5-Äthoxymethyl-2-hydroxy-phenyl]-propan-1-on mit Acetanhydrid und Natriumacetat (*Da Re, Verlicchi*, Ann. Chimica **46** [1956] 910, 918).
Krystalle (aus Hexan); F: 75—76°.

6-Acetoxymethyl-2,3-dimethyl-chromen-4-on $C_{14}H_{14}O_4$, Formel IV (R = $CO-CH_3$).
B. Beim Erwärmen von 1-[5-Chlormethyl-2-hydroxy-phenyl]-propan-1-on mit Acetanhydrid und Natriumacetat (*Da Re, Verlicchi*, Ann. Chimica **46** [1956] 910, 916).
Krystalle (aus PAe.); F: 75—78°.

IV   V   VI

6-[(3-Carboxy-propionyloxy)-methyl]-2,3-dimethyl-chromen-4-on, Bernsteinsäure-mono-[2,3-dimethyl-4-oxo-4H-chromen-6-ylmethylester] $C_{16}H_{16}O_6$, Formel IV (R = $CO-CH_2-CH_2-COOH$).
B. Beim Behandeln von 6-Hydroxymethyl-2,3-dimethyl-chromen-4-on mit Pyridin und Bernsteinsäure-anhydrid (*Da Re, Verlicchi*, Ann. Chimica **46** [1956] 910, 918).
Krystalle (aus wss. A.); F: 138—139°.

5-Hydroxy-2,3,7-trimethyl-chromen-4-on $C_{12}H_{12}O_3$, Formel V (R = H).
B. Neben 5-Acetoxy-2,3,7-trimethyl-chromen-4-on beim Erhitzen von 1-[2,6-Dihydr=
oxy-4-methyl-phenyl]-propan-1-on mit Acetanhydrid und Natriumacetat (*Desai, Gai-
tonde*, Pr. Indian Acad. [A] **25** [1947] 351).
Krystalle (aus wss. A.); F: 109—110°.

5-Acetoxy-2,3,7-trimethyl-chromen-4-on $C_{14}H_{14}O_4$, Formel V (R = CO-CH$_3$).
B. s. im vorangehenden Artikel.
Krystalle (aus wss. A.); F: 112—113° (*Desai, Gaitonde*, Pr. Indian Acad. [A] **25** [1947] 351).

7-Hydroxy-2,3,8-trimethyl-chromen-4-on $C_{12}H_{12}O_3$, Formel VI (R = H).
B. Beim Erwärmen von 7-Methoxy-2,3,8-trimethyl-chromen-4-on mit Aluminium=
chlorid und Benzol (*Da Re, Verlicchi*, Ann. Chimica **46** [1956] 904, 909).
Krystalle (aus A.); F: 256—258°.

7-Methoxy-2,3,8-trimethyl-chromen-4-on $C_{13}H_{14}O_3$, Formel VI (R = CH$_3$).
B. Beim Erhitzen von 1-[2-Hydroxy-4-methoxy-3-methyl-phenyl]-propan-1-on mit
Acetanhydrid und Natriumacetat (*Shah, Shah*, J. Indian chem. Soc. **17** [1940] 32, 34).
Beim Erwärmen von 8-Chlormethyl-7-methoxy-2,3-dimethyl-chromen-4-on mit wss.
Essigsäure und Zink-Pulver (*Da Re, Verlicchi*, Ann. Chimica **46** [1956] 904, 907).
Krystalle (aus wss. A.) mit 1 Mol H$_2$O, F: 69—70° (*Shah, Shah*); Krystalle (aus wss.
A.), F: 145—148° (*Da Re, Ve.*).

8-Chlormethyl-7-methoxy-2,3-dimethyl-chromen-4-on $C_{13}H_{13}ClO_3$, Formel VII.
B. Beim Behandeln von 7-Methoxy-2,3-dimethyl-chromen-4-on mit wss. Salzsäure und
wss. Formaldehyd (*Da Re, Verlicchi*, Ann. Chimica **46** [1956] 904, 906).
Krystalle (aus A.); F: 180—183°.

6-Hydroxy-2,5,8-trimethyl-chromen-4-on $C_{12}H_{12}O_3$, Formel VIII.
B. Beim Erwärmen von 2,5-Dimethyl-hydrochinon mit Acetessigsäure-äthylester,
Phosphor(V)-oxid und Äthanol (*Green et al.*, Soc. **1959** 3362, 3369).
Krystalle (aus A.); F: 280—282°.
Bei der Hydrierung an Palladium in Äthanol ist 2,5,8-Trimethyl-chroman-6-ol erhalten
worden.

7-Hydroxy-3,4,5-trimethyl-cumarin $C_{12}H_{12}O_3$, Formel IX (R = H).
B. Beim Behandeln von 7-Hydroxy-3,5-dimethyl-4-[2-oxo-butyl]-cumarin mit wss.
Natronlauge (*Sethna, Shah*, J. Indian chem. Soc. **17** [1940] 487, 490).
Krystalle (aus wss. Eg.); F: 195—197°.

VII VIII IX

7-Methoxy-3,4,5-trimethyl-cumarin $C_{13}H_{14}O_3$, Formel IX (R = CH$_3$).
B. Beim Erhitzen von 4-Hydroxy-7-methoxy-3,4,5-trimethyl-chroman-2-on mit Essig=
säure und wss. Salzsäure (*Pandit, Sethna*, J. Indian chem. Soc. **28** [1951] 357, 361).
Beim Behandeln von 7-Hydroxy-3,4,5-trimethyl-cumarin mit Methyljodid, Kalium=
carbonat und Aceton (*Sethna, Shah*, J. Indian chem. Soc. **17** [1940] 487, 490).
Krystalle (aus wss. A.); F: 90—92° (*Se., Shah*; *Pa., Se.*).

5-Hydroxy-3,4,7-trimethyl-cumarin $C_{12}H_{12}O_3$, Formel X (R = H).
B. Beim Behandeln einer Lösung von 5-Methyl-resorcin und 2-Methyl-acetessigsäure-

äthylester in Äthanol mit Phosphor(V)-oxid oder mit Schwefelsäure (*Chakravarti,* J. Indian chem. Soc. **8** [1931] 407, 408). Neben 2-Äthyl-5-hydroxy-7-methyl-3-propionyl-chromen-4-on (Hauptprodukt) beim Erhitzen von 1-[2,6-Dihydroxy-4-methyl-phenyl]-äthanon mit Propionsäure-anhydrid und Natriumpropionat und Behandeln des Reaktionsprodukts mit wss. Schwefelsäure (*Desai, Mavani,* Pr. Indian Acad. [A] **25** [1947] 353, 356).

Krystalle (aus A.); F: 250° (*Ch.; De., Ma.*).

5-Acetoxy-3,4,7-trimethyl-cumarin $C_{14}H_{14}O_4$, Formel X (R = CO-CH$_3$).

B. Aus 5-Hydroxy-3,4,7-trimethyl-cumarin (*Chakravarti,* J. Indian chem. Soc. **8** [1931] 407, 408).

Krystalle (aus A.); F: 135° (*Ch.; Desai, Mavani,* Pr. Indian Acad. [A] **25** [1947] 353, 357).

6-Chlor-5-hydroxy-3,4,7-trimethyl-cumarin $C_{12}H_{11}ClO_3$, Formel XI (X = Cl), und **8-Chlor-5-hydroxy-3,4,7-trimethyl-cumarin** $C_{12}H_{11}ClO_3$, Formel XII (X = Cl).

Diese beiden Konstitutionsformeln werden für die nachstehend beschriebene Verbindung in Betracht gezogen (*Chakravarti, Mukerjee,* J. Indian chem. Soc. **14** [1937] 725, 727 Anm.).

B. Beim Behandeln eines Gemisches von 4-Chlor-5-methyl-resorcin und 2-Methyl-acetessigsäure-äthylester mit Schwefelsäure oder mit Phosphor(V)-oxid (*Ch., Mu.,* l. c. S. 731).

Krystalle (aus Eg.); F: 276°.

O-Acetyl-Derivat $C_{14}H_{13}ClO_4$ (5-Acetoxy-6(oder 8)-chlor-3,4,7-trimethyl-cumarin). Krystalle (aus A.); F: 182°.

6-Brom-5-hydroxy-3,4,7-trimethyl-cumarin $C_{12}H_{11}BrO_3$, Formel XI (X = Br), und **8-Brom-5-hydroxy-3,4,7-trimethyl-cumarin** $C_{12}H_{11}BrO_3$, Formel XII (X = Br).

Diese beiden Konstitutionsformeln werden für die nachstehend beschriebene Verbindung in Betracht gezogen (*Chakravarti, Mukerjee,* J. Indian chem. Soc. **14** [1937] 725, 727 Anm.).

B. Beim Behandeln eines Gemisches von 4-Brom-5-methyl-resorcin und 2-Methyl-acetessigsäure-äthylester mit Schwefelsäure oder mit Phosphor(V)-oxid (*Ch., Mu.,* l. c. S. 732).

Krystalle (aus Eg.); F: 195°.

O-Acetyl-Derivat $C_{14}H_{13}BrO_4$ (5-Acetoxy-6(oder 8)-brom-3,4,7-trimethyl-cumarin). Krystalle (aus wss. A.); F: 158—159°.

6-Hydroxy-3,4,7-trimethyl-cumarin $C_{12}H_{12}O_3$, Formel I (R = H).

B. Beim Behandeln von 2-Methyl-hydrochinon mit 2-Methyl-acetessigsäure-äthylester und wss. Schwefelsäure (*Desai, Mavani,* Pr. Indian Acad. [A] **15** [1942] 11, 14).

Krystalle (aus A.); F: 267°.

6-Acetoxy-3,4,7-trimethyl-cumarin $C_{14}H_{14}O_4$, Formel I (R = CO-CH$_3$).

B. Aus 6-Hydroxy-3,4,7-trimethyl-cumarin (*Desai, Mavani,* Pr. Indian Acad. [A] **15** [1942] 11, 14).

Krystalle (aus A.); F: 189°.

7-Hydroxy-4,6,8-trimethyl-cumarin $C_{12}H_{12}O_3$, Formel II.

B. Beim Behandeln von 2,4-Dimethyl-resorcin mit Acetessigsäure-äthylester und

Schwefelsäure (*Baker et al.*, Soc. **1949** 2834).
Krystalle (aus wss. A.); F: 220—221°.

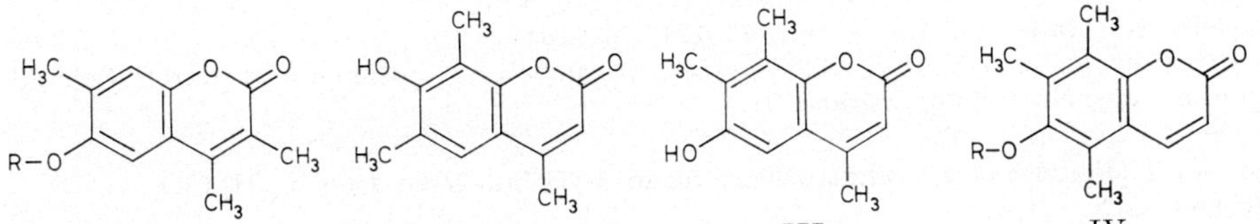

I   II   III   IV

6-Hydroxy-4,7,8-trimethyl-cumarin $C_{12}H_{12}O_3$, Formel III.
B. Beim Behandeln von 2,3-Dimethyl-hydrochinon mit Acetessigsäure-äthylester und Schwefelsäure (*Rowland*, Am. Soc. **80** [1958] 6130, 6133). Beim Behandeln von 4,7,8-Trimethyl-cumarin mit wss. Natronlauge und mit Kaliumperoxodisulfat (*Ro.*).
Krystalle (aus wss. A.); F: 229—230°.

6-Hydroxy-5,7,8-trimethyl-cumarin $C_{12}H_{12}O_3$, Formel IV (R = H).
B. Beim Erwärmen von 6-Acetoxy-5,7,8-trimethyl-cumarin mit Natriumäthylat in Äthanol (*Manecke, Bourwieg*, B. **92** [1959] 2958, 2960).
Krystalle (aus A.); F: 241°.

6-Acetoxy-5,7,8-trimethyl-cumarin $C_{14}H_{14}O_4$, Formel IV (R = CO-CH$_3$).
B. Beim Erhitzen von 2,5-Dihydroxy-3,4,6-trimethyl-benzaldehyd mit Acetanhydrid und Natriumacetat (*Manecke, Bourwieg*, B. **92** [1959] 2958, 2960).
Krystalle (aus A.); F: 186—187°.

2-Butyryl-benzo[*b*]thiophen-3-ol, 1-[3-Hydroxy-benzo[*b*]thiophen-2-yl]-butan-1-on $C_{12}H_{12}O_2S$, Formel V, und **2-Butyryl-benzo[*b*]thiophen-3-on** $C_{12}H_{12}O_2S$, Formel VI.
B. Beim Erwärmen von 2-Benzolsulfonyl-benz[*d*]isothiazol-3-on mit Pentan-2-on, Chloroform und Pyridin (*Barton, McClelland*, Soc. **1947** 1574, 1576).
Krystalle (aus Me.); F: 36°.

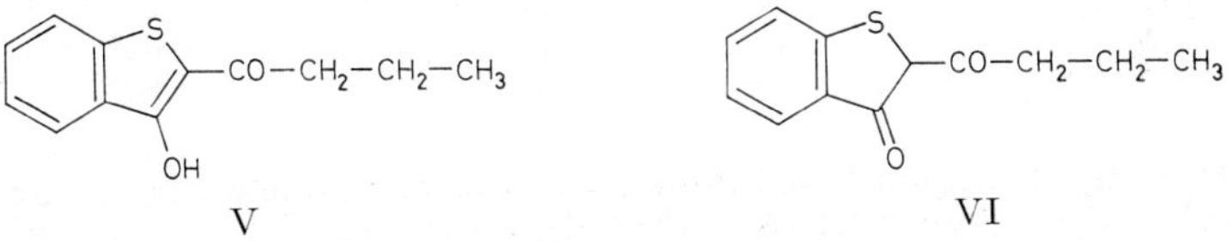

V   VI

4-[3-Hydroxy-benzofuran-2-yl]-butan-2-on $C_{12}H_{12}O_3$, Formel VII, und **2-[3-Oxo-butyl]-benzofuran-3-on** $C_{12}H_{12}O_3$, Formel VIII.
Diese Konstitution ist der nachstehend beschriebenen, ursprünglich (*Henecka*, B. **81** [1948] 197, 207) als 9b-Hydroxy-3,4,4a,9b-tetrahydro-1*H*-dibenzofuran-2-on (Formel IX) angesehenen Verbindung $C_{12}H_{12}O_3$ zuzuordnen (*Brossi et al.*, Helv. **43** [1960] 2071, 2072 Anm. 9).
B. Beim Erhitzen von 3-Oxo-2-[3-oxo-butyl]-2,3-dihydro-benzofuran-2-carbonsäure-äthylester mit wss. Schwefelsäure (*He.*; *Br. et al.*).
Krystalle; F: 64° (*Br. et al.*). Bei 157—160°/3 Torr destillierbar (*He.*).

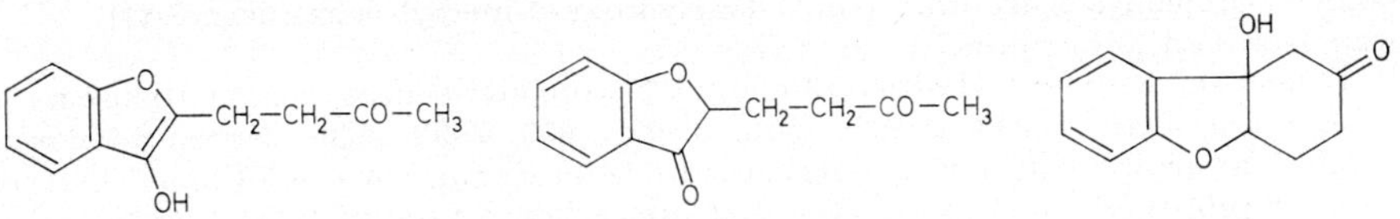

VII   VIII   IX

5-*trans*-Crotonoyl-2,3-dihydro-benzofuran-6-ol, 1-[6-Hydroxy-2,3-dihydro-benzofuran-5-yl]-but-2*t*-en-1-on $C_{12}H_{12}O_3$, Formel X (X = H).

B. Beim Behandeln von 2,3-Dihydro-benzofuran-6-ol mit *trans*-Crotonsäure und Fluorwasserstoff (*Dann, Illing*, A. **605** [1957] 146, 153).

Gelbe Krystalle (aus Me. + W.); F: 121° [unkorr.].

Überführung in 7-Methyl-2,3,6,7-tetrahydro-furo[3,2-g]chromen-5-on durch Behandlung mit wss. Natronlauge: *Dann, Il.*

3-Chlor-1-[6-hydroxy-2,3-dihydro-benzofuran-5-yl]-but-2*t*-en-1-on $C_{12}H_{11}ClO_3$, Formel X (X = Cl).

B. Beim Behandeln von 2,3-Dihydro-benzofuran-6-ol mit 3-Chlor-*trans*-crotonsäure und Fluorwasserstoff (*Dann, Illing*, A. **605** [1957] 146, 153).

Gelbe Krystalle (aus Me. + W.); F: 114° [unkorr.].

Überführung in 7-Methyl-2,3-dihydro-furo[3,2-g]chromen-5-on durch Behandlung mit wss. Natronlauge: *Dann, Il.*

3-Methyl-2-propionyl-benzofuran-6-ol, 1-[6-Hydroxy-3-methyl-benzofuran-2-yl]-propan-1-on $C_{12}H_{12}O_3$, Formel XI (R = H).

B. Beim Behandeln von 3-Methyl-6-propionyloxy-benzofuran mit Aluminiumchlorid in Nitrobenzol (*Shah, Shah*, B. **92** [1959] 2927, 2932). Beim Behandeln von 3-Methylbenzofuran-6-ol mit Propionsäure-anhydrid, Aluminiumchlorid und Nitrobenzol (*Shah, Shah*).

Krystalle (aus W.); F: 160—161°.

6-Methoxy-3-methyl-2-propionyl-benzofuran, 1-[6-Methoxy-3-methyl-benzofuran-2-yl]-propan-1-on $C_{13}H_{14}O_3$, Formel XI (R = CH_3).

B. Beim Behandeln von 1-[6-Hydroxy-3-methyl-benzofuran-2-yl]-propan-1-on mit Methyljodid, Kaliumcarbonat und Aceton (*Shah, Shah*, B. **92** [1959] 2927, 2932).

Krystalle (aus A.); F: 86—87°.

X   XI   XII

6-Acetoxy-3-methyl-2-propionyl-benzofuran, 1-[6-Acetoxy-3-methyl-benzofuran-2-yl]-propan-1-on $C_{14}H_{14}O_4$, Formel XI (R = CO-CH_3).

B. Aus 1-[6-Hydroxy-3-methyl-benzofuran-2-yl]-propan-1-on (*Shah, Shah*, B. **92** [1959] 2927, 2932).

Krystalle (aus A.); F: 124°.

1-[6-Hydroxy-3-methyl-benzofuran-2-yl]-propan-1-on-semicarbazon $C_{13}H_{15}N_3O_3$, Formel XII.

B. Aus 1-[6-Hydroxy-3-methyl-benzofuran-2-yl]-propan-1-on und Semicarbazid (*Shah, Shah*, B. **92** [1959] 2927, 2932).

Gelbe Krystalle (aus A.); F: 208—209°.

3-Methyl-7-propionyl-benzofuran-6-ol, 1-[6-Hydroxy-3-methyl-benzofuran-7-yl]-propan-1-on $C_{12}H_{12}O_3$, Formel I.

B. Beim Erhitzen von 6-Hydroxy-3-methyl-7-propionyl-benzofuran-2-carbonsäure auf Temperaturen oberhalb 240° (*Shah, Shah*, B. **92** [1959] 2933, 2936). Neben 6-Hydroxy-3-methyl-7-propionyl-benzofuran-2-carbonsäure beim Erwärmen von 3-Chlor-7-hydroxy-4-methyl-8-propionyl-cumarin mit wss. Natriumcarbonat-Lösung (*Shah, Shah*).

Gelbe Krystalle (aus A.); F: 98°.

3-Acetyl-2-äthyl-7-methoxy-benzofuran, 1-[2-Äthyl-7-methoxy-benzofuran-3-yl]-äthanon $C_{13}H_{14}O_3$, Formel II.

B. Beim Behandeln von 2-Äthyl-7-methoxy-benzofuran mit Acetylchlorid, Zinn(IV)-chlorid und Schwefelkohlenstoff (*Bisagni et al.*, Soc. **1955** 3688, 3692).

Krystalle (aus Bzn.); F: 57°.

3-Acetyl-2,7-dimethyl-benzofuran-5-ol, 1-[5-Hydroxy-2,7-dimethyl-benzofuran-3-yl]-äthanon $C_{12}H_{12}O_3$, Formel III (R = H).

Für die nachstehend beschriebene Verbindung ist neben dieser Konstitution auch die Formulierung als 1-[5-Hydroxy-2,6-dimethyl-benzofuran-3-yl]-äthanon ($C_{12}H_{12}O_3$; Formel IV [R = H]) in Betracht zu ziehen (s. dazu *Grinew, Terent'ew*, Ž. obšč. Chim. **28** [1958] 78; engl. Ausg. S. 80).

B. Beim Erwärmen von 2-Methyl-hydrochinon mit Pentan-2,4-dion, Zinkchlorid und Aceton (*Bernatek, Bø*, Acta chem. scand. **13** [1959] 337, 340).

Krystalle (aus Acn.); F: 235° [unkorr.] (*Be., Bø*).

2,4-Dinitro-phenylhydrazon $C_{18}H_{16}N_4O_6$. Rote Krystalle; F: 255° [unkorr.] (*Be., Bø*).

I   II   III   IV

5-Acetoxy-3-acetyl-2,7-dimethyl-benzofuran, 1-[5-Acetoxy-2,7-dimethyl-benzofuran-3-yl]-äthanon $C_{14}H_{14}O_4$, Formel III (R = CO-CH$_3$).

Für die nachstehend beschriebene Verbindung ist neben dieser Konstitution auch die Formulierung als 1-[5-Acetoxy-2,6-dimethyl-benzofuran-3-yl]-äthanon ($C_{14}H_{14}O_4$; Formel IV [R = CO-CH$_3$]) in Betracht zu ziehen (s. dazu *Grinew, Terent'ew*, Ž. obšč. Chim. **28** [1958] 78; engl. Ausg. S. 80).

B. Beim Erwärmen der im vorangehenden Artikel beschriebenen Verbindung mit Acetylchlorid (*Bernatek, Bø*, Acta chem. scand. **13** [1959] 337, 340).

Krystalle (aus wss. A.); F: 97° (*Be., Bø*).

2-Acetyl-4,6-dimethyl-benzofuran-3-ol, 1-[3-Hydroxy-4,6-dimethyl-benzofuran-2-yl]-äthanon $C_{12}H_{12}O_3$, Formel V, und **2-Acetyl-4,6-dimethyl-benzofuran-3-on** $C_{12}H_{12}O_3$, Formel VI.

B. Beim Behandeln von 4,6-Dimethyl-benzofuran-3-on (E III/IV **17** 1490) mit Äthylacetat, Natriumäthylat und Äther (*Dean, Manunapichu*, Soc. **1957** 3112, 3117).

Krystalle (aus A.); F: 83°.

Beim Aufbewahren einer Lösung in Benzin an der Luft ist 4,6-Dimethyl-benzofuran-2,3-dion erhalten worden.

2,4-Dinitro-phenylhydrazon $C_{18}H_{16}N_4O_6$. Rote Krystalle (aus Dioxan); F: 224—226° [Zers.].

Semicarbazon $C_{13}H_{15}N_3O_3$. Gelbe Krystalle (aus A.); F: 206°.

V   VI

3-Hydroxy-3a,4,5,9b-tetrahydro-3*H*-naphtho[1,2-*b*]furan-2-on $C_{12}H_{12}O_3$.

a) (±)-3ξ-Hydroxy-(3a*r*,9b*c*)-3a,4,5,9b-tetrahydro-3*H*-naphtho[1,2-*b*]furan-2-on $C_{12}H_{12}O_3$, Formel VII (R = H) + Spiegelbild.

B. Beim Erwärmen von (±)(*Ξ*)-Hydroxy-[(1*Ξ*)-*cis*-1-hydroxy-1,2,3,4-tetrahydro-[2]naphthyl]-essigsäure (E III **10** 1866) mit wss. Salzsäure (*Schroeter, Gluschke,* D.R.P. 511887 [1928]; Frdl. **17** 2327). Beim Erwärmen von (±)(*Ξ*)-Acetoxy-[(1*Ξ*)-*cis*-1-hydr= oxy-1,2,3,4-tetrahydro-[2]naphthyl]-essigsäure-lacton (s. u.) mit wss. Natriumcarbonat-Lösung (*Sch., Gl.*). Beim Erhitzen von (±)-Hydroxy-[*cis*(?)-1-hydroxy-1,2,3,4-tetra= hydro-[2]naphthyl]-malonsäure (F: 177—180° [Zers.]) auf 140° und Erwärmen des Reaktionsprodukts mit wss. Salzsäure (*Rosenmund, Gutschmidt,* Ar. **288** [1955] 6, 9).

Krystalle; F: 143,5° (*Sch., Gl.*), 142,5° [aus wss. Salzsäure] (*Ro., Gu.*).

b) (±)-3ξ-Hydroxy-(3a*r*,9b*t*)-3a,4,5,9b-tetrahydro-3*H*-naphtho[1,2-*b*]furan-2-on $C_{12}H_{12}O_3$, Formel VIII + Spiegelbild.

B. Beim Erwärmen von (±)(*Ξ*)-Hydroxy-[(1*Ξ*)-*trans*-1-hydroxy-1,2,3,4-tetrahydro-[2]naphthyl]-essigsäure (s. E III **10** 1866; nicht charakterisiert) mit wss. Salzsäure (*Schroeter, Gluschke,* D.R.P. 511887 [1928]; Frdl. **17** 2327).

F: 160—161°.

(±)-3ξ-Acetoxy-(3a*r*,9b*c*)-3a,4,5,9b-tetrahydro-3*H*-naphtho[1,2-*b*]furan-2-on, (±)(*Ξ*)-Acetoxy-[(1*Ξ*)-*cis*-1-hydroxy-1,2,3,4-tetrahydro-[2]naphthyl]-essigsäure-lacton $C_{14}H_{14}O_4$, Formel VII (R = CO-CH$_3$) + Spiegelbild.

B. Beim Behandeln von (±)(*Ξ*)-Hydroxy-[(1*Ξ*)-*cis*-1-hydroxy-1,2,3,4-tetrahydro-[2]naphthyl]-essigsäure (E III **10** 1866) mit Acetanhydrid (*Schroeter, Gluschke,* D.R.P. 511887 [1928]; Frdl. **17** 2327).

F: 114,5°.

VII   VIII   IX

6-Hydroxy-3a,4,5,9b-tetrahydro-3*H*-naphtho[1,2-*b*]furan-2-on, [1,5-Dihydroxy-1,2,3,4-tetrahydro-[2]naphthyl]-essigsäure-1-lacton $C_{12}H_{12}O_3$, Formel IX (R = H).

a) Opt.-inakt. Präparat vom F: 190°.

B. Beim Erwärmen von opt.-inakt. [1,5-Dihydroxy-1,2,3,4-tetrahydro-[2]naphthyl]-essigsäure (aus (±)-[5-Hydroxy-1-oxo-1,2,3,4-tetrahydro-[2]naphthyl]-essigsäure mit Hilfe von Natrium-Amalgam und Wasser oder durch katalytische Hydrierung hergestellt) mit wss. Salzsäure (*Schroeter, Gluschke,* D.R.P. 508482 [1926]; Frdl. **17** 2322, 2326). F: 190°.

b) Opt.-inakt. Präparat vom F: 177°.

B. Aus opt.-inakt. [5-Amino-1-hydroxy-1,2,3,4-tetrahydro-[2]naphthyl]-essigsäure-lacton (F: 155°) über die Diazonium-Verbindung (*Momose et al.,* Pharm. Bl. **3** [1955] 401, 406).

Krystalle (aus A.); F: 176—177° (*Mo. et al.,* Pharm. Bl. **3** 406). IR-Banden (Nujol) im Bereich von 3351 cm^{-1} bis 746 cm^{-1}: *Momose et al.,* Talanta **3** [1959] 65. UV-Spektrum (A.; 220—340 nm): *Mo. et al.,* Pharm. Bl. **3** 402.

*Opt.-inakt. 6-Methoxy-3a,4,5,9b-tetrahydro-3*H*-naphtho[1,2-*b*]furan-2-on, [1-Hydroxy-5-methoxy-1,2,3,4-tetrahydro-[2]naphthyl]-essigsäure-lacton $C_{13}H_{14}O_3$, Formel IX (R = CH$_3$).

B. Beim Erwärmen von opt.-inakt. [1-Hydroxy-5-methoxy-1,2,3,4-tetrahydro-[2]naphthyl]-essigsäure (aus (±)-[5-Methoxy-1-oxo-1,2,3,4-tetrahydro-[2]naphthyl]-essig= säure mit Hilfe von Natrium-Amalgam und Wasser oder durch katalytische Hydrierung

hergestellt) mit wss. Salzsäure (*Schroeter, Gluschke*, D.R.P. 508482 [1926]; Frdl. **17** 2322, 2325).
F: 134,5°.

*Opt.-inakt. 6-Acetoxy-3a,4,5,9b-tetrahydro-3*H*-naphtho[1,2-*b*]furan-2-on, [5-Acetoxy-1-hydroxy-1,2,3,4-tetrahydro-[2]naphthyl]-essigsäure-lacton $C_{14}H_{14}O_4$, Formel IX (R = CO-CH₃).
B. Beim Behandeln von opt.-inakt. [1,5-Dihydroxy-1,2,3,4-tetrahydro-[2]naphthyl]-essigsäure-1-lacton vom F: 176—177° (S. 414) mit Acetanhydrid und wenig Schwefelsäure (*Momose et al.*, Pharm. Bl. **3** [1955] 401, 406).
Krystalle (aus A.); F: 125° (*Mo. et al.*, Pharm. Bl. **3** 406). IR-Banden (Nujol) im Bereich von 1770 cm⁻¹ bis 736 cm⁻¹: *Momose et al.*, Talanta **3** [1959] 65. UV-Spektrum (A.; 220—340 nm): *Mo. et al.*, Pharm. Bl. **3** 402.

8-Hydroxy-3a,4,5,9b-tetrahydro-3*H*-naphtho[1,2-*b*]furan-2-on, [1,7-Dihydroxy-1,2,3,4-tetrahydro-[2]naphthyl]-essigsäure-1-lacton $C_{12}H_{12}O_3$, Formel X (R = H).
a) Opt.-inakt. Präparat vom F: 144°.
B. Beim Behandeln von (±)-[7-Hydroxy-1-oxo-1,2,3,4-tetrahydro-[2]naphthyl]-essigsäure mit wss. Natriumhydrogencarbonat-Lösung und Natrium-Amalgam und anschliessenden Ansäuern (*Momose et al.*, Pharm. Bl. **3** [1955] 401, 406; s. a. *Schroeter, Gluschke*, D.R.P. 508482 [1926]; Frdl. **17** 2322, 2326).
Krystalle; F: 143—144° [aus A. oder W.] (*Sch., Gl.*), 142° [aus A.] (*Mo. et al.*, Pharm. Bl. **3** 406). IR-Banden (Nujol): 3405 cm⁻¹ und 1742 cm⁻¹ (*Momose et al.*, Talanta **3** [1959] 65). UV-Spektrum (A.; 220—340 nm): *Mo. et al.*, Pharm. Bl. **3** 402.

b) Opt.-inakt. Präparat vom F: 101°.
B. Beim Behandeln von opt.-inakt. [1-Hydroxy-7-methoxy-1,2,3,4-tetrahydro-[2]naphthyl]-essigsäure-lacton (F: 76°) mit Bromwasserstoff in Essigsäure (*Paranjape et al.*, J. Univ. Bombay **12**, Tl. 3A [1943] 60, 63).
Krystalle (aus CCl₄); F: 101°.

X   XI   XII

8-Methoxy-3a,4,5,9b-tetrahydro-3*H*-naphtho[1,2-*b*]furan-2-on, [1-Hydroxy-7-methoxy-1,2,3,4-tetrahydro-[2]naphthyl]-essigsäure-lacton $C_{13}H_{14}O_3$, Formel X (R = CH₃).
a) Opt.-inakt. Präparat vom F: 124°.
B. Aus opt.-inakt. [1,7-Dihydroxy-1,2,3,4-tetrahydro-[2]naphthyl]-essigsäure-1-lacton vom F: 144° [s. o.] (*Schroeter, Gluschke*, D.R.P. 508482 [1926]; Frdl. **17** 2322, 2326). Aus 7-Methoxy-3,4-dihydro-2*H*-naphthalin-1-on über [7-Methoxy-1-oxo-1,2,3,4-tetrahydro-[2]naphthyl]-malonsäure-diäthylester und [1-Hydroxy-7-methoxy-1,2,3,4-tetrahydro-[2]naphthyl]-essigsäure (*Sch., Gl.*).
F: 124°.

b) Opt.-inakt. Präparat vom F: 76°.
B. Beim Erwärmen von opt.-inakt. [1-Hydroxy-7-methoxy-1,2,3,4-tetrahydro-[2]naphthyl]-essigsäure [F: 88°] (*Paranjape et al.*, J. Univ. Bombay **12**, Tl. 3A [1943] 60, 63).
Krystalle (aus wss. A.); F: 76°.

*Opt.-inakt. 8-Acetoxy-3a,4,5,9b-tetrahydro-3*H*-naphtho[1,2-*b*]furan-2-on, [7-Acetoxy-1-hydroxy-1,2,3,4-tetrahydro-[2]naphthyl]-essigsäure-lacton $C_{14}H_{14}O_4$, Formel X (R = CO-CH₃).
B. Beim Behandeln von opt.-inakt. [1,7-Dihydroxy-1,2,3,4-tetrahydro-[2]naphthyl]-

essigsäure-1-lacton vom F: 142° (S. 415) mit Acetanhydrid und wenig Schwefelsäure (*Momose et al.*, Pharm. Bl. **3** [1955] 401, 406).
Krystalle (aus A.); F: 98° (*Mo. et al.*, Pharm. Bl. **3** 406). IR-Banden (Nujol): 1770 cm^{-1} und 833 cm^{-1} (*Momose et al.*, Talanta **3** [1959] 65). UV-Spektrum (A.; 220–340 nm): *Mo. et al.*, Pharm. Bl. **3** 402.

*Opt.-inakt. **8-Hydroxy-3a,4,5,9b-tetrahydro-1H-naphtho[2,1-b]furan-2-on**, [2,7-Dihydr= oxy-1,2,3,4-tetrahydro-[1]naphthyl]-essigsäure-2-lacton $C_{12}H_{12}O_3$, Formel XI (R = H).
B. Beim Erwärmen der im folgenden Artikel beschriebenen Verbindung mit Brom= wasserstoff in Essigsäure (*Paranjpe et al.*, J. Univ. Bombay **11**, Tl. 3A [1942] 124).
Kp_{10}: 240°.

*Opt.-inakt. **8-Methoxy-3a,4,5,9b-tetrahydro-1H-naphtho[2,1-b]furan-2-on**, [2-Hydroxy-7-methoxy-1,2,3,4-tetrahydro-[1]naphthyl]-essigsäure-lacton $C_{13}H_{14}O_3$, Formel XI (R = CH_3).
B. Bei mehrtägigem Behandeln von [7-Methoxy-3,4-dihydro-[1]naphthyl]-essigsäure mit wss. Schwefelsäure (*Paranjpe et al.*, J. Univ. Bombay **11**, Tl. 3A [1942] 124).
Krystalle (aus Bzl.); F: 60°.

(±)-**4a-Hydroxy-cis-4,4a,9,9a-tetrahydro-3H-indeno[2,1-b]pyran-2-on**, (±)-3-[1,2c-Di= hydroxy-indan-1r-yl]-propionsäure-2-lacton $C_{12}H_{12}O_3$, Formel XII + Spiegelbild.
B. Beim Behandeln von 3-Inden-3-yl-propionsäure mit Chloroform, wss. Wasserstoff= peroxid und Ameisensäure (*Howell, Taylor*, Soc. **1957** 3011, 3013). Neben einer Verbin= dung $C_{12}H_{12}O_3$ vom F: 100° beim Erhitzen von (±)-3-[1-Brom-2c-hydroxy-indan-1r-yl]-propionsäure-lacton mit wss. Kalilauge und Ansäuern der Reaktionslösung (*Ho., Ta.*).
Krystalle (aus Bzl.); F: 124°.

Hydroxy-oxo-Verbindungen $C_{13}H_{14}O_3$

7-[(Ξ)-4-Methoxy-benzyliden]-oxepan-2-on, 6-Hydroxy-7ξ-[4-methoxy-phenyl]-hept-6-ensäure-lacton $C_{14}H_{16}O_3$, Formel I.
B. Beim Behandeln von 2-[(Ξ)-4-Methoxy-benzyliden]-cyclohexanon (F: 71–72°) mit Peroxyessigsäure in Kaliumacetat enthaltender Essigsäure (*Walton*, J. org. Chem. **22** [1957] 1161, 1164).
Krystalle (aus Diisopropyläther); F: 67°.

I   II

(*S*)-**4-Methoxy-6-phenäthyl-5,6-dihydro-pyran-2-on**, (*S*)-5-Hydroxy-3-methoxy-7-phenyl-hept-2c-ensäure-lacton, (+)-Dihydrokawain, (+)-Marindinin $C_{14}H_{16}O_3$, Formel II.
Konfigurationszuordnung: *Snatzke, Hänsel*, Tetrahedron Letters **1968** 1797; s. a. *Achenbach, Theobald*, B. **107** [1974] 735.
Isolierung aus Rhizomen von Piper methysticum bzw. aus sog. Kawa-Harz: *Borsche, Peitzsch*, B. **63** [1930] 2414, 2417; *van Veen*, R. **58** [1939] 521, 522, 525; *Hänsel, Beiersdorff*, Arzneimittel-Forsch. **9** [1959] 581, 583; *Klohs et al.*, J. med. pharm. Chem. **1** [1959] 95, 99.
B. Bei der Hydrierung von (+)-Kawain (S. 506) an Palladium in Methanol (*Bo., Pe.*, l. c. S. 2416).
Krystalle; F: 60° [aus Ae.] (*v. Veen*), 58–60° [aus Ae.] (*Hä., Be.*), 56–58° [aus Ae. +

PAe.] (*Bo., Pe.*), 55,2—56,2° [aus Ae. + PAe.] (*Kl. et al.*). Monoklin; Raumgruppe $P2_1/c$; aus dem Röntgen-Diagramm ermittelte Dimensionen der Elementarzelle: a = 10,921 Å; b = 7,605 Å; c = 17,014 Å; β = 119,5° (*Engel, Nowacki, Z. Kr.* **136** [1972] 453, 454). $[\alpha]_D^{19}$: +30° [A.; c = 1] (*Bo., Pe.*); $[\alpha]_D^{24}$: +34° [A.; c = 1] (*Kl. et al.*); $[\alpha]_D^{24}$: +31° [Me.; c = 1] (*Hä., Be.*). UV-Spektrum (Me.; 200—300 nm): *Hä., Be.*, l. c. S. 584.

4-[3-(4-Methoxy-phenyl)-propyl]-5H-furan-2-on, 3-Hydroxymethyl-6-[4-methoxy-phenyl]-hex-2t-ensäure-lacton $C_{14}H_{16}O_3$, Formel III.

B. Beim Erwärmen von 1-Acetoxy-5-[4-methoxy-phenyl]-pentan-2-on mit Bromessigsäure-äthylester, Zink-Pulver und Benzol und Erhitzen des nach Hydrolyse (wss. Salzsäure) erhaltenen Reaktionsprodukts mit Bromwasserstoff in Essigsäure (*Conine, Jones,* J. Am. pharm. Assoc. **43** [1954] 670, 672).

Kp$_3$: 198—202°. UV-Spektrum (A.; 200—360 nm): *Co., Jo.*, l. c. S. 673.

III IV

3-Butyl-2-methoxy-chromen-4-on $C_{14}H_{16}O_3$, Formel IV.

B. Neben 3-Butyl-4-methoxy-cumarin beim Behandeln von 3-Butyl-chroman-2,4-dion mit Diazomethan in Äther (*Cieślak et al.*, Roczniki Chem. **33** [1959] 349, 351; C. A. **1960** 3404).

Krystalle (aus Bzn.); F: 42—43°. Absorptionsmaxima (A.): 272 nm, 282 nm und 310 nm (*Ci. et al.*, l. c. S. 355).

Verbindung mit Perchlorsäure $2 C_{14}H_{16}O_3 \cdot HClO_4$; Verbindung von 3-Butyl-2-methoxy-chromen-4-on mit 3-Butyl-4-hydroxy-2-methoxy-chromenylium-perchlorat $C_{14}H_{16}O_3 \cdot [C_{14}H_{17}O_3]ClO_4$. F: 125—126°.

3-Butyl-6-hydroxy-chromen-4-on $C_{13}H_{14}O_3$, Formel V (R = H).

B. Beim Behandeln von 1-[2,5-Dihydroxy-phenyl]-hexan-1-on mit Äthylformiat und Natrium (*Ingle et al.*, J. Indian chem. Soc. **26** [1949] 569, 573).

Krystalle (aus wss. A.); F: 138°.

V VI

3-Butyl-6-methoxy-chromen-4-on $C_{14}H_{16}O_3$, Formel V (R = CH$_3$).

B. Beim Erwärmen von 3-Butyl-6-hydroxy-chromen-4-on mit Methyljodid, Kaliumcarbonat und Aceton (*Ingle et al.*, J. Indian chem. Soc. **26** [1949] 569, 573).

Krystalle (aus PAe.); F: 63°.

3-Butyl-4-methoxy-cumarin $C_{14}H_{16}O_3$, Formel VI.

B. Neben 3-Butyl-2-methoxy-chromen-4-on beim Behandeln von 3-Butyl-chroman-2,4-dion mit Diazomethan in Äther (*Cieślak et al.*, Roczniki Chem. **33** [1959] 349, 351; C. A. **1960** 3404).

Krystalle (aus Bzn.); F: 19—20°. Absorptionsmaxima (A.): 272 nm, 282 nm und 310 nm (*Ci. et al.*, l. c. S. 355).

4-Butyl-7-hydroxy-cumarin $C_{13}H_{14}O_3$, Formel VII.

B. Beim Behandeln von Resorcin mit 3-Oxo-heptansäure-äthylester und Schwefelsäure

(*Pascual, Vicente del Arco*, An. Soc. españ. [B] **47** [1951] 725).
Krystalle (aus A.); F: 139—140°.

6-Butyl-7-hydroxy-cumarin $C_{13}H_{14}O_3$, Formel VIII (R = H).

B. Beim Erhitzen von 4-Butyl-resorcin mit Äpfelsäure und Schwefelsäure (*Fujikawa, Nakajima*, J. pharm. Soc. Japan **71** [1951] 67; C. A. **1951** 8518). Beim Behandeln von 7-Acetoxy-6-butyl-cumarin mit äthanol. Natronlauge (*Fu., Na.*).
Krystalle (aus Bzl.); F: 140°.

VII

VIII

7-Acetoxy-6-butyl-cumarin $C_{15}H_{16}O_4$, Formel VIII (R = CO-CH$_3$).

B. Beim Erhitzen von 5-Butyl-2,4-dihydroxy-benzaldehyd mit Acetanhydrid und Natriumacetat (*Fujikawa, Nakajima*, J. pharm. Soc. Japan **71** [1951] 67; C. A. **1951** 8518).
Krystalle (aus Bzn.); F: 65°.

5-Hydroxy-2-methyl-3-propyl-chromen-4-on $C_{13}H_{14}O_3$, Formel IX (R = H).

B. Neben 5-Acetoxy-2-methyl-3-propyl-chromen-4-on beim Erhitzen von 1-[2,6-Di≈ hydroxy-phenyl]-pentan-1-on mit Acetanhydrid und Natriumacetat (*Bhagwat, Shahane*, Rasayanam **1** [1941] 217, 220, 221).
Krystalle (aus A.); F: 67°.

5-Methoxy-2-methyl-3-propyl-chromen-4-on $C_{14}H_{16}O_3$, Formel IX (R = CH$_3$).

B. Aus 5-Hydroxy-2-methyl-3-propyl-chromen-4-on (*Bhagwat, Shahane*, Rasayanam **1** [1941] 217, 220, 221).
F: 64°.

IX

X

5-Acetoxy-2-methyl-3-propyl-chromen-4-on $C_{15}H_{16}O_4$, Formel IX (R = CO-CH$_3$).

B. Neben 5-Hydroxy-2-methyl-3-propyl-chromen-4-on beim Erhitzen von 1-[2,6-Di≈ hydroxy-phenyl]-pentan-1-on mit Acetanhydrid und Natriumacetat (*Bhagwat, Shahane*, Rasayanam **1** [1941] 217, 220, 221).
Krystalle (aus PAe.); F: 109°.
Beim Erhitzen mit Aluminiumchlorid auf 165° ist eine Verbindung $C_{15}H_{16}O_4$ (Krystalle [aus PAe.], F: 118°; vermutlich 6(oder 8)-Acetyl-5-hydroxy-2-methyl-3-propyl-chromen-4-on) erhalten worden.

7-Hydroxy-2-methyl-3-propyl-chromen-4-on $C_{13}H_{14}O_3$, Formel X (R = H).

B. Neben kleinen Mengen 7-Hydroxy-4-methyl-3-propyl-cumarin beim Erhitzen von Resorcin mit 2-Propyl-acetessigsäure-äthylester (*Mentzer et al.*, Bl. **1952** 91). Beim Erhitzen von 1-[2,4-Dihydroxy-phenyl]-pentan-1-on mit Acetanhydrid und Natriumacetat (*Me. et al.*).
Krystalle (aus A.); F: 201°.

7-Acetoxy-2-methyl-3-propyl-chromen-4-on $C_{15}H_{16}O_4$, Formel X (R = CO-CH$_3$).

B. Aus 7-Hydroxy-2-methyl-3-propyl-chromen-4-on (*Mentzer et al.*, Bl. **1952** 91).
Krystalle (aus A.); F: 72°.

7-Hydroxy-3-methyl-2-propyl-chromen-4-on $C_{13}H_{14}O_3$, Formel XI (R = H).
B. Neben 7-Methoxy-3-methyl-2-propyl-chromen-4-on (Hauptprodukt) beim Erhitzen von 1-[2-Hydroxy-4-methoxy-phenyl]-propan-1-on mit Buttersäure-anhydrid und Natriumbutyrat (*Heilbron et al.*, Soc. **1934** 1581).
Krystalle (aus PAe.); F: 212°.

7-Methoxy-3-methyl-2-propyl-chromen-4-on $C_{14}H_{16}O_3$, Formel XI (R = CH_3).
B. Beim Erhitzen von 1-[2-Hydroxy-4-methoxy-phenyl]-propan-1-on mit Buttersäure-anhydrid und Natriumbutyrat (*Heilbron et al.*, Soc. **1934** 1581). Beim Erhitzen von 1-[2,4-Dimethoxy-phenyl]-2-methyl-hexan-1,3-dion mit Essigsäure und wss. Bromwasserstoffsäure (*Heilbron et al.*, Soc. **1934** 1311, 1314). Beim Behandeln von 7-Hydroxy-3-methyl-2-propyl-chromen-4-on mit Methyljodid, Kaliumcarbonat und Aceton (*He. et al.*, l. c. S. 1583).
Krystalle (aus wss. A.); F: 79° (*He. et al.*, l. c. S. 1314), 78° (*He. et al.*, l. c. S. 1583).

XI   XII

7-Hydroxy-5-methyl-2-propyl-chromen-4-on $C_{13}H_{14}O_3$, Formel XII (R = H).
B. Beim Erhitzen einer Lösung von 7-Methoxy-5-methyl-2-propyl-chromen-4-on in Acetanhydrid mit wss. Jodwasserstoffsäure (*Sethna, Shah*, J. Indian chem. Soc. **17** [1940] 487, 494).
Krystalle (aus A.); F: 163—165°.

7-Methoxy-5-methyl-2-propyl-chromen-4-on $C_{14}H_{16}O_3$, Formel XII (R = CH_3).
B. Bei 2-tägigem Behandeln von 1-[2,4-Dimethoxy-6-methyl-phenyl]-hexan-1,3-dion mit wss. Bromwasserstoffsäure (*Sethna, Shah*, J. Indian chem. Soc. **17** [1940] 487, 493).
Krystalle (aus wss. A.); F: 97—98°.

7-Hydroxy-2-methyl-6-propyl-chromen-4-on $C_{13}H_{14}O_3$, Formel XIII (R = X = H).
B. Beim Erwärmen von 3-Acetyl-7-hydroxy-2-methyl-6-propyl-chromen-4-on mit wss. Natriumcarbonat-Lösung (*Desai, Desai*, J. scient. ind. Res. India **13** B [1954] 249, 251).
Krystalle (aus wss. A.); F: 215°.

7-Methoxy-2-methyl-6-propyl-chromen-4-on $C_{14}H_{16}O_3$, Formel XIII (R = CH_3, X = H).
B. Beim Erwärmen von 1-[2,4-Dimethoxy-5-propyl-phenyl]-butan-1,3-dion mit Bromwasserstoff in Essigsäure (*Davies, Norris*, Soc. **1949** 3080).
Gelbe Krystalle (aus PAe.); F: 106—106,5° [unkorr.].

XIII   XIV

8-Brom-7-hydroxy-2-methyl-6-propyl-chromen-4-on $C_{13}H_{13}BrO_3$, Formel XIII (R = H, X = Br).
B. Beim Behandeln einer Lösung von 7-Hydroxy-2-methyl-6-propyl-chromen-4-on in Essigsäure mit Brom (*Desai, Desai*, J. scient. ind. Res. India **13** B [1954] 249, 251).
Gelbe Krystalle (aus PAe.); F: 155° [Zers.].

7-Methoxy-2-methyl-8-propyl-chromen-4-on $C_{14}H_{16}O_3$, Formel XIV.
 B. Bei der Hydrierung von 8-Allyl-7-methoxy-2-methyl-chromen-4-on an Palladium in Methanol (*Davies, Norris*, Soc. **1949** 3080). Beim Erhitzen von 1-[2-Hydroxy-4-methoxy-3-propyl-phenyl]-butan-1,3-dion mit Essigsäure und wenig Salzsäure (*Da., No.*).
 Krystalle (aus Me.); F: 110—111° [unkorr.].

7-Hydroxy-4-methyl-3-propyl-cumarin $C_{13}H_{14}O_3$, Formel I (R = X = H).
 B. Beim Behandeln eines Gemisches von Resorcin und 2-Propyl-acetessigsäure-äthylester mit Schwefelsäure oder mit Phosphor(V)-oxid und wenig Äthanol (*Chakravarti*, J. Indian chem. Soc. **8** [1931] 129, 135).
 Krystalle (aus wss. A.); F: 171—173° (*Sethna, Shah*, J. Indian chem. Soc. **15** [1938] 383, 386), 169—171° (*Ch.*). Polarographie: *Mashiko*, J. pharm. Soc. Japan **72** [1952] 18; C. A. **1952** 6325.

7-Acetoxy-4-methyl-3-propyl-cumarin $C_{15}H_{16}O_4$, Formel I (R = CO-CH$_3$, X = H).
 B. Aus 7-Hydroxy-4-methyl-3-propyl-cumarin (*Chakravarti*, J. Indian chem. Soc. **8** [1931] 129, 135).
 Krystalle (aus wss. A.); F: 119° (*Ch.*), 115° (*Mentzer et al.*, Bl. **1952** 91).

6-Chlor-7-hydroxy-4-methyl-3-propyl-cumarin $C_{13}H_{13}ClO_3$, Formel I (R = H, X = Cl).
 B. Beim Behandeln eines Gemisches von 4-Chlor-resorcin und 2-Propyl-acetessigsäure-äthylester mit Schwefelsäure oder mit Phosphor(V)-oxid (*Chakravarti, Ghosh*, J. Indian chem. Soc. **12** [1935] 622, 626).
 Gelbe Krystalle (aus Eg.); F: 230°.

7-Acetoxy-6-chlor-4-methyl-3-propyl-cumarin $C_{15}H_{15}ClO_4$, Formel I (R = CO-CH$_3$, X = Cl).
 B. Beim Erhitzen von 6-Chlor-7-hydroxy-4-methyl-3-propyl-cumarin mit Acetanhydrid und Natriumacetat (*Chakravarti, Ghosh*, J. Indian chem. Soc. **12** [1935] 622, 626).
 Krystalle (aus wss. A.); F: 135°.

6-Brom-7-hydroxy-4-methyl-3-propyl-cumarin $C_{13}H_{13}BrO_3$, Formel I (R = H, X = Br).
 B. Beim Behandeln eines Gemisches von 4-Brom-resorcin und 2-Propyl-acetessigsäure-äthylester mit Schwefelsäure (*Molho, Mentzer*, C. r. **228** [1949] 578).
 Krystalle (aus A.); F: 229°.

6-Brom-7-methoxy-4-methyl-3-propyl-cumarin $C_{14}H_{15}BrO_3$, Formel I (R = CH$_3$, X = Br).
 B. Aus 6-Brom-7-hydroxy-4-methyl-3-propyl-cumarin mit Hilfe von Dimethylsulfat und wss. Natronlauge (*Molho, Mentzer*, C. r. **228** [1949] 578). Beim Behandeln von 7-Methoxy-4-methyl-3-propyl-cumarin mit Brom in Essigsäure (*Molho, Mentzer*, C. r. **223** [1946] 1141).
 Krystalle; F: 162° [aus A.] (*Mo., Me.*, C. r. **228** 580), 160° (*Mo., Me.*, C. r. **223** 1142).

(±)-3-[1-Brom-propyl]-7-methoxy-4-methyl-cumarin $C_{14}H_{15}BrO_3$, Formel II.
 B. Beim Behandeln von 7-Methoxy-4-methyl-3-propyl-cumarin mit N-Brom-succinimid in Tetrachlormethan (*Molho, Mentzer*, C. r. **224** [1947] 471).
 F: 128°.

5-Hydroxy-4-methyl-6-propyl-cumarin $C_{13}H_{14}O_3$, Formel III (X = H).
B. Beim Erwärmen von 5-Hydroxy-4-methyl-6-propionyl-cumarin mit Äthanol, amalgamiertem Zink und wss. Salzsäure (*Deliwala, Shah*, Soc. **1939** 1250, 1252).
Krystalle (aus Eg.); F: 152°.

8-Chlor-5-hydroxy-4-methyl-6-propyl-cumarin $C_{13}H_{13}ClO_3$, Formel III (X = Cl), und
6-Chlor-5-hydroxy-4-methyl-8-propyl-cumarin $C_{13}H_{13}ClO_3$, Formel IV.
Diese beiden Konstitutionsformeln werden für die nachstehend beschriebene Verbindung in Betracht gezogen (*Chakravarti, Chakravarty*, J. Indian chem. Soc. **16** [1939] 144, 149).
B. Beim Behandeln eines Gemisches von 4-Chlor-6-propyl-resorcin und Acetessigsäureäthylester mit Schwefelsäure (*Ch., Ch.*).
Krystalle (aus A.); F: 185°.

7-Hydroxy-4-methyl-6-propyl-cumarin $C_{13}H_{14}O_3$, Formel V (R = H).
B. Beim Behandeln eines Gemisches von 4-Propyl-resorcin und Acetessigsäure-äthylester mit Schwefelsäure (*Chakravarti, Chakravarty*, J. Indian chem. Soc. **16** [1939] 144, 148) oder mit Phosphorylchlorid (*Usgaonkar et al.*, J. Indian chem. Soc. **30** [1953] 535, 538). Beim Erhitzen von 7-Methoxy-4-methyl-6-propyl-cumarin mit Jodwasserstoffsäure und Acetanhydrid (*Us. et al.*, l. c. S. 537).
Krystalle (aus A.); F: 178–179° (*Us. et al.*), 174° (*Ch., Ch.*).

III IV V

7-Methoxy-4-methyl-6-propyl-cumarin $C_{14}H_{16}O_3$, Formel V (R = CH_3).
B. Beim Behandeln eines Gemisches von 5-Methoxy-2-propyl-phenol und Acetessigsäure-äthylester mit wss. Schwefelsäure oder mit Aluminiumchlorid und Nitrobenzol (*Usgaonkar et al.*, J. Indian chem. Soc. **30** [1953] 535, 537). Aus 7-Hydroxy-4-methyl-6-propyl-cumarin mit Hilfe von Diazomethan oder Methyljodid (*Jacobson et al.*, J. org. Chem. **18** [1953] 1117, 1119).
Krystalle (aus A.); F: 172–173° (*Us. et al.*), 172,4–172,8° (*Ja. et al.*). Absorptionsmaxima (A.): 223 nm und 330 nm (*Ja. et al.*, l. c. S. 1121).

7-[2-Hydroxy-äthoxy]-4-methyl-6-propyl-cumarin $C_{15}H_{18}O_4$, Formel V (R = CH_2-CH_2-OH).
B. Beim Behandeln von 7-Hydroxy-4-methyl-6-propyl-cumarin mit Natrium in Benzol und anschliessend mit 2-Chlor-äthanol (*Sen, Sen Gupta*, J. Indian chem. Soc. **32** [1955] 120).
Krystalle (aus A.); F: 175°.

7-Acetoxy-4-methyl-6-propyl-cumarin $C_{15}H_{16}O_4$, Formel V (R = CO-CH_3).
B. Beim Behandeln von 7-Hydroxy-4-methyl-6-propyl-cumarin mit Acetanhydrid und Pyridin (*Usgaonkar et al.*, J. Indian chem. Soc. **30** [1953] 535, 537).
Krystalle (aus A.); F: 114–115°.

7-[Chlor-hydroxy-phosphoryloxy]-4-methyl-6-propyl-cumarin, Chlorophosphorsäure-mono-[4-methyl-2-oxo-6-propyl-2H-chromen-7-ylester] $C_{13}H_{14}ClO_5P$, Formel V (R = P(O)(OH)-Cl).
B. Beim Erwärmen von 7-Hydroxy-4-methyl-6-propyl-cumarin mit Phosphorylchlorid, Magnesium und Benzol (*Sen, Sen Gupta*, J. Indian chem. Soc. **32** [1955] 120).
Krystalle (aus A.); F: 149°.

7-Diäthoxythiophosphoryloxy-4-methyl-6-propyl-cumarin, Thiophosphorsäure-O,O'-di-äthylester-O''-[4-methyl-2-oxo-6-propyl-2H-chromen-7-ylester] $C_{17}H_{23}O_5PS$, Formel V (R = $P(S)(OC_2H_5)_2$).

B. Beim Erwärmen der Natrium-Verbindung des 7-Hydroxy-4-methyl-6-propyl-cumarins mit Chlorothiophosphorsäure-O,O'-diäthylester in Äthanol (*Sen, Sen Gupta,* J. Indian chem. Soc. **32** [1955] 120).

Kp_8: 145°.

5-Hydroxy-7-methyl-4-propyl-cumarin $C_{13}H_{14}O_3$, Formel VI (R = H).

Die Konstitution der nachstehend beschriebenen Verbindung ist nicht bewiesen.

B. Beim Behandeln eines Gemisches von 5-Methyl-resorcin und 3-Oxo-hexansäure-äthylester mit wss. Schwefelsäure (*Kotwani et al.*, Pr. Indian Acad. [A] **15** [1942] 441, 442).

Krystalle (aus A.); F: 180°.

5-Methoxy-7-methyl-4-propyl-cumarin $C_{14}H_{16}O_3$, Formel VI (R = CH_3).

Die Konstitution der nachstehend beschriebenen Verbindung ist nicht bewiesen.

B. Beim Behandeln von 5-Hydroxy-7-methyl-4-propyl-cumarin (s. o.) mit Methyl-jodid, Kaliumcarbonat und Aceton (*Kotwani et al.*, Pr. Indian Acad. [A] **15** [1942] 441, 443).

Krystalle (aus A.); F: 78—79°.

5-Acetoxy-7-methyl-4-propyl-cumarin $C_{15}H_{16}O_4$, Formel VI (R = $CO\text{-}CH_3$).

Die Konstitution der nachstehend beschriebenen Verbindung ist nicht bewiesen.

B. Beim Erhitzen von 5-Hydroxy-7-methyl-4-propyl-cumarin (s. o.) mit Acet-anhydrid und Natriumacetat (*Kotwani et al.*, Pr. Indian Acad. [A] **15** [1942] 441, 442).

Krystalle (aus A.); F: 120—121°.

7-Hydroxy-3-isopropyl-4-methyl-cumarin $C_{13}H_{14}O_3$, Formel VII (R = H).

B. Beim Behandeln eines Gemisches von Resorcin und 2-Isopropyl-acetessigsäure-äthylester mit Schwefelsäure oder mit Phosphor(V)-oxid und wenig Äthanol (*Chakravarti,* J. Indian chem. Soc. **8** [1931] 129, 135).

Krystalle (aus wss. A.); F: 224° (*Ch.*). Absorptionsmaximum (A.): 323 nm (*Wheelock,* Am. Soc. **81** [1959] 1348, 1349). Über die Fluorescenz s. *Wh.*

VI   VII   VIII

7-Acetoxy-3-isopropyl-4-methyl-cumarin $C_{15}H_{16}O_4$, Formel VII (R = $CO\text{-}CH_3$).

B. Aus 7-Hydroxy-3-isopropyl-4-methyl-cumarin (*Chakravarti,* J. Indian chem. Soc. **8** [1931] 129, 135).

Krystalle (aus A.); F: 124°.

3,4-Diäthyl-7-methoxy-cumarin $C_{14}H_{16}O_3$, Formel VIII.

Diese Verbindung hat möglicherweise in dem nachstehend beschriebenen Präparat vorgelegen (*Heilbron et al.*, Soc. **1934** 1581).

B. In kleiner Menge neben 7-Methoxy-3-methyl-2-propyl-chromen-4-on (Hauptprodukt) und 7-Hydroxy-3-methyl-2-propyl-chromen-4-on beim Erhitzen von 1-[2-Hydroxy-4-methoxy-phenyl]-propan-1-on mit Buttersäure-anhydrid und Natriumbutyrat (*He. et al.*).

Krystalle (aus wss. A.); F: 63°.

6,8-Diäthyl-5-hydroxy-cumarin $C_{13}H_{14}O_3$, Formel IX.

B. Beim Behandeln eines Gemisches von 4,6-Diäthyl-resorcin und Äpfelsäure mit wss.

Schwefelsäure (*Shah, Mehta,* J. Univ. Bombay **4,** Tl. 2 [1935] 109, 113).
Krystalle (aus A.); F: 148—149°.

6-Acetyl-2,2-dimethyl-2H-chromen-5-ol, 1-[5-Hydroxy-2,2-dimethyl-2H-chromen-6-yl]-äthanon $C_{13}H_{14}O_3$, Formel X.

B. Beim Erhitzen von 1-[2,4-Dihydroxy-phenyl]-äthanon mit 2-Methyl-but-3-in-2-ol und Zink-chlorid-hydroxid (*Nickl,* B. **91** [1958] 1372, 1375).
Krystalle (aus wss. Me.); F: 104—105°.

2-Äthyl-7-hydroxy-3,5-dimethyl-chromen-4-on $C_{13}H_{14}O_3$, Formel XI (R = H).

B. Beim Erhitzen von 2-Äthyl-7-methoxy-3,5-dimethyl-chromen-4-on mit Acet≠ anhydrid und wss. Jodwasserstoffsäure (*Trivedi et al.,* J. Univ. Bombay **11,** Tl. 3 A [1942] 144, 149). Beim Behandeln von 2-Äthyl-3,5-dimethyl-7-propionyloxy-chromen-4-on mit Schwefelsäure (*Tr. et al.,* l. c. S. 146).
Krystalle (aus A.); F: 258—261°.

IX   X   XI

2-Äthyl-7-methoxy-3,5-dimethyl-chromen-4-on $C_{14}H_{16}O_3$, Formel XI (R = CH_3).

B. Beim Behandeln von 1-[2,4-Dimethoxy-6-methyl-phenyl]-2-methyl-pentan-1,3-dion mit wss. Bromwasserstoffsäure (*Trivedi et al.,* J. Univ. Bombay **11,** Tl. 3 A [1942] 144, 149). Beim Behandeln von 2-Äthyl-7-hydroxy-3,5-dimethyl-chromen-4-on mit Aceton, Methyljodid und Kaliumcarbonat (*Tr. et al.,* l. c. S. 147).
Krystalle (aus A.); F: 130—131° bzw. F: 128—129° (*Tr. et al.,* l. c. S. 147, 149).

7-Acetoxy-2-äthyl-3,5-dimethyl-chromen-4-on $C_{15}H_{16}O_4$, Formel XI (R = CO-CH_3).

B. Beim Erhitzen von 2-Äthyl-7-hydroxy-3,5-dimethyl-chromen-4-on mit Acet≠ anhydrid und Natriumacetat (*Trivedi et al.,* J. Univ. Bombay **11,** Tl. 3 A [1942] 144, 147).
Krystalle (aus A.); F: 107—108°.

2-Äthyl-3,5-dimethyl-7-propionyloxy-chromen-4-on $C_{16}H_{18}O_4$, Formel XI (R = CO-CH_2-CH_3).

B. Beim Erhitzen von 1-[2,4-Dihydroxy-6-methyl-phenyl]-propan-1-on mit Propion≠ säure-anhydrid und Natriumpropionat (*Trivedi et al.,* J. Univ. Bombay **11,** Tl. 3 A [1942] 144, 147).
Krystalle (aus A.); F: 75°.

3-Äthyl-5-hydroxy-2,7-dimethyl-chromen-4-on $C_{13}H_{14}O_3$, Formel XII.

B. Beim Erhitzen von 1-[2,6-Dihydroxy-4-methyl-phenyl]-butan-1-on mit Acetanhydrid und Natriumacetat (*Desai, Gaitonde,* Pr. Indian Acad. [A] **25** [1947] 351).
Krystalle (aus wss. A.); F: 78—79°.

3-Äthyl-7-methoxy-2,8-dimethyl-chromen-4-on $C_{14}H_{16}O_3$, Formel XIII.

B. Beim Erhitzen von 1-[2-Hydroxy-4-methoxy-3-methyl-phenyl]-butan-1-on mit Acetanhydrid und Natriumacetat (*Shah, Shah,* J. Indian chem. Soc. **17** [1940] 32, 35).
Krystalle (aus A.) mit 1 Mol H_2O; F: 43—45°. Bei 173°/6 Torr destillierbar.

3-Äthyl-7-hydroxy-4,5-dimethyl-cumarin $C_{13}H_{14}O_3$, Formel XIV (R = H).

B. Beim Behandeln von 3-Äthyl-7-hydroxy-5-methyl-4-[2-oxo-pentyl]-cumarin mit wss. Natronlauge (*Sethna, Shah,* J. Indian chem. Soc. **17** [1940] 487, 493).
Krystalle (aus A.); F: 170—172°.

XII XIII XIV

3-Äthyl-7-methoxy-4,5-dimethyl-cumarin $C_{14}H_{16}O_3$, Formel XIV (R = CH_3).
B. Beim Erhitzen von 3-Äthyl-4-hydroxy-7-methoxy-4,5-dimethyl-chroman-2-on mit Essigsäure und wss. Salzsäure (*Pandit, Sethna*, J. Indian chem. Soc. **28** [1951] 357, 361). Beim Behandeln von 3-Äthyl-7-hydroxy-4,5-dimethyl-cumarin mit Methyljodid, Kaliumcarbonat und Aceton (*Sethna, Shah*, J. Indian chem. Soc. **17** [1940] 487, 493).
Krystalle (aus A.); F: 79—81° (*Se., Shah; Pa., Se.*).

6-Äthyl-8-chlor-5-hydroxy-3,4-dimethyl-cumarin $C_{13}H_{13}ClO_3$, Formel I, und **8-Äthyl-6-chlor-5-hydroxy-3,4-dimethyl-cumarin** $C_{13}H_{13}ClO_3$, Formel II.
Diese beiden Konstitutionsformeln werden für die nachstehend beschriebene Verbindung in Betracht gezogen (*Chakravarti, Chakravarty*, J. Indian chem. Soc. **16** [1939] 144, 147).
B. Beim Behandeln eines Gemisches von 4-Äthyl-6-chlor-resorcin und 2-Methyl-acetessigsäure-äthylester mit Schwefelsäure (*Ch., Ch.*).
Krystalle (aus A.); F: 183°.

6-Äthyl-7-hydroxy-3,4-dimethyl-cumarin $C_{13}H_{14}O_3$, Formel III (R = X = H).
B. Beim Behandeln eines Gemisches von 4-Äthyl-resorcin und 2-Methyl-acetessigsäure-äthylester mit wss. Schwefelsäure (*Desai, Mavani*, Pr. Indian Acad. [A] **14** [1941] 100, 101) oder mit Phosphorylchlorid (*Thakor, Shah*, J. Univ. Bombay **15**, Tl. 5 A [1947] 14).
Krystalle (aus A.); F: 248° (*Th., Shah*), 240° (*De., Ma.*).

I II III

6-Äthyl-7-methoxy-3,4-dimethyl-cumarin $C_{14}H_{16}O_3$, Formel III (R = CH_3, X = H).
B. Aus 6-Äthyl-7-hydroxy-3,4-dimethyl-cumarin mit Hilfe von Dimethylsulfat (*Thakor, Shah*, J. Univ. Bombay **15**, Tl. 5 A [1947] 14).
Krystalle (aus A.); F: 145—146°.

7-Acetoxy-6-äthyl-3,4-dimethyl-cumarin $C_{15}H_{16}O_4$, Formel III (R = $CO-CH_3$, X = H).
B. Aus 6-Äthyl-7-hydroxy-3,4-dimethyl-cumarin mit Hilfe von Acetanhydrid und Natriumacetat (*Desai, Mavani*, Pr. Indian Acad. [A] **14** [1941] 100, 101) oder mit Hilfe von Acetanhydrid und Schwefelsäure (*Thakor, Shah*, J. Univ. Bombay **15**, Tl. 5 A [1947] 14).
Krystalle (aus A.); F: 152° (*Th., Shah*), 150° (*De., Ma.*).

6-Äthyl-7-benzoyloxy-3,4-dimethyl-cumarin $C_{20}H_{18}O_4$, Formel III (R = $CO-C_6H_5$, X = H).
B. Beim Behandeln von 6-Äthyl-7-hydroxy-3,4-dimethyl-cumarin mit Benzoylchlorid und Pyridin (*Thakor, Shah*, J. Univ. Bombay **15**, Tl. 5 A [1947] 14).
Krystalle (aus A.); F: 147°.

6-Äthyl-8-brom-7-hydroxy-3,4-dimethyl-cumarin $C_{13}H_{13}BrO_3$, Formel III (R = H, X = Br).
B. Beim Behandeln von 6-Äthyl-7-hydroxy-3,4-dimethyl-cumarin mit Brom in Essig=

säure (*Merchant, Shah*, J. org. Chem. **22** [1957] 884, 887).
Krystalle (aus Eg.); F: 226—228° [korr.].

(±)-4,6-Dimethyl-3-[2,2,2-trichlor-1-hydroxy-äthyl]-cumarin $C_{13}H_{11}Cl_3O_3$, Formel IV (R = H).
B. Beim Behandeln eines Gemisches von *p*-Kresol und (±)-2-[2,2,2-Trichlor-1-hydroxy-äthyl]-acetessigsäure-äthylester mit Schwefelsäure (*Kulkarni et al.*, J. Indian chem. Soc. **18** [1941] 123, 125).
Krystalle (aus Toluol); F: 202—203° (*Ku. et al.*).
Beim Behandeln einer Lösung in Essigsäure mit Zink-Pulver und wss. Salzsäure ist 3-[2,2-Dichlor-äthyl]-4,6-dimethyl-cumarin erhalten worden (*Kulkarni, Shah*, Pr. Indian Acad. [A] **14** [1941] 151, 157).

(±)-4,6-Dimethyl-3-[2,2,2-trichlor-1-methoxy-äthyl]-cumarin $C_{14}H_{13}Cl_3O_3$, Formel IV (R = CH$_3$).
B. Aus (±)-4,6-Dimethyl-3-[2,2,2-trichlor-1-hydroxy-äthyl]-cumarin mit Hilfe von Dimethylsulfat (*Kulkarni et al.*, J. Indian chem. Soc. **18** [1941] 123, 125).
Krystalle (aus wss. A.); F: 207°.

7-Äthyl-6-hydroxy-3,4-dimethyl-cumarin $C_{13}H_{14}O_3$, Formel V (R = H).
B. Beim Behandeln eines Gemisches von 2-Äthyl-hydrochinon und 2-Methyl-acetessigsäure-äthylester mit wss. Schwefelsäure (*Desai, Mavani*, Pr. Indian Acad. [A] **15** [1942] 11, 14) oder mit Phosphorylchlorid (*Mehta et al.*, J. Indian chem. Soc. **33** [1956] 135, 137). Beim Erhitzen von [7-Äthyl-6-hydroxy-4-methyl-2-oxo-2H-chromen-3-yl]-essigsäure auf 195° (*Me. et al.*).
Krystalle (aus A.); F: 245° (*Me. et al.*), 239° (*De., Ma.; Me. et al.*).

7-Äthyl-6-methoxy-3,4-dimethyl-cumarin $C_{14}H_{16}O_3$, Formel V (R = CH$_3$).
B. Aus 7-Äthyl-6-hydroxy-3,4-dimethyl-cumarin (*Mehta et al.*, J. Indian chem. Soc. **33** [1956] 135, 138).
Krystalle (aus wss. A.); F: 188°.

IV   V   VI

6-Acetoxy-7-äthyl-3,4-dimethyl-cumarin $C_{15}H_{16}O_4$, Formel V (R = CO-CH$_3$).
B. Aus 7-Äthyl-6-hydroxy-3,4-dimethyl-cumarin (*Desai, Mavani*, Pr. Indian Acad. [A] **15** [1942] 11, 14).
Krystalle (aus A.); F: 150° (*De., Ma.*), 149° (*Mehta et al.*, J. Indian chem. Soc. **33** [1956] 135, 138).

7-Äthyl-6-benzoyloxy-3,4-dimethyl-cumarin $C_{20}H_{18}O_4$, Formel V (R = CO-C$_6$H$_5$).
B. Aus 7-Äthyl-6-hydroxy-3,4-dimethyl-cumarin (*Mehta et al.*, J. Indian chem. Soc. **33** [1956] 135, 138).
Krystalle (aus A.); F: 137°.

3-Äthyl-5-hydroxy-4,7-dimethyl-cumarin $C_{13}H_{14}O_3$, Formel VI (X = H).
B. Beim Behandeln von 5-Methyl-resorcin mit 2-Äthyl-acetessigsäure-äthylester und Schwefelsäure (*Chakravarti*, J. Indian chem. Soc. **8** [1931] 407, 408). Neben 3-Butyryl-5-hydroxy-7-methyl-2-propyl-chromen-4-on (Hauptprodukt) beim Erhitzen von 1-[2,6-Dihydroxy-4-methyl-phenyl]-äthanon mit Buttersäure-anhydrid und Natriumbutyrat und Behandeln des Reaktionsprodukts mit wss. Schwefelsäure (*Desai, Mavani*, Pr. Indian Acad. [A] **25** [1947] 353, 357).
Krystalle (aus wss. A. oder Eg.); F: 206° (*Ch.; De., Ma.*).

3-Äthyl-6-chlor-5-hydroxy-4,7-dimethyl-cumarin $C_{13}H_{13}ClO_3$, Formel VI (X = Cl), und
3-Äthyl-8-chlor-5-hydroxy-4,7-dimethyl-cumarin $C_{13}H_{13}ClO_3$, Formel VII.

Diese beiden Konstitutionsformeln werden für die nachstehend beschriebene Verbindung in Betracht gezogen (*Chakravarti, Mukerjee*, J. Indian chem. Soc. **14** [1937] 725, 727 Anm.).

B. Beim Behandeln eines Gemisches von 4-Chlor-5-methyl-resorcin und 2-Äthylacetessigsäure-äthylester mit Schwefelsäure oder mit Phosphor(V)-oxid (*Ch., Mu.,* l. c. S. 731).

Krystalle (aus Eg.); F: 210°.

O-Acetyl-Derivat $C_{15}H_{15}ClO_4$ (5-Acetoxy-3-äthyl-6(oder 8)-chlor-4,7-dimethylcumarin). Krystalle (aus wss. A.); F: 173°.

VII   VIII   IX

3-[2,2-Dichlor-äthyl]-5-hydroxy-4,7-dimethyl-cumarin $C_{13}H_{12}Cl_2O_3$, Formel VIII (R = H).

B. Beim Behandeln einer Lösung von 5-Hydroxy-4,7-dimethyl-3-[2,2,2-trichlor-1-hydroxy-äthyl]-cumarin in Essigsäure mit Zink-Pulver und wss. Salzsäure (*Kulkarni, Shah*, Pr. Indian Acad. [A] **14** [1941] 151, 156).

Krystalle (aus E.); F: 242°.

5-Acetoxy-3-[2,2-dichlor-äthyl]-4,7-dimethyl-cumarin $C_{15}H_{14}Cl_2O_4$, Formel VIII (R = CO-CH$_3$).

B. Beim Behandeln von 3-[2,2-Dichlor-äthyl]-5-hydroxy-4,7-dimethyl-cumarin mit Acetanhydrid und Pyridin (*Kulkarni, Shah*, Pr. Indian Acad. [A] **14** [1941] 151, 156).

Krystalle (aus wss. A.); F: 157°.

3-Äthyl-6-hydroxy-4,7-dimethyl-cumarin $C_{13}H_{14}O_3$, Formel IX (R = H).

B. Beim Behandeln von 2-Methyl-hydrochinon mit 2-Äthyl-acetessigsäure-äthylester und wss. Schwefelsäure (*Desai, Mavani*, Pr. Indian Acad. [A] **15** [1942] 11, 15).

Krystalle (aus A.); F: 242°.

6-Acetoxy-3-äthyl-4,7-dimethyl-cumarin $C_{15}H_{16}O_4$, Formel IX (R = CO-CH$_3$).

B. Aus 3-Äthyl-6-hydroxy-4,7-dimethyl-cumarin (*Desai, Mavani*, Pr. Indian Acad. [A] **15** [1942] 11, 15).

Krystalle (aus A.); F: 153°.

8-Äthyl-7-hydroxy-4,5-dimethyl-cumarin $C_{13}H_{14}O_3$, Formel X (R = H).

B. Beim Behandeln eines Gemisches von 2-Äthyl-5-methyl-resorcin und Acetessigsäure-äthylester mit wss. Schwefelsäure (*Desai, Mavani*, Pr. Indian Acad. [A] **25** [1947] 341; *Usgaonkar et al.*, J. Indian chem. Soc. **30** [1953] 535, 538), mit Phosphor(V)-oxid oder mit Aluminiumchlorid und Nitrobenzol (*Us. et al.*).

Krystalle (aus A.); F: 241–242° (*Us. et al.*), 235° (*De., Ma.*).

X   XI   XII

7-Acetoxy-8-äthyl-4,5-dimethyl-cumarin $C_{15}H_{16}O_4$, Formel X (R = CO-CH$_3$).

B. Aus 8-Äthyl-7-hydroxy-4,5-dimethyl-cumarin (*Desai, Mavani*, Pr. Indian Acad.

[A] **25** [1947] 341, 342).
Krystalle (aus A.); F: 121°.

6-Äthyl-5-hydroxy-4,7-dimethyl-cumarin $C_{13}H_{14}O_3$, Formel XI.
Diese Konstitution wird der nachstehend beschriebenen Verbindung zugeordnet.
B. Beim Behandeln eines Gemisches von 4-Äthyl-5-methyl-resorcin und Acetessig=
säure-äthylester mit Schwefelsäure (*Shah, Mehta,* J. Indian chem. Soc. **13** [1936] 358, 363).
Krystalle (aus wss. A.); F: 187—189°.

8-Äthyl-7-hydroxy-4,6-dimethyl-cumarin $C_{13}H_{14}O_3$, Formel XII (X = H).
B. Beim Behandeln eines Gemisches von 2-Äthyl-4-methyl-resorcin und Acetessigsäure-
äthylester mit Schwefelsäure (*Yanagita,* B. **71** [1938] 2269, 2272).
Krystalle (aus Me.); F: 189°.

8-Äthyl-3-brom-7-hydroxy-4,6-dimethyl-cumarin $C_{13}H_{13}BrO_3$, Formel XII (X = Br).
B. Beim Behandeln von 8-Äthyl-7-hydroxy-4,6-dimethyl-cumarin mit Brom in Essig=
säure (*Yanagita,* B. **71** [1938] 2269, 2272).
Krystalle (aus Me.); F: 204°.

6-Äthyl-7-hydroxy-4,8-dimethyl-cumarin $C_{13}H_{14}O_3$, Formel I.
B. Beim Behandeln eines Gemisches von 4-Äthyl-2-methyl-resorcin und Acetessig=
säure-äthylester mit Schwefelsäure (*Shah, Shah,* Soc. **1939** 132).
Krystalle (aus wss. A.); F: 187—188°.

6-Hydroxy-2,5,7,8-tetramethyl-chromen-4-on $C_{13}H_{14}O_3$, Formel II (R = H).
B. Beim Erwärmen von 2,3,5-Trimethyl-hydrochinon mit Acetessigsäure-äthylester, Äthanol und Phosphor(V)-oxid (*v. Werder, Jung,* B. **71** [1938] 2650). Neben anderen Ver=
bindungen beim Erhitzen von 1,4-Diacetoxy-2,3,5-trimethyl-benzol mit Aluminium=
chlorid auf 220° (*v. We., Jung*).
Krystalle (aus wss. A.); F: 224°.

6-Acetoxy-2,5,7,8-tetramethyl-chromen-4-on $C_{15}H_{16}O_4$, Formel II (R = CO-CH$_3$).
B. Neben anderen Verbindungen beim Erhitzen von 1,4-Diacetoxy-2,3,5-trimethyl-
benzol mit Aluminiumchlorid auf 220° (*v. Werder, Jung,* B. **71** [1938] 2650). Beim Er=
hitzen von 6-Hydroxy-2,5,7,8-tetramethyl-chromen-4-on mit Acetanhydrid (*v. We., Jung*).
Krystalle (aus Ae.); F: 172°.

I   II   III

**2-Butyryl-3-methyl-benzofuran-6-ol, 1-[6-Hydroxy-3-methyl-benzofuran-2-yl]-
butan-1-on** $C_{13}H_{14}O_3$, Formel III (R = H).
B. Beim Behandeln von 6-Butyryloxy-3-methyl-benzofuran mit Aluminiumchlorid in Nitrobenzol (*Shah, Shah,* B. **92** [1959] 2927, 2932). Beim Behandeln von 3-Methyl-benzo=
furan-6-ol mit Buttersäure-anhydrid und Aluminiumchlorid in Nitrobenzol (*Shah, Shah*).
Krystalle (aus W.); F: 124°.

**2-Butyryl-6-methoxy-3-methyl-benzofuran, 1-[6-Methoxy-3-methyl-benzofuran-2-yl]-
butan-1-on** $C_{14}H_{16}O_3$, Formel III (R = CH$_3$).
B. Beim Behandeln von 1-[6-Hydroxy-3-methyl-benzofuran-2-yl]-butan-1-on mit Methyljodid, Kaliumcarbonat und Aceton (*Shah, Shah,* B. **92** [1959] 2927, 2932).
Krystalle (aus wss. A.); F: 93—94°.

6-Acetoxy-2-butyryl-3-methyl-benzofuran, 1-[6-Acetoxy-3-methyl-benzofuran-2-yl]-butan-1-on $C_{15}H_{16}O_4$, Formel III (R = CO-CH$_3$).

B. Aus 1-[6-Hydroxy-3-methyl-benzofuran-2-yl]-butan-1-on (Shah, Shah, B. **92** [1959] 2927, 2931).

Krystalle (aus Eg.); F: 85—86°.

7-Butyryl-3-methyl-benzofuran-6-ol, 1-[6-Hydroxy-3-methyl-benzofuran-7-yl]-butan-1-on $C_{13}H_{14}O_3$, Formel IV.

B. Beim Erhitzen von 7-Butyryl-6-hydroxy-3-methyl-benzofuran-2-carbonsäure auf Temperaturen oberhalb 218° (Shah, Shah, B. **92** [1959] 2933, 2936). Neben 7-Butyryl-6-hydroxy-3-methyl-benzofuran-2-carbonsäure beim Erwärmen von 3-Brom-8-butyryl-7-hydroxy-4-methyl-cumarin mit wss. Natriumcarbonat-Lösung (Shah, Shah).

Krystalle (aus PAe.); F: 83°.

6-Acetyl-2-isopropyl-benzofuran-4-ol, 1-[4-Hydroxy-2-isopropyl-benzofuran-6-yl]-äthanon $C_{13}H_{14}O_3$, Formel V.

B. Beim Erhitzen von 3-Acetyl-4-[5-isopropyl-[2]furyl]-but-3-ensäure unter Stickstoff bis auf 310° (Reichstein, Hirt, Helv. **16** [1933] 121, 125).

Krystalle (aus Bzn.); F: 145,5°. Bei 170°/0,1 Torr destillierbar.

5-Acetyl-7-äthyl-3-methyl-benzofuran-4-ol, 1-[7-Äthyl-4-hydroxy-3-methyl-benzofuran-5-yl]-äthanon $C_{13}H_{14}O_3$, Formel VI.

B. Beim Erhitzen von 6-Acetyl-8-äthyl-3-brom-5-hydroxy-4-methyl-cumarin mit wss. Natriumcarbonat-Lösung (Marathey, Gore, J. Univ. Poona Nr. 16 [1959] 37).

Krystalle; F: 45°.

7-Acetyl-5-äthyl-3-methyl-benzofuran-6-ol, 1-[5-Äthyl-6-hydroxy-3-methyl-benzofuran-7-yl]-äthanon $C_{13}H_{14}O_3$, Formel VII.

B. Neben 7-Acetyl-5-äthyl-6-hydroxy-3-methyl-benzofuran-2-carbonsäure beim Erwärmen von 8-Acetyl-6-äthyl-3-brom-7-hydroxy-4-methyl-cumarin mit wss. Natrium=carbonat-Lösung (Desai, Ekhlas, Pr. Indian Acad. [A] **8** [1938] 194, 199). Beim Erhitzen von 7-Acetyl-5-äthyl-6-hydroxy-3-methyl-benzofuran-2-carbonsäure (De., Ek.).

Krystalle (aus Me.); F: 66°.

1-[5-Äthyl-6-hydroxy-3-methyl-benzofuran-7-yl]-äthanon-semicarbazon $C_{14}H_{17}N_3O_3$, Formel VIII.

B. Aus 1-[5-Äthyl-6-hydroxy-3-methyl-benzofuran-7-yl]-äthanon und Semicarbazid (Desai, Ekhlas, Pr. Indian Acad. [A] **8** [1938] 194, 199).

Krystalle (aus A.), die unterhalb 290° nicht schmelzen.

4-[4-Methoxy-phenyl]-hexahydro-cyclopenta[*b*]furan-2-on, [2-Hydroxy-5-(4-methoxyphenyl)-cyclopentyl]-essigsäure-lacton $C_{14}H_{16}O_3$.

a) (±)-4*t*-[4-Methoxy-phenyl]-(3a*r*,6a*c*)-hexahydro-cyclopenta[*b*]furan-2-on, (±)-[2*c*-Hydroxy-5*c*-(4-methoxy-phenyl)-cyclopent-*r*-yl]-essigsäure-lacton $C_{14}H_{16}O_3$, Formel IX + Spiegelbild.

B. In kleiner Menge neben anderen Verbindungen bei der Hydrierung von [2-(4-Methoxy-phenyl)-5-oxo-cyclopent-1-enyl]-essigsäure an Palladium in Methanol (*Makšimow, Grinenko*, Ž. obšč. Chim. **28** [1958] 532, 535; engl. Ausg. S. 522, 524; *Grinenko, Makšimow*, Doklady Akad. S.S.S.R. **112** [1957] 1059, 1062; Pr. Acad. Sci. U.S.S.R. Chem. Sect. **112**–117 [1957] 159, 162).

Krystalle (aus A. + Bzl.); F: 67–68°.

b) (±)-4*c*-[4-Methoxy-phenyl]-(3a*r*,6a*c*)-hexahydro-cyclopenta[*b*]furan-2-on, (±)-[2*c*-Hydroxy-5*t*-(4-methoxy-phenyl)-cyclopent-*r*-yl]-essigsäure-lacton $C_{14}H_{16}O_3$, Formel X + Spiegelbild.

B. Aus (±)-[2*t*-Acetoxy-5*t*-(4-methoxy-phenyl)-cyclopent-*r*-yl]-essigsäure beim Erwärmen mit Polyphosphorsäure sowie beim Behandeln mit Phosphor(V)-chlorid in Benzol und anschliessend mit Zinn(IV)-chlorid (*Makšimow, Grinenko*, Ž. obšč. Chim. **28** [1958] 2182, 2186; engl. Ausg. S. 2222, 2226; *Grinenko, Makšimow*, Doklady Akad. S.S.S.R. **112** [1957] 1059, 1062; Pr. Acad. Sci. U.S.S.R. Chem. Sect. **112**–117 [1957] 159, 162). Neben [2*t*-Hydroxy-5*t*-(4-methoxy-phenyl)-cyclopent-*r*-yl]-essigsäure beim Behandeln von (±)-[2*t*-(4-Methoxy-phenyl)-5-oxo-cyclopent-*r*-yl]-essigsäure mit wss. Natronlauge und mit Natriumboranat (*Ma., Gr.; Gr., Ma.*).

Krystalle (aus A.); F: 141–142°.

1-Methoxy-4-phenyl-2-oxa-bicyclo[2.2.2]octan-3-on, 4-Hydroxy-4-methoxy-1-phenyl-cyclohexancarbonsäure-lacton $C_{14}H_{16}O_3$, Formel XI (R = CH$_3$).

B. Beim Behandeln von 4-Oxo-1-phenyl-cyclohexancarbonsäure mit Thionylchlorid und Benzol und Erwärmen des Reaktionsprodukts mit Methanol und Pyridin (*Rubin, Wishinsky*, J. org. Chem. **16** [1951] 443, 446). Neben 4-Oxo-1-phenyl-cyclohexancarbonsäure-methylester beim Behandeln von 4-Oxo-1-phenyl-cyclohexancarbonsäure mit Diazomethan in Äther (*Ru., Wi.*).

Krystalle (aus Bzn. + E.); F: 112–113° [korr.].

Beim Erwärmen mit wss. Salzsäure ist 4-Oxo-1-phenyl-cyclohexancarbonsäure-methylester erhalten worden.

X   XI   XII

1-Acetoxy-4-phenyl-2-oxa-bicyclo[2.2.2]octan-3-on, 4-Acetoxy-4-hydroxy-1-phenyl-cyclohexancarbonsäure-lacton $C_{15}H_{16}O_4$, Formel XI (R = CO-CH$_3$).

B. Beim Behandeln von 4-Oxo-1-phenyl-cyclohexancarbonsäure mit Acetylchlorid (*Rubin, Wishinsky*, J. org. Chem. **16** [1951] 443, 444).

Krystalle (aus Bzn. + E.); F: 149–150°.

4′-Hydroxy-spiro[benzofuran-2,1′-cyclohexan]-3-on $C_{13}H_{14}O_3$.

a) **4′*c*-Hydroxy-(2*rO*^{1})-spiro[benzofuran-2,1′-cyclohexan]-3-on, α-4′-Hydroxygrisan-3-on** $C_{13}H_{14}O_3$, Formel XII.

B. Neben kleinen Mengen des unter b) beschriebenen Stereoisomeren beim Behandeln von Spiro[benzofuran-2,1′-cyclohexan]-3,4′-dion mit Natriumboranat in wss. Methanol

sowie beim Behandeln von Spiro[benzofuran-2,1'-cyclohexan]-3,4'-dion mit Lithium=
alanat in Äther und Behandeln des Reaktionsprodukts mit Chrom(VI)-oxid in Pyridin
(*McCloskey*, Soc. **1958** 4732, 4735).

Krystalle (aus Ae.); F: 105,5—106,5°.

O-Acetyl-Derivat $C_{15}H_{16}O_4$ (4'*c*-Acetoxy-(2*rO*¹)spiro[benzofuran-2,1'-cyclo= hexan]-3-on). Krystalle (aus PAe. + Ae.); F: 132—133° [korr.].

O-[3,5-Dinitro-benzoyl]-Derivat $C_{20}H_{16}N_2O_8$ (4'*c*-[3,5-Dinitro-benzoyloxy]-(2*rO*¹)-spiro[benzofuran-2,1'-cyclohexan]-3-on). Krystalle (aus Acn.); F: 221° bis 222° [korr.].

O-[1]Naphthylcarbamoyl-Derivat $C_{24}H_{21}NO_4$ (4'*c*-[1]Naphthylcarbamoyl= oxy-(2*rO*¹)-spiro[benzofuran-2,1'-cyclohexan]-3-on). Krystalle (aus A.); F: 176° bis 177° [korr.].

b) **4't-Hydroxy-(2rO¹)-spiro[benzofuran-2,1'-cyclohexan]-3-on**, β-4'-Hydroxy-grisan-3-on $C_{13}H_{14}O_2$, Formel I.

B. s. bei dem unter a) beschriebenen Stereoisomeren.

Krystalle (aus Ae.); F: 88,5—89,5° (*McCloskey*, Soc. **1958** 4732, 4735).

O-Acetyl-Derivat $C_{15}H_{16}O_4$ (4't-Acetoxy-(2*rO*¹)-spiro[benzofuran-2,1'-cyclo= hexan]-3-on). Krystalle (aus PAe. + Ae.); F: 145—146° [korr.].

O-[3,5-Dinitro-benzoyl]-Derivat $C_{20}H_{16}N_2O_8$ (4't-[3,5-Dinitro-benzoyloxy]-(2*rO*¹)-spiro[benzofuran-2,1'-cyclohexan]-3-on). Krystalle (aus Bzl.); F: 262° bis 263° [korr.].

4'c-[N-((1R)-Menthyl)-phthalamoyloxy]-(2rO¹)-spiro[benzofuran-2,1'-cyclohexan]-3-on $C_{31}H_{37}NO_5$, Formel II.

B. Beim Erhitzen von 4'*c*-Hydroxy-(2*rO*¹)-spiro[benzofuran-2,1'-cyclohexan]-3-on (S. 429) mit Phthalsäure-anhydrid und Pyridin und Behandeln des Reaktionsprodukts mit Thionylchlorid und Benzol und anschliessend mit (1*R*)-Menthylamin (*McCloskey*, Soc. **1958** 4732, 4736).

Krystalle (aus Ae.); F: 210—210,5° [korr.]. $[α]_D$: —29° [A.; c = 1].

*Opt.-inakt. **6-Methoxy-2'-methyl-spiro[benzofuran-2,1'-cyclopentan]-3-on** $C_{14}H_{16}O_3$, Formel III.

B. Beim Erwärmen von 6-Methoxy-benzofuran-3-on (E III/IV **17** 2116) mit (±)-1,4-Di= brom-pentan und Kalium-*tert*-butylat (*Dawkins, Mulholland*, Soc. **1959** 2203, 2207). Bei der Hydrierung von (±)-6-Methoxy-5'-methyl-spiro[benzofuran-2,1'-cyclopent-4'-en]-3,3'-dion an Palladium in Äthylacetat (*Dawkins, Mulholland*, Soc. **1959** 2211, 2216).

Krystalle (aus A. oder Bzn.); F: 167—168° [korr.]. Absorptionsmaxima (A.): 208 nm, 233 nm, 267 nm und 318 nm (*Da., Mu.*, l. c. S. 2207).

*Opt.-inakt. **6-Methoxy-1,2,3,4,4a,9a-hexahydro-xanthen-9-on** $C_{14}H_{16}O_3$, Formel IV.

B. Beim Erhitzen von Resorcin mit Cyclohex-1-encarbonsäure und Fluorwasserstoff,

Behandeln des Reaktionsgemisches mit wss. Natronlauge und anschliessend mit Essig=
säure und Behandeln des danach isolierten Reaktionsprodukts mit Dimethylsulfat und
wss. Kalilauge (*Dann et al.*, A. **587** [1954] 16, 35).
Krystalle (aus Me.); F: 114—115°.
Oxim $C_{14}H_{17}NO_3$. Krystalle (aus Bzn. + Bzl.); F: 174—175°.

(*R*)-4-Methoxy-3-methyl-5,6,7,8-tetrahydro-3*H*-naphtho[2,3-*c*]furan-1-on,
3-[(*R*)-1-Hydroxy-äthyl]-4-methoxy-5,6,7,8-tetrahydro-[2]naphthoesäure-lacton
$C_{14}H_{16}O_3$, Formel V.
  B. Bei der Hydrierung von (*R*)-4,5-Dimethoxy-3-methyl-3*H*-naphtho[2,3-*c*]furan-1-on
(aus Eleutherol hergestellt) an Platin in Essigsäure (*Schmid et al.*, Helv. **33** [1950] 609,
611).
Krystalle (aus wss. A.); F: 99—100°.

3-Hydroxy-3-methyl-3a,4,5,9b-tetrahydro-3*H*-naphtho[1,2-*b*]furan-2-on $C_{13}H_{14}O_3$,
Formel VI.
  a) Opt.-inakt. Stereoisomeres vom F: 186°.
  B. Neben 2-Hydroxy-2-[1-hydroxy-1,2,3,4-tetrahydro-[2]naphthyl]-propionsäure (F:
184°) beim Behandeln des unter b) erwähnten opt.-inakt. 2-Hydroxy-2-[1-hydroxy-
1,2,3,4-tetrahydro-[2]naphthyl]-propionsäure-äthylester-Präparats mit äthanol. Kali=
lauge (*Rosenmund, Gutschmidt*, Ar. **288** [1955] 6, 10).
Krystalle (aus A. + W.); F: 186°.
  b) Opt.-inakt. Stereoisomeres vom F: 174°.
  B. Neben 2-Hydroxy-2-[1-hydroxy-1,2,3,4-tetrahydro-[2]naphthyl]-prop=
ionsäure-äthylester ($C_{15}H_{20}O_4$; Harz; bei 200—235°/5 Torr destillierbar) beim Er-
hitzen von 3,4-Dihydro-2*H*-naphthalin-1-on mit Brenztraubensäure-äthylester, Behandeln
des Reaktionsprodukts mit Natrium-Amalgam, Äthanol und Essigsäure und Erhitzen
des danach isolierten Reaktionsprodukts (*Rosenmund, Gutschmidt*, Ar. **288** [1955] 6, 10).
Krystalle (aus A. + W.); F: 174°.

*Opt.-inakt. 8-Hydroxy-3-methyl-3a,4,5,9b-tetrahydro-3*H*-naphtho[1,2-*b*]furan-2-on,
2-[1,7-Dihydroxy-1,2,3,4-tetrahydro-[2]naphthyl]-propionsäure-1-lacton $C_{13}H_{14}O_3$,
Formel VII (R = H).
  B. Beim Behandeln von opt.-inakt. 2-[1-Hydroxy-7-methoxy-1,2,3,4-tetrahydro-
[2]naphthyl]-propionsäure-lacton (s. u.) mit Bromwasserstoff in Essigsäure (*Paranjape
et al.*, J. Univ. Bombay **12**, Tl. 3A [1943] 60, 63).
Krystalle (aus CCl_4); F: 112°.

VI   VII   VIII   IX

*Opt.-inakt. 8-Methoxy-3-methyl-3a,4,5,9b-tetrahydro-3*H*-naphtho[1,2-*b*]furan-2-on,
2-[1-Hydroxy-7-methoxy-1,2,3,4-tetrahydro-[2]naphthyl]-propionsäure-lacton $C_{14}H_{16}O_3$,
Formel VII (R = CH_3).
  B. Beim Erwärmen von opt.-inakt. 2-[1-Hydroxy-7-methoxy-1,2,3,4-tetrahydro-
[2]naphthyl]-propionsäure [F: 77°] (*Paranjape et al.*, J. Univ. Bombay **12**, Tl. 3A
[1943] 60, 63).
Krystalle (aus Bzn.); F: 83°.

8-Hydroxy-1-methyl-3a,4,5,9b-tetrahydro-1*H*-naphtho[2,1-*b*]furan-2-on, 2-[2,7-Dihydr=
oxy-1,2,3,4-tetrahydro-[1]naphthyl]-propionsäure-2-lacton $C_{13}H_{14}O_3$, Formel VIII
(R = H).
Über ein unter dieser Konstitution beschriebenes opt.-inakt. Präparat (Kp_{25}: 240°),

das aus einem als 2-[2-Hydroxy-7-methoxy-1,2,3,4-tetrahydro-[1]naphthyl]-propionsäure-lacton ($C_{14}H_{16}O_3$; Formel VIII [R = CH_3]) angesehenen Präparat (Kp_{25}: 210°) mit Hilfe von Bromwasserstoff in Essigsäure erhalten worden ist, s. *Paranjape et al.*, J. Univ. Bombay **12**, Tl. 3A [1943] 60.

6-Hydroxy-9-methyl-3a,4,5,9b-tetrahydro-1H-naphtho[2,1-b]furan-2-on, [2,5-Dihydroxy-8-methyl-1,2,3,4-tetrahydro-[1]naphthyl]-essigsäure-2-lacton $C_{13}H_{14}O_3$, Formel IX (R = H).

Über ein unter dieser Konstitution beschriebenes opt.-inakt. Präparat (Kp_{40}: 180°), das aus einem als [2-Hydroxy-5-methoxy-8-methyl-1,2,3,4-tetrahydro-[1]-naphthyl]-essigsäure-lacton ($C_{14}H_{16}O_3$; Formel IX [R = CH_3]) angesehenen Präparat (Kp_{20}: 190°) mit Hilfe von Bromwasserstoff in Essigsäure erhalten worden ist, s. *Paranjape et al.*, J. Univ. Bombay **11**, Tl. 3A [1942] 124. [*Koetter*]

Hydroxy-oxo-Verbindungen $C_{14}H_{16}O_3$

(±)-3,4-Dichlor-5-[4-hydroxy-5-isopropyl-2-methyl-phenyl]-5H-furan-2-on $C_{14}H_{14}Cl_2O_3$, Formel I.

B. Beim Behandeln eines Gemisches von Mucochlorsäure (Dichlormaleinaldehydsäure) und Thymol mit Phosphorsäure und Phosphor(V)-oxid oder mit Schwefelsäure und Essigsäure (*Ettel et al.*, Chem. Listy **46** [1952] 634; C. A. **1953** 8038).

Krystalle (aus wss. Me. oder aus Bzl. + $CHCl_3$); F: 124–125°.

(±)-3,4-Diäthyl-5-[4-methoxy-phenyl]-3H-furan-2-on, (±)-2,3-Diäthyl-4c-hydroxy-4t-[4-methoxy-phenyl]-but-3-ensäure-lacton $C_{15}H_{18}O_3$, Formel II.

B. Beim Erwärmen von opt.-inakt. 2,3-Diäthyl-4-[4-methoxy-phenyl]-4-oxo-buttersäure-methylester (Kp_1: 150–152°; n_D^{29}: 1,5193) mit Acetylchlorid (*Baker*, Am. Soc. **65** [1943] 1572, 1577).

Kp_1: ca. 170°.

6-Hydroxy-3-pentyl-chromen-4-on $C_{14}H_{16}O_3$, Formel III (R = H).

B. Beim Behandeln von 1-[2,5-Dihydroxy-phenyl]-heptan-1-on mit Äthylformiat und Natrium (*Ingle et al.*, J. Indian chem. Soc. **26** [1949] 569, 573).

Krystalle (aus wss. Me.); F: 146°.

6-Acetoxy-3-pentyl-chromen-4-on $C_{16}H_{18}O_4$, Formel III (R = CO-CH_3).

B. Beim Erhitzen von 6-Hydroxy-3-pentyl-chromen-4-on mit Acetanhydrid und Natriumacetat (*Ingle et al.*, J. Indian chem. Soc. **26** [1949] 569, 573).

Krystalle (aus wss. Me.); F: 90–91°.

7-Hydroxy-4-pentyl-cumarin $C_{14}H_{16}O_3$, Formel IV.

B. Beim Behandeln von Resorcin mit 3-Oxo-octansäure-äthylester und wss. Schwefel=

säure (*Kojima, Osawa*, J. pharm. Soc. Japan **72** [1952] 916; C. A. **1953** 3301).
Krystalle (aus Ae. + PAe.); F: 145—146°.

7-Hydroxy-6-pentyl-cumarin $C_{14}H_{16}O_3$, Formel V (R = H).
B. Beim Erhitzen von 4-Pentyl-resorcin mit Äpfelsäure und Schwefelsäure (*Fujikawa, Nakajima*, J. pharm. Soc. Japan **71** [1951] 67; C. A. **1951** 8518). Beim Behandeln von 7-Acetoxy-6-pentyl-cumarin mit äthanol. Natronlauge (*Fu., Na.*).
Krystalle (aus wss. Me.); F: 96°.

7-Acetoxy-6-pentyl-cumarin $C_{16}H_{18}O_4$, Formel V (R = $CO\text{-}CH_3$).
B. Beim Erhitzen von 2,4-Dihydroxy-5-pentyl-benzaldehyd mit Acetanhydrid und Natriumacetat (*Fujikawa, Nakajima*, J. pharm. Soc. Japan **71** [1951] 67; C. A. **1951** 8518).
Krystalle (aus Bzn.); F: 66°.

7-Hydroxy-6-isopentyl-cumarin $C_{14}H_{16}O_3$, Formel VI (R = X = H).
B. Beim Erwärmen von 4-Isopentyl-resorcin mit Äpfelsäure und Schwefelsäure (*Yamashita*, Bl. chem. Soc. Japan **8** [1933] 276, 279). Beim Behandeln von 7-Acetoxy-6-isopentyl-cumarin mit äthanol. Natronlauge (*Fujikawa, Nakajima*, J. pharm. Soc. Japan **71** [1951] 67; C. A. **1951** 8518).
Krystalle; F: 118° [aus wss. Me.] (*Fu., Na.*), 112—113° [aus A.] (*Ito et al.*, J. pharm. Soc. Japan **70** [1950] 730, 731; C. A. **1951** 7113), 108—110° [aus wss. Me.] (*Ya.*). Löslichkeit in Wasser bei 37°: 1 g/4000 g (*Kitagawa*, J. pharm. Soc. Japan **76** [1956] 582, 583; C. A. **1956** 13285). Verteilung zwischen Äther und Wasser: *Ki*.

V   VI   VII

6-Isopentyl-7-methoxy-cumarin $C_{15}H_{18}O_3$, Formel VI (R = CH_3, X = H).
B. Aus 7-Hydroxy-6-isopentyl-cumarin beim Behandeln einer Lösung in Methanol mit Diazomethan in Äther sowie beim Erwärmen mit Methyljodid, Kaliumhydroxid und Methanol (*Yamashita*, Bl. chem. Soc. Japan **8** [1933] 276, 279).
Krystalle (aus wss. Me.); F: 61—62°.

7-Acetoxy-6-isopentyl-cumarin $C_{16}H_{18}O_4$, Formel VI (R = $CO\text{-}CH_3$, X = H).
B. Beim Erhitzen von 2,4-Dihydroxy-5-isopentyl-benzaldehyd mit Acetanhydrid und Natriumacetat (*Fujikawa, Nakajima*, J. pharm. Soc. Japan **71** [1951] 67; C.A. **1951** 8518).
Krystalle (aus Bzn.); F: 82°.

(±)-6-[2,3-Dibrom-3-methyl-butyl]-7-hydroxy-cumarin $C_{14}H_{14}Br_2O_3$, Formel VI (R = H, X = Br).
B. Beim Behandeln von 7-Hydroxy-6-[3-methyl-but-2-enyl]-cumarin mit Brom in Benzol (*King et al.*, Soc. **1954** 1392, 1398).
Krystalle (aus Me.); F: 185—186°. Absorptionsmaxima (A.): 207 nm, 222 nm und 331 nm.

(±)-6-[2,3-Dibrom-3-methyl-butyl]-7-methoxy-cumarin $C_{15}H_{16}Br_2O_3$, Formel VI (R = CH_3, X = Br).
B. Beim Behandeln von Suberosin (7-Methoxy-6-[3-methyl-but-2-enyl]-cumarin) mit Brom in Benzol (*Ewing et al.*, Austral. J. scient. Res. [A] **3** [1950] 342, 343; *King et al.*, Soc. **1954** 1392, 1396).

Krystalle (aus A.); F: 148° (*Ew. et al.*; *King et al.*). Absorptionsmaxima (A.): 222 nm und 326 nm (*King et al.*).

7-Hydroxy-8-isopentyl-cumarin $C_{14}H_{16}O_3$, Formel VII (R = X = H).
B. Beim Erhitzen von 2-Isopentyl-resorcin mit Äpfelsäure und Schwefelsäure bis auf 140° (*Haller, Acree*, Am. Soc. **56** [1934] 1389). Bei der Hydrierung von 7-Hydroxy-8-[3-methyl-but-2-enyl]-cumarin an Platin in Essigsäure (*Bottomley, White*, Austral. J. scient. Res. [A] **4** [1951] 112, 114). Beim Erhitzen von 7-Hydroxy-8-isopentyl-2-oxo-2H-chromen-6-carbonsäure mit Chinolin und Kupfer-Pulver (*Ha., Ac.*).
Krystalle (aus wss. Me.); F: 104—106° (*Ha., Ac.*), 104—105° (*Bo., Wh.*).

8-Isopentyl-7-methoxy-cumarin $C_{15}H_{18}O_3$, Formel VII (R = CH_3, X = H).
B. Beim Erhitzen von 2-Isopentyl-3-methoxy-phenol mit Äpfelsäure und Schwefelsäure (*Späth et al.*, B. **67** [1934] 262). Beim Behandeln einer Lösung von 7-Hydroxy-8-isopentyl-cumarin in Methanol mit Diazomethan in Äther (*Haller, Acree*, Am. Soc. **56** [1934] 1389; *Sp. et al.*). Bei der Hydrierung von Osthol (7-Methoxy-8-[3-methyl-but-2-enyl]-cumarin) an Palladium in Äthylacetat (*Butenandt, Marten*, A. **495** [1932] 187, 202) oder in Essigsäure (*Sp. et al.*). Beim Erhitzen von 8-Isopentyl-7-methoxy-chroman-2-on mit Palladium auf 240° (*Späth, Galinovsky*, B. **70** [1937] 235, 238).
Krystalle; F: 85—85,5° [aus wss. Me.] (*Sp. et al.*), 85° [aus Bzn.] (*Ha., Ac.*).

(±)-8-[2,3-Dibrom-3-methyl-butyl]-7-methoxy-cumarin, (±)-Ostholdibromid $C_{15}H_{16}Br_2O_3$, Formel VII (R = CH_3, X = Br) (E II 25).
B. Beim Behandeln von Osthol (7-Methoxy-8-[3-methyl-but-2-enyl]-cumarin) mit Brom in Tetrachlormethan (*Mao, Parks*, J. Am. pharm. Assoc. **39** [1950] 107; vgl. *Tang*, J. Chin. chem. Soc. **4** [1936] 324, 328).
Krystalle (aus Me. oder A.); F: 148—149,5° (*Mao, Pa.*).

6-Butyl-7-hydroxy-2-methyl-chromen-4-on $C_{14}H_{16}O_3$, Formel VIII.
B. Beim Erhitzen von 3-Acetyl-6-butyl-7-hydroxy-2-methyl-chromen-4-on mit wss. Natriumcarbonat-Lösung (*Desai, Desai*, J. scient. ind. Res. India **13** B [1954] 249, 251).
Krystalle (aus A.); F: 198—199°.

VIII   IX

3-Butyl-7-hydroxy-4-methyl-cumarin $C_{14}H_{16}O_3$, Formel IX.
B. Beim Behandeln von Resorcin mit 2-Butyl-acetessigsäure-äthylester und 80%ig. wss. Schwefelsäure (*Sethna, Shah*, J. Indian chem. Soc. **15** [1938] 383, 387).
Krystalle (aus wss. A.); F: 134—136°.

6-Butyl-5-hydroxy-4-methyl-cumarin $C_{14}H_{16}O_3$, Formel X.
B. Beim Erwärmen einer Lösung von 6-Butyryl-5-hydroxy-4-methyl-cumarin in Äthanol mit amalgamiertem Zink und wss. Salzsäure (*Deliwala, Shah*, Soc. **1939** 1250, 1253).
Krystalle (aus wss. Eg.); F: 145—146°.

6-Butyl-7-hydroxy-4-methyl-cumarin $C_{14}H_{16}O_3$, Formel XI (R = H).
B. Beim Behandeln von 4-Butyl-resorcin mit Acetessigsäure-äthylester und 82%ig. wss. Schwefelsäure (*Jacobson et al.*, J. org. Chem. **18** [1953] 1117, 1119).
Krystalle (aus A.); F: 159,8—160,2°. Absorptionsmaxima (A.): 223 nm und 330 nm.

6-Butyl-7-methoxy-4-methyl-cumarin $C_{15}H_{18}O_3$, Formel XI (R = CH_3).
B. Beim Behandeln von 6-Butyl-7-hydroxy-4-methyl-cumarin mit Diazomethan in

Äther (*Jacobson et al.*, J. org. Chem. **18** [1953] 1117, 1121).
Krystalle (aus A.); F: 172,0—172,5°. Absorptionsmaxima (A.): 223 nm und 328 nm.

X   XI

6-Butyl-7-[2-hydroxy-äthoxy]-4-methyl-cumarin $C_{16}H_{20}O_4$, Formel XI
(R = CH_2-CH_2-OH).
B. Beim Behandeln von 6-Butyl-7-hydroxy-4-methyl-cumarin mit Natrium in Benzol oder Dioxan und anschliessend mit 2-Chlor-äthanol (*Sen, Sen Gupta*, J. Indian chem. Soc. **32** [1955] 120).
Krystalle (aus A.); F: 100°.

6-Butyl-7-[chlor-hydroxy-phosphoryloxy]-4-methyl-cumarin, Chlorophosphorsäure-mono-[6-butyl-4-methyl-2-oxo-2H-chromen-7-ylester] $C_{14}H_{16}ClO_5P$, Formel XI
(R = PO(OH)-Cl).
B. Beim Erwärmen von 6-Butyl-7-hydroxy-4-methyl-cumarin mit Phosphorylchlorid, Magnesium und Benzol oder Dioxan (*Sen, Sen Gupta*, J. Indian chem. Soc. **32** [1955] 120).
Krystalle (aus A.); F: 157°.

6-Butyl-7-diäthoxythiophosphoryloxy-4-methyl-cumarin, Thiophosphorsäure-*O,O'*-di= äthylester-*O''*-[6-butyl-4-methyl-2-oxo-2H-chromen-7-ylester] $C_{18}H_{25}O_5PS$, Formel XI
(R = PS(OC$_2$H$_5$)$_2$).
B. Beim Erwärmen der Natrium-Verbindung des 6-Butyl-7-hydroxy-4-methyl-cumarins mit Chlorothiophosphorsäure-*O,O'*-diäthylester in Äthanol (*Sen, Sen Gupta*, J. Indian chem. Soc. **32** [1955] 120).
Kp$_8$: 135°.

7-Hydroxy-3-isobutyl-4-methyl-cumarin $C_{14}H_{16}O_3$, Formel I (R = X = H).
B. Beim Behandeln eines Gemisches von Resorcin und 2-Isobutyl-acetessigsäure-äthylester mit Schwefelsäure oder mit Phosphor(V)-oxid (*Chakravarti*, J. Indian chem. Soc. **8** [1931] 127, 135).
Krystalle (aus wss. A.); F: 153°.

7-Acetoxy-3-isobutyl-4-methyl-cumarin $C_{16}H_{18}O_4$, Formel I (R = CO-CH$_3$, X = H).
B. Aus 7-Hydroxy-3-isobutyl-4-methyl-cumarin (*Chakravarti*, J. Indian chem. Soc. **8** [1931] 127, 136).
Krystalle (aus wss. A.); F: 109°.

I   II   III

6-Chlor-7-hydroxy-3-isobutyl-4-methyl-cumarin $C_{14}H_{15}ClO_3$, Formel I (R = H, X = Cl).
B. Beim Behandeln eines Gemisches von 4-Chlor-resorcin und 2-Isobutyl-acetessig= säure-äthylester mit Schwefelsäure (*Chakravarti, Ghosh*, J. Indian chem. Soc. **12** [1935] 622, 626).
Krystalle (aus Eg.); F: 199°.

7-Hydroxy-6-isobutyl-4-methyl-cumarin $C_{14}H_{16}O_3$, Formel II.
B. Beim Behandeln eines Gemisches von 4-Isobutyl-resorcin und Acetessigsäure-äthylester mit 82%ig. wss. Schwefelsäure (*Jacobson et al.*, J. org. Chem. **18** [1953] 1117, 1119).

Krystalle (aus A.); F: 200—200,5°. Absorptionsspektrum (A.; 200—380 nm): *Ja. et al.*, l. c. S. 1120.

7-Hydroxy-3,5-dimethyl-2-propyl-chromen-4-on $C_{14}H_{16}O_3$, Formel III (R = H).

B. Beim Erhitzen von 1-[2,4-Dihydroxy-6-methyl-phenyl]-propan-1-on mit Butter=
säure-anhydrid und Natriumbutyrat auf 180° und Behandeln des Reaktionsprodukts
mit Schwefelsäure (*Trivedi et al.*, J. Univ. Bombay **11**, Tl. 3A [1942] 144, 147). Beim
Erhitzen von 7-Methoxy-3,5-dimethyl-2-propyl-chromen-4-on mit wss. Jodwasserstoff=
säure und Acetanhydrid (*Tr. et al.*, l. c. S. 150).
Krystalle (aus A.); F: 238—241°.

7-Methoxy-3,5-dimethyl-2-propyl-chromen-4-on $C_{15}H_{18}O_3$, Formel III (R = CH_3).

B. Beim Erwärmen der Natrium-Verbindung des 1-[2,4-Dimethoxy-6-methyl-phenyl]-
hexan-1,3-dions mit Methyljodid und Aceton und Behandeln des Reaktionsprodukts
mit wss. Bromwasserstoffsäure (*Trivedi et al.*, J. Univ. Bombay **11**, Tl. 3A [1942] 144,
149). Beim Behandeln von 7-Hydroxy-3,5-dimethyl-2-propyl-chromen-4-on mit Methyl=
jodid und Kaliumcarbonat (*Tr. et al.*, l. c. S. 148).
Krystalle (aus A.); F: 91—92°.

7-Acetoxy-3,5-dimethyl-2-propyl-chromen-4-on $C_{16}H_{18}O_4$, Formel III (R = $CO-CH_3$).

B. Beim Erwärmen von 7-Hydroxy-3,5-dimethyl-2-propyl-chromen-4-on mit Acet=
anhydrid und Natriumacetat (*Trivedi et al.*, J. Univ. Bombay **11**, Tl. 3A [1942] 144,
148).
Krystalle (aus A.); F: 95°.

(±)-3-[2-Chlor-propyl]-5-hydroxy-4,7-dimethyl-cumarin $C_{14}H_{15}ClO_3$, Formel IV.

B. Beim Behandeln einer Lösung von 5-Methyl-resorcin und 2-Allyl-acetessigsäure-
äthylester in Essigsäure mit Chlorwasserstoff (*Ahmad, Desai*, J. Univ. Bombay **6**, Tl. 2
[1937] 89).
Krystalle (aus Me.); F: 206°.

6-Hydroxy-4,7-dimethyl-3-propyl-cumarin $C_{14}H_{16}O_3$, Formel V (R = H).

B. Beim Behandeln von 2-Methyl-hydrochinon mit 2-Propyl-acetessigsäure-äthylester
und wss. Schwefelsäure (*Desai, Mavani*, Pr. Indian Acad. [A] **15** [1942] 11, 15).
Krystalle (aus A.); F: 236°.

IV V VI

6-Acetoxy-4,7-dimethyl-3-propyl-cumarin $C_{16}H_{18}O_4$, Formel V (R = $CO-CH_3$).

B. Aus 6-Hydroxy-4,7-dimethyl-3-propyl-cumarin (*Desai, Mavani*, Pr. Indian Acad.
[A] **15** [1942] 11, 15).
Krystalle (aus A.); F: 102°.

7-Hydroxy-4,5-dimethyl-8-propyl-cumarin $C_{14}H_{16}O_3$, Formel VI.

B. Beim Behandeln von 5-Methyl-2-propyl-resorcin mit Acetessigsäure-äthylester und
73%ig. wss. Schwefelsäure (*Desai, Mavani*, Pr. Indian Acad. [A] **25** [1947] 341, 342).
Krystalle (aus A.); F: 202°.

7-Hydroxy-4,8-dimethyl-6-propyl-cumarin $C_{14}H_{16}O_3$, Formel VII.

B. Beim Behandeln von 2-Methyl-4-propyl-resorcin mit Acetessigsäure-äthylester und

80%ig. wss. Schwefelsäure (*Shah, Shah,* Soc. **1940** 245).
Krystalle (aus wss. A.); F: 160—162°.

3,6-Diäthyl-7-hydroxy-4-methyl-cumarin $C_{14}H_{16}O_3$, Formel VIII (R = X = H).
B. Beim Behandeln eines Gemisches von 4-Äthyl-resorcin und 2-Äthyl-acetessigsäure-äthylester mit 73%ig. wss. Schwefelsäure (*Desai, Mavani,* Pr. Indian Acad. [A] **14** [1941] 100, 102) oder mit Phosphorylchlorid (*Thakor, Shah,* J. Univ. Bombay **15,** Tl. 5A [1947] 14).
Krystalle (aus A.); F: 223° (*Th., Shah*), 216° (*De., Ma.*).

3,6-Diäthyl-7-methoxy-4-methyl-cumarin $C_{15}H_{18}O_3$, Formel VIII (R = CH_3, X = H).
B. Aus 3,6-Diäthyl-7-hydroxy-4-methyl-cumarin mit Hilfe von Dimethylsulfat (*Thakor, Shah,* J. Univ. Bombay **15,** Tl. 5A [1947] 14).
F: 105°.

7-Acetoxy-3,6-diäthyl-4-methyl-cumarin $C_{16}H_{18}O_4$, Formel VIII (R = CO-CH_3, X = H).
B. Beim Behandeln von 3,6-Diäthyl-7-hydroxy-4-methyl-cumarin mit Acetanhydrid und wenig Schwefelsäure (*Thakor, Shah,* J. Univ. Bombay **15,** Tl. 5A [1947] 14).
Krystalle; F: 133° (*Th., Shah*), 131° [aus A.] (*Desai, Mavani,* Pr. Indian Acad. [A] **14** [1941] 100, 102).

3,6-Diäthyl-7-benzoyloxy-4-methyl-cumarin $C_{21}H_{20}O_4$, Formel VIII (R = CO-C_6H_5, X = H).
B. Beim Behandeln von 3,6-Diäthyl-7-hydroxy-4-methyl-cumarin mit Benzoylchlorid und Pyridin (*Thakor, Shah,* J. Univ. Bombay **15,** Tl. 5A [1947] 14).
F: 121°.

6-Äthyl-3-[2,2-dichlor-äthyl]-7-hydroxy-4-methyl-cumarin $C_{14}H_{14}Cl_2O_3$, Formel VIII (R = H, X = Cl).
B. Beim Behandeln von 6-Äthyl-7-hydroxy-4-methyl-3-[2,2,2-trichlor-1-hydroxy-äthyl]-cumarin oder dessen Di-*O*-acetyl-Derivat mit Essigsäure, Zink und wss. Salzsäure (*Chudgar, Shah,* J. Univ. Bombay **11,** Tl. 3A [1942] 116, 118).
Krystalle (aus A.); F: 253—255°.

VII   VIII   IX

7-Acetoxy-6-äthyl-3-[2,2-dichlor-äthyl]-4-methyl-cumarin $C_{16}H_{16}Cl_2O_4$, Formel VIII (R = CO-CH_3, X = Cl).
B. Beim Behandeln der im vorangehenden Artikel beschriebenen Verbindung mit Acetanhydrid und wenig Schwefelsäure (*Chudgar, Shah,* J. Univ. Bombay **11,** Tl. 3A [1942] 116, 118). Beim Behandeln von 7-Acetoxy-3-[1-acetoxy-2,2,2-trichlor-äthyl]-6-äthyl-4-methyl-cumarin mit Zink und Essigsäure (*Ch., Shah*).
Krystalle (aus A.); F: 167°.

3,7-Diäthyl-6-hydroxy-4-methyl-cumarin $C_{14}H_{16}O_3$, Formel IX (R = H).
B. Beim Behandeln von 2-Äthyl-hydrochinon mit 2-Äthyl-acetessigsäure-äthylester und 73%ig. wss. Schwefelsäure (*Desai, Mavani,* Pr. Indian Acad. [A] **15** [1942] 11, 14).
Krystalle (aus A.); F: 229°.

6-Acetoxy-3,7-diäthyl-4-methyl-cumarin $C_{16}H_{18}O_4$, Formel IX (R = CO-CH_3).
B. Aus 3,7-Diäthyl-6-hydroxy-4-methyl-cumarin (*Desai, Mavani,* Pr. Indian Acad. [A] **15** [1942] 11, 14).
Krystalle (aus A.); F: 102°.

6,8-Diäthyl-5-hydroxy-4-methyl-cumarin $C_{14}H_{16}O_3$, Formel X.

B. Beim Behandeln von 4,6-Diäthyl-resorcin mit Acetessigsäure-äthylester und 75%ig. wss. Schwefelsäure (*Shah, Mehta,* J. Univ. Bombay **4**, Tl. 2 [1935] 109, 113). Aus 6-Acetyl-8-äthyl-5-hydroxy-4-methyl-cumarin mit Hilfe von amalgamiertem Zink (*Desai, Ekhlas,* Pr. Indian Acad. [A] **8** [1938] 567, 571).

Krystalle (aus A.); F: 171° (*Deliwala, Shah,* Pr. Indian Acad. [A] **13** [1941] 352, 355), 169—170° (*Shah, Me.*).

X   XI   XII   XIII

6,8-Diäthyl-7-hydroxy-4-methyl-cumarin $C_{14}H_{16}O_3$, Formel XI.

B. Aus 2,4-Diäthyl-resorcin und Acetessigsäure-äthylester (*Limaye, Limaye,* Rasayanam **1** [1937] 109, 112). Beim Erwärmen von 8-Acetyl-6-äthyl-7-hydroxy-4-methylcumarin oder von 6-Acetyl-8-äthyl-7-hydroxy-4-methyl-cumarin mit amalgamiertem Zink und wss.-äthanol. Salzsäure (*Limaye, Limaye,* Rasayanam **1** [1941] 201, 205).

Krystalle (aus wss. Eg.); F: 137° (*Li., Li.,* Rasayanam **1** 206).

6,8-Diäthyl-5-hydroxy-7-methyl-cumarin $C_{14}H_{16}O_3$, Formel XII.

B. Beim Behandeln von 4,6-Diäthyl-5-methyl-resorcin mit Äpfelsäure und 85%ig. wss. Schwefelsäure, zuletzt unter Erwärmen (*Shah, Mehta,* J. Indian chem. Soc. **13** [1936] 358, 366).

Krystalle (aus wss. A.); F: 183—185°.

8-Äthyl-7-hydroxy-3,4,5-trimethyl-cumarin $C_{14}H_{16}O_3$, Formel XIII.

B. Beim Behandeln von 2-Äthyl-5-methyl-resorcin mit 2-Methyl-acetessigsäure-äthylester und 73%ig. wss. Schwefelsäure (*Desai, Mavani,* Pr. Indian Acad. [A] **25** [1947] 341, 342).

Krystalle (aus A.); F: 227°.

6-Hydroxy-2,3,5,7,8-pentamethyl-chromen-4-on $C_{14}H_{16}O_3$, Formel I.

B. Beim Erhitzen von 2,3,5-Trimethyl-hydrochinon mit 2-Methyl-acetessigsäure-methylester und Phosphor(V)-oxid (*John et al.,* B. **71** [1938] 2637, 2641).

Krystalle (aus A.); F: 201°. Absorptionsmaxima: 234 nm und 335 nm.

(±)-5-[4-Hydroxy-5,6,7,8-tetrahydro-[1]naphthyl]-dihydro-furan-2-on $C_{14}H_{16}O_3$, Formel II (R = H).

B. Beim Behandeln von 4-[4-Hydroxy-5,6,7,8-tetrahydro-[1]naphthyl]-4-oxo-buttersäure mit Natrium-Amalgam und wss. Natriumcarbonat-Lösung und anschliessend mit wss. Salzsäure (*Lipowitsch, Šergiewškaja,* Ž. obšč. Chim. **21** [1951] 123, 128; engl. Ausg. S. 135, 139).

Krystalle (aus A.); F: 152—153,5°.

(±)-5-[4-Methoxy-5,6,7,8-tetrahydro-[1]naphthyl]-dihydro-furan-2-on, (±)-4-Hydroxy-4-[4-methoxy-5,6,7,8-tetrahydro-[1]naphthyl]-buttersäure-lacton $C_{15}H_{18}O_3$, Formel II (R = CH₃).

B. Beim Erwärmen von 4-[4-Methoxy-5,6,7,8-tetrahydro-[1]naphthyl]-4-oxo-buttersäure mit wss. Kalilauge und Nickel-Aluminium-Legierung und Erwärmen des von ungelösten Anteilen befreiten Reaktionsgemisches mit wss. Salzsäure (*Lipowitsch, Šergiewškaja,* Ž. obšč. Chim. **21** [1951] 123, 126; engl. Ausg. S. 135, 138).

Krystalle (aus A.); F: 122—124°.

E III/IV 18　　　　　　　Syst. Nr. 2511 / H 38　　　　　　　　　　　439

(±)-5-[4-Äthoxy-5,6,7,8-tetrahydro-[1]naphthyl]-dihydro-furan-2-on, (±)-4-[4-Äthoxy-5,6,7,8-tetrahydro-[1]naphthyl]-4-hydroxy-buttersäure-lacton $C_{16}H_{20}O_3$, Formel II (R = C_2H_5).

B. Beim Erwärmen von 4-[4-Äthoxy-5,6,7,8-tetrahydro-[1]naphthyl]-4-oxo-buttersäure mit wss. Kalilauge und Nickel-Aluminium-Legierung und Erwärmen des von ungelösten Anteilen befreiten Reaktionsgemisches mit wss. Salzsäure (*Lipowitsch, Sergiewskaja*, Ž. obšč. Chim. **21** [1951] 123, 125; engl. Ausg. S. 135, 137).

Krystalle (aus A.); F: 95—97°.

I　　　　　　　　　　II　　　　　　　　　　III

(±)-5-[4-Propoxy-5,6,7,8-tetrahydro-[1]naphthyl]-dihydro-furan-2-on, (±)-4-Hydroxy-4-[4-propoxy-5,6,7,8-tetrahydro-[1]naphthyl]-buttersäure-lacton $C_{17}H_{22}O_3$, Formel II (R = CH_2-CH_2-CH_3).

B. Beim Behandeln von 4-Oxo-4-[4-propoxy-5,6,7,8-tetrahydro-[1]naphthyl]-buttersäure mit wss. Natriumcarbonat-Lösung und Natrium-Amalgam und Erwärmen des von ungelösten Anteilen befreiten Reaktionsgemisches mit wss. Salzsäure (*Lipowitsch, Sergiewskaja*, Ž. obšč. Chim. **21** [1951] 123, 126; engl. Ausg. S. 135, 138).

Krystalle (aus A.); F: 81—83°.

(±)-5-[4-Butoxy-5,6,7,8-tetrahydro-[1]naphthyl]-dihydro-furan-2-on, (±)-4-[4-Butoxy-5,6,7,8-tetrahydro-[1]naphthyl]-4-hydroxy-buttersäure-lacton $C_{18}H_{24}O_3$, Formel II (R = $[CH_2]_3$-CH_3).

B. Beim Behandeln von 4-[4-Butoxy-5,6,7,8-tetrahydro-[1]naphthyl]-4-oxo-buttersäure mit wss. Natriumcarbonat-Lösung und Natrium-Amalgam oder mit wss. Kalilauge und mit Nickel-Aluminium-Legierung und Erwärmen des von ungelösten Anteilen befreiten jeweiligen Reaktionsgemisches mit wss. Salzsäure (*Lipowitsch, Sergiewskaja*, Ž. obšč. Chim. **21** [1951] 123, 126, 127; engl. Ausg. S. 135, 138).

Krystalle (aus A.); F: 84—87°.

(±)-5-[4-Hexyloxy-5,6,7,8-tetrahydro-[1]naphthyl]-dihydro-furan-2-on, (±)-4-[4-Hexyloxy-5,6,7,8-tetrahydro-[1]naphthyl]-4-hydroxy-buttersäure-lacton $C_{20}H_{28}O_3$, Formel II (R = $[CH_2]_5$-CH_3).

B. Aus 4-[4-Hexyloxy-5,6,7,8-tetrahydro-[1]naphthyl]-4-oxo-buttersäure analog der im vorangehenden Artikel beschriebenen Verbindung (*Lipowitsch, Sergiewskaja*, Ž. obšč. Chim. **21** [1951] 123, 127; engl. Ausg. S. 135, 138).

Krystalle (aus A.); F: 81—83°.

(±)-5-[4-Heptyloxy-5,6,7,8-tetrahydro-[1]naphthyl]-dihydro-furan-2-on,
(±)-4-[4-Heptyloxy-5,6,7,8-tetrahydro-[1]naphthyl]-4-hydroxy-buttersäure-lacton
$C_{21}H_{30}O_3$, Formel II (R = $[CH_2]_6$-CH_3).

B. Beim Behandeln von 4-[4-Heptyloxy-5,6,7,8-tetrahydro-[1]naphthyl]-4-oxo-buttersäure mit wss.-äthanol. Natriumcarbonat-Lösung und Natrium-Amalgam und Erwärmen des von ungelösten Anteilen befreiten Reaktionsgemisches mit wss. Salzsäure (*Lipowitsch, Sergiewskaja*, Ž. obšč. Chim. **21** [1951] 123, 127; engl. Ausg. S. 135, 138).

Krystalle (aus A.); F: 71—72°.

(±)-5-[3-Äthoxy-5,6,7,8-tetrahydro-[2]naphthyl]-dihydro-furan-2-on, (±)-4-[3-Äthoxy-5,6,7,8-tetrahydro-[2]naphthyl]-4-hydroxy-buttersäure-lacton $C_{16}H_{20}O_3$, Formel III.

B. Beim Behandeln von 4-[3-Äthoxy-5,6,7,8-tetrahydro-[2]naphthyl]-4-oxo-buttersäure mit wss. Natriumcarbonat-Lösung und Natrium-Amalgam und Erhitzen des von ungelösten Anteilen befreiten Reaktionsgemisches mit wss. Salzsäure (*Sergiewskaja, Danilowa*, Ž. obšč. Chim. **16** [1946] 1077, 1084; C. A. **1947** 2719).

Krystalle (aus A.); F: 64—65°.

3-Acetoxy-3-[4-brom-phenyl]-hexahydro-isobenzofuran-1-on, 2-[α-Acetoxy-4-brom-α-hydroxy-benzyl]-cyclohexancarbonsäure-lacton $C_{16}H_{17}BrO_4$.

a) (±)-3ξ-Acetoxy-3ξ-[4-brom-phenyl]-(3ar,7ac)-hexahydro-isobenzofuran-1-on, (±)(1Ξ)-2c-[(Ξ)-α-Acetoxy-4-brom-α-hydroxy-benzyl]-cyclohexan-r-carbonsäure-lacton $C_{16}H_{17}BrO_4$, Formel IV (R = CO-CH$_3$, X = H) + Spiegelbild.

B. Beim Behandeln von (±)-cis-2-[4-Brom-benzoyl]-cyclohexancarbonsäure mit Essigsäure und Acetanhydrid oder mit Essigsäure, Acetanhydrid und wenig Schwefelsäure (*Kohler, Jansen*, Am. Soc. **60** [1938] 2142, 2145).

Krystalle (aus Ae. + PAe.); F: 149° (*Ko., Ja.*). IR-Spektrum (CHCl$_3$; 2—15 μ): *Bartlett, Rylander*, Am. Soc. **73** [1951] 4275, 4278.

b) (±)-3ξ-Acetoxy-3ξ-[4-brom-phenyl]-(3ar,7at)-hexahydro-isobenzofuran-1-on, (±)(1Ξ)-2t-[(Ξ)-α-Acetoxy-4-brom-α-hydroxy-benzyl]-cyclohexan-r-carbonsäure-lacton $C_{16}H_{17}BrO_4$, Formel V (X = H) + Spiegelbild.

Eine von *Kohler, Jansen* (Am. Soc. **60** [1938] 2142, 2145) unter dieser Konstitution und Konfiguration beschriebene Verbindung (F: 96—97°) ist nach *Bartlett, Rylander* (Am. Soc. **73** [1951] 4275, 4276) als (±)-[trans-2-(4-Brom-benzoyl)-cyclohexancarbonsäure]-essigsäure-anhydrid zu formulieren.

(±)-3a-Brom-3ξ-[4-brom-phenyl]-3ξ-methoxy-(3ar,7ac)-hexahydro-isobenzofuran-1-on, (±)(1Ξ)-2t-Brom-2c-[(Ξ)-4-brom-α-hydroxy-α-methoxy-benzyl]-cyclohexan-r-carbonsäure-lacton $C_{15}H_{16}Br_2O_3$, Formel IV (R = CH$_3$, X = Br) + Spiegelbild.

B. Beim Behandeln von (±)(1Ξ)-2t-Brom-2c-[(Ξ)-4,α-dibrom-α-hydroxy-benzyl]-cyclohexan-r-carbonsäure-lacton (F: 119—122°) mit Methanol (*Kohler, Jansen*, Am. Soc. **60** [1938] 2142, 2146).

Krystalle (aus Ae. + PAe.); F: 93°.

Beim Behandeln mit Essigsäure und wss. Salzsäure ist 2t-Brom-2c-[4-brom-benzoyl]-cyclohexan-r-carbonsäure erhalten worden.

(±)-3ξ-Äthoxy-3a-brom-3ξ-[4-brom-phenyl]-(3ar,7ac)-hexahydro-isobenzofuran-1-on, (±)(1Ξ)-2c-[(Ξ)-α-Äthoxy-4-brom-α-hydroxy-benzyl]-2t-brom-cyclohexan-r-carbonsäure-lacton $C_{16}H_{18}Br_2O_3$, Formel IV (R = C$_2$H$_5$, X = Br) + Spiegelbild.

B. Aus (±)(1Ξ)-2t-Brom-2c-[(Ξ)-4,α-dibrom-α-hydroxy-benzyl]-cyclohexan-r-carbonsäure-lacton (F: 119—122°) und Äthanol (*Kohler, Jansen*, Am. Soc. **60** [1938] 2142, 2146).

F: 115°.

IV   V   VI   VII

3-Acetoxy-3a-brom-3-[4-brom-phenyl]-hexahydro-isobenzofuran-1-on, 2-[α-Acetoxy-4-brom-α-hydroxy-benzyl]-2-brom-cyclohexancarbonsäure-lacton $C_{16}H_{16}Br_2O_4$.

a) (±)-3ξ-Acetoxy-3a-brom-3ξ-[4-brom-phenyl]-(3ar,7ac)-hexahydro-isobenzofuran-1-on, (±)(1Ξ)-2c-[(Ξ)-α-Acetoxy-4-brom-α-hydroxy-benzyl]-2t-brom-cyclohexan-r-carbonsäure-lacton $C_{16}H_{16}Br_2O_4$, Formel IV (R = CO-CH$_3$, X = Br) + Spiegelbild.

Präparat vom F: 164°. *B*. Beim Behandeln von (±)-cis-2-[4-Brom-benzoyl]-cyclohexancarbonsäure mit Brom, Acetanhydrid und wenig Essigsäure (*Bartlett, Rylander*, Am. Soc. **73** [1951] 4275, 4277, 4279). Beim Behandeln von (±)-2t-Brom-2c-[4-brombenzoyl]-cyclohexan-r-carbonsäure mit Acetanhydrid (*Ba., Ry.*). — Krystalle (aus CHCl$_3$ oder Bzl.); F: 162—164°. IR-Spektrum (CHCl$_3$; 2,5—16 μ): *Ba., Ry.*, l. c. S. 4278.

Präparat vom F: 176°. *B.* Beim Behandeln von (±)-*cis*-2-[4-Brom-benzoyl]-cyclohexancarbonsäure oder von (±)-*trans*-2-[4-Brom-benzoyl]-cyclohexancarbonsäure mit Brom, Acetanhydrid und wenig Essigsäure (*Kohler, Jansen,* Am. Soc. **60** [1938] 2142, 2146). Beim Behandeln von (±)(1Ξ)-2*t*-Brom-2*c*-[(Ξ)-4,α-dibrom-α-hydroxy-benzyl]-cyclohexan-*r*-carbonsäure-lacton (F: 119—122°) mit Acetanhydrid (*Ko., Ja.*). — Krystalle (aus CHCl₃ oder Bzl.); F: 174—176° [Zers.].

b) (±)-3ξ-Acetoxy-3a-brom-3ξ-[4-brom-phenyl]-(3a*r*,7a*t*)-hexahydro-isobenzofuran-1-on, (±)(1Ξ)-2*t*-[(Ξ)-α-Acetoxy-4-brom-α-hydroxy-benzyl]-2*c*-brom-cyclohexan-*r*-carbonsäure-lacton C₁₆H₁₆Br₂O₄, Formel V (X = Br) + Spiegelbild.
Konfiguration: *Bartlett, Rylander,* Am. Soc. **73** [1951] 4275, 4277.
Präparate vom F: 149° und vom F: 147°. *B.* Beim Erwärmen von (±)-2*c*-Brom-2*t*-[4-brom-benzoyl]-cyclohexan-*r*-carbonsäure mit Essigsäure und Acetanhydrid (*Kohler, Jansen,* Am. Soc. **60** [1938] 2143, 2147; *Bartlett, Rylander,* Am. Soc. **73** [1951] 4275, 4279). Neben (1Ξ)-2*c*-[(Ξ)-α-Acetoxy-4-brom-α-hydroxy-benzyl]-2*t*-brom-cyclohexan-*r*-carbonsäure-lacton (F: 174—176°) beim Behandeln von (±)-*cis*-2-[4-Brom-benzoyl]-cyclohexancarbonsäure mit Brom, Essigsäure und Acetanhydrid (*Ko., Ja.*). — Krystalle (aus Ae.); F: 149° (*Ko., Ja.*), 146—147° (*Ba., Ry.*). IR-Spektrum (CHCl₃; 2,5—15 µ): *Ba., Ry.,* l. c. S. 4278.
Präparat vom F: 78°. *B.* Beim Behandeln von (±)-2*c*-Brom-2*t*-[4-brom-benzoyl]-cyclohexan-*r*-carbonsäure mit Acetanhydrid (*Kohler, Jansen,* Am. Soc. **60** [1938] 2142, 2147). — Krystalle (aus Ae. + PAe.); F: 78°. — Beim Behandeln mit Essigsäure und wss. Salzsäure ist 2*c*-Brom-2*t*-[4-brom-benzoyl]-cyclohexan-*r*-carbonsäure erhalten worden.

1-[4-Methoxy-phenyl]-4-methyl-2-oxa-bicyclo[2.2.2]octan-3-on, 4-Hydroxy-4-[4-methoxy-phenyl]-1-methyl-cyclohexancarbonsäure-lacton C₁₅H₁₈O₃, Formel VI.
B. Neben 4-[4-Methoxy-phenyl]-1-methyl-cyclohex-3-encarbonsäure beim Behandeln von 1-Methyl-4-oxo-cyclohexancarbonsäure-methylester mit 4-Methoxy-phenylmagnesium-bromid in Äther (*Rubin, Wishinsky,* Am. Soc. **68** [1946] 338).
Krystalle (aus PAe.); F: 114—115°.

(±)-6*t*-Hydroxy-(5*rO*)-6,7,8,9,3',4'-hexahydro-spiro[benzocyclohepten-5,2'-furan]-5'-on, (±)-3-[5,6*c*-Dihydroxy-6,7,8,9-tetrahydro-5*H*-benzocyclohepten-5*r*-yl]-propionsäure-5-lacton C₁₄H₁₆O₃, Formel VII + Spiegelbild.
Diese Konstitution und Konfiguration kommt wahrscheinlich dem nachstehend beschriebenen Lacton zu (*Crabb, Schofield,* Soc. **1958** 4276, 4279).
B. Beim Behandeln von 3-[8,9-Dihydro-7*H*-benzocyclohepten-5-yl]-propionsäure-äthylester mit Peroxybenzoesäure in Chloroform (*Cr., Sch.,* l. c. S. 4282).
Krystalle (aus A.); F: 138—139°.

*Opt.-inakt. 6-Methoxy-7-methyl-1,2,3,4,4a,9a-hexahydro-xanthen-9-on C₁₅H₁₈O₃, Formel VIII.
B. Beim Erhitzen von 4-Methyl-resorcin mit Cyclohex-1-encarbonsäure und Fluorwasserstoff, Behandeln des Reaktionsprodukts mit wss. Natronlauge und Behandeln des danach isolierten Reaktionsprodukts mit Dimethylsulfat und wss. Kalilauge (*Dann et al.,* A. **587** [1954] 16, 34).
Krystalle (aus Me.); F: 144—145°.
Oxim C₁₅H₁₉NO₃. Krystalle (aus Bzn. + Bzl.); F: 189—190°.

(±)-8-Hydroxy-3ξ,6-dimethyl-(3a*r*,9b*c*)-3a,4,5,9b-tetrahydro-3*H*-naphtho[1,2-*b*]furan-2-on, (±)(Ξ)-2-[(1Ξ)-1*r*,7-Dihydroxy-5-methyl-1,2,3,4-tetrahydro-[2*c*]naphthyl]-propionsäure-1-lacton C₁₄H₁₆O₃, Formel IX (R = X = H) + Spiegelbild.

a) Stereoisomeres vom F: 233°; *rac*-4-Nor-α-desmotroposantonin.
B. Beim Erwärmen von (±)-8-Acetoxy-3ξ,6-dimethyl-(3a*r*, 9b*c*)-3a,4,5,9b-tetrahydro-3*H*-naphtho[1,2-*b*]furan-2-on vom F: 164° (S. 442) mit wss.-methanol. Natriumcarbonat-Lösung (*Harukawa,* J. pharm. Soc. Japan **75** [1955] 536, 539; C. A. **1956** 5586).

Krystalle (aus Me. + PAe.); F: 233°. UV-Spektrum (A.; 220—310 nm): *Ha.*, l. c. S. 537.

b) Stereoisomeres vom F: 166°; *rac-*4-Nor-*β*-desmotroposantonin.

B. Beim Erwärmen von (±)-8-Acetoxy-3ξ,6-dimethyl-(3a*r*,9b*c*)-3a,4,5,9b-tetra= hydro-3*H*-naphtho[1,2-*b*]furan-2-on vom F: 130° (s. u.) mit wss.-methanol. Natrium= carbonat-Lösung (*Harukawa*, J. pharm. Soc. Japan **75** [1955] 536, 539; C. A. **1956** 5586). Krystalle; F: 166°. UV-Spektrum (A.; 220—300 nm): *Ha.*, l. c. S. 537.

(±)-8-Acetoxy-3ξ,6-dimethyl-(3a*r*,9b*c*)-3a,4,5,9b-tetrahydro-3*H*-naphtho[1,2-*b*]furan-2-on, (±)(*Ξ*)-2-[(1*Ξ*)-7-Acetoxy-1*r*-hydroxy-5-methyl-1,2,3,4-tetrahydro-[2*c*]naphthyl]-propionsäure-lacton $C_{16}H_{18}O_4$, Formel IX (R = CO-CH$_3$, X = H) + Spiegelbild.

a) Stereoisomeres vom F: 164°.

B. Beim Erhitzen von sog. (±)-4-Nor-α-santonin (*rac*-(11*Ξ*)-6α-Hydroxy-3-oxo-15-nor-eudesma-1,4-dien-12-säure-lacton vom F: 171° [E III/IV **17** 6216]) mit Acetanhydrid und wenig Schwefelsäure (*Harukawa*, J. pharm. Soc. Japan **75** [1955] 536, 539; C. A. **1956** 5586).

Krystalle (aus Me.); F: 164°. UV-Spektrum (A.; 220—320 nm): *Ha.*, l. c. S. 537.

b) Stereoisomeres vom F: 130°.

B. Beim Erhitzen von sog. (±)-4-Nor-*β*-santonin (*rac*-(11*Ξ*)-6α-Hydroxy-3-oxo-15-nor-eudesma-1,4-dien-12-säure-lacton vom F: 175° [E III/IV **17** 6216]) mit Acetanhydrid und wenig Schwefelsäure (*Harukawa*, J. pharm. Soc. Japan **75** [1955] 536, 539; C. A. **1956** 5586).

Krystalle (aus Me.) mit 0,5 Mol H$_2$O; F: 130°. UV-Spektrum (A.; 220—300 nm): *Ha.*, l. c. S. 537.

VIII   IX   X

(±)-7-Brom-8-hydroxy-3ξ,6-dimethyl-(3a*r*,9b*c*)-3a,4,5,9b-tetrahydro-3*H*-naphtho[1,2-*b*]= furan-2-on, (±)(*Ξ*)-2-[(1*Ξ*)-6-Brom-1*r*,7-dihydroxy-5-methyl-1,2,3,4-tetrahydro-[2*c*]naphthyl]-propionsäure-1-lacton $C_{14}H_{15}BrO_3$, Formel IX (R = H, X = Br) + Spiegelbild.

B. Beim Behandeln von (±)-8-Hydroxy-3ξ,6-dimethyl-(3a*r*,9b*c*)-3a,4,5,9b-tetrahydro-3*H*-naphtho[1,2-*b*]furan-2-on vom F: 166° (s. o.) mit Brom in Chloroform (*Harukawa*, J. pharm. Soc. Japan **75** [1955] 536, 539; C. A. **1956** 5586). Beim Erwärmen der im folgenden Artikel beschriebenen Verbindung mit wss.-methanol. Natriumcarbonat-Lösung (*Harukawa*, J. pharm. Soc. Japan **75** [1955] 533; C. A. **1956** 5586).

Krystalle (aus Me.) mit 0,5 Mol H$_2$O; F: 210° [Zers.]. Absorptionsmaxima (A.): 256 nm und 293 nm (*Ha.*, l. c. S. 536).

(±)-8-Acetoxy-7-brom-3ξ,6-dimethyl-(3a*r*,9b*c*)-3a,4,5,9b-tetrahydro-3*H*-naphtho[1,2-*b*]= furan-2-on, (±)(*Ξ*)-2-[(1*Ξ*)-7-Acetoxy-6-brom-1*r*-hydroxy-5-methyl-1,2,3,4-tetrahydro-[2*c*]naphthyl]-propionsäure-lacton $C_{16}H_{17}BrO_4$, Formel IX (R = CO-CH$_3$, X = Br) + Spiegelbild.

B. Beim Erwärmen von *rac*-(11*Ξ*)-2-Brom-6*β*-hydroxy-3-oxo-15-nor-eudesma-1,4-dien-12-säure-lacton vom F: 195° [Zers.] (E III/IV **17** 6217) mit Acetanhydrid und wenig Schwefelsäure (*Harukawa*, J. pharm. Soc. Japan **75** [1955] 533; C. A. **1956** 5586).

Krystalle (aus Me.) mit 0,5 Mol H$_2$O; F: 167—174° (*Ha.*, l. c. S. 535). UV-Spektrum (220—300 nm): *Harukawa*, J. pharm. Soc. Japan **75** [1955] 529, 531; C. A. **1956** 5585.

8-Hydroxy-6,9-dimethyl-3a,4,5,9b-tetrahydro-3*H*-naphtho[1,2-*b*]furan-2-on, [1,7-Dihydroxy-5,8-dimethyl-1,2,3,4-tetrahydro-[2]naphthyl]-essigsäure-1-lacton $C_{14}H_{16}O_3$.

a) **(3aR)-8-Hydroxy-6,9-dimethyl-(3ar,9bc)-3a,4,5,9b-tetrahydro-3H-naphtho-[1,2-b]furan-2-on** $C_{14}H_{16}O_3$, Formel X (R = H).
Bezüglich der Konfiguration s. *Abe et al.*, Am. Soc. **78** [1956] 1416; *Inayama*, J. org. Chem. **23** [1958] 1183; s. a. *Sumi*, Pharm. Bl. **4** [1956] 162.

B. Beim Behandeln von 6β-Hydroxy-3-oxo-13-nor-7βH-eudesma-1,4-dien-12-säure-lacton [E III/IV **17** 6218] (*Ishikawa*, J. pharm. Soc. Japan **76** [1956] 494, 500; C. A. **1957** 301) oder von 6α-Hydroxy-3-oxo-13-nor-7βH-eudesma-1,4-dien-12-säure-lacton [E III/IV **17** 6217] (*Miki*, J. pharm. Soc. Japan **75** [1955] 399, 402; C. A. **1956** 2518) mit wss. Schwefelsäure.

Krystalle; F: 225° [aus Me.] (*Ish.*), 222° (*Miki*). $[\alpha]_D^{20}$: +141,5° [A.; c = 1] (*Ish.*); $[\alpha]_D^{27}$: +147,6° [A.; c = 0,8] (*Miki*). Absorptionsmaximum (A.): 290 nm (*Ish.*).

b) **($\pm$)-8-Hydroxy-6,9-dimethyl-(3ar,9bc)-3a,4,5,9b-tetrahydro-3H-naphtho[1,2-b]-furan-2-on** $C_{14}H_{16}O_3$, Formel X (R = H) + Spiegelbild.

B. Beim Erwärmen von *rac*-6β-Hydroxy-3-oxo-13-nor-7βH-eudesma-1,4-dien-12-säure-lacton [E III/IV **17** 6218] (*Ishikawa*, J. pharm. Soc. Japan **76** [1956] 494, 499; C. A. **1957** 301) oder von *rac*-6α-Hydroxy-3-oxo-13-nor-7βH-eudesma-1,4-dien-12-säure-lacton [E III/IV **17** 6217] (*Miki*, J. pharm. Soc. Japan **75** [1955] 399, 401; C. A. **1956** 2518) mit wss. Schwefelsäure.

Krystalle (aus Me.); F: 212° (*Miki*; *Ish.*). Absorptionsmaximum (A.): 290 nm (*Miki*; *Ish.*).

($\pm$)-8-Acetoxy-6,9-dimethyl-(3ar,9bc)-3a,4,5,9b-tetrahydro-3H-naphtho[1,2-b]furan-2-on, ($\pm$)-[7-Acetoxy-1r-hydroxy-5,8-dimethyl-1,2,3,4-tetrahydro-[2c]naphthyl]-essig-säure-lacton $C_{16}H_{18}O_4$, Formel X (R = CO-CH$_3$) + Spiegelbild.

B. Beim Behandeln von *rac*-6α-Hydroxy-3-oxo-13-nor-7βH-eudesma-1,4-dien-12-säure-lacton (E III/IV **17** 6217) mit Acetanhydrid und wenig Schwefelsäure (*Gunstone, Tulloch*, Soc. **1955** 1130, 1133).

Krystalle (aus Me. + Ae.); F: 148—149°. Absorptionsmaximum (A.): 273—280 nm.

Hydroxy-oxo-Verbindungen $C_{15}H_{18}O_3$

***Opt.-inakt. 3-[4-Methoxy-phenyl]-1-[6-methyl-tetrahydro-pyran-2-yl]-propenon** $C_{16}H_{20}O_3$, Formel I.

B. Beim Behandeln von opt.-inakt. 1-[6-Methyl-tetrahydro-pyran-2-yl]-äthanon (Kp$_{12}$: 64°) mit 4-Methoxy-benzaldehyd und wss.-methanol. Natronlauge (*Alder et al.*, B. **74** [1941] 905, 912).

Krystalle (aus Me.); F: 174—175°.

I II

3-Hexyl-2-methoxy-chromen-4-on $C_{16}H_{20}O_3$, Formel II.

B. Neben 3-Hexyl-4-methoxy-cumarin beim Behandeln von 3-Hexyl-chroman-2,4-dion mit Diazomethan in Äther (*Cieślak et al.*, Roczniki Chem. **33** [1959] 349, 351; C. A. **1960** 3404).

F: 28—29° [aus Bzn.]. Absorptionsmaximum (A.): 295 nm.

Verbindung mit Perchlorsäure $2C_{16}H_{20}O_3 \cdot HClO_4$; Verbindung von 3-Hexyl-2-methoxy-chromen-4-on mit 3-Hexyl-4-hydroxy-2-methoxy-chromenylium-perchlorat $C_{16}H_{20}O_3 \cdot [C_{16}H_{21}O_3]ClO_4$. F: 137—138°.

3-Hexyl-4-methoxy-cumarin $C_{16}H_{20}O_3$, Formel III.

B. s. im vorangehenden Artikel.

F: 8—9° [aus Bzn.] (*Cieślak et al.*, Roczniki Chem. **33** [1959] 349, 351; C. A. **1960** 3404). Absorptionsmaximum (A.): 272 nm.

6-Hexyl-7-hydroxy-cumarin $C_{15}H_{18}O_3$, Formel IV (R = H).

B. Beim Erwärmen von 4-Hexyl-resorcin mit Äpfelsäure und Schwefelsäure (*Ito et al.*, J. pharm. Soc. Japan **70** [1950] 730, 731; C. A. **1951** 7113). Beim Behandeln von 7-Acetoxy-6-hexyl-cumarin mit äthanol. Natronlauge (*Fujikawa, Nakajima*, J. pharm. Soc. Japan **71** [1951] 67; C. A. **1951** 8518).

Krystalle; F: 100° [aus wss. Me.] (*Fu., Na.*), 91–92° [aus A.] (*Ito et al.*).

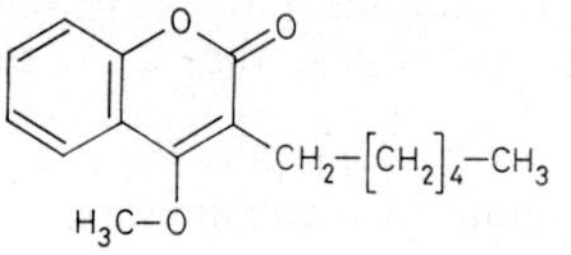

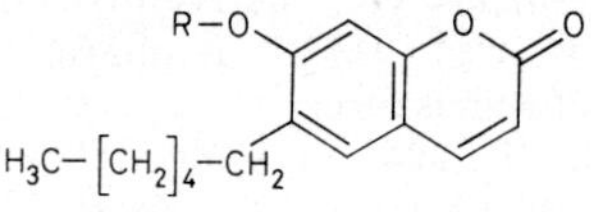

7-Acetoxy-6-hexyl-cumarin $C_{17}H_{20}O_4$, Formel IV (R = CO-CH$_3$).

B. Beim Erhitzen von 5-Hexyl-2,4-dihydroxy-benzaldehyd mit Acetanhydrid und Natriumacetat (*Fujikawa, Nakajima*, J. pharm. Soc. Japan **71** [1951] 67; C. A. **1951** 8518).

Krystalle (aus A.); F: 57°.

7-Hydroxy-4-methyl-3-pentyl-cumarin $C_{15}H_{18}O_3$, Formel V (R = H).

B. Beim Behandeln von Resorcin mit 2-Pentyl-acetessigsäure-äthylester und 80%ig. wss. Schwefelsäure (*Kojima, Osawa*, J. pharm. Soc. Japan **72** [1952] 916; C. A. **1953** 3301).

Krystalle (aus Ae. + PAe.); F: 111–113°.

7-Acetoxy-4-methyl-3-pentyl-cumarin $C_{17}H_{20}O_4$, Formel V (R = CO-CH$_3$).

B. Aus 7-Hydroxy-4-methyl-3-pentyl-cumarin (*Kojima, Osawa*, J. pharm. Soc. Japan **72** [1952] 916; C. A. **1953** 3301).

Krystalle (aus A.); F: 119–120°.

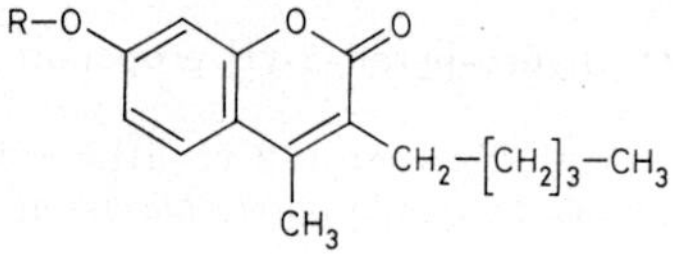

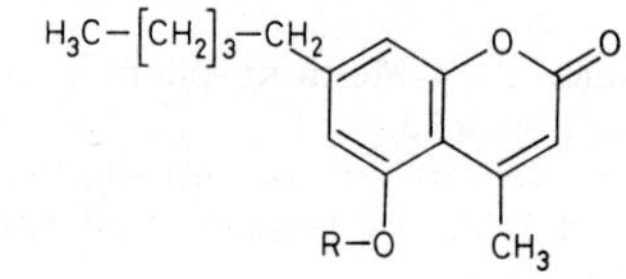

5-Hydroxy-4-methyl-7-pentyl-cumarin $C_{15}H_{18}O_3$, Formel VI (R = H).

B. Beim Behandeln eines Gemisches von 5-Pentyl-resorcin und Acetessigsäure-äthylester mit Phosphorylchlorid und Benzol (*Adams et al.*, Am. Soc. **63** [1941] 1977) oder mit Schwefelsäure (*Russell et al.*, Soc. **1941** 169, 171).

Krystalle; F: 185° [aus A.] (*Ru. et al.*), 178–179° [korr.; aus A. + W.] (*Ad. et al.*).

5-Acetoxy-4-methyl-7-pentyl-cumarin $C_{17}H_{20}O_4$, Formel VI (R = CO-CH$_3$).

B. Aus 5-Hydroxy-4-methyl-7-pentyl-cumarin (*Russell et al.*, Soc. **1941** 169, 171).

Krystalle (aus A.); F: 97°.

7-Hydroxy-3-isopentyl-4-methyl-cumarin $C_{15}H_{18}O_3$, Formel VII (R = H).

B. Beim Behandeln von Resorcin mit 2-Isopentyl-acetessigsäure-äthylester und 80%ig. wss. Schwefelsäure (*Kojima, Osawa*, J. pharm. Soc. Japan **72** [1952] 916; C. A. **1953** 3301).

Krystalle (aus Ae. + PAe.); F: 142–144°.

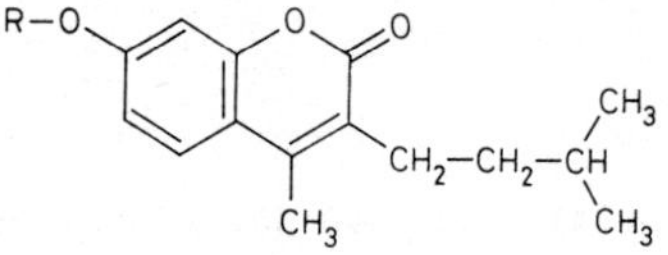

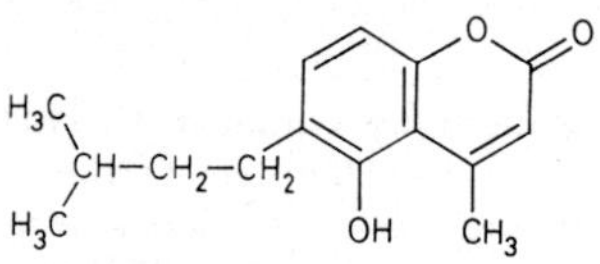

7-Acetoxy-3-isopentyl-4-methyl-cumarin $C_{17}H_{20}O_4$, Formel VII (R = CO-CH$_3$).
B. Aus 7-Hydroxy-3-isopentyl-4-methyl-cumarin (*Kojima, Osawa*, J. pharm. Soc. Japan **72** [1952] 916; C. A. **1953** 3301).
Krystalle (aus A.); F: 103—105°.

5-Hydroxy-6-isopentyl-4-methyl-cumarin $C_{15}H_{18}O_3$, Formel VIII.
B. Beim Erwärmen von 5-Hydroxy-6-isovaleryl-4-methyl-cumarin mit wss.-äthanol. Salzsäure und amalgamiertem Zink (*Chudgar, Shah*, J. Indian chem. Soc. **21** [1944] 175).
Krystalle (aus Eg.); F: 142°.

7-Hydroxy-6-isopentyl-4-methyl-cumarin $C_{15}H_{18}O_3$, Formel IX (R = H).
B. Beim Behandeln eines Gemisches von 4-Isopentyl-resorcin und Acetessigsäureäthylester mit Schwefelsäure, mit Phosphorylchlorid oder mit Aluminiumchlorid (*Chudgar, Shah*, J. Univ. Bombay **13**, Tl. 3 A [1944] 18).
Krystalle (aus A.); F: 142°.

7-Acetoxy-6-isopentyl-4-methyl-cumarin $C_{17}H_{20}O_4$, Formel IX (R = CO-CH$_3$).
B. Beim Behandeln von 7-Hydroxy-6-isopentyl-4-methyl-cumarin mit Acetanhydrid und Pyridin (*Chudgar, Shah*, J. Univ. Bombay **13**, Tl. 3 A [1944] 18).
Krystalle (aus A.); F: 77°.

7-Hydroxy-8-isopentyl-4-methyl-cumarin $C_{15}H_{18}O_3$, Formel X (R = H).
B. Beim Erhitzen von 2-Isopentyl-resorcin mit Acetessigsäure-äthylester und Schwefelsäure auf 130° (*Schamschurin*, Trudy Uzbeksk. Univ. **15** [1939] 33, 39; C. A. **1941** 3994). Beim Erhitzen von 7-Isopentyloxy-4-methyl-cumarin mit Aluminiumchlorid auf 140° (*Sch.*).
Krystalle (aus wss. A. oder Me.); F: 164°.

8-Isopentyl-7-methoxy-4-methyl-cumarin $C_{16}H_{20}O_3$, Formel X (R = CH$_3$).
B. Beim Behandeln von 7-Hydroxy-8-isopentyl-4-methyl-cumarin in Methanol mit Diazomethan in Äther (*Schamschurin*, Trudy Uzbeksk. Univ. **15** [1939] 33, 38; C. A. **1941** 3994).
Krystalle (aus Bzn.); F: 112°.

3-Butyl-5-hydroxy-4,7-dimethyl-cumarin $C_{15}H_{18}O_3$, Formel XI (R = H).
B. Beim Behandeln eines Gemisches von 5-Methyl-resorcin und 2-Butyl-acetessigsäureäthylester mit Phosphorylchlorid (*Adams et al.*, Am. Soc. **63** [1941] 1977) oder mit Schwefelsäure (*Russell et al.*, Soc. **1941** 826, 829).
Krystalle; F: 191—195° [korr.; aus wss. A.] (*Ad. et al.*), 192° [aus A.] (*Ru. et al.*).

5-Acetoxy-3-butyl-4,7-dimethyl-cumarin $C_{17}H_{20}O_4$, Formel XI (R = CO-CH$_3$).
B. Aus 3-Butyl-5-hydroxy-4,7-dimethyl-cumarin (*Russell et al.*, Soc. **1941** 826, 829).
Krystalle (aus A.); F: 93°.

4-Acetoxy-3-butyl-6,8-dimethyl-cumarin $C_{17}H_{20}O_4$, Formel XII.
B. Beim Behandeln von 3-Butyl-6,8-dimethyl-chroman-2,4-dion mit Acetanhydrid

(*Ziegler, Maier*, M. **89** [1958] 551, 554).
Krystalle (aus Cyclohexan); F: 131—132°.

6-Äthyl-7-hydroxy-4-methyl-3-propyl-cumarin $C_{15}H_{18}O_3$, Formel XIII (R = H).

B. Beim Behandeln eines Gemisches von 4-Äthyl-resorcin und 2-Propyl-acetessigsäure-äthylester mit 73%ig. wss. Schwefelsäure (*Desai, Mavani*, Pr. Indian Acad. [A] **14** [1941] 100, 102) oder mit Phosphorylchlorid (*Thakor, Shah*, J. Univ. Bombay **15**, Tl. 5A [1947] 14).
Krystalle (aus A.); F: 195° (*Th., Shah*), 189° (*De., Ma.*).

6-Äthyl-7-methoxy-4-methyl-3-propyl-cumarin $C_{16}H_{20}O_3$, Formel XIII (R = CH_3).

B. Aus 6-Äthyl-7-hydroxy-4-methyl-3-propyl-cumarin mit Hilfe von Dimethylsulfat (*Thakor, Shah*, J. Univ. Bombay **15**, Tl. 5A [1947] 14).
F: 76°.

XII   XIII

7-Acetoxy-6-äthyl-4-methyl-3-propyl-cumarin $C_{17}H_{20}O_4$, Formel XIII (R = $CO-CH_3$).

B. Beim Behandeln von 6-Äthyl-7-hydroxy-4-methyl-3-propyl-cumarin mit Acet≠anhydrid und wenig Schwefelsäure (*Thakor, Shah*, J. Univ. Bombay **15**, Tl. 5A [1947] 14).
Krystalle (aus A.); F: 133° (*Desai, Mavani*, Pr. Indian Acad. [A] **14** [1941] 100, 103), 131° (*Th., Shah*).

6-Äthyl-7-benzoyloxy-4-methyl-3-propyl-cumarin $C_{22}H_{22}O_4$, Formel XIII (R = $CO-C_6H_5$).

B. Beim Behandeln von 6-Äthyl-7-hydroxy-4-methyl-3-propyl-cumarin mit Benzoyl≠chlorid und Pyridin (*Thakor, Shah*, J. Univ. Bombay **15**, Tl. 5A [1947] 14).
F: 122°.

7-Äthyl-6-hydroxy-4-methyl-3-propyl-cumarin $C_{15}H_{18}O_3$, Formel I.

B. Beim Behandeln von 2-Äthyl-hydrochinon mit 2-Propyl-acetessigsäure-äthylester und 73%ig. wss. Schwefelsäure (*Desai, Mavani*, Pr. Indian Acad. [A] **15** [1942] 11, 14).
Krystalle (aus Bzl.); F: 218°.

I   II   III

7-Hydroxy-3,4,5-trimethyl-8-propyl-cumarin $C_{15}H_{18}O_3$, Formel II.

B. Beim Behandeln von 5-Methyl-2-propyl-resorcin mit 2-Methyl-acetessigsäure-äthylester und 73%ig. wss. Schwefelsäure (*Desai, Mavani*, Pr. Indian Acad. [A] **25** [1947] 341, 343).
Krystalle (aus A.); F: 192°.

3,8-Diäthyl-7-hydroxy-4,5-dimethyl-cumarin $C_{15}H_{18}O_3$, Formel III.

B. Beim Behandeln von 2-Äthyl-5-methyl-resorcin mit 2-Äthyl-acetessigsäure-äthyl≠

ester und 73%ig. wss. Schwefelsäure (*Desai, Mavani*, Pr. Indian Acad. [A] **25** [1947] 341, 342).
Krystalle (aus A.); F: 192°.

6,8-Diäthyl-7-hydroxy-4,5-dimethyl-cumarin $C_{15}H_{18}O_3$, Formel IV.

B. Beim Erhitzen von 2,4-Diäthyl-5-methyl-resorcin mit Acetessigsäure-äthylester, Aluminiumchlorid und Nitrobenzol (*Desai, Mavani*, Pr. Indian Acad. [A] **25** [1947] 341, 343).
Krystalle (aus A.); F: 180°.

6,8-Diäthyl-5-hydroxy-4,7-dimethyl-cumarin $C_{15}H_{18}O_3$, Formel V.

B. Beim Erwärmen von 4,6-Diäthyl-5-methyl-resorcin mit Acetessigsäure-äthylester und 85%ig. wss. Schwefelsäure (*Shah, Mehta*, J. Indian chem. Soc. **13** [1936] 358, 366).
Krystalle (aus wss. A.); F: 179—180°.

IV   V   VI   VII

4-[4-Methoxy-phenyl]-7-methyl-hexahydro-benzofuran-2-on, [2-Hydroxy-6-(4-methoxy-phenyl)-3-methyl-cyclohexyl]-essigsäure-lacton $C_{16}H_{20}O_3$, Formel VI.

a) Opt.-inakt. Stereoisomeres vom F: 102°.

B. Bei der Hydrierung von opt.-inakt. 4-[4-Methoxy-phenyl]-7-methyl-5,6,7,7a-tetra=hydro-4*H*-benzofuran-2-on (F: 116—117°) an Palladium/Kohle in Perchlorsäure enthaltender Essigsäure (*Jilek, Protiva*, Collect. **20** [1955] 765, 773).
Krystalle (aus Me.); F: 100—102° [korr.].

b) Opt.-inakt. Stereoisomeres vom F: 94°.

B. Bei der Hydrierung von opt.-inakt. 4-[4-Methoxy-phenyl]-7-methyl-4,5,6,7-tetra=hydro-3*H*-benzofuran-2-on (F: 91°) an Palladium/Kohle in Perchlorsäure enthaltender Essigsäure (*Jilek, Protiva*, Collect. **20** [1955] 765, 772).
Krystalle (aus wss. Me.); F: 93—94°. Bei 185—190°/0,5 Torr destillierbar. IR-Spektrum (CCl_4; 5—14 μ): *Ji., Pr.*, l. c. S. 768.

*Opt.-inakt. **7a-[4-Methoxy-phenyl]-5-methyl-hexahydro-benzofuran-2-on, [2-Hydroxy-2-(4-methoxy-phenyl)-5-methyl-cyclohexyl]-essigsäure-lacton** $C_{16}H_{20}O_3$, Formel VII.

B. Neben [2-Hydroxy-2-(4-methoxy-phenyl)-5-methyl-cyclohexyl]-essigsäure-äthyl=ester (Kp_3: 165—170°) beim Behandeln von opt.-inakt. [5-Methyl-2-oxo-cyclohexyl]-essigsäure-äthylester (vgl. E III **10** 2839) mit 4-Methoxy-phenylmagnesium-bromid in Äther und anschliessend mit wss. Salzsäure (*Sen Gupta, Bhattacharyya*, J. Indian chem. Soc. **31** [1954] 337, 344).

Kp_4: 170°.

(±)-6*t*-Hydroxy-(5r*O*)-6,7,8,9,4',5'-hexahydro-spiro[benzocyclohepten-5,2'-pyran]-6'-on, (±)-4-[5,6c-Dihydroxy-6,7,8,9-tetrahydro-5*H*-benzocyclohepten-5r-yl]-buttersäure-5-lacton $C_{15}H_{18}O_3$, Formel VIII + Spiegelbild.

Diese Konstitution und Konfiguration kommt wahrscheinlich dem nachstehend beschriebenen Lacton zu (*Crabb, Schofield*, Soc. **1958** 4276, 4279).

B. Beim Behandeln von 4-[8,9-Dihydro-7*H*-benzocyclohepten-5-yl]-buttersäure-

methylester mit Peroxybenzoesäure in Chloroform (*Cr., Sch.*, Soc. **1958** 4282).
Kp$_{0,01}$: 145° (*Cr., Sch.*, Soc. **1958** 4282). n$_D^{18}$: 1,5510 (*Crabb, Schofield*, Chem. and Ind. **1958** 103).

6-Hydroxy-2,2-dimethyl-2,3,7,8,9,10-hexahydro-benzo[h]chromen-4-on C$_{15}$H$_{18}$O$_3$, Formel IX.

B. Beim Behandeln von 1-[1,4-Dihydroxy-5,6,7,8-tetrahydro-[2]naphthyl]-3-methyl-but-2-en-1-on mit wss. Natronlauge (*Cardani*, G. **82** [1952] 155, 164).
Hellgelbe Krystalle (aus Bzl.); F: 222,5—223,5° (*Ca.*). Absorptionsspektrum (A.; 280—420 nm): *Simonetta, Cardani*, G. **80** [1950] 750, 752, 754.

VIII IX X

6-Hydroxy-2,2-dimethyl-2,3,7,8,9,10-hexahydro-benzo[h]chromen-4-on-[2,4-dinitro-phenylhydrazon] C$_{21}$H$_{22}$N$_4$O$_6$, Formel X (R = C$_6$H$_3$(NO$_2$)$_2$).

B. Aus der im vorangehenden Artikel beschriebenen Verbindung und [2,4-Dinitro-phenyl]-hydrazin (*Cardani*, G. **82** [1952] 155, 165). Beim Erwärmen von 1-[1,4-Dihydr=oxy-5,6,7,8-tetrahydro-[2]naphthyl]-3-methyl-but-2-en-1-on mit [2,4-Dinitro-phenyl]-hydrazin in Äthanol unter Zusatz von kleinen Mengen wss. Salzsäure (*Ca.*, l. c. S. 164).
Rote Krystalle (aus Eg. oder E.); F: 264,5—265°.

6-Hydroxy-2,2-dimethyl-2,3,7,8,9,10-hexahydro-benzo[h]chromen-4-on-semicarbazon C$_{16}$H$_{21}$N$_3$O$_3$, Formel X (R = CO-NH$_2$).

B. Aus 6-Hydroxy-2,2-dimethyl-2,3,7,8,9,10-hexahydro-benzo[h]chromen-4-on und Semicarbazid (*Cardani*, G. **82** [1952] 155, 165).
Krystalle (aus Me.); F: 242—243°.

8-Hydroxy-3,5,6-trimethyl-3a,4,9,9a-tetrahydro-3H-naphtho[2,3-b]furan-2-on, 2-[3,5-Di=hydroxy-7,8-dimethyl-1,2,3,4-tetrahydro-[2]naphthyl]-propionsäure-3-lacton C$_{15}$H$_{18}$O$_3$.

Über die Konstitution und Konfiguration der beiden folgenden Stereoisomeren s. *Dauben et al.*, Am. Soc. **82** [1960] 2232, 2235; *Bolt et al.*, Soc. [C] **1967** 261, 263.

a) **(3aR)-8-Hydroxy-3c,5,6-trimethyl-(3ar,9at)-3a,4,9,9a-tetrahydro-3H-naphtho=[2,3-b]furan-2-on, (R)-2-[(2R)-3t,5-Dihydroxy-7,8-dimethyl-1,2,3,4-tetrahydro-[2r]naphthyl]-propionsäure-3-lacton, (+)-β-Isodesmotropopseudosantonin C$_{15}$H$_{18}$O$_3$, Formel I (R = H).**

B. Aus dem unter b) beschriebenen Stereoisomeren beim Erhitzen ohne Zusatz auf 270° sowie beim Erhitzen mit Kaliumcarbonat in Xylol (*Cocker et al.*, Soc. **1949** 959, 962, 964).
Krystalle (aus A.); F: 268—270°. [α]$_D^{18}$: +165° [CHCl$_3$; c = 0,4].

b) **(3aR)-8-Hydroxy-3t,5,6-trimethyl-(3ar,9at)-3a,4,9,9a-tetrahydro-3H-naphtho=[2,3-b]furan-2-on, (S)-2-[(2R)-3t,5-Dihydroxy-7,8-dimethyl-1,2,3,4-tetrahydro-[2r]naphthyl]-propionsäure-3-lacton, (+)-α-Isodesmotropopseudosantonin C$_{15}$H$_{18}$O$_3$, Formel II (R = H).**

B. In kleiner Menge neben (+)-β-Desmotropopseudosantonin (S. 449) und anderen Verbindungen beim Erwärmen von Pseudosantonin ((11S)-6β,8α-Dihydroxy-1-oxo-eudesm-4-en-12-säure-6-lacton) mit wss. Schwefelsäure (*Cocker et al.*, Soc. **1949** 959, 961, 964).
Krystalle (aus Bzl. oder wss. A.); F: 251—253°. [α]$_D^{24}$: +70,3° [CHCl$_3$; c = 0,6] (*Dauben et al.*, Am. Soc. **82** [1960] 2232, 2238); [α]$_D^{20}$: +68,5° [A.; c = 0,7] (*Co. et al.*).

8-Acetoxy-3,5,6-trimethyl-3a,4,9,9a-tetrahydro-3H-naphtho[2,3-b]furan-2-on, 2-[5-Acet=oxy-3-hydroxy-7,8-dimethyl-1,2,3,4-tetrahydro-[2]naphthyl]-propionsäure-lacton C$_{17}$H$_{20}$O$_4$.

a) **(3aR)-8-Acetoxy-3c,5,6-trimethyl-(3ar,9at)-3a,4,9,9a-tetrahydro-3H-naphtho=
[2,3-b]furan-2-on, (R)-2-[(2R)-5-Acetoxy-3t-hydroxy-7,8-dimethyl-1,2,3,4-tetrahydro-
[2r]naphthyl]-propionsäure-lacton, (+)-O-Acetyl-β-isodesmotropopseudosantonin**
$C_{17}H_{20}O_4$, Formel I (R = CO-CH$_3$).
B. Aus (+)-β-Isodesmotropopseudosantonin [S. 448] (*Cocker et al.*, Soc. **1949** 959, 964).
Krystalle (aus wss. Eg.); F: 223—224°. $[\alpha]_D^{14}$: +135° [CHCl$_3$; c = 0,3].

b) **(3aR)-8-Acetoxy-3t,5,6-trimethyl-(3ar,9at)-3a,4,9,9a-tetrahydro-3H-naphtho=
[2,3-b]furan-2-on, (S)-2-[(2R)-5-Acetoxy-3t-hydroxy-7,8-dimethyl-1,2,3,4-tetrahydro-
[2r]naphthyl]-propionsäure-lacton, (+)-O-Acetyl-α-isodesmotropopseudosantonin**
$C_{17}H_{20}O_4$, Formel II (R = CO-CH$_3$).
B. Aus (+)-α-Isodesmotropopseudosantonin [S. 448] (*Cocker et al.*, Soc. **1949** 959, 964).
Krystalle (aus A.); F: 244,5—245,5°. $[\alpha]_D^{20}$: +64,1° [CHCl$_3$; c = 0,4].

**8-Hydroxy-3,5,7-trimethyl-3a,4,9,9a-tetrahydro-3H-naphtho[2,3-b]furan-2-on, 2-[3,5-Di=
hydroxy-6,8-dimethyl-1,2,3,4-tetrahydro-[2]naphthyl]-propionsäure-3-lacton** $C_{15}H_{18}O_3$.
Über die Konstitution der beiden folgenden Stereoisomeren s. *Dauben et al.*, Am. Soc.
77 [1955] 4609, 4611; *Chopra et al.*, Soc. **1956** 1828, 1831; über die Konfiguration s. *Bolt et al.*, Soc. [C] **1967** 261, 263.

a) **(3aR)-8-Hydroxy-3c,5,7-trimethyl-(3ar,9at)-3a,4,9,9a-tetrahydro-3H-naphtho=
[2,3-b]furan-2-on, (R)-2-[(2R)-3t,5-Dihydroxy-6,8-dimethyl-1,2,3,4-tetrahydro-
[2r]naphthyl]-propionsäure-3-lacton, (+)-α-Desmotropopseudosantonin** $C_{15}H_{18}O_3$,
Formel III (R = H).
B. Beim Erhitzen von (+)-β-Desmotropopseudosantonin (s. u.) mit Kaliumcarbonat in
Xylol (*Cocker et al.*, Soc. **1949** 959, 961, 964).
Krystalle (aus wss. A.); F: 171—172°. $[\alpha]_D^{20}$: +155° [CHCl$_3$; c = 0,7].

I II III

b) **(3aR)-8-Hydroxy-3t,5,7-trimethyl-(3ar,9at)-3a,4,9,9a-tetrahydro-3H-naphtho=
[2,3-b]furan-2-on, (S)-2-[(2R)-3t,5-Dihydroxy-6,8-dimethyl-1,2,3,4-tetrahydro-
[2r]naphthyl]-propionsäure-3-lacton, (+)-β-Desmotropopseudosantonin** $C_{15}H_{18}O_3$,
Formel IV (R = H).
B. Beim Erwärmen von Pseudosantonin ((11S)-6β,8α-Dihydroxy-1-oxo-eudesm-4-en-
12-säure-6-lacton) mit wss. Schwefelsäure (*Clemo, Cocker*, Soc. **1946** 30, 35; *Dauben et al.*,
Am. Soc. **77** [1955] 4609, 4612) oder mit Ameisensäure (*Cl., Co.*). Beim Erwärmen von
Anhydropseudosantonsäure ((11S)-8α-Hydroxy-1-oxo-eudesma-2,4-dien-12-säure-lacton)
[E III/IV **17** 6227] mit 60%ig. wss. Schwefelsäure (*Chopra et al.*, Soc. **1956** 1828, 1831).
Krystalle; F: 188—189° [aus wss. A.] (*Cocker et al.*, Soc. **1949** 959, 964), 186—188,5°
[korr.; aus E. + Hexan] (*Da. et al.*), 185—186° [aus wss. A.] (*Cl., Co.*). $[\alpha]_D^{20}$: +67,9°
[CHCl$_3$; c = 2] (*Cl., Co.*); $[\alpha]_D^{25}$: +68,7° [A.; c = 1] (*Da. et al.*). UV-Spektrum (A.;
230—300 nm): *Co. et al.*, l. c. S. 960.
Beim Erhitzen mit Kaliumcarbonat in Xylol sind (+)-α-Desmotropopseudosantonin
(s. o.) und eine **Verbindung** (1:1) von (+)-α-Desmotropopseudosantonin mit (+)-β-Des=
motropopseudosantonin (Krystalle [aus wss. A.], F: 189—190°; $[\alpha]_D^{18}$: +113° [CHCl$_3$;
c = 1]) erhalten worden (*Co. et al.*). Bildung von 2,4-Dimethyl-[1]naphthol beim Er=
hitzen mit Kaliumhydroxid und Wasser auf 320°: *Cl., Co.*

**8-Methoxy-3,5,7-trimethyl-3a,4,9,9a-tetrahydro-3H-naphtho[2,3-b]furan-2-on,
2-[3-Hydroxy-5-methoxy-6,8-dimethyl-1,2,3,4-tetrahydro-[2]naphthyl]-propionsäure-
lacton** $C_{16}H_{20}O_3$.

a) **(3aR)-8-Methoxy-3c,5,7-trimethyl-(3ar,9at)-3a,4,9,9a-tetrahydro-3H-naphtho=
[2,3-b]furan-2-on, (R)-2-[(2R)-3t-Hydroxy-5-methoxy-6,8-dimethyl-1,2,3,4-tetrahydro-
[2r]naphthyl]-propionsäure-lacton**, O-Methyl-Derivat des (+)-α-Desmotropo=
pseudosantonins $C_{16}H_{20}O_3$, Formel III (R = CH_3).
B. Aus (+)-α-Desmotropopseudosantonin [S. 449] (*Cocker et al.*, Soc. **1949** 959, 964).
Krystalle (aus wss. A.); F: 150°.

b) **(3aR)-8-Methoxy-3t,5,7-trimethyl-(3ar,9at)-3a,4,9,9a-tetrahydro-3H-naphtho=
[2,3-b]furan-2-on, (S)-2-[(2R)-3t-Hydroxy-5-methoxy-6,8-dimethyl-1,2,3,4-tetrahydro-
[2r]naphthyl]-propionsäure-lacton**, (+)-O-Methyl-β-desmotropopseudosantonin
$C_{16}H_{20}O_3$, Formel IV (R = CH_3).
B. Beim Behandeln von (+)-β-Desmotropopseudosantonin (S. 449) mit Dimethylsulfat
und Natronlauge (*Clemo, Cocker*, Soc. **1946** 30, 35; *Cocker, Lipman*, Soc. **1947** 533, 539).
Krystalle (aus wss. A.); F: 159—160° (*Cl., Co.*; *Co., Li.*). $[α]_D^{18}$: +61,3° [Eg.; c = 2]
(*Co., Li.*).

**8-Acetoxy-3,5,7-trimethyl-3a,4,9,9a-tetrahydro-3H-naphtho[2,3-b]furan-2-on,
2-[5-Acetoxy-3-hydroxy-6,8-dimethyl-1,2,3,4-tetrahydro-[2]naphthyl]-propionsäure-
lacton** $C_{17}H_{20}O_4$.

a) **(3aR)-8-Acetoxy-3c,5,7-trimethyl-(3ar,9at)-3a,4,9,9a-tetrahydro-3H-naphtho=
[2,3-b]furan-2-on, (R)-2-[(2R)-5-Acetoxy-3t-hydroxy-6,8-dimethyl-1,2,3,4-tetrahydro-
[2r]naphthyl]-propionsäure-lacton**, (+)-O-Acetyl-α-desmotropopseudosantonin $C_{17}H_{20}O_4$,
Formel III (R = CO-CH_3).
B. Aus (+)-α-Desmotropopseudosantonin [S. 449] (*Cocker et al.*, Soc. **1949** 959, 964).
Krystalle (aus A.); F: 214°. $[α]_D^{18}$: +121° [$CHCl_3$; c = 0,5].

b) **(3aR)-8-Acetoxy-3t,5,7-trimethyl-(3ar,9at)-3a,4,9,9a-tetrahydro-3H-naphtho=
[2,3-b]furan-2-on, (S)-2-[(2R)-5-Acetoxy-3t-hydroxy-6,8-dimethyl-1,2,3,4-tetrahydro-
[2r]naphthyl]-propionsäure-lacton**, O-Acetyl-Derivat des (+)-β-Desmotropo=
pseudosantonins $C_{17}H_{20}O_4$, Formel IV (R = CO-CH_3).
B. Aus (+)-β-Desmotropopseudosantonin [S. 449] (*Clemo, Cocker*, Soc. **1946** 30, 35).
Beim Erwärmen von Pseudosantonin ((11S)-6β,8α-Dihydroxy-1-oxo-eudesm-4-en-
12-säure-6-lacton) mit Acetanhydrid und Schwefelsäure (*Cocker et al.*, Soc. **1949** 959,
964).
Krystalle (aus wss. A.); F: 233° (*Cl., Co.*).

IV   V   VI

**(3aR)-8-Benzoyloxy-3t,5,7-trimethyl-(3ar,9at)-3a,4,9,9a-tetrahydro-3H-naphtho=
[2,3-b]furan-2-on, (S)-2-[(2R)-5-Benzoyloxy-3t-hydroxy-6,8-dimethyl-1,2,3,4-tetra=
hydro-[2r]naphthyl]-propionsäure-lacton**, O-Benzoyl-Derivat des (+)-β-Desmo=
tropopseudosantonins $C_{22}H_{22}O_4$, Formel IV (R = CO-C_6H_5).
B. Aus (+)-β-Desmotropopseudosantonin [S. 449] (*Clemo, Cocker*, Soc. **1946** 30, 35).
Krystalle (aus wss. A.); F: 164°.

**(3aR)-3t,5,7-Trimethyl-8-phenylcarbamoyloxy-(3ar,9at)-3a,4,9,9a-tetrahydro-3H-
naphtho[2,3-b]furan-2-on, (S)-2-[(2R)-3t-Hydroxy-6,8-dimethyl-5-phenylcarbamoyloxy-
1,2,3,4-tetrahydro-[2r]naphthyl]-propionsäure-lacton**, O-Phenylcarbamoyl-Derivat
des (+)-β-Desmotropopseudosantonins $C_{22}H_{23}NO_4$, Formel IV
(R = CO-NH-C_6H_5).
B. Aus (+)-β-Desmotropopseudosantonin [S. 449] (*Cocker et al.*, Soc. **1949** 959, 964).
Krystalle (aus A.); F: 222—223°.

(S)-8-Methoxy-3,5a,9-trimethyl-5,5a,6,7-tetrahydro-4H-naphtho[1,2-b]furan-2-on, 2-[(2Z,4aS)-1-Hydroxy-7-methoxy-4a,8-dimethyl-4,4a,5,6-tetrahydro-3H-[2]naphthyliden]-propionsäure-lacton, 6-Hydroxy-3-methoxy-eudesma-3,5,7(11)-trien-12-säure-lacton [1]) $C_{16}H_{20}O_3$, Formel V (R = CH_3).

Diese Konstitution und Konfiguration kommt der nachstehend beschriebenen, ursprünglich (*Cocker, McMurry*, Soc. **1955** 4430, 4434) als 3-Oxo-eudesma-4(15),5,7(11)-trien-12-säure-methylester angesehenen Verbindung zu (*McMurry, Mollan*, Soc. [C] **1967** 1813, 1816).

B. Beim Erwärmen der im folgenden Artikel beschriebenen Verbindung mit Chlorwasserstoff enthaltendem Methanol (*Co., McM.*).

Hellgelbe Krystalle (aus Me.), F: 150—151°; $[\alpha]_D^{20}$: —416° [A.; c = 1] (*Co., McM.*).

(S)-8-Acetoxy-3,5a,9-trimethyl-5,5a,6,7-tetrahydro-4H-naphtho[1,2-b]furan-2-on, 2-[(2Z,4aS)-7-Acetoxy-1-hydroxy-4a,8-dimethyl-4,4a,5,6-tetrahydro-3H-[2]naphthyliden]-propionsäure-lacton, 3-Acetoxy-6-hydroxy-eudesma-3,5,7(11)-trien-12-säure-lacton [1]) $C_{17}H_{20}O_4$, Formel V (R = CO-CH_3).

B. Neben (3aS)-8-Acetoxy-3c,6,9-trimethyl-(3ar,9bt)-3a,4,5,9b-tetrahydro-3H-naphtho[1,2-b]furan-2-on (S. 455) beim Erhitzen von (—)-α-Santonin (E III/IV **17** 6232) mit Acetanhydrid und Acetylchlorid (*Cocker, McMurry*, Soc. **1955** 4430, 4434).

Gelbe Krystalle (aus A.), F: 135°; $[\alpha]_D^{20}$: —242,0° [$CHCl_3$; c = 2] (*Co., McM.*). Absorptionsmaxima (A.): 219 nm und 330 nm (*Co., McM.*, l. c. S. 4433).

Beim Erwärmen mit Chlorwasserstoff enthaltendem Methanol ist eine nach *McMurry, Mollan* (Soc. [C] **1967** 1813, 1816) als 6-Hydroxy-3-methoxy-eudesma-3,5,7(11)-trien-12-säure-lacton [s. o.] zu formulierende Verbindung erhalten worden (*Co., McM.*).

4-Hydroxy-3,6,9-trimethyl-3a,4,5,9b-tetrahydro-3H-naphtho[1,2-b]furan-2-on, 2-[1,3-Dihydroxy-5,8-dimethyl-1,2,3,4-tetrahydro-[2]naphthyl]-propionsäure-1-lacton $C_{15}H_{18}O_3$.

a) (3aR)-4c-Hydroxy-3c,6,9-trimethyl-(3ar,9bc)-3a,4,5,9b-tetrahydro-3H-naphtho[1,2-b]furan-2-on, (S)-2-[(1R)-1r,3t-Dihydroxy-5,8-dimethyl-1,2,3,4-tetrahydro-[2c]naphthyl]-propionsäure-1-lacton, **Isohypoartemisin** $C_{15}H_{18}O_3$, Formel VI.

B. Beim Erwärmen von Hypoartemisin (s. u.) mit äthanol. Kalilauge und Behandeln des Reaktionsgemisches mit wss. Salzsäure (*Sumi et al.*, Am. Soc. **80** [1958] 5704).

Krystalle (aus E. + PAe.); F: 131—133°. $[\alpha]_D^{23}$: —80° [A.; c = 1]. Absorptionsmaximum (A.): 271 nm und 280 nm.

Beim Erhitzen mit Essigsäure und Zink ist (3aR)-3t,5,8-Trimethyl-(3ar,9at)-3a,4,9,9a-tetrahydro-3H-naphtho[2,3-b]furan-2-on erhalten worden.

b) (3aR)-4c-Hydroxy-3c,6,9-trimethyl-(3ar,9bt)-3a,4,5,9b-tetrahydro-3H-naphtho[1,2-b]furan-2-on, (S)-2-[(1S)-1r,3c-Dihydroxy-5,8-dimethyl-1,2,3,4-tetrahydro-[2t]naphthyl]-propionsäure-1-lacton, **Hypoartemisin** $C_{15}H_{18}O_3$, Formel VII (R = H) auf S. 453.

B. Beim Behandeln von Artemisin-oxim ((11S)-6α,8α-Dihydroxy-3-hydroxyimino-eudesma-1,4-dien-12-säure-lacton) mit Äthanol, Zink, Schwefelsäure und wenig Kupfer(II)-sulfat und Erwärmen des Reaktionsprodukts mit wss.-äthanol. Schwefelsäure (*Sumi et al.*, Am. Soc. **80** [1958] 5704).

Krystalle (aus A.); F: 198°. $[\alpha]_D^{20}$: +73° [A.; c = 0,5] (*Sumi et al.*). Absorptionsmaximum (A.): 270 nm (*Sumi et al.*).

(3aR)-4c-Acetoxy-3c,6,9-trimethyl-(3ar,9bt)-3a,4,5,9b-tetrahydro-3H-naphtho[1,2-b]furan-2-on, (S)-2-[(1S)-3c-Acetoxy-1r-hydroxy-5,8-dimethyl-1,2,3,4-tetrahydro-[2t]naphthyl]-propionsäure-lacton, **O-Acetyl-hypoartemisin** $C_{17}H_{20}O_4$, Formel VII (R = CO-CH_3) auf S. 453.

B. Beim Erwärmen von Hypoartemisin (s. o.) mit Essigsäure in Gegenwart von Zink (*Sumi et al.*, Am. Soc. **80** [1958] 5704).

Krystalle (aus A.); F: 173°. $[\alpha]_D^{20}$: +60° [A.; c = 1]. Absorptionsmaximum (A.): 278 nm.

---

[1]) Stellungsbezeichnung bei von Eudesman abgeleiteten Namen s. E III **7** 515, 516.

**8-Hydroxy-3,6,9-trimethyl-3a,4,5,9b-tetrahydro-3H-naphtho[1,2-b]furan-2-on,
2-[1,7-Dihydroxy-5,8-dimethyl-1,2,3,4-tetrahydro-[2]naphthyl]-propionsäure-1-lacton
$C_{15}H_{18}O_3$.**
Über die Konfiguration der folgenden Stereoisomeren s. *Bolt et al.*, Soc. [C] **1967** 261.

a) **(3aR)-8-Hydroxy-3c,6,9-trimethyl-(3ar,9bc)-3a,4,5,9b-tetrahydro-3H-naphtho=
[1,2-b]furan-2-on, (R)-2-[(1S)-1r,7-Dihydroxy-5,8-dimethyl-1,2,3,4-tetrahydro-
[2c]naphthyl]-propionsäure-1-lacton, (+)-α-Desmotroposantonin** $C_{15}H_{18}O_3$, Formel VIII
(R = X = H) (H 40; dort als Isodesmotroposantonin bezeichnet).

B. Beim Erwärmen von (−)-Santonin-A [(11R)-6α-Hydroxy-3-oxo-7βH-eudesma-
1,4-dien-12-säure-lacton (E III/IV **17** 6229)] (*Abe et al.*, Pr. Japan Acad. **28** [1952] 425;
Am. Soc. **78** [1956] 1416, 1420) oder von (+)-Santonin-C [*ent*-(11S)-6β-Hydroxy-3-oxo-
eudesma-1,4-dien-12-säure-lacton (E III/IV **17** 6230)] (*Sumi*, Pharm. Bl. **4** [1956] 162,
167) mit wss. Schwefelsäure.

Krystalle; F: 197° (*Sumi*), 196−197° [aus Me.] (*Abe et al.*, Am. Soc. **78** 1420), 192−194°
[aus A.] (*Huang-Minlon, Chow*, Scientia sinica **6** [1957] 265, 271). Rhombisch; Krystall-
morphologie: *Mitsuhashi*, J. pharm. Soc. Japan **71** [1951] 1115, 1119; C. A. **1952** 2755.
Brechungsindices der Krystalle: *Mi.* $[\alpha]_D^{14}$: +135° [A.; c = 0,5] (*Abe et al.*); $[\alpha]_D^{22}$: +127,5°
[A.; c = 0,3] (*Sumi*).

Beim Erwärmen mit wss. Schwefelsäure ist nicht, wie früher (s. H 40) angegeben,
(+)-β-Desmotroposantonin (S. 453), sondern (−)-β-Desmotroposantonin (S. 453) erhalten
worden (*Huang-Minlon et al.*, Am. Soc. **65** [1943] 1780; s. a. *Hu.-Mi., Chow*). Bildung
von (+)-β-Desmotroposantonin beim Erhitzen mit Kaliumcarbonat in Xylol: *Chopra
et al.*, Chem. and Ind. **1955** 41.

b) **(3aS)-8-Hydroxy-3c,6,9-trimethyl-(3ar,9bc)-3a,4,5,9b-tetrahydro-3H-naphtho=
[1,2-b]furan-2-on, (S)-2-[(1R)-1r,7-Dihydroxy-5,8-dimethyl-1,2,3,4-tetrahydro-
[2c]naphthyl]-propionsäure-1-lacton, (−)-α-Desmotroposantonin** $C_{15}H_{18}O_3$, Formel IX
(R = X = H) (H 41; dort als Lävodesmotroposantonin bezeichnet).

Über die Konfiguration s. *Pinhey, Sternhell*, Austral. J. Chem. **18** [1965] 543, 553;
McPhail et al., Soc. [B] **1967** 101.

B. Beim Erhitzen von (−)-β-Desmotroposantonin (S. 453) mit Kaliumhydroxid und
wenig Wasser auf 210° und anschliessenden Ansäuern des Reaktionsprodukts (*Clemo*,
Soc. **1934** 1343, 1346; *Huang-Minlon et al.*, J. Chin. chem. Soc. **10** [1943] 126, 132;
s. a. *Huang-Minlon*, Am. Soc. **65** [1943] 1780). Beim aufeinanderfolgenden Behandeln
von (−)-O-Acetyl-α-desmotroposantonin (S. 454) mit wss. Natronlauge (*Hu.-Mi. et al.*,
l. c. S. 131) oder mit wss.-methanol. Kalilauge (*Huang-Minlon, Chow*, Scientia sinica **6**
[1957] 265, 270) und mit wss. Salzsäure. Beim Behandeln von (3aS)-8-Acetoxy-3c,6,9-tri=
methyl-(3ar,9bt)-3a,4,5,9b-tetrahydro-3H-naphtho[1,2-b]furan-2-on (S. 455) mit meth=
anol. Kalilauge und anschliessenden Ansäuern (*Cocker, McMurry*, Soc. **1955** 4430, 4434).

Krystalle; F: 194,5−195° (*Hu.-Mi., Chow*), 194° [aus A.] (*Cl.; Co., McM.*). Rhombisch;
Krystallmorphologie: *Mitsuhashi*, J. pharm. Soc. Japan **71** [1951] 1115, 1120; C. A.
1952 2755. Brechungsindices der Krystalle: *Mi.* $[\alpha]_D^{20}$: −136,8° [E.; c = 1] (*Cl.*); $[\alpha]_D^{28}$:
−140° [A.; c = 2] (*Asahina, Momose*, B. **71** [1938] 1421, 1424). IR-Spektrum (Nujol;
2−16 µ): *Shibata, Mitsuhashi*, Pharm. Bl. **1** [1953] 75, 78.

Beim Erhitzen mit Kaliumcarbonat in Xylol ist (−)-β-Desmotroposantonin (S. 453)
erhalten worden (*Chopra et al.*, Chem. and Ind. **1955** 41).

c) **(±)-8-Hydroxy-3c,6,9-trimethyl-(3ar,9bc)-3a,4,5,9b-tetrahydro-3H-naphtho=
[1,2-b]furan-2-on, (RS)-2-[(1SR)-1r,7-Dihydroxy-5,8-dimethyl-1,2,3,4-tetrahydro-
[2c]naphthyl]-propionsäure-1-lacton, (±)-α-Desmotroposantonin** $C_{15}H_{18}O_3$, Formel
VIII + IX (R = X = H) (H 42; dort als „*racem.*"-Desmotroposantonin bezeichnet).

B. Beim Erhitzen von (±)-β-Desmotroposantonin (S. 453) mit Kaliumhydroxid und
wenig Wasser und anschliessenden Ansäuern (*Huang-Minlon et al.*, J. Chin. chem. Soc.
10 [1943] 126, 133). Beim Erwärmen von (±)-Santonin-A [*rac*-(11R)-6α-Hydroxy-3-oxo-
7βH-eudesma-1,4-dien-12-säure-lacton (E III/IV **17** 6230)] (*Abe et al.*, Am. Soc. **75** [1953]
2561, 2571), von (±)-Santonin-C [*rac*-(11S)-6β-Hydroxy-3-oxo-eudesma-1,4-dien-12-säure-
lacton (E III/IV **17** 6231)] (*Abe et al.*, Am. Soc. **78** [1956] 1416, 1421) oder von (±)-α-Sant=
onin [*rac*-(11S)-6α-Hydroxy-3-oxo-eudesma-1,4-dien-12-säure-lacton (E III/IV **17** 6234)]
(*Abe et al.*, Am. Soc. **78** [1956] 1422, 1425) mit wss. Schwefelsäure. Beim Erwärmen von
opt.-inakt. 2-[7-Hydroxy-5,8-dimethyl-1-oxo-1,2,3,4-tetrahydro-[2]naphthyl]-propion=

säure (F: 193° [s. E III **10** 4355]) mit wss. Natronlauge und Natrium-Amalgam und Erwärmen der angesäuerten Reaktionslösung (*Asahina, Momose,* B. **70** [1937] 812, 817). Beim Erwärmen von (±)-8-Hydroxy-3,6,9-trimethyl-5,9b-dihydro-4*H*-naphtho=[1,2-*b*]furan-2-on („7(11)-Dehydrodesmotroposantonin"; über die Konstitution s. *Bolt et al.,* Soc. [C] **1967** 261, 266) mit Äthanol und Natrium-Amalgam (*Clemo et al.,* Soc. **1930** 1110, 1114).

Krystalle; F: 201° [aus Me.] (*Abe et al.,* Am. Soc. **75** 2571), 200—201° [aus A.] (*Cl. et al.*). Absorptionsmaximum (Me.): 290 nm (*Abe et al.,* Am. Soc. **75** 2571).

VII　　　　　　　VIII　　　　　　　IX

d) (3a*S*)-8-Hydroxy-3*t*,6,9-trimethyl-(3a*r*,9b*c*)-3a,4,5,9b-tetrahydro-3*H*-naphtho=[1,2-*b*]furan-2-on, (*R*)-2-[(1*R*)-1*r*,7-Dihydroxy-5,8-dimethyl-1,2,3,4-tetrahydro-[2*c*]naphthyl]-propionsäure-1-lacton, (−)-*β*-Desmotroposantonin $C_{15}H_{18}O_3$, Formel X (R = X = H).

Über die Konfiguration s. *McPhail et al.,* Soc. [B] **1967** 101.

B. Beim Erwärmen von (+)-α-Desmotroposantonin (S. 452) mit wss. Schwefelsäure (*Huang-Minlon et al.,* J. Chin. chem. Soc. **10** [1943] 126, 132; Am. Soc. **65** [1943] 1780; s. a. *Huang-Minlon, Chow,* Scientia sinica **6** [1957] 265, 271). Beim Erwärmen von (−)-*β*-Santonin ((11*R*)-6α-Hydroxy-3-oxo-eudesma-1,4-dien-12-säure-lacton [E III/IV **17** 6235]) mit wss. Schwefelsäure oder mit konz. wss. Salzsäure (*Clemo,* Soc. **1934** 1343, 1345).

Krystalle (aus A.); F: 260—261° (*Hu.-Mi. et al.*), 253° (*Cl.*). Rhombisch; Krystallmorphologie: *Mitsuhashi,* J. pharm. Soc. Japan **71** [1951] 1115, 1120; C. A. **1952** 2755. Brechungsindices der Krystalle: *Mi.* $[\alpha]_D^{21}$: −106,2° [E.; c = 0,4] (*Hu.-Mi. et al.,* J. Chin. chem. Soc. **10** 132); $[\alpha]_D^{20}$: −101,7° [E.; c = 0,3] (*Cl.*).

Beim Erhitzen mit Kaliumhydroxid und wenig Wasser auf 210° und anschliessenden Ansäuern ist (−)-α-Desmotroposantonin (S. 452) erhalten worden (*Cl.*; *Hu.-Mi. et al.*).

e) (3a*R*)-8-Hydroxy-3*t*,6,9-trimethyl-(3a*r*,9b*c*)-3a,4,5,9b-tetrahydro-3*H*-naphtho=[1,2-*b*]furan-2-on, (*S*)-2-[(1*S*)-1*r*,7-Dihydroxy-5,8-dimethyl-1,2,3,4-tetrahydro-[2*c*]naphthyl]-propionsäure-1-lacton, (+)-*β*-Desmotroposantonin $C_{15}H_{18}O_3$, Formel XI (R = X = H) (H 39; dort als „gewöhnliches Desmotroposantonin" bezeichnet).

Isolierung aus Artemisia maritima: *Borsutzki,* Ar. **288** [1955] 336, 340.

B. Beim Behandeln von (−)-α-Santonin ((11*S*)-6α-Hydroxy-3-oxo-eudesma-1,4-dien-12-säure-lacton [E III/IV **17** 6232]) mit konz. wss. Salzsäure im geschlossenen Gefäss (*Clemo et al.,* Soc. **1930** 1110, 1115; vgl. H 39).

Krystalle; F: 261° (*Bo.*), 260° [aus A.] (*Cl. et al.*; *Sumi,* Pharm. Bl. **4** [1956] 162, 166). Rhombisch; Krystallmorphologie: *Mitsuhashi,* J. pharm. Soc. Japan **71** [1951] 1115, 1120; C. A. **1952** 2755. Brechungsindices der Krystalle: *Mi.* $[\alpha]_D^{21}$: +106,2° [E.; c = 0,4] (*Huang-Minlon et al.,* J. Chin. chem. Soc. **10** [1943] 126, 132); $[\alpha]_D^{23}$: +103° [A.; c = 0,4] (*Sumi*).

Geschwindigkeitskonstante der Reaktion mit flüssigem Ammoniak in Gegenwart von Ammoniumhalogeniden bei 20°: *Schattenstein,* Acta physicoch. U.R.S.S. **5** [1936] 841, 842; Am. Soc. **59** [1937] 432, 434.

f) (±)-8-Hydroxy-3*t*,6,9-trimethyl-(3a*r*,9b*c*)-3a,4,5,9b-tetrahydro-3*H*-naphtho=[1,2-*b*]furan-2-on, (*RS*)-2-[(1*RS*)-1*r*,7-Dihydroxy-5,8-dimethyl-1,2,3,4-tetrahydro-[2*c*]naphthyl]-propionsäure-1-lacton, (±)-*β*-Desmotroposantonin $C_{15}H_{18}O_3$, Formel X + XI (R = X = H).

B. Beim Erhitzen von (±)-α-Desmotroposantonin (S. 452) mit wss. Schwefelsäure (*Huang-Minlon et al.,* J. Chin. chem. Soc. **10** [1943] 126, 133). Herstellung aus gleichen Mengen der Enantiomeren: *Huang-Minlon et al.,* J. Chin. chem. Soc. **10** 133; Am. Soc. **65** [1943] 1780. Beim Erwärmen von (±)-Santonin-B [*rac*-(11*S*)-6α-Hydroxy-3-oxo-

7βH-eudesma-1,4-dien-12-säure-lacton (E III/IV **17** 6230)] (*Abe et al.*, Am. Soc. **75** [1953] 2567, 2571), von (±)-Santonin-D [*rac*-(11R)-6β-Hydroxy-3-oxo-eudesma-1,4-dien-12-säure-lacton (E III/IV **17** 6231)] (*Abe et al.*, Am. Soc. **78** [1956] 1416, 1421) oder von (±)-β-Santonin [*rac*-(11R)-6α-Hydroxy-3-oxo-eudesma-1,4-dien-12-säure-lacton (E III/IV **17** 6236)] (*Abe et al.*, Am. Soc. **78** [1956] 1422, 1425) mit wss. Schwefelsäure.

Krystalle; F: 231—232° [aus A.] (*Hu.-Mi. et al.*), 231° [aus Me.] (*Abe et al.*, Am. Soc. **75** 2571). Absorptionsmaximum (Me.): 290 nm (*Abe et al.*, Am. Soc. **75** 2571).

8-Acetoxy-3,6,9-trimethyl-3a,4,5,9b-tetrahydro-3H-naphtho[1,2-b]furan-2-on, 2-[7-Acetoxy-1-hydroxy-5,8-dimethyl-1,2,3,4-tetrahydro-[2]naphthyl]-propionsäure-lacton $C_{17}H_{20}O_4$.

a) **(3aS)-8-Acetoxy-3c,6,9-trimethyl-(3ar,9bc)-3a,4,5,9b-tetrahydro-3H-naphtho[1,2-b]furan-2-on, (S)-2-[(1R)-7-Acetoxy-1r-hydroxy-5,8-dimethyl-1,2,3,4-tetrahydro-[2c]naphthyl]-propionsäure-lacton, (−)-O-Acetyl-α-desmotroposantonin** $C_{17}H_{20}O_4$, Formel IX (R = CO-CH₃, X = H) (H 42; dort als Acetyllävodesmotroposantonin bezeichnet).

B. Beim Erwärmen von (−)-α-Santonin [(11S)-6α-Hydroxy-3-oxo-eudesma-1,4-dien-12-säure-lacton (E III/IV **17** 6232)] (*Huang-Minlon et al.*, J. Chin. chem. Soc. **10** [1943] 126, 131; *Huang-Minlon, Chow*, Scientia sinica **6** [1957] 265, 270) oder von (3aS)-8-Acetoxy-3c,6,9-trimethyl-(3ar,9bt)-3a,4,5,9b-tetrahydro-3H-naphtho[1,2-b]furan-2-on [S. 455] (*Cocker, McMurry*, Soc. **1955** 4430, 4434) mit Acetanhydrid und wenig Schwefelsäure.

Krystalle (aus A.); F: 158—159° (*Hu.-Mi., Chow*), 155—156° (*Co., McM.*). Rhombisch; Krystallmorphologie: *Mitsuhashi*, J. pharm. Soc. Japan **72** [1952] 1339, 1341. Brechungsindices der Krystalle: *Mi.* [M]_D: −376° [CHCl₃] (*Co., McM.*).

b) **(±)-8-Acetoxy-3c,6,9-trimethyl-(3ar,9bc)-3a,4,5,9b-tetrahydro-3H-naphtho[1,2-b]furan-2-on, (RS)-2-[(1SR)-7-Acetoxy-1r-hydroxy-5,8-dimethyl-1,2,3,4-tetrahydro-[2c]naphthyl]-propionsäure-lacton, (±)-O-Acetyl-α-desmotroposantonin** $C_{17}H_{20}O_4$, Formel VIII + IX (R = CO-CH₃, X = H).

B. Beim Erhitzen von (±)-α-Desmotroposantonin (S. 452) mit Acetanhydrid und Natriumacetat (*Asahina, Momose*, B. **70** [1937] 812, 817).

F: 146° (*Clemo et al.*, Soc. **1930** 1110, 1115), 145° [aus A.] (*As., Mo.*).

c) **(3aS)-8-Acetoxy-3t,6,9-trimethyl-(3ar,9bc)-3a,4,5,9b-tetrahydro-3H-naphtho[1,2-b]furan-2-on, (R)-2-[(1R)-7-Acetoxy-1r-hydroxy-5,8-dimethyl-1,2,3,4-tetrahydro-[2c]naphthyl]-propionsäure-lacton**, O-Acetyl-Derivat des (−)-β-Desmotroposantonins $C_{17}H_{20}O_4$, Formel X (R = CO-CH₃, X = H).

B. Aus (−)-β-Desmotroposantonin [S. 453] (*Clemo*, Soc. **1934** 1343, 1345). Beim Erhitzen von (3aS)-8-Acetoxy-3t,6,9-trimethyl-(3ar,9bt)-3a,4,5,9b-tetrahydro-3H-naphtho[1,2-b]furan-2-on (S. 455) mit Acetanhydrid und wenig Schwefelsäure (*Cocker, McMurry*, Soc. **1955** 4430, 4434). Als Hauptprodukt beim Behandeln von (−)-β-Santonin ((11R)-6α-Hydroxy-3-oxo-eudesma-1,4-dien-12-säure-lacton [E III/IV **17** 6235]) mit Acetanhydrid und Acetylchlorid (*Co., McM.*).

Krystalle (aus A.); F: 156—157° (*Cl.; Co., McM.*).

X   XI   XII

d) **(±)-8-Acetoxy-3t,6,9-trimethyl-(3ar,9bc)-3a,4,5,9b-tetrahydro-3H-naphtho[1,2-b]furan-2-on, (RS)-2-[(1RS)-7-Acetoxy-1r-hydroxy-5,8-dimethyl-1,2,3,4-tetrahydro-[2c]naphthyl]-propionsäure-lacton, (±)-O-Acetyl-β-desmotroposantonin** $C_{17}H_{20}O_4$, Formel X + XI (R = CO-CH₃, X = H).

B. Beim Behandeln von (±)-β-Desmotroposantonin (S. 453) mit Acetanhydrid und Natriumacetat (*Huang-Minlon et al.*, J. Chin. Chem. Soc. **10** [1943] 126, 133; Am. Soc.

65 [1943] 1780). Herstellung aus gleichen Mengen der Enantiomeren: *Hu.-Mi. et al.* Krystalle (aus A.); F: 182—183°.

e) **(3aS)-8-Acetoxy-3c,6,9-trimethyl-(3ar,9bt)-3a,4,5,9b-tetrahydro-3H-naphtho= [1,2-b]furan-2-on, (S)-2-[(1S)-7-Acetoxy-1r-hydroxy-5,8-dimethyl-1,2,3,4-tetrahydro- [2t]naphthyl]-propionsäure-lacton** $C_{17}H_{20}O_4$, Formel XII.

B. Neben kleineren Mengen 3-Acetoxy-6-hydroxy-eudesma-3,5,7(11)-trien-12-säure-lacton (S. 451) beim Erhitzen von (−)-α-Santonin ((11S)-6α-Hydroxy-3-oxo-eudesma-1,4-dien-12-säure-lacton [E III/IV **17** 6232]) mit Acetanhydrid und Acetylchlorid (*Cocker, McMurry*, Soc. **1955** 4430, 4434).

Krystalle (aus A.); F: 180°. $[\alpha]_D^{18}$: + 85,8° [CHCl$_3$; c = 1]. Absorptionsmaxima (A.): 272 nm und 280 nm (*Co., McM.,* l. c. S. 4431).

Beim Erwärmen mit Acetanhydrid und wenig Schwefelsäure ist (3aS)-8-Acetoxy-3c,6,9-trimethyl-(3ar,9bc)-3a,4,5,9b-tetrahydro-3H-naphtho[1,2-b]furan-2-on erhalten worden. Bildung von (−)-α-Desmotroposantonin (S. 452) beim Behandeln mit methanol. Kalilauge und anschliessenden Ansäuern: *Co., McM.*

f) **(3aS)-8-Acetoxy-3t,6,9-trimethyl-(3ar,9bt)-3a,4,5,9b-tetrahydro-3H-naphtho= [1,2-b]furan-2-on, (R)-2-[(1S)-7-Acetoxy-1r-hydroxy-5,8-dimethyl-1,2,3,4-tetrahydro- [2t]naphthyl]-propionsäure-lacton** $C_{17}H_{20}O_4$, Formel XIII auf S. 457.

B. In kleiner Menge neben (3aS)-8-Acetoxy-3t,6,9-trimethyl-(3ar,9bc)-3a,4,5,9b-tetrahydro-3H-naphtho[1,2-b]furan-2-on (S. 454) beim Erhitzen von (−)-β-Santonin ((11R)-6α-Hydroxy-3-oxo-eudesma-1,4-dien-12-säure-lacton [E III/IV **17** 6235]) mit Acetanhydrid und Acetylchlorid (*Cocker, McMurry*, Soc. **1955** 4430, 4434).

Krystalle (aus A.); F: 124—125°. $[\alpha]_D^{21}$: +12,6° [CHCl$_3$; c = 1]. Absorptionsmaxima (A.): 272 nm und 280 nm.

Beim Erhitzen mit Acetanhydrid und wenig Schwefelsäure ist (3aS)-8-Acetoxy-3t,6,9-trimethyl-(3ar,9bc)-3a,4,5,9b-tetrahydro-3H-naphtho[1,2-b]furan-2-on (S. 454) erhalten worden.

7-Brom-8-hydroxy-3,6,9-trimethyl-3a,4,5,9b-tetrahydro-3H-naphtho[1,2-b]furan-2-on, 2-[6-Brom-1,7-dihydroxy-5,8-dimethyl-1,2,3,4-tetrahydro-[2]naphthyl]-propionsäure-1-lacton $C_{15}H_{17}BrO_3$.

a) **(3aR)-7-Brom-8-hydroxy-3c,6,9-trimethyl-(3ar,9bc)-3a,4,5,9b-tetrahydro-3H-naphtho[1,2-b]furan-2-on, (R)-2-[(1S)-6-Brom-1r,7-dihydroxy-5,8-dimethyl-1,2,3,4-tetrahydro-[2c]naphthyl]-propionsäure-1-lacton** $C_{15}H_{17}BrO_3$, Formel VIII (R = H, X = Br) auf S. 453.

B. Beim Behandeln von (+)-α-Desmotroposantonin (S. 452) mit Brom in Chloroform (*Huang-Minlon et al.*, Am. Soc. **66** [1944] 1954, 1956). Beim Erhitzen von (3aR)-7-Brom-8-hydroxy-3t,6,9-trimethyl-(3ar,9bc)-3a,4,5,9b-tetrahydro-3H-naphtho[1,2-b]furan-2-on mit Kaliumhydroxid und Wasser auf 200° und anschliessenden Ansäuern (*Hu.-Mi. et al.*).

Krystalle (aus A.); F: 121—122°.

b) **(3aS)-7-Brom-8-hydroxy-3c,6,9-trimethyl-(3ar,9bc)-3a,4,5,9b-tetrahydro-3H-naphtho[1,2-b]furan-2-on, (S)-2-[(1R)-6-Brom-1r,7-dihydroxy-5,8-dimethyl-1,2,3,4-tetrahydro-[2c]naphthyl]-propionsäure-1-lacton** $C_{15}H_{17}BrO_3$, Formel IX (R = H, X = Br) auf S. 453.

B. Beim Behandeln von (−)-α-Desmotroposantonin (S. 452) mit Brom in Chloroform (*Huang-Minlon et al.*, Am. Soc. **66** [1944] 1954, 1956). Beim Erhitzen von (3aS)-8-Acetoxy-7-brom-3c,6,9-trimethyl-(3ar,9bc)-3a,4,5,9b-tetrahydro-3H-naphtho[1,2-b]furan-2-on mit wss. Kalilauge und Ansäuern der Reaktionslösung (*Hu.-Mi. et al.*). Beim Erhitzen von (3aS)-7-Brom-8-hydroxy-3t,6,9-trimethyl-(3ar,9bc)-3a,4,5,9b-tetrahydro-3H-naphtho[1,2-b]furan-2-on mit Kaliumhydroxid und Wasser und anschliessenden Ansäuern: (*Hu.-Mi. et al.*).

Krystalle (aus A.); F: 121—123°.

c) **(±)-7-Brom-8-hydroxy-3c,6,9-trimethyl-(3ar,9bc)-3a,4,5,9b-tetrahydro-3H-naphtho[1,2-b]furan-2-on, (RS)-2-[(1SR)-6-Brom-1r,7-dihydroxy-5,8-dimethyl-1,2,3,4-tetrahydro-[2c]naphthyl]-propionsäure-1-lacton** $C_{15}H_{17}BrO_3$, Formel VIII + IX (R = H, X = Br) auf S. 453.

B. Beim Behandeln von (±)-α-Desmotroposantonin (S. 452) mit Brom in Chloroform (*Huang-Minlon et al.*, Am. Soc. **66** [1944] 1954, 1956). Herstellung aus gleichen Mengen

der Enantiomeren: *Hu.-Mi. et al.*
Krystalle (aus A.); F: 188—189°.

d) **(3aS)-7-Brom-8-hydroxy-3t,6,9-trimethyl-(3ar,9bc)-3a,4,5,9b-tetrahydro-3H-naphtho[1,2-b]furan-2-on, (R)-2-[(1R)-6-Brom-1r,7-dihydroxy-5,8-dimethyl-1,2,3,4-tetrahydro-[2c]naphthyl]-propionsäure-1-lacton** $C_{15}H_{17}BrO_3$, Formel X (R = H, X = Br).

B. Beim Behandeln von (−)-β-Desmotroposantonin (S. 453) mit Brom in Chloroform (*Huang-Minlon et al.*, Am. Soc. **66** [1944] 1954, 1956).
Krystalle; F: 210—211°.
Beim Erhitzen mit Kaliumhydroxid und Wasser und anschliessenden Ansäuern ist (3aS)-7-Brom-8-hydroxy-3c,6,9-trimethyl-(3ar,9bc)-3a,4,5,9b-tetrahydro-3H-naphtho=[1,2-b]furan-2-on erhalten worden.

e) **(3aR)-7-Brom-8-hydroxy-3t,6,9-trimethyl-(3ar,9bc)-3a,4,5,9b-tetrahydro-3H-naphtho[1,2-b]furan-2-on, (S)-2-[(1S)-6-Brom-1r,7-dihydroxy-5,8-dimethyl-1,2,3,4-tetrahydro-[2c]naphthyl]-propionsäure-1-lacton** $C_{15}H_{17}BrO_3$, Formel XI (R = H, X = Br).

B. Beim Behandeln von (+)-β-Desmotroposantonin (S. 453) mit Brom in Chloroform (*Huang-Minlon et al.*, Am. Soc. **66** [1944] 1954, 1956).
Krystalle; F: 210—211°.
Beim Erhitzen mit Kaliumhydroxid und Wasser und anschliessenden Ansäuern ist (3aR)-7-Brom-8-hydroxy-3c,6,9-trimethyl-(3ar,9bc)-3a,4,5,9b-tetrahydro-3H-naphtho=[1,2-b]furan-2-on erhalten worden.

f) **(±)-7-Brom-8-hydroxy-3t,6,9-trimethyl-(3ar,9bc)-3a,4,5,9b-tetrahydro-3H-naphtho[1,2-b]furan-2-on, (RS)-2-[(1RS)-6-Brom-1r,7-dihydroxy-5,8-dimethyl-1,2,3,4-tetrahydro-[2c]naphthyl]-propionsäure-1-lacton** $C_{15}H_{17}BrO_3$, Formel X + XI (R = H, X = Br).

B. Beim Behandeln von (±)-β-Desmotroposantonin (S. 453) mit Brom in Chloroform (*Huang-Minlon et al.*, Am. Soc. **66** [1944] 1954, 1956). Herstellung aus gleichen Mengen der Enantiomeren in Äthanol: *Hu.-Mi. et al.*
Krystalle (aus A.); F: 203—204° [im vorgeheizten Bad].

(3aS)-8-Acetoxy-7-brom-3c,6,9-trimethyl-(3ar,9bc)-3a,4,5,9b-tetrahydro-3H-naphtho=[1,2-b]furan-2-on, (S)-2-[(1R)-7-Acetoxy-6-brom-1r-hydroxy-5,8-dimethyl-1,2,3,4-tetra=hydro-[2c]naphthyl]-propionsäure-lacton $C_{17}H_{19}BrO_4$, Formel IX (R = CO-CH$_3$, X = Br) auf S. 453.

B. Beim Erhitzen von (3aS)-7-Brom-8-hydroxy-3c,6,9-trimethyl-(3ar,9bc)-3a,4,5,9b-tetrahydro-3H-naphtho[1,2-b]furan-2-on mit Acetanhydrid und Natriumacetat (*Huang-Minlon et al.*, Am. Soc. **66** [1944] 1954, 1956). Beim Erwärmen von (11S)-2-Brom-6α-hydroxy-3-oxo-eudesma-1,4-dien-12-säure-lacton (E III/IV **17** 6236) mit Acetanhydrid und wenig Schwefelsäure (*Hu.-Mi. et al.*).
Krystalle (aus A.); F: 185° (*Hu.-Mi. et al.*). UV-Spektrum (220—300 nm): *Harukawa*, J. pharm. Soc. Japan **75** [1955] 529, 531; C. A. **1956** 5585.

8-Hydroxy-3,6,9-trimethyl-7-nitro-3a,4,5,9b-tetrahydro-3H-naphtho[1,2-b]furan-2-on, 2-[1,7-Dihydroxy-5,8-dimethyl-6-nitro-1,2,3,4-tetrahydro-[2]naphthyl]-propionsäure-1-lacton $C_{15}H_{17}NO_5$.

a) **(3aS)-8-Hydroxy-3c,6,9-trimethyl-7-nitro-(3ar,9bc)-3a,4,5,9b-tetrahydro-3H-naphtho[1,2-b]furan-2-on, (S)-2-[(1R)-1r,7-Dihydroxy-5,8-dimethyl-6-nitro-1,2,3,4-tetrahydro-[2c]naphthyl]-propionsäure-1-lacton** $C_{15}H_{17}NO_5$, Formel IX (R = H, X = NO$_2$) auf S. 453.

B. Beim Behandeln von (−)-α-Desmotroposantonin (S. 452) mit wss. Salpetersäure und Essigsäure (*Huang-Minlon, Cheng*, Am. Soc. **70** [1948] 449, 451).
Gelbe Krystalle (aus A.); F: 216—217°. $[\alpha]_D^{25}$: −105° [A.; c = 0,4].
Bei 1-stdg. Erwärmen mit Zink, Ammoniumchlorid und wss. Äthanol ist (3aS)-7-Amino-8-hydroxy-3c,6,9-trimethyl-(3ar,9bc)-3a,4,5,9b-tetrahydro-3H-naphtho[1,2-b]furan-2-on, bei 10-stdg. Erhitzen mit Zink und wss. Essigsäure ist (S)-2-[(R)-6-Amino-7-hydroxy-5,8-dimethyl-1,2,3,4-tetrahydro-[2]naphthyl]-propionsäure erhalten worden.

b) **(3aR)-8-Hydroxy-3t,6,9-trimethyl-(3ar,9bc)-3a,4,5,9b-tetrahydro-3H-naphtho[1,2-b]furan-2-on, (S)-2-[(1S)-1r,7-Dihydroxy-5,8-dimethyl-6-nitro-1,2,3,4-tetra=hydro-[2c]naphthyl]-propionsäure-1-lacton** $C_{15}H_{17}NO_5$, Formel XI (R = H, X = NO$_2$).

B. Beim Behandeln von (+)-β-Desmotroposantonin (S. 453) mit wss. Salpetersäure

und Essigsäure [vgl. H 40] (*Huang-Minlon, Cheng*, Am. Soc. **70** [1948] 449, 450).
F: 191—192°. $[\alpha]_D^{24}$: +119,5° [A.; c = 0,4].

(3a*S*)-8-Acetoxy-3*c*,6,9-trimethyl-7-nitro-(3a*r*,9b*c*)-3a,4,5,9b-tetrahydro-3*H*-naphtho= [1,2-*b*]furan-2-on, (*S*)-2-[(1*R*)-7-Acetoxy-1*r*-hydroxy-5,8-dimethyl-6-nitro-1,2,3,4-tetra= hydro-[2*c*]naphthyl]-propionsäure-lacton $C_{17}H_{19}NO_6$, Formel IX (R = CO-CH$_3$, X = NO$_2$) auf S. 453.
  B. Beim Erhitzen von (3a*S*)-8-Hydroxy-3*c*,6,9-trimethyl-7-nitro-(3a*r*,9b*c*)-3a,4,5,9b-tetrahydro-3*H*-naphtho[1,2-*b*]furan-2-on (S. 456) mit Acetanhydrid (*Huang-Minlon, Cheng*, Am. Soc. **70** [1948] 449, 451). Beim Erwärmen der Verbindung (F: 140—142°) von (−)-α-Santonin (E III/IV **17** 6232) mit Salpetersäure mit Acetanhydrid und wenig Schwefelsäure (*Hu.-Mi., Ch.*).
  Krystalle (aus CHCl$_3$ + A.); F: 230—231°.

XIII   XIV   XV

(5*R*)-6-Hydroxy-2,2,5,8-tetramethyl-4,5-dihydro-2*H*,3*H*-naphtho[1,8-*bc*]furan-7-on, 5,11-Epoxy-2-hydroxy-10β*H*-cadina-1,4,6-trien-3-on [1]) $C_{15}H_{18}O_3$, Formel XIV.
  Diese Konstitution und Konfiguration kommt nach *Walls et al.* (Tetrahedron **22** [1966] 2387, 2391, 2399) dem **Perezinon** (s. H **8** 408 im Artikel Oxyperezon) zu.
  Gelbe Krystalle; F: 146—147° [aus Pentan] (*Wa. et al.*), 143—145° [aus Bzl.] (*Kögl, Boer*, R. **54** [1935] 779, 788).

Hydroxy-oxo-Verbindungen $C_{16}H_{20}O_3$

6-Heptyl-7-hydroxy-cumarin $C_{16}H_{20}O_3$, Formel I.
  B. Beim Erwärmen von 4-Heptyl-resorcin mit Äpfelsäure und Schwefelsäure (*Fujikawa, Nakajima*, J. pharm. Soc. Japan **71** [1951] 67; C. A. **1951** 8518).
  Krystalle (aus wss. Me.); F: 103°.

3-Hexyl-7-hydroxy-4-methyl-cumarin $C_{16}H_{20}O_3$, Formel II (R = H).
  B. Beim Behandeln von Resorcin mit 2-Hexyl-acetessigsäure-äthylester und 85%ig. wss. Schwefelsäure (*Kojima, Osawa*, J. pharm. Soc. Japan **72** [1952] 916; C. A. **1953** 3301).
  Krystalle (aus Ae. + PAe.); F: 111—112°.

I   II

7-Acetoxy-3-hexyl-4-methyl-cumarin $C_{18}H_{22}O_4$, Formel II (R = CO-CH$_3$).
  B. Aus 3-Hexyl-7-hydroxy-4-methyl-cumarin (*Kojima, Osawa*, J. pharm. Soc. Japan **72** [1952] 916; C. A. **1953** 3301).
  Krystalle (aus A.); F: 82—84°.

---

[1]) Für den Kohlenwasserstoff (4a*S*)-1*t*-Isopropyl-4*t*,7*t*-dimethyl-(4a*r*,8a*t*)-deca= hydro-naphthalin ist die Bezeichnung **Cadinan** vorgeschlagen worden. Die Stellungs= bezeichnung bei von Cadinan abgeleiteten Namen entspricht der in Formel XV an= gegebenen.

6-Hexyl-7-methoxy-4-methyl-cumarin $C_{17}H_{22}O_3$, Formel III.

B. Beim Behandeln von 6-Hexyl-7-hydroxy-4-methyl-cumarin (E II 25) mit Diazo=
methan in Äther (*Jacobson et al.*, J. org. Chem. **18** [1953] 1117, 1118).

Krystalle (aus A.); F: 162,5—163°. Absorptionsmaxima (A.): 223 nm und 328 nm.

6-Butyl-3-[2,2-dichlor-äthyl]-7-hydroxy-4-methyl-cumarin $C_{16}H_{18}Cl_2O_3$, Formel IV
(R = H).

B. Beim Behandeln von (±)-6-Butyl-7-hydroxy-4-methyl-3-[2,2,2-trichlor-1-hydroxy-
äthyl]-cumarin mit Essigsäure, wss. Salzsäure und Zink (*Chudgar, Shah*, J. Univ. Bombay
11, Tl. 3 A [1942] 114, 116).

Krystalle (aus A.); F: 196—197°.

III IV

7-Acetoxy-6-butyl-3-[2,2-dichlor-äthyl]-4-methyl-cumarin $C_{18}H_{20}Cl_2O_4$, Formel IV
(R = CO-CH$_3$).

B. Beim Behandeln von 7-Acetoxy-3-[1-acetoxy-2,2,2-trichlor-äthyl]-6-butyl-4-methyl-
cumarin mit Essigsäure und Zink (*Chudgar, Shah*, J. Univ. Bombay **11**, Tl. 3 A [1942]
114, 116).

Krystalle (aus A.); F: 156—157°.

6-Äthyl-3-butyl-7-hydroxy-4-methyl-cumarin $C_{16}H_{20}O_3$, Formel V (R = H).

B. Beim Behandeln eines Gemisches von 4-Äthyl-resorcin und 2-Butyl-acetessigsäure-
äthylester mit 73%ig. wss. Schwefelsäure (*Desai, Mavani*, Pr. Indian Acad. [A] **14** [1941]
100, 103) oder mit Phosphorylchlorid (*Thakor, Shah*, J. Univ. Bombay **15**, Tl. 5 A
[1947] 14).

Krystalle (aus A.); F: 160° (*Th., Shah*), 159° (*De., Ma.*).

7-Acetoxy-6-äthyl-3-butyl-4-methyl-cumarin $C_{18}H_{22}O_4$, Formel V (R = CO-CH$_3$).

B. Beim Behandeln von 6-Äthyl-3-butyl-7-hydroxy-4-methyl-cumarin mit Acet=
anhydrid und Schwefelsäure (*Thakor, Shah*, J. Univ. Bombay **15**, Tl. 5 A [1947] 14).

Krystalle (aus A.); F: 114° (*Desai, Mavani*, Pr. Indian Acad. [A] **14** [1941] 100, 103;
Th., Shah).

V VI

6-Äthyl-7-benzoyloxy-3-butyl-4-methyl-cumarin $C_{23}H_{24}O_4$, Formel V (R = CO-C$_6$H$_5$).

B. Beim Behandeln von 6-Äthyl-3-butyl-7-hydroxy-4-methyl-cumarin mit Benzoyl=
chlorid und Pyridin (*Thakor, Shah*, J. Univ. Bombay **15**, Tl. 5 A [1947] 14).

F: 124—125°.

7-Äthyl-3-butyl-6-hydroxy-4-methyl-cumarin $C_{16}H_{20}O_3$, Formel VI (R = H).

B. Beim Behandeln von 2-Äthyl-hydrochinon mit 2-Butyl-acetessigsäure-äthylester
und Phosphorylchlorid (*Mehta et al.*, J. Indian chem. Soc. **33** [1956] 133, 138).

Krystalle (aus Bzl.); F: 215°.

6-Acetoxy-7-äthyl-3-butyl-4-methyl-cumarin $C_{18}H_{22}O_4$, Formel VI (R = CO-CH$_3$).

B. Aus 7-Äthyl-3-butyl-6-hydroxy-4-methyl-cumarin (*Mehta et al.*, J. Indian chem.
Soc. **33** [1956] 133, 138).

Krystalle (aus A.); F: 150°.

3-Äthyl-7-hydroxy-4,5-dimethyl-8-propyl-cumarin $C_{16}H_{20}O_3$, Formel VII.
    B. Beim Behandeln von 5-Methyl-2-propyl-resorcin mit 2-Äthyl-acetessigsäure-äthylester und 73%ig. wss. Schwefelsäure (*Desai, Mavani*, Pr. Indian Acad. [A] **25** [1947] 341, 343).
    Krystalle (aus A.); F: 180°.

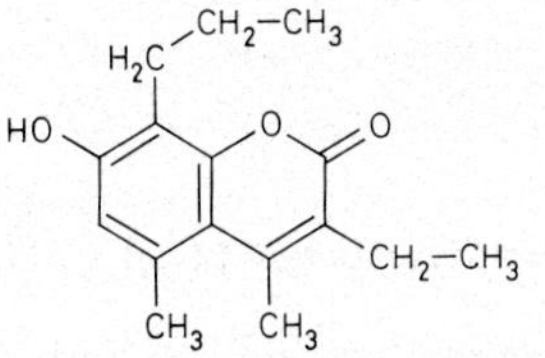

VII 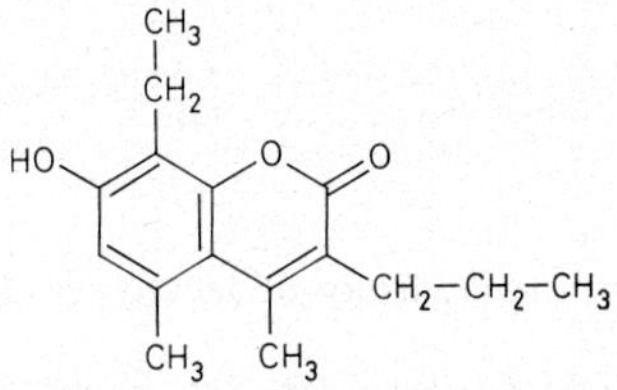   VIII

8-Äthyl-7-hydroxy-4,5-dimethyl-3-propyl-cumarin $C_{16}H_{20}O_3$, Formel VIII.
    B. Beim Behandeln von 2-Äthyl-5-methyl-resorcin mit 2-Propyl-acetessigsäure-äthylester und 73%ig. wss. Schwefelsäure (*Desai, Mavani*, Pr. Indian Acad. [A] **25** [1947] 341, 342).
    Krystalle (aus A.); F: 172°.

*Opt.-inakt. **1-[2-Brom-5-methoxy-phenäthyl]-8-methyl-6-oxa-bicyclo[3.2.1]octan-7-on, 1-[2-Brom-5-methoxy-phenäthyl]-3-hydroxy-2-methyl-cyclohexancarbonsäure-lacton** $C_{17}H_{21}BrO_3$, Formel IX.
    B. Neben 1-Brom-4-methoxy-4b-methyl-5,6,7,8,9,10-hexahydro-4bH-phenanthren-8a-carbonsäure (F: 190—191°) beim Behandeln von (±)-1-[2-Brom-5-methoxy-phenäthyl]-2-methyl-cyclohex-2-encarbonsäure mit Benzol und wss. Schwefelsäure (*Barnes et al.*, Am. Soc. **74** [1952] 32).
    F: 119—120°.

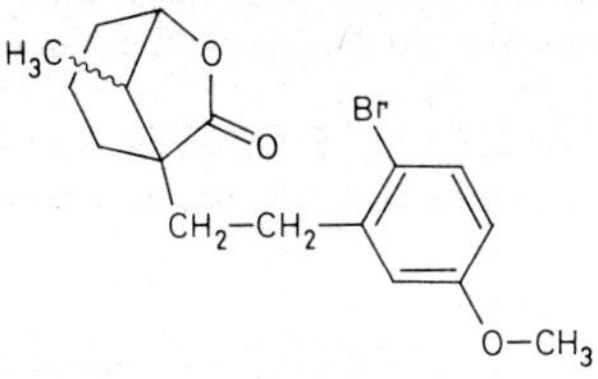

IX 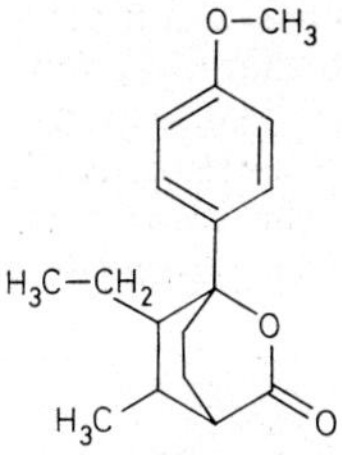   X

*Opt.-inakt. **6-Äthyl-1-[4-methoxy-phenyl]-5-methyl-2-oxa-bicyclo[2.2.2]octan-3-on, 3-Äthyl-4-hydroxy-4-[4-methoxy-phenyl]-2-methyl-cyclohexancarbonsäure-lacton** $C_{17}H_{22}O_3$, Formel X.
    B. Neben 3-Äthyl-4-hydroxy-4-[4-methoxy-phenyl]-2-methyl-cyclohexancarbonsäure (F: 191—192°) beim Behandeln von opt.-inakt. 3-Äthyl-2-methyl-4-oxo-cyclohexancarbonsäure-äthylester (Kp$_{13}$: 140—150°; n_D^{28}: 1,462) mit 4-Methoxy-phenylmagnesium-bromid in Äther und anschliessend mit wss. Schwefelsäure und Erwärmen des Reaktionsprodukts mit wss. Kalilauge (*Nathan, Hogg*, Am. Soc. **78** [1956] 6163, 6165).
    Krystalle (aus PAe.); F: 102—102,5° [unkorr.; Block].

Hydroxy-oxo-Verbindungen $C_{17}H_{22}O_3$

7-Hydroxy-4,5-dimethyl-3,8-dipropyl-cumarin $C_{17}H_{22}O_3$, Formel XI.
    B. Beim Behandeln von 5-Methyl-2-propyl-resorcin mit 2-Propyl-acetessigsäure-äthylester und 73%ig. wss. Schwefelsäure (*Desai, Mavani*, Pr. Indian Acad. [A] **25** [1947] 341, 343).
    Krystalle (aus A.); F: 168°.

XI   XII

10-[2]Furyl-4a-hydroxy-dodecahydro-5,9-methano-benzocycloocten-11-on $C_{17}H_{22}O_3$, Formel XII.

Diese Konstitution ist der nachstehend beschriebenen opt.-inakt. Verbindung zugeschrieben worden (*Tilitschenko*, Eżegodnik Saratovsk. Univ. **1954** 500, 503).

B. Neben anderen Verbindungen beim Erwärmen von Furfural mit Cyclohexanon und äthanol. Natronlauge (*Ti.*).

Krystalle (aus A.); F: 185—186,5° (*Ti.*).

Beim Behandeln mit Furfural und äthanol. Natronlauge ist 2,6-Di-[(Ξ)-furfuryliden]-cyclohexanon (F: 144—145°) erhalten worden (*Tilitschenko, Chartschenko*, Ž. obšč. Chim. **29** [1959] 1913; engl. Ausg. S. 1882). [*Tauchert*]

Hydroxy-oxo-Verbindungen $C_{18}H_{24}O_3$

*Opt.-inakt. **8-Äthyl-5-[3-methoxy-phenäthyl]-1-methyl-6-oxa-bicyclo[3.2.1]octan-7-on, 2-Äthyl-3-hydroxy-3-[3-methoxy-phenäthyl]-1-methyl-cyclohexancarbonsäure-lacton** $C_{19}H_{26}O_3$, Formel I (R = H).

B. Neben anderen Verbindungen beim Behandeln von opt.-inakt. 2-Äthyl-1-methyl-3-oxo-cyclohexancarbonsäure-methylester (Semicarbazon, F: 210—212°) mit einer Lösung von Kalium-[(3-methoxy-phenyl)-acetylenid] in *tert*-Butylalkohol, anschliessenden Behandeln mit wss. Salzsäure und Hydrieren des Reaktionsprodukts (2-Äthyl-3-hydroxy-3-[3-methoxy-phenyläthinyl]-1-methyl-cyclohexancarbonsäure-lacton enthaltend) an Palladium in Methanol (*Jílek, Protiva*, Collect. **23** [1958] 692, 694, 699).

Krystalle (aus PAe. + Bzl.), die grösstenteils bei 70°, zum Teil aber erst bei 85—90° schmelzen. IR-Spektrum (CCl$_4$; 5,3—14,3 μ): *Ji., Pr.*

Beim Erwärmen mit Lithiumalanat in Äther ist 2-Äthyl-3-hydroxymethyl-1-[3-methoxy-phenäthyl]-3-methyl-cyclohexanol (F: 85—87°) erhalten worden.

I   II

17-Acetoxy-4-oxa-androsta-5,16-dien-3-on, 17-Acetoxy-5-hydroxy-3,5-seco-A-nor-androsta-5,16-dien-3-säure-lacton $C_{20}H_{26}O_4$, Formel II.

B. Beim Erwärmen von 5-Hydroxy-17-oxo-3,5-seco-A-nor-androst-5-en-3-säure-lacton mit Isopropenylacetat und Toluol-4-sulfonsäure (*Robinson*, Soc. **1958** 2311, 2317).

Krystalle (aus Bzl. + Bzn.); F: 152—154°.

Hydroxy-oxo-Verbindungen $C_{19}H_{26}O_3$

3-Decyl-6-hydroxy-chromen-4-on $C_{19}H_{26}O_3$, Formel III.

B. Beim Behandeln von 1-[2,5-Dihydroxy-phenyl]-dodecan-1-on mit Äthylformiat und Natrium (*Ingle et al.*, J. Indian chem. Soc. **26** [1949] 569, 573).

Krystalle (aus wss. A.); F: 115°.

3-Butyl-5-hydroxy-4-methyl-7-pentyl-cumarin $C_{19}H_{26}O_3$, Formel IV.

B. Beim Behandeln von 5-Pentyl-resorcin mit 2-Butyl-acetessigsäure-äthylester und Phosphorylchlorid (*Adams et al.*, Am. Soc. **63** [1941] 1977).

Krystalle (aus Bzl. oder E.); F: 140,5—141° [korr.].

---

*Opt.-inakt. **8-Äthyl-5-[3-methoxy-4-methyl-phenäthyl]-1-methyl-6-oxa-bicyclo-[3.2.1]octan-7-on, 2-Äthyl-3-hydroxy-3-[3-methoxy-4-methyl-phenäthyl]-1-methyl-cyclohexancarbonsäure-lacton** $C_{20}H_{28}O_3$, Formel I (R = CH_3).

B. Bei der Hydrierung von opt.-inakt. 2-Äthyl-3-hydroxy-3-[3-methoxy-4-methyl-phenyläthinyl]-1-methyl-cyclohexancarbonsäure-lacton an Palladium in Benzol und Methanol (*Protiva, Hachová,* Collect. **24** [1959] 1360, 1362).

Krystalle (aus Me.); F: 108° [korr.; Kofler-App.].

17β-Benzoyloxy-6-oxa-B-homo-androsta-2,4-dien-7-on, 17β-Benzoyloxy-5-hydroxy-5,6-seco-androsta-2,4-dien-6-säure-lacton $C_{26}H_{30}O_4$, Formel V (R = $CO-C_6H_5$).

B. Beim Erhitzen von 3β-Acetoxy-17β-benzoyloxy-5-oxo-5,6-seco-androstan-6-säure mit Acetanhydrid und Natriumacetat (*Rull, Ourisson,* Bl. **1958** 1581, 1585).

Krystalle (aus CH_2Cl_2 + PAe.); F: 207—208° [korr.]. $[\alpha]_{578}^{20}$: −70° [$CHCl_3$; c = 1]. IR-Banden ($CHCl_3$ oder CH_2Cl_2) im Bereich von 1750 cm^{-1} bis 1590 cm^{-1} (*Rull, Ou.*). Absorptionsmaxima (A.): 230 nm und 268 nm.

4ξ,5-Epoxy-17β-hydroxy-5ξ-androst-6-en-3-on $C_{19}H_{26}O_3$, Formel VI.

B. Neben der im folgenden Artikel beschriebenen Verbindung beim Behandeln von 17β-Hydroxy-androsta-4,6-dien-3-on mit Peroxybenzoesäure in Benzol (*Searle & Co.*, U.S.P. 2738348 [1954]).

Krystalle (aus wss. Me.); F: ca. 183—185°. $[\alpha]_D$: −122° [$CHCl_3$; c = 1]. IR-Banden (KBr) im Bereich von 2,8 μ bis 12,5 μ: *Searle & Co.* Absorptionsmaximum: 310 nm.

6ξ,7ξ-Epoxy-17β-hydroxy-androst-4-en-3-on $C_{19}H_{26}O_3$, Formel VII.

B. s. im vorangehenden Artikel.

Krystalle (aus E. + PAe.); F: ca. 207—209° (*Searle & Co.*, U.S.P. 2738348 [1954]). $[\alpha]_D$: +65° [$CHCl_3$; c = 1]. Absorptionsmaximum: 240 nm.

***rac*-17β-Acetoxy-11β,18-epoxy-androst-4-en-3-on** $C_{21}H_{28}O_4$, Formel VIII + Spiegelbild.

B. Bei kurzem Erhitzen von *rac*-17β-Acetoxy-3,3-äthandiyldioxy-11β,18-epoxy-androst-5-en mit wasserhaltiger Essigsäure (*Wieland et al.,* Helv. **41** [1958] 1657, 1665).

Krystalle (aus CH_2Cl_2 + Ae. + PAe.); F: 162—164,5°.

(3b*S*)-12a-Acetoxy-10b-methyl-(3b*r*,10a*c*,10b*t*,12a*ξ*)-Δ³-dodecahydro-5a*t*,8*t*-methano-cyclohepta[5,6]naphtho[2,1-*b*]furan-2-on, [(4*Z*,4a*S*)-3*ξ*-Acetoxy-3*ξ*-hydroxy-11b-methyl-(4a*r*,11a*c*,11b*t*)-dodecahydro-6a*t*,9*t*-methano-cyclohepta[*a*]naphthalin-4-yliden]-essigsäure-lacton $C_{21}H_{28}O_4$, Formel IX (X = H).

Diese Konstitution und Konfiguration kommt dem nachstehend beschriebenen Acet=oxynorcafestenolid zu.

B. Beim Behandeln von (−)-Epoxynorcafestadien (E III/IV **17** 566) mit Monoperoxy=phthalsäure in Äther und Behandeln des Reaktionsprodukts mit Acetanhydrid und Pyridin (*Haworth et al.*, Soc. **1955** 1983, 1988).

Krystalle (aus Acn. + PAe.); F: 173—175° (*Ha. et al.*). Monoklin; Raumgruppe $P2_1$; aus dem Röntgen-Diagramm ermittelte Dimensionen der Elementarzelle: a·sin β: 8,252 Å; b = 7,683 Å; c·sin β = 14,637 Å; β = 92,6°; n = 2 (*Beattie, Mills*, Acta cryst. **8** [1955] 123). Dichte der Krystalle: 1,2285 (*Be., Mi.*).

VIII   IX   X

(3b*S*)-12a-Chloracetoxy-10b-methyl-(3b*r*,10a*c*,10b*t*,12a*ξ*)-Δ³-dodecahydro-5a*t*,8*t*-meth=ano-cyclohepta[5,6]naphtho[2,1-*b*]furan-2-on, [(4*Z*,4a*S*)-3*ξ*-Chloracetoxy-3*ξ*-hydroxy-11b-methyl-(4a*r*,11a*c*,11b*t*)-dodecahydro-6a*t*,9*t*-methano-cyclohepta[*a*]naphthalin-4-yliden]-essigsäure-lacton $C_{21}H_{27}ClO_4$, Formel IX (X = Cl).

Diese Konstitution und Konfiguration kommt dem nachstehend beschriebenen Chloracetoxy-norcafestenolid zu.

B. Beim Behandeln von Hydroxynorcafestenolid ((3b*S*)-12a-Hydroxy-10b-methyl-(3b*r*,10a*c*,10b*t*,12a*ξ*)-Δ³-dodecahydro-5a*t*,8*t*-methano-cyclohepta[5,6]naphtho[2,1-*b*]fur=an-2-on mit Chloracetylchlorid, Benzol und *N,N*-Dimethyl-anilin (*Haworth et al.*, Soc. **1955** 1983, 1989).

Krystalle (aus Ae. + PAe.); F: 150—151°.

Hydroxy-oxo-Verbindungen $C_{20}H_{28}O_3$

(4a*S*)-4*c*-[2-[3]Furyl-äthyl]-4*t*-hydroxy-3,4a,8,8-tetramethyl-(4a*r*,8a*t*)-4a,5,6,7,8,8a-hexahydro-4*H*-naphthalin-1-on, 15,16-Epoxy-9-hydroxy-labda-7,13(16),14-trien-6-on [1]), Solidagenon $C_{20}H_{28}O_3$, Formel X.

Über die Konstitution und Konfiguration s. *Anthonsen et al.*, Tetrahedron **25** [1969] 2233.

Isolierung neben 9,13;15,16-Diepoxy-13*ξ*-labda-7,14-dien-6-on $C_{20}H_{28}O_3$ (Kry=stalle [aus PAe.]; F: 108—110°; Gemisch der Stereoisomeren [C-Atom 13]) aus Wurzeln von Solidago canadensis: *An. et al.*, l. c. S. 2237.

B. Beim Erwärmen von 9,13;15,16-Diepoxy-13*ξ*-labda-7,14-dien-6-on (s. o.) mit Äthanol (*An. et al.*). Beim Erwärmen einer aus den Wurzeln von Solidago canadensis isolierten Verbindung $C_{20}H_{28}O_3$ (Krystalle [aus PAe.]; F: 89—90°) mit Äthanol oder Acetanhydrid (*Houston, Burrell*, Arch. Biochem. **16** [1948] 299).

Krystalle; F: 133—134° (*Gerlach*, Pharmazie **20** [1965] 523), 131—133° [aus Ae. + PAe.] (*An. et al.*), 131—132° [aus A.] (*Ho., Bu.*). [α]$_D$: −15,2° [CHCl₃; c = 1] (*An. et al.*). Absorptionsmaximum: 223 nm (*An. et al.*). ¹H-NMR-Spektrum (CDCl₃) und ¹H-Spin-Spin-Kopplungskonstanten: *An. et al.*

---

[1]) Stellungsbezeichnung bei von Labdan abgeleiteten Namen s. E III **5** 297.

(2S)-2r,3c-Epoxy-6ξ-[(1Ξ,5Ξ)-1-hydroxy-5-isopropenyl-2-methyl-cyclohex-2-enyl]-5t-isopropenyl-2-methyl-cyclohexanon $C_{20}H_{28}O_3$, Formel I.

Diese Konstitution ist der nachstehend beschriebenen Verbindung zugeordnet worden (*Treibs*, B. **65** [1932] 1314, 1318).

B. Neben *p*-Menth-8-en-2,6-dion beim Behandeln von (+)-Carvon ((S)-*p*-Mentha-1,8-dien-6-on) mit wss. Wasserstoffperoxid und methanol. Kalilauge (*Treibs*, B. **64** [1931] 2178, 2182). Neben anderen Verbindungen beim Erwärmen von (+)-Carvon mit (1S)-1,6-Epoxy-*cis*-*p*-menth-8-en-2-on und methanol. Kalilauge (*Tr.*, B. **65** 1320).

Krystalle; F: 153—154° [aus Bzl.]; (*Tr.*, B. **64** 2183). [α]$_D$: +16° [Me.] (*Tr.*, B. **65** 1319).

Beim Erwärmen mit methanol. Kalilauge sind eine (isomere) **Verbindung** $C_{20}H_{28}O_3$ vom F: 135—137° (Krystalle [aus wss. Eg.]; [α]$_D$: −34° [Eg.]) und eine weitere **Verbindung** $C_{20}H_{28}O_3$ vom F: 176° (Krystalle [aus wss. Eg.]) erhalten worden (*Tr.*, B. **65** 1319, 1323).

I II III

20-Acetoxy-4-oxa-pregna-5,17(20)ξ-dien-3-on, 20-Acetoxy-5-hydroxy-3,5-seco-*A*-nor-pregna-5,17(20)ξ-dien-3-säure-lacton $C_{22}H_{30}O_4$, Formel II.

B. Beim Erhitzen von 5,20-Dioxo-3,5-seco-*A*-nor-pregnan-3-säure (*Gut*, Helv. **36** [1953] 906, 908; *Fujimoto, Prager*, Am. Soc. **75** [1953] 3259) oder von 5-Hydroxy-20-oxo-3,5-seco-*A*-nor-pregn-5-en-3-säure-lacton (*Gut*) mit Acetanhydrid und Acetylchlorid.

Krystalle; F: 181—185° [Kofler-App.; aus Acn.] (*Fu., Pr.*), 178—180° [Fisher-Johns-App.; aus Acn. + Ae. + Pentan] (*Gut*). Bei 180°/0,03 Torr sublimierbar (*Gut*). [α]$_D^{25}$: −71,9° [Acn.; c = 1] (*Gut*). IR-Banden im Bereich von 5,6 μ bis 9 μ: *Fu., Pr.*

Beim Erwärmen mit Äthylmagnesiumbromid in Äther und Benzol und Erwärmen des nach der Behandlung mit wss. Salzsäure isolierten Reaktionsprodukts mit methanol. Kalilauge sind 4-Methyl-pregn-4-en-3,20-dion und 3,3-Diäthyl-5-hydroxy-4-oxa-5ξ-pregnan-20-on (F: 178—180°; [α]$_D^{20}$: +37° [CHCl$_3$]) erhalten worden (*Sondheimer, Mazur*, Am. Soc. **79** [1957] 2906, 2909).

4-Hydroxymethyl-4,7,11b-trimethyl-Δ^{7a,10a}-decahydro-phenanthro[3,2-*b*]furan-9-on, [3-Hydroxy-8-hydroxymethyl-1,4b,8-trimethyl-4a,4b,5,6,7,8,8a,9,10,10a-decahydro-1*H*-[2]phenanthryliden]-essigsäure-3-lacton $C_{20}H_{28}O_3$.

a) (4a*R*)-4c-Hydroxymethyl-4*t*,7*c*,11b-trimethyl-(4a*r*,6a*t*,11a*c*,11b*t*)-Δ^{7a,10a}-decahydro-phenanthro[3,2-*b*]furan-9-on, (13*Z*)-12,18-Dihydroxy-14α-methyl-15-nor-pimara-11,13(16)-dien-17-säure-12-lacton [1]) $C_{20}H_{28}O_3$, Formel III.

Die Konfiguration dieser in der Literatur auch als Vinhaticol-anhydrolacton bezeichneten Verbindung ergibt sich aus ihrer genetischen Beziehung zu Vinhaticosäure (12,17-Epoxy-14α-methyl-15-nor-pimara-12,16-dien-18-säure).

B. Beim Erhitzen von (13*Z*)-12,12,18-Trihydroxy-14α-methyl-15-nor-pimar-13(16)-en-17-säure-12-lacton („Vinhaticol-hydroxylacton") auf 240° (*King et al.*, Soc. **1955** 1117, 1123).

Krystalle (aus Me.); F: 180—181°.

Beim Erhitzen mit Kaliumhydrogensulfat auf 240° und Erhitzen des Reaktionsprodukts mit Selen auf 350° ist 8-Äthyl-1,2-dimethyl-phenanthren erhalten worden.

b) (4a*R*)-4*t*-Hydroxymethyl-4*c*,7*c*,11b-trimethyl-(4a*r*,6a*t*,11a*c*,11b*t*)-Δ^{7a,10a}-decahydro-phenanthro[3,2-*b*]furan-9-on, (13*Z*)-12,19-Dihydroxy-14α-methyl-15-nor-pimara-11,13(16)-dien-17-säure-12-lacton [1]) $C_{20}H_{28}O_3$, Formel IV.

Die Konfiguration dieser in der Literatur auch als Vouacapenol-anhydrolacton

---
[1]) Stellungsbezeichnung bei von Pimaran abgeleiteten Namen s. E III **9** 355 Anm. 2.

bezeichneten Verbindung ergibt sich aus ihrer genetischen Beziehung zu Vouacapensäure (12,17-Epoxy-14α-methyl-15-nor-pimara-12,16-dien-19-säure).

B. Beim Erhitzen von [(13Z)-12,12,19-Trihydroxy-14α-methyl-15-nor-pimar-13(16)-en-17-säure-12-lacton („Vouacapenol-hydroxylacton") auf 230° (*King et al.*, Soc. **1955** 1117, 1123).

Krystalle (aus Cyclohexanon); F: 282—284°.

IV V VI

(4aR)-9-Acetoxy-1t,4b,7t-trimethyl-7c-vinyl-(4bc,10at)-1,3,4,4b,5,6,7,8,10,10a-decahydro-2H-4ar,1c-oxaäthano-phenanthren-12-on, 7-Acetoxy-10-hydroxy-10β-rosa-7,15-dien-19-säure-lacton[1]) $C_{22}H_{30}O_4$, Formel V. Konstitution: *Harris et al.*, Soc. **1958** 1799, 1802. Konfiguration: *Ellestad et al.*, Soc. **1965** 7246, 7248, 7249.

B. Beim Behandeln von Isorosenonolacton (E III/IV **17** 6261) mit Acetanhydrid und Pyridin (*Robertson et al.*, Soc. **1949** 879, 883).

Krystalle (aus wss. A.), F: 183°; $[\alpha]_D^{20}$: $-47,0°$ [CHCl$_3$; c = 1] (*Ro. et al.*).

Beim Behandeln einer äthanol. Lösung mit einer warmen Lösung von [2,4-Dinitrophenyl]-hydrazin-sulfat in wss. Schwefelsäure ist Rosenonolacton-[2,4-dinitro-phenylhydrazon] (E III/IV **17** 6262) erhalten worden (*Ro. et al.*).

9,11β-Epoxy-17β-hydroxy-17α-methyl-9β-androst-4-en-3-on, 9,11β-Epoxy-17-hydroxy-21-nor-9β,17βH-pregn-4-en-3-on $C_{20}H_{28}O_3$, Formel VI.

B. Beim Behandeln einer Suspension von 9-Brom-11β,17β-dihydroxy-17α-methylandrost-4-en-3-on in Methanol mit wss. Natronlauge (*Herr et al.*, Am. Soc. **78** [1956] 500; *Upjohn Co.*, U.S.P. 2793218 [1955]).

Krystalle, F: 183—185°; $[\alpha]_D$: $-40°$ [CHCl$_3$] (*Herr et al.*).

Beim Behandeln mit Dichlormethan und mit wss. Fluorwasserstoffsäure ist 9-Fluor-11β,17β-dihydroxy-17α-methyl-androst-4-en-3-on erhalten worden (*Herr et al.*).

Hydroxy-oxo-Verbindungen $C_{21}H_{30}O_3$

20ξ,21-Epoxy-17-hydroxy-17βH-pregn-4-en-3-on $C_{21}H_{30}O_3$, Formel VII.

B. Neben anderen Verbindungen beim Behandeln einer Lösung von 17β-Hydroxy-3-oxo-androst-4-en-17α-carbaldehyd in Dioxan mit Diazomethan in Äther (*Prins, Reichstein*, Helv. **24** [1941] 945, 952). Beim Behandeln von 17-Hydroxy-17βH-pregna-4,20-dien-3-on mit Peroxybenzoesäure in Chloroform unter Lichtausschluss (*Pr., Re.*).

Krystalle (aus Ae.); F: 202—204° [korr.]. Bei 170—175°/0,01 Torr sublimierbar. $[\alpha]_D^{14}$: $+72,9°$ [Acn.; c = 1].

3'-Acetoxymethyl-10,13-dimethyl-Δ^4-dodecahydro-spiro[cyclopenta[a]phenanthren-17,2'-oxiran]-3-on $C_{23}H_{32}O_4$.

a) **21-Acetoxy-17,20β_F(?)-epoxy-pregn-4-en-3-on** $C_{23}H_{32}O_4$, vermutlich Formel VIII (R = CO-CH$_3$).

B. Beim Behandeln von (17E)-21-Acetoxy-pregna-4,17(20)-dien-3-on mit Monoperoxyphthalsäure in Äther (*Ruzicka, Müller*, Helv. **22** [1939] 755, 757).

F: 125° [aus Me.]; $[\alpha]_D$: $+99°$ [Dioxan; c = 1].

---

[1]) Stellungsbezeichnung bei von Rosan abgeleiteten Namen s. E III/IV **17** 4777.

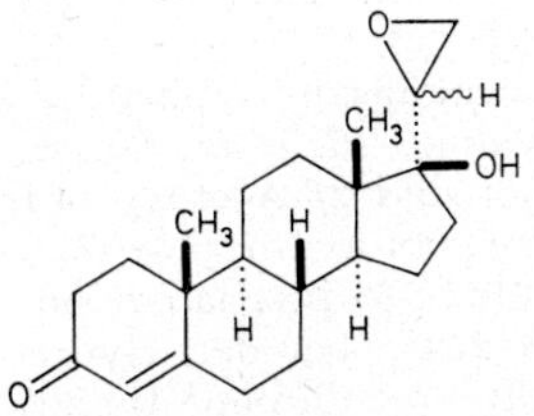

VII 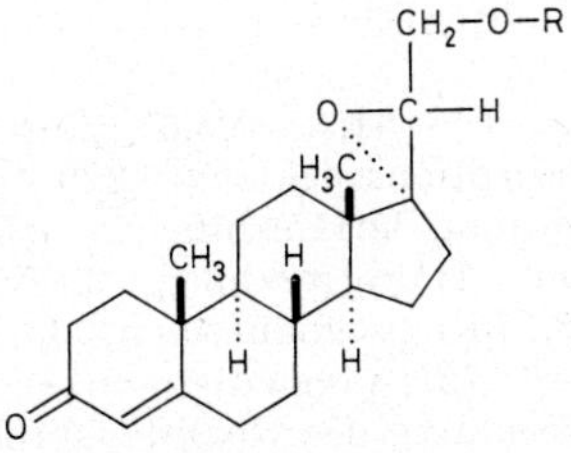   VIII 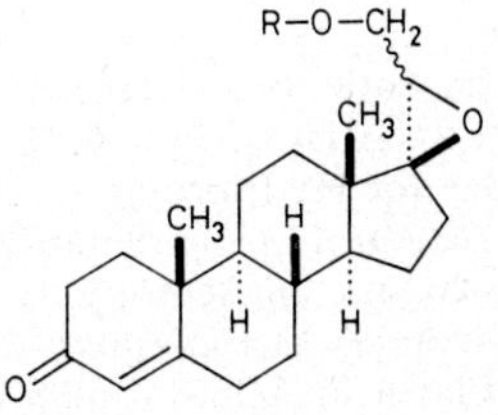   IX

b) **21-Acetoxy-17,20ξ-epoxy-17βH-pregn-4-en-3-on** $C_{23}H_{32}O_4$, Formel IX (R = CO-CH$_3$).

Eine Verbindung dieser Konstitution und Konfiguration hat möglicherweise in dem nachstehend beschriebenen Präparat vorgelegen (*Salamon, Reichstein*, Helv. **30** [1947] 1616, 1635).

B. Neben anderen Verbindungen beim Erwärmen von 17-Acetoxy-21-brom-20ξ-hydr= oxy-17βH-pregn-4-en-3-on (F: 158°) mit Dioxan und wss. Kalilauge und Behandeln des Reaktionsprodukts mit Acetanhydrid (*Sa., Re.*).

Krystalle (aus Acn. + Ae.); F: 168—172° [korr.]. Absorptionsmaximum (A.): 240 nm.

3β-Acetoxy-9,11α-epoxy-5α-pregn-7-en-20-on $C_{23}H_{32}O_4$, Formel I (R = CO-CH$_3$).

B. Beim Behandeln von 3β-Acetoxy-5α-pregna-7,9(11)-dien-20-on mit Peroxybenzoe= säure in Benzol (*Maclean et al.*, Chem. and. Ind. **1953** 1259).

Krystalle (aus Acn.); F: 191—192°. $[\alpha]_D^{18}$: $-2°$ [CHCl$_3$; c = 1].

13,14-Epoxy-20β$_F$-hydroxy-17-methyl-18-nor-13ξ,14ξ,17βH-pregn-4-en-3-on $C_{21}H_{30}O_3$, Formel II (R = H).

Diese Konstitution und Konfiguration kommt vermutlich der nachstehend beschrie= benen Verbindung zu.

B. Beim Behandeln von 20β$_F$-Hydroxy-17-methyl-18-nor-17βH-pregna-4,13-dien-3-on (E III **8** 1073) mit Monoperoxyphthalsäure in Chloroform unter Lichtausschluss (*Ruzicka et al.*, Helv. **25** [1942] 1680, 1686).

Krystalle (aus E. + Hexan); F: 162° [korr.; nach Sintern bei 159°; evakuierte Kapil= lare].

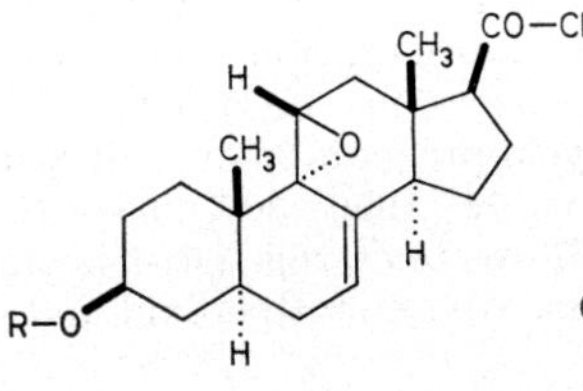

I 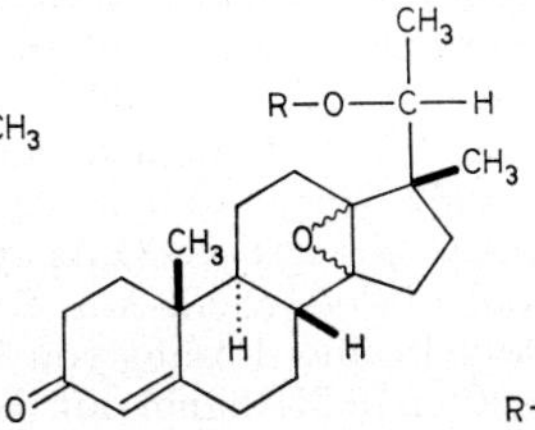   II 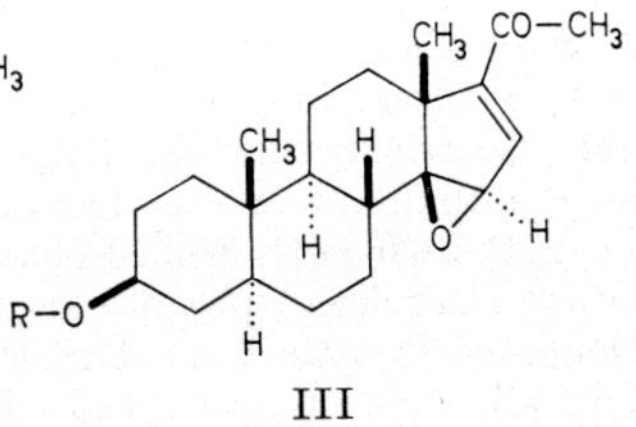   III

20β$_F$-Acetoxy-13,14-epoxy-17-methyl-18-nor-13ξ,14ξ,17βH-pregn-4-en-3-on $C_{23}H_{32}O_4$, Formel II (R = CO-CH$_3$).

Diese Konstitution und Konfiguration kommt vermutlich der nachstehend beschrie= benen Verbindung zu.

B. Beim Behandeln von 20β$_F$-Acetoxy-17-methyl-18-nor-17βH-pregna-4,13-dien-3-on (E III **8** 1074) mit Monoperoxyphthalsäure in Chloroform (*Ruzicka et al.*, Helv. **25** [1942] 1680, 1686).

Krystalle (aus CHCl$_3$ + E.); F: 220—221° [korr.; evakuierte Kapillare].

3β-Acetoxy-14,15β-epoxy-5α,14β-pregn-16-en-20-on $C_{23}H_{32}O_4$, Formel III (R = CO-CH$_3$).

B. Bei 3-tägigem Behandeln einer Lösung von 3β-Acetoxy-5α-pregna-14,16-dien-20-on in Chloroform mit Monoperoxyphthalsäure in Äther (*Plattner et al.*, Helv. **30** [1947] 385, 390).

Krystalle (aus CHCl$_3$ + A.); F: 194,5—195,5° [korr.; evakuierte Kapillare]. [α]$_D^{20}$: +71,2° [CHCl$_3$; c = 0,8]. Absorptionsspektrum (220—400 nm): *Pl. et al.*, l. c. S. 386.

Bei der Hydrierung an Palladium/Bariumsulfat in Äthanol sind 3β-Acetoxy-14-hydroxy-5α,14β,17βH-pregnan-20-on (Hauptprodukt), 3β-Acetoxy-14-hydroxy-5α,14β-pregnan-20-on, 3β-Acetoxy-5α,14β,17βH-pregnan-20-on, 3β-Acetoxy-5α-pregnan-20-on und 3β-Acetoxy-14,15β-epoxy-5α,14β,17βH-pregnan-20-on(?) [S. 254], bei der Hydrierung an Platin in Äthanol und Behandlung des Reaktionsprodukts mit Chrom(VI)-oxid und Essigsäure sind 3β-Acetoxy-5α,14β,17βH-pregnan-20-on (Hauptprodukt) und 3β-Acetoxy-14-hydroxy-5α,14β,17βH-pregnan-20-on erhalten worden (*Pl. et al.*, l. c. S. 391, 392).

16α,17-Epoxy-20β$_F$-hydroxy-pregn-4-en-3-on C$_{21}$H$_{30}$O$_3$, Formel IV (R = H).

B. Beim Behandeln von 16α,17-Epoxy-pregn-4-en-3β,20β$_F$-diol mit Mangan(IV)-oxid in Chloroform (*Camerino, Alberti*, G. **85** [1955] 51, 55).

Krystalle (aus Acn.), F: 199—201° [unkorr.]; [α]$_D^{25}$: +106° [CHCl$_3$; c = 1] (*Ca., Al.*). IR-Absorption (Nujol) im Bereich von 11,2 μ bis 12 μ: *Meda*, G. **87** [1957] 52, 55. Absorptionsmaximum (A.): 241 nm (*Ca., Al.*).

20β$_F$-Acetoxy-16α,17-epoxy-pregn-4-en-3-on C$_{23}$H$_{32}$O$_4$, Formel IV (R = CO-CH$_3$).

B. Beim Behandeln von 16α,17-Epoxy-20β$_F$-hydroxy-pregn-4-en-3-on mit Acetanhydrid und Pyridin (*Camerino, Alberti*, G. **85** [1955] 51, 55).

Krystalle (aus Me.), F: 190—193° [unkorr.]; [α]$_D^{25}$: +165° [CHCl$_3$; c = 1] (*Ca., Al.*). IR-Absorption (Nujol) im Bereich von 11,2 μ bis 12 μ: *Meda*, G. **87** [1957] 52, 55.

17-Acetyl-16,17-epoxy-10,13-dimethyl-Δ^5-tetradecahydro-cyclopenta[*a*]phenanthren-3-ol C$_{21}$H$_{30}$O$_3$.

a) **16α,17-Epoxy-3β-hydroxy-pregn-5-en-20-on** C$_{21}$H$_{30}$O$_3$, Formel V (R = H).

B. Beim Behandeln einer Lösung von 3β-Acetoxy-pregna-5,16-dien-20-on (*Julian et al.*, Am. Soc. **72** [1950] 5145; *Glidden Co.*, U.S.P. 2705233 [1950]; s. a. *Huang-Minlon et al.*, Acta chim. sinica **25** [1959] 295, 298; C. A. **1960** 17470) oder von 3β-Hydroxypregna-5,16-dien-20-on (*Glidden Co.*, U.S.P. 2705233; *Fudge et al.*, Soc. **1954** 958, 964; s. a. *Parke, Davis & Co.*, U.S.P. 2684364 [1950]) in Methanol mit wss. Wasserstoffperoxid und wss. Natronlauge. Beim Behandeln von 3β-Hydroxy-pregna-5,16-dien-20-on mit Brom in Chloroform, Behandeln des Reaktionsprodukts mit Peroxybenzoesäure in Benzol und Behandeln einer Lösung des danach isolierten Reaktionsprodukts in Äther und Essigsäure mit Zink (*Glidden Co.*, U.S.P. 2686181 [1949]). Beim Behandeln von 6β-Methoxy-3α,5α-cyclo-pregn-16-en-20-on (bezüglich der Konfiguration dieser Verbindung s. *Shoppee, Summers*, Soc. **1952** 3361) mit Peroxybenzoesäure in Benzol und Erwärmen des erhaltenen 16α,17-Epoxy-6β-methoxy-3α,5α-cyclo-pregnan-20-ons mit Schwefelsäure enthaltendem wss. Dioxan (*Julian et al.*, Am. Soc. **72** [1950] 367, 369; *Glidden Co.*, U.S.P. 2686181). Beim Behandeln einer Lösung von 3β-Acetoxy-16β-[(R)-5-acetoxy-4-methyl-valeryloxy]-pregn-5-en-20-on in Methanol mit wss. Wasserstoffperoxid und wss. Natronlauge (*Syntex S.A.*, U.S.P. 2782193 [1954]).

Krystalle (aus Me.); F: 189—191° (*Ju. et al.*, Am. Soc. **72** 369), 190° [Kofler-App.] (*Fu. et al.*), 188—189° (*Romo, Romo de Vivar*, J. org. Chem. **21** [1956] 902, 906). Krystalle (aus A.) mit 1 Mol Äthanol; F: 194—196° (*Parke, Davis & Co.*). [α]$_D^{23}$: +1,7° [CHCl$_3$; c = 0,6] (*Ju. et al.*, Am. Soc. **72** 369). IR-Spektrum von 2 μ bis 15 μ (CH$_2$Br$_2$): *Tarpley, Vitiello*, Anal. Chem. **24** [1952] 315, 317; von 7,7 μ bis 8,5 μ und von 10,7 μ bis 12,5 μ (Nujol): *Meda et al.*, G. **85** [1955] 41, 46. CO-Valenzschwingungsbande: 1709 cm^{-1} [CCl$_4$], 1707 cm^{-1} [CS$_2$], 1704 cm^{-1} [CHCl$_3$], 1703 cm^{-1} [CH$_2$Br$_2$], 1701 cm^{-1} [CHBr$_3$] bzw. 1692 cm^{-1} [Mineralöl] (*Tarpley, Vitiello*, Appl. Spectr. **9** [1955] 69, 72). Absorptionsmaximum: 191 nm [Cyclohexan] (*Hampel*, Z. anal. Chem. **170** [1959] 56, 60) bzw. 208 nm [A.] (*Fu. et al.*).

Überführung in 16β-Brom-3β,17-dihydroxy-pregn-5-en-20-on mit Hilfe von Bromwasserstoff in Essigsäure: *Ringold et al.*, Am. Soc. **78** [1956] 816, 817; *Romo, Romo de Vi.*; *Patel et al.*, Soc. **1957** 665, 668. Überführung in Pregn-5-en-3β,16α,20α$_F$-triol mit Hilfe von Natrium und Äthanol: *Camerino, Alberti*, G. **85** [1955] 56, 59. Beim Erwärmen mit Äthylenglykol, Benzol und wenig Toluol-4-sulfonsäure sind eine vermutlich als 20,20-Äthandiyldioxy-17-methyl-18-nor-17βH-pregna-5,12-dien-3β,16α(?)-diol zu formulierende Verbindung (F: 240—243° [korr.]; $[α]_D^{25}$: —152,9° [Dioxan]) und eine vermutlich als 20,20-Äthandiyldioxy-17-methyl-18-nor-17βH-pregna-5,13-dien-3β,16α(?)-diol zu formulierende, durch Überführung in 3β,16α(?)-Diacetoxy-17-methyl-18-nor-17βH-pregna-5,13-dien-20-on (F: 214—217° [korr.]; $[α]_D^{25}$ —18,1° [CHCl₃]) charakterisierte Verbindung erhalten worden (*Herzog et al.*, Am. Soc. **81** [1959] 6478, 6480, 6481). Bildung von 17-Methyl-18-nor-17βH-pregna-5,13-dien-3β,16α,20ξ-triol (F: 202—204°) bei der Einwirkung von Hefe: *Camerino, Vercellone*, G. **86** [1956] 260, 264.

2,4-Dinitro-phenylhydrazon $C_{27}H_{34}N_4O_6$. Gelbe Krystalle; F: 179—182° [Kofler-App.] (*Fu. et al.*).

IV   V   VI

b) **16β,17-Epoxy-3β-hydroxy-17βH-pregn-5-en-20-on** $C_{21}H_{30}O_3$, Formel VI (R = H).
B. Beim Erwärmen von 3β-Acetoxy-17-brom-16β-hydroxy-pregn-5-en-20-on mit wss.-methanol. Kalilauge (*Löken et al.*, Am. Soc. **78** [1956] 1738, 1740).
Krystalle (aus CH₂Cl₂ + Me.); F: 147—148° [unkorr.]. $[α]_D^{20}$: —112° [CHCl₃].

16α,17-Epoxy-3β-methoxy-pregn-5-en-20-on $C_{22}H_{32}O_3$, Formel V (R = CH₃).
B. Beim Behandeln von 6β-Methoxy-3α,5α-cyclo-pregn-16-en-20-on mit Peroxybenzoesäure in Benzol und Behandeln des erhaltenen 16α,17-Epoxy-6β-methoxy-3α,5α-cyclopregnan-20-ons mit Schwefelsäure enthaltendem Methanol (*Julian et al.*, Am. Soc. **72** [1950] 367, 369).
Krystalle (aus Me.); F: 188—190°. $[α]_D^{30}$: —6,5° [CHCl₃; c = 1].

16α,17-Epoxy-3β-formyloxy-pregn-5-en-20-on $C_{22}H_{30}O_4$, Formel V (R = CHO).
B. Beim Behandeln einer Lösung von 16α,17-Epoxy-3β-hydroxy-pregn-5-en-20-on in Dimethylformamid mit Chlormethylen-dimethyl-ammonium-chlorid (*Morita et al.*, Chem. pharm. Bl. **7** [1959] 896).
F: 162—164°. $[α]_D^{20}$: —27° [Dioxan; c = 1].

3-Acetoxy-17-acetyl-16,17-epoxy-10,13-dimethyl-Δ⁵-tetradecahydro-cyclopenta[a]phenanthren $C_{23}H_{32}O_4$.

a) **3β-Acetoxy-16α,17-epoxy-pregn-5-en-20-on** $C_{23}H_{32}O_4$, Formel V (R = CO-CH₃).
B. Beim Behandeln von 3β-Acetoxy-pregna-5,16-dien-20-on mit Brom in Chloroform, Behandeln des Reaktionsprodukts mit Peroxybenzoesäure in Benzol und Erwärmen einer Lösung des danach isolierten Reaktionsprodukts in Äther mit Zink und Essigsäure (*Julian et al.*, Am. Soc. **72** [1950] 367, 368; *Glidden Co.*, U.S.P. 2648662 [1949]). Beim Behandeln von 16α,17-Epoxy-3β-hydroxy-pregn-5-en-20-on mit Acetanhydrid und Pyridin (*Löken et al.*, Am. Soc. **78** [1956] 1738, 1740; *Parke, Davis & Co.*, U.S.P. 2684363 [1950]; *Syntex S.A.*, U.S.P 2805230 [1953]).
Krystalle; F: 160—162° (*Parke, Davis & Co.*), 158—160° [aus Acn.] (*Syntex S.A.*), 156—158° [unkorr.] (*Lö. et al.*), 154—155° [aus Me.] (*Julian et al.*, Am. Soc. **71** [1949] 756, 72 368). $[α]_D^{20}$: —10° [CHCl₃] (*Lö. et al.*); $[α]_D^{28}$: —9° [CHCl₃; c = 1] (*Ju. et al.*, Am. Soc. **72** 368). Netzebenenabstände: *Parsons, Beher*, Anal. Chem. **27** [1955] 514, 516. IR-Spektrum (Nujol; 7,75—8,5 μ und 10,7—12,5 μ): *Meda et al.*, G. **85** [1955] 41, 46. C=O-Valenzschwingungsbande und C=C-Valenzschwingungsbande: 1736 cm⁻¹ bzw. 1706 cm⁻¹ [CS₂]; 1724 cm⁻¹ bzw. 1704 cm⁻¹ [CHCl₃] (*Jones et al.*, Am. Soc. **74** [1952]

2820, 2824). Absorptionsmaxima einer Lösung in konz. Schwefelsäure: 313 nm, 334 nm, 405 nm und 471 nm (*Bernstein, Lenhard*, J. org. Chem. **18** [1953] 1146, 1156).

Bei 3-tägigem Behandeln einer Lösung in Benzol mit dem Borfluorid-Äther-Addukt ist eine (isomere) Verbindung $C_{23}H_{32}O_4$ [Krystalle (aus Me.), F: 258—262° (unkorr.)] (*Inhoffen et al.*, B. **87** [1954] 593, 597), beim Behandeln mit konz. wss. Salzsäure und Essigsäure ist 3β-Acetoxy-16β-chlor-17-hydroxy-pregn-5-en-20-on (*Ellis et al.*, Soc. **1958** 800, 803) erhalten worden. Hydrierung an Palladium/Kohle in Äthanol unter Bildung von 3β-Acetoxy-16α,17-epoxy-5α-pregnan-20-on: *Micheli, Bradsher*, Am. Soc. **77** [1955] 4788, 4792. Bildung von 3β-Acetoxy-pregna-5,16-dien-20-on und 3β-Acetoxy-16α-hydroxy-pregn-5-en-20-on beim Behandeln mit Chrom(II)-chlorid in wss. Aceton: *Cole, Julian*, J. org. Chem. **19** [1954] 131, 136. Beim Erwärmen mit Äthylenglykol, Benzol und wenig Toluol-4-sulfonsäure sind 3β-Acetoxy-20,20-äthandiyldioxy-16α,17-epoxy-pregn-5-en und eine vermutlich als 3β-Acetoxy-20,20-äthandiyldioxy-17-methyl-18-nor-17βH-pregna-5,13-dien-16α(?)-ol zu formulierende, durch Überführung in 3β,16α(?)-Diacetoxy-17-methyl-18-nor-17βH-pregna-5,13-dien-20-on (F: 214—217°) charakterisierte Verbindung erhalten worden (*Herzog et al.*, Am. Soc. **81** [1959] 6478, 6482).

b) **3β-Acetoxy-16β,17-epoxy-17βH-pregn-5-en-20-on** $C_{23}H_{32}O_4$, Formel VI (R = CO-CH₃).

B. Beim Erwärmen von 16β-17-Epoxy-3β-hydroxy-17βH-pregn-5-en-20-on mit Acetanhydrid und Pyridin (*Löken et al.*, Am. Soc. **78** [1956] 1738, 1740).

Krystalle (aus CH_2Cl_2 + Me.); F: 176—178° [unkorr.]. $[\alpha]_D^{20}$: −108° [CHCl₃].

16α,17-Epoxy-3β-hydroxy-5α-pregn-7-en-20-on $C_{21}H_{30}O_3$, Formel VII (R = H).

B. Beim Behandeln einer Lösung von 3β-Acetoxy-5α-pregna-7,16-dien-20-on in Methanol mit wss. Wasserstoffperoxid und wss.-methanol. Natronlauge und Erwärmen des Reaktionsprodukts mit Kaliumhydrogencarbonat in Methanol (*Romo et al.*, Am. Soc. **73** [1951] 5489).

Krystalle (aus Acn. + W.); F: 124—126° [unkorr.]. $[\alpha]_D^{20}$: +32,5° [CHCl₃].

VII   VIII

3β-Acetoxy-16α,17-epoxy-5α-pregn-7-en-20-on $C_{23}H_{32}O_4$, Formel VII (R = CO-CH₃).

B. Aus 16α,17-Epoxy-3β-hydroxy-5α-pregn-7-en-20-on (*Romo et al.*, Am. Soc. **73** [1951] 5489).

F: 153—155° [unkorr.]. $[\alpha]_D^{20}$: +28° [CHCl₃].

Beim Behandeln mit Quecksilber(II)-acetat, Essigsäure und Chloroform ist 3β-Acetoxy-16α,17-epoxy-5α-pregna-7,9(11)-dien-20-on erhalten worden.

3β-Acetoxy-16α,17-epoxy-5α-pregn-9(11)-en-20-on $C_{23}H_{32}O_4$, Formel VIII.

B. Beim Behandeln einer Lösung von 3β-Acetoxy-5α-pregna-9(11),16-dien-20-on in Äthanol mit wss. Wasserstoffperoxid und wss. Natronlauge und Behandeln des Reaktionsprodukts mit Acetanhydrid (*Callow, Jones*, Soc. **1956** 4739, 4742).

Krystalle (aus Me.); F: 208—212° [korr.; Kofler-App.]. $[\alpha]_D$: +88° [CHCl₃; c = 1]. IR-Banden (KBr) im Bereich von 3400 cm⁻¹ bis 815 cm⁻¹: *Ca., Ja.*

5-Brom-16α,17-epoxy-6β-fluor-3β-hydroxy-5α-pregn-9(11)-en-20-on $C_{21}H_{28}BrFO_3$, Formel IX.

B. Beim Behandeln einer Lösung von 16α,17-Epoxy-3β-hydroxy-pregna-5,9(11)-dien-20-on (nicht näher beschrieben) in Dichlormethan und Tetrahydrofuran mit Fluor-

wasserstoff und mit *N*-Brom-acetamid, anfangs bei −80° (*Bowers*, Am. Soc. **81** [1959] 4107).
F: 195−197° [unkorr.]. [α]$_D$: +13° [CHCl$_3$].

IX

X

18,20β$_F$-Epoxy-21-hydroxy-3α,5α-cyclo-pregnan-6-on C$_{21}$H$_{30}$O$_3$, Formel X.
B. Als Hauptprodukt beim Behandeln von Trimethyl-[6-oxo-3α,5α-cyclo-pregn-20-en-18-yl]-ammonium-[toluol-4-sulfonat] mit wss. Kaliumchromat-Lösung und Osmium-(VIII)-oxid (*Pappo*, Am. Soc. **81** [1959] 1010) oder mit Osmium(VIII)-oxid in Acetonitril und Benzol (*Searle & Co.*, U.S.P. 2891948 [1958], 2907758 [1958]) und Erwärmen des jeweiligen Reaktionsprodukts mit Kalium-*tert*-butylat in *tert*-Butylalkohol (*Pa.*; *Searle & Co.*).
Krystalle (aus Me.); F: 185−188° (*Searle & Co.*; *Pa.*). [α]$_D^{25}$: +62,9° [CHCl$_3$] (*Pa.*).
O-[Toluol-4-sulfonyl]-Derivat C$_{28}$H$_{36}$O$_5$S (18,20β$_F$-Epoxy-21-[toluol-4-sulfonyloxy]-3α,5α-cyclo-pregnan-6-on). Krystalle (aus Ae.); F: 142−143° (*Searle & Co.*).

Hydroxy-oxo-Verbindungen C$_{22}$H$_{32}$O$_3$

6-Dodecyl-5-hydroxy-4-methyl-cumarin C$_{22}$H$_{32}$O$_3$, Formel I.
B. Beim Erwärmen von 5-Hydroxy-6-lauroyl-4-methyl-cumarin mit wss.-äthanol. Salzsäure und amalgamiertem Zink (*Chudgar, Shah*, J. Indian chem. Soc. **21** [1944] 175).
Krystalle (aus wss. Eg.); F: 104°.

6-Dodecyl-7-hydroxy-4-methyl-cumarin C$_{22}$H$_{32}$O$_3$, Formel II (R = H).
B. Beim Behandeln eines Gemisches von 4-Dodecyl-resorcin und Acetessigsäureäthylester mit Schwefelsäure, Phosphorylchlorid oder Aluminiumchlorid (*Chudgar, Shah*, J. Univ. Bombay **13**, Tl. 3A [1944] 18). Beim Erwärmen von 7-Hydroxy-6-lauroyl-4-methyl-cumarin mit wss.-äthanol. Salzsäure und amalgamiertem Zink (*Kansara, Shah*, J. Univ. Bombay **17**, Tl. 3A [1948] 53, 56).
Krystalle (aus A.); F: 135° (*Ch., Shah*), 133° (*Ka., Shah*). Beim Behandeln mit äthanol. Alkalilaugen werden blau fluorescierende Lösungen erhalten (*Ch., Shah*).

I

II

7-Acetoxy-6-dodecyl-4-methyl-cumarin C$_{24}$H$_{34}$O$_4$, Formel II (R = CO-CH$_3$).
B. Beim Behandeln von 6-Dodecyl-7-hydroxy-4-methyl-cumarin mit Acetanhydrid und Pyridin (*Chudgar, Shah*, J. Univ. Bombay **13**, Tl. 3A [1944] 18).
Krystalle (aus A.); F: 84°.

20,22-Epoxy-21-hydroxy-23,24-dinor-20ξ-chol-4-en-3-on C$_{22}$H$_{32}$O$_3$, Formel III.
B. Beim Behandeln einer Lösung von 21-Hydroxy-pregn-4-en-3,20-dion in Methanol mit Diazomethan in Äther (*Nussbaum, Carlon*, Am. Soc. **79** [1957] 3831, 3834).

Krystalle (aus E.); F: 172—173° [Phasenumwandlung bei 164—168°; Kofler-App.]. $[\alpha]_D^{25}$: +95,1° [Dioxan; c = 1]. IR-Banden (Nujol) im Bereich von 2,9 µ bis 12,3 µ: *Nu., Ca.* Absorptionsmaximum (Me.): 242 nm.

3β,17-Dihydroxy-17βH-pregn-5-en-21-carbonsäure-17-lacton, 3β,17-Dihydroxy-21,24-dinor-17βH-chol-5-en-23-säure-17-lacton $C_{22}H_{32}O_3$, Formel IV.

B. Bei der Hydrierung von 3β,17-Dihydroxy-21,24-dinor-17βH-chola-5,20c-dien-23-säure-17-lacton an Palladium/Kohle in Äthanol (*Cella et al.*, J. org. Chem. **24** [1959] 743, 746).

Krystalle (aus E.); F: 190—191° [unkorr.; Fisher-Johns-App.]. $[\alpha]_D$: —91,5° [$CHCl_3$].

3β-Acetoxy-17-hydroxy-5α,17βH-pregn-20-en-21c-carbonsäure-lacton, 3β-Acetoxy-17-hydroxy-21,24-dinor-5α,17βH-chol-20c-en-23-säure-lacton $C_{24}H_{34}O_4$, Formel V.

B. Beim Behandeln von 3β-Acetoxy-17,23-epoxy-21,24-dinor-5α,17βH-chol-20c-en mit Chrom(VI)-oxid und Essigsäure (*Wenner, Reichstein*, Helv. **27** [1944] 24, 37).

Krystalle (aus Acn. + Ae.); F: 212—214°. $[\alpha]_D^{19}$: +69,3° [Acn.; c = 2]. Absorptionsmaximum (A.): 215 nm.

3β,20β_F-Dihydroxy-pregn-5-en-16β-carbonsäure-20-lacton $C_{22}H_{32}O_3$, Formel VI (R = H).

B. Neben 3β,20β_F-Dihydroxy-pregn-5-en-16α-carbonsäure beim längeren Erwärmen von 3β,20β_F-Dihydroxy-pregn-5-en-16α-carbonitril mit wss.-äthanol. Kalilauge und Behandeln des Reaktionsgemisches mit wss. Salzsäure (*Mazur, Cella*, Tetrahedron **7** [1959] 130, 136).

Krystalle (aus E.); F: 241—243° [unkorr.]. $[\alpha]_D^{25}$: —31° [Dioxan; c = 0,6].

3β-Acetoxy-20β_F-hydroxy-pregn-5-en-16β-carbonsäure-lacton $C_{24}H_{34}O_4$, Formel VI (R = CO-CH_3).

B. Beim Erwärmen der im vorangehenden Artikel beschriebenen Verbindung mit Acetanhydrid und Pyridin (*Mazur, Cella*, Tetrahedron **7** [1959] 130, 136).

Krystalle (aus A.); F: 238—240° [unkorr.]. $[\alpha]_D^{25}$: —35° [Dioxan; c = 1].

3β-Acetoxy-16α-hydroxy-20-methyl-5α-pregn-17(20)t-en-21-säure-lacton, 3β-Acetoxy-16α-hydroxy-23,24-dinor-5α-chol-17(20)t-en-21-säure-lacton $C_{24}H_{34}O_4$, Formel VII.

B. Neben 3β,16α-Diacetoxy-23,24-dinor-5α-chol-17(20)t-en-21-säure-äthylester beim Erhitzen von 3β,16α-Diacetoxy-17-hydroxy-23,24-dinor-5α,17βH,20ξH-cholan-21-säure-äthylester (F: 177°; $[\alpha]_D$: —38,5° [$CHCl_3$]) mit Kaliumhydrogensulfat auf 170° (*Danieli et al.*, Chem. and Ind. **1958** 1724).

F: 239—240°. $[\alpha]_D$: —165° [$CHCl_3$]. Absorptionsmaximum: 220 nm.

Bei der Hydrierung an Platin in Äthylacetat ist 3β-Acetoxy-16α-hydroxy-23,24-dinor-5α,17βH-cholan-22-säure-lacton erhalten worden.

3β-Acetoxy-16β-hydroxy-20β$_F$-methyl-6-nitro-pregn-5-en-21-säure-lacton, 3β-Acetoxy-16β-hydroxy-6-nitro-23,24-dinor-chol-5-en-22-säure-lacton $C_{24}H_{33}NO_6$, Formel VIII.

B. Beim Behandeln einer Lösung von O^3-Acetyl-diosgenin ((25R)-3β-Acetoxy-22αO-spirost-5-en) in Chloroform und Äther mit Salpetersäure (*Anagnostopoulos, Fieser,* Am. Soc. **76** [1954] 532, 535).

Krystalle (aus A. + Acn.); F: 250—251° [Zers.]. $[\alpha]_D$: —146° [$CHCl_3$]. Absorptionsmaximum (A.): 258 nm.

16α,17-Epoxy-3β-hydroxy-6-methyl-pregn-5-en-20-on $C_{22}H_{32}O_3$, Formel IX (R = H).

B. Beim Erwärmen von 3β-Acetoxy-6-methyl-pregna-5,16-dien-20-on mit Methanol, wss. Natronlauge und wss. Wasserstoffperoxid (*Barton et al.*, Soc. **1959** 478).

Krystalle (aus wss. A.) mit 1 Mol H_2O, F: 180—182°; das Krystallwasser wird beim Erhitzen im Vakuum auf 150° abgegeben. $[\alpha]_D^{23}$: —8° [$CHCl_3$; c = 1].

Überführung in 3β,17-Dihydroxy-6-methyl-pregn-5-en-20-on durch Behandlung einer Lösung in Dioxan mit wss. Jodwasserstoffsäure und Behandlung des Reaktionsprodukts mit Äthanol und Raney-Nickel: *Ba. et al.*

VIII   IX

3β-Acetoxy-16α,17-epoxy-6-methyl-pregn-5-en-20-on $C_{24}H_{34}O_4$, Formel IX (R = $CO-CH_3$).

B. Aus 16α,17-Epoxy-3β-hydroxy-6-methyl-pregn-5-en-20-on (*Barton et al.*, Soc. **1959** 478).

Krystalle (aus Acn. + Hexan); F: 136—137°. $[\alpha]_D^{24}$: —18° [$CHCl_3$; c = 0,2].

Hydroxy-oxo-Verbindungen $C_{23}H_{34}O_3$

3β-Acetoxy-20-hydroxy-21-nor-5α-chol-20t-en-24-säure-lacton $C_{25}H_{36}O_4$, Formel I.

B. Beim Erwärmen von 3β-Hydroxy-20-oxo-21-nor-5α-cholan-24-säure mit Acetanhydrid [0,1% Acetylchlorid enthaltend] (*Plattner et al.*, Helv. **29** [1946] 253, 258).

Krystalle (nach Sublimation im Hochvakuum bei 170°); F: 195—197° [korr.; evakuierte Kapillare]. $[\alpha]_D^{20}$: +31,1° [A.; c = 0,51].

4-[3-Hydroxy-10,13-dimethyl-hexadecahydro-cyclopenta[*a*]phenanthren-17-yl]-5H-furan-2-on $C_{23}H_{34}O_3$.

a) **3β-Hydroxy-5β,14β,17βH-card-20(22)-enolid** $C_{23}H_{34}O_3$, Formel II (R = H) (in der Literatur auch als Tetrahydrodianhydrogitoxigenin und als Tetrahydrodigitaligenin bezeichnet).

Über die Konfiguration an den C-Atomen 14 und 17 s. *Wada*, Chem. pharm. Bl. **13** [1965] 312, 313.

B. Bei der Hydrierung von Dianhydrogitoxigenin (3β-Hydroxy-5β-carda-14,16,20(22)-trienolid) an Palladium/Kohle in Methanol (*Windaus, Bandte*, B. **56** [1923] 2001, 2007; *Wada*).

Krystalle (aus Me., A. oder E.); F: 194° [Präparat von ungewisser konfigurativer Einheitlichkeit] (Wi., Ba.). F: 198—200°; [α]$_D^{24}$: +76,2° [CHCl$_3$; c = 1] (Wada).

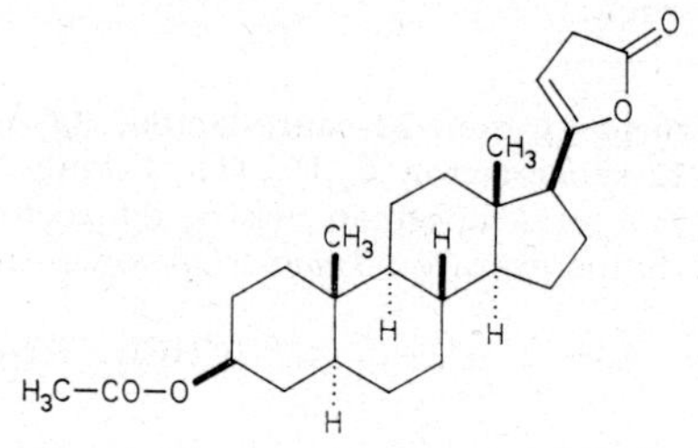

I 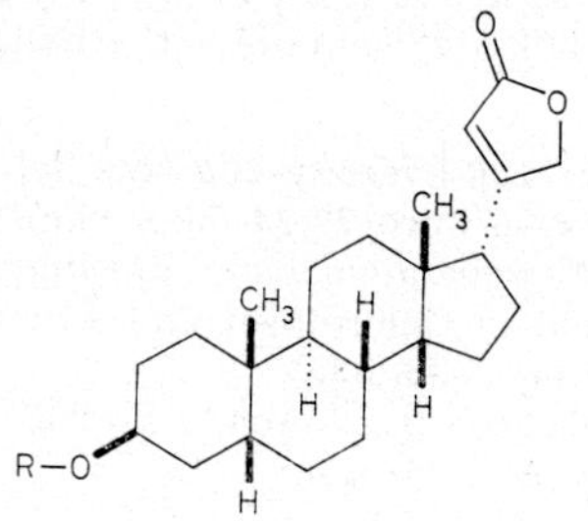   II

b) **3β-Hydroxy-5β,14α-card-20(22)-enolid** C$_{23}$H$_{34}$O$_3$, Formel III (R = H) (in der Literatur auch als 14-Desoxy-thevetigenin bezeichnet).

B. Beim Erwärmen von 3β-Acetoxy-5β,14α-card-20(22)-enolid mit wss.-äthanol. Salzsäure (Fried et al., J. org. Chem. **7** [1942] 362, 372).

Krystalle (aus wss. A. oder aus E. + Isopentan); F: 220—222° [korr.]. [α]$_D$: +11,5° [CHCl$_3$; c = 0,4]. UV-Spektrum (A.; 210—270 nm): Fr. et al., l. c. S. 365.

c) **3α-Hydroxy-5β,14α-card-20(22)-enolid** C$_{23}$H$_{34}$O$_3$, Formel IV (R = H) (in der Literatur auch als 14-Desoxy-digitoxigenin bezeichnet).

B. Beim Erwärmen einer Lösung von 3α-Acetoxy-5β,14α-card-20(22)-enolid in Dioxan mit wss. Salzsäure (Ruzicka et al., Helv. **25** [1942] 65, 78).

Krystalle (aus A.); F: 225—227° [korr.; evakuierte Kapillare]. UV-Spektrum (210 nm bis 270 nm): Ru. et al., l. c. S. 69.

d) **3β-Hydroxy-5α,14α-card-20(22)-enolid** C$_{23}$H$_{34}$O$_3$, Formel V (R = H).

B. Beim Erwärmen einer Lösung von 3β-Acetoxy-5α,14α-card-20(22)-enolid in Dioxan mit wss. Salzsäure (Ruzicka et al., Helv. **25** [1942] 79, 84).

Krystalle (aus A.); F: 248—250° [korr.; durch Sublimation im Hochvakuum gereinigtes Präparat].

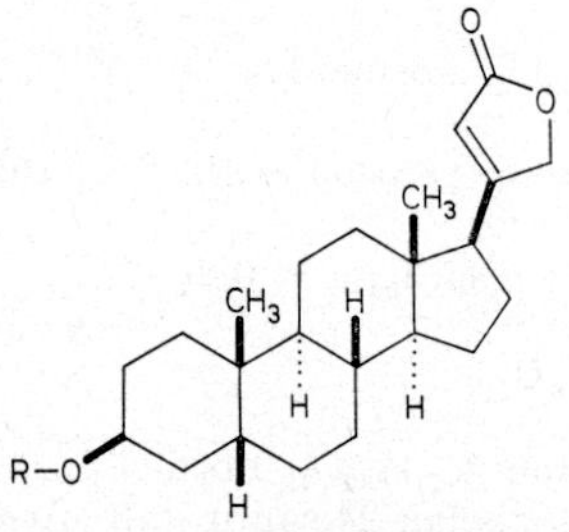

III 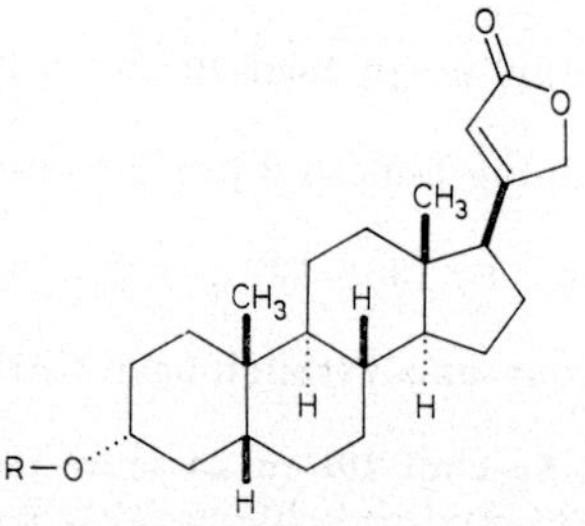   IV 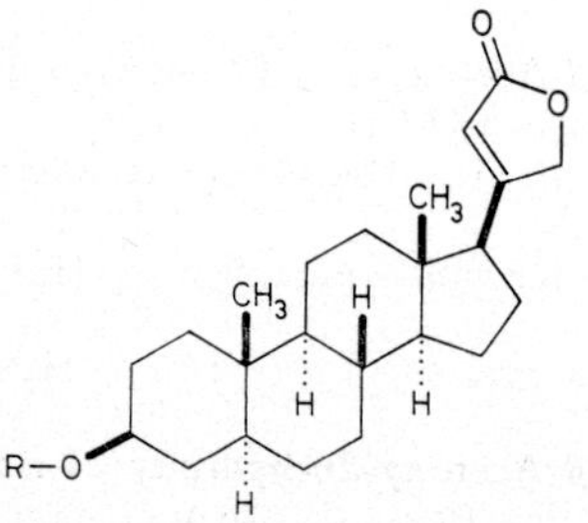   V

e) **3α-Hydroxy-5α,14α-card-20(22)-enolid** C$_{23}$H$_{34}$O$_3$, Formel VI (R = H).

B. Beim Erwärmen einer Lösung von 3α-Acetoxy-5α,14α-card-20(22)-enolid in Dioxan mit wss. Salzsäure (Plattner et al., Helv. **26** [1943] 2274, 2276).

Krystalle (aus Me.); F: 243—244° [korr.]. [α]$_D$: +10° [CHCl$_3$; c = 1].

4-[3-Acetoxy-10,13-dimethyl-hexadecahydro-cyclopenta[a]phenanthren-17-yl]-5H-furan-2-on C$_{25}$H$_{36}$O$_4$.

a) **3β-Acetoxy-5β,14β,17βH-card-20(22)-enolid** C$_{25}$H$_{36}$O$_4$, Formel II (R = CO-CH$_3$).

B. Beim Erwärmen von 3β-Hydroxy-5β,14β,17βH-card-20(22)-enolid mit Acetanhydrid und Natriumacetat (Windaus, Bandte, B. **56** [1923] 2001, 2007). Bei der Hydrierung von 3β-Acetoxy-5β-carda-14,16,20(22)-trienolid an Palladium/Kohle in Äthanol (Wada, Chem. pharm. Bl. **13** [1965] 312, 313).

Krystalle, F: 173—174° [unkorr.]; [α]$_D^{24}$: +75,3° [CHCl$_3$; c = 1] (Wada).

b) **3β-Acetoxy-5β,14α-card-20(22)-enolid** $C_{25}H_{36}O_4$, Formel III (R = CO-CH$_3$).

B. Neben (20Ξ)-3β-Acetoxy-20-hydroxy-5β,14α-cardanolid (F: 196—200°) beim Erwärmen von 3β,21-Diacetoxy-5β-pregnan-20-on mit Bromessigsäure-äthylester, Zink-Pulver und Benzol, zuletzt unter Zusatz von Äthanol, und Behandeln des Reaktionsprodukts mit Acetanhydrid und Pyridin (*Fried et al.*, J. org. Chem. **7** [1942] 362, 371). Beim Erhitzen von (20Ξ)-3β-Acetoxy-20-hydroxy-5β,14α-cardanolid (F: 196—200°) mit Acetanhydrid (*Fr. et al.*). Beim Behandeln von 3β-Acetoxy-5β-pregnan-20-on mit Dichlor≠ essigsäure-äthylester, amalgamiertem Magnesium und Äther, Erhitzen des Reaktionsprodukts mit Bromwasserstoff in Essigsäure und Erhitzen des erhaltenen (20Ξ)-3β-Acet≠ oxy-22ξ-chlor-5β,14α-cardanolids mit Essigsäure und Kaliumacetat (*E. Lilly & Co.*, U.S.P. 2390526 [1943]).

Krystalle (aus A.), F: 197—198° [korr.]; $[\alpha]_D^{28}$: +11,3° [CHCl$_3$; c = 0,7] (*Fr. et al.*).

c) **3α-Acetoxy-5β,14α-card-20(22)-enolid** $C_{25}H_{36}O_4$, Formel IV (R = CO-CH$_3$).

B. Neben (20Ξ)-3α-Acetoxy-20-hydroxy-5β,14α-cardanolid (F: 204—207°) beim Erwärmen von 3α,21-Diacetoxy-5β-pregnan-20-on mit Bromessigsäure-äthylester, Zink und Benzol, zuletzt unter Zusatz von Dioxan, und Behandeln des Reaktionsprodukts mit Acetanhydrid (*Ruzicka et al.*, Helv. **25** [1942] 65, 77). Neben (20Ξ)-3α-Acetoxy-20-hydr≠ oxy-5β,14α-cardanolid (F: 204—207°) beim Behandeln von 21-Diazo-3α-hydroxy-5β-pregnan-20-on mit Bromessigsäure, Behandeln des Reaktionsprodukts mit Zink und Benzol und Behandeln des danach isolierten Reaktionsprodukts mit Acetanhydrid und Pyridin (*CIBA*, Schweiz. P. 242988 [1942]). Beim Erhitzen von (20Ξ)-3α-Acetoxy-20-hydroxy-5β,14α-cardanolid (F: 204—207°) mit Acetanhydrid (*CIBA*, Schweiz. P. 242988).

Krystalle (aus A.), F: 166—167° [korr.]; $[\alpha]_D$: +42° [CHCl$_3$; c = 2] (*Ru. et al.*). UV-Absorptionsmaximum: 220 nm (*Ru. et al.*).

d) **3β-Acetoxy-5α,14α-card-20(22)-enolid** $C_{25}H_{36}O_4$, Formel V (R = CO-CH$_3$).

B. Beim Erwärmen von 3β,21-Diacetoxy-5α-pregnan-20-on mit Bromessigsäure-äthyl≠ ester, Zink und Benzol und Erhitzen des Reaktionsprodukts mit Acetanhydrid (*Plattner et al.*, Helv. **26** [1943] 2274, 2277; *Ruzicka et al.*, Helv. **29** [1946] 473, 476). Neben (20Ξ)-3β-Acetoxy-20-hydroxy-5α,14α-cardanolid (F: 260—263°) beim Behandeln von 21-Diazo-3β-hydroxy-5α-pregnan-20-on mit Bromessigsäure, Behandeln des Reaktionsprodukts mit Zink und Benzol und Behandeln des danach isolierten Reaktionsprodukts mit Acetanhydrid und Pyridin (*CIBA*, Schweiz. P. 242989 [1942]). Beim Erhitzen von 3β-Acetoxy-24-nor-5α-chol-20(22)ξ-en-23-säure-methylester (E III **10** 959) mit Acetanhydrid und wss. Selenigsäure (*Ruzicka et al.*, Helv. **25** [1942] 425, 434). Beim Erhitzen von (20Ξ)-3β-Acetoxy-20-hydroxy-5α,14α-cardanolid (F: 260—263°) mit Acetan≠ hydrid (*Ruzicka et al.*, Helv. **25** [1942] 79, 84).

Krystalle; F: 193—194° [korr.; aus A.; evakuierte Kapillare] (*Ru. et al.*, Helv. **25** 84; *Pl. et al.*). $[\alpha]_D^{15}$: —0,7° [CHCl$_3$; c = 1] (*Ru. et al.*, Helv. **25** 434); $[\alpha]_D$: —1,1° [CHCl$_3$; c = 2] (*Ru. et al.*, Helv. **25** 84). UV-Spektrum (210—260 nm): *Ru. et al.*, Helv. **25** 80.

Beim Erwärmen mit 1 Mol *N*-Brom-succinimid in Tetrachlormethan unter Belichtung und Erwärmen des Reaktionsprodukts mit Acetanhydrid und Pyridin ist 3β-Acetoxy-5α,14α-carda-16,20(22)-dienolid erhalten worden (*Ru. et al.*, Helv. **29** 476).

VI

VII

e) **3α-Acetoxy-5α,14α-card-20(22)-enolid** $C_{25}H_{36}O_4$. Formel VI (R = CO-CH$_3$).

B. Neben (20Ξ)-3α-Acetoxy-20-hydroxy-5α,14α-cardanolid (F: 255° [Zers.]) beim Erwärmen von 3α,21-Diacetoxy-5α-pregnan-20-on mit Bromessigsäure-äthylester, Zink und Benzol, zuletzt unter Zusatz von Dioxan, und Behandeln des Reaktionsprodukts mit Acetanhydrid und Pyridin (*Plattner et al.*, Helv. **26** [1943] 2274, 2276; s. a. *CIBA*, Schweiz. P. 240102 [1938]). Beim Erhitzen von (20Ξ)-3α-Acetoxy-20-hydroxy-5α,14α-cardanolid (F: 255° [Zers.]) mit Acetanhydrid (*Pl. et al.*).

Krystalle (aus Me.); F: 230° [korr.] (*Pl. et al.*). [α]$_D$: +19° [CHCl$_3$; c = 1] (*Pl. et al.*).

3β-[Tetra-O-acetyl-β-D-glucopyranosyloxy]-5α,14α-card-20(22)-enolid $C_{37}H_{52}O_{12}$, Formel VII.

B. Beim Erwärmen von 3β-Hydroxy-5α,14α-card-20(22)-enolid mit α-D-Acetobrom=glucopyranose (Tetra-O-acetyl-α-D-glucopyranosylbromid), Quecksilber(II)-acetat, wenig Calciumsulfat und Äther (*Plattner, Uffer*, Helv. **28** [1945] 1049, 1053).

Krystalle (aus Isopentyl-methyl-äther); F: 125—127° [korr.; evakuierte Kapillare].

(20Ξ)-3β-Acetoxy-14α-card-5-enolid $C_{25}H_{36}O_4$, Formel VIII.

B. Bei der Hydrierung von 3β-Acetoxy-14α-carda-5,20(22)-dienolid an Raney-Nickel in Äthanol (*Ruzicka et al.*, Helv. **24** [1941] 716, 723).

Krystalle (aus A.); F: 188—190° [korr.]. [α]$_D$: −52,8° [CHCl$_3$; c = 0,8].

(20R?)-3β-Hydroxy-5β-card-8(14)-enolid $C_{23}H_{34}O_3$, vermutlich Formel IX.

Diese Konstitution und Konfiguration kommt dem nachstehend beschriebenen **Di=hydro-α-anhydrodigitoxigenin** (Tetrahydro-anhydroadynerigenin) zu; über die Konfiguration am C-Atom 20 s. *Cardwell, Smith*, Soc. **1954** 2012, 2013; vgl. aber *Janiak et al.*, Helv. **50** [1967] 1249, 1253. Über die Identität von Dihydro-α-anhydro=digitoxigenin und Tetrahydro-anhydroadynerigenin s. *Tschesche, Snatzke*, B. **88** [1955] 511, 512.

B. Bei der Hydrierung von Anhydroadynerigenin (3β-Hydroxy-5β-carda-8,14,20(22)-trienolid [S. 592]) an Platin in Essigsäure (*Tschesche, Bohle*, B. **71** [1938] 654, 659). Bei der Hydrierung von α-Anhydrodigitoxigenin (3β-Hydroxy-5β-carda-8(14),20(22)-di=enolid [S. 552]) an Platin in Äthanol (*Ca., Sm.*, l. c. S. 2020).

Krystalle; F: 172—175° (*Tsch., Sn.*, l. c. S. 513), 172° [aus wss. Me.] (*Ca., Sm.*). [α]$_D$: +32° [CHCl$_3$; c = 0,7] (*Tsch., Bo.*); [α]$_D^{20}$: +39,7° [Me.], [α]$_{578}^{20}$: +46,5° [Me.] (*Ca., Sm.*). IR-Spektrum (KBr; 2—15 μ): *Tsch., Sn.* Absorptionsmaxima (Me.): 206 nm, 210 nm, 214 nm und 218 nm (*Ca., Sm.*).

Beim Behandeln mit Chrom(VI)-oxid und Essigsäure ist ein Keton $C_{23}H_{30}O_5$ oder $C_{23}H_{32}O_5$ vom F: 265—268° erhalten worden (*Tsch., Bo.*, l. c. S. 660).

(20R?)-3β-Hydroxy-5β-card-14-enolid $C_{23}H_{34}O_3$, vermutlich Formel X.

Diese Konstitution und Konfiguration kommt dem nachstehend beschriebenen **β-Anhydrodihydrodigitoxigenin** zu; über die Konfiguration am C-Atom 20 s. *Cardwell, Smith*, Soc. **1954** 2012, 2013; vgl. aber *Janiak et al.*, Helv. **50** [1967] 1249, 1253.

B. Beim Erwärmen von Dihydrodigitoxigenin ((20R?)-3β,14-Dihydroxy-5β,14β-card=anolid; F: 226°) mit wss.-äthanol. Schwefelsäure (*Ca., Sm.*, l. c. S. 2020; s. a. *Windaus, Stein*, B. **61** [1928] 2436, 2438).

Krystalle; F: 187° (*Ca., Sm.*), 182—185° [aus A.] (*Jacobs, Elderfield,* J. biol. Chem. **99** [1932/33] 693, 697). Krystalle (aus E.) mit 1 Mol Äthylacetat; F: 185° (*Ca., Sm.*). $[\alpha]_D^{20}$: +41,5° [Me.]; $[\alpha]_{578}^{20}$: +49,0° [Me.] (*Ca., Sm.*).

3β,17-Dihydroxy-24-nor-chol-5-en-23-säure-17-lacton $C_{23}H_{34}O_3$, Formel XI (R = H).
Die Konfiguration am C-Atom 17 der nachstehend beschriebenen Verbindung ist nicht bewiesen.
B. Aus O-Acetyl-(β-)sitosterin-dibromid [3β-Acetoxy-5,6β-dibrom-5α-stigmastan (E III 6 2178)] (*Ryer, Gebert,* Am. Soc. **74** [1952] 41, 43).
Krystalle (aus Me.); F: 282,2—283,4° [korr.]. $[\alpha]_D^{22}$: —94,4° [CHCl$_3$; c = 2].

X   XI   XII

3β-Acetoxy-17-hydroxy-24-nor-chol-5-en-23-säure-lacton $C_{25}H_{36}O_4$, Formel XI (R = CO-CH$_3$).
B. Beim Erwärmen der im vorangehenden Artikel beschriebenen Verbindung mit Acetanhydrid und Pyridin (*Ryer, Gebert,* Am. Soc. **74** [1952] 41, 43).
Krystalle (aus Me.); F: 207,5—210,5° [korr.]. $[\alpha]_D^{24}$: —86,7° [CHCl$_3$; c = 2].

3α-Acetoxy-12α-hydroxy-24-nor-5β-chol-20(22)c-en-23-säure-lacton $C_{25}H_{36}O_4$, Formel XII (R = CO-CH$_3$).
Die Konfiguration am C-Atom 12 ergibt sich aus der genetischen Beziehung zu Nordesoxycholsäure (E III **10** 1625).
B. Beim Erhitzen von 3α,20-Diacetoxy-12α-hydroxy-24-nor-5β,20ξ-cholan-23-säurelacton (F: 254,5—255,5°) unter vermindertem Druck (*Plattner, Pataki,* Helv. **27** [1944] 1544, 1548).
Krystalle (aus Ae. + PAe.); F: 170,5—171,5° [korr.; evakuierte Kapillare]. $[\alpha]_D^{16}$: +24,5° [CHCl$_3$; c = 0,8].
Beim Erhitzen mit wss. Selenigsäure und Acetanhydrid ist 3α-Acetoxy-12α,21-dihydroxy-24-nor-5β-chol-20(22)c-en-23-säure-12-lacton erhalten worden (*Pl., Pa.,* l. c. S. 1549).

Hydroxy-oxo-Verbindungen $C_{24}H_{36}O_3$

7-Acetoxy-2-methyl-3-tetradecyl-chromen-4-on $C_{26}H_{38}O_4$, Formel I (R = CO-CH$_3$).
B. Beim Erhitzen von 1-[2,4-Dihydroxy-phenyl]-hexadecan-1-on mit Acetanhydrid und Natriumacetat auf 180° (*Desai, Waravdekar,* Pr. Indian Acad. [A] **13** [1941] 177, 180).
Krystalle (aus Hexan); F: 93—94°.

3β-Hydroxy-22-hydroxymethyl-21-nor-5α-chol-22t-en-24-säure-22-lacton, 3β,21-Dihydroxy-21(20→22)-abeo-5α-chol-22t-en-24-säure-21-lacton $C_{24}H_{36}O_3$, Formel II (R = H).
B. Beim Erwärmen einer Lösung der im folgenden Artikel beschriebenen Verbindung in Dioxan mit wss. Salzsäure (*Plattner et al.,* Helv. **28** [1945] 167, 172).
F: 190—192° [korr.; durch Sublimation im Hochvakuum gereinigtes Präparat].

3β-Acetoxy-22-hydroxymethyl-21-nor-5α-chol-22t-en-24-säure-lacton $C_{26}H_{38}O_4$, Formel II (R = CO-CH$_3$).
B. Aus 3β,22ξ-Diacetoxy-22ξ-hydroxymethyl-21-nor-5α-cholan-24-säure-lacton (F:

245° [Zers.]) beim Erhitzen im Hochvakuum sowie beim Erhitzen mit Acetanhydrid (*Plattner et al.*, Helv. **28** [1945] 167, 169, 172).
F: 230—232° [korr.; durch Sublimation im Hochvakuum bei 210° gereinigtes Präparat]. $[\alpha]_D$: $+1,3°$ [$CHCl_3$; c = 0,8].

3β,20-Dihydroxy-20ξH-chol-5-en-24-säure-20-lacton $C_{24}H_{36}O_3$, Formel III (R = H).

Diese Konstitution kommt der im Artikel 5,6β-Dibrom-5α-cholestan-3β-ol (E III **6** 2150) als (−)-3β,17-Dihydroxy-17ξH-chol-5-en-24-säure-17-lacton formulierten, von *Veer, Goldschmidt* (R. **66** [1947] 75, 79) irrtümlich als 3β,17-Dihydroxy-24-nor-17ξH-chol-5-en-23-säure-17-lacton ($C_{23}H_{34}O_3$) angesehenen Verbindung zu (*Ryer, Gebert*, Am. Soc. **74** [1952] 4336; vgl. *Jones, Gallagher*, Am. Soc. **81** [1959] 5242, 5244).

B. Beim Erwärmen von 3β-Acetoxy-20-hydroxy-20ξH-chol-5-en-24-säure-lacton (s. u.) mit äthanol. Kalilauge und Ansäuern des Reaktionsgemisches (*Veer, Go.*).

Krystalle; F: 254° [aus Me.] (*Ruiz*, An. Inst. Farmacol. españ. **4** [1955] 288, 300), 253—254° [korr.] (*Ryer, Ge.*), 252—254° [aus Me.] (*Miescher, Fischer*, Helv. **22** [1939] 155). $[\alpha]_D^{25}$: $-25,5°$ [$CHCl_3$; c = 2] (*Ryer, Ge.*); $[\alpha]_D^{19}$: $-25°$ [Lösungsmittel nicht angegeben] (*Billeter, Miescher*, Helv. **30** [1947] 1409 Anm. 5). IR-Spektrum (2,9—14,3 μ): *Ruiz*, l. c. S. 302.

3β-Acetoxy-20-hydroxy-20ξH-chol-5-en-24-säure-lacton $C_{26}H_{38}O_4$, Formel III (R = CO-CH₃).

Bezüglich der Konstitution dieser von *Veer, Goldschmidt* (R. **66** [1947] 75, 79) irrtümlich als 3β-Acetoxy-17-hydroxy-24-nor-17ξH-chol-5-en-23-säure-lacton ($C_{25}H_{36}O_4$) angesehenen Verbindung s. *Ryer, Gebert*, Am. Soc. **74** [1952] 4336; s. a. *Jones, Gallagher*, Am. Soc. **81** [1959] 5242, 5244.

B. Neben anderen Verbindungen beim Behandeln von 3β-Acetoxy-5,6β-dibrom-5α-cholestan mit Chrom(VI)-oxid und wasserhaltiger Essigsäure und Erwärmen des Reaktionsprodukts mit Essigsäure und Zink (*Veer, Go.*; s. a. *Miescher, Fischer*, Helv. **22** [1939] 155, 157).

Krystalle; F: 219—220° [korr.; aus A., aus Acn., aus E. oder aus PAe. + Bzl.] (*Veer, Go.*), 218—219° [aus A.] (*Mi., Fi.*). $[\alpha]_D^{18}$: $-20°$ [Dioxan] (*Veer, Go.*); $[\alpha]_D^{19}$: $-44°$ [Lösungsmittel nicht angegeben] (*Billeter, Miescher*, Helv. **30** [1947] 1409 Anm. 5). IR-Banden (CCl_4 sowie CS_2) im Bereich von 1777 cm⁻¹ bis 1202 cm⁻¹: *Jones, Gallagher*, Am. Soc. **81** [1959] 5242, 5244; s. a. *Jones et al.*, Am. Soc. **72** [1950] 956, 958.

Beim aufeinanderfolgenden Behandeln mit Brom (2 Mol) und mit Alkalijodid in Aceton, Erwärmen des Reaktionsprodukts mit N,N-Diäthyl-anilin und anschliessenden Behandeln mit Acetanhydrid und Pyridin ist eine vermutlich als 3β-Acetoxy-20-hydroxy-20ξH-chola-5,22c-dien-24-säure-lacton zu formulierende Verbindung $C_{26}H_{36}O_4$ (Krystalle [aus A.]; λ_{max}: 220 nm) erhalten worden (*CIBA*, U.S.P. 2417017 [1942]; Schweiz. P. 236582 [1945]).

Verbindung mit 3β-Acetoxy-androst-5-en-17-on-semicarbazon $C_{26}H_{38}O_4 \cdot C_{22}H_{33}N_3O_2$. B. Beim Erwärmen von 3β-Acetoxy-20-hydroxy-20ξH-chol-5-en-24-säure-lacton mit O-Acetyl-dehydroandrosteron (3β-Acetoxy-androst-5-en-17-on) und Semi-carbazid-acetat in Äthanol (*Veer, Go.* l. c. S. 75, 82). Herstellung aus den Komponenten in Essigsäure: *Vee, Go.* — Krystalle (aus Eg.); F: 276—278° [korr.; Zers.] (*Veer, Go.*). —

In Äthanol und in Essigsäure beständig; in Benzol erfolgt Dissoziation in die Komponenten (*Veer, Go.*).

3β-Benzoyloxy-20-hydroxy-20ξH-chol-5-en-24-säure-lacton $C_{31}H_{40}O_4$, Formel III (R = $CO\text{-}C_6H_5$).

B. Beim Behandeln von 3β,20-Dihydroxy-20ξH-chol-5-en-24-säure-20-lacton (S. 476) mit Benzoylchlorid und Pyridin (*Miescher, Fischer*, Helv. **22** [1939] 155, 157; *Veer, Goldschmidt* R. **66** [1947] 75, 80).

Krystalle (aus A.); F: 244° [korr.] (*Veer, Go.*), 243—244° (*Mi., Fi.*). IR-Banden (CCl_4 sowie CS_2) im Bereich von 1778 cm^{-1} bis 1202 cm^{-1}: *Jones, Gallagher*, Am. Soc. **81** [1959] 5242, 5244; s. a. *Jones et al.*, Am. Soc. **72** [1952] 956, 958.

Hydroxy-oxo-Verbindungen $C_{25}H_{38}O_3$

3-Hexadecyl-7-hydroxy-cumarin $C_{25}H_{38}O_3$, Formel IV.

B. Aus Resorcin und 2-Formyl-octadecansäure-äthylester (*Teramura et al.*, Bl. Inst. chem. Res. Kyoto **31** [1953] 223).

F: 75°.

7-Hydroxy-4-methyl-5-pentadecyl-cumarin $C_{25}H_{38}O_3$, Formel V (R = H).

B. Aus 5-Pentadecyl-resorcin und Acetessigsäure-äthylester beim Behandeln einer Lösung in Äthanol mit Chlorwasserstoff sowie beim Erwärmen mit Essigsäure und wenig Schwefelsäure (*Chakravarti, Buu-Hoi*, Bl. **1959** 1498).

Krystalle (aus A. oder aus $CHCl_3$ + Acn.); F: 154—155°.

IV   V

7-Acetoxy-4-methyl-5-pentadecyl-cumarin $C_{27}H_{40}O_4$, Formel V (R = $CO\text{-}CH_3$).

B. Beim Erhitzen von 7-Hydroxy-4-methyl-5-pentadecyl-cumarin mit Acetanhydrid und wenig Pyridin (*Chakravarti, Buu-Hoi*, Bl. **1959** 1498).

Krystalle (aus wss. Acn.); F: 100—101°.

Hydroxy-oxo-Verbindungen $C_{26}H_{40}O_3$

7-Acetoxy-3-hexadecyl-2-methyl-chromen-4-on $C_{28}H_{42}O_4$, Formel VI.

B. Beim Erhitzen von 1-[2,4-Dihydroxy-phenyl]-octadecan-1-on mit Acetanhydrid und Natriumacetat auf 180° (*Desai, Waravdekar*, Pr. Indian Acad. [A] **13** [1941] 177, 178).

Krystalle (aus A.); F: 82—83°.

VI   VII

6-Hexadecyl-5-hydroxy-4-methyl-cumarin $C_{26}H_{40}O_3$, Formel VII.

B. Beim Behandeln von 5-Hydroxy-4-methyl-6-palmitoyl-cumarin mit wss.-äthanol. Salzsäure und amalgamiertem Zink (*Chudgar, Shah*, J. Indian chem. Soc. **21** [1944] 175).

Krystalle (aus wss. Eg.); F: 102°.

6-Hexadecyl-7-hydroxy-4-methyl-cumarin $C_{26}H_{40}O_3$, Formel VIII (R = H).

B. Beim Behandeln eines Gemisches von 4-Hexadecyl-resorcin und Acetessigsäure-äthylester mit Schwefelsäure, mit Phorphorylchlorid oder mit Aluminiumchlorid (*Chudgar, Shah*, J. Univ. Bombay **13**, Tl. 3A [1944] 18). Beim Erwärmen von 7-Hydroxy-4-methyl-6-palmitoyl-cumarin mit wss.-äthanol. Salzsäure und amalgamiertem Zink (*Kansara, Shah*, J. Univ. Bombay **17**, Tl. 3A [1948] 53, 56).

Krystalle (aus A.); F: 127° (*Ch., Shah*; s. a. *Ka., Shah*). Beim Behandeln mit äthanol. Alkalilauge werden blau fluorescierende Lösungen erhalten (*Ch. Shah*).

7-Acetoxy-6-hexadecyl-4-methyl-cumarin $C_{28}H_{42}O_4$, Formel VIII (R = CO-CH$_3$).

B. Aus 6-Hexadecyl-7-hydroxy-4-methyl-cumarin (*Chudgar, Shah*, J. Univ. Bombay **13**, Tl. 3A [1944] 18).

Krystalle (aus A.); F: 86°.

VIII   IX

Hydroxy-oxo-Verbindungen $C_{27}H_{42}O_3$

7-Hydroxy-5-pentadecyl-4-propyl-cumarin $C_{27}H_{42}O_3$, Formel IX.

B. Beim Behandeln einer Lösung von 5-Pentadecyl-resorcin und 3-Oxo-hexansäure-äthylester in Äthanol mit Chlorwasserstoff (*Chakravarti, Buu-Hoi*, Bl. **1959** 1498).

Krystalle (aus A.); F: 107°.

8-[4-Hydroxy-3-methyl-butyl]-4a,6a,7-trimethyl-Δ^7-hexadecahydro-naphth[2',1';4,5]= indeno[2,1-b]furan-2-on $C_{27}H_{42}O_3$.

a) **(25S)-26-Hydroxy-5β-furost-20(22)-en-3-on, Pseudosarsasapogenon** $C_{27}H_{42}O_3$, Formel X.

B. Beim Erhitzen von Sarsasapogenon ((25S)-5β,22αO-Spirostan-3-on) mit Acet= anhydrid auf 200° und Erwärmen des Reaktionsprodukts mit äthanol. Kalilauge (*Marker et al.*, Am. Soc. **62** [1940] 648).

Krystalle (aus wss. Acn.); F: 165−166° (*Ma. et al.*).

Beim Erwärmen mit Äthanol, Zink und konz. wss. Salzsäure ist Desoxysarsasapogenin ((25S)-5β,22αO-Spirostan) erhalten worden (*Marker, Rohrmann*, Am. Soc. **62** [1940] 896).

Semicarbazon $C_{28}H_{45}N_3O_3$. Krystalle (aus wss. A.); F: 215−216° (*Ma. et al.*).

X   XI

b) **(25R)-26-Hydroxy-5β-furost-20(22)-en-3-on** $C_{27}H_{42}O_3$, Formel XI.

Diese Konstitution und Konfiguration kommt wahrscheinlich der nachstehend beschriebenen Verbindung zu.

B. Bei der Hydrierung von Pseudodiosgenon ((25R)-26-Hydroxy-furosta-4,20(22)-dien-3-on; aus Diosgenon [(25R)-22αO-Spirost-4-en-3-on] durch Erhitzen mit Acetanhydrid

auf 200° und anschliessendes Behandeln mit äthanol. Kalilauge hergestellt) an Palladium/
Bariumsulfat in Äthanol (*Marker et al.*, Am. Soc. **62** [1940] 2525, 2530).
Krystalle (aus wss. Acn.); F: 166°.

c) **(25R)-26-Hydroxy-5α-furost-20(22)-en-3-on, Pseudotigogenon** $C_{27}H_{42}O_3$,
Formel XII.

B. Beim Erhitzen von Tigogenon ((25R)-5α,22αO-Spirostan-3-on) mit Acetanhydrid
auf 200° und Erwärmen des Reaktionsprodukts mit äthanol. Kalilauge (*Marker, Turner*,
Am. Soc. **62** [1940] 3003).
Krystalle (aus Me.); F: 108–111°.
Beim Behandeln mit warmer wss.-äthanol. Salzsäure ist Tigogenon erhalten worden.
Hydrierung an Platin in Essigsäure unter Bildung von Dihydropseudotigogenin ((25R)-
5α,20αH,22αH-Furostan-3β,26-diol): *Ma., Tu.*

(25S)-3β-Acetoxy-22ξ-hydroxy-5β,16ξ,23ξH-fesan-26-säure-lacton $C_{29}H_{44}O_4$,
Formel XIII (R = CO-CH$_3$).
Diese Konstitution und Konfiguration kommt dem nachstehend beschriebenen
O³-Acetyl-tetrahydro-anhydrosarsasapogeninsäure-lacton zu.

B. Beim Erhitzen von Tetrahydro-anhydrosarsasapogeninsäure (E III **10** 1898) mit
Acetanhydrid und Kaliumacetat (*Fieser, Jacobsen*, Am. Soc. **60** [1938] 2753, 2759).
Krystalle (aus wss. Me.); F: 200–203° [korr.].

XII   XIII

(25S)-3β-Benzoyloxy-22ξ-hydroxy-5β,16ξ,23ξH-fesan-26-säure-lacton $C_{34}H_{46}O_4$,
Formel XIII (R = CO-C$_6$H$_5$).
Diese Konstitution und Konfiguration kommt dem nachstehend beschriebenen
O³-Benzoyl-tetrahydro-anhydrosarsasapogeninsäure-lacton zu.

B. Beim Erwärmen von Tetrahydro-anhydrosarsasapogeninsäure (E III **10** 1898) mit
Benzoylchlorid und Pyridin (*Fieser, Jacobsen*, Am. Soc. **60** [1938] 2753, 2760).
Krystalle (aus Acn. + Hexan); F: 225–235° [korr.].

Hydroxy-oxo-Verbindungen $C_{28}H_{44}O_3$

7-Hydroxy-4-methyl-6-octadecyl-cumarin $C_{28}H_{44}O_3$, Formel I (R = H).
B. Beim Behandeln eines Gemisches von 4-Octadecyl-resorcin und Acetessigsäure-
äthylester mit Phosphorylchlorid (*Chudgar, Shah*, J. Univ. Bombay **11**, Tl. 3A [1942]
113), mit Schwefelsäure oder mit Aluminiumchlorid (*Chudgar, Shah*, J. Univ. Bombay
13, Tl. 3A [1944] 18). Beim Erwärmen von 7-Hydroxy-4-methyl-6-stearoyl-cumarin mit
Äthanol, amalgamiertem Zink und wss. Salzsäure (*Kansara, Shah*, J. Univ. Bombay **17**,
Tl. 3A [1948] 53, 55).
Krystalle; F: 117° (*Ch., Shah*, J. Univ. Bombay **13** 19), 116–117° [aus A.] (*Ch., Shah*,
J. Univ. Bombay **11** 115). Beim Behandeln mit äthanol. Alkalilaugen werden blau
fluorescierende Lösungen erhalten (*Ch., Shah*, J. Univ. Bombay **11** 115).

7-Acetoxy-4-methyl-6-octadecyl-cumarin $C_{30}H_{46}O_4$, Formel I (R = CO-CH$_3$).
B. Beim Erhitzen von 7-Hydroxy-4-methyl-6-octadecyl-cumarin mit Acetanhydrid

und Pyridin (*Chudgar, Shah*, J. Univ. Bombay **11**, Tl. 3A [1942] 113).
Krystalle (aus A.); F: 78—79°.

5,6α-Epoxy-3β-hydroxy-5α-ergost-22*t*-en-7-on $C_{28}H_{44}O_3$, Formel II (R = H).

B. Neben 5,6α-Epoxy-5α-ergosta-8,22*t*-dien-3β,7α-diol aus Ergosterinperoxid (5,8-Epidioxy-5α,8α-ergosta-6,22*t*-dien-3β-ol) beim Erhitzen im Hochvakuum auf 215° (*Windaus et al.*, A. **472** [1929] 195, 197) sowie beim Erhitzen in einem Gemisch von Dodecan und Decan auf 197° (*Bergmann, Meyers*, A. **620** [1959] 46, 57, 58).

Krystalle (aus Me.); F: 162—164° [korr.] (*Be., Me.*), 159—160° (*Wi. et al.*). $[\alpha]_D^{17}$: +55,5° [CHCl$_3$; c = 1] (*Wi. et al.*); $[\alpha]_D^{25}$: +56,5° [CHCl$_3$; c = 1] (*Be., Me.*). IR-Spektrum (KBr; 2,5—14,5 µ): *Be., Me.*, l. c. S. 49.

Beim Erhitzen mit Kaliumjodid in Essigsäure und Behandeln des Reaktionsprodukts mit Acetanhydrid und Pyridin ist 3β-Acetoxy-ergosta-5,22*t*-dien-7-on erhalten worden (*Be., Me.*, l. c. S. 58).

I   II

3β-Acetoxy-5,6α-epoxy-5α-ergost-22*t*-en-7-on $C_{30}H_{46}O_4$, Formel II (R = CO-CH$_3$).

B. Beim Erwärmen von 5,6α-Epoxy-3β-hydroxy-5α-ergost-22*t*-en-7-on mit Acetanhydrid (*Windaus et al.*, A. **472** [1929] 195, 198). Neben 3β-Acetoxy-5,6α-epoxy-5α-ergosta-8,22*t*-dien-7α-ol beim Erhitzen von O³-Acetyl-ergosterinperoxid (3β-Acetoxy-5,8-epidioxy-5α,8α-ergosta-6,22*t*-dien) in Dodecan (*Bergmann, Meyers*, A. **620** [1959] 46, 58).

Krystalle (aus Me.); F: 169° [korr.] (*Be., Me.*), 168—169° (*Wi. et al.*). $[\alpha]_D^{17}$: +41° [CHCl$_3$; c = 1] (*Wi. et al.*); $[\alpha]_D^{25}$: +34,1° [CHCl$_3$; c = 1] (*Be., Me.*).

Beim Behandeln einer Lösung in Chloroform mit wss. Bromwasserstoffsäure ist 3β-Acetoxy-6β-brom-5-hydroxy-5α-ergost-22*t*-en-7-on erhalten worden (*Be., Me.*, l. c. S. 59).

3-Acetoxy-7,8-epoxy-10,13-dimethyl-17-[1,4,5-trimethyl-hex-2-enyl]-hexadecahydrocyclopenta[*a*]phenanthren-11-on $C_{30}H_{46}O_4$.

a) **3β-Acetoxy-7β,8-epoxy-5α,9β-ergost-22*t*-en-11-on** $C_{30}H_{46}O_4$, Formel III.

Über die Konfiguration an den C-Atomen 7, 8 und 9 s. *Henbest, Wagland*, Soc. **1954** 728, 729.

B. Beim Behandeln einer Lösung von 3β-Acetoxy-5α,9β-ergosta-7,22*t*-dien-11-on in Äther mit Monoperoxyphthalsäure (*Heusler, Wettstein*, Helv. **36** [1953] 398, 405; *Hen., Wa.*). Beim Behandeln von 3β-Acetoxy-7β,8-epoxy-5α,9β-ergost-22*t*-en-11α-ol mit Aceton und wss. Chromsäure (*Hen., Wa.*). Beim Erwärmen einer Lösung von 3β-Acetoxy-22α$_F$(?),23α$_F$(?)-dibrom-7β,8-epoxy-5α,9β-ergostan-11-on (S. 278) in einem Gemisch von Benzol, Methanol und wasserhaltigem Äther mit Zink (*Grigor et al.*, Soc. **1954** 2333, 2341).

Krystalle; F: 185° [aus Me.] (*Gr. et al.*), 175—177° [Kofler-App.; aus Acn.] (*Hen., Wa.*), 170,5—171,5° [unkorr.; aus Ae.] (*Heu., We.*). $[\alpha]_D^{15}$: −64° [CHCl$_3$; c = 0,5], $[\alpha]_D^{15}$: −67° [CHCl$_3$; c = 1] (*Gr. et al.*); $[\alpha]_D^{20}$: −63° [CHCl$_3$; c = 0,8] (*Hen., Wa.*); $[\alpha]_D^{27}$: −74° [CHCl$_3$; c = 0,8] (*Heu., We.*).

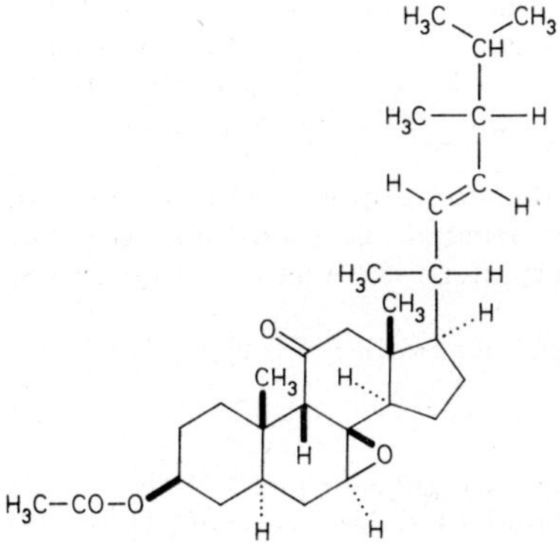

III 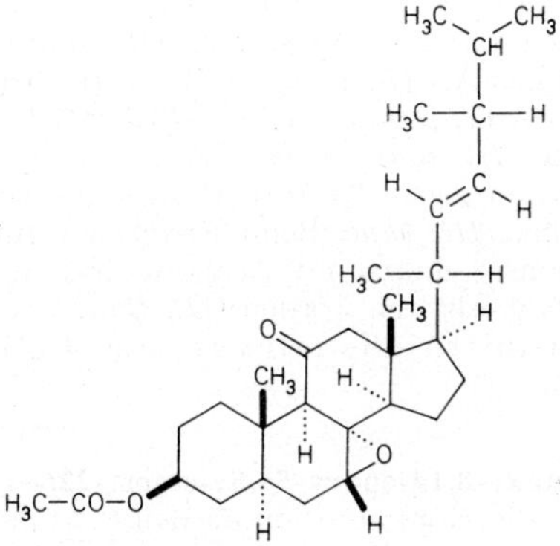 IV

b) **3β-Acetoxy-7α,8-epoxy-5α,8α-ergost-22t-en-11-on** $C_{30}H_{46}O_4$, Formel IV.

B. Beim Erwärmen einer Lösung von 3β-Acetoxy-22α$_F$(?),23α$_F$(?)-dibrom-7α,8-epoxy-5α,8α-ergostan-11-on (S. 278) in Benzol und Methanol mit Zink (*Grigor et al.*, Soc. **1954** 2333, 2340).
Krystalle (aus CHCl$_3$ + Me.); F: 190—191°. $[\alpha]_D^{15}$: —15,5° [CHCl$_3$; c = 1].

3β-Acetoxy-7α,8-epoxy-5α,8α,14ξ-ergost-22t-en-15-on $C_{30}H_{46}O_4$, Formel V.

B. Neben anderen Verbindungen beim Einleiten von Sauerstoff in eine mit Tetrajodfluorescein versetzte Lösung von 3β-Acetoxy-5α-ergosta-7,14,22t-trien in Äthanol unter Belichtung (*Barton, Laws*, Soc. **1954** 52, 58).
Krystalle (aus Me.); F: 189—190°. $[\alpha]_D$: —53° [CHCl$_3$; c = 1]. IR-Banden (CS$_2$) im Bereich von 1744 cm^{-1} bis 896 cm^{-1}: *Ba., Laws*, l. c. S. 53.

Beim Erwärmen mit wss.-methanol. Kalilauge und Behandeln des Reaktionsprodukts mit Acetanhydrid und Pyridin ist 3β,7α-Diacetoxy-5α-ergosta-8(14),22t-dien-15-on erhalten worden (*Ba., Laws*, l. c. S. 59).

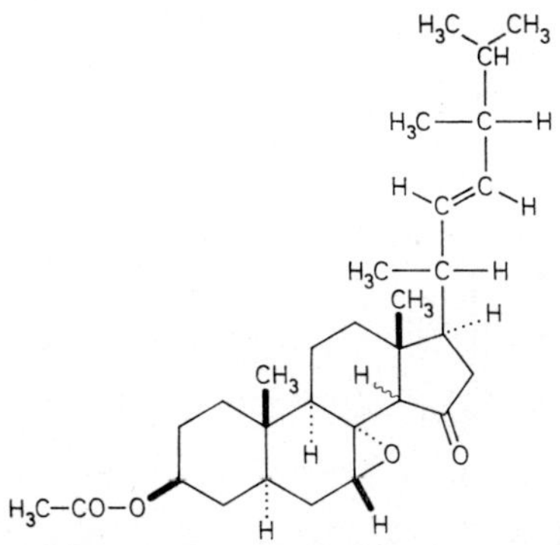

V 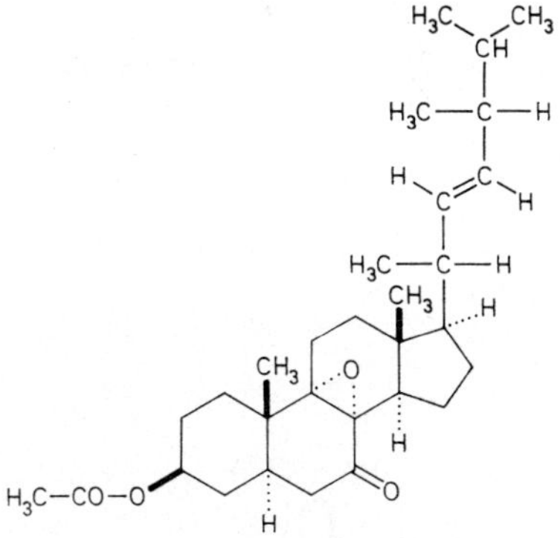 VI

3β-Acetoxy-8,9-epoxy-5α,8α-ergost-22t-en-7-on $C_{30}H_{46}O_4$, Formel VI.

Über die Konfiguration an den C-Atomen 8 und 9 s. *Heusser et al.*, Helv. **35** [1952] 2090, 2091; s. a. *Fieser, Ourisson*, Am. Soc. **75** [1953] 4404, 4407, 4408.

B. Neben 3β-Acetoxy-8,14-epoxy-5α,8α-ergost-22t-en-7-on und anderen Verbindungen beim Behandeln von 3β-Acetoxy-5α-ergosta-7,22t-dien mit Benzol, Chrom(VI)-oxid und wasserhaltiger Essigsäure (*Stavely, Bollenback*, Am. Soc. **65** [1943] 1290, 1292; *Fi., Ou.*) oder mit Tetrachlormethan, Di-*tert*-butylchromat und Essigsäure (*He. et al.*). Beim Behandeln von 3β-Acetoxy-5α,9ξ-ergosta-7,22t-dien-9-ol (F: 204—205°) mit Dichlormethan, Chrom(VI)-oxid und wasserhaltiger Essigsäure (*Saucy et al.*, Helv. **37** [1954] 250, 256).

Krystalle; F: 230—231° [aus wss. Acn.; evakuierte Kapillare] (*Sa. et al.*), 229—230° [aus Acn. bzw. aus Ae. + Me.] (*He. et al.*), 223—225° [aus wss. A.] (*St., Bo.*), 220—221° [korr.; aus A.] (*Fi.; Ou.*). $[\alpha]_D^{19}$: $-51°$ [CHCl$_3$; c = 1] (*He. et al.*); $[\alpha]_D^{24}$: $-46°$ [CHCl$_3$; c = 0,75] (*St., Bo.*); $[\alpha]_D^{25}$: $-43,7°$ [CHCl$_3$; c = 2,5] (*Fi., Ou.*). IR-Spektrum (Nujol; 2—16 μ): *He. et al.*

Überführung in 3β-Acetoxy-5α-ergosta-8,22*t*-dien-7-on durch Erhitzen mit Essigsäure und Zink: *He. et al.* Beim Erwärmen mit wss.-äthanol. Salzsäure und Behandeln des Reaktionsprodukts mit Acetanhydrid und Pyridin ist 3β-Acetoxy-5α-ergosta-8,14,22*t*-trien-7-on erhalten worden (*St., Bo.*).

2,4-Dinitro-phenylhydrazon C$_{36}$H$_{50}$N$_4$O$_7$. Krystalle; F: 209° [unkorr.; Zers.] (*St., Bo.*).

3β-Acetoxy-8,14-epoxy-5α,8α-ergost-22*t*-en-7-on C$_{30}$H$_{46}$O$_4$, Formel VII (R = CO-CH$_3$).

Über die Konfiguration an den C-Atomen 8 und 14 s. *Heusser et al.*, Helv. **35** [1952] 2090, 2091; s. a. *Fieser, Ourisson*, Am. Soc. **75** [1953] 4404, 4407, 4408.

B. Neben 3β-Acetoxy-8,9-epoxy-5α,8α-ergost-22*t*-en-7-on und anderen Verbindungen beim Behandeln von 3β-Acetoxy-5α-ergosta-7,22*t*-dien mit Benzol, Chrom(VI)-oxid und wasserhaltiger Essigsäure (*Stavely, Bollenback*, Am. Soc. **65** [1943] 1290, 1292; *Fi., Ou.*) oder mit Tetrachlormethan, Di-*tert*-butylchromat und Essigsäure (*He. et al.*). Beim Behandeln einer Lösung von 3β-Acetoxy-7α-äthoxy-5α-ergosta-8(14),22*t*-dien in Essigsäure (*Fi., Ou.*) oder einer Lösung von 3β-Acetoxy-5α-ergosta-8(14),22*t*-dien-7α-ol in Dichlormethan (*Saucy et al.*, Helv. **37** [1954] 250, 256) mit Chrom(VI)-oxid und wasserhaltiger Essigsäure.

Krystalle; F: 155° [aus wss. A.] (*St., Bo.*), 152—155° [korr.; aus PAe. oder Me.] (*Fi., Ou.*), 151—152° [evakuierte Kapillare; aus Acn. + W.] (*He. et al.*). $[\alpha]_D^{19}$: $-105°$ [CHCl$_3$; c = 1] (*He. et al.*); $[\alpha]_D^{24}$: $-99°$ [CHCl$_3$; c = 1] (*St., Bo.*); $[\alpha]_D^{25}$: $-98°$ [CHCl$_3$; c = 1,5] (*Fi., Ou.*). IR-Spektrum (Nujol; 2—16 μ): *He. et al.*

Überführung in 3β-Acetoxy-5α-ergosta-8(14),22*t*-dien-7-on durch Erhitzen mit Essigsäure und Zink: *He. et al.* Beim Erwärmen mit wss.-äthanol. Salzsäure und Behandeln des Reaktionsprodukts mit Acetanhydrid und Pyridin ist 3β-Acetoxy-5α-ergosta-8,14,22*t*-trien-7-on erhalten worden (*St., Bo.*).

2,4-Dinitro-phenylhydrazon C$_{36}$H$_{50}$N$_4$O$_7$. Orangefarbene Krystalle (aus Säure enthaltendem Äthanol); F: 218° [unkorr.; Zers.] (*St., Bo.*).

9,11α-Epoxy-3β-hydroxy-5α-ergost-22*t*-en-7-on C$_{28}$H$_{44}$O$_3$, Formel VIII (R = H).

B. Beim Behandeln von 3β-Hydroxy-5α-ergosta-9(11),22*t*-dien-7-on mit Peroxybenzoesäure in Benzol (*Merck & Co. Inc.*, U.S.P. 2786035 [1953], 2794801 [1954]).

Krystalle (aus Me.); F: 179—181°. $[\alpha]_D^{23}$: $-83°$ [CHCl$_3$].

VII   VIII   IX

3β-Acetoxy-9,11α-epoxy-5α-ergost-22*t*-en-7-on C$_{30}$H$_{46}$O$_4$, Formel VIII (R = CO-CH$_3$).

B. Beim Behandeln von O-Acetyl-ergosterin-D (3β-Acetoxy-5α-ergosta-7,9(11),22*t*-trien) mit Benzol und mit einem Gemisch von Ameisensäure und wss. Wasserstoffperoxid (*Budziarek et al.*, Soc. **1952** 2892, 2898). Aus 3β-Acetoxy-5α-ergosta-9(11),22*t*-dien-7-on beim Behandeln einer Lösung in Chloroform mit Monoperoxyphthalsäure in Äther oder beim Behandeln einer Lösung in Benzol mit einem Gemisch von Ameisensäure und wss. Wasserstoffperoxid (*Elks et al.*, Soc. **1954** 451, 462) sowie beim Behandeln mit Peroxy= benzoesäure in Benzol (*Merck & Co. Inc.*, U.S.P. 2786053 [1953], 2794801 [1954]).

Beim Behandeln von 3β-Acetoxy-5α-ergosta-9(11),22t-dien-7-on mit Brom und Peroxy= benzoesäure in Chloroform und Erwärmen des Reaktionsprodukts mit Essigsäure und Zink (*Bu. et al.*, l. c. S. 2898). Aus 3β-Acetoxy-22α_F(?),23α_F(?)-dibrom-9,11α-epoxy-5α-ergostan-7-on (F: 220—221°; S. 280) beim Erwärmen mit Essigsäure und Zink (*Anderson et al.*, Soc. **1952** 2901, 2905) sowie beim Behandeln mit Äthanol und Zink (*Budziarek et al.*, Soc. **1952** 4874, 4876).

Krystalle; F: 224—226° [aus Ae. + PAe.] (*Merck & Co. Inc.*), 223—224° [aus Me.] (*An. et al.*, l. c. S. 2905), 222—223° [aus Me.] (*Bu. et al.*, l. c. S. 2898). $[\alpha]_D^{15}$: —85° [CHCl$_3$; c = 0,5] (*Bu. et al.*, l. c. S. 2898); $[\alpha]_D^{15}$: —82° [CHCl$_3$; c = 1,5] (*Bu. et al.*, l. c. S. 4876); $[\alpha]_D^{23}$: —87° [CHCl$_3$] (*Merck & Co. Inc.*). IR-Banden (Nujol) im Bereich von 1738 cm^{-1} bis 896 cm^{-1}: *Elks et al.*

Bei 1-stdg. Erwärmen mit 3%ig. wss.-methanol. Kalilauge ist 3β,11α-Dihydroxy-5α-ergosta-8,22t-dien-7-on (*Bu. et al.*, l. c. S. 2898; *An. et al.*, l. c. S. 2905), bei 16-stdg. Erwärmen mit 12%ig. wss.-äthanol. Kalilauge und Erwärmen des Reaktionsprodukts mit Acetanhydrid und Pyridin sind 3β-Acetoxy-5α-ergost-22t-en-7,11-dion und eine Verbindung C$_{32}$H$_{52}$O$_5$ (F: 176—177°; $[\alpha]_D^{15}$: —15° [CHCl$_3$]) (*Bu. et al.*, l. c. S. 2900) erhalten worden.

2ξ,13-Dihydroxy-*A*,24-dinor-18α-oleanan-28-säure-13-lacton [1]) C$_{28}$H$_{44}$O$_3$, Formel IX (R = H).

B. Bei der Hydrierung von 13-Hydroxy-2-oxo-*A*,24-dinor-18α-oleanan-28-säure-lacton (E III/IV **17** 6334) an Platin in Essigsäure (*Ruzicka et al.*, Helv. **27** [1944] 1185, 1195).

Krystalle (aus CHCl$_3$ + Me.); F: 325—326° [korr.; evakuierte Kapillare]. Im Hochvakuum bei 220° sublimierbar.

13-Hydroxy-2ξ-tribromacetoxy-*A*,24-dinor-18α-oleanan-28-säure-lacton C$_{30}$H$_{43}$Br$_3$O$_4$, Formel IX (R = CO-CBr$_3$).

B. Beim Erwärmen der im vorangehenden Artikel beschriebenen Verbindung mit Tribromacetylbromid, Benzol und Pyridin (*Ruzicka et al.*, Helv. **27** [1944] 1185, 1195).

Krystalle (aus CHCl$_3$ + Me.); F: 253—253,5° [korr.].

Hydroxy-oxo-Verbindungen C$_{29}$H$_{46}$O$_3$

4'-Methoxy-3H-3ξ,5α-cholestano[3,2-*b*]furan-5'-on, [(2E)-3ξ-Hydroxy-5α-cholestan-2-yliden]-methoxy-essigsäure-lacton C$_{30}$H$_{48}$O$_3$, Formel X (R = CH$_3$).

B. Beim Behandeln von [3ξ-Hydroxy-5α-cholestan-2ξ-yl]-glyoxylsäure-lacton (F: 242° [E III/IV **17** 6278]) mit Diazomethan in Äther (*Ruzicka, Plattner*, Helv. **21** [1938] 1717, 1723). Bei der Hydrierung von [(2E)-3-Hydroxy-cholesta-3,5-dien-2-yliden]-meth= oxy-essigsäure-lacton an Palladium in Äther (*Ru., Pl.*).

Krystalle (aus Hexan); F: 133° [korr.].

4'-Acetoxy-3H-3ξ,5α-cholestano[3,2-*b*]furan-5'-on, Acetoxy-[(2E)-3ξ-hydroxy-5α-chol= estan-2-yliden]-essigsäure-lacton C$_{31}$H$_{48}$O$_4$, Formel X (R = CO-CH$_3$).

B. Beim Behandeln von [3ξ-Hydroxy-5α-cholestan-2ξ-yl]-glyoxylsäure-lacton (F: 242° [E III/IV **17** 6278]) mit Acetanhydrid und Pyridin (*Ruzicka, Plattner*, Helv. **21** [1938] 1717, 1724).

Krystalle (aus Ae. + Pentan); F: 183° [korr.; Zers.].

3β-Acetoxy-8,9-epoxy-5α,8α-stigmast-22t-en-7-on C$_{31}$H$_{48}$O$_4$, Formel XI.

B. Neben 3β-Acetoxy-8,14-epoxy-5α,8α-stigmast-22t-en-7-on und 3β-Acetoxy-5α-stig= masta-8,22t-dien-7-on beim Behandeln von *O*-Acetyl-α-spinasterol (3β-Acetoxy-5α-stig= masta-7,22t-dien) mit Chrom(VI)-oxid und wasserhaltiger Essigsäure (*Simpson*, Soc. **1937** 730, 732; *Stavely, Bollenback*, Am. Soc. **65** [1943] 1600, 1602).

---

[1]) Stellungsbezeichnung bei von Oleanan abgeleiteten Namen s. E III **5** 1341.

Krystalle (aus A.); F: 229—230° [unkorr.] (*St.*, *Bo.*). [α]$_D$: —32° [CHCl$_3$; c = 0,7] (*St.*, *Bo.*).

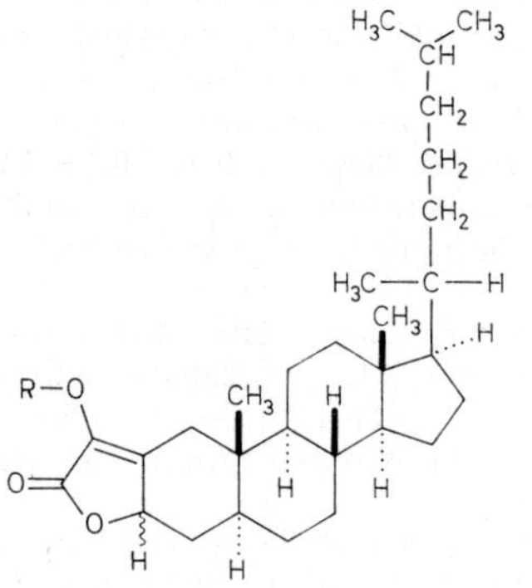

X 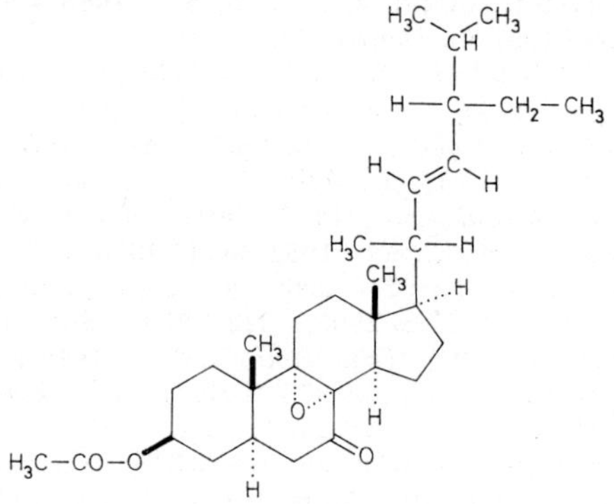 XI

3β-Acetoxy-8,14-epoxy-5α,8α-stigmast-22*t*-en-7-on C$_{31}$H$_{48}$O$_4$, Formel XII.
B. s. im vorangehenden Artikel.
Krystalle; F: 171—173° [unkorr.; aus wss. A. oder Acn.] (*Stavely*, *Bollenback*, Am. Soc. **65** [1943] 1600, 1602), 170—171° [aus Me. oder wss. Acn.] (*Simpson*, Soc. **1937** 730, 733). [α]$_D^{24}$: —77° [CHCl$_3$; c = 0,6] (*St.*, *Bo.*).

14-Brom-3β,13-dihydroxy-27-nor-14α(?)-ursan-28-säure-13-lacton [1]) C$_{29}$H$_{45}$BrO$_3$, vermutlich Formel XIII (R = H).
Bezüglich der Konstitution und Konfiguration s. *Tschesche et al.*, A. **667** [1963] 151, 153.
B. Beim Behandeln einer Lösung von Brenzchinovasäure (3β-Hydroxy-27-nor-urs-13-en-28-säure) in Äther mit Brom unter Zusatz von Essigsäure (*Wieland*, *Hoshino*, A. **479** [1930] 179, 207) oder unter Zusatz von Natriumacetat (*Wieland*, *Schlenk*, A. **539** [1939] 242, 250).
Krystalle (aus Acn.); F: 192° [Zers.] (*Wi.*, *Ho.*). [α]$_D^{20}$: —4,1° [CHCl$_3$; c = 2] (*Wi.*, *Sch.*, l. c. S. 261).
Beim Behandeln mit Chrom(VI)-oxid und Essigsäure sind 14-Brom-13-hydroxy-2,3-seco-27-nor-14α(?)-ursan-2,3,28-trisäure-28-lacton (F: 205° [Hauptprodukt]), 14-Brom-13-hydroxy-3-oxo-27-nor-14α(?)-ursan-28-säure-lacton (F: 172°) und eine Verbindung C$_{29}$H$_{39}$BrO$_6$ (oder C$_{25}$H$_{35}$BrO$_4$) vom F: 188° erhalten worden (*Wieland*, *Kraus*, A. **497** [1932] 140, 148). Bildung von Brenzchinovasäure beim Erwärmen mit Essigsäure und Zink: *Wi.*, *Kr.*, l. c. S. 147. Beim Erhitzen mit Pyridin ist Norchinovadienolsäure (wahrscheinlich 3β-Hydroxy-27-nor-ursa-12,14-dien-28-säure [E III **10** 1141]) erhalten worden (*Wi.*, *Ho.*, l. c. S. 208).

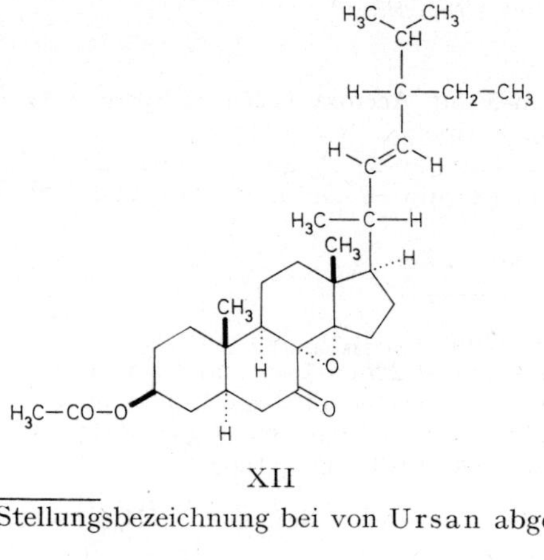

XII 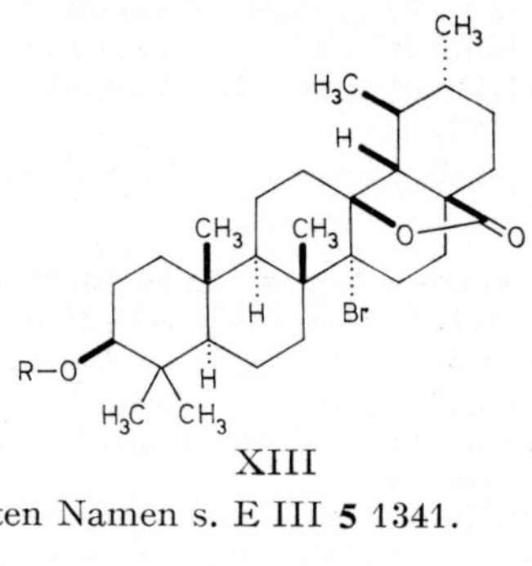 XIII

---
[1]) Stellungsbezeichnung bei von Ursan abgeleiteten Namen s. E III **5** 1341.

3β-Acetoxy-14-brom-13-hydroxy-27-nor-14α(?)-ursan-28-säure-lacton $C_{31}H_{47}BrO_4$, vermutlich Formel XIII (R = CO-CH$_3$).
Bezüglich der Konstitution und Konfiguration s. *Tschesche et al.*, A. **667** [1963] 151, 153.

B. Beim Behandeln einer Lösung von O-Acetyl-brenzchinovasäure (3β-Acetoxy-27-nor-urs-13-en-28-säure) in Essigsäure enthaltendem Äther mit Brom (*Wieland, Hoshino*, A. **479** [1930] 179, 208).
Krystalle (aus Acn.); F: 195° [Zers.] (*Wi., Ho.*).

Hydroxy-oxo-Verbindungen $C_{30}H_{48}O_3$

(23R,25Ξ)-23-Hydroxy-3α-methoxy-9β-lanost-7-en-26-säure-lacton $C_{31}H_{50}O_3$, Formel I.
Diese Konstitution und Konfiguration kommt dem nachstehend beschriebenen **Dihydroabieslacton** zu.

B. Bei partieller Hydrierung von Abieslacton (S. 563) an Palladium/Kohle in Tetrahydrofuran (*Uyeo et al.*, Tetrahedron **24** [1968] 2859, 2870; s. a. *Takahashi*, J. pharm. Soc. Japan **58** [1938] 888, 895; dtsch. Ref. S. 273; C. A. **1939** 2142).
Krystalle; F: 219—221° [unkorr.; aus A. + Bzl.] (*Uyeo et al.*), 206—207° [aus Me.] (*Ta.*). [α]$_D^{11}$: −15° [CHCl$_3$; c = 1] (*Uyeo et al.*).

I   II   III

3β,18ξ-Dihydroxy-18,19-seco-13ξ-olean-9(11)-en-19-säure-18-lacton [1]) $C_{30}H_{48}O_3$, Formel II.
Diese Konstitution und Konfiguration kommt vermutlich der nachstehend beschriebenen Verbindung zu (*J. Simonsen, W. C. J. Ross*, The Terpenes, Bd. 4 [Cambridge 1957] S. 237).

B. In kleiner Menge neben 3β,18ξ-Dihydroxy-18,19-seco-13ξ-olean-9(11)-en-19-säure (?; E III **10** 1901) beim Erhitzen von 3β-Acetoxy-13,18-epoxy-13ξ,18ξ-olean-9(11)-en-12,19-dion (F: 284—286°) mit Amylalkohol und Natrium und Behandeln des Reaktionsgemisches mit Wasser (*Simpson, Morton*, Soc. **1943** 477, 484).
Krystalle (aus Acn. + Me.); F: 210—220° [unkorr.] (*Si., Mo.*).
O-Acetyl-Derivat $C_{32}H_{50}O_4$ (vermutlich 3β-Acetoxy-18ξ-hydroxy-18,19-seco-13ξ-olean-9(11)-en-19-säure-lacton). Krystalle (aus Acn.); F: ca. 250° [nach Erweichen bei 200°].

3β,21β-Dihydroxy-lupan-28-säure-21-lacton [2]), **Dihydrothurberogenin** $C_{30}H_{48}O_3$, Formel III (R = H).
Über die Konstitution s. *Marx et al.*, J. org. Chem. **32** [1967] 3150.

B. Beim Erwärmen der im folgenden Artikel beschriebenen Verbindung mit methanol. Kalilauge und Ansäuern einer Suspension des Reaktionsprodukts in Äthanol (*Djerassi et al.*, Am. Soc. **77** [1955] 5330, 5334).

---

[1]) Stellungsbezeichnung bei von Oleanan abgeleiteten Namen s. E III **5** 1341.
[2]) Stellungsbezeichnung bei von Lupan abgeleiteten Namen s. E III **5** 1342.

Krystalle (aus Me. + CHCl₃), F: 325—328° [Kofler-App.]; $[\alpha]_D^{25}$: +35° [CHCl₃] (*Dj. et al.*).

Beim Behandeln mit Phosphor(V)-chlorid in Hexan unter Stickstoff ist 21β-Hydroxy-*A*-neo-lup-3-en-28-säure-lacton (E III/IV **17** 5253) erhalten worden (*Dj. et al.*, l. c. S. 5335). Überführung in Lupan-3β,21β,28-triol durch Erwärmen einer Lösung in Tetrahydrofuran mit Lithiumalanat in Äther: *Dj. et al.*, l. c. S. 5336.

3β-Acetoxy-21β-hydroxy-lupan-28-säure-lacton, *O*-Acetyl-dihydrothurberogenin $C_{32}H_{50}O_4$, Formel III (R = CO-CH₃).

Über die Konstitution s. *Marx et al.*, J. org. Chem. **32** [1967] 3150.

B. Bei der Hydrierung von *O*-Acetyl-thurberogenin (3β-Acetoxy-21β-hydroxy-lup-20(29)-en-28-säure-lacton [S. 568]) an Platin in Essigsäure (*Djerassi et al.*, Am. Soc. **77** [1955] 5330, 5334).

Krystalle (aus Me. + CHCl₃), F: 261—263° [Kofler-App.]; $[\alpha]_D^{28}$: +55° [CHCl₃] (*Dj. et al.*).

3β,19β-Dihydroxy-18α-oleanan-28-säure-19-lacton [1]) $C_{30}H_{48}O_3$, Formel IV (R = H)
(E II **6** 942) (in der Literatur auch als Oxyallobetulin, als Betulinsäure-lacton und als Allograciolon bezeichnet).

Über Konstitution und Konfiguration s. *Davy et al.*, Soc. **1951** 2696, 2699; *Vystrčil et al.*, Collect. **24** [1959] 3279, 3280.

Isolierung aus Braunkohlen-Bitumen: *Ruhemann, Raud*, Brennstoffch. **13** [1932] 341, 344; s. a. *Jarolim et al.*, Chem. and Ind. **1958** 1142.

Gewinnung aus Lemaireocereus stellatus: *Djerassi, Hodges*, Am. Soc. **78** [1956] 3534, 3537.

B. Aus Betulinsäure (3β-Hydroxy-lup-20(29)-en-28-säure) beim Erwärmen mit wss.-äthanol. Salzsäure (*Kawaguchi, Kim*, J. pharm. Soc. Japan **60** [1940] 343, 350; dtsch. Ref. S. 171; C. A. **1941** 1396) sowie beim Behandeln einer Lösung in Äther und Äthanol mit Chlorwasserstoff (*Bruckner et al.*, Soc. **1948** 948, 950).

Krystalle; F: 346—347° (*Ja. et al.*, Chem. and Ind. **1958** 1142), 344—347° [korr.; Zers.; aus CHCl₃ + Me.] (*Ka., Kim*), 345—346° [Kofler-App.] (*Vy. et al.*). $[\alpha]_D^{19}$: +44° [CHCl₃; c = 0,8] (*Vy. et al.*); $[\alpha]_D^{20}$: +46° [Lösungsmittel nicht angegeben] (*Ja. et al.*, Chem. and Ind. **1958** 1142).

Überführung in Oxyallobetulon (19β-Hydroxy-3-oxo-18α-oleanan-28-säure-lacton) durch Behandlung mit Chrom(VI)-oxid in Essigsäure bzw. in Essigsäure und Chloroform: *Dischendorfer, Juvan*, M. **56** [1930] 272, 278; *Davy et al.*, Soc. **1951** 2702, 2705. Beim Erhitzen mit Bleicherde in Xylol ist Apooxyallobetulin (19β-Hydroxy-*A*-neo-18α-olean-3(5)-en-28-säure-lacton [E III/IV **17** 5254]) erhalten worden (*Di., Ju.*, l. c. S. 277; *Jarolim et al.*, Collect. **28** [1963] 2443, 2449). Bildung von 18α-Oleanan-3β,19β,28-triol beim Erwärmen mit Lithiumalanat in Tetrahydrofuran: *Vy. et al.*, l. c. S. 3285.

3β-Formyloxy-19β-hydroxy-18α-oleanan-28-säure-lacton $C_{31}H_{48}O_4$, Formel IV (R = CHO) (E II **6** 943; dort als Oxyallobetulinformiat bezeichnet).

B. Beim Erwärmen von Betulinsäure (3β-Hydroxy-lup-20(29)-en-28-säure) oder von Betulinsäure-methylester mit Ameisensäure (*Robertson et al.*, Soc. **1939** 1267, 1272; *Vystrčil et al.*, Collect. **24** [1959] 3279, 3285).

IV   V   VI

---

[1]) Stellungsbezeichnung bei von Oleanan abgeleiteten Namen s. E III **5** 1341.

3β-Acetoxy-19β-hydroxy-18α-oleanan-28-säure-lacton $C_{32}H_{50}O_4$, Formel IV
(R = CO-CH$_3$) (E II **6** 943; dort als Oxyallobetulinacetat bezeichnet).

B. Beim Erhitzen von O-Acetyl-allobetulin (3β-Acetoxy-19β,28-epoxy-18α-oleanan) mit Chrom(VI)-oxid und Essigsäure (*Ruzicka et al.*, Helv. **15** [1932] 634, 642; *Davy et al.*, Soc. **1951** 2702, 2705; *Vystrčil et al.*, Collect. **24** [1959] 3279, 3284). Beim Behandeln von 3β,19β-Dihydroxy-18α-oleanan-28-säure-19-lacton mit Acetanhydrid und Pyridin (*Vy. et al.*, l. c. S. 3285).

Krystalle; F: ca. 360° [Kofler-App.] (*Djerassi, Hodges*, Am. Soc. **78** [1956] 3534, 3537), 357—360° [korr.; Zers.; aus CHCl$_3$ + Me.] (*Kawaguchi, Kim*, J. pharm. Soc. Japan **60** [1940] 343, 348; dtsch. Ref. S. 171; C. A. **1941** 1396), 350° [unkorr.; Zers.; aus Bzl. oder Eg.] (*Ru. et al.*). $[\alpha]_D^{19}$: +59,2° [CHCl$_3$; c = 2] (*Vy. et al.*); $[\alpha]_D$: +55° [CHCl$_3$] (*Dj., Ho.*). IR-Spektrum (5,5—11 μ): *Vy. et al.*, l. c. S. 3282; s. a. *Dj., Ho.*

3β-Benzoyloxy-19β-hydroxy-18α-oleanan-28-säure-lacton $C_{37}H_{52}O_4$, Formel IV
(R = CO-C$_6$H$_5$).

B. Beim Behandeln von 3β,19β-Dihydroxy-18α-oleanan-28-säure-19-lacton mit Benzoylchlorid und Pyridin (*Barton et al.*, Soc. **1956** 788).

Krystalle (aus CHCl$_3$ + Me.); F: 345—348° [evakuierte Kapillare]. $[\alpha]_D$: +71° [CHCl$_3$; c = 3]. Absorptionsmaximum (A.): 230 nm.

Beim Erhitzen unter 0,2 Torr auf 550° ist 19β-Hydroxy-18α-olean-2-en-28-säure-lacton erhalten worden.

3β,20-Dihydroxy-18α,19βH-ursan-28-säure-20-lacton [1]), **3β,20-Dihydroxy-20βH-taraxastan-28-säure-20-lacton** [2]), Oxoalloheterobetulin $C_{30}H_{48}O_3$, Formel V (R = H).

B. Beim Erwärmen der im folgenden Artikel beschriebenen Verbindung mit Kaliumhydroxid in einem Gemisch von Äthanol und Benzol (*Vystrčil, Klinot*, Collect. **24** [1959] 3273, 3277).

Krystalle (aus A.); F: 292—296° [unkorr.; Kofler-App.]. Im Vakuum bei 250—270° sublimierbar. $[\alpha]_D^{18}$: +30° [CHCl$_3$; c = 1].

3β-Acetoxy-20-hydroxy-18α,19βH-ursan-28-säure-lacton, 3β-Acetoxy-20-hydroxy-20βH-taraxastan-28-säure-lacton $C_{32}H_{50}O_4$, Formel V (R = CO-CH$_3$).

B. Beim Erhitzen von O-Acetyl-alloheterobetulin (E III/IV **17** 1530) mit Chrom(VI)-oxid und Essigsäure (*Vystrčil, Klinot*, Collect. **24** [1959] 3273, 3276).

Krystalle (aus CHCl$_3$ + Me.); F: 316—318° [unkorr.; Kofler-App.]. Im Vakuum bei 270—280° sublimierbar. $[\alpha]_D^{18}$: +40° [CHCl$_3$; c = 2].

3β,13-Dihydroxy-ursan-28-säure-13-lacton [1]) $C_{30}H_{48}O_3$, Formel VI (R = H) (in der Literatur auch als Ursolsäurelacton bezeichnet).

B. Beim Behandeln einer Lösung von Ursolsäure (3β-Hydroxy-urs-12-en-28-säure [E III **10** 1038]) in Chloroform mit Chlorwasserstoff (*Barton, Holness*, Soc. **1952** 78, 91).

Krystalle (aus Me.); F: 256—258° [unkorr.] (*Ba., Ho.*). $[\alpha]_D$: +4° [CHCl$_3$; c = 1] (*Ba., Ho.*; s. a. *Corey, Ursprung*, Chem. and Ind. **1954** 1387). CO-Valenzschwingungsbande: 1772 cm^{-1} [CCl$_4$] bzw. 1754 cm^{-1} [CHCl$_3$] (*Cole, Thornton*, Soc. **1956** 1007, 1010).

3β-Acetoxy-13-hydroxy-ursan-28-säure-lacton $C_{32}H_{50}O_4$, Formel VI (R = CO-CH$_3$).

B. Beim Behandeln der im vorangehenden Artikel beschriebenen Verbindung mit Acetanhydrid und Pyridin (*Barton, Holness*, Soc. **1952** 78, 91). Beim Behandeln einer Lösung von O-Acetyl-ursolsäure (3β-Acetoxy-urs-12-en-28-säure) in Tetrachlormethan mit Chlorwasserstoff und Behandeln des Reaktionsprodukts mit Acetanhydrid und Pyridin (*Orzalesi et al.*, Boll. chim. farm. **108** [1969] 540, 543; s. a. *Corey, Ursprung*, Am. Soc. **78** [1956] 183, 187).

Krystalle; F: 252—254° [unkorr.; aus Me.] (*Ba., Ho.*), 252—253° [aus E.] (*Or. et al.*). $[\alpha]_D^{25}$: +12° [CHCl$_3$] (*Or. et al.*); $[\alpha]_D$: +14° [CHCl$_3$; c = 1] (*Ba., Ho.*).

---

[1]) Stellungsbezeichnung bei von Ursan abgeleiteten Namen s. E III **5** 1340.
[2]) Stellungsbezeichnung bei von Taraxastan abgeleiteten Namen s. E III **5** 1340.

10-Hydroxy-2,2,6a,6b,9,9,12a-heptamethyl-octadecahydro-14a,4a-oxaäthano-picen-16-on $C_{30}H_{48}O_3$.

a) **3β,13-Dihydroxy-oleanan-28-säure-13-lacton** [1]) $C_{30}H_{48}O_3$, Formel VII (R = H) (in der Literatur auch als Oleanolsäure-lacton [2]) bezeichnet).

B. Beim Behandeln von Oleanolsäure (3β-Hydroxy-olean-12-en-28-säure [E III **10** 1049]) in Chloroform mit Chlorwasserstoff (*Barton, Holness*, Soc. **1952** 78, 86).

Krystalle (aus $CHCl_3$ + Me.), F: 280—283° [Kofler-App.] (*Djerassi et al.*, Am. Soc. **76** [1954] 2969, 2972); Krystalle (aus $CHCl_3$ + Me.) mit 0,5 Mol Methanol, F: 278° [unkorr.; Zers.] (*Ba., Ho.*). $[\alpha]_D^{30}$: +8,6° [$CHCl_3$] (*Dj. et al.*, l. c. S. 2969, 2972); $[\alpha]_D$: +12° [$CHCl_3$; c = 3] [Methanol-Addukt] (*Ba., Ho.*).

b) **3β,13-Dihydroxy-18α-oleanan-28-säure-13-lacton** [3]) $C_{30}H_{48}O_3$, Formel VIII (R = H) (in der Literatur auch als 18-Iso-oleanolsäurelacton [2]), früher als Oleanolsäure=lacton bezeichnet.

B. Beim Erwärmen von 3β-Acetoxy-13-hydroxy-18α-oleanan-28-säure-lacton (s. u.) mit methanol. Kalilauge und Aceton (*Winterstein, Stein*, Z. physiol. Chem. **199** [1931] 64, 74; s. a. *Barton, Holness*, Soc. **1952** 78, 87).

Krystalle; F: 338—342° [korr.; aus Acn. + Me.] (*Wi., St.*), 335—338° [unkorr.; Zers.; aus Me.] (*Ba., Ho.*). $[\alpha]_D^{19}$: +11,1° [$CHCl_3$; c = 0,8] (*Wi., St.*); $[\alpha]_D$: +13° [$CHCl_3$; c = 2] (*Ba., Ho.*).

Beim Behandeln einer Suspension in Petroläther mit Phosphor(V)-chlorid ist 13-Hydr= oxy-*A*-neo-18α-olean-3-en-28-säure-lacton (E III/IV **17** 5255), beim Erhitzen mit akti= vierter Bleicherde in Xylol ist 13-Hydroxy-*A*-neo-18α-olean-3(5)-en-28-säure-lacton (E III/IV **17** 5255) erhalten worden (*Ruzicka et al.*, Helv. **29** [1946] 210, 212).

10-Acetoxy-2,2,6a,6b,9,9,12a-heptamethyl-octadecahydro-14a,4a-oxaäthano-picen-16-on $C_{32}H_{50}O_4$.

a) **3β-Acetoxy-13-hydroxy-oleanan-28-säure-lacton** $C_{32}H_{50}O_4$, Formel VII (R = CO-CH_3).

B. Beim Behandeln von 3β,13-Dihydroxy-oleanan-28-säure-13-lacton (s. o.) mit Acet= anhydrid und Pyridin (*Barton, Holness*, Soc. **1952** 78, 86). Beim Behandeln einer Lösung von O-Acetyl-oleanolsäure (3β-Acetoxy-olean-12-en-28-säure [E III **10** 1051]) in Chloro= form mit Chlorwasserstoff (*Corey, Ursprung*, Am. Soc. **78** [1956] 183, 187).

Krystalle (aus Me.); F: 293—295° [unkorr.] (*Ba., Ho.*), 292—295° [korr.] (*Co., Ur.*). $[\alpha]_D$: +19° [$CHCl_3$; c = 2] (*Ba., Ho.; Co., Ur.*).

VII VIII IX

b) **3β-Acetoxy-13-hydroxy-18α-oleanan-28-säure-lacton** $C_{32}H_{50}O_4$, Formel VIII (R = CO-CH_3).

B. Beim Erhitzen von Oleanolsäure (3β-Hydroxy-olean-12-en-28-säure [E III **10** 1049]) mit Essigsäure und wss. Salzsäure (*Winterstein, Stein*, Z. physiol. Chem. **199** [1931]

---

[1]) Stellungsbezeichnung bei von Oleanan abgeleiteten Namen s. E III **5** 1341.

[2]) Dieser Name ist früher auch für 3β,13-Dihydroxy-18α-oleanan-28-säure-13-lacton (s. u.) verwendet worden.

[3]) In einem von *Kuwada, Matsukawa* (J. pharm. Soc. Japan **54** [1934] 235, 246; dtsch. Ref. S. 35; C. A. **1934** 4739) als Oleanolsäureisolacton bezeichneten Präparat (F: 181—182° [korr.]; O-Acetyl-Derivat, F: 223—224° [korr.]) hat Oleanolsäure-äthyl= ester (3β-Hydroxy-olean-12-en-28-säure-äthylester) vorgelegen (*Kitasato*, Acta phytoch. Tokyo **8** [1934/35] 19).

64, 66, 71, 211 [1932] 5, 16; *Barton, Holness*, Soc. **1952** 78, 80, 87; *Djerassi et al.*, Am. Soc. **76** [1954] 2969, 2972). Neben einer vermutlich als 13-Hydroxy-18α-olean-2-en-28-säure-lacton zu formulierenden Verbindung $C_{30}H_{46}O_2$ (F: 246—248° [Zers.]) beim Erwärmen von Oleanolsäure oder von *O*-Acetyl-oleanolsäure mit Essigsäure, wss. Jod=wasserstoffsäure und Phosphor (*Kotake, Kimoto*, Scient. Pap. Inst. phys. chem. Res. **18** [1932] 83, 95; *Kitasato*, Acta phytoch. Tokyo **8** [1934/35] 207, 217; s. a. *Kuwada*, J. pharm. Soc. Japan **51** [1931] 462, 494; dtsch. Ref. S. 57, 59, 69; C. A. **1931** 5247). Beim Behandeln einer Lösung von *O*-Acetyl-oleanolsäure-methylester (3β-Acetoxy-olean-12-en-28-säure-methylester) in Chloroform mit Bromwasserstoff in Essigsäure (*Ki.*, l. c. S. 14).

Krystalle; F: 354—355° [korr.; aus $CHCl_3$ + Me.] (*Wi., St.*, Z. physiol. Chem. **199** 71, 211 16), 354° [korr.; Zers.] (*Kuwada, Matsukawa*, J. pharm. Soc. Japan **54** [1934] 461, 476; dtsch. Ref. S. 66, 68; C. A. **1937** 108), 350—353° [korr.; Zers.; aus $CHCl_3$ + Me.] (*Ba., Ho.*), 347—350° [Zers.; Kofler-App.] (*Dj. et al.*). $[\alpha]_D^{14}$: +22° [$CHCl_3$; c = 1] (*Ku.*); $[\alpha]_D^{19}$: +21,1° [$CHCl_3$; c = 0,5] (*Wi., St.*, Z. physiol. Chem. **199** 71); $[\alpha]_D$: +23° [$CHCl_3$; c = 1] (*Ba., Ho.*).

12α-Brom-3β,13-dihydroxy-oleanan-28-säure-13-lacton [1]) $C_{30}H_{47}BrO_3$, Formel IX (R = H).

Über die Konstitution und Konfiguration der nachstehend beschriebenen, in der Literatur als Oleanolsäure-bromlacton bezeichneten Verbindung s. *Corey, Ursprung*, Am. Soc. **78** [1956] 183, 184.

B. Beim Behandeln einer Lösung von Oleanolsäure (3β-Hydroxy-olean-12-en-28-säure [E III **10** 1049]) in Methanol mit Brom in Tetrachlormethan (*Winterstein, Hämmerle*, Z. physiol. Chem. **199** [1931] 56, 62; *Ruzicka, Giacomello*, Helv. **19** [1936] 1136, 1140) oder mit alkal. wss. Natriumhypobromit-Lösung (*Winterstein, Stein*, Z. physiol. Chem. **211** [1932] 5, 15; s. a. *Kuwada, Matsukawa*, J. pharm. Soc. Japan **53** [1933] 680, 685; dtsch. Ref. S. 129; C. A. **1934** 1998).

Krystalle; F: 243° [korr.; aus Me.] (*Ru., Gi.*), 242,2—242,4° [korr.; aus Me. oder A.] (*Wi., Hä.*; *Winterstein, Stein*, Z. physiol. Chem. **199** [1931] 64, 74), 239° [korr.; Zers.; aus $CHCl_3$ + Me.] (*Ku., Ma.*). $[\alpha]_D^{19}$: +65° [$CHCl_3$; c = 0,5] (*Ru., Gi.*); $[\alpha]_D^{19}$: +63,6° [$CHCl_3$; c = 0,8] (*Wi., St.*, Z. physiol. Chem. **199** 74).

Beim Erwärmen mit Wasser enthaltender methanol. Kalilauge und Behandeln des Reaktionsprodukts (F: 240—243°) mit wss.-äthanol. Schwefelsäure ist 3β-Hydroxy-12-oxo-oleanan-28-säure-methylester erhalten worden (*Kitasato*, Acta phytoch. Tokyo **7** [1933] 169, 184).

10-Acetoxy-14-brom-2,2,6a,6b,9,9,12a-heptamethyl-octadecahydro-14a,4a-oxaäthano-picen-16-on $C_{32}H_{49}BrO_4$.

Über die Konstitution und Konfiguration der beiden folgenden Stereoisomeren s. *Corey, Ursprung*, Am. Soc. **78** [1956] 183, 184.

a) **3β-Acetoxy-12α-brom-13-hydroxy-oleanan-28-säure-lacton** $C_{32}H_{49}BrO_4$, Formel IX (R = CO-CH₃).

B. Beim Behandeln einer Lösung von 3β-Acetoxy-oleana-11,13(18)-dien-28-säure-methylester oder von 3β-Acetoxy-oleana-9(11),12-dien-28-säure-methylester in Chloro=form mit Bromwasserstoff und Essigsäure (*Kitasato*, Acta phytoch. Tokyo **8** [1934/35] 1, 16, 315, 321). Beim Behandeln von *O*-Acetyl-oleanolsäure-methylester (3β-Acetoxy-olean-12-en-28-säure-methylester) mit Brom in Dichlormethan (*Corey, Ursprung*, Am. Soc. **78** [1956] 183, 187).

Krystalle; F: 228° [Zers.; aus $CHCl_3$ + A.] (*Ki.*, l. c. S. 17), 223,5—224° [korr.] (*Co., Ur.*). $[\alpha]_D^{17}$: +69,9° [$CHCl_3$; c = 1] (*Kitasato*, Acta phytoch. Tokyo **8** [1934/35] 207, 220); $[\alpha]_D^{25}$: +70° [$CHCl_3$; c = 1] (*Co., Ur.*).

Beim Erhitzen mit Essigsäure und Zink ist Allodehydroacetyloleanolsäure-lacton (3β-Acetoxy-13-hydroxy-olean-11-en-28-säure-lacton (?) [S. 566]) erhalten worden (*Ki.*, l. c. S. 17, 322 Anm. 2).

b) **3β-Acetoxy-12α-brom-13-hydroxy-18α-oleanan-28-säure-lacton** $C_{32}H_{49}BrO_4$, Formel X.

B. Aus 3β-Acetoxy-18α-olean-12-en-28-säure-methylester und Brom in Dichlormethan

[1]) Stellungsbezeichnung bei von Oleanan abgeleiteten Namen s. E III **5** 1341.

(*Corey, Ursprung*, Am. Soc. **78** [1956] 183, 187).
Krystalle (aus CH_2Cl_2 + Me.); F: 290—292° [korr.; Zers.]. $[\alpha]_D^{25}$: +119° [$CHCl_3$; c = 1].

Hydroxy-oxo-Verbindungen $C_{33}H_{54}O_3$

3β-Acetoxy-2'ξ-methyl-(6αH,7αH)-dihydro-5β,8-äthano-ergostano[6,7-c]furan-5'-on, 3β-Acetoxy-6β-[(Ξ)-1-hydroxy-äthyl]-5β,8-äthano-ergostan-7β-carbonsäure-lacton $C_{35}H_{56}O_4$, Formel XI.
Bezüglich der Konfiguration an den C-Atomen 5, 6, 7 und 8 s. *Jones et al.*, Tetrahedron **24** [1968] 297.

B. Bei der Hydrierung von 3β-Acetoxy-6β-[1-hydroxy-vinyl]-5β,8-ätheno-ergostan-7β-carbonsäure-lacton (?; S. 597) an Platin in Essigsäure bei 80° (*Inhoffen*, B. **68** [1935] 973, 979).

Krystalle (aus Acn. + Me.); F: 215—217° [unkorr.] (*In.*).
Verhalten beim Erwärmen mit methanol. Kalilauge: *In.* [*Goebels*]

Hydroxy-oxo-Verbindungen $C_nH_{2n-14}O_3$

Hydroxy-oxo-Verbindungen $C_{11}H_8O_3$

4-Methoxy-6-phenyl-pyran-2-on, 5c-Hydroxy-3-methoxy-5t-phenyl-penta-2c,4-diensäure-lacton $C_{12}H_{10}O_3$, Formel I (R = CH_3).
Isolierung aus dem Holz von Aniba duckei: *Gottlieb, Mors*, Anais Assoc. quim. Brasil **18** [1959] 37, 39; C. A. **1960** 2662.

B. Aus 6-Phenyl-pyran-2,4-dion beim Behandeln mit Diazomethan in Äther (*Macierewicz, Janiszewska-Brozek*, Roczniki Chem. **24** [1950] 167, 170, 173; C. A. **1954** 10014; *Janiszewska-Drabarek*, Roczniki Chem. **27** [1953] 456, 461, 462; C. A. **1955** 3176; *Herbst et al.*, Am. Soc. **81** [1959] 2427, 2430) sowie beim Erwärmen der Natrium-Verbindung mit Methyljodid und Äther (*Ja.-Dr.*, l. c. S. 464).

Krystalle; F: 129,5—131,5° [Block; aus Cyclohexan] (*He. et al.*), 129—130° [aus A.] (*Ja.-Dr.*). Absorptionsmaximum (A.): 314 nm (*He. et al.*).

Verbindung mit Hexachloroplatin(IV)-säure $2 C_{12}H_{10}O_3 \cdot H_2PtCl_6 \cdot H_2O$. Orangegelbe Krystalle (aus Eg.); F: 172—174° [Zers.] (*Ja.-Dr.*, l. c. S. 466).

4-Äthoxy-6-phenyl-pyran-2-on, 3-Äthoxy-5c-hydroxy-5t-phenyl-penta-2c,4-diensäure-lacton $C_{13}H_{12}O_3$, Formel I (R = C_2H_5).
B. Beim Erwärmen von 6-Phenyl-pyran-2,4-dion mit Chlorwasserstoff enthaltendem Äthanol (*Macierewicz, Janiszewska-Brozek*, Roczniki Chem. **25** [1951] 132, 134; C. A. **1953** 12377).

Hellgelbe Krystalle (aus wss. A.); F: 84—85°.

6-[4-Hydroxy-phenyl]-pyran-2-on $C_{11}H_8O_3$, Formel II (R = H).
B. Beim Erhitzen von 5,5-Dichlor-1-[4-hydroxy-phenyl]-penta-2,4-dien-1-on (F: 156° bis 157°) mit Essigsäure und wenig Phosphorsäure und anschliessenden Behandeln mit Wasser (*Sacharkin, Šorokina,* Izv. Akad. S.S.S.R. Otd. chim. **1958** 1445, 1449; engl. Ausg. S. 1393, 1396).
Krystalle (aus W.); F: 222—223°.

I II III

6-[4-Methoxy-phenyl]-pyran-2-on, 5c-Hydroxy-5t-[4-methoxy-phenyl]-penta-2c,4-diensäure-lacton $C_{12}H_{10}O_3$, Formel II (R = CH_3).
B. Beim Erhitzen von 5,5-Dichlor-1-[4-methoxy-phenyl]-penta-2,4-dien-1-on (F: 117° bis 118°) mit Essigsäure und kleinen Mengen wss. Salzsäure (*Julia, Bullot,* Bl. **1959** 1689).
F: 96—97°. Absorptionsmaximum: 352 nm.

2-Methoxy-6-phenyl-pyran-4-on $C_{12}H_{10}O_3$, Formel III.
B. In kleiner Menge neben 4-Methoxy-6-phenyl-pyran-2-on beim Behandeln von 6-Phenyl-pyran-2,4-dion mit Diazomethan in Äther (*Herbst et al.,* Am. Soc. **81** [1959] 2427, 2430).
Krystalle (aus Diisopropyläther); F: 112,5—114,5° [Kofler-App.]. Absorptionsmaximum (A.): 276 nm.

6-Chlor-4-[4-hydroxy-phenyl]-pyran-2-on $C_{11}H_7ClO_3$, Formel IV (R = H).
Diese Konstitution kommt vermutlich der nachstehend beschriebenen, von *Dixit* (J. Univ. Bombay **4**, Tl. 2 [1935] 153, 155) als 4-Chlor-2-[4-hydroxy-phenyl]-cyclobuta-1,3-diencarbonsäure angesehenen Verbindung zu (vgl. dazu *Gogte,* Pr. Indian Acad. [A] **16** [1942] 240).
B. Beim Erwärmen einer wahrscheinlich als 3-[4-Hydroxy-phenyl]-*cis*-pentendisäureanhydrid zu formulierenden Verbindung vom F: 224° (vgl. E III **10** 4375) mit Phosphor(III)-chlorid (*Di.*).
Krystalle (aus E.); F: 143° (*Di.*).

6-Chlor-4-[4-methoxy-phenyl]-pyran-2-on, 5t-Chlor-5c-hydroxy-3-[4-methoxy-phenyl]-penta-2c,4-diensäure-lacton $C_{12}H_9ClO_3$, Formel IV (R = CH_3).
Diese Konstitution kommt vermutlich der nachstehend beschriebenen, von *Dixit* (J. Univ. Bombay **4**, Tl. 2 [1935] 153, 158) als 4-Chlor-2-[4-methoxy-phenyl]-cyclobuta-1,3-diencarbonsäure angesehenen Verbindung zu (vgl. dazu *Gogte,* Pr. Indian Acad. [A] **16** 1942] 240).
B. Beim Erwärmen einer wahrscheinlich als 3-[4-Methoxy-phenyl]-*cis*-pentendisäureanhydrid zu formulierenden Verbindung vom F: 160° (vgl. E III **10** 4375) mit Phosphor(III)-chlorid (*Di.*).
Krystalle (aus CCl_4); F: 162° (*Di.*).

4-[4-Acetoxy-phenyl]-6-chlor-pyran-2-on, 3-[4-Acetoxy-phenyl]-5t-chlor-5c-hydroxy-penta-2c,4-diensäure-lacton $C_{13}H_9ClO_4$, Formel IV (R = CO-CH_3).
Diese Konstitution kommt vermutlich der nachstehend beschriebenen, von *Dixit* (J. Univ. Bombay **4**, Tl. 2 [1935] 153, 157) als 4-Chlor-2-[4-acetoxy-phenyl]-cyclobuta-1,3-diencarbonsäure angesehenen Verbindung zu (vgl. dazu *Gogte,* Pr. Indian Acad. [A] **16** [1942] 240).
B. Beim Erwärmen einer wahrscheinlich als 3-[4-Acetoxy-phenyl]-*cis*-pentendisäureanhydrid zu formulierenden Verbindung vom F: 171° (vgl. E III **10** 4375) mit Phosphor(III)-chlorid (*Di.*).
Krystalle (aus $CHCl_3$); F: 126° (*Di.*).

2-Salicyloyl-furan, [2]Furyl-[2-hydroxy-phenyl]-keton $C_{11}H_8O_3$, Formel V (R = X = H).

B. In kleiner Menge neben [2]Furyl-[4-hydroxy-phenyl]-keton beim Erhitzen von Furan-2-carbonsäure-phenylester mit Aluminiumchlorid auf 160° (*Dakshinamurthy, Saharia*, J. scient. ind. Res. India **15**B [1956] 69, 70).

Krystalle (aus PAe.); F: 155—156°.

[2]Furyl-[2-hydroxy-phenyl]-keton-[2,4-dinitro-phenylhydrazon] $C_{17}H_{12}N_4O_6$, Formel VI (R = X = H).

B. Aus [2]Furyl-[2-hydroxy-phenyl]-keton und [2,4-Dinitro-phenyl]-hydrazin (*Dakshinamurthy, Saharia*, J. scient. ind. Res. India **15**B [1956] 69).

F: 255—256°.

[5-Chlor-2-hydroxy-phenyl]-[2]furyl-keton $C_{11}H_7ClO_3$, Formel V (R = H, X = Cl).

B. Beim Erhitzen von Furan-2-carbonsäure-[4-chlor-phenylester] mit Aluminium= chlorid in Schwefelkohlenstoff bis auf 110° (*Tiwari, Tripathi*, J. Indian chem. Soc. **31** [1954] 841, 843). Beim Erhitzen von [5-Chlor-2-methoxy-phenyl]-[2]furyl-keton mit Pyridin-hydrochlorid (*Buu-Hoï et al.*, Soc. **1954** 1034, 1035, 1036).

Krystalle; F: 96° [aus Me. oder A.] (*Buu-Hoï et al.*), 81° [aus A.] (*Ti., Tr.*).

[5-Chlor-2-methoxy-phenyl]-[2]furyl-keton $C_{12}H_9ClO_3$, Formel V (R = CH_3, X = Cl).

B. Aus Furan-2-carbonylchlorid und 4-Chlor-anisol mit Hilfe von Aluminiumchlorid (*Buu-Hoï et al.*, Soc. **1954** 1034, 1035, 1036).

Kp_{13}: 220°.

[5-Chlor-2-hydroxy-phenyl]-[2]furyl-keton-[2,4-dinitro-phenylhydrazon] $C_{17}H_{11}ClN_4O_6$, Formel VI (R = H, X = Cl).

B. Aus [5-Chlor-2-hydroxy-phenyl]-[2]furyl-keton und [2,4-Dinitro-phenyl]-hydrazin (*Tiwari, Tripathi*, J. Indian chem. Soc. **31** [1954] 841, 843).

Krystalle (aus A.); F: 164°.

[3,5-Dichlor-2-hydroxy-phenyl]-[2]furyl-keton $C_{11}H_6Cl_2O_3$, Formel VII.

B. Beim Erhitzen von Furan-2-carbonsäure-[2,4-dichlor-phenylester] mit Aluminium= chlorid in Schwefelkohlenstoff bis auf 110° (*Tiwari, Tripathi*, J. Indian chem. Soc. **31** [1954] 841, 843).

Krystalle (aus A.); F: 111°.

[3,5-Dichlor-2-hydroxy-phenyl]-[2]furyl-keton-[2,4-dinitro-phenylhydrazon] $C_{17}H_{10}Cl_2N_4O_6$, Formel VI (R = X = Cl).

B. Aus [3,5-Dichlor-2-hydroxy-phenyl]-[2]furyl-keton und [2,4-Dinitro-phenyl]-hydr= azin (*Tiwari, Tripathi*, J. Indian chem. Soc. **31** [1954] 841, 843).

Krystalle (aus A.); F: 224°.

[5-Brom-2-hydroxy-phenyl]-[2]furyl-keton $C_{11}H_7BrO_3$, Formel V (R = H, X = Br).

B. Beim Erhitzen von Furan-2-carbonsäure-[4-brom-phenylester] mit Aluminium= chlorid in Schwefelkohlenstoff bis auf 110° (*Tiwari, Tripathi*, J. Indian chem. Soc. **31** [1954] 841, 843).

Krystalle (aus A.); F: 90°.

[5-Brom-2-hydroxy-phenyl]-[2]furyl-keton-[2,4-dinitro-phenylhydrazon] $C_{17}H_{11}BrN_4O_6$, Formel VI (R = H, X = Br).

B. Aus [5-Brom-2-hydroxy-phenyl]-[2]furyl-keton und [2,4-Dinitro-phenyl]-hydrazin (*Tiwari, Tripathi*, J. Indian chem. Soc. **31** [1954] 841, 843).
Krystalle (aus A.); F: 198°.

2-Salicyloyl-thiophen, [2-Hydroxy-phenyl]-[2]thienyl-keton $C_{11}H_8O_2S$, Formel VIII (R = X = H).

B. Neben Indeno[2,1-*b*]thiophen-8-on beim Erhitzen einer aus [2-Amino-phenyl]-[2]thienyl-keton, wss. Schwefelsäure und Natriumnitrit bereiteten Diazoniumsalz-Lösung (*Steinkopf, Günther*, A. **522** [1936] 28, 34).
F: 21°.

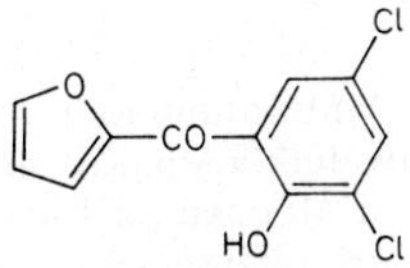

VII 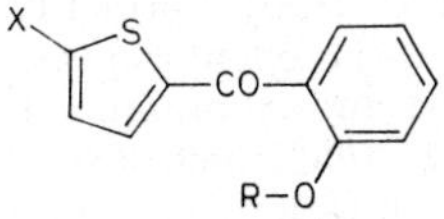 VIII 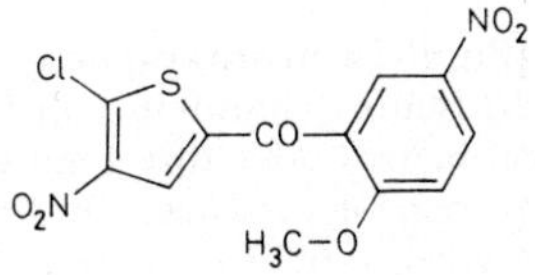 IX

[2-Methoxy-phenyl]-[2]thienyl-keton $C_{12}H_{10}O_2S$, Formel VIII (R = CH_3, X = H).
B. Beim Behandeln von Thiophen mit 2-Methoxy-benzoylchlorid und Aluminium=chlorid in Schwefelkohlenstoff (*Buu-Hoi et al.*, J. org. Chem. **23** [1958] 1261, 1263).
Kp_{18}: 208°.

[5-Chlor-[2]thienyl]-[2-methoxy-phenyl]-keton $C_{12}H_9ClO_2S$, Formel VIII (R = CH_3, X = Cl).
B. Beim Behandeln von 2-Chlor-thiophen mit 2-Methoxy-benzoylchlorid und Alumini=umchlorid in Hexan (*Eastman Kodak Co.*, U.S.P. 2805218 [1954]).
$Kp_{0,5}$: 150°.

[5-Chlor-4-nitro-[2]thienyl]-[2-methoxy-5-nitro-phenyl]-keton $C_{12}H_7ClN_2O_6S$, Formel IX.
B. Beim Behandeln von [5-Chlor-[2]thienyl]-[2-methoxy-phenyl]-keton mit einem Gemisch von Salpetersäure und Schwefelsäure (*Eastman Kodak Co.*, U.S.P. 2805218 [1954]).
F: 159—161°.

[5-Chlor-2-mercapto-phenyl]-[2]thienyl-keton $C_{11}H_7ClOS_2$, Formel X.
B. Aus Thiophen-2-carbonylchlorid und [4-Chlor-phenyl]-methyl-sulfid mit Hilfe von Aluminiumchlorid (*Schuetz, Ciporin*, J. org. Chem. **23** [1958] 206).
F: 77—78°.

---

[2]Furyl-[3-methoxy-phenyl]-keton $C_{12}H_{10}O_3$, Formel XI.
B. Beim Behandeln von Furan-2-carbonitril mit 3-Methoxy-phenylmagnesium-bromid in Äther (*Leditschke*, B. **86** [1953] 123, 125).
Kp_2: 152°.
Beim Erhitzen mit Ammoniumchlorid und äthanol. Ammoniak auf 200° ist 2-[3-Meth=oxy-phenyl]-pyridin-3-ol erhalten worden.

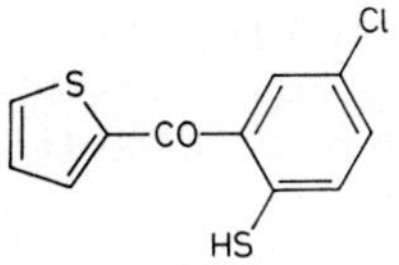

X 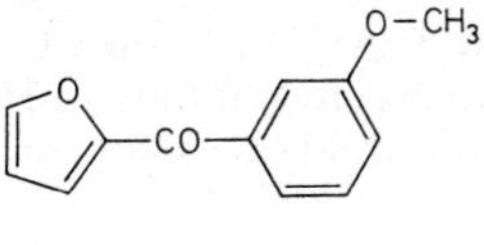 XI 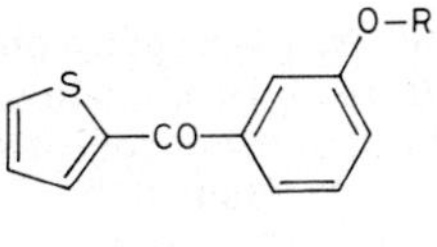 XII

[3-Hydroxy-phenyl]-[2]thienyl-keton $C_{11}H_8O_2S$, Formel XII (R = H).
B. Beim Erhitzen von [3-Acetoxy-phenyl]-[2]thienyl-keton mit wss.-äthanol. Natron=

lauge (*Royer, Demerseman,* Bl. **1959** 1682, 1685).
Krystalle (aus wss. A.); F: 131,5°.

[3-Methoxy-phenyl]-[2]thienyl-keton $C_{12}H_{10}O_2S$, Formel XII (R = CH_3).
B. Beim Behandeln von Thiophen mit 3-Methoxy-benzoylchlorid und Aluminiumchlorid in Schwefelkohlenstoff (*Buu-Hoi et al.,* J. org. Chem. **22** [1957] 1057).
Kp_{24}: 210—212°.

[3-Acetoxy-phenyl]-[2]thienyl-keton $C_{13}H_{10}O_3S$, Formel XII (R = $CO-CH_3$).
B. Neben 1-[2]Thienyl-äthanon beim Behandeln von Thiophen mit 3-Acetoxy-benzoylchlorid, Zinn(IV)-chlorid und Benzol (*Royer, Demerseman,* Bl. **1959** 1682, 1685).
Krystalle (aus A.); F: 68°.

[2]Furyl-[4-hydroxy-phenyl]-keton $C_{11}H_8O_3$, Formel I (R = H).
B. Beim Behandeln von Furan-2-carbonylchlorid mit Phenol und Aluminiumchlorid in Nitrobenzol oder mit Phenylbenzoat und Aluminiumchlorid in Schwefelkohlenstoff und Nitrobenzol (*Gilman, Dickey,* R. **52** [1933] 389, 392). Neben kleinen Mengen [2]Furyl-[2-hydroxy-phenyl]-keton beim Erhitzen von Furan-2-carbonsäure-phenylester mit Aluminiumchlorid auf 160° (*Dakshinamurthy, Saharia,* J. scient. ind. Res. India **15**B [1956] 69, 70) oder mit Aluminiumchlorid und Schwefelkohlenstoff bis auf 130° (*Sen, Bhattacharji,* J. Indian chem. Soc. **31** [1954] 581). Beim Erhitzen von [4-Äthoxy-phenyl]-[2]furyl-keton mit Pyridin-hydrochlorid (*Buu-Hoi,* R. **68** [1949] 759, 773).
Krystalle; F: 164—165° [aus Bzl.] (*Buu-Hoi*), 163—164° [aus wss. A.] (*Da., Sa.*), 161—162° [aus wss. A.] (*Sen, Bh.*).

[2]Furyl-[4-methoxy-phenyl]-keton $C_{12}H_{10}O_3$, Formel I (R = CH_3).
B. Beim Erwärmen von Furan-2-carbonylchlorid mit Anisol und Aluminiumchlorid in Schwefelkohlenstoff (*Maxim, Popesco,* Bulet. Soc. Chim. România **16** [1934] 89, 104; *Borsche, Leditschke,* A. **529** [1937] 108, 112) oder in Benzol (*Mndshojan et al.,* Doklady Akad. Armjansk. S.S.R. **29** [1959] 41, 43, 46; C. A. **1960** 7673). Beim Erwärmen von 4,4'-Dimethoxy-benzil mit [2]Furylmagnesiumjodid in Benzol und Behandeln des Reaktionsgemisches mit wss. Ammoniumsulfat-Lösung (*Kegelman, Brown,* Am. Soc. **76** [1954] 2711). Beim Behandeln von [2]Furyl-[4-hydroxy-phenyl]-keton mit Dimethylsulfat und wss. Natronlauge (*Gilman, Dickey,* R. **52** [1933] 389, 391).
Krystalle; F: 64° [aus A.] (*Ma., Po.*), 63,5—64° [aus PAe.] (*Ke., Br.*), 63° [aus Ae.] (*Bo., Le.*), 60° [aus Bzl.] (*Gi., Di.*).
Beim Erwärmen mit Bernsteinsäure-diäthylester und Natriumäthylat ist 2-[(E)-[2]Furyl-(4-methoxy-phenyl)-methylen]-bernsteinsäure-1-äthylester erhalten worden (*Bo., Le.*). Bildung von 3-Hydroxy-2-[4-methoxy-phenyl]-1-phenyl-pyridinium-Salz und [4-Methoxy-phenyl]-[1-phenyl-pyrrol-2-yl]-keton beim Erhitzen mit Anilin, Anilin-hydrochlorid und Äthanol auf 110°: *Borsche et al.,* B. **71** [1938] 957, 963.

[4-Äthoxy-phenyl]-[2]furyl-keton $C_{13}H_{12}O_3$, Formel I (R = C_2H_5).
B. Beim Behandeln von Furan-2-carbonylchlorid mit Phenetol und Aluminiumchlorid in Benzol (*Buu-Hoi,* R. **68** [1949] 759, 773; *Mndshojan et al.,* Doklady Akad. Armjansk. S.S.R. **29** [1959] 41, 43, 46; C. A. **1960** 7673) oder in Schwefelkohlenstoff (*Gilman, Hewlett,* Iowa Coll. J. **4** [1929] 27, 30). Beim Behandeln von [2]Furyl-[4-hydroxy-phenyl]-keton mit Diäthylsulfat und wss. Natronlauge (*Gilman, Dickey,* R. **52** [1933] 389, 392).
Krystalle (aus Me.); F: 73° (*Buu-Hoi*), 70—72° (*Mn. et al.*).

[2]Furyl-[4-propoxy-phenyl]-keton $C_{14}H_{14}O_3$, Formel I (R = CH_2-CH_2-CH_3).
B. Beim Behandeln von Furan-2-carbonylchlorid mit Phenyl-propyl-äther, Aluminiumchlorid und Benzol (*Mndshojan et al.,* Doklady Akad. Armjansk. S.S.R. **29** [1959] 41, 43, 46; C. A. **1960** 7673).
$Kp_{0,5}$: 175—180°.

[4-Butoxy-phenyl]-[2]furyl-keton $C_{15}H_{16}O_3$, Formel I (R = $[CH_2]_3$-CH_3).
B. Beim Erwärmen von Furan-2-carbonylchlorid mit Butyl-phenyl-äther und Aluminiumchlorid in Schwefelkohlenstoff (*Leditschke,* B. **86** [1953] 123, 125) oder in Benzol

(*Mndshojan et al.*, Doklady Akad. Armjansk. S.S.R. **29** [1959] 41, 43, 46; C. A. **1960** 7673).
Kp$_3$: 192° (*Le.*); Kp$_{0,5}$: 180—185° (*Mn. et al.*).

I II III

[2]Furyl-[4-pentyloxy-phenyl]-keton C$_{16}$H$_{18}$O$_3$, Formel I (R = [CH$_2$]$_4$-CH$_3$).
B. Beim Behandeln von Furan-2-carbonylchlorid mit Pentyl-phenyl-äther, Aluminium=
chlorid und Benzol (*Mndshojan et al.*, Doklady Akad. Armjansk. S.S.R. **29** [1959] 41, 43, 46; C. A. **1960** 7673).
Kp$_{0,5}$: 195—200°.

[2]Furyl-[4-methoxy-phenyl]-keton-oxim C$_{12}$H$_{11}$NO$_3$, Formel II (R = CH$_3$, X = OH).
B. Aus [2]Furyl-[4-methoxy-phenyl]-keton und Hydroxylamin (*Vargha, Gönczy*, Am. Soc. **72** [1950] 2738; *Kegelman, Brown*, Am. Soc. **76** [1954] 2711).
Krystalle; F: 138,5—139,5° (*Ke., Br.*), 135—137° [aus wss. A.] (*Va., Gö.*).

[2]Furyl-[4-methoxy-phenyl]-keton-[*O*-(toluol-4-sulfonyl)-oxim] C$_{19}$H$_{17}$NO$_5$S, Formel II (R = CH$_3$, X = O-SO$_2$-C$_6$H$_4$-CH$_3$).
B. Beim Behandeln von [2]Furyl-[4-methoxy-phenyl]-keton-oxim mit Toluol-4-sulfonyl=
chlorid und Pyridin (*Vargha, Gönczy*, Am. Soc. **72** [1950] 2738).
Krystalle (aus Bzl. + PAe.); F: 119—120°.
Beim Erwärmen mit 95%ig. wss. Äthanol sind Furan-2-carbonsäure-*p*-anisidid und Ammonium-[toluol-4-sulfonat] erhalten worden.

[4-Äthoxy-phenyl]-[2]furyl-keton-oxim C$_{13}$H$_{13}$NO$_3$, Formel II (R = C$_2$H$_5$, X = OH).
B. Aus [4-Äthoxy-phenyl]-[2]furyl-keton und Hydroxylamin (*Gilman, Hewlett*, Iowa Coll. J. **4** [1929] 27, 30).
F: 145°.

[2]Furyl-[4-hydroxy-phenyl]-keton-[2,4-dinitro-phenylhydrazon] C$_{17}$H$_{12}$N$_4$O$_6$, Formel II (R = H, X = NH-C$_6$H$_3$(NO$_2$)$_2$).
B. Aus [2]Furyl-[4-hydroxy-phenyl]-keton und [2,4-Dinitro-phenyl]-hydrazin (*Sen, Bhattacharji,* J. Indian chem. Soc. **31** [1954] 581; *Dakshinamurthy, Saharia*, J. scient. ind. Res. India **15** B [1956] 69, 70).
F: 235—236° (*Sen, Bh.*), 232—233° (*Da., Sa.*).

[3-Chlor-4-hydroxy-phenyl]-[2]furyl-keton C$_{11}$H$_7$ClO$_3$, Formel III (R = H).
B. Beim Erhitzen von [4-Äthoxy-3-chlor-phenyl]-[2]furyl-keton mit Pyridin-hydro=
chlorid (*Buu-Hoï*, R. **68** [1949] 759, 769, 773).
Krystalle (aus A. oder Bzl.); F: 181—182°.

[4-Äthoxy-3-chlor-phenyl]-[2]furyl-keton C$_{13}$H$_{11}$ClO$_3$, Formel III (R = C$_2$H$_5$).
B. Beim Behandeln von Furan-2-carbonylchlorid mit 2-Chlor-phenetol, Aluminium=
chlorid und Nitrobenzol (*Buu-Hoï*, R. **68** [1949] 759, 773).
Krystalle (aus Me.); F: 115°.

[4-Hydroxy-phenyl]-[2]thienyl-keton C$_{11}$H$_8$O$_2$S, Formel IV (R = X = H).
B. Bei kurzem Erhitzen von [4-Methoxy-phenyl]-[2]thienyl-keton mit Pyridin-
hydrochlorid auf 200° (*Buu-Hoï et al.*, R. **69** [1950] 1083, 1095). Beim Erhitzen von [4-Acetoxy-phenyl]-[2]thienyl-keton mit wss.-äthanol. Natronlauge (*Royer, Demerseman*, Bl. **1959** 1682, 1685).
Krystalle (aus Bzl.); F: 116° (*Buu-Hoï et al.*), 109,5° (*Ro., De.*).

[4-Methoxy-phenyl]-[2]thienyl-keton $C_{12}H_{10}O_2S$, Formel IV (R = CH_3, X = H).

B. Beim Behandeln von Thiophen mit 4-Methoxy-benzoylchlorid, Aluminiumchlorid und Schwefelkohlenstoff (*Buu-Hoi et al.*, R. **69** [1950] 1083, 1095; s. a. *Robson et al.*, Brit. J. Pharmacol. Chemotherapy **5** [1950] 376, 378). Beim Erhitzen von Thiophen mit 4-Methoxy-benzoylchlorid und wenig Jod, zuletzt unter Zusatz von Isopropylalkohol (*Kaye et al.*, Am. Soc. **75** [1953] 745). Beim Behandeln von [4-Hydroxy-phenyl]-[2]thienyl-keton mit Methyljodid und wss.-äthanol. Kalilauge (*Royer, Demerseman*, Bl. **1959** 1682, 1685).

Krystalle; F: 76—77° [aus Isopropylalkohol] (*Kaye et al.*), 76° [aus A.] (*Buu-Hoi et al.*), 73,5° [aus A.] (*Ro., De.*), 73° [aus Me.] (*Ro. et al.*).

[4-Allyloxy-phenyl]-[2]thienyl-keton $C_{14}H_{12}O_2S$, Formel IV (R = CH_2-CH=CH_2, X = H).

B. Beim Erhitzen von [4-Hydroxy-phenyl]-[2]thienyl-keton mit Allylbromid und wss.-äthanol. Kalilauge (*Buu-Hoi et al.*, R. **69** [1950] 1083, 1095).

Krystalle (aus Bzl. + Bzn.); F: 67°.

[4-Acetoxy-phenyl]-[2]thienyl-keton $C_{13}H_{10}O_3S$, Formel IV (R = CO-CH_3, X = H).

B. Beim Behandeln von Thiophen mit 4-Acetoxy-benzoylchlorid, Zinn(IV)-chlorid und Benzol (*Royer, Demerseman*, Bl. **1959** 1682, 1685).

Krystalle (aus A.); F: 88,5°.

[5-Chlor-[2]thienyl]-[4-hydroxy-phenyl]-keton $C_{11}H_7ClO_2S$, Formel IV (R = H, X = Cl).

B. Beim Erhitzen von [5-Chlor-[2]thienyl]-[4-methoxy-phenyl]-keton mit Pyridinhydrochlorid auf 200° (*Buu-Hoi et al.*, R. **69** [1950] 1083, 1097).

Krystalle (aus Bzl.); F: 138°.

[5-Chlor-[2]thienyl]-[4-methoxy-phenyl]-keton $C_{12}H_9ClO_2S$, Formel IV (R = CH_3, X = Cl).

B. Beim Behandeln von 2-Chlor-thiophen mit 4-Methoxy-benzoylchlorid, Aluminiumchlorid und Schwefelkohlenstoff (*Buu-Hoi et al.*, R. **69** [1950] 1083, 1097).

Krystalle (aus A.); F: 86°.

[4-Allyloxy-phenyl]-[5-chlor-[2]thienyl]-keton $C_{14}H_{11}ClO_2S$, Formel IV (R = CH_2-CH=CH_2, X = Cl).

B. Beim Erhitzen von [5-Chlor-[2]thienyl]-[4-hydroxy-phenyl]-keton mit Allylbromid und wss.-äthanol. Kalilauge (*Buu-Hoi et al.*, R. **69** [1950] 1083, 1097).

Krystalle (aus wss. A.); F: 77°.

[3-Chlor-4-hydroxy-phenyl]-[2]thienyl-keton $C_{11}H_7ClO_2S$, Formel V (R = H, X = Cl).

B. Beim Erhitzen von [3-Chlor-4-methoxy-phenyl]-[2]thienyl-keton mit Pyridinhydrochlorid (*Buu-Hoi et al.*, Soc. **1954** 1034, 1035, 1036).

Krystalle (aus Me. oder A.); F: 180°.

[3-Chlor-4-methoxy-phenyl]-[2]thienyl-keton $C_{12}H_9ClO_2S$, Formel V (R = CH_3, X = Cl).

B. Aus Thiophen-2-carbonylchlorid und 2-Chlor-anisol mit Hilfe von Aluminiumchlorid (*Buu-Hoi et al.*, Soc. **1954** 1034, 1035, 1036).

Krystalle (aus Me. oder A.); F: 124°. Kp_{13}: 240°.

[5-Brom-[2]thienyl]-[4-hydroxy-phenyl]-keton $C_{11}H_7BrO_2S$, Formel IV (R = H, X = Br).

B. Bei kurzem Erhitzen von [5-Brom-[2]thienyl]-[4-methoxy-phenyl]-keton mit

Pyridin-hydrochlorid auf 200° (*Buu-Hoi et al.*, R. **69** [1950] 1083, 1098).
Krystalle (aus Bzl.); F: 133°.

[5-Brom-[2]thienyl]-[4-methoxy-phenyl]-keton $C_{12}H_9BrO_2S$, Formel IV (R = CH_3, X = Br).
B. Beim Behandeln von 2-Brom-thiophen mit 4-Methoxy-benzoylchlorid, Aluminium=chlorid und Schwefelkohlenstoff (*Buu-Hoi et al.*, R. **69** [1950] 1083, 1098).
Krystalle mit grünlichem Reflex (aus A.); F: 103°.

[4-Allyloxy-phenyl]-[5-brom-[2]thienyl]-keton $C_{14}H_{11}BrO_2S$, Formel IV (R = CH_2-CH=CH_2, X = Br).
B. Beim Erhitzen von [5-Brom-[2]thienyl]-[4-hydroxy-phenyl]-keton mit Allylbromid und wss.-äthanol. Kalilauge (*Buu-Hoi et al.*, R. **69** [1950] 1083, 1099).
Krystalle mit gelblichem Reflex (aus wss. A.); F: 79°.

[3-Brom-4-hydroxy-phenyl]-[2]thienyl-keton $C_{11}H_7BrO_2S$, Formel V (R = H, X = Br).
B. Beim Erhitzen von [3-Brom-4-methoxy-phenyl]-[2]thienyl-keton mit Pyridin-hydrochlorid (*Buu-Hoi et al.*, Soc. **1954** 1034, 1035, 1036).
Krystalle (aus Me. oder A.); F: 183°.

[3-Brom-4-methoxy-phenyl]-[2]thienyl-keton $C_{12}H_9BrO_2S$, Formel V (R = CH_3, X = Br).
B. Aus Thiophen-2-carbonylchlorid und 2-Brom-anisol mit Hilfe von Aluminium=chlorid (*Buu-Hoi et al.*, Soc. **1954** 1034, 1035, 1036).
Krystalle (aus Me. oder A.); F: 127°.

[4-Methylmercapto-phenyl]-[2]thienyl-keton $C_{12}H_{10}OS_2$, Formel VI (R = CH_3, X = H).
B. Beim Behandeln von Thiophen-2-carbonylchlorid mit Methyl-phenyl-sulfid, Alu=miniumchlorid und Schwefelkohlenstoff (*Buu-Hoi et al.*, R. **69** [1950] 1083, 1100).
Krystalle (aus A.); F: 64°.

[4-Äthylmercapto-phenyl]-[2]thienyl-keton $C_{13}H_{12}OS_2$, Formel VI (R = C_2H_5, X = H).
B. Beim Behandeln von Thiophen-2-carbonylchlorid mit Äthyl-phenyl-sulfid, Alu=miniumchlorid und Schwefelkohlenstoff (*Buu-Hoi et al.*, R. **69** [1950] 1083, 1100).
Krystalle (aus A.). Kp_{18}: 245—250°.

[5-Chlor-[2]thienyl]-[4-methylmercapto-phenyl]-keton $C_{12}H_9ClOS_2$, Formel VI (R = CH_3, X = Cl).
B. Beim Behandeln von 5-Chlor-thiophen-2-carbonylchlorid mit Methyl-phenyl-sulfid, Aluminiumchlorid und Schwefelkohlenstoff (*Buu-Hoi et al.*, R. **69** [1950] 1083, 1100).
Krystalle (aus A.); F: 99°.

[5-Brom-[2]thienyl]-[4-methylmercapto-phenyl]-keton $C_{12}H_9BrOS_2$, Formel VI (R = CH_3, X = Br).
B. Beim Behandeln von 5-Brom-thiophen-2-carbonylchlorid mit Methyl-phenyl-sulfid, Aluminiumchlorid und Schwefelkohlenstoff (*Buu-Hoi et al.*, R. **69** [1950] 1083, 1100).
Krystalle (aus A.); F: 106°.

[4-Äthylmercapto-phenyl]-[5-brom-[2]thienyl]-keton $C_{13}H_{11}BrOS_2$, Formel VI (R = C_2H_5, X = Br).
B. Beim Behandeln von 5-Brom-thiophen-2-carbonylchlorid mit Äthyl-phenyl-sulfid, Aluminiumchlorid und Schwefelkohlenstoff (*Buu-Hoi et al.*, R. **69** [1950] 1083, 1100).
Krystalle (aus A.); F: 95°.

5-[4-Methoxy-phenyl]-furan-2-carbaldehyd $C_{12}H_{10}O_3$, Formel VII.
B. Beim Behandeln von Furfural mit wss. 4-Methoxy-benzoldiazonium-salz-Lösung, Kupfer(II)-chlorid und Natriumacetat (*Akashi, Oda*, J. chem. Soc. Japan Ind. Chem. Sect. **53** [1950] 202, **55** [1952] 119; C. A. **1952** 9312, **1954** 9360).
Kp_{50}: 100—105° (*Ak., Oda*, J. chem. Soc. Japan Ind. Chem. Sect. **53** 202).

7-Methoxy-3-vinyl-cumarin $C_{12}H_{10}O_3$, Formel VIII.

B. Beim Erwärmen von 2-Acetoxy-4-methoxy-benzaldehyd (nicht näher beschrieben) mit 4-Brom-crotonsäure-methylester (nicht charakterisiert), Zink, wenig Jod und Tetrahydrofuran (*Bohlmann*, B. **90** [1957] 1519, 1528).

Krystalle (aus Me.); F: 118°. UV-Spektrum (Ae.; 220–370 nm): *Bo.*, l. c. S. 1525.

*3-[3-Hydroxy-benzo[b]thiophen-2-yl]-acrylaldehyd-phenylimin, 2-[3-Phenyliminopropenyl]-benzo[b]thiophen-3-ol $C_{17}H_{13}NOS$, Formel IX, und 2-[3-Phenyliminopropenyl]-benzo[b]thiophen-3-on $C_{17}H_{13}NOS$, Formel X, sowie weitere Tautomere.

B. Beim Erhitzen von Benzo[b]thiophen-3-ol mit Malonaldehyd-bis-phenyliminhydrochlorid und Natriumacetat in Äthanol (*Šweschnikow, Lewkoew*, Ž. obšč. Chim. **10** [1940] 274, 278; C. **1940** II 1577).

Grüne Krystalle (aus A. oder Acn.); F: 217–218° [Zers.]. Absorptionsmaximum (Me.): 510 nm (*Šw., Le.*, l. c. S. 276).

Hydroxy-oxo-Verbindungen $C_{12}H_{10}O_3$

6-Chlor-4-[4-methoxy-3-methyl-phenyl]-pyran-2-on, 5*t*-Chlor-5*c*-hydroxy-3-[4-methoxy-3-methyl-phenyl]-penta-2*c*,4-diensäure-lacton $C_{13}H_{11}ClO_3$, Formel I.

Diese Konstitution kommt vermutlich der nachstehend beschriebenen, von *Dixit* (J. Univ. Bombay **4**, Tl. 2 [1935] 153, 159) als 4-Chlor-2-[4-methoxy-3-methyl-phenyl]-cyclobuta-1,3-diencarbonsäure angesehenen Verbindung zu (vgl. dazu *Gogte*, Pr. Indian Acad. [A] **16** [1942] 240).

B. Beim Erwärmen einer wahrscheinlich als 3-[4-Methoxy-3-methyl-phenyl]-*cis*-pentendisäure-anhydrid zu formulierenden Verbindung vom F: 166° (vgl. E III **10** 4376) mit Phosphor(III)-chlorid (*Di.*).

Gelbe Krystalle; F: 176° [Zers.] (*Di.*).

4-[4-Methoxy-phenyl]-6-methyl-pyran-2-on, 5*c*-Hydroxy-3-[4-methoxy-phenyl]-hexa-2*c*,4*t*-diensäure-lacton $C_{13}H_{12}O_3$, Formel II, und 4-[4-Methoxy-phenyl]-6-methylen-5,6-dihydro-pyran-2-on, 5-Hydroxy-3-[4-methoxy-phenyl]-hexa-2*c*,5-diensäure-lacton $C_{13}H_{12}O_3$, Formel III.

Diese Konstitutionsformeln kommen für das nachstehend beschriebene Lacton in Betracht.

B. Beim Erhitzen von 3-[4-Methoxy-phenyl]-5-oxo-hex-2(oder 3)-ensäure (F: 125° [E III **10** 4343]) mit wss. Salzsäure (*Limaye, Bhave*, J. Univ. Bombay **2**, Tl. 2 [1933] 82, 86; *Gogte*, Pr. Indian Acad. [A] **7** [1938] 214, 217, 223). Beim Erhitzen von 5-Acetyl-6-hydroxy-4-[4-methoxy-phenyl]-pyran-2-on (F: 132°; über die Konstitution dieser Verbindung s. *Karmarkar*, J. scient. ind. Res. India **20** B [1961] 409) mit konz. wss. Salz=

säure (*Go.*, Pr. Indian Acad. [A] **7** 222; *Li.*, *Bh.*). Beim Erhitzen von 2,4-Diacetyl-3-[4-methoxy-phenyl]-*cis*-pentendisäure-anhydrid mit konz. wss. Salzsäure (*Gogte*, J. Univ. Bombay **8**, Tl. 3 [1939] 208, 213).
Krystalle; F: 112° [aus A.] (*Go.*, J. Univ. Bombay **8** Tl. 3, S. 213; *Li.*, *Bh.*), 112° [aus Me.] (*Go.*, Pr. Indian Acad. [A] **7** 223).

2-[4-Methoxy-phenyl]-1-[2]thienyl-äthanon $C_{13}H_{12}O_2S$, Formel IV (R = CH_3).
B. Beim Erhitzen von Thiophen mit [4-Methoxy-phenyl]-acetylchlorid und wenig Jod (*Hill*, *Brooks*, J. org. Chem. **23** [1958] 1289, 1290).
Krystalle (aus wss. A.). Kp_2: 165°.

IV   V   VI

2-[4-Äthoxy-phenyl]-1-[2]thienyl-äthanon $C_{14}H_{14}O_2S$, Formel IV (R = C_2H_5).
B. Beim Behandeln von Thiophen mit [4-Äthoxy-phenyl]-acetylchlorid, Aluminiumchlorid und Schwefelkohlenstoff (*Robson et al.*, Brit. J. Pharmacol. Chemotherapy **5** [1950] 376, 378).
Krystalle (aus Me.); F: 85°.

(±)-1-[2]Furyl-2-hydroxy-2-phenyl-äthanon, Benzfuroin $C_{12}H_{10}O_3$, Formel V (H 43; E II 25).
B. Beim Erwärmen einer äthanol. Lösung von Furfural und (±)-Benzoin sowie einer äthanol. Lösung von (±)-[2,2′]Furoin und (±)-Benzoin mit wss. Kaliumcyanid-Lösung (*Buck*, *Ide*, Am. Soc. **53** [1931] 2350, 2353, 2784, 2785).
Krystalle; F: 138,1—139,1° [korr.; aus A.] (*Weissberger et al.*, A. **478** [1930] 112, 124), 135° [aus PAe.] (*Tiffeneau*, *Lévy*, Bl. [4] **49** [1931] 725, 737).
Geschwindigkeitskonstante der Autoxydation in wss.-äthanol. Kalilauge bei 10° und 20°: *We. et al.*, A. **478** 124. Geschwindigkeitskonstante der Oxydation beim Behandeln mit Fehling-Lösung bei 40°: *Weissberger et al.*, A. **481** [1930] 68, 79. Reaktion mit Perjodsäure unter Bildung von Furan-2-carbonsäure und Benzaldehyd: *Clutterbuck*, *Reuter*, Soc. **1935** 1467.

(±)-1-[2]Furyl-2-hydroxy-2-phenyl-äthanon-semicarbazon $C_{13}H_{13}N_3O_3$, Formel VI.
B. Aus (±)-1-[2]Furyl-2-hydroxy-2-phenyl-äthanon und Semicarbazid (*Tiffeneau*, *Lévy*, Bl. [4] **49** [1931] 725, 738).
F: 192—193°.

(±)-2-Hydroxy-2-phenyl-1-[2]thienyl-äthanon $C_{12}H_{10}O_2S$, Formel VII.
B. Beim Erwärmen von Thiophen-2-carbaldehyd mit Benzaldehyd, Äthanol und wss. Kaliumcyanid-Lösung (*Biel et al.*, Am. Soc. **77** [1955] 2250, 2252; *Ott*, Org. Synth. Isotopes **1958** 152, 154).
Krystalle (aus wss. A.); F: 133—134° (*Ott*), 132—134° (*Biel et al.*).

VII   VIII   IX

2-[4-Mercapto-[2]thienyl]-1-phenyl-äthanthion $C_{12}H_{10}S_3$, Formel VIII, und Tautomeres.
Die nachstehend beschriebene Verbindung wird von *Arndt*, *Traverso* (B. **89** [1956]

124, 127; *Josse et al.*, Bl. **1974** 1723, 1726) als 5-[β-Mercapto-styryl]-thiophen-3-thiol (Formel IX) formuliert.

B. Beim Erwärmen von 2-Methyl-5-phenyl-$S\lambda^4$-[1,2]dithiolo[1,5-*b*][1,2]dithiol mit methanol. Kalilauge (*Ar., Tr.; Jo. et al.*).

Krystalle (aus Bzn.); F: 86° (*Ar., Tr.*), 85—88° (*Jo. et al.*).

An der Luft erfolgt Rotfärbung und Zersetzung (*Ar., Tr.*). Beim Erwärmen mit Pyridin unter Durchleiten von Stickstoff ist 2-Methyl-5-phenyl-$S\lambda^4$-[1,2]dithiolo[1,5-*b*][1,2]dithiol erhalten worden.

(±)-2-[2]Furyl-2-hydroxy-1-phenyl-äthanon $C_{12}H_{10}O_3$, Formel X (E II 26; dort als Phenyl-[α-oxy-furfuryl]-keton und als Isobenzfuroin bezeichnet).

B. Beim Erwärmen von (±)-[2,2']Furoin mit Benzaldehyd (2 Mol), Äthanol und wss. Kaliumcyanid-Lösung (*Buck, Ide,* Am. Soc. **53** [1931] 2350, 2352, 2353).

F: 118,5° [unkorr.] (*Weissberger et al.*, A. **478** [1930] 112, 124 Anm. 3).

Geschwindigkeitskonstante der Autoxydation in wss.-äthanol. Kalilauge bei 10° und 20°: *We. et al.*, A. **478** 124. Geschwindigkeitskonstante der Oxydation beim Behandeln mit Fehling-Lösung bei 40°: *Weissberger et al.*, A. **481** [1930] 68, 79.

5-[2-Hydroxy-ξ-styryl]-3*H*-furan-2-on $C_{12}H_{10}O_3$, Formel XI.

B. Beim Behandeln des Natrium-Salzes der 6-[2-Hydroxy-phenyl]-4-oxo-hex-5-en=säure (F: 166°) mit konz. wss. Salzsäure (*Sen, Roy,* J. Indian chem. Soc. **7** [1930] 401, 415).

F: 168°.

5-[4-Hydroxy-ξ-styryl]-3*H*-furan-2-on $C_{12}H_{10}O_3$, Formel XII (R = H).

Diese Konstitution kommt der nachstehend beschriebenen, ursprünglich (*Sen, Roy,* J. Indian chem. Soc. **7** [1930] 401, 414) als 3-Hydroxy-6,7-dihydro-benzocycloocten-5,8-dion angesehenen Verbindung zu (vgl. *Rapson, Shuttleworth,* Soc. **1942** 33; s. a. *Fang, Bergmann,* J. org. Chem. **16** [1951] 1231).

B. Beim Erhitzen von 6-[4-Hydroxy-phenyl]-4-oxo-hex-5-ensäure (F: 109°) mit Acetanhydrid auf 140° (*Sen, Roy*).

Hellrotes Pulver; F: 246° (*Sen, Roy*).

X　　　　　　　　　XI　　　　　　　　　XII

5-[4-Methoxy-ξ-styryl]-3*H*-furan-2-on, 4-Hydroxy-6ξ-[4-methoxy-phenyl]-hexa-3*t*,5-diensäure-lacton $C_{13}H_{12}O_3$, Formel XII (R = CH_3).

Diese Konstitution kommt der nachstehend beschriebenen, ursprünglich (*Sen, Roy,* J. Indian chem. Soc. **7** [1930] 401, 414) als 3-Methoxy-6,7-dihydro-benzocycloocten-5,8-dion angesehenen Verbindung zu (*Rapson, Shuttleworth,* Soc. **1942** 33).

B. Beim Erwärmen von 6-[4-Methoxy-phenyl]-4-oxo-hex-5-ensäure (vgl. E I **10** 468; dort als δ-[4-Methoxy-benzal]-lävulinsäure bezeichnet) mit Acetanhydrid (*Sen, Roy; Ra., Sh.*).

Rote Krystalle (aus Me.); F: 115—115,5° (*Ra., Sh.*).

(±)-2-Hydroxy-2-phenyl-1-[3]thienyl-äthanon $C_{12}H_{10}O_2S$, Formel I.

B. Beim Erwärmen von Thiophen-3-carbaldehyd mit Benzaldehyd, Äthanol und wss. Kaliumcyanid-Lösung (*Campaigne, Bourgeois,* Am. Soc. **75** [1953] 2702).

Krystalle (aus A.); F: 113—114° [unkorr.].

(±)-2-Hydroxy-2-phenyl-1-[3]thienyl-äthanon-oxim $C_{12}H_{11}NO_2S$, Formel II.

B. Aus (±)-2-Hydroxy-2-phenyl-1-[3]thienyl-äthanon und Hydroxylamin (*Campaigne,*

Bourgeois, Am. Soc. **75** [1953] 2702).
Krystalle (aus Bzl.); F: 139—140° [unkorr.].

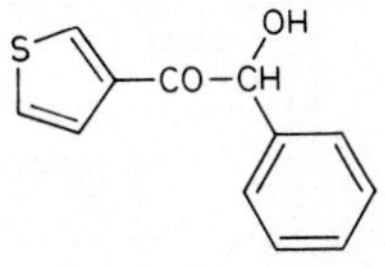

I 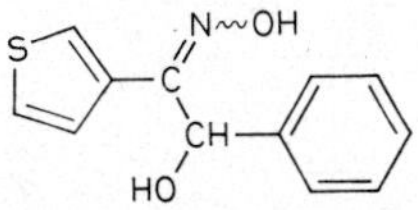   II 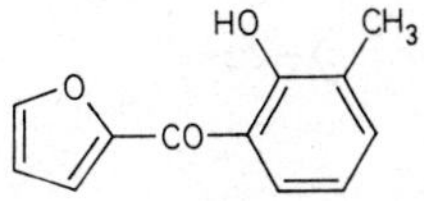   III

[2]Furyl-[2-hydroxy-3-methyl-phenyl]-keton $C_{12}H_{10}O_3$, Formel III.
B. Neben grösseren Mengen [2]Furyl-[4-hydroxy-3-methyl-phenyl]-keton beim Erhitzen von Furan-2-carbonsäure-*o*-tolylester mit Aluminiumchlorid auf 160° (*Dakshinamurthy, Saharia*, J. scient. ind. Res. India **15**B [1956] 69, 70).
Krystalle (aus PAe.); F: 67°.

[2]Furyl-[2-hydroxy-3-methyl-phenyl]-keton-[2,4-dinitro-phenylhydrazon] $C_{18}H_{14}N_4O_6$, Formel IV.
B. Aus [2]Furyl-[2-hydroxy-3-methyl-phenyl]-keton und [2,4-Dinitro-phenyl]-hydrazin (*Dakshinamurthy, Saharia*, J. scient. ind. Res. India **15**B [1956] 69).
F: 207—208°.

[2]Furyl-[4-hydroxy-3-methyl-phenyl]-keton $C_{12}H_{10}O_3$, Formel V.
B. Neben kleineren Mengen [2]Furyl-[2-hydroxy-3-methyl-phenyl]-keton beim Erhitzen von Furan-2-carbonsäure-*o*-tolylester mit Aluminiumchlorid auf 160° (*Dakshinamurthy, Saharia*, J. scient. ind. Res. India **15**B [1956] 69).
Krystalle (aus Bzl.); F: 172°.

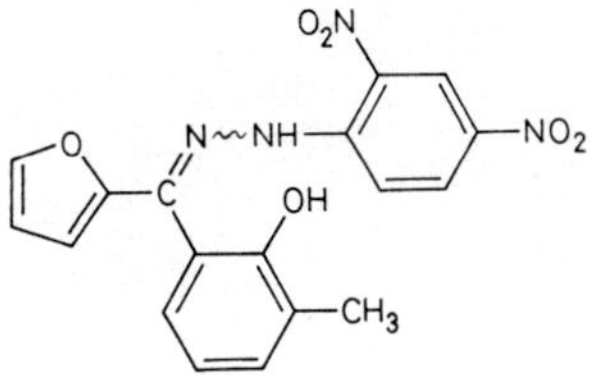

IV 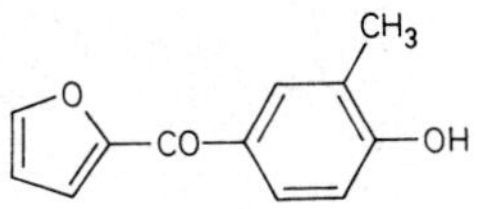   V 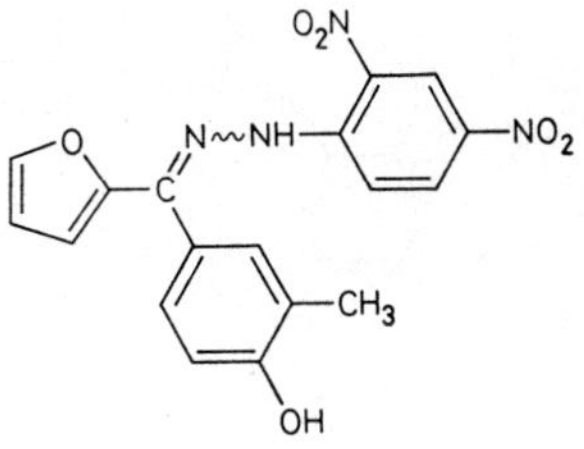   VI

[2]Furyl-[4-hydroxy-3-methyl-phenyl]-keton-[2,4-dinitro-phenylhydrazon] $C_{18}H_{14}N_4O_6$, Formel VI.
B. Aus [2]Furyl-[4-hydroxy-3-methyl-phenyl]-keton und [2,4-Dinitro-phenyl]-hydrazin (*Dakshinamurthy, Saharia*, J. scient. ind. Res. India **15**B [1956] 69).
F: 202—203°.

[2]Furyl-[2-hydroxy-5-methyl-phenyl]-keton $C_{12}H_{10}O_3$, Formel VII.
B. Beim Erhitzen von Furan-2-carbonsäure-*p*-tolylester mit Aluminiumchlorid, anfangs in Schwefelkohlenstoff, zuletzt ohne Lösungsmittel bis auf 130° (*Sen, Bhattacharji*, J. Indian chem. Soc. **31** [1954] 581; s. a. *Dakshinamurthy, Saharia*, J. scient. ind. Res. India **15**B [1956] 69).
Krystalle (aus wss. A.); F: 74—75° (*Sen, Bh.*), 73—74° (*Da., Sa.*).

[2]Furyl-[2-hydroxy-5-methyl-phenyl]-keton-[2,4-dinitro-phenylhydrazon] $C_{18}H_{14}N_4O_6$, Formel VIII.
B. Aus [2]Furyl-[2-hydroxy-5-methyl-phenyl]-keton und [2,4-Dinitro-phenyl]-hydrazin (*Sen, Bhattacharji*, J. Indian chem. Soc. **31** [1954] 581; *Dakshinamurthy, Saharia*, J. scient. ind. Res. India **15**B [1956] 69).
F: 209—210° (*Sen, Bh.*), 204° (*Da., Sa.*).

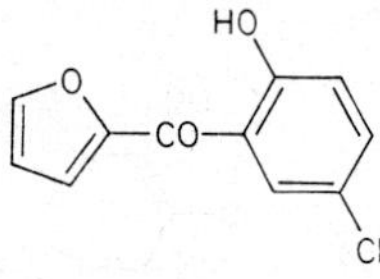

VII 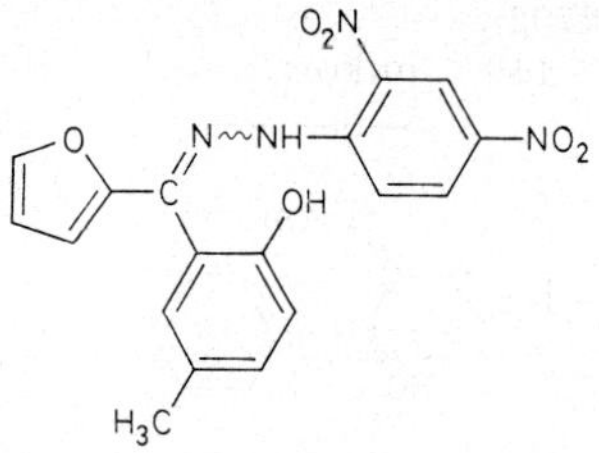   VIII 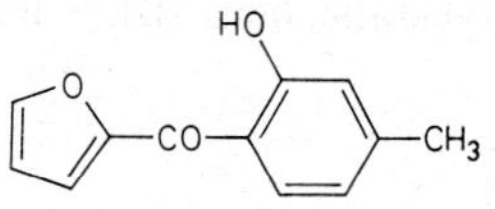   IX

[2]Furyl-[2-hydroxy-4-methyl-phenyl]-keton $C_{12}H_{10}O_3$, Formel IX.

B. Aus Furan-2-carbonsäure-m-tolylester beim Erhitzen mit Aluminiumchlorid auf 160° (*Dakshinamurthy, Saharia*, J. scient. ind. Res. India **15**B [1956] 69).

Krystalle (aus A.); F: 200—201°.

[2]Furyl-[2-hydroxy-4-methyl-phenyl]-keton-[2,4-dinitro-phenylhydrazon] $C_{18}H_{14}N_4O_6$, Formel X.

B. Aus [2]Furyl-[2-hydroxy-4-methyl-phenyl]-keton und [2,4-Dinitro-phenyl]-hydrazin (*Dakshinamurthy, Saharia*, J. scient. ind. Res. India **15**B [1956] 69).

F: 166°.

5-Methyl-3-salicyliden-3H-furan-2-on $C_{12}H_{10}O_3$, Formel XI.

Eine von *v. Oettingen* (Am. Soc. **52** [1930] 2024) unter dieser Konstitution beschriebene Verbindung vom F: 96° ist als 3-Acetonyl-cumarin (E III/IV **17** 6295) zu formulieren (*Marrian, Russell*, Soc. **1946** 753).

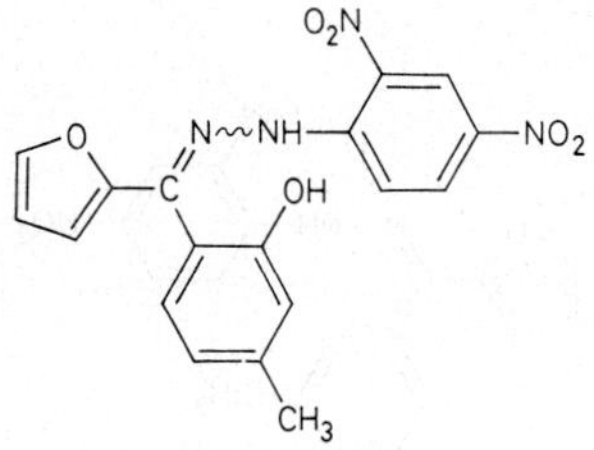

X 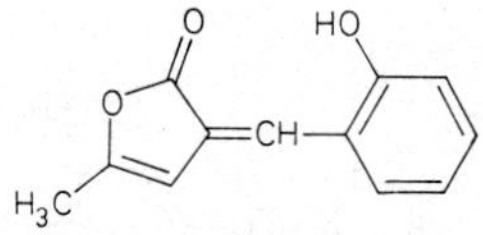   XI 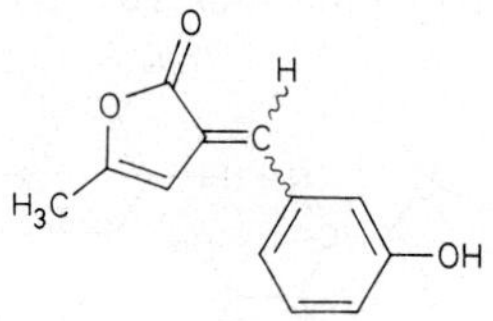   XII

3-[(Ξ)-3-Hydroxy-benzyliden]-5-methyl-3H-furan-2-on $C_{12}H_{10}O_3$, Formel XII.

B. Beim Erwärmen von 3-Hydroxy-benzaldehyd mit 5-Methyl-3H-furan-2-on, Äthanol und wenig Triäthylamin (*Marrian et al.*, Biochem. J. **45** [1949] 533, 535).

Gelbliche Krystalle (aus wss. A.); F: 134°.

3-[(Ξ)-4-Hydroxy-benzyliden]-5-methyl-3H-furan-2-on $C_{12}H_{10}O_3$, Formel I.

B. Beim Erwärmen von 4-Hydroxy-benzaldehyd mit 5-Methyl-3H-furan-2-on und wenig Piperidin (*Marrian et al.*, Biochem. J. **45** [1949] 533, 535).

Gelbe Krystalle (aus Bzl.); F: 133—134°.

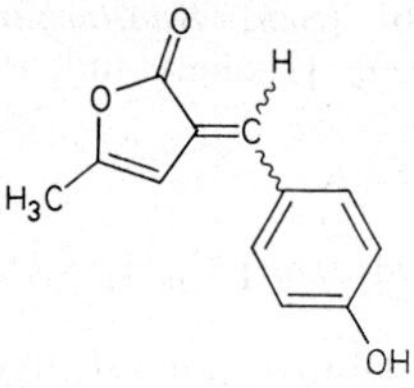

I 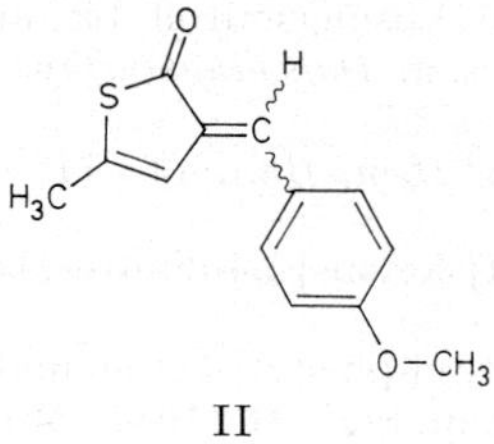   II 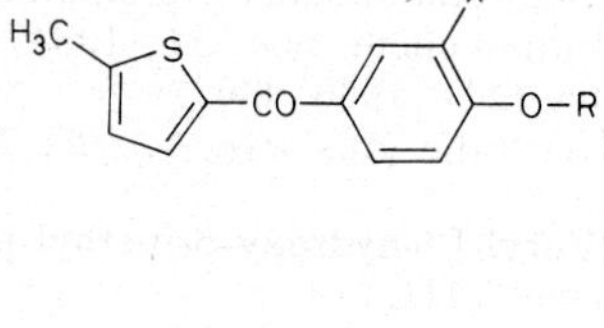   III

3-[(Ξ)-4-Methoxy-benzyliden]-5-methyl-3H-thiophen-2-on $C_{13}H_{12}O_2S$, Formel II.

B. Beim Erwärmen von 4-Methoxy-benzaldehyd mit 5-Methyl-3H-thiophen-2-on und

wenig Dimethylamin (*Schulte, Jantos,* Ar. **292** [1959] 221, 223).
Orangefarbene Krystalle (aus Me.); F: 98°.

[4-Hydroxy-phenyl]-[5-methyl-[2]thienyl]-keton $C_{12}H_{10}O_2S$, Formel III (R = X = H).
B. Beim Erhitzen von [4-Methoxy-phenyl]-[5-methyl-[2]thienyl]-keton mit Pyridin-hydrochlorid auf 200° (*Buu-Hoi et al.,* R. **69** [1950] 1083, 1096).
Krystalle (aus Bzl.); F: 136°.

[4-Methoxy-phenyl]-[5-methyl-[2]thienyl]-keton $C_{13}H_{12}O_2S$, Formel III (R = CH_3, X = H).
B. Beim Behandeln von 2-Methyl-thiophen mit 4-Methoxy-benzoylchlorid, Aluminium-chlorid und Schwefelkohlenstoff (*Buu-Hoi et al.,* R. **69** [1950] 1083, 1096).
Krystalle (aus A.); F: 75°.

[4-Allyloxy-phenyl]-[5-methyl-[2]thienyl]-keton $C_{15}H_{14}O_2S$, Formel III (R = CH_2-CH=CH_2, X = H).
B. Beim Erhitzen von [4-Hydroxy-phenyl]-[5-methyl-[2]thienyl]-keton mit Allyl-bromid und wss.-äthanol. Kalilauge (*Buu-Hoi et al.,* R. **69** [1950] 1083, 1096).
Kp_{20}: 270–275°.

[3-Chlor-4-hydroxy-phenyl]-[5-methyl-[2]thienyl]-keton $C_{12}H_9ClO_2S$, Formel III (R = H, X = Cl).
B. Beim Erhitzen von [3-Chlor-4-methoxy-phenyl]-[5-methyl-[2]thienyl]-keton mit Pyridin-hydrochlorid (*Buu-Hoi et al.,* Soc. **1954** 1034, 1035, 1036).
Krystalle (aus Me. oder A.); F: 183°.

[3-Chlor-4-methoxy-phenyl]-[5-methyl-[2]thienyl]-keton $C_{13}H_{11}ClO_2S$, Formel III (R = CH_3, X = Cl).
B. Aus 5-Methyl-thiophen-2-carbonylchlorid und 2-Chlor-anisol mit Hilfe von Aluminiumchlorid (*Buu-Hoi et al.,* Soc. **1954** 1034, 1035, 1036).
Krystalle (aus Me. oder aus A.); F: 143°.

[3-Brom-4-hydroxy-phenyl]-[5-methyl-[2]thienyl]-keton $C_{12}H_9BrO_2S$, Formel III (R = H, X = Br).
B. Beim Erhitzen von [3-Brom-4-methoxy-phenyl]-[5-methyl-[2]thienyl]-keton mit Pyridin-hydrochlorid (*Buu-Hoi et al.,* Soc. **1954** 1034, 1035, 1036).
Krystalle (aus Me. oder A.); F: 188°.

[3-Brom-4-methoxy-phenyl]-[5-methyl-[2]thienyl]-keton $C_{13}H_{11}BrO_2S$, Formel III (R = CH_3, X = Br).
B. Aus 5-Methyl-thiophen-2-carbonylchlorid und 2-Brom-anisol mit Hilfe von Aluminiumchlorid (*Buu-Hoi et al.,* Soc. **1954** 1034, 1035, 1036).
Krystalle (aus Me. oder A.); F: 142°.

4-Acetoxy-3-allyl-cumarin $C_{14}H_{12}O_4$, Formel IV.
B. Aus 3-Allyl-chroman-2,4-dion (*Grüssner,* Festschrift E. Barell [Basel 1946] S. 238, 243, 250).
F: 89–90°.

8-Allyl-7-hydroxy-cumarin $C_{12}H_{10}O_3$, Formel V.
B. Beim Erhitzen von 7-Allyloxy-cumarin unter 20 Torr auf 200° (*Krishnaswamy, Seshadri,* Pr. Indian Acad. [A] **13** [1941] 43, 46).
Krystalle (aus A.); F: 162–163°.

3-[ξ-2-Chlor-vinyl]-7-hydroxy-4-methyl-cumarin $C_{12}H_9ClO_3$, Formel VI (R = H).
B. Beim Erhitzen von (±)-7-Hydroxy-4-methyl-3-[2,2,2-trichlor-1-hydroxy-äthyl]-cumarin mit Essigsäure und Zink-Pulver (*Kulkarni et al.,* J. Indian chem. Soc. **18** [1941] 113, 116).
Krystalle (aus wss. A.); F: 254–255° [Zers.].

3-[ξ-2-Chlor-vinyl]-7-methoxy-4-methyl-cumarin $C_{13}H_{11}ClO_3$, Formel VI (R = CH_3).

B. Beim Erhitzen von (±)-7-Methoxy-4-methyl-3-[2,2,2-trichlor-1-methoxy-äthyl]-cumarin mit Essigsäure und Zink-Pulver (*Chudgar, Shah,* J. Univ. Bombay **11**, Tl. 3A [1942] 116, 117).

Gelbe Krystalle (aus A.); F: 160—161°.

7-Acetoxy-3-[ξ-2-chlor-vinyl]-4-methyl-cumarin $C_{14}H_{11}ClO_4$, Formel VI (R = CO-CH_3).

B. Beim Behandeln von 3-[2ξ-Chlor-vinyl]-7-hydroxy-4-methyl-cumarin (F: 254° bis 255° [Zers.]) mit Acetanhydrid und Pyridin (*Kulkarni et al.,* J. Indian chem. Soc. **18** [1941] 113, 116).

Krystalle (aus A.); F: 169—170°.

4-Hydroxy-2-isopropenyl-benzofuran-5-carbaldehyd $C_{12}H_{10}O_3$, Formel VII (R = H).

B. Aus Athamantin ((8S)-cis-9-Isovaleryloxy-8-[α-isovaleryloxy-isopropyl]-8,9-dihydro-furo[2,3-h]chromen-2-on; über die Konfiguration dieser Verbindung s. *Nakazaki et al.,* Tetrahedron Letters **1966** 4735; *Lemmich et al.,* Acta chem. scand. **24** [1970] 2893, 2896, 2897 Anm.) mit Hilfe von Ozon (*Späth, Schmid,* B. **73** [1940] 1309, 1312, 1316).

Krystalle (aus Me.); F: 96° (*Sp., Sch.*).

2-Isopropenyl-4-methoxy-benzofuran-5-carbaldehyd $C_{13}H_{12}O_3$, Formel VII (R = CH_3).

B. Beim Behandeln von 4-Hydroxy-2-isopropenyl-benzofuran-5-carbaldehyd mit Methanol und mit Diazomethan in Äther (*Späth, Schmid,* B. **73** [1940] 1309, 1316).

$Kp_{0,02}$: 140—145°.

6-Hydroxy-2,3-dihydro-1H-cyclopenta[b]chromen-9-on $C_{12}H_{10}O_3$, Formel VIII (R = H).

B. Neben kleineren Mengen 8-Hydroxy-2,3-dihydro-1H-cyclopenta[b]chromen-9-on und 7-Hydroxy-2,3-dihydro-1H-cyclopenta[c]chromen-4-on beim Erhitzen von 2-Oxo-cyclopentancarbonsäure-äthylester mit Resorcin auf 250° (*Pillon,* Bl. **1952** 324, 329).

Krystalle (aus A.); F: 287,5°. UV-Spektrum (A.; 220—320 nm): *Pi.,* l. c. S. 328.

6-Acetoxy-2,3-dihydro-1H-cyclopenta[b]chromen-9-on $C_{14}H_{12}O_4$, Formel VIII (R = CO-CH_3).

B. Beim Erwärmen von 6-Hydroxy-2,3-dihydro-1H-cyclopenta[b]chromen-9-on mit Acetanhydrid und Natriumacetat (*Pillon,* Bl. **1952** 324, 329).

Krystalle (aus A.); F: 139—140°.

8-Hydroxy-2,3-dihydro-1H-cyclopenta[b]chromen-9-on $C_{12}H_{10}O_3$, Formel IX.

B. s. o. im Artikel 6-Hydroxy-2,3-dihydro-1H-cyclopenta[b]chromen-9-on.

Krystalle (aus A.); F: 143—144° (*Pillon,* Bl. **1952** 324, 329). UV-Spektrum (A.; 220—380 nm): *Pi.*

7-Hydroxy-2,3-dihydro-1H-cyclopenta[c]chromen-4-on, 2-[2,4-Dihydroxy-phenyl]-cyclo=pent-1-encarbonsäure-2-lacton $C_{12}H_{10}O_3$, Formel X (R = X = H).

B. Beim Behandeln von 2-Oxo-cyclopentancarbonsäure-äthylester mit Resorcin und konz. Schwefelsäure (*Ahmad, Desai,* Pr. Indian Acad. [A] **5** [1937] 277, 280). Beim Erhitzen von 7-Hydroxy-2,3-dihydro-1H-cyclopenta[c]chromen-4-on-imin mit 50%ig. wss. Schwefelsäure oder mit konz. wss. Salzsäure (*Lamant,* A. ch. [13] **4** [1959] 87, 136).

Krystalle; F: 247° [aus wss. A.] (*Ah., De.*), 243,5° [aus A.] (*Pillon,* Bl. **1952** 324, 329). UV-Spektrum (A.; 220—360 nm): *Pi.*

7-Acetoxy-2,3-dihydro-1H-cyclopenta[c]chromen-4-on, 2-[4-Acetoxy-2-hydroxy-phenyl]-cyclopent-1-encarbonsäure-lacton $C_{14}H_{12}O_4$, Formel X (R = CO-CH$_3$, X = H).
B. Beim Erhitzen von 7-Hydroxy-2,3-dihydro-1H-cyclopenta[c]chromen-4-on mit Acetanhydrid (*Ahmad, Desai,* Pr. Indian Acad. [A] **5** [1937] 277, 280).
Krystalle (aus A.); F: 158—159°.

7-Benzoyloxy-2,3-dihydro-1H-cyclopenta[c]chromen-4-on, 2-[4-Benzoyloxy-2-hydroxy-phenyl]-cyclopent-1-encarbonsäure-lacton $C_{19}H_{14}O_4$, Formel X (R = CO-C$_6$H$_5$, X = H).
B. Beim Behandeln von 7-Hydroxy-2,3-dihydro-1H-cyclopenta[c]chromen-4-on mit Benzoylchlorid und Pyridin (*Ahmad, Desai,* Pr. Indian Acad. [A] **5** [1937] 277, 280).
Krystalle (aus wss. A.); F: 166—167°.

7-Dimethoxythiophosphoryloxy-2,3-dihydro-1H-cyclopenta[c]chromen-4-on, 2-[4-Dimethoxythiophosphoryloxy-2-hydroxy-phenyl]-cyclopent-1-encarbonsäure-lacton, Thiophosphorsäure-*O,O'*-dimethylester-*O''*-[4-oxo-1,2,3,4-tetrahydro-cyclopenta[c]chromen-7-ylester] $C_{14}H_{15}O_5PS$, Formel X (R = P(S)(OCH$_3$)$_2$, X = H).
B. Beim Behandeln von 7-Hydroxy-2,3-dihydro-1H-cyclopenta[c]chromen-4-on mit Chlorothiophosphorsäure-*O,O'*-dimethylester und Natriummethylat in Methanol (*Losco, Peri,* G. **89** [1959] 1298, 1305, 1308).
Krystalle (aus Bzl. + PAe.); F: 88—89°.

7-Diäthoxythiophosphoryloxy-2,3-dihydro-1H-cyclopenta[c]chromen-4-on, 2-[4-Diäthoxythiophosphoryloxy-2-hydroxy-phenyl]-cyclopent-1-encarbonsäure-lacton, Thiophosphorsäure-*O,O'*-diäthylester-*O''*-[4-oxo-1,2,3,4-tetrahydro-cyclopenta[c]chromen-7-ylester] $C_{16}H_{19}O_5PS$, Formel X (R = P(S)(OC$_2$H$_5$)$_2$, X = H).
B. Beim Behandeln von 7-Hydroxy-2,3-dihydro-1H-cyclopenta[c]chromen-4-on mit Chlorothiophosphorsäure-*O,O'*-diäthylester und Natriumäthylat in Äthanol (*Losco, Peri,* G. **89** [1959] 1298, 1305, 1308).
Krystalle (aus Bzl. + PAe.); F: 85—86°.

4-Imino-1,2,3,4-tetrahydro-cyclopenta[c]chromen-7-ol, 7-Hydroxy-2,3-dihydro-1H-cyclopenta[c]chromen-4-on-imin, 2-[2,4-Dihydroxy-phenyl]-cyclopent-1-encarbimidsäure-2-lacton $C_{12}H_{11}NO_2$, Formel XI.
B. Beim Erwärmen von 2-Oxo-cyclopentancarbonitril mit Resorcin, Essigsäure und wenig Schwefelsäure (*Lamant,* A. ch. [13] **4** [1959] 87, 136).
Gelbe Krystalle (aus Py.); F: 268°.

8-Chlor-7-hydroxy-2,3-dihydro-1H-cyclopenta[c]chromen-4-on, 2-[5-Chlor-2,4-dihydroxy-phenyl]-cyclopent-1-encarbonsäure-2-lacton $C_{12}H_9ClO_3$, Formel X (R = H, X = Cl).
B. Beim Erwärmen von 2-Oxo-cyclopentancarbonsäure-äthylester mit 4-Chlor-resorcin und konz. Schwefelsäure (*Losco, Peri,* G. **89** [1959] 1298, 1303).
F: 245—247°.

8-Chlor-7-diäthoxythiophosphoryloxy-2,3-dihydro-1H-cyclopenta[c]chromen-4-on, 2-[5-Chlor-4-diäthoxythiophosphoryloxy-2-hydroxy-phenyl]-cyclopent-1-encarbonsäure-lacton, Thiophosphorsäure-*O,O'*-diäthylester-*O''*-[8-chlor-4-oxo-1,2,3,4-tetrahydro-cyclopenta[c]chromen-7-ylester] $C_{16}H_{18}ClO_5PS$, Formel X (R = P(S)(OC$_2$H$_5$)$_2$, X = Cl).
B. Beim Erwärmen von 8-Chlor-7-hydroxy-2,3-dihydro-1H-cyclopenta[c]chromen-4-on mit Chlorothiophosphorsäure-*O,O'*-diäthylester, Kaliumcarbonat und Aceton (*Losco, Peri,* G. **89** [1959] 1298, 1305).
Krystalle (aus A.); F: 167—168° (*Lo., Peri,* l. c. S. 1308).

7-Methoxy-2,3-dihydro-1H-dibenzofuran-4-on $C_{13}H_{12}O_3$, Formel XII.

B. Beim Erhitzen einer Lösung von 4-[6-Methoxy-benzofuran-3-yl]-buttersäure in Acetanhydrid mit Zinkchlorid und wss. Essigsäure unter Stickstoff (*Bhide et al.*, Chem. and Ind. **1957** 1319; Tetrahedron **10** [1960] 223, 227).
Orangefarbene Krystalle (aus A.); F: 129°.

XI   XII   XIII

7-Methoxy-2,3-dihydro-1H-dibenzofuran-4-on-semicarbazon $C_{14}H_{15}N_3O_3$, Formel XIII.

B. Aus 7-Methoxy-2,3-dihydro-1H-dibenzofuran-4-on und Semicarbazid (*Bhide et al.*, Tetrahedron **10** [1960] 223, 227).
Krystalle; F: 235° [Zers.].

Hydroxy-oxo-Verbindungen $C_{13}H_{12}O_3$

4-Methoxy-6-phenäthyl-pyran-2-on, 5-Hydroxy-3-methoxy-7-phenyl-hepta-2c,4t-dien=säure-lacton $C_{14}H_{14}O_3$, Formel I.

B. Neben kleineren Mengen 2-Methoxy-6-phenäthyl-pyran-4-on (s. u.) beim Behandeln von 6-Phenäthyl-pyran-2,4-dion mit Diazomethan in Äther (*Cieślak*, Roczniki Chem. **32** [1958] 837, 846; C. **1961** 2965; *Chmielewska et al.*, Tetrahedron **4** [1958] 36, 39).
Krystalle (aus wss. Acn.); F: 94—95° (*Ci.*; *Ch. et al.*). IR-Banden (CCl_4) im Bereich von 5,8 μ bis 12 μ: *Ch. et al.*, l. c. S. 41. UV-Spektrum (A.; 200—320 nm): *Ch. et al.*, l. c. S. 40.

I   II

2-Methoxy-6-phenäthyl-pyran-4-on $C_{14}H_{14}O_3$, Formel II.

B. s. im vorangehenden Artikel.
Krystalle [aus PAe.] (*Cieślak*, Roczniki Chem. **32** [1958] 837, 846; C. **1961** 2965); F: 46—47° (*Ci.*; *Chmielewska et al.*, Tetrahedron **4** [1958] 36, 39). IR-Banden (CCl_4) im Bereich von 6 μ bis 11 μ: *Ch. et al.*, l. c. S. 41. UV-Spektrum (A.; 200—320 nm): *Ch. et al.*, l. c. S. 40.
Verbindung mit Perchlorsäure $C_{14}H_{14}O_3 \cdot HClO_4$; 4-Hydroxy-2-methoxy-6-phenäthyl-pyrylium-perchlorat $[C_{14}H_{15}O_3]ClO_4$. Krystalle; F: 142—143° (*Ci.*; *Ch. et al.*).

4-Methoxy-6-styryl-5,6-dihydro-pyran-2-on, 5-Hydroxy-3-methoxy-7-phenyl-hepta-2,6-diensäure-lacton $C_{14}H_{14}O_3$.

a) **(6R)-4-Methoxy-6-trans-styryl-5,6-dihydro-pyran-2-on, (+)-Kawain** $C_{14}H_{14}O_3$, Formel III.
Konfigurationszuordnung: *Snatzke*, *Hänsel*, Tetrahedron Letters **1968** 1797; *Achenbach*, *Theobald*, B. **107** [1974] 735.
Isolierung aus Wurzeln von Piper methysticum („Kawa-Wurzel"): *Hänsel*, *Beiersdorff*, Arzneimittel-Forsch. **9** [1959] 581, 583, 584; *Klohs et al.*, J. med. pharm. Chem. **1** [1959] 95, 100; aus Kawa-Harz: *Borsche*, *Peitzsch*, B. **63** [1930] 2414, 2415.
Krystalle; F: 107—108° [aus Butan-1-ol + PAe.] (*Hä., Be.*), 106,5—108° [unkorr.; aus Ae.] (*Kl. et al.*), 105—106° [nach Sintern bei 102°; aus Me. + Ae.] (*Bo., Pe.*). $[\alpha]_D^{20}$:

+105° [A.; c = 1] (Bo., Pe.); [α]$_D^{25}$: +97° [A.; c = 1] (Kl. et al.); [α]$_D^{24}$: +103° [Me.; c = 1] (Hä., Be.). IR-Spektrum (Nujol sowie CHCl$_3$; 7—13 μ): Fowler, Henbest, Soc. **1950** 3642, 3643. UV-Spektrum (Me.; 205—295 nm): Hä., Be.; Absorptionsmaximum (A.): 244 nm (Kl. et al.), 245 nm (Fo., He., l. c. S. 3645).

b) (±)-4-Methoxy-6-*trans*-styryl-5,6-dihydro-pyran-2-on C$_{14}$H$_{14}$O$_3$, Formel III + Spiegelbild.

B. Beim Erwärmen von 4-Brom-3-methoxy-crotonsäure-äthylester (Kp$_{30}$: 134—139°) mit *trans*-Zimtaldehyd, Benzol und Zink (Kostermans, R. **70** [1951] 79, 81). Beim Behandeln einer Lösung von (±)-6-*trans*-Styryl-dihydro-pyran-2,4-dion in Methanol und Äther mit Diazomethan in Äther (Fowler, Henbest, Soc. **1950** 3642, 3645).

Krystalle; F: 146—147° [korr.; Kofler-App.; aus Me.] (Fo., He.), 145° [unkorr.; aus A.] (Ko.). IR-Spektrum (Nujol sowie CHCl$_3$; 7—13 μ): Fo., He., l. c. S. 3643. Absorptionsmaximum (A.); 244 nm (Fo., He., l. c. S. 3645).

4-[4-Methoxy-3-methyl-phenyl]-6-methyl-pyran-2-on, 5-Hydroxy-3-[4-methoxy-3-methyl-phenyl]-hexa-2c,4t-diensäure-lacton C$_{14}$H$_{14}$O$_3$, Formel IV, und **4-[4-Methoxy-3-methyl-phenyl]-6-methylen-5,6-dihydro-pyran-2-on, 5-Hydroxy-3-[4-methoxy-3-methyl-phenyl]-hexa-2c,5-diensäure-lacton** C$_{14}$H$_{14}$O$_3$, Formel V.

Diese beiden Konstitutionsformeln kommen für die nachstehend beschriebene Verbindung in Betracht.

B. Beim Erhitzen von 3-[4-Methoxy-3-methyl-phenyl]-5-oxo-hex-2-ensäure (F: 139°) mit wss. Salzsäure (Gogte, Pr. Indian Acad. [A] **7** [1938] 214, 227). Beim Erhitzen von 5-Acetyl-6-hydroxy-4-[4-methoxy-3-methyl-phenyl]-pyran-2-on (F: 189°; über die Konstitution dieser Verbindung s. Karmarkar, J. scient. ind. Res. India **20**B [1961] 409) mit konz. wss. Salzsäure (Limaye, Bhave, J. Univ. Bombay **2**, Tl. 2 [1933] 82, 86, 89).

Krystalle; F: 95° (Li., Bh.), 91° [aus wss. Me.] (Go.).

4-[2-Methoxy-5-methyl-phenyl]-6-methyl-pyran-2-on, 5-Hydroxy-3-[2-methoxy-5-methyl-phenyl]-hexa-2c,4t-diensäure-lacton C$_{14}$H$_{14}$O$_3$, Formel VI, und **4-[2-Methoxy-5-methyl-phenyl]-6-methylen-5,6-dihydro-pyran-2-on, 5-Hydroxy-3-[2-methoxy-5-methyl-phenyl]-hexa-2c,5-diensäure-lacton** C$_{14}$H$_{14}$O$_3$, Formel VII.

Diese beiden Konstitutionsformeln kommen für die nachstehend beschriebene Verbindung in Betracht.

B. Beim Erhitzen von 3-[2-Methoxy-5-methyl-phenyl]-5-oxo-hex-2-ensäure (F: 101°) mit wss. Salzsäure (Gogte, Pr. Indian Acad. [A] **7** [1938] 214, 226).

Kp$_{14}$: 212—214°.

(±)-3-[2-Amino-phenylmercapto]-3-phenyl-1-[2]thienyl-propan-1-on C$_{19}$H$_{17}$NOS$_2$, Formel VIII (R = H).

B. Beim Erwärmen von 3-Phenyl-1-[2]thienyl-propenon mit 2-Amino-thiophenol in

Äthanol unter Zusatz von Benzyl-trimethyl-ammonium-hydroxid-Lösung (*Ried, Marx,* B. **90** [1957] 2683, 2684, 2686).
Krystalle (aus A.); F: 142—143° [unkorr.].

(±)-3-[2-Acetylamino-phenylmercapto]-3-phenyl-1-[2]thienyl-propan-1-on $C_{21}H_{19}NO_2S_2$, Formel VIII (R = CO-CH$_3$).
B. Beim Erhitzen von (±)-3-[2-Amino-phenylmercapto]-3-phenyl-1-[2]thienyl-propan-1-on mit Acetanhydrid (*Ried, Marx,* B. **90** [1957] 2683, 2686).
Gelbe Krystalle (aus A.); F: 118,5—119,5° [unkorr.].

(±)-3-[2]Furyl-1-phenyl-3-*p*-tolylmercapto-propan-1-on $C_{20}H_{18}O_2S$, Formel IX.
B. Beim Behandeln von 3-[2]Furyl-1-phenyl-propenon mit Thio-*p*-kresol, Benzol und wenig Piperidin (*Gilman, Dickey,* Iowa Coll. J. **6** [1932] 381, 387).
Gelbe Krystalle (aus PAe. + Bzl.); F: 78,5°.

(±)-3-[2]Furyl-1-phenyl-3-[toluol-4-sulfonyl]-propan-1-on $C_{20}H_{18}O_4S$, Formel X.
B. Beim Behandeln von 3-[2]Furyl-1-phenyl-propenon mit Toluol-4-sulfinsäure in Äthanol (*Gilman, Dickey,* Iowa Coll. J. **6** [1932] 381, 387).
Krystalle (aus Bzl. + PAe.); F: 141°.

[2]Furyl-[2-hydroxy-4,6-dimethyl-phenyl]-keton $C_{13}H_{12}O_3$, Formel XI.
B. Beim Erhitzen von Furan-2-carbonsäure-[3,5-dimethyl-phenylester] mit Aluminiumchlorid in Schwefelkohlenstoff auf 110° (*Tiwari, Tripathi,* J. Indian chem. Soc. **31** [1954] 841, 843).
Kp$_{15}$: 192°.

[2]Furyl-[2-hydroxy-4,6-dimethyl-phenyl]-keton-[2,4-dinitro-phenylhydrazon] $C_{19}H_{16}N_4O_6$, Formel XII.
B. Aus [2]Furyl-[2-hydroxy-4,6-dimethyl-phenyl]-keton und [2,4-Dinitro-phenyl]-hydrazin (*Tiwari, Tripathi,* J. Indian chem. Soc. **31** [1954] 841, 843).
Krystalle (aus A.); F: 169°.

[2]Furyl-[2-hydroxy-4,5-dimethyl-phenyl]-keton $C_{13}H_{12}O_3$, Formel XIII (R = H).
B. Beim Erhitzen von Furan-2-carbonsäure-[3,4-dimethyl-phenylester] mit Aluminiumchlorid in Schwefelkohlenstoff auf 110° (*Tiwari, Tripathi,* J. Indian chem. Soc. **31** [1954] 841, 843).
Kp$_{10}$: 178°.

[2-Allyloxy-4,5-dimethyl-phenyl]-[2]furyl-keton $C_{16}H_{16}O_3$, Formel XIII (R = CH$_2$-CH=CH$_2$).
B. Beim Erwärmen von [2]Furyl-[2-hydroxy-4,5-dimethyl-phenyl]-keton mit Allylbromid, Kaliumcarbonat und Aceton (*Tiwari, Tripathi,* J. Indian chem. Soc. **33** [1956] 214).
Kp$_{22}$: 163°.

[2]Furyl-[2-hydroxy-4,5-dimethyl-phenyl]-keton-[2,4-dinitro-phenylhydrazon] $C_{19}H_{16}N_4O_6$, Formel XIV.
B. Aus [2]Furyl-[2-hydroxy-4,5-dimethyl-phenyl]-keton und [2,4-Dinitro-phenyl]-hydrazin (*Tiwari, Tripathi,* J. Indian chem. Soc. **31** [1954] 841, 843).
Krystalle (aus Eg.); F: 213°.

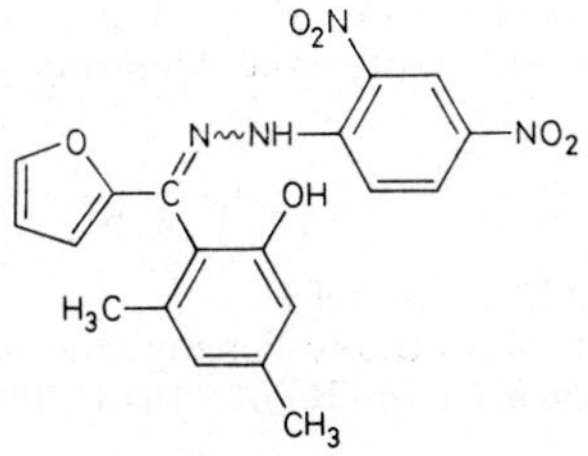

XII 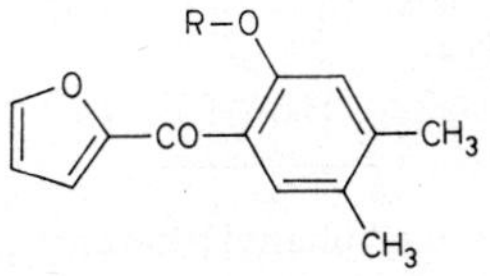   XIII 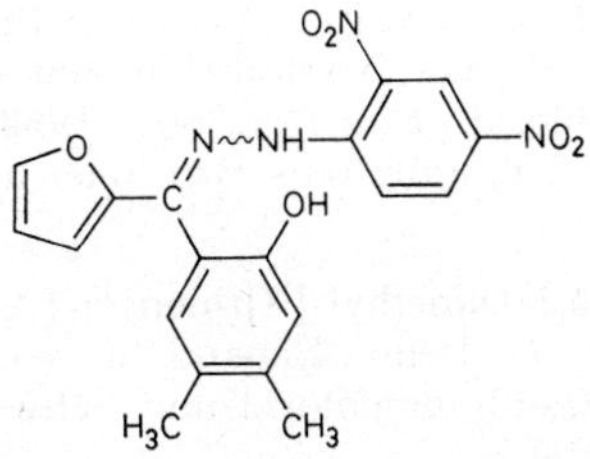   XIV

4-[4-Allyl-3-hydroxy-phenyl]-5H-furan-2-on $C_{13}H_{12}O_3$, Formel I.

B. Beim Erwärmen von 2-Acetoxy-1-[4-allyl-3-acetoxy-phenyl]-äthanon mit Benzol, Zink und wenig Jod, Erwärmen des Reaktionsprodukts mit Bromessigsäure-äthylester und Benzol und Erhitzen des danach isolierten Reaktionsprodukts auf 130° (*El Said*, Pr. pharm. Soc. Egypt **35** [1953] Nr. 10, S. 81, 87).

Krystalle (aus wss. Eg.); F: 185—186°.

4-[4-Allyl-3-β-D-glucopyranosyloxy-phenyl]-5H-furan-2-on, 3-[4-Allyl-3-β-D-glucopyranosyloxy-phenyl]-4-hydroxy-*cis*-crotonsäure-lacton $C_{19}H_{22}O_8$, Formel II (R = H).

B. Beim Behandeln der im folgenden Artikel beschriebenen Verbindung mit Bariummethylat in Methanol (*El Said*, Pr. pharm. Soc. Egypt **35** [1953] Nr. 10, S. 81, 88).

F: 196—197°.

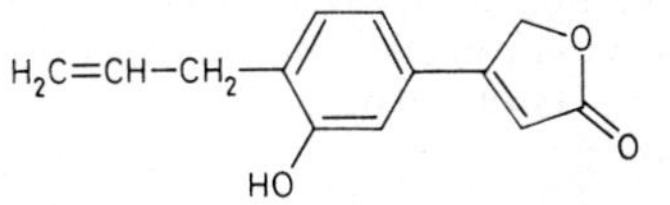

I 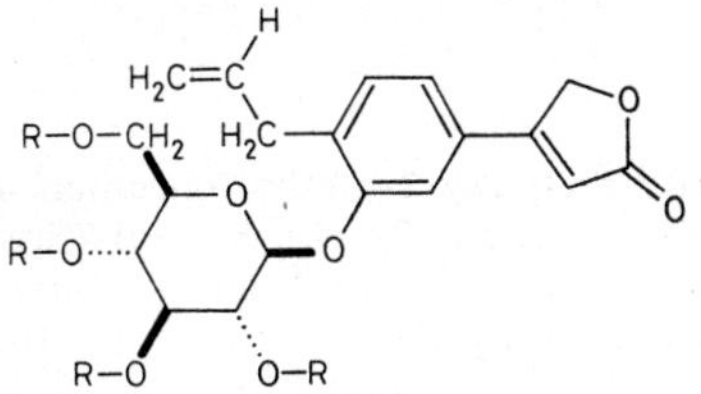   II

4-[4-Allyl-3-(tetra-*O*-acetyl-β-D-glucopyranosyloxy)-phenyl]-5H-furan-2-on, 3-[4-Allyl-3-(tetra-*O*-acetyl-β-D-glucopyranosyloxy)-phenyl]-4-hydroxy-*cis*-crotonsäure-lacton $C_{27}H_{30}O_{12}$, Formel II (R = CO-CH$_3$).

B. Beim Behandeln von 4-[4-Allyl-3-hydroxy-phenyl]-5H-furan-2-on mit wss. Natronlauge und mit α-D-Acetobromglucopyranose (Tetra-*O*-acetyl-α-D-glucopyranosylbromid) in Aceton (*El Said*, Pr. pharm. Soc. Egypt **35** [1953] Nr. 10, S. 81, 88).

Krystalle (aus Me.); F: 178—179°.

3-[4-Methoxy-phenäthyl]-5-methylen-5H-furan-2-on, 4-Hydroxy-2-[4-methoxy-phenäthyl]-penta-2*c*,4-diensäure-lacton $C_{14}H_{14}O_3$, Formel III.

B. Neben einer als 2-Acetonyl-4-[4-methoxy-phenyl]-crotonsäure formulierten Verbindung (F: 84°) beim Erhitzen von (±)-2-Hydroxy-2-acetonyl-4-[4-methoxy-phenyl]-buttersäure mit konz. wss. Salzsäure und Essigsäure (*Cordier*, J. Pharm. Belg. **14** [1959] 106, 108).

Krystalle; F: 140°.

[5-Äthyl-[2]thienyl]-[4-hydroxy-phenyl]-keton $C_{13}H_{12}O_2S$, Formel IV (R = H).

B. Beim Erhitzen von [5-Äthyl-[2]thienyl]-[4-methoxy-phenyl]-keton mit Pyridinhydrochlorid (*Buu-Hoi*, Soc. **1958** 2418).

Krystalle (aus Bzl. + Bzn.); F: 126°.

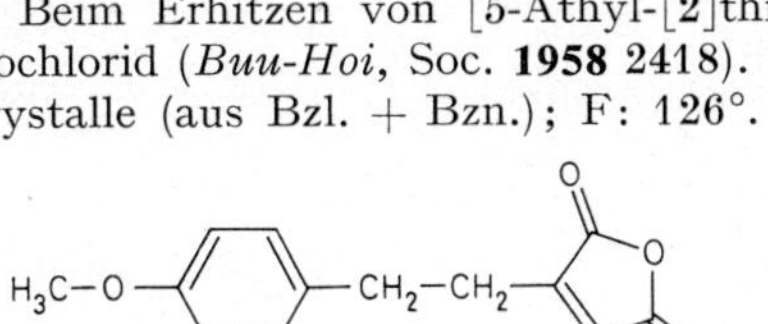

III 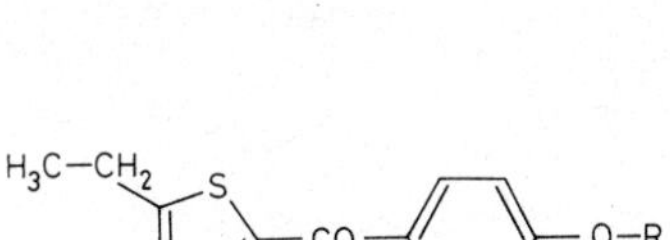   IV

[5-Äthyl-[2]thienyl]-[4-methoxy-phenyl]-keton $C_{14}H_{14}O_2S$, Formel IV (R = CH_3).

B. Aus 2-Äthyl-thiophen und 4-Methoxy-benzoylchlorid mit Hilfe von Aluminiumchlorid (*Buu-Hoi*, Soc. **1958** 2418).

Krystalle (aus Bzn. oder aus Bzl. + Bzn.); F: 48°.

[2,5-Dimethyl-[3]thienyl]-[4-methoxy-phenyl]-keton $C_{14}H_{14}O_2S$, Formel V.

B. Beim Behandeln von 2,5-Dimethyl-thiophen mit 4-Methoxy-benzoylchlorid, Aluminiumchlorid und Schwefelkohlenstoff (*Buu-Hoi, Nguyen-Hoán*, R. **67** [1948] 309, 325).

Krystalle (aus A.); F: 106°.

8-Allyl-7-hydroxy-2-methyl-chromen-4-on $C_{13}H_{12}O_3$, Formel VI (R = H).

B. Beim Erhitzen von 7-Allyloxy-2-methyl-chromen-4-on mit N,N-Dimethyl-anilin (*Davies, Norris*, Soc. **1949** 3080).

Krystalle (aus A.); F: 194—195° [unkorr.].

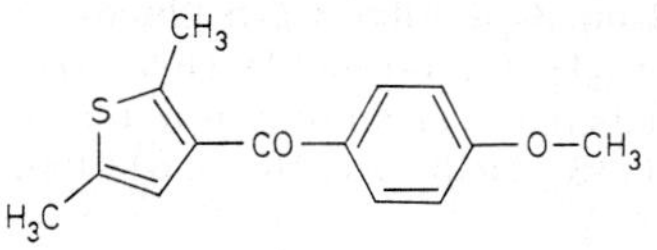

V 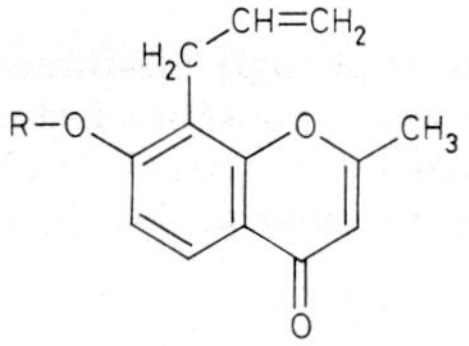 VI 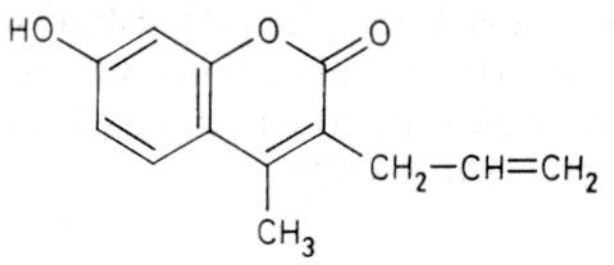 VII

8-Allyl-7-methoxy-2-methyl-chromen-4-on $C_{14}H_{14}O_3$, Formel VI (R = CH_3).

B. Beim Behandeln von 8-Allyl-7-hydroxy-2-methyl-chromen-4-on mit Dimethylsulfat und Natriumäthylat in Äthanol (*Davies, Norris*, Soc. **1949** 3080).

Krystalle (aus Bzl. + PAe.); F: 102—103° [unkorr.].

3-Allyl-7-hydroxy-4-methyl-cumarin $C_{13}H_{12}O_3$, Formel VII (E II 26).

Beim Behandeln mit der Quecksilber(II)-Verbindung des Acetamids und wss. Natronlauge ist 3-Allyl-6,8-bis-hydroxomercurio-7-hydroxy-4-methyl-cumarin, beim Behandeln mit Quecksilber(II)-acetat und wss. Natronlauge ist 8-Acetoxomercurio-3-allyl-6-hydroxomercurio-7-hydroxy-4-methyl-cumarin erhalten worden (*Naik, Patel*, Soc. **1934** 1043, 1046, 1047).

8-Allyl-7-hydroxy-4-methyl-cumarin $C_{13}H_{12}O_3$, Formel VIII (R = H).

B. Aus 7-Allyloxy-4-methyl-cumarin bei kurzem Erhitzen bis auf 235° (*Nesmejanow, Sarewitsch*, B. **68** [1935] 1476, 1478; Ž. obšč. Chim. **6** [1936] 140, 141), beim Erhitzen unter 20 Torr auf 200° (*Krishnaswamy, Seshadri*, Pr. Indian Acad. [A] **13** [1941] 43, 47) sowie beim Erhitzen in Decalin auf Siedetemperatur (*Schamschurin*, Ž. obšč. Chim. **14** [1944] 211, 213; C. A. **1945** 2286).

Krystalle (aus A.); F: 195—196° (*Ne., Sa.*), 193—194° (*Kr., Se.*), 192—193° (*Sch.*, l. c. S. 213).

Beim Erwärmen mit wss. Natronlauge unter Stickstoff sind 2-Allyl-resorcin und 2-Methyl-2,3-dihydro-benzofuran-4-ol erhalten worden (*Schamschurin*, Ž. obšč. Chim. **14** [1944] 881, 882; C. A. **1945** 3789).

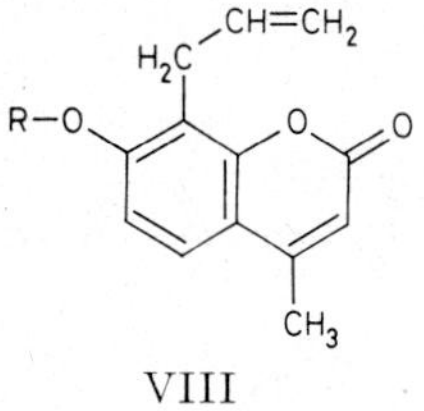

VIII 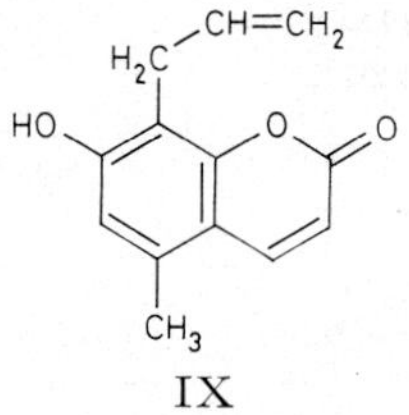 IX 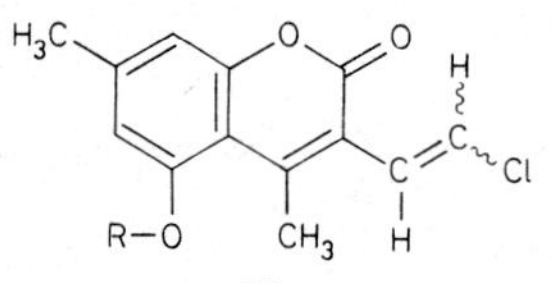 X

8-Allyl-7-diäthoxythiophosphoryloxy-4-methyl-cumarin, Thiophosphorsäure-O,O'-diäthylester-O''-[8-allyl-4-methyl-2-oxo-2H-chromen-7-ylester] $C_{17}H_{21}O_5PS$, Formel VIII (R = $P(S)(OC_2H_5)_2$).

B. Beim Erwärmen von 8-Allyl-7-hydroxy-4-methyl-cumarin mit Chlorothiophosphorsäure-O,O'-diäthylester, Kaliumcarbonat, Kupfer-Pulver und Butanon (*Farbenfabr. Bayer*, D.B.P. 887814 [1951]).

Krystalle (aus Bzn.); F: 46°.

8-Allyl-7-hydroxy-5-methyl-cumarin $C_{13}H_{12}O_3$, Formel IX.

B. Beim Erhitzen von 7-Allyloxy-5-methyl-cumarin auf 200° (*Krishnaswamy et al.*, Pr. Indian Acad. [A] **19** [1944] 5, 11).

Krystalle (aus A.); F: 174—175°.

3-[ξ-2-Chlor-vinyl]-5-hydroxy-4,7-dimethyl-cumarin $C_{13}H_{11}ClO_3$, Formel X (R = H).

B. Beim Erhitzen von (±)-5-Hydroxy-3-[1-hydroxy-2,2,2-trichlor-äthyl]-4,7-dimethyl-cumarin mit Essigsäure und Zink-Pulver (*Kulkarni, Shah*, Pr. Indian Acad. [A] **14** [1941] 151, 156).

Krystalle (aus wss. A.); F: 251—252°.

5-Acetoxy-3-[ξ-2-chlor-vinyl]-4,7-dimethyl-cumarin $C_{15}H_{13}ClO_4$, Formel X (R = $CO-CH_3$).

B. Beim Erwärmen von 3-[2-Chlor-vinyl]-5-hydroxy-4,7-dimethyl-cumarin (F: 251° bis 252°) mit Acetanhydrid und Pyridin (*Kulkarni, Shah*, Pr. Indian Acad. [A] **14** [1941] 151, 156).

Krystalle (aus A.); F: 148—149°.

5-Acetyl-2-isopropenyl-benzofuran-6-ol, 1-[6-Hydroxy-2-isopropenyl-benzofuran-5-yl]-äthanon, Euparin $C_{13}H_{12}O_3$, Formel XI (R = H).

Isolierung aus Wurzeln von Eupatorium purpureum: *Kamthong, Robertson*, Soc. **1939** 925, 927; aus Wurzeln von Eupatorium cannabinum: *Jerzmanowska*, Diss. pharm. **3** [1951] 165, 172; C. A. **1954** 5848; *Grzybowska, Jerzmanowska*, Roczniki Chem. **28** [1954] 213, 218; C. A. **1954** 12378.

Gelbe Krystalle; F: 121—122° [aus A.] (*Je.*), 120—121° [aus A. + Bzl.] (*Gr., Je.*), 118,5° [aus PAe.] (*Ka., Ro.*).

Beim Erwärmen mit Schwefelsäure enthaltendem Äthanol ist 2,4-Bis-[5-acetyl-6-hydroxy-benzofuran-2-yl]-4-methyl-pent-1-en erhalten worden (*Je.*; *Jerzmanowska, Sykulski*, Roczniki Chem. **32** [1958] 471, 477; C. A. **1959** 2216).

5-Acetyl-2-isopropenyl-6-methoxy-benzofuran, 1-[6-Methoxy-2-isopropenyl-benzofuran-5-yl]-äthanon, O-Methyl-euparin $C_{14}H_{14}O_3$, Formel XI (R = CH_3).

B. Beim Erwärmen von Euparin (s. o.) mit Methyljodid, Kaliumcarbonat und Aceton (*Kamthong, Robertson*, Soc. **1939** 925, 928).

Krystalle; F: 76—77° [aus wss. A.] (*Ka., Ro.*), 75° (*Jerzmanowska*, Diss. pharm. **3** [1951] 165, 166; C. A. **1954** 5848).

6-Acetoxy-5-acetyl-2-isopropenyl-benzofuran, 1-[6-Acetoxy-2-isopropenyl-benzofuran-5-yl]-äthanon, O-Acetyl-euparin $C_{15}H_{14}O_4$, Formel XI (R = $CO-CH_3$).

B. Beim Behandeln von Euparin (s. o.) mit Acetanhydrid und Pyridin (*Kamthong, Robertson,*, Soc. **1939** 925, 928).

Krystalle; F: 80° [aus Bzn.] (*Ka., Ro.*), 79° (*Jerzmanowska*, Diss. pharm. **3** [1951] 165, 166; C. A. **1954** 5848).

5-Acetyl-2-isopropenyl-6-[tetra-O-acetyl-ξ-D-glucopyranosyloxy]-benzofuran, 1-[2-Isopropenyl-6-(tetra-O-acetyl-ξ-D-glucopyranosyloxy)-benzofuran-5-yl]-äthanon, O-[Tetra-O-acetyl-ξ-D-glucopyranosyl]-euparin $C_{27}H_{30}O_{12}$, Formel XII.

B. Beim Behandeln einer Lösung von Euparin (s. o.) in Chinolin mit α-D-Acetobromglucopyranose (Tetra-O-acetyl-α-D-glucopyranosylbromid) unter Zusatz von Silberoxid (*Jerzmanowska*, Diss. pharm. **3** [1951] 165, 174, 181; C. A. **1954** 5848).

Krystalle (aus Eg.); F: 163—164° (*Je.*, l. c. S. 175).
Beim Erwärmen mit Chlorwasserstoff enthaltendem Äthanol ist ein nach *Jerzmanowska, Sykulski* (Roczniki Chem. **32** [1958] 471, 482; C. A. **1959** 2216) als 2,4-Bis-[5-acetyl-6-hydroxy-benzofuran-2-yl]-4-methyl-pent-1-en zu formulierende Verbindung erhalten worden (*Je.*, l. c. S. 176).

XI   XII

1-[6-Hydroxy-2-isopropenyl-benzofuran-5-yl]-äthanon-oxim, Euparin-oxim $C_{13}H_{13}NO_3$, Formel I (X = OH).
B. Aus Euparin (S. 511) und Hydroxylamin (*Kamthong, Robertson*, Soc. **1939** 925, 928; *Jerzmanowska*, Diss. pharm. **3** [1951] 165, 166; C. A. **1954** 5848).
Krystalle; F: 150—151° (*Je.*), 147—148° [aus wss. A.] (*Ka., Ro.*).

1-[6-Hydroxy-2-isopropenyl-benzofuran-5-yl]-äthanon-[2,4-dinitro-phenylhydrazon], Euparin-[2,4-dinitro-phenylhydrazon] $C_{19}H_{16}N_4O_6$, Formel I (X = NH-$C_6H_3(NO_2)_2$).
B. Aus Euparin (S. 511) und [2,4-Dinitro-phenyl]-hydrazin (*Kamthong, Robertson*, Soc. **1939** 925, 928; *Jerzmanowska*, Diss. pharm. **3** [1951] 165, 166; C. A. **1954** 5848).
Braune Krystalle; F: 252° [aus E.] (*Ka., Ro.*), 251° (*Je.*).

I   II   III

1-[6-Hydroxy-2-isopropenyl-benzofuran-5-yl]-äthanon-semicarbazon, Euparin-semicarbazon $C_{14}H_{15}N_3O_3$, Formel I (X = NH-CO-NH_2).
B. Aus Euparin (S. 511) und Semicarbazid (*Kamthong, Robertson*, Soc. **1939** 925, 928).
Gelbe Krystalle (aus E.); F: 255°.

(±)-4-[4-Methoxy-phenyl]-3,4,5,6-tetrahydro-cyclopenta[*b*]furan-2-on, [2-Hydroxy-5-(4-methoxy-phenyl)-cyclopent-1-enyl]-essigsäure-lacton $C_{14}H_{14}O_3$, Formel II.
B. Beim Behandeln von [2*t*-(4-Methoxy-phenyl)-5-oxo-cyclopent-*r*-yl]-essigsäure mit flüssigem Fluorwasserstoff (*Makšimow, Grinenko*, Ž. obšč. Chim. **28** [1958] 2182, 2186; engl. Ausg. S. 2222, 2225).
$Kp_{0,35}$: 148—150°. IR-Spektrum (3—7 μ): *Ma., Gr.*, l. c. S. 2184. Absorptionsmaximum (A.): 275 nm.

(±)-3-Acetoxy-3,4,5,6-tetrahydro-benzo[6,7]cyclohepta[1,2-*b*]furan-2-on, (±)-Acetoxy-[5-hydroxy-8,9-dihydro-7*H*-benzocyclohepten-6-yl]-essigsäure-lacton $C_{15}H_{14}O_4$, Formel III.
B. Bei der Hydrierung von 5,6-Dihydro-4*H*-benzo[6,7]cyclohepta[1,2-*b*]furan-2,3-dion an Platin in Acetanhydrid (*Horton et al.*, Am. Soc. **75** [1953] 944).
Krystalle (aus Bzl. + Me.); F: 168,5—170,5° [unkorr.].

6-Hydroxy-1,2,3,4-tetrahydro-xanthen-9-on $C_{13}H_{12}O_3$, Formel IV.
B. Beim Erhitzen von 2-Oxo-cyclohexancarbonsäure-äthylester mit Resorcin (*Mentzer et al.*, Bl. **1952** 91).
F: 277°.

2-Hydroxy-7,8,9,10-tetrahydro-benzo[c]chromen-6-on, 2-[2,5-Dihydroxy-phenyl]-cyclohex-1-encarbonsäure-2-lacton $C_{13}H_{12}O_3$, Formel V (R = H).

B. Beim Behandeln von 2-Oxo-cyclohexancarbonsäure-äthylester mit Hydrochinon und konz. Schwefelsäure (Ghosh et al., Soc. **1940** 1121, 1123).
Krystalle (aus A.); F: 239—240°.

2-Acetoxy-7,8,9,10-tetrahydro-benzo[c]chromen-6-on, 2-[5-Acetoxy-2-hydroxy-phenyl]-cyclohex-1-encarbonsäure-lacton $C_{15}H_{14}O_4$, Formel V (R = CO-CH₃).

B. Beim Erhitzen von 2-Hydroxy-7,8,9,10-tetrahydro-benzo[c]chromen-6-on mit Acetanhydrid und Pyridin (Ghosh et al., Soc. **1940** 1121, 1124).
Krystalle (aus A.); F: 139—140°.

3-Hydroxy-7,8,9,10-tetrahydro-benzo[c]chromen-6-on, 2-[2,4-Dihydroxy-phenyl]-cyclohex-1-encarbonsäure-2-lacton $C_{13}H_{12}O_3$, Formel VI (R = X = H) (H 44; E II 26; dort als 7-Oxy-3'.4'.5'.6'-tetrahydro-3.4-benzo-cumarin bezeichnet).

B. Beim Erwärmen von 2-Oxo-cyclohexancarbonsäure-äthylester mit Resorcin und Phosphorylchlorid (Ahmad, Desai, J. Univ. Bombay **6**, Tl. 2 [1937] 89, 91; Alles et al., Am. Soc. **64** [1942] 2031, 2033). Beim Erhitzen von 3-Hydroxy-6-oxo-7,8,9,10-tetrahydro-6H-benzo[c]chromen-2-carbonsäure auf Temperaturen oberhalb des Schmelzpunkts (Desai et al., Pr. Indian Acad. [A] **25** [1947] 345, 347).
Krystalle (aus wss. A.); F: 203—204° (De. et al.). Fluorescenz von wss. Lösungen vom pH 0 bis pH 12,6: Goodwin, Kavanagh, Arch. Biochem. **27** [1950] 152, 161.

3-Butoxy-7,8,9,10-tetrahydro-benzo[c]chromen-6-on, 2-[4-Butoxy-2-hydroxy-phenyl]-cyclohex-1-encarbonsäure-lacton $C_{17}H_{20}O_3$, Formel VI (R = [CH₂]₃-CH₃, X = H).

B. Beim Erwärmen von 2-Oxo-cyclohexancarbonsäure-äthylester mit 3-Butoxyphenol, Phosphorylchlorid und Benzol (Alles et al., Am. Soc. **64** [1942] 2031, 2034). Beim Erwärmen von 3-Hydroxy-7,8,9,10-tetrahydro-benzo[c]chromen-6-on mit Dibutylsulfat und wss. Natronlauge (Al. et al.).
Krystalle (aus A.); F: 87—88°.

3-Acetoxy-7,8,9,10-tetrahydro-benzo[c]chromen-6-on, 2-[4-Acetoxy-2-hydroxy-phenyl]-cyclohex-1-encarbonsäure-lacton $C_{15}H_{14}O_4$, Formel VI (R = CO-CH₃, X = H).

B. Beim Erhitzen von 3-Hydroxy-7,8,9,10-tetrahydro-benzo[c]chromen-6-on mit Acetanhydrid und Pyridin (Ghosh et al., Soc. **1940** 1121, 1124).
Krystalle (aus A.); F: 185—186°.

3-Diäthoxyphosphoryloxy-7,8,9,10-tetrahydro-benzo[c]chromen-6-on, 2-[4-Diäthoxyphosphoryloxy-2-hydroxy-phenyl]-cyclohex-1-encarbonsäure-lacton, Phosphorsäurediäthylester-[6-oxo-7,8,9,10-tetrahydro-6H-benzo[c]chromen-3-ylester] $C_{17}H_{21}O_6P$, Formel VI (R = P(O)(OC₂H₅)₂, X = H).

B. Beim Erwärmen von 3-Hydroxy-7,8,9,10-tetrahydro-benzo[c]chromen-6-on mit Chlorophosphorsäure-diäthylester, Kaliumcarbonat und Aceton (Losco, Peri, G. **89** [1959] 1298, 1305, 1308).
Krystalle (aus Bzn.); F: 59—60°.

IV V VI VII

3-Dimethoxythiophosphoryloxy-7,8,9,10-tetrahydro-benzo[c]chromen-6-on, 2-[4-Dimethoxythiophosphoryloxy-2-hydroxy-phenyl]-cyclohex-1-encarbonsäure-lacton, Thiophosphorsäure-O,O'-dimethylester-O''-[6-oxo-7,8,9,10-tetrahydro-6H-benzo[c]chromen-3-ylester] $C_{15}H_{17}O_5PS$, Formel VI (R = P(S)(OCH₃)₂, X = H).

B. Beim Behandeln von 3-Hydroxy-7,8,9,10-tetrahydro-benzo[c]chromen-6-on mit

Chlorothiophosphorsäure-O,O'-dimethylester und Natriummethylat in Methanol (*Losco, Peri*, G. **89** [1959] 1298, 1305, 1308).
Krystalle (aus Bzl. + PAe.); F: 98°.

**3-Diäthoxythiophosphoryloxy-7,8,9,10-tetrahydro-benzo[c]chromen-6-on, 2-[4-Diäthoxy=
thiophosphoryloxy-2-hydroxy-phenyl]-cyclohex-1-encarbonsäure-lacton, Thiophosphor=
säure-O,O'-diäthylester-O''-[6-oxo-7,8,9,10-tetrahydro-6H-benzo[c]chromen-3-ylester]**
$C_{17}H_{21}O_5PS$, Formel VI (R = $P(S)(OC_2H_5)_2$, X = H).
B. Aus 3-Hydroxy-7,8,9,10-tetrahydro-benzo[c]chromen-6-on und Chlorothiophosphor=
säure-O,O'-diäthylester mit Hilfe von Kaliumcarbonat in Aceton oder Natriumäthylat
in Äthanol (*Losco, Peri*, G. **89** [1959] 1298, 1305, 1308).
Krystalle (aus Me.); F: 88—89°.

**3-Diisopropoxythiophosphoryloxy-7,8,9,10-tetrahydro-benzo[c]chromen-6-on,
2-[4-Diisopropoxythiophosphoryloxy-2-hydroxy-phenyl]-cyclohex-1-encarbonsäure-
lacton, Thiophosphorsäure-O,O'-diisopropylester-O''-[6-oxo-7,8,9,10-tetrahydro-6H-
benzo[c]chromen-3-ylester]** $C_{19}H_{25}O_5PS$, Formel VI (R = $P(S)[O\text{-}CH(CH_3)_2]_2$, X = H).
B. Beim Erwärmen von 3-Hydroxy-7,8,9,10-tetrahydro-benzo[c]chromen-6-on mit
Chlorothiophosphorsäure-O,O'-diisopropylester, Kaliumcarbonat und Aceton (*Losco, Peri*,
G. **89** [1959] 1298, 1305, 1308).
Krystalle (aus Me.); F: 112—114°.

**2-Chlor-3-hydroxy-7,8,9,10-tetrahydro-benzo[c]chromen-6-on, 2-[5-Chlor-2,4-dihydroxy-
phenyl]-cyclohex-1-encarbonsäure-2-lacton** $C_{13}H_{11}ClO_3$, Formel VI (R = H, X = Cl).
B. Beim Erwärmen von 2-Oxo-cyclohexancarbonsäure-äthylester mit 4-Chlor-resorcin
und konz. Schwefelsäure (*Losco, Peri*, G. **89** [1959] 1298, 1303).
F: 240—242°.

**2-Chlor-3-diäthoxyphosphoryloxy-7,8,9,10-tetrahydro-benzo[c]chromen-6-on, 2-[5-Chlor-
4-diäthoxyphosphoryloxy-2-hydroxy-phenyl]-cyclohex-1-encarbonsäure-lacton, Phosphor=
säure-diäthylester-[2-chlor-6-oxo-7,8,9,10-tetrahydro-6H-benzo[c]chromen-3-ylester]**
$C_{17}H_{20}ClO_6P$, Formel VI (R = $P(O)(OC_2H_5)_2$, X = Cl).
B. Beim Erwärmen von 2-Chlor-3-hydroxy-7,8,9,10-tetrahydro-benzo[c]chromen-6-on
mit Chlorophosphorsäure-diäthylester, Kaliumcarbonat und Aceton (*Losco, Peri*, G. **89**
[1959] 1298, 1305, 1308).
Krystalle (aus Me.); F: 136°.

**2-Chlor-3-dimethoxythiophosphoryloxy-7,8,9,10-tetrahydro-benzo[c]chromen-6-on,
2-[5-Chlor-4-dimethoxythiophosphoryloxy-2-hydroxy-phenyl]-cyclohex-1-encarbonsäure-
lacton, Thiophosphorsäure-O-[2-chlor-6-oxo-7,8,9,10-tetrahydro-6H-benzo[c]chromen-
3-ylester]-O',O''-dimethylester** $C_{15}H_{16}ClO_5PS$, Formel VI (R = $P(S)(OCH_3)_2$, X = Cl).
B. Beim Erwärmen von 2-Chlor-3-hydroxy-7,8,9,10-tetrahydro-benzo[c]chromen-6-on
mit Chlorothiophosphorsäure-O,O'-dimethylester, Kaliumcarbonat und Aceton (*Losco,
Peri*, G. **89** [1959] 1298, 1305, 1308).
Krystalle (aus Toluol); F: 161—162°.

**2-Chlor-3-diäthoxythiophosphoryloxy-7,8,9,10-tetrahydro-benzo[c]chromen-6-on,
2-[5-Chlor-4-diäthoxythiophosphoryloxy-2-hydroxy-phenyl]-cyclohex-1-encarbonsäure-
lacton, Thiophosphorsäure-O,O'-diäthylester-O''-[2-chlor-6-oxo-7,8,9,10-tetrahydro-
6H-benzo[c]chromen-3-ylester]** $C_{17}H_{20}ClO_5PS$, Formel VI (R = $P(S)(OC_2H_5)_2$, X = Cl).
B. Beim Erwärmen von 2-Chlor-3-hydroxy-7,8,9,10-tetrahydro-benzo[c]chromen-6-on
mit Chlorothiophosphorsäure-O,O'-diäthylester, Kaliumcarbonat und Aceton (*Losco,
Peri*, G. **89** [1959] 1298, 1305, 1308).
Krystalle (aus A.); F: 110—112°.

**3-Hydroxy-4-nitro-7,8,9,10-tetrahydro-benzo[c]chromen-6-on, 2-[2,4-Dihydroxy-3-nitro-
phenyl]-cyclohex-1-encarbonsäure-2-lacton** $C_{13}H_{11}NO_5$, Formel VII (R = H).
B. Beim Behandeln von 3-Hydroxy-7,8,9,10-tetrahydro-benzo[c]chromen-6-on mit
konz. Schwefelsäure und Salpetersäure (*Losco, Peri*, G. **89** [1959] 1298, 1303).
F: 210—215°.

3-Diäthoxythiophosphoryloxy-4-nitro-7,8,9,10-tetrahydro-benzo[c]chromen-6-on,
2-[4-Diäthoxythiophosphoryloxy-2-hydroxy-3-nitro-phenyl]-cyclohex-1-encarbonsäure-lacton, Thiophosphorsäure-O,O'-diäthylester-O''-[4-nitro-6-oxo-7,8,9,10-tetrahydro-6H-benzo[c]chromen-3-ylester] $C_{17}H_{20}NO_7PS$, Formel VII (R = $P(S)(OC_2H_5)_2$) auf S. 513.

B. Beim Erwärmen von 3-Hydroxy-4-nitro-7,8,9,10-tetrahydro-benzo[c]chromen-6-on mit Chlorothiophosphorsäure-O,O'-diäthylester, Kaliumcarbonat und Aceton (*Losco, Peri, G.* **89** [1959] 1298, 1305, 1310).

Krystalle (aus A.); F: 135°.

3-Dimethoxythiophosphoryloxy-7,8,9,10-tetrahydro-benzo[c]chromen-6-thion,
Thiophosphorsäure-O,O'-dimethylester-O''-[6-thioxo-7,8,9,10-tetrahydro-6H-benzo[c]chromen-3-ylester] $C_{15}H_{17}O_4PS_2$, Formel VIII (R = CH_3).

B. Beim Erhitzen von 3-Dimethoxythiophosphoryloxy-7,8,9,10-tetrahydro-benzo[c]chromen-6-on mit Phosphor(V)-sulfid in einem Gemisch von Xylol und Toluol auf 130° (*Losco, Peri, G.* **89** [1959] 1298, 1312, 1314).

Krystalle (aus A.); F: 127—128°.

3-Diäthoxythiophosphoryloxy-7,8,9,10-tetrahydro-benzo[c]chromen-6-thion, Thiophosphorsäure-O,O'-diäthylester-O''-[6-thioxo-7,8,9,10-tetrahydro-6H-benzo[c]chromen-3-ylester] $C_{17}H_{21}O_4PS_2$, Formel VIII (R = C_2H_5).

B. Beim Erhitzen von 3-Diäthoxythiophosphoryloxy-7,8,9,10-tetrahydro-benzo[c]chromen-6-on mit Phosphor(V)-sulfid in einem Gemisch von Xylol und Toluol auf 130° (*Losco, Peri, G.* **89** [1959] 1298, 1312, 1314).

Krystalle (aus A.); F: 96—97°.

3-Diisopropoxythiophosphoryloxy-7,8,9,10-tetrahydro-benzo[c]chromen-6-thion, Thiophosphorsäure-O,O'-diisopropylester-O''-[6-thioxo-7,8,9,10-tetrahydro-6H-benzo[c]chromen-3-ylester] $C_{19}H_{25}O_4PS_2$, Formel VIII (R = $CH(CH_3)_2$).

B. Beim Erhitzen von 3-Diisopropoxythiophosphoryloxy-7,8,9,10-tetrahydro-benzo[c]chromen-6-on mit Phosphor(V)-sulfid in einem Gemisch von Xylol und Toluol auf 130° (*Losco, Peri, G.* **89** [1959] 1298, 1312, 1314).

Krystalle (aus A.); F: 89—90°.

(±)-7-Hydroxy-2-methyl-2,3-dihydro-1H-cyclopenta[c]chromen-4-on, (±)-2-[2,4-Dihydroxy-phenyl]-4-methyl-cyclopent-1-encarbonsäure-2-lacton $C_{13}H_{12}O_3$, Formel IX (R = H) (H 44; dort als 7-Oxy-2-oxo-4'-methyl-[cyclopenteno-1',2':3,4-chromen] bezeichnet).

B. Beim Erhitzen von (±)-7-Hydroxy-2-methyl-4-oxo-1,2,3,4-tetrahydro-cyclopenta[c]chromen-8-carbonsäure auf Temperaturen oberhalb des Schmelzpunkts (*Desai et al.,* Pr. Indian Acad. [A] **25** [1947] 345, 349).

Krystalle; F: 176° (*De. et al.*), 173° [aus A.] (*Ahmad, Desai,* Pr. Indian Acad. [A] **5** [1937] 277, 282).

VIII   IX   X

(±)-7-Acetoxy-2-methyl-2,3-dihydro-1H-cyclopenta[c]chromen-4-on, (±)-2-[4-Acetoxy-2-hydroxy-phenyl]-4-methyl-cyclopent-1-encarbonsäure-lacton $C_{15}H_{14}O_4$, Formel IX (R = $CO-CH_3$) (H 44).

Krystalle (aus A.); F: 143—144° (*Ahmad, Desai,* Pr. Indian Acad. [A] **5** [1937] 277, 283).

9-Hydroxy-7-methyl-2,3-dihydro-1H-cyclopenta[c]chromen-4-on, 2-[2,6-Dihydroxy-4-methyl-phenyl]-cyclopent-1-encarbonsäure-lacton $C_{13}H_{12}O_3$, Formel X (R = H).

B. Beim Behandeln eines Gemisches von 2-Oxo-cyclopentancarbonsäure-äthylester

und 5-Methyl-resorcin mit Phosphorylchlorid (*Ahmad, Desai*, Pr. Indian Acad. [A] **5** [1937] 277, 281) oder mit konz. Schwefelsäure (*Russell et al.*, Soc. **1941** 169, 172).
Krystalle; F: 254° [aus A.] (*Ru. et al.*), 253—254° [aus Me.] (*Ah., De.*).

**9-Acetoxy-7-methyl-2,3-dihydro-1H-cyclopenta[c]chromen-4-on, 2-[2-Acetoxy-6-hydr=
oxy-4-methyl-phenyl]-cyclopent-1-encarbonsäure-lacton** $C_{15}H_{14}O_4$, Formel X
(R = $CO\text{-}CH_3$).
B. Beim Erhitzen von 9-Hydroxy-7-methyl-2,3-dihydro-1H-cyclopenta[c]chromen-4-on mit Acetanhydrid (*Ahmad, Desai*, Pr. Indian Acad. [A] **5** [1937] 277, 281) oder mit Acetanhydrid und Pyridin (*Russell et al.*, Soc. **1941** 169, 172).
Krystalle; F: 139—140° [aus wss. A.] (*Ah., De.*), 131° [aus A.] (*Ru. et al.*).

Hydroxy-oxo-Verbindungen $C_{14}H_{14}O_3$

2-[4-Methoxy-phenäthyl]-6-methyl-pyran-4-on $C_{15}H_{16}O_3$, Formel I.
B. Beim Erhitzen von 3-Acetyl-6-[4-methoxy-phenäthyl]-pyran-2,4-dion mit wss. Salz=
säure auf 120° (*Borsche, Blount*, B. **65** [1932] 820, 822, 826).
Wasserhaltige Krystalle (aus W.) vom F: 93°; die wasserfreie Verbindung schmilzt bei 122°.

I   II

(±)-3-[α-Hydroxy-3-nitro-benzyl]-2,6-dimethyl-pyran-4-on $C_{14}H_{13}NO_5$, Formel II.
Diese Konstitution wird der nachstehend beschriebenen Verbindung zugeordnet (*Woods, Dix*, J. org. Chem. **24** [1959] 1126).
B. Beim Erhitzen von 2,6-Dimethyl-pyran-4-on mit 3-Nitro-benzaldehyd und Kalium=
acetat auf 130° (*Wo., Dix*).
Krystalle (aus A. oder Heptan); F: 95°.

(±)-2-[4-Hydroxy-phenyl]-1-[2]thienyl-butan-1-on $C_{14}H_{14}O_2S$, Formel III (R=X=H).
B. Beim Behandeln des aus (±)-2-[4-Acetoxy-phenyl]-buttersäure mit Hilfe von Thionylchlorid hergestellten Säurechlorids mit Thiophen und Zinn(IV)-chlorid und Erwärmen des Reaktionsprodukts mit wss.-methanol. Kalilauge (*Biggerstaff, Stafford*, Am. Soc. **74** [1952] 419).
Krystalle (aus Bzl.); F: 115—116,5° [korr.].

(±)-2-[4-Acetoxy-phenyl]-1-[2]thienyl-butan-1-on $C_{16}H_{16}O_3S$, Formel III
(R = $CO\text{-}CH_3$, X = H).
B. Beim Behandeln von (±)-2-[4-Hydroxy-phenyl]-1-[2]thienyl-butan-1-on mit Acetyl=
chlorid, Essigsäure und Pyridin (*Biggerstaff, Stafford*, Am. Soc. **74** [1952] 419).
Krystalle (aus Bzl. + PAe.); F: 87—88°.

(±)-2-[4-Hydroxy-phenyl]-1-[2]thienyl-butan-1-on-[2,4-dinitro-phenylhydrazon] $C_{20}H_{18}N_4O_5S$, Formel IV (X = H).
B. Aus (±)-2-[4-Hydroxy-phenyl]-1-[2]thienyl-butan-1-on und [2,4-Dinitro-phenyl]-hydrazin (*Biggerstaff, Stafford*, Am. Soc. **74** [1952] 419).
Rote Krystalle (aus A.); F: 150—152° [korr.].

(±)-1-[5-Brom-[2]thienyl]-2-[4-hydroxy-phenyl]-butan-1-on $C_{14}H_{13}BrO_2S$, Formel III
(R = H, X = Br).
B. Aus (±)-2-[4-Acetoxy-phenyl]-buttersäure und 2-Brom-thiophen analog (±)-2-[4-Hydroxy-phenyl]-1-[2]thienyl-butan-1-on [s. o.] (*Biggerstaff, Stafford*, Am. Soc. **74** [1952] 419).
Krystalle (aus A.); F: 133—134° [korr.].

III IV

(±)-2-[4-Acetoxy-phenyl]-1-[5-brom-[2]thienyl]-butan-1-on $C_{16}H_{15}BrO_3S$, Formel III
(R = CO-CH$_3$, X = Br).
  B. Beim Behandeln von (±)-1-[5-Brom-[2]thienyl]-2-[4-hydroxy-phenyl]-butan-1-on mit Acetylchlorid, Essigsäure und Pyridin (*Biggerstaff, Stafford*, Am. Soc. **74** [1952] 419).
  Krystalle (aus Bzl. + PAe.); F: 95—96°.

(±)-1-[5-Brom-[2]thienyl]-2-[4-hydroxy-phenyl]-butan-1-on-[2,4-dinitro-phenyl= hydrazon] $C_{20}H_{17}BrN_4O_5S$, Formel IV (X = Br).
  B. Aus (±)-1-[5-Brom-[2]thienyl]-2-[4-hydroxy-phenyl]-butan-1-on und [2,4-Dinitro-phenyl]-hydrazin (*Biggerstaff, Stafford*, Am. Soc. **74** [1952] 419).
  Orangefarbene Krystalle (aus A. + Bzl.); F: 231—232° [korr.].

7-Hydroxy-6-[3-methyl-but-2-enyl]-cumarin $C_{14}H_{14}O_3$, Formel V (R = H).
  Isolierung aus dem Holz von Chloroxylon swietenia: *King et al.*, Soc. **1954** 1392, 1397, 1398.
  Krystalle (aus Bzl.); F: 133,5—134°. Absorptionsmaxima (A.): 226 nm und 334 nm.
  Überführung in 8,8-Dimethyl-6,7-dihydro-8*H*-pyrano[3,2-*g*]chromen-2-on durch Erwärmen mit wss.-äthanol. Salzsäure: *King et al.* Beim Behandeln mit Brom in Benzol ist 6-[2(?),3(?)-Dibrom-3-methyl-butyl]-7-hydroxy-cumarin (F: 185—186°), beim Behandeln mit Brom in Essigsäure ist eine Verbindung $C_{14}H_{13}Br_3O_3$ (F: 176—178°; vermutlich 3(?)-Brom-6-[2(?),3(?)-dibrom-3-methyl-butyl]-7-hydroxy-cumarin) erhalten worden. Reaktion mit Monoperoxyphthalsäure in Äther unter Bildung von 2-[α-Hydroxy-isopropyl]-furo[3,2-*g*]chromen-7-on: *King et al.*

7-Methoxy-6-[3-methyl-but-2-enyl]-cumarin, Suberosin $C_{15}H_{16}O_3$, Formel V (R = CH$_3$).
  Isolierung aus dem Holz von Zanthoxylum flavum: *King et al.*, Soc. **1954** 1392, 1395; aus der Rinde von Zanthoxylum suberosum: *Ewing et al.*, Austral. J. scient. Res. [A] **3** [1950] 342.
  B. Beim Behandeln von 7-Hydroxy-6-[3-methyl-but-2-enyl]-cumarin mit Diazomethan in Äther (*King et al.*, l. c. S. 1398).
  Krystalle (aus Me.); F: 87—88° (*King et al.*), 87,5° (*Ew. et al.*). Absorptionsmaxima (A.): 224 nm, 253 nm und 332 nm (*King et al.*, l. c. S. 1396). Polarographie: *Harle, Lyons*, Soc. **1950** 1575, 1578.
  Beim Erhitzen mit wss. Bromwasserstoffsäure und rotem Phosphor ist 8,8-Dimethyl-6,7-dihydro-8*H*-pyrano[3,2-*g*]chromen-2-on erhalten worden (*King et al.*). Reaktion mit Monoperoxyphthalsäure in Äther unter Bildung von 6-[2,3-Epoxy-3-methyl-butyl]-7-methoxy-cumarin: *King et al.*
  Verbindung mit [2,4-Dinitro-phenyl]-hydrazin und Schwefelsäure $C_{15}H_{16}O_3 \cdot C_6H_6N_4O_4 \cdot H_2SO_4$. Gelbe Krystalle (aus A. oder Eg.); F: 167—168° (*King et al.*).

7-Acetoxy-6-[3-methyl-but-2-enyl]-cumarin $C_{16}H_{16}O_4$, Formel V (R = CO-CH$_3$).
  B. Beim Behandeln von 7-Hydroxy-6-[3-methyl-but-2-enyl]-cumarin mit Acetanhydrid und Pyridin (*King et al.*, Soc. **1954** 1392, 1398).
  Krystalle (aus wss. A. oder Bzl.); F: 98—100°.

7-Benzoyloxy-6-[3-methyl-but-2-enyl]-cumarin $C_{21}H_{18}O_4$, Formel V (R = CO-C$_6$H$_5$).
  B. Aus 7-Hydroxy-6-[3-methyl-but-2-enyl]-cumarin (*King et al.*, Soc. **1954** 1392, 1398).
  Krystalle (aus wss. A.); F: 124—125°.

7-Hydroxy-8-[3-methyl-but-2-enyl]-cumarin, Osthenol $C_{14}H_{14}O_3$, Formel VI (R = H).

Isolierung aus Rhizomen von Angelica archangelica: *Späth, Bruck*, B. **70** [1937] 1023; *Corcilius*, Ar. **289** [1956] 81, 84.

B. Aus Vellein (s. u.) mit Hilfe von Emulsin bei 45° (*Bottomley, White*, Austral. J. scient. Res. [A] **4** [1951] 112, 114).

Krystalle; F: 127—128,5° [unkorr.; aus Bzl.] (*Bo., Wh.*), 126° (*Co.*), 124—125° [aus W.] (*Sp., Br.*). UV-Spektrum (A.; 220—360 nm): *Bo., Wh.*

Beim Erhitzen mit wss. Salzsäure (*Bo., Wh.*, l. c. S. 115) oder mit wss. Bromwasserstoffsäure und rotem Phosphor (*Späth et al.*, B. **75** [1942] 1623, 1629) ist 8,8-Dimethyl-9,10-dihydro-8H-pyrano[2,3-h]chromen-2-on erhalten worden.

V   VI   VII

7-Methoxy-8-[3-methyl-but-2-enyl]-cumarin, Osthol $C_{15}H_{16}O_3$, Formel VI (R = CH_3) (E II 27).

Isolierung aus Wurzeln von Angelica glabra: *Hata, Nitta*, J. pharm. Soc. Japan **77** [1957] 941; C. A. **1958** 3799; aus Wurzeln von Prangos pabularia: *Pigulewskiĭ, Kusnezowa*, Doklady Akad. S.S.S.R. **61** [1948] 309; C. A. **1949** 3416.

B. Beim Erhitzen von 2-Hydroxy-4-methoxy-3-[3-methyl-but-2-enyl]-benzaldehyd mit Acetanhydrid und Natriumacetat auf 160° (*Späth, Holzen*, B. **67** [1934] 264). Beim Behandeln von Osthenol (s. o.) mit Diazomethan in Äther (*Bottomley, White*, Austral. J. scient. Res. [A] **4** [1951] 112, 114).

Krystalle; F: 62—63° [nach Erstarren des Destillats] bzw. F: 83—84° [aus PAe. oder Ae.] (*Sp., Ho.*). UV-Spektrum (A.; 230—350 nm): *Pigulewskiĭ, Kusnezowa*, Ž. obšč. Chim. **24** [1954] 2174, 2175; engl. Ausg. S. 2143. Fluorescenz von wss. Lösungen: *Goodwin, Kavanagh*, Arch. Biochem. **27** [1950] 152, 159. Polarographie: *Patzak, Neugebauer, M.* **83** [1952] 776, 781.

7-β-D-Glucopyranosyloxy-8-[3-methyl-but-2-enyl]-cumarin, Vellein $C_{20}H_{24}O_8$, Formel VII (R = H).

Isolierung aus Wurzeln, Stengeln und Blättern von Velleia discophora: *Bottomley, White*, Austral. J. scient. Res. [A] **4** [1951] 112, 113.

B. Beim Erwärmen von Tetra-O-acetyl-vellein (s. u.) mit äthanol. Kalilauge (*Bo., Wh.*, l. c. S. 114).

Krystalle (aus Acn.) mit 0,5 Mol H_2O; F: 187,5—190° [korr.] (*Bo., Wh.*). Ohne erkennbares Drehungsvermögen (*Bo., Wh.*).

Überführung in 8,8-Dimethyl-9,10-dihydro-8H-pyrano[2,3-h]chromen-2-on durch Erwärmen mit wss. Salzsäure oder Erhitzen mit wss. Schwefelsäure: *Bo., Wh.*, l. c. S. 114.

8-[3-Methyl-but-2-enyl]-7-[tetra-O-acetyl-β-D-glucopyranosyloxy]-cumarin, Tetra-O-acetyl-vellein $C_{28}H_{32}O_{12}$, Formel VII (R = CO-CH_3).

B. Beim Behandeln von Osthenol (s. o.) mit α-D-Acetobromglucopyranose (Tetra-O-acetyl-α-D-glucopyranosylbromid) in Aceton unter Zusatz von wss. Kalilauge (*Bottomley, White*, Austral. J. scient. Res. [A] **4** [1951] 112, 115). Beim Erhitzen von Vellein (s. o.) mit Acetanhydrid und wenig Pyridin (*Bo., Wh.*, l. c. S. 113).

Krystalle (aus Me.); F: 193—194°.

6-Allyl-5-hydroxy-4,7-dimethyl-cumarin $C_{14}H_{14}O_3$, Formel VIII.

B. Beim Erhitzen von 5-Allyloxy-4,7-dimethyl-cumarin auf 160° (*Krishnaswamy et al.*, Pr. Indian Acad. [A] **19** [1944] 5, 10).

Krystalle (aus A.); F: 178—179°.

Beim Erhitzen auf 220° ist 5,10-Dimethyl-3,4-dihydro-2H-pyrano[2,3-f]chromen-8-on erhalten worden. Reaktion mit Quecksilber(II)-chlorid in Methanol unter Bildung von 6-[2-Chlor-3-chloromercurio-propyl]-5-hydroxy-4,7-dimethyl-cumarin: *Kr. et al.*

6-Allyl-7-hydroxy-4,8-dimethyl-cumarin $C_{14}H_{14}O_3$, Formel IX.

B. Beim Erhitzen von 7-Allyloxy-4,8-dimethyl-cumarin unter vermindertem Druck auf 200° (*Sastri et al.*, Pr. Indian Acad. [A] **37** [1953] 681, 695).

Krystalle; F: 168—170° [aus wss. A.] (*Rangaswami, Seshadri*, Pr. Indian Acad. [A] **7** [1938] 8, 11), 168—169° [aus wss. A.] (*Sa et al.*). Fluorescenz von Lösungen in wss. Alkalilaugen und in konz. Schwefelsäure: *Rangaswami, Seshadri*, Pr. Indian Acad. [A] **12** [1940] 375, 376.

Reaktion mit Quecksilber(II)-chlorid in Methanol unter Bildung von 6-[2-Chlor-3-chloromercurio-propyl]-7-hydroxy-4,8-dimethyl-cumarin: *Sa. et al.*

VIII IX X

8-Allyl-5-hydroxy-4,7-dimethyl-cumarin $C_{14}H_{14}O_3$, Formel X.

B. In kleiner Menge neben 5,10-Dimethyl-3,4-dihydro-2H-pyrano[2,3-f]chromen-8-on beim Erhitzen von 5-Allyloxy-4,7-dimethyl-cumarin auf 230° (*Krishnaswamy et al.*, Pr. Indian Acad. [A] **19** [1944] 5, 10).

Krystalle (aus A.); F: 239—240°.

6-Äthyl-3-[ξ-2-chlor-vinyl]-7-hydroxy-4-methyl-cumarin $C_{14}H_{13}ClO_3$, Formel I (R = H).

B. Beim Behandeln einer Lösung von 6-Äthyl-7-hydroxy-4-methyl-3-[2,2,2-trichlor-1-hydroxy-äthyl]-cumarin in Essigsäure mit Zink-Pulver (*Chudgar, Shah*, J. Univ. Bombay **11**, Tl. 3 [1942] 116, 118).

Gelbe Krystalle (aus A.); F: 238—240°.

I II

7-Acetoxy-6-äthyl-3-[ξ-2-chlor-vinyl]-4-methyl-cumarin $C_{16}H_{15}ClO_4$, Formel I (R = CO-CH₃).

B. Beim Behandeln der im vorangehenden Artikel beschriebenen Verbindung mit Acetanhydrid und Pyridin (*Chudgar, Shah*, J. Univ. Bombay **11**, Tl. 3 [1942] 116, 118).

Gelbliche Krystalle (aus A.); F: 191—192°.

2-Cyclohexyliden-6-methoxy-benzofuran-3-on $C_{15}H_{16}O_3$, Formel II.

B. Beim Erwärmen von 6-Methoxy-benzofuran-3-on (E III/IV **17** 2116) mit Cyclo= hexanon, Zinkchlorid und Äthanol (*Shriner, Anderson*, Am. Soc. **60** [1938] 1415).

Krystalle; F: 146,5—147,5° [korr.].

(±)-6-Hydroxy-4-methyl-1,2,3,4-tetrahydro-xanthen-9-on $C_{14}H_{14}O_3$, Formel III.

B. Beim Erhitzen von (±)-3-Methyl-2-oxo-cyclohexancarbonsäure-äthylester mit Resorcin auf 270° (*Pillon*, Bl. **1952** 324, 329).

Gelbliche Krystalle (aus A.); F: 257—257,5°. Absorptionsmaxima (A.): 250 nm und 295 nm (*Pi.*, l. c. S. 327).

1-Hydroxy-3-methyl-7,8,9,10-tetrahydro-benzo[c]chromen-6-on, 2-[2,6-Dihydroxy-4-methyl-phenyl]-cyclohex-1-encarbonsäure-lacton $C_{14}H_{14}O_3$, Formel IV (R = H).

B. Beim Erwärmen eines Gemisches von 2-Oxo-cyclohexancarbonsäure-äthylester

und 5-Methyl-resorcin mit Phosphorylchlorid (*Ahmad, Desai*, J. Univ. Bombay **6**, Tl. 2 [1937] 89, 92) oder mit Phosphorylchlorid und Benzol (*Adams, Baker*, Am. Soc. **62** [1940] 2405, 2407).
Krystalle (aus A.); F: 243—245° [korr.] (*Ad., Ba.*), 242—243° (*Ah., De.*).

III   IV   V

1-Acetoxy-3-methyl-7,8,9,10-tetrahydro-benzo[c]chromen-6-on, 2-[2-Acetoxy-6-hydroxy-4-methyl-phenyl]-cyclohex-1-encarbonsäure-lacton $C_{16}H_{16}O_4$, Formel IV (R = CO-CH$_3$).
B. Beim Erhitzen von 1-Hydroxy-3-methyl-7,8,9,10-tetrahydro-benzo[c]chromen-6-on mit Acetanhydrid und Natriumacetat (*Adams, Baker*, Am. Soc. **62** [1940] 2405, 2407) oder mit Acetanhydrid und Pyridin (*Ghosh et al.*, Soc. **1940** 1121, 1124).
Krystalle; F: 126—127° [korr.; aus Me.] (*Ad., Ba.*), 124° [aus A.] (*Gh. et al.*).

(±)-3-Hydroxy-8-methyl-7,8,9,10-tetrahydro-benzo[c]chromen-6-on, (±)-2-[2,4-Dihydroxy-phenyl]-5-methyl-cyclohex-1-encarbonsäure-2-lacton $C_{14}H_{14}O_3$, Formel V (R = H).
B. Beim Behandeln von (±)-5-Methyl-2-oxo-cyclohexancarbonsäure-äthylester mit Resorcin und konz. Schwefelsäure (*Chowdhry, Desai*, Pr. Indian Acad. [A] **8** [1938] 12, 13).
Krystalle (aus wss. A.); F: 217°.

(±)-3-Methoxy-8-methyl-7,8,9,10-tetrahydro-benzo[c]chromen-6-on, (±)-2-[2-Hydroxy-4-methoxy-phenyl]-5-methyl-cyclohex-1-encarbonsäure-lacton $C_{15}H_{16}O_3$, Formel V (R = CH$_3$).
B. Beim Behandeln von (±)-3-Hydroxy-8-methyl-7,8,9,10-tetrahydro-benzo[c]chromen-6-on mit Dimethylsulfat und wss. Alkalilauge (*Chowdhry, Desai*, Pr. Indian Acad. [A] **8** [1938] 12, 14).
Krystalle (aus A.); F: 123°.

(±)-3-Acetoxy-8-methyl-7,8,9,10-tetrahydro-benzo[c]chromen-6-on, (±)-2-[4-Acetoxy-2-hydroxy-phenyl]-5-methyl-cyclohex-1-encarbonsäure-lacton $C_{16}H_{16}O_4$, Formel V (R = CO-CH$_3$).
B. Beim Erhitzen von (±)-3-Hydroxy-8-methyl-7,8,9,10-tetrahydro-benzo[c]chromen-6-on mit Acetanhydrid und wenig Pyridin (*Chowdhry, Desai*, Pr. Indian Acad. [A] **8** [1938] 12, 14).
Krystalle (aus A.); F: 176°.

(±)-2-Hydroxy-9-methyl-7,8,9,10-tetrahydro-benzo[c]chromen-6-on, (±)-2-[2,5-Dihydroxy-phenyl]-4-methyl-cyclohex-1-encarbonsäure-2-lacton $C_{14}H_{14}O_3$, Formel VI.
B. In kleiner Menge beim Behandeln von (±)-4-Methyl-2-oxo-cyclohexancarbonsäure-äthylester mit Hydrochinon und konz. Schwefelsäure (*Ghosh et al.*, Soc. **1940** 1121, 1123).
Krystalle (aus wss. A.); F: 246°.

(±)-3-Hydroxy-9-methyl-7,8,9,10-tetrahydro-benzo[c]chromen-6-on, (±)-2-[2,4-Dihydroxy-phenyl]-4-methyl-cyclohex-1-encarbonsäure-2-lacton $C_{14}H_{14}O_3$, Formel VII (R = H).
B. Beim Behandeln von (±)-4-Methyl-2-oxo-cyclohexancarbonsäure-äthylester mit Resorcin und konz. Schwefelsäure (*Chowdhry, Desai*, Pr. Indian Acad. [A] **8** [1938] 12, 15; *Ghosh et al.*, Soc. **1940** 1121, 1123).
Krystalle; F: 202° [aus wss. A.] (*Ch., De.*), 199—200° [aus A.] (*Gh. et al.*).

(±)-3-Methoxy-9-methyl-7,8,9,10-tetrahydro-benzo[c]chromen-6-on, (±)-2-[2-Hydroxy-4-methoxy-phenyl]-4-methyl-cyclohex-1-encarbonsäure-lacton $C_{15}H_{16}O_3$, Formel VII (R = CH_3).

B. Beim Behandeln von (±)-3-Hydroxy-9-methyl-7,8,9,10-tetrahydro-benzo[c]chromen-6-on mit Alkalilauge und Dimethylsulfat (*Chowdhry, Desai*, Pr. Indian Acad. [A] **8** [1938] 12, 16).

Krystalle (aus wss. A.); F: 118°.

VI VII VIII

(±)-3-Acetoxy-9-methyl-7,8,9,10-tetrahydro-benzo[c]chromen-6-on, (±)-2-[4-Acetoxy-2-hydroxy-phenyl]-4-methyl-cyclohex-1-encarbonsäure-lacton $C_{16}H_{16}O_4$, Formel VII (R = CO-CH_3).

B. Beim Erhitzen von (±)-3-Hydroxy-9-methyl-7,8,9,10-tetrahydro-benzo[c]chromen-6-on mit Acetanhydrid und wenig Pyridin (*Chowdhry, Desai*, Pr. Indian Acad. [A] **8** [1938] 12, 15; *Ghosh et al.*, Soc. **1940** 1121, 1124).

Krystalle; F: 136° [aus wss. A.] (*Ch., De.*), 132° [aus A.] (*Gh. et al.*).

(±)-3-Hydroxy-10-methyl-7,8,9,10-tetrahydro-benzo[c]chromen-6-on, (±)-2-[2,4-Dihydroxy-phenyl]-3-methyl-cyclohex-1-encarbonsäure-2-lacton $C_{14}H_{14}O_3$, Formel VIII (R = H).

B. Beim Erwärmen von (±)-3-Methyl-2-oxo-cyclohexancarbonsäure-äthylester mit Resorcin, Phosphorylchlorid und Benzol (*Chowdhry, Desai*, Pr. Indian Acad. [A] **8** [1938] 12, 17).

Krystalle (aus A.); F: 205°.

(±)-3-Methoxy-10-methyl-7,8,9,10-tetrahydro-benzo[c]chromen-6-on, (±)-2-[2-Hydroxy-4-methoxy-phenyl]-3-methyl-cyclohex-1-encarbonsäure-lacton $C_{15}H_{16}O_3$, Formel VIII (R = CH_3).

B. Beim Behandeln von (±)-3-Hydroxy-10-methyl-7,8,9,10-tetrahydro-benzo[c]chromen-6-on mit Alkalilauge und Dimethylsulfat (*Chowdhry, Desai*, Pr. Indian Acad. [A] **8** [1938] 12, 17).

Krystalle (aus A.); F: 112°.

(±)-3-Acetoxy-10-methyl-7,8,9,10-tetrahydro-benzo[c]chromen-6-on, (±)-2-[4-Acetoxy-2-hydroxy-phenyl]-3-methyl-cyclohex-1-encarbonsäure-lacton $C_{16}H_{16}O_4$, Formel VIII (R = CO-CH_3).

B. Beim Erhitzen von (±)-3-Hydroxy-10-methyl-7,8,9,10-tetrahydro-benzo[c]chromen-6-on mit Acetanhydrid und wenig Pyridin (*Chowdhry, Desai*, Pr. Indian Acad. [A] **8** [1938] 12, 17).

Krystalle (aus wss. A.); F: 174°.

8-Äthyl-7-hydroxy-2,3-dihydro-1*H*-cyclopenta[c]chromen-4-on, 2-[5-Äthyl-2,4-dihydroxy-phenyl]-cyclopent-1-encarbonsäure-2-lacton $C_{14}H_{14}O_3$, Formel IX (R = H).

B. Beim Behandeln von 2-Oxo-cyclopentancarbonsäure-äthylester mit 4-Äthyl-resorcin und konz. Schwefelsäure (*Ahmad, Desai*, Pr. Indian Acad. [A] **5** [1937] 277, 281).

Krystalle (aus A.); F: 266°.

7-Acetoxy-8-äthyl-2,3-dihydro-1*H*-cyclopenta[c]chromen-4-on, 2-[4-Acetoxy-5-äthyl-2-hydroxy-phenyl]-cyclopent-1-encarbonsäure-lacton $C_{16}H_{16}O_4$, Formel IX (R = CO-CH_3).

B. Beim Erhitzen von 8-Äthyl-7-hydroxy-2,3-dihydro-1*H*-cyclopenta[c]chromen-4-on

mit Acetanhydrid (*Ahmad, Desai*, Pr. Indian Acad. [A] **5** [1937] 277, 281).
Krystalle (aus A.); F: 168°.

(±)-9-Hydroxy-2,7-dimethyl-2,3-dihydro-1*H*-cyclopenta[*c*]chromen-4-on, (±)-2-[2,6-Di=
hydroxy-4-methyl-phenyl]-4-methyl-cyclopent-1-encarbonsäure-lacton $C_{14}H_{14}O_3$,
Formel X (R = H).
B. Beim Behandeln von (±)-4-Methyl-2-oxo-cyclopentancarbonsäure-äthylester mit
5-Methyl-resorcin und konz. Schwefelsäure (*Ahmad, Desai*, Pr. Indian Acad. [A] **5**
[1937] 277, 283).
Krystalle (aus A.); F: 215—216°.

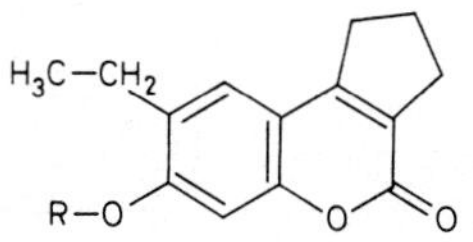

IX 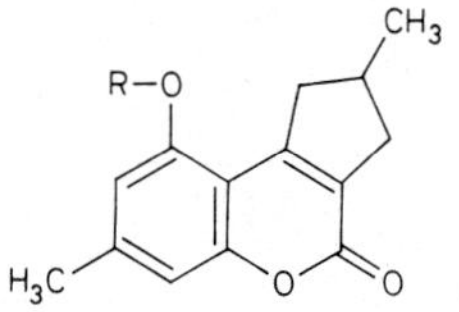 X 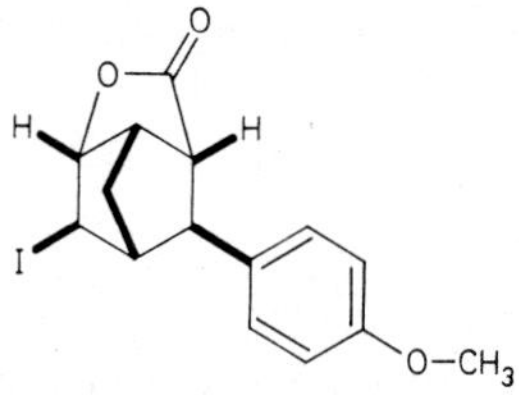 XI

(±)-9-Acetoxy-2,7-dimethyl-2,3-dihydro-1*H*-cyclopenta[*c*]chromen-4-on, (±)-2-[2-Acet=
oxy-6-hydroxy-4-methyl-phenyl]-4-methyl-cyclopent-1-encarbonsäure-lacton $C_{16}H_{16}O_4$,
Formel X (R = CO-CH$_3$).
B. Beim Erhitzen von (±)-9-Hydroxy-2,7-dimethyl-2,3-dihydro-1*H*-cyclopenta[*c*]=
chromen-4-on mit Acetanhydrid (*Ahmad, Desai*, Pr. Indian Acad. [A] **5** [1937] 277, 283).
Krystalle (aus A.); F: 107—108°.

(±)-6*c*-Jod-7*anti*-[4-methoxy-phenyl]-(3a*r*)-hexahydro-3,5-methano-cyclopenta[*b*]furan-
2-on, (±)-6*endo*-Hydroxy-5*exo*-jod-3*exo*-[4-methoxy-phenyl]-norbornan-2*endo*-carbon=
säure-lacton $C_{15}H_{15}IO_3$, Formel XI + Spiegelbild.
B. Beim Erhitzen von 4-Methoxy-*trans*-zimtsäure mit Cyclopentadien und Toluol und
Behandeln einer neutralisierten Lösung des Reaktionsprodukts in Methanol mit wss.
Natriumhydrogencarbonat-Lösung und einer wss. Lösung von Jod und Kaliumjodid
(*Rondestvedt, Ver Nooy*, Am. Soc. **77** [1955] 4878, 4881, 4883).
Krystalle (aus Acn. + W.); F: 152—153° [unkorr.].

Hydroxy-oxo-Verbindungen $C_{15}H_{16}O_3$

(±)-3-[2]Furyl-1-[4-methoxy-phenyl]-pentan-1-on $C_{16}H_{18}O_3$, Formel I.
B. Beim Behandeln von 3-[2]Furyl-1-[4-methoxy-phenyl]-propenon (F: 75°) mit
Äthylmagnesiumbromid in Äther und Erwärmen des Reaktionsgemisches mit wss.
Schwefelsäure (*Maxim, Angelesco*, Bl. [5] **1** [1934] 1128, 1130).
Kp$_{14}$: 218°.

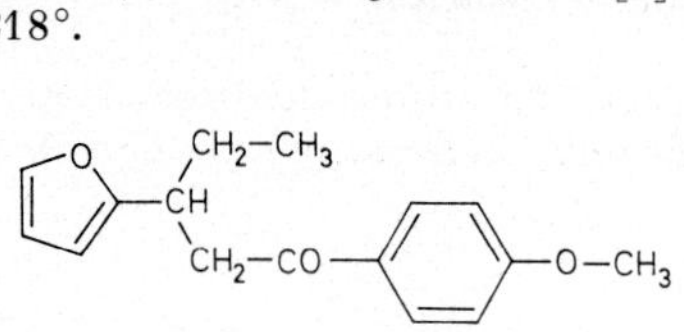

I 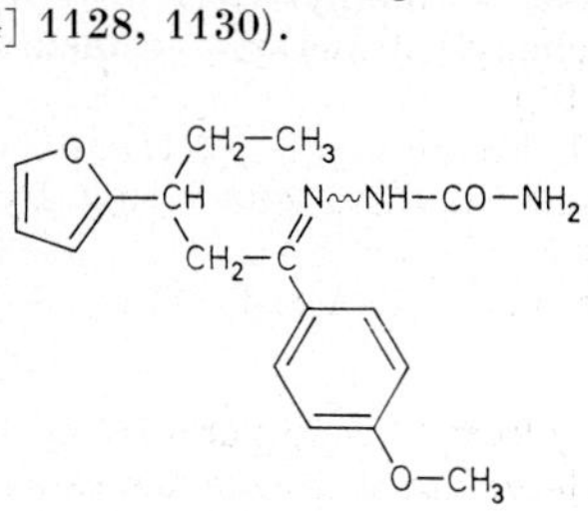 II

(±)-3-[2]Furyl-1-[4-methoxy-phenyl]-pentan-1-on-semicarbazon $C_{17}H_{21}N_3O_3$, Formel II.
B. Aus (±)-3-[2]Furyl-1-[4-methoxy-phenyl]-pentan-1-on und Semicarbazid (*Maxim,
Angelesco*, Bl. [5] **1** [1934] 1128, 1130).
Krystalle (aus A.); F: 161°.

[5-*tert*-Butyl-3-chlor-2-hydroxy-phenyl]-[2]furyl-keton $C_{15}H_{15}ClO_3$, Formel III.
  B. Beim Erhitzen von Furan-2-carbonsäure-[4-*tert*-butyl-2-chlor-phenylester] mit Aluminiumchlorid und Schwefelkohlenstoff auf 110° (*Tiwari, Tripathi*, J. Indian chem. Soc. **31** [1954] 841, 843).
  Kp_9: 180°.

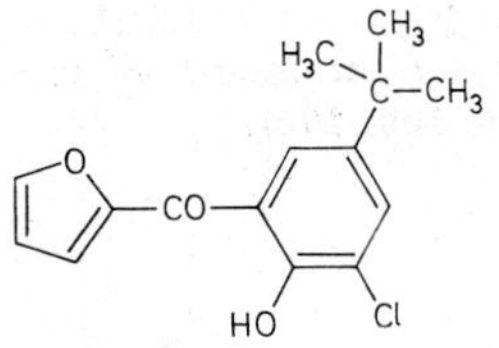

III 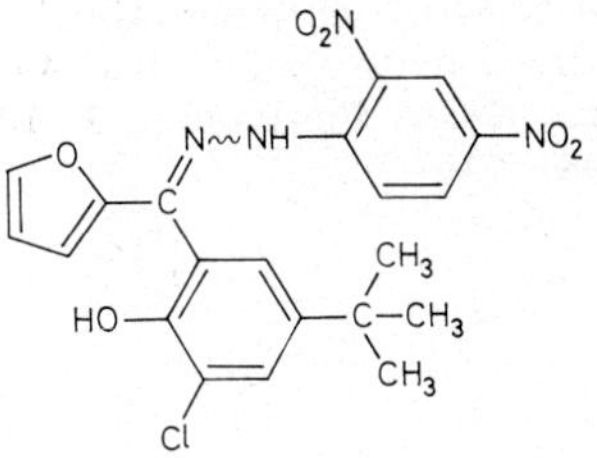   IV 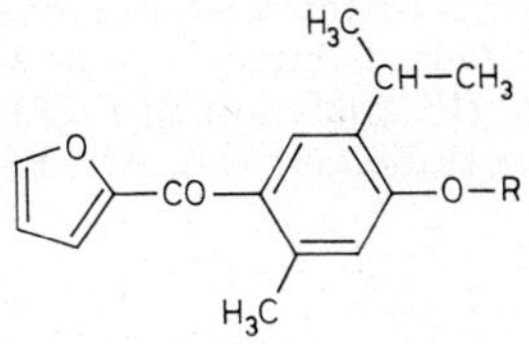   V

[5-*tert*-Butyl-3-chlor-2-hydroxy-phenyl]-[2]furyl-keton-[2,4-dinitro-phenylhydrazon] $C_{21}H_{19}ClN_4O_6$, Formel IV.
  B. Aus [5-*tert*-Butyl-3-chlor-2-hydroxy-phenyl]-[2]furyl-keton und [2,4-Dinitrophenyl]-hydrazin (*Tiwari, Tripathi*, J. Indian chem. Soc. **31** [1954] 841, 843).
  Krystalle (aus A.); F: 190°.

[2]Furyl-[4-hydroxy-5-isopropyl-2-methyl-phenyl]-keton $C_{15}H_{16}O_3$, Formel V (R = H).
  B. Beim Erhitzen von [2]Furyl-[5-isopropyl-4-methoxy-2-methyl-phenyl]-keton mit Pyridin-hydrochlorid (*Buu-Hoi*, R. **68** [1949] 759, 773).
  Krystalle (aus Bzl.); F: 158°.

[2]Furyl-[5-isopropyl-4-methoxy-2-methyl-phenyl]-keton $C_{16}H_{18}O_3$, Formel V (R = CH_3).
  B. Beim Behandeln von Furan-2-carbonylchlorid mit 2-Isopropyl-5-methyl-anisol, Aluminiumchlorid und Nitrobenzol (*Buu-Hoi*, R. **68** [1949] 759, 773).
  Kp_{17}: 212—215°.

[2]Furyl-[2-hydroxy-3-isopropyl-6-methyl-phenyl]-keton $C_{15}H_{16}O_3$, Formel VI.
  B. Beim Erhitzen von Furan-2-carbonsäure-[5-methyl-2-isopropyl-phenylester] mit Aluminiumchlorid und Schwefelkohlenstoff auf 110° (*Tiwari, Tripathi*, J. Indian chem. Soc. **31** [1954] 841, 843).
  Kp_{15}: 158°.

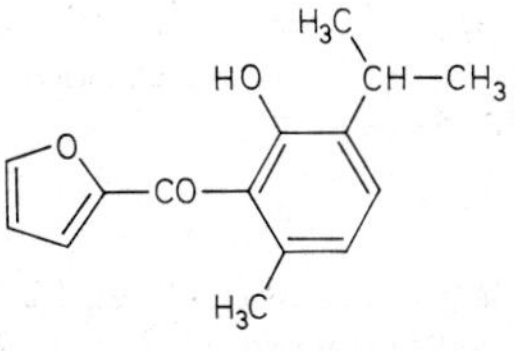

VI 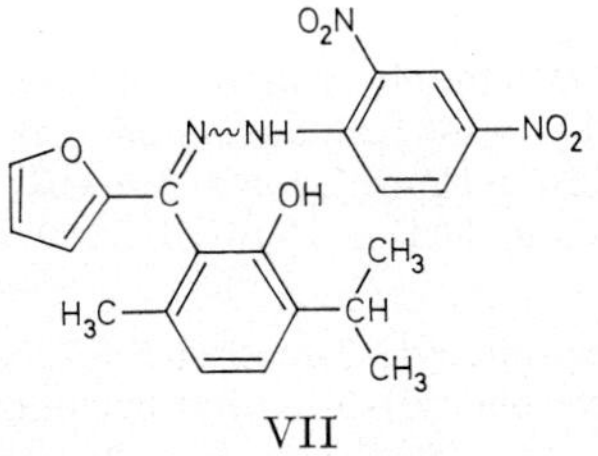   VII

[2]Furyl-[2-hydroxy-3-isopropyl-6-methyl-phenyl]-keton-[2,4-dinitro-phenylhydrazon] $C_{21}H_{20}N_4O_6$, Formel VII.
  B. Aus [2]Furyl-[2-hydroxy-3-isopropyl-6-methyl-phenyl]-keton und [2,4-Dinitrophenyl]-hydrazin (*Tiwari, Tripathi*, J. Indian chem. Soc. **31** [1954] 841, 843).
  Krystalle (aus A.); F: 173°.

6-Äthyl-3-allyl-7-hydroxy-4-methyl-cumarin $C_{15}H_{16}O_3$, Formel VIII (R = H).
  B. Beim Behandeln von 2-Acetyl-pent-4-ensäure-äthylester mit 4-Äthyl-resorcin und 73%ig. wss. Schwefelsäure (*Desai, Mavani*, Pr. Indian Acad. [A] **14** [1941] 100, 103).
  Krystalle (aus A.); F: 202°.

7-Acetoxy-6-äthyl-3-allyl-4-methyl-cumarin $C_{17}H_{18}O_4$, Formel VIII (R = CO-CH$_3$).
B. Beim Erhitzen von 6-Äthyl-3-allyl-7-hydroxy-4-methyl-cumarin mit Acetanhydrid und Natriumacetat (*Desai, Mavani*, Pr. Indian Acad. [A] **14** [1941] 100, 104).
Krystalle (aus A.); F: 123°.

8-Äthyl-7-hydroxy-6-isopropenyl-2-methyl-chromen-4-on $C_{15}H_{16}O_3$, Formel IX (R = H).
B. Beim Erhitzen von 3-[8-Äthyl-7-hydroxy-2-methyl-4-oxo-4H-chromen-6-yl]-croton≈ säure (F: 205°) auf 210° (*Limaye, Ghate*, Rasayanam **1** [1939] 169, 175).
Krystalle (aus wss. A.); F: 144—146°.

VIII   IX   X

8-Äthyl-6-isopropenyl-7-methoxy-2-methyl-chromen-4-on $C_{16}H_{18}O_3$, Formel IX (R = CH$_3$).
B. Aus 8-Äthyl-7-hydroxy-6-isopropenyl-2-methyl-chromen-4-on (*Limaye, Ghate*, Rasayanam **1** [1939] 169, 175).
F: 110°.

(±)-4-[4-Methoxy-phenyl]-5,6,7,8-tetrahydro-chroman-2-on, (±)-3-[2-Hydroxy-cyclo≈ hex-1-enyl]-3-[4-methoxy-phenyl]-propionsäure-lacton $C_{16}H_{18}O_3$, Formel X.
B. Beim Erwärmen von 2-[(E?)-4-Methoxy-benzyliden]-cyclohexanon (F: 74° [E III **8** 1033]) mit der Natrium-Verbindung des Malonsäure-diäthylesters in Benzol und Erhitzen des Reaktionsprodukts unter vermindertem Druck (*Badger et al.*, Soc. **1948** 2011, 2016). Beim Erwärmen von (±)-3-[4-Methoxy-phenyl]-3-[2-oxo-cyclohexyl]-propionsäure mit Schwefelsäure enthaltendem Äthanol und Erhitzen des Reaktionsprodukts unter vermindertem Druck (*Ba. et al.*).
Krystalle (aus A.); F: 113°.

*Opt.-inakt. 6-[4-Methoxy-phenyl]-4-methyl-5,6,7,7a-tetrahydro-3H-benzofuran-2-on, [6-Hydroxy-4-(4-methoxy-phenyl)-2-methyl-cyclohex-1-enyl]-essigsäure-lacton $C_{16}H_{18}O_3$, Formel XI.
B. Beim Behandeln von (±)-[4-(4-Methoxy-phenyl)-2-methyl-6-oxo-cyclohex-1-enyl]-essigsäure mit wss. Kalilauge und mit Kaliumboranat und anschliessenden Erwärmen mit wss. Schwefelsäure (*Julia, Varech*, Bl. **1959** 1463, 1467).
Krystalle (aus Bzl. + Bzn.); F: 100°.

4-[4-Methoxy-phenyl]-7-methyl-5,6,7,7a-tetrahydro-4H-benzofuran-2-on, [2-Hydroxy-6-(4-methoxy-phenyl)-3-methyl-cyclohexyliden]-essigsäure-lacton $C_{16}H_{18}O_3$, Formel XII.

a) **Opt.-inakt. Stereoisomeres vom F: 117°.**
B. Beim Behandeln von opt.-inakt. [6-(4-Methoxy-phenyl)-3-methyl-2-oxo-cyclohexyl]-essigsäure vom F: 206—209° mit Phosphor(V)-chlorid und Benzol und anschliessend mit Zinn(IV)-chlorid (*Jilek, Protiva*, Collect. **20** [1955] 765, 773).
Krystalle (aus Me.); F: 116—117° [korr.]. IR-Spektrum (CCl$_4$ [5—11 µ] und CS$_2$ [11—16,6 µ]): *Ji., Pr.*, l. c. S. 768.

b) **Opt.-inakt. Stereoisomeres vom F: 103°.**
B. Aus opt.-inakt. [6-(4-Methoxy-phenyl)-3-methyl-2-oxo-cyclohexyl]-essigsäure vom F: 138° analog dem unter a) beschriebenen Stereoisomeren (*Jilek, Protiva*, Collect. **20** [1955] 765, 773).
Krystalle (aus Me.); F: 99—103° [korr.].

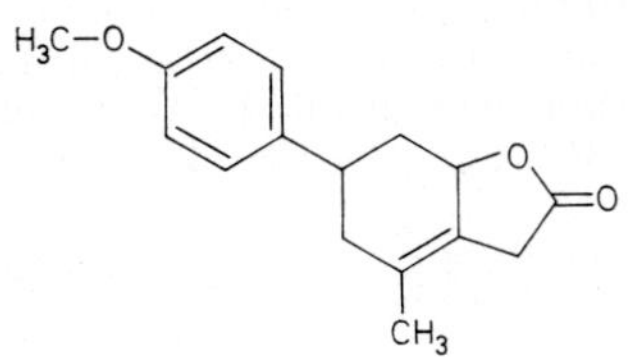

XI 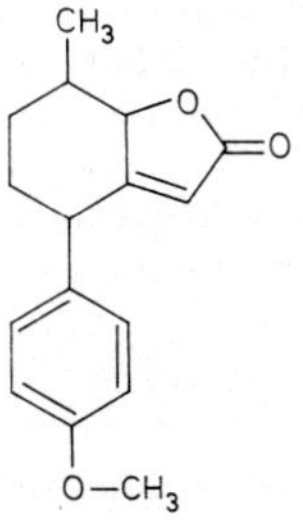   XII 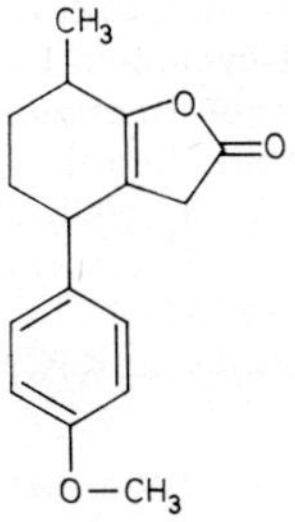   XIII

4-[4-Methoxy-phenyl]-7-methyl-4,5,6,7-tetrahydro-3H-benzofuran-2-on, [2-Hydroxy-6-(4-methoxy-phenyl)-3-methyl-cyclohex-1-enyl]-essigsäure-lacton $C_{16}H_{18}O_3$, Formel XIII.

a) **Opt.-inakt. Stereoisomeres vom F: 91°.**
B. Beim Erhitzen von opt.-inakt. [6-(4-Methoxy-phenyl)-3-methyl-2-oxo-cyclohexyl]-essigsäure vom F: 206—209° mit Polyphosphorsäure auf 150° (*Jilek, Protiva,* Collect. **20** [1955] 765, 771).
Krystalle (aus wss. A.); F: 91°. IR-Spektrum (CCl$_4$ [5—11 μ] und CS$_2$ [11—16,6 μ]): *Ji., Pr.,* l. c. S. 768.

b) **Flüssiges opt.-inakt. Stereoisomeres.**
B. Beim Erhitzen von opt.-inakt. [6-(4-Methoxy-phenyl)-3-methyl-2-oxo-cyclohexyl]-essigsäure vom F: 138° mit Polyphosphorsäure auf 100° (*Jilek, Protiva,* Collect. **20** [1955] 765, 772).
Kp$_{0,5}$: 210—215°.

(±)-3-[(Ξ)-4-Methoxy-benzyliden]-(3ar,7ac)-hexahydro-isobenzofuran-1-on, (±)-cis-2-[α-Hydroxy-4-methoxy-ξ-styryl]-cyclohexancarbonsäure-lacton $C_{16}H_{18}O_3$, Formel XIV + Spiegelbild.
B. Beim Erhitzen von cis-Cyclohexan-1,2-dicarbonsäure-anhydrid mit [4-Methoxy-phenyl]-essigsäure und Natriumacetat auf 230° (*Novello, Christy,* Am. Soc. **73** [1951] 1267, 1269).
Gelbes Öl; bei 173—178°/0,5—1 Torr destillierbar.

(±)-3ξ-[4-Methoxy-phenyl]-3ξ-methyl-(3ar,7at)-3a,4,7,7a-tetrahydro-3H-isobenzo≠furan-1-on $C_{16}H_{18}O_3$, Formel XV + Spiegelbild.
Bezüglich der Konfigurationszuordnung vgl. *Mousseron et al.,* C. r. **247** [1958] 665, 668.
B. Beim Erwärmen von (±)-*trans*-6-Acetyl-cyclohex-3-encarbonsäure mit 4-Methoxy-phenylmagnesium-bromid in Äther (*Dixon, Wiggins,* Soc. **1954** 594, 596, 597).
Krystalle (aus wss. A.); F: 145—147°.

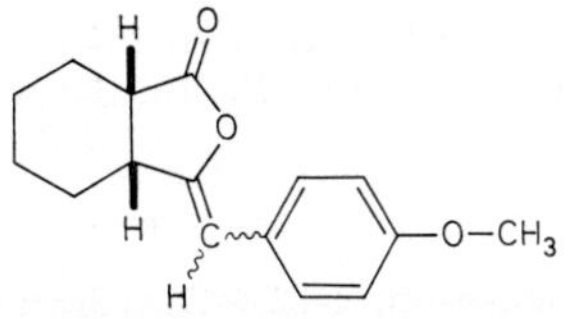

XIV 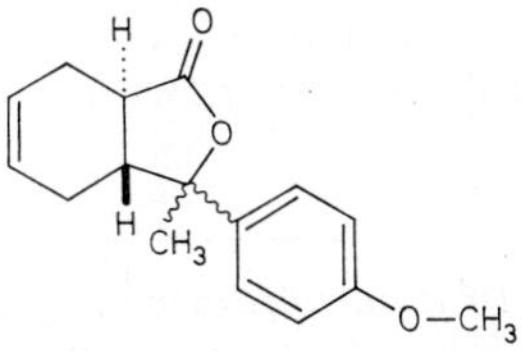   XV 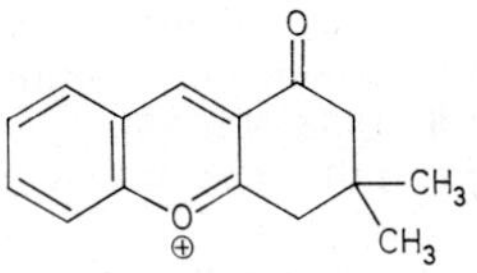   XVI

3,3-Dimethyl-1-oxo-1,2,3,4-tetrahydro-xanthylium $[C_{15}H_{15}O_2]^+$, Formel XVI.
Chlorid $[C_{15}H_{15}O_2]Cl$. *B.* Beim Einleiten von Chlorwasserstoff in eine äthanol. Lösung von Salicylaldehyd und 5,5-Dimethyl-dihydroresorcin (*Chakravarti et al.,* J. Indian Inst. Sci. [A] **14** [1931] 141, 149). — Rote Krystalle, die unterhalb 290° nicht schmelzen.

2-Äthyl-3-hydroxy-7,8,9,10-tetrahydro-benzo[c]chromen-6-on, 2-[5-Äthyl-2,4-dihydroxyphenyl]-cyclohex-1-encarbonsäure-2-lacton $C_{15}H_{16}O_3$, Formel I.

B. Beim Erhitzen von 2-Acetyl-3-hydroxy-7,8,9,10-tetrahydro-benzo[c]chromen-6-on mit Äthanol, amalgamiertem Zink und wss. Salzsäure (*Chowdhry, Desai*, Pr. Indian Acad. [A] **8** [1938] 1, 2). Beim Erwärmen von 4-Äthyl-resorcin mit 2-Oxo-cyclohexancarbonsäure-äthylester und Phosphorylchlorid (*Ahmad, Desai*, J. Univ. Bombay **6** Tl. 2 [1937] 89, 92).

Krystalle (aus A.); F: 218° (*Ah., De.; Ch., De.*).

3-Hydroxy-1,9-dimethyl-7,8,9,10-tetrahydro-benzo[c]chromen-6-on, 2-[2,4-Dihydroxy-6-methyl-phenyl]-4-methyl-cyclohex-1-encarbonsäure-2-lacton $C_{15}H_{16}O_3$, Formel II.

Die früher (s. E II **18** 27) unter dieser Konstitution („7-Oxy-5.4′-dimethyl-3′.4′.5′.6′-tetrahydro-[benzo-1′.2′:3.4-cumarin]") beschriebene Verbindung ist als (±)-1-Hydroxy-3,9-dimethyl-7,8,9,10-tetrahydro-benzo[c]chromen-6-on (S. 527) zu formulieren (*Chowdhry, Desai*, Pr. Indian Acad. [A] **8** [1938] 12, 16).

(±)-1-Hydroxy-3,8-dimethyl-7,8,9,10-tetrahydro-benzo[c]chromen-6-on, (±)-2-[2,6-Dihydroxy-4-methyl-phenyl]-5-methyl-cyclohex-1-encarbonsäure-lacton $C_{15}H_{16}O_3$, Formel III (R = H).

B. Beim Erwärmen von (±)-5-Methyl-2-oxo-cyclohexancarbonsäure-äthylester mit 5-Methyl-resorcin, Phosphorylchlorid und Benzol (*Chowdhry, Desai*, Pr. Indian Acad. [A] **8** [1938] 12, 15).

Krystalle (aus wss. A.); F: 250°.

I II III

(±)-1-Methoxy-3,8-dimethyl-7,8,9,10-tetrahydro-benzo[c]chromen-6-on, (±)-2-[2-Hydroxy-6-methoxy-4-methyl-phenyl]-5-methyl-cyclohex-1-encarbonsäure-lacton $C_{16}H_{18}O_3$, Formel III (R = CH_3).

B. Beim Behandeln von (±)-1-Hydroxy-3,8-dimethyl-7,8,9,10-tetrahydro-benzo[c]chromen-6-on mit Alkalilauge und Dimethylsulfat (*Chowdhry, Desai*, Pr. Indian Acad. [A] **8** [1938] 12, 15).

Krystalle (aus wss. A.); F: 140°.

(±)-1-Acetoxy-3,8-dimethyl-7,8,9,10-tetrahydro-benzo[c]chromen-6-on, (±)-2-[2-Acetoxy-6-hydroxy-4-methyl-phenyl]-5-methyl-cyclohex-1-encarbonsäure-lacton $C_{17}H_{18}O_4$, Formel III (R = $CO-CH_3$).

B. Beim Erhitzen von (±)-1-Hydroxy-3,8-dimethyl-7,8,9,10-tetrahydro-benzo[c]chromen-6-on mit Acetanhydrid und wenig Pyridin (*Chowdhry, Desai*, Pr. Indian Acad. [A] **8** [1938] 12, 15).

Krystalle (aus wss. A.); F: 185°.

1-Hydroxy-3,9-dimethyl-7,8,9,10-tetrahydro-benzo[c]chromen-6-on, 2-[2,6-Dihydroxy-4-methyl-phenyl]-4-methyl-cyclohex-1-encarbonsäure-lacton $C_{15}H_{16}O_3$.

a) **(R)-1-Hydroxy-3,9-dimethyl-7,8,9,10-tetrahydro-benzo[c]chromen-6-on** $C_{15}H_{16}O_3$, Formel IV.

B. Beim Behandeln von (1Ξ,4R)-4-Methyl-2-oxo-cyclohexancarbonsäure-äthylester (E III **10** 2826) mit 5-Methyl-resorcin und konz. Schwefelsäure (*Leaf et al.*, Soc. **1942** 185, 187).

Krystalle; F: 252—253°. $[\alpha]_D^{19}$: +168,3° [A.; c = 1].

b) (±)-1-Hydroxy-3,9-dimethyl-7,8,9,10-tetrahydro-benzo[c]chromen-6-on $C_{15}H_{16}O_3$, Formel V (R = H).
Diese Konstitution kommt der früher (s. E II **18** 27) als 3-Hydroxy-1,9-dimethyl-7,8,9,10-tetrahydro-benzo[c]chromen-6-on („7-Oxy-5.4'-dimethyl-3'.4'.5'.6'-tetrahydro-[benzo-1'.2':3.4-cumarin]") beschriebenen Verbindung zu (*Chowdhry, Desai*, Pr. Indian Acad. [A] **8** [1938] 12, 16).

B. Beim Erwärmen von (±)-4-Methyl-2-oxo-cyclohexancarbonsäure-äthylester mit 5-Methyl-resorcin, Phosphorylchlorid und Benzol (*Ch., De.*; *Adams, Baker*, Am. Soc. **62** [1940] 2405, 2408).

Krystalle; F: 262—263° [korr.] (*Ad., Ba.*), 260° [aus wss. A.] (*Ch., De.*).

(±)-1-Methoxy-3,9-dimethyl-7,8,9,10-tetrahydro-benzo[c]chromen-6-on, (±)-2-[2-Hydroxy-6-methoxy-4-methyl-phenyl]-4-methyl-cyclohex-1-encarbonsäure-lacton $C_{16}H_{18}O_3$, Formel V (R = CH_3).

B. Beim Behandeln von (±)-1-Hydroxy-3,9-dimethyl-7,8,9,10-tetrahydro-benzo[c]chromen-6-on mit Alkalilauge und Dimethylsulfat (*Chowdhry, Desai*, Pr. Indian. Acad. [A] **8** [1938] 12, 16).

Krystalle (aus Hexan); F: 98°.

IV   V   VI

(±)-1-Acetoxy-3,9-dimethyl-7,8,9,10-tetrahydro-benzo[c]chromen-6-on, (±)-2-[2-Acetoxy-6-hydroxy-4-methyl-phenyl]-4-methyl-cyclohex-1-encarbonsäure-lacton $C_{17}H_{18}O_4$, Formel V (R = $CO-CH_3$).

B. Beim Erhitzen von (±)-1-Hydroxy-3,9-dimethyl-7,8,9,10-tetrahydro-benzo[c]chromen-6-on mit Acetanhydrid und wenig Pyridin (*Chowdhry, Desai*, Pr. Indian Acad. [A] **8** [1938] 12, 16).

Krystalle (aus wss. A.); F: 134°.

(±)-1-Hydroxy-3,10-dimethyl-7,8,9,10-tetrahydro-benzo[c]chromen-6-on, (±)-2-[2,6-Dihydroxy-4-methyl-phenyl]-3-methyl-cyclohex-1-encarbonsäure-lacton $C_{15}H_{16}O_3$, Formel VI (R = H).

B. Beim Erwärmen von (±)-3-Methyl-2-oxo-cyclohexancarbonsäure-äthylester mit 5-Methyl-resorcin, Phosphorylchlorid und Benzol (*Chowdhry, Desai*, Pr. Indian Acad. [A] **8** [1938] 12, 18).

Krystalle (aus A.); F: 235°.

(±)-1-Acetoxy-3,10-dimethyl-7,8,9,10-tetrahydro-benzo[c]chromen-6-on, (±)-2-[2-Acetoxy-6-hydroxy-4-methyl-phenyl]-3-methyl-cyclohex-1-encarbonsäure-lacton $C_{17}H_{18}O_4$, Formel VI (R = $CO-CH_3$).

B. Beim Erhitzen von (±)-1-Hydroxy-3,10-dimethyl-7,8,9,10-tetrahydro-benzo[c]chromen-6-on mit Acetanhydrid und wenig Pyridin (*Chowdhry, Desai*, Pr. Indian Acad. [A] **8** [1938] 12, 18).

Krystalle (aus A.); F: 124°.

(±)-8-Äthyl-7-hydroxy-2-methyl-2,3-dihydro-1*H*-cyclopenta[c]chromen-4-on, (±)-2-[5-Äthyl-2,4-dihydroxy-phenyl]-4-methyl-cyclopent-1-encarbonsäure-2-lacton $C_{15}H_{16}O_3$, Formel VII (R = H).

B. Beim Behandeln von (±)-4-Methyl-2-oxo-cyclopentancarbonsäure-äthylester mit 4-Äthyl-resorcin und konz. Schwefelsäure (*Ahmad, Desai*, Pr. Indian Acad. [A] **5** [1937] 277, 283).

Krystalle (aus A.); F: 198°.

(±)-7-Acetoxy-8-äthyl-2-methyl-2,3-dihydro-1H-cyclopenta[c]chromen-4-on,
(±)-2-[4-Acetoxy-5-äthyl-2-hydroxy-phenyl]-4-methyl-cyclopent-1-encarbonsäure-
lacton $C_{17}H_{18}O_4$, Formel VII (R = CO-CH$_3$).

B. Beim Erhitzen von (±)-8-Äthyl-7-hydroxy-2-methyl-2,3-dihydro-1H-cyclopenta[c]-
chromen-4-on mit Acetanhydrid (*Ahmad, Desai*, Pr. Indian Acad. [A] **5** [1937] 277, 283).
Krystalle (aus A.); F: 116°.

(S)-8-Methoxy-3,5a,9-trimethyl-5,5a-dihydro-4H-naphtho[1,2-b]furan-2-on,
2-[(2Z,4aS)-1-Hydroxy-7-methoxy-4a,8-dimethyl-4,4a-dihydro-3H-[2]naphthyliden]-
propionsäure-lacton, 6-Hydroxy-3-methoxy-eudesma-1,3,5,7(11)-tetraen-12-säure-
lacton [1]) $C_{16}H_{18}O_3$, Formel VIII (R = CH$_3$).

B. Beim Behandeln von Santonen ((5aS)-3,5a,9c-Trimethyl-(5ar)-5,5a-dihydro-4H,9H-
naphtho[1,2-b]furan-2,8-dion [E III/IV **17** 6316]) mit Methanol und wenig Chloroschwe=
felsäure (*Nishikawa et al.*, J. pharm. Soc. Japan **75** [1955] 1199, 1201; C. A. **1956** 8541;
McMurry, Mollan, Soc. [C] **1967** 1813, 1817).

Orangefarbene Krystalle; F: 161–162° [aus Me.] (*McM., Mo.*), 159–160° [aus wss.
Me.] (*Ni. et al.*). $[α]_D^{33,5}$: −2250° [Py.; c = 0,4]; $[α]_D^{20}$: −2360° [A.; c = 0,5] (*McM.,
Mo.*); $[α]_D^{20}$: −1487° [A.; c = 0,6] (*Ni. et al.*); $[α]_D^{33,5}$: −2290° [Me.; c = 0,5] (*McM., Mo.*).
Absorptionsmaxima (A.): 273 nm und 419 nm (*McM., Mo.*) bzw. 292 nm und 416 nm
(*Ni. et al.*).

VII   VIII   IX

(S)-8-Acetoxy-3,5a,9-trimethyl-5,5a-dihydro-4H-naphtho[1,2-b]furan-2-on,
2-[(2Z,4aS)-7-Acetoxy-1-hydroxy-4a,8-dimethyl-4,4a-dihydro-3H-[2]naphthyliden]-
propionsäure-lacton, 3-Acetoxy-6-hydroxy-eudesma-1,3,5,7(11)-tetraen-12-säure-
lacton [1]) $C_{17}H_{18}O_4$, Formel VIII (R = CO-CH$_3$).

B. Beim Erhitzen von Santonensäure [(11S)-3,6-Dioxo-eudesma-1,4-dien-12-säure]
(*Yanagita, Ogura*, J. org. Chem. **23** [1958] 443, 449; *McMurry, Mollan*, Soc. [C] **1967**
1813, 1817) oder von Santonen [(5aS)-2,5a,9c-Trimethyl-(5ar)-5,5a-dihydro-4H,9H-
naphtho[1,2-b]furan-2,8-dion (E III/IV **17** 6316)] (*Nishikawa et al.*, J. pharm. Soc. Japan
75 [1955] 1199, 1201; C. A. **1956** 8541; *Ya., Og.; McM., Mo.*) mit Acetanhydrid.

Gelbe Krystalle; F: 115–117° (*McM., Mo.*), 114–116° [unkorr.; aus Ae. + PAe.]
(*Ya., Og.*), 114° [aus Ae. + PAe.] (*Ni. et al.*). $[α]_D^{20}$: −650° [Dioxan; c = 0,3] (*Ni.
et al.*); $[α]_D^{20}$: −1495° [A.; c = 1] (*McM., Mo.*). Absorptionsmaxima (A.): 266 nm und
380,5 nm (*McM., Mo.*), 264 nm und 382 nm (*Ni. et al.*).

(±)-9-Methoxy-3,6,8-trimethyl-4,5-dihydro-3H-naphtho[1,2-b]furan-2-on,
(±)-2-[1-Hydroxy-8-methoxy-5,7-dimethyl-3,4-dihydro-[2]naphthyl]-propionsäure-
lacton $C_{16}H_{18}O_3$, Formel IX.

B. Beim Erwärmen von opt.-inakt. 2-[5-Methoxy-2,4-dimethyl-phenäthyl]-3-methyl-
bernsteinsäure (E III **10** 2242) mit konz. Schwefelsäure (*Cocker, Lipman*, Soc. **1947**
533, 539).

Krystalle (aus wss. A.); F: 159–160° (*Co., Li.*). UV-Spektrum (A.; 220–310 nm):
Cocker et al., Soc. **1949** 959, 960.

(±)-8-Hydroxy-3,6,9-trimethyl-5,9b-dihydro-4H-naphtho[1,2-b]furan-2-on,
(±)-2-[(Z)-1,7-Dihydroxy-5,8-dimethyl-3,4-dihydro-1H-[2]naphthyliden]-propionsäure-
1-lacton $C_{15}H_{16}O_3$, Formel X (R = H).

Konstitutionszuordnung: *Bolt et al.*, Soc. [C] **1967** 261, 266, 269.

---

[1]) Stellungsbezeichnung bei von Eudesman abgeleiteten Namen s. E III **7** 515 Anm.

B. Beim Erhitzen von opt.-inakt. 2-[4-Methoxy-2,5-dimethyl-phenäthyl]-3-methyl-bernsteinsäure (F: 131—132°) mit wss. Jodwasserstoffsäure und Erwärmen der erhaltenen 2-[4-Hydroxy-2,5-dimethyl-phenäthyl]-3-methyl-bernsteinsäure mit konz. Schwefelsäure (*Clemo et al.*, Soc. **1930** 1110, 1113, 1114; s. a. *Tschitschibabin, Schtschukina*, B. **63** [1930] 2793, 2806). Beim Erwärmen von (−)-α-Hydroxysantonin ((11*R*)-6α,11-Dihydroxy-3-oxo-eudesma-1,4-dien-12-säure-6-lacton; über die Konstitution und Konfiguration dieser Verbindung s. *Pinhey, Sternhell*, Austral. J. Chem. **18** [1965] 543, 545, 550) mit konz. wss. Salzsäure (*Asahina, Momose*, B. **70** [1937] 812, 816).

Krystalle; F: 250—253° [Zers.; aus wss. Eg.] (*Cl. et al.*), 244—246° [aus A.] (*As., Mo.*).

(±)-8-Methoxy-3,6,9-trimethyl-5,9b-dihydro-4*H*-naphtho[1,2-*b*]furan-2-on,
(±)-2-[(*Z*)-1-Hydroxy-7-methoxy-5,8-dimethyl-3,4-dihydro-1*H*-[2]naphthyliden]-propionsäure-lacton $C_{16}H_{18}O_3$, Formel X (R = CH_3).
B. Beim Erwärmen von (±)-8-Hydroxy-3,6,9-trimethyl-5,9b-dihydro-4*H*-naphtho[1,2-*b*]furan-2-on mit Methyljodid, Aceton und Kaliumcarbonat (*Asahina, Momose*, B. **70** [1937] 812, 816).

Krystalle (aus A.); F: 165—166°.

(±)-8-Acetoxy-3,6,9-trimethyl-5,9b-dihydro-4*H*-naphtho[1,2-*b*]furan-2-on,
(±)-2-[(*Z*)-7-Acetoxy-1-hydroxy-5,8-dimethyl-3,4-dihydro-1*H*-[2]naphthyliden]-propionsäure-lacton $C_{17}H_{18}O_4$, Formel X (R = CO-CH_3).
B. Beim Erhitzen von (±)-8-Hydroxy-3,6,9-trimethyl-5,9b-dihydro-4*H*-naphtho[1,2-*b*]furan-2-on mit Acetanhydrid und Natriumacetat (*Asahina, Momose*, B. **70** [1937] 812, 816).

Krystalle (aus A.); F: 183°.

2,3-Epoxy-10-hydroxy-10-methyl-1,2,3,4,4a,9a-hexahydro-anthron $C_{15}H_{16}O_3$.

a) (±)-2*c*,3*c*-Epoxy-10*t*-hydroxy-10*c*-methyl-(4a*r*,9a*c*)-1,2,3,4,4a,9a-hexahydro-anthron $C_{15}H_{16}O_3$, Formel XI (R = H) + Spiegelbild.
B. Beim Behandeln von (±)-10*t*-Hydroxy-10*c*-methyl-(4a*r*,9a*c*)-1,4,4a,9a-tetrahydro-anthron mit Peroxybenzoesäure in Chloroform (*Schemjakin et al.*, Izv. Akad. S.S.S.R. Ser. chim. **1964** 1013, 1017; engl. Ausg. S. 944, 947; s. a. *Schemjakin et al.*, Doklady Akad. S.S.S.R. **128** [1959] 113, 114, 115; Pr. Acad. Sci. U.S.S.R. Chem. Sect. **124–129** [1959] 717, 718, 719).

Krystalle (aus A.); F: 137—138°. Absorptionsmaxima (A.): 249 nm und 289 nm.

X   XI   XII

b) (±)-2*t*,3*t*-Epoxy-10*t*-hydroxy-10*c*-methyl-(4a*r*,9a*c*)-1,2,3,4,4a,9a-hexahydro-anthron $C_{15}H_{16}O_3$, Formel XII (R = H) + Spiegelbild.
B. Beim Behandeln einer Lösung von (±)-3*c*-Chlor-2*t*,10*t*-dihydroxy-10*c*-methyl-(4a*r*,9a*c*)-1,2,3,4,4a,9a-hexahydro-anthron oder von (±)-3*c*-Brom-2*t*,10*t*-dihydroxy-10*c*-methyl-(4a*r*,9a*c*)-1,2,3,4,4a,9a-hexahydro-anthron in wss. Dioxan mit wss. Kalilauge (*Schemjakin et al.*, Izv. Akad. S.S.S.R. Ser. chim. **1964** 1013, 1019; engl. Ausg. S. 944, 948; s. a. *Schemjakin et al.*, Doklady Akad. S.S.S.R. **128** [1959] 113, 114, 115; Pr. Acad. Sci. U.S.S.R. Chem. Sect. **124–129** [1959] 717, 718, 719).

Krystalle (aus wss. A.); F: 140—141°. Absorptionsmaxima (A.): 250 nm und 289 nm.

10-Acetoxy-2,3-epoxy-10-methyl-1,2,3,4,4a,9a-hexahydro-anthron $C_{17}H_{18}O_4$.

a) (±)-10*t*-Acetoxy-2*c*,3*c*-epoxy-10*c*-methyl-(4a*r*,9a*c*)-1,2,3,4,4a,9a-hexahydro-anthron $C_{17}H_{18}O_4$, Formel XI (R = CO-CH_3) + Spiegelbild.
B. Beim Behandeln von (±)-10*t*-Acetoxy-10*c*-methyl-(4a*r*,9a*c*)-1,4,4a,9a-tetrahydro-

anthron mit Peroxybenzoesäure in Chloroform (*Schemjakin et al.*, Izv. Akad. S.S.S.R. Ser. chim. **1964** 1013, 1017; engl. Ausg. S. 944, 947; s. a. *Schemjakin et al.*, Doklady Akad. S.S.S.R. **128** [1959] 113, 114, 115; Pr. Acad. Sci. U.S.S.R. Chem. Sect. **124–129** [1959] 717, 718, 719).

Krystalle (aus Toluol); F: 186—187°. Absorptionsmaxima (A.): 247 nm und 286 nm.

b) (±)-10*t*-Acetoxy-2*t*,3*t*-epoxy-10*c*-methyl-(4a*r*,9a*c*)-1,2,3,4,4a,9a-hexahydro-anthron $C_{17}H_{18}O_4$, Formel XII (R = CO-CH$_3$) + Spiegelbild.

B. Beim Behandeln einer Lösung von (±)-10*t*-Acetoxy-3*c*-chlor-2*t*-hydroxy-10*c*-methyl-(4a*r*,9a*c*)-1,2,3,4,4a,9a-hexahydro-anthron oder von (±)-10*t*-Acetoxy-3*c*-brom-2*t*-hydroxy-10*c*-methyl-(4a*r*,9a*c*)-1,2,3,4,4a,9a-hexahydro-anthron in wss. Dioxan mit wss. Kalilauge (*Schemjakin et al.*, Izv. Akad. S.S.S.R. Ser. chim. **1964** 1013, 1019; engl. Ausg. S. 944, 948; s. a. *Schemjakin et al.*, Doklady Akad. S.S.S.R. **128** [1959] 113, 114, 115; Pr. Acad. Sci. U.S.S.R. Chem. Sect. **124–129** [1959] 717, 718, 719).

Krystalle (aus A.); F: 185—186°. Absorptionsmaxima (A.): 246 nm und 286 nm.

(±)-3*c*-Hydroxy-9-methyl-(4a*r*,9a*c*)-2,3,4,4a,9,9a-hexahydro-1*H*-2*t*,9*t*-epoxido-anthracen-10-on $C_{15}H_{16}O_3$, Formel XIII + Spiegelbild.

B. Beim Behandeln von (±)-2*c*,3*c*-Epoxy-10*t*-hydroxy-10*c*-methyl-(4a*r*,9a*c*)-1,2,3,4,4a,9a-hexahydro-anthron mit Kalium-*tert*-butylat in *tert*-Butylalkohol (*Schemjakin et al.*, Izv. Akad. S.S.S.R. Ser. chim. **1964** 1024, 1030; engl. Ausg. S. 953, 958; s. a. *Schemjakin et al.*, Doklady Akad. S.S.S.R. **128** [1959] 113, 114, 115; Pr. Acad. Sci. U.S.S.R. Chem. Sect. **124–129** [1959] 717, 718, 719).

Krystalle (aus Bzl.); F: 134—135°. Absorptionsmaxima (A.): 247 nm und 287 nm.

(3a*R*)-5-Methoxy-9b-methyl-(3a*r*,9a*c*,9b*c*)-1,3a,8,9,9a,9b-hexahydro-2*H*-phenanthro=[4,5-*bcd*]furan-3-on $C_{16}H_{18}O_3$, Formel XIV.

B. Beim Erwärmen von (3a*R*)-3,3-Äthandiyldioxy-5-methoxy-9b-methyl-(3a*r*,9a*c*,9b*c*)-1,2,3,3a,8,9,9a,9b-octahydro-phenanthro[4,5-*bcd*]furan mit Äthanol und wss. Salz=säure (*Kalvoda et al.*, Helv. **38** [1955] 1847, 1854).

Krystalle (aus CHCl$_3$ + Me.); F: 144—145° [korr.; nach Sublimation im Hochvakuum bei 80°]. [α]$_D$: —85° [CHCl$_3$; c = 2].

XIII XIV XV

(3a*S*)-5-Methoxy-(3a*r*,9a*c*)-1,2,3,8,9,9a-hexahydro-3a*H*-phenanthro[4,5-*bcd*]furan-9b*c*-carbaldehyd $C_{16}H_{18}O_3$, Formel XV.

B. Neben (*S*)-5-Methoxy-1,2,3,8,9,9a-hexahydro-phenanthro[4,5-*bcd*]furan beim Ein=tragen einer äthanol. Lösung von (*Ξ*)-1-[(3a*S*)-5-Methoxy-(3a*r*,9a*c*)-1,2,3,8,9,9a-hexa=hydro-3a*H*-phenanthro[4,5-*bcd*]furan-9b*c*-yl]-äthan-1,2-diol (F: 128—129° [korr.]; [α]$_D^{25}$: —14° [A.]; aus Codein hergestellt) in eine warme wss. Lösung von Natriumperjodat und Natriumhydrogencarbonat (*Rapoport et al.*, Am. Soc. **80** [1958] 5767, 5771).

Krystalle (aus Bzl. + Hexan); F: 62—63°. [α]$_D^{25}$: +6° [A.; c = 1]. UV-Spektrum (A.; 250—320 nm): *Ra. et al.*, l. c. S. 5769.

Hydroxy-oxo-Verbindungen $C_{16}H_{18}O_3$

(±)-3-[2]Furyl-1-[4-methoxy-phenyl]-hexan-1-on $C_{17}H_{20}O_3$, Formel I.

B. Beim Eintragen von 3-[2]Furyl-1-[4-methoxy-phenyl]-propenon (F: 75°) in äther. Propylmagnesiumbromid-Lösung und Erwärmen des Reaktionsgemisches mit wss. Schwefelsäure (*Maxim, Angelesco*, Bl. [5] **1** [1934] 1128, 1130).

Kp$_{12}$: 220°.

(±)-3-[2]Furyl-1-[4-methoxy-phenyl]-hexan-1-on-semicarbazon $C_{18}H_{23}N_3O_3$, Formel II.

B. Aus (±)-3-[2]Furyl-1-[4-methoxy-phenyl]-hexan-1-on und Semicarbazid (*Maxim,*

Angelesco, Bl. [5] **1** [1934] 1128, 1131).
Krystalle; F: 149°.

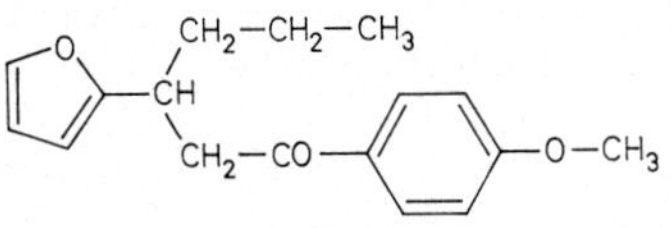

I

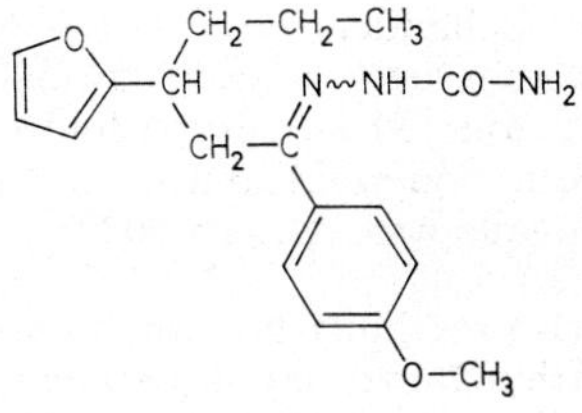

II

6-Butyl-3-[ξ-2-chlor-vinyl]-7-hydroxy-4-methyl-cumarin $C_{16}H_{17}ClO_3$, Formel III (R = H).
B. Beim Behandeln einer Lösung von 6-Butyl-7-hydroxy-4-methyl-3-[2,2,2-trichlor-1-hydroxy-äthyl]-cumarin in Essigsäure mit Zink-Pulver (*Chudgar, Shah*, J. Univ. Bombay **11**, Tl. 3 [1942] 116, 119).
Krystalle (aus A.); F: 167°.

7-Acetoxy-6-butyl-3-[ξ-2-chlor-vinyl]-4-methyl-cumarin $C_{18}H_{19}ClO_4$, Formel III (R = CO-CH$_3$).
B. Beim Behandeln von 6-Butyl-3-[ξ-2-chlor-vinyl]-7-hydroxy-4-methyl-cumarin (s. o.) mit Acetanhydrid und Pyridin (*Chudgar, Shah*, J. Univ. Bombay **11**, Tl. 3 [1942] 116, 119).
Gelbliche Krystalle; F: 143°.

(±)-2-Äthyl-3-hydroxy-8-methyl-7,8,9,10-tetrahydro-benzo[c]chromen-6-on,
(±)-2-[5-Äthyl-2,4-dihydroxy-phenyl]-5-methyl-cyclohex-1-encarbonsäure-2-lacton
$C_{16}H_{18}O_3$, Formel IV (R = H).
B. Beim Behandeln von (±)-5-Methyl-2-oxo-cyclohexancarbonsäure-äthylester mit 4-Äthyl-resorcin und konz. Schwefelsäure (*Chowdhry, Desai*, Pr. Indian Acad. [A] **8** [1938] 1, 3). Aus (±)-2-Acetyl-3-hydroxy-8-methyl-7,8,9,10-tetrahydro-benzo[c]chromen-6-on mit Hilfe von amalgamiertem Zink (*Ch., De.*).
Krystalle (aus wss. A.); F: 252°.

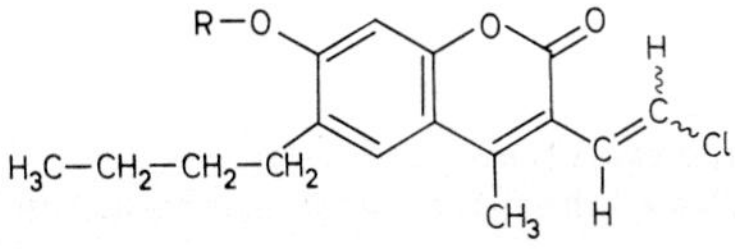

III

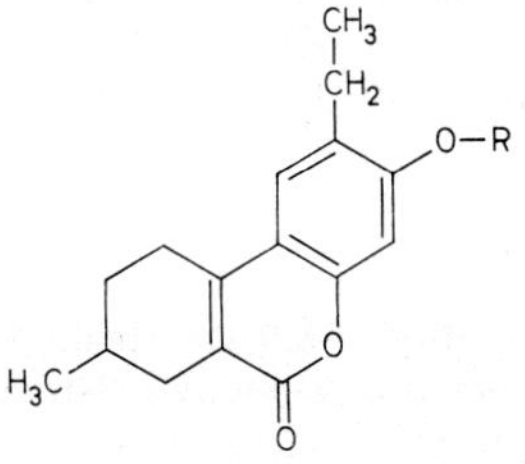

IV

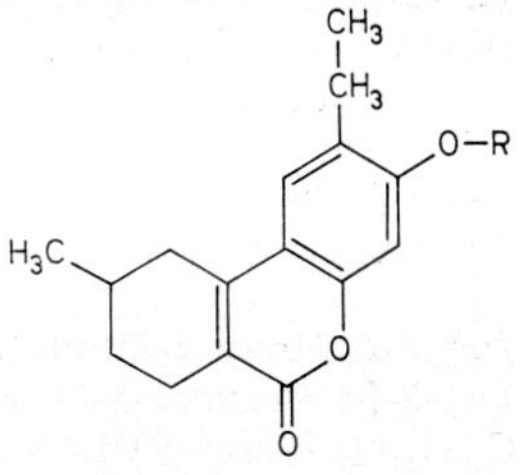

V

(±)-2-Äthyl-3-methoxy-8-methyl-7,8,9,10-tetrahydro-benzo[c]chromen-6-on,
(±)-2-[5-Äthyl-2-hydroxy-4-methoxy-phenyl]-5-methyl-cyclohex-1-encarbonsäure-lacton $C_{17}H_{20}O_3$, Formel IV (R = CH$_3$).
B. Beim Behandeln von (±)-2-Äthyl-3-hydroxy-8-methyl-7,8,9,10-tetrahydro-benzo[c]chromen-6-on mit Alkalilauge und Dimethylsulfat (*Chowdhry, Desai*, Pr. Indian Acad. [A] **8** [1938] 1, 3).
Krystalle (aus wss. A.); F: 158°.

(±)-3-Acetoxy-2-äthyl-8-methyl-7,8,9,10-tetrahydro-benzo[c]chromen-6-on,
(±)-2-[4-Acetoxy-5-äthyl-2-hydroxy-phenyl]-5-methyl-cyclohex-1-encarbonsäure-lacton
$C_{18}H_{20}O_4$, Formel IV (R = CO-CH$_3$).
B. Beim Erhitzen von (±)-2-Äthyl-3-hydroxy-8-methyl-7,8,9,10-tetrahydro-benzo[c]chromen-6-on mit Acetanhydrid (*Chowdhry, Desai*, Pr. Indian Acad. [A] **8** [1938] 1, 3).
Krystalle (aus wss. A.); F: 146°.

(±)-2-Äthyl-3-hydroxy-9-methyl-7,8,9,10-tetrahydro-benzo[c]chromen-6-on,
(±)-2-[5-Äthyl-2,4-dihydroxy-phenyl]-4-methyl-cyclohex-1-encarbonsäure-2-lacton
$C_{16}H_{18}O_3$, Formel V (R = H).
B. Beim Behandeln von (±)-4-Methyl-2-oxo-cyclohexancarbonsäure-äthylester mit 4-Äthyl-resorcin und konz. Schwefelsäure (*Chowdhry, Desai*, Pr. Indian Acad. [A] **8** [1938] 1, 3). Aus (±)-2-Acetyl-3-hydroxy-9-methyl-7,8,9,10-tetrahydro-benzo[c]chromen-6-on mit Hilfe von amalgamiertem Zink (*Ch., De.*).
Krystalle (aus wss. A.); F: 202°.

(±)-2-Äthyl-3-methoxy-9-methyl-7,8,9,10-tetrahydro-benzo[c]chromen-6-on,
(±)-2-[5-Äthyl-2-hydroxy-4-methoxy-phenyl]-4-methyl-cyclohex-1-encarbonsäure-lacton $C_{17}H_{20}O_3$, Formel V (R = CH_3).
B. Beim Behandeln von (±)-2-Äthyl-3-hydroxy-9-methyl-7,8,9,10-tetrahydro-benzo=[c]chromen-6-on mit Alkalilauge und Dimethylsulfat (*Chowdhry, Desai*, Pr. Indian Acad. [A] **8** [1938] 1, 3).
Krystalle (aus A.); F: 127°.

(±)-3-Acetoxy-2-äthyl-9-methyl-7,8,9,10-tetrahydro-benzo[c]chromen-6-on,
(±)-2-[4-Acetoxy-5-äthyl-2-hydroxy-phenyl]-4-methyl-cyclohex-1-encarbonsäure-lacton $C_{18}H_{20}O_4$, Formel V (R = CO-CH_3).
B. Beim Erhitzen von (±)-2-Äthyl-3-hydroxy-9-methyl-7,8,9,10-tetrahydro-benzo=[c]chromen-6-on mit Acetanhydrid (*Chowdhry, Desai*, Pr. Indian Acad. [A] **8** [1938] 1, 3).
Krystalle (aus wss. A.); F: 167°.

(±)-2-Äthyl-3-hydroxy-10-methyl-7,8,9,10-tetrahydro-benzo[c]chromen-6-on,
(±)-2-[5-Äthyl-2,4-dihydroxy-phenyl]-3-methyl-cyclohex-1-encarbonsäure-2-lacton
$C_{16}H_{18}O_3$, Formel VI (R = H).
B. Beim Erwärmen von (±)-3-Methyl-2-oxo-cyclohexancarbonsäure-äthylester mit 4-Äthyl-resorcin, Phosphorylchlorid und Benzol (*Chowdhry, Desai*, Pr. Indian Acad. [A] **8** [1938] 12, 17).
Krystalle (aus A.); F: 232°.

(±)-2-Äthyl-3-methoxy-10-methyl-7,8,9,10-tetrahydro-benzo[c]chromen-6-on,
(±)-2-[5-Äthyl-2-hydroxy-4-methoxy-phenyl]-3-methyl-cyclohex-1-encarbonsäure-lacton $C_{17}H_{20}O_3$, Formel VI (R = CH_3).
B. Beim Behandeln von (±)-2-Äthyl-3-hydroxy-10-methyl-7,8,9,10-tetrahydro-benzo=[c]chromen-6-on mit Alkalilauge und Dimethylsulfat (*Chowdhry, Desai*, Pr. Indian Acad. [A] **8** [1938] 12, 18).
Krystalle (aus wss. A.); F: 109°.

(±)-3-Acetoxy-2-äthyl-10-methyl-7,8,9,10-tetrahydro-benzo[c]chromen-6-on,
(±)-2-[4-Acetoxy-5-äthyl-2-hydroxy-phenyl]-3-methyl-cyclohex-1-encarbonsäure-lacton $C_{18}H_{20}O_4$, Formel VI (R = CO-CH_3).
B. Beim Erhitzen von (±)-2-Äthyl-3-hydroxy-10-methyl-7,8,9,10-tetrahydro-benzo=[c]chromen-6-on mit Acetanhydrid und wenig Pyridin (*Chowdhry, Desai*, Pr. Indian Acad. [A] **8** [1938] 12, 18).
Krystalle (aus A.); F: 118°.

(±)-3-Äthyl-1-hydroxy-9-methyl-7,8,9,10-tetrahydro-benzo[c]chromen-6-on,
(±)-2-[4-Äthyl-2,6-dihydroxy-phenyl]-4-methyl-cyclohex-1-encarbonsäure-lacton
$C_{16}H_{18}O_3$, Formel VII.
B. Beim Behandeln von (±)-4-Methyl-2-oxo-cyclohexancarbonsäure-äthylester mit 5-Äthyl-resorcin und Schwefelsäure (*Russell et al.*, Soc. **1941** 826, 828).
Krystalle; F: 204—205°.

(±)-3-Hydroxy-7,9,9-trimethyl-7,8,9,10-tetrahydro-benzo[c]chromen-6-on,
(±)-2-[2,4-Dihydroxy-phenyl]-4,4,6-trimethyl-cyclohex-1-encarbonsäure-2-lacton
$C_{16}H_{18}O_3$, Formel VIII (R = H).
B. Beim Behandeln von (±)-2,4,4-Trimethyl-6-oxo-cyclohexancarbonsäure-äthylester

(Kp$_{14}$: 135°; Semicarbazon, F: 146—147°) mit Resorcin und konz. Schwefelsäure (*Losco, Peri*, G. **89** [1959] 1298, 1304).
Krystalle (aus wss. A.); F: 200—201°.

VI   VII   VIII

(±)-3-Dimethoxythiophosphoryloxy-7,9,9-trimethyl-7,8,9,10-tetrahydro-benzo=
[c]chromen-6-on, (±)-2-[4-Dimethoxythiophosphoryloxy-2-hydroxy-phenyl]-4,4,6-tri=
methyl-cyclohex-1-encarbonsäure-lacton, (±)-Thiophosphorsäure-*O,O'*-dimethylester-
O''-[7,9,9-trimethyl-6-oxo-7,8,9,10-tetrahydro-6*H*-benzo[c]chromen-3-ylester]
C$_{18}$H$_{23}$O$_5$PS, Formel VIII (R = P(S)(OCH$_3$)$_2$).
B. Beim Erwärmen von (±)-3-Hydroxy-7,9,9-trimethyl-7,8,9,10-tetrahydro-benzo=
[c]chromen-6-on mit Chlorothiophosphorsäure-*O,O'*-dimethylester, Kaliumcarbonat und
Aceton (*Losco, Peri*, G. **89** [1959] 1298, 1305, 1310).
Öl.

(±)-3-Diäthoxythiophosphoryloxy-7,9,9-trimethyl-7,8,9,10-tetrahydro-benzo[c]chromen-
6-on, (±)-2-[4-Diäthoxythiophosphoryloxy-2-hydroxy-phenyl]-4,4,6-trimethyl-cyclohex-
1-encarbonsäure-lacton, (±)-Thiophosphorsäure-*O,O'*-diäthylester-*O''*-[7,9,9-trimethyl-
6-oxo-7,8,9,10-tetrahydro-6*H*-benzo[c]chromen-3-ylester] C$_{20}$H$_{27}$O$_5$PS, Formel VIII
(R = P(S)(OC$_2$H$_5$)$_2$).
B. Beim Erwärmen eines Gemisches von (±)-3-Hydroxy-7,9,9-trimethyl-7,8,9,10-tetra=
hydro-benzo[c]chromen-6-on und Chlorothiophosphorsäure-*O,O'*-diäthylester mit Kalium=
carbonat und Aceton oder mit Natriumäthylat und Äthanol (*Losco, Peri*, G. **89** [1959]
1298, 1305, 1310).
Krystalle (aus Me.); F: 61—62°.

(±)-3-Diisopropoxythiophosphoryloxy-7,9,9-trimethyl-7,8,9,10-tetrahydro-benzo=
[c]chromen-6-on, (±)-2-[4-Diisopropoxythiophosphoryloxy-2-hydroxy-phenyl]-4,4,6-tri=
methyl-cyclohex-1-encarbonsäure-lacton, (±)-Thiophosphorsäure-*O,O'*-diisopropylester-
O''-[7,9,9-trimethyl-6-oxo-7,8,9,10-tetrahydro-6*H*-benzo[c]chromen-3-ylester]
C$_{22}$H$_{31}$O$_5$PS, Formel VIII (R = P(S)[O-CH(CH$_3$)$_2$]$_2$).
B. Beim Erwärmen von (±)-3-Hydroxy-7,9,9-trimethyl-7,8,9,10-tetrahydro-benzo=
[c]chromen-6-on mit Chlorothiophosphorsäure-*O,O'*-diisopropylester und Natriumäthylat
in Äthanol (*Losco, Peri*, G. **89** [1959] 1298, 1305, 1310).
Krystalle (aus PAe.); F: 59—60°.

6,8-Diäthyl-9-hydroxy-2,3-dihydro-1*H*-cyclopenta[c]chromen-4-on, 2-[3,5-Diäthyl-
2,6-dihydroxy-phenyl]-cyclopent-1-encarbonsäure-lacton C$_{16}$H$_{18}$O$_3$, Formel IX.
B. Bei kurzem Erwärmen von 2-Oxo-cyclopentancarbonsäure-äthylester mit 4,6-Di=
äthyl-resorcin und Phosphorylchlorid (*Ahmad, Desai*, Pr. Indian Acad. [A] **5** [1937]
277, 281).
Krystalle (aus wss. A.); F: 195°.

(±)-3ξ-Hydroxy-(3a*r*,11b*c*)-3a,4,5,7,8,9,10,11b-octahydro-3*H*-anthra[1,2-*b*]furan-2-on
C$_{16}$H$_{18}$O$_3$, Formel X + Spiegelbild.
B. Beim Behandeln von [1-Oxo-1,2,3,4,5,6,7,8-octahydro-[2]anthryl]-glyoxylsäure
mit wss. Natriumacetat-Lösung und Natrium-Amalgam und kurzen Erwärmen des

Reaktionsprodukts mit wss. Mineralsäure *(Schroeter, Gluschke,* D.R.P. 511887 [1928]; Frdl. **17** 2327).
Krystalle; F: 235—236° [Zers.].

IX   X   XI

8-Methoxy-1,5,6,11,12,12a-hexahydro-2*H*-naphtho[8a,1,2-*de*]chromen-3-on $C_{17}H_{20}O_3$.

a) **(4a*S*,12a*S*)-8-Methoxy-1,5,6,11,12,12a-hexahydro-2*H*-naphtho[8a,1,2-*de*]=chromen-3-on, β-Thebenon, Epithebenon** $C_{17}H_{20}O_3$, Formel XI.

B. Beim Erwärmen von 4-Hydroxy-3-methoxy-17,17-dimethyl-9,17-seco-14α-morphin=an-6-on (E III **14** 633) mit Methyljodid und Benzol und Erhitzen des Reaktionsprodukts mit wss. Natronlauge *(Small, Browning,* J. org. Chem. **3** [1938] 618, 636; *Bentley et al.,* Soc. **1952** 958, 964; *Rapoport, Lavigne,* Am. Soc. **75** [1953] 5329, 5333).
Krystalle; F: 189—190° [aus A.] *(Sm., Br.),* 187—190° [korr.] *(Ra., La.),* 188° [aus A.] *(Be. et al.).* Im Hochvakuum bei 160° sublimierbar *(Sm., Br.).* $[\alpha]_D^{28}$: +113,6° [A.; c = 0,6] *(Sm., Br.).*
Oxim $C_{17}H_{21}NO_3$. Krystalle (aus wss. A.); F: 176—177° [evakuierte Kapillare] *(Sm., Br.).* $[\alpha]_D^{28}$: +30,6° [A.; c = 0,5] *(Sm., Br.).*

b) **(4a*R*,12a*S*)-8-Methoxy-1,5,6,11,12,12a-hexahydro-2*H*-naphtho[8a,1,2-*de*]=chromen-3-on, (−)-Thebenon** $C_{17}H_{20}O_3$, Formel XII (X = H).

B. Beim Erhitzen von *ent*-4-Hydroxy-3-methoxy-17,17,17-trimethyl-6-oxo-9,17-seco-morphinanium-jodid (E III **14** 633) mit wss. Natronlauge *(Goto,* A. **485** [1931] 251, 255). Bei der Hydrierung von (−)-Dehydrothebenon ((4a*R*,12a*R*)-8-Methoxy-1,5,6,12a-tetra=hydro-2*H*-naphtho[8a,1,2-*de*]chromen-3-on) an Palladium/Kohle in wss. Essigsäure *(Goto,* l. c. S. 256).
Krystalle (aus wss. Eg.); F: 136°. $[\alpha]_D^{18}$: −78,6° [CHCl$_3$; c = 4].
Oxim $C_{17}H_{21}NO_3$. Krystalle (aus Me.); F: 204,5° [nach Erweichen bei 200°] *(Goto,* l. c. S. 256).

c) **(4a*S*,12a*R*)-8-Methoxy-1,5,6,11,12,12a-hexahydro-2*H*-naphtho[8a,1,2-*de*]=chromen-3-on, (+)-Thebenon** $C_{17}H_{20}O_3$, Formel XIII (X = H) (E II 27).
Konstitution und Konfiguration: *Rapoport, Lavigne,* Am. Soc. **75** [1953] 5329, 5330; s. a. *Bentley, Cardwell,* Soc. **1955** 3252, 3259.

B. Beim Erhitzen von 4-Hydroxy-3-methoxy-17,17,17-trimethyl-6-oxo-9,17-seco-morphinanium-jodid (aus Thebain hergestellt) mit wss. Natronlauge *(Bentley et al.,* Soc. **1952** 958, 964; *Ra., La.,* l. c. S. 5332; vgl. E II 27).
Krystalle [aus A.] *(Be. et al.);* F: 135° *(Be. et al.),* 134—135° [korr.] *(Ra., La.).* $[\alpha]_D^{25}$: +64,7° [A.; c = 1] *(Ra., La.);* $[\alpha]_D^{27}$: +66,9° [A.; c = 0,5] *(Small, Browing,* J. org. Chem. **3** [1938] 618, 637). Absorptionsmaximum (A.): 284 nm *(Goto et al.,* A. **515** [1935] 297, 298).

2,4-Dinitro-phenylhydrazon $C_{23}H_{24}N_4O_6$. Orangefarbene Krystalle (aus Dioxan); F: 225° *(Be. et al.).*

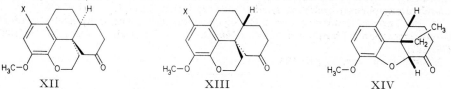

XII   XIII   XIV

d) **(4a*RS*,12a*SR*)-8-Methoxy-1,5,6,11,12,12a-hexahydro-2*H*-naphtho[8a,1,2-*de*]=chromen-3-on, (±)-Thebenon** $C_{17}H_{20}O_3$, Formel XIII (X = H) + Spiegelbild.

Herstellung aus gleichen Mengen der unter b) und c) beschriebenen Enantiomeren in

Chloroform: *Goto et al.*, A. **515** [1935] 297, 302.
F: 120°.

10-Brom-8-methoxy-1,5,6,11,12,12a-hexahydro-2H-naphtho[8a,1,2-de]chromen-3-on $C_{17}H_{19}BrO_3$.

a) **(4aR,12aS)-10-Brom-8-methoxy-1,5,6,11,12,12a-hexahydro-2H-naphtho=[8a,1,2-de]chromen-3-on** $C_{17}H_{19}BrO_3$, Formel XII (X = Br) (in der Literatur auch als (−)-1-Brom-thebenon bezeichnet).
B. Beim Erhitzen von *ent*-1-Brom-4-hydroxy-3-methoxy-17,17,17-trimethyl-6-oxo-9,17-seco-morphinanium-jodid (E III **14** 634) mit wss. Kalilauge (*Goto et al.*, Bl. chem. Soc. Japan **10** [1935] 481, 483).
Krystalle (aus Me.); F: 70°. $[\alpha]_D^{17}$: −22,7° [$CHCl_3$; c = 1,5].

b) **(4aS,12aR)-10-Brom-8-methoxy-1,5,6,11,12,12a-hexahydro-2H-naphtho=[8a,1,2-de]chromen-3-on** $C_{17}H_{19}BrO_3$, Formel XIII (X = Br) (in der Literatur auch als (+)-1-Brom-thebenon bezeichnet).
B. Beim Erhitzen von 1-Brom-4-hydroxy-3-methoxy-17,17,17-trimethyl-6-oxo-9,17-seco-morphinanium-jodid (E III **14** 634) mit wss. Kalilauge (*Goto et al.*, Bl. chem. Soc. Japan **10** [1935] 481, 483).
Krystalle (aus Me.); F: 70°. $[\alpha]_D^{17}$: +23,3° [$CHCl_3$; c = 1,5].

c) **(4aRS,12aSR)-10-Brom-8-methoxy-1,5,6,11,12,12a-hexahydro-2H-naphtho=[8a,1,2-de]chromen-3-on** $C_{17}H_{19}BrO_3$, Formel XIII (X = Br) + Spiegelbild (in der Literatur auch als (±)-1-Brom-thebenon bezeichnet).
Herstellung aus den unter a) und b) beschriebenen Enantiomeren in Methanol: *Goto et al.*, Bl. chem. Soc. Japan **10** [1935] 481, 483.
Krystalle (aus Me.); F: 191—193°.

(3aR)-9b-Äthyl-5-methoxy-(3ar,9ac,9bc)-1,3a,8,9,9a,9b-hexahydro-2H-phenanthro=[4,5-bcd]furan-3-on $C_{17}H_{20}O_3$, Formel XIV.
B. Bei der Hydrierung von (3aR)-5-Methoxy-9b-vinyl-(3ar,9ac,9bc)-1,3a,8,9,9a,9b-hexahydro-2H-phenanthro[4,5-bcd]furan-3-on an Palladium/Kohle in Äthanol (*Cahn*, Soc. **1930** 702, 704; *Rapoport, Payne*, Am. Soc. **74** [1952] 2630, 2636) oder an Palladium/Strontiumcarbonat in Methanol (*Bentley et al.*, Soc. **1956** 1963, 1968).
Krystalle; F: 113—114° [aus Me.] (*Be. et al.*), 113° (*Cahn*), 111—113° [korr.] (*Ra., Pa.*).
Semicarbazon $C_{18}H_{23}N_3O_3$. Krystalle (aus A.); F: 191° [nach Sintern] (*Cahn*, l. c. S. 705).
[Geibler]

Hydroxy-oxo-Verbindungen $C_{17}H_{20}O_3$

(±)-1-Hydroxy-9-methyl-3-propyl-7,8,9,10-tetrahydro-benzo[c]chromen-6-on, (±)-2-[2,6-Dihydroxy-4-propyl-phenyl]-4-methyl-cyclohex-1-encarbonsäure-lacton $C_{17}H_{20}O_3$, Formel I.
B. Beim Erwärmen von 5-Propyl-resorcin mit (±)-4-Methyl-2-oxo-cyclohexancarbon=säure-äthylester, Phosphorylchlorid und Benzol (*Adams et al.*, Am. Soc. **63** [1941] 1971; s. a. *Russell et al.*, Soc. **1941** 826, 828).
Krystalle (aus Me.); F: 233—235° [korr.] (*Ad. et al.*).

9-Hydroxy-7-pentyl-2,3-dihydro-1H-cyclopenta[c]chromen-4-on, 2-[2,6-Dihydroxy-4-pentyl-phenyl]-cyclopent-1-encarbonsäure-lacton $C_{17}H_{20}O_3$, Formel II (R = H).
B. Beim Behandeln von 5-Pentyl-resorcin mit 2-Oxo-cyclopentancarbonsäure-äthyl=ester und Schwefelsäure (*Russell et al.*, Soc. **1941** 169, 172).
Krystalle (aus A.); F: 176°.

9-Acetoxy-7-pentyl-2,3-dihydro-1H-cyclopenta[c]chromen-4-on, 2-[2-Acetoxy-6-hydroxy-4-pentyl-phenyl]-cyclopent-1-encarbonsäure-lacton $C_{19}H_{22}O_4$, Formel II (R = CO-CH_3).
B. Beim Erhitzen der im vorangehenden Artikel beschriebenen Verbindung mit Acet=anhydrid und Pyridin (*Russell et al.*, Soc. **1941** 169, 172).
Krystalle (aus A.); F: 65—66°.

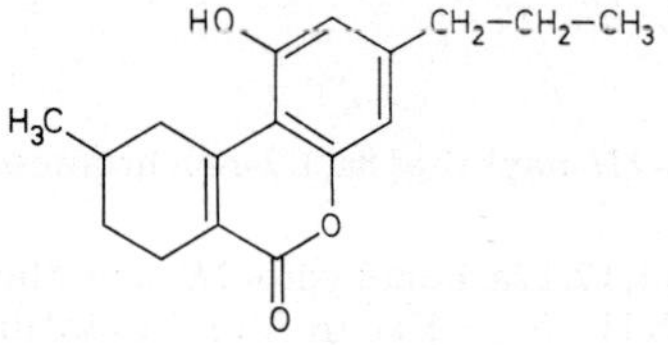

I 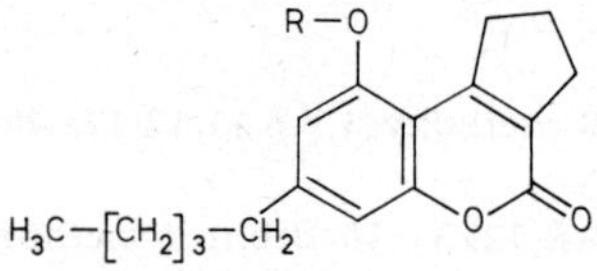   II

(±)-6,8-Diäthyl-9-hydroxy-2-methyl-2,3-dihydro-1H-cyclopenta[c]chromen-4-on, (±)-2-[3,5-Diäthyl-2,6-dihydroxy-phenyl]-4-methyl-cyclopent-1-encarbonsäure-lacton $C_{17}H_{20}O_3$, Formel III.

B. Beim Behandeln von 4,6-Diäthyl-resorcin mit (±)-4-Methyl-2-oxo-cyclopentan=carbonsäure-äthylester und Schwefelsäure (*Ahmad, Desai,* Pr. Indian Acad. [A] **5** [1937] 277, 283).

Krystalle (aus wss. A.); F: 181—182°.

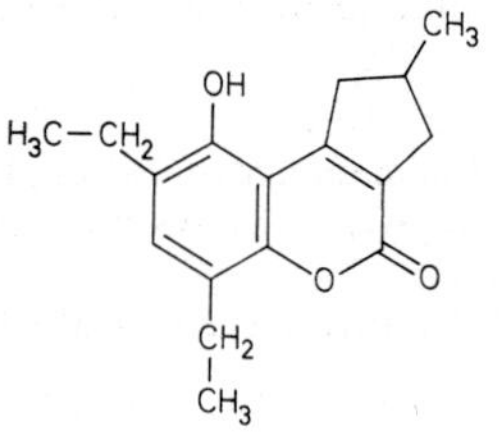

III 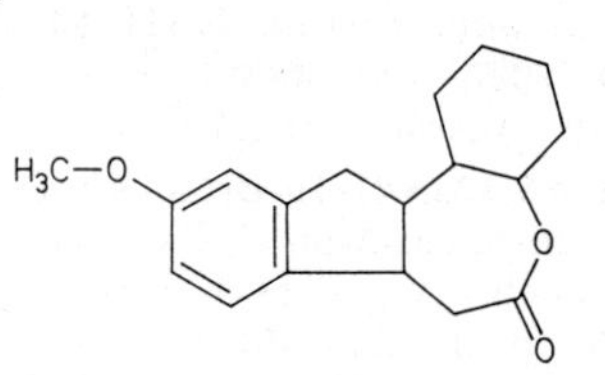   IV

*Opt.-inakt. 10-Methoxy-1,2,3,4,4a,7,7a,12,12a,12b-decahydro-benz[b]indeno[2,1-d]=oxepin-6-on, [2-(2-Hydroxy-cyclohexyl)-5-methoxy-indan-1-yl]-essigsäure-lacton $C_{18}H_{22}O_3$, Formel IV.

B. Beim Behandeln von opt.-inakt. 9-Methoxy-1,2,3,4,4a,6,6a,11,11a,11b-decahydro-benzo[a]fluoren-5-on (F: 141°) mit Peroxybenzoesäure in Chloroform unter Lichtaus=schluss (*Chatterjee et al.,* J. Indian chem. Soc. **34** [1957] 855, 857).

Krystalle (aus Bzl. + PAe.); F: 173° [unkorr.].

Beim Erwärmen mit methanol. Kalilauge ist [2-(2-Hydroxy-cyclohexyl)-5-methoxy-indan-1-yl]-essigsäure (F: 146°) erhalten worden.

*Opt.-inakt. 8-Methoxy-1,3,4,4a,4b,5,6,10b,11,12a-decahydro-naphth[2,1-f]isothio=chromen-12-on $C_{18}H_{22}O_2S$, Formel V.

B. Beim Erwärmen von opt.-inakt. 8-Methoxy-3,4,4a,4b,5,6,10b,11,12,12a-decahydro-1H-naphth[2,1-f]isothiochromen-12-ol (F: 179—181°) mit Aluminiumisopropylat, Cyclo=hexanon und Toluol (*McGinnis, Robinson,* Soc. **1941** 404, 408).

Krystalle (aus A.); F: 192—193°.

Semicarbazon $C_{19}H_{25}N_3O_2S$. Krystalle (aus A.); F: 239—241° [Zers.].

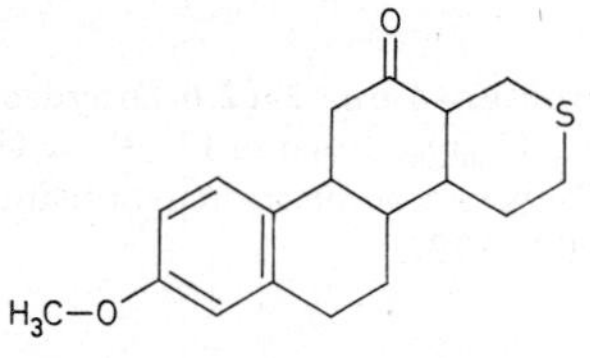

V 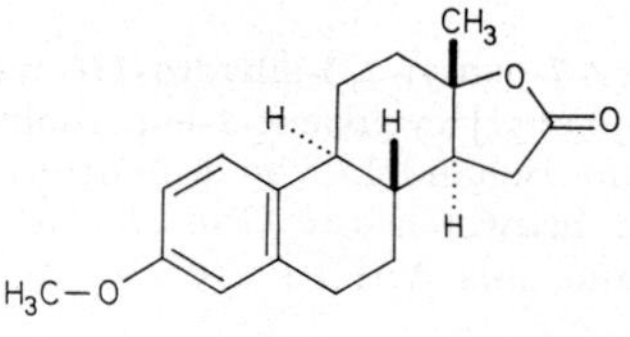   VI

3-Methoxy-17-oxa-östra-1,3,5(10)-trien-16-on, 13-Hydroxy-3-methoxy-13αH-13,16-seco-D-nor-östra-1,3,5(10)-trien-16-säure-lacton $C_{18}H_{22}O_3$, Formel VI.

Diese Konstitution und Konfiguration kommt vermutlich der nachstehend beschrie=benen Verbindung zu.

B. In kleiner Menge neben 3-Methoxy-16,17-seco-östra-1,3,5(10)-trien-16,17-disäure beim Behandeln einer Lösung von 3-Methoxy-östra-1,3,5(10)-trien-16α,17β-diol in Aceton mit Kaliumpermanganat (*MacCorquodale et al.*, J. biol. Chem. **101** [1933] 753, 755).
Krystalle (aus A.); F: 182° [korr.].

Hydroxy-oxo-Verbindungen $C_{18}H_{22}O_3$

1-Hydroxy-3-pentyl-7,8,9,10-tetrahydro-benzo[c]chromen-6-on, 2-[2,6-Dihydroxy-4-pentyl-phenyl]-cyclohex-1-encarbonsäure-lacton $C_{18}H_{22}O_3$, Formel VII (R = H).
B. Beim Behandeln eines Gemisches von 5-Pentyl-resorcin und 2-Oxo-cyclohexan=carbonsäure-äthylester mit Phosphorylchlorid und Benzol (*Adams et al.*, Am. Soc. **63** [1941] 1973, 1975) oder mit Schwefelsäure (*Russell et al.*, Soc. **1941** 169, 171).
Krystalle; F: 183—183,5° [aus Bzl.] (*Ad. et al.*), 180° [aus A.] (*Ru. et al.*).

VII   VIII

1-Acetoxy-3-pentyl-7,8,9,10-tetrahydro-benzo[c]chromen-6-on, 2-[2-Acetoxy-6-hydroxy-4-pentyl-phenyl]-cyclohex-1-encarbonsäure-lacton $C_{20}H_{24}O_4$, Formel VII (R = CO-CH_3).
B. Beim Erhitzen der im vorangehenden Artikel beschriebenen Verbindung mit Acet=anhydrid und Pyridin (*Russell et al.*, Soc. **1941** 169, 171).
Krystalle (aus A.); F: 80°.

(±)-3-Butyl-1-hydroxy-9-methyl-7,8,9,10-tetrahydro-benzo[c]chromen-6-on, (±)-2-[4-Butyl-2,6-dihydroxy-phenyl]-4-methyl-cyclohex-1-encarbonsäure-lacton $C_{18}H_{22}O_3$, Formel VIII.
B. Beim Erwärmen von 5-Butyl-resorcin mit (±)-4-Methyl-2-oxo-cyclohexancarbon=säure-äthylester, Phosphorylchlorid und Benzol (*Adams et al.*, Am. Soc. **63** [1941] 1971; s. a. *Russell et al.*, Soc. **1941** 826, 828).
Krystalle (aus E.); F: 199—200° [korr.] (*Ad. et al.*).

8-Hydroxy-12a-methyl-3,4,4a,4b,5,6,10b,11,12,12a-decahydro-naphtho[2,1-f]chromen-2-on $C_{18}H_{22}O_3$.

a) **3-Hydroxy-17a-oxa-D-homo-östra-1,3,5(10)-trien-17-on, 3,13-Dihydroxy-13αH-13,17-seco-östra-1,3,5(10)-trien-17-säure-13-lacton, Östrololacton** $C_{18}H_{22}O_3$, Formel IX (R = H).
Über die Konstitution und Konfiguration s. *Murray et al.*, Am. Soc. **78** [1956] 981; *Velluz et al.*, Bl. **1957** 1484, 1486.
B. Beim Behandeln von Östron (3-Hydroxy-östra-1,3,5(10)-trien-17-on) mit wss. Natronlauge und wss. Wasserstoffperoxid und Ansäuern des Reaktionsgemisches mit wss. Salzsäure (*Westerfeld*, J. biol. Chem. **143** [1942] 177, 178; *Keller, Weiss*, Soc. **1951** 1247; s. a. *Jacobsen*, J. biol. Chem. **171** [1947] 61, 64). Beim Erwärmen von O-Acetyl-östrololacton (S. 538) mit wss.-methanol. Natronlauge, Behandeln der Reaktionslösung mit Kohlendioxid und anschliessenden Ansäuern mit wss. Salzsäure (*Ja.*; s. a. *We.*; *Ve. et al.*). Weitere Bildungsweise s. bei dem unter b) beschriebenen Stereoisomeren.
Krystalle; F: ca. 340° [Zers.; Block; aus Cyclohexanon] (*Ve. et al.*), 335—340° [aus wss. Py.] (*We.*), 339° [im vorgeheizten Block; aus Cyclohexanon oder Methylcellosolve] (*Ja.*), 311—312° [Zers.; Kofler-App.] (*Ke., We.*). $[\alpha]_D^{21}$: +39,8° [Py.; c = 1] (*Ke., We.*); $[\alpha]_D$: +33° [Py.; c = 1] (*Ve. et al.*). IR-Spektrum (KBr; 3—15 μ): *Gual et al.*, Spectrochim. Acta **13** [1959] 248, 249. UV-Spektrum (Dioxan; 235—290 nm): *We.*, l. c. S. 180.

b) **3-Hydroxy-17a-oxa-D-homo-13α-östra-1,3,5(10)-trien-17-on, 3,13-Dihydroxy-13βH-13,17-seco-östra-1,3,5(10)-trien-17-säure-13-lacton** $C_{18}H_{22}O_3$, Formel X (in der Literatur auch als **Lumiöstrololacton** bezeichnet).

Neben grösseren Mengen Östrololacton (S. 537) beim Erhitzen von 3-Acetoxy-17,17-bishydroperoxy-östra-1,3,5(10)-trien in Toluol, Erwärmen des Reaktionsgemisches mit wss.-methanol. Natronlauge und anschliessenden Ansäuern mit wss. Salzsäure (*Velluz et al.*, Bl. **1957** 1484, 1488).

Krystalle (aus Cyclohexanon); F: 308° [Block]. Bei 210°/2—3 Torr sublimierbar. $[\alpha]_D$: +10° [Py.; c = 1].

3-Methoxy-17a-oxa-D-homo-östra-1,3,5(10)-trien-17-on, 13-Hydroxy-3-methoxy-13αH-13,17-seco-östra-1,3,5(10)-trien-17-säure-lacton, O-Methyl-östrololacton $C_{19}H_{24}O_3$, Formel IX (R = CH_3).

B. Beim Behandeln von Östrololacton (S. 537) mit Dimethylsulfat und wss. Natronlauge und anschliessenden Ansäuern (*Westerfeld*, J. biol. Chem. **143** [1942] 177, 181; s. a. *Jacobsen*, J. biol. Chem. **171** [1947] 61, 67). Beim Erwärmen von 13-Hydroxy-3-methoxy-13αH-13,17-seco-östra-1,3,5(10)-trien-17-säure mit wss. Mineralsäure (*Searle & Co.*, U.S.P. 2480246 [1946], 2648700 [1949]).

Krystalle; F: 172,5—174° [aus wss. Me.] (*Ja.*; *Searle & Co.*), 171° (*Jacques et al.*, C. r. **229** [1949] 321, 322), 166—168° [aus wss. Me.] (*We.*).

Beim Behandeln mit Lithiumalanat in Tetrahydrofuran ist 3-Methoxy-13αH-13,17-seco-östra-1,3,5(10)-trien-13,17-diol erhalten worden (*Bagli*, Canad. J. Chem. **40** [1962] 2032; s. a. *Ja. et al.*).

IX   X   XI

3-Acetoxy-17a-oxa-D-homo-östra-1,3,5(10)-trien-17-on, 3-Acetoxy-13-hydroxy-13αH-13,17-seco-östra-1,3,5(10)-trien-17-säure-lacton, O-Acetyl-östrololacton $C_{20}H_{24}O_4$, Formel IX (R = CO-CH_3).

B. Beim Behandeln einer Lösung von *O*-Acetyl-östron (3-Acetoxy-östra-1,3,5(10)-trien-17-on) in Essigsäure mit wss. Wasserstoffperoxid unter Lichtausschluss (*Jacobsen*, J. biol. Chem. **171** [1947] 61, 65; *Keller, Weiss*, Soc. **1951** 1247, 1249) oder mit Peroxyessigsäure und Toluol-4-sulfonsäure (*Jacobsen et al.*, J. biol. Chem. **171** [1947] 81, 84). Beim Behandeln von 3-Acetoxy-17,17-bis-hydroperoxy-östra-1,3,5(10)-trien mit Acetanhydrid und Pyridin (*Velluz et al.*, Bl. **1957** 1484, 1487). Beim Behandeln von Östrololacton (S. 537) mit Acetanhydrid und Pyridin (*Westerfeld*, J. biol. Chem. **143** [1942] 177, 179; *Ke., Weiss; Ja.*).

Krystalle; F: 149—150,5° [aus Me.] (*Ja.*), 150° (*Ja. et al.*), 148—150° [aus Me.] (*Ke., Weiss*), 143,5—145° [aus wss. A.] (*Wes.*). $[\alpha]_D^{24}$: +42° [$CHCl_3$; c = 0,3] (*Ja.*).

IR-Spektrum (KBr; 3—15 μ): *Gual et al.*, Spectrochim. Acta **13** [1959] 248, 249, 294.

UV-Spektrum (A.; 235—280 nm): *Wes.*, l. c. S. 180.

3-Propionyloxy-17a-oxa-D-homo-östra-1,3,5(10)-trien-17-on, 13-Hydroxy-3-propionyloxy-13αH-13,17-seco-östra-1,3,5(10)-trien-17-säure-lacton, O-Propionyl-östrololacton $C_{21}H_{26}O_4$, Formel IX (R = CO-CH_2-CH_3).

B. Beim Erhitzen von Östrololacton (S. 537) mit Propionsäure-anhydrid und Pyridin (*Jacobsen*, J. biol. Chem. **171** [1947] 61, 66).

Krystalle (aus wss. Me.); F: 146—148,5°.

3-Benzoyloxy-17a-oxa-D-homo-östra-1,3,5(10)-trien-17-on, 3-Benzoyloxy-13-hydroxy-13αH-13,17-seco-östra-1,3,5(10)-trien-17-säure-lacton, O-Benzoyl-östrololacton $C_{25}H_{26}O_4$, Formel IX (R = CO-C_6H_5).

B. Beim Behandeln von Östrololacton (S. 537) mit Benzoylchlorid und Pyridin (*Jacobsen*,

J. biol. Chem. **171** [1947] 61, 66, 69).
Krystalle (aus A. oder Acn.); F: 241—244°.

3-Hydroxy-17-oxa-D-homo-östra-1,3,5(10)-trien-16-on, 3,17-Dihydroxy-16,17-seco-östra-1,3,5(10)-trien-16-säure-17-lacton $C_{18}H_{22}O_3$, Formel XI (R = H).
B. Beim Erhitzen einer Lösung von 17-Hydroxy-3-methoxy-16,17-seco-östra-1,3,5(10)-trien-16-säure-lacton in Essigsäure mit wss. Jodwasserstoffsäure (*Huffman et al.*, J. biol. Chem. **196** [1952] 367, 370).
Krystalle (aus Isopropylalkohol); Zers. bei 285—287° [unkorr.].

3-Methoxy-17-oxa-D-homo-östra-1,3,5(10)-trien-16-on, 17-Hydroxy-3-methoxy-16,17-seco-östra-1,3,5(10)-trien-16-säure-lacton $C_{19}H_{24}O_3$, Formel XI (R = CH_3).
B. Beim Hydrieren des Natrium-Salzes der 3-Methoxy-17-oxo-16,17-seco-östra-1,3,5(10)-trien-16-säure (E III **10** 4385) an Platin in Eisen(II)-chlorid enthaltendem wss. Äthanol und Ansäuern der Reaktionslösung mit wss. Schwefelsäure (*Huffman et al.*, J. biol. Chem. **196** [1952] 367, 369).
Krystalle (aus Isopropylalkohol); F: 176—177° [unkorr.].

*Opt.-inakt. **8-Methoxy-12a-methyl-1,3,4,4a,4b,5,6,10b,11,12a-decahydro-naphth[2,1-f]isothiochromen-12-on** $C_{19}H_{24}O_2S$, Formel XII.
B. Beim Erwärmen von opt.-inakt. 8-Methoxy-1,3,4,4a,4b,5,6,10b,11,12a-decahydro-naphth[2,1-f]isothiochromen-12-on (S. 536) mit Methyljodid und mit Kalium-*tert*-butylat in *tert*-Butylalkohol und Behandeln des Reaktionsgemisches mit Wasser (*McGinnis, Robinson*, Soc. **1941** 404, 408).
Krystalle (aus A.); F: 156—157°.

XII XIII XIV

(6aR)-11t-Hydroxymethyl-4,10-dimethyl-(6ar)-5,6,6a,11-tetrahydro-4H-4t,11at-methano-indeno[2,1-c]oxocin-3-on, *ent*-**9-Hydroxy-10α-hydroxymethyl-1,7-dimethyl-8,9-seco-gibba-1,3,4a(10a)-trien-8-säure-9-lacton**[1] $C_{18}H_{22}O_3$, Formel XIII, und **(6aR)-11t-Hydroxymethyl-4,10-dimethyl-(6ar)-3,4,5,6,6a,11-hexahydro-4t,11at-methano-indeno[2,1-c]oxocin-1-on,** *ent*-**8-Hydroxy-10α-hydroxymethyl-1,7-dimethyl-8,9-seco-gibba-1,3,4a(10a)-trien-9-säure-8-lacton**[1] $C_{18}H_{22}O_3$, Formel XIV.
Diese beiden Formeln kommen für die nachstehend beschriebene Verbindung in Betracht (*Cross et al.*, Soc. **1958** 2520, 2524).
B. Beim Behandeln einer Lösung von *ent*-10α-Hydroxymethyl-1,7-dimethyl-gibba-1,3,4a(10a)-trien-8ξ,9ξ-diol (F: 234—236°) in Essigsäure mit wss. Natriumbismutat-Lösung, Behandeln des Reaktionsprodukts mit Silberoxid in Dioxan und Behandeln der Reaktionslösung mit wss. Salzsäure (*Cr. et al.*, l. c. S. 2528).
Krystalle (aus A.); F: 180—181° [korr.]. IR-Banden im Bereich von 3510 cm⁻¹ bis 1730 cm⁻¹ [Nujol] bzw. von 3590 cm⁻¹ und 1734 cm⁻¹ [CCl₄]: *Cr. et al.*

Hydroxy-oxo-Verbindungen $C_{19}H_{24}O_3$

1-Hydroxy-3-pentyl-8,9,10,11-tetrahydro-7H-cyclohepta[c]chromen-6-on, 2-[2,6-Dihydroxy-4-pentyl-phenyl]-cyclohept-1-encarbonsäure-lacton $C_{19}H_{24}O_3$, Formel I.
B. Beim Erwärmen von 5-Pentyl-resorcin mit 2-Oxo-cycloheptancarbonsäure-äthyl-

---
[1] Stellungsbezeichnung bei von Gibban abgeleiteten Namen s. E III **10** 1135 Anm.

ester, Phosphorylchlorid und Benzol (*Adams et al.*, Am. Soc. **64** [1942] 2653).
Krystalle (aus Me.); F: 178,5—179° [korr.].

I

II

(±)-1-Hydroxy-8-methyl-3-pentyl-7,8,9,10-tetrahydro-benzo[c]chromen-6-on,
(±)-2-[2,6-Dihydroxy-4-pentyl-phenyl]-5-methyl-cyclohex-1-encarbonsäure-lacton $C_{19}H_{24}O_3$, Formel II.

B. Beim Erwärmen von 5-Pentyl-resorcin mit (±)-5-Methyl-2-oxo-cyclohexancarbon=
säure-äthylester, Phosphorylchlorid und Benzol (*Adams et al.*, Am. Soc. **63** [1941] 1973, 1975).
Krystalle (aus Me.); F: 169—169,5° [korr.].

1-Hydroxy-9-methyl-3-pentyl-7,8,9,10-tetrahydro-benzo[c]chromen-6-on, 2-[2,6-Dihydr=
oxy-4-pentyl-phenyl]-4-methyl-cyclohex-1-encarbonsäure-lacton $C_{19}H_{24}O_3$.

a) (*R*)-1-Hydroxy-9-methyl-3-pentyl-7,8,9,10-tetrahydro-benzo[c]chromen-6-on $C_{19}H_{24}O_3$, Formel III (R = H).

B. Beim Erwärmen von 5-Pentyl-resorcin mit (4*R*)-4-Methyl-2-oxo-cyclohexancarbon=
säure-äthylester ($[\alpha]_D^{20}$: +90,8° [unverd.]), Phosphorylchlorid und Benzol (*Adams et al.*, Am. Soc. **64** [1942] 2087; s. a. *Leaf et al.*, Soc. **1942** 185, 187).
Krystalle (aus Me.); F: 177° [korr.] (*Ad. et al.*). $[\alpha]_D^{27}$: +137° [$CHCl_3$; c = 2] (*Ad. et al.*); $[\alpha]_D^{27}$: +133° [A.; c = 0,4].

b) (*S*)-1-Hydroxy-9-methyl-3-pentyl-7,8,9,10-tetrahydro-benzo[c]chromen-6-on $C_{19}H_{24}O_3$, Formel IV.

B. Beim Erwärmen von 5-Pentyl-resorcin mit (4*S*)-4-Methyl-2-oxo-cyclohexancarbon=
säure-äthylester ($[\alpha]_D^{20}$: −84,6° [unverd.]), Phosphorylchlorid und Benzol (*Adams et al.*, Am. Soc. **64** [1942] 2087).
Krystalle (aus Me.); F: 177° [korr.]. $[\alpha]_D^{27}$: −127° [A.; c = 0,5].

III

IV

c) (±)-1-Hydroxy-9-methyl-3-pentyl-7,8,9,10-tetrahydro-benzo[c]chromen-6-on $C_{19}H_{24}O_3$, Formel IV + Spiegelbild.

B. Beim Behandeln eines Gemisches von 5-Pentyl-resorcin und (±)-4-Methyl-2-oxo-
cyclohexancarbonsäure-äthylester mit Phosphorylchlorid und Benzol (*Adams, Baker*, Am. Soc. **62** [1940] 2401) oder mit Schwefelsäure (*Ghosh et al.*, Soc. **1940** 1121, 1123).
Krystalle; F: 180—181° [korr.; aus E.] (*Ad., Ba.*), 177° [aus wss. A.] (*Gh. et al.*).

1-Acetoxy-9-methyl-3-pentyl-7,8,9,10-tetrahydro-benzo[c]chromen-6-on, 2-[2-Acetoxy-
6-hydroxy-phenyl]-4-methyl-cyclohex-1-encarbonsäure-lacton $C_{21}H_{26}O_4$.

a) (*R*)-1-Acetoxy-9-methyl-3-pentyl-7,8,9,10-tetrahydro-benzo[c]chromen-6-on $C_{21}H_{26}O_4$, Formel III (R = CO-CH$_3$).

Ein Präparat (F: 76—77°; $[\alpha]_D^{22}$: +132,9° [$CHCl_3$]) von ungewisser Einheitlichkeit ist aus nicht einheitlichem (*R*)-1-Hydroxy-9-methyl-3-pentyl-7,8,9,10-tetrahydro-benzo=

[c]chromen-6-on (F: 145—148°; $[\alpha]_D^{24}$: +130,3° [CHCl$_3$]) erhalten worden (*Leaf et al.*, Soc. **1942** 185, 188).

b) **(±)-1-Acetoxy-9-methyl-3-pentyl-7,8,9,10-tetrahydro-benzo[c]chromen-6-on**
C$_{21}$H$_{26}$O$_4$, Formel III (R = CO-CH$_3$) + Spiegelbild.

B. Beim Erhitzen von (±)-1-Hydroxy-9-methyl-3-pentyl-7,8,9,10-tetrahydro-benzo=
[c]chromen-6-on mit Acetanhydrid und Pyridin (*Ghosh et al.*, Soc. **1940** 1121, 1124).
Krystalle (aus A.); F: 82—83°.

(±)-2-Hydroxy-9-methyl-3-pentyl-7,8,9,10-tetrahydro-benzo[c]chromen-6-on,
(±)-2-[2,5-Dihydroxy-4-pentyl-phenyl]-4-methyl-cyclohex-1-encarbonsäure-2-lacton
C$_{19}$H$_{24}$O$_3$, Formel V (R = H).

B. Beim Behandeln von 2-Pentyl-hydrochinon mit (±)-4-Methyl-2-oxo-cyclohexan=
carbonsäure-äthylester und Schwefelsäure (*Russell et al.*, Soc. **1941** 169, 171).
Krystalle (aus A.); F: 188°.

(±)-2-Acetoxy-9-methyl-3-pentyl-7,8,9,10-tetrahydro-benzo[c]chromen-6-on,
(±)-2-[5-Acetoxy-2-hydroxy-4-pentyl-phenyl]-4-methyl-cyclohex-1-encarbonsäure-lacton
C$_{21}$H$_{26}$O$_4$, Formel V (R = CO-CH$_3$).

B. Beim Erhitzen der im vorangehenden Artikel beschriebenen Verbindung mit Acet=
anhydrid und Pyridin (*Russell et al.*, Soc. **1941** 169, 171).
Krystalle (aus A.); F: 119—120°.

(±)-1-Hydroxy-10-methyl-3-pentyl-7,8,9,10-tetrahydro-benzo[c]chromen-6-on,
(±)-2-[2,6-Dihydroxy-4-pentyl-phenyl]-3-methyl-cyclohex-1-encarbonsäure-lacton
C$_{19}$H$_{24}$O$_3$, Formel VI.

B. Beim Erwärmen von 5-Pentyl-resorcin mit (±)-3-Methyl-2-oxo-cyclohexancarbon=
säure-äthylester, Phosphorylchlorid, Benzol und Toluol (*Adams et al.*, Am. Soc. **63** [1941] 1973, 1975).
Krystalle (aus Me. + Isopropylalkohol); F: 194—194,5° [korr.].

*Opt.-inakt. **1-Hydroxy-9-methyl-3-[1-methyl-butyl]-7,8,9,10-tetrahydro-benzo[c]=**
chromen-6-on, 2-[2,6-Dihydroxy-4-(1-methyl-butyl)-phenyl]-4-methyl-cyclohex-
1-encarbonsäure-lacton C$_{19}$H$_{24}$O$_3$, Formel VII.

B. Beim Erwärmen von (±)-5-[1-Methyl-butyl]-resorcin mit (±)-4-Methyl-2-oxo-cyclo=
hexancarbonsäure-äthylester, Phosphorylchlorid und Benzol (*Adams et al.*, Am. Soc. **67** [1945] 1534, 1536).
Krystalle (aus E.); F: 181—181,5° [korr.].

(±)-1-Hydroxy-3-isopentyl-9-methyl-7,8,9,10-tetrahydro-benzo[c]chromen-6-on,
(±)-2-[2,6-Dihydroxy-4-isopentyl-phenyl]-4-methyl-cyclohex-1-encarbonsäure-lacton $C_{19}H_{24}O_3$, Formel VIII (R = H).
B. Beim Behandeln von 5-Isopentyl-resorcin mit (±)-4-Methyl-2-oxo-cyclohexan=carbonsäure-äthylester und Schwefelsäure (*Russell et al.*, Soc. **1941** 826, 828).
Krystalle (aus A.); F: 200—201°.

(±)-1-Acetoxy-3-isopentyl-9-methyl-7,8,9,10-tetrahydro-benzo[c]chromen-6-on,
(±)-2-[2-Acetoxy-6-hydroxy-4-isopentyl-phenyl]-4-methyl-cyclohex-1-encarbonsäure-lacton $C_{21}H_{26}O_4$, Formel VIII (R = CO-CH$_3$).
B. Aus der im vorangehenden Artikel beschriebenen Verbindung (*Russell et al.*, Soc. **1941** 826, 829).
Krystalle (aus A.); F: 98—99°.

6β,19-Episeleno-17β-hydroxy-androsta-1,4-dien-3-on $C_{19}H_{24}O_2Se$, Formel IX (R = H).
Die Position des Selens ist nicht bewiesen.
B. Beim Erwärmen einer Lösung von 17β-Acetoxy-6β,19-episeleno-androsta-1,4-dien-3-on (s. u.) in Äthanol und wss. Kaliumcarbonat-Lösung (*Olin Mathieson Chem. Corp.*, U.S.P. 2875196 [1956]).
Krystalle (aus Me.); F: ca. 273—275°. $[\alpha]_D^{23}$: −4,6° [CHCl$_3$; c = 0,5]. IR-Banden (Nujol) im Bereich von 2,8 μ bis 6,3 μ: *Olin Mathieson Chem. Corp.* Absorptionsmaxima (A.): 245 nm, 257 nm und 307 nm.

17β-Acetoxy-6β,19-episeleno-androsta-1,4-dien-3-on $C_{21}H_{26}O_3Se$, Formel IX (R = CO-CH$_3$).
Die Position des Selens ist nicht bewiesen.
B. Beim Erhitzen von O-Acetyl-testosteron (17β-Acetoxy-androst-4-en-3-on) mit Selendioxid und Essigsäure (*Olin Mathieson Chem. Corp.*, U.S.P. 2875196 [1956]).
Krystalle (aus Acn. + Hexan); F: ca. 152—157°. $[\alpha]_D^{25}$: +125° [CHCl$_3$; c = 0,6]. IR-Banden (Nujol) im Bereich von 5,7 μ bis 6,3 μ: *Olin Mathieson Chem. Corp.* Absorptionsmaxima (A.): 244 nm, 257 nm und 306 nm.

Hydroxy-oxo-Verbindungen $C_{20}H_{26}O_3$

(±)-2-Hexyl-3-hydroxy-9-methyl-7,8,9,10-tetrahydro-benzo[c]chromen-6-on,
(±)-2-[5-Hexyl-2,4-dihydroxy-phenyl]-4-methyl-cyclohex-1-encarbonsäure-2-lacton $C_{20}H_{26}O_3$, Formel I.
B. Beim Behandeln von 4-Hexyl-resorcin mit (±)-4-Methyl-2-oxo-cyclohexancarbon=säure-äthylester und konz. Schwefelsäure (*Avison et al.*, Soc. **1949** 952, 954).
Krystalle (aus Me.); F: 167—168°. Beim Behandeln mit äthanol. Kalilauge wird eine blau fluorescierende Lösung erhalten.

I   II

(±)-3-Hexyl-1-hydroxy-9-methyl-7,8,9,10-tetrahydro-benzo[c]chromen-6-on,
(±)-2-[4-Hexyl-2,6-dihydroxy-phenyl]-4-methyl-cyclohex-1-encarbonsäure-lacton $C_{20}H_{26}O_3$, Formel II.
B. Beim Behandeln eines Gemisches von 5-Hexyl-resorcin und (±)-4-Methyl-2-oxo-cyclohexancarbonsäure-äthylester mit Phosphorylchlorid und Benzol (*Adams et al.*, Am. Soc. **63** [1941] 1971) oder mit Schwefelsäure (*Russell et al.*, Soc. **1941** 826, 828).
Krystalle (aus E.); F: 173—174° [korr.] (*Ad. et al.*).

*Opt.-inakt. 1-Hydroxy-9-methyl-3-[1-methyl-pentyl]-7,8,9,10-tetrahydro-benzo[c]=
chromen-6-on, 2-[2,6-Dihydroxy-4-(1-methyl-pentyl)-phenyl]-4-methyl-cyclohex-
1-encarbonsäure-lacton $C_{20}H_{26}O_3$, Formel III.

B. Beim Erwärmen von (±)-5-[1-Methyl-pentyl]-resorcin mit (±)-4-Methyl-2-oxo-
cyclohexancarbonsäure-äthylester, Phosphorylchlorid und Benzol (*Adams et al.*, Am. Soc.
67 [1945] 1534, 1536).

Krystalle (aus PAe.); F: 158—159° [korr.].

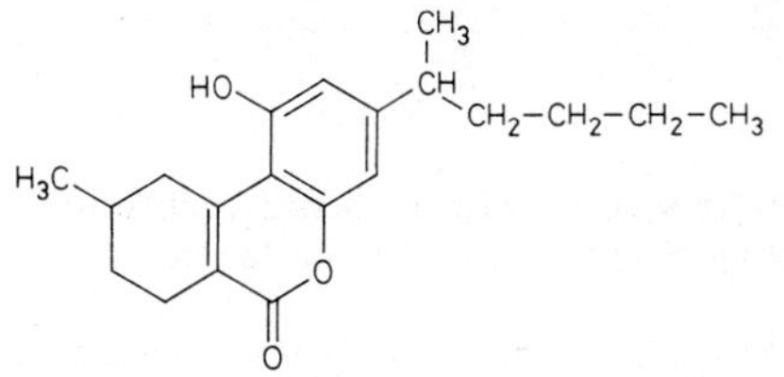

III 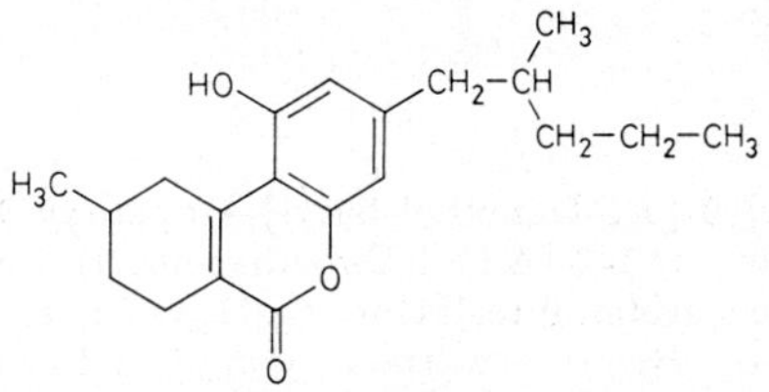   IV

*Opt.-inakt. 1-Hydroxy-9-methyl-3-[2-methyl-pentyl]-7,8,9,10-tetrahydro-benzo[c]=
chromen-6-on, 2-[2,6-Dihydroxy-4-(2-methyl-pentyl)-phenyl]-4-methyl-cyclohex-
1-encarbonsäure-lacton $C_{20}H_{26}O_3$, Formel IV.

B. Beim Erwärmen von (±)-5-[2-Methyl-pentyl]-resorcin mit (±)-4-Methyl-2-oxo-
cyclohexancarbonsäure-äthylester, Phosphorylchlorid und Benzol (*Adams et al.*, Am.
Soc. **70** [1948] 662).

Krystalle (aus A. + W.); F: 194° [korr.].

*Opt.-inakt. 1-Hydroxy-9-methyl-3-[3-methyl-pentyl]-7,8,9,10-tetrahydro-benzo[c]=
chromen-6-on, 2-[2,6-Dihydroxy-4-(3-methyl-pentyl)-phenyl]-4-methyl-cyclohex-
1-encarbonsäure-lacton $C_{20}H_{26}O_3$, Formel V.

B. Beim Erwärmen von (±)-5-[3-Methyl-pentyl]-resorcin mit (±)-4-Methyl-2-oxo-
cyclohexancarbonsäure-äthylester, Phosphorylchlorid und Benzol (*Adams et al.*, Am. Soc.
70 [1948] 662).

Krystalle (aus A. + W.); F: 157° [korr.].

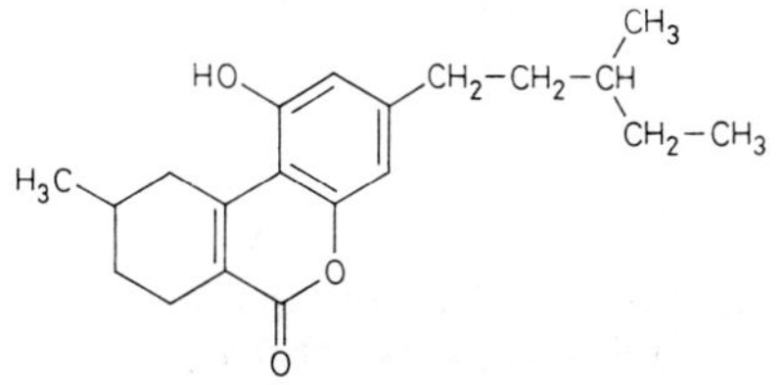

V 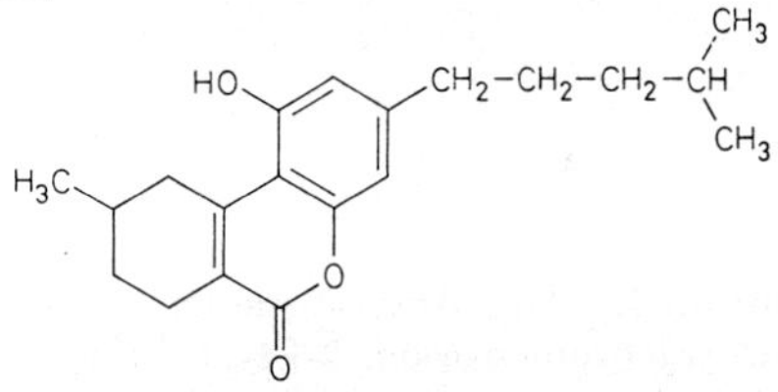   VI

(±)-1-Hydroxy-3-isohexyl-9-methyl-7,8,9,10-tetrahydro-benzo[c]chromen-6-on,
(±)-2-[2,6-Dihydroxy-4-isohexyl-phenyl]-4-methyl-cyclohex-1-encarbonsäure-lacton
$C_{20}H_{26}O_3$, Formel VI.

B. Beim Behandeln eines Gemisches von 5-Isohexyl-resorcin und (±)-4-Methyl-2-oxo-
cyclohexancarbonsäure-äthylester mit Phosphorylchlorid und Benzol (*Adams et al.*, Am.
Soc. **70** [1948] 662) oder mit Schwefelsäure (*Russell et al.*, Soc. **1941** 826, 829).

Krystalle; F: 177—180° [aus A.] (*Ru. et al.*), 176,5° [korr.; aus A. + W.] (*Ad. et al.*).

*Opt.-inakt. 3-[1-Äthyl-butyl]-1-hydroxy-9-methyl-7,8,9,10-tetrahydro-benzo[c]=
chromen-6-on, 2-[4-(1-Äthyl-butyl)-2,6-dihydroxy-phenyl]-4-methyl-cyclohex-
1-encarbonsäure-lacton $C_{20}H_{26}O_3$, Formel VII.

B. Beim Erwärmen von (±)-5-[1-Äthyl-butyl]-resorcin mit (±)-4-Methyl-2-oxo-cyclo=
hexancarbonsäure-äthylester, Phosphorylchlorid und Benzol (*Adams et al.*, Am. Soc. **67**
[1945] 1534, 1536).

Krystalle (aus E.); F: 195,5—196° [korr.].

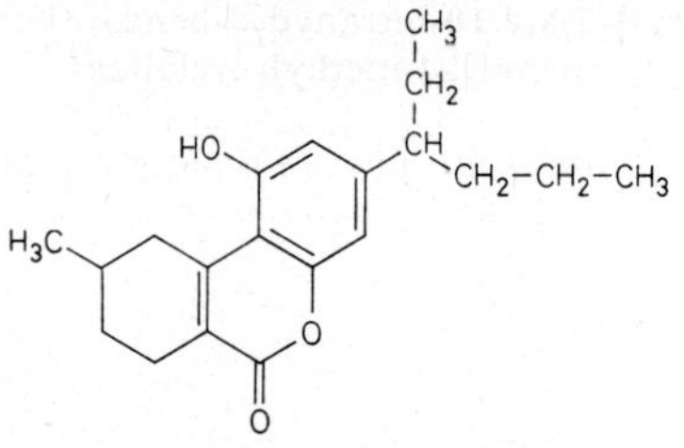

VII 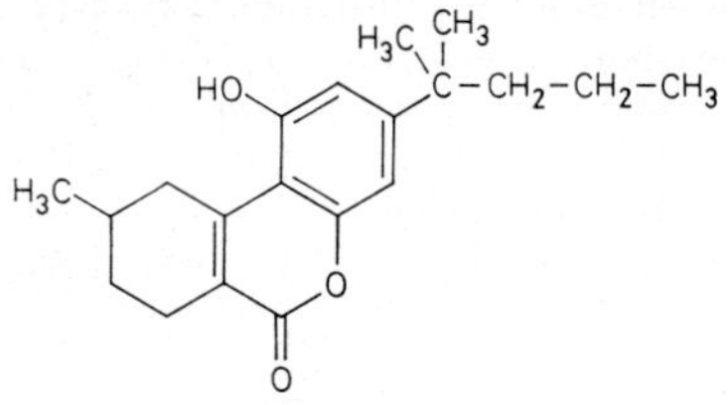 VIII

(±)-3-[1,1-Dimethyl-butyl]-1-hydroxy-9-methyl-7,8,9,10-tetrahydro-benzo[c]chromen-6-on, (±)-2-[4-(1,1-Dimethyl-butyl)-2,6-dihydroxy-phenyl]-4-methyl-cyclohex-1-encarbonsäure-lacton $C_{20}H_{26}O_3$, Formel VIII.
B. Beim Erwärmen von 5-[1,1-Dimethyl-butyl]-resorcin mit (±)-4-Methyl-2-oxo-cyclohexancarbonsäure-äthylester, Phosphorylchlorid und Benzol (Adams et al., Am. Soc. **70** [1948] 664, 668).
Krystalle (aus A. + W.); F: 218—220° [korr.].

*Opt.-inakt. 3-[1,2-Dimethyl-butyl]-1-hydroxy-9-methyl-7,8,9,10-tetrahydro-benzo[c]chromen-6-on, 2-[4-(1,2-Dimethyl-butyl)-2,6-dihydroxy-phenyl]-4-methyl-cyclohex-1-encarbonsäure-lacton $C_{20}H_{26}O_3$, Formel IX.
B. Beim Erwärmen von opt.-inakt. 5-[1,2-Dimethyl-butyl]-resorcin (Kp_1: 145—146°) mit (±)-4-Methyl-2-oxo-cyclohexancarbonsäure-äthylester, Phosphorylchlorid und Benzol (Adams et al., Am. Soc. **70** [1948] 664, 668).
Krystalle (aus A. + W.); F: 177—178° [korr.].

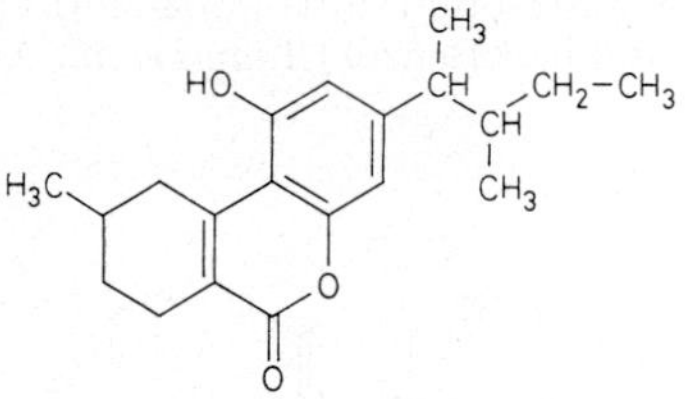

IX 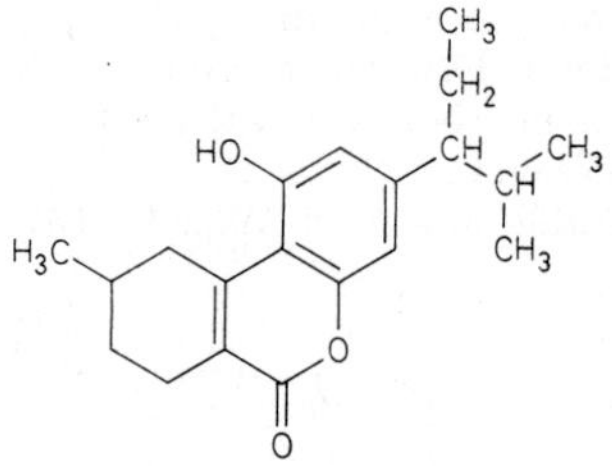 X

*Opt.-inakt. 3-[1-Äthyl-2-methyl-propyl]-1-hydroxy-9-methyl-7,8,9,10-tetrahydro-benzo[c]chromen-6-on, 2-[4-(1-Äthyl-2-methyl-propyl)-2,6-dihydroxy-phenyl]-4-methyl-cyclohex-1-encarbonsäure-lacton $C_{20}H_{26}O_3$, Formel X.
B. Beim Erwärmen von (±)-5-[1-Äthyl-2-methyl-propyl]-resorcin mit (±)-4-Methyl-2-oxo-cyclohexancarbonsäure-äthylester, Phosphorylchlorid und Benzol (Adams et al., Am. Soc. **70** [1948] 664, 668).
Krystalle (aus A. + W.); F: 181—182° [korr.].

(±)-9-Äthyl-1-hydroxy-3-pentyl-7,8,9,10-tetrahydro-benzo[c]chromen-6-on, (±)-4-Äthyl-2-[2,6-dihydroxy-4-pentyl-phenyl]-cyclohex-1-encarbonsäure-lacton $C_{20}H_{26}O_3$, Formel XI.
B. Beim Erwärmen von 5-Pentyl-resorcin mit (±)-4-Äthyl-2-oxo-cyclohexancarbonsäure-äthylester, Phosphorylchlorid und Benzol (Adams et al., Am. Soc. **64** [1942] 2653).
Krystalle (aus Me.); F: 167—169° [korr.].

*Opt.-inakt. 1-Hydroxy-7,9-dimethyl-3-pentyl-7,8,9,10-tetrahydro-benzo[c]chromen-6-on, 2-[2,6-Dihydroxy-4-pentyl-phenyl]-4,6-dimethyl-cyclohex-1-encarbonsäure-lacton $C_{20}H_{26}O_3$, Formel XII.
B. Beim Erwärmen von 5-Pentyl-resorcin mit opt.-inakt. 2,4-Dimethyl-6-oxo-cyclo=

hexancarbonsäure-äthylester (Kp$_4$: 103°; n$_D^{20}$: 1,4560; 2,4-Dinitro-phenylhydrazon: F: 175°), Phosphorylchlorid und Benzol (*Adams et al.*, Am. Soc. **64** [1942] 2653). Krystalle (aus Me.); F: 151,5—152,5° [korr.].

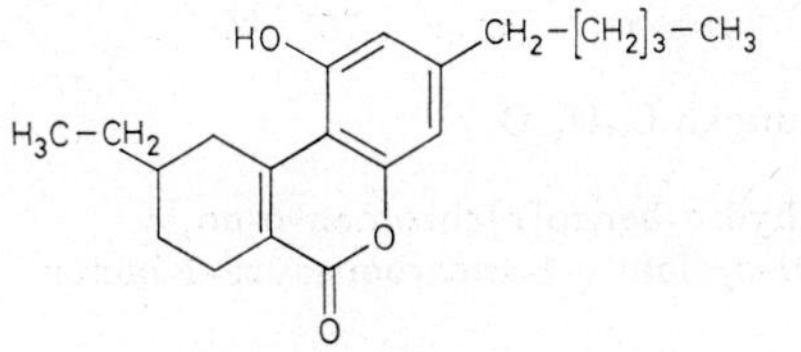

XI 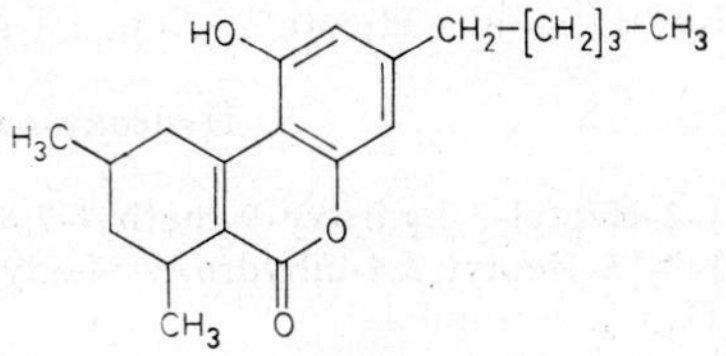 XII

*Opt.-inakt. 1-Hydroxy-8,9-dimethyl-3-pentyl-7,8,9,10-tetrahydro-benzo[c]chromen-6-on, 2-[2,6-Dihydroxy-4-pentyl-phenyl]-4,5-dimethyl-cyclohex-1-encarbonsäure-lacton C$_{20}$H$_{26}$O$_3$, Formel XIII.

B. Beim Erwärmen von 5-Pentyl-resorcin mit opt.-inakt. 4,5-Dimethyl-2-oxo-cyclo= hexancarbonsäure-äthylester (Kp$_{10}$: 116°; n$_D^{20}$: 1,4771; 2,4-Dinitro-phenylhydrazon: F: 147°), Phosphorylchlorid und Benzol (*Adams et al.*, Am. Soc. **64** [1942] 2653). Krystalle (aus Me.); F: 174,5—175,5° [korr.].

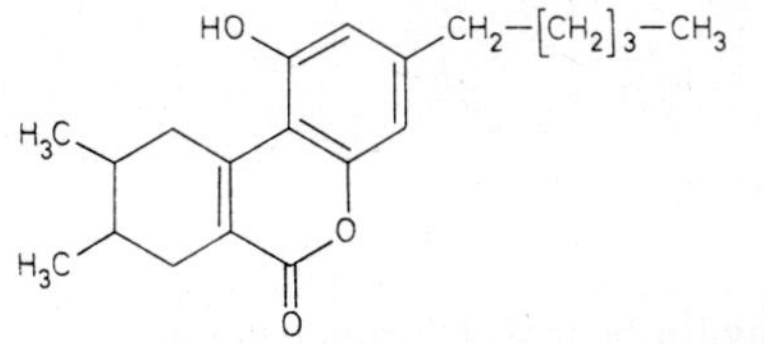

XIII 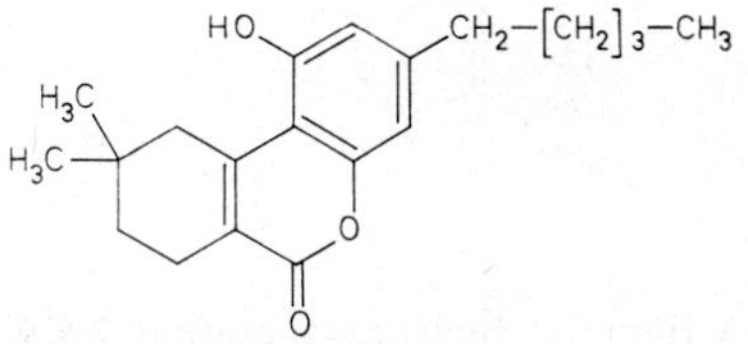 XIV

1-Hydroxy-9,9-dimethyl-3-pentyl-7,8,9,10-tetrahydro-benzo[c]chromen-6-on, 2-[2,6-Dihydroxy-4-pentyl-phenyl]-4,4-dimethyl-cyclohex-1-encarbonsäure-lacton C$_{20}$H$_{26}$O$_3$, Formel XIV.

B. Beim Erwärmen von 5-Pentyl-resorcin mit 4,4-Dimethyl-2-oxo-cyclohexancarbon= säure-äthylester, Phosphorylchlorid und Benzol (*Adams et al.*, Am. Soc. **64** [1942] 2653). Krystalle (aus Me.); F: 190—190,5° [korr.].

(±)-2-[(Ξ)-Furfuryliden]-7*t*-hydroxy-4b-methyl-(4a*r*,4b*t*,8a*c*,10a*t*)-dodecahydro-phenanthren-3-on C$_{20}$H$_{26}$O$_3$, Formel XV + Spiegelbild.

Diese Verbindung hat wahrscheinlich als Hauptbestandteil in dem nachstehend beschriebenen Präparat vorgelegen (*Howell, Taylor*, Soc. **1959** 1607, 1609).

B. Beim Behandeln einer Lösung von (±)-7*t*-Hydroxy-4b-methyl-(4a*r*,4b*t*,8a*c*,10a*t*)-dodecahydro-phenanthren-3-on (F: 98—102°; Präparat von ungewisser Einheitlichkeit) in Methanol mit Furfural und wss. Natronlauge unter Stickstoff (*Ho., Ta.*, l. c. S. 1612).

Gelbe Krystalle (aus Me.), die bei F: 197—207° schmelzen.

Bei der Behandlung einer Lösung des *O*-Acetyl-Derivats in Äthylacetat mit Ozon bei —80°, Behandlung des Reaktionsprodukts mit wss. Wasserstoffperoxid und Essigsäure und Umsetzung der danach isolierten Säure mit Diazomethan ist 6*t*-Acetoxy-1*t*,2*c*-bis-methoxycarbonylmethyl-8a-methyl-(4a*r*,8a*t*)-decahydro-naphthalin erhalten worden.

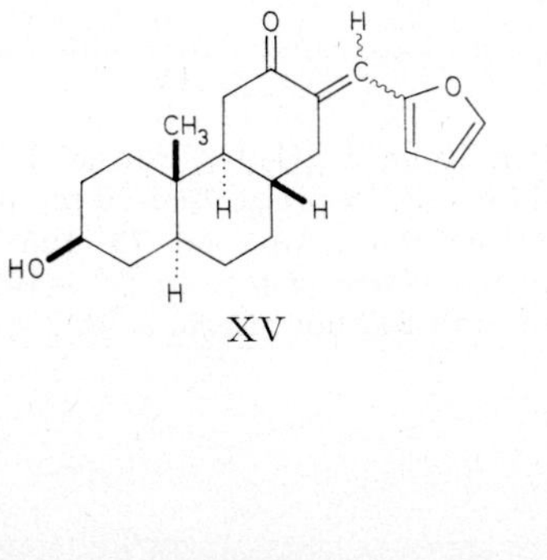

XV 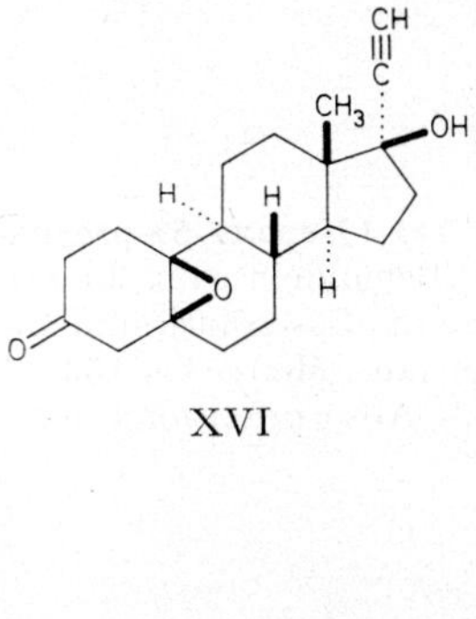 XVI

5,10-Epoxy-17-hydroxy-19-nor-5β,17βH-pregn-20-in-3-on $C_{20}H_{26}O_3$, Formel XVI.

B. Beim Behandeln einer Lösung von 17-Hydroxy-19-nor-17βH-pregn-5(10)-en-20-in-3-on in Chloroform mit Monoperoxyphthalsäure in Äther, anfangs bei −70° (*Ruclas et al.*, J. org. Chem. **23** [1958] 1744, 1746).

Krystalle (aus Hexan + Acn.); F: 185−187° [unkorr.]. $[α]_D$: −75° [Me.].

Hydroxy-oxo-Verbindungen $C_{21}H_{28}O_3$

(±)-2-Heptyl-3-hydroxy-9-methyl-7,8,9,10-tetrahydro-benzo[c]chromen-6-on,
(±)-2-[5-Heptyl-2,4-dihydroxy-phenyl]-4-methyl-cyclohex-1-encarbonsäure-2-lacton
$C_{21}H_{28}O_3$, Formel I.

B. Beim Behandeln eines Gemisches von 4-Heptyl-resorcin und (±)-4-Methyl-2-oxo-cyclohexancarbonsäure-äthylester mit Phosphorylchlorid und Benzol oder mit Schwefelsäure (*Avison et al.*, Soc. **1949** 952, 954).

Krystalle (aus wss. A.); F: 160−161°.

(±)-3-Heptyl-1-hydroxy-9-methyl-7,8,9,10-tetrahydro-benzo[c]chromen-6-on,
(±)-2-[4-Heptyl-2,6-dihydroxy-phenyl]-4-methyl-cyclohex-1-encarbonsäure-lacton
$C_{21}H_{28}O_3$, Formel II.

B. Beim Behandeln eines Gemisches von 5-Heptyl-resorcin und (±)-4-Methyl-2-oxo-cyclohexancarbonsäure-äthylester mit Phosphorylchlorid und Benzol (*Adams et al.*, Am. Soc. **63** [1941] 1971) oder mit Schwefelsäure (*Russell et al.*, Soc. **1941** 826, 828).

Krystalle (aus Me.); F: 172−173° [korr.] (*Ad. et al.*).

*Opt.-inakt. **1-Hydroxy-9-methyl-3-[1-methyl-hexyl]-7,8,9,10-tetrahydro-benzo[c]chromen-6-on, 2-[2,6-Dihydroxy-4-(1-methyl-hexyl)-phenyl]-4-methyl-cyclohex-1-encarbonsäure-lacton** $C_{21}H_{28}O_3$, Formel III.

B. Beim Erwärmen von (±)-5-[1-Methyl-hexyl]-resorcin mit (±)-4-Methyl-2-oxo-cyclohexancarbonsäure-äthylester, Phosphorylchlorid und Benzol (*Adams et al.*, Am. Soc. **67** [1945] 1534, 1536).

Krystalle (aus E.); F: 144,5−145° [korr.].

3β-Acetoxy-16α,17-epoxy-5α-pregna-7,9(11)-dien-20-on $C_{23}H_{30}O_4$, Formel IV.

B. Beim Behandeln von 3β-Acetoxy-16α,17-epoxy-5α-pregn-7-en-20-on mit Quecksilber(II)-acetat, Essigsäure und Chloroform (*Romo et al.*, Am. Soc. **73** [1951] 5489).

Krystalle (aus Me.); F: 153−155° [unkorr.] (*Romo et al.*). $[α]_D^{20}$: +102° [CHCl₃] (*Romo et al.*). Absorptionsmaxima (A.): 234 nm und 242 nm (*Romo et al.*).

Beim Behandeln mit Ameisensäure und wss. Wasserstoffperoxid ist 3β-Acetoxy-9,11α;16α,17-diepoxy-5α-pregnan-7,20-dion erhalten worden (*Djerassi et al.*, Am. Soc. **75** [1953] 3505, 3509).

Hydroxy-oxo-Verbindungen $C_{22}H_{30}O_3$

(±)-3-Hydroxy-9-methyl-2-octyl-7,8,9,10-tetrahydro-benzo[*c*]chromen-6-on, (±)-2-[2,4-Dihydroxy-5-octyl-phenyl]-4-methyl-cyclohex-1-encarbonsäure-2-lacton $C_{22}H_{30}O_3$, Formel V.

B. Beim Behandeln eines Gemisches von 4-Octyl-resorcin und (±)-4-Methyl-2-oxo-cyclohexancarbonsäure-äthylester mit Phosphorylchlorid und Benzol oder mit Schwefelsäure (*Avison et al.*, Soc. **1949** 952, 954).

Krystalle (aus Bzl.); F: 152—153°.

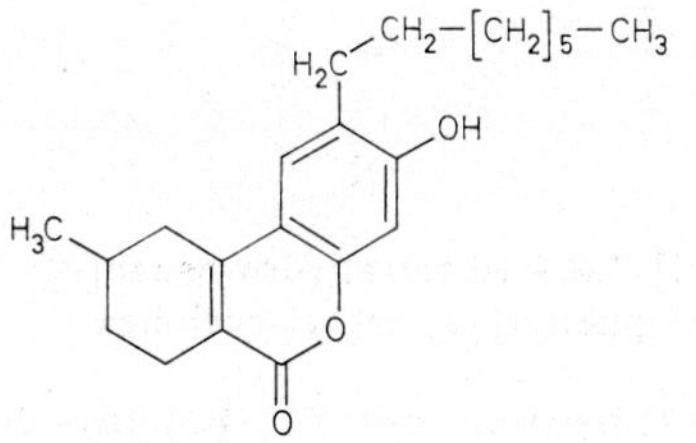

V 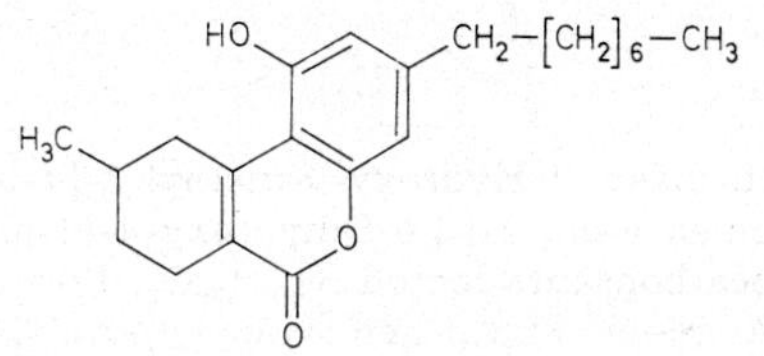   VI

(±)-1-Hydroxy-9-methyl-3-octyl-7,8,9,10-tetrahydro-benzo[*c*]chromen-6-on, (±)-2-[2,6-Dihydroxy-4-octyl-phenyl]-4-methyl-cyclohex-1-encarbonsäure-lacton $C_{22}H_{30}O_3$, Formel VI.

B. Beim Erwärmen von 5-Octyl-resorcin mit (±)-4-Methyl-2-oxo-cyclohexancarbonsäure-äthylester, Phosphorylchlorid und Benzol (*Adams et al.*, Am. Soc. **63** [1941] 1971).

Krystalle (aus Me.); F: 165—167° [korr.].

*Opt.-inakt. 3-Hydroxy-9-methyl-2-[1-methyl-heptyl]-7,8,9,10-tetrahydro-benzo[*c*]-chromen-6-on, 2-[2,4-Dihydroxy-5-(1-methyl-heptyl)-phenyl]-4-methyl-cyclohex-1-encarbonsäure-2-lacton $C_{22}H_{30}O_3$, Formel VII.

B. Beim Erwärmen von (±)-4-[1-Methyl-heptyl]-resorcin mit (±)-4-Methyl-2-oxo-cyclohexancarbonsäure-äthylester, Phosphorylchlorid und Benzol (*Avison et al.*, Soc. **1949** 952, 955).

Krystalle (aus Bzl. + PAe.); F: 197°.

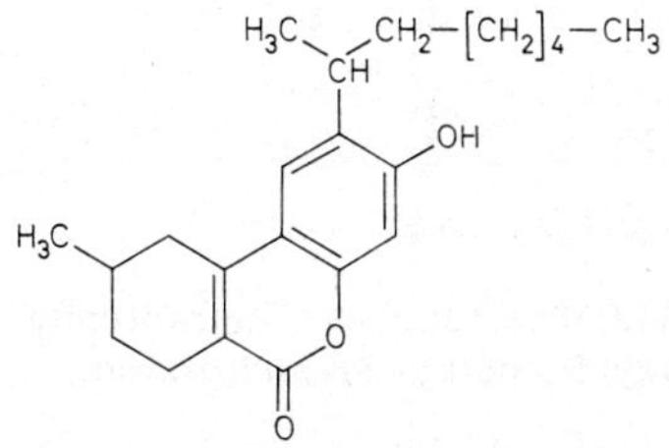

VII 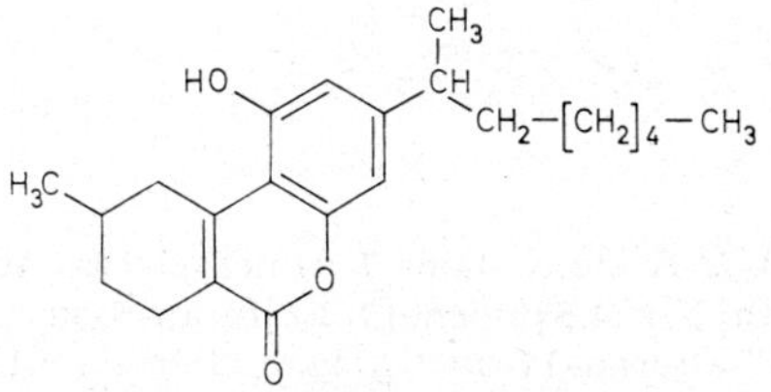   VIII

*Opt.-inakt. 1-Hydroxy-9-methyl-3-[1-methyl-heptyl]-7,8,9,10-tetrahydro-benzo[*c*]-chromen-6-on, 2-[2,6-Dihydroxy-4-(1-methyl-heptyl)-phenyl]-4-methyl-cyclohex-1-encarbonsäure-lacton $C_{22}H_{30}O_3$, Formel VIII.

B. Beim Erwärmen von (±)-5-[1-Methyl-heptyl]-resorcin mit (±)-4-Methyl-2-oxo-cyclohexancarbonsäure-äthylester, Phosphorylchlorid und Benzol (*Adams et al.*, Am. Soc. **67** [1945] 1534, 1536).

Krystalle (aus E.); F: 132,5—134° [korr.].

*Opt.-inakt. 3-[1,2-Dimethyl-hexyl]-1-hydroxy-9-methyl-7,8,9,10-tetrahydro-benzo[c]= chromen-6-on, 2-[4-(1,2-Dimethyl-hexyl)-2,6-dihydroxy-phenyl]-4-methyl-cyclohex-1-encarbonsäure-lacton $C_{22}H_{30}O_3$, Formel IX.

B. Beim Erwärmen von opt.-inakt. 5-[1,2-Dimethyl-hexyl]-resorcin mit (±)-4-Methyl-2-oxo-cyclohexancarbonsäure-äthylester, Phosphorylchlorid und Benzol (*Adams et al.*, Am. Soc. **71** [1949] 1624, 1626).

Krystalle (aus A. + W.); F: 135,5—137,5° [korr.].

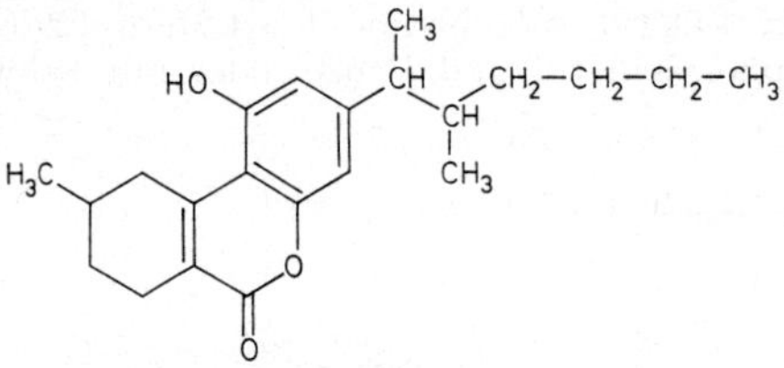

IX

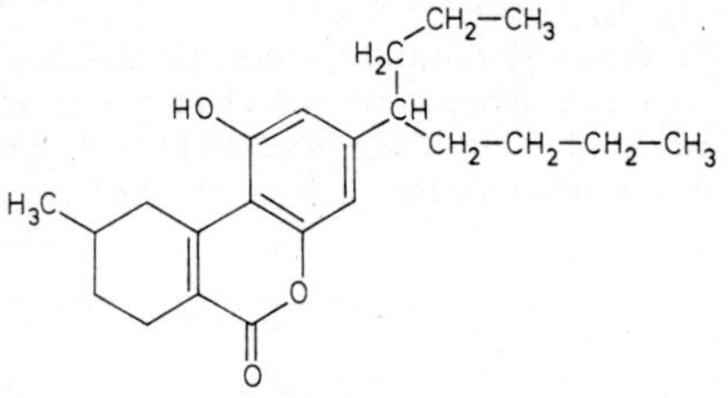

X

*Opt.-inakt. 1-Hydroxy-9-methyl-3-[1-propyl-pentyl]-7,8,9,10-tetrahydro-benzo[c]= chromen-6-on, 2-[2,6-Dihydroxy-4-(1-propyl-pentyl)-phenyl]-4-methyl-cyclohex-1-encarbonsäure-lacton $C_{22}H_{30}O_3$, Formel X.

B. Beim Erwärmen von (±)-5-[1-Propyl-pentyl]-resorcin mit (±)-4-Methyl-2-oxo-cyclohexancarbonsäure-äthylester, Phosphorylchlorid und Benzol (*Adams et al.*, Am. Soc. **67** [1945] 1534, 1536).

Krystalle (aus E.); F: 162,5—163,5° [korr.].

3β,17-Dihydroxy-21,24-dinor-17βH-chola-5,20c-dien-23-säure-17-lacton, 3β,17-Dihydr= oxy-17βH-pregna-5,20-dien-21c-carbonsäure-17-lacton $C_{22}H_{30}O_3$, Formel XI.

B. Bei der Hydrierung von 3β,17-Dihydroxy-21,24-dinor-17βH-chol-5-en-20-in-23-säure an Palladium/Calciumcarbonat in Dioxan und Pyridin und Behandlung des Reaktionsprodukts mit wss. Salzsäure (*Cella et al.*, J. org. Chem. **24** [1959] 743, 746).

Krystalle (aus wss. Me.); F: 201—203° [unkorr.; Fisher-Johns-App.]. $[\alpha]_D$: +2° [CHCl$_3$]. Absorptionsmaximum (Me.): 220 nm.

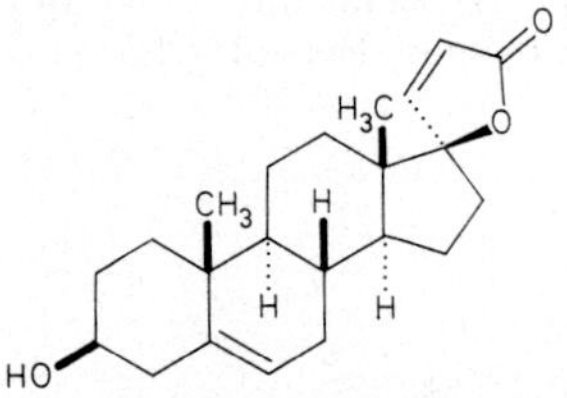

XI

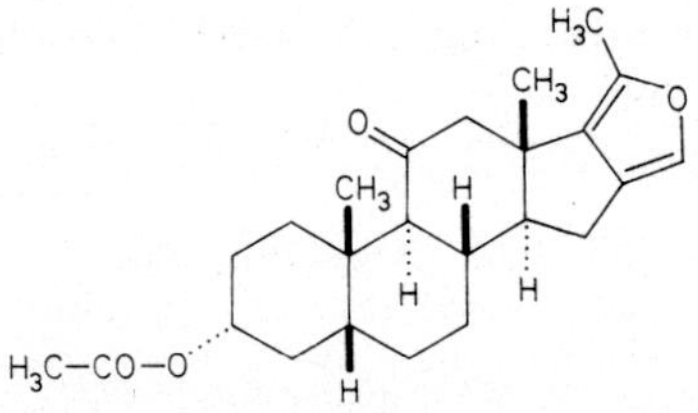

XII

(4aS)-2t-Acetoxy-4a,6a,7-trimethyl-(4ar,4bt,6ac,10at,10bc,12ac)-$\Delta^{6b,9}$-tetradecahydro-naphth[2′,1′;4,5]indeno[1,2-c]furan-5-on, 3α-Acetoxy-5′-methyl-5β-androstano= [16,17-c]furan-11-on $C_{24}H_{32}O_4$, Formel XII.

B. Beim Behandeln von 3α-Acetoxy-16-methylen-5β-pregnan-11,20-dion mit Osmium= (VIII)-oxid in Dioxan (*Slates, Wendler*, Am. Soc. **81** [1959] 5472, 5475).

Krystalle (aus Ae.); F: 204—207° [korr.]. IR-Banden (CHCl$_3$) im Bereich von 5,4 μ bis 5,9 μ: *Sl., We.* Absorptionsmaximum: 222 nm.

Hydroxy-oxo-Verbindungen $C_{23}H_{32}O_3$

*Opt.-inakt. 4-[2]Furyl-8-[4-methoxy-phenyl]-2,10-dimethyl-undecan-6-on $C_{24}H_{34}O_3$, Formel I.

B. Beim Behandeln von (±)-1t(?)-[2]Furyl-5-[4-methoxy-phenyl]-7-methyl-oct-1-en-

3-on (S. 588) mit Isobutylmagnesiumchlorid in Äther (*Maxim, Popescu*, Bl. [5] **4** [1937] 265, 277).
Kp$_{17}$: 242°.

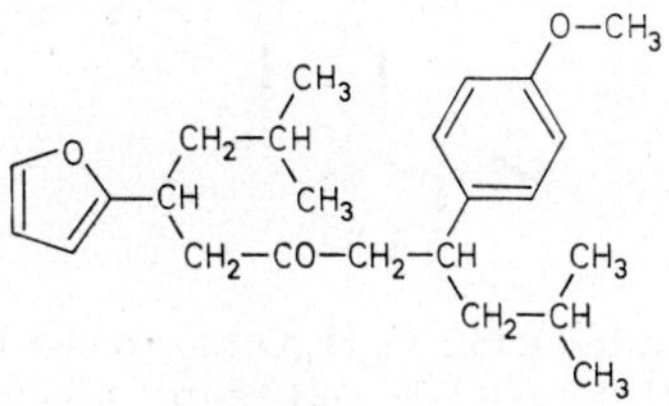

I

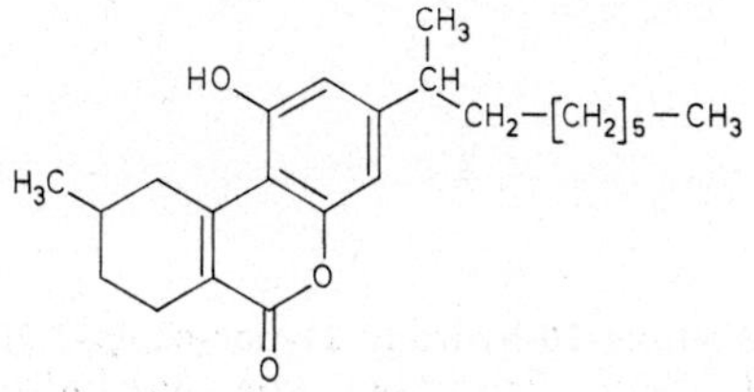

II

*Opt.-inakt. 1-Hydroxy-9-methyl-3-[1-methyl-octyl]-7,8,9,10-tetrahydro-benzo[c]=
chromen-6-on, 2-[2,6-Dihydroxy-4-(1-methyl-octyl)-phenyl]-4-methyl-cyclohex-
1-encarbonsäure-lacton C$_{23}$H$_{32}$O$_3$, Formel II.
B. Beim Erwärmen von (±)-5-[1-Methyl-octyl]-resorcin mit (±)-4-Methyl-2-oxo-cyclo=
hexancarbonsäure-äthylester, Phosphorylchlorid und Benzol (*Adams et al.*, Am. Soc. **70**
[1948] 662).
Krystalle (aus A. + W.); F: 138° [korr.].

(±)-3-[1,1-Dimethyl-heptyl]-1-hydroxy-9-methyl-7,8,9,10-tetrahydro-benzo[c]chromen-
6-on, (±)-2-[4-(1,1-Dimethyl-heptyl)-2,6-dihydroxy-phenyl]-4-methyl-cyclohex-1-en=
carbonsäure-lacton C$_{23}$H$_{32}$O$_3$, Formel III.
B. Beim Erwärmen von 5-[1,1-Dimethyl-heptyl]-resorcin mit (±)-4-Methyl-2-oxo-
cyclohexancarbonsäure-äthylester, Phosphorylchlorid und Benzol (*Adams et al.*, Am.
Soc. **70** [1948] 664, 668).
Krystalle (aus A. + W.); F: 156—157° [korr.].

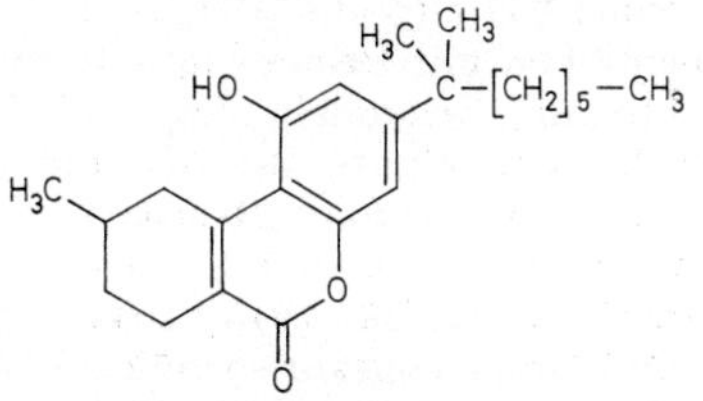

III

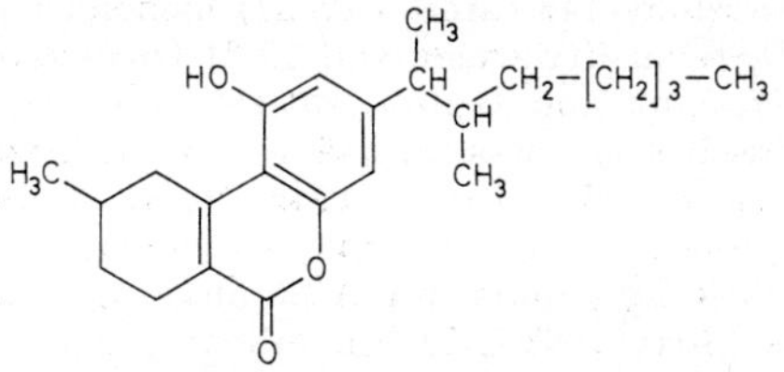

IV

*Opt.-inakt. 3-[1,2-Dimethyl-heptyl]-1-hydroxy-9-methyl-7,8,9,10-tetrahydro-benzo[c]=
chromen-6-on, 2-[4-(1,2-Dimethyl-heptyl)-2,6-dihydroxy-phenyl]-4-methyl-cyclohex-
1-encarbonsäure-lacton C$_{23}$H$_{32}$O$_3$, Formel IV.
B. Beim Erwärmen von opt.-inakt. 5-[1,2-Dimethyl-heptyl]-resorcin (Kp$_1$: 167—169°)
mit (±)-4-Methyl-2-oxo-cyclohexancarbonsäure-äthylester, Phosphorylchlorid und Benzol
(*Adams et al.*, Am. Soc. **70** [1948] 664, 668).
Krystalle (aus A. + W.); F: 134—136° [korr.].

*Opt.-inakt. 1-Hydroxy-9-methyl-3-[1,2,4-trimethyl-hexyl]-7,8,9,10-tetrahydro-
benzo[c]chromen-6-on, 2-[2,6-Dihydroxy-4-(1,2,4-trimethyl-hexyl)-phenyl]-4-methyl-
cyclohex-1-encarbonsäure-lacton C$_{23}$H$_{32}$O$_3$, Formel V.
B. Beim Erwärmen von opt.-inakt. 5-[1,2,4-Trimethyl-hexyl]-resorcin (Kp$_{0,2}$: 165°
bis 176°) mit (±)-4-Methyl-2-oxo-cyclohexancarbonsäure-äthylester, Phosphorylchlorid
und Benzol (*Adams et al.*, Am. Soc. **71** [1949] 1624, 1626).
Krystalle (aus A. + W.); F: 144—145,2° [korr.].

V   VI

3β-Acetoxy-20-hydroxy-21-nor-chola-5,20t-dien-24-säure-lacton $C_{25}H_{34}O_4$, Formel VI.

B. Beim Erwärmen von 3β-Hydroxy-20-oxo-21-nor-chol-5-en-24-säure mit Acet= anhydrid und wenig Acetylchlorid (*Plattner et al.*, Helv. **29** [1946] 253, 256).
Krystalle (aus Me.); F: 185—187° [korr.; evakuierte Kapillare]. Im Hochvakuum bei 155° sublimierbar. $[\alpha]_D^{16}$: —40,1° [A.; c = 0,6].

3β-Hydroxy-14α-carda-5,20(22)-dienolid $C_{23}H_{32}O_3$, Formel VII (R = H).

B. Als Hauptprodukt beim Erwärmen von 3β,21-Diacetoxy-pregn-5-en-20-on mit Zink, Bromessigsäure-äthylester und Benzol, zuletzt unter Zusatz von Äthanol, und Behandeln der Reaktionslösung mit Äther und wss. Salzsäure (*Ruzicka et al.*, Helv. **24** [1941] 76, 80, 716, 722). Beim Behandeln einer Lösung von 3β-Acetoxy-21-diazo- pregn-5-en-20-on in Benzol mit Zink und Bromessigsäure-äthylester, Behandeln des Reaktionsprodukts mit Äthanol und wss. Salzsäure und Erhitzen des danach isolierten Reaktionsprodukts mit Acetanhydrid (*CIBA*, U.S.P. 2361967 [1942]). Beim Erwärmen von 3β-Acetoxy-14α-carda-5,20(22)-dienolid mit Dioxan und wss. Salzsäure (*Ru. et al.*, Helv. **24** 723).
Krystalle; F: 262—263° [korr.; aus A.] (*Ru. et al.*, Helv. **24** 723), 260—262° [korr.; evakuierte Kapillare; aus Ae. + Acn.] (*Ru. et al.*, Helv. **24** 81). Im Hochvakuum bei 190° sublimierbar (*Ru. et al.*, Helv. **24** 80). $[\alpha]_D$: —46,6° [Dioxan; c = 1] (*Ru. et al.*, Helv. **24** 81); $[\alpha]_D$: —64,3° [CHCl$_3$] (*Ruzicka et al.*, Helv. **30** [1947] 694, 697).

3β-Acetoxy-14α-carda-5,20(22)-dienolid $C_{25}H_{34}O_4$, Formel VII (R = CO-CH$_3$).

B. Beim Erwärmen von 3β,21-Diacetoxy-pregn-5-en-20-on mit Bromessigsäure-äthyl= ester, Zink und Benzol, zuletzt unter Zusatz von Äthanol, Behandeln des Reaktions- gemisches mit wss. Salzsäure und Erhitzen des Reaktionsprodukts mit Acetanhydrid (*Ruzicka et al.*, Helv. **25** [1942] 79, 81). Beim Erwärmen von 3β-Acetoxy-21-bromacetoxy- pregn-5-en-20-on mit Zink, Bromessigsäure-äthylester und Benzol und Erwärmen des Reaktionsprodukts mit Acetanhydrid (*Plattner, Heusser*, Helv. **28** [1945] 1044, 1049). Aus 3β-Hydroxy-21,21-dimethoxy-pregn-5-en-20-on und Bromessigsäure-äthylester über mehrere Stufen (*CIBA*, U.S.P. 2361967 [1942]). Beim Erwärmen von 3β-Acetoxy- androst-5-en-17-on mit (±)-3-Chlor-4-hydroxy-buttersäure-lacton und aktiviertem Magne= sium in Benzol und Äther, Behandeln des Reaktionsgemisches mit wss. Salzsäure und Erwärmen des Reaktionsprodukts mit Acetanhydrid (*CIBA*, U.S.P. 2361968 [1942]; Schweiz. P. 236222 [1945]). Beim Behandeln von 3β-Hydroxy-14α-carda-5,20(22)-dienolid mit Acetanhydrid und Pyridin (*Ruzicka et al.*, Helv. **24** [1941] 76, 81).
Krystalle (aus A.); F: 174—175° (*CIBA*, U.S.P. 2361967; Schweiz. P. 236222), 174° [korr.] (*Ruzicka et al.*, Helv. **24** [1941] 716, 722). Im Hochvakuum bei 170—185° subli- mierbar (*Ru. et al.*, Helv. **25** 83). $[\alpha]_D$: —50° [Dioxan] (*CIBA*, U.S.P. 2361967, Schweiz. P. 236222); $[\alpha]_D$: —49,5° [Dioxan; c = 1] (*Ru. et al.*, Helv. **24** 82); $[\alpha]_D$: —54,5° [CHCl$_3$; c = 2] (*Ru. et al.*, Helv. **25** 83). UV-Spektrum (A.?; 215—300 nm): *Ru. et al.*, Helv. **24** 720, **25** 80; vgl. *Canonica et al.*, G. **93** [1963] 787.

Beim Behandeln einer Lösung in Chloroform mit Peroxybenzoesäure bei —10° sind 3β-Acetoxy-5,6α-epoxy-5α,14α-card-20(22)-enolid und kleinere Mengen 3β-Acetoxy- 5,6β-epoxy-5β,14α-card-20(22)-enolid erhalten worden (*Ruzicka et al.*, Helv. **27** [1944] 1883, 1885).

3β-Benzoyloxy-14α-carda-5,20(22)-dienolid $C_{30}H_{36}O_4$, Formel VII (R = CO-C$_6$H$_5$).

B. Beim Behandeln von 3β-Hydroxy-14α-carda-5,20(22)-dienolid mit Benzoylchlorid

und Pyridin (*Ruzicka et al.*, Helv. **30** [1947] 694, 698).
Krystalle (aus $CHCl_3$ + A.); F: 245—246° [korr.; evakuierte Kapillare]. $[\alpha]_D^{20}$: —28,5° [$CHCl_3$; c = 0,7].

VII   VIII

3β-[4-Nitro-benzoyloxy]-14α-carda-5,20(22)-dienolid $C_{30}H_{35}NO_6$, Formel VII (R = $CO-C_6H_4-NO_2$).
B. Beim Behandeln von 3β-Hydroxy-14α-carda-5,20(22)-dienolid mit 4-Nitro-benzoyl= chlorid und Pyridin (*Ruzicka et al.*, Helv. **24** [1941] 716, 724).
Krystalle (aus A.); F: 247—248° [korr.].

3β-Trimethylammonioacetoxy-14α-carda-5,20(22)-dienolid, Trimethyl-[17β-(5-oxo-2,5-dihydro-[3]furyl)-androst-5-en-3β-yloxycarbonylmethyl]-ammonium $[C_{28}H_{42}NO_4]^+$, Formel VII (R = $CO-CH_2-N(CH_3)_3]^+$).
Chlorid. *B*. Beim Erwärmen von 3β-Hydroxy-14α-carda-5,20(22)-dienolid mit Chlor= carbonylmethyl-trimethyl-ammonium-chlorid in Chloroform (*CIBA* U.S.P. 2429171 [1944]). — Krystalle (aus Me. + E.); F: 226—227°.

3β-β-D-Glucopyranosyloxy-14α-carda-5,20(22)-dienolid $C_{29}H_{42}O_8$, Formel VIII (R = H).
B. Beim Behandeln von 3β-[Tetra-O-acetyl-β-D-glucopyranosyloxy]-14α-carda-5,20(22)-dienolid mit Bariummethylat in Methanol (*Meystre, Miescher*, Helv. **27** [1944] 1153, 1158).
Krystalle (aus Me. + Acn.) mit 1 Mol H_2O, die bei 258—272° [korr.; Zers.] schmelzen. $[\alpha]_D^{19}$: —50° [Me.; c = 0,6].

3β-[Tetra-O-acetyl-β-D-glucopyranosyloxy]-14α-carda-5,20(22)-dienolid $C_{37}H_{50}O_{12}$, Formel VIII (R = $CO-CH_3$).
B. Beim Erwärmen von 3β-Hydroxy-14α-carda-5,20(22)-dienolid mit α-D-Acetobrom= glucopyranose (Tetra-O-acetyl-α-D-glucopyranosylbromid) und Silbercarbonat in Benzol (*Meystre, Miescher*, Helv. **27** [1944] 231, 235).
Krystalle (aus Ae. + Diisopropyläther) vom F: 177—178° [korr.] sowie Krystalle (aus Ae. + Diisopropyläther), die bei 192—202° schmelzen; beim langsamen Erhitzen wandelt sich die niedrigerschmelzende Modifikation in die höherschmelzende um (*Meystre, Miescher*, Helv. **27** [1944] 1153, 1158). $[\alpha]_D^{19}$: —34° [Me.; c = 1] (*Me., Mi.*, l. c. S. 235).

3β-[O⁴-α-D-Glucopyranosyl-β-D-glucopyranosyloxy]-14α-carda-5,20(22)-dienolid, 3β-β-Maltosyl-14α-carda-5,20(22)-dienolid $C_{35}H_{52}O_{13}$, Formel IX (R = H).
B. Beim Behandeln von 3β-[Hepta-O-acetyl-β-maltosyl]-14α-carda-5,20(22)-dienolid mit Bariummethylat in Methanol (*Meystre, Miescher*, Helv. **27** [1944] 1153, 1159).
Krystalle (aus Me. + Acn.) mit 1 Mol H_2O; F: 260—264° [korr.; Zers.]. $[\alpha]_D^{20}$: +9° [Me.; c = 1] (Monohydrat). In 100 ml Wasser lösen sich bei 20° 20 mg, bei 95° 100 mg.

3β-[O²,O³,O⁶-Triacetyl-O⁴-(tetra-O-acetyl-α-D-glucopyranosyl)-β-D-glucopyranosyloxy]-14α-carda-5,20(22)-dienolid, 3β-[Hepta-O-acetyl-β-maltosyl]-14α-carda-5,20(22)-dienolid $C_{49}H_{66}O_{20}$, Formel IX (R = $CO-CH_3$).
B. Neben einer (isomeren) Verbindung $C_{49}H_{66}O_{20}$ (Krystalle [aus Dioxan + A.], die

bci 262—274° [korr.] schmelzen; [α]$_D^{21}$: +26° [CHCl$_3$]) beim Erwärmen von 3β-Hydroxy-14α-carda-5,20(22)-dienolid mit Hepta-O-acetyl-α-maltosylbromid (E III/IV **17** 3491) und Silbercarbonat in Benzol (*Meystre, Miescher*, Helv. **27** [1944] 1153, 1159).
Krystalle (aus A.); F: 179—181° [korr.]. [α]$_D^{18}$: +27° [Me.; c = 1].

3β-Hydroxy-5β,14β-carda-8,20(22)-dienolid C$_{23}$H$_{32}$O$_3$, Formel X.
Diese Konstitution kommt vermutlich dem nachstehend beschriebenen **δ-Anhydrodigitoxigenin** zu (*Janiak et al.*, Helv. **50** [1967] 1249, 1250).

B. Neben anderen Verbindungen beim Erwärmen von O-Acetyl-odorosid-H (3β-[O^2-Acetyl-β-D-digitalopyranosyloxy]-14-hydroxy-5β,14β-card-20(22)-enolid) mit Essigsäure und wss. Salzsäure auf 100° (*Rheiner et al.*, Helv. **35** [1952] 687, 711, 714).
Krystalle (aus Ae. + PAe.); F: 141—145° [korr.; Kofler-App.] (*Rh. et al.*). [α]$_D^{21}$: +111,2° [CHCl$_3$; c = 0,8] (*Rh. et al.*). Absorptionsmaximum (A.): 212 nm (*Rh. et al.*).
O-Acetyl-Derivat C$_{25}$H$_{34}$O$_4$ (vermutlich 3β-Acetoxy-5β,14β-carda-8,20(22)-dienolid). Krystalle (aus Ae. + PAe.), F: 118—120° [korr.; Kofler-App.]; [α]$_D^{17}$: +115,3° [CHCl$_3$; c = 1] (*Rh. et al.*).

4-[3-Hydroxy-10,13-dimethyl-Δ$^{8(14)}$-tetradecahydro-cyclopenta[a]phenanthren-17-yl]-5H-furan-2-on C$_{23}$H$_{32}$O$_3$.

a) **3β-Hydroxy-5β-carda-8(14),20(22)-dienolid, α-Anhydrodigitoxigenin** C$_{23}$H$_{32}$O$_3$, Formel XI (R = H) (in der Literatur auch als **Anhydrothevetigenin** bezeichnet).
Konstitution: *Cardwell, Smith*, Soc. **1954** 2012, 2013; *Janiak et al.*, Helv. **46** [1963] 374, 380.
3β-Hydroxy-5β-carda-8(14),20(22)-dienolid hat vermutlich auch als Hauptbestandteil in einem von *Matsubara* (Bl. chem. Soc. Japan **12** [1937] 436, 438) als **Anhydrocerberigenin** bezeichneten Präparat (F: 220—222° [aus A.]; [α]$_D^{21}$: +46,8° [CHCl$_3$]; O-Acetyl-Derivat C$_{25}$H$_{34}$O$_4$, F: 175—176°; [α]$_D^{20}$: +58° [CHCl$_3$]) vorgelegen, das beim Behandeln von Cerberin (3β-[O^2-Acetyl-α-L-thevetopyranosyloxy]-14-hydroxy-5β,14β-card-20(22)-enolid) mit Schwefelsäure enthaltendem Äthanol erhalten worden ist (*Ma.*).
B. Neben β-Anhydrodigitoxigenin (3β-Hydroxy-5β-carda-14,20(22)-dienolid [S. 554]) beim Erwärmen von Digitoxigenin (3β,14-Dihydroxy-5β,14β-card-20(22)-enolid) mit wss.-äthanol. Schwefelsäure (*Smith*, Soc. **1935** 1050). Beim Behandeln von β-Anhydrodigitoxigenin mit konz. wss. Salzsäure (*Jacobs, Elderfield*, J. biol. Chem. **113** [1936] 611, 617). Neben anderen Verbindungen beim Erwärmen von Thevetin (3β-[O^4-β-Isomaltosyl-α-L-thevetopyranosyloxy]-14-hydroxy-5β,14β-card-20(22)-enolid) (*Tscheche*, B. **69** [1936] 2368, 2372) oder von O-Acetyl-odorosid-H (3β-[O^2-Acetyl-β-D-digitalopyranosyloxy]-14-hydroxy-5β,14β-card-20(22)-enolid) (*Rheiner et al.*, Helv. **35** [1952] 687, 711, 713) mit wss.-äthanol. Salzsäure bzw. mit Essigsäure und wss. Salzsäure.
Krystalle; F: 234° [aus Acn. oder E.] (*Sm.*), 233° (*Ja., El.*). Orthorhombisch; Raumgruppe P2$_1$2$_1$2$_1$; aus dem Röntgen-Diagramm ermittelte Dimensionen der Elementarzelle: a = 11,199 Å; b = 23,104 Å; c = 7,381 Å (*Gilardi, Karle*, Acta cryst. [B] **26** [1970] 207). [α]$_D^{18}$: +40° [CHCl$_3$; c = 0,8] (*Tsch.*); [α]$_D^{20}$: +39° [Me.; c = 0,4]; [α]$_{546}^{20}$: +43,7° [Me.; c = 0,4] (*Sm.*).

Beim Behandeln mit Chrom(VI)-oxid, Essigsäure und wss. Schwefelsäure sind α-Anhydrodigitoxigenon (E III/IV **17** 6380) und 8,14-Epoxy-3,7(oder 3,15)-dioxo-5β,8ξ,14ξ-card-20(22)-enolid (F: 273°; über diese Verbindung s. *Ca., Sm.*, l. c. S. 2017, 2020) erhalten worden (*Sm.*). Hydrierung (1 Mol H₂) an Platin in Äthanol unter Bildung von Dihydro-α-anhydrodigitoxigenin ((20*R*?)-3β-Hydroxy-5β-card-8(14)-enolid [S. 474]): *Ca., Sm.*

XI   XII   XIII

b) **3β-Hydroxy-5β,17βH-carda-8(14),20(22)-dienolid, α-Anhydromenabegenin** $C_{23}H_{32}O_3$, Formel XII.

B. Aus Menabegenin (3β,14-Dihydroxy-5β,14β,17βH-card-20(22)-enolid) mit Hilfe von wss.-äthanol. Mineralsäure (*Frèrejacque*, C. r. **248** [1959] 2382).

F: 170°. $[\alpha]_D^{24}$: +98,3° [CHCl₃].

c) **3β-Hydroxy-5α-carda-8(14),20(22)-dienolid, α-Anhydrouzarigenin** $C_{23}H_{32}O_3$, Formel XIII (R = H).

B. Neben β-Anhydrouzarigenin (3β-Hydroxy-5α-carda-14,20(22)-dienolid [S. 554]) beim Erwärmen einer Lösung von O^3-Acetyl-uzarigenin (3β-Acetoxy-14-hydroxy-5α,14β-card-20(22)-enolid) in Äthanol mit Schwefelsäure (*Tschesche, Brathge*, B. **85** [1952] 1042, 1052). Beim Behandeln von β-Anhydrouzarigenin mit konz. wss. Salzsäure (*Tsch., Br.*). Weitere Bildungsweisen im Artikel β-Anhydrouzarigenin.

Krystalle; F: 236–238° [korr.; Kofler-App.; aus Me.] (*Shah et al.*, Pharm. Acta Helv. **24** [1949] 113, 134; s. a. *Tsch., Br.*), 236–237° [aus A.] (*Tschesche*, Z. physiol. Chem. **222** [1933] 50, 53, 57). $[\alpha]_D^{16}$: +4,9° [CHCl₃; c = 1] (*Tsch.*); $[\alpha]_D^{18}$: +7° [CHCl₃; c = 1] (*Tsch., Br.*); $[\alpha]_D^{18}$: +2,4° [CHCl₃; c = 0,8] (*Shah et al.*, l. c. S. 134).

4-[3-Acetoxy-10,13-dimethyl-Δ⁸⁽¹⁴⁾-tetradecahydro-cyclopenta[*a*]phenanthren-17-yl]-5*H*-furan-2-on $C_{25}H_{34}O_4$.

a) **3β-Acetoxy-5β-carda-8(14),20(22)-dienolid, *O*-Acetyl-α-anhydrodigitoxigenin** $C_{25}H_{34}O_4$, Formel XI (R = CO-CH₃).

B. Beim Behandeln von 3β-Hydroxy-5β-carda-8(14),20(22)-dienolid mit Acetanhydrid und Pyridin (*Smith*, Soc. **1935** 1050; *Rheiner et al.*, Helv. **35** [1952] 687, 713).

Krystalle (durch Sublimation) vom F: 138–140° [korr.; Kofler-App.], die sich allmählich in Krystalle vom F: 172–175° [korr.; Kofler-App.] umwandeln (*Rh. et al.*); Krystalle (aus wss. Me.); F: 144° (*Sm.*); Krystalle (aus Acn. + Ae.), F: 177–179° (*Janiak et al.*, Helv. **46** [1963] 374, 388). Bei 220–250°/0,02 Torr sublimierbar (*Rh. et al.*). $[\alpha]_D^{16}$: +36,1° [CHCl₃; c = 0,7] (*Rh. et al.*); $[\alpha]_D^{23}$: +41,1° [CHCl₃; c = 1] (*Ja. et al.*).

b) **3β-Acetoxy-5α-carda-8(14),20(22)-dienolid, *O*-Acetyl-α-anhydrouzarigenin** $C_{25}H_{34}O_4$, Formel XIII (R = CO-CH₃).

B. Beim Behandeln von 3β-Hydroxy-5α-carda-8(14),20(22)-dienolid mit Acetanhydrid und Pyridin (*Shah et al.*, Pharm. Acta Helv. **24** [1949] 113, 134; s. a. *Tschesche, Brathge*, B. **85** [1952] 1042, 1052).

Krystalle; F: 167–168° [aus E.] (*Tschesche*, Z. physiol. Chem. **222** [1933] 50, 57), 160–164° [Kofler-App.; aus Acn. + Ae.] (*Tsch., Br.*), 156–158° [korr.; Kofler-App.; aus Ae. + PAe.] (*Shah et al.*). $[\alpha]_D^{20}$: +4,9° [CHCl₃; c = 1] (*Tsch.*); $[\alpha]_D^{20}$: +3° [CHCl₃; c = 1] (*Tsch., Br.*).

4-[3-Hydroxy-10,13-dimethyl-Δ^{14}-tetradecahydro-cyclopenta[*a*]phenanthren-17-yl]-5H-furan-2-on $C_{23}H_{32}O_3$.

a) **3β-Hydroxy-5β-carda-14,20(22)-dienolid, β-Anhydrodigitoxigenin** $C_{23}H_{32}O_3$, Formel I (R = H).

Konstitution: *Cardwell, Smith*, Soc. **1954** 2012, 2013; *Hofer et al.*, Helv. **45** [1962] 1041. Identität von γ-Anhydrodigitoxigenin mit β-Anhydrodigitoxigenin: *Janiak et al.*, Helv. **50** [1967] 1249.

B. Neben α-Anhydrodigitoxigenin (3β-Hydroxy-5β-carda-8(14),20(22)-dienolid [S. 552]) beim Erwärmen einer Lösung von Digitoxigenin (3β,14-Dihydroxy-5β,14β-card-20(22)-enolid) in Äthanol mit wss. Salzsäure (*Cloetta*, Ar. Pth. **88** [1920] 113, 137; *Kiliani*, B. **53** [1920] 240, 246) oder mit wss. Schwefelsäure (*Smith*, Soc. **1930** 2478, 2480, **1935** 1050). Beim Erwärmen einer Lösung von Digitoxin (3β-[O^4-(O^4-β-D-Digitoxopyranosyl-β-D-digitoxo≠pyranosyl)-β-D-digitoxopyranosyloxy]-14-hydroxy-5β,14β-card-20(22)-enolid) in Äthanol mit wss. Salzsäure (*Cl.*, l. c. S. 129, 137). Beim Behandeln von Tri-O-acetyl-evomonosid (14-Hydroxy-3β-[tri-O-acetyl-α-L-rhamnopyranosyloxy]-5β,14β-card-20(22)-enolid) mit Phosphorylchlorid und Pyridin (*Tamm, Rosselet*, Helv. **36** [1953] 1309, 1313).

Krystalle; F: 204—206° [korr.; Kofler-App.; aus Ae. + Me.] (*Meyrat, Reichstein*, Pharm. Acta Helv. **23** [1948] 135, 149), 201—204° [korr.; Kofler-App.; aus Me. + Ae. + PAe.] (*Tamm, Ro.*), 202° [aus E.] (*Sm.*, Soc. **1935** 1051), 197—198° [nach Sintern bei 195°; aus E.] (*Silberman, Thorp*, J. Pharm. Pharmacol. **9** [1957] 401, 405), 190—194° [unkorr.; Kofler-App.; aus Acn. + Ae. + PAe.] (*Okano*, Pharm. Bl. **5** [1957] 272, 275). $[α]_D^{21}$: −16,4° [CHCl$_3$; c = 0,4] (*Ok.*); $[α]_D^{20}$: −14,4° [Me.; c = 1] (*Tamm, Ro.*); $[α]_D^{20}$: −13,3° [Me.; c = 2]; $[α]_{546}^{20}$: −17,3° [Me.; c = 2] (*Sm.*, Soc. **1935** 1051).

Beim Behandeln mit konz. wss. Salzsäure erfolgt Umwandlung in α-Anhydrodigitoxi≠genin (*Jacobs, Elderfield*, J. biol. Chem. **113** [1936] 611, 617).

b) **3β-Hydroxy-5β,17βH-carda-14,20(22)-dienolid, β-Anhydromenabegenin** $C_{23}H_{32}O_3$, Formel II.

B. Beim Behandeln von Menabegenin (3β,14-Dihydroxy-5β,14β,17βH-card-20(22)-enolid) mit Phosphorylchlorid und Pyridin (*Frèrejacque*, C. r. **248** [1959] 2382).

F: 158°. $[α]_D^{23}$: +52,9° [CHCl$_3$].

I II

c) **3β-Hydroxy-5α-carda-14,20(22)-dienolid, β-Anhydrouzarigenin** $C_{23}H_{32}O_3$, Formel III (R = H).

Über die Konstitution s. *Ruzicka et al.*, Helv. **30** [1947] 694.

B. Neben kleinen Mengen α-Anhydrouzarigenin (3β-Hydroxy-5α-carda-8(14),20(22)-di≠enolid [S. 553]) beim Erwärmen von Uzarin (3β-[O^4(?)-β-D-Glucopyranosyl-β-D-gluco≠pyranosyloxy]-14-hydroxy-5α,14β-card-20(22)-enolid) mit Schwefelsäure enthaltendem Äthanol (*Tschesche*, Z. physiol. Chem. **222** [1933] 50, 53; s. a. *Windaus, Haack*, B. **63** [1930] 1377, 1379) sowie beim Erwärmen von Cheirosid-A (3β-[O^4-β-D-Glucopyranosyl-β-D-fucopyranosyloxy]-14-hydroxy-5α,14β-card-20(22)-enolid) mit wss.-methanol. Schwe≠felsäure (*Shah et al.*, Pharm. Acta Helv. **24** [1949] 113, 132). Neben α-Anhydrouzari≠genin beim Erwärmen einer Lösung von O^3-Acetyl-uzarigenin (3β-Acetoxy-14-hydroxy-5α,14β-card-20(22)-enolid) in Äthanol mit Schwefelsäure (*Tschesche, Brathge*, B. **85** [1952] 1042, 1052).

Krystalle; F: 263—265° [aus Py.] (*Tsch.*), 263—265° [korr.; Kofler-App.; aus A.] (*Shah et al.*). $[α]_D^{18}$: −26,1° [CHCl$_3$; c = 0,8] (*Shah et al.*); $[α]_D^{18}$: −25,8° [CHCl$_3$; c = 1]

(*Tsch., Br.*); [α]$_D^{20}$: −29,5° [CHCl$_3$; c = 1] (*Tsch.*).
Beim Behandeln mit konz. wss. Salzsäure erfolgt Umwandlung in α-Anhydrouzarigenin (*Tsch., Br.*).

4-[3-Acetoxy-10,13-dimethyl-Δ^{14}-tetradecahydro-cyclopenta[*a*]phenanthren-17-yl]-5*H*-furan-2-on C$_{25}$H$_{34}$O$_4$.

a) **3β-Acetoxy-5β-carda-14,20(22)-dienolid, *O*-Acetyl-β-anhydrodigitoxigenin** C$_{25}$H$_{34}$O$_4$, Formel I (R = CO-CH$_3$).

B. Beim Behandeln von β-Anhydrodigitoxigenin (S. 554) mit Acetanhydrid und Pyridin (*Smith*, Soc. **1935** 1050; *Helfenberger, Reichstein*, Helv. **31** [1948] 1470, 1481; *Rheiner et al.*, Helv. **35** [1952] 687, 709). Beim Behandeln von *O*^{3}-Acetyl-digitoxigenin (3β-Acetoxy-14-hydroxy-5β,14β-card-20(22)-enolid) mit Phosphorylchlorid und Pyridin (*Hunziker, Reichstein*, Helv. **28** [1945] 1472, 1476; *Canbäck*, Svensk. farm. Tidskr. **54** [1950] 225, 239) oder mit Thionylchlorid und Pyridin (*Schindler*, Helv. **39** [1956] 375, 386).

Krystalle; F: 186−188° [korr.; Kofler-App.; aus Acn. + Ae.] (*Sch.*), 185° [aus wss. Me.] (*Sm.*), 182−184° [korr.; Kofler-App.; aus Ae. + PAe.] (*Hu., Re.*). [α]$_D^{15}$: −11,6° [CHCl$_3$; c = 1] (*Hu., Re.*); [α]$_D^{19}$: −14,0° [CHCl$_3$; c = 0,5] (*He., Re.*).

III   IV

b) **3β-Acetoxy-5α-carda-14,20(22)-dienolid, *O*-Acetyl-β-anhydrouzarigenin** C$_{25}$H$_{34}$O$_4$, Formel III (R = CO-CH$_3$).

B. Beim Behandeln von β-Anhydrouzarigenin (S. 554) mit Acetanhydrid und Pyridin (*Shah et al.*, Pharm. Acta Helv. **24** [1949] 113, 134; s. a. *Windaus, Haack*, B. **63** [1930] 1377, 1380). Neben anderen Verbindungen beim Erwärmen von *O*^{3}-Acetyluzarigenin (3β-Acetoxy-14-hydroxy-5α-14β-card-20(22)-enolid) mit Phosphorylchlorid und Pyridin (*Shah et al.*, l. c. S. 143).

Krystalle; F: 178−180° [korr.; Kofler-App.; aus Acn. + Ae. oder aus Ae. + PAe.] (*Shah et al.*, l. c. S. 134, 144), 175−180° [Kofler-App.; aus Acn. + Ae.] (*Tschesche, Brathge*, B. **85** [1952] 1042, 1052), 175° [aus wss. A.] (*Wi., Ha.*; *Tschesche*, Z. physiol. Chem. **222** [1933] 50, 53). [α]$_D^{16}$: −32,1° [CHCl$_3$; c = 1]; [α]$_D^{18}$: −35,9° [CHCl$_3$; c = 0,8] (*Shah et al.*, l. c. S. 134, 144); [α]$_D^{20}$: −29,5° [CHCl$_3$; c = 1] (*Tsch.*); [α]$_D^{20}$: −27,0° [CHCl$_3$; c = 1] (*Tsch., Br.*, l. c. S. 1054).

c) **3β-Acetoxy-5α,17β*H*-carda-14,20(22)-dienolid, *O*-Acetyl-β-anhydroallouzarigenin** C$_{25}$H$_{34}$O$_4$, Formel IV.

B. Beim Behandeln von *O*^{3}-Acetyl-allouzarigenin (3β-Acetoxy-14-hydroxy-5α,14β,17β*H*-card-20(22)-enolid) mit Phosphorylchlorid und Pyridin (*Plattner et al.*, Helv. **30** [1947] 1073, 1078) oder mit Thionylchlorid und Pyridin (*Tschesche et al.*, B. **92** [1959] 3053, 3062).

Krystalle (aus Me. + W. oder aus Me.) vom F: 164−165° [Kofler-App.] und F: 151° bis 153,5° [Kofler-App.] (*Tsch. et al.*); Krystalle (aus Acn. + Hexan), F: 162−164° [korr.; evakuierte Kapillare] (*Pl. et al.*). [α]$_D^{18}$: +98,5° [CHCl$_3$; c = 1] (*Pl. et al.*); [α]$_D^{20}$: +92,7° [CHCl$_3$; c = 0,6] (*Tsch. et al.*). IR-Banden (KBr) im Bereich von 5,6 μ bis 8 μ: *Tsch. et al.* Absorptionsmaximum (A.?): 217 nm (*Tsch. et al.*).

3β-Benzoyloxy-5α-carda-14,20(22)-dienolid, *O*-Benzoyl-β-anhydrouzarigenin C$_{30}$H$_{36}$O$_4$, Formel III (R = CO-C$_6$H$_5$).

B. Beim Behandeln von β-Anhydrouzarigenin (S. 554) mit Benzoylchlorid und Pyridin (*Tschesche, Bohle*, B. **68** [1935] 2252, 2255).

Krystalle; F: 261—262° [aus E.] (*Tsch., Bo.*), 260—261° [korr.; evakuierte Kapillare] (*Ruzicka et al.*, Helv. **30** [1947] 694, 699). $[\alpha]_D^{20}$: —13,1° [CHCl$_3$; c = 1,5] (*Ru. et al.*). UV-Spektrum (CHCl$_3$; 230—270 nm): *Tschesche, Haupt*, B. **69** [1936] 459, 464.

3β-α-L-Rhamnopyranosyloxy-5β-carda-14,20(22)-dienolid, *O*-α-L-Rhamnopyranosyl-β-anhydrodigitoxigenin C$_{29}$H$_{42}$O$_7$, Formel V (R = H).

B. Beim Erwärmen einer Lösung von Digitoxigenin (3β,14-Dihydroxy-5β,14β-card-20(22)-enolid) in Dioxan und Benzol mit Silbercarbonat, anschliessenden Erhitzen mit Tri-*O*-acetyl-α-L-rhamnopyranosylbromid in Benzol auf 110° und Behandeln einer Lösung des Reaktionsprodukts in Methanol mit wss. Kaliumhydrogencarbonat-Lösung (*Tamm, Rosselet*, Helv. **36** [1953] 1309, 1312).

Krystalle (aus Me. + W.); F: 249—252° [korr.; Kofler-App.]. $[\alpha]_D^{22}$: —46,9° [Me.; c = 1].

3β-[*O*³-Methyl-6-desoxy-α-L-glucopyranosyloxy]-5β-carda-14,20(22)-dienolid, 3β-α-L-Thevetopyranosyloxy-5β-carda-14,20(22)-dienolid, *O*-α-L-Thevetopyranosyl-β-anhydrodigitoxigenin C$_{30}$H$_{44}$O$_7$, Formel VI.

Diese Konstitution und Konfiguration kommt vermutlich dem nachstehend beschriebenen **Anhydroneriifolin** zu (*Helfenberger, Reichstein*, Helv. **31** [1948] 1470, 1481).

B. Neben anderen Verbindungen bei mehrwöchigem Behandeln einer Lösung von Neriifolin (14-Hydroxy-3β-α-L-thevetopyranosyloxy-5β,14β-card-20(22)-enolid) in Aceton mit konz. wss. Salzsäure (*He., Re.*, l. c. S. 1480).

Krystalle (aus wss. Me.); F: 120—125° [Kofler-App.].

V   VI

4-[3-(3,5-Diacetoxy-4-methoxy-6-methyl-tetrahydro-pyran-2-yloxy)-10,13-dimethyl-Δ¹⁴-tetradecahydro-cyclopenta[*a*]phenanthren-17-yl]-5*H*-furan-2-on C$_{34}$H$_{48}$O$_9$.

a) **3β-[*O*²,*O*⁴-Diacetyl-*O*³-methyl-6-desoxy-β-L-glucopyranosyloxy]-5β-carda-14,20-(22)-dienolid, 3β-[Di-*O*-acetyl-β-L-thevetopyranosyloxy]-5β-carda-14,20(22)-dienolid, *O*-[Di-*O*-acetyl-β-L-thevetopyranosyl]-β-anhydrodigitoxigenin** C$_{34}$H$_{48}$O$_9$, Formel VII.

B. Neben einer Verbindung C$_{30}$H$_{44}$O$_7$ [oder C$_{32}$H$_{46}$O$_8$] (F: 260—270° [korr.; Kofler-App.; Zers.]; $[\alpha]_D^{17}$: +14,6° [CHCl$_3$]; λ_{max} [A]: 213 nm und 337,5 nm; *O*-β-L-Thevetopyranosyl-β-anhydrodigitoxigenin oder *O*-[*O*²(?)-Acetyl-β-L-thevetopyranosyl]-β-anhydrodigitoxigenin) und anderen Verbindungen beim Erwärmen einer Lösung von Digitoxigenin (3β,14-Dihydroxy-5β,14β-card-20(22)-enolid) in Dioxan und Tetrachlormethan mit Di-*O*-acetyl-ξ-L-thevetopyranosylbromid (aus Tri-*O*-acetyl-β-L-thevetose mit Hilfe von Bromwasserstoff, Essigsäure und Acetanhydrid hergestellt) und Silbercarbonat und Behandeln einer Lösung des Reaktionsprodukts in Methanol mit wss. Kaliumhydrogencarbonat-Lösung (*Reyle, Reichstein*, Helv. **35** [1952] 195, 206, 210).

Krystalle (aus Acn. + Ae.); F: 212—216° [korr.; Kofler-App.]. $[\alpha]_D^{19}$: +15,6° [CHCl$_3$; c = 1]. Absorptionsmaximum (A.): 215 nm.

b) **3β-[*O*²,*O*⁴-Diacetyl-*O*³-methyl-β-D-fucopyranosyloxy]-5β-carda-14,20(22)-dienolid, 3β-[Di-*O*-acetyl-β-D-digitalopyranosyloxy]-5β-carda-14,20(22)-dienolid, *O*-[Di-*O*-acetyl-β-D-digitalopyranosyl]-β-anhydrodigitoxigenin, Di-*O*-acetyl-β-anhydroodorosid-H** C$_{34}$H$_{48}$O$_9$, Formel VIII.

B. Beim mehrtägigen Behandeln einer Lösung von *O*-Acetyl-odorosid-H (3β-[*O*²-Acetyl-β-D-digitalopyranosyloxy]-14-hydroxy-5β,14β-card-20(22)-enolid) in Aceton mit konz. wss. Salzsäure und Behandeln einer aus dem Reaktionsprodukt isolierten Verbindung $C_{32}H_{46}O_8$ [oder $C_{30}H_{44}O_7$] (F: 220—224° [korr.; Kofler-App.]; $[α]_D^{17}$: —5,3° [CHCl$_3$ + Me.]; $λ_{max}$ [A.]: 217 nm; O^2-Acetyl-β-anhydroodorosid-H [O-[O^2-Acetyl-β-D-digitalopyranosyl]-β-anhydrodigitoxigenin] oder β-Anhydroodorosid-H [O-β-D-Digitalopyranosyl-β-anhydrodigitoxigenin]) mit Acetanhydrid und Pyridin (*Rheiner et al.*, Helv. **35** [1952] 687, 710).

Krystalle (aus Bzl. + Ae. + PAe.); F: 216—220° [korr.; Kofler-App.]. $[α]_D^{16}$: —10,1° [CHCl$_3$; c = 1].

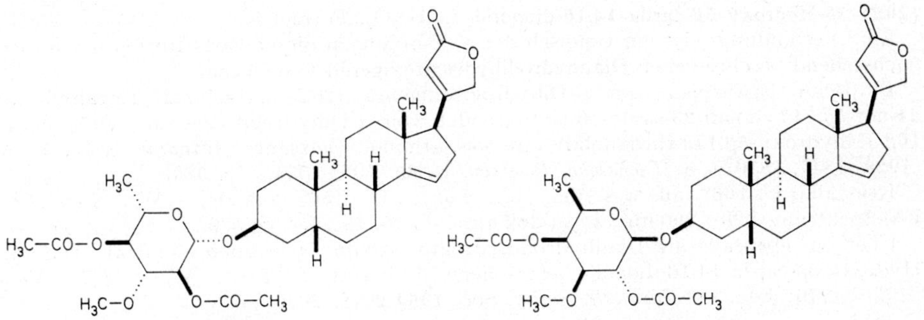

VII   VIII

3β-[Tri-O-acetyl-α-L-rhamnopyranosyloxy]-5β-carda-14,20(22)-dienolid, O-[Tri-O-acetyl-α-L-rhamnopyranosyl]-β-anhydrodigitoxigenin $C_{35}H_{48}O_{10}$, Formel V (R = CO-CH$_3$).

B. Beim Behandeln von O-α-L-Rhamnopyranosyl-β-anhydrodigitoxigenin (S. 556) mit Acetanhydrid und Pyridin (*Tamm, Rosselet*, Helv. **36** [1953] 1309, 1313).

Krystalle (aus Me. + Ae. + PAe.); F: 121—124° [korr.; Kofler-App.] und F: 170° bis 173° [korr.; Kofler-App.]. $[α]_D^{20}$: —27,1° [CHCl$_3$; c = 1].

3β-Hydroxy-5α,14α-carda-16,20(22)-dienolid $C_{23}H_{32}O_3$, Formel IX (R = H).

B. Beim Erwärmen einer Lösung von 3β-Acetoxy-5α,14α-carda-16,20(22)-dienolid (s. u.) in Dioxan mit wss. Salzsäure (*Ruzicka et al.*, Helv. **29** [1946] 473, 476).

Krystalle (aus Acn. + Bzn.); F: 235—237° [korr.; evakuierte Kapillare]. $[α]_D^{23}$: +32,1° [CHCl$_3$; c = 0,9]; $[α]_D^{24}$: +30,5° [CHCl$_3$; c = 0,6].

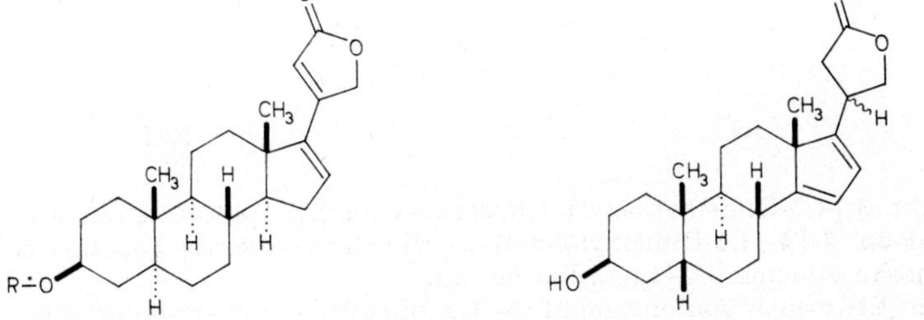

IX   X

3β-Acetoxy-5α,14α-carda-16,20(22)-dienolid $C_{25}H_{34}O_4$, Formel IX (R = CO-CH$_3$).

B. Beim Behandeln von 3β-Acetoxy-5α,14α-card-20(22)-enolid mit N-Brom-succinimid in Tetrachlormethan unter Belichtung und Erwärmen des Reaktionsprodukts mit Acetanhydrid und Pyridin (*Ruzicka et al.*, Helv. **29** [1946] 473, 476). Beim Erwärmen einer Lösung von 3β,21-Diacetoxy-5α-pregn-16-en-20-on in Benzol mit Bromessigsäure-äthylester in Dioxan und Zink, Erwärmen des Reaktionsprodukts mit wss.-äthanol. Salzsäure und Erhitzen des danach isolierten Reaktionsprodukts mit Acetanhydrid (*Ru. et al.*, Helv. **29** 476).

Krystalle (aus CHCl$_3$ + A. oder aus CHCl$_3$ + E.); F: 236—238° [korr.; evakuierte

Kapillare] (*Ru. et al.*, Helv. **29** 476). $[\alpha]_D^{23}$: $+37,2°$ [$CHCl_3$; c = 1]; $[\alpha]_D^{24}$: $+36,6°$ [$CHCl_3$; c = 0,4] (*Ru. et al.*, Helv. **29** 476); $[\alpha]_D$: $+34,4°$ [$CHCl_3$; c = 1] (*Ruzicka et al.*, Helv. **28** [1945] 1360). UV-Spektrum (A. (?); 220—380 nm; λ_{max}: 273 nm): *Ru. et al.*, Helv. **29** 475.

Beim Erwärmen einer Lösung in Tetrachlormethan mit *N*-Brom-succinimid (1 Mol) unter Belichtung und Erhitzen des Reaktionsprodukts mit Acetanhydrid und Pyridin ist 3β-Acetoxy-5α-carda-14,16,20(22)-trienolid erhalten worden (*Plattner, Heusser*, Helv. **29** [1946] 727).

(20Ξ)-3β-Hydroxy-5β-carda-14,16-dienolid $C_{23}H_{32}O_3$, Formel X.
Eine Verbindung oder ein Gemisch der Verbindungen dieser Konstitution hat in dem nachstehend beschriebenen **Dianhydrodihydrogitoxigenin** vorgelegen.

B. Beim Erwärmen von β-Dihydrogitoxigenin ((20Ξ)-3β,14,16β,21-Tetrahydroxy-24-nor-5β,14β-cholan-23-säure-16-lacton) oder von α-Dihydrogitoxigenin ((20Ξ)-3β,14,= 16β-Trihydroxy-5β,14β-cardanolid) mit wss.-äthanol. Salzsäure (*Windaus et al.*, B. **61** [1928] 1847, 1850; s. a. *Tschesche, Petersen*, B. **86** [1953] 574, 579, 583).

Krystalle; F: 166° [aus wss. Me.] (*Wi. et al.*), 153—156° [aus Me. + W.] (*Tsch.,Pe.*). UV-Spektrum (220—290 nm; λ_{max}: 262 nm): *Tsch., Pe.*, l. c. S. 579.

Über ein ebenfalls als Dianhydrodihydrogitoxigenin bezeichnetes und als (20Ξ)-3β-Hydroxy-5β-carda-14,16-dienolid angesehenes Präparat (F: 210°; $[\alpha]_D^{20}$: $+227°$ [Me.]; $[\alpha]_{578}^{20}$: $+276°$ [Me.]) s. *Cardwell, Smith*, Soc. **1954** 2012, 2022.

Hydroxy-oxo-Verbindungen $C_{24}H_{34}O_3$

*Opt.-inakt. 1-Hydroxy-9-methyl-3-[1-methyl-nonyl]-7,8,9,10-tetrahydro-benzo[c]= chromen-6-on, 2-[2,6-Dihydroxy-4-(1-methyl-nonyl)-phenyl]-4-methyl-cyclohex-1-encarbonsäure-lacton $C_{24}H_{34}O_3$, Formel XI.

B. Beim Erwärmen von (±)-5-[1-Methyl-nonyl]-resorcin mit (±)-4-Methyl-2-oxo-cyclohexancarbonsäure-äthylester, Phosphorylchlorid und Benzol (*Adams et al.*, Am. Soc. **70** [1948] 662).

Krystalle (aus A. + W.); F: 125° [korr.].

XI XII

*Opt.-inakt. 3-[1,2-Dimethyl-octyl]-1-hydroxy-9-methyl-7,8,9,10-tetrahydro-benzo[c]= chromen-6-on, 2-[4-(1,2-Dimethyl-octyl)-2,6-dihydroxy-phenyl]-4-methyl-cyclohex-1-encarbonsäure-lacton $C_{24}H_{34}O_3$, Formel XII.

B. Beim Erwärmen von opt.-inakt. 5-[1,2-Dimethyl-octyl]-resorcin ($Kp_{0,05}$: 150°) mit (±)-4-Methyl-2-oxo-cyclohexancarbonsäure-äthylester, Phosphorylchlorid und Benzol (*Adams et al.*, Am. Soc. **71** [1949] 1624, 1626).

Krystalle (aus A. + W.); F: 131,2—132° [korr.].

3β-Hydroxy-22-hydroxymethyl-21-nor-chola-5,22*t*-dien-24-säure-22-lacton, 3β,21-Di= hydroxy-21(20→22)-abeo-chola-5,22*t*-dien-24-säure-21-lacton $C_{24}H_{34}O_3$, Formel XIII (R = H).

B. Beim Erwärmen einer Lösung der im folgenden Artikel beschriebenen Verbindung in Dioxan mit wss. Salzsäure (*Plattner et al.*, Helv. **28** [1945] 167, 172).

Krystalle (aus E.); F: 190—192° [korr.]. $[\alpha]_D$: $-42°$ [$CHCl_3$; c = 0,7].

XIII   XIV

3β-Acetoxy-22-hydroxymethyl-21-nor-chola-5,22*t*-dien-24-säure-lacton $C_{26}H_{36}O_4$, Formel XIII (R = CO-CH$_3$).

B. Beim Erwärmen von 3β,23-Diacetoxy-21,24-dinor-chol-5-en-22-on mit Bromessig=säure-äthylester, Zink, Benzol und wenig Pyridin und Erhitzen des Reaktionsprodukts mit Acetanhydrid (*Plattner et al.*, Helv. **28** [1945] 167, 172).

Krystalle (aus Bzl.); F: 227—228° [korr.; evakuierte Kapillare]. $[\alpha]_D$: —49° [CHCl$_3$; c = 2].

3β-Hydroxy-22-methyl-14α-carda-5,20(22)-dienolid $C_{24}H_{34}O_3$, Formel XIV (R = H).

B. Beim Erwärmen der im folgenden Artikel beschriebenen Verbindung mit Dioxan und wss. Salzsäure (*Ruzicka et al.*, Helv. **27** [1944] 1173, 1176).

Krystalle (aus Dioxan + W.); F: 232—233° [korr.; evakuierte Kapillare]. $[\alpha]_D^{20}$: —72,6° [CHCl$_3$; c = 1].

3β-Acetoxy-22-methyl-14α-carda-5,20(22)-dienolid $C_{26}H_{36}O_4$, Formel XIV (R = CO-CH$_3$).

B. Beim Erwärmen von 3β,21-Diacetoxy-pregn-5-en-20-on mit (±)-2-Brom-propion=säure-äthylester, Zink, Benzol und Dioxan, Behandeln des Reaktionsgemisches mit wss. Salzsäure und Erhitzen des Reaktionsprodukts mit Acetanhydrid (*Ruzicka et al.*, Helv. **27** [1944] 1173, 1175).

Krystalle (aus A.); F: 195,5—196,5° [korr.; evakuierte Kapillare]. $[\alpha]_D^{20}$: —59,9° [CHCl$_3$; c = 1]. Absorptionsmaximum: 227 nm.

Hydroxy-oxo-Verbindungen $C_{27}H_{40}O_3$

7-Hydroxy-9-pentadecyl-2,3-dihydro-1*H*-cyclopenta[*c*]chromen-4-on, 2-[2,4-Dihydroxy-6-pentadecyl-phenyl]-cyclopent-1-encarbonsäure-2-lacton $C_{27}H_{40}O_3$, Formel I (R = H).

B. Beim Behandeln einer Lösung von 5-Pentadecyl-resorcin und 2-Oxo-cyclopentan=carbonsäure-äthylester in Äthanol mit Chlorwasserstoff (*Chakravarti, Buu-Hoi*, Bl. **1959** 1498).

Krystalle (aus Acn. + CHCl$_3$); F: 162—163°.

7-Acetoxy-9-pentadecyl-2,3-dihydro-1*H*-cyclopenta[*c*]chromen-4-on, 2-[4-Acetoxy-2-hydroxy-6-pentadecyl-phenyl]-cyclopent-1-encarbonsäure-lacton $C_{29}H_{42}O_4$, Formel I (R = CO-CH$_3$).

B. Aus der im vorangehenden Artikel beschriebenen Verbindung (*Chakravarti, Buu-Hoi*, Bl. **1959** 1498).

Krystalle (aus wss. Acn.); F: 92—93°.

3β,28-Dihydroxy-27-nor-ergosta-5,24*t*-dien-26-säure-28-lacton $C_{27}H_{40}O_3$, Formel II (R = H).

B. Beim Erwärmen einer Lösung der im folgenden Artikel beschriebenen Verbindung in Dioxan mit wss. Salzsäure (*Ruzicka et al.*, Helv. **25** [1942] 435, 438; s. a. *CIBA*, Schweiz. P. 244982 [1942], U.S.P. 2361966 [1942]).

Krystalle (aus A.); F: 229—230° [korr.; evakuierte Kapillare]. $[\alpha]_D$: —42,5° [CHCl$_3$; c = 1]. Absorptionsmaximum (A.?): ca. 220 nm (*CIBA*).

3β-Acetoxy-28-hydroxy-27-nor-ergosta-5,24t-dien-26-säure-lacton $C_{29}H_{42}O_4$, Formel II (R = CO-CH$_3$).

B. Beim Behandeln einer Lösung von 3β,25-Diacetoxy-26,27-dinor-cholest-5-en-24-on in Benzol mit Zink und einer Lösung von Bromessigsäure-äthylester in Dioxan, zuletzt bei 110°, und Erhitzen des Reaktionsprodukts mit Acetanhydrid (*Ruzicka et al.*, Helv. **25** [1942] 435, 437; s. a. *CIBA*, U.S.P. 2361966 [1942]). Beim Erwärmen von 3β-Acetoxy-25-bromacetoxy-26,27-dinor-cholest-5-en-24-on mit Bromessigsäure-äthylester, Zink und Benzol, Erwärmen des Reaktionsprodukts mit wss.-äthanol. Salzsäure und Erhitzen des danach isolierten Reaktionsprodukts mit Acetanhydrid (*CIBA*, Schweiz.P. 244982 [1942], U.S.P. 2386749 [1943]; s. a. *Plattner, Heusser*, Helv. **28** [1945] 1044, 1049).

Krystalle (aus A.); F: 204—205° [korr.; evakuierte Kapillare] (*Ru. et al.*; *Pl., He.*). [α]$_D$: −40,5° [CHCl$_3$; c = 2,5] (*Ru. et al.*). Absorptionsmaximum (A.?): 217 nm (*Ru. et al.*).

28-Hydroxy-3β-trimethylammonioacetoxy-27-nor-ergosta-5,24t-dien-26-säure-lacton, Trimethyl-[23-(5-oxo-2,5-dihydro-[3]furyl)-24-nor-chol-5-en-3β-yloxycarbonylmethyl]-ammonium $[C_{32}H_{50}NO_4]^+$, Formel II (R = CO-CH$_2$-N(CH$_3$)$_3$]$^+$).

Chlorid. B. Beim Erwärmen von 3β,28-Dihydroxy-27-nor-ergosta-5,24t-dien-26-säure-28-lacton mit Chlorcarbonylmethyl-trimethyl-ammonium-chlorid in Chloroform (*CIBA*, U.S.P. 2429171 [1944]). — Krystalle; F: 225—228°.

3β-β-D-Glucopyranosyloxy-28-hydroxy-27-nor-ergosta-5,24t-dien-26-säure-lacton $C_{33}H_{50}O_8$, Formel III (R = H).

B. Beim Behandeln der im folgenden Artikel beschriebenen Verbindung mit Bariummethylat in Methanol bei −10° (*Plattner, Uffer*, Helv. **28** [1945] 1049, 1053).

Krystalle (aus A.); F: 270—275° [korr.; evakuierte Kapillare].

28-Hydroxy-3β-[tetra-O-acetyl-β-D-glucopyranosyloxy]-27-nor-ergosta-5,24t-dien-26-säure-lacton $C_{41}H_{58}O_{12}$, Formel III (R = CO-CH$_3$).

B. Neben 3β-Acetoxy-28-hydroxy-27-nor-ergosta-5,24t-dien-26-säure-lacton beim Erwärmen von 3β,28-Dihydroxy-27-nor-ergosta-5,24t-dien-26-säure-28-lacton mit Quecksilber(II)-acetat und α-D-Acetobromglucopyranose (Tetra-O-acetyl-α-D-glucopyranosylbromid) in Äther und Behandeln des Reaktionsprodukts mit Acetanhydrid und Pyridin (*Plattner, Uffer*, Helv. **28** [1945] 1049, 1052).

Krystalle; F: 208—208,5° [korr.; evakuierte Kapillare].

Hydroxy-oxo-Verbindungen $C_{28}H_{42}O_3$

3-Hydroxy-1-pentadecyl-7,8,9,10-tetrahydro-benzo[c]chromen-6-on, 2-[2,4-Dihydroxy-6-pentadecyl-phenyl]-cyclohex-1-encarbonsäure-2-lacton $C_{28}H_{42}O_3$, Formel IV (R = H).

B. Beim Behandeln einer Lösung von 5-Pentadecyl-resorcin und 2-Oxo-cyclohexan=

carbonsäure-äthylester in Äthanol mit Chlorwasserstoff (*Chakravarti, Buu-Hoi*, Bl. **1959** 1498).
Krystalle (aus Acn. + CHCl$_3$); F: 153—154°.

3-Acetoxy-1-pentadecyl-7,8,9,10-tetrahydro-benzo[c]chromen-6-on, 2-[4-Acetoxy-2-hydroxy-6-pentadecyl-phenyl]-cyclohex-1-encarbonsäure-lacton C$_{30}$H$_{44}$O$_4$, Formel IV (R = CO-CH$_3$).
B. Aus 3-Hydroxy-1-pentadecyl-7,8,9,10-tetrahydro-benzo[c]chromen-6-on (*Chakravarti, Buu-Hoi*, Bl. **1959** 1498).
Krystalle (aus wss. Acn.); F: 95—96°.

3β,28-Dihydroxy-ergosta-5,24t-dien-26-säure-28-lacton C$_{28}$H$_{42}$O$_3$, Formel V (R = H).
B. Beim Erwärmen einer Lösung der im folgenden Artikel beschriebenen Verbindung in Dioxan mit wss. Salzsäure (*Ruzicka et al.*, Helv. **27** [1944] 1173, 1176).
Krystalle (aus A.); F: 217—218° [korr.; evakuierte Kapillare]. [α]$_D^{14}$: −43,8° [CHCl$_3$; c = 1].

3β-Acetoxy-28-hydroxy-ergosta-5,24t-dien-26-säure-lacton C$_{30}$H$_{44}$O$_4$, Formel V (R = CO-CH$_3$).
B. Beim Erwärmen von 3β,25-Diacetoxy-26,27-dinor-cholest-5-en-24-on mit (±)-2-Brompropionsäure-äthylester, Zink, Benzol und Dioxan, Behandeln des vom Zink befreiten Reaktionsgemisches mit wss.-äthanol. Salzsäure und Erhitzen des danach isolierten Reaktionsprodukts mit Acetanhydrid (*Ruzicka et al.*, Helv. **27** [1944] 1173, 1176).
Krystalle (aus A.); F: 184—185° [korr.; evakuierte Kapillare]. [α]$_D^{14}$: −41,6° [CHCl$_3$; c = 1,5]. Absorptionsmaximum (A.?): 222 nm.

5,6α-Epoxy-3β-hydroxy-5α-ergosta-8,22t-dien-7-on C$_{28}$H$_{42}$O$_3$, Formel VI (R = H).
B. Beim Erwärmen von 3β-Acetoxy-5,6α-epoxy-5α-ergosta-8,22t-dien-7-on mit Natriumhydrogencarbonat in wss. Methanol (*Bergmann, Meyers*, A. **620** [1959] 46, 62).
Krystalle (aus Hexan); F: 224,5—226,5° [korr.]. [α]$_D^{25}$: +40,6° [CHCl$_3$; c = 1]. Absorptionsmaximum (A.): 262 nm.

3β-Acetoxy-5,6α-epoxy-5α-ergosta-8,22t-dien-7-on C$_{30}$H$_{44}$O$_4$, Formel VI (R = CO-CH$_3$).
B. Beim Behandeln von 3β-Acetoxy-5,6α-epoxy-5α-ergosta-8,22t-dien-7α-ol mit Chrom(VI)-oxid in Pyridin (*Bergmann, Meyers*, A. **620** [1959] 46, 61).
Krystalle (aus Me.); F: 209—210° [korr.]. [α]$_D^{25}$: +34,4° [CHCl$_3$; c = 0,7]. Absorptionsmaximum (A.): 262 nm.
Beim Erhitzen mit Kaliumjodid in Essigsäure ist 3β-Acetoxy-ergosta-5,8,22t-trien-7-on erhalten worden (*Be., Me.*, l. c. S. 62).

Hydroxy-oxo-Verbindungen $C_{29}H_{44}O_3$

8-Acetoxy-3-[1,5-dimethyl-hexyl]-3a,7,7,11,11b-pentamethyl-2,3,3a,7,8,9,10,11b-octahydro-1H-benzo[g]cyclopenta[c]chromen-4-on $C_{31}H_{46}O_4$.

a) **(3aR)-8t-Acetoxy-3c-[(R)-1,5-dimethyl-hexyl]-3a,7,7,11,11b-pentamethyl-(3ar,11bt)-2,3,3a,7,8,9,10,11b-octahydro-1H-benzo[g]cyclopenta[c]chromen-4-on, 3β-Acetoxy-7-hydroxy-11,12-seco-19-nor-lanosta-5,7,9-trien-12-säure-lacton** $C_{31}H_{46}O_4$, Formel VII.

B. Aus 3β-Hydroxy-7-oxo-11,12-seco-lanosta-5,8-dien-11,12-disäure beim Behandeln mit Acetanhydrid und Pyridin (*Ménard et al.*, Helv. **38** [1955] 1517, 1528; s. a. *Barnes et al.*, Soc. **1952** 2339, 2343) sowie beim kurzen Erhitzen im Vakuum auf 250° und Erhitzen des Reaktionsprodukts mit Acetanhydrid und Pyridin (*Ba. et al.*).

Krystalle (aus Me.); F: 116—118° [unkorr.] (*Ba. et al.*), 115—116° [korr.; evakuierte Kapillare] (*Mé. et al.*). $[\alpha]_D$: +146° [CHCl$_3$; c = 1 bzw. 2] (*Mé. et al.*; *Ba. et al.*). IR-Spektrum (CCl$_4$; 2,5—14 μ): *Mé. et al.*, l. c. S. 1524. Absorptionsmaxima (A.): 207 nm und 275 nm (*Ba. et al.*).

VII VIII

b) **(3aS)-8t-Acetoxy-3c-[(S)-1,5-dimethyl-hexyl]-3a,7,7,11,11b-pentamethyl-(3ar,11bt)-2,3,3a,7,8,9,10,11b-octahydro-1H-benzo[g]cyclopenta[c]chromen-4-on, ent-3β-Acetoxy-7-hydroxy-11,12-seco-19-nor-lanosta-5,7,9-trien-12-säure-lacton, 3α-Acetoxy-7-hydroxy-11,12-seco-19-nor-tirucalla-5,7,9-trien-12-säure-lacton** $C_{31}H_{46}O_4$, Formel VIII.

B. Beim Behandeln von 3α-Hydroxy-7-oxo-11,12-seco-tirucalla-5,8-dien-11,12-disäure mit Acetanhydrid und Pyridin (*Ménard et al.*, Helv. **38** [1955] 1517, 1528).

Krystalle (aus Me.); F: 115—116° [korr.; evakuierte Kapillare]. $[\alpha]_D$: −143° [CHCl$_3$; c = 0,8]. IR-Spektrum (CCl$_4$; 2,5—14 μ): *Mé. et al.*, l. c. S. 1524.

4′-Methoxy-5ξ-cholest-3-eno[3,2-b]furan-5′-on, [(2E)-3-Hydroxy-5ξ-cholest-3-en-2-yliden]-methoxy-essigsäure-lacton $C_{30}H_{46}O_3$, Formel IX (R = CH$_3$).

B. Beim Behandeln von [3-Hydroxy-5ξ-cholest-3-en-2ξ-yl]-glyoxylsäure-lacton (F: 200° [E III/IV **17** 6334]) mit Diazomethan in Äther (*Ruzicka, Plattner*, Helv. **21** [1938] 1717, 1723).

Krystalle (aus E. + Me. oder aus Hexan); F: 137—138° [korr.]. UV-Spektrum (230—330 nm): *Ru., Pl.*, l. c. S. 1720.

4′-Acetoxy-5ξ-cholest-3-eno[3,2-b]furan-5′-on, Acetoxy-[(2E)-3-hydroxy-5ξ-cholest-3-en-2-yliden]-essigsäure-lacton $C_{31}H_{46}O_4$, Formel IX (R = CO-CH$_3$).

B. Beim Behandeln von [3-Hydroxy-5ξ-cholest-3-en-2ξ-yl]-glyoxylsäure-lacton (F: 200° [E III/IV **17** 6334]) mit Acetanhydrid und Pyridin (*Ruzicka, Plattner*, Helv. **21** [1938] 1717, 1723).

Krystalle (aus PAe.).

16α,21α-Epoxy-22α-hydroxy-24-nor-olean-12-en-28-al[1]) $C_{29}H_{44}O_3$, Formel X (R = H).

B. Beim Behandeln von 16α,21α-Epoxy-24-nor-olean-12-en-22α,28-diol mit Chrom(VI)-oxid und Pyridin (*Cainelli et al.*, Helv. **40** [1957] 2390, 2405).

---

[1]) Stellungsbezeichnung bei von Oleanan abgeleiteten Namen s. E III **5** 1341.

Krystalle (aus Me.); F: 245—246° [korr.; evakuierte Kapillare]. Bei 210° im Hochvakuum sublimierbar. $[\alpha]_D$: +39° [$CHCl_3$; c = 1].

IX   X

22α-Acetoxy-16α,21α-epoxy-24-nor-olean-12-en-28-al $C_{31}H_{46}O_4$, Formel X
(R = CO-CH_3).

B. Beim Behandeln der im vorangehenden Artikel beschriebenen Verbindung mit Acetanhydrid und Pyridin (*Cainelli et al.*, Helv. **40** [1957] 2390, 2405).
Krystalle (aus CH_2Cl_2 + Me.); F: 158—159° [korr.; evakuierte Kapillare]. $[\alpha]_D$: +69° [$CHCl_3$; c = 1].

Hydroxy-oxo-Verbindungen $C_{30}H_{46}O_3$

(23R)-23-Hydroxy-3α-methoxy-9β-lanosta-7,24c-dien-26-säure-lacton, Abieslacton $C_{31}H_{48}O_3$, Formel I.
Konstitution und Konfiguration: *Kutney et al.*, Tetrahedron Letters **1971** 3463; *Allen et al.*, J.C.S. Perkin II **1973** 498; s. a. *Uyeo et al.*, Tetrahedron **24** [1968] 2859.
Isolierung aus Abies mariesii: *Takahashi*, J. pharm. Soc. Japan **58** [1938] 888, 894; dtsch. Ref. S. 273; C. A. **1939** 2142; *Uyeo et al.*
Krystalle (aus E.); F: 255° (*Ta.*), 252—253° [unkorr.] (*Uyeo et al.*). $[\alpha]_D^{12}$: −96,9° [$CHCl_3$; c = 1] (*Ta.*); $[\alpha]_D^{20}$: −113° [$CHCl_3$; c = 1] (*Uyeo et al.*).
Überführung in (23R)-23-Hydroxy-3α-methoxy-7,11-dioxo-lanosta-8,24c-dien-26-säurelacton durch Erwärmen mit Chrom(VI)-oxid und Essigsäure: *Uyeo et al.*, l. c. S. 2864, 2877; s. a. *Ta.*, l. c. S. 899. Bildung von (23R)-23-Hydroxy-3α-methoxy-25,26,27-trinor-9β-lanost-7(?)-en-24-säure (F: 225—227°; $[\alpha]_D^{25}$: +58° [$CHCl_3$]) beim Erwärmen mit Kaliumpermanganat und Essigsäure: *Uyeo et al.*, l. c. S. 2871; s. a. *Ta.*, l. c. S. 901. Beim Erwärmen mit wss.-äthanol. Salzsäure sowie beim Behandeln mit Chlorwasserstoff in Chloroform ist eine nach *Kutney et al.* (Tetrahedron Letters **1971** 3464; Tetrahedron **29** [1973] 13) als (23R)-23-Hydroxy-3α-methoxy-lanosta-9(11),24c-dien-26-säure-lacton (Grandisolid; Formel II) zu formulierende (isomere) Verbindung $C_{31}H_{48}O_3$ (F: 215° [aus A.] bzw. F: 212—214° [aus Acn.]) erhalten worden (*Ta.*, l. c. S. 896, 897, 898; dtsch. Ref. S. 274).

3β-Acetoxy-14,15ξ-epoxy-D-friedo-14ξ-urs-9(11)-en-12-on[1]) $C_{32}H_{48}O_4$, Formel III
(R = CO-CH_3).

B. Beim Behandeln einer Lösung von 3β-Acetoxy-D-friedo-ursa-9(11),14-dien-12-on (E III **8** 1223) in Essigsäure mit wss. Kaliumpermanganat-Lösung (*Easton, Spring*, Soc. **1955** 2120, 2123).
Krystalle (aus $CHCl_3$ + Me.); F: 280—283°. $[\alpha]_D$: +56° [$CHCl_3$; c = 1]. Absorptionsmaximum (A.): 240 nm.

---

[1]) Die Stellungsbezeichnung bei von *D*-Friedo-ursan abgeleiteten Namen entspricht der von Ursan abgeleiteten Namen (s. E III **5** 1340); über diese Bezeichnungsweise s. *Allard, Ourisson*, Tetrahedron **1** [1957] 277, 281.

14,15α(?)-Epoxy-3β-hydroxy-14α(?)-taraxer-9(11)-en-12-on[1])**, 14,15α(?)-Epoxy-3β-hydroxy-D-friedo-14α(?)-olean-9(11)-en-12-on**[2]) $C_{30}H_{46}O_3$, vermutlich Formel IV (R = H).

B. Beim Erwärmen der im folgenden Artikel beschriebenen Verbindung mit wss.-äthanol. Kalilauge (*Johnston, Spring*, Soc. **1954** 1556, 1562).

Krystalle (aus Me.); F: 249,5—250°. $[\alpha]_D^{15}$: $-26°$ [$CHCl_3$; c = 1]. Absorptionsmaximum (A.): 242 nm (*Jo., Sp.*, l. c. S. 1558).

3β-Acetoxy-14,15α(?)-epoxy-14α(?)-taraxer-9(11)-en-12-on, 3β-Acetoxy-14,15α(?)-epoxy-D-friedo-14α(?)-olean-9(11)-en-12-on $C_{32}H_{48}O_4$, vermutlich Formel IV (R = $CO-CH_3$).

Bezüglich der Zuordnung der Konfiguration an den C-Atomen 14 und 15 vgl. *Beaton et al.*, Soc. **1955** 2131, 2135.

B. Aus 3β-Acetoxy-taraxera-9(11),14-dien-12-on (E III **8** 1225) beim Behandeln mit Peroxybenzoesäure in Chloroform, beim Behandeln mit Essigsäure und wss. Kaliumpermanganat-Lösung sowie beim Erwärmen mit Chrom(VI)-oxid und Essigsäure (*Johnston, Spring*, Soc. **1954** 1556, 1562).

Krystalle (aus Me. oder aus $CHCl_3$ + Me.); F: 281—282° (*Jo., Sp.*). $[\alpha]_D^{15}$: $-12,5°$ [$CHCl_3$; c = 2] (*Jo., Sp.*). Absorptionsmaximum (A.): 240 nm (*Jo., Sp.*, l. c. S. 1558).

Beim Erwärmen mit Chrom(VI)-oxid und Essigsäure auf 80° ist eine vermutlich als 3β-Acetoxy-18,27-cyclo-13ξ,18α-olean-9(11)-en-12,15-dion zu formulierende Verbindung $C_{32}H_{46}O_4$ (F: 315—316°; $[\alpha]_D^{15}$: $+57°$ [$CHCl_3$]) erhalten worden (*Jo., Sp.*, l. c. S. 1560, 1563). Bildung einer vermutlich als 3β-Acetoxy-15ξ-chlor-18,27-cyclo-13ξ,18α-olean-9(11)-en-12-on zu formulierende Verbindung $C_{32}H_{47}ClO_3$ (F: 227—228° [Zers.]; $[\alpha]_D^{15}$: $+117°$ [$CHCl_3$]) beim Erwärmen einer Lösung in Chloroform und Essigsäure mit wss. Salzsäure: *Jo., Sp.*

13,18-Epoxy-3β-hydroxy-13ξ,18ξ-urs-9(11)-en-12-on[2]) $C_{30}H_{46}O_3$, Formel V (R = H).

B. Beim Erwärmen der im folgenden Artikel beschriebenen Verbindung mit äthanol.

---

[1]) Stellungsbezeichnung bei von Taraxeran (D-Friedo-oleanan) abgeleiteten Namen s. E. III **5** 1342 Anm. 1.

[2]) Stellungsbezeichnung bei von Ursan abgeleiteten Namen s. E. III **5** 1340.

Kalilauge (*Ruzicka et al.*, Helv. **28** [1945] 199, 208).
Krystalle (aus $CHCl_3$ + Me.); F: 283—283,5° [korr.]. Bei 210° im Hochvakuum sublimierbar.

3β-Acetoxy-13,18-epoxy-13ξ,18ξ-urs-9(11)-en-12-on $C_{32}H_{48}O_4$, Formel V (R = $CO-CH_3$).
Über die Konstitution s. *Beaton et al.*, Soc. **1955** 2606, 2607.

B. Neben 3β-Acetoxy-9-hydroxy-9ξ-urs-12-en-11-on (E III **8** 2533) beim Erhitzen von 3β-Acetoxy-ursa-9(11),12-dien mit Chrom(VI)-oxid in Essigsäure (*Ruzicka et al.*, Helv. **28** [1945] 199, 207, 208; *Be. et al.*).
Krystalle (aus $CHCl_3$ + Me.); F: 269—271° (*Be. et al.*), 258° [korr.] (*Ru. et al.*). Bei 210° im Hochvakuum sublimierbar (*Ru. et al.*). $[\alpha]_D$: +71° [$CHCl_3$; c = 1] (*Be. et al.*); $[\alpha]_D$: +70° [$CHCl_3$; c = 1] (*Ru. et al.*). Absorptionsspektrum (A.; 220—420 nm): *Ru. et al.*, l. c. S. 202.

Beim Behandeln einer Lösung in Äther und Dioxan mit Lithium und flüssigem Ammoniak sowie beim Erwärmen mit Zink und Äthanol ist 3β-Acetoxy-ursa-9(11),13(18)-dien-12-on, beim Erwärmen mit Zink und Essigsäure ist daneben 3β-Acetoxy-ursa-9(11),13(18)-dien erhalten worden (*Be. et al.*).

3β,20-Dihydroxy-19βH-urs-13(18)-en-28-säure-20-lacton[1]**, 3β,20-Dihydroxy-20βH-taraxast-13(18)-en-28-säure-20-lacton**[1]**, Vanguerigeninlacton, Sanguisorbigenin=lacton** $C_{30}H_{46}O_3$, Formel VI (R = H).
Konstitution und Konfiguration: *Barton et al.*, Soc. **1962** 5163, 5168; *Kondo, Takemoto*, J. pharm. Soc. Japan **84** [1964] 367, 369; C. A. **61** [1964] 3152; *Brieskorn, Wunderer*, B. **100** [1967] 1252, 1255. Identität von Isosanguisorbigeninlacton und Vanguerigeninlacton: *Ko., Ta.*

B. Beim Erwärmen einer Lösung von Vanguerigenin (Gemisch von Vanguerolsäure [3β-Hydroxy-ursa-12,18-dien-28-säure] und Tomentosolsäure [3β-Hydroxy-ursa-12,19-dien-28-säure]) in Äthanol mit wss. Salzsäure (*Merz, Tschubel*, B. **72** [1939] 1017, 1027). Beim Erwärmen des im folgenden Artikel beschriebenen O-Acetyl-Derivats mit äthanol. Kalilauge und Behandeln des Reaktionsprodukts in Chloroform mit wss. Salzsäure (*Merz, Tsch.*; s. a. *Matsukawa*, J. pharm. Soc. Japan **54** [1934] 965, 977; dtsch. Ref. S. 245; C. A. **1935** 3346).

Krystalle; F: 301° [korr.; aus Me. + PAe.] (*Ma.*), 281° [aus A. oder wss. A.] (*Merz, Tsch.*), 278—280° [Kofler-App.; aus Me.] (*Ba. et al.*). $[\alpha]_D$: —78° [$CHCl_3$; c = 1] (*Ba. et al.*).

VI VII

3β-Acetoxy-20-hydroxy-19βH-urs-13(18)-en-28-säure-lacton, 3β-Acetoxy-20-hydroxy-20βH-taraxast-13(18)-en-28-säure-lacton, O-Acetyl-vanguerigeninlacton, O-Acetyl-sanguisorbigeninlacton $C_{32}H_{48}O_4$, Formel VI (R = $CO-CH_3$).

B. Beim Erwärmen von Sanguisorbigenin [Tomentosolsäure; 3β-Hydroxy-ursa-12,19-dien-28-säure] (*Matsukawa*, J. pharm. Soc. Japan **54** [1934] 965, 977; dtsch. Ref. S. 245; C. A. **1935** 3346) oder von Vanguerigenin [s. diesbezüglich im vorangehenden Artikel] (*Merz, Tschubel*, B. **72** [1939] 1017, 1026) mit Essigsäure und wss. Salzsäure auf 100°.

---

[1] Stellungsbezeichnung bei von Ursan und von Taraxastan abgeleiteten Namen s. E III **5** 1340.

Beim Erhitzen der im vorangehenden Artikel beschriebenen Verbindung mit Acetanhydrid und Pyridin (*Merz, Tsch.*, l. c. S. 1027).
Krystalle (aus $CHCl_3$ + Me.), F: 328° [unkorr.; Block] (*Brieskorn, Wunderer,* B. **100** [1967] 1252, 1263); Krystalle (aus Eg.), F: 325°; Krystalle (aus $CHCl_3$ + Ae.), F: 314° (*Merz, Tsch.*); Krystalle (aus $CHCl_3$ + Me.), F: 323° [korr.] (*Ma.*). $[\alpha]_D$: −60° [$CHCl_3$; c = 2] (*Br., Wu.*).

3β-Acetoxy-15β-hydroxy-olean-12-en-28-säure-lacton[1]) $C_{32}H_{48}O_4$, Formel VII.

B. Beim Erwärmen einer Lösung von 3β-Acetoxy-22,22-äthandiyldimercapto-15β-hydroxy-olean-12-en-28-säure-lacton in Äthanol mit Raney-Nickel (*Djerassi et al.*, Am. Soc. **78** [1956] 5685, 5690).
Krystalle (aus $CHCl_3$ + Me.); F: 336−339° [Kofler-App.]; $[\alpha]_D$: −21° [$CHCl_3$] (*Dj. et al.*, Am. Soc. **78** 5690). $[\alpha]_{700}$: −18°; $[\alpha]_D$: −18°; $[\alpha]_{400}$: −67°; $[\alpha]_{350}$: −108°; $[\alpha]_{320}$: −155°; $[\alpha]_{300}$: −221°; $[\alpha]_{290}$: −282°; $[\alpha]_{280}$: −354°; $[\alpha]_{275}$: −361° [jeweils in Dioxan; c = 0,1] (*Djerassi et al.*, Am. Soc. **81** [1959] 4587, 4598).

3β,13-Dihydroxy-urs-11-en-28-säure-13-lacton[2]) $C_{30}H_{46}O_3$, Formel VIII.

Diese Konstitution und Konfiguration kommt möglicherweise dem nachstehend beschriebenen **Dehydroursolsäure-lacton** zu (*Barton et al.*, Soc. **1962** 5163, 5168).
B. Neben anderen Verbindungen beim Erwärmen von 3β-Hydroxy-11-oxo-urs-12-en-28-säure („Ketoursolsäure") mit Äthanol und Natrium und Ansäuern des mit Wasser verdünnten Reaktionsgemisches mit wss. Schwefelsäure (*Fuji, Oosumi*, J. pharm. Soc. Japan **60** [1940] 291, 298; engl. Ref. S. 117, 121; C. A. **1940** 7293).
Krystalle (aus A.); F: 282° [korr.; Zers.] (*Fu., Oo.*). $[\alpha]_D^{10}$: +44° [$CHCl_3$; c = 2] (*Fu., Oo.*).
O-Acetyl-Derivat $C_{32}H_{48}O_4$ (3β-Acetoxy-13-hydroxy-urs-11-en-28-säure-lacton(?)). Krystalle (aus $CHCl_3$ + Me.); F: 278° [korr.; Zers.] (*Fu., Oo.*).

VIII IX

3β,13-Dihydroxy-18α-olean-11-en-28-säure-13-lacton[1]) $C_{30}H_{46}O_3$, Formel IX.

Diese Konstitution kommt für das nachstehend beschriebene **Dehydrooleanolsäure-lacton** in Betracht (*Kitasato*, Acta phytoch. Tokyo **11** [1939] 1, 13); bezüglich der Konfiguration am C-Atom 18 s. *Barton, Holness*, Soc. **1952** 78, 79.
B. Beim Erwärmen von 3β-Acetoxy-11-oxo-18α-olean-12-en-28-säure („Pseudoketoacetyloleanolsäure") mit wasserhaltigem Äthanol und Natrium-Amalgam und Ansäuern der Reaktionslösung mit wss. Salzsäure (*Kitasato*, Acta phytoch. Tokyo **8** [1934/35] 315, 322).
Krystalle (aus $CHCl_3$ + A.); F: 337° (*Ki.*, Acta phytoch. Tokyo **8** 322).
O-Acetyl-Derivat $C_{32}H_{48}O_4$ (3β-Acetoxy-13-hydroxy-18α(?)-olean-11-en-28-säure-lacton). Krystalle (aus $CHCl_3$ + A.); F: 347° (*Ki.*, Acta phytoch. Tokyo **8** 322).

3β-Acetoxy-13-hydroxy-olean-11-en-28-säure-lacton $C_{32}H_{48}O_4$, Formel X.

Diese Konstitution und Konfiguration kommt vermutlich dem nachstehend beschrie-

---
[1]) Stellungsbezeichnung bei von Oleanan abgeleiteten Namen s. E III **5** 1341.
[2]) Stellungsbezeichnung bei von Ursan abgeleiteten Namen s. E III **5** 1340.

benen Allodehydroacetyloleanolsäure-lacton zu.

B. Beim Erhitzen von 3β-Acetoxy-12α-brom-13-hydroxy-oleanan-28-säure-lacton (S. 489) mit Essigsäure und Zink (*Kitasato*, Acta phytoch. Tokyo **8** [1934/35] 1, 17, 315, 322 Anm. 2).

Krystalle (aus $CHCl_3$ + A.); F: 315° [Präparat von ungewisser Einheitlichkeit].

Beim Behandeln mit Bromwasserstoff in Essigsäure ist 3β-Acetoxy-12α-brom-13-hydroxy-oleanan-28-säure-lacton zurückerhalten worden (*Ki.*, l. c. S. 322).

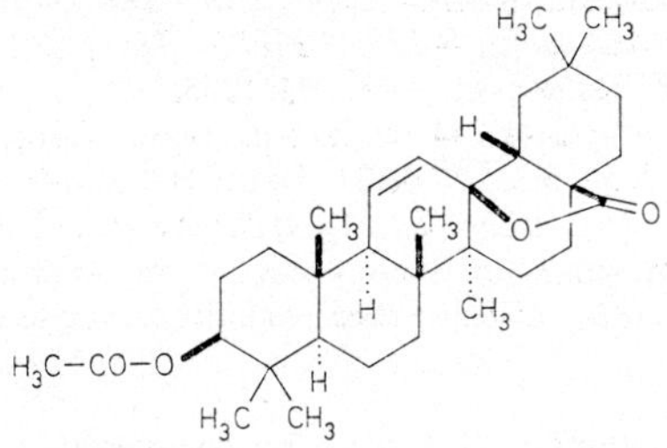

X 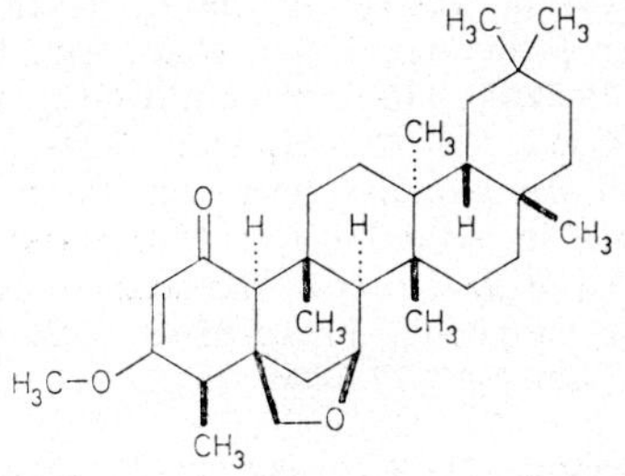   XI

7β,24-Epoxy-3-methoxy-friedel-2-en-1-on[1]) $C_{31}H_{48}O_3$, Formel XI, und **7β,24-Epoxy-1-methoxy-friedel-1-en-3-on**[1]) $C_{31}H_{48}O_3$, Formel XII (R = CH_3).

Diese Formeln kommen für die beiden nachstehend beschriebenen Verbindungen in Betracht (*Tewari et al.*, Indian J. Chem. **11** [1973] 1334).

a) **Isomeres vom F: 358°**.

B. Neben dem unter b) beschriebenen Isomeren beim Behandeln einer Suspension von 7β,24-Epoxy-friedelan-1,3-dion (E III/IV **17** 6337) in Methanol mit Diazomethan in Äther (*Heymann et al.*, Am. Soc. **76** [1954] 3689, 3692).

Krystalle (aus $CHCl_3$ + Me.); F: 358° [unkorr.; oberhalb 260° sublimierend]. IR-Spektrum ($CHCl_3$; 2–13 μ): *He. et al.*

b) **Isomeres vom F: 275°**.

B. s. bei dem unter a) beschriebenen Isomeren.

Krystalle (aus Me. + $CHCl_3$); F: 271–275° [unkorr.] (*Heymann et al.*, Am. Soc. **76** [1954] 3689, 3692). IR-Spektrum ($CHCl_3$; 2–13 μ): *He. et al.*

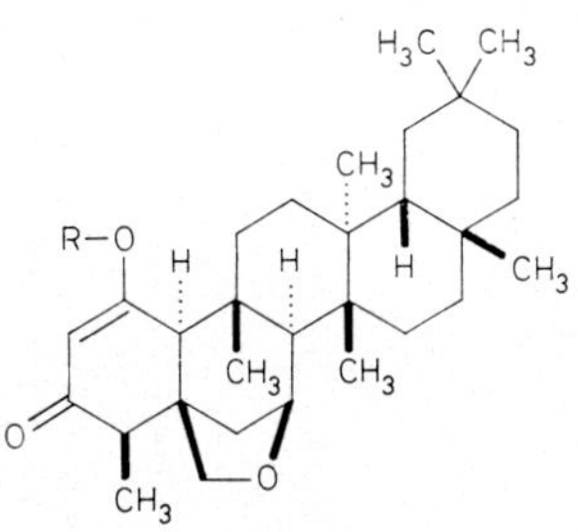

XII 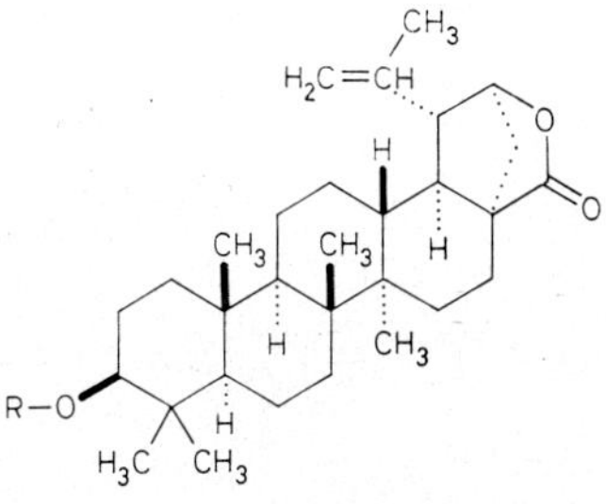   XIII

1-Acetoxy-7β,24-epoxy-friedel-1-en-3-on $C_{32}H_{48}O_4$, Formel XII (R = CO-CH_3).

Konstitution: *Tewari et al.*, Indian J. Chem. **11** [1973] 1334.

B. Neben wenig 2-Acetyl-7β,24-epoxy-friedelan-1,3-dion (E III/IV **17** 6779) beim Behandeln von 7β,24-Epoxy-friedelan-1,3-dion (E III/IV **17** 6337) mit Acetanhydrid und Pyridin (*Heymann et al.*, Am. Soc. **76** [1954] 3689, 3692).

Krystalle (aus $CHCl_3$ + Me.); F: 275–278° [unkorr.] (*He. et al.*). IR-Spektrum ($CHCl_3$; 2–13 μ): *He. et al.* Absorptionsmaximum (A.): 237 nm (*He. et al.*).

---

[1]) Stellungsbezeichnung bei von Friedelan (D:A-Friedo-oleanan) abgeleiteten Namen s. E III **5** 1341.

3β,21β-Dihydroxy-lup-20(29)-en-28-säure-21-lacton[1], Thurberogenin $C_{30}H_{46}O_3$, Formel XIII (R = H).
Konstitution und Konfiguration: *Marx et al.*, J. org. Chem. **32** [1967] 3150; s. a. *Djerassi et al.*, Am. Soc. **77** [1955] 5330; *Djerassi, Hodges*, Am. Soc. **78** [1956] 3554.
Isolierung aus Lemaireocereus thurberi: *Djerassi et al.*, Am. Soc. **75** [1953] 2254; aus Lemaireocereus stellatus: *Djerassi et al.*, Am. Soc. **77** [1955] 1200, 1202.

B. Beim Erwärmen von Stellatogenin (3β,20,21β-Trihydroxy-lupan-28-säure-21-lacton) mit wss.-methanol. Salzsäure (*Dj. et al.*, Am. Soc. **77** 1202).

Krystalle (aus Me. + CHCl₃); F: 293—295° [unkorr.; Kofler-App.], 283—285° [unkorr.; Fisher-Johns-App.] (*Dj. et al.*, Am. Soc. **75** 2255). $[\alpha]_D^{22}$: +11° [CHCl₃] (*Dj. et al.*, Am. Soc. **75** 2255). IR-Spektrum (CHCl₃; 2—15 μ): *Dj. et al.*, Am. Soc. **75** 2255.

Bildung von 21β-Hydroxy-3,20-dioxo-30-nor-lupan-28-säure-lacton beim Behandeln einer Lösung in Essigsäure mit Ozon: *Dj. et al.*, Am. Soc. **77** 5334. Beim Behandeln einer Lösung in Äthanol mit Chlorwasserstoff ist 20-Chlor-3β,21β-dihydroxy-lupan-28-säure-21-lacton (Krystalle; durch Hydrierung an Raney-Nickel in Äthanol in 3β,21β-Dihydroxy-lupan-28-säure-21-lacton [S. 485] überführbar) erhalten worden (*Dj. et al.*, Am. Soc. **77** 5336).

3β-Acetoxy-21β-hydroxy-lup-20(29)-en-28-säure-lacton, O-Acetyl-thurberogenin $C_{32}H_{48}O_4$, Formel XIII (R = CO-CH₃).
B. Beim Behandeln von Thurberogenin (s. o.) mit Acetanhydrid und Pyridin (*Djerassi et al.*, Am. Soc. **75** [1953] 2254; s. a. *Djerassi et al.*, Am. Soc. **77** [1955] 1200, 1202). Beim Erhitzen von O³-Acetyl-stellatogenin (3β-Acetoxy-20,21β-dihydroxy-lupan-28-säure-21-lacton) mit Phosphorylchlorid und Pyridin (*Dj. et al.*, Am. Soc. **77** 1202).

Krystalle (aus Me. + CHCl₃); F: 249—252° [unkorr.; Fisher-Johns-App.] (*Dj. et al.*, Am. Soc. **75** 2255). $[\alpha]_D$: +22° [CHCl₃] (*Dj. et al.*, Am. Soc. **77** 1202 Anm. 21).

Beim Erhitzen mit Selendioxid und Essigsäure ist 3β-Acetoxy-21β-hydroxy-30-oxo-lup-20(29)-en-28-säure-lacton erhalten worden (*Dj. et al.*, Am. Soc. **77** 5334).

Hydroxy-oxo-Verbindungen $C_{31}H_{48}O_3$

(23Ξ)-3β,23-Dihydroxy-24-methylen-lanost-8-en-21-säure-23-lacton, (23Ξ)-3β,23-Dihydroxy-eburica-8,24(28)-dien-21-säure-23-lacton[2] $C_{31}H_{48}O_3$, Formel XIV (R = H).
B. Beim Erhitzen von (23Ξ)-3β,23-Dihydroxy-eburica-8,24(28)-dien-21-säure (F: 216° [Zers.]) auf 216° (*Holker et al.*, Soc. **1953** 2422, 2424, 2427).

Krystalle (aus Me.); F: 181—182°. $[\alpha]_D^{20}$: +48° [CHCl₃; c = 2].

XIV XV

(23Ξ)-3β-Acetoxy-23-hydroxy-24-methylen-lanost-8-en-21-säure-lacton, (23Ξ)-3β-Acetoxy-23-hydroxy-eburica-8,24(28)-dien-21-säure-lacton $C_{33}H_{50}O_4$, Formel XIV (R = CO-CH₃).
B. Beim Erhitzen einer Lösung von O-Acetyl-eburicosäure (3β-Acetoxy-eburica-

---
[1]) Stellungsbezeichnung bei von Lupan abgeleiteten Namen s. E III **5** 1342.
[2]) Stellungsbezeichnung bei von Eburican abgeleiteten Namen s. E III **10** 1064.

8,24(28)-dien-21-säure [E III **10** 1064]) in wasserhaltiger Essigsäure mit Selendioxid (*Holker et al.*, Soc. **1953** 2422, 2427).
Krystalle (aus A.); F: 214—215°. $[\alpha]_D^{20}$: +49° [CHCl$_3$; c = 2].

3β-Acetoxy-16β-hydroxy-24β$_F$-methyl-20β$_F$H-lanosta-7,9(11)-dien-21-säure-lacton, 3β-Acetoxy-16β-hydroxy-20β$_F$H-eburica-7,9(11)-dien-21-säure-lacton [1]) C$_{33}$H$_{50}$O$_4$, Formel XV.
B. Beim Behandeln einer Lösung von 16β-Hydroxy-3-oxo-20β$_F$H-eburica-7,9(11)-dien-21-säure-lacton (E III/IV **17** 6386) in Dioxan mit Natriumboranat in wss. Dioxan und Erwärmen des Reaktionsprodukts mit Acetanhydrid und Pyridin (*Bowers et al.*, Soc. **1954** 3070, 3077, 3083).
Krystalle (aus Me.); F: 207—210° [korr.; Kofler-App.]. $[\alpha]_D$: +29° [CHCl$_3$; c = 1].
Absorptionsmaxima (A.): 236 nm und 243 nm. [*Goebels*]

Hydroxy-oxo-Verbindungen C$_n$H$_{2n-16}$O$_3$

Hydroxy-oxo-Verbindungen C$_{11}$H$_6$O$_3$

3-Hydroxy-naphtho[1,8-*bc*]furan-2-on, 2,8-Dihydroxy-[1]naphthoesäure-8-lacton C$_{11}$H$_6$O$_3$, Formel I (R = H).
B. Beim Behandeln von 2-Acetoxy-*N*-acetyl-8-hydroxy-[1]naphthimidsäure-lacton (s. u.) mit wss. Salzsäure und Erhitzen des Reaktionsprodukts mit Wasser (*Adams, Burney*, Am. Soc. **63** [1941] 1103, 1106).
Krystalle (aus wss. A.); F: 193—194° [korr.].

3-Methoxy-naphtho[1,8-*bc*]furan-2-on, 8-Hydroxy-2-methoxy-[1]naphthoesäure-lacton C$_{12}$H$_8$O$_3$, Formel I (R = CH$_3$).
B. Beim Behandeln von 2,8-Dihydroxy-[1]naphthoesäure-8-lacton mit Dimethylsulfat, Aceton und Kaliumcarbonat oder mit Diazomethan in Äther (*Adams, Burney*, Am. Soc. **63** [1941] 1103, 1106).
Krystalle (aus CCl$_4$); F: 128—129° [korr.].

3-Acetoxy-naphtho[1,8-*bc*]furan-2-on, 2-Acetoxy-8-hydroxy-[1]naphthoesäure-lacton C$_{13}$H$_8$O$_4$, Formel I (R = CO-CH$_3$).
B. Beim Erhitzen von 2,8-Dihydroxy-[1]naphthoesäure-8-lacton mit Acetanhydrid und Natriumacetat (*Adams, Burney*, Am. Soc. **63** [1941] 1103, 1106).
Krystalle (aus PAe.); F: 134—135° [korr.].

I   II   III

3-Acetoxy-naphtho[1,8-*bc*]furan-2-on-acetylimin, 2-Acetoxy-*N*-acetyl-8-hydroxy-[1]naphthimidsäure-lacton C$_{15}$H$_{11}$NO$_4$, Formel II.
B. Beim Erhitzen von 2,8-Dihydroxy-[1]naphthaldehyd-oxim (F: 137—139°) mit Acetanhydrid und Natriumacetat (*Adams, Burney*, Am. Soc. **63** [1941] 1103, 1105).
Krystalle (aus PAe.); F: 100—101° [korr.].

8-Methoxy-naphtho[1,8-*bc*]thiophen-2-on C$_{12}$H$_8$O$_2$S, Formel III.
Diese Konstitution kommt vielleicht der nachstehend beschriebenen Verbindung zu.
B. Beim Behandeln von 7-Methoxy-[1]naphthoesäure mit Schwefeldichlorid enthaltendem Thionylchlorid (*Fieser, Desreux*, Am. Soc. **60** [1938] 2255, 2258).
Gelbe Krystalle; F: 143,5—144° [korr.].

---

[1]) Stellungsbezeichnung bei von Eburican abgeleiteten Namen s. E III **10** 1064.

Hydroxy-oxo-Verbindungen $C_{12}H_8O_3$

4-Hydroxy-3H-naphtho[2,3-b]furan-2-on, [1,3-Dihydroxy-[2]naphthyl]-essigsäure-3-lacton $C_{12}H_8O_3$, Formel IV, und **4-Hydroxy-3H-naphtho[1,2-b]furan-2-on, [1,3-Dihydroxy-[2]naphthyl]-essigsäure-1-lacton** $C_{12}H_8O_3$, Formel V.
Diese beiden Konstitutionsformeln kommen für die nachstehend beschriebene Verbindung in Betracht.

B. Beim Behandeln von (±)-Phenylacetyl-bernsteinsäure-diäthylester mit Schwefelsäure (*Soliman, Latif,* Soc. **1951** 93, 95).
Krystalle (aus wss. Me.); F: 218° [unkorr.; Zers.].
Beim Behandeln mit äthanol. Kalilauge und anschliessend mit Luft ist [3-Hydroxy-1,4-dioxo-1,4-dihydro-[2]naphthyl]-essigsäure erhalten worden.
O-Acetyl-Derivat $C_{14}H_{10}O_4$. Krystalle (aus Me.); F: 155° [unkorr.].

IV   V   VI   VII

4-Hydroxy-3H-naphtho[2,3-c]furan-1-on $C_{12}H_8O_3$, Formel VI.
Diese Konstitution wird der nachstehend beschriebenen Verbindung zugeordnet (*Yagi,* J. agric. chem. Soc. Japan **24** [1950] 313, 316; Mem. Inst. scient. ind. Res. Osaka Univ. **8** [1951] 200; C. A. **1952** 7086).

B. Beim Erhitzen von 4-Hydroxy-[2]naphthoesäure-äthylester mit wss. Formaldehyd, wss. Salzsäure und Essigsäure (*Yagi*).
Hellgelbe Krystalle (aus wss. Dioxan); F: 254—257° [Zers.].
O-Acetyl-Derivat $C_{14}H_{10}O_4$. Krystalle (aus Me.); F: 218—219°.

5-Hydroxy-3H-naphtho[1,2-b]furan-2-on, [1,4-Dihydroxy-[2]naphthyl]-essigsäure-1-lacton $C_{12}H_8O_3$, Formel VII.
B. Beim Erwärmen von [1,4]Naphthochinon mit Keten-diäthylacetal und Erwärmen des Reaktionsgemisches mit wss. Äthanol (*McElvain, Engelhardt,* Am. Soc. **66** [1944] 1077, 1082).
Krystalle (aus Bzl.); F: 204—205°.

(±)-3-Methoxy-3H-naphtho[1,2-c]furan-1-on, (±)-2-[Hydroxy-methoxy-methyl]-[1]naphthoesäure-lacton $C_{13}H_{10}O_3$, Formel VIII.
B. Beim Erwärmen von (±)-3-Brom-3H-naphtho[1,2-c]furan-1-on mit Methanol (*Hirshberg et al.,* Soc. **1951** 1030, 1033).
Krystalle (aus Bzn. + Bzl.); F: 79—80°. UV-Spektrum (2,2,4-Trimethyl-pentan; 220—330 nm): *Hi. et al.*

Hydroxy-oxo-Verbindungen $C_{13}H_{10}O_3$

4-Methoxy-6-*trans*-styryl-pyran-2-on, 5-Hydroxy-3-methoxy-7t-phenyl-hepta-2c,4t,6-triensäure-lacton $C_{14}H_{12}O_3$, Formel IX.
Isolierung aus dem Holz von Aniba firmula: *Gottlieb, Mors,* J. org. Chem. **24** [1959] 17; aus Wurzeln von Piper methysticum: *Klohs et al.,* J. med. pharm. Chem. **1** [1959] 95, 99, 101; s. dazu *Gottlieb, Mors,* J. org. Chem. **24** [1959] 1614).

B. Beim Erhitzen von 5-Chlor-3-methoxy-7t-phenyl-hepta-2c(?),4t,6-triensäure (F: 189° bis 191°) mit Acetanhydrid auf 170° (*Macierewicz,* Roczniki Chem. **24** [1950] 144, 162; C. A. **1954** 10013). Neben 2-Methoxy-6-*trans*-styryl-pyran-4-on (*Cieślak,* Roczniki Chem. **32** [1958] 837, 845; C. **1961** 2965; *Chmielewska et al.,* Tetrahedron **4** [1958] 36, 38) beim Behandeln von 6-*trans*-Styryl-pyran-2,4-dion mit Diazomethan in Äther (*Mac.*) oder beim Behandeln mit wss. Natronlauge und Dimethylsulfat (*Mac.*).

Hellgelbe Krystalle; F: 139—140° [aus Me.] (*Ci.*; *Ch. et al.*), 138,5—139,5° [aus PAe. + Bzl.] (*Mac.*). Monoklin; Raumgruppe $P2_1/c$; aus dem Röntgen-Diagramm ermittelte Dimensionen der Elementarzelle: a = 15,11 Å; b = 4,11 Å; c = 19,92 Å; β = 80,75°; n = 4 (*Mascarenhas et al.*, Acta cryst. [B] **29** [1973] 1361). Dichte der Krystalle: 1,24 (*Ma. et al.*). IR-Banden im Bereich von 5,8 μ bis 10,4 μ (CCl_4): *Ch. et al.*, l. c. S. 41; im Bereich von 5,8 μ bis 6,4 μ (Nujol bzw. $CHCl_3$): *Kl. et al.*; *Go.*, *Mors.* Raman-Spektrum (Acn.): *Kurowski*, Roczniki Chem. **32** [1958] 151; C. A. **1958** 11 571. Absorptionsspektrum (A.; 220—400 nm): *Ch. et al.*, l. c. S. 40; s. a. *Go.*, *Mors*; *Kl. et al.*

VIII   IX   X

2-Methoxy-6-*trans*-styryl-pyran-4-on $C_{14}H_{12}O_3$, Formel X.

B. Neben grösseren Mengen 4-Methoxy-6-*trans*-styryl-pyran-2-on beim Behandeln von 6-*trans*-Styryl-pyran-2,4-dion mit Diazomethan in Äther (*Cieślak*, Roczniki Chem. **32** [1958] 837, 845; C. **1961** 2965; *Chmielewska et al.*, Tetrahedron **4** [1958] 36, 38).

Orangefarbene Krystalle (aus Bzl. + PAe.); F: 123—125° (*Ci.*; *Ch. et al.*). Absorptionsspektrum (A.; 220—400 nm): *Ch. et al.*

Verbindung mit Perchlorsäure; 4-Hydroxy-2-methoxy-6-*trans*-styryl-pyrylium-perchlorat [$C_{14}H_{13}O_3$]ClO_4. F: 135—136° [Zers.] (*Ci.*; *Ch. et al.*).

3*t*(?)-[2]Furyl-1-[2-hydroxy-phenyl]-propenon $C_{13}H_{10}O_3$, vermutlich Formel XI (X = H).

B. Beim Behandeln von 1-[2-Hydroxy-phenyl]-äthanon mit wss. Natronlauge bzw. wss.-äthanol. Natronlauge und mit Furfural (*Schraufstätter*, *Deutsch*, B. **81** [1948] 489, 498; *Otsuka*, J. chem. Soc. Japan **65** [1944] 539; C. A. **1947** 3797).

Gelbe Krystalle; F: 110° [aus A.] (*Ot.*), 99° [aus Isopropylalkohol] (*Sch.*, *De.*). Polarographie: *Schraufstätter*, Experientia **4** [1948] 192.

1-[5-Brom-2-hydroxy-phenyl]-3*t*(?)-[2]furyl-propenon $C_{13}H_9BrO_3$, vermutlich Formel XI (X = Br).

B. Beim Behandeln von 1-[5-Brom-2-hydroxy-phenyl]-äthanon mit wss. Natronlauge und Furfural (*Schraufstätter*, *Deutsch*, B. **81** [1948] 489, 498).

Gelbe Krystalle (aus Isopropylalkohol); F: 101°.

3*t*(?)-[2]Furyl-1-[3-methoxy-phenyl]-propenon $C_{14}H_{12}O_3$, vermutlich Formel XII.

B. Beim Behandeln von 1-[3-Methoxy-phenyl]-äthanon mit Natriummethylat in Methanol und mit Furfural (*Martin*, *Robinson*, Soc. **1943** 497, 499).

Gelbliche Krystalle (aus Bzn.); F: 38,5—39,5°.

2,4-Dinitro-phenylhydrazon $C_{20}H_{16}N_4O_6$. Rote Krystalle (aus Eg.); F: 190—191°.

XI   XII   XIII

3*t*(?)-[2]Furyl-1-[4-hydroxy-phenyl]-propenon $C_{13}H_{10}O_3$, vermutlich Formel XIII (R = H).

B. Beim Behandeln von 1-[4-Hydroxy-phenyl]-äthanon mit Furfural und wss.-

äthanol. Natronlauge (*Cassidy, Whitcher*, J. phys. Chem. **63** [1959] 1824).
Krystalle (aus A.); F: 160—161°. Polarographie: *Ca., Wh.*

3*t*(?)-[2]Furyl-1-[4-methoxy-phenyl]-propenon $C_{14}H_{12}O_3$, vermutlich Formel XIII (R = CH_3) (E II 28).

B. Beim Behandeln von 1-[4-Methoxy-phenyl]-äthanon mit Furfural und Natrium=
methylat in Methanol (*Robinson, Todd*, Soc. **1939** 1743, 1745). Beim Behandeln von 3-[2]Furyl-acryloylchlorid (nicht charakterisiert) mit Anisol, Aluminiumchlorid und Schwefelkohlenstoff (*Maxim, Popesco*, Bulet. Soc. Chim. România **16** [1934] 89, 105).

F: 79° [aus Bzn.] (*Ro., Todd*). Absorptionsmaximum ($CHCl_3$): 349 nm; Absorptions=
maxima einer Lösung in Schwefelsäure: 275 nm, 365 nm und 444 nm (*Ma., Po.*, l. c. S. 98). Halochromie beim Behandeln mit konz. wss. Salzsäure, mit Schwefelsäure und mit wss. Salpetersäure: *Ma., Po.*, l. c. S. 95. Polarographie: *Cassidy, Whitcher*, J. phys. Chem. **63** [1959] 1824.

Beim Erwärmen mit Acetessigsäure-äthylester und wss.-äthanol. Natronlauge ist 6-[2]Furyl-4-[4-methoxy-phenyl]-2-oxo-cyclohex-3-encarbonsäure-äthylester (F: 85—86°) erhalten worden (*Hanson*, Bl. Soc. chim. Belg. **67** [1958] 91, 93).

Verbindung mit Chlorwasserstoff $C_{14}H_{12}O_3 \cdot HCl$. Braungrüne Krystalle; F: 83° (*Ma., Po.*, l. c. S. 113).

3*t*(?)-[2]Furyl-1-[4-β-D-glucopyranosyloxy-phenyl]-propenon $C_{19}H_{20}O_8$, vermutlich Formel I.

B. Beim Behandeln von Tetra-*O*-acetyl-picein (1-[4-(Tetra-*O*-acetyl-β-D-glucopyranosyl=
oxy)-phenyl]-äthanon) mit Furfural und wss.-äthanol. Natronlauge (*Bargellini, Leone*, R.A.L. [6] **2** [1935] 35, 38).

Gelbe Krystalle (aus wss. A.) mit 1 Mol H_2O. Das Krystallwasser wird bei 100° abgegeben.

1-[4-Methoxy-phenyl]-3*t*(?)-[2]thienyl-propenon $C_{14}H_{12}O_2S$, vermutlich Formel II (X = H).

B. Beim Behandeln von Thiophen-2-carbaldehyd mit 1-[4-Methoxy-phenyl]-äthanon und wss.-äthanol. Natronlauge (*Emerson, Patrick*, J. org. Chem. **14** [1949] 790, 795; *Hanson*, Bl. Soc. chim. Belg. **67** [1958] 712, 714).

Krystalle (aus A.); F: 106—107° (*Em., Pa.; Ha.*).

1-[3-Chlor-4-methoxy-phenyl]-3*t*(?)-[2]thienyl-propenon $C_{14}H_{11}ClO_2S$, vermutlich Formel II (X = Cl).

B. Beim Behandeln von Thiophen-2-carbaldehyd mit 1-[3-Chlor-4-methoxy-phenyl]-äthanon und wss.-äthanol. Natronlauge (*Buu-Hoi et al.*, Bl. **1956** 1646, 1647).

Krystalle (aus A.); F: 157°.

1-[4-Phenylmercapto-phenyl]-3*t*(?)-[2]thienyl-propenon $C_{19}H_{14}OS_2$, vermutlich Formel III.

B. Beim Behandeln von Thiophen-2-carbaldehyd mit 1-[4-Phenylmercapto-phenyl]-äthanon und wss.-äthanol. Natronlauge (*Buu-Hoi et al.*, Bl. **1956** 1646, 1648).

Krystalle (aus A.); F: 95°.

Thiosemicarbazon $C_{20}H_{17}N_3S_3$. Krystalle (aus A.); F: 167°.

1-[3-Chlor-4-methylmercapto-phenyl]-3*t*(?)-[2]thienyl-propenon $C_{14}H_{11}ClOS_2$, vermutlich Formel IV (X = H).

B. Aus Thiophen-2-carbaldehyd und 1-[3-Chlor-4-methylmercapto-phenyl]-äthanon

(*Tri-Tuc, Nguyèn-Hoan*, C. r. **237** [1953] 1016).
Krystalle; F: 124°.

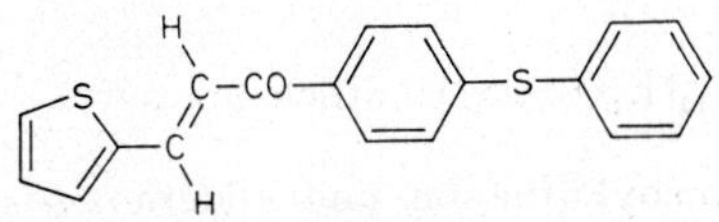

III 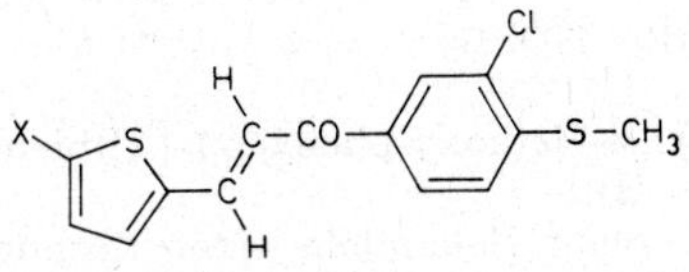 IV

1-[3-Chlor-4-methylmercapto-phenyl]-3*t*(?)-[5-chlor-[2]thienyl]-propenon $C_{14}H_{10}Cl_2OS_2$, vermutlich Formel IV (X = Cl).
B. Aus 5-Chlor-thiophen-2-carbaldehyd und 1-[3-Chlor-4-methylmercapto-phenyl]-äthanon (*Tri-Tuc, Nguyèn-Hoan*, C. r. **237** [1953] 1016).
Krystalle; F: 85°.

1-[2]Furyl-3*t*(?)-[2-methoxy-phenyl]-propenon $C_{14}H_{12}O_3$, vermutlich Formel V.
B. Beim Behandeln einer Lösung von 1-[2]Furyl-äthanon und 2-Methoxy-benzaldehyd in Äthanol mit wss. Natronlauge (*Hanson*, Bl. Soc. chim. Belg. **67** [1958] 91, 95).
Gelbe Krystalle (aus A.); F: 85°. Kp_{11}: 226—228°.

3*t*(?)-[2-Methoxy-phenyl]-1-[2]thienyl-propenon $C_{14}H_{12}O_2S$, vermutlich Formel VI (X = H).
B. Beim Behandeln einer Lösung von 1-[2]Thienyl-äthanon und 2-Methoxy-benzaldehyd in Äthanol mit wss. Natronlauge (*Hanson*, Bl. Soc. chim. Belg. **67** [1958] 712, 716).
Krystalle (aus A.); F: 76°.

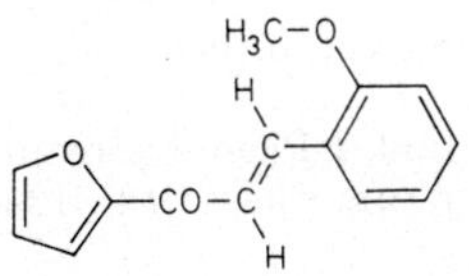

V 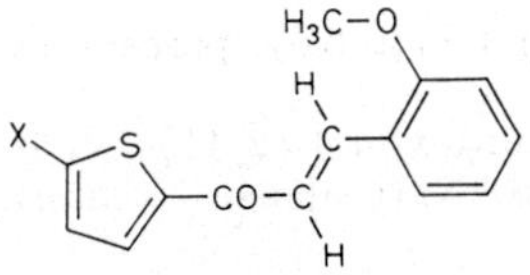 VI 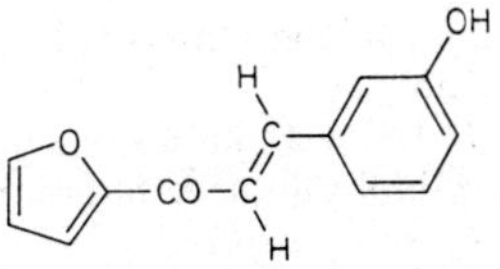 VII

1-[5-Brom-[2]thienyl]-3*t*(?)-[2-methoxy-phenyl]-propenon $C_{14}H_{11}BrO_2S$, vermutlich Formel VI (X = Br).
B. Beim Behandeln einer Lösung von 1-[5-Brom-[2]thienyl]-äthanon und 2-Methoxy-benzaldehyd in Äthanol mit wss. Natronlauge (*Buu-Hoi et al.*, Bl. **1956** 1646, 1649).
Krystalle (aus A.); F: 131°.

1-[2]Furyl-3*t*(?)-[3-hydroxy-phenyl]-propenon $C_{13}H_{10}O_3$, vermutlich Formel VII.
B. Beim Behandeln von 1-[2]Furyl-äthanon mit 3-Hydroxy-benzaldehyd und Natriummethylat in Methanol (*Lasdon Found. Inc.*, U.S.P. 2754299 [1954]).
Krystalle (aus Bzl.); F: 144,5—146°.

3*t*(?)-[3-Hydroxy-phenyl]-1-[2]thienyl-propenon $C_{13}H_{10}O_2S$, vermutlich Formel VIII.
B. Beim Behandeln von 1-[2]Thienyl-äthanon mit 3-Hydroxy-benzaldehyd und Natriummethylat in Methanol (*Lasdon Found. Inc.*, U.S.P. 2754299 [1954]).
Krystalle (aus Bzl.); F: 141,5—143°.

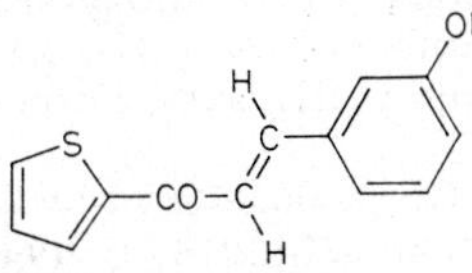

VIII 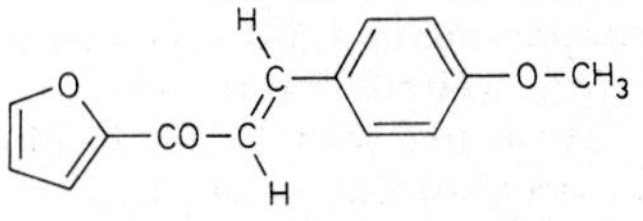 IX

1-[2]Furyl-3t(?)-[4-methoxy-phenyl]-propenon $C_{14}H_{12}O_3$, vermutlich Formel IX.

B. Beim Behandeln einer Lösung von 1-[2]Furyl-äthanon und 4-Methoxy-benzaldehyd in Äthanol mit wss. Natronlauge (*Hanson*, Bl. Soc. chim. Belg. **67** [1958] 91, 94).

Gelbe Krystalle (aus A.); F: 81—82°.

3t(?)-[4-Methoxy-phenyl]-1-[2]thienyl-propenon $C_{14}H_{12}O_2S$, vermutlich Formel X (X = H).

B. Beim Behandeln einer Lösung von 1-[2]Thienyl-äthanon und 4-Methoxy-benzaldehyd in Äthanol mit wss. Natronlauge (*Hanson*, Bl. Soc. chim. Belg. **67** [1958] 712, 715).

Krystalle; F: 87° (*Farbenfabr. Bayer*, D.B.P. 845196 [1951]; D.R.B.P. Org. Chem. 1950—1951 **3** 1184, 1187), 83° [aus A.] (*Ha.*).

Thiosemicarbazon $C_{15}H_{15}N_3OS_2$. Krystalle (aus wss. A.); F: 173° (*Farbenfabr. Bayer*, D.B.P. 845196).

X XI

1-[5-Brom-[2]thienyl]-3t(?)-[4-methoxy-phenyl]-propenon $C_{14}H_{11}BrO_2S$, vermutlich Formel X (X = Br).

B. Beim Behandeln einer Lösung von 1-[5-Brom-[2]thienyl]-äthanon und 4-Methoxy-benzaldehyd in Äthanol mit wss. Natronlauge (*Buu-Hoi et al.*, Bl. **1956** 1646, 1649).

Krystalle (aus A.); F: 145°.

Thiosemicarbazon $C_{15}H_{14}BrN_3OS_2$. Krystalle (aus A.); F: 163°.

3t(?)-[4-Phenylmercapto-phenyl]-1-[2]thienyl-propenon $C_{19}H_{14}OS_2$, vermutlich Formel XI.

B. Beim Behandeln einer Lösung von 1-[2]Thienyl-äthanon und 4-Phenylmercapto-benzaldehyd in Äthanol mit wss. Natronlauge (*Szmant et al.*, J. org. Chem. **18** [1953] 745).

F: 124—125° [unkorr.].

---

*2-[5-(2,4-Dinitro-phenylimino)-penta-1,3-dienyl]-benzofuran-3-ol, 5-[3-Hydroxy-benzofuran-2-yl]-penta-2,4-dienal-[2,4-dinitro-phenylimin] $C_{19}H_{13}N_3O_6$, Formel I, und **2-[5-(2,4-Dinitro-phenylimino)-penta-1,3-dienyl]-benzofuran-3-on** $C_{19}H_{13}N_3O_6$, Formel II, sowie weitere Tautomere.

B. Beim Erwärmen von Benzofuran-3-ol mit Glutaconaldehyd-mono-[2,4-dinitrophenylimin] in Pyridin (*Chatterjea*, J. Indian chem. Soc. **36** [1959] 69, 70, 75).

Krystalle (aus Py.); F: 232°.

I II

*2-[5-Phenylimino-penta-1,3-dienyl]-benzo[b]thiophen-3-ol, 5-[3-Hydroxy-benzo[b]thiophen-2-yl]-penta-2,4-dienal-phenylimin $C_{19}H_{15}NOS$, Formel III (X = H), und **2-[5-Phenylimino-penta-1,3-dienyl]-benzo[b]thiophen-3-on** $C_{19}H_{15}NOS$, Formel IV (X = H), sowie weitere Tautomere.

B. Beim Erwärmen von Benzo[b]thiophen-3-ol mit Glutaconaldehyd-bis-phenylimin in Äthanol (*Sweschnikow, Lewkoew*, Ž. obšč. Chim. **10** [1940] 274, 278; C. **1940** II 1577).

Blauviolette Krystalle (aus Acn. oder Me.); F: 201—202° [Zers.].

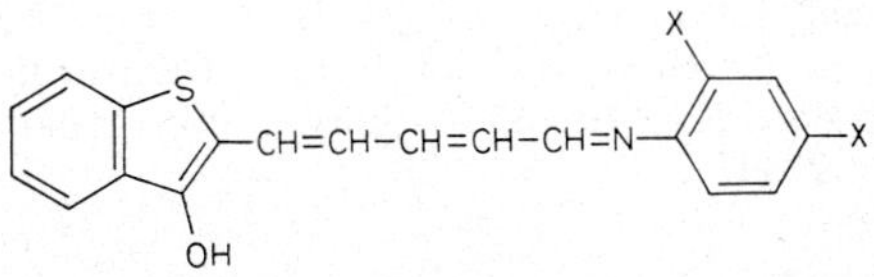

*2-[5-(2,4-Dinitro-phenylimino)-penta-1,3-dienyl]-benzo[b]thiophen-3-ol, 5-[3-Hydroxy-benzo[b]thiophen-2-yl]-penta-2,4-dienal-[2,4-dinitro-phenylimin] $C_{19}H_{13}N_3O_5S$, Formel III (X = NO_2), und **2-[5-(2,4-Dinitro-phenylimino)-penta-1,3-dienyl]-benzo[b]thiophen-3-on** $C_{19}H_{13}N_3O_5S$, Formel IV (X = NO_2), sowie weitere Tautomere.

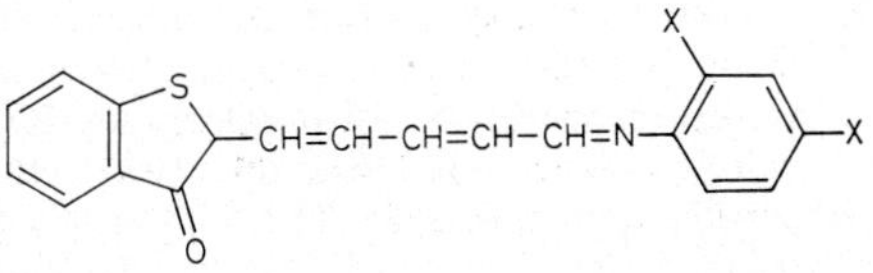

B. Beim Erwärmen von Benzo[b]thiophen-3-ol mit Glutaconaldehyd-mono-[2,4-dinitro-phenylimin] in Pyridin (*Chatterjea*, J. Indian chem. Soc. **36** [1959] 69, 70, 75).

Schwarze Krystalle (aus Py.); F: 266° [Zers.].

5-Hydroxy-3,4-dihydro-benzo[g]chromen-2-on, 3-[1,3-Dihydroxy-[2]naphthyl]-propionsäure-3-lacton $C_{13}H_{10}O_3$, Formel V, und **5-Hydroxy-3,4-dihydro-benzo[h]chromen-2-on, 3-[1,3-Dihydroxy-[2]naphthyl]-propionsäure-1-lacton** $C_{13}H_{10}O_3$, Formel VI.

Diese beiden Konstitutionsformeln kommen für die nachstehend beschriebene Verbindung in Betracht.

B. Beim Behandeln von (±)-2-Phenylacetyl-glutarsäure-diäthylester mit Schwefelsäure (*Soliman, Latif*, Soc. **1951** 93, 96).

Krystalle (aus Bzl.); F: 175° [unkorr.].

Beim Behandeln mit äthanol. Kalilauge und mit Luft ist 3-[3-Hydroxy-1,4-dioxo-1,4-dihydro-[2]naphthyl]-propionsäure erhalten worden.

O-Acetyl-Derivat $C_{15}H_{12}O_4$. Krystalle (aus Me.); F: 147° [unkorr.].

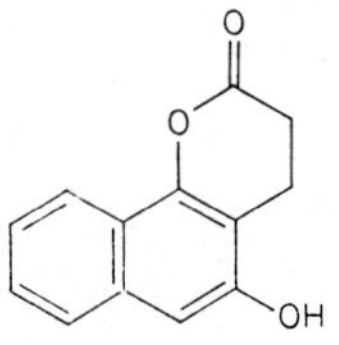

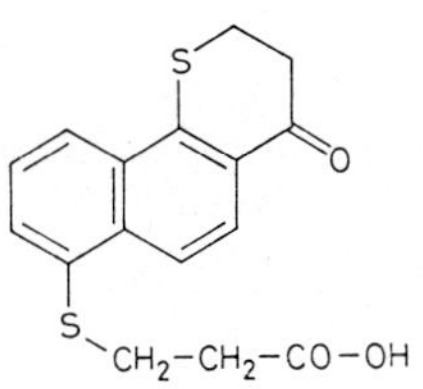

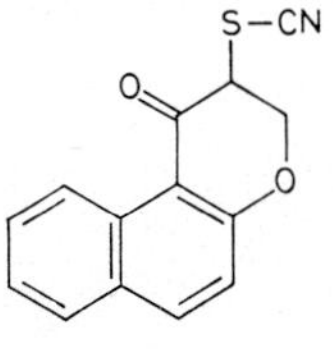

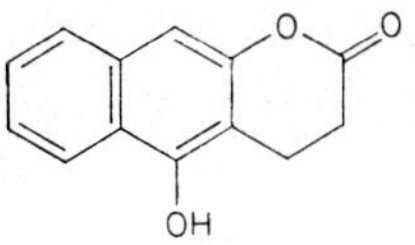

3-[4-Oxo-3,4-dihydro-2H-benzo[h]thiochromen-7-ylmercapto]-propionsäure $C_{16}H_{14}O_3S_2$, Formel VII.

B. Beim Behandeln von 1,5-Bis-[2-carboxy-äthylmercapto]-naphthalin mit Schwefelsäure (*Leandri*, G. **78** [1948] 30, 35).

Gelbe Krystalle (aus A.); F: 178—180°.

(±)-2-Thiocyanato-2,3-dihydro-benzo[f]chromen-1-on $C_{14}H_9NO_2S$, Formel VIII.

B. Beim Erwärmen von (±)-2-Brom-2,3-dihydro-benzo[f]chromen-1-on mit Kaliumthiocyanat in Äthanol (*Bachman, Levine*, Am. Soc. **69** [1947] 2341, 2345).

Krystalle; F: 121—122° [korr.].

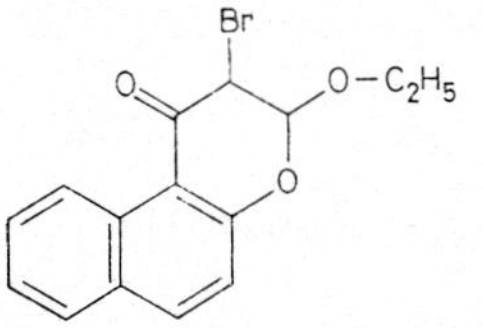

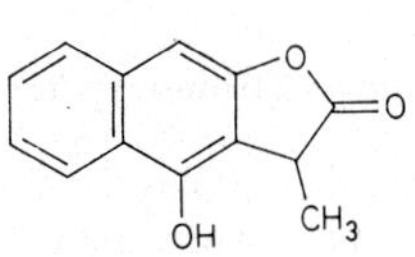

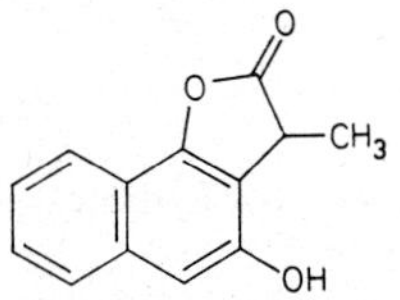

576 Hydroxy-oxo-Verbindungen $C_nH_{2n-16}O_3$ mit einem Chalkogen-Ringatom $C_{13}-C_{14}$

*Opt.-inakt. 3-Äthoxy-2-brom-2,3-dihydro-benzo[f]chromen-1-on $C_{15}H_{13}BrO_3$, Formel IX.
B. Beim Behandeln von Benzo[f]chromen-1-on mit Brom in Chloroform und Erwärmen des Reaktionsprodukts (orangefarbene Krystalle; F: 170—171° [korr.]) mit Äthanol (*Bachman, Levine*, Am. Soc. **69** [1947] 2341, 2344).
Krystalle (aus Me.); F: 113,5—114,5° [korr.].

(±)-4-Hydroxy-3-methyl-3H-naphtho[2,3-b]furan-2-on, (±)-2-[1,3-Dihydroxy-[2]naphthyl]-propionsäure-3-lacton $C_{13}H_{10}O_3$, Formel X, und **(±)-4-Hydroxy-3-methyl-3H-naphtho[1,2-b]furan-2-on, (±)-2-[1,3-Dihydroxy-[2]naphthyl]-propionsäure-1-lacton** $C_{13}H_{10}O_3$, Formel XI.
Diese beiden Konstitutionsformeln kommen für die nachstehend beschriebene Verbindung in Betracht.
B. Beim Erwärmen von (±)-2-Methyl-3-phenylacetyl-bernsteinsäure-diäthylester mit Schwefelsäure (*Soliman, Youssef*, Soc. **1954** 4655, 4658).
Krystalle (aus Bzl. + Me.); F: 203°.
Beim Behandeln mit äthanol. Kalilauge und mit Luft ist 2-[3-Hydroxy-1,4-dioxo-1,4-dihydro-[2]naphthyl]-propionsäure-lacton erhalten worden.
O-Acetyl-Derivat $C_{15}H_{12}O_4$. Krystalle (aus Me.); F: 108°.

Hydroxy-oxo-Verbindungen $C_{14}H_{12}O_3$

1-[2-Chlor-4-methoxy-5-methyl-phenyl]-3t(?)-[2]furyl-propenon $C_{15}H_{13}ClO_3$, vermutlich Formel I.
B. Beim Behandeln von Furfural mit 1-[2-Chlor-4-methoxy-5-methyl-phenyl]-äthanon und Natriummethylat in Methanol (*Martin, Robinson*, Soc. **1943** 497, 500).
Hellgelbe Krystalle (aus Bzn.); F: 78—79°.
Beim Erwärmen mit wss.-äthanol. Salzsäure ist 3-[5-(2-Chlor-4-methoxy-5-methyl-phenyl)-[2]furyl]-propionsäure erhalten worden.

3t(?)-[2]Furyl-1-[2-hydroxy-5-methyl-phenyl]-propenon $C_{14}H_{12}O_3$, vermutlich Formel II.
B. Beim Erwärmen von Furfural mit 1-[2-Hydroxy-5-methyl-phenyl]-äthanon und wss.-äthanol. Natronlauge (*Marathe*, J. Univ. Poona Nr. 14 [1958] 63, 66).
Krystalle (aus wss. A.); F: 59°.

[3-Allyl-4-hydroxy-phenyl]-[2]thienyl-keton $C_{14}H_{12}O_2S$, Formel III (X = H).
B. Beim Erhitzen von [4-Allyloxy-phenyl]-[2]thienyl-keton mit *N,N*-Dimethyl-anilin (*Buu-Hoï et al.*, R. **69** [1950] 1083, 1089, 1095).
Hellgelbe Krystalle (aus Bzl. + Bzn.); F: 116°.

[3-Allyl-4-hydroxy-phenyl]-[5-chlor-[2]thienyl]-keton $C_{14}H_{11}ClO_2S$, Formel III (X = Cl).
B. Beim Erhitzen von [4-Allyloxy-phenyl]-[5-chlor-[2]thienyl]-keton mit *N,N*-Dimethyl-anilin (*Buu-Hoï et al.*, R. **69** [1950] 1083, 1089, 1098).
Krystalle (aus Bzl.); F: 123°.

[3-Allyl-4-hydroxy-phenyl]-[5-brom-[2]thienyl]-keton $C_{14}H_{11}BrO_2S$, Formel III (X = Br).

B. Beim Erhitzen von [4-Allyloxy-phenyl]-[5-brom-[2]thienyl]-keton mit *N,N*-Dimethyl-anilin (*Buu-Hoi et al.*, R. **69** [1950] 1083, 1089, 1099).
Gelbe Krystalle (aus Bzl. + Bzn.); F: 119°.

1-[3-Chlor-4-methoxy-phenyl]-3*t*(?)-[5-methyl-[2]thienyl]-propenon $C_{15}H_{13}ClO_2S$, vermutlich Formel IV.

B. Beim Behandeln von 5-Methyl-thiophen-2-carbaldehyd mit 1-[3-Chlor-4-methoxy-phenyl]-äthanon und wss.-äthanol. Natronlauge (*Buu-Hoi et al.*, Bl. **1956** 1646, 1649).
Gelbliche Krystalle (aus A.); F: 141°.

1-[5-Methyl-[2]thienyl]-3*t*(?)-[4-phenylmercapto-phenyl]-propenon $C_{20}H_{16}OS_2$, vermutlich Formel V.

B. Beim Behandeln von 1-[5-Methyl-[2]thienyl]-äthanon mit 4-Phenylmercapto-benzaldehyd und wss.-äthanol. Natronlauge (*Szmant et al.*, J. org. Chem. **18** [1953] 745).
F: 135—138° [unkorr.].

4ξ-[5-(4-Methoxy-phenyl)-[2]furyl]-but-3-en-2-on $C_{15}H_{14}O_3$, Formel VI.
Ein unter dieser Konstitution beschriebenes Präparat (bei 190—200°/25 Torr destillierbar) ist beim Behandeln von 4*t*(?)-[2]Furyl-but-3-en-2-on (E III/IV **17** 4714) mit einer aus *p*-Anisidin bereiteten Diazoniumsalz-Lösung unter Zusatz von Kupfer(II)-chlorid erhalten worden (*Akashi, Oda*, J. chem. Soc. Japan Ind. Chem. Sect. **55** [1952] 170; C. A. **1954** 9360).

(±)-5-[2-Methoxy-[1]naphthyl]-dihydro-furan-2-on, (±)-4-Hydroxy-4-[2-methoxy-[1]naphthyl]-buttersäure-lacton $C_{15}H_{14}O_3$, Formel VII (R = CH_3).

B. Beim Behandeln von 4-[2-Methoxy-[1]naphthyl]-4-oxo-buttersäure mit wss. Natriumcarbonat-Lösung und Natrium-Amalgam und Erwärmen des von ungelösten Anteilen befreiten Reaktionsgemisches mit wss. Salzsäure (*Šergiewskaja et al.*, Ž. obšč. Chim. **20** [1950] 2314, 2319; engl. Ausg. S. 2411, 2416).
Krystalle (aus A.); F: 126—128°.

(±)-5-[2-Äthoxy-[1]naphthyl]-dihydro-furan-2-on, (±)-4-[2-Äthoxy-[1]naphthyl]-4-hydroxy-buttersäure-lacton $C_{16}H_{16}O_3$, Formel VII (R = C_2H_5).

B. Aus 4-[2-Äthoxy-[1]naphthyl]-4-oxo-buttersäure analog der im vorangehenden Artikel beschriebenen Verbindung (*Šergiewskaja et al.*, Ž. obšč. Chim. **20** [1950] 2314, 2319; engl. Ausg. S. 2411, 2416).
Krystalle (aus A.); F: 127—128°.

(±)-5-[6-Methoxy-[1]naphthyl]-dihydro-furan-2-on, (±)-4-Hydroxy-4-[6-methoxy-[1]naphthyl]-buttersäure-lacton $C_{15}H_{14}O_3$, Formel VIII.

B. Neben 4-[6-Methoxy-[1]naphthyl]-but-3-ensäure-methylester (E III **10** 1187) beim Behandeln einer aus 4-Oxo-buttersäure und Methylmagnesiumjodid (1 Mol) in Äther bereiteten Reaktionslösung mit einer Lösung von 6-Methoxy-[1]naphthylmagnesium-jodid in Äther und Benzol, Erwärmen des vom Äther befreiten Reaktionsgemisches, anschliessenden Behandeln mit wss. Schwefelsäure und Behandeln des Reaktionsprodukts mit Diazomethan in Äther (*Butenandt, Schramm*, B. **68** [1935] 2083, 2085, 2089).
Krystalle (aus wss. Acn.); F: 114° [unkorr.].

(±)-5-[6-Methoxy-[2]naphthyl]-dihydro-furan-2-on, (±)-4-Hydroxy-4-[6-methoxy-[2]naphthyl]-buttersäure-lacton $C_{15}H_{14}O_3$, Formel IX (R = CH_3).

B. Beim Erhitzen von (±)-4-Hydroxy-4-[6-methoxy-[2]naphthyl]-buttersäure auf 140° (*Horeau, Jacques*, Bl. **1952** 527, 528, 532). Beim Behandeln von 4-[6-Methoxy-[2]naphthyl]-4-oxo-buttersäure mit wss. Natriumcarbonat-Lösung und Natrium-Amalgam und Erwärmen des von ungelösten Anteilen befreiten Reaktionsgemisches mit wss. Salz= säure (*Šergiewškaja et al.*, Ž. obšč. Chim. **20** [1950] 2314, 2319; engl. Ausg. S. 2411, 2416).
Krystalle (aus A.); F: 121—123° (*Še. et al.*), 117° und (nach Wiedererstarren) F: 122° (*Ho., Ja.*).

VII VIII IX

(±)-5-[6-Äthoxy-[2]naphthyl]-dihydro-furan-2-on, (±)-4-[6-Äthoxy-[2]naphthyl]-4-hydroxy-buttersäure-lacton $C_{16}H_{16}O_3$, Formel IX (R = C_2H_5).

B. Beim Behandeln von 4-[6-Äthoxy-[2]naphthyl]-4-oxo-buttersäure mit wss. Natrium= carbonat-Lösung und Natrium-Amalgam und Erwärmen des von ungelösten Anteilen befreiten Reaktionsgemisches mit wss. Salzsäure (*Šergiewškaja et al.*, Ž. obšč. Chim. **20** [1950] 2314, 2319; engl. Ausg. S. 2411, 2417). Beim Erwärmen von 4-[6-Äthoxy-[2]naphthyl]-4-oxo-buttersäure mit wss. Kalilauge und Nickel-Aluminium-Legierung und Behandeln des von ungelösten Anteilen befreiten Reaktionsgemisches mit wss. Salzsäure (*Lipowitsch, Šergiewškaja*, Ž. obšč. Chim. **21** [1951] 123, 128; engl. Ausg. S. 135, 139).
Krystalle (aus A.); F: 125—126° (*Še. et al.*; *Li., Še.*).

(±)-5-[6-Propoxy-[2]naphthyl]-dihydro-furan-2-on, (±)-4-Hydroxy-4-[6-propoxy-[2]naphthyl]-buttersäure-lacton $C_{17}H_{18}O_3$, Formel IX (R = CH_2-CH_2-CH_3).

B. Aus 4-Oxo-4-[6-propoxy-[2]naphthyl]-buttersäure analog der im vorangehenden Artikel beschriebenen Verbindung (*Šergiewškaja, Tschemeriškaja*, Ž. obšč. Chim. **21** [1951] 584, 586; engl. Ausg. S. 647, 649; *Lipowitsch, Šergiewškaja*, Ž. obšč. Chim. **21** [1951] 123, 128; engl. Ausg. S. 135, 139).
Krystalle (aus A.); F: 128—129° (*Li., Še.*), 127,5—129° (*Še., Tsch.*).

(±)-5-[6-Butoxy-[2]naphthyl]-dihydro-furan-2-on, (±)-4-[6-Butoxy-[2]naphthyl]-4-hydroxy-buttersäure-lacton $C_{18}H_{20}O_3$, Formel IX (R = [CH_2]$_3$-CH_3).

B. Beim Behandeln von 4-[6-Butoxy-[2]naphthyl]-4-oxo-buttersäure mit wss. Natrium= carbonat-Lösung, Äthanol und Natrium-Amalgam und Erwärmen des von ungelösten Anteilen befreiten Reaktionsgemisches mit wss. Salzsäure (*Šergiewškaja, Tschemeriškaja*, Ž. obšč. Chim. **21** [1951] 584, 589; engl. Ausg. S. 647, 650).
Krystalle (aus A.); F: 120—121°.

3-Methoxy-7-phenyl-5,6-dihydro-4H-benzofuran-2-on, [(E)-2-Hydroxy-3-phenyl-cyclo= hex-2-enyliden]-methoxy-essigsäure-lacton $C_{15}H_{14}O_3$, Formel X (R = CH_3).

B. Beim Behandeln von 7-Phenyl-3a,4,5,6-tetrahydro-benzofuran-2,3-dion mit Diazo= methan in Äther oder mit Chlorwasserstoff enthaltendem Methanol (*Bachmann et al.*, Am. Soc. **72** [1950] 1995, 1999).
Krystalle (aus Me.); F: 117—118,5°.
Beim Erhitzen mit wss. Natronlauge ist 2-Phenyl-cyclohexanon erhalten worden.

3-Äthoxy-7-phenyl-5,6-dihydro-4H-benzofuran-2-on, Äthoxy-[(E)-2-hydroxy-3-phenyl-cyclohex-2-enyliden]-essigsäure-lacton $C_{16}H_{16}O_3$, Formel X (R = C_2H_5).

B. Beim Behandeln von 7-Phenyl-3a,4,5,6-tetrahydro-benzofuran-2,3-dion mit Chlor=

wasserstoff enthaltendem Äthanol (*Bachmann et al.*, Am. Soc. **72** [1950] 1995, 1999).
Krystalle (aus wss. A.); F: 85,2—89,5°.

X   XI   XII   XIII

3-Acetoxy-7-phenyl-5,6-dihydro-4H-benzofuran-2-on, Acetoxy-[(E)-2-hydroxy-3-phenylcyclohex-2-enyliden]-essigsäure-lacton $C_{16}H_{14}O_4$, Formel X (R = CO-CH$_3$).

B. Beim Erhitzen von 7-Phenyl-3a,4,5,6-tetrahydro-benzofuran-2,3-dion mit Acetanhydrid und Pyridin (*Bachmann et al.*, Am. Soc. **72** [1950] 1995, 1999).
F: 105—107°.

5-Acetoxy-3,3-dimethyl-3H-naphtho[1,2-b]furan-2-on, 2-[4-Acetoxy-1-hydroxy-[2]naphthyl]-2-methyl-propionsäure-lacton $C_{16}H_{14}O_4$, Formel XI.

B. Beim Erhitzen von 2-[1,4-Dioxo-1,4-dihydro-[2]naphthyl]-2-methyl-propionitril mit Acetanhydrid, Zink-Pulver und wenig Triäthylamin und anschliessend mit wss. Essigsäure (*Aparicio, Waters*, Soc. **1952** 4666, 4673).
Krystalle (aus A.); F: 133°.

6-Hydroxy-2,3,8-trimethyl-naphtho[1,8-bc]furan-5-on $C_{14}H_{12}O_3$, Formel XII, und Tautomeres.

Diese Verbindung hat vermutlich in dem nachstehend beschriebenen, von *van der Kerk, Overeem* (R. **76** [1957] 425, 435) als Leucoanhydrodechlormollisin bezeichneten Präparat vorgelegen (*Overeem, van der Kerk*, R. **83** [1964] 1005, 1007, 1013).

B. Neben 8-Acetyl-5-hydroxy-2,7-dimethyl-[1,4]naphthochinon beim Erwärmen von Mollisin (8-[2,2-Dichlor-acetyl]-5-hydroxy-2,7-dimethyl-[1,4]naphthochinon) mit wss. Jodwasserstoffsäure (*v. d. Kerk, Ov.*).

Krystalle (aus Bzn.); F: 205° [nach Erweichen von 171° an] (*v. d. Kerk, Ov.*). Absorptionsmaxima (A.): 250 nm, 260 nm, 269 nm und 342 nm (*v. d. Kerk, Ov.*).

(±)-5-Hydroxy-(4ar,9ac)-1,4a,9a,10-tetrahydro-4H-1t,10t-epoxido-anthracen-9-on $C_{14}H_{12}O_3$, Formel XIII + Spiegelbild.

Diese Konfiguration kommt wahrscheinlich der nachstehend beschriebenen Verbindung zu (*Inhoffen et al.*, Croat. chem. Acta **29** [1957] 329, 337).

B. Beim Behandeln von (±)-(4ar,9ac)-1,4,4a,9,9a,10-Hexahydro-1t,10t-epoxidoanthracen-5,9t-diol mit Chrom(VI)-oxid in Pyridin (*In. et al.*, l. c. S. 344).

Krystalle (aus Bzl.); Zers. oberhalb 216°. UV-Spektrum (Me.; 200—350 nm): *In. et al.*, l. c. S. 337.

Beim Erwärmen mit wss.-methanol. Schwefelsäure und Erhitzen des Reaktionsprodukts mit Acetanhydrid und Pyridin ist 1,10-Diacetoxy-anthracen erhalten worden.

Hydroxy-oxo-Verbindungen $C_{15}H_{14}O_3$

[3-Allyl-4-hydroxy-phenyl]-[5-methyl-[2]thienyl]-keton $C_{15}H_{14}O_2S$, Formel XIV.

B. Beim Erhitzen von [4-Allyloxy-phenyl]-[5-methyl-[2]thienyl]-keton mit N,N-Dimethyl-anilin (*Buu-Hoï et al.*, R. **69** [1950] 1083, 1089, 1096).
Krystalle (aus Bzl. + Bzn.); F: 109°.

6-Methoxy-2,2-dimethyl-2,3-dihydro-benzo[h]chromen-4-on $C_{16}H_{16}O_3$, Formel XV.

B. Beim Erhitzen von 3-Methyl-crotonsäure-[4-methoxy-[1]naphthylester] mit Alu=

miniumchlorid auf 150° und Erwärmen des Reaktionsprodukts mit Chlorwasserstoff enthaltendem Methanol (*Livingstone, Watson*, Soc. **1956** 3701, 3703).
Gelbliche Krystalle (aus wss. A.); F: 120,5—121,5°.

XIV   XV   XVI

6-Methoxy-2,2-dimethyl-2,3-dihydro-benzo[*h*]chromen-4-on-[2,4-dinitro-phenyl≠ hydrazon] $C_{22}H_{20}N_4O_6$, Formel XVI.
B. Beim Behandeln von 6-Methoxy-2,2-dimethyl-2,3-dihydro-benzo[*h*]chromen-4-on oder beim Erwärmen von Lapachenol (6-Methoxy-2,2-dimethyl-2*H*-benzo[*h*]chromen) mit [2,4-Dinitro-phenyl]-hydrazin und Schwefelsäure enthaltendem Äthanol (*Livingstone, Watson*, Soc. **1957** 1509, 1510, 1511).
Rotbraune Krystalle (aus Eg.); F: 293—296°. Absorptionsmaxima ($CHCl_3$): 246 nm, 332 nm und 425 nm.

Hydroxy-oxo-Verbindungen $C_{16}H_{16}O_3$

[5-Äthyl-[2]thienyl]-[3-allyl-4-hydroxy-phenyl]-keton $C_{16}H_{16}O_2S$, Formel I.
B. Beim Erhitzen von [5-Äthyl-[2]thienyl]-[4-allyloxy-phenyl]-keton (nicht näher beschrieben) mit *N,N*-Dimethyl-anilin (*Buu-Hoï*, Soc. **1958** 2418).
Krystalle (aus Bzl. + Bzn.); F: 84°.

I   II

(±)-4-[6-Methoxy-[2]naphthyl]-3,3-dimethyl-dihydro-furan-2-on, (±)-4-Hydroxy-3-[6-methoxy-[2]naphthyl]-2,2-dimethyl-buttersäure-lacton $C_{17}H_{18}O_3$, Formel II.
B. Beim Hydrieren von 3-[6-Methoxy-[2]naphthyl]-2,2-dimethyl-4-oxo-buttersäure an Raney-Nickel in wss. Natronlauge und Erhitzen der Reaktionslösung mit wss. Salz= säure (*Horeau, Emiliozzi*, Bl. **1957** 381, 385).
Krystalle (aus Me.); F: 151—152°.

4-[(*Ξ*)-2-Chlor-3-phenylimino-propyliden]-1,2,3,4-tetrahydro-xanthylium $[C_{22}H_{19}ClNO]^+$, Formel III (X = H), und **4-[(*Ξ*)-3ξ-Anilino-2-chlor-allyliden]-1,2,3,4-tetrahydro-xanthylium** $[C_{22}H_{19}ClNO]^+$, Formel IV (R = X = H).
Für das dem nachstehend beschriebenen Salz zugrunde liegende Kation wird ausser diesen Konstitutionsformeln auch die Formulierung als 4-[(*Ξ*)-3ξ-(*N*-Acetyl-anilino)-2-chlor-allyliden]-1,2,3,4-tetrahydro-xanthylium ($[C_{24}H_{21}ClNO_2]^+$; Formel IV [R = CO-CH₃, X = H]) in Betracht gezogen (*Roosens, Wizinger*, Bl. Soc. chim. Belg. **66** [1957] 109, 111).
Tetrachloroferrat(III) $[C_{22}H_{19}ClNO]FeCl_4$. *B.* Beim Behandeln von 1,2,3,4-Tetrahydro-xanthylium-tetrachloroferrat(III) mit 3-Anilino-2-chlor-acrylaldehyd in Acetanhydrid (*Ro., Wi.*, l. c. S. 118). — Blaue, metallisch glänzende Krystalle (aus Acetanhydrid); Zers. bei 204°. Absorptionsmaximum (Eg.): 595 nm und 625 nm. — Beim Erwärmen mit Natriumcarbonat in Äthanol ist 2-Chlor-3-[2,3-dihydro-1*H*-xanthen-4-yl]-acryl= aldehyd (E III/IV **17** 5373) erhalten worden.

4-[(Ξ)-2-Chlor-3-(4-nitro-phenylimino)-propyliden]-1,2,3,4-tetrahydro-xanthylium
$[C_{22}H_{18}ClN_2O_3]^+$, Formel III (X = NO$_2$), und **4-[(Ξ)-2-Chlor-3ξ-(4-nitro-anilino)-allyliden]-1,2,3,4-tetrahydro-xanthylium** $[C_{22}H_{18}ClN_2O_3]^+$, Formel IV (R = H, X = NO$_2$).

Perchlorat. *B.* Beim Erwärmen von 2-Chlor-3-[2,3-dihydro-1*H*-xanthen-4-yl]-acryl≠aldehyd-semicarbazon (E III/IV **17** 5374) mit 4-Nitro-anilin und Äthanol und Behandeln der Reaktionslösung mit wss.-äthanol. Perchlorsäure (*Roosens, Wizinger*, Bl. Soc. chim. Belg. **66** [1957] 109, 120). — Blaue Krystalle (aus Acetanhydrid). Absorptionsmaximum (Nitrobenzol): 650 nm.

4-[(Ξ)-2-Chlor-3-(4-methoxy-phenylimino)-propyliden]-1,2,3,4-tetrahydro-xanthylium
$[C_{23}H_{21}ClNO_2]^+$, Formel III (X = OCH$_3$), und **4-[(Ξ)-3ξ-*p*-Anisidino-2-chlor-allyliden]-1,2,3,4-tetrahydro-xanthylium** $[C_{23}H_{21}ClNO_2]^+$, Formel IV (R = H, X = OCH$_3$).

Perchlorat $[C_{23}H_{21}ClNO_2]ClO_4$. *B.* Beim Erwärmen von 2-Chlor-3-[2,3-dihydro-1*H*-xanthen-4-yl]-acrylaldehyd-semicarbazon (E III/IV **17** 5374) mit *p*-Anisidin und Äthanol und Behandeln der Reaktionslösung mit wss.-äthanol. Perchlorsäure (*Roosens, Wizinger*, Bl. Soc. chim. Belg. **66** [1957] 109, 121). — Blaue Krystalle (aus Acetanhydrid); F: 200° bis 202° [unkorr.]. Absorptionsmaxima (Nitrobenzol): 630 nm und 750 nm.

***N,N'*-Bis-[2-chlor-3-((Ξ)-2,3-dihydro-1*H*-xanthylium-4-yliden)-propyliden]-benzidin**
$[C_{44}H_{36}Cl_2N_2O_2]^{2+}$, Formel V, und ***N,N'*-Bis-[2-chlor-3-((Ξ)-2,3-dihydro-1*H*-xanthylium-4-yliden)-ξ-propenyl]-benzidin** $[C_{44}H_{36}Cl_2N_2O_2]^{2+}$, Formel VI.

Diperchlorat. *B.* Beim Erwärmen von 2-Chlor-3-[2,3-dihydro-1*H*-xanthen-4-yl]-acrylaldehyd-semicarbazon (E III/IV **17** 5374) mit Benzidin in Äthanol und Behandeln der Reaktionslösung mit wss. Perchlorsäure (*Roosens, Wizinger*, Bl. Soc. chim. Belg. **66** [1957] 109, 121). — Blaue Krystalle (aus Acetanhydrid); F: 138° [unkorr.]. Absorptionsmaximum (Nitrobenzol): 680 nm.

4-[(Ξ)-2-Brom-3-phenylimino-propyliden]-1,2,3,4-tetrahydro-xanthylium $[C_{22}H_{19}BrNO]^+$, Formel VII, und **4-[(Ξ)-3ξ-Anilino-2-brom-allyliden]-1,2,3,4-tetrahydro-xanthylium** $[C_{22}H_{19}BrNO]^+$, Formel VIII (R = H).

Für das dem nachstehend beschriebenen Salz zugrunde liegende Kation wird ausser diesen Konstitutionsformeln auch die Formulierung als 4-[(Ξ)-3ξ-(N-Acetyl-anilino)-2-brom-allyliden]-1,2,3,4-tetrahydro-xanthylium ($[C_{24}H_{21}BrNO_2]^+$; Formel VIII [R = CO-CH$_3$]) in Betracht gezogen (*Roosens, Wizinger*, Bl. Soc. chim. Belg. **66** [1957] 109, 111).

Tetrachloroferrat(III) $[C_{22}H_{19}BrNO]FeCl_4$. *B.* Beim Behandeln von 1,2,3,4-Tetrahydroxanthylium-tetrachloroferrat(III) mit 3-Anilino-2-brom-acrylaldehyd in Acetanhydrid und Äthanol (*Ro., Wi.*, l. c. S. 119). — Blaue Krystalle (aus Eg.); Zers. bei 198°. Absorptionsmaxima (Eg.): 590 nm und 620 nm. — Beim Erwärmen mit Natriumcarbonat in Äthanol ist 2-Brom-3-[2,3-dihydro-1*H*-xanthen-4-yl]-acrylaldehyd (E III/IV **17** 5374) erhalten worden.

VII   VIII

8-Methoxy-1,5,6,12a-tetrahydro-2*H*-naphtho[8a,1,2-*de*]chromen-3-on $C_{17}H_{18}O_3$.

a) **(4a*R*,12a*R*)-8-Methoxy-1,5,6,12a-tetrahydro-2*H*-naphtho[8a,1,2-*de*]chromen-3-on, (−)-Dehydrothebenon** $C_{17}H_{18}O_3$, Formel IX (X = H).
B. Beim Erwärmen von *ent*-4-Hydroxy-3-methoxy-17,17,17-trimethyl-6-oxo-9,10-didehydro-9,17-seco-morphinanium-jodid mit wss. Kalilauge und Behandeln der Reaktionslösung mit Kohlendioxid (*Goto*, A. **485** [1931] 247, 250, 254).
Krystalle (aus Ae.); F: 113° [nach Sintern bei 104°]. $[\alpha]_D^{18}$: −206,9° [CHCl$_3$; c = 2].
Bei der Hydrierung an Palladium/Kohle in wss. Essigsäure ist (−)-Thebenon (S. 534) erhalten worden.

b) **(4a*S*,12a*S*)-8-Methoxy-1,5,6,12a-tetrahydro-2*H*-naphtho[8a,1,2-*de*]chromen-3-on, (+)-Dehydrothebenon** $C_{17}H_{18}O_3$, Formel X (X = H).
B. Aus 4-Hydroxy-3-methoxy-17,17,17-trimethyl-6-oxo-9,10-didehydro-9,17-seco-morphinanium-jodid (*Goto et al.*, A. **515** [1935] 297, 302).
$[\alpha]_D^{20}$: +206,4° [CHCl$_3$; c = 0,2].

c) **(4a*RS*,12a*RS*)-8-Methoxy-1,5,6,12a-tetrahydro-2*H*-naphtho[8a,1,2-*de*]chromen-3-on, (±)-Dehydrothebenon** $C_{17}H_{18}O_3$, Formel IX + X (X = H).
Herstellung aus gleichen Mengen der unter a) und b) beschriebenen Enantiomeren: *Goto et al.*, A. **515** [1935] 297, 298.
F: 156° (*Goto et al.*, l. c. S. 302). Absorptionsmaxima (A.): 269 nm und 306 nm (*Goto et al.*, l. c. S. 298).

IX   X   XI

d) **(4a*S*,12a*R*)-8-Methoxy-1,5,6,12a-tetrahydro-2*H*-naphtho[8a,1,2-*de*]chromen-3-on, (+)-Epidehydrothebenon** $C_{17}H_{18}O_3$, Formel XI.
B. In kleiner Menge beim Erhitzen von 4-Hydroxy-3-methoxy-17,17-dimethyl-9,10-didehydro-9,17-seco-14α-morphinan-6-on (E III **14** 643) unter 0,05 Torr bis auf 180° und Behandeln des Reaktionsprodukts mit wss. Salzsäure (*Rapoport, Lavigne*, Am. Soc. **75**

[1953] 5329, 5330, 5333).
Krystalle (aus A. sowie durch Sublimation); F: 183—185° [korr.]. $[\alpha]_D^{25}$: $+140°$ [A.; c = 0,5].

10-Brom-8-methoxy-1,5,6,12a-tetrahydro-2H-naphtho[8a,1,2-de]chromen-3-on $C_{17}H_{17}BrO_3$.

a) **(4aR,12aR)-10-Brom-8-methoxy-1,5,6,12a-tetrahydro-2H-naphtho[8a,1,2-de]**= chromen-3-on, (−)-1-Brom-dehydrothebenon $C_{17}H_{17}BrO_3$, Formel IX (X = Br).

B. Beim Erwärmen von *ent*-1-Brom-4-hydroxy-3-methoxy-17,17,17-trimethyl-6-oxo-9,10-didehydro-9,17-seco-morphinanium-jodid (E III **14** 644) mit wss. Natronlauge und Ansäuern des Reaktionsgemisches mit wss. Salzsäure (*Goto et al.*, Bl. chem. Soc. Japan **10** [1935] 481, 484).

Krystalle (aus $CHCl_3$); F: 145°. $[\alpha]_D^{17}$: $-186,8°$ [$CHCl_3$; c = 1,4].

b) **(4aS,12aS)-10-Brom-8-methoxy-1,5,6,12a-tetrahydro-2H-naphtho[8a,1,2-de]**= chromen-3-on, (+)-1-Brom-dehydrothebenon $C_{17}H_{17}BrO_3$, Formel X (X = Br).

B. Beim Erwärmen von 1-Brom-4-hydroxy-3-methoxy-17,17,17-trimethyl-6-oxo-9,10-didehydro-9,17-seco-morphinanium-jodid (E III **14** 644) mit wss. Natronlauge und Ansäuern des Reaktionsgemisches mit wss. Salzsäure (*Goto et al.*, Bl. chem. Soc. Japan **10** [1935] 481, 484).

F: 148—150°. $[\alpha]_D^{17}$: $+187,3°$ [$CHCl_3$; c = 1,5].

c) **(4aRS,12aRS)-10-Brom-8-methoxy-1,5,6,12a-tetrahydro-2H-naphtho[8a,1,2-de]**= chromen-3-on, (±)-1-Brom-dehydrothebenon $C_{17}H_{17}BrO_3$, Formel IX + X (X = Br).

Herstellung aus gleichen Mengen der unter a) und b) beschriebenen Enantiomeren in Methanol: *Goto et al.*, Bl. chem. Soc. Japan **10** [1935] 481, 484.

F: 159—162°.

11-Brom-8-methoxy-1,5,6,12a-tetrahydro-2H-naphtho[8a,1,2-de]chromen-3-on $C_{17}H_{17}BrO_3$ und **12-Brom-8-methoxy-1,5,6,12a-tetrahydro-2H-naphtho[8a,1,2-de]**= chromen-3-on $C_{17}H_{17}BrO_3$.

a) **(4aR,12aR)-11-Brom-8-methoxy-1,5,6,12a-tetrahydro-2H-naphtho[8a,1,2-de]**= chromen-3-on $C_{17}H_{17}BrO_3$, Formel XII (R = H, X = Br), und **(4aR,12aS)-12-Brom-8-methoxy-1,5,6,12a-tetrahydro-2H-naphtho[8a,1,2-de]chromen-3-on** $C_{17}H_{17}BrO_3$, Formel XII (R = Br, X = H).

Diese beiden Formeln kommen für die nachstehend beschriebene Verbindung in Betracht.

B. Beim Behandeln von (−)-Dehydrothebenon (S. 582) mit Brom in Essigsäure (*Goto et al.*, Bl. chem. Soc. Japan **10** [1935] 481, 484).

Krystalle (aus Acn.), die zwischen 125° und 133° schmelzen. $[\alpha]_D^{17}$: $-113,3°$ [$CHCl_3$; c = 1,5].

b) **(4aS,12aS)-11-Brom-8-methoxy-1,5,6,12a-tetrahydro-2H-naphtho[8a,1,2-de]**= chromen-3-on $C_{17}H_{17}BrO_3$, Formel XIII (R = H, X = Br), und **(4aS,12aR)-12-Brom-8-methoxy-1,5,6,12a-tetrahydro-2H-naphtho[8a,1,2-de]chromen-3-on** $C_{17}H_{17}BrO_3$, Formel XIII (R = Br, X = H).

Diese beiden Formeln kommen für die nachstehend beschriebene Verbindung in Betracht.

B. Beim Behandeln von (+)-Dehydrothebenon (S. 582) mit Brom in Essigsäure (*Goto et al.*, Bl. chem. Soc. Japan **10** [1935] 481, 485).

Krystalle (aus Acn.); F: 127—130°. $[\alpha]_D^{17}$: $+112,7°$ [$CHCl_3$; c = 1,5].

XII   XIII   XIV

c) (4a*RS*,12a*RS*)-11-Brom-8-methoxy-1,5,6,12a-tetrahydro-2*H*-naphtho[8a,1,2-*de*]=
chromen-3-on $C_{17}H_{17}BrO_3$, Formel XII + XIII (R = H, X = Br), und (4a*RS*,12a*SR*)-
12-Brom-8-methoxy-1,5,6,12a-tetrahydro-2*H*-naphtho[8a,1,2-*de*]chromen-3-on
$C_{17}H_{17}BrO_3$, Formel XII + XIII (R = Br, X = H).
Diese beiden Formeln kommen für die nachstehend beschriebene Verbindung in Betracht.
Herstellung aus gleichen Mengen der unter a) und b) beschriebenen Enantiomeren in Methanol: *Goto et al.*, Bl. chem. Soc. Japan **10** [1935] 481, 485.
Krystalle (aus Me.); F: 156—158°.

(3a*R*)-5-Methoxy-9b-vinyl-(3a*r*,9a*c*,9b*c*)-1,3a,8,9,9a,9b-hexahydro-2*H*-phenanthro=
[4,5-*bcd*]furan-3-on $C_{17}H_{18}O_3$, Formel XIV.
B. Beim Erwärmen einer Lösung von (3a*R*)-3,5-Dimethoxy-9b-vinyl-(3a*r*,9a*c*,9b*c*)-
1,3a,8,9,9a,9b-hexahydro-phenanthro[4,5-*bcd*]furan (E III/IV **17** 2195) in Äthanol mit
wss. Salzsäure (*Rapoport, Payne*, Am. Soc. **74** [1952] 2630, 2636).
Krystalle; F: 129—130° [aus A.] (*Bentley et al.*, Soc. **1956** 1963, 1968), 125—127°
[korr.] (*Ra., Pa.*), 125—126° [korr.; aus CH_2Cl_2 + Me.] (*Kalvoda et al.*, Helv. **38** [1955]
1847, 1853). $[\alpha]_D^{19}$: −25° [$CHCl_3$; c = 1] (*Be. et al.*); $[\alpha]_D^{25}$: −23,8° [A.; c = 1] (*Ra., Pa.*).
Semicarbazon $C_{18}H_{21}N_3O_3$. Krystalle (aus Me.); F: 193—194° (*Be. et al.*).

Hydroxy-oxo-Verbindungen $C_{17}H_{18}O_3$

(±)-5-[2]Furyl-1*t*(?)-[4-methoxy-phenyl]-hept-1-en-3-on $C_{18}H_{20}O_3$, vermutlich Formel I.
B. Beim Behandeln von (±)-4-[2]Furyl-hexan-2-on mit 4-Methoxy-benzaldehyd und
wss.-äthanol. Natronlauge (*Maxim, Popescu*, Bl. [5] **4** [1937] 265, 274).
Gelbliches Öl; Kp_{33}: 265°.
Semicarbazon $C_{19}H_{23}N_3O_3$. Krystalle (aus A.); F: 188°.

I   II

(±)-1*t*(?)-[2]Furyl-5-[4-methoxy-phenyl]-hept-1-en-3-on $C_{18}H_{20}O_3$, vermutlich
Formel II.
B. Beim Behandeln von 1*t*(?)-[2]Furyl-5*t*(?)-[4-methoxy-phenyl]-penta-1,4-dien-3-on
(F: 218°) mit Äthylmagnesiumjodid in Äther (*Maxim, Popescu*, Bl. [5] **4** [1937] 265, 272).
Beim Behandeln von Furfural mit (±)-4-[4-Methoxy-phenyl]-hexan-2-on und wss.-
äthanol. Natronlauge (*Ma., Po.*, l. c. S. 273).
Krystalle (aus A.); F: 55°. Kp_{22}: 241°; Kp_{15}: 230°.
Semicarbazon $C_{19}H_{23}N_3O_3$. F: 66°.

3*t*(?)-[4-Hydroxy-5-isopropyl-2-methyl-phenyl]-1-[2]thienyl-propenon $C_{17}H_{18}O_2S$,
vermutlich Formel III (R = H).
B. Beim Erhitzen der im folgenden Artikel beschriebenen Verbindung mit Pyridin-
hydrochlorid (*Royer et al.*, Bl. **1957** 304, 306).
Grünlichgelbe Krystalle (aus Bzl.); F: 162°.

III   IV

3t(?)-[5-Isopropyl-4-methoxy-2-methyl-phenyl]-1-[2]thienyl-propenon $C_{18}H_{20}O_2S$, vermutlich Formel III (R = CH_3).

B. Aus 1-[2]Thienyl-äthanon und 5-Isopropyl-4-methoxy-2-methyl-benzaldehyd (*Royer et al.*, Bl. **1957** 304, 306).
Gelbe Krystalle (aus A.); F: 111°.

(±)-5-[6-Methoxy-[2]naphthyl]-6,6-dimethyl-tetrahydro-pyran-2-on, (±)-5-Hydroxy-4-[6-methoxy-[2]naphthyl]-5-methyl-hexansäure-lacton $C_{18}H_{20}O_3$, Formel IV.

B. Beim Behandeln von (±)-4-[6-Methoxy-[2]naphthyl]-5-oxo-hexansäure-methylester mit Methylmagnesiumjodid in Äther und anschliessend mit wss. Ammoniumchlorid-Lösung (*Horeau, Jacques*, Bl. **1954** 511, 514).
Krystalle (aus Me. + Bzl.); F: 172,5—173,5°.

(±)-4-[6-Methoxy-[2]naphthyl]-3,3-dimethyl-tetrahydro-pyran-2-on, (±)-5-Hydroxy-3-[6-methoxy-[2]naphthyl]-2,2-dimethyl-valeriansäure-lacton $C_{18}H_{20}O_3$, Formel V.

B. Beim Behandeln von (±)-3-[6-Methoxy-[2]naphthyl]-2,2-dimethyl-glutarsäure-1-methylester mit Oxalylchlorid, Pyridin, Äther und Benzol, Schütteln des Reaktionsprodukts mit Lithium-[tri-*tert*-butoxy-alanat] in Tetrahydrofuran und anschliessenden Erwärmen mit wss. Salzsäure (*Horeau et al.*, Bl. **1959** 1854, 1858).
Krystalle (aus Me.); F: 140—141°.

(±)-4-[6-Hydroxy-[2]naphthyl]-5,5-dimethyl-tetrahydro-pyran-2-on, (±)-5-Hydroxy-3-[6-hydroxy-[2]naphthyl]-4,4-dimethyl-valeriansäure-lacton $C_{17}H_{18}O_3$, Formel VI (R = H).

B. Beim Erhitzen von (±)-5-Hydroxy-3-[6-methoxy-[2]naphthyl]-4,4-dimethyl-valeriansäure-lacton mit Pyridin-hydrochlorid auf 190° (*Ashmore, Huffman*, Am. Soc. **73** [1951] 1784).
Krystalle (aus wss. Acn.); F: 192—193° [unkorr.].

V   VI   VII

(±)-4-[6-Methoxy-[2]naphthyl]-5,5-dimethyl-tetrahydro-pyran-2-on, (±)-5-Hydroxy-3-[6-methoxy-[2]naphthyl]-4,4-dimethyl-valeriansäure-lacton $C_{18}H_{20}O_3$, Formel VI (R = CH_3).

B. Beim Erwärmen von 5-Hydroxy-3-[6-methoxy-[2]naphthyl]-4,4-dimethyl-pent-2t-ensäure mit wss. Kalilauge und Natrium-Amalgam und Ansäuern der vom Natrium-Amalgam befreiten Reaktionslösung mit Schwefelsäure (*Ashmore, Huffman*, Am. Soc. **73** [1951] 1784).
Krystalle (aus A.); F: 150,5—151,5° [unkorr.].

1'-Oxo-1',4'-dihydro-2'*H*-spiro[cyclopentan-1,3'-xanthenylium] $[C_{17}H_{17}O_2]^+$, Formel VII.
Chlorid $[C_{17}H_{17}O_2]$Cl. B. Beim Behandeln einer Lösung von Spiro[4.5]decan-7,9-dion und Salicylaldehyd in Methanol mit Chlorwasserstoff (*Desai*, J. Indian chem. Soc. **10** [1933] 663, 668). — Rote Krystalle; Zers. bei 300°.

(±)-3-Hydroxy-(7a*r*,11a*t*)-7,7a,8,9,10,11,11a,12-octahydro-naphtho[2,3-*c*]chromen-6-on, (±)-3-[2,4-Dihydroxy-phenyl]-(4a*r*,8a*t*)-1,4,4a,5,6,7,8,8a-octahydro-[2]naphthoesäure-2-lacton $C_{17}H_{18}O_3$, Formel VIII (R = H) + Spiegelbild.

B. Beim Behandeln von Resorcin mit (±)-3-Oxo-(4a*r*,8a*t*)-decahydro-[2]naphthoesäure-äthylester und wenig Schwefelsäure (*Chowdhry, Desai*, Pr. Indian Acad. [A] **8** [1938] 12, 18).
Krystalle (aus A.); F: 245°.

(±)-3-Methoxy-(7ar,11at)-7,7a,8,9,10,11,11a,12-octahydro-naphtho[2,3-c]chromen-6-on,
(±)-3-[2-Hydroxy-4-methoxy-phenyl]-(4ar,8at)-1,4,4a,5,6,7,8,8a-octahydro-
[2]naphthoesäure-lacton $C_{18}H_{20}O_3$, Formel VIII (R = CH_3) + Spiegelbild.
B. Beim Behandeln der im vorangehenden Artikel beschriebenen Verbindung mit Alkalilauge und Dimethylsulfat (Chowdhry, Desai, Pr. Indian Acad. [A] 8 [1938] 12, 18).
Krystalle (aus A.); F: 178°.

VIII IX X

(±)-3-Acetoxy-(7ar,11at)-7,7a,8,9,10,11,11a,12-octahydro-naphtho[2,3-c]chromen-6-on,
(±)-3-[4-Acetoxy-2-hydroxy-phenyl]-(4ar,8at)-1,4,4a,5,6,7,8,8a-octahydro-[2]naphthoe=
säure-lacton $C_{19}H_{20}O_4$, Formel VIII (R = CO-CH_3) + Spiegelbild.
B. Beim Behandeln von (±)-3-Hydroxy-(7ar,11at)-7,7a,8,9,10,11,11a,12-octahydro-naphtho[2,3-c]chromen-6-on mit Acetanhydrid und Pyridin (Chowdhry, Desai, Pr. Indian Acad. [A] 8 [1938] 12, 18).
Krystalle (aus A.); F: 192°.

*Opt.-inakt. 8-Hydroxy-1,3,4,4a,4b,5,6,12a-octahydro-naphth[2,1-f]isothiochromen-12-on $C_{17}H_{18}O_2S$, Formel IX (R = H).
B. Beim Erhitzen von opt.-inakt. 8-Methoxy-1,3,4,4a,4b,5,6,12-octahydro-naphth=
[2,1-f]isothiochromen-12-on vom F: 234—236° (s. u.) mit Essigsäure und wss. Jodwasser=
stoffsäure (McGinnis, Robinson, Soc. 1941 404, 405, 407).
Gelbliche Krystalle (aus Butan-1-ol); Zers. oberhalb 240°.

8-Methoxy-1,3,4,4a,4b,5,6,12a-octahydro-naphth[2,1-f]isothiochromen-12-on
$C_{18}H_{20}O_2S$, Formel IX (R = CH_3).
a) Opt.-inakt. Stereoisomeres vom F: 234—236°.
B. Neben kleineren Mengen des unter b) beschriebenen Stereoisomeren beim Behandeln von 1-[5,6-Dihydro-2H-thiopyran-3-yl]-äthanon mit der Natrium-Verbindung des 6-Methoxy-3,4-dihydro-2H-naphthalin-1-ons in Äther (McGinnis, Robinson, Soc. 1941 404, 405, 407).
Krystalle (aus Butan-1-ol); F: 234—236°.
2,4-Dinitro-phenylhydrazon $C_{24}H_{24}N_4O_5S$. Rote Krystalle; F: 268° [Zers.].
b) Opt.-inakt. Stereoisomeres vom F: 190—194°.
B. s. bei dem unter a) beschriebenen Stereoisomeren.
Krystalle (aus A.); F: 190—194° (McGinnis, Robinson, Soc. 1941 404, 407).
2,4-Dinitro-phenylhydrazon $C_{24}H_{24}N_4O_5S$. Orangerote Krystalle; F: 250° [Zers.].

*Opt.-inakt. 8-Methoxy-2,2-dioxo-1,3,4,4a,4b,5,6,12a-octahydro-2λ^6-naphth[2,1-f]iso=
thiochromen-12-on $C_{18}H_{20}O_4S$, Formel X.
B. Beim Behandeln einer Lösung von opt.-inakt. 8-Methoxy-1,3,4,4a,4b,5,6,12a-octa=
hydro-naphth[2,1-f]isothiochromen-12-on vom F: 234—236° (s. o.) in Essigsäure mit wss. Wasserstoffperoxid (McGinnis, Robinson, Soc. 1941 404, 405, 408).
Krystalle (aus Eg.); F: 279—281°.

7-Methoxy-11a-methyl-3a,4,5,10,11,11a-hexahydro-1H-phenanthro[1,2-b]furan-2-on,
[1-Hydroxy-7-methoxy-2-methyl-1,2,3,4,9,10-hexahydro-[2]phenanthryl]-essigsäure-
lacton $C_{18}H_{20}O_3$, Formel XI.
Eine opt.-inakt. Verbindung dieser Konstitution hat möglicherweise in dem nachstehend beschriebenen Präparat vorgelegen.

B. Beim Erhitzen von (±)-[7-Methoxy-2-methyl-1-oxo-1,2,3,4,9,10-hexahydro-[2]phen≠
anthryl]-essigsäure-methylester oder von (±)-[7-Methoxy-2c(?)-methyl-1-oxo-(4ar,≠
10at(?))-1,2,3,4,4a,9,10,10a-octahydro-[2t(?)]phenanthryl]-essigsäure-methylester (F:
97,5° [E III **10** 4384]) mit Palladium/Kohle auf 225° bzw. auf 200°, Behandeln der jeweiligen Reaktionslösung mit wss. Kalilauge und anschliessenden Ansäuern (*Wilds, Johnson,*
Am. Soc. **70** [1948] 1166, 1172, 1173).
Krystalle (aus Bzl. + PAe.); F: 133,5—134,5° [korr.]. Absorptionsmaxima (A.):
229 nm, 265 nm, 274 nm, 320 nm und 334 nm.

XI XII XIII

(4aS,12aS)-8-Methoxy-2ξ-methyl-1,5,6,12a-tetrahydro-2H-naphtho[8a,1,2-de]chromen-3-on $C_{18}H_{20}O_3$, Formel XII.
B. In kleiner Menge beim Erwärmen des aus 4-Hydroxy-3-methoxy-7ξ,17,17-trimethyl-9,10-didehydro-9,17-seco-morphinan-6-on (F: 193° [E III **14** 645]) hergestellten Metho≠
jodids mit wss. Kalilauge und Behandeln des Reaktionsprodukts mit wss. Salzsäure
(*Small et al.,* J. org. Chem. **12** [1947] 839, 868).
Krystalle (aus A.); F: 116,5—117°. $[\alpha]_D^{20}$: +252° [A.; c = 0,5].

(4aR,12aS)-8-Methoxy-4ξ-methyl-1,5,6,12a-tetrahydro-2H-naphtho[8a,1,2-de]chromen-3-on $C_{18}H_{20}O_3$, Formel XIII.
B. Beim Erwärmen von 4-Hydroxy-3-methoxy-5ξ,17,17,17-tetramethyl-6-oxo-9,10-di≠
dehydro-9,17-seco-morphinanium-jodid (F: 246—249° [E III **14** 645]) mit wss. Kali≠
lauge und Behandeln des Reaktionsprodukts mit wss. Salzsäure (*Small et al.,* J. org.
Chem. **12** [1947] 839, 867).
Krystalle (aus A.), F: 183—184°; $[\alpha]_D^{20}$: +262° [Acn.; c = 0,5] (durch Sublimation bei
150°/0,1 Torr gereinigtes Präparat).

Hydroxy-oxo-Verbindungen $C_{18}H_{20}O_3$

(±)-1t(?)-[2]Furyl-5-[4-methoxy-phenyl]-oct-1-en-3-on $C_{19}H_{22}O_3$, vermutlich Formel I.
B. Beim Behandeln von 1t(?)-[2]Furyl-5t(?)-[4-methoxy-phenyl]-penta-1,4-dien-3-on
(F: 218°) mit Propylmagnesiumbromid in Äther (*Maxim, Popescu,* Bl. [5] **4** [1937] 265,
274).
Gelbliches Öl; Kp_{18}: 232°.
Semicarbazon $C_{20}H_{25}N_3O_3$. F: 68°.

1′-Oxo-1′,4′-dihydro-2′H-spiro[cyclohexan-1,3′-xanthenylium] $[C_{18}H_{19}O_2]^+$, Formel II.
Chlorid $[C_{18}H_{19}O_2]Cl$. *B.* Beim Behandeln einer Lösung von Spiro[5.5]undecan-2,4-dion
und Salicylaldehyd in Methanol mit Chlorwasserstoff (*Desai,* J. Univ. Bombay **2**, Tl. 2
[1933] 62, 66). — Rote Krystalle, die unterhalb 300° nicht schmelzen. An feuchter Luft
nicht beständig.

I II III

(±)-1-Hydroxy-3-methyl-(7ar,11at)-7,7a,8,9,10,11,11a,12-octahydro-naphtho[2,3-c]=
chromen-6-on, (±)-3-[2,6-Dihydroxy-4-methyl-phenyl]-(4ar,8at)-1,4,4a,5,6,7,8,8a-octa=
hydro-[2]naphthoesäure-lacton $C_{18}H_{20}O_3$, Formel III (R = H) + Spiegelbild.

B. Beim Erwärmen von 5-Methyl-resorcin mit (±)-3-Oxo-(4ar,8at)-decahydro-
[2]naphthoesäure-äthylester, Phosphorylchlorid und Benzol (*Chowdhry, Desai*, Pr. Indian
Acad. [A] **8** [1938] 12, 19).

Krystalle; F: 315°.

(±)-1-Acetoxy-3-methyl-(7ar,11at)-7,7a,8,9,10,11,11a,12-octahydro-naphtho[2,3-c]=
chromen-6-on, (±)-3-[2-Acetoxy-6-hydroxy-4-methyl-phenyl]-(4ar,8at)-
1,4,4a,5,6,7,8,8a-octahydro-[2]naphthoesäure-lacton $C_{20}H_{22}O_4$, Formel III
(R = CO-CH$_3$) + Spiegelbild.

B. Beim Behandeln der im vorangehenden Artikel beschriebenen Verbindung mit
Acetanhydrid und Pyridin (*Chowdhry, Desai*, Pr. Indian Acad. [A] **8** [1938] 12, 19).

Krystalle (aus A.); F: 184°.

Hydroxy-oxo-Verbindungen $C_{19}H_{22}O_3$

(±)-1t(?)-[2]Furyl-5-[4-methoxy-phenyl]-7-methyl-oct-1-en-3-on $C_{20}H_{24}O_3$, vermutlich
Formel IV.

B. Beim Behandeln von 1t(?)-[2]Furyl-5t(?)-[4-methoxy-phenyl]-penta-1,4-dien-3-on
(F: 218°) mit Isobutylmagnesiumchlorid in Äther (*Maxim, Popescu*, Bl. [5] **4** [1937] 265,
272).

Kp$_{18}$: 239°.

Semicarbazon $C_{21}H_{27}N_3O_3$. Krystalle (aus A.); F: 163°.

IV   V

1-[2,5-Dimethyl-[3]furyl]-3t(?)-[5-isopropyl-4-methoxy-2-methyl-phenyl]-propenon
$C_{20}H_{24}O_3$, vermutlich Formel V.

B. Beim Behandeln einer Lösung von 5-Isopropyl-4-methoxy-2-methyl-benzaldehyd
und 1-[2,5-Dimethyl-[3]furyl]-äthanon in Äthanol mit wss. Natriumcarbonat-Lösung
(*Bisagni, Royer*, Bl. **1959** 521, 522, 526).

Gelbe Krystalle (aus A.); F: 93,5°.

6-[3,7-Dimethyl-octa-2ξ,6-dienyl]-7-hydroxy-cumarin $C_{19}H_{22}O_3$, Formel VI (R = H),
vom F: 119°; Ostruthin (E II 28).

Isolierung aus Rhizomen von Peucedanum ostruthium (vgl. E II 28): *Butenandt,
Marten*, A. **495** [1932] 187, 200.

Absorptionsspektrum (200—430 nm) von Lösungen in Methanol und in Natrium=
methylat enthaltendem Methanol: *Böhme, Severin*, Ar. **290** [1957] 486, 493. Fluorescenz
von wss. Lösungen vom pH −0,7 bis pH 12,6: *Goodwin, Kavanagh*, Arch. Biochem. **27**
[1950] 152, 158. Polarographie: *Patzak, Neugebauer*, M. **83** [1952] 776, 781.

Beim Erhitzen mit Essigsäure und wenig Schwefelsäure sind zwei nach *Bencze et al.*
(Helv. **39** [1956] 923, 927) wahrscheinlich als 7,7,10a-Trimethyl-6a,7,8,9,10,10a-
hexahydro-6H-pyrano[3,2-b]xanthen-2-one zu formulierende Verbindungen
$C_{19}H_{22}O_3$ (Krystalle [aus Ae.], F: 181—182° bzw. Krystalle [aus Bzl. + PAe.], F: 147°
bis 148°) erhalten worden (*Späth et al.*, B. **75** [1942] 1623, 1630).

6-[3,7-Dimethyl-octa-2ξ,6-dienyl]-7-methoxy-cumarin $C_{20}H_{24}O_3$, Formel VI (R = CH$_3$),
vom F: 55°; *O*-Methyl-ostruthin.

B. Aus Ostruthin (s. o.) mit Hilfe von Diazomethan (*Butenandt, Marten*, A. **495** [1932]

187, 203) oder mit Hilfe von Dimethylsulfat und Alkalilauge (*Späth, Klager*, B. **67** [1934] 859, 863).
Krystalle; F: 55—55,5° [aus PAe.] (*Sp., Kl.*), 55° [aus wss. Me.] (*Bu., Ma.*). Kp$_{0,04}$: 200° (*Bu., Ma.*).

VI

VII

7-Acetoxy-6-[3,7-dimethyl-octa-2ξ,6-dienyl]-cumarin $C_{21}H_{24}O_4$, Formel VI (R = CO-CH$_3$), **vom F: 80°**; *O*-Acetyl-ostruthin (E II 28).
B. Beim Behandeln von Ostruthin (S. 588) mit Acetanhydrid und Pyridin (*Butenandt, Marten*, A. **495** [1932] 187, 203).
Krystalle (aus PAe.); F: 80°.

---

*Opt.-inakt. 8-Äthyl-5-[3-methoxy-4-methyl-phenyläthinyl]-1-methyl-6-oxa-bicyclo= [3.2.1]octan-7-on, 2-Äthyl-3-hydroxy-3-[3-methoxy-4-methyl-phenyläthinyl]-1-methyl-cyclohexancarbonsäure-lacton $C_{20}H_{24}O_3$, Formel VII.
B. Beim Behandeln von 5-Äthinyl-2-methyl-anisol mit Kalium und *tert*-Butylalkohol und Erwärmen der Reaktionslösung mit opt.-inakt. 2-Äthyl-1-methyl-3-oxo-cyclohexan= carbonsäure-methylester [Semicarbazon: F: 210—212°] (*Protiva, Hachová*, Collect. **24** [1959] 1360, 1362).
Krystalle (aus Me. + Bzl.); F: 138° [korr.; Kofler-App.].

(±)-8-Cyclohexyl-3-hydroxy-7,8,9,10-tetrahydro-benzo[c]chromen-6-on, (±)-5-Cyclo= hexyl-2-[2,4-dihydroxy-phenyl]-cyclohex-1-encarbonsäure-2-lacton $C_{19}H_{22}O_3$, Formel VIII.
B. Beim Behandeln einer Lösung von (±)-5-Cyclohexyl-2-oxo-cyclohexancarbonsäure-äthylester und Resorcin in Essigsäure mit Chlorwasserstoff (*Buu-Hoi et al.*, Bl. **1957** 1270).
Krystalle (aus A.); F: 236°.

(±)-2-Äthyl-3-hydroxy-(7a*r*,11a*t*)-7,7a,8,9,10,11,11a,12-octahydro-naphtho[2,3-c]= chromen-6-on, (±)-3-[5-Äthyl-2,4-dihydroxy-phenyl]-(4a*r*,8a*t*)-1,4,4a,5,6,7,8a-octa= hydro-[2]naphthoesäure-2-lacton $C_{19}H_{22}O_3$, Formel IX (R = H) + Spiegelbild.
B. Beim Behandeln von 4-Äthyl-resorcin mit (±)-3-Oxo-(4a*r*,8a*t*)-decahydro-[2]naphthoesäure-äthylester und Schwefelsäure (*Chowdhry, Desai*, Pr. Indian Acad. [A] **8** [1938] 1, 5).
Krystalle (aus wss. A.); F: 308°.

VIII

IX

(±)-3-Acetoxy-2-äthyl-(7a*r*,11a*t*)-7,7a,8,9,10,11,11a,12-octahydro-naphtho[2,3-c]= chromen-6-on, (±)-3-[4-Acetoxy-5-äthyl-2-hydroxy-phenyl]-(4a*r*,8a*t*)-1,4,4a,5,6,7,8,8a-octahydro-[2]naphthoesäure-lacton $C_{21}H_{24}O_4$, Formel IX (R = CO-CH$_3$) + Spiegelbild.
B. Aus der im vorangehenden Artikel beschriebenen Verbindung mit Hilfe von Acet= anhydrid (*Chowdhry, Desai*, Pr. Indian Acad. [A] **8** [1938] 1, 5).
Krystalle (aus wss. A.); F: 172°.

[*Rabien*]

Hydroxy-oxo-Verbindungen $C_{20}H_{24}O_3$

**(±)-2-Cyclohexyl-3-hydroxy-9-methyl-7,8,9,10-tetrahydro-benzo[c]chromen-6-on,
(±)-2-[5-Cyclohexyl-2,4-dihydroxy-phenyl]-4-methyl-cyclohex-1-encarbonsäure-2-lacton**
$C_{20}H_{24}O_3$, Formel X.

B. Beim Erwärmen von 4-Cyclohexyl-resorcin mit (±)-4-Methyl-2-oxo-cyclohexan=
carbonsäure-äthylester, Phosphorylchlorid und Benzol *(Avison et al.*, Soc. **1949** 952, 955).
F: 280—285°.

16α,17-Epoxy-3-hydroxy-19-nor-pregna-1,3,5(10)-trien-20-on $C_{20}H_{24}O_3$, Formel XI
(R = H).

B. Beim Behandeln einer Lösung von 3-Hydroxy-19-nor-pregna-1,3,5(10),16-tetraen-20-on in Methanol mit wss. Wasserstoffperoxid und wss. Natronlauge *(Mateos, Miramontes,* Bol. Inst. Quim. Univ. Mexico **5** [1953] 3, 5; *Zaffaroni et al.*, Am. Soc. **80** [1958] 6110, 6113).
Krystalle (aus $CHCl_3$ + Me.); F: 234—236° [korr.; Kofler-App.] *(Ma., Mi.; Za. et al.)*.
$[α]_D^{20}$: +124° [$CHCl_3$] *(Za. et al.)*; $[α]_D$: +124,3° [$CHCl_3$] *(Ma., Mi.)*. Absorptionsmaximum (A.): 280 nm *(Ma., Mi.; Za. et al.)*.

16α,17-Epoxy-3-methoxy-19-nor-pregna-1,3,5(10)-trien-20-on $C_{21}H_{26}O_3$, Formel XI
(R = CH_3).

B. Beim Erwärmen einer Lösung von 16α,17-Epoxy-3-hydroxy-19-nor-pregna-1,3,5(10)-trien-20-on in Äthanol mit Dimethylsulfat und wss. Kalilauge *(Mateos, Miramontes,* Bol. Inst. Quim. Univ. Mexico **5** [1953] 3, 6; *Zaffaroni et al.*, Am. Soc. **80** [1958] 6110, 6113).
Krystalle; F: 142—145° [aus Acn. + Hexan] *(Syntex S.A.,* U.S.P. 2842543 [1953], 2781365 [1954]), 141—144° [korr.; Kofler-App.; aus $CHCl_3$ + Me.] *(Ma., Mi.; Za. et al.)*. $[α]_D$: +125,3° [$CHCl_3$] *(Ma., Mi.)*; $[α]_D$: +125° [$CHCl_3$] *(Za. et al.; Syntex S.A.)*.
Absorptionsmaxima (A.): 278 nm und 286 nm *(Ma., Mi.)*.
Bei der Behandlung einer Lösung in Essigsäure mit Bromwasserstoff und Hydrierung des Reaktionsprodukts an Palladium/Calciumcarbonat in Äthanol ist 17-Hydroxy-3-methoxy-19-nor-pregna-1,3,5(10)-trien-20-on erhalten worden *(Ma., Mi.; Za. et al.)*.

X   XI   XII

3-Acetoxy-16α,17-epoxy-19-nor-pregna-1,3,5(10)-trien-20-on $C_{22}H_{26}O_4$, Formel XI
(R = $CO-CH_3$).

B. Beim Erwärmen von 16α,17-Epoxy-3-hydroxy-19-nor-pregna-1,3,5(10)-trien-20-on mit Acetanhydrid und Pyridin *(Mateos, Miramontes,* Bol. Inst. Quim. Univ. Mexico **5** [1953] 3, 5).
Krystalle (aus $CHCl_3$ + Me.); F: 150—153° [korr.; Kofler-App.]. $[α]_D$: +110,4° [$CHCl_3$]. Absorptionsmaxima (A.): 268 nm und 276 nm.

Hydroxy-oxo-Verbindungen $C_{21}H_{26}O_3$

**17-Hydroxy-3-methoxy-19,21,24-trinor-17βH-chola-1,3,5(10)-trien-23-säure-lacton,
17-Hydroxy-3-methoxy-19-nor-17βH-pregna-1,3,5(10)-trien-21-carbonsäure-lacton**
$C_{22}H_{28}O_3$, Formel XII.

B. Bei der Hydrierung von 17-Hydroxy-3-methoxy-19,21,24-trinor-17βH-chola-

1,3,5(10),20c-tetraen-23-säure-lacton an Palladium/Kohle in Äthylacetat (*Cella et al.*, J. org. Chem. **24** [1959] 743, 747). Aus 17-Hydroxy-3-methoxy-19,21,24-trinor-17βH-chola-1,3,5(10)-trien-23-säure beim Erhitzen auf 160° sowie beim Behandeln einer Lösung in Äthanol mit wss. Salzsäure (*Ce. et al.*).

Krystalle (aus E. + Diisopropyläther); F: 150—152° [unkorr.; Fisher-Johns-App.]. $[\alpha]_D$: $+12,5°$ [Dioxan].

16α,17-Epoxy-3-methoxy-1-methyl-19-nor-pregna-1,3,5(10)-trien-20-on $C_{22}H_{28}O_3$, Formel XIII.

B. Bei der Hydrierung von 16α,17-Epoxy-3-methoxy-1-methyl-19-nor-pregna-1,3,5(10),6-tetraen-20-on an Palladium/Kohle in Äthylacetat (*Djerassi et al.*, Am. Soc. **78** [1956] 2479).

Krystalle (aus Me. + Acn.); F: 114—115° [Kofler-App.]. $[\alpha]_D$: $+217°$ [CHCl$_3$].

Hydroxy-oxo-Verbindungen $C_{22}H_{28}O_3$

17-Hydroxy-3-methoxy-19,21-dinor-17βH-chola-1,3,5(10)-trien-24-säure-lacton $C_{23}H_{30}O_3$, Formel XIV.

B. Beim Erwärmen von 17-Hydroxy-3-methoxy-19,21-dinor-17βH-chola-1,3,5(10)-trien-24-säure mit Toluol-4-sulfonsäure in Benzol (*Cella et al.*, J. org. Chem. **24** [1959] 743, 747).

Krystalle (aus E.); F: 168—170° (*Searle & Co.*, U.S.P. 2875199 [1958]), 161—166° [unkorr.; Fisher-Johns-App.] (*Ce. et al.*).

XIII   XIV   XV

17-Hydroxy-3-methoxy-19,24-dinor-17βH,20ξH-chola-1,3,5(10)-trien-23-säure-lacton $C_{23}H_{30}O_3$, Formel XV.

a) Epimeres vom F: 184—187°.

B. Beim Behandeln einer Lösung von 3-Methoxy-19,24-dinor-17βH,20ξH-chola-1,3,5(10)-trien-17,23-diol (Epimeren-Gemisch) in Aceton mit Chrom(VI)-oxid und wss. Schwefelsäure (*Searle & Co.*, U.S.P. 2875199 [1958]).

F: 184—187°.

b) Epimeres vom F: 168—170°.

B. Beim Behandeln einer Lösung von 3-Methoxy-19,24-dinor-17βH,20ξH-chola-1,3,5(10)-trien-17,23-diol (F: 150,5—153°) in Aceton mit Chrom(VI)-oxid und wss. Schwefelsäure (*Searle & Co.*, U.S.P. 2875199 [1958]).

Krystalle (aus Butanon); F: 168—170°.

Hydroxy-oxo-Verbindungen $C_{23}H_{30}O_3$

14-Hydroxy-14β-carda-3,5,20(22)-trienolid $C_{23}H_{30}O_3$, Formel I.

Diese Konstitution und Konfiguration kommt dem nachstehend beschriebenen **Anhydrocanarigenin** (Anhydrocanariengenin-A) zu (*Muhr et al.*, Helv. **37** [1954] 403, 409, 411; *González, Calero*, An. Soc. españ. [B] **51** [1955] 341, 343).

B. Bei mehrtägigem Behandeln einer Lösung von Acofriosid-L (14-Hydroxy-3β-[O^3-methyl-α-L-rhamnopyranosyloxy]-14β-carda-4,20(22)-dienolid) in Aceton mit wss. Salzsäure unter Lichtausschluss (*Muhr et al.*, l. c. S. 422). Beim Behandeln von Periplogenin (3β,5,14-Trihydroxy-5β,14β-card-20(22)-enolid) mit Toluol-4-sulfonylchlorid und Pyridin (*Muhr et al.*, l. c. S. 425). Beim Erwärmen eines aus Isoplexis canariensis isolierten, überwiegend Canarigenin (3β,14-Dihydroxy-14β-carda-4,20(22)-dicnolid) als Aglykon enthaltenden Gemisches von Glykosiden (s. diesbezüglich *Tschesche et al.*, A. **663** [1963] 157, 158; *Spengel et al.*, Helv. **50** [1967] 1893, 1901) mit Methanol (oder Äthanol) und wss. Schwefelsäure (*González, Calero*, An. Soc. españ. [B] **51** [1955] 283, 286; *Go., Ca.*, l. c. S. 345; s. a. *Breton et al.*, Chem. and Ind. **1959** 513; *González González et al.*, An. Soc. españ. [B] **56** [1960] 85).

Krystalle; F: 212—214° [aus Me.] (*Go., Ca.*, l. c. S. 346), 194—212° [korr.; Zers.; Kofler-App.; aus Me. + Ae.] (*Muhr et al.*, l. c. S. 426). $[\alpha]_D^{17}$: $-42,3°$ [CHCl$_3$; c = 1] (*Br. et al.*; *Go. Go. et al.*). $[\alpha]_D^{24}$: $-46,9°$ [CHCl$_3$; c = 0,7] (*Muhr et al.*). IR-Spektrum (3—15 μ): *Go. Go. et al.*, l. c. S. 86. UV-Spektrum (A.; 210—360 nm): *Muhr et al.*, l. c. S. 410; s. a. *Go., Ca.*, l. c. S. 342.

Beim Erwärmen mit methanol. Kalilauge und anschliessenden Ansäuern mit wss. Salzsäure sowie beim Erwärmen mit äthanol. Kalilauge ist Isoanhydrocanariengenin-A (F: 210—220°; $[\alpha]_D$: $-123°$ [CHCl$_3$]; vermutlich 14,22ξ-Epoxy-14β,20ξH-carda-3,5-dienolid) erhalten worden (*Go., Ca.*, l. c. S. 347; *Go. Go. et al.*).

3β-Hydroxy-carda-5,14,20(22)-trienolid $C_{23}H_{30}O_3$, Formel II.

Diese Konstitution und Konfiguration kommt wahrscheinlich dem nachstehend beschriebenen **α-Anhydroxysmalogenin** zu (*Yoshii, Ozaki*, Chem. pharm. Bl. **20** [1972] 1585).

B. Beim Erwärmen einer Lösung von O^3-Acetyl-xysmalogenin (3β-Acetoxy-14-hydroxy-14β-carda-5,20(22)-dienolid) in Äthanol mit wenig Schwefelsäure (*Tschesche, Brathge*, B. **85** [1952] 1042, 1055).

Krystalle (aus A.), F: 248—255° [Kofler-App.]; $[\alpha]_D^{20}$: $-59°$ [A.; c = 0,5] (*Tsch., Br.*).

O-Acetyl-Derivat $C_{25}H_{32}O_4$. F: 162—168° [Kofler-App.; aus Acn.]; $[\alpha]_D^{20}$: $-85°$ [CHCl$_3$; c = 0,5] (*Tsch., Br.*).

Die gleiche Verbindung hat vermutlich als Hauptbestandteil in einem Präparat (Krystalle [aus CHCl$_3$ + A.], F: 254—258° [korr.; Kofler-App.]; $[\alpha]_D^{17}$: $-69,3°$ [CHCl$_3$; c = 1]; *O*-Acetyl-Derivat: F: 179—181° [korr.; Kofler-App.]; $[\alpha]_D^{18}$: $-82,1°$ [CHCl$_3$; c = 1]) vorgelegen, das beim Erwärmen von sog. Xysmalobin (Gemisch von Uzarin [Syst. Nr. 2532] und Xysmalorin [Syst. Nr. 2533]; aus Wurzeln von Xysmalobium undulatum isoliert) mit Schwefelsäure enthaltendem Äthanol erhalten worden ist (*Huber et al.*, Helv. **34** [1951] 46, 63).

I   II   III

3β-Hydroxy-5β-carda-8,14,20(22)-trienolid, Anhydroadynerigenin $C_{23}H_{30}O_3$, Formel III (R = H).

Konstitution: *Janiak et al.*, Helv. **46** [1963] 374, 375, 377 Anm. 18.

B. Beim Erwärmen einer Lösung von Adynerin (8,14-Epoxy-3β-[O^3-methyl-β-D-*lyxo*-2,6-didesoxy-hexopyranosyloxy]-5β,14β-card-20(22)-enolid) in Äthanol mit wss. Salzsäure (*Tschesche, Bohle*, B. **71** [1938] 654, 658).

Krystalle (aus E.), F: 176—178°; $[\alpha]_D$: $-109°$ [CHCl$_3$; c = 1] (*Tsch., Bo.*). UV-Spektrum (CHCl$_3$; 240—330 nm): *Tsch., Bo.*, l. c. S. 657.

Beim Behandeln mit konz. wss. Salzsäure ist eine isomere Verbindung $C_{23}H_{30}O_3$ (Krystalle [aus Me.], F: 235°; $[\alpha]_D$: $+147°$ [CHCl$_3$]) erhalten worden (*Tsch., Bo.*). Hydrierung an Platin in Essigsäure unter Bildung von Tetrahydro-anhydroadynerigenin ((20R?)-3β-Hydroxy-5β-card-8(14)-enolid [S. 474]): *Tsch., Bo.*

3β-Acetoxy-5β-carda-8,14,20(22)-trienolid, O-Acetyl-anhydroadynerigenin $C_{25}H_{32}O_4$, Formel III (R = CO-CH$_3$).
B. Beim Erhitzen von Anhydroadynerigenin (S. 592) mit Acetanhydrid (*Tschesche, Bohle*, B. **71** [1938] 654, 659).
Krystalle (aus Me.), F: 152—154°; $[\alpha]_D$: —105,5° [CHCl$_3$; c = 1] (*Tsch., Bo.*). IR-Spektrum (2—15 μ): *Tschesche, Grimmer*, B. **87** [1954] 418, 421.

3β-Hydroxy-5β-carda-14,16,20(22)-trienolid, Digitaligenin, Dianhydrogitoxigenin $C_{23}H_{30}O_3$, Formel IV (R = H).
B. Aus Gitoxigenin (3β,14,16β-Trihydroxy-5β,14β-card-20(22)-enolid) beim Behandeln mit konz. wss. Salzsäure (*Windaus, Schwarte*, B. **58** [1925] 1515, 1518; *Küssner et al.*, Ar. **288** [1955] 284, 293), beim Behandeln mit konz. wss. Salzsäure und Propylenglykol (*Murphy*, J. Am. pharm. Assoc. **46** [1957] 170), beim Erwärmen mit wss.-methanol. Salzsäure (*Sasakawa*, J. pharm. Soc. Japan **79** [1959] 575, 578; C. A. **1959** 17427), beim Erwärmen mit wss.-äthanol. Salzsäure (*Cloetta*, Ar. Pth. **112** [1926] 261, 282; *Windaus et al.*, B. **61** [1928] 1847, 1849), beim Erwärmen mit wss.-äthanol. Schwefelsäure (*Smith*, Soc. **1930** 2478, 2480) sowie beim Behandeln mit wss. Phosphorsäure (*Bellet*, Ann. pharm. franç. **8** [1950] 471, 479). Aus Neriantopenin (3β,15ξ-Dihydroxy-5β,14ξ-carda-16,20(22)-dienolid) mit Hilfe von wss. Salzsäure (*Tschesche et al.*, B. **71** [1938] 1927, 1931). Beim Erwärmen von Digitalinum-verum (3β-[O^4(?)-β-D-Glucopyranosyl-β-D-digitalopyranosyloxy]-14,16β-dihydroxy-5β,14β-card-20(22)-enolid) mit wss.-äthanol. Salzsäure (*Kiliani*, Ar. **230** [1892] 250, 254, **252** [1914] 26, 30; *Okada*, J. pharm. Soc. Japan **73** [1953] 1118, 1122; C. A. **1954** 12145; *Sasakawa*, J. pharm. Soc. Japan **74** [1954] 474, 476; C. A. **1954** 10298), mit wss.-methanol. Salzsäure (*Miyatake et al.*, Pharm. Bl. **5** [1957] 157, 162) oder mit wss. Schwefelsäure (*Wegner*, Pharmazie **5** [1950] 226, 231). Aus Gitorin (3β-[O^4-β-D-Glucopyranosyl-β-D-digitoxopyranosyloxy]-14,16β-dihydroxy-5β,14β-card-20(22)-enolid) mit Hilfe von wss.-äthanol. Salzsäure (*Okada*, J. pharm. Soc. Japan **73** [1953] 1123, 1125; C. A. **1954** 12145; s. a. *Sasakawa*, J. pharm. Soc. Japan **79** [1959] 825, 828; C. A. **1959** 2069; *Tschesche et al.*, B. **85** [1952] 1103, 1111). Aus Strospesid (3β-β-D-Digitalopyranosyloxy-14,16β-dihydroxy-5β,14β-card-20(22)-enolid) mit Hilfe von wss.-alkohol. Salzsäure (*Satoh et al.*, Pharm. Bl. **1** [1953] 396, 400; s. a. *Tschesche, Grimmer*, B. **88** [1955] 1569, 1575). Aus Gitostin (3β-[O^4(?)-β-Cellobiosyl-β-D-digitalopyranosyloxy]-14,16β-dihydroxy-5β,14β-card-20(22)-enolid) mit Hilfe von wss.-alkohol. Salzsäure (*Miyatake et al.*, Pharm. Bl. **5** [1957] 163, 166). Aus Oleandrin (16β-Acetoxy-14-hydroxy-3β-α-L-oleandropyranosyloxy-5β,14β-card-20(22)-enolid) beim Erwärmen mit wss.-äthanol. Salzsäure (*Hesse*, B. **70** [1937] 2264, 2266). Aus Rhodexin-B (16β-Acetoxy-14-hydroxy-3β-α-L-rhamnopyranosyloxy-5β,14β-card-20(22)-enolid [Syst. Nr. 2553]) beim Erwärmen mit wss.-äthanol. Salzsäure (*Nawa*, J. pharm. Soc. Japan **72** [1952] 410, 413; C. A. **1953** 2190).
Krystalle; F: 217—218° [unkorr.] (*Küssner et al.*, Ar. **288** [1955] 284, 293), 214—216° [aus Me.] (*Sasakawa*, J. pharm. Soc. Japan **79** [1959] 575, 578), 215° [aus wss. A.] (*Murphy*, J. Am. pharm. Assoc. **46** [1957] 170), 214—215° [korr.; Kofler-App.; aus Acn. + Ae.] (*Schindler, Reichstein*, Helv. **35** [1952] 442, 445). Monoklin; Raumgruppe $P2_1$; aus dem Röntgen-Diagramm ermittelte Dimensionen der Elementarzelle: a = 9,62 Å; b = 7,85 Å; c = 12,8 Å; β = 86,5°; n = 2 (*Bernal, Crowfoot*, Chem. and Ind. **1934** 953, 954). $[\alpha]_D^{20}$: +576° [Me.; c = 1] (*Cloetta*, Ar. Pth. **112** [1926] 261, 285); $[\alpha]_D^{21}$: +577° [Me.; c = 1] (*Thudium et al.*, Helv. **42** [1959] 2, 46); $[\alpha]_D^{21}$: +583° [Me.; c = 0,1 bis 5] (*Cardwell, Smith*, Soc. **1954** 2012, 2022); $[\alpha]_D^{22}$: +579° [Me.; c = 1] (*Sch., Re.*); $[\alpha]_D^{23}$: +599° [Me.; c = 0,7] (*Kü. et al.*); $[\alpha]_D^{24}$: +589° [Me.; c = 0,3] (*Mu.*); $[\alpha]_{578}$: +737° [Me.; c = 0,1 bis 5] (*Ca., Sm.*); $[\alpha]_{546}^{20}$: +740° [Me.; c = 0,5] (*Smith*, Soc. **1930** 2478, 2480). Absorptionsspektrum von Lösungen in Äthanol (200—400 nm): *Sch., Re.*; *Satoh et al.*, Pharm. Bl. **1** [1953] 396, 397; *Hegedüs, Reichstein*, Helv. **38** [1955] 1133, 1137; *Th. et al.*, l. c. S. 22; s. a. *Mu.*; einer Lösung in Chloroform (230—360 nm): *Tschesche*, B. **70** [1937] 1554.
Bei der Hydrierung an Palladium/Kohle in Methanol sind 3β-Hydroxy-5β,14β,17βH-card-20(22)-enolid [S. 471], (20R?)-3β-Hydroxy-5β,14β,17βH-cardanolid [S. 263] und (20S?)-3β-Hydroxy-5β,14β,17βH-cardanolid [S. 263] (*Wada*, Chem. pharm. Bl. **13** [1965] 312, 314), bei der Hydrierung an Platin in Äthanol sind nur die beiden zuletzt genannten Verbindungen (*Ca., Sm.*) erhalten worden.

3β-Formyloxy-5β-carda-14,16,20(22)-trienolid, O-Formyl-digitaligenin $C_{24}H_{30}O_4$, Formel IV (R = CHO).

B. Beim Erwärmen von Digitaligenin (S. 593) mit Ameisensäure und Natriumformiat (*Kiliani*, B. **53** [1920] 240, 245).

Krystalle (aus wss. Acn.); F: 169°.

4-[3-Acetoxy-10,13-dimethyl-$\Delta^{14,16}$-dodecahydro-cyclopenta[a]phenanthren-17-yl]-5H-furan-2-on $C_{25}H_{32}O_4$.

a) **3β-Acetoxy-5β-carda-14,16,20(22)-trienolid, O-Acetyl-digitaligenin** $C_{25}H_{32}O_4$, Formel IV (R = CO-CH$_3$).

B. Beim Erhitzen von Digitaligenin (S. 593) mit Acetanhydrid und Natriumacetat (*Kiliani*, B. **51** [1918] 1613, 1634; *Windaus, Schwarte*, B. **58** [1925] 1515, 1519; *Cloetta*, Ar. Pth. **112** [1926] 261, 284). Beim Behandeln von O^3,O^{16}-Diacetyl-gitoxigenin (3β,16β-Diacetoxy-14-hydroxy-5β,14β-card-20(22)-enolid) mit wss. Salzsäure bei $-5°$ oder mit Aceton und Chlorwasserstoff bei $-76°$ und Behandeln des jeweiligen Reaktionsprodukts mit Acetanhydrid und Pyridin (*Cardwell, Smith*, Soc. **1954** 2012, 2022).

Krystalle; F: 213° [aus A. + W.] (*Cl.*), 208° [aus A. oder Me.] (*Windaus, Bandte*, B. **56** [1923] 2001, 2005; *Wi., Sch.*), 207—208° [aus Me.] (*Ca., Sm.*). $[\alpha]_D^{20}$: +502° [Me.?]; $[\alpha]_{578}^{20}$: +574° [Me.; c = 0,1 bis 5] (*Ca., Sm.*). IR-Banden (CS$_2$ sowie CHCl$_3$) im Bereich von 1786 cm^{-1} bis 1568 cm^{-1}: *Jones, Gallagher*, Am. Soc. **81** [1959] 5242, 5244, 5249.

b) **3β-Acetoxy-5α-carda-14,16,20(22)-trienolid** $C_{25}H_{32}O_4$, Formel V.

B. Beim Erwärmen einer Lösung von 3β-Acetoxy-5α,14α-carda-16,20(22)-dienolid in Tetrachlormethan mit N-Brom-succinimid unter Belichtung und Erhitzen des Reaktionsprodukts mit Acetanhydrid und Pyridin (*Plattner, Heusser*, Helv. **29** [1946] 727).

Krystalle (aus Acn. + A.); F: 243—244° [korr.; evakuierte Kapillare]. Bei 210° im Hochvakuum sublimierbar. $[\alpha]_D^{17}$: +502° [CHCl$_3$; c = 1]. Absorptionsmaximum: 332 nm.

3β-[O^3-Methyl-β-D-fucopyranosyloxy]-5β-carda-14,16,20(22)-trienolid, 3β-β-D-Digitalopyranosyloxy-5β-carda-14,16,20(22)-trienolid, O^3-β-D-Digitalopyranosyl-digitaligenin $C_{30}H_{42}O_7$, Formel VI.

B. Beim Behandeln von Strospesid (3β-β-D-Digitalopyranosyloxy-14,16β-dihydroxy-5β,14β-card-20(22)-enolid) mit wss.-methanol. Salzsäure (*Sasakawa*, J. pharm. Soc. Japan **79** [1959] 575, 577; C. A. **1959** 17427).

Krystalle (aus Me.); F: 231—233,5° [Kofler-App.]. $[\alpha]_D^{24}$: +447° [Me.; c = 1]. Absorptionsmaxima (A.): 223 nm und 337,5 nm.

3β-[O^4(?)-β-D-Glucopyranosyl-O^3-methyl-β-D-fucopyranosyloxy]-5β-carda-14,16,20(22)-trienolid, 3β-[O^4(?)-β-D-Glucopyranosyl-β-D-digitalopyranosyloxy]-5β-carda-14,16,20(22)-trienolid, O^3-[O^4(?)-β-D-Glucopyranosyl-β-D-digitalopyranosyl]-digitaligenin $C_{36}H_{52}O_{12}$, vermutlich Formel VII.

Diese Konstitution und Konfiguration kommt dem nachstehend beschriebenen **14,16-Dianhydro-digitalinum-verum** zu.

B. Beim Behandeln von Digitalinum-verum (3β-[O^4(?)-β-D-Glucopyranosyl-β-D-digitalopyranosyloxy-14,16β-dihydroxy-5β,14β-card-20(22)-enolid) mit wss.-methanol. Salzsäure (*Sasakawa*, J. pharm. Soc. Japan **79** [1959] 575, 577; C. A. **1959** 17427).

Krystalle (aus Me. + W. oder aus E. + W.) mit 1 Mol H$_2$O; F: 174—176° [Kofler-App.]. $[\alpha]_D^{22}$: +332° [Me.; c = 0,5]. Absorptionsmaxima (A.): 223 nm und 338 nm.

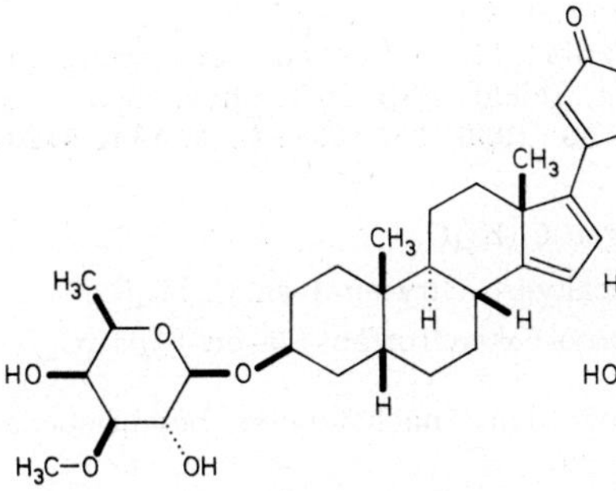

VI 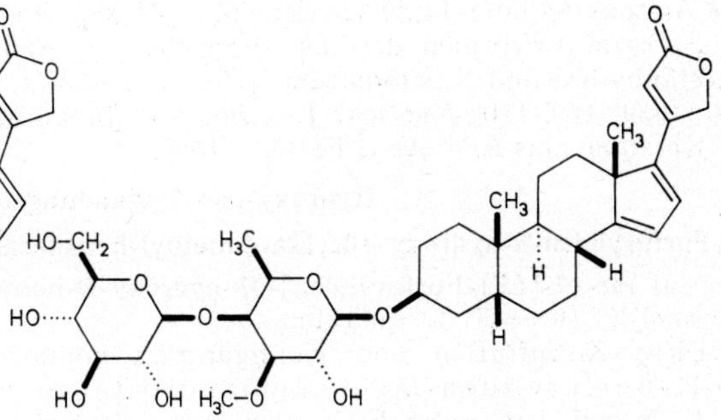   VII

Hydroxy-oxo-Verbindungen $C_{24}H_{32}O_3$

rac-17-[(Ξ)-Furfuryliden]-3β-hydroxy-*D*-homo-18-nor-5α-androstan-17a-on $C_{24}H_{32}O_3$, Formel VIII + Spiegelbild.

Diese Konstitution und Konfiguration kommt dem nachstehend beschriebenen *dl*-17-Furfuryliden-18-nor-*D*-homoepiandrosteron zu.

B. Beim Behandeln einer Lösung von *rac*-3β-Hydroxy-*D*-homo-18-nor-5α-androstan-17a-on in Methanol mit Furfural und wss. Natronlauge in Stickstoff-Atmosphäre unter Lichtausschluss (*Johnson et al.*, Am. Soc. **78** [1956] 6331, 6337).

Krystalle (aus E.); F: 207,4—207,9° [korr.]. Absorptionsmaximum (A.): 324,5 nm.

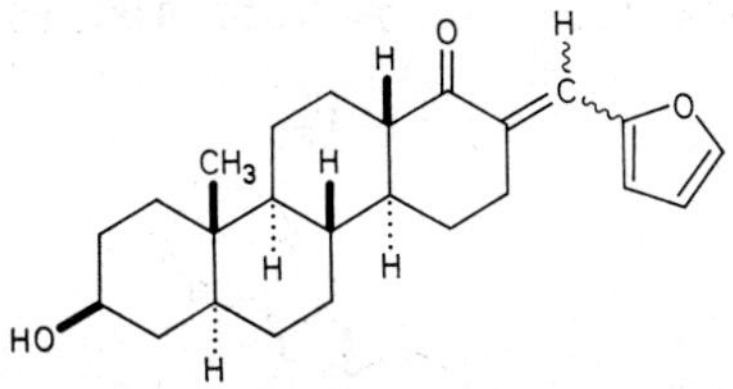

VIII 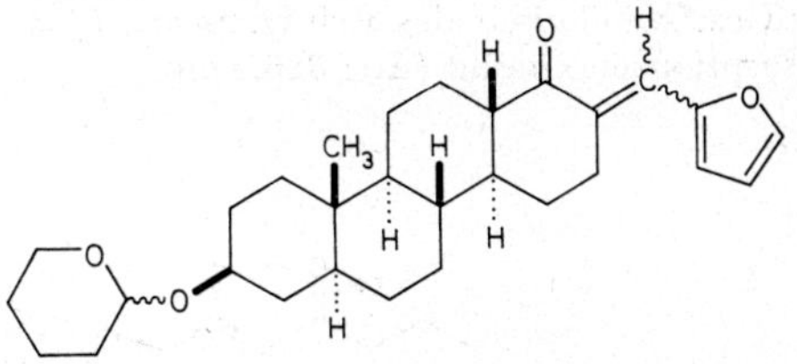   IX

rac-17-[(Ξ)-Furfuryliden]-3β-[(Ξ)-tetrahydropyran-2-yloxy]-*D*-homo-18-nor-5α-androstan-17a-on $C_{29}H_{40}O_4$, Formel IX + Spiegelbild.

B. Beim Behandeln einer Lösung der im vorangehenden Artikel beschriebenen Verbindung in Benzol mit 3,4-Dihydro-2*H*-pyran und wenig Toluol-4-sulfonsäure (*Johnson et al.*, Am. Soc. **78** [1956] 6331, 6337).

Krystalle; F: 155—158° [korr.; Zers.].

3β-Hydroxy-5β-bufa-14,20,22-trienolid, Anhydrobufalin $C_{24}H_{32}O_3$, Formel X (R = H).

B. Beim Behandeln von Bufalin (3β,14-Dihydroxy-5β,14β-bufa-20,22-dienolid) mit wss. Salzsäure (*Kotake, Kuwada*, Scient. Pap. Inst. phys. chem. Res. **36** [1939] 106, 110; *Kuwada*, J. chem. Soc. Japan **60** [1939] 335, 338; C. A. **1941** 5123).

Krystalle (aus A.); F: 204,5—206°.

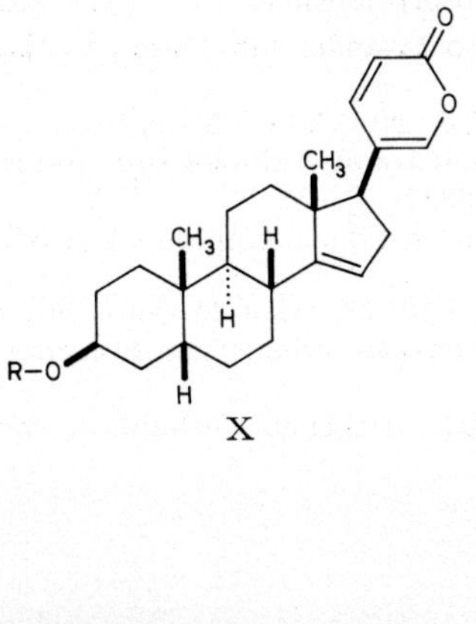

X 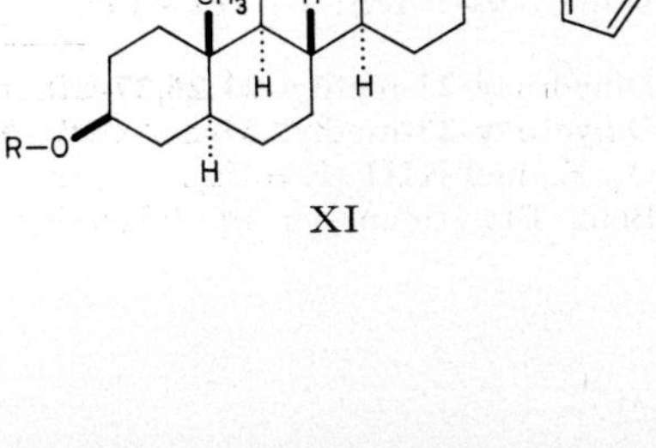   XI

3β-Acetoxy-5β-bufa-14,20,22-trienolid $C_{26}H_{34}O_4$, Formel X (R = CO-CH$_3$).

B. Beim Erwärmen der im vorangehenden Artikel beschriebenen Verbindung mit Acetanhydrid und Natriumacetat (*Kotake, Kuwada*, Scient. Pap. Inst. phys. chem. Res. **36** [1939] 106, 110; *Kuwada*, J. chem. Soc. Japan **60** [1939] 335, 338; C. A. **1941** 5123). Krystalle (aus A. + Ae.); F: 151—152°.

Hydroxy-oxo-Verbindungen $C_{25}H_{34}O_3$

2-Furfuryliden-8-hydroxy-10a,12a-dimethyl-hexadecahydro-chrysen-1-on $C_{25}H_{34}O_3$.

a) **rac-17-[(Ξ)-Furfuryliden]-3β-hydroxy-D-homo-5α-androstan-17a-on** $C_{25}H_{34}O_3$, Formel XI (R = H) + Spiegelbild.

Diese Konstitution und Konfiguration kommt dem nachstehend beschriebenen *dl*-17-Furfuryliden-*D*-homoepiandrosteron zu.

B. Neben dem unter b) beschriebenen Stereoisomeren beim Behandeln einer Suspension von *rac*-17-[(Ξ)-Furfuryliden]-3β-[(Ξ)-tetrahydropyran-2-yloxy]-*D*-homo-18-nor-5α-androstan-17a-on (F: 155—158° [S. 595]) in *tert*-Butylalkohol mit Kalium-*tert*-butylat und Methyljodid und Erwärmen einer Lösung des Reaktionsprodukts in Äthanol mit Toluol-4-sulfonsäure unter Stickstoff (*Johnson et al.*, Am. Soc. **78** [1956] 6331, 6337). Krystalle (aus A.); F: 223,5—225° [korr.]. Absorptionsmaximum (A.): 323 nm.

b) **rac-17-[(Ξ)-Furfuryliden]-3β-hydroxy-D-homo-5α,13α-androstan-17a-on** $C_{25}H_{34}O_3$, Formel XII + Spiegelbild.

Diese Konstitution und Konfiguration kommt dem nachstehend beschriebenen *dl*-17-Furfuryliden-13-iso-*D*-homoepiandrosteron zu.

B. s. bei dem unter a) beschriebenen Stereoisomeren.

Krystalle (aus Ae.); F: ca. 88—90° [glasige Schmelze; der Schmelzpunkt hängt von der Geschwindigkeit des Erhitzens ab] (*Johnson et al.*, Am. Soc. **78** [1956] 6331, 6337). Absorptionsmaximum (A.): 326,5 nm.

XII   XIII

8-Acetoxy-2-furfuryliden-10a,12a-dimethyl-hexadecahydro-chrysen-1-on $C_{27}H_{36}O_4$.

a) **3β-Acetoxy-17-[(Ξ)-furfuryliden]-D-homo-5α-androstan-17a-on** $C_{27}H_{36}O_4$, Formel XI (R = CO-CH$_3$).

B. Beim Behandeln einer Lösung von 3β-Hydroxy-*D*-homo-5α-androstan-17a-on in Methanol mit Furfural und wss. Natronlauge und Erwärmen des erhaltenen 17-[(Ξ)-Furfuryliden]-3β-hydroxy-*D*-homo-5α-androstan-17a-ons in Benzol mit Isopropenylacetat und wenig Toluol-4-sulfonsäure unter Stickstoff (*Pappo et al.*, Am. Soc. **78** [1956] 6347, 6352).

Krystalle (aus PAe.); F: 184,5—185° [korr.]. Absorptionsmaximum (A.): 322,5 nm.

b) **rac-3β-Acetoxy-17-[(Ξ)-furfuryliden]-D-homo-5α-androstan-17a-on** $C_{27}H_{36}O_4$, Formel XI (R = CO-CH$_3$) + Spiegelbild.

B. Beim Erwärmen einer Lösung von *rac*-17-[(Ξ)-Furfuryliden]-3β-hydroxy-*D*-homo-5α-androstan-17a-on (s. o.) mit Isopropenylacetat und wenig Toluol-4-sulfonsäure unter Stickstoff (*Johnson et al.*, Am. Soc. **78** [1956] 6331, 6337).

Krystalle (aus PAe.); F: 192—192,5° [korr.]. Absorptionsmaximum (A.): 322,5 nm.

3β,20-Dihydroxy-23-methyl-21,26,27-trinor-cholesta-5,20*t*,23*c*-trien-25-säure-20-lacton, 3β,20-Dihydroxy-23-methyl-21-nor-chola-5,20*t*,23-trien-24*c*-carbonsäure-20-lacton $C_{25}H_{34}O_3$, Formel XIII (R = H).

B. Beim Erwärmen der im folgenden Artikel beschriebenen Verbindung mit wss.-

äthanol. Salzsäure (*Warner& Co.*, U.S.P. 2514325 [1947]).
Krystalle (aus Bzl.); F: 228—231°.

3β-Acetoxy-20-hydroxy-23-methyl-21,26,27-trinor-cholesta-5,20*t*,23*c*-trien-25-säure-lacton, 3β-Acetoxy-20-hydroxy-23-methyl-21-nor-chola-5,20*t*,23-trien-24*c*-carbonsäure-lacton $C_{27}H_{36}O_4$, Formel XIII (R = CO-CH$_3$).

B. Beim Erhitzen von 3β-Acetoxy-23-methyl-20-oxo-21-nor-chola-5,23-dien-22,24*c*-dicarbonsäure-anhydrid (F: ca. 165°) auf 180° (*Warner & Co.*, U.S.P. 2514325 [1947]).
Krystalle (aus A.); F: 227—229°.

Hydroxy-oxo-Verbindungen $C_{29}H_{42}O_3$

4'-Methoxy-cholesta-3,5-dieno[3,2-*b*]furan-5'-on, [(2*E*)-3-Hydroxy-cholesta-3,5-dien-2-yliden]-methoxy-essigsäure-lacton $C_{30}H_{44}O_3$, Formel XIV.

B. Beim Behandeln von [3-Hydroxy-cholesta-3,5-dien-2ξ-yl]-glyoxylsäure-lacton (E III/IV **17** 6383) mit Diazomethan in Äther (*Ruzicka, Plattner*, Helv. **21** [1938] 1717, 1722).
Krystalle (aus Me.); F: 137—138° [korr.]. [α]$_D$: —214° [CHCl$_3$; c = 2]. Absorptionsspektrum (240—400 nm): *Ru., Pl.*, l. c. S. 1720.

Bei der Hydrierung an Palladium in Äther ist [(2*E*)-3ξ-Hydroxy-5α-cholestan-2-yliden]-methoxy-essigsäure-lacton (S. 483) erhalten worden.

XIV XV

Hydroxy-oxo-Verbindungen $C_{33}H_{50}O_3$

3β-Acetoxy-2'-methylen-(6α*H*,7α*H*)-6,7-dihydro-5β,8-ätheno-ergostano[6,7-*c*]furan-5'-on, 3β-Acetoxy-6β-[1-hydroxy-vinyl]-5β,8-ätheno-ergostan-7β-carbonsäure-lacton $C_{35}H_{52}O_4$, Formel XV.

Diese Konstitution kommt wahrscheinlich der nachstehend beschriebenen Verbindung zu (*Inhoffen*, B. **68** [1935] 973, 974); bezüglich der Zuordnung der Konfiguration an den C-Atomen 5, 6, 7 und 8 s. *Jones et al.*, Tetrahedron **24** [1968] 297.

B. Bei der Hydrierung von 3β-Acetoxy-6β-[1-hydroxy-vinyl]-5β,8-ätheno-ergost-22*t*-en-7β-carbonsäure-lacton (S. 685) an Palladium in Aceton (*In.*, l. c. S. 979). Beim Erwärmen von 3β-Acetoxy-5β,8-ätheno-ergostan-6β,7β-dicarbonsäure-anhydrid mit Methylmagnesiumjodid in Äther und Benzol und kurzen Erhitzen des Reaktionsprodukts mit Acetanhydrid (*In.*).
Krystalle (aus Acn. + Me.); F: 182° [unkorr.].

Beim Einleiten von Ozon in eine Lösung in Essigsäure und Erwärmen des Reaktionsgemisches mit Chrom(VI)-oxid und Essigsäure sind eine vermutlich als 3β-Acetoxy-8-dihydroxymethyl-5β-ergostan-5,6ξ,7β-tricarbonsäure-5,7-dilacton zu formulierende Säure (nicht isoliert; Methylester $C_{35}H_{52}O_8$, F: 307—308°) und eine möglicherweise als 3β-Acetoxy-8-dihydroxymethyl-6ξ-formyloxycarbonyl-5β-ergostan-

5,7β-dicarbonsäure-dilacton zu formulierende Verbindung $C_{35}H_{50}O_9$ (Krystalle [aus E. + Bzn.], F: 304—305° [unkorr.; Zers.]; in den erwähnten Methylester $C_{35}H_{52}O_8$ vom F: 307—308° überführbar) erhalten worden (*In.*, l. c. S. 980).

[*Goebels*]

Hydroxy-oxo-Verbindungen $C_nH_{2n-18}O_3$

Hydroxy-oxo-Verbindungen $C_{13}H_8O_3$

4-Methoxy-benzo[g]chromen-2-on, 3c-[3-Hydroxy-[2]naphthyl]-3t-methoxy-acrylsäure-lacton $C_{14}H_{10}O_3$, Formel I.

B. Aus Benzo[g]chromen-2,4-dion (E III/IV **17** 6398) mit Hilfe von Diazomethan sowie beim Behandeln der Silber-Verbindung mit Methyljodid (*Arndt, Eistert*, B. **68** [1935] 1572, 1573).

Krystalle (aus A.); F: 207—208° [unkorr.] (*Ar., Ei.*).

Beim Erwärmen mit wss. Kalilauge und Behandeln der Reaktionslösung mit Benzoyl= chlorid ist 3-Benzoyloxy-[2]naphthoesäure erhalten worden (*Eistert*, A. **556** [1944] 91, 101).

1-Hydroxy-xanthen-9-on $C_{13}H_8O_3$, Formel II (R = H) (H 45; E I 314; E II 29; dort als 1-Oxy-xanthon bezeichnet).

B. Neben kleinen Mengen 3-Hydroxy-xanthen-9-on beim Erhitzen von Salicylsäure mit Resorcin und Zinkchlorid auf 180° (*Pankajamani, Seshadri*, J. scient. ind. Res. India **13** B [1954] 396, 398; vgl. H 45). Als Hauptprodukt neben 3-Hydroxy-xanthen-9-on beim Erwärmen von 2-[3-Nitro-phenoxy]-benzoesäure mit konz. Schwefelsäure, Erwärmen des Reaktionsprodukts mit Zinn(II)-chlorid und wss. Salzsäure, Behandeln des er- haltenen Gemisches von 1-Amino-xanthen-9-on und 3-Amino-xanthen-9-on mit wss. Schwefelsäure und Natriumnitrit und Eintragen der erhaltenen Diazoniumsalz-Lösung in eine heisse Lösung von Kupfer(II)-sulfat in wss. Schwefelsäure (*Goldberg, Wragg*, Soc. **1958** 4227, 4233). Neben 3-Methoxy-xanthen-9-on beim Erhitzen von 2-[3-Methoxy-phenoxy]-benzoesäure mit Zinn(IV)-chlorid auf 130° (*Neunhoeffer, Haase*, B. **91** [1958] 1801, 1803). Aus 1-Methoxy-xanthen-9-on mit Hilfe von wss. Bromwasserstoffsäure (*Maus*, B. **81** [1948] 19, 24). Bei der Hydrierung von 1-Hydroxy-3-[toluol-4-sulfonyloxy]-xanthen-9-on an Raney-Nickel in Äthanol (*Jain et al.*, J. scient. ind. Res. India **12** B [1953] 647).

Gelbe Krystalle; F: 148—149° [aus A.] (*Pa., Se.*), 148° [nach Destillation mit Wasser- dampf] (*Go., Wr.*), 147—148° [aus A.] (*Jain et al.*). Absorptionsspektrum (A.; 210 nm bis 390 nm): *Mull, Nord*, Arch. Biochem. **4** [1944] 419, 426. Absorptionsmaximum (Me.): 230 nm (*Scheinmann, Suschitzky*, Tetrahedron **7** [1959] 31, 34). Verdünnte wss. Lösun- gen fluorescieren bei pH < 5,6 grünlich, bei pH > 6,4 blau (*Okáč, Horák*, Collect. **21** [1956] 1434, 1435); Abhängigkeit der Fluorescenzintensität von der Konzentration und dem pH (1—11): *Okáč, Ho.* Stabilitätskonstante des Kupfer(II)-Komplexes in wss. Dioxan: *Saxena, Seshadri*, Pr. Indian Acad. [A] **46** [1957] 218, 219.

Überführung in 1,4-Dihydroxy-xanthen-9-on durch Behandlung mit wss. Kalilauge, Pyridin und wss. Kaliumperoxodisulfat-Lösung: *Pa., Se.* Überführung in Xanthen-1-ol durch Erwärmen einer Lösung in Benzol mit Lithiumalanat in Äther: *Mustafa, Hishmat*, J. org. Chem. **22** [1957] 1644, 1646. Beim Erwärmen mit Acetylchlorid, Aluminium= chlorid und Nitrobenzol ist 2-Acetyl-1-hydroxy-xanthen-9-on erhalten worden (*Mustafa, Hishmat*, Am. Soc. **79** [1957] 2225, 2228; s. a. *Davies et al.*, Soc. **1956** 2140, 2141); eine von *Davies et al.* (l. c.) neben 2-Acetyl-1-hydroxy-xanthen-9-on beim Erwärmen mit Acetanhydrid, Aluminiumchlorid und 1,1,2,2-Tetrachlor-äthan in kleiner Menge er- haltene Verbindung $C_{15}H_{10}O_4$ (F: 200°) ist als 4-Acetyl-1-hydroxy-xanthen-9-on zu formulieren (*Sch., Su.*, l. c. S. 32). Bildung von 9-[2-Methoxy-phenyl]-xanthen-1,9-diol und von Chromeno[2,3,4-kl]xanthen-13b-ol beim Behandeln einer warmen Lösung in Benzol mit äther. 2-Methoxy-phenylmagnesium-bromid-Lösung (Überschuss): *Ne., Ha.*, l. c. S. 1802, 1804.

Über ein Nickel(II)-Komplexsalz $Ni(C_{13}H_7O_3)_2$ (orangegelbes Pulver [nach Erhitzen mit Xylol]; Trihydrat $Ni(C_{13}H_7O_3)_2·3H_2O$: gelb; Pyridin-Addukt $Ni(C_{13}H_7O_3)_2·2C_5H_5N$: braune Krystalle [aus Py.], die auch bei 130° kein Pyridin ab- geben) s. *Pfeiffer et al.*, A. **503** [1933] 84, 95, 108.

1-Methoxy-xanthen-9-on $C_{14}H_{10}O_3$, Formel II ($R = CH_3$) (H 45; E I 314).

B. Beim Erwärmen von 1-Chlor-xanthen-9-on mit Natriummethylat in Methanol (*Goldberg, Wragg*, Soc. **1958** 4234, 4239). Aus 1-Hydroxy-xanthen-9-on beim Erwärmen mit Dimethylsulfat, Kaliumcarbonat und Aceton (*Mustafa, Hishmat*, Am. Soc. **79** [1957] 2225, 2229) sowie beim Behandeln mit Diazomethan in Äther unter Zusatz von Methanol (*Mustafa, Hishmat*, J. org. Chem. **22** [1957] 1644, 1646).

F: 138—139° (*Mull, Nord*, Arch. Biochem. **4** [1944] 419, 423), 136° [aus PAe.] (*Mu., Hi.*). Absorptionsspektrum (A.; 210—400 nm): *Mull, Nord*, l. c. S. 427. Absorptionsmaximum (Me.): 236 nm (*Scheinmann, Suschitzky*, Tetrahedron **7** [1959] 31, 34). Polarographie: *Whitman, Wiles*, Soc. **1956** 3016, 3017; *Giacometti*, Ric. scient. **27** [1957] 1489.

Überführung in 1-Methoxy-xanthen durch Erwärmen einer Lösung in Benzol mit Lithiumalanat in Äther: *Mu., Hi.*, J. org. Chem. **22** 1645, 1646.

1-Allyloxy-xanthen-9-on $C_{16}H_{12}O_3$, Formel II ($R = CH_2\text{-}CH=CH_2$).

B. Beim Erwärmen einer Lösung von 1-Hydroxy-xanthen-9-on in Aceton mit Allylchlorid, Natriumjodid und Kaliumcarbonat (*Scheinmann, Suschitzky*, Tetrahedron **7** [1959] 31, 34) oder mit Allylbromid und Kaliumcarbonat (*Mustafa, Hishmat*, Am. Soc. **79** [1957] 2225, 2229).

Krystalle (aus PAe.); F: 86—87° (*Mu., Hi.*), 86° (*Sch., Su.*).

Beim Erhitzen ohne Zusatz auf 200° sowie beim Erhitzen mit N,N-Dimethyl-anilin auf Siedetemperatur ist 2-Allyl-1-hydroxy-xanthen-9-on, beim Erhitzen mit Pyridinhydrochlorid auf 200° ist 1-Hydroxy-xanthen-9-on erhalten worden (*Sch., Su.*).

1-Acetonyloxy-xanthen-9-on $C_{16}H_{12}O_4$, Formel II ($R = CH_2\text{-}CO\text{-}CH_3$).

B. Beim Erwärmen von 1-Hydroxy-xanthen-9-on mit Aceton, Chloraceton und Kaliumcarbonat (*Scheinmann, Suschitzky*, Tetrahedron **7** [1959] 31, 35).

Krystalle (aus $CHCl_3$); F: 172—173°.

I II III

1-Phenacyloxy-xanthen-9-on $C_{21}H_{14}O_4$, Formel II ($R = CH_2\text{-}CO\text{-}C_6H_5$).

B. Beim Behandeln von [9-Oxo-xanthen-1-yloxy]-acetylchlorid mit Benzol und Aluminiumchlorid (*Davies et al.*, Soc. **1956** 2140, 2142).

Krystalle (aus A.); F: 187—188°.

Reaktion mit [2,4-Dinitro-phenyl]-hydrazin unter Bildung einer Verbindung $C_{27}H_{18}N_4O_7$ (orangefarbene Krystalle [aus Chlorbenzol], F: 203° [Zers.]): *Da. et al.*

1-Acetoxy-xanthen-9-on $C_{15}H_{10}O_4$, Formel II ($R = CO\text{-}CH_3$) (H 45; dort als 1-Acetoxy-xanthon bezeichnet).

B. Beim Erhitzen von 1-Hydroxy-xanthen-9-on mit Acetanhydrid und wenig Pyridin (*Pankajamani, Seshadri*, J. scient. ind. Res. India **13** B [1954] 396, 398; vgl. H 45).

Krystalle (aus E.); F: 170—171° (*Pa., Se.*). Absorptionsmaximum (Me.): 238 nm (*Scheinmann, Suschitzky*, Tetrahedron **7** [1959] 31, 34).

Beim Erhitzen mit Aluminiumchlorid und Nitrobenzol auf 140° ist 2-Acetyl-1-hydroxy-xanthen-9-on erhalten worden (*Mustafa, Hishmat*, Am. Soc. **79** [1957] 2225, 2228, 2229).

1-Benzoyloxy-xanthen-9-on $C_{20}H_{12}O_4$, Formel II ($R = CO\text{-}C_6H_5$) (H 45).

Beim Erhitzen mit Aluminiumchlorid und Nitrobenzol auf 140° ist 2-Benzoyl-1-hydroxy-xanthen-9-on, beim Erhitzen mit Acetanhydrid, Aluminiumchlorid und Nitrobenzol bis auf 140° ist 2-Acetyl-1-hydroxy-xanthen-9-on erhalten worden (*Mustafa, Hishmat*, Am. Soc. **79** [1957] 2225, 2228, 2229).

1-[4-Nitro-benzoyloxy]-xanthen-9-on $C_{20}H_{11}NO_6$, Formel II (R = CO-C_6H_4-NO_2).
B. Beim Erwärmen von 1-Hydroxy-xanthen-9-on mit 4-Nitro-benzoylchlorid und Pyridin (*Mustafa, Hishmat*, Am. Soc. **79** [1957] 2225, 2228).
Gelbe Krystalle (aus A. + $CHCl_3$); F: 231° [unkorr.].
Überführung in 1-Hydroxy-2-[4-nitro-benzoyl]-xanthen-9-on durch Erhitzen mit Aluminiumchlorid in Nitrobenzol: *Mu., Hi.*

1-[2]Naphthoyloxy-xanthen-9-on $C_{24}H_{14}O_4$, Formel III.
B. Beim Erwärmen von 1-Hydroxy-xanthen-9-on mit [2]Naphthoylchlorid und Pyridin (*Mustafa, Hishmat*, Am. Soc. **79** [1957] 2225, 2228).
Gelbe Krystalle (aus A. + $CHCl_3$); F: 212—213° [unkorr.].
Beim Erhitzen mit Aluminiumchlorid und Nitrobenzol sind 1-Hydroxy-xanthen-9-on und [2]Naphthoesäure als einzige Reaktionsprodukte erhalten worden (*Mu., Hi.*, l. c S. 2226, 2229).

[9-Oxo-xanthen-1-yloxy]-essigsäure $C_{15}H_{10}O_5$, Formel II (R = CH_2-COOH).
B. Aus [9-Oxo-xanthen-1-yloxy]-essigsäure-äthylester mit Hilfe von wss. Natronlauge (*Davies et al.*, Soc. **1956** 2140, 2142).
Krystalle; F: 195°.

[9-Oxo-xanthen-1-yloxy]-essigsäure-äthylester $C_{17}H_{14}O_5$, Formel II (R = CH_2-CO-OC_2H_5).
B. Beim Erwärmen von 1-Hydroxy-xanthen-9-on mit Bromessigsäure-äthylester, Kaliumcarbonat und Aceton (*Davies et al.*, Soc. **1956** 2140, 2142).
Würfelförmige Krystalle (aus A.) vom F: 130° bzw. nadelförmige Krystalle (aus A.) vom F: 128—130°.

[9-Oxo-xanthen-1-yloxy]-acetylchlorid $C_{15}H_9ClO_4$, Formel II (R = CH_2-COCl).
B. Beim Erwärmen von [9-Oxo-xanthen-1-yloxy]-essigsäure mit Thionylchlorid und Benzol (*Davies et al.*, Soc. **1956** 2140, 2142).
Gelbe Krystalle (aus Bzl.); F: 173° [Zers.].
Beim Erwärmen mit Aluminiumchlorid und Schwefelkohlenstoff ist Furo[2,3-a]-xanthen-3,11-dion (Syst. Nr. 2811), beim Behandeln mit Aluminiumchlorid und Benzol ist 1-Phenacyloxy-xanthen-9-on erhalten worden.

[9-Oxo-xanthen-1-yloxy]-essigsäure-amid $C_{15}H_{11}NO_4$, Formel II (R = CH_2-CO-NH_2).
B. Aus [9-Oxo-xanthen-1-yloxy]-acetylchlorid (*Davies et al.*, Soc. **1956** 2140, 2142).
Krystalle (aus A.); F: 252—254° [Zers.].

1-Benzolsulfonyloxy-xanthen-9-on $C_{19}H_{12}O_5S$, Formel II (R = SO_2-C_6H_5).
B. Beim Erhitzen von 1-Hydroxy-xanthen-9-on mit Benzolsulfonylchlorid und Pyridin (*Mustafa, Hishmat*, Am. Soc. **79** [1957] 2225, 2228).
Gelbe, grünlich fluorescierende Krystalle (aus A. + $CHCl_3$); F: 148° [unkorr.] (*Mu., Hi.*, Am. Soc. **79** 2228).
Überführung in 2-Benzolsulfonyl-1-hydroxy-xanthen-9-on durch Erhitzen mit Aluminiumchlorid und Nitrobenzol: *Mu., Hi.*, Am. Soc. **79** 2228. Beim Erwärmen einer Lösung in Benzol mit Lithiumalanat in Äther sind Xanthen-1-ol und Thiophenol erhalten worden (*Mustafa, Hishmat*, J. org. Chem. **22** [1957] 1644, 1645).

1-[Toluol-4-sulfonyloxy]-xanthen-9-on $C_{20}H_{14}O_5S$, Formel II (R = SO_2-C_6H_4-CH_3).
B. Beim Erwärmen von 1-Hydroxy-xanthen-9-on mit Toluol-4-sulfonylchlorid, Aceton und Kaliumcarbonat (*Jain et al.*, J. scient. ind. Res. India **12** B [1953] 647).
Krystalle (aus A.); F: 126—127°.
Bei der Hydrierung an Raney-Nickel in Äthanol ist Xanthen-9-on erhalten worden.

2-Hydroxy-xanthen-9-on $C_{13}H_8O_3$, Formel IV (R = H) (H 46; E I 314; E II 29; dort als 2-Oxy-xanthon bezeichnet).
Krystalle (aus A.); F: 237° (*Fujikawa, Nakamura*, J. pharm. Soc. Japan **64** [1944] Nr. 5, S. 274; C. A. **1951** 2906).

2-Methoxy-xanthen-9-on $C_{14}H_{10}O_3$, Formel IV (R = CH_3) (H 46; E I 314).
B. Aus 2-[4-Methoxy-phenoxy]-benzoesäure beim Behandeln mit konz. Schwefelsäure

(*Fujikawa, Nakamura,* J. pharm. Soc. Japan **64** [1944] Nr. 5, S. 274; *C. A.* **1951** 2906), beim Erwärmen mit Polyphosphorsäure (*Davies et al.,* Soc. **1958** 1790, 1791) sowie beim Erwärmen mit Acetylchlorid und wenig Schwefelsäure (*Da. et al.*). Aus 2-Hydroxy-xanthen-9-on mit Hilfe von Dimethylsulfat (*Fu., Na.*).

Krystalle (aus A.); F: 131° (*Fu., Na.*; s. a. *Da. et al.*). Polarographie: *Whitman, Wiles,* Soc. **1956** 3016, 3017; *Giacometti,* Ric. scient. **27** [1957] 1489.

2-Acetonyloxy-xanthen-9-on $C_{16}H_{12}O_4$, Formel IV (R = CH_2-CO-CH_3).

B. Beim Erwärmen von 2-Hydroxy-xanthen-9-on mit Chloraceton, Kaliumcarbonat und Aceton (*Davies et al.,* Soc. **1958** 1790, 1791).

Krystalle (aus A.); F: 150—151°.

Reaktion mit [2,4-Dinitro-phenyl]-hydrazin unter Bildung einer Verbindung $C_{22}H_{16}N_4O_7$ (gelbe Krystalle [aus 1,2-Dichlor-äthan]; F: 225°): *Da. et al.*

IV   V   VI

2-[2-Diäthylamino-äthoxy]-xanthen-9-on $C_{19}H_{21}NO_3$, Formel IV (R = CH_2-CH_2-N(C_2H_5)$_2$).

B. Beim Erhitzen der Natrium-Verbindung des 2-Hydroxy-xanthen-9-ons mit Diäthyl-[2-chlor-äthyl]-amin in Chlorbenzol (*Hoffmann-La Roche,* U.S.P. 2732373 [1954]).

Hydrochlorid. Krystalle (aus A.); F: 194—195°.

2-β-D-Glucopyranosyloxy-xanthen-9-on $C_{19}H_{18}O_8$, Formel V (R = H).

B. Beim kurzen Erwärmen (5 min) von 2-[Tetra-*O*-acetyl-β-D-glucopyranosyloxy]-xanthen-9-on (s. u.) mit methanol. Natronlauge (*Robertson, Waters,* Soc. **1929** 2239, 2241).

Krystalle (aus Me.); F: 237°.

2-[Tetra-*O*-acetyl-β-D-glucopyranosyloxy]-xanthen-9-on $C_{27}H_{26}O_{12}$, Formel V (R = CO-CH_3).

B. Beim Behandeln einer Lösung von 2-Hydroxy-xanthen-9-on mit Aceton, wss. Natronlauge und α-D-Acetobromglucopyranose [Tetra-*O*-acetyl-α-D-glucopyranosyl-bromid] (*Robertson, Waters,* Soc. **1929** 2239, 2240).

Krystalle (aus Me.); F: 173°. $[\alpha]_D^{20}$: $-36,4°$ [Acn.].

2-Phosphonooxy-xanthen-9-on, Phosphorsäure-mono-[9-oxo-xanthen-2-ylester] $C_{13}H_9PO_6$, Formel IV (R = PO(OH)$_2$).

B. Beim Erhitzen von 2-Hydroxy-xanthen-9-on mit Polyphosphorsäure auf 110° (*Lamb, Suschitzky,* Tetrahedron **5** [1959] 1, 7). Neben 2-Hydroxy-xanthen-9-on beim Erhitzen von 2-[3-Acetyl-4-hydroxy-phenoxy]-benzoesäure oder von 1-Acetyl-2-hydroxy-xanthen-9-on mit Polyphosphorsäure auf 110° (*Lamb, Su.*).

Krystalle (aus Eg.); F: 226—227°.

2-Mercapto-thioxanthen-9-on $C_{13}H_8OS_2$, Formel VI.

B. Beim Erwärmen einer aus 2-Amino-thioxanthen-9-on, wss. Salzsäure und Natrium-nitrit bereiteten, mit Natriumcarbonat neutralisierten Diazoniumsalz-Lösung mit Kaliumxanthogenat (Kalium-*O*-äthyl-dithiocarbonat) und Erhitzen der mit Natrium-hydroxid versetzten Reaktionslösung (*Kurihara, Niwa,* J. pharm. Soc. Japan **73** [1953] 1378; *C. A.* **1955** 313).

Krystalle (aus A.); F: 138,5—140°.

3-Hydroxy-xanthen-9-on $C_{13}H_8O_3$, Formel VII (R = H) (H 46; E I 315; E II 29; dort als 3-Oxy-xanthon bezeichnet).

B. Beim Erhitzen von 2,4,2'-Trihydroxy-benzophenon mit Wasser bis auf 250° (*Davies et al.,* J. org. Chem. **23** [1958] 307). Beim Erhitzen von 2-[3-Methoxy-phenoxy]-benzoe=

säure mit wss. Bromwasserstoffsäure (*Fujikawa, Nakamura,* J. pharm. Soc. Japan **64** [1944] Nr. 5, S. 274; C. A. **1951** 2906). Aus 3-Methoxy-xanthen-9-on beim Erwärmen einer Lösung in Xylol mit Aluminiumchlorid (*Mauthner,* Mat. termeszettud. Ertesitö **62** [1943] 360, 363, 365; C. A. **1948** 1267; vgl. H 46) sowie beim Erhitzen mit wss. Jod=wasserstoffsäure und Acetanhydrid (*Mittal, Seshadri,* J. scient. ind. Res. India **14**B [1955] 76). Über weitere Bildungsweisen s. im Artikel 1-Hydroxy-xanthen-9-on (S. 598).

Krystalle; F: 249—250° [aus A.] (*Mi., Se.*), 243° [aus Xylol bzw. aus wss. A.] (*Ma.; Fu., Na.*). UV-Spektrum (A.; 210—345 nm): *Mull, Nord,* Arch. Biochem. **4** [1944] 419, 427.

3-Methoxy-xanthen-9-on $C_{14}H_{10}O_3$, Formel VII (R = CH_3) (H 46; E I 315).

B. Beim Behandeln von 1-Methoxy-3-phenoxy-benzol mit Oxalylchlorid, Aluminium=chlorid und Schwefelkohlenstoff (*Asahina, Tanase,* Pr. Acad. Tokyo **16** [1940] 297; J. pharm. Soc. Japan **61** [1941] 129, 132). Neben 1-Hydroxy-xanthen-9-on beim Erhitzen von 2-[3-Methoxy-phenoxy]-benzoesäure mit Zinn(IV)-chlorid auf 130° (*Neunhoeffer, Haase,* B. **91** [1958] 1801, 1803). Beim Erwärmen von 2-[3-Methoxy-phenoxy]-benzoe=säure mit konz. Schwefelsäure (*Fujikawa, Nakamura,* J. pharm. Soc. Japan **64** [1944] Nr. 5, S. 274) oder mit Acetanhydrid und wenig Schwefelsäure (*Goldberg, Wragg,* Soc. **1958** 4227, 4230). Beim Erwärmen von 4-Methoxy-2-phenoxy-benzoesäure mit Acetyl=chlorid und wenig Schwefelsäure (*Ungnade, Orwoll,* Am. Soc. **65** [1943] 1736, 1738; vgl. H 46). Beim Erwärmen von 3-Chlor-xanthen-9-on mit Natriummethylat in Methanol (*Goldberg, Wragg,* Soc. **1958** 4234, 4239). Aus 3-Hydroxy-xanthen-9-on mit Hilfe von Dimethylsulfat (*Fu., Na.*). Bei der Hydrierung von 3-Methoxy-1-[toluol-4-sulfonyloxy]-xanthen-9-on an Raney-Nickel in Äthanol (*Mittal, Seshadri,* J. scient. ind. Res. India **14**B [1955] 76).

Krystalle; F: 130—132° [aus A.] (*Go., Wr.,* l. c. S. 4230), 129—130° [aus Ae. oder wss. A.] (*Mi., Se.*), 128,5° [aus wss. A.] (*As., Ta.,* J. pharm. Soc. Japan **61** 132). Polaro=graphie: *Whitman, Wiles,* Soc. **1956** 3016, 3017; *Giacometti,* Ric. scient. **27** [1957] 1489.

VII VIII

3-Äthoxy-xanthen-9-on $C_{15}H_{12}O_3$, Formel VII (R = C_2H_5).

B. Beim Erwärmen von 3-Chlor-xanthen-9-on mit Natriumäthylat in Äthanol (*Gold-berg, Wragg,* Soc. **1958** 4234, 4239).

Krystalle (aus A.); F: 146°.

3-Butoxy-xanthen-9-on $C_{17}H_{16}O_3$, Formel VII (R = $[CH_2]_3$-CH_3).

B. Beim Erhitzen von 3-Chlor-xanthen-9-on mit Natriumbutylat in Butan-1-ol (*Gold-berg, Wragg,* Soc. **1958** 4234, 4239).

Gelbliche Krystalle; F: 118°.

3-Phenoxy-xanthen-9-on $C_{19}H_{12}O_3$, Formel VII (R = C_6H_5).

B. Beim Erhitzen von 3-Chlor-xanthen-9-on mit Natriumphenolat in Phenol (*Goldberg, Wragg,* Soc. **1958** 4234, 4239).

Krystalle (aus wss. A.); F: 116—118°.

3-Acetoxy-xanthen-9-on $C_{15}H_{10}O_4$, Formel VII (R = CO-CH_3) (H 47).

B. Beim Erhitzen von 2,4,2'-Trimethoxy-benzophenon mit Pyridin-hydrochlorid und Erhitzen des Reaktionsprodukts mit Acetanhydrid und wenig Schwefelsäure (*VanAllan,* J. org. Chem. **23** [1958] 1679, 1682).

Krystalle (aus Bzl.); F: 160°.

3-ξ-D-Glucopyranosyloxy-xanthen-9-on $C_{19}H_{18}O_8$, Formel VIII (R = H).

B. Beim Behandeln von 3-[Tetra-*O*-acetyl-ξ-D-glucopyranosyloxy]-xanthen-9-on (S. 603)

mit Bariumhydroxid in Wasser (*Mauthner*, Mat. termeszettud. Ertesitö **62** [1943] 360, 363; C. A. **1948** 1267).
Krystalle (aus W.); F: 225—226°.

3-[Tetra-*O*-acetyl-ξ-D-glucopyranosyloxy]-xanthen-9-on $C_{27}H_{26}O_{12}$, Formel VIII (R = CO-CH$_3$).
B. Beim Behandeln von 3-Hydroxy-xanthen-9-on mit α-D-Acetobromglucopyranose (Tetra-*O*-acetyl-α-D-glucopyranosylbromid), Silberoxid und Chinolin (*Mauthner*, Mat. termeszettud. Ertesitö **62** [1943] 360, 363; C. A. **1948** 1267).
Krystalle (aus A.); F: 189—190°.

3-Chlor-6-methoxy-xanthen-9-on $C_{14}H_9ClO_3$, Formel IX.
B. Beim Erhitzen von Natrium-[2,4-dichlor-benzoat] mit Natrium-[3-methoxyphenolat], Kupfer-Pulver, Kupfer(I)-jodid und Nitrobenzol bis auf 200° und Erwärmen des Reaktionsprodukts mit Acetanhydrid und wenig Schwefelsäure (*Goldberg, Wragg*, Soc. **1958** 4227, 4230).
Krystalle (aus wss. Py.); F: 166°.

3-*p*-Tolylmercapto-xanthen-9-on $C_{20}H_{14}O_2S$, Formel X.
B. Beim Erwärmen von 3-Chlor-xanthen-9-on mit Thio-*p*-kresol und Natriumäthylat in Äthanol (*Goldberg, Wragg*, Soc. **1958** 4234, 4239).
Krystalle (aus A. + Dioxan); F: 164°.

4-Hydroxy-xanthen-9-on $C_{13}H_8O_3$, Formel XI (R = H) (H 47; E I 315; E II 30; dort als 4-Oxy-xanthon bezeichnet).
B. Beim Erwärmen von 4-Methoxy-xanthen-9-on mit Aluminiumchlorid in Benzol (*Koelsch, Lucht*, Am. Soc. **71** [1949] 3556).
F: 240—242° (*Mull, Nord*, Arch. Biochem. **4** [1944] 419, 423). UV-Spektrum (A.; 210—390 nm): *Mull, Nord*, l. c. S. 427.

4-Methoxy-xanthen-9-on $C_{14}H_{10}O_3$, Formel XI (R = CH$_3$) (H 47; E I 315).
B. Beim Erwärmen von 2-[2-Methoxy-phenoxy]-benzoesäure mit Acetylchlorid und wenig Schwefelsäure (*Gottesmann*, B. **66** [1933] 1168, 1173). Beim Behandeln von 4-Hydroxy-xanthen-9-on mit Diazomethan in Äther (*Mustafa, Hishmat*, J. org. Chem. **22** [1957] 1644, 1646, 1647).
F: 176° (*Whitman, Wiles*, Soc. **1956** 3016, 3019), 169° [aus A.] (*Mu., Hi.*). UV-Spektrum (A.; 210—380 nm): *Mull, Nord*, Arch. Biochem. **4** [1944] 419, 428. Polarographie: *Wh., Wi.*, l. c. S. 3017; *Giacometti*, Ric. scient. **27** [1957] 1489.

IX   X   XI

4-Acetoxy-xanthen-9-on $C_{15}H_{10}O_4$, Formel XI (R = CO-CH$_3$) (H 47; E II 30).
Krystalle (aus Me. oder wss. A.); F: 142—143° (*Tomita et al.*, J. pharm. Soc. Japan **64** [1944] Nr. 3, S. 173, 176; C. A. **1951** 6173).

4-[2-Diäthylamino-äthoxy]-xanthen-9-on $C_{19}H_{21}NO_3$, Formel XI (R = CH$_2$-CH$_2$-N(C$_2$H$_5$)$_2$).
B. Beim Erhitzen der Natrium-Verbindung des 4-Hydroxy-xanthen-9-ons mit Diäthyl-[2-chlor-äthyl]-amin in Chlorbenzol *Hoffmann-La Roche*, U.S.P. 2732373 [1954]).
Hydrochlorid. Krystalle (aus A.); F: 236°.

4-β-D-Glucopyranosyloxy-xanthen-9-on $C_{19}H_{18}O_8$, Formel I (R = H).
B. Beim kurzen Erwärmen (5 min) von 4-[Tetra-*O*-acetyl-β-D-glucopyranosyloxy]-xanthen-9-on (S. 604) mit methanol. Natronlauge (*Robertson, Waters*, Soc. **1929** 2239,

2241).
Krystalle (aus wss. Eg.); F: 274° [Zers.].

4-[Tetra-*O*-acetyl-β-D-glucopyranosyloxy]-xanthen-9-on $C_{27}H_{26}O_{12}$, Formel I
(R = CO-CH₃).

B. Beim Behandeln von 4-Hydroxy-xanthen-9-on mit Aceton, wss. Natronlauge und α-D-Acetobromglucopyranose [Tetra-*O*-acetyl-α-D-glucopyranosylbromid] (*Robertson, Waters*, Soc. **1929** 2239, 2241).
Krystalle (aus Me.); F: 199—200°. $[\alpha]_D^{20}$: −31,8° [Acn.].

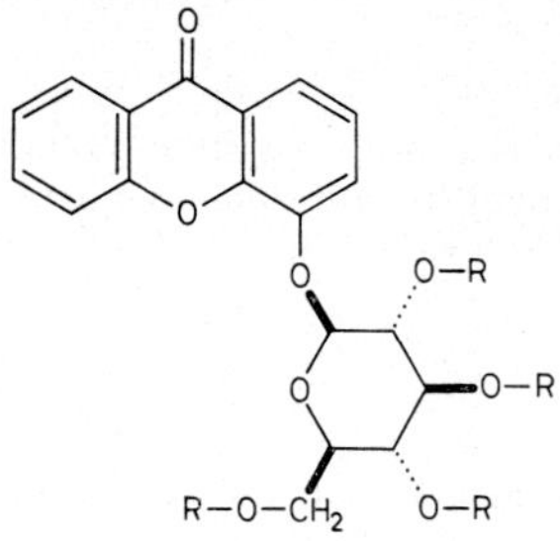

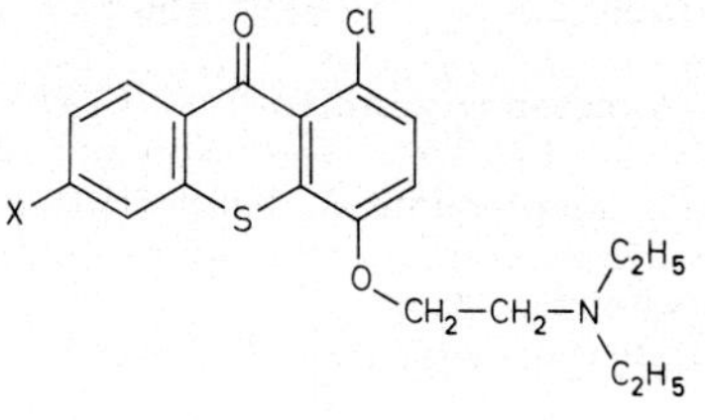

1-Chlor-4-[2-diäthylamino-äthoxy]-thioxanthen-9-on $C_{19}H_{20}ClNO_2S$, Formel II (X = H).
B. Beim Erhitzen der Natrium-Verbindung des 1-Chlor-4-hydroxy-thioxanthen-9-ons (E I 315) mit Diäthyl-[2-chlor-äthyl]-amin in Chlorbenzol (*Hoffman-La Roche*, U.S.P. 2 732 374 [1955]).
Hydrochlorid. Krystalle (aus Me.); F: 227°.

1,6-Dichlor-4-[2-diäthylamino-äthoxy]-thioxanthen-9-on $C_{19}H_{19}Cl_2NO_2S$, Formel II (X = Cl).
B. Beim Erwärmen von 4-Chlor-2-mercapto-benzoesäure mit 4-Chlor-anisol und konz. Schwefelsäure, Erhitzen des Reaktionsprodukts mit Aluminiumchlorid in Chlorbenzol und Erhitzen der Natrium-Verbindung des danach erhaltenen 1,6-Dichlor-4-hydroxythioxanthen-9-ons ($C_{13}H_6Cl_2O_2S$) mit Diäthyl-[2-chlor-äthyl]-amin in Chlorbenzol (*Hoffmann-La Roche*, U.S.P. 2 732 374 [1955]).
Hydrochlorid. Krystalle (aus A.); F: 222—224°.

6-Hydroxy-xanthen-3-on $C_{13}H_8O_3$, Formel III (H 45; E I 314; E II 29; dort als 6-Oxyfluoron bezeichnet).
Die Identität der unter dieser Konstitution beschriebenen Präparate von *Möhlau* und *Koch* (H 45), von *Watson* und *Meek* (E I 314) sowie von *Sen* und *Sarkar* (E II 29) ist ungewiss (*Boehm, Parlasca*, Ar. **270** [1932] 168, 171, 181).

4-Methoxy-benzo[*h*]chromen-2-on, 3*c*-[1-Hydroxy-[2]naphthyl]-3*t*-methoxy-acrylsäurelacton $C_{14}H_{10}O_3$, Formel IV (R = CH₃).
B. Beim Behandeln einer Lösung von Benzo[*h*]chromen-2,4-dion (E III/IV **17** 6398) in Aceton mit Diazomethan in Äther (*Anand, Venkataraman*, Pr. Indian Acad. [A] **28** [1948] 151, 156).
Krystalle (aus A.); F: 218°.

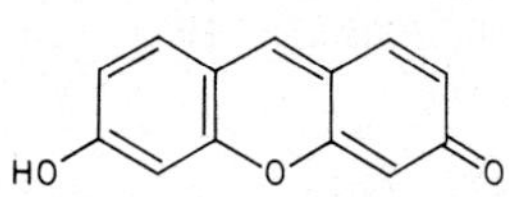

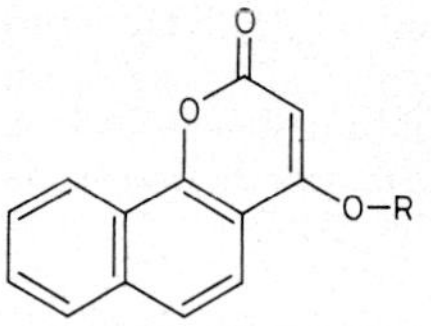

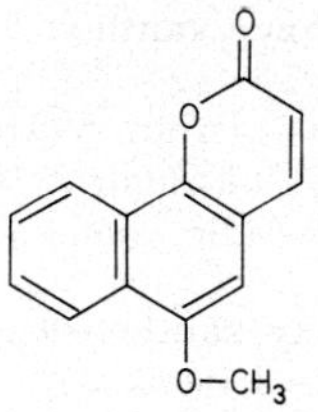

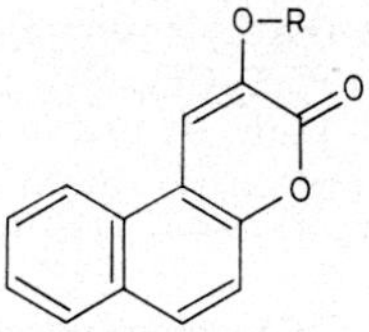

4-Acetoxy-benzo[h]chromen-2-on, 3t-Acetoxy-3c-[1-hydroxy-[2]naphthyl]-acrylsäure-lacton $C_{15}H_{10}O_4$, Formel IV (R = $CO-CH_3$).

B. Beim Erhitzen von Benzo[h]chromen-2,4-dion (E III/IV **17** 6398) mit Acetanhydrid (*Anand, Venkataraman*, Pr. Indian Acad. [A] **28** [1948] 151, 156).
Hellgelbe Krystalle (aus Bzl.); F: 134—135°.

6-Methoxy-benzo[h]chromen-2-on, 3c-[1-Hydroxy-4-methoxy-[2]naphthyl]-acrylsäure-lacton $C_{14}H_{10}O_3$, Formel V.

B. Beim Erhitzen von 1-Hydroxy-4-methoxy-[2]naphthaldehyd mit Acetanhydrid, Kaliumacetat und wenig Jod bis auf 170° (*Livingstone, Watson*, Soc. **1956** 3701, 3703).
Gelbliche Krystalle (aus Eg. + W.); F: 132—134°. Lösungen in konz. Schwefelsäure sind gelbgrün und fluorescieren grünblau.

2-Acetoxy-benzo[f]chromen-3-on, 2-Acetoxy-3c-[2-hydroxy-[1]naphthyl]-acrylsäure-lacton $C_{15}H_{10}O_4$, Formel VI (R = $CO-CH_3$).

B. Aus 1H-Benzo[f]chromen-2,3-dion [E III/IV **17** 6399] (*Dey, Lakshminarayanan*, J. Indian chem. Soc. **11** [1934] 827, 832).
Krystalle (aus A.); F: 162°. Die Krystalle fluorescieren hellblau; Lösungen in Äthanol fluorescieren blau.

2-Benzoyloxy-benzo[f]chromen-3-on, 2-Benzoyloxy-3c-[2-hydroxy-[1]naphthyl]-acrylsäure-lacton $C_{20}H_{12}O_4$, Formel VI (R = $CO-C_6H_5$).

B. Aus 1H-Benzo[f]chromen-2,3-dion [E III/IV **17** 6399] (*Dey, Lakshminarayanan*, J. Indian chem. Soc. **11** [1934] 827, 833).
F: 172°

5-Hydroxy-benzo[f]chromen-3-on, 3c-[2,3-Dihydroxy-[1]naphthyl]-acrylsäure-2-lacton $C_{13}H_8O_3$, Formel VII.

B. Beim Erhitzen von 5-Hydroxy-3-oxo-3H-benzo[f]chromen-2-carbonsäure mit wss. Natriumhydrogensulfit-Lösung und anschliessend mit wss. Schwefelsäure (*Cramer, Windel*, B. **89** [1956] 354, 363).
Gelbliche Krystalle (aus A.); F: 233—235°.
Über eine Einschlussverbindung mit Jod und Kaliumjodid (Krystalle, F: 170°) s. *Cr., Wi.*, l. c. S. 355, 356.

9-Hydroxy-benzo[f]chromen-3-on, 3c-[2,7-Dihydroxy-[1]naphthyl]-acrylsäure-2-lacton $C_{13}H_8O_3$, Formel VIII.

B. Beim Erhitzen von 9-Hydroxy-3-oxo-3H-benzo[f]chromen-2-carbonsäure mit wss. Natriumhydrogensulfit-Lösung auf 160° und Erwärmen der mit Schwefelsäure versetzten Reaktionslösung (*Cramer, Windel*, B. **89** [1956] 354, 363).
Krystalle (aus A.); F: 278°.

2-Methoxy-benzo[c]chromen-6-on, 2'-Hydroxy-5'-methoxy-biphenyl-2-carbonsäure-lacton $C_{14}H_{10}O_3$, Formel IX (R = CH_3).

B. Bei der elektrochemischen Oxydation von Natrium-[3'-methoxy-biphenyl-2-carbonat] in wss. Natriumcarbonat-Lösung unter Verwendung einer Platin-Anode (*Kenner et al.*, Tetrahedron **1** [1957] 259, 266). Beim Behandeln von 2',5'-Dimethoxy-biphenyl-2-carbonsäure mit Thionylchlorid und Benzol (*Cook et al.*, Soc. **1950** 139, 145).
Krystalle; F: 121—123° [aus PAe.] (*Ke. et al.*, l. c. S. 268), 121° [aus A.] (*Horner, Baston*, A. **1973** 910, 925), 119—120° [aus Bzl.] (*Cook et al.*), 118—119° [aus Me.] (*Seto, Sato*, Bl. chem. Soc. Japan **35** [1962] 349, 353).

Über ein ebenfalls als 2-Methoxy-benzo[c]chromen-6-on angesehenes Präparat (Krystalle [aus Me.], F: 166—168°), das beim Erwärmen eines aus Anthranilsäure, Amylnitrit und Schwefelsäure enthaltender Essigsäure hergestellten Diazoniumsalzes mit 4-Methoxyphenol erhalten worden ist, s. *Cavill et al.*, Soc. **1958** 1544, 1548.

VII   **VIII**   **IX**   **X**

2-Acetoxy-benzo[c]chromen-6-on, 5'-Acetoxy-2'-hydroxy-biphenyl-2-carbonsäure-lacton $C_{15}H_{10}O_4$, Formel IX (R = CO-CH$_3$).

Über diese Verbindung (Krystalle [aus A.], F: 138°) s. *Edwards, Lewis*, Soc. **1960** 2833, 2835.

2-Acetoxy-benzo[c]chromen-6-on hat wahrscheinlich auch in einem Präparat (Krystalle [aus Bzl. + Bzn.], F: 140–142°) vorgelegen, das neben grösseren Mengen 1,4-Dihydroxyfluoren-9-on beim Erhitzen von 1,4-Dimethoxy-fluoren-9-on mit wss. Bromwasserstoffsäure und Essigsäure und Behandeln des Reaktionsproduktes (F: 190–200°) mit Acetanhydrid und wenig Schwefelsäure erhalten worden ist (*Koelsch, Flesch*, J. org. Chem. **20** [1955] 1270, 1272, 1273).

3-Hydroxy-benzo[c]chromen-6-on, 2',4'-Dihydroxy-biphenyl-2-carbonsäure-2'-lacton $C_{13}H_8O_3$, Formel X (R = H) (E II 31; dort auch als 7-Oxy-3.4-benzo-cumarin bezeichnet).

B. Beim Erhitzen von 2-[2,4-Dimethoxy-phenyl]-cyclohex-1-encarbonsäure-äthylester mit Schwefel oder Selen auf 300° und Erhitzen des Reaktionsprodukts mit wss. Bromwasserstoffsäure (*Ghosh et al.*, Soc. **1940** 1393, 1395). Beim Erhitzen von 3-Hydroxy-7,8,9,10-tetrahydro-benzo[c]chromen-6-on mit Selen bis auf 320° (*Gh. et al.*).

Krystalle; F: 247° [korr.; aus A. oder Eg.] (*Adams et al.*, Am. Soc. **62** [1940] 2197, 2198), 233° [aus A.] (*Gh. et al.*).

3-Methoxy-benzo[c]chromen-6-on, 2'-Hydroxy-4'-methoxy-biphenyl-2-carbonsäurelacton $C_{14}H_{10}O_3$, Formel X (R = CH$_3$) (E II 31; dort als 7-Methoxy-3.4-benzo-cumarin bezeichnet).

B. Beim Behandeln einer aus 2-Benzyloxy-4-methoxy-anilin-hydrochlorid mit Hilfe von wss. Schwefelsäure und Natriumnitrit bereiteten Diazoniumsalz-Lösung mit Kupfer-Pulver und Behandeln des erhaltenen 3-Methoxy-6*H*-benzo[c]chromens mit Kaliumpermanganat in Aceton (*Cavill et al.*, Soc. **1958** 1544, 1548). Beim Erwärmen von 3-Hydroxy-benzo[c]chromen-6-on mit Methyljodid, Kaliumcarbonat und Aceton (*Adams et al.*, Am. Soc. **62** [1940] 2197, 2199).

Krystalle (aus A.); F: 143° [korr.] (*Ad. et al.*; s. a. *Ca. et al.*).

3-Acetoxy-benzo[c]chromen-6-on, 4'-Acetoxy-2'-hydroxy-biphenyl-2-carbonsäure-lacton $C_{15}H_{10}O_4$, Formel X (R = CO-CH$_3$).

B. Beim Erhitzen von 3-Hydroxy-benzo[c]chromen-6-on mit Acetanhydrid (*Adams et al.*, Am. Soc. **62** [1940] 2197, 2199).

Krystalle (aus A.); F: 177° [korr.].

3-Diäthoxythiophosphoryloxy-benzo[c]chromen-6-on, 4'-Diäthoxythiophosphoryloxy-2'-hydroxy-biphenyl-2-carbonsäure-lacton, Thiophosphorsäure-*O,O'*-diäthylester-*O''*-[6-oxo-6*H*-benzo[c]chromen-3-ylester] $C_{17}H_{17}O_5PS$, Formel X (R = P(S)(OC$_2$H$_5$)$_2$).

B. Beim Erwärmen von 3-Hydroxy-benzo[c]chromen-6-on mit Chlorothiophosphorsäure-*O,O'*-diäthylester, Kaliumcarbonat und Aceton (*Losco, Peri*, G. **89** [1959] 1298, 1305, 1310).

Krystalle (aus Bzl. + Bzn.); F: 103°.

3-Hydroxy-2,4,8(?)-trinitro-benzo[c]chromen-6-on, 2',4'-Dihydroxy-4(?),3',5'-trinitrobiphenyl-2-carbonsäure-2'-lacton $C_{13}H_5N_3O_9$, vermutlich Formel I.

B. Beim Behandeln von 3-Hydroxy-benzo[c]chromen-6-on mit Salpetersäure und Schwefelsäure (*Crawford, Rasburn*, Soc. **1956** 2155, 2160).

Gelbe Krystalle (aus wss. Eg.); F: 253° [Zers.].

4-Hydroxy-benzo[c]chromen-6-on, 2',3'-Dihydroxy-biphenyl-2-carbonsäure-2'-lacton $C_{13}H_8O_3$, Formel II (R = H).

B. Beim Erhitzen von 5,6-Dimethoxy-diphensäure mit konz. wss. Salzsäure auf 150° (*Pailer, Schleppnik*, M. **88** [1957] 367, 387). Beim Erhitzen von 5,6-Methylendioxy-diphensäure mit Resorcin und konz. wss. Salzsäure (*Pa., Sch.*, l. c. S. 384).

Krystalle; F: 180—181° [korr.; Kofler-App.; durch Sublimation bei 110°/0,001 Torr gereinigtes Präparat]. UV-Spektrum (210—333 nm): *Pa., Sch.*, l. c. S. 369.

I II III IV

4-Methoxy-benzo[c]chromen-6-on, 2'-Hydroxy-3'-methoxy-biphenyl-2-carbonsäure-lacton $C_{14}H_{10}O_3$, Formel II (R = CH_3).

B. Aus 4-Hydroxy-benzo[c]chromen-6-on mit Hilfe von Diazomethan (*Pailer, Schleppnik*, M. **88** [1957] 367, 387).

Krystalle; F: 168—169° [korr.; Kofler-App.; durch Sublimation bei 150°/0,001 Torr gereinigtes Präparat] (*Pa., Sch.*), 167° [aus A.] (*Cahn*, Soc. **1933** 1400, 1404).

7-Hydroxy-benzo[c]chromen-6-on, 3,2'-Dihydroxy-biphenyl-2-carbonsäure-2'-lacton $C_{13}H_8O_3$, Formel III, und **9-Hydroxy-benzo[c]chromen-6-on,** 5,2'-Dihydroxy-biphenyl-2-carbonsäure-2'-lacton $C_{13}H_8O_3$, Formel IV.

Diese beiden Konstitutionsformeln kommen für die nachstehend beschriebene Verbindung in Betracht.

B. Beim Erhitzen von 7(oder 9)-Hydroxy-6-oxo-6H-benzo[c]chromen-10-carbonsäure (F: 299—301° [Zers.]) auf 280° (*Huntress, Seikel*, Am. Soc. **61** [1939] 1358, 1364).

Krystalle (aus A.); F: 256° [unkorr.]. Lösungen in konz. Schwefelsäure fluorescieren hellblau.

3-Hydroxy-naphtho[2,3-b]thiophen-2-carbaldehyd $C_{13}H_8O_2S$, Formel V, und Tautomere (2-Hydroxymethylen-naphtho[2,3-b]thiophen-3-on und 3-Oxo-2,3-dihydro-naphtho[2,3-b]thiophen-2-carbaldehyd).

Diese Konstitutionsformeln kommen für die nachstehend beschriebene Verbindung in Betracht.

B. Beim Erhitzen von 2-[(E)-3-Oxo-3H-naphtho[2,3-b]thiophen-2-yliden]-indolin-3-on mit wss. Kalilauge und wenig Äthanol (*Harley-Mason, Mann*, Soc. **1942** 404, 407, 414).

Krystalle (aus wss. A.); F: 137—139°.

3-Hydroxy-naphtho[1,2-b]thiophen-2-carbaldehyd $C_{13}H_8O_2S$, Formel VI (R = X = H), und Tautomere (2-Hydroxymethylen-naphtho[1,2-b]thiophen-3-on und 3-Oxo-2,3-dihydro-naphtho[1,2-b]thiophen-2-carbaldehyd).

Diese Konstitutionsformeln kommen für die nachstehend beschriebene Verbindung in Betracht.

B. Beim Erhitzen von 2-[(E)-3-Oxo-3H-naphtho[1,2-b]thiophen-2-yliden]-indolin-3-on mit wss. Kalilauge und wenig Äthanol (*Harley-Mason, Mann*, Soc. **1942** 404, 407, 414).

Phenylhydrazon $C_{19}H_{14}N_2OS$ (vermutlich 3-Hydroxy-naphtho[1,2-b]thiophen-2-carbaldehyd-phenylhydrazon). Krystalle (aus wss. A.); F: 197—200°.

6-Chlor-3-hydroxy-naphtho[1,2-b]thiophen-2-carbaldehyd $C_{13}H_7ClO_2S$, Formel VI (R = Cl, X = H), und **9-Chlor-3-hydroxy-naphtho[1,2-b]thiophen-2-carbaldehyd** $C_{13}H_7ClO_2S$, Formel VI (R = H, X = Cl), sowie Tautomere.

Diese Konstitutionsformeln kommen für die nachstehend beschriebene Verbindung in Betracht.

B. Beim Erwärmen von 5-Chlor-2-[(*E*)-6(oder 9)-chlor-3-oxo-3*H*-naphtho[1,2-*b*]thiophen-2-yliden]-indolin-3-on mit äthanol. Kalilauge (*Woshdaewa*, Ž. prikl. Chim. **13** [1940] 1620, 1624, 1625; C. A. **1941** 3919).

Hellgelbe Krystalle (aus A.); F: 197—197,5° [Zers.].

V   VI   VII

1-Hydroxy-naphtho[2,1-*b*]thiophen-2-carbaldehyd $C_{13}H_8O_2S$, Formel VII, und Tautomere (2-Hydroxymethylen-naphtho[2,1-*b*]thiophen-1-on und 1-Oxo-1,2-dihydro-naphtho[2,1-*b*]thiophen-2-carbaldehyd) (E II 31; dort als 3-Oxy-4.5-benzo-thionaphthen-aldehyd-(2) bzw. 3-Oxo-2,3-dihydro-4,5-benzo-thionaphthen-aldehyd-(2) bezeichnet).

B. Aus 2-[(*E*)-3-Oxo-3*H*-naphtho[2,1-*b*]thiophen-2-yliden]-indolin-3-on beim Erhitzen mit wss. Kalilauge und wenig Äthanol (*Harley-Mason, Mann*, Soc. **1942** 404, 407, 414) sowie beim Erwärmen mit äthanol. Kalilauge (*Glauert, Mann*, Soc. **1952** 2127, 2129, 2134).

Gelbliche Krystalle; F: 147—148° [aus A.] (*Gl., Mann*), 146—147° [aus wss. A.] (*Gl., Mann*), 131—132° [aus wss. A.] (*Ha.-Ma., Mann*).

2,4-Dinitro-phenylhydrazon $C_{19}H_{12}N_4O_5S$ (vermutlich 1-Hydroxy-naphtho[2,1-*b*]-thiophen-2-carbaldehyd-[2,4-dinitro-phenylhydrazon]). Orangebraune Krystalle (aus Eg.); F: 284° [Zers.] (*Gl., Mann*).

4-Methoxy-dibenzofuran-1-carbaldehyd $C_{14}H_{10}O_3$, Formel VIII.

B. Beim Erwärmen von 4-Methoxy-dibenzofuran mit *N*-Methyl-formanilid und Phosphorylchlorid und anschliessend mit wss. Natriumacetat (*Gilman et al.*, Am. Soc. **75** [1953] 6310).

Krystalle (aus wss. Me.); F: 104—105° [unkorr.]).

2-Methoxy-dibenzofuran-3-carbaldehyd $C_{14}H_{10}O_3$, Formel IX.

B. Beim Erwärmen von 2-Methoxy-dibenzofuran mit Dimethylformamid und Phosphorylchlorid und anschliessend mit wss. Natriumacetat (*Routier et al.*, Soc. **1956** 4276, 4278).

Krystalle (aus Cyclohexan); F: 165°. Bei 237—240°/12 Torr destillierbar.

VIII   IX   X

2-Methoxy-dibenzofuran-3-carbaldehyd-oxim $C_{14}H_{11}NO_3$, Formel X.

B. Aus 2-Methoxy-dibenzofuran-3-carbaldehyd und Hydroxylamin (*Routier et al.*, Soc. **1956** 4276, 4278).

Krystalle (aus wss. A.); F: 199—200°.

Hydroxy-oxo-Verbindungen $C_{14}H_{10}O_3$

5-[2-Methoxy-[1]naphthyl]-3*H*-furan-2-on, 4*c*-Hydroxy-4*t*-[2-methoxy-[1]naphthyl]-but-3-ensäure-lacton $C_{15}H_{12}O_3$, Formel I.

B. Beim Erwärmen von 4-[2-Methoxy-[1]naphthyl]-4-oxo-buttersäure mit Acet-

anhydrid (*Shah, Phalnikar,* J. Univ. Bombay **13**, Tl. 3A [1944] 22, 24, 25).
Krystalle (aus wss. Eg.); F: 147—148°.

5-[6-Methoxy-[2]naphthyl]-3H-furan-2-on, 4c-Hydroxy-4t-[6-methoxy-[2]naphthyl]-but-3-ensäure-lacton $C_{15}H_{12}O_3$, Formel II (R = CH_3).

B. Beim Erhitzen von 4-[6-Methoxy-[2]naphthyl]-4-oxo-buttersäure mit Acetanhydrid (*Novák, Protiva,* Collect. **22** [1957] 1637, 1640, 1643).
Krystalle (aus E.); F: 181—182° [unkorr.].

I   II   III

5-[6-Acetoxy-[2]naphthyl]-3H-furan-2-on, 4t-[6-Acetoxy-[2]naphthyl]-4c-hydroxy-but-3-ensäure-lacton $C_{16}H_{12}O_4$, Formel II (R = $CO-CH_3$).

B. Beim Erhitzen von 4-[6-Hydroxy-[2]naphthyl]-4-oxo-buttersäure mit Acetanhydrid (*Swain et al.,* Soc. **1944** 548, 553).
Krystalle (aus E.); F: 158—160° [nach Sintern bei 150°]. Bei 120—140°/0,0001 Torr sublimierbar.

4-[6-Hydroxy-[2]naphthyl]-5H-furan-2-on $C_{14}H_{10}O_3$, Formel III (R = H).

B. Beim Erwärmen von 2-Acetoxy-1-[6-acetoxy-[2]naphthyl]-äthanon mit Bromessigsäure-äthylester, Zink und Benzol, anschliessenden Behandeln mit wss. Salzsäure und Erhitzen des Reaktionsprodukts mit Bromwasserstoff in Essigsäure (*Knowles et al.,* J. org. Chem. **7** [1942] 374, 376, 381).
Krystalle (aus A.); F: 236—238° [korr.; Zers.].

4-[6-Methoxy-[2]naphthyl]-5H-furan-2-on, 4-Hydroxy-3-[6-methoxy-[2]naphthyl]-cis-crotonsäure-lacton $C_{15}H_{12}O_3$, Formel III (R = CH_3).

B. Beim Erhitzen von (±)-3-Hydroxy-4-methoxy-3-[6-methoxy-[2]naphthyl]-buttersäure-äthylester mit Bromwasserstoff in Essigsäure auf 140° oder mit wss. Bromwasserstoffsäure und Essigsäure (*Knowles et al.,* J. org. Chem. **7** [1942] 374, 380). Beim Behandeln von 4-[6-Hydroxy-[2]naphthyl]-5H-furan-2-on mit Diazomethan in Äther (*Kn. et al.,* l. c. S. 381).
Hellgelbe Krystalle (aus A.); F: 152—153° [korr.].

---

*Opt.-inakt. **Bis-[1,1,3-trioxo-2-phenyl-2,3-dihydro-1λ^6-benzo[*b*]thiophen-2-yl]-äther** $C_{28}H_{18}O_7S_2$, Formel IV.

B. Beim Erwärmen von (±)-1,1-Dioxo-2-phenyl-1λ^6-benzo[*b*]thiophen-3-on (E III/IV **17** 1659) mit Äthylnitrit, konz. wss. Salzsäure und Äthanol oder mit Chrom(VI)-oxid und Essigsäure (*Cohen, Smiles,* Soc. **1930** 406, 413, 414).
Krystalle (aus Bzl. + PAe.); F: 220°.

(±)-3-[4-Hydroxy-phenyl]-3H-benzofuran-2-on, (±)-[2-Hydroxy-phenyl]-[4-hydroxy-phenyl]-essigsäure-2-lacton $C_{14}H_{10}O_3$, Formel V (R = H) (E II 31; dort als 3-[4-Oxyphenyl]-cumaranon-(2) bezeichnet).

B. In kleiner Menge neben Bis-[4-hydroxy-phenyl]-essigsäure beim Behandeln von Phenol mit Glyoxylsäure und wss. Schwefelsäure (*Hubacher,* J. org. Chem. **24** [1959] 1949).
Krystalle (aus Bzl.); F: 168,8—169,5° [korr.]. Bei 150°/0,01 Torr sublimierbar.

(±)-3-[4-Acetoxy-phenyl]-3H-benzofuran-2-on, (±)-[4-Acetoxy-phenyl]-[2-hydroxy-phenyl]-essigsäure-lacton $C_{16}H_{12}O_4$, Formel V (R = $CO-CH_3$).

B. Aus (±)-3-[4-Hydroxy-phenyl]-3H-benzofuran-2-on (*Hubacher,* J. org. Chem. **24**

[1959] 1949).
Krystalle (aus wss. A.); F: 94,6—95,8°.

(±)-3-Methoxy-3-phenyl-phthalid $C_{15}H_{12}O_3$, Formel VI (R = CH_3) (H 48; E I 316).
Bestätigung der Konstitutionszuordnung: *Kohlrausch, Seka*, B. **77**–79 [1944/46] 469; *Graf et al.*, Helv. **42** [1959] 1085, 1088, 1093.
B. Beim Erwärmen von 2-Benzoyl-benzoesäure mit Thionylchlorid und Behandeln des Reaktionsprodukts mit Methanol und Pyridin (*Newman, McCleary*, Am. Soc. **63** [1941] 1537, 1538, 1541; vgl. H 48).
Krystalle; F: 81,5—83° [aus PAe., Cyclohexan, Ae. oder Me.; nach dem Trocknen im Vakuum über Kaliumhydroxid] (*Graf et al.*, l. c. S. 1094), 81,4—82,4° [aus Me. + wenig Py.] (*Ne., McC.*), 80,8—82° [aus wss. Me.] (*Newman et al.*, Am. Soc. **67** [1945] 704). Krystalline Präparate vom F: 71—72° [aus Me.] (*Ko., Seka*, l. c. S. 476) bzw. F: 58° [aus Ae. + PAe.] (*Schmid et al.*, Helv. **31** [1948] 354, 359) haben vermutlich Lösungsmittel enthalten (*Graf et al.*, l. c. S. 1094). Bei 165—166°/2 Torr (*Ne. et al.*) bzw. bei 125—126°/0,01 Torr (*Sch. et al.*) destillierbar. Raman-Spektrum der Krystalle: *Ko., Seka*, l. c. S. 471, 477. UV-Spektrum (230—290 nm): *Sch. et al.*, l. c. S. 357. Absorptionsmaxima (Me.): 277 nm und 284 nm (*Graf et al.*, l. c. S. 1088). Magnetische Susceptibilität: $-145,2 \cdot 10^{-6}$ $cm^3 \cdot mol^{-1}$ (*Pacault, Buu-Hoi*, J. Phys. Rad. [8] **6** [1945] 277, 280). Polarographie: *Wawzonek et al.*, Am. Soc. **66** [1944] 827, 828. Kryoskopie von Lösungen in Schwefelsäure: *Ne. et al.*
Überführung in 2-Benzoyl-benzoesäure-methylester durch Behandlung mit Natriummethylat in Methanol: *Graf et al.*, l. c. S. 1094.

(±)-3-Äthoxy-3-phenyl-phthalid $C_{16}H_{14}O_3$, Formel VI (R = C_2H_5) (E I 316).
Bestätigung der Konstitutionszuordnung: *Kohlrausch, Seka*, B. **77**–79 [1944/46] 469.
Krystalle (aus A.); F: 57—58° [nach Sintern bei 55°] (*Ko., Seka*, l. c. S. 477). Raman-Spektrum der Krystalle: *Ko., Seka*, l. c. S. 471, 477. Polarographie: *Wawzonek et al.*, Am. Soc. **66** [1944] 827, 828.

(±)-3-Isopropoxy-3-phenyl-phthalid $C_{17}H_{16}O_3$, Formel VI (R = $CH(CH_3)_2$).
B. Beim Erwärmen von 2-Benzoyl-benzoesäure mit Thionylchlorid und Behandeln des erhaltenen (±)-3-Chlor-3-phenyl-phthalids mit Isopropylalkohol und Pyridin (*Schaefgen et al.*, Am. Soc. **67** [1945] 253, 254).
F: 67—68,4°. Absorptionsmaximum (A.): 280 nm.

IV   V   VI

(±)-3-*tert*-Butoxy-3-phenyl-phthalid $C_{18}H_{18}O_3$, Formel VI (R = $C(CH_3)_3$).
B. Beim Erwärmen von 2-Benzoyl-benzoesäure mit Thionylchlorid und Behandeln des erhaltenen (±)-3-Chlor-3-phenyl-phthalids mit *tert*-Butylalkohol und Pyridin (*Johnson et al.*, Am. Soc. **72** [1950] 514, 516).
Krystalle (aus PAe.); F: 92,6—94,2°.

(±)-3-Cyclohexyloxy-3-phenyl-phthalid $C_{20}H_{20}O_3$, Formel VI (R = C_6H_{11}).
B. Beim Erwärmen von 2-Benzoyl-benzoesäure mit Thionylchlorid und Behandeln des erhaltenen (±)-3-Chlor-3-phenyl-phthalids mit Cyclohexanol und Pyridin (*Schaefgen et al.*, Am. Soc. **67** [1945] 253, 254).
Krystalle; F: 106—106,8° [durch Destillation unter vermindertem Druck gereinigtes Präparat]. Absorptionsmaximum (A.): 280 nm.

3-p-Menthan-3-yloxy-3-phenyl-phthalid $C_{24}H_{28}O_3$.
a) **(+)-($\mathcal{Z}$)-3-[(1R)-Menthyloxy]-3-phenyl-phthalid** $C_{24}H_{28}O_3$, Formel VII.
B. s. bei dem unter b) beschriebenen Stereoisomeren.
Krystalle (aus A.), F: 62—62,5°; $[\alpha]_D^{25}$: +88° [Dioxan; c = 0,3]; $[\alpha]_D^{25}$: +60° [CHCl$_3$; c = 0,5] (*Bonner*, Am. Soc. **85** [1963] 439, 442).

b) **(–)-($\mathcal{Z}$)-3-[(1R)-Menthyloxy]-3-phenyl-phthalid** $C_{24}H_{28}O_3$, Formel VII.
B. Als Hauptprodukt neben dem unter a) beschriebenen Stereoisomeren und ($\pm$)-3-[2-Benzoyl-benzoyloxy]-3-phenyl-phthalid (s. u.) beim Erwärmen von 2-Benzoyl-benzoesäure mit Thionylchlorid und Erwärmen des Reaktionsprodukts mit (1R)-Menthol (E III **6** 133) und Pyridin (*Bonner*, Am. Soc. **85** [1963] 439, 442; s. a. *Schaefgen et al.*, Am. Soc. **67** [1945] 253, 254).
Krystalle; F: 116—117° [aus A.] (*Sch. et al.*), 115—116° [aus Bzn.] (*Bo.*). $[\alpha]_D^{25}$: –216° [Dioxan; c = 0,1] (*Bo.*); $[\alpha]_D^{25}$: –191° [Bzl.; c = 2] (*Sch. et al.*); $[\alpha]_D^{25}$ –200,3° [CHCl$_3$; c = 1] (*Bo.*); $[\alpha]_D^{25}$: –183,5° [A.; c = 2] (*Bo.*); $[\alpha]_D^{25}$: –186° [Me.; c = 2] (*Sch. et al.*); $[\alpha]_D^{25}$: –185,6° [Me.; c = 2] (*Bo.*). Absorptionsmaximum (A.): 280 nm (*Sch. et al.*; vgl. *Bo.*, l. c. S. 440).
Geschwindigkeitskonstante der Bildung von 2-Benzoyl-benzoesäure-methylester und (1R)-Menthol beim Behandeln mit Methanol in Gegenwart von Natriummethylat bei 15°, 25° und 35°, von Triäthylamin bei 35°, von Butylamin bei 35° sowie von Piperidin bei 25° und 35°: *Sch. et al.*, l. c. S. 256, 257.

($\pm$)-3-Phenoxy-3-phenyl-phthalid $C_{20}H_{14}O_3$, Formel VI (R = C_6H_5)
Diese Konstitution ist dem im Band E III **10**, S. 3293 im Artikel 2-Benzoyl-benzoe=säure-phenylester unter b) beschriebenen Isomeren vom F: 163° zuzuordnen (*Korschak et al.*, Ž. org. Chim. **9** [1973] 640; engl. Ausg. S. 657).

VII   VIII   IX

($\pm$)-3-Acetoxy-3-phenyl-phthalid $C_{16}H_{12}O_4$, Formel VI (R = CO-CH$_3$).
Diese Konstitution kommt der früher (s. H **10** 749; s. a. *Wawzonek et al.*, Am. Soc. **66** [1944] 827, 828) als [2-Benzoyl-benzoesäure]-essigsäure-anhydrid beschriebenen Ver=bindung (F: 112°) zu (*Schmid et al.*, Helv. **31** [1948] 354, 356; *Wawzonek, Fossum*, Trans. electroch. Soc. **96** [1949] 234, 236).
B. Beim Erwärmen von 2-Benzoyl-benzoesäure mit Thionylchlorid und Erwärmen des erhaltenen ($\pm$)-3-Chlor-3-phenyl-phthalids mit Silberacetat in Benzol (*Sch. et al.*, l. c. S. 359). Bei der Umsetzung des Silber-Salzes der 2-Benzoyl-benzoesäure mit Acetyl=chlorid (*Sch. et al.*, l. c. S. 359). Beim Behandeln von ($\pm$)-3-Methyl-1-phenyl-1,3-epidi=oxido-isochroman-4-on (aus 2-Methyl-3-phenyl-inden-1-on mit Hilfe von Ozon erhalten) mit Acetanhydrid und wenig Schwefelsäure (*Criegee*, A. **583** [1953] 1, 27). Neben α,α'-Dioxo-bibenzyl-2-carbonsäure-phenylester beim Behandeln einer Suspension von 2,3-Diphenyl-inden-1-on in Schwefelsäure enthaltendem Acetanhydrid mit Ozon (*Cr.*, l. c. S. 23, 28).
Krystalle; F: 114—115° [aus Bzl. + PAe.] (*Sch. et al.*, l. c. S. 359), 114° [korr.; aus CHCl$_3$ + PAe. oder aus Me.] (*Cr.*). UV-Spektrum (Hexan; 210—300 nm): *Cr.*, l. c. S. 22; s. a. *Sch. et al.*, l. c. S. 357. Polarographie: *Wa. et al.*; *Wa., Fo.*
Überführung in Anthrachinon durch Erwärmen mit konz. Schwefelsäure: *Gleason, Dougherty*, Am. Soc. **51** [1929] 310, 311, 313. Beim Erwärmen mit Natriumjodid in Essigsäure ist 1,1'-Diphenyl-[1,1']biphthalanyl-3,3'-dion (s. H **19** 188) erhalten worden (*Cr.*, l. c. S. 28).

($\pm$)-3-[2-Benzoyl-benzoyloxy]-3-phenyl-phthalid $C_{28}H_{18}O_5$, Formel VIII.
Diese Konstitution kommt nach *Newman, Courduvelis* (Am. Soc. **88** [1966] 781, 782)

der früher (s. H **10** 749) sowie von den nachstehend zitierten Autoren als 2-Benzoyl-benzoesäure-anhydrid formulierten Verbindung zu.

B. Beim Erhitzen von (±)-3-Acetoxy-3-phenyl-phthalid unter 14 Torr auf 220° (*Schmid et al.*, Helv. **31** [1948] 354, 360). Bei mehrmonatigem Aufbewahren von (±)-3-Methyl-1-phenyl-1,3-epidioxido-isochroman-4-on im geschlossenen Gefäss (*Criegee*, A. **583** [1953] 1, 27).

Krystalle; F: 142—143° [aus Bzn.] (*Bonner*, Am. Soc. **85** [1963] 439, 442), 141—142° [aus Bzl. + PAe.] (*Ne., Co.*, l. c. S. 784), 140—141° [aus Me. (?)] (*Cr.*), 120° [aus CS$_2$ + PAe.] (*Sch. et al.*). UV-Spektrum (CHCl$_3$; 230—370 nm): *Cr.*, l. c. S. 22; vgl. *Sch. et al.*, l. c. S. 357. Polarographie: *Wawzonek et al.*, Am. Soc. **66** [1944] 827, 828.

(±)-5-Brom-3-methoxy-3-phenyl-phthalid $C_{15}H_{11}BrO_3$, Formel IX (X = H).
B. Beim Behandeln von (±)-5-Brom-3-chlor-3-phenyl-phthalid mit Methanol und anschliessend mit wss. Natriumcarbonat-Lösung (*Waldmann*, J. pr. [2] **126** [1930] 69, 72).
Krystalle (aus CHCl$_3$ + PAe.); F: 183°.
Beim Erwärmen mit Methanol und wenig Schwefelsäure ist 2-Benzoyl-4-brom-benzoesäure-methylester erhalten worden.

(±)-5-Brom-3-[4-brom-phenyl]-3-methoxy-phthalid $C_{15}H_{10}Br_2O_3$, Formel IX (X = Br).
B. Beim Behandeln von (±)-5-Brom-3-[4-brom-phenyl]-3-chlor-phthalid mit Methanol und anschliessend mit wss. Natriumcarbonat-Lösung (*Waldmann*, J. pr. [2] **126** [1930] 69, 73).
Krystalle (aus PAe. + CHCl$_3$); F: 132°.

*Opt.-inakt. Bis-[3-oxo-1-phenyl-phthalan-1-yl]-sulfid $C_{28}H_{18}O_4S$, Formel X (X = H).
B. Beim Erwärmen von 2-Benzoyl-benzoesäure mit Phosphor(V)-sulfid in Benzol (*O'Brochta, Lowy*, Am. Soc. **61** [1939] 2765, 2766). Beim Einleiten von Schwefelwasserstoff in eine warme Lösung von (±)-3-Chlor-3-phenyl-phthalid (aus 2-Benzoyl-benzoesäure mit Hilfe von Thionylchlorid hergestellt) in Benzol (*O'Br., Lowy*, l. c. S. 2767).
Krystalle (aus Xylol); F: 247° (*O'Br., Lowy*). Polarographie: *Wawzonek et al.*, Am. Soc. **66** [1944] 827, 828.

Überführung in Anthrachinon durch Erwärmen mit konz. Schwefelsäure: *O'Br., Lowy*. Beim Erwärmen mit äthanol. Kalilauge sowie beim Behandeln mit Chromsäure (oder Salpetersäure) und Essigsäure ist 2-Benzoyl-benzoesäure, beim Erwärmen mit wss. Wasserstoffperoxid und Essigsäure sind 3-Phenyl-phthalid und 2-Benzoyl-benzoesäure erhalten worden (*O'Br., Lowy*). Bildung von 1,1'-Diphenyl-[1,1']biphthalanyl-3,3'-dion (F: 265—266°) beim Erhitzen mit Kupfer-Pulver oder Silber-Folie und Cymol: *O'Br., Lowy*. Bildung von 3,3-Diphenyl-3H-benzo[c]thiophen-1-on und 3,3-Diphenyl-phthalid beim Erwärmen mit Benzol und Aluminiumchlorid: *O'Br., Lowy*.

X   XI   XII   XIII

*Opt.-inakt. Bis-[1-(4-chlor-phenyl)-3-oxo-phthalan-1-yl]-sulfid $C_{28}H_{16}Cl_2O_4S$, Formel X (X = Cl).
B. Beim Erwärmen von 2-[4-Chlor-benzoyl]-benzoesäure mit Phosphor(V)-sulfid in Benzol (*O'Brochta, Lowy*, Am. Soc. **61** [1939] 2765, 2768). Beim Einleiten von Schwefelwasserstoff in eine warme Lösung von (±)-3-Chlor-3-[4-chlor-phenyl]-phthalid in Benzol (*O'Br., Lowy*).
F: 232°.

(±)-3-[2-Hydroxy-phenyl]-phthalid $C_{14}H_{10}O_3$, Formel XI.
B. Beim Erhitzen von 2-Salicyloyl-benzoesäure mit wss. Salzsäure, amalgamiertem Zink und Toluol (*Baker et al.*, Soc. **1952** 1452, 1456).
Krystalle (aus Bzl.) vom F: 159° [unkorr.] sowie Krystalle (aus Bzl.) vom F: 142° [unkorr.].

(±)-3-[4-Hydroxy-phenyl]-phthalid $C_{14}H_{10}O_3$, Formel XII (R = H) (H 49; E I 317; E II 32).
B. Beim Erwärmen von Phthalaldehydsäure mit Phenol und Phosphorsäure (*Tănăsescu, Simonescu*, J. pr. [2] **141** [1934] 311, 313, 319; vgl. H 49; E II 32).
Krystalle (aus wss. A.); F: 148° (*Tă., Si.*).
Beim Behandeln mit Phenol und konz. Schwefelsäure ist 1,3-Bis-[4-hydroxy-phenyl]-isobenzofuran erhalten worden (*Blicke, Patelski*, Am. Soc. **58** [1936] 559, 561).

(±)-3-[4-Methoxy-phenyl]-phthalid $C_{15}H_{12}O_3$, Formel XII (R = CH_3) (H 49; E II 32).
UV-Spektrum (A.; 235—300 nm): *Lin Che Kin*, A. ch. [11] **13** [1940] 317, 374, 375.

(±)-3-[4-Hydroxy-phenyl]-3H-benzo[c]thiophen-1-on $C_{14}H_{10}O_2S$, Formel XIII.
B. Beim Erhitzen von (±)-3-[4-Hydroxy-phenyl]-phthalid mit Schwefelwasserstoff, Natriumhydrogensulfid und Äthanol auf 180° (*Du Pont de Nemours & Co.*, U.S.P. 2 097 435 [1935]).
F: 134—136°.

6-Methoxy-11H-dibenz[b,f]oxepin-10-on $C_{15}H_{12}O_3$, Formel I (X = H).
B. Aus [2-(2-Methoxy-phenoxy)-phenyl]-essigsäure beim Erhitzen mit Polyphosphorsäure (*Loudon, Summers*, Soc. **1957** 3809, 3813) sowie beim Erwärmen mit Thionylchlorid und Chloroform und Behandeln des Reaktionsprodukts mit Aluminiumchlorid und Nitrobenzol (*Manske, Ledingham*, Am. Soc. **72** [1950] 4797).
Krystalle; F: 93° [aus Bzn.] (*Lo., Su.*), 85° [aus Ae. + Hexan] (*Ma., Le.*).

6-Methoxy-11H-dibenz[b,f]oxepin-10-on-oxim $C_{15}H_{13}NO_3$, Formel II (X = H).
B. Aus 6-Methoxy-11H-dibenz[b,f]oxepin-10-on und Hydroxylamin (*Manske, Ledingham*, Am. Soc. **72** [1950] 4797; *Loudon, Summers*, Soc. **1957** 3809, 3813).
Krystalle; F: 198° (*Lo., Su.*), 196° [korr.; aus Me.] (*Ma., Le.*).

6-Methoxy-2-nitro-11H-dibenz[b,f]oxepin-10-on $C_{15}H_{11}NO_5$, Formel I (X = NO_2).
B. Beim Erhitzen von [2-(2-Methoxy-phenoxy)-5-nitro-phenyl]-essigsäure mit Polyphosphorsäure (*Loudon, Summers*, Soc. **1957** 3809, 3813).
Krystalle (aus Bzl. + Bzn.); F: 195°.

I   II   III

6-Methoxy-2-nitro-11H-dibenz[b,f]oxepin-10-on-oxim $C_{15}H_{12}N_2O_5$, Formel II (X = NO_2).
B. Aus 6-Methoxy-2-nitro-11H-dibenz[b,f]oxepin-10-on und Hydroxylamin (*Loudon, Summers*, Soc. **1957** 3809, 3813).
Krystalle (aus Bzl. + Bzn.); F: 211°.

(±)-7-Acetoxy-7H-dibenz[c,e]oxepin-5-on, (±)-2'-[Acetoxy-hydroxy-methyl]-biphenyl-2-carbonsäure-lacton $C_{16}H_{12}O_4$, Formel III.
B. Beim Behandeln von 2'-Formyl-biphenyl-2-carbonsäure mit Acetanhydrid und wenig Schwefelsäure (*Cook et al.*, Soc. **1950** 139, 146; *Stephenson*, Soc. **1954** 2354, 2356).
Krystalle; F: 138—139° [korr.; aus Me.] (*Bailey*, Am. Soc. **78** [1956] 3811, 3815), 137—138° [aus wss. A.] (*St.*), 125° [aus Me.] (*Cook et al.*).

10-Hydroxy-2-methyl-benzo[g]chromen-4-on $C_{14}H_{10}O_3$, Formel IV (R = H).
B. Bei 24-stdg. Erhitzen von 1-[3,4-Dimethoxy-[2]naphthyl]-butan-1,3-dion mit Acetanhydrid und wss. Jodwasserstoffsäure unter Zusatz von Hypophosphorigsäure (*Wawzonek, Ready*, J. org. Chem. **17** [1952] 1419, 1422).
Gelbe Krystalle (aus A.); F: 268—273 ° [unkorr.; Zers.].

10-Methoxy-2-methyl-benzo[g]chromen-4-on $C_{15}H_{12}O_3$, Formel IV (R = CH_3).
B. Beim Behandeln einer Lösung von 10-Hydroxy-2-methyl-benzo[g]chromen-4-on in Äther und Methanol mit Diazomethan in Äther (*Wawzonek, Ready*, J. org. Chem. **17** [1952] 1419, 1422).
Gelbliche Krystalle (aus Me.); F: 162—163° [unkorr.].

4-Hydroxy-1-methyl-thioxanthen-9-on $C_{14}H_{10}O_2S$, Formel V (R = H) (E II 32; dort als 4-Oxy-1-methyl-thioxanthon bezeichnet).
B. Beim Behandeln von 2-Mercapto-benzoesäure mit p-Kresol und Schwefelsäure (*Levi, Smiles*, Soc. **1931** 520, 524).
Gelbe Krystalle (nach Sublimation im Vakuum); F: 245°.

4-Hydroxy-1-methyl-10,10-dioxo-10λ^6-thioxanthen-9-on $C_{14}H_{10}O_4S$, Formel VI (R = H).
B. Beim Erwärmen von 4-Benzoyloxy-1-methyl-10,10-dioxo-10λ^6-thioxanthen-9-on (s. u.) mit äthanol. Natronlauge (*Mustafa, Hishmat*, J. org. Chem. **22** [1957] 1644, 1646).
Krystalle (aus A.); F: 185°.

IV V VI VII

4-Benzoyloxy-1-methyl-thioxanthen-9-on $C_{21}H_{14}O_3S$, Formel V (R = $CO-C_6H_5$) (E II 32).
Beim Erhitzen mit Aluminiumchlorid in Nitrobenzol auf 140° ist 4-Hydroxy-1-methyl-thioxanthen-9-on erhalten worden (*Mustafa, Hishmat*, Am. Soc. **79** [1957] 2225, 2229). Überführung in 1-Methyl-10,10-dioxo-10λ^6-thioxanthen-4-ol durch Erwärmen einer Lösung in Benzol mit Lithiumalanat in Äther und Erwärmen einer Lösung des nach der Hydrolyse (wss. Ammoniumchlorid-Lösung) erhaltenen Reaktionsprodukts in Essigsäure mit wss. Wasserstoffperoxid: *Mustafa, Hishmat*, J. org. Chem. **22** [1957] 1644, 1646.

4-Benzoyloxy-1-methyl-10,10-dioxo-10λ^6-thioxanthen-9-on $C_{21}H_{14}O_5S$, Formel VI (R = $CO-C_6H_5$).
B. Beim Erwärmen einer Lösung von 4-Benzoyloxy-1-methyl-thioxanthen-9-on in Essigsäure mit wss. Wasserstoffperoxid (*Mustafa, Hishmat*, J. org. Chem. **22** [1957] 1644, 1646).
Krystalle (aus Eg.); F: 236°.

1-Hydroxy-2-methyl-xanthen-9-on $C_{14}H_{10}O_3$, Formel VII.
B. Neben 1-[2-Diäthylamino-äthylamino]-4-methyl-xanthen-9-on beim Erhitzen von 6-[2-Diäthylamino-äthylamino]-2,2'-dihydroxy-3-methyl-benzophenon mit Essigsäure (*Mauss*, B. **81** [1948] 19, 26).
Gelbe Krystalle (aus A.); F: 148—149°.

1-Chlor-4-[2-diäthylamino-äthoxy]-2-methyl-thioxanthen-9-on $C_{20}H_{22}ClNO_2S$, Formel VIII (R = $CH_2-CH_2-N(C_2H_5)_2$).
B. Beim Erhitzen von 1-Chlor-4-methoxy-2-methyl-thioxanthen-9-on (E I **18** 317) mit Aluminiumchlorid in Chlorbenzol und Erhitzen der Natrium-Verbindung des erhaltenen 1-Chlor-4-hydroxy-2-methyl-thioxanthen-9-ons ($C_{14}H_9ClO_2S$; Formel VIII [R = H]) mit Diäthyl-[2-chlor-äthyl]-amin in Chlorbenzol (*Hoffmann-La Roche*, U.S.P. 2732374 [1955]).
Hydrochlorid. Krystalle (aus wss. A.); F: 240—242°.

2-Methoxy-7-methyl-xanthen-9-on $C_{15}H_{12}O_3$, Formel IX.

B. Beim Erwärmen von 5-Methoxy-2-*p*-tolyloxy-benzoesäure mit konz. Schwefelsäure (*Kimoto*, J. pharm. Soc. Japan **75** [1955] 506, 508; C. A. **1956** 5648). Beim Behandeln von 9-Hydroxy-2-methoxy-7-methyl-xanthen-9-carbonsäure-methylester mit äthanol. Kalilauge und Behandeln des Reaktionsprodukts mit wss. Natronlauge und anschliessend mit wss. Wasserstoffperoxid (*Kimoto*, J. pharm. Soc. Japan **75** [1955] 509; C. A. **1956** 5648; s. a. *Kimoto et al.*, J. pharm. Soc. Japan **69** [1949] 405; C. A. **1950** 1974).

Krystalle (aus A.); F: 143—145° (*Ki.*, l. c. S. 508; s. a. *Ki.* l. c. S. 511), 135—137° (*Ki. et al.*).

1-Hydroxy-3-methyl-xanthen-9-on $C_{14}H_{10}O_3$, Formel X (R = H) (H 50; E II 32; dort als 1-Oxy-3-methyl-xanthon bezeichnet).

B. Beim Erwärmen von 5-Methyl-resorcin mit Salicylsäure, Zinkchlorid und Phos= phorylchlorid (*Kane et al.*, J. scient. ind. Res. India **18** B [1959] 28, 30; vgl. H 50).

Krystalle; F: 142—143° [aus A.] (*Kane et al.*), 140—141° [aus Bzl.] (*Negoro*, Sci. Ind. Osaka **33** [1959] 62; C. A. **1959** 11357). Absorptionsspektrum (A.; 210—400 nm): *Mull, Nord*, Arch. Biochem. **4** [1944] 419, 427.

Überführung in 3-Methyl-xanthen-9-ol durch Erwärmen einer Lösung in Benzol mit Lithiumalanat im Äther: *Mustafa, Hishmat*, J. org. Chem. **22** [1957] 1644, 1646.

VIII   IX   X

1-Acetoxy-3-methyl-xanthen-9-on $C_{16}H_{12}O_4$, Formel X (R = CO-CH$_3$) (H 50).

Krystalle (aus A.); F: 153—154° (*Kane et al.*, J. scient. ind. Res. India **18** B [1959] 28, 30).

1-Benzoyloxy-3-methyl-xanthen-9-on $C_{21}H_{14}O_4$, Formel X (R = CO-C$_6$H$_5$).

B. Beim Erwärmen von 1-Hydroxy-3-methyl-xanthen-9-on mit Benzoylchlorid und Pyridin (*Mustafa, Hishmat*, Am. Soc. **79** [1957] 2225, 2228).

Krystalle (aus CHCl$_3$ + A.); F: 187—188° [unkorr.].

Beim Erhitzen mit Aluminiumchlorid in Nitrobenzol auf 140° ist 2-Benzoyl-1-hydroxy-3-methyl-xanthen-9-on erhalten worden.

3-Methyl-1-[4-nitro-benzoyloxy]-xanthen-9-on $C_{21}H_{13}NO_6$, Formel X (R = CO-C$_6$H$_4$-NO$_2$).

B. Beim Erwärmen von 1-Hydroxy-3-methyl-xanthen-9-on mit 4-Nitro-benzoylchlorid und Pyridin (*Mustafa, Hishmat*, Am. Soc. **79** [1957] 2225, 2228).

Krystalle (aus CHCl$_3$ + A.); F: 236° [unkorr.].

1-Benzolsulfonyloxy-3-methyl-xanthen-9-on $C_{20}H_{14}O_5S$, Formel X (R = SO$_2$-C$_6$H$_5$).

B. Beim Erwärmen von 1-Hydroxy-3-methyl-xanthen-9-on mit Benzolsulfonylchlorid und Pyridin (*Mustafa, Hishmat*, Am. Soc. **79** [1957] 2225, 2228).

Krystalle (aus CHCl$_3$ + A.); F: 201° [unkorr.].

Überführung in 2-Benzolsulfonyl-1-hydroxy-3-methyl-xanthen-9-on durch Erhitzen mit Aluminiumchlorid in Nitrobenzol: *Mu., Hi.*, l. c. S. 2229.

2-Hydroxy-3-methyl-thioxanthen-9-on $C_{14}H_{10}O_2S$, Formel XI (R = H) (E II 33; dort als 2-Oxy-3-methyl-thioxanthon bezeichnet).

Gelbe Krystalle (aus Eg.); F: 321—322° [unkorr.] (*Mustafa, Hishmat*, Am. Soc. **79** [1957] 2225, 2228; vgl. aber E II 33).

2-Benzoyloxy-3-methyl-thioxanthen-9-on $C_{21}H_{14}O_3S$, Formel XI (R = CO-C$_6$H$_5$) (E II 33).

B. Beim Behandeln des im vorangehenden Artikel beschriebenen Präparats (F:

321—322°) mit wss. Natronlauge und mit Benzoylchlorid (*Mustafa, Hishmat*, Am. Soc. **79** [1957] 2225, 2228).
Krystalle (aus CHCl$_3$ + A.); F: 182° [unkorr.] (*Mu., Hi.*; vgl. aber E II 33).

3-Hydroxy-6-methyl-xanthen-9-on C$_{14}$H$_{10}$O$_3$, Formel XII (R = H).
B. Beim Erhitzen von 2,4,2'-Trihydroxy-4'-methyl-benzophenon mit Wasser bis auf 200° (*Kane et al.*, J. scient. ind. Res. India **18** B [1959] 28, 29, 32).
Krystalle (aus Py.); F: 318—319°.

3-Acetoxy-6-methyl-xanthen-9-on C$_{16}$H$_{12}$O$_4$, Formel XII (R = CO-CH$_3$).
B. Aus 3-Hydroxy-6-methyl-xanthen-9-on (*Kane et al.*, J. scient. ind. Res. India **18** B [1959] 28, 32).
Krystalle (aus A.); F: 193—194°.

1-Hydroxy-6-methyl-xanthen-9-on C$_{14}$H$_{10}$O$_3$, Formel XIII (H 50; dort als 8-Oxy-3-methyl-xanthon bezeichnet).
F: 172—174° (*Mull, Nord*, Arch. Biochem. **4** [1944] 419, 423).

4-Methyl-1-phenoxy-xanthen-9-on C$_{20}$H$_{14}$O$_3$, Formel I.
B. Bei der Umsetzung von 1-Chlor-4-methyl-xanthen-9-on mit Natriumphenolat in Phenol (*Farbenfabr. Bayer*, D.B.P. 919107 [1940]).
Krystalle (aus A.); F: 130—131°.
Beim Erhitzen mit *N,N*-Diäthyl-äthylendiamin auf 170° ist 1-[2-Diäthylamino-äthylamino]-4-methyl-xanthen-9-on erhalten worden.

4-Methyl-1-*o*-tolylmercapto-xanthen-9-on C$_{21}$H$_{16}$O$_2$S, Formel II (X = H).
B. Beim Erhitzen von 1-Chlor-4-methyl-xanthen-9-on mit Thio-*o*-kresol und Kalium= hydroxid in Amylalkohol (*Mustafa et al.*, Am. Soc. **77** [1955] 5121, 5123).
Gelbe Krystalle (aus Eg.); F: 170° [unkorr.].

4-Methyl-1-[toluol-2-sulfonyl]-xanthen-9-on C$_{21}$H$_{16}$O$_4$S, Formel III (X = H).
B. Beim Erwärmen einer Lösung von 4-Methyl-1-*o*-tolylmercapto-xanthen-9-on in Essigsäure mit wss. Wasserstoffperoxid (*Mustafa et al.*, Am. Soc. **77** [1955] 5121, 5123).
Krystalle (aus Eg.); F: 260° [unkorr.].

4-Methyl-1-*m*-tolylmercapto-xanthen-9-on C$_{21}$H$_{16}$O$_2$S, Formel IV (X = H).
B. Beim Erhitzen von 1-Chlor-4-methyl-xanthen-9-on mit Thio-*m*-kresol und Kalium= hydroxid in Amylalkohol (*Mustafa et al.*, Am. Soc. **77** [1955] 5121, 5123).
Gelbe Krystalle (aus Eg.); F: 163° [unkorr.].

4-Methyl-1-[toluol-3-sulfonyl]-xanthen-9-on $C_{21}H_{16}O_4S$, Formel V (X = H).

B. Beim Erwärmen einer Lösung von 4-Methyl-1-m-tolylmercapto-xanthen-9-on in Essigsäure mit wss. Wasserstoffperoxid (Mustafa et al., Am. Soc. **77** [1955] 5121, 5123).

Krystalle (aus Eg.); F: 226° [unkorr.].

4-Methyl-1-p-tolylmercapto-xanthen-9-on $C_{21}H_{16}O_2S$, Formel VI (X = H).

B. Beim Erhitzen von 1-Chlor-4-methyl-xanthen-9-on mit Thio-p-kresol und Kalium=hydroxid in Amylalkohol (Mustafa et al., Am. Soc. **77** [1955] 5121, 5123).

Gelbe Krystalle (aus Eg.); F: 166° [unkorr.].

IV   V   VI

4-Methyl-1-[toluol-4-sulfonyl]-xanthen-9-on $C_{21}H_{16}O_4S$, Formel VII (X = H).

B. Beim Erwärmen einer Lösung von 4-Methyl-1-p-tolylmercapto-xanthen-9-on in Essigsäure mit wss. Wasserstoffperoxid (Mustafa et al., Am. Soc. **77** [1955] 5121, 5123).

6-Chlor-4-methyl-1-phenylmercapto-xanthen-9-on $C_{20}H_{13}ClO_2S$, Formel VIII.

B. Beim Erhitzen von 1,6-Dichlor-4-methyl-xanthen-9-on mit Thiophenol und Kalium=hydroxid in Amylalkohol (Mustafa et al., Am. Soc. **77** [1955] 5121, 5123).

Gelbe Krystalle (aus Eg.); F: 164° [unkorr.].

1-Benzolsulfonyl-6-chlor-4-methyl-xanthen-9-on $C_{20}H_{13}ClO_4S$, Formel IX.

B. Beim Erwärmen einer Lösung von 6-Chlor-4-methyl-1-phenylmercapto-xanthen-9-on in Essigsäure mit wss. Wasserstoffperoxid (Mustafa et al., Am. Soc. **77** [1955] 5121, 5123).

Krystalle (aus Eg.); F: 210–212° [unkorr.].

6-Chlor-4-methyl-1-o-tolylmercapto-xanthen-9-on $C_{21}H_{15}ClO_2S$, Formel II (X = Cl).

B. Beim Erhitzen von 1,6-Dichlor-4-methyl-xanthen-9-on mit Thio-o-kresol und Kaliumhydroxid in Amylalkohol (Mustafa et al., Am. Soc. **77** [1955] 5121, 5123).

Gelbe Krystalle (aus Eg.); F: 205° [unkorr.].

6-Chlor-4-methyl-1-[toluol-2-sulfonyl]-xanthen-9-on $C_{21}H_{15}ClO_4S$, Formel III (X = Cl).

B. Beim Erwärmen einer Lösung von 6-Chlor-4-methyl-1-o-tolylmercapto-xanthen-9-on in Essigsäure mit wss. Wasserstoffperoxid (Mustafa et al., Am. Soc. **77** [1955] 5121, 5123).

Krystalle (aus Eg.); F: 242° [unkorr.].

6-Chlor-4-methyl-1-m-tolylmercapto-xanthen-9-on $C_{21}H_{15}ClO_2S$, Formel IV (X = Cl).

B. Beim Erhitzen von 1,6-Dichlor-4-methyl-xanthen-9-on mit Thio-m-kresol und Kaliumhydroxid in Amylalkohol (Mustafa et al., Am. Soc. **77** [1955] 5121, 5123).

Gelbe Krystalle (aus Eg.); F: 140° [unkorr.].

6-Chlor-4-methyl-1-[toluol-3-sulfonyl]-xanthen-9-on $C_{21}H_{15}ClO_4S$, Formel V (X = Cl).

B. Beim Erwärmen einer Lösung von 6-Chlor-4-methyl-1-m-tolylmercapto-xanthen-9-on in Essigsäure mit wss. Wasserstoffperoxid (Mustafa et al., Am. Soc. **77** [1955]

5121, 5123).
Krystalle (aus Eg.); F: 198° [unkorr.].

VII VIII IX X

6-Chlor-4-methyl-1-*p*-tolylmercapto-xanthen-9-on $C_{21}H_{15}ClO_2S$, Formel VI (X = Cl).
B. Beim Erhitzen von 1,6-Dichlor-4-methyl-xanthen-9-on mit Thio-*p*-kresol und Kaliumhydroxid in Amylalkohol (*Mustafa et al.*, Am. Soc. **77** [1955] 5121, 5123).
Gelbe Krystalle (aus Eg.); F: 180° [unkorr.].

6-Chlor-4-methyl-1-[toluol-4-sulfonyl]-xanthen-9-on $C_{21}H_{15}ClO_4S$, Formel VII (X = Cl).
B. Beim Erwärmen einer Lösung von 6-Chlor-4-methyl-1-*p*-tolylmercapto-xanthen-9-on in Essigsäure mit wss. Wasserstoffperoxid (*Mustafa et al.*, Am. Soc. **77** [1955] 5121, 5123).
Krystalle (aus Eg.); F: 240° [unkorr.].

1-Hydroxy-4-methyl-thioxanthen-9-on $C_{14}H_{10}O_2S$, Formel X (R = H).
B. Beim Erhitzen von 1-Methoxy-4-methyl-thioxanthen-9-on (E II **18** 33) mit konz. wss. Salzsäure (*Levi, Smiles*, Soc. **1931** 520, 524). Beim Behandeln einer aus 1-Amino-4-methyl-thioxanthen-9-on, Amylnitrit und Essigsäure bereiteten Diazoniumsalz-Lösung mit wss. Schwefelsäure (*Levi, Sm.*, l. c. S. 525).
Gelbe Krystalle (aus PAe.); F: 160°. In wss. Alkalilaugen nicht löslich.

1-Diacetoxyboryloxy-4-methyl-thioxanthen-9-on $C_{18}H_{15}BO_6S$, Formel X (R = B(O-CO-CH$_3$)$_2$).
B. Aus 1-Hydroxy-4-methyl-thioxanthen-9-on (*Levi, Smiles*, Soc. **1931** 520, 525).
Rote Krystalle (aus Acetanhydrid); F: 236°.

4-Methyl-1-phenylmercapto-thioxanthen-9-on $C_{20}H_{14}OS_2$, Formel XI (R = H).
B. Beim Erhitzen von 1-Chlor-4-methyl-thioxanthen-9-on mit Thiophenol und Kaliumhydroxid in Amylalkohol (*Mustafa et al.*, Am. Soc. **77** [1955] 5121, 5123).
Gelbe Krystalle (aus Eg.); F: 150° [unkorr.].

1-Benzolsulfonyl-4-methyl-10,10-dioxo-10λ^6-thioxanthen-9-on $C_{20}H_{14}O_5S_2$, Formel XII (R = H).
B. Beim Erwärmen einer Lösung von 4-Methyl-1-phenylmercapto-thioxanthen-9-on in Essigsäure mit wss. Wasserstoffperoxid (*Mustafa et al.*, Am. Soc. **77** [1955] 5121, 5123).
Krystalle (aus Eg.); F: 176° [unkorr.].

4-Methyl-1-*o*-tolylmercapto-thioxanthen-9-on $C_{21}H_{16}OS_2$, Formel XI (R = CH$_3$).
B. Beim Erhitzen von 1-Chlor-4-methyl-thioxanthen-9-on mit Thio-*o*-kresol und Kaliumhydroxid in Amylalkohol (*Mustafa et al.*, Am. Soc. **77** [1955] 5121, 5123).
Gelbe Krystalle (aus Eg.); F: 162° [unkorr.].

4-Methyl-10,10-dioxo-1-[toluol-2-sulfonyl]-10λ^6-thioxanthen-9-on $C_{21}H_{16}O_5S_2$, Formel XII (R = CH$_3$).
B. Beim Erwärmen einer Lösung von 4-Methyl-1-*o*-tolylmercapto-thioxanthen-9-on in

Essigsäure mit wss. Wasserstoffperoxid (*Mustafa et al.*, Am. Soc. **77** [1955] 5121, 5123). Krystalle (aus Eg.); F: 180° [unkorr.].

XI XII XIII XIV

4-Methyl-1-*m*-tolylmercapto-thioxanthen-9-on $C_{21}H_{16}OS_2$, Formel XIII (R = CH_3, X = H).

B. Beim Erhitzen von 1-Chlor-4-methyl-thioxanthen-9-on mit Thio-*m*-kresol und Kaliumhydroxid in Amylalkohol (*Mustafa et al.*, Am. Soc. **77** [1955] 5121, 5123).

Gelbe Krystalle (aus Eg.); F: 140° [unkorr.].

4-Methyl-10,10-dioxo-1-[toluol-3-sulfonyl]-10λ^6-thioxanthen-9-on $C_{21}H_{16}O_5S_2$, Formel XIV (R = CH_3, X = H).

B. Beim Erwärmen einer Lösung von 4-Methyl-1-*m*-tolylmercapto-thioxanthen-9-on in Essigsäure mit wss. Wasserstoffperoxid (*Mustafa et al.*, Am. Soc. **77** [1955] 5121, 5123).

Krystalle (aus Eg.); F: 182° [unkorr.].

4-Methyl-1-*p*-tolylmercapto-thioxanthen-9-on $C_{21}H_{16}OS_2$, Formel XIII (R = H, X = CH_3).

B. Beim Erhitzen von 1-Chlor-4-methyl-thioxanthen-9-on mit Thio-*p*-kresol und Kaliumhydroxid in Amylalkohol (*Mustafa et al.*, Am. Soc. **77** [1955] 5121, 5123).

Gelbe Krystalle (aus Eg.); F: 164° [unkorr.].

4-Methyl-10,10-dioxo-1-[toluol-4-sulfonyl]-10λ^6-thioxanthen-9-on $C_{21}H_{16}O_5S_2$, Formel XIV (R = H, X = CH_3).

B. Beim Erwärmen einer Lösung von 4-Methyl-1-*p*-tolylmercapto-thioxanthen-9-on in Essigsäure mit wss. Wasserstoffperoxid (*Mustafa et al.*, Am. Soc. **77** [1955] 5121, 5123).

Krystalle (aus Eg.); F: 210° [unkorr.].

2-Hydroxy-4-methyl-thioxanthen-9-on $C_{14}H_{10}O_2S$, Formel I (R = H) (E II 33; dort als 2-Oxy-4-methyl-thioxanthon bezeichnet).

F: 273—274° (*Mustafa, Hishmat*, Am. Soc. **79** [1957] 2225, 2227, 2228; vgl. aber E II 33).

2-Benzoyloxy-4-methyl-thioxanthen-9-on $C_{21}H_{14}O_3S$, Formel I (R = CO-C_6H_5).

B. Beim Behandeln des im vorangehenden Artikel beschriebenen Präparats (F: 273° bis 274°) mit wss. Natronlauge und mit Benzoylchlorid (*Mustafa, Hishmat*, Am. Soc. **79** [1957] 2225, 2228).

Krystalle (aus $CHCl_3$ + A.); F: 179—180° [unkorr.].

3-Hydroxy-5-methyl-xanthen-9-on $C_{14}H_{10}O_3$, Formel II (R = X = H).

B. Beim Erhitzen von 2,2′,4′-Trihydroxy-3-methyl-benzophenon mit Wasser bis auf 220° (*Kane et al.*, J. scient. ind. Res. India **18B** [1959] 28, 29, 31).

Krystalle (aus Py.); F: 288—289°.

3-Methoxy-5-methyl-xanthen-9-on $C_{15}H_{12}O_3$, Formel II (R = CH_3, X = H).

B. Aus 3-Hydroxy-5-methyl-xanthen-9-on (*Kane et al.*, J. scient. ind. Res. India **18B**

[1959] 28, 31).
Krystalle (aus A.); F: 154—155°.

3-Acetoxy-5-methyl-xanthen-9-on $C_{16}H_{12}O_4$, Formel II (R = CO-CH$_3$, X = H).
B. Aus 3-Hydroxy-5-methyl-xanthen-9-on (*Kane et al.*, J. scient. ind. Res. India **18B** [1959] 28, 31).
Krystalle (aus A.); F: 138—139°.

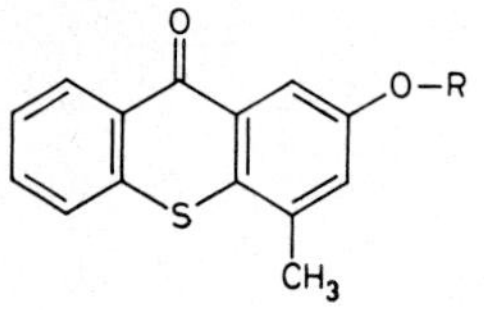

I 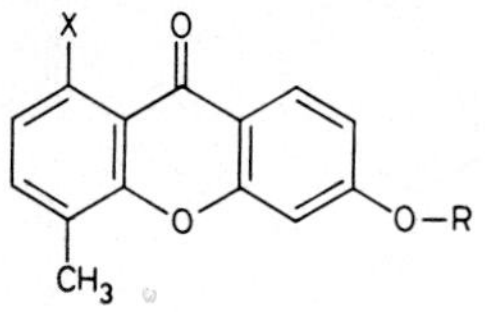   II 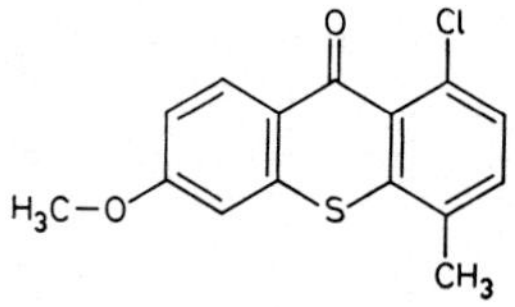   III

1-Chlor-6-methoxy-4-methyl-xanthen-9-on $C_{15}H_{11}ClO_3$, Formel II (R = CH$_3$, X = Cl).
B. Aus 2-[5-Chlor-2-methyl-phenoxy]-4-methoxy-benzoesäure beim Erwärmen mit Schwefelsäure (*Archer et al.*, Am. Soc. **76** [1954] 588, 590) sowie beim Erwärmen mit Phosphor(V)-chlorid in Benzol und anschliessenden Behandeln mit Aluminiumchlorid (*Mauss*, B. **81** [1948] 19, 27).
Krystalle (aus Eg.); F: 176—177° (*Ma.*), 175—177° [unkorr.] (*Ar. et al.*).

1-Chlor-6-methoxy-4-methyl-thioxanthen-9-on $C_{15}H_{11}ClO_2S$, Formel III.
B. Beim Erwärmen von 2-[5-Chlor-2-methyl-phenylmercapto]-4-methoxy-benzoesäure mit Schwefelsäure (*Archer, Suter*, Am. Soc. **74** [1952] 4296, 4301, 4307).
Krystalle (aus Eg.); F: 188—190,1° [korr.].

1-Chlor-7-methoxy-4-methyl-xanthen-9-on $C_{15}H_{11}ClO_3$, Formel IV.
B. Aus dem aus 2-[5-Chlor-2-methyl-phenoxy]-5-methoxy-benzoesäure hergestellten Säurechlorid mit Hilfe von Aluminiumchlorid (*Mauss*, B. **81** [1948] 19, 28).
Krystalle (aus A.); F: 175—176°.

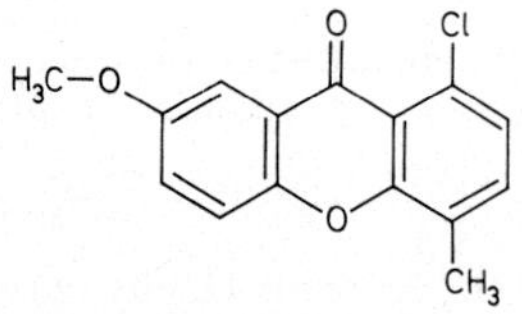

IV 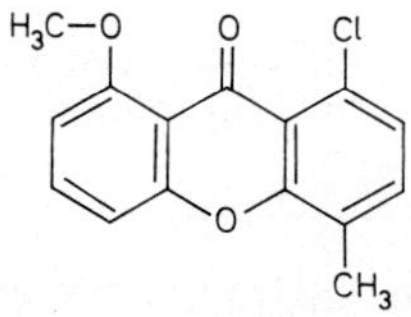   V 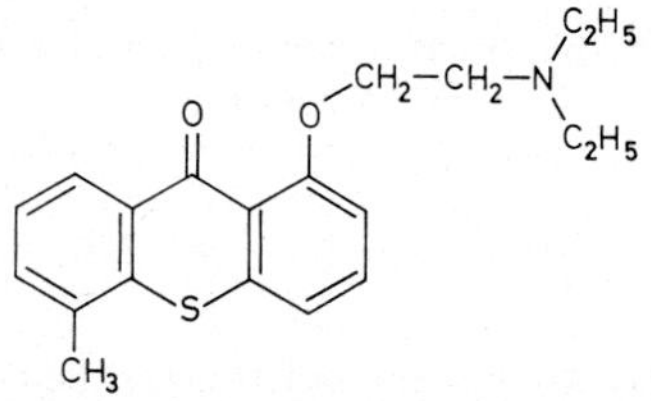   VI

1-Chlor-8-methoxy-4-methyl-xanthen-9-on $C_{15}H_{11}ClO_3$, Formel V.
B. Aus dem aus 2-[5-Chlor-2-methyl-phenoxy]-6-methoxy-benzoesäure hergestellten Säurechlorid mit Hilfe von Aluminiumchlorid (*Farbenfabr. Bayer*, D.B.P. 919107 [1940]).
Gelbliche Krystalle (aus A.); F: 178—179°.

1-[2-Diäthylamino-äthoxy]-5-methyl-thioxanthen-9-on $C_{20}H_{23}NO_2S$, Formel VI.
B. Beim Erhitzen von 1-Hydroxy-5-methyl-thioxanthen-9-on mit Chlorbenzol und Natriummethylat in Methanol und anschliessend mit Diäthyl-[2-chlor-äthyl]-amin (*Hoffmann-La Roche*, U.S.P. 2732373 [1954]).
Hydrochlorid. Gelbliche Krystalle (aus Acn. + A.); F: 212—214°.

6-Hydroxy-9-methyl-xanthen-3-on $C_{14}H_{10}O_3$, Formel VII (H **18** 51; E I **18** 318; E II **18** 33; E II **17** 216; dort als 6-Oxy-9-methyl-fluoron bezeichnet).
B. Beim Erhitzen von 1-[2,4-Dihydroxy-phenyl]-äthanon mit Kaliumhydrogencarbonat

auf 200° (*Okazaki*, J. pharm. Soc. Japan **59** [1939] 547, 551; dtsch. Ref. S. 190, 193; C. A. **1940** 1004).

Rote Krystalle (aus W.); F: 238° [Zers.] (*Ok.*). Absorptionsspektrum (230—600 nm) einer wss. Lösung des Natrium-Salzes: *Hanousek*, Collect. **24** [1959] 1061, 1063). Lösungen in Äthanol sowie alkal. wss. Lösungen fluorescieren grün (*Ok.*; vgl. *Ha.*, l. c. S. 1065).

6-Methoxy-2-methyl-benzo[*h*]chromen-4-on $C_{15}H_{12}O_3$, Formel VIII.

B. Beim Erhitzen von 1-[1-Hydroxy-4-methoxy-[2]naphthyl]-butan-1,3-dion mit Essigsäure und kleinen Mengen wss. Salzsäure (*Schmid, Seiler*, Helv. **35** [1952] 1990, 1994).

Gelbliche Krystalle (aus A.); F: 170° [Kofler-App.]. UV-Spektrum (A.; 215—365 nm): *Sch., Se.*, l. c. S. 1992.

VII   VIII   IX   X

5-Hydroxy-4-methyl-benzo[*h*]chromen-2-on, 3-[1,3-Dihydroxy-[2]naphthyl]-*trans*-crotonsäure-1-lacton $C_{14}H_{10}O_3$, Formel IX.

B. Beim Behandeln eines Gemisches von Naphthalin-1,3-diol, Acetessigsäure-äthylester und Äthanol mit Chlorwasserstoff (*Buu-Hoi, Lavit*, J. org. Chem. **21** [1956] 1022).

Krystalle; F: 298°.

6-Hydroxy-4-methyl-benzo[*h*]chromen-2-on, 3-[1,4-Dihydroxy-[2]naphthyl]-*trans*-crotonsäure-1-lacton $C_{14}H_{10}O_3$, Formel X (R = H).

B. Beim Behandeln eines Gemisches von Naphthalin-1,4-diol und Acetessigsäure-äthylester mit konz. Schwefelsäure (*Perekalin, Padwa*, Ž. obšč. Chim. **27** [1957] 2578, 2584; engl. Ausg. S. 2635, 2640; s. a. *Desai, Sethna*, J. Indian chem. Soc. **28** [1951] 213, 217) oder mit Äthanol und mit Chlorwasserstoff (*Buu-Hoi, Lavit*, Soc. **1956** 1743, 1745). Beim Behandeln eines Gemisches von Naphthalin-1,4-diol, Diketen (3-Hydroxy-but-3-ensäure-lacton) und Äther mit konz. Schwefelsäure (*Pe., Pa.*). Beim Behandeln von 1,4-Bis-acetoacetyloxy-naphthalin mit 80%ig. wss. Schwefelsäure (*Pe., Pa.*). Beim Erwärmen von 4-Methyl-benzo[*h*]chromen-2-on mit wss. Natronlauge und Behandeln der Reaktionslösung mit wss. Kaliumperoxodisulfat-Lösung und anschliessend mit heisser wss. Salzsäure (*De., Se.*, l. c. S. 216).

Krystalle; F: 288—289° [aus wss. A.] (*De., Se.*), 281—282° [aus A.] (*Pe., Pa.*), 206° [aus Toluol] (*Buu-Hoi, La.*).

6-Acetoxy-4-methyl-benzo[*h*]chromen-2-on, 3-[4-Acetoxy-1-hydroxy-[2]naphthyl]-*trans*-crotonsäure-lacton $C_{16}H_{12}O_4$, Formel X (R = CO-CH$_3$).

B. Beim Erhitzen von 6-Hydroxy-4-methyl-benzo[*h*]chromen-2-on mit Acetanhydrid (*Perekalin, Padwa*, Ž. obšč. Chim. **27** [1957] 2578, 2584; engl. Ausg. S. 2635, 2640).

Gelbliche Krystalle (aus A.); F: 187,5—188° (*Pe., Pa.*), 187—188° (*Desai, Sethna*, J. Indian chem. Soc. **28** [1951] 213, 217).

7-Hydroxy-4-methyl-benzo[*h*]chromen-2-on, 3-[1,5-Dihydroxy-[2]naphthyl]-*trans*-crotonsäure-1-lacton $C_{14}H_{10}O_3$, Formel XI (R = H).

B. Beim Behandeln eines Gemisches von Naphthalin-1,5-diol und Acetessigsäure-äthylester mit konz. Schwefelsäure (*Perekalin, Padwa*, Ž. obšč. Chim. **27** [1957] 2578, 2579, 2581; engl. Ausg. S. 2635, 2637), mit Äthanol und mit Chlorwasserstoff (*Robinson, Weygand*, Soc. **1941** 386, 390) oder mit Äther und Aluminiumchlorid (*Ro., We.*). Beim

Behandeln eines Gemisches von Naphthalin-1,5-diol, Diketen (3-Hydroxy-but-3-ensäurelacton) und Äther mit konz. Schwefelsäure (Pe., Pa.). Beim Behandeln von 1,5-Bis-acetoacetyloxy-naphthalin mit 80%ig. wss. Schwefelsäure (Pe., Pa.). Beim Erhitzen von 7-Methoxy-4-methyl-benzo[h]chromen-2-on mit Pyridin-hydrochlorid (Buu-Hoi, Lavit, Soc. **1956** 1743, 1748).

Krystalle; F: 302—303° (Buu-Hoi, La.), 299—302° [Zers.; aus Py.] (Ro., We.), 296° bis 299° [aus wss. Py.] (Pe., Pa., l. c. S. 2583), 225° [Zers.; aus E. + Heptan] (Woods, Sterling, J. org. Chem. **29** [1964] 502).

Beim Erhitzen mit Acetessigsäure-äthylester und wasserhaltiger Schwefelsäure auf 120° ist 1,7-Dimethyl-chromeno[8,7-h]chromen-3,9-dion erhalten worden (Ro., We.).

7-Methoxy-4-methyl-benzo[h]chromen-2-on, 3-[1-Hydroxy-5-methoxy-[2]naphthyl]-*trans*-crotonsäure-lacton $C_{15}H_{12}O_3$, Formel XI (R = CH_3).

B. Beim Behandeln eines Gemisches von 5-Methoxy-[1]naphthol, Acetessigsäure-äthylester und Äthanol mit Chlorwasserstoff (Buu-Hoi, Lavit, Soc. **1956** 1743, 1748).

Krystalle (aus Toluol); F: 190°.

XI   XII   XIII

7-Acetoxy-4-methyl-benzo[h]chromen-2-on, 3-[5-Acetoxy-1-hydroxy-[2]naphthyl]-*trans*-crotonsäure-lacton $C_{16}H_{12}O_4$, Formel XI (R = CO-CH_3).

B. Beim Erhitzen von 7-Hydroxy-4-methyl-benzo[h]chromen-2-on mit Acetanhydrid (Perekalin, Padwa, Ž. obšč. Chim. **27** [1957] 2578, 2583; engl. Ausg. S. 2635, 2639).

Krystalle (aus A.); F: 204°.

4-Methyl-7-[4-nitro-benzoyloxy]-benzo[h]chromen-2-on, 3-[1-Hydroxy-5-(4-nitrobenzoyloxy)-[2]naphthyl]-*trans*-crotonsäure-lacton $C_{21}H_{13}NO_6$, Formel XI (R = CO-C_6H_4-NO_2).

B. Beim Behandeln von 7-Hydroxy-4-methyl-benzo[h]chromen-2-on mit 4-Nitrobenzoylchlorid und Pyridin (Robinson, Weygand, Soc. **1941** 386, 390).

Gelbe Krystalle (aus Eg.); F: 262°.

8-Hydroxy-4-methyl-benzo[h]chromen-2-on, 3-[1,6-Dihydroxy-[2]naphthyl]-*trans*-crotonsäure-1-lacton $C_{14}H_{10}O_3$, Formel XII.

B. Beim Behandeln eines Gemisches von Naphthalin-1,6-diol, Acetessigsäure-äthylester und Äthanol mit Chlorwasserstoff (Buu-Hoi, Lavit, Soc. **1956** 1743, 1747).

Krystalle (aus Nitrobenzol); F: 260°.

9-Hydroxy-4-methyl-benzo[h]chromen-2-on, 3-[1,7-Dihydroxy-[2]naphthyl]-*trans*-crotonsäure-1-lacton $C_{14}H_{10}O_3$, Formel XIII (R = H).

B. Beim Behandeln eines Gemisches von Naphthalin-1,7-diol und Acetessigsäure-äthylester mit konz. Schwefelsäure (Perekalin, Padwa, Ž. obšč. Chim. **27** [1957] 2578, 2581, 2582; engl. Ausg. S. 2635, 2637, 2638) oder mit Äthanol und mit Chlorwasserstoff (Buu-Hoi, Lavit, J. org. Chem. **21** [1956] 1022). Beim Behandeln eines Gemisches von Naphthalin-1,7-diol, Diketen (3-Hydroxy-but-3-ensäure-lacton) und Äther mit konz. Schwefelsäure (Pe., Pa.). Beim Behandeln von 1,7-Bis-acetoacetyloxy-naphthalin mit 80%ig. wss. Schwefelsäure (Pe., Pa.).

Krystalle; F: 285° (Buu-Hoi, La.), 275—276° [aus A.] (Pe., Pa., l. c. S. 2583).

9-Acetoxy-4-methyl-benzo[h]chromen-2-on, 3-[7-Acetoxy-1-hydroxy-[2]naphthyl]-*trans*-crotonsäure-lacton $C_{16}H_{12}O_4$, Formel XIII (R = CO-CH_3).

B. Beim Erhitzen von 9-Hydroxy-4-methyl-benzo[h]chromen-2-on mit Acetanhydrid

(*Perekalin, Padwa*, Ž. obšč. Chim. **27** [1957] 2578, 2582, 2583; engl. Ausg. S. 2635, 2638, 2639).
Krystalle (aus wss. Acn.); F: 172°.

10-Hydroxy-4-methyl-benzo[*h*]chromen-2-on, 3-[1,8-Dihydroxy-[2]naphthyl]-*trans*-crotonsäure-1-lacton $C_{14}H_{10}O_3$, Formel XIV (R = H).
B. Beim Behandeln eines Gemisches von Naphthalin-1,8-diol und Acetessigsäure-äthylester mit konz. Schwefelsäure (*Perekalin, Padwa*, Ž. obšč. Chim. **27** [1957] 2578, 2581, 2582; engl. Ausg. S. 2635, 2637, 2638) oder mit Äthanol und mit Chlorwasserstoff (*Buu-Hoi, Lavit*, Soc. **1956** 2412, 2414). Beim Behandeln eines Gemisches von Naphthalin-1,8-diol, Diketen (3-Hydroxy-but-3-ensäure-lacton) und Äther mit konz. Schwefelsäure (*Pe., Pa.*). Beim Behandeln von 1,8-Bis-acetoacetyloxy-naphthalin mit 80%ig. wss. Schwefelsäure (*Pe., Pa.*). Beim Erhitzen von 10-Methoxy-4-methyl-benzo[*h*]chromen-2-on mit Pyridin-hydrochlorid (*Buu-Hoi, La.*, l. c. S. 2415).
Krystalle; F: 224° [aus Bzl.] (*Buu-Hoi, La.*), 218—219° [aus CCl$_4$] (*Pe., Pa.*, l. c. S. 2583).
Verbindung mit Tetrabromphthalsäure-anhydrid. Ockergelbe Krystalle (aus Eg.); F: 220° [Block] (*Jacquignon, Buu-Hoi*, Bl. **1958** 761, 765).

10-Methoxy-4-methyl-benzo[*h*]chromen-2-on, 3-[1-Hydroxy-8-methoxy-[2]naphthyl]-*trans*-crotonsäure-lacton $C_{15}H_{12}O_3$, Formel XIV (R = CH$_3$).
B. Beim Behandeln eines Gemisches von 8-Methoxy-[1]naphthol, Acetessigsäure-äthylester und Äthanol mit Chlorwasserstoff (*Buu-Hoi, Lavit*, Soc. **1956** 2412, 2415).
Krystalle (aus Eg.); F: 205°.

XIV XV XVI

10-Acetoxy-4-methyl-benzo[*h*]chromen-2-on, 3-[8-Acetoxy-1-hydroxy-[2]naphthyl]-*trans*-crotonsäure-lacton $C_{16}H_{12}O_4$, Formel XIV (R = CO-CH$_3$).
B. Beim Erhitzen von 10-Hydroxy-4-methyl-benzo[*h*]chromen-2-on mit Acetanhydrid (*Perekalin, Padwa*, Ž. obšč. Chim. **27** [1957] 2578, 2582, 2583; engl. Ausg. S. 2635, 2638, 2639).
Krystalle (aus A.); F: 202°.

4-Methoxy-6-methyl-benzo[*h*]chromen-2-on, 3*c*-[1-Hydroxy-4-methyl-[2]naphthyl]-3*t*-methoxy-acrylsäure-lacton $C_{15}H_{12}O_3$, Formel XV (R = CH$_3$).
B. Aus 4-Hydroxy-6-methyl-benzo[*h*]chromen-2-on [E III/IV **17** 6404] (*Bhavsar, Desai*, Indian J. Pharm. **13** [1951] 200, 203).
Krystalle (aus wss. A.); F: 171—172°.

4-Acetoxy-6-methyl-benzo[*h*]chromen-2-on, 3*t*-Acetoxy-3*c*-[1-hydroxy-4-methyl-[2]naphthyl]-acrylsäure-lacton $C_{16}H_{12}O_4$, Formel XV (R = CO-CH$_3$).
B. Aus 4-Hydroxy-6-methyl-benzo[*h*]chromen-2-on [E III/IV **17** 6404] (*Bhavsar, Desai*, Indian J. Pharm. **13** [1951] 200, 203).
Krystalle (aus wss. A.); F: 187°.

8-Hydroxy-1-methyl-benzo[*f*]chromen-3-on, 3-[2,6-Dihydroxy-[1]naphthyl]-*trans*-crotonsäure-2-lacton $C_{14}H_{10}O_3$, Formel XVI (R = H).
B. Beim Behandeln von 1-Methyl-benzo[*f*]chromen-3-on mit wss. Natronlauge, Behandeln der Reaktionslösung mit wss. Kaliumperoxodisulfat-Lösung und anschlies-

senden Erhitzen mit wss. Salzsäure (*Desai, Sethna,* J. Indian chem. Soc. **28** [1951] 213, 217).
Gelbe Krystalle (aus wss. A.); F: 285—286°.

8-Acetoxy-1-methyl-benzo[*f*]chromen-3-on, 3-[6-Acetoxy-2-hydroxy-[1]naphthyl]-*trans*-crotonsäure-lacton $C_{16}H_{12}O_4$, Formel XVI (R = CO-CH$_3$).
B. Aus 8-Hydroxy-1-methyl-benzo[*f*]chromen-3-on (*Desai, Sethna,* J. Indian chem. Soc. **28** [1951] 213, 217).
Krystalle (aus A.); F: 190—191°.

9-Hydroxy-1-methyl-benzo[*f*]chromen-3-on, 3-[2,7-Dihydroxy-[1]naphthyl]-*trans*-crotonsäure-2-lacton $C_{14}H_{10}O_3$, Formel I (R = H).
B. Beim Behandeln eines Gemisches von Naphthalin-2,7-diol und Acetessigsäure-äthylester mit konz. Schwefelsäure (*Perekalin, Padwa,* Ž. obšč. Chim. **27** [1957] 2578, 2581, 2582; engl. Ausg. S. 2635, 2637, 2638) oder mit Äthanol und mit Chlorwasserstoff (*Buu-Hoi, Lavit,* Soc. **1956** 1743, 1748). Beim Behandeln eines Gemisches von Naphth≠alin-2,7-diol, Diketen (3-Hydroxy-but-3-ensäure-lacton) und Äther mit konz. Schwefel≠säure (*Pe., Pa.*). Beim Behandeln von 2,7-Bis-acetoacetyloxy-naphthalin mit 80%ig. wss. Schwefelsäure (*Pe., Pa.*).
Krystalle; F: 277° [aus Nitrobenzol] (*Buu-Hoi, La.*), 268—270° [aus A.] (*Pe., Pa.,* l. c. S. 2583).

9-Acetoxy-1-methyl-benzo[*f*]chromen-3-on, 3-[7-Acetoxy-2-hydroxy-[1]naphthyl]-*trans*-crotonsäure-lacton $C_{16}H_{12}O_4$, Formel I (R = CO-CH$_3$).
B. Beim Erhitzen von 9-Hydroxy-1-methyl-benzo[*f*]chromen-2-on mit Acetanhydrid (*Perekalin, Padwa,* Ž. obšč. Chim. **27** [1957] 2578, 2582, 2583; engl. Ausg. S. 2635, 2638, 2639).
Krystalle (aus Acn.); F: 204°.

9-Hydroxy-2-methyl-benzo[*f*]chromen-3-on, 3*c*-[2,7-Dihydroxy-[1]naphthyl]-2-methyl-acrylsäure-2-lacton $C_{14}H_{10}O_3$, Formel II (R = X = H).
B. Beim Erhitzen von 2-Methyl-9-propionyloxy-benzo[*f*]chromen-3-on mit wss. Kali≠lauge und Behandeln der Reaktionslösung mit wss. Schwefelsäure (*Adams et al.,* Am. Soc. **64** [1942] 1795, 1798).
Krystalle (aus A.); F: 263—266° [Block].

I   II   III

9-Methoxy-2-methyl-benzo[*f*]chromen-3-on, 3*c*-[2-Hydroxy-7-methoxy-[1]naphthyl]-2-methyl-acrylsäure-lacton $C_{15}H_{12}O_3$, Formel II (R = CH$_3$, X = H).
B. Beim Erhitzen von 2-Hydroxy-7-methoxy-[1]naphthaldehyd mit Propionsäure-anhydrid und Kaliumpropionat (*Adams et al.,* Am. Soc. **64** [1942] 1795, 1797). Beim Behandeln einer Lösung von 9-Hydroxy-2-methyl-benzo[*f*]chromen-3-on in Dioxan mit Dimethylsulfat und wss. Kalilauge (*Ad. et al.,* l. c. S. 1798).
Krystalle (aus A.); F: 186,5—187,5°. Lösungen in Äthanol fluorescieren blau.

2-Methyl-9-propionyloxy-benzo[*f*]chromen-3-on, 3*c*-[2-Hydroxy-7-propionyloxy-[1]naphthyl]-2-methyl-acrylsäure-lacton $C_{17}H_{14}O_4$, Formel II (R = CO-CH$_2$-CH$_3$, X = H).
B. Beim Erhitzen von 2,7-Dihydroxy-[1]naphthaldehyd mit Propionsäure-anhydrid und Kaliumpropionat (*Adams et al.,* Am. Soc. **64** [1942] 1795, 1798).

Krystalle (aus A.); F: 161—162° [korr.].

Beim Behandeln einer Piperidin enthaltenden Lösung in Dioxan mit Diazomethan in Äther ist 9-Methoxy-2-methyl-benzo[f]chromen-3-on erhalten worden.

10-Brom-9-methoxy-2-methyl-benzo[f]chromen-3-on, 3c-[8-Brom-2-hydroxy-7-methoxy-[1]naphthyl]-2-methyl-acrylsäure-lacton $C_{15}H_{11}BrO_3$, Formel II (R = CH_3, X = Br).

B. Beim Erhitzen von 8-Brom-2-hydroxy-7-methoxy-[1]naphthaldehyd mit Propionsäure-anhydrid und Kaliumpropionat (*Adams et al.*, Am. Soc. **64** [1942] 1795, 1798). Beim Behandeln von 9-Methoxy-2-methyl-benzo[f]chromen-3-on mit Brom in Chloroform (*Ad. et al.*). Beim Behandeln von 3c-[2,7-Dimethoxy-[1]naphthyl]-2-methyl-acrylsäure mit Brom in Tetrachlormethan (*Ad. et al.*).

Krystalle (aus A.); F: 218—219° [korr.].

9-Methoxy-2-methyl-10-nitro-benzo[f]chromen-3-on, 3c-[2-Hydroxy-7-methoxy-8-nitro-[1]naphthyl]-2-methyl-acrylsäure-lacton $C_{15}H_{11}NO_5$, Formel II (R = CH_3, X = NO_2).

B. Beim Behandeln einer Suspension von 9-Methoxy-2-methyl-benzo[f]chromen-3-on in Essigsäure mit wss. Salpetersäure [D: 1,42] (*Adams et al.*, Am. Soc. **64** [1942] 1795, 1798).

Krystalle (aus A.); F: 276—278° [korr.].

3-Hydroxy-1-methyl-benzo[c]chromen-6-on, 2',4'-Dihydroxy-6'-methyl-biphenyl-2-carbonsäure-2'-lacton $C_{14}H_{10}O_3$, Formel III (R = H).

B. Beim Erhitzen von 2-Brom-benzoesäure mit 5-Methyl-resorcin, wss. Natronlauge und wss. Kupfer(II)-sulfat-Lösung (*Adams et al.*, Am. Soc. **62** [1940] 2197, 2199).

Krystalle (aus A. oder Eg.); F: 313° [Block].

3-Acetoxy-1-methyl-benzo[c]chromen-6-on, 4'-Acetoxy-2'-hydroxy-6'-methyl-biphenyl-2-carbonsäure-lacton $C_{16}H_{12}O_4$, Formel III (R = CO-CH_3).

B. Beim Erhitzen von 3-Hydroxy-1-methyl-benzo[c]chromen-6-on mit Acetanhydrid (*Adams et al.*, Am. Soc. **62** [1940] 2197, 2199).

Krystalle (aus Me.); F: 150° [korr.; nach Erweichen bei 143°].

4-Methoxy-2-methyl-benzo[c]chromen-6-on, 2'-Hydroxy-3'-methoxy-5'-methyl-biphenyl-2-carbonsäure-lacton $C_{15}H_{12}O_3$, Formel IV.

B. Beim Erwärmen des aus Anthranilsäure hergestellten Diazoniumsulfats mit 2-Methoxy-4-methyl-phenol (*Cavill et al.*, Soc. **1958** 1544, 1548).

Krystalle (aus A.); F: 207—208°.

1-Hydroxy-3-methyl-benzo[c]chromen-6-on, 2',6'-Dihydroxy-4'-methyl-biphenyl-2-carbonsäure-lacton $C_{14}H_{10}O_3$, Formel V (R = H).

B. Beim Erhitzen von 3-Methyl-3,4-dihydro-2H-benzo[c]chromen-1,6-dion oder von 1-Hydroxy-3-methyl-7,8,9,10-tetrahydro-benzo[c]chromen-6-on mit Schwefel auf 260° (*Adams, Baker*, Am. Soc. **62** [1940] 2405, 2407).

Krystalle (aus A.); F: 249—251° [korr.].

IV   V   VI

1-Acetoxy-3-methyl-benzo[c]chromen-6-on, 2'-Acetoxy-6'-hydroxy-4'-methyl-biphenyl-2-carbonsäure-lacton $C_{16}H_{12}O_4$, Formel V (R = CO-CH_3).

B. Beim Erhitzen von 1-Hydroxy-3-methyl-benzo[c]chromen-6-on mit Acetanhydrid

und Natriumacetat (*Adams, Baker,* Am. Soc. **62** [1940] 2405, 2407).
Krystalle (aus Me.); F: 144—146° [korr.].

2-Hydroxy-9-methyl-benzo[c]chromen-6-on, 2′,5′-Dihydroxy-5-methyl-biphenyl-2-carbonsäure-2′-lacton $C_{14}H_{10}O_3$, Formel VI (R = H).
B. Beim Erhitzen von 2′,5′-Dimethoxy-5-methyl-biphenyl-2-carbonitril mit wss. Bromwasserstoffsäure (*Ghosh et al.,* Soc. **1940** 1118, 1120).
Krystalle (aus A.); F: 233—234° [Zers.].

2-Acetoxy-9-methyl-benzo[c]chromen-6-on, 5′-Acetoxy-2′-hydroxy-5-methyl-biphenyl-2-carbonsäure-lacton $C_{16}H_{12}O_4$, Formel VI (R = CO-CH$_3$).
B. Beim Erhitzen von 2-Hydroxy-9-methyl-benzo[c]chromen-6-on mit Acetanhydrid und Pyridin (*Ghosh et al.,* Soc. **1940** 1118, 1120).
Krystalle (aus A.); F: 155°.

3-Hydroxy-9-methyl-benzo[c]chromen-6-on, 2′,4′-Dihydroxy-5-methyl-biphenyl-2-carbonsäure-2′-lacton $C_{14}H_{10}O_3$, Formel VII (R = H).
B. Beim Erhitzen von 2-Brom-4-methyl-benzoesäure mit Resorcin, wss. Natronlauge und wss. Kupfer(II)-sulfat-Lösung (*Adams et al.,* Am. Soc. **62** [1940] 2197, 2199).
Krystalle (aus Pentan-1-ol); F: 263—264° [korr.].

VII   VIII   IX

3-Acetoxy-9-methyl-benzo[c]chromen-6-on, 4′-Acetoxy-2′-hydroxy-5-methyl-biphenyl-2-carbonsäure-lacton $C_{16}H_{12}O_4$, Formel VII (R = CO-CH$_3$).
B. Beim Erhitzen von 3-Hydroxy-9-methyl-benzo[c]chromen-6-on mit Acetanhydrid (*Adams et al.,* Am. Soc. **62** [1940] 2197, 2199).
Krystalle (aus Eg.); F: 172—173° [korr.].

4-Acetoxy-2(?)-acetyl-8-chlor-naphtho[2,3-*b*]thiophen, 1-[4-Acetoxy-8-chlor-naphtho[2,3-*b*]thiophen-2(?)-yl]-äthanon $C_{16}H_{11}ClO_3S$, vermutlich Formel VIII.
B. In kleiner Menge neben 4-Acetoxy-8-chlor-naphtho[2,3-*b*]thiophen beim Erhitzen von 3-Chlor-2-[2]thienylmethyl-benzoesäure mit Zinkchlorid, Essigsäure und Acetanhydrid (*Schroeder, Weinmayr,* Am. Soc. **74** [1952] 4357, 4359).
F: 211—212°.
Beim Erwärmen mit Chrom(VI)-oxid in Essigsäure ist 2(?)-Acetyl-8-chlor-naphtho[2,3-*b*]thiophen-4,9-chinon (F: 328—329°) erhalten worden.

1-Acetyl-dibenzofuran-2-ol, 1-[2-Hydroxy-dibenzofuran-1-yl]-äthanon $C_{14}H_{10}O_3$, Formel IX (R = H).
B. Neben 1-[2-Hydroxy-dibenzofuran-3-yl]-äthanon beim Erhitzen von 2-Acetoxy-dibenzofuran mit Aluminiumchlorid in 1,1,2,2-Tetrachlor-äthan auf 140° (*Gilman et al.,* Am. Soc. **76** [1954] 5783, 5784; s. a. *Swislowsky,* Iowa Coll. J. **14** [1939] 92).
F: 105—110° [unkorr.; Rohprodukt] (*Gi. et al.*).
Charakterisierung als *O*-Methyl-Derivat (F: 121—122° [s. u.]): *Gi. et al.*; s. a. *Sw.*

1-Acetyl-2-methoxy-dibenzofuran, 1-[2-Methoxy-dibenzofuran-1-yl]-äthanon $C_{15}H_{12}O_3$, Formel IX (R = CH$_3$).
B. Beim Erwärmen von 1-[2-Hydroxy-dibenzofuran-1-yl]-äthanon mit Dimethylsulfat, Aceton und wss. Kalilauge (*Gilman et al.,* Am. Soc. **76** [1954] 5783, 5785).

Krystalle (aus PAe.); F: 121—122° [unkorr.] (*Gi. et al.*; s. a. *Swislowsky*, Iowa Coll. J. **14** [1939] 92).

1-Acetyl-4-methoxy-dibenzofuran, 1-[4-Methoxy-dibenzofuran-1-yl]-äthanon $C_{15}H_{12}O_3$, Formel X (X = H).
B. Beim Behandeln von 4-Methoxy-dibenzofuran mit Acetylchlorid, Aluminiumchlorid und Schwefelkohlenstoff (*Gilman et al.*, Am. Soc. **61** [1939] 2836, 2838).
Krystalle (aus A.); F: 134—134,5°.

1-[4-Methoxy-dibenzofuran-1-yl]-äthanon-(*E*?)-oxim $C_{15}H_{13}NO_3$, vermutlich Formel XI.
B. Aus 1-[4-Methoxy-dibenzofuran-1-yl]-äthanon und Hydroxylamin (*Gilman et al.*, Am. Soc. **61** [1939] 2836, 2838).
Krystalle (aus A.); F: 176—177,5°.
Beim Behandeln einer Suspension in Benzol mit Phosphor(V)-chlorid ist 1-Acetyl= amino-4-methoxy-dibenzofuran erhalten worden.

X XI XII

1-Chloracetyl-4-methoxy-dibenzofuran, 2-Chlor-1-[4-methoxy-dibenzofuran-1-yl]-äthanon $C_{15}H_{11}ClO_3$, Formel X (X = Cl).
B. Beim Behandeln von 4-Methoxy-dibenzofuran mit Chloracetylchlorid, Aluminium= chlorid und Nitrobenzol (*Gilman, Cheney,* Am. Soc. **61** [1939] 3149, 3152).
Krystalle (aus A.); F: 165—166°.

3-Acetyl-dibenzofuran-2-ol, 1-[2-Hydroxy-dibenzofuran-3-yl]-äthanon $C_{14}H_{10}O_3$, Formel XII (R = X = H).
B. Neben 1-[2-Hydroxy-dibenzofuran-1-yl]-äthanon beim Erhitzen von 2-Acetoxy-dibenzofuran mit Aluminiumchlorid in 1,1,2,2-Tetrachlor-äthan auf 140° (*Gilman et al.*, Am. Soc. **76** [1954] 5783, 5784; s. a. *Swislowsky*, Iowa Coll. J. **14** [1939] 92).
Gelbe Krystalle (aus A. + Propan-1-ol + W.); F: 168—169° [unkorr.] (*Gi. et al.*; s. a. *Sw.*). Kp_7: 227° (*Gi. et al.*; *Sw.*).

3-Acetyl-2-methoxy-dibenzofuran, 1-[2-Methoxy-dibenzofuran-3-yl]-äthanon $C_{15}H_{12}O_3$, Formel XII (R = CH_3, X = H).
B. Beim Behandeln von 1-[2-Hydroxy-dibenzofuran-3-yl]-äthanon mit Aceton, wss. Natronlauge und Dimethylsulfat (*Gilman et al.*, Am. Soc. **76** [1954] 5783, 5785; s. a. *Swislowsky*, Iowa Coll. J. **14** [1939] 92). Beim Behandeln von 2-Methoxy-dibenzofuran mit Acetylchlorid, Aluminiumchlorid und Nitrobenzol (*Routier et al.*, Soc. **1956** 4276, 4277).
Krystalle; F: 125° [aus Cyclohexan] (*Ro. et al.*), 113—114° [unkorr.; aus A.] (*Gi. et al.*; s. a. *Sw.*), 124—125° und 113—114° [dimorph; aus wss. Me.] (*Keumi et al.*, J. chem. Soc. Japan **1972** 1438, 1440; C. A. **77** [1972] 151 769).
Beim Erhitzen mit Phenylhydrazin und Zinkchlorid unter Entfernen des entstehenden Wassers auf 120° ist 2-[2-Methoxy-dibenzofuran-3-yl]-indol, beim Erwärmen einer äthanol. Lösung mit Isatin und wss. Kalilauge ist 2-[2-Methoxy-dibenzofuran-3-yl]-chinolin-4-carbonsäure erhalten worden (*Ro. et al.*, l. c. S. 4279).

3-Bromacetyl-2-methoxy-dibenzofuran, 2-Brom-1-[2-methoxy-dibenzofuran-3-yl]-äthanon $C_{15}H_{11}BrO_3$, Formel XII (R = CH_3, X = Br).
B. Beim Behandeln von 1-[2-Methoxy-dibenzofuran-3-yl]-äthanon mit Brom in Essig= säure (*Routier et al.*, Soc. **1956** 4276, 4279).
Gelbliche Krystalle (aus A.); F: 164—165°.

3-Acetyl-dibenzofuran-4-ol, 1-[4-Hydroxy-dibenzofuran-3-yl]-äthanon $C_{14}H_{10}O_3$, Formel XIII (R = H).

B. Beim Behandeln von 4-Acetoxy-dibenzofuran mit Aluminiumchlorid in Nitrobenzol (*Gilman et al.*, Am. Soc. **76** [1954] 5783, 5785).

Gelbe Krystalle (aus A.); F: 180—181,5° [unkorr.].

3-Acetyl-4-methoxy-dibenzofuran, 1-[4-Methoxy-dibenzofuran-3-yl]-äthanon $C_{15}H_{12}O_3$, Formel XIII (R = CH$_3$).

B. Beim Erwärmen von 1-[4-Hydroxy-dibenzofuran-3-yl]-äthanon mit Dimethylsulfat, Aceton und wss. Kalilauge (*Gilman et al.*, Am. Soc. **76** [1954] 5783, 5785).

Krystalle (aus wss. A.); F: 70,5—71,5°.

1-[4-Hydroxy-dibenzofuran-3-yl]-äthanon-oxim $C_{14}H_{11}NO_3$, Formel XIV.

B. Aus 1-[4-Hydroxy-dibenzofuran-3-yl]-äthanon und Hydroxylamin (*Gilman et al.*, Am. Soc. **76** [1954] 5783, 5785).

Krystalle (aus A.); F: 236—237° [unkorr.; Zers.].

Beim Erhitzen mit Acetanhydrid ist ein O-Acetyl-Derivat ($C_{16}H_{13}NO_4$; Krystalle [aus Acetanhydrid], F: 169—171,5° [unkorr.; Zers.]) erhalten worden, das sich durch Erhitzen auf 200° und anschliessendes Erhitzen mit konz. wss. Salzsäure in 3-Methylbenzofuro[2′,3′;3,4]benz[1,2-d]isoxazol hat überführen lassen (*Gi. et al.*, l. c. S. 5786).

1-[4-Methoxy-dibenzofuran-3-yl]-äthanon-(E?)-oxim $C_{15}H_{13}NO_3$, vermutlich Formel XV.

B. Aus 1-[4-Methoxy-dibenzofuran-3-yl]-äthanon und Hydroxylamin (*Gilman et al.*, Am. Soc. **76** [1954] 5783, 5785).

Krystalle (aus A.); F: 163—165° [unkorr.].

Beim Behandeln einer Lösung in Benzol mit Phosphor(V)-chlorid ist 3-Acetylamino-4-methoxy-dibenzofuran erhalten worden. [Roth]

Hydroxy-oxo-Verbindungen $C_{15}H_{12}O_3$

1t(?)-[2]Furyl-5t(?)-[4-methoxy-phenyl]-penta-1,4-dien-3-on $C_{16}H_{14}O_3$, vermutlich Formel I.

B. Beim Behandeln von 4t(?)-[2]Furyl-but-3-en-2-on (E III/IV **17** 4714) mit 4-Methoxy-benzaldehyd und äthanol. Natronlauge (*Maxim, Copuzeanu*, Bulet. Soc. Chim. România **16** [1934] 117, 118).

Gelbe Krystalle (aus Bzn.); F: 218° (*Ma., Co.*, Bulet. Soc. Chim. România **16** 119). Absorptionsmaximum (CHCl$_3$): 365 nm; Absorptionsmaxima einer Lösung in Schwefelsäure: 275 nm, 295 nm und 490 nm; einer Lösung in wss. Salzsäure: 320 nm, 400 nm und 550 nm (*Maxim, Copuzeanu*, Bl. [5] **5** [1938] 57, 62).

Opt.-inakt. 2,3-Epoxy-1-[2-methoxy-phenyl]-3-phenyl-propan-1-on $C_{16}H_{14}O_3$, Formel II

(vgl. E I 319; dort als α-Phenyl-α′-[2-methoxy-benzoyl]-äthylenoxyd bezeichnet).

B. Beim Behandeln einer Lösung von 2′-Methoxy-*trans*-chalkon in Äthanol bzw. Methanol mit wss. Wasserstoffperoxid und wss. Alkalilauge (*Algar, McKenna*, Pr. Irish Acad. **49** B [1943/44] 225, 239; *Enebäck, Gripenberg*, Acta chem. scand. **11** [1957] 866, 872).

Krystalle; F: 125° [aus Me.] (*En., Gr.*), 124—126° [unkorr.] (*Al., McK.*).
Beim Behandeln mit wss. Schwefelsäure ist 3-[2-Methoxy-phenyl]-3-oxo-2-phenyl-propionaldehyd erhalten worden (*Al., McK.*).

*Opt.-inakt. **2,3-Epoxy-1-[4-methoxy-phenyl]-3-phenyl-propan-1-on** $C_{16}H_{14}O_3$, Formel III (R = X = H) (vgl. E I 319; dort als α-Phenyl-α'-anisoyl-äthylenoxyd bezeichnet).
B. Beim Behandeln einer Lösung von 4'-Methoxy-*trans*-chalkon in Methanol bzw. in Äthanol und Aceton mit wss. Wasserstoffperoxid und wss. Alkalilauge (*Bergmann, Wolff*, Am. Soc. **54** [1932] 1644, 1646; *Algar, McKenna*, Pr. Irish Acad. **49** B [1943/44] 225, 236).
Krystalle; F: 75° [aus Me.] (*Be., Wo.*), 75° [unkorr.] (*Al., McK.*).
Beim Behandeln mit wss. Schwefelsäure ist 3-[4-Methoxy-phenyl]-3-oxo-2-phenyl-propionaldehyd erhalten worden (*Al., McK.*). Reaktion mit Phenyllithium in Äther unter Bildung von 2,3-Epoxy-1-[4-methoxy-phenyl]-1,3-diphenyl-propan-1-ol (F: 136°): *Bickel*, Am. Soc. **59** [1937] 325, 327.

*Opt.-inakt. **2,3-Epoxy-1-[4-methoxy-phenyl]-3-[2-nitro-phenyl]-propan-1-on** $C_{16}H_{13}NO_5$, Formel III (R = H, X = NO_2).
B. Beim Behandeln von 2-Chlor-1-[4-methoxy-phenyl]-äthanon mit 2-Nitro-benzaldehyd und Natriumäthylat in Äthanol (*Bodforss*, A. **534** [1938] 226, 242).
Krystalle (aus A. + Dioxan); F: 147°.

III   IV

*Opt.-inakt. **2,3-Epoxy-1-[4-methoxy-phenyl]-3-[4-nitro-phenyl]-propan-1-on** $C_{16}H_{13}NO_5$, Formel III (R = NO_2, X = H).
B. Beim Behandeln eines Gemisches von 2-Chlor-1-[4-methoxy-phenyl]-äthanon und 4-Nitro-benzaldehyd in wss. Dioxan mit wss. Natronlauge (*Ballester*, An. Soc. españ. [B] **50** [1954] 475).
Krystalle (aus Bzl. + PAe.); F: 145—145,5° [unkorr.].
Beim Behandeln einer Lösung in Essigsäure mit Kaliumjodid ist 4'-Methoxy-4-nitro-chalkon (F: 166—168°) erhalten worden.

*Opt.-inakt. **2,3-Epoxy-3-[4-methoxy-phenyl]-1-phenyl-propan-1-on** $C_{16}H_{14}O_3$, Formel IV (vgl. E II 34; dort als α-[4-Methoxy-phenyl]-α'-benzoyl-äthylenoxyd bezeichnet).
Die folgenden Angaben beziehen sich auf Präparate, die nach den früher (s. E II 34) angegebenen Verfahren hergestellt worden sind.
Krystalle (aus A.); F: 86—87° (*Drefahl et al.*, B. **91** [1958] 755, 756). Bildungsenthalpie sowie Verbrennungsenthalpie: *Moureu*, A. ch. [10] **14** [1930] 283, 393.
Beim Behandeln mit wss. Schwefelsäure ist 2-[4-Methoxy-phenyl]-3-oxo-3-phenyl-propionaldehyd (*Algar, McKenna*, Pr. Irish Acad. **49** B [1943/44] 225, 231), beim Behandeln mit Schwefelsäure enthaltendem Methanol ist 2-Hydroxy-3-methoxy-3-[4-methoxy-phenyl]-1-phenyl-propan-1-on [F: 89°] (*Hutchins et al.*, Soc. **1938** 1882, 1884) erhalten worden. Bildung von α-Hydroxy-4-methoxy-chalkon (F: 70°) bei kurzem Erwärmen einer Lösung in Äthanol mit wss. Alkalilauge: *Mo.*, l. c. S. 307; s. a. *Hu. et al.*, l. c. S. 1883; Bildung von 2-Hydroxy-3-[4-methoxy-phenyl]-2-phenyl-propionsäure bei mehrstündigem Erwärmen einer Lösung in Äthanol mit wss. Natronlauge: *Hu. et al.*, l. c. S. 1884; *Dr. et al.* Beim Behandeln mit Trimethylamin in Äthanol und Behandeln des Reaktionsprodukts mit Chlorwasserstoff enthaltendem Äthanol ist Trimethyl-phenacyl-ammonium-chlorid erhalten worden (*Algar et al.*, Pr. Irish Acad. **49** B [1943/44] 109, 118).

3-Hydroxy-2-phenyl-chromenylium $[C_{15}H_{11}O_2]^+$, Formel V (X = H).
Perchlorat $[C_{15}H_{11}O_2]ClO_4$. *B.* Beim Behandeln eines Gemisches von 2-Hydroxy-1-phenyl-äthanon, Salicylaldehyd und Essigsäure mit Chlorwasserstoff und anschliessend mit wss. Perchlorsäure (*Reichel, Döring,* A. **606** [1957] 137, 146; s. a. *Dilthey, Höschen,* J. pr. [2] **138** [1933] 42, 48). — Gelbe Krystalle (aus Eg.); F: 227—229° [unkorr.; Zers.] (*Re., Dö.*). — Überführung in [2-Benzoyloxy-phenyl]-essigsäure durch Behandlung mit Essigsäure und wss. Wasserstoffperoxid: *Di., Hö.,* l. c. S. 48. Beim Erhitzen mit Acetanhydrid und Natriumacetat, mit Natriumformiat und Ameisensäure oder mit Natriumacetat und Äthanol ist 6,8-Diphenyl-furo[2,3-*c*;5,4-*c'*]dichromen erhalten worden (*Dilthey, Höschen,* J. pr. [2] **138** [1933] 145, 152).

Chlorid-tetrachloroferrat(III) $[C_{15}H_{11}O_2]Cl \cdot [C_{15}H_{11}O_2]FeCl_4$. *B.* Beim Behandeln von 3-[2-Hydroxy-phenyl]-1-phenyl-propan-1,2-dion-hydrochlorid mit Essigsäure und mit Eisen(III)-chlorid in wss. Salzsäure (*Re., Dö.*). — Orangegelbe Krystalle (aus Eg.); F: 151—152° [unkorr.; Zers.] (*Re., Dö.*).

V   VI   VII

6-Chlor-3-hydroxy-2-phenyl-chromenylium $[C_{15}H_{10}ClO_2]^+$, Formel V (X = Cl).
Perchlorat $[C_{15}H_{10}ClO_2]ClO_4$. *B.* Beim Behandeln eines Gemisches von 5-Chlor-2-hydroxy-benzaldehyd, 2-Acetoxy-1-phenyl-äthanon und Äthanol mit Chlorwasserstoff und Behandeln einer Lösung des erhaltenen Chlorids in Essigsäure mit wss. Salzsäure und wss. Perchlorsäure (*Hensel,* A. **611** [1958] 97, 102). — Gelbe Krystalle; F: 209° [Zers.].

(±)-2-[2-Hydroxy-phenyl]-chroman-3-on-imin, (±)-2-[3-Imino-chroman-2-yl]-phenol $C_{15}H_{13}NO_2$, Formel VI, und **(±)-2-[3-Amino-2H-chromen-2-yl]-phenol** $C_{15}H_{13}NO_2$, Formel VII.

Hydrochlorid $C_{15}H_{13}NO_2 \cdot HCl$. *B.* Bei der Hydrierung von (±)-2-[3-Nitro-2H-chromen-2-yl]-phenol an Platin in Essigsäure und Schwefelsäure und Behandlung des erhaltenen **Hydrogensulfats** (F: 227—228° [Zers.]) mit heisser wss. Salzsäure (*Hahn, Stiehl,* B. **71** [1938] 2154, 2159). — Krystalle (aus wss. Salzsäure) mit 1 Mol H_2O; Zers. bei 260°.

(±)-*trans*-3-Hydroxy-2-phenyl-chroman-4-on $C_{15}H_{12}O_3$, Formel VIII (R = H) + Spiegelbild.
Konfigurationszuordnung: *Mahesh, Seshadri,* Pr. Indian Acad. [A] **41** [1955] 210, 215; *Corey et al.,* Tetrahedron Letters **1961** 429.
B. Beim Behandeln von 2-Chlor-1-[2-hydroxy-phenyl]-äthanon mit Benzaldehyd und wss.-äthanol. Natronlauge (*Gowan et al.,* Soc. **1955** 862, 866). Beim Behandeln von 2'-Hydroxy-*trans*-chalkon mit wss.-methanol. Natronlauge und wss. Wasserstoffperoxid (*Murakami, Irie,* Pr. Acad. Tokyo **11** [1935] 229; *Reichel, Steudel,* A. **553** [1942] 83, 85, 90). Beim Erwärmen von (±)-*trans*-3-Acetoxy-2-phenyl-chroman-4-on mit wss.-äthanol. Salzsäure (*Oyamada,* Bl. chem. Soc. Japan **16** [1941] 408, 410; J. chem. Soc. Japan **64** [1943] 331, 333; C. A. **1947** 3797) oder mit wss.-methanol. Salzsäure (*Cavill et al.,* Soc. **1954** 4573, 4576).
Krystalle; F: 188° (*Enebäck, Gripenberg,* Acta chem. scand. **11** [1957] 866, 872), 184° [aus Me.] (*Ca. et al.*), 183—184° [aus A.] (*Oy.*), 182—183° [aus Me.] (*Go. et al.*), 176—178° [aus Me.] (*Re., St.*). UV-Spektrum (220—350 nm): *Bognár, Rákosi,* Acta chim. hung. **8** [1956] 309, 315.
Überführung in 3-Hydroxy-2-phenyl-chromen-4-on (E III/IV **17** 6428) beim Behandeln mit wss.-methanol. Natronlauge und mit Luft oder wss. Wasserstoffperoxid: *Re., St.;* sowie beim Erwärmen mit *N*-Brom-succinimid und wenig Dibenzoylperoxid in Tetrachlormethan: *Bo., Ra.,* Acta chim. hung. **8** 314. Beim Erwärmen mit äthanol. Kali=

lauge unter Stickstoff und Behandeln der Reaktionslösung mit wss. Salzsäure sind 3-Hydroxy-2-phenyl-chromen-4-on (E III/IV **17** 6428) und 2-Benzyl-2-hydroxy-benzofuran-3-on [⇌ 1-[2-Hydroxy-phenyl]-3-phenyl-propan-1,2-dion] (*Gripenberg*, Acta chem. scand. **7** [1953] 1323, 1329; *Chopin et al.*, C. r. **258** [1964] 6178, 6180) sowie 2-Hydroxy-2-[2-hydroxy-phenyl]-3-phenyl-propionsäure (*Ch. et al.*) erhalten worden. Bildung von 2r-Phenyl-chroman-3t,4c-diol bei der Hydrierung an Palladium in Essigsäure enthaltendem Äthanol sowie bei der Behandlung mit Natriumboranat in Methanol oder mit Lithiumalanat in Äther: *Bognár, Rákosi,* Acta chim. hung. **14** [1958] 369, 374.

VIII   IX   X

(±)-*trans*-3-Acetoxy-2-phenyl-chroman-4-on $C_{17}H_{14}O_4$, Formel VIII (R = CO-CH$_3$) + Spiegelbild.
Bezüglich der Konfigurationszuordnung s. im vorangehenden Artikel.
B. Beim Erwärmen von (±)-2-Phenyl-chroman-4-on mit Blei(IV)-acetat in Essigsäure (*Oyamada*, Bl. chem. Soc. Japan **16** [1941] 408, 410; J. chem. Soc. Japan **64** [1943] 331, 333; C. A. **1947** 3797; *Cavill et al.*, Soc. **1954** 4573, 4576).
Krystalle; F: 97° [aus Me.] (*Ca. et al.*), 94—94,5° [aus A.] (*Oy.*). UV-Spektrum (220—350 nm): *Bognár, Rákosi,* Acta chim. hung. **8** [1956] 309, 315.

3-Benzoyloxy-2-phenyl-chroman-4-on $C_{22}H_{16}O_4$, Formel IX (X = H).
Eine opt.-inakt. Verbindung dieser Konstitution hat möglicherweise in dem nachstehend beschriebenen Präparat vorgelegen (*Algar, Carey,* Pr. Irish Acad. **44** B [1937/38] 37, 40).
B. Beim Erhitzen von opt.-inakt. 3-Benzoyl-3-hydroxy-2-phenyl-chroman-4-on (F: 164—165°) mit Acetanhydrid und Natriumacetat (*Al., Ca.*).
Krystalle (aus A.); F: 135°.

3-[4-Methoxy-benzoyloxy]-2-phenyl-chroman-4-on $C_{23}H_{18}O_5$, Formel IX (X = OCH$_3$).
Eine opt.-inakt. Verbindung dieser Konstitution hat möglicherweise in dem nachstehend beschriebenen Präparat vorgelegen (*Algar, Carey,* Pr. Irish Acad. **44** B [1937/38] 37, 42).
B. Beim Erhitzen von opt.-inakt. 3-Hydroxy-3-[4-methoxy-benzoyl]-2-phenyl-chroman-4-on (F: 153—154°) mit Acetanhydrid und Natriumacetat (*Al., Ca.*).
Krystalle (aus A.); F: 115°.

(±)-*trans*-3-Hydroxy-2-phenyl-chroman-4-on-oxim $C_{15}H_{13}NO_3$, Formel X (X = OH) + Spiegelbild.
B. Aus (±)-*trans*-3-Hydroxy-2-phenyl-chroman-4-on und Hydroxylamin (*Bognar et al.*, Tetrahedron Letters **1959** Nr. 19, S. 4, 5).
F: 153—154°.

(±)-*trans*-3-Hydroxy-2-phenyl-chroman-4-on-phenylhydrazon $C_{21}H_{18}N_2O_2$, Formel X (X = NH-C$_6$H$_5$) + Spiegelbild.
B. Aus (±)-*trans*-3-Hydroxy-2-phenyl-chroman-4-on und Phenylhydrazin (*Bognar et al.*, Tetrahedron Letters **1959** Nr. 19, S. 4, 5).
F: 173—174°.

(±)-*trans*-3-Hydroxy-2-phenyl-chroman-4-on-semicarbazon $C_{16}H_{15}N_3O_3$, Formel X (X = NH-CO-NH$_2$) + Spiegelbild.
B. Aus (±)-*trans*-3-Hydroxy-2-phenyl-chroman-4-on und Semicarbazid (*Bognar et al.*, Tetrahedron Letters **1959** Nr. 19, S. 4, 5).
F: 270° [Zers.].

(±)-5-Hydroxy-2-phenyl-chroman-4-on $C_{15}H_{12}O_3$, Formel XI (R = H).
B. Beim Erhitzen von 2'-Hydroxy-6'-methoxy-*trans*(?)-chalkon (F: 129° [E III **8** 2835]) mit Bromwasserstoff in Essigsäure (*Aiyar et al.*, Pr. Indian Acad. [A] **46** [1957] 238, 240). Beim Erwärmen von (±)-5-Methoxy-2-phenyl-chroman-4-on mit Aluminiumchlorid in Äther und Behandeln des Reaktionsprodukts mit wss. Salzsäure (*Ai. et al.*).
Krystalle (aus A.); F: 63—64° (*Ai. et al.*). IR-Banden (CCl$_4$) im Bereich von 3500 cm^{-1} bis 1600 cm^{-1}: *Shaw, Simpson*, Soc. **1955** 655, 656; *Farmer et al.*, Soc. **1956** 3600, 3603.

(±)-5-Methoxy-2-phenyl-chroman-4-on $C_{16}H_{14}O_3$, Formel XI (R = CH$_3$).
B. Beim Erwärmen von 2'-Hydroxy-6'-methoxy-*trans*(?)-chalkon (F: 64° bzw. 127° bis 129°) mit wss.-äthanol. Salzsäure (*Oliverio, Schiavello*, G. **80** [1950] 788, 791) oder mit wss.-äthanol. Schwefelsäure (*Seshadri, Venkateswarlu*, Pr. Indian Acad. [A] **26** [1947] 189, 191).
Krystalle; F: 148—150° [aus E.] (*Se., Ve.*), 145° [aus CS$_2$] (*Ol., Sch.*).
Überführung in 2'-Hydroxy-6'-methoxy-*trans*(?)-chalkon (F: 127°) durch Erwärmen mit wss. Natronlauge: *Narasimhachari, Seshadri*, Pr. Indian Acad. [A] **27** [1948] 223, 238. Beim Erwärmen mit N-Brom-succinimid (2 Mol) und wenig Dibenzoylperoxid in Tetrachlormethan ist 8-Brom-5-methoxy-2-phenyl-chromen-4-on (S. 689) erhalten worden (*Looker, Holm*, J. org. Chem. **24** [1959] 567).

(±)-5-Hydroxy-6-nitro-2-phenyl-chroman-4-on $C_{15}H_{11}NO_5$, Formel XII (X = H).
B. Beim Erwärmen von 2',6'-Dihydroxy-3'-nitro-*trans*(?)-chalkon (F: 163—165°) mit wss.-äthanol. Salzsäure (*Seshadri, Trivedi*, J. org. Chem. **22** [1957] 1633, 1635, 1636).
Krystalle (aus E. + A.); F: 155—156°.

*Opt.-inakt. 3-Brom-5-hydroxy-6-nitro-2-phenyl-chroman-4-on $C_{15}H_{10}BrNO_5$, Formel XII (X = Br).
B. Beim Behandeln von (±)-5-Hydroxy-6-nitro-2-phenyl-chroman-4-on mit Brom in Chloroform (*Seshadri, Trivedi*, J. org. Chem. **23** [1958] 1735, 1737).
Krystalle (aus Bzl. + PAe.); F: 147°.

6-Hydroxy-2-phenyl-chroman-4-on $C_{15}H_{12}O_3$, Formel XIII.

a) **(−)-6-Hydroxy-2-phenyl-chroman-4-on** $C_{15}H_{12}O_3$.
B. Aus (Ξ)-6-β-D-Glucopyranosyloxy-2-phenyl-chroman-4-on (F: 177—178°; $[\alpha]_D^{15}$: −61,1° [Dioxan]) mit Hilfe von Emulsin (*Hishida*, J. chem. Soc. Japan Pure Chem. Sect. **79** [1958] 709, 716, 720; C. **1959** 6807).
F: 211,5—212,5°. $[\alpha]_D^{11}$: −7,2° [Dioxan; c = 3]. Absorptionsspektrum (220—400 nm): *Hi.*

b) **(±)-6-Hydroxy-2-phenyl-chroman-4-on** $C_{15}H_{12}O_3$.
B. Beim Erwärmen von 1-[2,5-Dihydroxy-phenyl]-äthanon mit Benzaldehyd und wss.-methanol. Kalilauge (*Robertson et al.*, Soc. **1954** 3137, 3141).
Krystalle (aus Me.); F: 220° (*Ro. et al.*).
Beim Behandeln mit wss. Natronlauge und wss. Wasserstoffperoxid ist 3,6-Dihydroxy-2-phenyl-chromen-4-on erhalten worden (*Row, Rao*, Curr. Sci. **25** [1956] 393). Überführung in 2-Phenyl-chroman-6-ol durch Behandlung mit Essigsäure, wss. Salzsäure und amalgamiertem Zink: *Ro. et al.*

(±)-6-Methoxy-2-phenyl-chroman-4-on $C_{16}H_{14}O_3$, Formel I (R = CH$_3$, X = H) (H 51; E II 34).
Bei 15-stdg. Erhitzen mit Chloranil in Xylol ist 6-Methoxy-2-phenyl-chromen-4-on erhalten worden (*Arnold, Collins*, Am. Soc. **61** [1939] 1407).

(±)-6-Äthoxy-2-phenyl-chroman-4-on $C_{17}H_{16}O_3$, Formel I (R = C_2H_5, X = H) (H 51; E II 34).

B. Beim Behandeln von 5'-Äthoxy-2'-hydroxy-*trans*(?)-chalkon (F: 83°) mit wss.-äthanol. Salzsäure (*Patel, Shah,* J. Indian chem. Soc. **31** [1954] 867).
Krystalle (aus A.); F: 102–103°.

(*Ξ*)-6-*β*-D-Glucopyranosyloxy-2-phenyl-chroman-4-on $C_{21}H_{22}O_8$, Formel II.

B. Beim Behandeln von 5'-*β*-D-Glucopyranosyloxy-2'-hydroxy-*trans*(?)-chalkon (F: 205,5–206,5°; $[\alpha]_D^{11,5}$: −59° [wss. Acn.]) mit wss.-methanol. Natronlauge (*Hishida,* J. chem. Soc. Japan Pure Chem. Sect. **79** [1958] 709, 719; C. **1959** 6807).
F: 177–178° [aus W.]. $[\alpha]_D^{15}$: −61,1° [Dioxan].

I II

(±)-6-Hydroxy-2-[3-nitro-phenyl]-chroman-4-on $C_{15}H_{11}NO_5$, Formel I (R = H, X = NO_2).

B. Beim Erwärmen von 2',5'-Dihydroxy-3-nitro-*trans*(?)-chalkon (F: 205°) mit wss. Salzsäure (*Fujise et al.,* J. chem. Soc. Japan Pure Chem. Sect. **75** [1954] 431, 436; C. A. **1957** 11340).
Krystalle (aus A.); F: 217°.

(±)-6-Hydroxy-2-[4-nitro-phenyl]-chroman-4-on $C_{15}H_{11}NO_5$, Formel III (R = H).

B. Beim Erwärmen von 2',5'-Dihydroxy-4-nitro-*trans*(?)-chalkon (F: 217,5–218°) mit wss.-äthanol. Salzsäure (*Matsuoka et al.,* J. chem. Soc. Japan Pure Chem. Sect. **78** [1957] 647, 655; C. A. **1959** 5259).
Gelbliche Krystalle (aus Me.); F: 219,5–220°.

(±)-6-Acetoxy-2-[4-nitro-phenyl]-chroman-4-on $C_{17}H_{13}NO_6$, Formel III (R = CO-CH_3).

B. Aus (±)-6-Hydroxy-2-[4-nitro-phenyl]-chroman-4-on (*Matsuoka et al.,* J. chem. Soc. Japan Pure Chem. Sect. **78** [1957] 647, 655; C. A. **1959** 5259).
F: 163,5–164° [aus Me.].

7-Hydroxy-2-phenyl-chroman-4-on $C_{15}H_{12}O_3$, Formel IV (R = H).

a) (+)-7-Hydroxy-2-phenyl-chroman-4-on $C_{15}H_{12}O_3$.

B. Bei 3-tägigem Erhitzen von 2',4'-Dihydroxy-*trans*-chalkon mit (1*S*)-2-Oxo-bornan-10-sulfonsäure in Äthanol auf 120° (*Tatsuta,* J. chem. Soc. Japan **61** [1940] 1048; Bl. chem. Soc. Japan **16** [1941] 327). Gewinnung aus dem unter c) beschriebenen Racemat mit Hilfe von [(1*R*)-Menthyloxy]-acetylchlorid: *Fujise, Nagasaki,* B. **69** [1936] 1893, 1895.
Krystalle; F: 181–182° [aus wss. A.] (*Fu., Na.*), 180–181° [aus A.] (*Ta.*). $[\alpha]_D^{10}$: +29,3° [Dioxan] (*Ta.*); $[\alpha]_D^{17}$: +33,3° [Acn.] (*Fu., Na.*).

b) (−)-7-Hydroxy-2-phenyl-chroman-4-on $C_{15}H_{12}O_3$.

B. Beim Behandeln von (−)(*Ξ*)-7-*β*-D-Glucopyranosyloxy-2-phenyl-chroman-4-on (F: 184–187° [Monohydrat]) mit Essigsäure, Natriumacetat und wenig Toluol (*Tatsuta,* J. chem. Soc. Japan **67** [1946] 119, 123; C. A. **1951** 614) oder mit Wasser in Gegenwart von Emulsin (*Hishida,* J. chem. Soc. Japan Pure Chem. Sect. **79** [1958] 709, 716, 720; C. **1959** 6807).
Krystalle; F: 185–185,5° [aus wss. Me.] (*Hi.*), 183–184° (*Ta.*). $[\alpha]_D^8$: −37,5° [Dioxan; c = 3] (*Hi.*); $[\alpha]_D^{21}$: −55,3° [Dioxan; c = 1] (*Ta.*).

c) (±)-7-Hydroxy-2-phenyl-chroman-4-on $C_{15}H_{12}O_3$ (E II 34).

B. Beim Behandeln von Resorcin mit *trans*-Cinnamoylchlorid, Aluminiumchlorid, wenig Thionylchlorid und Nitrobenzol (*Fujise, Tatsuta*, B. **74** [1941] 275, 277; *Tatuta*, J. chem. Soc. Japan **61** [1940] 752, 754; C. A. **1943** 376). Beim Erwärmen von 2',4'-Di= hydroxy-*trans*-chalkon mit wss.-äthanol. Natronlauge (*Saiyad et al.*, Soc. **1937** 1737).

Krystalle (aus Toluol); F: 189—190° (*Sa. et al.*). UV-Spektrum (Me.; 200—350 nm): *Fujise et al.*, J. chem. Soc. Japan Pure Chem. Sect. **79** [1958] 1014, 1015; C. A. **1960** 24702.

Beim Erhitzen mit Acetanhydrid und Natriumacetat auf 100° ist 7-Acetoxy-2-phenyl-chroman-4-on (s. u.), beim Erhitzen mit Acetanhydrid und Natriumacetat auf 180° sind kleine Mengen einer Verbindung $C_{19}H_{14}O_4$ (Krystalle [aus A.] mit 1 Mol H_2O; F: 119° bis 120°) erhalten worden (*Ponniah, Seshadri*, Pr. Indian Acad. [A] **37** [1953] 534, 536 540).

III   IV

(±)-**7-Methoxy-2-phenyl-chroman-4-on** $C_{16}H_{14}O_3$, Formel IV (R = CH_3) (H 52; E II 34).

B. Beim Erwärmen einer Lösung von 2'-Hydroxy-4'-methoxy-*trans*(?)-chalkon (F: 107° bis 108° [E III **8** 2830]) in Äthanol mit wss. Phosphorsäure (*Tatsuta*, J. chem. Soc. Japan **63** [1942] 935, 941; C. A. **1947** 4128).

Krystalle (aus A.); F: 89° (*Ta.*).

Reaktion mit Blei(IV)-acetat in Essigsäure unter Bildung von 3-Acetoxy-7-methoxy-2-phenyl-chroman-4-on (F: 161°) sowie kleineren Mengen 7-Methoxy-2-phenyl-chromen-4-on und 7-Methoxy-3-phenyl-chromen-4-on: *Cavill et al.*, Soc. **1954** 4573, 4576. Verhalten gegen *N*-Brom-succinimid in Tetrachlormethan: *Ca. et al.*, l. c. S. 4579. Beim Erwärmen mit *N*-Brom-succinimid und wenig Dibenzoylperoxid in Tetrachlormethan und Behandeln des Reaktionsprodukts mit äthanol. Natronlauge ist 7-Methoxy-2-phenyl-chromen-4-on erhalten worden (*Bannerjee, Seshadri*, Pr. Indian Acad. [A] **36** [1952] 134, 137). Reaktion mit Brom in Schwefelkohlenstoff oder Tetrachlormethan unter Bildung von 3-Brom-7-methoxy-2-phenyl-chroman-4-on (F: 163—164°): *Ca. et al.*, l. c. S. 4579.

(±)-**7-Benzyloxy-2-phenyl-chroman-4-on** $C_{22}H_{18}O_3$, Formel IV (R = CH_2-C_6H_5).

B. Beim Erwärmen eines Gemisches von (±)-7-Hydroxy-2-phenyl-chroman-4-on, Benzylchlorid, Kaliumcarbonat und Aceton (*Saiyad et al.*, Soc. **1937** 1737). Aus 4'-Benzyl= oxy-2'-hydroxy-*trans*(?)-chalkon (F: 135° [E III **8** 2831]) beim Erwärmen mit wss.-äthanol. Natronlauge (*Sa. et al.*) sowie beim Erwärmen einer Lösung in Äthanol mit wss. Phosphorsäure (*Mahal et al.*, Soc. **1935** 866).

Krystalle; F: 126° [aus A.] (*Sa. et al.*), 104° [aus wss. A.] (*Ma. et al.*).

(±)-**7-[2-Hydroxy-äthoxy]-2-phenyl-chroman-4-on** $C_{17}H_{16}O_4$, Formel IV (R = CH_2-CH_2OH).

B. Beim Erwärmen einer Lösung von 2'-Hydroxy-4'-[2-hydroxy-äthoxy]-*trans*(?)-chalkon (F: 123—124° [E III **8** 2831]) in Äthanol mit wss. Schwefelsäure (*Motwani, Wheeler*, Soc. **1935** 1098, 1100).

Krystalle (aus wss. A.); F: 113°.

(±)-**7-Acetoxy-2-phenyl-chroman-4-on** $C_{17}H_{14}O_4$, Formel IV (R = CO-CH_3) (E II 34).

B. Beim Erwärmen von 2',4'-Dihydroxy-*trans*-chalkon mit Acetanhydrid und Natrium= acetat (*Ponniah, Seshadri*, Pr. Indian Acad. [A] **37** [1953] 534, 541).

Krystalle (aus A.); F: 104—105°.

(±)-**[4-Oxo-2-phenyl-chroman-7-yloxy]-essigsäure-äthylester** $C_{19}H_{18}O_5$, Formel IV (R = CH_2-CO-OC_2H_5).

B. Beim Erwärmen von (±)-7-Hydroxy-2-phenyl-chroman-4-on mit Aceton, Brom= essigsäure-äthylester und Kaliumcarbonat (*Da Re, Colleoni*, Ann. Chimica **49** [1959] 1632,

1638).
Krystalle (aus Bzn.); F: 90—92°.

**[(1R)-Menthyloxy]-essigsäure-[(Ξ)-4-oxo-2-phenyl-chroman-7-ylester],
(Ξ)-7-[((1R)-Menthyloxy)-acetoxy]-2-phenyl-chroman-4-on** $C_{27}H_{32}O_5$, Formel V.

B. Beim Behandeln von (±)-7-Hydroxy-2-phenyl-chroman-4-on mit Pyridin, [(1R)-Menthyloxy]-acetylchlorid und Benzol (*Fujise, Nagasaki*, B. **69** [1936] 1893, 1895).
Krystalle (aus wss. Me.); F: 96—97°. $[\alpha]_D^{14,5}$: —30,0° [Acn.].

V   VI

(Ξ)-7-β-D-Glucopyranosyloxy-2-phenyl-chroman-4-on $C_{21}H_{22}O_8$, Formel VI (R = H).

B. Beim Behandeln von 1-[4-β-D-Glucopyranosyloxy-2-hydroxy-phenyl]-äthanon mit Benzaldehyd und wss.-äthanol. Natronlauge (*Reichel, Steudel*, A. **553** [1942] 83, 89, 96). Beim Behandeln von 4'-β-D-Glucopyranosyloxy-2'-hydroxy-*trans*-chalkon mit wss.-äthanol. Natronlauge (*Re., St.*, l. c. S. 95; *Hishida*, J. chem. Soc. Japan Pure Chem. Sect. **79** [1958] 709, 719; C. **1959** 6807).
Krystalle (aus wss. A.) mit 1 Mol H_2O, F: 184—187° (*Re., St.*), 183—184° (*Fujise, Mitui*, B. **71** [1938] 912, 914); Krystalle mit 0,5 Mol H_2O, F: 186—187° (*Bognár et al.*, Acta chim. hung. **30** [1962] 87, 90). Das Krystallwasser wird im Vakuum bei 80° bzw. 120° abgegeben (*Fu., Mi.; Re., St.*). $[\alpha]_D^{14,5}$: —102,6° [Dioxan; c = 1] [Monohydrat] (*Fu., Mi.*); $[\alpha]_D^{20}$: —102,6° [wss. Acn.] [Monohydrat] (*Re., St.*); $[\alpha]_D^{24,5}$: —121,3° [Dioxan; c = 2] [wasserfreie Verbindung] (*Fu., Mi.*); $[\alpha]_D$: —70,7° [Py.; c = 1] [Hemihydrat]; $[\alpha]_D$: —97,4° [wss. Acn.] [Hemihydrat] (*Bo. et al.*).

(Ξ)-2-Phenyl-7-[tetra-O-acetyl-β-D-glucopyranosyloxy]-chroman-4-on $C_{29}H_{30}O_{12}$, Formel VI (R = CO-CH$_3$).

B. Beim Behandeln einer Lösung von (±)-7-Hydroxy-2-phenyl-chroman-4-on in Chinolin mit α-D-Acetobromglucopyranose (Tetra-O-acetyl-α-D-glucopyranosylbromid) in Benzol und mit Silberoxid (*Fujise, Mitui*, B. **71** [1938] 912, 913).
Krystalle (aus A.); F: 149,5—150°. $[\alpha]_D^{21,5}$: —21,0° [Dioxan; c = 10].

(±)-2-Phenyl-7-sulfooxy-chroman-4-on, (±)-Schwefelsäure-mono-[4-oxo-2-phenyl-chroman-7-ylester] $C_{15}H_{12}O_6S$, Formel IV (R = SO$_2$OH).

Kalium-Salz. B. Beim Erhitzen von (±)-7-Hydroxy-2-phenyl-chroman-4-on mit Amidoschwefelsäure und Pyridin auf 110° und Behandeln des Reaktionsprodukts mit Kaliumacetat in Methanol (*Fujise et al.*, J. chem. Soc. Japan Pure Chem. Sect. **79** [1958] 1014, 1016; C. A. **1960** 24702). — Hygroskopische Krystalle (aus W.); F: 280° [Zers.]. UV-Spektrum (W.; 220—350 nm): *Fu. et al.* In 100 g Wasser lösen sich bei 25° 3,14 g.

(±)-7-Hydroxy-2-phenyl-chroman-4-on-[2,4-dinitro-phenylhydrazon] $C_{21}H_{16}N_4O_6$, Formel VII.

B. Aus (±)-7-Hydroxy-2-phenyl-chroman-4-on und [2,4-Dinitro-phenyl]-hydrazin (*Douglass et al.*, Am. Soc. **73** [1951] 4023).
Rote Krystalle (aus Dioxan + W.); F: 272°.

*Opt.-inakt. 3-Brom-7-methoxy-2-phenyl-chroman-4-on $C_{16}H_{13}BrO_3$, Formel VIII (R = H, X = Br).

B. Beim Behandeln von (±)-7-Methoxy-2-phenyl-chroman-4-on mit Brom in Schwefel= kohlenstoff oder Tetrachlormethan (*Cavill et al.*, Soc. **1954** 4573, 4579).
Krystalle (aus Me.); F: 163—164°.

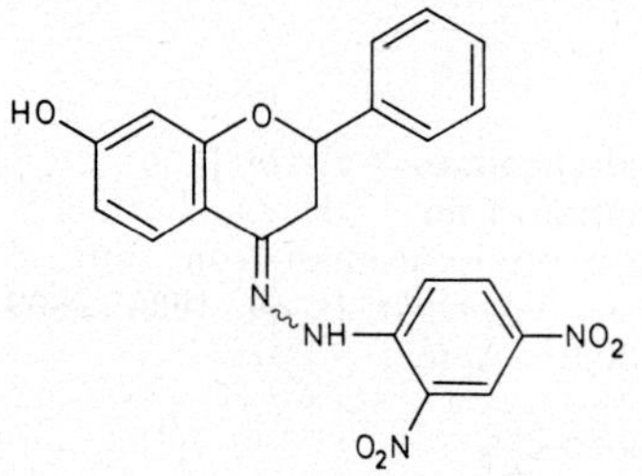

VII 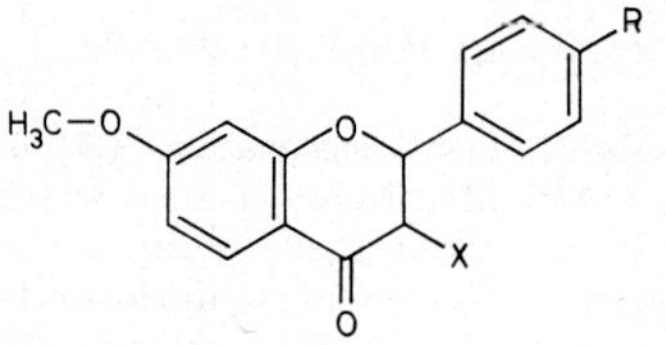   VIII

(±)-6-Brom-7-methoxy-2-phenyl-chroman-4-on $C_{16}H_{13}BrO_3$, Formel IX (R = CH_3, X = Br).
Diese Konstitution ist der nachstehend beschriebenen Verbindung zugeordnet worden.
B. Beim Erwärmen von (±)-7-Methoxy-2-phenyl-chroman-4-on mit *N*-Brom-succin≈
imid in Tetrachlormethan (*Cavill et al.*, Soc. **1954** 4573, 4579).
Krystalle (aus Me.); F: 134°.

(±)-7-Hydroxy-6-nitro-2-phenyl-chroman-4-on $C_{15}H_{11}NO_5$, Formel IX (R = H, X = NO_2).
B. Bei mehrtägigem Erwärmen von 2′,4′-Dihydroxy-5′-nitro-*trans*(?)-chalkon (F: 188° bis 189°) mit wss.-äthanol. Salzsäure (*Seshadri, Trivedi*, J. org. Chem. **22** [1957] 1633, 1635, 1636).
Krystalle (aus Bzl.); F: 154—156°.

(±)-7-Hydroxy-8-nitro-2-phenyl-chroman-4-on $C_{15}H_{11}NO_5$, Formel X.
B. Bei mehrtägigem Erwärmen von 2′,4′-Dihydroxy-3′-nitro-*trans*(?)-chalkon (F: 173°) mit wss.-äthanol. Salzsäure (*Seshadri, Trivedi*, J. org. Chem. **22** [1957] 1633, 1635, 1636).
Krystalle (aus A.); F: 184°.

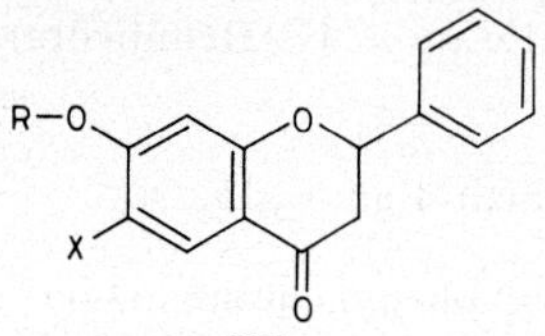

IX 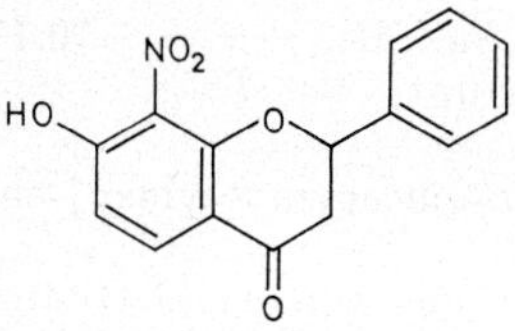   X 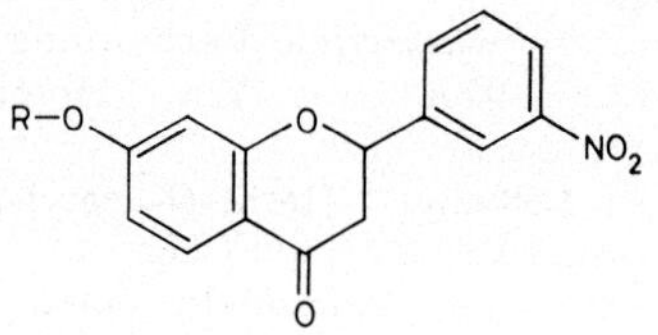   XI

(±)-7-Hydroxy-2-[3-nitro-phenyl]-chroman-4-on $C_{15}H_{11}NO_5$, Formel XI (R = H).
B. Beim Erwärmen von 2′,4′-Dihydroxy-3-nitro-*trans*(?)-chalkon (F: 217—218°) mit wss. Äthanol (*Matsuoka, Fujise*, J. chem. Soc. Japan Pure Chem. Sect. **78** [1957] 647; C. A. **1959** 5257).
Krystalle (aus A.); F: 240—241°.

(±)-7-Methoxy-2-[3-nitro-phenyl]-chroman-4-on $C_{16}H_{13}NO_5$, Formel XI (R = CH_3).
B. Beim Erwärmen von 2′-Hydroxy-4′-methoxy-3-nitro-*trans*(?)-chalkon (F: 182°) mit wss.-äthanol. Salzsäure (*Cavill et al.*, Soc. **1954** 4573, 4578) oder mit wss. Salzsäure und Essigsäure (*Matsuoka*, J. chem. Soc. Japan Pure Chem. Sect. **80** [1959] 61; C. A. **1961** 4490).
Krystalle; F: 211° [aus E.] (*Ca. et al.*), 206—207° [aus wss. Acn.] (*Ma.*).

(±)-7-Methoxy-2-[4-nitro-phenyl]-chroman-4-on $C_{16}H_{13}NO_5$, Formel VIII (R = NO_2, X = H).
B. Beim Erwärmen von 2′-Hydroxy-4′-methoxy-4-nitro-*trans*(?)-chalkon (F: 194° bis 195°) mit wss. Salzsäure und Essigsäure (*Matsuoka*, J. chem. Soc. Japan Pure Chem. Sect. **80** [1959] 61; C. A. **1961** 4490).
Krystalle; F: 254—255°.

(±)-2-[2-Hydroxy-phenyl]-chroman-4-on $C_{15}H_{12}O_3$, Formel XII (R = X = H).
B. Beim Erwärmen von 2,2′-Dihydroxy-*trans*(?)-chalkon (F: 161° [E III **8** 2810])

mit wss.-äthanol. Salzsäure (*Geissman, Clinton*, Am. Soc. **68** [1946] 697, 699).
Krystalle (aus E. + Bzl.); F: 165—165,5° [korr.].

(±)-2-[2-Acetoxy-phenyl]-chroman-4-on $C_{17}H_{14}O_4$, Formel XII (R = CO-CH$_3$, X = H).
B. Beim Behandeln von (±)-2-[2-Hydroxy-phenyl]-chroman-4-on mit Acetanhydrid und Pyridin (*Geissman, Clinton*, Am. Soc. **68** [1946] 697, 699).
Krystalle; F: 148—148,5° [korr.].

(±)-6-Chlor-2-[2-hydroxy-phenyl]-chroman-4-on $C_{15}H_{11}ClO_3$, Formel XII (R = H, X = Cl).
B. Beim Erwärmen von 5'-Chlor-2,2'-dihydroxy-*trans*(?)-chalkon (F: 160°) mit wss.-äthanol. Salzsäure (*Parikh, Shah*, J. Indian chem. Soc. **36** [1959] 729).
Grünliche Krystalle (aus A.); F: 150—151°.

(±)-6,8-Dichlor-2-[2-hydroxy-phenyl]-chroman-4-on $C_{15}H_{10}Cl_2O_3$, Formel XIII (R = H, X = Cl).
B. Beim Erwärmen von 3',5'-Dichlor-2,2'-dihydroxy-*trans*(?)-chalkon (F: 195°) mit wss.-äthanol. Salzsäure (*Jha, Amin*, Tetrahedron **2** [1958] 241, 244).
Krystalle (aus A.); F: 90°.

XII XIII XIV

(±)-6,8-Dichlor-2-[2-methoxy-phenyl]-chroman-4-on $C_{16}H_{12}Cl_2O_3$, Formel XIII (R = CH$_3$, X = Cl).
B. Beim Erwärmen von 3',5'-Dichlor-2'-hydroxy-2-methoxy-*trans*(?)-chalkon (F: 143°) mit wss.-äthanol. Salzsäure (*Jha, Amin*, Tetrahedron **2** [1958] 241, 244).
Gelbe Krystalle (aus A.); F: 105° [unkorr.].

(±)-6,8-Dibrom-2-[2-hydroxy-phenyl]-chroman-4-on $C_{15}H_{10}Br_2O_3$, Formel XIII (R = H, X = Br).
B. Beim Erwärmen von 3',5'-Dibrom-2,2'-dihydroxy-*trans*(?)-chalkon (F: 179°) mit wss.-äthanol. Salzsäure (*Christian, Amin*, Acta chim. hung. **21** [1959] 391, 393, 394).
Krystalle (aus A.); F: 201° [unkorr.].

(±)-6-Fluor-2-[3-hydroxy-phenyl]-chroman-4-on $C_{15}H_{11}FO_3$, Formel XIV (R = H, X = F).
B. Aus 5'-Fluor-3,2'-dihydroxy-*trans*(?)-chalkon (F: 185°) mit Hilfe von Phosphor=
säure (*Chen, Yang*, J. Taiwan pharm. Assoc. **3** [1951] 39).
Krystalle; F: 135—137°.

(±)-6,8-Dibrom-2-[3-hydroxy-phenyl]-chroman-4-on $C_{15}H_{10}Br_2O_3$, Formel XIV (R = X = Br).
B. Beim Erwärmen von 3',5'-Dibrom-3,2'-dihydroxy-*trans*(?)-chalkon (F: 174°) mit wss.-äthanol. Salzsäure (*Christian, Amin*, Acta chim. hung. **21** [1959] 391, 393, 394).
Krystalle (aus A.); F: 188° [unkorr.].

(±)-2-[4-Hydroxy-phenyl]-chroman-4-on $C_{15}H_{12}O_3$, Formel I (R = H).
B. Aus 4,2'-Dihydroxy-*trans*(?)-chalkon (F: 162° bzw. F: 158—159° [E III **8** 2824]) beim Erwärmen mit wss.-äthanol. Salzsäure (*Geissman, Clinton*, Am. Soc. **68** [1946] 697, 699) sowie beim Behandeln mit Äthanol und mit Phosphorsäure (*Tatuta*, J. chem. Soc. Japan **67** [1946] 119, 120; C. A. **1951** 614).
Krystalle; F: 193—194° (*Ta.*), 186—187° [korr.; aus E. + Bzl.] (*Ge., Cl.*). UV-Spektrum (Me.; 220—350 nm): *Fujise et al.*, J. chem. Soc. Japan Pure Chem. Sect. **79**

[1958] 1014, 1015, 1016; C. A. **1960** 24702. Polarographie: *Geissman, Friess,* Am. Soc. **71** [1949] 3893. 3895.

(±)-2-[4-Methoxy-phenyl]-chroman-4-on $C_{16}H_{14}O_3$, Formel I (R = CH_3) (H 52; E II 34).
B. Beim Erwärmen einer Lösung von 2'-Hydroxy-4-methoxy-*trans*(?)-chalkon (F: 94° [E III **8** 2825]) in Essigsäure mit Phosphorsäure (*Matuura,* J. pharm. Soc. Japan **77** [1957] 298, 300, 301; C. A. **1957** 11338).
Polarographie: *Geissman, Friess,* Am. Soc. **71** [1949] 3893, 3895.
Bildung von 3-Hydroxy-2-[4-methoxy-phenyl]-chroman-4-on (F: 232°) beim Behandeln mit wss.-methanol. Natronlauge und wss. Wasserstoffperoxid: *Oyamada,* Bl. chem. Soc. Japan **10** [1935] 182, 186. Beim Behandeln einer Lösung in Äther mit 1 Mol Brom in Essigsäure sind *trans*-3-Brom-2-[4-methoxy-phenyl]-chroman-4-on (Hauptprodukt) und *cis*-3-Brom-2-[4-methoxy-phenyl]-chroman-4-on (*Pendse, Limaye,* Rasayanam **2** [1955] 90, 95), beim Behandeln einer Lösung in Äther mit 2 Mol Brom in Essigsäure sind 3,3-Dibrom-2-[4-methoxy-phenyl]-chroman-4-on und 3,3-Dibrom-2-[3-brom-4-methoxy-phenyl]-chroman-4-on (*Pendse, Limaye,* Rasayanam **2** [1956] 107, 109), beim Erwärmen einer Lösung in Essigsäure mit 2 Mol Brom in Essigsäure auf 90° sind 3,3-Dibrom-2-[3-brom-4-methoxy-phenyl]-chroman-4-on (Hauptprodukt) und *cis*-3-Brom-2-[4-methoxy-phenyl]-chroman-4-on (*Pe., Li.,* Rasayanam **2** 109) erhalten worden.

I   II

(±)-2-[4-Acetoxy-phenyl]-chroman-4-on $C_{17}H_{14}O_4$, Formel I (R = CO-CH_3).
B. Beim Behandeln von (±)-2-[4-Hydroxy-phenyl]-chroman-4-on mit Acetanhydrid und Pyridin (*Geissman, Clinton,* Am. Soc. **68** [1946] 697, 699).
Krystalle; F: 158—158,5° [korr.] (*Ge., Cl.*). Polarographie: *Geissman, Friess,* Am. Soc. **71** [1949] 3893, 3895.

[(1R)-Menthyloxy]-essigsäure-[4-((Ξ)-4-oxo-chroman-2-yl)-phenylester],
(Ξ)-2-{4-[((1R)-Menthyloxy)-acetoxy]-phenyl}-chroman-4-on $C_{27}H_{32}O_5$, Formel II.
B. Beim Behandeln von (±)-2-[4-Hydroxy-phenyl]-chroman-4-on mit [(1R)-Menthyl= oxy]-acetylchlorid und Pyridin (*Hishida,* J. chem. Soc. Japan Pure Chem. Sect. **76** [1955] 204, 206; C. A. **1957** 17901).
Krystalle (aus A. oder Me.); F: 87—87,5°. $[\alpha]_D^{19,5}$: −56,4° [A.; c = 2].

(Ξ)-2-[4-β-D-Glucopyranosyloxy-phenyl]-chroman-4-on $C_{21}H_{22}O_8$, Formel III (R = H).
a) Präparat vom F: 218—220°. *B.* Bei 3-monatigem Behandeln von 4-β-D-Gluco= pyranosyloxy-benzaldehyd mit 1-[2-Hydroxy-phenyl]-äthanon in wss. Lösung vom pH 8 (*Reichel, Schickle,* A. **553** [1942] 98, 101). — Krystalle (aus A.) mit 1 Mol H_2O, F: 218—220°. $[\alpha]_D^{19}$: −37,4° [Dioxan; c = 0,5].
b) Präparat vom F: 226—227°. *B.* Beim Behandeln von 4-β-D-Glucopyranosyl= oxy-2'-hydroxy-*trans*(?)-chalkon (F: 175—176°) mit wss.-methanol. Natronlauge (*Hi= shida,* J. chem. Soc. Japan Pure Chem. Sect. **79** [1958] 709, 719; C. **1959** 6807). — Krystalle [aus Me.]; F: 226—227°. $[\alpha]_D^{12}$: −33,4° [Dioxan].
c) Präparat vom F: 234—236°. *B.* Beim Erhitzen von 4-β-D-Glucopyranosyl= oxy-2'-hydroxy-*trans*(?)-chalkon (F: 178—179°) auf 200° (*Tatuta,* J. chem. Soc. Japan **67** [1946] 119, 125; C. A. **1951** 614). — Krystalle mit 1 Mol H_2O; F: 234—236°. $[\alpha]_D^{12}$: −58,8° [Dioxan; c = 0,5].
d) Aus den im folgenden Artikel beschriebenen *O*-Acetyl-Derivaten sind ein Mono=

hydrat vom F: 234—235°; $[\alpha]_D^{12}$: —27,4° [Dioxan] bzw. ein Monohydrat vom F: 234° bis 235°; $[\alpha]_D^{13}$: —62,5° [Dioxan] erhalten worden (Ta., l. c. S. 124).

III IV

(Ξ)-2-[4-(Tetra-*O*-acetyl-β-D-glucopyranosyloxy)-phenyl]-chroman-4-on $C_{29}H_{30}O_{12}$, Formel III (R = CO-CH$_3$).
Zwei Präparate (a) F: 78—82°; $[\alpha]_D^{15}$: —4,2° [Acn.]; b) F: 60—65°; $[\alpha]_D^{15}$: —18,5° [Acn.]) sind beim Behandeln von (±)-2-[4-Hydroxy-phenyl]-chroman-4-on mit α-D-Acetobromglucopyranose (Tetra-*O*-acetyl-α-D-glucopyranosylbromid), Chinolin und Silberoxid erhalten worden (*Tatuta*, J. chem. Soc. Japan **67** [1946] 119, 124; C. A. **1951** 614).

(±)-2-[4-Sulfooxy-phenyl]-chroman-4-on $C_{15}H_{12}O_6S$, Formel I (R = SO$_2$OH).
Kalium-Salz. *B*. Beim Erhitzen von (±)-2-[4-Hydroxy-phenyl]-chroman-4-on mit Amidoschwefelsäure und Pyridin auf 110° und Behandeln des Reaktionsprodukts mit Kaliumacetat in Methanol (*Fujise et al.*, J. chem. Soc. Japan Pure Chem. Sect. **79** [1958] 1014, 1016; C. A. **1960** 24702). — Krystalle; F: 216—218°. UV-Spektrum (W.; 220 nm bis 350 nm): *Fu. et al*. In 100 g Wasser lösen sich bei 25° 0,65 g.

(±)-2-[4-Hydroxy-phenyl]-chroman-4-on-oxim $C_{15}H_{13}NO_3$, Formel IV.
B. Aus (±)-2-[4-Hydroxy-phenyl]-chroman-4-on und Hydroxylamin (*Kasahara*, Bl. Yamagata Univ. Nat. Sci. **4** [1958] 345, 346; C. A. **1960** 1510).
F: 200—201°.

(±)-6-Fluor-2-[4-methoxy-phenyl]-chroman-4-on $C_{16}H_{13}FO_3$, Formel V (R = H, X = F).
B. Aus 5'-Fluor-2'-hydroxy-4-methoxy-*trans*(?)-chalkon (F: 126°) mit Hilfe von Phosphorsäure (*Chen, Yang*, J. Taiwan pharm. Assoc. **3** [1951] 39).
Krystalle; F: 89°.

(±)-6,8-Dichlor-2-[4-hydroxy-phenyl]-chroman-4-on $C_{15}H_{10}Cl_2O_3$, Formel VI (R = H, X = Cl).
B. Beim Erwärmen von 3',5'-Dichlor-4,2'-dihydroxy-*trans*(?)-chalkon (F: 160°) mit wss.-äthanol. Salzsäure (*Jha, Amin*, Tetrahedron **2** [1958] 241, 244).
Gelbliche Krystalle (aus A.); F: 95°.

(±)-6,8-Dichlor-2-[4-methoxy-phenyl]-chroman-4-on $C_{16}H_{12}Cl_2O_3$, Formel VI (R = CH$_3$, X = Cl).
B. Beim Erwärmen von 3',5'-Dichlor-2'-hydroxy-4-methoxy-*trans*(?)-chalkon (F: 165°) mit wss.-äthanol. Salzsäure (*Jha, Amin*, Tetrahedron **2** [1958] 241, 244).
Krystalle (aus A.); F: 118° [unkorr.].

3-Brom-2-[4-methoxy-phenyl]-chroman-4-on $C_{16}H_{13}BrO_3$.
Bezüglich der Konfiguration der beiden folgenden Stereoisomeren s. *Clark-Lewis et al.*, Austral. J. Chem. **16** [1963] 107; *Reichel, Weber*, Z. Chem. **7** [1967] 62.

a) (±)-*cis*-3-Brom-2-[4-methoxy-phenyl]-chroman-4-on $C_{16}H_{13}BrO_3$, Formel VII + Spiegelbild.
B. Beim Erhitzen von (2*SR*,3*RS*(?))-2,3-Dibrom-1-[2-hydroxy-phenyl]-3-[4-methoxyphenyl]-propan-1-on (F: 145—146° [E III **8** 2700]) oder von (2*SR*,3*RS*(?))-1-[2-Acetoxy-phenyl]-2,3-dibrom-3-[4-methoxy-phenyl]-propan-1-on (F: 105°) mit Essigsäure (*Pendse, Limaye*, Rasayanam **2** [1955] 90, 94). Beim Erhitzen des unter b) be-

schriebenen Stereoisomeren mit Essigsäure (*Pe.*, *Li.*). Weitere Bildungsweise s. bei dem unter b) beschriebenen Stereoisomeren.

Krystalle; F: 108,5—109° (*Reichel*, *Weber*, Z. Chem. **7** [1967] 62), 95° [aus A.] (*Pe.*, *Li.*).

Reaktion mit Brom in Essigsäure unter Bildung von 3,3-Dibrom-2-[3-brom-4-methoxy-phenyl]-chroman-4-on: *Pe.*, *Li.*

V   VI   VII

b) (±)-*trans*-3-Brom-2-[4-methoxy-phenyl]-chroman-4-on $C_{16}H_{13}BrO_3$, Formel VIII + Spiegelbild.

B. Beim Erhitzen von (2SR,3RS(?))-2,3-Dibrom-1-[2-hydroxy-phenyl]-3-[4-methoxy-phenyl]-propan-1-on (F: 145—146° [E III **8** 2700]) mit wasserhaltiger Essigsäure (*Pendse*, *Limaye*, Rasayanam **2** [1955] 90, 94). Neben dem unter a) beschriebenen Stereoisomeren aus (±)-2-[4-Methoxy-phenyl]-chroman-4-on beim Behandeln einer Lösung in Äther mit Brom (1 Mol) in Essigsäure (*Pe.*, *Li.*) sowie beim Behandeln mit Brom in Dioxan enthaltendem Äther (*Reichel*, *Weber*, Z. Chem. **7** [1967] 62).

Krystalle; F: 129° [aus A.] (*Pe.*, *Li.*), 127—128° (*Re.*, *We.*).

Bei 2-stdg. Erhitzen mit Essigsäure ist das unter a) beschriebene Stereoisomere, bei 18-stdg. Erhitzen mit Essigsäure ist 4-Hydroxy-2-[4-methoxy-phenyl]-chromenyliumbromid erhalten worden (*Pe.*, *Li.*). Reaktion mit Brom in Essigsäure unter Bildung von 3,3-Dibrom-2-[3-brom-4-methoxy-phenyl]-chroman-4-on: *Pe.*, *Li.*

(±)-7-Brom-2-[4-methoxy-phenyl]-chroman-4-on $C_{16}H_{13}BrO_3$, Formel V (R = Br, X = H).

B. Bei 3-tägigem Erwärmen von 4'-Brom-2'-hydroxy-4-methoxy-*trans*(?)-chalkon (F: 136—137°) mit Äthanol und wasserhaltiger Phosphorsäure (*Chen*, *Chang*, Soc. **1958** 146, 149).

Krystalle (aus A.); F: 130—130,5°.

(±)-3,3-Dibrom-2-[4-methoxy-phenyl]-chroman-4-on $C_{16}H_{12}Br_2O_3$, Formel IX (R = H).

B. Beim Behandeln von 2'-Hydroxy-4-methoxy-*trans*(?)-chalkon (F: 94° [E III **8** 2825]) mit Brom in Essigsäure (*Pendse*, *Limaye*, Rasayanam **2** [1956] 107, 110). Neben 3,3-Dibrom-2-[3-brom-4-methoxy-phenyl]-chroman-4-on beim Behandeln einer Lösung von (±)-2-[4-Methoxy-phenyl]-chroman-4-on in Äther mit Brom (2 Mol) in Essigsäure (*Pe.*, *Li.*).

Krystalle (aus A. oder Eg.); F: 130°.

Beim Erwärmen einer Suspension in Äthanol mit wss. Natronlauge ist [3-Hydroxybenzofuran-2-yl]-[4-methoxy-phenyl]-keton, beim Erwärmen einer Lösung in Aceton mit wss. Natronlauge ist hingegen 2-[4-Methoxy-phenyl]-chromen-4-on erhalten worden.

VIII   IX   X

(±)-6,8-Dibrom-2-[4-methoxy-phenyl]-chroman-4-on $C_{16}H_{12}Br_2O_3$, Formel VI (R = CH$_3$, X = Br).

B. Beim Erwärmen von 3',5'-Dibrom-2'-hydroxy-4-methoxy-*trans*(?)-chalkon (F: 170°)

mit wss.-äthanol. Salzsäure (*Christian, Amin,* Acta chim. hung. **21** [1959] 391, 393, 394).
Krystalle (aus A.); F: 130° [unkorr.].

(±)-3,3-Dibrom-2-[3-brom-4-methoxy-phenyl]-chroman-4-on $C_{16}H_{11}Br_3O_3$, Formel IX (R = Br).
B. Neben kleineren Mengen 3,3-Dibrom-2-[4-methoxy-phenyl]-chroman-4-on beim Erwärmen von 2'-Acetoxy-4-methoxy-*trans*(?)-chalkon (F: 84°) mit Brom in Essigsäure (*Pendse, Limaye,* Rasayanam **2** [1956] 107, 109). Neben kleineren Mengen *cis*-3-Brom-2-[4-methoxy-phenyl]-chroman-4-on beim Erwärmen von (±)-2-[4-Methoxy-phenyl]-chroman-4-on mit Brom (2 Mol) in Essigsäure (*Pe., Li.*).
Krystalle (aus Eg. oder A.); F: 193° [Zers.].
Beim Erwärmen einer Suspension in Äthanol mit wss. Natronlauge ist 2-[3-Brom-4-methoxy-phenyl]-[3-hydroxy-benzofuran-2-yl]-keton erhalten worden.

(±)-7-Jod-2-[4-methoxy-phenyl]-chroman-4-on $C_{16}H_{13}IO_3$, Formel V (R = I, X = H).
B. Bei 3-tägigem Erwärmen von 2'-Hydroxy-4'-jod-4-methoxy-*trans*(?)-chalkon (F: 161—162°) mit Äthanol und wasserhaltiger Phosphorsäure (*Chen, Chang,* Soc. **1958** 146, 149).
Krystalle (aus Dioxan); F: 166,5—167,5°.

(±)-2-[4-Methoxy-phenyl]-6-nitro-chroman-4-on $C_{16}H_{13}NO_5$, Formel V (R = H, X = NO_2).
B. Bei 2-tägigem Erwärmen einer Lösung von 2'-Hydroxy-4-methoxy-5'-nitro-*trans*(?)-chalkon (F: 174°) in Äthanol mit wss. Salzsäure (*Christian, Amin,* B. **90** [1957] 1287).
Gelbe Krystalle (aus A.); F: 160° [unkorr.].

(±)-2-[4-Hydroxy-3-nitro-phenyl]-chroman-4-on $C_{15}H_{11}NO_5$, Formel X (R = H).
B. Beim Behandeln von (±)-2-[4-Hydroxy-phenyl]-chroman-4-on mit Salpetersäure und Acetanhydrid (*Hoshino,* J. chem. Soc. Japan Pure Chem. Sect. **78** [1957] 1538; C. A. **1960** 516).
Gelbe Krystalle (aus Me.); F: 157—158°.

(±)-2-[4-Methoxy-3-nitro-phenyl]-chroman-4-on $C_{16}H_{13}NO_5$, Formel X (R = CH_3).
B. Beim Behandeln von (±)-2-[4-Methoxy-phenyl]-chroman-4-on mit Salpetersäure und Acetanhydrid (*Hoshino,* J. chem. Soc. Japan Pure Chem. Sect. **78** [1957] 1538; C. A. **1960** 516). Beim Behandeln von (±)-2-[4-Hydroxy-3-nitro-phenyl]-chroman-4-on mit Diazomethan in Äther und Methanol (*Ho.*).
Krystalle (aus A.); F: 140—141°.

(±)-6-Hydroxy-4-phenyl-chroman-2-on, (±)-3-[2,5-Dihydroxy-phenyl]-3-phenyl-propionsäure-2-lacton $C_{15}H_{12}O_3$, Formel XI (R = H) (H 52).
B. Beim Erhitzen eines Gemisches von *trans*-Zimtsäure und Hydrochinon mit konz. wss. Salzsäure (*Simpson, Stephen,* Soc. **1956** 1382), mit Essigsäure unter Zusatz von wss. Perchlorsäure (*Deutsche Hydrierwerke,* D.R.P. 701134 [1935]; D.R.P. Org. Chem. **6** 71, 73) oder mit Zink(II)-chlorid auf 150° (*Lespagnol et al.,* Bl. **1951** 82).
Krystalle; F: 134° [aus A.] (*Le. et al.*), 133° [aus wss. A.] (*Si., St.*).

(±)-6-Methoxy-4-phenyl-chroman-2-on, (±)-3-[2-Hydroxy-5-methoxy-phenyl]-3-phenyl-propionsäure-lacton $C_{16}H_{14}O_3$, Formel XI (R = CH_3).
B. Beim Erhitzen von (±)-6-Hydroxy-4-phenyl-chroman-2-on mit Xylol, Dimethylsulfat und Kaliumcarbonat (*Simpson, Stephen,* Soc. **1956** 1382).
Krystalle (aus Me.); F: 108°.

(±)-6-Acetoxy-4-phenyl-chroman-2-on, (±)-3-[5-Acetoxy-2-hydroxy-phenyl]-3-phenyl-propionsäure-lacton $C_{17}H_{14}O_4$, Formel XI (R = $CO-CH_3$).
B. Beim Erhitzen von (±)-6-Hydroxy-4-phenyl-chroman-2-on mit Acetanhydrid und Natriumacetat (*Simpson, Stephen,* Soc. **1956** 1382).
Krystalle (aus A.); F: 93°.

(±)-7-Hydroxy-4-phenyl-chroman-2-on, (±)-3-[2,4-Dihydroxy-phenyl]-3-phenyl-
propionsäure-2-lacton $C_{15}H_{12}O_3$, Formel XII (R = H) (H 52).
 B. Beim Erhitzen von *trans*-Zimtsäure mit Resorcin und konz. wss. Salzsäure (*Simpson, Stephen*, Soc. **1956** 1382). Aus 7-Hydroxy-4-phenyl-cumarin mit Hilfe von Natrium-Amalgam (*Clayton et al.*, Soc. **1953** 581, 584; vgl. H 52).
 F: 140° (*Cl. et al.*; *Si., St.*).

(±)-7-Methoxy-4-phenyl-chroman-2-on, (±)-3-[2-Hydroxy-4-methoxy-phenyl]-3-phenyl-
propionsäure-lacton $C_{16}H_{14}O_3$, Formel XII (R = CH_3).
 B. Beim Erhitzen eines Gemisches von *trans*-Zimtsäure und 3-Methoxy-phenol mit Schwefelsäure, Essigsäure und Toluol (*Buu-Hoi et al.*, J. org. Chem. **17** [1952] 1122, 1123) oder mit konz. wss. Salzsäure, in diesem Fall neben wenig 7-Hydroxy-4-phenyl-chroman-2-on (*Simpson, Stephen*, Soc. **1956** 1382). Beim Erhitzen von (±)-7-Hydroxy-4-phenyl-chroman-2-on mit Xylol, Dimethylsulfat und Kaliumcarbonat (*Si., St.*) oder mit Methyljodid, Kaliumcarbonat und Aceton (*Balaiah et al.*, Pr. Indian Acad. [A] **16** [1942] 68, 79).
 Krystalle, F: 112° [aus wss. Me.] (*Si., St.*), 108° [aus Me. oder A.] (*Buu-Hoi et al.*); Krystalle (aus A.) mit 0,5 Mol H_2O, F: 43—44° (*Ba. et al.*). Kp_{13}: 255—260° (*Buu-Hoi et al.*).

XI XII XIII XIV

(±)-7-Acetoxy-4-phenyl-chroman-2-on, (±)-3-[4-Acetoxy-2-hydroxy-phenyl]-3-phenyl-
propionsäure-lacton $C_{17}H_{14}O_4$, Formel XII (R = $CO-CH_3$).
 B. Beim Erhitzen von (±)-7-Hydroxy-4-phenyl-chroman-2-on mit Acetanhydrid und Pyridin (*Clayton et al.*, Soc. **1953** 581, 585).
 Krystalle; F: 89—91° [aus Me.] (*Cl. et al.*), 89° [aus wss. Me.] (*Simpson, Stephen*, Soc. **1956** 1382).

(±)-7-Benzoyloxy-4-phenyl-chroman-2-on, (±)-3-[4-Benzoyloxy-2-hydroxy-phenyl]-
3-phenyl-propionsäure-lacton $C_{22}H_{16}O_4$, Formel XII (R = $CO-C_6H_5$).
 B. Beim Behandeln von (±)-7-Hydroxy-4-phenyl-chroman-2-on mit Alkalilauge und Benzoylchlorid (*Simpson, Stephen*, Soc. **1956** 1382).
 Krystalle (aus Bzl.), F: 122°; Krystalle (aus Me.) mit 1 Mol H_2O, F: 153°.

(±)-4-[4-Methoxy-phenyl]-chroman-2-on, (±)-3-[2-Hydroxy-phenyl]-3-[4-methoxy-
phenyl]-propionsäure-lacton $C_{16}H_{14}O_3$, Formel XIII.
 B. Beim Erhitzen von 4-Methoxy-*trans*-zimtsäure mit Phenol, Schwefelsäure, Essigsäure und Toluol (*Buu-Hoi et al.*, J. org. Chem. **17** [1952] 1122, 1123).
 Krystalle (aus Me. oder A.); F: 138°. Kp_{15}: 248—250°.

8-Methoxy-5-phenyl-thiochroman-4-on $C_{16}H_{14}O_2S$, Formel XIV.
 B. Beim Behandeln von 3-[4-Methoxy-biphenyl-3-ylmercapto]-propionsäure mit Fluorwasserstoff (*Tarbell et al.*, Am. Soc. **75** [1953] 1985).
 Krystalle (aus Me.); F: 124—125°.

8-Methoxy-5-phenyl-thiochroman-4-on-[2,4-dinitro-phenylhydrazon] $C_{22}H_{18}N_4O_5S$, Formel I.
 B. Aus 8-Methoxy-5-phenyl-thiochroman-4-on und [2,4-Dinitro-phenyl]-hydrazin

(*Tarbell et al.*, Am. Soc. **75** [1953] 1985).
Krystalle (aus CHCl$_3$ + A.); F: 253—256°.

(±)-1-[4-Methoxy-phenyl]-isochroman-3-on, (±)-[2-(α-Hydroxy-4-methoxy-benzyl)-phenyl]-essigsäure-lacton C$_{16}$H$_{14}$O$_3$, Formel II.

B. Bei der Hydrierung von [2-(4-Methoxy-benzoyl)-phenyl]-essigsäure an platiniertem Raney-Nickel in alkal. Lösung und Behandlung des Reaktionsprodukts mit warmer wss. Salzsäure (*Horeau, Jacques*, Bl. **1948** 53, 57).
Krystalle (aus A.); F: 107° und (nach Wiedererstarren bei weiterem Erhitzen) F: 120°.

I   II   III

4-Hydroxy-3-phenyl-isochroman-1-on C$_{15}$H$_{12}$O$_3$.
Eine von *Wanag, Walbe* (B. **71** [1938] 1448, 1450) unter dieser Konstitution beschriebene Verbindung ist als α'-Oxo-bibenzyl-2-carbonsäure zu formulieren (*Berti*, J. org. Chem. **24** [1959] 934, 935, 938).

a) **(±)-cis-4-Hydroxy-3-phenyl-isochroman-1-on, (±)-threo-α,α'-Dihydroxy-bibenzyl-2-carbonsäure-α'-lacton** C$_{15}$H$_{12}$O$_3$, Formel III + Spiegelbild.

B. Bei 3-tägigem Behandeln von *cis*-Stilben-2-carbonsäure mit Peroxybenzoesäure in Chloroform unter Zusatz von Trichloressigsäure (*Berti*, J. org. Chem. **24** [1959] 934, 937).
Krystalle (aus Bzl.); F: 135—136° [unkorr.; Kofler-App.].
Beim Behandeln mit methanol. Kalilauge und anschliessenden Ansäuern mit wss. Salzsäure ist (*RS*)-3-[(*RS*)-α-Hydroxy-benzyl]-phthalid (F: 102—103° [S. 645]) erhalten worden.

b) **(±)-trans-4-Hydroxy-3-phenyl-isochroman-1-on, (±)-erythro-α,α'-Dihydroxy-bibenzyl-2-carbonsäure-α'-lacton** C$_{15}$H$_{12}$O$_3$, Formel IV + Spiegelbild.

B. Aus *trans*-Stilben-2-carbonsäure bei 3-tägigem Behandeln mit Peroxybenzoesäure in Chloroform unter Zusatz von Trichloressigsäure sowie beim Erwärmen mit Peroxybenzoesäure in Chloroform (*Berti*, J. org. Chem. **24** [1959] 934, 937).
Krystalle (aus Bzl.); F: 117—119° [unkorr.; Kofler-App.] und F: 125—127° [unkorr.; Kofler-App.].
Beim aufeinanderfolgenden Behandeln mit methanol. Kalilauge und mit wss. Salzsäure ist (*RS*)-3-[(*SR*)-α-Hydroxy-benzyl]-phthalid (F: 148—149° [S. 645]) erhalten worden.

2-[(Ξ)-Furfuryliden]-6-methoxy-3,4-dihydro-2H-naphthalin-1-on C$_{16}$H$_{14}$O$_3$, Formel V.

B. Beim Behandeln eines Gemisches von 6-Methoxy-3,4-dihydro-2H-naphthalin-1-on, Furfural und Äthanol mit wss. Natronlauge (*Peak et al.*, Soc. **1936** 752, 756).
Gelbliche Krystalle (aus A.); F: 104,5°.
Beim Erwärmen mit Acetessigsäure-äthylester und Natriumäthylat in Äthanol sind eine vermutlich als 1-[2]Furyl-7-methoxy-3-oxo-1,2,3,4,9,10-hexahydro-phenanthren-2-carbonsäure-äthylester zu formulierende Verbindung (F: 122°) und eine bei 138° schmelzende Substanz erhalten worden.

(±)-2-Benzyl-2-methoxy-benzofuran-3-on C$_{16}$H$_{14}$O$_3$, Formel VI.

B. Beim Erwärmen von 2'-Hydroxy-α-methoxy-*trans*(?)-chalkon (F: 52°) mit Äthanol und wss. Schwefelsäure (*Enebäck, Gripenberg*, Acta chem. scand. **11** [1957] 866, 873).
Krystalle (aus Me.); F: 50°. Absorptionsspektrum (A.; 210—400 nm): *En., Gr.*, l. c. S. 869.

IV   V   VI

*Opt.-inakt. 2-Brom-2-[α-brom-4-methoxy-benzyl]-benzofuran-3-on $C_{16}H_{12}Br_2O_3$, Formel VII (R = CH_3).
B. Beim Behandeln von 2-[(Z)-4-Methoxy-benzyliden]-benzofuran-3-on mit Brom in Chloroform (*Panse et al.*, J. Indian chem. Soc. **18** [1941] 453, 454).
F: 148° [$CHCl_3$].
Beim Behandeln einer Lösung in Äthanol mit wss. Kalilauge ist 3-Hydroxy-2-[4-methoxy-phenyl]-chromen-4-on erhalten worden.

*Opt.-inakt. 2-[4-Benzyloxy-α-brom-benzyl]-2-brom-benzofuran-3-on $C_{22}H_{16}Br_2O_3$, Formel VII (R = CH_2-C_6H_5).
B. Beim Behandeln einer Lösung von 2-[(Z)-4-Benzyloxy-benzyliden]-benzofuran-3-on mit Brom in Chloroform (*Rao, Wheeler*, Soc. **1939** 1004).
Krystalle (aus Bzl.); F: 156°.

(±)-3-Benzyl-3-hydroxy-3H-benzofuran-2-on $C_{15}H_{12}O_3$, Formel VIII (R = H).
Konstitutionszuordnung: *Chopin et al.*, C. r. **258** [1964] 6178.
B. Aus Phenylbrenztraubensäure und Phenol mit Hilfe von Aluminiumchlorid (*Molho*, Bl. **1957** 459). Aus (±)-2-Hydroxy-2-[2-hydroxy-phenyl]-3-phenyl-propionsäure beim Trocknen im Vakuum über Phosphor(V)-oxid (*Ch. et al.*).
F: 101° (*Mo.*; *Ch. et al.*). Absorptionsmaximum (A.): 278 nm (*Ch. et al.*).

VII   VIII   IX

(±)-3-Acetoxy-3-benzyl-3H-benzofuran-2-on, (±)-2-Acetoxy-2-[2-hydroxy-phenyl]-3-phenyl-propionsäure-lacton $C_{17}H_{14}O_4$, Formel VIII (R = CO-CH_3).
B. Beim Erhitzen von (±)-3-Benzyl-3-hydroxy-3H-benzofuran-2-on mit Acetanhydrid (*Molho*, Bl. **1957** 459).
F: 75°.

(±)-3-Benzyl-3-methoxy-phthalid $C_{16}H_{14}O_3$, Formel IX (R = CH_3).
Diese Konstitution kommt der früher (s. H **10** 756 sowie *Eskola et al.*, Suomen Kem. **20** B [1947] 21) als 2-Phenylacetyl-benzoesäure-methylester angesehenen Verbindung zu (*Eskola*, Suomen Kem. **30** B [1957] 12; s. a. *Creamer et al.*, Soc. **1962** 2141, 2142).
Krystalle (aus Me.); F: 112−113° (*Es. et al.*, Suomen Kem. **20** B 24).
Geschwindigkeitskonstante der Reaktion mit Natriummethylat in Methanol (Bildung von 2-Phenyl-indan-1,3-dion [Natrium-Salz]) bei 10°, 20°, 30° und 40°: *Es. et al.*, Suomen Kem. **20** B 25.

(±)-3-Äthoxy-3-benzyl-phthalid $C_{17}H_{16}O_3$, Formel IX (R = C_2H_5).
Über die Konstitution s. *Eskola*, Suomen Kem. **30** B [1957] 12.
B. Beim Behandeln eines Gemisches von 2-Phenylacetyl-benzoesäure und Äthanol mit Chlorwasserstoff (*Es.*).
Krystalle (aus A.); F: 84° (*Es.*).
Geschwindigkeitskonstante der Reaktion mit Natriumäthylat in Äthanol (Bildung

von 2-Phenyl-indan-1,3-dion [Natrium-Salz]) bei 20°, 25°, 30° und 40°: *Eskola et al.*, Suomen Kem. **30** B [1957] 57.

(±)-3-Benzyl-3-propoxy-phthalid $C_{18}H_{18}O_3$, Formel IX (R = CH_2-CH_2-CH_3).
Über die Konstitution s. *Eskola*, Suomen Kem. **30** B [1957] 12.
B. Aus 2-Phenylacetyl-benzoesäure beim Behandeln mit Propan-1-ol und mit Chlorwasserstoff (*Es.*).
Krystalle (aus Propan-1-ol); F: 105,5—106°.

(±)-3-Benzyl-3-isopropoxy-phthalid $C_{18}H_{18}O_3$, Formel IX (R = $CH(CH_3)_2$).
Über die Konstitution s. *Eskola*, Suomen Kem. **30** B [1957] 12.
B. Beim Behandeln eines Gemisches von 2-Phenylacetyl-benzoesäure und Isopropylalkohol mit Chlorwasserstoff (*Es.*).
Krystalle (aus Isopropylalkohol); F: 109—110°.

(±)-3-[4-Methoxy-benzyl]-phthalid $C_{16}H_{14}O_3$, Formel X.
B. Beim Erwärmen von (±)-α-Hydroxy-4'-methoxy-bibenzyl-2-carbonsäure mit wss. Salzsäure (*Horeau, Jacques*, Bl. **1948** 53, 56). Bei der Hydrierung von [(Ξ)-4-Methoxy-benzyliden]-phthalid (F: 148—149°) an Palladium/Kohle in Äthanol (*Gutschel et al.*, Am. Soc. **80** [1958] 5756, 5761).
Krystalle (aus A.); F: 88—89° (*Gu. et al.*), 87—88° (*Ho., Ja.*).

3-[α-Hydroxy-benzyl]-phthalid $C_{15}H_{12}O_3$.
Über die Konfiguration der beiden folgenden Stereoisomeren s. *Berti*, Tetrahedron **4** [1958] 393, 396.

a) **(RS)-3-[(RS)-α-Hydroxy-benzyl]-phthalid, (±)-*threo*-α,α'-Dihydroxy-bibenzyl-2-carbonsäure-α-lacton** $C_{15}H_{12}O_3$, Formel XI + Spiegelbild.
B. Aus *trans*-Stilben-2-carbonsäure beim Behandeln mit wss. Wasserstoffperoxid und wenig Osmium(VIII)-oxid sowie beim Behandeln einer Lösung in Äther und Pyridin mit Osmium(VIII)-oxid und Behandeln einer Lösung des Reaktionsprodukts in Dichlormethan mit D-Mannit und wss. Natronlauge (*Berti*, Tetrahedron **4** [1958] 393, 401). Beim Behandeln von *cis*-Stilben-2-carbonsäure mit Peroxybenzoesäure in Chloroform (*Berti*, J. org. Chem. **24** [1959] 934, 937). Beim Erwärmen von (±)-*cis*-4-Chlor-3-phenyl-isochroman-1-on mit äthanol. Kalilauge und Ansäuern des Reaktionsgemisches (*Be.*, Tetrahedron **4** 401).
Krystalle; F: 102—103° [unkorr.; Kofler-App.; aus Bzl.] (*Be.*, J. org. Chem. **24** 937), 102—103° [Kofler-App.; aus Bzl. + PAe.] (*Be.*, Tetrahedron **4** 401).
Beim Erhitzen auf 300° sind Benzaldehyd und Phthalid, beim Erwärmen mit Thionylchlorid ist (RS)-3-[(SR)-α-Chlor-benzyl]-phthalid erhalten worden (*Be.*, Tetrahedron **4** 402).

b) **(RS)-3-[(SR)-α-Hydroxy-benzyl]-phthalid, (±)-*erythro*-α,α'-Dihydroxy-bibenzyl-2-carbonsäure-α-lacton** $C_{15}H_{12}O_3$, Formel XII (R = H) + Spiegelbild.
B. Beim Behandeln von *cis*-Stilben-2-carbonsäure mit wss. Wasserstoffperoxid in *tert*-Butylalkohol unter Zusatz von Osmium(VIII)-oxid (*Berti*, Tetrahedron **4** [1958] 393, 401). Beim Behandeln einer Lösung von *cis*-Stilben-2-carbonsäure-methylester in Äther und Pyridin mit Osmium(VIII)-oxid und Behandeln einer Lösung des Reaktionsprodukts in Dichlormethan mit D-Mannit und wss. Natronlauge (*Be.*, Tetrahedron **4** 401). Bei der

Hydrierung des Natrium-Salzes der α,α'-Dioxo-bibenzyl-2-carbonsäure an Raney-Nickel in wss. Natronlauge und Behandlung der Reaktionslösung mit wss. Salzsäure (*V. Taipale*, Über die Einwirkung von Wasserstoffperoxyd auf die Natrium-Verbindung des 2-Phenyl-indandions-1.3 in wässriger Lösung [Helsinki 1952] S. 21, 37). Beim Erwärmen von (±)-*trans*-4-Chlor-3-phenyl-isochroman-1-on oder von (±)-*trans*-4-Brom-3-phenyl-isochroman-1-on mit äthanol. Kalilauge und Ansäuern des jeweiligen Reaktionsgemisches mit Schwefelsäure (*Be.*, Tetrahedron **4** 401).

Krystalle; F: 151—151,5° [aus Bzl.] (*Ta.*), 148—149° [unkorr.; Kofler-App.; aus Bzl.] (*Berti*, J. org. Chem. **24** [1959] 934, 937), 148—149° [Kofler-App.; aus Bzl. + PAe.] (*Be.*, Tetrahedron **4** 401).

Beim Erhitzen bis auf 360° sind Benzaldehyd und Phthalid, beim Erwärmen mit Thionylchlorid ist (*RS*)-3-[(*RS*)-α-Chlor-benzyl]-phthalid erhalten worden (*Be.*, Tetrahedron **4** 402).

(*RS*)-3-[(*SR*)-α-Acetoxy-benzyl]-phthalid $C_{17}H_{14}O_4$, Formel XII (R = CO-CH$_3$) + Spiegelbild.

B. Beim Erwärmen von (*RS*)-3-[(*SR*)-α-Hydroxy-benzyl]-phthalid mit Acetylchlorid und Pyridin (*V. Taipale*, Über die Einwirkung von Wasserstoffperoxyd auf die Natrium-verbindung des 2-Phenyl-indandions-1.3 in wässriger Lösung [Helsinki 1952] S. 38).

Krystalle (aus A.); F: 115°.

(±)-3-Methoxy-3-*o*-tolyl-phthalid $C_{16}H_{14}O_3$, Formel XIII.

B. Beim Erwärmen von 2-*o*-Toluoyl-benzoesäure mit Thionylchlorid und Behandeln des Reaktionsprodukts mit Methanol und wenig Pyridin (*Newman, McCleary*, Am. Soc. **63** [1941] 1537, 1538, 1541).

Krystalle (aus Me. + Py.); F: 69,6—70,6°.

(±)-3-[2-Hydroxy-5-methyl-phenyl]-phthalid $C_{15}H_{12}O_3$, Formel XIV.

B. Bei der Umsetzung von Phthalsäure-anhydrid mit *p*-Kresol und anschliessenden Reduktion (*Easson et al.*, Quart. J. Pharm. Pharmacol. **7** [1934] 509, 511).

F: 171°.

XIII   XIV   XV

*Opt.-inakt. Bis-[3-oxo-1-*p*-tolyl-phthalan-1-yl]-sulfid $C_{30}H_{22}O_4S$, Formel XV.

B. Aus 2-*p*-Toluoyl-benzoesäure beim Erwärmen mit Phosphor(V)-sulfid in Benzol (*O'Brochta, Lowy*, Am. Soc. **61** [1939] 2765, 2768) sowie beim Behandeln mit Thionyl-chlorid und Erwärmen des Reaktionsprodukts mit Benzol unter Einleiten von Schwefel-wasserstoff (*O'Br., Lowy*).

Krystalle; F: 212°.

Beim Erhitzen mit Silber-Folie und Cymol ist 1,1'-Di-*p*-tolyl-[1,1']biphthalanyl-3,3'-dion (F: 247—248°) erhalten worden. Bildung von 3-*p*-Tolyl-phthalid beim Erwärmen mit Essigsäure und wss. Wasserstoffperoxid: *O'Br., Lowy*.

(±)-3-Hydroxymethyl-3-phenyl-phthalid $C_{15}H_{12}O_3$, Formel I.

B. Beim Behandeln von 2-[1-Phenyl-vinyl]-benzoesäure mit Peroxybenzoesäure in Chloroform (*Berti*, J. org. Chem. **24** [1959] 934, 937, 938).

Krystalle (aus Bzl. oder aus Bzl. + PAe.); F: 123—124° [unkorr.; Kofler-App.].

(±)-3-Methoxy-7-methyl-3-phenyl-phthalid $C_{16}H_{14}O_3$, Formel II.

B. Beim Erwärmen von 2-Benzoyl-6-methyl-benzoesäure mit Thionylchlorid und Behandeln des Reaktionsprodukts mit Methanol und Pyridin (*Newman, McCleary*, Am. Soc. **63** [1941] 1537, 1538, 1541).

Krystalle (aus Me. + Py.); F: 120,6—121,6° [korr.].

(±)-3-Methoxy-4-methyl-3-phenyl-phthalid $C_{16}H_{14}O_3$, Formel III.

B. Beim Erwärmen von 2-Benzoyl-3-methyl-benzoesäure mit Thionylchlorid und Behandeln des Reaktionsprodukts mit Methanol und Pyridin (*Newman, McCleary*, Am. Soc. **63** [1941] 1537, 1538, 1541).

Krystalle (aus Me. + Py.); F: 124,4—125,4° [korr.].

9-[2-Phenylimino-äthyl]-xanthylium $[C_{21}H_{16}NO]^+$, Formel IV (X = H), und 9-[2-Anilinovinyl]-xanthylium $[C_{21}H_{16}NO]^+$, Formel V (X = H).

Perchlorat $[C_{21}H_{16}NO]ClO_4$. B. Beim Erwärmen von Xanthen-9-yliden-acetaldehyd mit Anilin, Äthanol und wss. Perchlorsäure (*Wizinger, Arni*, B. **92** [1959] 2309, 2317). — Rote Krystalle (aus Eg.). Absorptionsmaximum (Eg.): 454 nm.

9-[2-(4-Dimethylamino-phenylimino)-äthyl]-xanthylium $[C_{23}H_{21}N_2O]^+$, Formel IV (X = $N(CH_3)_2$), und 9-[2-(4-Dimethylamino-anilino)-vinyl]-xanthylium $[C_{23}H_{21}N_2O]^+$, Formel V (X = $N(CH_3)_2$).

Perchlorat $[C_{23}H_{21}N_2O]ClO_4$. B. Beim Erwärmen von Xanthen-9-yliden-acetaldehyd mit N,N-Dimethyl-p-phenylendiamin, Äthanol und wss. Perchlorsäure (*Wizinger, Arni*, B. **92** [1959] 2309, 2317). — Schwarzgrüne Krystalle; F: 221—222°. Absorptionsmaximum (Eg.): 580 nm.

1-Hydroxy-3,5-dimethyl-xanthen-9-on $C_{15}H_{12}O_3$, Formel VI (R = H) (H 55; E II 36).

B. Beim Erwärmen von 2-Hydroxy-3-methyl-benzoesäure mit 5-Methyl-resorcin, Zinkchlorid und Phosphorylchlorid (*Kane et al.*, J. scient. ind. Res. India **18B** [1959] 28, 30, 31; vgl. H 55).

Krystalle (aus A.); F: 149—150° (*Kane et al.*, l. c. S. 31).

Überführung in 1,4-Dihydroxy-3,5-dimethyl-xanthen-9-on mit Hilfe von wss. Kaliumperoxodisulfat-Lösung: *Kane et al.*, J. scient. ind. Res. India **18**B [1959] 75.

1-Methoxy-3,5-dimethyl-xanthen-9-on $C_{16}H_{14}O_3$, Formel VI (R = CH_3).

B. Beim Behandeln von 1-Hydroxy-3,5-dimethyl-xanthen-9-on mit Dimethylsulfat, Aceton und Kaliumcarbonat (*Kane et al.*, J. scient. ind. Res. India **18** B [1959] 28, 30, 31).

Krystalle (aus A.); F: 191—192°.

1-Acetoxy-3,5-dimethyl-xanthen-9-on $C_{17}H_{14}O_4$, Formel VI (R = $CO-CH_3$).

B. Beim Erhitzen von 1-Hydroxy-3,5-dimethyl-xanthen-9-on mit Acetanhydrid und

Natriumacetat (*Kane et al.*, J. scient. ind. Res. India **18**B [1959] 28, 30, 31).
Krystalle (aus A.); F: 133—134°.

1-Hydroxy-3,6-dimethyl-xanthen-9-on $C_{15}H_{12}O_3$, Formel VII (R = H) (H 55).
B. Beim Erwärmen von 2-Hydroxy-4-methyl-benzoesäure mit 5-Methyl-resorcin, Zinkchlorid und Phosphorylchlorid (*Kane et al.*, J. scient. ind. Res. India **18**B [1959] 28, 30, 31; vgl. H 55).
Krystalle; F: 148—149° [aus A.] (*Kane*, l. c. S. 31).
Überführung in 1,4-Dihydroxy-3,6-dimethyl-xanthen-9-on mit Hilfe von wss. Kalium=peroxodisulfat-Lösung: *Kane et al.*, J. scient. ind. Res. India **18**B [1959] 75.

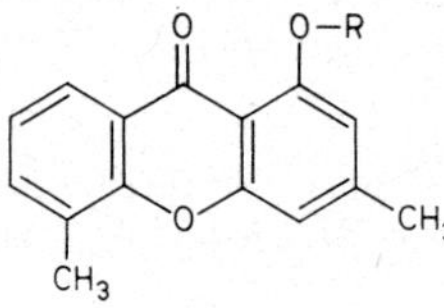

VI 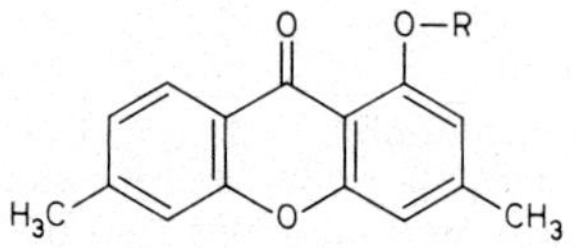   VII 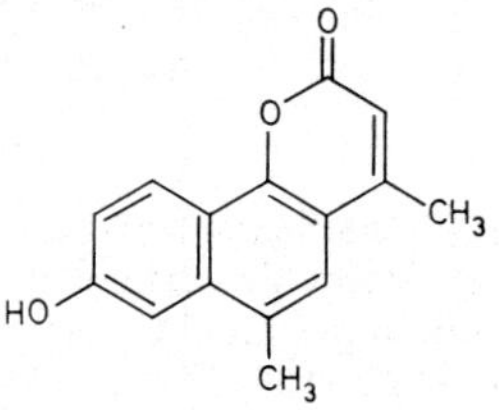   VIII

1-Methoxy-3,6-dimethyl-xanthen-9-on $C_{16}H_{14}O_3$, Formel VII (R = CH_3).
B. Beim Behandeln von 1-Hydroxy-3,6-dimethyl-xanthen-9-on mit Dimethylsulfat, Aceton und Kaliumcarbonat (*Kane et al.*, J. scient. ind. Res. India **18**B [1959] 28, 30, 31).
Krystalle (aus A.); F: 174—175°.

1-Acetoxy-3,6-dimethyl-xanthen-9-on $C_{17}H_{14}O_4$, Formel VII (R = CO-CH_3).
B. Beim Erhitzen von 1-Hydroxy-3,6-dimethyl-xanthen-9-on mit Acetanhydrid und Natriumacetat (*Kane et al.*, J. scient. ind. Res. India **18**B [1959] 28, 30, 31).
Krystalle (aus A.); F: 151—152°.

8-Hydroxy-4,6-dimethyl-benzo[*h*]chromen-2-on, 3-[1,6-Dihydroxy-4-methyl-[2]naphthyl]-*trans*-crotonsäure-1-lacton $C_{15}H_{12}O_3$, Formel VIII.
B. Beim Behandeln eines Gemisches von 4-Methyl-naphthalin-1,6-diol, Acetessigsäure-äthylester und Äthanol mit Chlorwasserstoff (*Buu-Hoï, Lavit*, Soc. **1956** 1743, 1747).
Gelbliche Krystalle (aus Nitrobenzol); F: 323°.

9-Hydroxy-4,6-dimethyl-benzo[*h*]chromen-2-on, 3-[1,7-Dihydroxy-4-methyl-[2]naphthyl]-*trans*-crotonsäure-1-lacton $C_{15}H_{12}O_3$, Formel IX.
B. Beim Behandeln eines Gemisches von 4-Methyl-naphthalin-1,7-diol, Acetessigsäure-äthylester und Äthanol mit Chlorwasserstoff (*Buu-Hoï, Lavit*, Soc. **1956** 1743, 1747).
Gelbliche Krystalle (aus Nitrobenzol); F: 321°.

3-Hydroxy-1,9-dimethyl-benzo[*c*]chromen-6-on, 2′,4′-Dihydroxy-5,6′-dimethyl-biphenyl-2-carbonsäure-2′-lacton $C_{15}H_{12}O_3$, Formel X (R = H).
B. Beim Erwärmen von 2-Brom-4-methyl-benzoesäure mit 5-Methyl-resorcin, wss. Natronlauge und wss. Kupfer(II)-sulfat-Lösung (*Adams et al.*, Am. Soc. **62** [1940] 2197, 2199).
Krystalle (aus Pentan-1-ol oder Eg.); F: 311° [Block].

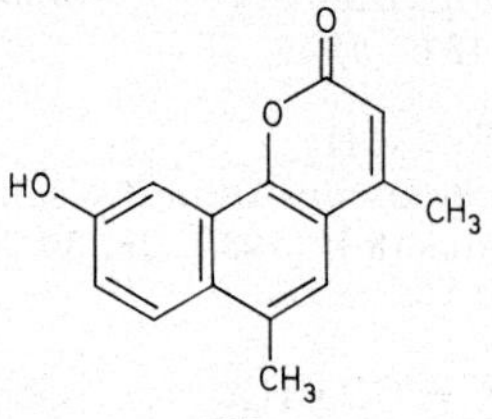

IX 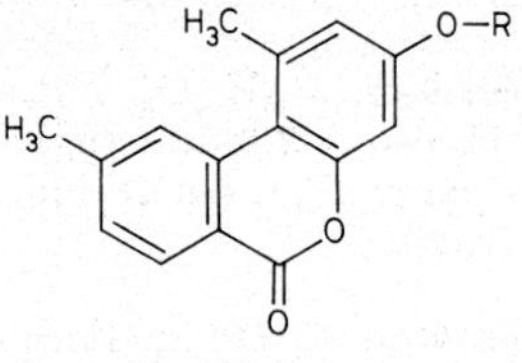   X 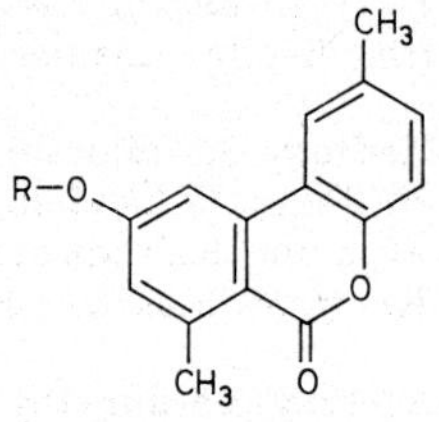   XI

3-Acetoxy-1,9-dimethyl-benzo[c]chromen-6-on, 4'-Acetoxy-2'-hydroxy-5,6'-dimethyl-biphenyl-2-carbonsäure-lacton $C_{17}H_{14}O_4$, Formel X (R = CO-CH$_3$).
B. Beim Erhitzen von 3-Hydroxy-1,9-dimethyl-benzo[c]chromen-6-on mit Acetanhydrid (*Adams et al.*, Am. Soc. **62** [1940] 2197, 2199).
Krystalle (aus Eg.); F: 175—176° [korr.].

9-Hydroxy-2,7-dimethyl-benzo[c]chromen-6-on, 5,2'-Dihydroxy-3,5'-dimethyl-biphenyl-2-carbonsäure-2'-lacton $C_{15}H_{12}O_3$, Formel XI (R = H).
B. Neben 3-Hydroxy-5-methoxy-1,8-dimethyl-fluoren-9-on beim Erwärmen von 5-Hydroxy-2'-methoxy-3,5'-dimethyl-biphenyl-2-carbonsäure (E III **10** 1969) mit Schwefelsäure (*Gogte*, J. Univ. Bombay **8**, Tl. 3 [1939] 208, 217, **9**, Tl. 3 [1940] 127, 131).
Krystalle (aus E.); F: 194° (*Go.*, J. Univ. Bombay **8** 217).

9-Acetoxy-2,7-dimethyl-benzo[c]chromen-6-on, 5-Acetoxy-2'-hydroxy-3,5'-dimethyl-biphenyl-2-carbonsäure-lacton $C_{17}H_{14}O_4$, Formel XI (R = CO-CH$_3$).
B. Beim Erwärmen von 9-Hydroxy-2,7-dimethyl-benzo[c]chromen-6-on mit Acetanhydrid und Natriumacetat (*Gogte*, J. Univ. Bombay **8**, Tl. 3 [1939] 208, 217).
Krystalle (aus Me.); F: 163°.

3-Acetyl-2-methyl-naphtho[1,2-b]furan-5-ol, 1-[5-Hydroxy-2-methyl-naphtho[1,2-b]furan-3-yl]-äthanon $C_{15}H_{12}O_3$, Formel XII (R = H).
B. Beim Erwärmen von [1,4]Naphthochinon mit Pentan-2,4-dion, Zinkchlorid und Äthanol bzw. Methanol (*Ebine*, Sci. Rep. Saitama Univ. [A] **1** [1953] 95, 98; *Grinew et al.*, Ž. obšč. Chim. **29** [1959] 945, 948; engl. Ausg. S. 927, 929; *Bernatek*, Acta chem. scand. **10** [1956] 273, 277).
Krystalle; F: 268° [Zers.; aus Py. oder Eg.] (*Eb.*), 263—264° [aus Dioxan] (*Grinew et al.*, Ž. obšč. Chim. **30** [1960] 2311, 2313; engl. Ausg. S. 2291, 2292), 262° [aus Eg.] (*Be.*).
Beim Erwärmen mit Kaliumdichromat und wss. Schwefelsäure ist eine wahrscheinlich als 3-Acetyl-2-methyl-naphtho[1,2-b]furan-4,5-chinon zu formulierende Verbindung $C_{15}H_{10}O_4$ (rote Krystalle [aus Acn.]) erhalten worden (*Eb.*). Reaktion mit Phenylmagnesiumbromid in Äther und Toluol unter Bildung von 1-[5-Hydroxy-2-methyl-naphtho[1,2-b]furan-3-yl]-1-phenyl-äthanol ($C_{21}H_{18}O_3$; Krystalle [aus wss. Acn.]): *Be.*

5-Acetoxy-3-acetyl-2-methyl-naphtho[1,2-b]furan, 1-[5-Acetoxy-2-methyl-naphtho[1,2-b]furan-3-yl]-äthanon $C_{17}H_{14}O_4$, Formel XII (R = CO-CH$_3$).
B. Beim Erwärmen von 1-[5-Hydroxy-2-methyl-naphtho[1,2-b]furan-3-yl]-äthanon mit Acetylchlorid (*Bernatek*, Acta chem. scand. **10** [1956] 273, 277) oder mit Acetanhydrid und wenig Schwefelsäure (*Ebine*, Sci. Rep. Saitama Univ. [A] **1** [1953] 95, 98).
Krystalle; F: 155° [aus Bzl. oder A.] (*Eb.*), 152,5—153,5° [aus Bzl.] (*Be.*).

XII   XIII   XIV

1-[5-Hydroxy-2-methyl-naphtho[1,2-b]furan-3-yl]-äthanon-[2,4-dinitro-phenyl-hydrazon] $C_{21}H_{16}N_4O_6$, Formel XIII (X = NH-C$_6$H$_3$(NO$_2$)$_2$).
B. Aus 1-[5-Hydroxy-2-methyl-naphtho[1,2-b]furan-3-yl]-äthanon und [2,4-Dinitrophenyl]-hydrazin (*Bernatek*, Acta chem. scand. **10** [1956] 273, 277).
Krystalle (aus Eg.); F: 271—272°.

2-Methoxy-3-propionyl-dibenzofuran, 1-[2-Methoxy-dibenzofuran-3-yl]-propan-1-on $C_{16}H_{14}O_3$, Formel XIV.
B. Beim Behandeln einer Lösung von 2-Methoxy-dibenzofuran und Propionylchlorid

in Nitrobenzol mit Aluminiumchlorid (*Routier et al.*, Soc. **1956** 4276, 4278).
Krystalle (aus Cyclohexan); F: 123°. Kp_{12}: 238°.

Hydroxy-oxo-Verbindungen $C_{16}H_{14}O_3$

(±)-5-[4-Methoxy-biphenyl-3-yl]-dihydro-furan-2-on, (±)-4-Hydroxy-4-[4-methoxy-biphenyl-3-yl]-buttersäure-lacton $C_{17}H_{16}O_3$, Formel I (R = CH_3).
B. Beim Hydrieren des Kalium-Salzes der 4-[4-Methoxy-biphenyl-3-yl]-4-oxo-buttersäure an Raney-Nickel in wss. Kalilauge und Erwärmen der Reaktionslösung mit wss. Schwefelsäure (*Genge, Trivedi,* J. Indian chem. Soc. **34** [1957] 801). Beim Erwärmen von 4-[4-Methoxy-biphenyl-3-yl]-4-oxo-buttersäure-äthylester mit Aluminiumisopropylat in Isopropylalkohol, Behandeln der Reaktionslösung mit wss. Salzsäure, anschliessenden Erwärmen mit wss.-äthanol. Natronlauge und erneuten Erwärmen mit wss. Schwefelsäure (*Ge., Tr.*).
Krystalle (aus Bzl. + PAe.); F: 100°.

(±)-5-[4-Äthoxy-biphenyl-3-yl]-dihydro-furan-2-on, (±)-4-[4-Äthoxy-biphenyl-3-yl]-4-hydroxy-buttersäure-lacton $C_{18}H_{18}O_3$, Formel I (R = C_2H_5).
B. Beim Hydrieren des Kalium-Salzes der 4-[4-Äthoxy-biphenyl-3-yl]-4-oxo-buttersäure an Raney-Nickel in wss. Kalilauge und Erwärmen der Reaktionslösung mit wss. Schwefelsäure (*Genge, Trivedi,* J. Indian chem. Soc. **34** [1957] 801).
F: 130°.

(±)-5-[4-Propoxy-biphenyl-3-yl]-dihydro-furan-2-on, (±)-4-Hydroxy-4-[4-propoxy-biphenyl-3-yl]-buttersäure-lacton $C_{19}H_{20}O_3$, Formel I (R = CH_2-CH_2-CH_3).
B. Beim Hydrieren des Kalium-Salzes der 4-Oxo-4-[4-propoxy-biphenyl-3-yl]-buttersäure an Raney-Nickel in wss. Kalilauge und Erwärmen der Reaktionslösung mit wss. Schwefelsäure (*Genge, Trivedi,* J. Indian chem. Soc. **34** [1957] 801).
F: 124°.

(±)-5-[4-Butoxy-biphenyl-3-yl]-dihydro-furan-2-on, (±)-4-[4-Butoxy-biphenyl-3-yl]-4-hydroxy-buttersäure-lacton $C_{20}H_{22}O_3$, Formel I (R = $[CH_2]_3$-CH_3).
B. Beim Hydrieren des Kalium-Salzes der 4-[4-Butoxy-biphenyl-3-yl]-4-oxo-buttersäure an Raney-Nickel in wss. Kalilauge und Erwärmen der Reaktionslösung mit wss. Schwefelsäure (*Genge, Trivedi,* J. Indian chem. Soc. **34** [1957] 801).
F: 137°.

I II III IV

(±)-5-[4-Pentyloxy-biphenyl-3-yl]-dihydro-furan-2-on, (±)-4-Hydroxy-4-[4-pentyloxy-biphenyl-3-yl]-buttersäure-lacton $C_{21}H_{24}O_3$, Formel I (R = $[CH_2]_4$-CH_3).
B. Beim Hydrieren des Kalium-Salzes der 4-Oxo-4-[4-pentyloxy-biphenyl-3-yl]-buttersäure an Raney-Nickel in wss. Kalilauge und Erwärmen der Reaktionslösung mit wss. Schwefelsäure (*Genge, Trivedi,* J. Indian chem. Soc. **34** [1957] 801).
F: 134°.

(±)-3-Hydroxy-5,5-diphenyl-dihydro-furan-2-on, (±)-2,4-Dihydroxy-4,4-diphenyl-buttersäure-4-lacton $C_{16}H_{14}O_3$, Formel II (R = H).
Diese Konstitution kommt der nachstehend beschriebenen, ursprünglich (*Achmatowicz, Leplawy*, Bl. Acad. polon. [III] **3** [1955] 547, 549) als 5-Hydroxy-4,4-diphenyl-dihydro-furan-2-on angesehenen Verbindung zu (*Achmatowicz, Leplawy*, Roczniki Chem. **33** [1959] 1349, 1352; C. A. **1960** 13056; Bl. Acad. polon. Ser. chim. **6** [1958] 409, 412).

B. Beim Erwärmen von (±)-4,4,4-Trichlor-1,1-diphenyl-butan-1,3-diol mit wss. Natron=
lauge und Ansäuern der Reaktionslösung mit Schwefelsäure (*Boyle et al.*, B. **70** [1937]
2153, 2160). Beim Erhitzen von (±)-3-Hydroxy-2-oxo-5,5-diphenyl-tetrahydro-furan-
3-carbonsäure unter Stickstoff (*Ach.*, *Le.*, Roczniki Chem. **33** 1363; Bl. Acad. polon.
Ser. chim. **6** 412).
Krystalle; F: 110° [aus Bzl. + PAe.] (*Bo. et al.*), 108,5—110,5° [aus Hexan + Ae.]
(*Ach.*, *Le.*, Roczniki Chem. **33** 1363).

(±)-3-Acetoxy-5,5-diphenyl-dihydro-furan-2-on, (±)-2-Acetoxy-4-hydroxy-4,4-diphenyl-
buttersäure-lacton $C_{18}H_{16}O_4$, Formel II (R = CO-CH$_3$).
B. Beim Erwärmen von (±)-3-Hydroxy-5,5-diphenyl-dihydro-furan-2-on mit Acetyl=
chlorid (*Achmatowicz*, *Leplawy*, Roczniki Chem. **33** [1959] 1349, 1364; C. A. **1960** 13056).
Krystalle (aus Me.); F: 64,5—67° (*Achmatowicz*, *Leplawy*, Bl. Acad. polon. Ser. chim.
6 [1958] 409, 412; Roczniki Chem. **33** 1364).

(±)-5-[2-Methoxy-phenyl]-5-phenyl-dihydro-furan-2-on, (±)-4-Hydroxy-4-[2-methoxy-
phenyl]-4-phenyl-buttersäure-lacton $C_{17}H_{16}O_3$, Formel III.
B. Beim Behandeln von 4-[2-Methoxy-phenyl]-4-oxo-buttersäure mit Phenylmagne=
siumjodid in Äther und Benzol und anschliessend mit wss. Schwefelsäure (*Baddar et al.*,
Soc. **1955** 456, 460). Beim Behandeln von 4-Oxo-4-phenyl-buttersäure mit 2-Methoxy-
phenylmagnesium-jodid in Äther und Benzol und anschliessend mit wss. Schwefelsäure
(*Ba. et al.*).
F: 73—74°.

*Opt.-inakt. 3-Hydroxy-4,5-diphenyl-dihydro-furan-2-on, 2,4-Dihydroxy-3,4-diphenyl-
buttersäure-4-lacton $C_{16}H_{14}O_3$, Formel IV (R = H) (vgl. H 56).
B. Beim Erwärmen einer Lösung von opt.-inakt. 3-Benzoyloxy-4,5-diphenyl-dihydro-
furan-2-on (F: 128°) in Dichlormethan mit wss.-äthanol. Natronlauge (*Yates*, *Weisbach*,
Chem. and Ind. **1957** 1482; Am. Soc. **85** [1963] 2943, 2949).
Krystalle (aus CHCl$_3$); F: 183,5—184,5° [unkorr.].

*Opt.-inakt. 3-Benzoyloxy-4,5-diphenyl-dihydro-furan-2-on, 2-Benzoyloxy-4-hydroxy-
3,4-diphenyl-buttersäure-lacton $C_{23}H_{18}O_4$, Formel IV (R = CO-C$_6$H$_5$).
B. Beim Behandeln von opt.-inakt. 2-Benzoyl-3-benzoyloxy-4,5-diphenyl-tetrahydro-
furan-2-ol (F: 193° [Syst. Nr. 905]) mit Blei(IV)-acetat in Essigsäure und Methanol
(*Yates*, *Weisbach*, Chem. and Ind. **1957** 1482; Am. Soc. **85** [1963] 2943, 2949).
Krystalle (aus Hexan); F: 127,5—128° [unkorr.]. Absorptionsmaximum (A.): 233 nm.

5-Acetoxy-4-brom-3,5-diphenyl-dihydro-furan-2-on, 4-Acetoxy-3-brom-4-hydroxy-
2,4-diphenyl-buttersäure-lacton $C_{18}H_{15}BrO_4$, Formel V.
a) Opt.-inakt. Stereoisomeres vom F: 145°.
B. Beim Behandeln von opt.-inakt. 3-Brom-4-oxo-2,4-diphenyl-buttersäure vom F:
208° mit Acetanhydrid und wenig Schwefelsäure (*Kohler et al.*, Am. Soc. **56** [1934]
2000, 2003). Beim Erhitzen des unter b) beschriebenen Stereoisomeren mit Essigsäure,
Acetanhydrid und wenig Natriumacetat (*Ko. et al.*, l. c. S. 2004).
Krystalle (aus Eg. + Acetanhydrid); F: 145°.
Beim Erhitzen mit Essigsäure und Natriumacetat sind 4-Acetoxy-4-hydroxy-2,4-di=
phenyl-*cis*-crotonsäure-lacton (Hauptprodukt) und 3-Brom-4-hydroxy-2,4-diphenyl-*cis*-
crotonsäure-lacton erhalten worden.

b) Opt.-inakt. Stereoisomeres vom F: 110°.
B. Beim Behandeln von opt.-inakt. 3-Brom-4-oxo-2,4-diphenyl-buttersäure vom F:
185° mit Acetanhydrid und wenig Schwefelsäure (*Kohler et al.*, Am. Soc. **56** [1934]
2000, 2004).
Krystalle (aus Ae. + PAe.); F: 110°.
Beim Erhitzen mit Essigsäure, Acetanhydrid und wenig Natriumacetat erfolgt Um-
wandlung in das unter a) beschriebene Stereoisomere.

Opt.-inakt. 4-Acetoxy-3,5-diphenyl-dihydro-furan-2-on, 3-Acetoxy-4-hydroxy-2,4-diphenyl-buttersäure-lacton $C_{18}H_{16}O_4$, Formel VI.

B. Bei der Hydrierung von (±)-3-Acetoxy-4-hydroxy-2,4-diphenyl-*cis*-crotonsäurelacton an Platin in Essigsäure und Acetanhydrid (*Kohler et al.*, Am. Soc. **56** [1934] 2000, 2006).

Krystalle (aus Acn. + PAe.); F: 165°.

V   VI   VII

Opt.-inakt. 5-[4-Methoxy-phenyl]-3-phenyl-dihydro-furan-2-on, 4-Hydroxy-4-[4-methoxy-phenyl]-2-phenyl-buttersäure-lacton $C_{17}H_{16}O_3$, Formel VII.

B. Beim Behandeln von (±)-4-[4-Methoxy-phenyl]-4-oxo-2-phenyl-buttersäure-methylester mit Kaliumboranat in wss. Äthanol und anschliessenden Ansäuern mit wss. Salzsäure (*Davey, Tivey*, Soc. **1958** 1230, 1235).

Krystalle (aus A.); F: 77°.

(±)-3-Hydroxy-4,4-diphenyl-dihydro-furan-2-on, (±)-2,4-Dihydroxy-3,3-diphenyl-buttersäure-4-lacton $C_{16}H_{14}O_3$, Formel VIII.

B. Beim Behandeln einer Suspension von 3-Hydroxy-2,2-diphenyl-propionaldehyd in Äther mit Cyanwasserstoff und wenig Piperidin und Erhitzen des Reaktionsprodukts mit konz. wss. Salzsäure (*Barnett et al.*, Soc. **1944** 94).

Krystalle (aus Bzl.) vom F: 175—176° [unkorr.] sowie Krystalle (aus Bzl.) vom F: 141° [unkorr.]. Die beiden Modifikationen lassen sich nicht ineinander überführen.

VIII   IX   X

Opt.-inakt. 2,3-Epoxy-1-[2-methoxy-5-methyl-phenyl]-3-phenyl-propan-1-on $C_{17}H_{16}O_3$, Formel IX.

B. Beim Behandeln von 2-Chlor-1-[2-methoxy-5-methyl-phenyl]-äthanon (*Pendse, Limaye*, Rasayanam **2** [1955] 74, 79) oder von 2-Brom-1-[2-methoxy-5-methyl-phenyl]-äthanon (*Pendse, Limaye*, Rasayanam **2** [1955] 80, 83) mit Benzaldehyd, Äthanol und wss. Natronlauge. Beim Behandeln einer Suspension von 2'-Methoxy-5'-methyl-chalkon (E II **8** 226) in Äthanol mit wss. Wasserstoffperoxid und wss. Natronlauge (*Pe., Li.*, l. c. S. 79).

Krystalle (aus A.); F: 133°.

Opt.-inakt. 2,3-Epoxy-3-[4-methoxy-phenyl]-1-*p*-tolyl-propan-1-on $C_{17}H_{16}O_3$, Formel X.

B. Beim Behandeln einer Lösung von 4-Methoxy-4'-methyl-chalkon (F: 98° [E III **8** 1491]) in Äthanol und Aceton mit wss. Wasserstoffperoxid und wss. Natronlauge (*Hutchins et al.*, Soc. **1938** 1882, 1883).

Krystalle (aus A. + Acn.); F: 109—110°.

Bei kurzem Erwärmen (½ min) einer äthanol. Lösung mit wss. Natronlauge und kurzem Erwärmen (1 min) des Reaktionsprodukts mit *o*-Phenylendiamin in Äthanol ist 2-[4-Methoxy-benzyl]-3-*p*-tolyl-chinoxalin, bei 4-stdg. Erwärmen einer äthanol. Lösung mit wss. Natronlauge ist 2-Hydroxy-3-[4-methoxy-phenyl]-2-*p*-tolyl-propionsäure erhalten worden. Bildung von 3-Acetoxy-2-hydroxy-3-[4-methoxy-phenyl]-1-*p*-tolyl-propan-1-on (F: 103—105°) beim Erhitzen mit Essigsäure: *Hu. et al.* Reaktion mit Hydrazin in äthanol. Lösung unter Bildung von 5-[4-Methoxy-phenyl]-3-*p*-tolyl-Δ^2-pyrazolin-4-ol (F: 168°): *Hu. et al.*

(±)-3-Benzyl-3-hydroxy-chroman-4-on $C_{16}H_{14}O_3$, Formel XI.
Die Identität eines von *Pfeiffer et al.* (A. **564** [1949] 208, 212, 215) mit Vorbehalt unter dieser Konstitution beschriebenen, beim Erhitzen von opt.-inakt. 3-Benzylchroman-4-ol (F: 127°) mit Phosphorsäure und Erwärmen des Reaktionsprodukts mit Chrom(VI)-oxid in Essigsäure erhaltenen Präparats (Krystalle [aus Bzn.]; F: 90°) ist nach *Dann, Hofmann* (B. **96** [1963] 320, 323 Anm. 16) ungewiss.
B. Bei der Hydrierung von opt.-inakt. 3'-Phenyl-spiro[chroman-3,2'-oxiran]-4-on (F: 128,5—130°) an Palladium/Bariumsulfat in Methanol (*Dann, Ho.*, B. **96** 323; s. a. *Dann, Hofmann*, Naturwiss. **44** [1957] 559).
Krystalle (aus wss. Me.); F: 87—87,5°; Absorptionsmaxima (Me.): 252 nm und 321 nm (*Dann, Ho.*, B. **96** 323; Naturwiss. **44** 559).
Beim Erwärmen mit Aluminiumisopropylat und Isopropylalkohol ist 3-Benzyl-chroman-3*r*,4*t*-diol erhalten worden (*Dann, Ho.*, B. **96** 326; s. a. *Dann, Ho.*, Naturwiss. **44** 559).

(±)-3-[3-Methoxy-benzyl]-chroman-4-on $C_{17}H_{16}O_3$, Formel XII.
B. Bei der Hydrierung von 3-[(*E*)-3-Methoxy-benzyliden]-chroman-4-on (S. 737) in Essigsäure an Palladium/Bariumsulfat (*Pfeiffer, Döring*, B. **71** [1938] 279, 284).
Krystalle (aus Me.); F: 58—59°.

(±)-3-[4-Methoxy-benzyl]-chroman-4-on $C_{17}H_{16}O_3$, Formel XIII.
B. Bei der Hydrierung von 3-[(*E*)-4-Methoxy-benzyliden]-chroman-4-on (S. 737) an Raney-Nickel in Äthanol oder an Palladium in Essigsäure unter Belichtung (*Pfeiffer et al.*, A. **564** [1949] 208, 217, 218).
Krystalle (aus A.); F: 99°.

(±)-3-[4-Methoxy-benzyl]-chroman-4-on-oxim $C_{17}H_{17}NO_3$, Formel I.
B. Aus (±)-3-[4-Methoxy-benzyl]-chroman-4-on und Hydroxylamin (*Pfeiffer et al.*, A. **564** [1949] 208, 217).
Krystalle (aus Bzn.); F: 187°.

(±)-7-Hydroxy-2-*o*-tolyl-chroman-4-on $C_{16}H_{14}O_3$, Formel II.
B. Beim Erwärmen von 2',4'-Dihydroxy-2-methyl-*trans*(?)-chalkon (F: 180—181°) mit wss.-äthanol. Schwefelsäure (*Dhar, Lal*, J. org. Chem. **23** [1958] 1159).
Krystalle (aus A.); F: 212° [unkorr.].

(±)-7-Hydroxy-2-*m*-tolyl-chroman-4-on $C_{16}H_{14}O_3$, Formel III.

B. Beim Erwärmen von 2',4'-Dihydroxy-3-methyl-*trans*(?)-chalkon (F: 135°) mit wss.-äthanol. Schwefelsäure (*Dhar, Lal,* J. org. Chem. **23** [1958] 1159).
Krystalle (aus Bzl. + PAe.); F: 146—147° [unkorr.].

(±)-6-Hydroxy-2-*p*-tolyl-chroman-4-on $C_{16}H_{14}O_3$, Formel IV.

B. Beim Erwärmen einer Lösung von 2',5'-Dihydroxy-4-methyl-*trans*(?)-chalkon (F: 191°) in Äthanol mit wss. Salzsäure (*Fujise et al.,* J. chem. Soc. Japan Pure Chem. Sect. **75** [1954] 431, 436; C. A. **1957** 11340).
Krystalle (aus A.); F: 199°.

(±)-7-Hydroxy-2-*p*-tolyl-chroman-4-on $C_{16}H_{14}O_3$, Formel V.

B. Beim Erwärmen von 2',4'-Dihydroxy-4-methyl-*trans*(?)-chalkon (F: 153—154°) mit wss.-äthanol. Schwefelsäure (*Dhar, Lal,* J. org. Chem. **23** [1958] 1159).
Krystalle (aus A.); F: 170—171° [unkorr.].

(±)-7-Hydroxy-2-methyl-2-phenyl-chroman-4-on $C_{16}H_{14}O_3$, Formel VI (R = H).

B. Beim Behandeln einer Lösung von 3-Phenyl-*cis*-crotonoylchlorid und Resorcin in Nitrobenzol mit Aluminiumchlorid (*Hishida,* J. chem. Soc. Japan Pure Chem. Sect. **76** [1955] 204, 208; C. A. **1957** 17902).
Krystalle (aus Eg.); F: 185—186°. UV-Spektrum (220—350 nm): *Hi.*

(±)-7-Acetoxy-2-methyl-2-phenyl-chroman-4-on $C_{18}H_{16}O_4$, Formel VI (R = CO-CH₃).

B. Beim Behandeln von (±)-7-Hydroxy-2-methyl-2-phenyl-chroman-4-on mit Acetanhydrid und wenig Schwefelsäure (*Hishida,* J. chem. Soc. Japan Pure Chem. Sect. **76** [1955] 204, 208; C. A. **1957** 17902).
Krystalle (aus Me.); F: 161,5—162,5°.

7-Hydroxy-3-methyl-2-phenyl-chroman-4-on $C_{16}H_{14}O_3$, Formel VII (R = H).

a) Opt.-inakt. Stereoisomeres vom F: 194°.

B. Beim Erhitzen von 1-[2,4-Dihydroxy-phenyl]-2-methyl-3*t*(?)-phenyl-propenon (F: 131,5—132°) unter 7 Torr auf 250° (*Suzuki,* J. chem. Soc. Japan Pure Chem. Sect. **76** [1955] 1389, 1391; C. A. **1957** 17903; Sci. Rep. Tohoku Univ. [I] **39** [1956] 182, 184).
Krystalle (aus Eg.); F: 193,5—194,5°. UV-Spektrum (Me.; 200—350 nm): *Su.*

b) Opt.-inakt. Stereoisomeres vom F: 161°.

B. Beim Erwärmen von 1-[2,4-Dihydroxy-phenyl]-2-methyl-3*t*(?)-phenyl-propenon (F: 131,5—132°) mit wss.-äthanol. Salzsäure (*Suzuki,* J. chem. Soc. Japan Pure Chem. Sect. **76** [1955] 1389, 1391; C. A. **1957** 17903; Sci. Rep. Tohoku Univ. [I] **39** [1956] 182, 184).
Krystalle (aus wss. A.); F: 160—161°. UV-Spektrum (Me.; 200—350 nm): *Su.*
Beim Erhitzen unter 0,05 Torr auf 180° sind kleine Mengen des unter a) beschriebenen Stereoisomeren erhalten worden.

7-Acetoxy-3-methyl-2-phenyl-chroman-4-on $C_{18}H_{16}O_4$, Formel VII (R = CO-CH₃).

a) Opt.-inakt. Stereoisomeres vom F: 75°.

B. Beim Behandeln von opt.-inakt. 7-Hydroxy-3-methyl-2-phenyl-chroman-4-on vom F: 194° (s. o.) mit Acetanhydrid und wenig Pyridin (*Suzuki,* J. chem. Soc. Japan Pure

Chem. Sect. **76** [1955] 1389, 1391; C. A. **1957** 17903; Sci. Rep. Tohoku Univ. [I] **39** [1956] 182, 184).
F: 75—75,5°.

b) Opt.-inakt. Stereoisomeres vom F: 90°.
B. Beim Behandeln von opt.-inakt. 7-Hydroxy-3-methyl-2-phenyl-chroman-4-on vom F: 161° (S. 654) mit Acetanhydrid und wenig Pyridin (*Suzuki*, J. chem. Soc. Japan Pure Chem. Sect. **76** [1955] 1389, 1391; C. A. **1957** 17903; Sci. Rep. Tohoku Univ. [I] **39** [1956] 182, 184).
F: 89,5—90°.

(±)-7-Hydroxy-5-methyl-2-phenyl-chroman-4-on $C_{16}H_{14}O_3$, Formel VIII (R = H).
B. Beim Behandeln einer Lösung von 1-[2,4-Dihydroxy-6-methyl-phenyl]-äthanon und Benzaldehyd in Methanol bzw. in Äthanol mit wss. Kalilauge und Ansäuern der Reaktionslösung mit wss. Salzsäure (*Robertson et al.*, Soc. **1954** 3137, 3140; *Mahajani et al.*, J. Maharaja Sayajirao Univ. Baroda **3** [1954] 41, 42).
Krystalle; F: 218° [aus A.] (*Ma.*), 212° [aus E.] (*Ro. et al.*).

VII   VIII   IX

(±)-7-Methoxy-5-methyl-2-phenyl-chroman-4-on $C_{17}H_{16}O_3$, Formel VIII (R = CH_3).
B. Neben 2'-Hydroxy-4'-methoxy-6'-methyl-*trans*(?)-chalkon (F: 88°) beim Behandeln einer Lösung von 1-[2-Hydroxy-4-methoxy-6-methyl-phenyl]-äthanon und Benzaldehyd in Äthanol mit wss. Kalilauge und Ansäuern der Reaktionslösung mit wss. Salzsäure (*Mahajani et al.*, J. Maharaja Sayajirao Univ. Baroda **3** [1954] 41, 42). Beim Erwärmen von 2'-Hydroxy-4'-methoxy-6'-methyl-*trans*(?)-chalkon (F: 88°) mit Äthanol und konz. Schwefelsäure (*Ma. et al.*). Beim Erwärmen von (±)-7-Hydroxy-5-methyl-2-phenyl-chroman-4-on mit Aceton, Methyljodid und Kaliumcarbonat (*Ma. et al.*).
Krystalle (aus wss. A.); F: 99°.

(±)-7-Hydroxy-6-methyl-2-phenyl-chroman-4-on $C_{16}H_{14}O_3$, Formel IX.
B. Beim Erwärmen von 1-[2,4-Dihydroxy-5-methyl-phenyl]-äthanon mit Benzaldehyd und wss.-methanol. Kalilauge und Ansäuern der Reaktionslösung mit wss. Salzsäure (*Robertson et al.*, Soc. **1954** 3137, 3139).
Krystalle (aus Eg.); F: 234—236°.

(±)-8-Methoxy-6-methyl-2-phenyl-chroman-4-on $C_{17}H_{16}O_3$, Formel X.
B. Neben 2'-Hydroxy-3'-methoxy-5'-methyl-*trans*(?)-chalkon (F: 95—96°) beim Behandeln von 1-[2-Hydroxy-3-methoxy-5-methyl-phenyl]-äthanon mit Benzaldehyd und wss.-äthanol. Natronlauge und Ansäuern der Reaktionslösung mit wss. Salzsäure (*Browne, Shriner*, J. org. Chem. **22** [1957] 1320). Beim Erwärmen von 2'-Hydroxy-3'-methoxy-5'-methyl-*trans*(?)-chalkon (F: 95—96°) mit wss.-äthanol. Salzsäure (*Br., Sh.*).
Krystalle (aus PAe.); F: 142—143°. Absorptionsmaxima: 218 nm, 242 nm und 268 nm.

X   XI

(±)-2-[4-Methoxy-phenyl]-6-methyl-chroman-4-on $C_{17}H_{16}O_3$, Formel XI (E II 37).
IR-Banden (Nujol) im Bereich von 6 μ bis 13 μ: *Joshi, Kulkarni*, J. Indian chem. Soc. **34** [1957] 753, 759. Absorptionsmaxima (A.): 220 nm, 254 nm und 332 nm (*Jo., Ku.*).

Beim Erwärmen mit Blei(IV)-acetat in Essigsäure sind 3*t*-Acetoxy-2*r*-[4-methoxyphenyl]-6-methyl-chroman-4-on und 2-[4-Methoxy-phenyl]-6-methyl-chromen-4-on erhalten worden (*Kulkarni, Joshi*, J. Indian chem. Soc. **34** [1957] 217, 224). Überführung in 2*r*-[4-Methoxy-phenyl]-6-methyl-chroman-4*c*-ol durch Hydrierung an Raney-Nickel in Äthanol oder an Platin in Essigsäure sowie durch Behandlung mit Titan(III)-chlorid in Äthanol unter Zusatz von wss. Ammoniak oder mit Natriumboranat in Äthanol: *Kashikar, Kulkarni*, J. scient. ind. Res. India **18** B [1959] 418, 420, 421; durch Behandlung mit Lithiumalanat in Äther: *Kulkarni, Joshi*, J. scient. ind. Res. India **16** B [1957] 249, 252. Beim Behandeln mit amalgamiertem Aluminium und Äthanol ist 2*r*-[4-Methoxy-phenyl]-6-methyl-chroman-4*t*-ol erhalten worden (*Ka., Ku.*).

3-Brom-2-[4-methoxy-phenyl]-6-methyl-chroman-4-on $C_{17}H_{15}BrO_3$ (vgl. E II 37).
Über die Konfiguration der beiden folgenden Stereoisomeren s. *Clark-Lewis et al.*, Austral. J. Chem. **16** [1963] 107.

a) (±)-3*c*-Brom-2*r*-[4-methoxy-phenyl]-6-methyl-chroman-4-on $C_{17}H_{15}BrO_3$, Formel XII + Spiegelbild.

B. Beim Behandeln einer Lösung von 1-[2-Acetoxy-5-methyl-phenyl]-äthanon und 4-Methoxy-benzaldehyd in Essigsäure mit Brom (1 Mol) in Essigsäure (*Pendse, Limaye*, Rasayanam **2** [1955] 66, 69). Neben kleineren Mengen des unter b) beschriebenen Stereoisomeren beim Erwärmen von (±)-2-[4-Methoxy-phenyl]-6-methyl-chroman-4-on mit Brom in Essigsäure (*Clark-Lewis et al.*, Soc. **1962** 3858, 3863; s. a. *Bhide, Limaye*, Rasayanam **2** [1955] 55, 62; *Kulkarni, Joshi*, J. Indian chem. Soc. **34** [1957] 217, 224).

Krystalle; F: 167–168° [Zers.; aus Eg.] (*Bh., Li.*; *Pe., Li.*), 157–158° [aus Eg.] (*Cl.-Le. et al.*), 152° [aus A.] (*Ku., Jo.*). IR-Banden (CS₂) im Bereich von 6 μ bis 18 μ: *Joshi, Kulkarni*, J. Indian chem. Soc. **34** [1957] 753, 759. Absorptionsmaxima (A.) 224 nm, 261 nm und 335 nm (*Jo., Ku.*, J. Indian chem. Soc. **34** 759).

Geschwindigkeit der Bildung von 2-[4-Methoxy-phenyl]-6-methyl-chromen-4-on beim Behandeln mit Kaliumacetat in Äthanol: *Kashikar, Kulkarni*, J. scient. ind. Res. India **18** B [1959] 418, 420. Überführung in 3*c*-Brom-2*r*-[4-methoxy-phenyl]-6-methyl-chroman-4*c*-ol durch Behandlung mit Lithiumalanat in Äther und Benzol: *Joshi, Kulkarni*, J. scient. ind. Res. India **16** B [1957] 355, 358; mit Natriumboranat in Äthanol und Dioxan: *Ka., Ku.*

XII

XIII

b) (±)-3*t*-Brom-2*r*-[4-methoxy-phenyl]-6-methyl-chroman-4-on $C_{17}H_{15}BrO_3$, Formel XIII + Spiegelbild.

B. Beim Behandeln von opt.-inakt. 1-[2-Acetoxy-5-methyl-phenyl]-2,3-dibrom-3-[4-methoxy-phenyl]-propan-1-on (F: 126°) mit warmer Essigsäure (*Kulkarni, Joshi*, J. Indian chem. Soc. **34** [1957] 217, 224).

Krystalle (aus A.); F: 138° (*Ku., Jo.*). IR-Banden (CS₂) im Bereich von 6 μ bis 15 μ: *Joshi, Kulkarni*, J. Indian chem. Soc. **34** [1957] 753, 759. Absorptionsmaxima (A.): 224 nm, 261 nm und 335 nm (*Jo., Ku.*, J. Indian chem. Soc. **34** 759).

Geschwindigkeit der Bildung von 2-[4-Methoxy-phenyl]-6-methyl-chromen-4-on beim Behandeln mit Kaliumacetat in Äthanol: *Kashikar, Kulkarni*, J. scient. ind. Res. India **18** B [1959] 418, 420. Hydrierung an Platin in Äthanol oder Essigsäure unter Bildung von 2-[4-Methoxy-phenyl]-6-methyl-chroman-4-on: *Joshi, Kulkarni*, J. scient. ind. Res. India **16** B [1957] 355, 357. Beim Behandeln mit Lithiumalanat in Äther bei Raumtemperatur ist 2*r*-[4-Methoxy-phenyl]-6-methyl-chroman-4*c*-ol (*Jo., Ku.*, J. scient. ind. Res. India **16** B 357), beim Behandeln mit Lithiumalanat in Äther unter Kühlung ist

3*t*-Brom-2*r*-[4-methoxy-phenyl]-6-methyl-chroman-4*c*-ol (*Jo.*, *Ku.*, J. scient. ind. Res. India **16** B 357), beim Behandeln mit Natriumboranat in Äthanol ist 3*c*-Brom-2*r*-[4-methoxy-phenyl]-6-methyl-chroman-4*c*-ol (*Ka.*, *Ku.*) erhalten worden.

*Opt.-inakt. **3-Brom-3-chlor-2-[4-methoxy-phenyl]-6-methyl-chroman-4-on** $C_{17}H_{14}BrClO_3$, Formel I (X = Cl).
B. Beim Behandeln einer Lösung von 1-[2-Acetoxy-5-methyl-phenyl]-2-chlor-äthanon in Essigsäure mit 4-Methoxy-benzaldehyd, Bromwasserstoff enthaltender Essigsäure und Schwefelsäure (*Limaye et al.*, Rasayanam **2** [1956] 97, 106).
Krystalle (aus Eg.); F: 189° [Zers.].
Beim Erwärmen mit wss.-äthanol. Natronlauge ist [3-Hydroxy-5-methyl-benzofuran-2-yl]-[4-methoxy-phenyl]-keton erhalten worden.

I II III

(±)-3,3-Dibrom-2-[4-methoxy-phenyl]-6-methyl-chroman-4-on $C_{17}H_{14}Br_2O_3$, Formel I (X = Br).
B. Beim Behandeln einer Lösung von 1-[2-Acetoxy-5-methyl-phenyl]-äthanon in Essigsäure mit 4-Methoxy-benzaldehyd und Brom in Essigsäure (*Limaye et al.*, Rasayanam **2** [1956] 97, 105). Beim Erwärmen von (±)-2-[4-Methoxy-phenyl]-6-methyl-chroman-4-on mit Brom in Essigsäure (*Li. et al.*, l. c. S. 102).
Krystalle (aus Eg.); F: 186—187° [Zers.].
Beim Erwärmen einer Suspension in Äthanol mit wss. Natronlauge (2 Mol NaOH) ist 3-Brom-2-[4-methoxy-phenyl]-6-methyl-chromen-4-on, bei Anwendung von wss. Natronlauge im Überschuss ist [3-Hydroxy-5-methyl-benzofuran-2-yl]-[4-methoxy-phenyl]-keton erhalten worden.

(±)-7-Hydroxy-8-methyl-2-phenyl-chroman-4-on $C_{16}H_{14}O_3$, Formel II.
B. Beim Erwärmen von 1-[2,4-Dihydroxy-3-methyl-phenyl]-äthanon mit Benzaldehyd und wss.-methanol. Kalilauge und Ansäuern der Reaktionslösung mit wss. Salzsäure (*Robertson et al.*, Soc. **1954** 3137, 3138).
Krystalle (aus A.); F: 219°.

(±)-7-Hydroxy-2-phenyl-chroman-8-carbaldehyd $C_{16}H_{14}O_3$, Formel III (R = H).
B. Beim Behandeln von (±)-2-Phenyl-chroman-7-ol mit Cyanwasserstoff, Zinkchlorid und Chlorwasserstoff enthaltendem Äther und anschliessenden Hydrolysieren (*Robertson et al.*, Soc. **1954** 3137).
Krystalle (aus Me.); F: 111°.
Beim Behandeln mit Malonsäure-diäthylester und Piperidin ist 8-Oxo-2-phenyl-3,4-dihydro-2*H*,8*H*-pyrano[2,3-*f*]chromen-9-carbonsäure-äthylester erhalten worden.

(±)-7-Acetoxy-2-phenyl-chroman-8-carbaldehyd $C_{18}H_{16}O_4$, Formel III (R = CO-CH$_3$).
B. Beim Behandeln von (±)-7-Hydroxy-2-phenyl-chroman-8-carbaldehyd mit Acetanhydrid und Pyridin (*Robertson et al.*, Soc. **1954** 3137, 3138).
Krystalle (aus Me. oder E.); F: 104°.

(±)-[8-Formyl-2-phenyl-chroman-7-yloxy]-essigsäure-äthylester $C_{20}H_{20}O_5$, Formel III (R = CH$_2$-CO-OC$_2$H$_5$).
B. Beim Erwärmen von (±)-7-Hydroxy-2-phenyl-chroman-8-carbaldehyd mit Bromessigsäure-äthylester, Aceton und Kaliumcarbonat (*Robertson et al.*, Soc. **1954** 3137, 3138).
Krystalle (aus A.); F: 119°.

(±)-7-Hydroxy-2-phenyl-chroman-8-carbaldehyd-[2,4-dinitro-phenylhydrazon]
$C_{22}H_{18}N_4O_6$, Formel IV (R = H).
B. Aus (±)-7-Hydroxy-2-phenyl-chroman-8-carbaldehyd und [2,4-Dinitro-phenyl]-hydrazin (*Robertson et al.*, Soc. **1954** 3137, 3138).
Rote Krystalle (aus E.); F: 300° [Zers.].

(±)-7-Acetoxy-2-phenyl-chroman-8-carbaldehyd-[2,4-dinitro-phenylhydrazon]
$C_{24}H_{20}N_4O_7$, Formel IV (R = CO-CH$_3$).
B. Aus (±)-7-Acetoxy-2-phenyl-chroman-8-carbaldehyd und [2,4-Dinitro-phenyl]-hydrazin (*Robertson et al.*, Soc. **1954** 3137, 3138).
Rote Krystalle (aus E.); F: 223°.

(±)-{8-[(2,4-Dinitro-phenylhydrazono)-methyl]-2-phenyl-chroman-7-yloxy}-essigsäure-äthylester $C_{26}H_{24}N_4O_8$, Formel IV (R = CH$_2$-CO-OC$_2$H$_5$).
B. Aus (±)-[8-Formyl-2-phenyl-chroman-7-yloxy]-essigsäure-äthylester und [2,4-Dinitro-phenyl]-hydrazin (*Robertson et al.*, Soc. **1954** 3137, 3138).
Orangerote Krystalle (aus E.); F: 202°.

(±)-4-[4-Hydroxy-phenyl]-4-methyl-chroman-2-on, (±)-3-[2-Hydroxy-phenyl]-3-[4-hydroxy-phenyl]-buttersäure-2-lacton $C_{16}H_{14}O_3$, Formel V (R = H).
B. Beim Erhitzen von (±)-3-[2-Methoxy-phenyl]-3-[4-methoxy-phenyl]-butyronitril mit Pyridin-hydrochlorid (*Baker et al.*, Soc. **1956** 2018).
Krystalle (aus Bzl.); F: 169—170°.

(±)-4-[4-Methoxy-phenyl]-4-methyl-chroman-2-on, (±)-3-[2-Hydroxy-phenyl]-3-[4-methoxy-phenyl]-buttersäure-lacton $C_{17}H_{16}O_3$, Formel V (R = CH$_3$).
B. Beim Erwärmen von (±)-4-[4-Hydroxy-phenyl]-4-methyl-chroman-2-on mit Methyl-jodid, Kaliumcarbonat und Aceton (*Baker et al.*, Soc. **1956** 2018).
Kp$_{0,2}$: 183—185°.

(±)-4-[4-Acetoxy-phenyl]-4-methyl-chroman-2-on, (±)-3-[4-Acetoxy-phenyl]-3-[2-hydroxy-phenyl]-buttersäure-lacton $C_{18}H_{16}O_4$, Formel V (R = CO-CH$_3$).
B. Beim Erhitzen von (±)-4-[4-Hydroxy-phenyl]-4-methyl-chroman-2-on mit Acet-anhydrid und Natriumacetat (*Baker et al.*, Soc. **1956** 2018).
Krystalle (aus wss. A.); F: 115—116°.

(±)-7-Hydroxy-5-methyl-4-phenyl-chroman-2-on, (±)-3-[2,4-Dihydroxy-6-methyl-phenyl]-3-phenyl-propionsäure-2-lacton $C_{16}H_{14}O_3$, Formel VI.
B. In kleiner Menge neben 5-Hydroxy-7-methyl-4-phenyl-chroman-2-on beim Erhitzen von 5-Methyl-resorcin mit *trans*-Zimtsäure und konz. wss. Salzsäure unter Einleiten von Chlorwasserstoff (*Simpson, Stephen*, Soc. **1956** 1382). Aus 7-Hydroxy-5-methyl-4-phenyl-cumarin mit Hilfe von Natrium-Amalgam (*Si., St.*).
Krystalle (aus wss. Me.); F: 163°.

(±)-4-[4-Methoxy-phenyl]-6-methyl-chroman-2-on, (±)-3-[2-Hydroxy-5-methyl-phenyl]-3-[4-methoxy-phenyl]-propionsäure-lacton $C_{17}H_{16}O_3$, Formel VII.
B. Beim Erhitzen von 4-Methoxy-*trans*-zimtsäure mit *p*-Kresol, Toluol und konz. Schwefelsäure (*Buu-Hoï et al.*, J. org. Chem. **17** [1952] 1122, 1123, 1126).
Krystalle (aus Me. oder A.); F: 120°. Kp$_{15}$: 260—265°.

(±)-5-Hydroxy-7-methyl-4-phenyl-chroman-2-on, (±)-3-[2,6-Dihydroxy-4-methylphenyl]-3-phenyl-propionsäure-lacton $C_{16}H_{14}O_3$, Formel VIII (R = H).
   B. Neben kleinen Mengen 7-Hydroxy-5-methyl-4-phenyl-chroman-2-on beim Erhitzen von 5-Methyl-resorcin mit *trans*-Zimtsäure und konz. wss. Salzsäure unter Einleiten von Chlorwasserstoff (*Simpson, Stephen*, Soc. **1956** 1382).
   Krystalle (aus Me.); F: 218°.

VII   VIII   IX   X

(±)-5-Methoxy-7-methyl-4-phenyl-chroman-2-on, (±)-3-[2-Hydroxy-6-methoxy-4-methyl-phenyl]-3-phenyl-propionsäure-lacton $C_{17}H_{16}O_3$, Formel VIII (R = CH_3).
   B. Aus (±)-5-Hydroxy-7-methyl-4-phenyl-chroman-2-on beim Erhitzen mit Dimethylsulfat, Kaliumcarbonat und Xylol sowie beim Erwärmen mit wss. Natronlauge und mit Dimethylsulfat (*Simpson, Stephen*, Soc. **1956** 1382).
   Krystalle (aus Me.); F: 147°.

(±)-5-Acetoxy-7-methyl-4-phenyl-chroman-2-on, (±)-3-[2-Acetoxy-6-hydroxy-4-methylphenyl]-3-phenyl-propionsäure-lacton $C_{18}H_{16}O_4$, Formel VIII (R = CO-CH_3).
   B. Beim Erhitzen von (±)-5-Hydroxy-7-methyl-4-phenyl-chroman-2-on mit Acetanhydrid und Natriumacetat (*Simpson, Stephen*, Soc. **1956** 1382).
   Krystalle (aus Me.); F: 160°.

(±)-4-[4-Methoxy-phenyl]-7-methyl-chroman-2-on, (±)-3-[2-Hydroxy-4-methylphenyl]-3-[4-methoxy-phenyl]-propionsäure-lacton $C_{17}H_{16}O_3$, Formel IX.
   B. Beim Erhitzen von 4-Methoxy-*trans*-zimtsäure mit *m*-Kresol, Toluol und konz. Schwefelsäure (*Buu-Hoi et al.*, J. org. Chem. **17** [1952] 1122, 1123, 1126).
   Krystalle (aus Me. oder A.); F: 94°. Kp_{15}: 263°.

2-[(Ξ)-Furfuryliden]-6-methyl-7-methylmercapto-3,4-dihydro-2*H*-naphthalin-1-on $C_{17}H_{16}O_2S$, Formel X.
   B. Beim Behandeln eines Gemisches von 6-Methyl-7-methylmercapto-3,4-dihydro-2*H*-naphthalin-1-on, Furfural und Äthanol mit wss. Alkalilauge (*Buu-Hoi, Hoán*, Soc. **1951** 2868).
   Krystalle (aus Me.); F: 95°.

5-Phenylacetyl-2,3-dihydro-benzofuran-6-ol, 1-[6-Hydroxy-2,3-dihydro-benzofuran-5-yl]-2-phenyl-äthanon $C_{16}H_{14}O_3$, Formel XI.
   B. Beim Behandeln von 2,3-Dihydro-benzofuran-6-ol mit Phenylacetonitril und Zinkchlorid in Äther unter Einleiten von Chlorwasserstoff und Erwärmen des Reaktionsprodukts mit Wasser (*Pavanaram et al.*, J. scient. ind. Res. India **15**B [1956] 495).
   Krystalle (aus A.); F: 136—137°.
   Beim Behandeln mit Äthylformiat und Natrium ist 6-Phenyl-2,3-dihydro-furo[3,2-*g*]chromen-5-on erhalten worden.

XI   XII

*Opt.-inakt. 2-Brom-2-[α-brom-4-methoxy-benzyl]-6-methyl-benzofuran-3-on
$C_{17}H_{14}Br_2O_3$, Formel XII.

B. Beim Behandeln von 2-[(Z)-4-Methoxy-benzyliden]-6-methyl-benzofuran-3-on (F: 118—120° [S. 757]) mit Brom in Essigsäure (*Marathey*, J. Univ. Poona Nr. 4 [1953] 83, 85, 87).

F: 175—176°.

Überführung in 3-Hydroxy-2-[4-methoxy-phenyl]-7-methyl-chromen-4-on durch Erwärmen in äthanol.-wss. Natronlauge: *Ma*.

*Opt.-inakt. 2-Brom-2-[α-brom-4-methoxy-benzyl]-7-methyl-benzofuran-3-on
$C_{17}H_{14}Br_2O_3$, Formel XIII.

B. Beim Behandeln von 2-[(Z)-4-Methoxy-benzyliden]-7-methyl-benzofuran-3-on (F: 118—120° [S. 757]) mit Brom in Essigsäure (*Marathey*, J. Univ. Poona Nr. 4 [1953] 83, 86, 88).

F: 165°.

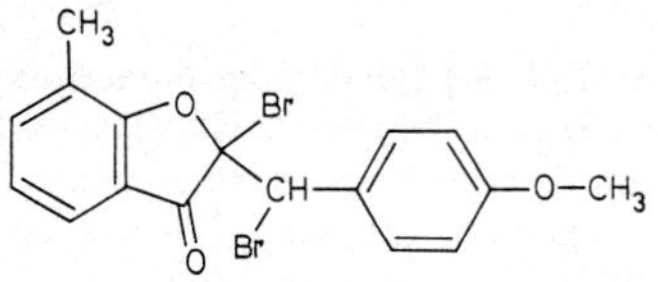

XIII 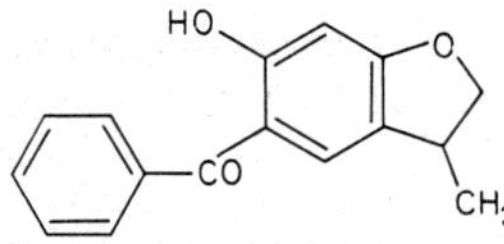   XIV

(±)-5(?)-Benzoyl-3-methyl-2,3-dihydro-benzofuran-6-ol, (±)-[6-Hydroxy-3-methyl-2,3-dihydro-benzofuran-5(?)-yl]-phenyl-keton $C_{16}H_{14}O_3$, vermutlich Formel XIV (E II 37; dort als 6-Oxy-3-methyl-5-benzoyl-cumaran bezeichnet).

B. Beim Behandeln von (±)-3-Methyl-2,3-dihydro-benzofuran-6-ol mit Benzoylchlorid, Aluminiumchlorid und Nitrobenzol (*Mackenzie et al.*, Soc. **1949** 2057, 2060).

Krystalle (aus A.); F: 172°.

Bis-[4,5-dimethyl-2-oxo-3-phenyl-2,3-dihydro-benzofuran-3-yl]-peroxid $C_{32}H_{26}O_6$, Formel XV.

Eine opt.-inakt. Verbindung dieser Konstitution hat vermutlich in dem nachstehend beschriebenen Präparat vorgelegen.

B. Beim Erwärmen von (±)-4,5-Dimethyl-3-phenyl-3H-benzofuran-2-on mit Natrium in Äther und anschliessenden Behandeln mit Jod und Einwirken von Luft (*Arventi*, Ann. scient. Univ. Jassy **24** [1938] 219, 230).

Krystalle; F: 185° [Zers.].

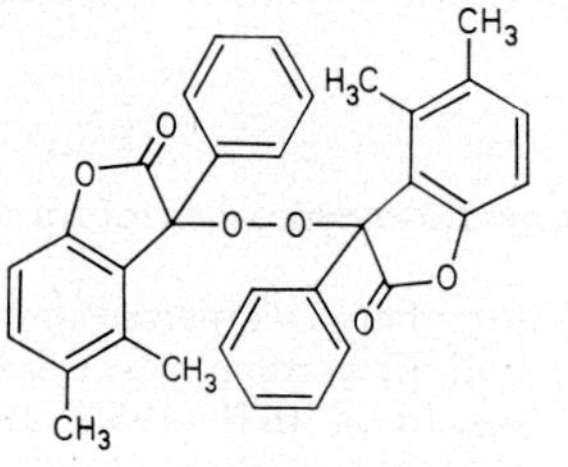

XV 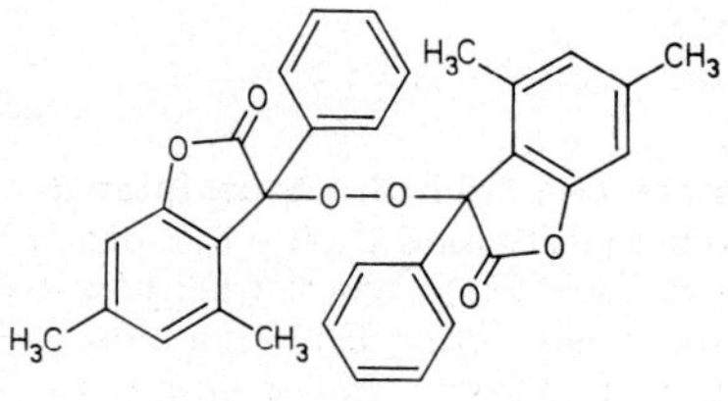   XVI

Bis-[4,6-dimethyl-2-oxo-3-phenyl-2,3-dihydro-benzofuran-3-yl]-peroxid $C_{32}H_{26}O_6$, Formel XVI.

Eine opt.-inakt. Verbindung dieser Konstitution hat vermutlich in dem nachstehend beschriebenen Präparat vorgelegen.

B. Beim Behandeln von (±)-4,6-Dimethyl-3-phenyl-3H-benzofuran-2-on mit Calciumpermanganat in Aceton (*Arventi*, Ann. scient. Univ. Jassy **24** [1938] 219, 229).

Krystalle; F: 200° [Zers.].

(±)-3-[2,4-Dimethyl-phenyl]-3-methoxy-phthalid $C_{17}H_{16}O_3$, Formel I.

B. Beim Erwärmen von 2-[2,4-Dimethyl-benzoyl]-benzoesäure mit Thionylchlorid und Behandeln des Reaktionsprodukts mit Methanol und Pyridin (*Newman, Lord*, Am. Soc. **66** [1944] 731).

Krystalle; F: 62,2—63,2°.

(*RS*)-3-[(*SR*)-α-Hydroxy-benzyl]-3-methyl-phthalid, (α*RS*,α′*SR*)-α,α′-Dihydroxy-α-methyl-bibenzyl-2-carbonsäure-α-lacton $C_{16}H_{14}O_3$, Formel II + Spiegelbild.

Diese Konfiguration kommt wahrscheinlich der nachstehend beschriebenen Verbindung zu (*Berti, Mancini*, G. **88** [1958] 714, 720).

B. Beim Behandeln von α-Methyl-*trans*(?)-stilben-2-carbonsäure (F: 130—131,5°) mit Peroxybenzoesäure in Chloroform (*Be., Ma.*, l. c. S. 724).

Krystalle (aus Bzl. + Bzn.); F: 127—127,5° [Kofler-App.].

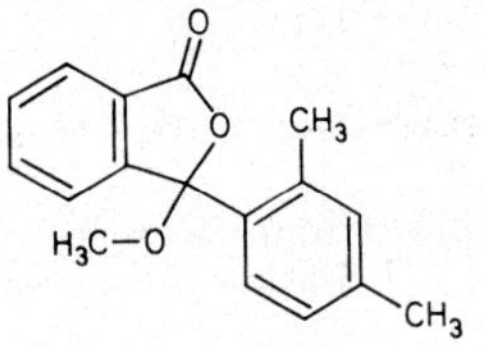

I 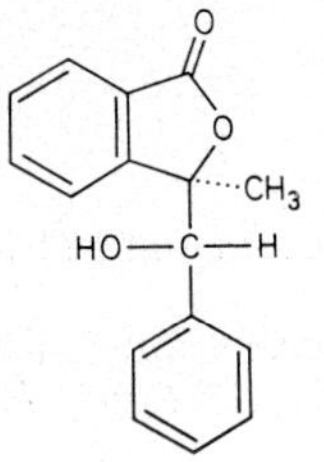 II 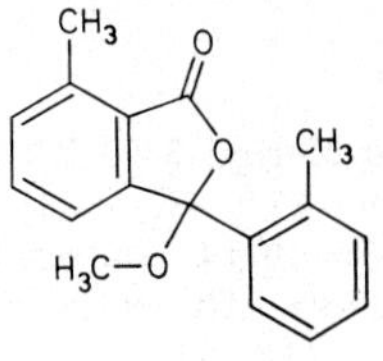 III

(±)-3-Methoxy-7-methyl-3-*o*-tolyl-phthalid $C_{17}H_{16}O_3$, Formel III.

B. Beim Erwärmen von 2-Methyl-6-*o*-toluoyl-benzoesäure mit Thionylchlorid und Behandeln des Reaktionsprodukts mit Methanol und Pyridin (*Newman, McCleary*, Am. Soc. **63** [1941] 1537, 1538, 1541).

Krystalle (aus Me. + Py.); F: 96,4—97,8°.

*Opt.-inakt. 3-[1-Hydroxy-äthyl]-3-phenyl-phthalid $C_{16}H_{14}O_3$, Formel IV.

B. Beim Behandeln von 2-[1-Phenyl-propenyl]-benzoesäure (nicht charakterisiert) mit Peroxybenzoesäure in Chloroform (*Berti*, J. org. Chem. **24** [1959] 934, 937, 938).

Krystalle (aus Bzl. oder aus Bzl. + Bzn.); F: 123—124° [unkorr.; Kofler-App.].

Beim Erwärmen mit äthanol. Kalilauge ist 3-Phenyl-phthalid erhalten worden.

(±)-3-Methoxy-4,7-dimethyl-3-phenyl-phthalid $C_{17}H_{16}O_3$, Formel V.

B. Beim Erwärmen von 2-Benzoyl-3,6-dimethyl-benzoesäure mit Thionylchlorid und Behandeln des Reaktionsprodukts mit Methanol und Pyridin (*Newman, Lord*, Am. Soc. **66** [1944] 731).

Krystalle; F: 113,6—114,4°.

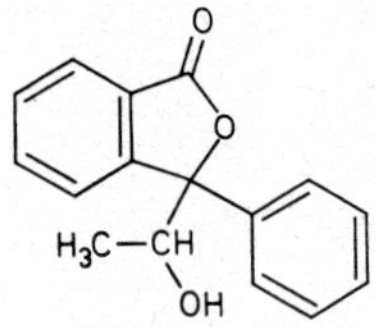

IV 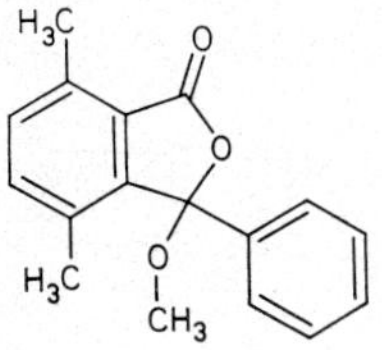 V 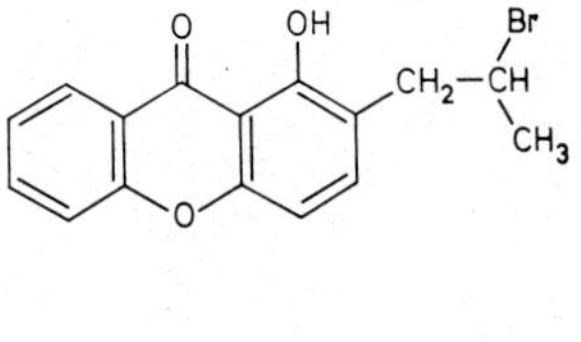 VI

(±)-2-[2-Brom-propyl]-1-hydroxy-xanthen-9-on $C_{16}H_{13}BrO_3$, Formel VI.

B. Aus 2-Allyl-1-hydroxy-xanthen-9-on bei mehrtägigem Behandeln einer Diphenylamin enthaltenden Lösung in Essigsäure mit Bromwasserstoff unter Lichtausschluss sowie beim Erhitzen mit wss. Bromwasserstoffsäure und Essigsäure (*Scheinmann, Suschitzky*, Tetrahedron **7** [1959] 31, 35).

Krystalle (aus wss. Eg. oder A.); F: 148—151°.

2-[3-Brom-propyl]-1-hydroxy-xanthen-9-on $C_{16}H_{13}BrO_3$, Formel VII (R = H).

B. Neben 1-Acetoxy-2-[3-brom-propyl]-xanthen-9-on bei 3-tägigem Behandeln von 1-Acetoxy-2-allyl-xanthen-9-on mit Bromwasserstoff in Hexan unter Zusatz von Dibenzoylperoxid im Sonnenlicht (*Scheinmann, Suschitzky*, Tetrahedron **7** [1959] 31, 35).

Gelbe Krystalle (aus wss. Me.); F: 125—126°.

1-Acetoxy-2-[3-brom-propyl]-xanthen-9-on $C_{18}H_{15}BrO_4$, Formel VII (R = CO-CH$_3$).

B. s. im vorangehenden Artikel.

Krystalle (aus PAe.); F: 116° (*Scheinmann, Suschitzky*, Tetrahedron **7** [1959] 31, 35).

VII   VIII

(±)-4-Methyl-3-[2,2,2-trichlor-1-hydroxy-äthyl]-benzo[*h*]chromen-2-on $C_{16}H_{11}Cl_3O_3$, Formel VIII (R = H).

B. Beim Behandeln von [1]Naphthol mit (±)-2-[2,2,2-Trichlor-1-hydroxy-äthyl]-acetessigsäure-äthylester und Phosphorylchlorid (*Kulkarni et al.*, J. Indian chem. Soc. **18** [1941] 113, 118).

Krystalle (aus E.); F: 231—232° (*Ku. et al.*).

Beim Behandeln mit Essigsäure und Zink-Pulver, auch in Gegenwart von wss. Salzsäure, ist 3-[2,2-Dichlor-äthyl]-4-methyl-benzo[*h*]chromen-2-on erhalten worden (*Kulkarni, Shah*, Pr. Indian Acad. [A] **14** [1941] 151, 156).

(±)-3-[1-Acetoxy-2,2,2-trichlor-äthyl]-4-methyl-benzo[*h*]chromen-2-on, (±)-2-[1-Acetoxy-2,2,2-trichlor-äthyl]-3-[1-hydroxy-[2]naphthyl]-*trans*-crotonsäure-lacton $C_{18}H_{13}Cl_3O_4$, Formel VIII (R = CO-CH$_3$).

B. Beim Behandeln von (±)-4-Methyl-3-[2,2,2-trichlor-1-hydroxy-äthyl]-benzo[*h*]chromen-2-on mit Acetanhydrid und Pyridin (*Kulkarni et al.*, J. Indian chem. Soc. **18** [1941] 113, 118).

Krystalle (aus A. + Acn.); F: 207—208°.

9-Hydroxy-4,6,10-trimethyl-benzo[*h*]chromen-2-on, 3-[1,7-Dihydroxy-4,8-dimethyl-[2]naphthyl]-*trans*-crotonsäure-1-lacton $C_{16}H_{14}O_3$, Formel IX.

B. Beim Behandeln eines Gemisches von 4,8-Dimethyl-naphthalin-1,7-diol, Acetessigsäure-äthylester und Äthanol mit Chlorwasserstoff (*Buu-Hoi, Lavit*, Soc. **1956** 1743, 1747).

Gelbe Krystalle (aus Nitrobenzol); F: 315°. Sublimierbar.

IX   X

3-Butyryl-2-methoxy-dibenzofuran, 1-[2-Methoxy-dibenzofuran-3-yl]-butan-1-on $C_{17}H_{16}O_3$, Formel X.

B. Beim Behandeln von 2-Methoxy-dibenzofuran mit Butyrylchlorid, Aluminiumchlorid und Nitrobenzol (*Routier et al.*, Soc. **1956** 4276, 4278).

Krystalle (aus Cyclohexan); F: 123°. Kp$_{12}$: 245—247°.

(±)-2-Chloracetyl-8-[2-chlor-1-hydroxy-äthyl]-dibenzofuran, (±)-2-Chlor-1-[8-(2-chlor-1-hydroxy-äthyl)-dibenzofuran-2-yl]-äthanon $C_{16}H_{12}Cl_2O_3$, Formel XI.
 B. Beim Behandeln von 2,8-Bis-chloracetyl-dibenzofuran mit Lithiumalanat in Tetrahydrofuran (*Whaley, White*, J. org. Chem. **18** [1953] 309).
 F: 226—229°.

(±)-1-[6-Methoxy-[2]naphthyl]-2-oxa-norbornan-3-on, (±)-3c-Hydroxy-3t-[6-methoxy-[2]naphthyl]-cyclopentan-r-carbonsäure-lacton $C_{17}H_{16}O_3$, Formel XII.
 B. Beim Behandeln von (±)-3-Oxo-cyclopentancarbonsäure-äthylester mit 6-Methoxy-[2]naphthylmagnesium-jodid in Äther (*Robinson, Slater*, Soc. **1941** 376, 382).
 Krystalle (aus Me.); F: 97—98°.

(±)-3-Methoxy-5,5a,6,7-tetrahydro-4H-phenanthro[4,3-b]furan-2-on, (±)-[(E)-4-Hydroxy-1,9,10,10a-tetrahydro-2H-[3]phenanthryliden]-methoxy-essigsäure-lacton $C_{17}H_{16}O_3$, Formel XIII.
 B. Beim Behandeln von (±)-3a,4,5,5a,6,7-Hexahydro-phenanthro[4,3-b]furan-2,3-dion (E III/IV **17** 6414) mit Diazomethan in Äther (*Ginsburg, Pappo*, Soc. **1953** 1524, 1531).
 F: 146—147° [aus A.].

(S)-8-Methoxy-5,6-dihydro-2H-naphtho[8a,1,2-de]chromen-3-on $C_{17}H_{16}O_3$, Formel XIV.
 Diese Konstitution und Konfiguration kommt wahrscheinlich der nachstehend beschriebenen Verbindung zu.
 B. Beim Behandeln einer Lösung von (S)-3,8-Dimethoxy-5,6-dihydro-4H-naphtho[8a,1,2-de]chromen (?; E III/IV **17** 2213) in Äthanol mit wss. Salzsäure (*Bentley et al.*, Soc. **1952** 958, 965).
 Krystalle (aus Dioxan); F: 248°.

(3aR)-5-Methoxy-9b-vinyl-(3ar,9ac,9bc)-1,3a,9a,9b-tetrahydro-2H-phenanthro[4,5-bcd]furan-3-on $C_{17}H_{16}O_3$, Formel XV.
 B. Beim Erwärmen einer Lösung von (3aR)-3,5-Dimethoxy-9b-vinyl-(3ar,9ac,9bc)-1,3a,9a,9b-tetrahydro-phenanthro[4,5-bcd]furan (E III/IV **17** 2214) in Äthanol mit wss. Salzsäure (*Cahn*, Soc. **1930** 702, 704; *Bentley et al.*, Soc. **1956** 1963, 1968).
 Krystalle (aus A.); F: 149—150° (*Be. et al.*), 149° (*Cahn*).

Hydroxy-oxo-Verbindungen $C_{17}H_{16}O_3$

(±)-5-[α-Hydroxy-benzhydryl]-dihydro-furan-2-on, (±)-4,5-Dihydroxy-5,5-diphenyl-valeriansäure-4-lacton $C_{17}H_{16}O_3$, Formel I, und (±)-5-Hydroxy-6,6-diphenyl-tetrahydropyran-2-on, (±)-4,5-Dihydroxy-5,5-diphenyl-valeriansäure-5-lacton $C_{17}H_{16}O_3$, Formel II.
 Diese beiden Konstitutionsformeln kommen für die nachstehend beschriebene Verbindung in Betracht.
 B. Beim Behandeln von 5,5-Diphenyl-pent-4-ensäure mit Kaliumpermanganat und

wss. Kalilauge (*Graham, Williams*, Soc. **1959** 4066, 4071).
Krystalle (aus Bzl. + Bzn.); F: 174°.

(±)-5-[5-Benzyl-2-methoxy-phenyl]-dihydro-furan-2-on, (±)-4-[5-Benzyl-2-methoxy-phenyl]-4-hydroxy-buttersäure-lacton $C_{18}H_{18}O_3$, Formel III (R = CH_3).
B. Beim Erwärmen von (±)-4-[5-Benzyl-2-methoxy-phenyl]-4-hydroxy-buttersäure mit wss. Schwefelsäure (*Genge, Trivedi*, J. Indian chem. Soc. **34** [1957] 804).
Krystalle (aus Bzl. + Bzn.); F: 105°.

(±)-5-[2-Äthoxy-5-benzyl-phenyl]-dihydro-furan-2-on, (±)-4-[2-Äthoxy-5-benzyl-phenyl]-4-hydroxy-buttersäure-lacton $C_{19}H_{20}O_3$, Formel III (R = C_2H_5).
B. Beim Erwärmen von (±)-4-[2-Äthoxy-5-benzyl-phenyl]-4-hydroxy-buttersäure mit wss. Schwefelsäure (*Genge, Trivedi*, J. Indian chem. Soc. **34** [1957] 804).
Kp_4: 268—273°. n_D^{40}: 1,574.

(±)-5-[5-Benzyl-2-propoxy-phenyl]-dihydro-furan-2-on, (±)-4-[5-Benzyl-2-propoxy-phenyl]-4-hydroxy-buttersäure-lacton $C_{20}H_{22}O_3$, Formel III (R = CH_2-CH_2-CH_3).
B. Beim Erwärmen von (±)-4-[5-Benzyl-2-propoxy-phenyl]-4-hydroxy-buttersäure mit wss. Schwefelsäure (*Genge, Trivedi*, J. Indian chem. Soc. **34** [1957] 804).
Kp_4: 237—242°. n_D^{40}: 1,560.

I   II   III

(±)-5-[5-Benzyl-2-butoxy-phenyl]-dihydro-furan-2-on, (±)-4-[5-Benzyl-2-butoxy-phenyl]-4-hydroxy-buttersäure-lacton $C_{21}H_{24}O_3$, Formel III (R = $[CH_2]_3$-CH_3).
B. Beim Erwärmen von (±)-4-[5-Benzyl-2-butoxy-phenyl]-4-hydroxy-buttersäure mit wss. Schwefelsäure (*Genge, Trivedi*, J. Indian chem. Soc. **34** [1957] 804).
Kp_3: 257—262°. n_D^{40}: 1,560.

(±)-5-[5-Benzyl-2-pentyloxy-phenyl]-dihydro-furan-2-on, (±)-4-[5-Benzyl-2-pentyloxy-phenyl]-4-hydroxy-buttersäure-lacton $C_{22}H_{26}O_3$, Formel III (R = $[CH_2]_4$-CH_3).
B. Beim Hydrieren des Kalium-Salzes der 4-[5-Benzyl-2-pentyloxy-phenyl]-4-oxo-buttersäure an Raney-Nickel in wss. Kalilauge und Erwärmen des Reaktionsprodukts mit wss. Schwefelsäure (*Genge, Trivedi*, J. Indian chem. Soc. **34** [1957] 804).
Kp_3: 233—238°. n_D^{40}: 1,555.

(±)-5-[5-Benzyl-2-hexyloxy-phenyl]-dihydro-furan-2-on, (±)-4-[5-Benzyl-2-hexyloxy-phenyl]-4-hydroxy-buttersäure-lacton $C_{23}H_{28}O_3$, Formel III (R = $[CH_2]_5$-CH_3).
B. Beim Hydrieren des Kalium-Salzes der 4-[5-Benzyl-2-hexyloxy-phenyl]-4-oxo-buttersäure an Raney-Nickel in wss. Kalilauge und Erwärmen des Reaktionsprodukts mit wss. Schwefelsäure (*Genge, Trivedi*, J. Indian chem. Soc. **34** [1957] 804).
Kp_{10}: 298—303°. n_D^{40}: 1,567.

(±)-5-Hydroxymethyl-3,3-diphenyl-dihydro-furan-2-on, (±)-4,5-Dihydroxy-2,2-diphenyl-valeriansäure-4-lacton $C_{17}H_{16}O_3$, Formel IV (R = H).
B. Beim Behandeln von 2,2-Diphenyl-pent-4-ensäure mit Peroxybenzoesäure in Chloroform (*Berti*, J. org. Chem. **24** [1959] 934, 937).
Krystalle (aus Bzl. oder aus Bzl. + Bzn.); F: 82—85°.

(±)-5-Allyloxymethyl-3,3-diphenyl-dihydro-furan-2-on, (±)-5-Allyloxy-4-hydroxy-2,2-diphenyl-valeriansäure-lacton $C_{20}H_{20}O_3$, Formel IV (R = CH_2-CH=CH_2).
B. Beim Erhitzen von (±)-5-Allyloxy-4-hydroxy-2,2-diphenyl-valerimidsäure-lacton-

hydrochlorid mit Wasser (*Easton, Fish*, J. org. Chem. **18** [1953] 1071, 1073).
Kp$_1$: 195—200°.

IV V VI

(±)-5-Allyloxymethyl-3,3-diphenyl-dihydro-furan-2-on-imin, (±)-5-Allyloxy-4-hydroxy-2,2-diphenyl-valerimidsäure-lacton C$_{20}$H$_{21}$NO$_2$, Formel V (R = CH$_2$-CH=CH$_2$).
Hydrochlorid C$_{20}$H$_{21}$NO$_2$·HCl. *B.* Beim Erwärmen von Diphenylacetonitril mit Natriumamid und (±)-1-Allyloxy-2,3-epoxy-propan in Benzol (*Easton, Fish*, J. org. Chem. **18** [1953] 1071, 1073). — Krystalle (aus A. + Diisopropyläther); F: 169—171°.

(±)-5-[(2,4-Dinitro-phenylmercapto)-methyl]-3,3-diphenyl-dihydro-furan-2-on, (±)-5-[2,4-Dinitro-phenylmercapto]-4-hydroxy-2,2-diphenyl-valeriansäure-lacton C$_{23}$H$_{18}$N$_2$O$_6$S, Formel VI.
B. Beim Erwärmen von 2,2-Diphenyl-pent-4-ensäure mit 2,4-Dinitro-benzolsulfenyl=chlorid in Chloroform (*Campos*, Am. Soc. **76** [1954] 4480).
Gelbliche Krystalle (aus Bzl. + A.); F: 222—225°.

(±)-5-{[Dichlor-(4-methoxy-phenyl)-λ^4-tellanyl]-methyl}-3,3-diphenyl-dihydro-furan-2-on, (±)-Dichlor-[4-methoxy-phenyl]-[5-oxo-4,4-diphenyl-tetrahydro-furfuryl]-tellur, (±)-[4-Methoxy-phenyl]-[5-oxo-4,4-diphenyl-tetrahydro-furfuryl]-tellur=dichlorid C$_{24}$H$_{22}$Cl$_2$O$_3$Te, Formel VII (R = CH$_3$).
B. Aus 2,2-Diphenyl-pent-4-ensäure und Trichlor-[4-methoxy-phenyl]-tellur (*de Moura Campos, Petragnani*, Tetrahedron Letters **1959** Nr. 6, S. 11).
F: 178—181°.

VII VIII

(±)-5-{[(4-Äthoxy-phenyl)-dichlor-λ^4-tellanyl]-methyl}-3,3-diphenyl-dihydro-furan-2-on, (±)-[4-Äthoxy-phenyl]-dichlor-[5-oxo-4,4-diphenyl-tetrahydro-furfuryl]-tellur, (±)-[4-Äthoxy-phenyl]-[5-oxo-4,4-diphenyl-tetrahydro-furfuryl]-tellur=dichlorid C$_{25}$H$_{24}$Cl$_2$O$_3$Te, Formel VII (R = C$_2$H$_5$).
B. Aus 2,2-Diphenyl-pent-4-ensäure und [4-Äthoxy-phenyl]-trichlor-tellur (*de Moura Campos, Petragnani*, Tetrahedron Letters **1959** Nr. 6, S. 11).
F: 193—196°.

3-Äthyl-7-hydroxy-2-phenyl-chroman-4-on C$_{17}$H$_{16}$O$_3$, Formel VIII (R = H).
a) Opt.-inakt. Präparat vom F: 179—181°.
B. Neben kleineren Mengen des unter b) beschriebenen Präparats beim Erwärmen von 2-Äthyl-1-[2,4-dihydroxy-phenyl]-3-phenyl-propenon (F: 97,5—98°) mit wss. Salzsäure (*Fujise et al.*, J. chem. Soc. Japan Pure Chem. Sect. **77** [1956] 109; C. A. **1958** 373; Sci. Rep. Tohoku Univ. [I] **39** [1956] 186).
Krystalle (aus Eg.); F: 179—181°. Absorptionsmaxima: 228 nm, 276 nm und 312 nm.
b) Opt.-inakt. Präparat vom F: 167—169°.
B. s. bei dem unter a) beschriebenen Präparat.

Krystalle (aus wss. A.); F: 167—169° *(Fujise et al.*, J. chem. Soc. Japan Pure Chem. Sect. **77** [1956] 109; C. A. **1958** 373; Sci. Rep. Tohoku Univ. [I] **39** [1956] 186). Absorptionsmaxima: 228 nm, 276 nm und 312 nm.

3-Äthyl-7-methoxy-2-phenyl-chroman-4-on $C_{18}H_{18}O_3$, Formel VIII (R = CH_3).

a) Opt.-inakt. Präparat vom F: 95,5°.

B. Beim Behandeln von opt.-inakt. 3-Äthyl-7-hydroxy-2-phenyl-chroman-4-on vom F: 179—181° (S. 665) mit Diazomethan in Äther *(Fujise et al.*, J. chem. Soc. Japan Pure Chem. Sect. **77** [1956] 109; C. A. **1958** 373; Sci. Rep. Tohoku Univ. [I] **39** [1956] 186). Krystalle (aus wss. A.); F: 95,5°.

b) Opt.-inakt. Präparat vom F: 90,5—92°.

B. Beim Behandeln von opt.-inakt. 3-Äthyl-7-hydroxy-2-phenyl-chroman-4-on vom F: 167—169° (S. 665) mit Diazomethan in Äther *(Fujise et al.*, J. chem. Soc. Japan Pure Chem. Sect. **77** [1956] 109; C. A. **1958** 373; Sci. Rep. Tohoku Univ. [I] **39** [1956] 186). Krystalle (aus wss. A.); F: 90,5—92°.

7-Acetoxy-3-äthyl-2-phenyl-chroman-4-on $C_{19}H_{18}O_4$, Formel VIII (R = CO-CH_3).

a) Opt.-inakt. Präparat vom F: 75—75,5°.

B. Beim Behandeln von opt.-inakt. 3-Äthyl-7-hydroxy-2-phenyl-chroman-4-on vom F: 179—181° (S. 665) mit Acetanhydrid und Pyridin *(Fujise et al.*, J. chem. Soc. Japan Pure Chem. Sect. **77** [1956] 109; C. A. **1958** 373; Sci. Rep. Tohoku Univ. [I] **39** [1956] 186). Krystalle (aus Me.); F: 75—75,5°.

b) Opt.-inakt. Präparat vom F: 67°.

B. Beim Behandeln von opt.-inakt. 3-Äthyl-7-hydroxy-2-phenyl-chroman-4-on vom F: 167—169° (S. 665) mit Acetanhydrid und Pyridin *(Fujise et al.*, J. chem. Soc. Japan Pure Chem. Sect. **77** [1956] 109; C. A. **1958** 373; Sci. Rep. Tohoku Univ. [I] **39** [1956] 186). Krystalle (aus Me.); F: 66—67°.

(±)-6-Äthyl-7-hydroxy-2-phenyl-chroman-4-on $C_{17}H_{16}O_3$, Formel IX (X = H).

B. Beim Behandeln von 1-[5-Äthyl-2,4-dihydroxy-phenyl]-äthanon mit Benzaldehyd und wss.-methanol. Kalilauge bzw. wss.-äthanol. Natronlauge und Behandeln der Reaktionslösung mit wss. Salzsäure *(Robertson et al.*, Soc. **1954** 3137, 3139; *Marathey, Athavale*, J. Indian chem. Soc. **31** [1954] 654).

Krystalle; F: 243° [aus Me.] *(Ro. et al.)*, 241° [aus Eg.] *(Ma., At.)*.

*Opt.-inakt. 6-Äthyl-3,8-dibrom-7-hydroxy-2-phenyl-chroman-4-on $C_{17}H_{14}Br_2O_3$, Formel IX (X = Br).

B. Beim Behandeln von (±)-6-Äthyl-7-hydroxy-2-phenyl-chroman-4-on mit Brom in Essigsäure *(Marathey, Athavale*, J. Indian chem. Soc. **31** [1954] 695, 698).

Krystalle (aus Eg.); F: 198° [Zers.].

(±)-8-Äthyl-7-hydroxy-2-phenyl-chroman-4-on $C_{17}H_{16}O_3$, Formel X.

B. Beim Erwärmen von 1-[3-Äthyl-2,4-dihydroxy-phenyl]-äthanon mit Benzaldehyd und wss.-methanol. Kalilauge und Ansäuern der Reaktionslösung mit wss. Salzsäure *(Robertson et al.*, Soc. **1954** 3137, 3139).

Krystalle (aus E.); F: 294°.

(±)-8-Acetyl-2-phenyl-chroman-7-ol, (±)-1-[7-Hydroxy-2-phenyl-chroman-8-yl]-äthanon $C_{17}H_{16}O_3$, Formel XI.

B. Beim Behandeln von (±)-2-Phenyl-chroman-7-ol mit Acetonitril, Zinkchlorid und

Chlorwasserstoff enthaltendem Äther und anschliessenden Hydrolysieren (*Robertson et al.*, Soc. **1954** 3137, 3139).
Krystalle (aus Me.); F: 143°.
Beim Erwärmen mit Äthylacetat und Natrium und anschliessend mit wss.-äthanol. Salzsäure ist 8-Methyl-2-phenyl-3,4-dihydro-2*H*-pyrano[2,3-*f*]chromen-10-on erhalten worden.

(±)-1-[7-Hydroxy-2-phenyl-chroman-8-yl]-äthanon-[2,4-dinitro-phenylhydrazon]
$C_{23}H_{20}N_4O_6$, Formel I (X = NH-$C_6H_3(NO_2)_2$).
B. Aus (±)-1-[7-Hydroxy-2-phenyl-chroman-8-yl]-äthanon und [2,4-Dinitro-phenyl]-hydrazin (*Robertson et al.*, Soc. **1954** 3137, 3139).
Rote Krystalle (aus E.); F: 242°.

(±)-6-Hydroxy-5,7-dimethyl-2-phenyl-chroman-3-on $C_{17}H_{16}O_3$, Formel II.
B. Bei der Hydrierung von 6-Hydroxy-3-methoxy-5,7-dimethyl-2-phenyl-chromen≠ylium-chlorid (E III/IV **17** 2397) an Platin in Essigsäure (*Karrer, Fatzer*, Helv. **25** [1942] 1129, 1134).
Krystalle (aus A.); F: 141°.

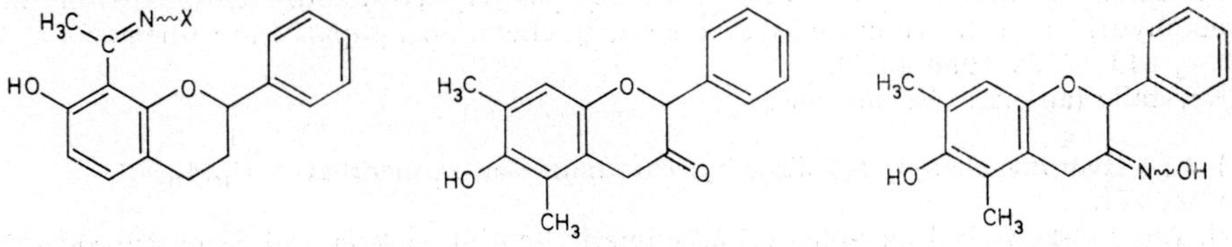

I   II   III

(±)-6-Hydroxy-5,7-dimethyl-2-phenyl-chroman-3-on-oxim $C_{17}H_{17}NO_3$, Formel III.
B. Aus (±)-6-Hydroxy-5,7-dimethyl-2-phenyl-chroman-3-on und Hydroxylamin (*Karrer, Fatzer*, Helv. **25** [1942] 1129, 1135).
Krystalle (aus A.); F: 216°.

(±)-2-[2-Hydroxy-phenyl]-5,7-dimethyl-chroman-4-on $C_{17}H_{16}O_3$, Formel IV.
B. Beim Erwärmen von 2,2'-Dihydroxy-4',6'-dimethyl-*trans*(?)-chalkon (F: 124—125° [Zers.]) mit wss. Methanol (*Takatori, Fujise*, J. chem. Soc. Japan Pure Chem. Sect. **78** [1957] 309; C. A. **1960** 515).
Krystalle (aus Me.); F: 190—191°.

(±)-2-[3-Hydroxy-phenyl]-5,7-dimethyl-chroman-4-on $C_{17}H_{16}O_3$, Formel V (R = H).
B. Beim Erwärmen einer Lösung von (±)-2-[3-Amino-phenyl]-5,7-dimethyl-chroman-4-on in Äthanol mit wss. Salzsäure und anschliessenden Behandeln mit wss. Natriumnitrit-Lösung (*Matsuoka*, J. chem. Soc. Japan Pure Chem. Sect. **78** [1957] 649; C. A. **1959** 5258).
Krystalle (aus A.); F: 147—148°.

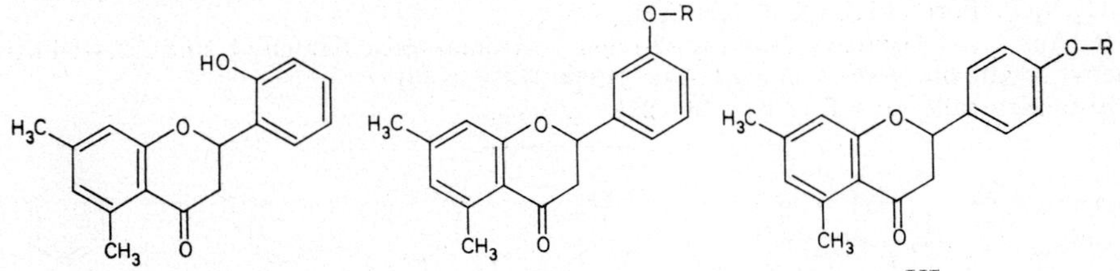

IV   V   VI

(±)-2-[3-Acetoxy-phenyl]-5,7-dimethyl-chroman-4-on $C_{19}H_{18}O_4$, Formel V (R = CO-CH_3).
B. Beim Behandeln von (±)-2-[3-Hydroxy-phenyl]-5,7-dimethyl-chroman-4-on mit

Acetanhydrid und konz. Schwefelsäure (*Matsuoka*, J. chem. Soc. Japan Pure Chem. Sect. **78** [1957] 649; C. A. **1959** 5258).
Krystalle; F: 78—79°.

(±)-2-[4-Hydroxy-phenyl]-5,7-dimethyl-chroman-4-on $C_{17}H_{16}O_3$, Formel VI (R = H).
B. Beim Erwärmen von 2′,4-Dihydroxy-4′,6′-dimethyl-*trans*(?)-chalkon (F: 133,5° bis 134,5°) mit wss.-äthanol. Salzsäure (*Takatori, Fujise*, J. chem. Soc. Japan Pure Chem. Sect. **78** [1957] 309; C. A. **1960** 515).
Krystalle (aus A.); F: 188—189°.

(±)-2-[4-Methoxy-phenyl]-5,7-dimethyl-chroman-4-on $C_{18}H_{18}O_3$, Formel VI (R = CH_3).
B. Beim Erwärmen von 2′-Hydroxy-4-methoxy-4′,6′-dimethyl-*trans*(?)-chalkon (F: 102° bis 103°) mit wss. Äthanol (*Matsuoka*, J. chem. Soc. Japan Pure Chem. Sect. **80** [1959] 64; C. A. **1961** 4489).
Krystalle (aus wss. A.); F: 75—76°.

(±)-2-[4-Acetoxy-phenyl]-5,7-dimethyl-chroman-4-on $C_{19}H_{18}O_4$, Formel VI (R = CO-CH_3).
B. Beim Behandeln von (±)-2-[4-Hydroxy-phenyl]-5,7-dimethyl-chroman-4-on mit Acetanhydrid und Natriumacetat (*Takatori*, J. chem. Soc. Japan Pure Chem. Sect. **78** [1957] 843; C. A. **1960** 4557).
Krystalle (aus A.); F: 95—96°.

(±)-2-[4-Hydroxy-phenyl]-5,7-dimethyl-chroman-4-on-semicarbazon $C_{18}H_{19}N_3O_3$, Formel VII.
B. Aus (±)-2-[4-Hydroxy-phenyl]-5,7-dimethyl-chroman-4-on und Semicarbazid (*Takatori, Fujise*, J. chem. Soc. Japan Pure Chem. Sect. **78** [1957] 309; C. A. **1960** 515).
F: 217,5—218°.

(±)-7-Hydroxy-5-methyl-2-phenyl-chroman-8-carbaldehyd $C_{17}H_{16}O_3$, Formel VIII.
B. Beim Behandeln von (±)-5-Methyl-2-phenyl-chroman-7-ol mit Cyanwasserstoff, Zinkchlorid und Chlorwasserstoff enthaltendem Äther und anschliessenden Hydrolysieren (*Robertson et al.*, Soc. **1954** 3137, 3140).
Krystalle (aus Bzn. oder Me.); F: 127°.

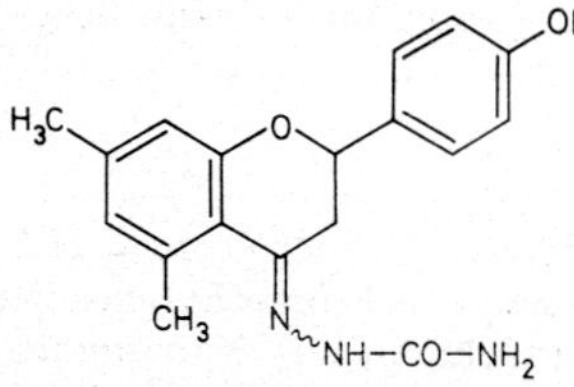

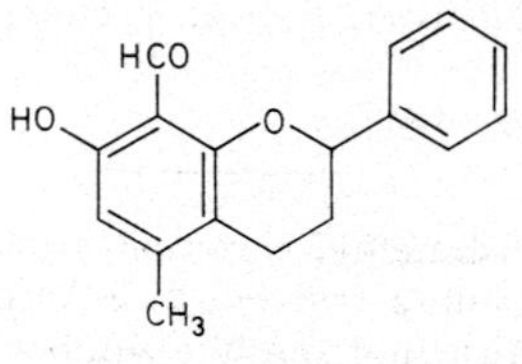

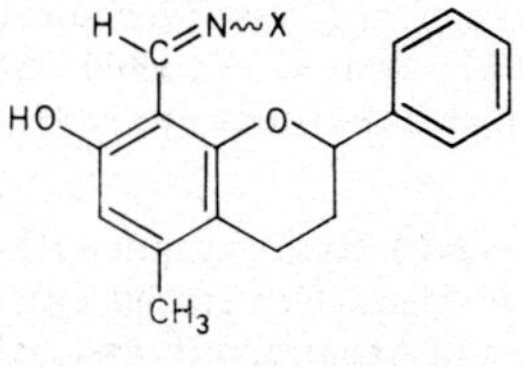

(±)-7-Hydroxy-5-methyl-2-phenyl-chroman-8-carbaldehyd-[2,4-dinitro-phenylhydrazon] $C_{23}H_{20}N_4O_6$, Formel IX (X = NH-$C_6H_3(NO_2)_2$).
B. Aus (±)-7-Hydroxy-5-methyl-2-phenyl-chroman-8-carbaldehyd und [2,4-Dinitrophenyl]-hydrazin (*Robertson et al.*, Soc. **1954** 3137, 3140).
Rote Krystalle (aus E.); F: 276—278° [Zers.].

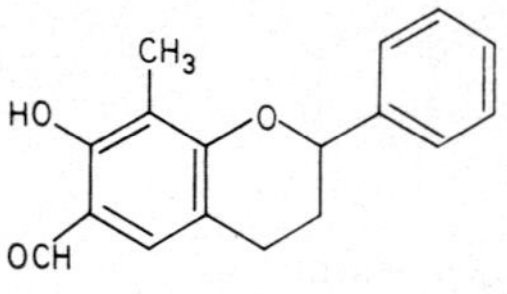

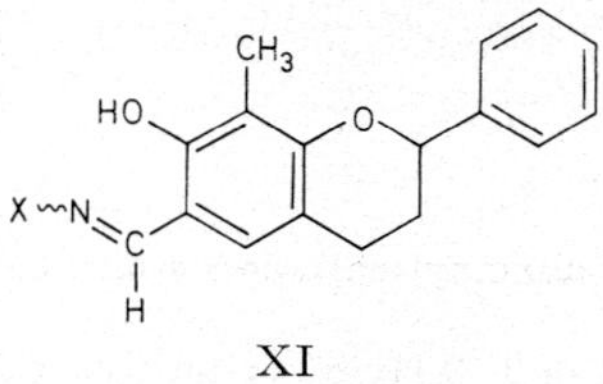

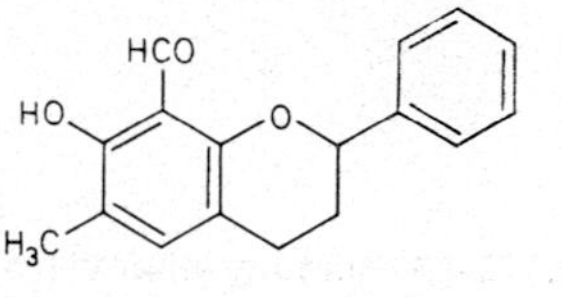

(±)-7-Hydroxy-8-methyl-2-phenyl-chroman-6-carbaldehyd $C_{17}H_{16}O_3$, Formel X.

B. Beim Behandeln von (±)-8-Methyl-2-phenyl-chroman-7-ol mit Cyanwasserstoff, Zinkchlorid und Chlorwasserstoff enthaltendem Äther und anschliessenden Hydrolysieren (*Robertson et al.*, Soc. **1954** 3137, 3139).
Krystalle (aus Me.); F: 121°.

(±)-7-Hydroxy-8-methyl-2-phenyl-chroman-6-carbaldehyd-[2,4-dinitro-phenylhydrazon] $C_{23}H_{20}N_4O_6$, Formel XI (X = NH-C$_6$H$_3$(NO$_2$)$_2$).

B. Aus (±)-7-Hydroxy-8-methyl-2-phenyl-chroman-6-carbaldehyd und [2,4-Dinitrophenyl]-hydrazin (*Robertson et al.*, Soc. **1954** 3137, 3139).
Rote Krystalle (aus E.); F: 277°.

(±)-7-Hydroxy-6-methyl-2-phenyl-chroman-8-carbaldehyd $C_{17}H_{16}O_3$, Formel XII.

B. Beim Behandeln von (±)-6-Methyl-2-phenyl-chroman-7-ol mit Cyanwasserstoff, Zinkchlorid und Chlorwasserstoff enthaltendem Äther und anschliessenden Hydrolysieren (*Robertson et al.*, Soc. **1954** 3137, 3139).
Gelbe Krystalle (aus Me.); F: 120°.

(±)-7-Hydroxy-6-methyl-2-phenyl-chroman-8-carbaldehyd-[2,4-dinitro-phenylhydrazon] $C_{23}H_{20}N_4O_6$, Formel I (X = NH-C$_6$H$_3$(NO$_2$)$_2$).

B. Aus (±)-7-Hydroxy-6-methyl-2-phenyl-chroman-8-carbaldehyd und [2,4-Dinitrophenyl]-hydrazin (*Robertson et al.*, Soc. **1954** 3137, 3139).
Orangefarbene Krystalle (aus E.); F: 265°.

I II III

(±)-1-Acetoxy-4,4-dimethyl-1-phenyl-isochroman-3-on, (±)-2-[2-(α-Acetoxy-α-hydroxy-benzyl)-phenyl]-2-methyl-propionsäure-lacton $C_{19}H_{18}O_4$, Formel II.

Diese Konstitution ist der nachstehend beschriebenen, von *Earl*, *Smythe* (J. Pr. Soc. N.S. Wales **64** [1930] 90, 91) als 3-Acetoxy-4,4-dimethyl-3-phenyl-isochroman-1-on angesehenen Verbindung $C_{19}H_{18}O_4$ zuzuordnen.

B. Beim Erhitzen von 2-[2-Benzoyl-phenyl]-2-methyl-propionsäure (bezüglich der Konstitution dieser Verbindung vgl. *Koelsch*, *Johnson*, Am. Soc. **65** [1943] 565) mit Acetanhydrid (*Earl*, *Sm.*, l. c. S. 94; *Renson*, *Christiaens*, Bl. Soc. chim. Belg. **71** [1962] 379, 393).
Krystalle; F: 138° [aus Hexan] (*Re.*, *Ch.*), 137° [aus Bzn.] (*Earl*, *Sm.*).

4-[6-Methoxy-[2]naphthyl]-3,3,5-trimethyl-3H-furan-2-on, 4-Hydroxy-3-[6-methoxy-[2]naphthyl]-2,2-dimethyl-pent-3t-ensäure-lacton $C_{18}H_{18}O_3$, Formel III.

B. Neben 3,4-Dihydroxy-3-[6-methoxy-[2]naphthyl]-2,2-dimethyl-valeriansäure-4-lacton (Hauptprodukt) beim Erhitzen von 3-[6-Methoxy-[2]naphthyl]-2,2-dimethyl-pent-3t(?)-ensäure mit Selendioxid und Essigsäure (*Horeau*, *Jacques*, Bl. **1956** 1467, 1470).
Krystalle (aus Cyclohexan); F: 146—147°.

5-[6-Methoxy-[2]naphthyl]-3,3,4-trimethyl-3H-furan-2-on, 4c-Hydroxy-4t-[6-methoxy-[2]naphthyl]-2,2,3-trimethyl-but-3-ensäure-lacton $C_{18}H_{18}O_3$, Formel IV.

B. Beim Erwärmen von (±)-4-[6-Methoxy-[2]naphthyl]-2,2,3-trimethyl-4-oxo-buttersäure mit Acetylchlorid (*Jacques et al.*, Bl. **1958** 678, 684).
Krystalle (aus Me.); F: 77—78°.

(±)-5-Hydroxy-4,6,7-trimethyl-3-phenyl-3H-benzofuran-2-on, (±)-[2,5-Dihydroxy-3,4,6-trimethyl-phenyl]-phenyl-essigsäure-2-lacton $C_{17}H_{16}O_3$, Formel V (R = H).
B. Beim Behandeln einer Lösung von Trimethyl-[1,4]benzochinon in Methanol mit Phenylacetonitril und mit Natriummethylat in Methanol und anschliessend mit wss. Salzsäure (*Smith, Dale,* J. org. Chem. **15** [1950] 832, 837).
Krystalle (aus Bzl. + Bzn.); F: 152,5—157,5°. In Lösung an der Luft nicht beständig.

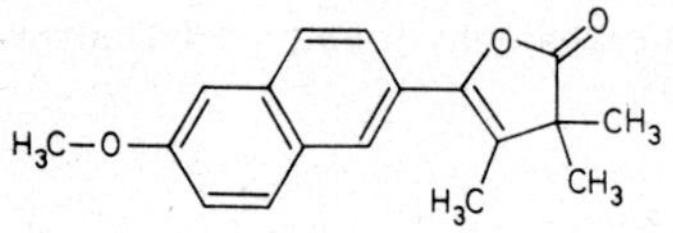

IV 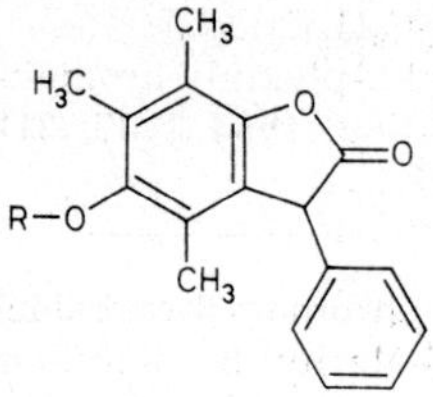 V 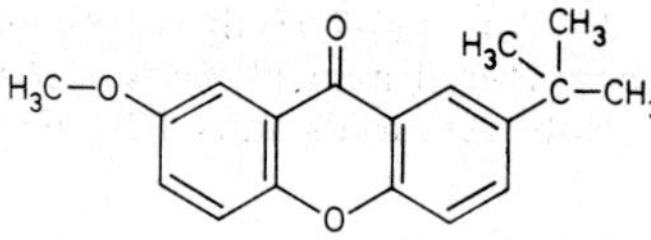 VI

(±)-5-Acetoxy-4,6,7-trimethyl-3-phenyl-3H-benzofuran-2-on, (±)-[3-Acetoxy-6-hydroxy-2,4,5-trimethyl-phenyl]-phenyl-essigsäure-lacton $C_{19}H_{18}O_4$, Formel V (R = CO-CH$_3$).
B. Beim Erhitzen von (±)-5-Hydroxy-4,6,7-trimethyl-3-phenyl-3H-benzofuran-2-on mit Acetanhydrid und wenig Schwefelsäure (*Smith, Dale,* J. org. Chem. **15** [1950] 832, 837).
Krystalle (aus A.); F: 207—208°.

2-*tert*-Butyl-7-methoxy-xanthen-9-on $C_{18}H_{18}O_3$, Formel VI.
B. Beim Erhitzen von 2-[4-*tert*-Butyl-phenoxy]-5-methoxy-benzoesäure mit konz. Schwefelsäure (*Sen, Sen Gupta,* J. Indian chem. Soc. **32** [1955] 619).
Krystalle (aus A.); F: 180°.

(±)-6aξ-Acetoxy-4c-[2]naphthyl-(3ar)-hexahydro-cyclopenta[b]furan-2-on, (±)-[2ξ-Acetoxy-2ξ-hydroxy-5t-[2]naphthyl-cyclopent-r-yl]-essigsäure-lacton $C_{19}H_{18}O_4$, Formel VII + Spiegelbild.
B. Beim Erhitzen von (±)-[2t-[2]Naphthyl-5-oxo-cyclopent-r-yl]-essigsäure (E III **10** 3347) mit Acetanhydrid unter Zusatz von wss. Jodwasserstoffsäure (*Koebner, Robinson,* Soc. **1941** 566, 569).
Krystalle (aus A.); F: 157—158°.

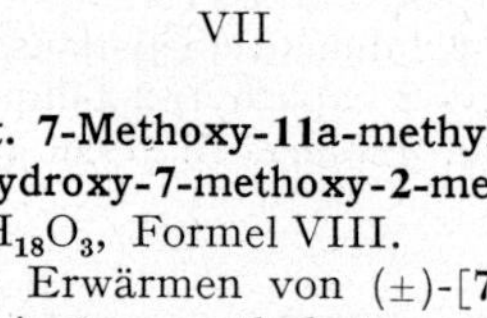

VII 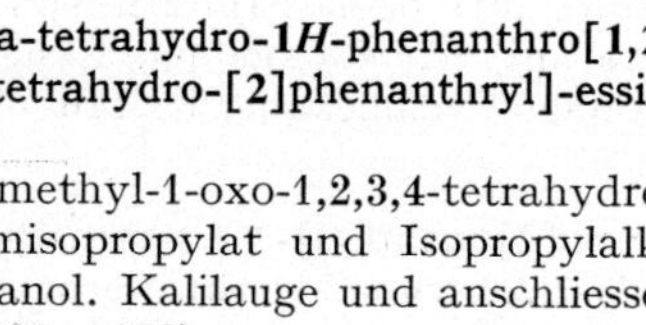 VIII

*Opt.-inakt. 7-Methoxy-11a-methyl-3a,10,11,11a-tetrahydro-1H-phenanthro[1,2-b]furan-2-on, [1-Hydroxy-7-methoxy-2-methyl-1,2,3,4-tetrahydro-[2]phenanthryl]-essigsäure-lacton $C_{18}H_{18}O_3$, Formel VIII.
B. Beim Erwärmen von (±)-[7-Methoxy-2-methyl-1-oxo-1,2,3,4-tetrahydro-[2]phenanthryl]-essigsäure-methylester mit Aluminiumisopropylat und Isopropylalkohol, Erwärmen des Reaktionsprodukts mit wss.-methanol. Kalilauge und anschliessenden Ansäuern (*Wilds, Johnson,* Am. Soc. **70** [1948] 1166, 1173).
Krystalle (aus A.); F: 145—145,5° [korr.]. Absorptionsmaxima (A.): 236 nm, 266,5 nm, 275,5 nm, 314 nm und 329 nm.

(±)-3-Dibrommethylen-7-methoxy-(3ar,3bξ,11ac)-3a,3b,4,5,11,11a-hexahydro-3H-phen=
anthro[1,2-c]furan-1-on, (±)-1r-[2,2-Dibrom-1-hydroxy-vinyl]-7-methoxy-(10aξ)-
1,2,3,9,10,10a-hexahydro-phenanthren-2c-carbonsäure-lacton $C_{18}H_{16}Br_2O_3$, Formel IX,
und (±)-1-Dibrommethylen-7-methoxy-(3ar,3bξ,11ac)-3a,3b,4,5,11,11a-hexahydro-1H-
phenanthro[1,2-c]furan-3-on, (±)-2c-[2,2-Dibrom-1-hydroxy-vinyl]-7-methoxy-(10aξ)-
1,2,3,9,10,10a-hexahydro-phenanthren-1r-carbonsäure-lacton $C_{18}H_{16}Br_2O_3$, Formel X.

Diese beiden Formeln kommen für die früher (s. E III 8 2874) beschriebene, als 16,16-Di=
brom-3-methoxy-6,7,8,12,13,14-hexahydro-cyclopenta[a]phenanthren-
15,17-dion angesehene Verbindung $C_{18}H_{16}Br_2O_3$ in Betracht, nachdem sich das zu ihrer
Herstellung verwendete vermeintliche 2,2-Dibrom-cyclopent-4-en-1,3-dion als 5-Dibrom=
methylen-5H-furan-2-on erwiesen hat (s. diesbezüglich *Koch, Pirsch*, M. **93** [1962] 661,
662; *Wells*, Austral. J. Chem. **16** [1963] 165).

IX   X   XI

(±)-3-Acetyl-2-methyl-6,9-dihydro-6,9-äthano-naphtho[1,2-b]furan-5-ol, (±)-1-[5-Hydr=
oxy-2-methyl-6,9-dihydro-6,9-äthano-naphtho[1,2-b]furan-3-yl]-äthanon $C_{17}H_{16}O_3$,
Formel XI.

B. Beim Erwärmen von 1,4-Dihydro-1,4-äthano-naphthalin-5,8-chinon mit Pentan-
2,4-dion, Zinkchlorid und Äthanol (*Grinew et al.*, Ž. obšč. Chim. **26** [1956] 2931; engl. Ausg.
S. 3259).

Krystalle (aus A.); F: 274—275°.

Hydroxy-oxo-Verbindungen $C_{18}H_{18}O_3$

*Opt.-inakt. 3-Benzyl-4-[α-hydroxy-benzyl]-dihydro-furan-2-on, 2-Benzyl-4-hydroxy-
3-[α-hydroxy-benzyl]-buttersäure-4-lacton $C_{18}H_{18}O_3$, Formel I.

B. Bei der Hydrierung von opt.-inakt. 3-Benzoyl-2-benzyl-4-hydroxy-buttersäure-
lacton (Stereoisomeren-Gemisch) an Palladium/Kohle in Äthanol (*Drake, Tuemmler*,
Am. Soc. **77** [1955] 1204, 1209).

Krystalle (aus Bzl. + PAe.); F: 103—103,6° [korr.].

4-Benzyl-3-hydroxy-5-p-tolyl-dihydro-furan-2-on, 3-Benzyl-2,4-dihydroxy-4-p-tolyl-
buttersäure-4-lacton $C_{18}H_{18}O_3$, Formel II.

a) Opt.-inakt. Präparat vom F: 118°.

B. Aus (±)-3-Benzyl-4-hydroxy-2-oxo-4-p-tolyl-buttersäure-lacton (F: 125°) mit Hilfe
von Kaliumboranat (*Labib*, C. r. **244** [1957] 2396, 2398).

F: 118°.

b) Opt.-inakt. Präparat vom F: 73—74°.

B. Aus (±)-3-Benzyl-4-hydroxy-2-oxo-4-p-tolyl-buttersäure-lacton (F: 125°) bei der
Hydrierung mit Hilfe von Raney-Nickel (*Labib*, C. r. **244** [1957] 2396, 2398).

F: 73—74°.

I   II   III

*Opt.-inakt. 3-Benzyl-3-hydroxy-5-*p*-tolyl-dihydro-furan-2-on, 2-Benzyl-2,4-dihydroxy-4-*p*-tolyl-buttersäure-4-lacton $C_{18}H_{18}O_3$, Formel III.

B. Aus (±)-2-Benzyl-2-hydroxy-4-oxo-4-*p*-tolyl-buttersäure bei aufeinanderfolgender Behandlung mit Kaliumhydrogencarbonat in Wasser, mit Kaliumboranat und mit wss. Salzsäure (*Cordier*, Bl. **1955** 151) sowie bei der Hydrierung mit Hilfe von Raney-Nickel (*Cordier, Kirstensen*, C. r. **240** [1955] 2419).

F: 118°.

---

*Opt.-inakt. 2,3-Epoxy-1-mesityl-3-[2-methoxy-phenyl]-propan-1-on $C_{19}H_{20}O_3$, Formel IV.

B. Beim Behandeln einer Lösung von 2-Methoxy-2',4',6'-trimethyl-chalkon (F: 95°) in Äthanol mit wss. Wasserstoffperoxid und wss. Natronlauge (*Barnes, Lucas*, Am. Soc. **64** [1942] 2260).

Krystalle (aus A.); F: 73—74°.

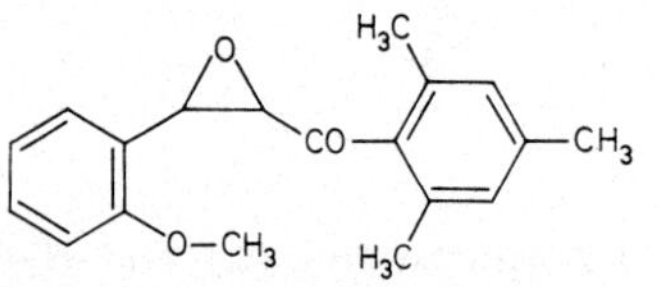

IV 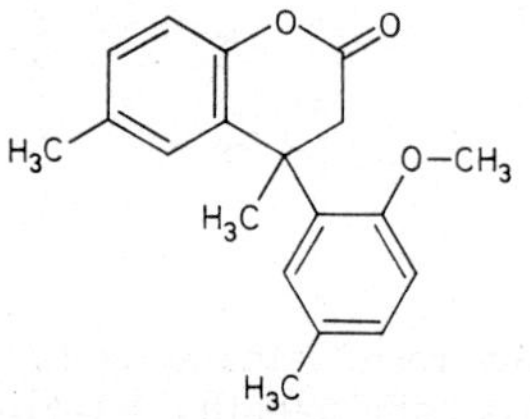   V 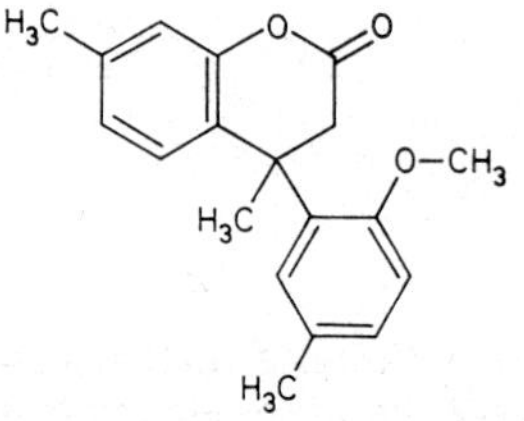   VI

(±)-4-[2-Methoxy-5-methyl-phenyl]-4,6-dimethyl-chroman-2-on, (±)-3-[2-Hydroxy-5-methyl-phenyl]-3-[2-methoxy-5-methyl-phenyl]-buttersäure-lacton $C_{19}H_{20}O_3$, Formel V.

B. Beim Behandeln einer Lösung von 3-[2-Methoxy-5-methyl-phenyl]-crotonsäure (nicht charakterisiert) in wss. Schwefelsäure mit *p*-Kresol (*Gogte, Kasaralkar*, J. Univ. Bombay **27**, Tl. 3A [1958] 41, 49).

Krystalle (aus A.); F: 146°.

(±)-4-[2-Methoxy-5-methyl-phenyl]-4,7-dimethyl-chroman-2-on, (±)-3-[2-Hydroxy-4-methyl-phenyl]-3-[2-methoxy-5-methyl-phenyl]-buttersäure-lacton $C_{19}H_{20}O_3$, Formel VI.

B. Beim Behandeln einer Lösung von 3-[2-Methoxy-5-methyl-phenyl]-crotonsäure (nicht charakterisiert) in wss. Schwefelsäure mit *m*-Kresol (*Gogte, Kasaralkar*, J. Univ. Bombay **27**, Tl. 3A [1958] 41, 51).

Krystalle (aus A.); F: 155°.

(±)-4-[2-Methoxy-4-methyl-phenyl]-4,6-dimethyl-chroman-2-on, (±)-3-[2-Hydroxy-5-methyl-phenyl]-3-[2-methoxy-4-methyl-phenyl]-buttersäure-lacton $C_{19}H_{20}O_3$, Formel VII.

B. Beim Behandeln einer Lösung von 3-[2-Methoxy-4-methyl-phenyl]-crotonsäure (F: 139°) in wss. Schwefelsäure mit *p*-Kresol (*Gogte, Kasaralkar*, J. Univ. Bombay **27**, Tl. 3A [1958] 41, 51).

Krystalle (aus A.); F: 160°.

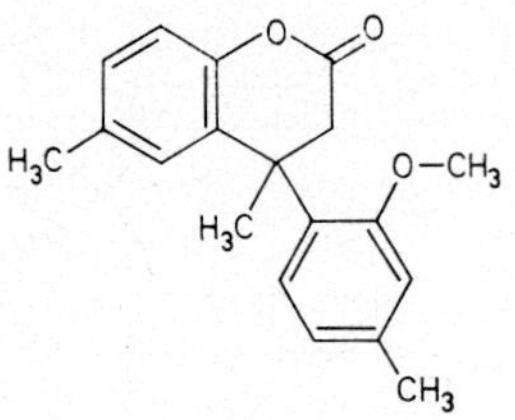

VII 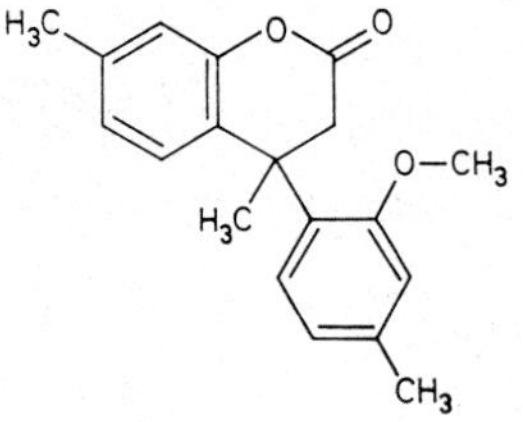   VIII

(±)-4-[2-Methoxy-4-methyl-phenyl]-4,7-dimethyl-chroman-2-on, (±)-3-[2-Hydroxy-4-methyl-phenyl]-3-[2-methoxy-4-methyl-phenyl]-buttersäure-lacton $C_{19}H_{20}O_3$, Formel VIII.

B. Beim Behandeln einer Lösung von 3-[2-Methoxy-4-methyl-phenyl]-crotonsäure (F: 139°) in wss. Schwefelsäure mit *m*-Kresol (*Gogte, Kasaralkar*, J. Univ. Bombay **27**, Tl. 3A [1958] 41, 52).
Krystalle (aus A.); F: 105°.

Bis-[7-isopropyl-4-methyl-2-oxo-3-phenyl-2,3-dihydro-benzofuran-3-yl]-peroxid $C_{36}H_{34}O_6$, Formel IX.
Eine opt.-inakt. Verbindung dieser Konstitution hat vermutlich in dem nachstehend beschriebenen Präparat vorgelegen.

B. Beim Behandeln von (±)-7-Isopropyl-4-methyl-3-phenyl-3*H*-benzofuran-2-on mit Calciumpermanganat in Aceton (*Arventi*, Ann. scient. Univ. Jassy **24** [1938] 219, 228).
Krystalle (aus Acn.) mit 1 Mol Aceton; F: 191—193° [Zers.].

IX   X

(±)-5-Acetoxy-3-benzyl-4,6,7-trimethyl-3*H*-benzofuran-2-on, (±)-2-[3-Acetoxy-6-hydroxy-2,4,5-trimethyl-phenyl]-3-phenyl-propionsäure-lacton $C_{20}H_{20}O_4$, Formel X.

B. Bei der Hydrierung von 5-Acetoxy-3-[(*E*)-benzyliden]-4,6,7-trimethyl-3*H*-benzofuran-2-on (F: 198,5—199,5°) an Platin in Äthylacetat (*Smith, Hurd*, J. org. Chem. **22** [1957] 588).
Krystalle (aus A.); F: 118,5—120°.

(±)-3-[2,4-Dimethyl-phenyl]-3-methoxy-4,7-dimethyl-phthalid $C_{19}H_{20}O_3$, Formel XI.

B. Beim Erwärmen von 2-[2,4-Dimethyl-benzoyl]-3,6-dimethyl-benzoesäure mit Thionylchlorid und Behandeln des Reaktionsprodukts mit Methanol und Pyridin (*Newman, Lord*, Am. Soc. **66** [1944] 731).
Krystalle; F: 86,8—87,2°.

XI   XII

2-Methoxy-7-*tert*-pentyl-xanthen-9-on $C_{19}H_{20}O_3$, Formel XII.

B. Beim Erhitzen von 5-Methoxy-2-[4-*tert*-pentyl-phenoxy]-benzoesäure mit konz. Schwefelsäure (*Sen, Sen Gupta*, J. Indian chem. Soc. **32** [1955] 619).
Krystalle (aus A.); F: 156°.

4-*tert*-Butyl-7-methoxy-1-methyl-xanthen-9-on $C_{19}H_{20}O_3$, Formel XIII.

B. Beim Erhitzen von 2-[2-*tert*-Butyl-5-methyl-phenoxy-]-5-methoxy-benzoesäure mit konz. Schwefelsäure (*Sen, Sen Gupta*, J. Indian chem. Soc. **32** [1955] 619).
Krystalle (aus A.); F: 169°.

XIII   XIV

*Opt.-inakt. 7'-Methoxy-2'-methyl-3,4,3',4'-tetrahydro-2'H-spiro[furan-2,1'-phen=
anthren]-5-on, 3-[1-Hydroxy-7-methoxy-2-methyl-1,2,3,4-tetrahydro-[1]phenanthryl]-
propionsäure-lacton $C_{19}H_{20}O_3$, Formel XIV.
 a) Ein krystallines Präparat vom F: 192—193° [korr.; aus Me.] ist beim Behandeln
von 3-[7-Methoxy-2-methyl-3,4-dihydro-[1]phenanthryl]-propionsäure mit Fluorwasser=
stoff erhalten worden (*Johnson, Stromberg*, Am. Soc. **72** [1950] 505, 508).
 b) Eine Verbindung dieser Konstitution hat nach *Johnson, Stromberg* (l. c. S. 505)
auch in einem von *Haberland* (B. **72** [1939] 1215, 1220) als 3-[2-Hydroxy-7-methoxy-
2-methyl-1,2,3,4-tetrahydro-[1]phenanthryl]-propionsäure-lacton angesehenen, beim Be-
handeln von (±)-7-[6-Methoxy-[1]naphthyl]-5-methyl-4-oxo-heptansäure mit konz.
Schwefelsäure erhaltenen Präparat (Krystalle [aus wss. Acn.]; F: 198°) vorgelegen.

8-Hydroxy-12a-methyl-3,4,4a,11,12,12a-hexahydro-naphtho[2,1-*f*]chromen-2-on,
3-[2,7-Dihydroxy-2-methyl-1,2,3,4-tetrahydro-[1]phenanthryl]-propionsäure-2-lacton
$C_{18}H_{18}O_3$.
 Über die Konstitution und Konfiguration der beiden folgenden Stereoisomeren sowie
ihrer in den sich anschliessenden Artikeln beschriebenen Derivate s. *Picha*, Am. Soc. **74**
[1952] 703 Anm. 8; *Weidmann*, Bl. **1971** 912, 913.
 a) (±)-8-Hydroxy-12a-methyl-(4a*r*,12a*c*)-3,4,4a,11,12,12a-hexahydro-naphtho=
[2,1-*f*]chromen-2-on, (±)-3-[2*c*,7-Dihydroxy-2*t*-methyl-1,2,3,4-tetrahydro-[1*r*]phen=
anthryl]-propionsäure-2-lacton, *rac*-3,13-Dihydroxy-13*βH*-13,17-seco-östra-1,3,5,7,9-
pentaen-17-säure-13-lacton $C_{18}H_{18}O_3$, Formel XV (R = H) + Spiegelbild (in der
Literatur auch als (±)-Iso-bis-dehydroöstrololacton bezeichnet).
 B. Beim Erwärmen von *rac*-3-Acetoxy-13-hydroxy-13*βH*-13,17-seco-östra-1,3,5,7,9-
pentaen-17-säure-lacton (S. 675) mit wss. Natronlauge und Ansäuern der Reaktions-
lösung mit wss. Salzsäure (*Picha*, Am. Soc. **74** [1952] 703).
 Krystalle (aus 2-Äthoxy-äthanol); F: 258—260° [korr.].
 b) (4a*S*)-8-Hydroxy-12a-methyl-(4a*r*,12a*t*)-3,4,4a,11,12,12a-hexahydro-naphtho=
[2,1-*f*]chromen-2-on, 3-[(1*S*)-2*t*,7-Dihydroxy-2*c*-methyl-1,2,3,4-tetrahydro-[1*r*]phen=
anthryl]-propionsäure-2-lacton, 3,13-Dihydroxy-13*αH*-13,17-seco-östra-1,3,5,7,9-pentaen-
17-säure-13-lacton $C_{18}H_{18}O_3$, Formel XVI (R = H) (in der Literatur auch als Bis-
dehydroöstrololacton bezeichnet).
 B. Beim Erwärmen von 3-Acetoxy-13-hydroxy-13*αH*-13,17-seco-östra-1,3,5,7,9-penta=
en-17-säure-lacton mit wss. Natronlauge und Ansäuern der Reaktionslösung mit wss.
Salzsäure (*Jacobsen et al.*, J. biol. Chem. **171** [1947] 81, 84). Aus 3-Acetoxy-17,17-bis-
hydroperoxy-östra-1,3,5,7,9-pentaen beim Behandeln mit Bernsteinsäure-anhydrid und
Pyridin sowie beim Erhitzen mit Xylol (*Velluz et al.*, Bl. **1957** 1484, 1488).
 Krystalle; F: 325—326° [Block; aus wss. Py.] (*Ve. et al.*), 292° [aus 2-Methoxy-
äthanol; im vorgeheizten Block] (*Ja. et al.*). [α]$_D$: —82° [Py.; c = 0,5] (*Ve. et al.*).

8-Methoxy-12a-methyl-3,4,4a,11,12,12a-hexahydro-naphtho[2,1-*f*]chromen-2-on,
3-[2-Hydroxy-7-methoxy-2-methyl-1,2,3,4-tetrahydro-[1]phenanthryl]-propionsäure-
lacton $C_{19}H_{20}O_3$.
 Eine von *Haberland* (B. **72** [1939] 1215, 1220) unter dieser Konstitution beschriebene
opt.-inakt. Verbindung vom F: 198° ist nach *Johnson, Stromberg* (Am. Soc. **72** [1950]
505) als 3-[1-Hydroxy-7-methoxy-2-methyl-1,2,3,4-tetrahydro-[1]phenanthryl]-propion=
säure-lacton (s. o.) zu formulieren.

a) (±)-8-Methoxy-12a-methyl-(4ar,12ac)-3,4,4a,11,12,12a-hexahydro-naphtho=
[2,1-f]chromen-2-on, (±)-3-[2c-Hydroxy-7-methoxy-2t-methyl-1,2,3,4-tetrahydro-
[1r]phenanthryl]-propionsäure-lacton, rac-13-Hydroxy-3-methoxy-13βH-13,17-seco-
östra-1,3,5,7,9-pentaen-17-säure-lacton $C_{19}H_{20}O_3$, Formel XV (R = CH_3) + Spiegelbild.
B. Beim Behandeln von rac-3-Acetoxy-13-hydroxy-13βH-13,17-seco-östra-1,3,5,7,9-
pentaen-17-säure-lacton (s. u.) mit wss. Natronlauge und mit Dimethylsulfat und an-
schliessenden Ansäuern mit wss. Salzsäure (*Picha*, Am. Soc. **74** [1952] 703).
Krystalle (aus A.); F: 189—191° [korr.].

XV   XVI

b) (4aS)-8-Methoxy-12a-methyl-(4ar,12at)-3,4,4a,11,12,12a-hexahydro-naphtho=
[2,1-f]chromen-2-on, 3-[(1S)-2t-Hydroxy-7-methoxy-2c-methyl-1,2,3,4-tetrahydro-
[1r]phenanthryl]-propionsäure-lacton, 13-Hydroxy-3-methoxy-13αH-13,17-seco-östra-
1,3,5,7,9-pentaen-17-säure-lacton $C_{19}H_{20}O_3$, Formel XVI (R = CH_3).
B. Beim Erwärmen von 3-Acetoxy-13-hydroxy-13αH-13,17-seco-östra-1,3,5,7,9-penta=
en-17-säure-lacton (s. u.) mit wss. Natronlauge und mit Dimethylsulfat, Erwärmen des
nach dem Ansäuern erhaltenen Reaktionsprodukts mit wss.-methanol. Natronlauge und
erneuten Ansäuern des Reaktionsgemisches (*Jacobsen et al.*, J. biol. Chem. **171** [1947] 81,
84).
Krystalle (aus Me.); F: 197,3—199,5° (*Ja. et al.*). $[\alpha]_D$: −65,5° [Dioxan; c = 0,7]
(*Weidmann*, Bl. **1971** 912, 915).

8-Acetoxy-12a-methyl-3,4,4a,11,12,12a-hexahydro-naphtho[2,1-f]chromen-2-on,
3-[7-Acetoxy-2-hydroxy-2-methyl-1,2,3,4-tetrahydro-[1]phenanthryl]-propionsäure-
lacton $C_{20}H_{20}O_4$.

a) (±)-8-Acetoxy-12a-methyl-(4ar,12ac)-3,4,4a,11,12,12a-hexahydro-naphtho=
[2,1-f]chromen-2-on, (±)-3-[7-Acetoxy-2c-hydroxy-2t-methyl-1,2,3,4-tetrahydro-
[1r]phenanthryl]-propionsäure-lacton, rac-3-Acetoxy-13-hydroxy-13βH-13,17-seco-
östra-1,3,5,7,9-pentaen-17-säure-lacton $C_{20}H_{20}O_4$, Formel XV (R = $CO\text{-}CH_3$) + Spiegel-
bild.
B. Bei mehrtägigem Behandeln von (±)-O-Acetyl-isoequilenin (rac-3-Acetoxy-13α-östra-
1,3,5,7,9-pentaen-17-on [E III **8** 1528]) mit Peroxyessigsäure in Essigsäure unter Zusatz
von Toluol-4-sulfonsäure-monohydrat (*Picha*, Am. Soc. **74** [1952] 703).
Krystalle (aus Bzl.); F: 187—188° [korr.].

b) (4aS)-8-Acetoxy-12a-methyl-(4ar,12at)-3,4,4a,11,12,12a-hexahydro-naphtho=
[2,1-f]chromen-2-on, 3-[(1S)-7-Acetoxy-2t-hydroxy-2c-methyl-1,2,3,4-tetrahydro-
[1r]phenanthryl]-propionsäure-lacton, 3-Acetoxy-13-hydroxy-13αH-13,17-seco-östra-
1,3,5,7,9-pentaen-17-säure-lacton $C_{20}H_{20}O_4$, Formel XVI (R = $CO\text{-}CH_3$).
B. Bei mehrtägigem Behandeln von O-Acetyl-equilenin (3-Acetoxy-östra-1,3,5,7,9-
pentaen-17-on [E III **8** 1528]) mit Peroxyessigsäure in Essigsäure unter Zusatz von
Toluol-4-sulfonsäure (*Jacobsen et al.*, J. biol. Chem. **171** [1947] 81, 83).
Krystalle (aus Me.); F: 155—157,5°.

(±)-12a-Methyl-8-propionyloxy-(4ar,12ac)-3,4,4a,11,12,12a-hexahydro-naphtho=
[2,1-f]chromen-2-on, (±)-3-[2c-Hydroxy-2t-methyl-7-propionyloxy-1,2,3,4-tetrahydro-
[1r]phenanthryl]-propionsäure-lacton, rac-13-Hydroxy-3-propionyloxy-13βH-13,17-seco-
östra-1,3,5,7,9-pentaen-17-säure-lacton $C_{21}H_{22}O_4$, Formel XV (R = $CO\text{-}CH_2\text{-}CH_3$)
+ Spiegelbild.
B. Beim Erwärmen von rac-3,13-Dihydroxy-13βH-13,17-seco-östra-1,3,5,7,9-pentaen-
17-säure-13-lacton (S. 674) mit Propionsäure-anhydrid und Pyridin (*Picha*, Am. Soc.
74 [1952] 703).
Krystalle (aus A.); F: 118—119° [korr.].

Hydroxy-oxo-Verbindungen $C_{19}H_{20}O_3$

*Opt.-inakt. 3-Benzyl-3-hydroxy-5-phenäthyl-dihydro-furan-2-on, 2-Benzyl-2,4-dihydroxy-6-phenyl-hexansäure-4-lacton $C_{19}H_{20}O_3$, Formel I.

B. Aus opt.-inakt. 2-Benzyl-2,4-dihydroxy-6-phenyl-hexansäure vom F: 68° (*Kristensen-Reh*, Bl. **1956** 882, 885).

F: 60°.

I II

5-Mesityl-5-methoxy-3-phenyl-dihydro-furan-2-on, 4-Hydroxy-4-mesityl-4-methoxy-2-phenyl-buttersäure-lacton $C_{20}H_{22}O_3$, Formel II.

Diese Konstitution kommt der nachstehend beschriebenen, ursprünglich (*Allen et al.*, Canad. J. Res. **11** [1934] 382, 389) als 4-Mesityl-4-oxo-2-phenyl-buttersäure-methylester formulierten opt.-inakt. Verbindung zu (*Allen et al.*, Canad. J. Chem. **34** [1956] 926, 928).

B. Aus (±)-4-Mesityl-4-oxo-2-phenyl-buttersäure (*Al. et al.*, Canad. J. Res. **11** 389).

Krystalle; F: 60—61° (*Al. et al.*, Canad. J. Res. **11** 389). Absorptionsmaximum: 258 nm (*Al. et al.*, Canad. J. Chem. **34** 927).

3,3-Diäthyl-5-[6-methoxy-[2]naphthyl]-4-methyl-3*H*-furan-2-on, 2,2-Diäthyl-4*c*-hydroxy-4*t*-[6-methoxy-[2]naphthyl]-3-methyl-but-3-ensäure-lacton $C_{20}H_{22}O_3$, Formel III.

B. Beim Erwärmen von (±)-2,2-Diäthyl-4-[6-methoxy-[2]naphthyl]-3-methyl-4-oxobuttersäure mit Acetylchlorid (*Jacques et al.*, Bl. **1958** 678, 683).

Krystalle (aus Me.); F: 166,5—167,5° [Block].

3-Hydroxy-9-methyl-1-pentyl-benzo[*c*]chromen-6-on, 2′,4′-Dihydroxy-5-methyl-6′-pentyl-biphenyl-2-carbonsäure-2′-lacton $C_{19}H_{20}O_3$, Formel IV (R = H).

Über die Konstitution s. *Adams et al.*, Am. Soc. **62** [1940] 2204.

B. Beim Erwärmen von 2-Brom-4-methyl-benzoesäure mit 5-Pentyl-resorcin und wss. Natronlauge unter Zusatz von wss. Kupfer(II)-sulfat-Lösung (*Adams et al.*, Am. Soc. **62** [1940] 2197, 2199).

Krystalle (aus Me. oder Eg.); F: 206° [korr.].

III IV

3-Acetoxy-9-methyl-1-pentyl-benzo[*c*]chromen-6-on, 4′-Acetoxy-2′-hydroxy-5-methyl-6′-pentyl-biphenyl-2-carbonsäure-lacton $C_{21}H_{22}O_4$, Formel IV (R = CO-CH$_3$).

B. Beim Erhitzen von 3-Hydroxy-9-methyl-1-pentyl-benzo[*c*]chromen-6-on mit Acetanhydrid (*Adams et al.*, Am. Soc. **62** [1940] 2197, 2200).

Krystalle (aus Me.); F: 126°.

1-Hydroxy-9-methyl-2-pentyl-benzo[*c*]chromen-6-on, 2′,6′-Dihydroxy-5-methyl-3′-pentyl-biphenyl-2-carbonsäure-6′-lacton $C_{19}H_{20}O_3$, Formel V (R = H).

B. Beim Behandeln von 9-Methyl-2-pentyl-3,4-dihydro-2*H*-benzo[*c*]chromen-1,6-dion

mit Brom in Chloroform und Erhitzen des Reaktionsprodukts mit Chinolin auf 200° (*Adams, Baker*, Am. Soc. **62** [1940] 2208, 2212).
Krystalle (aus Butanon); F: 182—183° [korr.].
Beim Erwärmen mit Methyljodid, Kaliumcarbonat und Aceton ist 1-Methoxy-9-methyl-2-pentyl-benzo[*c*]chromen-6-on, beim Erwärmen mit Natriummethylat in Methanol und mit Dimethylsulfat ist hingegen 1-Methoxy-9-methyl-4-pentyl-benzo[*c*]chromen-6-on erhalten worden.

1-Methoxy-9-methyl-2-pentyl-benzo[*c*]chromen-6-on, 6'-Hydroxy-2'-methoxy-5-methyl-3'-pentyl-biphenyl-2-carbonsäure-lacton $C_{20}H_{22}O_3$, Formel V (R = CH_3).
B. Beim Erwärmen von 1-Hydroxy-9-methyl-2-pentyl-benzo[*c*]chromen-6-on mit Methyljodid, Kaliumcarbonat und Aceton (*Adams, Baker*, Am. Soc. **62** [1940] 2208, 2212).
Krystalle (aus Me.); F: 45—46°.

V VI

1-Benzyloxy-9-methyl-2-pentyl-benzo[*c*]chromen-6-on, 2'-Benzyloxy-6'-hydroxy-5-methyl-3'-pentyl-biphenyl-2-carbonsäure-lacton $C_{26}H_{26}O_3$, Formel V (R = CH_2-C_6H_5).
B. Beim Erwärmen von 1-Hydroxy-9-methyl-2-pentyl-benzo[*c*]chromen-6-on mit Benzylchlorid, Kaliumcarbonat und Aceton (*Adams, Baker*, Am. Soc. **62** [1940] 2208, 2214).
Krystalle (aus Me.); F: 86°.
Beim Behandeln mit Essigsäure und wss. Salzsäure ist 1-Hydroxy-9-methyl-4-pentyl-benzo[*c*]chromen-6-on erhalten worden (*Ad., Ba.*, l. c. S. 2209).

1-Benzolsulfonyloxy-9-methyl-2-pentyl-benzo[*c*]chromen-6-on, 2'-Benzolsulfonyloxy-6'-hydroxy-5-methyl-3'-pentyl-biphenyl-2-carbonsäure-lacton $C_{25}H_{24}O_5S$, Formel V (R = SO_2-C_6H_5).
B. Beim Erhitzen von 1-Hydroxy-9-methyl-2-pentyl-benzo[*c*]chromen-6-on mit Benzolsulfonylchlorid und Pyridin (*Adams, Baker*, Am. Soc. **62** [1940] 2208, 2213).
Krystalle (aus A.); F: 139° [korr.].

3-Hydroxy-9-methyl-2-pentyl-benzo[*c*]chromen-6-on, 2',4'-Dihydroxy-5-methyl-5'-pentyl-biphenyl-2-carbonsäure-2'-lacton $C_{19}H_{20}O_3$, Formel VI.
B. Beim Erwärmen von 2-Brom-4-methyl-benzoesäure mit 4-Pentyl-resorcin und wss. Natronlauge unter Zusatz von wss. Kupfer(II)-sulfat-Lösung (*Adams et al.*, Am. Soc. **62** [1940] 2201, 2203).
Krystalle (aus Eg.); F: 226° [korr.].

1-Hydroxy-9-methyl-3-pentyl-benzo[*c*]chromen-6-on, 2',6'-Dihydroxy-5-methyl-4'-pentyl-biphenyl-2-carbonsäure-lacton $C_{19}H_{20}O_3$, Formel VII (R = H).
B. Beim Erhitzen von (±)-9-Methyl-3-pentyl-3,4-dihydro-2*H*-benzo[*c*]chromen-1,6-dion mit Schwefel auf 250° (*Adams et al.*, Am. Soc. **62** [1940] 2204, 2206). Beim Erhitzen von (±)-1-Acetoxy-9-methyl-3-pentyl-7,8,9,10-tetrahydro-benzo[*c*]chromen-6-on mit Palladium/Kohle auf 310° und Behandeln des Reaktionsprodukts mit äthanol. Kalilauge (*Ghosh et al.*, Soc. **1940** 1393, 1395).
Krystalle; F: 187° [aus Ae. + Bzn.] (*Gh. et al.*), 186° [korr.; aus Toluol oder Eg.] (*Ad. et al.*).

VII   VIII

1-Acetoxy-9-methyl-3-pentyl-benzo[c]chromen-6-on, 2′-Acetoxy-6′-hydroxy-5-methyl-4′-pentyl-biphenyl-2-carbonsäure-lacton $C_{21}H_{22}O_4$, Formel VII (R = CO-CH$_3$).
  B. Beim Erhitzen von 1-Hydroxy-9-methyl-3-pentyl-benzo[c]chromen-6-on mit Acetanhydrid und Pyridin (*Ghosh et al.*, Soc. **1940** 1393, 1395).
  Krystalle (aus A.); F: 98°.

2-Hydroxy-9-methyl-3-pentyl-benzo[c]chromen-6-on, 2′,5′-Dihydroxy-5-methyl-4′-pentyl-biphenyl-2-carbonsäure-2′-lacton $C_{19}H_{20}O_3$, Formel VIII (R = H).
  B. Beim Erhitzen von 2′,5′-Dimethoxy-5-methyl-4′-pentyl-biphenyl-2-carbonitril mit wss. Bromwasserstoffsäure (*Ghosh et al.*, Soc. **1940** 1118, 1121).
  Krystalle (aus A.); F: 191—192°.

2-Acetoxy-9-methyl-3-pentyl-benzo[c]chromen-6-on, 5′-Acetoxy-2′-hydroxy-5-methyl-4′-pentyl-biphenyl-2-carbonsäure-lacton $C_{21}H_{22}O_4$, Formel VIII (R = CO-CH$_3$).
  B. Beim Erhitzen von 2-Hydroxy-9-methyl-3-pentyl-benzo[c]chromen-6-on mit Acetanhydrid und Pyridin (*Ghosh et al.*, Soc. **1940** 1118, 1121).
  Krystalle; F: 138—139°.

1-Hydroxy-9-methyl-4-pentyl-benzo[c]chromen-6-on, 2′,6′-Dihydroxy-5-methyl-3′-pentyl-biphenyl-2-carbonsäure-2′-lacton $C_{19}H_{20}O_3$, Formel IX (R = H).
  B. Beim Erhitzen von (±)-9-Methyl-4-pentyl-3,4-dihydro-2H-benzo[c]chromen-1,6-dion mit Schwefel auf 250° (*Adams, Baker*, Am. Soc. **62** [1940] 2208, 2212).
  Krystalle (aus A.); F: 176—177° [korr.].

1-Methoxy-9-methyl-4-pentyl-benzo[c]chromen-6-on, 2′-Hydroxy-6′-methoxy-5-methyl-3′-pentyl-biphenyl-2-carbonsäure-lacton $C_{20}H_{22}O_3$, Formel IX (R = CH$_3$).
  B. Beim Erwärmen von 1-Hydroxy-9-methyl-4-pentyl-benzo[c]chromen-6-on mit Dimethylsulfat und Natriummethylat in Methanol oder mit Dimethylsulfat, Aceton und Kaliumcarbonat (*Adams, Baker*, Am. Soc. **62** [1940] 2208, 2212).
  Krystalle (aus Me.); F: 96°.

1-Benzyloxy-9-methyl-4-pentyl-benzo[c]chromen-6-on, 6′-Benzyloxy-2′-hydroxy-5-methyl-3′-pentyl-biphenyl-2-carbonsäure-lacton $C_{26}H_{26}O_3$, Formel IX (R = CH$_2$-C$_6$H$_5$).
  B. Beim Erwärmen von 1-Hydroxy-9-methyl-4-pentyl-benzo[c]chromen-6-on mit Benzylchlorid und Natriummethylat in Methanol oder mit Benzylchlorid, Aceton und Kaliumcarbonat (*Adams, Baker*, Am. Soc. **62** [1940] 2208, 2212).
  Krystalle (aus Me.); F: 121—121,5° [korr.].

IX   X

1-Benzolsulfonyloxy-9-methyl-4-pentyl-benzo[c]chromen-6-on, 6′-Benzolsulfonyloxy-2′-hydroxy-5-methyl-3′-pentyl-biphenyl-2-carbonsäure-lacton $C_{25}H_{24}O_5S$, Formel IX (R = SO$_2$-C$_6$H$_5$).
  B. Beim Erhitzen von 1-Hydroxy-9-methyl-4-pentyl-benzo[c]chromen-6-on mit Benzol=

sulfonylchlorid und Pyridin (*Adams, Baker*, Am. Soc. **62** [1940] 2208, 2213).
Krystalle (aus A.); F: 103—104° [korr.].

3-Hydroxy-9-methyl-4-pentyl-benzo[c]chromen-6-on, 2′,4′-Dihydroxy-5-methyl-3′-pentyl-biphenyl-2-carbonsäure-2′-lacton $C_{19}H_{20}O_3$, Formel X.

B. Beim Erwärmen von 2-Brom-4-methyl-benzoesäure mit 2-Pentyl-resorcin und wss. Natronlauge unter Zusatz von wss. Kupfer(II)-sulfat-Lösung (*Adams et al.*, Am. Soc. **62** [1940] 2201, 2203).
Krystalle (aus Me.); F: 238—239° [korr.; Zers.].

3-[1-Äthyl-propyl]-1-hydroxy-9-methyl-benzo[c]chromen-6-on, 4′-[1-Äthyl-propyl]-2′,6′-dihydroxy-5-methyl-biphenyl-2-carbonsäure-lacton $C_{19}H_{20}O_3$, Formel XI (R = H).

B. Beim Erhitzen von (±)-3-[1-Äthyl-propyl]-9-methyl-3,4-dihydro-2H-benzo[c]chromen-1,6-dion mit Schwefel auf 250° (*Adams et al.*, Am. Soc. **62** [1940] 2204, 2207).
Krystalle (aus Toluol); F: 217—218° [korr.].

1-Acetoxy-3-[1-äthyl-propyl]-9-methyl-benzo[c]chromen-6-on, 2′-Acetoxy-4′-[1-äthyl-propyl]-6′-hydroxy-5-methyl-biphenyl-2-carbonsäure-lacton $C_{21}H_{22}O_4$, Formel XI (R = CO-CH$_3$).

B. Beim Erhitzen von 3-[1-Äthyl-propyl]-1-hydroxy-9-methyl-benzo[c]chromen-6-on mit Acetanhydrid (*Adams et al.*, Am. Soc. **62** [1940] 2204, 2207).
Krystalle (aus Me.); F: 128—130° [korr.].

(±)-8-Methoxy-2,4a-dimethyl-1,1-dioxo-(4a*r*,4b*ξ*,12a*c*)-4a,4b,5,6,12,12a-hexahydro-1*λ*⁶-naphtho[2,1-*f*]thiochromen-4-on $C_{20}H_{22}O_4S$, Formel XII + Spiegelbild.

B. Beim Erhitzen von 7-Methoxy-4-vinyl-1,2-dihydro-naphthalin mit 2,5-Dimethyl-1,1-dioxo-1*λ*⁶-thiopyran-4-on und wenig Pyrogallol in Dioxan auf 170° (*Nasarow et al.*, Izv. Akad. S.S.S.R. Otd. chim. **1953** 1091, 1097; engl. Ausg. S. 969, 974).
Krystalle (aus Bzl.); F: 221—221,5°.

Hydroxy-oxo-Verbindungen $C_{20}H_{22}O_3$

7-Hydroxy-8-[3-methyl-3-phenyl-butyl]-chroman-2-on, 3-[2,4-Dihydroxy-3-(3-methyl-3-phenyl-butyl)-phenyl]-propionsäure-2-lacton $C_{20}H_{22}O_3$, Formel I.

B. Bei der Hydrierung von 7-Hydroxy-8-[3-methyl-3-phenyl-butyl]-cumarin an Palladium in Essigsäure (*Späth, Kainrath*, B. **71** [1938] 1662, 1664).
Krystalle (aus Ae.); F: 126—127° [evakuierte Kapillare].

1-[5-Hydroxy-2,2-dimethyl-chroman-6-yl]-3-phenyl-propan-1-on $C_{20}H_{22}O_3$, Formel II.

B. Beim Erwärmen des aus 5-Acetoxy-2,2-dimethyl-chroman-6-carbonsäure mit Hilfe von Thionylchlorid hergestellten Säurechlorids mit Phenäthylcadmiumbromid in Benzol und Erwärmen des Reaktionsprodukts mit wss. Natronlauge (*Huls*, Bl. Acad. Belgique [5] **39** [1953] 1064, 1075). Bei der Hydrierung von Lonchocarpin (1-[5-Hydroxy-2,2-dimethyl-2*H*-chromen-6-yl]-3*t*-phenyl-propenon [S. 807]) an Palladium/Calciumcarbonat oder Raney-Nickel in Methanol (*Baudrenghien et al.*, Bl. Acad. Belgique [5] **39** [1953] 105, 114).

Krystalle (aus Me.); F: 97° (*Huls*). UV-Spektrum (Me.; 240—340 nm): *Ba. et al.*, l. c. S. 118.

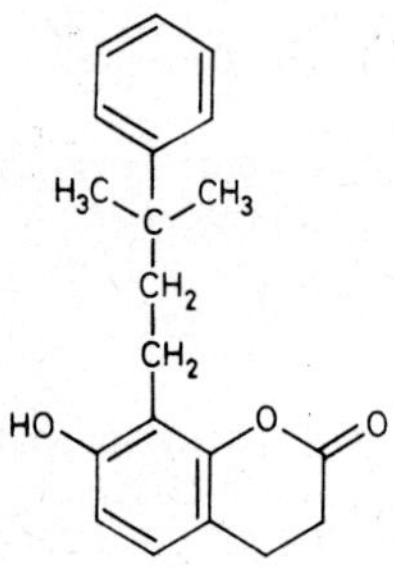

I 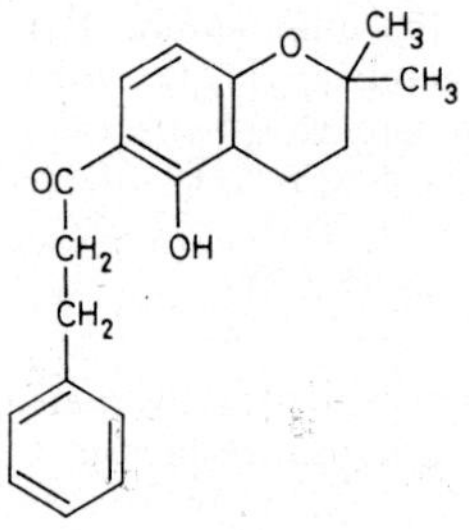   II 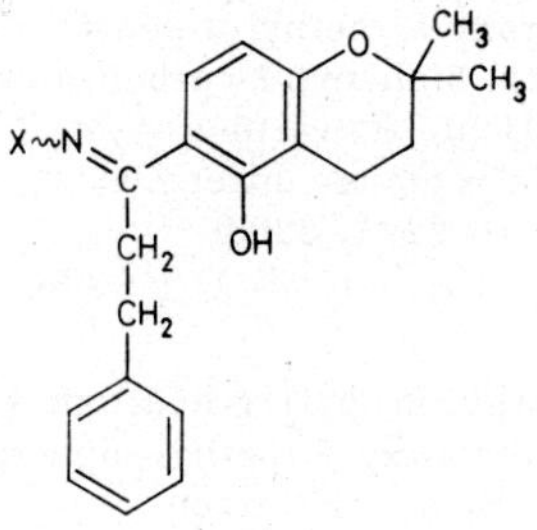   III

1-[5-Hydroxy-2,2-dimethyl-chroman-6-yl]-3-phenyl-propan-1-on-[2,4-dinitro-phenyl-hydrazon] $C_{26}H_{26}N_4O_6$, Formel III (X = NH-$C_6H_3(NO_2)_2$).
B. Aus 1-[5-Hydroxy-2,2-dimethyl-chroman-6-yl]-3-phenyl-propan-1-on und [2,4-Dinitro-phenyl]-hydrazin (*Baudrenghien et al.*, Bl. Acad. Belgique [5] **39** [1953] 105, 115).
Rote Krystalle (aus A.); F: 195°.

3,3,4-Triäthyl-5-[6-methoxy-[2]naphthyl]-3H-furan-2-on, 2,2,3-Triäthyl-4c-hydroxy-4t-[6-methoxy-[2]naphthyl]-but-3-ensäure-lacton $C_{21}H_{24}O_3$, Formel IV.
B. Beim Erwärmen von (±)-2,2,3-Triäthyl-4-[6-methoxy-[2]naphthyl]-4-oxo-buttersäure mit Acetylchlorid (*Jacques et al.*, Bl. **1958** 678, 683).
Krystalle (aus Me.); F: 72—73°.

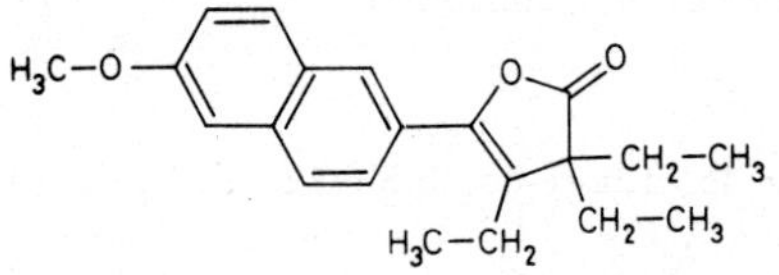

IV 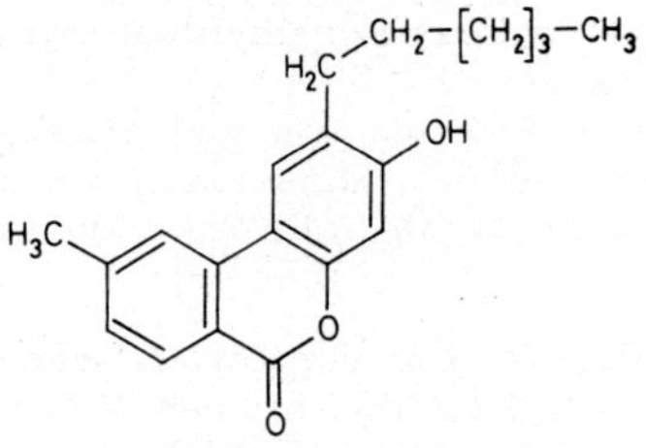   V

2-Hexyl-3-hydroxy-9-methyl-benzo[c]chromen-6-on, 5′-Hexyl-2′,4′-dihydroxy-5-methyl-biphenyl-2-carbonsäure-2′-lacton $C_{20}H_{22}O_3$, Formel V.
B. Beim Erwärmen von 2-Brom-4-methyl-benzoesäure mit 4-Hexyl-resorcin und wss. Natronlauge unter Zusatz von Kupfer(II)-sulfat (*Avison et al.*, Soc. **1949** 952, 954). Beim Erhitzen von (±)-2-Hexyl-3-hydroxy-9-methyl-7,8,9,10-tetrahydro-benzo[c]chromen-6-on mit Palladium/Kohle bis auf 310° (*Av. et al.*).
Krystalle (aus A.); F: 220—222°.

Hydroxy-oxo-Verbindungen $C_{21}H_{24}O_3$

17-Hydroxy-3-methoxy-19,21,24-trinor-17βH-chola-1,3,5(10),20c-tetraen-23-säure-lacton, 17-Hydroxy-3-methoxy-19-nor-17βH-pregna-1,3,5(10),20-tetraen-21c-carbonsäure-lacton $C_{22}H_{26}O_3$, Formel VI.
B. Bei der Hydrierung von 17-Hydroxy-3-methoxy-19,21,24-trinor-17βH-chola-1,3,5(10)-trien-20-in-23-säure an Palladium/Calciumcarbonat in Pyridin enthaltendem Dioxan und Behandlung des Reaktionsprodukts mit wss.-äthanol. Salzsäure (*Cella et al.*, J. org. Chem. **24** [1959] 743, 746).
Krystalle (aus E.); F: 170—173° [unkorr.; Fisher-Johns-App.]. $[\alpha]_D$: +94° [Dioxan].

16α,17-Epoxy-3-methoxy-1-methyl-19-nor-pregna-1,3,5(10),6-tetraen-20-on $C_{22}H_{26}O_3$, Formel VII.
B. Beim Behandeln einer Lösung von 3-Methoxy-1-methyl-19-nor-pregna-1,3,5(10), 6,16-pentaen-20-on in Methanol und Chloroform mit wss. Wasserstoffperoxid und wss. Natronlauge (*Djerassi et al.*, Am. Soc. **78** [1956] 2479).
Krystalle (aus Acn. + Me.); F: 138—140°. $[α]_D$: —63° [CHCl$_3$].

Hydroxy-oxo-Verbindungen $C_{22}H_{26}O_3$

(±)-*trans*-2-[(Ξ)-α-Hydroxy-2,4,6-trimethyl-benzyl]-3-[2,4,6-trimethyl-benzoyl]-oxiran, (2RS,3SR,4Ξ)-2,3-Epoxy-4-hydroxy-1,4-dimesityl-butan-1-on $C_{22}H_{26}O_3$, Formel VIII + Spiegelbild.
B. Bei der Hydrierung von *racem.*-2,3-Epoxy-1,4-dimesityl-butan-1,4-dion an Platin in Äthanol (*Lutz, Wood*, Am. Soc. **60** [1938] 229, 234).
Krystalle (aus A.); F: 129,5° [korr.].
Hydrierung an Raney-Nickel in Äthanol unter Bildung von 4-Hydroxy-1,4-dimesityl-butan-1-on und kleinen Mengen 3,4-Dihydroxy-1,4-dimesityl-butan-1-on (F: 162—163°): *Lutz, Wood*. Beim Erhitzen mit Kaliumjodid in Essigsäure unter Stickstoff ist 2,5-Dimesityl-furan erhalten worden.
O-Phenylcarbamoyl-Derivat $C_{29}H_{31}NO_4$ ((2RS,3SR,4Ξ)-2,3-Epoxy-1,4-dimesityl-4-phenylcarbamoyloxy-butan-1-on). Krystalle (aus wss. A.); F: 155° bis 156° [korr.].

3-Acetoxy-19-nor-14α-card-1,3,5(10),20(22)-tetraenolid $C_{24}H_{28}O_4$, Formel IX.
B. Beim Erwärmen von 3,21-Diacetoxy-19-nor-pregna-1,3,5(10)-trien-20-on mit Bromessigsäure-äthylester, Benzol und aktiviertem Zink und Erwärmen der Reaktionslösung mit wss.-äthanol. Salzsäure (*Schering A.G.*, D.B.P. 875517 [1943]).
Krystalle (aus Ae.); F: 202—206°.

Hydroxy-oxo-Verbindungen $C_{24}H_{30}O_3$

5-Lauroyl-naphtho[1,2-*b*]furan-3-ol, 1-[3-Hydroxy-naphtho[1,2-*b*]furan-5-yl]-dodecan-1-on $C_{24}H_{30}O_3$, Formel I, und **5-Lauroyl-naphtho[1,2-*b*]furan-3-on** $C_{24}H_{30}O_3$, Formel II.
Diese Konstitutionsformeln kommen für die nachstehend beschriebene Verbindung in Betracht.
B. Beim Erwärmen einer als 1-[3-Bromacetyl-4-hydroxy-[1]naphthyl]-dodecan-1-on

angesehenen Verbindung (E III **8** 2776) mit wss. Natronlauge und anschliessenden Ansäuern (*Desai, Waravdekar*, Pr. Indian Acad. [A] **24** [1946] 332, 336).
Krystalle (aus A.); F: 50—51°.

I

II

rac-17-[(Ξ)-Furfuryliden]-3β-hydroxy-D-homo-18-nor-5α-androst-9(11)-en-17a-on
$C_{24}H_{30}O_3$, Formel III + Spiegelbild.

B. Bei der Hydrolyse von rac-3β-[3-Methoxycarbonyl-propionyloxy]-D-homo-18-nor-5α-androst-9(11)-en-17a-on und anschliessenden Umsetzung mit Furfural (*Johnson, Allen*, Am. Soc. **79** [1957] 1261).
F: 190—191,5°.

III

IV

14-Hydroxy-14β-bufa-3,5,20,22-tetraenolid, Scillaridin-A $C_{24}H_{30}O_3$, Formel IV.
Konstitution: *Stoll, Renz*, Helv. **24** [1941] 1380, 1383; *Stoll et al.*, Helv. **34** [1951] 2301.

B. Beim Behandeln einer Lösung von Scillarenin (3β,14-Dihydroxy-14β-bufa-4,20,22-trienolid) in Methanol mit wss. Schwefelsäure bei 35° (*St. et al.*, Helv. **34** 2309). Beim Erwärmen einer Lösung von Proscillaridin-A (14-Hydroxy-3β-α-L-rhamnopyranosyloxy-14β-bufa-4,20,22-trienolid) in Methanol mit wss. Schwefelsäure (*Stoll et al.*, Helv. **16** [1933] 703, 731). Aus Scillaren-A (3β-[O⁴-β-D-Glucopyranosyl-α-L-rhamnopyranosyl=oxy]-14-hydroxy-14β-bufa-4,20,22-trienolid) beim Erwärmen einer Lösung in Methanol mit wss. Schwefelsäure (*St. et al.*, Helv. **16** 727; *Seshadri, Sankara Subramanian*, J. scient. ind. Res. India **9**B [1950] 114, 117) sowie beim Erhitzen mit wss. Schwefelsäure (*Louw*, Onderstepoort J. veterin. Res. **25** [1952] 123, 127).

Krystalle (aus A.); F: 250—252° [Zers.] (*Se., Sa. Su.*), 245—250° [Zers.] (*Louw*), 244—250° [Zers.; Kofler-App.] (*St. et al.*, Helv. **34** 2309). $[\alpha]_D^{20}$: −61,3° bzw. $[\alpha]_D^{20}$: −62,8° [$CHCl_3$ + Me.] (*St. et al.*, Helv. **34** 2309, **16** 727); $[\alpha]_D^{28}$: −64,8° [$CHCl_3$ + A.] (*Se., Sa. Su.*). UV-Spektrum (A.; 210—360 nm): *St. et al.*, Helv. **34** 2305. Bei Raumtemperatur lösen sich in 100 ml Äthanol 0,045 g, in 100 ml Chloroform 0,56 g (*St. et al.*, Helv. **16** 727).

Beim Erhitzen unter 0,01 Torr auf 160° (*Stoll et al.*, Helv. **18** [1935] 644, 651) sowie beim Erwärmen mit wss.-äthanol. Salzsäure (*St. et al.*, Helv. **16** 732) ist Anhydroscilla=ridin-A (Bufa-3,5,14,20,22-pentaenolid) erhalten worden. Bildung von 14-Hydroxy-21ξ-methoxy-14β-chola-3,5,20,22ξ-tetraen-24-säure-methylester (F: 178° [E III **10** 1987]) beim Schütteln mit methanol. Kalilauge und Behandeln einer Lösung des Reaktionsprodukts in Aceton mit Diazomethan in Äther: *Stoll et al.*, Helv. **17** [1934] 641, 662. Bildung von 14,21c-Epoxy-14β-chola-3,5,20,22ξ-tetraen-24-säure-methylester (F: 176°; über die Konstitution dieser Verbindung s. *L. F. Fieser, M. Fieser*, Steroids [New York 1959] S. 783; dtsch. Ausg.: Steroide [Weinheim 1961] S. 862) beim Erwärmen mit methanol. Kalilauge und Behandeln der Reaktionslösung mit wss.-methanol. Salzsäure: *Se., Sa. Su.*; s. a. *St. et al.*, Helv. **17** 659. Hydrierung an Platin in Essigsäure unter

Bildung von 14-Hydroxy-5α,14β-cholan-24-säure („Oxyscillansäure" [E III **10** 698]) und (20Ξ)-14-Hydroxy-5α,14β-bufanolid („Octahydroscillaridin-A" [S. 269]) Stoll et al., Helv. **17** 1334, 1350.

3β-Hydroxy-5β-bufa-14,16,20,22-tetraenolid, Bufotalien $C_{24}H_{30}O_3$, Formel V (R = H).
Über die Konstitution s. Meyer, Helv. **32** [1949] 1993, 1996, 1999.

B. Beim Behandeln von Bufotalin (16β-Acetoxy-3β,14-dihydroxy-5β,14β-bufa-20,22-dienolid) mit konz. wss. Salzsäure (Wieland, Weil, B. **46** [1913] 3315, 3324; Kotake, Scient. Pap. Inst. phys. chem. Res. **9** [1928/29] 233, 236; Šemenzow, Farm. Ž. **12** [1939] Nr. 3, S. 12; C. **1940** II 773). Beim Erwärmen von Bufotoxin (16β-Acetoxy-3β-[7-((S)-1-carboxy-4-guanidino-butylcarbamoyl)-heptanoyloxy]-14-hydroxy-5β,14β-bufa-20,22-dienolid) mit wss.-äthanol. Salzsäure (Wieland, Alles, B. **55** [1922] 1789, 1795).

Krystalle; F: 223—225° [Zers.; aus Acn.] (Ko.), 224° [aus A.] (Wieland, Hesse, A. **517** [1935] 22, 28). $[\alpha]_D^{28}$: +404,6° [$CHCl_3$; c = 1] (Wieland, Behringer, A. **549** [1941] 209, 218). UV-Spektrum (220—390 nm): Wieland et al., A. **524** [1936] 203, 206; Kotake, Kuwada, Scient. Pap. Inst. phys. chem. Res. **39** [1941/42] 361, 366.

Bei der Hydrierung an Palladium in Äthanol sind zwei als (20Ξ)-3β-Hydroxy-5β,14β,17βH-bufanolide zu formulierende Verbindungen $C_{24}H_{38}O_3$ (F: 204—205° bzw. F: 173,5—174,5° [S. 268]) sowie kleinere Mengen einer vermutlich als 3β-Hydroxy-5β,14β,17βH,20ξH-cholan-24-säure zu formulierenden Verbindung $C_{24}H_{40}O_3$ (F: 161° [E III **10** 687]) und einer als 3β-Hydroxy-5β,17βH,20ξH-chol-14-en-24-säure oder 3β-Hydroxy-5β,14β,20ξH-chol-16-en-24-säure zu formulierenden Verbindung $C_{24}H_{38}O_3$ (F: 192—193° [E III **10** 975]) erhalten worden (Wi., Be., l. c. S. 219).

3β-Acetoxy-5β-bufa-14,16,20,22-tetraenolid, O-Acetyl-bufotalien $C_{26}H_{32}O_4$, Formel V (R = CO-CH_3).

B. Beim Erwärmen von Bufotalien (s. o.) mit Acetanhydrid (Wieland, Weil, B. **46** [1913] 3315, 3325). Aus O^3-Acetyl-bufotalin (3β,16β-Diacetoxy-14-hydroxy-5β,14β-bufa-20,22-dienolid) beim Behandeln mit konz. wss. Salzsäure (Wieland, Alles, B. **55** [1922] 1789, 1791) sowie beim Erwärmen mit Chlorwasserstoff enthaltendem Äthanol und Erwärmen des Reaktionsprodukts mit Acetanhydrid und Pyridin (Meyer, Helv. **32** [1949] 1993, 2002).

Hellgelbe Krystalle; F: 191—193° [korr.; Kofler-App.; aus Me.] (Me.), 184° [aus A.] (Wi., Al.; Wi., Weil). Bei 140° im Hochvakuum sublimierbar (Me.). $[\alpha]_D^{20}$: +382,8° [$CHCl_3$; c = 2] (Me.); $[\alpha]_D^{29}$: +366,3° [$CHCl_3$; c = 1] (Wieland, Behringer, A. **549** [1941] 209, 218). UV-Spektrum (A.; 210—430 nm): Me.

Bei der Hydrierung an Palladium in Essigsäure sind eine als (20Ξ)-3β-Acetoxy-5β,14β,17βH-bufanolid zu formulierende Verbindung $C_{26}H_{40}O_4$ (F: 164° [S. 268]) und kleinere Mengen einer vermutlich als 3β-Acetoxy-5β,14β,17βH,20ξH-cholan-24-säure zu formulierenden Verbindung $C_{26}H_{42}O_4$ (F: 148° [E III **10** 687]) erhalten worden (Wieland et al., A. **493** [1932] 272, 276).

V   VI

Hydroxy-oxo-Verbindungen $C_{25}H_{32}O_3$

rac-17-[(Ξ)-Furfuryliden]-3β-hydroxy-D-homo-5α-androst-9(11)-en-17a-on $C_{25}H_{32}O_3$, Formel VI + Spiegelbild.

B. Aus rac-17-[(Ξ)-Furfuryliden]-3β-hydroxy-D-homo-18-nor-5α-androst-9(11)-en-

17a-on mit Hilfe von Methyljodid und Kalium-*tert*-butylat (*Johnson, Allen*, Am. Soc. **79** [1957] 1261).
F: 202—204°.

Hydroxy-oxo-Verbindungen $C_{26}H_{34}O_3$

21-[(E?)-Furfuryliden]-3β-hydroxy-pregn-5-en-20-on, 23t(?)-[2]Furyl-3β-hydroxy-21,24-dinor-chola-5,22-dien-20-on $C_{26}H_{34}O_3$, vermutlich Formel VII (R = H).

B. Beim Behandeln von 3β-Hydroxy-pregn-5-en-20-on mit Furfural und Natriumäthylat in Äthanol (*Ross*, U.S.P. 2470903 [1946]) oder mit Furfural und Natriummethylat in Methanol (*Searle & Co.*, U.S.P. 2862924 [1956]).
Krystalle; F: 110—112° (*Ross*), 99—100,5° (*Searle & Co.*).

3β-Acetoxy-21-[(E?)-furfuryliden]-pregn-5-en-20-on, 3β-Acetoxy-23t(?)-[2]furyl-21,24-dinor-chola-5,22-dien-20-on $C_{28}H_{36}O_4$, vermutlich Formel VII (R = CO-CH₃).

B. Beim Erhitzen von 21-[(E?)-Furfuryliden]-3β-hydroxy-pregn-5-en-20-on (s. o.) mit Acetanhydrid und Natriumacetat (*Ross*, U.S.P. 2470903 [1946]).
Krystalle; F: 156—157°.

3β-Hydroxy-21-[(E?)-[2]thienylmethylen]-pregn-5-en-20-on, 3β-Hydroxy-23t(?)-[2]thienyl-21,24-dinor-chola-5,22-dien-20-on $C_{26}H_{34}O_2S$, vermutlich Formel VIII.

B. Beim Erwärmen von 3β-Hydroxy-pregn-5-en-20-on mit Thiophen-2-carbaldehyd und Natriummethylat in Äthanol (*Searle & Co.*, U.S.P. 2862924 [1956]).
Krystalle (aus wss. Acn.); F: ca. 123—125°.

Hydroxy-oxo-Verbindungen $C_{28}H_{38}O_3$

5-Palmitoyl-naphtho[1,2-b]furan-3-ol, 1-[3-Hydroxy-naphtho[1,2-b]furan-5-yl]-hexadecan-1-on $C_{28}H_{38}O_3$, Formel IX, und **5-Palmitoyl-naphtho[1,2-b]furan-3-on** $C_{28}H_{38}O_3$, Formel X.

Diese Konstitutionsformeln kommen für die nachstehend beschriebene Verbindung in Betracht.

B. Beim Erhitzen einer als 1-[3-Bromacetyl-4-hydroxy-[1]naphthyl]-hexadecan-1-on angesehenen Verbindung (E III **8** 2778) mit wss. Natronlauge und Ansäuern des Reaktionsgemisches (*Desai, Waravdekar*, Pr. Indian Acad. [A] **24** [1946] 332, 335).
Krystalle (aus A.); F: 58—59°.

Hydroxy-oxo-Verbindungen $C_{30}H_{42}O_3$

5-Stearoyl-naphtho[1,2-b]furan-3-ol, 1-[3-Hydroxy-naphtho[1,2-b]furan-5-yl]-octadecan-1-on $C_{30}H_{42}O_3$, Formel XI, und **5-Stearoyl-naphtho[1,2-b]furan-3-on** $C_{30}H_{42}O_3$, Formel XII.

Diese Konstitutionsformeln kommen für die nachstehend beschriebene Verbindung in

Betracht.

B. Beim Erhitzen einer als 1-[3-Bromacetyl-4-hydroxy-[1]naphthyl]-octadecan-1-on angesehenen Verbindung (E III **8** 2783) mit wss. Natronlauge und Ansäuern des Reaktionsgemisches (*Desai, Waravdekar*, Pr. Indian Acad. [A] **24** [1946] 332, 334).

F: 66—67°.

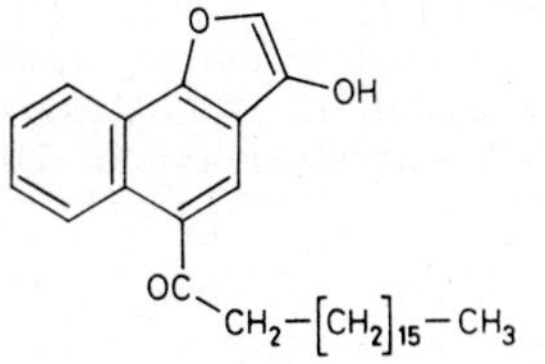

XI 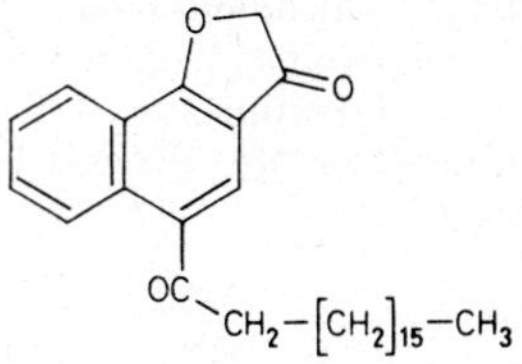   XII

Hydroxy-oxo-Verbindungen $C_{33}H_{48}O_3$

3β-Acetoxy-2′-methylen-(6αH,7αH)-6,7-dihydro-5β,8-ätheno-ergost-22*t*-eno[6,7-*c*]furan-5′-on, 3β-Acetoxy-6β-[1-hydroxy-vinyl]-5β,8-ätheno-ergost-22*t*-en-7β-carbonsäure-lacton $C_{35}H_{50}O_4$, Formel XIII.

Diese Konstitution kommt wahrscheinlich der nachstehend beschriebenen Verbindung zu (*Inhoffen*, B. **68** [1935] 973, 974); bezüglich der Zuordnung der Konfiguration an den C-Atomen 5, 6, 7 und 8 s. *Jones et al.*, Tetrahedron **24** [1968] 297.

B. Beim Behandeln einer Lösung von 3β-Acetoxy-5β,8-ätheno-ergost-22*t*-en-6β,7β-dicarbonsäure-anhydrid in Benzol mit Methylmagnesiumjodid in Äther und Erhitzen des nach der Hydrolyse (wss. Salzsäure) erhaltenen Reaktionsprodukts mit Acetanhydrid (*In.*, l. c. S. 977).

Krystalle (aus Acn. + Me.); F: 195° [unkorr.].

Beim Erwärmen mit methanol. Kalilauge und anschliessenden Ansäuern mit wss. Salzsäure sind eine Verbindung $C_{33}H_{50}O_4$ (Krystalle [aus PAe. + Ae.], F: 121—123° [unkorr.]; durch Erhitzen mit Acetanhydrid in eine Verbindung $C_{35}H_{52}O_5$ vom F: 129° bis 131° [unkorr.] überführbar) und eine Verbindung $C_{33}H_{48}O_3$ (F: 290—295° [Zers.]; durch Behandeln mit Diazomethan in Äther in eine Verbindung $C_{34}H_{50}O_3$ vom F: 195—196° [unkorr.] überführbar) erhalten worden. Hydrierung an Palladium in Aceton unter Bildung von 3β-Acetoxy-6β-[1-hydroxy-vinyl]-5β,8-ätheno-ergostan-7β-carbon-säure-lacton(?) S. 597): *In.*

[*Rabien*]

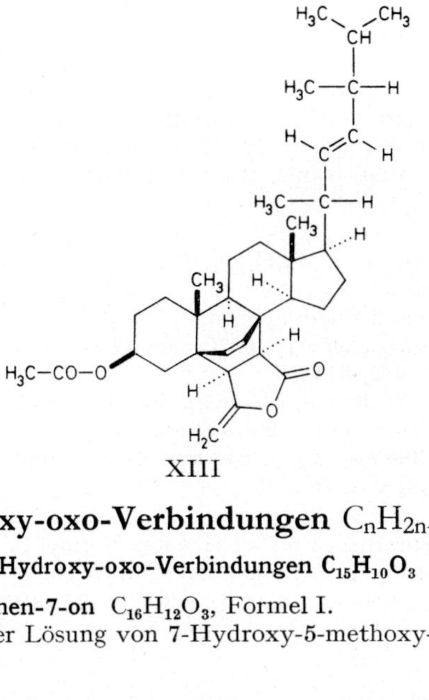

XIII

Hydroxy-oxo-Verbindungen $C_nH_{2n-20}O_3$

Hydroxy-oxo-Verbindungen $C_{15}H_{10}O_3$

5-Methoxy-2-phenyl-chromen-7-on $C_{16}H_{12}O_3$, Formel I.

B. Beim Behandeln einer Lösung von 7-Hydroxy-5-methoxy-2-phenyl-chromenylium-

chlorid in Methanol mit wss. Natriumacetat-Lösung (*Brockmann et al.*, B. **77**/79 [1944/46] 347, 352).
Absorptionsmaxima (Bzl.): 455 nm, 488 nm und 526 nm (*Br. et al.*, l. c. S. 348).

6-Hydroxy-2-phenyl-chromen-7-on $C_{15}H_{10}O_3$, Formel II.
B. Beim Behandeln einer Lösung von 6,7-Dihydroxy-2-phenyl-chromenylium-chlorid in Methanol mit wss. Natriumacetat-Lösung (*Brockmann et al.*, B. **77**/79 [1944/46] 347, 352).
Rote Krystalle (aus Me.); Zers. bei ca. 220°. Absorptionsmaxima (Bzl.): 455 nm, 485 nm und 517 nm.

I II III

2-[4-Methoxy-phenyl]-chromen-7-on $C_{16}H_{12}O_3$, Formel III.
B. Beim Behandeln einer Lösung von 7-Hydroxy-2-[4-methoxy-phenyl]-chromenylium-chlorid in Methanol mit Natriumacetat und Wasser (*Brockmann et al.*, B. **77**/79 [1944/46] 347, 351).
Rote Krystalle mit 0,5 Mol H_2O; F: 129—130°. Absorptionsmaxima (Bzl.): 455 nm, 487 nm, 521 nm und 560 nm (*Br. et al.*, l. c. S. 348).

3-Methoxy-2-phenyl-chromen-4-on $C_{16}H_{12}O_3$, Formel IV (R = CH_3) (E II 37; dort als 3-Methoxy-flavon bezeichnet).
B. Beim Erwärmen von 2-Phenyl-chroman-3,4-dion (E III/IV **17** 6428) mit Dimethylsulfat, Kaliumcarbonat und Aceton (*Enebäck, Gripenberg*, Acta chem. scand. **11** [1957] 866, 872). Bei der Hydrierung von 3-Methoxy-2-phenyl-7-[toluol-4-sulfonyloxy]-chromen-4-on an Raney-Nickel in Äthanol (*Gupta et al.*, Pr. Indian Acad. [A] **38** [1953] 470, 472).
Krystalle; F: 114—115° [aus Me.] (*Gu. et al.*), 114° [aus A.] (*Oyamada*, Bl. chem. Soc. Japan **10** 1935] 182, 185), 113° (*En., Gr.*). UV-Spektrum (A.; 220—360 nm): *Skarzyński*, Bio. Z. **301** [1939] 150, 159; *Lin et al.*, J. Chin. chem. Soc. [II] **4** [1957] 105, 108. Absorptionsmaxima einer Lösung in Äthanol: 245 nm und 305 nm (*Sk.*, l. c. S. 168); einer Lösung in Äthanol sowie einer Natriumäthylat enthaltenden Lösung in Äthanol: 246 nm und 299 nm (*Jurd, Horowitz*, J. org. Chem. **22** [1957] 1618, 1619).
Beim Erwärmen mit äthanol. Kalilauge ist 1-[2-Hydroxy-phenyl]-2-methoxy-äthanon erhalten worden (*En., Gr.*).

3-Acetoxy-2-phenyl-chromen-4-on $C_{17}H_{12}O_4$, Formel IV (R = $CO-CH_3$) (H 58; dort als 3-Acetoxy-flavon bezeichnet).
B. Beim Behandeln von 2-Phenyl-chroman-3,4-dion (E III/IV **17** 6428) mit Acetanhydrid und Pyridin (*Looker et al.*, J. org. Chem. **19** [1954] 1741, 1746; *Bognár, Rákosi*, Acta chim. hung. **8** [1956] 309, 315).
Krystalle; F: 110—111° (*Oyamada*, Bl. chem. Soc. Japan **10** [1935] 182, 185), 109—111° [aus wss. A.] (*Bo., Rá.*), 109—110° (*Murakami, Irie*, Pr. Acad. Tokyo **11** [1935] 229). UV-Spektrum (A.; 220—380 nm; λ_{max}: 242 nm, 305 nm und 348 nm): *Skarzyński*, Bio. Z. **301** [1939] 150, 159, 169; s. a. *Bo., Rá.*

3-Chloracetoxy-2-phenyl-chromen-4-on $C_{17}H_{11}ClO_4$, Formel IV (R = $CO-CH_2Cl$).
B. Beim Erhitzen von 2-Phenyl-chroman-3,4-dion (E III/IV **17** 6428) mit Chloracetylchlorid und Xylol (*Looker, Hanneman*, J. org. Chem. **22** [1957] 1237).
Krystalle (aus Xylol); F: 159,5—160,3° [korr.].

3-Benzoyloxy-2-phenyl-chromen-4-on $C_{22}H_{14}O_4$, Formel IV (R = CO-C_6H_5).
B. Aus 2-Phenyl-chroman-3,4-dion [E III/IV **17** 6428] (*Gowan et al.*, Soc. **1955** 862, 864).
Krystalle (aus Me.); F: 159—160°.

IV   V   VI

3-β-D-Glucopyranosyloxy-2-phenyl-chromen-4-on $C_{21}H_{20}O_8$, Formel V (R = H).
B. Beim Behandeln von 2-Phenyl-3-[tetra-*O*-acetyl-β-D-glucopyranosyloxy]-chromen-4-on mit Natriummethylat in Methanol (*Jerzmanowska, Markiewicz,* Roczniki Chem. **30** [1956] 59, 68; C. A. **1957** 1954).
Krystalle (aus wss. A.) mit 1 Mol H_2O; F: 185—186°.

2-Phenyl-3-[tetra-*O*-acetyl-β-D-glucopyranosyloxy]-chromen-4-on $C_{29}H_{28}O_{12}$, Formel V (R = CO-CH_3).
B. Beim Behandeln einer Lösung von 2-Phenyl-chroman-3,4-dion (E III/IV **17** 6428) in Chinolin mit α-D-Acetobromglucopyranose (Tetra-*O*-acetyl-α-D-glucopyranosylbromid) und Silberoxid (*Jerzmanowska, Markiewicz,* Roczniki Chem. **30** [1956] 59, 67; C. A. **1957** 1954).
Krystalle (aus A. + Bzn.); F: 64—66°.

3-Methansulfonyloxy-2-phenyl-chromen-4-on $C_{16}H_{12}O_5S$, Formel IV (R = SO_2-CH_3).
B. Beim Behandeln von 2-Phenyl-chroman-3,4-dion (E III/IV **17** 6428) mit Pyridin und Methansulfonylchlorid (*Looker et al.,* J. org. Chem. **19** [1954] 1741, 1745).
Krystalle (aus Me.); F: 120—122° [korr.]. Die Krystalle färben sich im Sonnenlicht rot und werden bei Lichtausschluss wieder farblos. Die roten Krystalle lösen sich in Aceton farblos.

2-Phenyl-3-sulfooxy-chromen-4-on, Schwefelsäure-mono-[4-oxo-2-phenyl-4*H*-chromen-3-ylester] $C_{15}H_{10}O_6S$, Formel IV (R = SO_2OH).
B. Beim Erhitzen von 2-Phenyl-chroman-3,4-dion (E III/IV **17** 6428) mit Amidoschwefelsäure und Pyridin (*Yamaguchi,* J. chem. Soc. Japan Pure Chem. Sect. **80** [1959] 204; C. A. **1960** 24687).
Natrium-Salz Na$C_{15}H_9O_6S$. Krystalle (aus Me. + Ae.); F: 255° [Zers.].
Kalium-Salz K$C_{15}H_9O_6S$. Krystalle (aus Me.); F: 260—265° [Zers.].
Ammonium-Salz [NH_4]$C_{15}H_9O_6S$. Krystalle (aus Me. + Ae.); F: 250° [Zers.].
Pyridin-Salz $C_5H_5N \cdot C_{15}H_{10}O_6S$. Krystalle (aus W. + Py.); F: 180°.

3-Acetoxy-7-fluor-2-phenyl-chromen-4-on $C_{17}H_{11}FO_4$, Formel VI.
F: 115—116° (*Chang, Chen,* Soc. **1961** 3155). UV-Spektrum (A.; 200—340 nm; λ_{max}: 214 nm, 240 nm und 297,5 nm): *Lin et al.,* J. Chin. chem. Soc. [II] **5** [1958] 60.

3-Acetoxy-6,8-dichlor-2-phenyl-chromen-4-on $C_{17}H_{10}Cl_2O_4$, Formel VII (X = H).
B. Beim Erhitzen von 6,8-Dichlor-2-phenyl-chroman-3,4-dion (E III/IV **17** 6431) mit Acetanhydrid und Pyridin (*Jha, Amin,* Tetrahedron **2** [1958] 241, 245).
Krystalle (aus A.); F: 157° [unkorr.].

3-Acetoxy-6,8-dichlor-2-[2-chlor-phenyl]-chromen-4-on $C_{17}H_9Cl_3O_4$, Formel VII (X = Cl).
B. Beim Erhitzen von 6,8-Dichlor-2-[2-chlor-phenyl]-chroman-3,4-dion (E III/IV **17** 6431) mit Acetanhydrid und Pyridin (*Jha, Amin,* Tetrahedron **2** [1958] 241, 245).
Krystalle (aus A.); F: 182° [unkorr.].

VII   VIII   IX

3-Acetoxy-6,8-dibrom-2-phenyl-chromen-4-on $C_{17}H_{10}Br_2O_4$, Formel VIII.
B. Aus 6,8-Dibrom-2-phenyl-chroman-3,4-dion [E III/IV **17** 6432] (*Christian, Amin,* Acta chim. hung. **21** [1959] 391, 394).
Krystalle (aus A.); F: 188° [unkorr.].

3-Acetoxy-6-nitro-2-phenyl-chromen-4-on $C_{17}H_{11}NO_6$, Formel IX.
B. Aus 6-Nitro-2-phenyl-chroman-3,4-dion [E III/IV **17** 6432] (*Reichel, Hempel,* A. **625** [1959] 184, 194).
Krystalle (aus A.); F: 188—189° [unkorr.].

3-Acetoxy-2-[3-nitro-phenyl]-chromen-4-on $C_{17}H_{11}NO_6$, Formel X.
B. Aus 2-[3-Nitro-phenyl]-chroman-3,4-dion [E III/IV **17** 6433] (*Reichel, Hempel,* A. **625** [1959] 184, 193).
Krystalle (aus A.); F: 162—163° [unkorr.].

3-Acetoxy-2-[4-nitro-phenyl]-chromen-4-on $C_{17}H_{11}NO_6$, Formel XI.
B. Aus 2-[4-Nitro-phenyl]-chroman-3,4-dion [E III/IV **17** 6433] (*Reichel, Hempel,* A. **625** [1959] 184, 193).
Hellgelbe Krystalle (aus A.); F: 154—156° [unkorr.].

5-Hydroxy-2-phenyl-chromen-4-on, Primuletin $C_{15}H_{10}O_3$, Formel XII (R = H).
Isolierung aus Primula imperialis: *Karrer, Schwab,* Helv. **24** [1941] 297; aus Primula verticillata: *Blasdale,* J. roy. horticult. Soc. **72** [1947] 240, 243.
B. Beim Erhitzen von 1-[2,6-Dihydroxy-phenyl]-äthanon mit Benzoesäure-anhydrid und Natriumbenzoat auf 180° und Erwärmen des Reaktionsgemisches mit Äthanol und anschliessend mit wss. Kalilauge (*Sugasawa,* Soc. **1934** 1483; *Sugasawa, Kuriyagawa,* J. pharm. Soc. Japan **55** [1935] 176, 180). Beim Erhitzen von 5-Methoxy-2-phenyl-chromen-4-on mit wss. Jodwasserstoffsäure und Acetanhydrid (*Rajagopalan et al.,* Pr. Indian Acad. [A] **25** [1947] 432, 436; *Oliverio, Schiavello,* G. **80** [1950] 788, 792). Beim Erhitzen von 1-[2-Benzoyloxy-6-hydroxy-phenyl]-3-phenyl-propan-1,3-dion mit Essig= säure und Natriumacetat (*Iyer, Venkataraman,* Pr. Indian Acad. [A] **37** [1953] 629, 633). Beim Erwärmen von 3-Benzoyl-5-hydroxy-2-phenyl-chromen-4-on mit äthanol. Kalilauge (*Trivedi et al.,* J. Indian chem. Soc. **20** [1943] 171) oder mit wss.-äthanol. Natrium= carbonat-Lösung (*Ra. et al.; Naik et al.,* Pr. Indian Acad. [A] **38** [1953] 31, 37).
Gelbliche Krystalle; F: 158—160° [aus E. oder aus A. + E.] (*Ol., Sch.; Ra. et al.*), 157° [aus A. oder Bzn.] (*Iyer, Ve.; Naik et al.; Ka., Sch.*), 156,5—157,5° [aus A.] (*Pillon,* Bl. **1954** 9, 19). UV-Spektrum (250—300 nm): *Aronoff,* J. org. Chem. **5** [1940] 561, 570. Absorptionsmaxima (A.): 272 nm und 337 nm (*Jurd,* Arch. Biochem. **63** [1956] 376, 378, 379) bzw. 271 nm und 340 nm (*Mentzer, Pillon,* Parf. Cosmét. Savons **1** [1958] 298, 299; *Pi.,* l. c. S. 16). Verschiebung der Absorptionsmaxima von Lösungen in Äthanol nach Zusatz von Natriummetaborat sowie von Natriumäthylat: *Jurd;* nach Zusatz von Aluminiumchlorid sowie von Aluminiumchlorid und Natriumacetat: *Jurd, Geissman,* J. org. Chem. **21** [1956] 1395, 1397, 1399. Polarographie: *Geissman, Friess,* Am. Soc. **71** [1949] 3893, 3895.
Beim Behandeln mit Pyridin, wss. Kalilauge und wss. Kaliumperoxodisulfat-Lösung ist 5,8-Dihydroxy-2-phenyl-chromen-4-on erhalten worden (*Ra. et al.*). Bildung von 5-Hydroxy-2-phenyl-chroman-4-on beim Erhitzen mit Palladium/Kohle und Tetralin: *Mentzer, Massicot,* Bl. **1956** 144, 146.

5-Methoxy-2-phenyl-chromen-4-on $C_{16}H_{12}O_3$, Formel XII (R = CH_3) (E II 38; dort als 5-Methoxy-flavon bezeichnet).
B. Beim Erwärmen von 1-[2-Benzoyloxy-6-methoxy-phenyl]-äthanon mit Natrium=

amid in Toluol und Erhitzen des Reaktionsprodukts mit Essigsäure und Natriumacetat (*Rajagopalan et al.*, Pr. Indian Acad. [A] **25** [1947] 432, 435). Beim Erhitzen von 2'-Hydroxy-6'-methoxy-chalkon (F: 64°; über diese Verbindung s. *Cummins et al.*, Tetrahedron **19** [1963] 499, 501) mit Selendioxid in Isopentylalkohol (*Oliverio, Schiavello*, G. **80** [1950] 788, 792).

Krystalle; F: 131° [aus wss. A.] (*Ol., Sch.*), 131° (*Looker, Holm*, J. org. Chem. **24** [1959] 567). IR-Banden (KBr) im Bereich von 1645 cm⁻¹ bis 648 cm⁻¹: *Lo., Holm.*

X XI XII

5-Acetoxy-2-phenyl-chromen-4-on $C_{17}H_{12}O_4$, Formel XII (R = CO-CH₃).

B. Beim Erhitzen von 5-Hydroxy-2-phenyl-chromen-4-on mit Acetanhydrid und Pyridin (*Sugasawa*, Soc. **1934** 1483; *Geissman, Friess*, Am. Soc. **71** [1949] 3893, 3894) oder mit Acetanhydrid und Natriumacetat (*Oliverio, Schiavello*, G. **80** [1950] 788, 792).

Krystalle; F: 146,5—147° [aus A.] (*Pillon*, Bl. **1954** 9, 10, 20), 145° [aus E. oder A.] (*Su.; Ge., Fr.*), 144° [aus A.] (*Ol., Sch.*). Absorptionsmaxima (A.): 257 nm und 294 nm (*Mentzer, Pillon*, Parf. Cosmét. Savons **1** [1958] 298, 300; *Pi.*, l. c. S. 16). Polarographie: *Ge., Fr.*

Beim Erhitzen mit Aluminiumchlorid in Nitrobenzol auf 140° ist 6-Acetyl-5-hydroxy-2-phenyl-chromen-4-on erhalten worden (*Baker*, Soc. **1934** 1953).

5-β-D-Glucopyranosyloxy-2-phenyl-chromen-4-on $C_{21}H_{20}O_8$, Formel XIII.

B. Beim Behandeln von 5-Hydroxy-2-phenyl-chromen-4-on mit Chinolin, α-D-Acetobromglucopyranose (Tetra-O-acetyl-α-D-glucopyranosylbromid) und Silberoxid und Behandeln des Reaktionsprodukts mit Natriummethylat in Methanol (*Jerzmanowska, Michalska*, Chem. and Ind. **1957** 1318).

Krystalle (aus wss. A.) mit 0,5 Mol H₂O; F: 175—177°.

2-Phenyl-5-[toluol-4-sulfonyloxy]-chromen-4-on $C_{22}H_{16}O_5S$, Formel XII (R = SO₂-C₆H₄-CH₃).

B. Beim Erwärmen von 5-Hydroxy-2-phenyl-chromen-4-on mit Toluol-4-sulfonylchlorid, Kaliumcarbonat und Aceton (*Gupta et al.*, Pr. Indian Acad. [A] **38** [1953] 470, 471).

Krystalle (aus A.); F: 188—189° (*Gu. et al.*).

Bei der Hydrierung an Raney-Nickel in Äthanol sind *cis*-2-Phenyl-chroman-4-ol (E III/IV **17** 1625) und kleine Mengen *trans*-2-Phenyl-chroman-4-ol (E III/IV **17** 1626) erhalten worden (*Gowan et al.*, Tetrahedron **2** [1958] 116, 120; s. a. *Gu. et al.*).

XIII XIV XV

8-Brom-5-methoxy-2-phenyl-chromen-4-on $C_{16}H_{11}BrO_3$, Formel XIV.

Über die Konstitution s. *Chang*, Formosan Sci. **16** [1962] 127, 128; C. A. **59** [1963] 3869.

B. Beim Erwärmen von (±)-5-Methoxy-2-phenyl-chroman-4-on mit *N*-Brom-succinimid (2 Mol) und wenig Dibenzoylperoxid in Tetrachlormethan (*Looker, Holm,* J. org. Chem. **24** [1959] 567).

Krystalle (aus A.); F: 186—189°. IR-Banden (KBr) im Bereich von 1643 cm⁻¹ bis 643 cm⁻¹: *Lo., Holm*.

5-Hydroxy-6-nitro-2-phenyl-chromen-4-on $C_{15}H_9NO_5$, Formel XV.

Über die Konstitution s. *McCusker et al.*, Soc. **1963** 2374, 2376.

B. Beim Erhitzen von 3-Brom-5-hydroxy-6-nitro-2-phenyl-chroman-4-on (F: 147°) mit Pyridin (*Seshadri, Trivedi,* J. org. Chem. **23** [1958] 1735, 1736). Neben 3-Benzoyl-5-hydroxy-6-nitro-2-phenyl-chromen-4-on beim Erhitzen von 1-[2,6-Dihydroxy-3-nitrophenyl]-äthanon mit Benzoesäure-anhydrid, Natriumbenzoat und Pyridin auf 150° (*Naik, Thakor,* Pr. Indian Acad. [A] **37** [1953] 774, 778). Beim Erwärmen von 3-Benzoyl-5-hydroxy-6-nitro-2-phenyl-chromen-4-on mit äthanol. Kalilauge (*Naik, Th.*).

Gelbe Krystalle; F: 237—238° [aus Eg.] (*McC. et al.,* l. c. S. 2379), 232° [aus CHCl₃] (*Se., Tr.*).

5-Hydroxy-8-nitro-2-phenyl-chromen-4-on $C_{15}H_9NO_5$, Formel I (R = X = H).

Über die Konstitution s. *McCusker et al.,* Soc. **1963** 2374, 2376.

B. Beim Behandeln von 5-Hydroxy-2-phenyl-chromen-4-on mit Salpetersäure und Schwefelsäure (*Naik et al.,* Pr. Indian Acad. [A] **38** [1953] 31, 37) oder mit Essigsäure und wss. Salpetersäure (*Seshadri, Trivedi,* J. org. Chem. **23** [1958] 1735, 1737). Beim Behandeln von 5-Hydroxy-4-oxo-2-phenyl-4*H*-chromen-8-sulfonsäure mit Salpetersäure und Schwefelsäure (*Joshi et al.,* J. org. Chem. **21** [1956] 1104, 1108). Beim Erhitzen von 2,3-Dibrom-1-[2,6-diacetoxy-3-nitro-phenyl]-3-phenyl-propan-1-on (F: 163°) mit Pyridin (*Se., Tr.*).

Krystalle; F: 225° [aus Eg.] (*Naik et al.*), 225° [korr.; aus Eg.] (*Jo. et al.*).

Beim Erhitzen mit wss. Natronlauge ist 1-[2,6-Dihydroxy-3-nitro-phenyl]-äthanon erhalten worden (*Naik et al.*).

5-Acetoxy-8-nitro-2-phenyl-chromen-4-on $C_{17}H_{11}NO_6$, Formel I (R = CO-CH₃, X = H).

B. Aus 5-Hydroxy-8-nitro-2-phenyl-chromen-4-on (*Naik et al.,* Pr. Indian Acad. [A] **38** [1953] 31, 37; s. a. *Seshadri, Trivedi,* J. org. Chem. **23** [1958] 1735, 1738).

Krystalle (aus A.), F: 239° (*Na. et al*). Krystalle (aus A. + Eg.), F: 155—156° (*Se., Tr.*).

5-Hydroxy-6,8-dinitro-2-phenyl-chromen-4-on $C_{15}H_8N_2O_7$, Formel I (R = H, X = NO₂).

B. Beim Erwärmen von 5-Hydroxy-2-phenyl-chromen-4-on, von 5-Hydroxy-6-nitro-2-phenyl-chromen-4-on oder von 5-Hydroxy-8-nitro-2-phenyl-chromen-4-on mit wss. Salpetersäure und Essigsäure (*Naik et al.,* Pr. Indian Acad. [A] **38** [1953] 31, 37). Beim Erhitzen von 5-Hydroxy-4-oxo-2-phenyl-4*H*-chromen-6,8-disulfonsäure mit wss. Salpetersäure und Essigsäure (*Joshi et al.,* J. org. Chem. **21** [1956] 1104, 1108).

Hellgelbe Krystalle; F: 253—254° [aus Eg.] (*Naik et al.*), 253° [korr.; aus Eg.] (*Jo. et al.*).

5-Acetoxy-6,8-dinitro-2-phenyl-chromen-4-on $C_{17}H_{10}N_2O_8$, Formel I (R = CO-CH₃, X = NO₂).

B. Aus 5-Hydroxy-6,8-dinitro-2-phenyl-chromen-4-on (*Naik et al.,* Pr. Indian Acad. [A] **38** [1953] 31, 37).

Krystalle (aus Eg.); F: 264—265°.

5-Methoxy-8-nitro-2-[4-nitro-phenyl]-chromen-4-on $C_{16}H_{10}N_2O_7$, Formel II.
Diese Konstitution kommt für die nachstehend beschriebene Verbindung in Betracht.
B. Beim Behandeln von 5-Methoxy-2-phenyl-chromen-4-on mit Salpetersäure und Schwefelsäure (*Naik et al.*, Pr. Indian Acad. [A] **38** [1953] 31, 38).
Krystalle (aus Eg.); F: 267°.
Beim Erhitzen mit wss. Natronlauge ist 1-[2,6-Dihydroxy-3-nitro-phenyl]-äthanon erhalten worden.

6-Hydroxy-2-phenyl-chromen-4-on $C_{15}H_{10}O_3$, Formel III (R = X = H) (H 58; E II 38; dort auch als 6-Oxy-flavon bezeichnet).
B. Beim Erwärmen von Phenylpropiolsäure mit Hydrochinon und Polyphosphorsäure (*Hasebe*, J. chem. Soc. Japan Pure Chem. Sect. **78** [1957] 1102; C. A. **1959** 21920). Beim Erhitzen von 1-[2,5-Dihydroxy-phenyl]-äthanon mit Benzoesäure-anhydrid (Überschuss) und Natriumbenzoat auf 180° und Erwärmen des Reaktionsprodukts mit äthanol. Kali=
lauge (*Chadha, Venkataraman*, Soc. **1933** 1073, 1075). Beim Erhitzen von 1-[2,5-Bis-benzoyloxy-phenyl]-äthanon mit Natrium in Toluol auf 120° (*Pandit, Sethna*, J. Indian chem. Soc. **27** [1950] 1, 3). Aus 6-Benzyloxy-2-phenyl-chromen-4-on (*Bhalla et al.*, Soc. **1935** 868).
Krystalle; F: 239° (*Massicot*, zit. bei *Molho*, Bl. **1956** 39, 45), 234° [aus wss. A.] (*Vyas, Shah*, Pr. Indian Acad. [A] **33** [1951] 112, 113), 234° (*Ch., Ve.; Bh. et al.*). UV-Spektrum (A.; 230–360 nm): *Skarżyński*, Bio. Z. **301** [1939] 150, 155, 168. Absorptionsmaxima (A.): 273 nm und 305 nm (*Sk.; Mentzer, Pillon*, Parf. Cosmét. Savons **1** [1958] 298, 299) bzw. 271 nm und 303 nm (*Gowan et al.*, Tetrahedron **2** [1958] 116, 117).
Über eine Verbindung mit Jod (blauschwarze Krystalle) s. *Cramer, Elschnig*, B. **89** [1956] 1, 5, 12.

6-Methoxy-2-phenyl-chromen-4-on $C_{16}H_{12}O_3$, Formel III (R = CH_3, X = H) (E II 38; dort als 6-Methoxy-flavon bezeichnet).
B. Beim Erhitzen von 1-[2-Hydroxy-5-methoxy-phenyl]-3-phenyl-propan-1,3-dion mit Essigsäure und kleinen Mengen wss. Salzsäure (*Dunne et al.*, Soc. **1950** 1252, 1257). Beim Erhitzen von 6-Methoxy-2-phenyl-chroman-4-on mit Chloranil in Xylol (*Arnold, Collins*, Am. Soc. **61** [1939] 1407). Bei der Hydrierung von 6-Methoxy-2-phenyl-5-[toluol-4-sulf=
onyloxy]-chromen-4-on an Raney-Nickel in Äthanol (*Gowan et al.*, Tetrahedron **2** [1958] 116, 120).
Krystalle (aus wss. A.); F: 162° (*Hill, Melhuish*, Soc. **1935** 1161, 1165). IR-Spektrum (Nujol; 5–15 μ): *Cramer, Windel*, B. **89** [1956] 354, 358. UV-Spektrum (A.; 230 nm bis 360 nm): *Skarżyński*, Bio. Z. **301** [1939] 150, 155. Absorptionsmaxima (A.): 273 nm und 305 nm (*Sk.*) bzw. 267 nm und 302 nm (*Go. et al.*, l. c. S. 117).
Über eine Verbindung mit Jod (blauschwarze Krystalle) s. *Cramer, Elschnig*, B. **89** [1956] 1, 5, 12; *Cr., Wi.*

6-Benzyloxy-2-phenyl-chromen-4-on $C_{22}H_{16}O_3$, Formel III (R = CH_2-C_6H_5, X = H).
B. Aus 1-[5-Benzyloxy-2-hydroxy-phenyl]-3-phenyl-propan-1,3-dion mit Hilfe von Schwefelsäure (*Bhalla et al.*, Soc. **1935** 868).
Krystalle; F: 144–145°.

6-Acetoxy-2-phenyl-chromen-4-on $C_{17}H_{12}O_4$, Formel III (R = CO-CH_3, X = H) (H 58; dort als 6-Acetoxy-flavon bezeichnet).
B. Beim Erhitzen von 6-Hydroxy-2-phenyl-chromen-4-on mit Acetanhydrid und Natriumacetat (*Vyas, Shah*, Pr. Indian Acad. [A] **33** [1951] 112, 113; *Hasebe*, J. chem. Soc. Japan Pure Chem. Sect. **78** [1957] 1102; C. A. **1959** 21920).
Krystalle; F: 159° (*Chadha, Venkataraman*, Soc. **1933** 1073, 1075), 158° [aus wss. A.] (*Vyas, Shah*), 157–157,5° (*Ha.*). Absorptionsmaxima (A.): 255 nm und 296 nm (*Gowan et al.*, Tetrahedron **2** [1958] 116, 117).

2-[4-Chlor-phenyl]-6-methoxy-chromen-4-on $C_{16}H_{11}ClO_3$, Formel III (R = CH_3, X = Cl).
B. Beim Erhitzen von 1-[4-Chlor-phenyl]-3-[2-hydroxy-5-methoxy-phenyl]-propan-1,3-dion mit Essigsäure und kleinen Mengen wss. Salzsäure (*Dunne et al.*, Soc. **1950** 1252,

1256). Beim Erhitzen von 1-[2-(4-Chlor-benzoyloxy)-5-methoxy-phenyl]-äthanon mit Glycerin unter Stickstoff auf 250° (*Du. et al.*).
Krystalle (aus A.) mit 1 Mol H_2O; F: 175—177°.

6-Methoxy-8-nitro-2-phenyl-chromen-4-on $C_{16}H_{11}NO_5$, Formel IV.
B. Beim Erhitzen von 1-[2-Hydroxy-5-methoxy-3-nitro-phenyl]-3-phenyl-propan-1,3-dion mit Essigsäure und kleinen Mengen wss. Salzsäure (*Gowan et al.*, Tetrahedron **2** [1958] 116, 118).
Krystalle (aus Eg.); F: 196—197°.

6-Methoxy-2-[4-nitro-phenyl]-chromen-4-on $C_{16}H_{11}NO_5$, Formel III ($R = CH_3$, $X = NO_2$) auf S. 690.
B. Beim Erhitzen von 1-[2-Hydroxy-5-methoxy-phenyl]-3-[4-nitro-phenyl]-propan-1,3-dion mit Essigsäure und wenig Mineralsäure (*Doyle et al.*, Scient. Pr. roy. Dublin Soc. **24** [1948] 291, 302; *Dunne et al.*, Soc. **1950** 1252, 1257). Beim Erhitzen von 1-[5-Methoxy-2-(4-nitro-benzoyloxy)-phenyl]-äthanon mit Glycerin unter Stickstoff auf 250° (*Du. et al.*).
Gelbliche Krystalle (aus Dioxan + W.) mit 1 Mol H_2O; F: 205—206° (*Do. et al.*).

2-[3,5-Dinitro-phenyl]-6-methoxy-chromen-4-on $C_{16}H_{10}N_2O_7$, Formel V.
B. Beim Behandeln einer Lösung von 1-[2-(3,5-Dinitro-benzoyloxy)-5-methoxy-phenyl]-äthanon in Pyridin mit der Natrium-Verbindung des 1-[2-Hydroxy-5-methoxy-phenyl]-äthanons und Ansäuern des 3 Tage lang aufbewahrten Reaktionsgemisches mit wss. Salzsäure (*Doyle et al.*, Scient. Pr. roy. Dublin Soc. **24** [1948] 291, 304; *Dunne et al.*, Soc. **1950** 1252, 1257). Beim Erhitzen von 1-[2-(3,5-Dinitro-benzoyloxy)-5-methoxy-phenyl]-äthanon mit Glycerin unter Stickstoff auf 250° (*Du. et al.*).
Gelbliche Krystalle (aus Eg.); F: 301—303° (*Do. et al.*).

7-Hydroxy-2-phenyl-chromen-4-on $C_{15}H_{10}O_3$, Formel VI ($R = H$) (H 58; E II 38; dort auch als 7-Oxy-flavon bezeichnet).
B. Beim Behandeln von Phenylpropioloylchlorid mit Resorcin und Aluminiumchlorid in Nitrobenzol (*Seka, Prosche*, M. **69** [1936] 284, 289). Als Hauptprodukt beim Erhitzen von 3-Oxo-3-phenyl-propionsäure-äthylester mit Resorcin in Diphenyläther oder in Nitrobenzol (*Desai et al.*, J. Maharaja Sayajirao Univ. Baroda **4** [1955] Nr. 2, S. 3, 4; C. A. **1958** 11030; s. a. *Pillon*, Bl. **1954** 9, 19). Aus 1-[2,4-Dihydroxy-phenyl]-äthanon beim Erhitzen mit Benzoesäure-anhydrid, Natriumbenzoat und Pyridin auf 180° und Erwärmen des Reaktionsprodukts mit wss.-äthanol. Natriumcarbonat-Lösung (*Joshi, Thakor*, J. Univ. Bombay **22**, Tl. 5 A [1954] 21) sowie beim Erhitzen mit Benzoesäure-anhydrid und Triäthylamin auf 170° und Erwärmen des Reaktionsprodukts mit wss.-äthanol. Kalilauge (*Deulofeu, Schopflocher*, G. **83** [1953] 449, 458; *Deulofeu, Schopflocher*, An. Asoc. quim. arg. **44** [1956] 34, 43). Aus 1-[2,4-Bis-benzoyloxy-phenyl]-äthanon beim Erhitzen mit Benzoesäure und Natriumbenzoat auf 200° (*Looker, Hanneman*, J. org. Chem. **22** [1957] 1237) sowie beim Erhitzen mit Glycerin unter Stickstoff auf 250° (*Dunne et al.*, Soc. **1950** 1252, 1257). Beim Erhitzen von 2′-Hydroxy-4′-methoxymethoxy-chalkon (F: 81°) mit Selendioxid und Amylalkohol (*Bellino, Venturella*, Ann. Chimica **48** [1958] 111, 124). Aus 1-[4-Benzoyloxy-2-hydroxy-phenyl]-3-phenyl-propan-1,3-dion beim Erhitzen mit Essigsäure und Natriumacetat (*Baker*, Soc. **1933** 1381, 1385) sowie beim Behandeln mit konz. Schwefelsäure (*Ba.*; *Du. et al.*; *Gowan, Wheeler*, Soc. **1950** 1925, 1927). Beim Behandeln von 1-[2-Hydroxy-4-tetrahydropyran-2-yloxy-phenyl]-3-phenyl-propan-1,3-dion mit konz. Schwefelsäure (*Schmid, Banholzer*, Helv. **37** [1954] 1706, 1713). Beim Erhitzen von 7-Benzyloxy-2-phenyl-chromen-4-on mit Bromwasserstoff in Essigsäure (*Mahal et al.*, Soc. **1935** 866). Aus 3-Benzoyl-7-hydroxy-2-phenyl-chromen-4-on beim Erhitzen mit wss. Natriumcarbonat-Lösung (*Rangaswami, Seshadri*, Pr. Indian Acad. [A] **10** [1939] 6) sowie beim Erwärmen mit äthanol. Kalilauge (*Trivedi et al.*, J. Indian chem. Soc. **20** [1943] 171). Beim Erwärmen von 3-Benzoyl-4,7-dihydroxy-cumarin mit Äthanol und konz. wss. Salzsäure (*Vereš et al.*, Collect. **24** [1959] 3471).

Krystalle; F: 244—245° [aus A.] (*Ra., Se.*), 244—245° [korr.; aus A.] (*Lo., Ha.*), 240,8° [nach Sublimation im Hochvakuum bei 220°] (*Seka, Pr.*). IR-Banden (Nujol) im

Bereich von 3,8 μ bis 13,9 μ: *Lo., Ha.* UV-Spektrum (A.; 220–350 nm): *Skarżyński,* Bio. Z. **301** [1939] 150, 159, 163; s. a. *Aronoff,* J. org. Chem. **5** [1940] 561, 563. Absorptionsmaxima (A.): 250 nm und 310 nm (*Mentzer, Pillon,* Parf. Cosmét. Savons **1** [1958] 298, 299, 300). Polarographie: *Geissman, Friess,* Am. Soc. **71** [1949] 3893, 3895.

Beim Behandeln mit wss. Alkalilauge und Kaliumperoxodisulfat sind 7,8-Dihydroxy-2-phenyl-chromen-4-on und 7-Hydroxy-2-phenyl-8-sulfooxy-chromen-4-on erhalten worden (*Narasimhachari et al.,* Pr. Indian Acad. [A] **27** [1948] 37, 40). Bildung von 1-[2,4-Dihydroxy-phenyl]-3-phenyl-propan-1-on beim Erhitzen mit Palladium/Kohle und Tetralin: *Mentzer, Massicot,* Bl. **1956** 144, 146. Geschwindigkeitskonstante der Methylierung beim Behandeln mit Dimethylsulfat, Natriumhydrogencarbonat und Aceton bei 50° sowie mit Dimethylsulfat und wss.-äthanol. Natriumcarbonat-Lösung bei 20°: *Simpson, Beton,* Soc. **1954** 4065, 4066; s. a. *Simpson,* Scient. Pr. roy. Dublin Soc. **27** [1956] 111, 112.

Über eine Verbindung mit Jod (graue Krystalle) s. *Cramer, Elschnig,* B. **89** [1956] 1, 5, 12.

IV V VI

7-Methoxy-2-phenyl-chromen-4-on $C_{16}H_{12}O_3$, Formel VI (R = CH$_3$) (H 59; E I 323; dort als 7-Methoxy-flavon bezeichnet).

B. Beim Erwärmen von 1-[2-Benzoyloxy-4-methoxy-phenyl]-äthanon mit Kaliumhydroxid in Pyridin und Behandeln des Reaktionsprodukts mit konz. Schwefelsäure (*Schmid, Banholzer,* Helv. **37** [1954] 1706, 1712). Beim Erhitzen von 1-[2-Hydroxy-4-methoxy-phenyl]-3-phenyl-propan-1-on mit Selendioxid und Amylalkohol (*Schiavello, Sebastiani,* G. **79** [1949] 909). Beim Behandeln von 1-[2-Hydroxy-4-methoxy-phenyl]-3-phenyl-propan-1,3-dion mit Bromwasserstoff in Essigsäure (*Virkar, Shah,* J. Univ. Bombay **11**, Tl. 3 A [1942/43] 140). Aus 7-Methoxy-2-phenyl-chroman-4-on beim Erwärmen mit *N*-Brom-succinimid und Dibenzoylperoxid in Tetrachlormethan und Behandeln des Reaktionsprodukts mit äthanol. Natronlauge (*Bannerjee, Seshadri,* Pr. Indian Acad. [A] **36** [1952] 134, 137), beim Behandeln mit Jod und Natriumacetat in Äthanol sowie beim Erwärmen mit Phosphor(V)-chlorid in Benzol (*Narasimhachari, Seshadri,* Pr. Indian Acad. [A] **30** [1949] 151, 160). Beim Erwärmen von 7-Hydroxy-2-phenyl-chromen-4-on mit Methyljodid, Kaliumcarbonat und Aceton (*Mehta et al.,* Pr. Indian Acad. [A] **29** [1949] 314, 319). Beim Erwärmen von 3-Benzoyl-4-hydroxy-7-methoxy-cumarin mit wss.-äthanol. Salzsäure (*Vereš et al.,* Collect. **24** [1959] 3471).

Krystalle; F: 111,5–112,5° [Kofler-App.; aus Ae. + PAe.] (*Sch., Ba.*), 110–111° [aus wss. A.] (*Na., Se.*), 110° [aus A.] (*Vi., Shah*), 110° [aus E. + PAe.] (*Jain, Seshadri,* Pr. Indian Acad. [A] **38** [1953] 294). UV-Spektrum (A.; 220–350 nm; λ_{max}: 247,5 nm und 306 nm): *Skarżyński,* Bio. Z. **301** [1939] 150, 155, 168; *Lin et al.,* J. Chin. chem. Soc. [II] **5** [1958] 60.

Geschwindigkeitskonstante der Entmethylierung beim Behandeln mit konz. wss. Bromwasserstoffsäure bei 123°: *Simpson, Beton,* Soc. **1954** 4065, 4066; s. a. *Simpson,* Scient. Pr. roy. Dublin Soc. **27** [1956] 111, 112.

Über eine Verbindung mit Jod (blauschwarze Krystalle) s. *Cramer, Elschnig,* B. **89** [1956] 1, 5, 12.

7-Allyloxy-2-phenyl-chromen-4-on $C_{18}H_{14}O_3$, Formel VI (R = CH$_2$-CH=CH$_2$).

B. Beim Erwärmen von 7-Hydroxy-2-phenyl-chromen-4-on mit Allylbromid, Kaliumcarbonat und Aceton (*Rangaswami, Seshadri,* Pr. Indian Acad. [A] **9** [1939] 1, 2).

Krystalle (aus Bzl. + PAe.); F: 95–96°.

Beim Erhitzen auf 210° ist 8-Allyl-7-hydroxy-2-phenyl-chromen-4-on erhalten worden.

7-Benzyloxy-2-phenyl-chromen-4-on $C_{22}H_{16}O_3$, Formel VI (R = CH_2-C_6H_5).

B. Beim Erhitzen von 4′-Benzyloxy-2′-hydroxy-chalkon (E III **8** 2831) mit Selendioxid und Amylalkohol auf 150° (*Mahal et al.*, Soc. **1935** 866).

Krystalle (aus wss. Eg.); F: 187°.

7-[2-Hydroxy-äthoxy]-2-phenyl-chromen-4-on $C_{17}H_{14}O_4$, Formel VI (R = CH_2-CH_2OH).

B. Beim Behandeln von 1-[2-Acetoxy-4-(2-acetoxy-äthoxy)-phenyl]-2,3-dibrom-3-phenyl-propan-1-on (F: 122°) mit Äthanol und wss. Natronlauge (*Motwani, Wheeler*, Soc. **1935** 1098, 1100).

Krystalle (aus A.); F: 166°.

7-[2-Acetoxy-äthoxy]-2-phenyl-chromen-4-on $C_{19}H_{16}O_5$, Formel VI (R = CH_2-CH_2-O-CO-CH_3).

B. Aus 7-[2-Hydroxy-äthoxy]-2-phenyl-chromen-4-on (*Motwani, Wheeler*, Soc. **1935** 1098, 1100).

Krystalle (aus A.); F: 130°.

(±)-7-[2,3-Dihydroxy-propoxy]-2-phenyl-chromen-4-on $C_{18}H_{16}O_5$, Formel VI (R = CH_2-CH(OH)-CH_2OH).

B. Beim Erhitzen von (±)-4′-[2,3-Dihydroxy-propoxy]-2′-hydroxy-*trans*(?)-chalkon (E III **8** 2832) mit Selendioxid und Amylalkohol auf 150° (*Nadkarni, Wheeler*, J. Univ. Bombay **6**, Tl. 2 [1937] 107, 109).

Krystalle (aus A.) mit 2 Mol H_2O; F: 87−88°.

7-Acetoxy-2-phenyl-chromen-4-on $C_{17}H_{12}O_4$, Formel VI (R = CO-CH_3) (H 59; dort als 7-Acetoxy-flavon bezeichnet).

B. Beim Erhitzen von 7-Hydroxy-2-phenyl-chromen-4-on mit Acetanhydrid und Pyridin (*Deulofeu, Schopflocher*, G. **83** [1953] 449, 458). Beim Erwärmen von 7-Acetoxy-2-phenyl-chroman-4-on mit N-Brom-succinimid, Dibenzoylperoxid und Kaliumacetat in Tetrachlormethan unter Belichtung (*Nakagawa, Tsukashima*, J. chem. Soc. Japan Pure Chem. Sect. **75** [1954] 485; C. A. **1957** 11 339).

Krystalle (aus A.); F: 129−130° (*Baker*, Soc. **1933** 1381, 1385; *De., Sch.*; *Na., Ts.*). UV-Spektrum (A.; 220−340 nm): *Skarżyński*, Bio. Z. **301** [1939] 150, 159, 168; *Lin et al.*, J. Chin. chem. Soc. [II] **5** [1958] 60. Absorptionsmaxima (A.): 251 nm und 301 nm (*Sk.*) bzw. 252,5 nm und 296,5 nm (*Pillon*, Bl. **1954** 9, 16; *Mentzer, Pillon*, Parf. Cosmét. Savons **1** [1958] 298, 300). Polarographie: *Geissmann, Friess*, Am. Soc. **71** [1949] 3893, 3895.

7-Chloracetoxy-2-phenyl-chromen-4-on $C_{17}H_{11}ClO_4$, Formel VI (R = CO-CH_2Cl).

B. Beim Erhitzen von 7-Hydroxy-2-phenyl-chromen-4-on mit Chloracetylchlorid (*Row, Seshadri*, Pr. Indian Acad. [A] **11** [1940] 206, 210) oder mit Chloracetylchlorid und Xylol (*Looker, Hanneman*, J. org. Chem. **22** [1957] 1237).

Krystalle; F: 138−139° [aus A.] (*Row, Se.*), 136−137° [korr.; aus E. + Cyclohexan] (*Lo., Ha.*).

Beim Erhitzen mit Aluminiumchlorid ist 2-Phenyl-furo[2,3-*h*]chromen-4,9-dion erhalten worden (*Row, Se.*).

7-Dichloracetoxy-2-phenyl-chromen-4-on $C_{17}H_{10}Cl_2O_4$, Formel VI (R = CO-$CHCl_2$).

B. Beim Erhitzen von 7-Hydroxy-2-phenyl-chromen-4-on mit Dichloracetylchlorid und Xylol (*Looker, Hanneman*, J. org. Chem. **22** [1957] 1237).

Krystalle (aus Xylol + Cyclohexan); F: 161−162° [korr.].

7-Benzoyloxy-2-phenyl-chromen-4-on $C_{22}H_{14}O_4$, Formel VI (R = CO-C_6H_5).

B. Aus 1-[4-Benzoyloxy-2-hydroxy-phenyl]-3-phenyl-propan-1,3-dion bei kurzem Erhitzen (5 min) mit Essigsäure und konz. wss. Salzsäure (*Baker*, Soc. **1933** 1381, 1385) sowie beim Erhitzen mit wenig Toluol-4-sulfonsäure in Xylol (*Baker et al.*, Soc. **1952** 1505).

Krystalle (aus A.); F: 157−158° (*Ba.*).

[4-Oxo-2-phenyl-4H-chromen-7-yloxy]-essigsäure $C_{17}H_{12}O_5$, Formel VII (R = H)).

B. Beim Erhitzen von [4-*trans*(?)-Cinnamoyl-3-hydroxy-phenoxy]-essigsäure (F: 176° bis 177°) mit Selendioxid und Amylalkohol (*Da Re, Colleoni*, Ann. Chimica **49** [1959] 1632, 1637). Beim Erhitzen von [4-Oxo-2-phenyl-4H-chromen-7-yloxy]-essigsäure-äthylester mit 70%ig. wss. Schwefelsäure (*Da Re et al.*, Farmaco Ed. scient. **13** [1958] 561, 569). Beim Erwärmen von [4-Oxo-2-phenyl-chroman-7-yloxy]-essigsäure-äthylester mit *N*-Brom-succinimid und Dibenzoylperoxid in Chloroform und Erwärmen des Reaktionsprodukts mit wss.-äthanol. Natronlauge (*Da Re, Co.*, l. c. S. 1638).

Krystalle (aus A.); F: 271—272° (*Da Re, Co.*), 267—269° (*Da Re et al.*).

[4-Oxo-2-phenyl-4H-chromen-7-yloxy]-essigsäure-methylester $C_{18}H_{14}O_5$, Formel VII (R = CH_3).

B. Beim Erwärmen von 7-Hydroxy-2-phenyl-chromen-4-on mit Chloressigsäuremethylester, Kaliumcarbonat und Aceton (*Recordati-Labor. Farm.*, U.S.P. 2897211 [1956]).

Krystalle (aus A.); F: 134—135°.

[4-Oxo-2-phenyl-4H-chromen-7-yloxy]-essigsäure-äthylester $C_{19}H_{16}O_5$, Formel VII (R = C_2H_5).

B. Beim Erwärmen von [3-Hydroxy-4-(3-oxo-3-phenyl-propionyl)-phenoxy]-essigsäure-äthylester mit Schwefelsäure enthaltendem Äthanol (*Da Re, Colleoni*, Ann. Chimica **49** [1959] 1632, 1636). Beim Erwärmen von 7-Hydroxy-2-phenyl-chromen-4-on mit Bromessigsäure-äthylester, Kaliumcarbonat und Aceton (*Da Re et al.*, Farmaco Ed. scient. **13** [1958] 561, 569). Beim Erwärmen von [4-Oxo-2-phenyl-4H-chromen-7-yloxy]-essigsäure mit Schwefelsäure enthaltendem Äthanol (*Da Re, Co.*, l. c. S. 1637).

Krystalle (aus wss. A.); F: 123,5—124° (*Da Re et al.*). IR-Spektrum (5000—650 cm⁻¹): *Bellomonte, Cardini*, Rend. Ist. super. Sanità **22** [1959] 613, 617. UV-Spektrum (wss. A.; 240—330 nm): *Be., Ca.*, l. c. S. 616.

[4-Oxo-2-phenyl-4H-chromen-7-yloxy]-essigsäure-propylester $C_{20}H_{18}O_5$, Formel VII (R = CH_2-CH_2-CH_3).

B. Beim Erwärmen von 7-Hydroxy-2-phenyl-chromen-4-on mit Chloressigsäurepropylester, Kaliumcarbonat und Aceton (*Recordati-Labor. Farm.*, U.S.P. 2897211 [1956]).

Krystalle (aus A.); F: 165—168°.

[4-Oxo-2-phenyl-4H-chromen-7-yloxy]-essigsäure-isopropylester $C_{20}H_{18}O_5$, Formel VII (R = $CH(CH_3)_2$).

B. Beim Erwärmen von 7-Hydroxy-2-phenyl-chromen-4-on mit Chloressigsäureisopropylester, Kaliumcarbonat und Aceton (*Recordati-Labor. Farm.*, U.S.P. 2897211 [1956]).

Krystalle (aus A.); F: 115—116°.

[4-Oxo-2-phenyl-4H-chromen-7-yloxy]-essigsäure-butylester $C_{21}H_{20}O_5$, Formel VII (R = $[CH_2]_3$-CH_3).

B. Beim Erwärmen von 7-Hydroxy-2-phenyl-chromen-4-on mit Chloressigsäurebutylester, Kaliumcarbonat und Aceton (*Recordati-Labor. Farm.*, U.S.P. 2897211 [1956]).

Krystalle (aus Acn.); F: 97—99°.

(±)-[4-Oxo-2-phenyl-4H-chromen-7-yloxy]-essigsäure-*sec*-butylester $C_{21}H_{20}O_5$, Formel VII (R = $CH(CH_3)$-CH_2-CH_3).

B. Beim Erwärmen von 7-Hydroxy-2-phenyl-chromen-4-on mit (±)-Chloressigsäure-*sec*-butylester, Kaliumcarbonat und Aceton (*Recordati-Labor. Farm.*, U.S.P. 2897211 [1956]).

Krystalle (aus Bzn.); F: 95—96°.

[4-Oxo-2-phenyl-4H-chromen-7-yloxy]-essigsäure-isobutylester $C_{21}H_{20}O_5$, Formel VII (R = CH_2-$CH(CH_3)_2$).

B. Beim Erwärmen von 7-Hydroxy-2-phenyl-chromen-4-on mit Chloressigsäure-isobutylester, Kaliumcarbonat und Aceton (*Recordati-Labor. Farm.*, U.S.P. 2897211 [1956]).

Krystalle (aus Bzn.); F: 93—95°.

[4-Oxo-2-phenyl-4H-chromen-7-yloxy]-essigsäure-pentylester $C_{22}H_{22}O_5$, Formel VII
(R = [CH$_2$]$_4$-CH$_3$).
B. Beim Erwärmen von 7-Hydroxy-2-phenyl-chromen-4-on mit Chloressigsäurepentylester, Kaliumcarbonat und Aceton (*Recordati-Labor. Farm.*, U.S.P. 2897211 [1956]).
Krystalle (aus Bzn.); F: 84—86°.

VII

VIII

(±)-[4-Oxo-2-phenyl-4H-chromen-7-yloxy]-essigsäure-[2-methyl-butylester] $C_{22}H_{22}O_5$, Formel VII (R = CH$_2$-CH(CH$_3$)-CH$_2$-CH$_3$).
B. Beim Erwärmen von 7-Hydroxy-2-phenyl-chromen-4-on mit (±)-Chloressigsäure-[2-methyl-butylester], Kaliumcarbonat und Aceton (*Recordati-Labor. Farm.*, U.S.P. 2897211 [1956]).
Krystalle (aus Bzn.); F: 108—110°.

[4-Oxo-2-phenyl-4H-chromen-7-yloxy]-essigsäure-isopentylester $C_{22}H_{22}O_5$, Formel VII
(R = CH$_2$-CH$_2$-CH(CH$_3$)$_2$).
B. Beim Erwärmen von 7-Hydroxy-2-phenyl-chromen-4-on mit Chloressigsäure-isopentylester, Kaliumcarbonat und Aceton (*Recordati-Labor. Farm.*, U.S.P. 2897211 [1956]).
Krystalle (aus Bzn.); F: 66—68°.

[4-Oxo-2-phenyl-4H-chromen-7-yloxy]-essigsäure-hexylester $C_{23}H_{24}O_5$, Formel VII
(R = [CH$_2$]$_5$-CH$_3$).
B. Beim Erwärmen von 7-Hydroxy-2-phenyl-chromen-4-on mit Chloressigsäure-hexylester, Kaliumcarbonat und Aceton (*Recordati-Labor. Farm.*, U.S.P. 2897211 [1956]).
Krystalle (aus Bzn.); F: 53—56°.

[4-Oxo-2-phenyl-4H-chromen-7-yloxy]-essigsäure-allylester $C_{20}H_{16}O_5$, Formel VII
(R = CH$_2$-CH=CH$_2$).
B. Beim Erwärmen von 7-Hydroxy-2-phenyl-chromen-4-on mit Chloressigsäure-allylester, Kaliumcarbonat und Aceton (*Recordati-Labor. Farm.*, U.S.P. 2897211 [1956]).
Krystalle (aus A.); F: 118—119°.

[4-Oxo-2-phenyl-4H-chromen-7-yloxy]-essigsäure-[2-dimethylamino-äthylester]
$C_{21}H_{21}NO_5$, Formel VII (R = CH$_2$-CH$_2$-N(CH$_3$)$_2$).
B. Beim Erwärmen des Natrium-Salzes der [4-Oxo-2-phenyl-4H-chromen-7-yloxy]-essigsäure mit [2-Chlor-äthyl]-dimethyl-amin-hydrochlorid und Isopropylalkohol (*Da Re et al.*, Farmaco Ed. scient. **13** [1958] 561, 571).
Hydrochlorid $C_{21}H_{21}NO_5 \cdot HCl$. Krystalle (aus A.); F: 177—180°.

[4-Oxo-2-phenyl-4H-chromen-7-yloxy]-essigsäure-[2-diäthylamino-äthylester]
$C_{23}H_{25}NO_5$, Formel VII (R = CH$_2$-CH$_2$-N(C$_2$H$_5$)$_2$).
B. Beim Erwärmen des Natrium-Salzes der [4-Oxo-2-phenyl-4H-chromen-7-yloxy]-essigsäure mit Diäthyl-[2-chlor-äthyl]-amin-hydrochlorid und Isopropylalkohol (*Da Re et al.*, Farmaco Ed. scient. **13** [1958] 561, 571).
Hydrochlorid $C_{23}H_{25}NO_5 \cdot HCl$. Krystalle (aus A.); F: 199—200°.

7-[2-Dimethylamino-äthoxy]-2-phenyl-chromen-4-on $C_{19}H_{19}NO_3$, Formel VIII
(X = N(CH$_3$)$_2$).
B. Beim Erwärmen der Natrium-Verbindung des 7-Hydroxy-2-phenyl-chromen-4-ons mit [2-Chlor-äthyl]-dimethyl-amin und Benzol (*Di Paco, Tauro*, Ann. Chimica **48** [1958]

1215, 1228).
Krystalle (aus Ae. + PAe.); F: 117°.
Hydrochlorid $C_{19}H_{19}NO_3 \cdot HCl$. Krystalle (aus A.); F: 215°.

Trimethyl-[2-(4-oxo-2-phenyl-4H-chromen-7-yloxy)-äthyl]-ammonium $[C_{20}H_{22}NO_3]^+$, Formel VIII (X = $N(CH_3)_3]^+$).
Jodid $[C_{20}H_{22}NO_3]$I. *B.* Beim Erwärmen von 7-[2-Dimethylamino-äthoxy]-2-phenylchromen-4-on mit Methyljodid und Methanol (*Di Paco, Tauro*, Ann. Chimica **48** [1958] 1215, 1228). — Krystalle (aus Me.); F: 254°.

7-[2-Diäthylamino-äthoxy]-2-phenyl-chromen-4-on $C_{21}H_{23}NO_3$, Formel VIII (X = $N(C_2H_5)_2$).
B. Beim Erwärmen der Natrium-Verbindung des 7-Hydroxy-2-phenyl-chromen-4-ons mit Diäthyl-[2-chlor-äthyl]-amin und Benzol (*Di Paco, Tauro*, Ann. Chimica **48** [1958] 1215, 1228).
Krystalle (aus Ae. + PAe.); F: 70°.
Hydrochlorid $C_{21}H_{23}NO_3 \cdot HCl$. Krystalle (aus A.); F: 190°.

Triäthyl-[2-(4-oxo-2-phenyl-4H-chromen-7-yloxy)-äthyl]-ammonium $[C_{23}H_{28}NO_3]^+$, Formel VIII (X = $N(C_2H_5)_3]^+$).
Jodid $[C_{23}H_{28}NO_3]$I. *B.* Beim Erwärmen von 7-[2-Diäthylamino-äthoxy]-2-phenylchromen-4-on mit Äthyljodid und Äthanol (*Di Paco, Tauro*, Ann. Chimica **48** [1958] 1215, 1229). — Krystalle (aus A.); F: 232°.

7-β-D-Glucopyranosyloxy-2-phenyl-chromen-4-on $C_{21}H_{20}O_8$, Formel IX (R = H).
B. Aus 2-Phenyl-7-[tetra-O-acetyl-β-D-glucopyranosyloxy]-chromen-4-on beim Erwärmen mit Methanol und kleinen Mengen wss. Natronlauge (*Da Re et al.*, Ann. Chimica **49** [1959] 2089, 2091), beim Behandeln einer Lösung in Methanol mit Ammoniak (*Hattori*, Acta phytoch. Tokyo **4** [1928/29] 63, 67) sowie bei 4-tägigem Behandeln einer Lösung in Chloroform mit Methanol und wenig Natriummethylat (*Baker et al.*, Soc. **1952** 1505). Bei 3-wöchigem Behandeln von 1-[4-β-D-Glucopyranosyloxy-2-hydroxy-phenyl]-3-phenylpropan-1,3-dion mit einer wss. Pufferlösung vom pH 8 bei 37° (*Reichel, Henning,* A. **621** [1959] 72, 78).
Krystalle; F: 256−257° [aus Me.] (*Ba. et al.*), 256° [unkorr.; aus Me.] (*Re., He.*), 255−256° (*Da Re et al.*), 255° [aus Me.] (*Ha.*). $[\alpha]_D^{20}$: −70,8° [Py.; c = 4] (*Da Re et al.*); $[\alpha]_D^{24}$: −63,1° [Py.; c = 0,5] (*Ba. et al.*).

2-Phenyl-7-[tetra-O-acetyl-β-D-glucopyranosyloxy]-chromen-4-on $C_{29}H_{28}O_{12}$, Formel IX (R = CO-CH_3).
B. Beim Behandeln einer wss. Lösung der Kalium-Verbindung oder der NatriumVerbindung des 7-Hydroxy-2-phenyl-chromen-4-ons mit α-D-Acetobromglucopyranose (Tetra-O-acetyl-α-D-glucopyranosylbromid) in Aceton (*Hattori*, Acta phytoch. Tokyo **4** [1928/29] 63, 66; *Baker et al.*, Soc. **1952** 1505). Beim Erhitzen von 1-[2-Hydroxy-4-(tetra-O-acetyl-β-D-glucopyranosyloxy)-phenyl]-3-phenyl-propan-1,3-dion mit wenig Toluol-4-sulfonsäure in Xylol (*Ba. et al.*).
Krystalle; F: 183° [aus A.] (*Ha.*), 180−181° [aus Me.] (*Ba. et al.*). $[\alpha]_D^{22}$: −30,8° [Acn.; c = 1] (*Ba. et al.*).

IX

X

2-Phenyl-7-[toluol-4-sulfonyloxy]-chromen-4-on $C_{22}H_{16}O_5S$, Formel X (X = SO_2-C_6H_4-CH_3).
B. Beim Erwärmen von 7-Hydroxy-2-phenyl-chromen-4-on mit Toluol-4-sulfonyl=

chlorid, Kaliumcarbonat und Aceton (*Gupta et al.*, Pr. Indian Acad. [A] **38** [1953] 470, 471).
Krystalle (aus A.); F: 159—160°.
Bei der Hydrierung an Raney-Nickel in Äthanol ist *cis*-2-Phenyl-chroman-4-ol (E III/IV **17** 1625) erhalten worden.

7-Diäthoxyphosphoryloxy-2-phenyl-chromen-4-on, Phosphorsäure-diäthylester-[4-oxo-2-phenyl-4*H*-chromen-7-ylester] $C_{19}H_{19}O_6P$, Formel X (X = $PO(OC_2H_5)_2$).
B. Beim Behandeln von 7-Hydroxy-2-phenyl-chromen-4-on mit Diphosphorsäure-tetraäthylester und wss. Natronlauge (*Gowan et al.*, Tetrahedron **2** [1958] 116, 120).
Krystalle (aus Bzn.); F: 60—61°.

7-Methoxy-2-phenyl-chromen-4-on-hydrazon $C_{16}H_{14}N_2O_2$, Formel XI (R = H).
B. Beim Behandeln einer Lösung von 7-Methoxy-2-phenyl-chromen-4-thion in Äthanol mit Hydrazin-hydrat (*Baker et al.*, Soc. **1954** 998, 1000).
Gelbe lösungsmittelhaltige Krystalle (aus wss. Me.), die zwischen 84° und 94° schmelzen; gelbe Krystalle (aus wss. Me. [nach chromatographischer Reinigung unter Verwendung von Benzol]) mit 0,5 Mol Benzol, F: 118—120°.

7-Methoxy-2-phenyl-chromen-4-on-acetylhydrazon, Essigsäure-[7-methoxy-2-phenyl-chromen-4-ylidenhydrazid] $C_{18}H_{16}N_2O_3$, Formel XI (R = $CO-CH_3$).
B. Aus 7-Methoxy-2-phenyl-chromen-4-on-hydrazon (*Baker et al.*, Soc. **1954** 998, 1001).
Grünliche Krystalle (aus Dioxan); F: 271—273°.

2-[4-Chlor-phenyl]-7-hydroxy-chromen-4-on $C_{15}H_9ClO_3$, Formel XII.
B. Beim Erhitzen von 1-[4-(4-Chlor-benzoyloxy)-2-hydroxy-phenyl]-3-[4-chlor-phenyl]-propan-1,3-dion mit Glycerin unter Stickstoff auf 250° (*Dunne et al.*, Soc. **1950** 1252, 1256).
Krystalle (aus A.); F: 277—278°.

6-Brom-7-[2-brom-äthoxy]-2-phenyl-chromen-4-on $C_{17}H_{12}Br_2O_3$, Formel XIII (R = CH_2-CH_2Br, X = Br).
B. Beim Erhitzen von 6-Brom-7-[2-hydroxy-äthoxy]-2-phenyl-chromen-4-on mit Phosphor(V)-bromid in Toluol (*Motwani, Wheeler*, Soc. **1935** 1098, 1100).
Krystalle (aus Eg.); F: 199°.

6-Brom-7-[2-hydroxy-äthoxy]-2-phenyl-chromen-4-on $C_{17}H_{13}BrO_4$, Formel XIII (R = CH_2-CH_2OH, X = Br).
B. Beim Behandeln einer Suspension von 2,3-Dibrom-1-[5-brom-2-hydroxy-4-(2-hydroxy-äthoxy)-phenyl]-3-phenyl-propan-1-on (F: 204° [Zers.]) in Äthanol mit wss. Natronlauge (*Motwani, Wheeler*, Soc. **1935** 1098, 1100).
Krystalle (aus A.); F: 206,5°.

(±)-6-Brom-7-[2,3-dihydroxy-propoxy]-2-phenyl-chromen-4-on $C_{18}H_{15}BrO_5$, Formel XIII (R = CH_2-CH(OH)-CH_2OH, X = Br).
B. Beim Behandeln einer Suspension von opt.-inakt. 2,3-Dibrom-1-[5-brom-4-(2,3-dihydroxy-propoxy)-2-hydroxy-phenyl]-3-phenyl-propan-1-on (F: 200°) in Äthanol mit wss. Natronlauge (*Nadkarni, Wheeler*, J. Univ. Bombay **6**, Tl. 2 [1937] 107, 110).
Krystalle (aus A.); F: 156—157°.

7-Hydroxy-6-nitro-2-phenyl-chromen-4-on $C_{15}H_9NO_5$, Formel XIII (R = H, X = NO_2).
B. Beim Erwärmen von 3-Benzoyl-7-hydroxy-6-nitro-2-phenyl-chromen-4-on mit äthanol. Kalilauge (*Naik, Thakor,* Pr. Indian Acad. [A] **37** [1953] 774, 780).
Braune Krystalle (aus A.); F: 232—233°.

7-Methoxy-6-nitro-2-phenyl-chromen-4-on $C_{16}H_{11}NO_5$, Formel XIII (R = CH_3, X = NO_2).
B. Beim Erwärmen von 2,3-Dibrom-1-[2-hydroxy-4-methoxy-5-nitro-phenyl]-3-phenyl-propan-1-on (F: 220°) mit Kaliumcyanid in Äthanol (*Kulkarni, Jadhav,* J. Indian chem. Soc. **32** [1955] 97, 100).
F: 180°.

7-Benzyloxy-6-nitro-2-phenyl-chromen-4-on $C_{22}H_{15}NO_5$, Formel XIII (R = CH_2-C_6H_5, X = NO_2).
B. Aus 1-[4-Benzyloxy-2-hydroxy-5-nitro-phenyl]-2,3-dibrom-3-phenyl-propan-1-on beim Erhitzen mit Pyridin, mit wss. Kalilauge oder mit wss. Natriumcarbonat-Lösung sowie beim Erwärmen mit wss.-äthanol. Kaliumcyanid-Lösung, mit wss.-äthanol. Natriumtetraborat-Lösung oder mit *N,N*-Dimethyl-anilin und Äthanol (*Atchabba et al.,* J. Indian chem. Soc. **32** [1955] 206).
Gelbliche Krystalle (aus Eg.); F: 265°.

7-Hydroxy-8-nitro-2-phenyl-chromen-4-on $C_{15}H_9NO_5$, Formel I (R = H).
B. Beim Behandeln von 7-Hydroxy-4-oxo-2-phenyl-4*H*-chromen-8-sulfonsäure mit Schwefelsäure und Salpetersäure (*Joshi et al.,* J. org. Chem. **21** [1956] 1104, 1107). Beim Behandeln von 7-Hydroxy-2-phenyl-chromen-4-on mit Schwefelsäure und Salpetersäure (*Mehta et al.,* Pr. Indian Acad. [A] **29** [1949] 314, 319).
Krystalle (aus Py. + Eg.); F: 302—304° [korr.] (*Jo. et al.*), ca. 300° (*Me. et al.*).
O-Acetyl-Derivat $C_{17}H_{11}NO_6$. Hellbraune Krystalle (aus Eg.); F: 256—257° (*Me. et al.*).
Über ein ebenfalls unter dieser Konstitution beschriebenes Präparat (Krystalle [aus Eg.], F: 228°; *O*-Acetyl-Derivat $C_{17}H_{11}NO_6$, Krystalle [aus A.], F: 168—170°) s. *Seshadri, Trivedi,* J. org. Chem. **23** [1958] 1735, 1736.

7-Methoxy-8-nitro-2-phenyl-chromen-4-on $C_{16}H_{11}NO_5$, Formel I (R = CH_3).
B. Beim Behandeln von 7-Methoxy-2-phenyl-chromen-4-on mit Salpetersäure und Schwefelsäure (*Mehta et al.,* Pr. Indian Acad. [A] **29** [1949] 314, 319). Beim Erhitzen der Natrium-Verbindung des 7-Hydroxy-8-nitro-2-phenyl-chromen-4-ons mit Dimethylsulfat in Toluol (*Me. et al.*).
Krystalle (aus Eg.); F: 300°.

7-Methoxy-2-[3-nitro-phenyl]-chromen-4-on $C_{16}H_{11}NO_5$, Formel II.
B. Beim Behandeln von 1-[2-Hydroxy-4-methoxy-phenyl]-3-[3-nitro-phenyl]-propan-1,3-dion mit wss. Schwefelsäure (*Cavill et al.,* Soc. **1954** 4573, 4578). Beim Erwärmen von 7-Methoxy-2-[3-nitro-phenyl]-chroman-4-on mit Blei(IV)-acetat in Essigsäure (*Ca. et al.*).
Krystalle (aus Bzl. oder A.); F: 212°.

7-Hydroxy-2-[4-nitro-phenyl]-chromen-4-on $C_{15}H_9NO_5$, Formel III (R = H).
B. Beim Behandeln von 1-[4-Benzoyloxy-2-hydroxy-phenyl]-3-[4-nitro-phenyl]-propan-1,3-dion (*Gowan, Wheeler,* Soc. **1950** 1925, 1927) oder von 1-[2-Hydroxy-4-(4-nitro-

benzoyloxy)-phenyl]-3-[4-nitro-phenyl]-propan-1,3-dion (*Anand, Venkataraman*, Pr. Indian Acad. [A] **26** [1947] 279, 283) mit konz. Schwefelsäure.

Hellgelbe Krystalle (aus Eg.); F: 310—311° (*An., Ve.*), 308—310° (*Go., Wh.*).

7-Methoxy-2-[4-nitro-phenyl]-chromen-4-on $C_{16}H_{11}NO_5$, Formel III (R = CH_3).

B. Beim Behandeln von 7-Hydroxy-2-[4-nitro-phenyl]-chromen-4-on mit wss. Alkalilauge und Dimethylsulfat (*Anand, Venkataraman*, Pr. Indian Acad. [A] **26** [1947] 279, 284).

Hellgelbe Krystalle (aus Eg.); F: 216—217°.

7-[4-Nitro-benzoyloxy]-2-[4-nitro-phenyl]-chromen-4-on $C_{22}H_{12}N_2O_8$, Formel III (R = CO-C_6H_4-NO_2).

B. Beim Behandeln von 1-[2-Hydroxy-4-(4-nitro-benzoyloxy)-phenyl]-3-[4-nitrophenyl]-propan-1,3-dion mit Essigsäure (*Anand, Venkataraman*, Pr. Indian Acad. [A] **26** [1947] 279, 283).

Krystalle (aus Eg.); F: 294—295°.

7-Hydroxy-6,8-dinitro-2-phenyl-chromen-4-on $C_{15}H_8N_2O_7$, Formel IV (R = X = H).

B. Beim Erwärmen von 7-Hydroxy-2-phenyl-chromen-4-on (*Mehta et al.*, Pr. Indian Acad. [A] **29** [1949] 314, 319) oder von 7-Hydroxy-6-nitro-2-phenyl-chromen-4-on (*Naik, Thakor*, Pr. Indian Acad. [A] **37** [1953] 774, 780) mit wss. Salpetersäure (D: 1,42) und Essigsäure.

Hellgelbe Krystalle; F: 289° (*Seshadri, Trivedi*, J. org. Chem. **23** [1958] 1735, 1736), 288—289° (*Me. et al.; Naik, Th.*).

7-Methoxy-6,8-dinitro-2-phenyl-chromen-4-on $C_{16}H_{10}N_2O_7$, Formel IV (R = CH_3, X=H).

B. Beim Erwärmen von 7-Methoxy-2-phenyl-chromen-4-on mit wss. Salpetersäure (D: 1,42) und Essigsäure (*Mehta et al.*, Pr. Indian Acad. [A] **29** [1949] 314, 320). Beim Erhitzen der Natrium-Verbindung des 7-Hydroxy-6,8-dinitro-2-phenyl-chromen-4-ons mit Dimethylsulfat in Toluol (*Me. et al.*).

Krystalle (aus A.); F: 222°.

IV   V   VI

7-Hydroxy-6,8-dinitro-2-[4-nitro-phenyl]-chromen-4-on $C_{15}H_7N_3O_9$, Formel IV (R = H, X = NO_2).

B. Beim Erwärmen von 7-Hydroxy-2-phenyl-chromen-4-on oder von 7-Hydroxy-6,8-dinitro-2-phenyl-chromen-4-on mit wss. Salpetersäure [D: 1,42] (*Mehta et al.*, Pr. Indian Acad. [A] **29** [1949] 314, 320).

Hellgelbe Krystalle (aus Eg.); F: 300—305°.

7-Methoxy-2-phenyl-chromen-4-thion $C_{16}H_{12}O_2S$, Formel V.

B. Beim Erhitzen von 7-Methoxy-2-phenyl-chromen-4-on mit Phosphor(V)-sulfid in Benzol, Toluol oder Xylol (*Baker et al.*, Soc. **1954** 998, 999).

Rote oder orangefarbene Krystalle (aus A. oder PAe.); F: 134—136°.

Beim Behandeln mit Methyljodid (Überschuss) ist 7-Methoxy-4-methylmercapto-2-phenyl-chromenylium-jodid ($[C_{17}H_{15}O_2S]I$; Formel VI; orangefarbene Krystalle, F: 210—212° [Zers.]) erhalten worden.

8-Hydroxy-2-phenyl-chromen-4-on $C_{15}H_{10}O_3$, Formel VII (R = H) (E I 323).

B. Beim Erhitzen von 3-Benzoyl-8-hydroxy-2-phenyl-chromen-4-on mit wss. Natriumcarbonat-Lösung (*Ahluwalia et al.*, Pr. Indian Acad. [A] **38** [1953] 480, 490). In kleiner Menge beim Erhitzen von 3-Oxo-3-phenyl-propionsäure-äthylester mit Brenzcatechin auf

250° (*Pillon*, Bl. **1955** 39, 42).

Krystalle; F: 252—253° [aus A.] (*Pi.*), 249—250° [aus A.] (*Ah. et al.*). UV-Spektrum (A.; 230—350 nm; λ_{max}: 267 nm): *Pi.*, l. c. S. 40; s. a. *Aronoff*, J. org. Chem. **5** [1940] 561, 563.

Beim Erhitzen mit Tetralin in Gegenwart von Palladium/Kohle ist 1-[2,3-Dihydroxyphenyl]-3-phenyl-propan-1-on erhalten worden (*Mentzer, Massicot*, Bl. **1956** 144, 146).

8-Methoxy-2-phenyl-chromen-4-on $C_{16}H_{12}O_3$, Formel VII (R = CH_3) (E I 323; dort als 8-Methoxy-flavon bezeichnet).

B. Beim Erwärmen von 8-Hydroxy-2-phenyl-chromen-4-on mit Dimethylsulfat, Kaliumcarbonat und Aceton (*Ahluwalia et al.*, Pr. Indian Acad. [A] **38** [1953] 480, 490).

Krystalle; F: 200° (*Hattori*, Acta phytoch. Tokyo **5** [1930/31] 99, 115), 199—200° [aus wss. A.] (*Ah. et al.*). Absorptionsmaximum (A.): 267 nm (*Gowan et al.*, Tetrahedron **2** [1958] 116, 117).

Über eine Verbindung mit Jod (kupferfarbene Krystalle) s. *Cramer, Elschnig*, B. **89** [1956] 1, 5, 12.

8-Acetoxy-2-phenyl-chromen-4-on $C_{17}H_{12}O_4$, Formel VII (R = CO-CH_3).

B. Beim Erhitzen von 8-Hydroxy-2-phenyl-chromen-4-on mit Acetanhydrid und Pyridin (*Ahluwalia et al.*, Pr. Indian Acad. [A] **38** [1953] 480, 490) oder mit Acetanhydrid und Natriumacetat (*Pillon*, Bl. **1955** 39, 42).

Krystalle; F: 152° [aus A.] (*Pi.*), 142—143° [aus Bzl. + PAe.] (*Ah. et al.*). UV-Spektrum (A.; 230—370 nm; λ_{max}: 255 nm und 295 nm): *Pi.*, l. c. S. 40, 42; s. a. *Gowan et al.*, Tetrahedron **2** [1958] 116, 117.

2-[2-Hydroxy-phenyl]-chromen-4-on $C_{15}H_{10}O_3$, Formel VIII (R = X = H) (E I 323; E II 39; dort als 2'-Oxy-flavon bezeichnet).

B. Beim Erhitzen von 2-[2-Methoxy-phenyl]-chromen-4-on mit wss. Bromwasserstoffsäure und Essigsäure (*Baker, Besly*, Soc. **1940** 1103, 1106).

Krystalle; F: 244° [bei schnellem Erhitzen; aus A.] (*Ba., Be.*). UV-Spektrum (220 nm bis 360 nm): *Lin et al.*, J. Chin. chem. Soc. [II] **4** [1957] 105.

2-[2-Methoxy-phenyl]-chromen-4-on $C_{16}H_{12}O_3$, Formel VIII (R = CH_3, X = H) (E I 324; dort als 2'-Methoxy-flavon bezeichnet).

B. Beim Erhitzen von 1-[2-Hydroxy-phenyl]-3-[2-methoxy-phenyl]-propan-1,3-dion mit Essigsäure und Natriumacetat (*Baker, Besly*, Soc. **1940** 1103, 1106).

Krystalle (aus A.); F: 105°.

6-Chlor-2-[2-hydroxy-phenyl]-chromen-4-on $C_{15}H_9ClO_3$, Formel VIII (R = H, X = Cl).

B. Beim Erhitzen von 5'-Chlor-2,2'-dihydroxy-chalkon (F: 160°) oder von 6-Chlor-2-[2-hydroxy-phenyl]-chroman-4-on mit Selendioxid und Isoamylalkohol auf 140° (*Parikh, Shah*, J. Indian chem. Soc. **36** [1959] 729).

Krystalle (aus A.); F: 228—229°.

VII VIII IX

6,8-Dichlor-2-[2-hydroxy-phenyl]-chromen-4-on $C_{15}H_8Cl_2O_3$, Formel IX (R = H, X = Cl).

B. Beim Erhitzen von 3',5'-Dichlor-2,2'-dihydroxy-chalkon (F: 195°) mit Selendioxid und Isoamylalkohol auf 150° (*Jha, Amin*, Tetrahedron **2** [1958] 241, 244).

Krystalle (aus A.); F: 240° [unkorr.].

6,8-Dichlor-2-[2-methoxy-phenyl]-chromen-4-on $C_{16}H_{10}Cl_2O_3$, Formel IX (R = CH_3, X = Cl).

B. Beim Erhitzen von 3',5'-Dichlor-2'-hydroxy-2-methoxy-chalkon (F: 143°) mit

Selendioxid und Isoamylalkohol auf 150° (*Jha, Amin*, Tetrahedron **2** [1958] 241, 244).
Krystalle (aus A.); F: 160° [unkorr.].

2-[5-Brom-2-methoxy-phenyl]-chromen-4-on $C_{16}H_{11}BrO_3$, Formel X (X = H).
B. Beim Erhitzen von 2,3-Dibrom-3-[5-brom-2-methoxy-phenyl]-1-[2-hydroxy-phenyl]-propan-1-on (F: 179°) mit Kaliumcyanid in wss. Propan-1-ol (*Vandrewalla, Jadhav*, Pr. Indian Acad. [A] **28** [1948] 125, 130).
Krystalle (aus A.); F: 162—163°.

6,8-Dibrom-2-[2-hydroxy-phenyl]-chromen-4-on $C_{15}H_8Br_2O_3$, Formel IX (R = H, X = Br).
B. Beim Erhitzen von 3′,5′-Dibrom-2,2′-dihydroxy-chalkon (F: 179°) mit Selendioxid und Isoamylalkohol auf 160° (*Christian, Amin*, Acta chim. hung. **21** [1959] 391, 395).
Krystalle (aus PAe.); F: 206° [unkorr.].

6-Brom-2-[5-brom-2-methoxy-phenyl]-chromen-4-on $C_{16}H_{10}Br_2O_3$, Formel X (X = Br).
B. Beim Erwärmen von 2,3-Dibrom-1-[5-brom-2-hydroxy-phenyl]-3-[5-brom-2-methoxy-phenyl]-propan-1-on (F: 226°) mit Kaliumcyanid in wss. Propan-1-ol (*Vandrewalla, Jadhav*, Pr. Indian Acad. [A] **28** [1948] 125, 131).
Krystalle (aus Eg.); F: 173—174°.

2-[2-Methoxy-phenyl]-6-nitro-chromen-4-on $C_{16}H_{11}NO_5$, Formel VIII (R = CH_3, X = NO_2).
B. Aus 2,3-Dibrom-1-[2-hydroxy-5-nitro-phenyl]-3-[2-methoxy-phenyl]-propan-1-on (F: 195—196° [Zers.]) beim Behandeln mit wss. Kalilauge, beim Behandeln mit Natriumäthylat in Äthanol, beim Erwärmen mit wss.-äthanol. Kaliumcyanid-Lösung, beim Behandeln mit wss.-äthanol. Natriumtetraborat-Lösung sowie beim Erwärmen mit *N,N*-Dimethyl-anilin und Äthanol (*Chhaya et al.*, J. Univ. Bombay **26**, Tl. 3A [1958] 16, 19).
Gelbe Krystalle (aus E.); F: 220—221°.

2-[5-Brom-2-methoxy-phenyl]-6-nitro-chromen-4-on $C_{16}H_{10}BrNO_5$, Formel X (X = NO_2).
B. Beim Behandeln mit 2-[2-Methoxy-phenyl]-6-nitro-chromen-4-on mit Brom (*Chhaya et al.*, J. Univ. Bombay **26**, Tl. 3A [1958] 16, 19). Beim Erwärmen von 2,3-Dibrom-3-[5-brom-2-methoxy-phenyl]-1-[2-hydroxy-5-nitro-phenyl]-propan-1-on (F: 221—222°) mit wss.-äthanol. Natriumtetraborat-Lösung (*Ch. et al.*).
Gelbe Krystalle (aus Eg.); F: 250—251°.

2-[3-Hydroxy-phenyl]-chromen-4-on $C_{15}H_{10}O_3$, Formel XI (R = X = H) (H 59; E I 324; E II 39; dort als 3′-Oxy-flavon bezeichnet).
B. Beim Erhitzen von 2-[3-Methoxy-phenyl]-chromen-4-on mit wss. Jodwasserstoffsäure und Essigsäure (*Shaw, Simpson*, Soc. **1952** 5027, 5032).
Krystalle (aus A.); F: 208° [Kofler-App.] (*Shaw, Si.*). UV-Spektrum (A.; 220 nm bis 350 nm; λ_{max}: 241,5 nm und 297,5 nm): *Skarżyński*, Bio. Z. **301** [1939] 150, 155, 168; s. a. *Aronoff*, J. org. Chem. **5** [1940] 561, 563.
Geschwindigkeitskonstante der Methylierung beim Behandeln mit Dimethylsulfat, Natriumhydrogencarbonat und Aceton bei 50° sowie mit Dimethylsulfat und wss.-äthanol. Natriumcarbonat-Lösung bei 20°: *Simpson, Beton*, Soc. **1954** 4065, 4066; s. a. *Simpson*, Scient. Pr. roy. Dublin Soc. **27** [1956] 111, 112.

2-[3-Methoxy-phenyl]-chromen-4-on $C_{16}H_{12}O_3$, Formel XI ($R = CH_3$, $X = H$).
   B. Beim Erhitzen von 2'-Hydroxy-3-methoxy-chalkon (F: 95°) mit Selendioxid und Amylalkohol (*Shaw, Simpson*, Soc. **1952** 5027, 5032).
   Krystalle; F: 140° [Kofler-App.] (*Shaw, Si.*).
   Geschwindigkeitskonstante der Entmethylierung beim Behandeln mit konz. wss. Bromwasserstoffsäure bei 123°: *Simpson, Beton*, Soc. **1954** 4065, 4066; s. a. *Simpson*, Scient. Pr. roy. Dublin Soc. **27** [1956] 111, 112.

6,8-Dibrom-2-[3-hydroxy-phenyl]-chromen-4-on $C_{15}H_8Br_2O_3$, Formel XI ($R = H$, $X = Br$).
   B. Beim Erhitzen von 3',5'-Dibrom-2',3-dihydroxy-chalkon (F: 174°) mit Selendioxid und Isoamylalkohol auf 160° (*Christian, Amin*, Acta chim. hung. **21** [1959] 391, 395).
   Krystalle (aus Bzl.); F: 260° [unkorr.].

2-[4-Hydroxy-phenyl]-chromen-4-on $C_{15}H_{10}O_3$, Formel I ($R = H$) (H 59; E I 324; E II 39; dort als 4'-Oxy-flavon bezeichnet).
   B. Beim Behandeln von 2-[4-Benzyloxy-phenyl]-chromen-4-on mit Bromwasserstoff in Essigsäure (*Rao, Wheeler*, Soc. **1939** 1004). Beim Erhitzen von 3-[4-Hydroxy-benzoyl]-chroman-2,4-dion mit Dioxan und konz. wss. Salzsäure (*Vereš, Horák*, Collect. **20** [1955] 371, 374).
   Krystalle; F: 270° (*Rao, Wh.*), 266—268° [unkorr.; aus A.] (*Ve., Ho.*). UV-Spektrum (A.; 230—360 nm; λ_{max}: 255 nm und 330 nm): *Skarżyński*, Bio. Z. **301** [1939] 150, 163, 168; s. a. *Lin et al.*, J. Chin. chem. Soc. [II] **5** [1958] 60; *Aronoff*, J. org. Chem. **5** [1940] 561, 570. Polarographie: *Geissman, Friess*, Am. Soc. **71** [1949] 3893, 3895.
   Geschwindigkeitskonstante der Methylierung beim Behandeln mit Dimethylsulfat, Natriumhydrogencarbonat und Aceton bei 50° sowie mit Dimethylsulfat und wss.-äthanol. Natriumcarbonat-Lösung bei 20°: *Simpson, Beton*, Soc. **1954** 4065, 4066; s. a. *Simpson*, Scient. Pr. roy. Dublin Soc. **27** [1956] 111, 112.

2-[4-Methoxy-phenyl]-chromen-4-on $C_{16}H_{12}O_3$, Formel I ($R = CH_3$) (E II 39; dort als 4'-Methoxy-flavon bezeichnet).
   B. Aus 2'-Hydroxy-4-methoxy-chalkon mit Hilfe von Selendioxid (*Davis, Geissman*, Am. Soc. **76** [1954] 3507). Beim Erwärmen von 1-[2-Hydroxy-phenyl]-3-[4-methoxy-phenyl]-propan-1,3-dion mit Essigsäure und wenig Mineralsäure (*Fitzgerald et al.*, Soc. **1955** 860). Bei mehrwöchigem Behandeln von 1-[2-Hydroxy-phenyl]-3-[4-methoxy-phenyl]-propan-1,3-dion mit einer wss. Pufferlösung vom pH 8 bei 37° (*Reichel, Henning*, A. **621** [1959] 72, 77). Aus 2-[4-Methoxy-phenyl]-chroman-4-on beim Erwärmen mit *N*-Brom-succinimid in Tetrachlormethan (*Hishida et al.*, J. chem. Soc. Japan Pure Chem. Sect. **74** [1953] 697; C. A. **1954** 12094) sowie beim Erwärmen einer Lösung in Benzol mit Phosphor(V)-chlorid und Behandeln des Reaktionsprodukts mit Äthanol (*Karrer et al.*, Helv. **13** [1930] 1308, 1317). Beim Erhitzen von 3-[4-Methoxy-benzoyl]-chroman-2,4-dion mit Äthanol und konz. wss. Salzsäure (*Vereš et al.*, Collect. **24** [1959] 3471, 3475). Beim Erhitzen von 2-[(*Z*)-4-Methoxy-benzyliden]-benzofuran-3-on (S. 725) mit Kaliumcyanid in Äthanol (*Fi. et al.*).
   Krystalle; F: 160—161° [aus A.] (*Ka. et al.*), 158,5—159° (*Da., Ge.*), 157—158° [aus A.] (*Fi. et al.*), 156—157° [unkorr.; aus Me. oder wss. A.] (*Re., He.*; *Ve. et al.*). Absorptionsspektrum von Lösungen in Äthanol (210—360 nm): *Da., Ge.*, l. c. S. 3508; in Äthanol-Wasser-Gemischen (390—520 nm): *Jatkar, Mattoo*, J. Indian chem. Soc. **33** [1956] 623, 625; in 87%ig. wss. Äthanol, auch nach Zusatz von Kaliumhydroxid und von wss. Salzsäure (210—530 nm): *Ja., Ma.*; in wss. Schwefelsäure [20%ig bis 93%ig]

(210—400 nm): *Da., Ge.* Fluorescenzspektrum (A.; 400—530 nm): *Ja., Ma.* Polarographie: *Geissman, Friess,* Am. Soc. **71** [1949] 3893, 3895. Elektrolytische Dissoziation in wss. Schwefelsäure: *Da., Ge.,* l. c. S. 3510.

Beim Behandeln einer Suspension in Äther mit Chlor sind 4-Hydroxy-2-[4-methoxy-phenyl]-chromenylium-chlorid ([$C_{16}H_{13}O_3$]Cl; entsprechend Formel II; F: 148°) und 3-Chlor-2-[4-methoxy-phenyl]-chromen-4-on [Hauptprodukt] (*Pendse, Patwardhan,* Rasayanam **2** [1956] 117, 118), beim Erhitzen mit Brom in Essigsäure sind 4-Hydroxy-2-[4-methoxy-phenyl]-chromenylium-bromid ([$C_{16}H_{13}O_3$]Br; entsprechend Formel II; F: 162—163° [Zers.]) und 3-Brom-2-[4-methoxy-phenyl]-chromen-4-on erhalten worden (*Pendse, Limaye,* Rasayanam **2** [1956] 107, 112, 113). Geschwindigkeitskonstante der Entmethylierung beim Behandeln mit konz. wss. Bromwasserstoffsäure bei 123°: *Simpson, Beton,* Soc. **1954** 4065, 4066; s. a. *Simpson,* Scient. Pr. roy. Dublin Soc. **27** [1956] 111, 112.

2-[4-Benzyloxy-phenyl]-chromen-4-on $C_{22}H_{16}O_3$, Formel I (R = CH_2-C_6H_5).

B. Beim Erwärmen von 3-[4-Benzyloxy-phenyl]-2,3-dibrom-1-[2-hydroxy-phenyl]-propan-1-on (F: 153°) oder von 3-[4-Benzyloxy-phenyl]-2-brom-1-[2-hydroxy-phenyl]-3-methoxy-propan-1-on (F: 103°) mit Kaliumcyanid in Äthanol (*Rao, Wheeler,* Soc. **1939** 1004).

Krystalle (aus wss. Eg.); F: 190° (*Rao., Wh.*). Absorptionsspektrum (210—270 nm) von Lösungen in 87%ig. wss. Äthanol, in neutraler Lösung oder nach Zusatz von Kaliumhydroxid und von wss. Salzsäure: *Jatkar, Mattoo,* J. Indian chem. Soc. **33** [1956] 623, 626. Fluorescenzspektrum (A.; 400—530 nm): *Ja., Ma.*

2-[4-Acetoxy-phenyl]-chromen-4-on $C_{17}H_{12}O_4$, Formel I (R = CO-CH_3) (H 59; E I 324; dort als 4'-Acetoxy-flavon bezeichnet).

F: 141—142° (*Looker et al.,* J. heterocycl. Chem. **1** [1964] 253, 254). Polarographie: *Geissman, Friess,* Am. Soc. **71** [1949] 3893, 3895.

2-[4-β-D-Glucopyranosyloxy-phenyl]-chromen-4-on $C_{21}H_{20}O_8$, Formel III (R = H).

B. Beim Behandeln einer Lösung von 2-[4-(Tetra-O-acetyl-β-D-glucopyranosyloxy)-phenyl]-chromen-4-on in Methanol mit Ammoniak (*Hattori,* Acta phytoch. Tokyo **4** [1928/29] 63, 69).

Krystalle (aus Me.); F: 252—254°.

2-[4-(Tetra-O-acetyl-β-D-glucopyranosyloxy)-phenyl]-chromen-4-on $C_{29}H_{28}O_{12}$, Formel III (R = CO-CH_3).

B. Beim Behandeln von 2-[4-Hydroxy-phenyl]-chromen-4-on mit wss. Natronlauge und mit α-D-Acetobromglucopyranose (Tetra-O-acetyl-α-D-glucopyranosylbromid) in Aceton (*Hattori,* Acta phytoch. Tokyo **4** [1928/29] 63, 68).

Krystalle (aus A.); F: 216—217°.

III IV

4-Benzylimino-2-[4-methoxy-phenyl]-4H-chromen, 2-[4-Methoxy-phenyl]-chromen-4-on-benzylimin $C_{23}H_{19}NO_2$, Formel IV (X = CH_2-C_6H_5).

B. Beim Erwärmen von 2-[4-Methoxy-phenyl]-chromen-4-thion mit Benzylamin und Äthanol (*Baker et al.,* Soc. **1954** 998, 1000). Beim Erwärmen von 2-Hydroxy-2-[4-methoxy-phenyl]-chroman-4-on-benzylimin mit Essigsäure (*Baker et al.,* Soc. **1952** 1294, 1300).

Krystalle; F: 134—135° [unkorr.; aus A.] (*Ba. et al.,* Soc. **1952** 1300).

Pikrat $C_{23}H_{19}NO_2 \cdot C_6H_3N_3O_7$. Gelbe Krystalle; F: 252° [unkorr.; Zers.] (Ba. et al., Soc. **1952** 1300).

2-[4-Methoxy-phenyl]-chromen-4-on-hydrazon $C_{16}H_{14}N_2O_2$, Formel IV (X = NH_2).
B. Beim Behandeln einer Lösung von 2-[4-Methoxy-phenyl]-chromen-4-thion in warmem Äthanol mit Hydrazin-hydrat (Baker et al., Soc. **1954** 998, 1000).
Hellgelbe Krystalle (aus Bzl.); F: 169°.
Beim Erwärmen mit Hydrazin-hydrat und Äthanol ist 3-[2-Hydroxy-phenyl]-5-[4-methoxy-phenyl]-1H(oder 2H)-pyrazol (F: 139—140°) erhalten worden.

7-Fluor-2-[4-methoxy-phenyl]-chromen-4-on $C_{16}H_{11}FO_3$, Formel V (X = F).
Krystalle; F: 220—222° (Chang, Chen, Soc. **1961** 3155). UV-Spektrum (A.; 200 nm bis 360 nm; λ_{max}: 218 nm, 245,5 nm und 325 nm): Lin et al., J. Chin. chem. Soc. [II] **5** [1958] 60.

3-Chlor-2-[4-methoxy-phenyl]-chromen-4-on $C_{16}H_{11}ClO_3$, Formel VI (R = H, X = Cl).
B. Als Hauptprodukt beim Behandeln einer Suspension von 2-[4-Methoxy-phenyl]-chromen-4-on in Äther mit Chlor (Pendse, Patwardhan, Rasayanam **2** [1956] 117, 118). Beim Behandeln einer Suspension von 3-Brom-3-chlor-2-[4-methoxy-phenyl]-chroman-4-on $C_{16}H_{12}BrClO_3$ (F: 125°) in warmem Äthanol mit wss. Natronlauge [1 Mol NaOH] (Pe., Pa.).
Krystalle (aus A.) vom F: 144° und vom F: 84°. Die niedrigerschmelzende Modifikation wandelt sich beim Erwärmen mit Essigsäure in die höherschmelzende um.
Beim Erhitzen mit wss.-äthanol. Natronlauge ist [3-Hydroxy-benzofuran-2-yl]-[4-methoxy-phenyl]-keton erhalten worden.

7-Chlor-2-[4-methoxy-phenyl]-chromen-4-on $C_{16}H_{11}ClO_3$, Formel V (X = Cl).
B. Beim Erhitzen von 4'-Chlor-2'-hydroxy-4-methoxy-chalkon (F: 136—137°) mit Selendioxid und Amylalkohol (Chen, Chang, Soc. **1958** 146).
Krystalle (aus A.); F: 190,5—191,5°.

6,8-Dichlor-2-[4-hydroxy-phenyl]-chromen-4-on $C_{15}H_8Cl_2O_3$, Formel VII (R = H, X = Cl).
B. Beim Erhitzen von 3',5'-Dichlor-2',4-dihydroxy-chalkon (F: 160°) mit Selendioxid und Isoamylalkohol auf 150° (Jha, Amin, Tetrahedron **2** [1958] 241, 244).
Krystalle (aus Bzl.); F: 200° [unkorr.].

6,8-Dichlor-2-[4-methoxy-phenyl]-chromen-4-on $C_{16}H_{10}Cl_2O_3$, Formel VII (R = CH_3, X = Cl).
B. Beim Erhitzen von 3',5'-Dichlor-2'-hydroxy-4-methoxy-chalkon (F: 165°) mit Selendioxid und Isoamylalkohol (Jha, Amin, Tetrahedron **2** [1958] 241, 244).
Krystalle (aus A.); F: 187° [unkorr.].

3-Brom-2-[4-methoxy-phenyl]-chromen-4-on $C_{16}H_{11}BrO_3$, Formel VI (R = H, X = Br).
B. Als Hauptprodukt beim Erwärmen von 2-[4-Methoxy-phenyl]-chromen-4-on mit Brom (1 Mol) in Essigsäure (Pendse, Limaye, Rasayanam **2** [1956] 107, 111). Aus 3,3-Dibrom-2-[4-methoxy-phenyl]-chroman-4-on beim Erhitzen mit Wasser sowie beim Behandeln einer warmen Suspension in Äthanol mit wss. Natronlauge (Pe., Li.).
Krystalle (aus Eg.); F: 140°.

V   VI   VII

7-Brom-2-[4-methoxy-phenyl]-chromen-4-on $C_{16}H_{11}BrO_3$, Formel V (X = Br).
B. Beim Erhitzen von 4'-Brom-2'-hydroxy-4-methoxy-chalkon (F: 136—137°) mit Selendioxid und Amylalkohol (*Chen, Chang*, Soc. **1958** 146, 149).
Krystalle (aus A.); F: 184—185°.

2-[3-Brom-4-methoxy-phenyl]-chromen-4-on $C_{16}H_{11}BrO_3$, Formel VI (R = Br, X = H).
B. Beim Erwärmen von 3,3-Dibrom-2-[3-brom-4-methoxy-phenyl]-chroman-4-on mit Aceton und wss. Natronlauge (*Pendse, Limaye*, Rasayanam **2** [1956] 107, 113).
Krystalle (aus Eg.); F: 214°.

2-[3-Brom-4-methoxy-phenyl]-3-chlor-chromen-4-on $C_{16}H_{10}BrClO_3$, Formel VI (R = Br, X = Cl).
B. Beim Behandeln einer warmen Suspension von 3-Brom-2-[3-brom-4-methoxy-phenyl]-3-chlor-chroman-4-on $C_{16}H_{11}Br_2ClO_3$ (F: 203°) in Äthanol mit wss. Natronlauge (*Pendse, Patwardhan*, Rasayanam **2** [1956] 117, 120). Beim Behandeln von 3-Chlor-2-[4-methoxy-phenyl]-chromen-4-on (F: 144°) mit Brom (1 Mol) in Essigsäure (*Pe., Pa.*).
Krystalle (aus Eg.); F: 214°.

6,8-Dibrom-2-[4-methoxy-phenyl]-chromen-4-on $C_{16}H_{10}Br_2O_3$, Formel VII (R = CH_3, X = Br).
B. Beim Erhitzen von 3',5'-Dibrom-2'-hydroxy-4-methoxy-chalkon (F: 170°) mit Selendioxid und Isoamylalkohol auf 160° (*Christian, Amin*, Acta chim. hung. **21** [1959] 391, 395).
Krystalle (aus PAe.); F: 205° [unkorr.].

3-Brom-2-[3-brom-4-methoxy-phenyl]-chromen-4-on $C_{16}H_{10}Br_2O_3$, Formel VI (R = X = Br).
B. Beim Erhitzen von 2-[4-Methoxy-phenyl]-chromen-4-on mit Brom (2 Mol) in Essigsäure (*Pendse, Limaye*, Rasayanam **2** [1956] 107, 111). Beim Erhitzen von 3-Brom-2-[4-methoxy-phenyl]-chromen-4-on mit Brom (1 Mol) in Essigsäure (*Pe., Li.*). Beim Behandeln einer warmen Suspension von 3,3-Dibrom-2-[3-brom-4-methoxy-phenyl]-chroman-4-on in Äthanol mit wss. Natronlauge (*Pe., Li.*).
Krystalle (aus Eg.); F: 207°.

7-Jod-2-[4-methoxy-phenyl]-chromen-4-on $C_{16}H_{11}IO_3$, Formel V (X = I).
B. Beim Erhitzen von 2'-Hydroxy-4'-jod-4-methoxy-chalkon (F: 161—162°) mit Selendioxid und Amylalkohol (*Chen, Chang*, Soc. **1958** 146, 149).
Krystalle (aus A.); F: 205—206°.

2-[4-Methoxy-phenyl]-6-nitro-chromen-4-on $C_{16}H_{11}NO_5$, Formel VIII.
B. Beim Erhitzen von 2'-Hydroxy-4-methoxy-5'-nitro-chalkon (F: 174°) mit Selendioxid und Isoamylalkohol auf 150° (*Christian, Amin*, B. **90** [1957] 1287).
Braune Krystalle (aus PAe.); F: 201°.

VIII IX X

2-[4-Methoxy-phenyl]-chromen-4-thion $C_{16}H_{12}O_2S$, Formel IX.
B. Beim Erhitzen von 2-[4-Methoxy-phenyl]-chromen-4-on mit Phosphor(V)-sulfid in Benzol, Toluol oder Xylol (*Baier et al.*, Soc. **1954** 998, 999).
Rote Krystalle (aus A. oder PAe.); F: 137°.
Beim Behandeln mit Methyljodid ist 2-[4-Methoxy-phenyl]-4-methylmercapto-chromenylium-jodid ($[C_{17}H_{15}O_2S]I$; entsprechend Formel X; rote Krystalle; F: 206—207° [Zers.]) erhalten worden. [*Hofmann*]

2-Methoxy-3-phenyl-chromen-4-on $C_{16}H_{12}O_3$, Formel I.

B. Neben 4-Methoxy-3-phenyl-cumarin (Hauptprodukt) beim Behandeln von 3-Phenyl-chroman-2,4-dion (E III/IV **17** 6433) mit Diazomethan in Äther (*Cieślak et al.*, Roczniki Chem. **33** [1959] 349, 351; C. A. **1960** 3404).

Krystalle (aus Bzn.); F: 108—109°. UV-Spektrum (A.; 240—330 nm): *Ci. et al.*, l. c. S. 354.

Verbindung mit Perchlorsäure $2C_{16}H_{12}O_3 \cdot HClO_4$; Verbindung von 2-Methoxy-3-phenyl-chromen-4-on mit 4-Hydroxy-2-methoxy-3-phenyl-chromenylium-perchlorat $C_{16}H_{12}O_3 \cdot [C_{16}H_{13}O_3]ClO_4$. F: 156—157° (*Ci. et al.*, l. c. S. 352).

5-Hydroxy-3-phenyl-chromen-4-on $C_{15}H_{10}O_3$, Formel II (R = H).

B. Beim Erhitzen von 2,6-Dihydroxy-desoxybenzoin mit Orthoameisensäure-triäthylester, Pyridin und wenig Piperidin (*Karmarkar et al.*, Pr. Indian Acad. [A] **36** [1952] 552, 557).

Krystalle (aus wss. A.); F: 102°.

5-Acetoxy-3-phenyl-chromen-4-on $C_{17}H_{12}O_4$, Formel II (R = CO-CH$_3$).

B. Beim Erhitzen von 5-Hydroxy-3-phenyl-chromen-4-on mit Acetanhydrid und Pyridin (*Karmarkar et al.*, Pr. Indian Acad. [A] **36** [1952] 552, 557).

Krystalle (aus wss. Eg.); F: 144°.

6-Hydroxy-3-phenyl-chromen-4-on $C_{15}H_{10}O_3$, Formel III (R = H).

B. Beim Behandeln von 2,5-Dihydroxy-desoxybenzoin mit Äthylformiat und Natrium (*Ingle et al.*, J. Indian chem. Soc. **26** [1949] 569, 574). Beim Erhitzen von 6-Methoxy-3-phenyl-chromen-4-on mit wss. Jodwasserstoffsäure und Acetanhydrid auf 140° (*Ballio, Pocchiari*, G. **79** [1949] 913, 918).

Krystalle; F: 216—217° [aus Eg.] (*Ba., Po.*), 215—216° [aus wss. Me.] (*In. et al.*).

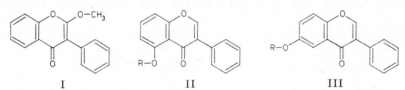

I   II   III

6-Methoxy-3-phenyl-chromen-4-on $C_{16}H_{12}O_3$, Formel III (R = CH$_3$).

B. Beim Erhitzen von 2-Hydroxy-5-methoxy-desoxybenzoin mit Formanilid auf 250° (*Gowan et al.*, Soc. **1958** 2495, 2498; s. a. *Ballio, Pocchiari*, G. **79** [1949] 913, 918). Beim Erwärmen von 6-Hydroxy-3-phenyl-chromen-4-on mit Methyljodid, Aceton und Kaliumcarbonat (*Ingle et al.*, J. Indian chem. Soc. **26** [1949] 569, 574).

Krystalle; F: 175° [aus A.] (*Ba., Po.*), 174° [aus Acn. oder Eg.] (*Go. et al.*), 170—171° [aus wss. Me.] (*In. et al.*).

6-Acetoxy-3-phenyl-chromen-4-on $C_{17}H_{12}O_4$, Formel III (R = CO-CH$_3$).

B. Beim Erhitzen von 6-Hydroxy-3-phenyl-chromen-4-on mit Acetanhydrid und Natriumacetat (*Ballio, Pocchiari*, G. **79** [1949] 913, 919; *Ingle et al.*, J. Indian chem. Soc. **26** [1949] 569, 572).

Krystalle; F: 156° [aus A.] (*Ba., Po.*), 152° [aus wss. Me.] (*In. et al.*, l. c. S. 574).

7-Hydroxy-3-phenyl-chromen-4-on $C_{15}H_{10}O_3$, Formel IV (R = H).

B. Aus 2,4-Dihydroxy-desoxybenzoin beim Behandeln mit Äthylformiat und Natrium (*Iyer et al.*, Pr. Indian Acad. [A] **33** [1951] 116, 122; *Narasimhachari et al.*, J. scient. ind. Res. India **12** B [1953] 287, 291), beim Erhitzen mit Orthoameisensäure-triäthylester, Pyridin und wenig Piperidin (*Sathe, Venkataraman*, Curr. Sci. **18** [1949] 373) sowie beim Behandeln mit Zinkcyanid und Äther unter Einleiten von Chlorwasserstoff und Erwärmen des Reaktionsprodukts mit Wasser (*Farkas*, B. **90** [1957] 2940, 2942). Beim Erhitzen von 4-Benzoyloxy-2-hydroxy-desoxybenzoin mit Formanilid auf 250°

(*Gowan et al.*, Soc. **1958** 2495, 2498). Beim Erhitzen von 7-Benzyloxy-3-phenyl-chromen-4-on mit konz. wss. Salzsäure und Essigsäure (*Mahal et al.*, Soc. **1934** 1120). Bei schnellem Erhitzen von 7-Hydroxy-4-oxo-3-phenyl-4*H*-chromen-2-carbonsäure in kleinen Mengen auf 257° (*Baker et al.*, Soc. **1953** 1852, 1856).

Krystalle; F: 215—217° [aus A.] (*Na. et al.*), 215° [aus A.] (*Ma. et al.*), 214° [aus wss. A.] (*Fa.*), 213° (*Ba. et al.*). IR-Spektrum (3—15 µ): *Kawase*, Bl. chem. Soc. Japan **32** [1959] 11. Absorptionsspektrum (200—400 nm) von Lösungen in Äthanol, in Schwefelsäure enthaltendem Äthanol sowie in Natriummäthylat enthaltendem Äthanol: *Bognár et al.*, Acta Univ. Szeged **5** [1959] 6, 10. Polarographie: *Volke, Szabó*, Collect. **23** [1958] 221, 223.

7-Methoxy-3-phenyl-chromen-4-on $C_{16}H_{12}O_3$, Formel IV (R = CH$_3$) (E II 39; dort als 7-Methoxy-3-phenyl-chromon und als 7-Methoxy-isoflavon bezeichnet).

B. Aus 2-Hydroxy-4-methoxy-desoxybenzoin beim Behandeln mit Äthylformiat und Natrium (*Mahal et al.*, Soc. **1934** 1120), beim Erhitzen mit Formamid (*Gowan et al.*, Soc. **1958** 2495, 2498) sowie beim Behandeln mit Zinkcyanid und Äther unter Einleiten von Chlorwasserstoff und Erwärmen des Reaktionsprodukts mit Wasser (*Farkas*, B. **90** [1957] 2940, 2942). Beim Erwärmen von 7-Hydroxy-3-phenyl-chromen-4-on mit Methyljodid, Aceton und Kaliumcarbonat (*Ma. et al.*). Beim Erwärmen von 7-Methoxy-3-phenyl-chroman-4-on mit *N*-Brom-succinimid und Dibenzoylperoxid in Tetrachlormethan (*Inoue*, J. chem. Soc. Japan Pure Chem. Sect. **79** [1958] 1537, 1538; C. A. **1960** 5635). Aus 2-Hydroxy-7-methoxy-3-phenyl-chroman-4-on beim Behandeln mit 5%ig. wss. Natronlauge sowie beim Erwärmen mit Schwefelsäure enthaltendem Äthanol oder mit Acetanhydrid (*Narasimhachari et al.*, J. scient. ind. Res. India **12** B [1953] 287, 290).

Krystalle; F: 158—159° [aus A.] (*Na. et al.*; *Fa.*), 156° [aus wss. A.] (*Ma. et al.*). IR-Spektrum (3—15 µ): *Kawase*, Bl. chem. Soc. Japan **32** [1959] 11. Absorptionsspektrum (200—400 nm) von Lösungen in Cyclohexan, in Äthanol, in Schwefelsäure enthaltendem Äthanol sowie in Kaliumhydroxid enthaltendem Äthanol: *Bognár et al.*, Acta Univ. Szeged **5** [1959] 6, 10. Polarographie: *Volke, Szabó*, Collect. **23** [1958] 221, 222.

7-Benzyloxy-3-phenyl-chromen-4-on $C_{22}H_{16}O_3$, Formel IV (R = CH$_2$-C$_6$H$_5$).

B. Aus 4-Benzyloxy-2-hydroxy-desoxybenzoin (E III **8** 2665) beim Behandeln mit Äthylformiat und Natrium (*Mahal et al.*, Soc. **1934** 1120) sowie beim Erhitzen mit Formamid (*Gowan et al.*, Soc. **1958** 2495, 2498).

Krystalle (aus A.); F: 171° (*Ma. et al.*; *Go. et al.*).

7-Acetoxy-3-phenyl-chromen-4-on $C_{17}H_{12}O_4$, Formel IV (R = CO-CH$_3$).

B. Aus 7-Hydroxy-3-phenyl-chromen-4-on mit Hilfe von Acetanhydrid und Natriumacetat (*Farkas*, B. **90** [1957] 2940, 2943).

Krystalle (aus A.); F: 139° (*Mahal et al.*, Soc. **1934** 1120), 136° (*Fa.*).

7-β-D-Glucopyranosyloxy-3-phenyl-chromen-4-on $C_{21}H_{20}O_8$, Formel V (R = H).

B. Bei 3-tägigem Behandeln der im folgenden Artikel beschriebenen Verbindung mit Bariumhydroxid in Wasser (*Zemplén et al.*, B. **77/79** [1944/46] 452, 454).

Krystalle (aus W.); F: 178—179°. $[\alpha]_D^{24}$: —36,4° [Py.; c = 1].

3-Phenyl-7-[tetra-*O*-acetyl-β-D-glucopyranosyloxy]-chromen-4-on $C_{29}H_{28}O_{12}$, Formel V (R = CO-CH$_3$).

B. Beim Behandeln von 7-Hydroxy-3-phenyl-chromen-4-on mit Aceton, wss. Kali=

lauge und mit α-D-Acetobromglucopyranose (Tetra-O-acetyl-α-D-glucopyranosylbromid) in Aceton (*Zemplén et al.*, B. **77/79** [1944/46] 452, 454).
Krystalle (aus Me.); F: 156,5° [nach Erweichen bei 154°]. $[\alpha]_D^{23,5}$: $-14,8°$ [CHCl$_3$; c = 1].

3-Phenyl-7-[toluol-4-sulfonyloxy]-chromen-4-on C$_{22}$H$_{16}$O$_5$S, Formel IV (R = SO$_2$-C$_6$H$_4$-CH$_3$).
B. Beim Erhitzen von 2-Hydroxy-4-[toluol-4-sulfonyloxy]-desoxybenzoin mit Formanilid auf 250° (*Gowan et al.*, Soc. **1958** 2495, 2498).
Krystalle; F: 212−213°.

3-[4-Chlor-phenyl]-7-hydroxy-chromen-4-on C$_{15}$H$_9$ClO$_3$, Formel VI (R = H, X = Cl).
B. Beim Behandeln von 4'-Chlor-2,4-dihydroxy-desoxybenzoin mit Zinkcyanid und Äther unter Einleiten von Chlorwasserstoff und Erhitzen des Reaktionsprodukts mit Wasser (*Farkas et al.*, B. **91** [1958] 2858, 2860).
Krystalle (aus Me.); F: 260°.

3-[4-Chlor-phenyl]-7-methoxy-chromen-4-on C$_{16}$H$_{11}$ClO$_3$, Formel VI (R = CH$_3$, X = Cl).
B. Beim Erwärmen von 3-[4-Chlor-phenyl]-7-hydroxy-chromen-4-on mit Dimethylsulfat, Aceton und Kaliumcarbonat (*Farkas et al.*, B. **91** [1958] 2858, 2861).
Krystalle (aus A.); F: 218°.

7-Acetoxy-3-[4-chlor-phenyl]-chromen-4-on C$_{17}$H$_{11}$ClO$_4$, Formel VI (R = CO-CH$_3$, X = Cl).
B. Beim Erwärmen von 3-[4-Chlor-phenyl]-7-hydroxy-chromen-4-on mit Acetanhydrid und Natriumacetat (*Farkas et al.*, B. **91** [1958] 2858, 2861).
Krystalle (aus A.); F: 202°.

6-Brom-7-methoxy-3-phenyl-chromen-4-on C$_{16}$H$_{11}$BrO$_3$, Formel VII.
B. Beim Erwärmen von 2-Hydroxy-4-methoxy-desoxybenzoin mit Paraformaldehyd und Natriumhydrogencarbonat in wss. Äthanol, Behandeln des Reaktionsprodukts mit Brom in Essigsäure unter der Einwirkung von Sonnenlicht und Erhitzen der erhaltenen Verbindung C$_{16}$H$_{13}$BrO$_4$ (F: 105°) mit Chinolin auf 130° (*Ray, Ray*, Sci. Culture **18** [1953] 600).
Krystalle (aus Eg.); F: 186°.

VI VII VIII

7-Hydroxy-3-[4-nitro-phenyl]-chromen-4-on C$_{15}$H$_9$NO$_5$, Formel VI (R = H, X = NO$_2$).
B. Beim Erhitzen von 2,4-Dihydroxy-4'-nitro-desoxybenzoin mit Orthoameisensäuretriäthylester, Pyridin und wenig Piperidin auf 120° (*Dutta, Bose*, J. scient. ind. Res. India **11** B [1952] 413). Beim Erhitzen von 7-Hydroxy-3-[4-nitro-phenyl]-4-oxo-4H-chromen-2-carbonsäure auf 260° (*Baker et al.*, Soc. **1953** 1852, 1857).
Krystalle; F: 292° (*Ba. et al.*), 290° [aus A.] (*Du., Bose*). UV-Spektrum (A.; 220 nm bis 380 nm): *Bognár et al.*, Acta Univ. Szeged **5** [1959] 6, 12.

7-Methoxy-3-[4-nitro-phenyl]-chromen-4-on C$_{16}$H$_{11}$NO$_5$, Formel VI (R = CH$_3$, X = NO$_2$).
B. Beim Erhitzen von 2-Hydroxy-4-methoxy-4'-nitro-desoxybenzoin mit Formanilid auf 250° (*Gowan et al.*, Soc. **1958** 2495, 2498). Beim Erwärmen von 7-Hydroxy-3-[4-nitrophenyl]-chromen-4-on mit Dimethylsulfat, Aceton und Kaliumcarbonat (*Dutta, Bose*, J. scient. ind. Res. India **11** B [1952] 413).
Krystalle (aus Acn. bzw. aus Acn. + A.); F: 245° (*Go. et al.*; *Du., Bose*).

7-Acetoxy-3-[4-nitro-phenyl]-chromen-4-on $C_{17}H_{11}NO_6$, Formel VI (R = CO-CH$_3$, X = NO$_2$).

B. Beim Erhitzen von 7-Hydroxy-3-[4-nitro-phenyl]-chromen-4-on mit Acetanhydrid und Natriumacetat auf 130° (*Dutta, Bose,* J. scient. ind. Res. India **11** B [1952] 413).

Krystalle; F: 225° [aus A. + Acn.] (*Du., Bose*), 222—223° (*Baker et al.,* Soc. **1953** 1852, 1857).

3-[2-Methoxy-phenyl]-chromen-4-on $C_{16}H_{12}O_3$, Formel VIII.

B. Beim Erhitzen von [2'-Methoxy-α,α'-dioxo-bibenzyl-2-yloxy]-essigsäure mit Acetanhydrid und Natriumacetat (*Whalley, Lloyd,* Soc. **1956** 3213, 3223).

Krystalle (aus Me.); F: 184°.

Beim Erwärmen mit methanol.-wss. Kalilauge ist 2-Hydroxy-2'-methoxy-desoxybenzoin erhalten worden.

4-Methoxy-3-phenyl-cumarin $C_{16}H_{12}O_3$, Formel IX (R = CH$_3$).

B. Beim Behandeln von 3-Phenyl-chroman-2,4-dion (E III/IV **17** 6433) mit Diazomethan in Äther (*Wildi,* J. org. Chem. **16** [1951] 407, 411; s. a. *Cieślak et al.,* Roczniki Chem. **33** [1959] 349, 351; C. A. **1960** 3404).

Krystalle; F: 115—116° [aus wss. Acn.] (*Wi.*), 112—113° [aus Bzn.] (*Ci. et al.,* l. c. S. 352). IR-Spektrum (CHCl$_3$; 2—12 μ): *Wi.,* l. c. S. 410. Absorptionsspektrum (A.; 200—400 nm bzw. 240—330 nm): *Wi.,* l. c. S. 409; *Ci. et al.,* l. c. S. 354.

4-Acetoxy-3-phenyl-cumarin $C_{17}H_{12}O_4$, Formel IX (R = CO-CH$_3$).

B. Beim Erhitzen von 3-Phenyl-chroman-2,4-dion (E III/IV **17** 6433) mit Acetanhydrid (*Wildi,* J. org. Chem. **16** [1951] 407, 411).

Krystalle; F: 182° [unkorr.; aus A.] (*Chatterjea, Roy,* J. Indian chem. Soc. **34** [1957] 155, 159, 160), 179—180° [aus Acn.] (*Wi.*). Absorptionsspektrum (A.; 200—400 nm): *Wi.,* l. c. S. 409.

IX X XI

4-Benzoyloxy-3-phenyl-cumarin $C_{22}H_{14}O_4$, Formel IX (R = CO-C$_6$H$_5$).

B. Beim Behandeln von 3-Phenyl-chroman-2,4-dion (E III/IV **17** 6433) mit Benzoylchlorid und Pyridin (*Chatterjea, Roy,* J. Indian chem. Soc. **34** [1957] 155, 160).

Krystalle (aus A.); F: 205° [unkorr.].

3-Phenyl-4-salicyloyloxy-cumarin, Salicylsäure-[2-oxo-3-phenyl-2H-chromen-4-ylester] $C_{22}H_{14}O_5$, Formel X (R = H).

B. Bei der Hydrierung von 4-[2-Benzyloxy-benzoyloxy]-3-phenyl-cumarin an Palladium/Kohle in Essigsäure und Äthylacetat (*Stahmann et al.,* Am. Soc. **66** [1944] 900).

Krystalle (aus E. oder Bzl.); F: 185—187°.

4-[2-Benzyloxy-benzoyloxy]-3-phenyl-cumarin, 2-Benzyloxy-benzoesäure-[2-oxo-3-phenyl-2H-chromen-4-ylester] $C_{29}H_{20}O_5$, Formel X (R = CH$_2$-C$_6$H$_5$).

B. Beim Behandeln von 3-Phenyl-chroman-2,4-dion (E III/IV **17** 6433) mit 2-Benzyloxy-benzoylchlorid und Pyridin (*Stahmann et al.,* Am. Soc. **66** [1944] 900).

Krystalle (aus E.); F: 173—175°.

4-[2-Acetoxy-benzoyloxy]-3-phenyl-cumarin, 2-Acetoxy-benzoesäure-[2-oxo-3-phenyl-2H-chromen-4-ylester] $C_{24}H_{16}O_6$, Formel X (R = CO-CH$_3$).

B. Beim Behandeln von 3-Phenyl-chroman-2,4-dion (E III/IV **17** 6433) mit 2-Acet=

oxy-benzoylchlorid und Pyridin (*Stahmann et al.*, Am. Soc. **66** [1944] 900).
Krystalle (aus Eg.); F: 183—185°.

3-Phenyl-4-[3,4,5-triacetoxy-tetrahydro-pyran-2-yloxy]-cumarin $C_{26}H_{24}O_{10}$.

a) **3-Phenyl-4-[tri-*O*-acetyl-α-D-arabinopyranosyloxy]-cumarin** $C_{26}H_{24}O_{10}$, Formel XI (R = CO-CH$_3$).

B. Bei 3-tägigem Behandeln der Silber-Verbindung des 3-Phenyl-chroman-2,4-dions (E III/IV **17** 6433) mit Tri-*O*-acetyl-β-D-arabinopyranosylbromid (E III/IV **17** 2281) und Calciumsulfat in Benzol unter Lichtausschluss (*Spero et al.*, Am. Soc. **71** [1949] 3740, 3742).

Amorphes Pulver (aus Me. + W.); 0,5 Mol H$_2$O enthaltend. $[\alpha]_D^{25}$: +43,3° [Bzl.; c = 1].

Beim Behandeln mit Bariummethylat in Methanol sind Methyl-β-D-arabinopyranosid und 3-Phenyl-chroman-2,4-dion erhalten worden.

b) **3-Phenyl-4-[tri-*O*-acetyl-β-D-xylopyranosyloxy]-cumarin** $C_{26}H_{24}O_{10}$, Formel XII (R = CO-CH$_3$).

B. Bei 3-tägigem Behandeln der Silber-Verbindung des 3-Phenyl-chroman-2,4-dions (E III/IV **17** 6433) mit Tri-*O*-acetyl-α-D-xylopyranosylbromid (E III/IV **17** 2282) und Calciumsulfat in Benzol unter Lichtausschluss (*Spero et al.*, Am. Soc. **71** [1949] 3740, 3742).

Krystalle (aus Me.); F: 120—122°. $[\alpha]_D^{25}$: —98,9° [Bzl.; c = 1].

Beim Behandeln mit Bariummethylat in Methanol sind Methyl-α-D-xylopyranosid (als Tri-*O*-acetyl-Derivat [F: 86°] identifiziert) und 3-Phenyl-chroman-2,4-dion erhalten worden.

3-Phenyl-4-[3,4,5-triacetoxy-6-acetoxymethyl-tetrahydro-pyran-2-yloxy]-cumarin $C_{29}H_{28}O_{12}$.

a) **3-Phenyl-4-[tetra-*O*-acetyl-β-D-glucopyranosyloxy]-cumarin** $C_{29}H_{28}O_{12}$, Formel XIII (R = CO-CH$_3$).

B. Bei mehrtägigem Behandeln der Silber-Verbindung des 3-Phenyl-chroman-2,4-dions (E III/IV **17** 6433) mit α-D-Acetobromglucopyranose (Tetra-*O*-acetyl-α-D-glucopyranosylbromid) und Calciumsulfat in Benzol unter Lichtausschluss (*Huebner et al.*, Am. Soc. **66** [1944] 906, 908).

Krystalle (aus A.), F: 156—158°; $[\alpha]_D^{25}$: —58,4° [Bzl.; c = 3] (*Hu. et al.*).

Zeitlicher Verlauf der Bildung von Methyl-α-D-glucopyranosid und 3-Phenyl-chroman-2,4-dion beim Behandeln mit methanol. Bariummethylat-Lösungen verschiedener Konzentration: *Spero et al.*, Am. Soc. **71** [1949] 3740, 3741; s. a. *Hu. et al.*

XII   XIII   XIV

b) **3-Phenyl-4-[tetra-*O*-acetyl-β-D-mannopyranosyloxy]-cumarin** $C_{29}H_{28}O_{12}$, Formel XIV (R = CO-CH$_3$).

B. Bei mehrtägigem Behandeln der Silber-Verbindung des 3-Phenyl-chroman-2,4-dions (E III/IV **17** 6433) mit Tetra-*O*-acetyl-α-D-mannopyranosylbromid und Calciumsulfat in Benzol unter Lichtausschluss (*Spero et al.*, Am. Soc. **71** [1949] 3740, 3742).

Amorphes Pulver (aus Me. + W.); 0,5 Mol H$_2$O enthaltend; F: 68—72°. $[\alpha]_D^{25}$: +29,6° [Bzl.; c = 1].

c) **3-Phenyl-4-[tetra-*O*-acetyl-β-D-galactopyranosyloxy]-cumarin** $C_{29}H_{28}O_{12}$, Formel I (R = CO-CH$_3$).

B. Beim Behandeln der Silber-Verbindung des 3-Phenyl-chroman-2,4-dions (E III/IV

17 6433) mit Tetra-O-acetyl-α-D-galactopyranosylbromid und Calciumsulfat in Benzol unter Lichtausschluss (*Spero et al.*, Am. Soc. **71** [1949] 3740, 3741).

Krystalle (aus Me.) mit 0,5 Mol H_2O; F: 91—93°. $[\alpha]_D^{25}$: —39,6° [Bzl.; c = 1].

7-Hydroxy-3-phenyl-cumarin $C_{15}H_{10}O_3$, Formel II (R = X = H) (E I 324; E II 39; dort auch als 3-Phenyl-umbelliferon bezeichnet).

B. Beim Behandeln von 3-Oxo-2-phenyl-propionitril oder von 3-Benzoyloxy-2-phenylacrylonitril mit Resorcin und Zinkchlorid in Äther unter Einleiten von Chlorwasserstoff und Erhitzen des Reaktionsprodukts mit wss. Schwefelsäure (*Badhwar et al.*, Soc. **1931** 1541, 1543, 1545). Beim Behandeln einer Lösung von 7-Hydroxy-cumarin in Aceton mit Natriumacetat, wss. Kupfer(II)-chlorid-Lösung und wss. Benzoldiazoniumchlorid-Lösung (*Sawhney, Seshadri*, J. scient. ind. Res. India **13**B [1954] 316, 318). Beim Erhitzen von 3c-[2,4-Dimethoxy-phenyl]-2-phenyl-acrylonitril mit Pyridin-hydrochlorid und Erwärmen des Reaktionsgemisches mit wss. Salzsäure (*Buu-Hoi et al.*, J. org. Chem. **19** [1954] 1548, 1551).

Krystalle; F: 211—212° [aus A.] (*Sa., Se.*), 209—210° [aus wss. Eg.] (*Ba. et al.*), 209° [unkorr.; Block; aus Me. oder A.] (*Buu-Hoi et al.*, l. c. S. 1549).

7-Methoxy-3-phenyl-cumarin $C_{16}H_{12}O_3$, Formel II (R = CH_3, X = H) (E I 324; E II 40).

B. Beim 5-tägigen Behandeln von 3-Methoxy-phenol mit 3-Oxo-2-phenyl-propionitril und Zinkchlorid in Äther unter Einleiten von Chlorwasserstoff und Erhitzen des Reaktionsprodukts mit Wasser und anschliessend mit Schwefelsäure enthaltendem Äthanol (*Badhwar et al.*, Soc. **1931** 1541, 1543). Beim Erwärmen von 2-Hydroxy-4-methoxy-benzaldehyd mit Phenylacetonitril und äthanol. Kalilauge (*de Kiewiet, Stephen*, Soc. **1931** 639). Beim Behandeln von 1-Acetoxy-3-methoxy-benzol mit 3-Benzoyloxy-2-phenylacrylonitril und Zinkchlorid in Essigsäure unter Einleiten von Chlorwasserstoff (*Ba. et al.*, l. c. S. 1546).

Krystalle; F: 124° [aus Bzn.] (*Gowan et al.*, Tetrahedron **2** [1958] 116, 117), 123—124° (*Sawhney, Seshadri*, J. scient. ind. Res. India **13**B [1954] 316, 318), 121—122° (*Ba. et al.*).

7-Acetoxy-3-phenyl-cumarin $C_{17}H_{12}O_4$, Formel II (R = $CO-CH_3$, X = H) (E I 324; E II 40).

B. Beim Erhitzen von Phenylessigsäure mit 2,4-Dihydroxy-benzaldehyd, Kaliumacetat und Acetanhydrid (*Walker*, Am. Soc. **80** [1958] 645, 646, 649; vgl. E II 40).

Krystalle (aus E.); F: 185—187° [korr.].

3-[4-Chlor-phenyl]-7-hydroxy-cumarin $C_{15}H_9ClO_3$, Formel II (R = H, X = Cl).

B. Beim Behandeln von 7-Hydroxy-cumarin mit Aceton, Natriumacetat, wss. Kupfer(II)-chlorid-Lösung und einer aus 4-Chlor-anilin, wss. Salzsäure und Natriumnitrit bereiteten Diazoniumsalz-Lösung (*Meerwein et al.*, J. pr. [2] **152** [1939] 237, 256). Beim Erhitzen von 2-[4-Chlor-phenyl]-3c-[2,4-dimethoxy-phenyl]-acrylonitril mit Pyridinhydrochlorid und Erwärmen der Reaktionslösung mit wss. Salzsäure (*Buu-Hoi et al.*, J. org. Chem. **19** [1954] 1548, 1551).

Krystalle; F: 289° [unkorr.; Zers.; Block; aus Me. oder A.] (*Buu-Hoi et al.*, l. c. S. 1549), 280—282° [aus Eg. oder Py.] (*Me. et al.*).

I   II   III

6-Brom-7-hydroxy-3-phenyl-cumarin $C_{15}H_9BrO_3$, Formel III (R = X = H).

B. Als Hauptprodukt neben 8-Brom-7-hydroxy-3-phenyl-cumarin beim Behandeln

von 7-Hydroxy-3-phenyl-cumarin mit Brom (1 Mol) in Essigsäure (*Seshadri, Varadarajan,* J. scient. ind. Res. India **11**B [1952] 39, 45). Beim Erwärmen einer Lösung von 7-Acetoxy-6-brom-3-phenyl-cumarin in Äthanol mit konz. Schwefelsäure (*Se., Va.*).
Krystalle (aus Eg.); F: 245—247°.

6-Brom-7-methoxy-3-phenyl-cumarin $C_{16}H_{11}BrO_3$, Formel III (R = CH_3, X = H).
B. Beim Erhitzen von 5-Brom-2-hydroxy-4-methoxy-benzaldehyd mit Natrium-phenylacetat und Acetanhydrid auf 180° (*Seshadri, Varadarajan,* J. scient. ind. Res. India **11**B [1952] 39, 45). Beim Behandeln von 6-Brom-7-hydroxy-3-phenyl-cumarin mit Dimethylsulfat, Aceton und Kaliumcarbonat (*Se., Va.*). Beim Erwärmen von 7-Methoxy-3-phenyl-cumarin mit Brom in Essigsäure (*Se., Va.*).
Krystalle (aus Eg.); F: 185—187°.

7-Acetoxy-6-brom-3-phenyl-cumarin $C_{17}H_{11}BrO_4$, Formel III (R = CO-CH_3, X = H).
B. Beim Erhitzen von 5-Brom-2,4-dihydroxy-benzaldehyd mit Natrium-phenylacetat und Acetanhydrid auf 180° (*Seshadri, Varadarajan,* J. scient. ind. Res. India **11**B [1952] 39, 45).
Krystalle (aus Eg.); F: 217—219°.

8-Brom-7-hydroxy-3-phenyl-cumarin $C_{15}H_9BrO_3$, Formel IV (R = X = H).
B. s. S. 712 im Artikel 6-Brom-7-hydroxy-3-phenyl-cumarin.
Krystalle (aus Eg.); F: 257—259° (*Seshadri, Varadarajan,* J. scient. ind. Res. India **11**B [1952] 39, 45).

8-Brom-7-methoxy-3-phenyl-cumarin $C_{16}H_{11}BrO_3$, Formel IV (R = CH_3, X = H).
B. Beim Behandeln von 8-Brom-7-hydroxy-3-phenyl-cumarin mit Dimethylsulfat, Aceton und Kaliumcarbonat (*Seshadri, Varadarajan,* J. scient. ind. Res. India **11**B [1952] 39, 46).
Krystalle (aus Eg.); F: 195—197°.

7-Acetoxy-8-brom-3-phenyl-cumarin $C_{17}H_{11}BrO_4$, Formel IV (R = CO-CH_3, X = H).
B. Beim Erhitzen von 8-Brom-7-hydroxy-3-phenyl-cumarin mit Acetanhydrid und wenig Pyridin auf 140° (*Seshadri, Varadarajan,* J. scient. ind. Res. India **11**B [1952] 39, 45).
Krystalle (aus Eg.); F: 221—223°.

6,8-Dibrom-7-hydroxy-3-phenyl-cumarin $C_{15}H_8Br_2O_3$, Formel IV (R = H, X = Br).
B. Beim Erwärmen von 7-Hydroxy-3-phenyl-cumarin mit Brom (2 Mol) in Essigsäure auf 100° (*Seshadri, Varadarajan,* J. scient. ind. Res. India **11**B [1952] 39, 46). Beim Erhitzen von 7-Acetoxy-6,8-dibrom-3-phenyl-cumarin mit Schwefelsäure enthaltendem Äthanol (*Se., Va.*).
Krystalle (aus Eg.); F: 184—185°.

6,8-Dibrom-7-methoxy-3-phenyl-cumarin $C_{16}H_{10}Br_2O_3$, Formel IV (R = CH_3, X = Br).
B. Beim Behandeln von 6,8-Dibrom-7-hydroxy-3-phenyl-cumarin mit Dimethylsulfat, Aceton und Kaliumcarbonat (*Seshadri, Varadarajan,* J. scient. ind. Res. India **11**B [1952] 39, 46).
Krystalle (aus Eg.); F: 164—165°.

IV   V   VI

7-Acetoxy-6,8-dibrom-3-phenyl-cumarin $C_{17}H_{10}Br_2O_4$, Formel IV (R = CO-CH_3, X = Br).
B. Beim Erhitzen von 3,5-Dibrom-2,4-dihydroxy-benzaldehyd mit Natrium-phenyl=

acetat und Acetanhydrid auf 180° (*Seshadri, Varadarajan,* J. scient. ind. Res. India **11 B** [1952] 39, 46).
Krystalle (aus Eg.); F: 203—204°.

6,8-Dibrom-3-[4-brom-phenyl]-7-hydroxy-cumarin $C_{15}H_7Br_3O_3$, Formel III (R = H, X = Br) auf S. 712.
B. Aus 7-Hydroxy-3-phenyl-cumarin und Brom (*Seshadri, Varadarajan,* J. scient. ind. Res. India **11 B** [1952] 39, 46).
Krystalle (aus Eg.); F: 285—287° [Zers.].

6,8-Dibrom-3-[4-brom-phenyl]-7-methoxy-cumarin $C_{16}H_9Br_3O_3$, Formel III (R = CH_3, X = Br) auf S. 712.
B. Beim Behandeln von 6,8-Dibrom-3-[4-brom-phenyl]-7-hydroxy-cumarin mit Dimethylsulfat, Aceton und Kaliumcarbonat (*Seshadri, Varadarajan,* J. scient. ind. Res. India **11 B** [1952] 39, 46).
Krystalle (aus Eg.); F: 225—227°.

8-Hydroxy-3-phenyl-cumarin $C_{15}H_{10}O_3$, Formel V (R = X = H).
B. Beim Erhitzen von 3*t*-[2-Acetoxy-3-methoxy-phenyl]-2-phenyl-acrylsäure oder von 8-Methoxy-3-phenyl-cumarin mit wss. Jodwasserstoffsäure (*Richtzenhain, Alfredsson,* Acta chem. scand. **7** [1953] 1173, 1176). Beim Erhitzen von 3*c*-[2,3-Dimethoxy-phenyl]-2-phenyl-acrylnitril mit Pyridin-hydrochlorid und Erwärmen der Reaktionslösung mit wss. Salzsäure (*Buu-Hoi et al.,* J. org. Chem. **19** [1954] 1548, 1549, 1551).
Krystalle; F: 203—204° [aus A.] (*Ri., Al.*), 202° [aus Me. oder A.] (*Buu-Hoi et al.*).

8-Methoxy-3-phenyl-cumarin $C_{16}H_{12}O_3$, Formel V (R = CH_3, X = H).
B. Beim Erwärmen von 2-Hydroxy-3-methoxy-benzaldehyd mit Phenylacetonitril und äthanol. Kalilauge (*de Kiewiet, Stephen,* Soc. **1931** 639). Beim Erhitzen von 2-Hydroxy-3-methoxy-benzaldehyd mit Natrium-phenylacetat und Acetanhydrid auf 180° (*Crawford, Shaw,* Soc. **1953** 3435, 3438).
Krystalle; F: 162° [aus A.] (*Cr., Shaw*), 155,5° (*de Ki., St.*). Absorptionsspektrum (220—400 nm) von Lösungen in Äthanol und in wss. Natronlauge (0,1 n): *Richtzenhain, Alfredsson,* Acta chem. scand. **7** [1953] 1173, 1174.
Beim Erwärmen mit Dimethylsulfat und wss. Natronlauge sind 3*c*-[2,3-Dimethoxyphenyl]-2-phenyl-acrylsäure und der Methylester dieser Säure erhalten worden (*Ri., Al.*).

8-Acetoxy-3-phenyl-cumarin $C_{17}H_{12}O_4$, Formel V (R = $CO-CH_3$, X = H).
B. Beim Behandeln von 8-Hydroxy-3-phenyl-cumarin mit Acetanhydrid und Pyridin (*Richtzenhain, Alfredsson,* Acta chem. scand. **7** [1953] 1173, 1176).
Krystalle (aus A.); F: 142°.

3-[4-Chlor-phenyl]-8-hydroxy-cumarin $C_{15}H_9ClO_3$, Formel V (R = H, X = Cl).
B. Beim Erhitzen von 2-[4-Chlor-phenyl]-3*c*-[2,3-dimethoxy-phenyl]-acrylnitril mit Pyridin-hydrochlorid und Erwärmen des Reaktionsgemisches mit wss. Salzsäure (*Buu-Hoi et al.,* J. org. Chem. **19** [1954] 1548, 1551).
Krystalle (aus Me. oder A.); F: 214° [unkorr.; Block] (*Buu-Hoi et al.,* l. c. S. 1549).

3-[2-Hydroxy-phenyl]-cumarin $C_{15}H_{10}O_3$, Formel VI (R = H), und Tautomeres (Benzo=[4,5]furo[2,3-*b*]chromen-5a-ol).
B. Beim Erhitzen von 3-[2-Methoxy-phenyl]-cumarin mit wss. Jodwasserstoffsäure und Acetanhydrid (*Grimshaw, Haworth,* Soc. **1956** 4225, 4231).
Krystalle (aus wss. Dioxan); F: 208—209° [korr.].

3-[2-Methoxy-phenyl]-cumarin $C_{16}H_{12}O_3$, Formel VI (R = CH_3).
B. Beim Erhitzen des Kalium-Salzes der [2-Methoxy-phenyl]-essigsäure mit Salicyl=aldehyd und Acetanhydrid auf 180° (*Grimshaw, Haworth,* Soc. **1956** 4225, 4231).
Krystalle (aus A.); F: 140—141° [korr.].

3-[2-Acetoxy-phenyl]-cumarin $C_{17}H_{12}O_4$, Formel VI (R = CO-CH$_3$) auf S. 713.
    B. Aus 3-[2-Hydroxy-phenyl]-cumarin (*Grimshaw, Haworth*, Soc. **1956** 4225, 4231).
    Krystalle (aus wss. A.); F: 137—138° [korr.].

3-[4-Hydroxy-phenyl]-cumarin $C_{15}H_{10}O_3$, Formel VII (R = X = H).
    B. Beim Erhitzen von 3c-[2-Methoxy-phenyl]-2-[4-methoxy-phenyl]-acrylonitril (E III **10** 1990) mit Pyridin-hydrochlorid und Behandeln des Reaktionsprodukts mit Wasser (*Buu-Hoi et al.*, Soc. **1951** 2307). Beim Behandeln von 3-[4-Acetoxy-phenyl]-cumarin mit konz. Schwefelsäure (*Bhandari et al.*, J. scient. ind. Res. India **8**B [1949] 189, 190).
    Krystalle; F: 202° [aus Bzl. oder Toluol] (*Buu-Hoi et al.*), 202° [aus A.] (*Bh. et al.*).

3-[4-Methoxy-phenyl]-cumarin $C_{16}H_{12}O_3$, Formel VII (R = CH$_3$, X = H) (E II 40).
    B. Beim Behandeln einer mit Natriumacetat versetzten Lösung von Cumarin in Aceton oder in Acetonitril mit einer aus *p*-Anisidin, wss. Salzsäure und Natriumnitrit bereiteten Diazoniumsalz-Lösung und mit wss. Kupfer(II)-chlorid-Lösung (*Meerwein et al.*, J. pr. [2] **152** [1939] 237, 252, 254).
    Krystalle (aus A. oder Toluol); F: 136,5—138,5°.

3-[4-Acetoxy-phenyl]-cumarin $C_{17}H_{12}O_4$, Formel VII (R = CO-CH$_3$, X = H).
    B. Beim Erhitzen von Salicylaldehyd mit dem Natrium-Salz der [4-Hydroxy-phenyl]-essigsäure und Acetanhydrid auf 150° (*Bhandari et al.*, J. scient. ind. Res. India **8**B [1949] 189, 190).
    Krystalle (aus wss. A.); F: 183°.

6-Brom-3-[4-hydroxy-phenyl]-cumarin $C_{15}H_9BrO_3$, Formel VII (R = H, X = Br).
    B. Beim Erhitzen von 3c-[5-Brom-2-methoxy-phenyl]-2-[4-methoxy-phenyl]-acrylo≈ nitril mit Pyridin-hydrochlorid und Behandeln des Reaktionsprodukts mit Wasser (*Buu-Hoi et al.*, Soc. **1951** 2307).
    Krystalle (aus Bzl. oder Toluol); F: 230°.

5-Hydroxy-4-phenyl-cumarin $C_{15}H_{10}O_3$, Formel VIII (R = H).
    B. Aus 5-Acetoxy-4-phenyl-cumarin beim Erwärmen mit äthanol. Schwefelsäure (*Seshadri, Varadarajan*, Pr. Indian Acad. [A] **35** [1952] 75, 80).
    Krystalle (aus A.); F: 221—222°.

5-Methoxy-4-phenyl-cumarin $C_{16}H_{12}O_3$, Formel VIII (R = CH$_3$).
    B. Beim Behandeln von 5-Hydroxy-4-phenyl-cumarin mit Dimethylsulfat, Aceton und Kaliumcarbonat (*Seshadri, Varadarajan*, Pr. Indian Acad. [A] **35** [1952] 75, 80).
    Krystalle (aus A.); F: 98—100°.

5-Acetoxy-4-phenyl-cumarin $C_{17}H_{12}O_4$, Formel VIII (R = CO-CH$_3$).
    B. Beim Erhitzen von 2,6-Dihydroxy-benzophenon mit Natriumacetat und Acet≈ anhydrid auf 180° (*Seshadri, Varadarajan*, Pr. Indian Acad. [A] **35** [1952] 75, 80).
    Krystalle (aus A.); F: 170—171°.

VII   VIII   IX   X

6-Hydroxy-4-phenyl-cumarin $C_{15}H_{10}O_3$, Formel IX (R = H).
    B. Aus 6-Acetoxy-4-phenyl-cumarin beim Behandeln mit 85%ig. wss. Schwefelsäure sowie beim Erhitzen mit Aluminiumchlorid (*Desai, Mavani*, Pr. Indian Acad. [A] **25**

[1947] 353, 356).
Krystalle (aus A.); F: 242—243°.
Überführung in ein Dibrom-Derivat $C_{15}H_8Br_2O_3$ (Krystalle [aus A.]; F: 217°): *De., Ma.*

6-Acetoxy-4-phenyl-cumarin $C_{17}H_{12}O_4$, Formel IX (R = CO-CH$_3$).
B. Beim Erhitzen von 2,5-Dihydroxy-benzophenon mit Acetanhydrid und Natriumacetat auf 220° (*Desai, Mavani*, Pr. Indian Acad. [A] **25** [1947] 353, 356).
Krystalle (aus wss. Eg.); F: 162°.

7-Hydroxy-4-phenyl-cumarin $C_{15}H_{10}O_3$, Formel X (R = X = H) (H 60; E I 325; dort auch als 4-Phenyl-umbelliferon bezeichnet).
B. Aus 3-Oxo-3-phenyl-propionsäure-äthylester und Resorcin mit Hilfe von Chlorwasserstoff in Äthanol (*Appel*, Soc. **1935** 1031), mit Hilfe von Phophorsäure (*Chakravarti*, J. Indian chem. Soc. **12** [1935] 536, 539) oder mit Hilfe von Polyphosphorsäure (*Koo*, Chem. and Ind. **1955** 445). Aus 7-Acetoxy-4-phenyl-cumarin mit Hilfe von wss. Natronlauge (*Limaye, Munje*, Rasayanam **1** [1937] 80, 82). Beim Erhitzen von 7-Hydroxy-2-oxo-4-phenyl-2H-chromen-6-carbonsäure mit Wasser auf 180° (*Sethna, Shah*, J. Indian chem. Soc. **17** [1940] 37, 39). Beim Erhitzen von 7-Hydroxy-2-oxo-4-phenyl-2H-chromen-3-carbonsäure auf Temperaturen oberhalb des Schmelzpunkts (*Borsche, Wannagat*, A. **569** [1950] 81, 89).
Krystalle; F: 245° (*Li., Mu.*), 243—243,5° (*Pillon*, Bl. **1954** 9, 20). UV-Absorptionsmaxima: 240 nm und 330 nm (*Pi.*).

7-Methoxy-4-phenyl-cumarin $C_{16}H_{12}O_3$, Formel X (R = CH$_3$, X = H) (E I 325).
B. Beim Erhitzen von 2-Hydroxy-4-methoxy-benzophenon mit Acetanhydrid und Natriumacetat auf 170° (*Ahluwalia et al.*, Pr. Indian Acad. [A] **45** [1957] 293, 295). Beim Erwärmen von 3-Methoxy-phenol mit Natrium und anschliessend mit Phenylpropiolsäure-methylester und Behandeln des erhaltenen β-[3-Methoxy-phenoxy]-zimtsäure-methylesters ($C_{17}H_{16}O_4$; $Kp_{1,4}$: 150°) mit Phosphorsäure und Phosphor(V)-oxid (*Dann, Illing*, A. **605** [1957] 158, 164, 167). Beim Behandeln von 3-[2,4-Dimethoxy-phenyl]-3-phenyl-acrylsäure (F: 169—170°) mit Acetylchlorid und Essigsäure (*Mitter, Paul*, J. Indian chem. Soc. **8** [1931] 271, 272).
Krystalle; F: 116—117° [aus A.] (*Ah. et al.*, Pr. Indian Acad. [A] **45** 295), 114—115° [aus A.] (*Mi., Paul*), 109—110° [unkorr.; aus Me.] (*Dann, Il.*).
Beim Erhitzen mit wss. Natronlauge, Behandeln der Reaktionslösung mit Kaliumperoxodisulfat und anschliessenden Erwärmen mit wss. Salzsäure ist 6-Hydroxy-7-methoxy-4-phenyl-cumarin erhalten worden (*Ahluwalia et al.*, Pr. Indian Acad. [A] **45** [1957] 15, 16). Bildung von 6-Methoxy-3-phenyl-benzofuran-2-carbonsäure beim Erhitzen mit wss. Natronlauge und Quecksilber(II)-oxid (*Ahluwalia et al.*, Tetrahedron **4** [1958] 271, 273, 274).

7-Äthoxy-4-phenyl-cumarin $C_{17}H_{14}O_3$, Formel X (R = C_2H_5, X = H).
B. Beim Erwärmen von 7-Hydroxy-4-phenyl-cumarin mit Diäthylsulfat, Kaliumcarbonat und Aceton (*Ahluwalia et al.*, Pr. Indian Acad. [A] **45** [1957] 15, 17).
Krystalle (aus Me.); F: 104—105°.

7-Benzyloxy-4-phenyl-cumarin $C_{22}H_{16}O_3$, Formel X (R = CH_2-C_6H_5, X = H).
B. Beim Erwärmen von 7-Hydroxy-4-phenyl-cumarin mit Benzylchlorid, Natriumjodid, Kaliumcarbonat und Aceton (*Ahluwalia et al.*, Pr. Indian Acad. [A] **45** [1957] 15, 17).
Krystalle (aus E. + Bzn.); F: 91—92°.

7-Acetoxy-4-phenyl-cumarin $C_{17}H_{12}O_4$, Formel X (R = CO-CH$_3$, X = H) (H 60).
Krystalle (aus A.); F: 123° (*Limaye, Munje*, Rasayanam **1** [1937] 80, 82).
Beim Erhitzen mit Aluminiumchlorid auf 170° ist 8-Acetyl-7-hydroxy-4-phenyl-cumarin erhalten worden.

7-Benzoyloxy-4-phenyl-cumarin $C_{22}H_{14}O_4$, Formel X (R = CO-C_6H_5, X = H) (H 60).
B. Beim Erhitzen von 7-Hydroxy-4-phenyl-cumarin mit Benzoylchlorid auf 190°

(*Limaye, Munje*, Rasayanam **1** [1937] 80, 84).
Krystalle (aus A.); F: 137°.
Beim Erhitzen mit Aluminiumchlorid auf 170° sind 8-Benzoyl-7-hydroxy-4-phenyl-cumarin und 6-Benzoyl-7-hydroxy-4-phenyl-cumarin erhalten worden.

3-Chlor-7-methoxy-4-phenyl-cumarin $C_{16}H_{11}ClO_3$, Formel X (R = CH_3, X = Cl) auf S. 715.
   B. Beim Behandeln einer Lösung von 7-Methoxy-4-phenyl-cumarin in Essigsäure mit Chlor in Tetrachlormethan (*Seshadri et al.*, J. scient. ind. Res. India **11** B [1952] 56, 62).
Krystalle (aus Eg.); F: 154—155°.

6-Chlor-7-hydroxy-4-phenyl-cumarin $C_{15}H_9ClO_3$, Formel XI.
   B. Beim Behandeln von 4-Chlor-resorcin mit 3-Oxo-3-phenyl-propionsäure-äthylester und konz. Schwefelsäure (*Chakravarti, Ghosh*, J. Indian chem. Soc. **12** [1935] 622, 626).
Krystalle; F: 266° [aus wss. A.] (*Barris, Israelstam*, J. S. African chem. Inst. **13** [1960] 125, 127), 258—260° [aus Eg.] (*Ch., Gh.*).

3-Brom-7-hydroxy-4-phenyl-cumarin $C_{15}H_9BrO_3$, Formel X (R = H, X = Br) auf S. 715.
   B. Aus 7-Hydroxy-4-phenyl-cumarin und Brom in Essigsäure (*Seshadri et al.*, J. scient. ind. Res. India **11** B [1952] 56, 59).
Krystalle (aus A.); F: 218—220°.

3-Brom-7-methoxy-4-phenyl-cumarin $C_{16}H_{11}BrO_3$, Formel X (R = CH_3, X = Br) auf S. 715.
   B. Beim Erwärmen einer Lösung von 3-Brom-7-hydroxy-4-phenyl-cumarin in Aceton mit Dimethylsulfat und Kaliumcarbonat (*Seshadri et al.*, J. scient. ind. Res. India **11** B [1952] 56, 59). Aus 7-Methoxy-4-phenyl-cumarin und Brom in Essigsäure (*Se. et al.*).
Krystalle (aus Eg.); F: 155—157°.

7-Acetoxy-4-[4-brom-phenyl]-cumarin $C_{17}H_{11}BrO_4$, Formel XII (R = CO-CH_3).
   B. Beim Erhitzen von 4'-Brom-2,4-dihydroxy-benzophenon mit Acetanhydrid und Natriumacetat auf 160° (*Limaye, Munje*, Rasayanam **1** [1937] 80, 86).
Krystalle (aus A.); F: 175°.

XI   XII   XIII   XIV

3,6-Dibrom-7-hydroxy-4-phenyl-cumarin $C_{15}H_8Br_2O_3$, Formel XIII (R = H).
   B. Neben 3,8-Dibrom-7-hydroxy-4-phenyl-cumarin beim Erwärmen von 7-Hydroxy-4-phenyl-cumarin mit Brom (2 Mol) in Essigsäure (*Seshadri et al.*, J. scient. ind. Res. India **11** B [1952] 56, 60).
Krystalle (aus Eg.); F: 237—239°.

3,6-Dibrom-7-methoxy-4-phenyl-cumarin $C_{16}H_{10}Br_2O_3$, Formel XIII (R = CH_3).
   B. Beim Erwärmen von 3,6-Dibrom-7-hydroxy-4-phenyl-cumarin mit Dimethylsulfat, Kaliumcarbonat und Aceton (*Seshadri et al.*, J. scient. ind. Res. India **11** B [1952] 56, 60). Beim Erwärmen von 7-Methoxy-4-phenyl-cumarin mit Brom (2 Mol) in Essigsäure (*Se. et al.*).
Krystalle (aus Eg.); F: 223—225°.

3,8-Dibrom-7-hydroxy-4-phenyl-cumarin $C_{15}H_8Br_2O_3$, Formel XIV (R = H).
   B. Neben 3,6-Dibrom-7-hydroxy-4-phenyl-cumarin beim Erwärmen von 7-Hydroxy-4-phenyl-cumarin mit Brom (2 Mol) in Essigsäure (*Seshadri et al.*, J. scient. ind. Res.

India 11 B [1952] 56, 60).
Krystalle (aus Eg.); F: 267—269°.

3,8-Dibrom-7-methoxy-4-phenyl-cumarin $C_{16}H_{10}Br_2O_3$, Formel XIV (R = CH_3).
B. Beim Erwärmen von 3,8-Dibrom-7-hydroxy-4-phenyl-cumarin mit Dimethyl=
sulfat, Kaliumcarbonat und Aceton (*Seshadri et al.*, J. scient. ind. Res. India 11 B [1952] 56, 60).
Krystalle (aus Eg.); F: 219—221°.

6,8-Dibrom-7-hydroxy-4-phenyl-cumarin $C_{15}H_8Br_2O_3$, Formel I (R = X = H).
B. Beim Erwärmen von 7-Acetoxy-6,8-dibrom-4-phenyl-cumarin mit Schwefelsäure enthaltendem Äthanol (*Seshadri et al.*, J. scient. ind. Res. India 11 B [1952] 56, 61).
Krystalle (aus Eg.); F: 261—262°.

6,8-Dibrom-7-methoxy-4-phenyl-cumarin $C_{16}H_{10}Br_2O_3$, Formel I (R = CH_3, X = H).
B. Beim Erwärmen von 6,8-Dibrom-7-hydroxy-4-phenyl-cumarin mit Dimethylsulfat, Kaliumcarbonat und Aceton (*Seshadri et al.*, J. scient. ind. Res. India 11 B [1952] 56, 61).
Krystalle (aus Eg.); F: 149—150°.

7-Acetoxy-6,8-dibrom-4-phenyl-cumarin $C_{17}H_{10}Br_2O_4$, Formel I (R = CO-CH_3, X = H).
B. Beim Erhitzen von 3,5-Dibrom-2,4-dihydroxy-benzophenon mit Acetanhydrid und Natriumacetat auf 180° (*Seshadri et al.*, J. scient. ind. Res. India 11 B [1952] 56, 61).
Krystalle (aus Eg.); F: 195—197°.

3,6,8-Tribrom-7-hydroxy-4-phenyl-cumarin $C_{15}H_7Br_3O_3$, Formel I (R = H, X = Br).
B. Beim Erwärmen von 7-Hydroxy-4-phenyl-cumarin mit Brom (3 Mol) in Essigsäure (*Seshadri et al.*, J. scient. ind. Res. India 11 B [1952] 56, 61).
Krystalle (aus Eg.); F: 201—202°.

3,6,8-Tribrom-7-methoxy-4-phenyl-cumarin $C_{16}H_9Br_3O_3$, Formel I (R = CH_3, X = Br).
B. Beim Erwärmen von 3,6,8-Tribrom-7-hydroxy-4-phenyl-cumarin mit Dimethyl= sulfat, Kaliumcarbonat und Aceton (*Seshadri et al.*, J. scient. ind. Res. India 11 B [1952] 56, 62).
Krystalle (aus Eg.); F: 213—215°.

I II III IV

7-Hydroxy-4-[4-nitro-phenyl]-cumarin $C_{15}H_9NO_5$, Formel II.
B. Beim Behandeln von 2-Acetyl-3-[4-nitro-phenyl]-3-oxo-propionsäure-äthyl= ester mit Resorcin und 73%ig. wss. Schwefelsäure (*Borsche, Wannagat*, A. 569 [1950] 81, 92). Beim Behandeln von 3-[4-Nitro-phenyl]-3-oxo-propionsäure-äthylester mit Resorcin und konz. Schwefelsäure (*Klosa*, Ar. 286 [1953] 391).
Bräunliche Krystalle (aus Nitrobenzol); Zers. oberhalb 360° (*Bo., Wa.*). Gelbe Krystalle (aus Py. + A.); F: 358° [Zers.] (*Kl.*).

3-[4-Hydroxy-phenyl]-isocumarin $C_{15}H_{10}O_3$, Formel III (R = H).
Diese Konstitution kommt dem von *Kaufmann* (s. E II 18 126) als 1,1-Bis-[4-hydroxyphenyl]-isochroman-3-on ($C_{21}H_{16}O_4$) angesehenen **Phenolhomophthalein** zu (*Buu-Hoi*, C. r. 209 [1939] 321).
B. Beim Erhitzen von Homophthalsäure-anhydrid (Isochroman-1,3-dion) mit Phenol

und Zinn(VI)-chlorid auf 125° (*Buu-Hoi*, C. r. **209** 322) bzw. auf 100° (*Hubacher et al.*, J. Am. pharm. Assoc. **42** [1953] 23, 25).

Krystalle (aus Eg.); F: 230,1—231,5° [korr.] (*Hu. et al.*). Absorptionsspektrum (A.; 240—430 nm): *Buu-Hoi*, Bl. [5] **11** [1944] 338, 340.

Beim Behandeln mit Hydrazin und Essigsäure ist 4-[4-Hydroxy-phenyl]-2,5-dihydrobenzo[d][1,2]diazepin-1-on, beim Behandeln mit Hydroxylamin ist 4-[4-Hydroxyphenyl]-5H-benz[e][1,2]oxazepin-1-on erhalten worden (*Buu-Hoi*, C. r. **209** 323).

3-[4-Methoxy-phenyl]-isocumarin $C_{16}H_{12}O_3$, Formel III (R = CH$_3$).

B. Aus 4′-Methoxy-α′-oxo-bibenzyl-2-carbonsäure (E III **10** 4435) beim Erhitzen auf 200° sowie beim Erwärmen mit Methanol in Gegenwart von Schwefelsäure oder Chlorwasserstoff (*Horeau, Jacques*, Bl. **1948** 53, 55, 57). Beim Behandeln von 4′-Methoxy-*trans*-stilben-2-carbonsäure (E III **10** 1258) mit Brom in Essigsäure und Erhitzen des Reaktionsprodukts auf 220° (*Ho., Ja.*, l. c. S. 56).

Krystalle (aus Ae.); F: 116° und F: 122°.

3-[4-Acetoxy-phenyl]-isocumarin $C_{17}H_{12}O_4$, Formel III (R = CO-CH$_3$) (E II 126; dort als Phenolhomophthalein-monoacetat der vermeintlichen Zusammensetzung $C_{23}H_{18}O_5$ formuliert).

B. Aus 3-[4-Hydroxy-phenyl]-isocumarin und Acetylchlorid (*Buu-Hoi*, C. r. **209** [1939] 321, 323).

F: 161°.

---

[2]Furyl-[2-hydroxy-[1]naphthyl]-keton $C_{15}H_{10}O_3$, Formel IV.

B. Beim Erhitzen von Furan-2-carbonsäure-[2]naphthylester mit Aluminiumchlorid auf 160° (*Dakshinamurthy, Saharia*, J. scient. ind. Res. India **15**B [1956] 69, 71).

Krystalle (aus Bzl. und A.); F: 116—117°.

[2]Furyl-[1-hydroxy-[2]naphthyl]-keton $C_{15}H_{10}O_3$, Formel V.

B. Beim Erhitzen von Furan-2-carbonsäure-[1]naphthylester mit Aluminiumchlorid auf 130° bzw. auf 160° (*Sen, Bhattacharji*, J. Indian chem. Soc. **31** [1954] 581; *Dakshinamurthy, Saharia*, J. scient. ind. Res. India **15**B [1956] 69, 71).

Krystalle (aus wss. A.); F: 118—119° (*Da., Sa.*), 115—117° (*Sen, Bh.*).

V   VI   VII

[2]Furyl-[1-hydroxy-[2]naphthyl]-keton-[2,4-dinitro-phenylhydrazon] $C_{21}H_{14}N_4O_6$, Formel VI.

B. Aus [2]Furyl-[1-hydroxy-[2]naphthyl]-keton und [2,4-Dinitro-phenyl]-hydrazin (*Sen, Bhattacharji*, J. Indian chem. Soc. **31** [1954] 581; *Dakshinamurthy, Saharia*, J. scient. ind. Res. India **15** B [1956] 69, 71).

F: 252—253° (*Sen, Bh.*), 214° (*Da., Sa.*).

2-Benzoyl-benzofuran-3-ol, [3-Hydroxy-benzofuran-2-yl]-phenyl-keton $C_{15}H_{10}O_3$, Formel VII, und Tautomere (z. B. 2-Benzoyl-benzofuran-3-on).

B. Beim Behandeln von 1-[2-Benzoyloxy-phenyl]-2-chlor-äthanon mit Kaliumhydroxid oder mit Natriumhydrid in Dioxan (*Philbin et al.*, Soc. **1954** 4174). Beim Behandeln von 1-[2-Hydroxy-phenyl]-3-phenyl-propan-1,3-dion mit Brom in Chloroform und mit Kaliumcarbonat (*Geissman, Armen*, Am. Soc. **77** [1955] 1623, 1627). Beim Erwärmen von

3-Brom-2-phenyl-chromen-4-on oder von 3,3-Dibrom-2-phenyl-chroman-4-on mit wss.-äthanol. Natronlauge (*Pendse*, Rasayanam **2** [1956] 121, 123).

Krystalle; F: 82—83° [aus A.] (*Ph. et al.*), 80° [aus A.] (*Pe.*), 79—80° [aus wss. A.] (*Ge., Ar.*).

2-Benzoyl-benzo[b]thiophen-3-ol, [3-Hydroxy-benzo[b]thiophen-2-yl]-phenyl-keton

$C_{15}H_{10}O_2S$, Formel VIII (R = X = H), und Tautomere (z.B. 2-Benzoyl-benzo[b]thiophen-3-on) (E I 325; E II 40; dort als 3-Oxy-2-benzoyl-thionaphthen bzw. 3-Oxo-2-benzoyl-dihydro-thionaphthen bezeichnet).

B. Beim Erhitzen von 2-Benzolsulfonyl-benz[d]isothiazol-3-on mit 1-Phenyl-butan-1,3-dion und Pyridin (*Barton, McClelland*, Soc. **1947** 1574, 1576) oder mit Acetophenon und wenig Piperidin (*Ba., McC.*, l. c. S. 1575, 1577). Beim Erwärmen von 2-Mercapto-benzoesäure mit Phenacylchlorid, Natriumacetat und Äthanol (*Rodionow et al.*, Izv. Akad. S.S.S.R. **1948** 536, 540; C. A. **1949** 2200).

Krystalle (aus A.); F: 118° (*Ro. et al.*), 117° (*Ba., McC.*, l. c. S. 1577).

Beim Erhitzen mit Triacetoxyboran (E IV **2** 446) und Acetanhydrid ist [3-Diacetoxyboryloxy-benzo[b]thiophen-2-yl]-phenyl-keton ($C_{19}H_{15}BO_6S$; rote Krystalle) erhalten worden (*Cohen, Smiles*, Soc. **1930** 406, 410).

VIII   IX   X

2-Benzoyl-1,1-dioxo-1λ⁶-benzo[b]thiophen-3-ol, [3-Hydroxy-1,1-dioxo-1λ⁶-benzo[b]thiophen-2-yl]-phenyl-keton

$C_{15}H_{10}O_4S$, Formel IX, und Tautomere (z.B. 2-Benzoyl-1,1-dioxo-1λ⁶-benzo[b]thiophen-3-on).

B. Beim Erwärmen von 2-[2-Oxo-2-phenyl-äthansulfonyl]-benzoesäure-phenacylester mit Natriumäthylat in Äthanol (*Cohen, Smiles*, Soc. **1930** 406, 409). Bei 2-tägigem Behandeln von [3-Hydroxy-benzo[b]thiophen-2-yl]-phenyl-keton mit Essigsäure und wss. Wasserstoffperoxid (*Co., Sm.*).

Krystalle (aus Bzl.); F: 188°.

Beim Erwärmen mit 1 Mol Phenylhydrazin und Äthanol ist 1,3-Diphenyl-1*H*-benzo[4,5]thieno[3,2-c]pyrazol-4,4-dioxid, beim Erwärmen mit 3 Mol Phenylhydrazin und Benzol ist 1,1-Dioxo-2-[α-phenylhydrazono-benzyl]-1λ⁶-benzo[b]thiophen-3-on-phenylhydrazon (F: 243°) erhalten worden. Bildung von [3-Diacetoxyboryloxy-1,1-dioxo-1λ⁶-benzo[b]thiophen-2-yl]-phenyl-keton ($C_{19}H_{15}BO_8S$; gelbe Krystalle; F: 220° [Zers.]) beim Erhitzen mit Triacetoxyboran (E IV **2** 446) und Acetanhydrid: *Co., Sm*.

3-Acetoxy-2-benzoyl-benzo[b]thiophen, [3-Acetoxy-benzo[b]thiophen-2-yl]-phenyl-keton

$C_{17}H_{12}O_3S$, Formel VIII (R = CO-CH₃, X = H) (E II 40; dort als 3-Acetoxy-2-benzoyl-thionaphthen bezeichnet).

B. Beim Erhitzen von 2-Phenacylmercapto-benzoesäure mit Acetanhydrid (*Rodionow et al.*, Izv. Akad. S.S.S.R. **1948** 536, 541; C. A. **1949** 2200).

Krystalle (aus A.); F: 105°.

[3-Hydroxy-benzo[b]thiophen-2-yl]-[3-nitro-phenyl]-keton

$C_{15}H_9NO_4S$, Formel VIII (R = H, X = NO₂), und Tautomere (z.B. 2-[3-Nitro-benzoyl]-benzo[b]thiophen-3-on).

B. Beim Erhitzen von 2-Benzolsulfonyl-benz[d]isothiazol-3-on mit 1-[3-Nitro-phenyl]-äthanon und wenig Piperidin (*Barton, McClelland*, Soc. **1947** 1574, 1577).

Hellgelbe Krystalle (aus A.); 203°.

2-Benzoyl-benzofuran-6-ol, [6-Hydroxy-benzofuran-2-yl]-phenyl-keton

$C_{15}H_{10}O_3$, Formel X (R = H).

B. Beim Erhitzen von [6-Methoxy-benzofuran-2-yl]-phenyl-keton mit Pyridin-hydro-

chlorid (*Bisagni et al.*, Soc. **1955** 3693, 3695).
Krystalle (aus wss. A.); F: 215°.

2-Benzoyl-6-methoxy-benzofuran, [6-Methoxy-benzofuran-2-yl]-phenyl-keton $C_{16}H_{12}O_3$, Formel X (R = CH_3).
B. Beim Erhitzen von 2-Hydroxy-4-methoxy-benzaldehyd mit Phenacylbromid und äthanol. Kalilauge (*Bisagni et al.*, Soc. **1955** 3693).
Krystalle (aus Me.); F: 105°.

Benzofuran-2-yl-[4-hydroxy-phenyl]-keton $C_{15}H_{10}O_3$, Formel XI (R = X = H) (H 60; dort als 2-[4-Oxy-benzoyl]-cumaron bezeichnet).
B. Beim Erhitzen von Benzofuran-2-yl-[4-methoxy-phenyl]-keton mit Pyridin-hydrochlorid (*Bisagni et al.*, Soc. **1955** 3693).
Krystalle (aus Bzl.); F: 192—193°.

Benzofuran-2-yl-[4-methoxy-phenyl]-keton $C_{16}H_{12}O_3$, Formel XI (R = CH_3, X = H) (H 60; dort als 2-Anisoyl-cumaron bezeichnet).
B. Beim Erwärmen von Salicylaldehyd mit 2-Brom-1-[4-methoxy-phenyl]-äthanon und äthanol. Kalilauge (*Bisagni et al.*, Soc. **1955** 3693).
Krystalle (aus A.); F: 97°.

Benzofuran-2-yl-[3-fluor-4-hydroxy-phenyl]-keton $C_{15}H_9FO_3$, Formel XI (R = H, X = F).
B. Beim Erhitzen von Benzofuran-2-yl-[3-fluor-4-methoxy-phenyl]-keton mit Pyridinhydrochlorid (*Buu-Hoi et al.*, Soc. **1957** 625, 627).
Krystalle (aus Bzl.); F: 153—154°.

Benzofuran-2-yl-[3-fluor-4-methoxy-phenyl]-keton $C_{16}H_{11}FO_3$, Formel XI (R = CH_3, X = F).
B. Beim Erwärmen von Salicylaldehyd mit 2-Brom-1-[3-fluor-4-methoxy-phenyl]-äthanon und äthanol. Kalilauge (*Buu-Hoi et al.*, Soc. **1957** 625, 627).
Krystalle; F: 114°.

XI   XII

[5-Chlor-benzofuran-2-yl]-[4-hydroxy-phenyl]-keton $C_{15}H_9ClO_3$, Formel XII (X = H).
B. Beim Erwärmen von 5-Chlor-2-hydroxy-benzaldehyd mit 2-Brom-1-[4-methoxyphenyl]-äthanon und äthanol. Kalilauge und Erhitzen des Reaktionsprodukts mit Pyridin-hydrochlorid (*Buu-Hoi et al.*, Soc. **1957** 2593, 2595).
Krystalle (aus wss. A.); F: 238°.

Benzofuran-2-yl-[3-chlor-4-hydroxy-phenyl]-keton $C_{15}H_9ClO_3$, Formel XIII (R = X = H).
B. Beim Erhitzen von Benzofuran-2-yl-[3-chlor-4-methoxy-phenyl]-keton mit Pyridinhydrochlorid (*Buu-Hoi et al.*, Soc. **1957** 625, 627).
Krystalle (aus Bzl.); F: 196°.

Benzofuran-2-yl-[3-chlor-4-methoxy-phenyl]-keton $C_{16}H_{11}ClO_3$, Formel XIII (R = CH_3, X = H).
B. Beim Erwärmen von Salicylaldehyd mit 2-Brom-1-[3-chlor-4-methoxy-phenyl]-äthanon und äthanol. Kalilauge (*Buu-Hoi et al.*, Soc. **1957** 625, 627).
Krystalle (aus Bzn.); F: 110°.

[5-Chlor-benzofuran-2-yl]-[3-chlor-4-hydroxy-phenyl]-keton $C_{15}H_8Cl_2O_3$, Formel XIII (R = H, X = Cl).
B. Beim Erwärmen von 5-Chlor-2-hydroxy-benzaldehyd mit 2-Brom-1-[3-chlor-

4-methoxy-phenyl]-äthanon und äthanol. Kalilauge und Erhitzen des Reaktionsprodukts mit Pyridin-hydrochlorid (*Buu-Hoi et al.*, Soc. **1957** 2593, 2595).
Krystalle (aus A. + Bzl.); F: 240°.

XIII   XIV

[5-Brom-benzofuran-2-yl]-[3-chlor-4-hydroxy-phenyl]-keton $C_{15}H_8BrClO_3$, Formel XIII (R = H, X = Br).
B. Beim Erhitzen von [5-Brom-benzofuran-2-yl]-[3-chlor-4-methoxy-phenyl]-keton mit Pyridin-hydrochlorid (*Buu-Hoi et al.*, Soc. **1957** 2593, 2595).
Krystalle (aus wss. A.); F: 221°.

[5-Brom-benzofuran-2-yl]-[3-chlor-4-methoxy-phenyl]-keton $C_{16}H_{10}BrClO_3$, Formel XIII (R = CH$_3$, X = Br).
B. Beim Erwärmen von 5-Brom-2-hydroxy-benzaldehyd mit 2-Brom-1-[3-chlor-4-methoxy-phenyl]-äthanon und äthanol. Kalilauge (*Buu-Hoi et al.*, Soc. **1957** 2593, 2595).
Krystalle (aus A.); F: 203°.

[5-Brom-benzofuran-2-yl]-[3-brom-5-chlor-4-hydroxy-phenyl]-keton $C_{15}H_7Br_2ClO_3$, Formel XIV.
B. Beim Behandeln von [5-Brom-benzofuran-2-yl]-[3-chlor-4-hydroxy-phenyl]-keton mit Brom in Essigsäure (*Buu-Hoi et al.*, Soc. **1957** 2593, 2595).
Krystalle (aus wss. A.); F: 178°.

[5-Chlor-benzofuran-2-yl]-[3,5-dibrom-4-hydroxy-phenyl]-keton $C_{15}H_7Br_2ClO_3$, Formel XII (X = Br).
B. Beim Behandeln von [5-Chlor-benzofuran-2-yl]-[4-hydroxy-phenyl]-keton mit Brom in Essigsäure (*Buu-Hoi et al.*, Soc. **1957** 2593, 2595).
Krystalle (aus Eg.); F: 201°.

2-[(Z)-Benzyliden]-4-hydroxy-benzofuran-3-on $C_{15}H_{10}O_3$, Formel I (R = H).
Bezüglich der Konfigurationszuordnung vgl. *Hastings, Heller*, J. C. S. Perkin I **1972** 2128; *Brady et al.*, Tetrahedron **29** [1973] 359.
B. Beim Behandeln von Benzofuran-3,4-diol (E III/IV **17** 2114) mit Benzaldehyd, Essigsäure und konz. wss. Salzsäure (*Geissman, Harborne*, Am. Soc. **78** [1956] 832, 837).
Gelbe Krystalle (aus PAe.); F: 141—143° (*Ge., Ha.*). Absorptionsmaxima: 305 nm, 320 nm und 384 nm [Cyclohexan] bzw. 307 nm und 389 nm [A.] (*Ge., Ha.*, l. c. S. 835).

2-[(Z)-Benzyliden]-4-methoxy-benzofuran-3-on $C_{16}H_{12}O_3$, Formel I (R = CH$_3$).
Bezüglich der Konfigurationszuordnung vgl. *Hastings, Heller*, J. C. S. Perkin I **1972** 2128; *Brady et al.*, Tetrahedron **29** [1973] 359.
Die Identität eines von *Narasimhachari et al.* (Pr. Indian Acad. [A] **37** [1953] 104, 112) als 2-Benzyliden-4-methoxy-benzofuran-3-on beschriebenen Präparats vom F: 189—190° ist ungewiss; in einem von *Venturella, Bellino* (Ann. Chimica **50** [1960] 202, 216) unter der gleichen Konstitution beschriebenen Präparat vom F: 214—215° hat vermutlich ein 3-Hydroxy-5-methoxy-2-phenyl-chroman-4-on vorgelegen (*Cummings et al.*, Tetrahedron **19** [1963] 499, 501).
B. Beim Behandeln von 4-Methoxy-benzofuran-3-ol mit Benzaldehyd, Essigsäure und wss. Salzsäure (*Geissman, Harborne*, Am. Soc. **78** [1956] 832, 837; *Cu. et al.*, l. c. S. 508). Neben 3-Hydroxy-5-methoxy-2-phenyl-chroman-4-on (F: 224—226°) beim Behandeln von 2'-Hydroxy-6'-methoxy-chalkon (F: 65°) mit wss. Natronlauge und wss. Wasserstoffperoxid (*Cu. et al.*, l. c. S. 501, 508).
Gelbe Krystalle; F: 155° [aus A.] (*Cu. et al.*), 149° [aus PAe.] (*Ge., Ha.*). Absorptions-

maxima: 303 nm und 376 nm [Cyclohexan] bzw. 308 nm und 387 nm [A.] (Ge., Ha., l. c. S. 835).

2-[(Ξ)-Benzyliden]-5-methoxy-benzo[b]thiophen-3-on $C_{16}H_{12}O_2S$, Formel II (X = H).

B. Beim Erwärmen von 5-Methoxy-benzo[b]thiophen-3-ol mit Benzaldehyd, Äthanol und wss. Salzsäure (Guha et al., B. **92** [1959] 2771, 2774).
Gelbe Krystalle (aus A.); F: 152°.

I II III

5-Methoxy-2-[(Ξ)-4-nitro-benzyliden]-benzo[b]thiophen-3-on $C_{16}H_{11}NO_4S$, Formel II (X = NO_2).

B. Beim Behandeln von 5-Methoxy-benzo[b]thiophen-3-ol mit 4-Nitro-benzaldehyd, Äthanol und wss. Salzsäure (Guha et al., B. **92** [1959] 2771, 2774).
Orangerote Krystalle (aus Eg.); F: 251−252°.

2-[(Z)-Benzyliden]-6-hydroxy-benzofuran-3-on $C_{15}H_{10}O_3$, Formel III (R = X = H).

Bezüglich der Konfigurationszuordnung vgl. *Hastings, Heller*, J. C. S. Perkin I **1972** 2128; *Brady et al.*, Tetrahedron **29** [1973] 359.

B. Beim Behandeln von 2-Chlor-1-[2,4-dihydroxy-phenyl]-äthanon oder von Benzo=furan-3,6-diol mit Benzaldehyd und wss.-äthanol. Natronlauge (*Murai*, Sci. Rep. Saitama Univ. [A] **2** [1955] 59, 61, 63).

Gelbe Krystalle (aus A.); F: 261° (*Mu.*). Absorptionsspektrum (A.; 220−440 nm) eines Präparats, das nach dem angegebenen Verfahren hergestellt worden ist: *Geissman, Harborne*, Am. Soc. **78** [1956] 832, 835; Absorptionsmaximum einer Natriumäthylat enthaltenden Lösung in Äthanol: 402 nm (*Ge., Ha.*, l. c. S. 833).

2-Benzyliden-6-methoxy-benzofuran-3-on $C_{16}H_{12}O_3$.

a) **2-[(Z)-Benzyliden]-6-methoxy-benzofuran-3-on** $C_{16}H_{12}O_3$, Formel III (R = CH_3, X = H) (H 60; E I 325; dort als 6-Methoxy-2-benzal-cumaranon bezeichnet).
Konfigurationszuordnung: *Brady et al.*, Tetrahedron **29** [1973] 359.

B. Beim Erwärmen von 2-Chlor-1-[2-hydroxy-4-methoxy-phenyl]-äthanon mit Benz=aldehyd und wss.-äthanol. Kalilauge (*Gowan et al.*, Soc. **1955** 862, 866).
Krystalle (aus A.); F: 145−146° (*Go. et al.*).

Überführung in 3-Hydroxy-7-methoxy-2-phenyl-chromen-4-on mit Hilfe von wss. Wasserstoffperoxid und Alkalilauge: *Fitzmaurice et al.*, Chem. and Ind. **1955** 652. Beim Behandeln mit Resorcin und Chlorwasserstoff enthaltendem Äthanol unter Zusatz von Chloranil ist eine Verbindung $C_{22}H_{15}ClO_4 \cdot 1{,}5$ HCl (orangefarbene Krystalle; vermut=lich 3-Hydroxy-8-methoxy-11-phenyl-benzo[4,5]furo[3,2-b]chromenylium-chlorid) erhalten worden, die sich durch Erwärmen mit wss. Jodwasserstoffsäure und Phenol in eine Verbindung $C_{21}H_{13}ClO_4$ (orangerote Krystalle; vermutlich 3,8-Dihydr=oxy-11-phenyl-benzo[4,5]furo[3,2-b]chromenylium-chlorid) hat überführen lassen (*Robinson, Walker*, Soc. **1935** 941, 943).

b) **2-[(E)-Benzyliden]-6-methoxy-benzofuran-3-on** $C_{16}H_{12}O_3$, Formel IV.
B. Bei 2-wöchiger Bestrahlung einer Lösung des unter a) beschriebenen Stereoisomeren in Benzol mit UV-Licht (*Brady et al.*, Tetrahedron **29** [1973] 359, 361).
Grüngelbe Krystalle (aus Bzl. + Bzn.); F: 136−137°. ^{1}H-NMR-Absorption sowie ^{1}H-^{1}H-Spin-Spin-Kopplungskonstanten: *Br. et al.* Absorptionsmaximum (Me.): 337 nm.

6-Acetoxy-2-[(Z)-benzyliden]-benzofuran-3-on $C_{17}H_{12}O_4$, Formel III (R = CO-CH$_3$, X = H).

B. Beim Erhitzen von 2-[(Z)-Benzyliden]-6-hydroxy-benzofuran-3-on (S. 723) mit Acetanhydrid und wenig Schwefelsäure (*Murai*, Sci. Rep. Saitama Univ. [A] **2** [1955] 59, 65).

Gelbliche Krystalle (aus A.); F: 202—203°.

2-[(Z)-Benzyliden]-6-methoxy-5-nitro-benzofuran-3-on $C_{16}H_{11}NO_5$, Formel III (R = CH$_3$, X = NO$_2$).

Bezüglich der Konfigurationszuordnung vgl. *Hastings, Heller*, J. C. S. Perkin I **1972** 2128; *Brady et al.*, Tetrahedron **29** [1973] 359.

B. Beim Erwärmen von opt.-inakt. 2,3-Dibrom-1-[2-hydroxy-4-methoxy-5-nitrophenyl]-3-phenyl-propan-1-on (F: 220°) mit wss. Kalilauge, mit Natriumtetraborat in wss. Äthanol, mit Natriumäthylat in Äthanol oder mit N,N-Dimethyl-anilin und Äthanol (*Kulkarni, Jadhav*, J. Indian chem. Soc. **32** [1955] 97, 99).

Krystalle (aus Eg.); F: 229—230° (*Ku., Ja.*).

IV V

6-Methoxy-2-[(Z)-2-nitro-benzyliden]-benzofuran-3-on $C_{16}H_{11}NO_5$, Formel V.

Bezüglich der Konfigurationszuordnung vgl. *Hastings, Heller*, J. C. S. Perkin I **1972** 2128; *Brady et al.*, Tetrahedron **29** [1973] 359.

B. Aus 6-Methoxy-benzofuran-3-ol (E III/IV **17** 2116) und 2-Nitro-benzaldehyd (*Kumar et al.*, J. Indian chem. Soc. **23** [1946] 365, 367).

F: 199—200° (*Ku. et al.*).

2-[(Z)-Benzyliden]-7-brom-6-hydroxy-5-nitro-benzofuran-3-on $C_{15}H_8BrNO_5$, Formel VI.

Bezüglich der Konfigurationszuordnung vgl. *Hastings, Heller*, J. C. S. Perkin I **1972** 2128; *Brady et al.*, Tetrahedron **29** [1973] 359.

B. Beim Erhitzen von opt.-inakt. 2,3-Dibrom-1-[3-brom-2,4-dihydroxy-5-nitro-phenyl]-3-phenyl-propan-1-on (F: 220°) mit wss. Kalilauge (*Kulkarni, Jadhav*, J. Indian chem. Soc. **31** [1954] 746, 748).

Krystalle (aus Eg.); F: 263—264° (*Ku., Ja.*).

VI VII VIII

2-[(Ξ)-Benzyliden]-6-methoxy-benzo[b]thiophen-3-on $C_{16}H_{12}O_2S$, Formel VII.

B. Beim Behandeln von 6-Methoxy-benzo[b]thiophen-3-ol mit Benzaldehyd und wss.-äthanol. Salzsäure (*Perold, van Lingen*, B. **92** [1959] 293, 297).

F: 167,5° [korr.].

2-[(Z?)-Salicyliden]-benzofuran-3-on $C_{15}H_{10}O_3$, vermutlich Formel VIII (R = X = H), und Tautomeres (Benzo[4,5]furo[3,2-b]chromen-5a-ol) (vgl. H 61; E II 41; dort als 2-Salicyliden-cumaranon-(3) bezeichnet).

Absorptionsmaxima von Lösungen eines wahrscheinlich nach dem früher (s. H 61) angegebenen Verfahren hergestellten Präparats in Äthanol: 250 nm, 270 nm, 317 nm und 402 nm; in Natriumäthylat enthaltendem Äthanol: 367 nm und 495 nm (*Geissman, Harborne*, Am. Soc. **78** [1956] 832, 833).

2-[(Z)-5-Brom-2-methoxy-benzyliden]-benzofuran-3-on $C_{16}H_{11}BrO_3$, Formel VIII (R = CH_3, X = Br).
Bezüglich der Konfigurationszuordnung vgl. *Hastings, Heller*, J. C. S. Perkin I **1972** 2128; *Brady et al.*, Tetrahedron **29** [1973] 359.

B. Aus (2*RS*,3*SR*(?))-2,3-Dibrom-3-[5-brom-2-methoxy-phenyl]-1-[2-hydroxy-phenyl]-propan-1-on (E III **8** 2700) beim Erwärmen einer Lösung in Aceton mit wss. Kalilauge sowie beim Erwärmen mit Natriumäthylat in Äthanol (*Vandrewalla, Jadhav*, Pr. Indian Acad. [A] **28** [1948] 125, 128, 130).

Gelbe Krystalle (aus A.); F: 161—162° (*Va., Ja.*).

5-Brom-2-[(Z)-5-brom-2-methoxy-benzyliden]-benzofuran-3-on $C_{16}H_{10}Br_2O_3$, Formel IX.
Bezüglich der Konfigurationszuordnung vgl. *Hastings, Heller*, J. C. S. Perkin I **1972** 2128; *Brady et al.*, Tetrahedron **29** [1973] 359.

B. Bei kurzem Erwärmen einer Lösung von (2*RS*,3*SR*(?))-2,3-Dibrom-1-[5-brom-2-hydroxy-phenyl]-3-[5-brom-2-methoxy-phenyl]-propan-1-on (E III **8** 2700) in Aceton mit wss. Kalilauge (*Vandrewalla, Jadhav*, Pr. Indian Acad. [A] **28** [1948] 125, 128).

Gelbe Krystalle (aus Eg.); F: 173—174° (*Va., Ja.*).

2-[(Z)-3-Hydroxy-benzyliden]-benzofuran-3-on $C_{15}H_{10}O_3$, Formel X.
Bezüglich der Konfigurationszuordnung vgl. *Hastings, Heller*, J. C. S. Perkin I **1972** 2128; *Brady et al.*, Tetrahedron **29** [1973] 359.

B. Beim Behandeln von Benzofuran-3-ol mit 3-Hydroxy-benzaldehyd, Essigsäure und wss. Salzsäure (*Geissman, Harbone*, Am. Soc. **78** [1956] 832, 837).

Gelbe Krystalle (aus wss. A.); F: 190—191° (*Ge., Ha.*). Absorptionsmaxima von Lösungen in Äthanol: 252 nm, 268 nm, 316 nm und 381 nm; in Natriumäthylat enthaltendem Äthanol: 330 nm und 381 nm (*Ge., Ha.*, l. c. S. 833).

2-[(Z)-4-Hydroxy-benzyliden]-benzofuran-3-on $C_{15}H_{10}O_3$, Formel XI (R = H) (vgl. H 61; dort als [4-Oxy-benzal]-cumaranon bezeichnet).
Bezüglich der Konfigurationszuordnung vgl. *Hastings, Heller*, J. C. S. Perkin I **1972** 2128; *Brady et al.*, Tetrahedron **29** [1973] 359.

Absorptionsspektrum (A.; 220—450 nm) eines wahrscheinlich nach dem früher (s. H 61) angegebenen Verfahren hergestellten Präparats: *Geissman, Harbone*, Am. Soc. **78** [1956] 832, 835; Absorptionsmaxima einer Natriumäthylat enthaltenden Lösung in Äthanol: 358 nm und 487 nm (*Ge., Ha.*, l. c. S. 833).

2-[(Z)-4-Methoxy-benzyliden]-benzofuran-3-on $C_{16}H_{12}O_3$, Formel XI (R = CH_3) (vgl. H 61; E I 326; E II 41; dort als 2-[4-Methoxy-benzyliden]-cumaranon-(3) bezeichnet).
Bezüglich der Konfigurationszuordnung vgl. *Hastings, Heller*, J. C. S. Perkin I **1972** 2128; *Brady et al.*, Tetrahedron **29** [1973] 359.

B. Beim Behandeln von 2-Chlor-1-[2-hydroxy-phenyl]-äthanon mit 4-Methoxy-benzaldehyd und wss.-äthanol. Natronlauge (*Gowan et al.*, Soc. **1955** 862, 866).

Gelbe Krystalle (aus A.); F: 138—139° (*Go. et al.*). Absorptionsspektrum (wss. A.; 170—480 nm) sowie Fluorescenz-Spektrum (A.; 170—240 nm) eines wahrscheinlich nach dem angegebenen Verfahren hergestellten Präparats: *Jatkar, Mattoo*, J. Indian chem.

Soc. **33** [1956] 647, 649.
Überführung in 3-Hydroxy-2-[4-methoxy-phenyl]-chromen-4-on mit Hilfe von wss. Wasserstoffperoxid und Alkalilauge: *Fitzmaurice et al.*, Chem. and Ind. **1955** 652. Bildung von [3-Hydroxy-benzofuran-2-yl]-[4-methoxy-phenyl]-keton beim Behandeln mit Natriumperoxid in Pyridin: *Fitzm. et al.* Beim Erwärmen mit Kaliumcyanid in Äthanol ist 2-[4-Methoxy-phenyl]-chromen-4-on erhalten worden (*Fitzgerald et al.*, Soc. **1955** 860).

2-[(Z)-4-Benzyloxy-benzyliden]-benzofuran-3-on $C_{22}H_{16}O_3$, Formel XI (R = CH_2-C_6H_5).
Bezüglich der Konfigurationszuordnung vgl. *Hastings, Heller*, J. C. S. Perkin I **1972** 2128; *Brady et al.*, Tetrahedron **29** [1973] 359.
B. Beim Erwärmen einer äthanol. Lösung von opt.-inakt. 3-[4-Benzyloxy-phenyl]-2-brom-1-[2-hydroxy-phenyl]-3-methoxy-propan-1-on (F: 103° [E III **8** 3674]) mit wss. Kalilauge (*Rao, Wheeler*, Soc. **1939** 1004).
Orangefarbene Krystalle (aus Eg.); F: 202°.
Beim Erwärmen mit Acetessigsäure-äthylester und Natriummethylat in Äthanol ist 4-[4-Benzyloxy-phenyl]-2-oxo-2,3,4,4a-tetrahydro-dibenzofuran-3-carbonsäure-äthylester (F: 156°) erhalten worden.

2-[(Ξ)-4-Methoxy-benzyliden]-1,1-dioxo-1λ^6-benzo[b]thiophen-3-on $C_{16}H_{12}O_4S$, Formel I.
B. Beim Erhitzen von 1,1-Dioxo-1λ^6-benzo[b]thiophen-3-on (E III/IV **17** 1458) mit 4-Methoxy-benzaldehyd auf 150° (*Asker et al.*, J. org. Chem. **23** [1958] 1871).
Gelbe Krystalle (aus A.); F: 165° [unkorr.].

Benzo[b]thiophen-3-yl-[4-hydroxy-phenyl]-keton $C_{15}H_{10}O_2S$, Formel II (R = H).
B. Beim Erhitzen von Benzo[b]thiophen-3-yl-[4-methoxy-phenyl]-keton mit Pyridinhydrochlorid (*Buu-Hoï, Hoán*, Soc. **1951** 251, 255).
Krystalle (aus Bzl.); F: 185—187°.

Benzo[b]thiophen-3-yl-[4-methoxy-phenyl]-keton $C_{16}H_{12}O_2S$, Formel II (R = CH_3).
B. Beim Behandeln von Benzo[b]thiophen mit 4-Methoxy-benzoylchlorid, Aluminiumchlorid und Schwefelkohlenstoff (*Buu-Hoï, Hoán*, Soc. **1951** 251, 255).
Krystalle (aus A.); F: 112°.

3-[(Ξ)-Benzyliden]-6-hydroxy-3H-benzofuran-2-on, 2-[2,4-Dihydroxy-phenyl]-3ξ-phenyl-acrylsäure-2-lacton $C_{15}H_{10}O_3$, Formel III (R = H).
B. Beim Erwärmen von Phenylbrenztraubensäure mit Resorcin und Aluminiumchlorid in 1,2-Dichlor-äthan (*Molho et al.*, Bl. **1954** 1397, 1400).
Gelbe Krystalle; F: 174° (*Molho, Coillard*, Bl. **1956** 78, 86), 172° [Block; aus wss. A.] (*Mo. et al.*). Absorptionsspektrum (240—440 nm): *Mo. et al.*, l. c. S. 1398.
Beim Erwärmen mit Dimethylsulfat und wss. Kalilauge ist 2-[2,4-Dimethoxy-phenyl]-3-phenyl-acrylsäure-methylester (F: 108°) erhalten worden (*Mo. et al.*).

I   II   III

3-[(Ξ)-Benzyliden]-6-methoxy-3H-benzofuran-2-on, 2-[2-Hydroxy-4-methoxy-phenyl]-3ξ-phenyl-acrylsäure-lacton $C_{16}H_{12}O_3$, Formel III (R = CH_3).
B. Beim Erwärmen von Phenylbrenztraubensäure mit 3-Methoxy-phenol und Aluminiumchlorid in 1,2-Dichlor-äthan (*Molho, Coillard*, Bl. **1956** 78, 86).
Gelbe Krystalle (aus A.); F: 131—132°. Absorptionsmaxima (A.): 242 nm, 260 nm und 375 nm.

6-Acetoxy-3-[(Ξ)-benzyliden]-3H-benzofuran-2-on, 2-[4-Acetoxy-2-hydroxy-phenyl]-3ξ-phenyl-acrylsäure-lacton $C_{17}H_{12}O_4$, Formel III (R = CO-CH$_3$).

B. Aus 3-[(Ξ)-Benzyliden]-6-hydroxy-3H-benzofuran-2-on (F: 174°) mit Hilfe von Acetanhydrid und Natriumacetat (*Molho et al.*, Bl. **1954** 1397, 1400).

Braunrote Krystalle (aus A.); F: 132° [Block]. Absorptionsspektrum (240—350 nm): *Mo. et al.*, l. c. S. 1398.

3-[(Ξ)-2-Methoxy-benzyliden]-3H-benzo[b]thiophen-2-on $C_{16}H_{12}O_2S$, Formel IV (vgl. E I 326; dort als 2-Oxo-3-[2-methoxy-benzal]-2.3-dihydro-thionaphthen bezeichnet).

Die beim Behandeln des Präparats vom F: 96—98° (s. E I 326) mit äthanol. Kalilauge erhaltene, früher (s. E I 326) als 2-Mercapto-2'-methoxy-stilben-α-carbonsäure angesehene Verbindung ist als 2-[2-Methoxy-phenyl]-2,3-dihydro-benzo[b]thiophen-3-carbonsäure zu formulieren (*Conley, Heindel*, J.C.S. Chem. Comm. **1975** 207).

3-[(Ξ)-α-Methoxy-benzyliden]-3H-benzofuran-2-on, 2-[2-Hydroxy-phenyl]-3ξ-methoxy-3ξ-phenyl-acrylsäure-lacton $C_{16}H_{12}O_3$, Formel V (R = CH$_3$).

B. Aus (±)-3-Benzoyl-3H-benzofuran-2-on mit Hilfe von Diazomethan (*Chatterjea*, J. Indian chem. Soc. **33** [1956] 175, 180).

Krystalle (aus wss. Me.); F: 108°.

IV   V   VI   VII

3-[(Ξ)-α-Acetoxy-benzyliden]-3H-benzofuran-2-on, 3ξ-Acetoxy-2-[2-hydroxy-phenyl]-3ξ-phenyl-acrylsäure-lacton $C_{17}H_{12}O_4$, Formel V (R = CO-CH$_3$).

B. Beim Behandeln von (±)-7-Benzoyl-7-hydroxy-bicyclo[4.2.0]octa-1,3,5-trien-8-on mit Dimethylsulfat und wss. Natronlauge und Behandeln des Reaktionsprodukts (α-Hydroxy-β-oxo-bibenzyl-2-carbonsäure-methylester) mit Acetylchlorid und Pyridin (*V. Taipale*, Über die Einwirkung von Wasserstoffperoxid auf die Natrium-Verbindung des 2-Phenyl-indiandions-1.3 in wss. Lösung [Helsinki 1952] S. 30, 31, 38).

Krystalle (aus Me.); F: 115°.

6-Benzoyl-benzo[b]thiophen-3-ol, [3-Hydroxy-benzo[b]thiophen-6-yl]-phenyl-keton, $C_{15}H_{10}O_2S$, Formel VI, und **6-Benzoyl-benzo[b]thiophen-3-on** $C_{15}H_{10}O_2S$, Formel VII.

B. Bei der Behandlung von 4-Benzoyl-2-carboxymethylmercapto-benzoesäure (E III 10 4433) mit Acetanhydrid und Natriumacetat und anschliessenden Hydrolyse (*CIBA*, D.R.P. 582614 [1931]; Frdl. **20** 1250).

Krystale (aus wss. A.); F: 154—155°.

7-Benzoyl-benzofuran-6-ol, [6-Hydroxy-benzofuran-7-yl]-phenyl-keton $C_{15}H_{10}O_3$, Formel VIII.

B. Beim Erhitzen von 7-Benzoyl-6-hydroxy-benzofuran-2-carbonsäure auf 125° (*Marathey, Athavale*, J. Univ. Poona Nr. 4 [1953] 94, 99).

Gelbe Krystalle; F: 103°.

[(Ξ)-2-Methoxy-benzyliden]-phthalid $C_{16}H_{12}O_3$, Formel IX (R = CH$_3$, X = H).

B. Beim Erhitzen von [2-Methoxy-phenyl]-essigsäure mit Phthalsäure-anhydrid und wenig Natriumacetat auf 250° (*Horeau, Jacques*, Bl. **1948** 53, 59).

Gelbe Krystalle (aus Bzl.); F: 155,5—156°.

Beim Erhitzen mit wss. Natronlauge ist 2'-Methoxy-α-oxo-bibenzyl-2-carbonsäure (E III **10** 4434) erhalten worden.

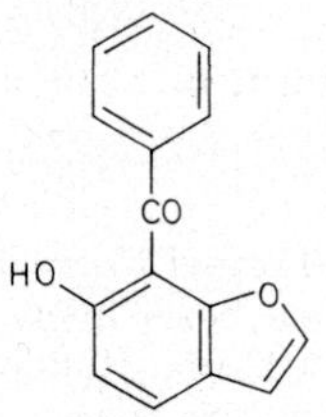

VIII 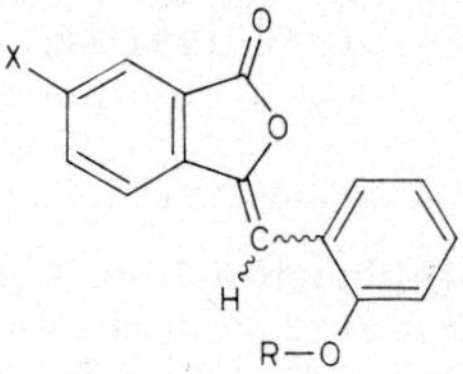   IX 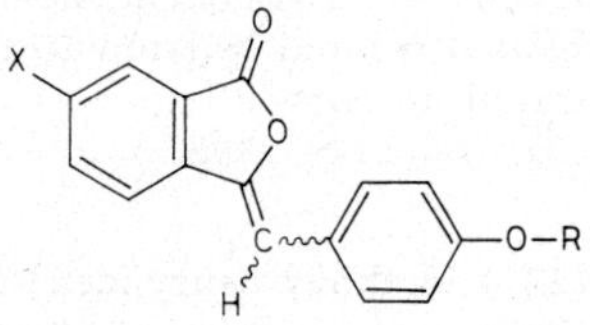   X

6-Nitro-3-[(Ξ)-salicyliden]-phthalid $C_{15}H_9NO_5$, Formel IX (R = H, X = NO_2).
B. Beim Erhitzen von 6-Nitro-phthalid mit Salicylaldehyd und wenig Piperidin auf 200° (*Borsche et al.*, B. **67** [1934] 675, 681).
Hellgelbe Krystalle (aus $CHCl_3$); F: 210°.

[(Ξ)-4-Methoxy-benzyliden]-phthalid $C_{16}H_{12}O_3$, Formel X (R = CH_3, X = H).
B. Beim Erhitzen von Phthalsäure-anhydrid mit [4-Methoxy-phenyl]-essigsäure und wenig Natriumacetat auf 250° (*Horeau, Jacques*, Bl. **1948** 53, 56; *Gutsche et al.*, Am. Soc. **80** [1958] 5756, 5761).
Krystalle (aus A.); F: 148—149° [korr.] (*Gu. et al.*), 147,5—148° (*Ho., Ja.*). Absorptionsmaxima (A.) eines Präparats vom F: 145°: 235 nm, 325 nm und 354 nm (*Bergmann*, J. org. Chem. **21** [1956] 461, 462).
Beim Erwärmen mit Natriumäthylat in Äthanol ist 2-[4-Methoxy-phenyl]-indan-1,3-dion erhalten worden (*Ho., Ja.*).

[(Ξ)-4-Äthoxy-benzyliden]-phthalid $C_{17}H_{14}O_3$, Formel X (R = C_2H_5, X = H).
B. Beim Erhitzen von Phthalsäure-anhydrid mit [4-Äthoxy-phenyl]-essigsäure und Natriumacetat auf 240° (*Dalev, Velichkov*, Naučni Trudove visšija med. Inst. Sofija **6** [1959] Nr. 7, S. 11; C. A. **1960** 18453).
Hellgelbe Krystalle (aus A.); F: 123—124°.

3-[(Ξ)-4-Methoxy-benzyliden]-6-nitro-phthalid $C_{16}H_{11}NO_5$, Formel X (R = CH_3, X = NO_2).
B. Beim Erhitzen von 6-Nitro-phthalid mit 4-Methoxy-benzaldehyd und wenig Piperidin auf 200° (*Borsche et al.*, B. **67** [1934] 675, 681).
Gelbe Krystalle (aus Eg.); F: 201,5°.

5-Methoxy-1,2-dihydro-benz[*b*]indeno[4,5-*d*]furan-3-on $C_{16}H_{12}O_3$, Formel XI.
B. Aus 3-[4-Methoxy-dibenzofuran-1-yl]-propionsäure mit Hilfe von Fluorwasserstoff (*Hogg*, Iowa Coll. J. **20** [1945] 15, 17).
F: 192—193°.

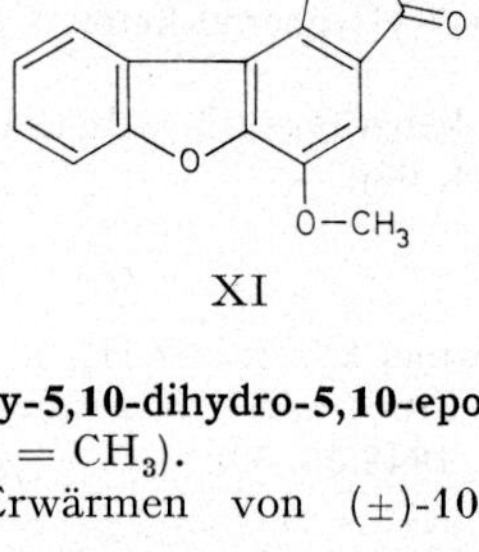

XI 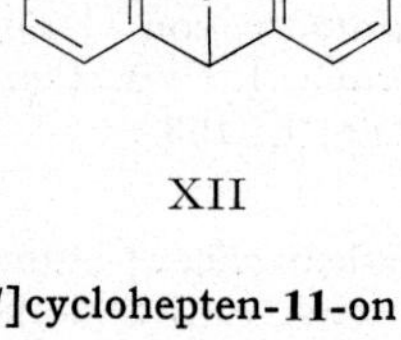   XII

(±)-10-Methoxy-5,10-dihydro-5,10-epoxido-dibenzo[*a,d*]cyclohepten-11-on $C_{16}H_{12}O_3$, Formel XII (R = CH_3).
B. Beim Erwärmen von (±)-10-Hydroxy-5,10-dihydro-5,10-epoxido-dibenzo[*a,d*]=

cyclohepten-11-on ($\rightleftharpoons$ 5-Hydroxy-5H-dibenzo[a,d]cyclohepten-10,11-dion; F: 168° bis 169°) mit Chlorwasserstoff enthaltendem Methanol (*Rigaudy, Nédélec*, Bl. **1959** 648, 653).
Krystalle (aus Cyclohexan oder wss. Me.); F: 107° [Block]. Absorptionsspektrum (A.; 200—400 nm): *Ri., Né.*, l. c. S. 649.

(±)-10-Acetoxy-5,10-dihydro-5,10-epoxido-dibenzo[a,d]cyclohepten-11-on $C_{17}H_{12}O_4$, Formel XII (R = CO-CH$_3$).

B. Beim Erhitzen von (±)-10-Hydroxy-5,10-dihydro-5,10-epoxido-dibenzo[a,d]cyclohepten-11-on ($\rightleftharpoons$ 5-Hydroxy-5H-dibenzo[a,d]cyclohepten-10,11-dion; F: 168—169°) mit Acetanhydrid und Natriumacetat auf 110° (*Rigaudy, Nédélec*, Bl. **1959** 648, 653).
Krystalle (aus A.); F: 139—140° [Block]. Absorptionsmaxima (A.): 222 nm, 260 nm und 300 nm. [*Walentowski*]

Hydroxy-oxo-Verbindungen $C_{16}H_{12}O_3$

4-Acetoxy-5,5-diphenyl-5H-furan-2-on, 3-Acetoxy-4-hydroxy-4,4-diphenyl-*cis*-crotonsäure-lacton $C_{18}H_{14}O_4$, Formel I (R = CO-CH$_3$).

B. Beim Behandeln von 4-Hydroxy-4,4-diphenyl-acetessigsäure-lacton mit Acetanhydrid und wenig Schwefelsäure (*Haynes, Jamieson*, Soc. **1958** 4132, 4134).
Krystalle (aus Bzn.); F: 105°.
Beim Erwärmen mit Zinn(IV)-chlorid und Nitrobenzol ist 2-Acetyl-4-hydroxy-3-oxo-4,4-diphenyl-buttersäure-lacton erhalten worden.

4-Benzoyloxy-5,5-diphenyl-5H-furan-2-on, 3-Benzoyloxy-4-hydroxy-4,4-diphenyl-*cis*-crotonsäure-lacton $C_{23}H_{16}O_4$, Formel I (R = CO-C$_6$H$_5$).

B. Beim Behandeln von 4-Hydroxy-4,4-diphenyl-acetessigsäure-lacton mit Benzoylchlorid und wss. Natriumcarbonat-Lösung (*Haynes, Jamieson*, Soc. **1958** 4132, 4135).
Krystalle (aus Bzn.); F: 165°.

I II III IV

5-Äthoxy-2,2-diphenyl-furan-3-on $C_{18}H_{16}O_3$, Formel II (R = C$_2$H$_5$).
Diese Konstitution kommt der früher (s. E II **18** 281) als 2,3-Epoxy-4,4-diphenylbut-3-ensäure-äthylester („α'-Diphenylmethylen-äthylenoxyd-α-carbonsäure-äthylester") beschriebenen Verbindung ($C_{18}H_{16}O_3$; F: 125—126°; λ_{max}: 256 nm, 585 nm und 632 nm) zu (*Kende*, Chem. and Ind. **1956** 1053). Entsprechendes gilt für die früher (s. E II **18** 281) als 2,3-Epoxy-4,4-diphenyl-but-3-ensäure-methylester angesehene Verbindung $C_{17}H_{14}O_3$, die als 5-Methoxy-2,2-diphenyl-furan-3-on (Formel II [R = CH$_3$]) zu formulieren ist.

(±)-**5-Methoxy-4,5-diphenyl-5H-furan-2-on, (±)-4-Hydroxy-4-methoxy-3,4-diphenyl-*cis*-crotonsäure-lacton** $C_{17}H_{14}O_3$, Formel III (H 62; dort als 2-Methoxy-5-oxo-2,3-diphenyl-furandihydrid bezeichnet).

B. Aus (±)-4-Chlor-4-hydroxy-3,4-diphenyl-*cis*-crotonsäure-lacton mit Hilfe von Methanol (*Browne, Lutz*, J. org. Chem. **18** [1953] 1638, 1646).
Krystalle (aus Isooctan); F: 103—104°. UV-Spektrum (A.; 225—325 nm): *Br., Lutz*, l. c. S. 1643.

(±)-3-Methoxy-4-[4-nitro-phenyl]-5-phenyl-5H-furan-2-on, (±)-4-Hydroxy-2-methoxy-3-[4-nitro-phenyl]-4-phenyl-*cis*-crotonsäure-lacton $C_{17}H_{13}NO_5$, Formel IV.

B. Beim Behandeln von (±)-4-Hydroxy-3-[4-nitro-phenyl]-2-oxo-4-phenyl-buttersäure-lacton mit Dimethylsulfat und wss. Natronlauge (*Cagniant*, A. ch. [12] **7** [1952] 442, 464).

Krystalle; F: 124°.

3-[4-Methoxy-phenyl]-5-phenyl-3H-furan-2-on-imin, 4c-Hydroxy-2-[4-methoxy-phenyl]-4t-phenyl-but-3-enimidsäure-lacton $C_{17}H_{15}NO_2$, Formel V, und **2-Amino-3-[4-methoxy-phenyl]-5-phenyl-furan, 3-[4-Methoxy-phenyl]-5-phenyl-[2]furylamin** $C_{17}H_{15}NO_2$, Formel VI.

Eine von *Robertson, Stephen* (Soc. **1931** 863, 866) unter dieser Konstitution beschriebene Verbindung (F: 114°) ist wahrscheinlich als (±)-4c-Amino-2-[4-methoxy-phenyl]-4t-phenyl-but-3-ensäure-lactam (Syst. Nr. 3239) zu formulieren (vgl. die nach *Rao, Filler* [Chem. and Ind. **1964** 1862] als (±)-4c-Amino-2,4t-diphenyl-but-3-ensäure-lactam zu formulierende Verbindung).

V VI

(±)-5-Acetoxy-3,5-diphenyl-5H-furan-2-on, (±)-4-Acetoxy-4-hydroxy-2,4-diphenyl-*cis*-crotonsäure-lacton $C_{18}H_{14}O_4$, Formel VII (R = CO-CH$_3$, X = H).

B. Beim Erhitzen von 4-Oxo-2,4-diphenyl-*cis*-crotonsäure mit Essigsäure und Acetanhydrid, beim Erhitzen von opt.-inakt. 4-Acetoxy-3-brom-4-hydroxy-2,4-diphenyl-buttersäure-lacton (F: 145°) mit Essigsäure und Natriumacetat sowie beim Erhitzen von 4-Oxo-2,4-diphenyl-*trans*-crotonsäure, von opt.-inakt. 3-Brom-4-oxo-2,4-diphenyl-buttersäure (F: 185°) oder von opt.-inakt. 3-Hydroxy-4-oxo-2,4-diphenyl-buttersäure-lacton (F: 95°) mit Essigsäure, Acetanhydrid und Natriumacetat (*Kohler et al.*, Am. Soc. **56** [1934] 2000, 2004, 2005).

Krystalle (aus Ae. + PAe.); F: 95° (*Ko. et al.*). UV-Spektrum (A.; 225–325 nm): *Browne, Lutz*, J. org. Chem. **18** [1953] 1638, 1639.

(±)-5-[4-Chlor-phenyl]-5-methoxy-3-phenyl-5H-furan-2-on, (±)-4-[4-Chlor-phenyl]-4-hydroxy-4-methoxy-2-phenyl-*cis*-crotonsäure-lacton $C_{17}H_{13}ClO_3$, Formel VII (R = CH$_3$, X = Cl).

B. Neben 4-[4-Chlor-phenyl]-4-oxo-2-phenyl-*cis*-crotonsäure-methylester beim Erwärmen von 4-[4-Chlor-phenyl]-4-oxo-2-phenyl-*cis*-crotonsäure mit Methanol und Schwefelsäure (*Kohler, Peterson*, Am. Soc. **56** [1934] 2192, 2196). Beim Erwärmen von (±)-4-Acetoxy-4-[4-chlor-phenyl]-4-hydroxy-2-phenyl-*cis*-crotonsäure-lacton mit Methanol (*Ko., Pe.*).

Krystalle (aus Ae. + PAe.); F: 73°.

VII VIII IX

(±)-5-Acetoxy-5-[4-chlor-phenyl]-3-phenyl-5H-furan-2-on, (±)-4-Acetoxy-4-[4-chlor-phenyl]-4-hydroxy-2-phenyl-*cis*-crotonsäure-lacton $C_{18}H_{13}ClO_4$, Formel VII (R = CO-CH$_3$, X = Cl).

B. Beim Behandeln von 4-[4-Chlor-phenyl]-4-oxo-2-phenyl-*cis*-crotonsäure oder von

4-[4-Chlor-phenyl]-4-oxo-2-phenyl-*trans*-crotonsäure mit Acetanhydrid und Essigsäure (*Kohler, Peterson*, Am. Soc. **56** [1934] 2192, 2196). Beim Erwärmen von opt.-inakt. 4-[4-Chlor-phenyl]-3-hydroxy-4-oxo-2-phenyl-buttersäure-lacton (aus opt.-inakt. 3-Brom-4-[4-chlor-phenyl]-4-oxo-2-phenyl-buttersäure vom F: 183° bzw. vom F: 216° hergestellt) mit Essigsäure, Natriumacetat und Acetanhydrid (*Ko., Pe.*).

Krystalle (aus Ae.); F: 110°.

(±)-5-Acetoxy-4-brom-3,5-diphenyl-5*H*-furan-2-on, (±)-4-Acetoxy-3-brom-4-hydroxy-2,4-diphenyl-*cis*-crotonsäure-lacton $C_{18}H_{13}BrO_4$, Formel VIII.

B. Beim Erhitzen von 3-Brom-4-oxo-2,4-diphenyl-*cis*-crotonsäure mit Essigsäure und Acetanhydrid (*Kohler et al.*, Am. Soc. **56** [1934] 2000, 2003).

Krystalle (aus Ae. + PAe.); F: 98°.

(±)-4-Methoxy-3,5-diphenyl-5*H*-furan-2-on, (±)-3-Methoxy-4-hydroxy-2,4-diphenyl-*cis*-crotonsäure-lacton $C_{17}H_{14}O_3$, Formel IX (R = CH_3).

B. Beim Behandeln einer Lösung von (±)-4-Hydroxy-2,4-diphenyl-acetessigsäure-lacton in Dioxan mit Diazomethan in Äther (*McElvain, Davie*, Am. Soc. **74** [1952] 1816, 1818; s. a. *Kohler et al.*, Am. Soc. **56** [1934] 2000, 2006).

Krystalle (aus Ae.); F: 85—86° (*McE., Da.*).

(±)-4-Acetoxy-3,5-diphenyl-5*H*-furan-2-on, (±)-3-Acetoxy-4-hydroxy-2,4-diphenyl-*cis*-crotonsäure-lacton $C_{18}H_{14}O_4$, Formel IX (R = $CO-CH_3$).

B. Beim Behandeln von (±)-4-Hydroxy-2,4-diphenyl-acetessigsäure-lacton mit Acetanhydrid und wenig Schwefelsäure (*Kohler et al.*, Am. Soc. **56** [1934] 2000, 2006).

Krystalle (aus Ae.); F: 85°.

(±)-5-[4-Methoxy-phenyl]-3-phenyl-5*H*-furan-2-on, (±)-4-Hydroxy-4-[4-methoxy-phenyl]-2-phenyl-*cis*-crotonsäure-lacton $C_{17}H_{14}O_3$, Formel X.

Diese Konstitution kommt wahrscheinlich der nachstehend beschriebenen Verbindung zu (vgl. die nach *Yates, Clark* [Tetrahedron Letters **1961** 435, 436; s. a. *Kohler, Kimball*, Am. Soc. **55** [1933] 4632, 4635] als (±)-3,5-Diphenyl-5*H*-furan-2-on [E III/IV **17** 5438] zu formulierende Verbindung); eine von *Davey, Tivey* (Soc. **1958** 1230, 1235) als 5-[4-Methoxy-phenyl]-3-phenyl-5*H*-furan-2-on beschriebene, bei 250—260° [Zers.] schmelzende Verbindung ist hingegen wahrscheinlich als 2,2′-Bis-[4-methoxy-phenyl]-4,4′-diphenyl-2*H*,2′*H*-[2,2′]bifuryl-5,5′-dion zu formulieren (vgl. die nach *Yates, Clark* [l. c.] und *Wasserman et al.* [Chem. and Ind. **1961** 1795] als 2,4,2′,4′-Tetraphenyl-2*H*,2′*H*-[2,2′]bifuryl-5,5′-dion zu formulierende Verbindung).

B. Beim Erhitzen von (±)-4-[4-Methoxy-phenyl]-4-oxo-2-phenyl-buttersäure mit Acetanhydrid (*Da., Ti.*).

Krystalle; F: 92° (*Da., Ti.*).

(±)-3-[4-Hydroxy-phenyl]-5-phenyl-5*H*-furan-2-on $C_{16}H_{12}O_3$, Formel XI (R = H).

Diese Konstitution kommt wahrscheinlich der nachstehend beschriebenen Verbindung zu (vgl. die nach *Yates, Clark* [Tetrahedron Letters **1961** 435, 436; s. a. *Kohler, Kimball*, Am. Soc. **55** [1933] 4632, 4635] als (±)-3,5-Diphenyl-5*H*-furan-2-on [E III/IV **17** 5438] zu formulierende Verbindung); eine von *Davey, Tivey* (Soc. **1958** 1230, 1235) als (±)-3-[4-Hydroxy-phenyl]-5-phenyl-5*H*-furan-2-on beschriebene Verbindung (F: 282—284° [Zers.]) ist hingegen wahrscheinlich als 4,4′-Bis-[4-hydroxy-phenyl]-2,2′-diphenyl-2*H*,2′*H*-[2,2′]bifuryl-5,5′-dion zu formulieren (vgl. die nach *Yates, Clark* [l. c.] und *Wasserman et al.* [Chem. and Ind. **1961** 1795] als 2,4,2′,4′-Tetraphenyl-2*H*,2′*H*-[2,2′]bifuryl-5,5′-dion zu formulierende Verbindung).

B. Beim Erhitzen von (±)-2-[4-Hydroxy-phenyl]-4-oxo-4-phenyl-buttersäure mit Acetanhydrid (*Da., Ti.*).

Krystalle; F: 131—132° (*Da., Ti.*).

(±)-3-[4-Methoxy-phenyl]-5-phenyl-5*H*-furan-2-on, (±)-4-Hydroxy-2-[4-methoxy-phenyl]-4-phenyl-*cis*-crotonsäure-lacton $C_{17}H_{14}O_3$, Formel XI (R = CH_3).

Diese Konstitution kommt wahrscheinlich der nachstehend beschriebenen Verbindung zu (vgl. die nach *Yates, Clark* [Tetrahedron Letters **1961** 435, 436; s. a. *Kohler, Kimball,* Am. Soc. **55** [1933] 4632, 4635] als (±)-3,5-Diphenyl-5*H*-furan-2-on [E III/IV **17** 5438] zu formulierende Verbindung); eine von *Robertson, Stephen* (Soc. **1931** 863, 865) als 3-[4-Methoxyphenyl]-5-phenyl-5*H*-furan-2-on beschriebene Verbindung (F: 270—275° [Zers.]) ist hingegen wahrscheinlich als 4,4'-Bis-[4-methoxy-phenyl]-2,2'-diphenyl-2*H*,2'*H*-[2,2']bifuryl-5,5'-dion zu formulieren (vgl. die nach *Yates, Clark* [l. c.] und *Wasserman et al.* [Chem. and Ind. **1961** 1795] als 2,4,2',4'-Tetraphenyl-2*H*,2'*H*-[2,2']bifuryl-5,5'-dion zu formulierende Verbindung).

B. Neben 4,4'-Bis-[4-methoxy-phenyl]-2,2'-diphenyl-2*H*,2'*H*-[2,2']bifuryl-5,5'-dion beim Erhitzen von (±)-2-[4-Methoxy-phenyl]-4-oxo-4-phenyl-buttersäure mit Acetanhydrid oder Acetylchlorid (*Ro., St.*).

Krystalle (aus Me.); F: 96° (*Ro., St.*).

Beim Erwärmen mit Äthanol ist 4,4'-Bis-[4-methoxy-phenyl]-2,2'-diphenyl-2*H*,2'*H*-[2,2']bifuryl-5,5'-dion erhalten worden (*Ro., St.*; s. a. *Ya., Cl.*; *Wa. et al.*).

(±)-2-Methoxy-2,5-diphenyl-furan-3-on $C_{17}H_{14}O_3$, Formel XII (R = CH$_3$, X = H).

Diese Konstitution kommt der nachstehend beschriebenen, ursprünglich (*Lutz et al.,* Am. Soc. **56** [1934] 1980, 1983, 1985) als 4-Methoxy-1,4-diphenyl-but-3-en-1,2-dion angesehenen Verbindung zu (*Lutz, Stuart,* Am. Soc. **58** [1936] 1885, 1886; *Kohler, Woodward,* Am. Soc. **58** [1936] 1933).

B. Beim Behandeln von 1,4-Diphenyl-butan-1,2,4-trion (E III **7** 4622, 4623) bzw. dessen Natrium-Verbindung oder Silber-Verbindung mit Methanol und Dimethylsulfat (*Lutz et al.,* Am. Soc. **56** 1986; *Lutz, St.,* l. c. S. 1889). Beim Behandeln von 2-Methoxy-1,4-diphenyl-but-2c(?)-en-1,4-dion (E III **8** 2946) oder von 2-Äthoxy-1,4-diphenyl-but-2c(?)-en-1,4-dion (E III **8** 2946) mit Chlorwasserstoff enthaltendem Methanol (*Lutz et al.,* Am. Soc. **56** 1985). Beim Erwärmen von (±)-2-Chlor-2,5-diphenyl-furan-3-on (*Ko., Wo.,* l. c. S. 1935; *Lutz, Wilder,* Am. Soc. **56** [1934] 2145, 2149) oder von (±)-2-Brom-2,5-diphenyl-furan-3-on (*Ko., Wo.*) mit Methanol. Beim Behandeln von (±)-2-Äthoxy-2,5-diphenyl-furan-3-on mit Chlorwasserstoff enthaltendem Methanol (*Lutz et al.,* Am. Soc. **56** 1985).

Krystalle (aus A.); F: 108—109° [korr.] (*Lutz et al.,* Am. Soc. **56** 1985). Absorptionsspektrum (A.; 220—400 nm): *Lutz et al.,* J. org. Chem. **15** [1950] 181, 196.

Beim Behandeln mit Phosphor(V)-chlorid ist bei 25—40° 3,4-Dichlor-2,5-diphenylfuran, bei 100° hingegen 2,3-Dichlor-1,4-diphenyl-but-2c-en-1,4-dion erhalten worden (*Lutz, Wi.,* l. c. S. 2148; s. a. *Lutz, St.*).

X   XI   XII

(±)-2-Äthoxy-2,5-diphenyl-furan-3-on $C_{18}H_{16}O_3$, Formel XII (R = C$_2$H$_5$, X = H).

Diese Konstitution kommt der nachstehend beschriebenen, ursprünglich (*Lutz et al.,* Am. Soc. **56** [1934] 1980, 1983, 1986) als 4-Äthoxy-1,4-diphenyl-but-3-en-1,2-dion angesehenen Verbindung zu (*Lutz, Stuart,* Am. Soc. **58** [1936] 1885, 1886; *Kohler, Woodward,* Am. Soc. **58** [1936] 1933).

B. Beim Behandeln von 1,4-Diphenyl-but-2-in-1,4-dion (*Lutz et al.*), von 2-Chlor-1,4-diphenyl-but-2c-en-1,4-dion (*Lutz et al.*; *Lutz, Reese,* Am. Soc. **81** [1959] 127), von 2-Chlor-1,4-diphenyl-but-2t-en-1,4-dion (*Lutz et al.*; *Lutz, Re.*) oder von opt.-inakt. 2,3-Epoxy-1,4-diphenyl-butan-1,4-dion [F: 128—129°] (*Lutz et al.*) mit Chlorwasserstoff enthaltendem Äthanol. Beim Behandeln von 1,4-Diphenyl-butan-1,2,4-trion (E III **7** 4622, 4623) bzw. dessen Natrium-Verbindung oder Silber-Verbindung mit Äthanol und Diäthylsulfat (*Lutz, St.,* l. c. S. 1889; s. a. *Lutz et al.*). Beim Erwärmen von (±)-2-Chlor-2,5-diphenyl-furan-3-on (*Ko., Wo.,* l. c. S. 1935; *Lutz, Wilder,* Am. Soc. **56** [1934] 2145,

2149) oder von (±)-2-Brom-2,5-diphenyl-furan-3-on (*Ko., Wo.*) mit Äthanol.
Krystalle (aus A.); F: 96° (*Lutz et al.*).
Beim Behandeln mit Phosphor(V)-chlorid bei 25—40° bzw. bei 100° ist 3,4-Dichlor-2,5-diphenyl-furan bzw. 2,3-Dichlor-1,4-diphenyl-but-2c-en-1,4-dion, beim Behandeln mit Phosphor(V)-bromid ist 3,4-Dibrom-2,5-bis-[4-brom-phenyl]-furan erhalten worden (*Lutz, Wilder*, Am. Soc. **56** [1934] 2145, 2148; vgl. *Lutz, St.*).

(±)-2-Acetoxy-2,5-diphenyl-furan-3-on $C_{18}H_{14}O_4$, Formel XII (R = CO-CH$_3$, X = H).
Diese Konstitution kommt der nachstehend beschriebenen, ursprünglich (*Lutz et al.*, Am. Soc. **56** [1934] 1980, 1986; *Lutz, Stuart*, Am. Soc. **58** [1936] 1885, 1886, 1889) als 3,4-Diacetoxy-2,5-diphenyl-furan beschriebenen Verbindung zu (*Kohler, Woodward*, Am. Soc. **58** [1936] 1933, 1934).
B. Beim Behandeln von 1,4-Diphenyl-butan-1,2,4-trion (E III **7** 4622, 4623) mit Acet= anhydrid und wenig Schwefelsäure (*Lutz et al.*, l. c. S. 1986). Beim Erhitzen von 2,5-Di= phenyl-furan oder von 3-Acetoxy-2,5-diphenyl-furan mit Blei(IV)-acetat in Essigsäure (*Dien, Lutz*, J. org. Chem. **22** [1957] 1355, 1356, 1359).
Krystalle [aus E. + Bzn.] (*Lutz et al.*); F: 140° (*Ko., Wo.*), 139—139,5° [korr.] (*Lutz et al.*). Absorptionsmaxima: 245 nm und 309 nm (*Dien, Lutz*, l. c. S. 1360).

(±)-2,5-Diphenyl-2-propionyloxy-furan-3-on $C_{19}H_{16}O_4$, Formel XII (R = CO-CH$_2$-CH$_3$, X = H).
B. Beim Erhitzen von 2,5-Diphenyl-furan oder von 3-Acetoxy-2,5-diphenyl-furan mit Propionsäure und Blei(IV)-acetat (*Dien, Lutz*, J. org. Chem. **22** [1957] 1355, 1360). Beim Behandeln von 1,4-Diphenyl-butan-1,2,4-trion (E III **7** 4622, 4623) mit Propionsäure-anhydrid und Schwefelsäure (*Dien, Lutz*).
Krystalle (aus E. + Me.); F: 157—158° [korr.]. Absorptionsmaxima: 245 nm und 309 nm.

(±)-2-Benzoyloxy-2,5-diphenyl-furan-3-on $C_{23}H_{16}O_4$, Formel XII (R = CO-C$_6$H$_5$, X = H).
B. Beim Behandeln von 1,4-Diphenyl-butan-1,2,4-trion (E III **7** 4622, 4623) mit Benzoesäure-anhydrid und wenig Schwefelsäure (*Lutz, Stuart*, Am. Soc. **58** [1936] 1885, 1889). Beim Erwärmen von (±)-2-Chlor-2,5-diphenyl-furan-3-on mit Silberbenzoat in Diisopropyläther (*Lutz, St.*).
Krystalle (aus Diisopropyläther); F: 162—163° [korr.].
Beim Behandeln mit Acetylchlorid und wenig Schwefelsäure ist 3-Acetoxy-4-chlor-2,5-diphenyl-furan erhalten worden.

(±)-2-Hydroperoxy-2,5-diphenyl-furan-3-on $C_{16}H_{12}O_4$, Formel XII (R = OH, X = H).
B. Beim Behandeln von 3-Acetoxy-2,5-diphenyl-furan mit Methylmagnesiumjodid in Äther und anschliessenden Behandeln mit wss. Säure und Schütteln des Reaktions-gemisches mit Luft (*Kohler, Woodward*, Am. Soc. **58** [1936] 1933, 1934; s. a. *Criegee*, Houben-Weyl **8** [1952] 25).
Krystalle (aus Hexan) sowie Krystalle (aus Ae.) mit 1 Mol Diäthyläther, die jeweils bei ca. 100° explodieren (*Ko., Wo.*).
An der Luft nicht beständig (*Ko., Wo.*). Beim Behandeln mit Kaliumjodid in Essig= säure ist 2,5,2′,5′-Tetraphenyl-[2,2′]bifuryl-3,3′-dion (F: 255°) erhalten worden (*Ko., Wo.*). Hydrierung unter Bildung von 1,4-Diphenyl-butan-1,2,4-trion (E III **7** 4622, 4623) (*Ko., Wo.*).

(±)-4-Chlor-2-methoxy-2,5-diphenyl-furan-3-on $C_{17}H_{13}ClO_3$, Formel XII (R = CH$_3$, X = Cl).
B. Beim Behandeln von (±)-4-Chlor-2-hydroxy-2,5-diphenyl-furan-3-on (E III **7** 4626) mit Chlorwasserstoff enthaltendem Methanol (*Lutz, Stuart*, Am. Soc. **59** [1937] 2322, 2325).
Krystalle (aus Me.); F: 64—65°.

(±)-2-Äthoxy-4-chlor-2,5-diphenyl-furan-3-on $C_{18}H_{15}ClO_3$, Formel XII (R = C$_2$H$_5$, X = Cl).
B. Beim Behandeln von 2,3-Dibrom-1,4-diphenyl-but-2c-en-1,4-dion mit Chlorwasser=

stoff enthaltendem Äthanol (*Lutz, Reese,* Am. Soc. **81** [1959] 3397, 3400).
Krystalle (aus A.); F: 89—91°. Absorptionsmaxima (A.): 252,5 nm und 327 nm.

(±)-2-Acetoxy-4-chlor-2,5-diphenyl-furan-3-on $C_{18}H_{13}ClO_4$, Formel XII (R = CO-CH$_3$, X = Cl) auf S. 732.

B. Beim Behandeln von 2,3-Dichlor-1,4-diphenyl-but-2t-en-1,4-dion (*Lutz, Reese,* Am. Soc. **81** [1959] 3397, 3400) oder von (±)-4-Chlor-2-hydroxy-2,5-diphenyl-furan-3-on [E III **7** 4626] (*Dien, Lutz,* J. org. Chem. **22** [1957] 1355, 1360) mit Acetanhydrid und Schwefelsäure. Beim Behandeln von 3-Acetoxy-4-chlor-2,5-diphenyl-furan mit Blei(IV)-acetat in Chloroform oder Essigsäure (*Dien, Lutz*).
Krystalle; F: 174,5—176,5° [aus A.] (*Lutz, Re.*), 173—174° [korr.; aus E.] (*Dien, Lutz*). Absorptionsmaxima (A.): 250 nm und 322,5 nm: *Lutz, Re.*

(±)-4-Brom-2-methoxy-2,5-diphenyl-furan-3-on $C_{17}H_{13}BrO_3$, Formel XII (R = CH$_3$, X = Br) auf S. 732.

B. Beim Behandeln von (±)-4-Brom-2-hydroxy-2,5-diphenyl-furan-3-on (E III **7** 4627) mit Chlorwasserstoff enthaltendem Methanol (*Lutz, Stuart,* Am. Soc. **59** [1937] 2322, 2325). Beim Erwärmen von (±)-4-Brom-2-chlor-2,5-diphenyl-furan-3-on mit Methanol (*Lutz, St.*).
Krystalle (aus Me.); F: 78°.

(±)-2-Äthoxy-4-brom-2,5-diphenyl-furan-3-on $C_{18}H_{15}BrO_3$, Formel XII (R = C$_2$H$_5$, X = Br) auf S. 732.

B. Beim Behandeln von (±)-4-Brom-2-hydroxy-2,5-diphenyl-furan-3-on (E III **7** 4627) mit Chlorwasserstoff enthaltendem Äthanol (*Lutz, Stuart,* Am. Soc. **59** [1937] 2322, 2325).
Krystalle (aus A.); F: 95° (*Lutz, St.*). Absorptionsspektrum (A.; 220—400 nm): *Lutz et al.,* J. org. Chem. **15** [1950] 181, 196.

(±)-2-Acetoxy-4-brom-2,5-diphenyl-furan-3-on $C_{18}H_{13}BrO_4$, Formel XII (R = CO-CH$_3$, X = Br) auf S. 732.

B. Beim Behandeln von 2,3-Dibrom-1,4-diphenyl-but-2c-en-1,4-dion (*Lutz, Reese,* Am. Soc. **81** [1959] 3397, 3401) oder von (±)-4-Brom-2-hydroxy-2,5-diphenyl-furan-3-on [E III **7** 4627] (*Lutz, Stuart,* Am. Soc. **59** [1937] 2322, 2325) mit Acetanhydrid und wenig Schwefelsäure.
Krystalle; F: 185,5—187,5° [aus A.] (*Lutz, Re.*), 184,5° [korr.; aus A. oder Diisopropyläther] (*Lutz, St.*). Absorptionsmaxima (A.): 250 nm und 322 nm (*Lutz, Re.*).

(±)-5-[4-Brom-phenyl]-2-methoxy-2-phenyl-furan-3-on $C_{17}H_{13}BrO_3$, Formel I.

B. Neben 2-[4-Brom-phenyl]-2-methoxy-5-phenyl-furan-3-on beim Erwärmen von opt.-inakt. 2,3-Dibrom-1-[4-brom-phenyl]-4-phenyl-butan-1,4-dion (Gemisch der Stereoisomeren) mit methanol. Kalilauge und Behandeln des Reaktionsprodukts mit Chlorwasserstoff enthaltendem Methanol (*Kohler, Woodward,* Am. Soc. **58** [1936] 1933, 1935).
Krystalle (aus Me.); F: 158°.

(±)-2-[4-Brom-phenyl]-2-methoxy-5-phenyl-furan-3-on $C_{17}H_{13}BrO_3$, Formel II (R = CH$_3$, X = H).
B. s. im vorangehenden Artikel.
Krystalle (aus Me.); F: 102° (*Kohler, Woodward,* Am. Soc. **58** [1936] 1933, 1936).

(±)-2-Acetoxy-2,5-bis-[4-brom-phenyl]-furan-3-on $C_{18}H_{12}Br_2O_4$, Formel II (R = CO-CH$_3$, X = Br).

B. Beim Behandeln von 1,4-Bis-[4-brom-phenyl]-butan-1,2,4-trion (E III **7** 4629) mit

Acetanhydrid und Schwefelsäure (*Dien, Lutz,* J. org. Chem. **22** [1957] 1355, 1360). Beim Erhitzen von 2,5-Bis-[4-brom-phenyl]-furan oder von 3-Acetoxy-2,5-bis-[4-brom-phenyl]-furan mit Blei(IV)-acetat in Essigsäure (*Dien, Lutz,* l. c. S. 1359).

Krystalle (aus Bzl. + PAe.); F: 173—174° [korr.]. Absorptionsmaxima: 226 nm, 257 nm und 312 nm.

2-Benzyl-7-methoxy-chromen-4-on $C_{17}H_{14}O_3$, Formel III (R = CH_3).

B. Beim Erwärmen von 1-[2-Hydroxy-4-methoxy-phenyl]-äthanon mit Phenylessig=säure-äthylester, Natriumhydrid und Pyridin und Behandeln des Reaktionsprodukts mit wss. Salzsäure (*Schmutz et al.,* Helv. **35** [1952] 1168, 1173). Beim Erhitzen von 1-[2,4-Di=methoxy-phenyl]-4-phenyl-butan-1,3-dion mit Essigsäure und wss. Bromwasserstoffsäure (*Heilbron et al.,* Soc. **1936** 295, 298).

Krystalle; F: 192° [aus wss. Eg.] (*He. et al.*), 190—191° [korr.; Kofler-App.; aus Bzl. + PAe.] (*Sch. et al.*).

Beim Erwärmen mit *N,N*-Dimethyl-4-nitroso-anilin (2 Mol), Äthanol und wenig Piperidin ist 2-{α-[(4-Dimethylamino-phenyl)-oxy-imino]-benzyl}-7-methoxy-chromen-4-on erhalten worden (*Sch. et al.,* l. c. S. 1177).

7-Äthoxy-2-benzyl-chromen-4-on $C_{18}H_{16}O_3$, Formel III (R = C_2H_5) (H 63; dort als 7-Äthoxy-2-benzyl-chromon bezeichnet).

UV-Spektrum (A.; 220—320 nm): *Skarżyński,* Bio. Z. **301** [1939] 150, 154.

2-[4-Methoxy-benzyl]-chromen-4-on $C_{17}H_{14}O_3$, Formel IV.

B. Beim Erwärmen von 1-[2-Hydroxy-phenyl]-äthanon mit [4-Methoxy-phenyl]-essig=säure-äthylester, Natriumhydrid und Pyridin und Behandeln des Reaktionsprodukts mit wss. Salzsäure (*Schmutz et al.,* Helv. **35** [1952] 1168, 1173).

Krystalle (aus A.); F: 128—129° [korr.; Kofler-App.].

Beim Erwärmen mit *N,N*-Dimethyl-4-nitroso-anilin, Äthanol und wenig Piperidin ist 2-{α-[(4-Dimethylamino-phenyl)-oxy-imino]-4-methoxy-benzyl}-chromen-4-on erhalten worden (*Sch. et al.,* l. c. S. 1177).

3-Benzyl-6-hydroxy-chromen-4-on $C_{16}H_{12}O_3$, Formel V (R = H).

B. Beim Behandeln von 1-[2,5-Dihydroxy-phenyl]-3-phenyl-propan-1-on mit Äthyl=formiat und Natrium (*Ingle et al.,* J. Indian chem. Soc. **26** [1949] 569, 574).

F: 226° [aus wss. Me.].

3-Benzyl-6-methoxy-chromen-4-on $C_{17}H_{14}O_3$, Formel V (R = CH_3).

B. Beim Erwärmen von 3-Benzyl-6-hydroxy-chromen-4-on mit Methyljodid, Kalium=carbonat und Aceton (*Ingle et al.,* J. Indian chem. Soc. **26** [1949] 569, 574).

F: 98—99° [aus wss. A.].

6-Acetoxy-3-benzyl-chromen-4-on $C_{18}H_{14}O_4$, Formel V (R = CO-CH_3).

B. Beim Erhitzen von 3-Benzyl-6-hydroxy-chromen-4-on mit Acetanhydrid und Natriumacetat (*Ingle et al.,* J. Indian chem. Soc. **26** [1949] 569, 574).

Krystalle (aus wss. A.); F: 128°.

4-Acetoxy-3-benzyl-cumarin $C_{18}H_{14}O_4$, Formel VI.

B. Aus 3-Benzyl-chroman-2,4-dion [E III/IV **17** 6443] (*Vallet, Mentzer,* C. r. **248** [1959] 1184, 1186).

F: 95°.

3-Salicyl-cumarin $C_{16}H_{12}O_3$, Formel VII (R = H).

B. Beim Erhitzen von 3-[2-Methoxy-benzyl]-cumarin mit wss. Jodwasserstoffsäure und Acetanhydrid (*Grimshaw, Haworth*, Soc. **1956** 4225, 4231).

Krystalle (aus wss. A.); F: 154—155° [korr.].

VI   VII   VIII

3-[2-Methoxy-benzyl]-cumarin $C_{17}H_{14}O_3$, Formel VII (R = CH_3).

B. Beim Erhitzen des Kalium-Salzes der 3-[2-Methoxy-phenyl]-propionsäure mit Salicylaldehyd und Acetanhydrid (*Grimshaw, Haworth*, Soc. **1956** 4225, 4231).

Krystalle (aus Bzn.); F: 95—96°.

3-[2-Acetoxy-benzyl]-cumarin $C_{18}H_{14}O_4$, Formel VII (R = $CO-CH_3$).

B. Beim Behandeln von 3-Salicyl-cumarin mit Acetanhydrid und Natriumacetat (*Grimshaw, Haworth*, Soc. **1956** 4225, 4231).

Krystalle (aus Cyclohexan); F: 127—128° [korr.].

7-Hydroxy-3-[(E)-3-nitro-benzyliden]-chroman-4-on $C_{16}H_{11}NO_5$, Formel VIII (R = H).

Bezüglich der Konfigurationszuordnung vgl. 3-[(E)-Benzyliden]-chroman-4-on (E III/IV **17** 5439); s. a. *Brady et al.*, Tetrahedron **29** [1973] 359.

B. Beim Erwärmen von 7-Hydroxy-chroman-4-on mit 3-Nitro-benzaldehyd und Natriummethylat in Methanol (*Pfeiffer, v. Bank*, J. pr. [2] **151** [1938] 319, 322).

Krystalle (aus Bzl.); F: 242,5° [Zers.] (*Pf., v. Bank*).

7-Methoxy-3-[(E)-3-nitro-benzyliden]-chroman-4-on $C_{17}H_{13}NO_5$, Formel VIII (R = CH_3).

Bezüglich der Konfigurationszuordnung s. im vorangehenden Artikel.

B. Beim Erwärmen von 7-Methoxy-chroman-4-on mit 3-Nitro-benzaldehyd und Natriummethylat in Methanol (*Pfeiffer, v. Bank*, J. pr. [2] **151** [1938] 319, 321).

Krystalle (aus Me. oder Acetanhydrid); F: 147—148°.

7-Acetoxy-3-[(E)-3-nitro-benzyliden]-chroman-4-on $C_{18}H_{13}NO_6$, Formel VIII (R = $CO-CH_3$).

B. Beim Erwärmen von 7-Hydroxy-3-[(E)-3-nitro-benzyliden]-chroman-4-on (s. o.) mit Acetanhydrid und Natriumacetat (*Pfeiffer, v. Bank*, J. pr. [2] **151** [1938] 319, 323).

Krystalle (aus Bzl. + Bzn.); F: 138,5°.

7-Hydroxy-3-[(E)-4-nitro-benzyliden]-chroman-4-on $C_{16}H_{11}NO_5$, Formel IX (R = H).

Bezüglich der Konfigurationszuordnung vgl. 3-[(E)-Benzyliden]-chroman-4-on (E III/IV **17** 5439); s. a. *Brady et al.*, Tetrahedron **29** [1973] 359.

B. Bei 3-wöchigem Behandeln von 7-Hydroxy-chroman-4-on mit 4-Nitro-benzaldehyd und Natriummethylat in Methanol und Äthanol (*Pfeiffer, v. Bank*, J. pr. [2] **151** [1938] 319, 325).

Krystalle (aus Bzl.); F: 211° [rote Schmelze] (*Pf., v. Bank*).

7-Methoxy-3-[(E)-4-nitro-benzyliden]-chroman-4-on $C_{17}H_{13}NO_5$, Formel IX (R = CH_3).

Bezüglich der Konfigurationszuordnung vgl. das analog hergestellte 3-[(E)-Benzyliden]-chroman-4-on (E III/IV **17** 5439).

B. Beim Behandeln von 7-Methoxy-chroman-4-on mit 4-Nitro-benzaldehyd und Chlorwasserstoff enthaltendem Methanol (*Pfeiffer, v. Bank*, J. pr. [2] **151** [1938] 319, 324).

Krystalle (aus Bzn.); F: 174—175° [orangefarbene Schmelze; nach Sintern bei 170°].

7-Acetoxy-3-[(E)-4-nitro-benzyliden]-chroman-4-on $C_{18}H_{13}NO_6$, Formel IX (R = CO-CH$_3$).
B. Beim Erwärmen von 7-Hydroxy-3-[(E)-4-nitro-benzyliden]-chroman-4-on (S. 736) mit Acetanhydrid und Natriumacetat (*Pfeiffer, v. Bank*, J. pr. [2] **151** [1938] 319, 325).
Krystalle (aus Bzl.); F: 207—208° [orangefarbene Schmelze].

3-[(E?)-Salicyliden]-chroman-4-on $C_{16}H_{12}O_3$, vermutlich Formel X.
Bezüglich der Konfigurationszuordnung vgl. 3-[(E)-Benzyliden]-chroman-4-on (E III/IV **17** 5439); s. a. *Brady et al.*, Tetrahedron **29** [1973] 359.
B. Beim Erhitzen von Chroman-4-on mit Salicylaldehyd und Natriumacetat (*Woods, Dix*, J. org. Chem. **24** [1959] 1126).
Krystalle (aus A. oder Heptan); F: 156—157° [Fisher-Johns-App.] (*Wo., Dix*).

3-[(E)-3-Hydroxy-benzyliden]-chroman-4-on $C_{16}H_{12}O_3$, Formel XI (R = H).
Bezüglich der Konfigurationszuordnung vgl. das analog hergestellte 3-[(E)-Benzyliden]-chroman-4-on (E III/IV **17** 5439).
B. Beim Behandeln einer Lösung von Chroman-4-on und 3-Hydroxy-benzaldehyd in Äthanol mit Chlorwasserstoff (*Pfeiffer, Döring*, B. **71** [1938] 279, 283).
Krystalle (aus A.); F: 201°.

3-[(E)-3-Methoxy-benzyliden]-chroman-4-on $C_{17}H_{14}O_3$, Formel XI (R = CH$_3$).
Bezüglich der Konfigurationszuordnung s. im vorangehenden Artikel.
B. Beim Behandeln einer Lösung von Chroman-4-on und 3-Methoxy-benzaldehyd in Äthanol mit Chlorwasserstoff (*Pfeiffer, Döring*, B. **71** [1938] 279, 283).
Krystalle (aus wss.-äthanol. Ammoniak); F: 89—90°.
Verbindung mit Chlorwasserstoff $C_{17}H_{14}O_3 \cdot HCl$. Krystalle (aus A.); F: 103° bis 104°.

3-[(E)-3-Acetoxy-benzyliden]-chroman-4-on $C_{18}H_{14}O_4$, Formel XI (R = CO-CH$_3$).
B. Beim Erwärmen von 3-[(E)-3-Hydroxy-benzyliden]-chroman-4-on (s. o.) mit Acetanhydrid und Natriumacetat (*Pfeiffer, Döring*, B. **71** [1938] 279, 283).
Krystalle (aus A.); F: 103—104°.

3-[(E)-4-Methoxy-benzyliden]-chroman-4-on $C_{17}H_{14}O_3$, Formel XII.
Konfigurationszuordnung: *Bennett et al.*, J.C.S. Perkin I **1972** 1554, 1558.
B. Beim Behandeln einer Lösung von Chroman-4-on und 4-Methoxy-benzaldehyd in Äthanol mit Chlorwasserstoff (*Pfeiffer et al.*, J. pr. [2] **129** [1931] 31, 36).
Krystalle (aus A.); F: 134° (*Pf. et al.*, J. pr. [2] **129** 36).
Verbindung mit Perchlorsäure $C_{17}H_{14}O_3 \cdot HClO_4$. Rot; wenig beständig (*Pfeiffer et al.*, Festschrift P. Karrer [Basel 1949] S. 30).

4-Benzyl-7-hydroxy-cumarin $C_{16}H_{12}O_3$, Formel XIII (R = H) (E II 42).
B. Beim Behandeln eines Gemisches von 4-Phenyl-acetessigsäure-äthylester und Resorcin mit Schwefelsäure (*Sonn, Litten*, B. **66** [1933] 1512, 1518; *Kotwani et al.*, J. Univ. Bombay **10**, Tl. 5 A [1942] 143, 144) oder mit Chlorwasserstoff enthaltendem Äthanol (*Libermann*, Bl. **1950** 1217, 1221). Beim Behandeln eines Gemisches von Phenylacetyl-malonsäure-diäthylester und Resorcin mit 73%ig. wss. Schwefelsäure oder mit Chlorwasserstoff und Zinkchlorid in Essigsäure (*Borsche, Wannagat*, A. **569** [1950] 81, 94).
Krystalle; F: 216° [aus A.] (*Lib.*), 214—215° [aus Me.] (*Sonn, Lit.*; *Ko. et al.*).

4-Benzyl-7-methoxy-cumarin $C_{17}H_{14}O_3$, Formel XIII (R = CH_3).

B. Beim Erwärmen von 4-Benzyl-7-hydroxy-cumarin mit Methyljodid, Kalium=
carbonat und Aceton (*Kotwani et al.*, J. Univ. Bombay **10**, Tl. 5 A [1942] 143, 144).
Krystalle (aus wss. A.); F: 140—141°.

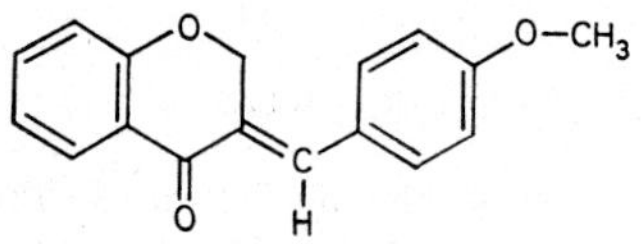

XII 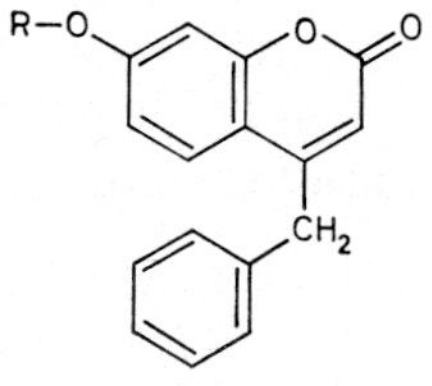   XIII 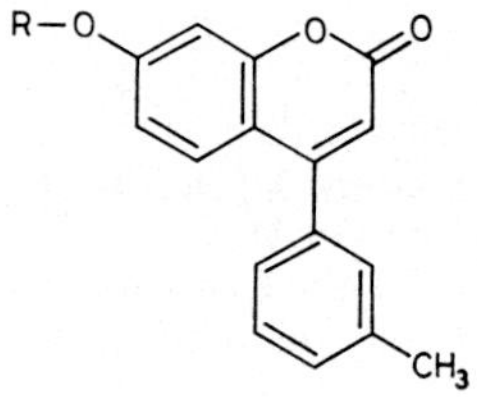   XIV

7-Acetoxy-4-benzyl-cumarin $C_{18}H_{14}O_4$, Formel XIII (R = $CO-CH_3$).

B. Beim Erhitzen von 4-Benzyl-7-hydroxy-cumarin mit Acetanhydrid und Natrium=
acetat (*Kotwani et al.*, J. Univ. Bombay **10**, Tl. 5 A [1942] 143, 144).
Krystalle (aus A.); F: 138—139°.

7-Benzoyloxy-4-benzyl-cumarin $C_{23}H_{16}O_4$, Formel XIII (R = $CO-C_6H_5$).

B. Beim Erwärmen von 4-Benzyl-7-hydroxy-cumarin mit Benzoylchlorid und Pyridin
(*Kotwani et al.*, J. Univ. Bombay **10**, Tl. 5 A [1942] 143, 144).
Krystalle (aus A.); F: 180—181°.

7-Hydroxy-4-*m*-tolyl-cumarin $C_{16}H_{12}O_3$, Formel XIV (R = H).

B. Beim Erwärmen von 7-Acetoxy-4-*m*-tolyl-cumarin mit wss. Natronlauge und an=
schliessenden Ansäuern (*Bhagwat, Shahane*, Rasayanam **1** [1939] 191, 194).
Krystalle (aus A.); F: 223°.

7-Acetoxy-4-*m*-tolyl-cumarin $C_{18}H_{14}O_4$, Formel XIV (R = $CO-CH_3$).

B. Beim Erhitzen von 2,4-Dihydroxy-3'-methyl-benzophenon mit Acetanhydrid und
Natriumacetat auf 165° (*Bhagwat, Shahane*, Rasayanam **1** [1939] 191, 194).
Krystalle (aus A.); F: 114°.

5-Hydroxy-2-*p*-tolyl-chromen-4-on $C_{16}H_{12}O_3$, Formel I.

F: 181° (*Molho*, Bl. **1956** 39, 45). IR-Spektrum (Film oder Paste mit Polyfluorchlor=
äthan; 3200—2400 cm^{-1}): *Henry, Molho*, 64. Coll. int. Centre nation. Rech. scient. 1955
S. 341, 352.

7-Hydroxy-2-*p*-tolyl-chromen-4-on $C_{16}H_{12}O_3$, Formel II (X = H).

F: 280° (*Molho*, Bl. **1956** 39, 45). IR-Spektrum (3200—1750 cm^{-1}): *Henry, Molho*,
64. Coll. int. Centre nation. Rech. scient. 1955 S. 341, 352.

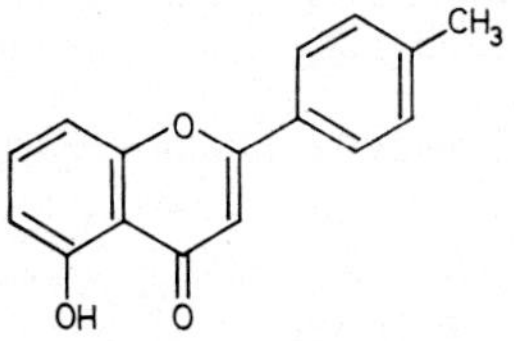

I 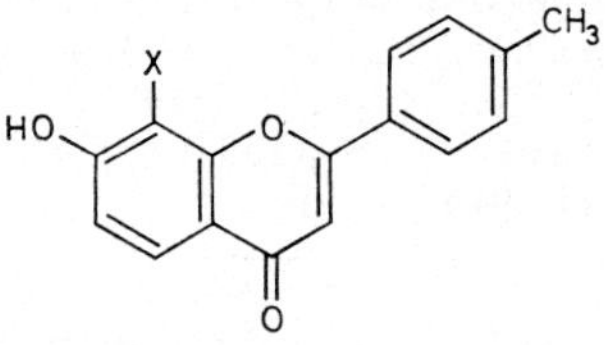   II 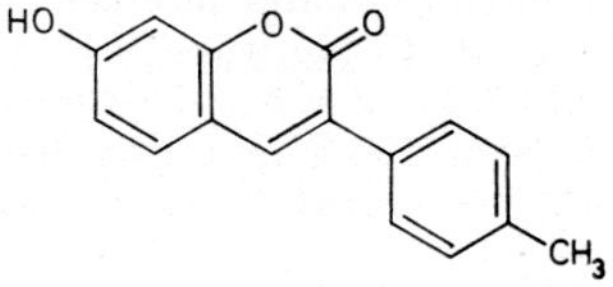   III

7-Hydroxy-8-nitro-2-*p*-tolyl-chromen-4-on $C_{16}H_{11}NO_5$, Formel II (X = NO_2).

B. Beim Erhitzen von opt.-inakt. 2,3-Dibrom-1-[2,4-diacetoxy-3-nitro-phenyl]-
3-*p*-tolyl-propan-1-on (F: 163—165°) mit Pyridin (*Seshadri, Trivedi*, J. org. Chem. **23**
[1958] 1735, 1737).
Krystalle (aus Eg.); F: 250°.

7-Hydroxy-3-*p*-tolyl-cumarin $C_{16}H_{12}O_3$, Formel III.
B. Beim Erhitzen von 3c-[2,4-Dimethoxy-phenyl]-2-*p*-tolyl-acrylonitril mit Pyridinhydrochlorid und anschliessenden Erwärmen mit wss. Salzsäure (*Buu-Hoi et al.*, J. org. Chem. **19** [1954] 1548, 1549, 1551).
Krystalle (aus Me. oder A.); F: 268° [unkorr.; Zers.; Block].

8-Hydroxy-3-*p*-tolyl-cumarin $C_{16}H_{12}O_3$, Formel IV.
B. Beim Erhitzen von 3c-[2,3-Dimethoxy-phenyl]-2-*p*-tolyl-acrylonitril mit Pyridinhydrochlorid und anschliessenden Erwärmen mit wss. Salzsäure (*Buu-Hoi et al.*, J. org. Chem. **19** [1954] 1548, 1549, 1551).
Krystalle (aus Me. oder A.); F: 212° [unkorr.; Block].

7-Hydroxy-4-*p*-tolyl-cumarin $C_{16}H_{12}O_3$, Formel V (R = H).
B. Beim Erwärmen von 7-Acetoxy-4-*p*-tolyl-cumarin mit wss. Natronlauge und anschliessenden Ansäuern mit wss. Salzsäure (*Limaye, Shenolikar*, Rasayanam **1** [1937] 93, 99).
Krystalle (aus A.); F: 238°.

7-Methoxy-4-*p*-tolyl-cumarin $C_{17}H_{14}O_3$, Formel V (R = CH₃).
B. Aus 7-Hydroxy-4-*p*-tolyl-cumarin (*Limaye, Shenolikar*, Rasayanam **1** [1937] 93, 99).
F: 153°.

7-Acetoxy-4-*p*-tolyl-cumarin $C_{18}H_{14}O_4$, Formel V (R = CO-CH₃).
B. Beim Erhitzen von 2,4-Dihydroxy-4'-methyl-benzophenon mit Acetanhydrid und Natriumacetat (*Limaye, Shenolikar*, Rasayanam **1** [1937] 93, 99).
Krystalle (aus A.); F: 164°.

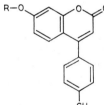
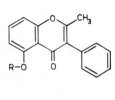

IV   V   VI

7-Benzoyloxy-4-*p*-tolyl-cumarin $C_{23}H_{16}O_4$, Formel V (R = CO-C₆H₅).
B. Aus 7-Hydroxy-4-*p*-tolyl-cumarin (*Limaye, Shenolikar*, Rasayanam **1** [1937] 93, 99).
F: 123°.

5-Äthoxy-2-methyl-3-phenyl-chromen-4-on $C_{18}H_{16}O_3$, Formel VI (R = C₂H₅).
B. Beim Erhitzen von 2-Äthoxy-6-hydroxy-desoxybenzoin mit Acetanhydrid und Natriumacetat (*Libermann, Moyeux*, Bl. **1956** 166, 171).
Krystalle (aus A.); F: 179—180°.

2-Methyl-3-phenyl-5-vinyloxy-chromen-4-on $C_{18}H_{14}O_3$, Formel VI (R = CH=CH₂).
B. Beim Erhitzen von 2-Hydroxy-6-vinyloxy-desoxybenzoin mit Acetanhydrid und Natriumacetat (*Libermann, Moyeux*, Bl. **1956** 166, 171).
Krystalle (aus A.); F: 173°.

6-Hydroxy-2-methyl-3-phenyl-chromen-4-on $C_{16}H_{12}O_3$, Formel VII (R = H).
B. Aus 6-Methoxy-2-methyl-3-phenyl-chromen-4-on mit Hilfe von wss. Jodwasserstoffsäure (*Aghoramurthy et al.*, J. scient. ind. Res. India **15**B [1956] 11).
Krystalle (aus Bzl.); F: 243—244°.

6-Methoxy-2-methyl-3-phenyl-chromen-4-on $C_{17}H_{14}O_3$, Formel VII (R = CH₃).
B. Beim Erhitzen von 2-Hydroxy-5-methoxy-desoxybenzoin mit Acetanhydrid und

Natriumacetat (*Aghoramurthy et al.*, J. scient. ind. Res. India **15**B [1956] 11).
Krystalle (aus Me.); F: 144—145°.

7-Hydroxy-2-methyl-3-phenyl-chromen-4-on $C_{16}H_{12}O_3$, Formel VIII (R = X = H)
(E II 42; dort als 7-Oxy-2-methyl-3-phenyl-chromon bezeichnet).
B. Beim Behandeln von 7-Acetoxy-2-methyl-3-phenyl-chromen-4-on mit Schwefelsäure (*Bhumgara et al.*, Pr. Indian Acad. [A] **25** [1947] 322, 325) oder mit äthanol. Natronlauge (*Lespagnol et al.*, Bl. **1951** 82).
Krystalle; F: 244—246° [aus A.] (*Bh. et al.*), 242—243° (*Mozingo, Adkins*, Am. Soc. **60** [1938] 669, 674), 240° [aus A.] (*Le. et al.*).
Beim Behandeln mit Kaliumperoxodisulfat und wss. Alkalilauge ist 7,8-Dihydroxy-2-methyl-3-phenyl-chromen-4-on erhalten worden (*Narasimhachari et al.*, Pr. Indian Acad. [A] **35** [1952] 46, 49).
Verbindung mit Brom $C_{16}H_{12}O_3 \cdot Br_2$. Gelbe Krystalle (aus $CHCl_3$); F: 282—283° (*Bh. et al.*).

7-Methoxy-2-methyl-3-phenyl-chromen-4-on $C_{17}H_{14}O_3$, Formel VIII (R = CH_3, X = H)
(E II 42; dort als 7-Methoxy-2-methyl-isoflavon bezeichnet).
B. Beim Erwärmen von 7-Hydroxy-2-methyl-3-phenyl-chromen-4-on mit Dimethyl=sulfat, Kaliumcarbonat und Aceton (*Murti et al.*, Pr. Indian Acad. [A] **27** [1948] 33, 35).
Krystalle (aus A.); F: 136° (*Heilbron et al.*, Soc. **1936** 295, 299), 135—136° (*Mu. et al.*).

VII   VIII

7-Äthoxy-2-methyl-3-phenyl-chromen-4-on $C_{18}H_{16}O_3$, Formel VIII (R = C_2H_5, X = H).
B. Beim Erhitzen von 4-Äthoxy-2-hydroxy-desoxybenzoin mit Acetanhydrid und Natriumacetat (*Libermann, Moyeux*, Bl. **1956** 166, 171).
Krystalle (aus A.); F: 136°.

7-Allyloxy-2-methyl-3-phenyl-chromen-4-on $C_{19}H_{16}O_3$, Formel VIII (R = $CH_2\text{-}CH=CH_2$, X = H).
B. Beim Erwärmen von 7-Hydroxy-2-methyl-3-phenyl-chromen-4-on mit Allylbromid, Kaliumcarbonat und Aceton (*Murti et al.*, Pr. Indian Acad. [A] **27** [1948] 33, 35).
Krystalle (aus wss. A.); F: 107—108°.

7-Acetoxy-2-methyl-3-phenyl-chromen-4-on $C_{18}H_{14}O_4$, Formel VIII (R = $CO\text{-}CH_3$, X = H) (E II 42; dort als 7-Acetoxy-2-methyl-isoflavon bezeichnet).
B. Beim Erhitzen von 2,4-Diacetoxy-desoxybenzoin auf 250° (*Gowan et al.*, Soc. **1958** 2495, 2499).
Krystalle (aus A.); F: 165—166° (*Bhumgara et al.*, Pr. Indian Acad. [A] **25** [1947] 322, 325), 164° (*Lespagnol et al.*, Bl. **1951** 82). Bei 210°/1 Torr destillierbar (*Le. et al.*).

7-β-D-Glucopyranosyloxy-2-methyl-3-phenyl-chromen-4-on $C_{22}H_{22}O_8$, Formel IX.
B. Beim Behandeln von 7-Hydroxy-2-methyl-3-phenyl-chromen-4-on mit wss. Natron=lauge und α-D-Acetobromglucopyranose (Tetra-*O*-acetyl-α-D-glucopyranosylbromid) in Aceton und Erwärmen des Reaktionsprodukts mit Methanol und wss. Natronlauge (*Zemplén et al.*, B. **77/79** [1944/46] 452, 455). Beim Erhitzen von 4-β-D-Glucopyranosyl=oxy-2-hydroxy-desoxybenzoin mit Acetanhydrid und Natriumacetat und Erwärmen des Reaktionsprodukts mit wss.-methanol. Natronlauge (*Ze. et al.*).
Krystalle (aus W.) mit 2 Mol H_2O, die bei 104—114° schmelzen; die wasserfreie Ver=bindung schmilzt bei 160° (nach Sintern bei 117° und Erweichen bei 140°). $[\alpha]_D^{26}$: $-39,2°$ [Py.; c = 1]; $[\alpha]_D^{27}$: $-40,1°$ [Py.; c = 1] (Dihydrat).

2-Brommethyl-7-hydroxy-3-phenyl-chromen-4-on $C_{16}H_{11}BrO_3$, Formel VIII (R = H, X = Br).
B. Beim Erhitzen von 2,4-Dihydroxy-desoxybenzoin mit Äthoxyessigsäure-anhydrid

und dem Kalium-Salz der Äthoxyessigsäure bis auf 190° und Behandeln des Reaktionsprodukts mit Essigsäure und wss. Bromwasserstoffsäure (*Sehgal, Seshadri*, J. scient. ind. Res. India **12**B [1953] 231, 233). Beim Behandeln von 2-Äthoxymethyl-7-hydroxy-3-phenyl-chromen-4-on mit Essigsäure und Bromwasserstoffsäure (*Mehta, Seshadri*, Pr. Indian Acad. [A] **42** [1955] 192). Beim Erwärmen von 7-Acetoxy-2-brommethyl-3-phenyl-chromen-4-on mit Äthanol und wss. Bromwasserstoffsäure (*Se., Se.*).
Krystalle (aus E. + PAe.); F: 246—247° (*Me., Se.; Se., Se.*).

7-Acetoxy-2-brommethyl-3-phenyl-chromen-4-on $C_{18}H_{13}BrO_4$, Formel VIII (R = CO-CH$_3$, X = Br).
B. Beim Erwärmen von 7-Acetoxy-2-methyl-3-phenyl-chromen-4-on mit *N*-Bromsuccinimid und Dibenzoylperoxid in Tetrachlormethan (*Sehgal, Seshadri*, J. scient. ind. Res. India **12**B [1953] 231, 232).
Krystalle (aus E. + PAe.); F: 154—155°.

7-Hydroxy-2-methyl-3-[4-nitro-phenyl]-chromen-4-on $C_{16}H_{11}NO_5$, Formel X (R = H).
B. Beim Behandeln von 7-Acetoxy-2-methyl-3-[4-nitro-phenyl]-chromen-4-on mit Schwefelsäure (*Dutta, Bose*, J. scient. ind. Res. India **11**B [1952] 413).
Krystalle (aus A.); F: 310°.

7-Acetoxy-2-methyl-3-[4-nitro-phenyl]-chromen-4-on $C_{18}H_{13}NO_6$, Formel X (R = CO-CH$_3$).
B. Beim Erwärmen von 2,4-Dihydroxy-4'-nitro-desoxybenzoin mit Acetanhydrid und Natriumacetat (*Dutta, Bose*, J. scient. ind. Res. India **11**B [1952] 413).
Krystalle; F: 245° [aus A. + E. + Acn.] (*Du., Bose*), 245° [aus Acn.] (*Gowan et al.*, Soc. **1958** 2495, 2499).

7-Hydroxy-3-methyl-2-phenyl-chromen-4-on $C_{16}H_{12}O_3$, Formel XI (R = H).
B. Beim Erhitzen von 1-[2,4-Dihydroxy-phenyl]-propan-1-on mit Benzoesäureanhydrid und Natriumbenzoat bis auf 185° und Behandeln des Reaktionsprodukts mit wss.-äthanol. Kalilauge (*Canter et al.*, Soc. **1931** 1255, 1264). Beim Erhitzen von 1-[2,4-Bisbenzoyloxy-phenyl]-propan-1-on mit Natrium in Toluol bis auf 130° (*Pandit, Sethna*, J. Indian chem. Soc. **27** [1950] 1, 4). Beim Erhitzen von 7-Methoxy-3-methyl-2-phenyl-chromen-4-on mit Essigsäure und wss. Bromwasserstoffsäure (*Ollis, Weight*, Soc. **1952** 3826, 3829). Beim Erwärmen von 7-Benzoyloxy-3-methyl-2-phenyl-chromen-4-on mit wss.-äthanol. Kalilauge (*Ol., We.*).
Krystalle (aus A.); F: 278° [unkorr.] (*Ol., We.; Ca. et al.; Pa., Se.*).

7-Methoxy-3-methyl-2-phenyl-chromen-4-on $C_{17}H_{14}O_3$, Formel XI (R = CH$_3$).
B. Beim Erhitzen von 1-[2-Hydroxy-4-methoxy-phenyl]-propan-1-on mit Benzoylchlorid und Natriumbenzoat auf 190° (*DaRe, Verlicchi*, Ann. Chimica **46** [1956] 904, 907). Beim Erwärmen von 1-[2-Hydroxy-4-methoxy-phenyl]-2-methyl-3-phenyl-propan-1,3-dion mit Essigsäure und wss. Salzsäure (*Ollis, Weight*, Soc. **1952** 3826, 3829).
Krystalle; F: 116° [unkorr.; aus A.] (*Ol., We.*), 107—110° [aus Bzn.] (*DaRe, Ve.*).
Beim Behandeln mit Paraformaldehyd, Essigsäure und wss. Salzsäure unter Einleiten von Chlorwasserstoff ist 8-Chlormethyl-7-methoxy-3-methyl-2-phenyl-chromen-4-on erhalten worden (*DaRe, Ve.*).

7-Acetoxy-3-methyl-2-phenyl-chromen-4-on $C_{18}H_{14}O_4$, Formel XI (R = CO-CH$_3$).
B. Beim Behandeln von 7-Hydroxy-3-methyl-2-phenyl-chromen-4-on mit Acetanhydrid

und Pyridin (*Ollis, Weight*, Soc. **1952** 3826, 3829).
Krystalle (aus A.); F: 137° (*Canter et al.*, Soc. **1931** 1255, 1264), 132° [unkorr.] (*Ol., We.*).

7-Benzoyloxy-3-methyl-2-phenyl-chromen-4-on $C_{23}H_{16}O_4$, Formel XI (R = $CO-C_6H_5$).
B. Beim Behandeln von 1-[4-Benzoyloxy-2-hydroxy-phenyl]-2-methyl-3-phenylpropan-1,3-dion mit Essigsäure und wss. Salzsäure (*Ollis, Weight*, Soc. **1952** 3826, 3829).
Krystalle (aus Me.); F: 127° [unkorr.].

[3-Methyl-4-oxo-2-phenyl-4H-chromen-7-yloxy]-essigsäure $C_{18}H_{14}O_5$, Formel XI (R = CH_2-COOH).
B. Beim Erhitzen von [3-Methyl-4-oxo-2-phenyl-4H-chromen-7-yloxy]-essigsäureäthylester mit wss. Natriumcarbonat-Lösung (*Da Re et al.*, Farmaco Ed. scient. **13** [1958] 561, 570).
Krystalle (aus wss. A.); F: 207—209°.

[3-Methyl-4-oxo-2-phenyl-4H-chromen-7-yloxy]-essigsäure-äthylester $C_{20}H_{18}O_5$, Formel XI (R = CH_2-CO-OC_2H_5).
B. Beim Erwärmen von 7-Hydroxy-3-methyl-2-phenyl-chromen-4-on mit Bromessigsäure-äthylester, Kaliumcarbonat und Aceton (*Da Re et al.*, Farmaco Ed. scient. **13** [1958] 561, 569).
Krystalle (aus wss. A.); F: 204—206°.

7-β-D-Glucopyranosyloxy-3-methyl-2-phenyl-chromen-4-on $C_{22}H_{22}O_8$, Formel XII (R = H).
B. Beim Erwärmen von 3-Methyl-2-phenyl-7-[tetra-*O*-acetyl-β-D-glucopyranosyloxy]-chromen-4-on (s. u.) mit wss.-äthanol. Natronlauge (*Da Re et al.*, Ann. Chimica **49** [1959] 2089, 2092).
Krystalle; F: 218,5—219,5°. $[\alpha]_D^{20}$: —59,0° [Py.; c = 2].

3-Methyl-2-phenyl-7-[tetra-*O*-acetyl-β-D-glucopyranosyloxy]-chromen-4-on $C_{30}H_{30}O_{12}$, Formel XII (R = CO-CH_3).
B. Beim Behandeln von 7-Hydroxy-3-methyl-2-phenyl-chromen-4-on mit wss. Natronlauge und α-D-Acetobromglucopyranose (Tetra-*O*-acetyl-α-D-glucopyranosylbromid) in Aceton (*Da Re et al.*, Ann. Chimica **49** [1959] 2089, 2091).
Krystalle (aus A.); F: 196—197,5°. $[\alpha]_D^{20}$: —41,2° [Py.; c = 4].

5-Hydroxy-4-methyl-2-phenyl-chromen-7-on $C_{16}H_{12}O_3$, Formel I, und Tautomere (H **17** 181; dort als Anhydro-[5,7-dioxy-4-methyl-2-phenyl-benzopyranol] bezeichnet).
B. Beim Behandeln einer Lösung von 5,7-Dihydroxy-4-methyl-2-phenyl-chromenyliumchlorid in Methanol mit wss. Natriumacetat-Lösung (*Brockmann et al.*, B. **77/79** [1944/46] 347, 352).
Rote Krystalle; F: 233° [nach Sintern; Block].

7-Hydroxy-5-methyl-2-phenyl-chromen-4-on $C_{16}H_{12}O_3$, Formel II (R = H) (H 63).
B. In kleiner Menge neben 5-Hydroxy-7-methyl-2-phenyl-chromen-4-on beim Erhitzen von 5-Methyl-resorcin mit 3-Oxo-3-phenyl-propionsäure-äthylester auf 270° (*Pillon*, Bl. **1954** 9, 20). Beim Erhitzen von 1-[2,4-Bis-benzoyloxy-6-methyl-phenyl]-äthanon mit Natrium in Toluol (*Pandit, Sethna*, J. Indian chem. Soc. **28** [1951] 357, 362). Beim

Erwärmen von 3-Benzoyl-7-hydroxy-5-methyl-2-phenyl-chromen-4-on oder von 3-Benzoyl-7-benzoyloxy-5-methyl-2-phenyl-chromen-4-on mit äthanol. Kalilauge (*Sethna, Shah*, J. Indian chem. Soc. **17** [1940] 601, 603).

Krystalle (aus A.); F: 312° (*Pa., Se.*; *Se., Shah*), 304—306° (*Pi.*). UV-Spektrum (A.; 230—350 nm): *Mentzer, Pillon*, Parf. Cosmét. Savons **1** [1958] 298, 301.

7-Methoxy-5-methyl-2-phenyl-chromen-4-on $C_{17}H_{14}O_3$, Formel II (R = CH_3) (H 64; dort als 7-Methoxy-5-methyl-flavon bezeichnet).

B. Beim Behandeln von 7-Hydroxy-5-methyl-2-phenyl-chromen-4-on mit Dimethylsulfat und Alkalilauge (*Sethna, Shah*, J. Indian chem. Soc. **17** [1940] 601, 603).

Krystalle (aus A.); F: 122—123°.

7-Acetoxy-5-methyl-2-phenyl-chromen-4-on $C_{18}H_{14}O_4$, Formel II (R = $CO-CH_3$) (H 64; dort als 7-Acetoxy-5-methyl-flavon bezeichnet).

Krystalle (aus wss. A.); F: 155—156° [nach Erweichen bei 150°; Block] (*Pillon*, Bl. **1954** 9, 21).

5-Methoxy-6-methyl-2-phenyl-chromen-7-on, Dracorhodin $C_{17}H_{14}O_3$, Formel III.

Isolierung aus sog. Drachenblut (Sanguis draconis; von Calamus draco): *Brockmann, Junge*, B. **76** [1943] 751, 757.

B. Beim Behandeln von 7-Hydroxy-5-methoxy-6-methyl-2-phenyl-chromenylium-chlorid mit Natriumacetat oder Natriumhydrogencarbonat in Wasser (*Robertson, Whalley*, Soc. **1950** 1882).

Rote Krystalle (aus wss. Me.); F: 169° [unkorr.] (*Br., Ju.*, l. c. S. 759), 169° [Zers.] (*Ro., Wh.*). Absorptionsspektrum (Bzl.; 270—500 nm): *Ro., Wh.* In 100 ml Benzol lösen sich bei 18° 0,35 g (*Brockmann et al.*, B. **77/79** [1944/46] 347, 352).

Beim Behandeln mit Brom (1 Mol) in Essigsäure und Behandeln einer Lösung des Reaktionsprodukts in Äthanol mit wss. Natriumacetat-Lösung ist x-Brom-5-methoxy-6-methyl-2-phenyl-chromen-7-on ($C_{17}H_{13}BrO_3$; rote Krystalle [aus Eg.], F: 222°) erhalten worden (*Br., Ju.*, l. c. S. 760).

2-[2-Hydroxy-phenyl]-6-methyl-chromen-4-on $C_{16}H_{12}O_3$, Formel IV (R = H).

B. Beim Erhitzen von 2-[2-Methoxy-phenyl]-6-methyl-chromen-4-on mit Essigsäure und wss. Bromwasserstoffsäure (*Baker, Besly*, Soc. **1940** 1103, 1106).

Krystalle (aus A.); F: 255—256° (*Baker, Be.*).

Verbindung mit Schwefelsäure $C_{16}H_{12}O_3 \cdot H_2SO_4$; 4-Hydroxy-2-[2-hydroxy-phenyl]-6-methyl-chromenylium-hydrogensulfat $[C_{16}H_{13}O_3]HSO_4$. Gelbe Krystalle (aus Eg. + H_2SO_4), F: 226° [Zers.] (*Ballantine, Whalley*, Soc. **1956** 3224).

2-[2-Methoxy-phenyl]-6-methyl-chromen-4-on $C_{17}H_{14}O_3$, Formel IV (R = CH_3).

B. Beim Erhitzen von 1-[2-Hydroxy-5-methyl-phenyl]-3-[2-methoxy-phenyl]-propan-1,3-dion mit Essigsäure und Natriumacetat (*Baker, Besly*, Soc. **1940** 1103, 1106).

Krystalle (aus A.); F: 110°.

2-[2-Acetoxy-phenyl]-6-methyl-chromen-4-on $C_{18}H_{14}O_4$, Formel IV (R = $CO-CH_3$).

B. Beim Erhitzen von 2-[2-Hydroxy-phenyl]-6-methyl-chromen-4-on mit Acetanhydrid (*Baker, Besly*, Soc. **1940** 1103, 1106).

Krystalle (aus PAe.); F: 101°.

2-[5-Brom-2-methoxy-phenyl]-6-methyl-8-nitro-chromen-4-on $C_{17}H_{12}BrNO_5$, Formel V (X = H).

B. Beim Erhitzen von opt.-inakt. 2,3-Dibrom-3-[5-brom-2-methoxy-phenyl]-1-[2-hydr-

oxy-5-methyl-3-nitro-phenyl]-propan-1-on (F: 173—174°) mit Pyridin (*Atchabba et al.*, J. Univ. Bombay **25**, Tl. 5A [1957] 1, 6).
F: 215—216°.

IV V

3-Brom-2-[5-brom-2-methoxy-phenyl]-6-methyl-8-nitro-chromen-4-on $C_{17}H_{11}Br_2NO_5$, Formel V (X = Br).

B. Beim Erhitzen von 2-[5-Brom-2-methoxy-phenyl]-6-methyl-8-nitro-chromen-4-on mit Brom in Essigsäure (*Atchabba et al.*, J. Univ. Bombay **25**, Tl. 5A [1957] 1, 7).
Krystalle (aus Eg.); F: 240—241°.

2-[4-Methoxy-phenyl]-6-methyl-chromen-4-on $C_{17}H_{14}O_3$, Formel VI (X = H) (E II 42; dort als 4'-Methoxy-6-methyl-flavon bezeichnet).

B. Beim Erhitzen von opt.-inakt. 1-[2-Acetoxy-5-methyl-phenyl]-2,3-dibrom-3-[4-methoxy-phenyl]-propan-1-on (F: 128°) mit wss.-äthanol. Natronlauge (*Marathey*, J. Univ. Poona Nr. 2 [1952] 7, 8; vgl. E II 42). Beim Erwärmen von 2-[(Z)-4-Methoxy-benzyliden]-5-methyl-benzofuran-3-on (S. 756) mit Kaliumcyanid in Äthanol (*Fitzgerald et al.*, Soc. **1955** 860).

Gelbliche Krystalle (aus A.); F: 174° (*Ma.*). Absorptionsspektrum (210—440 nm) von Lösungen in wss. Äthanol, auch nach Zusatz von Kalilauge oder von Salzsäure: *Jatkar, Mattoo*, J. Indian chem. Soc. **33** [1956] 623, 625. Fluorescenzspektrum (A.; 390—530 nm): *Ja., Ma.*

Überführung in 2-[4-Methoxy-phenyl]-6-methyl-4H-chromen durch Erwärmen mit Lithiumalanat in Äther: *Kulkarni, Shah*, Curr. Sci. **22** [1953] 339. Verhalten gegen Brom in Essigsäure: *Pendse, Moghe*, Rasayanam **2** [1956] 114.

3-Chlor-2-[4-methoxy-phenyl]-6-methyl-chromen-4-on $C_{17}H_{13}ClO_3$, Formel VI (X = Cl).

B. Beim Behandeln von 2-[4-Methoxy-phenyl]-6-methyl-chromen-4-on mit Chlor in Essigsäure (*Pendse, Moghe*, Rasayanam **2** [1956] 114). Beim Behandeln einer Suspension von 2-[4-Methoxy-phenyl]-6-methyl-chromen-4-on in Äther mit Chlor (*Pe., Mo.*).

Nadeln (aus A.) vom F: 136° sowie Prismen (aus A.) vom F: 132°; die Modifikation vom F: 132° wandelt sich beim Erhitzen mit Essigsäure in die Modifikation vom F: 136° um.

Beim Erwärmen mit wss.-äthanol. Natronlauge sind 2-[4-Methoxy-benzoyl]-5-methyl-benzofuran-3-ol, 2-Hydroxy-5-methyl-benzoesäure und 4-Methoxy-benzoesäure erhalten worden.

VI VII

3-Brom-2-[4-methoxy-phenyl]-6-methyl-chromen-4-on $C_{17}H_{13}BrO_3$, Formel VI (X = Br).

B. Beim Behandeln einer Suspension von 2-[4-Methoxy-phenyl]-6-methyl-chromen-4-on in Äther mit Brom (1 Mol) in Essigsäure (*Pendse, Moghe*, Rasayanam **2** [1956] 114). Beim Erwärmen einer Suspension von (±)-3,3-Dibrom-2-[4-methoxy-phenyl]-6-methyl-chroman-4-on in Äthanol mit wss. Natronlauge (*Limaye et al.*, Rasayanam **2** [1956] 97, 103).

Prismen (aus A.) vom F: 148° sowie Nadeln (aus A.) vom F: 140° (*Pe., Mo.*). Die Modifikation vom F: 148° wandelt sich beim Erhitzen mit Essigsäure in die Modifikation vom F: 140° um (*Pe., Mo.*).

Beim Erwärmen mit wss.-äthanol. Natronlauge ist 2-[4-Methoxy-benzoyl]-5-methyl-benzofuran-3-ol erhalten worden (*Pe., Mo.,* l. c. S. 116; *Li. et al.,* l. c. S. 102).

8-Brom-2-[4-methoxy-phenyl]-6-methyl-chromen-4-on $C_{17}H_{13}BrO_3$, Formel VII.

B. Beim Behandeln von opt.-inakt. 2,3-Dibrom-1-[3-brom-2-hydroxy-5-methyl-phenyl]-3-[4-methoxy-phenyl]-propan-1-on (F: 145°) mit wss.-äthanol. Natronlauge (*Marathey, Gore,* J. Univ. Poona Nr. 6 [1954] 77, 81).

Krystalle (aus A. + Eg.); F: 190°.

2-[3-Brom-4-methoxy-phenyl]-6-methyl-8-nitro-chromen-4-on $C_{17}H_{12}BrNO_5$, Formel VIII (X = H).

B. Beim Erhitzen von opt.-inakt. 2,3-Dibrom-3-[3-brom-4-methoxy-phenyl]-1-[2-hydr= oxy-5-methyl-3-nitro-phenyl]-propan-1-on (F: 190°) mit wss. Kalilauge (*Atchabba et al.,* J. Univ. Bombay **27**, Tl. 3A [1958] 8, 14).

Gelbe Krystalle (aus Eg.); F: 262°.

3-Brom-2-[3-brom-4-methoxy-phenyl]-6-methyl-8-nitro-chromen-4-on $C_{17}H_{11}Br_2NO_5$, Formel VIII (X = Br).

B. Beim Erhitzen von 2-[3-Brom-4-methoxy-phenyl]-6-methyl-8-nitro-chromen-4-on mit Brom in Essigsäure (*Atchabba et al.,* J. Univ. Bombay **27**, Tl. 3A [1958] 8, 14).

Krystalle (aus Eg.); F: 272°.

5-Hydroxy-7-methyl-2-phenyl-chromen-4-on $C_{16}H_{12}O_3$, Formel IX (R = H) (H 64; E II 42; dort als 5-Oxy-7-methyl-flavon bezeichnet).

B. In kleiner Menge neben 7-Hydroxy-5-methyl-2-phenyl-chromen-4-on beim Erhitzen von 5-Methyl-resorcin mit 3-Oxo-3-phenyl-propionsäure-äthylester auf 270° (*Pillon,* Bl. **1954** 9, 20).

Krystalle (aus A.); F: 142—143° (*Pi.*). UV-Spektrum (A.; 230—380 nm): *Mentzer, Pillon,* Parf. Cosmét. Savons **1** [1958] 298, 301.

5-Acetoxy-7-methyl-2-phenyl-chromen-4-on $C_{18}H_{14}O_4$, Formel IX (R = CO-CH_3) (H 64; dort als 5-Acetoxy-7-methyl-flavon bezeichnet).

Krystalle (aus wss. A.); F: 126—127° (*Pillon,* Bl. **1954** 9, 21). UV-Spektrum (A.; 230—350 nm): *Mentzer, Pillon,* Parf. Cosmét. Savons **1** [1958] 298, 301.

2-[4-Methoxy-phenyl]-7-methyl-chromen-4-on $C_{17}H_{14}O_3$, Formel X.

B. Beim Behandeln von opt.-inakt. 1-[2-Acetoxy-4-methyl-phenyl]-2,3-dibrom-3-[4-methoxy-phenyl]-propan-1-on (F: 125°) mit wss.-äthanol. Natronlauge (*Marathey,* J. Univ. Poona Nr. 2 [1952] 11, 16).

Krystalle (aus A.); F: 148°.

5-Methoxy-8-methyl-2-phenyl-chromen-7-on, Isodracorhodin $C_{17}H_{14}O_3$, Formel XI.

B. Beim Behandeln einer Lösung von 7-Hydroxy-5-methoxy-8-methyl-2-phenyl-chromenylium-chlorid in Methanol mit wss. Natriumacetat-Lösung (*Brockmann et al.*, B. **77/79** [1944/46] 347, 352).

Rote Krystalle (aus Me.); F: 224—227°. Absorptionsmaxima (Bzl.): 474 nm, 518 nm, 548 nm und 595 nm (*Br. et al.*, l. c. S. 348). In 100 ml Benzol lösen sich bei 20° 0,55 g.

7-Hydroxy-8-methyl-2-phenyl-chromen-4-on $C_{16}H_{12}O_3$, Formel XII.

B. Beim Erhitzen von 1-[2,4-Dihydroxy-3-methyl-phenyl]-äthanon mit Benzoesäure-anhydrid und Natriumbenzoat unter vermindertem Druck auf 190° und Erwärmen des Reaktionsprodukts mit äthanol. Kalilauge (*Rangaswami, Seshadri*, Pr. Indian Acad. [A] **9** [1939] 1, 5).

Krystalle (aus A.) mit 1 Mol H_2O; F: 255—257°.

2-[2-Methoxy-phenyl]-8-methyl-6-nitro-chromen-4-on $C_{17}H_{13}NO_5$, Formel I (X = H).

B. Beim Behandeln von opt.-inakt. 2,3-Dibrom-1-[2-hydroxy-3-methyl-5-nitro-phenyl]-3-[2-methoxy-phenyl]-propan-1-on (F: 148—149°) mit wss. Kalilauge (*Chhaya et al.*, J. Univ. Bombay **27**, Tl. 3 A [1958] 26, 28).

Gelbe Krystalle (aus Eg.); F: 215—216°.

2-[5-Brom-2-methoxy-phenyl]-8-methyl-6-nitro-chromen-4-on $C_{17}H_{12}BrNO_5$, Formel I (X = Br).

B. Beim Erhitzen von opt.-inakt. 2,3-Dibrom-3-[5-brom-2-methoxy-phenyl]-1-[2-hydroxy-3-methyl-5-nitro-phenyl]-propan-1-on (F: 202—203°) mit wss. Natriumtetraborat-Lösung (*Chhaya et al.*, J. Univ. Bombay **27**, Tl. 3 A [1958] 26, 29). Aus 2-[2-Methoxy-phenyl]-8-methyl-6-nitro-chromen-4-on und Brom (*Ch. et al.*).

Krystalle (aus Eg.); F: 240—241°.

2-[4-Methoxy-phenyl]-8-methyl-chromen-4-on $C_{17}H_{14}O_3$, Formel II.

B. Beim Behandeln von opt.-inakt. 1-[2-Acetoxy-3-methyl-phenyl]-2,3-dibrom-3-[4-methoxy-phenyl]-propan-1-on (F: 135°) mit wss.-äthanol. Natronlauge (*Marathey*, J. Univ. Poona Nr. 2 [1952] 11, 14).

Krystalle (aus A.); F: 162° (*Ma.*). Absorptionsspektrum (210—480 nm) von Lösungen in wss. Äthanol, auch nach Zusatz von Kalilauge oder von Salzsäure: *Jatkar, Mattoo*, J. Indian chem. Soc. **33** [1956] 623, 626. Fluorescenzspektrum (A.; 390—530 nm): *Ja., Ma.*

5-Hydroxy-4-methyl-3-phenyl-cumarin $C_{16}H_{12}O_3$, Formel III (R = H).

B. Beim Erwärmen von 5-Acetoxy-4-methyl-3-phenyl-cumarin mit Schwefelsäure enthaltendem Äthanol (*Seshadri, Varadarajan*, Pr. Indian Acad. [A] **35** [1952] 75, 79).

Krystalle (aus A.); F: 276—278°.

5-Methoxy-4-methyl-3-phenyl-cumarin $C_{17}H_{14}O_3$, Formel III (R = CH_3).

B. Beim Behandeln von 5-Hydroxy-4-methyl-3-phenyl-cumarin mit Dimethylsulfat, Kaliumcarbonat und Aceton (*Seshadri, Varadarajan*, Pr. Indian Acad. [A] **35** [1952] 75, 80).

Krystalle (aus A.); F: 165—166°.

5-Acetoxy-4-methyl-3-phenyl-cumarin $C_{18}H_{14}O_4$, Formel III (R = CO-CH$_3$).

B. Beim Erhitzen von 1-[2,6-Dihydroxy-phenyl]-äthanon mit Natrium-phenylacetat und Acetanhydrid auf 180° (*Seshadri, Varadarajan*, Pr. Indian Acad. [A] **35** [1952] 75, 79).

Krystalle (aus A.): F: 150—152°.

7-Hydroxy-4-methyl-3-phenyl-cumarin $C_{16}H_{12}O_3$, Formel IV (R = X = H) (E I 327; E II 43).

B. Beim Behandeln von 2-Phenyl-acetessigsäure-äthylester mit Resorcin, Äthanol und Phosphor(V)-oxid (*Chakravarti*, J. Indian chem. Soc. **8** [1931] 129, 136; vgl. E I 327). Beim Behandeln einer Lösung von 7-Hydroxy-4-methyl-cumarin in wss. Aceton mit wss. Benzoldiazoniumchlorid-Lösung unter Zusatz von Natriumacetat und Kupfer(II)-chlorid (*Sawhney, Seshadri*, J. scient. ind. Res. India **13**B [1954] 316, 318). Beim Erwärmen von 7-Acetoxy-4-methyl-3-phenyl-cumarin mit Chlorwasserstoff enthaltendem Äthanol (*Seshadri, Varadarajan*, J. scient. ind. Res. India **11**B [1952] 39, 48).

Krystalle; F: 228—229° [aus A.] (*Se., Va.*), 228—229° [aus Eg.] (*Sa., Se.*).

7-Methoxy-4-methyl-3-phenyl-cumarin $C_{17}H_{14}O_3$, Formel IV (R = CH$_3$, X = H) (E I 327; E II 43).

B. Beim Behandeln von 7-Hydroxy-4-methyl-3-phenyl-cumarin mit Methyljodid, Kaliumcarbonat und Aceton (*Heilbron et al.*, Soc. **1936** 295, 297) oder mit Dimethylsulfat, Kaliumcarbonat und Aceton (*Seshadri, Varadarajan*, J. scient. ind. Res. India **11**B [1952] 39, 48).

Krystalle; F: 107—108° [aus Bzl. + PAe.] (*Se., Va.*), 106—107° [aus A.] (*He. et al.*).

7-Acetoxy-4-methyl-3-phenyl-cumarin $C_{18}H_{14}O_4$, Formel IV (R = CO-CH$_3$, X = H) (E I 327; E II 43).

B. Beim Erhitzen von 1-[2,4-Dihydroxy-phenyl]-äthanon mit Natrium-phenylacetat und Acetanhydrid auf 180° (*Seshadri, Varadarajan*, J. scient. ind. Res. India **11**B [1952] 39, 48).

Krystalle (aus A.); F: 185—186°.

3-[4-Chlor-phenyl]-7-hydroxy-4-methyl-cumarin $C_{16}H_{11}ClO_3$, Formel IV (R = H, X = Cl).

B. Beim Behandeln einer Lösung von 7-Hydroxy-4-methyl-cumarin in Aceton mit wss. 4-Chlor-benzoldiazoniumchlorid-Lösung unter Zusatz von Natriumacetat und Kupfer(II)-chlorid (*Sawhney, Seshadri*, J. scient. ind. Res. India **13**B [1954] 316, 319).

Krystalle; F: 251—252° [aus A.] (*Sa., Se.*), 233—234° [unkorr.; aus Eg.] (*Freund*, Soc. **1952** 1954; *Taunk et al.*, Ann. Soc. scient. Bruxelles [I] **84** [1971] 383, 387).

3-[4-Chlor-phenyl]-7-methoxy-4-methyl-cumarin $C_{17}H_{13}ClO_3$, Formel IV (R = CH$_3$, X = Cl).

B. Beim Erwärmen von 3-[4-Chlor-phenyl]-7-hydroxy-4-methyl-cumarin mit Dimethylsulfat, Kaliumcarbonat und Aceton (*Sawhney, Seshadri*, J. scient. ind. Res. India **13**B [1954] 316, 320).

Krystalle (aus A.); F: 160—161°.

7-Acetoxy-3-[4-chlor-phenyl]-4-methyl-cumarin $C_{18}H_{13}ClO_4$, Formel IV (R = CO-CH$_3$, X = Cl).

B. Beim Erhitzen von 3-[4-Chlor-phenyl]-7-hydroxy-4-methyl-cumarin mit Acetanhydrid und wenig Pyridin (*Sawhney, Seshadri*, J. scient. ind. Res. India **13**B [1954] 316, 320).

Krystalle (aus E.); F: 184—185°.

6-Brom-7-hydroxy-4-methyl-3-phenyl-cumarin $C_{16}H_{11}BrO_3$, Formel V (R = X = H).

B. Neben kleineren Mengen 8-Brom-7-hydroxy-4-methyl-3-phenyl-cumarin beim Erhitzen von 7-Hydroxy-4-methyl-3-phenyl-cumarin mit Brom (1 Mol) in Essigsäure (*Seshadri, Varadarajan*, J. scient. ind. Res. India **11**B [1952] 39, 48). Beim Erwärmen von 7-Acetoxy-6-brom-4-methyl-3-phenyl-cumarin mit Schwefelsäure enthaltendem Äthanol (*Se., Va.*, l. c. S. 47).

Krystalle (aus Eg.); F: 286—288°.

6-Brom-7-methoxy-4-methyl-3-phenyl-cumarin $C_{17}H_{13}BrO_3$, Formel V (R = CH$_3$, X = H).

B. Beim Behandeln von 6-Brom-7-hydroxy-4-methyl-3-phenyl-cumarin mit Dimethylsulfat, Kaliumcarbonat und Aceton (*Seshadri, Varadarajan*, J. scient. ind. Res. India **11** B [1952] 39, 47).

Krystalle (aus Eg.); F: 213—215°.

IV   V   VI

7-Acetoxy-6-brom-4-methyl-3-phenyl-cumarin $C_{18}H_{13}BrO_4$, Formel V (R = CO-CH$_3$, X = H).

B. Beim Erhitzen von 1-[5-Brom-2,4-dihydroxy-phenyl]-äthanon mit Natrium-phenylacetat und Acetanhydrid auf 180° (*Seshadri, Varadarajan*, J. scient. ind. Res. India **11** B [1952] 39, 47).

Krystalle (aus Eg.); F: 175—177°.

8-Brom-7-hydroxy-4-methyl-3-phenyl-cumarin $C_{16}H_{11}BrO_3$, Formel VI (R = H).

B. Neben grösseren Mengen 6-Brom-7-hydroxy-4-methyl-3-phenyl-cumarin beim Erhitzen von 7-Hydroxy-4-methyl-3-phenyl-cumarin mit Brom (1 Mol) in Essigsäure (*Seshadri, Varadarajan*, J. scient. ind. Res. India **11** B [1952] 39, 48).

Krystalle (aus Eg.); F: 269—271°.

8-Brom-7-methoxy-4-methyl-3-phenyl-cumarin $C_{17}H_{13}BrO_3$, Formel VI (R = CH$_3$).

B. Aus 8-Brom-7-hydroxy-4-methyl-3-phenyl-cumarin mit Hilfe von Dimethylsulfat (*Seshadri, Varadarajan*, J. scient. ind. Res. India **11** B [1952] 39, 48).

Krystalle (aus Eg.); F: 187—189°.

3-[4-Brom-phenyl]-7-hydroxy-4-methyl-cumarin $C_{16}H_{11}BrO_3$, Formel IV (R = H, X = Br).

B. Beim Behandeln einer Lösung von 7-Hydroxy-4-methyl-cumarin in Aceton mit wss. 4-Brom-benzoldiazoniumchlorid-Lösung unter Zusatz von Natriumacetat und Kupfer(II)-chlorid (*Sawhney, Seshadri*, J. scient. ind. Res. India **13** B [1954] 316, 320).

Krystalle; F: 259—260° [aus A.] (*Sa., Se.*), 256—259° [unkorr.; aus Eg.] (*Freund*, Soc. **1952** 1954).

3-[4-Brom-phenyl]-7-methoxy-4-methyl-cumarin $C_{17}H_{13}BrO_3$, Formel IV (R = CH$_3$, X = Br).

B. Beim Behandeln von 3-[4-Brom-phenyl]-7-hydroxy-4-methyl-cumarin mit Dimethylsulfat, Kaliumcarbonat und Aceton (*Sawhney, Seshadri*, J. scient. ind. Res. India **13** B [1954] 316, 320).

Krystalle (aus A.); F: 175—176°.

7-Acetoxy-3-[4-brom-phenyl]-4-methyl-cumarin $C_{18}H_{13}BrO_4$, Formel IV (R = CO-CH$_3$, X = Br).

B. Beim Erhitzen von 3-[4-Brom-phenyl]-7-hydroxy-4-methyl-cumarin mit Acetanhydrid und wenig Pyridin (*Sawhney, Seshadri*, J. scient. ind. Res. India **13** B [1954] 316, 320).

Krystalle (aus E.); F: 184—185°.

6,8-Dibrom-7-hydroxy-4-methyl-3-phenyl-cumarin $C_{16}H_{10}Br_2O_3$, Formel V (R = H, X = Br).

B. Beim Erwärmen von 7-Hydroxy-4-methyl-3-phenyl-cumarin mit Brom (2 Mol)

in Essigsäure (*Seshadri, Varadarajan,* J. scient. ind. Res. India **11** B [1952] 39, 48). Beim Erwärmen von 7-Acetoxy-6,8-dibrom-4-methyl-3-phenyl-cumarin mit Essigsäure und Schwefelsäure (*Se., Va.*).
Krystalle (aus Eg.); F: 259—260° [Zers.].

6,8-Dibrom-7-methoxy-4-methyl-3-phenyl-cumarin $C_{17}H_{12}Br_2O_3$, Formel V (R = CH_3, X = Br).
B. Aus 6,8-Dibrom-7-hydroxy-4-methyl-3-phenyl-cumarin mit Hilfe von Dimethyl≈ sulfat (*Seshadri, Varadarajan,* J. scient. ind. Res. India **11** B [1952] 39, 48).
Krystalle (aus Eg.); F: 187—189°.

7-Acetoxy-6,8-dibrom-4-methyl-3-phenyl-cumarin $C_{18}H_{12}Br_2O_4$, Formel V (R = $CO\text{-}CH_3$, X = Br).
B. Beim Erhitzen von 1-[3,5-Dibrom-2,4-dihydroxy-phenyl]-äthanon mit Natriumphenylacetat und Acetanhydrid auf 180° (*Seshadri, Varadarajan,* J. scient. ind. Res. India **11** B [1952] 39, 47).
Krystalle (aus Eg.); F: 210—211°.

7-Hydroxy-4-methyl-3-[4-nitro-phenyl]-cumarin $C_{16}H_{11}NO_5$, Formel IV (R = H, X = NO_2).
B. Beim Behandeln einer Lösung von 7-Hydroxy-4-methyl-cumarin in Aceton mit wss. 4-Nitro-benzoldiazoniumchlorid-Lösung unter Zusatz von Natriumacetat und Kupfer(II)-chlorid (*Sawhney, Seshadri,* J. scient. ind. Res. India **13** B [1954] 316, 319).
Orangegelbe Krystalle (aus A.); F: 280—281°.

7-Methoxy-4-methyl-3-[4-nitro-phenyl]-cumarin $C_{17}H_{13}NO_5$, Formel IV (R = CH_3, X = NO_2).
B. Beim Erwärmen von 7-Hydroxy-4-methyl-3-[4-nitro-phenyl]-cumarin mit Dimethylsulfat, Kaliumcarbonat und Aceton (*Sawhney, Seshadri,* J. scient. ind. Res. India **13** B [1954] 316, 319).
Krystalle (aus A.); F: 212—213°.

7-Acetoxy-4-methyl-3-[4-nitro-phenyl]-cumarin $C_{18}H_{13}NO_6$, Formel IV (R = $CO\text{-}CH_3$, X = NO_2).
B. Beim Erhitzen von 1-[2,4-Dihydroxy-phenyl]-äthanon mit Natrium-[(4-nitrophenyl)-acetat] und Acetanhydrid auf 180° (*Sawhney, Seshadri,* J. scient. ind. Res. India **13** B [1954] 316, 319).
Krystalle (aus E.); F: 194—196°.

7-Hydroxy-5-methyl-3-phenyl-cumarin $C_{16}H_{12}O_3$, Formel VII (R = H) (E I 328).
B. Beim Erhitzen von 2,4-Dihydroxy-6-methyl-benzaldehyd mit Natrium-phenyl≈ acetat und Acetanhydrid auf 180°, Erwärmen des Reaktionsprodukts mit wss.-äthanol. Natronlauge und anschliessenden Ansäuern (*Balaiah et al.,* Pr. Indian Acad. [A] **16** [1942] 68, 77). Bei der Behandlung von 5-Methyl-resorcin mit 3-Benzoyloxy-2-phenyl-acrylonitril (F: 117—118°), Zinkchlorid und Chlorwasserstoff in Äther und anschliessenden Hydrolyse (*Badhwar et al.,* Soc. **1931** 1541, 1545).
Krystalle (aus A.) mit 1 Mol H_2O; F: 233° (*Bal. et al.*), 228° (*Bad. et al.*). Fluorescenz von wss. Lösungen vom pH 0 bis pH 10: *Goodwin, Kavanagh,* Arch. Biochem. **27** [1950] 152, 159.

7-Methoxy-5-methyl-3-phenyl-cumarin $C_{17}H_{14}O_3$, Formel VII (R = CH_3).
B. Beim Erwärmen von 7-Hydroxy-5-methyl-3-phenyl-cumarin mit Methyljodid, Kaliumcarbonat und Aceton (*Balaiah et al.,* Pr. Indian Acad. [A] **16** [1942] 68, 80).
Gelbe Krystalle (aus A.); F: 155° (*Ba. et al.*). Fluorescenz von wss. Lösungen vom pH 0 bis pH 10: *Goodwin, Kavanagh,* Arch. Biochem. **27** [1950] 152, 160.

7-Acetoxy-5-methyl-3-phenyl-cumarin $C_{18}H_{14}O_4$, Formel VII (R = $CO\text{-}CH_3$).
B. Aus 7-Hydroxy-5-methyl-3-phenyl-cumarin (*Badhwar et al.,* Soc. **1931** 1541, 1546).
Krystalle (aus A.); F: 158—159°.

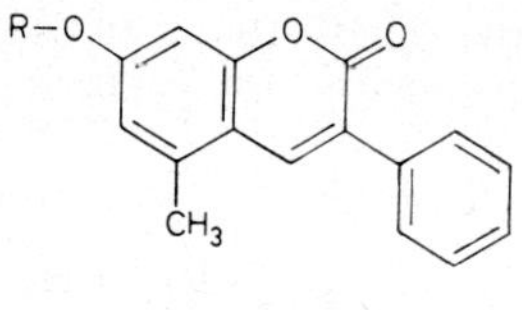

VII 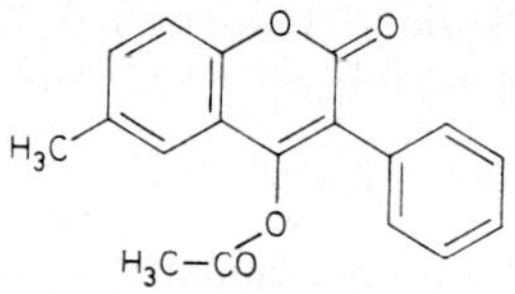   VIII 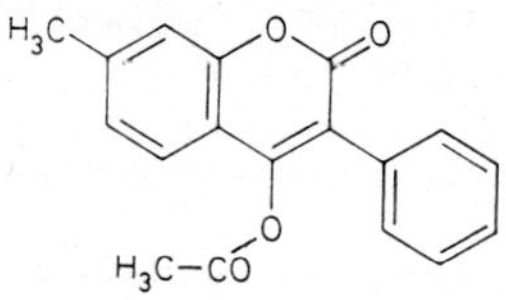   IX

4-Acetoxy-6-methyl-3-phenyl-cumarin $C_{18}H_{14}O_4$, Formel VIII.

B. Aus 6-Methyl-3-phenyl-chroman-2,4-dion [E III/IV **17** 6444] (*Vercier et al.*, Bl. **1950** 1248, 1253).

Krystalle (aus Eg.); F: 170°.

4-Acetoxy-7-methyl-3-phenyl-cumarin $C_{18}H_{14}O_4$, Formel IX.

B. Aus 7-Methyl-3-phenyl-chroman-2,4-dion [E III/IV **17** 6444] (*Mentzer, Vercier*, M. **88** [1957] 264, 265).

F: 155°. Absorptionsmaxima: 300 nm und 323 nm.

4-Acetoxy-8-methyl-3-phenyl-cumarin $C_{18}H_{14}O_4$, Formel X.

B. Aus 8-Methyl-3-phenyl-chroman-2,4-dion [E III/IV **17** 6444] (*Mentzer, Vercier*, M. **88** [1957] 264, 265).

F: 167°. Absorptionsmaximum: 295 nm.

7-Hydroxy-5-methyl-4-phenyl-cumarin $C_{16}H_{12}O_3$, Formel XI (X = H).

B. Aus 5-Methyl-resorcin und 3-Oxo-3-phenyl-propionsäure-äthylester mit Hilfe von wss. Schwefelsäure (*Borsche, Wannagat*, A. **569** [1950] 81, 89).

Krystalle (aus Me.); F: 215°.

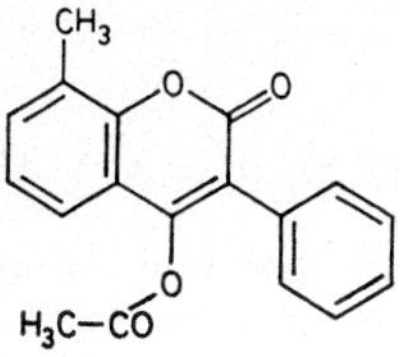

X 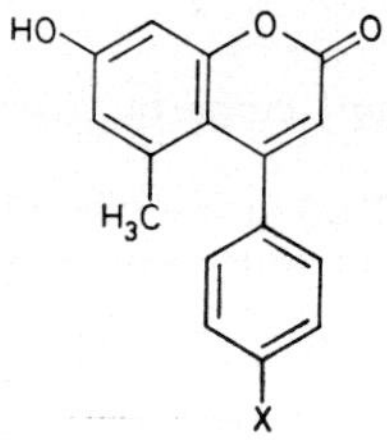   XI 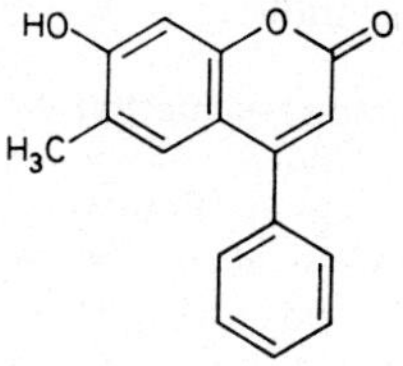   XII

7-Hydroxy-5-methyl-4-[4-nitro-phenyl]-cumarin $C_{16}H_{11}NO_5$, Formel XI (X = NO_2).

B. Aus 5-Methyl-resorcin und 2-Acetyl-3-[4-nitro-phenyl]-3-oxo-propionsäure-äthyl= ester (*Borsche, Wannagat*, A. **569** [1950] 81, 93).

Krystalle (aus Me.); Zers. oberhalb 260°.

7-Hydroxy-6-methyl-4-phenyl-cumarin $C_{16}H_{12}O_3$, Formel XII.

B. Aus 4-Methyl-resorcin und Benzoylmalonsäure-diäthylester mit Hilfe von wss. Schwefelsäure (*Borsche, Wannagat*, A. **569** [1950] 81, 89).

F: 211°.

4-[4-Methoxy-phenyl]-6-methyl-cumarin $C_{17}H_{14}O_3$, Formel I.

B. Beim Erhitzen von (±)-[4-(4-Methoxy-phenyl)-6-methyl-2-oxo-chroman-4-yl]-essigsäure mit Calciumoxid (*Gogte, Palkar*, J. Univ. Bombay **27**, Tl. 5 A [1959] 6, 12).

Krystalle (aus wss. A.); F: 105°.

6-Hydroxy-7-methyl-4-phenyl-cumarin $C_{16}H_{12}O_3$, Formel II (R = H).

B. Aus 2-Methyl-hydrochinon und 3-Oxo-3-phenyl-propionsäure-äthylester mit Hilfe

von wss. Schwefelsäure (*Desai, Mavani,* Pr. Indian Acad. [A] **15** [1942] 11, 15).
Krystalle (aus A.); F: 250°.

I II III IV

6-Acetoxy-7-methyl-4-phenyl-cumarin $C_{18}H_{14}O_4$, Formel II (R = CO-CH$_3$).
B. Aus 6-Hydroxy-7-methyl-4-phenyl-cumarin (*Desai, Mavani,* Pr. Indian Acad. [A] **15** [1942] 11, 15).
Krystalle (aus A.); F: 202°.

4-[4-Methoxy-phenyl]-7-methyl-cumarin $C_{17}H_{14}O_3$, Formel III.
B. Beim Erhitzen von (±)-[4-(4-Methoxy-phenyl)-7-methyl-2-oxo-chroman-4-yl]-essig= säure mit Calciumoxid (*Gogte, Palkar,* J. Univ. Bombay **27**, Tl. 5 A [1959] 6, 12).
Krystalle (aus wss. A.); F: 152°.

7-Hydroxy-8-methyl-4-phenyl-cumarin $C_{16}H_{12}O_3$, Formel IV (R = H).
B. Aus 2-Methyl-resorcin und 3-Oxo-3-phenyl-propionsäure-äthylester mit Hilfe von Schwefelsäure (*Balaiah et al.,* Pr. Indian Acad. [A] **16** [1942] 68, 78).
Krystalle (aus A.); F: 279—280°.

7-Methoxy-8-methyl-4-phenyl-cumarin $C_{17}H_{14}O_3$, Formel IV (R = CH$_3$).
B. Beim Erhitzen von 2-Hydroxy-4-methoxy-3-methyl-benzophenon mit Acet= anhydrid und Natriumacetat auf 190° (*Shah, Shah,* J. Indian chem. Soc. **17** [1940] 32, 36).
Krystalle (aus wss. A.) mit 1 Mol H$_2$O; F: 94—95°.

3-[4-Hydroxy-2-methyl-phenyl]-isocumarin $C_{16}H_{12}O_3$, Formel V.
B. Beim Erhitzen von Isochroman-1,3-dion mit *m*-Kresol und Zinn(IV)-chlorid (*Buu-Hoi,* Bl. [5] **11** [1944] 338, 341).
Krystalle (aus Ae. + Methylacetat); F: 216°.

3-[4-Hydroxy-3-methyl-phenyl]-isocumarin $C_{16}H_{12}O_3$, Formel VI.
B. Beim Erhitzen von Isochroman-1,3-dion mit *o*-Kresol und Zinn(IV)-chlorid (*Buu-Hoi,* Bl. [5] **11** [1944] 338, 341).
Krystalle (aus Ae. + Methylacetat); F: 232°.

5-Phenylacetyl-benzofuran-4-ol, 1-[4-Hydroxy-benzofuran-5-yl]-2-phenyl-äthanon $C_{16}H_{12}O_3$, Formel VII (R = H).
B. Beim Behandeln des aus 4-Acetoxy-benzofuran-5-carbonsäure mit Hilfe von Thionylchlorid hergestellten Säurechlorids mit der Natrium-Verbindung des Phenyl= essigsäure-äthylesters in Äther und Erwärmen des Reaktionsprodukts mit methanol. Kalilauge (*Row, Seshadri,* Pr. Indian Acad. [A] **34** [1951] 187, 191). Beim Erwärmen von 3-Phenyl-furo[2,3-*h*]chromen-4-on (*Fukui, Kawase,* Bl. chem. Soc. Japan **31** [1958] 693) oder von 2-Methyl-3-phenyl-furo[2,3-*h*]chromen-4-on (*Matsumoto et al.,* Bl. chem. Soc. Japan **31** [1958] 688) mit äthanol. Kalilauge.
Krystalle (aus A.); F: 105—106° (*Row, Se.*), 86—87° (*Ma. et al.*).

4-Methoxy-5-phenylacetyl-benzofuran, 1-[4-Methoxy-benzofuran-5-yl]-2-phenyl-äthanon $C_{17}H_{14}O_3$, Formel VII (R = CH_3).

B. Beim Behandeln von 4-Methoxy-benzofuran-5-carbonylchlorid mit Dibenzyl=cadmium in Benzol (*Kawase et al.*, Bl. chem. Soc. Japan **31** [1958] 691). Beim Erwärmen von 1-[4-Hydroxy-benzofuran-5-yl]-2-phenyl-äthanon mit Dimethylsulfat, Kalium=carbonat und Aceton (*Matsumoto et al.*, Bl. chem. Soc. Japan **31** [1958] 688).

Krystalle (aus A.); F: 63—63,5° (*Ma. et al.*; *Ka. et al.*).

1-[4-Methoxy-benzofuran-5-yl]-2-phenyl-äthanon-[2,4-dinitro-phenylhydrazon] $C_{23}H_{18}N_4O_6$, Formel VIII.

B. Aus 1-[4-Methoxy-benzofuran-5-yl]-2-phenyl-äthanon und [2,4-Dinitro-phenyl]-hydrazin (*Kawase et al.*, Bl. chem. Soc. Japan **31** [1958] 688).

F: 227—228° [unkorr.; aus A. + E.].

[5-Chlor-benzofuran-2-yl]-[4-hydroxy-3-methyl-phenyl]-keton $C_{16}H_{11}ClO_3$, Formel IX (R = H).

B. Beim Erhitzen von [5-Chlor-benzofuran-2-yl]-[4-methoxy-3-methyl-phenyl]-keton mit Pyridin-hydrochlorid (*Buu-Hoi et al.*, Soc. **1957** 2593, 2595).

Krystalle (aus wss. A.); F: 205°.

[5-Chlor-benzofuran-2-yl]-[4-methoxy-3-methyl-phenyl]-keton $C_{17}H_{13}ClO_3$, Formel IX (R = CH_3).

B. Beim Erwärmen von 2-Brom-1-[4-methoxy-3-methyl-phenyl]-äthanon mit 5-Chlor-2-hydroxy-benzaldehyd und äthanol. Kalilauge (*Buu-Hoi et al.*, Soc. **1957** 2593, 2595).

Krystalle (aus A.); F: 128°.

Benzofuran-2-yl-[2-hydroxy-5-methyl-phenyl]-keton $C_{16}H_{12}O_3$, Formel X (R = H).

B. Beim Erhitzen von Benzofuran-2-yl-[2-methoxy-5-methyl-phenyl]-keton mit Pyridin-hydrochlorid (*Buu-Hoi et al.*, Soc. **1957** 625, 628).

Gelbliche Krystalle (aus Me.); F: 70—71°.

Benzofuran-2-yl-[2-methoxy-5-methyl-phenyl]-keton $C_{17}H_{14}O_3$, Formel X (R = CH_3).

B. Beim Erwärmen von 2-Brom-1-[2-methoxy-5-methyl-phenyl]-äthanon mit Salicyl=aldehyd und äthanol. Kalilauge (*Buu-Hoi et al.*, Soc. **1957** 625, 627).

Kp$_3$: 209—211°.

3-Benzyl-6-methoxy-benzofuran-2-carbaldehyd $C_{17}H_{14}O_3$, Formel XI.

B. Aus 3-Benzyl-6-methoxy-benzofuran beim Erwärmen mit Dimethylformamid und Phosphorylchlorid (*Chatterjea*, J. Indian chem. Soc. **34** [1957] 347, 354) sowie beim Behandeln mit Cyanwasserstoff und Zinkchlorid in Chlorwasserstoff enthaltendem Äther und Behandeln des Reaktionsprodukts mit Wasser (*Chatterjea*, *Roy*, J. Indian chem.

Soc. **34** [1957] 155, 157). Beim Erhitzen von 3-Benzyl-6-methoxy-benzofuran-2-carbon= säure-[N'-benzolsulfonyl-hydrazid] mit Natriumcarbonat in Äthylenglykol (*Ch., Roy*). Krystalle (aus A.); F: 107° [unkorr.] (*Ch.; Ch., Roy*).

X   XI

3-Benzyl-6-methoxy-benzofuran-2-carbaldehyd-[2,4-dinitro-phenylhydrazon] $C_{23}H_{18}N_4O_6$, Formel XII.

B. Aus 3-Benzyl-6-methoxy-benzofuran-2-carbaldehyd und [2,4-Dinitro-phenyl]- hydrazin (*Chatterjea, Roy*, J. Indian chem. Soc. **34** [1957] 155, 157).

Braune Krystalle (aus Eg.); F: 213° [unkorr.].

2-Benzoyl-3-methyl-benzofuran-6-ol, [6-Hydroxy-3-methyl-benzofuran-2-yl]-phenyl- keton $C_{16}H_{12}O_3$, Formel XIII (R = H) (E II 44; dort als 6-Oxy-3-methyl-2-benzoyl- cumaron bezeichnet).

Diese Konstitution kommt der früher (s. E I **18** 329) als [6-Hydroxy-3-methyl- benzofuran-5-yl]-phenyl-keton („6-Oxy-3-methyl-5-benzoyl-cumaron") angesehe- nen Verbindung zu (*Mackenzie et al.*, Soc. **1949** 2057, 2058).

B. Beim Erhitzen von [6-Benzyloxy-3-methyl-benzofuran-2-yl]-phenyl-keton mit wss. Salzsäure und Essigsäure (*Ma. et al.*, l. c. S. 2060).

Gelbe Krystalle (aus Bzn); F: 158—159°.

Über ein aus 3-Methyl-benzofuran-6-ol und Benzonitril erhaltenes, ebenfalls als [6-Hydroxy-3-methyl-benzofuran-2-yl]-phenyl-keton angesehenes Präparat vom F: 171,5° (Krystalle [aus wss. A.]) s. *Prillinger, Schmid*, M. **72** [1939] 427, 430.

XII   XIII

2-Benzoyl-6-methoxy-3-methyl-benzofuran, [6-Methoxy-3-methyl-benzofuran-2-yl]- phenyl-keton $C_{17}H_{14}O_3$, Formel XIII (R = CH_3).

Diese Konstitution kommt der früher (s. E I **18** 329) als [6-Methoxy-3-methyl- benzofuran-5-yl]-phenyl-keton („6-Methoxy-3-methyl-5-benzoyl-cumaron") ange- sehenen Verbindung (F: 79°) zu (vgl. *Mackenzie et al.*, Soc. **1949** 2057, 2058).

B. Aus [6-Hydroxy-3-methyl-benzofuran-2-yl]-phenyl-keton beim Erwärmen mit Methyljodid, Kaliumcarbonat und Aceton sowie mit Hilfe von Dimethylsulfat (*Ma. et al.*, l. c. S. 2060).

Krystalle (aus Me.); F: 76°.

2-Benzoyl-6-benzyloxy-3-methyl-benzofuran, [6-Benzyloxy-3-methyl-benzofuran-2-yl]- phenyl-keton $C_{23}H_{18}O_3$, Formel XIII (R = $CH_2-C_6H_5$).

B. Beim Erwärmen von 1-[2-Hydroxy-4-benzyloxy-phenyl]-äthanon mit Phenacyl= bromid, Kaliumcarbonat und Aceton (*Mackenzie et al.*, Soc. **1949** 2057, 2060). Beim Be- handeln von [6-Hydroxy-3-methyl-benzofuran-2-yl]-phenyl-keton mit Benzylbromid und Kaliumcarbonat (*Ma. et al.*).

Krystalle (aus A.); F: 77°.

2-[α-Imino-benzyl]-3-methyl-benzofuran-6-ol, [6-Hydroxy-3-methyl-benzofuran-2-yl]- phenyl-keton-imin $C_{16}H_{13}NO_2$, Formel I (R = X = H).

Diese Konstitution kommt der früher (s. E I **18** 329) als [6-Hydroxy-3-methyl- benzofuran-5-yl]-phenyl-keton-imin   („6-Oxy-3-methyl-5-[α-imino-benzyl]-cu=

maron") angesehenen Verbindung (Hydrochlorid: F: 77°) zu (vgl. *Mackenzie et al.*, Soc. **1949** 2057, 2058).

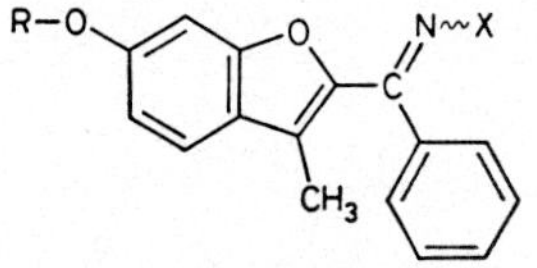

I

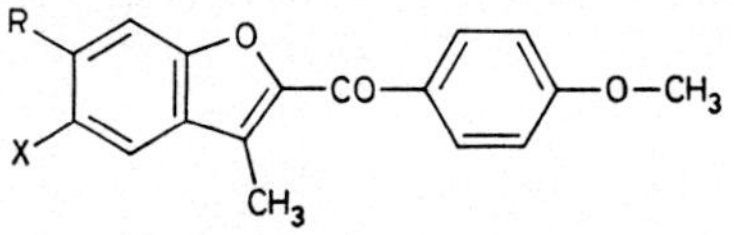

II

[6-Benzyloxy-3-methyl-benzofuran-2-yl]-phenyl-keton-[2,4-dinitro-phenylhydrazon]
$C_{29}H_{22}N_4O_6$, Formel I (R = CH_2-C_6H_5, X = NH-$C_6H_3(NO_2)_2$).

B. Aus [6-Benzyloxy-3-methyl-benzofuran-2-yl]-phenyl-keton und [2,4-Dinitrophenyl]-hydrazin (*Mackenzie et al.*, Soc. **1949** 2057, 2060).
Rote Krystalle (aus Nitrobenzol + A.); F: 250°.

[5-Chlor-3-methyl-benzofuran-2-yl]-[4-methoxy-phenyl]-keton $C_{17}H_{13}ClO_3$, Formel II (R = H, X = Cl).

B. Beim Erwärmen von 1-[5-Chlor-2-hydroxy-phenyl]-äthanon mit 2-Brom-1-[4-methoxy-phenyl]-äthanon und wss.-äthanol. Kalilauge (*Singh, Kapil*, J. org. Chem. **24** [1959] 2064).
Krystalle (aus Eg. + A.); F: 165° [unkorr.].

[5-Chlor-3-methyl-benzofuran-2-yl]-[4-methoxy-phenyl]-keton-oxim $C_{17}H_{14}ClNO_3$, Formel III (X = Cl).

B. Aus [5-Chlor-3-methyl-benzofuran-2-yl]-[4-methoxy-phenyl]-keton und Hydroxylamin (*Singh, Kapil*, J. org. Chem. **24** [1959] 2064).
F: 110° [unkorr.].

[5,6-Dichlor-3-methyl-benzofuran-2-yl]-[4-methoxy-phenyl]-keton $C_{17}H_{12}Cl_2O_3$, Formel II (R = X = Cl).

B. Beim Erwärmen von 1-[4,5-Dichlor-2-hydroxy-phenyl]-äthanon mit 2-Brom-1-[4-methoxy-phenyl]-äthanon und wss.-äthanol. Kalilauge (*Singh, Kapil*, J. org. Chem. **24** [1959] 2064).
Krystalle (aus Eg. + A.); F: 155° [unkorr.].

[5-Brom-3-methyl-benzofuran-2-yl]-[4-methoxy-phenyl]-keton $C_{17}H_{13}BrO_3$, Formel II (R = H, X = Br).

B. Beim Erwärmen von 1-[5-Brom-2-hydroxy-phenyl]-äthanon mit 2-Brom-1-[4-methoxy-phenyl]-äthanon und äthanol. Kalilauge (*Singh, Kapil*, J. org. Chem. **24** [1959] 2064).
Krystalle (aus Eg. + A.); F: 154° [unkorr.].

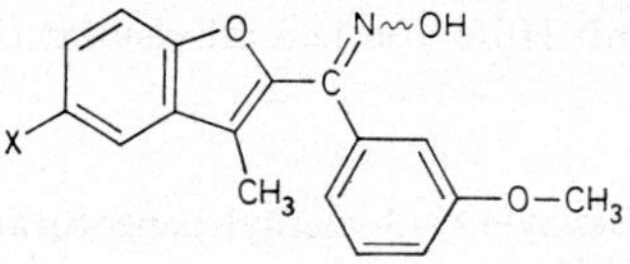

III

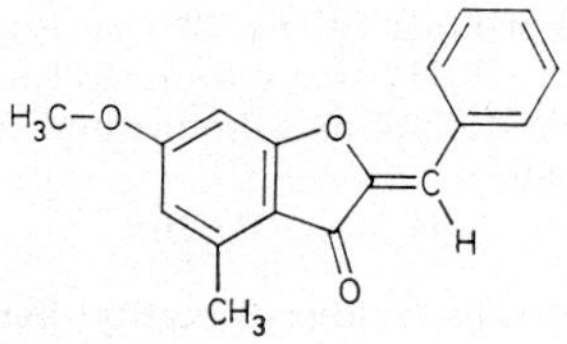

IV

[5-Brom-3-methyl-benzofuran-2-yl]-[4-methoxy-phenyl]-keton-oxim $C_{17}H_{14}BrNO_3$, Formel III (X = Br).

B. Aus [5-Brom-3-methyl-benzofuran-2-yl]-[4-methoxy-phenyl]-keton und Hydroxylamin (*Singh, Kapil*, J. org. Chem. **24** [1959] 2064).
F: 189° [unkorr.].

2-[(Z)-Benzyliden]-6-methoxy-4-methyl-benzofuran-3-on $C_{17}H_{14}O_3$, Formel IV.
Bezüglich der Konfigurationszuordnung vgl. *Hastings, Heller*, J.C.S. Perkin I **1972**

2128; *Brady et al.*, Tetrahedron **29** [1973] 359.

B. Beim Behandeln von 1-[2-Hydroxy-4-methoxy-6-methyl-phenyl]-äthanon mit Benzaldehyd und wss.-äthanol. Natronlauge und Behandeln des erhaltenen 2′-Hydroxy-4′-methoxy-6′-methyl-chalkons ($C_{17}H_{16}O_3$; gelbe Krystalle [aus A.], F: 125—127°) mit wss. Natronlauge und wss. Wasserstoffperoxid (*Narasimhachari, Seshadri*, Pr. Indian Acad. [A] **30** [1949] 216, 219).

Krystalle (aus wss. A.); F: 136—138° (*Na., Se.*).

2-Benzoyl-5-methyl-benzofuran-3-ol, [3-Hydroxy-5-methyl-benzofuran-2-yl]-phenyl-keton $C_{16}H_{12}O_3$, Formel V (X = H), und Tautomere (E I 328; dort als 3-Oxy-5-methyl-2-benzoyl-cumaron bezeichnet).

B. Beim Erwärmen von 3-Brom-6-methyl-2-phenyl-chromen-4-on oder von (±)-3,3-Dibrom-6-methyl-2-phenyl-chroman-4-on mit wss.-äthanol. Natronlauge (*Limaye et al.*, Rasayanam **2** [1956] 97, 103).

Krystalle (aus A.); F: 112°.

[3-Hydroxy-5-methyl-benzofuran-2-yl]-[4-nitro-phenyl]-keton $C_{16}H_{11}NO_5$, Formel V (X = NO_2), und Tautomere.

B. Beim Behandeln von 4-Nitro-benzoesäure-[2-chloracetyl-4-methyl-phenylester] mit Natriumhydrid oder Natriumhydroxid in Dioxan (*Philbin et al.*, Soc. **1954** 4174).

Gelbe Krystalle (aus Bzl.); F: 213—214°.

2-[(Z)-Benzyliden]-6-hydroxy-5-methyl-benzofuran-3-on $C_{16}H_{12}O_3$, Formel VI (R = H).

Bezüglich der Konfigurationszuordnung vgl. *Hastings, Heller*, J.C.S. Perkin I **1972** 2128; *Brady et al.*, Tetrahedron **29** [1973] 359.

B. Beim Behandeln von 2-Chlor-1-[2,4-dihydroxy-5-methyl-phenyl]-äthanon oder von 5-Methyl-benzofuran-3,6-diol mit Benzaldehyd und wss.-äthanol. Natronlauge (*Murai*, Sci. Rep. Saitama Univ. [A] **2** [1955] 59, 61, 64).

Krystalle (aus A. + wss. Salzsäure); F: 273,5—274,5° (*Mu.*, l. c. S. 64).

6-Acetoxy-2-[(Z)-benzyliden]-5-methyl-benzofuran-3-on $C_{18}H_{14}O_4$, Formel VI (R = $CO\text{-}CH_3$).

B. Beim Erhitzen von 2-[(Z)-Benzyliden]-6-hydroxy-5-methyl-benzofuran-3-on (s. o.) mit Acetanhydrid und wenig Schwefelsäure (*Murai*, Sci. Rep. Saitama Univ. [A] **2** [1955] 59, 65).

Krystalle (aus A.); F: 161,5°.

2-[(Z)-2-Methoxy-benzyliden]-5-methyl-benzofuran-3-on $C_{17}H_{14}O_3$, Formel VII.

Bezüglich der Konfigurationszuordnung vgl. *Hastings, Heller*, J.C.S. Perkin I **1972** 2128; *Brady et al.*, Tetrahedron **29** [1973] 359.

B. Beim Erwärmen von 5-Methyl-benzofuran-3-ol mit 2-Methoxy-benzaldehyd und wss.-äthanol. Salzsäure (*Gowan et al.*, Soc. **1955** 862, 865).

Gelbe Krystalle (aus A.); F: 189—190°.

2-[(Ξ)-3-Hydroxy-benzyliden]-5-methyl-benzo[*b*]thiophen-3-on $C_{16}H_{12}O_2S$, Formel VIII.

B. Beim Erwärmen von 5-Methyl-benzo[*b*]thiophen-3-ol mit 3-Hydroxy-benzaldehyd und wss.-äthanol. Salzsäure (*Guha*, J. Indian chem. Soc. **12** [1935] 659, 661).

Gelbe Krystalle (aus wss. Eg.); F: 200°.

VII   VIII

2-[(Z)-4-Hydroxy-benzyliden]-5-methyl-benzofuran-3-on $C_{16}H_{12}O_3$, Formel IX
(R = X = H) (vgl. H 64; dort als 3-Oxo-5-methyl-2-[4-oxy-benzal]-cumaran bezeichnet).
Bezüglich der Konfigurationszuordnung vgl. *Hastings*, *Heller*, J.C.S. Perkin I **1972**
2128; *Brady et al.*, Tetrahedron **29** [1973] 359.

B. In mässiger Ausbeute beim Behandeln von 2-Chlor-1-[2-hydroxy-5-methyl-phenyl]-
äthanon mit 4-Hydroxy-benzaldehyd und wss.-äthanol. Natronlauge (*Gowan et al.*, Soc.
1955 862, 865).

Orangefarbene Krystalle (aus wss. Eg.); F: 252—254° [Zers.].

2-[(Z)-4-Methoxy-benzyliden]-5-methyl-benzofuran-3-on $C_{17}H_{14}O_3$, Formel IX
(R = CH$_3$, X = H) (vgl. E II 43; dort als 5-Methyl-2-anisyliden-cumaron-(3) bezeichnet).

B. Beim Behandeln von 2-Chlor-1-[2-acetoxy-5-methyl-phenyl]-äthanon mit 4-Methₐ
oxy-benzaldehyd und wss.-äthanol. Natronlauge (*Pendse*, *Limaye*, Rasayanam **2** [1955]
74, 78). Beim Behandeln von 5-Methyl-benzofuran-3-ol mit 4-Methoxy-benzaldehyd und
wss.-äthanol. Natronlauge (*Pendse*, *Limaye*, Rasayanam **2** [1955] 66, 69). Beim Behan-
deln von 2-[(Z)-4-Hydroxy-benzyliden]-5-methyl-benzofuran-3-on (s. o.) mit Dimethylₐ
sulfat, Kaliumcarbonat und Aceton (*Gowan et al.*, Soc. **1955** 862, 866). Beim Behan-
deln von opt.-inakt. 1-[2-Acetoxy-5-methyl-phenyl]-2,3-dibrom-3-[4-methoxy-phenyl]-
propan-1-on (F: 128°) mit Äthanol und anschliessend mit wss. Natronlauge (*Marathey*,
J. Univ. Poona Nr. 2 [1952] 7, 8).

Gelbe Krystalle; F: 154° [aus A.] (*Ma.*), 152—153° [aus Me.] (*Go. et al.*), 152° (*Pe., Li.*),
152° [aus Me.] (*Fitzgerald et al.*, Soc. **1955** 860). Absorptionsspektrum (210—600 nm) von
Lösungen in wss. Äthanol, auch nach Zusatz von Kalilauge oder von Salzsäure:
Jatkar, *Mattoo*, J. Indian chem. Soc. **33** [1956] 647, 649. Fluorescenzspektrum (A.;
420—550 nm): *Ja.*, *Ma*.

Beim Erwärmen mit Kaliumcyanid in Äthanol ist 2-[4-Methoxy-phenyl]-6-methyl-
chromen-4-on erhalten worden (*Fi. et al.*).

7-Brom-2-[(Z)-4-methoxy-benzyliden]-5-methyl-benzofuran-3-on $C_{17}H_{13}BrO_3$,
Formel IX (R = CH$_3$, X = Br).
Bezüglich der Konfigurationszuordnung vgl. *Hastings*, *Heller*, J.C.S. Perkin I **1972**
2128; *Brady et al.*, Tetrahedron **29** [1973] 359.

B. Beim Erwärmen von opt.-inakt. 2,3-Dibrom-1-[3-brom-2-hydroxy-5-methyl-phenyl]-
3-[4-methoxy-phenyl]-propan-1-on (F: 145°) oder von opt.-inakt. 3-Äthoxy-2-brom-
1-[3-brom-2-hydroxy-5-methyl-phenyl]-3-[4-methoxy-phenyl]-propan-1-on (F: 130°) mit
wss.-äthanol. Natronlauge (*Marathey*, *Gore*, J. Univ. Poona Nr. 6 [1954] 77, 82).

Krystalle (aus A. + Eg.); F: 170°.

IX   X

2-[(Ξ)-4-Hydroxy-benzyliden]-5-methyl-benzo[b]thiophen-3-on $C_{16}H_{12}O_2S$, Formel X
(R = H).

B. Beim Behandeln von 5-Methyl-benzo[b]thiophen-3-ol mit 4-Hydroxy-benzaldehyd

und wss.-äthanol. Salzsäure (*Guha*, J. Indian chem. Soc. **12** [1935] 659, 661).
Gelbe Krystalle (aus wss. Eg.); F: 252°.

2-[(Ξ)-4-Methoxy-benzyliden]-5-methyl-benzo[*b*]thiophen-3-on $C_{17}H_{14}O_2S$, Formel X (R = CH_3).
B. Beim Erwärmen von 5-Methyl-benzo[*b*]thiophen-3-ol mit 4-Methoxy-benzaldehyd und wss.-äthanol. Salzsäure (*Guha*, J. Indian chem. Soc. **12** [1935] 659, 661).
Rote Krystalle (aus wss. Eg.); F: 157°.

2-[(Ξ)-4-Methoxy-benzyliden]-5-methyl-1,1-dioxo-1λ^6-benzo[*b*]thiophen-3-on $C_{17}H_{14}O_4S$, Formel XI.
B. Beim Erhitzen von 5-Methyl-1,1-dioxo-1λ^6-benzo[*b*]thiophen-3-ol mit 4-Methoxy-benzaldehyd auf 180° (*Mustafa, Sallam*, Am. Soc. **81** [1959] 1980, 1982).
Gelbe Krystalle (aus Bzl.); F: 207° [unkorr.].

2-[(Z)-4-Methoxy-benzyliden]-6-methyl-benzofuran-3-on $C_{17}H_{14}O_3$, Formel XII.
Bezüglich der Konfigurationszuordnung vgl. *Hastings, Heller*, J.C.S. Perkin I **1972** 2128; *Brady et al.*, Tetrahedron **29** [1973] 359.
B. Beim Erwärmen von opt.-inakt. 1-[2-Acetoxy-4-methyl-phenyl]-2,3-dibrom-3-[4-methoxy-phenyl]-propan-1-on (F: 125°) mit wss.-äthanol. Natronlauge (*Marathey*, J. Univ. Poona Nr. 2 [1952] 11, 16).
Gelbe Krystalle (aus A.); F: 122°.

XI XII XIII

2-[(Ξ)-4-Methoxy-benzyliden]-6-methyl-1,1-dioxo-1λ^6-benzo[*b*]thiophen-3-on $C_{17}H_{14}O_4S$, Formel XIII.
B. Beim Erhitzen von 6-Methyl-1,1-dioxo-1λ^6-benzo[*b*]thiophen-3-ol mit 4-Methoxy-benzaldehyd auf 185° (*Mustafa, Sallam*, Am. Soc. **81** [1959] 1980, 1982).
Gelbe Krystalle (aus Bzl.); F: 256° [unkorr.].

2-[(Z)-4-Methoxy-benzyliden]-7-methyl-benzofuran-3-on $C_{17}H_{14}O_3$, Formel I.
Bezüglich der Konfigurationszuordnung vgl. *Hastings, Heller*, J.C.S. Perkin I **1972** 2128; *Brady et al.*, Tetrahedron **29** [1973] 359.
B. Beim Behandeln von opt.-inakt. 1-[2-Acetoxy-3-methyl-phenyl]-2,3-dibrom-3-[4-methoxy-phenyl]-propan-1-on (F: 135°) oder von opt.-inakt. 3-Äthoxy-2-brom-1-[2-hydroxy-3-methyl-phenyl]-3-[4-methoxy-phenyl]-propan-1-on (F: 99°) mit wss.-äthanol. Natronlauge (*Marathey*, J. Univ. Poona Nr. 2 [1952] 11, 15).
Gelbe Krystalle (aus A.); F: 120° (*Ma.*). Absorptionsspektrum (210—600 nm) von Lösungen in wss. Äthanol, auch nach Zusatz von Kalilauge oder von Salzsäure: *Jatkar, Mattoo*, J. Indian chem. Soc. **33** [1956] 647, 649. Fluorescenzspektrum (A.; 420—600 nm): *Ja., Ma.*

I II III

2-[(Ξ)-4-Methoxy-benzyliden]-7-methyl-1,1-dioxo-1λ^6-benzo[b]thiophen-3-on $C_{17}H_{14}O_4S$
Formel II.

B. Beim Erhitzen von 7-Methyl-1,1-dioxo-1λ^6-benzo[b]thiophen-3-ol mit 4-Methoxy-benzaldehyd auf 185° (*Mustafa, Sallam*, Am. Soc. **81** [1959] 1980, 1982).
Gelbe Krystalle (aus A.); F: 224° [unkorr.].

3-[(Ξ)-Benzyliden]-6-hydroxy-4-methyl-3H-benzofuran-2-on, 2-[2,4-Dihydroxy-6-methyl-phenyl]-3ξ-phenyl-acrylsäure-2-lacton $C_{16}H_{12}O_3$, Formel III.

B. Beim Erwärmen von 5-Methyl-resorcin mit Phenylbrenztraubensäure und Aluminiumchlorid in 1,2-Dichlor-äthan (*Molho, Coillard*, Bl. **1956** 78, 86).
Gelbe Krystalle (aus wss. A.); F: 216° [nach Erweichen bei 208°; Block]. Absorptionsmaxima (A.): 280 nm und 370 nm.

7-Benzoyl-3-methyl-benzofuran-6-ol, [6-Hydroxy-3-methyl-benzofuran-7-yl]-phenyl-keton $C_{16}H_{12}O_3$, Formel IV (R = X = H).

B. Beim Erhitzen von 7-Benzoyl-6-hydroxy-3-methyl-benzofuran-2-carbonsäure auf Temperaturen oberhalb des Schmelzpunkts (*Shah, Shah*, B. **92** [1959] 2933, 2937). Beim Erhitzen von 3-Brom-8-benzoyl-7-hydroxy-4-methyl-cumarin mit wss. Natriumcarbonat-Lösung (*Limaye, Patwardhan*, Rasayanam **2** [1950] 32, 33).
Gelbe Krystalle; F: 116° [aus PAe.] (*Shah, Shah*), 114° [aus wss. A.] (*Li., Pa.*).

7-Benzoyl-6-methoxy-3-methyl-benzofuran, [6-Methoxy-3-methyl-benzofuran-7-yl]-phenyl-keton $C_{17}H_{14}O_3$, Formel IV (R = CH$_3$, X = H).

B. Aus [6-Hydroxy-3-methyl-benzofuran-7-yl]-phenyl-keton (*Limaye, Patwardhan*, Rasayanam **2** [1950] 32, 33).
F: 140°.

6-Acetoxy-7-benzoyl-3-methyl-benzofuran, [6-Acetoxy-3-methyl-benzofuran-7-yl]-phenyl-keton $C_{18}H_{14}O_4$, Formel IV (R = CO-CH$_3$, X = H).

B. Aus [6-Hydroxy-3-methyl-benzofuran-7-yl]-phenol-keton (*Limaye, Patwardhan*, Rasayanam **2** [1950] 32, 33).
F: 80°.

7-Benzoyl-5-chlor-3-methyl-benzofuran-6-ol, [5-Chlor-6-hydroxy-3-methyl-benzofuran-7-yl]-phenyl-keton $C_{16}H_{11}ClO_3$, Formel IV (R = H, X = Cl).

B. Beim Erhitzen von 8-Benzoyl-3,6-dichlor-7-hydroxy-4-methyl-cumarin mit wss. Natronlauge (*Limaye, Patwardhan*, Rasayanam **2** [1950] 32, 34).
Krystalle (aus wss. A.); F: 106°.

7-Benzoyl-5-chlor-6-methoxy-3-methyl-benzofuran, [5-Chlor-6-methoxy-3-methyl-benzofuran-7-yl]-phenyl-keton $C_{17}H_{13}ClO_3$, Formel IV (R = CH$_3$, X = Cl).

B. Aus [5-Chlor-6-hydroxy-3-methyl-benzofuran-7-yl]-phenyl-keton (*Limaye, Patwardhan*, Rasayanam **2** [1950] 32, 35).
F: 80°.

IV   V   VI

6-Acetoxy-7-benzoyl-5-chlor-3-methyl-benzofuran, [6-Acetoxy-5-chlor-3-methyl-benzofuran-7-yl]-phenyl-keton $C_{18}H_{13}ClO_4$, Formel IV (R = CO-CH$_3$, X = Cl).

B. Aus [5-Chlor-6-hydroxy-3-methyl-benzofuran-7-yl]-phenyl-keton (*Limaye, Pat-*

wardhan, Rasayanam **2** [1950] 32, 35).
F: 130°.

6-Methoxy-3-*m*-tolyl-benzofuran-2-carbaldehyd $C_{17}H_{14}O_3$, Formel V.

B. Beim Behandeln von 6-Methoxy-3-*m*-tolyl-benzofuran mit Cyanwasserstoff und Zinkchlorid in Chlorwasserstoff enthaltendem Äther und Erwärmen des Reaktionsprodukts mit Wasser (*Chatterjea,* J. Indian chem. Soc. **30** [1953] 103, 110).

Krystalle (aus A.); F: 106—107° [unkorr.].

6-Methoxy-3-*m*-tolyl-benzofuran-2-carbaldehyd-oxim $C_{17}H_{15}NO_3$, Formel VI.

B. Aus 6-Methoxy-3-*m*-tolyl-benzofuran-2-carbaldehyd und Hydroxylamin (*Chatterjea,* J. Indian chem. Soc. **30** [1953] 103, 110).

Krystalle (aus Me.) mit 0,5 Mol Methanol; F: 101° [unkorr.; Zers.; nach Sintern].

2-Allyl-1-hydroxy-xanthen-9-on $C_{16}H_{12}O_3$, Formel VII (R = H).

B. Aus 1-Allyloxy-xanthen-9-on beim Erhitzen auf 200° sowie beim Erhitzen mit *N,N*-Dimethyl-anilin (*Scheinmann, Suschitzky,* Tetrahedron **7** [1959] 31, 34).

Gelbe Krystalle (aus wss. Me.); F: 105°.

1-Acetoxy-2-allyl-xanthen-9-on $C_{18}H_{14}O_4$, Formel VII (R = CO-CH$_3$).

B. Beim Erhitzen von 2-Allyl-1-hydroxy-xanthen-9-on mit Acetanhydrid und wenig Phosphorsäure (*Scheinmann, Suschitzky,* Tetrahedron **7** [1959] 31, 34).

Krystalle (aus PAe.); F: 107—109°.

1-Hydroxy-8,9-dihydro-7*H*-benzo[*h*]cyclopenta[*c*]chromen-6-on, 2-[1,5-Dihydroxy-[2]naphthyl]-cyclopent-1-encarbonsäure-1-lacton $C_{16}H_{12}O_3$, Formel VIII (R = H).

B. Beim Behandeln einer Lösung von Naphthalin-1,5-diol und 2-Oxo-cyclopentan= carbonsäure-äthylester in Äthanol mit Chlorwasserstoff (*Buu-Hoi, Lavit,* J. org. Chem. **21** [1956] 1022). Beim Erhitzen von 1-Methoxy-8,9-dihydro-7*H*-benzo[*h*]cyclopenta= [*c*]chromen-6-on mit Pyridin-hydrochlorid (*Buu-Hoi, La.*).

Krystalle (aus Nitrobenzol); F: 341°.

VII   VIII   IX

1-Methoxy-8,9-dihydro-7*H*-benzo[*h*]cyclopenta[*c*]chromen-6-on, 2-[1-Hydroxy-5-methoxy-[2]naphthyl]-cyclopent-1-encarbonsäure-lacton $C_{17}H_{14}O_3$, Formel VIII (R = CH$_3$).

B. Beim Behandeln einer Lösung von 5-Methoxy-[1]naphthol und 2-Oxo-cyclo= pentancarbonsäure-äthylester in Äthanol mit Chlorwasserstoff (*Buu-Hoi, Lavit,* J. org. Chem. **21** [1956] 1022).

Krystalle (aus A. oder Bzl.); F: 171°.

2-Hydroxy-8,9-dihydro-7*H*-benzo[*h*]cyclopenta[*c*]chromen-6-on, 2-[1,6-Dihydroxy-[2]naphthyl]-cyclopent-1-encarbonsäure-1-lacton $C_{16}H_{12}O_3$, Formel IX.

B. Beim Behandeln einer Lösung von Naphthalin-1,6-diol und 2-Oxo-cyclopentan= carbonsäure-äthylester in Äthanol mit Chlorwasserstoff (*Buu-Hoi, Lavit,* J. org. Chem. **21** [1956] 1022).

Krystalle (aus Nitrobenzol); F: 333°.

3-Hydroxy-8,9-dihydro-7H-benzo[h]cyclopenta[c]chromen-6-on, 2-[1,7-Dihydroxy-[2]naphthyl]-cyclopent-1-encarbonsäure-1-lacton $C_{16}H_{12}O_3$, Formel X.

B. Beim Behandeln einer Lösung von Naphthalin-1,7-diol und 2-Oxo-cyclopentan=carbonsäure-äthylester in Äthanol mit Chlorwasserstoff (*Buu-Hoi, Lavit,* J. org. Chem. **21** [1956] 1022).

Krystalle (aus Nitrobenzol); F: 294°.

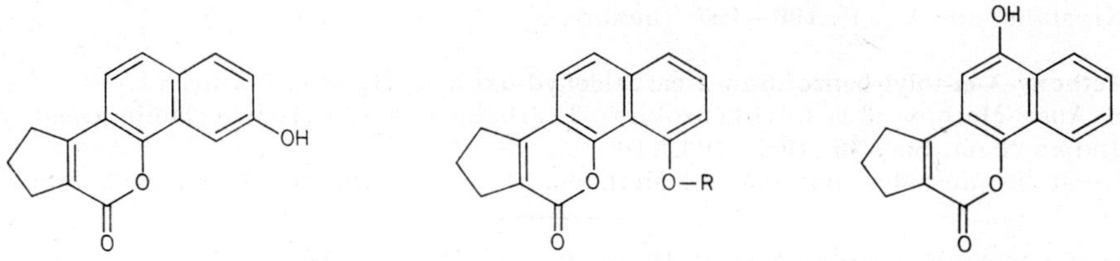

X XI XII

4-Hydroxy-8,9-dihydro-7H-benzo[h]cyclopenta[c]chromen-6-on, 2-[1,8-Dihydroxy-[2]naphthyl]-cyclopent-1-encarbonsäure-1-lacton $C_{16}H_{12}O_3$, Formel XI (R = H).

B. Beim Behandeln einer Lösung von Naphthalin-1,8-diol und 2-Oxo-cyclopentan=carbonsäure-äthylester in Äthanol mit Chlorwasserstoff (*Buu-Hoi, Lavit,* Soc. **1956** 2412, 2415).

Krystalle (aus Eg.); F: 213°.

4-Methoxy-8,9-dihydro-7H-benzo[h]cyclopenta[c]chromen-6-on, 2-[1-Hydroxy-8-methoxy-[2]naphthyl]-cyclopent-1-encarbonsäure-lacton $C_{17}H_{14}O_3$, Formel XI (R = CH_3).

B. Beim Behandeln einer Lösung von 8-Methoxy-[1]naphthol und 2-Oxo-cyclopentan=carbonsäure-äthylester in Äthanol mit Chlorwasserstoff (*Buu-Hoi, Lavit,* J. org. Chem. **21** [1956] 1022).

Krystalle (aus A. oder Bzl.); F: 252°.

11-Hydroxy-8,9-dihydro-7H-benzo[h]cyclopenta[c]chromen-6-on, 2-[1,4-Dihydroxy-[2]naphthyl]-cyclopent-1-encarbonsäure-1-lacton $C_{16}H_{12}O_3$, Formel XII.

B. Beim Behandeln einer Lösung von Naphthalin-1,4-diol und 2-Oxo-cyclopentan=carbonsäure-äthylester in Äthanol mit Chlorwasserstoff (*Buu-Hoi, Lavit,* J. org. Chem. **21** [1956] 1022).

Krystalle (aus Nitrobenzol); F: 206°. [*Haltmeier*]

Hydroxy-oxo-Verbindungen $C_{17}H_{14}O_3$

7t(?)-[2]Furyl-1t(?)-[4-methoxy-phenyl]-hepta-1,4t(?),6-trien-3-on $C_{18}H_{16}O_3$, vermutlich Formel I.

B. Beim Behandeln einer äthanol. Lösung von 6t(?)-[2]Furyl-hexa-3t(?),5-dien-2-on (E III/IV **17** 4968) und 4-Methoxy-benzaldehyd mit wss. Natronlauge (*Maxim, Popescu,* Bl. [5] **5** [1938] 49, 52).

Gelbe Krystalle (aus Bzn.); F: 99°.

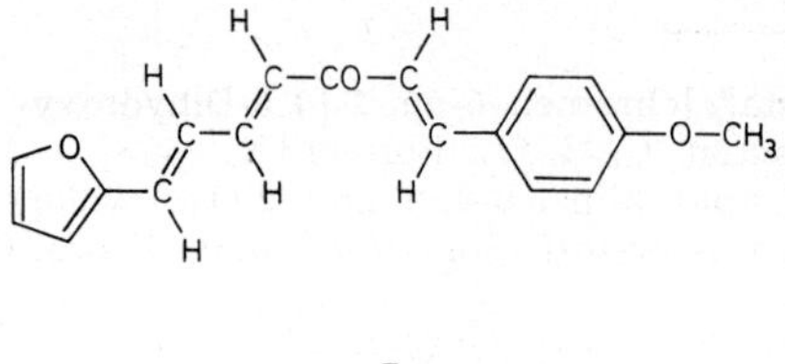

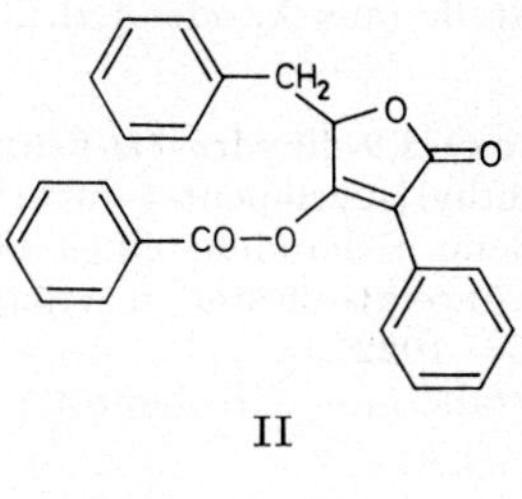

I II

(±)-4-Benzoyloxy-5-benzyl-3-phenyl-5H-furan-2-on, (±)-3-Benzoyloxy-4-hydroxy-
2,5-diphenyl-pent-2c-ensäure-lacton, (±)-O-Benzoyl-dihydropulvinon C$_{24}$H$_{18}$O$_4$,
Formel II.

B. Beim Behandeln von Dihydropulvinon (5-Benzyl-3-phenyl-furan-2,4-dion [E II
17 502]) mit Benzoylchlorid und Pyridin (*Asano, Arata*, J. pharm. Soc. Japan **59** [1939]
679, 687; dtsch. Ref. S. 286, 290; C. A. **1940** 1982).

Krystalle (aus Me.); F: 140—141°.

(±)-5-Benzyl-3-[4-methoxy-phenyl]-5H-furan-2-on, (±)-4-Hydroxy-2-[4-methoxy-
phenyl]-5-phenyl-pent-2c-ensäure-lacton C$_{18}$H$_{16}$O$_3$, Formel III.

B. Beim Erwärmen von (±)-4-Brom-2-[4-methoxy-phenyl]-5-phenyl-pent-2-ensäure
(F: 135—136°) oder von opt.-inakt. 3,4-Dibrom-2-[4-methoxy-phenyl]-5-phenyl-valerian=
säure (F: 223—224°) mit Natriumacetat in Äthanol (*Agarwal, Seshadri*, Indian J. Chem.
2 [1964] 17, 20; s. a. *Asano, Kameda*, B. **67** [1934] 1522, 1526).

Krystalle (aus Me.); F: 103—104° [unkorr.] (*Ag., Se.*), 102—103° (*As., Ka.*). Absorp-
tionsmaximum (*Me.*): 282 nm (*Ag., Se.*).

III IV

(±)-5-[4-Methoxy-benzyl]-3-phenyl-5H-furan-2-on, (±)-4-Hydroxy-5-[4-methoxy-
phenyl]-2-phenyl-pent-2c-ensäure-lacton C$_{18}$H$_{16}$O$_3$, Formel IV.

B. Beim Behandeln von (±)-5-[4-Methoxy-phenyl]-2-phenyl-pent-3-ensäure (F: 90° bis
92°) mit Brom in Essigsäure und Erwärmen des Reaktionsprodukts mit Natriumacetat
in Äthanol (*Asano, Kameda*, B. **67** [1934] 1522, 1524; *Agarwal, Seshadri*, Indian J. Chem.
2 [1964] 17, 21).

Krystalle (aus Me.); F: 115,5—116,5° (*As., Ka.*), 114—116° [unkorr.] (*Ag., Se.*).
Absorptionsmaximum (Me.): 261 nm (*Ag., Se.*).

(±)-4-Methoxy-2-methyl-1,1-dioxo-2,5-diphenyl-1λ^6-thiophen-3-on C$_{18}$H$_{16}$O$_4$S, Formel V
(R = CH$_3$, X = H).

B. Beim Behandeln von (±)-4-Hydroxy-2-methyl-1,1-dioxo-2,5-diphenyl-1λ^6-thiophen-
3-on (E III/IV **17** 6453) mit Diazomethan in Äther (*Overberger, Hoyt*, Am. Soc. **73** [1951]
3957).

Krystalle (aus A.); F: 97,7—99°.

(±)-4-Acetoxy-2-methyl-1,1-dioxo-2,5-diphenyl-1λ^6-thiophen-3-on C$_{19}$H$_{16}$O$_5$S, Formel V
(R = CO-CH$_3$, X = H).

B. Beim Erhitzen von (±)-4-Hydroxy-2-methyl-1,1-dioxo-2,5-diphenyl-1λ^6-thiophen-
3-on (E III/IV **17** 6453) mit Acetanhydrid und Natriumacetat (*Overberger, Hoyt*, Am. Soc.
73 [1951] 3957).

Krystalle (aus Bzl. + PAe.); F: 149,1—150,3° [korr.].

(±)-2,5-Bis-[4-chlor-phenyl]-4-methoxy-2-methyl-1,1-dioxo-1λ^6-thiophen-3-on
C$_{18}$H$_{14}$Cl$_2$O$_4$S, Formel V (R = CH$_3$, X = Cl).

B. Beim Erhitzen der Natrium-Verbindung des 2,5-Bis-[4-chlor-phenyl]-1,1-dioxo-
1λ^6-thiophen-3,4-diols mit Dimethylsulfat auf 110° (*Overberger, Hoyt*, Am. Soc. **73** [1951]
3305, 3307).

Krystalle (aus A.); F: 154,7—155,2° [korr.].

(±)-2-Methoxy-4-methyl-2,5-diphenyl-furan-3-on C$_{18}$H$_{16}$O$_3$, Formel VI (R = CH$_3$).

B. Beim Behandeln von 2-Brom-3-methyl-1,4-diphenyl-but-2c-en-1,4-dion mit Chlor=
wasserstoff enthaltendem Methanol (*Lutz, McGinn*, Am. Soc. **64** [1942] 2585, 2587). Aus

(±)-2-Hydroxy-4-methyl-2,5-diphenyl-furan-3-on (E III **7** 4630) beim Behandeln mit Chlorwasserstoff enthaltendem Methanol sowie beim Behandeln der Silber-Verbindung (wasserhaltig) mit Methyljodid (*Lutz, Stuart,* Am. Soc. **59** [1937] 2316, 2320). Beim Behandeln mit 4,4-Dimethoxy-2-methyl-1,4-diphenyl-butan-1,3-dion mit Chlorwasserstoff enthaltendem Methanol oder mit Acetanhydrid und wenig Schwefelsäure (*Lutz, Smith,* Am. Soc. **61** [1939] 1465, 1474).
Krystalle (aus Me. oder Diisopropyläther); F: 67—68° (*Lutz, St.*).

V VI VII

(±)-2-Äthoxy-4-methyl-2,5-diphenyl-furan-3-on $C_{19}H_{18}O_3$, Formel VI (R = C_2H_5).
B. Beim Erwärmen von (±)-2-Chlor-4-methyl-2,5-diphenyl-furan-3-on (*Lutz, Stuart,* Am. Soc. **59** [1937] 2316, 2320) oder von (±)-2-Brom-4-methyl-2,5-diphenyl-furan-3-on (*Lutz, McGinn,* Am. Soc. **64** [1942] 2585, 2587) mit Äthanol. Beim Behandeln von (±)-2-Hydroxy-4-methyl-2,5-diphenyl-furan-3-on (E III **7** 4630) oder von (±)-2-Methoxy-4-methyl-2,5-diphenyl-furan-3-on mit Chlorwasserstoff enthaltendem Äthanol (*Lutz, St.*).
Krystalle (aus A.); F: 90—90,5° (*Lutz, St.*).

(±)-2-Acetoxy-4-methyl-2,5-diphenyl-furan-3-on $C_{19}H_{16}O_4$, Formel VI (R = $CO-CH_3$).
B. Beim Behandeln von 2-Brom-3-methyl-1,4-diphenyl-but-2c-en-1,4-dion (*Lutz, McGinn,* Am. Soc. **64** [1942] 2585, 2587) oder von (±)-2-Hydroxy-4-methyl-2,5-diphenyl-furan-3-on [E III **7** 4630] (*Lutz, Stuart,* Am. Soc. **59** [1937] 2316, 2321) mit Acetanhydrid und wenig Schwefelsäure.
Krystalle (aus E.); F: 168—169° [korr.] (*Lutz, St.*).

(±)-2-Benzoyloxy-4-methyl-2,5-diphenyl-furan-3-on $C_{24}H_{18}O_4$, Formel VI (R = $CO-C_6H_5$).
B. Beim Erwärmen von (±)-2-Hydroxy-4-methyl-2,5-diphenyl-furan-3-on (E III **7** 4630) mit Benzoesäure-anhydrid und wenig Schwefelsäure (*Lutz, Stuart,* Am. Soc. **59** [1937] 2316, 2320). Beim Erhitzen der Natrium-Verbindung des (±)-2-Hydroxy-4-methyl-2,5-diphenyl-furan-3-ons (E III **7** 4630) mit Benzoylchlorid und Diisopropyläther (*Lutz, St.*).
Krystalle (aus E. oder Diisopropyläther); F: 167° [korr.].

2-[(*Ξ*)-Furfuryliden]-5-[(*Ξ*)-4-methoxy-benzyliden]-cyclopentanon $C_{18}H_{16}O_3$, Formel VII.
B. Beim Behandeln von 2-[(*Ξ*)-Furfuryliden]-cyclopentanon (F: 60,5°) mit 4-Methoxy-benzaldehyd und wss. Kalilauge (*Maccioni, Marongiu,* Ann. Chimica **48** [1958] 557, 563).
Gelbe Krystalle (aus A.); F: 178—179°. Absorptionsspektrum (A.; 250—460 nm): *Ma., Ma.,* l. c. S. 559.

(±)-2-[*β*-Phenylmercapto-phenäthyl]-chromen-4-on $C_{23}H_{18}O_2S$, Formel VIII (R = R' = X = H).
Diese Konstitution kommt vermutlich der nachstehend beschriebenen Verbindung zu.
B. Beim Erwärmen von 2-*trans*(?)-Styryl-chromen-4-on (F: 131°) mit Thiophenol und wenig Piperidin (*Mustafa et al.,* Am. Soc. **78** [1956] 5011, 5014).
Krystalle (aus Bzl. + PAe.); F: 81°.

(±)-2-[*β-o*-Tolylmercapto-phenäthyl]-chromen-4-on $C_{24}H_{20}O_2S$, Formel VIII (R = CH_3, R' = X = H).
Diese Konstitution kommt vermutlich der nachstehend beschriebenen Verbindung zu.
B. Beim Erwärmen von 2-*trans*(?)-Styryl-chromen-4-on (F: 131°) mit Thio-*o*-kresol und wenig Piperidin (*Mustafa et al.,* Am. Soc. **78** [1956] 5011, 5014).
Krystalle (aus Bzl. + PAe.); F: 89°

(±)-2-[β-*m*-Tolylmercapto-phenäthyl]-chromen-4-on $C_{24}H_{20}O_2S$, Formel VIII
(R = X = H, R' = CH$_3$).
Diese Konstitution kommt vermutlich der nachstehend beschriebenen Verbindung zu.
B. Beim Erwärmen von 2-*trans*(?)-Styryl-chromen-4-on (F: 131°) mit Thio-*m*-kresol und wenig Piperidin (*Mustafa et al.*, Am. Soc. **78** [1956] 5011, 5014).
Krystalle (aus Bzl. + PAe.); F: 91°.

(±)-2-[β-*p*-Tolylmercapto-phenäthyl]-chromen-4-on $C_{24}H_{20}O_2S$, Formel VIII
(R = R' = H, X = CH$_3$).
Diese Konstitution kommt vermutlich der nachstehend beschriebenen Verbindung zu.
B. Beim Erwärmen von 2-*trans*(?)-Styryl-chromen-4-on (F: 131°) mit Thio-*p*-kresol und wenig Piperidin (*Mustafa et al.*, Am. Soc. **78** [1956] 5011, 5014).
Krystalle (aus Bzl. + PAe.); F: 98°.

7-Hydroxy-4-phenäthyl-cumarin $C_{17}H_{14}O_3$, Formel IX.
B. Aus 3-Oxo-5-phenyl-valeriansäure-äthylester und Resorcin mit Hilfe von Schwefelsäure (*Borsche, Lewinsohn*, B. **66** [1933] 1792, 1796).
Krystalle (aus Me.); F: 175–176°.

(±)-2-Methoxy-3-[1-phenyl-äthyl]-chromen-4-on $C_{18}H_{16}O_3$, Formel X.
B. s. im folgenden Artikel.
Krystalle (aus PAe.); F: 106–107° (*Cieślak et al.*, Roczniki Chem. **33** [1959] 349, 351; C. A. **1960** 3404). Absorptionsmaximum (A.): 295 nm.
Verbindung mit Perchlorsäure $2 C_{18}H_{16}O_3 \cdot HClO_4$; Verbindung von (±)-2-Methoxy-3-[1-phenyl-äthyl]-chromen-4-on mit (±)-4-Hydroxy-2-methoxy-3-[1-phenyl-äthyl]-chromenylium-perchlorat $C_{18}H_{16}O_3 \cdot [C_{18}H_{17}O_3]ClO_4$. Krystalle; F: 149° bis 150°.

(±)-4-Methoxy-3-[1-phenyl-äthyl]-cumarin $C_{18}H_{16}O_3$, Formel XI (R = CH$_3$).
B. Neben kleineren Mengen 2-Methoxy-3-[1-phenyl-äthyl]-chromen-4-on beim Behandeln von (±)-4-Hydroxy-3-[1-phenyl-äthyl]-cumarin [E III/IV **17** 6453] mit Diazomethan in Äther (*Cieślak et al.*, Roczniki Chem. **33** [1959] 349, 351; C. A. **1960** 3404); s. a. *Chmielewska et al.*, Roczniki Chem. **30** [1956] 813, 822; C. A. **1960** 16450).
Krystalle (aus PAe); F: 107–108° (*Ci. et al.*). Absorptionsmaxima (A.): 272 nm, 280 nm und 310 nm (*Ci. et al.*, l. c. S. 355).

(±)-4-Acetoxy-3-[1-phenyl-äthyl]-cumarin $C_{19}H_{16}O_4$, Formel XI (R = CO-CH$_3$).
B. Aus (±)-4-Hydroxy-3-[1-phenyl-äthyl]-cumarin [E III/IV **17** 6453] (*Vallet, Mentzer*, C. r. **248** [1959] 1184, 1187).
F: 158°. Absorptionsmaxima: 275 nm und 310 nm.

2-[4-Methoxy-2,6-dimethyl-phenyl]-chromen-4-on $C_{18}H_{16}O_3$, Formel XII.
B. Beim Erwärmen von 2'-Hydroxy-4-methoxy-2,6-dimethyl-chalkon (F: 125°) mit Selendioxid und Äthanol (*Davis, Geissman*, Am. Soc. **76** [1954] 3507, 3511).
Krystalle (aus A.); F: 122,5–123°. Absorptionsspektrum von Lösungen in Äthanol (210–340 nm) und in wss. Schwefelsäure (33%ig bis 94%ig) (210–400 nm): *Da., Ge.*, l. c. S. 3508. Elektrolytische Dissoziation in wss. Schwefelsäure: *Da., Ge.*, l. c. S. 3510.

Verbindung mit Schwefelsäure $C_{18}H_{16}O_3 \cdot H_2SO_4$; 4-Hydroxy-2-[4-methoxy-2,6-dimethyl-phenyl]-chromenylium-hydrogensulfat $[C_{18}H_{17}O_3]HSO_4$. F: 170,5–171°.

XI XII XIII XIV

3-Benzyl-7-hydroxy-2-methyl-chromen-4-on $C_{17}H_{14}O_3$, Formel XIII (R = H) (E I 330; dort als 7-Oxy-2-methyl-3-benzyl-chromon bezeichnet).
B. Beim Erhitzen von 2-Benzyl-acetessigsäure-äthylester mit Resorcin auf 250° (*Mentzer et al.*, Bl. **1952** 91).
Krystalle; F: 284° (*Chadha et al.*, Soc. **1933** 1459, 1462), 282° (*Me. et al.*).

3-Benzyl-7-methoxy-2-methyl-chromen-4-on $C_{18}H_{16}O_3$, Formel XIII (R = CH_3) (E I 330; dort als 7-Methoxy-2-methyl-3-benzyl-chromon bezeichnet).
B. Aus 3-Benzyl-7-hydroxy-2-methyl-chromen-4-on mit Hilfe von Diazomethan (*Shinoda, Sato*, J. pharm. Soc. Japan **50** [1930] 265, 270; dtsch. Ref. S. 32, 35; C. A. **1930** 4046).
Krystalle (aus A. + Eg.); F: 106°.

7-Acetoxy-3-benzyl-2-methyl-chromen-4-on $C_{19}H_{16}O_4$, Formel XIII (R = $CO\text{-}CH_3$) (E I 330; dort als 7-Acetoxy-2-methyl-3-benzyl-chromon bezeichnet).
F: 126° (*Chadha et al.*, Soc. **1933** 1459, 1462).

3-Benzoyl-2-methyl-chromenylium $[C_{17}H_{13}O_2]^+$, Formel XIV.
Chlorid $[C_{17}H_{13}O_2]Cl$. Die Identität des früher (s. E I 330) unter dieser Konstitution beschriebenen, als 2-Methyl-3-benzoyl-benzopyrylium-chlorid bezeichneten Präparats ist ungewiss (*Le Fèvre, Pearson*, Soc. **1933** 1197, 1198).

2-Benzyl-7-methoxy-3-methyl-chromen-4-on $C_{18}H_{16}O_3$, Formel I.
B. Neben 4-Äthyl-7-methoxy-3-phenyl-cumarin (Hauptprodukt) beim Erhitzen von 1-[2-Hydroxy-4-methoxy-phenyl]-propan-1-on mit Natrium-phenylacetat und Phenylessigsäure-anhydrid auf 180° (*Heilbron et al.*, Soc. **1936** 295, 298). In kleiner Menge beim Erwärmen der Natrium-Verbindung des 1-[2,4-Dimethoxy-phenyl]-4-phenyl-butan-1,3-dions mit Methyljodid und Aceton und Erhitzen des Reaktionsprodukts mit Essigsäure und wss. Bromwasserstoffsäure (*He. et al.*).
Krystalle (aus A. oder PAe.); F: 102,5°.

2-Benzyl-7-methoxy-5-methyl-chromen-4-on $C_{18}H_{16}O_3$, Formel II.
B. Beim Behandeln von 1-[2,4-Dimethoxy-6-methyl-phenyl]-4-phenyl-butan-1,3-dion mit Bromwasserstoff in Essigsäure (*Thanawalla, Trivedi*, J. Indian chem. Soc. **36** [1959] 49, 52).
Krystalle (aus Me.); F: 142–144°.

3-Benzyl-7-hydroxy-4-methyl-cumarin $C_{17}H_{14}O_3$, Formel III (R = X = H) (E I 330).
B. Aus Resorcin und 2-Benzyl-acetessigsäure-äthylester mit Hilfe von Phosphor(V)-oxid (*Chakravarti*, J. Indian chem. Soc. **8** [1931] 129, 134), mit Hilfe von Phosphorsäure (*Chakravarti*, J. Indian chem. Soc. **12** [1935] 536, 539) oder mit Hilfe von Aluminiumchlorid in Nitrobenzol (*Usgaonkar et al.*, J. Indian chem. Soc. **30** [1953] 743, 746). Beim Erhitzen von 3-Benzyl-7-hydroxy-4-methyl-2-oxo-2H-chromen-6-carbonsäure mit wss.

Salzsäure auf 180° (*Sethna, Shah*, J. Indian chem. Soc. **15** [1938] 383, 388).
Krystalle (aus A.); F: 227—228° (*Us. et al.*), 226,3—227° (*Wheelock*, Am. Soc. **81** [1959] 1348, 1349), 224° (*Ch.*). Absorptionsmaximum (A.): 326 nm (*Wh.*). Fluorescenzmaximum (A.): 448 nm (*Wh.*). Intensität der Fluorescenz von wss. Lösungen vom pH 4 bis pH 11: *Goodwin, Kavanagh*, Arch. Biochem. **36** [1952] 442, 445.

I   II   III

7-Benzoyloxy-3-benzyl-4-methyl-cumarin $C_{24}H_{18}O_4$, Formel III (R = CO-C_6H_5, X = H) (E I 330).
B. Aus 3-Benzyl-7-hydroxy-4-methyl-cumarin (*Naik et al.*, J. Indian chem. Soc. **6** [1929] 801).
F: 160°.

3-Benzyl-6-chlor-7-hydroxy-4-methyl-cumarin $C_{17}H_{13}ClO_3$, Formel III (R = H, X = Cl).
B. Aus 4-Chlor-resorcin und 2-Benzyl-acetessigsäure-äthylester mit Hilfe von Schwefel=säure (*Chakravarti, Ghosh*, J. Indian chem. Soc. **12** [1935] 622, 626).
Krystalle (aus Eg.); F: 249°.

4-Benzyl-5-hydroxy-7-methyl-cumarin $C_{17}H_{14}O_3$, Formel IV (R = H).
B. Beim Behandeln von 5-Methyl-resorcin mit 4-Phenyl-acetessigsäure-äthylester und 80%ig. wss. Schwefelsäure (*Kotwani et al.*, J. Univ. Bombay **10**, Tl. 5A [1942] 143, 145).
Krystalle (aus A.); F: 248—249°.

4-Benzyl-5-methoxy-7-methyl-cumarin $C_{18}H_{16}O_3$, Formel IV (R = CH_3).
B. Beim Erwärmen von 4-Benzyl-5-hydroxy-7-methyl-cumarin mit Methyljodid, Kaliumcarbonat und Aceton (*Kotwani et al.*, J. Univ. Bombay **10**, Tl. 5A [1942] 143, 145).
Krystalle (aus wss. A.); F: 140—141°.

5-Acetoxy-4-benzyl-7-methyl-cumarin $C_{19}H_{16}O_4$, Formel IV (R = CO-CH_3).
B. Beim Erhitzen von 4-Benzyl-5-hydroxy-7-methyl-cumarin mit Acetanhydrid und Natriumacetat (*Kotwani et al.*, J. Univ. Bombay **10**, Tl. 5A [1942] 143, 145).
Krystalle (aus A.); F: 139—140°.

8-Benzyl-7-hydroxy-4-methyl-cumarin $C_{17}H_{14}O_3$, Formel V (R = X = H).
B. Aus 2-Benzyl-resorcin und Acetessigsäure-äthylester mit Hilfe von Schwefelsäure (*Mullaji, Shah*, Pr. Indian Acad. [A] **34** [1951] 173, 175). Beim Erhitzen von 8-Benzoyl-7-hydroxy-4-methyl-cumarin mit wss. Salzsäure und amalgamiertem Zink (*Mu., Shah*).
Krystalle (aus wss. A.); F: 238°.

8-Benzyl-3-brom-7-hydroxy-4-methyl-cumarin $C_{17}H_{13}BrO_3$, Formel V (R = H, X = Br).
B. Aus 8-Benzyl-7-hydroxy-4-methyl-cumarin und Brom (1 Mol) in Essigsäure (*Marathey, Athavale*, J. Univ. Poona Nr. 4 [1953] 94, 96).
Krystalle (aus A.); F: 245° [Zers.].

7-Acetoxy-8-benzyl-3-brom-4-methyl-cumarin $C_{19}H_{15}BrO_4$, Formel V (R = CO-CH_3, X = Br).
B. Aus 8-Benzyl-3-brom-7-hydroxy-4-methyl-cumarin (*Marathey, Athavale*, J. Univ. Poona Nr. 4 [1953] 94, 96).
F: 197°.

7-Benzoyloxy-8-benzyl-3-brom-4-methyl-cumarin $C_{24}H_{17}BrO_4$, Formel V (R = CO-C_6H_5, X = Br).

B. Aus 8-Benzyl-3-brom-7-hydroxy-4-methyl-cumarin (*Marathey, Athavale*, J. Univ. Poona Nr. 4 [1953] 94, 96).

F: 140°.

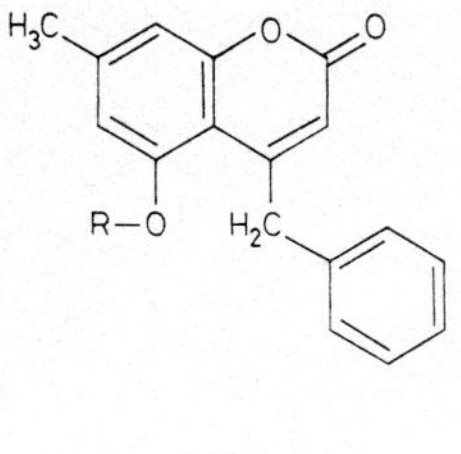

IV 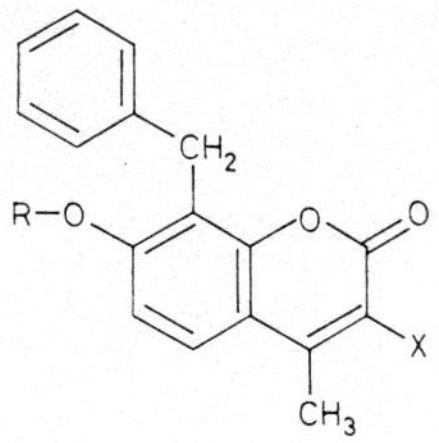   V 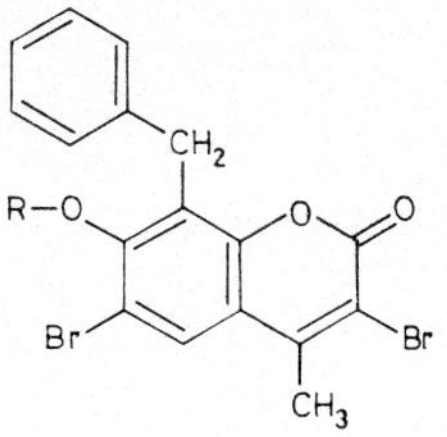   VI

8-Benzyl-3,6(?)-dibrom-7-hydroxy-4-methyl-cumarin $C_{17}H_{12}Br_2O_3$, vermutlich Formel VI (R = H).

B. Aus 8-Benzyl-7-hydroxy-4-methyl-cumarin und Brom (2 Mol) in Essigsäure (*Marathey, Athavale*, J. Univ. Poona Nr. 4 [1953] 94, 97).

Krystalle (aus A.); F: 190° [Zers.].

8-Benzyl-3,6(?)-dibrom-7-methoxy-4-methyl-cumarin $C_{18}H_{14}Br_2O_3$, vermutlich Formel VI (R = CH_3).

B. Aus 8-Benzyl-3,6(?)-dibrom-7-hydroxy-4-methyl-cumarin [F: 190° (s. o.)] (*Marathey, Athavale*, J. Univ. Poona Nr. 4 [1953] 94, 97).

F: 176°.

7-Acetoxy-8-benzyl-3,6(?)-dibrom-4-methyl-cumarin $C_{19}H_{14}Br_2O_4$, vermutlich Formel VI (R = CO-CH_3).

B. Aus 8-Benzyl-3,6(?)-dibrom-7-hydroxy-4-methyl-cumarin [F: 190° (s. o.)] (*Marathey, Athavale*, J. Univ. Poona Nr. 4 [1953] 94, 97).

F: 205°.

7-Benzoyloxy-8-benzyl-3,6(?)-dibrom-4-methyl-cumarin $C_{24}H_{16}Br_2O_4$, vermutlich Formel VI (R = CO-C_6H_5).

B. Aus 8-Benzyl-3,6(?)-dibrom-7-hydroxy-4-methyl-cumarin [F: 190° (s. o.)] (*Marathey, Athavale*, J. Univ. Poona Nr. 4 [1953] 94, 97).

F: 202°.

4-[2-Methoxy-5-methyl-phenyl]-6-methyl-cumarin $C_{18}H_{16}O_3$, Formel VII.

B. Beim Erhitzen von (±)-[4-(2-Methoxy-5-methyl-phenyl)-6-methyl-2-oxo-chroman-4-yl]-essigsäure oder von 3,3-Bis-[2-methoxy-5-methyl-phenyl]-glutarsäure mit Calciumoxid unter vermindertem Druck (*Gogte, Palkar*, J. Univ. Bombay **27**, Tl. 5A [1959] 6, 11, 13).

Krystalle (aus wss. A.); F: 141°.

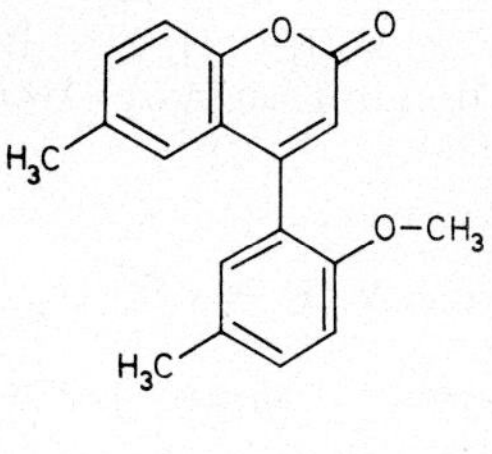

VII 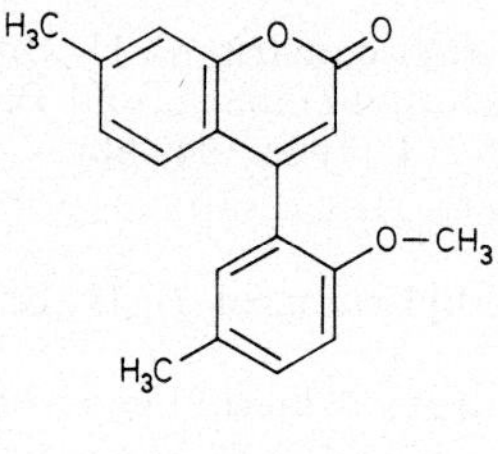   VIII 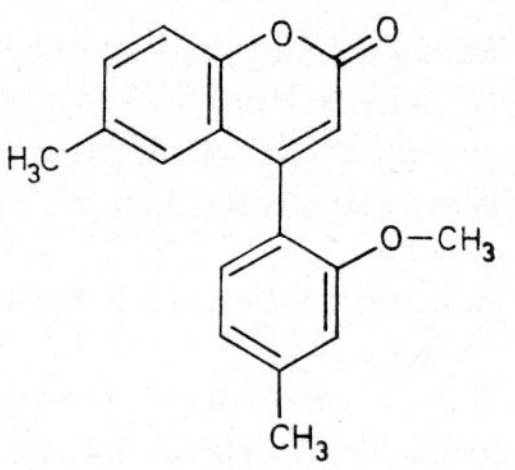   IX

4-[2-Methoxy-5-methyl-phenyl]-7-methyl-cumarin $C_{18}H_{16}O_3$, Formel VIII.

B. Beim Erhitzen von (±)-[4-(2-Methoxy-5-methyl-phenyl)-7-methyl-2-oxo-chroman-4-yl]-essigsäure mit Calciumoxid unter vermindertem Druck (*Gogte, Palkar,* J. Univ. Bombay **27**, Tl. 5A [1959] 6, 11).

Krystalle (aus wss. A.); F: 128°.

4-[2-Methoxy-4-methyl-phenyl]-6-methyl-cumarin $C_{18}H_{16}O_3$, Formel IX.

B. Beim Erhitzen von (±)-[4-(2-Methoxy-4-methyl-phenyl)-6-methyl-2-oxo-chroman-4-yl]-essigsäure mit Calciumoxid unter vermindertem Druck (*Gogte, Palkar,* J. Univ. Bombay **27**, Tl. 5A [1959] 6, 12).

Krystalle (aus wss. A.); F: 115°.

4-[2-Methoxy-4-methyl-phenyl]-7-methyl-cumarin $C_{18}H_{16}O_3$, Formel X.

B. Beim Erhitzen von (±)-[4-(2-Methoxy-4-methyl-phenyl)-7-methyl-2-oxo-chroman-4-yl]-essigsäure mit Calciumoxid unter vermindertem Druck (*Gogte, Palkar,* J. Univ. Bombay **27**, Tl. 5A [1959] 6, 12).

Krystalle (aus wss. A.); F: 142°.

X   XI   XII

2-Äthyl-7-methoxy-3-phenyl-chromen-4-on $C_{18}H_{16}O_3$, Formel XI.

B. Beim Erhitzen von 2-Hydroxy-4-methoxy-desoxybenzoin mit Propionsäure-anhydrid und Natriumpropionat (*Heilbron et al.*, Soc. **1936** 295, 299).

Krystalle (aus A.); F: 119,5°.

3-Acetyl-2-phenyl-chromenylium $[C_{17}H_{13}O_2]^+$, Formel XII.

Chlorid $[C_{17}H_{13}O_2]Cl$. Die Identität des früher (s. E I 331) unter dieser Konstitution beschriebenen, als 2-Phenyl-3-acetyl-benzopyrylium-chlorid bezeichneten Präparats ist ungewiss (vgl. *Le Fèvre, Pearson,* Soc. **1933** 1197, 1198).

6-Äthyl-8-brom-7-hydroxy-2-phenyl-chromen-4-on $C_{17}H_{13}BrO_3$, Formel I.

B. Beim Behandeln einer äthanol. Lösung von opt.-inakt. 1-[5-Äthyl-3-brom-2,4-dihydroxy-phenyl]-2,3-dibrom-3-phenyl-propan-1-on (F: 186°) oder von opt.-inakt. 6-Äthyl-3,8-dibrom-7-hydroxy-2-phenyl-chroman-4-on (F: 198°) mit wss. Natronlauge (*Marathey, Athavale,* J. Indian chem. Soc. **31** [1954] 695, 698).

Krystalle (aus Eg.); F: 256° [Zers.].

4-Äthyl-7-hydroxy-3-phenyl-cumarin $C_{17}H_{14}O_3$, Formel II (R = H).

B. Beim Behandeln von 3-Oxo-2-phenyl-valeronitril mit Resorcin und Schwefelsäure und Erhitzen des Reaktionsprodukts mit wss. Schwefelsäure (*Heilbron et al.*, Soc. **1936** 295, 298). Beim Erwärmen von 4-Äthyl-7-methoxy-3-phenyl-cumarin mit wss. Jodwasserstoffsäure und Essigsäure (*He. et al.*). Aus 7-Acetoxy-4-äthyl-3-phenyl-cumarin (*Chadha et al.*, Soc. **1933** 1459, 1462).

Krystalle; F: 268° [aus A.] (*He. et al.*), 254° [aus wss. A.] (*Ch. et al.*).

4-Äthyl-7-methoxy-3-phenyl-cumarin $C_{18}H_{16}O_3$, Formel II (R = CH$_3$).

B. Beim Erhitzen von 1-[2-Hydroxy-4-methoxy-phenyl]-propan-1-on mit Natrium-

phenylacetat und Phenylessigsäure-anhydrid (*Heilbron et al.*, Soc. **1936** 295, 298). Beim Erwärmen von 4-Äthyl-7-hydroxy-3-phenyl-cumarin mit Methyljodid, Kaliumcarbonat und Aceton (*He. et al.*).
Krystalle (aus A. oder wss. Me.); F: 115°.

7-Acetoxy-4-äthyl-3-phenyl-cumarin $C_{19}H_{16}O_4$, Formel II (R = CO-CH$_3$).
B. Beim Erhitzen von 1-[2,4-Dihydroxy-phenyl]-propan-1-on mit Natrium-phenyl=
acetat und Acetanhydrid (*Chadha et al.*, Soc. **1933** 1459, 1462).
Krystalle (aus A.); F: 205°.

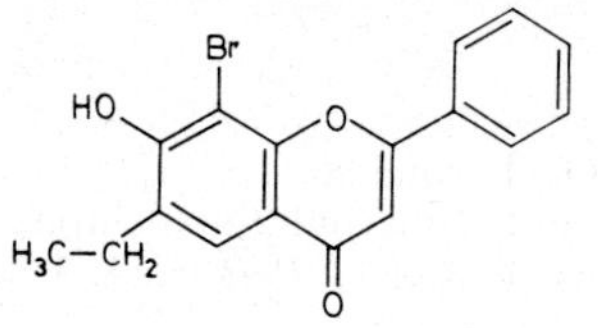

I 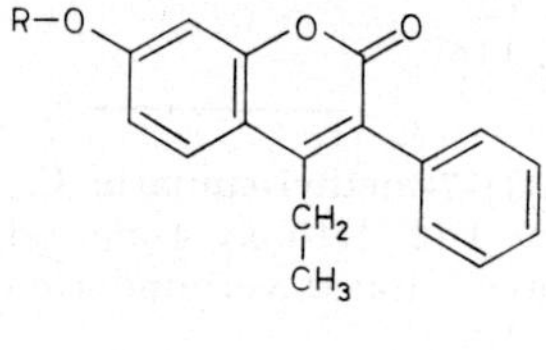 II 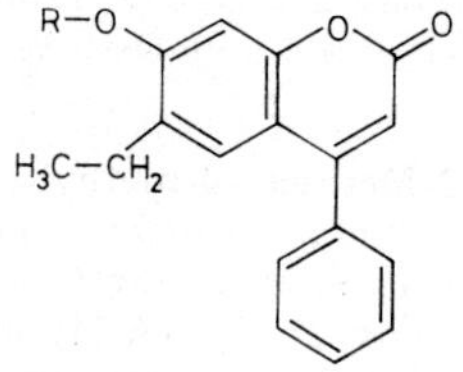 III

6-Äthyl-7-hydroxy-4-phenyl-cumarin $C_{17}H_{14}O_3$, Formel III (R = H).
B. Aus 4-Äthyl-resorcin und 3-Oxo-3-phenyl-propionsäure-äthylester mit Hilfe von 73%ig. wss. Schwefelsäure (*Desai, Mavani*, Pr. Indian Acad. [A] **14** [1941] 100, 104).
Krystalle (aus A.); F: 232°.

7-Acetoxy-6-äthyl-4-phenyl-cumarin $C_{19}H_{16}O_4$, Formel III (R = CO-CH$_3$).
B. Aus 6-Äthyl-7-hydroxy-4-phenyl-cumarin (*Desai, Mavani*, Pr. Indian Acad. [A] **14** [1941] 100, 104).
Krystalle (aus A.); F: 151°.

7-Äthyl-6-hydroxy-4-phenyl-cumarin $C_{17}H_{14}O_3$, Formel IV (R = H).
B. Aus 3-Oxo-3-phenyl-propionsäure-äthylester und 2-Äthyl-hydrochinon mit Hilfe von wss. Schwefelsäure (*Desai, Mavani*, Pr. Indian Acad. [A] **15** [1942] 11, 14) oder mit Hilfe von Phosphorylchlorid (*Mehta et al.*, J. Indian chem. Soc. **33** [1956] 135, 138).
Krystalle (aus A. bzw. Bzl.); F: 194° (*De., Ma.*; *Me. et al.*).

6-Acetoxy-7-äthyl-4-phenyl-cumarin $C_{19}H_{16}O_4$, Formel IV (R = CO-CH$_3$).
B. Aus 7-Äthyl-6-hydroxy-4-phenyl-cumarin (*Mehta et al.*, J. Indian chem. Soc. **33** [1956] 135, 138).
Krystalle (aus A.); F: 125°.

7-Hydroxy-2,6-dimethyl-3-phenyl-chromen-4-on $C_{17}H_{14}O_3$, Formel V (R = H).
B. Beim Erwärmen von 7-Acetoxy-2,6-dimethyl-3-phenyl-chromen-4-on mit wss.-methanol. Natronlauge (*Zemplén et al.*, Acta chim. hung. **22** [1960] 449, 452).
Krystalle (aus Me.); F: 245–246°.

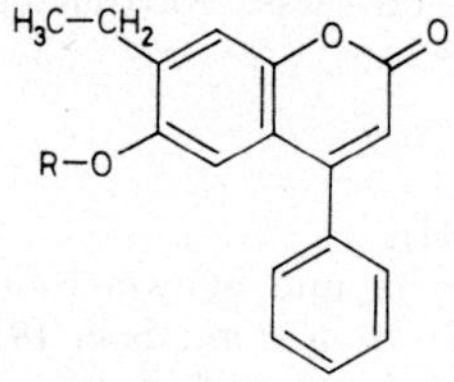

IV 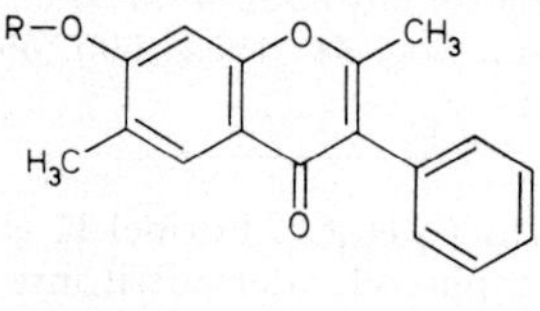 V 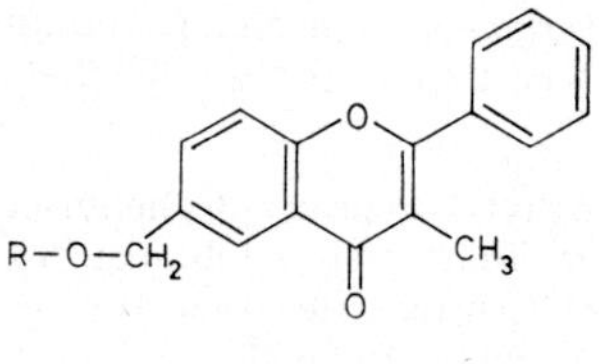 VI

7-Acetoxy-2,6-dimethyl-3-phenyl-chromen-4-on $C_{19}H_{16}O_4$, Formel V (R = CO-CH$_3$).
B. Beim Erhitzen von 2,4-Dihydroxy-5-methyl-desoxybenzoin mit Acetanhydrid und Natriumacetat (*Zemplén et al.*, Acta chim. hung. **22** [1960] 449, 452).
Krystalle (aus wss. Me.); F: 161°.

6-Hydroxymethyl-3-methyl-2-phenyl-chromen-4-on $C_{17}H_{14}O_3$, Formel VI (R = H).
B. Beim Erwärmen von 6-Benzoyloxymethyl-3-methyl-2-phenyl-chromen-4-on mit wss.-äthanol. Kalilauge (*Da Re, Verlicchi*, Ann. Chimica **46** [1956] 910, 917).
Krystalle; F: 148—150°.

6-Benzoyloxymethyl-3-methyl-2-phenyl-chromen-4-on $C_{24}H_{18}O_4$, Formel VI (R = CO-C$_6$H$_5$).
B. Beim Erhitzen von 1-[5-Chlormethyl-2-hydroxy-phenyl]-propan-1-on mit Benzoyl≈ chlorid und Natriumbenzoat (*Da Re, Verlicchi*, Ann. Chimica **46** [1956] 910, 917).
Krystalle (aus wss. A.); F: 113—115°.

Bernsteinsäure-mono-[3-methyl-4-oxo-2-phenyl-4H-chromen-6-ylmethylester], 6-[3-Carboxy-propionyloxymethyl]-3-methyl-2-phenyl-chromen-4-on $C_{21}H_{18}O_6$, Formel VI (R = CO-CH$_2$-CH$_2$-COOH).
B. Beim Behandeln von 6-Hydroxymethyl-3-methyl-2-phenyl-chromen-4-on mit Bern≈ steinsäure-anhydrid und Pyridin (*Da Re, Verlicchi*, Ann. Chimica **46** [1956] 910, 918).
Krystalle (aus wss. A.); F: 129—130°.

7-Methoxy-2,8-dimethyl-3-phenyl-chromen-4-on $C_{18}H_{16}O_3$, Formel VII.
B. Beim Erhitzen von 2-Hydroxy-4-methoxy-3-methyl-desoxybenzoin mit Acet≈ anhydrid und Natriumacetat (*Shah, Shah*, J. Indian chem. Soc. **17** [1940] 32, 36).
Krystalle (aus wss. Me.); F: 140—142°.

7-Hydroxy-3,8-dimethyl-2-phenyl-chromen-4-on $C_{17}H_{14}O_3$, Formel VIII (R = X = H).
B. Beim Erwärmen von 7-Methoxy-3,8-dimethyl-2-phenyl-chromen-4-on mit Alumini≈ umchlorid in Benzol (*Da Re, Verlicchi*, Ann. Chimica **46** [1956] 904, 909).
Krystalle (aus A.); F: 274—276°.

VII   VIII

7-Methoxy-3,8-dimethyl-2-phenyl-chromen-4-on $C_{18}H_{16}O_3$, Formel VIII (R = CH$_3$, X = H).
B. Beim Erwärmen von 8-Chlormethyl-7-methoxy-3-methyl-2-phenyl-chromen-4-on mit wasserhaltiger Essigsäure und Zink-Pulver (*Da Re, Verlicchi*, Ann. Chimica **46** [1956] 904, 908).
Krystalle (aus wss. A.); F: 139—141°.

8-Chlormethyl-7-methoxy-3-methyl-2-phenyl-chromen-4-on $C_{18}H_{15}ClO_3$, Formel VIII (R = CH$_3$, X = Cl).
B. Beim Erwärmen von 7-Methoxy-3-methyl-2-phenyl-chromen-4-on mit Paraform≈ aldehyd, Essigsäure und wss. Salzsäure unter Einleiten von Chlorwasserstoff (*Da Re, Verlicchi*, Ann. Chimica **46** [1956] 904, 908).
Krystalle (aus A.); F: 170—172°.

5-Hydroxy-4,6-dimethyl-2-phenyl-chromen-7-on $C_{17}H_{14}O_3$, Formel IX, und **5-Hydroxy-4,8-dimethyl-2-phenyl-chromen-7-on** $C_{17}H_{14}O_3$, Formel X (R = H), sowie Tautomere.
Diese Konstitutionsformeln kommen für die nachstehend beschriebene Verbindung in Betracht.
B. Beim Behandeln von 5,7-Dihydroxy-4,6(oder 4,8)-dimethyl-2-phenyl-chromen≈ ylium-chlorid (E III/IV **17** 2396) mit Methanol und wss. Natriumacetat-Lösung (*Brockmann et al.*, B. **77/79** [1944/46] 347, 353).
Rote Krystalle (aus wss. Me.) mit 0,5 Mol H$_2$O; F: 234° [Zers.].

IX   X   XI

5-Methoxy-4,8-dimethyl-2-phenyl-chromen-7-on $C_{18}H_{16}O_3$, Formel X (R = CH_3).
B. Beim Behandeln von 7-Hydroxy-5-methoxy-4,8-dimethyl-2-phenyl-chromenyliumchlorid (E III/IV **17** 2396) mit wss.-methanol. Natriumacetat-Lösung (*Brockmann et al.*, B. **77/79** [1944/46] 347, 353).
Rote Krystalle (aus wss. Me.) mit 1 Mol H_2O; F: 121°. Absorptionsmaxima (Bzl.): 483 nm, 511 nm und 550 nm (*Br. et al.*, l. c. S. 348).

2-[4-Hydroxy-phenyl]-5,7-dimethyl-chromen-4-on $C_{17}H_{14}O_3$, Formel XI (R = H).
B. Beim Erwärmen von 2-[4-Acetoxy-phenyl]-5,7-dimethyl-chroman-4-on mit *N*-Bromsuccinimid in Tetrachlormethan und Erhitzen des Reaktionsprodukts mit wss.-äthanol. Natronlauge (*Takatori*, J. chem. Soc. Japan Pure Chem. Sect. **78** [1957] 843; C. A. **1960** 4557).
Gelbe Krystalle (aus A.); F: 303—305° [Zers.].

2-[4-Methoxy-phenyl]-5,7-dimethyl-chromen-4-on $C_{18}H_{16}O_3$, Formel XI (R = CH_3).
B. Aus 2-[4-Methoxy-phenyl]-5,7-dimethyl-chroman-4-on beim Erwärmen mit *N*-Bromsuccinimid in Tetrachlormethan sowie beim Erhitzen mit Selendioxid in Xylol (*Takatori*, J. chem. Soc. Japan Pure Chem. Sect. **78** [1957] 843; C. A. **1960** 4557).
Hellgelbe Krystalle (aus A.); F: 147—148°.

2-[4-Acetoxy-phenyl]-5,7-dimethyl-chromen-4-on $C_{19}H_{16}O_4$, Formel XI (R = CO-CH_3).
B. Beim Erwärmen von 2-[4-Acetoxy-phenyl]-5,7-dimethyl-chroman-4-on mit *N*-Bromsuccinimid in Tetrachlormethan und Erhitzen des Reaktionsprodukts mit *N,N*-Dimethylanilin (*Takatori*, J. chem. Soc. Japan Pure Chem. Sect. **78** [1957] 843; C. A. **1960** 4557).
Hellgelbe Krystalle (aus A.); F: 175—176°.

5-Methoxy-6,8-dimethyl-2-phenyl-chromen-7-on $C_{18}H_{16}O_3$, Formel I.
B. Beim Behandeln von 7-Hydroxy-5-methoxy-6,8-dimethyl-2-phenyl-chromenyliumchlorid (E III/IV **17** 2397) mit Methanol und wss. Natriumacetat-Lösung (*Brockmann et al.*, B. **77/79** [1944/46] 347, 353).
Rote Krystalle (aus wss. Me.); F: 185°. Absorptionsmaxima (Bzl.): 463 nm, 498 nm, 538 nm und 582 nm (*Br. et al.*, l. c. S. 348).

7-Hydroxy-4,5-dimethyl-3-phenyl-cumarin $C_{17}H_{14}O_3$, Formel II (R = H).
B. Beim Behandeln von 4,5-Dimethyl-3-phenyl-7-phenylacetoxy-cumarin mit 80%ig. wss. Schwefelsäure (*Thanawalla, Trivedi*, J. Indian chem. Soc. **36** [1959] 49, 51).
Krystalle (aus A.); F: 246—247°.

7-Methoxy-4,5-dimethyl-3-phenyl-cumarin $C_{18}H_{16}O_3$, Formel II (R = CH_3).
B. Beim Erwärmen von 7-Hydroxy-4,5-dimethyl-3-phenyl-cumarin mit Methyljodid, Kaliumcarbonat und Aceton (*Thanawalla, Trivedi*, J. Indian chem. Soc. **36** [1959] 49, 51).
Krystalle (aus A.); F: 148—149°.

4,5-Dimethyl-3-phenyl-7-phenylacetoxy-cumarin $C_{25}H_{20}O_4$, Formel II (R = CO-CH_2-C_6H_5).
B. Beim Erhitzen von 1-[2,4-Dihydroxy-6-methyl-phenyl]-äthanon mit Natriumphenylacetat und Phenylessigsäure-anhydrid auf 180° (*Thanawalla, Trivedi*, J. Indian chem. Soc. **36** [1959] 49, 51).
Krystalle (aus A.); F: 179—180°.

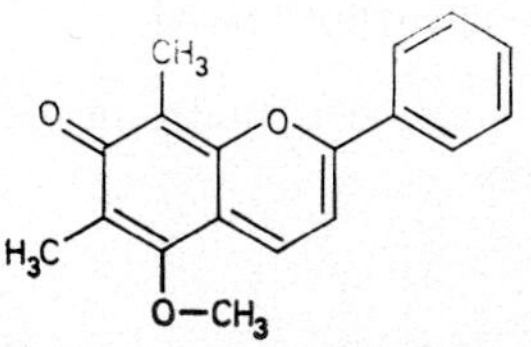

I 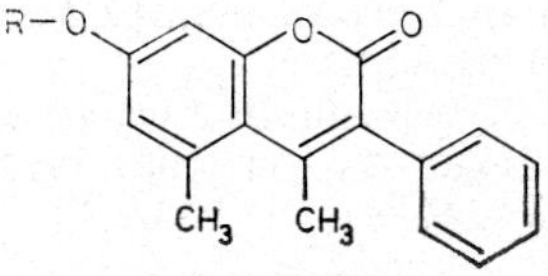 II 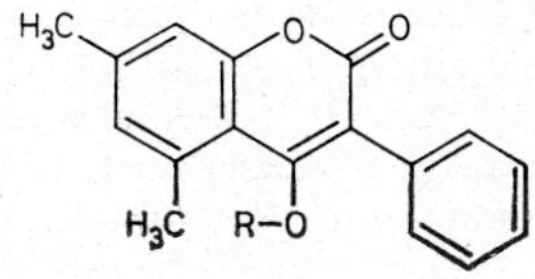 III

4-Acetoxy-5,7-dimethyl-3-phenyl-cumarin $C_{19}H_{16}O_4$, Formel III (R = CO-CH$_3$).
B. Aus 4-Hydroxy-5,7-dimethyl-3-phenyl-cumarin [E III/IV **17** 6454] (*Vercier et al.*, Bl. **1950** 1248, 1251).
F: 184°.

4-Acetoxy-7,8-dimethyl-3-phenyl-cumarin $C_{19}H_{16}O_4$, Formel IV (R = CO-CH$_3$).
B. Aus 4-Hydroxy-7,8-dimethyl-3-phenyl-cumarin [E III/IV **17** 6455] (*Vercier et al.*, Bl. **1950** 1248, 1251).
F: 180°.

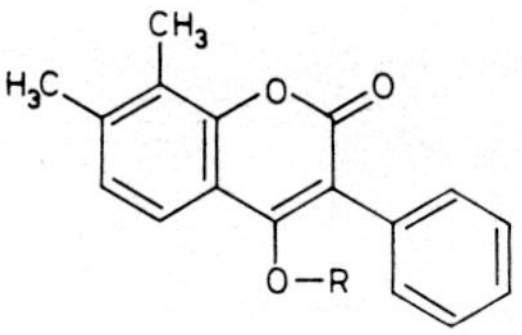

IV 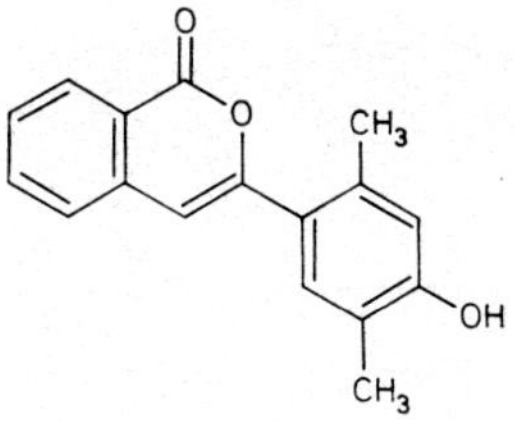 V 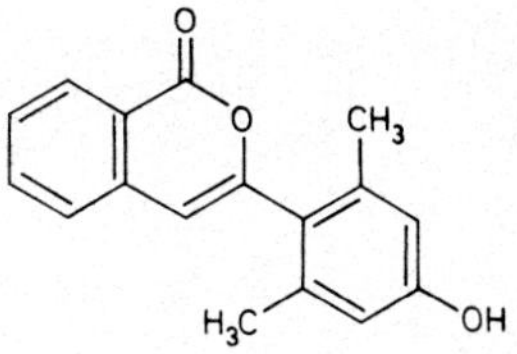 VI

3-[4-Hydroxy-2,5-dimethyl-phenyl]-isocumarin $C_{17}H_{14}O_3$, Formel V.
B. Beim Erhitzen von Homophthalsäure-anhydrid (Isochroman-1,3-dion) mit 2,5-Dimethyl-phenol und Zinn(IV)-chlorid auf 120° (*Buu-Hoi*, Bl. [5] **11** [1944] 338, 342). Krystalle (aus Me.); F: 204°.

3-[4-Hydroxy-2,6-dimethyl-phenyl]-isocumarin $C_{17}H_{14}O_3$, Formel VI.
B. Beim Erhitzen von Homophthalsäure-anhydrid (Isochroman-1,3-dion) mit 3,5-Dimethyl-phenol und Zinn(IV)-chlorid auf 120° (*Buu-Hoi*, Bl. [5] **11** [1944] 338, 341). Krystalle (aus A.); F: 188°.

(±)-3-[Benzo[*b*]thiophen-3-yl]-3-hydroxy-1-phenyl-propan-1-on $C_{17}H_{14}O_2S$, Formel VII.
B. Beim Behandeln eines Gemisches von Benzo[*b*]thiophen-3-carbaldehyd, Acetophenon und Äthanol mit wss. Natronlauge (*Ried, Dankert*, B. **90** [1957] 2707, 2709). Gelbe Krystalle (aus A.); F: 128° [unkorr.].

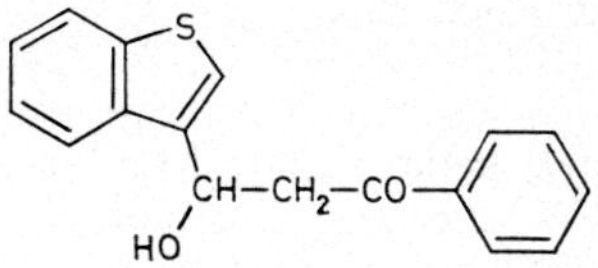

VII 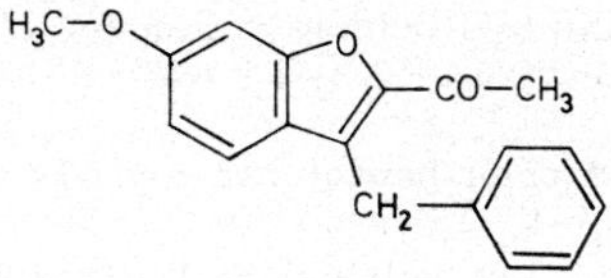 VIII

2-Acetyl-3-benzyl-6-methoxy-benzofuran, 1-[3-Benzyl-6-methoxy-benzofuran-2-yl]-äthanon $C_{18}H_{16}O_3$, Formel VIII.
B. Beim Behandeln von 3-Benzyl-6-methoxy-benzofuran mit Acetylchlorid, Zinn(IV)-chlorid und Schwefelkohlenstoff (*Chatterjea*, J. Indian chem. Soc. **34** [1957] 347, 354).

1-[3-Benzyl-6-methoxy-benzofuran-2-yl]-äthanon-[2,4-dinitro-phenylhydrazon]
$C_{24}H_{20}N_4O_6$, Formel IX (X = N-NH-$C_6H_3(NO_2)_2$).

B. Aus 1-[3-Benzyl-6-methoxy-benzofuran-2-yl]-äthanon und [2,4-Dinitro-phenyl]-hydrazin (*Chatterjea*, J. Indian chem. Soc. **34** [1957] 347, 354).

Orangerote Krystalle (aus Eg.); F: 245° [unkorr.].

[3-Acetoxy-phenyl]-[2-äthyl-benzofuran-3-yl]-keton $C_{19}H_{16}O_4$, Formel X (R = CO-CH_3).

B. In kleinerer Menge neben 1-[2-Äthyl-benzofuran-3-yl]-äthanon beim Behandeln von 2-Äthyl-benzofuran mit 3-Acetoxy-benzoylchlorid, Zinn(IV)-chlorid und Benzol (*Royer, Demerseman*, Bl. **1959** 1682, 1685).

Kp_{14}: 251—254°.

[2-Äthyl-benzofuran-3-yl]-[4-hydroxy-phenyl]-keton $C_{17}H_{14}O_3$, Formel XI (R = X = H).

B. Beim Erhitzen von [2-Äthyl-benzofuran-3-yl]-[4-methoxy-phenyl]-keton mit Pyridin-hydrochlorid (*Buu-Hoi et al.*, Soc. **1957** 625, 626). Beim Erwärmen von [4-Acetoxy-phenyl]-[2-äthyl-benzofuran-3-yl]-keton mit wss.-äthanol. Natronlauge (*Royer, Demerseman*, Bl. **1959** 1682, 1685).

Krystalle; F: 127° [aus Bzl. + PAe.] (*Ro., De.*), 126—127° [aus Cyclohexan] (*Buu-Hoi et al.*).

IX X XI

[2-Äthyl-benzofuran-3-yl]-[4-methoxy-phenyl]-keton $C_{18}H_{16}O_3$, Formel XI (R = CH_3, X = H).

B. Beim Behandeln von 2-Äthyl-benzofuran mit 4-Methoxy-benzoylchlorid, Zinn(IV)-chlorid und Schwefelkohlenstoff (*Bisagni et al.*, Soc. **1955** 3693; *Buu-Hoi et al.*, Soc. **1957** 625, 626).

Krystalle (aus PAe.); F: 81° (*Buu-Hoi et al.*).

Oxim. Krystalle (aus Bzn.); F: 161° (*Bi. et al.*).

[4-Acetoxy-phenyl]-[2-äthyl-benzofuran-3-yl]-keton $C_{19}H_{16}O_4$, Formel XI (R = CO-CH_3, X = H).

B. Neben 1-[2-Äthyl-benzofuran-3-yl]-äthanon beim Behandeln von 2-Äthyl-benzofuran mit 4-Acetoxy-benzoylchlorid, Zinn(IV)-chlorid und Benzol (*Royer, Demerseman*, Bl. **1959** 1682, 1685).

Krystalle (aus PAe.); F: 67°.

[2-Äthyl-5-chlor-benzofuran-3-yl]-[4-hydroxy-phenyl]-keton $C_{17}H_{13}ClO_3$, Formel XI (R = H, X = Cl).

B. Beim Erhitzen von [2-Äthyl-5-chlor-benzofuran-3-yl]-[4-methoxy-phenyl]-keton mit Pyridin-hydrochlorid (*Buu-Hoi et al.*, Soc. **1957** 2593, 2596).

Krystalle (aus Bzl.); F: 189°.

[2-Äthyl-5-chlor-benzofuran-3-yl]-[4-methoxy-phenyl]-keton $C_{18}H_{15}ClO_3$, Formel XI (R = CH_3, X = Cl).

B. Beim Behandeln von 2-Äthyl-5-chlor-benzofuran mit 4-Methoxy-benzoylchlorid, Zinn(IV)-chlorid und Schwefelkohlenstoff (*Buu-Hoi et al.*, Soc. **1957** 2593, 2596).

Krystalle (aus A.); F: 165°.

[2-Äthyl-benzofuran-3-yl]-[3,5-dibrom-4-hydroxy-phenyl]-keton $C_{17}H_{12}Br_2O_3$, Formel I (R = H).

B. Beim Behandeln von [2-Äthyl-benzofuran-3-yl]-[4-hydroxy-phenyl]-keton mit wss.

Essigsäure und mit Brom in Essigsäure (*Buu-Hoi et al.*, Soc. **1957** 625, 627).
Krystalle (aus Cyclohexan); F: 147—148°.

[2-Äthyl-benzofuran-3-yl]-[3,5-dibrom-4-methoxy-phenyl]-keton $C_{18}H_{14}Br_2O_3$, Formel I (R = CH_3).

B. Beim Erwärmen von [2-Äthyl-benzofuran-3-yl]-[3,5-dibrom-4-hydroxy-phenyl]-keton mit Methyljodid und äthanol. Kalilauge (*Buu-Hoi et al.*, Soc. **1957** 625, 627).
Krystalle (aus Bzl.); F: 217—218°.

[3-Äthyl-benzofuran-2-yl]-[4-hydroxy-phenyl]-keton $C_{17}H_{14}O_3$, Formel II (R = X = H).

B. Beim Erhitzen von [3-Äthyl-benzofuran-2-yl]-[4-methoxy-phenyl]-keton mit Pyridin-hydrochlorid (*Bisagni et al.*, Soc. **1955** 3693).
Gelbe Krystalle (aus Bzl.); F: 167—168°.

[3-Äthyl-benzofuran-2-yl]-[4-methoxy-phenyl]-keton $C_{18}H_{16}O_3$, Formel II (R = CH_3, X = H).

B. Beim Behandeln von 1-[2-Hydroxy-phenyl]-propan-1-on mit 2-Brom-1-[4-methoxy-phenyl]-äthanon und äthanol. Kalilauge (*Bisagni et al.*, Soc. **1955** 3693).
Kp_{17}: 245—247°. n_D^{21}: 1,6447.

[3-Äthyl-5-chlor-benzofuran-2-yl]-[4-methoxy-phenyl]-keton $C_{18}H_{15}ClO_3$, Formel II (R = CH_3, X = Cl).

B. Beim Erwärmen von 1-[5-Chlor-2-hydroxy-phenyl]-propan-1-on mit 2-Brom-1-[4-methoxy-phenyl]-äthanon und wss.-äthanol. Kalilauge (*Singh, Kapil*, J. org. Chem. **24** [1959] 2064).
Krystalle (aus A.); F: 103° [unkorr.].

[3-Äthyl-5-chlor-benzofuran-2-yl]-[4-methoxy-phenyl]-keton-oxim $C_{18}H_{16}ClNO_3$, Formel III (X = Cl).

B. Aus [3-Äthyl-5-chlor-benzofuran-2-yl]-[4-methoxy-phenyl]-keton und Hydroxylamin (*Singh, Kapil*, J. org. Chem. **24** [1959] 2064).
F: 144° [unkorr.].

[3-Äthyl-5-brom-benzofuran-2-yl]-[4-methoxy-phenyl]-keton $C_{18}H_{15}BrO_3$, Formel II (R = CH_3, X = Br).

B. Beim Erwärmen von 1-[5-Brom-2-hydroxy-phenyl]-propan-1-on mit 2-Brom-1-[4-methoxy-phenyl]-äthanon und wss.-äthanol. Kalilauge (*Singh, Kapil*, J. org. Chem. **24** [1959] 2064).
Krystalle (aus A.); F: 93°.

[3-Äthyl-5-brom-benzofuran-2-yl]-[4-methoxy-phenyl]-keton-oxim $C_{18}H_{16}BrNO_3$, Formel III (X = Br).
B. Aus [3-Äthyl-5-brom-benzofuran-2-yl]-[4-methoxy-phenyl]-keton und Hydroxylamin (*Singh, Kapil*, J. org. Chem. **24** [1959] 2064).
F: 215° [unkorr.].

[3-Äthyl-benzofuran-2-yl]-[3,5-dibrom-4-hydroxy-phenyl]-keton $C_{17}H_{12}Br_2O_3$, Formel IV.
B. Beim Behandeln von [3-Äthyl-benzofuran-2-yl]-[4-hydroxy-phenyl]-keton mit wss. Essigsäure und mit Brom (*Buu-Hoi et al.*, Soc. **1957** 625, 627).
Krystalle (aus Cyclohexan); F: 147°.

5-Äthyl-2-[(Z)-benzyliden]-6-hydroxy-benzofuran-3-on $C_{17}H_{14}O_3$, Formel V (R = H).
Bezüglich der Konfigurationszuordnung vgl. das analog hergestellte 2-[(Z)-Benzyliden]-6-methoxy-benzofuran-3-on (S. 723).
B. Beim Behandeln von 1-[5-Äthyl-2,4-dihydroxy-phenyl]-2-chlor-äthanon oder von 5-Äthyl-6-hydroxy-benzofuran-3-on (E III/IV **17** 2124) mit Benzaldehyd und wss.-äthanol. Natronlauge (*Murai*, Sci. Rep. Saitama Univ. [A] **2** [1955] 59, 62, 64).
Gelbe Krystalle (aus A.); F: 243,5−244°.

6-Acetoxy-5-äthyl-2-[(Z)-benzyliden]-benzofuran-3-on $C_{19}H_{16}O_4$, Formel V (R = CO-CH_3).
B. Beim Erhitzen der im vorangehenden Artikel beschriebenen Verbindung mit Acetanhydrid und wenig Schwefelsäure (*Murai*, Sci. Rep. Saitama Univ. [A] **2** [1955] 59, 66).
Krystalle (aus A.); F: 116°.

[3,5-Dimethyl-benzofuran-2-yl]-[4-methoxy-phenyl]-keton $C_{18}H_{16}O_3$, Formel VI (X = H).
B. Beim Erwärmen von 1-[2-Hydroxy-5-methyl-phenyl]-äthanon mit 2-Brom-1-[4-methoxy-phenyl]-äthanon und wss.-äthanol. Kalilauge (*Singh, Kapil*, J. org. Chem. **24** [1959] 2064).
Krystalle (aus Eg. + A.); F: 118° [unkorr.].

[3,5-Dimethyl-benzofuran-2-yl]-[4-methoxy-phenyl]-keton-oxim $C_{18}H_{17}NO_3$, Formel VII.
B. Aus [3,5-Dimethyl-benzofuran-2-yl]-[4-methoxy-phenyl]-keton und Hydroxylamin (*Singh, Kapil*, J. org. Chem. **24** [1959] 2064).
F: 169° [unkorr.].

[7-Brom-3,5-dimethyl-benzofuran-2-yl]-[4-methoxy-phenyl]-keton $C_{18}H_{15}BrO_3$, Formel VI (X = Br).
B. Beim Erwärmen von 1-[3-Brom-2-hydroxy-5-methyl-phenyl]-äthanon mit 2-Brom-1-[4-methoxy-phenyl]-äthanon und wss.-äthanol. Kalilauge (*Singh, Kapil*, J. org. Chem. **24** [1959] 2064).
Krystalle (aus Eg. + A.); F: 190° [unkorr.].

1-Hydroxy-7,8,9,10-tetrahydro-dibenzo[c,h]chromen-6-on, 2-[1,5-Dihydroxy-[2]naphthyl]-cyclohex-1-encarbonsäure-1-lacton $C_{17}H_{14}O_3$, Formel VIII (R = H).
B. Beim Behandeln einer Lösung von Naphthalin-1,5-diol und 2-Oxo-cyclohexancarbonsäure-äthylester in Äthanol mit Chlorwasserstoff (*Buu-Hoi., Lavit*, J. org. Chem. **21** [1956] 1022).
Krystalle; F: 304°.

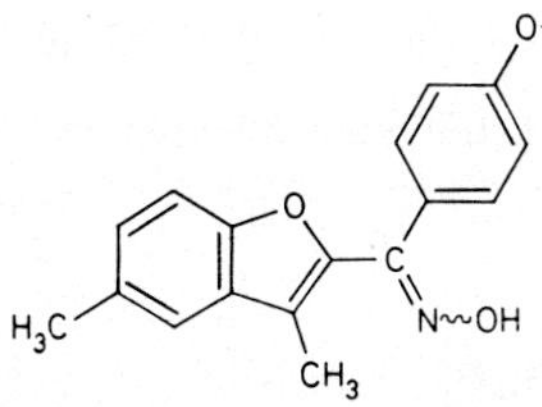

VII 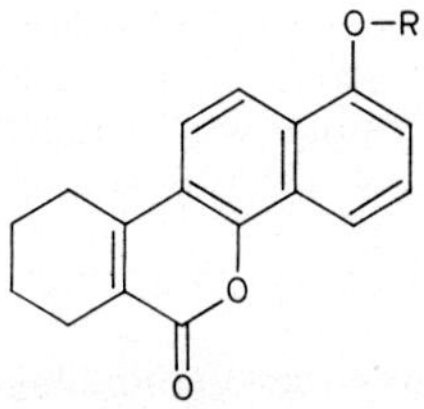 VIII 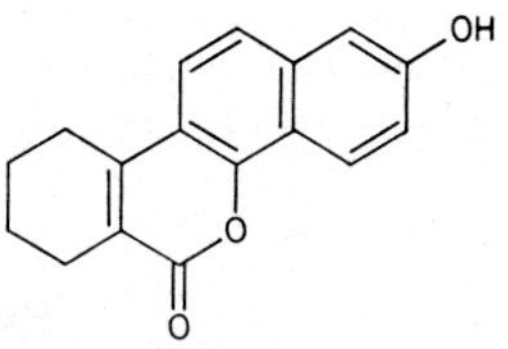 IX

1-Methoxy-7,8,9,10-tetrahydro-dibenzo[c,h]chromen-6-on, 2-[1-Hydroxy-5-methoxy-[2]naphthyl]-cyclohex-1-encarbonsäure-lacton $C_{18}H_{16}O_3$, Formel VIII (R = CH_3).
B. Beim Behandeln einer Lösung von 5-Methoxy-[1]naphthol und 2-Oxo-cyclohexan=carbonsäure-äthylester in Äthanol mit Chlorwasserstoff (*Buu-Hoi, Lavit*, J. org. Chem. **21** [1956] 1022).
Krystalle (aus A. oder Bzl.); F: 164°.

2-Hydroxy-7,8,9,10-tetrahydro-dibenzo[c,h]chromen-6-on, 2-[1,6-Dihydroxy-[2]naphthyl]-cyclohex-1-encarbonsäure-1-lacton $C_{17}H_{14}O_3$, Formel IX.
B. Beim Behandeln einer Lösung von Naphthalin-1,6-diol und 2-Oxo-cyclohexan=carbonsäure-äthylester in Äthanol mit Chlorwasserstoff (*Buu-Hoi, Lavit*, J. org. Chem. **21** [1956] 1022).
Krystalle (aus Nitrobenzol); F: 330°.

3-Hydroxy-7,8,9,10-tetrahydro-dibenzo[c,h]chromen-6-on, 2-[1,7-Dihydroxy-[2]naphthyl]-cyclohex-1-encarbonsäure-1-lacton $C_{17}H_{14}O_3$, Formel X.
B. Beim Behandeln einer Lösung von Naphthalin-1,7-diol und 2-Oxo-cyclohexan=carbonsäure-äthylester in Äthanol mit Chlorwasserstoff (*Buu-Hoi, Lavit*, J. org. Chem. **21** [1956] 1022).
Krystalle; F: 311°.

4-Hydroxy-7,8,9,10-tetrahydro-dibenzo[c,h]chromen-6-on, 2-[1,8-Dihydroxy-[2]naphthyl]-cyclohex-1-encarbonsäure-1-lacton $C_{17}H_{14}O_3$, Formel XI (R = H).
B. Beim Behandeln einer Lösung von Naphthalin-1,8-diol und 2-Oxo-cyclohexan=carbonsäure-äthylester in Äthanol mit Chlorwasserstoff (*Buu-Hoi, Lavit*, Soc. **1956** 2412, 2415).
Krystalle (aus Bzl.); F: 193°.

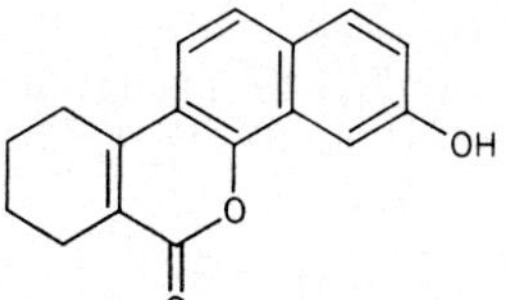

X 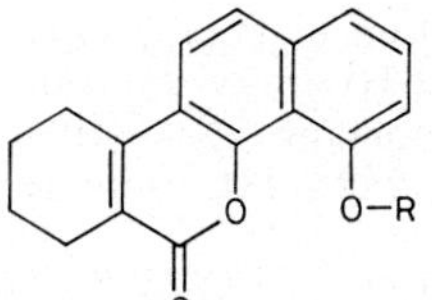 XI 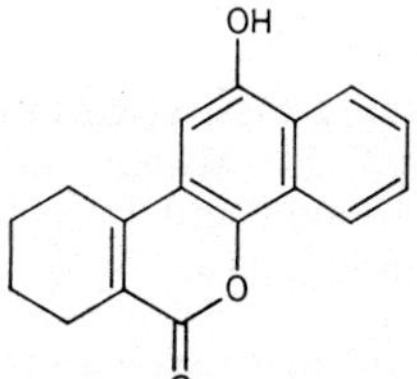 XII

4-Methoxy-7,8,9,10-tetrahydro-dibenzo[c,h]chromen-6-on, 2-[1-Hydroxy-8-methoxy-[2]naphthyl]-cyclohex-1-encarbonsäure-lacton $C_{18}H_{16}O_3$, Formel XI (R = CH_3).
B. Beim Behandeln einer Lösung von 8-Methoxy-[1]naphthol und 2-Oxo-cyclohexan=carbonsäure-äthylester in Äthanol mit Chlorwasserstoff (*Buu-Hoi, Lavit*, J. org. Chem. **21** [1956] 1022).
Krystalle (aus A. oder Bzl.); F: 188° (*Buu-Hoi, La.*).
Verbindung mit Tetrachlorphthalsäure-anhydrid $C_{18}H_{16}O_3 \cdot C_8Cl_4O_3$. Orangefarbene Krystalle (aus Eg.); F: 175° [Zers.] (*Buu-Hoi, Jacquignon*, Bl. **1957** 488, 502).

12-Hydroxy-7,8,9,10-tetrahydro-dibenzo[c,h]chromen-6-on, 2-[1,4-Dihydroxy-[2]naphthyl]-cyclohex-1-encarbonsäure-1-lacton $C_{17}H_{14}O_3$, Formel XII.

B. Beim Behandeln einer Lösung von Naphthalin-1,4-diol und 2-Oxo-cyclohexancarbonsäure-äthylester in Äthanol mit Chlorwasserstoff (*Buu-Hoi, Lavit*, J. org. Chem. **21** [1956] 1022).
Krystalle; F: 216°.

Hydroxy-oxo-Verbindungen $C_{18}H_{16}O_3$

(±)-5-Biphenyl-4-yl-5-methoxy-3,4-dimethyl-5H-furan-2-on, (±)-4-Biphenyl-4-yl-4-hydroxy-4-methoxy-2,3-dimethyl-cis-crotonsäure-lacton $C_{19}H_{18}O_3$, Formel I.

B. Aus 4-Biphenyl-4-yl-2,3-dimethyl-4-oxo-cis-crotonsäure beim Erwärmen mit Schwefelsäure enthaltendem Methanol (*Lutz, Couper*, J. org. Chem. **6** [1941] 77, 86). Aus 4-Biphenyl-4-yl-2,3-dimethyl-4-oxo-cis-crotonsäure-methylester beim Erwärmen mit Schwefelsäure enthaltendem Methanol sowie beim Behandeln mit Natriummethylat in Methanol (*Lutz, Co.*).
Krystalle (aus Me.); F: 121,5°.

I II III

(±)-4-Äthoxy-2-äthyl-1,1-dioxo-2,5-diphenyl-1λ^6-thiophen-3-on $C_{20}H_{20}O_4S$, Formel II ($R = C_2H_5$).

B. Neben 2-Äthyl-4-hydroxy-1,1-dioxo-2,5-diphenyl-1λ^6-thiophen-3-on (E III/IV **17** 6459) beim Erwärmen von 1,1-Dioxo-2,5-diphenyl-1λ^6-thiophen-3,4-diol mit Äthyljodid und mit Natriummethylat in Methanol (*Overberger, Hoyt*, Am. Soc. **73** [1951] 3957).
Krystalle (aus A.); F: 95—96°.

(±)-4-Methoxy-3-[2-phenyl-propyl]-cumarin $C_{19}H_{18}O_3$, Formel III.

B. Beim Behandeln von (±)-3-[2-Phenyl-propyl]-chroman-2,4-dion (E III/IV **17** 6460) mit Diazomethan in Äther (*Chmielewska et al.*, Roczniki Chem. **30** [1956] 813, 818, 822; C. A. **1960** 16450).
F: 112—113°.

7-Hydroxy-2-mesityl-chromen-4-on $C_{18}H_{16}O_3$, Formel IV (R = H).

B. Beim Erwärmen von 1-[2-Hydroxy-4-tetrahydropyran-2-yloxy-phenyl]-3-mesityl-propan-1,3-dion mit Polyphosphorsäure (*Schmid, Banholzer*, Helv. **37** [1954] 1706, 1715).
Krystalle (aus E. + Me.); F: 282—284° [unkorr.; Kofler-App.].

2-Mesityl-7-methoxy-chromen-4-on $C_{19}H_{18}O_3$, Formel IV (R = CH_3).

B. Beim Erwärmen von 1-[2-Hydroxy-4-methoxy-phenyl]-3-mesityl-propan-1,3-dion mit Polyphosphorsäure (*Schmid, Banholzer*, Helv. **37** [1954] 1706, 1716). Aus 7-Hydroxy-2-mesityl-chromen-4-on mit Hilfe von Diazomethan (*Sch., Ba.*).
Krystalle (aus wss. A.); F: 137,5—138,5° [Kofler-App.].

(±)-6-Methyl-4-[β-phenylmercapto-phenäthyl]-cumarin $C_{24}H_{20}O_2S$, Formel V (R = X = H).

Diese Konstitution kommt vermutlich der nachstehend beschriebenen Verbindung zu.
B. Beim Erwärmen von 6-Methyl-4-trans(?)-styryl-cumarin (F: 133°) mit Thiophenol und wenig Piperidin (*Mustafa et al.*, Am. Soc. **78** [1956] 5011, 5013).
Krystalle (aus Bzl. + PAe.); F: 65°.

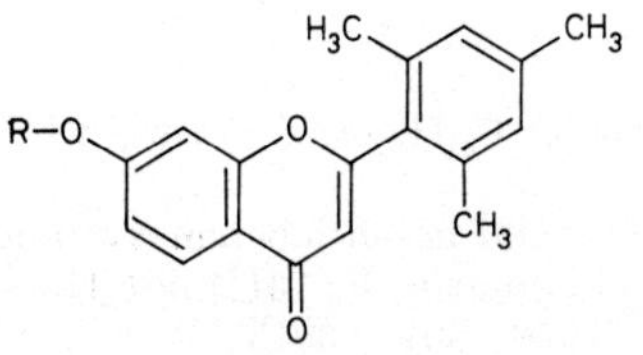

IV 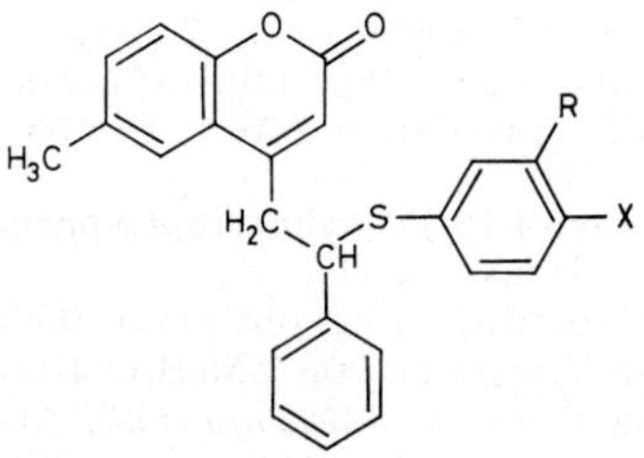   V

(±)-6-Methyl-4-[β-*m*-tolylmercapto-phenäthyl]-cumarin $C_{25}H_{22}O_2S$, Formel V (R = CH$_3$, X = H).
Diese Konstitution kommt vermutlich der nachstehend beschriebenen Verbindung zu.
B. Beim Erwärmen von 6-Methyl-4-*trans*(?)-styryl-cumarin (F: 133°) mit Thio-*m*-kresol und wenig Piperidin (*Mustafa et al.*, Am. Soc. **78** [1956] 5011, 5013).
Krystalle (aus Bzl. + PAe.); F: 95°.

(±)-6-Methyl-4-[β-*p*-tolylmercapto-phenäthyl]-cumarin $C_{25}H_{22}O_2S$, Formel V (R = H, X = CH$_3$).
Diese Konstitution kommt vermutlich der nachstehend beschriebenen Verbindung zu.
B. Beim Erwärmen von 6-Methyl-4-*trans*(?)-styryl-cumarin (F: 133°) mit Thio-*p*-kresol und wenig Piperidin (*Mustafa et al.*, Am. Soc. **78** [1956] 5011, 5013).
Krystalle (aus Bzl. + PAe.); F: 103° [unkorr.].

(±)-7-Methyl-4-[β-phenylmercapto-phenäthyl]-cumarin $C_{24}H_{20}O_2S$, Formel VI (R = R' = X = H).
Diese Konstitution kommt vermutlich der nachstehend beschriebenen Verbindung zu.
B. Beim Erwärmen von 7-Methyl-4-*trans*(?)-styryl-cumarin (F: 131°) mit Thiophenol und wenig Piperidin (*Mustafa et al.*, Am. Soc. **78** [1956] 5011, 5013).
Krystalle (aus Bzl. + PAe.); F: 136° [unkorr.].

(±)-4-[β-Benzolsulfonyl-phenäthyl]-7-methyl-cumarin $C_{24}H_{20}O_4S$, Formel VII (R = H).
Diese Konstitution kommt vermutlich der nachstehend beschriebenen Verbindung zu.
B. Beim Behandeln der im vorangehenden Artikel beschriebenen Verbindung mit Essigsäure und wss. Wasserstoffperoxid (*Mustafa et al.*, Am. Soc. **78** [1956] 5011, 5013).
Krystalle (aus A.); F: 212° [unkorr.].

(±)-7-Methyl-4-[β-*o*-tolylmercapto-phenäthyl]-cumarin $C_{25}H_{22}O_2S$, Formel VI (R = CH$_3$, R' = X = H).
Diese Konstitution kommt vermutlich der nachstehend beschriebenen Verbindung zu.
B. Beim Erwärmen von 7-Methyl-4-*trans*(?)-styryl-cumarin (F: 131°) mit Thio-*o*-kresol und wenig Piperidin (*Mustafa et al.*, Am. Soc. **78** [1956] 5011, 5013).
Krystalle (aus Bzl. + PAe.); F: 147° [unkorr.].

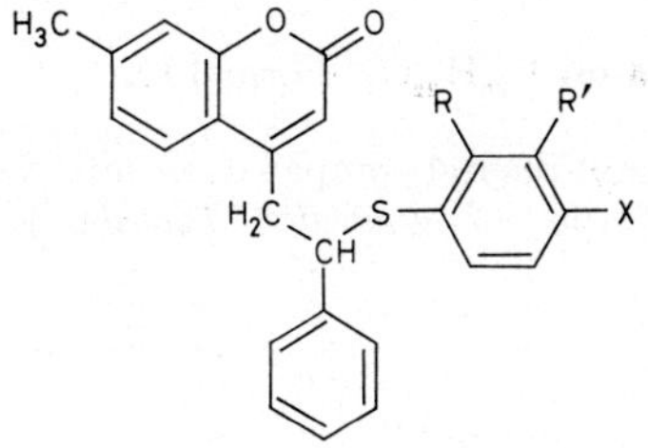

VI 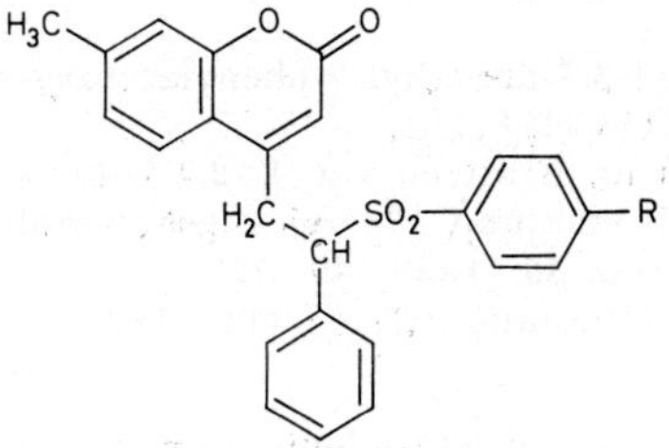   VII

(±)-7-Methyl-4-[β-*m*-tolylmercapto-phenäthyl]-cumarin $C_{25}H_{22}O_2S$, Formel VI (R = X = H, R' = CH$_3$).
Diese Konstitution kommt vermutlich der nachstehend beschriebenen Verbindung zu.

B. Beim Erwärmen von 7-Methyl-4-*trans*(?)-styryl-cumarin (F: 131°) mit Thio-*m*-kresol und wenig Piperidin (*Mustafa et al.*, Am. Soc. **78** [1956] 5011, 5013).
Krystalle (aus Bzl. + PAe.); F: 133° [unkorr.].

(±)-7-Methyl-4-[β-*p*-tolylmercapto-phenäthyl]-cumarin $C_{25}H_{22}O_2S$, Formel VI (R = R' = H, X = CH_3).
Diese Konstitution kommt vermutlich der nachstehend beschriebenen Verbindung zu.
B. Beim Erwärmen von 7-Methyl-4-*trans*(?)-styryl-cumarin (F: 131°) mit Thio-*p*-kresol und wenig Piperidin (*Mustafa et al.*, Am. Soc. **78** [1956] 5011, 5013).
Krystalle (aus Bzl. + PAe.); F: 130—131° [unkorr.].

(±)-7-Methyl-4-[β-(toluol-4-sulfonyl)-phenäthyl]-cumarin $C_{25}H_{22}O_4S$, Formel VII (R = CH_3).
Diese Konstitution kommt vermutlich der nachstehend beschriebenen Verbindung zu.
B. Beim Behandeln der im vorangehenden Artikel beschriebenen Verbindung mit Essigsäure und wss. Wasserstoffperoxid (*Mustafa et al.*, Am. Soc. **78** [1956] 5011, 5013).
Krystalle (aus A.); F: 215° [unkorr.].

(±)-6-Allyl-8-methoxy-2-phenyl-chroman-4-on $C_{19}H_{18}O_3$, Formel VIII.
B. Beim Erwärmen von 5'-Allyl-2'-hydroxy-3'-methoxy-chalkon (F: 93—95°) mit wss.-äthanol. Salzsäure (*Pew*, Am. Soc. **77** [1955] 2831).
Krystalle (aus A.); F: 98,5—99,5°.

2-Benzyl-7-hydroxy-3,5-dimethyl-chromen-4-on $C_{18}H_{16}O_3$, Formel IX (R = H).
B. Beim Behandeln von 2-Benzyl-3,5-dimethyl-7-phenylacetoxy-chromen-4-on mit 80%ig. wss. Schwefelsäure (*Thanawalla, Trivedi*, J. Indian chem. Soc. **36** [1959] 49, 53).
Krystalle (aus Eg.); F: 248—249°.

VIII IX X

2-Benzyl-7-methoxy-3,5-dimethyl-chromen-4-on $C_{19}H_{18}O_3$, Formel IX (R = CH_3).
B. Beim Erwärmen von 2-Benzyl-7-hydroxy-3,5-dimethyl-chromen-4-on mit Methyl=jodid, Kaliumcarbonat und Aceton (*Thanawalla, Trivedi*, J. Indian chem. Soc. **36** [1959] 49, 53).
Krystalle (aus A.); F: 125—126°.

2-Benzyl-3,5-dimethyl-7-phenylacetoxy-chromen-4-on $C_{26}H_{22}O_4$, Formel IX (R = CO-CH_2-C_6H_5).
B. Beim Erhitzen von 1-[2,4-Dihydroxy-6-methyl-phenyl]-propan-1-on mit Natriumphenylacetat und Phenylessigsäure-anhydrid auf 160° (*Thanawalla, Trivedi*, J. Indian chem. Soc. **36** [1959] 49, 52).
Krystalle (aus A.); F: 111—112°.

3-Benzyl-7-hydroxy-4,5-dimethyl-cumarin $C_{18}H_{16}O_3$, Formel X.
Die Identität der früher (s. E I 331) unter dieser Konstitution beschriebenen Verbindung sowie deren *O*-Acetyl-Derivat ($C_{20}H_{18}O_4$) und *O*-Benzoyl-Derivat ($C_{25}H_{20}O_4$) ist ungewiss (*Usgaonkar et al.*, J. Indian chem. Soc. **30** [1953] 743; *Nakabayashi*, J. pharm. Soc. Japan **77** [1957] 540, 541; C. A. **1957** 14709).

3-Benzyl-5-hydroxy-4,7-dimethyl-cumarin $C_{18}H_{16}O_3$, Formel I (R = H).
   B. Aus 5-Methyl-resorcin und 2-Benzyl-acetessigsäure-äthylester mit Hilfe von wss. Schwefelsäure oder von Phosphorylchlorid (*Usgaonkar et al.*, J. Indian chem. Soc. **30** [1953] 743, 744, 745; *Nakabayashi*, J. pharm. Soc. Japan **77** [1957] 540, 543; C. A. **1957** 14709) sowie mit Hilfe von Aluminiumchlorid in Nitrobenzol (*Us. et al.*).
   Krystalle; F: 225—226° [aus Eg.] (*Us. et al.*), 225° [aus A.] (*Na.*). UV-Spektrum (A.; 220—380 nm): *Na.*, l. c. S. 542.

3-Benzyl-5-methoxy-4,7-dimethyl-cumarin $C_{19}H_{18}O_3$, Formel I (R = CH_3).
   B. Beim Behandeln von 3-Benzyl-5-hydroxy-4,7-dimethyl-cumarin mit Aceton, wss. Natronlauge und Dimethylsulfat (*Usgaonkar et al.*, J. Indian chem. Soc. **30** [1953] 743, 745).
   Krystalle; F: 157—158° [aus A.] (*Us. et al.*), 154° (*Nakabayashi*, J. pharm. Soc. Japan **77** [1957] 540, 543; C. A. **1957** 14709).

5-Acetoxy-3-benzyl-4,7-dimethyl-cumarin $C_{20}H_{18}O_4$, Formel I (R = CO-CH_3).
   B. Beim Behandeln von 3-Benzyl-5-hydroxy-4,7-dimethyl-cumarin mit Acetanhydrid und Pyridin (*Usgaonkar et al.*, J. Indian chem. Soc. **30** [1953] 743, 745).
   Krystalle; F: 117° (*Nakabayashi*, J. pharm. Soc. Japan **77** [1957] 540, 543; C. A. **1957** 14709), 115—116° [aus A.] (*Us. et al.*).

I II

5-Benzoyloxy-3-benzyl-4,7-dimethyl-cumarin $C_{25}H_{20}O_4$, Formel I (R = CO-C_6H_5).
   B. Beim Behandeln von 3-Benzyl-5-hydroxy-4,7-dimethyl-cumarin mit Benzoylchlorid und Pyridin (*Usgaonkar et al.*, J. Indian chem. Soc. **30** [1953] 743, 745).
   Krystalle (aus Eg.); F: 169—170°.

*Opt.-inakt. **1-[6-Acetoxy-2-brom-3-methyl-benzofuran-7-yl]-2,3-dibrom-3-phenyl-propan-1-on** $C_{20}H_{15}Br_3O_4$, Formel II.
   B. Beim Behandeln von 1-[6-Acetoxy-3-methyl-benzofuran-7-yl]-3-phenyl-propenon (aus 1-[6-Hydroxy-3-methyl-benzofuran-7-yl]-3-phenyl-propenon [F: 140°] hergestellt) oder von 1-[6-Acetoxy-2-brom-3-methyl-benzofuran-7-yl]-3-phenyl-propenon (F: 103°) mit Brom in Essigsäure (*Limaye, Marathe*, Rasayanam **2** [1950] 9, 12).
   F: 143°.

2-[(Z)-Benzyliden]-6-hydroxy-5-propyl-benzofuran-3-on $C_{18}H_{16}O_3$, Formel III (R = H).
   Bezüglich der Konfigurationszuordnung vgl. das analog hergestellte 2-[(Z)-Benzyliden]-6-methoxy-benzofuran-3-on (S. 723).
   B. Beim Behandeln von 2-Chlor-1-[2,4-dihydroxy-5-propyl-phenyl]-äthanon oder von 6-Hydroxy-5-propyl-benzofuran-3-on (E III/IV **17** 2129) mit Benzaldehyd und wss.-äthanol. Natronlauge (*Murai*, Sci. Rep. Saitama Univ. [A] **2** [1955] 59, 62, 64).
   Gelbe Krystalle (aus A.); F: 215—216°.

6-Acetoxy-2-[(Z)-benzyliden]-5-propyl-benzofuran-3-on $C_{20}H_{18}O_4$, Formel III (R = CO-CH_3).
   B. Beim Erhitzen der im vorangehenden Artikel beschriebenen Verbindung mit Acet=

anhydrid und wenig Schwefelsäure (*Murai*, Sci. Rep. Saitama Univ. [A] **2** [1955] 59, 66).
Gelbliche Krystalle (aus A.); F: 112—113°.

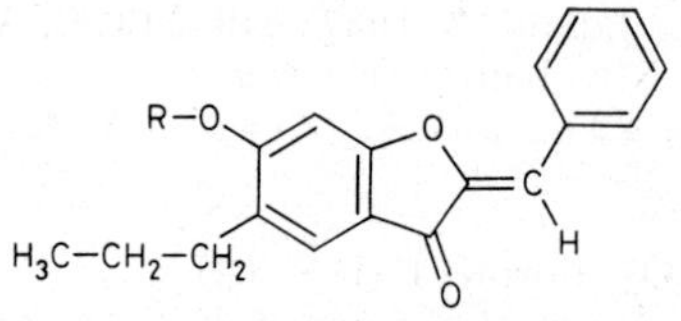

III 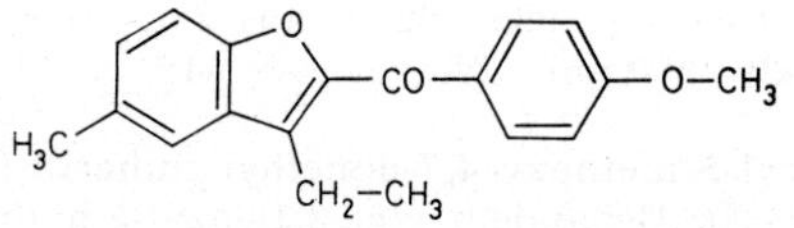 IV

[3-Äthyl-5-methyl-benzofuran-2-yl]-[4-methoxy-phenyl]-keton $C_{19}H_{18}O_3$, Formel IV.
B. Beim Erwärmen von 1-[2-Hydroxy-5-methyl-phenyl]-propan-1-on mit 2-Brom-[4-methoxy-phenyl]-äthanon und wss.-äthanol. Kalilauge (*Singh, Kapil*, J. org. Chem. **24** [1959] 2064).
Krystalle (aus A.); F: 148° [unkorr.].

[3-Äthyl-5-methyl-benzofuran-2-yl]-[4-methoxy-phenyl]-keton-oxim $C_{19}H_{19}NO_3$, Formel V.
B. Aus [3-Äthyl-5-methyl-benzofuran-2-yl]-[4-methoxy-phenyl]-keton und Hydroxyl=amin (*Singh, Kapil*, J. org. Chem. **24** [1959] 2064).
F: 213° [unkorr.].

3-[(Ξ)-Benzyliden]-5-hydroxy-4,6,7-trimethyl-3H-benzofuran-2-on, 2-[2,5-Dihydroxy-3,4,6-trimethyl-phenyl]-3ξ-phenyl-acrylsäure-2-lacton $C_{18}H_{16}O_3$, Formel VI (R = H).
B. Bei mehrtägigem Erwärmen von 5-Hydroxy-4,6,7-trimethyl-3H-benzofuran-2-on mit Benzaldehyd, Äthanol und wenig Piperidin unter Stickstoff (*Smith, Hurd*, J. org. Chem. **22** [1957] 588).
Gelbe Krystalle (aus wss. A.); F: 184—184,7°.

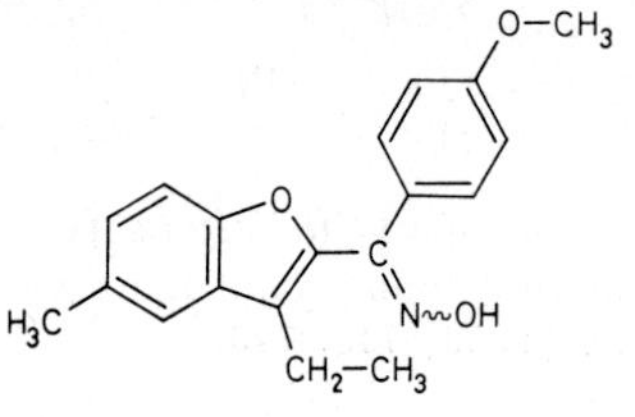

V 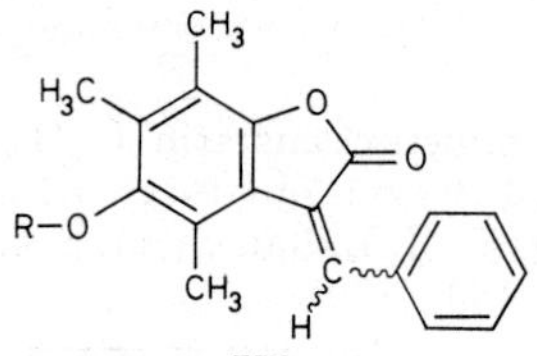 VI 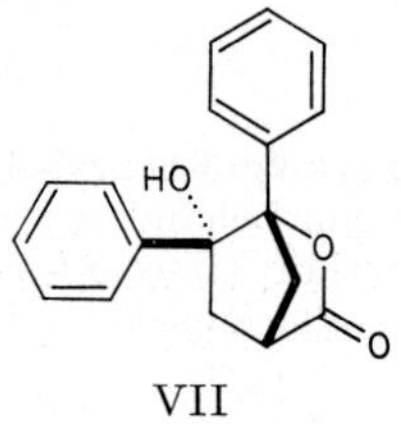 VII

5-Acetoxy-3-[(Ξ)-benzyliden]-4,6,7-trimethyl-3H-benzofuran-2-on, 2-[3-Acetoxy-6-hydroxy-2,4,5-trimethyl-phenyl]-3ξ-phenyl-acrylsäure-lacton $C_{20}H_{18}O_4$, Formel VI (R = CO-CH$_3$).
B. Beim Erwärmen der im vorangehenden Artikel beschriebenen Verbindung mit Acetanhydrid und wenig Schwefelsäure (*Smith, Hurd*, J. org. Chem. **22** [1957] 588).
Krystalle (aus E.); F: 198,5—199,5°.

(±)-6endo-Hydroxy-1,6exo-diphenyl-2-oxa-norbornan-3-on, (±)-3c,4c-Dihydroxy-3t,4t-di=phenyl-cyclopentan-r-carbonsäure-lacton $C_{18}H_{16}O_3$, Formel VII + Spiegelbild.
Bildung bei mehrjährigem Aufbewahren von 3c,4c-Dihydroxy-3t,4t-diphenyl-cyclo=pentan-r-carbonsäure über Phosphor(V)-oxid: *Larsson*, Chalmers Handl. Nr. 51 [1946] 11, 16.
Krystalle (aus Eg. + PAe.); F: 130°.

***10-Hydroxymethyl-5-phenyl-4,5-dihydro-1H-1,4-methano-benz[c]oxepin-3-on** $C_{18}H_{16}O_3$, Formel VIII, und **4-Hydroxy-9-phenyl-3a,4,9,9a-tetrahydro-3H-naphtho[2,3-c]furan-1-on** $C_{18}H_{16}O_3$, Formel IX.
Diese beiden Konstitutionsformeln werden für die nachstehend beschriebene opt.-

inakt. Verbindung in Betracht gezogen.

B. Beim Erhitzen von opt.-inakt. 4-Hydroxy-3-hydroxymethyl-1-phenyl-1,2,3,4-tetra=
hydro-[2]naphthoesäure (F: 187° [Zers.]) auf 195° (*Drake, Tuemmler*, Am. Soc. **77** [1955]
1209, 1211).

Krystalle (aus Eg.); F: 240—243° [korr.].

(±)-4'-Hydroxy-5',5'-dimethyl-4',5'-dihydro-spiro[fluoren-9,3'-furan]-2'-on,
(±)-9-[α,β-Dihydroxy-isobutyl]-fluoren-9-carbonsäure-β-lacton $C_{18}H_{16}O_3$, Formel X
(R = H).

B. Aus (±)-Fluoren-9-carbonsäure-[β-hydroxy-α-methoxy-isobutylester] beim Er-
wärmen mit Benzol und wenig Piperidin sowie beim Erhitzen mit Tetrahydrofuran (oder
O,O'-Diäthyl-diäthylenglykol) und wenig Triäthylamin (*Stevens, Winch*, Am. Soc. **81**
[1959] 1172, 1174).

Krystalle (aus wss. A.); F: 198—200°.

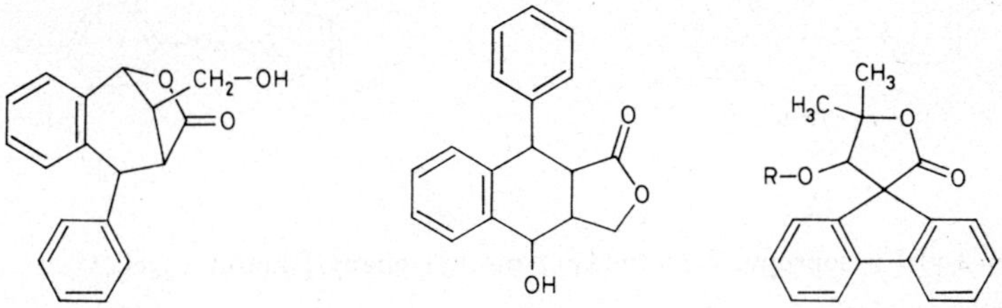

VIII   IX   X

(±)-5',5'-Dimethyl-4'-[4-nitro-benzoyloxy]-4',5'-dihydro-spiro[fluoren-9,3'-furan]-2'-on,
(±)-9-[β-Hydroxy-α-(4-nitro-benzoyloxy)-isobutyl]-fluoren-9-carbonsäure-lacton
$C_{25}H_{19}NO_6$, Formel X (R = CO-C_6H_4-NO_2).

B. Beim Behandeln der im vorangehenden Artikel beschriebenen Verbindung mit
4-Nitro-benzoylchlorid und Pyridin (*Stevens, Winch*, Am. Soc. **81** [1959] 1172, 1174).

Krystalle (aus CHCl$_3$ + Hexan); F: 195°.

Hydroxy-oxo-Verbindungen $C_{19}H_{18}O_3$

(±)-4-Methoxy-3-[2-phenyl-butyl]-cumarin $C_{20}H_{20}O_3$, Formel I.

B. Beim Behandeln von (±)-3-[2-Phenyl-butyl]-chroman-2,4-dion (E III/IV **17** 6465)
mit Diazomethan in Äther (*Chmielewska et al.*, Roczniki Chem. **30** [1956] 813, 818, 822;
C. A. **1960** 16450).

F: 109—110°.

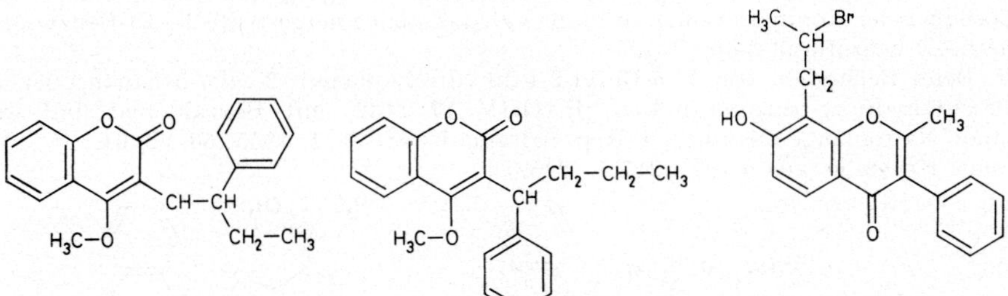

I   II   III

(±)-4-Methoxy-3-[1-phenyl-butyl]-cumarin $C_{20}H_{20}O_3$, Formel II.

B. Beim Behandeln von (±)-3-[1-Phenyl-butyl]-chroman-2,4-dion (E III/IV **17** 6465)
mit Diazomethan in Äther (*Chmielewska et al.*, Roczniki Chem. **30** [1956] 813, 818, 822;
C. A. **1960** 16450).

F: 117—118°.

(±)-8-[2-Brom-propyl]-7-hydroxy-2-methyl-3-phenyl-chromen-4-on $C_{19}H_{17}BrO_3$, Formel III.
 B. Beim Erwärmen von 8-Allyl-7-hydroxy-2-methyl-3-phenyl-chromen-4-on mit Essigsäure und wss. Bromwasserstoffsäure (Sarin et al., J. scient. ind. Res. India 16 B [1957] 61, 64).
 Krystalle (aus E. + PAe.); F: 218—219°.

Benzofuran-2-yl-[6-hydroxy-3-isopropyl-2-methyl-phenyl]-keton $C_{19}H_{18}O_3$, Formel IV (R = H).
 B. Beim Erhitzen von Benzofuran-2-yl-[3-isopropyl-6-methoxy-2-methyl-phenyl]-keton mit Pyridin-hydrochlorid (Royer et al., Bl. 1959 1148, 1155).
 Orangegelbe Krystalle (aus Bzl. + PAe.); F: 118,5°.

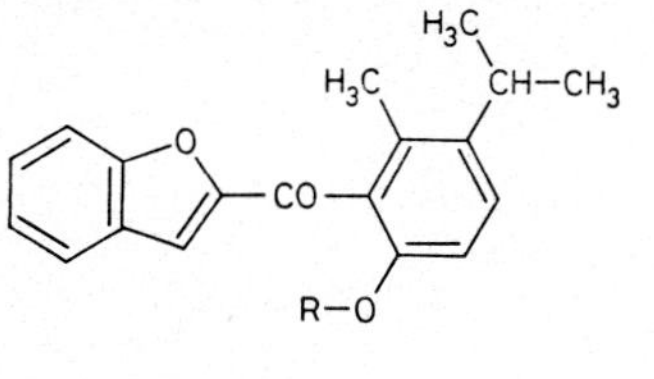

IV 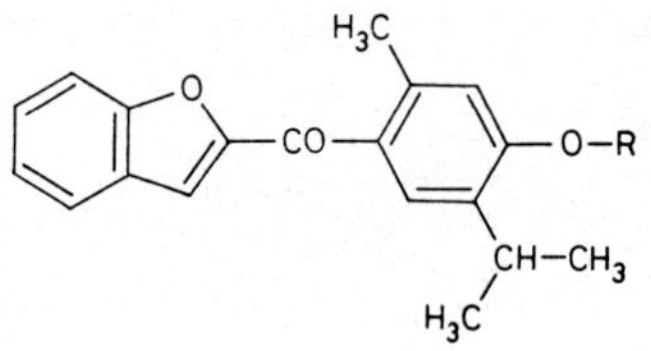   V

Benzofuran-2-yl-[3-isopropyl-6-methoxy-2-methyl-phenyl]-keton $C_{20}H_{20}O_3$, Formel IV (R = CH_3).
 B. Beim Erwärmen von 2-Chlor-1-[3-isopropyl-6-methoxy-2-methyl-phenyl]-äthanon mit Salicylaldehyd und äthanol. Kalilauge (Royer et al., Bl. 1959 1148, 1155).
 Krystalle (aus A.); F: 77,5°.

Benzofuran-2-yl-[4-hydroxy-5-isopropyl-2-methyl-phenyl]-keton $C_{19}H_{18}O_3$, Formel V (R = H).
 B. Beim Erhitzen von Benzofuran-2-yl-[5-isopropyl-4-methoxy-2-methyl-phenyl]-keton mit Pyridin-hydrochlorid (Royer, Bisagni, Bl. 1959 521, 525).
 Krystalle (aus Bzl.); F: 173°.

Benzofuran-2-yl-[5-isopropyl-4-methoxy-2-methyl-phenyl]-keton $C_{20}H_{20}O_3$, Formel V (R = CH_3).
 B. Beim Erwärmen von 2-Chlor-1-[5-isopropyl-4-methoxy-2-methyl-phenyl]-äthanon mit Salicylaldehyd und äthanol. Kalilauge (Royer, Bisagni, Bl. 1959 521, 525).
 Krystalle (aus Me.); F: 81°.

2-[(Z)-Benzyliden]-5-butyl-6-hydroxy-benzofuran-3-on $C_{19}H_{18}O_3$, Formel VI (R = H).
 Bezüglich der Konfigurationszuordnung vgl. das analog hergestellte 2-[(Z)-Benzyliden]-6-methoxy-benzofuran-3-on (S. 723).
 B. Beim Behandeln von 1-[5-Butyl-2,4-dihydroxy-phenyl]-2-chlor-äthanon oder von 5-Butyl-6-hydroxy-benzofuran-3-on (E III/IV 17 2132) mit Benzaldehyd und wss.-äthanol. Natronlauge (Murai, Sci. Rep. Saitama Univ. [A] 2 [1955] 59, 62, 64).
 Gelbe Krystalle (aus A.); F: 217,5—218,5°.

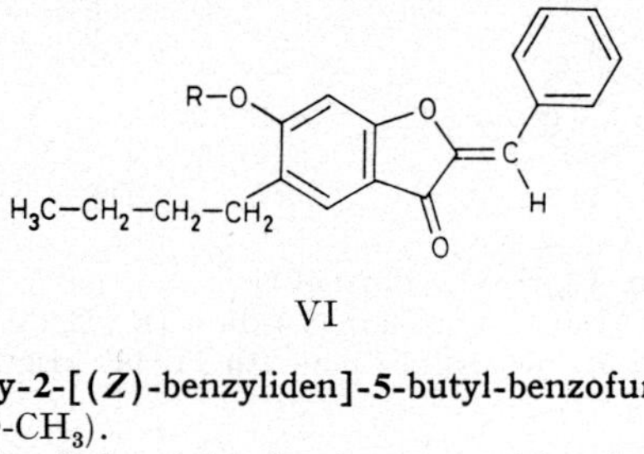

VI 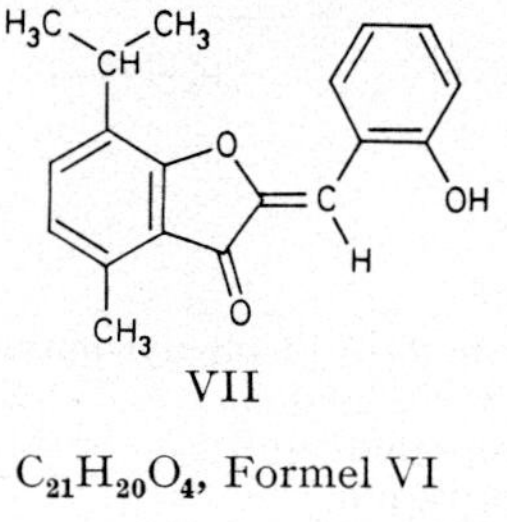   VII

6-Acetoxy-2-[(Z)-benzyliden]-5-butyl-benzofuran-3-on $C_{21}H_{20}O_4$, Formel VI (R = CO-CH_3).
 B. Beim Behandeln der im vorangehenden Artikel beschriebenen Verbindung mit

Acetanhydrid und wenig Schwefelsäure (*Murai*, Sci. Rep. Saitama Univ. [A] **2** [1955] 59, 66).
Krystalle (aus A.); F: 107,5 — 108°.

7-Isopropyl-4-methyl-2-[(Z?)-salicyliden]-benzofuran-3-on $C_{19}H_{18}O_3$, vermutlich Formel VII.

B. Beim Erwärmen von 7-Isopropyl-4-methyl-benzofuran-3-on (E III/IV **17** 1499) mit Salicylaldehyd und äthanol. Natronlauge (*Royer, Bisagni*, Bl. **1959** 521, 527).
Krystalle (aus A.); F: 255°.

7-Isopropyl-2-[(Z)-4-methoxy-benzyliden]-4-methyl-benzofuran-3-on $C_{20}H_{20}O_3$, Formel VIII.

Bezüglich der Konfigurationszuordnung vgl. das analog hergestellte 2-[(Z)-Benzyliden]-6-methoxy-benzofuran-3-on (S. 723).
B. Beim Erwärmen von 7-Isopropyl-4-methyl-benzofuran-3-on (E III/IV **17** 1499) mit 4-Methoxy-benzaldehyd und äthanol. Natronlauge (*Royer, Bisagni*, Bl. **1959** 521, 527).
Krystalle (aus A.); F: 146°.

3,4-Epoxy-5-hydroxy-2,2-dimethyl-3,4-diphenyl-cyclopentanon $C_{19}H_{18}O_3$, Formel IX.

Diese Konstitution kommt vermutlich der nachstehend beschriebenen opt.-inakt. Verbindung zu (*Burton et al.*, Soc. **1933** 720, 725).
B. Neben anderen Verbindungen beim Behandeln von ($\pm$)-2-Acetoxy-5,5-dimethyl-3,4-diphenyl-cyclopent-3-enon (E III **8** 1589) mit Chrom(VI)-oxid in Essigsäure (*Bu. et al.*).
Krystalle (aus Me.); F: 124°.
Semicarbazon. Krystalle (aus Me.); F: 159 — 160°.

*Opt.inakt. 1-Hydroxy-2,3-diphenyl-6-oxa-bicyclo[3.2.1]octan-7-on, 1,5-Dihydroxy-2,3-diphenyl-cyclohexancarbonsäure-5-lacton $C_{19}H_{18}O_3$, Formel X (R = H).

B. Aus opt.-inakt. 1,5-Dihydroxy-2,3-diphenyl-cyclohexancarbonsäure [F: 217°] (*Cordier, Reh*, C. r. **231** [1950] 414).
F: 175°.

VIII IX X

*Opt.-inakt. 1-Acetoxy-2,3-diphenyl-6-oxa-bicyclo[3.2.1]octan-7-on, 1-Acetoxy-5-hydroxy-2,3-diphenyl-cyclohexancarbonsäure-lacton $C_{21}H_{20}O_4$, Formel X (R = CO-CH$_3$).

B. Neben 1,5-Diacetoxy-2,3-diphenyl-cyclohexancarbonsäure (F: 220°) beim Behandeln von opt.-inakt. 1,5-Dihydroxy-2,3-diphenyl-cyclohexancarbonsäure (F: 170°) mit Acetanhydrid und Natriumacetat (*Cordier, Hakim*, C. r. **227** [1948] 347).
F: 125°.

Hydroxy-oxo-Verbindungen $C_{20}H_{20}O_3$

7-Hydroxy-8-[3-methyl-3-phenyl-butyl]-cumarin $C_{20}H_{20}O_3$, Formel I (R = H).

B. Beim Erwärmen von Osthol (7-Methoxy-8-[3-methyl-but-2-enyl]-cumarin) mit Aluminiumbromid und Benzol (*Späth, Kainrath*, B. **71** [1938] 1662, 1664).
Krystalle (aus wss. Me.); F: 171 — 172° [evakuierte Kapillare].

7-Methoxy-8-[3-methyl-3-phenyl-butyl]-cumarin $C_{21}H_{22}O_3$, Formel I (R = CH_3).

B. Beim Behandeln von 7-Hydroxy-8-[3-methyl-3-phenyl-butyl]-cumarin mit Diazomethan in Äther (*Späth, Kainrath*, B. **71** [1938] 1662, 1664).

Krystalle (aus Me.); F: 133—134°.

2-[(Z)-Benzyliden]-6-hydroxy-5-pentyl-benzofuran-3-on $C_{20}H_{20}O_3$, Formel II (R = H).

Bezüglich der Konfigurationszuordnung vgl. das analog hergestellte 2-[(Z)-Benzyliden]-6-methoxy-benzofuran-3-on (S. 723).

B. Beim Behandeln von 2-Chlor-1-[2,4-dihydroxy-5-pentyl-phenyl]-äthanon oder von 6-Hydroxy-5-pentyl-benzofuran-3-on (E III/IV **17** 2133) mit Benzaldehyd und wss.-äthanol. Natronlauge (*Murai*, Sci. Rep. Saitama Univ. [A] **2** [1955] 59, 63, 64).

Gelbe Krystalle (aus A.); F: 204°.

6-Acetoxy-2-[(Z)-benzyliden]-5-pentyl-benzofuran-3-on $C_{22}H_{22}O_4$, Formel II (R = CO-CH_3).

B. Beim Erhitzen der im vorangehenden Artikel beschriebenen Verbindung mit Acetanhydrid und wenig Schwefelsäure (*Murai*, Sci. Rep. Saitama Univ. [A] **2** [1955] 59, 66).

Krystalle (aus A.); F: 122—122,5°.

[4-Hydroxy-phenyl]-[7-isopropyl-3,4-dimethyl-benzofuran-2-yl]-keton $C_{20}H_{20}O_3$, Formel III (R = H).

B. Beim Erhitzen von [7-Isopropyl-3,4-dimethyl-benzofuran-2-yl]-[4-methoxy-phenyl]-keton mit Pyridin-hydrochlorid (*Royer, Bisagni*, Bl. **1959** 521, 527).

Gelbe Krystalle (aus Bzl. + Bzn. oder aus Me.); F: 150°.

[7-Isopropyl-3,4-dimethyl-benzofuran-2-yl]-[4-methoxy-phenyl]-keton $C_{21}H_{22}O_3$, Formel III (R = CH_3).

B. Beim Behandeln von 7-Isopropyl-3,4-dimethyl-benzofuran mit 4-Methoxy-benzoylchlorid, Zinn(IV)-chlorid und Benzol (*Royer, Bisagni*, Bl. **1959** 521, 527). Beim Behandeln von 7-Isopropyl-3,4-dimethyl-benzofuran-2-carbonylchlorid mit Anisol, Aluminiumchlorid und Schwefelkohlenstoff (*Ro., Bi.*).

Hellgelbe Krystalle (aus A.); F: 108°.

3-[6-Methoxy-[2]naphthyl]-4-methyl-2-oxa-spiro[4.5]dec-3-en-1-on, 1-[(Z)-2-Hydroxy-2-(6-methoxy-[2]naphthyl)-1-methyl-vinyl]-cyclohexancarbonsäure-lacton $C_{21}H_{22}O_3$, Formel IV.

B. Beim Erwärmen von 1-[2-(6-Methoxy-[2]naphthyl)-1-methyl-2-oxo-äthyl]-cyclohexancarbonsäure mit Acetylchlorid (*Jacques et al.*, Bl. **1958** 678, 683).

Krystalle (aus Me.); F: 180—181° [unkorr.; Block].

Hydroxy-oxo-Verbindungen $C_{21}H_{22}O_3$

6-Hexyl-7-hydroxy-2-phenyl-chromen-4-on $C_{21}H_{22}O_3$, Formel V (R = H).

B. Beim Erhitzen von 7-Benzyloxy-6-hexyl-2-phenyl-chromen-4-on mit wss. Bromwasserstoffsäure und Essigsäure (*Dhingra et al.*, Pr. Indian Acad. [A] **3** [1936] 206, 210).

Krystalle (aus A.); F: 191—192°.

7-Benzyloxy-6-hexyl-2-phenyl-chromen-4-on $C_{28}H_{28}O_3$, Formel V (R = CH_2-C_6H_5).

B. Beim Erhitzen von 4'-Benzyloxy-5'-hexyl-2'-hydroxy-chalkon (F: 92°) mit Selendioxid und Amylalkohol (*Dhingra et al.*, Pr. Indian Acad. [A] **3** [1936] 206, 209).

Krystalle (aus Eg.); F: 120°.

7-Acetoxy-6-hexyl-2-phenyl-chromen-4-on $C_{23}H_{24}O_4$, Formel V (R = CO-CH_3).

B. Aus 6-Hexyl-7-hydroxy-2-phenyl-chromen-4-on (*Dhingra et al.*, Pr. Indian Acad. [A] **3** [1936] 206, 210).

Krystalle (aus A.); F: 104°.

[2-Äthyl-benzofuran-3-yl]-[4-hydroxy-5-isopropyl-2-methyl-phenyl]-keton $C_{21}H_{22}O_3$, Formel VI (R = H).

B. Beim Erhitzen von [2-Äthyl-benzofuran-3-yl]-[5-isopropyl-4-methoxy-2-methyl-phenyl]-keton mit Pyridin-hydrochlorid (*Royer, Bisagni*, Bl. **1959** 521, 526).

Krystalle (aus PAe. + Bzl.); F: 102°.

[2-Äthyl-benzofuran-3-yl]-[5-isopropyl-4-methoxy-2-methyl-phenyl]-keton $C_{22}H_{24}O_3$, Formel VI (R = CH_3).

B. Beim Behandeln von 2-Äthyl-benzofuran mit 5-Isopropyl-4-methoxy-2-methyl-benzoylchlorid, Zinn(IV)-chlorid und Benzol (*Royer, Bisagni*, Bl. **1959** 521, 526).

Kp_{18}: 245—246°.

[3-Äthyl-benzofuran-2-yl]-[4-hydroxy-5-isopropyl-2-methyl-phenyl]-keton $C_{21}H_{22}O_3$, Formel VII (R = H).

B. Beim Erhitzen von [3-Äthyl-benzofuran-2-yl]-[5-isopropyl-4-methoxy-2-methyl-phenyl]-keton mit Pyridin-hydrochlorid (*Royer, Bisagni*, Bl. **1959** 521, 526).

Krystalle (aus Bzl. + PAe.); F: 118°.

[3-Äthyl-benzofuran-2-yl]-[5-isopropyl-4-methoxy-2-methyl-phenyl]-keton $C_{22}H_{24}O_3$, Formel VII (R = CH_3).

B. Beim Erwärmen von 2-Chlor-1-[5-isopropyl-4-methoxy-2-methyl-phenyl]-äthanon mit 1-[2-Hydroxy-phenyl]-propan-1-on und äthanol. Kalilauge (*Royer, Bisagni*, Bl. **1959** 521, 526).

Krystalle (aus Bzn.); F: 68,5°.

2-[(Z)-Benzyliden]-5-hexyl-6-hydroxy-benzofuran-3-on $C_{21}H_{22}O_3$, Formel VIII (R = H).

Bezüglich der Konfigurationszuordnung vgl. das analog hergestellte 2-[(Z)-Benzyliden]-6-methoxy-benzofuran-3-on (S. 723).

B. Beim Behandeln von 2-Chlor-1-[5-hexyl-2,4-dihydroxy-phenyl]-äthanon oder 5-Hexyl-6-hydroxy-benzofuran-3-on (E III/IV **17** 2134) mit Benzaldehyd und wss.-äthanol. Natronlauge (*Murai*, Sci. Rep. Saitama Univ. [A] **2** [1955] 59, 63, 65).

Gelbe Krystalle (aus A.); F: 197,5—198,5°.

VII   VIII

6-Acetoxy-2-[(Z)-benzyliden]-5-hexyl-benzofuran-3-on $C_{23}H_{24}O_4$, Formel VIII (R = CO-CH$_3$).

B. Beim Erhitzen der im vorangehenden Artikel beschriebenen Verbindung mit Acetanhydrid und wenig Schwefelsäure (*Murai*, Sci. Rep. Saitama Univ. [A] **2** [1955] 59, 67).

Krystalle (aus A.); F: 106°.

Hydroxy-oxo-Verbindungen $C_{22}H_{24}O_3$

Opt.-inakt. 4-[α,α′-Diäthyl-4′-hydroxy-bibenzyl-4-yl]-5H-furan-2-on $C_{22}H_{24}O_3$, Formel IX (R = H).

B. Beim Erwärmen von opt.-inakt. 2-Acetoxy-1-[α,α′-diäthyl-4′-methoxy-bibenzyl-4-yl]-äthanon vom F: 99° mit Bromessigsäure-äthylester, Zink und Benzol bzw. Dioxan und Erhitzen des nach der Hydrolyse (wss. Schwefelsäure bzw. wss. Salzsäure) erhaltenen Reaktionsprodukts mit Bromwasserstoff in Essigsäure (*Campbell, Hunt*, Soc. **1951** 956, 959; *Wilson et al.*, J. org. Chem. **18** [1953] 96, 103). Beim Erhitzen von opt.-inakt. 4-[α,α′-Diäthyl-4′-methoxy-bibenzyl-4-yl]-5H-furan-2-on (F: 200°) mit Bromwasserstoff in Essigsäure (*Ca., Hunt*).

Krystalle (aus Dioxan + Ae.), F: 147—150° [korr.; nach Erweichen bei 138°] (*Wi. et al.*); Krystalle (aus Bzl.), F: 136° (*Ca., Hunt*).

Opt.-inakt. 4-[α,α′-Diäthyl-4′-methoxy-bibenzyl-4-yl]-5H-furan-2-on, 3-[α,α′-Diäthyl-4′-methoxy-bibenzyl-4-yl]-4-hydroxy-cis-crotonsäure-lacton $C_{23}H_{26}O_3$, Formel IX (R = CH$_3$).

B. Beim Erwärmen von opt.-inakt. 2-Acetoxy-1-[α,α′-diäthyl-4′-methoxy-bibenzyl-4-yl]-äthanon (F: 99°) mit Bromessigsäure-äthylester, Zink und Benzol und Erhitzen des Reaktionsprodukts mit wss. Salzsäure und Essigsäure (*Campbell, Hunt*, Soc. **1951** 956, 959).

Krystalle (aus Bzl.); F: 200°.

IX   X

Opt.-inakt. 4-[4′-Acetoxy-α,α′-diäthyl-bibenzyl-4-yl]-5H-furan-2-on, 3-[4′-Acetoxy-α,α′-diäthyl-bibenzyl-4-yl]-4-hydroxy-cis-crotonsäure-lacton $C_{24}H_{26}O_4$, Formel IX (R = CO-CH$_3$).

B. Beim Erhitzen von opt.-inakt. 4-[α,α′-Diäthyl-4′-hydroxy-bibenzyl-4-yl]-5H-furan-

2-on (F: 147—150° [S. 786]) mit Acetanhydrid (*Wilson et al.*, J. org. Chem. **18** [1953] 96, 103).
Krystalle (aus A. + Toluol); F: 168—170° [korr.].

7-Acetoxy-6-hexyl-2-methyl-3-phenyl-chromen-4-on $C_{24}H_{26}O_4$, Formel X.

B. Beim Erhitzen von 5-Hexyl-2,4-dihydroxy-desoxybenzoin mit Acetanhydrid und Natriumacetat (*Libermann, Moyeux*, Bl. **1952** 50, 53).
Krystalle (aus wss. A.); F: 82—83°.

(20*Ξ*)-3-Methoxy-19-nor-14β(?)-carda-1,3,5,7,9-pentaenolid $C_{23}H_{26}O_3$, vermutlich Formel XI.

B. Beim Erwärmen von (20*Ξ*)-11α-Acetoxy-3-methoxy-19-nor-carda-1,3,5(10),14-tetra≠ enolid (F: 181—182°; aus Ouabagenin hergestellt [über diese Verbindung s. *Jones, Middleton*, Canad. J. Chem. **48** [1970] 3819]) mit wss.-methanol. Salzsäure (*Sneeden, Turner*, Am. Soc. **77** [1955] 130, 134).
Krystalle (aus Me.); F: 185—188° [korr.]. $[\alpha]_{546}$: +48° [Acn.; c = 1]. UV-Spektrum (220—340 nm): *Sn., Tu.*, l. c. S. 133.

XI   XII   XIII

Hydroxy-oxo-Verbindungen $C_{23}H_{26}O_3$

2-[(*Z*)-4-Hydroxy-5-isopropyl-2-methyl-benzyliden]-7-isopropyl-4-methyl-benzofuran-3-on $C_{23}H_{26}O_3$, Formel XII (R = H).

B. Beim Erhitzen der im folgenden Artikel beschriebenen Verbindung mit Pyridinhydrochlorid (*Royer, Bisagni*, Bl. **1959** 521, 527).
Gelbe Krystalle (aus A.), F: 258° [im vorgeheizten Block]; bei langsamem Erhitzen erfolgt von 235° an Zersetzung.

7-Isopropyl-2-[(*Z*)-5-isopropyl-4-methoxy-2-methyl-benzyliden]-4-methyl-benzofuran-3-on $C_{24}H_{28}O_3$, Formel XII (R = CH_3).

Bezüglich der Konfigurationszuordnung vgl. das analog hergestellte 2-[(*Z*)-Benzyliden]-6-methoxy-benzofuran-3-on (S. 723).

B. Beim Erwärmen von 7-Isopropyl-4-methyl-benzofuran-3-on mit 5-Isopropyl-4-methoxy-2-methyl-benzaldehyd, Äthanol und kleinen Mengen wss. Natronlauge (*Royer, Bisagni*, Bl. **1959** 521, 527).
Gelbe Krystalle (aus A.); F: 125° (*Ro., Bi.*, l. c. S. 523).

Hydroxy-oxo-Verbindungen $C_{24}H_{28}O_3$

19-Hydroxy-bufa-3,5,14,20,22-pentaenolid $C_{24}H_{28}O_3$, Formel XIII (in der Literatur auch als $\Delta^{3,5,14}$-3,14-Dianhydro-scilliglaucosidin-19-ol bezeichnet).

B. Beim Erhitzen von 19-Oxo-bufa-3,5,14,20,22-pentaenolid (E III/IV **17** 6497) mit Aluminiumisopropylat und Isopropylalkohol (*Stoll et al.*, Helv. **36** [1953] 1531, 1556).
Krystalle (aus Acn.), die bei 200—208° [Zers.] schmelzen [nach Sintern bei 196°; Kofler-App.]. $[\alpha]_D^{20}$: —138,4° [$CHCl_3$; c = 0,7].

Hydroxy-oxo-Verbindungen $C_{30}H_{40}O_3$

7-Hydroxy-5-pentadecyl-4-phenyl-cumarin $C_{30}H_{40}O_3$, Formel XIV.
B. Beim Behandeln einer Lösung von 5-Pentadecyl-resorcin und 3-Oxo-3-phenyl-propionsäure-äthylester in Äthanol mit Chlorwasserstoff (*Chakravarti, Buu-Hoi*, Bl. **1959** 1498).
Krystalle (aus A.); F: 112—113°.

9-Heptadec-8c-enyl-6-hydroxy-xanthen-3-on $C_{30}H_{40}O_3$, Formel XV.
B. Beim Erhitzen von Resorcin mit Ölsäure-äthylester in Gegenwart von Zinkchlorid und Chlorwasserstoff (*Sen, Mukherji*, J. Indian chem. Soc. **6** [1929] 557, 561).
Bei 140° erweichend.

[*Imsieke*]

Hydroxy-oxo-Verbindungen $C_nH_{2n-22}O_3$

Hydroxy-oxo-Verbindungen $C_{15}H_8O_3$

4-Hydroxy-fluoreno[4,3-b]furan-6-on $C_{15}H_8O_3$, Formel I (R = H).
B. Bei kurzem Behandeln von 4-Hydroxy-7-phenyl-benzofuran-6-carbonsäure mit konz. Schwefelsäure (*Knott*, Soc. **1945** 189).
Rote Krystalle (aus Eg.); F: 221—227° [korr.].

4-Methoxy-fluoreno[4,3-b]furan-6-on $C_{16}H_{10}O_3$, Formel I (R = CH_3).
B. Aus 4-Hydroxy-fluoreno[4,3-b]furan-6-on (*Knott*, Soc. **1945** 189).
Orangefarbene Krystalle (aus Me.); F: 159—160° [korr.].

4-Acetoxy-fluoreno[4,3-b]furan-6-on $C_{17}H_{10}O_4$, Formel I (R = $CO-CH_3$).
B. Beim Erhitzen von [3-[2]Furyl-1-oxo-inden-2-yl]-essigsäure mit Acetanhydrid und Natriumacetat (*Knott*, Soc. **1945** 189). Beim Erwärmen von 4-Acetoxy-7-phenyl-benzofuran-6-carbonylchlorid oder von 4-Acetoxy-7-phenyl-benzofuran-6-carbonsäure-anhydrid mit Aluminiumchlorid in Schwefelkohlenstoff (*Kn.*).
Gelbe Krystalle (aus Me.); F: 169—171° [korr.].

4-Benzoyloxy-fluoreno[4,3-b]furan-6-on $C_{22}H_{12}O_4$, Formel I (R = $CO-C_6H_5$).
B. Aus 4-Hydroxy-fluoreno[4,3-b]furan-6-on (*Knott*, Soc. **1945** 189).
Gelbe Krystalle (aus Bzl.); F: 183—184° [korr.].

4-Methoxy-fluoreno[4,3-b]furan-6-on-oxim $C_{16}H_{11}NO_3$, Formel II (R = CH_3, X = OH).
B. Aus 4-Methoxy-fluoreno[4,3-b]furan-6-on und Hydroxylamin (*Knott*, Soc. **1945** 189).
Gelbe Krystalle (aus Me.); F: 233—234° [korr.].

4-Acetoxy-fluoreno[4,3-b]furan-6-on-[2,4-dinitro-phenylhydrazon] $C_{23}H_{14}N_4O_7$, Formel II (R = $CO-CH_3$, X = $NH-C_6H_3(NO_2)_2$).
B. Aus 4-Acetoxy-fluoreno[4,3-b]furan-6-on und [2,4-Dinitro-phenyl]-hydrazin (*Knott*, Soc. **1945** 189).
Orangefarbene Krystalle (aus $CHCl_3$); F: 278—280° [korr.].

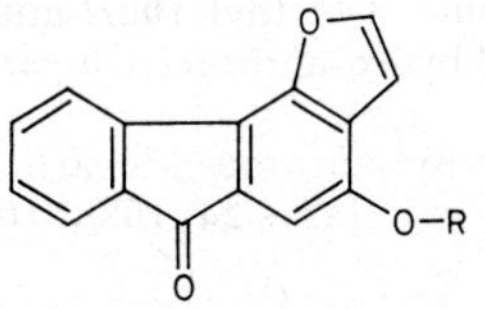

I 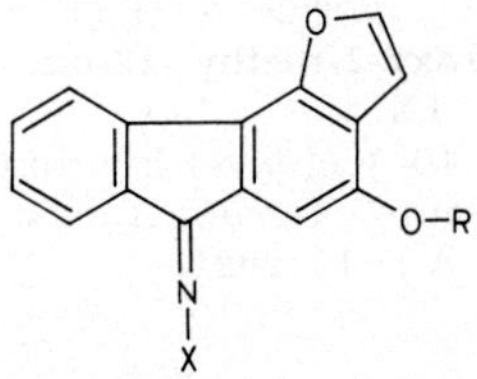 II 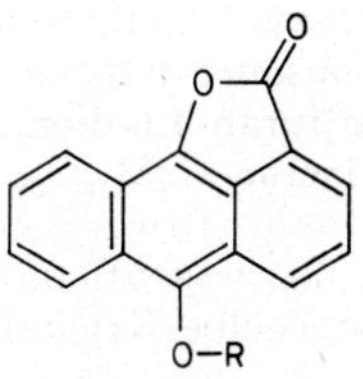 III

6-Hydroxy-anthra[9,1-bc]furan-2-on, 9,10-Dihydroxy-anthracen-1-carbonsäure-9-lacton $C_{15}H_8O_3$, Formel III (R = H), und **10bH-Anthra[9,1-bc]furan-2,6-dion, 9-Hydroxy-10-oxo-9,10-dihydro-anthracen-1-carbonsäure-lacton** $C_{15}H_8O_3$, Formel IV (E II 17 504; dort als „Lacton der 9.10-Dioxy-anthracen-carbonsäure-(1)" bzw. „Lacton der 9-Oxy-10-oxo-9.10-dihydro-anthracen-carbonsäure-(1)" bezeichnet).

Absorptionsspektrum von Lösungen in Äthylacetat (250—500 nm bzw. 430—570 nm): *Scholl, Böttger*, B. **63** [1930] 2128, 2131; *Scholl et al.*, B. **74** [1941] 1182, 1188; in Pyridin (430—600 nm): *Sch. et al.* Absorptionsmaxima (Me.): 239 nm, 265 nm, 284 nm, 306 nm, 340 nm, 368 nm, 519 nm und 790 nm (*Barltrop, Morgan*, Soc. **1956** 4245, 4248). Absorptionsmaxima (Me.) der Kalium-Verbindung: 255 nm, 305 nm und 390 nm (*Ba., Mo.*).

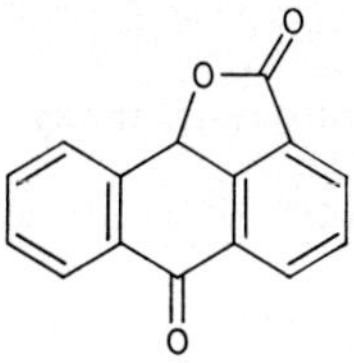

IV 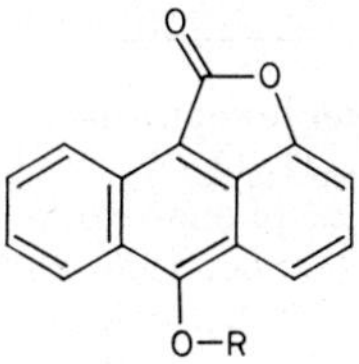 V 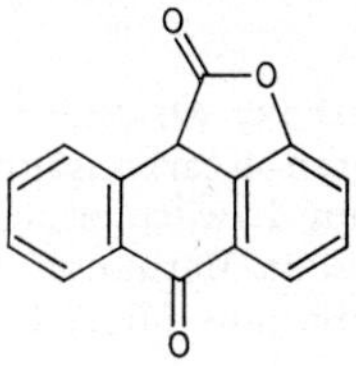 VI

6-Acetoxy-anthra[9,1-bc]furan-2-on, 10-Acetoxy-9-hydroxy-anthracen-1-carbonsäure-lacton $C_{17}H_{10}O_4$, Formel III (R = CO-CH$_3$) (E II 45).

Absorptionsmaxima (Me.): 237 nm und 262 nm (*Barltrop, Morgan*, Soc. **1956** 4245, 4248).

6-Hydroxy-anthra[1,9-bc]furan-1-on, 1,10-Dihydroxy-anthracen-9-carbonsäure-1-lacton $C_{15}H_8O_3$, Formel V (R = H), und **10bH-Anthra[1,9-bc]furan-1,6-dion, 1-Hydroxy-10-oxo-9,10-dihydro-anthracen-9-carbonsäure-lacton** $C_{15}H_8O_3$, Formel VI.

B. Beim Erwärmen von 10-Acetoxy-1-hydroxy-anthracen-9-carbonsäure-lacton mit wss.-äthanol. Salzsäure (*Arventi*, Ann. scient. Univ. Jassy **24** [1938] 103, 108).

Orangegelbe Krystalle (aus A.); F: 280° [Zers.].

6-Acetoxy-anthra[1,9-bc]furan-1-on, 10-Acetoxy-1-hydroxy-anthracen-9-carbonsäure-lacton $C_{17}H_{10}O_4$, Formel V (R = CO-CH$_3$).

B. Beim Erhitzen von 2-Oxo-3-phenyl-2,3-dihydro-benzofuran-4-carbonsäure mit Acetanhydrid (*Arventi*, Ann. scient. Univ. Jassy **24** [1938] 103, 107).

Gelbe Krystalle (aus A.); F: 221°.

Hydroxy-oxo-Verbindungen $C_{16}H_{10}O_3$

4-Hydroxy-8-methyl-fluoreno[4,3-b]furan-6-on $C_{16}H_{10}O_3$, Formel VII.

B. Beim Behandeln von 4-Hydroxy-7-p-tolyl-benzofuran-6-carbonsäure mit konz. Schwefelsäure (*Borsche, Leditschke*, A. **529** [1937] 108, 112).

Rote Krystalle (aus Chlorbenzol); F: 278°.

6-Hydroxy-3-methyl-anthra[1,9-bc]furan-1-on, 1,10-Dihydroxy-2-methyl-anthracen-9-carbonsäure-1-lacton $C_{16}H_{10}O_3$, Formel VIII (R = H), und **3-Methyl-10bH-anthra[1,9-bc]furan-1,6-dion, 1-Hydroxy-2-methyl-10-oxo-9,10-dihydro-anthracen-9-carbonsäure-lacton** $C_{16}H_{10}O_3$, Formel IX.

B. Beim Erwärmen von 10-Acetoxy-1-hydroxy-2-methyl-anthracen-9-carbonsäurelacton mit wss.-äthanol. Salzsäure (*Arventi*, Ann. scient. Univ. Jassy **24** [1938] 103, 109).

Orangegelbe Krystalle (aus A.); F: 292°.

6-Acetoxy-3-methyl-anthra[1,9-bc]furan-1-on, 10-Acetoxy-1-hydroxy-2-methyl-anthracen-9-carbonsäure-lacton $C_{18}H_{12}O_4$, Formel VIII (R = CO-CH$_3$).

B. Beim Erhitzen von 7-Methyl-2-oxo-3-phenyl-2,3-dihydro-benzofuran-4-carbonsäure mit Acetanhydrid (*Arventi*, Ann. scient. Univ. Jassy **24** [1938] 103, 109).

Gelbe Krystalle (aus A.); F: 233°.

(±)-6-Methoxy-6H-phenanthro[4,5-cde]oxepin-4-on, (±)-5-[Hydroxy-methoxy-methyl]-phenanthren-4-carbonsäure-lacton $C_{17}H_{12}O_3$, Formel X (R = CH$_3$).

B. Beim Erwärmen von 5-Formyl-phenanthren-4-carbonsäure mit Chlorwasserstoff enthaltendem Methanol (*Badger et al.*, Soc. **1950** 2326).

Krystalle (aus Me.); F: 176—177°. UV-Spektrum (A.; 251—365 nm): *Ba. et al.*, l. c. S. 2327.

(±)-6-Äthoxy-6H-phenanthro[4,5-cde]oxepin-4-on, (±)-5-[Äthoxy-hydroxy-methyl]-phenanthren-4-carbonsäure-lacton $C_{18}H_{14}O_3$, Formel X (R = C$_2$H$_5$).

Diese Verbindung hat auch in einem von *Fieser, Novello* (Am. Soc. **62** [1940] 1855, 1858) als 5-Hydroxymethyl-phenanthren-4-carbonsäure-äthylester ($C_{18}H_{16}O_3$) angesehenen Präparat vom F: 177,5—178° (s. E III **10** 1308) vorgelegen (*Newman, Whitehouse*, Am. Soc. **71** [1949] 3664, 3665 Anm. 8).

B. Beim Erwärmen von 5-Formyl-phenanthren-4-carbonsäure mit Äthanol, Benzol und wenig Schwefelsäure (*Ne., Wh.*). Beim Behandeln von 5-Formyl-phenanthren-4-carbonylchlorid mit Äthanol und Pyridin (*Ne., Wh.*).

Krystalle (aus Bzl.); F: 178,8—179,5° [korr.] (*Ne., Wh.*).

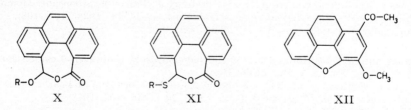

X   XI   XII

(±)-6-Äthylmercapto-6H-phenanthro[4,5-cde]oxepin-4-on, (±)-5-[Äthylmercapto-hydroxy-methyl]-phenanthren-4-carbonsäure-lacton $C_{18}H_{14}O_2S$, Formel XI (R = C$_2$H$_5$).

Diese Konstitution kommt wahrscheinlich der nachstehend beschriebenen Verbindung zu (*Newman, Whitehouse*, Am. Soc. **71** [1949] 3664).

B. Beim Behandeln von 5-Formyl-phenanthren-4-carbonsäure mit Äthanthiol, Zinkchlorid und Natriumsulfat (*Ne., Wh.*).

Krystalle (aus A.); F: 152,2—153° [korr.].

1-Acetyl-3-methoxy-phenanthro[4,5-*bcd*]furan, 1-[3-Methoxy-phenanthro[4,5-*bcd*]furan-1-yl]-äthanon $C_{17}H_{12}O_3$, Formel XII (in der Literatur auch als 1-Acetyl-methylmorphenol bezeichnet).

B. Beim Behandeln von 1-Acetyl-4,5α-epoxy-6α-hydroxy-3-methoxy-17,17,17-trimeth= yl-8,9,10,14-tetradehydro-9,17-seco-morphinanium-jodid (?) („1-Acetyl-β-methylmor= phimethin-methojodid") mit Silberoxid in Wasser und Erhitzen des Reaktionsprodukts unter 0,1 Torr auf 200° (*Small, Mallonee,* J. org. Chem. **12** [1947] 558, 565).

Krystalle (aus E.); F: 140,5°.

Hydroxy-oxo-Verbindungen $C_{17}H_{12}O_3$

5-Methoxy-4,6-diphenyl-pyran-2-on, 5*c*-Hydroxy-4-methoxy-3,5*t*-diphenyl-penta-2*c*,4-diensäure-lacton $C_{18}H_{14}O_3$, Formel I.

B. Beim Behandeln von 2-Methoxy-1-phenyl-äthanon mit Phenylpropiolsäure-äthyl= ester und Natriumäthylat in Äther (*El-Kholy et al.,* Soc. **1959** 2588, 2592).

Gelbe Krystalle (aus Me.); F: 114°.

Verbindung mit Pikrinsäure $C_{18}H_{14}O_3 \cdot C_6H_3N_3O_7$; 6-Hydroxy-3-methoxy-2,4-diphenyl-pyrylium-pikrat $[C_{18}H_{15}O_3]C_6H_2N_3O_7$. Krystalle (aus Bzn.); F: 105°.

5-Methoxy-4,6-diphenyl-pyran-2-thion $C_{18}H_{14}O_2S$, Formel II.

B. Beim Erwärmen von 5-Methoxy-4,6-diphenyl-pyran-2-on mit Phosphor(V)-sulfid in Benzol (*El-Kholy et al.,* Soc. **1959** 2588, 2592).

Orangefarbene Krystalle (aus Bzn. + Bzl.); F: 150°.

4-[4-Methoxy-phenyl]-6-phenyl-pyran-2-on, 5*c*-Hydroxy-3-[4-methoxy-phenyl]-5*t*-phenyl-penta-2*c*,4-diensäure-lacton $C_{18}H_{14}O_3$, Formel III (X = H).

B. Aus 3-[4-Methoxy-phenyl]-5-oxo-5-phenyl-pent-2(?)-ensäure (F: 114° [Zers.]; E III **10** 4465) beim Behandeln mit konz. Schwefelsäure sowie beim Erwärmen mit wss. Salzsäure (*Gogte,* J. Univ. Bombay **9**, Tl. 3 [1940] 127, 134). Aus 4(oder 2)-Benzoyl-3-[4-methoxy-phenyl]-*cis*-pentendisäure-anhydrid (F: 119° [Zers.]) beim Erhitzen unter 50 Torr auf 120° sowie beim Erwärmen mit wss. Salzsäure (*Go.*).

Krystalle (aus Me.); F: 145°.

I II III IV

6-[4-Brom-phenyl]-4-[4-methoxy-phenyl]-pyran-2-on, 5*t*-[4-Brom-phenyl]-5*c*-hydroxy-3-[4-methoxy-phenyl]-penta-2*c*,4-diensäure-lacton $C_{18}H_{13}BrO_3$, Formel III (X = Br).

B. Aus 4(oder 2)-[4-Brom-benzoyl]-3-[4-methoxy-phenyl]-*cis*-pentendisäure-anhydrid (F: 145° [Zers.]) beim Erhitzen unter 150 Torr auf 150° sowie beim Erwärmen mit wss. Salzsäure (*Gogte,* J. Univ. Bombay **9**, Tl. 3 [1940] 127, 138).

Krystalle (aus Acn.); F: 208°.

Beim Erwärmen mit äthanol. Natronlauge sind 5-[4-Brom-phenyl]-3-[4-methoxy-phenyl]-5-oxo-pent-2(?)-ensäure (F: 123° [Zers.]) und ein vermutlich als 1-[4-Brom-phenyl]-3-[4-methoxy-phenyl]-but-2-en-1-on zu formulierendes Keton $C_{17}H_{15}BrO_2$ (Krystalle [aus A.], F: 115°; Semicarbazon: F: 192° [Zers.]) erhalten worden.

4-Acetoxy-3,6-diphenyl-pyran-2-on, 3-Acetoxy-5c-hydroxy-2,5t-diphenyl-penta-2c,4-dien-säure-lacton $C_{19}H_{14}O_4$, Formel IV (R = CO-CH$_3$).

B. Beim Erhitzen von 4-Hydroxy-3,6-diphenyl-pyran-2-on (E III/IV **17** 6481) mit Acetanhydrid (*Ziegler, Junek*, M. **89** [1958] 323, 328).

Krystalle (aus Cyclohexan + Bzl.); F: 140—141°.

3-[4-Methoxy-phenyl]-6-phenyl-pyran-2-on, 5c-Hydroxy-2-[4-methoxy-phenyl]-5t-phenyl-penta-2c,4-diensäure-lacton $C_{18}H_{14}O_3$, Formel V.

B. Beim Erwärmen von 2-[4-Methoxy-phenyl]-5-phenyl-pent-2-en-4-insäure (F: 185°) mit wss. Methanol, wenig Schwefelsäure und wenig Quecksilber(II)-sulfat (*Wiley et al.*, Am. Soc. **79** [1957] 2602, 2605).

Gelbe Krystalle (aus A.); F: 170°. IR-Banden (KBr) im Bereich von 1700 cm^{-1} bis 683 cm^{-1}: *Wi. et al.*, l. c. S. 2605. Absorptionsmaxima (Me.): 250 nm und 370 nm.

2-[4-Methoxy-phenyl]-6-phenyl-pyran-4-on $C_{18}H_{14}O_3$, Formel VI.

B. Beim Behandeln von 1-[4-Methoxy-phenyl]-5-phenyl-pentan-1,3,5-trion mit konz. Schwefelsäure (*Miles et al.*, Org. Synth. Coll. Vol. V [1973] 721). Neben 1-[4-Methoxy-phenyl]-5-phenyl-pent-4-in-1,3-dion beim Behandeln von 1-[4-Methoxy-phenyl]-äthanon mit Phenylpropiolsäure-äthylester und Natriumäthylat in Äther (*Soliman, El-Kholy*, Soc. **1954** 1755, 1758). Beim Behandeln von 1-[4-Methoxy-phenyl]-5-phenyl-pent-4-in-1,3-dion mit wss.-äthanol. Kalilauge (*So., El-Kh.*, l. c. S. 1759).

Gelbe Krystalle; F: 161—163° [aus wss. A.] (*Mi. et al.*), 160—161° [aus Bzl.] (*So., El-Kh.*).

Beim Erwärmen mit Hydroxylamin und Natriumacetat in wss. Äthanol ist 1-Hydroxy-2-[4-methoxy-phenyl]-6-phenyl-1H-pyridin-4-on erhalten worden (*So., El-Kh.*).

Verbindung mit Chlorwasserstoff $C_{18}H_{14}O_3 \cdot HCl$; 4-Hydroxy-2-[4-methoxy-phenyl]-6-phenyl-pyrylium-chlorid $[C_{18}H_{15}O_3]Cl$. Gelbe Krystalle (aus wss. HCl); F: 185° (*So., El-Kh.*).

Verbindung mit Pikrinsäure $C_{18}H_{14}O_3 \cdot C_6H_3N_3O_7$; 4-Hydroxy-2-[4-methoxy-phenyl]-6-phenyl-pyrylium-pikrat $[C_{18}H_{15}O_3]C_6H_2N_3O_7 \cdot$ Orangefarbene Krystalle (aus Bzl.); F: 202° (*So., El-Kh.*).

V   VI   VII

2-[4-Methoxy-phenyl]-6-phenyl-pyran-4-on-oxim $C_{18}H_{15}NO_3$, Formel VII.

B. Beim Behandeln von 2-[4-Methoxy-phenyl]-6-phenyl-pyran-4-thion mit Hydroxylamin und Äthanol (*El-Kholy et al.*, Soc. **1959** 2588, 2591).

Gelbe Krystalle (aus A.); F: 194° [Zers.].

2-[4-Methoxy-phenyl]-6-phenyl-pyran-4-thion $C_{18}H_{14}O_2S$, Formel VIII.

B. Beim Erwärmen von 2-[4-Methoxy-phenyl]-6-phenyl-pyran-4-on mit Phosphor(V)-sulfid in Benzol (*El-Kholy et al.*, Soc. **1959** 2588, 2591).

Krystalle (aus Bzl. + Bzn.); F: 185—186°.

[4′-Hydroxy-biphenyl-4-yl]-[2]thienyl-keton $C_{17}H_{12}O_2S$, Formel IX (R = X = H).

B. Beim Behandeln von Biphenyl-4-ol mit Thiophen-2-carbonylchlorid in Toluol und

Behandeln des Reaktionsprodukts mit Aluminiumchlorid in Nitrobenzol (*Buu-Hoi et al.*, R. **72** [1953] 774, 778).
Krystalle (aus A.); F: 185°.

[4'-Methoxy-biphenyl-4-yl]-[2]thienyl-keton $C_{18}H_{14}O_2S$, Formel IX (R = CH_3, X = H).
B. Aus [4'-Hydroxy-biphenyl-4-yl]-[2]thienyl-keton und Dimethylsulfat mit Hilfe von Natriumcarbonat (*Buu-Hoi et al.*, R. **72** [1953] 774, 778).
Krystalle (aus A.); F: 177°.

VIII   IX   X

[3'-Chlor-4'-methoxy-biphenyl-4-yl]-[2]thienyl-keton $C_{18}H_{13}ClO_2S$, Formel IX (R = CH_3, X = Cl).
B. Beim Behandeln von 3-Chlor-4-methoxy-biphenyl mit Thiophen-2-carbonylchlorid, Zinn(IV)-chlorid und Schwefelkohlenstoff (*Buu-Hoi et al.*, Bl. **1959** 447).
Krystalle (aus A.); F: 145°.

3-[(*Ξ*)-Benzyliden]-5-[4-methoxy-phenyl]-3H-furan-2-on, 2-[(*Ξ*)-Benzyliden]-4c-hydroxy-4t-[4-methoxy-phenyl]-but-3-ensäure-lacton $C_{18}H_{14}O_3$, Formel X (R = CH_3) (vgl. E I 332).
B. Aus 5-[4-Methoxy-phenyl]-3H-furan-2-on und Benzaldehyd mit Hilfe von Pyridin (*Shah, Phalnikar*, J. Univ. Bombay **13**, Tl. 3 A [1944] 22, 26). Beim Erwärmen des Natrium-Salzes der 4-[4-Methoxy-phenyl]-4-oxo-buttersäure mit Benzaldehyd und Acetanhydrid (*Ohmaki*, J. pharm. Soc. Japan **57** [1937] 975, 980; dtsch. Ref. **58** [1938] 4, 5; C. A. **1938** 2525; *Borsche et al.*, A. **554** [1943] 23, 32; *El-Assal, Shehab*, Soc. **1959** 1020, 1022; vgl. E I 332).
Gelbe oder grüne Krystalle; F: 178—179° [aus Eg.] (*Oh.*), 176—177° [aus E. bzw. Bzl.] (*Bo. et al.*; *El-As., Sh.*). Absorptionsmaxima (A.): 255 nm und 397 nm (*Hanna, Schueler*, Am. Soc. **75** [1953] 741).

5-[4-Äthoxy-phenyl]-3-[(*Ξ*)-benzyliden]-3H-furan-2-on, 4t-[4-Äthoxy-phenyl]-2-[(*Ξ*)-benzyliden]-4c-hydroxy-but-3-ensäure-lacton $C_{19}H_{16}O_3$, Formel X (R = C_2H_5).
B. Aus 5-[4-Äthoxy-phenyl]-3H-furan-2-on und Benzaldehyd mit Hilfe von Pyridin (*Shah, Phalnikar*, J. Univ. Bombay **13**, Tl. 3 A [1944] 22, 26).
Krystalle (aus Eg.); F: 134°.

3-[(*Ξ*)-Benzyliden]-5-[4-butoxy-phenyl]-3H-furan-2-on, 2-[(*Ξ*)-Benzyliden]-4t-[4-butoxy-phenyl]-4c-hydroxy-but-3-ensäure-lacton $C_{21}H_{20}O_3$, Formel X (R = $[CH_2]_3$-CH_3).
B. Aus 5-[4-Butoxy-phenyl]-3H-furan-2-on und Benzaldehyd mit Hilfe von Pyridin (*Shah, Phalnikar*, J. Univ. Bombay **13**, Tl. 3 A [1944] 22, 26).
Krystalle (aus wss. Eg.); F: 106°.

3-[(*Ξ*)-Benzyliden]-5-[4-phenoxy-phenyl]-3H-furan-2-on, 2-[(*Ξ*)-Benzyliden]-4c-hydroxy-4t-[4-phenoxy-phenyl]-but-3-ensäure-lacton $C_{23}H_{16}O_3$, Formel X (R = C_6H_5).
B. Aus 5-[4-Phenoxy-phenyl]-3H-furan-2-on und Benzaldehyd mit Hilfe von Pyridin (*Shah, Phalnikar*, J. Univ. Bombay **13**, Tl. 3 A [1944] 22, 26). Beim Erwärmen von 4-Oxo-4-[4-phenoxy-phenyl]-buttersäure mit Benzaldehyd, Natriumacetat und Acetanhydrid (*Hanna, Schueler*, Am. Soc. **75** [1953] 741).

Gelbe Krystalle; F: 143° [korr.; aus CHCl₃] (*Ha.*, *Sch.*), 138—139° [aus Eg.] (*Shah*, *Ph.*).
Absorptionsmaxima (A.): 250 nm und 397 nm (*Ha.*, *Sch.*).

3-[(Ξ)-3-Acetoxy-benzyliden]-5-phenyl-3H-furan-2-on, 2-[(Ξ)-3-Acetoxy-benzyliden]-4c-hydroxy-4t-phenyl-but-3-ensäure-lacton $C_{19}H_{14}O_4$, Formel XI (R = CO-CH₃).

B. Beim Erwärmen von 4-Oxo-4-phenyl-buttersäure mit 3-Acetoxy-benzaldehyd, Natriumacetat und Acetanhydrid (*Schueler*, *Hanna*, Am. Soc. **73** [1951] 3528).

Gelbe Krystalle (aus wss. A.); F: 134°. Absorptionsmaxima (A.): 250 nm und 388 nm.

3-[(Ξ)-4-Methoxy-benzyliden]-5-phenyl-3H-furan-2-on, 4c-Hydroxy-2-[(Ξ)-4-methoxy-benzyliden]-4t-phenyl-but-3-ensäure-lacton $C_{18}H_{14}O_3$, Formel XII (R = CH₃) (vgl. E I 332; dort als 5-Oxo-2-phenyl-4-anisal-4.5-dihydro-furan bezeichnet).

B. Beim Erwärmen des Natrium-Salzes der 4-Oxo-4-phenyl-buttersäure mit 4-Methoxy-benzaldehyd, Natriumacetat und Essigsäure (*Schueler*, *Hanna*, Am. Soc. **73** [1951] 3528; s. a. *El-Assal*, *Shehab*, Soc. **1959** 1020, 1021; vgl. E I 332).

Gelbe Krystalle; F: 171° [aus A.] (*Sch.*, *Ha.*), 168—169° [aus Bzl.] (*El-As.*, *Sh.*). Absorptionsmaxima (A.): 253 nm und 402 nm (*Sch.*, *Ha.*).

XI XII XIII

3-[(Ξ)-4-Acetoxy-benzyliden]-5-phenyl-3H-furan-2-on, 2-[(Ξ)-4-Acetoxy-benzyliden]-4c-hydroxy-4t-phenyl-but-3-ensäure-lacton $C_{19}H_{14}O_4$, Formel XII (R = CO-CH₃).

B. Beim Erwärmen von 4-Oxo-4-phenyl-buttersäure mit 4-Acetoxy-benzaldehyd, Natriumacetat und Acetanhydrid (*Schueler*, *Hanna*, Am. Soc. **73** [1951] 3528).

Gelbe Krystalle (aus wss. A.); F: 193°. Absorptionsmaxima (A.): 252 nm und 395 nm.

5-[(Ξ)-Benzyliden]-4-methoxy-3-phenyl-5H-furan-2-on, 4-Hydroxy-3-methoxy-2,5ξ-diphenyl-penta-2c,4-diensäure-lacton $C_{18}H_{14}O_3$, Formel XIII, vom F: 106°; **O-Methyl-pulvinon** (E II 45).

B. Beim Behandeln von Pulvinon (E III/IV **17** 6482) mit Diazomethan in Äther (*Schönberg*, *Sina*, Soc. **1946** 601, 603; vgl. E II 45).

Krystalle (aus Me.); F: 106°.

6-Methoxy-2-*trans*-styryl-chromen-4-on $C_{18}H_{14}O_3$, Formel I.

B. Beim Erhitzen von 1-[2-Hydroxy-5-methoxy-phenyl]-5t-phenyl-pent-4-en-1,3-dion (E III **8** 3825) mit Mineralsäure enthaltender Essigsäure (*Doyle et al.*, Scient. Pr. roy. Dublin Soc. **24** [1948] 291, 303). In kleiner Menge beim Erhitzen von 1-[2-*trans*-Cinnamoyloxy-5-methoxy-phenyl]-äthanon (F: 90°) mit Glycerin unter Stickstoff auf 250° (*Dunne et al.*, Soc. **1950** 1252, 1257).

Krystalle (aus wss. A. und PAe.); F: 145—146° (*Do. et al.*).

7-Hydroxy-2-*trans*-styryl-chromen-4-on $C_{17}H_{12}O_3$, Formel II (R = H).

B. Beim Erhitzen von 7-Benzyloxy-2-*trans*-styryl-chromen-4-on (S. 795) mit Bromwasserstoff in Essigsäure (*Gulati et al.*, Soc. **1934** 1765). Beim Erwärmen von 1-[2,4-Bis-*trans*-cinnamoyloxy-phenyl]-äthanon mit Kaliumhydroxid in Pyridin (*Dunne et al.*, Soc. **1950** 1252, 1258).

Krystalle (aus A.); F: 238—241° (*Du. et al.*), 239° (*Gu. et al.*).

7-Methoxy-2-*trans*-styryl-chromen-4-on $C_{18}H_{14}O_3$, Formel II (R = CH_3).

B. Beim Behandeln von 7-Methoxy-2-methyl-chromen-4-on mit Benzaldehyd und Natriumäthylat in Äthanol (*Gulati et al.*, Soc. **1934** 1765; *Limaye, Kelkar, Rasayanam* **1** [1936] 24, 29). Beim Behandeln von 1-[2-Hydroxy-4-methoxy-phenyl]-5*t*-phenyl-pent-4-en-1,3-dion (E III **8** 3824) mit Bromwasserstoff in Essigsäure (*Ullal et al.*, Soc. **1940** 1499). Beim Erhitzen von 1-[2-Hydroxy-4-methoxy-phenyl]-5*t*(?)-phenyl-penta-2*t*(?),4-dien-1-on (E III **8** 2952) mit Selendioxid und Amylalkohol (*Marini-Bettolo, G.* **72** [1942] 201, 206).

Krystalle (aus A.); F: 189–190° (*Gu. et al.*), 188–190° (*Li., Ke.*), 189° (*Ma.-Be.*; *Ul. et al.*).

7-Benzyloxy-2-*trans*-styryl-chromen-4-on $C_{24}H_{18}O_3$, Formel II (R = CH_2-C_6H_5).

B. Beim Behandeln von 7-Benzyloxy-2-methyl-chromen-4-on mit Benzaldehyd und Natriumäthylat in Äthanol (*Gulati et al.*, Soc. **1934** 1765). Beim Erwärmen von 1-[4-Benzyloxy-2-*trans*-cinnamoyloxy-phenyl]-äthanon mit Kaliumhydroxid in Pyridin (*O'Toole, Wheeler*, Soc. **1956** 4411, 4413).

Krystalle; F: 162–163° [aus Bzl. oder Eg.] (*O'To., Wh.*), 161° [aus A. oder Eg.] (*Gu. et al.*).

7-*trans*-Cinnamoyloxy-2-*trans*-styryl-chromen-4-on $C_{26}H_{18}O_4$, Formel III.

B. Neben 1-[4-*trans*-Cinnamoyloxy-2-hydroxy-phenyl]-äthanon beim Erhitzen von 1-[2,4-Dihydroxy-phenyl]-äthanon mit *trans*-Cinnamoylchlorid und Kaliumcarbonat in Toluol (*Baker*, Soc. **1933** 1381, 1387).

Gelbliche Krystalle (aus Eg.); F: 216–217°.

2-[4-Methoxy-*trans*(?)-styryl]-chromen-4-on $C_{18}H_{14}O_3$, vermutlich Formel IV.

B. Beim Behandeln von 2-Methyl-chromen-4-on mit 4-Methoxy-benzaldehyd und Natriumäthylat in Äthanol (*Cheema et al.*, Soc. **1932** 925, 933).

Gelbe Krystalle (aus wss. A. + Eg.); F: 140° (*Ch. et al.*).

Reaktion mit Thiophenol in Gegenwart von Piperidin unter Bildung von 2-[4-Methoxy-β(?)-phenylmercapto-phenäthyl]-chromen-4-on (F: 74°): *Mustafa et al.*, Am. Soc. **78** [1956] 5011, 5014.

2-[4-Methoxy-*trans*(?)-styryl]-chromen-4-thion $C_{18}H_{14}O_2S$, vermutlich Formel V.

B. Beim Behandeln von 2-Methyl-chromen-4-thion mit 4-Methoxy-benzaldehyd, Äthanol und wenig Piperidin (*Schönberg et al.*, Am. Soc. **76** [1954] 5115).

Krystalle (aus A.); F: 188°.

3-[2-Hydroxy-ξ-styryl]-cumarin $C_{17}H_{12}O_3$, Formel VI (R =H).

B. Neben [2-Oxo-2*H*-chromen-3-yl]-essigsäure und [3,3′]Bichromenyl-2,2′-dion beim Erhitzen von Salicylaldehyd mit Natriumsuccinat und Bernsteinsäure-anhydrid auf

180° und Behandeln einer alkal. wss. Lösung des Reaktionsprodukts mit wss. Salzsäure (*Dey, Sankaranarayanan*, J. Indian chem. Soc. **8** [1931] 817, 821).
Gelbe Krystalle (aus Me.); F: 207°.

V   VI

3-[2-Acetoxy-ξ-styryl]-cumarin $C_{19}H_{14}O_4$, Formel VI (R = CO-CH₃).
B. Aus der im vorangehenden Artikel beschriebenen Verbindung (*Dey, Sankaranarayanan*, J. Indian chem. Soc. **8** [1931] 817, 822).
Krystalle (aus A.); F: 177°

3-[3-Hydroxy-ξ-styryl]-cumarin $C_{17}H_{12}O_3$, Formel VII (R = H).
B. Beim Erwärmen der im folgenden Artikel beschriebenen Verbindung mit wss. Alkalilauge und anschliessenden Ansäuern (*Dey, Sankaranarayanan*, J. Indian chem. Soc. **11** [1934] 381, 386).
Krystalle (aus A.); F: 193°.

VII   VIII

3-[3-Acetoxy-ξ-styryl]-cumarin $C_{19}H_{14}O_4$, Formel VII (R = CO-CH₃).
B. Neben 3ξ-[3-Acetoxy-phenyl]-2-[2-oxo-2*H*-chromen-3-yl]-acrylsäure (F: 188°) beim Erhitzen des Natrium-Salzes der [2-Oxo-2*H*-chromen-3-yl]-essigsäure mit 3-Hydroxy-benzaldehyd und Acetanhydrid (*Dey, Sankaranarayanan*, J. Indian chem. Soc. **11** [1934] 381, 386).
Gelbliche Krystalle (aus A.); F: 140°.

3-[4-Hydroxy-ξ-styryl]-cumarin $C_{17}H_{12}O_3$, Formel VIII (R = H).
B. Beim Erwärmen der im folgenden Artikel beschriebenen Verbindung mit wss. Alkalilauge und anschliessenden Ansäuern (*Dey, Sankaranarayanan*, J. Indian chem. Soc. **11** [1934] 381, 386).
Gelbe Krystalle (aus Eg.); F: 227°.

3-[4-Acetoxy-ξ-styryl]-cumarin $C_{19}H_{14}O_4$, Formel VIII (R = CO-CH₃).
B. Neben 3ξ-[4-Acetoxy-phenyl]-2-[2-oxo-2*H*-chromen-3-yl]-acrylsäure (F: 244° [Zers.]) beim Erhitzen des Natrium-Salzes der [2-Oxo-2*H*-chromen-3-yl]-essigsäure mit 4-Hydroxy-benzaldehyd und Acetanhydrid (*Dey, Sankaranarayanan*, J. Indian chem. Soc. **11** [1934] 381, 386).
Gelbliche Krystalle (aus A.); F: 165°.

7-Hydroxy-4-*trans*(?)-styryl-cumarin $C_{17}H_{12}O_3$, vermutlich Formel IX (R = H).
B. In mässiger Ausbeute beim Erhitzen von [7-Hydroxy-2-oxo-2*H*-chromen-4-yl]-essigsäure mit Benzaldehyd und wenig Piperidin auf 130° (*Ponniah, Seshadri*, Pr. Indian Acad. [A] **37** [1953] 534, 538).
Gelbe Krystalle (aus Me.); F: 213—214°.

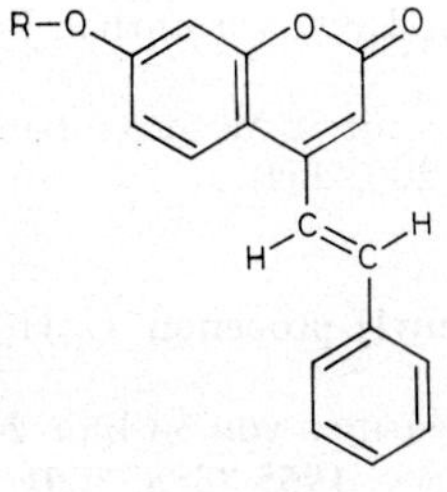

IX 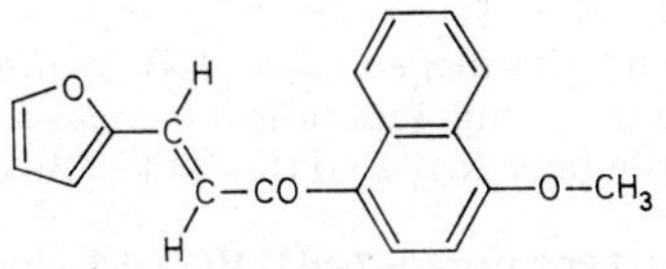   X

7-Methoxy-4-*trans*(?)-styryl-cumarin $C_{18}H_{14}O_3$, vermutlich Formel IX (R = CH_3).
B. Aus 7-Hydroxy-4-*trans*(?)-styryl-cumarin [S. 796] (*Ponniah, Seshadri*, Pr. Indian Acad. [A] **37** [1953] 534, 538).
Gelbliche Krystalle (aus A.); F: 149—151°.

7-Acetoxy-4-*trans*(?)-styryl-cumarin $C_{19}H_{14}O_4$, vermutlich Formel IX (R = CO-CH_3).
B. Aus 7-Hydroxy-4-*trans*(?)-styryl-cumarin [S. 796] (*Ponniah, Seshadri*, Pr. Indian Acad. [A] **37** [1953] 534, 538).
Krystalle (aus A.); F: 198°.

3*t*(?)-[2]Furyl-1-[4-methoxy-[1]naphthyl]-propenon $C_{18}H_{14}O_3$, vermutlich Formel X.
B. Beim Behandeln von 1-[4-Methoxy-[1]naphthyl]-äthanon mit Furfural und Äthanol unter Zusatz von wss. Kalilauge (*Turner*, Am. Soc. **71** [1949] 612, 613, 614).
Krystalle (aus Me.); F: 80—82°.

3*t*(?)-[2]Furyl-1-[6-methoxy-[2]naphthyl]-propenon $C_{18}H_{14}O_3$, vermutlich Formel XI (X = H).
B. Beim Behandeln von 1-[6-Methoxy-[2]naphthyl]-äthanon mit Furfural und Natriummethylat in Methanol (*Robinson*, Soc. **1938** 1390, 1396; s. a. *Buu-Hoi, Lavit*, J. org. Chem. **22** [1957] 912).
Gelbliche Krystalle; F: 113° [aus Acn.] (*Ro.*), 112° [aus A.] (*Buu-Hoi, La.*).
Beim Erwärmen mit Äthanol und wss. Salzsäure und Erwärmen des Reaktionsprodukts mit wss. Salzsäure und Essigsäure ist 7-[6-Methoxy-[2]naphthyl]-4,7-dioxo-heptansäure erhalten worden.

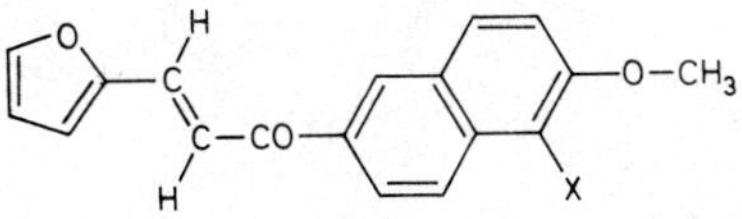

XI 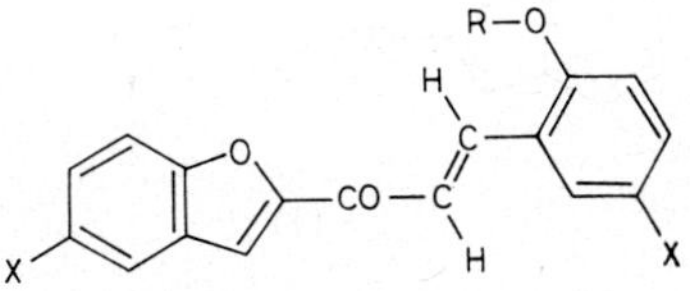   XII

1-[5-Chlor-6-methoxy-[2]naphthyl]-3*t*(?)-[2]furyl-propenon $C_{18}H_{13}ClO_3$, vermutlich Formel XI (X = Cl).
B. Beim Erwärmen von 1-[5-Chlor-6-methoxy-[2]naphthyl]-äthanon mit Furfural und Natriumäthylat in Äthanol (*Robinson, Willenz*, Soc. **1941** 393, 395).
Gelbe Krystalle (aus A.); F: 151—152°.

1-Benzofuran-2-yl-3*t*(?)-[2-hydroxy-phenyl]-propenon $C_{17}H_{12}O_3$, vermutlich Formel XII (R = X = H).
B. Neben 1-Benzofuran-2-yl-äthanon beim Erwärmen von Salicylaldehyd mit Chloraceton und Benzol (*Bisagni et al.*, Soc. **1955** 3688, 3690).
Gelbliche Krystalle (aus Bzl. oder A.); F: 193° [Zers.].

1-Benzofuran-2-yl-3t(?)-[2-methoxy-phenyl]-propenon $C_{18}H_{14}O_3$, vermutlich Formel XII ($R = CH_3$, $X = H$).

B. Beim Erwärmen von 1-Benzofuran-2-yl-äthanon mit 2-Methoxy-benzaldehyd, Äthanol und wenig Piperidin (*Polonovski et al.*, Bl. **1953** 200, 202).
Krystalle (aus A.); F: 113—114° [Block].

1-[5-Chlor-benzofuran-2-yl]-3t(?)-[5-chlor-2-hydroxy-phenyl]-propenon $C_{17}H_{10}Cl_2O_3$, vermutlich Formel XII ($R = H$, $X = Cl$).

B. Neben 1-[5-Chlor-benzofuran-2-yl]-äthanon beim Erwärmen von 5-Chlor-2-hydroxy-benzaldehyd mit Chloraceton und Benzol (*Bisagni et al.*, Soc. **1955** 3688, 3691).
Gelbe Krystalle (aus PAe.); F: 222° [Zers.].

1-Benzofuran-2-yl-3t(?)-[5-brom-2-methoxy-phenyl]-propenon $C_{18}H_{13}BrO_3$, vermutlich Formel I.

B. Beim Behandeln von 1-Benzofuran-2-yl-äthanon mit 5-Brom-2-methoxy-benzaldehyd, Äthanol und wenig Piperidin (*Polonovski et al.*, Bl. **1953** 200, 202).
Krystalle (aus A.); F: 143—144° [Block].

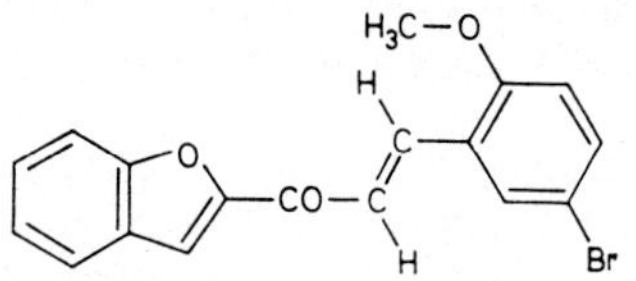

I 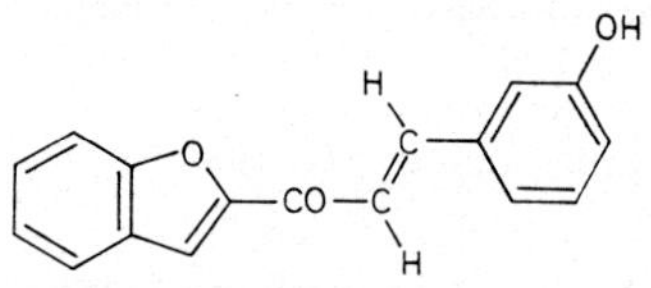 II

1-Benzofuran-2-yl-3t(?)-[3-hydroxy-phenyl]-propenon $C_{17}H_{12}O_3$, vermutlich Formel II.

B. Beim Behandeln von 1-Benzofuran-2-yl-äthanon mit 3-Hydroxy-benzaldehyd, Äthanol und wenig Piperidin (*Polonovski et al.*, Bl. **1953** 200, 202).
Krystalle (aus A.); F: 171° [Block].

1-Benzofuran-2-yl-3t(?)-[4-methoxy-phenyl]-propenon $C_{18}H_{14}O_3$, vermutlich Formel III.

B. Beim Behandeln von 1-Benzofuran-2-yl-äthanon mit 4-Methoxy-benzaldehyd, Äthanol und wenig Piperidin (*Polonovski et al.*, Bl. **1953** 200, 202).
Krystalle (aus A.); F: 126° [Block].

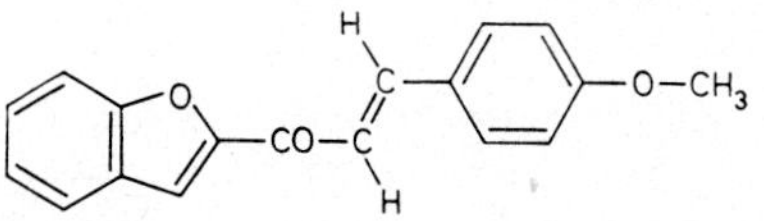

III 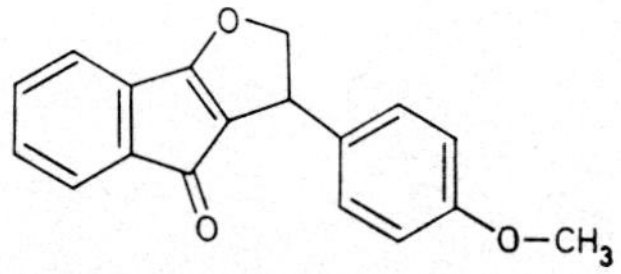 IV

(±)-3-[4-Methoxy-phenyl]-2,3-dihydro-indeno[1,2-b]furan-4-on $C_{18}H_{14}O_3$, Formel IV.

B. Beim Behandeln einer Lösung von 2-[4-Methoxy-benzyliden]-indan-1,3-dion in Methanol mit Diazomethan in Äther (*Mustafa, Hilmy*, Soc. **1952** 1434).
Krystalle (aus Bzn.); F: 119°.
Beim Erwärmen mit wss.-äthanol. Salzsäure ist eine Verbindung $C_{18}H_{15}ClO_3$ (Krystalle [aus Bzl.]; F: 110—111°), beim Behandeln mit Bromwasserstoff in Essigsäure ist eine Verbindung $C_{18}H_{15}BrO_3$ (gelbliche Krystalle [aus Bzl.]; F: 177—178°) erhalten worden.

(±)-3-[4-Methoxy-phenyl]-2,3-dihydro-indeno[1,2-b]furan-4-on-oxim $C_{18}H_{15}NO_3$, Formel V.

B. Aus (±)-3-[4-Methoxy-phenyl]-2,3-dihydro-indeno[1,2-b]furan-4-on und Hydroxylamin (*Mustafa, Hilmy*, Soc. **1952** 1434).
Krystalle (aus A.); F: 163—164°.

10-Hydroxy-5,6-dihydro-benzo[c]xanthen-7-on $C_{17}H_{12}O_3$, Formel VI (R = H).

B. Beim Erhitzen von 1-Oxo-1,2,3,4-tetrahydro-[2]naphthoesäure-äthylester mit Resorcin auf 250° (*Pillon*, Bl. **1952** 324, 329).

Krystalle (aus wss. Py.); F: 338—339°. Absorptionsmaximum (A.): 325 nm.

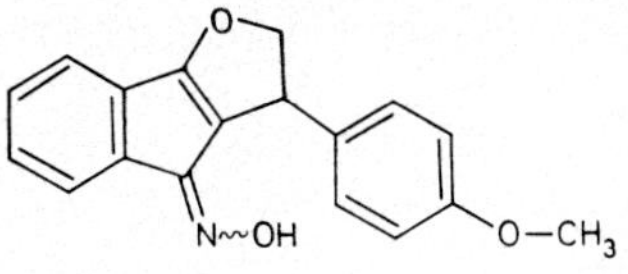

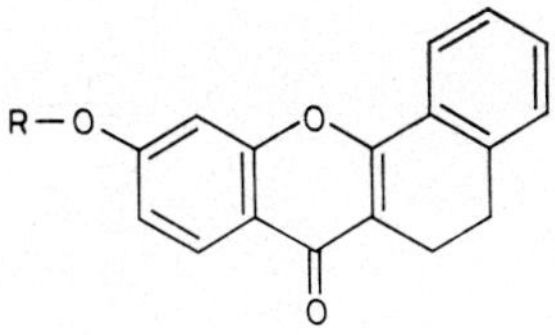

10-Acetoxy-5,6-dihydro-benzo[c]xanthen-7-on $C_{19}H_{14}O_4$, Formel VI (R = CO-CH$_3$).

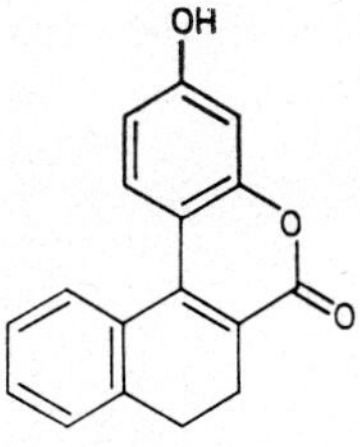

B. Aus 10-Hydroxy-5,6-dihydro-benzo[c]xanthen-7-on (*Pillon*, Bl. **1952** 324, 330).

Krystalle (aus A.); F: 177—178°.

3-Hydroxy-7,8-dihydro-naphtho[2,1-c]chromen-6-on, 1-[2,4-Dihydroxy-phenyl]-3,4-dihydro-[2]naphthoesäure-2-lacton $C_{17}H_{12}O_3$, Formel VII.

B. Beim Behandeln von 1-Oxo-1,2,3,4-tetrahydro-[2]naphthoesäure-äthylester mit Resorcin und konz. Schwefelsäure (*Pillon*, Bl. **1952** 324, 330).

Krystalle (aus Eg.); F: 283—284° (*Pi.*). Absorptionsmaxima (A.): 247 nm, 286 nm, 310 nm und 352 nm.

Über ein Präparat vom F: 264—266° (Krystalle [aus A.]), das beim Behandeln von 1-Oxo-1,2,3,4-tetrahydro-[2]naphthoesäure-äthylester mit Resorcin und Chlorwasserstoff in Äthanol erhalten worden ist, s. *Pascual, Vicente del Arco*, An. Soc. espan. [B] **47** [1951] 725.

Hydroxy-oxo-Verbindungen $C_{18}H_{14}O_3$

4-Acetoxy-3-benzyl-6-phenyl-pyran-2-on, 3-Acetoxy-2-benzyl-5c-hydroxy-5t-phenyl-penta-2c,4-diensäure-lacton $C_{20}H_{16}O_4$, Formel VIII.

B. Beim Erhitzen von 3-Benzyl-4-hydroxy-6-phenyl-pyran-2-on (E III/IV **17** 6484) mit Acetanhydrid (*Ziegler, Junek*, M. **89** [1958] 323, 327).

Krystalle (aus Cyclohexan); F: 122—123°.

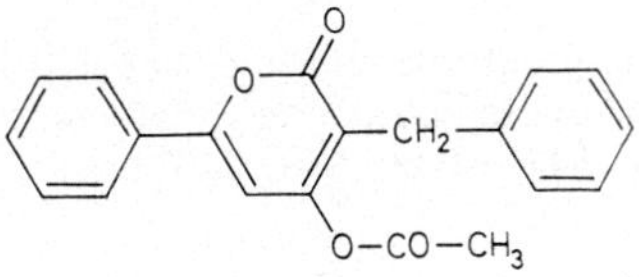

3-[(Ξ)-4-Methoxy-benzyliden]-6-phenyl-3,4-dihydro-thiopyran-2-on $C_{19}H_{16}O_2S$, Formel IX.

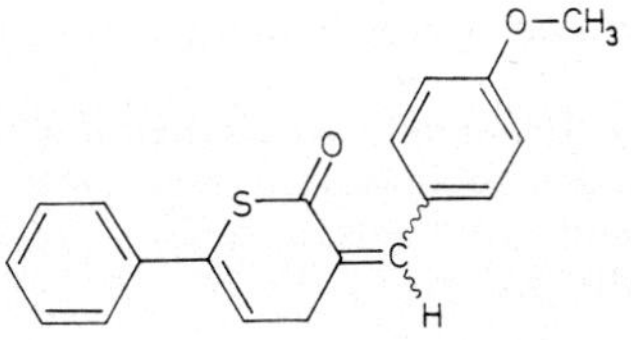

B. Beim Erwärmen von 6-Phenyl-3,4-dihydro-thiopyran-2-on mit 4-Methoxy-benzaldehyd und wenig Dimethylamin (*Schulze, Jantos*, Ar. **292** [1959] 221, 224).

Gelbe Krystalle (aus Me.); F: 103°.

(±)-6-[α-Hydroxy-benzyl]-3-phenyl-pyran-2-on, (±)-5,6-Dihydroxy-2,6-diphenyl-hexa-2c,4t-diensäure-5-lacton $C_{18}H_{14}O_3$, Formel X.

Diese Konstitution kommt vermutlich der nachstehend beschriebenen Verbindung zu (*Fuson et al.*, Am. Soc. **60** [1938] 2404, 2406).

B. Neben 6-Benzoyl-3-phenyl-tetrahydro-pyran-2-on (F: 142—143°) bei der Hydrierung von 6-Benzoyl-3-phenyl-pyran-2-on an Platin in 2-Methoxy-äthanol (*Fu. et al.*, l. c. S. 2409).
Krystalle (aus Bzl. oder wss. A.); F: 137—138°.
O-Acetyl-Derivat $C_{20}H_{16}O_4$ ((±)-6-[α-Acetoxy-benzyl]-3-phenyl-pyran-2-on). F: 102—103° (*Fu. et al.*, l. c. S. 2409).

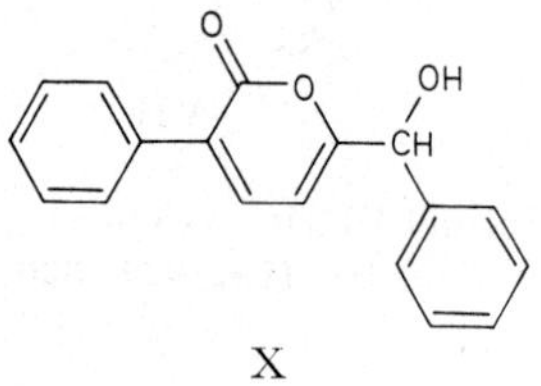

X 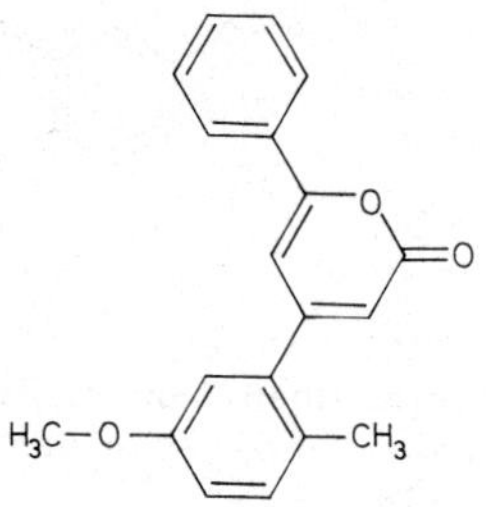   XI 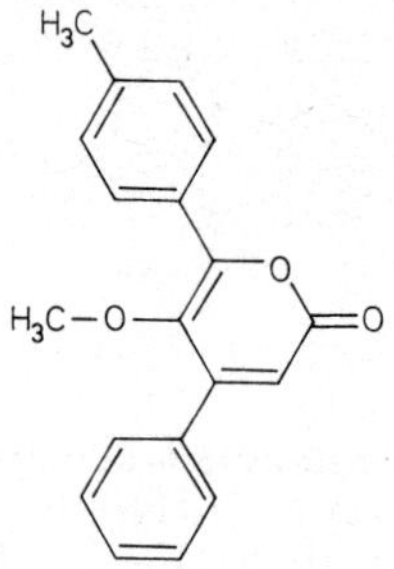   XII

4-[5-Methoxy-2-methyl-phenyl]-6-phenyl-pyran-2-on, 5*c*-Hydroxy-3-[5-methoxy-2-methyl-phenyl]-5*t*-phenyl-penta-2*c*,4-diensäure-lacton $C_{19}H_{16}O_3$, Formel XI.
B. Beim Erwärmen von 4(oder 2)-Benzoyl-3-[5-methoxy-2-methyl-phenyl]-*cis*-pentendisäure-anhydrid (F: 158°) mit wss. Salzsäure (*Gogte*, J. Univ. Bombay **9**, Tl. 3 [1940] 127, 136).
Krystalle (aus Me.); F: 126°.

5-Methoxy-4-phenyl-6-*p*-tolyl-pyran-2-on, 5*c*-Hydroxy-4-methoxy-3-phenyl-5*t*-*p*-tolyl-penta-2*c*,4-diensäure-lacton $C_{19}H_{16}O_3$, Formel XII.
B. Beim Behandeln von 2-Methoxy-1-*p*-tolyl-äthanon mit Phenylpropiolsäure-äthylester und Natriumäthylat in Äther (*El-Kholy et al.*, Soc. **1959** 2588, 2593).
Gelbe Krystalle (aus Me.); F: 142°.

5-Methoxy-4-phenyl-6-*p*-tolyl-pyran-2-thion $C_{19}H_{16}O_2S$, Formel I.
B. Beim Erwärmen von 5-Methoxy-4-phenyl-6-*p*-tolyl-pyran-2-on mit Phosphor(V)-sulfid in Benzol (*El-Kholy et al.*, Soc. **1959** 2588, 2593).
Orangefarbene Krystalle (aus Bzl. + Bzn.); F: 165°.

(±)-2-Methoxy-1,2-diphenyl-2-[2]thienyl-äthanon $C_{19}H_{16}O_2S$, Formel II (R = CH_3, X = H).
B. Beim Behandeln von Benzil mit [2]Thienylmagnesiumjodid in Äther und Eintragen des Reaktionsprodukts in eine mit äther. Diazomethan-Lösung überschichtete wss. Ammoniumchlorid-Lösung (*Steinkopf, Hanske*, A. **541** [1939] 238, 256).
Krystalle (aus Bzn.); F: 71—72°.

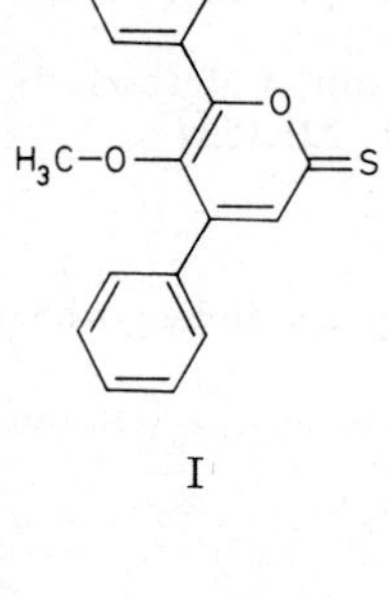

I 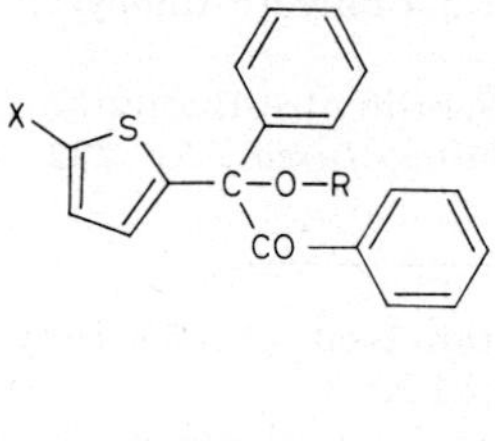   II 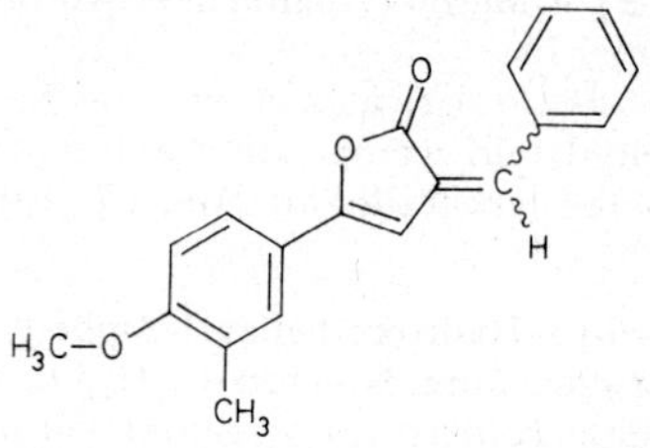   III

(±)-2-[5-Brom-[2]thienyl]-2-hydroxy-1,2-diphenyl-äthanon $C_{18}H_{13}BrO_2S$, Formel II (R = H, X = Br).

B. Beim Behandeln von 2,5-Dibrom-thiophen mit Magnesium und Äther und anschliessend mit Benzil (*Steinkopf, Hanske*, A. **541** [1939] 238, 259).

Krystalle (aus Bzn.); F: 99,5—100,5° [violette Schmelze].

3-[(*Ξ*)-Benzyliden]-5-[4-methoxy-3-methyl-phenyl]-3*H*-furan-2-on, 2-[(*Ξ*)-Benzyliden]-4*c*-hydroxy-4*t*-[4-methoxy-3-methyl-phenyl]-but-3-ensäure-lacton $C_{19}H_{16}O_3$, Formel III.

B. Beim Erwärmen von 5-[4-Methoxy-3-methyl-phenyl]-3*H*-furan-2-on mit Benzaldehyd und wenig Pyridin (*Shah, Phalnikar*, J. Univ. Bombay **13**, Tl. 3 A [1944] 22, 26).

Krystalle (aus Eg.); F: 168°.

3-[(*Ξ*)-Benzyliden]-5-[2-methoxy-5-methyl-phenyl]-3*H*-furan-2-on, 2-[(*Ξ*)-Benzyliden]-4*c*-hydroxy-4*t*-[2-methoxy-5-methyl-phenyl]-but-3-ensäure-lacton $C_{19}H_{16}O_3$, Formel IV.

B. Beim Erwärmen von 5-[2-Methoxy-5-methyl-phenyl]-3*H*-furan-2-on mit Benzaldehyd und wenig Pyridin (*Shah, Phalnikar*, J. Univ. Bombay **13**, Tl. 3 A [1944] 22, 26).

Krystalle (aus Eg.); F: 147°.

[4-Hydroxy-phenyl]-[5-*p*-tolyl-[2]thienyl]-keton $C_{18}H_{14}O_2S$, Formel V (R = H).

B. Bei kurzem Erhitzen von [4-Methoxy-phenyl]-[5-*p*-tolyl-[2]thienyl]-keton mit Pyridin-hydrochlorid auf 200° (*Buu-Hoi, Hoán*, R. **69** [1950] 1455, 1465).

Gelbe Krystalle (aus A. + Bzl.); F: 205°.

IV   V

[4-Methoxy-phenyl]-[5-*p*-tolyl-[2]thienyl]-keton $C_{19}H_{16}O_2S$, Formel V (R = CH_3).

B. Beim Behandeln von 2-*p*-Tolyl-thiophen mit 4-Methoxy-benzoylchlorid, Aluminiumchlorid und Schwefelkohlenstoff (*Buu-Hoi, Hoán*, R. **69** [1950] 1455, 1465).

Gelbliche Krystalle (aus A.); F: 160°.

[4-Allyloxy-phenyl]-[5-*p*-tolyl-[2]thienyl]-keton $C_{21}H_{18}O_2S$, Formel V (R = CH_2-CH=CH_2).

B. Beim Erwärmen von [4-Hydroxy-phenyl]-[5-*p*-tolyl-[2]thienyl]-keton mit Allylbromid und wss.-äthanol. Kalilauge (*Buu-Hoi, Hoán*, R. **69** [1950] 1455, 1465).

Krystalle (aus A.); F: 122°.

7-Hydroxy-3-methyl-2-*trans*-styryl-chromen-4-on $C_{18}H_{14}O_3$, Formel VI (R = H).

B. Beim Erhitzen von 1-[2,4-Dihydroxy-phenyl]-propan-1-on mit *trans*-Zimtsäureanhydrid und Kalium-*trans*-cinnamat auf 190° (*Cheema et al.*, Soc. **1932** 925, 927).

Krystalle (aus Eg.); F: 307°.

7-Methoxy-3-methyl-2-*trans*(?)-styryl-chromen-4-on $C_{19}H_{16}O_3$, vermutlich Formel VI (R = CH_3).

B. Beim Behandeln von 7-Methoxy-2,3-dimethyl-chromen-4-on mit Benzaldehyd und Natriumäthylat in Äthanol (*Chakravarti*, J. Indian chem. Soc. **8** [1931] 129, 133).

Krystalle (aus A.); F: 152°.

7-Acetoxy-3-methyl-2-*trans*-styryl-chromen-4-on $C_{20}H_{16}O_4$, Formel VI (R = CO-CH_3).

B. Aus 7-Hydroxy-3-methyl-2-*trans*-styryl-chromen-4-on (*Cheema et al.*, Soc. **1932**

925, 928).
Krystalle (aus A.); F: 159° [nach Sintern bei 152°].

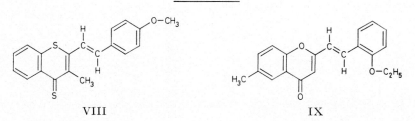

VI   VII

2-[4-Methoxy-*trans*(?)-styryl]-3-methyl-chromen-4-thion $C_{19}H_{16}O_2S$, vermutlich Formel VII.
B. Beim Behandeln von 2,3-Dimethyl-chromen-4-thion mit 4-Methoxy-benzaldehyd, Äthanol und wenig Piperidin (*Schönberg et al.*, Am. Soc. **76** [1954] 5115).
Krystalle (aus A.); F: 170°.

2-[4-Methoxy-*trans*(?)-styryl]-3-methyl-thiochromen-4-thion $C_{19}H_{16}OS_2$, vermutlich Formel VIII.
B. Beim Behandeln von 2,3-Dimethyl-thiochromen-4-thion mit 4-Methoxy-benz= aldehyd, Äthanol und wenig Piperidin (*Schönberg et al.*, Am. Soc. **76** [1954] 5115).
Krystalle (aus A.); F: 143°.

VIII   IX

2-[2-Äthoxy-*trans*(?)-styryl]-6-methyl-chromen-4-on $C_{20}H_{18}O_3$, vermutlich Formel IX.
B. Beim Behandeln von 2,6-Dimethyl-chromen-4-on mit 2-Äthoxy-benzaldehyd und Natriumäthylat in Äthanol (*Mustafa, Ali*, J. org. Chem. **21** [1956] 849).
Krystalle (aus A.); F: 125—126° [unkorr.].

2-[4-Methoxy-*trans*(?)-styryl]-6-methyl-chromen-4-on $C_{19}H_{16}O_3$, vermutlich Formel X.
B. Beim Behandeln von 2,6-Dimethyl-chromen-4-on mit 4-Methoxy-benzaldehyd und Natriumäthylat in Äthanol (*Mustafa, Ali*, J. org. Chem. **21** [1956] 849).
Krystalle (aus A.); F: 162—163°.

X   XI

2-[4-Methoxy-*trans*(?)-styryl]-7-methyl-chromen-4-on $C_{19}H_{16}O_3$, vermutlich Formel XI.
B. Beim Behandeln von 2,7-Dimethyl-chromen-4-on mit 4-Methoxy-benzaldehyd und Natriumäthylat in Äthanol (*Zaki, Azzam*, Soc. **1943** 434).
Gelbe Krystalle (aus PAe.); F: 150°.

4-[2-Methoxy-*trans*(?)-styryl]-6-methyl-cumarin $C_{19}H_{16}O_3$, vermutlich Formel I.

B. Beim Erhitzen von [6-Methyl-2-oxo-2*H*-chromen-4-yl]-essigsäure mit 2-Methoxybenzaldehyd, Pyridin und wenig Piperidin (*Mustafa et al.*, Am. Soc. **78** [1956] 4692). Gelbe Krystalle (aus Eg.); F: 194° [unkorr.] (*Mu. et al.*, Am. Soc. **78** 4693).

Bei mehrwöchiger Bestrahlung einer Lösung in Benzol mit Sonnenlicht ist eine Verbindung $C_{38}H_{32}O_6$ (Krystalle [aus CHCl$_3$ + Ae.]; F: 327°) erhalten worden (*Mustafa et al.*, J. org. Chem. **22** [1957] 888, 889).

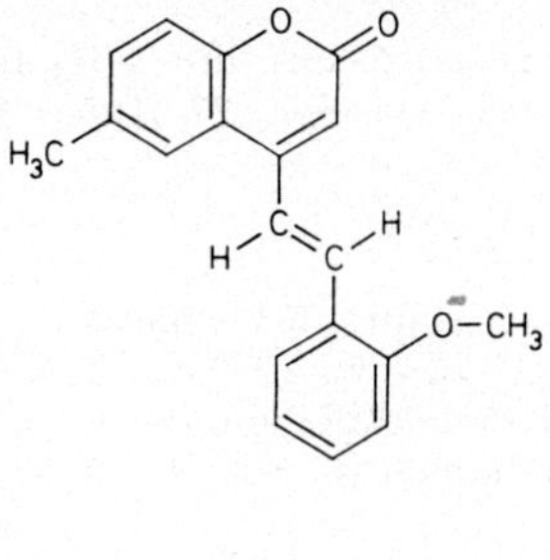

I 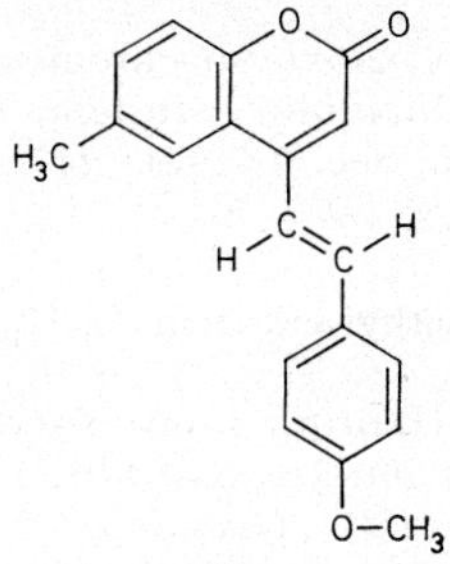   II 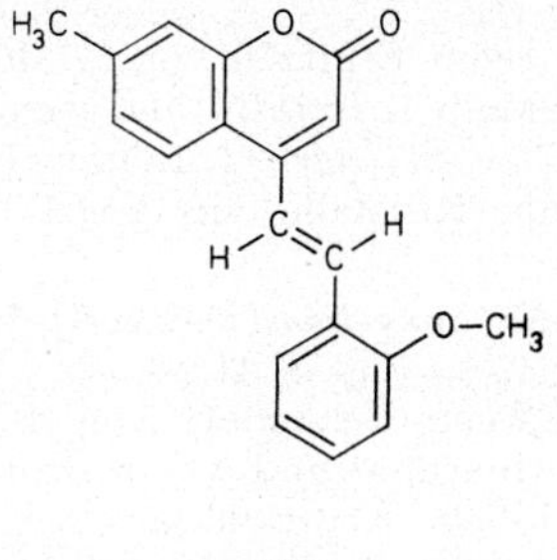   III

4-[4-Methoxy-*trans*(?)-styryl]-6-methyl-cumarin $C_{19}H_{16}O_3$, vermutlich Formel II.

B. Beim Erhitzen von [6-Methyl-2-oxo-2*H*-chromen-4-yl]-essigsäure mit 4-Methoxybenzaldehyd, Pyridin und wenig Piperidin (*Mustafa et al.*, Am. Soc. **78** [1956] 4692). Gelbe Krystalle (aus PAe.); F: 164° [unkorr.] (*Mu. et al.*, Am. Soc. **78** 4693).

Bei mehrwöchiger Bestrahlung einer Lösung in Benzol mit Sonnenlicht ist eine Verbindung $C_{38}H_{32}O_6$ (Krystalle [aus Eg.]; F: 328°) erhalten worden (*Mustafa et al.*, J. org. Chem. **22** [1957] 888, 889). Reaktion mit Thiophenol in Gegenwart von Piperidin unter Bildung von 4-[4-Methoxy-β-phenylmercapto-phenäthyl]-6-methyl-cumarin(?; F: 157°): *Mustafa et al.*, Am. Soc. **78** [1956] 5011, 5013, 5015.

4-[2-Methoxy-*trans*(?)-styryl]-7-methyl-cumarin $C_{19}H_{16}O_3$, vermutlich Formel III.

B. Beim Erhitzen von [7-Methyl-2-oxo-2*H*-chromen-4-yl]-essigsäure mit 2-Methoxybenzaldehyd, Pyridin und wenig Piperidin (*Mustafa et al.*, Am. Soc. **78** [1956] 4692).

Krystalle (aus Bzl. + PAe.); F: 145° [unkorr.].

4-[3-Hydroxy-*trans*(?)-styryl]-7-methyl-cumarin $C_{18}H_{14}O_3$, vermutlich Formel IV (R = H).

B. In kleiner Menge beim Erhitzen von [7-Methyl-2-oxo-2*H*-chromen-4-yl]-essigsäure mit 3-Hydroxy-benzaldehyd und wenig Piperidin (*Dey, Seshadri*, J. Indian chem. Soc. **8** [1931] 247).

Krystalle (aus Eg.); F: 207°.

4-[3-Methoxy-*trans*(?)-styryl]-7-methyl-cumarin $C_{19}H_{16}O_3$, vermutlich Formel IV (R = CH$_3$).

B. Aus 4-[3-Hydroxy-*trans*(?)-styryl]-7-methyl-cumarin [s. o.] (*Dey, Seshadri*, J. Indian chem. Soc. **8** [1931] 247).

Krystalle (aus A.); F: 146°.

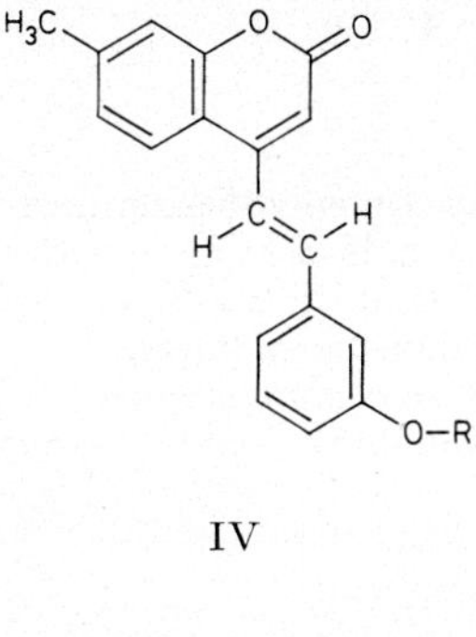

IV 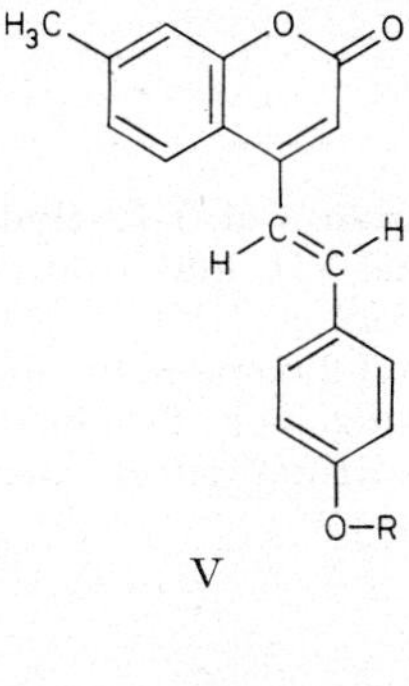   V 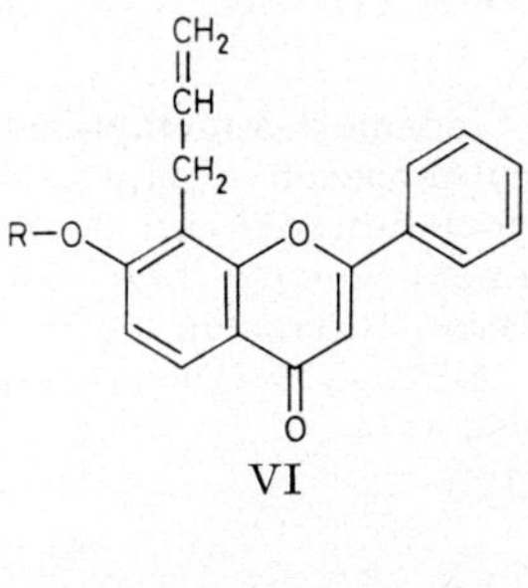   VI

4-[3-Acetoxy-*trans*(?)-styryl]-7-methyl-cumarin $C_{20}H_{16}O_4$, vermutlich Formel IV (R = CO-CH$_3$).
B. Beim Behandeln von 4-[3-Hydroxy-*trans*(?)-styryl]-7-methyl-cumarin (S. 803) mit Acetanhydrid und Pyridin (*Dey, Seshadri*, J. Indian chem. Soc. **8** [1931] 247).
Krystalle (aus Eg.); F: 159°.

4-[4-Hydroxy-*trans*(?)-styryl]-7-methyl-cumarin $C_{18}H_{14}O_3$, vermutlich Formel V (R = H).
B. Beim Erhitzen von [7-Methyl-2-oxo-2*H*-chromen-4-yl]-essigsäure mit 4-Hydroxy-benzaldehyd, Pyridin und wenig Piperidin (*Mustafa, Kamel*, Am. Soc. **77** [1955] 1828; s. a. *Dey, Seshadri*, J. Indian chem. Soc. **8** [1931] 247).
Gelbe Krystalle (aus A.); F: 218° (*Dey, Se.*).

4-[4-Methoxy-*trans*(?)-styryl]-7-methyl-cumarin $C_{19}H_{16}O_3$, vermutlich Formel V (R = CH$_3$) (vgl. E II 46).
B. Beim Behandeln von 4-[4-Hydroxy-*trans*(?)-styryl]-7-methyl-cumarin (s. o.) mit Dimethylsulfat und wss. Natronlauge (*Dey, Seshadri*, J. Indian chem. Soc. **8** [1931] 247).
Gelbliche Krystalle (aus A.); F: 180° (*Dey, Se.*).
Bei mehrwöchiger Bestrahlung einer Lösung in Benzol mit Sonnenlicht ist eine Verbindung $C_{38}H_{32}O_6$ (Krystalle [aus Toluol]; F: 217°) erhalten worden (*Mustafa et al.*, J. org. Chem. **22** [1957] 888, 889). Reaktion mit Thiophenol in Gegenwart von Piperidin unter Bildung von 4-[4-Methoxy-β-phenylmercapto-phenäthyl]-7-methyl-cumarin (?; F: 115°): *Mustafa et al.*, Am. Soc. **78** [1956] 5011, 5015.

4-[4-Acetoxy-*trans*(?)-styryl]-7-methyl-cumarin $C_{20}H_{16}O_4$, vermutlich Formel V (R = CO-CH$_3$).
B. Beim Behandeln von 4-[4-Hydroxy-*trans*(?)-styryl]-7-methyl-cumarin (s. o.) mit Acetanhydrid und Pyridin (*Dey, Seshadri*, J. Indian chem. Soc. **8** [1931] 247).
Krystalle (aus wss. Eg.); F: 209°.

8-Allyl-7-hydroxy-2-phenyl-chromen-4-on $C_{18}H_{14}O_3$, Formel VI (R = H).
B. Beim Erhitzen von 1-[3-Allyl-2,4-dihydroxy-phenyl]-äthanon mit Benzoesäure-anhydrid und Natriumbenzoat unter vermindertem Druck auf 190° und Erwärmen des Reaktionsprodukts mit Kaliumcarbonat und Äthanol (*Rangaswami, Seshadri*, Pr. Indian Acad. [A] **9** [1939] 1, 3). Beim Erhitzen von 7-Allyloxy-2-phenyl-chromen-4-on auf 210° (*Ra., Se.*).
Krystalle (aus A.); F: 245—246°.

8-Allyl-7-methoxy-2-phenyl-chromen-4-on $C_{19}H_{16}O_3$, Formel VI (R = CH$_3$).
B. Beim Erwärmen von 8-Allyl-7-hydroxy-2-phenyl-chromen-4-on mit Dimethylsulfat, Kaliumcarbonat und Aceton (*Murti et al.*, Pr. Indian Acad. [A] **27** [1948] 33, 35).
F: 149—150°.

8-Allyl-7-allyloxy-2-phenyl-chromen-4-on $C_{21}H_{18}O_3$, Formel VI (R = CH$_2$-CH=CH$_2$).
B. Beim Erwärmen von 8-Allyl-7-hydroxy-2-phenyl-chromen-4-on mit Allylbromid, Kaliumcarbonat und Aceton (*Rangaswami, Seshadri*, Pr. Indian Acad. [A] **9** [1939] 1, 3).
Krystalle (aus A.); F: 145—146°.

2-*trans*-Cinnamoyl-5-methyl-benzofuran-3-ol, 1-[3-Hydroxy-5-methyl-benzofuran-2-yl]-3*t*-phenyl-propenon $C_{18}H_{14}O_3$, Formel VII, und Tautomere (z. B. 2-*trans*-Cinnamoyl-5-methyl-benzofuran-3-on [Formel VIII]) (E I 333; dort als 3-Oxy-5-methyl-2-cinnamoyl-cumaron bzw. 5-Methyl-2-cinnamoyl-cumaranon bezeichnet).
B. Beim Behandeln einer Lösung von 2-Chlor-1-[2-*trans*-cinnamoyloxy-5-methyl-phenyl]-äthanon in Dioxan mit Natriumhydrid oder Kaliumhydroxid (*Philbin et al.*, Soc. **1954** 4174).
F: 119°.

7-trans(?)-Cinnamoyl-3-methyl-benzofuran-6-ol, 1-[6-Hydroxy-3-methyl-benzofuran-7-yl]-3t(?)-phenyl-propenon $C_{18}H_{14}O_3$, vermutlich Formel IX (R = X = H).

B. Neben kleineren Mengen 3-Methyl-7-phenyl-7,8-dihydro-furo[2,3-f]chromen beim Behandeln von 1-[6-Hydroxy-3-methyl-benzofuran-7-yl]-äthanon mit Benzaldehyd und wss.-äthanol. Natronlauge (Limaye, Marathe, Rasayanam **2** [1950] 9, 11).

Rote Krystalle (aus A.); F: 140°.

6-Benzoyloxy-7-trans(?)-cinnamoyl-3-methyl-benzofuran, 1-[6-Benzoyloxy-3-methyl-benzofuran-7-yl]-3t(?)-phenyl-propenon $C_{25}H_{18}O_4$, vermutlich Formel IX (R = CO-C$_6$H$_5$, X = H).

B. Aus 1-[6-Hydroxy-3-methyl-benzofuran-7-yl]-3t(?)-phenyl-propenon [s. o.] (Limaye, Marathe, Rasayanam **2** [1950] 9, 11).

F: 160°.

2-Brom-7-trans(?)-cinnamoyl-3-methyl-benzofuran-6-ol, 1-[2-Brom-6-hydroxy-3-methyl-benzofuran-7-yl]-3t(?)-phenyl-propenon $C_{18}H_{13}BrO_3$, vermutlich Formel IX (R = H, X = Br).

B. Beim Behandeln von 1-[2-Brom-6-hydroxy-3-methyl-benzofuran-7-yl]-äthanon mit Benzaldehyd und wss.-äthanol. Natronlauge sowie beim Behandeln von 1-[6-Acetoxy-2-brom-3-methyl-benzofuran-7-yl]-3t(?)-phenyl-propenon (s. u.) mit äthanol. Natronlauge (Limaye, Marathe, Rasayanam **2** [1950] 9, 11, 12).

Rote Krystalle (aus Eg.); F: 145°.

6-Acetoxy-2-brom-7-trans(?)-cinnamoyl-3-methyl-benzofuran, 1-[6-Acetoxy-2-brom-3-methyl-benzofuran-7-yl]-3t(?)-phenyl-propenon $C_{20}H_{15}BrO_4$, vermutlich Formel IX (R = CO-CH$_3$, X = Br).

B. Beim Behandeln von 1-[6-Acetoxy-3-methyl-benzofuran-7-yl]-3t(?)-phenyl-propenon (aus 1-[6-Hydroxy-3-methyl-benzofuran-7-yl]-3t(?)-phenyl-propenon [s. o.] hergestellt) mit Brom in Essigsäure (Limaye, Marathe, Rasayanam **2** [1950] 9, 11, 12). Aus 1-[2-Brom-6-hydroxy-3-methyl-benzofuran-7-yl]-3t(?)-phenyl-propenon [s. o.] (Li., Ma.).

Krystalle (aus A.); F: 103°.

2-[4-Methoxy-phenyl]-7,8-dihydro-6H-cyclopenta[g]chromen-4-on $C_{19}H_{16}O_3$, Formel X.

B. Beim Erwärmen von 1-[6-Hydroxy-indan-5-yl]-3-[4-methoxy-phenyl]-propan-1,3-dion mit Chlorwasserstoff enthaltender Essigsäure (O'Farrell et al., Soc. **1955** 3986, 3989). Beim Erhitzen von 1-[6-(4-Methoxy-benzoyloxy)-indan-5-yl]-äthanon mit Glycerin auf 250° (O'Fa. et al.).

Krystalle (aus A.); F: 198—199°.

3-[4-Methoxy-phenyl]-8,9-dihydro-7H-cyclopenta[f]chromen-1-on $C_{19}H_{16}O_3$, Formel XI.

B. Beim Erwärmen von 1-[5-Hydroxy-indan-4-yl]-3-[4-methoxy-phenyl]-propan-1,3-dion mit Chlorwasserstoff enthaltender Essigsäure (*O'Farrell et al.*, Soc. **1955** 3986, 3989).

Krystalle (aus wss. Eg.); F: 176—177°.

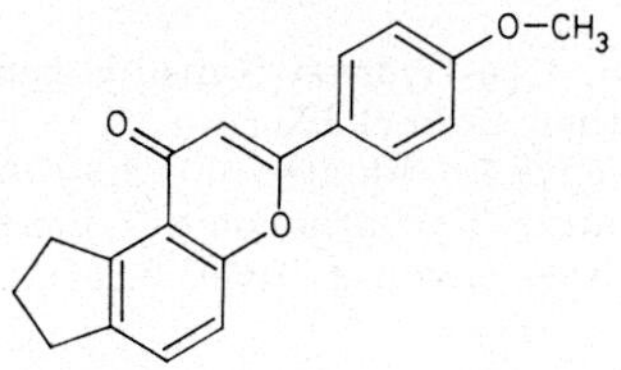

XI 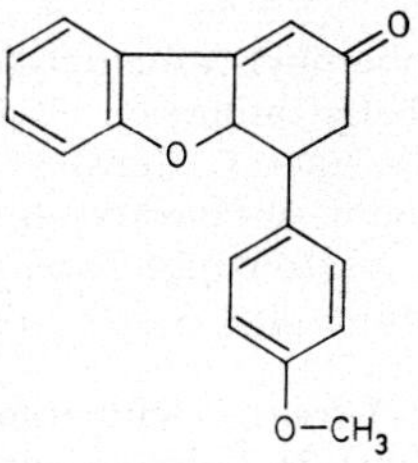   XII

*Opt.-inakt. 4-[4-Methoxy-phenyl]-4,4a-dihydro-3H-dibenzofuran-2-on $C_{19}H_{16}O_3$, Formel XII.

B. Beim Erhitzen von opt.-inakt. 4-[4-Methoxy-phenyl]-2-oxo-2,3,4,4a-tetrahydro-dibenzofuran-3-carbonsäure-äthylester (F: 159°) mit wss. Salzsäure auf 160° (*Panse et al.*, J. Indian chem. Soc. **18** [1941] 453, 455).

Krystalle (aus A.); F: 152°.

Hydroxy-oxo-Verbindungen $C_{19}H_{16}O_3$

(±)-2-Hydroxy-2-[5-methyl-[2]thienyl]-1,2-diphenyl-äthanon $C_{19}H_{16}O_2S$, Formel I.

B. Beim Behandeln von Benzil mit 5-Methyl-[2]thienylmagnesiumjodid in Äther (*Steinkopf, Hanske*, A. **541** [1939] 238, 259).

Krystalle (aus Bzn.); F: 78—79°.

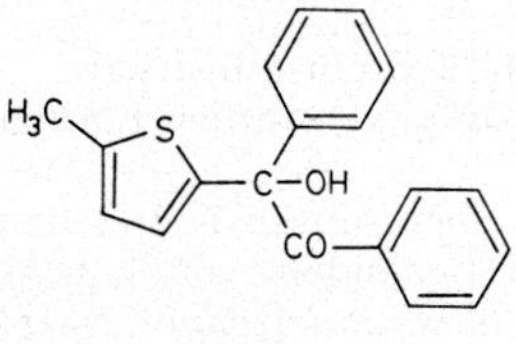

I 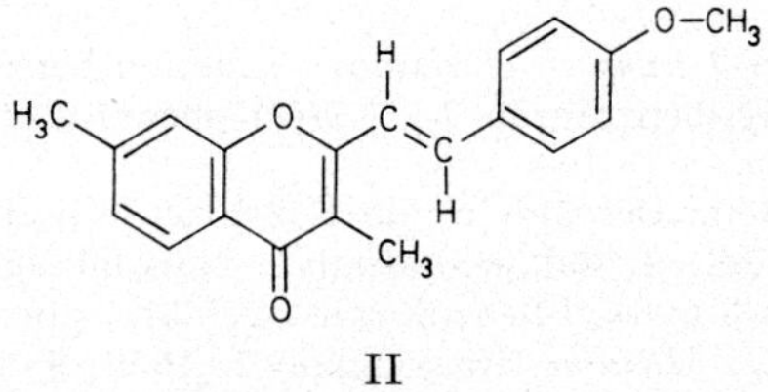   II

2-[4-Methoxy-*trans*(?)-styryl]-3,7-dimethyl-chromen-4-on $C_{20}H_{18}O_3$, vermutlich Formel II.

B. Beim Behandeln von 2,3,7-Trimethyl-chromen-4-on mit 4-Methoxy-benzaldehyd und Natriumäthylat in Äthanol (*Zaki, Azzam*, Soc. **1943** 434).

Gelbe Krystalle (aus A.); F: 123°.

2-[4-Methoxy-*trans*(?)-styryl]-5,8-dimethyl-chromen-4-on $C_{20}H_{18}O_3$, vermutlich Formel III.

B. Beim Erwärmen von 2,5,8-Trimethyl-chromen-4-on mit 4-Methoxy-benzaldehyd und Natriumäthylat in Äthanol (*Schmutz et al.*, Helv. **34** [1951] 767, 774).

Gelbe Krystalle (aus A.); F: 251—252°.

8-Allyl-7-hydroxy-2-methyl-3-phenyl-chromen-4-on $C_{19}H_{16}O_3$, Formel IV (R = H).

B. Beim Erhitzen von 7-Allyloxy-2-methyl-3-phenyl-chromen-4-on unter vermindertem Druck auf 230° (*Murti et al.*, Pr. Indian Acad. [A] **27** [1948] 33, 35).

Krystalle (aus A. + Eg.); F: 256—258°.

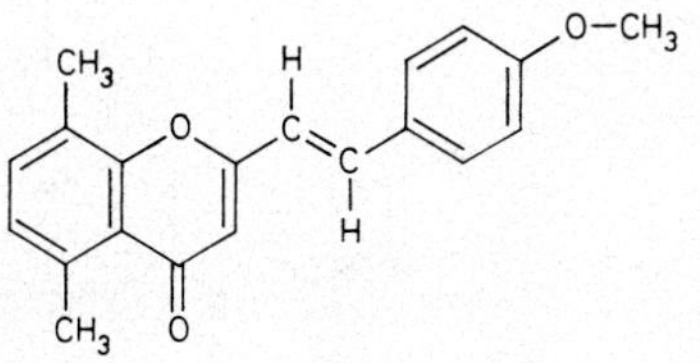

III 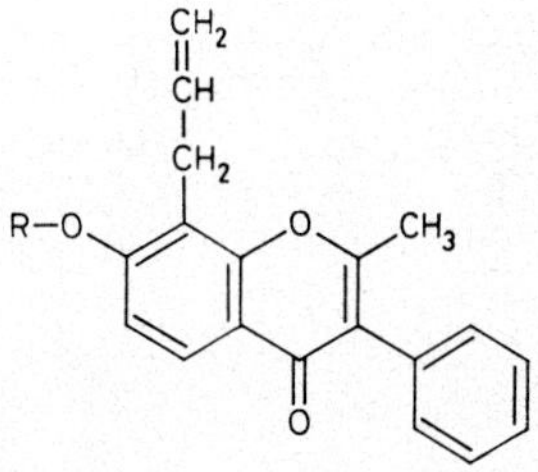 IV

8-Allyl-7-methoxy-2-methyl-3-phenyl-chromen-4-on $C_{20}H_{18}O_3$, Formel IV (R = CH_3).

B. Beim Erwärmen von 8-Allyl-7-hydroxy-2-methyl-3-phenyl-chromen-4-on mit Di≠ methylsulfat, Kaliumcarbonat und Aceton (*Murti et al.*, Pr. Indian Acad. [A] **27** [1948] 33, 35).

Krystalle (aus wss. A.); F: 144—145°.

(±)-1-Oxo-3-phenyl-1,2,3,4-tetrahydro-xanthylium $[C_{19}H_{15}O_2]^+$, Formel V.

Chlorid $[C_{19}H_{15}O_2]Cl$. *B.* Beim Behandeln einer Lösung von Salicylaldehyd und 5-Phenyl-cyclohexan-1,3-dion in Äthanol mit Chlorwasserstoff (*Desai, Wali,* J. Indian chem. Soc. **13** [1936] 735, 737). — Rote Krystalle, die unterhalb 360° nicht schmelzen. — Beim Behandeln mit Natriumacetat in Äthanol ist eine wahrscheinlich als **4a-Hydr≠ oxy-3-phenyl-2,3,4,4a-tetrahydro-xanthen-1-on** (Formel VI) zu formulierende Verbindung $C_{19}H_{16}O_3$ (unterhalb 360° nicht schmelzend) erhalten worden.

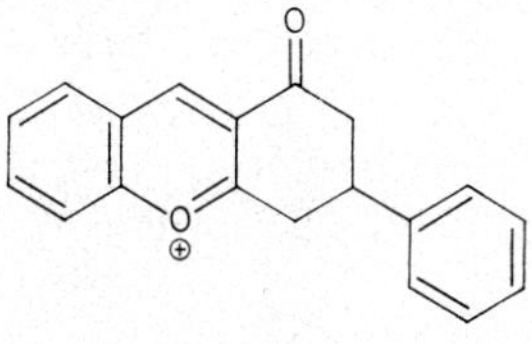

V 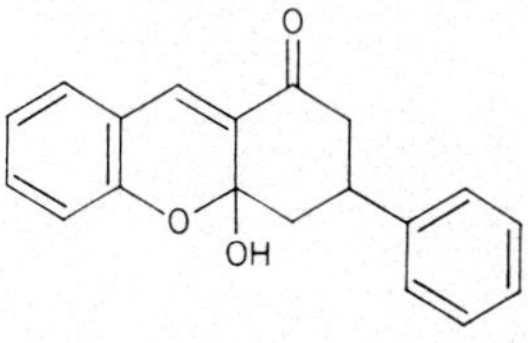 VI

Hydroxy-oxo-Verbindungen $C_{20}H_{18}O_3$

6-*trans*-Cinnamoyl-2,2-dimethyl-2*H*-chromen-5-ol, 1-[5-Hydroxy-2,2-dimethyl-2*H*-chromen-6-yl]-3*t*-phenyl-propenon, Lonchocarpin $C_{20}H_{18}O_3$, Formel VII.

Konstitution: *Baudrenghien et al.*, Bl. Acad. Belgique [5] **39** [1953] 105. Bezüglich der Konfiguration vgl. *Lupi et al.*, Farmaco Ed. scient. **30** [1975] 449.

Isolierung aus Samen und Wurzeln von Lonchocarpus sericeus: *Baudrenghien et al.*, Bl. Soc. Sci. Liège **18** [1949] 52.

B. Beim Behandeln von 1-[5-Hydroxy-2,2-dimethyl-2*H*-chromen-6-yl]-äthanon mit Benzaldehyd und wss.-methanol. Kalilauge unter Stickstoff (*Nickl,* B. **91** [1958] 1372, 1375).

Gelbe Krystalle; F: 110° [aus PAe. oder Me.] (*Ni.*), 108° [aus Me.] (*Ba. et al.*, Bl. Soc. Sci. Liège **18** 52). Bei 100—110°/0,2 Torr sublimierbar (*Ni.*). IR-Spektrum (Paraffin; 3—8 μ): *Ba. et al.*, Bl. Acad. Belgique [5] **39** 120. Absorptionsmaxima (Me.): 229 nm, 300 nm und 350 nm (*Jadot,* zit. bei *Ni.*, l. c. S. 1376) bzw. 228 nm, 298 nm und 350 nm (*Ba. et al.*, Bl. Acad. Belgique [5] **39** 117, 118).

1-[5-Hydroxy-2,2-dimethyl-2*H*-chromen-6-yl]-3*t*-phenyl-propenon-hydrazon $C_{20}H_{20}N_2O_2$, Formel VIII.

B. Aus Lonchocarpin (s. o.) und Hydrazin (*Baudrenghien et al.*, Bl. Soc. Sci. Liège **18** [1949] 52, 54).

F: 126° [Zers.].

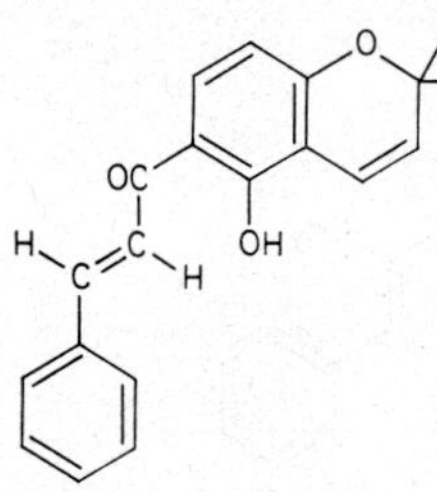

VII 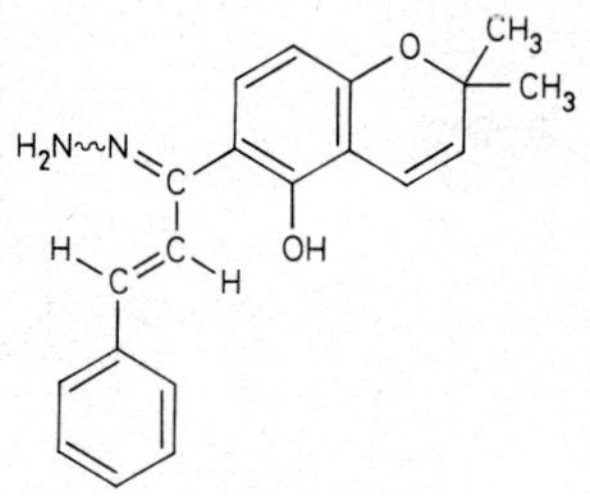   VIII 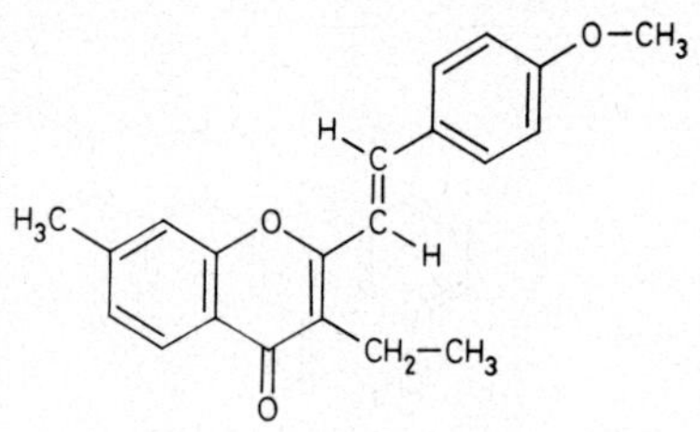   IX

3-Äthyl-2-[4-methoxy-*trans*(?)-styryl]-7-methyl-chromen-4-on $C_{21}H_{20}O_3$, vermutlich Formel IX.

B. Beim Behandeln von 3-Äthyl-2,7-dimethyl-chromen-4-on mit 4-Methoxy-benzaldehyd und Natriumäthylat in Äthanol (*Zaki, Azzam,* Soc. **1943** 434).

Gelbe Krystalle (aus Eg.); F: 114°.

Hydroxy-oxo-Verbindungen $C_{21}H_{20}O_3$

1-[2]Furyl-3-hydroxy-2,2-dimethyl-3,3-diphenyl-propan-1-on $C_{21}H_{20}O_3$, Formel X.

B. Aus 3-[2]Furyl-2,2-dimethyl-3-oxo-propionsäure-äthylester und Phenylmagnesiumbromid (*Mironesco, Joanid,* Bulet. Soc. Chim. România **17** [1935] 107, 129; C. **1935** II 3653).

Kp$_{12}$: 181°.

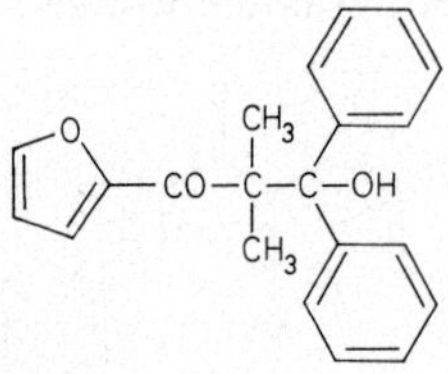

X 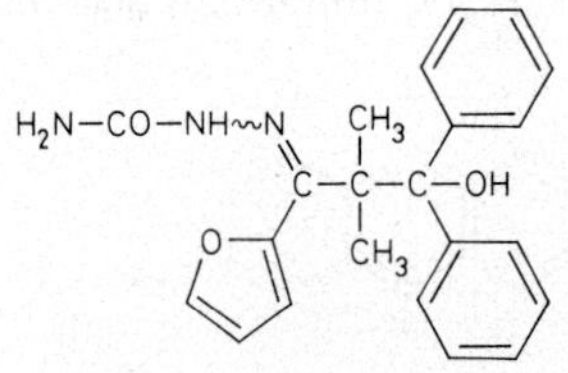   XI

1-[2]Furyl-3-hydroxy-2,2-dimethyl-3,3-diphenyl-propan-1-on-semicarbazon $C_{22}H_{23}N_3O_3$, Formel XI.

B. Aus 1-[2]Furyl-3-hydroxy-2,2-dimethyl-3,3-diphenyl-propan-1-on und Semicarbazid (*Mironesco, Joanid,* Bulet. Soc. Chim. România **17** [1935] 107, 129; C. **1935** II 3653).

F: 125°.

Hydroxy-oxo-Verbindungen $C_{22}H_{22}O_3$

4-[α,α'-Diäthyl-4'-hydroxy-*trans*(?)-stilben-4-yl]-5*H*-furan-2-on $C_{22}H_{22}O_3$, vermutlich Formel I (R = H).

B. Beim Erwärmen von 4-Acetoxy-4'-acetoxyacetyl-α,α'-diäthyl-*trans*(?)-stilben (aus 4'-Acetoxy-α,α'-diäthyl-*trans*(?)-stilben-4-carbonsäure [F: ca. 182—183°] hergestellt) mit Bromessigsäure-äthylester, Zink und Benzol und Erhitzen des Reaktionsprodukts mit wss. Salzsäure (*Campbell, Hunt,* Soc. **1951** 956, 957).

Gelbliche Krystalle (aus Methylacetat + Cyclohexan); F: 171—172°.

4-[α,α'-Diäthyl-4'-methoxy-*trans*(?)-stilben-4-yl]-5*H*-furan-2-on, 3-[α,α'-Diäthyl-4'-methoxy-*trans*(?)-stilben-4-yl]-4-hydroxy-*cis*-crotonsäure-lacton $C_{23}H_{24}O_3$, vermutlich Formel I (R = CH$_3$).

B. Aus 4-Acetoxyacetyl-α,α'-diäthyl-4'-methoxy-*trans*(?)-stilben (F: 96°) analog der im vorangehenden Artikel beschriebenen Verbindung (*Campbell, Hunt,* Soc. **1951** 956, 958). Beim Behandeln einer Lösung der im vorangehenden Artikel beschriebenen Verbindung in Dioxan mit Dimethylsulfat und wss. Natronlauge (*Ca., Hunt*).

Krystalle (aus Methylacetat + PAe. oder aus Bzl. + Cyclohexan); F: 164°.

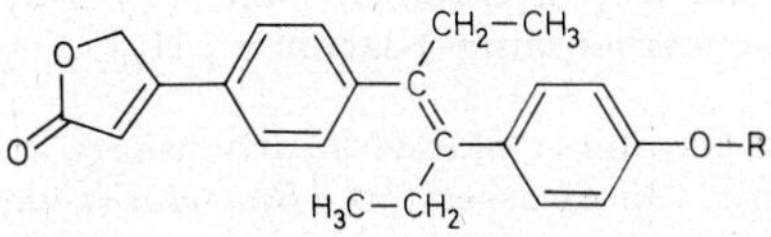

I 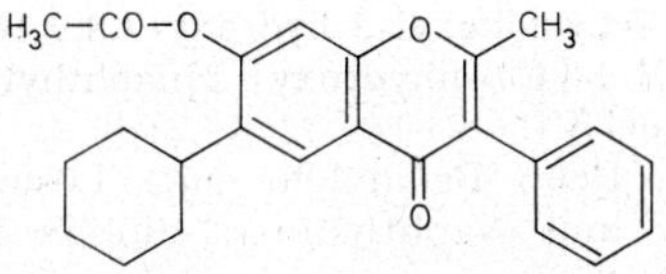   II

7-Acetoxy-6-cyclohexyl-2-methyl-3-phenyl-chromen-4-on $C_{24}H_{24}O_4$, Formel II.

B. Beim Erhitzen von 5-Cyclohexyl-2,4-dihydroxy-desoxybenzoin mit Acetanhydrid und Natriumacetat auf 180° (*Libermann, Moyeux*, Bl. **1956** 166, 168).
Krystalle (aus A.); F: 131—132°.

Hydroxy-oxo-Verbindungen $C_{23}H_{24}O_3$

3t(?)-[2-Äthyl-benzofuran-3-yl]-1-[5-isopropyl-4-methoxy-2-methyl-phenyl]-propenon $C_{24}H_{26}O_3$, vermutlich Formel III.

B. Beim Behandeln von 1-[5-Isopropyl-4-methoxy-2-methyl-phenyl]-äthanon mit 2-Äthyl-benzofuran-3-carbaldehyd und wenig Natriumäthylat in Äthanol (*Bisagni, Royer*, Bl. **1959** 521, 526).
Gelbe Krystalle (aus A.); F: 109°.

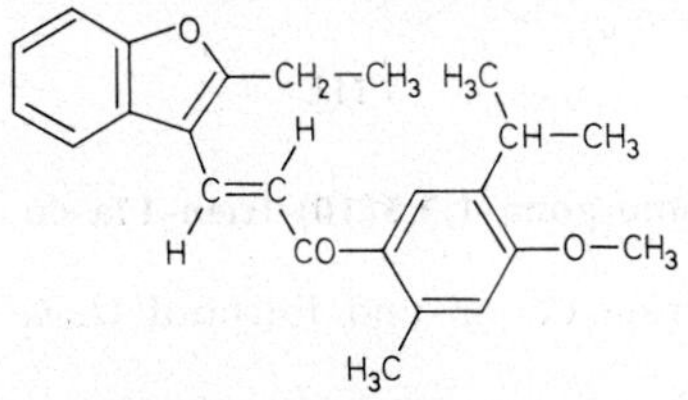

III 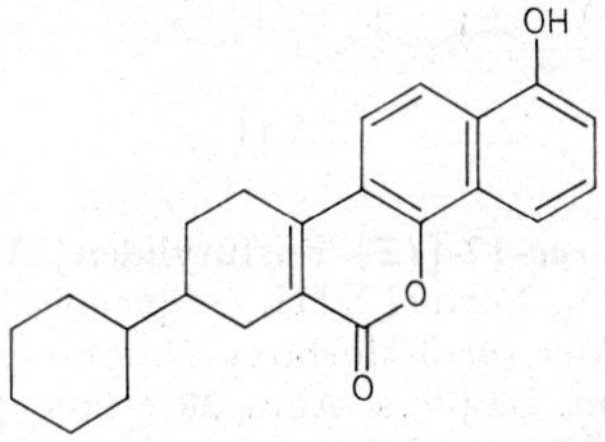   IV

(±)-8-Cyclohexyl-1-hydroxy-7,8,9,10-tetrahydro-dibenzo[c,h]chromen-6-on, (±)-5-Cyclohexyl-2-[1,5-dihydroxy-[2]naphthyl]-cyclohex-1-encarbonsäure-1-lacton $C_{23}H_{24}O_3$, Formel IV.

B. Beim Behandeln einer Lösung von (±)-4-Oxo-bicyclohexyl-3-carbonsäure-äthylester und Naphthalin-1,5-diol in Essigsäure mit Chlorwasserstoff (*Buu-Hoi et al.*, Bl. **1957** 1270).
Krystalle (aus Butan-1-ol); F: 293°.

(±)-8-Cyclohexyl-2-hydroxy-7,8,9,10-tetrahydro-dibenzo[c,h]chromen-6-on, (±)-5-Cyclohexyl-2-[1,6-dihydroxy-[2]naphthyl]-cyclohex-1-encarbonsäure-1-lacton $C_{23}H_{24}O_3$, Formel V.

B. Beim Behandeln einer Lösung von (±)-4-Oxo-bicyclohexyl-3-carbonsäure-äthylester und Naphthalin-1,6-diol in Essigsäure mit Chlorwasserstoff (*Buu-Hoi et al.*, Bl. **1957** 1270).
Krystalle (aus Bzl.); F: 298°.

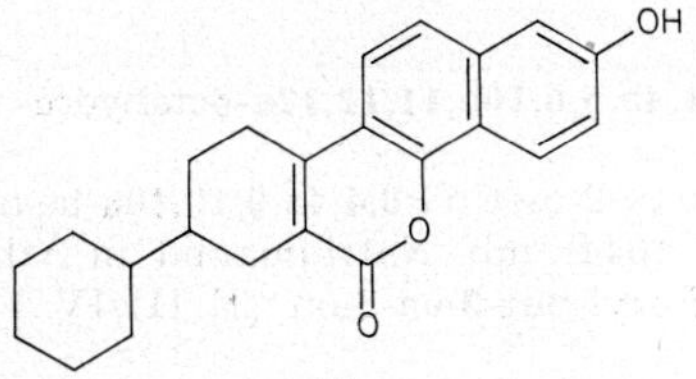

V 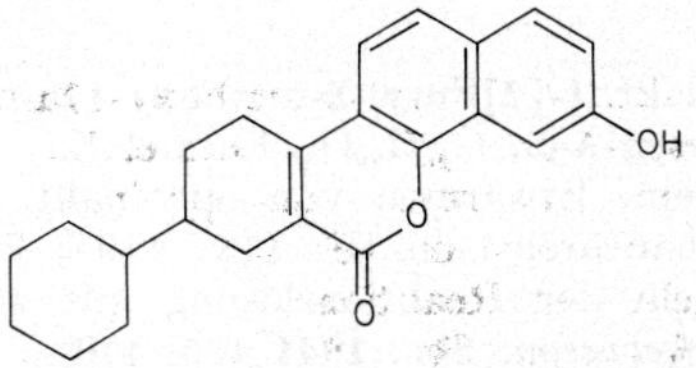   VI

(±)-8-Cyclohexyl-3-hydroxy-7,8,9,10-tetrahydro-dibenzo[c,h]chromen-6-on, (±)-5-Cyclohexyl-2-[1,7-dihydroxy-[2]naphthyl]-cyclohex-1-encarbonsäure-1-lacton $C_{23}H_{24}O_3$, Formel VI.

B. Beim Behandeln einer Lösung von (±)-4-Oxo-bicyclohexyl-3-carbonsäure-äthylester und Naphthalin-1,7-diol in Essigsäure mit Chlorwasserstoff (*Buu-Hoi et al.*, Bl. **1957** 1270).

Krystalle (aus Butan-1-ol); F: 310°.

2-Furfuryliden-8-methoxy-3,4,4a,4b,5,6,10b,11,12,12a-decahydro-2H-chrysen-1-on $C_{24}H_{26}O_3$.

a) *rac*-17-[(*Ξ*)-Furfuryliden]-3-methoxy-*D*-homo-8α-gona-1,3,5(10)-trien-17a-on $C_{24}H_{26}O_3$, Formel VII + Spiegelbild.

B. Beim Behandeln von *rac*-3-Methoxy-*D*-homo-8α-gona-1,3,5(10)-trien-17a-on mit Furfural und wss.-methanol. Natronlauge (*Johnson et al.*, Am. Soc. **80** [1958] 661, 677).

Krystalle (aus Bzl.); F: 192—194° [korr.]. Absorptionsmaximum (A.): 326,7 nm.

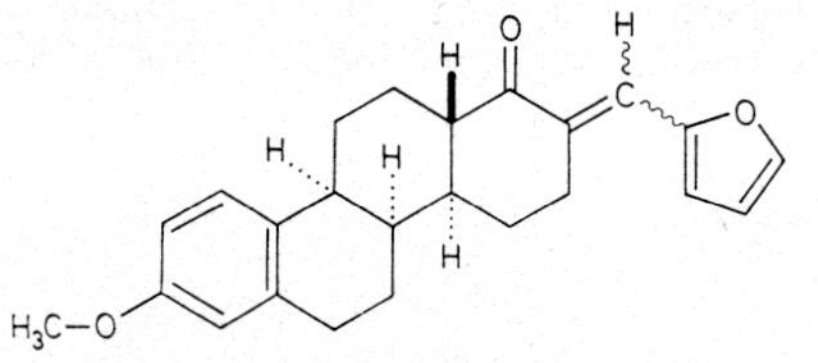

VII

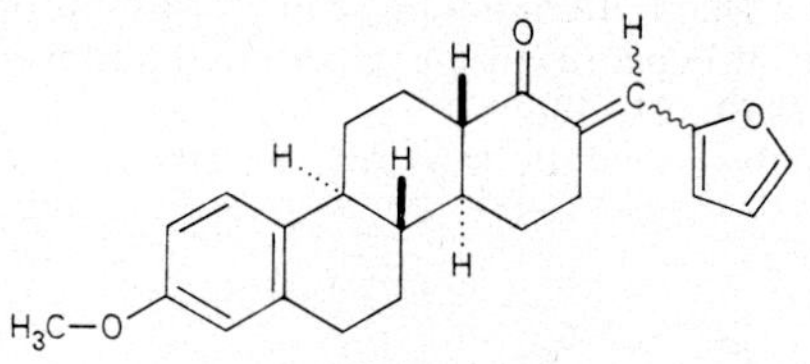

VIII

b) *rac*-17-[(*Ξ*)-Furfuryliden]-3-methoxy-*D*-homo-gona-1,3,5(10)-trien-17a-on $C_{24}H_{26}O_3$, Formel VIII + Spiegelbild.

B. Aus *rac*-3-Methoxy-*D*-homo-gona-1,3,5(10)-trien-17a-on und Furfural (*Loke et al.*, Biochim. biophys. Acta **28** [1958] 214).

F: 170—172° [korr.].

c) *rac*-17-[(*Ξ*)-Furfuryliden]-3-methoxy-*D*-homo-9β-gona-1,3,5(10)-trien-17a-on $C_{24}H_{26}O_3$, Formel IX + Spiegelbild.

B. Beim Behandeln von *rac*-3-Methoxy-*D*-homo-9β-gona-1,3,5(10)-trien-17a-on mit Furfural und wss.-methanol. Natronlauge (*Cameron*, zit. bei *Johnson et al.*, Am. Soc. **80** [1958] 661, 678).

Krystalle (aus Butan-1-ol), F: 180,8—181,6° [korr.]; über eine Modifikation vom F: 191—192° [korr.] s. *Ca.* Absorptionsmaximum (A.): 324 nm.

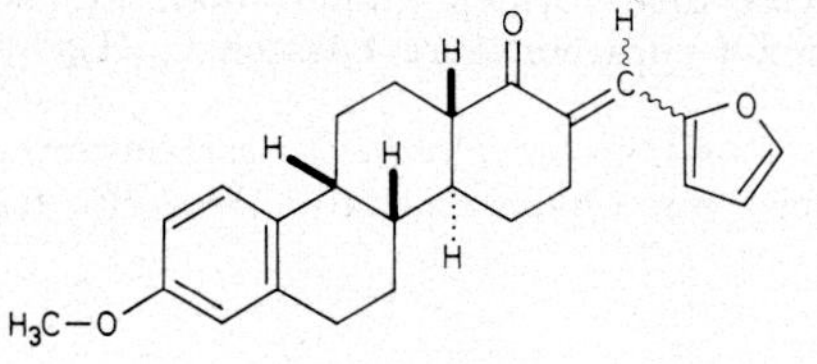

IX

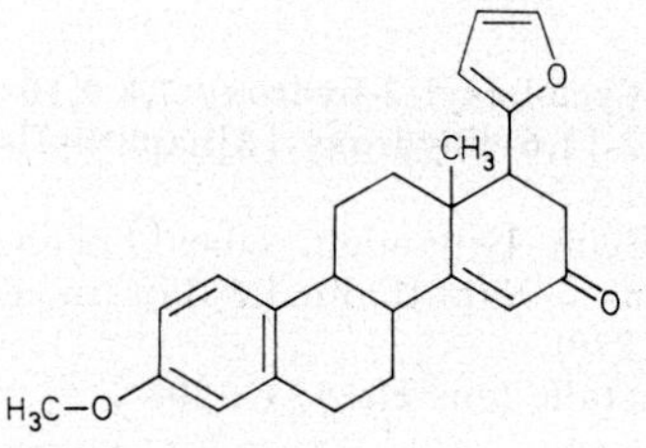

X

*Opt.-inakt. 1-[2]Furyl-8-methoxy-12a-methyl-1,4b,5,6,10b,11,12,12a-octahydro-2H-chrysen-3-on $C_{24}H_{26}O_3$, Formel X.

B. Beim Erwärmen von opt.-inakt. 7-Methoxy-2-methyl-3,4,4a,9,10,10a-hexahydro-2H-phenanthren-1-on (F: 118—119°; E III **8** 1044) mit Natriumamid in Äther und Behandeln der Reaktionslösung mit 4t(?)-[2]Furyl-but-3-en-2-on [E III/IV **17** 4714] (*King, Robinson*, Soc. **1941** 465, 470).

Krystalle (aus Me.); F: 172°.

Hydroxy-oxo-Verbindungen $C_{24}H_{26}O_3$

2-Furfuryliden-8-methoxy-12a-methyl-3,4,4a,4b,5,6,10b,11,12,12a-decahydro-2H-chrysen-1-on $C_{25}H_{28}O_3$.

a) *rac*-17-[(Ξ)-Furfuryliden]-3-methoxy-*D*-homo-8α,13α-östra-1,3,5(10)-trien-17a-on $C_{25}H_{28}O_3$, Formel XI + Spiegelbild.

B. Neben kleinen Mengen des unter b) beschriebenen Stereoisomeren beim Behandeln von *rac*-17-[(Ξ)-Furfuryliden]-3-methoxy-*D*-homo-8α-gona-1,3,5(10)-trien-17a-on (S. 810) mit Methyljodid, Benzol und Kalium-*tert*-butylat in *tert*-Butylalkohol (*Johnson et al.*, Am. Soc. **80** [1958] 661, 677).

Krystalle (aus A.); F: 166—167,5° [korr.]. Absorptionsmaximum (A.): 326,2 nm.

b) *rac*-17-[(Ξ)-Furfuryliden]-3-methoxy-*D*-homo-8α-östra-1,3,5(10)-trien-17a-on $C_{25}H_{28}O_3$, Formel XII + Spiegelbild.

B. Beim Behandeln von *rac*-3-Methoxy-*D*-homo-8α-östra-1,3,5(10)-trien-17a-on mit Furfural und methanol. Natronlauge (*Leonow et al.*, Doklady Akad. S.S.S.R. **138** [1961] 384; Pr. Acad. Sci. U.S.S.R. Chem. Sect. **136—141** [1961] 489). Über eine weitere Bildungsweise s. bei dem unter a) beschriebenen Stereoisomeren.

Krystalle (aus A.), F: 167—167,5° und F: 140—141° (*Le. et al.*); Krystalle (aus A.), F: 149—150,6° [korr.] (*Johnson et al.*, Am. Soc. **80** [1958] 661, 677). Absorptionsmaximum (A.): **321,9** nm (*Jo. et al.*), **323** nm (*Le. et al.*). [*Henseleit*]

Hydroxy-oxo-Verbindungen $C_nH_{2n-24}O_3$

Hydroxy-oxo-Verbindungen $C_{17}H_{10}O_3$

1-Hydroxy-benzo[*b*]xanthen-12-on $C_{17}H_{10}O_3$, Formel I (R = H).

B. Beim Erhitzen von 3-Hydroxy-[2]naphthoesäure mit Resorcin und Zinkchlorid auf 230° (*Mustafa, Hishmat*, Am. Soc. **79** [1957] 2225, 2227).

Gelbe Krystalle (aus Acn.); F: 307°.

1-Benzoyloxy-benzo[*b*]xanthen-12-on $C_{24}H_{14}O_4$, Formel I (R = CO-C_6H_5).

B. Beim Erwärmen von 1-Hydroxy-benzo[*b*]xanthen-12-on mit Benzoylchlorid und Pyridin (*Mustafa, Hishmat*, Am. Soc. **79** [1957] 2225, 2228).

Krystalle (aus A. + $CHCl_3$); F: 203° [unkorr.].

1-Benzolsulfonyloxy-benzo[*b*]xanthen-12-on $C_{23}H_{14}O_5S$, Formel I (R = SO_2-C_6H_5).

B. Beim Erwärmen von 1-Hydroxy-benzo[*b*]xanthen-12-on mit Benzolsulfonylchlorid und Pyridin (*Mustafa, Hishmat*, Am. Soc. **79** [1957] 2225, 2228).

Krystalle (aus A. + $CHCl_3$); F: 192° [unkorr.].

6-Methoxy-benzo[*f*]naphtho[1,8-*bc*]thiepin-12-on $C_{18}H_{12}O_2S$, Formel II.

B. Bcim Erhitzen von 2-[2-Methoxy-[1]naphthylmercapto]-benzoesäure mit Phosphor(V)-oxid in Toluol (*Knapp, M.* **71** [1938] 440, 443).

Gelbe Krystalle (aus Eg.); F: 184—185°.

Hydroxy-oxo-Verbindungen $C_{18}H_{12}O_3$

10-Hydroxy-10-[2]thienyl-anthron $C_{18}H_{12}O_2S$, Formel III.

B. Aus Anthrachinon und [2]Thienylmagnesiumjodid (*Étienne*, Bl. **1947** 634, 636).

Krystalle (aus Bzl.); F: 190°.

4-Hydroxy-9-phenyl-3*H*-naphtho[2,3-*c*]furan-1-on $C_{18}H_{12}O_3$, Formel IV.

B. Beim Erhitzen von 4-Hydroxy-1-phenyl-[2]naphthoesäure mit wss. Formaldehyd, wss. Salzsäure und Essigsäure (*Borsche, A.* **526** [1936] 1, 3, 10).

Krystalle (aus Eg.); F: 266°.

III   IV   V   VI

(±)-3-Methoxy-3-phenyl-3*H*-naphtho[1,2-*c*]furan-1-on, **(±)-2-[α-Hydroxy-α-methoxy-benzyl]-[1]naphthoesäure-lacton** $C_{19}H_{14}O_3$, Formel V.

Diese Konstitution wird der nachstehend beschriebenen, von *Waldmann* (J. pr. [2] **131** [1931] 71, 75) als 2-Benzoyl-[1]naphthoesäure-methylester angesehenen Verbindung zugeordnet (*Fieser, Newman,* Am. Soc. **58** [1936] 2376, 2378, 2381).

B. Beim Behandeln von 2-Benzoyl-[1]naphthoesäure mit Chlorwasserstoff enthaltendem Methanol (*Fi., Ne.*; s. a. *Wa.*).

F: 156—156,5° [korr.; Hershberg-App.] (*Fi., Ne.*), 153—154° (*Wa.*).

(±)-1-[4-Methoxy-phenyl]-1*H*-naphtho[2,1-*b*]furan-2-on, **(±)-[2-Hydroxy-[1]naphthyl]-[4-methoxy-phenyl]-essigsäure-lacton** $C_{19}H_{14}O_3$, Formel VI (E I 334).

B. Beim Erhitzen von 4-Methoxy-DL-mandelsäure mit [2]Naphthol bis auf 200° (*Guss, Lerner,* Am. Soc. **78** [1956] 1236, 1237).

Krystalle (aus Eg.); F: 146—148° [unkorr.].

(±)-3-Äthoxy-3-phenyl-3*H*-benz[*de*]isochroman-1-on, **(±)-8-[α-Äthoxy-α-hydroxy-benzyl]-[1]naphthoesäure-lacton** $C_{20}H_{16}O_3$, Formel VII.

Diese Konstitution kommt wahrscheinlich auch der früher (s. E II **10** 546) als 8-Benzoyl-[1]naphthoesäure-äthylester beschriebenen Verbindung (F: 166—167°) zu (*French, Kircher,* Am. Soc. **66** [1944] 298).

B. Beim Erwärmen von (±)-8-[α-Chlor-α-hydroxy-benzyl]-[1]naphthoesäure-lacton mit Äthanol (*Fr., Ki.*).

Krystalle; F: 166°. Absorptionsmaxima (Cyclohexan): 308,5 nm und 325,9 nm.

(±)-3-Acetoxy-3-[6-chlor-[1]naphthyl]-phthalid $C_{20}H_{13}ClO_4$, Formel VIII (R=H, X=Cl).

B. Beim Erhitzen von 2-[6-Chlor-[1]naphthoyl]-benzoesäure mit Acetanhydrid und Pyridin (*Badger,* Soc. **1948** 1756, 1758).

Krystalle (aus Bzl.); F: 132—134°.

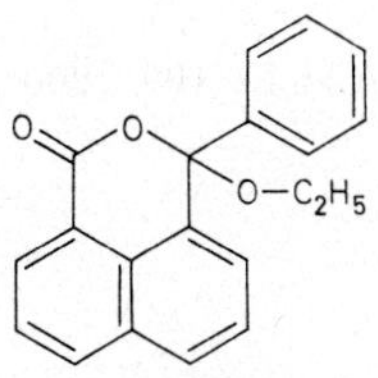

VII 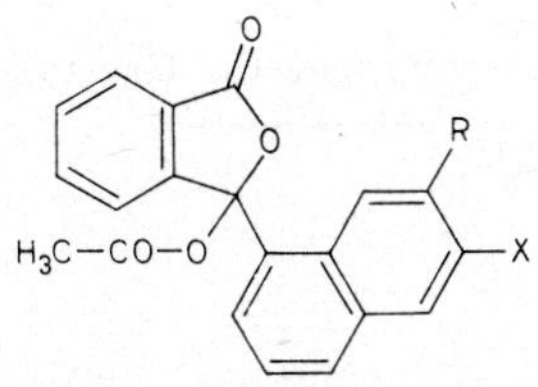   VIII 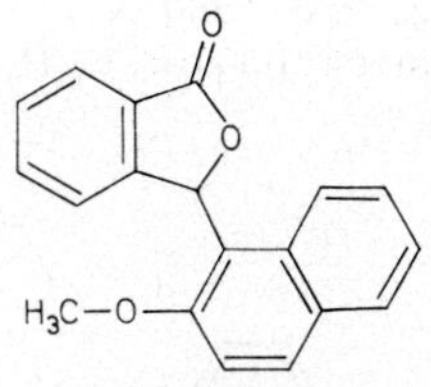   IX

(±)-3-Acetoxy-3-[7-chlor-[1]naphthyl]-phthalid $C_{20}H_{13}ClO_4$, Formel VIII (R=Cl, X=H).

B. Beim Erhitzen von 2-[7-Chlor-[1]naphthoyl]-benzoesäure mit Acetanhydrid und Pyridin (*Badger*, Soc. **1948** 1756, 1758).

Krystalle (aus A.); F: 168—170°.

(±)-3-[2-Methoxy-[1]naphthyl]-phthalid $C_{19}H_{14}O_3$, Formel IX.

B. Neben 2-[2-Methoxy-[1]naphthylmethyl]-benzoesäure beim Erhitzen von 2-[2-Methoxy-[1]naphthoyl]-benzoesäure mit wss. Natronlauge und Zink-Pulver (*Fieser, Fieser*, Am. Soc. **55** [1933] 3010, 3015).

Krystalle (aus A.); F: 139°.

Hydroxy-oxo-Verbindungen $C_{19}H_{14}O_3$

1-[3'-Chlor-4'-methoxy-biphenyl-4-yl]-3t(?)-[2]furyl-propenon $C_{20}H_{15}ClO_3$, vermutlich Formel I.

Bezüglich der Konfigurationszuordnung vgl. *Zukerman et al.*, Teoret. eksp. Chimija **6** [1970] 67; engl. Ausg. S. 58.

B. Aus Furfural und 1-[3'-Chlor-4'-methoxy-biphenyl-4-yl]-äthanon (*Buu-Hoi et al.*, J. org. Chem. **22** [1957] 668).

Gelbe Krystalle; F: 148° (*Buu-Hoi et al.*).

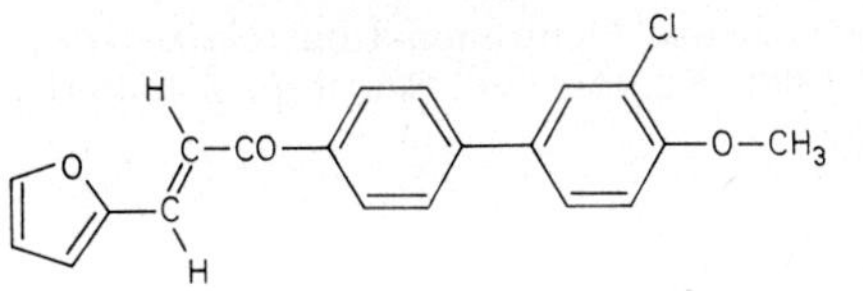

I 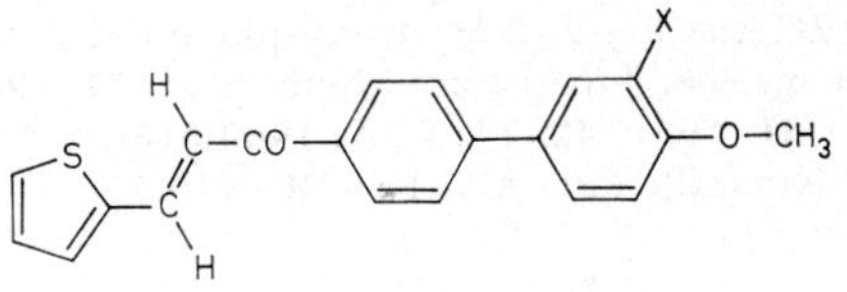   II

1-[4'-Methoxy-biphenyl-4-yl]-3t(?)-[2]thienyl-propenon $C_{20}H_{16}O_2S$, vermutlich Formel II (X = H).

Bezüglich der Konfigurationszuordnung vgl. *Zukerman et al.*, Teoret. eksp. Chimija **6** [1970] 67; engl. Ausg. S. 58.

B. Aus Thiophen-2-carbaldehyd und 1-[4'-Methoxy-biphenyl-4-yl]-äthanon (*Buu-Hoi et al.*, Bl. **1956** 1646, 1648).

Krystalle (aus A.); F: 207° (*Buu-Hoi et al.*).

1-[3'-Chlor-4'-methoxy-biphenyl-4-yl]-3t(?)-[2]thienyl-propenon $C_{20}H_{15}ClO_2S$, Formel II (X = Cl).

Bezüglich der Konfigurationszuordnung vgl. *Zukerman et al.*, Teoret. eksp. Chimija **6** [1970] 67; engl. Ausg. S. 58.

B. Aus Thiophen-2-carbaldehyd und 1-[3'-Chlor-4'-methoxy-biphenyl-4-yl]-äthanon (*Buu-Hoi et al.*, J. org. Chem. **22** [1957] 668).

Krystalle; F: 165° (*Buu-Hoi et al.*).

5-[4'-Chlor-4-methoxy-ξ-stilben-α-yl]-thiophen-2-carbaldehyd $C_{20}H_{15}ClO_2S$, Formel III.

B. Beim Erwärmen von 2-[4-Chlor-phenyl]-1-[4-methoxy-phenyl]-1-[2]thienyl-äthylen (F: 112°) mit Dimethylformamid, Phosphorylchlorid und 1,2-Dichlor-benzol (*Nam et al.*, Soc. **1954** 1690, 1695).

$Kp_{0,6}$: 258—260°.
Semicarbazon $C_{21}H_{18}ClN_3O_2S$. Orangegelbe Krystalle (aus A.); F: 199—200°.

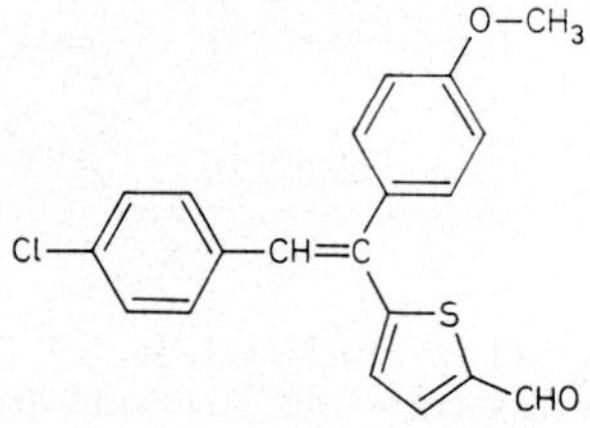

III 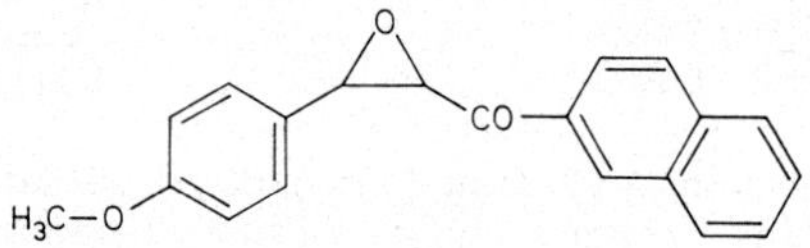 IV

*Opt.-inakt. 2,3-Epoxy-3-[4-methoxy-phenyl]-1-[2]naphthyl-propan-1-on $C_{20}H_{16}O_3$, Formel IV.
B. Beim Behandeln von 3t(?)-[4-Methoxy-phenyl]-1-[2]naphthyl-propenon (E III **8** 1652) mit wss. Wasserstoffperoxid und wss. Natronlauge (*Hutchins et al.*, Soc. **1938** 1882, 1883).
Krystalle (aus A. + Acn.); F: 131°.

(±)-2-[2-Hydroxy-phenyl]-2,3-dihydro-benzo[*h*]chromen-4-on $C_{19}H_{14}O_3$, Formel V (R = H).
B. In mässiger Ausbeute beim Erhitzen von 1-[1-Hydroxy-[2]naphthyl]-3t(?)-[2-hydr=oxy-phenyl]-propenon (E III **8** 3032) mit wss.-äthanol. Salzsäure (*Fujise et al.*, J. chem. Soc. Japan Pure Chem. Sect. **77** [1956] 1833; *Suzuki et al.*, Sci. Rep. Tohoku Univ. [I] **41** [1957] 42, 44; C. A. **1960** 515).
Krystalle (aus E.); F: 199° [Zers.].

(±)-2-[2-Acetoxy-phenyl]-2,3-dihydro-benzo[*h*]chromen-4-on $C_{21}H_{16}O_4$, Formel V (R = CO-CH_3).
B. Aus (±)-2-[2-Hydroxy-phenyl]-2,3-dihydro-benzo[*h*]chromen-4-on (*Fujise et al.*, J. chem. Soc. Japan Pure Chem. Sect. **77** [1956] 1833; *Suzuki et al.*, Sci. Rep. Tohoku Univ. [I] **41** [1957] 42, 44; C. A. **1960** 515).
Krystalle (aus A.); F: 119—119,5°.

(±)-2-[3-Hydroxy-phenyl]-2,3-dihydro-benzo[*h*]chromen-4-on $C_{19}H_{14}O_3$, Formel VI.
B. In kleiner Ausbeute beim Erhitzen von 1-[1-Hydroxy-[2]naphthyl]-3t(?)-[3-hydroxy-phenyl]-propenon (E III **8** 3033) mit wss.-äthanol. Salzsäure (*Fujise et al.*, J. chem. Soc. Japan Pure Chem. Sect. **77** [1956] 1833; *Suzuki et al.*, Sci. Rep. Tohoku Univ. [I] **41** [1957] 42, 45; C. A. **1960** 515).
Krystalle (aus E.); F: 179—179,5°.

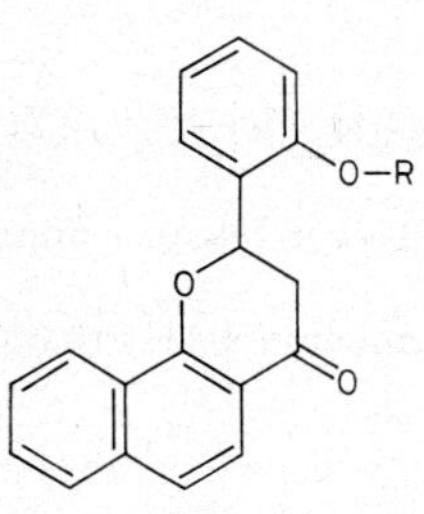

V 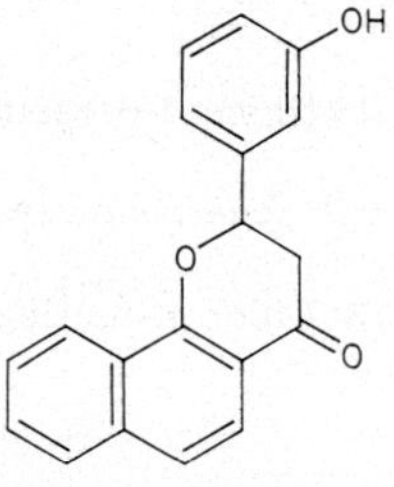 VI 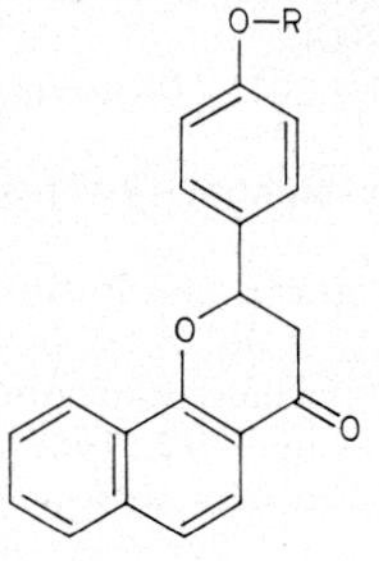 VII 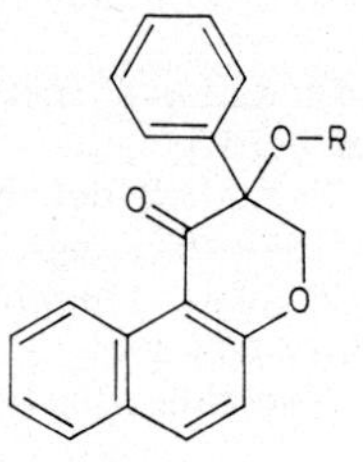 VIII

(±)-2-[4-Hydroxy-phenyl]-2,3-dihydro-benzo[*h*]chromen-4-on $C_{19}H_{14}O_3$, Formel VII (R = H).
B. Beim Erhitzen von 1-[1-Hydroxy-[2]naphthyl]-3t(?)-[4-hydroxy-phenyl]-propenon

(F: 195—196°) mit wasserhaltiger Phosphorsäure und Äthanol *(Fujise et al.*, J. chem. Soc. Japan Pure Chem. Sect. **77** [1956] 1833; *Suzuki et al.*, Sci. Rep. Tohoku Univ. [I] **41** [1957] 42, 45; C. A. **1960** 515).
Krystalle (aus E.); F: 219—220°.

(±)-2-[4-Methoxy-phenyl]-2,3-dihydro-benzo[*h*]chromen-4-on $C_{20}H_{16}O_3$, Formel VII (R = CH$_3$) (H 68; dort als 4'-Methoxy-7.8-benzo-flavanon bezeichnet).
Absorptionsspektrum (A.; 200—400 nm): *Lin et al.*, J. Chin. chem. Soc. [II] **4** [1957] 105, 109; Formosan Sci. **12** [1958] 117, 122.

(±)-2-[4-Acetoxy-phenyl]-2,3-dihydro-benzo[*h*]chromen-4-on $C_{21}H_{16}O_4$, Formel VII (R = CO-CH$_3$).
B. Aus (±)-2-[4-Hydroxy-phenyl]-2,3-dihydro-benzo[*h*]chromen-4-on *(Fujise et al.*, J. chem. Soc. Japan Pure Chem. Sect. **77** [1956] 1833; *Suzuki et al.*, Sci. Rep. Tohoku Univ. [I] **41** [1957] 42, 45; C. A. **1960** 515).
Krystalle (aus A.); F: 170—171°.

(±)-2-Hydroxy-2-phenyl-2,3-dihydro-benzo[*f*]chromen-1-on $C_{19}H_{14}O_3$, Formel VIII (R = H).
B. Beim Einleiten von Chlorwasserstoff in eine Suspension von (±)-2-Hydroxy-3-[2]naphthyloxy-2-phenyl-propionitril und Zinkchlorid in Äther und Erhitzen des Reaktionsprodukts mit Wasser *(Badhwar, Venkataraman*, Soc. **1932** 2420, 2422).
Krystalle (aus A.); F: 124°.

(±)-2-Acetoxy-2-phenyl-2,3-dihydro-benzo[*f*]chromen-1-on $C_{21}H_{16}O_4$, Formel VIII (R = CO-CH$_3$).
B. Aus (±)-2-Hydroxy-2-phenyl-2,3-dihydro-benzo[*f*]chromen-1-on *(Badhwar, Venkataraman*, Soc. **1932** 2420, 2423).
Krystalle (aus wss. A.); F: 125—126°.

(±)-3-[2-Hydroxy-phenyl]-2,3-dihydro-benzo[*f*]chromen-1-on $C_{19}H_{14}O_3$, Formel IX (X = H).
B. Beim Erwärmen von 1-[2-Hydroxy-[1]naphthyl]-äthanon mit Salicylaldehyd und wss.-äthanol. Natronlauge *(Schraufstätter, Deutsch*, B. **81** [1948] 489, 491, 498).
Krystalle (aus Toluol); F: 197° [Zers.] *(Sch., De.)*. Polarographie: *Schraufstätter*, Experientia **4** [1948] 192.

(±)-3-[5-Brom-2-hydroxy-phenyl]-2,3-dihydro-benzo[*f*]chromen-1-on $C_{19}H_{13}BrO_3$, Formel IX (X = Br).
B. Beim Erhitzen von 3*t*(?)-[5-Brom-2-hydroxy-phenyl]-1-[2-hydroxy-[1]naphthyl]-propenon (E III **8** 3027) mit wss. Essigsäure *(Schraufstätter, Deutsch*, B. **81** [1948] 489, 499).
Krystalle (aus Eg.); F: 219° [Zers.] *(Sch., De.)*. Polarographie: *Schraufstätter*, Experientia **4** [1948] 192.

3-[4-Methoxy-phenyl]-2,3-dihydro-benzo[*f*]chromen-1-on $C_{20}H_{16}O_3$, Formel X.

a) (+)-3-[4-Methoxy-phenyl]-2,3-dihydro-benzo[*f*]chromen-1-on $C_{20}H_{16}O_3$.
Ein partiell racemisches Präparat (Krystalle [aus A.], F: 146°; $[\alpha]_D^{12}$: ca. +1,2° bis

+1,5° [Py.]) ist beim Erwärmen von 1-[2-Hydroxy-[1]naphthyl]-3-[4-methoxy-phenyl]-propenon (F: 130°) mit (1S)-2-Oxo-bornan-10-sulfonsäure in Äthanol erhalten worden (*Fujise, Suzuki*, J. chem. Soc. Japan Pure Chem. Sect. **72** [1951] 1073; C. A. **1953** 5937).

b) (±)-3-[4-Methoxy-phenyl]-2,3-dihydro-benzo[*f*]chromen-1-on $C_{20}H_{16}O_3$.
B. Beim Erwärmen von 1-[2-Hydroxy-[1]naphthyl]-äthanon mit 4-Methoxy-benz= aldehyd und wss.-äthanol. Natronlauge (*Menon, Venkataraman*, Soc. **1931** 2591, 2594, 2595; s. a. *Marathey*, J. org. Chem. **20** [1955] 563, 564, 568). Aus 1-[2-Hydroxy-[1]naphth= yl]-3-[4-methoxy-phenyl]-propenon (F: 120°) mit Hilfe von Alkalilauge und wss. Wasserstoffperoxid (*Ma.*).
Krystalle (aus A.); F: 143° (*Me., Ve.*; *Ma.*). UV-Spektrum (A.; 200—390 nm): *Lin et al.*, J. Chin. chem. Soc. [II] **4** [1957] 105, 110; Formosan Sci. **12** [1958] 117, 125.

(±)-1-Acetoxy-1-*p*-tolyl-1*H*-naphtho[1,2-*c*]furan-3-on, (±)-1-[α-Acetoxy-α-hydroxy-4-methyl-benzyl]-[2]naphthoesäure-lacton $C_{21}H_{16}O_4$, Formel XI.
B. Beim Erhitzen von 1-*p*-Toluoyl-[2]naphthoesäure mit Acetanhydrid und Pyridin (*Badger*, Soc. **1947** 764).
Krystalle (aus A.); F: 145—147°.

(±)-8-Methoxy-3-methyl-3-phenyl-3*H*-naphtho[1,2-*c*]furan-1-on, (±)-2-[1-Hydroxy-1-phenyl-äthyl]-7-methoxy-[1]naphthoesäure-lacton $C_{20}H_{16}O_3$, Formel I.
Für die nachstehend beschriebene Verbindung kommt ausser dieser Konstitution auch die Formulierung als (±)-8-Methoxy-1-methyl-1-phenyl-1*H*-naphtho[1,2-*c*]= furan-3-on $C_{20}H_{16}O_3$ (Formel II) in Betracht.
B. Aus einer vermutlich als 2-Benzoyl-7-methoxy-[1]naphthoesäure, möglicherweise aber als 1-Benzoyl-7-methoxy-[2]naphthoesäure zu formulierenden Verbindung (F: 203,5° bis 204,5°) und Methylmagnesiumbromid (*Peck*, Am. Soc. **78** [1956] 997, 1000).
F: 138—138,6°.

I II III

(±)-3-[2-Methoxy-phenyl]-3-methyl-3*H*-naphtho[1,2-*c*]furan-1-on, (±)-2-[1-Hydroxy-1-(2-methoxy-phenyl)-äthyl]-[1]naphthoesäure-lacton $C_{20}H_{16}O_3$, Formel III.
B. Aus 2-[2-Methoxy-benzoyl]-[1]naphthoesäure und Methylmagnesiumbromid (*Newman, Wise*, Am. Soc. **63** [1941] 2109, 2111).
Krystalle (aus A.); F: 129,6—130,6° [korr.].

(±)-3-[4-Methoxy-phenyl]-3-methyl-3*H*-naphtho[1,2-*c*]furan-1-on, (±)-2-[1-Hydroxy-1-(4-methoxy-phenyl)-äthyl]-[1]naphthoesäure-lacton $C_{20}H_{16}O_3$, Formel IV.
B. Aus 2-[4-Methoxy-benzoyl]-[1]naphthoesäure und Methylmagnesiumbromid (*Peck*, Am. Soc. **78** [1956] 997, 999).
Krystalle (aus A.); F: 130—131°.

---

*Opt.-inakt. 2-Brom-2-[brom-(2-methoxy-[1]naphthyl)-methyl]-benzofuran-3-on $C_{20}H_{14}Br_2O_3$, Formel V.
B. Aus 2-[(Z?)-2-Methoxy-[1]naphthylmethylen]-benzofuran-3-on (F: 178°) [S. 829]) und Brom (*Acharya et al.*, Soc. **1940** 817).
Krystalle (aus CHCl₃ + PAe.); F: 158°.

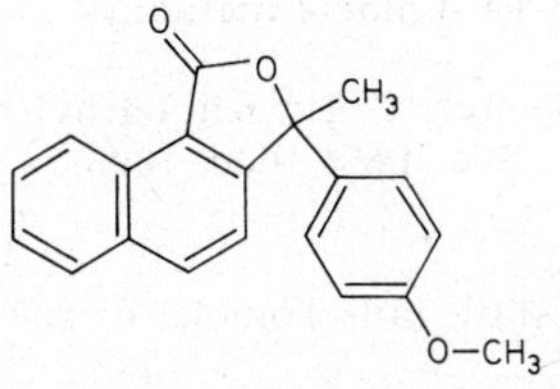

IV 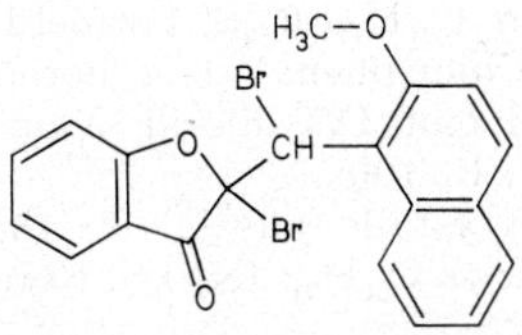   V 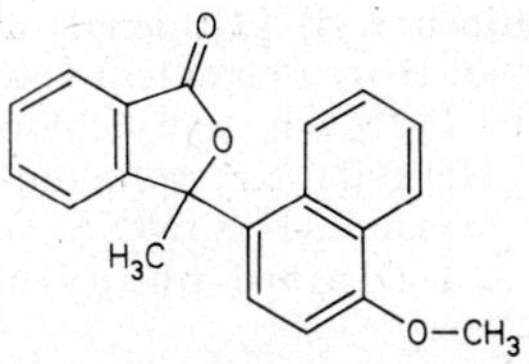   VI

(±)-3-[4-Methoxy-[1]naphthyl]-3-methyl-phthalid $C_{20}H_{16}O_3$, Formel VI.
B. Aus 2-[4-Methoxy-[1]naphthoyl]-benzoesäure und Methylmagnesiumbromid (*Smith et al.*, Am. Soc. **73** [1951] 319).
Krystalle (aus A. + PAe.); F: 139,8—140,5° [korr.].

(±)-3-Acetoxy-6(?)-methyl-3-[1]naphthyl-phthalid $C_{21}H_{16}O_4$, vermutlich Formel VII.
B. Beim Erhitzen von 5(?)-Methyl-2-[1]naphthoyl-benzoesäure (E III **10** 3433) mit Acetanhydrid und Pyridin (*Rivett et al.*, Soc. **1949** 37, 41).
Krystalle (aus Eg. + Me.); F: 173—174°.

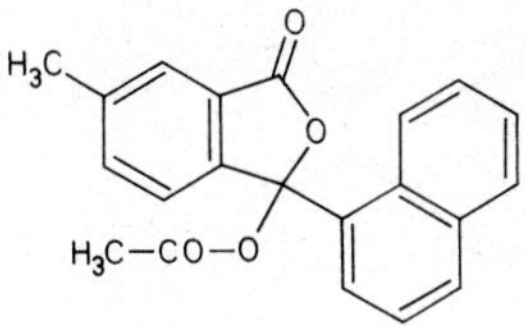

VII 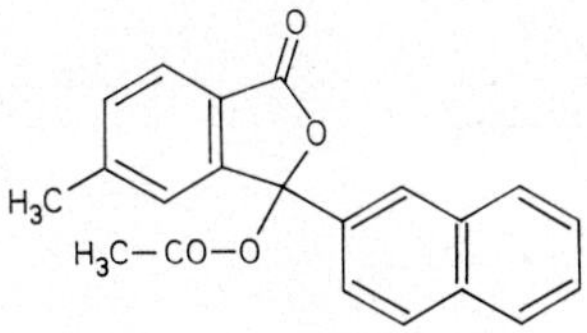   VIII 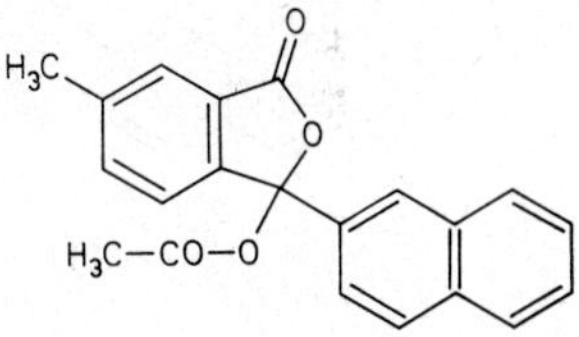   IX

(±)-3-Acetoxy-5-methyl-3-[2]naphthyl-phthalid $C_{21}H_{16}O_4$, Formel VIII, und
(±)-3-Acetoxy-6-methyl-3-[2]naphthyl-phthalid $C_{21}H_{16}O_4$, Formel IX.
Diese beiden Konstitutionsformeln kommen für die nachstehend beschriebene Verbindung in Betracht.
B. Beim Erhitzen von 4(oder 5)-Methyl-2-[2]naphthoyl-benzoesäure (E III **10** 3434) mit Acetanhydrid und Pyridin (*Rivett et al.*, Soc. **1949** 37, 40).
Krystalle (aus Me.); F: 129—130°.

Hydroxy-oxo-Verbindungen $C_{20}H_{16}O_3$

2-Acetyl-5-[4-methoxy-ξ-stilben-α-yl]-thiophen, 1-[5-(4-Methoxy-ξ-stilben-α-yl)-[2]thienyl]-äthanon $C_{21}H_{18}O_2S$, Formel I.
B. Beim Behandeln von 1-[4-Methoxy-phenyl]-2-phenyl-1-[2]thienyl-äthylen (E III/IV **17** 1700) mit Acetylchlorid und Zinn(IV)-chlorid (*Nam et al.*, Soc. **1954** 1690, 1695).
Hellgelbe Krystalle (aus Me.); F: 103°.
Oxim $C_{21}H_{19}NO_2S$. Gelbe Krystalle (aus A.); F: 182°.
2,4-Dinitro-phenylhydrazon $C_{27}H_{22}N_4O_5S$. Rote Krystalle (aus Toluol); F: 252°.
Semicarbazon $C_{22}H_{21}N_3O_2S$. Gelbe Krystalle (aus A.); F: 228° [Zers.].

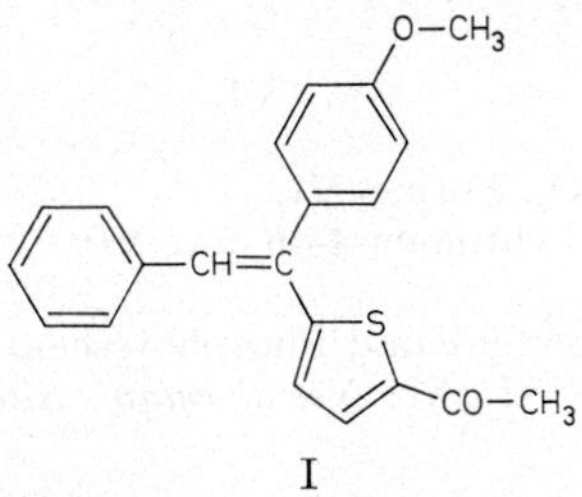

I 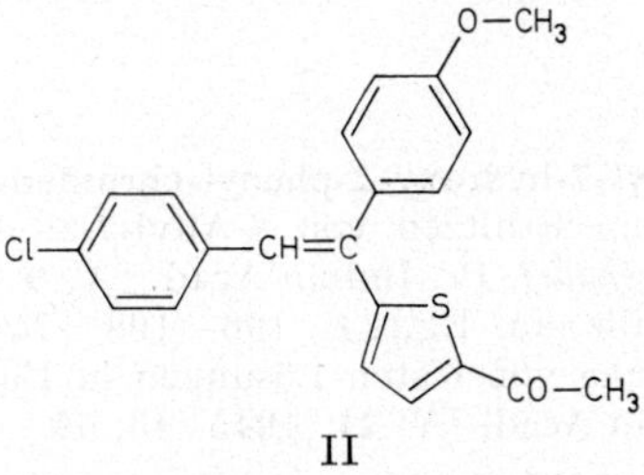   II

2-Acetyl-5-[4'-chlor-4-methoxy-ξ-stilben-α-yl]-thiophen, 1-[5-(4'-Chlor-4-methoxy-stilben-α-yl)-[2]thienyl]-äthanon $C_{21}H_{17}ClO_2S$, Formel II.

B. Beim Behandeln von 2-[4-Chlor-phenyl]-1-[4-methoxy-phenyl]-1-[2]thienyl-äthylen (F: 112°) mit Acetylchlorid und Zinn(IV)-chlorid (*Nam et al.*, Soc. **1954** 1690, 1695).

Hellgelbe Krystalle (aus Me.); F: 100°.

Oxim $C_{21}H_{18}ClNO_2S$. Gelbe Krystalle (aus A.); F: 184°.

2,4-Dinitro-phenylhydrazon $C_{27}H_{21}ClN_4O_5S$. Rote Krystalle (aus Toluol); F: 253° [Zers.].

Semicarbazon $C_{22}H_{20}ClN_3O_2S$. Gelbe Krystalle (aus A.); F: 224° [Zers.].

(±)-3-Acetoxy-3-[2,3-dimethyl-phenyl]-3H-naphtho[1,2-c]furan-1-on, (±)-2-[α-Acetoxy-α-hydroxy-2,3-dimethyl-benzyl]-[1]naphthoesäure-lacton $C_{22}H_{18}O_4$, Formel III.

B. Beim Erwärmen von 2-[2,3-Dimethyl-benzoyl]-[1]naphthoesäure mit Acetanhydrid und Pyridin (*Badger et al.*, Soc. **1940** 16).

Krystalle (aus Xylol); F: 189—191°.

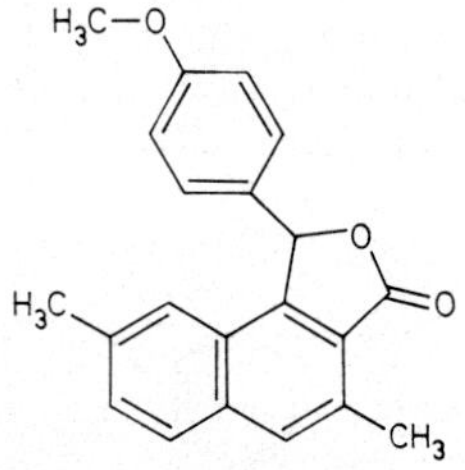

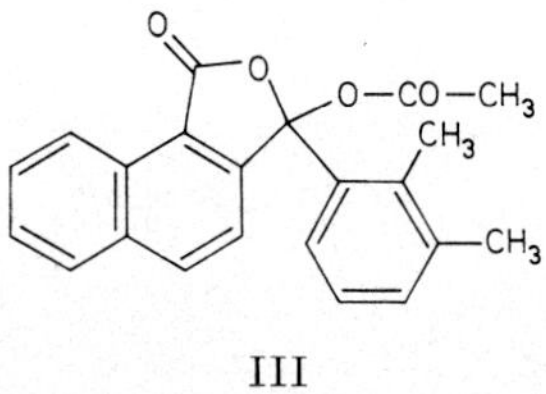

(±)-1-[4-Methoxy-phenyl]-4,8-dimethyl-1H-naphtho[1,2-c]furan-3-on, 1-[α-Hydroxy-4-methoxy-benzyl]-3,7-dimethyl-[2]naphthoesäure-lacton $C_{21}H_{18}O_3$, Formel IV.

B. Neben 1-[4-Methoxy-benzyl]-3,7-dimethyl-[2]naphthoesäure beim Erhitzen von 1-[4-Methoxy-benzoyl]-3,7-dimethyl-[2]naphthoesäure mit wss. Natronlauge und Zink-Pulver (*Baddar et al.*, Soc. **1959** 1002, 1008).

Krystalle (aus Me.); F: 202—203°.

Hydroxy-oxo-Verbindungen $C_{21}H_{18}O_3$

[3-Allyl-4-hydroxy-phenyl]-[5-*p*-tolyl-[2]thienyl]-keton $C_{21}H_{18}O_2S$, Formel V.

B. Beim Erhitzen von [4-Allyloxy-phenyl]-[5-*p*-tolyl-[2]thienyl]-keton mit *N,N*-Di= methyl-anilin (*Buu-Hoï, Hoán*, R. **69** [1950] 1455, 1465).

Gelbliche Krystalle (aus Bzl.); F: 149°.

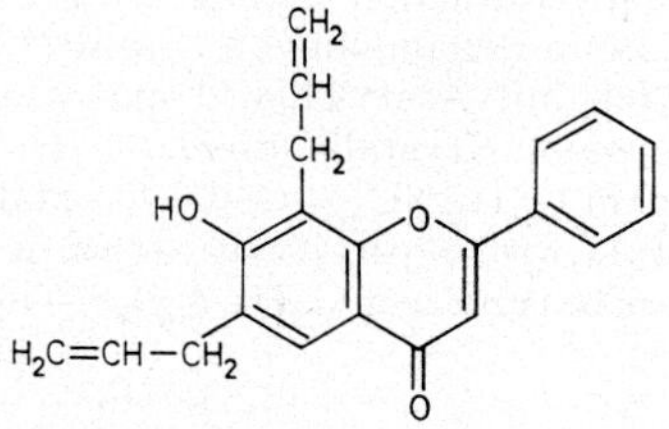

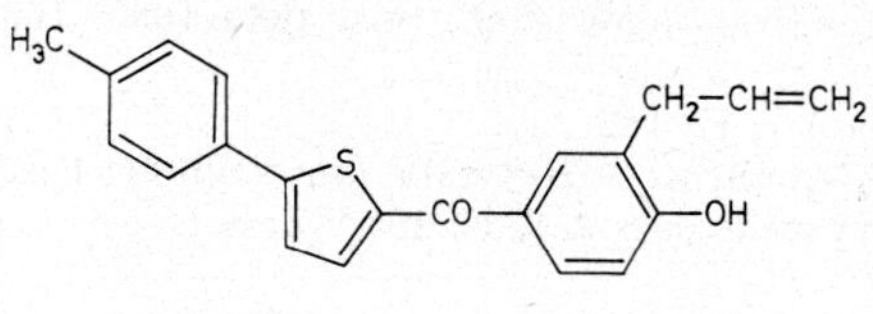

6,8-Diallyl-7-hydroxy-2-phenyl-chromen-4-on $C_{21}H_{18}O_3$, Formel VI.

B. Beim Erhitzen von 8-Allyl-7-allyloxy-2-phenyl-chromen-4-on auf 210° (*Rangaswami, Seshadri*, Pr. Indian Acad. [A] **9** [1939] 1, 3).

Krystalle (aus Eg.); F: 196—198° (*Ra., Se.*). Fluorescenz und Phosphorescenz bei der Bestrahlung von festen Lösungen in Borsäure mit UV-Licht: *Neelakantam, Sitaraman*, Pr. Indian Acad. [A] **21** [1945] 45, 53.

(±)-1-Acetoxy-1-[4-isopropyl-phenyl]-1*H*-naphtho[1,2-*c*]furan-3-on, (±)-1-[α-Acetoxy-α-hydroxy-4-isopropyl-benzyl]-[2]naphthoesäure-lacton $C_{23}H_{20}O_4$, Formel VII.

B. Beim Erwärmen von 1-[4-Isopropyl-benzoyl]-[2]naphthoesäure mit Acetanhydrid und Pyridin (*Cook*, Soc. **1932** 456, 463).

Krystalle (aus A.); F: 158—159°.

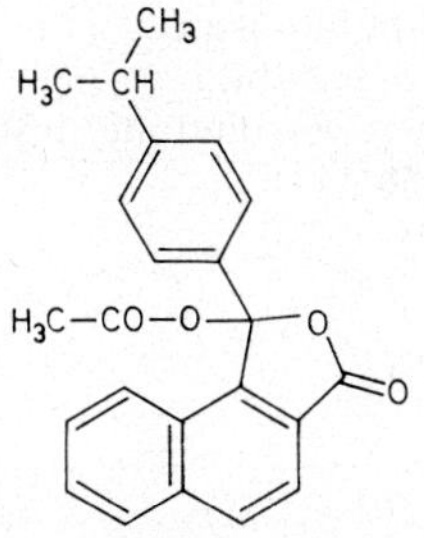

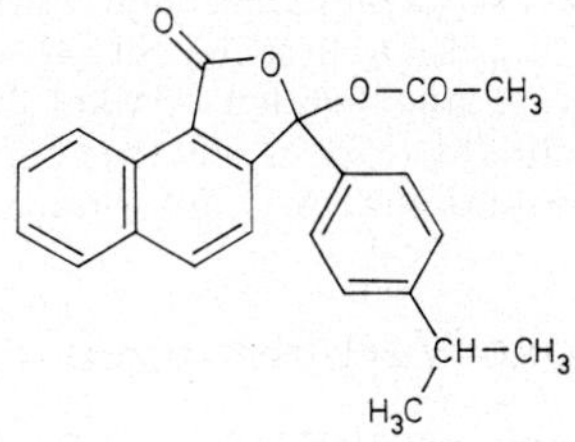

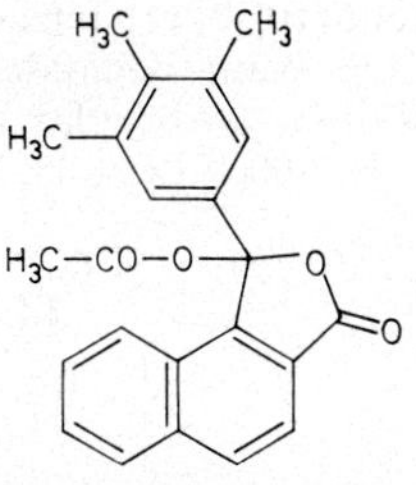

VII   VIII   IX

(±)-3-Acetoxy-3-[4-isopropyl-phenyl]-3*H*-naphtho[1,2-*c*]furan-1-on, (±)-2-[α-Acetoxy-α-hydroxy-4-isopropyl-benzyl]-[1]naphthoesäure-lacton $C_{23}H_{20}O_4$, Formel VIII.

B. Beim Erwärmen von 2-[4-Isopropyl-benzoyl]-[1]naphthoesäure mit Acetanhydrid und Pyridin (*Cook*, Soc. **1932** 456, 463).

Krystalle (aus A.); F: 126—127°.

(±)-1-Acetoxy-1-[3,4,5-trimethyl-phenyl]-1*H*-naphtho[1,2-*c*]furan-3-on, (±)-1-[α-Acetoxy-α-hydroxy-3,4,5-trimethyl-benzyl]-[2]naphthoesäure-lacton $C_{23}H_{20}O_4$, Formel IX.

B. Beim Erwärmen von 1-[3,4,5-Trimethyl-benzoyl]-[2]naphthoesäure mit Acetanhydrid und Pyridin (*Martin*, Soc. **1943** 239).

Krystalle (aus Bzl.); F: 231—232°.

(±)-3-Acetoxy-3-[3,4,5-trimethyl-phenyl]-3*H*-naphtho[1,2-*c*]furan-1-on, (±)-2-[α-Acetoxy-α-hydroxy-3,4,5-trimethyl-benzyl]-[1]naphthoesäure-lacton $C_{23}H_{20}O_4$, Formel X (R = CO-CH$_3$).

B. Beim Erwärmen von 2-[3,4,5-Trimethyl-benzoyl]-[1]naphthoesäure mit Acetanhydrid und Pyridin (*Martin*, Soc. **1943** 239).

Krystallpulver (aus A.); F: 161,5—162,5°.

(±)-3-Benzoyloxy-3-[3,4,5-trimethyl-phenyl]-3*H*-naphtho[1,2-*c*]furan-1-on, (±)-2-[α-Benzoyloxy-α-hydroxy-3,4,5-trimethyl-benzyl]-[1]naphthoesäure-lacton $C_{28}H_{22}O_4$, Formel X (R = CO-C$_6$H$_5$).

B. Beim Erwärmen von 2-[3,4,5-Trimethyl-benzoyl]-[1]naphthoesäure mit Benzoylchlorid und Pyridin (*Martin*, Soc. **1943** 239).

Krystalle (aus Bzl. + A.); F: 191,5—192,5°.

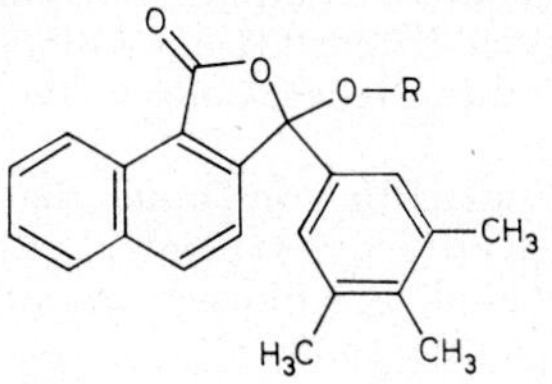

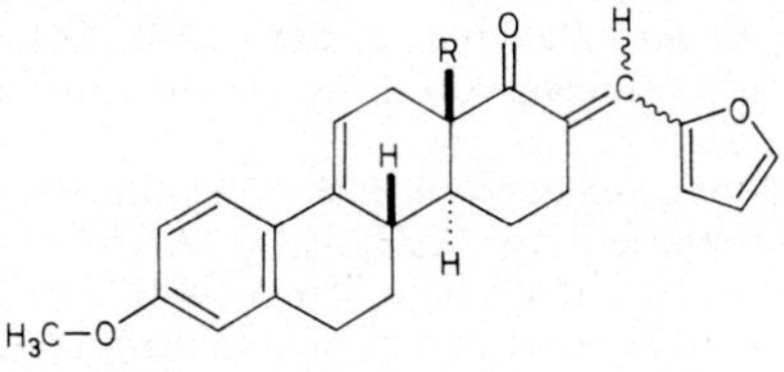

X   XI

Hydroxy-oxo-Verbindungen $C_{23}H_{22}O_3$

(±)-2-[(*Ξ*)-Furfuryliden]-8-methoxy-(4a*r*,4b*t*,12a*t*)-3,4,4a,4b,5,6,12,12a-octahydro-2*H*-chrysen-1-on, *rac*-17-[(*Ξ*)-Furfuryliden]-3-methoxy-*D*-homo-gona-1,3,5(10),9(11)-tetraen-17a-on $C_{24}H_{24}O_3$, Formel XI (R = H) + Spiegelbild.

B. Aus (±)-8-Methoxy-(4a*r*,4b*t*,12a*t*)-3,4,4a,4b,5,6,12,12a-octahydro-2*H*-chrysen-1-on

und Furfural (*Cole et al.*, Pr. chem. Soc. **1958** 114).
F: 178,5—180,5°. Absorptionsmaxima (A.): 262 nm und 327,5 nm.

Hydroxy-oxo-Verbindungen $C_{24}H_{24}O_3$

(±)-2-[(Ξ)-Furfuryliden]-8-methoxy-12a-methyl-(4a*r*,4b*t*,12a*t*)-3,4,4a,4b,5,6,12,12a-octahydro-2*H*-chrysen-1-on, *rac*-17-[(Ξ)-Furfuryliden]-3-methoxy-*D*-homo-östra-1,3,5(10),9(11)-tetraen-17a-on $C_{25}H_{26}O_3$, Formel XI (R = CH_3) + Spiegelbild.

B. Beim Behandeln der im vorangehenden Artikel beschriebenen Verbindung mit Kalium-*tert*-butylat und Methyljodid (*Cole et al.*, Pr. chem. Soc. **1958** 114).
F: 193,5—194,5°. Absorptionsmaxima (A.): 261,8 nm und 326 nm.

Hydroxy-oxo-Verbindungen $C_nH_{2n-26}O_3$

Hydroxy-oxo-Verbindungen $C_{19}H_{12}O_3$

2-[2-Hydroxy-phenyl]-benzo[*g*]chromen-4-on $C_{19}H_{12}O_3$, Formel I (R = H).
B. Beim Erhitzen von 2-[2-Methoxy-phenyl]-benzo[*g*]chromen-4-on mit wss. Jod=wasserstoffsäure und Acetanhydrid (*Virkar, Wheeler*, Soc. **1939** 1681).
Grünlichgelbe Krystalle (aus Nitrobenzol); F: 256—257°.

2-[2-Methoxy-phenyl]-benzo[*g*]chromen-4-on $C_{20}H_{14}O_3$, Formel I (R = CH_3).
B. Beim Behandeln von 1-[3-Methoxy-[2]naphthyl]-3-[2-methoxy-phenyl]-propan-1,3-dion mit Bromwasserstoff in Essigsäure (*Virkar, Wheeler*, Soc. **1939** 1681).
Krystalle (aus A.); F: 165°.

2-[2-Acetoxy-phenyl]-benzo[*g*]chromen-4-on $C_{21}H_{14}O_4$, Formel I (R = CO-CH_3).
B. Beim Behandeln von 2-[2-Hydroxy-phenyl]-benzo[*g*]chromen-4-on mit Acet=anhydrid und Pyridin (*Virkar, Wheeler*, Soc. **1939** 1681).
Krystalle (aus A.); F: 136—138°.

6-Hydroxy-9-phenyl-xanthen-3-on $C_{19}H_{12}O_3$, Formel II (R = X = H) (H 68, E I 335, E II 47; dort auch als **Resorcinbenzein** bezeichnet).
B. Beim Erhitzen von Äthylbenzoat mit Resorcin und Zinkchlorid auf 180° unter Einleiten von Chlorwasserstoff (*Sen, Mukherji*, J. Indian chem. Soc. **6** [1929] 557, 559).
Gelbe Krystalle (aus Nitrobenzol). Absorptionsspektrum von Lösungen in Dioxan (290—560 nm), in Äthanol (290—550 nm), in Chlorwasserstoff enthaltendem Äthanol (290—500 nm) und in 5%ig. wss. Natronlauge (280—580 nm): *Ramart-Lucas*, C. r. **235** [1952] 1652; in Dioxan (210—560 nm), in Schwefelsäure enthaltendem wss. Dioxan (220—500 nm) sowie in Natriumhydroxid enthaltendem wss. Dioxan (210—580 nm): *Zanker, Peter*, B. **91** [1958] 572, 580; in Äthanol (265—550 nm), in Chlorwasserstoff enthaltendem Methanol (265—500 nm) und Natriumcarbonat enthaltender wss. Lösung (260—570 nm): *Ramart-Lucas*, C. r. **205** [1937] 1409. Absorptionsmaxima (270—550 nm) von Lösungen in Chloroform, Essigsäure, Methanol, Schwefelsäure und äthanol. Natron=lauge: *Ramart-Lucas*, C. r. **218** [1944] 761. Abhängigkeit der Intensität der Fluorescenz von wss. Lösungen von der Konzentration und vom pH: *Okáv, Horák*, Collect. **21** [1956] 1434, 1435.

Absorptionsspektrum (285—570 nm) von Lösungen des mit Hilfe von Brom erhaltenen Tetrabrom-Derivats $C_{19}H_8Br_4O_3$ (2,4,5,7-Tetrabrom-6-hydroxy-9-phenyl-xanth=en-3-on; vgl. H 69, E I 335, E II 47) in Dioxan, in Äthanol, in Chlorwasserstoff ent=haltendem Äthanol und in wss. Natronlauge: *Ra.-Lu.*, C. r. **235** 1652.

6-Methoxy-9-phenyl-xanthen-3-on $C_{20}H_{14}O_3$, Formel II (R = CH_3, X = H) (H 69, E I 335).
Absorptionsspektrum (300—550 nm) von Lösungen in Dioxan und in Chlorwasser=stoff enthaltendem Äthanol: *Ramart-Lucas*, C. r. **235** [1952] 1652.

6-Hydroxy-9-[2-nitro-phenyl]-xanthen-3-on $C_{19}H_{11}NO_5$, Formel II (R = H, X = NO_2).
B. Beim Erhitzen von 2-Nitro-benzoesäure-äthylester mit Resorcin und Zinkchlorid

auf 140° (*Sen, Mukherji*, J. Indian chem. Soc. **6** [1929] 557, 561).
Gelbe Krystalle, die unterhalb 290° nicht schmelzen.

I   II   III

4-Hydroxy-7-nitro-9-phenyl-xanthen-3-on $C_{19}H_{11}NO_5$, Formel III (R = X = H) und Tautomeres.
   B. Beim Erhitzen von 2-[2,6-Dihydroxy-phenoxy]-5-nitro-benzophenon mit Piperidin und Behandeln des Reaktionsgemisches mit wss. Schwefelsäure (*Loudon, Scott*, Soc. **1953** 269, 271).
   Schwarze Krystalle (aus Anisol); F: 320° [Zers.].

2-Brom-4-hydroxy-7-nitro-9-phenyl-xanthen-3-on $C_{19}H_{10}BrNO_5$, Formel III (R = H, X = Br) und Tautomeres.
   B. Beim Erhitzen von 2-[3,5-Dibrom-2,6-dihydroxy-phenoxy]-5-nitro-benzophenon mit Piperidin und Behandeln des Reaktionsgemisches mit wss. Schwefelsäure (*Loudon, Scott*, Soc. **1953** 269, 271).
   Schwarze Krystalle (aus Anisol); F: 324° [Zers.].

4-Hydroxy-5,7-dinitro-9-phenyl-xanthen-3-on $C_{19}H_{10}N_2O_7$, Formel III (R = NO$_2$, X = H) und Tautomeres.
   B. Beim Behandeln von 2-[2,6-Dihydroxy-phenyl]-3,5-dinitro-benzophenon mit Piperidin und Benzol (*Loudon, Summers*, Soc. **1954** 1134, 1137).
   Schwarze Krystalle (aus Anisol); F: 335° [Zers.].

7-Hydroxy-2-phenyl-benzo[*h*]chromen-4-on $C_{19}H_{12}O_3$, Formel IV (R = H).
   B. In mässiger Ausbeute beim Erhitzen von 3-Oxo-3-phenyl-propionsäure-äthylester mit Naphthalin-1,5-diol auf 240° (*Pillon*, Bl. **1955** 39, 42).
   Gelbliche Krystalle (nach Sublimation); F: 324—326°. UV-Spektrum (A.; 230 nm bis 360 nm): *Pi.*, l. c. S. 40.

7-Acetoxy-2-phenyl-benzo[*h*]chromen-4-on $C_{21}H_{14}O_4$, Formel IV (R = CO-CH$_3$).
   B. Aus 7-Hydroxy-2-phenyl-benzo[*h*]chromen-4-on (*Pillon*, Bl. **1955** 39, 42).
   Krystalle (aus A.); F: 211—212°. UV-Spektrum (A.; 230—350 nm): *Pi.*, l. c. S. 40.

2-[2-Methoxy-phenyl]-benzo[*h*]chromen-4-on $C_{20}H_{14}O_3$, Formel V (R = X = H).
   B. Beim Erwärmen von 1-[1-Hydroxy-[2]naphthyl]-3-[2-methoxy-phenyl]-propan-1,3-dion mit Schwefelsäure enthaltendem Äthanol (*Mahal, Venkataraman*, Soc. **1934** 1767).
   Krystalle (aus A.); F: 164°.

6-Brom-2-[2-methoxy-phenyl]-benzo[*h*]chromen-4-on $C_{20}H_{13}BrO_3$, Formel V (R = H, X = Br).
   B. Beim Erhitzen von opt.-inakt. 2,3-Dibrom-1-[4-brom-1-hydroxy-[2]naphthyl]-3-[2-methoxy-phenyl]-propan-1-on (F: 162—163°) mit Pyridin (*Wagh, Jadhav*, J. Univ. Bombay **25**, Tl. 3 A [1956] 23, 28).
   Gelbliche Krystalle (aus Eg.); F: 268—269°.

6-Brom-2-[5-brom-2-methoxy-phenyl]-benzo[*h*]chromen-4-on $C_{20}H_{12}Br_2O_3$, Formel V (R = X = Br).
   B. Beim Erhitzen von opt.-inakt. 2,3-Dibrom-1-[4-brom-1-hydroxy-[2]naphthyl]-

3-[5-brom-2-methoxy-phenyl]-propan-1-on (F: 219—222°) mit Pyridin (*Wagh, Jadhav,* J. Univ. Bombay **25**, Tl. 3 A [1956] 23, 28).
Gelbe Krystalle (aus Eg.); F: 230—231°.

2-[5-Brom-2-methoxy-phenyl]-6-nitro-benzo[*h*]chromen-4-on $C_{20}H_{12}BrNO_5$, Formel V (R = Br, X = NO_2).
B. Beim Erhitzen von opt.-inakt. 2,3-Dibrom-3-[5-brom-2-methoxy-phenyl]-1-[1-hydroxy-4-nitro-[2]naphthyl]-propan-1-on (F: 217—218° [Zers.]) mit *N,N*-Di=methyl-anilin (*Wagh, Jadhav,* J. Univ. Bombay **26**, Tl. 5 A [1958] 28, 33).
Gelbe Krystalle (aus Eg.); F: 252—253°.

6-Brom-2-[2-brom-5-methoxy-phenyl]-benzo[*h*]chromen-4-on $C_{20}H_{12}Br_2O_3$, Formel VI (X = Br).
B. Beim Erhitzen von opt.-inakt. 2,3-Dibrom-1-[4-brom-1-hydroxy-[2]naphthyl]-3-[2-brom-5-methoxy-phenyl]-propan-1-on (F: 171—172°) mit Natriumtetraborat in Wasser (*Wagh, Jadhav,* J. Univ. Bombay **25**, Tl. 3 A [1956] 23, 29).
Gelbe Krystalle (aus Eg.); F: 245—246°.

IV   V   VI   VII

2-[2-Brom-5-methoxy-phenyl]-6-nitro-benzo[*h*]chromen-4-on $C_{20}H_{12}BrNO_5$, Formel VI (X = NO_2).
B. Beim Behandeln von opt.-inakt. 2,3-Dibrom-3-[2-brom-5-methoxy-phenyl]-1-[1-hydroxy-4-nitro-[2]naphthyl]-propan-1-on (F: 208—209° [Zers.]) mit wss. Kalilauge (*Wagh, Jadhav,* J. Univ. Bombay **26**, Tl. 5 A [1958] 28, 34).
Gelbe Krystalle (aus Eg.); F: 230—231° [Zers.].

2-[4-Hydroxy-phenyl]-benzo[*h*]chromen-4-on $C_{19}H_{12}O_3$, Formel VII (R = X = H) (H 70; dort als 4′-Oxy-7.8-benzo-flavon bezeichnet).
B. Beim Erhitzen einer aus 2-[4-Amino-phenyl]-benzo[*h*]chromen-4-on bereiteten wss. Diazoniumsalz-Lösung mit Schwefelsäure (*Anand, Venkataraman,* Pr. Indian Acad. [A] **26** [1947] 279, 282).
Krystalle (aus A. + Eg.); F: 315—316°.

2-[4-Methoxy-phenyl]-benzo[*h*]chromen-4-on $C_{20}H_{14}O_3$, Formel VII (R = CH_3, X = H) (H 70; dort als 4′-Methoxy-7.8-benzo-flavon bezeichnet).
B. Neben 3-[4-Methoxy-benzoyl]-2-[4-methoxy-phenyl]-benzo[*h*]chromen-4-on beim Erhitzen von 1-[1-Hydroxy-[2]naphthyl]-äthanon mit 4-Methoxy-benzoesäure-anhydrid und Kalium-[4-methoxy-benzoat] auf 190° und Erhitzen des Reaktionsprodukts mit wss. Natriumcarbonat-Lösung (*Bhullar, Venkataraman,* Soc. **1931** 1165, 1168). Beim Erhitzen von 1-[1-Hydroxy-[2]naphthyl]-3-[4-methoxy-phenyl]-propan-1,3-dion mit Essigsäure und kleinen Mengen wss. Salzsäure (*Dunne et al.,* Soc. **1950** 1252, 1257, 1258). Beim Erwärmen von (±)-2-[4-Methoxy-phenyl]-2,3-dihydro-benzo[*h*]chromen-4-on mit *N*-Bromsuccinimid in Tetrachlormethan (*Hishida et al.,* J. chem. Soc. Japan Pure Chem. Sect. **74** [1953] 697; C. A. **1954** 12094).
Krystalle (aus A.); F: 181° (*Bh., Ve.*), 176—178° (*Hi. et al.*).

6-Brom-2-[4-methoxy-phenyl]-benzo[h]chromen-4-on $C_{20}H_{13}BrO_3$, Formel VII
(R = CH_3, X = Br).

B. Beim Erwärmen von (2RS,3SR(?))-2,3-Dibrom-1-[4-brom-1-hydroxy-[2]naphthyl]-3-[4-methoxy-phenyl]-propan-1-on (F: 158—159° [E III **8** 3003]) mit Natriumtetraborat in Wasser (*Wagh, Jadhav*, J. Univ. Bombay **25**, Tl. 3 A [1956] 23, 29) oder mit wss. Natronlauge (*Khanolkar, Wheeler*, Soc. **1938** 2118).

Krystalle (aus Eg.); F: 241—242° (*Wagh, Ja.*), 240—241° (*Kh., Wh.*).

2-[4-Benzyloxy-phenyl]-6-brom-benzo[h]chromen-4-on $C_{26}H_{17}BrO_3$, Formel VII
(R = CH_2-C_6H_5, X = Br).

B. Beim Erhitzen von opt.-inakt. 2,3-Dibrom-3-[4-benzyloxy-phenyl]-1-[4-brom-1-hydroxy-[2]naphthyl]-propan-1-on (F: 169—170°) mit Pyridin (*Wagh, Jadhav*, J. Univ. Bombay **26**, Tl. 5 A [1958] 4, 9).

Gelbe Krystalle (aus Eg.); F: 221—222°.

6-Brom-2-[3-brom-4-methoxy-phenyl]-benzo[h]chromen-4-on $C_{20}H_{12}Br_2O_3$, Formel VIII
(X = Br).

B. Beim Erwärmen von opt.-inakt. 2,3-Dibrom-1-[4-brom-1-hydroxy-[2]naphthyl]-3-[3-brom-4-methoxy-phenyl]-propan-1-on (F: 185—186°) mit Natriumtetraborat in Wasser (*Wagh, Jadhav*, J. Univ. Bombay **25**, Tl. 3 A [1956] 23, 29).

Gelbe Krystalle (aus Eg.); F: 279—280°.

2-[4-Methoxy-phenyl]-6-nitro-benzo[h]chromen-4-on $C_{20}H_{13}NO_5$, Formel VII
(R = CH_3, X = NO_2).

B. Beim Erwärmen von opt.-inakt. 2,3-Dibrom-1-[1-hydroxy-4-nitro-[2]naphthyl]-3-[4-methoxy-phenyl]-propan-1-on (F: 174—175°) mit Natriumtetraborat in wss. Äthanol (*Wagh, Jadhav*, J. Univ. Bombay **26**, Tl. 5 A [1958] 28, 34).

Gelbe Krystalle (aus Eg.); F: 231—232°.

2-[4-Benzyloxy-phenyl]-6-nitro-benzo[h]chromen-4-on $C_{26}H_{17}NO_5$, Formel VII
(R = CH_2-C_6H_5, X = NO_2).

B. Beim Erwärmen von opt.-inakt. 2,3-Dibrom-3-[4-benzyloxy-phenyl]-1-[1-hydroxy-4-nitro-[2]naphthyl]-propan-1-on (F: 149—150°) mit *N,N*-Dimethyl-anilin und Äthanol (*Wagh, Jadhav*, J. Univ. Bombay **27**, Tl. 3 A [1958] 1, 3).

Krystalle (aus Eg.); F: 262—263°.

2-[3-Brom-4-methoxy-phenyl]-6-nitro-benzo[h]chromen-4-on $C_{20}H_{12}BrNO_5$, Formel VIII
(X = NO_2).

B. Beim Erhitzen von opt.-inakt. 2,3-Dibrom-3-[3-brom-4-methoxy-phenyl]-1-[1-hydroxy-4-nitro-[2]naphthyl]-propan-1-on (F: 185—186°) mit Pyridin (*Wagh, Jadhav*, J. Univ. Bombay **26**, Tl. 5 A [1958] 28, 34).

Gelbe Krystalle (aus Eg.); F: 309—310°.

6-Hydroxy-3-phenyl-benzo[h]chromen-2-on, 3c-[1,4-Dihydroxy-[2]naphthyl]-2-phenyl-acrylsäure-1-lacton $C_{19}H_{12}O_3$, Formel IX (R = X = H).

B. Beim Erhitzen von 3c(?)-[1,4-Dimethoxy-[2]naphthyl]-2-phenyl-acrylonitril (F:

120°) mit Pyridin-hydrochlorid und Erwärmen des abgekühlten Reaktionsgemisches mit Wasser (*Buu-Hoi, Lavit*, Soc. **1956** 1743, 1745).
Gelbe Krystalle (aus A. + Toluol); F: 272°.

3-[2-Chlor-phenyl]-6-hydroxy-benzo[*h*]chromen-2-on, 2-[2-Chlor-phenyl]-3c-[1,4-di= hydroxy-[2]naphthyl]-acrylsäure-1-lacton $C_{19}H_{11}ClO_3$, Formel IX (R = H, X = Cl).
B. Beim Erhitzen von 2-[2-Chlor-phenyl]-3c(?)-[1,4-dimethoxy-[2]naphthyl]-acrylo= nitril (F: 123°) mit Pyridin-hydrochlorid und Erwärmen des abgekühlten Reaktions= gemisches mit Wasser (*Buu-Hoi, Lavit*, Soc. **1956** 1743, 1746).
Krystalle (aus A. + Toluol oder aus Eg.); F: 299°.

3-[4-Chlor-phenyl]-6-hydroxy-benzo[*h*]chromen-2-on, 2-[4-Chlor-phenyl]-3c-[1,4-di= hydroxy-[2]naphthyl]-acrylsäure-1-lacton $C_{19}H_{11}ClO_3$, Formel IX (R = Cl, X = H).
B. Beim Erhitzen von 2-[4-Chlor-phenyl]-3c(?)-[1,4-dimethoxy-[2]naphthyl]-acrylo= nitril (F: 140°) mit Pyridin-hydrochlorid und Erwärmen des abgekühlten Reaktions= gemisches mit Wasser (*Buu-Hoi, Lavit*, Soc. **1956** 1743, 1746).
Krystalle (aus A. + Toluol oder aus Eg.); F: 306°.

3-[4-Brom-phenyl]-6-hydroxy-benzo[*h*]chromen-2-on, 2-[4-Brom-phenyl]-3c-[1,4-di= hydroxy-[2]naphthyl]-acrylsäure-1-lacton $C_{19}H_{11}BrO_3$, Formel IX (R = Br, X = H).
B. Beim Erhitzen von 2-[4-Brom-phenyl]-3c(?)-[1,4-dimethoxy-[2]naphthyl]-acrylo= nitril (F: 144°) mit Pyridin-hydrochlorid und Erwärmen des abgekühlten Reaktions= gemisches mit Wasser (*Buu-Hoi, Lavit*, Soc. **1956** 1743, 1746).
Krystalle (aus A. + Toluol oder aus Eg.); F: 324°.

5-Hydroxy-2-phenyl-benzo[*f*]chromen-3-on, 3c-[2,3-Dihydroxy-[1]naphthyl]-2-phenyl-acrylsäure-2-lacton $C_{19}H_{12}O_3$, Formel X.
B. Beim Erhitzen von 3c(?)-[2,3-Dimethoxy-[1]naphthyl]-2-phenyl-acrylonitril (F: 149°) mit Pyridin-hydrochlorid und anschliessend mit Wasser (*Buu-Hoi, Lavit*, J. org. Chem. **21** [1956] 21, 22).
Gelbliche Krystalle (aus Eg.); F: 231°.

6-Hydroxy-2-phenyl-benzo[*f*]chromen-3-on, 3c-[2,4-Dihydroxy-[1]naphthyl]-2-phenyl-acrylsäure-2-lacton $C_{19}H_{12}O_3$, Formel XI.
B. Beim Erhitzen von 3c(?)-[2,4-Dimethoxy-[1]naphthyl]-2-phenyl-acrylonitril (F: 151°) mit Pyridin-hydrochlorid und Behandeln des Reaktionsgemisches mit Wasser (*Buu-Hoi, Lavit*, J. org. Chem. **21** [1956] 1022, 1024).
Gelbliche Krystalle (aus Bzl.); F: 289°.

7-Hydroxy-2-phenyl-benzo[*f*]chromen-3-on, 3c-[2,5-Dihydroxy-[1]naphthyl]-2-phenyl-acrylsäure-2-lacton $C_{19}H_{12}O_3$, Formel I (X = H).
B. Beim Erhitzen von 3c(?)-[2,5-Dimethoxy-[1]naphthyl]-2-phenyl-acrylonitril (F: 151°) mit Pyridin-hydrochlorid bis auf 200° (*Nguyen-Hoán*, C. r. **238** [1954] 1136).
F: 226°.

2-[4-Chlor-phenyl]-7-hydroxy-benzo[*f*]chromen-3-on, 2-[4-Chlor-phenyl]-3c-[2,5-di= hydroxy-[1]naphthyl]-acrylsäure-2-lacton $C_{19}H_{11}ClO_3$, Formel I (X = Cl).
B. Beim Erhitzen von 2-[4-Chlor-phenyl]-3c(?)-[2,5-dimethoxy-[1]naphthyl]-acrylo= nitril (F: 174°) mit Pyridin-hydrochlorid bis auf 200° (*Nguyen-Hoán*, C. r. **238** [1954] 1136).
F: 244°.

2-[4-Brom-phenyl]-7-hydroxy-benzo[*f*]chromen-3-on, 2-[4-Brom-phenyl]-3c-[2,5-di= hydroxy[1]naphthyl]-acrylsäure-2-lacton $C_{19}H_{11}BrO_3$, Formel I (X = Br).
B. Beim Erhitzen von 2-[4-Brom-phenyl]-3c(?)-[2,5-dimethoxy-[1]naphthyl]-acrylo= nitril (F: 190°) mit Pyridin-hydrochlorid bis auf 200° (*Nguyen-Hoán*, C. r. **238** [1954] 1136).
F: 257°.

8-Hydroxy-2-phenyl-benzo[f]chromen-3-on, 3c-[2,6-Dihydroxy-[1]naphthyl]-2-phenyl-acrylsäure-2-lacton $C_{19}H_{12}O_3$, Formel II (X = H).

B. Beim Erhitzen von 3c(?)-[2,6-Dimethoxy-[1]naphthyl]-2-phenyl-acrylonitril (F: 128°) mit Pyridin-hydrochlorid und Behandeln des Reaktionsgemisches mit Wasser (*Buu-Hoi, Lavit,* Soc. **1956** 1743, 1746).

Krystalle (aus A. + Toluol oder aus Eg.); F: 261°.

2-[4-Chlor-phenyl]-8-hydroxy-benzo[f]chromen-3-on, 2-[4-Chlor-phenyl]-3c-[2,6-dihydroxy-[1]naphthyl]-acrylsäure-2-lacton $C_{19}H_{11}ClO_3$, Formel II (X = Cl).

B. Beim Erhitzen von 2-[4-Chlor-phenyl]-3c(?)-[2,6-dimethoxy-[1]naphthyl]-acrylonitril (F: 157°) mit Pyridin-hydrochlorid und Behandeln des Reaktionsgemisches mit Wasser (*Buu-Hoi, Lavit,* Soc. **1956** 1743, 1746).

Krystalle (aus A. + Toluol oder aus Eg.); F: 277°.

9-Hydroxy-2-phenyl-benzo[f]chromen-3-on, 3c-[2,7-Dihydroxy-[1]naphthyl]-2-phenyl-acrylsäure-2-lacton $C_{19}H_{12}O_3$, Formel III (R = X = H).

B. Beim Erhitzen von 3c(?)-[2,7-Dimethoxy-[1]naphthyl]-2-phenyl-acrylonitril (F: 116°) mit Pyridin-hydrochlorid und Behandeln des Reaktionsgemisches mit Wasser (*Buu-Hoi, Lavit,* Soc. **1956** 1743, 1746).

Krystalle (aus A. + Toluol); F: 258°.

I II III IV

2-[4-Chlor-phenyl]-9-hydroxy-benzo[f]chromen-3-on, 2-[4-Chlor-phenyl]-3c-[2,7-dihydroxy-[1]naphthyl]-acrylsäure-2-lacton $C_{19}H_{11}ClO_3$, Formel III (R = H, X = Cl).

B. Beim Erhitzen von 2-[4-Chlor-phenyl]-3c(?)-[2,7-dimethoxy-[1]naphthyl]-acrylonitril (F: 141°) mit Pyridin-hydrochlorid und Behandeln des Reaktionsgemisches mit Wasser (*Buu-Hoi, Lavit,* Soc. **1956** 1743, 1746).

Krystalle (aus A. + Toluol oder aus Eg.); F: 288°.

2-[3,4-Dichlor-phenyl]-9-hydroxy-benzo[f]chromen-3-on, 2-[3,4-Dichlor-phenyl]-3c-[2,7-dihydroxy-[1]naphthyl]-acrylsäure-2-lacton $C_{19}H_{10}Cl_2O_3$, Formel III (R = X = Cl).

B. Beim Erhitzen von 2-[3,4-Dichlor-phenyl]-3c(?)-[2,7-dimethoxy-[1]naphthyl]-acrylonitril (F: 155°) mit Pyridin-hydrochlorid und Erhitzen des Reaktionsgemisches mit wss. Salzsäure (*Buu-Hoi, Xuong,* Bl. **1957** 650, 652).

Gelbe Krystalle (aus Bzl.); F: 313°.

2-[4-Brom-phenyl]-9-hydroxy-benzo[f]chromen-3-on, 2-[4-Brom-phenyl]-3c-[2,7-dihydroxy-[1]naphthyl]-acrylsäure-2-lacton $C_{19}H_{11}BrO_3$, Formel III (R = H, X = Br).

B. Beim Erhitzen von 2-[4-Brom-phenyl]-3c(?)-[2,7-dimethoxy-[1]naphthyl]-acrylonitril (F: 161°) mit Pyridin-hydrochlorid und Behandeln des Reaktionsgemisches mit Wasser (*Buu-Hoi, Lavit,* Soc. **1956** 1743, 1746).

Krystalle (aus A. + Toluol oder aus Eg.); F: 307°.

2-[3-Fluor-4-hydroxy-phenyl]-benzo[f]chromen-3-on $C_{19}H_{11}FO_3$, Formel IV.

B. Beim Erhitzen von 2-[3-Fluor-4-methoxy-phenyl]-3c(?)-[2-methoxy-[1]naphthyl]-

acrylonitril (F: 177°) mit Pyridin-hydrochlorid und Erhitzen des Reaktionsgemisches mit wss. Salzsäure (*Buu-Hoi et al.*, J. org. Chem. **22** [1957] 193, 196).
Gelbliche Krystalle (aus A. + Bzl.); F: 255°.

3-[2-Methoxy-phenyl]-benzo[*f*]chromen-1-on $C_{20}H_{14}O_3$, Formel V.

B. Beim Behandeln von 1-[2-(2-Methoxy-benzoyloxy)-[1]naphthyl]-äthanon mit Natriumamid in Äther (*Bhalla et al.*, Soc. **1935** 868).
Krystalle (aus A.); F: 188—189°.

3-[4-Hydroxy-phenyl]-benzo[*f*]chromen-1-on $C_{19}H_{12}O_3$, Formel VI (R = H).

B. Beim Erhitzen von 3-[4-Methoxy-phenyl]-benzo[*f*]chromen-1-on mit wss. Jod=wasserstoffsäure, Essigsäure und Acetanhydrid (*Menon, Venkataraman*, Soc. **1931** 2594, 2595).
Gelbe Krystalle (aus A.); F: 283—285°.

3-[4-Methoxy-phenyl]-benzo[*f*]chromen-1-on $C_{20}H_{14}O_3$, Formel VI (R = CH_3).

B. Beim Erhitzen von 1-[2-Hydroxy-[1]naphthyl]-äthanon mit 4-Methoxy-benzoe=säure-anhydrid und Natrium-[4-methoxy-benzoat] auf 190° (*Menon, Venkataraman*, Soc. **1931** 2591, 2594). Beim Behandeln von 1-[2-Hydroxy-[1]naphthyl]-3-[4-methoxy-phenyl]-propan-1,3-dion mit Bromwasserstoff in Essigsäure (*Ullal et al.*, Soc. **1940** 1499). Beim Erwärmen von (±)-3-[4-Methoxy-phenyl]-2,3-dihydro-benzo[*f*]chromen-1-on mit *N*-Brom-succinimid in Tetrachlormethan (*Hishida et al.*, J. chem. Soc. Japan Pure Chem. Sect. **74** [1953] 697; C. A. **1954** 12094) oder mit Phosphor(V)-chlorid in Benzol (*Me., Ve.*). Beim Erwärmen von 2-[(*Z*?)-4-Methoxy-benzyliden]-naphtho[2,1-*b*]furan-1-on (F: 168°) mit Kaliumcyanid in Äthanol (*Fitzgerald et al.*, Soc. **1955** 860, 862). Aus opt.-inakt. 1-[2-Acetoxy-[1]naphthyl]-2,3-dibrom-3-[4-methoxy-phenyl]-propan-1-on (F: 154°) mit Hilfe von wss.-äthanol. Natronlauge (*Marathey*, J. org. Chem. **20** [1955] 563, 568).
Gelbe Krystalle, F: 162° [aus A. + Eg.] (*Ma.*), 160,5° [aus A.] (*Hi. et al.*); F: 165° und F: 171—173° [dimorph] (*Fi. et al.*).

5-Brom-2-[(*Z*?)-2-methoxy-benzyliden]-naphtho[1,2-*b*]furan-3-on $C_{20}H_{13}BrO_3$, vermutlich Formel VII (R = H, X = Br).

Bezüglich der Konfigurationszuordnung vgl. *Brady et al.*, Tetrahedron **29** [1973] 359.
B. Beim Erwärmen von opt.-inakt. 2,3-Dibrom-1-[4-brom-1-hydroxy-[2]naphthyl]-3-[2-methoxy-phenyl]-propan-1-on (F: 162—163°) mit wss. Kalilauge und Aceton (*Wagh, Jadhav*, J. Univ. Bombay **25**, Tl. 3 A [1956] 23, 29).
Gelbe Krystalle (aus Eg.); F: 250—251°.

V   VI   VII

5-Brom-2-[(*Z*?)-5-brom-2-methoxy-benzyliden]-naphtho[1,2-*b*]furan-3-on $C_{20}H_{12}Br_2O_3$, vermutlich Formel VII (R = X = Br).

Bezüglich der Konfigurationszuordnung vgl. *Brady et al.*, Tetrahedron **29** [1973] 359.
B. Beim Erwärmen von opt.-inakt. 2,3-Dibrom-1-[4-brom-1-hydroxy-[2]naphthyl]-3-[5-brom-2-methoxy-phenyl]-propan-1-on (F: 219—222°) mit wss. Kalilauge und Aceton (*Wagh, Jadhav*, J. Univ. Bombay **25**, Tl. 3 A [1956] 23, 29).
Gelbe Krystalle (aus Eg.); F: 293—294°.

2-[(Z?)-5-Brom-2-methoxy-benzyliden]-5-nitro-naphtho[1,2-b]furan-3-on $C_{20}H_{12}BrNO_5$, vermutlich Formel VII (R = Br, X = NO_2).

Bezüglich der Konfigurationszuordnung vgl. *Brady et al.*, Tetrahedron **29** [1973] 359.

B. Beim Erhitzen von opt.-inakt. 2,3-Dibrom-3-[5-brom-2-methoxy-phenyl]-1-[1-hydroxy-4-nitro-[2]naphthyl]-propan-1-on (F: 217–218° [Zers.]) mit Pyridin (*Wagh, Jadhav*, J. Univ. Bombay **26**, Tl. 5 A [1958] 28, 33).

Gelbe Krystalle (aus Eg.); F: 225–226°.

5-Brom-2-[(Z?)-4-methoxy-benzyliden]-naphtho[1,2-b]furan-3-on $C_{20}H_{13}BrO_3$, vermutlich Formel VIII.

Bezüglich der Konfigurationszuordnung vgl. *Brady et al.*, Tetrahedron **29** [1973] 359.

B. Beim Erwärmen von opt.-inakt. 2-Brom-1-[4-brom-1-hydroxy-[2]naphthyl]-3-methoxy-3-[4-methoxy-phenyl]-propan-1-on (E III **8** 3846) mit wss. Natronlauge und Aceton (*Khanolkar, Wheeler*, Soc. **1938** 2118).

Krystalle (aus $CHCl_3$ + A.); F: 219–220°.

VIII   IX   X

2-[(Z?)-4-Methoxy-benzyliden]-naphtho[2,1-b]furan-1-on $C_{20}H_{14}O_3$, vermutlich Formel IX.

Bezüglich der Konfigurationszuordnung vgl. *Brady et al.*, Tetrahedron **29** [1973] 359.

B. Beim Behandeln einer warmen Lösung von Naphtho[2,1-b]furan-1-on (E III/IV **17** 1587) und 4-Methoxy-benzaldehyd in Äthanol mit konz. wss. Salzsäure (*Fitzgerald et al.*, Soc. **1955** 860, 861). Beim Erwärmen von opt.-inakt. 1-[2-Acetoxy-[1]naphthyl]-2,3-dibrom-3-[4-methoxy-phenyl]-propan-1-on (F: 154°) mit wss.-äthanol. Natronlauge (*Marathey*, J. org. Chem. **20** [1955] 563, 569).

Gelbe Krystalle; F: 168° (*Fi. et al.*), 164° [aus A. + Eg.] (*Ma.*).

3-Benzoyl-2-methoxy-dibenzofuran, [2-Methoxy-dibenzofuran-3-yl]-phenyl-keton $C_{20}H_{14}O_3$, Formel X.

Diese Konstitution kommt der von *Routier et al.* (Soc. **1956** 4276, 4278) als x-Benzoyl-2-methoxy-dibenzofuran formulierten Verbindung (F: 124°) zu; die von *Routier et al.* (l. c.) als 3-Benzoyl-2-methoxy-dibenzofuran angesehene Verbindung (F: 133–134°) ist möglicherweise als 1-Benzoyl-2-hydroxy-dibenzofuran $C_{19}H_{12}O_3$ (Formel I) aufzufassen (*Keumi et al.*, J. chem. Soc. Japan **1972** 1438; C. A. **77** [1972] 151769).

B. Beim Behandeln von 2-Methoxy-dibenzofuran mit Benzoylchlorid, Aluminiumchlorid und Nitrobenzol (*Rou. et al.*).

Krystalle (aus Cyclohexan); F: 124° (*Rou. et al.*).

5-Hydroxy-2-[1]naphthyl-chromen-4-on $C_{19}H_{12}O_3$, Formel II.

B. In kleiner Menge neben 7-Hydroxy-2-[1]naphthyl-chromen-4-on (S. 828) beim Erhitzen von 3-Oxo-3-[1]naphthyl-propionsäure-äthylester mit Resorcin bis auf 290° (*Pillon*, Bl. **1955** 39, 44).

Krystalle (aus A.); F: 186–187°. Absorptionsmaxima (A.): 243 nm und 330 nm.

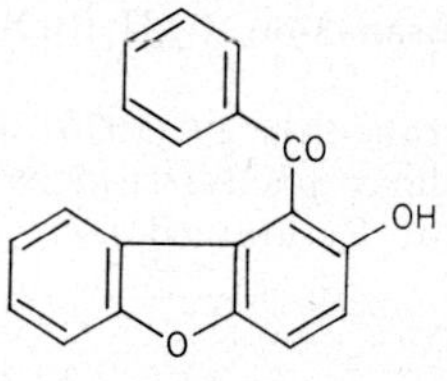

I 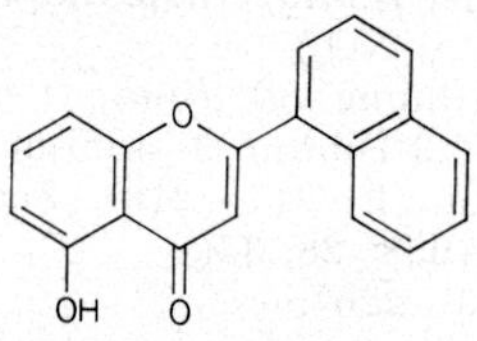 II 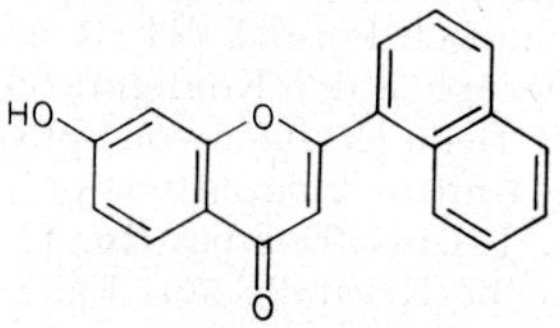 III

7-Hydroxy-2-[1]naphthyl-chromen-4-on $C_{19}H_{12}O_3$, Formel III.
Unter dieser Konstitution sind die beiden folgenden Präparate beschrieben worden.
a) Präparat vom F: 291°.
B. Beim Erwärmen von 1-[4-Benzoyloxy-2-[1]naphthoyloxy-phenyl]-äthanon mit Natrium in Benzol (*Virkar, Shah*, J. Univ. Bombay **11**, Tl. 3 A [1942/43] 140).
Krystalle (aus Nitrobenzol); F: 291° [nach Sintern bei 188°].
Überführung in das *O*-Acetyl-Derivat $C_{21}H_{14}O_4$ (7-Acetoxy-2-[1]naphthyl-chromen-4-on(?); Krystalle [aus A. + Bzl.], F: 173°) und in das *O*-Benzoyl-Derivat $C_{26}H_{16}O_4$ (7-Benzoyloxy-2-[1]naphthyl-chromen-4-on(?); Krystalle [aus A. + Bzl.], F: 159°): *Vi., Shah*, l. c. S. 142.
b) Präparat vom F: 260°.
B. Als Hauptprodukt beim Erhitzen von 3-Oxo-3-[1]naphthyl-propionsäure-äthylester mit Resorcin bis auf 290° (*Pillon*, Bl. **1955** 39, 44).
Farblose oder gelbe Krystalle (aus A.); F: 260° (*Pi.*). Absorptionsmaximum (A.): 309 nm (*Pi.*).
Überführung in das Acetyl-Derivat $C_{21}H_{14}O_4$ (Krystalle [aus A.], F: 111–113°; Absorptionsmaximum (A.): 304 nm): *Pi.*

2-[2-Methoxy-[1]naphthyl]-chromen-4-on $C_{20}H_{14}O_3$, Formel IV.
B. Beim Erwärmen von (2*RS*,3*SR*(?))-2,3-Dibrom-1-[2-hydroxy-phenyl]-3-[2-methoxy-[1]naphthyl]-propan-1-on (E III **8** 3001) mit Kaliumcyanid in wss. Äthanol (*Acharya et al.*, Soc. **1940** 817).
Krystalle (aus Eg.); F: 178°.

7-Hydroxy-2-[2]naphthyl-chromen-4-on $C_{19}H_{12}O_3$, Formel V (R = H).
B. Beim Erhitzen von 1-[4-Benzoyloxy-2-hydroxy-phenyl]-3-[2]naphthyl-propan-1,3-dion mit wss. Jodwasserstoffsäure und Acetanhydrid (*Virkar, Shah*, J. Univ. Bombay **11**, Tl. 3 A [1942/43] 140, 142).
Krystalle (aus Nitrobenzol); F: 288°.

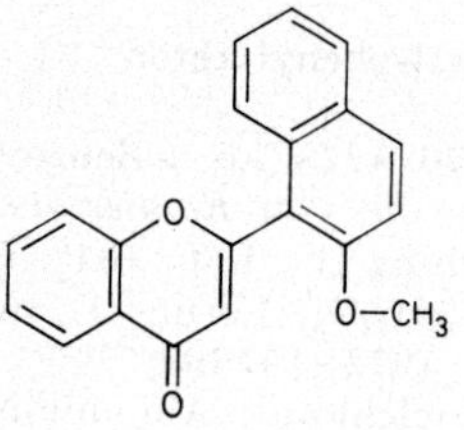

IV 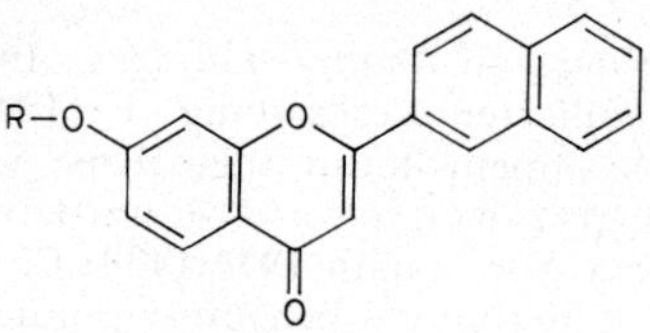 V 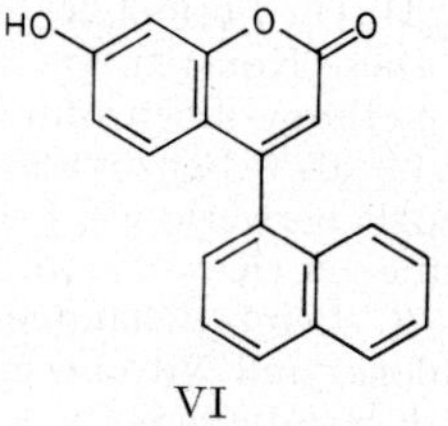 VI

7-Acetoxy-2-[2]naphthyl-chromen-4-on $C_{21}H_{14}O_4$, Formel V (R = CO-CH$_3$).
B. Aus 7-Hydroxy-2-[2]naphthyl-chromen-4-on (*Virkar, Shah*, J. Univ. Bombay **11**, Tl. 3 A [1942/43] 140, 142).
Krystalle (aus A.); F: 190°.

7-Benzoyloxy-2-[2]naphthyl-chromen-4-on $C_{26}H_{16}O_4$, Formel V (R = CO-C$_6$H$_5$).
B. Beim Behandeln von 1-[4-Benzoyloxy-2-hydroxy-phenyl]-3-[2]naphthyl-propan-

1,3-dion mit Bromwasserstoff in Essigsäure (*Virkar, Shah*, J. Univ. Bombay **11**, Tl. 3A [1942/43] 140, 142).
Krystalle (aus A. + Bzl.); F: 198°.

7-Hydroxy-4-[1]naphthyl-cumarin $C_{19}H_{12}O_3$, Formel VI.

Diese Konstitution kommt der nachstehend beschriebenen Verbindung zu (*Pillon*, Bl. **1955** 39, 42).

B. Beim Behandeln von 3-Oxo-3-[1]naphthyl-propionsäure-äthylester mit Resorcin und wss. Schwefelsäure (*Pi.*, l. c. S. 44).

Gelbgrüne Krystalle (aus A.); F: 294—295°. Absorptionsmaxima (A.): 290 nm und 330 nm.

Überführung in das *O*-Acetyl-Derivat $C_{21}H_{14}O_4$ (7-Acetoxy-4-[1]naphthyl-cumarin; Krystalle, F: 122—123°; λ_{max} [A]: 283 nm und 310 nm): *Pi.*

2-[1]Naphthoyl-benzofuran-3-ol, [3-Hydroxy-benzofuran-2-yl]-[1]naphthyl-keton

$C_{19}H_{12}O_3$, Formel VII, und Tautomere (z. B. 2-[1]Naphthoyl-benzofuran-3-on).

B. Beim Behandeln von 2-Chlor-1-[2-[1]naphthoyloxy-phenyl]-äthanon mit Natrium=hydrid oder Kaliumhydroxid in Dioxan (*Philbin et al.*, Soc. **1954** 4174).

Hellgelbe Krystalle (aus A.); F: 173—175°.

Benzofuran-2-yl-[4-hydroxy-[1]naphthyl]-keton $C_{19}H_{12}O_3$, Formel VIII (R = H).

B. Beim Erhitzen von Benzofuran-2-yl-[4-methoxy-[1]naphthyl]-keton (s. u.) mit Pyridin-hydrochlorid (*Buu-Hoi et al.*, Soc. **1957** 625, 628).

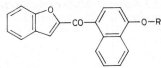

VII VIII

Benzofuran-2-yl-[4-methoxy-[1]naphthyl]-keton $C_{20}H_{14}O_3$, Formel VIII (R = CH_3).

B. Beim Erwärmen von Salicylaldehyd mit 2-Brom-1-[4-methoxy-[1]naphthyl]-äthanon und äthanol. Kalilauge (*Buu-Hoi et al.*, Soc. **1957** 625, 628). Aus Benzofuran-2-carbonylchlorid und 1-Methoxy-naphthalin mit Hilfe von Aluminiumchlorid (*Buu-Hoi et al.*).

Krystalle (aus Me.); F: 139°.

2-[(Z?)-2-Methoxy-[1]naphthylmethylen]-benzofuran-3-on $C_{20}H_{14}O_3$, vermutlich Formel IX.

Bezüglich der Konfigurationszuordnung vgl. *Brady et al.*, Tetrahedron **29** [1973] 359.

B. Beim Erwärmen von opt.-inakt. 3-Äthoxy-2-brom-1-[2-hydroxy-phenyl]-3-[2-meth=oxy-[1]naphthyl]-propan-1-on (F: 179°) in wss.-äthanol. Natronlauge (*Acharya et al.*, Soc. **1940** 817).

Krystalle (aus A.); F: 178°.

2,4-Dinitro-phenylhydrazon $C_{26}H_{18}N_4O_6$. Orangefarbene Krystalle (aus A.); F: 238°.

IX X

2-[2]Naphthoyl-benzofuran-3-ol, [3-Hydroxy-benzofuran-2-yl]-[2]naphthyl-keton
$C_{19}H_{12}O_3$, Formel X, und Tautomere (z. B. 2-[2]Naphthoyl-benzofuran-3-on).

B. Beim Behandeln von 2-Chlor-1-[2-[2]naphthoyloxy-phenyl]-äthanon mit Natrium=
hydrid oder Kaliumhydroxid in Dioxan (*Philbin et al.*, Soc. **1954** 4174).

Orangegelbe Krystalle (aus A.); F: 153—154°.

Hydroxy-oxo-Verbindungen $C_{20}H_{14}O_3$

(±)-3-Biphenyl-4-yl-3-methoxy-phthalid $C_{21}H_{16}O_3$, Formel I.

B. Beim Erwärmen von 2-[Biphenyl-4-carbonyl]-benzoesäure in Schwefelsäure enthal-
tendem Methanol (*Bergmann, Pinchas,* J. org. Chem. **15** [1950] 1023).

Krystalle (aus Me.); F: 103°.

I II III

**5-Methoxy-3,3-diphenyl-3H-benzofuran-2-on, [2-Hydroxy-5-methoxy-phenyl]-diphenyl-
essigsäure-lacton** $C_{21}H_{16}O_3$, Formel II.

B. Aus Benzilsäure und 4-Methoxy-phenol (*Easson et al.,* Quart. J. Pharm. Pharmacol.
7 [1934] 509, 510, 511).

F: 127—129°.

**7-Hydroxy-3,3-diphenyl-3H-benzofuran-2-on, [2,3-Dihydroxy-phenyl]-diphenyl-essig=
säure-2-lacton** $C_{20}H_{14}O_3$, Formel III.

Die früher (s. H **18** 72) unter dieser Konstitution beschriebene Verbindung ist als
[2-Hydroxy-phenoxy]-diphenyl-essigsäure-lacton (3,3-Diphenyl-3H-benzo[1,4]dioxin-
2-on) zu formulieren (*Erickson, Dechary,* Am. Soc. **74** [1952] 2644).

B. Beim Erhitzen von [2,3-Dimethoxy-phenyl]-diphenyl-essigsäure (*Er., De.,* l. c.
S. 2645) oder von [2,3-Dimethoxy-phenyl]-diphenyl-acetonitril (*Erickson, Dechary,* Am.
Soc. **74** [1952] 2676) mit wss. Jodwasserstoffsäure und Essigsäure.

Krystalle (aus Bzl. + PAe.); F: 192,5—193,5° [unkorr.].

(±)-3-[2-Hydroxy-phenyl]-3-phenyl-phthalid $C_{20}H_{14}O_3$, Formel IV (R = X = H).

B. Neben 3-[4-Hydroxy-phenyl]-3-phenyl-phthalid beim Erwärmen von (±)-3-Chlor-
3-phenyl-phthalid (E III/IV **17** 5317) mit Phenol und Benzol (*Hubacher,* Am. Soc. **65**
[1943] 1655).

Krystalle (aus Eg.); F: 240,5—241,3° [korr.]. Bei 150°/0,01 Torr sublimierbar.

(±)-3-[2-Methoxy-phenyl]-3-phenyl-phthalid $C_{21}H_{16}O_3$, Formel IV (R = CH$_3$, X = H).

B. Beim Erhitzen von (±)-[2-Äthoxymethyl-phenyl]-[2-methoxy-phenyl]-phenyl-
methanol mit Natriumdichromat in Essigsäure (*Blicke, Weinkauff,* Am. Soc. **54** [1932]
1446, 1452, 1453). Aus (±)-3-[2-Hydroxy-phenyl]-3-phenyl-phthalid mit Hilfe von Di=
methylsulfat (*Hubacher,* Am. Soc. **65** [1943] 1655).

Krystalle (aus A.); F: 127—128° (*Bl., We.*), 126,1—126,7° [korr.] (*Hu.*).

(±)-3-[2-Acetoxy-phenyl]-3-phenyl-phthalid $C_{22}H_{16}O_4$, Formel IV (R = CO-CH$_3$, X = H).

B. Aus (±)-3-[2-Hydroxy-phenyl]-3-phenyl-phthalid (*Hubacher,* Am. Soc. **65** [1943]
1655).

Krystalle (aus A.); F: 136,6—137,7° [korr.].

(±)-3-[5-Brom-2-hydroxy-phenyl]-3-phenyl-phthalid $C_{20}H_{13}BrO_3$, Formel IV (R = H, X = Br).

B. Beim Behandeln von (±)-3-Chlor-3-phenyl-phthalid (E III/IV **17** 5317) mit 4-Brom-phenol und Aluminiumchlorid in 1,1,2,2-Tetrachlor-äthan (*Blicke, Swisher*, Am. Soc. **56** [1934] 923, **57** [1935] 2737).
Krystalle (aus Eg.); F: 210—211°.

(±)-3-[3-Methoxy-phenyl]-3-phenyl-phthalid $C_{21}H_{16}O_3$, Formel V.

B. Beim Erhitzen von (±)-[2-Äthoxymethyl-phenyl]-[3-methoxy-phenyl]-phenyl-methanol mit Natriumdichromat in Essigsäure (*Blicke, Weinkauff*, Am. Soc. **54** [1932] 1446, 1452, 1453).
Harz.

(±)-3-[4-Hydroxy-phenyl]-3-phenyl-phthalid $C_{20}H_{14}O_3$, Formel VI (R = X = H) (H 72; E I 337).

B. Beim Behandeln von (±)-3-Chlor-3-phenyl-phthalid (E III/IV **17** 5317) mit Phenol und Benzol (*Hubacher*, Am. Soc. **65** [1943] 1655; *Blicke, Swisher*, Am. Soc. **56** [1934] 923). Beim Behandeln von 2-Benzoyl-benzoesäure-phenylester (E III **10** 3292) oder von (±)-3-Phenoxy-3-phenyl-phthalid (E III/IV **18** 611) mit konz. Schwefelsäure oder mit Aluminiumchlorid in 1,1,2,2-Tetrachlor-äthan (*Blicke, Swisher*, Am. Soc. **56** [1934] 902). Beim Erhitzen von (±)-3-[4-Methoxy-phenyl]-3-phenyl-phthalid mit wss. Bromwasserstoffsäure und Essigsäure (*Blicke, Weinkauff*, Am. Soc. **54** [1932] 1446, 1450, 1453).
Krystalle (aus Eg.); F: 170,1—170,4° [korr.] (*Hu.*), 168—170° (*Bl., Sw.*, l. c. S. 924). UV-Spektrum einer neutralen Lösung (235—310 nm) sowie einer Lösung in wss. Kalilauge (250 nm bis 350 nm): *Ramart-Lucas*, Bl. [5] **1** [1934] 1133, 1139. Polarographie: *Wawzonek et al.*, Am. Soc. **66** [1944] 827, 828.

IV V VI

(±)-3-[4-Methoxy-phenyl]-3-phenyl-phthalid $C_{21}H_{16}O_3$, Formel VI (R = CH$_3$, X = H) (E I 338).

B. Beim Behandeln von (±)-3-Chlor-3-phenyl-phthalid (E III/IV **17** 5317) mit Anisol und Benzol (*Blicke, Swisher*, Am. Soc. **56** [1934] 923) oder mit Anisol und Nitromethan in Gegenwart von Silberperchlorat (*Burton, Munday*, Soc. **1957** 1727, 1732). Beim Erhitzen von 2-Benzoyl-benzoesäure mit Anisol und kleinen Mengen wss. Perchlorsäure (*Burton, Munday*, Chem. and Ind. **1956** 316). Beim Erwärmen von 2-[4-Methoxybenzoyl]-benzoesäure mit Phenylmagnesiumbromid in Äther und Behandeln des Reaktionsprodukts mit wss. Schwefelsäure (*Lin Che Kin*, A. ch. [11] **13** [1940] 317, 338). Beim Erhitzen von (±)-[2-Äthoxymethyl-phenyl]-[4-methoxy-phenyl]-phenyl-methanol mit Natriumdichromat in Essigsäure (*Blicke, Weinkauff*, Am. Soc. **54** [1932] 1446, 1452, 1453).
Krystalle (aus Eg.); F: 115° (*Lin Che Kin*), 110—115° (*Bl., Sw.*); Präparate vom F: 86° (s. E I 338 sowie *Bu., Mu.*) haben vermutlich Lösungsmittel enthalten (*Bl., Sw.*). UV-Spektrum (230—300 nm): *Lin Che Kin*, l. c. S. 369.

(±)-3-[3,5-Dibrom-4-hydroxy-phenyl]-3-phenyl-phthalid $C_{20}H_{12}Br_2O_3$, Formel VI (R = H, X = Br).

Diese Verbindung hat vermutlich auch in den früher (s. H 72) als 3-[x,x-Dibrom-

4-hydroxy-phenyl]-3-phenyl-phthalid beschriebenen Präparaten vom F: 199° bzw F: 196°) vorgelegen.

B. Beim Behandeln von (±)-3-Chlor-3-phenyl-phthalid (E III/IV **17** 5317) mit 2,6-Dibrom-phenol und Aluminiumchlorid in 1,1,2,2-Tetrachlor-äthan (*Blicke, Swisher*, Am. Soc. **56** [1934] 923).

Krystalle (aus Eg.); F: 199—200°.

(±)-7-Hydroxy-3,4-diphenyl-phthalid $C_{20}H_{14}O_3$, Formel VII (R = X = H).

B. Beim Erwärmen von (±)-7-Benzoyloxy-3,4-diphenyl-phthalid mit wss.-methanol. Kalilauge (*Kende, Ullman*, J. org. Chem. **22** [1957] 140, 142).

Krystalle (aus Ae. + PAe.); F: 139—140°. IR-Banden (CHCl$_3$) im Bereich von 2,9 μ bis 12 μ: *Ke., Ul.* Absorptionsmaximum (A.): 310 nm.

(±)-7-Methoxy-3,4-diphenyl-phthalid $C_{21}H_{16}O_3$, Formel VII (R = CH$_3$, X = H).

B. Beim Behandeln von (±)-7-Hydroxy-3,4-diphenyl-phthalid mit Diazomethan in Äther (*Kende, Ullman*, J. org. Chem. **22** [1957] 140, 142).

Krystalle (aus Ae. + E.); F: 222—223°. IR-Banden (CHCl$_3$) im Bereich von 5,5 μ bis 9,6 μ: *Ke., Ul.* Absorptionsmaximum (A.): 307 nm.

(±)-7-Acetoxy-3,4-diphenyl-phthalid $C_{22}H_{16}O_4$, Formel VII (R = CO-CH$_3$, X = H).

B. Beim Behandeln von (±)-7-Hydroxy-3,4-diphenyl-phthalid mit Acetanhydrid und Pyridin (*Kende, Ullman*, J. org. Chem. **22** [1957] 140, 142).

Krystalle (aus PAe. + Ae.); F: 191—192°. IR-Banden (CHCl$_3$) im Bereich von 5,6 μ bis 11,2 μ: *Ke., Ul.* Absorptionsmaximum (A.): 290 nm.

(±)-7-Benzoyloxy-3,4-diphenyl-phthalid $C_{27}H_{18}O_4$, Formel VII (R = CO-C$_6$H$_5$, X = H).

Diese Verbindung hat auch in dem früher (s. H **10** 697) erwähnten, aus 4-Oxo-4-phenyl-buttersäure erhaltenen Präparat (F: 191—192°) der vermeintlichen Zusammensetzung $C_{20}H_{14}O_3$ vorgelegen (*Kende, Ullman*, J. org. Chem. **22** [1957] 140).

B. Beim Erwärmen von 4-Oxo-4-phenyl-buttersäure mit Benzoylchlorid (*Ke., Ul.*).

Krystalle (aus A.); F: 194—195°. IR-Banden (CHCl$_3$) im Bereich von 5,6 μ bis 9,8 μ: *Ke., Ul.* Absorptionsmaximum (A.): 228 nm.

(±)-3,4-Bis-[4-chlor-phenyl]-7-hydroxy-phthalid $C_{20}H_{12}Cl_2O_3$, Formel VII (R = H, X = Cl).

B. Beim Erwärmen von (±)-7-Benzoyloxy-3,4-bis-[4-chlor-phenyl]-phthalid mit wss.-methanol. Kalilauge (*Kende, Ullman*, J. org. Chem. **22** [1957] 140, 142).

Krystalle (aus PAe. + Ae.); F: 186—187°. IR-Banden (CHCl$_3$) im Bereich von 2,9 μ bis 10 μ: *Ke., Ul.* Absorptionsmaxima (A.): 259 nm und 309 nm.

VII   VIII   IX

(±)-7-Benzoyloxy-3,4-bis-[4-chlor-phenyl]-phthalid $C_{27}H_{16}Cl_2O_4$, Formel VII (R = CO-C$_6$H$_5$, X = Cl).

B. Neben einer Verbindung $C_{27}H_{16}Cl_2O_4$ vom F: 245—248° (amorphes gelbes Pulver; möglicherweise (±)-4-Benzoyloxy-3,7-bis-[4-chlor-phenyl]-phthalid) beim Erwärmen von 4-[4-Chlor-phenyl]-4-oxo-buttersäure mit Benzoylchlorid (*Kende, Ullman*, J. org. Chem. **22** [1957] 140, 142).

Krystalle (aus Bzl. + PAe.); F: 191—192°. IR-Banden (CHCl$_3$) im Bereich von 5,6 μ bis 9,9 μ: *Ke., Ul.* Absorptionsmaximum (A.): 229 nm.

(±)-3-Hydroxy-11-phenyl-11*H*-dibenz[*b,e*]oxepin-6-on, (±)-2-[2,4-Dihydroxy-benz=
hydryl]-benzoesäure-2-lacton C$_{20}$H$_{14}$O$_3$, Formel VIII (R = H).
  B. Beim Erhitzen von (±)-2-[2,4-Dihydroxy-benzhydryl]-benzoesäure auf 220° (*Hubacher,* J. org. Chem. **23** [1958] 1400, 1402).
  Krystalle (aus A.); F: 242—242,5° [korr.]. Bei 200°/0,01 Torr sublimierbar.

(±)-3-Methoxy-11-phenyl-11*H*-dibenz[*b,e*]oxepin-6-on, (±)-2-[2-Hydroxy-4-methoxy-
benzhydryl]-benzoesäure-lacton C$_{21}$H$_{16}$O$_3$, Formel VIII (R = CH$_3$).
  B. Aus (±)-2-[2,4-Dihydroxy-benzhydryl]-benzoesäure-2-lacton (*Hubacher,* J. org. Chem. **23** [1958] 1400, 1402).
  Krystalle (aus A.); F: 191,9—192,7° [korr.].

(±)-3-Acetoxy-11-phenyl-11*H*-dibenz[*b,e*]oxepin-6-on, (±)-2-[4-Acetoxy-2-hydroxy-
benzhydryl]-benzoesäure-lacton C$_{22}$H$_{16}$O$_4$, Formel VIII (R = CO-CH$_3$).
  B. Beim Erhitzen von (±)-2-[2,4-Dihydroxy-benzhydryl]-benzoesäure oder von (±)-2-[2,4-Dihydroxy-benzhydryl]-benzoesäure-2-lacton mit Acetanhydrid (*Hubacher,* J. org. Chem. **23** [1958] 1402).
  Krystalle (aus E.); F: 174,6—175,3° [korr.].

4-Hydroxy-1-methyl-7-nitro-9-phenyl-xanthen-3-on C$_{20}$H$_{13}$NO$_5$, Formel IX (X = H), und Tautomeres.
  B. Beim Erhitzen von 2-[2,6-Dihydroxy-4-methyl-phenoxy]-5-nitro-benzophenon mit Piperidin und Behandeln des Reaktionsgemisches mit wss. Schwefelsäure (*Loudon, Scott,* Soc. **1953** 269, 271).
  Krystalle (aus Anisol); F: 277° [Zers.].

2-Brom-4-hydroxy-1-methyl-7-nitro-9-phenyl-xanthen-3-on C$_{20}$H$_{12}$BrNO$_5$, Formel IX (X = Br), und Tautomeres.
  B. Beim Erhitzen von 2-[3,5-Dibrom-2,6-dihydroxy-4-methyl-phenoxy]-5-nitro-benzo=
phenon mit Piperidin und Behandeln des Reaktionsgemisches mit wss. Schwefelsäure (*Loudon, Scott,* Soc. **1953** 269, 271).
  F: 300° [Zers.].

4-Hydroxy-2-methyl-7-nitro-9-phenyl-xanthen-3-on C$_{20}$H$_{13}$NO$_5$, Formel I, und Tauto=
meres.
  B. Beim Erhitzen von 2-[2,6-Dihydroxy-3-methyl-phenoxy]-5-nitro-benzophenon mit Piperidin und Behandeln des Reaktionsgemisches mit wss. Schwefelsäure (*Loudon, Scott,* Soc. **1953** 269, 272).
  Krystalle (aus Anisol); F: 295° [Zers.].

**6-Hydroxy-5-methyl-3-phenyl-benzo[*h*]chromen-2-on, 3c-[1,4-Dihydroxy-3-methyl-
[2]naphthyl]-2-phenyl-acrylsäure-1-lacton** C$_{20}$H$_{14}$O$_3$, Formel II.
  B. Beim Erhitzen von 3c(?)-[1,4-Dimethoxy-3-methyl-[2]naphthyl]-2-phenyl-acrylo=
nitril (F: 149°) mit Pyridin-hydrochlorid und Behandeln des Reaktionsgemisches mit Wasser (*Buu-Hoï, Lavit,* Soc. **1956** 1743, 1746).
  Krystalle (aus A. + Toluol oder aus Eg.); F: 240°.

**7-Hydroxy-2-*p*-tolyl-benzo[*f*]chromen-3-on, 3c-[2,5-Dihydroxy-[1]naphthyl]-2-*p*-tolyl-
acrylsäure-2-lacton** C$_{20}$H$_{14}$O$_3$, Formel III.
  B. Beim Erhitzen von 3c(?)-[2,5-Dimethoxy-[1]naphthyl]-2-*p*-tolyl-acrylonitril (F: 159°) mit Pyridin-hydrochlorid bis auf 200° (*Nguyen-Hoán,* C. r. **238** [1954] 1136).
  F: 231°.

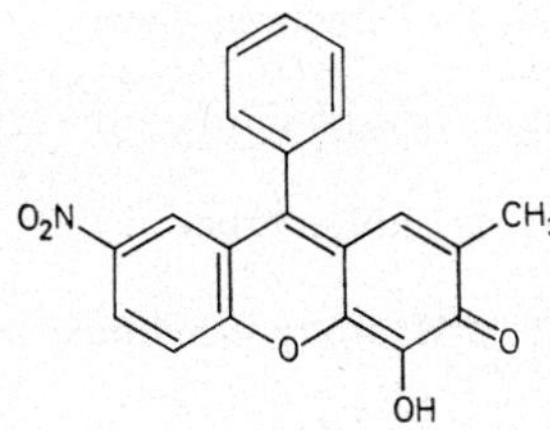

8-Hydroxy-7-methyl-2-phenyl-benzo[*f*]chromen-3-on, 3*c*-[2,6-Dihydroxy-5-methyl-[1]naphthyl]-2-phenyl-acrylsäure-2-lacton $C_{20}H_{14}O_3$, Formel IV.

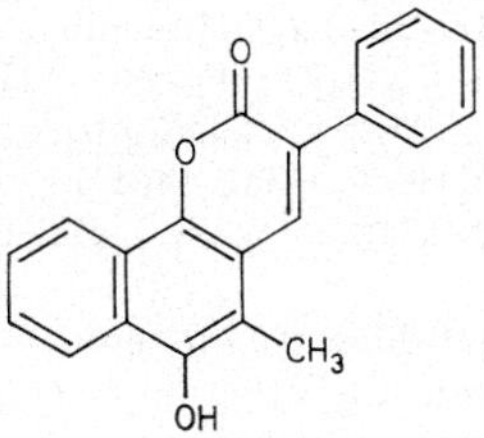

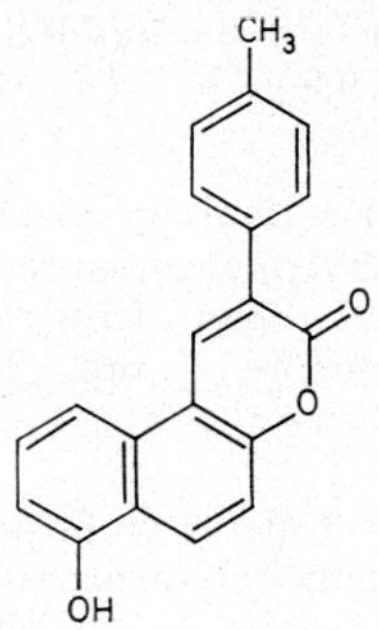

B. Beim Erhitzen von 3*c*(?)-[2,6-Dimethoxy-5-methyl[1]naphthyl]-2-phenyl-acrylonitril (F: 132°) mit Pyridin-hydrochlorid und Behandeln des Reaktionsgemisches mit Wasser (*Buu-Hoi, Lavit*, Soc. **1956** 1743, 1746).

Krystalle (aus A. + Toluol oder aus Eg.); F: 299°.

10-Hydroxy-7-methyl-2-phenyl-benzo[*f*]chromen-3-on, 3*c*-[2,8-Dihydroxy-5-methyl-[1]naphthyl]-2-phenyl-acrylsäure-2-lacton $C_{20}H_{14}O_3$, Formel V (X = H).

B. Beim Erhitzen von 3*c*(?)-[2,8-Dimethoxy-5-methyl-[1]naphthyl]-2-phenyl-acrylonitril (F: 164°) mit Pyridin-hydrochlorid und Behandeln des Reaktionsgemisches mit Wasser (*Buu-Hoi, Lavit*, J. org. Chem. **21** [1956] 1257, 1259).

Grünlichgelbe Krystalle (aus Eg.); F: 316°.

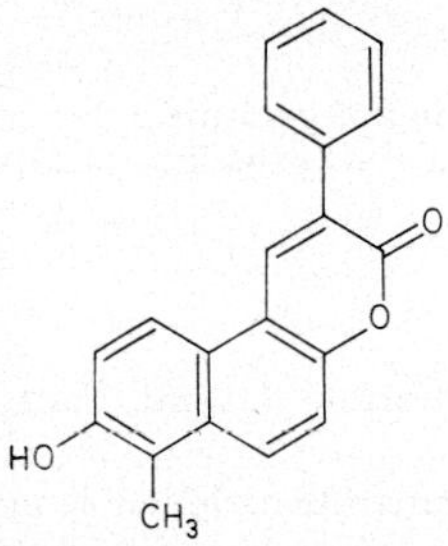

2-[4-Chlor-phenyl]-10-hydroxy-7-methyl-benzo[*f*]chromen-3-on, 2-[4-Chlor-phenyl]-3*c*-[2,8-dihydroxy-5-methyl-[1]naphthyl]-acrylsäure-2-lacton $C_{20}H_{13}ClO_3$, Formel V (X = Cl).

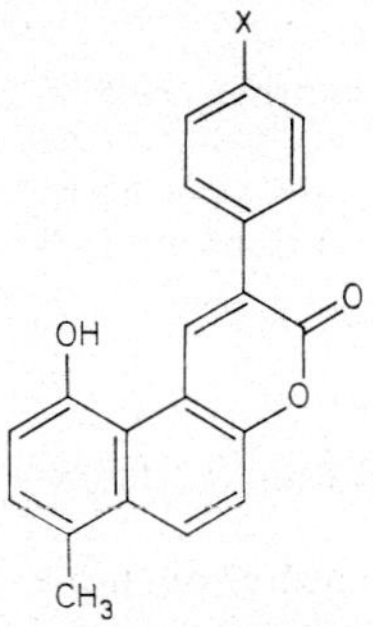

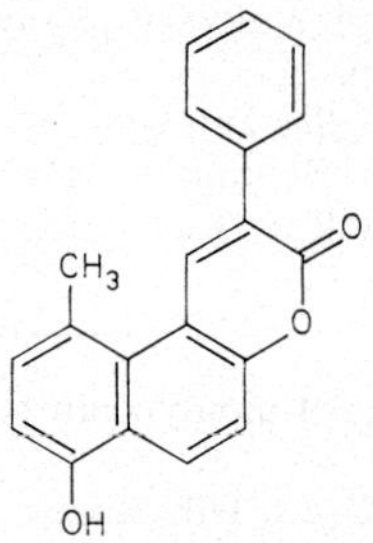

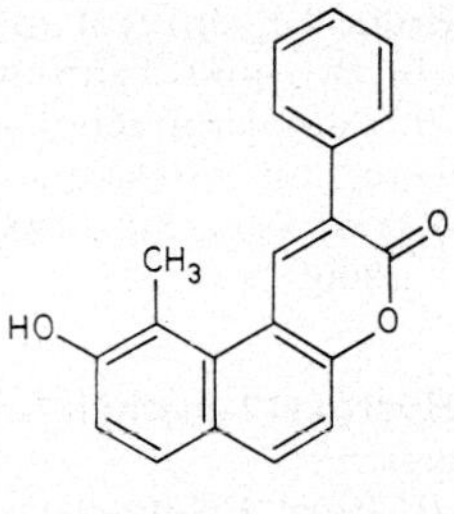

B. Beim Erhitzen von 2-[4-Chlor-phenyl]-3*c*(?)-[2,8-dimethoxy-5-methyl-[1]naphthyl]-acrylonitril (F: 190°) in Pyridin-hydrochlorid und Behandeln des Reaktionsgemisches mit Wasser (*Buu-Hoi, Lavit*, Soc. **1956** 1743, 1746).

Krystalle (aus A. + Toluol oder aus Eg.); F: 335°.

7-Hydroxy-10-methyl-2-phenyl-benzo[*f*]chromen-3-on, 3*c*-[2,5-Dihydroxy-8-methyl-[1]naphthyl]-2-phenyl-acrylsäure-2-lacton $C_{20}H_{14}O_3$, Formel VI.

B. Beim Erhitzen von 3*c*(?)-[2,5-Dimethoxy-8-methyl-[1]naphthyl]-2-phenyl-acrylonitril (F: 139°) mit Pyridin-hydrochlorid und Behandeln des Reaktionsgemisches mit Wasser (*Buu-Hoi, Lavit*, Soc. **1956** 1743, 1746).

Krystalle (aus A. + Toluol oder aus Eg.); F: 254°.

9-Hydroxy-10-methyl-2-phenyl-benzo[f]chromen-3-on, 3c-[2,7-Dihydroxy-8-methyl-[1]naphthyl]-2-phenyl-acrylsäure-2-lacton $C_{20}H_{14}O_3$, Formel VII.

B. Beim Erhitzen von 3c(?)-[2,7-Dimethoxy-8-methyl-[1]naphthyl]-2-phenyl-acrylonitril (F: 117°) mit Pyridin-hydrochlorid und Behandeln des Reaktionsgemisches mit Wasser (*Buu-Hoi, Lavit*, Soc. **1956** 1743, 1746).

Krystalle (aus A. + Toluol oder aus Eg.); F: 261°.

3-Benzoyl-2-methyl-naphtho[1,2-b]furan-5-ol, [5-Hydroxy-2-methyl-naphtho[1,2-b]-furan-3-yl]-phenyl-keton $C_{20}H_{14}O_3$, Formel VIII (R = H).

B. Beim Erwärmen von [1,4]Naphthochinon mit 1-Phenyl-butan-1,3-dion und Zinkchlorid in Methanol (*Bernatek*, Acta chem. scand. **10** [1956] 273, 275, 277).

Gelbe Krystalle (aus Eg.); F: 240° [Zers.; Kofler-App.].

Reaktion mit Methylmagnesiumjodid unter Bildung von 3-[1-Hydroxy-1-phenyl-äthyl]-2-methyl-naphtho[1,2-b]furan-5-ol ($C_{21}H_{18}O_3$; Krystalle [aus wss. Acn.] ohne scharfen Schmelzpunkt).

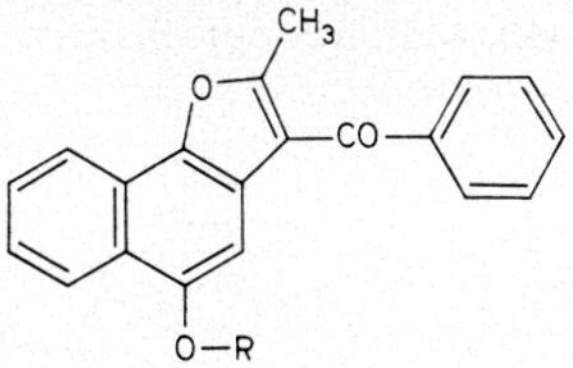

VIII

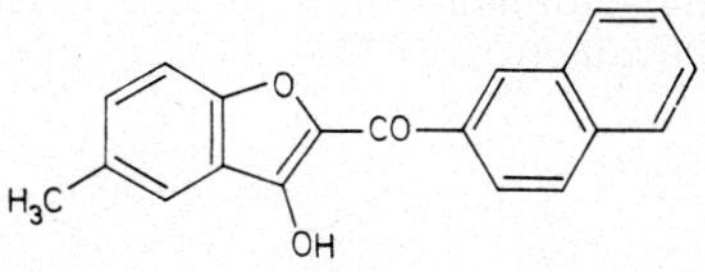

IX

5-Acetoxy-3-benzoyl-2-methyl-naphtho[1,2-b]furan, [5-Acetoxy-2-methyl-naphtho-[1,2-b]furan-3-yl]-phenyl-keton $C_{22}H_{16}O_4$, Formel VIII (R = CO-CH₃).

B. Aus [5-Hydroxy-2-methyl-naphtho[1,2-b]furan-3-yl]-phenyl-keton und Acetylchlorid (*Bernatek*, Acta chem. scand. **10** [1956] 273, 277).

Krystalle (aus wss. A.); F: 144,5—146°.

5-Methyl-2-[2]naphthoyl-benzofuran-3-ol, [3-Hydroxy-5-methyl-benzofuran-2-yl]-[2]naphthyl-keton $C_{20}H_{14}O_3$, Formel IX, und Tautomere (z. B. 5-Methyl-2-[2]naphthoyl-benzofuran-3-on).

B. Aus 2-Chlor-1-[5-methyl-2-[2]naphthoyloxy-phenyl]-äthanon mit Hilfe von Alkalilauge (*Philbin et al.*, Soc. **1954** 4174).

Gelbe Krystalle (aus A.); F: 125—126°.

Hydroxy-oxo-Verbindungen $C_{21}H_{16}O_3$

*Opt.-inakt. **1-Biphenyl-4-yl-2,3-epoxy-3-[4-methoxy-phenyl]-propan-1-on** $C_{22}H_{18}O_3$, Formel I.

B. Beim Behandeln von 1-Biphenyl-4-yl-3t(?)-[4-methoxy-phenyl]-propenon (E III 8 1691) mit Aceton, Äthanol, wss. Wasserstoffperoxid und wss. Kalilauge (*Bachmann, Wiselogle*, Am. Soc. **56** [1934] 1559).

Krystalle (aus Bzl.); F: 158—161° [Zers.].

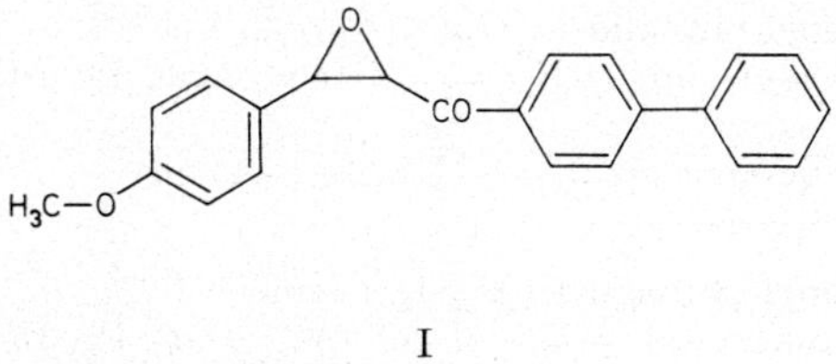

I

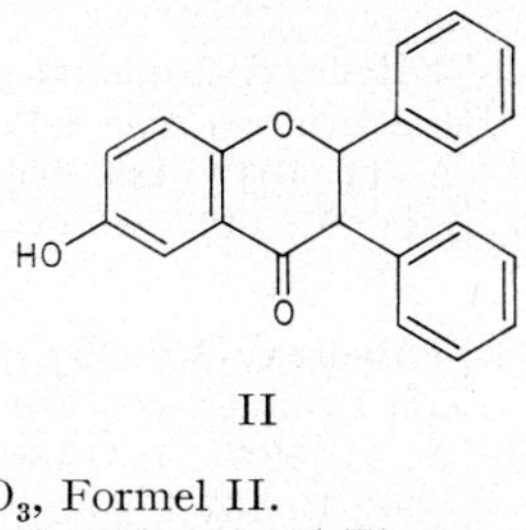

II

*Opt.-inakt. **6-Hydroxy-2,3-diphenyl-chroman-4-on** $C_{21}H_{16}O_3$, Formel II.

B. Beim Erwärmen von 2,3t-Diphenyl-acrylsäure mit Hydrochinon und Fluorwasser-

stoff (*Offe, Barkow*, B. **80** [1947] 464, 467).
Krystalle (aus A. + Hexan); F: 200°. Im Hochvakuum bei 160° destillierbar.

*Opt.-inakt. 7-Hydroxy-2,3-diphenyl-chroman-4-on $C_{21}H_{16}O_3$, Formel III (R = H).
 B. Beim Erwärmen von 2,3t-Diphenyl-acrylsäure mit Resorcin und Fluorwasserstoff (*Offe, Barkow*, B. **80** [1947] 458, 462). Als Hauptprodukt beim Erwärmen von 2,3t-Di=phenyl-acryloylchlorid mit Resorcin und Aluminiumchlorid in Nitrobenzol (*Offe*, B. **80** [1947] 449, 455).
 Krystalle (aus A.); F: 220° (*Offe, Ba.*).
 Beim Erwärmen mit Jod und Natriumacetat in Äthanol ist eine als 7-Hydroxy-3(?)-jod-2,3-diphenyl-chroman-4-on angesehene Verbindung $C_{21}H_{15}IO_3$ (Krystalle [aus Me. oder aus wss. Acn.]; F: 208° [korr.; Kofler-App.]) erhalten worden (*Offe*, l. c. S. 457).

*Opt.-inakt. 7-Methoxy-2,3-diphenyl-chroman-4-on $C_{22}H_{18}O_3$, Formel III (R = CH_3).
 B. Beim Behandeln von 2,3t-Diphenyl-acryloylchlorid mit 3-Methoxy-phenol und Aluminiumchlorid in Nitrobenzol (*Offe*, B. **80** [1947] 449, 456). Aus opt.-inakt. 7-Hydroxy-2,3-diphenyl-chroman-4-on (s. o.) und Diazomethan (*Offe*).
 Krystalle (aus A.); F: 175—177°.

III   IV   V

*Opt.-inakt. 7-Acetoxy-2,3-diphenyl-chroman-4-on $C_{23}H_{18}O_4$, Formel III (R = CO-CH_3).
 B. Beim Erhitzen von opt.-inakt. 7-Hydroxy-2,3-diphenyl-chroman-4-on (s. o.) mit Acetanhydrid (*Offe*, B. **80** [1947] 449, 456).
 Krystalle (aus Bzl. + PAe.); F: 170°.

*Opt.-inakt. 7-Hydroxy-3,4-diphenyl-chroman-2-on, 3-[2,4-Dihydroxy-phenyl]-2,3-di=phenyl-propionsäure-2-lacton $C_{21}H_{16}O_3$, Formel IV (R = H).
 B. Beim Erwärmen von 2,3-Diphenyl-acrylsäure mit Resorcin und wss. Salzsäure unter Einleiten von Chlorwasserstoff (*Simpson, Stephen*, Soc. **1956** 1382).
 Krystalle (aus wss. Me.); F: 175°.

*Opt.-inakt. 7-Methoxy-3,4-diphenyl-chroman-2-on, 3-[2-Hydroxy-4-methoxy-phenyl]-2,3-diphenyl-propionsäure-lacton $C_{22}H_{18}O_3$, Formel IV (R = CH_3).
 B. Beim Erhitzen von opt.-inakt. 7-Hydroxy-3,4-diphenyl-chroman-2-on (s. o.) mit Dimethylsulfat, Kaliumcarbonat und Xylol (*Simpson, Stephen*, Soc. **1956** 1382).
 F: 83°.

(±)-3-[4-Hydroxy-2-methyl-phenyl]-3-phenyl-phthalid $C_{21}H_{16}O_3$, Formel V.
 B. Beim Erhitzen von 2-Benzoyl-benzoesäure mit m-Kresol auf 150° (*Dutt*, Pr. Indian Acad. [A] **11** [1940] 483, 486, 489).
 Krystalle; F: 146°. Absorptionsmaximum einer alkal. wss. Lösung: 445 nm.

(±)-3-[4-Hydroxy-3-methyl-phenyl]-3-phenyl-phthalid $C_{21}H_{16}O_3$, Formel VI.
 B. Beim Erhitzen von 2-Benzoyl-benzoesäure mit o-Kresol auf 150° (*Dutt*, Pr. Indian Acad. [A] **11** [1940] 483, 486, 489).
 Krystalle; F: 133°. Absorptionsmaximum einer alkal. wss. Lösung: 451 nm.

4-Acetyl-2-xanthen-9-yl-phenol, 1-[4-Hydroxy-3-xanthen-9-yl-phenyl]-äthanon $C_{21}H_{16}O_3$, Formel VII.

B. Aus Xanthen-9-ol und 1-[4-Hydroxy-phenyl]-äthanon (*Niederl, Hart,* Am. Soc. **59** [1937] 719).

Krystalle (aus Me. oder Bzl.); F: 189°.

VI   VII   VIII

4-Hydroxy-1,2-dimethyl-7-nitro-9-phenyl-xanthen-3-on $C_{21}H_{15}NO_5$, Formel VIII, und Tautomeres.

B. Beim Erhitzen von 2-[2,6-Dihydroxy-3,4-dimethyl-phenoxy]-5-nitro-benzophenon mit Piperidin und Behandeln des Reaktionsgemisches mit wss. Schwefelsäure (*Loudon, Scott,* Soc. **1953** 269, 272).

Schwarze Krystalle (aus Anisol); F: 300° [Zers.].

(±)-4-[β-Phenylmercapto-phenäthyl]-benzo[*h*]chromen-2-on, (±)-3-[1-Hydroxy-[2]naphthyl]-5-phenyl-5-phenylmercapto-pent-2*t*-ensäure-lacton $C_{27}H_{20}O_2S$, Formel IX (R = R' = X = H).

Für die nachstehend beschriebene Verbindung wird auch die Formulierung als 4-[β-Phenylmercapto-phenäthyliden]-3,4-dihydro-benzo[*h*]chromen-2-on (Formel X [R = R' = X = H]) in Betracht gezogen.

B. Beim Erwärmen von 4-*trans*(?)-Styryl-benzo[*h*]chromen-2-on (F: 176°) mit Thiophenol und wenig Piperidin (*Mustafa et al.,* Am. Soc. **78** [1956] 5011, 5013, 5015).

Krystalle (aus Bzl. + PAe.); F: 134—135° [unkorr.].

(±)-4-[β-*o*-Tolylmercapto-phenäthyl]-benzo[*h*]chromen-2-on, (±)-3-[1-Hydroxy-[2]naphthyl]-5-phenyl-5-*o*-tolylmercapto-pent-2*t*-ensäure-lacton $C_{28}H_{22}O_2S$, Formel IX (R = CH₃, R' = X = H).

Für die nachstehend beschriebene Verbindung wird auch die Formulierung als 4-[β-*o*-Tolylmercapto-phenäthyliden]-3,4-dihydro-benzo[*h*]chromen-2-on (Formel X [R = R' = X = H]) in Betracht gezogen.

B. Beim Erwärmen von 4-*trans*(?)-Styryl-benzo[*h*]chromen-2-on (F: 176°) mit Thio-*o*-kresol und wenig Piperidin (*Mustafa et al.,* Am. Soc. **78** [1956] 5011, 5013, 5015).

Krystalle (aus Bzl. + PAe.); F: 132° [unkorr.].

(±)-4-[β-*m*-Tolylmercapto-phenäthyl]-benzo[*h*]chromen-2-on, (±)-3-[1-Hydroxy-[2]naphthyl]-5-phenyl-5-*m*-tolylmercapto-pent-2*t*-ensäure-lacton $C_{28}H_{22}O_2S$, Formel IX (R = X = H, R' = CH₃).

Für die nachstehend beschriebene Verbindung wird auch die Formulierung als 4-[β-*m*-Tolylmercapto-phenäthyliden]-3,4-dihydro-benzo[*h*]chromen-2-on (Formel X [R = X = H, R' = CH₃]) in Betracht gezogen.

B. Beim Erwärmen von 4-*trans*(?)-Styryl-benzo[*h*]chromen-2-on (F: 176°) mit Thio-*m*-kresol und wenig Piperidin (*Mustafa et al.,* Am. Soc. **78** [1956] 5011, 5013, 5015).

Krystalle (aus Bzl. + PAe); F: 133° [unkorr.].

(±)-4-[β-*p*-Tolylmercapto-phenäthyl]-benzo[*h*]chromen-2-on, (±)-3-[1-Hydroxy-[2]naphthyl]-5-phenyl-5-*p*-tolylmercapto-pent-2*t*-ensäure-lacton $C_{28}H_{22}O_2S$, Formel IX (R = R' = H, X = CH₃).

Für die nachstehend beschriebene Verbindung wird auch die Formulierung als

4-[β-p-Tolylmercapto-phenäthyliden]-3,4-dihydro-benzo[h]chromen-2-on (Formel X [R = R' = H, X = CH₃]) in Betracht gezogen.

B. Beim Erwärmen von 4-trans(?)-Styryl-benzo[h]chromen-2-on (F: 176°) mit Thio-p-kresol und Piperidin (*Mustafa et al.*, Am. Soc. **78** [1956] 5011, 5013, 5015).

Krystalle (aus Bzl. + PAe.); F: 144° [unkorr.].

(±)-1-Dibenzothiophen-3-yl-3-phenyl-3-[toluol-4-sulfonyl]-propan-1-on $C_{28}H_{22}O_3S_2$, Formel XI.

B. Beim Behandeln von 1-Dibenzothiophen-3-yl-3ξ-phenyl-propenon (F: 154—155°) mit Natrium-[toluol-4-sulfinat] in Essigsäure (*Gilman, Cason*, Am. Soc. **72** [1950] 3469).

Krystalle; F: 180—182° [unkorr.; Zers.].

(±)-3-[3-Acetylamino-4-methoxy-benzolsulfonyl]-1-dibenzothiophen-3-yl-3-phenyl-propan-1-on, (±)-Essigsäure-[5-(3-dibenzothiophen-3-yl-3-oxo-1-phenyl-propan-1-sulfonyl)-2-methoxy-anilid] $C_{30}H_{25}NO_5S_2$, Formel XII (R = CO-CH₃).

B. Beim Behandeln von 1-Dibenzothiophen-3-yl-3ξ-phenyl-propenon (F: 154—155°) mit Natrium-[3-acetylamino-4-methoxy-benzolsulfinat] in Essigsäure (*Gilman, Cason*, Am. Soc. **72** [1950] 3469).

Krystalle; F: 175—177° [unkorr.; Zers.].

Hydroxy-oxo-Verbindungen $C_{22}H_{18}O_3$

*Opt.-inakt. **4-Hydroxy-3,4,5-triphenyl-dihydro-furan-2-on, 3,4-Dihydroxy-2,3,4-triphenyl-buttersäure-4-lacton** $C_{22}H_{18}O_3$, Formel I.

B. Aus Benzoin und dem Natrium-Salz der (±)-Chlormagnesio-phenyl-essigsäure (*Ivanoff et al.*, Bl. [4] **51** [1932] 1321, 1325).

Krystalle (aus Bzl.); F: 202—203°.

Hydroxy-oxo-Verbindungen $C_{24}H_{22}O_3$

(±)-3-[4-Hydroxy-5-isopropyl-2-methyl-phenyl]-3-phenyl-phthalid $C_{24}H_{22}O_3$, Formel II.
B. Beim Erhitzen von 2-Benzoyl-benzoesäure mit Thymol auf 150° (*Dutt*, Pr. Indian Acad. [A] **11** [1940] 483, 486, 489).
Krystalle; F: 253°. Absorptionsmaximum einer alkal. wss. Lösung: 448 nm.

(±)-3-[4-Hydroxy-2-isopropyl-5-methyl-phenyl]-3-phenyl-phthalid $C_{24}H_{22}O_3$, Formel III.
B. Beim Erhitzen von 2-Benzoyl-benzoesäure mit Carvacrol auf 150° (*Dutt*, Pr. Indian Acad. [A] **11** [1940] 483, 486, 489).
Krystalle; F: 236°. Absorptionsmaximum einer alkal. wss. Lösung: 448 nm.

Hydroxy-oxo-Verbindungen $C_{31}H_{36}O_3$

3β-Hydroxy-16,16-diphenyl-17-oxa-*D*-homo-androst-5-en-17a-on, 3β,16-Dihydroxy-16,16-diphenyl-16,17-seco-androst-5-en-17-säure-16-lacton $C_{31}H_{36}O_3$, Formel IV.
B. Aus 3β-Acetoxy-16,17-seco-androst-5-en-16,17-disäure-dimethylester und Phenylmagnesiumbromid (*Billeter, Miescher*, Helv. **31** [1948] 1302, 1317).
Krystalle (aus Me.); F: 230° [korr.]. $[\alpha]_D$: −44° [A.; c = 1].

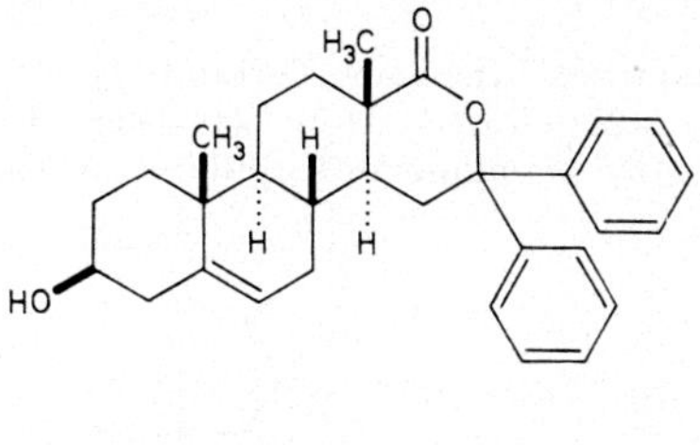

IV 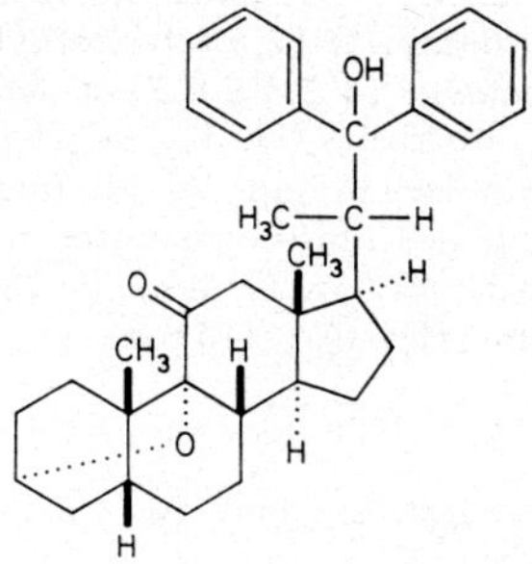   V

Hydroxy-oxo-Verbindungen $C_{34}H_{42}O_3$

3α,9-Epoxy-22-hydroxy-22,22-diphenyl-23,24-dinor-5β-cholan-11-on, 3α,9-Epoxy-21-hydroxy-20β$_F$-methyl-21,21-diphenyl-5β-pregnan-11-on $C_{34}H_{42}O_3$, Formel V.
B. Beim Behandeln von 3α,9-Epoxy-11-oxo-23,24-dinor-5β-cholan-22-säure-methylester mit Phenylmagnesiumbromid in Äther und 4-Äthyl-morpholin (*Mattox et al.*, Am. Soc. **74** [1952] 5818).
Krystalle (aus Me. + Acn.); F: 204−205° [Fisher-Johns-App.]. $[\alpha]_D^{27}$: +9,5° [CHCl$_3$; c = 1].

Hydroxy-oxo-Verbindungen $C_{35}H_{44}O_3$

3α,9-Epoxy-23-hydroxy-23,23-diphenyl-24-nor-5β-cholan-11-on $C_{35}H_{44}O_3$, Formel VI.
B. Beim Behandeln von 3α,9-Epoxy-11-oxo-24-nor-5β-cholan-23-säure-methylester mit Phenylmagnesiumbromid in Äther und Benzol (*Mattox et al.*, Am. Soc. **74** [1952] 5818).
Krystalle (aus Acn. + Me.); F: 152−153° [Fisher-Johns-App.]. $[\alpha]_D^{27}$: +61° [CHCl$_3$; c = 1].

Hydroxy-oxo-Verbindungen $C_{36}H_{46}O_3$

3α,9-Epoxy-24-hydroxy-24,24-diphenyl-5β-cholan-11-on $C_{36}H_{46}O_3$, Formel VII.
B. Beim Behandeln von 12α-Brom-3α,9-epoxy-11-oxo-5β-cholan-24-säure-methylester mit Phenylmagnesiumbromid in Äther und Benzol (*Mattox, Kendall*, J. biol. Chem. **185** [1950] 589, 590).

Krystalle (aus wss. Acn.); F: 167—168° [unkorr.; Fisher-Johns-App.]. $[\alpha]_D$: +67° [CHCl$_3$; c = 1].

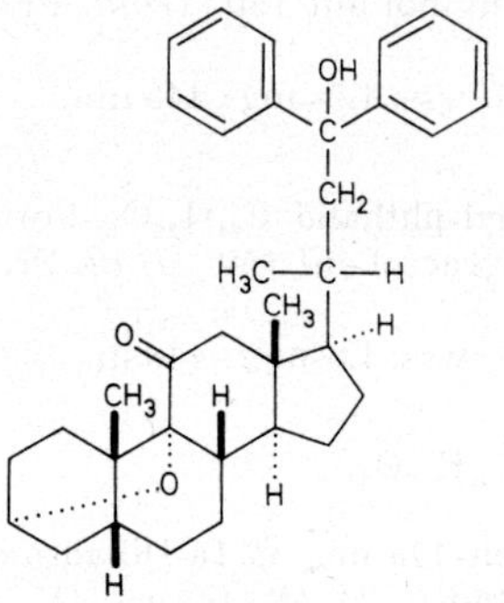

VI

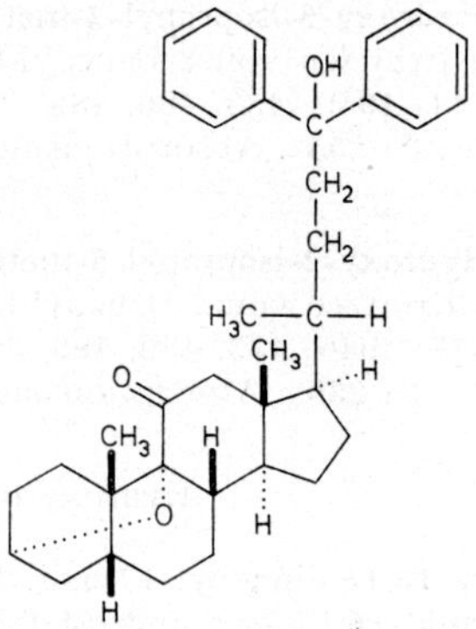

VII

Hydroxy-oxo-Verbindungen C$_{40}$H$_{54}$O$_3$

16-[(2Ξ,7Ξ,7aΞ)-7-Äthoxy-4,4,7a-trimethyl-2,4,5,6,7,7a-hexahydro-benzofuran-2-yl]-3,7,12-trimethyl-1t-[2,6,6-trimethyl-3-oxo-cyclohex-1-enyl]-heptadeca-1,3t,5t,7t,9t,11t,13t,15c-octaen, (4'Ξ,5'Ξ,8'Ξ)-4'-Äthoxy-5',8'-epoxy-5',8'-dihydro-β,β-carotin-4-on [1]) C$_{42}$H$_{58}$O$_3$, Formel VIII (R = C$_2$H$_5$).

B. Beim Behandeln der im folgenden Artikel beschriebenen Verbindung mit Chlorwasserstoff in Chloroform unter Stickstoff (*Entschel*, *Karrer*, Helv. **41** [1958] 402, 409).

Krystalle (aus Bzl. + Me.); F: 132—135° [unkorr.; evakuierte Kapillare]. Absorptionsmaximum (Hexan): 445 nm.

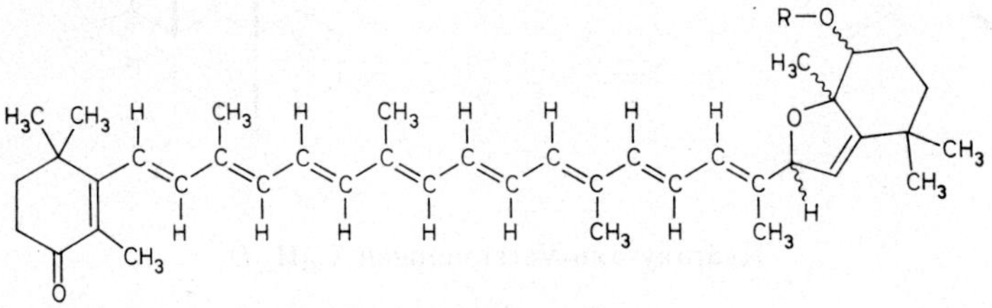

VIII

1t-[(1Ξ,3Ξ)-3-Äthoxy-1,2-epoxy-2,6,6-trimethyl-cyclohexyl]-3,7,12,16-tetramethyl-18t-[2,6,6-trimethyl-3-oxo-cyclohex-1-enyl]-octadeca-1,3t,5t,7t,9t,11t,13t,15t,17-nonaen, (4Ξ,5Ξ)-4'-Äthoxy-5',6'-epoxy-5',6'-dihydro-β,β-carotin-4-on [1]) C$_{42}$H$_{58}$O$_3$, Formel IX.

B. Beim Behandeln einer Lösung von ($\pm$)-4'-Äthoxy-β,β-carotin-4-on in Dioxan mit Monoperoxyphthalsäure in Äther bei −15° unter Stickstoff (*Entschel*, *Karrer*, Helv. **41** [1958] 402, 409).

Krystalle (aus Bzl. + Me.); F: 184—186° [unkorr.; evakuierte Kapillare]. Absorptionsmaximum (Hexan): 448 nm.

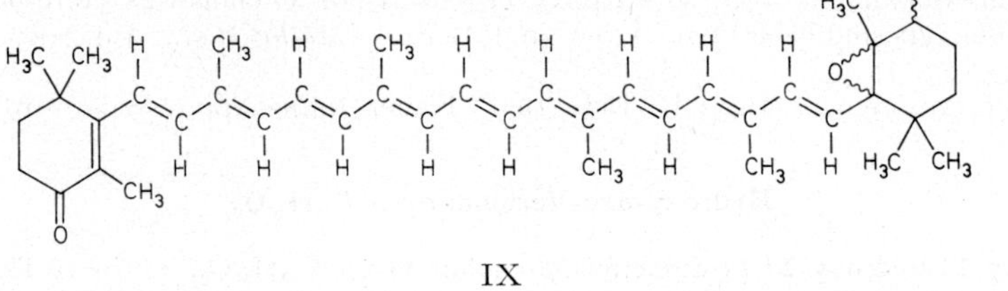

IX

---

[1]) Stellungsbezeichnung bei von β,β-Carotin (β-Carotin) abgeleiteten Namen s. E III **5** 2453.

Hydroxy-oxo-Verbindungen $C_nH_{2n-28}O_3$

Hydroxy-oxo-Verbindungen $C_{19}H_{10}O_3$

5-Hydroxy-indeno[1,2-b]naphtho[2,1-d]furan-7-on $C_{19}H_{10}O_3$, Formel I.

B. Beim Behandeln von Bis-[1,3-dioxo-indan-2-yl]-methan mit Schwefelsäure (*Radulescu, Barbulescu*, Bulet. [2] **1** [1939] 7, 12, 16).

Orangefarbene Krystalle (aus Py.); F: 260° [unkorr.].

Hydroxy-oxo-Verbindungen $C_{20}H_{12}O_3$

(±)-13b-Hydroxy-13bH-naphtho[3,2,1-kl]thioxanthen-9-on, (±)-Cörthionol $C_{20}H_{12}O_2S$, Formel II (H 75).

Krystalle (aus Bzl.) mit 0,5 Mol Benzol, F: 220°; die vom Benzol befreite Verbindung (gelb) schmilzt bei 233° [Block] (*Panico*, A. ch. [12] **10** [1955] 695, 723). Absorptionsspektrum einer Lösung in Äthanol (200—400 nm), einer Lösung in Essigsäure (200 nm bis 400 nm) und einer Lösung in Essigsäure enthaltender Schwefelsäure (200—650 nm): *Pa.*, l. c. S. 748.

Hydroxy-oxo-Verbindungen $C_{21}H_{14}O_3$

7-Hydroxy-2,3-diphenyl-chromen-4-on $C_{21}H_{14}O_3$, Formel III (R = X = H) (E II 51).

B. Aus 7-Benzoyloxy-2,3-diphenyl-chromen-4-on mit Hilfe von wss.-äthanol. Kalilauge (*Gupta, Seshadri*, J. scient. ind. Res. India **16**B [1957] 116, 119).

Krystalle (aus A.); F: 269—271°.

7-Benzoyloxy-2,3-diphenyl-chromen-4-on $C_{28}H_{18}O_4$, Formel III (R = CO-C_6H_5, X = H).

B. Beim Erwärmen von 2,4-Dihydroxy-desoxybenzoin mit Benzoylchlorid, Kaliumcarbonat und Aceton (*Gupta, Seshadri*, J. scient. ind. Res. India **16**B [1957] 116, 118). In kleiner Menge beim Erhitzen von 2,4-Bis-benzoyloxy-desoxybenzoin auf 250° (*Gowan et al.*, Soc. **1958** 2495, 2499).

Krystalle (aus A.); F: 185—186° (*Gu., Se.; Go. et al.*).

7-Hydroxy-2-[2-nitro-phenyl]-3-phenyl-chromen-4-on $C_{21}H_{13}NO_5$, Formel III (R = H, X = NO_2).

B. Beim Erhitzen von 2,4-Dihydroxy-desoxybenzoin mit 2-Nitro-benzoesäure-anhydrid und Natrium-[2-nitro-benzoat] auf 150° und Erwärmen des Reaktionsprodukts mit wss.-äthanol. Kalilauge (*Baker*, Soc. **1930** 261, 266).

Gelbliche Krystalle (aus A.); F: 268°.

7-Methoxy-2-[2-nitro-phenyl]-3-phenyl-chromen-4-on $C_{22}H_{15}NO_5$, Formel III (R = CH_3, X = NO_2).

B. Aus 7-Hydroxy-2-[2-nitro-phenyl]-3-phenyl-chromen-4-on mit Hilfe von Dimethyl=sulfat (*Baker*, Soc. **1930** 261, 266).

Gelbliche Krystalle (aus A.); F: 183°.

7-Hydroxy-3-[2-nitro-phenyl]-2-phenyl-chromen-4-on $C_{21}H_{13}NO_5$, Formel IV (R = H).

B. Beim Erhitzen von 2,4-Dihydroxy-2′-nitro-desoxybenzoin mit Benzoesäure-anhydrid und Natriumbenzoat auf 180° und Erwärmen des Reaktionsprodukts mit wss.-äthanol. Kalilauge (*Baker*, Soc. **1930** 261, 267).

Gelbliche Krystalle (aus A.); F: 267°.

7-Methoxy-3-[2-nitro-phenyl]-2-phenyl-chromen-4-on $C_{22}H_{15}NO_5$, Formel IV (R = CH_3).

B. Aus 7-Hydroxy-3-[2-nitro-phenyl]-2-phenyl-chromen-4-on mit Hilfe von Dimethyl=sulfat (*Baker*, Soc. **1930** 261, 268).

Krystalle (aus A.); F: 178°.

7-Hydroxy-3-[4-nitro-phenyl]-2-phenyl-chromen-4-on $C_{21}H_{13}NO_5$, Formel V.

B. Beim Erhitzen von 2,4-Dihydroxy-4′-nitro-desoxybenzoin mit Natriumbenzoat und Benzoesäure-anhydrid (*Joshi, Venkataraman*, Soc. **1934** 513; s. a. *Chadha et al.*, Soc. **1933** 1459).

Gelbe Krystalle (aus Acn.); F: 301° (*Jo., Ve.*).

5-Methoxy-2,4-diphenyl-chromen-7-on $C_{22}H_{16}O_3$, Formel VI.

B. Aus 7-Hydroxy-5-methoxy-2,4-diphenyl-chromenylium-chlorid (E III/IV **17** 2411) beim Behandeln mit wss. Natriumacetat-Lösung (*Brockmann, Junge*, B. **76** [1943] 1028, 1030, 1032).

Hellrote Krystalle (aus Bzl.) mit 0,5 Mol H_2O; F: 169−170°.

6-Methoxy-2,4-diphenyl-chromen-7-on $C_{22}H_{16}O_3$, Formel VII.

B. Beim Behandeln einer Lösung von 6-Hydroxy-2,4-diphenyl-chromen-7-on (H **17** 187 [im Artikel 2.6.7-Trioxy-2.4-diphenyl-[1.2-chromen]]; dort als „Verbindung $C_{21}H_{16}O_4$" bezeichnet) in Chloroform mit Diazomethan in Äther (*Brockmann, Junge*, B. **77/79** [1944/46] 44, 53).

Rote Krystalle (aus Bzl. + Bzn.); F: 184°.

VI   VII   VIII

8-Hydroxy-2,4-diphenyl-chromen-7-on $C_{21}H_{14}O_3$, Formel VIII, und Tautomeres (H **17** 187 [im Artikel 2.7.8-Trioxy-2.4-diphenyl-[1.2-chromen]]; dort als „Verbindung $C_{21}H_{16}O_4$" bezeichnet).

Violette Krystalle (aus wss. Me.); F: 269° (*Brockmann, Junge*, B. **77/79** [1944/46] 44, 49, 52).

7-Methoxy-2,4-diphenyl-chromen-5-on $C_{22}H_{16}O_3$, Formel IX.

B. Beim Behandeln einer Lösung von 5-Hydroxy-7-methoxy-2,4-diphenyl-chromen=ylium-chlorid (aus 5-Methoxy-resorcin, 1,3-Diphenyl-propan-1,3-dion und Chlorwasser=stoff hergestellt) in Methanol mit wss. Natriumacetat-Lösung (*Brockmann, Junge*, B. **76** [1943] 1028, 1030, 1032).

Blaue Krystalle (aus Bzl.) mit 0,5 Mol H_2O; F: 194—198°. In wss. oder äthanol. Lösung nicht beständig.

6-Methoxy-3,4-diphenyl-cumarin $C_{22}H_{16}O_3$, Formel X.

B. Beim Erhitzen eines Gemisches von 3c-[2,5-Dimethoxy-phenyl]-2,3t-diphenyl-acryl= säure und 3t-[2,5-Dimethoxy-phenyl]-2,3c-diphenyl-acrylsäure (E III **10** 2016) mit wss. Bromwasserstoffsäure und Essigsäure (*Koelsch, Prill*, Am. Soc. **67** [1945] 1296, 1298 Anm. 12).
Krystalle (aus A.); F: 155,5—156,5°.

7-Hydroxy-3,4-diphenyl-cumarin $C_{21}H_{14}O_3$, Formel XI (R = H) (E I 339; E II 51).

B. Beim Erhitzen von 3-[2,4-Dimethoxy-phenyl]-2,3-diphenyl-acrylonitril (E III **10** 2016) mit Pyridin-hydrochlorid und Erwärmen des Reaktionsgemisches mit wss. Salz= säure (*Buu-Hoi et al.*, J. org. Chem. **19** [1954] 1548, 1551). Beim Erwärmen von 7-Acet= oxy-3,4-diphenyl-cumarin (E II **18** 51) mit wss.-äthanol. Schwefelsäure (*Seshadri, Varadarajan*, Pr. Indian Acad. [A] **35** [1952] 75, 79).
Krystalle; F: 286—287° [aus A.] (*Se., Va.*), 285—286° [unkorr.; Zers.; Block] (*Buu-Hoi et al.*).

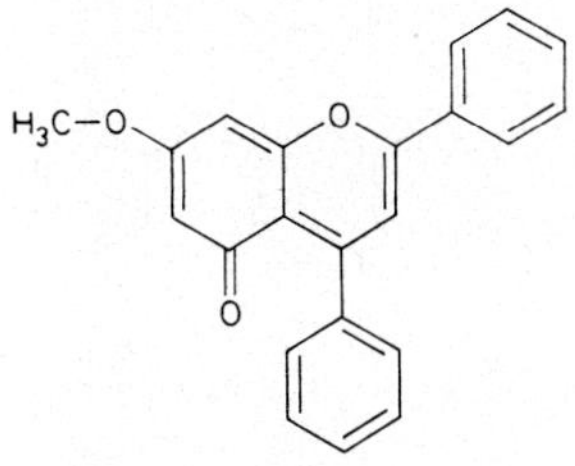

IX 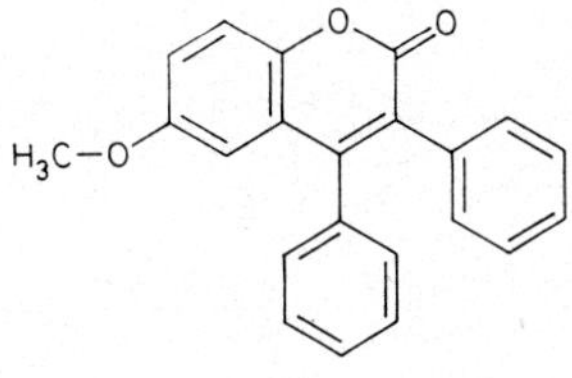   X 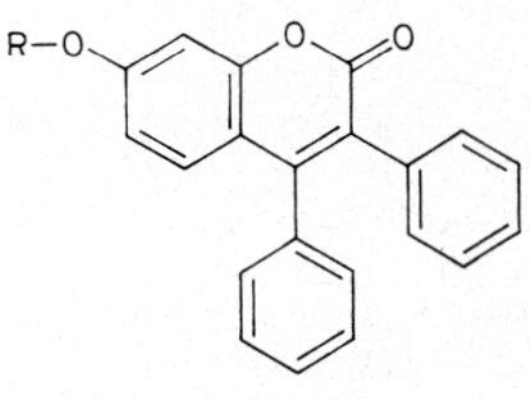   XI

7-Methoxy-3,4-diphenyl-cumarin $C_{22}H_{16}O_3$, Formel XI (R = CH_3).

B. Aus 7-Hydroxy-3,4-diphenyl-cumarin mit Hilfe von Dimethylsulfat (*Heilbron, Howard*, Soc. **1934** 1571; *Seshadri, Varadarajan*, Pr. Indian Acad. [A] **35** [1952] 75, 79).
Krystalle; F: 175—177° [aus Bzl.] (*Se., Va.*), 168° [aus wss. A.] (*He., Ho.*).

4-[4-Hydroxy-phenyl]-3-phenyl-cumarin $C_{21}H_{14}O_3$, Formel I.

B. Beim Erhitzen von 3-[2-Methoxy-phenyl]-3-[4-methoxy-phenyl]-2-phenyl-acrylo= nitril (F: 167°) mit Pyridin-hydrochlorid und Erwärmen des Reaktionsgemisches mit wss. Salzsäure (*Buu-Hoi et al.*, J. org. Chem. **19** [1954] 1548, 1549, 1551).
Krystalle (aus Eg.); F: 295° [unkorr.; Zers.; Block].

10-Methoxy-2-*trans*(?)-styryl-benzo[g]chromen-4-on $C_{22}H_{16}O_3$, vermutlich Formel II.

B. Beim Erwärmen von 10-Methoxy-2-methyl-benzo[g]chromen-4-on mit Benzaldehyd und Natriummethylat in Methanol (*Wawzonek, Ready*, J. org. Chem. **17** [1952] 1419, 1422).
Gelbliche Krystalle (aus A.); F: 165—166° [unkorr.].

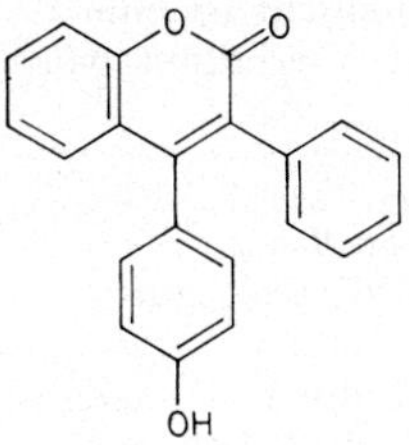

I 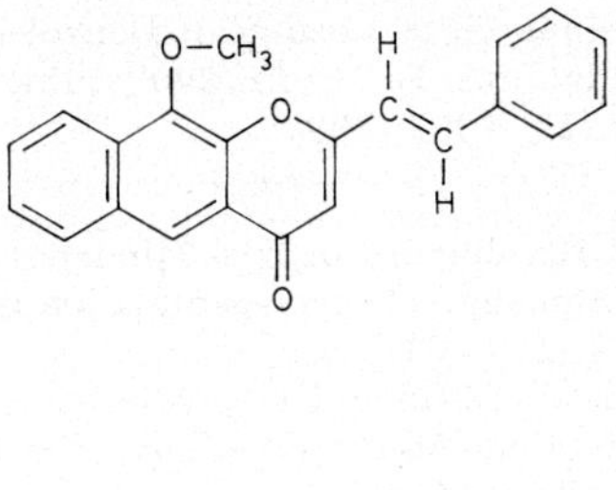   II 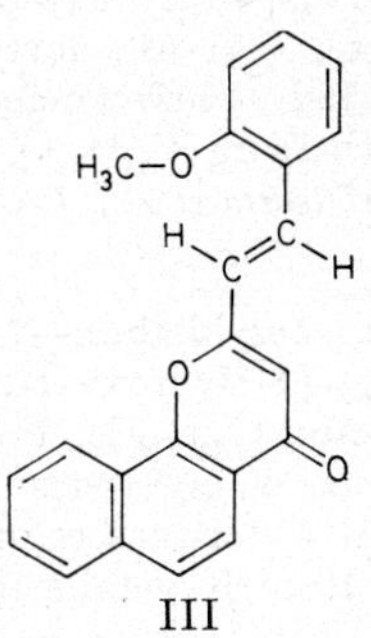   III

2-[2-Methoxy-*trans*(?)-styryl]-benzo[*h*]chromen-4-on $C_{22}H_{16}O_3$, vermutlich Formel III.

B. Beim Behandeln von 2-Methyl-benzo[*h*]chromen-4-on mit 2-Methoxy-benzaldehyd und Natriumäthylat in Äthanol (*Cheema et al.*, Soc. **1932** 925, 931).

Gelbe Krystalle (aus A. + Eg.); F: 169°.

2-[4-Methoxy-*trans*-styryl]-benzo[*h*]chromen-4-on $C_{22}H_{16}O_3$, Formel IV.

B. Beim Erwärmen von 1-[1-Hydroxy-[2]naphthyl]-5*t*-[4-methoxy-phenyl]-pent-4-en-1,3-dion mit Schwefelsäure enthaltendem Äthanol (*Bhalla et al.*, Soc. **1935** 868). Neben 1-[1-Hydroxy-[2]naphthyl]-5*t*-[4-methoxy-phenyl]-pent-4-en-1,3-dion beim Behandeln von 4-Methoxy-*trans*-zimtsäure-[2-acetyl-[1]naphthylester] mit Natriumamid in Äther (*Bh. et al.*). Beim Behandeln von 2-Methyl-benzo[*h*]chromen-4-on mit 4-Methoxy-benzaldehyd und Natriumäthylat in Äthanol (*Cheema et al.*, Soc. **1932** 925, 931).

Gelbe Krystalle (aus A. + Eg.); F: 207° (*Ch. et al.*).

IV   V   VI

2-[4-Methoxy-*trans*(?)-styryl]-benzo[*h*]chromen-4-thion $C_{22}H_{16}O_2S$, vermutlich Formel V.

B. Beim Erwärmen von 2-Methyl-benzo[*h*]chromen-4-thion mit 4-Methoxy-benzaldehyd, Äthanol und wenig Piperidin (*Schönberg et al.*, Am. Soc. **78** [1956] 4689, 4691).

Violette Krystalle (aus Bzl.); F: 208°.

4-[2-Methoxy-*trans*(?)-styryl]-benzo[*h*]chromen-2-on, 3-[1-Hydroxy-[2]naphthyl]-5*t*(?)-[2-methoxy-phenyl]-penta-2*t*,4-diensäure-lacton $C_{22}H_{16}O_3$, vermutlich Formel VI.

B. Beim Erhitzen von [2-Oxo-2*H*-benzo[*h*]chromen-4-yl]-essigsäure mit 2-Methoxy-benzaldehyd, Pyridin und wenig Piperidin auf 130° (*Mustafa et al.*, Am. Soc. **78** [1956] 4692).

Krystalle (aus Eg.); F: 178° [unkorr.] (*Mu. et al.*, Am. Soc. **78** 4693).

Bei mehrwöchiger Bestrahlung einer Lösung in Benzol mit Sonnenlicht ist eine Verbindung $C_{44}H_{32}O_6$ (Krystalle, die unterhalb 350° nicht schmelzen) erhalten worden (*Mustafa et al.*, J. org. Chem. **22** [1957] 888).

4-[4-Methoxy-*trans*(?)-styryl]-benzo[*h*]chromen-2-on, 3-[1-Hydroxy-[2]naphthyl]-5*t*(?)-[4-methoxy-phenyl]-penta-2*t*,4-diensäure-lacton $C_{22}H_{16}O_3$, vermutlich Formel VII (vgl. E II 51; dort als 4-[4-Methoxy-styryl]-7.8-benzo-cumarin bezeichnet).

Bei mehrwöchiger Bestrahlung einer Lösung in Benzol mit Sonnenlicht ist eine Verbindung $C_{44}H_{32}O_6$ (Krystalle [aus Bzl.], F: 290° [unkorr.; Zers.]) erhalten worden (*Mustafa et al.*, J. org. Chem. **22** [1957] 888).

(±)-10a-Methoxy-7-phenyl-8,10a-dihydro-benz[6,7]indeno[1,2-*b*]furan-9-on, (±)-[1-Hydroxy-1-methoxy-3-phenyl-1*H*-cyclopenta[*a*]naphthalin-2-yl]-essigsäure-lacton $C_{22}H_{16}O_3$, Formel VIII (R = CH_3).

B. Beim Erwärmen von [1-Oxo-3-phenyl-1*H*-cyclopenta[*a*]naphthalin-2-yl]-essigsäure mit Chlorwasserstoff enthaltendem Methanol (*Cook, Preston*, Soc. **1944** 553, 558).

Rote Krystalle (aus Me.); F: 83,5—84,5°.

VII   VIII   IX

(±)-8b-Methoxy-4-[2]naphthyl-3,8b-dihydro-indeno[1,2-b]furan-2-on, (±)-[1-Hydroxy-1-methoxy-3-[2]naphthyl-inden-2-yl]-essigsäure-lacton $C_{22}H_{16}O_3$, Formel IX (R = CH_3).

B. Beim Erwärmen von [1-Oxo-3-[2]naphthyl-inden-2-yl]-essigsäure mit Chlorwasserstoff enthaltendem Methanol (*Cook, Preston*, Soc. **1944** 553, 558).
Gelbe Krystalle (aus Cyclohexan); F: 101,5—102,5°.

Hydroxy-oxo-Verbindungen $C_{22}H_{16}O_3$

(±)-2-Methoxy-2,4,5-triphenyl-furan-3-on $C_{23}H_{18}O_3$, Formel I (R = CH_3).
B. Beim Behandeln von 2-Brom-1,3,4-triphenyl-but-2c-en-1,4-dion mit Chlorwasserstoff enthaltendem Methanol (*Lutz, McGinn*, Am. Soc. **64** [1942] 2585, 2587). Beim Behandeln von (±)-2-Hydroxy-2,4,5-triphenyl-furan-3-on (1,3,4-Triphenyl-butan-1,2,4-trion [E III 7 4668]) oder von 2-Acetoxy-2,4,5-triphenyl-furan-3-on (s. u.) mit Methanol und wenig Schwefelsäure (*Kohler et al.*, Am. Soc. **58** [1936] 264, 267). Beim Behandeln von 2,4,5,2′,4′,5′-Hexaphenyl-[2,2′]bifuryl-3,3′-dion (F: 274—275°) mit Äthylmagnesiumbromid in Äther und anschliessend mit Brom und Methanol (*Lutz et al.*, Am. Soc. **65** [1943] 843, 847, 848).
Krystalle; F: 138—140° [aus A.] (*Lutz et al.*), 138° [aus Me.] (*Ko. et al.*).

(±)-2-Äthoxy-2,4,5-triphenyl-furan-3-on $C_{24}H_{20}O_3$, Formel I (R = C_2H_5).
B. Beim Erwärmen von (±)-2-Brom-2,4,5-triphenyl-furan-3-on mit Äthanol (*Kohler et al.*, Am. Soc. **58** [1936] 264, 267).
Krystalle; F: 111°.

(±)-2-Acetoxy-2,4,5-triphenyl-furan-3-on $C_{24}H_{18}O_4$, Formel I (R = CO-CH_3).
B. Beim Behandeln von 2-Brom-1,3,4-triphenyl-but-2c-en-1,4-dion (*Lutz, McGinn*, Am. Soc. **64** [1942] 2585, 2587) oder von (±)-2-Hydroxy-2,4,5-triphenyl-furan-3-on [1,3,4-Triphenyl-butan-1,2,4-trion (E III 7 4668)] (*Kohler et al.*, Am. Soc. **58** [1936] 264, 267) mit Acetanhydrid und wenig Schwefelsäure. Beim Erhitzen von 3-Acetoxy-2,4,5-triphenyl-furan mit Blei(IV)-acetat in Essigsäure (*Dien, Lutz*, J. org. Chem. **22** [1957] 1355, 1356, 1359).
Krystalle; F: 138—139° (*Ko. et al.*).

I   II   III

(±)-2-Hydroperoxy-2,4,5-triphenyl-furan-3-on $C_{22}H_{16}O_4$, Formel I (R = OH).
Über die Konstitution s. *Criegee*, Houben-Weyl **8** [1952] 25.
B. Beim Behandeln von 3-Acetoxy-2,4,5-triphenyl-furan mit Methylmagnesiumjodid in Äther und anschliessend mit wss. Schwefelsäure und Behandeln der Reaktionslösung mit Sauerstoff (*Kohler et al.*, Am. Soc. **58** [1936] 264, 266).
Krystalle (aus Dioxan + Ae.); Zers. bei ca. 120° [Kapillare] (*Ko. et al.*).

(±)-3-[(E)-Benzyliden]-6-hydroxy-2-phenyl-chroman-4-on $C_{22}H_{16}O_3$, Formel II (R = H).
Diese Konstitution kommt wahrscheinlich der nachstehend beschriebenen, von *Vyas, Shah* (J. Indian chem. Soc. **26** [1949] 273, 274) als 2′,5′-Dihydroxy-chalkon angesehenen Verbindung zu (*Seikel et al.*, J. org. Chem. **27** [1962] 2952; s. a. *Shah, Shah*, B. **97** [1964] 1453, 1455). Bezüglich der Konfigurationszuordnung vgl. *Keane et al.*, J. org. Chem. **35** [1970] 2286, 2288.

B. Bei mehrtägigem Behandeln von 1-[2,5-Dihydroxy-phenyl]-äthanon mit Benz=
aldehyd und wss.-äthanol. Kalilauge (*Vyas, Shah*).

Gelbe Krystalle (aus A.); F: 215° (*Vyas, Shah*).

(±)-3-[(E)-Benzyliden]-6-methoxy-2-phenyl-chroman-4-on $C_{23}H_{18}O_3$, Formel II (R = CH$_3$) (H 76; dort als 6-Methoxy-3-benzal-flavanon bezeichnet.).
Diese Konstitution kommt wahrscheinlich der nachstehend beschriebenen, von *Vyas, Shah* (J. Indian chem. Soc. **26** [1949] 273, 275) als 2′,5′-Dimethoxy-chalkon ($C_{17}H_{16}O_3$) angesehenen Verbindung zu (vgl. *Seikel et al.*, J. org. Chem. **27** [1962] 2952; s. a. *Shah, Shah*, B. **97** [1964] 1453, 1455). Bezüglich der Konfigurationszuordnung vgl. *Keane et al.*, J. org. Chem. **35** [1970] 2286, 2288.

B. Aus der im vorangehenden Artikel beschriebenen Verbindung mit Hilfe von Di=
methylsulfat (*Vyas, Shah*).

Gelbe Krystalle (aus A.); F: 124° (*Vyas, Shah*).

(±)-6-Benzoyloxy-3-[(E)-benzyliden]-2-phenyl-chroman-4-on $C_{29}H_{20}O_4$, Formel II (R = CO-C$_6$H$_5$).
Diese Konstitution kommt wahrscheinlich der nachstehend beschriebenen, von *Vyas, Shah* (J. Indian chem. Soc. **26** [1949] 273, 274) als 2′,5′-Bis-benzoyloxy-chalkon ($C_{29}H_{20}O_5$) angesehenen Verbindung zu (vgl. *Seikel et al.*, J. org. Chem. **27** [1962] 2952; s. a. *Shah, Shah*, B. **97** [1964] 1453, 1455). Bezüglich der Konfigurationszuordnung vgl. *Keane et al.*, J. org. Chem. **35** [1970] 2286, 2288.

B. Aus (±)-3-[(E)-Benzyliden]-6-hydroxy-2-phenyl-chroman-4-on (s. o.) und Benzoyl=
chlorid (*Vyas, Shah*).

Gelbliche Krystalle (aus A.); F: 129° (*Vyas, Shah*).

(±)-2-[4-Methoxy-phenyl]-3-[(E)-2-nitro-benzyliden]-chroman-4-on $C_{23}H_{17}NO_5$, Formel III.
Bezüglich der Konfigurationszuordnung vgl. *Keane et al.*, J. org. Chem. **35** [1970] 2286, 2288.

B. Beim Behandeln von 2′-Hydroxy-4-methoxy-chalkon (nicht charakterisiert) mit 2-Nitro-benzaldehyd und Chlorwasserstoff enthaltendem Äthanol (*Algar, M'Cullagh*, Pr. Irish Acad. **40** B [1930] 84, 86).

Gelbliche Krystalle (aus A.); F: 149—150°.

(±)-3-[(E)-4-Methoxy-benzyliden]-2-phenyl-chroman-4-on $C_{23}H_{18}O_3$, Formel IV.
Bezüglich der Konfigurationszuordnung vgl. *Keane et al.*, J. org. Chem. **35** [1970] 2286, 2288.

B. Beim Behandeln einer Lösung von (±)-2-Phenyl-chroman-4-on und 4-Methoxy-
benzaldehyd in Äthanol mit Chlorwasserstoff (*Ryan, Cruess-Callaghan*, Pr. Irish Acad. **39** B [1929/31] 124, 127).

Krystalle (aus A.); F: 148—149°.

6-Benzyl-7-hydroxy-2-phenyl-chromen-4-on $C_{22}H_{16}O_3$, Formel V (R = H).
B. Beim Erhitzen von 6-Benzyl-7-benzyloxy-2-phenyl-chromen-4-on mit wss. Brom=
wasserstoffsäure und Essigsäure (*Dhingra et al.*, Pr. Indian Acad. [A] **3** [1936] 206, 209).

Krystalle; F: 267°.

6-Benzyl-7-benzyloxy-2-phenyl-chromen-4-on $C_{29}H_{22}O_3$, Formel V (R = CH$_2$-C$_6$H$_5$).
B. Beim Erhitzen von 5′-Benzyl-4′-benzyloxy-2′-hydroxy-*trans*(?)-chalkon (E III **8** 3068) mit Selendioxid und Amylalkohol auf 150° (*Dhingra et al.*, Pr. Indian Acad. [A] **3**

[1936] 206, 208).
Krystalle; F: 222°.

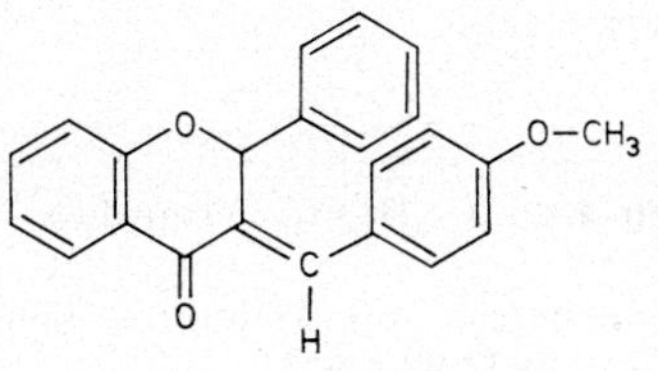

IV 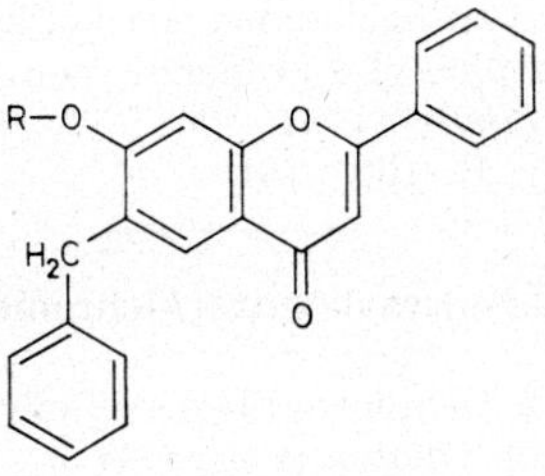   V 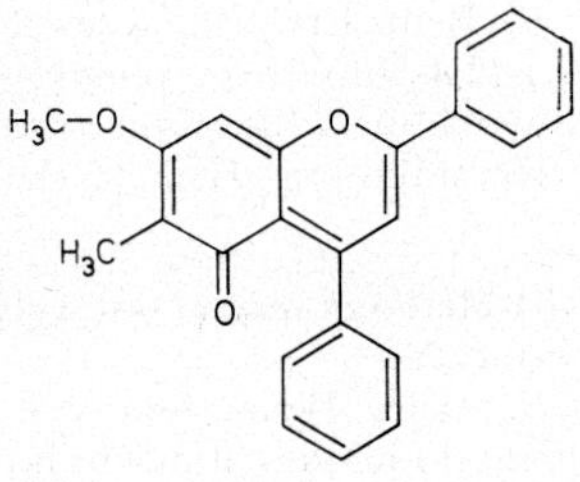   VI

7-Acetoxy-6-benzyl-2-phenyl-chromen-4-on $C_{24}H_{18}O_4$, Formel V (R = CO-CH$_3$).
B. Aus 6-Benzyl-7-hydroxy-2-phenyl-chromen-4-on (*Dhingra et al.*, Pr. Indian Acad.
[A] **3** [1936] 206, 209).
Krystalle (aus A.); F: 191°.

7-Methoxy-6-methyl-2,4-diphenyl-chromen-5-on $C_{23}H_{18}O_3$, Formel VI.
B. Beim Behandeln einer Lösung von 5-Hydroxy-7-methoxy-6-methyl-2,4-diphenyl-
chromenylium-perchlorat (E III/IV **17** 2413) in Methanol mit wss. Natriumacetat-Lösung
(*Brockmann, Junge*, B. **76** [1943] 1028, 1030, 1033).
Schwarzblaue Krystalle (aus Bzl.); F: 214—216°. In methanol. Lösung nicht beständig.

5-Methoxy-8-methyl-2,4-diphenyl-chromen-7-on $C_{23}H_{18}O_3$, Formel VII.
B. Beim Behandeln einer Lösung von 7-Hydroxy-5-methoxy-8-methyl-2,4-diphenyl-
chromenylium-chlorid (E III/IV **17** 2414) in Methanol mit wss. Natriumacetat-Lösung
(*Brockmann et al.*, B. **77/79** [1944/46] 347, 353).
Rote Krystalle mit 0,75 Mol H$_2$O; F: 214° [nach Sintern]. Absorptionsmaxima (Bzl.):
482 nm, 516 nm und 555 nm (*Br. et al.*, l. c. S. 348).

3-[4-Hydroxy-phenyl]-6-methyl-4-phenyl-cumarin $C_{22}H_{16}O_3$, Formel VIII.
B. Beim Erhitzen von 3-[2-Methoxy-5-methyl-phenyl]-2-[4-methoxy-phenyl]-3-phen=
yl-acrylonitril (F: 108°) mit Pyridin-hydrochlorid und Behandeln des abgekühlten
Reaktionsgemisches mit wss. Salzsäure (*Buu-Hoi, Eckert*, J. org. Chem. **19** [1954] 1391,
1394).
Krystalle (aus wss. A.); F: 256°.

**3-Hydroxy-11-[(Ξ)-1-phenyl-äthyliden]-11H-dibenz[b,e]oxepin-6-on, 2-[1-(2,4-Dihydr=
oxy-phenyl)-2-phenyl-ξ-propenyl]-benzoesäure-2-lacton** $C_{22}H_{16}O_3$, Formel IX (R = H).
Ein Gemisch (Krystalle [aus Bzl. + PAe.]; F: 200—207°) der beiden Stereoisomeren
ist beim Erhitzen von opt.-inakt. 2-Chlor-3-[2,4-dihydroxy-phenyl]-2-methyl-3-phenyl-
indan-1-on (F: 196—197°) unter 1 Torr auf 190° erhalten worden (*Berti*, G. **81** [1951]
570, 575).

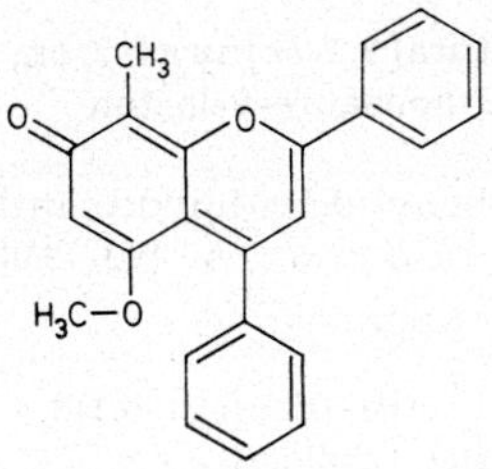

VII 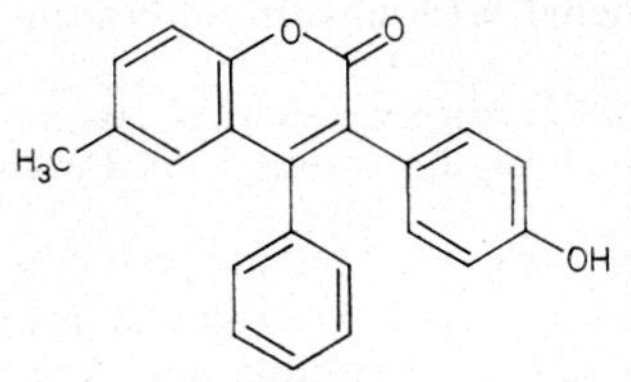   VIII 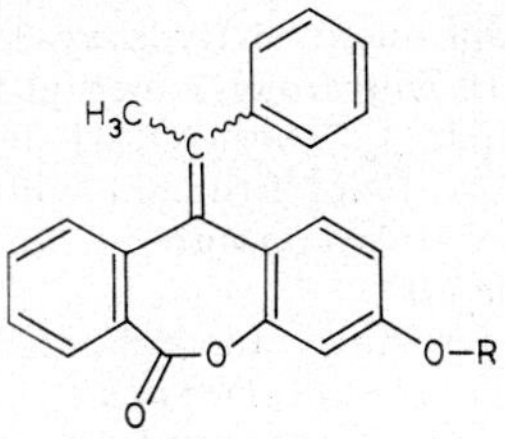   IX

3-Acetoxy-11-[(Ξ)-1-phenyl-äthyliden]-11H-dibenz[b,e]oxepin-6-on, 2-[1-(4-Acetoxy-2-hydroxy-phenyl)-2-phenyl-ζ-propenyl]-benzoesäure-lacton $C_{24}H_{18}O_4$, Formel IX ($R = CO-CH_3$).

B. Beim Erwärmen des im vorangehenden Artikel beschriebenen Gemisches oder von 2-[1-(2,4-Dihydroxy-phenyl)-2-phenyl-ζ-propenyl]-benzoesäure (F: 227—228°) mit Acetanhydrid und Natriumacetat (*Berti*, G. **81** [1951] 570, 577).
Krystalle (aus Bzn. + Bzl.); F: 190—191°.

2-[4-Methoxy-*trans*(?)-styryl]-3-methyl-benzo[h]chromen-4-on $C_{23}H_{18}O_3$, vermutlich Formel X.

B. Beim Behandeln von 2,3-Dimethyl-benzo[h]chromen-4-on mit 4-Methoxy-benzaldehyd und Natriumäthylat in Äthanol (*Cheema et al.*, Soc. **1932** 925, 931).
Grünlichgelbe Krystalle (aus A. + Eg.); F: 169° (*Ch. et al.*).

X   XI   XII

3-Hydroxy-10a-methyl-5a-phenyl-5a,10a-dihydro-benz[b]indeno[2,1-d]furan-10-on $C_{22}H_{16}O_3$, Formel XI, und **3-Hydroxy-5a-methyl-10b-phenyl-5a,10b-dihydro-benz[b]indeno[1,2-d]furan-6-on** $C_{22}H_{16}O_3$, Formel XII.

Diese Konstitutionsformeln kommen für die beiden nachstehend beschriebenen Keton-Präparate in Betracht.

a) Opt.-inakt. Präparat vom F: 270—271°.

B. Neben 2-Chlor-3-[2,4-dihydroxy-phenyl]-2-methyl-3-phenyl-indan-1-on (F: 196° bis 197°; Hauptprodukt) und kleineren Mengen des unter b) beschriebenen Präparats beim Erwärmen von opt.-inakt. 2,3-Dichlor-2-methyl-3-phenyl-indan-1-on (nicht charakterisiert) mit Resorcin in Benzol (*Berti*, G. **81** [1951] 559, 562, 564).
Krystalle (aus A.); F: 270—271° [Kofler-App.].
O-Acetyl-Derivat $C_{24}H_{18}O_4$. Krystalle (aus A. oder Bzl.); F: 207—208° [Kofler-App.].

b) Opt.-inakt. Präparat vom F: 194—195°.

B. s. bei dem unter a) beschriebenen Präparat.
Krystalle (aus CCl_4); F: 194—195° [Kofler-App.] (*Berti*, G. **81** [1951] 559, 562, 565).
O-Acetyl-Derivat $C_{24}H_{18}O_4$. Krystalle (aus wss. Me.); F: 144—146° [Kofler-App.].

---

*Opt.-inakt. 6-Hydroxy-3-methyl-10b-phenyl-6,10b-dihydro-anthra[9,1-bc]furan-2-on, 9,10-Dihydroxy-2-methyl-9-phenyl-9,10-dihydro-anthracen-1-carbonsäure-9-lacton $C_{22}H_{16}O_3$, Formel XIII.

B. Beim Erhitzen von (±)-9-Hydroxy-2-methyl-10-oxo-9-phenyl-9,10-dihydro-anthracen-1-carbonsäure-lacton mit Essigsäure und Zink-Pulver (*Scholl et al.*, A. **493** [1932] 56, 75).
Krystalle (aus Bzl.); F: 173—174°.
O-Acetyl-Derivat $C_{24}H_{18}O_4$ (6-Acetoxy-3-methyl-10b-phenyl-6,10b-dihydro-anthra[9,1-bc]furan-2-on). Krystalle (aus A.); F: 208—209°.

(±)-13b-Methoxy-2,7-dimethyl-13bH-naphtho[3,2,1-kl]xanthen-9-on $C_{23}H_{18}O_3$, Formel XIV (R = CH_3) (H 76; dort als 4.14-Dimethyl-cöroxonol-methyläther bezeichnet).

B. Beim Erwärmen von (±)-13b-Hydroxy-2,7-dimethyl-13bH-naphtho[3,2,1-kl]xanthen-9-on (H 76) mit Dimethylsulfat und wss. Natronlauge (*Pharma Chem. Corp.*, U.S.P. 2250270 [1938]).

F: 105°.

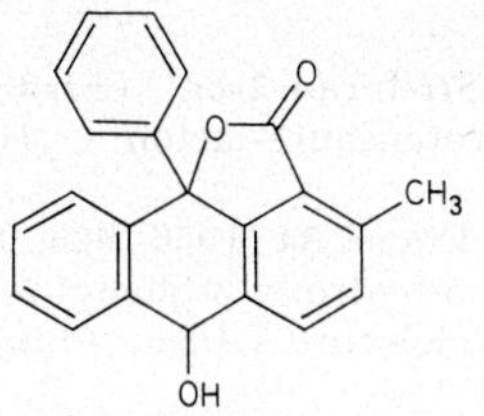

XIII 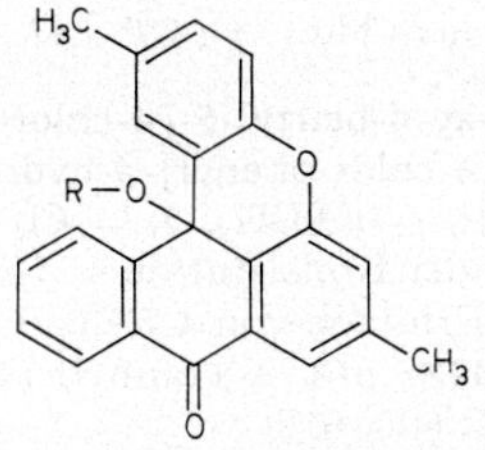   XIV

(±)-13b-Äthoxy-2,7-dimethyl-13bH-naphtho[3,2,1-kl]xanthen-9-on $C_{24}H_{20}O_3$, Formel XIV (R = C_2H_5) (H 76; dort als 4.14-Dimethyl-cöroxonol-äthyläther bezeichnet).

B. Beim Erwärmen von (±)-13b-Hydroxy-2,7-dimethyl-13bH-naphtho[3,2,1-kl]xanthen-9-on (H 76) mit Diäthylsulfat und wss. Natronlauge (*Pharma Chem. Corp.*, U.S.P. 2250270 [1938]).

F: 144—150°.

Hydroxy-oxo-Verbindungen $C_{23}H_{18}O_3$

(±)-6-Äthoxy-4,5,6-triphenyl-3,6-dihydro-pyran-2-on, (±)-5-Äthoxy-5-hydroxy-3,4,5-triphenyl-pent-3c-ensäure-lacton $C_{25}H_{22}O_3$, Formel I.

Diese Konstitution wird für die nachstehend beschriebene, von *Soliman*, *El-Kholy* (Soc. **1955** 2911, 2913) als 5-Oxo-3,4,5-triphenyl-pent-2t-ensäure-äthylester angesehene Verbindung (F: 127° [Zers.]) in Betracht gezogen (*El-Sayed El-Kholy et al.*, J. org. Chem. **31** [1966] 2167, 2168).

B. Beim Behandeln von Desoxybenzoin mit Phenylpropiolsäure-äthylester und Natriumäthylat in Äther (*So.*, *El-Kh.*).

Krystalle (aus Bzl. + PAe.); F: 127° [Zers.] (*So.*, *El-Kh.*).

(±)-5-Acetoxy-4-benzyl-3,5-diphenyl-5H-furan-2-on, (±)-4-Acetoxy-3-benzyl-4-hydroxy-2,4-diphenyl-*cis*-crotonsäure-lacton $C_{25}H_{20}O_4$, Formel II (R = $CO-CH_3$, X = H).

Diese Konstitution kommt der nachstehend beschriebenen, ursprünglich (*Allen et al.*, Canad. J. Res. **8** [1933] 137, 140) als [3-Benzyl-4-oxo-2,4-diphenyl-crotonsäure]-essigsäure-anhydrid angesehenen Verbindung zu (*Allen et al.*, Canad. J. Chem. **34** [1956] 926, 928, 930).

B. Beim Erhitzen von 4-Benzyl-5-hydroxy-3,5-diphenyl-5H-furan-2-on (E III **10** 3477) mit Acetanhydrid und wenig Schwefelsäure (*Al. et al.*, Canad. J. Res. **8** 140).

Krystalle (aus Me.); F: 126° (*Al. et al.*, Canad. J. Res. **8** 140), 128° (*Al. et al.*, Canad. J. Chem. **34** 928).

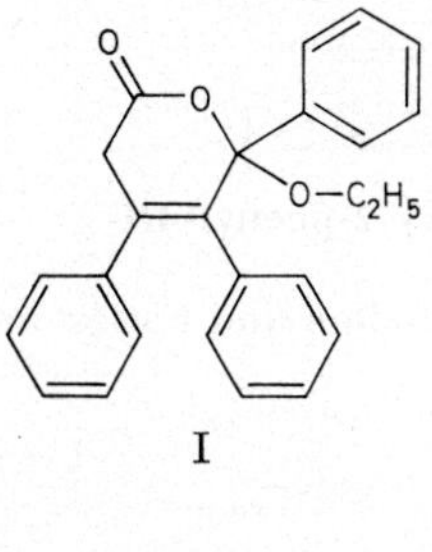

I 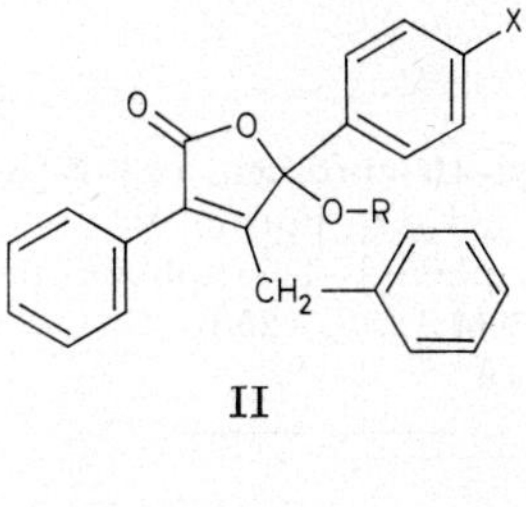   II 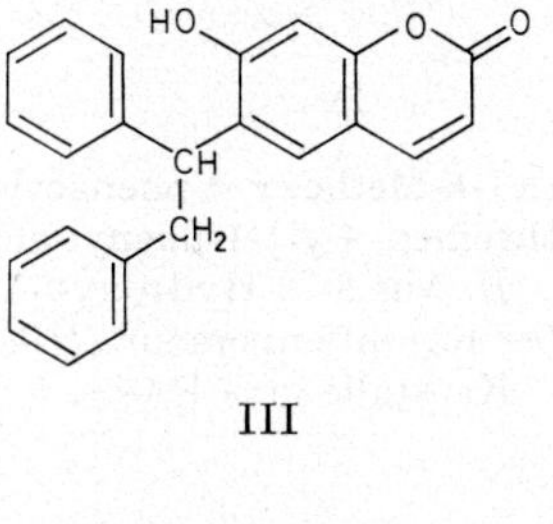   III

(±)-4-Benzyl-5-[4-chlor-phenyl]-5-methoxy-3-phenyl-5H-furan-2-on, (±)-3-Benzyl-4-[4-chlor-phenyl]-4-hydroxy-4-methoxy-2-phenyl-cis-crotonsäure-lacton $C_{24}H_{19}ClO_3$, Formel II (R = CH_3, X = Cl).
Bezüglich der Konstitution s. *Allen et al.*, Canad. J. Chem. **34** [1956] 926, 928, 930.
B. Aus dem Silber-Salz des 4-Benzyl-5-[4-chlor-phenyl]-5-hydroxy-3-phenyl-5H-furan-2-ons [E III **10** 3478] und Methyljodid (*Allen, Frame*, Canad. J. Res. **6** [1932] 605, 612).
Krystalle (aus Me.); F: 87° (*Al., Fr.*).

(±)-5-Acetoxy-4-benzyl-5-[4-chlor-phenyl]-3-phenyl-5H-furan-2-on, (±)-4-Acetoxy-3-benzyl-4-[4-chlor-phenyl]-4-hydroxy-2-phenyl-cis-crotonsäure-lacton $C_{25}H_{19}ClO_4$, Formel II (R = CO-CH_3, X = Cl).
Bezüglich der Konstitution s. *Allen et al.*, Canad. J. Chem. **34** [1956] 926, 928, 930.
B. Beim Erhitzen von 4-Benzyl-5-[4-chlor-phenyl]-5-hydroxy-3-phenyl-5H-furan-2-on (E III **10** 3478) mit Acetanhydrid und wenig Schwefelsäure (*Allen, Frame*, Canad. J. Res. **6** [1932] 605, 612).
Krystalle (aus Butan-1-ol); F: 157° (*Al., Fr.*).

(±)-4-Benzyl-5-[4-brom-phenyl]-5-methoxy-3-phenyl-5H-furan-2-on, (±)-3-Benzyl-4-[4-brom-phenyl]-4-hydroxy-4-methoxy-2-phenyl-cis-crotonsäure-lacton $C_{24}H_{19}BrO_3$, Formel II (R = CH_3, X = Br).
Bezüglich der Konstitution s. *Allen et al.*, Canad. J. Chem. **34** [1956] 926, 928, 930.
B. Beim Erwärmen von (±)-4-Benzyl-5-[4-brom-phenyl]-5-chlor-3-phenyl-5H-furan-2-on mit Methanol (*Allen, Frame*, Canad. J. Res. **6** [1932] 605, 612).
Krystalle (aus Me.); F: 75° (*Al., Fr.*).

(±)-6-Bibenzyl-α-yl-7-hydroxy-cumarin $C_{23}H_{18}O_3$, Formel III.
Diese Konstitution ist für die nachstehend beschriebene Verbindung in Betracht gezogen worden (*Krishnaswamy, Seshadri*, Pr. Indian Acad. [A] **16** [1942] 151, 154).
B. Beim Behandeln von Psoralen (Furo[3,2-g]chromen-7-on) mit Aluminiumchlorid und Benzol (*Kr., Se.*).
Krystalle (aus A.); F: 259–260°.
Überführung in ein O-Methyl-Derivat $C_{24}H_{20}O_3$ ((±)-6-Bibenzyl-α-yl-7-methoxy-cumarin(?); Krystalle [aus A.]; F: 172–173°) mit Hilfe von Methyljodid: *Kr., Se.*

(±)-8-Bibenzyl-α-yl-7-hydroxy-cumarin $C_{23}H_{18}O_3$, Formel IV.
Diese Konstitution ist für die nachstehend beschriebene Verbindung in Betracht gezogen worden (*Krishnaswamy, Seshadri*, Pr. Indian Acad. [A] **16** [1942] 151, 153).
B. Beim Behandeln von Angelicin (Furo[2,3-h]chromen-2-on) mit Aluminiumchlorid und Benzol (*Kr., Se.*).
Krystalle (aus A. oder Acn.); F: 205–206°.

IV   V   VI

(±)-6-Methoxy-4-phenacyl-2-phenyl-4H-chromen, (±)-2-[6-Methoxy-2-phenyl-4H-chromen-4-yl]-1-phenyl-äthanon $C_{24}H_{20}O_3$, Formel V.
B. Aus 3-[2-Hydroxy-5-methoxy-phenyl]-1,5-diphenyl-pentan-1,5-dion und Essigsäure bei Raumtemperatur (*Hill*, Soc. **1934** 1255, 1258).
Krystalle (aus PAe.); F: 118–119°.

(±)-7-Methoxy-4-phenacyl-2-phenyl-4H-chromen, (±)-2-[7-Methoxy-2-phenyl-4H-chromen-4-yl]-1-phenyl-äthanon $C_{24}H_{20}O_3$, Formel VI.

B. Neben 2-[(Ξ)-7-Methoxy-2-phenyl-chromen-4-yliden]-1-phenyl-äthanon (F: 153°) bei kurzem Erhitzen (7 min) von 3-[2-Hydroxy-4-methoxy-phenyl]-1,5-diphenyl-pentan-1,5-dion mit Essigsäure (*Hill*, Soc. **1934** 1255, 1257).
Krystalle (aus PAe.); F: 85—86°.

(±)-8-Methoxy-4-phenacyl-2-phenyl-4H-chromen, (±)-2-[8-Methoxy-2-phenyl-4H-chromen-4-yl]-1-phenyl-äthanon $C_{24}H_{20}O_3$, Formel VII.

B. In kleineren Mengen beim Erhitzen (10 min) von 3-[2-Hydroxy-3-methoxy-phenyl]-1,5-diphenyl-pentan-1,5-dion mit Essigsäure (*Beaven, Hill*, Soc. **1936** 256).
Krystalle (aus A.); F: 136—137°.

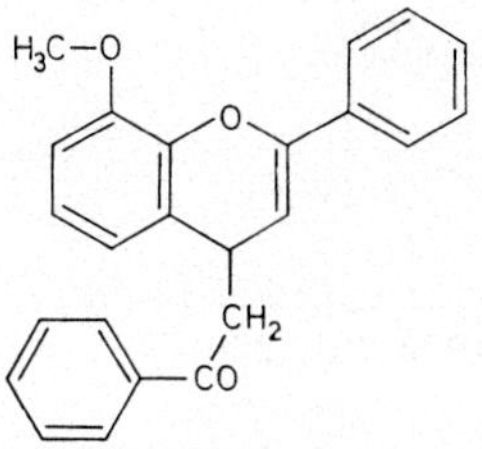

VII 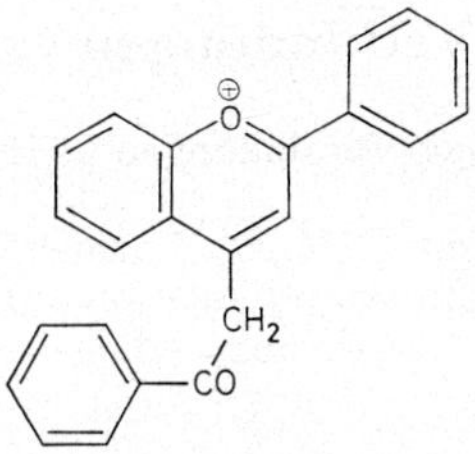   VIII 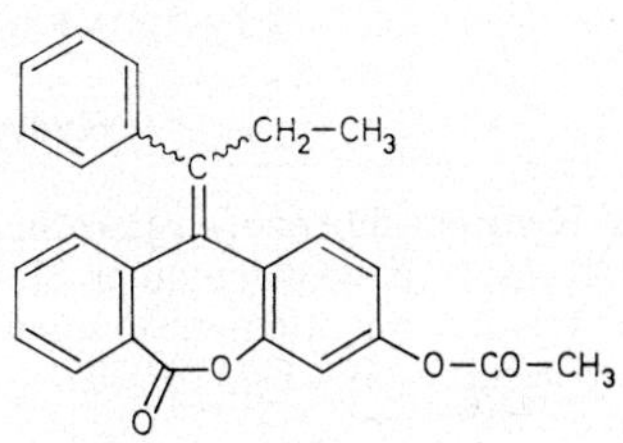   IX

4-Phenacyl-2-phenyl-chromenylium $[C_{23}H_{17}O_2]^+$, Formel VIII.
Tetrachloroferrat(III) $[C_{23}H_{17}O_2]FeCl_4$. B. Beim Einleiten von Chlorwasserstoff in eine Lösung von 1-Phenyl-2-[2-phenyl-chromen-4-yliden]-äthanon (nicht charakterisiert) in Essigsäure und Behandeln des Reaktionsgemisches mit Eisen(III)-chlorid (*Hill*, Soc. **1935** 85, 87). — Orangefarbene Krystalle (aus Eg.); F: 156—157°.

3-Acetoxy-11-[(Ξ)-1-phenyl-propyliden]-11H-dibenz[b,e]oxepin-6-on, 2-[1-(4-Acetoxy-2-hydroxy-phenyl)-2-phenyl-but-1-en-ξ-yl]-benzoesäure-lacton $C_{25}H_{20}O_4$, Formel IX.

B. Beim Erwärmen von 2-[1-(2,4-Dihydroxy-phenyl)-2-phenyl-but-1-en-ξ-yl]-benzoesäure (F: 196—198°) mit Acetanhydrid und Natriumacetat (*Berti*, G. **81** [1951] 570, 578)
Krystalle (aus PAe.); F: 152—153°.

3-Hydroxy-1,5a-dimethyl-10b-phenyl-5a,10b-dihydro-benz[b]indeno[1,2-d]furan-6-on $C_{23}H_{18}O_3$, Formel X, und **3-Hydroxy-1,10a-dimethyl-5-phenyl-5a,10a-dihydro-benz[b]indeno[2,1-d]furan-10-on** $C_{23}H_{18}O_3$, Formel XI.

Diese beiden Konstitutionsformeln kommen für die nachstehend beschriebene opt.-inakt. Verbindung in Betracht.

B. Neben 2-Chlor-3-[2,4-dihydroxy-6-methyl-phenyl]-2-methyl-3-phenyl-indan-1-on (F: 233—234°) beim Erwärmen von opt.-inakt. 2,3-Dichlor-2-methyl-3-phenyl-indan-1-on (Gemisch der Stereoisomeren [E III 7 2437]) mit 5-Methyl-resorcin in Essigsäure (*Berti*, G. **81** [1951] 559, 562, 566).
Krystalle (aus CHCl₃); F: 264—265° [Kofler-App.].
O-Acetyl-Derivat $C_{25}H_{20}O_4$. Krystalle (aus Bzl. + Bzn.); F: 234—235° [Kofler-App.].

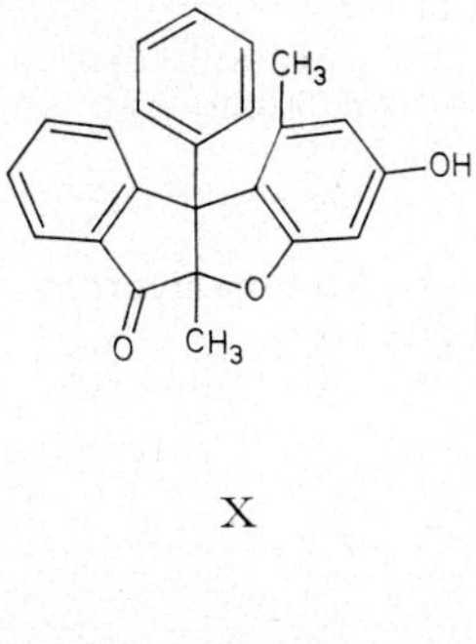

X 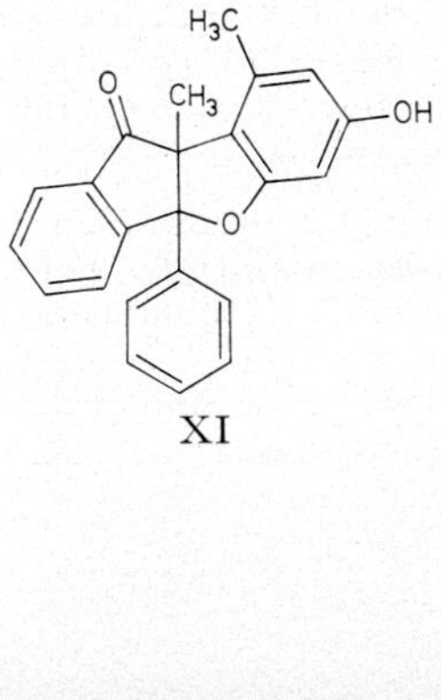   XI 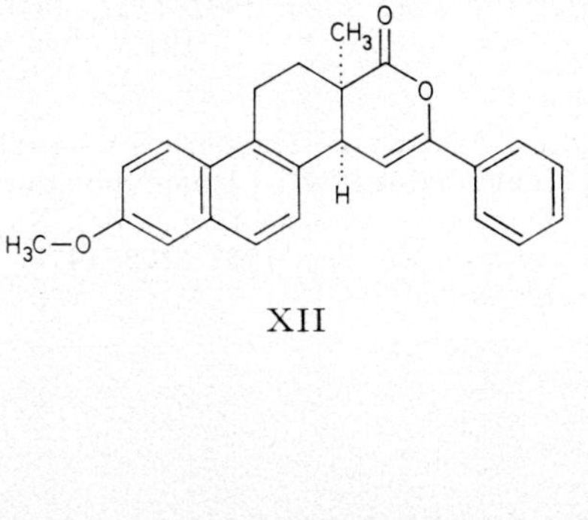   XII

Hydroxy-oxo-Verbindungen $C_{21}H_{20}O_3$

(±)-8-Methoxy-12a*c*-methyl-3-phenyl-(4a*r*,12a*c*)-4a,11,12,12a-tetrahydro-naphth[2,1-*f*]=isochromen-1-on, (±)-1*r*-[β-Hydroxy-*trans*-styryl]-7-methoxy-2*t*-methyl-1,2,3,4-tetra=hydro-phenanthren-2*c*-carbonsäure-lacton, *rac*-16*c*-Hydroxy-3-methoxy-16*t*-phenyl-16,17-seco-östra-1,3,5,7,9,15-hexaen-18-säure-lacton $C_{25}H_{22}O_3$, Formel XII + Spiegelbild.

B. Beim Erhitzen von (±)-7-Methoxy-2*t*-methyl-1*r*-phenacyl-1,2,3,4-tetrahydrophenanthren-2*c*-carbonsäure-methylester mit Kaliumhydroxid und kleinen Mengen wss. Äthanol auf 170° und Ansäuern einer wss. Lösung des Reaktionsprodukts (*Billeter, Miescher*, Helv. **31** [1948] 1302, 1315).
Krystalle (aus Acn. + Hexan); F: 217—221° [korr.].

Hydroxy-oxo-Verbindungen $C_nH_{2n-30}O_3$

Hydroxy-oxo-Verbindungen $C_{21}H_{12}O_3$

11-Hydroxy-dibenzo[*a,c*]xanthen-14-on $C_{21}H_{12}O_3$, Formel I (R = H).
B. Beim Erwärmen einer Suspension von 11-Acetoxy-dibenzo[*a,c*]xanthen-14-on (s. u.) in Äthanol mit kleinen Mengen wss. Natronlauge (*Baker*, Soc. **1930** 261, 266).
Krystalle (aus Eg.); F: 325—326°.

11-Methoxy-dibenzo[*a,c*]xanthen-14-on $C_{22}H_{14}O_3$, Formel I (R = CH_3).
B. Beim Behandeln von 2-[2-Amino-phenyl]-7-methoxy-3-phenyl-chromen-4-on mit Schwefelsäure enthaltendem Methanol und mit wss. Natriumnitrit-Lösung und Erwärmen der Reaktionslösung (*Baker*, Soc. **1930** 261, 266).
Krystalle (aus Eg.); F: 248—249°.

11-Acetoxy-dibenzo[*a,c*]xanthen-14-on $C_{23}H_{14}O_4$, Formel I (R = CO-CH_3).
B. Beim Erhitzen von 11-Methoxy-dibenzo[*a,c*]xanthen-14-on mit wss. Bromwasser=stoffsäure und Essigsäure und Erwärmen des Reaktionsprodukts mit Acetanhydrid und Pyridin (*Baker*, Soc. **1930** 261, 267).
Krystalle; F: 234—235°.

Hydroxy-oxo-Verbindungen $C_{22}H_{14}O_3$

(±)-1-Acetoxy-1-[1]naphthyl-1*H*-naphtho[1,2-*c*]furan-3-on, (±)-1-[Acetoxy-hydroxy-[1]naphthyl-methyl]-[2]naphthoesäure-lacton $C_{24}H_{16}O_4$, Formel II.
B. Beim Erwärmen von 1-[1]Naphthoyl-[2]naphthoesäure mit Acetanhydrid und Pyridin (*Cook*, Soc. **1932** 1472, 1476; *Fieser, Kilmar*, Am. Soc. **61** [1939] 862, 863).
Krystalle (aus A.); F: 197,5—198,5° [korr.] (*Fi., Ki.*), 196° (*Cook*).

(±)-1-Acetoxy-1-[2]naphthyl-1*H*-naphtho[1,2-*c*]furan-3-on, (±)-1-[Acetoxy-hydroxy-[2]naphthyl-methyl]-[2]naphthoesäure-lacton $C_{24}H_{16}O_4$, Formel III.
B. Beim Erwärmen von 1-[2]Naphthoyl-[2]naphthoesäure mit Acetanhydrid und Pyridin (*Cook*, Soc. **1932** 1472, 1477).
Krystalle (aus Bzl. + A.); F: 185—186° [nach Sintern].

(±)-3-Acetoxy-3-[1]naphthyl-3H-naphtho[1,2-c]furan-1-on, (±)-2-[Acetoxy-hydroxy-[1]naphthyl-methyl]-[1]naphthoesäure-lacton $C_{24}H_{16}O_4$, Formel IV.

B. Beim Erhitzen von 2-[1]Naphthoyl-[1]naphthoesäure mit Acetanhydrid und Pyridin (Fieser, Kilmar, Am. Soc. **61** [1939] 862, 863).

Krystalle (aus A.); F: 179,5—181° [korr.].

(±)-1-[2-Hydroxy-[1]naphthyl]-1H-naphtho[2,1-b]furan-2-on, (±)-Bis-[2-hydroxy-[1]naphthyl]-essigsäure-lacton $C_{22}H_{14}O_3$, Formel V (R = H).

Diese Konstitution kommt der früher (s. H **6** 640 im Artikel β-Naphthol) beschriebenen Verbindung $C_{22}H_{14}O_3$ (F: 210° [Zers.]) zu (Dischendorfer, Lapaine, M. **82** [1951] 397, 403).

Krystalle (aus Chlorbenzol); F: 226° [korr.; evakuierte Kapillare].

(±)-1-[2-Acetoxy-[1]naphthyl]-1H-naphtho[2,1-b]furan-2-on, (±)-[2-Acetoxy-[1]naphthyl]-[2-hydroxy-[1]naphthyl]-essigsäure-lacton $C_{24}H_{16}O_4$, Formel V (R = CO-CH$_3$).

B. Beim Erhitzen von Bis-[2-hydroxy-[1]naphthyl]-essigsäure-lacton mit Acetanhydrid und Natriumacetat (Dischendorfer, Lapaine, M. **82** [1951] 397, 403).

Krystalle (aus Eg. oder Bzl.); F: 172° [korr.].

Hydroxy-oxo-Verbindungen $C_{23}H_{16}O_3$

6-[4-Methoxy-phenyl]-4,5-diphenyl-pyran-2-on, 5c-Hydroxy-5t-[4-methoxy-phenyl]-3,4-diphenyl-penta-2c,4-diensäure-lacton $C_{24}H_{18}O_3$, Formel VI.

B. Neben anderen Verbindungen beim Behandeln von 4-Methoxy-desoxybenzoin mit Phenylpropiolsäure-äthylester und Natriumäthylat in Äther (Soliman, El-Kholy, Soc. **1955** 2911, 2914).

Gelbliche Krystalle (aus Bzl.); F: 200°.

4-Methoxy-4'-[5-phenyl-[2]furyl]-benzophenon $C_{24}H_{18}O_3$, Formel VII.

B. In kleiner Menge neben [2,5-Diphenyl-[3]furyl]-[4-methoxy-phenyl]-keton beim Behandeln von 2,5-Diphenyl-furan mit 4-Methoxy-benzoylchlorid, Zinn(II)-chlorid und Benzol (Dien, Lutz, J. org. Chem. **21** [1956] 1492, 1505).

Krystalle (aus Toluol); F: 200—201°. Absorptionsmaxima: 230 nm, 293 nm und 360 nm.

3-Acetoxy-4-benzoyl-2,5-diphenyl-furan, [4-Acetoxy-2,5-diphenyl-[3]furyl]-phenyl-keton $C_{25}H_{18}O_4$, Formel VIII (R = X = H).

B. Beim Erhitzen von [2,5-Diphenyl-[3]furyl]-phenyl-keton mit Blei(IV)-acetat in Essigsäure (Dien, Lutz, J. org. Chem. **22** [1957] 1355, 1357, 1359). Beim Behandeln von

2-Benzoyl-1,4-diphenyl-but-2-en-1,4-dion mit Acetanhydrid und Schwefelsäure (*Dien, Lutz*, Am. Soc. **78** [1956] 1987, 1991).

Krystalle (aus A.); F: 135—136° [korr.] (*Dien, Lutz*, Am. Soc. **78** 1991). Absorptionsmaxima (A.): 242 nm und 298 nm (*Dien, Lutz*, Am. Soc. **78** 1991).

[4-Acetoxy-2-(4-brom-phenyl)-5-phenyl-[3]furyl]-phenyl-keton $C_{25}H_{17}BrO_4$, Formel VIII (R = H, X = Br).

B. Beim Behandeln von 2-Benzoyl-1-[4-brom-phenyl]-4-phenyl-but-2c-en-1,4-dion mit Acetanhydrid und wenig Schwefelsäure (*Dien, Lutz*, J. org. Chem. **21** [1956] 1492, 1504).

Krystalle (aus A.); F: 138—139°.

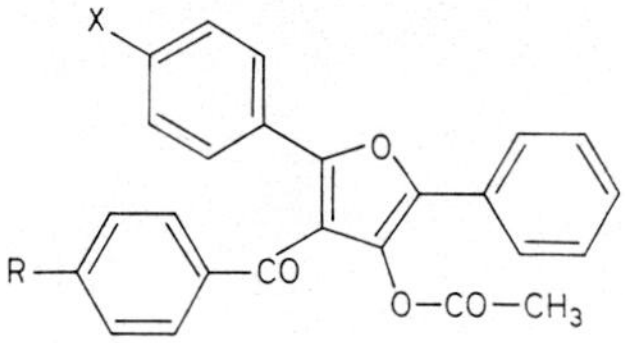

VIII

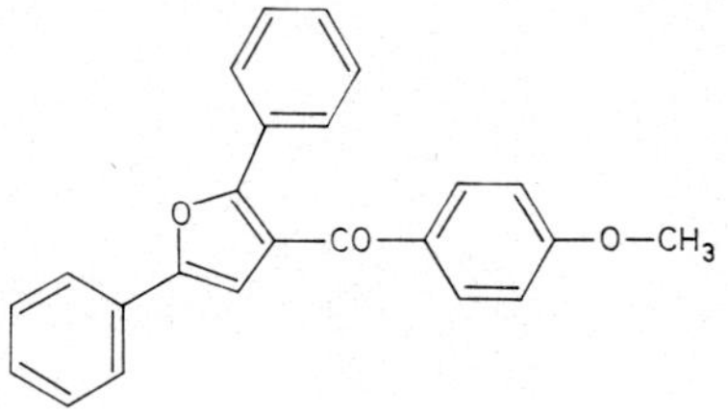

IX

[4-Acetoxy-2,5-diphenyl-[3]furyl]-[4-brom-phenyl]-keton $C_{25}H_{17}BrO_4$, Formel VIII (R = Br, X = H).

B. Beim Behandeln von 2-Benzoyl-1-[4-brom-phenyl]-4-phenyl-but-2t-en-1,4-dion mit Acetanhydrid und wenig Schwefelsäure (*Dien, Lutz*, J. org. Chem. **21** [1956] 1492, 1504). Beim Erhitzen von [4-Brom-phenyl]-[2,5-diphenyl-[3]furyl]-keton mit Blei(IV)-acetat in Essigsäure (*Dien, Lutz*).

Krystalle (aus Eg.); F: 127,5—128,5°.

[2,5-Diphenyl-[3]furyl]-[4-methoxy-phenyl]-keton $C_{24}H_{18}O_3$, Formel IX.

B. Beim Behandeln von 2,5-Diphenyl-furan mit 4-Methoxy-benzoylchlorid, Zinn(II)-chlorid und Benzol (*Dien, Lutz*, J. org. Chem. **21** [1956] 1492, 1505).

Krystalle (aus Bzl. + A.); F: 120—121°.

7-Methoxy-3-phenyl-2-*trans*(?)-styryl-chromen-4-on $C_{24}H_{18}O_3$, vermutlich Formel X (vgl. E II 53).

B. Beim Behandeln von 7-Methoxy-2-methyl-3-phenyl-chromen-4-on mit Benzaldehyd und Natriumäthylat in Äthanol (*Chakravarti*, J. Indian chem. Soc. **8** [1931] 129, 134).

Krystalle (aus Eg. + W.); F: 204°.

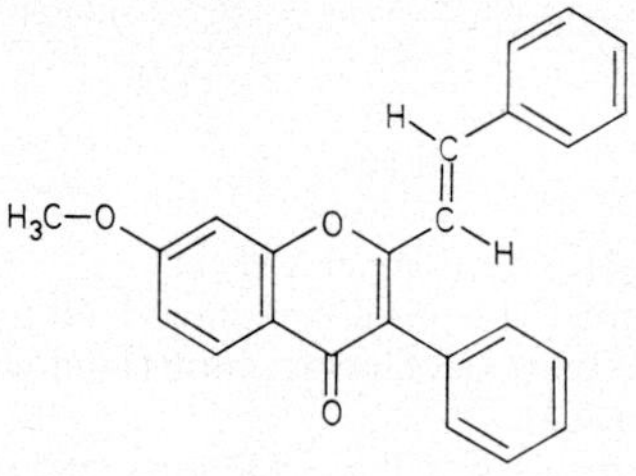

X

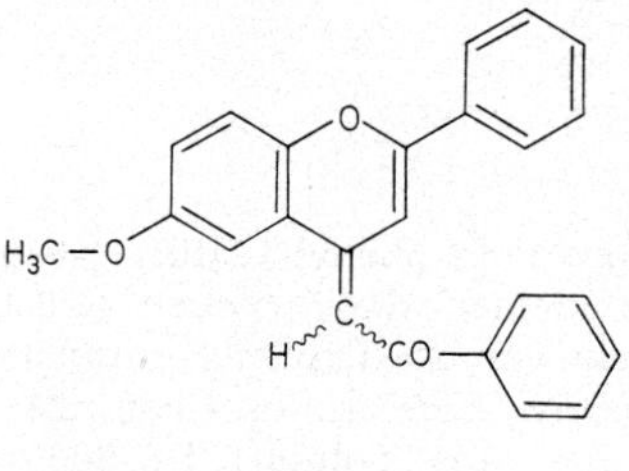

XI

6-Methoxy-4-[(*Ξ*)-phenacyliden]-2-phenyl-4*H*-chromen, 2-[(*Ξ*)-6-Methoxy-2-phenyl-chromen-4-yliden]-1-phenyl-äthanon $C_{24}H_{18}O_3$, Formel XI (vgl. E II 53; dort als 6-Methoxy-4-phenacyliden-flaven bezeichnet).

B. Beim Erhitzen von 3-[2-Hydroxy-5-methoxy-phenyl]-1,5-diphenyl-pentan-1,5-dion oder von (±)-2-[6-Methoxy-2-phenyl-4*H*-chromen-4-yl]-1-phenyl-äthanon mit Essigsäure

(*Hill*, Soc. **1934** 1255, 1258).
F: 146—147°.

7-Methoxy-4-[(Ξ)-phenacyliden]-2-phenyl-4H-chromen, 2-[(Ξ)-7-Methoxy-2-phenyl-chromen-4-yliden]-1-phenyl-äthanon $C_{24}H_{18}O_3$, Formel I.
B. Bei ³/₄-stdg. Erhitzen von 3-[2-Hydroxy-4-methoxy-phenyl]-1,5-diphenyl-pentan-1,5-dion mit Essigsäure (*Hill*, Soc. **1934** 1255, 1258).
Gelbe Krystalle (aus A.); F: 153°.

8-Methoxy-4-[(Ξ)-phenacyliden]-2-phenyl-4H-chromen, 2-[(Ξ)-8-Methoxy-2-phenyl-chromen-4-yliden]-1-phenyl-äthanon $C_{24}H_{18}O_3$, Formel II.
B. Beim 1-stdg. Erhitzen von 3-[2-Hydroxy-3-methoxy-phenyl]-1,5-diphenyl-pentan-1,5-dion mit Essigsäure (*Beaven, Hill*, Soc. **1936** 256).
Gelbe Krystalle (aus A.); F: 192°.

4-[4-Methoxy-*trans*(?)-styryl]-3-phenyl-cumarin $C_{24}H_{18}O_3$, vermutlich Formel III.
B. Beim Erhitzen von 2'-Hydroxy-4-methoxy-*trans*(?)-chalkon (E III **8** 2825) mit Natrium-phenylacetat und Acetanhydrid (*Mahal, Venkataraman*, Soc. **1933** 616).
Gelbe Krystalle (aus Eg.); F: 170°.

(±)-2-[9]Anthryl-7-hydroxy-chroman-4-on $C_{23}H_{16}O_3$, Formel IV.
B. Beim Behandeln von 1-[2,4-Dihydroxy-phenyl]-äthanon mit Anthracen-9-carb-aldehyd und Chlorwasserstoff in Äthylacetat (*Russell, Happoldt*, Am. Soc. **64** [1942] 1101).
Krystalle (aus wss. A.); F: 212—220°.

(±)-3-[2-Methoxy-[1]naphthyl]-2,3-dihydro-benzo[*f*]chromen-1-on $C_{24}H_{18}O_3$, Formel V.
B. Beim Erwärmen von 1-[2-Hydroxy-[1]naphthyl]-3-[2-methoxy-[1]naphthyl]-propenon (F: 146°) mit Säure (*Fujise, Suzuki*, J. chem. Soc. Japan Pure Chem. Sect. **72** [1951] 1073; C. A. **1953** 5937).
Krystalle; F: 151°.

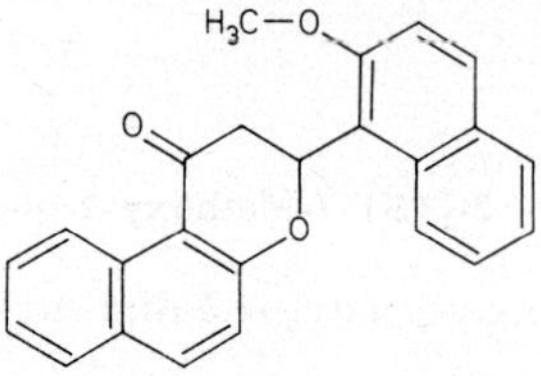

V 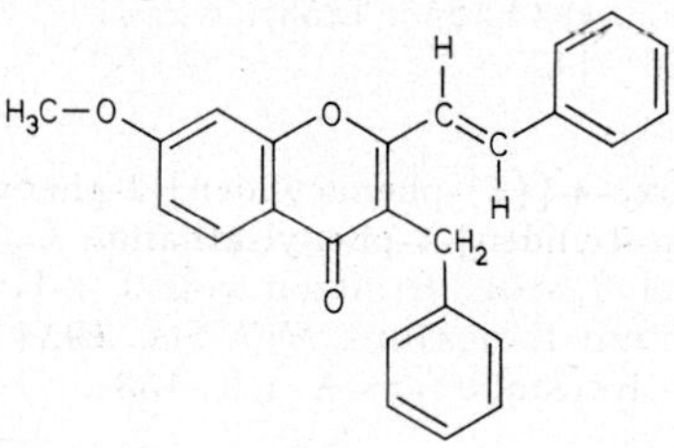   VI

Hydroxy-oxo-Verbindungen $C_{24}H_{18}O_3$

3-Benzyl-7-methoxy-2-*trans*(?)-styryl-chromen-4-on $C_{25}H_{20}O_3$, vermutlich Formel VI.
B. Beim Erwärmen von 3-Benzyl-7-methoxy-2-methyl-chromen-4-on mit Benzaldehyd und Natriumäthylat in Äthanol (*King, Robertson*, Soc. **1934** 403).
Krystalle (aus A.); F: 174°.

Hydroxy-oxo-Verbindungen $C_{25}H_{20}O_3$

8-Methoxy-4-[(*Ξ*)-4-methyl-phenacyliden]-2-*p*-tolyl-4*H*-chromen, 2-[(*Ξ*)-8-Methoxy-2-*p*-tolyl-chromen-4-yliden]-1-*p*-tolyl-äthanon $C_{26}H_{22}O_3$, Formel VII.
B. Beim Erhitzen von 3-[2-Hydroxy-3-methoxy-phenyl]-1,5-di-*p*-tolyl-pentan-1,5-dion mit Essigsäure (*Beaven, Hill*, Soc. **1936** 256).
Gelbe Krystalle (aus A.); F: 200°.

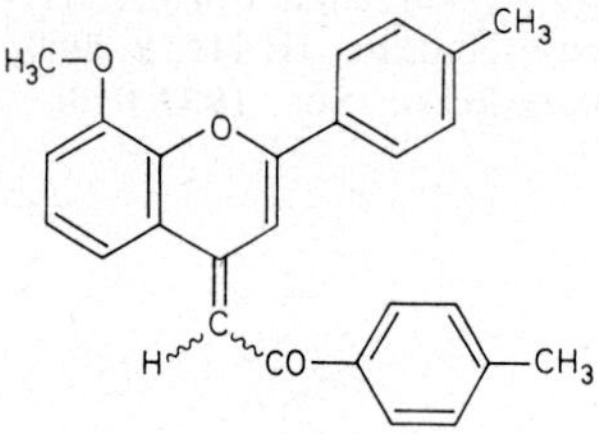

VII 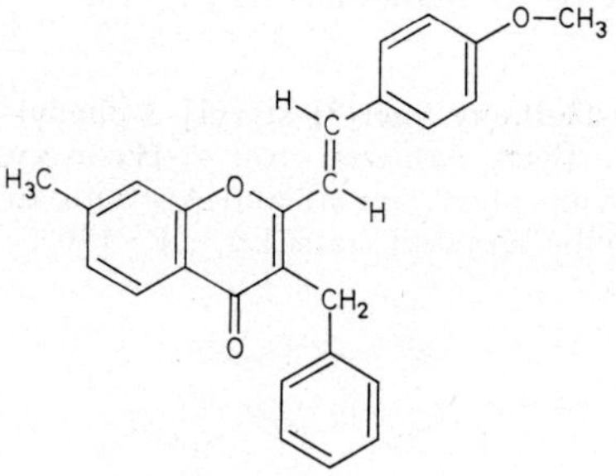   VIII

3-Benzyl-2-[4-methoxy-*trans*(?)-styryl]-7-methyl-chromen-4-on $C_{26}H_{22}O_3$, Formel VIII.
B. Beim Behandeln von 3-Benzyl-2,7-dimethyl-chromen-4-on mit 4-Methoxy-benzaldehyd und Natriumäthylat in Äthanol (*Zaki, Azzam*, Soc. **1943** 434).
Gelbe Krystalle (aus A.); F: 176°.

Hydroxy-oxo-Verbindungen $C_{26}H_{22}O_3$

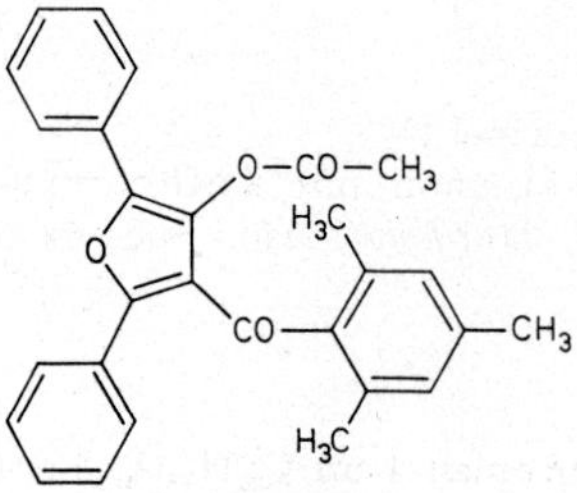

IX 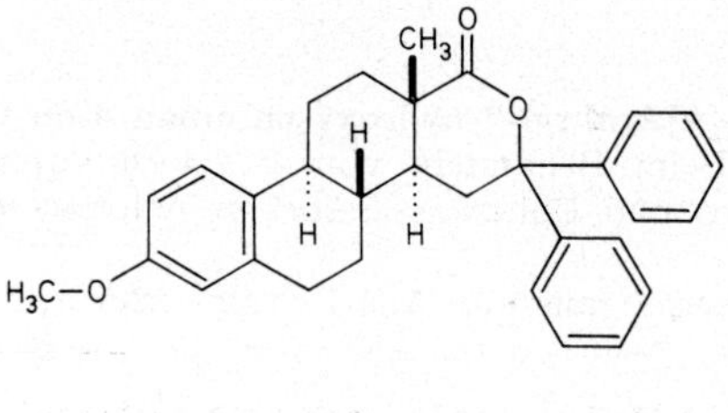   X

[4-Acetoxy-2,5-diphenyl-[3]furyl]-mesityl-keton $C_{28}H_{24}O_4$, Formel IX.
B. Beim Behandeln von 2-Benzoyl-1-mesityl-4-phenyl-but-2*t*-en-1,4-dion mit Acet=

anhydrid und wenig Schwefelsäure (*Dien, Lutz*, J. org. Chem. **21** [1956] 1492, 1508).
Beim Erhitzen von [2,5-Diphenyl-[3]furyl]-mesityl-keton mit Blei(IV)-acetat in Essigsäure (*Dien, Lutz*).
Krystalle (aus Me.); F: 136—137°.

Hydroxy-oxo-Verbindungen $C_{30}H_{30}O_3$

3-Methoxy-16,16-diphenyl-17-oxa-*D*-homo-östra-1,3,5(10)-trien-17a-on, 16-Hydroxy-3-methoxy-16,16-diphenyl-16,17-seco-östra-1,3,5(10)-trien-17-säure-lacton $C_{31}H_{32}O_3$, Formel X.

B. Beim Behandeln einer Lösung von (+)-*O*-Methyl-marrianolsäure-dimethylester (3-Methoxy-16,17-seco-östra-1,3,5(10)-trien-16,17-disäure-dimethylester) in Benzol mit Phenylmagnesiumbromid in Äther und anschliessend mit wss. Ammoniumchlorid-Lösung (*Billeter, Miescher*, Helv. **31** [1948] 1302, 1311).
Krystalle (aus Me.); F: 245—246° [korr.]. $[\alpha]_D^{21}$: +338° [$CHCl_3$; c = 1].

Hydroxy-oxo-Verbindungen $C_nH_{2n-32}O_3$

Hydroxy-oxo-Verbindungen $C_{23}H_{14}O_3$

2-[2-Hydroxy-[1]naphthyl]-benzo[*g*]chromen-4-on $C_{23}H_{14}O_3$, Formel I (R = H).
B. Beim Erhitzen von 2-[2-Methoxy-[1]naphthyl]-benzo[*g*]chromen-4-on (s. u.) mit Acetanhydrid und wss. Jodwasserstoffsäure (*Virkar, Wheeler*, Soc. **1939** 1681).
Grünlichgelbes Pulver (aus Nitrobenzol); F: 283—285°.

2-[2-Methoxy-[1]naphthyl]-benzo[*g*]chromen-4-on $C_{24}H_{16}O_3$, Formel I (R = CH_3).
Über die Konstitution s. *Ullal et al.*, Soc. **1940** 1499.
B. Beim Behandeln von 1-[2-Methoxy-[1]naphthyl]-3-[3-methoxy-[2]naphthyl]-propan-1,3-dion mit Bromwasserstoff in Essigsäure (*Virkar, Wheeler*, Soc. **1939** 1681).
Krystalle (aus A. + Bzl.); F: 197° (*Vi., Wh.*).

I

II

2-[2-Acetoxy-[1]naphthyl]-benzo[*g*]chromen-4-on $C_{25}H_{16}O_4$, Formel I (R = CO-CH_3).
B. Aus 2-[2-Hydroxy-[1]naphthyl]-benzo[*g*]chromen-4-on [s. o.] (*Virkar, Wheeler*, Soc. **1939** 1681).
F: 148—150° [aus A.].

2-[3-Methoxy-[2]naphthyl]-benzo[*g*]chromen-4-on $C_{24}H_{16}O_3$, Formel II.
B. Beim Erhitzen von 1-[3-Hydroxy-[2]naphthyl]-3-[3-methoxy-[2]naphthyl]-propan-1,3-dion mit Essigsäure und kleinen Mengen wss. Salzsäure (*Nowlan et al.*, Soc. **1950** 340, 344).
F: 214° [aus Bzl. + Bzn.].

6-Hydroxy-9-[1]naphthyl-xanthen-3-on $C_{23}H_{14}O_3$, Formel III, und **6-Hydroxy-9-[2]naphthyl-xanthen-3-on** $C_{23}H_{14}O_3$, Formel IV.
Diese beiden Konstitutionsformeln kommen für die nachstehend beschriebene Verbindung in Betracht.
B. Beim Erhitzen von [1(oder 2)]Naphthoesäure-äthylester mit Resorcin und Zinkchlorid unter Einleiten von Chlorwasserstoff (*Sen, Mukherji*, J. Indian chem. Soc. **6** [1929] 557, 561).

Unterhalb 290° nicht schmelzend.
Tetrabrom-Derivat $C_{23}H_{10}Br_4O_3$. Krystalle (aus A.); Zers. bei 260°.

2-[1-Hydroxy-[2]naphthyl]-benzo[*h*]chromen-4-on $C_{23}H_{14}O_3$, Formel V (R = H).
B. Beim Erhitzen von 2-[1-Methoxy-[2]naphthyl]-benzo[*h*]chromen-4-on mit Acet=
anhydrid und wss. Jodwasserstoffsäure (*Virkar, Wheeler*, Soc. **1939** 1681).
Grüngelbes Pulver (aus Chlorbenzol); unterhalb 280° nicht schmelzend.

III   IV   V

2-[1-Methoxy-[2]naphthyl]-benzo[*h*]chromen-4-on $C_{24}H_{16}O_3$, Formel V (R = CH_3).
B. Beim Behandeln von 1,3-Bis-[1-methoxy-[2]naphthyl]-propan-1,3-dion mit Brom=
wasserstoff in Essigsäure oder mit wss. Jodwasserstoffsäure und Acetanhydrid (*Virkar, Wheeler*, Soc. **1939** 1681).
F: 151—152° [aus A.].

2-[1-Acetoxy-[2]naphthyl]-benzo[*h*]chromen-4-on $C_{25}H_{16}O_4$, Formel V (R = CO-CH_3).
B. Aus 2-[1-Hydroxy-[2]naphthyl]-benzo[*h*]chromen-4-on (*Virkar, Wheeler*, Soc. **1939** 1681).
F: 174° [aus A.].

2-[3-Hydroxy-[2]naphthyl]-benzo[*h*]chromen-4-on $C_{23}H_{14}O_3$, Formel VI (R = H).
B. Beim Erhitzen von 2-[3-Methoxy-[2]naphthyl]-benzo[*h*]chromen-4-on mit Acet=
anhydrid und wss. Jodwasserstoffsäure (*Virkar, Wheeler*, Soc. **1939** 1679).
Grüngelbes Pulver (aus Eg.); unterhalb 300° nicht schmelzend.

2-[3-Methoxy-[2]naphthyl]-benzo[*h*]chromen-4-on $C_{24}H_{16}O_3$, Formel VI (R = CH_3).
B. Beim Behandeln von 1-[1-Hydroxy-[2]naphthyl]-3-[3-methoxy-[2]naphthyl]-
propan-1,3-dion mit Bromwasserstoff in Essigsäure (*Virkar, Wheeler*, Soc. **1939** 1679).
F: 204—205° [aus Eg.].

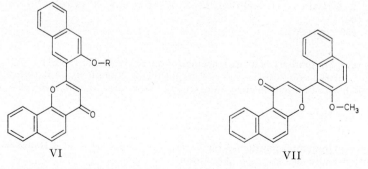

VI   VII

2-[3-Acetoxy-[2]naphthyl]-benzo[*h*]chromen-4-on $C_{25}H_{16}O_4$, Formel VI (R = CO-CH_3).
B. Aus 2-[3-Hydroxy-[2]naphthyl]-benzo[*h*]chromen-4-on (*Virkar, Wheeler*, Soc. **1939** 1679).
Gelbe Krystalle (aus A.); F: 180—181°.

3-[2-Methoxy-[1]naphthyl]-benzo[f]chromen-1-on $C_{24}H_{16}O_3$, Formel VII.

B. Beim Erwärmen von (±)-3-[2-Methoxy-[1]naphthyl]-2,3-dihydro-benzo[f]chromen-4-on mit N-Brom-succinimid in Tetrachlormethan und Erwärmen des Reaktionsprodukts mit äthanol. Alkalilauge (*Hishida et al.*, J. chem. Soc. Japan Pure Chem. Sect. **74** [1953] 697; C. A. **1954** 12094).

Gelbliche Krystalle (aus E.); F: 173—174,5°.

3-[1-Hydroxy-[2]naphthyl]-benzo[f]chromen-1-on $C_{23}H_{14}O_3$, Formel VIII (R = H).

B. Beim Erhitzen von 3-[1-Methoxy-[2]naphthyl]-benzo[f]chromen-1-on mit Acetanhydrid und wss. Jodwasserstoffsäure (*Ullal et al.*, Soc. **1940** 1499).

Gelb; unterhalb 300° nicht schmelzend.

3-[1-Methoxy-[2]naphthyl]-benzo[f]chromen-1-on $C_{24}H_{16}O_3$, Formel VIII (R = CH_3).

B. Beim Behandeln von 1-[2-Hydroxy-[1]naphthyl]-3-[1-methoxy-[2]naphthyl]-propan-1,3-dion mit Bromwasserstoff in Essigsäure (*Ullal et al.*, Soc. **1940** 1499).

F: 144° [aus A.].

VIII   IX

3-[1-Acetoxy-[2]naphthyl]-benzo[f]chromen-1-on $C_{25}H_{16}O_4$, Formel VIII (R = $CO-CH_3$).

B. Aus 3-[1-Hydroxy-[2]naphthyl]-benzo[f]chromen-1-on (*Ullal et al.*, Soc. **1940** 1499).

F: 189° [aus Acn.].

3-[3-Hydroxy-[2]naphthyl]-benzo[f]chromen-1-on $C_{23}H_{14}O_3$, Formel IX (R = H).

B. Beim Erhitzen von 3-[3-Methoxy-[2]naphthyl]-benzo[f]chromen-1-on mit Acetanhydrid und wss. Jodwasserstoffsäure (*Ullal et al.*, Soc. **1940** 1499).

Gelb; unterhalb 300° nicht schmelzend.

3-[3-Methoxy-[2]naphthyl]-benzo[f]chromen-1-on $C_{24}H_{16}O_3$, Formel IX (R = CH_3).

B. Beim Behandeln von 1-[2-Hydroxy-[1]naphthyl]-3-[3-methoxy-[2]naphthyl]-propan-1,3-dion mit Bromwasserstoff in Essigsäure (*Ullal et al.*, Soc. **1940** 1499).

F: 168° [aus A.].

3-[3-Acetoxy-[2]naphthyl]-benzo[f]chromen-1-on $C_{25}H_{16}O_4$, Formel IX (R = $CO-CH_3$).

B. Aus 3-[3-Hydroxy-[2]naphthyl]-benzo[f]chromen-1-on (*Ullal et al.*, Soc. **1940** 1499).

F: 153° [aus A.].

Hydroxy-oxo-Verbindungen $C_{24}H_{16}O_3$

8-Hydroxy-1,1-diphenyl-1H-naphtho[2,1-b]furan-2-on, [2,7-Dihydroxy-[1]naphthyl]-diphenyl-essigsäure-2-lacton $C_{24}H_{16}O_3$, Formel X (R = H).

B. Beim Behandeln einer Lösung von Benzilsäure und Naphthalin-2,7-diol in Essigsäure mit Schwefelsäure bei 40° (*Bistrzycki, Krause*, Helv. **16** [1933] 100, 112).

Krystalle (aus Toluol); F: 265°.

8-Methoxy-1,1-diphenyl-1H-naphtho[2,1-b]furan-2-on, [2-Hydroxy-7-methoxy-[1]naphthyl]-diphenyl-essigsäure-lacton $C_{25}H_{18}O_3$, Formel X (R = CH_3).

B. Beim Erwärmen von 8-Hydroxy-1,1-diphenyl-1H-naphtho[2,1-b]furan-2-on mit Methyljodid, Kaliumhydroxid und Methanol (*Bistrzycki, Krause*, Helv. **16** [1933] 100, 113).

Krystalle (aus Me.); F: 161—162°.

8-Acetoxy-1,1-diphenyl-1H-naphtho[2,1-b]furan-2-on, [7-Acetoxy-2-hydroxy-[1]naphthyl]-diphenyl-essigsäure-lacton $C_{26}H_{18}O_4$, Formel X (R = CO-CH$_3$).

B. Beim Erhitzen von 8-Hydroxy-1,1-diphenyl-1H-naphtho[2,1-b]furan-2-on mit Acetanhydrid und Natriumacetat (*Bistrzycki, Krause*, Helv. **16** [1933] 110, 112).
Krystalle (aus Eg.); F: 179°.

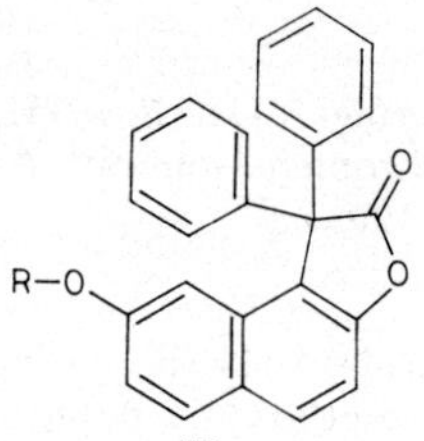

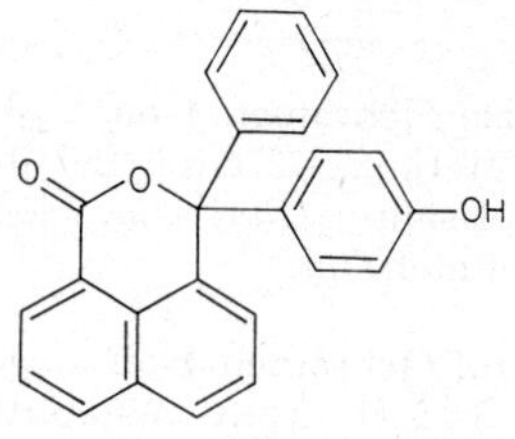

8-Benzoyloxy-1,1-diphenyl-1H-naphtho[2,1-b]furan-2-on, [7-Benzoyloxy-2-hydroxy-[1]naphthyl]-diphenyl-essigsäure-lacton $C_{31}H_{20}O_4$, Formel X (R = CO-C$_6$H$_5$).

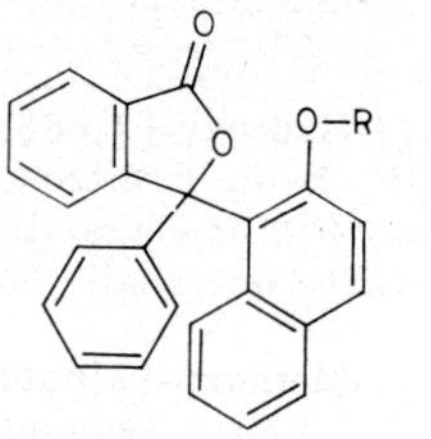

B. Beim Behandeln von 8-Hydroxy-1,1-diphenyl-1H-naphtho[2,1-b]furan-2-on mit Benzoylchlorid und wss. Natronlauge (*Bistrzycki, Krause*, Helv. **16** [1933] 110, 113).
Krystalle (aus Eg.); F: 200—201°.

(±)-3-[4-Hydroxy-phenyl]-3-phenyl-3H-benz[de]isochromen-1-on, (±)-8-[4,α-Dihydroxy-benzhydryl]-[1]naphthoesäure-α-lacton $C_{24}H_{16}O_3$, Formel XI.

F: 229,9—232° [korr.] (*Loewe*, J. Pharmacol. exp. Therap. **94** [1948] 288, 292).

(±)-3-[2-Hydroxy-[1]naphthyl]-3-phenyl-phthalid $C_{24}H_{16}O_3$, Formel XII (R = H).

B. Beim Behandeln von (±)-3-Chlor-phenyl-phthalid (E III/IV **17** 5317) mit [2]Naphthol in Benzol (*Blicke, Swisher*, Am. Soc. **56** [1934] 923).
Krystalle (aus Eg.); F: 234—236°.

(±)-3-[2-Methoxy-[1]naphthyl]-3-phenyl-phthalid $C_{25}H_{18}O_3$, Formel XII (R = CH$_3$).

B. Beim Behandeln von (±)-3-Chlor-phenyl-phthalid (E III/IV **17** 5317) mit 2-Methoxy-naphthalin in Benzol (*Blicke, Swisher*, Am. Soc. **56** [1934] 923).
Krystalle (aus Eg.); F: 210—212°.

(±)-3-[4-Hydroxy-[1]naphthyl]-3-phenyl-phthalid $C_{24}H_{16}O_3$, Formel XIII (R = H).

B. Beim Erhitzen von 2-Benzoyl-benzoesäure mit [1]Naphthol auf 150° in Gegenwart von Schwefelsäure oder Zinn(IV)-chlorid (*Dutt*, Pr. Indian Acad. [A] **11** [1940] 483, 486, 489). Beim Behandeln von (±)-3-Chlor-3-phenyl-phthalid (E III/IV **17** 5317) mit [1]Naphthol in Benzol (*Blicke, Swisher*, Am. Soc. **56** [1934] 923, 924).
Krystalle; F: 231—233° [aus Eg.] (*Bl., Sw.*), 229° (*Dutt*). Absorptionsmaximum einer alkal. wss. Lösung: 490 nm (*Dutt*).

(±)-3-[4-Methoxy-[1]naphthyl]-3-phenyl-phthalid $C_{25}H_{18}O_3$, Formel XIII (R = CH_3).

B. Beim Behandeln von (±)-3-Chlor-3-phenyl-phthalid (E III/IV **17** 5317) mit 1-Methoxy-naphthalin in Benzol (*Blicke, Swisher*, Am. Soc. **56** [1934] 923). Durch Methylierung von (±)-3-[4-Hydroxy-[1]naphthyl]-3-phenyl-phthalid (*Bl., Sw.*).

Krystalle (aus Eg.); F: 206—207°.

(4bR)-8-Methoxy-12a-methyl-3,3-diphenyl-(4br,10bt,12ac)-3,4b,5,6,10b,11,12,12a-octa=
hydro-naphth[2,1-*f*]isochromen-1-on, 3-Methoxy-16,16-diphenyl-17-oxa-*D*-homo-östra-
1,3,5(10),14-tetraen-17a-on, 16-Hydroxy-3-methoxy-16,16-diphenyl-16,17-seco-östra-
1,3,5(10),14-tetraen-17-säure-lacton $C_{31}H_{30}O_3$, Formel XIV (R = CH_3).

B. Beim Behandeln von 16-Hydroxy-3-methoxy-16,16-diphenyl-16,17-seco-östra-1,3,5(10)-trien-17-säure-lacton (S. 857) mit Chrom(VI)-oxid in Essigsäure (*Billeter, Miescher*, Helv. **31** [1948] 1302, 1312).

Krystalle (aus Me.); F: 202—203° [korr.].

Hydroxy-oxo-Verbindungen $C_nH_{2n-34}O_3$

Hydroxy-oxo-Verbindungen $C_{23}H_{12}O_3$

**14-Hydroxy-benzo[*h*]phenanthro[1,10,9-*cde*]chromen-6-on, 9,14-Dihydroxy-benzo=
[*b*]triphenylen-1-carbonsäure-14-lacton** $C_{23}H_{12}O_3$, Formel I (R = H).

Diese Konstitution ist der nachstehend beschriebenen, ursprünglich (*Zinke et al.*, M. **80** [1949] 204, 211) als 20a-Hydroxy-20a,20b-dihydro-dinaphtho[2,1-*e*;2',1'-*e'*]phenanthro=
[10,1-*bc*;9,8-*b'c'*]bisoxepin-19,22-dion (⇌ 2-[14,16-Dioxo-14,14a-dihydro-16*H*-naphtho=
[2,1-*e*]phenanthro[10,1-*bc*]oxepin-13-yl]-[1]naphthoesäure) angesehenen Verbindung zu-
zuordnen (*Zinke, Zimmer*, M. **82** [1951] 348, 351, 357).

B. Aus 9,14-Dioxo-9,14-dihydro-benzo[*b*]triphenylen-1-carbonsäure mit Hilfe von amalgamiertem Zink und wss. Salzsäure (*Zi., Zi.*) sowie beim Erhitzen mit Essigsäure, Zink-Pulver und Pyridin oder mit Hydrazin-hydrat und Pyridin (*Zi. et al.*).

Gelbe Krystalle; F: 233° [aus Py.] (*Zi. et al.*).

**14-Acetoxy-benzo[*h*]phenanthro[1,10,9-*cde*]chromen-6-on, 9-Acetoxy-14-hydroxy-
benzo[*b*]triphenylen-1-carbonsäure-lacton** $C_{25}H_{14}O_4$, Formel I (R = CO-CH_3).

Bezüglich der Konstitution s. die Bemerkung im vorangehenden Artikel.

B. Beim Erhitzen von 9,14-Dioxo-9,14-dihydro-benzo[*b*]triphenylen-1-carbonsäure-methylester mit Acetanhydrid und Zink-Pulver (*Zinke, Zimmer*, M. **82** [1951] 348, 357). Beim Erhitzen von 9,14-Dihydroxy-benzo[*b*]triphenylen-1-carbonsäure-14-lacton (s. o.) mit Acetanhydrid und Pyridin (*Zinke et al.*, M. **80** [1949] 204, 211; s. a. *Zi., Zi.*).

Gelbliche Krystalle; F: 293—294° [im vorgeheizten Bad] (*Zi., Zi.*), 282° [aus Nitro=
benzol] (*Zi. et al.*).

Hydroxy-oxo-Verbindungen $C_{25}H_{16}O_3$

**3-Benzoyl-2-phenyl-naphtho[1,2-*b*]furan-5-ol, [5-Hydroxy-2-phenyl-naphtho=
[1,2-*b*]furan-3-yl]-phenyl-keton** $C_{25}H_{16}O_3$, Formel II.

B. In kleiner Menge neben 4-Hydroxy-2,4-diphenyl-4a,10a-dihydro-4*H*-benzo[*g*]chrom=

en-5,10-dion (F: 174—175°) beim Erwärmen von [1,4]Naphthochinon mit 1,3-Diphenyl-propan-1,3-dion und Zinkchlorid in Äthanol (*Grinew et al.*, Ž. obšč. Chim. **29** [1959] 945, 948; engl. Ausg. S. 927, 929).
Gelbe Krystalle (aus A.); F: 224—225°.

Hydroxy-oxo-Verbindungen $C_{26}H_{18}O_3$

(±)-3-[2-Hydroxy-biphenyl-x-yl]-3-phenyl-phthalid $C_{26}H_{18}O_3$, Formel III (R = H), vom F: 178—180°.

B. Beim Behandeln von (±)-3-Chlor-3-phenyl-phthalid (E III/IV **17** 5317) mit Biphenyl-2-ol und Aluminiumchlorid in 1,1,2,2-Tetrachlor-äthan (*Blicke, Swisher*, Am. Soc. **56** [1934] 923).
Krystalle (aus Eg.); F: 178—180°.

III   IV

(±)-3-[2-Methoxy-biphenyl-x-yl]-3-phenyl-phthalid $C_{27}H_{20}O_3$, Formel III (R = CH_3), vom F: 152—154°.

B. Beim Behandeln von (±)-3-Chlor-3-phenyl-phthalid (E III/IV **17** 5317) mit 2-Methoxy-biphenyl in Benzol (*Blicke, Swisher*, Am. Soc. **56** [1934] 923). Aus der im vorangehenden Artikel beschriebenen Verbindung durch Methylierung (*Bl., Sw.*).
Krystalle (aus Eg.); F: 152—154°.

(±)-3-[4-Hydroxy-biphenyl-x-yl]-3-phenyl-phthalid $C_{26}H_{18}O_3$, Formel IV (R = H), vom F: 220—222°.

B. Beim Behandeln von (±)-3-Chlor-3-phenyl-phthalid (E III/IV **17** 5317) mit Biphenyl-4-ol und Aluminiumchlorid in 1,1,2,2-Tetrachlor-äthan (*Blicke, Swisher*, Am. Soc. **56** [1934] 923).
Krystalle (aus Eg.); F: 220—222°.

(±)-3-[4-Methoxy-biphenyl-x-yl]-3-phenyl-phthalid $C_{27}H_{20}O_3$, Formel IV (R = CH_3), vom F: 179—180°.

B. Beim Behandeln von (±)-3-Chlor-3-phenyl-phthalid (E III/IV **17** 5317) mit 4-Methoxy-biphenyl in Benzol (*Blicke, Swisher*, Am. Soc. **56** [1934] 923). Aus der im vorangehenden Artikel beschriebenen Verbindung durch Methylierung (*Bl., Sw.*).
Krystalle (aus Eg.); F: 179—180°.

Hydroxy-oxo-Verbindungen $C_{28}H_{22}O_3$

2,5-Bis-[4'-chlor-biphenyl-4-yl]-4-hydroxy-dihydro-furan-3-on $C_{28}H_{20}Cl_2O_3$, Formel V.
Diese Konstitution kommt für die nachstehend beschriebene opt.-inakt. Verbindung in Betracht.

B. Neben 4'-Chlor-biphenyl-4-carbonsäure beim Behandeln von [4'-Chlor-biphenyl-4-yl]-glyoxal mit wss.-äthanol. Kalilauge und Behandeln des Reaktionsprodukts mit wss.-äthanol. Schwefelsäure (*Musante, Parrini*, G. **80** [1950] 868, 882).
Gelbe Krystalle (aus Eg.); F: 225—227° [rote Schmelze].
Überführung in ein Bis-[4-nitro-phenylhydrazon] (vermutlich 2,5-Bis-[4'-chlor-biphenyl-4-yl]-furan-3,4-dion-bis-[4-nitro-phenylhydrazon] $C_{40}H_{28}Cl_2N_6O_5$; rote Krystalle [aus Eg.]; F: 265—267°: *Mu., Pa.*

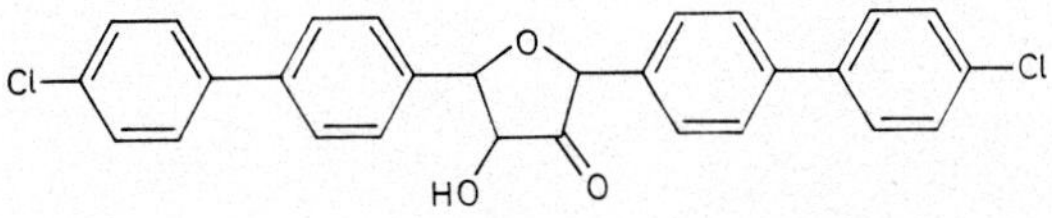

V 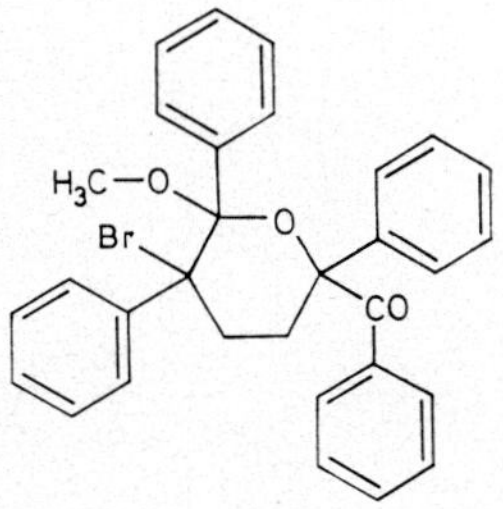   VI

Hydroxy-oxo-Verbindungen C$_{30}$H$_{26}$O$_3$

*Opt.-inakt. 6-Benzoyl-3-brom-2-methoxy-2,3,6-triphenyl-tetrahydro-pyran, [5-Brom-6-methoxy-2,5,6-triphenyl-tetrahydro-pyran-2-yl]-phenyl-keton C$_{31}$H$_{27}$BrO$_3$, Formel VI.

B. Aus (±)-Phenyl-[2,5,6-triphenyl-3,4-dihydro-2H-pyran-2-yl]-keton beim Behandeln mit N-Brom-succinimid in Methanol bei $-10°$ sowie beim Behandeln mit Brom in Dichlormethan und Erwärmen des Reaktionsprodukts mit Methanol (*Fiesselmann, Meisel*, B. **89** [1956] 657, 660, 667).

Krystalle (aus Me.); F: 171° [unkorr.; Zers.].

*Opt.-inakt. 4-Hydroxy-2,5-diphenyl-2,5-di-p-tolyl-dihydro-furan-3-on C$_{30}$H$_{26}$O$_3$, Formel VII.

B. Aus 3,4-Diacetoxy-2,5-diphenyl-2,5-di-p-tolyl-2,5-dihydro-furan (*Soniš*, Ž. obšč. Chim. **20** [1950] 1262, 1270; engl. Ausg. S. 1311, 1319).

Öl; als Semicarbazon C$_{31}$H$_{29}$N$_3$O$_3$ (F: 245—246° [Zers.; geschlossene Kapillare]) charakterisiert.

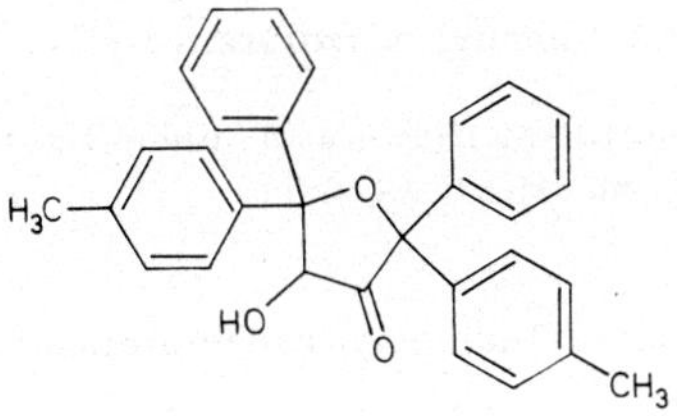

VII 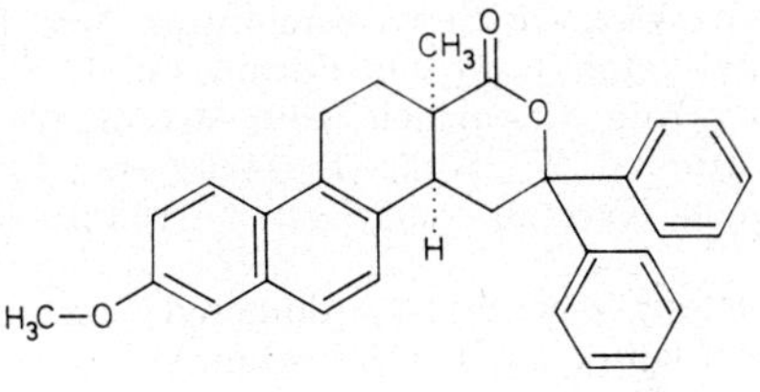   VIII

(±)-8-Methoxy-12a-methyl-3,3-diphenyl-(4ar,12ac)-3,4,4a,11,12,12a-hexahydro-naphth=[2,1-*f*]isochromen-1-on, (±)-1*r*-[2-Hydroxy-2,2-diphenyl-äthyl]-7-methoxy-2*t*-methyl-1,2,3,4-tetrahydro-phenanthren-2*c*-carbonsäure-lacton, *rac*-16-Hydroxy-3-methoxy-16,16-diphenyl-16,17-seco-östra-1,3,5,7,9-pentaen-18-säure-lacton C$_{31}$H$_{28}$O$_3$, Formel VIII + Spiegelbild.

B. Beim Behandeln von (±)-7-Methoxy-2*t*-methyl-1*r*-phenacyl-1,2,3,4-tetrahydrophenanthren-2*c*-carbonsäure-methylester mit Phenylmagnesiumbromid in Äther und Benzol (*Billeter, Miescher*, Helv. **31** [1948] 1302, 1315).

Krystalle (aus Me.); F: 239° [korr.].

Hydroxy-oxo-Verbindungen C$_n$H$_{2n-36}$O$_3$

Hydroxy-oxo-Verbindungen C$_{26}$H$_{16}$O$_3$

(±)-1-Acetoxy-1-[3]phenanthryl-1H-naphtho[1,2-*c*]furan-3-on, (±)-1-[Acetoxy-hydroxy-[3]phenanthryl-methyl]-[2]naphthoesäure-lacton C$_{28}$H$_{18}$O$_4$, Formel I.

B. Beim Erwärmen von 1-[Phenanthren-3-carbonyl]-[2]naphthoesäure mit Acet=anhydrid und Pyridin (*Nichol et al.*, Am. Soc. **69** [1947] 376, 379).

Krystalle (aus Eg.); F: 205—206° [unkorr.].

(±)-3-Acetoxy-3-[1]naphthyl-3*H*-phenanthro[9,10-*c*]furan-1-on, (±)-10-[Acetoxy-hydroxy-[1]naphthyl-methyl]-phenanthren-9-carbonsäure-lacton $C_{28}H_{18}O_4$, Formel II.

B. Neben Naphtho[1,2-*b*]triphenylen-9,16-chinon beim Erhitzen von 10-[1]Naphthoyl-phenanthren-9-carbonsäure mit Polyphosphorsäure auf 225° und Erhitzen des Reaktionsprodukts mit Acetanhydrid (*Lambert, Martin,* Bl. Soc. chim. Belg. **61** [1952] 513, 521).

Krystalle (aus Bzl.); F: 277,5—279°.

Hydroxy-oxo-Verbindungen $C_{27}H_{18}O_3$

2-Biphenyl-4-yl-6-methoxy-3-phenyl-chromen-7-on $C_{28}H_{20}O_3$, Formel III.

B. Beim Behandeln von 4-Phenyl-desoxybenzoin mit 2,4-Dihydroxy-5-methoxy-benzaldehyd und Chlorwasserstoff in Äthylacetat (*Mee et al.,* Soc. **1957** 3093, 3097).

Rote Krystalle (aus Bzl. + Me.) mit 0,5 Mol H_2O; F: 135° [Zers.].

4-Benzoyl-2,3-diphenyl-benzofuran-5-ol, [5-Hydroxy-2,3-diphenyl-benzofuran-4-yl]-phenyl-keton $C_{27}H_{18}O_3$, Formel IV (R = X = H).

B. Beim Erwärmen von [5-Benzoyloxy-2,3-diphenyl-benzofuran-4-yl]-phenyl-keton mit äthanol. Kalilauge (*Dischendorfer, Limontschew,* M. **80** [1949] 58, 68).

Gelbe Krystalle (aus Eg.); F: 193,5° [korr.].

5-Acetoxy-4-benzoyl-2,3-diphenyl-benzofuran, [5-Acetoxy-2,3-diphenyl-benzofuran-4-yl]-phenyl-keton $C_{29}H_{20}O_4$, Formel IV (R = CO-CH_3, X = H).

B. Beim Erhitzen von [5-Hydroxy-2,3-diphenyl-benzofuran-4-yl]-phenyl-keton mit Acetanhydrid und Natriumacetat (*Dischendorfer, Limontschew,* M. **80** [1949] 58, 68).

Krystalle (aus A.); F: 121,5° [korr.].

Oberhalb 245° erfolgt Umwandlung in 1,2,9-Triphenyl-furo[3,2-*f*]chromen-7-on.

4-Benzoyl-5-benzoyloxy-2,3-diphenyl-benzofuran, [5-Benzoyloxy-2,3-diphenyl-benzofuran-4-yl]-phenyl-keton $C_{34}H_{22}O_4$, Formel IV (R = CO-C_6H_5, X = H).

B. Beim Eintragen von Chrom(VI)-oxid (1,5 Mol) in eine heisse Suspension von 1,2,7,8-Tetraphenyl-benzo[1,2-*b*;4,3-*b'*]difuran in Essigsäure (*Dischendorfer, Limontschew,* M. **80** [1949] 58, 68).

Krystalle (aus Eg.); F: 166,5° [korr.].

4-Benzoyl-6-brom-2,3-diphenyl-benzofuran-5-ol, [6-Brom-5-hydroxy-2,3-diphenyl-benzofuran-4-yl]-phenyl-keton $C_{27}H_{17}BrO_3$, Formel IV (R = H, X = Br).

B. Aus [5-Hydroxy-2,3-diphenyl-benzofuran-4-yl]-phenyl-keton und Brom in Tetra=chlormethan (*Limontschew, Dischendorfer,* M. **81** [1950] 737, 744).

Krystalle (aus A.); F: 190° [korr.].

5-Acetoxy-4-benzoyl-6-brom-2,3-diphenyl-benzofuran, [5-Acetoxy-6-brom-2,3-diphenyl-benzofuran-4-yl]-phenyl-keton $C_{29}H_{19}BrO_4$, Formel IV (R = CO-CH$_3$, X = Br).

B. Beim Erhitzen von [6-Brom-5-hydroxy-2,3-diphenyl-benzofuran-4-yl]-phenyl-keton mit Acetanhydrid und Natriumacetat (*Limontschew, Dischendorfer,* M. **81** [1950] 737, 744).

Krystalle (aus A.); F: 163,5° [korr.]. Im UV-Licht tritt gelbe Fluorescenz auf.

5-Benzoyl-2,3-diphenyl-benzofuran-6-ol, [6-Hydroxy-2,3-diphenyl-benzofuran-5-yl]-phenyl-keton $C_{27}H_{18}O_3$, Formel V (R = H).

B. Beim Erwärmen von [6-Benzoyloxy-2,3-diphenyl-benzofuran-5-yl]-phenyl-keton mit äthanol. Kalilauge (*Limontschew, Pelikan-Kollmann,* M. **87** [1956] 399, 402).

Gelbe Krystalle (aus Eg.); F: 221°.

V   VI

6-Acetoxy-5-benzoyl-2,3-diphenyl-benzofuran, [6-Acetoxy-2,3-diphenyl-benzofuran-5-yl]-phenyl-keton $C_{29}H_{20}O_4$, Formel V (R = CO-CH$_3$).

B. Beim Erhitzen von [6-Hydroxy-2,3-diphenyl-benzofuran-5-yl]-phenyl-keton mit Acetanhydrid und Natriumacetat (*Limontschew, Pelikan-Kollmann,* M. **87** [1956] 399, 403).

Krystalle (aus A.); F: 135°.

5-Benzoyl-6-benzoyloxy-2,3-diphenyl-benzofuran, [6-Benzoyloxy-2,3-diphenyl-benzo=furan-5-yl]-phenyl-keton $C_{34}H_{22}O_4$, Formel V (R = CO-C$_6$H$_5$).

B. Beim Eintragen von Chrom(VI)-oxid (1,5 Mol) in eine heisse Lösung von 2,3,5,6-Tetraphenyl-benzo[1,2-*b*;5,4-*b'*]difuran in Essigsäure (*Limontschew, Pelikan-Kollmann,* M. **87** [1956] 399, 402).

Krystalle (aus A.); F: 151°.

[6-Hydroxy-2,3-diphenyl-benzofuran-5-yl]-phenyl-keton-oxim $C_{27}H_{19}NO_3$, Formel VI.

B. Aus [6-Hydroxy-2,3-diphenyl-benzofuran-5-yl]-phenyl-keton und Hydroxylamin (*Limontschew, Pelikan-Kollmann,* M. **87** [1956] 399, 403).

Krystalle (aus Py. oder Chlorbenzol); F: 260° [nach Sintern].

6-Benzoyl-2,3-diphenyl-benzofuran-5-ol, [5-Hydroxy-2,3-diphenyl-benzofuran-6-yl]-phenyl-keton $C_{27}H_{18}O_3$, Formel VII (R = X = H).

B. Beim Erwärmen von [5-Benzoyloxy-2,3-diphenyl-benzofuran-6-yl]-phenyl-keton mit äthanol. Kalilauge (*Dischendorfer, Limontschew,* M. **80** [1949] 58, 65).

Krystalle (aus Eg.); F: 188° [korr.].

6-Benzoyl-5-methoxy-2,3-diphenyl-benzofuran, [5-Methoxy-2,3-diphenyl-benzofuran-6-yl]-phenyl-keton $C_{28}H_{20}O_3$, Formel VII (R = CH$_3$, X = H).

B. Beim Behandeln einer heissen Lösung von [5-Hydroxy-2,3-diphenyl-benzofuran-6-yl]-phenyl-keton in Amylalkohol mit wss. Kalilauge und Dimethylsulfat (*Limontschew, Dischendorfer,* M. **81** [1950] 737, 742).

Krystalle (aus A.); F: 141° [korr.].

5-Acetoxy-6-benzoyl-2,3-diphenyl-benzofuran, [5-Acetoxy-2,3-diphenyl-benzofuran-6-yl]-phenyl-keton $C_{29}H_{20}O_4$, Formel VII (R = CO-CH$_3$, X = H).

B. Beim Erhitzen von [5-Hydroxy-2,3-diphenyl-benzofuran-6-yl]-phenyl-keton mit Acetanhydrid und Natriumacetat (*Dischendorfer, Limontschew,* M. **80** [1949] 58, 66). Beim Erhitzen von [5-Benzoyloxy-2,3-diphenyl-benzofuran-6-yl]-phenyl-keton mit Acet= anhydrid auf 240° (*Di., Li.*).

Krystalle (aus A.); F: 176,5° [korr.].

Beim Erhitzen auf 260° erfolgt Umwandlung in 2,3,8-Triphenyl-furo[2,3-g]chromen-6-on.

6-Benzoyl-5-benzoyloxy-2,3-diphenyl-benzofuran, [5-Benzoyloxy-2,3-diphenyl-benzofuran-6-yl]-phenyl-keton $C_{34}H_{22}O_4$, Formel VII (R = CO-C$_6$H$_5$, X = H).

B. Beim Eintragen von Chrom(VI)-oxid (1,5 Mol) in eine heisse Suspension von 2,3,6,7-Tetraphenyl-benzo[1,2-*b*;4,5-*b'*]difuran in Essigsäure (*Dischendorfer, Limontschew,* M. **80** [1949] 58, 65).

Krystalle (aus Eg. oder A.); F: 176° [korr.].

6-Benzoyl-4-brom-2,3-diphenyl-benzofuran-5-ol, [4-Brom-5-hydroxy-2,3-diphenyl-benzofuran-6-yl]-phenyl-keton $C_{27}H_{17}BrO_3$, Formel VII (R = H, X = Br).

B. Aus [5-Hydroxy-2,3-diphenyl-benzofuran-6-yl]-phenyl-keton und Brom in Tetra= chlormethan (*Limontschew, Dischendorfer,* M. **81** [1950] 737, 740).

Gelbe Krystalle (aus Eg.); F: 182,5° [korr.; nach Sintern].

VII   VIII

5-Acetoxy-6-benzoyl-4-brom-2,3-diphenyl-benzofuran, [5-Acetoxy-4-brom-2,3-diphenyl-benzofuran-6-yl]-phenyl-keton $C_{29}H_{19}BrO_4$, Formel VII (R = CO-CH$_3$, X = Br).

B. Beim Erhitzen von [4-Brom-5-hydroxy-2,3-diphenyl-benzofuran-6-yl]-phenyl-keton mit Acetanhydrid und wenig Natriumacetat (*Limontschew, Dischendorfer,* M. **81** [1950] 737, 741).

Krystalle (aus A. oder Eg.); F: 161° [korr.].

6-Benzoyl-5-benzoyloxy-4-brom-2,3-diphenyl-benzofuran, [5-Benzoyloxy-4-brom-2,3-diphenyl-benzofuran-6-yl]-phenyl-keton $C_{34}H_{21}BrO_4$, Formel VII (R = CO-C$_6$H$_5$, X = Br).

B. Beim Erwärmen von [4-Brom-5-hydroxy-2,3-diphenyl-benzofuran-6-yl]-phenyl-keton mit Benzoylchlorid und Pyridin (*Limontschew, Dischendorfer,* M. **81** [1950] 737, 740).

Krystalle (aus A.); F: 149° [korr.].

6-Benzoyl-2,3-diphenyl-benzofuran-7-ol, [7-Hydroxy-2,3-diphenyl-benzofuran-6-yl]-phenyl-keton $C_{27}H_{18}O_3$, Formel VIII (R = X = H).

B. Aus [7-Benzoyloxy-2,3-diphenyl-benzofuran-6-yl]-phenyl-keton mit Hilfe von äthanol. Kalilauge (*Dischendorfer, Limontschew,* M. **80** [1949] 741, 746).

Krystalle (aus Eg.); F: 168° [korr.].

6-Benzoyl-7-methoxy-2,3-diphenyl-benzofuran, [7-Methoxy-2,3-diphenyl-benzofuran-6-yl]-phenyl-keton $C_{28}H_{20}O_3$, Formel VIII (R = CH$_3$, X = H).

B Beim Erhitzen von [7-Hydroxy-2,3-diphenyl-benzofuran-6-yl]-phenyl-keton mit Amylalkohol, Dimethylsulfat und wss. Kalilauge (*Dischendorfer, Limontschew,* M. **80** [1949] 741, 746).

Krystalle (aus A.); F: 125° [korr.].

7-Acetoxy-6-benzoyl-2,3-diphenyl-benzofuran, [7-Acetoxy-2,3-diphenyl-benzofuran-6-yl]-phenyl-keton $C_{29}H_{20}O_4$, Formel VIII (R = CO-CH$_3$, X = H).

B. Beim Erhitzen von [7-Hydroxy-2,3-diphenyl-benzofuran-6-yl]-phenyl-keton mit Acetanhydrid und Natriumacetat (*Dischendorfer, Limontschew,* M. **80** [1949] 741, 747).

Krystalle (aus A.); F: 146,5° [korr.].

6-Benzoyl-7-benzoyloxy-2,3-diphenyl-benzofuran, [7-Benzoyloxy-2,3-diphenyl-benzofuran-6-yl]-phenyl-keton $C_{34}H_{22}O_4$, Formel VIII (R = CO-C$_6$H$_5$, X = H).

B. Beim Eintragen von Chrom(VI)-oxid (1,5 Mol) in eine heisse Lösung von 2,3,6,7-Tetraphenyl-benzo[2,1-*b*;3,4-*b'*]difuran in Essigsäure (*Dischendorfer, Limontschew,* M. **80** [1949] 741, 746).

Krystalle (aus Eg. oder A.); F: 165,5° [korr.].

[7-Hydroxy-2,3-diphenyl-benzofuran-6-yl]-phenyl-keton-oxim $C_{27}H_{19}NO_3$, Formel IX.

B. Aus [7-Hydroxy-2,3-diphenyl-benzofuran-6-yl]-phenyl-keton und Hydroxylamin (*Limontschew,* M. **83** [1952] 137, 142).

Krystalle (aus A. oder Bzl.); F: 220° [korr.; rote Schmelze]. Im UV-Licht tritt gelbbraune Fluorescenz auf.

IX   X

6-Benzoyl-4-brom-2,3-diphenyl-benzofuran-7-ol, [4-Brom-7-hydroxy-2,3-diphenyl-benzofuran-6-yl]-phenyl-keton $C_{27}H_{17}BrO_3$, Formel VIII (R = H, X = Br).

B. Aus [7-Hydroxy-2,3-diphenyl-benzofuran-6-yl]-phenyl-keton und Brom in Tetrachlormethan (*Limontschew,* M. **83** [1952] 137, 140).

Krystalle (aus Eg.); F: 183° [korr.].

7-Acetoxy-6-benzoyl-4-brom-2,3-diphenyl-benzofuran, [7-Acetoxy-4-brom-2,3-diphenyl-benzofuran-6-yl]-phenyl-keton $C_{29}H_{19}BrO_4$, Formel VIII (R = CO-CH$_3$, X = Br).

B. Beim Erwärmen von [4-Brom-7-hydroxy-2,3-diphenyl-benzofuran-6-yl]-phenyl-keton mit Acetanhydrid und Natriumacetat (*Limontschew,* M. **83** [1952] 137, 140).

Krystalle (aus Eg. oder A.); F: 168,5° [korr.]. Im UV-Licht tritt schwache gelbliche Fluorescenz auf.

7-Benzoyl-5-methoxy-2,3-diphenyl-benzofuran, [5-Methoxy-2,3-diphenyl-benzofuran-7-yl]-phenyl-keton $C_{28}H_{20}O_3$, Formel X.

B. Als Hauptprodukt beim Erhitzen von 2-Hydroxy-5-methoxy-benzophenon mit (±)-Benzoin und 73%ig. wss. Schwefelsäure bis auf 170° (*Dischendorfer, Verdino,* M. **66** [1935] 255, 280).

Krystalle (aus A.); F: 155°.

2-[2-Methoxy-*trans*(?)-styryl]-3-phenyl-benzo[*h*]chromen-4-on $C_{28}H_{20}O_3$, vermutlich Formel XI.

B. Beim Behandeln von 2-Methyl-3-phenyl-benzo[*h*]chromen-4-on mit 2-Methoxybenzaldehyd und Natriumäthylat in Äthanol (*Cheema et al.,* Soc. **1932** 925, 929).

Gelbe Krystalle (aus A. + Eg.); F: 231°.

2-[4-Methoxy-*trans*(?)-styryl]-3-phenyl-benzo[*h*]chromen-4-on $C_{28}H_{20}O_3$, vermutlich Formel XII.

B. Beim Behandeln von 2-Methyl-3-phenyl-benzo[*h*]chromen-4-on mit 4-Methoxy-benzaldehyd und Natriumäthylat in Äthanol (*Cheema et al.*, Soc. **1932** 925, 929). Gelbe Krystalle (aus A. + Eg.); F: 224—225°.

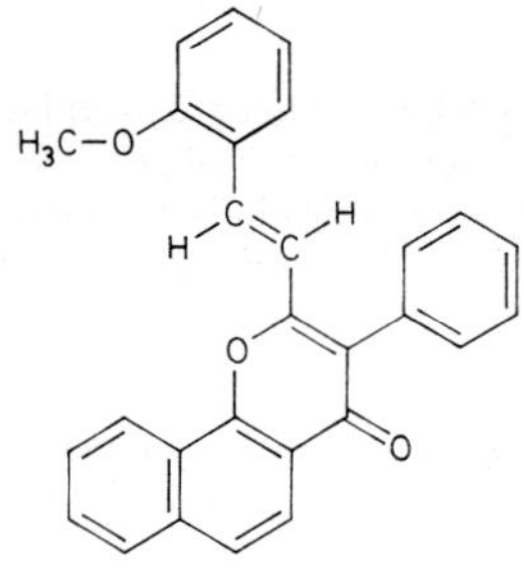

XI

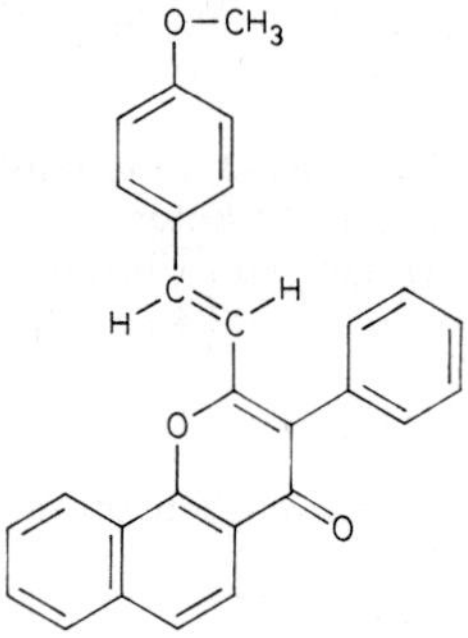

XII

4-[4-Methoxy-*trans*(?)-styryl]-3-phenyl-benzo[*h*]chromen-2-on, 3-[1-Hydroxy-[2]naphthyl]-5*t*(?)-[4-methoxy-phenyl]-2-phenyl-penta-2*t*,4-diensäure-lacton $C_{28}H_{20}O_3$, vermutlich Formel XIII.

B. Beim Erhitzen von 1-[1-Hydroxy-[2]naphthyl]-3*t*(?)-[4-methoxy-phenyl]-propenon (E III **8** 3034) mit Natrium-phenylacetat und Acetanhydrid (*Mahal, Venkataraman*, Soc. **1933** 616).
Gelbe Krystalle (aus A. + Eg.); F: 196°.

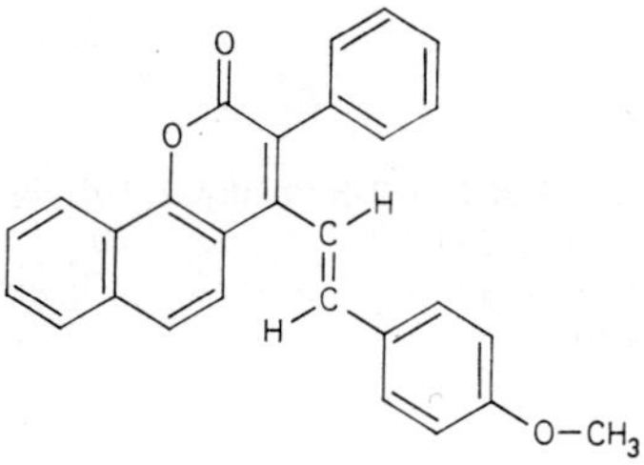

XIII

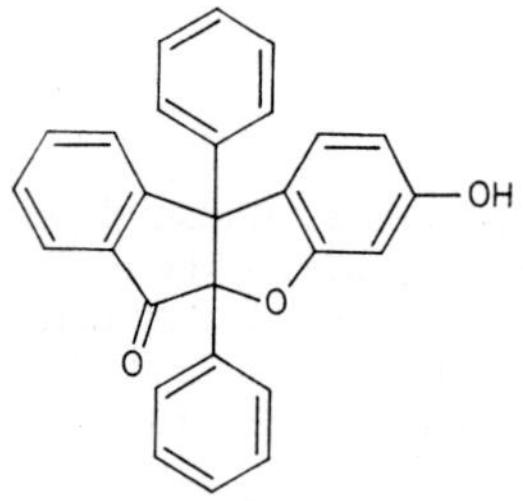

XIV

3-Hydroxy-5a,10b-diphenyl-5a,10b-dihydro-benz[*b*]indeno[1,2-*d*]furan-6-on $C_{27}H_{18}O_3$, Formel XIV.
Diese Konstitution kommt vermutlich der nachstehend beschriebenen opt.-inakt. Verbindung zu.

B. Beim Erhitzen von opt.-inakt. 2-Chlor-3-[2,4-dihydroxy-phenyl]-2,3-diphenyl-indan-1-on (F: 200—202° [Zers.]) unter 1 Torr (*Berti, G.* **81** [1951] 570, 579).
Krystalle (aus Bzl.); F: 253—254°.
O-Acetyl-Derivat $C_{29}H_{20}O_4$ (3-Acetoxy-5a,10b-diphenyl-5a,10b-dihydro-benz[*b*]indeno[1,2-*d*]furan-6-on(?)). Krystalle (aus A.); F: 201—202°.

Hydroxy-oxo-Verbindungen $C_{28}H_{20}O_3$

3-Benzyl-2-[2-methoxy-*trans*(?)-styryl]-benzo[*h*]chromen-4-on $C_{29}H_{22}O_3$, vermutlich Formel XV.

B. Beim Behandeln von 3-Benzyl-2-methyl-benzo[*h*]chromen-4-on mit 2-Methoxy-benzaldehyd und Natriumäthylat in Äthanol (*Cheema et al.*, Soc. **1932** 925, 930).
Gelbe Krystalle (aus A. + Eg.); F: 200°.

3-Benzyl-2-[4-methoxy-*trans*(?)-styryl]-benzo[*h*]chromen-4-on $C_{29}H_{22}O_3$, vermutlich Formel XVI.

B. Beim Behandeln von 3-Benzyl-2-methyl-benzo[*h*]chromen-4-on mit 4-Methoxy-

benzaldehyd und Natriumäthylat in Äthanol (*Cheema et al.*, Soc. **1932** 925, 930).
Gelbe Krystalle (aus A. + Eg.); F: 216—217°.

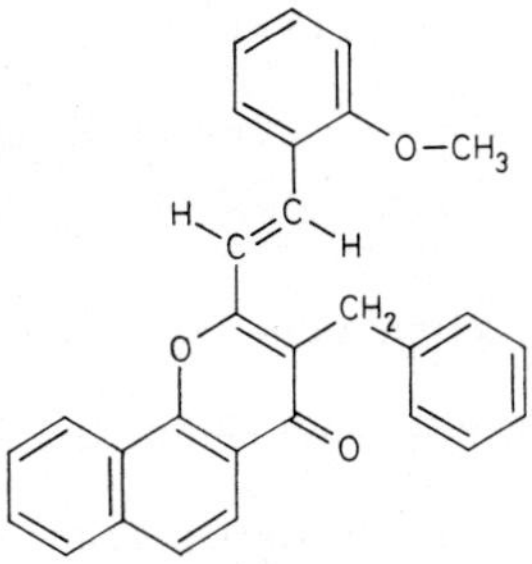

XV 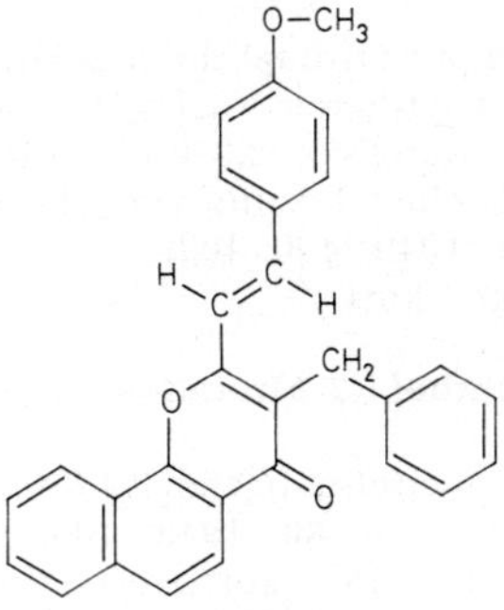 XVI 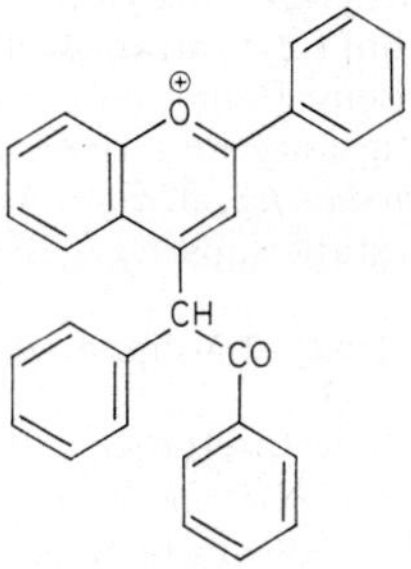 XVII

Hydroxy-oxo-Verbindungen $C_{29}H_{22}O_3$

(±)-4-[α'-Oxo-bibenzyl-α-yl]-2-phenyl-chromenylium $[C_{29}H_{21}O_2]^+$, Formel XVII.
Tetrachloroferrat(III) $[C_{29}H_{21}O_2]FeCl_4$. *B.* Beim Einleiten von Chlorwasserstoff in eine Suspension von 1,2-Diphenyl-2-[2-phenyl-chromen-4-yliden]-äthanon (F: 162—163°) in Essigsäure und Behandeln des Reaktionsgemisches mit Eisen(III)-chlorid (*Hill*, Soc. **1935** 1115). — Rote Krystalle (aus Eg.); F: 196°.

Hydroxy-oxo-Verbindungen $C_nH_{2n-42}O_3$

Hydroxy-oxo-Verbindungen $C_{31}H_{20}O_3$

4-Benzoyl-2,3-diphenyl-naphtho[1,2-*b*]furan-5-ol, [5-Hydroxy-2,3-diphenyl-naphtho[1,2-*b*]furan-4-yl]-phenyl-keton $C_{31}H_{20}O_3$, Formel I (R = H).
B. Beim Erwärmen von [5-Benzoyloxy-2,3-diphenyl-naphtho[1,2-*b*]furan-4-yl]-phenyl-keton mit Pyridin und wss.-äthanol. Kalilauge (*Dischendorfer, Marek*, M. **80** [1949] 400, 402).
Gelbe Krystalle (aus A.); F: 192,5° [korr.].

4-Benzoyl-5-methoxy-2,3-diphenyl-naphtho[1,2-*b*]furan, [5-Methoxy-2,3-diphenyl-naphtho[1,2-*b*]furan-4-yl]-phenyl-keton $C_{32}H_{22}O_3$, Formel I (R = CH_3).
B. Beim Behandeln einer heissen Lösung von [5-Hydroxy-2,3-diphenyl-naphtho[1,2-*b*]furan-4-yl]-phenyl-keton in Amylalkohol mit Dimethylsulfat und wss. Kalilauge (*Dischendorfer, Marek*, M. **80** [1949] 400, 404).
Krystalle (aus A.); F: 186,5° [korr.].

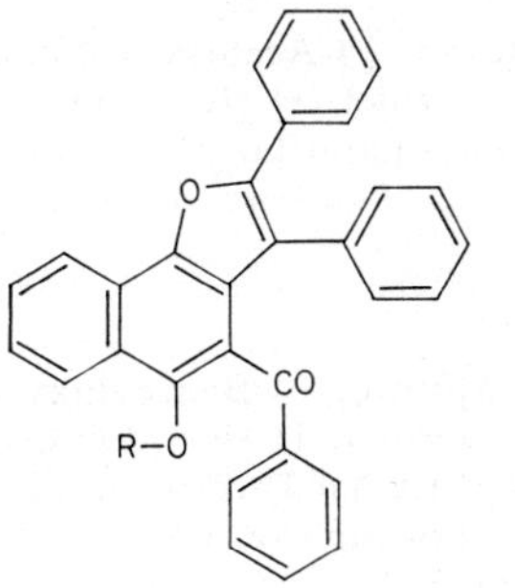

I 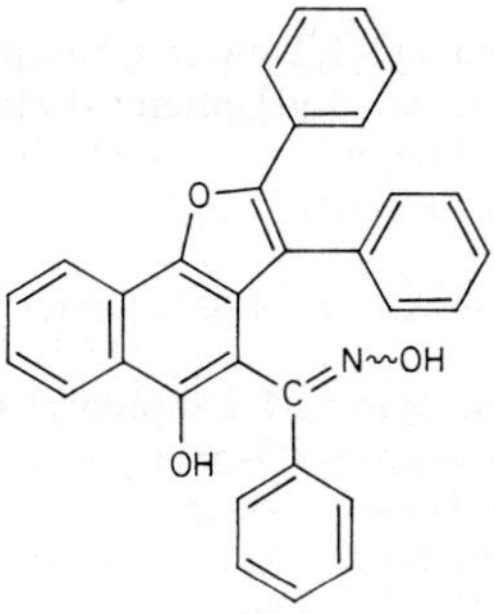 II

5-Acetoxy-4-benzoyl-2,3-diphenyl-naphtho[1,2-*b*]furan, [5-Acetoxy-2,3-diphenyl-naphtho[1,2-*b*]furan-4-yl]-phenyl-keton $C_{33}H_{22}O_4$, Formel I (R = CO-CH_3).
B. Beim Erhitzen von [5-Hydroxy-2,3-diphenyl-naphtho[1,2-*b*]furan-4-yl]-phenyl-

keton mit Acetanhydrid und Natriumacetat (*Dischendorfer, Marek*, M. **80** [1949] 400, 403).
Krystalle (aus A.); F: 174° [korr.].

4-Benzoyl-5-benzoyloxy-2,3-diphenyl-naphtho[1,2-*b*]furan, [5-Benzoyloxy-2,3-diphenyl-naphtho[1,2-*b*]furan-4-yl]-phenyl-keton $C_{38}H_{24}O_4$, Formel I (R = CO-C_6H_5).
B. Beim Behandeln einer Lösung von 2,3,4,5-Tetraphenyl-naphtho[1,2-*b*;4,3-*b'*]difuran in Essigsäure und Benzol mit einer Lösung von Chrom(VI)-oxid (1,5 Mol) in Essigsäure (*Dischendorfer, Marek*, M. **80** [1949] 400, 402).
Krystalle (aus Eg.); F: 238° [korr.].

[5-Hydroxy-2,3-diphenyl-naphtho[1,2-*b*]furan-4-yl]-phenyl-keton-oxim $C_{31}H_{21}NO_3$, Formel II.
B. Aus [5-Hydroxy-2,3-diphenyl-naphtho[1,2-*b*]furan-4-yl]-phenyl-keton und Hydroxylamin (*Dischendorfer, Marek*, M. **80** [1949] 400, 403).
Gelbe Krystalle (aus A.); F: 218° [korr.; nach Sintern und Rotfärbung; im vorgeheizten Bad].

5-Benzoyl-1,2-diphenyl-naphtho[2,1-*b*]furan-4-ol, [4-Hydroxy-1,2-diphenyl-naphtho-[2,1-*b*]furan-5-yl]-phenyl-keton $C_{31}H_{20}O_3$, Formel III (R = H).
B. Beim Behandeln von [4-Benzoyloxy-1,2-diphenyl-naphtho[2,1-*b*]furan-5-yl]-phenyl-keton mit äthanol. Kalilauge (*Dischendorfer et al.*, M. **81** [1950] 725, 733).
Hellgelbe Krystalle (aus A.); F: 222° [korr.]. Bei 240°/0,1 Torr sublimierbar.

5-Benzoyl-4-methoxy-1,2-diphenyl-naphtho[2,1-*b*]furan, [4-Methoxy-1,2-diphenyl-naphtho-[2,1-*b*]furan-5-yl]-phenyl-keton $C_{32}H_{22}O_3$, Formel III (R = CH_3).
B. Beim Erwärmen einer Lösung von [4-Hydroxy-1,2-diphenyl-naphtho[2,1-*b*]furan-5-yl]-phenyl-keton in Amylalkohol mit Dimethylsulfat und wss. Natronlauge (*Dischendorfer et al.*, M. **81** [1950] 725, 735).
Gelbliche Krystalle (aus Eg.); F: 258,5° [korr.]. Bei 240°/1 Torr sublimierbar.

III   IV

4-Acetoxy-5-benzoyl-1,2-diphenyl-naphtho[2,1-*b*]furan, [4-Acetoxy-1,2-diphenyl-naphtho[2,1-*b*]furan-5-yl]-phenyl-keton $C_{33}H_{22}O_4$, Formel III (R = CO-CH_3).
B. Beim Erhitzen von [4-Hydroxy-1,2-diphenyl-naphtho[2,1-*b*]furan-5-yl]-phenyl-keton mit Acetanhydrid und wenig Natriumacetat (*Dischendorfer et al.*, M. **81** [1950] 725, 734).
Krystalle (aus A.); F: 176° [korr.].

5-Benzoyl-4-benzoyloxy-1,2-diphenyl-naphtho[2,1-*b*]furan, [4-Benzoyloxy-1,2-diphenyl-naphtho[2,1-*b*]furan-5-yl]-phenyl-keton $C_{38}H_{24}O_4$, Formel III (R = CO-C_6H_5).
B. Beim Behandeln einer heissen Lösung von 1,2,5,6-Tetraphenyl-naphtho[2,1-*b*;3,4-*b'*]difuran in Benzol und Essigsäure mit einer Lösung von Chrom(VI)-oxid (2 Mol) in Essigsäure (*Dischendorfer et al.*, M. **81** [1950] 725, 733).
Krystalle (aus Eg.); F: 212° [korr.].

[4-Hydroxy-1,2-diphenyl-naphtho[2,1-*b*]furan-5-yl]-phenyl-keton-oxim $C_{31}H_{21}NO_3$, Formel IV.
B. Aus [4-Hydroxy-1,2-diphenyl-naphtho[2,1-*b*]furan-5-yl]-phenyl-keton und Hydr=

oxylamin (*Dischendorfer et al.*, M. **81** [1950] 725, 733).
Krystalle (aus A., Amylalkohol oder aus Bzl. + PAe.); F: 203° [korr.; Zers.].

6-Benzoyl-1,2-diphenyl-naphtho[2,1-*b*]furan-7-ol, [7-Hydroxy-1,2-diphenyl-naphtho-[2,1-*b*]furan-6-yl]-phenyl-keton $C_{31}H_{20}O_3$, Formel V (R = H).
B. Beim Erwärmen einer Lösung von [7-Benzoyloxy-1,2-diphenyl-naphtho[2,1-*b*]furan-6-yl]-phenyl-keton in Pyridin mit wss.-äthanol. Kalilauge (*Dischendorfer, Hinterbauer*, M. **82** [1951] 1, 10).
Gelbe Krystalle (aus Eg.); F: 194°.

6-Benzoyl-7-methoxy-1,2-diphenyl-naphtho[2,1-*b*]furan, [7-Methoxy-1,2-diphenyl-naphtho[2,1-*b*]furan-6-yl]-phenyl-keton $C_{32}H_{22}O_3$, Formel V (R = CH_3).
B. Beim Erhitzen von [7-Hydroxy-1,2-diphenyl-naphtho[2,1-*b*]furan-6-yl]-phenyl-keton mit Dimethylsulfat und wss. Natronlauge (*Dischendorfer, Hinterbauer*, M. **82** [1951] 1, 11).
Gelbliche Krystalle (aus Eg.); F: 207,5° [nach Sintern bei 203°].

7-Acetoxy-6-benzoyl-1,2-diphenyl-naphtho[2,1-*b*]furan, [7-Acetoxy-1,2-diphenyl-naphtho[2,1-*b*]furan-6-yl]-phenyl-keton $C_{33}H_{22}O_4$, Formel V (R = CO-CH_3).
B. Beim Erwärmen von [7-Hydroxy-1,2-diphenyl-naphtho[2,1-*b*]furan-6-yl]-phenyl-keton mit Acetanhydrid und Natriumacetat (*Dischendorfer, Hinterbauer*, M. **82** [1951] 1, 10).
Krystalle (aus A.); F: 175°.

6-Benzoyl-7-benzoyloxy-1,2-diphenyl-naphtho[2,1-*b*]furan, [7-Benzoyloxy-1,2-diphenyl-naphtho[2,1-*b*]furan-6-yl]-phenyl-keton $C_{38}H_{24}O_4$, Formel V (R = CO-C_6H_5).
B. Beim Behandeln einer heissen Suspension von 1,2,6,7-Tetraphenyl-naphtho[2,1-*b*;6,5-*b'*]difuran in Essigsäure mit einer Lösung von Chrom(VI)-oxid (1,5 Mol) in Essigsäure (*Dischendorfer, Hinterbauer*, M. **82** [1951] 1, 3, 10).
Krystalle (aus A., wss. Acn. oder Py.); F: 209°.

V   VI

Hydroxy-oxo-Verbindungen $C_{34}H_{26}O_3$

1-[10-[2]Furyl-[9]anthryl]-4-hydroxy-4,4-diphenyl-butan-1-on $C_{34}H_{26}O_3$, Formel VI.
B. Beim Behandeln von 4-[10-[2]Furyl-[9]anthryl]-4-oxo-buttersäure-methylester mit Phenylmagnesiumbromid in Äther und Benzol (*Brisson*, A. ch. [12] **7** [1952] 311, 344).
Gelbliche Krystalle (aus Bzl.); F: 205° [Block].   [*Tarrach*]

Sachregister

Das Register enthält die Namen der in diesem Band abgehandelten Verbindungen mit Ausnahme von Salzen, deren Kationen aus Metallionen oder protonierten Basen bestehen, und von Additionsverbindungen.

Die im Register aufgeführten Namen („Registernamen") unterscheiden sich von den im Text verwendeten Namen im allgemeinen dadurch, dass Substitutionspräfixe und Hydrierungsgradpräfixe hinter den Stammnamen gesetzt („invertiert") sind, und dass alle zur Konfigurationskennzeichnung dienenden genormten Präfixe und Symbole (s. „Stereochemische Bezeichnungsweisen") weggelassen sind.

Der Registername enthält demnach die folgenden Bestandteile in der angegebenen Reihenfolge:
1. den Register-Stammnamen (in Fettdruck); dieser setzt sich zusammen aus
    a) dem Stammvervielfachungsaffix (z. B. Bi in [1,2']Binaphthyl),
    b) stammabwandelnden Präfixen [1]),
    c) dem Namensstamm (z. B. Hex in Hexan; Pyrr in Pyrrol),
    d) Endungen (z. B. -an, -en, -in zur Kennzeichnung des Sättigungszustandes von Kohlenstoff-Gerüsten; -ol, -in, -olin, -olidin usw. zur Kennzeichnung von Ringgrösse und Sättigungszustand bei Heterocyclen),
    e) dem Funktionssuffix zur Kennzeichnung der Hauptfunktion (z. B. -ol, -dion, -säure, -tricarbonsäure),
    f) Additionssuffixen (z. B. oxid in Äthylenoxid).
2. Substitutionspräfixe, d. h. Präfixe, die den Ersatz von Wasserstoff-Atomen durch andere Substituenten kennzeichnen (z. B. Äthyl-chlor in 1-Äthyl-2-chlornaphthalin; Epoxy in 1,4-Epoxy-*p*-menthan [vgl. dagegen das Brückenpräfix Epoxido]).
3. Hydrierungsgradpräfixe (z. B. Tetrahydro in 1,2,3,4-Tetrahydro-naphthalin; Didehydro in 4,4'-Didehydro-β,β-carotin-3,3'-dion).
4. Funktionsabwandlungssuffixe (z. B. oxim in Aceton-oxim; dimethylester in Bernsteinsäure-dimethylester).

Beispiele:
Dibrom-chlor-methan wird registriert als **Methan**, Dibrom-chlor-;
meso-1,6-Diphenyl-hex-3-in-2,5-diol wird registriert als **Hex-3-in-2,5-diol**, 1,6-Diphenyl-;
4a,8a-Dimethyl-octahydro-1*H*-naphthalin-2-on-semicarbazon wird registriert als **Naphthalin-2-on**, 4a,8a-Dimethyl-octahydro-1*H*-, semicarbazon;
8-Hydroxy-4,5,6,7-tetramethyl-3a,4,7,7a-tetrahydro-4,7-äthano-inden-9-on wird registriert als **4,7-Äthano-inden-9-on**, 8-Hydroxy-4,5,6,7-tetramethyl-3a,4,7,7a-tetrahydro-.

---

[1]) Zu den stammabwandelnden Präfixen gehören:
Austauschpräfixe (z. B. Dioxa in 3,9-Dioxa-undecan; Thio in Thioessigsäure),
Gerüstabwandlungspräfixe (z. B. Cyclo in 2,5-Cyclo-benzocyclohepten; Bicyclo in Bicyclo[2.2.2]octan; Spiro in Spiro[4.5]octan; Seco in 5,6-Seco-cholestan-5-on),
Brückenpräfixe (nur zulässig in Namen, deren Stamm ein Ringgerüst ohne Seitenkette bezeichnet; z. B. Methano in 1,4-Methano-naphthalin; Epoxido in 4,7-Epoxido-inden [vgl. dagegen das Substitutionspräfix Epoxy]),
Anellierungspräfixe (z. B. Benzo in Benzocyclohepten; Cyclopenta in Cyclopenta[*a*]phenanthren),
Erweiterungspräfixe (z. B. Homo in *D*-Homo-androst-5-en),
Subtraktionspräfixe (z. B. Nor in *A*-Nor-cholestan; Desoxy in 2-Desoxy-glucose).

Besondere Regelungen gelten für Radikofunktionalnamen, d. h. Namen, die aus einer oder mehreren Radikalbezeichnungen und der Bezeichnung einer Funktionsklasse oder eines Ions zusammengesetzt sind:

Bei Radikofunktionalnamen von Verbindungen, deren Funktionsgruppe (oder ional bezeichnete Gruppe) mit nur einem Radikal unmittelbar verknüpft ist, umfasst der (in Fettdruck gesetzte) Register-Stammname die Bezeichnung dieses Radikals und die Funktionsklassenbezeichnung (oder Ionenbezeichnung) in unveränderter Reihenfolge; Präfixe, die eine Veränderung des Radikals ausdrücken, werden hinter den Stammnamen gesetzt.

Beispiele:
Äthylbromid, Phenylbenzoat, Phenyllithium und Butylamin werden unverändert registriert; 4'-Brom-3-chlor-benzhydrylchlorid wird registriert als **Benzhydrylchlorid**, 4'-Brom-3-chlor-; 1-Methyl-butylamin wird registriert als **Butylamin**, 1-Methyl-.

Bei Radikofunktionalnamen von Verbindungen mit einem mehrwertigen Radikal, das unmittelbar mit den Funktionsgruppen (oder ional bezeichneten Gruppen) verknüpft ist, umfasst der Register-Stammname die Bezeichnung dieses Radikals und die (gegebenenfalls mit einem Vervielfachungsaffix versehene) Funktionsklassenbezeichnung (oder Ionenbezeichnung), nicht aber weitere im Namen enthaltene Radikalbezeichnungen, auch wenn sie sich auf unmittelbar mit einer der Funktionsgruppen verknüpfte Radikale beziehen.

Beispiele:
Benzylidendiacetat, Äthylendiamin und Äthylenchlorid werden unverändert registriert; 1,2,3,4-Tetrahydro-naphthalin-1,4-diyldiamin wird registriert als **Naphthalin-1,4-diyldiamin**, Tetrahydro-;
N,N-Diäthyl-äthylendiamin wird registriert als **Äthylendiamin**, *N,N*-Diäthyl-.

Bei Radikofunktionalnamen, deren (einzige) Funktionsgruppe mit mehreren Radikalen unmittelbar verknüpft ist, besteht hingegen der Register-Stammname nur aus der Funktionsklassenbezeichnung (oder Ionenbezeichnung); die Radikalbezeichnungen werden sämtlich hinter dieser angeordnet.

Beispiele:
Benzyl-methyl-amin wird registriert als **Amin**, Benzyl-methyl-;
Äthyl-trimethyl-ammonium wird registriert als **Ammonium**, Äthyl-trimethyl-;
Diphenyläther wird registriert als **Äther**, Diphenyl-;
[2-Äthyl-1-naphthyl]-phenyl-keton-oxim wird registriert als **Keton**, [2-Äthyl-1-naphthyl]-phenyl-, oxim.

Massgebend für die alphabetische Anordnung von Verbindungsnamen sind in erster Linie der Register-Stammname (wobei die durch Kursivbuchstaben oder Ziffern repräsentierten Differenzierungsmarken in erster Näherung unberücksichtigt bleiben), in zweiter Linie die nachgestellten Präfixe, in dritter Linie die Funktionsabwandlungssuffixe.

Beispiele:
o-**Phenylendiamin**, 3-Brom- erscheint unter dem Buchstaben P nach *m*-**Phenylendiamin**, 2,4,6-Trinitro-;
Cyclopenta[*b*]naphthalin, 3-Brom- erscheint nach **Cyclopenta[*a*]naphthalin**, 3-Methyl-.

Von griechischen Zahlwörtern abgeleitete Namen oder Namensteile sind einheitlich mit c (nicht mit k) geschrieben.

Die Buchstaben i und j werden unterschieden.

Die Umlaute ä, ö und ü gelten hinsichtlich ihrer alphabetischen Einordnung als ae, oe bzw. ue.

A

21(20→22)-Abeo-chola-5,22-dien-24-säure
—, 3,21-Dihydroxy-,
— 21-lacton 558
21(20→22)-Abeo-chol-22-en-24-säure
—, 3,21-Dihydroxy-,
— 21-lacton 475
5(6→7)-Abeo-cholestan-6-al
—, 5,7-Epoxy-3-hydroxy- 276
5(6→7)-Abeo-cholestan-6-säure
—, 3-Acetoxy-5-hydroxy-,
— lacton 276
18(13→8)-Abeo-lanostan-12-on
—, 3-Acetoxy-13,17-epoxy- 281
18(13→8)-Abeo-25,26,27-trinor-lanostan-24-säure
—, 3-Acetoxy-20-hydroxy-,
— lacton 272
—, 3,20-Dihydroxy-,
— 20-lacton 271
Abieslacton 563
—, Dihydro- 485
—, Tetrahydro- 281
Acetaldehyd
—, [4-Äthoxy-tetrahydro-pyran-4-yl]-,
— diäthylacetal 28
—, [4-Hydroxy-dihydro-[2]furyliden]- 60
— [4-nitro-phenylhydrazon] 60
Acetamid s. a. Essigsäure-amid
—, N-[5-Thiocyanato-[2]thienyl]- 48
—, N-[5-Thiocyanato-3H-[2]thienyliden]- 48
Aceton
—, 1-[2]Furyl-1-hydroxy- 113
— semicarbazon 114
—, 1-Hydroxy-1-[2]thienyl- 114
— semicarbazon 114
Acetylchlorid
—, [9-Oxo-xanthen-1-yloxy]- 600
Acrylaldehyd
—, 3-[3-Hydroxy-benzo[b]thiophen-2-yl]-,
— phenylimin 498
Acrylsäure
—, 3-Acetoxy-3-[1-hydroxy-cyclohexyl]-,
— lacton 120
—, 3-Acetoxy-3-[1-hydroxy-4-methyl-[2]naphthyl]-,
— lacton 623
—, 2-Acetoxy-3-[2-hydroxy-[1]naphthyl]-,
— lacton 605
—, 2-[4-Acetoxy-2-hydroxy-phenyl]-3-phenyl-,
— lacton 727
—, 3-Acetoxy-2-[2-hydroxy-phenyl]-3-phenyl-,
— lacton 727

—, 2-[3-Acetoxy-6-hydroxy-2,4,5-trimethyl-phenyl]-3-phenyl-,
— lacton 780
—, 3-[2-Acetoxy-phenyl]-2-[2-hydroxy-äthyl]-,
— lacton 367
—, 3-[3-Acetoxy-phenyl]-2-[2-hydroxy-äthyl]-,
— lacton 367
—, 3-[4-Acetoxy-phenyl]-2-[2-hydroxy-äthyl]-,
— lacton 368
—, 3-[2-Äthoxy-phenyl]-2-[2-hydroxy-äthyl]-
— lacton 367
—, 3-Benzoyloxy-3-[1-hydroxy-cyclohexyl]-,
— lacton 120
—, 2-Benzoyloxy-3-[2-hydroxy-[1]naphthyl]-,
— lacton 605
—, 3-Benzylmercapto-3-[1-hydroxy-cyclohexyl]-,
— lacton 120
—, 3-[4-Benzyloxy-phenyl]-2-[2-hydroxy-äthyl]-,
— lacton 368
—, 3-[8-Brom-2-hydroxy-7-methoxy-[1]naphthyl]-2-methyl-,
— lacton 625
—, 2-[4-Brom-phenyl]-3-[1,4-dihydroxy-[2]naphthyl]-,
— 1-lacton 824
—, 2-[4-Brom-phenyl]-3-[2,5-dihydroxy-[1]naphthyl]-,
— 2-lacton 824
—, 2-[4-Brom-phenyl]-3-[2,7-dihydroxy-[1]naphthyl]-,
— 2-lacton 825
—, 3-[4-sec-Butoxy-phenyl]-2-[2-hydroxy-äthyl]-,
— lacton 368
—, 2-[4-Chlor-phenyl]-3-[2,8-dihydroxy-5-methyl-[1]naphthyl]-,
— 2-lacton 834
—, 2-[2-Chlor-phenyl]-3-[1,4-dihydroxy-[2]naphthyl]-,
— 1-lacton 824
—, 2-[4-Chlor-phenyl]-3-[1,4-dihydroxy-[2]naphthyl]-,
— 1-lacton 824
—, 2-[4-Chlor-phenyl]-3-[2,5-dihydroxy-[1]naphthyl]-,
— 2-lacton 824
—, 2-[4-Chlor-phenyl]-3-[2,6-dihydroxy-[1]naphthyl]-,
— 2-lacton 825
—, 2-[4-Chlor-phenyl]-3-[2,7-dihydroxy-[1]naphthyl]-,
— 2-lacton 825

Acrylsäure *(Fortsetzung)*
—, 2-[3,4-Dichlor-phenyl]-3-
   [2,7-dihydroxy-[1]naphthyl]-,
   — 2-lacton 825
—, 3-[1,4-Dihydroxy-3-methyl-[2]-
   naphthyl]-2-phenyl-,
   — 1-lacton 833
—, 3-[2,5-Dihydroxy-8-methyl-[1]-
   naphthyl]-2-phenyl-,
   — 2-lacton 834
—, 3-[2,6-Dihydroxy-5-methyl-[1]-
   naphthyl]-2-phenyl-,
   — 2-lacton 834
—, 3-[2,7-Dihydroxy-8-methyl-[1]-
   naphthyl]-2-phenyl-,
   — 2-lacton 835
—, 3-[2,8-Dihydroxy-5-methyl-[1]-
   naphthyl]-2-phenyl-,
   — 2-lacton 834
—, 2-[2,4-Dihydroxy-6-methyl-phenyl]-
   3-phenyl-,
   — 2-lacton 758
—, 3-[2,3-Dihydroxy-[1]naphthyl]-,
   — 2-lacton 605
—, 3-[2,7-Dihydroxy-[1]naphthyl]-,
   — 2-lacton 605
—, 3-[2,7-Dihydroxy-[1]naphthyl]-2-
   methyl-,
   — 2-lacton 624
—, 3-[1,4-Dihydroxy-[2]naphthyl]-2-
   phenyl-,
   — 1-lacton 823
—, 3-[2,3-Dihydroxy-[1]naphthyl]-2-
   phenyl-,
   — 2-lacton 824
—, 3-[2,4-Dihydroxy-[1]naphthyl]-2-
   phenyl-,
   — 2-lacton 824
—, 3-[2,5-Dihydroxy-[1]naphthyl]-2-
   phenyl-,
   — 2-lacton 824
—, 3-[2,6-Dihydroxy-[1]naphthyl]-2-
   phenyl-,
   — 2-lacton 825
—, 3-[2,7-Dihydroxy-[1]naphthyl]-2-
   phenyl-,
   — 2-lacton 825
—, 3-[2,5-Dihydroxy-[1]naphthyl]-2-
   p-tolyl-,
   — 2-lacton 833
—, 2-[2,4-Dihydroxy-phenyl]-3-
   phenyl-,
   — 2-lacton 726
—, 2-[2,5-Dihydroxy-3,4,6-trimethyl-
   phenyl]-3-phenyl-,
   — 2-lacton 780
—, 3-[2-Hydroxy-äthoxy]-3-
   [1-hydroxy-cyclohexyl]-,
   — 1-lacton 120

—, 2-[2-Hydroxy-äthyl]-3-
   [4-isopropoxy-phenyl]-,
   — lacton 368
—, 2-[2-Hydroxy-äthyl]-3-[4-methoxy-
   phenyl]-,
   — lacton 368
—, 3-[1-Hydroxy-cyclohexyl]-3-
   methoxy-,
   — lacton 119
—, 3-[1-Hydroxy-cyclohexyl]-2-[1]-
   naphthylmethoxy-,
   — lacton 119
—, 3-[1-Hydroxy-cyclohexyl]-2-
   [4-nitro-benzoyloxy]-,
   — lacton 119
—, 3-[1-Hydroxy-cyclohexyl]-3-
   phenoxy-,
   — lacton 119
—, 3-[1-Hydroxy-4-methoxy-[2]-
   naphthyl]-,
   — lacton 605
—, 3-[2-Hydroxy-7-methoxy-[1]-
   naphthyl]-2-methyl-,
   — lacton 624
—, 3-[2-Hydroxy-7-methoxy-8-nitro-
   [1]naphthyl]-2-methyl-,
   — lacton 625
—, 2-[2-Hydroxy-4-methoxy-phenyl]-3-
   phenyl-,
   — lacton 726
—, 3-[1-Hydroxy-4-methyl-[2]-
   naphthyl]-3-methoxy-,
   — lacton 623
—, 3-[1-Hydroxy-[2]naphthyl]-,
   — lacton 605
—, 3-[1-Hydroxy-[2]naphthyl]-3-methoxy-,
   — lacton 604
—, 3-[3-Hydroxy-[2]naphthyl]-3-
   methoxy-,
   — lacton 598
—, 2-[2-Hydroxy-phenyl]-3-methoxy-3-
   phenyl-,
   — lacton 727
—, 3-[2-Hydroxy-7-propionyloxy-[1]-
   naphthyl]-2-methyl-,
   — lacton 624

Adipinaldehydsäure
   — pseudoalkylester s. unter
      Oxepan-2-on, 7-Alkoxy-

Adynerigenin
—, O-Acetyl-anhydro- 593
—, Anhydro- 592
—, Tetrahydro-anhydro- 474

Äthan
—, 1,2-Bis-[2-oxo-2*H*-chromen-7-
   yloxy]- 297
—, 1,2-Bis-[4-oxo-oxetan-2-
   ylmethylmercapto]- 8
—, 1,2-Bis-phthalidyloxy- 158

1,3a-Äthano-cyclohepta[c]furan-3-on
—, 8a-Hydroxy-1-methyl-hexahydro- 125
1,4-Äthano-cyclopenta[c]pyran-3-on
—, 8-Hydroxy-9-isopropyl-7a-methyl-hexahydro- 127
1,4-Äthano-cyclopent[c]oxepin-9-on
—, 8-Acetoxy-1,3,3,6-tetramethyl-octahydro- 137
— semicarbazon 137
—, 8-Hydroxy-1,3,3,6-tetramethyl-octahydro- 137
5,8-Äthano-ergostan-7-carbonsäure
—, 3-Acetoxy-6-[1-hydroxy-äthyl]-,
— lacton 490
5,8-Äthano-ergostano[6,7-c]furan-5'-on
—, 3-Acetoxy-2'-methyl-dihydro- 490
Äthanol
—, 1-[5-Hydroxy-2-methyl-naphtho[1,2-b]furan-3-yl]-1-phenyl- 649
Äthanon
—, 1-[3-Acetoxy-benzofuran-2-yl]- 355
—, 1-[4-Acetoxy-benzofuran-2-yl]- 359
—, 1-[6-Acetoxy-benzofuran-2-yl]- 360
— [4-nitro-phenylhydrazon] 360
—, 2-Acetoxy-1-benzofuran-2-yl- 361
—, 1-[3-Acetoxy-benzo[b]thiophen-2-yl]- 356
—, 1-[3-Acetoxy-5-chlor-benzo[b]thiophen-2-yl]- 358
—, 1-[4-Acetoxy-8-chlor-naphtho[2,3-b]thiophen-2-yl]- 626
—, 1-[5-Acetoxy-2,6-dimethyl-benzofuran-3-yl]- 413
—, 1-[5-Acetoxy-2,7-dimethyl-benzofuran-3-yl]- 413
—, 2-Acetoxy-1-[2]furyl- 95
— semicarbazon 96
—, 1-[6-Acetoxy-2-isopropenyl-benzofuran-5-yl]- 511
—, 1-[6-Acetoxy-2-isopropyl-2,3-dihydro-benzofuran-5-yl]- 228
—, 1-[4-Acetoxy-3-methyl-benzofuran-5-yl]- 391
— [2,4-dinitro-phenylhydrazon] 392
— semicarbazon 392
—, 1-[5-Acetoxy-2-methyl-benzofuran-3-yl]- 387
—, 1-[6-Acetoxy-3-methyl-benzofuran-2-yl]- 390
—, 1-[6-Acetoxy-3-methyl-benzofuran-5-yl]- 393
— [2,4-dinitro-phenylhydrazon] 393
—, 1-[6-Acetoxy-3-methyl-benzofuran-7-yl]- 394

—, 1-[6-Acetoxy-3-methyl-2,3-dihydro-benzofuran-5-yl]- 213
—, 1-[5-Acetoxymethyl-[2]furyl]- 116
— semicarbazon 116
—, 1-[5-Acetoxy-2-methyl-naphtho[1,2-b]furan-3-yl]- 649
—, 2-Acetoxy-1-[5-nitro-[2]furyl]- 96
— semicarbazon 98
—, 2-Acetoxy-1-[2]thienyl- 99
—, 1-[5-Äthansulfonylmethyl-[2]thienyl]- 116
— oxim 116
—, 1-[6-Äthoxy-6-methyl-tetrahydro-pyran-2-yl]- 35
— semicarbazon 35
—, 1-[5-Äthoxy-4-nitro-[2]thienyl]- 94
—, 2-[4-Äthoxy-phenyl]-1-[2]thienyl- 499
—, 1-[5-Äthyl-2-äthylmercapto-[3]thienyl]- 117
— semicarbazon 117
—, 1-[5-Äthyl-6-hydroxy-3-methyl-benzofuran-7-yl]- 428
— semicarbazon 428
—, 1-[7-Äthyl-4-hydroxy-3-methyl-benzofuran-5-yl]- 428
—, 1-[2-Äthyl-7-methoxy-benzofuran-3-yl]- 413
—, 1-[5-Allyloxy-4-nitro-[2]thienyl]- 94
—, 1-Benzofuran-2-yl-2-hydroxy- 361
—, 1-Benzo[b]thiophen-2-yl-2-phenylmercapto- 362
— [2,4-dinitro-phenylhydrazon] 362
—, 1-Benzo[b]thiophen-3-yl-2-phenylmercapto- 362
— [2,4-dinitro-phenylhydrazon] 362
—, 1-[4-Benzoyloxy-benzofuran-2-yl]- 359
—, 1-[4-Benzoyloxy-benzofuran-5-yl]- 364
—, 1-[6-Benzoyloxy-5-chlor-3-methyl-benzofuran-7-yl]- 395
—, 1-[4-Benzoyloxy-2,3-dihydro-benzofuran-2-yl]- 190
—, 1-[6-Benzoyloxy-2,3-dihydro-benzofuran-5-yl]- 190
—, 1-[3-Benzoyloxy-[2]furyl]- 93
—, 2-Benzoyloxy-1-[2]furyl- 95
— semicarbazon 96
—, 1-[4-Benzoyloxy-3-methyl-benzofuran-5-yl]- 392
— semicarbazon 392
—, 1-[6-Benzoyloxy-3-methyl-benzofuran-2-yl]- 390

Äthanon *(Fortsetzung)*
—, 1-[6-Benzoyloxy-3-methyl-benzofuran-7-yl]- 394
—, 2-Benzoyloxy-1-[2]thienyl- 100
—, 2-Benzylmercapto-1-[2]thienyl- 100
—, 1-[3-Benzyl-6-methoxy-benzofuran-2-yl]- 771
— [2,4-dinitro-phenylhydrazon] 772
—, 1-[4-Benzyloxy-benzofuran-2-yl]- 359
—, 1-[6-Benzyloxy-benzofuran-2-yl]- 360
— [2,4-dinitro-phenylhydrazon] 360
—, 1-[2-Brom-4-hydroxy-3-methyl-benzofuran-5-yl]- 392
—, 1-[2-Brom-6-hydroxy-3-methyl-benzofuran-7-yl] 395
—, 1-[5-Brom-6-hydroxy-3-methyl-benzofuran-7-yl]- 395
—, 1-[7-Brom-4-hydroxy-3-methyl-benzofuran-5-yl]- 392
—, 1-[4-Brom-3-hydroxy-5-methyl-[2]furyl]- 115
—, 2-Brom-1-[2-methoxy-dibenzofuran-3-yl]- 627
—, 2-[5-Brom-[2]thienyl]-2-hydroxy-1,2-diphenyl- 801
—, 1-[5-Butylmercapto-[2]thienyl]- 94
—, 2-Butylmercapto-1-[2]thienyl- 100
—, 2-Butyryloxy-1-[2]furyl- 95
— semicarbazon 96
—, 2-Chlor-1-[8-(2-chlor-1-hydroxy-äthyl)-dibenzofuran-2-yl]- 663
—, 1-[5-Chlor-3-hydroxy-benzo[*b*]thiophen-2-yl]- 358
— phenylhydrazon 359
—, 1-[5-Chlor-3-hydroxy-1,1-dioxo-1λ^6-benzo[*b*]thiophen-2-yl]- 358
—, 1-[5-Chlor-6-hydroxy-3-methyl-benzofuran-7-yl]- 395
—, 1-[4-Chlor-3-hydroxy-5-methyl-[2]furyl]- 115
—, 2-Chlor-1-[4-methoxy-dibenzofuran-1-yl]- 627
—, 1-[5-(4'-Chlor-4-methoxy-stilben-α-yl)-[2]thienyl]- 818
— [2,4-dinitro-phenylhydrazon] 818
— oxim 818
— semicarbazon 818
—, 1-[5-Chlor-[2]thienyl]-2-thiocyanato- 100
—, 2-Cinnamoyloxy-1-[2]thienyl- 100
—, 1-[6,7-Dichlor-5-hydroxy-2-methyl-benzofuran-3-yl]- 388

—, 1-[6,7-Dichlor-5-methoxy-2-methyl-benzofuran-3-yl]- 388
—, 1-[2]Furyl-2-hydroxy- 95
— oxim 96
— [O-(toluol-4-sulfonyl)-oxim] 96
—, 1-[2]Furyl-2-hydroxy-2-phenyl- 499
— semicarbazon 499
—, 2-[2]Furyl-2-hydroxy-1-phenyl- 500
—, 1-[5-Heptylmercapto-[2]thienyl]- 95
—, 1-[5-Hexylmercapto-[2]thienyl]- 95
—, 1-[3-Hydroxy-benzofuran-2-yl]- 355
—, 1-[4-Hydroxy-benzofuran-2-yl]- 359
— oxim 359
—, 1-[4-Hydroxy-benzofuran-5-yl]- 363
—, 1-[5-Hydroxy-benzofuran-6-yl]- 364
—, 1-[6-Hydroxy-benzofuran-2-yl]- 359
—, 1-[6-Hydroxy-benzofuran-5-yl]- 364
—, 1-[4-Hydroxy-benzofuran-5-yl]-2-phenyl- 751
—, 1-[3-Hydroxy-benzo[*b*]thiophen-2-yl]- 356
— [4-brom-phenylhydrazon] 356
— [2,4-dinitro-phenylhydrazon] 357
— [2-methoxy-phenylhydrazon] 357
— [4-methoxy-phenylhydrazon] 357
— [2-nitro-phenylhydrazon] 356
— [3-nitro-phenylhydrazon] 357
— [4-nitro-phenylhydrazon] 357
— phenylimin 356
— *o*-tolylhydrazon 357
—, 1-[7-Hydroxy-chroman-6-yl]- 209
— [2,4-dinitro-phenylhydrazon] 210
— semicarbazon 210
—, 1-[2-Hydroxy-dibenzofuran-1-yl]- 626
—, 1-[2-Hydroxy-dibenzofuran-3-yl]- 627
—, 1-[4-Hydroxy-dibenzofuran-3-yl]- 628
— oxim 628
—, 1-[4-Hydroxy-2,3-dihydro-benzofuran-2-yl]- 190
— oxim 190
—, 1-[5-Hydroxy-2,3-dihydro-benzofuran-6-yl]- 191
— [2,4-dinitro-phenylhydrazon] 191

Äthanon *(Fortsetzung)*
—, 1-[6-Hydroxy-2,3-dihydro-
benzofuran-5-yl]- 190
— [2,4-dinitro-phenylhydrazon]
190
—, 1-[6-Hydroxy-2,3-dihydro-
benzofuran-5-yl]-2-phenyl-
659
—, 1-[3-Hydroxy-4,6-dimethyl-
benzofuran-2-yl]- 413
— [2,4-dinitro-phenylhydrazon]
413
— semicarbazon 413
—, 1-[5-Hydroxy-2,6-dimethyl-
benzofuran-3-yl]- 413
—, 1-[5-Hydroxy-2,7-dimethyl-
benzofuran-3-yl]- 413
— [2,4-dinitro-phenylhydrazon]
413
—, 1-[5-Hydroxy-2,2-dimethyl-
chroman-6-yl]- 226
—, 1-[5-Hydroxy-2,2-dimethyl-
2H-chromen-6-yl]- 423
—, 1-[3-Hydroxy-1,1-dioxo-1λ^6-benzo-
[b]thiophen-2-yl]- 356
— [2,4-dinitro-phenylhydrazon]
358
— [2-methoxy-phenylhydrazon]
358
— [2-nitro-phenylhydrazon]
358
— phenylhydrazon 358
— o-tolylhydrazon 358
—, 1-[3-Hydroxy-[2]furyl]- 93
—, 1-[6-Hydroxy-2-isopropenyl-
benzofuran-5-yl]- 511
— [2,4-dinitro-phenylhydrazon]
512
— oxim 512
— semicarbazon 512
—, 1-[4-Hydroxy-2-isopropyl-
benzofuran-6-yl]- 428
—, 1-[6-Hydroxy-2-isopropyl-2,3-
dihydro-benzofuran-5-yl]- 228
— [2,4-dinitro-phenylhydrazon]
228
— oxim 228
—, 1-[6-Hydroxy-2-isopropyl-2,3-
dihydro-benzofuran-7-yl]- 228
— [2,4-dinitro-phenylhydrazon]
229
—, 1-[3-Hydroxy-4-jod-5-methyl-[2]-
furyl]- 116
—, 1-[3-Hydroxy-5-methyl-benzofuran-
2-yl]- 391
—, 1-[4-Hydroxy-3-methyl-benzofuran-
5-yl]- 391
— [2,4-dinitro-phenylhydrazon]
392
— semicarbazon 392
—, 1-[5-Hydroxy-2-methyl-benzofuran-
3-yl]- 387
— [2,4-dinitro-phenylhydrazon]
388
—, 1-[6-Hydroxy-3-methyl-benzofuran-
2-yl]- 389
— [2,4-dinitro-phenylhydrazon]
390
— semicarbazon 390
—, 1-[6-Hydroxy-3-methyl-benzofuran-
5-yl]- 393
— [2,4-dinitro-phenylhydrazon]
393
— semicarbazon 393
—, 1-[6-Hydroxy-3-methyl-benzofuran-
7-yl]- 393
— oxim 395
— semicarbazon 395
—, 1-[5-Hydroxy-2-methyl-6,9-dihydro-
6,9-äthano-naphtho[1,2-b]furan-3-yl]-
671
—, 1-[4-Hydroxy-3-methyl-2,3-
dihydro-benzofuran-5-yl]-
213
— [2,4-dinitro-phenylhydrazon]
213
—, 1-[6-Hydroxy-3-methyl-2,3-
dihydro-benzofuran-5-yl]-
213
— [2,4-dinitro-phenylhydrazon]
213
—, 1-[5-Hydroxymethyl-[2]furyl]-
116
— semicarbazon 116
—, 1-[5-Hydroxymethyl-2-methyl-[3]-
furyl]- 117
— semicarbazon 118
—, 1-[5-Hydroxy-2-methyl-naphtho-
[1,2-b]furan-3-yl]- 649
— [2,4-dinitro-phenylhydrazon]
649
—, 1-[4-Hydroxy-4-methyl-tetrahydro-
pyran-3-yl]- 35
— semicarbazon 35
—, 2-Hydroxy-2-[5-methyl-[2]thienyl]-
1,2-diphenyl- 806
—, 2-Hydroxy-1-[5-nitro-[2]furyl]-
96
— [cyanacetyl-hydrazon] 97
— [dichloracetyl-hydrazon] 97
— [2,4-dinitro-phenylhydrazon]
97
— [(2-hydroxy-äthyloxamoyl)-
hydrazon] 97
— [2-(2-hydroxy-äthyl)-
semicarbazon] 98
— [2-methyl-semicarbazon] 98
— oxamoylhydrazon 97

Äthanon
—, 2-Hydroxy-1-[5-nitro-[2]furyl]-
  (Fortsetzung)
  — phenylhydrazon 96
  — [4-phenyl-semicarbazon] 97
  — semicarbazon 97
  — thiosemicarbazon 97
—, 1-[7-Hydroxy-2-phenyl-chroman-8-yl]- 666
  — [2,4-dinitro-phenylhydrazon] 667
—, 2-Hydroxy-2-phenyl-1-[2]thienyl- 499
—, 2-Hydroxy-2-phenyl-1-[3]thienyl- 500
  — oxim 500
—, 2-Hydroxy-1-[2]thienyl- 99
—, 1-[4-Hydroxy-3-xanthen-9-yl-phenyl]- 837
—, 1-[5-Isobutylmercapto-[2]thienyl]- 94
—, 1-[5-Isopentylmercapto-[2]thienyl]- 95
—, 1-[2-Isopropenyl-6-(tetra-O-acetyl-glucopyranosyloxy)-benzofuran-5-yl]- 511
—, 1-[5-Isopropylmercapto-[2]thienyl]- 94
—, 1-[2-Isopropyl-6-methoxy-2,3-dihydro-benzofuran-5-yl]- 228
  — oxim 228
—, 1-[4-Methoxy-benzofuran-5-yl]- 363
  — [2,4-dinitro-phenylhydrazon] 364
  — semicarbazon 364
—, 1-[6-Methoxy-benzofuran-2-yl]- 360
—, 1-[7-Methoxy-benzofuran-2-yl]- 361
—, 1-[4-Methoxy-benzofuran-5-yl]-2-phenyl- 752
  — [2,4-dinitro-phenylhydrazon] 752
—, 1-[2-Methoxy-dibenzofuran-1-yl]- 626
—, 1-[2-Methoxy-dibenzofuran-3-yl]- 627
—, 1-[4-Methoxy-dibenzofuran-1-yl]- 627
  — oxim 627
—, 1-[4-Methoxy-dibenzofuran-3-yl]- 628
  — oxim 628
—, 1-[5-Methoxy-2,3-dihydro-benzofuran-6-yl]- 191
  — [2,4-dinitro-phenylhydrazon] 191
—, 2-Methoxy-1,2-diphenyl-2-[2]thienyl- 800
—, 1-[3-Methoxy-[2]furyl]- 93

—, 1-[6-Methoxy-2-isopropenyl-benzofuran-5-yl]- 511
—, 1-[4-Methoxy-3-methyl-benzofuran-5-yl]- 391
  — semicarbazon 392
—, 1-[5-Methoxy-2-methyl-benzofuran-3-yl]- 387
—, 1-[6-Methoxy-3-methyl-benzofuran-2-yl]- 389
  — [2,4-dinitro-phenylhydrazon] 390
  — semicarbazon 390
—, 1-[6-Methoxy-3-methyl-benzofuran-5-yl]- 393
—, 1-[6-Methoxy-3-methyl-benzofuran-7-yl]- 394
  — semicarbazon 395
—, 1-[6-Methoxy-6-methyl-tetrahydro-pyran-2-yl]- 35
  — semicarbazon 35
—, 1-[5-Methoxy-4-nitro-[2]thienyl]- 93
—, 1-[3-Methoxy-phenanthro[4,5-*bcd*]furan-1-yl]- 791
—, 2-[6-Methoxy-2-phenyl-chromen-4-yliden]-1-phenyl- 854
—, 2-[7-Methoxy-2-phenyl-chromen-4-yliden]-1-phenyl- 855
—, 2-[8-Methoxy-2-phenyl-chromen-4-yliden]-1-phenyl- 855
—, 2-[6-Methoxy-2-phenyl-4*H*-chromen-4-yl]-1-phenyl- 850
—, 2-[7-Methoxy-2-phenyl-4*H*-chromen-4-yl]-1-phenyl- 851
—, 2-[8-Methoxy-2-phenyl-4*H*-chromen-4-yl]-1-phenyl- 851
—, 2-[4-Methoxy-phenyl]-1-[2]thienyl- 499
—, 1-[5-(4-Methoxy-stilben-α-yl)-[2]thienyl]- 817
  — [2,4-dinitro-phenylhydrazon] 817
  — oxim 817
  — semicarbazon 817
—, 1-[2-Methoxy-[3]thienyl]- 100
—, 1-[5-Methoxy-[2]thienyl]- 93
  — [4-nitro-phenylhydrazon] 93
—, 2-[8-Methoxy-2-*p*-tolyl-chromen-4-yliden]-1-*p*-tolyl- 856
—, 1-[5-Methylmercapto-[2]thienyl]- 94
  — oxim 95
—, 1-[5-Methyl-2-methylmercapto-[3]thienyl]- 115
—, 1-[2-Methyl-5-phenylcarbamoyloxy-benzofuran-3-yl]- 388
—, 1-[4-Nitro-5-phenoxy-[2]thienyl]- 94
—, 1-[5-Nonylmercapto-[2]thienyl]- 95

Äthanon *(Fortsetzung)*
—, 1-[5-Octylmercapto-[2]thienyl]- 95
—, 1-[5-Pentylmercapto-[2]thienyl]- 94
—, 2-Phenylmercapto-1-[2]thienyl- 100
—, 1-[5-Propylmercapto-[2]thienyl]- 94
—, 1-[2]Thienyl-2-thiocyanato- 100
— [2,4-dinitro-phenylhydrazon] 100
—, 2,2,2-Trichlor-1-[6-hydroxy-benzofuran-2-yl]- 361
—, 2,2,2-Trichlor-1-[4-hydroxy-3-methyl-benzofuran-2-yl]- 388
—, 2,2,2-Trichlor-1-[5-hydroxy-3-methyl-benzofuran-2-yl]- 389
—, 2,2,2-Trichlor-1-[6-hydroxy-3-methyl-benzofuran-2-yl]- 390
—, 2,2,2-Trichlor-1-[6-methoxy-benzofuran-2-yl]- 361
—, 2,2,2-Trichlor-1-[5-methoxy-3-methyl-benzofuran-2-yl]- 389
—, 2,2,2-Trichlor-1-[6-methoxy-3-methyl-benzofuran-2-yl]- 391
—, 2,2,2-Trifluor-1-[6-hydroxy-benzofuran-2-yl]- 360
—, 2,2,2-Trifluor-1-[5-hydroxy-3-methyl-benzofuran-2-yl]- 389
—, 2,2,2-Trifluor-1-[6-hydroxy-3-methyl-benzofuran-2-yl]- 390
—, 2,2,2-Trifluor-1-[5-methoxy-benzofuran-2-yl]- 359
—, 2,2,2-Trifluor-1-[6-methoxy-benzofuran-2-yl]- 360
— [2,4-dinitro-phenylhydrazon] 361
—, 2,2,2-Trifluor-1-[7-methoxy-benzofuran-4-yl]- 363
—, 2,2,2-Trifluor-1-[5-methoxy-3-methyl-benzofuran-2-yl]- 389
—, 2,2,2-Trifluor-1-[6-methoxy-3-methyl-benzofuran-2-yl]- 390
—, 2,2,2-Trifluor-1-[7-methoxy-3-methyl-benzofuran-x-yl]- 391
—, 2,2,2-Trifluor-1-[7-methoxy-3-methyl-benzofuran-2-yl]- 391
6,9-Äthano-naphtho[1,2-*b*]furan-5-ol
—, 3-Acetyl-2-methyl-6,9-dihydro- 671
Äthanthion
—, 2-[4-Mercapto-[2]thienyl]-1-phenyl- 499
5,8-Ätheno-ergostan-7-carbonsäure
—, 3-Acetoxy-6-[1-hydroxy-vinyl]-,
— lacton 597
5,8-Ätheno-ergostano[6,7-*c*]furan-5'-on
—, 3-Acetoxy-2'-methylen-6,7-dihydro- 597

5,8-Ätheno-ergost-22-en-7-carbonsäure
—, 3-Acetoxy-6-[1-hydroxy-vinyl]-,
— lacton 685
5,8-Ätheno-ergost-22-eno[6,7-*c*]-furan-5'-on
—, 3-Acetoxy-2'-methylen-6,7- dihydro- 685
Äther
—, Bis-[3,4-dichlor-5-oxo-2,5-dihydro-[2]furyl]- 53
—, Bis-[4,7-dimethyl-1-oxo-octahydro-cyclopenta[*c*]pyran-3-yl]- 72
—, Bis-[6,6-dimethyl-4-oxo-tetrahydro-thiopyran-3-ylmethyl]- 35
—, Bis-[5-formyl-furfuryl]- 102
—, Bis-[5-(hydroxyimino-methyl)-furfuryl]- 104
—, Bis-[4-(5-oxo-2,5-dihydro-[3]-furyl)-phenyl]- 312
—, Bis-[4-(5-oxo-tetrahydro-[2]-furyl)-phenyl]- 182
—, Bis-phthalidylidenmethyl- 308
—, Bis-[1,1,3-trioxo-2-phenyl-2,3-dihydro-1λ^6-benzo[*b*]thiophen-2-yl]- 609
—, Diphthalidyl- 161
Äthylendiamin
—, *N*-Äthoxyoxalyl-*N*'-[5-hydroxymethyl-furfurylidenhydrazinooxalyl]- 108
β-Alanin
—, *N*-[3-Hydroxy-4,4-dimethyl-dihydro-[2]furyliden]- 28
— äthylester 28
Allobetulin
—, Oxy- 486
Allodehydroacetyloleanolsäure
— lacton 567
Allograciolon 486
Alloheterobetulin
—, Oxo- 487
Alloisotenulin
—, Desoxy-desacetyl-dihydro- 128
—, Desoxy-dihydro- 129
Allouzarigenin
—, *O*-Acetyl-β-anhydro- 555
Ambrosan-12-säure
—, 6-Acetoxy-8-hydroxy-,
— lacton 128
—, 8-Acetoxy-6-hydroxy-,
— lacton 129
—, 6,8-Dihydroxy-,
— 6-lacton 128
— 8-lacton 128
Ambros-7(11)-en-12-säure
—, 4-Acetoxy-6-hydroxy-,
— lacton 144
—, 4,6-Dihydroxy-,
— 6-lacton 144

Ambros-7(11)en-12-säure *(Fortsetzung)*
—, 4-[3,5-Dinitro-benzoyloxy]-6-hydroxy-,
— lacton 144
—, 6-Hydroxy-4-phenylcarbamoyloxy-,
— lacton 144
Ameisensäure
— [5-hydroxy-methyl-furfurylidenhydrazid] 107
Ammonium
—, Diäthyl-methyl-[2-(4-methyl-2-oxo-2H-chromen-7-yloxy)-äthyl]- 338
—, [5-Hydroxymethyl-furfuryliden]-diphenyl- 103
—, [5-Hydroxymethyl-furfuryliden]-methyl-phenyl- 103
—, Triäthyl-[2-(4-oxo-2-phenyl-4H-chromen-7-yloxy)-äthyl]- 697
—, Trimethyl-[17-(5-oxo-2,5-dihydro-[3]furyl)-androst-5-en-3-yloxycarbonylmethyl]- 551
—, Trimethyl-[23-(5-oxo-2,5-dihydro-[3]furyl)-24-nor-chol-5-en-3-yloxycarbonylmethyl]- 560
—, Trimethyl-[2-(4-oxo-2-phenyl-4H-chromen-7-yloxy)-äthyl]- 697
Andrololacton 149
— O-Acetyl- 149
Androsta-1,4-dien-3-on
—, 17-Acetoxy-6,19-episeleno- 542
—, 6,19-Episeleno-17-hydroxy- 542
Androstan-17-carbonsäure
—, 3-Acetoxy-12-hydroxy-,
— lacton 250
—, 3-Acetoxy-14-hydroxy-,
— lacton 251
—, 3-Benzoyloxy-12-hydroxy-,
— lacton 250
—, 3,12-Dihydroxy-,
— 12-lacton 250
Androstano[16,17-c]furan-11-on
—, 3-Acetoxy-5'-methyl- 548
Androstan-3-on
—, 17-Acetoxy-1,2-epoxy- 242
—, 17-Acetoxy-4,5-epoxy- 243
—, 1,2-Epoxy-17-hydroxy- 242
—, 4,5-Epoxy-17-hydroxy- 242
—, 4,5-Epoxy-17-hydroxy-17-methyl- 249
—, 9,11-Epoxy-17-hydroxy-17-methyl- 250
—, 1,2-Epoxy-17-propionyloxy- 242
Androstan-17-on
—, 3-Acetoxy-5,6-epoxy- 244
—, 3-Acetoxy-9,11-epoxy- 245
—, 3-Acetoxy-11,12-epoxy- 246
—, 3-Acetoxy-14,15-epoxy- 246
—, 3-Benzoyloxy-5,6-epoxy- 245
—, 3-Benzoyloxy-9,11-epoxy- 245

—, 5,6-Epoxy-3-hydroxy- 243
—, 9,11-Epoxy-3-hydroxy- 245
—, 11,12-Epoxy-3-hydroxy- 246
—, 5,6-Epoxy-3-propionyloxy- 244
Androst-4-en-3-on
—, 17-Acetoxy-11,18-epoxy- 461
—, 6,7-Epoxy-17-hydroxy- 461
—, 9,11-Epoxy-17-hydroxy-17-methyl- 464
Androst-6-en-3-on
—, 4,5-Epoxy-17-hydroxy- 461
Anhydroadynerigenin 592
—, O-Acetyl- 593
—, Tetrahydro- 474
β-Anhydroallouzarigenin
—, O-Acetyl- 555
Anhydrobufalin 595
Anhydrocanariengenin-A 591
Anhydrocanarigenin 591
Anhydrocerberigenin 552
—, O-Acetyl- 552
α-Anhydrodigitoxigenin 552
—, O-Acetyl- 553
—, Dihydro- 474
β-Anhydrodigitoxigenin 554
—, O-Acetyl- 555
—, O-[O²-Acetyl-digitalopyranosyl]- 557
—, O-[Di-O-acetyl-digitalopyranosyl]- 556
—, O-[Di-O-acetyl-thevetopyranosyl]- 556
—, O-Digitalopyranosyl- 557
—, O-Rhamnopyranosyl- 556
—, Tetrahydro- 263
—, O-Thevetopyranosyl- 556
—, O-[Tri-O-acetyl-rhamnopyranosyl]- 557
γ-Anhydrodigitoxigenin 554
δ-Anhydrodigitoxigenin 552
β-Anhydrodihydrodigitoxigenin 474
Δ²-Anhydroisodihydroiresin 145
α-Anhydromenabegenin 553
β-Anhydromenabegenin 554
Anhydroneriifolin 556
β-Anhydroodorosid-H 557
—, O²-Acetyl- 557
—, Di-O-acetyl- 556
Anhydropseudosantonsäure
—, Hexahydro- 132
Anhydrosarsasapogeninsäure
—, O³-Acetyl-tetrahydro-,
— lacton 479
—, O³-Benzoyl-tetrahydro-,
— lacton 479
Anhydrotetrahydropseudosantonin
—, Acetyl- 144
Anhydrothevetigenin 552
α-Anhydrouzarigenin 553
—, O-Acetyl- 553

β-Anhydrouzarigenin 554
—, O-Acetyl- 555
—, O-Benzoyl- 555
α-Anhydroxysmalogenin 592
Anthracen-1-carbonsäure
—, 10-Acetoxy-9-hydroxy-,
— lacton 789
—, 9,10-Dihydroxy-,
— 9-lacton 789
—, 9,10-Dihydroxy-2-methyl-9-phenyl-9,10-dihydro-,
— 9-lacton 848
—, 9-Hydroxy-10-oxo-9,10-dihydro-,
— lacton 789
Anthracen-9-carbonsäure
—, 10-Acetoxy-1-hydroxy-,
— lacton 789
—, 10-Acetoxy-1-hydroxy-2-methyl-,
— lacton 790
—, 1,10-Dihydroxy-,
— 1-lacton 789
—, 1,10-Dihydroxy-2-methyl-,
— 1-lacton 790
—, 1-Hydroxy-2-methyl-10-oxo-9,10-dihydro-,
— lacton 790
—, 1-Hydroxy-10-oxo-9,10-dihydro-,
— lacton 789
Anthra[1,9-bc]furan-1,6-dion
—, 10bH- 789
—, 3-Methyl-10bH- 790
Anthra[9,1-bc]furan-2,6-dion
—, 10bH- 789
Anthra[1,2-b]furan-2-on
—, 3-Hydroxy-3a,4,5,7,8,9,10,11b-octahydro-3H- 533
Anthra[1,9-bc]furan-1-on
—, 6-Acetoxy- 789
—, 6-Acetoxy-3-methyl- 790
—, 6-Hydroxy- 789
—, 6-Hydroxy-3-methyl- 790
Anthra[9,1-bc]furan-2-on
—, 6-Acetoxy- 789
—, 6-Acetoxy-3-methyl-10b-phenyl-6,10b-dihydro- 848
—, 6-Hydroxy- 789
—, 6-Hydroxy-3-methyl-10b-phenyl-6,10b-dihydro- 848
Anthron
—, 10-Acetoxy-2,3-epoxy-10-methyl-1,2,3,4,4a,9a-hexahydro- 529
—, 2,3-Epoxy-10-hydroxy-10-methyl-1,2,3,4,4a,9a-hexahydro- 529
—, 10-Hydroxy-10-[2]thienyl- 812
Antimycinlacton 45
Aporubropunctatin
—, Hexahydro- 246
Arborescin
—, Tetrahydro- 130

Artabsin 234
—, Dihydro- 144
Artabsin-a
—, Tetrahydro- 130
Artabsin-b
—, Tetrahydro- 130
Artabsin-c
—, Tetrahydro- 130
Artemisin
—, γ-Desoxytetrahydro- 132
Asaresen-A 298
Aurapten 296
Ayapanin 295
Azulen-3a-carbonsäure
—, 1,8a-Dihydroxy-1-methyl-octahydro-,
— 1-lacton 125
Azuleno[4,5-b]furan-2-on
—, 4-Acetoxy-3,6,9-trimethyl-decahydro- 129
—, 4-Acetoxy-3,6,9a-trimethyl-decahydro- 129
—, 4-Hydroxy-3,6,9-trimethyl-decahydro- 129
—, 4-Hydroxy-3,6,9a-trimethyl-decahydro- 128
—, 6-Hydroxy-3,6,9-trimethyl-decahydro- 130
—, 6-Hydroxy-3,6,9-trimethyl-3a,4,5,6,8,9b-hexahydro-3H- 234
—, 6-Hydroxy-3,6,9-trimethyl-3a,4,5,6,6a,7,8,9b-octahydro-3H- 144
Azuleno[4,5-c]furan-2-on
—, 9-Hydroxy-3,6,9a-trimethyl-5,6,6a,7,8,9,9a,9b-octahydro-4H- 144
Azuleno[6,5-b]furan-2-on
—, 4-Acetoxy-3,4a,8-trimethyl-decahydro- 128
—, 4-Hydroxy-3,4a,8-trimethyl-decahydro- 128

B

Balduilin
—, Desoxo-desacetyl-tetrahydro- 128
—, Desoxo-tetrahydro- 128
Benzfuroin 499
Benzidin
—, N,N'-Bis-[2-chlor-3-(2,3-dihydro-1H-xanthylium-4-yliden)-propenyl]- 581
—, N,N'-Bis-[2-chlor-3-(2,3-dihydro-1H-xanthylium-4-yliden)-propyliden]- 581
Benz[b]indeno[1,2-d]furan-6-on
—, 3-Acetoxy-5a,10b-diphenyl-5a,10b-dihydro- 868
—, 3-Hydroxy-1,5a-dimethyl-10b-phenyl-5a,10b-dihydro- 851
—, 3-Hydroxy-5a,10b-diphenyl-5a,10b-dihydro- 868
—, 3-Hydroxy-5a-methyl-10b-phenyl-5a,10b-dihydro- 848

Benz[*b*]indeno[2,1-*d*]furan-10-on
—, 3-Hydroxy-1,10a-dimethyl-5a-
 phenyl-5a,10a-dihydro- 851
—, 3-Hydroxy-10a-methyl-5a-phenyl-
 5a,10a-dihydro- 848
Benz[*b*]indeno[4,5-*d*]furan-3-on
—, 5-Methoxy-1,2-dihydro- 728
Benz[6,7]indeno[1,2-*b*]furan-9-on
—, 10a-Methoxy-7-phenyl-8,10a-
 dihydro- 844
Benz[*b*]indeno[2,1-*d*]oxepin-6-on
—, 10-Methoxy-1,2,3,4,4a,7,7a,12,
 12a,12b-decahydro- 536
Benz[*de*]isochroman-1-on
—, 3-Äthoxy-3-phenyl-3*H*- 812
Benz[*de*]isochromen-1-on
—, 3-[4-Hydroxy-phenyl]-3-phenyl-3*H*- 860
Benzo[*c*]chromen-6-on
—, 2-Acetoxy- 606
—, 3-Acetoxy- 606
—, 3-Acetoxy-2-äthyl-8-methyl-
 7,8,9,10-tetrahydro- 531
—, 3-Acetoxy-2-äthyl-9-methyl-
 7,8,9,10-tetrahydro- 532
—, 3-Acetoxy-2-äthyl-10-methyl-
 7,8,9,10-tetrahydro- 532
—, 1-Acetoxy-3-[1-äthyl-propyl]-9-
 methyl- 679
—, 3-Acetoxy-1,9-dimethyl- 649
—, 9-Acetoxy-2,7-dimethyl- 649
—, 1-Acetoxy-3,8-dimethyl-7,8,9,10-
 tetrahydro- 526
—, 1-Acetoxy-3,9-dimethyl-7,8,9,10-
 tetrahydro- 527
—, 1-Acetoxy-3,10-dimethyl-7,8,9,10-
 tetrahydro- 527
—, 1-Acetoxy-3-isopentyl-9-methyl-
 7,8,9,10-tetrahydro- 542
—, 1-Acetoxy-3-methyl- 625
—, 2-Acetoxy-9-methyl- 626
—, 3-Acetoxy-1-methyl- 625
—, 3-Acetoxy-9-methyl- 626
—, 1-Acetoxy-9-methyl-3-pentyl- 678
—, 2-Acetoxy-9-methyl-3-pentyl- 678
—, 3-Acetoxy-9-methyl-1-pentyl- 676
—, 1-Acetoxy-9-methyl-3-pentyl-
 7,8,9,10-tetrahydro- 540
—, 2-Acetoxy-9-methyl-3-pentyl-
 7,8,9,10-tetrahydro- 541
—, 1-Acetoxy-3-methyl-7,8,9,10-
 tetrahydro- 520
—, 3-Acetoxy-8-methyl-7,8,9,10-
 tetrahydro- 520
—, 3-Acetoxy-9-methyl-7,8,9,10-
 tetrahydro- 521
—, 3-Acetoxy-10-methyl-7,8,9,10-
 tetrahydro- 521
—, 3-Acetoxy-1-pentadecyl-7,8,9,10-
 tetrahydro- 561

—, 1-Acetoxy-3-pentyl-7,8,9,10-
 tetrahydro- 537
—, 2-Acetoxy-7,8,9,10-tetrahydro-
 513
—, 3-Acetoxy-7,8,9,10-tetrahydro-
 513
—, 3-[1-Äthyl-butyl]-1-hydroxy-9-
 methyl-7,8,9,10-tetrahydro- 543
—, 2-Äthyl-3-hydroxy-8-methyl-
 7,8,9,10-tetrahydro- 531
—, 2-Äthyl-3-hydroxy-9-methyl-
 7,8,9,10-tetrahydro- 532
—, 2-Äthyl-3-hydroxy-10-methyl-
 7,8,9,10-tetrahydro- 532
—, 3-Äthyl-1-hydroxy-9-methyl-
 7,8,9,10-tetrahydro- 532
—, 9-Äthyl-1-hydroxy-3-pentyl-
 7,8,9,10-tetrahydro- 544
—, 2-Äthyl-3-hydroxy-7,8,9,10-
 tetrahydro- 526
—, 2-Äthyl-3-methoxy-8-methyl-
 7,8,9,10-tetrahydro- 531
—, 2-Äthyl-3-methoxy-9-methyl-
 7,8,9,10-tetrahydro- 532
—, 2-Äthyl-3-methoxy-10-methyl-
 7,8,9,10-tetrahydro- 532
—, 3-[1-Äthyl-2-methyl-propyl]-1-
 hydroxy-9-methyl-7,8,9,10-
 tetrahydro- 544
—, 3-[1-Äthyl-propyl]-1-hydroxy-9-
 methyl- 679
—, 1-Benzolsulfonyloxy-9-methyl-2-
 pentyl- 677
—, 1-Benzolsulfonyloxy-9-methyl-4-
 pentyl- 678
—, 1-Benzyloxy-9-methyl-2-pentyl-
 677
—, 1-Benzyloxy-9-methyl-4-pentyl-
 678
—, 3-Butoxy-7,8,9,10-tetrahydro-
 513
—, 3-Butyl-1-hydroxy-9-methyl-
 7,8,9,10-tetrahydro- 537
—, 2-Chlor-3-diäthoxyphosphoryloxy-
 7,8,9,10-tetrahydro- 514
—, 2-Chlor-3-
 diäthoxythiophosphoryloxy-7,8,9,10-
 tetrahydro- 514
—, 2-Chlor-3-
 dimethoxythiophosphoryloxy-7,8,9,10-
 tetrahydro- 514
—, 2-Chlor-3-hydroxy-7,8,9,10-
 tetrahydro- 514
—, 2-Cyclohexyl-3-hydroxy-9-methyl-
 7,8,9,10-tetrahydro- 590
—, 8-Cyclohexyl-3-hydroxy-7,8,9,10-
 tetrahydro- 589
—, 3-Diäthoxyphosphoryloxy-7,8,9,10-
 tetrahydro- 513

Benzo[c]chromen-6-on *(Fortsetzung)*
—, 3-Diäthoxythiophosphoryloxy- 606
—, 3-Diäthoxythiophosphoryloxy-4-nitro-7,8,9,10-tetrahydro- 515
—, 3-Diäthoxythiophosphoryloxy-7,8,9,10-tetrahydro- 514
—, 3-Diäthoxythiophosphoryloxy-7,9,9-trimethyl-7,8,9,10-tetrahydro- 533
—, 3-Diisopropoxythiophosphoryloxy-7,8,9,10-tetrahydro- 514
—, 3-Diisopropoxythiophosphoryloxy-7,9,9-trimethyl-7,8,9,10-tetrahydro- 533
—, 3-Dimethoxythiophosphoryloxy-7,8,9,10-tetrahydro- 513
—, 3-Dimethoxythiophosphoryloxy-7,9,9-trimethyl-7,8,9,10-tetrahydro- 533
—, 3-[1,1-Dimethyl-butyl]-1-hydroxy-9-methyl-7,8,9,10-tetrahydro- 544
—, 3-[1,2-Dimethyl-butyl]-1-hydroxy-9-methyl-7,8,9,10-tetrahydro- 544
—, 3-[1,1-Dimethyl-heptyl]-1-hydroxy-9-methyl-7,8,9,10-tetrahydro- 549
—, 3-[1,2-Dimethyl-heptyl]-1-hydroxy-9-methyl-7,8,9,10-tetrahydro- 549
—, 3-[1,2-Dimethyl-hexyl]-1-hydroxy-9-methyl-7,8,9,10-tetrahydro- 548
—, 3-[1,2-Dimethyl-octyl]-1-hydroxy-9-methyl-7,8,9,10-tetrahydro- 558
—, 2-Heptyl-3-hydroxy-9-methyl-7,8,9,10-tetrahydro- 546
—, 3-Heptyl-4-hydroxy-9-methyl-7,8,9,10-tetrahydro- 546
—, 2-Hexyl-3-hydroxy-9-methyl- 680
—, 2-Hexyl-3-hydroxy-9-methyl-7,8,9,10-tetrahydro- 542
—, 3-Hexyl-1-hydroxy-9-methyl-7,8,9,10-tetrahydro- 542
—, 3-Hydroxy- 606
—, 4-Hydroxy- 607
—, 7-Hydroxy- 607
—, 9-Hydroxy- 607
—, 3-Hydroxy-1,9-dimethyl- 648
—, 9-Hydroxy-2,7-dimethyl- 649
—, 1-Hydroxy-7,9-dimethyl-3-pentyl-7,8,9,10-tetrahydro- 544
—, 1-Hydroxy-8,9-dimethyl-3-pentyl-7,8,9,10-tetrahydro- 545
—, 1-Hydroxy-9,9-dimethyl-3-pentyl-7,8,9,10-tetrahydro- 545
—, 1-Hydroxy-3,8-dimethyl-7,8,9,10-tetrahydro- 526
—, 1-Hydroxy-3,9-dimethyl-7,8,9,10-tetrahydro- 526
—, 1-Hydroxy-3,10-dimethyl-7,8,9,10-tetrahydro- 527

—, 3-Hydroxy-1,9-dimethyl-7,8,9,10-tetrahydro- 526
—, 1-Hydroxy-3-isohexyl-9-methyl-7,8,9,10-tetrahydro- 543
—, 1-Hydroxy-3-isopentyl-9-methyl-7,8,9,10-tetrahydro- 542
—, 1-Hydroxy-3-methyl- 625
—, 2-Hydroxy-9-methyl- 626
—, 3-Hydroxy-1-methyl- 625
—, 3-Hydroxy-9-methyl- 626
—, 1-Hydroxy-9-methyl-3-[1-methyl-butyl]-7,8,9,10-tetrahydro- 541
—, 1-Hydroxy-9-methyl-3-[1-methyl-heptyl]-7,8,9,10-tetrahydro- 547
—, 3-Hydroxy-9-methyl-2-[1-methyl-heptyl]-7,8,9,10-tetrahydro- 547
—, 1-Hydroxy-9-methyl-3-[1-methyl-hexyl]-7,8,9,10-tetrahydro- 546
—, 1-Hydroxy-9-methyl-3-[1-methyl-nonyl]-7,8,9,10-tetrahydro- 558
—, 1-Hydroxy-9-methyl-3-[1-methyl-octyl]-7,8,9,10-tetrahydro- 549
—, 1-Hydroxy-9-methyl-3-[2-methyl-pentyl]-7,8,9,10-tetrahydro- 543
—, 1-Hydroxy-9-methyl-3-[3-methyl-pentyl]-7,8,9,10-tetrahydro- 543
—, 1-Hydroxy-9-methyl-3-[1-methyl-phenyl]-7,8,9,10-tetrahydro- 543
—, 1-Hydroxy-9-methyl-3-octyl-7,8,9,10-tetrahydro- 547
—, 3-Hydroxy-9-methyl-2-octyl-7,8,9,10-tetrahydro- 547
—, 1-Hydroxy-9-methyl-2-pentyl- 676
—, 1-Hydroxy-9-methyl-3-pentyl- 677
—, 1-Hydroxy-9-methyl-4-pentyl- 678
—, 2-Hydroxy-9-methyl-3-pentyl- 678
—, 3-Hydroxy-9-methyl-1-pentyl- 676
—, 3-Hydroxy-9-methyl-2-pentyl- 677
—, 3-Hydroxy-9-methyl-4-pentyl- 679
—, 1-Hydroxy-8-methyl-3-pentyl-7,8,9,10-tetrahydro- 540
—, 1-Hydroxy-9-methyl-3-pentyl-7,8,9,10-tetrahydro- 540
—, 1-Hydroxy-10-methyl-3-pentyl-7,8,9,10-tetrahydro- 541
—, 2-Hydroxy-9-methyl-3-pentyl-7,8,9,10-tetrahydro- 541
—, 1-Hydroxy-9-methyl-3-[1-propyl-pentyl]-7,8,9,10-tetrahydro- 548
—, 1-Hydroxy-9-methyl-3-propyl-7,8,9,10-tetrahydro- 535
—, 1-Hydroxy-3-methyl-7,8,9,10-tetrahydro- 519
—, 2-Hydroxy-9-methyl-7,8,9,10-tetrahydro- 520
—, 3-Hydroxy-8-methyl-7,8,9,10-tetrahydro- 520
—, 3-Hydroxy-9-methyl-7,8,9,10-tetrahydro- 520

Benzo[c]chromen-6-on *(Fortsetzung)*
—, 3-Hydroxy-10-methyl-7,8,9,10-tetrahydro- 521
—, 1-Hydroxy-9-methyl-3-[1,2,4-trimethyl-hexyl]-7,8,9,10-tetrahydro- 549
—, 3-Hydroxy-4-nitro-7,8,9,10-tetrahydro- 514
—, 3-Hydroxy-1-pentadecyl-7,8,9,10-tetrahydro- 560
—, 1-Hydroxy-3-pentyl-7,8,9,10-tetrahydro- 537
—, 2-Hydroxy-7,8,9,10-tetrahydro- 513
—, 3-Hydroxy-7,8,9,10-tetrahydro- 513
—, 3-Hydroxy-7,9,9-trimethyl-7,8,9,10-tetrahydro- 532
—, 3-Hydroxy-2,4,8-trinitro- 606
—, 2-Methoxy- 605
—, 3-Methoxy- 606
—, 4-Methoxy- 607
—, 1-Methoxy-3,8-dimethyl-7,8,9,10-tetrahydro- 526
—, 1-Methoxy-3,9-dimethyl-7,8,9,10-tetrahydro- 527
—, 4-Methoxy-2-methyl- 625
—, 1-Methoxy-9-methyl-2-pentyl- 677
—, 1-Methoxy-9-methyl-4-pentyl- 678
—, 3-Methoxy-8-methyl-7,8,9,10-tetrahydro- 520
—, 3-Methoxy-9-methyl-7,8,9,10-tetrahydro- 521
—, 3-Methoxy-10-methyl-7,8,9,10-tetrahydro- 521

Benzo[f]chromen-1-on
—, 3-[1-Acetoxy-[2]naphthyl]- 859
—, 3-[3-Acetoxy-[2]naphthyl]- 859
—, 2-Acetoxy-2-phenyl-2,3-dihydro- 815
—, 3-Äthoxy-2-brom-2,3-dihydro- 576
—, 3-[5-Brom-2-hydroxy-phenyl]-2,3-dihydro- 815
—, 3-[1-Hydroxy-[2]naphthyl]- 859
—, 3-[3-Hydroxy-[2]naphthyl]- 859
—, 3-[4-Hydroxy-phenyl]- 826
—, 2-Hydroxy-2-phenyl-2,3-dihydro- 815
—, 3-[2-Hydroxy-phenyl]-2,3-dihydro- 815
—, 3-[1-Methoxy-[2]naphthyl]- 859
—, 3-[2-Methoxy-[1]naphthyl]- 859
—, 3-[3-Methoxy-[2]naphthyl]- 859
—, 3-[2-Methoxy-[1]naphthyl]-2,3-dihydro- 855
—, 3-[2-Methoxy-phenyl]- 826
—, 3-[4-Methoxy-phenyl]- 826
—, 3-[4-Methoxy-phenyl]-2,3-dihydro- 815

—, 2-Thiocyanato-2,3-dihydro- 575

Benzo[f]chromen-3-on
—, 2-Acetoxy- 605
—, 8-Acetoxy-1-methyl- 624
—, 9-Acetoxy-1-methyl- 624
—, 2-Benzoyloxy- 605
—, 10-Brom-9-methoxy-2-methyl- 625
—, 2-[4-Brom-phenyl]-7-hydroxy- 824
—, 2-[4-Brom-phenyl]-9-hydroxy- 825
—, 2-[4-Chlor-phenyl]-7-hydroxy- 824
—, 2-[4-Chlor-phenyl]-8-hydroxy- 825
—, 2-[4-Chlor-phenyl]-9-hydroxy- 825
—, 2-[4-Chlor-phenyl]-10-hydroxy-7-methyl- 834
—, 2-[3,4-Dichlor-phenyl]-9-hydroxy- 825
—, 2-[3-Fluor-4-hydroxy-phenyl]- 825
—, 5-Hydroxy- 605
—, 9-Hydroxy- 605
—, 8-Hydroxy-1-methyl- 623
—, 9-Hydroxy-1-methyl- 624
—, 9-Hydroxy-2-methyl- 624
—, 7-Hydroxy-10-methyl-2-phenyl- 834
—, 8-Hydroxy-7-methyl-2-phenyl- 834
—, 9-Hydroxy-10-methyl-2-phenyl- 835
—, 10-Hydroxy-7-methyl-2-phenyl- 834
—, 5-Hydroxy-2-phenyl- 824
—, 6-Hydroxy-2-phenyl- 824
—, 7-Hydroxy-2-phenyl- 824
—, 8-Hydroxy-2-phenyl- 825
—, 9-Hydroxy-2-phenyl- 825
—, 7-Hydroxy-2-*p*-tolyl- 833
—, 9-Methoxy-2-methyl- 624
—, 9-Methoxy-2-methyl-10-nitro- 625
—, 2-Methyl-9-propionyloxy- 624

Benzo[g]chromen-2-on
—, 5-Hydroxy-3,4-dihydro- 575
—, 4-Methoxy- 598

Benzo[g]chromen-4-on
—, 2-[2-Acetoxy-[1]naphthyl]- 857
—, 2-[2-Acetoxy-phenyl]- 820
—, 10-Hydroxy-2-methyl- 614
—, 2-[2-Hydroxy-[1]naphthyl]- 857
—, 2-[2-Hydroxy-phenyl]- 820
—, 10-Methoxy-2-methyl- 614
—, 2-[2-Methoxy-[1]naphthyl]- 857
—, 2-[3-Methoxy-[2]naphthyl]- 857
—, 2-[2-Methoxy-phenyl]- 820
—, 10-Methoxy-2-styryl- 843

Benzo[h]chromen-2-on
—, 4-Acetoxy- 605
—, 4-Acetoxy-6-methyl- 623

Benzo[h]chromen-2-on *(Fortsetzung)*
—, 6-Acetoxy-4-methyl- 621
—, 7-Acetoxy-4-methyl- 622
—, 9-Acetoxy-4-methyl- 622
—, 10-Acetoxy-4-methyl- 623
—, 3-[1-Acetoxy-2,2,2-trichlor-äthyl]-4-methyl- 662
—, 3-[4-Brom-phenyl]-6-hydroxy- 824
—, 3-[2-Chlor-phenyl]-6-hydroxy- 824
—, 3-[4-Chlor-phenyl]-6-hydroxy- 824
—, 5-Hydroxy-3,4-dihydro- 575
—, 8-Hydroxy-4,6-dimethyl- 648
—, 9-Hydroxy-4,6-dimethyl- 648
—, 5-Hydroxy-4-methyl- 621
—, 6-Hydroxy-4-methyl- 621
—, 7-Hydroxy-4-methyl- 621
—, 8-Hydroxy-4-methyl- 622
—, 9-Hydroxy-4-methyl- 622
—, 10-Hydroxy-4-methyl- 623
—, 6-Hydroxy-5-methyl-3-phenyl- 833
—, 6-Hydroxy-3-phenyl- 823
—, 9-Hydroxy-4,6,10-trimethyl- 662
—, 4-Methoxy- 604
—, 6-Methoxy- 605
—, 4-Methoxy-6-methyl- 623
—, 7-Methoxy-4-methyl- 622
—, 10-Methoxy-4-methyl- 623
—, 4-[2-Methoxy-styryl]- 844
—, 4-[4-Methoxy-styryl]- 844
—, 4-[4-Methoxy-styryl]-3-phenyl- 868
—, 4-Methyl-7-[4-nitro-benzoyloxy]- 622
—, 4-Methyl-3-[2,2,2-trichlor-1-hydroxy-äthyl]- 662
—, 4-[β-Phenylmercapto-phenäthyl]- 837
—, 4-[β-m-Tolylmercapto-phenäthyl]- 837
—, 4-[β-o-Tolylmercapto-phenäthyl]- 837
—, 4-[β-p-Tolylmercapto-phenäthyl]- 837

Benzo[h]chromen-4-on
—, 2-[1-Acetoxy-[2]naphthyl]- 858
—, 2-[3-Acetoxy-[2]naphthyl]- 858
—, 7-Acetoxy-2-phenyl- 821
—, 2-[2-Acetoxy-phenyl]-2,3-dihydro- 814
—, 2-[4-Acetoxy-phenyl]-2,3-dihydro- 815
—, 3-Benzyl-2-[2-methoxy-styryl]- 868
—, 3-Benzyl-2-[4-methoxy-styryl]- 868
—, 2-[4-Benzyloxy-phenyl]-6-brom- 823
—, 2-[4-Benzyloxy-phenyl]-6-nitro- 823
—, 6-Brom-2-[2-brom-5-methoxy-phenyl]- 822
—, 6-Brom-2-[3-brom-4-methoxy-phenyl]- 823
—, 6-Brom-2-[5-brom-2-methoxy-phenyl]- 821
—, 6-Brom-2-[2-methoxy-phenyl]- 821
—, 6-Brom-2-[4-methoxy-phenyl]- 823
—, 2-[2-Brom-5-methoxy-phenyl]-6-nitro- 822
—, 2-[3-Brom-4-methoxy-phenyl]-6-nitro- 823
—, 2-[5-Brom-2-methoxy-phenyl]-6-nitro- 822
—, 6-Hydroxy-2,2-dimethyl-2,3,7,8,9,10-hexahydro- 448
— [2,4-dinitro-phenylhydrazon] 448
— semicarbazon 448
—, 2-[1-Hydroxy-[2]naphthyl]- 858
—, 2-[3-Hydroxy-[2]naphthyl]- 858
—, 2-[4-Hydroxy-phenyl]- 822
—, 7-Hydroxy-2-phenyl- 821
—, 2-[2-Hydroxy-phenyl]-2,3-dihydro- 814
—, 2-[3-Hydroxy-phenyl]-2,3-dihydro- 814
—, 2-[4-Hydroxy-phenyl]-2,3-dihydro- 814
—, 6-Methoxy-2,2-dimethyl-2,3-dihydro- 579
— [2,4-dinitro-phenylhydrazon] 580
—, 6-Methoxy-2-methyl- 621
—, 2-[1-Methoxy-[2]naphthyl]- 858
—, 2-[3-Methoxy-[2]naphthyl]- 858
—, 2-[2-Methoxy-phenyl]- 821
—, 2-[4-Methoxy-phenyl]- 822
—, 2-[4-Methoxy-phenyl]-2,3-dihydro- 815
—, 2-[4-Methoxy-phenyl]-6-nitro- 823
—, 2-[2-Methoxy-styryl]- 844
—, 2-[4-Methoxy-styryl]- 844
—, 2-[4-Methoxy-styryl]-3-methyl- 848
—, 2-[2-Methoxy-styryl]-3-phenyl- 867
—, 2-[4-Methoxy-styryl]-3-phenyl- 867

Benzo[c]chromen-6-thion
—, 3-Diäthoxythiophosphoryloxy-7,8,9,10-tetrahydro- 515
—, 3-Diisopropoxythiophosphoryloxy-7,8,9,10-tetrahydro- 515
—, 3-Dimethoxythiophosphoryloxy-7,8,9,10-tetrahydro- 515

Benzo[b]chromen-4-thion
—, 2-[4-Methoxy-styryl]- 844
Benzo[6,7]cyclohepta[1,2-b]furan-2-on
—, 3-Acetoxy-3,4,5,6-tetrahydro- 512
Benzo[g]cyclopenta[c]chromen-4-on
—, 8-Acetoxy-3-[1,5-dimethyl-hexyl]-3a,7,7,11,11b-pentamethyl-2,3,3a,7,8,9,10,11b-octahydro-1H- 562
Benzo[b]cyclopenta[c]chromen-6-on
—, 1-Hydroxy-8,9-dihydro-7H- 759
—, 2-Hydroxy-8,9-dihydro-7H- 759
—, 3-Hydroxy-8,9-dihydro-7H- 760
—, 4-Hydroxy-8,9-dihydro-7H- 760
—, 11-Hydroxy-8,9-dihydro-7H- 760
—, 1-Methoxy-8,9-dihydro-7H- 759
—, 4-Methoxy-8,9-dihydro-7H- 760
Benzoesäure
  — [5-äthoxymethyl-furfurylidenhydrazid] 112
  — [5-(4-chlor-phenoxymethyl)-furfurylidenhydrazid] 112
  — [5-hydroxymethyl-furfurylidenhydrazid] 107
  — phthalidylester 161
—, 2-Acetoxy-,
  — [2-oxo-2H-chromen-4-ylester] 289
  — [2-oxo-3-phenyl-2H-chromen-4-ylester] 710
—, 3-Acetoxy-,
  — [2-oxo-2H-chromen-4-ylester] 289
—, 4-Acetoxy-,
  — [2-oxo-2H-chromen-4-ylester] 289
—, 2-[4-Acetoxy-2-hydroxy-benzhydryl]-,
  — lacton 833
—, 2-Acetoxy-6-[β-hydroxy-isobutyl]-3,4-dimethyl-,
  — lacton 228
—, 2-[1-(4-Acetoxy-2-hydroxy-phenyl)-2-phenyl-but-1-en-yl]-,
  — lacton 851
—, 2-[1-(4-Acetoxy-2-hydroxy-phenyl)-2-phenyl-propionyl]-,
  — lacton 848
—, 2-Acetoxy-6-[2-hydroxy-propyl]-,
  — lacton 189
—, 4-Amino-,
  — [5-hydroxymethyl-furfurylidenhydrazid] 110
—, 2-Benzoyloxy-6-[2-hydroxy-propyl]-,
  — lacton 189
—, 2-Benzyloxy-,
  — [2-oxo-3-phenyl-2H-chromen-4-ylester] 710
—, 3,4-Diacetoxy-,

  — [2-oxo-2H-chromen-4-ylester] 289
—, 3,5-Dichlor-2-[2-oxo-2H-chromen-3-ylmethoxy]- 325
  — amid 326
  — methylester 325
—, 2-[2,4-Dihydroxy-benzhydryl]-,
  — 2-lacton 833
—, 2-[1-(2,4-Dihydroxy-phenyl)-2-phenyl-propenyl]-,
  — 2-lacton 847
—, 4-Hydroxy-,
  — [5-hydroxymethyl-furfurylidenhydrazid] 109
—, 2-[2-Hydroxy-4-methoxy-benzhydryl]-,
  — lacton 833
—, 2-Hydroxymethyl-,
  — [5-hydroxymethyl-furfurylidenhydrazid] 109
—, 2-Hydroxymethyl-5-nitro-,
  — [5-hydroxymethyl-furfurylidenhydrazid] 109
—, 2-[2-Hydroxy-propyl]-6-methoxy-,
  — lacton 189
—, 2-Methoxy-,
  — [2-oxo-2H-chromen-4-ylester] 288
—, 4-Methoxy-,
  — [2-oxo-2H-chromen-4-ylester] 289
—, 3-Methyl-4-[2-oxo-tetrahydro-[3]furyloxy]- 5
—, 5-Methyl-2-[2-oxo-tetrahydro-[3]furyloxy]- 5
—, 4-Nitro-,
  — [5-hydroxymethyl-furfurylidenhydrazid] 107
—, 2,3,4,5-Tetrachlor-6-propionyl- 194
—, 3,4,5-Triacetoxy-,
  — [2-oxo-2H-chromen-7-ylester] 289
Benzofuran
—, 2-Acetoxyacetyl- 361
—, 3-Acetoxy-2-acetyl- 355
—, 4-Acetoxy-2-acetyl- 359
—, 6-Acetoxy-2-acetyl- 360
—, 5-Acetoxy-3-acetyl-2,7-dimethyl- 413
—, 6-Acetoxy-5-acetyl-2-isopropenyl- 511
—, 6-Acetoxy-5-acetyl-2-isopropyl-2,3-dihydro- 228
—, 4-Acetoxy-5-acetyl-3-methyl- 391
—, 5-Acetoxy-3-acetyl-2-methyl- 387
—, 6-Acetoxy-2-acetyl-3-methyl- 390
—, 6-Acetoxy-5-acetyl-3-methyl- 393
—, 6-Acetoxy-7-acetyl-3-methyl- 394

Benzofuran *(Fortsetzung)*
—, 6-Acetoxy-5-acetyl-3-methyl-2,3-dihydro- 213
—, 5-Acetoxy-4-benzoyl-6-brom-2,3-diphenyl- 865
—, 5-Acetoxy-6-benzoyl-4-brom-2,3-diphenyl- 866
—, 7-Acetoxy-6-benzoyl-4-brom-2,3-diphenyl- 867
—, 6-Acetoxy-7-benzoyl-5-chlor-3-methyl- 758
—, 5-Acetoxy-4-benzoyl-2,3-diphenyl- 864
—, 5-Acetoxy-6-benzoyl-2,3-diphenyl- 866
—, 6-Acetoxy-5-benzoyl-2,3-diphenyl- 865
—, 7-Acetoxy-6-benzoyl-2,3-diphenyl- 867
—, 6-Acetoxy-7-benzoyl-3-methyl- 758
—, 6-Acetoxy-2-brom-7-cinnamoyl-3-methyl- 805
—, 6-Acetoxy-2-butyryl-3-methyl- 428
—, 6-Acetoxy-3-methyl-2-propionyl- 412
—, 3-Acetyl-2-äthyl-7-methoxy- 413
—, 2-Acetyl-4-benzoyloxy- 359
—, 5-Acetyl-4-benzoyloxy- 364
—, 7-Acetyl-6-benzoyloxy-5-chlor-3-methyl- 395
—, 5-Acetyl-6-benzoyloxy-2,3-dihydro- 190
—, 2-Acetyl-6-benzoyloxy-3-methyl- 390
—, 5-Acetyl-4-benzoyloxy-3-methyl- 392
—, 7-Acetyl-6-benzoyloxy-3-methyl- 394
—, 2-Acetyl-3-benzyl-6-methoxy- 771
—, 2-Acetyl-4-benzyloxy- 359
—, 2-Acetyl-6-benzyloxy- 360
—, 3-Acetyl-6,7-dichlor-5-methoxy-2-methyl- 388
—, 5-Acetyl-2-isopropenyl-6-methoxy- 511
—, 5-Acetyl-2-isopropenyl-6-[tetra-O-acetyl-glucopyranosyloxy]- 511
—, 5-Acetyl-2-isopropyl-6-methoxy-2,3-dihydro- 228
—, 2-Acetyl-6-methoxy- 360
—, 2-Acetyl-7-methoxy- 361
—, 5-Acetyl-4-methoxy- 363
—, 6-Acetyl-5-methoxy-2,3-dihydro- 191
—, 2-Acetyl-6-methoxy-3-methyl- 389
—, 3-Acetyl-5-methoxy-2-methyl- 387
—, 5-Acetyl-4-methoxy-3-methyl- 391

—, 5-Acetyl-6-methoxy-3-methyl- 393
—, 7-Acetyl-6-methoxy-3-methyl- 394
—, 3-Acetyl-2-methyl-5-phenylcarbamoyloxy- 388
—, 6-Benzoyl-5-benzoyloxy-4-brom-2,3-diphenyl- 866
—, 4-Benzoyl-5-benzoyloxy-2,3-diphenyl- 864
—, 5-Benzoyl-6-benzoyloxy-2,3-diphenyl- 865
—, 6-Benzoyl-5-benzoyloxy-2,3-diphenyl- 866
—, 6-Benzoyl-7-benzoyloxy-2,3-diphenyl- 867
—, 2-Benzoyl-6-benzyloxy-3-methyl- 753
—, 7-Benzoyl-5-chlor-6-methoxy-3-methyl- 758
—, 2-Benzoyl-6-methoxy- 721
—, 6-Benzoyl-5-methoxy-2,3-diphenyl- 865
—, 6-Benzoyl-7-methoxy-2,3-diphenyl- 866
—, 7-Benzoyl-5-methoxy-2,3-diphenyl- 867
—, 2-Benzoyl-6-methoxy-3-methyl- 753
—, 7-Benzoyl-6-methoxy-3-methyl- 758
—, 6-Benzoyloxy-7-cinnamoyl-3-methyl- 805
—, 2-Butyryl-6-methoxy-3-methyl- 427
—, 2-Glykoloyl- 361
—, 6-Methoxy-3-methyl-2-propionyl- 412
—, 5-Methoxy-3-methyl-2-trichloracetyl- 389
—, 6-Methoxy-3-methyl-2-trichloracetyl- 391
—, 5-Methoxy-3-methyl-2-trifluoracetyl- 389
—, 6-Methoxy-3-methyl-2-trifluoracetyl- 390
—, 7-Methoxy-3-methyl-2-trifluoracetyl- 391
—, 4-Methoxy-5-phenylacetyl- 752
—, 6-Methoxy-2-trichloracetyl- 361
—, 5-Methoxy-2-trifluoracetyl- 359
—, 6-Methoxy-2-trifluoracetyl- 360
—, 7-Methoxy-4-trifluoracetyl- 363

Benzofuran-2-carbaldehyd
—, 6-Acetoxy-3-methyl- 364
  — [2,4-dinitro-phenylhydrazon] 365
—, 3-Benzyl-6-methoxy- 752
  — [2,4-dinitro-phenylhydrazon] 753
—, 6-Methoxy-3,7-dimethyl- 395
  — [2,4-dinitro-phenylhydrazon] 395

Benzofuran-2-carbaldehyd *(Fortsetzung)*
—, 6-Methoxy-3-methyl- 364
 — [2,4-dinitro-phenylhydrazon] 364
—, 6-Methoxy-3-*m*-tolyl- 759
 — oxim 759

Benzofuran-3-carbaldehyd
—, 2-Äthyl-7-methoxy- 388
 — semicarbazon 388

Benzofuran-5-carbaldehyd
—, 6-Acetoxy-2,3-dihydro- 173
 — [2,4-dinitro-phenylhydrazon] 173
—, 6-Acetoxy-3-methyl-2,3-dihydro- 191
 — [2,4-dinitro-phenylhydrazon] 192
—, 4-Hydroxy- 307
 — semicarbazon 307
—, 6-Hydroxy-2,3-dihydro- 173
 — [2,4-dinitro-phenylhydrazon] 173
—, 4-Hydroxy-2-isopropenyl- 504
—, 6-Hydroxy-3-methyl-2,3-dihydro- 191
 — [2,4-dinitro-phenylhydrazon] 191
—, 2-Isopropenyl-4-methoxy- 504
—, 6-Methoxy- 307
—, 6-Methoxy-2,3-dihydro- 173

Benzofuran-2-carbonylazid
—, 7-Äthyl-6-hydroxy-3,5-dimethyl- 224

Benzofuran-2,3-diol 154

Benzofuran-2-ol
—, 7-Acetoxy-3-methyl-4,5-dihydro- 140

Benzofuran-3-ol
—, 2-Acetyl- 355
—, 2-Acetyl-4,6-dimethyl- 413
—, 2-Acetyl-5-methyl- 391
—, 2-Benzoyl- 719
—, 2-Benzoyl-5-methyl- 755
—, 2-Cinnamoyl-5-methyl- 804
—, 2-[5-(2,4-Dinitro-phenylimino)-penta-1,3-dienyl]- 574
—, 5-Methyl-2-[2]naphthoyl- 835
—, 2-[1]Naphthoyl- 829
—, 2-[2]Naphthoyl- 830

Benzofuran-4-ol
—, 2-Acetyl- 359
—, 5-Acetyl- 363
—, 5-Acetyl-7-äthyl-3-methyl- 428
—, 5-Acetyl-2-brom-3-methyl- 392
—, 5-Acetyl-7-brom-3-methyl- 392
—, 2-Acetyl-2,3-dihydro- 190
—, 6-Acetyl-2-isopropyl- 428
—, 5-Acetyl-3-methyl- 391
—, 5-Acetyl-3-methyl-2,3-dihydro- 213
—, 3-Methyl-2-trichloracetyl- 388
—, 5-Phenylacetyl- 751

Benzofuran-5-ol
—, 6-Acetyl- 364
—, 3-Acetyl-6,7-dichlor-2-methyl- 388
—, 6-Acetyl-2,3-dihydro- 191
—, 3-Acetyl-2,7-dimethyl- 413
—, 3-Acetyl-2-methyl- 387
—, 4-Benzoyl-6-brom-2,3-diphenyl- 865
—, 6-Benzoyl-4-brom-2,3-diphenyl- 866
—, 4-Benzoyl-2,3-diphenyl- 864
—, 6-Benzoyl-2,3-diphenyl- 865
—, 3-Methyl-2-trichloracetyl- 389
—, 3-Methyl-2-trifluoracetyl- 389

Benzofuran-6-ol
—, 2-Acetyl- 359
—, 5-Acetyl- 364
—, 7-Acetyl-5-äthyl-3-methyl- 428
—, 7-Acetyl-2-brom-3-methyl- 395
—, 7-Acetyl-5-brom-3-methyl- 395
—, 7-Acetyl-5-chlor-3-methyl- 395
—, 5-Acetyl-2,3-dihydro- 190
—, 5-Acetyl-2-isopropenyl- 511
—, 5-Acetyl-2-isopropyl-2,3-dihydro- 228
—, 7-Acetyl-2-isopropyl-2,3-dihydro- 228
—, 2-Acetyl-3-methyl- 389
—, 5-Acetyl-3-methyl- 393
—, 7-Acetyl-3-methyl- 393
—, 5-Acetyl-3-methyl-2,3-dihydro- 213
—, 2-Äthoxycarbonylimino-7-äthyl-3,5-dimethyl-2,3-dihydro- 224
—, 2-Benzoyl- 720
—, 7-Benzoyl- 727
—, 7-Benzoyl-5-chlor-3-methyl- 758
—, 5-Benzoyl-2,3-diphenyl- 865
—, 2-Benzoyl-3-methyl- 753
—, 7-Benzoyl-3-methyl- 758
—, 5-Benzoyl-3-methyl-2,3-dihydro- 660
—, 2-Brom-7-cinnamoyl-3-methyl- 805
—, 2-Butyryl-3-methyl- 427
—, 7-Butyryl-3-methyl- 428
—, 7-Cinnamoyl-3-methyl- 805
—, 5-Crotonoyl-2,3-dihydro- 412
—, 2-[α-Imino-benzyl]-3-methyl- 753
—, 3-Methyl-2-propionyl- 412
—, 3-Methyl-7-propionyl- 412
—, 3-Methyl-2-trichloracetyl- 390
—, 3-Methyl-2-trifluoracetyl- 390
—, 5-Phenylacetyl-2,3-dihydro- 659
—, 2-Trichloracetyl- 361
—, 2-Trifluoracetyl- 360

Benzofuran-7-ol
—, 6-Benzoyl-4-brom-2,3-diphenyl- 867
—, 6-Benzoyl-2,3-diphenyl- 866
Benzofuran-2-on
—, 3-[1-Acetoxy-äthyliden]-3H- 363
—, 3-Acetoxy-3-benzyl-3H- 644
—, 3-[α-Acetoxy-benzyliden]-3H- 727
—, 6-Acetoxy-3-benzyliden-3H- 727
—, 5-Acetoxy-3-benzyliden-4,6,7-trimethyl-3H- 780
—, 5-Acetoxy-3-benzyl-4,6,7-trimethyl-3H- 673
—, 5-Acetoxy-4-brom-6,7-dimethyl-3H- 193
—, 5-Acetoxy-6-brom-4,7-dimethyl-3H- 193
—, 3-Acetoxy-5,6-dihydro-4H- 139
—, 3-Acetoxy-hexahydro- 65
—, 3-Acetoxy-7-methyl-5,6-dihydro-4H- 140
—, 7-Acetoxy-3-methyl-4,5-dihydro-3H- 140
—, 7-Acetoxy-3-methyl-5,6-dihydro-4H- 140
—, 5-Acetoxy-7a-methyl-hexahydro- 69
—, 7-Acetoxy-3-methyl-3a,4,5,7a-tetrahydro-3H- 120
—, 3-[4-Acetoxy-phenyl]-3H- 609
—, 3-Acetoxy-7-phenyl-5,6-dihydro-4H- 579
—, 3-Acetoxy-5,6,7,7a-tetrahydro-4H- 118
—, 3-Acetoxy-4,6,7-trimethyl-3H- 214
—, 5-Acetoxy-4,6,7-trimethyl-3H- 214
—, 7-Acetoxy-4,4,7a-trimethyl-hexahydro- 76
—, 5-Acetoxy-4,6,7-trimethyl-3-phenyl-3H- 670
—, 5-Äthoxy-3H- 155
—, 7-Äthoxy-hexahydro- 66
—, 3-Äthoxy-7-phenyl-5,6-dihydro-4H- 578
—, 7-Äthyl-6-hydroxy-3,5-dimethyl-3H- 224
—, 6-Äthyl-4-hydroxy-7-isopropyl-3,6-dimethyl-hexahydro- 80
—, 7-Benzolsulfonyloxy-4,4,7a-trimethyl-hexahydro- 77
—, 5-Benzoyloxy-7a-methyl-hexahydro- 69
—, 3-Benzyl-3-hydroxy-3H- 644
—, 3-Benzyliden-6-hydroxy-3H- 726
—, 3-Benzyliden-6-hydroxy-4-methyl-3H- 758
—, 3-Benzyliden-5-hydroxy-4,6,7-trimethyl-3H- 780

—, 3-Benzyliden-6-methoxy-3H- 726
—, 5-Benzyloxy-hexahydro- 65
—, 5-Benzyloxy-7a-methyl-hexahydro- 69
—, 7-Brom-5-hydroxy-3H- 155
—, 4-Brom-5-hydroxy-6,7-dimethyl-3H- 193
—, 6-Brom-5-hydroxy-4,7-dimethyl-3H- 192
—, 4-Brom-5-methoxy-6,7-dimethyl-3H- 193
—, 6-Brom-5-methoxy-4,7-dimethyl-3H- 193
—, 4-Chlor-5-hydroxy-7-methyl-3H- 174
—, 5-[1-Cyan-1-methyl-äthoxy]-4-isopropyl-3,3,7-trimethyl-3H- 233
—, 5-[1-Cyan-1-methyl-äthoxy]-7-isopropyl-3,3,4-trimethyl-3H- 233
—, 5-[1-Cyan-1-methyl-äthoxy]-3,3,4,7-tetramethyl-3H- 224
—, 7-[3,5-Dinitro-benzoyloxy]-hexahydro- 66
—, 7-[3,5-Dinitro-benzoyloxy]-3-methyl-hexahydro- 69
—, 3-Hydroxy-3H- 154
—, 5-Hydroxy-3H- 155
—, 6-Hydroxy-3H- 155
—, 5-Hydroxy-4,6-dimethyl-3H- 192
—, 5-Hydroxy-4,7-dimethyl-3H- 192
—, 7-Hydroxy-3,6-dimethyl-3H- 192
—, 3-Hydroxy-3,5-dimethyl-hexahydro- 73
—, 3a-Hydroxy-3,3-dimethyl-hexahydro- 72
—, 3a-Hydroxy-5,5-dimethyl-hexahydro- 73
—, 3-Hydroxy-3,5-dimethyl-3a,4,5,6-tetrahydro-3H- 122
—, 7-Hydroxy-3,3-diphenyl-3H- 830
—, 3-Hydroxy-hexahydro- 64
—, 7-Hydroxy-hexahydro- 65
—, 4-Hydroxy-7-isopropenyl-3,6-dimethyl-6-vinyl-hexahydro- 143
—, 5-Hydroxy-4-methyl-3H- 173
—, 5-Hydroxy-6-methyl-3H- 174
—, 3-Hydroxy-3-methyl-hexahydro- 68
—, 7-Hydroxy-3-methyl-hexahydro- 68
—, 3-Hydroxy-3-methyl-3a,4,5,6-tetrahydro-3H- 121
—, 3-[4-Hydroxy-phenyl]-3H- 609
—, 5-Hydroxy-4,6,7-trimethyl-3H- 214
—, 7-Hydroxy-3a,6,7-trimethyl-hexahydro- 76
—, 7-Hydroxy-4,4,7a-trimethyl-hexahydro- 76
—, 5-Hydroxy-4,6,7-trimethyl-3-phenyl-3H- 670

Benzofuran-2-on *(Fortsetzung)*
—, 6-Hydroxy-4,4,7a-trimethyl-5,6,7,7a-tetrahydro-4H- 123
—, 6-Methoxy-3H- 156
—, 3-[1-Methoxy-äthyliden]-3H- 362
—, 3-[α-Methoxy-benzyliden]-3H- 727
—, 5-Methoxy-3,3-diphenyl-3H- 830
—, 3-Methoxy-hexahydro- 64
—, 5-Methoxy-6-methyl-3H- 174
—, 3-Methoxy-7-phenyl-5,6-dihydro-4H- 578
—, 4-[4-Methoxy-phenyl]-7-methyl-hexahydro- 447
—, 7a-[4-Methoxy-phenyl]-5-methyl-hexahydro- 447
—, 4-[4-Methoxy-phenyl]-7-methyl-4,5,6,7-tetrahydro-3H- 525
—, 4-[4-Methoxy-phenyl]-7-methyl-5,6,7,7a-tetrahydro-4H- 524
—, 6-[4-Methoxy-phenyl]-4-methyl-5,6,7,7a-tetrahydro-3H- 524
—, 3-[1-Methoxy-propyliden]-3H- 386
—, 7-Methoxy-4,4,7a-trimethyl-hexahydro- 76
—, 3-Methyl-7-[4-nitro-benzoyloxy]-hexahydro- 68
—, 7-[4-Nitro-benzoyloxy]-hexahydro- 66
—, 7-[Toluol-4-sulfonyloxy]-hexahydro- 66

Benzofuran-3-on
—, 6-Acetoxy-5-äthyl-2-benzyliden- 774
—, 6-Acetoxy-2-benzyliden- 724
—, 6-Acetoxy-2-benzyliden-5-butyl- 782
—, 6-Acetoxy-2-benzyliden-5-hexyl- 786
—, 6-Acetoxy-2-benzyliden-5-methyl- 755
—, 6-Acetoxy-2-benzyliden-5-pentyl- 784
—, 6-Acetoxy-2-benzyliden-5-propyl- 779
—, 2-Acetyl- 355
—, 2-Acetyl-4,6-dimethyl- 413
 — [2,4-dinitro-phenylhydrazon] 413
 — semicarbazon 413
—, 2-Acetyl-5-methyl- 391
—, 5-Äthyl-2-benzyliden-6-hydroxy- 774
—, 2-Benzoyl- 719
—, 4-Benzoyloxy-2-isopropyliden- 387
—, 2-Benzyliden-7-brom-6-hydroxy-5-nitro- 724
—, 2-Benzyliden-5-butyl-6-hydroxy- 782
—, 2-Benzyliden-5-hexyl-6-hydroxy- 786
—, 2-Benzyliden-4-hydroxy- 722
—, 2-Benzyliden-6-hydroxy- 723
—, 2-Benzyliden-6-hydroxy-5-methyl- 755
—, 2-Benzyliden-6-hydroxy-5-pentyl- 784
—, 2-Benzyliden-6-hydroxy-5-propyl- 779
—, 2-Benzyliden-4-methoxy- 722
—, 2-Benzyliden-6-methoxy- 723
—, 2-Benzyliden-6-methoxy-4-methyl- 754
—, 2-Benzyliden-6-methoxy-5-nitro- 724
—, 2-Benzyl-2-methoxy- 643
—, 2-[4-Benzyloxy-benzyliden]- 726
—, 2-[4-Benzyloxy-α-brom-benzyl]-2-brom- 644
—, 2-Brom-2-[α-brom-4-methoxy-benzyl]- 644
—, 5-Brom-2-[5-brom-2-methoxy-benzyliden]- 725
—, 2-Brom-2-[α-brom-4-methoxy-benzyl]-6-methyl- 660
—, 2-Brom-2-[α-brom-4-methoxy-benzyl]-7-methyl- 660
—, 2-Brom-2-[brom-(2-methoxy-[1]naphthyl)-methyl]- 816
—, 2-[5-Brom-2-methoxy-benzyliden]- 725
—, 7-Brom-2-[4-methoxy-benzyliden]-5-methyl- 756
—, 2-Cinnamoyl-5-methyl- 804
—, 2-Cyclohexyliden-6-methoxy- 519
—, 2-[5-(2,4-Dinitro-phenylimino)-penta-1,3-dienyl]- 574
—, 2-Hydroxy- 154
—, 2-[3-Hydroxy-benzyliden]- 725
—, 2-[4-Hydroxy-benzyliden]- 725
—, 2-[4-Hydroxy-benzyliden]-5-methyl- 756
—, 4-Hydroxy-2-isopropyliden- 387
—, 2-[4-Hydroxy-5-isopropyl-2-methyl-benzyliden]-7-isopropyl-4-methyl- 787
—, 2-Isopropyliden-6-methoxy- 387
—, 2-Isopropyliden-4-phenylcarbamoyloxy- 387
—, 7-Isopropyl-2-[5-isopropyl-4-methoxy-2-methyl-benzyliden]-4-methyl- 787
—, 7-Isopropyl-2-[4-methoxy-benzyliden]-4-methyl- 783
—, 7-Isopropyl-4-methyl-2-salicyliden- 783
—, 2-[4-Methoxy-benzyliden]- 725
—, 2-[2-Methoxy-benzyliden]-5-methyl- 755

Benzofuran-3-on *(Fortsetzung)*
—, 2-[4-Methoxy-benzyliden]-5-methyl- 756
—, 2-[4-Methoxy-benzyliden]-6-methyl- 757
—, 2-[4-Methoxy-benzyliden]-7-methyl- 757
—, 2-[2-Methoxy-[1]naphthylmethylen]- 829
   — [2,4-dinitro-phenylhydrazon] 829
—, 6-Methoxy-2-[2-nitro-benzyliden]- 724
—, 5-Methyl-2-[2]naphthoyl- 835
—, 2-[1]Naphthoyl- 829
—, 2-[2]Naphthoyl- 830
—, 2-[3-Oxo-butyl]- 411
—, 2-Salicyliden- 724
Benzo[4,5]furo[2,3-*b*]chromen-5a-ol 714
Benzo[4,5]furo[3,2-*b*]chromen-5a-ol 724
Benzo[4,5]furo[3,2-*b*]chromenylium
—, 3,8-Dihydroxy-11-phenyl- 723
—, 3-Hydroxy-8-methoxy-11-phenyl- 723
Benzol
—, 1,5-Bis-[5-hydroxymethyl-furfurylidenhydrazino]-2,4-dinitro- 110
—, 1,5-Bis-[(5-hydroxymethyl-furfuryliden)-methyl-hydrazino]-2,4-dinitro- 111
—, 1-[N',N'-Dimethyl-hydrazino]-5-[5-hydroxymethyl-furfurylidenhydrazino]-2,4-dinitro- 110
—, 1-[N',N'-Dimethyl-hydrazino]-5-[(5-hydroxymethyl-furfuryliden)-methyl-hydrazino]-2,4-dinitro- 110
—, 1-[5-Hydroxymethyl-furfurylidenhydrazino]-5-[(5-hydroxymethyl-furfuryliden)-methyl-hydrazino]-2,4-dinitro- 110
Benzo[*b*]naphtho[2,3-*d*]pyran
  s. Naphtho[2,3-*c*]chromen
Benzo[*f*]naphtho[1,8-*bc*]thiepin-12-on
—, 6-Methoxy- 812
Benzonitril
—, 2-[5-Hydroxymethyl-furfurylidenhydrazino]-5-nitro- 108
—, 4-[5-Hydroxymethyl-furfurylidenhydrazino]-3-nitro- 109
—, 2-[(5-Hydroxymethyl-furfuryliden)-methyl-hydrazino]-5-nitro- 109
Benzo[*h*]phenanthro[1,10,9-*cde*]-chromen-6-on
—, 14-Acetoxy- 861
—, 14-Hydroxy- 861

Benzophenon
—, 4-Methoxy-4'-[5-phenyl-[2]furyl]- 853
Benzo[*b*]thiophen
—, 3-Acetoxy-2-acetyl- 356
—, 3-Acetoxy-2-acetyl-5-chlor- 358
—, 3-Acetoxy-2-benzoyl- 720
Benzo[*b*]thiophen-2-carbaldehyd
—, 6-Äthoxy-3-chlor- 307
—, 6-Chlor-3-hydroxy-4-methyl- 365
  — azin 365
  — [2,4-dinitro-phenylhydrazon] 365
  — phenylhydrazon 365
—, 6-Chlor-4-methyl-3-oxo-2,3-dihydro- 365
—, 3-Hydroxy- 306
  — azin 306
  — phenylimin 306
  — semicarbazon 306
Benzo[*b*]thiophen-3-carbaldehyd
—, 2-Benzoyloxy- 307
—, 2-Methoxy- 307
Benzo[*b*]thiophen-3-ol
—, 2-Acetyl- 356
—, 2-Acetyl-5-chlor- 358
—, 2-Benzoyl- 720
—, 6-Benzoyl- 727
—, 2-Butyryl- 411
—, 2-[5-(2,4-Dinitro-phenylimino)-penta-1,3-dienyl]- 575
—, 2-[1-Phenylimino-äthyl]- 356
—, 2-[Phenylimino-methyl]- 306
—, 2-[5-Phenylimino-penta-1,3-dienyl]- 574
—, 2-[3-Phenylimino-propenyl]- 498
—, 2-Propionyl- 386
$1\lambda^6$-Benzo[*b*]thiophen-3-ol
—, 2-Acetyl-5-chlor-1,1-dioxo- 358
—, 2-Acetyl-1,1-dioxo- 356
—, 2-Benzoyl-1,1-dioxo- 720
Benzo[*b*]thiophen-2-on
—, 6-Äthoxy-3*H*- 156
—, 3-Benzoyloxymethylen-3*H*- 307
—, 3-[2-Methoxy-benzyliden]-3*H*- 727
—, 3-Methoxymethylen-3*H*- 307
Benzo[*b*]thiophen-3-on
—, 2-Acetyl- 356
—, 2-Acetyl-5-chlor- 358
—, 2-[1-Anilino-äthyliden]- 356
—, 2-Anilinomethylen- 306
—, 2-Benzoyl- 720
—, 6-Benzoyl- 727
—, 2-Benzyliden-5-methoxy- 723
—, 2-Benzyliden-6-methoxy- 724
—, 2-Butyryl- 411
—, 2-[5-(2,4-Dinitro-phenylimino)-penta-1,3-dienyl]- 575
—, 2-[3-Hydroxy-benzyliden]-5-methyl- 755

Benzo[b]thiophen-3-on *(Fortsetzung)*
—, 2-[4-Hydroxy-benzyliden]-5-
methyl- 756
—, 2-[4-Methoxy-benzyliden]-5-methyl- 757
—, 5-Methoxy-2-[4-nitro-benzyliden]- 723
—, 2-[3-Nitro-benzoyl]- 720
—, 2-[1-Phenylimino-äthyl]- 356
—, 2-[5-Phenylimino-penta-1,3-
dienyl]- 574
—, 2-[3-Phenylimino-propenyl]- 498
—, 2-Propionyl- 386
1λ^6-Benzo[b]thiophen-3-on
—, 2-Acetyl-5-chlor-1,1-dioxo- 358
—, 2-Acetyl-1,1-dioxo- 356
—, 2-Benzoyl-1,1-dioxo- 720
—, 2-[4-Methoxy-benzyliden]-1,1-
dioxo- 726
—, 2-[4-Methoxy-benzyliden]-5-
methyl-1,1-dioxo- 757
—, 2-[4-Methoxy-benzyliden]-6-
methyl-1,1-dioxo- 757
—, 2-[4-Methoxy-benzyliden]-7-
methyl-1,1-dioxo- 758
Benzo[c]thiophen-1-on
—, 3-[4-Hydroxy-phenyl]-3H- 613
Benzo[b]triphenylen-1-carbonsäure
—, 9-Acetoxy-14-hydroxy-,
— lacton 861
—, 9,14-Hydroxy-,
— 14-lacton 861
Benzo[b]xanthen-12-on
—, 1-Benzolsulfonyloxy- 811
—, 1-Benzoyloxy- 811
—, 1-Hydroxy- 811
Benzo[c]xanthen-7-on
—, 10-Acetoxy-5,6-dihydro- 799
—, 10-Hydroxy-5,6-dihydro- 799
Benz[b]oxepin-2-on
—, 7-Methoxy-4,5-dihydro-3H- 185
Benz[b]oxepin-5-on
—, 4-Acetoxy-7,8-dimethyl-3,4-dihydro-
2H- 222
—, 4-Hydroxy-7,8-dimethyl-3,4-dihydro-
2H- 222
—, 8-Methoxy-3,4-dihydro-2H- 185
— oxim 185
— semicarbazon 185
Bernsteinsäure
— bis-[5-hydroxymethyl-
furfurylidenhydrazid] 108
— mono-[2,3-dimethyl-4-oxo-
4H-chromen-6-ylmethylester] 408
— mono-[4,4-dimethyl-2-oxo-
tetrahydro-[3]furylester] 25
— mono-[3-methyl-4-oxo-2-phenyl-
4H-chromen-6-ylmethylester] 769
— mono-[2-oxo-2a,5,5a,6,8a,8b-
hexahydro-2H-naphtho[1,8-bc]furan-
6-ylester] 216

[3a,3'a]Bibenzofuranyl-2,2'-dion
—, 6,6'-Diäthyl-7,7'-diisopropyl-
3,6,3',6'-tetramethyl-octahydro- 80
Bibenzyl-2-carbonsäure
—, α,α'-Dihydroxy-,
— α-lacton 645
— α'-lacton 643
—, α,α'-Dihydroxy-α-methyl-,
— α-lacton 661
[3,3']Bichromenyl-2,2'-dion
—, 4,4'-Dimethoxy- 291
Bicyclohexyl-2-carbonsäure
—, 2,1'-Dihydroxy-,
— 1'-lacton 126
Biphenyl-2-carbonsäure
—, 2'-Acetoxy-4'-[1-äthyl-propyl]-
6'-hydroxy-5-methyl-,
— lacton 679
—, 4'-Acetoxy-2'-hydroxy-,
— lacton 606
—, 5'-Acetoxy-2'-hydroxy-,
— lacton 606
—, 4'-Acetoxy-2'-hydroxy-5,6'-
dimethyl-,
— lacton 649
—, 5-Acetoxy-2'-hydroxy-3,5'-
dimethyl-,
— lacton 649
—, 2'-[Acetoxy-hydroxy-methyl]-,
— lacton 613
—, 2'-Acetoxy-6'-hydroxy-4'-methyl-,
— lacton 625
—, 4'-Acetoxy-2'-hydroxy-5-methyl-,
— lacton 626
—, 4'-Acetoxy-2'-hydroxy-6'-methyl-,
— lacton 625
—, 5'-Acetoxy-2'-hydroxy-5-methyl-,
— lacton 626
—, 2'-Acetoxy-6'-hydroxy-5-methyl-
4'-pentyl-,
— lacton 678
—, 4'-Acetoxy-2'-hydroxy-5-methyl-
6'-pentyl-,
— lacton 676
—, 5'-Acetoxy-2'-hydroxy-5-methyl-
4'-pentyl-,
— lacton 678
—, 4'-[1-Äthyl-propyl]-2',6'-
dihydroxy-5-methyl-,
— lacton 679
—, 2'-Benzolsulfonyloxy-6'-hydroxy-
5-methyl-3'-pentyl-,
— lacton 678
—, 6'-Benzolsulfonyloxy-2'-hydroxy-
5-methyl-3'-pentyl-,
— lacton 678
—, 2'-Benzyloxy-6'-hydroxy-5-methyl-
3'-pentyl-,
— lacton 677

Biphenyl-2-carbonsäure *(Fortsetzung)*
—, 6'-Benzyloxy-2'-hydroxy-5-methyl-3'-pentyl-,
— lacton 678
—, 4'-Diäthoxythiophosphoryloxy-2'-hydroxy-,
— lacton 606
—, 2',3'-Dihydroxy-,
— 2'-lacton 607
—, 2',4'-Dihydroxy-,
— 2'-lacton 606
—, 3,2'-Dihydroxy-,
— 2'-lacton 607
—, 5,2'-Dihydroxy-,
— 2'-lacton 607
—, 2',4'-Dihydroxy-5,6'-dimethyl-,
— 2'-lacton 648
—, 5,2'-Dihydroxy-3,5'-dimethyl-,
— 2'-lacton 649
—, 2',4'-Dihydroxy-5-methyl-,
— 2'-lacton 626
—, 2',4'-Dihydroxy-6'-methyl-,
— 2'-lacton 625
—, 2',5'-Dihydroxy-5-methyl-,
— 2'-lacton 626
—, 2',6'-Dihydroxy-4'-methyl-,
— lacton 625
—, 2',4'-Dihydroxy-5-methyl-3'-pentyl-,
— 2'-lacton 679
—, 2',4'-Dihydroxy-5-methyl-5'-pentyl-,
— 2'-lacton 677
—, 2',4'-Dihydroxy-5-methyl-6'-pentyl-,
— 2'-lacton 676
—, 2',5'-Dihydroxy-5-methyl-4'-pentyl-,
— 2'-lacton 678
—, 2',6'-Dihydroxy-5-methyl-3'-pentyl-,
— 2'-lacton 678
— 6'-lacton 676
—, 2',6'-Dihydroxy-5-methyl-4'-pentyl-,
— lacton 677
—, 2',4'-Dihydroxy-4,3',5'-trinitro-,
— 2'-lacton 606
—, 5'-Hexyl-2',4'-dihydroxy-5-methyl-,
— 2'-lacton 680
—, 2'-Hydroxy-3'-methoxy-,
— lacton 607
—, 2'-Hydroxy-4'-methoxy-,
— lacton 606
—, 2'-Hydroxy-5'-methoxy-,
— lacton 605
—, 2'-Hydroxy-3'-methoxy-5'-methyl-,
— lacton 625

—, 2'-Hydroxy-6'-methoxy-5-methyl-3'-pentyl-,
— lacton 678
—, 6'-Hydroxy-2'-methoxy-5-methyl-3'-pentyl-,
— lacton 677
[2,3']Bipyranyl-2'-ol
—, Octahydro- 42
Bis-dehydroöstrololacton 674
Blastmycinlactol 41
Blastmycinon 41
Bufalin
—, Anhydro- 595
Bufanolid
—, 3-Acetoxy- 268
—, 3-Hydroxy- 268
—, 14-Hydroxy- 269
Bufa-3,5,14,20,22-pentaenolid
—, 19-Hydroxy- 787
Bufa-3,5,20,22-tetraenolid
—, 14-Hydroxy- 682
Bufa-14,16,20,22-tetraenolid
—, 3-Acetoxy- 683
—, 3-Hydroxy- 683
Bufa-14,20,22-trienolid
—, 3-Acetoxy- 596
—, 3-Hydroxy- 595
Bufotalansäure 268
Bufotalien 683
—, O-Acetyl- 683
Butan
—, 1,3-Bis-phthalidyloxy- 159
—, 1,4-Bis-phthalidyloxy- 159
—, 2,3-Bis-phthalidyloxy- 159
Butan-1,3-dion
—, 1-[2-Hydroxy-4-tetrahydropyran-2-yloxy-phenyl]- 317
Butan-1-on
—, 1-[6-Acetoxy-3-methyl-benzofuran-2-yl]- 428
—, 2-[4-Acetoxy-phenyl]-1-[5-brom-[2]thienyl]- 517
—, 2-[4-Acetoxy-phenyl]-1-[2]thienyl- 516
—, 1-[5-Brom-[2]thienyl]-2-[4-hydroxy-phenyl]- 516
— [2,4-dinitro-phenylhydrazon] 517
—, 1-[5-Brom-[2]thienyl]-4,4,4-trichlor-3-hydroxy- 117
—, 1-[2,2-Dimethyl-3,6-dihydro-2*H*-pyran-4-yl]-3-methoxy- 75
—, 1-[2,2-Dimethyl-tetrahydro-pyran-4-yl]-3-methoxy- 44
—, 1-[1,2-Epoxy-cyclohexyl]-3-methoxy- 73
—, 2,3-Epoxy-1,4-dimesityl-4-phenylcarbamoyloxy- 681

Butan-1-on *(Fortsetzung)*
—, 2,3-Epoxy-4-hydroxy-1,4-
dimesityl- 681
—, 1-[10-[2]Furyl-[9]anthryl]-4-
hydroxy-4,4-diphenyl- 871
—, 1-[3-Hydroxy-benzo[b]thiophen-2-
yl]- 411
—, 1-[6-Hydroxy-3-methyl-benzofuran-
2-yl]- 427
—, 1-[6-Hydroxy-3-methyl-benzofuran-
7-yl]- 428
—, 2-[4-Hydroxy-phenyl]-1-[2]-
thienyl- 516
— [2,4-dinitro-phenylhydrazon]
516
—, 1-[2-Methoxy-dibenzofuran-3-yl]-
662
—, 1-[6-Methoxy-3-methyl-benzofuran-
2-yl]- 427
—, 3-Methoxy-1-[2-methyl-tetrahydro-
[2]furyl]- 41
—, 3-Methoxy-1-[2,2,5,5-tetramethyl-
2,5-dihydro-[3]furyl]- 77
—, 3-Methoxy-1-[2,2,5,5-tetramethyl-
tetrahydro-[3]furyl]- 46
— [2,4-dinitro-phenylhydrazon]
46
—, 3-Methoxy-1-[2,2,5-trimethyl-2,5-
dihydro-[3]furyl]- 75
—, 3-Methoxy-1-[2,2,5-trimethyl-
tetrahydro-[3]furyl]- 45
—, 4,4,4-Trichlor-1-[5-chlor-
[2]thienyl]-3-hydroxy- 117
—, 4,4,4-Trichlor-3-hydroxy-1-[2]-
thienyl- 116

Butan-2-on
—, 1-[2,2-Dimethyl-tetrahydro-pyran-
4-yliden]-4-methoxy- 75
—, 1-[2,2-Dimethyl-tetrahydro-pyran-
4-yl]-4-methoxy- 44
—, 4-[2]Furyl-4-hydroxy- 117
—, 4-[2]Furyl-4-hydroxy-3-methyl-
118
—, 4-[3-Hydroxy-benzofuran-2-yl]-
411
—, 4-[4-Hydroxy-2,6-dimethyl-
tetrahydro-pyran-3-yl]- 44
— semicarbazon 44
—, 3-Hydroxy-3-[2]thienyl- 117
—, 4-Methoxy-1-[2-methyl-tetrahydro-
pyran-4-yl]- 43
—, 4-Methoxy-1-[2-methyl-tetrahydro-
pyran-4-yliden]- 69
—, 4-Methoxy-1-[2,2,5,5-tetramethyl-
dihydro-[3]furyliden]- 77
—, 4-Methoxy-1-[2,2,5,5-tetramethyl-
tetrahydro-[3]furyl]- 46
— [2,4-dinitro-phenylhydrazon]
46

—, 4-Methoxy-1-[2,2,5-trimethyl-
dihydro-[3]furyliden]- 75
—, 4-Methoxy-1-[2,2,5-trimethyl-
tetrahydro-[3]furyl]- 45
5,4,10a-Butanylyliden-benz[b]oxocin
s. 4a,8-Cyclo-dibenz[b,e]oxocin
But-3-enimidsäure
—, 4-Hydroxy-2-[4-methoxy-phenyl]-4-
phenyl-,
— lacton 730
But-2-en-1-on
—, 1-[4-Brom-phenyl]-3-[4-methoxy-
phenyl]- 791
—, 3-Chlor-1-[6-hydroxy-2,3-dihydro-
benzofuran-5-yl]- 412
—, 3-Difluorboryloxy-1-[2]thienyl-
138
—, 1-[6-Hydroxy-2,3-dihydro-
benzofuran-5-yl]- 412
But-3-en-2-on
—, 4-Difluorboryloxy-4-[2]thienyl-
138
—, 4-[5-(4-Methoxy-phenyl)-[2]furyl]-
577
But-3-ensäure
—, 2-[3-Acetoxy-benzyliden]-4-
hydroxy-4-phenyl-,
— lacton 794
—, 2-[4-Acetoxy-benzyliden]-4-
hydroxy-4-phenyl-,
— lacton 794
—, 2-Acetoxy-4-hydroxy-3-phenyl-,
— lacton 310
—, 4-[2-Acetoxy-4-methyl-phenyl]-4-
hydroxy-,
— lacton 369
—, 4-[2-Acetoxy-5-methyl-phenyl]-4-
hydroxy-,
— lacton 369
—, 4-[4-Acetoxy-3-methyl-phenyl]-4-
hydroxy-,
— lacton 369
—, 4-[6-Acetoxy-[2]naphthyl]-4-
hydroxy-,
— lacton 609
—, 4-[2-Acetoxy-phenyl]-4-hydroxy-,
— lacton 308
—, 4-[4-Acetoxy-phenyl]-4-hydroxy-,
— lacton 309
—, 4-Äthoxy-4-hydroxy-2,2-dimethyl-,
— lacton 61
—, 4-[4-Äthoxy-phenyl]-2-benzyliden-
4-hydroxy-,
— lacton 793
—, 4-[4-Äthoxy-phenyl]-4-hydroxy-,
— lacton 308
—, 2-Benzyliden-4-[4-butoxy-phenyl]-
4-hydroxy-,
— lacton 793

But-3-ensäure *(Fortsetzung)*
—, 2-Benzyliden-4-hydroxy-4-
 [2-methoxy-5-methyl-phenyl]-,
 — lacton 801
—, 2-Benzyliden-4-hydroxy-4-
 [4-methoxy-3-methyl-phenyl]-,
 — lacton 801
—, 2-Benzyliden-4-hydroxy-4-
 [4-methoxy-phenyl]-,
 — lacton 793
—, 2-Benzyliden-4-hydroxy-4-
 [4-phenoxy-phenyl]-,
 — lacton 793
—, 4-[4-Butoxy-phenyl]-4-hydroxy-,
 — lacton 308
—, 2,2-Diäthyl-4-hydroxy-4-
 [6-methoxy-[2]naphthyl]-3-methyl-,
 — lacton 676
—, 2,3-Diäthyl-4-hydroxy-4-
 [4-methoxy-phenyl]-,
 — lacton 432
—, 2,3-Epoxy-4,4-diphenyl-,
 — äthylester 729
 — methylester 729
—, 4-Hydroxy-2-[4-methoxy-
 benzyliden]-4-phenyl-,
 — lacton 794
—, 4-Hydroxy-4-[2-methoxy-5-methyl-
 phenyl]-,
 — lacton 369
—, 4-Hydroxy-4-[4-methoxy-2-methyl-
 phenyl]-,
 — lacton 368
—, 4-Hydroxy-4-[4-methoxy-3-methyl-
 phenyl]-,
 — lacton 369
—, 4-Hydroxy-4-[2-methoxy-[1]
 naphthyl]-,
 — lacton 608
—, 4-Hydroxy-4-[6-methoxy-[2]
 naphthyl]-,
 — lacton 609
—, 4-Hydroxy-4-[6-methoxy-[2]
 naphthyl]-2,2,3-trimethyl-,
 — lacton 669
—, 4-Hydroxy-4-[4-methoxy-phenyl]-,
 — lacton 308
—, 4-Hydroxy-4-[4-phenoxy-phenyl]-,
 — lacton 309
—, 4-Hydroxy-4-[4-propoxy-phenyl]-,
 — lacton 308
—, 2,2,3-Triäthyl-4-hydroxy-4-
 [6-methoxy-[2]naphthyl]-,
 — lacton 680

But-2-in
—, 1,4-Bis-phthalidyloxy- 159

Buttersäure
—, 2-[2-Acetoxy-äthyl]-4-hydroxy-,
 — lacton 21
—, 2-[2-Acetoxy-benzoyloxy]-4-
 hydroxy-3,3-dimethyl-,
 — lacton 25
—, 4-Acetoxy-3-brom-4-hydroxy-2,4-
 diphenyl-,
 — lacton 651
—, 3-Acetoxy-3-cyclohexyl-4-hydroxy-,
 — lacton 71
—, 3-Acetoxy-4-hydroxy-,
 — lacton 6
—, 2-Acetoxy-4-hydroxy-3,3-dimethyl-,
 — lacton 23
—, 3-[3-Acetoxy-12-hydroxy-10,13-
 dimethyl-hexadecahydro-cyclopenta[a]
 phenanthren-17-yl]-,
 — lacton 267
—, 2-Acetoxy-4-hydroxy-4,4-diphenyl-,
 — lacton 651
—, 3-Acetoxy-4-hydroxy-2,4-diphenyl-,
 — lacton 652
—, 2-Acetoxy-4-hydroxy-3-methyl-,
 — lacton 16
—, 3-Acetoxy-4-hydroxy-3-methyl-,
 — lacton 16
—, 2-Acetoxy-4-hydroxy-3-pentyl-,
 — lacton 41
—, 4-Acetoxy-4-hydroxy-2-phenyl-,
 — lacton 184
—, 3-[4-Acetoxy-phenyl]-3-
 [2-hydroxy-phenyl]-,
 — lacton 658
—, 2-[2-Äthoxy-benzyl]-4-hydroxy-,
 — lacton 200
—, 4-[2-Äthoxy-5-benzyl-phenyl]-4-
 hydroxy-,
 — lacton 664
—, 4-[4-Äthoxy-biphenyl-3-yl]-4-
 hydroxy-,
 — lacton 650
—, 4-[2-Äthoxy-5-chlor-phenyl]-4-
 hydroxy-,
 — lacton 180
—, 4-[4-Äthoxy-3-chlor-phenyl]-4-
 hydroxy-,
 — lacton 182
—, 3-Äthoxy-4-hydroxy-,
 — lacton 6
—, 4-Äthoxy-4-hydroxy-,
 — lacton 7
—, 4-Äthoxy-4-hydroxy-3-methyl-,
 — lacton 15
—, 3-[4-Äthoxy-2-hydroxy-phenyl]-,
 — lacton 187
—, 4-[2-Äthoxy-5-methyl-phenyl]-4-
 hydroxy-,
 — lacton 203
—, 4-[4-Äthoxy-2-methyl-phenyl]-4-
 hydroxy-,
 — lacton 201

Buttersäure *(Fortsetzung)*
—, 4-[4-Äthoxy-3-methyl-phenyl]-4-
 hydroxy-,
 — lacton 202
—, 4-[2-Äthoxy-[1]naphthyl]-4-
 hydroxy-,
 — lacton 577
—, 4-[6-Äthoxy-[2]naphthyl]-4-
 hydroxy-,
 — lacton 578
—, 4-[4-Äthoxy-phenyl]-4-hydroxy-,
 — lacton 181
—, 4-[3-Äthoxy-5,6,7,8-tetrahydro-
 [2]naphthyl]-4-hydroxy-,
 — lacton 439
—, 4-[4-Äthoxy-5,6,7,8-tetrahydro-
 [1]naphthyl]-4-hydroxy-,
 — lacton 439
—, 2-Äthyl-4-[3-chlor-4-methoxy-
 phenyl]-4-hydroxy-,
 — lacton 220
—, 2-Äthyl-4-[5-chlor-2-methoxy-
 phenyl]-4-hydroxy-,
 — lacton 220
—, 3-Äthyl-2,4-dihydroxy-3-methyl-,
 — 4-lacton 32
—, 2-Äthyl-2,4-dihydroxy-4-phenyl-,
 — 4-lacton 219
—, 2-Äthyl-4-hydroxy-3-
 hydroxymethyl-,
 — lacton 32
—, 2-Äthyl-4-hydroxy-4-[4-methoxy-3-
 methyl-phenyl]-,
 — lacton 225
—, 2-Äthyl-4-hydroxy-4-[4-methoxy-
 phenyl]-,
 — lacton 220
—, 4-[5-Äthyl-2-methoxy-phenyl]-4-
 hydroxy-,
 — lacton 218
—, 2-[4-Äthyl-5-oxo-tetrahydro-[2]-
 furyloxy]- 20
—, 2-Benzolsulfonyl-4-hydroxy-2- phenyl-,
 — lacton 183
—, 2-Benzoyloxy-4-hydroxy-3,3-
 dimethyl-,
 — lacton 24
—, 2-Benzoyloxy-4-hydroxy-3,4-
 diphenyl-,
 — lacton 651
—, 2-Benzoyloxy-4-hydroxy-3-methyl-,
 — lacton 17
—, 4-[5-Benzyl-2-butoxy-phenyl]-4-
 hydroxy-,
 —lacton 664
—, 3-Benzyl-3,4-dihydroxy-,
 — 4-lacton 201
—, 2-Benzyl-3,4-dihydroxy-3-methyl-,
 — 4-lacton 218

—, 2-Benzyl-2,4-dihydroxy-4-*p*-tolyl-,
 — 4-lacton 672
—, 3-Benzyl-2,4-dihydroxy-4-*p*-tolyl-,
 — 4-lacton 671
—, 4-[5-Benzyl-2-hexyloxy-phenyl]-4-
 hydroxy-,
 — lacton 664
—, 2-Benzyl-4-hydroxy-3-[α-hydroxy-
 benzyl]-,
 — 4-lacton 671
—, 2-Benzylmercapto-4-hydroxy-,
 — lacton 5
—, 4-Benzylmercapto-4-hydroxy-,
 — lacton 8
—, 4-[5-Benzyl-2-methoxy-phenyl]-4-
 hydroxy-,
 — lacton 664
—, 2-Benzyloxycarbonyloxy-4-hydroxy-
 3,3-dimethyl-,
 — lacton 25
—, 2-Benzyloxy-4-hydroxy-3,3-
 dimethyl-,
 — lacton 23
—, 4-[5-Benzyl-2-pentyloxy-phenyl]-
 4-hydroxy-,
 — lacton 664
—, 4-[5-Benzyl-2-propoxy-phenyl]-4-
 hydroxy-,
 — lacton 664
—, 4-[4-Brom-phenyl]-4-hydroxy-4-
 methoxy-3-methyl-,
 — lacton 206
—, 4-[4-Butoxy-biphenyl-3-yl]-4-
 hydroxy-,
 — lacton 650
—, 4-[2-Butoxy-5-chlor-phenyl]-4-
 hydroxy-,
 — lacton 181
—, 4-[4-Butoxy-3-chlor-phenyl]-4- hydroxy-,
 — lacton 183
—, 4-Butoxy-4-hydroxy-,
 — lacton 8
—, 4-[2-Butoxy-5-methyl-phenyl]-4-
 hydroxy-,
 —lacton 204
—, 4-[4-Butoxy-2-methyl-phenyl]-4-
 hydroxy-,
 — lacton 201
—, 4-[4-Butoxy-3-methyl-phenyl]-4-
 hydroxy-,
 — lacton 202
—, 4-[6-Butoxy-[2]naphthyl]-4-
 hydroxy-,
 — lacton 578
—, 4-[4-Butoxy-phenyl]-4-hydroxy-,
 — lacton 181
—, 4-[4-Butoxy-5,6,7,8-tetrahydro-
 [1]naphthyl]-4-hydroxy-,
 —lacton 439

Buttersäure *(Fortsetzung)*
—, 2-Butyl-4-[3-chlor-4-methoxy-
phenyl]-4-hydroxy-,
— lacton 230
—, 2-Butyl-4-[5-chlor-2-methoxy-
phenyl]-4-hydroxy-,
— lacton 230
—, 4-[5-Butyl-2-methoxy-phenyl]-4-
hydroxy-,
— lacton 229
—, 3-Butyryloxy-4-hydroxy-,
— lacton 7
—, 2-Carbamimidoylmercapto-4-hydroxy-,
— lacton 5
—, 4-[3-Chlor-4-hexyloxy-phenyl]-4-
hydroxy-,
— lacton 183
—, 4-[5-Chlor-2-hexyloxy-phenyl]-4-
hydroxy-,
— lacton 181
—, 4-[5-Chlor-2-methoxy-4-methyl-
phenyl]-4-hydroxy-,
— lacton 205
—, 4-[3-Chlor-4-methoxy-phenyl]-2-
hexyl-4-hydroxy-,
— lacton 238
—, 4-[5-Chlor-2-methoxy-phenyl]-2-
hexyl-4-hydroxy-,
— lacton 237
—, 4-[3-Chlor-4-methoxy-phenyl]-4-
hydroxy-,
— lacton 182
—, 4-[5-Chlor-2-methoxy-phenyl]-4-
hydroxy-,
— lacton 180
—, 4-[3-Chlor-4-methoxy-phenyl]-4-
hydroxy-2-methyl-,
— lacton 207
—, 4-[5-Chlor-2-methoxy-phenyl]-4-
hydroxy-2-methyl-,
— lacton 207
—, 4-[3-Chlor-4-methoxy-phenyl]-4-
hydroxy-2-pentyl-,
— lacton 234
—, 4-[3-Chlor-4-methoxy-phenyl]-4-
hydroxy-2-propyl-,
— lacton 226
—, 4-[5-Chlor-2-methoxy-phenyl]-4-
hydroxy-2-propyl-,
— lacton 225
—, 2-[4-Chlor-2-methyl-phenoxy]-4-
hydroxy-,
— lacton 4
—, 4-[3-Chlor-4-pentyloxy-phenyl]-4-
hydroxy-,
— lacton 183
—, 4-[5-Chlor-2-pentyloxy-phenyl]-4-
hydroxy-,
— lacton 181

—, 2-[2-Chlor-phenoxy]-4-hydroxy-,
— lacton 3
—, 2-[3-Chlor-phenoxy]-4-hydroxy-,
— lacton 4
—, 2-[4-Chlor-phenoxy]-4-hydroxy-,
— lacton 4
—, 4-[4-Chlor-phenoxy]-4-hydroxy-,
— lacton 8
—, 2-[4-Chlor-phenyl]-4-hydroxy-2-
[2-hydroxy-äthyl]-,
— lacton 221
—, 4-[3-Chlor-4-propoxy-phenyl]-4-
hydroxy-,
— lacton 183
—, 4-[5-Chlor-2-propoxy-phenyl]-4-
hydroxy-,
— lacton 180
—, 2-Cinnamoyloxy-4-hydroxy-3,3-
dimethyl-,
— lacton 25
—, 3-Cyclohexyl-2,4-dihydroxy-,
— 4-lacton 71
—, 3-Cyclohexyl-3,4-dihydroxy-,
— 4-lacton 71
—, 3,3-Diäthyl-2,4-dihydroxy-,
— 4-lacton 39
—, 2,3-Diäthyl-4-hydroxy-4-
[4-methoxy-phenyl]-,
— lacton 231
—, 2-Diäthylthiocarbamoylmercapto-4-
hydroxy-,
— lacton 5
—, 3-[3,5-Dibrom-4-methoxy-phenyl]-
4-hydroxy-,
— lacton 184
—, 3-[3,5-Dichlor-4-methoxy-phenyl]-
4-hydroxy-,
— lacton 184
—, 2-[2,4-Dichlor-phenoxy]-4-hydroxy-,
— lacton 4
—, 2-[3,4-Dichlor-phenyl]-4-hydroxy-
2-methansulfonyl-,
— lacton 184
—, 2,4-Dihydroxy-,
— 4-lacton 3
—, 3,4-Dihydroxy-,
— 4-lacton 6
—, 2-[2,5-Dihydroxy-benzyl]-,
— 2-lacton 209
—, 2,4-Dihydroxy-3,3-dimethyl-,
— 4-lacton 22
—, 3-[3,17-Dihydroxy-10,13-dimethyl-
hexadecahydro-cyclopenta[a]-
phenanthren-17-yl]-,
— 17-lacton 266
—, 2,4-Dihydroxy-3,3-diphenyl-,
— 4-lacton 652
—, 2,4-Dihydroxy-3,4-diphenyl-,
— 4-lacton 651

Buttersäure *(Fortsetzung)*
—, 2,4-Dihydroxy-4,4-diphenyl-,
— 4-lacton 650
—, 2,4-Dihydroxy-3-jod-3-methyl-4-phenyl-,
— 4-lacton 206
—, 2,4-Dihydroxy-3-jod-4-phenyl-,
— 4-lacton 180
—, 2,4-Dihydroxy-2-methyl-,
— 4-lacton 15
—, 2,4-Dihydroxy-3-methyl-,
— 4-lacton 16
—, 3,4-Dihydroxy-3-methyl-,
— 4-lacton 16
—, 2,4-Dihydroxy-2-methyl-4-phenyl-,
— 4-lacton 207
—, 2,4-Dihydroxy-3-methyl-4-phenyl-,
— 4-lacton 206
—, 2,4-Dihydroxy-3-pentyl-,
— 4-lacton 41
—, 3-[2,4-Dihydroxy-phenyl]-,
— 2-lacton 187
—, 3-[2,6-Dihydroxy-phenyl]-,
— lacton 187
—, 3-[2,4-Dihydroxy-phenyl]-3-methyl-,
— 2-lacton 213
—, 4-[5,6-Dihydroxy-6,7,8,9-tetrahydro-5*H*-benzocyclohepten-5-yl]-,
— 5-lacton 447
—, 3-[2,5-Dihydroxy-3,4,6-trimethyl-phenyl]-3-methyl-,
— 2-lacton 232
—, 3-[2,6-Dihydroxy-3,4,5-trimethyl-phenyl]-3-methyl-,
— lacton 232
—, 3,4-Dihydroxy-2,3,4-triphenyl-,
— 4-lacton 838
—, 2-[2,4-Dimethyl-phenoxy]-4-hydroxy-,
— lacton 4
—, 2-[3,5-Dinitro-benzoyloxy]-4-hydroxy-3,3-dimethyl-,
— lacton 25
—, 3-[3,5-Dinitro-benzoyloxymethyl]-4-hydroxy-,
— lacton 15
—, 4-[5-Heptyl-2-methoxy-phenyl]-4-hydroxy-,
— lacton 238
—, 4-[4-Heptyloxy-3-methyl-phenyl]-4-hydroxy-,
— lacton 203
—, 4-[4-Heptyloxy-5,6,7,8-tetrahydro-[1]naphthyl]-4-hydroxy-,
— lacton 439
—, 2-Hexadecyl-4-hydroxy-4-[4-methoxy-phenyl]-,
— lacton 270

—, 2-Hexanoyloxy-4-hydroxy-3,3-dimethyl-,
— lacton 24
—, 2-Hexyl-4-hydroxy-4-[4-methoxy-phenyl]-,
— lacton 237
—, 4-[5-Hexyl-2-methoxy-phenyl]-4-hydroxy-,
— lacton 237
—, 4-[2-Hexyloxy-5-methyl-phenyl]-4-hydroxy-,
— lacton 204
—, 4-[4-Hexyloxy-2-methyl-phenyl]-4-hydroxy-,
— lacton 202
—, 4-[4-Hexyloxy-3-methyl-phenyl]-4-hydroxy-,
— lacton 203
—, 4-[4-Hexyloxy-phenyl]-4-hydroxy-,
— lacton 182
—, 4-[4-Hexyloxy-5,6,7,8-tetrahydro-[1]naphthyl]-4-hydroxy-,
— lacton 439
—, 2-[2-Hydroxy-äthyl]-4-[4-nitro-benzoyloxy]-2-phenyl-,
— lacton 220
—, 4-Hydroxy-3,3-dimethyl-2-[4-nitro-benzoyloxy]-,
— lacton 24
—, 4-Hydroxy-3,3-dimethyl-2-[2-oxo-bornan-10-sulfonyloxy]-,
— lacton 26
—, 4-Hydroxy-3,3-dimethyl-2-palmitoyloxy-,
— lacton 24
—, 4-Hydroxy-3,3-dimethyl-2-propionyloxy-,
— lacton 24
—, 4-Hydroxy-3,3-dimethyl-2-salicyloyloxy-,
— 4-lacton 25
—, 4-Hydroxy-3,3-dimethyl-2-[toluol-4-sulfonyloxy]-,
— lacton 26
—, 4-Hydroxy-2-[2-hydroxy-äthyl]-,
— lacton 21
—, 4-Hydroxy-2-[2-hydroxy-äthyl]-2-phenyl-,
— lacton 220
—, 4-Hydroxy-4-[2-isobutoxy-5-methyl-phenyl]-,
— lacton 204
—, 4-Hydroxy-4-[4-isobutoxy-2-methyl-phenyl]-,
— lacton 201
—, 4-Hydroxy-4-[4-isobutoxy-3-methyl-phenyl]-,
— lacton 203
—, 4-Hydroxy-4-[4-isobutoxy-phenyl]-,
— lacton 182

Buttersäure *(Fortsetzung)*
—, 4-Hydroxy-4-[2-isopentyloxy-5-methyl-phenyl]-,
— lacton 204
—, 4-Hydroxy-4-[4-isopentyloxy-2-methyl-phenyl]-,
— lacton 201
—, 4-Hydroxy-4-[4-isopentyloxy-3-methyl-phenyl]-,
— lacton 203
—, 4-Hydroxy-4-[4-isopentyloxy-phenyl]-,
— lacton 182
—, 4-Hydroxy-2-[4-isopropoxy-benzyl]-,
— lacton 200
—, 4-Hydroxy-4-[5-isopropyl-4-methoxy-2-methyl-phenyl]-,
— lacton 229
—, 4-Hydroxy-2-linoleoyloxy-3,3-dimethyl-,
— lacton 24
—, 4-Hydroxy-4-mesityl-4-methoxy-2-phenyl-,
— lacton 676
—, 4-Hydroxy-3-methoxy-,
— lacton 6
—, 4-Hydroxy-4-methoxy-,
— lacton 7
—, 4-Hydroxy-2-[4-methoxy-benzyl]-,
— lacton 200
—, 4-Hydroxy-4-[4-methoxy-biphenyl-3-yl]-,
— lacton 650
—, 4-Hydroxy-2-methoxy-3-methyl-,
— lacton 16
—, 4-Hydroxy-2-[2-methoxy-5-methyl-phenyl]-,
— lacton 204
—, 4-Hydroxy-2-[4-methoxy-3-methyl-phenyl]-,
— lacton 204
—, 4-Hydroxy-4-[2-methoxy-4-methyl-phenyl]-,
— lacton 205
—, 4-Hydroxy-4-[2-methoxy-5-methyl-phenyl]-,
— lacton 203
—, 4-Hydroxy-4-[4-methoxy-2-methyl-phenyl]-,
— lacton 201
—, 4-Hydroxy-4-[4-methoxy-3-methyl-phenyl]-,
— lacton 202
—, 4-Hydroxy-4-[4-methoxy-3-methyl-phenyl]-2-pentyl-,
— lacton 237
—, 4-Hydroxy-4-[4-methoxy-3-methyl-phenyl]-2-propyl-,
— lacton 230

—, 4-Hydroxy-4-[2-methoxy-[1]naphthyl]-,
— lacton 577
—, 4-Hydroxy-4-[6-methoxy-[1]naphthyl]-,
— lacton 577
—, 4-Hydroxy-4-[6-methoxy-[2]naphthyl]-,
— lacton 578
—, 4-Hydroxy-3-[6-methoxy-[2]naphthyl]-2,2-dimethyl-,
— lacton 580
—, 4-Hydroxy-4-[2-methoxy-5-pentyl-phenyl]-,
— lacton 233
—, 4-Hydroxy-2-[2-methoxy-phenyl]-,
— lacton 184
—, 4-Hydroxy-2-[4-methoxy-phenyl]-,
— lacton 184
—, 4-[2-Hydroxy-5-methoxy-phenyl]-,
— lacton 185
—, 4-Hydroxy-4-[2-methoxy-phenyl]-,
— lacton 180
—, 4-Hydroxy-4-[4-methoxy-phenyl]-,
— lacton 181
—, 4-Hydroxy-3-[4-methoxy-phenyl]-2,2-dimethyl-,
— lacton 221
—, 4-Hydroxy-4-[4-methoxy-phenyl]-2,3-dimethyl-,
— lacton 221
—, 4-Hydroxy-4-[4-methoxy-phenyl]-3-methyl-,
— lacton 206
—, 4-Hydroxy-4-[4-methoxy-phenyl]-2-pentyl-,
— lacton 234
—, 4-Hydroxy-4-[2-methoxy-phenyl]-4-phenyl-,
— lacton 651
—, 4-Hydroxy-4-[4-methoxy-phenyl]-2-phenyl-,
— lacton 652
—, 4-Hydroxy-4-[4-methoxy-phenyl]-2-propyl-,
— lacton 225
—, 4-Hydroxy-4-[4-methoxy-phenyl]-2-tetradecyl-,
— lacton 267
—, 4-Hydroxy-4-[2-methoxy-5-propyl-phenyl]-,
— lacton 225
—, 4-Hydroxy-4-[4-methoxy-5,6,7,8-tetrahydro-[1]naphthyl]-,
— lacton 438
—, 3-[2-Hydroxy-6-methoxy-3,4,5-trimethyl-phenyl]-3-methyl-,
— lacton 233
—, 4-Hydroxy-2-methylmercapto-,
— lacton 5

Buttersäure *(Fortsetzung)*
—, 4-Hydroxy-4-methylmercapto-,
— lacton 8
—, 4-Hydroxy-2-methyl-2-[4-nitrobenzoyloxy]-,
— lacton 15
—, 3-[2-Hydroxy-4-methyl-phenyl]-3-[2-methoxy-4-methyl-phenyl]-,
—lacton 673
—, 3-[2-Hydroxy-4-methyl-phenyl]-3-[2-methoxy-5-methyl-phenyl]-,
— lacton 672
—, 3-[2-Hydroxy-5-methyl-phenyl]-3-[2-methoxy-4-methyl-phenyl]-,
— lacton 672
—, 3-[2-Hydroxy-5-methyl-phenyl]-3-[2-methoxy-5-methyl-phenyl]-,
— lacton 672
—, 4-Hydroxy-4-[2-methyl-4-propoxyphenyl]-,
— lacton 201
—, 4-Hydroxy-4-[3-methyl-4-propoxyphenyl]-,
— lacton 202
—, 4-Hydroxy-4-[5-methyl-2-propoxyphenyl]-,
— lacton 203
—, 4-Hydroxy-3-methyl-2-[toluol-4-sulfonyloxy]-,
— lacton 17
—, 4-Hydroxy-2-[2]naphthyloxy-,
— lacton 4
—, 4-Hydroxy-4-[4-pentyloxybiphenyl-3-yl]-,
— lacton 650
—, 4-Hydroxy-2-phenoxy-,
— lacton 3
—, 4-Hydroxy-4-phenoxy-,
— lacton 8
—, 4-Hydroxy-4-[4-phenoxy-phenyl]-,
— lacton 182
—, 4-Hydroxy-2-[2-phenylcarbamoyloxy-äthyl]-,
— lacton 21
—, 3-[2-Hydroxy-phenyl]-3-[4-hydroxy-phenyl]-,
— 2-lacton 658
—, 3-[2-Hydroxy-phenyl]-3-[4-methoxy-phenyl]-,
— lacton 658
—, 4-Hydroxy-3-propoxy-,
— lacton 6
—, 4-Hydroxy-4-propoxy-,
— lacton 7
—, 4-Hydroxy-4-[4-propoxy-biphenyl-3-yl]-,
— lacton 650
—, 4-Hydroxy-4-[6-propoxy-[2]naphthyl]-,
— lacton 578

—, 4-Hydroxy-4-[4-propoxy-phenyl]-,
— lacton 181
—, 4-Hydroxy-4-[4-propoxy-5,6,7,8-tetrahydro-[1]naphthyl]-,
— lacton 439
—, 4-Hydroxy-2-sulfooxy-3,3-dimethyl-,
— lacton 26
—, 4-Hydroxy-2-thiocyanato-,
— lacton 5
—, 4-Hydroxy-2-*m*-tolyloxy-,
— lacton 4
—, 4-Hydroxy-2-[2,4,5-trichlorphenoxy]-,
— lacton 4
—, 2-Methyl-4-[2,3,6-trimethyl-6-(2-oxo-2*H*-chromen-7-yloxymethyl)-cyclohex-2-enyl]- 300

Butyraldehyd
—, 2-[α-Äthoxy-furfuryl]- 119

Butyrimidsäure
—, 2-Benzolsulfonyl-4-hydroxy-2-phenyl-,
— lacton 183
—, 2-[4-Chlor-phenyl]-4-hydroxy-2-methansulfonyl-,
— lacton 183
—, 2-[3,4-Dichlor-phenyl]-4-hydroxy-2-methansulfonyl-,
— lacton 184
—, 2,4-Dihydroxy-3,3-dimethyl-,
— 4-lacton 28
—, 2,4-Dihydroxy-3,3-dimethyl-*N*-phenyl-,
— 4-lacton 28
—, 4-Hydroxy-2-[2-hydroxy-äthyl]-2-phenyl-,
— lacton 220

Butyrolacton
s. Buttersäure, 4-Hydroxy-, lacton und Furan-2-on, Dihydro-

C

Cadinan 457
Cadina-1,4,6-trien-3-on
—, 5,11-Epoxy-2-hydroxy- 457
Canariengenin-A
—, Anhydro- 591
Canarigenin
—, Anhydro- 591
Carbamidsäure
—, [7-Äthyl-6-hydroxy-3,5-dimethyl-benzofuran-2-yl]-,
— äthylester 224
—, [7-Äthyl-6-hydroxy-3,5-dimethyl-3*H*-benzofuran-2-yliden]-,
— äthylester 224
—, [2,4-Dinitro-phenyl]-,
— [5-formyl-furfurylester] 102

Carbamidsäure *(Fortsetzung)*
—, [3,4-Epoxy-5-hydroxy-pentyliden]-bis-,
— dimethylester 17
—, [4-Nitro-phenyl]-,
— [5-formyl-furfurylester] 102
Carda-5,20(22)-dienolid
—, 3-Acetoxy- 550
—, 3-Acetoxy-22-methyl- 559
—, 3-Benzoyloxy- 550
—, 3-[O^4-Glucopyranosyl-glucopyranosyloxy]- 551
—, 3-Glucopyranosyloxy- 551
—, 3-[Hepta-O-acetyl-maltosyl]- 551
—, 3-Hydroxy- 550
—, 3-Hydroxy-22-methyl- 559
—, 3-Maltosyl- 551
—, 3-[4-Nitro-benzoyloxy]- 551
—, 3-[Tetra-O-acetyl-glucopyranosyloxy]- 551
—, 3-[O^2,O^3,O^6-Triacetyl-O^4-(tetra-O-acetyl-glucopyranosyl)-glucopyranosyloxy]- 551
—, 3-Trimethylammonioacetoxy- 551
Carda-8(14),20(22)-dienolid
—, 3-Acetoxy- 553
—, 3-Hydroxy- 552
Carda-8,20(22)-dienolid
—, 3-Acetoxy- 552
—, 3-Hydroxy- 552
Carda-14,16-dienolid
—, 3-Hydroxy- 558
Carda-14,20(22)-dienolid
—, 3-Acetoxy- 555
—, 3-Benzoyloxy- 555
—, 3-[Di-O-acetyl-digitalopyranosyloxy]- 556
—, 3-[O^2,O^4-Diacetyl-O^3-methyl-6-desoxy-glucopyranosyloxy]- 556
—, 3-[O^2,O^4-Diacetyl-O^3-methyl-fucopyranosyloxy]- 556
—, 3-[Di-O-acetyl-thevetopyranosyloxy]- 556
—, 3-Hydroxy- 554
—, 3-[O^3-Methyl-6-desoxy-glucopyranosyloxy]- 556
—, 3-Rhamnopyranosyloxy- 556
—, 3-Thevetopyranosyloxy- 556
—, 3-[Tri-O-acetyl-rhamnopyranosyloxy]- 557
Carda-16,20(22)-dienolid
—, 3-Acetoxy- 557
—, 3-Hydroxy- 557
Cardanolid
—, 3-Acetoxy- 264
—, 3-Hydroxy- 263
—, 11-Hydroxy- 266
—, 3-Propionyloxy- 265
Carda-3,5,20(22)-trienolid
—, 14-Hydroxy- 591

Carda-5,14,20(22)-trienolid
—, 3-Hydroxy- 592
Carda-8,14,20(22)-trienolid
—, 3-Acetoxy- 593
—, 3-Hydroxy- 592
Carda-14,16,20(22)-trienolid
—, 3-Acetoxy- 594
—, 3-Digitalopyranosyloxy- 594
—, 3-Formyloxy- 594
—, 3-[O^4-Glucopyranosyl-digitalopyranosyloxy]- 594
—, 3-[O^4-Glucopyranosyl-O^3-methyl-fucopyranosyloxy]- 594
—, 3-Hydroxy- 593
—, 3-[O^3-Methyl-fucopyranosyloxy]- 594
Card-5-enolid
—, 3-Acetoxy- 474
Card-8(14)-enolid
—, 3-Hydroxy- 474
Card-14-enolid
—, 3-Hydroxy- 474
Card-20(22)-enolid
—, 3-Acetoxy- 472
—, 3-Hydroxy- 471
—, 3-[Tetra-O-acetyl-glucopyranosyloxy]- 474
β,β-Carotin-4-on
—, 4'-Äthoxy-5',6'-epoxy-5',6'-dihydro- 840
—, 4'-Äthoxy-5',8'-epoxy-5',8'-dihydro- 840
Cerberigenin
—, Anhydro- 552
—, O-Acetyl-anhydro- 552
Chalkon
—, 2',5'-Bis-benzoyloxy- 846
—, 2',5'-Dimethoxy- 846
—, 2'-Hydroxy-4'-methoxy-6'-methyl- 755
Chlorophosphorsäure
— mono-[6-äthyl-4-methyl-2-oxo-2H-chromen-7-ylester] 406
— mono-[6-butyl-4-methyl-2-oxo-2H-chromen-7-ylester] 435
— mono-[6-chlor-4-methyl-2-oxo-2H-chromenyl-7-ylester] 345
— mono-[4-methyl-2-oxo-6-propyl-2H-chromen-7-ylester] 421
— mono-[2-oxo-2H-chromen-7-ylester] 301
Chola-5,22-dien-24-säure
—, 3-Acetoxy-20-hydroxy-,
— lacton 476
Cholan-24-al
—, 3-Acetoxy-16,22-epoxy- 269
— semicarbazon 269
Cholan-11-on
—, 3,9-Epoxy-24-hydroxy-24,24-diphenyl- 839

Cholan-24-säure
—, 3-Acetoxy-20-hydroxy-,
— lacton 269
—, 3,20-Dihydroxy-,
— 20-lacton 269
—, 3,21-Dihydroxy- 268
—, 11,12-Dihydroxy-,
— 12-lacton 269
—, 21-Hydroxy-, lacton s. Bufanolid
Chol-5-en-24-säure
—, 3-Acetoxy-20-hydroxy-,
— lacton 476
—, 3-Benzoyloxy-20-hydroxy-,
— lacton 477
—, 3,20-Dihydroxy-,
— 20-lacton 476
Cholesta-3,5-dieno[3,2-*b*]furan-5'-on
—, 4'-Methoxy- 597
Cholestano[3,2-*b*]furan-5'-on
—, 4'-Acetoxy-3*H*- 483
—, 4'-Methoxy-3*H*- 483
Cholestan-3-on
—, 6-Acetoxy-2,5-epoxy- 277
—, 2,5-Epoxy-6-hydroxy- 277
Cholestan-4-on
—, 3-Acetoxy-5,6-epoxy- 273
—, 3-Benzoyloxy-5,6-epoxy- 273
Cholestan-7-on
—, 3-Acetoxy-5,6-epoxy- 273
—, 3-Acetoxy-8,9-epoxy- 274
—, 3-Acetoxy-8,14-epoxy- 275
—, 3-Acetoxy-8,9-epoxy-4-methyl- 278
—, 3-Acetoxy-8,14-epoxy-4-methyl- 279
—, 3-Benzoyloxy-5,6-epoxy- 273
—, 3-Benzoyloxy-9,11-epoxy- 275
—, 5,6-Epoxy-3-hydroxy- 273
—, 8,9-Epoxy-3-hydroxy- 274
—, 8,14-Epoxy-3-hydroxy- 275
Cholestan-15-on
—, 3-Acetoxy-8,14-epoxy- 275
Cholestan-16-on
—, 3-Benzoyloxy-14,15-epoxy- 276
Cholest-3-eno[3,2-*b*]furan-5'-on
—, 4'-Acetoxy- 562
—, 4'-Methoxy- 562
Chroman-6-carbaldehyd
—, 5-Hydroxy-2,2-dimethyl- 222
—, 7-Hydroxy-2,2-dimethyl- 222
— [2,4-dinitro-phenylhydrazon] 222
—, 7-Hydroxy-8-methyl-2-phenyl- 669
— [2,4-dinitro-phenylhydrazon] 669
Chroman-8-carbaldehyd
—, 7-Acetoxy-2-phenyl- 657
— [2,4-dinitro-phenylhydrazon] 658
—, 7-Heptyl-6-hydroxy-2,2-dimethyl- 240
—, 7-Hydroxy-5-methyl-2-phenyl- 668
— [2,4-dinitro-phenylhydrazon] 668
—, 7-Hydroxy-6-methyl-2-phenyl- 669
— [2,4-dinitro-phenylhydrazon] 669
—, 7-Hydroxy-2-phenyl- 657
— [2,4-dinitro-phenylhydrazon] 658
Chroman-5-ol
—, 6-Acetyl-2,2-dimethyl- 226
Chroman-7-ol
—, 6-Acetyl- 209
—, 8-Acetyl-2-phenyl- 666
Chroman-2-on
—, 7-Acetoxy- 168
—, 3-[1-Acetoxy-äthyliden]- 372
—, 3-[1-Acetoxy-äthyliden]-6-methyl- 404
—, 6-Acetoxy-3-dodecyl- 251
—, 7-[3-Acetoxy-driman-11-yloxy]- 168
—, 3-Acetoxy-hexahydro- 68
—, 6-Acetoxy-3-isopentyl- 232
—, 5-Acetoxy-7-methyl-4-phenyl- 659
—, 6-Acetoxy-4-phenyl- 641
—, 7-Acetoxy-4-phenyl- 642
—, 4-[4-Acetoxy-phenyl]-4-methyl- 658
—, 3-Acetoxy-4a,5,8,8a-tetrahydro- 120
—, 7-[6-Acetoxy-2,5,5,8a-tetramethyl-decahydro-[1]naphthylmethoxy]- 168
—, 6-Acetoxy-5,7,8-trimethyl- 223
—, 4-[*N*-Acetyl-sulfanilyl]- 166
—, 7-Äthoxy-4-methyl- 187
—, 3-Äthyl-6-hydroxy- 209
—, 7-Benzoyloxy-4-phenyl- 642
—, 4-Benzylmercapto-6-methyl- 188
—, 7-Benzyloxy- 168
—, 5-Brom-6-hydroxy-7,8-dimethyl- 213
—, 5,7-Dibrom-6-hydroxy- 167
—, 6,8-Dibrom-7-hydroxy- 168
—, 3-Dodecyl-6-hydroxy- 251
—, 5-Hydroxy- 167
—, 6-Hydroxy- 167
—, 7-Hydroxy- 167
—, 3-[2-Hydroxy-äthyl]- 209
—, 7-Hydroxy-4,4-dimethyl- 213
—, 7-Hydroxy-3,4-diphenyl- 836
—, 3-Hydroxy-hexahydro- 68
—, 6-Hydroxy-3-isopentyl- 231
—, 5-Hydroxy-4-methyl- 187
—, 6-Hydroxy-3-methyl- 187
—, 6-Hydroxy-8-methyl- 188
—, 7-Hydroxy-4-methyl- 187

Chroman-2-on *(Fortsetzung)*
—, 5-Hydroxy-7-methyl-4-phenyl- 659
—, 7-Hydroxy-5-methyl-4-phenyl- 658
—, 7-Hydroxy-8-[3-methyl-3-phenyl-butyl]- 679
—, 5-Hydroxy-4,4,6,7,8-pentamethyl- 232
—, 6-Hydroxy-4,4,5,7,8-pentamethyl- 232
—, 6-Hydroxy-4-phenyl- 641
—, 7-Hydroxy-4-phenyl- 642
—, 4-[4-Hydroxy-phenyl]-4-methyl- 658
—, 3-Hydroxy-4a,5,8,8a-tetrahydro- 120
—, 6-Hydroxy-5,7,8-trimethyl- 223
—, 6-Isopentyl-7-methoxy- 232
—, 8-Isopentyl-7-methoxy- 232
—, 5-Methoxy- 167
—, 8-Methoxy- 168
—, 7-Methoxy-3,4-diphenyl- 836
—, 7-Methoxy-6-methyl- 188
—, 5-Methoxy-7-methyl-4-phenyl- 659
—, 4-[2-Methoxy-4-methyl-phenyl]-4,6-dimethyl- 672
—, 4-[2-Methoxy-4-methyl-phenyl]-4,7-dimethyl- 673
—, 4-[2-Methoxy-5-methyl-phenyl]-4,6-dimethyl- 672
—, 4-[2-Methoxy-5-methyl-phenyl]-4,7-dimethyl- 672
—, 5-Methoxy-4,4,6,7,8-pentamethyl- 233
—, 4-[4-Methoxy-phenyl]- 642
—, 6-Methoxy-4-phenyl- 641
—, 7-Methoxy-4-phenyl- 642
—, 4-[4-Methoxy-phenyl]-4-methyl- 658
—, 4-[4-Methoxy-phenyl]-6-methyl- 658
—, 4-[4-Methoxy-phenyl]-7-methyl- 659
—, 4-[4-Methoxy-phenyl]-5,6,7,8-tetrahydro- 524
—, 6-Methyl-4-phenylmercapto- 187
—, 6-Methyl-4-*o*-tolylmercapto- 187
—, 6-Methyl-4-*p*-tolylmercapto- 188
—, 4-Phenylmercapto- 166
—, 4-*o*-Tolylmercapto- 166
—, 4-*p*-Tolylmercapto- 166

Chroman-3-on
—, 6-Hydroxy-5,7-dimethyl-2-phenyl- 667
— oxim 667
—, 2-[2-Hydroxy-phenyl]-,
— imin 630
—, 7-Methoxy- 169
— [2,4-dinitro-phenylhydrazon] 169

—, 8-Methoxy- 169
— [2,4-dinitro-phenylhydrazon] 169

Chroman-4-on
—, 3-Acetoxy- 170
—, 7-Acetoxy-3-äthyl-2-phenyl- 666
—, 3-[3-Acetoxy-benzyliden]- 737
—, 7-Acetoxy-2,2-dimethyl- 211
—, 7-Acetoxy-2,3-diphenyl- 836
—, 3-Acetoxy-2-methyl- 185
—, 7-Acetoxy-2-methyl-2-phenyl- 654
—, 7-Acetoxy-3-methyl-2-phenyl- 654
—, 7-Acetoxy-3-[3-nitro-benzyliden]- 736
—, 7-Acetoxy-3-[4-nitro-benzyliden]- 737
—, 6-Acetoxy-2-[4-nitro-phenyl]- 633
—, 2-[2-Acetoxy-phenyl]- 637
—, 2-[4-Acetoxy-phenyl]- 638
—, 3-Acetoxy-2-phenyl- 631
—, 7-Acetoxy-2-phenyl- 634
—, 2-[3-Acetoxy-phenyl]-5,7-dimethyl- 667
—, 2-[4-Acetoxy-phenyl]-5,7-dimethyl- 668
—, 6-Äthoxy- 170
—, 6-Äthoxy-2-phenyl- 633
—, 6-Äthyl-3,8-dibrom-7-hydroxy-2-phenyl- 666
—, 6-Äthyl-7-hydroxy- 209
— semicarbazon 209
—, 3-Äthyl-7-hydroxy-2-phenyl- 665
—, 6-Äthyl-7-hydroxy-2-phenyl- 666
—, 8-Äthyl-7-hydroxy-2-phenyl- 666
—, 3-Äthyl-7-methoxy-2-phenyl- 666
—, 6-Allyl-8-methoxy-2-phenyl- 778
—, 2-[9]Anthryl-7-hydroxy- 855
—, 6-Benzoyloxy-3-benzyliden-2-phenyl- 846
—, 3-Benzoyloxy-2-phenyl- 631
—, 3-Benzyl-3-hydroxy- 653
—, 3-Benzyliden-6-hydroxy-2-phenyl- 846
—, 3-Benzyliden-6-methoxy-2-phenyl- 846
—, 7-Benzyloxy- 171
—, 7-Benzyloxy-2,2-dimethyl- 211
—, 7-Benzyloxy-2-phenyl- 634
—, 3-Brom-2-[3-brom-4-methoxy-phenyl]-3-chlor- 706
—, 3-Brom-3-chlor-2-[4-methoxy-phenyl]- 705
—, 3-Brom-3-chlor-2-[4-methoxy-phenyl]-6-methyl- 657
—, 3-Brom-5-hydroxy-6-nitro-2-phenyl- 632
—, 3-Brom-6-methoxy- 170
—, 3-Brom-7-methoxy- 172

Chroman-4-on *(Fortsetzung)*
—, 3-Brom-2-[4-methoxy-phenyl]- 639
—, 3-Brom-7-methoxy-2-phenyl- 635
—, 6-Brom-7-methoxy-2-phenyl- 636
—, 7-Brom-2-[4-methoxy-phenyl]- 640
—, 3-Brom-2-[4-methoxy-phenyl]-6-methyl- 656
—, 8-[2-Brom-propyl]-7-hydroxy-2-methyl-3-phenyl- 782
—, 6-Chlor-2-[2-hydroxy-phenyl]- 637
—, 3,3-Dibrom-2-[3-brom-4-methoxy-phenyl]- 641
—, 6,8-Dibrom-2-[2-hydroxy-phenyl]- 637
—, 6,8-Dibrom-2-[3-hydroxy-phenyl]- 637
—, 3,3-Dibrom-2-[4-methoxy-phenyl]- 640
—, 6,8-Dibrom-2-[4-methoxy-phenyl]- 640
—, 3,3-Dibrom-2-[4-methoxy-phenyl]-6-methyl- 657
—, 6,8-Dichlor-2-[2-hydroxy-phenyl]- 637
—, 6,8-Dichlor-2-[4-hydroxy-phenyl]- 639
—, 6,8-Dichlor-2-[2-methoxy-phenyl]- 637
—, 6,8-Dichlor-2-[4-methoxy-phenyl]- 639
—, 2,2-Dimethyl-7-[4-nitro-benzoyloxy]- 211
—, 6-Fluor-2-[3-hydroxy-phenyl]- 637
—, 6-Fluor-2-[4-methoxy-phenyl]- 639
—, 2-[4-Glucopyranosyloxy-phenyl]- 638
—, 6-Glucopyranosyloxy-2-phenyl- 633
—, 7-Glucopyranosyloxy-2-phenyl- 635
—, 7-Heptyl-6-hydroxy-2,2-dimethyl- 239
  — [2,4-dinitro-phenylhydrazon] 239
—, 7-Heptyl-6-hydroxy-2,2,8-trimethyl- 240
  — [2,4-dinitro-phenylhydrazon] 240
  — oxim 240
  — semicarbazon 240
—, 7-Heptyl-6-methoxy-2,2-dimethyl- 239
—, 6-Hydroxy- 170
—, 7-Hydroxy- 171
  — semicarbazon 172
—, 7-[2-Hydroxy-äthoxy]-2-phenyl- 634

—, 3-[3-Hydroxy-benzyliden]- 737
—, 5-Hydroxy-2,2-dimethyl- 210
—, 6-Hydroxy-2,2-dimethyl- 210
  — [2,4-dinitro-phenylhydrazon] 210
  — [4-nitro-phenylhydrazon] 210
  — oxim 210
  — semicarbazon 211
—, 7-Hydroxy-2,2-dimethyl- 211
  — [2,4-dinitro-phenylhydrazon] 211
—, 7-Hydroxy-2,6-dimethyl- 212
  — oxim 212
—, 7-Hydroxy-2,8-dimethyl- 212
  — oxim 213
—, 6-Hydroxy-2,3-diphenyl- 835
—, 7-Hydroxy-2,3-diphenyl- 836
—, 7-Hydroxy-3-jod-2,3-diphenyl- 836
—, 2-Hydroxy-7-methoxy-3-methyl- 323
—, 3-Hydroxy-2-methyl- 185
—, 6-Hydroxy-2-methyl- 186
—, 7-Hydroxy-2-methyl- 186
  — [2,4-dinitro-phenylhydrazon] 186
—, 7-Hydroxy-2-methyl-2-phenyl- 654
—, 7-Hydroxy-3-methyl-2-phenyl- 654
—, 7-Hydroxy-5-methyl-2-phenyl- 655
—, 7-Hydroxy-6-methyl-2-phenyl- 655
—, 7-Hydroxy-8-methyl-2-phenyl- 657
—, 7-Hydroxy-3-[3-nitro-benzyliden]- 736
—, 7-Hydroxy-3-[4-nitro-benzyliden]- 736
—, 2-[4-Hydroxy-3-nitro-phenyl]- 641
—, 5-Hydroxy-6-nitro-2-phenyl- 632
—, 6-Hydroxy-2-[3-nitro-phenyl]- 633
—, 6-Hydroxy-2-[4-nitro-phenyl]- 633
—, 7-Hydroxy-2-[3-nitro-phenyl]- 636
—, 7-Hydroxy-6-nitro-2-phenyl- 636
—, 7-Hydroxy-8-nitro-2-phenyl- 636
—, 6-Hydroxy-2,2,5,7,8-pentamethyl- 232
—, 2-[2-Hydroxy-phenyl]- 636
—, 2-[4-Hydroxy-phenyl]- 637
  — oxim 639
—, 3-Hydroxy-2-phenyl- 630
  — oxim 631
  — phenylhydrazon 631
  — semicarbazon 631
—, 5-Hydroxy-2-phenyl- 632
—, 6-Hydroxy-2-phenyl- 632
—, 7-Hydroxy-2-phenyl- 633
  — [2,4-dinitro-phenylhydrazon] 635

Chroman-4-on *(Fortsetzung)*
—, 2-[2-Hydroxy-phenyl]-5,7-
  dimethyl- 667
—, 2-[3-Hydroxy-phenyl]-5,7-
  dimethyl- 667
—, 2-[4-Hydroxy-phenyl]-5,7-
  dimethyl- 668
  — semicarbazon 668
—, 6-Hydroxy-2,2,7,8-tetramethyl-
  226
  — [2,4-dinitro-phenylhydrazon]
  226
  — oxim 226
  — semicarbazon 227
—, 6-Hydroxy-2,5,7,8-tetramethyl- 227
  — oxim 227
—, 6-Hydroxy-2-*p*-tolyl- 654
—, 7-Hydroxy-2-*m*-tolyl- 654
—, 7-Hydroxy-2-*o*-tolyl- 653
—, 7-Hydroxy-2-*p*-tolyl- 654
—, 6-Hydroxy-2,2,7-trimethyl- 223
  — [2,4-dinitro-phenylhydrazon]
  223
  — semicarbazon 223
—, 7-Jod-2-[4-methoxy-phenyl]- 641
—, 2-{4-[Menthyloxy-acetoxy]-
  phenyl}- 638
—, 7-[Menthyloxy-acetoxy]-2-phenyl-
  635
—, 6-Methoxy- 170
  — oxim 170
—, 7-Methoxy- 171
  — [2,4-dinitro-phenylhydrazon] 172
  — semicarbazon 172
—, 8-Methoxy- 172
  — oxim 172
—, 3-[4-Methoxy-benzoyloxy]-2-phenyl-
  631
—, 3-[3-Methoxy-benzyl]- 653
—, 3-[4-Methoxy-benzyl]- 653
  — oxim 653
—, 3-[3-Methoxy-benzyliden]- 737
—, 3-[4-Methoxy-benzyliden]- 737
—, 3-[4-Methoxy-benzyliden]-2-
  phenyl- 846
—, 6-Methoxy-2,2-dimethyl- 210
  — [2,4-dinitro-phenylhydrazon]
  211
—, 7-Methoxy-2,2-dimethyl- 211
  — [2,4-dinitro-phenylhydrazon]
  212
  — semicarbazon 212
—, 7-Methoxy-2,6-dimethyl- 212
—, 7-Methoxy-2,8-dimethyl- 212
—, 7-Methoxy-2,3-diphenyl- 836
—, 6-Methoxy-2-methyl- 186
—, 7-Methoxy-2-methyl- 186
  — [2,4-dinitro-phenylhydrazon]
  186

  — oxim 186
  — semicarbazon 187
  — thiosemicarbazon 187
—, 7-Methoxy-5-methyl-2-phenyl- 655
—, 8-Methoxy-6-methyl-2-phenyl-
  655
—, 7-Methoxy-3-[3-nitro-benzyliden]-
  736
—, 7-Methoxy-3-[4-nitro-benzyliden]-
  736
—, 2-[4-Methoxy-3-nitro-phenyl]- 641
—, 7-Methoxy-2-[3-nitro-phenyl]-
  636
—, 7-Methoxy-2-[4-nitro-phenyl]-
  636
—, 2-[4-Methoxy-phenyl]- 638
—, 5-Methoxy-2-phenyl- 632
—, 6-Methoxy-2-phenyl- 632
—, 7-Methoxy-2-phenyl- 634
—, 2-[4-Methoxy-phenyl]-5,7-
  dimethyl- 668
—, 2-[4-Methoxy-phenyl]-6-methyl- 656
—, 2-[4-Methoxy-phenyl]-6-nitro-
  641
—, 2-[4-Methoxy-phenyl]-3-[2-nitro-
  benzyliden]- 846
—, 6-Methoxy-2,5,7,8-tetramethyl- 227
—, 2-Phenyl-7-sulfooxy- 635
—, 2-Phenyl-7-[tetra-O-acetyl-
  glucopyranosyloxy]- 635
—, 3-Salicyliden- 737
—, 2-[4-Sulfooxy-phenyl]- 639
—, 2-[4-(Tetra-O-acetyl-
  glucopyranosyloxy)-phenyl]- 639
Chroman-6-on
—, 8a-Äthoxy-2,5,7,8-tetramethyl-2-
  [4,8,12-trimethyl-tridecyl]-8a*H*-
  154
Chromen
—, 4-Benzylimino-2-[4-methoxy-phenyl]-
  4*H*- 704
—, 8-Methoxy-4-[4-methyl-phenacyliden]-2-
  p-tolyl-4*H*- 856
—, 6-Methoxy-4-phenacyliden-2-phenyl-
  4*H*- 854
—, 7-Methoxy-4-phenacyliden-2-phenyl-
  4*H*- 855
—, 8-Methoxy-4-phenacyliden-2-phenyl-
  4*H*- 855
—, 6-Methoxy-4-phenacyl-2-phenyl-
  4*H*- 850
—, 7-Methoxy-4-phenacyl-2-phenyl-
  4*H*- 851
—, 8-Methoxy-4-phenacyl-2-phenyl-
  4*H*- 851
Chromen-5-ol
—, 6-Acetyl-2,2-dimethyl-2*H*- 423
—, 6-Cinnamoyl-2,2-dimethyl-2*H*-
  807

Chromen-4-on
—, 7-Acetoxy- 284
—, 7-[2-Acetoxy-äthoxy]-2-phenyl- 694
—, 6-Acetoxy-3-äthyl- 371
—, 7-Acetoxy-2-äthyl-3,5-dimethyl- 423
—, 5-Acetoxy-3-äthyl-2-methyl- 399
—, 7-Acetoxy-6-äthyl-2-methyl- 401
—, 6-Acetoxy-3-benzyl- 735
—, 7-Acetoxy-3-benzyl-2-methyl- 764
—, 7-Acetoxy-6-benzyl-2-phenyl- 847
—, 7-Acetoxy-2-brommethyl- 319
—, 7-Acetoxy-2-brommethyl-3-phenyl- 741
—, 6-Acetoxy-3-chlor-2-methyl- 316
—, 7-Acetoxy-3-[4-chlor-phenyl]- 709
—, 7-Acetoxy-6-cyclohexyl-2-methyl-3-phenyl- 809
—, 3-Acetoxy-6,8-dibrom-2-phenyl- 688
—, 3-Acetoxy-6,8-dichlor-2-[2-chlor-phenyl]- 687
—, 3-Acetoxy-6,8-dichlor-2-phenyl- 687
—, 5-Acetoxy-2,3-dimethyl- 373
—, 6-Acetoxy-2,3-dimethyl- 373
—, 7-Acetoxy-2,3-dimethyl- 374
—, 7-Acetoxy-2,5-dimethyl- 376
—, 7-Acetoxy-2,6-dimethyl-3-phenyl- 768
—, 7-Acetoxy-3,5-dimethyl-2-propyl- 436
—, 5-Acetoxy-6,8-dinitro-2-phenyl- 690
—, 3-Acetoxy-7-fluor-2-phenyl- 687
—, 7-Acetoxy-3-hexadecyl-2-methyl- 477
—, 7-Acetoxy-6-hexyl-2-methyl-3-phenyl- 787
—, 7-Acetoxy-6-hexyl-2-phenyl- 785
—, 6-Acetoxy-3-isopropyl- 398
—, 2-Acetoxymethyl- 322
—, 3-Acetoxy-2-methyl- 312
—, 5-Acetoxy-2-methyl- 313
—, 7-Acetoxy-3-methyl- 323
—, 6-Acetoxymethyl-2,3-dimethyl- 408
—, 5-Acetoxy-2-methyl-6,8-dinitro- 316
—, 5-Acetoxy-2-methyl-8-nitro- 315
—, 7-Acetoxy-2-methyl-8-nitro- 321
—, 7-Acetoxy-2-methyl-3-[4-nitro-phenyl]- 741
—, 5-Acetoxy-7-methyl-2-phenyl- 745
—, 7-Acetoxy-2-methyl-3-phenyl- 740
—, 7-Acetoxy-3-methyl-2-phenyl- 741
—, 7-Acetoxy-5-methyl-2-phenyl- 743
—, 5-Acetoxy-2-methyl-3-propyl- 418
—, 7-Acetoxy-2-methyl-3-propyl- 418
—, 7-Acetoxy-3-methyl-2-styryl- 801
—, 7-Acetoxy-2-methyl-3-tetradecyl- 475
—, 7-Acetoxy-2-[1]naphthyl- 828
—, 7-Acetoxy-2-[2]naphthyl- 828
—, 3-Acetoxy-2-[3-nitro-phenyl]- 688
—, 3-Acetoxy-2-[4-nitro-phenyl]- 688
—, 3-Acetoxy-6-nitro-2-phenyl- 688
—, 5-Acetoxy-8-nitro-2-phenyl- 690
—, 7-Acetoxy-3-[4-nitro-phenyl]- 710
—, 6-Acetoxy-3-pentyl- 432
—, 2-[4-Acetoxy-phenyl]- 704
—, 3-Acetoxy-2-phenyl- 686
—, 5-Acetoxy-2-phenyl- 689
—, 5-Acetoxy-3-phenyl- 707
—, 6-Acetoxy-2-phenyl- 691
—, 6-Acetoxy-3-phenyl- 707
—, 7-Acetoxy-2-phenyl- 694
—, 7-Acetoxy-3-phenyl- 708
—, 8-Acetoxy-2-phenyl- 701
—, 2-[4-Acetoxy-phenyl]-5,7-dimethyl- 770
—, 2-[2-Acetoxy-phenyl]-6-methyl- 743
—, 6-Acetoxy-2,5,7,8-tetramethyl- 427
—, 5-Acetoxy-2,3,7-trimethyl- 409
—, 7-Acetoxy-2,3,5-trimethyl- 408
—, 6-Acetyl-5-hydroxy-2-methyl-3-propyl- 418
—, 8-Acetyl-5-hydroxy-2-methyl-3-propyl- 418
—, 7-Äthoxy-2-benzyl- 735
—, 7-Äthoxy-2,3-dimethyl- 374
—, 7-Äthoxy-2-methyl- 317
—, 6-Äthoxymethyl-2,3-dimethyl- 408
—, 5-Äthoxy-2-methyl-3-phenyl- 739
—, 7-Äthoxy-2-methyl-3-phenyl- 740
—, 2-[2-Äthoxy-styryl]-6-methyl- 802
—, 3-Äthyl-5-benzoyloxy-2-methyl- 399
—, 6-Äthyl-7-benzyloxy- 372
—, 3-Äthyl-8-brom-7-hydroxy-2-methyl- 399
—, 6-Äthyl-8-brom-7-hydroxy-2-methyl- 401
—, 6-Äthyl-8-brom-7-hydroxy-2-phenyl- 767
—, 3-Äthyl-6,8-dibrom-7-hydroxy-2-methyl- 399
—, 2-Äthyl-3,5-dimethyl-7-propionyloxy- 423
—, 3-Äthyl-6-hydroxy- 371
—, 6-Äthyl-7-hydroxy- 372

Chromen-4-on *(Fortsetzung)*
—, 2-Äthyl-7-hydroxy-3,5-dimethyl- 423
—, 3-Äthyl-5-hydroxy-2,7-dimethyl- 423
—, 8-Äthyl-7-hydroxy-6-isopropenyl-2-methyl- 524
—, 2-Äthyl-7-hydroxy-3-methyl- 399
—, 2-Äthyl-7-hydroxy-5-methyl- 400
—, 3-Äthyl-5-hydroxy-2-methyl- 398
—, 3-Äthyl-7-hydroxy-2-methyl 399
—, 6-Äthyl-7-hydroxy-2-methyl- 401
—, 3-Äthyl-7-hydroxy-2-methyl-8-nitro- 399
—, 8-Äthyl-6-isopropenyl-7-methoxy-2-methyl- 524
—, 2-Äthyl-7-methoxy- 370
—, 3-Äthyl-2-methoxy- 371
—, 3-Äthyl-6-methoxy- 371
—, 2-Äthyl-7-methoxy-3,5-dimethyl- 423
—, 3-Äthyl-7-methoxy-2,8-dimethyl- 423
—, 2-Äthyl-7-methoxy-3-methyl- 399
—, 2-Äthyl-7-methoxy-5-methyl- 401
—, 6-Äthyl-7-methoxy-2-methyl- 401
—, 2-Äthyl-7-methoxy-3-phenyl- 767
—, 3-Äthyl-2-[4-methoxy-styryl]-7-methyl- 808
—, 2-Äthyl-3-methyl-7-[tetra-O-acetyl-glucopyranosyloxy]- 400
—, 8-Allyl-7-allyloxy-2-phenyl- 804
—, 8-Allyl-7-hydroxy-2-methyl- 510
—, 8-Allyl-7-hydroxy-2-methyl-3-phenyl- 806
—, 8-Allyl-7-hydroxy-2-phenyl- 804
—, 8-Allyl-7-methoxy-2-methyl- 510
—, 8-Allyl-7-methoxy-2-methyl-3-phenyl- 807
—, 8-Allyl-7-methoxy-2-phenyl- 804
—, 7-Allyloxy-2-methyl- 318
—, 7-Allyloxy-2-methyl-3-phenyl- 740
—, 7-Allyloxy-2-phenyl- 693
—, 5-Benzoyloxy-2,3-dimethyl- 373
—, 7-Benzoyloxy-2,3-dimethyl- 374
—, 7-Benzoyloxy-2,5-dimethyl- 376
—, 7-Benzoyloxy-2,3-diphenyl- 841
—, 3-Benzoyloxy-2-methyl- 313
—, 5-Benzoyloxy-2-methyl- 313
—, 7-Benzoyloxy-2-methyl- 318
—, 6-Benzoyloxymethyl-3-methyl-2-phenyl- 769
—, 7-Benzoyloxy-3-methyl-2-phenyl- 742
—, 7-Benzoyloxy-2-[1]naphthyl- 828
—, 7-Benzoyloxy-2-[2]naphthyl- 828
—, 3-Benzoyloxy-2-phenyl- 687
—, 7-Benzoyloxy-2-phenyl- 694
—, 6-Benzyl-7-benzyloxy-2-phenyl- 846
—, 2-Benzyl-3,5-dimethyl-7-phenylacetoxy- 778

—, 3-Benzyl-6-hydroxy- 735
—, 2-Benzyl-7-hydroxy-3,5-dimethyl- 778
—, 3-Benzyl-7-hydroxy-2-methyl- 764
—, 6-Benzyl-7-hydroxy-2-phenyl- 846
—, 2-Benzyl-7-methoxy- 735
—, 3-Benzyl-6-methoxy- 735
—, 2-Benzyl-7-methoxy-3,5-dimethyl- 778
—, 2-Benzyl-7-methoxy-3-methyl- 764
—, 2-Benzyl-7-methoxy-5-methyl- 764
—, 3-Benzyl-7-methoxy-2-methyl- 764
—, 3-Benzyl-7-methoxy-2-styryl- 856
—, 3-Benzyl-2-[4-methoxy-styryl]-7-methyl- 856
—, 7-Benzyloxy-6-hexyl-2-phenyl- 785
—, 2-Benzyloxymethyl- 322
—, 7-Benzyloxy-2-methyl- 318
—, 7-Benzyloxy-6-nitro-2-phenyl- 699
—, 2-[4-Benzyloxy-phenyl]- 704
—, 6-Benzyloxy-2-phenyl- 691
—, 7-Benzyloxy-2-phenyl- 694
—, 7-Benzyloxy-3-phenyl- 708
—, 7-Benzyloxy-2-styryl- 795
—, 6-Brom-7-[2-brom-äthoxy]-2-phenyl- 698
—, 3-Brom-2-[3-brom-4-methoxy-phenyl]- 706
—, 6-Brom-2-[5-brom-2-methoxy-phenyl]- 702
—, 3-Brom-2-[3-brom-4-methoxy-phenyl]-6-methyl-8-nitro- 745
—, 3-Brom-2-[5-brom-2-methoxy-phenyl]-6-methyl-8-nitro- 744
—, 6-Brom-7-[2,3-dihydroxy-propoxy]-2-phenyl- 698
—, 6-Brom-7-[2-hydroxy-äthoxy]-2-phenyl- 698
—, 8-Brom-7-hydroxy-2,3-dimethyl- 375
—, 8-Brom-5-hydroxy-2-methyl- 313
—, 8-Brom-6-hydroxy-2-methyl- 316
—, 8-Brom-7-hydroxy-2-methyl- 319
—, 6-Brom-5-hydroxy-2-methyl-8-nitro- 315
—, 8-Brom-5-hydroxy-2-methyl-6-nitro- 315
—, 8-Brom-7-hydroxy-2-methyl-6-nitro- 321
—, 8-Brom-7-hydroxy-2-methyl-6-propyl- 419
—, 3-Brom-2-methoxy- 282
—, 3-Brom-7-methoxy-2-methyl- 319
—, 8-Brom-7-methoxy-2-methyl- 319
—, 2-[3-Brom-4-methoxy-phenyl]- 706
—, 2-[5-Brom-2-methoxy-phenyl]- 702

Chromen-4-on *(Fortsetzung)*
—, 3-Brom-2-[4-methoxy-phenyl]- 705
—, 6-Brom-7-methoxy-3-phenyl- 709
—, 7-Brom-2-[4-methoxy-phenyl]- 706
—, 8-Brom-5-methoxy-2-phenyl- 689
—, 2-[3-Brom-4-methoxy-phenyl]-3-chlor- 706
—, 3-Brom-2-[4-methoxy-phenyl]-6-methyl- 744
—, 8-Brom-2-[4-methoxy-phenyl]-6-methyl- 745
—, 2-[3-Brom-4-methoxy-phenyl]-6-methyl-8-nitro- 745
—, 2-[5-Brom-2-methoxy-phenyl]-6-methyl-8-nitro- 743
—, 2-[5-Brom-2-methoxy-phenyl]-8-methyl-6-nitro- 746
—, 2-[5-Brom-2-methoxy-phenyl]-6-nitro- 702
—, 2-Brommethyl-7-hydroxy- 319
—, 2-Brommethyl-7-hydroxy-3-phenyl- 740
—, 2-Brommethyl-6-methoxy- 316
—, 2-Brommethyl-7-methoxy- 319
—, 7-Butoxy-2-methyl- 318
—, 3-Butyl-6-hydroxy- 417
—, 6-Butyl-7-hydroxy-2-methyl- 434
—, 3-Butyl-2-methoxy- 417
—, 3-Butyl-6-methoxy- 417
—, 6-[3-Carboxy-propionyloxymethyl]-2,3-dimethyl- 408
—, 6-[3-Carboxy-propionyloxymethyl]-3-methyl-2-phenyl- 769
—, 3-Chloracetoxy-2-phenyl- 686
—, 7-Chloracetoxy-2-phenyl- 694
—, 6-Chlor-2-[2-hydroxy-phenyl]- 701
—, 3-Chlor-2-methoxy- 282
—, 3-Chlor-2-[4-methoxy-phenyl]- 705
—, 7-Chlor-2-[4-methoxy-phenyl]- 705
—, 3-Chlor-2-[4-methoxy-phenyl]-6-methyl- 744
—, 8-Chlormethyl-7-methoxy-2,3-dimethyl- 409
—, 8-Chlormethyl-7-methoxy-3-methyl-2-phenyl- 769
—, 2-[4-Chlor-phenyl]-7-hydroxy- 698
—, 3-[4-Chlor-phenyl]-7-hydroxy- 709
—, 2-[4-Chlor-phenyl]-6-methoxy- 691
—, 3-[4-Chlor-phenyl]-7-methoxy- 709
—, 7-Cinnamoyloxy-2-styryl- 795
—, 3-Decyl-6-hydroxy- 460
—, 7-Diäthoxyphosphoryloxy-2-phenyl- 698

—, 7-[2-Diäthylamino-äthoxy]-2-phenyl- 697
—, 6,8-Diallyl-7-hydroxy-2-phenyl- 818
—, 6,8-Dibrom-7-hydroxy-2,3-dimethyl- 375
—, 5,8-Dibrom-6-hydroxy-2-methyl- 316
—, 6,8-Dibrom-5-hydroxy-2-methyl- 314
—, 6,8-Dibrom-7-hydroxy-2-methyl- 320
—, 6,8-Dibrom-2-[2-hydroxy-phenyl]- 702
—, 6,8-Dibrom-2-[3-hydroxy-phenyl]- 703
—, 6,8-Dibrom-2-[4-methoxy-phenyl]- 706
—, 2-Dibrommethyl-6-methoxy- 317
—, 7-Dichloracetoxy-2-phenyl- 694
—, 6,8-Dichlor-2-[2-hydroxy-phenyl]- 701
—, 6,8-Dichlor-2-[4-hydroxy-phenyl]- 705
—, 6,8-Dichlor-2-[2-methoxy-phenyl]- 701
—, 6,8-Dichlor-2-[4-methoxy-phenyl]- 705
—, 7-[2,3-Dihydroxy-propoxy]-2-phenyl- 694
—, 6,8-Dijod-5-methoxy-2-methyl- 314
—, 6,8-Dijod-7-methoxy-2-methyl- 320
—, 7-[2-Dimethylamino-äthoxy]-2-phenyl- 696
—, 2,3-Dimethyl-7-[tetra-O-acetyl-glucopyranosyloxy]- 375
—, 2-[3,5-Dinitro-phenyl]-6-methoxy- 692
—, 7-Fluor-2-[4-methoxy-phenyl]- 705
—, 7-Glucopyranosyloxy-2,3-dimethyl- 375
—, 7-Glucopyranosyloxy-3-methyl- 323
—, 7-Glucopyranosyloxy-2-methyl-3-phenyl- 740
—, 7-Glucopyranosyloxy-3-methyl-2-phenyl- 742
—, 2-[4-Glucopyranosyloxy-phenyl]- 704
—, 3-Glucopyranosyloxy-2-phenyl- 687
—, 5-Glucopyranosyloxy-2-phenyl- 689
—, 7-Glucopyranosyloxy-2-phenyl- 697
—, 7-Glucopyranosyloxy-3-phenyl- 708
—, 6-Hexyl-7-hydroxy-2-phenyl- 785

Chromen-4-on *(Fortsetzung)*
—, 3-Hexyl-2-methoxy- 443
—, 6-Hydroxy- 283
—, 7-Hydroxy- 284
—, 7-[2-Hydroxy-äthoxy]-2-phenyl- 694
—, 5-Hydroxy-6,8-dijod-2-methyl- 314
—, 7-Hydroxy-6,8-dijod-2-methyl- 320
—, 5-Hydroxy-2,3-dimethyl- 373
—, 6-Hydroxy-2,3-dimethyl- 373
—, 7-Hydroxy-2,3-dimethyl- 374
—, 7-Hydroxy-2,5-dimethyl- 375
—, 7-Hydroxy-2,6-dimethyl- 376
—, 7-Hydroxy-2,8-dimethyl- 376
 — oxim 377
—, 7-Hydroxy-2,3-dimethyl-8-nitro- 375
—, 7-Hydroxy-2,6-dimethyl-3-phenyl- 768
—, 7-Hydroxy-3,8-dimethyl-2-phenyl- 769
—, 5-Hydroxy-3,5-dimethyl-2-propyl- 436
—, 7-Hydroxy-6,8-dinitro-2-[4-nitro-phenyl]- 700
—, 5-Hydroxy-6,8-dinitro-2-phenyl- 690
—, 7-Hydroxy-6,8-dinitro-2-phenyl- 700
—, 7-Hydroxy-2,3-diphenyl- 841
—, 6-Hydroxy-3-isopropyl- 398
—, 5-Hydroxy-6-jod-2-methyl- 314
—, 5-Hydroxy-8-jod-2-methyl- 314
—, 7-Hydroxy-6-jod-2-methyl- 320
—, 7-Hydroxy-8-jod-2-methyl- 320
—, 5-Hydroxy-6-jod-2-methyl-8-nitro- 315
—, 5-Hydroxy-8-jod-2-methyl-6-nitro- 315
—, 7-Hydroxy-2-mesityl- 776
—, 2-Hydroxymethyl- 322
—, 5-Hydroxy-2-methyl- 313
—, 6-Hydroxy-2-methyl- 316
—, 6-Hydroxy-3-methyl- 322
—, 7-Hydroxy-2-methyl- 317
 — [2,4-dinitro-phenylhydrazon] 318
—, 7-Hydroxy-3-methyl- 323
—, 6-Hydroxymethyl-2,3-dimethyl- 408
—, 5-Hydroxy-2-methyl-6,8-dinitro- 315
—, 6-Hydroxy-2-methyl-5,8-dinitro- 317
—, 7-Hydroxy-2-methyl-6,8-dinitro- 321
—, 6-Hydroxymethyl-3-methyl-2-phenyl- 769

—, 5-Hydroxy-2-methyl-6-nitro- 314
—, 5-Hydroxy-2-methyl-8-nitro- 315
—, 6-Hydroxy-2-methyl-8-nitro- 317
—, 7-Hydroxy-2-methyl-6-nitro- 320
—, 7-Hydroxy-2-methyl-8-nitro- 321
—, 7-Hydroxy-2-methyl-3-[4-nitro-phenyl]- 741
—, 5-Hydroxy-7-methyl-2-phenyl- 745
—, 6-Hydroxy-2-methyl-3-phenyl- 739
—, 7-Hydroxy-2-methyl-3-phenyl- 740
—, 7-Hydroxy-3-methyl-2-phenyl- 741
—, 7-Hydroxy-5-methyl-2-phenyl- 742
—, 7-Hydroxy-8-methyl-2-phenyl- 746
—, 5-Hydroxy-2-methyl-3-propyl- 418
—, 7-Hydroxy-2-methyl-3-propyl- 418
—, 7-Hydroxy-2-methyl-6-propyl- 419
—, 7-Hydroxy-3-methyl-2-propyl- 419
—, 7-Hydroxy-5-methyl-2-propyl- 419
—, 7-Hydroxy-3-methyl-2-styryl- 801
—, 5-Hydroxy-2-[1]naphthyl- 827
—, 7-Hydroxy-2-[1]naphthyl- 828
—, 7-Hydroxy-2-[2]naphthyl- 828
—, 6-Hydroxy-5-nitro- 283
—, 7-Hydroxy-8-nitro- 284
—, 5-Hydroxy-6-nitro-2-phenyl- 690
—, 5-Hydroxy-8-nitro-2-phenyl- 690
—, 7-Hydroxy-2-[4-nitro-phenyl]- 699
—, 7-Hydroxy-3-[4-nitro-phenyl]- 709
—, 7-Hydroxy-6-nitro-2-phenyl- 699
—, 7-Hydroxy-8-nitro-2-phenyl- 699
—, 7-Hydroxy-2-[2-nitro-phenyl]-3-phenyl- 841
—, 7-Hydroxy-3-[2-nitro-phenyl]-2-phenyl- 842
—, 7-Hydroxy-3-[4-nitro-phenyl]-2-phenyl- 842
—, 7-Hydroxy-8-nitro-2-*p*-tolyl- 738
—, 6-Hydroxy-2,3,5,7,8-pentamethyl- 438
—, 6-Hydroxy-3-pentyl- 432
—, 2-[2-Hydroxy-phenyl]- 701
—, 2-[3-Hydroxy-phenyl]- 702
—, 2-[4-Hydroxy-phenyl]- 703
—, 5-Hydroxy-2-phenyl- 688
—, 5-Hydroxy-3-phenyl- 707
—, 6-Hydroxy-2-phenyl- 691
—, 6-Hydroxy-3-phenyl- 707
—, 7-Hydroxy-2-phenyl- 692
—, 7-Hydroxy-3-phenyl- 707
—, 8-Hydroxy-2-phenyl- 700
—, 2-[4-Hydroxy-phenyl]-5,7-dimethyl- 770
—, 2-[2-Hydroxy-phenyl]-6-methyl- 743
—, 6-Hydroxy-3-propyl- 397
—, 7-Hydroxy-2-styryl- 794
—, 6-Hydroxy-2,5,7,8-tetramethyl- 427

Chromen-4-on *(Fortsetzung)*
—, 5-Hydroxy-2-*p*-tolyl- 738
—, 7-Hydroxy-2-*p*-tolyl- 738
—, 5-Hydroxy-2,3,7-trimethyl- 409
—, 6-Hydroxy-2,5,8-trimethyl- 409
—, 7-Hydroxy-2,3,5-trimethyl- 408
—, 7-Hydroxy-2,3,8-trimethyl- 409
—, 7-Isopropoxy-2-methyl- 318
—, 6-Jod-5-methoxy-2-methyl- 314
—, 6-Jod-7-methoxy-2-methyl- 320
—, 8-Jod-7-methoxy-2-methyl- 320
—, 7-Jod-2-[4-methoxy-phenyl]- 706
—, 2-Mesityl-7-methoxy- 776
—, 3-Methansulfonyloxy-2-phenyl- 687
—, 2-Methoxy- 282
—, 5-Methoxy- 283
—, 6-Methoxy- 283
—, 2-[4-Methoxy-benzyl]- 735
—, 7-Methoxy-2,3-dimethyl- 374
—, 7-Methoxy-2,5-dimethyl- 376
—, 7-Methoxy-2,6-dimethyl- 376
  — oxim 376
—, 7-Methoxy-2,8-dimethyl- 377
—, 2-[4-Methoxy-2,6-dimethyl-phenyl]- 763
—, 7-Methoxy-2,8-dimethyl-3-phenyl- 769
—, 7-Methoxy-3,8-dimethyl-2-phenyl- 769
—, 7-Methoxy-3,5-dimethyl-2-propyl- 436
—, 7-Methoxy-6,8-dinitro-2-phenyl- 700
—, 2-Methoxymethyl- 322
—, 2-Methoxy-3-methyl- 322
—, 3-Methoxy-2-methyl- 312
—, 5-Methoxy-2-methyl- 313
—, 6-Methoxy-2-methyl- 316
—, 6-Methoxy-3-methyl- 323
—, 7-Methoxy-2-methyl- 317
  — [2,4-dinitro-phenylhydrazon] 319
—, 7-Methoxy-3-methyl- 323
—, 7-Methoxy-2-methyl-6,8-dinitro- 321
—, 5-Methoxy-2-methyl-8-nitro- 315
—, 7-Methoxy-2-methyl-8-nitro- 321
—, 6-Methoxy-2-methyl-3-phenyl- 739
—, 7-Methoxy-2-methyl-3-phenyl- 740
—, 7-Methoxy-3-methyl-2-phenyl- 741
—, 7-Methoxy-5-methyl-2-phenyl- 743
—, 5-Methoxy-2-methyl-3-propyl- 418
—, 7-Methoxy-2-methyl-6-propyl- 419
—, 7-Methoxy-2-methyl-8-propyl- 420
—, 7-Methoxy-3-methyl-2-propyl- 419
—, 7-Methoxy-5-methyl-2-propyl- 419
—, 7-Methoxy-3-methyl-2-styryl- 801
—, 2-[2-Methoxy-[1]naphthyl]- 828
—, 5-Methoxy-8-nitro- 283
—, 6-Methoxy-5-nitro- 284
—, 7-Methoxy-8-nitro- 284
—, 5-Methoxy-8-nitro-2-[4-nitro-phenyl]- 691
—, 6-Methoxy-2-[4-nitro-phenyl]- 692
—, 6-Methoxy-8-nitro-2-phenyl- 692
—, 7-Methoxy-2-[3-nitro-phenyl]- 699
—, 7-Methoxy-2-[4-nitro-phenyl]- 700
—, 7-Methoxy-3-[4-nitro-phenyl]- 709
—, 7-Methoxy-6-nitro-2-phenyl- 699
—, 7-Methoxy-8-nitro-2-phenyl- 699
—, 7-Methoxy-2-[2-nitro-phenyl]-3-phenyl- 842
—, 7-Methoxy-3-[2-nitro-phenyl]-2-phenyl- 842
—, 2-[2-Methoxy-phenyl]- 701
—, 2-[3-Methoxy-phenyl]- 703
—, 2-Methoxy-3-phenyl- 707
—, 2-[4-Methoxy-phenyl]- 703
  — benzylimin 704
  — hydrazon 705
—, 3-Methoxy-2-phenyl- 686
—, 3-[2-Methoxy-phenyl]- 710
—, 5-Methoxy-2-phenyl- 688
—, 6-Methoxy-2-phenyl- 691
—, 6-Methoxy-3-phenyl- 707
—, 7-Methoxy-2-phenyl- 693
  — acetylhydrazon 698
  — hydrazon 698
—, 7-Methoxy-3-phenyl- 708
—, 8-Methoxy-2-phenyl- 701
—, 2-Methoxy-3-[1-phenyl-äthyl]- 763
—, 2-[4-Methoxy-phenyl]-5,7-dimethyl- 770
—, 2-[2-Methoxy-phenyl]-6-methyl- 743
—, 2-[4-Methoxy-phenyl]-6-methyl- 744
—, 2-[4-Methoxy-phenyl]-7-methyl- 745
—, 2-[4-Methoxy-phenyl]-8-methyl- 746
—, 2-[2-Methoxy-phenyl]-8-methyl-6-nitro- 746
—, 2-[2-Methoxy-phenyl]-6-nitro- 702
—, 2-[4-Methoxy-phenyl]-6-nitro- 706
—, 7-Methoxy-3-phenyl-2-styryl- 854
—, 2-Methoxy-3-propyl- 397
—, 6-Methoxy-3-propyl- 397

Chromen-4-on *(Fortsetzung)*
—, 7-Methoxy-2-propyl- 397
—, 2-[4-Methoxy-styryl]- 795
—, 6-Methoxy-2-styryl- 794
—, 7-Methoxy-2-styryl- 795
—, 2-[4-Methoxy-styryl]-3,7-dimethyl- 806
—, 2-[4-Methoxy-styryl]-5,8-dimethyl- 806
—, 2-[4-Methoxy-styryl]-6-methyl- 802
—, 2-[4-Methoxy-styryl]-7-methyl- 802
—, 7-Methoxy-2-trifluormethyl- 319
—, 7-Methoxy-2,3,5-trimethyl- 408
—, 7-Methoxy-2,3,8-trimethyl- 409
—, 3-Methyl-2-phenyl-7-[tetra-O-acetyl-glucopyranosyloxy]- 742
—, 2-Methyl-3-phenyl-5-vinyloxy- 739
—, 2-Methyl-7-propoxy- 318
—, 3-Methyl-7-[tetra-O-acetyl-glucopyranosyloxy]- 323
—, 2-Methyl-3-[toluol-4-sulfonyloxy]- 313
—, 7-[4-Nitro-benzoyloxy]-2-[4-nitro-phenyl]- 700
—, 2-Phenoxymethyl- 322
—, 2-[β-Phenylmercapto-phenäthyl]- 762
—, 2-Phenyl-3-sulfooxy- 687
—, 2-Phenyl-3-[tetra-O-acetyl-glucopyranosyloxy]- 687
—, 2-Phenyl-7-[tetra-O-acetyl-glucopyranosyloxy]- 697
—, 3-Phenyl-7-[tetra-O-acetyl-glucopyranosyloxy]- 708
—, 2-Phenyl-5-[toluol-4-sulfonyloxy]- 689
—, 2-Phenyl-7-[toluol-4-sulfonyloxy]- 697
—, 3-Phenyl-7-[toluol-4-sulfonyloxy]- 709
—, 2-[4-(Tetra-O-acetyl-glucopyranosyloxy)-phenyl]- 704
—, 2-[β-*m*-Tolylmercapto-phenäthyl]- 763
—, 2-[β-*o*-Tolylmercapto-phenäthyl]- 762
—, 2-[β-*p*-Tolylmercapto-phenäthyl]- 763
—, 3,6,8-Tribrom-5-hydroxy-2-methyl- 314
—, 3,6,8-Tribrom-7-hydroxy-2-methyl- 320

Chromen-5-on
—, 7-Methoxy-2,4-diphenyl- 842
—, 7-Methoxy-6-methyl-2,4-diphenyl- 847

Chromen-7-on
—, 2-Biphenyl-4-yl-6-methoxy-3-phenyl- 864
—, x-Brom-5-methoxy-6-methyl-2-phenyl- 743
—, 5-Hydroxy-4,6-dimethyl-2-phenyl- 769
—, 5-Hydroxy-4,8-dimethyl-2-phenyl- 769
—, 8-Hydroxy-2,4-diphenyl- 842
—, 5-Hydroxy-4-methyl-2-phenyl- 742
—, 6-Hydroxy-2-phenyl- 686
—, 5-Methoxy-4,8-dimethyl-2-phenyl- 770
—, 5-Methoxy-6,8-dimethyl-2-phenyl- 770
—, 5-Methoxy-2,4-diphenyl- 842
—, 6-Methoxy-2,4-diphenyl- 842
—, 5-Methoxy-8-methyl-2,4-diphenyl- 847
—, 5-Methoxy-6-methyl-2-phenyl- 743
—, 5-Methoxy-8-methyl-2-phenyl- 746
—, 2-[4-Methoxy-phenyl]- 686
—, 5-Methoxy-2-phenyl- 685

Chromen-2-thion
—, 7-Diäthoxythiophosphoryloxy- 303
—, 7-Diäthoxythiophosphoryloxy-4-methyl- 352
—, 7-Diisopropoxythiophosphoryloxy-4-methyl- 352
—, 7-Dimethoxythiophosphoryloxy-4-methyl- 352
—, 6-Methoxy-3-methyl- 324

Chromen-4-thion
—, 6-Methoxy-3-methyl- 323
—, 7-Methoxy-2-methyl- 321
—, 7-Methoxy-3-methyl- 323
—, 2-[4-Methoxy-phenyl]- 706
—, 7-Methoxy-2-phenyl- 700
—, 2-[4-Methoxy-styryl]- 795
—, 2-[4-Methoxy-styryl]-3-methyl- 802

Chromenylium
—, 3-Acetyl-2-methyl- 399
—, 3-Acetyl-2-phenyl- 767
—, 3-Benzoyl-2-methyl- 764
—, 6-Chlor-3-hydroxy-2-phenyl- 630
—, 4-Hydroxy-2-[4-methoxy-phenyl]- 704
—, 3-Hydroxy-2-phenyl- 630
—, 7-Methoxy-4-methylmercapto-2-phenyl- 700
—, 2-[4-Methoxy-phenyl]-4-methylmercapto- 706
—, 4-[α'-Oxo-bibenzyl-α-yl]-2-phenyl- 869
—, 4-Phenacyl-2-phenyl- 851

Chrysanthemumsäure
s. Cyclopropancarbonsäure,
2,2-Dimethyl-3-[2-methyl-propenyl]-

Chrysen-1-carbonsäure
—, 2,3-Dihydroxy-2,4b,6a,9,9,10b,
 12a-heptamethyl-octadecahydro-,
 — 3-lacton 271

Chrysen-1-on
—, 8-Acetoxy-2-furfuryliden-10a,12a-
 dimethyl-hexadecahydro- 596
—, 2-Furfuryliden-8-hydroxy-10a,12a-
 dimethyl-hexadecahydro- 596
—, 2-Furfuryliden-8-methoxy-3,4,4a,4b,
 5,6,10b,11,12,12a-decahydro-2H- 810
—, 2-Furfuryliden-8-methoxy-12a-methyl-
 3,4,4a,4b,5,6,10b,11,12,12a-decahydro-
 2H- 811
—, 2-Furfuryliden-8-methoxy-12a-methyl-
 3,4,4a,4b,5,6,12,12a-octahydro-2H-
 820
—, 2-Furfuryliden-8-methoxy-3,4,4a,4b,
 5,6,12,12a-octahydro-2H- 819

Chrysen-3-on
—, 1-[2]Furyl-8-methoxy-12a-methyl-
 1,4b,5,6,10b,11,12,12a-octahydro-
 2H- 810

Citrinin
—, Decarboxy- 223

Citronensäure
 — tris-[5-hydroxymethyl-
 furfurylidenhydrazid] 110

Cörthionol 841

Crotonsäure
 — [4-methyl-2-oxo-2H-chromen-6-
 ylester] 330
—, 4-Acetoxy-3-benzyl-4-[4-chlor-
 phenyl]-4-hydroxy-2-phenyl-,
 — lacton 850
—, 3-Acetoxy-2-benzyl-4-hydroxy-,
 — lacton 366
—, 4-Acetoxy-3-benzyl-4-hydroxy-2,4-
 diphenyl-,
 — lacton 849
—, 2-Acetoxy-3-brom-4-[4-brom-
 phenyl]-4-hydroxy-,
 — lacton 310
—, 4-Acetoxy-3-brom-4-hydroxy-2,4-
 diphenyl-,
 — lacton 731
—, 2-Acetoxy-3-brom-4-hydroxy-4-
 phenyl-,
 — lacton 309
—, 4-Acetoxy-4-[4-chlor-phenyl]-4-
 hydroxy-2-phenyl-,
 — lacton 730
—, 3-[4-Acetoxy-cyclohexyl]-4-
 hydroxy-,
 — lacton 121

—, 3-[4′-Acetoxy-α,α′-diäthyl-
 bibenzyl-4-yl]-4-hydroxy-,
 — lacton 786
—, 4-Acetoxy-2,3-dichlor-4-hydroxy-,
 — lacton 52
—, 4-Acetoxy-4-hydroxy-,
 — lacton 51
—, 3-Acetoxy-4-hydroxy-2,4-diphenyl-,
 — lacton 731
—, 3-Acetoxy-4-hydroxy-4,4-diphenyl-,
 — lacton 729
—, 4-Acetoxy-4-hydroxy-2,4-diphenyl-,
 — lacton 730
—, 2-Acetoxy-4-hydroxy-3-isohexyl-,
 — lacton 70
—, 2-Acetoxy-4-hydroxy-3-methyl-,
 — lacton 58
—, 3-Acetoxy-2-[2-hydroxy-5-methyl-
 benzyl]-,
 — lacton 404
—, 3-[4-Acetoxy-1-hydroxy-[2]
 naphthyl]-,
 — lacton 621
—, 3-[5-Acetoxy-1-hydroxy-[2]
 naphthyl]-,
 — lacton 622
—, 3-[6-Acetoxy-2-hydroxy-[1]
 naphthyl]-,
 — lacton 624
—, 3-[7-Acetoxy-1-hydroxy-[2]
 naphthyl]-,
 — lacton 622
—, 3-[7-Acetoxy-2-hydroxy-[1]
 naphthyl]-,
 — lacton 624
—, 3-[8-Acetoxy-1-hydroxy-[2]
 naphthyl]-,
 — lacton 623
—, 2-Acetoxy-4-hydroxy-3-pentyl-,
 — lacton 67
—, 3-Acetoxy-2-[2-hydroxy-phenyl]-,
 — lacton 363
—, 3-Acetoxy-4-hydroxy-4-phenyl-,
 — lacton 309
—, 4-[4-Acetoxy-phenyl]-2,3-dichlor-
 4-hydroxy-,
 — lacton 310
—, 3-[4-Acetoxy-phenyl]-4-hydroxy-,
 — lacton 312
—, 3-Acetoxy-2-salicyl-,
 — lacton 372
—, 2-[1-Acetoxy-2,2,2-trichlor-
 äthyl]-3-[1-hydroxy-[2]naphthyl]-,
 — lacton 662
—, 3-Äthoxy-2-brom-4-hydroxy-,
 — lacton 50
—, 4-Äthoxy-4-[4-brom-phenyl]-4-
 hydroxy-3-methyl-,
 — lacton 370

Crotonsäure *(Fortsetzung)*
—, 4-Äthoxy-2,3-dibrom-4-hydroxy-,
— lacton 53
—, 4-Äthoxy-2,3-dichlor-4-hydroxy-,
— lacton 51
—, 3-Äthoxy-4-hydroxy-,
— lacton 49
—, 4-Äthoxy-4-hydroxy-,
— lacton 51
—, 2-Äthyl-3-dimethylcarbamoyloxy-4-hydroxy-,
— lacton 60
—, 3-[4-Allyl-3-glucopyranosyloxy-phenyl]-4-hydroxy-,
— lacton 509
—, 4-Allyloxy-2,3-dichlor-4-hydroxy-,
— lacton 52
—, 3-[4-Allyl-3-(tetra-O-acetyl-glucopyranosyloxy)-phenyl]-4-hydroxy-,
— lacton 509
—, 3-Benzoyloxy-2-benzyl-4-hydroxy-,
— lacton 366
—, 4-Benzoyloxy-2,3-dichlor-4-hydroxy-,
— lacton 53
—, 3-Benzoyloxy-4-hydroxy-4,4-diphenyl-,
— lacton 729
—, 2-Benzoyloxy-4-hydroxy-3-methyl-,
— lacton 58
—, 2-Benzoyloxy-4-hydroxy-3-[2-nitro-phenyl]-,
— lacton 311
—, 3-Benzoyloxy-4-hydroxy-4-phenyl-,
— lacton 309
—, 3-Benzyl-4-[4-brom-phenyl]-4-hydroxy-4-methoxy-2-phenyl-,
— lacton 850
—, 3-Benzyl-4-[4-chlor-phenyl]-4-hydroxy-4-methoxy-2-phenyl-,
— lacton 850
—, 2-Benzyl-3-[2,4-dinitro-benzoyloxy]-4-hydroxy-,
— lacton 366
—, 2-Benzyl-4-hydroxy-3-methoxy-,
— lacton 366
—, 2-Benzyl-4-hydroxy-3-[4-nitro-benzoyloxy]-,
— lacton 366
—, 2-Benzyl-4-hydroxy-3-phenylacetoxy-,
— lacton 366
—, 4-Benzyloxy-2,3-dibrom-4-hydroxy-,
— lacton 54
—, 4-Benzyloxy-2,3-dichlor-4-hydroxy-,
— lacton 52
—, 4-Biphenyl-4-yl-4-hydroxy-4-methoxy-2,3-dimethyl-,
— lacton 776
—, 3-Brom-4-[4-brom-phenyl]-4-hydroxy-2-methoxy-,
— lacton 310
—, 3-Brom-2-chlor-4-hydroxy-4-methoxy-,
— lacton 53
—, 2-Brom-4-hydroxy-3-methoxy-,
— lacton 50
—, 3-Brom-4-hydroxy-2-methoxy-4-phenyl-,
— lacton 309
—, 4-Brom-4-hydroxy-3-methoxy-4-phenyl-,
— lacton 309
—, 3-Brom-4-hydroxy-2-methoxy-4-p-tolyl-,
— lacton 369
—, 2-Brom-4-hydroxy-3-[4-nitro-benzyloxy]-,
— lacton 50
—, 2-Brom-4-hydroxy-3-phenoxy-,
— lacton 50
—, 3-Brom-4-hydroxy-2-phenoxy-,
— lacton 50
—, 4-[4-Brom-phenyl]-4-hydroxy-4-methoxy-2,3-dimethyl-,
— lacton 396
—, 4-[4-Brom-phenyl]-4-hydroxy-4-methoxy-2-methyl-,
— lacton 370
—, 4-[4-Brom-phenyl]-4-hydroxy-4-methoxy-3-methyl-,
— lacton 370
—, 4-Butoxy-2,3-dichlor-4-hydroxy-,
— lacton 52
—, 4-Butoxy-4-hydroxy-,
— lacton 51
—, 2-Butyl-3-dimethylcarbamoyloxy-4-hydroxy-,
— lacton 64
—, 2-Chlor-4-hydroxy-3-methoxy-,
— lacton 50
—, 2-Chlor-4-hydroxy-3-phenoxy-,
— lacton 50
—, 3-Chlor-4-hydroxy-2-phenoxy-,
— lacton 50
—, 4-[4-Chlor-phenyl]-4-hydroxy-4-methoxy-2-phenyl-,
— lacton 730
—, 3-[α,α-Diäthyl-4'-methoxy-bibenzyl-4-yl]-4-hydroxy-,
— lacton 786
—, 3-[α,α'-Diäthyl-4'-methoxy-stilben-4-yl]-4-hydroxy-,
— lacton 808
—, 2,3-Dibrom-4-butoxy-4-hydroxy-,
— lacton 54

Crotonsäure *(Fortsetzung)*
—, 2,3-Dibrom-4-hydroxy-4-isopropoxy-,
— lacton 54
—, 2,3-Dibrom-4-hydroxy-4-methoxy-,
— lacton 53
—, 2,3-Dibrom-4-hydroxy-4-tetrahydrofurfuryloxy-,
— lacton 54
—, 2,3-Dichlor-4-dodecyloxy-4-hydroxy-,
— lacton 52
—, 2,3-Dichlor-4-hydroxy-4-isopropoxy-,
— lacton 51
—, 2,3-Dichlor-4-hydroxy-4-methoxy-,
— lacton 51
—, 2,3-Dichlor-4-hydroxy-4-[4-methoxy-phenyl]-,
— lacton 310
—, 2,3-Dichlor-4-hydroxy-4-myristoyloxy-,
— lacton 52
—, 2,3-Dichlor-4-hydroxy-4-palmitoyloxy-,
— lacton 52
—, 2,3-Dichlor-4-hydroxy-4-phenylcarbamoyloxy-,
— lacton 53
—, 2,3-Dichlor-4-hydroxy-4-tetrahydrofurfuryloxy-,
— lacton 53
—, 2,3-Dichlor-4-hydroxy-4-vinyloxy-,
— lacton 52
—, 3-[1,7-Dihydroxy-4,8-dimethyl-[2]naphthyl]-,
— 1-lacton 662
—, 3-[1,6-Dihydroxy-4-methyl-[2]naphthyl]-,
— 1-lacton 648
—, 3-[1,7-Dihydroxy-4-methyl-[2]naphthyl]-,
— 1-lacton 648
—, 3-[1,3-Dihydroxy-[2]naphthyl]-,
— 1-lacton 621
—, 3-[1,4-Dihydroxy-[2]naphthyl]-,
— 1-lacton 621
—, 3-[1,5-Dihydroxy-[2]naphthyl]-,
— 1-lacton 621
—, 3-[1,6-Dihydroxy-[2]naphthyl]-,
— 1-lacton 622
—, 3-[1,7-Dihydroxy-[2]naphthyl]-,
— 1-lacton 622
—, 3-[1,8-Dihydroxy-[2]naphthyl]-,
— 1-lacton 623
—, 3-[2,6-Dihydroxy-[1]naphthyl]-,
— 2-lacton 623
—, 3-[2,7-Dihydroxy-[1]naphthyl]-,
— 2-lacton 624

—, 3-Dimethylcarbamoyloxy-4-hydroxy-2-isopentyl-,
— lacton 67
—, 3-Dimethylcarbamoyloxy-4-hydroxy-2-isopropyl-,
— lacton 63
—, 3-Dimethylcarbamoyloxy-4-hydroxy-2-propyl-,
— lacton 62
—, 3-[2,4-Dinitro-phenoxy]-4-hydroxy-2-methyl-,
— lacton 58
—, 3-[4-Glucopyranosyloxy-phenyl]-4-hydroxy-,
— lacton 312
—, 4-[1-Hydroxy-cyclohexyl]-3-methoxy-,
— lacton 122
—, 4-Hydroxy-2-hydroxymethyl-,
— [6,10-dimethyl-3-methylen-2-oxo-2a,3,3,4,5,8,9,11a-octahydro-cyclodeca[*b*]furan-4-ylester] 234
—, 4-Hydroxy-4-isopropoxy-,
— lacton 51
—, 4-Hydroxy-2-jod-3-methoxy-,
— lacton 50
—, 4-Hydroxy-2-methoxy-,
— lacton 49
—, 4-Hydroxy-3-methoxy-,
— lacton 49
—, 4-Hydroxy-4-methoxy-,
— lacton 50
—, 4-Hydroxy-3-[2-methoxy-benzyl]-,
— lacton 367
—, 4-Hydroxy-3-[4-methoxy-benzyl]-,
— lacton 367
—, 4-Hydroxy-4-methoxy-2,3-dimethyl-4-phenyl-,
— lacton 396
—, 4-Hydroxy-4-methoxy-3,4-diphenyl-,
— lacton 729
—, 4-Hydroxy-2-methoxy-3-methyl-,
— lacton 58
—, 4-Hydroxy-3-methoxy-2-methyl-,
— lacton 58
—, 3-[1-Hydroxy-5-methoxy-[2]naphthyl]-,
— lacton 622
—, 3-[1-Hydroxy-8-methoxy-[2]naphthyl]-,
— lacton 623
—, 4-Hydroxy-3-[6-methoxy-[2]naphthyl]-,
— lacton 609
—, 4-Hydroxy-2-methoxy-3-[2-nitro-phenyl]-,
— lacton 311
—, 4-Hydroxy-2-methoxy-3-[4-nitro-phenyl]-4-phenyl-,
— lacton 730

Crotonsäure *(Fortsetzung)*
—, 4-Hydroxy-2-methoxy-3-pentyl-,
— lacton 67
—, 4-Hydroxy-2-[4-methoxy-phenyl]-,
— lacton 311
—, 4-Hydroxy-3-[2-methoxy-phenyl]-,
— lacton 311
—, 4-Hydroxy-3-[3-methoxy-phenyl]-,
— lacton 311
—, 4-Hydroxy-3-methoxy-4-phenyl-,
— lacton 309
—, 4-Hydroxy-3-[4-methoxy-phenyl]-,
—lacton 312
—, 4-Hydroxy-2-[4-methoxy-phenyl]-4-phenyl-,
— lacton 731
—, 4-Hydroxy-4-[4-methoxy-phenyl]-2-phenyl-,
— lacton 731
—, 4-Hydroxy-2-methyl-3-[tetra-O-acetyl-glucopyranosyloxy]-,
— lacton 58
—, 4-Hydroxy-3-[4-nitro-benzoyloxy]-,
— lacton 49
—, 3-[1-Hydroxy-5-(4-nitro-benzoyloxy)-[2]naphthyl]-,
— lacton 622
—, 4-Hydroxy-3-[4-phenylcarbamoyloxy-cyclohexyl]-,
— lacton 122
—, 2-[2-Hydroxy-phenyl]-3-methoxy-,
— lacton 362
—, 4-Hydroxy-4-propoxy-,
— lacton 51
—, 4-Hydroxy-3-[4-(tetra-O-acetyl-glucopyranosyloxy)-phenyl]-,
— lacton 312
—, 4-Hydroxy-3-[4-(toluol-4-sulfonyloxy)-cyclohexyl]-,
— lacton 122
—, 3-Methoxy-4-hydroxy-2,4-diphenyl-,
— lacton 731
—, 4-Oxo-, pseudoalkylester s. unter Furan-2-on, 5-Alkoxy-5*H*-

Cumarin
—, 7-Acetonyloxy- 299
—, 7-Acetonyloxy-4-methyl- 335
—, 6-Acetoxomercurioxy-4-methyl- 329
—, 4-Acetoxy- 287
—, 5-Acetoxy- 292
—, 6-Acetoxy- 293
—, 7-Acetoxy- 299
—, 8-Acetoxy- 304
—, 4-Acetoxy-3-äthyl- 371
—, 7-Acetoxy-6-äthyl- 372
—, 7-Acetoxy-6-äthyl-3-allyl-4-methyl- 524
—, 7-Acetoxy-3-äthyl-6-brom-4-methyl- 403
—, 6-Acetoxy-7-äthyl-3-butyl-4-methyl- 458
—, 7-Acetoxy-6-äthyl-3-butyl-4-methyl- 458
—, 5-Acetoxy-3-äthyl-6-chlor-4,7-dimethyl- 426
—, 5-Acetoxy-3-äthyl-8-chlor-4,7-dimethyl- 426
—, 5-Acetoxy-6-äthyl-8-chlor-4-methyl- 404
—, 5-Acetoxy-8-äthyl-6-chlor-4-methyl- 404
—, 7-Acetoxy-3-äthyl-6-chlor-4-methyl- 402
—, 7-Acetoxy-6-äthyl-3-[2-chlor-vinyl]-4-methyl- 519
—, 7-Acetoxy-6-äthyl-3-[2,2-dichlor-äthyl]-4-methyl- 437
—, 6-Acetoxy-3-äthyl-4,7-dimethyl- 426
—, 6-Acetoxy-7-äthyl-3,4-dimethyl- 425
—, 7-Acetoxy-6-äthyl-3,4-dimethyl- 424
—, 7-Acetoxy-8-äthyl-4,5-dimethyl- 426
—, 5-Acetoxy-8-äthyl-4-methyl- 407
—, 6-Acetoxy-7-äthyl-4-methyl- 406
—, 7-Acetoxy-3-äthyl-4-methyl- 402
—, 7-Acetoxy-6-äthyl-4-methyl- 405
—, 7-Acetoxy-8-äthyl-4-methyl- 407
—, 7-Acetoxy-6-äthyl-4-methyl-3-propyl- 446
—, 6-Acetoxy-7-äthyl-4-phenyl- 768
—, 7-Acetoxy-4-äthyl-3-phenyl- 768
—, 7-Acetoxy-6-äthyl-4-phenyl- 768
—, 4-Acetoxy-3-allyl- 503
—, 4-[2-Acetoxy-benzoyloxy]- 289
—, 4-[3-Acetoxy-benzoyloxy]- 289
—, 4-[4-Acetoxy-benzoyloxy]- 289
—, 4-[2-Acetoxy-benzoyloxy]-3-phenyl- 710
—, 3-[2-Acetoxy-benzyl]- 736
—, 4-Acetoxy-3-benzyl- 735
—, 7-Acetoxy-4-benzyl- 738
—, 7-Acetoxy-8-benzyl-3-brom-4-methyl- 765
—, 7-Acetoxy-8-benzyl-3,6-dibrom-4-methyl- 766
—, 5-Acetoxy-3-benzyl-4,7-dimethyl- 779
—, 5-Acetoxy-4-benzyl-7-methyl- 765
—, 7-Acetoxy-6-brom- 303
—, 5-Acetoxy-6-brom-4,7-dimethyl- 384
—, 7-Acetoxy-6-brom-3,4-dimethyl- 379
—, 7-Acetoxy-3-brom-4-methyl- 347
—, 7-Acetoxy-4-brommethyl- 349

Cumarin *(Fortsetzung)*
—, 7-Acetoxy-6-brom-4-methyl- 348
—, 7-Acetoxy-6-brom-4-methyl-3-phenyl- 748
—, 7-Acetoxy-4-[4-brom-phenyl]- 717
—, 7-Acetoxy-6-brom-3-phenyl- 713
—, 7-Acetoxy-8-brom-3-phenyl- 713
—, 7-Acetoxy-3-[4-brom-phenyl]-4-methyl- 748
—, 5-Acetoxy-6-brom-3,4,7-trimethyl- 410
—, 5-Acetoxy-8-brom-3,4,7-trimethyl- 410
—, 7-Acetoxy-6-butyl- 418
—, 7-Acetoxy-6-butyl-3-[2-chlor-vinyl]-4-methyl- 531
—, 7-Acetoxy-6-butyl-3-[2,2-dichlor-äthyl]-4-methyl- 458
—, 4-Acetoxy-3-butyl-6,8-dimethyl- 445
—, 5-Acetoxy-3-butyl-4,7-dimethyl- 445
—, 4-Acetoxy-3-chlor- 290
—, 4-Acetoxy-6-chlor- 291
—, 5-Acetoxy-3-chlor- 292
—, 7-Acetoxy-6-chlor- 302
—, 5-Acetoxy-3-chlor-4,7-dimethyl- 381
—, 7-Acetoxy-3-chlor-4,5-dimethyl- 381
—, 7-Acetoxy-6-chlor-3,4-dimethyl- 379
—, 6-Acetoxy-7-chlor-4-methyl- 331
—, 7-Acetoxy-3-chlor-4-methyl- 344
—, 7-Acetoxy-6-chlor-4-methyl- 344
—, 7-Acetoxy-8-chlor-4-methyl- 346
—, 7-Acetoxy-6-chlor-4-methyl-3-propyl- 420
—, 7-Acetoxy-3-[4-chlor-phenyl]-4-methyl- 747
—, 5-Acetoxy-6-chlor-3,4,7-trimethyl- 410
—, 5-Acetoxy-8-chlor-3,4,7-trimethyl- 410
—, 5-Acetoxy-3-[2-chlor-vinyl]-4,7-dimethyl- 511
—, 7-Acetoxy-3-[2-chlor-vinyl]-4-methyl- 504
—, 6-Acetoxy-3,7-diäthyl-4-methyl- 437
—, 7-Acetoxy-3,6-diäthyl-4-methyl- 437
—, 7-Acetoxy-6,8-dibrom-4-methyl-3-phenyl- 749
—, 7-Acetoxy-6,8-dibrom-3-phenyl- 713
—, 7-Acetoxy-6,8-dibrom-4-phenyl- 718
—, 4-Acetoxy-6,7-dichlor- 291
—, 5-Acetoxy-3-[2,2-dichlor-äthyl]-4,7-dimethyl- 426
—, 7-Acetoxy-3-[2,2-dichlor-äthyl]-4-methyl- 403
—, 7-Acetoxy-3,6-dichlor-4-methyl- 346
—, 4-Acetoxy-3,7-dimethyl- 380
—, 4-Acetoxy-3,8-dimethyl- 380
—, 4-Acetoxy-5,8-dimethyl- 386
—, 4-Acetoxy-6,8-dimethyl- 386
—, 5-Acetoxy-4,7-dimethyl- 383
—, 6-Acetoxy-3,4-dimethyl- 377
—, 6-Acetoxy-4,7-dimethyl- 385
—, 7-Acetoxy-3,4-dimethyl- 378
—, 7-Acetoxy-4,6-dimethyl- 381
—, 7-Acetoxy-4,8-dimethyl- 385
—, 7-Acetoxy-5,8-dimethyl- 386
—, 7-Acetoxy-3,4-dimethyl-6,8-dinitro- 380
—, 7-[5-(3-Acetoxy-2,2-dimethyl-6-methylen-cyclohexyl)-3-methyl-pent-2-enyloxy]- 297
—, 7-Acetoxy-3,4-dimethyl-8-nitro- 380
—, 7-Acetoxy-6-[3,7-dimethyl-octa-2,6-dienyl]- 589
—, 4-Acetoxy-5,7-dimethyl-3-phenyl- 771
—, 4-Acetoxy-7,8-dimethyl-3-phenyl- 771
—, 6-Acetoxy-4,7-dimethyl-3-propyl- 436
—, 7-Acetoxy-6-dodecyl-4-methyl- 469
—, 7-[3-Acetoxy-drim-8(12)-en-11-yloxy]- 298
—, 7-Acetoxy-6-hexadecyl-4-methyl- 478
—, 7-Acetoxy-6-hexyl- 444
—, 7-Acetoxy-3-hexyl-4-methyl- 457
—, 7-Acetoxy-3-isobutyl-4-methyl- 435
—, 7-Acetoxy-6-isopentyl- 433
—, 7-Acetoxy-3-isopentyl-4-methyl- 445
—, 7-Acetoxy-6-isopentyl-4-methyl- 445
—, 7-Acetoxy-3-isopropyl-4-methyl- 422
—, 4-Acetoxy-3-methyl- 324
—, 4-Acetoxy-6-methyl- 353
—, 5-Acetoxy-4-methyl- 326
—, 6-Acetoxy-4-methyl- 330
—, 6-Acetoxy-7-methyl- 354
—, 7-Acetoxy-4-methyl- 335
—, 7-Acetoxy-5-methyl- 353
—, 7-Acetoxy-6-methyl- 354
—, 8-Acetoxy-3-methyl- 325
—, 7-Acetoxy-6-[3-methyl-but-2-enyl]- 517

Cumarin *(Fortsetzung)*
—, 6-Acetoxy-4-methyl-5,7-dinitro- 332
—, 6-Acetoxy-4-methyl-5-nitro- 332
—, 7-Acetoxy-4-methyl-6-nitro- 351
—, 7-Acetoxy-4-methyl-8-nitro- 351
—, 7-Acetoxy-4-methyl-3-[4-nitro-phenyl]- 749
—, 7-Acetoxy-4-methyl-6-octadecyl- 479
—, 7-Acetoxy-4-methyl-5-pentadecyl- 477
—, 5-Acetoxy-4-methyl-7-pentyl- 444
—, 7-Acetoxy-4-methyl-3-pentyl- 444
—, 4-Acetoxy-6-methyl-3-phenyl- 750
—, 4-Acetoxy-7-methyl-3-phenyl- 750
—, 4-Acetoxy-8-methyl-3-phenyl- 750
—, 5-Acetoxy-4-methyl-3-phenyl- 747
—, 6-Acetoxy-7-methyl-4-phenyl- 751
—, 7-Acetoxy-4-methyl-3-phenyl- 747
—, 7-Acetoxy-5-methyl-3-phenyl- 749
—, 5-Acetoxy-7-methyl-4-propyl- 422
—, 7-Acetoxy-4-methyl-3-propyl- 420
—, 7-Acetoxy-4-methyl-6-propyl- 421
—, 7-Acetoxy-4-[1]naphthyl- 829
—, 7-Acetoxy-6-nitro- 303
—, 7-Acetoxy-8-nitro- 303
—, 7-Acetoxy-6-pentyl- 433
—, 3-[2-Acetoxy-phenyl]- 715
—, 3-[4-Acetoxy-phenyl]- 715
—, 4-Acetoxy-3-phenyl- 710
—, 5-Acetoxy-4-phenyl- 715
—, 6-Acetoxy-4-phenyl- 716
—, 7-Acetoxy-3-phenyl- 712
—, 7-Acetoxy-4-phenyl- 716
—, 8-Acetoxy-3-phenyl- 714
—, 4-Acetoxy-3-[1-phenyl-äthyl]- 763
—, 4-Acetoxy-3-propyl- 398
—, 7-Acetoxy-4-propyl- 398
—, 7-Acetoxy-5-propyl- 398
—, 3-[2-Acetoxy-styryl]- 796
—, 3-[3-Acetoxy-styryl]- 796
—, 3-[4-Acetoxy-styryl]- 796
—, 7-Acetoxy-4-styryl- 797
—, 4-[3-Acetoxy-styryl]-7-methyl- 804
—, 4-[4-Acetoxy-styryl]-7-methyl- 804
—, 7-Acetoxy-4-*m*-tolyl- 738
—, 7-Acetoxy-4-*p*-tolyl- 739
—, 5-Acetoxy-3,4,7-trimethyl- 410
—, 6-Acetoxy-3,4,7-trimethyl- 410
—, 6-Acetoxy-5,7,8-trimethyl- 411
—, 7-[6-Acetoxy-5,5,8a-trimethyl-2-methylen-decahydro-[1]-naphthylmethoxy]- 298
—, 3-[*N*-Acetyl-sulfanilyl]- 286
—, 3-Äthansulfonyl- 285
—, 7-Äthansulfonyloxy-4-methyl- 340
—, 4-Äthoxy- 286
—, 6-Äthoxy- 293
—, 7-Äthoxy- 295
—, 7-Äthoxycarbonyloxy-6-äthyl-4-methyl- 405
—, 7-Äthoxy-3,4-dimethyl- 378
—, 6-Äthoxy-4-methyl- 330
—, 7-Äthoxy-4-methyl- 334
—, 7-[Äthoxy-methyl-thiophosphinoyloxy]-4-methyl- 342
—, 7-Äthoxy-4-phenyl- 716
—, 6-Äthyl-3-allyl-7-hydroxy-4-methyl- 523
—, 6-Äthyl-7-benzoyloxy- 373
—, 6-Äthyl-7-benzoyloxy-3-butyl-4-methyl- 458
—, 6-Äthyl-7-benzoyloxy-3,4-dimethyl- 424
—, 7-Äthyl-6-benzoyloxy-3,4-dimethyl- 425
—, 5-Äthyl-7-benzoyloxy-4-methyl- 404
—, 6-Äthyl-7-benzoyloxy-4-methyl- 405
—, 7-Äthyl-6-benzoyloxy-4-methyl- 406
—, 8-Äthyl-5-benzoyloxy-4-methyl- 407
—, 8-Äthyl-7-benzoyloxy-4-methyl- 408
—, 6-Äthyl-7-benzoyloxy-4-methyl-3-propyl- 446
—, 6-Äthyl-8-brom-7-hydroxy-3,4-dimethyl- 424
—, 8-Äthyl-3-brom-7-hydroxy-4,6-dimethyl- 427
—, 3-Äthyl-6-brom-7-hydroxy-4-methyl- 403
—, 3-Äthyl-6-brom-7-methoxy-4-methyl- 403
—, 6-Äthyl-3-brom-7-methoxy-4-methyl- 406
—, 6-Äthyl-3-butyl-7-hydroxy-4-methyl- 458
—, 7-Äthyl-3-butyl-6-hydroxy-4-methyl- 458
—, 6-Äthyl-7-butyryloxy-4-methyl- 405
—, 3-Äthyl-6-chlor-5-hydroxy-4,7-dimethyl- 426
—, 3-Äthyl-8-chlor-5-hydroxy-4,7-dimethyl- 426
—, 6-Äthyl-8-chlor-5-hydroxy-3,4-dimethyl- 424
—, 8-Äthyl-6-chlor-5-hydroxy-3,4-dimethyl- 424
—, 3-Äthyl-6-chlor-7-hydroxy-4-methyl- 402

Cumarin *(Fortsetzung)*
—, 6-Äthyl-8-chlor-5-hydroxy-4-methyl- 404
—, 8-Äthyl-6-chlor-5-hydroxy-4-methyl- 404
—, 6-Äthyl-7-[chlor-hydroxy-phosphoryloxy]-4-methyl- 406
—, 6-Äthyl-3-[2-chlor-vinyl]-7-hydroxy-4-methyl- 519
—, 6-Äthyl-7-diäthoxythiophosphoryloxy-4-methyl- 406
—, 6-Äthyl-3,8-dibrom-7-hydroxy-4-methyl- 406
—, 6-Äthyl-3-[2,2-dichlor-äthyl]-7-hydroxy-4-methyl- 437
—, 7-Äthylensulfonyloxy-4-methyl- 341
—, 3-Äthyl-7-glucopyranosyloxy-4-methyl- 402
—, 3-Äthyl-7-hydroxy- 371
—, 4-Äthyl-7-hydroxy- 372
—, 6-Äthyl-7-hydroxy- 372
—, 6-Äthyl-7-[2-hydroxy-äthoxy]-4-methyl- 405
—, 3-Äthyl-5-hydroxy-4,7-dimethyl- 425
—, 3-Äthyl-6-hydroxy-4,7-dimethyl- 426
—, 3-Äthyl-7-hydroxy-4,5-dimethyl- 423
—, 6-Äthyl-5-hydroxy-4,7-dimethyl- 427
—, 6-Äthyl-7-hydroxy-3,4-dimethyl- 424
—, 6-Äthyl-7-hydroxy-4,8-dimethyl- 427
—, 7-Äthyl-6-hydroxy-3,4-dimethyl- 425
—, 8-Äthyl-7-hydroxy-4,5-dimethyl- 426
—, 8-Äthyl-7-hydroxy-4,6-dimethyl- 427
—, 3-Äthyl-7-hydroxy-4,5-dimethyl-8-propyl- 459
—, 8-Äthyl-7-hydroxy-4,5-dimethyl-3-propyl- 459
—, 3-Äthyl-6-hydroxy-4-methyl- 401
—, 3-Äthyl-7-hydroxy-4-methyl- 401
—, 5-Äthyl-7-hydroxy-4-methyl- 404
—, 6-Äthyl-5-hydroxy-4-methyl- 404
—, 6-Äthyl-7-hydroxy-4-methyl- 404
—, 6-Äthyl-7-hydroxy-5-methyl- 408
—, 7-Äthyl-6-hydroxy-4-methyl- 406
—, 8-Äthyl-5-hydroxy-4-methyl- 407
—, 8-Äthyl-7-hydroxy-4-methyl- 407
—, 6-Äthyl-7-hydroxy-4-methyl-3-propyl- 446
—, 7-Äthyl-6-hydroxy-4-methyl-3-propyl- 446
—, 4-Äthyl-7-hydroxy-3-phenyl- 767
—, 6-Äthyl-7-hydroxy-4-phenyl- 768
—, 7-Äthyl-6-hydroxy-4-phenyl- 768
—, 8-Äthyl-7-hydroxy-3,4,5-trimethyl- 438
—, 3-Äthyl-4-methoxy- 371
—, 3-Äthyl-7-methoxy- 372
—, 3-Äthyl-7-methoxy-4,5-dimethyl- 424
—, 6-Äthyl-7-methoxy-3,4-dimethyl- 424
—, 7-Äthyl-6-methoxy-3,4-dimethyl- 425
—, 3-Äthyl-7-methoxy-4-methyl- 402
—, 4-Äthyl-7-methoxy-3-methyl- 401
—, 6-Äthyl-7-methoxy-4-methyl- 405
—, 7-Äthyl-6-methoxy-4-methyl- 406
—, 8-Äthyl-5-methoxy-4-methyl- 407
—, 8-Äthyl-7-methoxy-4-methyl- 407
—, 6-Äthyl-7-methoxy-4-methyl-3-propyl- 446
—, 4-Äthyl-7-methoxy-3-phenyl- 767
—, 6-Äthyl-4-methyl-7-propionyloxy- 405
—, 3-Äthyl-4-methyl-7-[tetra-O-acetyl-glucopyranosyloxy]- 402
—, 8-Allyl-7-diäthoxythiophosphoryloxy-4-methyl- 511
—, 8-Allyl-7-hydroxy- 503
—, 6-Allyl-5-hydroxy-4,7-dimethyl- 518
—, 6-Allyl-7-hydroxy-4,8-dimethyl- 519
—, 8-Allyl-5-hydroxy-4,7-dimethyl- 519
—, 3-Allyl-7-hydroxy-4-methyl- 510
—, 8-Allyl-7-hydroxy-4-methyl- 510
—, 8-Allyl-7-hydroxy-5-methyl- 511
—, 4-Allyloxy- 287
—, 7-Allyloxy- 296
—, 5-Allyloxy-4,7-dimethyl- 382
—, 7-Allyloxy-4,8-dimethyl- 385
—, 7-Allyloxy-4-methyl- 335
—, 7-Allyloxy-5-methyl- 352
—, 7-Benzolsulfonyloxy-4-methyl- 341
—, 4-[β-Benzolsulfonyl-phenäthyl]-7-methyl- 777
—, 4-Benzoyloxy- 288
—, 7-Benzoyloxy- 300
—, 7-Benzoyloxy-4-benzyl- 738
—, 7-Benzoyloxy-8-benzyl-3-brom-4-methyl- 766
—, 7-Benzoyloxy-8-benzyl-3,6-dibrom-4-methyl- 766
—, 5-Benzoyloxy-3-benzyl-4,7-dimethyl- 779
—, 7-Benzoyloxy-3-benzyl-4-methyl- 765

Cumarin *(Fortsetzung)*
—, 7-Benzoyloxy-6-brom- 303
—, 7-Benzoyloxy-6-brom-4-methyl- 348
—, 7-Benzoyloxy-6-chlor- 302
—, 7-Benzoyloxy-6-chlor-4-methyl- 345
—, 5-Benzoyloxy-4-methyl- 327
—, 6-Benzoyloxy-4-methyl- 330
—, 7-Benzoyloxy-4-methyl- 336
—, 7-Benzoyloxy-6-[3-methyl-but-2-enyl]- 517
—, 6-Benzoyloxy-4-methyl-5,7-dinitro- 332
—, 6-Benzoyloxy-4-methyl-5-nitro- 332
—, 7-Benzoyloxy-4-methyl-6-nitro- 351
—, 7-Benzoyloxy-4-methyl-8-nitro- 351
—, 4-Benzoyloxy-3-phenyl- 710
—, 7-Benzoyloxy-4-phenyl- 716
—, 7-Benzoyloxy-4-*p*-tolyl- 739
—, 8-Benzyl-3-brom-7-hydroxy-4-methyl- 765
—, 3-Benzyl-6-chlor-7-hydroxy-4-methyl- 765
—, 8-Benzyl-3,6-dibrom-7-hydroxy-4-methyl- 766
—, 8-Benzyl-3,6-dibrom-7-methoxy-4-methyl- 766
—, 4-Benzyl-7-hydroxy- 737
—, 3-Benzyl-5-hydroxy-4,7-dimethyl- 779
—, 3-Benzyl-7-hydroxy-4,5-dimethyl- 778
—, 3-Benzyl-7-hydroxy-4-methyl- 764
—, 4-Benzyl-5-hydroxy-7-methyl- 765
—, 8-Benzyl-7-hydroxy-4-methyl- 765
—, 4-Benzylmercapto-3-chlor- 291
—, 4-Benzylmercapto-3-chlor-6-methyl- 353
—, 4-Benzyl-7-methoxy- 738
—, 3-Benzyl-5-methoxy-4,7-dimethyl- 779
—, 4-Benzyl-5-methoxy-7-methyl- 765
—, 7-Benzyloxy- 297
—, 4-[2-Benzyloxy-benzoyloxy]-3-phenyl- 710
—, 5-Benzyloxy-4,7-dimethyl- 383
—, 7-Benzyloxy-4-methyl- 335
—, 7-Benzyloxy-4-phenyl- 716
—, 6-Bibenzyl-α-yl-7-hydroxy- 850
—, 8-Bibenzyl-α-yl-7-hydroxy- 850
—, 6-Bibenzyl-α-yl-7-methoxy- 850
—, 4-[2-Brom-äthoxy]- 287
—, 3-[1-Brom-äthyl]-7-methoxy-4-methyl- 403
—, 7-[2-Brom-allyloxy]-4-methyl- 335
—, 3-Brom-7-butyryloxy-4-methyl- 347
—, 6-Brom-7-butyryloxy-4-methyl- 348
—, 3-Brom-7-diäthoxythiophosphoryloxy-4-methyl- 347
—, 3-Brom-6-[2,3-dibrom-3-methyl-butyl]-7-hydroxy- 517
—, 3-Brom-7-hydroxy- 302
—, 6-Brom-7-hydroxy- 302
—, 3-Brom-5-hydroxy-4,7-dimethyl- 383
—, 6-Brom-5-hydroxy-4,7-dimethyl- 383
—, 6-Brom-7-hydroxy-3,4-dimethyl- 379
—, 8-Brom-5-hydroxy-4,7-dimethyl- 384
—, 3-Brom-6-hydroxy-4-methyl- 331
—, 3-Brom-7-hydroxy-4-methyl- 347
—, 6-Brom-7-hydroxy-4-methyl- 347
—, 8-Brom-5-hydroxy-4-methyl- 327
—, 8-Brom-7-hydroxy-4-methyl- 348
—, 6-Brom-7-hydroxy-4-methyl-3-phenyl- 747
—, 8-Brom-7-hydroxy-4-methyl-3-phenyl- 748
—, 6-Brom-7-hydroxy-4-methyl-3-propyl- 420
—, 3-Brom-7-hydroxy-4-phenyl- 717
—, 6-Brom-3-[4-hydroxy-phenyl]- 715
—, 6-Brom-7-hydroxy-3-phenyl- 712
—, 8-Brom-7-hydroxy-3-phenyl- 713
—, 6-Brom-5-hydroxy-3,4,7-trimethyl- 410
—, 8-Brom-5-hydroxy-3,4,7-trimethyl- 410
—, 3-Brom-4-methoxy- 291
—, 3-Brom-7-methoxy- 302
—, 5-Brom-8-methoxy- 305
—, 6-Brom-8-methoxy- 305
—, 8-Brom-5-methoxy-4,7-dimethyl- 384
—, 3-Brom-6-methoxy-4-methyl- 331
—, 3-Brom-7-methoxy-4-methyl- 347
—, 6-Brom-7-methoxy-4-methyl- 348
—, 8-Brom-5-methoxy-4-methyl- 327
—, 6-Brom-7-methoxy-4-methyl-3-phenyl- 748
—, 8-Brom-7-methoxy-4-methyl-3-phenyl- 748
—, 6-Brom-7-methoxy-4-methyl-3-propyl- 420
—, 3-Brom-7-methoxy-4-phenyl- 717
—, 6-Brom-7-methoxy-3-phenyl- 713
—, 8-Brom-7-methoxy-3-phenyl- 713
—, 4-Brommethyl-7-hydroxy- 348
—, 4-Brommethyl-7-methoxy- 348

Cumarin *(Fortsetzung)*
—, 6-Brom-4-methyl-7-propionyloxy- 348
—, 3-[4-Brom-phenyl]-7-hydroxy-4-methyl- 748
—, 3-[4-Brom-phenyl]-7-methoxy-4-methyl- 748
—, 3-[1-Brom-propyl]-7-methoxy-4-methyl- 420
—, 3-[Butan-1-sulfonyl]- 285
—, 7-[Butan-1-sulfonyloxy]-4-methyl- 340
—, 7-Butoxy- 295
—, 7-Butoxy-4-methyl- 334
—, 6-Butyl-7-[chlor-hydroxy-phosphoryloxy]-4-methyl- 435
—, 6-Butyl-3-[2-chlor-vinyl]-7-hydroxy-4-methyl- 531
—, 6-Butyl-7-diäthoxythiophosphoryloxy-4-methyl- 435
—, 6-Butyl-3-[2,2-dichlor-äthyl]-7-hydroxy-4-methyl- 458
—, 4-Butyl-7-hydroxy- 417
—, 6-Butyl-7-hydroxy- 418
—, 6-Butyl-7-[2-hydroxy-äthoxy]-4-methyl- 435
—, 3-Butyl-5-hydroxy-4,7-dimethyl- 445
—, 3-Butyl-7-hydroxy-4-methyl- 434
—, 6-Butyl-5-hydroxy-4-methyl- 434
—, 6-Butyl-7-hydroxy-4-methyl- 434
—, 3-Butyl-5-hydroxy-4-methyl-7-pentyl- 461
—, 3-Butyl-4-methoxy- 417
—, 6-Butyl-7-methoxy-4-methyl- 434
—, 4-Butyryloxy- 287
—, 7-Butyryloxy- 300
—, 7-Butyryloxy-6-chlor-4-methyl- 345
—, 5-Butyryloxy-4-methyl- 326
—, 7-Butyryloxy-4-methyl- 336
—, 3-[2-Carbamoyl-4,6-dichlor-phenoxymethyl]- 326
—, 7-Cellobiosyloxy-4-methyl- 340
—, 4-Chloracetoxy- 287
—, 7-Chloracetoxy- 299
—, 7-Chloracetoxy-4-methyl- 336
—, 7-[4-Chlor-benzoyloxy]-4-methyl- 336
—, 7-[4-Chlor-butan-1-sulfonyloxy]-4-methyl- 340
—, 7-[3-Chlor-but-2-en-1-sulfonyloxy]-4-methyl- 341
—, 6-Chlor-7-[chlor-hydroxy-phosphoryloxy]-4-methyl- 345
—, 6-Chlor-7-diäthoxyphosphoryloxy-4-methyl- 345
—, 3-Chlor-7-diäthoxythiophosphoryloxy-4-methyl- 344
—, 6-Chlor-7-diäthoxythiophosphoryloxy-4-methyl- 345
—, 3-Chlor-7-dimethoxythiophosphoryloxy-4-methyl- 344
—, 6-Chlor-7-dimethoxythiophosphoryloxy-4-methyl- 345
—, 3-Chlor-5-hydroxy- 292
—, 6-Chlor-7-hydroxy- 302
—, 8-Chlor-7-hydroxy- 302
—, 6-Chlor-7-[2-hydroxy-äthoxy]-4-methyl- 344
—, 3-Chlor-5-hydroxy-4,7-dimethyl- 381
—, 3-Chlor-7-hydroxy-4,5-dimethyl- 381
—, 6-Chlor-5-hydroxy-4,7-dimethyl- 383
—, 6-Chlor-7-hydroxy-3,4-dimethyl- 379
—, 8-Chlor-7-hydroxy-3,4-dimethyl- 379
—, 6-Chlor-7-hydroxy-3-isobutyl-4-methyl- 435
—, 3-Chlor-7-hydroxy-4-methyl- 343
—, 6-Chlor-7-hydroxy-4-methyl- 344
—, 7-Chlor-6-hydroxy-4-methyl- 331
—, 8-Chlor-7-hydroxy-4-methyl- 345
—, 6-Chlor-5-hydroxy-4-methyl-8-propyl- 421
—, 6-Chlor-7-hydroxy-4-methyl-3-propyl- 420
—, 8-Chlor-5-hydroxy-4-methyl-6-propyl- 421
—, 6-Chlor-7-hydroxy-4-phenyl- 717
—, 7-[Chlor-hydroxy-phosphoryloxy]- 301
—, 7-[Chlor-hydroxy-phosphoryloxy]-4-methyl-6-propyl- 421
—, 6-Chlor-5-hydroxy-3,4,7-trimethyl- 410
—, 8-Chlor-5-hydroxy-3,4,7-trimethyl- 410
—, 7-[α-Chlor-isovaleryloxy]- 300
—, 7-Chlormethansulfonyloxy-4-methyl- 342
—, 3-Chlor-4-methoxy- 290
—, 3-Chlor-5-methoxy- 292
—, 5-Chlor-8-methoxy- 304
—, 6-Chlor-8-methoxy- 304
—, 3-Chlor-4-methoxy-6-methyl- 353
—, 3-Chlor-7-methoxy-4-methyl- 343
—, 6-Chlor-7-methoxy-4-methyl- 344
—, 8-Chlor-7-methoxy-4-methyl- 346
—, 3-Chlor-7-methoxy-4-phenyl- 717
—, 3-Chlor-4-methyl-7-propionyloxy- 344

Cumarin *(Fortsetzung)*
—, 6-Chlor-4-methyl-7-propionyloxy- 345
—, 3-Chlor-4-phenoxy- 290
—, 3-[4-Chlor-phenyl]-7-hydroxy- 712
—, 3-[4-Chlor-phenyl]-8-hydroxy- 714
—, 3-[4-Chlor-phenyl]-7-hydroxy-4-methyl- 747
—, 3-[4-Chlor-phenyl]-7-methoxy-4-methyl- 747
—, 6-Chlor-4-propionyloxy- 291
—, 3-[2-Chlor-propyl]-5-hydroxy-4,7-dimethyl- 436
—, 3-[2-Chlor-vinyl]-5-hydroxy-4,7-dimethyl- 511
—, 3-[2-Chlor-vinyl]-7-hydroxy-4-methyl- 503
—, 3-[2-Chlor-vinyl]-7-methoxy-4-methyl- 504
—, 4-Cinnamoyloxy- 288
—, 7-Cinnamoyloxy-4-methyl- 337
—, 6-Crotonoyloxy-4-methyl- 330
—, 7-[3,4-Diacetoxy-6-acetoxymethyl-5-(3,4,5-triacetoxy-6-acetoxymethyl-tetrahydro-pyran-2-yloxy)-tetrahydro-pyran-2-yloxy]-4-methyl- 340
—, 4-[3,4-Diacetoxy-benzoyloxy]- 289
—, 4-Diäthoxyphosphoryloxy- 290
—, 4-Diäthoxythiophosphoryloxy- 290
—, 7-Diäthoxythiophosphoryloxy- 302
—, 6-Diäthoxythiophosphoryloxy-4-methyl- 331
—, 7-Diäthoxythiophosphoryloxy-4-methyl- 343
—, 7-Diäthoxythiophosphoryloxy-4-methyl-8-nitro- 351
—, 7-Diäthoxythiophosphoryloxy-4-methyl-6-propyl- 422
—, 7-[2-Diäthylamino-äthoxy]-4-methyl- 338
—, 3,6-Diäthyl-7-benzoyloxy-4-methyl- 437
—, 6,8-Diäthyl-5-hydroxy- 422
—, 3,8-Diäthyl-7-hydroxy-4,5-dimethyl- 446
—, 6,8-Diäthyl-5-hydroxy-4,7-dimethyl- 447
—, 6,8-Diäthyl-7-hydroxy-4,5-dimethyl- 447
—, 3,6-Diäthyl-7-hydroxy-4-methyl- 437
—, 3,7-Diäthyl-6-hydroxy-4-methyl- 437
—, 6,8-Diäthyl-5-hydroxy-4-methyl- 438
—, 6,8-Diäthyl-5-hydroxy-7-methyl- 438
—, 6,8-Diäthyl-7-hydroxy-4-methyl- 438
—, 3,4-Diäthyl-7-methoxy- 422
—, 3,6-Diäthyl-7-methoxy-4-methyl- 437
—, 6,8-Dibrom-3-[4-brom-phenyl]-7-hydroxy- 714
—, 6,8-Dibrom-3-[4-brom-phenyl]-7-methoxy- 714
—, 3,6-Dibrom-7-hydroxy-4,8-dimethyl- 386
—, 6,8-Dibrom-5-hydroxy-4,7-dimethyl- 384
—, 6,8-Dibrom-7-hydroxy-3,4-dimethyl- 379
—, 3,5-Dibrom-6-hydroxy-4-methyl- 331
—, 3,6-Dibrom-7-hydroxy-4-methyl- 349
—, 3,7-Dibrom-6-hydroxy-4-methyl- 331
—, 3,8-Dibrom-7-hydroxy-4-methyl- 349
—, 5,7-Dibrom-6-hydroxy-4-methyl- 331
—, 6,8-Dibrom-5-hydroxy-4-methyl- 327
—, 6,8-Dibrom-7-hydroxy-4-methyl-3-phenyl- 748
—, 3,6-Dibrom-7-hydroxy-4-phenyl- 717
—, 3,8-Dibrom-7-hydroxy-4-phenyl- 717
—, 6,8-Dibrom-7-hydroxy-3-phenyl- 713
—, 6,8-Dibrom-7-hydroxy-4-phenyl- 718
—, 3,8-Dibrom-5-methoxy-4,7-dimethyl- 384
—, 6,8-Dibrom-5-methoxy-4,7-dimethyl- 384
—, 3,5-Dibrom-6-methoxy-4-methyl- 331
—, 3,6-Dibrom-7-methoxy-4-methyl- 349
—, 3,7-Dibrom-6-methoxy-4-methyl- 332
—, 3,8-Dibrom-5-methoxy-4-methyl- 327
—, 3,8-Dibrom-7-methoxy-4-methyl- 349
—, 6,8-Dibrom-5-methoxy-4-methyl- 327
—, 6,8-Dibrom-7-methoxy-4-methyl-3-phenyl- 749
—, 3,6-Dibrom-7-methoxy-4-phenyl- 717

Cumarin *(Fortsetzung)*
—, 3,8-Dibrom-7-methoxy-4-phenyl- 718
—, 6,8-Dibrom-7-methoxy-3-phenyl- 713
—, 6,8-Dibrom-7-methoxy-4-phenyl- 718
—, 6-[2,3-Dibrom-3-methyl-butyl]-7-hydroxy- 433
—, 6-[2,3-Dibrom-3-methyl-butyl]-7-methoxy- 433
—, 8-[2,3-Dibrom-3-methyl-butyl]-7-methoxy- 434
—, 3-[2,2-Dichlor-äthyl]-5-hydroxy-4,7-dimethyl- 426
—, 3-[2,2-Dichlor-äthyl]-7-hydroxy-4-methyl- 403
—, 3-[2,2-Dichlor-äthyl]-7-methoxy-4-methyl- 403
—, 7-[2,4-Dichlor-benzoyloxy]-4-methyl- 337
—, 3,6-Dichlor-7-hydroxy-4-methyl- 346
—, 3,8-Dichlor-7-hydroxy-4-methyl- 346
—, 6,8-Dichlor-7-hydroxy-4-methyl- 346
—, 3,4-Dichlor-6-methoxy- 293
—, 3,6-Dichlor-7-methoxy-4-methyl- 346
—, 3,8-Dichlor-7-methoxy-4-methyl- 346
—, 6,8-Dichlor-7-methoxy-4-methyl- 346
—, 7-[6,7-Dihydroxy-3,7-dimethyl-oct-2-enyloxy]- 298
—, 7-[3,4-Dihydroxy-6-hydroxymethyl-5-(3,4,5-trihydroxy-6-hydroxymethyl-tetrahydro-pyran-2-yloxy)-tetrahydro-pyran-2-yloxy]-4-methyl- 339
—, 7-Diisopropoxythiophosphoryloxy-4-methyl- 343
—, 3,6-Dijod-7-methoxy-4-methyl- 350
—, 3,8-Dijod-7-methoxy-4-methyl- 350
—, 6,8-Dijod-5-methoxy-4-methyl- 328
—, 6,8-Dijod-7-methoxy-4-methyl- 350
—, 4-Dimethoxythiophosphoryloxy- 290
—, 6-Dimethoxythiophosphoryloxy-4-methyl- 330
—, 7-Dimethoxythiophosphoryloxy-4-methyl- 342
—, 4-Dimethylcarbamoyloxy- 288
—, 7-Dimethylcarbamoyloxy-4-methyl- 338

—, 6-[3,7-Dimethyl-octa-2,6-dienyl]-7-hydroxy- 588
—, 6-[3,7-Dimethyl-octa-2,6-dienyl]-7-methoxy- 588
—, 7-[3,7-Dimethyl-octa-2,6-dienyloxy]- 296
—, 7-[3,7-Dimethyl-octyloxy]- 296
—, 4,5-Dimethyl-3-phenyl-7-phenylacetoxy- 770
—, 3,4-Dimethyl-7-[tetra-O-acetyl-glucopyranosyloxy]- 379
—, 4,7-Dimethyl-5-[toluol-4-sulfonyloxy]- 383
—, 4,6-Dimethyl-3-[2,2,2-trichlor-1-hydroxy-äthyl]- 425
—, 4,6-Dimethyl-3-[2,2,2-trichlor-1-methoxy-äthyl]- 425
—, 6-Dodecyl-5-hydroxy-4-methyl- 469
—, 6-Dodecyl-7-hydroxy-4-methyl- 469
—, 7-[8,12-Epoxy-3-hydroxy-driman-11-yloxy]- 301
—, 7-Farnesyloxy- 297
—, 7-Galactopyranosyloxy-4-methyl- 338
—, 7-[O^4-Glucopyranosyl-glucopyranosyloxy]-4-methyl- 339
—, 4-Glucopyranosyloxy- 290
—, 7-Glucopyranosyloxy- 301
—, 7-Glucopyranosyloxy-3,4-dimethyl- 378
—, 4-Glucopyranosyloxy-6-methyl- 353
—, 7-Glucopyranosyloxy-4-methyl- 338
—, 7-Glucopyranosyloxy-8-[3-methyl-but-2-enyl]- 518
—, 7-[Hepta-O-acetyl-cellobiosyloxy]-4-methyl- 340
—, 7-[Hepta-O-acetyl-maltosyloxy]-4-methyl- 340
—, 6-Heptyl-7-hydroxy- 457
—, 7-Heptyloxy- 296
—, 3-Hexadecyl-7-hydroxy- 477
—, 6-Hexadecyl-5-hydroxy-4-methyl- 477
—, 6-Hexadecyl-7-hydroxy-4-methyl- 477
—, 4-Hexanoyloxy- 287
—, 7-Hexanoyloxy-4-methyl- 336
—, 6-Hexyl-7-hydroxy- 444
—, 3-Hexyl-7-hydroxy-4-methyl- 457
—, 3-Hexyl-4-methoxy- 443
—, 6-Hexyl-7-methoxy-4-methyl- 458
—, 7-Hexyloxy-4-methyl- 335
—, 6-Hydroxomercuriooxy-4-methyl- 329
—, 5-Hydroxy- 291

Cumarin *(Fortsetzung)*
—, 6-Hydroxy- 293
—, 7-Hydroxy- 294
—, 8-Hydroxy- 304
—, 7-[2-Hydroxy-äthoxy]- 297
—, 7-[2-Hydroxy-äthoxy]-4-methyl-6-propyl- 421
—, 3-[1-Hydroxy-äthyl]-7-methyl- 404
—, 5-Hydroxy-6,8-dijod-4-methyl- 328
—, 7-Hydroxy-3,6-dijod-4-methyl- 350
—, 7-Hydroxy-3,8-dijod-4-methyl- 350
—, 7-Hydroxy-6,8-dijod-4-methyl- 350
—, 5-Hydroxy-4,7-dimethyl- 382
—, 6-Hydroxy-3,4-dimethyl- 377
—, 6-Hydroxy-4,7-dimethyl- 385
—, 7-Hydroxy-3,4-dimethyl- 377
—, 7-Hydroxy-4,5-dimethyl- 381
—, 7-Hydroxy-4,6-dimethyl- 381
—, 7-Hydroxy-4,8-dimethyl- 385
—, 7-Hydroxy-5,8-dimethyl- 386
—, 8-Hydroxy-4,6-dimethyl- 382
—, 7-Hydroxy-3,4-dimethyl-6,8-dinitro- 380
—, 7-Hydroxy-4,5-dimethyl-3,8-dipropyl- 459
—, 7-[5-(3-Hydroxy-2,2-dimethyl-6-methylen-cyclohexyl)-3-methyl-pent-2-enyloxy]- 297
—, 6-Hydroxy-3,4-dimethyl-5-nitro- 377
—, 7-Hydroxy-3,4-dimethyl-8-nitro- 379
—, 7-Hydroxy-4,5-dimethyl-3-phenyl- 770
—, 6-Hydroxy-4,7-dimethyl-3-propyl- 436
—, 7-Hydroxy-4,5-dimethyl-8-propyl- 436
—, 7-Hydroxy-4,8-dimethyl-6-propyl- 436
—, 5-Hydroxy-4,7-dimethyl-3,6,8-trinitro- 384
—, 8-Hydroxy-5,7-dinitro- 305
—, 7-Hydroxy-3,4-diphenyl- 843
—, 7-[3-Hydroxy-drim-8(12)-en-11-yloxy]- 298
—, 7-Hydroxy-3-isobutyl-4-methyl- 435
—, 7-Hydroxy-6-isobutyl-4-methyl- 435
—, 7-Hydroxy-6-isopentyl- 433
—, 7-Hydroxy-8-isopentyl- 434
—, 5-Hydroxy-6-isopentyl-4-methyl- 445
—, 7-Hydroxy-3-isopentyl-4-methyl- 444
—, 7-Hydroxy-6-isopentyl-4-methyl- 445
—, 7-Hydroxy-8-isopentyl-4-methyl- 445
—, 7-Hydroxy-3-isopropyl-4-methyl- 422
—, 5-Hydroxy-6-jod-4-methyl- 327
—, 5-Hydroxy-8-jod-4-methyl- 328
—, 7-Hydroxy-8-jod-4-methyl- 349
—, 3-Hydroxymethyl- 325
—, 5-Hydroxy-4-methyl- 326
—, 5-Hydroxy-7-methyl- 354
—, 6-Hydroxy-3-methyl- 324
—, 6-Hydroxy-4-methyl- 329
—, 6-Hydroxy-7-methyl- 354
—, 7-Hydroxy-3-methyl- 324
—, 7-Hydroxy-4-methyl- 332
—, 7-Hydroxy-5-methyl- 352
—, 7-Hydroxy-6-methyl- 353
—, 7-Hydroxy-8-methyl- 354
—, 8-Hydroxy-3-methyl- 325
—, 7-Hydroxy-6-[3-methyl-but-2-enyl]- 517
—, 7-Hydroxy-8-[3-methyl-but-2-enyl]- 518
—, 5-Hydroxy-4-methyl-6,8-dinitro- 329
—, 6-Hydroxy-4-methyl-5,7-dinitro- 332
—, 7-Hydroxy-4-methyl-6,8-dinitro- 352
—, 6-Hydroxymethyl-4-methyl- 382
—, 7-Hydroxymethyl-4-methyl- 385
—, 5-Hydroxy-4-methyl-6-nitro- 328
—, 5-Hydroxy-4-methyl-8-nitro- 328
—, 6-Hydroxy-4-methyl-5-nitro- 332
—, 7-Hydroxy-4-methyl-6-nitro- 350
—, 7-Hydroxy-4-methyl-8-nitro- 351
—, 7-Hydroxy-4-methyl-3-[4-nitrophenyl]- 749
—, 7-Hydroxy-5-methyl-4-[4-nitrophenyl]- 750
—, 7-Hydroxy-4-methyl-6-octadecyl- 479
—, 7-Hydroxy-4-methyl-5-pentadecyl- 477
—, 5-Hydroxy-4-methyl-7-pentyl- 444
—, 7-Hydroxy-4-methyl-3-pentyl- 444
—, 5-Hydroxy-4-methyl-3-phenyl- 746
—, 6-Hydroxy-7-methyl-4-phenyl- 750
—, 7-Hydroxy-4-methyl-3-phenyl- 747
—, 7-Hydroxy-5-methyl-3-phenyl- 749
—, 7-Hydroxy-5-methyl-4-phenyl- 750
—, 7-Hydroxy-6-methyl-4-phenyl- 750
—, 7-Hydroxy-8-methyl-4-phenyl- 751
—, 7-Hydroxy-8-[3-methyl-3-phenylbutyl]- 783
—, 5-Hydroxy-4-methyl-6-propyl- 421

Cumarin *(Fortsetzung)*
—, 5-Hydroxy-7-methyl-4-propyl- 422
—, 7-Hydroxy-4-methyl-3-propyl- 420
—, 7-Hydroxy-4-methyl-6-propyl- 421
—, 5-Hydroxy-4-methyl-7-trifluormethyl- 383
—, 7-Hydroxy-4-methyl-5-trifluormethyl- 381
—, 5-Hydroxy-4-methyl-3,6,8-trinitro- 329
—, 7-Hydroxy-4-methyl-3,6,8-trinitro- 352
—, 7-Hydroxy-4-[1]naphthyl- 829
—, 7-Hydroxy-6-nitro- 303
—, 8-Hydroxy-7-nitro- 305
—, 7-Hydroxy-4-[4-nitro-phenyl]- 718
—, 7-Hydroxy-5-pentadecyl-4-phenyl- 788
—, 7-Hydroxy-5-pentadecyl-4-propyl- 478
—, 7-Hydroxy-4-pentyl- 432
—, 7-Hydroxy-6-pentyl- 433
—, 7-Hydroxy-4-phenäthyl- 763
—, 3-[2-Hydroxy-phenyl]- 714
—, 3-[4-Hydroxy-phenyl]- 715
—, 5-Hydroxy-4-phenyl- 715
—, 6-Hydroxy-4-phenyl- 715
—, 7-Hydroxy-3-phenyl- 712
—, 7-Hydroxy-4-phenyl- 716
—, 8-Hydroxy-3-phenyl- 714
—, 3-[4-Hydroxy-phenyl]-6-methyl-4-phenyl- 847
—, 4-[4-Hydroxy-phenyl]-3-phenyl- 843
—, 7-Hydroxy-4-propyl- 398
—, 7-Hydroxy-5-propyl- 398
—, 3-[2-Hydroxy-styryl]- 795
—, 3-[3-Hydroxy-styryl]- 796
—, 3-[4-Hydroxy-styryl]- 796
—, 7-Hydroxy-4-styryl- 796
—, 4-[3-Hydroxy-styryl]-7-methyl- 803
—, 4-[4-Hydroxy-styryl]-7-methyl- 804
—, 7-Hydroxy-3-*p*-tolyl- 739
—, 7-Hydroxy-4-*m*-tolyl- 738
—, 7-Hydroxy-4-*p*-tolyl- 739
—, 8-Hydroxy-3-*p*-tolyl- 739
—, 7-Hydroxy-4-trifluormethyl- 343
—, 7-Hydroxy-3,6,8-trijod-4-methyl- 350
—, 5-Hydroxy-3,4,7-trimethyl- 409
—, 6-Hydroxy-3,4,7-trimethyl- 410
—, 6-Hydroxy-4,7,8-trimethyl- 411
—, 6-Hydroxy-5,7,8-trimethyl- 411
—, 7-Hydroxy-3,4,5-trimethyl- 409
—, 7-Hydroxy-4,6,8-trimethyl- 410

—, 7-[6-Hydroxy-5,5,8a-trimethyl-2-methylen-decahydro-[1]-naphthylmethoxy]- 298
—, 7-[6-Hydroxy-5,5,8a-trimethyl-octahydro-spiro[naphthalin-2,2'-oxiran]-1-ylmethoxy]- 301
—, 7-Hydroxy-3,4,5-trimethyl-8-propyl- 446
—, 7-Hydroxy-3,6,8-trinitro- 303
—, 7-Isobutoxy- 296
—, 7-Isobutoxy-4-methyl- 334
—, 6-Isopentyl-7-methoxy- 433
—, 8-Isopentyl-7-methoxy- 434
—, 8-Isopentyl-7-methoxy-4-methyl- 445
—, 7-Isopentyloxy- 296
—, 7-Isopentyloxy-4-methyl- 334
—, 7-Isopropoxy- 295
—, 7-Isopropoxy-4-methyl- 334
—, 7-Isovaleryloxy- 300
—, 7-Isovaleryloxy-4-methyl- 336
—, 3-Jod-7-methoxy-4-methyl- 349
—, 6-Jod-5-methoxy-4-methyl- 327
—, 8-Jod-5-methoxy-4-methyl- 328
—, 8-Jod-7-methoxy-4-methyl- 349
—, 7-Maltosyloxy-4-methyl- 339
—, 3-Methansulfonyl- 285
—, 5-Methansulfonyloxy-4,7-dimethyl- 383
—, 7-Methansulfonyloxy-4-methyl- 340
—, 3-Methoxy- 284
—, 4-Methoxy- 286
—, 5-Methoxy- 292
—, 6-Methoxy- 293
—, 7-Methoxy- 295
—, 8-Methoxy- 304
—, 4-[2-Methoxy-benzoyloxy]- 288
—, 4-[4-Methoxy-benzoyloxy]- 289
—, 3-[2-Methoxy-benzyl]- 736
—, 6-Methoxycarbonyloxy-4-methyl- 330
—, 5-Methoxy-4,7-dimethyl- 382
—, 6-Methoxy-3,4-dimethyl- 377
—, 7-Methoxy-3,4-dimethyl- 378
—, 7-Methoxy-4,8-dimethyl- 385
—, 7-Methoxy-3,4-dimethyl-6,8-dinitro- 380
—, 7-Methoxy-3,4-dimethyl-6-nitro- 379
—, 7-Methoxy-3,4-dimethyl-8-nitro- 380
—, 7-Methoxy-4,5-dimethyl-3-phenyl- 770
—, 4-Methoxy-3,6-dinitro- 291
—, 8-Methoxy-5,7-dinitro- 305
—, 6-Methoxy-3,4-diphenyl- 843
—, 7-Methoxy-3,4-diphenyl- 843
—, 4-Methoxy-3-methyl- 324

Cumarin *(Fortsetzung)*
—, 5-Methoxy-4-methyl- 326
—, 6-Methoxy-3-methyl- 324
—, 6-Methoxy-4-methyl- 329
—, 7-Methoxy-3-methyl- 325
—, 7-Methoxy-4-methyl- 333
—, 7-Methoxy-6-methyl- 354
—, 7-Methoxy-8-methyl- 355
—, 8-Methoxy-3-methyl- 325
—, 7-Methoxy-6-[3-methyl-but-2-enyl]- 517
—, 7-Methoxy-8-[3-methyl-but-2-enyl]- 518
—, 6-Methoxy-4-methyl-5,7-dinitro- 332
—, 5-Methoxy-4-methyl-6-nitro- 328
—, 5-Methoxy-4-methyl-8-nitro- 329
—, 6-Methoxy-4-methyl-5-nitro- 332
—, 7-Methoxy-4-methyl-6-nitro- 351
—, 7-Methoxy-4-methyl-8-nitro- 351
—, 7-Methoxy-4-methyl-3-[4-nitro-phenyl]- 749
—, 5-Methoxy-4-methyl-3-phenyl- 746
—, 7-Methoxy-4-methyl-3-phenyl- 747
—, 7-Methoxy-5-methyl-3-phenyl- 749
—, 7-Methoxy-8-methyl-4-phenyl- 751
—, 7-Methoxy-8-[3-methyl-3-phenyl-butyl]- 784
—, 4-[2-Methoxy-4-methyl-phenyl]-6-methyl- 767
—, 4-[2-Methoxy-4-methyl-phenyl]-7-methyl- 767
—, 4-[2-Methoxy-5-methyl-phenyl]-6-methyl- 766
—, 4-[2-Methoxy-5-methyl-phenyl]-7-methyl- 767
—, 5-Methoxy-7-methyl-4-propyl- 422
—, 7-Methoxy-4-methyl-6-propyl- 421
—, 5-Methoxy-4-methyl-7-trifluormethyl- 383
—, 7-Methoxy-4-methyl-trifluormethyl- 381
—, 7-Methoxy-4-methyl-3,6,8-trinitro- 352
—, 6-Methoxy-8-nitro- 293
—, 8-Methoxy-5-nitro- 305
—, 8-Methoxy-6-nitro- 305
—, 8-Methoxy-7-nitro- 305
—, 3-[2-Methoxy-phenyl]- 714
—, 3-[4-Methoxy-phenyl]- 715
—, 4-Methoxy-3-phenyl- 710
—, 5-Methoxy-4-phenyl- 715
—, 7-Methoxy-3-phenyl- 712
—, 7-Methoxy-4-phenyl- 716
—, 8-Methoxy-3-phenyl- 714
—, 4-Methoxy-3-[1-phenyl-äthyl]- 763
—, 4-Methoxy-3-[1-phenyl-butyl]- 781

—, 4-Methoxy-3-[2-phenyl-butyl]- 781
—, 4-[4-Methoxy-phenyl]-6-methyl- 750
—, 4-[4-Methoxy-phenyl]-7-methyl- 751
—, 4-Methoxy-3-[2-phenyl-propyl]- 776
—, 4-Methoxy-3-propyl- 397
—, 7-Methoxy-4-propyl- 398
—, 7-Methoxy-4-styryl- 797
—, 4-[2-Methoxy-styryl]-6-methyl- 803
—, 4-[2-Methoxy-styryl]-7-methyl- 803
—, 4-[3-Methoxy-styryl]-7-methyl- 803
—, 4-[4-Methoxy-styryl]-6-methyl- 803
—, 4-[4-Methoxy-styryl]-7-methyl- 804
—, 4-[4-Methoxy-styryl]-3-phenyl- 855
—, 7-Methoxy-4-p-tolyl- 739
—, 7-Methoxy-4-trifluormethyl- 343
—, 7-Methoxy-3,4,5-trimethyl- 409
—, 7-Methoxy-3-vinyl- 498
—, 7-[3-Methyl-but-2-enyloxy]- 296
—, 8-[3-Methyl-but-2-enyl]-7-[tetra-O-acetyl-glucopyranosyloxy]- 518
—, 4-Methyl-7-[3-methyl-but-2-enyloxy]- 335
—, 4-Methyl-7-[3-methyl-crotonoyloxy]- 336
—, 4-Methyl-7-[2-methyl-propan-1-sulfonyloxy]- 341
—, 4-Methyl-7-[octan-1-sulfonyloxy]- 341
—, 4-Methyl-7-phenacyloxy- 335
—, 6-Methyl-4-[β-phenylmercapto-phenäthyl]- 776
—, 7-Methyl-4-[β-phenylmercapto-phenäthyl]- 777
—, 4-Methyl-7-[propan-1-sulfonyloxy]- 340
—, 4-Methyl-7-[propan-2-sulfonyloxy]- 340
—, 4-Methyl-7-[prop-1-en-1-sulfonyloxy]- 341
—, 4-Methyl-7-[prop-2-en-1-sulfonyloxy]- 341
—, 4-Methyl-5-propionyloxy- 326
—, 4-Methyl-7-propionyloxy- 336
—, 6-Methyl-4-propionyloxy- 353
—, 4-Methyl-7-propoxy- 334
—, 4-Methyl-7-sulfooxy- 342
—, 4-Methyl-7-[tetra-O-acetyl-galactopyranosyloxy]- 339
—, 4-Methyl-7-[tetra-O-acetyl-glucopyranosyloxy]- 339
—, 6-Methyl-4-[tetra-O-acetyl-glucopyranosyloxy]- 353
—, 4-Methyl-7-[4-thiocyanato-butan-1-sulfonyloxy]- 342

Cumarin *(Fortsetzung)*
—, 4-Methyl-7-[2-thioxo-2λ^5-benzo-[1,3,2]dioxaphosphol-2-yl]- 343
—, 4-Methyl-6-[toluol-4-sulfonyloxy]- 330
—, 4-Methyl-7-[toluol-α-sulfonyloxy]- 342
—, 4-Methyl-7-[toluol-4-sulfonyloxy]- 342
—, 7-Methyl-4-[β-(toluol-4-sulfonyl)-phenäthyl]- 778
—, 4-Methyl-7-m-toluoyloxy- 337
—, 4-Methyl-7-o-toluoyloxy- 337
—, 4-Methyl-7-p-toluoyloxy- 337
—, 6-Methyl-4-[β-m-tolylmercapto-phenäthyl]- 777
—, 6-Methyl-4-[β-p-tolylmercapto-phenäthyl]- 777
—, 7-Methyl-4-[β-m-tolylmercapto-phenäthyl]- 777
—, 7-Methyl-4-[β-o-tolylmercapto-phenäthyl]- 777
—, 7-Methyl-4-[β-p-tolylmercapto-phenäthyl]- 778
—, 4-Methyl-7-[3,4,5-triacetoxy-6-acetoxymethyl-tetrahydro-pyran-2-yloxy]- 339
—, 4-Methyl-7-[O^2,O^3,O^6-triacetyl-O^4-(tetra-O-acetyl-glucopyranosyl)-glucopyranosyloxy]- 340
—, 4-Methyl-7-[tri-O-acetyl-xylopyranosyloxy]- 338
—, 4-Methyl-7-[3,4,5-trihydroxy-6-hydroxymethyl-tetrahydro-pyran-2-yloxy]- 338
—, 7-[3-Methyl-5-(1,3,3-trimethyl-7-oxa-[2]norbornyl)-pent-2-enyloxy]- 300
—, 4-Methyl-7-valeryloxy- 336
—, 4-Methyl-7-xylopyranosyloxy- 338
—, 7-[3-Oxo-drim-8(12)-en-11-yloxy]- 299
—, 7-Phenacyloxy- 299
—, 4-Phenylacetoxy- 288
—, 3-Phenylmercapto- 285
—, 4-[3-Phenyl-propionyloxy]- 288
—, 3-Phenyl-4-salicyloyloxy- 710
—, 3-Phenyl-4-[3,4,5-triacetoxy-6-acetoxymethyl-tetrahydro-pyran-2-yloxy]- 711
—, 3-Phenyl-4-[3,4,5-triacetoxy-tetrahydro-pyran-2-yloxy]- 711
—, 3-Phenyl-4-[tri-O-acetyl-arabinopyranosyloxy]- 711
—, 3-Phenyl-4-[tri-O-acetyl-galactopyranosyloxy]- 711
—, 3-Phenyl-4-[tri-O-acetyl-glucopyranosyloxy]- 711
—, 3-Phenyl-4-[tri-O-acetyl-mannopyranosyloxy]- 711
—, 3-Phenyl-4-[tri-O-acetyl-xylopyranosyloxy]- 711
—, 3-[Propan-1-sulfonyl]- 285
—, 4-Propionyloxy- 287
—, 7-Propionyloxy- 299
—, 7-Propoxy- 295
—, 3-Salicyl- 736
—, 3-Sulfanilyl- 286
—, 3-Sulfooxy- 285
—, 5-Sulfooxy- 292
—, 6-Sulfooxy- 293
—, 7-Sulfooxy- 301
—, 8-Sulfooxy- 304
—, 4-[Tetra-O-acetyl-glucopyranosyloxy]- 290
—, 7-[Tetra-O-acetyl-glucopyranosyloxy]- 301
—, 3-[Toluol-α-sulfonyl]- 285
—, 3-p-Tolylmercapto- 285
—, 4-[3,4,5-Triacetoxy-benzoyloxy]- 289
—, 3,6,8-Tribrom-5-hydroxy-4,7-dimethyl- 384
—, 3,5,7-Tribrom-6-hydroxy-4-methyl- 332
—, 3,6,8-Tribrom-5-hydroxy-4-methyl- 327
—, 3,6,8-Tribrom-7-hydroxy-4-methyl- 349
—, 3,6,8-Tribrom-7-hydroxy-4-phenyl- 718
—, 3,6,8-Tribrom-5-methoxy-4,7-dimethyl- 384
—, 3,5,7-Tribrom-6-methoxy-4-methyl- 332
—, 3,6,8-Tribrom-5-methoxy-4-methyl- 327
—, 3,6,8-Tribrom-7-methoxy-4-methyl- 349
—, 3,6,8-Tribrom-7-methoxy-4-phenyl- 718
—, 3,6,8-Trichlor-7-hydroxy-4-methyl- 347
—, 3,6,8-Trichlor-7-methoxy-4-methyl- 347
—, 3,6,8-Trijod-7-methoxy-4-methyl- 350
—, 7-[3,7,11-Trimethyl-dodeca-2,6,10-trienyloxy]- 297
—, 7-[5,5,8a-Trimethyl-2-methylen-6-oxo-decahydro-[1]naphthylmethoxy]- 299
Cyanessigsäure s. Essigsäure, Cyan-
4,8-Cyclo-azuleno[4,3a-b]furan-2-on
—, 6-Hydroxy-1,5,8-trimethyl-octahydro- 146
6,9a-Cyclo-azuleno[4,5-b]furan-2-on
—, 7-Hydroxy-3,6,6a-trimethyl-octahydro- 145
16,23-Cyclo-cholestan
s. Fesan

6,9-Cyclo-cyclobuta[1,2]pentaleno=
[1,6a-b]furan-2-on
—, 7a-Acetoxy-3,6,8-trimethyl-
octahydro- 236
—, 7a-Benzoyloxy-3,6,8a-trimethyl-
octahydro- 236
—, 7a-Hydroxy-3,6,8-trimethyl-
octahydro- 236
Cyclodeca[b]furan-2-on
—, 4-Hydroxy-3,6-dimethyl-10-
methylen-decahydro- 127
—, 4-[4-Hydroxy-2-hydroxymethyl-
crotonoyloxy]-6,10-dimethyl-3-
methylen-3a,4,5,8,9,11a-hexahydro-3H-
234
—, 4-[β-Hydroxy-isobutyryloxy]-
3,6,10-trimethyl-dodecahydro- 79
—, 4-Hydroxy-3,6,10-trimethyl-
decahydro- 79
—, 9-Hydroxy-3,6,10-trimethyl-
decahydro- 80
—, 9-Hydroxy-3,6,10-trimethyl-3a,4,5,8,=
9,10,11,11a-octahydro-3H- 127
4a,8-Cyclo-dibenz[be]oxocin-6-on
—, 7a-Hydroxy-12-methyl-dodecahydro-
146
Cyclohepta[c]chromen-6-on
—, 1-Hydroxy-3-pentyl-8,9,10,11-
tetrahydro-7H- 539
Cyclohepta[b]furan-4-on
—, 5-Hydroxy- 282
—, 5-Methoxy- 282
Cyclohept-1-encarbonsäure
—, 2-[2,6-Dihydroxy-4-pentyl-phenyl]-,
— lacton 539
Cyclohexa-2,5-dienon
—, 4-Äthoxy-4-hexadecyloxy-2,3,5,6-
tetramethyl- 123
Cyclohexancarbonsäure
—, 2-[α-Acetoxy-4-brom-α-hydroxy-
benzyl]-,
— lacton 440
—, 2-[α-Acetoxy-4-brom-α-hydroxy-
benzyl]-2-brom-,
— lacton 440
—, 1-Acetoxy-5-hydroxy-2,3-diphenyl-,
— lacton 783
—, 4-Acetoxy-4-hydroxy-1-phenyl-,
— lacton 429
—, 2-[α-Äthoxy-4-brom-α-hydroxy-
benzyl]-2-brom-,
— lacton 440
—, 2-Äthyl-3-hydroxy-3-[3-methoxy-4-
methyl-phenäthyl]-1-methyl-,
— lacton 461
—, 2-Äthyl-3-hydroxy-3-[3-methoxy-4-
methyl-phenyläthinyl]-1-methyl-,
— lacton 589
—, 2-Äthyl-3-hydroxy-3-[3-methoxy-
phenäthyl]-1-methyl-,
— lacton 460
—, 3-Äthyl-4-hydroxy-4-[4-methoxy-
phenyl]-2-methyl-,
— lacton 459
—, 2-Brom-2-[4-brom-α-hydroxy-
α-methoxy-benzyl]-,
— lacton 440
—, 1-[2-Brom-5-methoxy-phenäthyl]-3-
hydroxy-2-methyl-,
— lacton 459
—, 3,4-Dihydroxy-,
— 3-lacton 63
— 4-lacton 64
—, 3,4-Dihydroxy-2,3-dimethyl-,
— 3-lacton 69
—, 1,5-Dihydroxy-2,3-diphenyl-,
— 5-lacton 783
—, 1,2-Dihydroxy-2,6,6-trimethyl-,
— 2-lacton 73
—, 1-[2-Hydroxy-2-(6-methoxy-[2]=
naphthyl)-1-methyl-vinyl]-,
— lacton 785
—, 4-Hydroxy-4-methoxy-1-phenyl-,
— lacton 429
—, 4-Hydroxy-4-[4-methoxy-phenyl]-1-
methyl-,
— lacton 441
—, 2-[α-Hydroxy-4-methoxy-styryl]-,
— lacton 525
—, 3-Hydroxy-4-[toluol-4-
sulfonyloxy]-,
— lacton 63
—, 4-Hydroxy-3-[toluol-4-
sulfonyloxy]-,
— lacton 64
Cyclohexanon
—, 2,3-Epoxy-6-[1-hydroxy-5-
isopropenyl-2-methyl-cyclohex-2-
enyl]-5-isopropenyl-2-methyl- 463
Cyclohex-1-encarbonsäure
—, 2-[4-Acetoxy-5-äthyl-2-hydroxy-
phenyl]-3-methyl-,
— lacton 532
—, 2-[4-Acetoxy-5-äthyl-2-hydroxy-
phenyl]-4-methyl-,
— lacton 532
—, 2-[4-Acetoxy-5-äthyl-2-hydroxy-
phenyl]-5-methyl-,
— lacton 531
—, 2-[2-Acetoxy-6-hydroxy-4-
isopentyl-phenyl]-4-methyl-,
— lacton 542
—, 2-[2-Acetoxy-6-hydroxy-4-methyl-
phenyl]-,
— lacton 520
—, 2-[2-Acetoxy-6-hydroxy-4-methyl-
phenyl]-3-methyl-,
— lacton 527

Cyclohex-1-encarbonsäure *(Fortsetzung)*
—, 2-[2-Acetoxy-6-hydroxy-4-methyl-
phenyl]-4-methyl-,
— lacton 527
—, 2-[2-Acetoxy-6-hydroxy-4-methyl-
phenyl]-5-methyl-,
— lacton 526
—, 2-[4-Acetoxy-2-hydroxy-6-
pentadecyl-phenyl]-,
— lacton 561
—, 2-[2-Acetoxy-6-hydroxy-4-pentyl-
phenyl]-,
— lacton 537
—, 2-[5-Acetoxy-2-hydroxy-4-pentyl-
phenyl]-4-methyl-,
— lacton 541
—, 2-[4-Acetoxy-2-hydroxy-phenyl]-,
— lacton 513
—, 2-[5-Acetoxy-2-hydroxy-phenyl]-,
— lacton 513
—, 2-[2-Acetoxy-6-hydroxy-phenyl]-4-
methyl-,
— lacton 540
—, 2-[4-Acetoxy-2-hydroxy-phenyl]-3-
methyl-,
— lacton 521
—, 2-[4-Acetoxy-2-hydroxy-phenyl]-4-
methyl-,
— lacton 521
—, 2-[4-Acetoxy-2-hydroxy-phenyl]-5-
methyl-,
— lacton 520
—, 2-[4-(1-Äthyl-butyl)-2,6-
dihydroxy-phenyl]-4-methyl-,
— lacton 543
—, 4-Äthyl-2-[2,6-dihydroxy-4-
pentyl-phenyl]-,
— lacton 544
—, 2-[5-Äthyl-2,4-dihydroxy-phenyl]-,
— 2-lacton 526
—, 2-[4-Äthyl-2,6-dihydroxy-phenyl]-
4-methyl-,
— lacton 532
—, 2-[5-Äthyl-2,4-dihydroxy-phenyl]-
3-methyl-,
— 2-lacton 532
—, 2-[5-Äthyl-2,4-dihydroxy-phenyl]-
4-methyl-,
— 2-lacton 532
—, 2-[5-Äthyl-2,4-dihydroxy-phenyl]-
5-methyl-,
— 2-lacton 531
—, 2-[5-Äthyl-2-hydroxy-4-methoxy-
phenyl]-3-methyl-,
— lacton 532
—, 2-[5-Äthyl-2-hydroxy-4-methoxy-
phenyl]-4-methyl-,
— lacton 532

—, 2-[5-Äthyl-2-hydroxy-4-methoxy-
phenyl]-5-methyl-,
— lacton 531
—, 2-[4-(1-Äthyl-2-methyl-propyl)-
2,6-dihydroxy-phenyl]-4-methyl-,
— lacton 544
—, 2-[4-Butoxy-2-hydroxy-phenyl]-,
—lacton 513
—, 2-[4-Butyl-2,6-dihydroxy-phenyl]-
4-methyl-,
— lacton 537
—, 2-[5-Chlor-4-
diäthoxyphosphoryloxy-2-hydroxy-
phenyl]-,
— lacton 514
—, 2-[5-Chlor-4-
diäthoxythiophosphoryloxy-2-hydroxy-
phenyl]-,
— lacton 514
—, 2-[5-Chlor-2,4-dihydroxy-phenyl]-,
— 2-lacton 514
—, 2-[5-Chlor-4-
dimethoxythiophosphoryloxy-2-
hydroxy-phenyl]-,
— lacton 514
—, 5-Cyclohexyl-2-[1,5-dihydroxy-[2]-
naphthyl]-,
— 1-lacton 809
—, 5-Cyclohexyl-2-[1,6-dihydroxy-[2]-
naphthyl]-,
— 1-lacton 809
—, 5-Cyclohexyl-2-[1,7-dihydroxy-[2]-
naphthyl]-,
— 1-lacton 810
—, 5-Cyclohexyl-2-[2,4-dihydroxy-
phenyl]-,
— 2-lacton 589
—, 2-[5-Cyclohexyl-2,4-dihydroxy-
phenyl]-4-methyl-,
— 2-lacton 590
—, 2-[4-Diäthoxyphosphoryloxy-2-
hydroxy-phenyl]-,
— lacton 513
—, 2-[4-Diäthoxythiophosphoryloxy-2-
hydroxy-3-nitro-phenyl]-,
— lacton 515
—, 2-[4-Diäthoxythiophosphoryloxy-2-
hydroxy-phenyl]-,
— lacton 514
—, 2-[4-Diäthoxythiophosphoryloxy-2-
hydroxy-phenyl]-4,4,6-trimethyl-,
— lacton 533
—, 2-[2,6-Dihydroxy-4-isohexyl-
phenyl]-4-methyl-,
— lacton 543
—, 2-[2,6-Dihydroxy-4-isopentyl-
phenyl]-4-methyl-,
— lacton 542

Cyclohex-1-encarbonsäure *(Fortsetzung)*
—, 2-[2,6-Dihydroxy-4-(1-methyl-butyl)-phenyl]-4-methyl-, lacton 541
—, 2-[2,4-Dihydroxy-5-(1-methyl-heptyl)-phenyl]-4-methyl-,
— 2-lacton 547
—, 2-[2,6-Dihydroxy-4-(1-methyl-heptyl)-phenyl]-4-methyl-,
— lacton 547
—, 2-[2,6-Dihydroxy-4-(1-methyl-hexyl)-phenyl]-4-methyl-,
— lacton 546
—, 2-[2,6-Dihydroxy-4-(1-methyl-nonyl)-phenyl]-4-methyl-,
— lacton 558
—, 2-[2,6-Dihydroxy-4-(1-methyl-octyl)-phenyl]-4-methyl-,
— lacton 549
—, 2-[2,6-Dihydroxy-4-(1-methyl-pentyl)-phenyl]-4-methyl-,
— lacton 543
—, 2-[2,6-Dihydroxy-4-(2-methyl-pentyl)-phenyl]-4-methyl-,
— lacton 543
—, 2-[2,6-Dihydroxy-4-(3-methyl-pentyl)-phenyl]-4-methyl-,
— lacton 543
—, 2-[2,6-Dihydroxy-4-methyl-phenyl]-,
— lacton 519
—, 2-[2,4-Dihydroxy-6-methyl-phenyl]-4-methyl-,
— 2-lacton 526
—, 2-[2,6-Dihydroxy-4-methyl-phenyl]-3-methyl-,
— lacton 527
—, 2-[2,6-Dihydroxy-4-methyl-phenyl]-4-methyl-,
— lacton 526
—, 2-[2,6-Dihydroxy-4-methyl-phenyl]-5-methyl-,
— lacton 526
—, 2-[1,4-Dihydroxy-[2]naphthyl]-,
— 1-lacton 776
—, 2-[1,5-Dihydroxy-[2]naphthyl]-,
— 1-lacton 774
—, 2-[1,6-Dihydroxy-[2]naphthyl]-,
— 1-lacton 775
—, 2-[1,7-Dihydroxy-[2]naphthyl]-,
— 1-lacton 775
—, 2-[1,8-Dihydroxy-[2]naphthyl]-,
— 1-lacton 775
—, 2-[2,4-Dihydroxy-3-nitro-phenyl]-,
— 2-lacton 514
—, 2-[2,4-Dihydroxy-5-octyl-phenyl]-4-methyl-,
— 2-lacton 547
—, 2-[2,6-Dihydroxy-4-octyl-phenyl]-4-methyl-,
— lacton 547

—, 2-[2,4-Dihydroxy-6-pentadecyl-phenyl]-,
— 2-lacton 560
—, 2-[2,6-Dihydroxy-4-pentyl-phenyl]-,
— lacton 537
—, 2-[2,6-Dihydroxy-4-pentyl-phenyl]-4,4-dimethyl-,
— lacton 545
—, 2-[2,6-Dihydroxy-4-pentyl-phenyl]-4,5-dimethyl-,
— lacton 545
—, 2-[2,6-Dihydroxy-4-pentyl-phenyl]-4,6-dimethyl-,
— lacton 544
—, 2-[2,5-Dihydroxy-4-pentyl-phenyl]-4-methyl-,
— 2-lacton 541
—, 2-[2,6-Dihydroxy-4-pentyl-phenyl]-3-methyl-,
— lacton 541
—, 2-[2,6-Dihydroxy-4-pentyl-phenyl]-4-methyl-,
— lacton 540
—, 2-[2,6-Dihydroxy-4-pentyl-phenyl]-5-methyl-,
— lacton 540
—, 2-[2,4-Dihydroxy-phenyl]-,
— 2-lacton 513
—, 2-[2,5-Dihydroxy-phenyl]-,
— 2-lacton 513
—, 2-[2,4-Dihydroxy-phenyl]-3-methyl-,
— 2-lacton 521
—, 2-[2,4-Dihydroxy-phenyl]-4-methyl-,
— 2-lacton 520
—, 2-[2,4-Dihydroxy-phenyl]-5-methyl-,
— 2-lacton 520
—, 2-[2,5-Dihydroxy-phenyl]-4-methyl-,
— 2-lacton 520
—, 2-[2,4-Dihydroxy-phenyl]-4,4,6-trimethyl-,
— 2-lacton 532
—, 2-[2,6-Dihydroxy-4-(1-propyl-pentyl)-phenyl]-4-methyl-,
— lacton 548
—, 2-[2,6-Dihydroxy-4-propyl-phenyl]-4-methyl-,
— lacton 535
—, 2-[2,6-Dihydroxy-4-(1,2,4-trimethyl-hexyl)-phenyl]-4-methyl-,
— lacton 549
—, 2-[4-Diisopropoxythiophosphoryl-oxy-2-hydroxy-phenyl]-, lacton 514
—, 2-[4-Diisopropoxythiophosphoryl-oxy-2-hydroxy-phenyl]-4,4,6-trimethyl-, lacton 533

Cyclohex-1-encarbonsäure *(Fortsetzung)*
—, 2-[4-Dimethoxythiophosphoryloxy-2-hydroxy-phenyl]-,
 — lacton 513
—, 2-[4-Dimethoxythiophosphoryloxy-2-hydroxy-phenyl]-4,4,6-trimethyl-,
 — lacton 533
—, 2-[4-(1,1-Dimethyl-butyl)-2,6-dihydroxy-phenyl]-4-methyl-,
 — lacton 544
—, 2-[4-(1,2-Dimethyl-butyl)-2,6-dihydroxy-phenyl]-4-methyl-,
 — lacton 544
—, 2-[4-(1,1-Dimethyl-heptyl)-2,6-dihydroxy-phenyl]-4-methyl-,
 — lacton 549
—, 2-[4-(1,2-Dimethyl-heptyl)-2,6-dihydroxy-phenyl]-4-methyl-,
 — lacton 549
—, 2-[4-(1,2-Dimethyl-hexyl)-2,6-dihydroxy-phenyl]-4-methyl-,
 — lacton 548
—, 2-[4-(1,2-Dimethyl-octyl)-2,6-dihydroxy-phenyl]-4-methyl-,
 — lacton 558
—, 2-[4-Heptyl-2,6-dihydroxy-phenyl]-4-methyl-,
 — lacton 546
—, 2-[5-Heptyl-2,4-dihydroxy-phenyl]-4-methyl-,
 — 2-lacton 546
—, 2-[4-Hexyl-2,6-dihydroxy-phenyl]-4-methyl-,
 — lacton 542
—, 2-[5-Hexyl-2,4-dihydroxy-phenyl]-4-methyl-,
 — 2-lacton 542
—, 2-[2-Hydroxy-6-methoxy-4-methyl-phenyl]-4-methyl-,
 — lacton 527
—, 2-[2-Hydroxy-6-methoxy-4-methyl-phenyl]-5-methyl-,
 — lacton 526
—, 2-[1-Hydroxy-5-methoxy-[2]-naphthyl]-,
 — lacton 775
—, 2-[1-Hydroxy-8-methoxy-[2]-naphthyl]-,
 — lacton 775
—, 2-[2-Hydroxy-4-methoxy-phenyl]-3-methyl-,
 — lacton 521
—, 2-[2-Hydroxy-4-methoxy-phenyl]-4-methyl-,
 — lacton 521
—, 2-[2-Hydroxy-4-methoxy-phenyl]-5-methyl-,
 — lacton 520

Cyclohex-3-encarbonsäure
—, 6-[Äthoxy-hydroxy-methyl]-,
 — lacton 118
—, 6-[Äthoxy-hydroxy-methyl]-3,4-dimethyl-,
 — lacton 122
Cyclohex-2-enon
—, 4,5-Epoxy-4-hexadecyloxy-2,3,5,6-tetramethyl- 122
Cyclopenta[c]chromen-7-ol
—, 4-Imino-1,2,3,4-tetrahydro- 505
Cyclopenta[b]chromen-9-on
—, 6-Acetoxy-2,3-dihydro-1H- 504
—, 6-Hydroxy-2,3-dihydro-1H- 504
—, 8-Hydroxy-2,3-dihydro-1H- 504
Cyclopenta[c]chromen-4-on
—, 7-Acetoxy-8-äthyl-2,3-dihydro-1H- 521
—, 7-Acetoxy-8-äthyl-2-methyl-2,3-dihydro-1H- 528
—, 7-Acetoxy-2,3-dihydro-1H- 505
—, 9-Acetoxy-2,7-dimethyl-2,3-dihydro-1H- 522
—, 7-Acetoxy-2-methyl-2,3-dihydro-1H- 515
—, 9-Acetoxy-7-methyl-2,3-dihydro-1H- 516
—, 7-Acetoxy-9-pentadecyl-2,3-dihydro-1H- 559
—, 9-Acetoxy-7-pentyl-2,3-dihydro-1H- 535
—, 8-Äthyl-7-hydroxy-2,3-dihydro-1H- 521
—, 8-Äthyl-7-hydroxy-2-methyl-2,3-dihydro-1H- 527
—, 7-Benzoyloxy-2,3-dihydro-1H- 505
—, 8-Chlor-7-diäthoxythiophosphoryloxy-2,3-dihydro-1H- 505
—, 8-Chlor-7-hydroxy-2,3-dihydro-1H- 505
—, 7-Diäthoxythiophosphoryloxy-2,3-dihydro-1H- 505
—, 6,8-Diäthyl-9-hydroxy-2,3-dihydro-1H- 533
—, 6,8-Diäthyl-9-hydroxy-2-methyl-2,3-dihydro-1H- 536
—,7-Dimethoxythiophosphoryloxy-2,3-dihydro-1H- 505
—, 7-Hydroxy-2,3-dihydro-1H- 504
 — imin 505
—, 9-Hydroxy-2,7-dimethyl-2,3-dihydro-1H- 522
—, 7-Hydroxy-2-methyl-2,3-dihydro-1H- 515
—, 9-Hydroxy-7-methyl-2,3-dihydro-1H- 515
—, 7-Hydroxy-9-pentadecyl-2,3-dihydro-1H- 559
—, 9-Hydroxy-7-pentyl-2,3-dihydro-1H- 535

Cyclopenta[f]chromen-1-on
—, 3-[4-Methoxy-phenyl]-8,9-dihydro-
7H- 806
Cyclopenta[g]chromen-4-on
—, 2-[4-Methoxy-phenyl]-7,8-dihydro-
6H- 805
Cyclopenta[b]furan-2-on
—, 6a-Acetoxy-4-[2]naphthyl-
hexahydro- 670
—, 3-Hydroxy-3,4,4,5,5,6a-
hexamethyl-hexahydro- 78
— imin 78
— oxim 79
—, 3a-Hydroxy-6,6,6a-trimethyl- 73
—, 4-[4-Methoxy-phenyl]-hexahydro- 429
—, 4-[4-Methoxy-phenyl]-3,4,5,6-
tetrahydro- 512
Cyclopenta[de]naphtho[2,1-g]chromen-
4-on
—, 9-Acetoxy-3,6b,12c-trimethyl-
octadecahydro- 262
—, 9-Hydroxy-3,6b,12c-trimethyl-
octadecahydro- 262
Cyclopenta[d]naphtho[1,2-b]pyran
s. Benzo[h]cyclopenta[c]chromen
Cyclopenta[5,6]naphth[2,1-c]oxepin-
3-on
—, 8-Cyclohexancarbonyloxy-5a,7a-
dimethyl-hexadecahydro- 148
Cyclopentancarbonsäure
—, 2-[β-Acetoxy-β-hydroxy-isopropyl]-
5-methyl-,
— lacton 71
—, 3,4-Dihydroxy-3,4-diphenyl-,
— lacton 780
—, 2,3-Dihydroxy-3-isopropyl-1-
methyl-,
— 3-lacton 74
—, 3-Hydroxy-3-[6-methoxy-[2]-
naphthyl]-,
— lacton 663
Cyclopentanon
—, 3,4-Epoxy-5-hydroxy-2,2-dimethyl-
3,4-diphenyl- 783
— semicarbazon 783
—, 2-Furfuryliden-5-[4-methoxy-
benzyliden]- 762
Cyclopenta[a]phenanthren
—, 17-Äthyl-10,13-dimethyl-
hexadecahydro- s. Pregnan
—, 10,13-Dimethyl-hexadecahydro- s.
Androstan
Cyclopenta[a]phenanthren-15,17-
dion
—, 16,16-Dibrom-3-methoxy-6,7,8,12,
13,14-hexahydro- 671
Cyclopenta[b]pyran-2-on
—, 4-Hydroxy-3,6-dimethyl-hexahydro-
72

Cyclopenta[c]pyran-1-on
—, 3-Acetoxy-4,7-dimethyl-hexahydro- 71
Cyclopenta[c]pyran-3-on
—, 4,7-Dimethyl-5-[toluol-4-
sulfonyloxy]-hexahydro- 72
—, 5-Hydroxy-4,7-dimethyl-hexahydro- 72
Cyclopent-1-encarbimidsäure
—, 2-[2,4-Dihydroxy-phenyl]-,
— 2-lacton 505
Cyclopent-1-encarbonsäure
—, 2-[4-Acetoxy-5-äthyl-2-hydroxy-phenyl]-,
— lacton 521
—, 2-[4-Acetoxy-5-äthyl-2-hydroxy-
phenyl]-4-methyl-,
— lacton 528
—, 2-[2-Acetoxy-6-hydroxy-4-methyl-
phenyl]-,
— lacton 516
—, 2-[2-Acetoxy-6-hydroxy-4-methyl-
phenyl]-4-methyl-,
— lacton 522
—, 2-[4-Acetoxy-2-hydroxy-6-
pentadecyl-phenyl]-,
— lacton 559
—, 2-[2-Acetoxy-6-hydroxy-4-pentyl-
phenyl]-,
— lacton 535
—, 2-[4-Acetoxy-2-hydroxy-phenyl]-,
— lacton 505
—, 2-[4-Acetoxy-2-hydroxy-phenyl]-4-
methyl-,
— lacton 515
—, 2-[5-Äthyl-2,4-dihydroxy-phenyl]-,
— 2-lacton 521
—, 2-[5-Äthyl-2,4-dihydroxy-phenyl]-
4-methyl-,
— 2-lacton 527
—, 2-[4-Benzoyloxy-2-hydroxy-phenyl]-,
— lacton 505
—, 2-[5-Chlor-4-diäthoxythiophosphoryloxy-
2-hydroxy-phenyl]-,
— lacton 505
—, 2-[5-Chlor-2,4-dihydroxy-phenyl]-,
— 2-lacton 505
—, 2-[4-Diäthoxythiophosphoryloxy-2-
hydroxy-phenyl]-,
— lacton 505
—, 2-[3,5-Diäthyl-2,6-dihydroxy-phenyl]-,
— lacton 533
—, 2-[3,5-Diäthyl-2,6-dihydroxy-
phenyl]-4-methyl-,
— lacton 536
—, 2-[2,6-Dihydroxy-4-methyl-phenyl]-,
— lacton 515
—, 2-[2,6-Dihydroxy-4-methyl-phenyl]-
4-methyl-,
— lacton 522
—, 2-[1,4-Dihydroxy-[2]naphthyl]-,
— 1-lacton 760

Cyclopent-1-encarbonsäure *(Fortsetzung)*
—, 2-[1,5-Dihydroxy-[2]naphthyl]-,
— 1-lacton 759
—, 2-[1,6-Dihydroxy-[2]naphthyl]-,
— 1-lacton 759
—, 2-[1,7-Dihydroxy-[2]naphthyl]-,
— 1-lacton 760
—, 2-[1,8-Dihydroxy-[2]naphthyl]-,
— 1-lacton 760
—, 2-[2,4-Dihydroxy-6-pentadecyl-phenyl]-,
— 2-lacton 559
—, 2-[2,6-Dihydroxy-4-pentyl-phenyl]-,
— lacton 535
—, 2-[2,4-Dihydroxy-phenyl]-,
— 2-lacton 504
—, 2-[2,4-Dihydroxy-phenyl]-4-methyl-,
— 2-lacton 515
—, 2-[4-Dimethoxythiophosphoryloxy-2-hydroxy-phenyl]-,
— lacton 505
—, 2-[1-Hydroxy-5-methoxy-[2]-naphthyl]-,
— lacton 759
—, 2-[1-Hydroxy-8-methoxy-[2]-naphthyl]-,
— lacton 760
Cyclopent-2-enon
—, 4-[2,2-Dimethyl-3-(2-methyl-propenyl)-cyclopropancarbonyloxy]-2-furfuryl-3-methyl- 208
—, 4-[3,5-Dinitro-benzoyloxy]-2-furfuryl-3-methyl- 209
—, 2-Furfuryl-4-hydroxy-3-methyl- 208
— semicarbazon 209
—, 2-Furfuryl-3-methyl-4-[4-nitro-benzoyloxy]- 208
3,5-Cyclo-pregnan-6-on
—, 18,20-Epoxy-21-hydroxy- 469
—, 18,20-Epoxy-21-[toluol-4-sulfonyloxy]- 469
Cyclopropancarbonsäure
—, 2,2-Dimethyl-3-[2-methyl-propenyl]-,
— [3-furfuryl-2-methyl-4-oxo-cyclopent-2-enylester] 208
5,7-Cyclo-5,6-seco-cholestan-6-säure
s. B-Nor-cholestan-6-carbonsäure
Cystein
—, S-[2-Oxo-4-phenyl-tetrahydro-[3]-furylmethyl]- 208
—, S-[2-Oxo-5-phenyl-tetrahydro-[3]-furylmethyl]- 207

D

Dammaran-12-on
—, 3-Acetoxy-13,17-epoxy- 281

Decansäure
—, 2,4-Dihydroxy-,
— 4-lacton 43
—, 2-[2,3-Dihydroxy-propyl]-,
— 2-lacton 47
—, 4-Hydroxy-2-methoxy-4-methyl-,
— lacton 44
—, 4-Hydroxy-4-[4-methoxy-phenyl]-,
— lacton 237
Decarboxycitrinin 223
Dec-2-ensäure
—, 4-Hydroxy-2-[4-nitro-benzoyloxy]-,
— lacton 70
Dec-8-ensäure
—, 3,5-Dihydroxy-5,9-dimethyl-,
— 3-lacton 77
Dehydroirenoxylacton 227
Dehydromibulacton
—, O-Acetyl- 236
Dehydrooleanolsäure
— lacton 566
Dehydrothebenon 582
—, 1-Brom- 583
Dehydroursolsäure
— lacton 566
Des-A-friedelan-10-carbonsäure
—, 5,6-Dihydroxy-,
— 6-lacton 271
α-Desmotropopseudosantonin 449
—, O-Acetyl- 450
—, O-Methyl- 450
β-Desmotropopseudosantonin 449
—, O-Acetyl- 450
—, O-Benzoyl- 450
—, O-Methyl- 450
—, O-Phenylcarbamoyl- 450
α-Desmotroposantonin 452
—, O-Acetyl- 454
β-Desmotroposantonin 453
—, O-Acetyl- 454
Desoxoallotetrahydrohelenalin 129
Desoxo-desacetyl-dihydroalloisotenulin 128
Desoxo-desacetyl-tetrahydrobalduilin 128
Desoxodihydroalloisotenulin 129
Desoxodihydromexicanin-C 128
Desoxotetrahydrobalduilin 128
Desoxotetrahydrohelenalin 129
Desoxypicrotoxinid
—, Tetrahydro- 127
γ-Desoxytetrahydroartemisin 132
Desoxyverbanol 72
—, O-[Toluol-4-sulfonyl]- 72
Dialdan 37
14,16-Dianhydro-digitalinum-verum 594
Dianhydrodihydrogitoxigenin 558
—, Tetrahydro- 264

Dianhydrogitoxigenin 593
—, Hexahydro- 264
$\Delta^{3,5,14}$-3,14-Dianhydro-scilliglaucosidin-19-ol 787
Dibenzo[c,h]chromen-6-on
—, 8-Cyclohexyl-1-hydroxy-7,8,9,10-tetrahydro- 809
—, 8-Cyclohexyl-2-hydroxy-7,8,9,10-tetrahydro- 809
—, 8-Cyclohexyl-3-hydroxy-7,8,9,10-tetrahydro- 810
—, 1-Hydroxy-7,8,9,10-tetrahydro- 774
—, 2-Hydroxy-7,8,9,10-tetrahydro- 775
—, 3-Hydroxy-7,8,9,10-tetrahydro- 775
—, 4-Hydroxy-7,8,9,10-tetrahydro- 775
—, 12-Hydroxy-7,8,9,10-tetrahydro- 776
—, 1-Methoxy-7,8,9,10-tetrahydro- 775
—, 4-Methoxy-7,8,9,10-tetrahydro- 775
Dibenzofuran
—, 1-Acetyl-2-methoxy- 626
—, 1-Acetyl-4-methoxy- 627
—, 3-Acetyl-2-methoxy- 627
—, 3-Acetyl-4-methoxy- 628
—, 1-Benzoyl-2-hydroxy- 827
—, 3-Benzoyl-2-methoxy- 827
—, 3-Bromacetyl-2-methoxy- 627
—, 3-Butyryl-2-methoxy- 662
—, 2-Chloracetyl-8-[2-chlor-1-hydroxy-äthyl]- 663
—, 1-Chloracetyl-4-methoxy- 627
—, 2-Methoxy-3-propionyl- 649
Dibenzofuran-1-carbaldehyd
—, 4-Methoxy- 608
Dibenzofuran-3-carbaldehyd
—, 2-Methoxy- 608
— oxim 608
Dibenzofuran-2-ol
—, 1-Acetyl- 626
—, 3-Acetyl- 627
Dibenzofuran-4-ol
—, 3-Acetyl- 628
Dibenzofuran-2-on
—, 9b-Hydroxy-3,4,4a,9b-tetrahydro-1H- 411
—, 4-[4-Methoxy-phenyl]-4,4a-dihydro-3H- 806
Dibenzofuran-4-on
—, 7-Methoxy-2,3-dihydro-1H- 506
— semicarbazon 506
Dibenzo[a,c]xanthen-14-on
—, 11-Acetoxy- 852
—, 11-Hydroxy- 852
—, 11-Methoxy- 852
Dibenz[b,e]oxepin-6-on
—, 3-Acetoxy-11-phenyl-11H- 833

—, 3-Acetoxy-11-[1-phenyl-äthyliden]-11H- 848
—, 3-Acetoxy-11-[1-phenyl-propyliden]-11H- 851
—, 3-Hydroxy-11-phenyl-11H- 833
—, 3-Hydroxy-11-[1-phenyl-äthyliden]-11H- 847
—, 3-Methoxy-11-phenyl-11H- 833
Dibenz[b,f]oxepin-10-on
—, 6-Methoxy-11H- 613
— oxim 613
—, 6-Methoxy-2-nitro-11H- 613
— oxim 613
Dibenz[c,e]oxepin-5-on
—, 7-Acetoxy-7H- 613
Dichrin-A 294
Digiprolacton 123
Digitaligenin 593
—, O-Acetyl- 594
—, O-Digitalopyranosyl- 594
—, O-Formyl- 594
—, O-[O^4-Glucopyranosyl-digitalopyranosyl]- 594
—, Hexahydro- 264
Digitoxigenin
—, O-Acetyl-α-anhydro- 553
—, O-Acetyl-β-anhydro- 555
—, O-[O^2-Acetyl-digitalopyranosyl]-β-anhydro- 557
—, O-[O^2-Acetyl-thevetopyranosyl]-β-anhydro- 556
—, α-Anhydro- 552
—, β-Anhydro- 554
—, γ-Anhydro- 554
—, δ-Anhydro- 552
—, β-Anhydro-dihydro- 474
—, O-[Di-O-acetyl-digitalopyranosyl]-β-anhydro- 556
—, O-[Di-O-acetyl-thevetopyranosyl]-β-anhydro- 556
—, O-Digitalopyranosyl-β-anhydro- 557
—, Dihydro-α-anhydro- 474
—, O-Rhamnopyranosyl-β-anhydro- 556
—, Tetrahydro-β-anhydro- 263
—, O-Thevetopyranosyl-β-anhydro- 556
—, O-[Tri-O-acetyl-rhamnopyranosyl]-β-anhydro- 557
Dihydroabieslacton 485
Dihydro-α-anhydrodigitoxigenin 474
Dihydroartabsin 144
Dihydroisoambrosinol 144
Dihydroisorosenololacton 152
Dihydrokawain 416
Dihydropulvinon
—, O-Benzoyl- 761
Dihydrorosololacton 151
Dihydrothurberogenin 485
—, O-Acetyl- 486

21,24-Dinor-chola-5,22-dien-20-on
—, 3-Acetoxy-23-[2]furyl- 684
—, 23-[2]Furyl-3-hydroxy- 684
—, 3-Hydroxy-23-[2]thienyl- 684
21,24-Dinor-chola-5,20-dien-23-säure
—, 3,17-Dihydroxy-,
— 17-lacton 548
23,24-Dinor-cholan-11-on
—, 3,9-Epoxy-22-hydroxy-22,22-diphenyl- 839
21,24-Dinor-cholan-23-säure
—, 3-Acetoxy-17-hydroxy-,
— lacton 258
—, 3,17-Dihydroxy-,
— 17-lacton 258
23,24-Dinor-cholan-22-säure
—, 3-Acetoxy-12-hydroxy-,
— lacton 262
—, 3-Acetoxy-16-hydroxy-,
— lacton 259
—, 3-Benzoyloxy-16-hydroxy-,
— lacton 261
—, 3,12-Dihydroxy-,
— 12-lacton 262
—, 3,16-Dihydroxy-,
—16-lacton 258
—, 16-Hydroxy-3-propionyloxy-,
— lacton 261
—, 16-Hydroxy-3-[toluol-4-sulfonyloxy]-,
— lacton 261
19,21-Dinor-chola-1,3,5(10)-trien-24-säure
—, 17-Hydroxy-3-methoxy-,
— lacton 591
19,24-Dinor-chola-1,3,5(10)-trien-23-säure
—, 17-Hydroxy-3-methoxy-,
— lacton 591
23,24-Dinor-chol-4-en-3-on
—, 20,22-Epoxy-21-hydroxy- 469
21,24-Dinor-chol-5-en-23-säure
—, 3,17-Dihydroxy-,
— 17-lacton 470
21,24-Dinor-chol-20-en-23-säure
—, 3-Acetoxy-17-hydroxy-,
— lacton 470
23,24-Dinor-chol-5-en-22-säure
—, 3-Acetoxy-16-hydroxy-6-nitro-,
— lacton 471
23,24-Dinor-chol-17(20)-en-21-säure
—, 3-Acetoxy-16-hydroxy-,
— lacton 470
A,24-Dinor-oleanan-28-säure
—, 2,13-Dihydroxy-,
— 13-lacton 483
—, 13-Hydroxy-2-tribromacetoxy-,
— lacton 483

Disulfid
—, Bis-[5-acetylamino-[2]thienyl]- 48
—, Bis-[5-acetylimino-4,5-dihydro-[2]thienyl]- 48
—, Bis-[2-oxo-tetrahydro-[3]furyl]- 6
Dodecan-1-on
—, 1-[3-Hydroxy-naphtho[1,2-b]furan-5-yl]- 681
Dracorhodin 743
Driman-12-säure
—, 11,14-Dihydroxy-,
— 11-lacton 136
—, 11-Hydroxy-14-methansulfonyloxy-,
— lacton 137
—, 11-Hydroxy-14-trityloxy-,
— lacton 136
Drim-8(12)-en-3-on
—, 11-[2-Oxo-2H-chromen-7-yloxy]- 299
Drim-2-en-12-säure
—, 14-Acetoxy-11-hydroxy-,
— lacton 145
—, 11,14-Dihydroxy-,
— 11-lacton 145
—, 11-Hydroxy-14-trityloxy-,
— lacton 145

E

Eburica-7,9(11)-dien-21-säure
—, 3-Acetoxy-16-hydroxy-,
— lacton 569
Eburica-8,24(28)-dien-21-säure
—, 3-Acetoxy-23-hydroxy-,
— lacton 568
—, 3,23-Dihydroxy-,
— 23-lacton 568
Epidehydrothebenon 582
Episarsasapogeninlacton 258
Epithebenon 534
1,10-Epoxido-anthracen-9-on
—, 5-Hydroxy-1,4a,9a,10-tetrahydro-4H- 579
2,9-Epoxido-anthracen-10-on
—, 3-Hydroxy-9-methyl-2,3,4,4a,9,9a-hexahydro-1H- 530
1,4-Epoxido-benzo[d][1,2]dioxepin-5-on
—, 1-Äthyl-4-phenyl-1H- 193
5,10-Epoxido-dibenzo[a,d]-cyclohepten-11-on
—, 10-Acetoxy-5,10-dihydro- 729
—, 10-Methoxy-5,10-dihydro- 728
1,6-Epoxido-naphthalin-4-on
—, 6-Methoxy-5-methyl-octahydro- 124
Eremophila-7,11-dien-9-on
—, 3-Acetoxy-8,12-epoxy- 235
—, 8,12-Epoxy-3-hydroxy- 235
— [2,4-dinitro-phenylhydrazon] 236

Eremophilan 235
Ergosta-8,22-dien-7-on
—, 3-Acetoxy-5,6-epoxy- 561
—, 5,6-Epoxy-3-hydroxy- 561
Ergosta-5,24-dien-26-säure
—, 3-Acetoxy-28-hydroxy-,
— lacton 561
—, 3,28-Dihydroxy-,
— 28-lacton 561
Ergostan-5,7-dicarbonsäure
—, 3-Acetoxy-8-dihydroxymethyl-6-formyloxycarbonyl-,
— dilacton 597
Ergostan-7-on
—, 3-Acetoxy-22,23-dibrom-9,11-epoxy- 280
— [2,4-dinitro-phenylhydrazon] 280
— semicarbazon 280
—, 3-Acetoxy-5,6-epoxy- 277
—, 3-Acetoxy-8,9-epoxy- 278
—, 3-Acetoxy-8,14-epoxy- 279
—, 5,6-Epoxy-3-hydroxy- 277
Ergostan-11-on
—, 3-Acetoxy-22,23-dibrom-7,8-epoxy- 278
—, 3-Acetoxy-7,8-epoxy-9-methyl- 280
Ergostan-15-on
—, 3-Acetoxy-8,14-epoxy- 279
Ergost-22-en-7-on
—, 3-Acetoxy-5,6-epoxy- 480
—, 3-Acetoxy-8,9-epoxy- 481
— [2,4-dinitro-phenylhydrazon] 482
—, 3-Acetoxy-8,14-epoxy- 482
— [2,4-dinitro-phenylhydrazon] 482
—, 3-Acetoxy-9,11-epoxy- 482
—, 5,6-Epoxy-3-hydroxy- 480
—, 9,11-Epoxy-3-hydroxy- 482
Ergost-22-en-11-on
—, 3-Acetoxy-7,8-epoxy- 480
Ergost-22-en-15-on
—, 3-Acetoxy-7,8-epoxy- 481
Essigsäure
— [(5-äthoxymethyl-furfuryliden)-(2,4-dinitro-phenyl)-hydrazid] 112
— [5-(3-dibenzothiophen-3-yl-3-oxo-1-phenyl-propan-1-sulfonyl)-2-methoxy-anilid] 838
— [4-(5-formyl-furan-2-sulfonyl)-anilid] 82
— [7-methoxy-2-phenyl-chromen-4-ylidenhydrazid] 698
— phthalidylester 160
—, [3-Acetoxy-2-brom-6-hydroxy-4,5-dimethyl-phenyl]-,
— lacton 193

—, [3-Acetoxy-4-brom-6-hydroxy-2,5-dimethyl-phenyl]-,
— lacton 193
—, Acetoxy-[3-hydroxy-cholestan-2-yliden]-,
— lacton 483
—, Acetoxy-[3-hydroxy-cholest-3-en-2-yliden]-,
— lacton 562
—, Acetoxy-[2-hydroxy-cyclohex-2-enyliden]-,
— lacton 139
—, Acetoxy-[2-hydroxy-cyclohexyl]-,
— lacton 65
—, Acetoxy-[2-hydroxy-cyclohexyliden]-,
— lacton 118
—, Acetoxy-[5-hydroxy-8,9-dihydro-7H-benzocyclohepten-6-yl]-,
— lacton 512
—, [3-Acetoxy-13-hydroxy-8,14-dimethyl-podocarp-12-en-14-yl]-,
— lacton 251
—, [7-Acetoxy-1-hydroxy-5,8-dimethyl-1,2,3,4-tetrahydro-[2]naphthyl]-,
— lacton 443
—, Acetoxy-[2-hydroxy-3-methyl-cyclohex-2-enyliden]-,
— lacton 140
—, [3-Acetoxy-3-hydroxy-11b-methyl-dodecahydro-6a,9-methano-cyclohepta[a]naphthalin-4-yliden]-,
— lacton 462
—, [2-Acetoxy-2-hydroxy-5-[2]naphthyl-cyclopentyl]-,
— lacton 670
—, [7-Acetoxy-2-hydroxy-[1]naphthyl]-diphenyl-,
— lacton 860
—, [7-Acetoxy-2-hydroxy-1,4b,8,8,10a-pentamethyl-1,4,4a,4b,5,6,7,8,8a,9,10,10a-dodecahydro-[1]phenanthryl]-,
— lacton 251
—, Acetoxy-[2-hydroxy-3-phenyl-cyclohex-2-enyliden]-,
— lacton 579
—, Acetoxy-[1-hydroxy-1,2,3,4-tetrahydro-[2]naphthyl]-,
— lacton 414
—, [5-Acetoxy-1-hydroxy-1,2,3,4-tetrahydro-[2]naphthyl]-,
— lacton 415
—, [7-Acetoxy-1-hydroxy-1,2,3,4-tetrahydro-[2]naphthyl]-,
— lacton 415
—, [3-Acetoxy-2-hydroxy-2,6,6-trimethyl-cyclohexyl]-,
— lacton 76

Essigsäure *(Fortsetzung)*
—, Acetoxy-[2-hydroxy-3,4,6-trimethyl-phenyl]-,
— lacton 214
—, [3-Acetoxy-6-hydroxy-2,4,5-trimethyl-phenyl]-,
— lacton 214
—, [3-Acetoxy-6-hydroxy-2,4,5-trimethyl-phenyl]-phenyl-,
— lacton 670
—, [2-Acetoxy-[1]naphthyl]-[2-hydroxy-[1]naphthyl]-,
— lacton 853
—, [4-Acetoxy-phenyl]-[2-hydroxy-phenyl]-,
— lacton 609
—, [7-Acetyl-3-methyl-benzofuran-6-yloxy]- 394
— äthylester 394
—, [3-Äthoxy-2-hydroxy-cyclohexyl]-,
— lacton 66
—, [5-Äthoxy-2-hydroxy-phenyl]-,
— lacton 155
—, Äthoxy-[2-hydroxy-3-phenyl-cyclohex-2-enyliden]-,
— lacton 578
—, [2-Äthyl-3-methyl-4-oxo-4H-chromen-7-yloxy]- 400
— äthylester 400
— [2-diäthylamino-äthylester] 400
— [2-dimethylamino-äthylester] 400
—, [2-Benzofuran-2-yl-2-oxo-äthylmercapto]- 361
—, [3-Benzolsulfonyloxy-2-hydroxy-2,6,6-trimethyl-cyclohexyl]-,
— lacton 77
—, [7-Benzoyloxy-2-hydroxy-[1]naphthyl]-diphenyl-,
— lacton 860
—, [5-Benzyloxy-2-hydroxy-cyclohexyl]-,
— lacton 65
—, [5-Benzyloxy-2-hydroxy-2-methyl-cyclohexyl]-,
— lacton 69
—, Bis-[2-hydroxy-[1]naphthyl]-,
— lacton 853
—, [2-Brom-3,6-dihydroxy-4,5-dimethyl-phenyl]-,
— 6-lacton 193
—, [4-Brom-2,5-dihydroxy-3,6-dimethyl-phenyl]-,
— 2-lacton 192
—, [3-Brom-2,5-dihydroxy-phenyl]-,
— 2-lacton 155
—, [2-Brom-6-hydroxy-3-methoxy-4,5-dimethyl-phenyl]-,
— lacton 193

—, [4-Brom-2-hydroxy-5-methoxy-3,6-dimethyl-phenyl]-,
— lacton 193
—, [3-Chloracetoxy-3-hydroxy-11b-methyl-dodecahydro-6a,9-methano-cyclohepta[a]naphthalin-4-yliden]-,
— lacton 462
—, [2-Chlor-3,6-dihydroxy-5-methyl-phenyl]-,
— 6-lacton 174
—, Cyan-,
— [2-hydroxy-1-(5-nitro-[2]furyl)-äthylidenhydrazid] 97
—, Dichlor-,
— [2-hydroxy-1-(5-nitro-[2]furyl)-äthylidenhydrazid] 97
—, [2,3-Dihydroxy-cyclohexyl]-,
— 2-lacton 65
—, [1,2-Dihydroxy-5,5-dimethyl-cyclohexyl]-,
— 2-lacton 73
—, [6-(1,5-Dihydroxy-1,5-dimethyl-hexyl)-3-methyl-cyclohex-2-enyl]-,
— 1-lacton 137
—, [2-(1,5-Dihydroxy-1,5-dimethyl-hexyl)-5-methyl-cyclohexyl]-,
— 1-lacton 81
—, [2,5-Dihydroxy-3,6-dimethyl-phenyl]-,
— 2-lacton 192
—, [3,6-Dihydroxy-2,4-dimethyl-phenyl]-,
— 6-lacton 192
—, [1,7-Dihydroxy-5,8-dimethyl-1,2,3,4-tetrahydro-[2]naphthyl]-,
— 1-lacton 442
—, [4a,11-Dihydroxy-dodecahydro-5,9-methano-benzocycloocten-11-yl]-,
— 4a-lacton 146
—, [1,4-Dihydroxy-p-menthan-3-yl]-,
— 1-lacton 77
— 4-lacton 78
—, [4a,11-Dihydroxy-10-methyl-dodecahydro-5,9-methano-benzocycloocten-11-yl]-,
— 4a-lacton 146
—, [2,5-Dihydroxy-4-methyl-phenyl]-,
— 2-lacton 174
—, [3,6-Dihydroxy-2-methyl-phenyl]-,
— 6-lacton 173
—, [2,5-Dihydroxy-8-methyl-1,2,3,4-tetrahydro-[1]naphthyl]-,
— 2-lacton 432
—, [1,3-Dihydroxy-[2]naphthyl]-,
— 1-lacton 570
— 3-lacton 570
—, [1,4-Dihydroxy-[2]naphthyl]-,
— 1-lacton 570

Essigsäure *(Fortsetzung)*
—, [2,7-Dihydroxy-[1]naphthyl]-
diphenyl-,
— 2-lacton 859
—, [1,8-Dihydroxy-neomenthyl]-,
— 1-lacton 78
— 8-lacton 77
—, [2,4-Dihydroxy-phenyl]-,
— 2-lacton 155
—, [2,5-Dihydroxy-phenyl]-,
— 2-lacton 155
—, [2,3-Dihydroxy-phenyl]-diphenyl-,
— 2-lacton 830
—, [1,5-Dihydroxy-1,2,3,4-
tetrahydro-[2]naphthyl]-,
— 1-lacton 414
—, [1,7-Dihydroxy-1,2,3,4-
tetrahydro-[2]naphthyl]-,
— 1-lacton 415
—, [2,7-Dihydroxy-1,2,3,4-
tetrahydro-[1]naphthyl]-,
— 2-lacton 416
—, [2,3-Dihydroxy-1,3,4-trimethyl-
cyclohexyl]-,
— 2-lacton 76
—, [2,3-Dihydroxy-2,6,6-trimethyl-
cyclohexyl]-,
— 2-lacton 76
—, [2,4-Dihydroxy-2,6,6-trimethyl-
cyclohexyliden]-,
— 2-lacton 123
—, [1,2-Dihydroxy-2,3,3-trimethyl-
cyclopentyl]-,
— 2-lacton 73
—, [2,5-Dihydroxy-3,4,6-trimethyl-
phenyl]-,
— 2-lacton 214
—, [2,5-Dihydroxy-3,4,6-trimethyl-
phenyl]-phenyl-,
— 2-lacton 670
—, [2,3-Dimethyl-4-oxo-4H-chromen-6-
yloxy]- 373
— äthylester 373
— [2-diäthylamino-äthylester]
374
—, [2,3-Dimethyl-4-oxo-4H-chromen-7-
yloxy]- 374
— äthylester 374
— [2-diäthylamino-äthylester]
374
—, [3-(3,5-Dinitro-benzoyloxy)-2-
hydroxy-cyclohexyl]-,
— lacton 66
—, {8-[(2,4-Dinitro-phenylhydrazono)-
methyl]-2-phenyl-chroman-7-yloxy}-,
— äthylester 658
—, [8-Formyl-2-phenyl-chroman-7-
yloxy]-,
— äthylester 657

—, [3-Hydroxy-cholesta-3,5-dien-2-
yliden]-methoxy-,
— lacton 597
—, [3-Hydroxy-cholestan-2-yliden]-
methoxy-,
— lacton 483
—, [3-Hydroxy-cholest-3-en-2-yliden]-
methoxy-,
— lacton 562
—, [2-Hydroxy-cyclohexyl]-methoxy-,
— lacton 64
—, [2-(2-Hydroxy-cyclohexyl)-5-
methoxy-indan-1-yl]-,
— lacton 536
—, [3-Hydroxy-8-hydroxymethyl-1,4b,8-
trimethyl-4a,4b,5,6,7,8,8a,9,10,10a-
decahydro-1H-[2]phenanthryliden]-,
— 3-lacton 463
—, [2-(α-Hydroxy-4-methoxy-benzyl)-
phenyl]-,
— lacton 643
—, [1-Hydroxy-7-methoxy-2-methyl-
1,2,3,4,9,10-hexahydro-[2]
phenanthryl]-,
— lacton 586
—, [2-Hydroxy-5-methoxy-4-methyl-
phenyl]-,
— lacton 174
—, [2-Hydroxy-5-methoxy-8-methyl-
1,2,3,4-tetrahydro-
[1]naphthyl]-,
— lacton 432
—, [1-Hydroxy-7-methoxy-2-methyl-
1,2,3,4-tetrahydro-
[2]phenanthryl]-,
— lacton 670
—, [2-Hydroxy-7-methoxy-[1]naphthyl]-
diphenyl-,
— lacton 859
—, [1-Hydroxy-1-methoxy-3-[2]
naphthyl-inden-2-yl]-,
— lacton 845
—, [2-Hydroxy-4-methoxy-phenyl]-,
— lacton 156
—, [1-Hydroxy-1-methoxy-3-phenyl-
1H-cyclopenta[a]naphthalin-2-yl]-,
— lacton 844
—, [2-Hydroxy-5-(4-methoxy-phenyl)-
cyclopent-1-enyl]-,
— lacton 512
—, [2-Hydroxy-5-(4-methoxy-phenyl)-
cyclopentyl]-,
— lacton 429
—, [2-Hydroxy-5-methoxy-phenyl]-
diphenyl-,
— lacton 830
—, [2-Hydroxy-6-(4-methoxy-phenyl)-
3-methyl-cyclohex-1-enyl]-,
— lacton 525

Essigsäure *(Fortsetzung)*
—, [6-Hydroxy-4-(4-methoxy-phenyl)-
2-methyl-cyclohex-1-enyl]-,
— lacton 524
—, [2-Hydroxy-2-(4-methoxy-phenyl)-
5-methyl-cyclohexyl]-,
— lacton 447
—, [2-Hydroxy-6-(4-methoxy-phenyl)-
3-methyl-cyclohexyl]-,
— lacton 447
—, [2-Hydroxy-6-(4-methoxy-phenyl)-
3-methyl-cyclohexyliden]-,
— lacton 524
—, [1-Hydroxy-5-methoxy-1,2,3,4-
tetrahydro-[2]naphthyl]-,
— lacton 414
—, [1-Hydroxy-7-methoxy-1,2,3,4-
tetrahydro-[2]naphthyl]-,
— lacton 415
—, [2-Hydroxy-7-methoxy-1,2,3,4-
tetrahydro-[1]naphthyl]-,
— lacton 416
—, [2-Hydroxy-3-methoxy-2,6,6-
trimethyl-cyclohexyl]-,
— lacton 76
—, [2-Hydroxy-[1]naphthyl]-
[4-methoxy-phenyl]-,
— lacton 812
—, [2-Hydroxy-3-(4-nitro-benzoyloxy)-
cyclohexyl]-,
— lacton 66
—, [2-Hydroxy-3-phenyl-cyclohex-2-
enyliden]-methoxy-,
— lacton 578
—, [2-Hydroxy-phenyl]-[4-hydroxy-
phenyl]-,
— 2-lacton 609
—, [4-Hydroxy-1,9,10,10a-tetrahydro-
2H-[3]phenanthryliden]-methoxy-,
— lacton 663
—, [2-Hydroxy-3-(toluol-4-
sulfonyloxy)-cyclohexyl]-,
— lacton 66
—, Menthyloxy-,
— [4-oxo-2-phenyl-chroman-7-
ylester] 635
—, Methoxy-,
— [4-(4-oxo-chroman-2-yl)-
phenylester] 638
—, [2-Methyl-4-oxo-4H-chromen-7-
yloxy]- 318
— äthylester 318
—, [4-Methyl-2-oxo-2H-chromen-7-
yloxy]- 338
—, [3-Methyl-4-oxo-2-phenyl-
4H-chromen-7-yloxy]- 742
— äthylester 742
—, [2-Oxo-2H-chromen-2-sulfonyl]-,
— methylester 285

—, [2-Oxo-2H-chromen-3-sulfonyl]-,
— äthylester 285
—, [2-Oxo-2H-chromen-7-yloxy]- 300
—, [4-Oxo-2-phenyl-chroman-7-yloxy]-,
— äthylester 634
—, [4-Oxo-2-phenyl-4H-chromen-7-
yloxy]- 695
— äthylester 695
— allylester 696
— butylester 695
— sec-butylester 695
— [2-diäthylamino-äthylester]
696
— [2-dimethylamino-äthylester]
696
— hexylester 696
— isobutylester 695
— isopentylester 696
— isopropylester 695
— [2-methyl-butylester] 696
— methylester 695
— pentylester 696
— propylester 695
—, [9-Oxo-xanthen-1-yloxy]- 600
— äthylester 600
— amid 600
—, Phthalidyloxy-,
— amid 161

Eudesma-4,7-dien-12-säure
—, 3-Acetoxy-6-hydroxy-,
— lacton 236

Eudesman-3-on
—, 11,12-Epoxy-5-hydroxy- 128

Eudesman-12-säure
—, 1-Acetoxy-8-hydroxy-,
— lacton 132
—, 3-Acetoxy-6-hydroxy-,
— lacton 135
—, 3-Acetoxy-8-hydroxy-,
— lacton 131
—, 3-Benzoyloxy-8-hydroxy-,
— lacton 132
—, 2-Brom-3,6-dihydroxy-,
— 6-lacton 136
—, 1,8-Dihydroxy-,
— 8-lacton 132
—, 3,6-Dihydroxy-,
— 6-lacton 133
—, 3,8-Dihydroxy-,
— 8-lacton 131
—, 6,8-Dihydroxy-,
— 6-lacton 132

**Eudesma-1,3,5,7(11)-tetraen-12-
säure**
—, 3-Acetoxy-6-hydroxy-,
— lacton 528
—, 6-Hydroxy-3-methoxy-,
— lacton 528

Eudesma-3,5,7(10)-trien-12-säure
—, 3-Acetoxy-6-hydroxy-,
— lacton 451
Eudesma-3,5,7(11)-trien-12-säure
—, 6-Hydroxy-3-methoxy-,
— lacton 451
Eudesm-4(15)-en-12-säure
—, 3-Benzoyloxy-8-hydroxy-,
— lacton 145
—, 3,8-Dihydroxy-,
— 8-lacton 145
Eudesm-5-en-12-säure
—, 1-Acetoxy-8-hydroxy-,
— lacton 144
Euparin 511
— [2,4-dinitro-phenylhydrazon] 512
— oxim 512
— semicarbazon 512
—, O-Acetyl- 511
—, O-Methyl- 511
—, O-[Tetra-O-acetyl-glucopyranosyl]- 511
—, Tetrahydro- 228
— [2,4-dinitro-phenylhydrazon] 228
— oxim 228
Eupatoriopicrin 234
Euryopsonol 235
— [2,4-dinitro-phenylhydrazon] 236
—, O-Acetyl- 235

F

Farnesiferol-A 298
—, O-Acetyl- 298
—, O-Acetyl-tetrahydro- 168
Farnesiferol-B 297
—, O-Acetyl- 297
Farnesiferol-C 300
Feronialacton 296
Fesan-26-säure
—, 3-Acetoxy-22-hydroxy-,
— lacton 479
—, 3-Benzoyloxy-22-hydroxy-,
— lacton 479
Flavan
s. Chroman, 2-Phenyl-
Flaven
s. Chromen, 2-Phenyl-
Fluoren-9-carbonsäure
—, 9-[α,β-Dihydroxy-isobutyl]-,
— β-lacton 781
—, 9-[β-Hydroxy-α-(4-nitro-benzoyloxy)-isobutyl]-,
— lacton 781
Fluoreno[4,3-*b*]furan-6-on
—, 4-Acetoxy- 788

— [2,4-dinitro-phenylhydrazon] 788
—, 4-Benzoyloxy- 788
—, 4-Hydroxy- 788
—, 4-Hydroxy-8-methyl- 789
—, 4-Methoxy- 788
— oxim 788
Friedel-1-en-3-on
—, 1-Acetoxy-7,24-epoxy- 567
—, 7,24-Epoxy-1-methoxy- 567
Friedel-2-en-1-on
—, 7,24-Epoxy-3-methoxy- 567
D:A-Friedo-oleanan
s. Friedelan
D-Friedo-olean-9(11)-en-12-on
—, 3-Acetoxy-14,15-epoxy- 564
—, 14,15-Epoxy-3-hydroxy- 564
D-Friedo-urs-9(11)-en-12-on
—, 3-Acetoxy-14,15-epoxy- 563
Furan
—, 3-Acetoxy-4-benzoyl-2,5-diphenyl- 853
—, 2-Acetoxy-2-diacetoxymethyl-5-nitro-2,5-dihydro- 57
—, 2-Acetoxy-5-diacetoxymethyl-2-nitro-2,5-dihydro- 57
—, 2-Acetoxymethyl-5-acetyl- 116
—, 2-Acetyl-3-benzoyloxy- 93
—, 2-Acetyl-4-brom-3-hydroxy-5-methyl- 115
—, 2-Acetyl-4-chlor-3-hydroxy-5-methyl- 115
—, 2-Acetyl-3-hydroxy- 93
—, 2-Acetyl-3-hydroxy-4-jod-5-methyl- 116
—, 2-Acetyl-5-hydroxymethyl- 116
—, 3-Acetyl-5-hydroxymethyl-2-methyl- 117
—, 2-Acetyl-3-methoxy- 93
—, 2-Äthoxy-3-diäthoxymethyl-tetrahydro- 17
—, 2-Amino-3-[4-methoxy-phenyl]-5-phenyl- 730
—, 2-Diacetoxymethyl-5-methoxy-2,5-dihydro- 57
—, 2-Glykoloyl- 95
—, 2-Glykoloyl-5-nitro- 96
—, 2-Salicyloyl- 492
Furan-2-carbaldehyd
—, 5-Acetoxymethyl- 102
— pikrylhydrazon 113
—, 5-Äthoxymethyl- 101
— [acetyl-(2,4-dinitro-phenyl)-hydrazon] 112
— benzoylhydrazon 112
— [2,4-dinitro-phenylhydrazon] 111
— [methyl-pikryl-hydrazon] 112
— [2-nitro-phenylhydrazon] 111

Furan-2-carbaldehyd
—, 5-Äthoxymethyl- *(Fortsetzung)*
 — phenylhydrazon 111
 — pikrylhydrazon 112
—, 5-Butoxymethyl- 102
 — semicarbazon 113
—, 5-[4-Chlor-phenoxymethyl]-,
 — benzoylhydrazon 112
—, 5-[(2,4-Dinitro-
 phenylcarbamoyloxy)-methyl]- 102
—, 5-Hydroxymethyl- 100
 — [5-äthoxy-2,4-dinitro-
 phenylhydrazon] 106
 — [(5-äthoxy-2,4-dinitro-phenyl)-
 methyl-hydrazon] 107
 — [4-äthoxy-phenylimin] 104
 — [4-amino-benzoylhydrazon] 110
 — benzoylhydrazon 107
 — [5-brom-2-nitro-
 phenylhydrazon] 105
 — [(4-brom-2-nitro-phenyl)-
 methyl-hydrazon] 106
 — [5-chlor-2,4-dinitro-
 phenylhydrazon] 105
 — [(5-chlor-2,4-dinitro-phenyl)-
 methyl-hydrazon] 106
 — [5-chlor-2-nitro-
 phenylhydrazon] 104
 — [(4-chlor-2-nitro-phenyl)-
 methyl-hydrazon] 106
 — [2-cyan-4-nitro-
 phenylhydrazon] 108
 — [4-cyan-2-nitro-
 phenylhydrazon] 109
 — [(2-cyan-4-nitro-phenyl)-
 methyl-hydrazon] 109
 — [cyclohexyloxamoyl-hydrazon] 107
 — [5-(N',N'-dimethyl-hydrazino)-
 2,4-dinitro-phenylhydrazon] 110
 — {[5-(N',N'-dimethyl-hydrazino)-
 2,4-dinitro-phenyl]-methyl-
 hydrazon} 110
 — [(2,4-dimethyl-phenyloxamoyl)-
 hydrazon] 107
 — [(2,4-dinitro-[1]naphthyl)-
 methyl-hydrazon] 106
 — [2,4-dinitro-phenylhydrazon]
 105
 — [(2,4-dinitro-phenyl)-methyl-
 hydrazon] 106
 — formylhydrazon 107
 — [4-hydroxy-benzoylhydrazon]
 109
 — [2-hydroxymethyl-
 benzoylhydrazon] 109
 — [2-hydroxymethyl-5-nitro-
 benzoylhydrazon] 109
 — [4-hydroxy-phenylimin] 103
 — [4-methoxy-phenylimin] 104
 — [methyl-(2-nitro-phenyl)-
 hydrazon] 105
 — [methyl-(4-nitro-phenyl)-
 hydrazon] 105
 — [methyloxamoyl-hydrazon] 107
 — [methyl-pikryl-hydrazon] 106
 — [2]naphthylimin 103
 — [4-nitro-benzoylhydrazon] 107
 — [4-nitro-phenylhydrazon] 104
 — phenylhydrazon 104
 — phenylimin 102
 — [phenyloxamoyl-hydrazon] 107
 — pikrylhydrazon 105
 — salicyloylhydrazon 109
 — thiosemicarbazon 108
 — *o*-tolylimin 103
 — *p*-tolylimin 103
 — [(2,4,5-trimethyl-
 phenyloxamoyl)-hydrazon] 107
—, 5-Isopropoxymethyl- 102
 — semicarbazon 113
—, 5-Methoxymethyl- 101
 — [2,4-dinitro-phenylhydrazon]
 111
 — oxim 104
 — phenylhydrazon 111
 — pikrylhydrazon 111
—, 5-[4-Methoxy-phenyl]- 497
—, 5-[(4-Nitro-phenylcarbamoyloxy)-
 methyl]- 102
—, 5,5'-[2]Oxapropandiyl-bis- s.
 Äther, Bis-[5-formyl-furfuryl]-
—, 5-Trityloxymethyl- 102
 — [2,4-dinitro-phenylhydrazon]
 112
Furan-3-carbaldehyd
—, 2-Äthoxy-tetrahydro-,
 — diäthylacetal 17
Furan-3,4-dion
—, 2,5-Bis-[4'-chlor-biphenyl-4-yl]-,
 — bis-[4-nitro-phenylhydrazon]
 862
Furan-2-on
—, 5-Acetoxy-5H- 51
—, 3-Acetoxy-5-äthyl-5H- 59
—, 3-[2-Acetoxy-äthyl]-dihydro- 21
—, 3-Acetoxy-5-äthyl-4-methyl-5H-
 63
—, 3-Acetoxy-4-äthyl-5-propyl-5H-
 68
—, 3-[2-Acetoxy-benzoyloxy]-4,4-
 dimethyl-dihydro- 25
—, 4-Acetoxy-3-benzyl-5H- 366
—, 5-Acetoxy-4-benzyl-5-[4-chlor-
 phenyl]-3-phenyl-5H- 850
—, 5-Acetoxy-4-benzyl-3,5-diphenyl-
 5H- 849
—, 3-[2-Acetoxy-benzyliden]-dihydro-
 367

Furan-2-on *(Fortsetzung)*
—, 3-[3-Acetoxy-benzyliden]-dihydro- 367
—, 3-[4-Acetoxy-benzyliden]-dihydro- 368
—, 3-[3-Acetoxy-benzyliden]-5-phenyl-3H- 794
—, 3-[4-Acetoxy-benzyliden]-5-phenyl-3H- 794
—, 3-Acetoxy-4-brom-5-[4-brom-phenyl]-5H- 310
—, 5-Acetoxy-4-brom-3,5-diphenyl-5H- 731
—, 5-Acetoxy-4-brom-3,5-diphenyl-dihydro- 651
—, 3-Acetoxy-4-brom-5-methyl-5H- 56
—, 3-Acetoxy-4-brom-5-phenyl-5H- 309
—, 5-Acetoxy-5-[4-chlor-phenyl]-3-phenyl-5H- 730
—, 4-[4-Acetoxy-cyclohexyl]-5H- 121
—, 4-Acetoxy-4-cyclohexyl-dihydro- 71
—, 4-[4'-Acetoxy-α,α'-diäthyl-bibenzyl-4-yl]-5H- 786
—, 5-Acetoxy-3,4-dichlor-5H- 52
—, 4-Acetoxy-dihydro- 6
—, 3-Acetoxy-4,5-dimethyl-5H- 61
—, 4-Acetoxy-5,5-dimethyl-5H- 60
—, 5-Acetoxy-3,5-dimethyl-5H- 61
—, 3-Acetoxy-4,4-dimethyl-dihydro- 23
—, 4-[3-Acetoxy-10,13-dimethyl-$\Delta^{14,16}$-dodecahydro-cyclopenta[a]phenanthren-17-yl]-5H- 594
—, 4-[3-Acetoxy-10,13-dimethyl-hexadecahydro-cyclopenta[a]phenanthren-17-yl]-5H- 472
—, 4-[3-Acetoxy-10,13-dimethyl-hexadecahydro-cyclopenta[a]phenanthren-17-yl]-dihydro- 264
—, 5-[3-Acetoxy-10,13-dimethyl-hexadecahydro-cyclopenta[a]phenanthren-17-yl]-5-methyl-dihydro- 269
—, 4-[3-Acetoxy-10,13-dimethyl-$\Delta^{8(14)}$-tetradecahydro-cyclopenta[a]phenanthren-17-yl]-5H- 553
—, 4-[3-Acetoxy-10,13-dimethyl-Δ^{14}-tetradecahydro-cyclopenta[a]phenanthren-17-yl]-5H- 555
—, 4-Acetoxy-3,5-diphenyl-5H- 731
—, 4-Acetoxy-3,5-diphenyl-5H- 729
—, 5-Acetoxy-3,5-diphenyl-5H- 730
—, 3-Acetoxy-5,5-diphenyl-dihydro- 651
—, 4-Acetoxy-3,5-diphenyl-dihydro- 652
—, 3-Acetoxy-4-isohexyl-5H- 70
—, 3-Acetoxy-5-isopropyl-5H- 62
—, 3-Acetoxy-4-jod-5-methyl-dihydro- 12
—, 3-Acetoxy-4-methyl-5H- 58
—, 3-Acetoxy-5-methyl-5H- 56
—, 5-Acetoxy-5-methyl-5H- 55
—, 3-Acetoxy-4-methyl-dihydro- 16
—, 3-Acetoxy-5-methyl-dihydro- 11
—, 4-Acetoxy-4-methyl-dihydro- 16
—, 5-Acetoxymethyl-dihydro- 14
—, 5-Acetoxy-5-methyl-dihydro- 10
—, 5-[2-Acetoxy-4-methyl-phenyl]-3H- 369
—, 5-[2-Acetoxy-5-methyl-phenyl]-3H- 369
—, 5-[4-Acetoxy-3-methyl-phenyl]-3H- 369
—, 5-[6-Acetoxy-[2]naphthyl]-3H- 609
—, 5-[3-Acetoxy-4,4,8,10,14-pentamethyl-hexadecahydro-cyclopenta[a]phenanthren-17-yl]-5-methyl-dihydro- 272
—, 3-Acetoxy-4-pentyl-5H- 67
—, 3-Acetoxy-4-pentyl-dihydro- 41
—, 3-Acetoxy-4-phenyl-3H- 310
—, 4-[4-Acetoxy-phenyl]-5H- 312
—, 4-Acetoxy-5-phenyl-5H- 309
—, 5-[2-Acetoxy-phenyl]-3H- 308
—, 5-[4-Acetoxy-phenyl]-3H- 309
—, 5-[4-Acetoxy-phenyl]-3,4-dichlor-5H- 310
—, 5-Acetoxy-3-phenyl-dihydro- 184
—, 4-[2-Acetoxy-phenyl]-5-methyl-3H- 369
—, 3-Acetoxy-5-propyl-5H- 62
—, 5-[3-Acetoxy-propyl]-dihydro- 31
—, 4-Äthoxy-5H- 49
—, 5-Äthoxy-5H- 51
—, 5-Äthoxy-5-äthyl-dihydro- 20
—, 3-[2-Äthoxy-benzyl]-dihydro- 200
—, 3-[2-Äthoxy-benzyliden]-dihydro- 367
—, 5-[2-Äthoxy-5-benzyl-phenyl]-dihydro- 664
—, 5-[4-Äthoxy-biphenyl-3-yl]-dihydro- 650
—, 4-Äthoxy-3-brom-5H- 50
—, 5-Äthoxy-5-[4-brom-phenyl]-4-methyl-5H- 370
—, 5-[2-Äthoxy-5-chlor-phenyl]-dihydro- 180
—, 5-[4-Äthoxy-3-chlor-phenyl]-dihydro- 182
—, 5-Äthoxy-3,4-dibrom-5H- 53
—, 5-Äthoxy-4,5-di-*tert*-butyl-5H- 77
—, 5-Äthoxy-3,4-dichlor-5H- 51
—, 4-Äthoxy-dihydro- 6

Furan-2-on *(Fortsetzung)*
—, 5-Äthoxy-dihydro- 7
—, 4-Äthoxy-3,5-dimethyl-5H- 61
—, 4-Äthoxy-5,5-dimethyl-5H- 60
—, 5-Äthoxy-3,3-dimethyl-3H- 61
—, 3-[2-Äthoxy-α-hydroxy-benzyl]-dihydro- 367
—, 3-Äthoxy-5-methyl-5H- 55
—, 5-Äthoxy-5-methyl-5H- 55
—, 5-Äthoxymethyl-3-äthyl-dihydro- 31
—, 3-Äthoxy-5-methyl-dihydro- 11
—, 5-Äthoxymethyl-dihydro- 12
—, 5-Äthoxy-4-methyl-dihydro- 15
—, 5-Äthoxy-5-methyl-dihydro- 9
—, 5-[2-Äthoxy-5-methyl-phenyl]-dihydro- 203
—, 5-[4-Äthoxy-2-methyl-phenyl]-dihydro- 201
—, 5-[4-Äthoxy-3-methyl-phenyl]-dihydro- 202
—, 5-[2-Äthoxy-[1]naphthyl]-dihydro- 577
—, 5-[6-Äthoxy-[2]naphthyl]-dihydro- 578
—, 5-[4-Äthoxy-phenyl]-3H- 308
—, 5-[4-Äthoxy-phenyl]-3-benzyliden-3H- 793
—, 5-{[(4-Äthoxy-phenyl)-dichlor-λ^4-tellanyl]-methyl}-3,3-diphenyl-dihydro- 665
—, 5-[4-Äthoxy-phenyl]-dihydro- 181
—, 5-[3-Äthoxy-5,6,7,8-tetrahydro-[2]naphthyl]-dihydro- 439
—, 5-[4-Äthoxy-5,6,7,8-tetrahydro-[1]naphthyl]-dihydro- 439
—, 3-Äthyl-5-[3-chlor-4-methoxy-phenyl]-dihydro- 220
—, 3-Äthyl-5-[5-chlor-2-methoxy-phenyl]-dihydro- 220
—, 3-Äthyl-4-dimethylcarbamoyloxy-5H- 60
—, 3-Äthyl-4-[2-hydroxy-äthyl]-dihydro- 39
—, 3-Äthyl-4-hydroxymethyl-dihydro- 32
—, 3-Äthyl-5-hydroxymethyl-dihydro- 31
—, 4-Äthyl-3-hydroxy-4-methyl-dihydro- 32
—, 5-Äthyl-3-hydroxy-4-methyl-dihydro- 31
—, 3-Äthyl-3-hydroxy-5-phenyl-dihydro- 219
—, 5-Äthyl-4-[4-hydroxy-phenyl]-dihydro- 219
—, 5-Äthyl-3-methoxy-5H- 59
—, 5-Äthyl-5-[2-methoxy-4,5-dimethyl-phenyl]-dihydro- 230
—, 3-Äthyl-5-[4-methoxy-3-methyl-phenyl]-dihydro- 225

—, 3-Äthyl-5-[4-methoxy-phenyl]-dihydro- 220
—, 5-Äthyl-4-[4-methoxy-phenyl]-dihydro- 219
—, 5-Äthyl-5-[2-methoxy-phenyl]-dihydro- 219
—, 5-[5-Äthyl-2-methoxy-phenyl]-dihydro- 218
—, 5-Äthyl-5-[4-methoxy-phenyl]-dihydro- 219
—, 3-Äthyl-5-phenoxymethyl-dihydro- 31
—, 4-[4-Allyl-3-glucopyranosyloxy-phenyl]-5H- 509
—, 4-[4-Allyl-3-hydroxy-phenyl]-5H- 509
—, 5-Allyloxy-3,4-dichlor-5H- 52
—, 5-Allyloxy-5-methyl-dihydro- 10
—, 5-Allyloxymethyl-3,3-diphenyl-dihydro- 664
— imin 665
—, 4-[4-Allyl-3-(tetra-O-acetyl-glucopyranosyloxy)-phenyl]-5H- 509
—, 3-Benzolsulfonyl-3-phenyl-dihydro- 183
— imin 183
—, 4-Benzoyloxy-3-benzyl-5H- 366
—, 4-Benzoyloxy-5-benzyl-3-phenyl-5H- 761
—, 5-Benzoyloxy-3,4-dichlor-5H- 53
—, 4-Benzoyloxy-5,5-dimethyl-5H- 60
—, 3-Benzoyloxy-4,4-dimethyl-dihydro- 24
—, 4-Benzoyloxy-5,5-diphenyl-5H- 729
—, 3-Benzoyloxy-4,5-diphenyl-dihydro- 651
—, 3-Benzoyloxy-4-methyl-5H- 58
—, 3-Benzoyloxy-5-methyl-5H- 56
—, 4-Benzoyloxy-5-methyl-5H- 55
—, 3-Benzoyloxy-4-methyl-dihydro- 17
—, 3-Benzoyloxy-4-[2-nitro-phenyl]-5H- 311
—, 4-Benzoyloxy-5-phenyl-5H- 309
—, 4-Benzyl-5-[4-brom-phenyl]-5-methoxy-3-phenyl-5H- 850
—, 5-[5-Benzyl-2-butoxy-phenyl]-dihydro- 664
—, 4-Benzyl-5-[4-chlor-phenyl]-5-methoxy-3-phenyl-5H- 850
—, 3-Benzyl-4-[2,4-dinitro-benzoyloxy]-5H- 366
—, 5-[5-Benzyl-2-hexyloxy-phenyl]-dihydro- 664
—, 3-Benzyl-4-[α-hydroxy-benzyl]-dihydro- 671
—, 4-Benzyl-4-hydroxy-dihydro- 201
—, 3-Benzyl-4-hydroxy-4-methyl-dihydro- 218

Furan-2-on *(Fortsetzung)*
—, 3-Benzyl-5-hydroxymethyl-dihydro- 218
—, 3-Benzyl-3-hydroxy-5-phenäthyl-dihydro- 676
—, 3-Benzyl-3-hydroxy-5-*p*-tolyl-dihydro- 672
—, 4-Benzyl-3-hydroxy-5-*p*-tolyl-dihydro- 671
—, 3-Benzyliden-5-[4-butoxy-phenyl]-3*H*- 793
—, 3-Benzyliden-5-[2-methoxy-5-methyl-phenyl]-3*H*- 801
—, 3-Benzyliden-5-[4-methoxy-3-methyl-phenyl]-3*H*- 801
—, 3-Benzyliden-5-[4-methoxy-phenyl]-3*H*- 793
—, 5-Benzyliden-4-methoxy-3-phenyl-5*H*- 794
—, 3-Benzyliden-5-[4-phenoxy-phenyl]-3*H*- 793
—, 3-Benzylmercapto-dihydro- 5
—, 5-Benzylmercapto-dihydro- 8
—, 3-Benzyl-4-methoxy-5*H*- 366
—, 5-Benzyl-3-[4-methoxy-phenyl]-5*H*- 761
—, 5-[5-Benzyl-2-methoxy-phenyl]-dihydro- 664
—, 3-Benzyl-4-[4-nitro-benzoyloxy]-5*H*- 366
—, 3-[4-Benzyloxy-benzyliden]-dihydro- 368
—, 3-Benzyloxycarbonyloxy-4,4-dimethyl-dihydro- 25
—, 5-Benzyloxy-3,4-dibrom-5*H*- 54
—, 5-Benzyloxy-3,4-dichlor-5*H*- 52
—, 3-Benzyloxy-4,4-dimethyl-dihydro- 23
—, 5-Benzyloxymethyl-dihydro- 14
—, 5-[5-Benzyl-2-pentyloxy-phenyl]-dihydro- 664
—, 3-Benzyl-4-phenylacetoxy-5*H*- 366
—, 5-[5-Benzyl-2-propoxy-phenyl]-dihydro- 664
—, 5-Biphenyl-4-yl-5-methoxy-3,4-dimethyl-5*H*- 776
—, 4-Brom-5-[4-brom-phenyl]-3-methoxy-5*H*- 310
—, 4-Brom-3-chlor-5-methoxy-5*H*- 53
—, 4-Brom-3-hydroxy-5-methyl-dihydro- 11
—, 3-Brom-5-isopropyliden-4-methoxy-5*H*- 114
—, 5-[β-Brom-isopropyliden]-4-methoxy-5*H*- 114
—, 3-Brom-4-methoxy-5*H*- 50
—, 4-Brom-3-methoxy-5-methyl-5*H*- 56
—, 4-Brom-3-methoxy-5-phenyl-5*H*- 309

—, 5-Brom-4-methoxy-5-phenyl-5*H*- 309
—, 4-Brom-3-methoxy-5-*p*-tolyl-5*H*- 369
—, 3-Brom-4-[4-nitro-benzyloxy]-5*H*- 50
—, 3-Brom-4-phenoxy-5*H*- 50
—, 5-[4-Brom-phenyl]-5-methoxy-3,4-dimethyl-5*H*- 396
—, 5-[4-Brom-phenyl]-5-methoxy-3-methyl-5*H*- 370
—, 5-[4-Brom-phenyl]-5-methoxy-4-methyl-5*H*- 370
—, 5-[4-Brom-phenyl]-5-methoxy-4-methyl-dihydro- 206
—, 5-Butoxy-5*H*- 51
—, 3-[4-*sec*-Butoxy-benzyliden]-dihydro- 368
—, 5-[4-Butoxy-biphenyl-3-yl]-dihydro- 650
—, 5-[2-Butoxy-5-chlor-phenyl]-dihydro- 181
—, 5-[4-Butoxy-3-chlor-phenyl]-dihydro- 183
—, 5-Butoxy-3,4-dichlor-5*H*- 52
—, 5-Butoxy-dihydro- 8
—, 5-Butoxymethyl-dihydro- 12
—, 5-Butoxy-5-methyl-dihydro- 9
—, 5-[2-Butoxy-5-methyl-phenyl]-dihydro- 204
—, 5-[4-Butoxy-2-methyl-phenyl]-dihydro- 201
—, 5-[4-Butoxy-3-methyl-phenyl]-dihydro- 202
—, 5-[6-Butoxy-[2]naphthyl]-dihydro- 578
—, 5-[4-Butoxy-phenyl]-3*H*- 308
—, 5-[4-Butoxy-phenyl]-dihydro- 181
—, 5-[4-Butoxy-5,6,7,8-tetrahydro-[1]naphthyl]-dihydro- 439
—, 3-Butyl-5-[3-chlor-4-methoxy-phenyl]-dihydro- 230
—, 3-Butyl-5-[5-chlor-2-methoxy-phenyl]-dihydro- 230
—, 3-Butyl-4-dimethylcarbamoyloxy-5*H*- 64
—, 3-Butyl-4-hydroxy-5-methyl-dihydro- 41
—, 3-Butyl-5-hydroxymethyl-dihydro- 41
—, 3-Butyl-4-isovaleryloxy-5-methyl-dihydro- 41
—, 5-*tert*-Butyl-4-methoxy-3-methyl-5*H*- 67
—, 5-[5-Butyl-2-methoxy-phenyl]-dihydro- 229
—, 5-Butyl-5-[4-methoxy-phenyl]-dihydro- 230
—, 4-Butyryloxy-dihydro- 7

Furan-2-on *(Fortsetzung)*
—, 3-Carbamimidoylmercapto-dihydro- 5
—, 5-[3-Chlor-4-hexyloxy-phenyl]-dihydro- 183
—, 5-[5-Chlor-2-hexyloxy-phenyl]-dihydro- 181
—, 5-[5-Chlor-2-hydroxy-4-methyl-phenyl]-dihydro- 205
—, 3-Chlor-4-methoxy-5H- 50
—, 5-[5-Chlor-2-methoxy-4-methyl-phenyl]-dihydro- 205
—, 5-[3-Chlor-4-methoxy-phenyl]-dihydro- 182
—, 5-[5-Chlor-2-methoxy-phenyl]-dihydro- 180
—, 5-[3-Chlor-4-methoxy-phenyl]-3-hexyl-dihydro- 238
—, 5-[5-Chlor-2-methoxy-phenyl]-3-hexyl-dihydro- 237
—, 5-[2-Chlor-5-methoxy-phenyl]-5-methyl-dihydro- 205
—, 5-[3-Chlor-4-methoxy-phenyl]-3-methyl-dihydro- 207
—, 5-[5-Chlor-2-methoxy-phenyl]-3-methyl-dihydro- 207
—, 5-[3-Chlor-4-methoxy-phenyl]-3-pentyl-dihydro- 234
—, 5-[3-Chlor-4-methoxy-phenyl]-3-propyl-dihydro- 226
—, 5-[5-Chlor-2-methoxy-phenyl]-3-propyl-dihydro- 225
—, 3-[4-Chlor-2-methyl-phenoxy]-dihydro- 4
—, 5-[3-Chlor-4-pentyloxy-phenyl]-dihydro- 183
—, 5-[5-Chlor-2-pentyloxy-phenyl]-dihydro- 181
—, 3-Chlor-4-phenoxy-5H- 50
—, 3-[2-Chlor-phenoxy]-dihydro- 3
—, 3-[3-Chlor-phenoxy]-dihydro- 4
—, 3-[4-Chlor-phenoxy]-dihydro- 4
—, 5-[4-Chlor-phenoxy]-dihydro- 8
—, 3-[4-Chlor-phenyl]-3-[2-hydroxy-äthyl]-dihydro- 221
—, 3-[4-Chlor-phenyl]-3-methansulfonyl-dihydro-, — imin 183
—, 5-[4-Chlor-phenyl]-5-methoxy-3-phenyl-5H- 730
—, 5-[3-Chlor-4-propoxy-phenyl]-dihydro- 183
—, 5-[5-Chlor-2-propoxy-phenyl]-dihydro- 180
—, 5-[3-Chlor-propyl]-3-hydroxy-dihydro- 30
—, 3-Cinnamoyloxy-4,4-dimethyl-dihydro- 25
—, 4-Cyclohexyl-3-hydroxy-dihydro- 71
—, 4-Cyclohexyl-4-hydroxy-dihydro- 71
—, 3-Cyclohexyl-5-hydroxymethyl-dihydro- 76
—, 4-Cyclohexyl-3-[4-nitro-benzoyloxy]-dihydro- 71
—, 5-Cyclohexyloxy-5-methyl-dihydro- 10
—, 4-[3-(3,5-Diacetoxy-4-methoxy-6-methyl-tetrahydro-pyran-2-yloxy)-10,13-dimethyl-Δ^{14}-tetradecahydro-cyclopenta[a]-phenanthren-17-yl]-5H- 556
—, 4-[α,α'-Diäthyl-4'-hydroxy-bibenzyl-4-yl]-5H- 786
—, 3,5-Diäthyl-4-hydroxy-dihydro- 39
—, 4,4-Diäthyl-3-hydroxy-dihydro- 39
—, 4-[α,α'-Diäthyl-4'-hydroxy-stilben-4-yl]-5H- 808
—, 4-[α,α'-Diäthyl-4'-methoxy-bibenzyl-4-yl]-5H- 786
—, 3,3-Diäthyl-5-[6-methoxy-[2]-naphthyl]-4-methyl-3H- 676
—, 3,4-Diäthyl-5-[4-methoxy-phenyl]-3H- 432
—, 3,4-Diäthyl-5-[4-methoxy-phenyl]-dihydro- 231
—, 4-[α,α'-Diäthyl-4'-methoxy-stilben-4-yl]-5H- 808
—, 3-Diäthylthiocarbamoylmercapto-dihydro- 5
—, 3,4-Dibrom-5-butoxy-5H- 54
—, 3,4-Dibrom-5-isopropoxy-5H- 54
—, 3,4-Dibrom-5-methoxy-5H- 53
—, 4-[3,5-Dibrom-4-methoxy-phenyl]-dihydro- 184
—, 3,4-Dibrom-5-tetrahydrofurfuryloxy-5H- 54
—, 3,4-Dichlor-5-dodecyloxy-5H- 52
—, 3,4-Dichlor-5-[4-hydroxy-5-isopropyl-2-methyl-phenyl]-5H- 432
—, 3,4-Dichlor-5-[4-hydroxy-phenyl]-5H- 310
—, 3,4-Dichlor-5-isopropoxy-5H- 51
—, 3,4-Dichlor-5-methoxy-5H- 51
—, 3,4-Dichlor-5-[4-methoxy-phenyl]-5H- 310
—, 4-[3,5-Dichlor-4-methoxy-phenyl]-dihydro- 184
—, 5-{[Dichlor-(4-methoxy-phenyl)-λ^4-tellanyl]-methyl}-3,3-diphenyl-dihydro- 665
—, 3,4-Dichlor-5-myristoyloxy-5H- 52
—, 3,4-Dichlor-5-palmitoyloxy-5H- 52
—, 3-[2,4-Dichlor-phenoxy]-dihydro- 4
—, 3,4-Dichlor-5-phenylcarbamoyloxy-5H- 53

Furan-2-on *(Fortsetzung)*
—, 3-[3,4-Dichlor-phenyl]-3-methansulfonyl-dihydro- 184
— imin 184
—, 3,4-Dichlor-5-tetrahydrofurfuryloxy-5H- 53
—, 3,4-Dichlor-5-vinyloxy-5H- 52
—, 5-[1,3-Dimethyl-butoxy]-5-methyl-dihydro- 10
—, 4-Dimethylcarbamoyloxy-3-isopentyl-5H- 67
—, 4-Dimethylcarbamoyloxy-3-isopropyl-5H- 63
—, 4-Dimethylcarbamoyloxy-3-propyl-5H- 62
—, 4,5-Dimethyl-3-[4-nitro-benzoyloxy]-5H- 61
—, 4,4-Dimethyl-3-[4-nitro-benzoyloxy]-dihydro- 24
—, 4,4-Dimethyl-3-[2-oxo-bornan-10-sulfonyloxy]-dihydro- 26
—, 4,4-Dimethyl-3-palmitoyloxy-dihydro- 24
—, 3-[2,4-Dimethyl-phenoxy]-dihydro- 4
—, 4,4-Dimethyl-3-phosphonooxy-dihydro- 27
—, 4,4-Dimethyl-3-propionyloxy-dihydro- 24
—, 5-[1,2-Dimethyl-propoxy]-5-methyl-dihydro- 10
—, 4,4-Dimethyl-3-salicyloyloxy-dihydro- 25
—, 4,4-Dimethyl-3-sulfooxy-dihydro- 26
—, 4,4-Dimethyl-3-[toluol-4-sulfonyloxy]-dihydro- 26
—, 3-[3,5-Dinitro-benzoyloxy]-4,4-dimethyl-dihydro- 25
—, 3-[3,5-Dinitro-benzoyloxymethyl]-dihydro- 15
—, 3-[3,5-Dinitro-benzoyloxymethyl]-5-methyl-dihydro- 21
—, 5-[3,5-Dinitro-benzoyloxymethyl]-3-methyl-dihydro- 19
—, 4-[2,4-Dinitro-phenoxy]-3-methyl-5H- 58
—, 5-[(2,4-Dinitro-phenylmercapto)-methyl]-3,3-diphenyl-dihydro- 665
—, 3-Diphenoxyphosphoryloxy-4,4-dimethyl-dihydro- 27
—, 5-Glucopyranosyloxymethyl-5H- 56
—, 4-[4-Glucopyranosyloxy-phenyl]-5H- 312
—, 5-[5-Heptyl-2-methoxy-phenyl]-dihydro- 238
—, 5-Heptyloxymethyl-dihydro- 13
—, 5-[4-Heptyloxy-3-methyl-phenyl]-dihydro- 203

—, 5-[4-Heptyloxy-5,6,7,8-tetrahydro-[1]naphthyl]-dihydro- 439
—, 5-Hexadecyl-4-[4-hydroxy-phenyl]-dihydro- 270
—, 3-Hexadecyl-5-[4-methoxy-phenyl]-dihydro- 270
—, 5-Hexadecyl-4-[4-methoxy-phenyl]-dihydro- 270
—, 3-Hexanoyloxy-4,4-dimethyl-dihydro- 24
—, 5-Hexyl-3-hydroxy-dihydro- 43
—, 3-Hexyl-5-hydroxymethyl-dihydro- 45
—, 3-Hexyl-4-isovaleryloxy-5-methyl-dihydro- 45
—, 5-Hexyl-3-methoxy-5-methyl-dihydro- 44
—, 3-Hexyl-5-[4-methoxy-phenyl]-dihydro- 237
—, 5-[5-Hexyl-2-methoxy-phenyl]-dihydro- 237
—, 5-Hexyl-5-[4-methoxy-phenyl]-dihydro- 237
—, 5-Hexyl-3-[4-nitro-benzoyloxy]-5H- 70
—, 5-Hexyloxymethyl-dihydro- 13
—, 5-[2-Hexyloxy-5-methyl-phenyl]-dihydro- 204
—, 5-[4-Hexyloxy-2-methyl-phenyl]-dihydro- 202
—, 5-[4-Hexyloxy-3-methyl-phenyl]-dihydro- 203
—, 5-[4-Hexyloxy-phenyl]-dihydro- 182
—, 5-[4-Hexyloxy-5,6,7,8-tetrahydro-[1]naphthyl]-dihydro- 439
—, 5-[2-(2-Hydroxy-äthoxy)-5-methyl-phenyl]-dihydro- 204
—, 5-[4-(2-Hydroxy-äthoxy)-2-methyl-phenyl]-dihydro- 202
—, 5-[4-(2-Hydroxy-äthoxy)-3-methyl-phenyl]-dihydro- 203
—, 5-[4-(2-Hydroxy-äthoxy)-phenyl]-dihydro- 182
—, 3-[2-Hydroxy-äthyl]-dihydro- 21
—, 3-[1-Hydroxy-äthyl]-3,4-dimethyl-dihydro- 40
—, 3-[2-Hydroxy-äthyl]-5,5-dimethyl-dihydro- 39
—, 5-[1-Hydroxy-äthyl]-4-methyl-5H- 63
—, 4-[1-Hydroxy-äthyl]-5-methyl-dihydro- 31
—, 3-[2-Hydroxy-äthyl]-3-phenyl-dihydro- 220
— imin 220
—, 3-[1-Hydroxy-äthyl]-4,5,5-trimethyl-dihydro- 42

Furan-2-on *(Fortsetzung)*
—, 5-[α-Hydroxy-benzhydryl]-dihydro- 663
—, 3-[3-Hydroxy-benzyl]-dihydro- 200
—, 3-[4-Hydroxy-benzyl]-dihydro- 200
—, 4-[α-Hydroxy-benzyl]-dihydro- 201
—, 5-[3-Hydroxy-benzyl]-dihydro- 199
—, 3-[3-Hydroxy-benzyliden]-dihydro- 367
—, 3-[4-Hydroxy-benzyliden]-dihydro- 368
—, 3-[3-Hydroxy-benzyliden]-5-methyl-3H- 502
—, 3-[4-Hydroxy-benzyliden]-5-methyl-3H- 502
—, 5-[4-Hydroxy-butyl]-dihydro- 38
—, 4-[3-Hydroxy-butyl]-5,5-dimethyl-dihydro- 43
—, 4-[4-Hydroxy-cyclohexyl]-5H- 121
—, 4-[x-Hydroxy-cyclohexyl]-dihydro- 71
—, 4-[4-Hydroxy-cyclohexyl]-dihydro- 71
—, 3-Hydroxy-dihydro- 3
—, 4-Hydroxy-dihydro- 6
—, 3-Hydroxy-4,4-dimethyl-dihydro- 22
 — imin 28
 — phenylimin 28
—, 3-Hydroxy-4,5-dimethyl-dihydro- 21
—, 4-Hydroxy-4,5-dimethyl-dihydro- 21
—, 4-[3-Hydroxy-10,13-dimethyl-hexadecahydro-cyclopenta[a]phenanthren-17-yl]-5H- 471
—, 4-[3-Hydroxy-10,13-dimethyl-hexadecahydro-cyclopenta[a]phenanthren-17-yl]-dihydro- 263
—, 4-[11-Hydroxy-10,13-dimethyl-hexadecahydro-cyclopenta[a]phenanthren-17-yl]-dihydro- 266
—, 4-[3-Hydroxy-10,13-dimethyl-$\Delta^{8(14)}$-tetradecahydro-cyclopenta[a]phenanthren-17-yl]-5H- 552
—, 4-[3-Hydroxy-10,13-dimethyl-Δ^{14}-tetradecahydro-cyclopenta[a]phenanthren-17-yl]-5H- 554
—, 3-Hydroxy-4,4-diphenyl-dihydro- 652
—, 3-Hydroxy-4,5-diphenyl-dihydro- 651
—, 3-Hydroxy-5,5-diphenyl-dihydro- 650
—, 5-[4-Hydroxy-5-isopropyl-2-methyl-phenyl]-dihydro- 229
—, 3-Hydroxy-4-jod-5-methyl-dihydro- 11
—, 3-Hydroxy-4-jod-4-methyl-5-phenyl-dihydro- 206
—, 3-Hydroxy-4-jod-5-phenyl-dihydro- 180
—, 3-Hydroxy-5-methyl-3H- 55
—, 5-Hydroxymethyl-5H- 56
—, 3-Hydroxymethyl-dihydro- 15
—, 3-Hydroxy-3-methyl-dihydro- 15
—, 3-Hydroxy-4-methyl-dihydro- 16
—, 3-Hydroxy-5-methyl-dihydro- 11
—, 4-Hydroxy-4-methyl-dihydro- 16
—, 4-Hydroxy-5-methyl-dihydro- 11
—, 5-Hydroxymethyl-dihydro- 12
—, 5-Hydroxymethyl-3,3-diphenyl-dihydro- 664
—, 5-Hydroxymethyl-3-isobutyl-dihydro- 42
—, 5-Hydroxymethyl-3-isopentyl-dihydro- 43
—, 5-Hydroxymethyl-3-isopropyl-dihydro- 39
—, 5-Hydroxymethyl-4-isopropyl-dihydro- 38
—, 3-Hydroxymethyl-5-methyl-dihydro- 21
—, 5-Hydroxymethyl-3-methyl-dihydro- 18
—, 3-Hydroxy-5-methyl-3-[4-methyl-phenäthyl]-dihydro- 229
—, 5-Hydroxymethyl-3-octyl-dihydro- 47
—, 3-Hydroxy-3-methyl-5-phenyl-dihydro- 207
—, 3-Hydroxy-4-methyl-5-phenyl-dihydro- 206
—, 5-[2-Hydroxy-4-methyl-phenyl]-dihydro- 204
—, 5-[2-Hydroxy-5-methyl-phenyl]-dihydro- 203
—, 5-Hydroxymethyl-3-phenyl-dihydro- 207
—, 5-[4-Hydroxy-3-methyl-phenyl]-dihydro- 202
—, 5-Hydroxymethyl-3-propyl-dihydro- 38
—, 4-[6-Hydroxy-[2]naphthyl]-5H- 609
—, 3-Hydroxy-4-pentyl-dihydro- 41
—, 3-[Hydroxy-phenoxy-phosphoryloxy]-4,4-dimethyl-dihydro- 27
—, 4-[3-Hydroxy-phenyl]-5H- 311
—, 4-[4-Hydroxy-phenyl]-5H- 311
—, 5-[2-Hydroxy-phenyl]-dihydro- 180
—, 5-[4-Hydroxy-phenyl]-dihydro- 181
—, 4-[4-Hydroxy-phenyl]-5-pentyl-dihydro- 233

Furan-2-on *(Fortsetzung)*
—, 3-[4-Hydroxy-phenyl]-5-phenyl-5H- 731
—, 4-[4-Hydroxy-phenyl]-5-propyl-dihydro- 225
—, 4-[4-Hydroxy-phenyl]-5-tetradecyl-dihydro- 267
—, 5-[3-Hydroxy-propyl]-dihydro- 30
—, 3-[2-Hydroxy-propyl]-5-methyl-3-phenyl-dihydro- 231
—, 5-[2-Hydroxy-styryl]-3H- 500
—, 5-[4-Hydroxy-styryl]-3H- 500
—, 5-[1-Hydroxy-tetradecyl]-dihydro- 47
—, 5-[4-Hydroxy-5,6,7,8-tetrahydro-[1]naphthyl]-dihydro- 438
—, 3-Hydroxy-3,5,5-trimethyl-dihydro- 33
—, 3-Hydroxy-4,4,5-trimethyl-dihydro- 33
—, 4-Hydroxy-3,4,5-triphenyl-dihydro- 838
—, 5-Isobutoxymethyl-dihydro- 13
—, 5-[2-Isobutoxy-5-methyl-phenyl]-dihydro- 204
—, 5-[4-Isobutoxy-2-methyl-phenyl]-dihydro- 201
—, 5-[4-Isobutoxy-3-methyl-phenyl]-dihydro- 203
—, 5-[4-Isobutoxy-phenyl]-dihydro- 182
—, 5-Isobutyl-5-[4-methoxy-phenyl]-dihydro- 231
—, 5-Isopentyl-5-[4-methoxy-phenyl]-dihydro- 234
—, 5-Isopentyloxymethyl-dihydro- 13
—, 5-[2-Isopentyloxy-5-methyl-phenyl]-dihydro- 204
—, 5-[4-Isopentyloxy-2-methyl-phenyl]-dihydro- 201
—, 5-[4-Isopentyloxy-3-methyl-phenyl]-dihydro- 203
—, 5-[4-Isopentyloxy-phenyl]-dihydro- 182
—, 5-Isopropenyl-4-methoxy-5H- 115
—, 5-Isopropoxy-5H- 51
—, 3-[4-Isopropoxy-benzyl]-dihydro- 200
—, 3-[4-Isopropoxy-benzyliden]-dihydro- 368
—, 5-Isopropoxymethyl-dihydro- 12
—, 5-Isopropoxy-5-methyl-dihydro- 9
—, 5-Isopropyliden-3-jod-4-methoxy-5H- 114
—, 5-Isopropyliden-4-methoxy-5H- 114
—, 5-Isopropyl-3-methoxy-5H- 62
—, 5-[5-Isopropyl-4-methoxy-2-methyl-phenyl]-dihydro- 229

—, 5-Isopropyl-5-[4-methoxy-phenyl]-dihydro- 226
—, 3-Jod-4-methoxy-5H- 50
—, 3-Linoleoyloxy-4,4-dimethyl-dihydro- 24
—, 5-Mesityl-5-methoxy-3-phenyl-dihydro- 676
—, 3-Methoxy-5H- 49
—, 4-Methoxy-5H- 49
—, 5-Methoxy-5H- 50
—, 4-[2-Methoxy-benzyl]-5H- 367
—, 4-[4-Methoxy-benzyl]-5H- 367
—, 3-[4-Methoxy-benzyl]-dihydro- 200
—, 5-[3-Methoxy-benzyl]-dihydro- 199
—, 3-[4-Methoxy-benzyliden]-dihydro- 368
—, 3-[4-Methoxy-benzyliden]-5-phenyl-3H- 794
—, 3-[4-Methoxy-benzyl]-5-methyl-dihydro- 218
—, 5-[4-Methoxy-benzyl]-3-phenyl-5H- 761
—, 5-[4-Methoxy-biphenyl-3-yl]-dihydro- 650
—, 4-Methoxy-dihydro- 6
—, 5-Methoxy-dihydro- 7
—, 3-Methoxy-4,5-dimethyl-5H- 61
—, 4-Methoxy-5,5-dimethyl-5H- 60
—, 5-Methoxy-3,5-dimethyl-5H- 61
—, 5-Methoxy-3,4-dimethyl-5-phenyl-5H- 396
—, 4-Methoxy-3,5-diphenyl-5H- 731
—, 5-Methoxy-4,5-diphenyl-5H- 729
—, 3-Methoxy-4-methyl-5H- 58
—, 3-Methoxy-5-methyl-5H- 55
—, 4-Methoxy-3-methyl-5H- 58
—, 5-Methoxy-5-methyl-5H- 55
—, 3-Methoxy-4-methyl-dihydro- 16
—, 5-Methoxymethyl-dihydro- 12
—, 5-Methoxy-5-methyl-dihydro- 9
—, 5-[2-Methoxy-5-methyl-phenyl]-3H- 369
—, 5-[4-Methoxy-2-methyl-phenyl]-3H- 368
—, 5-[4-Methoxy-3-methyl-phenyl]-3H- 369
—, 3-[2-Methoxy-5-methyl-phenyl]-dihydro- 204
—, 3-[4-Methoxy-3-methyl-phenyl]-dihydro- 204
—, 5-[2-Methoxy-4-methyl-phenyl]-dihydro- 205
—, 5-[2-Methoxy-5-methyl-phenyl]-dihydro- 203
—, 5-[4-Methoxy-2-methyl-phenyl]-dihydro- 201

Furan-2-on *(Fortsetzung)*
—, 5-[4-Methoxy-3-methyl-phenyl]-dihydro- 202
—, 5-Methoxy-5-methyl-3-phenyl-dihydro- 207
—, 5-[2-Methoxy-5-methyl-phenyl]-5-methyl-dihydro- 219
—, 5-[4-Methoxy-3-methyl-phenyl]-3-pentyl-dihydro- 237
—, 5-[4-Methoxy-3-methyl-phenyl]-3-propyl-dihydro- 230
—, 4-[6-Methoxy-[2]naphthyl]-5H- 609
—, 5-[2-Methoxy-[1]naphthyl]-3H- 608
—, 5-[6-Methoxy-[2]naphthyl]-3H- 609
—, 5-[2-Methoxy-[1]naphthyl]-dihydro- 577
—, 5-[6-Methoxy-[1]naphthyl]-dihydro- 577
—, 5-[6-Methoxy-[2]naphthyl]-dihydro- 578
—, 4-[6-Methoxy-[2]naphthyl]-3,3-dimethyl-dihydro- 580
—, 4-[6-Methoxy-[2]naphthyl]-3,3,5-trimethyl-3H- 669
—, 5-[6-Methoxy-[2]naphthyl]-3,3,4-trimethyl-3H- 669
—, 3-Methoxy-4-[2-nitro-phenyl]-5H- 311
—, 3-Methoxy-4-[4-nitro-5-phenyl-5H- 730
—, 3-Methoxy-4-pentyl-5H- 67
—, 5-[2-Methoxy-5-pentyl-phenyl]-dihydro- 233
—, 5-[4-Methoxy-phenäthyl]-dihydro- 218
—, 3-[4-Methoxy-phenäthyl]-5-methylen-5H- 509
—, 5-[2-Methoxy-phenoxymethyl]-dihydro- 14
—, 3-[4-Methoxy-phenyl]-5H- 311
—, 4-[2-Methoxy-phenyl]-5H- 311
—, 4-[3-Methoxy-phenyl]-5H- 311
—, 4-[4-Methoxy-phenyl]-5H- 312
—, 4-Methoxy-5-phenyl-5H- 309
—, 5-[4-Methoxy-phenyl]-3H- 308
—, 3-[2-Methoxy-phenyl]-dihydro- 184
—, 3-[4-Methoxy-phenyl]-dihydro- 184
—, 5-[2-Methoxy-phenyl]-dihydro- 180
—, 5-[4-Methoxy-phenyl]-dihydro- 181
—, 4-[4-Methoxy-phenyl]-3,3-dimethyl-dihydro- 221
—, 5-[4-Methoxy-phenyl]-3,4-dimethyl-dihydro- 221

—, 5-[4-Methoxy-phenyl]-3,5-dimethyl-dihydro- 221
—, 5-[2-Methoxy-phenyl]-5-methyl-dihydro- 205
—, 5-[4-Methoxy-phenyl]-4-methyl-dihydro- 206
—, 5-[4-Methoxy-phenyl]-5-methyl-dihydro- 206
—, 4-[4-Methoxy-phenyl]-5-pentyl-dihydro- 233
—, 5-[4-Methoxy-phenyl]-3-pentyl-dihydro- 234
—, 3-[4-Methoxy-phenyl]-5-phenyl-3H-,
— imin 730
—, 3-[4-Methoxy-phenyl]-5-phenyl-5H- 731
—, 5-[4-Methoxy-phenyl]-3-phenyl-5H- 731
—, 5-[2-Methoxy-phenyl]-5-phenyl-dihydro- 651
—, 5-[4-Methoxy-phenyl]-3-phenyl-dihydro- 652
—, 4-[3-(4-Methoxy-phenyl)-propyl]-5H- 417
—, 4-[4-Methoxy-phenyl]-5-propyl-dihydro- 225
—, 5-[3-(3-Methoxy-phenyl)-propyl]-dihydro- 224
—, 5-[4-Methoxy-phenyl]-3-propyl-dihydro- 225
—, 5-[4-Methoxy-phenyl]-5-propyl-dihydro- 225
—, 4-[4-Methoxy-phenyl]-5-tetradecyl-dihydro- 267
—, 5-[4-Methoxy-phenyl]-3-tetradecyl-dihydro- 267
—, 4-Methoxy-5-propyl-5H- 62
—, 5-[2-Methoxy-5-propyl-phenyl]-dihydro- 225
—, 5-[4-Methoxy-styryl]-3H- 500
—, 5-[1-Methoxy-tetradecyl]-dihydro- 48
—, 5-[4-Methoxy-5,6,7,8-tetrahydro-[1]naphthyl]-dihydro- 438
—, 3-Methylmercapto-dihydro- 5
—, 5-Methylmercapto-dihydro- 8
—, 3-Methyl-3-[4-nitro-benzoyloxy]-dihydro- 15
—, 5-Methyl-5-phenoxy-dihydro- 10
—, 5-[2-Methyl-4-propoxy-phenyl]-dihydro- 201
—, 5-[3-Methyl-4-propoxy-phenyl]-dihydro- 202
—, 5-[5-Methyl-2-propoxy-phenyl]-dihydro- 203
—, 5-Methyl-3-salicyliden-3H- 502
—, 3-Methyl-4-[tetra-O-acetyl-glucopyranosyloxy]-5H- 58

Furan-2-on *(Fortsetzung)*
—, 5-Methyl-5-tetrahydropyran-2-yloxymethyl-5H- 61
—, 4-Methyl-3-[toluol-4-sulfonyloxy]-dihydro- 17
—, 3-[2]Naphthyloxy-dihydro- 4
—, 4-[4-Nitro-benzoyloxy]-5H- 49
—, 3-[2-(4-Nitro-benzoyloxy)-äthyl]-3-phenyl-dihydro- 220
—, 5-[3-(4-Nitro-benzoyloxy)-benzyl]-dihydro- 200
—, 4-[x-(4-Nitro-benzoyloxy)-cyclohexyl]-dihydro- 71
—, 3-[4-Nitro-benzoyloxy]-5-propyl-5H- 62
—, 5-Octyloxymethyl-dihydro- 13
—, 5-[4-Pentyloxy-biphenyl-3-yl]-dihydro- 650
—, 5-Phenäthyloxymethyl-dihydro- 14
—, 3-Phenoxy-dihydro- 3
—, 5-Phenoxy-dihydro- 8
—, 5-Phenoxymethyl-dihydro- 13
—, 5-[4-Phenoxy-phenyl]-3H- 309
—, 5-[4-Phenoxy-phenyl]-dihydro- 182
—, 3-[2-Phenylcarbamoyloxy-äthyl]-dihydro- 21
—, 4-[4-Phenylcarbamoyloxy-cyclohexyl]-5H- 122
—, 5-[3-Phenyl-propoxymethyl]-dihydro- 14
—, 5-Propoxy-5H- 51
—, 5-[4-Propoxy-biphenyl-3-yl]-dihydro- 650
—, 4-Propoxy-dihydro- 6
—, 5-Propoxy-dihydro- 7
—, 5-Propoxymethyl-dihydro- 12
—, 5-[6-Propoxy-[2]naphthyl]-dihydro- 578
—, 5-[4-Propoxy-phenyl]-3H- 308
—, 5-[4-Propoxy-phenyl]-dihydro- 181
—, 5-[4-Propoxy-5,6,7,8-tetrahydro-[1]naphthyl]-dihydro- 439
—, 3-Salicyl-dihydro- 209
—, 3-Salicyliden-dihydro- 367
—, 5-[Tetra-O-acetyl-glucopyranosyloxymethyl]-5H- 57
—, 4-[4-(Tetra-O-acetyl-glucopyranosyloxy)-phenyl]-5H- 312
—, 3-Thiocyanato-dihydro- 5
—, 4-[4-(Toluol-4-sulfonyloxy)-cyclohexyl]-5H- 122
—, 3-m-Tolyloxy-dihydro- 4
—, 5-m-Tolyloxymethyl-dihydro- 14
—, 5-o-Tolyloxymethyl-dihydro- 13
—, 5-p-Tolyloxymethyl-dihydro- 14
—, 3,3,4-Triäthyl-5-[6-methoxy-[2]naphthyl]-3H- 680

—, 3-[2,4,5-Trichlor-phenoxy]-dihydro- 4

Furan-3-on
—, 2-Acetoxy-2,5-bis-[4-brom-phenyl]- 734
—, 2-Acetoxy-4-brom-2,5-diphenyl- 734
—, 2-Acetoxy-4-chlor-2,5-diphenyl- 734
—, 2-Acetoxy-2,5-diphenyl- 733
—, 2-Acetoxy-4-methyl-2,5-diphenyl- 762
—, 2-Acetoxy-2,4,5-triphenyl- 845
—, 2-Äthoxy-4-brom-2,5-diphenyl- 734
—, 2-Äthoxy-4-chlor-2,5-diphenyl- 733
—, 2-Äthoxy-2,5-diphenyl- 732
—, 5-Äthoxy-2,2-diphenyl- 729
—, 2-[α-Äthoxy-isopropyl]- 63
—, 2-Äthoxy-4-methyl-2,5-diphenyl- 762
—, 2-Äthoxy-2,4,5-triphenyl- 845
—, 4-[1-Benzoyloxy-äthyliden]-2,2,5,5-tetramethyl-dihydro- 70
—, 2-Benzoyloxy-2,5-diphenyl- 733
—, 2-Benzoyloxy-4-methyl-2,5-diphenyl- 762
—, 4-Benzoyloxymethylen-2,2,5,5-tetramethyl-dihydro- 68
—, 2-[1-Benzylmercapto-äthyl]-4-methyl-dihydro- 32
—, 2-[Benzylmercapto-methyl]-2,5-dimethyl-dihydro- 33
—, 2,5-Bis-[4'-chlor-biphenyl-4-yl]-4-hydroxy-dihydro- 862
—, 4-Brom-2-methoxy-2,5-diphenyl- 734
—, 2-[4-Brom-phenyl]-2-methoxy-5-phenyl- 734
—, 5-[4-Brom-phenyl]-2-methoxy-2-phenyl- 734
—, 4-Chlor-2-methoxy-2,5-diphenyl- 733
—, 2,5-Diäthyl-4-hydroxy-2,5-dimethyl-dihydro- 44
— [2,4-dinitro-phenylhydrazon] 44
—, 2,5-Diphenyl-2-propionyloxy- 733
—, 2-Hydroperoxy-2,5-diphenyl- 733
—, 2-Hydroperoxy-2,4,5-triphenyl- 845
—, 4-Hydroxy-2,5-diphenyl-2,5-di-p-tolyl-dihydro- 863
— semicarbazon 863
—, 4-Hydroxy-2-isopropyl-dihydro- 31
— semicarbazon 31
—, 4-Hydroxy-2,2,5,5-tetramethyl-dihydro- 40
— [2,4-dinitro-phenylhydrazon] 40
— phenylhydrazon 40

Furan-3-on *(Fortsetzung)*
—, 2-[α-Isopropoxy-isopropyl]-
  63
—, 4-[1-Methoxy-äthyliden]-2,2,5,5-
  tetramethyl-dihydro- 70
—, 2-Methoxy-2,5-diphenyl- 732
—, 5-Methoxy-2,2-diphenyl- 729
—, 2-[α-Methoxy-isopropyl]-
  62
—, 5-Methoxy-4-methyl- 57
—, 2-Methoxy-4-methyl-2,5-diphenyl-
  761
—, 5-[4-Methoxy-phenyl]-2,2-
  dimethyl-dihydro- 221
  — semicarbazon 221
—, 2-Methoxy-2,4,5-triphenyl- 845
Furethrin 208
Furethrolon 208
Furfural
  s. a. Furan-2-carbaldehyd
—, 5-[N-Acetyl-sulfanilyl]- 82
  — thiosemicarbazon 83
—, 3-Hydroxy- 82
—, 5-Sulfanilyl-,
  — thiosemicarbazon 82
Furfurylalkohol
—, 5-[(4-Äthoxy-phenylimino)-methyl]-
  104
—, 5-[(4-Hydroxy-phenylimino)-
  methyl]- 103
—, 5-[(4-Methoxy-phenylimino)-
  methyl]- 104
—, 5-[[2]Naphthylimino-methyl]-
  103
—, 5-[Phenylimino-methyl]- 102
—, 5-[o-Tolylimino-methyl]- 103
—, 5-[p-Tolylimino-methyl]- 103
Furostan-26-al
—, 3-Acetoxy- 272
Furost-20(22)-en-3-on
—, 26-Hydroxy- 478
  — semicarbazon 478
[2]Furylamin
—, 3-[4-Methoxy-phenyl]-5-phenyl-
  730

G

Galbansäure 300
  — äthylester 300
Germacran-12-säure
—, 3,6-Dihydroxy-,
  — 6-lacton 80
—, 6,8-Dihydroxy-,
  — lacton 79
—, 6-Hydroxy-8-[β-hydroxy-
  isobutyryloxy]-,
  — 6-lacton 79

**Germacra-1(10),4,11(13)-trien-12-
säure**
—, 6-Hydroxy-8-[4-hydroxy-2-
  hydroxymethyl-crotonoyloxy]-,
  — 6-lacton 234
Germacr-1(10)-en-12-säure
—, 3-Acetoxy-6-hydroxy-,
  — lacton 127
—, 3,6-Dihydroxy-,
  — 6-lacton 127
Gitoxigenin
—, Dianhydro- 593
—, Dianhydrodihydro- 558
—, Hexahydrodianhydro- 264
—, Tetrahydrodianhydrodihydro- 264
Glucopyranosid
—, Phthalidyl- 161
—, Phthalidyl-[tetra-O-phthalidyl-
  161
Glycerin
—, Tri-O-phthalidyl- 160
Glyoxal
—, [2-Hydroxy-phenyl]- 154
Grandisolid 563
Grisan-3-on
—, 4′-Hydroxy- 429
Guaja-1,4-dien-12-säure
—, 6,10-Dihydroxy-,
  — 6-lacton 234
Guajan-8-on
—, 2-Acetoxy-10,11-epoxy- 137
  — semicarbazon 137
—, 10,11-Epoxy-2-hydroxy- 137
Guajan-12-säure
—, 6,10-Dihydroxy-,
  — 6-lacton 130
Gummosin 298

H

Helenalin
—, Desoxoallotetrahydro- 129
—, Desoxotetrahydro- 129
**Heptadeca-1,3,5,7,9,11,13,15-
octaen**
—, 16-[7-Äthoxy-4,4,7a-trimethyl-
  2,4,5,6,7,7a-hexahydro-benzofuran-2-
  yl]-3,7,12-trimethyl-1-[2,6,6-
  trimethyl-3-oxo-cyclohex-1-enyl]-
  840
Hepta-1,5-dien
—, 3,7,7-Triäthoxy-1-[2]furyl- 199
Hepta-2,6-dienal
—, 5-Äthoxy-7-[2]furyl-,
  — diäthylacetal 199
Hepta-2,4-diensäure
—, 5-Hydroxy-3-methoxy-7-phenyl-,
  — lacton 506

Hepta-2,6-diensäure
—, 5-Hydroxy-3-methoxy-7-phenyl-,
— lacton 506
Heptan-2-on
—, 1-[8-Acetoxy-7-methyl-3-propyl-
isochroman-6-yl]- 247
—, 1-[8-Hydroxy-7-methyl-3-propyl-
isochroman-6-yl]- 246
—, 1-[8-Methoxy-7-methyl-3-propyl-
isochroman-6-yl]- 246
— oxim 247
Heptan-4-on
—, 2,3-Epoxy-6-methoxy-3-methyl- 40
— [2,4-dinitro-phenylhydrazon] 40
Heptansäure
—, 7-Acetoxy-4-hydroxy-,
— lacton 31
—, 7-Chlor-2,4-dihydroxy-,
— 4-lacton 30
—, 2-[3-Chlor-β-hydroxy-4-methoxy-
phenäthyl]-,
— lacton 234
—, 4,7-Dihydroxy-,
— 4-lacton 30
—, 5-Hydroxy-3-isopropyl-6-methoxy-,
— lacton 43
—, 2-[β-Hydroxy-4-methoxy-3-methyl-
phenäthyl]-,
—lacton 237
—, 2-[β-Hydroxy-4-methoxy-phenäthyl]-,
— lacton 234
—, 4-Hydroxy-3-[4-methoxy-phenyl]-,
— lacton 225
—, 4-Hydroxy-4-[4-methoxy-phenyl]-,
— lacton 225
—, 4-Hydroxy-7-[3-methoxy-phenyl]-,
— lacton 224
—, 4-Hydroxy-4-[4-methoxy-phenyl]-6-
methyl-,
— lacton 231
Hepta-1,4,6-trien-3-on
—, 7-[2]Furyl-1-[4-methoxy-phenyl]-
760
Hepta-2,4,6-triensäure
—, 5-Hydroxy-3-methoxy-7-phenyl-,
— lacton 570
Hept-1-en-3-on
—, 1-[2]Furyl-5-[4-methoxy-phenyl]-
584
— semicarbazon 584
—, 5-[2]Furyl-1-[4-methoxy-phenyl]-
584
— semicarbazon 584
Hept-2-ensäure
—, 2-Acetoxy-3-äthyl-4-hydroxy-,
— lacton 68
—, 2-Acetoxy-4-hydroxy-,
— lacton 62

—, 4-Hydroxy-3-methoxy-,
— lacton 62
—, 5-Hydroxy-3-methoxy-7-phenyl-,
— lacton 416
—, 4-Hydroxy-2-[4-nitro-benzoyloxy]-,
— lacton 62
Hept-6-ensäure
—, 6-Hydroxy-7-[4-methoxy-phenyl]-,
— lacton 416
Herniarin 295
Hexadecan-1-on
—, 1-[3-Hydroxy-naphtho[1,2-b]furan-
5-yl]- 684
Hexadecansäure
—, 9,16-Dihydroxy-,
— 16-lacton 47
—, 2-[β-Hydroxy-4-methoxy-phenäthyl]-,
— lacton 267
Hexa-2,4-diensäure
—, 3-Äthoxy-5-hydroxy-,
— lacton 90
—, 3-Benzoyloxy-5-hydroxy-,
— lacton 90
—, 2-Brom-5-hydroxy-3-methoxy-,
— lacton 90
—, 2-Brom-4-hydroxy-3-methoxy-5-
methyl-,
— lacton 114
—, 6-Brom-4-hydroxy-3-methoxy-5-
methyl-,
— lacton 114
—, 5,6-Dihydroxy-2,6-diphenyl-,
— 5-lacton 799
—, 3-Dimethylcarbamoyloxy-5-hydroxy-,
— lacton 90
—, 4-Hydroxy-2-jod-3-methoxy-5- methyl-,
— lacton 114
—, 5-Hydroxy-3-methoxy-,
— lacton 89
—, 4-Hydroxy-3-methoxy-5-methyl-,
— lacton 114
—, 5-Hydroxy-3-[2-methoxy-5-methyl-
phenyl]-,
— lacton 507
—, 5-Hydroxy-3-[4-methoxy-3-methyl-
phenyl]-,
— lacton 507
—, 5-Hydroxy-3-methoxy-2-nitro-,
— lacton 91
—, 5-Hydroxy-3-[4-methoxy-phenyl]-,
— lacton 498
—, 5-Hydroxy-3-[(4-nitro-phenyl)-acetoxy]-,
— lacton 90
Hexa-2,5-diensäure
—, 4-Hydroxy-3-methoxy-5-methyl-,
— lacton 115
—, 5-Hydroxy-3-[2-methoxy-5-methyl-
phenyl]-,
— lacton 507

Hexa-2,5-diensäure *(Fortsetzung)*
—, 5-Hydroxy-3-[4-methoxy-3-methyl-
phenyl]-,
— lacton 507
—, 5-Hydroxy-3-[4-methoxy-phenyl]-,
— lacton 498
Hexa-3,5-diensäure
—, 4-Hydroxy-6-[4-methoxy-phenyl]-,
— lacton 500
Hexahydroanhydropseudosantonsäure
132
Hexahydroaporubropunctatin 246
Hexahydrodianhydrogitoxigenin 264
Hexahydrodigitaligenin 264
Hexan
—, 1,2,6-Tris-phthalidyloxy- 160
Hexan-1-on
—, 3-[2]Furyl-1-[4-methoxy-phenyl]-
530
— semicarbazon 530
Hexan-3-on
—, 1,2-Epoxy-5-methoxy-2-methyl- 33
— [2,4-dinitro-phenylhydrazon]
33
—, 4,5-Epoxy-1-methoxy-2-methyl- 33
— [2,4-dinitro-phenylhydrazon]
33
—, 4,5-Epoxy-1-methoxy-5-methyl- 34
— semicarbazon 34
Hexansäure
— phthalidylester 161
—, 2-[5-Acetoxy-2-hydroxy-benzyl]-5-
methyl-,
— lacton 232
—, 4-Äthoxy-4-hydroxy-,
— lacton 20
—, 6-Äthoxy-6-hydroxy-,
— lacton 17
—, 2-Äthyl-3,4-dihydroxy-,
— 4-lacton 39
—, 2-Benzyl-2,4-dihydroxy-6-phenyl-,
— 4-lacton 676
—, 2-[3-Chlor-β-hydroxy-4-methoxy-
phenäthyl]-,
— lacton 230
—, 2-[5-Chlor-β-hydroxy-2-methoxy-
phenäthyl]-,
— lacton 230
—, 6-Diäthoxymethoxy-6-hydroxy-,
— lacton 18
—, 3,5-Dihydroxy-,
— 5-lacton 18
—, 2-[2,5-Dihydroxy-benzyl]-5-
methyl-,
— 2-lacton 231
—, 5,6-Dihydroxy-2,5-dimethyl-,
— 6-lacton 34
—, 2,4-Dihydroxy-3-methyl-,
— 4-lacton 31

—, 2-[1,2-Dihydroxy-propyl]-,
— 2-lacton 41
—, 2-[2,3-Dihydroxy-propyl]-,
— 2-lacton 41
—, 2-[2,3-Dihydroxy-propyl]-5-
methyl-,
— 2-lacton 43
—, 2-[2-Hydroxy-1-isovaleryloxy-
propyl]-,
— lacton 41
—, 4-Hydroxy-4-[2-methoxy-4,5-
dimethyl-phenyl]-,
— lacton 230
—, 5-Hydroxy-4-[6-methoxy-[2]-
naphthyl]-5-methyl-,
— lacton 585
—, 4-Hydroxy-3-[4-methoxy-phenyl]-,
— lacton 219
—, 4-Hydroxy-4-[2-methoxy-phenyl]-,
— lacton 219
—, 4-Hydroxy-4-[4-methoxy-phenyl]-,
— lacton 219
—, 4-Hydroxy-6-[4-methoxy-phenyl]-,
— lacton 218
—, 5-Hydroxy-5-[4-methoxy-phenyl]-,
— lacton 217
—, 4-Hydroxy-4-[4-methoxy-phenyl]-5-
methyl-,
— lacton 226
—, 4-Oxo-, pseudoalkylester s. unter
Furan-2-on, 5-Äthyl-5-alkoxy-
dihydro-
Hex-2-ensäure
—, 2-Acetoxy-4-hydroxy-,
— lacton 59
—, 2-Acetoxy-4-hydroxy-3-methyl-,
— lacton 63
—, 2-Acetoxy-4-hydroxy-5-methyl-,
— lacton 62
—, 4-Äthoxy-3-*tert*-butyl-4-hydroxy-
5,5-dimethyl-,
— lacton 77
—, 4,5-Dihydroxy-3-methyl-,
— 4-lacton 63
—, 4-Hydroxy-2-methoxy-,
— lacton 59
—, 5-Hydroxy-3-methoxy-,
— lacton 59
—, 4-Hydroxy-2-methoxy-5-methyl-,
— lacton 62
—, 4-Hydroxy-3-methoxy-2,5,5-
trimethyl-,
— lacton 67
—, 3-Hydroxymethyl-6-[4-methoxy-
phenyl]-,
— lacton 417
—, 5-Hydroxy-3-[4-phenyl-
phenacyloxy]-,
— lacton 59

Hex-5-ensäure
—, 5-Hydroxy-6-[4-methoxy-phenyl]-,
— lacton 396
Hiochinsäure
— lacton 19
D-Homo-androstan-17-on
—, 3-Acetoxy-5,6-epoxy- 249
— semicarbazon 249
D-Homo-androstan-17a-on
—, 3-Acetoxy-5,6-epoxy- 249
— semicarbazon 249
—, 3-Acetoxy-17-furfuryliden- 596
—, 17-Furfuryliden-3-hydroxy- 596
D-Homo-androst-9(11)-en-17a-on
—, 17-Furfuryliden-3-hydroxy- 683
D-Homoepiandrosteron
—, 17-Furfuryliden- 596
Homogentisinsäure
— lacton 155
D-Homo-gona-1,3,5(10),9(11)-tetraen-17a-on
—, 17-Furfuryliden-3-methoxy- 819
D-Homo-gona-1,3,5(10)-trien-17a-on
—, 17-Furfuryliden-3-methoxy- 810
Homoisopilopalkohol 39
D-Homo-18-nor-androstan-17a-on
—, 17-Furfuryliden-3-hydroxy- 595
—, 17-Furfuryliden-3-[tetrahydropyran-2-yloxy]- 595
D-Homo-18-nor-androst-9(11)-en-17a-on
—, 17-Furfuryliden-3-hydroxy- 682
D-Homo-östra-1,3,5(10),9(11)-tetraen-17a-on
—, 17-Furfuryliden-3-methoxy- 820
D-Homo-östra-1,3,5(10)-trien-17a-on
—, 17-Furfuryliden-3-methoxy- 811
Homoumbelliferon 352
Hydrazin
—, Bis-[3-hydroxy-benzo[b]thiophen-2-ylmethylen]- 306
Hydrosantonid 236
—, Acetyl- 236
—, Benzoyl- 236
Hydroxypelanolid-a 80
Hydroxypelenolid-a 127
Hypoartemisin 451
—, O-Acetyl- 451

I

Indan-4-carbonsäure
—, 6,7-Dihydroxy-5-isopropyl-7a-methyl-hexahydro-,
— 7-lacton 127
Indeno[1,2-b]furan-2-on
—, 8b-Methoxy-4-[2]naphthyl-3,8b-dihydro- 845
Indeno[1,2-b]furan-4-on
—, 3-[4-Methoxy-phenyl]-2,3-dihydro- 798
— oxim 798

Indeno[1,2-b]naphtho[2,1-d]furan-7-on
—, 5-Hydroxy- 841
Indeno[2,1-b]pyran-2-on
—, 4a-Hydroxy-4,4a,9,9a-tetrahydro-3H- 416
Irenoxylacton
—, Dehydro- 227
Iresin
—, Δ^2-Anhydroisodihydro- 145
Isoambrosinol
—, Dihydro- 144
Isoandrololacton 149
—, O-Acetyl- 149
Isobenzfuroin 500
Isobenzofuran-1-on
—, 3-Acetoxy-3a-brom-3-[4-brom-phenyl]-hexahydro- 440
—, 3-Acetoxy-3-[4-brom-phenyl]-hexahydro- 440
—, 3-Äthoxy-3a-brom-3-[4-brom-phenyl]-hexahydro- 440
—, 3-Äthoxy-5,6-dimethyl-3a,4,7,7a-tetrahydro-3H- 122
—, 3-Äthoxy-3a,4,7,7a-tetrahydro-3H- 118
—, 3a-Brom-3-[4-brom-phenyl]-3-methoxy-hexahydro- 440
—, 3-[4-Methoxy-benzyliden]-hexahydro- 525
—, 3-[4-Methoxy-phenyl]-3-methyl-3a,4,7,7a-tetrahydro-3H- 525
Isobenzofuran-4-on
—, 5-Acetoxy-1,1,3,3,7,7-hexamethyl-3,7-dihydro-1H- 142
—, 5-Methoxy-1,1,3,3,7,7-hexamethyl-3,7-dihydro-1H- 142
Iso-bis-dehydroöstrololacton 674
Isochroman-1-on
—, 3-Acetoxy-4,4-dimethyl-3-phenyl- 669
—, 8-Acetoxy-3-methyl- 189
—, 8-Acetoxy-3,3,6,7-tetramethyl- 228
—, 8-Benzoyloxy-3-methyl- 189
—, 5,7-Dibrom-8-hydroxy-3-methyl- 189
—, 8-Hydroxy-3-methyl- 188
—, 8-Hydroxy-3-methyl-5,7-dinitro- 190
—, 8-Hydroxy-3-methyl-5-nitro- 189
—, 8-Hydroxy-3-methyl-7-nitro- 189
—, 4-Hydroxy-3-phenyl- 643
—, 8-Hydroxy-3,3,6,7-tetramethyl- 227
—, 8-Methoxy-3-methyl- 189
Isochroman-3-on
—, 1-Acetoxy-4,4-dimethyl-1-phenyl- 669
—, 1-[4-Hydroxy-4-methyl-pentyl]-1,6-dimethyl-hexahydro- 81

Isochroman-3-on *(Fortsetzung)*
—, 1-[4-Hydroxy-4-methyl-pentyl]-1,6-dimethyl-4a,7,8,8a-tetrahydro- 137
—, 1-Hydroxymethyl-4,4,7-trimethyl- 227
—, 6-Hydroxy-1,1,6-trimethyl-hexahydro- 77
—, 1-[4-Methoxy-phenyl]- 643
Isochromen-6-on
—, 8-Hydroxy-3,4,5-trimethyl-3,4-dihydro- 223
Isocumarin
—, 3-[4-Acetoxy-phenyl]- 719
—, 8-Benzoyloxy-3-methyl- 355
—, 3-[2-Chlor-äthoxy]- 306
—, 3-[4-Hydroxy-2,5-dimethyl-phenyl]- 771
—, 3-[4-Hydroxy-2,6-dimethyl-phenyl]- 771
—, 5-Hydroxy-7-methyl- 355
—, 8-Hydroxy-3-methyl- 355
—, 3-[4-Hydroxy-2-methyl-phenyl]- 751
—, 3-[4-Hydroxy-3-methyl-phenyl]- 751
—, 3-[4-Hydroxy-phenyl]- 718
—, 4-Methoxy- 307
—, 7-Methoxy- 306
—, 5-Methoxy-7-methyl- 355
—, 3-[4-Methoxy-phenyl]- 719
α-Isodesmotropopseudosantonin 448
—, O-Acetyl- 449
β-Isodesmotropopseudosantonin 448
—, O-Acetyl- 449
Isodracorhodin 746
13-Iso-D-homoepiandrosteron
—, 17-Furfuryliden- 596
Isohypoartemisin 451
Isoipomeamaron
—, Acetyl- 142
Isomaltol 93
—, O-Benzoyl- 93
—, O-Methyl- 93
Isongaion-acetat 142
Isoochracin 194
Isopilopalkohol 32
Isorosenololacton 248
—, Dihydro- 152
Isosanguisorbigeninlacton 565
Isotemisin 143
—, Tetrahydro- 80
Isovaleriansäure
—, α-Chlor-,
— [2-oxo-2H-chromen-7-ylester] 300

K

Karanjaldehyd 307
Kawain 506
—, Dihydro- 416

Keton
—, [3-Acetoxy-benzo[b]thiophen-2-yl]-phenyl- 720
—, [5-Acetoxy-4-brom-2,3-diphenyl-benzofuran-6-yl]-phenyl- 866
—, [5-Acetoxy-6-brom-2,3-diphenyl-benzofuran-4-yl]-phenyl- 865
—, [7-Acetoxy-4-brom-2,3-diphenyl-benzofuran-6-yl]-phenyl- 867
—, [4-Acetoxy-2-(4-brom-phenyl)-5-phenyl-[3]furyl]-phenyl- 854
—, [6-Acetoxy-5-chlor-3-methyl-benzofuran-7-yl]-phenyl- 758
—, [5-Acetoxy-2,3-diphenyl-benzofuran-4-yl]-phenyl- 864
—, [5-Acetoxy-2,3-diphenyl-benzofuran-6-yl]-phenyl- 866
—, [6-Acetoxy-2,3-diphenyl-benzofuran-5-yl]-phenyl- 865
—, [7-Acetoxy-2,3-diphenyl-benzofuran-6-yl]-phenyl- 867
—, [4-Acetoxy-2,5-diphenyl-[3]furyl]-[4-brom-phenyl]- 854
—, [4-Acetoxy-2,5-diphenyl-[3]furyl]-mesityl- 856
—, [4-Acetoxy-2,5-diphenyl-[3]furyl]-phenyl- 853
—, [4-Acetoxy-1,2-diphenyl-naphtho[2,1-b]furan-5-yl]-phenyl- 870
—, [5-Acetoxy-2,3-diphenyl-naphtho[1,2-b]furan-4-yl]-phenyl- 869
—, [7-Acetoxy-1,2-diphenyl-naphtho[2,1-b]furan-6-yl]-phenyl- 871
—, [6-Acetoxy-3-methyl-benzofuran-7-yl]-phenyl- 758
—, [5-Acetoxy-2-methyl-naphtho[1,2-b]furan-3-yl]-phenyl- 835
—, [3-Acetoxy-phenyl]-[2-äthyl-benzofuran-3-yl]- 772
—, [4-Acetoxy-phenyl]-[2-äthyl-benzofuran-3-yl]- 772
—, [3-Acetoxy-phenyl]-[2]thienyl- 494
—, [4-Acetoxy-phenyl]-[2]thienyl- 496
—, [4-Äthoxy-3-chlor-phenyl]-[2]furyl- 495
—, [4-Äthoxy-phenyl]-[2]furyl- 494
— oxim 495
—, [2-Äthyl-benzofuran-3-yl]-[3,5-dibrom-4-hydroxy-phenyl]- 772
—, [3-Äthyl-benzofuran-2-yl]-[3,5-dibrom-4-hydroxy-phenyl]- 774
—, [2-Äthyl-benzofuran-3-yl]-[3,5-dibrom-4-methoxy-phenyl]- 773
—, [2-Äthyl-benzofuran-3-yl]-[4-hydroxy-5-isopropyl-2-methyl-phenyl]- 785

Keton *(Fortsetzung)*
—, [3-Äthyl-benzofuran-2-yl]-[4-hydroxy-5-isopropyl-2-methyl-phenyl]- 785
—, [2-Äthyl-benzofuran-3-yl]-[4-hydroxy-phenyl]- 772
—, [3-Äthyl-benzofuran-2-yl]-[4-hydroxy-phenyl]- 773
—, [2-Äthyl-benzofuran-3-yl]-[5-isopropyl-4-methoxy-2-methyl-phenyl]- 785
—, [3-Äthyl-benzofuran-2-yl]-[5-isopropyl-4-methoxy-2-methyl-phenyl]- 785
—, [2-Äthyl-benzofuran-3-yl]-[4-methoxy-phenyl]- 772
— oxim 772
—, [3-Äthyl-benzofuran-2-yl]-[4-methoxy-phenyl]- 773
—, [3-Äthyl-5-brom-benzofuran-2-yl]-[4-methoxy-phenyl]- 773
— oxim 774
—, [2-Äthyl-5-chlor-benzofuran-3-yl]-[4-hydroxy-phenyl]- 772
—, [2-Äthyl-5-chlor-benzofuran-3-yl]-[4-methoxy-phenyl]- 772
—, [3-Äthyl-5-chlor-benzofuran-2-yl]-[4-methoxy-phenyl]- 773
— oxim 773
—, [4-Äthylmercapto-phenyl]-[5-brom-[2]thienyl]- 497
—, [4-Äthylmercapto-phenyl]-[2]thienyl- 497
—, [3-Äthyl-5-methyl-benzofuran-2-yl]-[4-methoxy-phenyl]- 780
— oxim 780
—, [5-Äthyl-[2]thienyl]-[3-allyl-4-hydroxy-phenyl]- 580
—, [5-Äthyl-[2]thienyl]-[4-hydroxy-phenyl]- 509
—, [5-Äthyl-[2]thienyl]-[4-methoxy-phenyl]- 510
—, [3-Allyl-4-hydroxy-phenyl]-[5-brom-[2]thienyl]- 577
—, [3-Allyl-4-hydroxy-phenyl]-[5-chlor-[2]thienyl]- 576
—, [3-Allyl-4-hydroxy-phenyl]-[5-methyl-[2]thienyl]- 579
—, [3-Allyl-4-hydroxy-phenyl]-[2]thienyl- 576
—, [3-Allyl-4-hydroxy-phenyl]-[5-p-tolyl-[2]thienyl]- 818
—, [2-Allyloxy-4,5-dimethyl-phenyl]-[2]furyl- 508
—, [4-Allyloxy-phenyl]-[5-brom-[2]thienyl]- 497
—, [4-Allyloxy-phenyl]-[5-chlor-[2]thienyl]- 496

—, [4-Allyloxy-phenyl]-[5-methyl-[2]thienyl]- 503
—, [4-Allyloxy-phenyl]-[2]thienyl- 496
—, [4-Allyloxy-phenyl]-[5-p-tolyl-[2]thienyl]- 801
—, Benzofuran-2-yl-[3-chlor-4-hydroxy-phenyl]- 721
—, Benzofuran-2-yl-[3-chlor-4-methoxy-phenyl]- 721
—, Benzofuran-2-yl-[3-fluor-4-hydroxy-phenyl]- 721
—, Benzofuran-2-yl-[3-fluor-4-methoxy-phenyl]- 721
—, Benzofuran-2-yl-[4-hydroxy-5-isopropyl-2-methyl-phenyl]- 782
—, Benzofuran-2-yl-[6-hydroxy-3-isopropyl-2-methyl-phenyl]- 782
—, Benzofuran-2-yl-[2-hydroxy-5-methyl-phenyl]- 752
—, Benzofuran-2-yl-[4-hydroxy-[1]naphthyl]- 829
—, Benzofuran-2-yl-[4-hydroxy-phenyl]- 721
—, Benzofuran-2-yl-[3-isopropyl-6-methoxy-2-methyl-phenyl]- 782
—, Benzofuran-2-yl-[5-isopropyl-4-methoxy-2-methyl-phenyl]- 782
—, Benzofuran-2-yl-[2-methoxy-5-methyl-phenyl]- 752
—, Benzofuran-2-yl-[4-methoxy-[1]naphthyl]- 829
—, Benzofuran-2-yl-[4-methoxy-phenyl]- 721
—, Benzo[b]thiophen-3-yl-[4-hydroxy-phenyl]- 726
—, Benzo[b]thiophen-3-yl-[4-methoxy-phenyl]- 726
—, [5-Benzoyloxy-4-brom-2,3-diphenyl-benzofuran-6-yl]-phenyl- 866
—, [5-Benzoyloxy-2,3-diphenyl-benzofuran-4-yl]-phenyl- 864
—, [5-Benzoyloxy-2,3-diphenyl-benzofuran-6-yl]-phenyl- 866
—, [6-Benzoyloxy-2,3-diphenyl-benzofuran-5-yl]-phenyl- 865
—, [7-Benzoyloxy-2,3-diphenyl-benzofuran-6-yl]-phenyl- 867
—, [4-Benzoyloxy-1,2-diphenyl-naphtho[2,1-b]furan-5-yl]-phenyl- 870
—, [5-Benzoyloxy-2,3-diphenyl-naphtho[1,2-b]furan-4-yl]-phenyl- 870
—, [7-Benzoyloxy-1,2-diphenyl-naphtho[2,1-b]furan-6-yl]-phenyl- 871
—, [6-Benzyloxy-3-methyl-benzofuran-2-yl]-phenyl- 753
— [2,4-dinitro-phenylhydrazon] 754
—, [5-Brom-benzofuran-2-yl]-[3-brom-5-chlor-4-hydroxy-phenyl]- 722

Keton *(Fortsetzung)*
—, [5-Brom-benzofuran-2-yl]-[3-chlor-4-hydroxy-phenyl]- 722
—, [5-Brom-benzofuran-2-yl]-[3-chlor-4-methoxy-phenyl]- 722
—, [7-Brom-3,5-dimethyl-benzofuran-2-yl]-[4-methoxy-phenyl]- 774
—, [4-Brom-5-hydroxy-2,3-diphenyl-benzofuran-6-yl]-phenyl- 866
—, [4-Brom-7-hydroxy-2,3-diphenyl-benzofuran-6-yl]-phenyl- 867
—, [6-Brom-5-hydroxy-2,3-diphenyl-benzofuran-4-yl]-phenyl- 865
—, [5-Brom-2-hydroxy-phenyl]-[2]furyl- 492
  — [2,4-dinitro-phenylhydrazon] 493
—, [3-Brom-4-hydroxy-phenyl]-[5-methyl-[2]thienyl]- 503
—, [3-Brom-4-hydroxy-phenyl]-[2]thienyl- 497
—, [3-Brom-4-methoxy-phenyl]-[5-methyl-[2]thienyl]- 503
—, [3-Brom-4-methoxy-phenyl]-[2]thienyl- 497
—, [5-Brom-6-methoxy-2,5,6-triphenyl-tetrahydro-pyran-2-yl]-phenyl- 863
—, [5-Brom-3-methyl-benzofuran-2-yl]-[4-methoxy-phenyl]- 754
  — oxim 754
—, [5-Brom-[2]thienyl]-[4-hydroxy-phenyl]- 496
—, [5-Brom-[2]thienyl]-[4-methoxy-phenyl]- 497
—, [5-Brom-[2]thienyl]-[4-methylmercapto-phenyl]- 497
—, [4-Butoxy-phenyl]-[2]furyl- 494
—, [5-*tert*-Butyl-3-chlor-2-hydroxy-phenyl]-[2]furyl- 523
  — [2,4-dinitro-phenylhydrazon] 523
—, [5-Chlor-benzofuran-2-yl]-[3-chlor-4-hydroxy-phenyl]- 721
—, [5-Chlor-benzofuran-2-yl]-[3,5-dibrom-4-hydroxy-phenyl]- 722
—, [5-Chlor-benzofuran-2-yl]-[4-hydroxy-3-methyl-phenyl]- 752
—, [5-Chlor-benzofuran-2-yl]-[4-hydroxy-phenyl]- 721
—, [5-Chlor-benzofuran-2-yl]-[4-methoxy-3-methyl-phenyl]- 752
—, [5-Chlor-6-hydroxy-3-methyl-benzofuran-7-yl]-phenyl- 758
—, [3-Chlor-4-hydroxy-phenyl]-[2]furyl- 495
—, [5-Chlor-2-hydroxy-phenyl]-[2]furyl- 492
  — [2,4-dinitro-phenylhydrazon] 492
—, [3-Chlor-4-hydroxy-phenyl]-[5-methyl-[2]thienyl]- 503
—, [3-Chlor-4-hydroxy-phenyl]-[2]thienyl- 496
—, [5-Chlor-2-mercapto-phenyl]-[2]thienyl- 493
—, [3'-Chlor-4'-methoxy-biphenyl-4-yl]-[2]thienyl- 793
—, [5-Chlor-6-methoxy-3-methyl-benzofuran-7-yl]-phenyl- 758
—, [5-Chlor-2-methoxy-phenyl]-[2]furyl- 492
—, [3-Chlor-4-methoxy-phenyl]-[5-methyl-[2]thienyl]- 503
—, [3-Chlor-4-methoxy-phenyl]-[2]thienyl- 496
—, [5-Chlor-3-methyl-benzofuran-2-yl]-[4-methoxy-phenyl]- 754
  — oxim 754
—, [5-Chlor-4-nitro-[2]thienyl]-[2-methoxy-5-nitro-phenyl]- 493
—, [5-Chlor-[2]thienyl]-[4-hydroxy-phenyl]- 496
—, [5-Chlor-[2]thienyl]-[2-methoxy-phenyl]- 493
—, [5-Chlor-[2]thienyl]-[4-methoxy-phenyl]- 496
—, [5-Chlor-[2]thienyl]-[4-methylmercapto-phenyl]- 497
—, [3-Diacetoxyboryloxy-benzo[*b*]thiophen-2-yl]-phenyl- 720
—, [3-Diacetoxyboryloxy-1,1-dioxo-1λ^6-benzo[*b*]thiophen-2-yl]-phenyl- 720
—, [3,5-Dichlor-2-hydroxy-phenyl]-[2]furyl- 492
  — [2,4-dinitro-phenylhydrazon] 492
—, [5,6-Dichlor-3-methyl-benzofuran-2-yl]-[4-methoxy-phenyl]- 754
—, [3,5-Dimethyl-benzofuran-2-yl]-[4-methoxy-phenyl]- 774
  — oxim 774
—, [2,5-Dimethyl-[3]thienyl]-[4-methoxy-phenyl]- 510
—, [2,5-Diphenyl-[3]furyl]-[4-methoxy-phenyl]- 854
—, [2]Furyl-[2-hydroxy-4,5-dimethyl-phenyl]- 508
  — [2,4-dinitro-phenylhydrazon] 508
—, [2]Furyl-[2-hydroxy-4,6-dimethyl-phenyl]- 508
  — [2,4-dinitro-phenylhydrazon] 508
—, [2]Furyl-[2-hydroxy-3-isopropyl-6-methyl-phenyl]- 523
  — [2,4-dinitro-phenylhydrazon] 523

Keton *(Fortsetzung)*
—, [2]Furyl-[4-hydroxy-5-isopropyl-2-methyl-phenyl]- 523
—, [2]Furyl-[2-hydroxy-3-methyl-phenyl]- 501
— [2,4-dinitro-phenylhydrazon] 501
—, [2]Furyl-[2-hydroxy-4-methyl-phenyl]- 502
— [2,4-dinitro-phenylhydrazon] 502
—, [2]Furyl-[2-hydroxy-5-methyl-phenyl]- 501
— [2,4-dinitro-phenylhydrazon] 501
—, [2]Furyl-[4-hydroxy-3-methyl-phenyl]- 501
— [2,4-dinitro-phenylhydrazon] 501
—, [2]Furyl-[1-hydroxy-[2]naphthyl]- 719
— [2,4-dinitro-phenylhydrazon] 719
—, [2]Furyl-[2-hydroxy-[1]naphthyl]- 719
—, [2]Furyl-[2-hydroxy-phenyl]- 492
— [2,4-dinitro-phenylhydrazon] 492
—, [2]Furyl-[4-hydroxy-phenyl]- 494
— [2,4-dinitro-phenylhydrazon] 495
—, [2]Furyl-[5-isopropyl-4-methoxy-2-methyl-phenyl]- 523
—, [2]Furyl-[3-methoxy-phenyl]- 493
—, [2]Furyl-[4-methoxy-phenyl]- 494
— oxim 495
— [O-(toluol-4-sulfonyl)-oxim] 495
—, [2]Furyl-[4-pentyloxy-phenyl]- 495
—, [2]Furyl-[4-propoxy-phenyl]- 494
—, [3-Hydroxy-benzofuran-2-yl]-[1]naphthyl- 829
—, [3-Hydroxy-benzofuran-2-yl]-[2]naphthyl- 830
—, [3-Hydroxy-benzofuran-2-yl]-phenyl- 719
—, [6-Hydroxy-benzofuran-2-yl]-phenyl- 720
—, [6-Hydroxy-benzofuran-7-yl]-phenyl- 727
—, [3-Hydroxy-benzo[*b*]thiophen-2-yl]-[3-nitro-phenyl]- 720
—, [3-Hydroxy-benzo[*b*]thiophen-2-yl]-phenyl- 720
—, [3-Hydroxy-benzo[*b*]thiophen-6-yl]-phenyl- 727
—, [4'-Hydroxy-biphenyl-4-yl]-[2]thienyl- 792

—, [3-Hydroxy-1,1-dioxo-1λ^6-benzo[*b*]thiophen-2-yl]-phenyl- 720
—, [5-Hydroxy-2,3-diphenyl-benzofuran-4-yl]-phenyl- 864
—, [5-Hydroxy-2,3-diphenyl-benzofuran-6-yl]-phenyl- 865
—, [6-Hydroxy-2,3-diphenyl-benzofuran-5-yl]-phenyl- 865
— oxim 865
—, [7-Hydroxy-2,3-diphenyl-benzofuran-6-yl]-phenyl- 866
— oxim 867
—, [4-Hydroxy-1,2-diphenyl-naphtho[2,1-*b*]furan-5-yl]-phenyl- 870
— oxim 870
—, [5-Hydroxy-2,3-diphenyl-naphtho[1,2-*b*]furan-4-yl]-phenyl- 869
— oxim 870
—, [7-Hydroxy-1,2-diphenyl-naphtho[2,1-*b*]furan-6-yl]-phenyl- 871
—, [3-Hydroxy-5-methyl-benzofuran-2-yl]-[2]naphthyl- 835
—, [3-Hydroxy-5-methyl-benzofuran-2-yl]-[4-nitro-phenyl]- 755
—, [3-Hydroxy-5-methyl-benzofuran-2-yl]-phenyl- 755
—, [6-Hydroxy-3-methyl-benzofuran-2-yl]-phenyl- 753
— imin 753
—, [6-Hydroxy-3-methyl-benzofuran-5-yl]-phenyl- 753
— imin 753
—, [6-Hydroxy-3-methyl-benzofuran-7-yl]-phenyl- 758
—, [6-Hydroxy-3-methyl-2,3-dihydro-benzofuran-5-yl]-phenyl- 660
—, [5-Hydroxy-2-methyl-naphtho[1,2-*b*]furan-3-yl]-phenyl- 835
—, [4-Hydroxy-phenyl]-[7-isopropyl-3,4-dimethyl-benzofuran-2-yl]- 784
—, [4-Hydroxy-phenyl]-[5-methyl-[2]thienyl]- 503
—, [5-Hydroxy-2-phenyl-naphtho[1,2-*b*]furan-3-yl]-phenyl- 861
—, [2-Hydroxy-phenyl]-[2]thienyl- 493
—, [3-Hydroxy-phenyl]-[2]thienyl- 493
—, [4-Hydroxy-phenyl]-[2]thienyl- 495
—, [4-Hydroxy-phenyl]-[5-*p*-tolyl-[2]thienyl]- 801
—, [7-Isopropyl-3,4-dimethyl-benzofuran-2-yl]-[4-methoxy-phenyl]- 784
—, [6-Methoxy-benzofuran-2-yl]-phenyl- 721
—, [4'-Methoxy-biphenyl-4-yl]-[2]thienyl- 793

Keton *(Fortsetzung)*
—, [2-Methoxy-dibenzofuran-3-yl]-phenyl- 827
—, [5-Methoxy-2,3-diphenyl-benzofuran-6-yl]-phenyl- 865
—, [5-Methoxy-2,3-diphenyl-benzofuran-7-yl]-phenyl- 867
—, [7-Methoxy-2,3-diphenyl-benzofuran-6-yl]-phenyl- 866
—, [4-Methoxy-1,2-diphenyl-naphtho[2,1-*b*]furan-5-yl]-phenyl- 870
—, [5-Methoxy-2,3-diphenyl-naphtho[1,2-*b*]furan-4-yl]-phenyl- 869
—, [7-Methoxy-1,2-diphenyl-naphtho[2,1-*b*]furan-6-yl]-phenyl- 871
—, [6-Methoxy-3-methyl-benzofuran-2-yl]-phenyl- 753
—, [6-Methoxy-3-methyl-benzofuran-5-yl]-phenyl- 753
—, [6-Methoxy-3-methyl-benzofuran-7-yl]-phenyl- 758
—, [4-Methoxy-phenyl]-[5-methyl-[2]thienyl]- 503
—, [2-Methoxy-phenyl]-[2]thienyl- 493
—, [3-Methoxy-phenyl]-[2]thienyl- 494
—, [4-Methoxy-phenyl]-[2]thienyl- 496
—, [4-Methoxy-phenyl]-[5-*p*-tolyl-[2]thienyl]- 801
—, [4-Methylmercapto-phenyl]-[2]thienyl- 497

L

Labda-7,14-dien-6-on
—, 9,13;15,16-Diepoxy- 462
Labda-8(20),13-dien-16-säure
—, 19-Glucopyranosyloxy-15-hydroxy-,
— lacton 247
—, 15-Hydroxy-19-[tetra-O-acetyl-glucopyranosyloxy]-,
— lacton 247
Labdan-15-säure
—, 3,8-Dihydroxy-,
— 8-lacton 138
Labda-7,13(16),14-trien-6-on
—, 15,16-Epoxy-9-hydroxy- 462
Lävulinsäure
— pseudoalkylester s. unter Furan-2-on, 5-Alkoxy-5-methyl-dihydro-
Lanosta-7,9(11)-dien-21-säure
—, 3-Acetoxy-16-hydroxy-24-methyl-,
— lacton 569
Lanosta-7,24-dien-26-säure
—, 23-Hydroxy-3-methoxy-,
— lacton 563
Lanosta-9(11),24-dien-26-säure
—, 23-Hydroxy-3-methoxy-,
— lacton 563

Lanostan-26-säure
—, 23-Hydroxy-3-methoxy-,
— lacton 280
Lanost-7-en-26-säure
—, 23-Hydroxy-3-methoxy-,
— lacton 485
Lanost-8-en-21-säure
—, 3-Acetoxy-23-hydroxy-24-methylen-,
— lacton 568
—, 3,23-Dihydroxy-24-methylen-,
— 23-lacton 568
Leucoanhydrodechlormollisin 579
Lithofellolacton 138
Loliolid 123
Lonchocarpin 807
Lumiöstrololacton 538
Lupan-28-säure
—, 3-Acetoxy-21-hydroxy-,
— lacton 486
—, 20-Chlor-3,21-dihydroxy-,
— 21-lacton 568
—, 3,21-Dihydroxy-,
— 21-lacton 485
Lup-20(29)-en-28-säure
—, 3-Acetoxy-21-hydroxy-,
— lacton 568
—, 3,21-Dihydroxy-,
— 21-lacton 568

M

Maleinaldehydsäure
— pseudoalkylester s. unter Furan-2-on, 5-Alkoxy-5*H*-
Malonsäure
— bis-[5-hydroxymethyl-furfurylidenhydrazid] 108
— bis-[4-methyl-2-oxo-2*H*-chromen-7-ylester] 337
— bis-[2-oxo-2*H*-chromen-7-ylester] 300
—, Butyl-,
— bis-[4-methyl-2-oxo-2*H*-chromen-6-ylester] 330
— bis-[4-methyl-2-oxo-2*H*-chromen-7-ylester] 337
— bis-[2-oxo-2*H*-chromen-7-ylester] 300
Marindinin 416
Marmin 298
Mellein 188
—, O-Acetyl- 189
—, O-Benzoyl- 189
—, Dibrom- 189
—, Dinitro- 190
—, O-Methyl- 189
—, Nitro- 189
Menabegenin
—, α-Anhydro- 553
—, β-Anhydro- 554

p-Menthan-2-on
—, 3-Benzoyloxy-1,8-epoxy-,
— semicarbazon 75
—, 1,8-Epoxy-3-hydroxy-,
— semicarbazon 74
—, 1,6-Epoxy-8-methoxy- 73
—, 1,8-Epoxy-3-methoxy- 74
— semicarbazon 74
p-Menthan-3-on
—, 2-Benzoyloxy-1,4-epoxy- 74
— [2,4-dinitro-phenylhydrazon] 74
Methan
—, Bis-phthalidyloxy- 160
5,9-Methano-benzocyloocten-11-on
—, 10-[2]Furyl-4a-hydroxy-dodecahydro- 460
4,7-Methano-benzofuran-2-on
—, 3-Hydroxy-7,8,8-trimethyl-hexahydro- 125
1,4-Methano-benz[c]oxepin-3-on
—, 10-Hydroxymethyl-5-phenyl-4,5-dihydro-1H- 780
—, 8-Methoxy-4,5-dihydro-1H- 396
1,4-Methano-benz[d]oxepin-2-on
—, 10-Methoxy-4,5-dihydro-1H- 396
5a,8-Methano-cyclohepta[5,6]naphtho-[2,1-b]furan-2-on
—, 12a-Acetoxy-10b-methyl-Δ^3-dodecahydro- 462
—, 12a-Chloracetoxy-10b-methyl-Δ^3-dodecahydro- 462
3,5-Methano-cyclopenta[b]furan-2-on
—, 6-Acetoxy-hexahydro- 118
—, 6-Hydroxy-hexahydro- 118
—, 6-Hydroxy-3-methyl-hexahydro- 121
—, 7-Hydroxy-3a,4,4-trimethyl-hexahydro- 124
—, 6-Jod-7-[4-methoxy-phenyl]-hexahydro- 522
4,11a-Methano-indeno[2,1-c]oxocin-1-on
—, 11-Hydroxymethyl-4,10-dimethyl-3,4,5,6,6a,11-hexahydro- 539
4,11a-Methano-indeno[2,1-c]oxocin-3-on
—, 11-Hydroxymethyl-4,10-dimethyl-5,6,6a,11-tetrahydro-4H- 539
4,7-Methano-isobenzofuran-1-on
—, 3-Äthoxy-3a,4,7,7a-tetrahydro-3H- 140
3,5a-Methano-naphth[2,1-b]oxepin-4-on
—, 9-Acetoxy-12-brom-3,8,8,11a-tetramethyl-dodecahydro- 151
Mevalolacton 19
Mevalonsäure
— lacton 19
Mexicanin-C
—, Desoxodihydro- 128
Mibulacton
—, O-Acetyl-dehydro- 236

Mucobromsäure
— pseudoalkylester s. unter Furan-2-on, 5-Alkoxy-3,4-dibrom-5H-
Mucochlorsäure
— pseudoalkylester s. unter Furan-2-on, 5-Alkoxy-3,4-dichlor-5H-

N

Naphthalin
—, 1-Isopropyl-4,7-dimethyl-decahydro- 457
—, 7-Isopropyl-1,8a-dimethyl-decahydro- 235
Naphthalin-1-on
—, 2-Furfuryliden-6-methoxy-3,4-dihydro-2H- 643
—, 2-Furfuryliden-6-methyl-7-methylmercapto-3,4-dihydro-2H- 659
—, 4-[2-[3]Furyl-äthyl]-4-hydroxy-3,4a,8,8-tetramethyl-4a,5,6,7,8,8a-hexahydro-4H- 462
Naphthalin-2-on
—, 7-[α,β-Epoxy-isopropyl]-8a-hydroxy-1,4a-dimethyl-octahydro- 128
[1]Naphthimidsäure
—, 2-Acetoxy-N-acetyl-8-hydroxy-, — lacton 569
Naphth[2′,1′;4,5]indeno[2,1-b]furan
—, 2-Acetoxy-4a,6a,7-trimethyl-8-[3-oxo-butyl]-octadecahydro- 271
Naphth[2′,1′;4,5]indeno[1,2-c]furan-5-on
—, 2-Acetoxy-4a,6a,7-trimethyl-$\Delta^{6b,9}$-tetradecahydro- 548
Naphth[2′,1′;4,5]indeno[2,1-b]furan-2-on
—, 8-[4-Hydroxy-3-methyl-butyl]-4a,6a,7-trimethyl-Δ^7-hexadecahydro- 478
Naphth[2′,1′;4,5]indeno[2,1-b]furan-8-on
—, 2-Acetoxy-4a,6a,7-trimethyl-octadecahydro- 259
—, 2-Hydroxy-4a,6a,7-trimethyl-octadecahydro- 258
Naphth[2′,1′;4,5]indeno[7,1-bc]furan-3-on
—, 8-Hydroxy-5b,11c-dimethyl-hexadecahydro- 250
Naphth[2,1-f]isochromen-1-on
—, 8-Methoxy-12a-methyl-3,3-diphenyl-3,4,4a,11,12,12a-hexahydro- 863
—, 8-Methoxy-12a-methyl-3,3-diphenyl-3,4b,5,6,10b,11,12,12a-octahydro- 861
—, 8-Methoxy-12a-methyl-3-phenyl-4a,11,12,12a-tetrahydro- 852

Naphth[2,1-f]isochromen-3-on
—, 8-Hydroxy-10a,12a-dimethyl-
hexadecahydro- 150
Naphth[2,1-f]isothiochromen-12-on
—, 8-Hydroxy-1,3,4,4a,4b,5,6,12a-
octahydro- 586
—, 8-Methoxy-1,3,4,4a,4b,5,6,10b,11,-
12a-decahydro- 536
— semicarbazon 536
—, 8-Methoxy-12a-methyl-1,3,4,4a,4b,-
5,6,10b,11,12a-decahydro- 539
—, 8-Methoxy-1,3,4,4a,4b,5,6,12a-
octahydro- 586
— [2,4-dinitro-phenylhydrazon] 586
$2\lambda^6$-Naphth[2,1-f]isothiochromen-12-on
—, 8-Methoxy-2,2-dioxo-1,3,4,4b,5,6,-
12a-octahydro- 586
Naphtho[2,1-c]chromen-6-on
—, 3-Hydroxy-7,8-dihydro- 799
Naphtho[2,1-f]chromen-2-on
—, 8-Acetoxy-10a,12a-dimethyl-
hexadecahydro- 149
—, 8-Acetoxy-12a-methyl-3,4,4a,11,-
12,12a-hexahydro- 675
—, 8-Hydroxy-10a,12a-dimethyl-
hexadecahydro- 148
—, 8-Hydroxy-12a-methyl-3,4,4a,4b,5,-
6,10b,11,12,12a-decahydro- 537
—, 8-Hydroxy-12a-methyl-3,4,4a,11,-
12,12a-hexahydro- 674
—, 8-Methoxy-12a-methyl-3,4,4a,11,-
12,12a-hexahydro- 674
—, 12a-Methyl-8-propionyloxy-
3,4,4a,11,12,12a-hexahydro- 675
Naphtho[2,3-c]chromen-6-on
—, 3-Acetoxy-2-äthyl-7,7a,8,9,10,11,-
11a,12-octahydro- 589
—, 1-Acetoxy-3-methyl-7,7a,8,9,10,-
11,11a,12-octahydro- 588
—, 3-Acetoxy-7,7a,8,9,10,11,11a,12-
octahydro- 586
—, 2-Äthyl-3-hydroxy-7,7a,8,9,10,11,-
11a,12-octahydro- 589
—, 1-Hydroxy-3-methyl-7,7a,8,9,10,-
11,11a,12-octahydro- 588
—, 3-Hydroxy-7,7a,8,9,10,11,11a,12-
octahydro- 585
—, 3-Methoxy-7,7a,8,9,10,11,11a,12-
octahydro- 586
Naphtho[8a,1,2-de]chromen-3-on
—, 10-Brom-8-methoxy-1,5,6,11,12,12a-
hexahydro-2H- 535
—, 10-Brom-8-methoxy-1,5,6,12a-
tetrahydro-2H- 583
—, 11-Brom-8-methoxy-1,5,6,12a-
tetrahydro-2H- 583
—, 12-Brom-8-methoxy-1,5,6,12a-
tetrahydro-2H- 583
—, 8-Methoxy-5,6-dihydro-2H- 663

—, 8-Methoxy-1,5,6,11,12,12a-hexahydro-
2H- 534
— [2,4-dinitro-phenylhydrazon] 534
—, 8-Methoxy-2-methyl-1,5,6,12a-
tetrahydro-2H- 587
—, 8-Methoxy-4-methyl-1,5,6,12a-
tetrahydro-2H- 587
—, 8-Methoxy-1,5,6,12a-tetrahydro-2H- 582
[1]Naphthoesäure
—, 2-Acetoxy-8-hydroxy-,
— lacton 569
—, 4-Acetoxy-4a-hydroxy-decahydro-,
— lacton 124
—, 2-[α-Acetoxy-α-hydroxy-2,3-
dimethyl-benzyl]-,
— lacton 818
—, 5-Acetoxy-8-hydroxy-1,4,4a,5,8,-
8a-hexahydro-,
— lacton 216
—, 5-Acetoxy-8-hydroxy-3,4,4a,5,8,-
8a-hexahydro-,
— lacton 215
—, 2-[α-Acetoxy-α-hydroxy-4-
isopropyl-benzyl]-,
— lacton 819
—, 2-[Acetoxy-hydroxy-[1]naphthyl-
methyl]-,
— lacton 853
—, 2-[α-Acetoxy-α-hydroxy-3,4,5-
trimethyl-benzyl]-,
— lacton 819
—, 8-[α-Äthoxy-α-hydroxy-benzyl]-,
— lacton 812
—, 2-[α-Benzoyloxy-α-hydroxy-3,4,5-
trimethyl-benzyl]-,
— lacton 819
—, 2,3-Dibrom-5,8-dihydroxy-1,2,3,4,-
4a,5,8,8a-octahydro-,
— 8-lacton 141
—, 2,8-Dihydroxy-,
— 8-lacton 569
—, 8-[4,α-Dihydroxy-benzhydryl]-,
— α-lacton 860
—, 4,4a-Dihydroxy-decahydro-,
— 4a-lacton 123
—, 5,8-Dihydroxy-1,4,4a,5,8,8a-
hexahydro-,
— 8-lacton 215
—, 5,8-Dihydroxy-3,4,4a,5,8,8a-
hexahydro-,
— 8-lacton 215
—, 8-Hydroxy-5-[p-menthan-3-yloxy-
acetoxy]-1,4,4a,5,8,8a-hexahydro-,
— lacton 217
—, 8-Hydroxy-5-[menthyloxy-acetoxy]-
1,4,4a,5,8,8a-hexahydro-,
— lacton 217
—, 8-Hydroxy-2-methoxy-,
— lacton 569

[1]Naphthoesäure *(Fortsetzung)*
—, 2-[α-Hydroxy-α-methoxy-benzyl]-,
— lacton 812
—, 4a-Hydroxy-4-methoxy-decahydro-,
— lacton 123
—, 2-[Hydroxy-methoxy-methyl]-,
— lacton 570
—, 2-[1-Hydroxy-1-(2-methoxy-phenyl)-äthyl]-,
— lacton 816
—, 2-[1-Hydroxy-1-(4-methoxy-phenyl)-äthyl]-,
— lacton 816
—, 3-Hydroxy-2-methoxy-1,2,3,4-tetrahydro-,
— lacton 396
—, 2-[1-Hydroxy-1-phenyl-äthyl]-7-methoxy-,
— lacton 816
—, 4a-Hydroxy-4-[toluol-4-sulfonyloxy]-decahydro-,
— lacton 124

[2]Naphthoesäure
—, 3-[4-Acetoxy-5-äthyl-2-hydroxy-phenyl]-1,4,4a,5,6,7,8,8a-octahydro-,
— lacton 589
—, 1-[α-Acetoxy-α-hydroxy-4-isopropyl-benzyl]-,
— lacton 819
—, 1-[α-Acetoxy-α-hydroxy-4-methyl-benzyl]-,
— lacton 816
—, 3-[2-Acetoxy-6-hydroxy-4-methyl-phenyl]-1,4,4a,5,6,7,8,8a-octahydro-,
— lacton 588
—, 1-[Acetoxy-hydroxy-[1]naphthyl-methyl]-,
— lacton 852
—, 1-[Acetoxy-hydroxy-[2]naphthyl-methyl]-,
— lacton 852
—, 1-[Acetoxy-hydroxy-[3]-phenanthryl-methyl]-,
— lacton 863
—, 3-[4-Acetoxy-2-hydroxy-phenyl]-1,4,4a,5,6,7,8,8a-octahydro-,
— lacton 586
—, 1-[α-Acetoxy-α-hydroxy-3,4,5-trimethyl-benzyl]-,
— lacton 819
—, 3-[5-Äthyl-2,4-dihydroxy-phenyl]-1,4,4a,5,6,7,8,8a-octahydro-,
— 2-lacton 589
—, 3-[2,6-Dihydroxy-4-methyl-phenyl]-1,4,4a,5,6,7,8,8a-octahydro-,
— lacton 588
—, 1-[2,4-Dihydroxy-phenyl]-3,4-dihydro-,
— 2-lacton 799

—, 3-[2,4-Dihydroxy-phenyl]-1,4,4a,5,6,7,8,8a-octahydro-,
— 2-lacton 585
—, 3-[1-Hydroxy-äthyl]-4-methoxy-5,6,7,8-tetrahydro-,
— lacton 431
—, 1-[α-Hydroxy-4-methoxy-benzyl]-3,7-dimethyl-,
— lacton 818
—, 3-[2-Hydroxy-4-methoxy-phenyl]-1,4,4a,5,6,7,8,8a-octahydro-,
— lacton 586
—, 4-Hydroxy-6-methoxy-1,2,3,4-tetrahydro-,
— lacton 396

Naphtho[1,2-*b*]furan
—, 5-Acetoxy-3-acetyl-2-methyl- 649
—, 5-Acetoxy-4-benzoyl-2,3-diphenyl- 869
—, 5-Acetoxy-3-benzoyl-2-methyl- 835
—, 4-Benzoyl-5-benzoyloxy-2,3-diphenyl- 870
—, 4-Benzoyl-5-methoxy-2,3-diphenyl- 869

Naphtho[2,1-*b*]furan
—, 4-Acetoxy-5-benzoyl-1,2-diphenyl- 870
—, 7-Acetoxy-6-benzoyl-1,2-diphenyl- 871
—, 5-Benzoyl-4-benzoyloxy-1,2-diphenyl- 870
—, 6-Benzoyl-7-benzoyloxy-1,2-diphenyl- 871
—, 5-Benzoyl-4-methoxy-1,2-diphenyl- 870
—, 6-Benzoyl-7-methoxy-1,2-diphenyl- 871

Naphtho[1,2-*b*]furan-4,5-chinon
—, 3-Acetyl-2-methyl- 649

Naphtho[1,2-*b*]furan-3-ol
—, 5-Lauroyl- 681
—, 5-Palmitoyl- 684
—, 5-Stearoyl- 684

Naphtho[1,2-*b*]furan-5-ol
—, 3-Acetyl-2-methyl- 649
—, 4-Benzoyl-2,3-diphenyl- 869
—, 3-Benzoyl-2-methyl- 835
—, 3-Benzoyl-2-phenyl- 861
—, 3-[1-Hydroxy-1-phenyl-äthyl]-2-methyl- 835

Naphtho[2,1-*b*]furan-4-ol
—, 5-Benzoyl-1,2-diphenyl- 870

Naphtho[2,1-*b*]furan-7-ol
—, 6-Benzoyl-1,2-diphenyl- 871

Naphtho[1,2-*b*]furan-2-on
—, 8-Acetoxy-7-brom-3,6-dimethyl-3a,4,5,9b-tetrahydro-3*H*- 442

Naphtho[1,2-*b*]furan-2-on *(Fortsetzung)*
—, 8-Acetoxy-7-brom-3,6,9-trimethyl-3a,4,5,9b-tetrahydro-3*H*- 456
—, 5-Acetoxy-3,3-dimethyl-3*H*- 579
—, **8-Acetoxy-3,6-dimethyl-3a,4,5,9b-**tetrahydro-3*H*- 442
—, 8-Acetoxy-6,9-dimethyl-3a,4,5,9b-tetrahydro-3*H*- 443
—, 3-Acetoxy-3a,4,5,9b-tetrahydro-3*H*- 414
—, 6-Acetoxy-3a,4,5,9b-tetrahydro-3*H*- 415
—, 8-Acetoxy-3a,4,5,9b-tetrahydro-3*H*- 415
—, 8-Acetoxy-3,5a,9-trimethyl-decahydro- 135
—, 8-Acetoxy-3,5a,9-trimethyl-5,5a-dihydro-4*H*- 528
—, 8-Acetoxy-3,6,9-trimethyl-5,9b-dihydro-4*H*- 529
—, 8-Acetoxy-3,5a,9-trimethyl-5,5a,6,7,8,9b-hexahydro-3*H*- 236
—, 8-Acetoxy-3,6,9-trimethyl-7-nitro-3a,4,5,9b-tetrahydro-3*H*- 457
—, 4-Acetoxy-3,6,9-trimethyl-3a,4,5,9b-tetrahydro-3*H*- 451
—, 8-Acetoxy-3,5a,9-trimethyl-5,5a,6,7-tetrahydro-4*H*- 451
—, 8-Acetoxy-3,6,9-trimethyl-3a,4,5,9b-tetrahydro-3*H*- 454
—, 7-Brom-8-hydroxy-3,6-dimethyl-3a,4,5,9b-tetrahydro-3*H*- 442
—, 7-Brom-8-hydroxy-3,5a,9-trimethyl-decahydro- 136
—, 7-Brom-8-hydroxy-3,6,9-trimethyl-3a,4,5,9b-tetrahydro-3*H*- 455
—, 4-Hydroxy-3*H*- 570
—, 5-Hydroxy-3*H*- 570
—, 8-Hydroxy-3,6-dimethyl-3a,4,5,9b-tetrahydro-3*H*- 441
—, 8-Hydroxy-6,9-dimethyl-3a,4,5,9b-tetrahydro-3*H*- 442
—, 4-Hydroxy-3-methyl-3*H*- 576
—, 3-Hydroxy-3-methyl-3a,4,5,9b-tetrahydro-3*H*- 431
—, 8-Hydroxy-3-methyl-3a,4,5,9b-tetrahydro-3*H*- 431
—, 3-Hydroxy-3a,4,5,9b-tetrahydro-3*H*- 414
—, 6-Hydroxy-3a,4,5,9b-tetrahydro-3*H*- 414
—, 8-Hydroxy-3a,4,5,9b-tetrahydro-3*H*- 415
—, 4-Hydroxy-3,5a,9-trimethyl-decahydro- 132
—, 8-Hydroxy-3,5a,9-trimethyl-decahydro- 133
—, 8-Hydroxy-3,6,9-trimethyl-5,9b-dihydro-4*H*- 528

—, 8-Hydroxy-3,6,9-trimethyl-7-nitro-3a,4,5,9b-tetrahydro-3*H*- 456
—, 4-Hydroxy-3,6,9-trimethyl-3a,4,5,9b-tetrahydro-3*H*- 451
—, 8-Hydroxy-3,6,9-trimethyl-3a,4,5,9b-tetrahydro-3*H*- 452
—, 8-Methoxy-3-methyl-3a,4,5,9b-tetrahydro-3*H*- 431
—, 6-Methoxy-3a,4,5,9b-tetrahydro-3*H*- 414
—, 8-Methoxy-3a,4,5,9b-tetrahydro-3*H*- 415
—, 8-Methoxy-3,5a,9-trimethyl-5,5a-dihydro-4*H*- 528
—, 8-Methoxy-3,6,9-trimethyl-5,9b-dihydro-4*H*- 529
—, 9-Methoxy-3,6,8-trimethyl-4,5-dihydro-3*H*- 528
—, 8-Methoxy-3,5a,9-trimethyl-5,5a,6,7-tetrahydro-4*H*- 451

Naphtho[1,2-*b*]furan-3-on
—, 5-Brom-2-[5-brom-2-methoxy-benzyliden]- 826
—, 5-Brom-2-[2-methoxy-benzyliden]- 826
—, 5-Brom-2-[4-methoxy-benzyliden]- 827
—, 2-[5-Brom-2-methoxy-benzyliden]-5-nitro- 827
—, 5-Lauroyl- 681
—, 5-Palmitoyl- 684
—, 5-Stearoyl- 684

Naphtho[1,2-*c*]furan-1-on
—, 3-Acetoxy-3-[2,3-dimethyl-phenyl]-3*H*- 818
—, 3-Acetoxy-3-[4-isopropyl-phenyl]-3*H*- 819
—, 3-Acetoxy-3-[1]naphthyl-3*H*- 853
—, 3-Acetoxy-3-[3,4,5-trimethyl-phenyl]-3*H*- 819
—, 3-Benzoyloxy-3-[3,4,5-trimethyl-phenyl]-3*H*- 819
—, 3-Methoxy-3*H*- 570
—, 8-Methoxy-3-methyl-3-phenyl-3*H*- 816
—, 3-Methoxy-3-phenyl-3*H*- 812
—, 3-[2-Methoxy-phenyl]-3-methyl-3*H*- 816
—, 3-[4-Methoxy-phenyl]-3-methyl-3*H*- 816

Naphtho[1,2-*c*]furan-3-on
—, 1-Acetoxy-1-[4-isopropyl-phenyl]-1*H*- 819
—, 6-Acetoxymethyl-6,9a-dimethyl-3a,4,5,5a,6,9,9a,9b-octahydro-1*H*- 145
—, 1-Acetoxy-1-[1]naphthyl-1*H*- 852
—, 1-Acetoxy-1-[2]naphthyl-1*H*- 852
—, 1-Acetoxy-1-[3]phenanthryl-1*H*- 863

Naphtho[1,2-c]furan-3-on *(Fortsetzung)*
—, 1-Acetoxy-1-*p*-tolyl-1*H*- 816
—, 1-Acetoxy-1-[3,4,5-trimethyl-phenyl]-1*H*- 819
—, 6,9a-Dimethyl-6-trityloxymethyl-decahydro- 136
—, 6,9a-Dimethyl-6-trityloxymethyl-3a,4,5,5a,6,9,9a,9b-octahydro-1*H*- 145
—, 6-Hydroxymethyl-6,9a-dimethyl-decahydro- 136
—, 6-Hydroxymethyl-6,9a-dimethyl-3a,4,5,5a,6,9,9a,9b-octahydro-1*H*- 145
—, 6-Methansulfonyloxymethyl-6,9a-dimethyl-decahydro- 137
—, 8-Methoxy-1-methyl-1-phenyl-1*H*- 816
—, 1-[4-Methoxy-phenyl]-4,8-dimethyl-1*H*- 818

Naphtho[1,8-bc]furan-2-on
—, 3-Acetoxy- 569
— acetylimin 569
—, 6-Acetoxy-2a,5,5a,6,8a,8b-hexahydro- 216
—, 6-Acetoxy-4,5,5a,6,8a,8b-hexahydro- 215
—, 6-[2-Carboxy-benzoyloxy]-2a,5,5a,6,8a,8b-hexahydro- 216
—, 6-[3-Carboxy-propionyloxy]-2a,5,5a,6,8a,8b-hexahydro- 216
—, 3,4-Dibrom-6-hydroxy-2a,3,4,5,5a,6,8a,8b-octahydro- 141
—, 3-Hydroxy- 569
—, 6-Hydroxy-2a,5,5a,6,8a,8b-hexahydro- 215
—, 6-Hydroxy-4,5,5a,6,8a,8b-hexahydro- 215
—, 6-[*p*-Menthan-3-yloxy-acetoxy]-2a,5,5a,6,8a,8b-hexahydro- 217
—, 6-[Menthyloxy-acetoxy]-2a,5,5a,6,8a,8b-hexahydro- 217
—, 3-Methoxy- 569

Naphtho[1,8-bc]furan-5-on
—, 6-Hydroxy-2,3,8-trimethyl- 579

Naphtho[1,8-bc]furan-7-on
—, 6-Hydroxy-2,2,5,8-tetramethyl-4,5-dihydro-2*H*,3*H*- 457

Naphtho[2,1-b]furan-1-on
—, 2-[4-Methoxy-benzyliden]- 827

Naphtho[2,1-b]furan-2-on
—, 8-Acetoxy-1,1-diphenyl-1*H*- 860
—, 1-[2-Acetoxy-[1]naphthyl]-1*H*- 853
—, 8-Benzoyloxy-1,1-diphenyl-1*H*- 860
—, 8-Hydroxy-1,1-diphenyl-1*H*- 859
—, 6-Hydroxy-9-methyl-3a,4,5,9b-tetrahydro-1*H*- 432
—, 8-Hydroxy-1-methyl-3a,4,5,9b-tetrahydro-1*H*- 431

—, 1-[2-Hydroxy-[1]naphthyl]-1*H*- 853
—, 8-Hydroxy-3a,4,5,9b-tetrahydro-1*H*- 416
—, 8-Methoxy-1,1-diphenyl-1*H*- 859
—, 6-Methoxy-9-methyl-3a,4,5,9b-tetrahydro-1*H*- 432
—, 8-Methoxy-1-methyl-3a,4,5,9b-tetrahydro-1*H*- 432
—, 1-[4-Methoxy-phenyl]-1*H*- 812
—, 8-Methoxy-3a,4,5,9b-tetrahydro-1*H*- 416

Naphtho[2,3-b]furan-2-on
—, 6-Acetoxy-3,5,8a-trimethyl-decahydro- 131
—, 8-Acetoxy-3,5,8a-trimethyl-decahydro- 132
—, 8-Acetoxy-3,5,8a-trimethyl-3a,5,6,7,8,8a,9,9a-octahydro-3*H*- 144
—, 8-Acetoxy-3,5,6-trimethyl-3a,4,9,9a-tetrahydro-3*H*- 448
—, 8-Acetoxy-3,5,7-trimethyl-3a,4,9,9a-tetrahydro-3*H*- 450
—, 6-Benzoyloxy-3,5,8a-trimethyl-decahydro- 132
—, 8-Benzoyloxy-3,5,7-trimethyl-3a,4,9,9a-tetrahydro-3*H*- 450
—, 4-Hydroxy-3*H*- 570
—, 6-Hydroxy-3,8a-dimethyl-5-methylen-decahydro- 145
—, 4-Hydroxy-3-methyl-3*H*- 576
—, 6-Hydroxy-3,5,8a-trimethyl-decahydro- 131
—, 8-Hydroxy-3,5,8a-trimethyl-decahydro- 132
—, 8-Hydroxy-3,5,6-trimethyl-3a,4,9,9a-tetrahydro-3*H*- 448
—, 8-Hydroxy-3,5,7-trimethyl-3a,4,9,9a-tetrahydro-3*H*- 449
—, 8-Methoxy-3,5,7-trimethyl-3a,4,9,9a-tetrahydro-3*H*- 449
—, 3,5,7-Trimethyl-8-phenylcarbamoyloxy-3a,4,9,9a-tetrahydro-3*H*- 450

Naphtho[2,3-b]furan-9-on
—, 6-Acetoxy-3,4a,5-trimethyl-4a,5,6,7,8,8a-hexahydro-4*H*- 235
—, 6-Acetoxy-3,4a,5-trimethyl-4a,5,6,7,8,8a-hexahydro-4*H*- 235
— [2,4-dinitro-phenylhydrazon] 236

Naphtho[2,3-c]furan-1-on
—, 4-Hydroxy-3*H*- 570
—, 4-Hydroxy-9-phenyl-3*H*- 812
—, 4-Hydroxy-9-phenyl-3a,4,9,9a-tetrahydro-3*H*- 780
—, 4-Methoxy-3-methyl-5,6,7,8-tetrahydro-3*H*- 431

1λ^6-Naphtho[2,1-f]thiochromen-4-on
—, 8-Methoxy-2,4a-dimethyl-1,1-dioxo-4a,4b,5,6,12,12a-hexahydro- 679

Naphtho[2,3-*b*]thiophen
—, 4-Acetoxy-2-acetyl-8-chlor- 626
Naphtho[1,2-*b*]thiophen-2-carbaldehyd
—, 6-Chlor-3-hydroxy- 607
—, 9-Chlor-3-hydroxy- 607
—, 3-Hydroxy- 607
— phenylhydrazon 607
—, 3-Oxo-2,3-dihydro- 607
Naphtho[2,1-*b*]thiophen-2-carbaldehyd
—, 1-Hydroxy- 608
— [2,4-dinitro-phenylhydrazon] 608
—, 1-Oxo-1,2-dihydro- 608
Naphtho[2,3-*b*]thiophen-2-carbaldehyd
—, 3-Hydroxy- 607
—, 3-Oxo-2,3-dihydro- 607
Naphtho[1,2-*b*]thiophen-3-on
—, 2-Hydroxymethylen- 607
Naphtho[1,8-*bc*]thiophen-2-on
—, 8-Methoxy- 569
Naphtho[2,1-*b*]thiophen-1-on
—, 2-Hydroxymethylen- 608
Naphtho[2,3-*b*]thiophen-3-on
—, 2-Hydroxymethylen- 607
Naphtho[3,2,1-*kl*]thioxanthen-9-on
—, 13b-Hydroxy-13b*H*- 841
Naphtho[3,2,1-*kl*]xanthen-9-on
—, 13b-Äthoxy-2,7-dimethyl-13b*H*- 849
—, 13b-Methoxy-2,7-dimethyl-13b*H*- 849
Naphth[2,1-*b*]oxocin-5-on
—, 10-Hydroxy-3,6a,9,9,12a-pentamethyl-tetradecahydro- 138
Neoandrograpolid 247
—, O-Acetyl- 247
Nepetalsäure
—, O-Acetyl- 72
Neriifolin
—, Anhydro- 556
Non-5-en-4-on
—, 9-Acetoxy-9-[3]furyl-2,6-dimethyl- 142
Non-6-en-4-on
—, 9-Acetoxy-9-[3]furyl-2,6-dimethyl- 142
Non-4-ensäure
—, 5-Hydroxy-6-methoxy-6-methyl-,
— lacton 69
20-Nor-abietan-19-säure
—, 10,15-Dihydroxy-9-methyl-,
— 10-lacton 151
Norbornan-2-carbonsäure
—, 5-Acetoxy-6-hydroxy-,
— lacton 118
—, 5,6-Dihydroxy-,
— 6-lacton 118

—, 5,6-Dihydroxy-2-methyl-,
— 6-lacton 121
—, 3,6-Dihydroxy-1,7,7-trimethyl-,
— 6-lacton 124
—, 6-Hydroxy-5-jod-3-[4-methoxy- phenyl]-,
— lacton 522
Norborn-5-en-2-carbonsäure
—, 3-[Äthoxy-hydroxy-methyl]-,
— lacton 140
Norcafestenolid
—, Acetoxy- 462
—, Chloracetoxy- 462
19-Nor-carda-1,3,5,7,9-pentaenolid
—, 3-Methoxy- 787
19-Nor-card-1,3,5(10),20(22)-tetraenolid
—, 3-Acetoxy- 681
21-Nor-chola-5,20-dien-24-säure
—, 3-Acetoxy-20-hydroxy-,
— lacton 550
21-Nor-chola-5,22-dien-24-säure
—, 3-Acetoxy-22-hydroxymethyl-,
— lacton 559
—, 3-Hydroxy-22-hydroxymethyl-,
— 22-lacton 558
24-Nor-cholan-11-on
—, 3,9-Epoxy-23-hydroxy-23,23-diphenyl- 839
18-Nor-cholan-24-säure
—, 3-Acetoxy-20-hydroxy-4,4,8,14-tetramethyl-,
— lacton 272
—, 3,20-Dihydroxy-4,4,8,14-tetramethyl-,
— 20-lacton 271
21-Nor-cholan-24-säure
—, 3-Acetoxy-20-hydroxy-,
— lacton 263
—, 3,20-Dihydroxy-,
— 20-lacton 263
24-Nor-cholan-23-säure
—, 3-Acetoxy-5,6-dibrom-17-hydroxy-,
— lacton 266
—, 3-Acetoxy-12-hydroxy-,
— lacton 267
—, 3-Acetoxy-17-hydroxy-,
— lacton 266
—, 5,6-Dibrom-3,17-dihydroxy-,
— 17-lacton 266
—, 3,17-Dihydroxy-,
— 17-lacton 266
—, 21-Hydroxy-,
— lacton s. Cardanolid
21-Nor-chola-5,20,23-trien-24-carbonsäure
—, 3-Acetoxy-20-hydroxy-23-methyl-,
— lacton 597
—, 3,20-Dihydroxy-23-methyl-,
— 20-lacton 596

21-Nor-chol-20-en-24-säure
—, 3-Acetoxy-20-hydroxy-,
— lacton 471
21-Nor-chol-22-en-24-säure
—, 3-Acetoxy-22-hydroxymethyl-,
— lacton 475
—, 3-Hydroxy-22-hydroxymethyl-,
— 22-lacton 475
24-Nor-chol-5-en-23-säure
—, 3-Acetoxy-17-hydroxy-,
— lacton 475, 476
—, 3,17-Dihydroxy-,
— 17-lacton 475, 476
24-Nor-chol-20(22)-en-23-säure
—, 3-Acetoxy-12-hydroxy-,
— lacton 475
B-Nor-cholestan-6-carbaldehyd
—, 5,6-Epoxy-3-hydroxy- 276
B-Nor-cholestan-6-carbonsäure
—, 3-Acetoxy-5-hydroxy- 276
— lacton 276
18-Nor-cholestan-12-on
—, 3-Acetoxy-13,17-epoxy-4,4,8,14-
tetramethyl- 281
19-Nor-cholestan-6-on
—, 9,10-Epoxy-3-methoxy-5-methyl- 275
4-Nor-α-desmotroposantonin 441
4-Nor-β-desmotroposantonin 442
27-Nor-ergosta-5,24-dien-26-säure
—, 3-Acetyl-28-hydroxy-,
— lacton 560
—, 3,28-Dihydroxy-,
— 28-lacton 559
—, 3-Glucopyranosyloxy-28-hydroxy-,
— lacton 560
—, 28-Hydroxy-3-[tetra-O-acetyl-
glucopyranosyloxy]-,
— lacton 560
—, 28-Hydroxy-3-trimethylammonioacetoxy-,
— lacton 560
27-Nor-furostan-25-on
—, 3-Acetoxy- 271
— semicarbazon 271
—, 3-Hydroxy- 270
— semicarbazon 270
18-Nor-D-homoepiandrosteron
—, 17-Furfuryliden- 595
18-Nor-lanostan
—, 8-Methyl- s. 18(13→8)-Abeo-
lanostan
24-Nor-olean-12-en-28-al
—, 22-Acetoxy-16,21-epoxy- 563
—, 16,21-Epoxy-22-hydroxy- 562
**15-Nor-pimara-11,13(16)-dien-17-
säure**
—, 12,18-Dihydroxy-14-methyl-,
— 12-lacton 463
—, 12,19-Dihydroxy-14-methyl-,
— 12-lacton 463

17-Nor-podocarpan-16-säure
—, 10-Hydroxy-13-[α-hydroxy-
isopropyl]-9-methyl-,
— 10-lacton 151
21-Nor-pregnan-3-on
—, 4,5-Epoxy-17-hydroxy- 249
—, 9,11-Epoxy-17-hydroxy- 250
A-Nor-pregnan-21-säure
—, 2-Acetoxy-16-hydroxy-20-methyl-,
— lacton 257
—, 2,16-Dihydroxy-20-methyl-,
— 16-lacton 257
21-Nor-pregnan-20-säure
—, 3-Acetoxy-12-hydroxy-,
— lacton 250
—, 3-Acetoxy-14-hydroxy-,
— lacton 251
—, 3-Benzoyloxy-12-hydroxy-,
— lacton 250
—, 3,12-Dihydroxy-,
— 12-lacton 250
**19-Nor-pregna-1,3,5(10),20-tetraen-
21-carbonsäure**
—, 17-Hydroxy-3-methoxy-,
— lacton 680
**19-Nor-pregna-1,3,5(10),6-tetraen-
20-on**
—, 16,17-Epoxy-3-methoxy-1-methyl-
681
**19-Nor-pregna-1,3,5(10)-trien-21-
carbonsäure**
—, 17-Hydroxy-3-methoxy-,
— lacton 590
19-Nor-pregna-1,3,5(10)-trien-20-on
—, 3-Acetoxy-16,17-epoxy- 590
—, 16,17-Epoxy-3-hydroxy- 590
—, 16,17-Epoxy-3-methoxy- 590
—, 16,17-Epoxy-3-methoxy-1-methyl- 591
18-Nor-pregn-4-en-3-on
—, 20-Acetoxy-13,14-epoxy-17-methyl-
465
—, 13,14-Epoxy-20-hydroxy-17-methyl-
465
21-Nor-pregn-4-en-3-on
—, 9,11-Epoxy-17-hydroxy- 464
19-Nor-pregn-20-in-3-on
—, 5,10-Epoxy-17-hydroxy- 546
27-Nor-ursan-28-säure
—, 3-Acetoxy-14-brom-13-hydroxy-,
— lacton 485
—, 14-Brom-3,13-dihydroxy-,
— 13-lacton 484

O

Ochracin 188
Octadecan-1-on
—, 1-[3-Hydroxy-naphtho[1,2-*b*]furan-
5-yl]- 684

Octadeca-1,3,5,7,9,11,13,15,17-
  nonaen
—, 1-[3-Äthoxy-1,2-epoxy-2,6,6-
  trimethyl-cyclohexyl]-3,7,12,16-
  tetramethyl-18-[2,6,6-trimethyl-3-
  oxo-cyclohex-1-enyl]- 840
Octadecansäure
—, 4,5-Dihydroxy-,
  — 4-lacton 47
  — 5-lacton 47
—, 4-Hydroxy-5-methoxy-,
  — lacton 48
—, 2-[β-Hydroxy-4-methoxy-phenäthyl]-,
  — lacton 270
Octahydroscillaridin-A 269
Octan-1-on
—, 1-[4-Methoxy-5,6-dihydro-
  2H-pyran-3-yl]- 78
Octan-3-on
—, 4,5-Epoxy-1-methoxy-5-methyl- 42
  — [2,4-dinitro-phenylhydrazon] 42
Octansäure
—, 8-Acetoxy-6-hydroxy-,
  — lacton 34
—, 2-Acetoxy-3-hydroxymethyl-,
  — lacton 41
—, 6-Acetoxymethyl-2,4-diäthyl-5-
  hydroxy-3-propyl-,
  — lacton 47
—, 8-Äthoxy-5-hydroxy-,
  — lacton 34
—, 2-[3-Chlor-β-hydroxy-4-methoxy-
  phenäthyl]-,
  — lacton 238
—, 2-[5-Chlor-β-hydroxy-2-methoxy-
  phenäthyl]-,
  — lacton 237
—, 4,8-Dihydroxy-,
  — 4-lacton 38
—, 6,8-Dihydroxy-,
  — 6-lacton 34
—, 2-[2,3-Dihydroxy-propyl]-,
  — 2-lacton 45
—, 2-[2-Hydroxy-1-isovaleryloxy-propyl]-,
  — lacton 45
—, 5-Hydroxy-8-mercapto-,
  — lacton 34
—, 6-Hydroxy-8-methoxy-,
  — lacton 34
—, 2-[β-Hydroxy-4-methoxy-phenäthyl]-,
  — lacton 237
—, 4-Hydroxy-4-[4-methoxy-phenyl]-,
  — lacton 230
—, 4-Hydroxy-4-[4-methoxy-phenyl]-7-
  methyl-,
  — lacton 234
Oct-1-en-3-on
—, 1-[2]Furyl-5-[4-methoxy-phenyl]- 587
  — semicarbazon 587

—, 1-[2]Furyl-5-[4-methoxy-phenyl]-
  7-methyl- 588
  — semicarbazon 588
Oct-2-ensäure
—, 2-Acetoxy-3-hydroxymethyl-,
  — lacton 67
—, 2-Acetoxy-3-hydroxymethyl-7-methyl-,
  — lacton 70
—, 3-Hydroxymethyl-2-methoxy-,
  — lacton 67
Odorosid-H
—, O^2-Acetyl-β-anhydro- 557
—, β-Anhydro- 557
—, Di-O-Acetyl-β-anhydro- 556
Östran
—, 17-Äthinyl- s. 19-Nor-pregn-20-in
Östran-3-on
—, 5,10-Epoxy-17-hydroxy- 240
Östrololacton 537
—, O-Acetyl- 538
—, O-Benzoyl- 538
—, Bis-dehydro- 674
—, Iso-bis-dehydro- 674
—, O-Methyl- 538
—, O-Propionyl- 538
Oleanan-28-säure
—, 3-Acetoxy-12-brom-13-hydroxy-,
  — lacton 489
—, 3-Acetoxy-13-hydroxy-,
  — lacton 488
—, 3-Acetoxy-19-hydroxy-,
  — lacton 487
—, 3-Benzoyloxy-19-hydroxy-,
  — lacton 487
—, 12-Brom-3,13-dihydroxy-,
  — 13-lacton 489
—, 3,13-Dihydroxy-,
  — 13-lacton 488
—, 3,19-Dihydroxy-,
  — 19-lacton 486
—, 3-Formyloxy-19-hydroxy-,
  — lacton 486
Olean-2-en-28-säure
—, 13-Hydroxy-,
  — lacton 489
Olean-11-en-28-säure
—, 3-Acetoxy-13-hydroxy-,
  — lacton 566
—, 3,13-Dihydroxy-,
  — 13-lacton 566
Olean-12-en-28-säure
—, 3-Acetoxy-15-hydroxy-,
  — lacton 566
Oleanolsäure
  — lacton 488
  — bromlacton 489
  — isolacton 488
—, Dehydro-,
  — lacton 566

Orthoameisensäure
— diäthylester-[7-oxo-oxepan-2-ylester] 18
Osthenol 518
Osthol 518
—, Tetrahydro- 232
Ostholdibromid 434
Ostruthin 588
—, O-Acetyl- 589
—, O-Methyl- 588
3,7-Oxaäthano-benzofuran-2-ol
—, 3,6,6,7a-Tetramethyl-octahydro- 79
4a,1-Oxaäthano-naphthalin-10-on
—, 4-Acetoxy-octahydro- 124
—, 4-Hydroxy-octahydro- 123
—, 4-Methoxy-octahydro- 123
—, 4-[Toluol-4-sulfonyloxy]-octahydro- 124
4a,1-Oxaäthano-phenanthren-12-on
—, 9-Acetoxy-7-äthyl-1,4b,7-trimethyl-1,3,4,4b,5,6,7,8,10,10a-decahydro- 2H- 247
—, 10-Acetoxy-7-äthyl-1,4b,7-trimethyl-dodecahydro- 152
—, 9-Acetoxy-1,4b,7-trimethyl-7-vinyl-1,3,4,4b,5,6,7,8,10,10a-decahydro- 2H- 464
—, 9-Acetoxy-1,4b,7-trimethyl-7-vinyl-dodecahydro- 248
—, 10-Acetoxy-1,4b,7-trimethyl-7-vinyl-dodecahydro- 248
—, 7-Äthyl-9-hydroxy-1,4b,7-trimethyl-dodecahydro- 152
—, 7-Äthyl-10-hydroxy-1,4b,7-trimethyl-dodecahydro- 151
—, 7-[α-Hydroxy-isopropyl]-1,4-dimethyl-dodecahydro- 151
—, 9-Hydroxy-1,4b,7-trimethyl-7-vinyl-dodecahydro- 247
—, 10-Hydroxy-1,4b,7-trimethyl-7-vinyl-dodecahydro- 248
14a,4a-Oxaäthano-picen-16-on
—, 10-Acetoxy-14-brom-2,2,6a,6b,9,9,12a-heptamethyl-octadecahydro- 489
—, 10-Acetoxy-2,2,6a,6b,9,9,12a-heptamethyl-octadecahydro- 488
—, 10-Hydroxy-2,2,6a,6b,9,9,12a-heptamethyl-octadecahydro- 488
4-Oxa-androsta-5,16-dien-3-on
—, 17-Acetoxy- 460
4-Oxa-androstan-3-on
—, 17-Hydroxy- 147
—, 17-Hydroxy-17-methyl- 151
4-Oxa-androst-5-en-3-on
—, 17-Acetoxy- 239
—, 17-Benzoyloxy- 239
3-Oxa-bicyclo[3.3.1]nonan-2-carbaldehyd

—, 9-Hydroxy-2,6,6,9-tetramethyl- 79
2-Oxa-bicyclo[3.3.1]nonan-3-on
—, 6-[α-Hydroxy-isopropyl]-1-methyl- 78
2-Oxa-bicyclo[2.2.2]octan-3-on
—, 1-Acetoxy-4-phenyl- 429
—, 6-Äthyl-1-[4-methoxy-phenyl]-5-methyl- 459
—, 6-Hydroxy- 64
—, 1-Methoxy-4-phenyl- 429
—, 1-[4-Methoxy-phenyl]-4-methyl- 441
—, 6-[Toluol-4-sulfonyloxy]- 64
2-Oxa-bicyclo[2.2.2]octan-6-on
—, 5-Benzoyloxy-1,3,3-dimethyl-,
— semicarbazon 75
—, 5-Hydroxy-1,3,3-trimethyl-,
— semicarbazon 74
—, 5-Methoxy-1,3,3-trimethyl- 74
— semicarbazon 74
6-Oxa-bicyclo[3.2.1]octan-7-on
—, 1-Acetoxy-2,3-diphenyl- 783
—, 8-Äthyl-5-[3-methoxy-4-methyl-phenäthyl]-1-methyl- 461
—, 8-Äthyl-5-[3-methoxy-phenäthyl]-phenyläthinyl]-1-methyl- 589
—, 8-Äthyl-5-[3-methoxy-phenäthyl]-1-methyl- 460
—, 1-[2-Brom-5-methoxy-phenäthyl]-8-methyl- 459
—, 4-Hydroxy- 63
—, 4-Hydroxy-5,8-dimethyl- 69
—, 1-Hydroxy-2,3-diphenyl- 783
—, 4-[Toluol-4-sulfonyloxy]- 63
7-Oxa-bicyclo[4.2.0]octan-8-on
—, 1-Hydroxy-2,2,6-trimethyl- 73
Oxacycloheptadecan-2-on
—, 10-Hydroxy- 47
Oxacyclotricosan-12,13-dion
— bis-[2,4-dinitro-phenylhydrazon] 48
Oxacyclotricosan-12-on
—, 13-Hydroxy- 48
Oxacyclotridecan-7,8-dion
—bis-[2,4-dinitro-phenylhydrazon] 45
Oxacyclotridecan-7-on
—, 8-Hydroxy- 45
Oxacycloundecan-6,7-dion
— bis-[2,4-dinitro-phenylhydrazon] 42
Oxacycloundecan-6-on
—, 7-Hydroxy- 42
22-Oxa-29,30-dinor-gammaceran-21-on
—, 6-Acetoxy- 272
7-Oxa-dispiro[5.1.5.2]pentadecan-14-on
—, 15-Benzoyloxymethylen- 144
—, 15-Hydroxy- 126
— [2,4-dinitro-phenylhydrazon] 127

6-Oxa-dispiro[4.1.4.2]tridecan-12-on
—, 13-Benzoyloxymethylen- 141
—, 13-Hydroxy- 125
— [2,4-dinitro-phenylhydrazon] 125
6-Oxa-B-homo-androsta-2,4-dien-7-on
—, 17-Benzoyloxy- 461
3-Oxa-A-homo-androstan-4-on
—, 17-Cyclohexancarbonyloxy- 148
4-Oxa-A-homo-androstan-3-on
—, 17-Acetoxy-11,12-dideuterio- 147
—, 17-Benzoyloxy- 148
—, 17-Cyclohexancarbonyloxy- 148
17-Oxa-D-homo-androstan-16-on
—, 3-Acetoxy-5,6-dibrom- 150
—, 3-Hydroxy- 150
17-Oxa-D-homo-androstan-17a-on
—, 3-Acetoxy- 149
—, 3-Acetoxy-5,6-dibrom- 150
17a-Oxa-D-homo-androstan-17-on
—, 3-Acetoxy- 149
—, 3-Acetoxy-5,6-dibrom- 149
—, 3-Hydroxy- 148
17-Oxa-D-homo-androst-5-en-16-on
—, 3-Acetoxy- 242
—, 3-Hydroxy- 241
17-Oxa-D-homo-androst-5-en-17a-on
—, 3-Acetoxy- 241
—, 3-Hydroxy- 241
—, 3-Hydroxy-16,16-diphenyl- 839
17a-Oxa-D-homo-androst-5-en-17-on
—, 3-Acetoxy- 241
—, 3-Hydroxy- 240
7a-Oxa-B-homo-cholestan-7-on
—, 3-Acetoxy- 153
—, 3-Benzoyloxy- 153
—, 3-Hydroxy- 153
—, 3-Pivaloyloxy- 153
15-Oxa-D-homo-cholestan-16-on
—, 3-Benzoyloxy- 153
15-Oxa-D-homo-cholest-8(14)-en-16-on
—, 3-Benzoyloxy- 271
12a-Oxa-C-homo-ergostan-12-on
—, 3-Acetoxy- 154
—, 3-Hydroxy- 154
15-Oxa-D-homo-ergost-8(14)-en-16-on
—, 3-Acetoxy- 277
17-Oxa-D-homo-östra-1,3,5(10),14-tetraen-17a-on
—, 3-Methoxy-16,16-diphenyl- 861
17-Oxa-D-homo-östra-1,3,5(10)-trien-16-on
—, 3-Hydroxy- 539
—, 3-Methoxy- 539
17-Oxa-D-homo-östra-1,3,5(10)-trien-17a-on
—, 3-Methoxy-16,16-diphenyl- 857
17a-Oxa-D-homo-östra-1,3,5(10)-trien-17-on

—, 3-Acetoxy- 538
—, 3-Benzoyloxy- 538
—, 3-Hydroxy- 537
—, 3-Methoxy- 538
—, 3-Propionyloxy- 538
Oxalsäure
— amid s. Oxamidsäure
— bis-[5-hydroxymethyl-furfurylidenhydrazid] 108
Oxamidsäure
— [2-hydroxy-1-(5-nitro-[2]furyl)-äthylidenhydrazid] 97
—, N,N'-Äthandiyl-bis-,
— äthylester-[5-hydroxymethyl-furfurylidenhydrazid] 108
—, Cyclohexyl-,
— [5-hydroxymethyl-furfurylidenhydrazid] 107
—, [2,4-Dimethyl-phenyl]-,
— [5-hydroxymethyl-furfurylidenhydrazid] 107
—, [2-Hydroxy-äthyl]-,
— [2-hydroxy-1-(5-nitro-[2]furyl)-äthylidenhydrazid] 97
—, Methyl-,
— [5-hydroxymethyl-furfurylidenhydrazid] 107
—, Phenyl-,
— [5-hydroxymethyl-furfurylidenhydrazid] 107
—, [2,4,5-Trimethyl-phenyl]-,
— [5-hydroxymethyl-furfurylidenhydrazid] 107
2-Oxa-norbornan-3-on
—, 6-Hydroxy-1,6-diphenyl- 780
—, 7-Hydroxy-1-isopropyl-4-methyl- 74
—, 1-[6-Methoxy-[2]naphthyl]- 663
7-Oxa-norbornan-2-on
—, 3-Benzoyloxy-1-isopropyl-4-methyl- 74
— [2,4-dinitro-phenylhydrazon] 74
4-Oxa-östran-3-on
—, 17-Acetoxy-5-chlor- 146
—, 17-Benzoyloxy-5-chlor- 147
17-Oxa-östra-1,3,5(10)-trien-16-on
—, 3-Methoxy- 536
4-Oxa-östr-5-en-3-on
—, 17-Acetoxy- 238
—, 17-Benzoyloxy- 238
4-Oxa-östr-5(10)-en-3-on
—, 17-Acetoxy- 238
—, 17-Benzoyloxy- 238
4-Oxa-pregna-5,17(20)-dien-3-on
—, 20-Acetoxy- 463
4-Oxa-pregnan-3-on
—, 20-Hydroxy- 151

1-Oxa-spiro[4.5]dec-3-en-2-on
—, 4-Acetoxy- 120
—, 4-Benzoyloxy- 120
—, 4-Benzylmercapto- 120
—, 4-[2-Hydroxy-äthoxy]- 120
—, 4-Methoxy- 119
—, 3-[1]Naphthylmethoxy- 119
—, 3-[4-Nitro-benzoyloxy]- 119
—, 4-Phenoxy- 119
2-Oxa-spiro[4.5]dec-3-en-1-on
—, 3-[6-Methoxy-[2]naphthyl]-4-methyl- 785
1-Oxa-spiro[5.5]undec-3-en-2-on
—, 4-Methoxy- 122
Oxepan-2-on
—, 7-[2-Acetoxy-äthyl]- 34
—, 7-Äthoxy- 17
—, 7-Diäthoxymethoxy- 18
—, 7-[2-Hydroxy-äthyl]- 34
—, 6-Hydroxy-3,6-dimethyl- 34
—, 7-[2-Methoxy-äthyl]- 34
—, 7-[4-Methoxy-benzyliden]- 416
Oxetan-2-on
—, 3-Hydroxy-4-methyl-4-[2-(2,6,6-trimethyl-cyclohex-2-enyl)-vinyl]- 143
Oxiran
—, 2-[α-Hydroxy-2,4,6-trimethyl-benzyl]-3-[2,4,6-trimethyl-benzoyl]- 681
Oxoalloheterobetulin 487
Oxyallobetulin 486

P

Pantoinsäure
— lacton 22
Pantolacton 22
—, O-[2-Acetoxy-benzoyl]- 25
—, O-Acetyl- 23
—, O-Benzoyl- 24
—, O-Benzyl- 23
—, O-Benzyloxycarbonyl- 25
—, O-Cinnamoyl- 25
—, O-[3,5-Dinitro-benzoyl]- 25
—, O-Diphenoxyphosphoryl- 27
—, O-Hexanoyl- 24
—, O-[Hydroxy-phenoxy-phosphoryl]- 27
—, O-Linoleoyl- 24
—, ω-Methyl- 33
—, O-[4-Nitro-benzoyl]- 24
—, O-[2-Oxo-bornan-10-sulfonyl]- 26
—, O-Palmitoyl- 24
—, O-Phosphono- 27
—, O-Propionyl- 24
—, O-Salicyloyl- 25
—, O-Sulfo- 26
—, O-[Toluol-4-sulfonyl]- 26

Pelanolid-a
—, Hydroxy- 80
Pelenolid-a
—, Hydroxy- 127
Penta-2,4-dienal
—, 5-[3-Hydroxy-benzofuran-2-yl]-,
— [2,4-dinitro-phenylimin] 574
—, 5-[3-Hydroxy-benzo[b]thiophen-2-yl]-,
— [2,4-dinitro-phenylimin] 575
— phenylimin 574
Penta-1,4-dien-3-on
—, 1-[2]Furyl-5-[4-methoxy-phenyl]- 628
Penta-2,4-diensäure
—, 3-Acetoxy-2-benzyl-5-hydroxy-5-phenyl-,
— lacton 799
—, 3-Acetoxy-5-hydroxy-2,5-diphenyl-,
— lacton 792
—, 3-[4-Acetoxy-phenyl]-5-chlor-5-hydroxy-,
— lacton 491
—, 3-Äthoxy-5-hydroxy-,
— lacton 81
—, 3-Äthoxy-5-hydroxy-5-phenyl-,
— lacton 490
—, 5-[4-Brom-phenyl]-5-hydroxy-3-[4-methoxy-phenyl]-,
— lacton 791
—, 5-Chlor-5-hydroxy-3-[4-methoxy-3-methyl-phenyl]-,
— lacton 498
—, 5-Chlor-5-hydroxy-3-[4-methoxy-phenyl]-,
— lacton 491
—, 5-Hydroxy-2-methoxy-,
— lacton 81
—, 5-Hydroxy-3-methoxy-,
— lacton 81
—, 4-Hydroxy-3-methoxy-2,5-diphenyl-,
— lacton 794
—, 5-Hydroxy-4-methoxy-3,5-diphenyl-,
— lacton 791
—, 5-Hydroxy-3-[5-methoxy-2-methyl-phenyl]-5-phenyl-,
— lacton 800
—, 4-Hydroxy-2-[4-methoxy-phenäthyl]-,
— lacton 509
—, 5-Hydroxy-3-methoxy-5-phenyl-,
— lacton 490
—, 5-Hydroxy-5-[4-methoxy-phenyl]-,
— lacton 491
—, 5-Hydroxy-5-[4-methoxy-phenyl]-3,4-diphenyl-,
— lacton 853
—, 5-Hydroxy-2-[4-methoxy-phenyl]-5-phenyl-,
— lacton 792

Penta-2,4-diensäure *(Fortsetzung)*
—, 5-Hydroxy-3-[4-methoxy-phenyl]-5-phenyl-,
 — lacton 791
—, 5-Hydroxy-4-methoxy-3-phenyl-5-*p*-tolyl-,
 — lacton 800
—, 3-[1-Hydroxy-[2]naphthyl]-5-[2-methoxy-phenyl]-,
 — lacton 844
—, 3-[1-Hydroxy-[2]naphthyl]-5-[4-methoxy-phenyl]-,
 — lacton 844
—, 3-[1-Hydroxy-[2]naphthyl]-5-[4-methoxy-phenyl]-2-phenyl-,
 — lacton 868

Pentaerythrit
—, Tetra-O-phthalidyl- 160

Pentan
—, 2,2,4-Trimethyl-1,3-bis-phthalidyloxy- 159

Pentan-1-ol
—, 2,3-Epoxy-5,5-bis-methoxycarbonylamino- 17

Pentan-1-on
—, 3-[2]Furyl-1-[4-methoxy-phenyl]- 522
 — semicarbazon 522

Pent-1-en
—, 3,5,5-Triäthoxy-1-[2]furyl- 139

Pent-2-en
—, 1,1,5-Triäthoxy-5-[2]furyl- 140

Pent-2-enal
—, 5-Äthoxy-5-[2]furyl- 139
 — diäthylacetal 140
 — [2,4-dinitro-phenylhydrazon] 139

Pent-4-enal
—, 3-Äthoxy-5-[2]furyl-,
 — diäthylacetal 139

Pent-2-ensäure
—, 2-Acetoxy-3-brom-4-hydroxy-,
 — lacton 56
—, 2-Acetoxy-5-cyclohexyl-5-hydroxy-,
 — lacton 123
—, 2-Acetoxy-4-hydroxy-,
 — lacton 56
—, 4-Acetoxy-4-hydroxy-,
 — lacton 55
—, 2-Acetoxy-4-hydroxy-3-methyl-,
 — lacton 61
—, 3-Acetoxy-4-hydroxy-4-methyl-,
 — lacton 60
—, 4-Acetoxy-4-hydroxy-2-methyl-,
 — lacton 61
—, 3-Äthoxy-5-cyclopent-1-enyl-5-hydroxy-,
 — lacton 141
—, 3-Äthoxy-5-cyclopentyl-5-hydroxy-,
 — lacton 121

—, 2-Äthoxy-4-hydroxy-,
 — lacton 55
—, 4-Äthoxy-4-hydroxy-,
 — lacton 55
—, 3-Äthoxy-4-hydroxy-2-methyl-,
 — lacton 61
—, 3-Äthoxy-4-hydroxy-4-methyl-,
 — lacton 60
—, 3-Äthoxy-5-hydroxy-5-phenyl-,
 — lacton 366
—, 2-Benzoyloxy-4-hydroxy-,
 — lacton 56
—, 3-Benzoyloxy-4-hydroxy-,
 — lacton 55
—, 3-Benzoyloxy-4-hydroxy-2,5-diphenyl-,
 — lacton 761
—, 3-Benzoyloxy-4-hydroxy-4-methyl-,
 — lacton 60
—, 3-Brom-4-hydroxy-2-methoxy-,
 — lacton 56
—, 5-Cyclopent-1-enyl-5-hydroxy-3-methoxy-,
 — lacton 140
—, 5-Cyclopent-1-enyl-5-hydroxy-3-[4-phenyl-phenacyloxy]-,
 — lacton 141
—, 5-Cyclopentyl-5-hydroxy-3-methoxy-,
 — lacton 121
—, 4,5-Dihydroxy-,
 — 4-lacton 56
—, 5-Glucopyranosyloxy-4-hydroxy-,
 — lacton 56
—, 4-Hydroxy-2-methoxy-,
 — lacton 55
—, 4-Hydroxy-4-methoxy-,
 — lacton 55
—, 5-Hydroxy-3-methoxy-,
 — lacton 54
—, 4-Hydroxy-2-methoxy-3-methyl-,
 — lacton 61
—, 4-Hydroxy-3-methoxy-4-methyl-,
 — lacton 60
—, 4-Hydroxy-4-methoxy-2-methyl-,
 — lacton 61
—, 5-Hydroxy-3-methoxy-5-phenyl-,
 — lacton 365
—, 4-Hydroxy-2-[4-methoxy-phenyl]-5-phenyl-,
 — lacton 761
—, 4-Hydroxy-5-[4-methoxy-phenyl]-2-phenyl-,
 — lacton 761
—, 4-Hydroxy-3-methyl-2-[4-nitro-benzoyloxy]-,
 — lacton 61
—, 4-Hydroxy-4-methyl-5-tetrahydropyran-2-yloxy-,
 — lacton 61

Pent-2-ensäure *(Fortsetzung)*
—, 3-[1-Hydroxy-[2]naphthyl]-5-phenyl-5-phenylmercapto-,
— lacton 837
—, 3-[1-Hydroxy-[2]naphthyl]-5-phenyl-5-*m*-tolylmercapto-,
— lacton 837
—, 3-[1-Hydroxy-[2]naphthyl]-5-phenyl-5-*o*-tolylmercapto-,
— lacton 837
—, 3-[1-Hydroxy-[2]naphthyl]-5-phenyl-5-*p*-tolylmercapto-,
— lacton 837
—, 4-Hydroxy-5-[tetra-O-acetyl-glucopyranosyloxy]-,
— lacton 57
—, 4-Oxo-, pseudoalkylester s. unter Furan-2-on, 5-Alkoxy-5-methyl-5*H*-

Pent-3-ensäure
—, 3-[2-Acetoxy-phenyl]-4-hydroxy-,
— lacton 369
—, 5-Äthoxy-5-hydroxy-3,4,5-triphenyl-,
— lacton 849
—, 2,4-Dihydroxy-,
— 4-lacton 55
—, 4-Hydroxy-3-[6-methoxy-[2]naphthyl]-2,2-dimethyl-,
— lacton 669

Pent-4-ensäure
—, 2,3-Dihydroxy-3-methyl-5-[2,6,6-trimethyl-cyclohex-2-enyl]-,
— 3-lacton 143
—, 3-[2-Hydroxy-3-methoxy-butyl]-4-methyl-,
— lacton 70

Perezinon 457

Peroxid
—, Bis-[6-acetyl-2-methyl-tetrahydro-pyran-2-yl]- 35
—, Bis-[4,5-dimethyl-2-oxo-3-phenyl-2,3-dihydro-benzofuran-3-yl]- 660
—, Bis-[4,6-dimethyl-2-oxo-3-phenyl-2,3-dihydro-benzofuran-3-yl]- 660
—, Bis-[7-isopropyl-4-methyl-2-oxo-3-phenyl-2,3-dihydro-benzofuran-3-yl]- 673

Phenanthren-1-carbonsäure
—, 9-Acetoxy-7-äthyl-4a-hydroxy-1,4b,7-trimethyl-1,2,3,4,4a,4b,5,6,7,8,10,10a-dodecahydro-,
— lacton 247
—, 9-Acetoxy-4a-hydroxy-1,4b,7-trimethyl-7-vinyl-tetradecahydro-,
— lacton 248
—, 10-Acetoxy-4a-hydroxy-1,4b,7-trimethyl-7-vinyl-tetradecahydro-,
— lacton 248
—, 2-[2,2-Dibrom-1-hydroxy-vinyl]-7-methoxy-1,2,3,9,10,10a-hexahydro-,
— lacton 671
—, 4a,9-Dihydroxy-1,4b,7-trimethyl-7-vinyl-tetradecahydro-,
— 4a-lacton 247
—, 4a,10-Dihydroxy-1,4b,7-trimethyl-7-vinyl-tetradecahydro-,
— 4a-lacton 248

Phenanthren-2-carbonsäure
—, 1-[2,2-Dibrom-1-hydroxy-vinyl]-7-methoxy-1,2,3,9,10,10a-hexahydro-,
— lacton 671
—, 1-[2-Hydroxy-2,2-diphenyl-äthyl]-7-methoxy-2-methyl-1,2,3,4-tetrahydro-,
— lacton 863
—, 1-[β-Hydroxy-styryl]-7-methoxy-2-methyl-1,2,3,4-tetrahydro-,
— lacton 852

Phenanthren-4-carbonsäure
—, 5-[Äthoxy-hydroxy-methyl]-,
— lacton 790
—, 5-[Äthylmercapto-hydroxy-methyl]-,
— lacton 790
—, 5-[Hydroxy-methoxy-methyl]-,
— lacton 790

Phenanthren-9-carbonsäure
—, 10-[Acetoxy-hydroxy-[1]naphthyl-methyl]-,
— lacton 864

Phenanthren-3-on
—, 2-Furfuryliden-7-hydroxy-4b-methyl-dodecahydro- 545

Phenanthro[4,5-*bcd*]furan
—, 1-Acetyl-3-methoxy- 791

Phenanthro[4,5-*bcd*]furan-9b-carbaldehyd
—, 5-Methoxy-1,2,3,8,9,9a-hexahydro-3a*H*- 530

Phenanthro[1,2-*b*]furan-2-on
—, 7-Methoxy-11a-methyl-3a,4,5,10,11,11a-hexahydro-1*H*- 586
—, 7-Methoxy-11a-methyl-3a,10,11,11a-tetrahydro-1*H*- 670

Phenanthro[1,2-*c*]furan-1-on
—, 3-Dibrommethylen-7-methoxy-3a,3b,4,5,11,11a-hexahydro-3*H*- 671

Phenanthro[1,2-*c*]furan-3-on
—, 1-Dibrommethylen-7-methoxy-3a,3b,4,5,11,11a-hexahydro-1*H*- 671

Phenanthro[2,1-*b*]furan-2-on
—, 7-Acetoxy-3a,3b,6,6,9a-pentamethyl-Δ¹¹-dodecahydro- 251

Phenanthro[3,2-*b*]furan-9-on
—, 4-Hydroxymethyl-4,7,11b-trimethyl-Δ⁷ᵃ,¹⁰ᵃ-decahydro- 463

Phenanthro[4,3-*b*]furan-2-on
—, 3-Methoxy-5,5a,6,7-tetrahydro-4*H*- 663

Phenanthro[4,5-*bcd*]furan-3-on
—, 9b-Äthyl-5-methoxy-1,3a,8,9,9a,9b-
  hexahydro-2*H*- 535
  —semicarbazon 535
—, 5-Methoxy-9b-methyl-1,3a,8,9,9a,9b-
  hexahydro-2*H*- 530
—, 5-Methoxy-9b-vinyl-1,3a,8,9,9a,9b-
  hexahydro-2*H*- 584
  — semicarbazon 584
—, 5-Methoxy-9b-vinyl-1,3a,9a,9b-
  tetrahydro-2*H*- 663
Phenanthro[9,10-*c*]furan-1-on
—, 3-Acetoxy-3-[1]naphthyl-3*H*- 864
Phenanthro[4,5-*cde*]oxepin-4-on
—, 6-Äthoxy-6*H*- 790
—, 6-Äthylmercapto-6*H*- 790
—, 6-Methoxy-6*H*- 790
Phenol
—, 4-Acetyl-2-xanthen-9-yl- 837
—, 2-[3-Amino-2*H*-chromen-2-yl]- 630
—, 2-[3-Imino-chroman-2-yl]- 630
Phenolhomophthalein 718
  — monoacetat 719
o-**Phenylendiamin**
—, *N,N'*-Bis-[2-hydroxy-phenacyliden]- 155
Phosphorsäure
  — diäthylester-[6-chlor-4-methyl-2-
    oxo-2*H*-chromen-7-ylester] 345
  — diäthylester-[2-chlor-6-oxo-
    7,8,9,10-tetrahydro-6*H*-benzo[*c*]-
    chromen-3-ylester] 514
  — diäthylester-[2-oxo-
    2*H*-chromen-2-ylester] 290
  — diäthylester-[4-oxo-2-phenyl-
    4*H*-chromen-7-ylester] 698
  — diäthylester-[6-oxo-7,8,9,10-
    tetrahydro-6*H*-benzo[*c*]chromen-3-
    ylester] 513
  — [4,4-dimethyl-2-oxo-
    tetrahydro-[3]furylester]-
    diphenylester 27
  — [4,4-dimethyl-2-oxo-
    tetrahydro-[3]furylester]-
    phenylester 27
  — mono-[4,4-dimethyl-2-oxo-
    tetrahydro-[3]furylester] 27
  — mono-[9-oxo-xanthen-2-ylester]
    601
Phthalamidsäure
—, *N*-[5-Methansulfonyl-[2]thienyl]-
  49
—, *N*-[5-Methansulfonyl-3*H*-[2]-
  thienyliden]- 49
Phthalid
—, 3-Acetoxy- 160
—, 4-Acetoxy- 164
—, 5-Acetoxy- 164
—, 7-Acetoxy- 166
—, 3-[α-Acetoxy-benzyl]- 646
—, 6-Acetoxy-7-chlor- 165
—, 3-Acetoxy-3-[6-chlor-[1]naphthyl]-
  812
—, 3-Acetoxy-3-[7-chlor-[1]naphthyl]-
  813
—, 6-Acetoxy-7-chlor-3-
  trichlormethyl- 176
—, 6-Acetoxy-3,3-dimethyl- 195
—, 7-Acetoxy-3,4-diphenyl- 832
—, 3-Acetoxy-3-methyl- 174
—, 7-Acetoxy-3-methyl- 175
—, 3-Acetoxy-5-methyl-3-[2]naphthyl-
  817
—, 3-Acetoxy-6-methyl-3-[1]naphthyl-
  817
—, 3-Acetoxy-6-methyl-3-[2]naphthyl-
  817
—, 4-Acetoxy-5-methyl-3-
  trichlormethyl- 196
—, 4-Acetoxy-6-methyl-3-
  trichlormethyl- 196
—, 6-Acetoxy-4-methyl-3-
  trichlormethyl- 197
—, 6-Acetoxy-5-methyl-3-
  trichlormethyl- 196
—, 3-Acetoxy-3-phenyl- 611
—, 3-[2-Acetoxy-phenyl]-3-phenyl-
  830
—, 5-Acetoxy-3,3,6-trimethyl- 214
—, 3-Äthoxy- 156
—, 4-Äthoxy- 163
—, 5-Äthoxy- 164
—, 6-Äthoxy- 165
—, 3-Äthoxy-3-benzyl- 644
—, [4-Äthoxy-benzyliden]- 728
—, 3-Äthoxy-3-brommethyl- 174
—, 3-[1-Äthoxycarbonyl-äthoxy]- 161
—, 6-Äthoxy-5-methyl- 179
—, 3-Äthoxy-3-nitromethyl- 175
—, 3-Äthoxy-3-phenyl- 610
—, 3-Äthyl-3-benzoyloxy- 193
—, 3-Äthyl-7-hydroxy- 194
—, 3-Äthyliden-4-methoxy- 365
—, 3-Äthyl-3-methoxy- 193
—, 3-Äthyl-4-methoxy- 194
—, 3-Äthyl-4,5,6,7-tetrachlor-3-
  propionyloxy- 194
—, 3-Allyloxy- 157
—, 3-[4-Amino-phenylmercapto]- 163
—, 3-[2-Benzoyl-benzoyloxy]-3-
  phenyl- 611
—, 3-Benzoyloxy- 161
—, 4-Benzoyloxy-3,7-bis-[4-chlor-
  phenyl]- 832
—, 7-Benzoyloxy-3,4-bis-[4-chlor-
  phenyl]- 832
—, 7-Benzoyloxy-3,4-diphenyl- 832
—, 4-Benzoyloxy-5-methyl-3-
  trichlormethyl- 196

Phthalid *(Fortsetzung)*
—, 6-Benzoyloxy-5-methyl-3-trichlormethyl- 196
—, 3-Benzyl-3-isopropoxy- 645
—, 3-Benzyl-3-methoxy- 644
—, 3-Benzyloxy- 158
—, 3-Benzyl-3-propoxy- 645
—, 3-Biphenyl-4-yl-3-methoxy- 830
—, 3-[2-Biphenyl-2-yloxy-äthoxy]- 158
—, 3,4-Bis-[4-chlor-phenyl]-7-hydroxy- 832
—, 5-Brom-3-[4-brom-phenyl]-3-methoxy- 612
—, 3-[5-Brom-2-hydroxy-phenyl]-3-phenyl- 831
—, 5-Brom-3-methoxy-3-phenyl- 612
—, 3-Brommethyl-3-methoxy- 174
—, 3-Butoxy- 156
—, 3-sec-Butoxy- 156
—, 3-tert-Butoxy- 157
—, 3-[β-Butoxy-isopropoxy]- 158
—, 3-tert-Butoxy-3-phenyl- 610
—, 3-Butylmercapto- 162
—, 3-sec-Butylmercapto- 162
—, 3-Carbamoylmethoxy- 161
—, 3-[2-Chlor-äthoxy]- 156
—, 4-Chlor-7-hydroxy- 166
—, 7-Chlor-6-hydroxy- 165
—, 4-Chlor-7-hydroxy-3-methyl- 176
—, 7-Chlor-6-hydroxy-3-trichlormethyl- 176
—, 4-Chlor-7-methoxy- 166
—, 7-Chlor-6-methoxy- 165
—, 4-Chlor-7-methoxy-3-methyl- 176
—, 7-Chlormethyl-4-methoxy- 178
—, 7-Chlormethyl-6-methoxy- 177
—, 4-Chlormethyl-7-methoxy-6-methyl- 198
—, 5-Chlormethyl-4-methoxy-6-methyl- 198
—, 7-Chlormethyl-4-methoxy-6-methyl- 197
—, 7-Chlormethyl-6-methoxy-4-methyl- 198
—, 3-[4-Chlor-phenoxy]- 158
—, 3-[4-Chlor-phenylmercapto]- 162
—, 3-[2-Cyan-äthoxy]- 161
—, 3-Cyclohexyloxy- 157
—, 3-Cyclohexyloxy-3-phenyl- 610
—, 5,7-Dibrom-4-hydroxy- 164
—, 5,7-Dibrom-6-hydroxy-3,3-dimethyl- 195
—, 5,7-Dibrom-4-hydroxy-6-methyl-3-trichlormethyl- 196
—, 5,7-Dibrom-6-hydroxy-4-methyl-3-trichlormethyl- 197
—, 3-[3,5-Dibrom-4-hydroxy-phenyl]-3-phenyl- 831

—, 3-Dibrommethyl-3-methoxy- 174
—, 3-[2,4-Dimethyl-phenyl]-3-methoxy- 661
—, 3-[2,4-Dimethyl-phenyl]-3-methoxy-4,7-dimethyl- 673
—, 3-Dodecylmercapto- 162
—, 3-Glucopyranosyloxy- 161
—, 3-Hexadecyloxy- 157
—, 3-Hexanoyloxy- 161
—, 4-Hydroxy- 163
—, 5-Hydroxy- 164
—, 6-Hydroxy- 165
—, 7-Hydroxy- 165
—, 3-[1-Hydroxy-äthyl]- 194
—, 3-[1-Hydroxy-äthyl]-3-phenyl- 661
—, 3-[α-Hydroxy-benzyl]- 645
—, 3-[α-Hydroxy-benzyl]-3-methyl- 661
—, 3-[2-Hydroxy-biphenyl-x-yl]-3-phenyl- 862
—, 3-[4-Hydroxy-biphenyl-x-yl]-3-phenyl- 862
—, 6-Hydroxy-3,3-dimethyl- 195
—, 7-Hydroxy-3,4-dimethyl- 197
—, 7-Hydroxy-4,6-dimethyl- 198
—, 7-Hydroxy-3,4-diphenyl- 832
—, 3-[4-Hydroxy-2-isopropyl-5-methyl-phenyl]-3-phenyl- 839
—, 3-[4-Hydroxy-5-isopropyl-2-methyl-phenyl]-3-phenyl- 839
—, 4-Hydroxymethyl- 177
—, 4-Hydroxy-3-methyl- 177
—, 4-Hydroxy-5-methyl- 178
—, 4-Hydroxy-7-methyl- 178
—, 5-Hydroxy-3-methyl- 176
—, 5-Hydroxy-6-methyl- 179
—, 6-Hydroxy-3-methyl- 176
—, 6-Hydroxy-5-methyl- 178
—, 7-Hydroxy-3-methyl- 175
—, 7-Hydroxy-6-methyl- 179
—, 7-Hydroxy-3-methyl-4,6-dinitro- 176
—, 3-Hydroxymethyl-3-methyl- 195
—, 3-Hydroxymethyl-3-phenyl- 646
—, 3-[2-Hydroxy-5-methyl-phenyl]- 646
—, 3-[4-Hydroxy-2-methyl-phenyl]-3-phenyl- 836
—, 3-[4-Hydroxy-3-methyl-phenyl]-3-phenyl- 836
—, 4-Hydroxy-5-methyl-3-trichlormethyl- 196
—, 4-Hydroxy-6-methyl-3-trichlormethyl- 196
—, 6-Hydroxy-4-methyl-3-trichlormethyl- 197
—, 6-Hydroxy-5-methyl-3-trichlormethyl- 196

Phthalid *(Fortsetzung)*
—, 3-[2-Hydroxy-[1]naphthyl]-3-phenyl- 860
—, 3-[4-Hydroxy-[1]naphthyl]-3-phenyl- 860
—, 3-[2-Hydroxy-phenyl]- 613
—, 3-[4-Hydroxy-phenyl]- 613
—, 3-[2-Hydroxy-phenyl]-3-phenyl- 830
—, 3-[4-Hydroxy-phenyl]-3-phenyl- 831
—, 5-Hydroxy-3,3,6-trimethyl- 214
—, 3-Isobutoxy- 157
—, 3-Isopropoxy- 156
—, 3-Isopropoxy-3-phenyl- 610
—, 7-Jod-6-methoxy-5-methyl- 179
—, 3-p-Menthan-3-yloxy-3-phenyl- 611
—, 3-Menthyloxy-3-phenyl- 611
—, 3-Methoxy- 156
—, 4-Methoxy- 163
—, 5-Methoxy- 164
—, 6-Methoxy- 165
—, 7-Methoxy- 166
—, 3-[4-Methoxy-benzyl]- 645
—, [2-Methoxy-benzyliden]- 727
—, [4-Methoxy-benzyliden]- 728
—, 3-[4-Methoxy-benzyliden]-6-nitro- 728
—, 3-[2-Methoxy-biphenyl-x-yl]-3-phenyl- 862
—, 3-[4-Methoxy-biphenyl-x-yl]-3-phenyl- 862
—, 3-Methoxy-3,7-dimethyl- 195
—, 6-Methoxy-3,3-dimethyl- 195
—, 7-Methoxy-4,6-dimethyl- 198
—, 3-Methoxy-4,7-dimethyl-3-phenyl- 661
—, 7-Methoxy-3,4-diphenyl- 832
—, 3-[β-Methoxy-isopropoxy]- 158
—, 4-Methoxy-3-methyl- 177
—, 4-Methoxy-5-methyl- 178
—, 4-Methoxy-6-methyl- 180
—, 4-Methoxy-7-methyl- 178
—, 5-Methoxy-6-methyl- 179
—, 6-Methoxy-4-methyl- 177
—, 6-Methoxy-5-methyl- 178
—, 7-Methoxy-3-methyl- 175
—, 7-Methoxy-6-methyl- 179
—, Methoxymethylen- 307
—, 6-Methoxy-5-methyl-7-nitro- 179
—, 3-Methoxy-4-methyl-3-phenyl- 647
—, 3-Methoxy-7-methyl-3-phenyl- 647
—, 3-Methoxy-7-methyl-3-o-tolyl- 661
—, 4-Methoxy-6-methyl-3-trichlormethyl- 196
—, 4-Methoxy-7-methyl-3-trichlormethyl- 195
—, 6-Methoxy-4-methyl-3-trichlormethyl- 197

—, 6-Methoxy-5-methyl-3-trichlormethyl- 196
—, 3-[2-Methoxy-[1]naphthyl]- 813
—, 3-[4-Methoxy-[1]naphthyl]-3-methyl- 817
—, 3-[2-Methoxy-[1]naphthyl]-3-phenyl- 860
—, 3-[4-Methoxy-[1]naphthyl]-3-phenyl- 861
—, 6-Methoxy-4-nitro- 165
—, 3-Methoxy-3-nitromethyl- 174
—, 5-Methoxy-3-nitromethyl- 177
—, 6-Methoxy-3-nitromethyl- 176
—, 3-Methoxy-3-phenyl- 610
—, 3-[4-Methoxy-phenyl]- 613
—, 3-[2-Methoxy-phenyl]-3-phenyl- 830
—, 3-[3-Methoxy-phenyl]-3-phenyl- 831
—, 3-[4-Methoxy-phenyl]-3-phenyl- 831
—, 3-Methoxy-3-o-tolyl- 646
—, 6-Methoxy-3-trichlormethyl- 176
—, 3-Methoxy-3,6,7-trimethyl- 215
—, 5-Methoxy-3,3,6-trimethyl- 214
—, 3-[4-Nitro-benzolsulfonyl]- 163
—, 3-[β-Nitro-isobutoxy]- 157
—, 3-[4-Nitro-phenylmercapto]- 162
—, 6-Nitro-3-salicyliden- 728
—, 3-Octadecylmercapto- 162
—, 3-Octyloxy- 157
—, 3,3'-Oxy-di- 161
—, 3-[2-Phenoxy-äthoxy]- 158
—, 3-Phenoxy-3-phenyl- 611
—, 3-Phenylmercapto- 162
—, 3-Prop-2-inyloxy- 157
—, 3-Propionyloxy- 160
—, 3-Propoxy- 156
—, 3-Sufanilyl- 163
—, 3-Tetradecyloxy- 157
—, 3-[1,1,2,2-Tetramethyl-butylmercapto]- 162
—, 3-p-Tolyloxy- 158
—, 3-[2,2,2-Trichlor-1,1-dimethyl-äthyloxy]- 157

Phthalsäure
— mono-[4,4-dimethyl-2-oxo-tetrahydro-[3]furylester] 25
— mono-[2-oxo-2a,5,5a,6,8a,8b-hexahydro-2H-naphtho[1,8-bc]furan-6-ylester] 216

Picrotoxinid
—, Tetrahydrodesoxy- 127
Pilopalkohol 32
Piloselin 294
Podocarpan-13-carbonsäure
—, 3-Acetoxy-14-brom-8-hydroxy-13-methyl-,
— lacton 151

Potasan 343
Pregna-5,20-dien-21-carbonsäure
—, 3,17-Dihydroxy-,
— 17-lacton 548
Pregna-7,9(11)-dien-20-on
—, 3-Acetoxy-16,17-epoxy- 546
Pregnan
—, 18,20-Epoxy-3,3,20-trimethoxy- 252
Pregnan-21-carbonsäure
—, 3-Acetoxy-17-hydroxy-,
— lacton 258
—, 3,17-Dihydroxy-,
— 17-lacton 258
Pregnan-11-on
—, 3-Acetoxy-17,20-epoxy- 252
—, 17,20-Epoxy-3-hydroxy- 251
—, 20,21-Epoxy-3-hydroxy- 251
—, 3,9-Epoxy-21-hydroxy-20-methyl-21,21-diphenyl- 839
Pregnan-20-on
—, 3-Acetoxy-21-brom-16,17-epoxy- 257
—, 3-Acetoxy-5,6-dichlor-16,17-epoxy- 257
—, 3-Acetoxy-5,6-epoxy- 253
— oxim 254
—, 3-Acetoxy-9,11-epoxy- 254
—, 3-Acetoxy-14,15-epoxy- 254
—, 3-Acetoxy-16,17-epoxy- 256
—, 3-Acetoxy-5,6-epoxy-16-methyl- 261
—, 16-Brom-3,17-dihydroxy- 255
—, 5,6-Dichlor-16,17-epoxy-3-hydroxy- 257
—, 5,6-Epoxy-3-hydroxy- 252
—, 9,11-Epoxy-3-hydroxy- 254
—, 16,17-Epoxy-3-hydroxy- 254
Pregnan-18-säure
—, 3-Acetoxy-20-hydroxy-,
— lacton 252
Pregnan-21-säure
—, 3-Acetoxy-12-hydroxy-20-methyl-,
— lacton 262
—, 3-Acetoxy-16-hydroxy-20-methyl-,
— lacton 259
—, 3-Benzoyloxy-16-hydroxy-20-methyl-,
— lacton 261
—, 3,12-Dihydroxy-20-methyl-,
— 12-lacton 262
—, 3,16-Dihydroxy-20-methyl-,
— 16-lacton 258
—, 16-Hydroxy-20-methyl-3-propionyloxy-,
— lacton 261
—, 16-Hydroxy-20-methyl-3-[toluol-4-sulfonyloxy]-,
— lacton 261

Pregn-5-en-16-carbonsäure
—, 3-Acetoxy-20-hydroxy-,
— lacton 470
—, 3,20-Dihydroxy-,
— 20-lacton 470
Pregn-5-en-21-carbonsäure
—, 3,17-Dihydroxy-,
— 17-lacton 470
Pregn-20-en-21-carbonsäure
—, 3-Acetoxy-17-hydroxy-,
— lacton 470
Pregn-4-en-3-on
—, 20-Acetoxy-16,17-epoxy- 466
—, 21-Acetoxy-17,20-epoxy- 464
—, 16,17-Epoxy-20-hydroxy- 466
—, 20,21-Epoxy-17-hydroxy- 464
Pregn-5-en-20-on
—, 3-Acetoxy-16,17-epoxy- 467
—, 3-Acetoxy-16,17-epoxy-6-methyl- 471
—, 3-Acetoxy-21-furfuryliden- 684
—, 16,17-Epoxy-3-formyloxy- 467
—, 16,17-Epoxy-3-hydroxy- 466
— [2,4-dinitro-phenylhydrazon] 467
—, 16,17-Epoxy-3-hydroxy-6-methyl- 471
—, 16,17-Epoxy-3-methoxy- 467
—, 21-Furfuryliden-3-hydroxy- 684
—, 3-Hydroxy-21-[2]thienylmethylen- 684
Pregn-7-en-20-on
—, 3-Acetoxy-9,11-epoxy- 465
—, 3-Acetoxy-16,17-epoxy- 468
—, 16,17-Epoxy-3-hydroxy- 468
Pregn-9(11)-en-20-on
—, 3-Acetoxy-16,17-epoxy- 468
—, 5-Brom-16,17-epoxy-6-fluor-3-hydroxy- 468
Pregn-16-en-20-on
—, 3-Acetoxy-14,15-epoxy- 465
Pregn-5-en-21-säure
—, 3-Acetoxy-16-hydroxy-20-methyl-6-nitro-,
— lacton 471
Pregn-17(20)-en-21-säure
—, 3-Acetoxy-16-hydroxy-20-methyl-,
— lacton 470
Primuletin 688
Prochamazulenogen 234
Propan
—, 1,3-Bis-[2-oxo-2H-chromen-7-yloxy]- 297
—, 1,2-Bis-phthalidyloxy- 158
—, 1,3-Bis-phthalidyloxy-2,2-bis-phthalidyloxymethyl- 160
—, 2,2-Dimethyl-1,3-bis-phthalidyloxy- 159
—, 2-Methyl-1,2-bis-phthalidyloxy- 159
—, 1,1,3-Triäthoxy-3-[2]furyl- 114
—, 1,2,3-Tris-phthalidyloxy- 160

Propan-1,3-dion
—, 1-[2-Hydroxy-4-methoxy-phenyl]-2-methyl- 323
Propan-1-on
—, 1-[6-Acetoxy-2-brom-3-methyl-benzofuran-7-yl]-2,3-dibrom-3-phenyl- 779
—, 1-[6-Acetoxy-3-methyl-benzofuran-2-yl]- 412
—, 3-[3-Acetylamino-4-methoxy-benzolsulfonyl]-1-dibenzothiophen-3-yl-3-phenyl- 838
—, 3-[2-Acetylamino-phenylmercapto]-3-phenyl-1-[2]thienyl- 508
—, 3-[2-Amino-phenylmercapto]-3-phenyl-1-[2]thienyl- 507
—, 3-[Benzo[b]thiophen-3-yl]-3-hydroxy-1-phenyl- 771
—, 1-Biphenyl-4-yl-2,3-epoxy-3-[4-methoxy-phenyl]- 835
—, 1-Dibenzothiophen-3-yl-3-phenyl-3-[toluol-4-sulfonyl]- 838
—, 2,3-Epoxy-1-mesityl-3-[2-methoxy-phenyl]- 672
—, 2,3-Epoxy-1-[2-methoxy-5-methyl-phenyl]-3-phenyl- 652
—, 2,3-Epoxy-3-[4-methoxy-phenyl]-1-[2]naphthyl- 814
—, 2,3-Epoxy-1-[4-methoxy-phenyl]-3-[2-nitro-phenyl]- 629
—, 2,3-Epoxy-1-[4-methoxy-phenyl]-3-[4-nitro-phenyl]- 629
—, 2,3-Epoxy-1-[2-methoxy-phenyl]-3-phenyl- 628
—, 2,3-Epoxy-1-[4-methoxy-phenyl]-3-phenyl- 629
—, 2,3-Epoxy-3-[4-methoxy-phenyl]-1-phenyl- 629
—, 2,3-Epoxy-3-[4-methoxy-phenyl]-1-p-tolyl- 652
—, 1-[2]Furyl-3-hydroxy-2,2-dimethyl-3,3-diphenyl- 808
— semicarbazon 808
—, 3-[2]Furyl-1-phenyl-3-[toluol-4-sulfonyl]- 508
—, 3-[2]Furyl-1-phenyl-3-p-tolylmercapto- 508
—, 1-[3-Hydroxy-benzo[b]thiophen-2-yl]- 386
—, 1-[5-Hydroxy-2,2-dimethyl-chroman-6-yl]-3-phenyl- 679
— [2,4-dinitro-phenylhydrazon] 680
—, 1-[6-Hydroxy-3-methyl-benzofuran-2-yl]- 412
— semicarbazon 412
—, 1-[6-Hydroxy-3-methyl-benzofuran-7-yl]- 412
—, 1-[2-Methoxy-dibenzofuran-3-yl]- 649

—, 1-[6-Methoxy-3-methyl-benzofuran-2-yl]- 412
Propan-2-on s. Aceton
Propan-2-thion
—, 1-[4-Mercapto-[2]thienyl]- 113
Propenon
—, 1-[6-Acetoxy-2-brom-3-methyl-benzofuran-7-yl]-3-phenyl- 805
—, 3-[2-Äthyl-benzofuran-3-yl]-1-[5-isopropyl-4-methoxy-2-methyl-phenyl]- 809
—, 1-Benzofuran-2-yl-3-[5-brom-2-methoxy-phenyl]- 798
—, 1-Benzofuran-2-yl-3-[2-hydroxy-phenyl]- 797
—, 1-Benzofuran-2-yl-3-[3-hydroxy-phenyl]- 798
—, 1-Benzofuran-2-yl-3-[2-methoxy-phenyl]- 798
—, 1-Benzofuran-2-yl-3-[4-methoxy-phenyl]- 798
—, 1-[6-Benzoyloxy-3-methyl-benzofuran-7-yl]-3-phenyl- 805
—, 1-[2-Brom-6-hydroxy-3-methyl-benzofuran-7-yl]-3-phenyl- 805
—, 1-[5-Brom-2-hydroxy-phenyl]-3-[2]furyl- 571
—, 1-[5-Brom-[2]thienyl]-3-[2-methoxy-phenyl]- 573
—, 1-[5-Brom-[2]thienyl]-3-[4-methoxy-phenyl]- 574
— thiosemicarbazon 574
—, 1-[5-Chlor-benzofuran-2-yl]-3-[5-chlor-2-hydroxy-phenyl]- 798
—, 1-[3'-Chlor-4'-methoxy-biphenyl-4-yl]-3-[2]furyl- 813
—, 1-[3'-Chlor-4'-methoxy-biphenyl-4-yl]-3-[2]thienyl- 813
—, 1-[2-Chlor-4-methoxy-5-methyl-phenyl]-3-[2]furyl- 576
—, 1-[5-Chlor-6-methoxy-[2]naphthyl]-3-[2]furyl- 797
—, 1-[3-Chlor-4-methoxy-phenyl]-3-[5-methyl-[2]thienyl]- 577
—, 1-[3-Chlor-4-methoxy-phenyl]-3-[2]thienyl- 572
—, 1-[3-Chlor-4-methylmercapto-phenyl]-3-[5-chlor-[2]thienyl]- 573
—, 1-[3-Chlor-4-methylmercapto-phenyl]-3-[2]thienyl- 572
—, 1-[2,5-Dimethyl-[3]furyl]-3-[5-isopropyl-4-methoxy-2-methyl-phenyl]- 588
—, 3-[2]Furyl-1-[4-glucopyranosyloxy-phenyl]- 572
—, 3-[2]Furyl-1-[2-hydroxy-5-methyl-phenyl]- 576
—, 1-[2]Furyl-3-[3-hydroxy-phenyl]- 573

Propenon *(Fortsetzung)*
—, 3-[2]Furyl-1-[2-hydroxy-phenyl]- 571
—, 3-[2]Furyl-1-[4-hydroxy-phenyl]- 571
—, 3-[2]Furyl-1-[4-methoxy-[1]naphthyl]- 797
—, 3-[2]Furyl-1-[6-methoxy-[2]naphthyl]- 797
—, 1-[2]Furyl-3-[2-methoxy-phenyl]- 573
—, 1-[2]Furyl-3-[4-methoxy-phenyl]- 574
—, 3-[2]Furyl-1-[3-methoxy-phenyl]- 571
— [2,4-dinitro-phenylhydrazon] 571
—, 3-[2]Furyl-1-[4-methoxy-phenyl]- 572
—, 1-[5-Hydroxy-2,2-dimethyl-2H-chromen-6-yl]-3-phenyl- 807
— hydrazon 807
—, 3-[4-Hydroxy-5-isopropyl-2-methyl-phenyl]-1-[2]thienyl- 584
—, 1-[3-Hydroxy-5-methyl-benzofuran-2-yl]-3-phenyl- 804
—, 1-[6-Hydroxy-3-methyl-benzofuran-7-yl]-3-phenyl- 805
—, 3-[3-Hydroxy-phenyl]-1-[2]thienyl- 573
—, 3-[5-Isopropyl-4-methoxy-2-methyl-phenyl]-1-[2]thienyl- 585
—, 1-[4'-Methoxy-biphenyl-4-yl]-3-[2]thienyl- 813
—, 3-[4-Methoxy-phenyl]-1-[6-methyl-tetrahydro-pyran-2-yl]- 443
—, 1-[4-Methoxy-phenyl]-3-[2]thienyl- 572
—, 3-[2-Methoxy-phenyl]-1-[2]thienyl- 573
—, 3-[4-Methoxy-phenyl]-1-[2]thienyl- 574
— thiosemicarbazon 574
—, 1-[5-Methyl-[2]thienyl]-3-[4-phenylmercapto-phenyl]- 577
—, 1-[4-Phenylmercapto-phenyl]-3-[2]thienyl- 572
— thiosemicarbazon 572
—, 3-[4-Phenylmercapto-phenyl]-1-[2]thienyl- 574

Propionaldehyd
—, 3-Äthoxy-2-äthyl-3-[2]furyl- 119
—, 3-Äthoxy-3-[2]furyl-,
— diäthylacetal 114

Propionitril
—, 3-Phthalidyloxy- 161

Propionsäure
— phthalidylester 160
—, 2-[7-Acetoxy-6-brom-1-hydroxy-5,8-dimethyl-1,2,3,4-tetrahydro-[2]naphthyl]-,
— lacton 456

—, 2-[7-Acetoxy-6-brom-1-hydroxy-5-methyl-1,2,3,4-tetrahydro-[2]naphthyl]-,
— lacton 442
—, 3-[4-(3-Acetoxy-driman-11-yloxy)-2-hydroxy-phenyl]-,
— lacton 168
—, 2-[2-(α-Acetoxy-α-hydroxy-benzyl)-phenyl]-2-methyl-,
— lacton 669
—, 2-[3-Acetoxy-2-hydroxy-cyclohexa-1,3-dienyl]-,
— lacton 140
—, 2-[3-Acetoxy-2-hydroxy-cyclohex-3-enyl]-,
— lacton 120
—, 2-Acetoxy-3-[6-hydroxy-cyclohex-3-enyl]-,
— lacton 120
—, 2-[3-Acetoxy-2-hydroxy-cyclohex-2-enyliden]-,
— lacton 140
—, 2-Acetoxy-3-[2-hydroxy-cyclohexyl]-,
— lacton 68
—, 2-[4-Acetoxy-6-hydroxy-3a,8-dimethyl-decahydro-azulen-5-yl]-,
— lacton 128
—, 2-[6-Acetoxy-4-hydroxy-3,8-dimethyl-decahydro-azulen-5-yl]-,
— lacton 129
—, 2-[6-Acetoxy-4-hydroxy-3a,8-dimethyl-decahydro-azulen-5-yl]-,
— lacton 129
—, 2-[7-Acetoxy-1-hydroxy-4a,8-dimethyl-decahydro-[2]naphthyl]-,
— lacton 135
—, 2-[7-Acetoxy-3-hydroxy-4a,8-dimethyl-decahydro-[2]naphthyl]-,
— lacton 131
—, 2-[7-Acetoxy-1-hydroxy-4a,8-dimethyl-4,4a-dihydro-3H-[2]naphthyliden]-,
— lacton 528
—, 2-[7-Acetoxy-1-hydroxy-5,8-dimethyl-3,4-dihydro-1H-[2]naphthyliden]-,
— lacton 529
—, 2-[7-Acetoxy-1-hydroxy-4a,8-dimethyl-1,4,4a,5,6,7-hexahydro-[2]naphthyl]-,
— lacton 236
—, 2-[7-Acetoxy-1-hydroxy-5,8-dimethyl-6-nitro-1,2,3,4-tetrahydro-[2]naphthyl]-,
— lacton 457
—, 2-[1a-Acetoxy-6b-hydroxy-1,6-dimethyl-octahydro-3,6-cyclo-cyclobut[cd]inden-3a-yl]-,
— lacton 236

Propionsäure *(Fortsetzung)*
—, 2-[3-Acetoxy-1-hydroxy-5,8-dimethyl-1,2,3,4-tetrahydro-[2]naphthyl]-,
— lacton 451
—, 2-[5-Acetoxy-3-hydroxy-6,8-dimethyl-1,2,3,4-tetrahydro-[2]naphthyl]-,
— lacton 450
—, 2-[5-Acetoxy-3-hydroxy-7,8-dimethyl-1,2,3,4-tetrahydro-[2]naphthyl]-,
— lacton 448
—, 2-[7-Acetoxy-1-hydroxy-5,8-dimethyl-1,2,3,4-tetrahydro-[2]naphthyl]-,
— lacton 454
—, 2-[7-Acetoxy-1-hydroxy-4a,8-dimethyl-4,4a,5,6-tetrahydro-3H-[2]naphthyliden]-,
— lacton 451
—, 2-[6-Acetoxy-2-hydroxy-3-isopropenyl-4-methyl-4-vinyl-cyclohexyl]-,
— lacton 143
—, 3-[2-Acetoxy-6-hydroxy-4-methyl-phenyl]-3-phenyl-,
— lacton 659
—, 2-[7-Acetoxy-1-hydroxy-5-methyl-1,2,3,4-tetrahydro-[2]naphthyl]-,
— lacton 442
—, 3-[7-Acetoxy-2-hydroxy-2-methyl-1,2,3,4-tetrahydro-[1]phenanthryl]-,
— lacton 675
—, 2-[4-Acetoxy-1-hydroxy-[2]naphthyl]-2-methyl-,
— lacton 579
—, 3-[4-Acetoxy-2-hydroxy-phenyl]-,
— lacton 168
—, 3-[5-Acetoxy-2-hydroxy-phenyl]-2-dodecyl-,
— lacton 251
—, 3-[5-Acetoxy-2-hydroxy-phenyl]-2-isopentyl-,
— lacton 232
—, 2-Acetoxy-2-[2-hydroxy-phenyl]-3-phenyl-,
— lacton 644
—, 3-[4-Acetoxy-2-hydroxy-phenyl]-3-phenyl-,
— lacton 642
—, 3-[5-Acetoxy-2-hydroxy-phenyl]-3-phenyl-,
— lacton 641
—, 3-[3-Acetoxy-6-hydroxy-2,4,5-trimethyl-phenyl]-,
— lacton 223
—, 2-[3-Acetoxy-6-hydroxy-2,4,5-trimethyl-phenyl]-3-phenyl-,
— lacton 673

—, 3-[N-Acetyl-sulfanilyl]-3-[2-hydroxy-phenyl]-,
— lacton 166
—, 2-[4-Äthyl-2,6-dihydroxy-3-isopropyl-4-methyl-cyclohexyl]-,
— 2-lacton 80
—, 2-[3-Äthyl-2,4-dihydroxy-5-methyl-phenyl]-,
— 2-lacton 224
—, 2-Äthyl-3-[2,5-dihydroxy-phenyl]-,
— 2-lacton 209
—, 2-[1a-Benzoyloxy-6b-hydroxy-1,6-dimethyl-octahydro-3,6-cyclo-cyclobut[cd]inden-3a-yl]-,
— lacton 236
—, 2-[5-Benzoyloxy-3-hydroxy-6,8-dimethyl-1,2,3,4-tetrahydro-[2]naphthyl]-,
— lacton 450
—, 2-[6-Benzoyloxy-2-hydroxy-3-isopropenyl-4-methyl-4-vinyl-cyclohexyl]-,
— lacton 143
—, 3-[4-Benzoyloxy-2-hydroxy-phenyl]-3-phenyl-,
— lacton 642
—, 3-Benzylmercapto-3-[2-hydroxy-5-methyl-phenyl]-,
— lacton 188
—, 3-[4-Benzyloxy-2-hydroxy-phenyl]-,
— lacton 168
—, 2-[6-Brom-1,7-dihydroxy-4a,8-dimethyl-decahydro-[2]naphthyl]-,
— 1-lacton 136
—, 3-[2-Brom-3,6-dihydroxy-4,5-dimethyl-phenyl]-,
— 6-lacton 213
—, 2-[6-Brom-1,7-dihydroxy-5,8-dimethyl-1,2,3,4-tetrahydro-[2]naphthyl]-,
— 1-lacton 455
—, 2-[6-Brom-1,7-dihydroxy-5-methyl-1,2,3,4-tetrahydro-[2]naphthyl]-,
— 1-lacton 442
—, 2-[3-(1-Cyan-1-methyl-äthoxy)-6-hydroxy-2,5-dimethyl-phenyl]-2-methyl-,
— lacton 224
—, 2-[3-(1-Cyan-1-methyl-äthoxy)-6-hydroxy-2-isopropyl-5-methyl-phenyl]-2-methyl-,
— lacton 233
—, 2-[3-(1-Cyan-1-methyl-äthoxy)-6-hydroxy-5-isopropyl-2-methyl-phenyl]-2-methyl-,
— lacton 233
—, 3-[2,4-Dibrom-3,6-dihydroxy-phenyl]-,
— 6-lacton 167

Propionsäure *(Fortsetzung)*
—, 3-[3,5-Dibrom-2,4-dihydroxy-phenyl]-,
— 2-lacton 168
—, 2-[2,3-Dihydroxy-cyclohexyl]-,
— 2-lacton 68
—, 2-[1,2-Dihydroxy-cyclohexyl]-2-methyl-,
— 2-lacton 72
—, 2-[7,10-Dihydroxy-4,8-dimethyl-cyclodec-4-enyl]-,
— 10-lacton 127
—, 2-[2,5-Dihydroxy-4,8-dimethyl-cyclodecyl]-,
— 2-lacton 80
—, 2-[2,10-Dihydroxy-4,8-dimethyl-cyclodecyl]-,
— lacton 79
—, 2-[4,6-Dihydroxy-3,8-dimethyl-decahydro-azulen-5-yl]-,
— 4-lacton 129
—, 2-[4,6-Dihydroxy-3a,8-dimethyl-decahydro-azulen-5-yl]-,
— 4-lacton 128
— 6-lacton 128
—, 2-[4,8-Dihydroxy-3,8-dimethyl-decahydro-azulen-5-yl]-,
— 4-lacton 130
—, 2-[1,3-Dihydroxy-4a,8-dimethyl-decahydro-[2]naphthyl]-,
— 1-lacton 132
—, 2-[1,7-Dihydroxy-4a,8-dimethyl-decahydro-[2]naphthyl]-,
— 1-lacton 133
—, 2-[3,7-Dihydroxy-4a,8-dimethyl-decahydro-[2]naphthyl]-,
— 3-lacton 131
—, 2-[1,7-Dihydroxy-5,8-dimethyl-3,4-dihydro-1*H*-[2]naphthyliden]-,
— 1-lacton 528
—, 2-[4,8-Dihydroxy-3,8-dimethyl-2,4,5,6,7,8-hexahydro-azulen-5-yl]-,
— 4-lacton 234
—, 2-[1,7-Dihydroxy-5,8-dimethyl-6-nitro-1,2,3,4-tetrahydro-[2]naphthyl]-,
— 1-lacton 456
—, 2-[4,8-Dihydroxy-3,8-dimethyl-1,2,4,5,6,7,8,8a-octahydro-azulen-5-yl]-,
— 4-lacton 144
—, 2-[3,4-Dihydroxy-3a,8-dimethyl-octahydro-azulen-5-yliden]-,
— 4-lacton 144
—, 2-[1,4-Dihydroxy-8,8a-dimethyl-octahydro-3a,8-cyclo-azulen-5-yl]-,
— 4-lacton 145
—, 2-[4,7-Dihydroxy-1,6-dimethyl-octahydro-1,5-cyclo-azulen-3a-yl]-,
— 4-lacton 146

—, 2-[1a,6b-Dihydroxy-1,6-dimethyl-octahydro-3,6-cyclo-cyclobut[*cd*]-inden-3a-yl]-,
— 6b-lacton 236
—, 2-[1,3-Dihydroxy-5,8-dimethyl-1,2,3,4-tetrahydro-[2]naphthyl]-,
— 1-lacton 451
—, 2-[1,7-Dihydroxy-5,8-dimethyl-1,2,3,4-tetrahydro-[2]naphthyl]-,
— 1-lacton 452
—, 2-[3,5-Dihydroxy-6,8-dimethyl-1,2,3,4-tetrahydro-[2]naphthyl]-,
— 3-lacton 449
—, 2-[3,5-Dihydroxy-7,8-dimethyl-1,2,3,4-tetrahydro-[2]naphthyl]-,
— 3-lacton 448
—, 3-[1,2-Dihydroxy-indan-1-yl]-,
— 2-lacton 416
—, 2-[2,6-Dihydroxy-3-isopropenyl-4-methyl-4-vinyl-cyclohexyl]-,
— 2-lacton 143
—, 2-[2,10-Dihydroxy-4-methyl-8-methylen-cyclodecyl]-,
— 10-lacton 127
—, 2-[2,3-Dihydroxy-4-methyl-phenyl]-,
— 2-lacton 192
—, 3-[2,5-Dihydroxy-3-methyl-phenyl]-,
— 2-lacton 188
—, 3-[2,4-Dihydroxy-3-(3-methyl-3-phenyl-butyl)-phenyl]-,
— 2-lacton 679
—, 3-[2,4-Dihydroxy-6-methyl-phenyl]-3-phenyl-,
— 2-lacton 658
—, 3-[2,6-Dihydroxy-4-methyl-phenyl]-3-phenyl-,
— lacton 659
—, 2-[1,7-Dihydroxy-5-methyl-1,2,3,4-tetrahydro-[2]naphthyl]-,
— 1-lacton 441
—, 3-[2,7-Dihydroxy-2-methyl-1,2,3,4-tetrahydro-[1]phenanthryl]-,
— 2-lacton 674
—, 2-[1,3-Dihydroxy-[2]naphthyl]-,
— 1-lacton 576
— 3-lacton 576
—, 3-[1,3-Dihydroxy-[2]naphthyl]-,
— 1-lacton 575
— 3-lacton 575
—, 3-[2,4-Dihydroxy-phenyl]-,
— 2-lacton 167
—, 3-[2,5-Dihydroxy-phenyl]-,
— 2-lacton 167
—, 3-[2,6-Dihydroxy-phenyl]-,
— lacton 167
—, 3-[2,4-Dihydroxy-phenyl]-2,3-diphenyl-,
— 2-lacton 836

Propionsäure *(Fortsetzung)*
—, 3-[2,5-Dihydroxy-phenyl]-2-dodecyl-,
— 2-lacton 251
—, [2,5-Dihydroxy-phenyl]-2-isopentyl-,
— 2-lacton 231
—, 3-[2,5-Dihydroxy-phenyl]-2-methyl-,
— 2-lacton 187
—, 3-[2,4-Dihydroxy-phenyl]-3-phenyl-,
— 2-lacton 642
—, 3-[2,5-Dihydroxy-phenyl]-3-phenyl-,
— 2-lacton 641
—, 3-[5,6-Dihydroxy-6,7,8,9-tetrahydro-5H-benzocyclohepten-5-yl]-,
— 5-lacton 441
—, 2-[1,7-Dihydroxy-1,2,3,4-tetrahydro-[2]naphthyl]-,
— 1-lacton 431
—, 2-[2,7-Dihydroxy-1,2,3,4-tetrahydro-[1]naphthyl]-,
— 2-lacton 431
—, 3-[1,2-Dihydroxy-2,5,5,8a-tetramethyl-decahydro[1]naphthyl]-,
— 1-lacton 138
—, 3-[2,5-Dihydroxy-3,4,6-trimethyl-phenyl]-,
— 2-lacton 223
—, 3-[2-Hydroxy-cyclohex-1-enyl]-3-[4-methoxy-phenyl]-,
— lacton 524
—, 2-[3-Hydroxy-6,8-dimethyl-5-phenylcarbamoyloxy-1,2,3,4-tetrahydro-[2]naphthyl]-,
— lacton 450
—, 2-[2-Hydroxy-10-(β-hydroxy-isobutyryloxy)-4,8-dimethyl-cyclodecyl]-,
— 2-lacton 79
—, 2-Hydroxy-2-[1-hydroxy-1,2,3,4-tetrahydro-[2]naphthyl]-,
— äthylester 431
—, 3-[4-Hydroxyimino-chroman-7-yloxy]- 172
—, 3-[2-Hydroxy-3-isopentyl-4-methoxy-phenyl]-,
— lacton 232
—, 3-[2-Hydroxy-5-isopentyl-4-methoxy-phenyl]-,
— lacton 232
—, 2-[1-Hydroxy-8-methoxy-5,7-dimethyl-3,4-dihydro-[2]naphthyl]-,
— lacton 528
—, 2-[1-Hydroxy-7-methoxy-4a,8-dimethyl-4,4a-dihydro-3H-[2]naphthyliden]-,
— lacton 528
—, 2-[1-Hydroxy-7-methoxy-5,8-dimethyl-3,4-dihydro-1H-[2]naphthyliden]-,
— lacton 529
—, 2-[3-Hydroxy-5-methoxy-6,8-dimethyl-1,2,3,4-tetrahydro-[2]naphthyl]-,
— lacton 449
—, 2-[1-Hydroxy-7-methoxy-4a,8-dimethyl-4,4a,5,6-tetrahydro-3H-[2]naphthyliden]-,
— lacton 451
—, 3-[2-Hydroxy-4-methoxy-5-methyl-phenyl]-,
— lacton 188
—, 3-[2-Hydroxy-6-methoxy-4-methyl-phenyl]-3-phenyl-,
— lacton 659
—, 3-[1-Hydroxy-7-methoxy-2-methyl-1,2,3,4-tetrahydro-[1]phenanthryl]-,
— lacton 674
—, 3-[2-Hydroxy-7-methoxy-2-methyl-1,2,3,4-tetrahydro-[1]phenanthryl]-,
— lacton 674
—, 3-[2-Hydroxy-3-methoxy-phenyl]-,
— lacton 168
—, 3-[2-Hydroxy-6-methoxy-phenyl]-,
— lacton 167
—, 3-[2-Hydroxy-4-methoxy-phenyl]-2,3-diphenyl-,
— lacton 836
—, 3-[2-Hydroxy-4-methoxy-phenyl]-3-phenyl-,
— lacton 642
—, 3-[2-Hydroxy-5-methoxy-phenyl]-3-phenyl-,
— lacton 641
—, 2-[1-Hydroxy-7-methoxy-1,2,3,4-tetrahydro-[2]naphthyl]-,
— lacton 431
—, 2-[2-Hydroxy-7-methoxy-1,2,3,4-tetrahydro-[1]naphthyl]-,
— lacton 432
—, 2-[2-Hydroxymethyl-3-methyl-5-(toluol-4-sulfonyloxy)-cyclopentyl]-,
— lacton 72
—, 3-[2-Hydroxy-4-methyl-phenyl]-3-[4-methoxy-phenyl]-,
— lacton 659
—, 3-[2-Hydroxy-5-methyl-phenyl]-3-[4-methoxy-phenyl]-,
— lacton 658
—, 3-[2-Hydroxy-5-methyl-phenyl]-3-phenylmercapto-,
— lacton 187
—, 3-[2-Hydroxy-5-methyl-phenyl]-3-o-tolylmercapto-,
— lacton 187
—, 3-[2-Hydroxy-5-methyl-phenyl]-3-p-tolylmercapto-,
— lacton 188

Propionsäure *(Fortsetzung)*
—, 3-[2-Hydroxy-2-methyl-7-propionyloxy-1,2,3,4-tetrahydro-[1]-phenanthryl]-,
— lacton 675
—, 3-[2-Hydroxy-phenyl]-3-[4-methoxy-phenyl]-,
— lacton 642
—, 3-[2-Hydroxy-phenyl]-3-phenylmercapto-,
— lacton 166
—, 3-[2-Hydroxy-phenyl]-3-o-tolylmercapto-,
— lacton 166
—, 3-[2-Hydroxy-phenyl]-3-p-tolylmercapto-,
— lacton 166
—, 3-[4-Oxo-chroman-7-yloxy]- 171
—, 3-[2-Oxo-2H-chromen-3-sulfonyl]- 286
— methylester 286
—, 3-[4-Oxo-3,4-dihydro-2H-benzo[h]-thiochromen-7-ylmercapto]- 575
—, 2-Phthalidyloxy-,
— äthylester 161
Protoglucal 60
Pseudosantonin
—, Acetyl-anhydro-tetrahydro- 144
Pseudosantonsäure
—, Hexahydro-anhydro- 132
Pseudosarsasapogenon 478
Pseudotigogenon 479
Pulvinon
—, O-Benzoyl-dihydro- 761
—, O-Methyl- 794
Pyran
—, 6-Acetyl-2-äthoxy-2-methyl-tetrahydro- 35
—, 6-Acetyl-2-methoxy-2-methyl-tetrahydro- 35
—, 4-Äthoxy-4-[2,2-diäthoxy-äthyl]-tetrahydro- 28
—, 6-Äthoxy-2-diäthoxymethyl-2,5-dimethyl-tetrahydro- 36
—, 2-Äthoxy-3-diäthoxymethyl-tetrahydro- 19
—, 2-Äthoxy-6-diäthoxymethyl-tetrahydro- 18
—, 6-Benzoyl-3-brom-2-methoxy-2,3,6-triphenyl-tetrahydro- 863
—, 2-Dimethoxymethyl-6-methoxy-2,5-dimethyl-tetrahydro- 36
—, 2-Dimethoxymethyl-6-methoxy-tetrahydro- 18
—, 4-Methoxy-5-octanoyl-3,6-dihydro-2H- 78
—, 2,5,5-Trimethoxy-tetrahydro- 9
Pyran-2-carbaldehyd
—, 6-Äthoxy-2,5-dimethyl-tetrahydro- 36
— diäthylacetal 36
— semicarbazon 36
—, 6-Äthoxy-tetrahydro-,
— diäthylacetal 18
—, 2,5-Dimethyl-6-phenoxy-tetrahydro- 36
—, 5-Hydroxy-2,5-dimethyl-tetrahydro- 36
—, 6-Methoxy-2,5-dimethyl-tetrahydro- 36
— dimethylacetal 36
— semicarbazon 36
—, 6-Methoxy-tetrahydro-,
— dimethylacetal 18
—, 6-Phenoxy-tetrahydro- 18
Pyran-3-carbaldehyd
—, 2-Äthoxy-tetrahydro-,
— diäthylacetal 19
—, 4-Hydroxy-2,6-dimethyl-tetrahydro- 37
— [4-brom-phenylhydrazon] 37
— [2,4-dinitro-phenylhydrazon] 37
— [4-nitro-phenylhydrazon] 37
— phenylhydrazon 37
—, 4-Hydroxy-tetrahydro- 19
Pyrano[4,3-d][1,3]dioxin-4-ol
—, 2-[4-Hydroxy-2,6-dimethyl-tetrahydro-pyran-3-yl]-5,7-dimethyl-tetrahydro- 37
Pyran-3-ol
—, 2-Hydroxymethyl-2H- 59
Pyran-4-ol
—, 3-Acetyl-4-methyl-tetrahydro- 35
Pyran-2-on
—, 4-Acetoxy-3-benzyl-6-phenyl- 799
—, 6-[α-Acetoxy-benzyl]-3-phenyl- 800
—, 3-Acetoxy-6-cyclohexyl-5,6-dihydro- 123
—, 5-[3-Acetoxy-10,13-dimethyl-hexadecahydro-cyclopenta[a]-phenanthren-17-yl]-tetrahydro- 268
—, 4-Acetoxy-3,5-dimethyl-tetrahydro- 30
—, 4-Acetoxy-3,6-diphenyl- 792
—, 6-[1-Acetoxymethyl-propyl]-3,5-diäthyl-4-propyl-tetrahydro- 47
—, 4-[4-Acetoxy-phenyl]-6-chlor- 491
—, 4-Äthoxy- 81
—, 4-Äthoxy-6-cyclopent-1-enyl-5,6-dihydro- 141
—, 4-Äthoxy-6-cyclopentyl-5,6-dihydro- 121
—, 4-Äthoxy-6-methyl- 90
—, 5-Äthoxymethyl-3,5-dimethyl-tetrahydro- 37
—, 4-Äthoxy-6-phenyl- 490

Pyran-2-on *(Fortsetzung)*
—, 4-Äthoxy-6-phenyl-5,6-dihydro- 366
—, 6-[4-Äthoxy-phenyl]-tetrahydro- 199
—, 6-[3-Äthoxy-propyl]-tetrahydro- 34
—, 6-Äthoxy-4,5,6-triphenyl-3,6-dihydro- 849
—, 4-Äthyl-4-hydroxy-tetrahydro- 28
—, 4-Benzoyloxy-6-methyl- 90
—, 3-Brom-4-methoxy-6-methyl- 90
—, 6-[4-Brom-phenyl]-4-[4-methoxy-phenyl]- 791
—, 6-Chlor-4-[4-hydroxy-phenyl]- 491
—, 6-Chlor-4-[4-methoxy-3-methyl-phenyl]- 498
—, 6-Chlor-4-[4-methoxy-phenyl]- 491
—, 6-Cyclopent-1-enyl-4-methoxy-5,6-dihydro- 140
—, 6-Cyclopent-1-enyl-4-[4-phenyl-phenacyloxy]-5,6-dihydro- 141
—, 6-Cyclopentyl-4-methoxy-5,6-dihydro- 121
—, 3,5-Diäthyl-6-[1-hydroxymethyl-propyl]-4-propyl-tetrahydro- 47
—, 6-[2,4-Di-*sec*-butyl-1-hydroxy-cyclopentyl]- 147
—, 4-Dimethylcarbamoyloxy-6-methyl- 90
—, 5-[3,5-Dinitro-benzoyloxy]-3-methyl-tetrahydro- 19
—, 4-Hepta-1,3-dienyl-3-hydroxymethyl-tetrahydro- 126
—, 4-Hepta-1,3-dienyl-3-[toluol-4-sulfonyloxymethyl]-tetrahydro- 126
—, 4-Heptyl-3-hydroxymethyl-tetrahydro- 46
—, 4-Heptyl-3-[toluol-4-sulfonyloxymethyl]-tetrahydro- 46
—, 6-[α-Hydroxy-benzyl]-3-phenyl- 799
—, 5-[3-Hydroxy-10,13-dimethyl-hexadecahydro-cyclopenta[*a*]-phenanthren-17-yl]-tetrahydro- 268
—, 4-Hydroxy-3,4-dimethyl-tetrahydro- 29
—, 4-Hydroxy-3,5-dimethyl-tetrahydro- 29
—, 4-Hydroxy-4,5-dimethyl-tetrahydro- 29
—, 4-Hydroxy-5,5-dimethyl-tetrahydro- 29
—, 5-Hydroxy-6,6-diphenyl-tetrahydro- 663
—, 4-Hydroxy-4-methyl-tetrahydro- 19
—, 4-Hydroxy-6-methyl-tetrahydro- 18
—, 5-Hydroxy-3-methyl-tetrahydro- 18
—, 4-[6-Hydroxy-[2]naphthyl]-5,5-dimethyl-tetrahydro- 585
—, 6-[4-Hydroxy-phenyl]- 491
—, 3-[3-Hydroxy-propyl]-tetrahydro- 35
—, 3-Hydroxy-tetrahydro- 9
—, 5-Hydroxy-6-tridecyl-tetrahydro- 47
—, 4-Hydroxy-3,4,5-trimethyl-tetrahydro- 38
—, 4-Isopropenyl-6-[1-methoxy-äthyl]-tetrahydro- 70
—, 4-Isopropyl-6-[1-methoxy-äthyl]-tetrahydro- 43
—, 6-[3-Mercapto-propyl]-tetrahydro- 34
—, 3-Methoxy- 81
—, 4-Methoxy- 81
—, 6-[4-Methoxy-benzyliden]-tetrahydro- 396
—, 3-[4-Methoxy-benzyl]-tetrahydro- 217
—, 4-Methoxy-5,6-dihydro- 54
—, 5-Methoxy-4,6-diphenyl- 791
—, 4-Methoxy-6-methyl- 89
—, 6-[1-Methoxy-1-methyl-butyl]-3,4-dihydro- 69
—, 4-Methoxy-6-methyl-5,6-dihydro- 59
—, 5-Methoxymethyl-3,5-dimethyl-tetrahydro- 37
—, 4-Methoxy-6-methyl-3-nitro- 91
—, 4-[2-Methoxy-5-methyl-phenyl]-6-methyl- 507
—, 4-[4-Methoxy-3-methyl-phenyl]-6-methyl- 507
—, 4-[2-Methoxy-5-methyl-phenyl]-6-methylen-5,6-dihydro- 507
—, 4-[4-Methoxy-3-methyl-phenyl]-6-methylen-5,6-dihydro- 507
—, 4-[5-Methoxy-2-methyl-phenyl]-6-phenyl- 800
—, 4-[6-Methoxy-[2]naphthyl]-3,3-dimethyl-tetrahydro- 585
—, 4-[6-Methoxy-[2]naphthyl]-5,5-dimethyl-tetrahydro- 585
—, 5-[6-Methoxy-[2]naphthyl]-6,6-dimethyl-tetrahydro- 585
—, 4-Methoxy-6-phenäthyl- 506
—, 4-Methoxy-6-phenäthyl-5,6-dihydro- 416
—, 4-Methoxy-6-phenyl- 490
—, 6-[4-Methoxy-phenyl]- 491

Pyran-2-on *(Fortsetzung)*
—, 4-Methoxy-6-phenyl-5,6-dihydro- 365
—, 6-[4-Methoxy-phenyl]-4,5-diphenyl- 853
—, 4-[4-Methoxy-phenyl]-6-methyl- 498
—, 4-[4-Methoxy-phenyl]-6-methylen-5,6-dihydro- 498
—, 6-[4-Methoxy-phenyl]-6-methyl-tetrahydro- 217
—, 3-[4-Methoxy-phenyl]-6-phenyl- 792
—, 4-[4-Methoxy-phenyl]-6-phenyl- 791
—, 6-[4-Methoxy-phenyl]-tetrahydro- 199
—, 5-Methoxy-4-phenyl-6-p-tolyl- 800
—, 4-Methoxy-6-styryl- 570
—, 4-Methoxy-6-styryl-5,6-dihydro- 506
—, 6-Methyl-4-[(4-nitro-phenyl)-acetoxy]- 90
—, 6-Methyl-4-[4-phenyl-phenacyloxy]-5,6-dihydro- 59
—, 3-[3-(4-Nitro-benzoyloxy)-propyl]-tetrahydro- 35

Pyran-3-on
—, 2-Hydroxymethyl-4H- 59
—, 6-Methoxy-dihydro-,
— dimethylacetal 9
—, 5-Methoxy-2,2,6,6-tetramethyl-6H- 67
— oxim 67

Pyran-4-on
—, 3-Acetoxy- 82
—, 3-Acetoxy-2-brom- 82
—, 5-Acetoxy-2-chlormethyl- 92
—, 5-Äthoxy-2-chlormethyl- 92
—, 2-Allyl-3-[3,5-dinitro-benzoyloxy]-6-methyl- 139
—, 5-Allyloxy-2-methyl- 91
—, 3-Benzoyloxy- 82
—, 5-Benzoyloxy-2-chlormethyl- 92
—, 2-Benzoyloxy-6-methyl- 90
—, 5-Benzoyloxy-2-methyl- 91
—, 3-Benzylmercapto-2,5-dimethyl-tetrahydro- 32
—, 3-Brom-2-methoxy-6-methyl- 90
—, 2-Chlormethyl-5-cinnamoyloxy- 92
—, 2-Chlormethyl-5-methoxy- 92
—, 2-Chlormethyl-5-phenoxyacetoxy- 92
—, 5-[3,5-Dinitro-benzoyloxy]-2-methyl- 92
—, 3-[3,5-Dinitro-benzoyloxy]-6-methyl-2-propenyl- 139
—, 3-[3,5-Dinitro-benzoyloxy]-6-methyl-2-propyl- 118
—, 3-[2,4-Dinitro-phenoxy]-2-methyl- 91

—, 5-Hydroxy-2,2-dimethyl-tetrahydro- 28
—, 5-Hydroxymethyl-5-methyl-2-phenyl-tetrahydro- 224
—, 3-[α-Hydroxy-3-nitro-benzyl]-2,6-dimethyl- 516
—, 3-Methoxy- 81
—, 2-Methoxy-6-methyl- 92
—, 5-Methoxy-2-methyl- 91
—, 2-Methoxy-6-methyl-3-nitro- 91
—, 3-Methoxy-2-nitro- 82
—, 2-Methoxy-6-phenäthyl- 506
—, 2-[4-Methoxy-phenäthyl]-6-methyl- 516
—, 2-Methoxy-6-phenyl- 491
—, 2-[4-Methoxy-phenyl]-6-phenyl- 792
— oxim 792
—, 2-Methoxy-6-styryl- 571
—, 6-Methyl-2-[(4-nitro-phenyl)-acetoxy]- 90
—, 2-Methyl-3-phenylcarbamoyloxy- 91

Pyrano[4,3-c]pyrazol
—, 1-Carbamoyl-1,3a,4,6,7,7a-hexahydro- 19
—, 1-[2,4-Dinitro-phenyl]-1,3a,4,6,7,7a-hexahydro- 19

Pyrano[3,2-b]xanthen-2-on
—, 7,7,10a-Trimethyl-6a,7,8,9,10,10a-hexahydro-6H- 588

Pyran-2-thion
—, 5-Methoxy-4,6-diphenyl- 791
—, 4-Methoxy-6-methyl- 91
—, 5-Methoxy-4-phenyl-6-p-tolyl- 800

Pyran-4-thion
—, 3-Acetoxy- 82
—, 2-[4-Methoxy-phenyl]-6-phenyl- 792

Pyridazin-3-on
—, 6-[1-Hydroxy-äthyl]-5-methyl-4,5-dihydro-2H- 63

Pyrylium
—, 4-Hydroxy-2-methoxy-6-methyl- 93

R

Ranunculin 56
—, Tetra-O-acetyl- 57
Resorcinbenzein 820
Rosa-7,15-dien-19-säure
—, 7-Acetoxy-10-hydroxy-,
— lacton 464
Rosan-19-säure
—, 6-Acetoxy-10-hydroxy-,
— lacton 152
—, 6,10-Dihydroxy-,
— 10-lacton 151
—, 7,10-Dihydroxy-,
— 10-lacton 152

Rosenololacton 248
—, O-Acetyl- 248
Ros-7-en-19-säure
—, 7-Acetoxy-10-hydroxy-,
— lacton 247
Ros-15-en-19-säure
—, 6-Acetoxy-10-hydroxy-,
— lacton 248
—, 7-Acetoxy-10-hydroxy-,
— lacton 248
—, 6,10-Dihydroxy-,
— 10-lacton 248
—, 7,10-Dihydroxy-,
— 10-lacton 248
Rosololacton 248
—, O-Acetyl- 248
—, Dihydro- 151

S

Salicylsäure
— [5-hydroxymethyl-furfurylidenhydrazid] 109
— [2-oxo-3-phenyl-2H-chromen-4-ylester] 710
Sanguisorbigeninlacton 565
—, O-Acetyl- 565
Santonid
—, Acetylhydro- 236
—, Benzoylhydro- 236
—, Hydro- 236
Sarsasapogeninlacton 258
Sarsasapogeninsäure
—, O³-Acetyl-tetrahydro-anhydro-,
— lacton 479
—, O³-Benzoyl-tetrahydro-anhydro-,
— lacton 479
Schwefelsäure
— mono-[4-methyl-2-oxo-2H-chromen-7-ylester] 342
— mono-[2-oxo-2H-chromen-3-ylester] 285
— mono-[2-oxo-2H-chromen-5-ylester] 292
— mono-[2-oxo-2H-chromen-6-ylester] 293
— mono-[2-oxo-2H-chromen-7-ylester] 301
— mono-[2-oxo-2H-chromen-8-ylester] 304
— mono-[4-oxo-2-phenyl-chroman-7-ylester] 635
— mono-[4-oxo-2-phenyl-4H-chromen-3-ylester] 687
Scillaridan-A 682
—, Octahydro- 269
5,6-Seco-androsta-2,4-dien-6-säure
—, 17-Benzoyloxy-5-hydroxy-,
— lacton 461

2,3-Seco-androstan-3-säure
—, 17-Cyclohexancarbonyloxy-2-hydroxy-,
— lacton 148
3,4-Seco-androstan-3-säure
—, 17-Acetoxy-11,12-dideuterio-4-hydroxy-,
— lacton 147
—, 17-Benzoyloxy-4-hydroxy-,
— lacton 148
—, 17-Cyclohexancarbonyloxy-4-hydroxy-,
— lacton 148
13,17-Seco-androstan-17-säure
—, 3-Acetoxy-5,6-dibrom-13-hydroxy-,
— lacton 149
—, 3-Acetoxy-13-hydroxy-,
— lacton 149
—, 3,13-Dihydroxy-,
— 13-lacton 148
16,17-Seco-androstan-16-säure
—, 3-Acetoxy-5,6-dibrom-17-hydroxy-,
— lacton 150
—, 3,17-Dihydroxy-,
— 17-lacton 150
16,17-Seco-androstan-17-säure
—, 3-Acetoxy-5,6-dibrom-16-hydroxy-,
— lacton 150
—, 3-Acetoxy-16-hydroxy-,
— lacton 149
13,17-Seco-androst-5-en-17-säure
—, 3-Acetoxy-13-hydroxy-,
— lacton 241
—, 3,13-Dihydroxy-,
— 13-lacton 240
16,17-Seco-androst-5-en-16-säure
—, 3-Acetoxy-17-hydroxy-,
— lacton 242
—, 3,17-Dihydroxy-,
— 17-lacton 241
16,17-Seco-androst-5-en-17-säure
—, 3-Acetoxy-16-hydroxy-,
— lacton 241
—, 3,16-Dihydroxy-,
— 16-lacton 241
—, 3,16-Dihydroxy-16,16-diphenyl-,
— 16-lacton 839
7,8-Seco-cholestan-7-säure
—, 3-Acetoxy-8-hydroxy-,
— lacton 153
—, 3-Benzoyloxy-8-hydroxy-,
— lacton 153
—, 3,8-Dihydroxy-,
— 8-lacton 153
—, 8-Hydroxy-3-pivaloyloxy-,
— lacton 153
14,15-Seco-cholestan-15-säure
—, 3-Benzoyloxy-14-hydroxy-,
— lacton 153

14,15-Seco-cholest-8(14)-en-15-säure
—, 3-Benzoyloxy-14-hydroxy-,
— lacton 271
12,13-Seco-ergostan-12-säure
—, 3-Acetoxy-13-hydroxy-,
— lacton 154
—, 3,13-Dihydroxy-,
— 13-lacton 154
14,15-Seco-ergost-8(14)-en-15-säure
—, 3-Acetoxy-14-hydroxy-,
— lacton 277
8,9-Seco-gibba-1,3,4a(10a)-trien-8-säure
—, 9-Hydroxy-10-hydroxymethyl-1,7-dimethyl-,
— 9-lacton 539
8,9-Seco-gibba-1,3,4a(10a)-trien-9-säure
—, 8-Hydroxy-10-hydroxymethyl-1,7-dimethyl-,
— 8-lacton 539
3,5-Seco-A-nor-androsta-5,16-dien-3-säure
—, 17-Acetoxy-5-hydroxy-,
—lacton 460
3,5-Seco-A-nor-androstan-3-säure
—, 5,17-Dihydroxy-,
— 5-lacton 147
—, 5,17-Dihydroxy-17-methyl-,
— 5-lacton 151
3,5-Seco-A-nor-androst-5-en-3-säure
—, 17-Acetoxy-5-hydroxy-,
— lacton 239
—, 17-Benzoyloxy-5-hydroxy-,
— lacton 239
11,12-Seco-19-nor-lanosta-5,7,9-trien-12-säure
—, 3-Acetoxy-7-hydroxy-,
— lacton 562
3,5-Seco-A-nor-östran-3-säure
—, 17-Acetoxy-5-chlor-5-hydroxy-,
— lacton 146
13,16-Seco-D-nor-östra-1,3,5(10)-trien-16-säure
—, 13-Hydroxy-3-methoxy-,
— lacton 536
3,5-Seco-A-nor-östr-5-en-3-säure
—, 17-Acetoxy-5-hydroxy-,
— lacton 238
—, 17-Benzoyloxy-5-hydroxy-,
— lacton 238
3,5-Seco-A-nor-östr-5(10)-en-3-säure
—, 17-Acetoxy-5-hydroxy-,
— lacton 238
—, 17-Benzoyloxy-5-hydroxy-,
— lacton 238

3,5-Seco-A-nor-pregna-5,17(20)-dien-3-säure
—, 20-Acetoxy-5-hydroxy-,
— lacton 463
3,5-Seco-A-nor-pregnan-3-säure
—, 5,20-Dihydroxy-,
— 5-lacton 151
11,12-Seco-19-nor-tirucalla-5,7,9-trien-12-säure
—, 3-Acetoxy-7-hydroxy-,
— lacton 562
16,17-Seco-östra-1,3,5,7,9,15-hexaen-18-säure
—, 16-Hydroxy-3-methoxy-16-phenyl-,
— lacton 852
3,5-Seco-A-östran-3-säure
—, 17-Benzoyloxy-5-chlor-5-hydroxy-,
— lacton 147
13,17-Seco-östra-1,3,5,7,9-pentaen-17-säure
—, 3-Acetoxy-13-hydroxy-,
— lacton 675
—, 3,13-Dihydroxy-,
— 13-lacton 674
—, 13-Hydroxy-3-methoxy-,
— lacton 675
—, 13-Hydroxy-3-propionyloxy-,
— lacton 675
16,17-Seco-östra-1,3,5,7,9-pentaen-18-säure
—, 16-Hydroxy-3-methoxy-16,16-diphenyl-,
— lacton 863
16,17-Seco-östra-1,3,5(10),14-tetraen-17-säure
—, 16-Hydroxy-3-methoxy-16,16-diphenyl-,
— lacton 861
13,17-Seco-östra-1,3,5(10)-trien-17-säure
—, 3-Acetoxy-13-hydroxy-,
— lacton 538
—, 3-Benzoyloxy-13-hydroxy-,
— lacton 538
—, 3,13-Dihydroxy-,
— 13-lacton 537
—, 13-Hydroxy-3-methoxy-,
— lacton 538
—, 13-Hydroxy-3-propionyloxy-,
— lacton 538
16,17-Seco-östra-1,3,5(10)-trien-16-säure
—, 3,17-Dihydroxy-,
— 17-lacton 539
—, 17-Hydroxy-3-methoxy-,
— lacton 539
16,17-Seco-östra-1,3,5(10)-trien-17-säure
—, 16-Hydroxy-3-methoxy-16,16-diphenyl-,
— lacton 857

18,19-Seco-olean-9(11)-en-19-säure
—, 3-Acetoxy-18-hydroxy-,
— 18-lacton 485
—, 3,18-Dihydroxy-,
— lacton 485
17,21-Seco-22,29,30-trinor-hopan-21-gammaceran-21-säure
—, 6-Acetoxy-17-hydroxy-,
— lacton 272
17,21-Seco-E,29,30-trinor-säure
—, 6-Acetoxy-17-hydroxy-,
—lacton 272
Skimmetin 294
Skimmin 301
Smalogenin
—, α-Anhydroxy- 592
Solidagenon 462
Spiro[benzocyclohepten-5,2'-furan]-5'-on
—, 6-Hydroxy-6,7,8,9,3',4'-hexahydro- 441
Spiro[benzocyclohepten-5,2'-pyran]-6'-on
—, 6-Hydroxy-6,7,8,9,4',5'-hexahydro- 447
Spiro[benzofuran-2,1'-cyclohexan]-3-on
—, 4'-Acetoxy- 430
—, 4'-[3,5-Dinitro-benzoyloxy]- 430
—, 4'-Hydroxy- 429
—, 4'-[N-Menthyl-phthalamoyloxy]- 430
—, 4'-[1]Naphthylcarbamoyloxy- 430
Spiro[benzofuran-2,1'-cyclopentan]-3-on
—, 6-Methoxy-2'-methyl- 430
Spiro[cyclohexan-1,1'-isobenzofuran]-3'-on
—, 3'a-Hydroxy-hexahydro- 126
Spiro[cyclohexan-1,3'-xanthenylium]
—, 1'-Oxo-1',4'-dihydro-2'H- 587
Spiro[cyclopentan-1,3'-xanthenylium]
—, 1'-Oxo-1',4'-dihydro-2'H- 585
Spiro[cyclopenta[a]phenanthren-17,2'-oxiran]-3-on
—, 3'-Acetoxymethyl-10,13-dimethyl-Δ⁴-dodecahydro- 464
Spiro[fluoren-9,3'-furan]-2'-on
—, 5',5'-Dimethyl-4'-[4-nitro-benzoyloxy]-4',5'-dihydro- 781
—, 4'-Hydroxy-5',5'-dimethyl-4',5'-dihydro- 781
Spiro[furan-2,1'-naphthalin]-5-on
—, 2'-Hydroxy-2',5',5',8'a-tetramethyl-decahydro- 138
Spiro[furan-2,1'-phenanthren]-5-on
—, 7'-Methoxy-2'-methyl-3,4,3',4'-tetrahydro-2'H- 674

Stigmast-22-en-7-on
—, 3-Acetoxy-8,9-epoxy- 483
—, 3-Acetoxy-8,14-epoxy- 484
Suberosin 517
—, Tetrahydro- 232
Succinaldehydsäure
— pseudoalkylester s. unter Furan-2-on, 5-Alkoxy-dihydro-
Sulfid
—, Bis-[5-acetylamino-[2]thienyl]- 48
—, Bis-[5-acetylimino-4,5-dihydro-[2]thienyl]- 48
—, Bis-[2-benzo[b]thiophen-3-yl-2-oxo-äthyl]- 362
—, Bis-[4-chlor-2-oxo-2H-chromen-3-yl]- 286
—, Bis-[1-(4-chlor-phenyl)-3-oxo-phthalan-1-yl]- 612
—, Bis-[3-oxo-1-phenyl-phthalan-1-yl]- 612
—, Bis-[2-oxo-tetrahydro-[3]furyl]- 5
—, Bis-[3-oxo-1-p-tolyl-phthalan-1-yl]- 646
Sulfon
—, Bis-[2-benzo[b]thiophen-3-yl-2-oxo-äthyl]- 362
—, Bis-[2-oxo-2H-chromen-3-yl]- 286
Sulfonium
—, Diäthyl-[2-(2,4-dinitro-phenylhydrazono)-2-[2]furyl-äthyl]- 98
—, Diäthyl-[2-[2]furyl-2-oxo-äthyl]- 98
—, Diäthyl-[2-(5-nitro-[2]furyl)-2-oxo-äthyl]- 99
—, Dibutyl-[2-[2]furyl-2-oxo-äthyl]- 98
—, Dibutyl-[2-(5-nitro-[2]furyl)-2-oxo-äthyl]- 99
—, Diisopentyl-[2-(5-nitro-[2]furyl)-2-oxo-äthyl]- 99
—, Dimethyl-[2-(5-nitro-[2]furyl)-2-oxo-äthyl]- 99
—, [2-(2,4-Dinitro-phenylhydrazono)-2-[2]äthyl]-dimethyl- 98
—, [2-(2,4-Dinitro-phenylhydrazono)-2-(5-nitro-[2]furyl)-äthyl]-dimethyl- 99
—, [2-[2]Furyl-2-oxo-äthyl]-diisopentyl- 98
—, [2-[2]Furyl-2-oxo-äthyl]-dimethyl- 98
—, [2-[2]Furyl-2-semicarbazono-äthyl]-dimethyl- 98
—, [2-(5-Nitro-[2]furyl)-2-oxo-äthyl]-dipropyl- 99

T

Taraxastan-28-säure
—, 3-Acetoxy-20-hydroxy-,
 — lacton 487
—, 3,20-Dihydroxy-,
 — 20-lacton 487
Taraxast-13(18)-en-28-säure
—, 3-Acetoxy-20-hydroxy-,
 — lacton 565
—, 3,20-Dihydroxy-,
 — 20-lacton 565
Taraxer-9(11)-en-12-on
—, 3-Acetoxy-14,15-epoxy- 564
—, 14,15-Epoxy-3-hydroxy- 564
Tellur
—, [4-Äthoxy-phenyl]-dichlor-[5-oxo-4,4-diphenyl-tetrahydro-furfuryl]- 665
—, Dichlor-[4-methoxy-phenyl]-[5-oxo-4,4-diphenyl-tetrahydrofurfuryl]- 665
Tellurdichlorid
—, [4-Äthoxy-phenyl]-[5-oxo-4,4-diphenyl-tetrahydro-furfuryl]- 665
—, [4-Methoxy-phenyl]-[5-oxo-4,4-diphenyl-tetrahydro-furfuryl]- 665
Temisin 143
—, Tetrahydro- 80
Tetradecansäure
—, 2-[5-Acetoxy-2-hydroxy-benzyl]-,
 — lacton 251
—, 2-[2,5-Dihydroxy-benzyl]-,
 — 2-lacton 251
Tetrahydroabieslacton 281
Tetrahydro-anhydroadynerigenin 474
Tetrahydro-β-anhydrodigitoxigenin 263
α_1-Tetrahydro-β-anhydrouzarigenin 264
α_2-Tetrahydro-β-anhydrouzarigenin 264
Tetrahydroarborescin 130
Tetrahydroartabsin-a 130
Tetrahydroartabsin-b 130
Tetrahydroartabsin-c 130
Tetrahydrodesoxy-picrotoxinid 127
Tetrahydrodianhydrodihydrogitoxigenin 264
Tetrahydroeuparin 228
 — [2,4-dinitro-phenylhydrazon] 228
 —oxim 228
Tetrahydroisotemisin 80
Tetrahydroosthol 232
Tetrahydrosuberosin 232
Tetrahydrotemisin 80
18,25,26,27-Tetranor-lanostan
—, 8-Methyl- s. 18(13→8)-Abeo-25,26,27-trinor-lanostan
Thebenon 534
—, 1-Brom- 535
—, 1-Brom-dehydro- 583
—, Dehydro- 582
β-Thebenon 534
Thevetigenin
—, Anhydro- 552
15-Thia-bicyclo[10.2.1]pentadeca-12,14(1)-dien-6-on
—, 7-Hydroxy- 142
[2,5]Thiena-cycloundecan-6-on
—, 7-Hydroxy- 142
[10](2,5)Thienophan-5-on
—, 6-Hydroxy- 142
[2]Thienylamin
—, 5-Methansulfonyl-3-nitro- 49
Thietan-2-on
—, 3-Äthylmercapto-3-methyl- 8
Thiochroman-4-on
—, 6-Hydroxy- 170
—, 6-Methoxy- 170
—, 7-Methoxy- 172
—, 8-Methoxy- 172
 — [2,4-dinitro-phenylhydrazon] 173
—, 8-Methoxy-5-phenyl- 642
 — [2,4-dinitro-phenylhydrazon] 642
1λ^6-Thiochroman-4-on
—, 3-Brom-1,1-dioxo-2-phenylmercapto- 169
—, 1,1-Dioxo-2-phenylmercapto- 169
 — phenylhydrazon 169
Thiochromen-2-on
—, 7-Hydroxy- 303
—, 7-Methoxy- 303
—, 7-Thiocyanato- 303
Thiochromen-4-on
—, 2-Brom-3-methoxy- 283
—, 5-Chlor-3-methoxy-8-methyl- 354
—, 6-Methoxy- 284
—, 8-Mehoxy- 284
1λ^6-Thiochromen-4-on
—, 1,1-Dioxo-2-phenylmercapto- 283
Thiochromen-2-thion
—, 6-Methoxy- 293
—, 8-Methoxy- 306
—, 6-Methoxy-3-methyl- 324
—, 8-Methoxy-3-methyl- 325
Thiochromen-4-thion
—, 2-[4-Methoxy-styryl]-3-methyl- 802
Thiophen
—, 2-Acetyl-5-äthansulfonylmethyl- 116
—, 5-Acetyl-2-äthoxy-3-nitro- 94
—, 3-Acetyl-5-äthyl-2-äthylmercapto- 117
—, 5-Acetyl-2-allyloxy-3-nitro- 94
—, 2-Acetylamino-5-thiocyanato- 48
—, 2-Acetylamino-5-thiocyanato-2,3-dihydro- 48

Thiophen *(Fortsetzung)*
—, 2-Acetyl-5-butylmercapto- 94
—, 2-Acetyl-5-[4'-chlor-4-methoxy-stilben-α-yl]- 818
—, 2-Acetyl-5-heptylmercapto- 95
—, 2-Acetyl-5-hexylmercapto- 95
—, 2-Acetyl-5-isobutylmercapto- 94
—, 2-Acetyl-5-isopentylmercapto- 95
—, 2-Acetyl-5-isopropylmercapto- 94
—, 2-Acetyl-5-methoxy- 93
—, 3-Acetyl-2-methoxy- 100
—, 5-Acetyl-2-methoxy-3-nitro- 93
—, 2-Acetyl-5-[4-methoxy-stilben-α-yl]- 817
—, 2-Acetyl-5-methylmercapto- 94
—, 3-Acetyl-5-methyl-2-methylmercapto- 115
—, 5-Acetyl-3-nitro-2-phenoxy- 94
—, 2-Acetyl-5-nonylmercapto- 95
—, 2-Acetyl-5-octylmercapto- 95
—, 2-Acetyl-5-pentylmercapto- 94
—, 2-Acetyl-5-propylmercapto- 94
—, 2-Amino-5-methansulfonyl-3-nitro- 49
—, 2-Chlor-5-thiocyanatoacetyl- 100
—, 2-Glykoloyl- 99
—, 2-Imino-5-methansulfonyl-3-nitro-2,3-dihydro- 49
—, 2-Salicyloyl- 493
—, 2-Thiocyanatoacetyl- 100

Thiophen-2-carbaldehyd
—, 5-[2-Acetoxy-äthyl]- 115
— [2,4-dinitro-phenylhydrazon] 115
—, 5-Äthoxy- 83
— [4-nitro-phenylhydrazon] 84
— thiosemicarbazon 84
—, 5-Äthylmercapto- 85
— [4-nitro-phenylhydrazon] 87
— thiosemicarbazon 87
—, 5-Butoxy- 83
— thiosemicarbazon 84
—, 5-Butylmercapto- 85
— [4-nitro-phenylhydrazon] 88
— thiosemicarbazon 88
—, 5-[4'-Chlor-4-methoxy-stilben-α-yl]- 813
— semicarbazon 814
—, 5-Dodecylmercapto- 86
— [4-nitro-phenylhydrazon] 89
— thiosemicarbazon 89
—, 5-Heptylmercapto- 86
— [4-nitro-phenylhydrazon] 89
— thiosemicarbazon 89
—, 5-Hexylmercapto- 86
— [4-nitro-phenylhydrazon] 88
— thiosemicarbazon 89
—, 5-Isobutylmercapto- 85
— [4-nitro-phenylhydrazon] 88
— thiosemicarbazon 88
—, 5-Isopentylmercapto- 85
— [4-nitro-phenylhydrazon] 88
— thiosemicarbazon 88
—, 5-Isopropylmercapto- 85
— [4-nitro-phenylhydrazon] 87
— thiosemicarbazon 87
—, 5-Methansulfonyl- 85
— [2,4-dinitro-phenylhydrazon] 87
—, 5-Methoxy- 83
— [4-nitro-phenylhydrazon] 84
— thiosemicarbazon 84
—, 5-Methylmercapto- 84
— [2,4-dinitro-phenylhydrazon] 86
— [4-nitro-phenylhydrazon] 86
— oxim 86
— semicarbazon 87
— thiosemicarbazon 87
—, 5-Octadecylmercapto- 86
— [4-nitro-phenylhydrazon] 89
— thiosemicarbazon 89
—, 5-Pentylmercapto- 85
— [4-nitro-phenylhydrazon] 88
— thiosemicarbazon 88
—, 5-Pentyloxy- 83
— thiosemicarbazon 84
—, 5-Propoxy- 83
— [4-nitro-phenylhydrazon] 84
— pyren-1-ylimin 83
— thiosemicarbazon 84
—, 5-Propylmercapto- 85
— [4-nitro-phenylhydrazon] 87
— pyren-1-ylimin 86
— thiosemicarbazon 87

Thiophen-2-on
—, 5-Mercaptomethyl-dihydro- 14
—, 5-Methansulfonyl-3-nitro-3H-,
— imin 49
—, 3-[4-Methoxy-benzyliden]-5-methyl-3H- 502
—, 5-[[1]Naphthylcarbamoylmercapto-methyl]-dihydro- 15

Thiophen-3-on
—, 2-[4-Methoxy-butyl]-dihydro- 38
—, 2-[3-Phenoxy-propyl]-dihydro- 30
— semicarbazon 30
—, 5-[3-Phenoxy-propyl]-dihydro- 30
— semicarbazon 30

1λ^6-Thiophen-3-on
—, 4-Acetoxy-2,4-di-*tert*-butyl-1,1-dioxo-dihydro- 46
—, 4-Acetoxy-2-methyl-1,1-dioxo-2,5-diphenyl- 761
—, 4-Äthoxy-2-äthyl-1,1-dioxo-2,5-diphenyl- 776
—, 2,5-Bis-[4-chlor-phenyl]-4-methoxy-2-methyl-1,1-dioxo- 761

1λ⁶-Thiophen-3-on *(Fortsetzung)*
—, 2,4-Di-*tert*-butyl-4-hydroxy-1,1-dioxo-dihydro- 46
—, 4-Methoxy-2-methyl-1,1-dioxo-2,5-diphenyl- 761

Thiophen-3-thiol
—, 5-[2-Mercapto-propenyl]- 113
—, 5-[β-Mercapto-styryl]- 500

Thiophosphonsäure
—, Methyl-,
— O-äthylester-O'-[4-methyl-2-oxo-2H-chromen-7-ylester] 342

Thiophosphorsäure
— O-[3-chlor-4-methyl-2-oxo-2H-chromen-7-ylester]-O',O''-dimethylester 344
— O-[6-chlor-4-methyl-2-oxo-2H-chromen-7-ylester]-O',O''-dimethylester 345
— O-[2-chlor-6-oxo-7,8,9,10-tetrahydro-6H-benzo[c]chromen-3-ylester]-O',O''-dimethylester 514
— O,O'-diäthylester-O''-[6-äthyl-4-methyl-2-oxo-2H-chromen-7-ylester] 406
— O,O'-diäthylester-O''-[8-allyl-4-methyl-2-oxo-2H-chromen-7-ylester] 511
— O,O'-diäthylester-O''-[3-brom-4-methyl-2-oxo-2H-chromen-7-ylester] 347
— O,O'-diäthylester-O''-[6-butyl-4-methyl-2-oxo-2H-chromen-7-ylester] 435
— O,O'-diäthylester-O''-[3-chlor-4-methyl-2-oxo-2H-chromen-7-ylester] 344
— O,O'-diäthylester-O''-[6-chlor-4-methyl-2-oxo-2H-chromen-7-ylester] 345
— O,O'-diäthylester-O''-[2-chlor-6-oxo-7,8,9,10-tetrahydro-6H-benzo[c]chromen-3-ylester] 514
— O,O'-diäthylester-O''-[8-chlor-4-oxo-1,2,3,4-tetrahydro-cyclopenta[c]chromen-7-ylester] 505
— O,O'-diäthylester-O''-[4-methyl-8-nitro-2-oxo-2H-chromen-7-ylester] 351
— O,O'-diäthylester-O''-[4-methyl-2-oxo-2H-chromen-6-ylester] 331
— O,O'-diäthylester-O''-[4-methyl-2-oxo-2H-chromen-7-ylester] 343
— O,O'-diäthylester-O''-[4-methyl-2-oxo-6-propyl-2H-chromen-7-ylester] 422
— O,O'-diäthylester-O''-[4-methyl-2-thioxo-2H-chromen-7-ylester] 352
— O,O'-diäthylester-O''-[4-nitro-6-oxo-7,8,9,10-tetrahydro-6H-benzo[c]chromen-3-ylester] 515
— O,O'-diäthylester-O''-[6-oxo-6H-benzo[c]chromen-3-ylester] 606
— O,O'-diäthylester-O''-[2-oxo-2H-chromen-4-ylester] 290
— O,O'-diäthylester-O''-[2-oxo-2H-chromen-7-ylester] 302
— O,O'-diäthylester-O''-[6-oxo-7,8,9,10-tetrahydro-6H-benzo[c]chromen-3-ylester] 514
— O,O'-diäthylester-O''-[4-oxo-1,2,3,4-tetrahydro-cyclopenta[c]chromen-7-ylester] 505
— O,O'-diäthylester-O''-[2-thioxo-2H-chromen-7-ylester] 303
— O,O'-diäthylester-O''-[6-thioxo-7,8,9,10-tetrahydro-6H-benzo[c]chromen-3-ylester] 515
— O,O'-diäthylester-O''-[7,9,9-trimethyl-6-oxo-7,8,9,10-tetrahydro-6H-benzo[c]chromen-3-ylester] 533
— O,O'-diisopropylester-O''-[4-methyl-2-oxo-2H-chromen-7-ylester] 343
— O,O'-diisopropylester-O''-[4-methyl-2-thioxo-2H-chromen-7-ylester] 352
— O,O'-diisopropylester-O''-[6-oxo-7,8,9,10-tetrahydro-6H-benzo[c]chromen-3-ylester] 514
— O,O'-diisopropylester-O''-[6-thioxo-7,8,9,10-tetrahydro-6H-benzo[c]chromen-3-ylester] 515
— O,O'-diisopropylester-O''-[7,9,9-trimethyl-6-oxo-7,8,9,10-tetrahydro-6H-benzo[c]chromen-3-ylester] 533
— O,O''-dimethylester-O'-[4-methyl-2-oxo-2H-chromen-6-ylester] 330
— O,O'-dimethylester-O''-[4-methyl-2-oxo-2H-chromen-7-ylester] 342
— O,O'-dimethylester-O''-[4-methyl-2-thioxo-2H-chromen-7-ylester] 352
— O,O'-dimethylester-O''-[2-oxo-2H-chromen-4-ylester] 290
— O,O'-dimethylester-O''-[6-oxo-7,8,9,10-tetrahydro-6H-benzo[c]chromen-3-ylester] 513
— O,O'-dimethylester-O''-[4-oxo-1,2,3,4-tetrahydro-cyclopenta[c]chromen-7-ylester] 505
— O,O'-dimethylester-O''-[6-thioxo-7,8,9,10-tetrahydro-6H-benzo[c]chromen-3-yleser] 515

Thiophosphorsäure *(Fortsetzung)*
— O,O'-dimethylester-O''-[7,9,9-trimethyl-6-oxo-7,8,9,10-tetrahydro-6H-benzo[c]chromen-3-ylester] 533
— O-[4-methyl-2-oxo-2H-chromen-7-ylester]-O',O''-o-phenylenester 343

Thiopyran-2-on
—, 3-[4-Methoxy-benzyliden]-6-phenyl-3,4-dihydro- 799

Thiopyran-3-on
—, 5-Methoxy-6H- 54

1λ⁴-Thiopyran-3-on
—, 5-Methoxy-1-oxo-6H- 55

Thiopyrylium
—, 3-Hydroxy-5-methyl- 59
—, 3-Methyl-5-oxo-2,5-dihydro- 59

Thioxanthen-9-on
—, 2-Benzoyloxy-3-methyl- 615
—, 2-Benzoyloxy-4-methyl- 619
—, 4-Benzoyloxy-1-methyl- 614
—, 1-Chlor-4-[2-diäthylamino-äthoxy]- 604
—, 1-Chlor-4-[2-diäthylamino-äthoxy]-2-methyl- 614
—, 1-Chlor-4-hydroxy-2-methyl- 614
—, 1-Chlor-6-methoxy-4-methyl- 620
—, 1-Diacetoxyboryloxy-4-methyl- 618
—, 1-[2-Diäthylamino-äthoxy]-5-methyl- 620
—, 1,6-Dichlor-4-[2-diäthylamino-äthoxy]- 604
—, 1,6-Dichlor-4-hydroxy- 604
—, 1-Hydroxy-4-methyl- 618
—, 2-Hydroxy-3-methyl- 615
—, 2-Hydroxy-4-methyl- 619
—, 4-Hydroxy-1-methyl- 614
—, 2-Mercapto- 601
—, 4-Methyl-1-phenylmercapto- 618
—, 4-Methyl-1-*m*-tolylmercapto- 619
—, 4-Methyl-1-*o*-tolylmercapto- 618
—, 4-Methyl-1-*p*-tolylmercapto- 619

10λ⁶-Thioxanthen-9-on
—, 1-Benzolsulfonyl-4-methyl-10,10-dioxo- 618
—, 4-Benzoyloxy-1-methyl-10,10-dioxo- 614
—, 4-Hydroxy-1-methyl-10,10-dioxo- 614
—, 4-Methyl-10,10-dioxo-1-[toluol-2-sulfonyl]- 618
—, 4-Methyl-10,10-dioxo-1-[toluol-3-sulfonyl]- 619
—, 4-Methyl-10,10-dioxo-1-[toluol-4-sulfonyl]- 619

Thurberogenin 568
—, O-Acetyl- 568
—, O-Acetyl-dihydro- 486
—, Dihydro- 485

Tigogeninlacton 259

α-**Tocopheroxid** 154

Tridecan-1-on
—, 13-Cyclopent-2-enyl-1-[4-methoxy-5,6-dihydro-2H-pyran-3-yl]- 152
—, 13-Cyclopentyl-1-[4-methoxy-5,6-dihydro-2H-pyran-3-yl]- 138

A,23,24-Trinor-cholan-22-säure
—, 2-Acetoxy-16-hydroxy-,
— lacton 257
—, 2,16-Dihydroxy-,
— 16-lacton 257

19,21,24-Trinor-chola-1,3,5(10),20-tetraen-23-säure
—, 17-Hydroxy-3-methoxy-,
— lacton 680

19,21,24-Trinor-chola-1,3,5(10)-trien-23-säure
—, 17-Hydroxy-3-methoxy-,
— lacton 590

21,26,27-Trinor-cholesta-5,20,23-trien-25-säure
—, 3-Acetoxy-20-hydroxy-23-methyl-,
— lacton 597
—, 3,20-Dihydroxy-23-methyl-,
— 20-lacton 596

25,26,27-Trinor-dammaran-24-säure
—, 3-Acetoxy-20-hydroxy-,
— lacton 272
—, 3,20-Dihydroxy-,
— 20-lacton 271

25,26,27-Trinor-furostan-24-al
—, 3-Acetoxy- 269

14,15,16-Trinor-labdan-13-säure
—, 8,9-Dihydroxy-,
— 9-lacton 138

U

Umbelliferon 294
Umbelliprenin 297

Undecan-6-on
—, 4-[2]Furyl-8-[4-methoxy-phenyl]-2,10-dimethyl- 548

Ursan-28-säure
—, 3-Acetoxy-13-hydroxy-,
— lacton 487
—, 3-Acetoxy-20-hydroxy-,
— lacton 487
—, 3,13-Dihydroxy-,
— 13-lacton 487
—, 3,20-Dihydroxy-,
— 20-lacton 487

Urs-9(11)-en-12-on
—, 3-Acetoxy-13,18-epoxy- 565
—, 13,18-Epoxy-3-hydroxy- 564

Urs-11-en-28-säure
—, 3-Acetoxy-13-hydroxy-,
— lacton 566
—, 3,13-Dihydroxy-,
— 13-lacton 566

Urs-13(18)-en-28-säure
—, 3-Acetoxy-20-hydroxy-,
— lacton 565
—, 3,20-Dihydroxy-,
— 20-lacton 565
Ursolsäure
— lacton 487
—, Dehydro-,
— lacton 566
Uzarigenin
—, O-Acetyl-
α-anhydro- 553
—, O-Acetyl-
β-anhydro- 555
—, O-Benzoyl-
β-anhydro- 555
—, α₁-Tetrahydro-
β-anhydro- 264
—, α₂-Tetrahydro-
β-anhydro- 264

V

Valeraldehyd
—, 5-Hydroxy-2-tetrahydropyran-2-yl-
42
Valeriansäure
—, 2-Acetoxy-4-hydroxy-,
— lacton 11
—, 4-Acetoxy-4-hydroxy-,
— lacton 10
—, 5-Acetoxy-4-hydroxy-,
— lacton 14
—, 3-Acetoxy-5-hydroxy-2,4-dimethyl-,
— lacton 30
—, 2-Acetoxy-4-hydroxy-3-jod-,
— lacton 12
—, 5-Äthoxy-2-äthyl-4-hydroxy-,
— lacton 31
—, 2-Äthoxy-4-hydroxy-,
— lacton 11
—, 4-Äthoxy-4-hydroxy-,
— lacton
—, 5-Äthoxy-4-hydroxy-,
— lacton 12
—, 4-Äthoxymethyl-5-hydroxy-2,4-
dimethyl-,
— lacton 37
—, 5-[4-Äthoxy-phenyl]-5-hydroxy-,
— lacton 199
—, 2-Äthyl-4,5-dihydroxy-,
— 4-lacton 31
—, 3-Äthyl-3,5-dihydroxy-,
— 5-lacton 28
—, 2-Äthyl-3-[α-hydroxy-4-methoxy-
benzyl]-,
— lacton 231
—, 2-Äthyl-4-hydroxy-5-phenoxy-,
— lacton 31

—, 4-Allyloxy-4-hydroxy-,
— lacton 10
—, 5-Allyloxy-4-hydroxy-2,2-
diphenyl-,
— lacton 664
—, 5-Benzoyloxy-2-butyl-4-hydroxy-,
— lacton 42
—, 3-Benzoyloxy-4-hydroxy-,
— lacton 11
—, 5-Benzoyloxy-4-hydroxy-2-
isobutyl-,
— lacton 42
—, 5-Benzoyloxy-4-hydroxy-2-
isopentyl-,
— lacton 43
—, 2-Benzyl-4,5-dihydroxy-,
— 4-lacton 218
—, 5-Benzyloxy-4-hydroxy-,
— lacton 14
—, 3-Brom-2,4-dihydroxy-,
— 4-lacton 11
—, 4-Butoxy-4-hydroxy-,
— lacton 9
—, 4-sec-Butoxy-4-hydroxy-,
— lacton 10
—, 5-Butoxy-4-hydroxy-,
— lacton 12
—, 2-Butyl-3,4-dihydroxy-,
— 4-lacton 41
—, 2-Butyl-4,5-dihydroxy-,
— 4-lacton 41
—, 2-Butyl-4-hydroxy-3-
isovaleryloxy-,
— lacton 41
—, 2-[3-Chlor-β-hydroxy-4-methoxy-
phenäthyl]-,
— lacton 226
—, 2-[5-Chlor-β-hydroxy-2-methoxy-
phenäthyl]-,
— lacton 225
—, 4-[2-Chlor-5-methoxy-phenyl]-4-
hydroxy-,
— lacton 205
—, 2-Cyclohexyl-4,5-dihydroxy-,
— 4-lacton 76
—, 4-Cyclohexyloxy-4-hydroxy-,
— lacton 10
—, 2,4-Dihydroxy-,
— 4-lacton 11
—, 2,5-Dihydroxy-,
— 5-lacton 9
—, 3,4-Dihydroxy-,
— 4-lacton 11
—, 4,5-Dihydroxy-,
— 4-lacton 12
—, 2,4-Dihydroxy-2,5-dimethyl-,
— 4-lacton 33
—, 2,4-Dihydroxy-3,3-dimethyl-,
— 4-lacton 33

Valeriansäure *(Fortsetzung)*
—, 3,5-Dihydroxy-2,3-dimethyl-,
  — 5-lacton 29
—, 3,5-Dihydroxy-2,4-dimethyl-,
  — 5-lacton 29
—, 3,5-Dihydroxy-3,4-dimethyl-,
  — 5-lacton 29
—, 3,5-Dihydroxy-4,4-dimethyl-,
  — 5-lacton 29
—, 4,5-Dihydroxy-2,2-diphenyl-,
  — 4-lacton 664
—, 4,5-Dihydroxy-5,5-diphenyl-,
  — 4-lacton 663
  — 5-lacton 663
—, 4,5-Dihydroxy-2-isobutyl-,
  — 4-lacton 42
—, 4,5-Dihydroxy-2-isopentyl-,
  — 4-lacton 43
—, 4,5-Dihydroxy-2-isopropyl-,
  — 4-lacton 39
—, 4,5-Dihydroxy-3-isopropyl-,
  — 4-lacton 38
—, 2,4-Dihydroxy-3-jod-,
  — 4-lacton 11
—, 2,4-Dihydroxy-3-methyl-,
  — 4-lacton 21
—, 3,4-Dihydroxy-3-methyl-,
  — 4-lacton 21
—, 3,5-Dihydroxy-3-methyl-,
  — 5-lacton 19
—, 4,5-Dihydroxy-2-methyl-,
  — 4-lacton 18
  — 5-lacton 18
—, 2,4-Dihydroxy-2-[4-methyl-phenäthyl]-,
  — 4-lacton 229
—, 4,5-Dihydroxy-2-octyl-,
  — 4-lacton 47
—, 4,5-Dihydroxy-2-phenyl-,
  — 4-lacton 207
—, 4,5-Dihydroxy-2-propyl-,
  — 4-lacton 38
—, 3,5-Dihydroxy-2,3,4-trimethyl-,
  — 5-lacton 38
—, 4-[1,3-Dimethyl-butoxy]-4-hydroxy-,
  — lacton 10
—, 4-[1,2-Dimethyl-propoxy]-4-hydroxy-,
  — lacton 10
—, 2-[3,5-Dinitro-benzoyloxy]-4-hydroxy-3,3-dimethyl-,
  — lacton 33
—, 5-[3,5-Dinitro-benzoyloxy]-4-hydroxy-2-isopropyl-,
  — lacton 39
—, 5-[3,5-Dinitro-benzoyloxy]-4-hydroxy-3-isopropyl-,
  — lacton 38

—, 5-[2,4-Dinitro-phenylmercapto]-4-hydroxy-2,2-diphenyl-,
  — lacton 665
—, 5-Heptyloxy-4-hydroxy-,
  — lacton 13
—, 2-Hexyl-4,5-dihydroxy-,
  — 4-lacton 45
—, 2-Hexyl-4-hydroxy-3-isovaleryloxy-,
  — lacton 45
—, 5-Hexyloxy-4-hydroxy-,
  — lacton 13
—, 4-Hydroxy-3-[1-hydroxy-äthyl]-,
  — lacton 31
—, 5-Hydroxy-3-[6-hydroxy-[2]naphthyl]-4,4-dimethyl-,
  — lacton 585
—, 5-Hydroxy-2-[3-hydroxy-propyl]-,
  — lacton 35
—, 4-Hydroxy-2-[2-hydroxy-propyl]-2-phenyl-,
  — lacton 231
—, 4-Hydroxy-5-isobutoxy-,
  — lacton 13
—, 4-Hydroxy-5-isopentyloxy-,
  — lacton 13
—, 4-Hydroxy-4-isopropoxy-,
  — lacton 9
—, 4-Hydroxy-5-isopropoxy-,
  — lacton 12
—, 4-Hydroxy-4-methoxy-,
  — lacton 9
—, 4-Hydroxy-5-methoxy-,
  — lacton 12
—, 4-Hydroxy-2-[4-methoxy-benzyl]-,
  — lacton 218
—, 5-Hydroxy-2-[4-methoxy-benzyl]-,
  — lacton 217
—, 5-Hydroxy-4-methoxymethyl-2,4-dimethyl-,
  — lacton 37
—, 2-[β-Hydroxy-4-methoxy-3-methyl-phenäthyl]-,
  — lacton 230
—, 4-Hydroxy-4-[2-methoxy-5-methyl-phenyl]-,
  — lacton 219
—, 5-Hydroxy-3-[6-methoxy-[2]naphthyl]-2,2-dimethyl-,
  — lacton 585
—, 5-Hydroxy-3-[6-methoxy-[2]naphthyl]-4,4-dimethyl-,
  — lacton 585
—, 2-[β-Hydroxy-4-methoxy-phenäthyl]-,
  — lacton 225
—, 4-Hydroxy-5-[2-methoxy-phenoxy]-,
  — lacton 14
—, 4-Hydroxy-4-methoxy-2-phenyl-,
  — lacton 207

Valeriansäure *(Fortsetzung)*
—, 4-Hydroxy-4-[2-methoxy-phenyl]-,
 — lacton 205
—, 4-Hydroxy-4-[4-methoxy-phenyl]-,
 — lacton 206
—, 4-Hydroxy-5-[3-methoxy-phenyl]-,
 — lacton 199
—, 5-Hydroxy-5-[4-methoxy-phenyl]-,
 — lacton 199
—, 4-Hydroxy-4-[4-methoxy-phenyl]-2-methyl-,
 — lacton 221
—, 4-Hydroxy-3-[4-nitro-benzoyloxy]-,
 — lacton 11
—, 4-Hydroxy-5-[3-(4-nitro-benzoyloxy)-phenyl]-,
 — lacton 200
—, 5-Hydroxy-2-[3-(4-nitro-benzoyloxy)-propyl]-,
 — lacton 35
—, 4-Hydroxy-5-octyloxy-,
 — lacton 13
—, 4-Hydroxy-5-phenäthyloxy-,
 — lacton 14
—, 4-Hydroxy-4-phenoxy-,
 — lacton 10
—, 4-Hydroxy-5-phenoxy-,
 — lacton 13
—, 4-Hydroxy-5-[3-phenyl-propoxy]-,
 — lacton 14
—, 4-Hydroxy-5-propoxy-,
 — lacton 12
—, 4-Hydroxy-5-*m*-tolyloxy-,
 — lacton 14
—, 4-Hydroxy-5-*o*-tolyloxy-,
 — lacton 13
—, 4-Hydroxy-5-*p*-tolyloxy-,
 — lacton 14
Valerimidsäure
—, 5-Allyloxy-4-hydroxy-2,2-diphenyl-,
 — lacton 665
Vanguerigeninlacton 565
—, O-Acetyl- 565
Vellein 518
—, Tetra-O-acetyl- 518
Verbanol
—, O-[Toluol-4-sulfonyl]-desoxy- 72
Vinhaticol-anhydrolacton 463
Vouacapenol-anhydrolacton 463

W

Weinsäure
—, Di-O-acetyl-,
 — mono-[2-oxo-4,4-dimethyl-tetrahydro-[3]furylester] 26

X

Xanthen-1-on
—, 4a-Hydroxy-3-phenyl-2,3,4,4a-tetrahydro- 807
Xanthen-3-on
—, 2-Brom-4-hydroxy-1-methyl-7-nitro-9-phenyl- 833
—, 2-Brom-4-hydroxy-7-nitro-9-phenyl- 821
—, 9-Heptadec-8-enyl-6-hydroxy- 788
—, 6-Hydroxy- 604
—, 4-Hydroxy-1,2-dimethyl-7-nitro-9-phenyl- 837
—, 4-Hydroxy-5,7-dinitro-9-phenyl- 821
—, 6-Hydroxy-9-methyl- 620
—, 4-Hydroxy-1-methyl-7-nitro-9-phenyl- 833
—, 4-Hydroxy-2-methyl-7-nitro-9-phenyl- 833
—, 6-Hydroxy-9-[1]naphthyl- 857
—, 6-Hydroxy-9-[2]naphthyl- 857
—, 4-Hydroxy-7-nitro-9-phenyl- 821
—, 6-Hydroxy-9-[2-nitro-phenyl]- 820
—, 6-Hydroxy-9-phenyl- 820
—, 6-Methoxy-9-phenyl- 820
—, 2,4,5,7-Tetrabrom-6-hydroxy-9-phenyl- 820
Xanthen-9-on
—, 1-Acetonyloxy- 599
—, 2-Acetonyloxy- 601
—, 1-Acetoxy- 599
—, 3-Acetoxy- 602
—, 4-Acetoxy- 603
—, 1-Acetoxy-2-allyl- 759
—, 1-Acetoxy-2-[3-brom-propyl]- 662
—, 1-Acetoxy-3,5-dimethyl- 647
—, 1-Acetoxy-3,6-dimethyl- 648
—, 1-Acetoxy-3-methyl- 615
—, 3-Acetoxy-5-methyl- 620
—, 3-Acetoxy-6-methyl- 616
—, 3-Äthoxy- 602
—, 2-Allyl-1-hydroxy- 759
—, 1-Allyloxy- 599
—, 1-Benzolsulfonyl-6-chlor-4-methyl- 617
—, 1-Benzolsulfonyloxy- 600
—, 1-Benzolsulfonyloxy-3-methyl- 615
—, 1-Benzoyloxy- 599
—, 1-Benzoyloxy-3-methyl- 615
—, 2-[2-Brom-propyl]-1-hydroxy- 661
—, 2-[3-Brom-propyl]-1-hydroxy- 662
—, 3-Butoxy- 602
—, 2-*tert*-Butyl-7-methoxy- 670
—, 4-*tert*-Butyl-7-methoxy-1-methyl- 673
—, 3-Chlor-6-methoxy- 603
—, 1-Chlor-6-methoxy-4-methyl- 620
—, 1-Chlor-7-methoxy-4-methyl- 620

Xanthen-9-on *(Fortsetzung)*
—, 1-Chlor-8-methoxy-4-methyl- 620
—, 6-Chlor-4-methyl-1-phenylmercapto- 617
—, 6-Chlor-4-methyl-1-[toluol-2-sulfonyl]- 617
—, 6-Chlor-4-methyl-1-[toluol-3-sulfonyl]- 617
—, 6-Chlor-4-methyl-1-[toluol-4-sulfonyl]- 618
—, 6-Chlor-4-methyl-1-*m*-tolylmercapto- 617
—, 6-Chlor-4-methyl-1-*o*-tolylmercapto- 617
—, 6-Chlor-4-methyl-1-*p*-tolylmercapto- 618
—, 2-[2-Diäthylamino-äthoxy]- 601
—, 4-[2-Diäthylamino-äthoxy]- 603
—, 2-Glucopyranosyloxy- 601
—, 3-Glucopyranosyloxy- 602
—, 4-Glucopyranosyloxy- 603
—, 1-Hydroxy- 598
—, 2-Hydroxy- 600
—, 3-Hydroxy- 601
—, 4-Hydroxy- 603
—, 1-Hydroxy-3,5-dimethyl- 647
—, 1-Hydroxy-3,6-dimethyl- 648
—, 1-Hydroxy-2-methyl- 614
—, 1-Hydroxy-3-methyl- 615
—, 1-Hydroxy-6-methyl- 616
—, 3-Hydroxy-5-methyl- 619
—, 3-Hydroxy-6-methyl- 616
—, 6-Hydroxy-4-methyl-1,2,3,4-tetrahydro- 519
—, 6-Hydroxy-1,2,3,4-tetrahydro- 512
—, 1-Methoxy- 599
—, 2-Methoxy- 600
—, 3-Methoxy- 602
—, 4-Methoxy- 603
—, 1-Methoxy-3,5-dimethyl- 647
—, 1-Methoxy-3,6-dimethyl- 648
—, 6-Methoxy-1,2,3,4,4a,9a-hexahydro- 430
—, 2-Methoxy-7-methyl- 615
—, 3-Methoxy-5-methyl- 619
—, 6-Methoxy-7-methyl-1,2,3,4,4a,9a-hexahydro- 441
— oxim 441
—, 2-Methoxy-7-*tert*-pentyl- 673
—, 3-Methyl-1-[4-nitro-benzoyloxy]- 615
—, 4-Methyl-1-phenoxy- 616
—, 4-Methyl-1-[toluol-2-sulfonyl]- 616
—, 4-Methyl-1-[toluol-3-sulfonyl]- 617
—, 4-Methyl-1-[toluol-4-sulfonyl]- 617
—, 4-Methyl-1-*m*-tolylmercapto- 616
—, 4-Methyl-1-*o*-tolylmercapto- 616
—, 4-Methyl-1-*p*-tolylmercapto- 617
—, 1-[2]Naphthoyloxy- 600
—, 1-[4-Nitro-benzoyloxy]- 600
—, 1-Phenacyloxy- 599
—, 3-Phenoxy- 602
—, 2-Phosphonooxy- 601
—, 2-[Tetra-O-acetyl-glucopyranosyloxy]- 601
—, 3-[Tetra-O-acetyl-glucopyranosyloxy]- 603
—, 4-[Tetra-O-acetyl-glucopyranosyloxy]- 604
—, 1-[Toluol-4-sulfonyloxy]- 600
—, 3-*p*-Tolylmercapto- 603

Xanthylium
—, 4-[3-(*N*-Acetyl-anilino)-2-brom-allyliden]-1,2,3,4-tetrahydro- 582
—, 4-[3-(*N*-Acetyl-anilino)-2-chlor-allyliden]-1,2,3,4-tetrahydro- 580
—, 4-[3-Anilino-2-brom-allyliden]-1,2,3,4-tetrahydro- 582
—, 4-[3-Anilino-2-chlor-allyliden]-1,2,3,4-tetrahydro- 580
—, 9-[2-Anilino-vinyl]- 647
—, 4-[3-*p*-Anisidino-2-chlor-allyliden]-1,2,3,4-tetrahydro- 581
—, 4-[2-Brom-3-phenylimino-propyliden]-1,2,3,4-tetrahydro- 582
—, 4-[2-Chlor-3-(4-methoxy-phenylimino)-propyliden]-1,2,3,4-tetrahydro- 581
—, 4-[2-Chlor-3-(4-nitro-anilino)-allyliden]-1,2,3,4-tetrahydro- 581
—, 4-[2-Chlor-3-(4-nitro-phenylimino)-propyliden]-1,2,3,4-tetrahydro- 581
—, 4-[2-Chlor-3-phenylimino-propyliden]-1,2,3,4-tetrahydro- 580
—, 9-[2-(4-Dimethylamino-anilino)-vinyl]- 647
—, 9-[2-(4-Dimethylamino-phenylimino)-äthyl]- 647
—, 3,3-Dimethyl-1-oxo-1,2,3,4-tetrahydro- 525
—, 1-Oxo-3-phenyl-1,2,3,4-tetrahydro- 807
—, 9-[2-Phenylimino-äthyl]- 647

Z

Zimtsäure
— [4-methyl-2-oxo-2*H*-chromen-7-ylester] 337
— [2-oxo-2*H*-chromen-4-ylester] 288
— [2-oxo-2-[2]thienyl-äthylester] 100
—, 4-Heptyloxy-2-methoxy- 296
—, 3-[3-Methoxy-phenoxy]-,
— methylester 716

Formelregister

Im Formelregister sind die Verbindungen entsprechend dem System von *Hill* (Am. Soc. **22** [1900] 478)

1. nach der Anzahl der C-Atome,
2. nach der Anzahl der H-Atome,
3. nach der Anzahl der übrigen Elemente

in alphabetischer Reihenfolge angeordnet. Isomere sind in Form des „Registernamens" (s. diesbezüglich die Erläuterungen zum Sachregister) in alphabetischer Reihenfolge aufgeführt. Verbindungen unbekannter Konstitution finden sich am Schluss der jeweiligen Isomeren-Reihe.

C_4-Gruppe

$C_4H_6O_3$
  Buttersäure, 2,4-Dihydroxy-, 4-lacton 3
  Furan-2-on, 4-Hydroxy-dihydro- 6

C_5-Gruppe

$C_5H_4BrClO_3$
  Furan-2-on, 4-Brom-3-chlor-5-methoxy-5H- 53
$C_5H_4Br_2O_3$
  Furan-2-on, 3,4-Dibrom-5-methoxy-5H- 53
$C_5H_4Cl_2O_3$
  Furan-2-on, 3,4-Dichlor-5-methoxy-5H- 51
$C_5H_4O_3$
  Furfural, 3-Hydroxy- 82
$C_5H_5BrO_3$
  Furan-2-on, 3-Brom-4-methoxy-5H- 50
$C_5H_5ClO_3$
  Furan-2-on, 3-Chlor-4-methoxy-5H- 50
$C_5H_5IO_3$
  Furan-2-on, 3-Jod-4-methoxy-5H- 50
$C_5H_5NO_2S$
  Furan-2-on, 3-Thiocyanato-dihydro- 5
$C_5H_6N_2O_4S_2$
  [2]Thienylamin, 5-Methansulfonyl-3-nitro- 49
  Thiophen-2-on, 5-Methansulfonyl-3-nitro-3H-, imin 49
$C_5H_6O_3$
  Furan-2-on, 3-Hydroxy-5-methyl-3H- 55
  —, 5-Hydroxymethyl-5H- 56
  —, 3-Methoxy-5H- 49
  —, 4-Methoxy-5H- 49
  —, 5-Methoxy-5H- 50
$C_5H_7BrO_3$
  Furan-2-on, 4-Brom-3-hydroxy-5-methyl-dihydro- 11

$C_5H_7IO_3$
  Furan-2-on, 3-Hydroxy-4-jod-5-methyl-dihydro- 11
$C_5H_8N_2O_2S$
  Furan-2-on, 3-Carbamimidoylmercapto-dihydro- 5
$C_5H_8OS_2$
  Thiophen-2-on, 5-Mercaptomethyl-dihydro- 14
$C_5H_8O_2S$
  Furan-2-on, 3-Methylmercapto-dihydro- 5
  —, 5-Methylmercapto-dihydro- 8
$C_5H_8O_3$
  Furan-2-on, 3-Hydroxymethyl-dihydro- 15
  —, 3-Hydroxy-3-methyl-dihydro- 15
  —, 3-Hydroxy-4-methyl-dihydro- 16
  —, 3-Hydroxy-5-methyl-dihydro- 11
  —, 4-Hydroxy-4-methyl-dihydro- 16
  —, 5-Hydroxymethyl-dihydro- 12
  —, 4-Methoxy-dihydro- 6
  —, 5-Methoxy-dihydro- 7
  Pyran-2-on, 3-Hydroxy-tetrahydro- 9
  Valeriansäure, 3,4-Dihydroxy-, 4-lacton 11

C_6-Gruppe

$C_6H_4Cl_2O_3$
  Furan-2-on, 3,4-Dichlor-5-vinyloxy-5H- 52
$C_6H_4Cl_2O_4$
  Furan-2-on, 5-Acetoxy-3,4-dichlor-5H- 52
$C_6H_5NO_5$
  Äthanon, 2-Hydroxy-1-[5-nitro-[2]furyl]- 96
  Pyran-4-on, 3-Methoxy-2-nitro- 82
$C_6H_6Br_2O_3$
  Furan-2-on, 5-Äthoxy-3,4-dibrom-5H- 53
$C_6H_6Cl_2O_3$
  Furan-2-on, 5-Äthoxy-3,4-dichlor-5H- 51

C_6H_6OS
  Verbindung C_6H_6OS aus 3-Hydroxy-5-methyl-thiopyrylium 59
$C_6H_6OS_2$
  Thiophen-2-carbaldehyd, 5-Methylmercapto- 84
$C_6H_6O_2S$
  Äthanon, 2-Hydroxy-1-[2]thienyl- 99
  Thiophen-2-carbaldehyd, 5-Methoxy- 83
$C_6H_6O_3$
  Äthanon, 1-[3-Hydroxy-[2]furyl]- 93
  Furan, 2-Glykoloyl- 95
  Furan-2-carbaldehyd, 5-Hydroxymethyl- 100
  Pyran-2-on, 3-Methoxy- 81
  —, 4-Methoxy- 81
  Pyran-4-on, 3-Methoxy- 81
$C_6H_6O_3S_2$
  Thiophen-2-carbaldehyd, 5-Methansulfonyl- 85
$C_6H_6O_4$
  Furan-2-on, 5-Acetoxy-5H- 51
$C_6H_7BrO_3$
  Furan-2-on, 4-Äthoxy-3-brom-5H- 50
  —, 4-Brom-3-methoxy-5-methyl-5H- 56
$C_6H_7NOS_2$
  Thiophen-2-carbaldehyd, 5-Methylmercapto-, oxim 86
$C_6H_7NO_3$
  Äthanon, 1-[2]Furyl-2-hydroxy-, oxim 96
$[C_6H_7OS]^+$
  Thiopyrylium, 3-Hydroxy-5-methyl- 59
  $[C_6H_7OS]Cl$ 59
  —, 3-Methyl-5-oxo-2,5-dihydro- 59
$C_6H_8O_2S$
  Thiopyran-3-on, 5-Methoxy-6H- 54
$C_6H_8O_3$
  Acetaldehyd, [4-Hydroxy-dihydro-[2]furyliden]- 60
  Furan-2-on, 4-Äthoxy-5H- 49
  —, 5-Äthoxy-5H- 51
  —, 3-Methoxy-4-methyl-5H- 58
  —, 3-Methoxy-5-methyl-5H- 55
  —, 4-Methoxy-3-methyl-5H- 58
  —, 5-Methoxy-5-methyl-5H- 55
  Furan-3-on, 5-Methoxy-4-methyl- 57
  Pyran-2-on, 4-Methoxy-5,6-dihydro- 54
  Pyran-3-on, 2-Hydroxymethyl-4H- 59
$C_6H_8O_3S$
  $1\lambda^4$-Thiopyran-3-on, 5-Methoxy-1-oxo-6H- 55
$C_6H_8O_4$
  Furan-2-on, 4-Acetoxy-dihydro- 6
$C_6H_{10}OS_2$
  Thietan-2-on, 3-Äthylmercapto-3-methyl- 8

$C_6H_{10}O_3$
  Furan-2-on, 4-Äthoxy-dihydro- 6
  —, 5-Äthoxy-dihydro- 7
  —, 3-[2-Hydroxy-äthyl]-dihydro- 21
  —, 3-Hydroxy-4,4-dimethyl-dihydro- 22
  —, 3-Hydroxy-4,5-dimethyl-dihydro- 21
  —, 4-Hydroxy-4,5-dimethyl-dihydro- 21
  —, 3-Hydroxymethyl-5-methyl-dihydro- 21
  —, 5-Hydroxymethyl-3-methyl-dihydro- 18
  —, 3-Methoxy-4-methyl-dihydro- 16
  —, 5-Methoxymethyl-dihydro- 12
  —, 5-Methoxy-5-methyl-dihydro- 9
  Pyran-3-carbaldehyd, 4-Hydroxy-tetrahydro- 19
  Pyran-2-on, 4-Hydroxy-4-methyl-tetrahydro- 19
  —, 4-Hydroxy-6-methyl-tetrahydro- 18
  —, 5-Hydroxy-3-methyl-tetrahydro- 18
$C_6H_{10}O_6S$
  Furan-2-on, 4,4-Dimethyl-3-sulfooxy-dihydro- 26
$C_6H_{11}NO_2$
  Furan-2-on, 3-Hydroxy-4,4-dimethyl-dihydro-, imin 28
$C_6H_{11}O_6P$
  Furan-2-on, 4,4-Dimethyl-3-phosphonooxy-dihydro- 27

C_7-Gruppe

$C_7H_4ClNOS_2$
  Äthanon, 1-[5-Chlor-[2]thienyl]-2-thiocyanato- 100
$C_7H_5BrO_4$
  Pyran-4-on, 3-Acetoxy-2-brom- 82
$C_7H_5NOS_2$
  Äthanon, 1-[2]Thienyl-2-thiocyanato- 100
$C_7H_6Cl_2O_3$
  Furan-2-on, 5-Allyloxy-3,4-dichlor-5H- 52
$C_7H_6N_2OS_2$
  Acetamid, N-[5-Thiocyanato-[2]thienyl]- 48
  —, N-[5-Thiocyanato-3H-[2]thienyliden]- 48
$C_7H_6O_3S$
  Pyran-4-thion, 3-Acetoxy- 82
$C_7H_6O_4$
  Pyran-4-on, 3-Acetoxy- 82
$C_7H_7BrO_3$
  Äthanon, 1-[4-Brom-3-hydroxy-5-methyl-[2]furyl]- 115
  Pyran-2-on, 3-Brom-4-methoxy-6-methyl- 90
  Pyran-4-on, 3-Brom-2-methoxy-6-methyl- 90

$C_7H_7BrO_4$
Furan-2-on, 3-Acetoxy-4-brom-5-methyl-5H- 56
$C_7H_7ClO_3$
Äthanon, 1-[4-Chlor-3-hydroxy-5-methyl-[2]furyl]- 115
Pyran-4-on, 2-Chlormethyl-5-methoxy- 92
$C_7H_7IO_3$
Äthanon, 1-[3-Hydroxy-4-jod-5-methyl-[2]furyl]- 116
$C_7H_7NO_4S$
Äthanon, 1-[5-Methoxy-4-nitro-[2]thienyl]- 93
$C_7H_7NO_5$
Pyran-2-on, 4-Methoxy-6-methyl-3-nitro- 91
Pyran-4-on, 2-Methoxy-6-methyl-3-nitro- 91
$C_7H_8Br_2O_3$
Furan-2-on, 3,4-Dibrom-5-isopropoxy-5H- 54
$C_7H_8Cl_2O_3$
Furan-2-on, 3,4-Dichlor-5-isopropoxy-5H- 51
$C_7H_8N_2O_3$
Furan-2-carbaldehyd, 5-Hydroxymethyl-, formylhydrazon 107
$C_7H_8N_4O_4S$
Äthanon, 2-Hydroxy-1-[5-nitro-[2]furyl]-, thiosemicarbazon 97
$C_7H_8N_4O_5$
Äthanon, 2-Hydroxy-1-[5-nitro-[2]furyl]-, semicarbazon 97
$C_7H_8OS_2$
Äthanon, 1-[5-Methylmercapto-[2]thienyl]- 94
Thiophen-2-carbaldehyd, 5-Äthylmercapto- 85
$C_7H_8O_2S$
Aceton, 1-Hydroxy-1-[2]thienyl- 114
Äthanon, 1-[2-Methoxy-[3]thienyl]- 100
—, 1-[5-Methoxy-[2]thienyl]- 93
Pyran-2-thion, 4-Methoxy-6-methyl- 91
Thiophen-2-carbaldehyd, 5-Äthoxy- 83
$C_7H_8O_3$
Aceton, 1-[2]Furyl-1-hydroxy- 113
Äthanon, 1-[5-Hydroxymethyl-[2]furyl]- 116
—, 1-[3-Methoxy-[2]furyl]- 93
Furan-2-carbaldehyd, 5-Methoxymethyl- 101
Pyran-2-on, 4-Äthoxy- 81
—, 4-Methoxy-6-methyl- 89
Pyran-4-on, 2-Methoxy-6-methyl- 92
—, 5-Methoxy-2-methyl- 91

$C_7H_8O_4$
Furan-2-on, 3-Acetoxy-4-methyl-5H- 58
—, 3-Acetoxy-5-methyl-5H- 56
—, 5-Acetoxy-5-methyl-5H- 55
$C_7H_8S_3$
Propan-2-thion, 1-[4-Mercapto-[2]thienyl]- 113
Thiophen-3-thiol, 5-[2-Mercaptopropenyl]- 113
$C_7H_9IO_4$
Furan-2-on, 3-Acetoxy-4-jod-5-methyl-dihydro- 12
$C_7H_9NOS_2$
Äthanon, 1-[5-Methylmercapto-[2]thienyl]-, oxim 95
$C_7H_9NO_3$
Furan-2-carbaldehyd, 5-Methoxymethyl-, oxim 104
$C_7H_9N_3OS_2$
Thiophen-2-carbaldehyd, 5-Methoxy-, thiosemicarbazon 84
—, 5-Methylmercapto-, semicarbazon 87
$C_7H_9N_3O_2S$
Furan-2-carbaldehyd, 5-Hydroxymethyl-, thiosemicarbazon 108
$C_7H_9N_3S_3$
Thiophen-2-carbaldehyd, 5-Methylmercapto-, thiosemicarbazon 87
$[C_7H_9O_3]^+$
Pyrylium, 4-Hydroxy-2-methoxy-6-methyl- 93
$[C_7H_9O_3]Cl$ 93
$[C_7H_9O_3]PtCl_6$ 93
$C_7H_{10}O_3$
Furan-2-on, 3-Äthoxy-5-methyl-5H- 55
—, 5-Äthoxy-5-methyl-5H- 55
—, 5-Äthyl-3-methoxy-5H- 59
—, 5-[1-Hydroxy-äthyl]-4-methyl-5H- 63
—, 5-Isopropoxy-5H- 51
—, 3-Methoxy-4,5-dimethyl-5H- 61
—, 4-Methoxy-5,5-dimethyl-5H- 60
—, 5-Methoxy-3,5-dimethyl-5H- 61
—, 5-Propoxy-5H- 51
2-Oxa-bicyclo[2.2.2]octan-3-on, 6-Hydroxy- 64
6-Oxa-bicyclo[3.2.1]octan-7-on, 4-Hydroxy- 63
Pyran-2-on, 4-Methoxy-6-methyl-5,6-dihydro- 59
$C_7H_{10}O_4$
Furan-2-on, 3-Acetoxy-4-methyl-dihydro- 16
—, 3-Acetoxy-5-methyl-dihydro- 11
—, 4-Acetoxy-4-methyl-dihydro- 16
—, 5-Acetoxymethyl-dihydro- 14
—, 5-Acetoxy-5-methyl-dihydro- 10

$C_7H_{11}ClO_3$
 Furan-2-on, 5-[3-Chlor-propyl]-3-hydroxy-dihydro- 30
$C_7H_{11}N_3O_2$
 Pyrano[4,3-c]pyrazol, 1-Carbamoyl-1,3a,4,6,7,7a-hexahydro- 19
$C_7H_{12}N_2O_2$
 Pyridazin-3-on, 6-[1-Hydroxy-äthyl]-5-methyl-4,5-dihydro-2H- 63
$C_7H_{12}O_3$
 Furan-2-on, 3-Äthoxy-5-methyl-dihydro- 11
 —, 5-Äthoxymethyl-dihydro- 12
 —, 5-Äthoxy-4-methyl-dihydro- 15
 —, 5-Äthoxy-5-methyl-dihydro- 9
 —, 3-Äthyl-4-hydroxymethyl-dihydro- 32
 —, 3-Äthyl-5-hydroxymethyl-dihydro- 31
 —, 4-Äthyl-3-hydroxy-4-methyl-dihydro- 32
 —, 5-Äthyl-3-hydroxy-4-methyl-dihydro- 31
 —, 4-[1-Hydroxy-äthyl]-5-methyl-dihydro- 31
 —, 5-[3-Hydroxy-propyl]-dihydro- 30
 —, 3-Hydroxy-3,5,5-trimethyl-dihydro- 33
 —, 4-Propoxy-dihydro- 6
 —, 5-Propoxy-dihydro- 7
 Furan-3-on, 4-Hydroxy-2-isopropyl-dihydro- 31
 Pyran-2-on, 4-Äthyl-4-hydroxy-tetrahydro- 28
 —, 4-Hydroxy-3,4-dimethyl-tetrahydro- 29
 —, 4-Hydroxy-3,5-dimethyl-tetrahydro- 29
 —, 4-Hydroxy-4,5-dimethyl-tetrahydro- 29
 —, 4-Hydroxy-5,5-dimethyl-tetrahydro- 29
 Pyran-4-on, 5-Hydroxy-2,2-dimethyl-tetrahydro- 28
 Valeriansäure, 2,4-Dihydroxy-3,3-dimethyl-, 4-lacton 33

C_8-Gruppe

$C_8H_2Cl_4O_5$
 Äther, Bis-[3,4-dichlor-5-oxo-2,5-dihydro-[2]furyl]- 53
$C_8H_4Br_2O_3$
 Phthalid, 5,7-Dibrom-4-hydroxy- 164
$C_8H_5BrO_3$
 Benzofuran-2-on, 7-Brom-5-hydroxy-3H- 155
$C_8H_5ClO_3$
 Phthalid, 4-Chlor-7-hydroxy- 166
 —, 7-Chlor-6-hydroxy- 165

$C_8H_6BrCl_3O_2S$
 Butan-1-on, 1-[5-Brom-[2]thienyl]-4,4,4-trichlor-3-hydroxy- 117
$C_8H_6Cl_4O_2S$
 Butan-1-on, 4,4,4-Trichlor-1-[5-chlor-[2]thienyl]-3-hydroxy- 117
$C_8H_6O_3$
 Benzofuran-2-on, 3-Hydroxy-3H- 154
 —, 5-Hydroxy-3H- 155
 —, 6-Hydroxy-3H- 155
 Phthalid, 4-Hydroxy- 163
 —, 5-Hydroxy- 164
 —, 6-Hydroxy- 165
 —, 7-Hydroxy- 165
$C_8H_7BF_2O_2S$
 But-2-en-1-on, 3-Difluorboryloxy-1-[2]thienyl- 138
 But-3-en-2-on, 4-Difluorboryloxy-4-[2]thienyl- 138
$C_8H_7ClO_4$
 Pyran-4-on, 5-Acetoxy-2-chlormethyl- 92
$C_8H_7Cl_2N_3O_5$
 Äthanon, 2-Hydroxy-1-[5-nitro-[2]furyl]-, [dichloracetyl-hydrazon] 97
$C_8H_7Cl_3O_2S$
 Butan-1-on, 4,4,4-Trichlor-3-hydroxy-1-[2]thienyl- 116
$C_8H_7NO_6$
 Äthanon, 2-Acetoxy-1-[5-nitro-[2]furyl]- 96
$C_8H_8N_4O_6$
 Äthanon, 2-Hydroxy-1-[5-nitro-[2]furyl]-, oxamoylhydrazon 97
$C_8H_8O_3S$
 Äthanon, 2-Acetoxy-1-[2]thienyl- 99
$C_8H_8O_4$
 Äthanon, 2-Acetoxy-1-[2]furyl- 95
 Furan-2-carbaldehyd, 5-Acetoxymethyl- 102
$C_8H_9BrO_3$
 Furan-2-on, 3-Brom-5-isopropyliden-4-methoxy-5H- 114
 —, 5-[β-Brom-isopropyliden]-4-methoxy-5H- 114
$C_8H_9ClO_3$
 Pyran-4-on, 5-Äthoxy-2-chlormethyl- 92
$C_8H_9IO_3$
 Furan-2-on, 5-Isopropyliden-3-jod-4-methoxy-5H- 114
$C_8H_9NO_4S$
 Äthanon, 1-[5-Äthoxy-4-nitro-[2]thienyl]- 94
$C_8H_{10}Br_2O_3$
 Furan-2-on, 3,4-Dibrom-5-butoxy-5H- 54
$C_8H_{10}Cl_2O_3$
 Furan-2-on, 5-Butoxy-3,4-dichlor-5H- 52

[C₈H₁₀NO₄S]⁺
  Sulfonium, Dimethyl-[2-(5-nitro-[2]furyl)-
    oxo-2-äthyl]- 99
  [C₈H₁₀NO₄S]Br 99
C₈H₁₀N₄O₅
  Äthanon, 2-Hydroxy-1-[5-nitro-[2]-
    furyl]-, [2-methyl-semicarbazon]
    98
C₈H₁₀OS₂
  Äthanon, 1-[5-Methyl-2-
    methylmercapto-[3]thienyl]- 115
  Thiophen-2-carbaldehyd,
    5-Isopropylmercapto- 85
  —, 5-Propylmercapto- 85
C₈H₁₀O₂S
  Butan-2-on, 3-Hydroxy-3-[2]thienyl-
    117
  Thiophen-2-carbaldehyd, 5-Propoxy-
    83
C₈H₁₀O₃
  Äthanon, 1-[5-Hydroxymethyl-2-methyl-
    [3]furyl]- 117
  Butan-2-on, 4-[2]Furyl-4-hydroxy-
    117
  Furan-2-carbaldehyd, 5-Äthoxymethyl-
    101
  Furan-2-on, 5-Isopropenyl-4-methoxy-
    5H- 115
  —, 5-Isopropyliden-4-methoxy-5H- 114
  3,5-Methano-cyclopenta[b]furan-2-on,
    6-Hydroxy-hexahydro- 118
  Pyran-2-on, 4-Äthoxy-6-methyl- 90
C₈H₁₀O₄
  Furan-2-on, 3-Acetoxy-5-äthyl-5H- 59
  —, 3-Acetoxy-4,5-dimethyl-5H- 61
  —, 4-Acetoxy-5,5-dimethyl-5H- 60
  —, 5-Acetoxy-3,5-dimethyl-5H- 61
C₈H₁₀O₄S
  Sulfid, Bis-[2-oxo-tetrahydro-[3]-
    furyl]- 5
C₈H₁₀O₄S₂
  Disulfid, Bis-[2-oxo-tetrahydro-[3]-
    furyl]- 6
C₈H₁₁N₃OS₂
  Thiophen-2-carbaldehyd, 5-Äthoxy-,
    thiosemicarbazon 84
C₈H₁₁N₃O₂S
  Aceton, 1-Hydroxy-1-[2]thienyl-,
    semicarbazon 114
C₈H₁₁N₃O₃
  Aceton, 1-[2]Furyl-1-hydroxy-,
    semicarbazon 114
  Äthanon, 1-[5-Hydroxymethyl-[2]furyl]-,
    semicarbazon 116
C₈H₁₁N₃S₃
  Thiophen-2-carbaldehyd,
    5-Äthylmercapto-,
    thiosemicarbazon 87

[C₈H₁₁O₂S]⁺
  Sulfonium, [2-[2]Furyl-2-oxo-äthyl]-
    dimethyl- 98
  [C₈H₁₁O₂S]Br 98
C₈H₁₂O₃
  Benzofuran-2-on, 3-Hydroxy-hexahydro-
    64
  —, 7-Hydroxy-hexahydro- 65
  Furan-2-on, 4-Äthoxy-3,5-dimethyl-
    5H- 61
  —, 4-Äthoxy-5,5-dimethyl-5H- 60
  —, 5-Äthoxy-3,3-dimethyl-3H- 61
  —, 5-Allyloxy-5-methyl-dihydro- 10
  —, 5-Butoxy-5H- 51
  —, 5-Isopropyl-3-methoxy-5H- 62
  —, 4-Methoxy-5-propyl-5H- 62
  Furan-3-on, 2-[α-Methoxy-isopropyl]-
    62
C₈H₁₂O₄
  Furan-2-on, 3-[2-Acetoxy-äthyl]-
    dihydro- 21
  —, 3-Acetoxy-4,4-dimethyl-dihydro-
    23
  —, 4-Butyryloxy-dihydro- 7
C₈H₁₄O₂S
  Pyran-2-on, 6-[3-Mercapto-propyl]-
    tetrahydro- 34
C₈H₁₄O₃
  Äthanon, 1-[4-Hydroxy-4-methyl-
    tetrahydro-pyran-3-yl]- 35
  Furan-2-on, 5-Äthoxy-5-äthyl-dihydro-
    20
  —, 3-Äthyl-4-[2-hydroxy-äthyl]-
    dihydro- 39
  —, 5-Butoxy-dihydro- 8
  —, 3,5-Diäthyl-4-hydroxy-dihydro- 39
  —, 4,4-Diäthyl-3-hydroxy-dihydro-
    39
  —, 3-[1-Hydroxy-äthyl]-3,4-dimethyl-
    dihydro- 40
  —, 3-[2-Hydroxy-äthyl]-5,5-dimethyl-
    dihydro- 39
  —, 5-[4-Hydroxy-butyl]-dihydro- 38
  —, 5-Hydroxymethyl-3-propyl-dihydro-
    38
  —, 5-Isopropoxymethyl-dihydro- 12
  —, 5-Isopropoxy-5-methyl-dihydro- 9
  —, 5-Propoxymethyl-dihydro- 12
  Furan-3-on, 4-Hydroxy-2,2,5,5-
    tetramethyl-dihydro- 40
  Hexan-3-on, 1,2-Epoxy-5-methoxy-2-
    methyl- 33
  —, 4,5-Epoxy-1-methoxy-2-methyl- 33
  —, 4,5-Epoxy-1-methoxy-5-methyl- 34
  Oxepan-2-on, 7-Äthoxy- 17
  —, 7-[2-Hydroxy-äthyl]- 34
  —, 6-Hydroxy-3,6-dimethyl- 34
  Pyran-2-carbaldehyd, 5-Hydroxy-2,5-
    dimethyl-tetrahydro- 36

$C_8H_{14}O_3$ *(Fortsetzung)*
 Pyran-3-carbaldehyd, 4-Hydroxy-2,6-dimethyl-tetrahydro- 37
 Pyran-2-on, 3-[3-Hydroxy-propyl]-tetrahydro- 35
 —, 4-Hydroxy-3,4,5-trimethyl-tetrahydro- 38
 Valeriansäure, 4,5-Dihydroxy-2-isopropyl-, 4-lacton 39
 —, 4,5-Dihydroxy-3-isopropyl-, 4-lacton 38

$C_8H_{15}N_3O_3$
 Furan-3-on, 4-Hydroxy-2-isopropyl-dihydro-, semicarbazon 31

$C_8H_{16}O_4$
 Pyran-3-on, 6-Methoxy-dihydro-, dimethylacetal 9

C_9-Gruppe

$C_9H_3N_3O_9$
 Cumarin, 7-Hydroxy-3,6,8-trinitro- 303

$C_9H_4Cl_4O_3$
 Phthalid, 7-Chlor-6-hydroxy-3-trichlormethyl- 176

$C_9H_4N_2O_7$
 Cumarin, 8-Hydroxy-5,7-dinitro- 305

$C_9H_5BrO_3$
 Cumarin, 3-Brom-7-hydroxy- 302
 —, 6-Brom-7-hydroxy- 302

$C_9H_5ClO_3$
 Cumarin, 3-Chlor-5-hydroxy- 292
 —, 6-Chlor-7-hydroxy- 302
 —, 8-Chlor-7-hydroxy- 302

$C_9H_5NO_5$
 Chromen-4-on, 6-Hydroxy-5-nitro- 283
 —, 7-Hydroxy-8-nitro- 284
 Cumarin, 7-Hydroxy-6-nitro- 303
 —, 8-Hydroxy-7-nitro- 305

$C_9H_6Br_2O_3$
 Chroman-2-on, 5,7-Dibrom-6-hydroxy- 167
 —, 6,8-Dibrom-7-hydroxy- 168

$C_9H_6ClO_5P$
 Cumarin, 7-[Chlor-hydroxy-phosphoryloxy]- 301

$C_9H_6N_2O_7$
 Phthalid, 7-Hydroxy-3-methyl-4,6-dinitro- 176

$C_9H_6O_2S$
 Benzo[b]thiophen-2-carbaldehyd, 3-Hydroxy- 306
 Thiochromen-2-on, 7-Hydroxy- 303

$C_9H_6O_3$
 Benzofuran-5-carbaldehyd, 4-Hydroxy- 307
 Chromen-4-on, 6-Hydroxy- 283
 —, 7-Hydroxy- 284

Cumarin, 5-Hydroxy- 291
—, 6-Hydroxy- 293
—, 7-Hydroxy- 294
—, 8-Hydroxy- 304
Cyclohepta[b]furan-4-on, 5-Hydroxy- 282

$C_9H_6O_6S$
 Cumarin, 3-Sulfooxy- 285
 —, 5-Sulfooxy- 292
 —, 6-Sulfooxy- 293
 —, 7-Sulfooxy- 301
 —, 8-Sulfooxy- 304

$C_9H_7ClO_3$
 Benzofuran-2-on, 4-Chlor-5-hydroxy-7-methyl-3H- 174
 Phthalid, 4-Chlor-7-hydroxy-3-methyl- 176
 —, 4-Chlor-7-methoxy- 166
 —, 7-Chlor-6-methoxy- 165

$C_9H_7NO_5$
 Phthalid, 6-Methoxy-4-nitro- 165

$C_9H_8N_4O_5$
 Äthanon, 2-Hydroxy-1-[5-nitro-[2]furyl]-, [cyanacetyl-hydrazon] 97

$C_9H_8O_2S$
 Thiochroman-4-on, 6-Hydroxy- 170

$C_9H_8O_3$
 Benzofuran-5-carbaldehyd, 6-Hydroxy-2,3-dihydro- 173
 Benzofuran-2-on, 5-Hydroxy-4-methyl-3H- 173
 —, 5-Hydroxy-6-methyl-3H- 174
 —, 6-Methoxy-3H- 156
 Chroman-2-on, 5-Hydroxy- 167
 —, 6-Hydroxy- 167
 —, 7-Hydroxy- 167
 Chroman-4-on, 6-Hydroxy- 170
 —, 7-Hydroxy- 171
 Phthalid, 4-Hydroxymethyl- 177
 —, 4-Hydroxy-3-methyl- 177
 —, 4-Hydroxy-5-methyl- 178
 —, 4-Hydroxy-7-methyl- 178
 —, 5-Hydroxy-3-methyl- 176
 —, 5-Hydroxy-6-methyl- 179
 —, 6-Hydroxy-3-methyl- 176
 —, 6-Hydroxy-5-methyl- 178
 —, 7-Hydroxy-3-methyl- 175
 —, 7-Hydroxy-6-methyl- 179
 —, 3-Methoxy- 156
 —, 4-Methoxy- 163
 —, 5-Methoxy- 164
 —, 6-Methoxy- 165
 —, 7-Methoxy- 166

$C_9H_9NO_4S$
 Äthanon, 1-[5-Allyloxy-4-nitro-[2]thienyl]- 94

$C_9H_{10}Br_2O_4$
 Furan-2-on, 3,4-Dibrom-5-tetrahydrofurfuryloxy-5H- 54

$C_9H_{10}Cl_2O_4$
Furan-2-on, 3,4-Dichlor-5-tetrahydrofurfuryloxy-5H- 53
$C_9H_{10}N_4O_6$
Äthanon, 2-Acetoxy-1-[5-nitro-[2]furyl]-, semicarbazon 98
$C_9H_{10}O_3$
Pyran-4-on, 5-Allyloxy-2-methyl- 91
$C_9H_{10}O_3S$
Thiophen-2-carbaldehyd, 5-[2-Acetoxyäthyl]- 115
$C_9H_{10}O_4$
Äthanon, 1-[5-Acetoxymethyl-[2]furyl]- 116
$C_9H_{11}NO_4$
Pyran-2-on, 4-Dimethylcarbamoyloxy-6-methyl- 90
$C_9H_{11}N_3O_4$
Äthanon, 2-Acetoxy-1-[2]furyl-, semicarbazon 96
Furan-2-carbaldehyd, 5-Hydroxymethyl-, [methyloxamoyl-hydrazon] 107
$C_9H_{12}N_4O_6$
Äthanon, 2-Hydroxy-1-[5-nitro-[2]furyl]-, [2-(2-hydroxy-äthyl)-semicarbazon] 98
$C_9H_{12}OS_2$
Äthanon, 1-[5-Isopropylmercapto-[2]thienyl]- 94
—, 1-[5-Propylmercapto-[2]thienyl]- 94
Thiophen-2-carbaldehyd, 5-Butylmercapto- 85
—, 5-Isobutylmercapto- 85
$C_9H_{12}O_2S$
Thiophen-2-carbaldehyd, 5-Butoxy- 83
$C_9H_{12}O_3$
Benzofuran-2-on, 3-Hydroxy-3-methyl-3a,4,5,6-tetrahydro-3H- 121
Butan-2-on, 4-[2]Furyl-4-hydroxy-3-methyl- 118
Chroman-2-on, 3-Hydroxy-4a,5,8,8a-tetrahydro- 120
Furan-2-carbaldehyd, 5-Isopropoxymethyl- 102
3,5-Methano-cyclopenta[b]furan-2-on, 6-Hydroxy-3-methyl-hexahydro- 121
$C_9H_{12}O_3S_2$
Äthanon, 1-[5-Äthansulfonylmethyl-[2]thienyl]- 116
$C_9H_{12}O_4$
Furan-2-on, 3-Acetoxy-5-äthyl-4-methyl-5H- 63
—, 3-Acetoxy-5-isopropyl-5H- 62
—, 3-Acetoxy-5-propyl-5H- 62
$C_9H_{13}NO_3S_2$
Äthanon, 1-[5-Äthansulfonylmethyl-[2]thienyl]-, oxim 116

$C_9H_{13}NO_4$
Furan-2-on, 3-Äthyl-4-dimethylcarbamoyloxy-5H- 60
$C_9H_{13}N_3OS_2$
Thiophen-2-carbaldehyd, 5-Propoxy-, thiosemicarbazon 84
$C_9H_{13}N_3O_3$
Äthanon, 1-[5-Hydroxymethyl-2-methyl-[3]furyl]-, semicarbazon 118
$C_9H_{13}N_3S_3$
Thiophen-2-carbaldehyd, 5-Isopropylmercapto-, thiosemicarbazon 87
—, 5-Propylmercapto-, thiosemicarbazon 87
[$C_9H_{14}N_3O_2S$]⁺
Sulfonium, [2-[2]Furyl-2-semicarbazono-äthyl]-dimethyl- 98
[$C_9H_{14}N_3O_2S$]Cl 98
$C_9H_{14}O_3$
Benzofuran-2-on, 3-Hydroxy-3-methyl-hexahydro- 68
—, 7-Hydroxy-3-methyl-hexahydro- 68
—, 3-Methoxy-hexahydro- 64
Chroman-2-on, 3-Hydroxy-hexahydro- 68
Furan-3-on, 2-[α-Äthoxy-isopropyl]- 63
6-Oxa-bicyclo[3.2.1]octan-7-on, 4-Hydroxy-5,8-dimethyl- 69
$C_9H_{14}O_4$
Furan-2-on, 5-[3-Acetoxy-propyl]-dihydro- 31
—, 4,4-Dimethyl-3-propionyloxy-dihydro- 24
Pyran-2-on, 4-Acetoxy-3,5-dimethyl-tetrahydro- 30
$C_9H_{15}NO_2S_2$
Furan-2-on, 3-Diäthylthiocarbamoylmercapto-dihydro- 5
$C_9H_{15}NO_4$
$β$-Alanin, N-[3-Hydroxy-4,4-dimethyl-dihydro-[2]furyliden]- 28
$C_9H_{16}N_2O_6$
Pentan-1-ol, 2,3-Epoxy-5,5-bis-methoxycarbonylamino- 17
$C_9H_{16}O_2S$
Thiophen-3-on, 2-[4-Methoxy-butyl]-dihydro- 38
$C_9H_{16}O_3$
Äthanon, 1-[6-Methoxy-6-methyl-tetrahydro-pyran-2-yl]- 35
Furan-2-on, 5-Äthoxymethyl-3-äthyl-dihydro- 31
—, 5-Butoxymethyl-dihydro- 12
—, 5-Butoxy-5-methyl-dihydro- 9
—, 5-sec-Butoxy-5-methyl-dihydro- 10
—, 3-Butyl-4-hydroxy-5-methyl-dihydro- 41

$C_9H_{16}O_3$ *(Fortsetzung)*
  Furan-2-on, 3-[1-Hydroxy-äthyl]-4,5,5-trimethyl-dihydro- 42
  —, 3-Hydroxy-4-pentyl-dihydro- 41
  —, 5-Isobutoxymethyl-dihydro- 13
  Heptan-4-on, 2,3-Epoxy-6-methoxy-3-methyl- 40
  Oxepan-2-on, 7-[2-Methoxy-äthyl]- 34
  Pyran-2-carbaldehyd, 6-Methoxy-2,5-dimethyl-tetrahydro- 36
  Pyran-2-on, 5-Methoxymethyl-3,5-dimethyl-tetrahydro- 37
  Valeriansäure, 2-Butyl-4,5-dihydroxy-, 4-lacton 41
  —, 4,5-Dihydroxy-2-isobutyl-, 4-lacton 42

$C_9H_{17}N_3O_3$
  Äthanon, 1-[4-Hydroxy-4-methyl-tetrahydro-pyran-3-yl]-, semicarbazon 35

$C_9H_{18}O_4$
  Pyran-2-carbaldehyd, 6-Methoxy-tetrahydro-, dimethylacetal 18

C_{10}-Gruppe

$C_{10}H_5Br_2Cl_3O_3$
  Phthalid, 5,7-Dibrom-4-hydroxy-6-methyl-3-trichlormethyl- 196
  —, 5,7-Dibrom-6-hydroxy-4-methyl-3-trichlormethyl- 197

$C_{10}H_5Br_3O_3$
  Chromen-4-on, 3,6,8-Tribrom-5-hydroxy-2-methyl- 314
  —, 3,6,8-Tribrom-7-hydroxy-2-methyl- 320
  Cumarin, 3,5,7-Tribrom-6-hydroxy-4-methyl- 332
  —, 3,6,8-Tribrom-5-hydroxy-4-methyl- 327
  —, 3,6,8-Tribrom-7-hydroxy-4-methyl- 349

$C_{10}H_5Cl_3O_3$
  Äthanon, 2,2,2-Trichlor-1-[6-hydroxy-benzofuran-2-yl]- 361
  Cumarin, 3,6,8-Trichlor-7-hydroxy-4-methyl- 347

$C_{10}H_5F_3O_3$
  Äthanon, 2,2,2-Trifluor-1-[6-hydroxy-benzofuran-2-yl]- 360
  Cumarin, 7-Hydroxy-4-trifluormethyl- 343

$C_{10}H_5I_3O_3$
  Cumarin, 7-Hydroxy-3,6,8-trijod-4-methyl- 350

$C_{10}H_5NOS_2$
  Thiochromen-2-on, 7-Thiocyanato- 303

$C_{10}H_5N_3O_9$
  Cumarin, 5-Hydroxy-4-methyl-3,6,8-trinitro- 329

  —, 7-Hydroxy-4-methyl-3,6,8-trinitro- 352

$C_{10}H_6BrNO_5$
  Chromen-4-on, 6-Brom-5-hydroxy-2-methyl-8-nitro- 315
  —, 8-Brom-5-hydroxy-2-methyl-6-nitro- 315
  —, 8-Brom-7-hydroxy-2-methyl-6-nitro- 321

$C_{10}H_6Br_2O_3$
  Chromen-4-on, 5,8-Dibrom-6-hydroxy-2-methyl- 316
  —, 6,8-Dibrom-5-hydroxy-2-methyl- 314
  —, 6,8-Dibrom-7-hydroxy-2-methyl- 320
  Cumarin, 3,5-Dibrom-6-hydroxy-4-methyl- 331
  —, 3,6-Dibrom-7-hydroxy-4-methyl- 349
  —, 3,7-Dibrom-6-hydroxy-4-methyl- 331
  —, 3,8-Dibrom-7-hydroxy-4-methyl- 349
  —, 5,7-Dibrom-6-hydroxy-4-methyl- 331
  —, 6,8-Dibrom-5-hydroxy-4-methyl- 327

$C_{10}H_6Cl_2O_3$
  Cumarin, 3,6-Dichlor-7-hydroxy-4-methyl- 346
  —, 3,8-Dichlor-7-hydroxy-4-methyl- 346
  —, 6,8-Dichlor-7-hydroxy-4-methyl- 346
  —, 3,4-Dichlor-6-methoxy- 293
  Furan-2-on, 3,4-Dichlor-5-[4-hydroxy-phenyl]-5H- 310

$C_{10}H_6Cl_4O_3$
  Benzoesäure, 2,3,4,5-Tetrachlor-6-propionyl- 194

$C_{10}H_6INO_5$
  Chromen-4-on, 5-Hydroxy-6-jod-2-methyl-8-nitro- 315
  —, 5-Hydroxy-8-jod-2-methyl-6-nitro- 315

$C_{10}H_6I_2O_3$
  Chromen-4-on, 5-Hydroxy-6,8-dijod-2-methyl- 314
  —, 7-Hydroxy-6,8-dijod-2-methyl- 320
  Cumarin, 5-Hydroxy-6,8-dijod-4-methyl- 328
  —, 7-Hydroxy-3,6-dijod-4-methyl- 350
  —, 7-Hydroxy-3,8-dijod-4-methyl- 350
  —, 7-Hydroxy-6,8-dijod-4-methyl- 350

$C_{10}H_6N_2O_7$
  Chromen-4-on, 5-Hydroxy-2-methyl-6,8-dinitro- 315
  —, 6-Hydroxy-2-methyl-5,8-dinitro- 317

$C_{10}H_6N_2O_7$ (Fortsetzung)
  Chromen-4-on, 7-Hydroxy-2-methyl-6,8-dinitro- 321
  Cumarin, 5-Hydroxy-4-methyl-6,8-dinitro- 329
  —, 6-Hydroxy-4-methyl-5,7-dinitro- 332
  —, 7-Hydroxy-4-methyl-6,8-dinitro- 352
  —, 4-Methoxy-3,6-dinitro- 291
  —, 8-Methoxy-5,7-dinitro- 305

$C_{10}H_7BrO_2S$
  Thiochromen-4-on, 2-Brom-3-methoxy- 283

$C_{10}H_7BrO_3$
  Chromen-4-on, 8-Brom-5-hydroxy-2-methyl- 313
  —, 8-Brom-6-hydroxy-2-methyl- 316
  —, 8-Brom-7-hydroxy-2-methyl- 319
  —, 3-Brom-2-methoxy- 282
  —, 2-Brommethyl-7-hydroxy- 319
  Crotonsäure, 2-Brom-4-hydroxy-3-phenoxy-, lacton 50
  —, 3-Brom-4-hydroxy-2-phenoxy-, lacton 50
  Cumarin, 3-Brom-6-hydroxy-4-methyl- 331
  —, 3-Brom-7-hydroxy-4-methyl- 347
  —, 6-Brom-7-hydroxy-4-methyl- 347
  —, 8-Brom-5-hydroxy-4-methyl- 327
  —, 8-Brom-7-hydroxy-4-methyl- 348
  —, 3-Brom-4-methoxy- 291
  —, 3-Brom-7-methoxy- 302
  —, 5-Brom-8-methoxy- 305
  —, 6-Brom-8-methoxy- 305
  —, 4-Brommethyl-7-hydroxy- 348

$C_{10}H_7ClO_2S$
  Äthanon, 1-[5-Chlor-3-hydroxy-benzo[b]thiophen-2-yl]- 358
  Benzo[b]thiophen-2-carbaldehyd, 6-Chlor-3-hydroxy-4-methyl- 365

$C_{10}H_7ClO_3$
  Chromen-4-on, 3-Chlor-2-methoxy- 282
  Crotonsäure, 2-Chlor-4-hydroxy-3-phenoxy-, lacton 50
  —, 3-Chlor-4-hydroxy-2-phenoxy-, lacton 50
  Cumarin, 3-Chlor-7-hydroxy-4-methyl- 343
  —, 6-Chlor-7-hydroxy-4-methyl- 344
  —, 7-Chlor-6-hydroxy-4-methyl- 331
  —, 8-Chlor-7-hydroxy-4-methyl- 345
  —, 3-Chlor-4-methoxy- 290
  —, 3-Chlor-5-methoxy- 292
  —, 5-Chlor-8-methoxy- 304
  —, 6-Chlor-8-methoxy- 304

$C_{10}H_7ClO_4$
  Phthalid, 6-Acetoxy-7-chlor- 165

$C_{10}H_7ClO_4S$
  Äthanon, 1-[5-Chlor-3-hydroxy-1,1-dioxo-$1\lambda^6$-benzo[b]thiophen-2-yl]- 358

$C_{10}H_7Cl_2O_5P$
  Cumarin, 6-Chlor-7-[chlor-hydroxy-phosphoryloxy]-4-methyl- 345

$C_{10}H_7Cl_3O_3$
  Furan-2-on, 3-[2,4,5-Trichlor-phenoxy]-dihydro- 4
  Phthalid, 4-Hydroxy-5-methyl-3-trichlormethyl- 196
  —, 4-Hydroxy-6-methyl-3-trichlormethyl- 196
  —, 6-Hydroxy-4-methyl-3-trichlormethyl- 197
  —, 6-Hydroxy-5-methyl-3-trichlormethyl- 196
  —, 6-Methoxy-3-trichlormethyl- 176

$C_{10}H_7IO_3$
  Chromen-4-on, 5-Hydroxy-6-jod-2-methyl- 314
  —, 5-Hydroxy-8-jod-2-methyl- 314
  —, 7-Hydroxy-6-jod-2-methyl- 320
  —, 7-Hydroxy-8-jod-2-methyl- 320
  Cumarin, 5-Hydroxy-6-jod-4-methyl- 327
  —, 5-Hydroxy-8-jod-4-methyl- 328
  —, 7-Hydroxy-8-jod-4-methyl- 349

$C_{10}H_7NO_5$
  Chromen-4-on, 5-Hydroxy-2-methyl-6-nitro- 314
  —, 5-Hydroxy-2-methyl-8-nitro- 315
  —, 6-Hydroxy-2-methyl-8-nitro- 317
  —, 7-Hydroxy-2-methyl-6-nitro- 320
  —, 7-Hydroxy-2-methyl-8-nitro- 321
  —, 5-Methoxy-8-nitro- 283
  —, 6-Methoxy-5-nitro- 284
  —, 7-Methoxy-8-nitro- 284
  Cumarin, 5-Hydroxy-4-methyl-6-nitro- 328
  —, 5-Hydroxy-4-methyl-8-nitro- 328
  —, 6-Hydroxy-4-methyl-5-nitro- 332
  —, 7-Hydroxy-4-methyl-6-nitro- 350
  —, 7-Hydroxy-4-methyl-8-nitro- 351
  —, 6-Methoxy-8-nitro- 293
  —, 8-Methoxy-5-nitro- 305
  —, 8-Methoxy-6-nitro- 305
  —, 8-Methoxy-7-nitro- 305

$C_{10}H_8Br_2O_3$
  Isochroman-1-on, 5,7-Dibrom-8-hydroxy-3-methyl- 189
  Phthalid, 5,7-Dibrom-6-hydroxy-3,3-dimethyl- 195
  —, 3-Dibrommethyl-3-methoxy- 174

$C_{10}H_8Cl_2O_3$
  Furan-2-on, 3-[2,4-Dichlor-phenoxy]-dihydro- 4

$C_{10}H_8HgO_4$
  Cumarin, 6-Hydroxomercuriooxy-4-methyl- 329

$C_{10}H_8N_2O_7$
Isochroman-1-on, 8-Hydroxy-3-methyl-5,7-dinitro- 190
$C_{10}H_8OS_2$
Thiochromen-2-thion, 6-Methoxy- 293
—, 8-Methoxy- 306
$C_{10}H_8O_2S$
Äthanon, 1-[3-Hydroxy-benzo[b]-thiophen-2-yl]- 356
Benzo[b]thiophen-3-carbaldehyd, 2-Methoxy- 307
Benzo[b]thiophen-2-on, 3-Methoxymethylen-3H- 307
Thiochromen-2-on, 7-Methoxy- 303
Thiochromen-4-on, 6-Methoxy- 284
—, 8-Methoxy- 284
$C_{10}H_8O_3$
Äthanon, 1-Benzofuran-2-yl-2-hydroxy- 361
—, 1-[3-Hydroxy-benzofuran-2-yl]- 355
—, 1-[4-Hydroxy-benzofuran-2-yl]- 359
—, 1-[4-Hydroxy-benzofuran-5-yl]- 363
—, 1-[5-Hydroxy-benzofuran-6-yl]- 364
—, 1-[6-Hydroxy-benzofuran-2-yl]- 359
—, 1-[6-Hydroxy-benzofuran-5-yl]- 364
Benzofuran-5-carbaldehyd, 6-Methoxy- 307
Chromen-4-on, 2-Hydroxymethyl- 322
—, 5-Hydroxy-2-methyl- 313
—, 6-Hydroxy-2-methyl- 316
—, 6-Hydroxy-3-methyl- 322
—, 7-Hydroxy-2-methyl- 317
—, 7-Hydroxy-3-methyl- 323
—, 2-Methoxy- 282
—, 5-Methoxy- 283
—, 6-Methoxy- 283
Cumarin, 3-Hydroxymethyl- 325
—, 5-Hydroxy-4-methyl- 326
—, 5-Hydroxy-7-methyl- 354
—, 6-Hydroxy-3-methyl- 324
—, 6-Hydroxy-4-methyl- 329
—, 6-Hydroxy-7-methyl- 354
—, 7-Hydroxy-3-methyl- 324
—, 7-Hydroxy-4-methyl- 332
—, 7-Hydroxy-5-methyl- 352
—, 7-Hydroxy-6-methyl- 353
—, 7-Hydroxy-8-methyl- 354
—, 8-Hydroxy-3-methyl- 325
—, 3-Methoxy- 284
—, 4-Methoxy- 286
—, 5-Methoxy- 292
—, 6-Methoxy- 293
—, 7-Methoxy- 295

—, 8-Methoxy- 304
Cyclohepta[b]furan-4-on, 5-Methoxy- 282
Furan-2-on, 4-[3-Hydroxy-phenyl]-5H- 311
—, 4-[4-Hydroxy-phenyl]-5H- 311
Isocumarin, 5-Hydroxy-7-methyl- 355
—, 8-Hydroxy-3-methyl- 355
—, 7-Methoxy- 306
Phthalid, Methoxymethylen- 307
$C_{10}H_8O_4$
Phthalid, 3-Acetoxy- 160
—, 4-Acetoxy- 164
—, 5-Acetoxy- 164
—, 7-Acetoxy- 166
$C_{10}H_8O_4S$
Äthanon, 1-[3-Hydroxy-1,1-dioxo-1λ^6-benzo[b]thiophen-2-yl]- 356
Cumarin, 3-Methansulfonyl- 285
$C_{10}H_8O_6S$
Cumarin, 4-Methyl-7-sulfooxy- 342
$C_{10}H_9BrO_3$
Benzofuran-2-on, 4-Brom-5-hydroxy-6,7-dimethyl-3H- 193
—, 6-Brom-5-hydroxy-4,7-dimethyl-3H- 192
Chroman-4-on, 3-Brom-6-methoxy- 170
—, 3-Brom-7-methoxy- 172
Phthalid, 3-Brommethyl-3-methoxy- 174
$C_{10}H_9ClO_3$
Furan-2-on, 3-[2-Chlor-phenoxy]-dihydro- 3
—, 3-[3-Chlor-phenoxy]-dihydro- 4
—, 3-[4-Chlor-phenoxy]-dihydro- 4
—, 5-[4-Chlor-phenoxy]-dihydro- 8
Phthalid, 3-[2-Chlor-äthoxy]- 156
—, 4-Chlor-7-methoxy-3-methyl- 176
—, 7-Chlormethyl-4-methoxy- 178
—, 7-Chlormethyl-6-methoxy- 177
$C_{10}H_9IO_3$
Furan-2-on, 3-Hydroxy-4-jod-5-phenyl-dihydro- 180
Phthalid, 7-Jod-6-methoxy-5-methyl- 179
$C_{10}H_9NO_3$
Äthanon, 1-[4-Hydroxy-benzofuran-2-yl]-, oxim 359
$C_{10}H_9NO_4$
Phthalid, 3-Carbamoylmethoxy- 161
$C_{10}H_9NO_5$
Isochroman-1-on, 8-Hydroxy-3-methyl-5-nitro- 189
—, 8-Hydroxy-3-methyl-7-nitro- 189
Phthalid, 6-Methoxy-5-methyl-7-nitro- 179
—, 3-Methoxy-3-nitromethyl- 174
—, 5-Methoxy-3-nitromethyl- 177
—, 6-Methoxy-3-nitromethyl- 176

$C_{10}H_9N_3O_2S$
Benzo[b]thiophen-2-carbaldehyd,
  3-Hydroxy-, semicarbazon 306
$C_{10}H_9N_3O_3$
Benzofuran-5-carbaldehyd, 4-Hydroxy-,
  semicarbazon 307
$C_{10}H_{10}O_2S$
Benzo[b]thiophen-2-on, 6-Äthoxy-3H-
  156
Thiochroman-4-on, 6-Methoxy- 170
—, 7-Methoxy- 172
—, 8-Methoxy- 172
$C_{10}H_{10}O_3$
Benzofuran-5-carbaldehyd, 6-Hydroxy-
  3-methyl-2,3-dihydro- 191
—, 6-Methoxy-2,3-dihydro- 173
Benzofuran-4-ol, 2-Acetyl-2,3-
  dihydro- 190
Benzofuran-5-ol, 6-Acetyl-2,3-
  dihydro- 191
Benzofuran-6-ol, 5-Acetyl-2,3-
  dihydro- 190
Benzofuran-2-on, 5-Äthoxy-3H- 155
—, 5-Hydroxy-4,6-dimethyl-3H- 192
—, 5-Hydroxy-4,7-dimethyl-3H- 192
—, 7-Hydroxy-3,6-dimethyl-3H- 192
—, 5-Methoxy-6-methyl-3H- 174
Chroman-2-on, 5-Hydroxy-4-methyl-
  187
—, 6-Hydroxy-3-methyl- 187
—, 6-Hydroxy-8-methyl- 188
—, 7-Hydroxy-4-methyl- 187
—, 5-Methoxy- 167
—, 8-Methoxy- 168
Chroman-3-on, 7-Methoxy- 169
—, 8-Methoxy- 169
Chroman-4-on, 3-Hydroxy-2-methyl-
  185
—, 6-Hydroxy-2-methyl- 186
—, 7-Hydroxy-2-methyl- 186
—, 6-Methoxy- 170
—, 7-Methoxy- 171
—, 8-Methoxy- 172
Furan-2-on, 5-[2-Hydroxy-phenyl]-
  dihydro- 180
—, 5-[4-Hydroxy-phenyl]-dihydro- 181
—, 3-Phenoxy-dihydro- 3
—, 5-Phenoxy-dihydro- 8
Isochroman-1-on, 8-Hydroxy-3-methyl-
  188
Phthalid, 3-Äthoxy- 156
—, 4-Äthoxy- 163
—, 5-Äthoxy- 164
—, 6-Äthoxy- 165
—, 3-Äthyl-7-hydroxy- 194
—, 3-[1-Hydroxy-äthyl]- 194
—, 6-Hydroxy-3,3-dimethyl- 195
—, 7-Hydroxy-3,4-dimethyl- 197
—, 7-Hydroxy-4,6-dimethyl- 198

—, 3-Hydroxymethyl-3-methyl- 195
—, 4-Methoxy-3-methyl- 177
—, 4-Methoxy-5-methyl- 178
—, 4-Methoxy-6-methyl- 180
—, 4-Methoxy-7-methyl- 178
—, 5-Methoxy-6-methyl- 179
—, 6-Methoxy-4-methyl- 177
—, 6-Methoxy-5-methyl- 178
—, 7-Methoxy-3-methyl- 175
—, 7-Methoxy-6-methyl- 179
$C_{10}H_{10}O_4$
Benzofuran-2-on, 3-Acetoxy-5,6-dihydro-
  4H- 139
$C_{10}H_{11}NO_3$
Äthanon, 1-[4-Hydroxy-2,3-dihydro-
  benzofuran-2-yl]-, oxim 190
Chroman-4-on, 6-Methoxy-, oxim 170
—, 8-Methoxy-, oxim 172
$C_{10}H_{11}N_3O_3$
Chroman-4-on, 7-Hydroxy-,
  semicarbazon 172
$C_{10}H_{12}N_4O_7$
Äthanon, 2-Hydroxy-1-[5-nitro-[2]⸗
  furyl]-, [(2-hydroxy-äthyloxamoyl)-
  hydrazon] 97
$C_{10}H_{12}O_4$
Äthanon, 2-Butyryloxy-1-[2]furyl- 95
Benzofuran-2-on, 3-Acetoxy-5,6,7,7a-
  tetrahydro-4H- 118
3,5-Methano-cyclopenta[b]furan-2-on,
  6-Acetoxy-hexahydro- 118
$C_{10}H_{13}N_3O_4$
Äthanon, 1-[5-Acetoxymethyl-[2]furyl]-,
  semicarbazon 116
$[C_{10}H_{14}NO_4S]^+$
Sulfonium, Diäthyl-[2-(5-nitro-[2]furyl)-
  2-oxo-äthyl]- 99
  $[C_{10}H_{14}NO_4S]Br$ 99
$C_{10}H_{14}OS_2$
Äthanon, 1-[5-Äthyl-2-äthylmercapto-
  [3]thienyl]- 117
—, 1-[5-Butylmercapto-[2]thienyl]-
  94
—, 2-Butylmercapto-1-[2]thienyl- 100
—, 1-[5-Isobutylmercapto-[2]thienyl]-
  94
Thiophen-2-carbaldehyd,
  5-Isopentylmercapto- 85
—, 5-Pentylmercapto- 85
$C_{10}H_{14}O_2S$
Thiophen-2-carbaldehyd, 5-Pentyloxy-
  83
$C_{10}H_{14}O_3$
Benzofuran-2-on, 3-Hydroxy-3,5-dimethyl-
  3a,4,5,6-tetrahydro-3H- 122
Furan-2-carbaldehyd, 5-Butoxymethyl-
  102
Furan-2-on, 4-[4-Hydroxy-cyclohexyl]-
  5H- 121

$C_{10}H_{14}O_3$ *(Fortsetzung)*
Isobenzofuran-1-on, 3-Äthoxy-3a,4,7,7a-tetrahydro-3*H*- 118
1-Oxa-spiro[4.5]dec-3-en-2-on, 4-Methoxy- 119

$C_{10}H_{14}O_4$
Benzofuran-2-on, 3-Acetoxy-hexahydro- 65

$C_{10}H_{14}O_4S_2$
Äthan, 1,2-Bis-[4-oxo-oxetan-2-ylmethylmercapto]- 8

$C_{10}H_{14}O_6$
Bernsteinsäure-mono-[4,4-dimethyl-2-oxo-tetrahydro-[3]furylester] 25
Furan, 2-Diacetoxymethyl-5-methoxy-2,5-dihydro- 57

$C_{10}H_{15}NO_4$
Furan-2-on, 4-Dimethylcarbamoyloxy-3-isopropyl-5*H*- 63
—, 4-Dimethylcarbamoyloxy-3-propyl-5*H*- 62

$C_{10}H_{15}N_3OS_2$
Thiophen-2-carbaldehyd, 5-Butoxy-, thiosemicarbazon 84

$C_{10}H_{15}N_3O_3$
Furan-2-carbaldehyd, 5-Isopropoxymethyl-, semicarbazon 113

$C_{10}H_{15}N_3S_3$
Thiophen-2-carbaldehyd, 5-Butylmercapto-, thiosemicarbazon 88
—, 5-Isobutylmercapto-, thiosemicarbazon 88

$[C_{10}H_{15}O_2S]^+$
Sulfonium, Diäthyl-[2-[2]furyl-2-oxo-äthyl]- 98
$[C_{10}H_{15}O_2S]Br$ 98

$C_{10}H_{16}O_3$
Benzofuran-2-on, 7-Äthoxy-hexahydro- 66
—, 3a-Hydroxy-3,3-dimethyl-hexahydro- 72
—, 3a-Hydroxy-5,5-dimethyl-hexahydro- 73
—, 3-Hydroxy-3,5-dimethyl-hexahydro- 73
Cyclopenta[*b*]furan-2-on, 3a-Hydroxy-6,6,6a-trimethyl- 73
Cyclopenta[*c*]pyran-3-on, 5-Hydroxy-4,7-dimethyl-hexahydro- 72
Desoxyverbanol 72
Furan-2-on, 5-*tert*-Butyl-4-methoxy-3-methyl-5*H*- 67
—, 4-Cyclohexyl-3-hydroxy-dihydro- 71
—, 4-Cyclohexyl-4-hydroxy-dihydro- 71
—, 4-[x-Hydroxy-cyclohexyl]-dihydro- 71
—, 4-[4-Hydroxy-cyclohexyl]-dihydro- 71
—, 3-Methoxy-4-pentyl-5*H*- 67
Furan-3-on, 2-[α-Isopropoxy-isopropyl]- 63
7-Oxa-bicyclo[4.2.0]octan-8-on, 1-Hydroxy-2,2,6-trimethyl- 73
2-Oxa-norbornan-3-on, 7-Hydroxy-1-isopropyl-4-methyl- 74
Pyran-3-on, 5-Methoxy-2,2,6,6-tetramethyl-6*H*- 67

$C_{10}H_{16}O_4$
Oxepan-2-on, 7-[2-Acetoxy-äthyl]- 34

$C_{10}H_{16}O_5$
Buttersäure, 2-[4-Äthyl-5-oxo-tetrahydro-[2]furyloxy]- 20

$C_{10}H_{17}NO_3$
Pyran-3-on, 5-Methoxy-2,2,6,6-tetramethyl-6*H*-, oxim 67

$C_{10}H_{18}O_3$
Äthanon, 1-[6-Äthoxy-6-methyl-tetrahydro-pyran-2-yl]- 35
[2,3']Bipyranyl-2'-ol, Octahydro- 42
Butan-1-on, 3-Methoxy-1-[2-methyl-tetrahydro-[2]furyl]- 41
Furan-2-on, 5-[1,2-Dimethyl-propoxy]-5-methyl-dihydro- 10
—, 5-Hexyl-3-hydroxy-dihydro- 43
—, 4-[3-Hydroxy-butyl]-5,5-dimethyl-dihydro- 43
—, 5-Hydroxymethyl-3-isopentyl-dihydro- 43
—, 5-Isopentyloxymethyl-dihydro- 13
Furan-3-on, 2,5-Diäthyl-4-hydroxy-2,5-dimethyl-dihydro- 44
Octan-3-on, 4,5-Epoxy-1-methoxy-5-methyl- 42
Oxacycloundecan-6-on, 7-Hydroxy- 42
Pyran-2-carbaldehyd, 6-Äthoxy-2,5-dimethyl-tetrahydro- 36
Pyran-2-on, 5-Äthoxymethyl-3,5-dimethyl-tetrahydro- 37
—, 6-[3-Äthoxy-propyl]-tetrahydro- 34
Valeraldehyd, 5-Hydroxy-2-tetrahydropyran-2-yl- 42

$C_{10}H_{19}N_3O_3$
Äthanon, 1-[6-Methoxy-6-methyl-tetrahydro-pyran-2-yl]-, semicarbazon 35
Pyran-2-carbaldehyd, 6-Methoxy-2,5-dimethyl-tetrahydro-, semicarbazon 36

C_{11}-Gruppe

$C_{11}H_5Cl_3O_3$
Äthanon, 2,2,2-Trichlor-1-[6-methoxy-benzofuran-2-yl]- 361

$C_{11}H_6Cl_2O_3$
Keton, [3,5-Dichlor-2-hydroxy-phenyl]-[2]furyl- 492

$C_{11}H_6Cl_2O_4$
Cumarin, 4-Acetoxy-6,7-dichlor- 291
Furan-2-on, 5-Benzoyloxy-3,4-dichlor-5H- 53

$C_{11}H_6Cl_4O_4$
Phthalid, 6-Acetoxy-7-chlor-3-trichlormethyl- 176

$C_{11}H_6O_3$
Naphtho[1,8-bc]furan-2-on, 3-Hydroxy- 569

$C_{11}H_7BrO_2S$
Keton, [3-Brom-4-hydroxy-phenyl]-[2]thienyl- 497
—, [5-Brom-[2]thienyl]-[4-hydroxy-phenyl]- 496

$C_{11}H_7BrO_3$
Keton, [5-Brom-2-hydroxy-phenyl]-[2]furyl- 492

$C_{11}H_7BrO_4$
Cumarin, 7-Acetoxy-6-brom- 303

$C_{11}H_7Br_3O_3$
Cumarin, 3,6,8-Tribrom-5-hydroxy-4,7-dimethyl- 384
—, 3,5,7-Tribrom-6-methoxy-4-methyl- 332
—, 3,6,8-Tribrom-5-methoxy-4-methyl- 327
—, 3,6,8-Tribrom-7-methoxy-4-methyl- 349

$C_{11}H_7ClOS_2$
Keton, [5-Chlor-2-mercapto-phenyl]-[2]thienyl- 493

$C_{11}H_7ClO_2S$
Keton, [3-Chlor-4-hydroxy-phenyl]-[2]thienyl- 496
—, [5-Chlor-[2]thienyl]-[4-hydroxy-phenyl]- 496

$C_{11}H_7ClO_3$
Keton, [3-Chlor-4-hydroxy-phenyl]-[2]furyl- 495
—, [5-Chlor-2-hydroxy-phenyl]-[2]furyl- 492
Pyran-2-on, 6-Chlor-4-[4-hydroxy-phenyl]- 491

$C_{11}H_7ClO_4$
Cumarin, 4-Acetoxy-3-chlor- 290
—, 4-Acetoxy-6-chlor- 291
—, 5-Acetoxy-3-chlor- 292
—, 7-Acetoxy-6-chlor- 302
—, 4-Chloracetoxy- 287
—, 7-Chloracetoxy- 299

$C_{11}H_7Cl_2NO_4$
Furan-2-on, 3,4-Dichlor-5-phenylcarbamoyloxy-5H- 53

$C_{11}H_7Cl_3O_3$
Äthanon, 2,2,2-Trichlor-1-[4-hydroxy-3-methyl-benzofuran-2-yl]- 388
—, 2,2,2-Trichlor-1-[5-hydroxy-3-methyl-benzofuran-2-yl]- 389
—, 2,2,2-Trichlor-1-[6-hydroxy-3-methyl-benzofuran-2-yl]- 390
Cumarin, 3,6,8-Trichlor-7-methoxy-4-methyl- 347

$C_{11}H_7F_3O_3$
Äthanon, 2,2,2-Trifluor-1-[5-hydroxy-3-methyl-benzofuran-2-yl]- 389
—, 2,2,2-Trifluor-1-[6-hydroxy-3-methyl-benzofuran-2-yl]- 390
—, 2,2,2-Trifluor-1-[5-methoxy-benzofuran-2-yl]- 359
—, 2,2,2-Trifluor-1-[6-methoxy-benzofuran-2-yl]- 360
—, 2,2,2-Trifluor-1-[7-methoxy-benzofuran-4-yl]- 363
Chromen-4-on, 7-Methoxy-2-trifluormethyl- 319
Cumarin, 5-Hydroxy-4-methyl-7-trifluormethyl- 383
—, 7-Hydroxy-4-methyl-5-trifluormethyl- 381
—, 7-Methoxy-4-trifluormethyl- 343

$C_{11}H_7I_3O_3$
Cumarin, 3,6,8-Trijod-7-methoxy-4-methyl- 350

$C_{11}H_7NO_6$
Cumarin, 7-Acetoxy-6-nitro- 303
—, 7-Acetoxy-8-nitro- 303
Furan-2-on, 4-[4-Nitro-benzoyloxy]-5H- 49

$C_{11}H_7N_3O_9$
Cumarin, 5-Hydroxy-4,7-dimethyl-3,6,8-trinitro- 384
—, 7-Methoxy-4-methyl-3,6,8-trinitro- 352

$C_{11}H_8BrNO_5$
Furan-2-on, 3-Brom-4-[4-nitro-benzyloxy]-5H- 50

$C_{11}H_8Br_2O_3$
Chromen-4-on, 6,8-Dibrom-7-hydroxy-2,3-dimethyl- 375
—, 2-Dibrommethyl-6-methoxy- 317
Cumarin, 3,6-Dibrom-7-hydroxy-4,8-dimethyl- 386
—, 6,8-Dibrom-5-hydroxy-4,7-dimethyl- 384
—, 6,8-Dibrom-7-hydroxy-3,4-dimethyl- 379
—, 3,5-Dibrom-6-methoxy-4-methyl- 331
—, 3,6-Dibrom-7-methoxy-4-methyl- 349
—, 3,7-Dibrom-6-methoxy-4-methyl- 332
—, 3,8-Dibrom-5-methoxy-4-methyl- 327
—, 3,8-Dibrom-7-methoxy-4-methyl- 349

$C_{11}H_8Br_2O_3$ *(Fortsetzung)*
  Cumarin, 6,8-Dibrom-5-methoxy-4-methyl- 327
  Furan-2-on, 5-Benzyloxy-3,4-dibrom-5H- 54
  —, 4-Brom-5-[4-brom-phenyl]-3-methoxy-5H- 310

$C_{11}H_8Cl_2O_3$
  Äthanon, 1-[6,7-Dichlor-5-hydroxy-2-methyl-benzofuran-3-yl]- 388
  Cumarin, 3,6-Dichlor-7-methoxy-4-methyl- 346
  —, 3,8-Dichlor-7-methoxy-4-methyl- 346
  —, 6,8-Dichlor-7-methoxy-4-methyl- 346
  Furan-2-on, 5-Benzyloxy-3,4-dichlor-5H- 52
  —, 3,4-Dichlor-5-[4-methoxy-phenyl]-5H- 310

$C_{11}H_8I_2O_3$
  Chromen-4-on, 6,8-Dijod-5-methoxy-2-methyl- 314
  —, 6,8-Dijod-7-methoxy-2-methyl- 320
  Cumarin, 3,6-Dijod-7-methoxy-4-methyl- 350
  —, 3,8-Dijod-7-methoxy-4-methyl- 350
  —, 6,8-Dijod-5-methoxy-4-methyl- 328
  —, 6,8-Dijod-7-methoxy-4-methyl- 350

$C_{11}H_8N_2O_7$
  Chromen-4-on, 7-Methoxy-2-methyl-6,8-dinitro- 321
  Cumarin, 7-Hydroxy-3,4-dimethyl-6,8-dinitro- 380
  —, 6-Methoxy-4-methyl-5,7-dinitro- 332
  Furan-2-on, 4-[2,4-Dinitro-phenoxy]-3-methyl-5H- 58

$C_{11}H_8O_2S$
  Keton, [2-Hydroxy-phenyl]-[2]thienyl- 493
  —, [3-Hydroxy-phenyl]-[2]thienyl- 493
  —, [4-Hydroxy-phenyl]-[2]thienyl- 495

$C_{11}H_8O_3$
  Keton, [2]Furyl-[2-hydroxy-phenyl]- 492
  —, [2]Furyl-[4-hydroxy-phenyl]- 494
  Phthalid, 3-Prop-2-inyloxy- 157
  Pyran-2-on, 6-[4-Hydroxy-phenyl]- 491

$C_{11}H_8O_4$
  Chromen-4-on, 7-Acetoxy- 284
  Cumarin, 4-Acetoxy- 287
  —, 5-Acetoxy- 292
  —, 6-Acetoxy- 293
  —, 7-Acetoxy- 299
  —, 8-Acetoxy- 304

$C_{11}H_8O_5$
  Essigsäure, [2-Oxo-2H-chromen-7-yloxy]- 300

$C_{11}H_9BrO_3$
  Äthanon, 1-[2-Brom-4-hydroxy-3-methyl-benzofuran-5-yl]- 392
  —, 1-[2-Brom-6-hydroxy-3-methyl-benzofuran-7-yl]- 395
  —, 1-[5-Brom-6-hydroxy-3-methyl-benzofuran-7-yl]- 395
  —, 1-[7-Brom-4-hydroxy-3-methyl-benzofuran-5-yl]- 392
  Chromen-4-on, 8-Brom-7-hydroxy-2,3-dimethyl- 375
  —, 3-Brom-7-methoxy-2-methyl- 319
  —, 8-Brom-7-methoxy-2-methyl- 319
  —, 2-Brommethyl-6-methoxy- 316
  —, 2-Brommethyl-7-methoxy- 319
  Cumarin, 4-[2-Brom-äthoxy]- 287
  —, 3-Brom-5-hydroxy-4,7-dimethyl- 383
  —, 6-Brom-5-hydroxy-4,7-dimethyl- 383
  —, 6-Brom-7-hydroxy-3,4-dimethyl- 379
  —, 8-Brom-5-hydroxy-4,7-dimethyl- 384
  —, 3-Brom-6-methoxy-4-methyl- 331
  —, 3-Brom-7-methoxy-4-methyl- 347
  —, 6-Brom-7-methoxy-4-methyl- 348
  —, 8-Brom-5-methoxy-4-methyl- 327
  —, 4-Brommethyl-7-methoxy- 348
  Furan-2-on, 4-Brom-3-methoxy-5-phenyl-5H- 309
  —, 5-Brom-4-methoxy-5-phenyl-5H- 309

$C_{11}H_9ClO_2S$
  Benzo[b]thiophen-2-carbaldehyd, 6-Äthoxy-3-chlor- 307
  Thiochromen-4-on, 5-Chlor-3-methoxy-8-methyl- 354

$C_{11}H_9ClO_3$
  Äthanon, 1-[5-Chlor-6-hydroxy-3-methyl-benzofuran-7-yl]- 395
  Cumarin, 3-Chlor-5-hydroxy-4,7-dimethyl- 381
  —, 3-Chlor-7-hydroxy-4,5-dimethyl- 381
  —, 6-Chlor-5-hydroxy-4,7-dimethyl- 383
  —, 6-Chlor-7-hydroxy-3,4-dimethyl- 379
  —, 8-Chlor-7-hydroxy-3,4-dimethyl- 379
  —, 3-Chlor-4-methoxy-6-methyl- 353
  —, 3-Chlor-7-methoxy-4-methyl- 343
  —, 6-Chlor-7-methoxy-4-methyl- 344
  —, 8-Chlor-7-methoxy-4-methyl- 346
  Isocumarin, 3-[2-Chlor-äthoxy]- 306

$C_{11}H_9ClO_5S$
  Cumarin, 7-Chlormethansulfonyloxy-4-methyl- 342

$C_{11}H_9Cl_3O_3$
Phthalid, 4-Methoxy-6-methyl-3-trichlormethyl- 196
—, 4-Methoxy-7-methyl-3-trichlormethyl- 195
—, 6-Methoxy-4-methyl-3-trichlormethyl- 197
—, 6-Methoxy-5-methyl-3-trichlormethyl- 196

$C_{11}H_9IO_3$
Chromen-4-on, 6-Jod-5-methoxy-2-methyl- 314
—, 6-Jod-7-methoxy-2-methyl- 320
—, 8-Jod-7-methoxy-2-methyl- 320
Cumarin, 3-Jod-7-methoxy-4-methyl- 349
—, 6-Jod-5-methoxy-4-methyl- 327
—, 8-Jod-5-methoxy-4-methyl- 328
—, 8-Jod-7-methoxy-4-methyl- 349

$C_{11}H_9NO_3$
Phthalid, 3-[2-Cyan-äthoxy]- 161

$C_{11}H_9NO_5$
Chromen-4-on, 7-Hydroxy-2,3-dimethyl-8-nitro- 375
—, 5-Methoxy-2-methyl-8-nitro- 315
—, 7-Methoxy-2-methyl-8-nitro- 321
Cumarin, 6-Hydroxy-3,4-dimethyl-5-nitro- 377
—, 7-Hydroxy-3,4-dimethyl-8-nitro- 379
—, 5-Methoxy-4-methyl-6-nitro- 328
—, 5-Methoxy-4-methyl-8-nitro- 329
—, 6-Methoxy-4-methyl-5-nitro- 332
—, 7-Methoxy-4-methyl-6-nitro- 351
—, 7-Methoxy-4-methyl-8-nitro- 351
Furan-2-on, 3-Methoxy-4-[2-nitro-phenyl]-5H- 311

$C_{11}H_{10}Br_2O_3$
Furan-2-on, 4-[3,5-Dibrom-4-methoxy-phenyl]-dihydro- 184

$C_{11}H_{10}Cl_2O_3$
Furan-2-on, 4-[3,5-Dichlor-4-methoxy-phenyl]-dihydro- 184

$C_{11}H_{10}Cl_2O_4S$
Furan-2-on, 3-[3,4-Dichlor-phenyl]-3-methansulfonyl-dihydro- 184

$C_{11}H_{10}OS_2$
Thiochromen-2-thion, 6-Methoxy-3-methyl- 324
—, 8-Methoxy-3-methyl- 325

$C_{11}H_{10}O_2S$
Chromen-2-thion, 6-Methoxy-3-methyl- 324
Chromen-4-thion, 6-Methoxy-3-methyl- 323
—, 7-Methoxy-2-methyl- 321
—, 7-Methoxy-3-methyl- 323
Propan-1-on, 1-[3-Hydroxy-benzo[b]thiophen-2-yl]- 386

$C_{11}H_{10}O_3$
Äthanon, 1-[3-Hydroxy-5-methyl-benzofuran-2-yl]- 391
—, 1-[4-Hydroxy-3-methyl-benzofuran-5-yl]- 391
—, 1-[5-Hydroxy-2-methyl-benzofuran-3-yl]- 387
—, 1-[6-Hydroxy-3-methyl-benzofuran-2-yl]- 389
—, 1-[6-Hydroxy-3-methyl-benzofuran-5-yl]- 393
—, 1-[6-Hydroxy-3-methyl-benzofuran-7-yl]- 393
—, 1-[4-Methoxy-benzofuran-5-yl]- 363
—, 1-[6-Methoxy-benzofuran-2-yl]- 360
—, 1-[7-Methoxy-benzofuran-2-yl]- 361
Benzofuran-2-carbaldehyd, 6-Methoxy-3-methyl- 364
Benzofuran-2-on, 3-[1-Methoxy-äthyliden]-3H- 362
Benzofuran-3-on, 4-Hydroxy-2-isopropyliden- 387
Chromen-4-on, 3-Äthyl-6-hydroxy- 371
—, 6-Äthyl-7-hydroxy- 372
—, 5-Hydroxy-2,3-dimethyl- 373
—, 6-Hydroxy-2,3-dimethyl- 373
—, 7-Hydroxy-2,3-dimethyl- 374
—, 7-Hydroxy-2,5-dimethyl- 375
—, 7-Hydroxy-2,6-dimethyl- 376
—, 7-Hydroxy-2,8-dimethyl- 376
—, 2-Methoxymethyl- 322
—, 2-Methoxy-3-methyl- 322
—, 3-Methoxy-2-methyl- 312
—, 5-Methoxy-2-methyl- 313
—, 6-Methoxy-2-methyl- 316
—, 6-Methoxy-3-methyl- 323
—, 7-Methoxy-2-methyl- 317
—, 7-Methoxy-3-methyl- 323
Cumarin, 4-Äthoxy- 286
—, 6-Äthoxy- 293
—, 7-Äthoxy- 295
—, 3-Äthyl-7-hydroxy- 371
—, 4-Äthyl-7-hydroxy- 372
—, 6-Äthyl-7-hydroxy- 372
—, 5-Hydroxy-4,7-dimethyl- 382
—, 6-Hydroxy-3,4-dimethyl- 377
—, 6-Hydroxy-4,7-dimethyl- 385
—, 7-Hydroxy-3,4-dimethyl- 377
—, 7-Hydroxy-4,5-dimethyl- 381
—, 7-Hydroxy-4,6-dimethyl- 381
—, 7-Hydroxy-4,8-dimethyl- 385
—, 7-Hydroxy-5,8-dimethyl- 386
—, 8-Hydroxy-4,6-dimethyl- 382
—, 6-Hydroxymethyl-4-methyl- 382
—, 7-Hydroxymethyl-4-methyl- 385
—, 4-Methoxy-3-methyl- 324

$C_{11}H_{10}O_3$ *(Fortsetzung)*
  Cumarin, 5-Methoxy-4-methyl- 326
  —, 6-Methoxy-3-methyl- 324
  —, 6-Methoxy-4-methyl- 329
  —, 7-Methoxy-3-methyl- 325
  —, 7-Methoxy-4-methyl- 333
  —, 7-Methoxy-6-methyl- 354
  —, 7-Methoxy-8-methyl- 355
  —, 8-Methoxy-3-methyl- 325
  Furan-2-on, 3-[3-Hydroxy-benzyliden]-dihydro- 367
  —, 3-[4-Hydroxy-benzyliden]-dihydro- 368
  —, 3-[4-Methoxy-phenyl]-5H- 311
  —, 4-[2-Methoxy-phenyl]-5H- 311
  —, 4-[3-Methoxy-phenyl]-5H- 311
  —, 4-[4-Methoxy-phenyl]-5H- 312
  —, 4-Methoxy-5-phenyl-5H- 309
  —, 5-[4-Methoxy-phenyl]-3H- 308
  —, 3-Salicyliden-dihydro- 367
  Isocumarin, 5-Methoxy-7-methyl- 355
  Phthalid, 3-Äthyliden-4-methoxy- 365
  —, 3-Allyloxy- 157

$C_{11}H_{10}O_4$
  Benzofuran-5-carbaldehyd, 6-Acetoxy-2,3-dihydro- 173
  Chroman-2-on, 7-Acetoxy- 168
  Chroman-4-on, 3-Acetoxy- 170
  Cumarin, 7-[2-Hydroxy-äthoxy]- 297
  Phthalid, 3-Acetoxy-3-methyl- 174
  —, 7-Acetoxy-3-methyl- 175
  —, 3-Propionyloxy- 160

$C_{11}H_{10}O_4S$
  Cumarin, 3-Äthansulfonyl- 285

$C_{11}H_{10}O_5S$
  Cumarin, 7-Methansulfonyloxy-4-methyl- 340

$C_{11}H_{11}BrO_3$
  Benzofuran-2-on, 4-Brom-5-methoxy-6,7-dimethyl-3H- 193
  —, 6-Brom-5-methoxy-4,7-dimethyl-3H- 193
  Chroman-2-on, 5-Brom-6-hydroxy-7,8-dimethyl- 213
  Phthalid, 3-Äthoxy-3-brommethyl- 174

$C_{11}H_{11}ClO_3$
  Furan-2-on, 5-[5-Chlor-2-hydroxy-4-methyl-phenyl]-dihydro- 205
  —, 5-[3-Chlor-4-methoxy-phenyl]-dihydro- 182
  —, 5-[5-Chlor-2-methoxy-phenyl]-dihydro- 180
  —, 3-[4-Chlor-2-methyl-phenoxy]-dihydro- 4
  Phthalid, 4-Chlormethyl-7-methoxy-6-methyl- 198
  —, 5-Chlormethyl-4-methoxy-6-methyl- 198
  —, 7-Chlormethyl-4-methoxy-6-methyl- 197
  —, 7-Chlormethyl-6-methoxy-4-methyl- 198

$C_{11}H_{11}Cl_2NO_3S$
  Furan-2-on, 3-[3,4-Dichlor-phenyl]-3-methansulfonyl-dihydro-, imin 184

$C_{11}H_{11}IO_3$
  Furan-2-on, 3-Hydroxy-4-jod-4-methyl-5-phenyl-dihydro- 206

$C_{11}H_{11}NO_3$
  Äthanon, 1-[6-Hydroxy-3-methyl-benzofuran-7-yl]-, oxim 395
  Chromen-4-on, 7-Hydroxy-2,8-dimethyl-, oxim 377

$C_{11}H_{11}NO_5$
  Phthalid, 3-Äthoxy-3-nitromethyl- 175

$C_{11}H_{11}O_5PS$
  Cumarin, 4-Dimethoxythiophosphoryloxy- 290

$C_{11}H_{12}Br_2O_3$
  Naphtho[1,8-bc]furan-2-on, 3,4-Dibrom-6-hydroxy-2a,3,4,5,5a,6,8a,8b-octahydro- 141

$C_{11}H_{12}ClNO_3S$
  Furan-2-on, 3-[4-Chlor-phenyl]-3-methansulfonyl-dihydro-, imin 183

$C_{11}H_{12}O_2S$
  Furan-2-on, 3-Benzylmercapto-dihydro- 5
  —, 5-Benzylmercapto-dihydro- 8

$C_{11}H_{12}O_3$
  Äthanon, 1-[7-Hydroxy-chroman-6-yl]- 209
  —, 1-[4-Hydroxy-3-methyl-2,3-dihydro-benzofuran-5-yl]- 213
  —, 1-[6-Hydroxy-3-methyl-2,3-dihydro-benzofuran-5-yl]- 213
  Benzofuran, 6-Acetyl-5-methoxy-2,3-dihydro- 191
  Benzofuran-2-on, 5-Hydroxy-4,6,7-trimethyl-3H- 214
  Benz[b]oxepin-2-on, 7-Methoxy-4,5-dihydro-3H- 185
  Benz[b]oxepin-5-on, 8-Methoxy-3,4-dihydro-2H- 185
  Chroman-2-on, 3-Äthyl-6-hydroxy- 209
  —, 3-[2-Hydroxy-äthyl]- 209
  —, 7-Hydroxy-4,4-dimethyl- 213
  —, 7-Methoxy-6-methyl- 188
  Chroman-4-on, 6-Äthoxy- 170
  —, 6-Äthyl-7-hydroxy- 209
  —, 5-Hydroxy-2,2-dimethyl- 210
  —, 6-Hydroxy-2,2-dimethyl- 210
  —, 7-Hydroxy-2,2-dimethyl- 211
  —, 7-Hydroxy-2,6-dimethyl- 212
  —, 7-Hydroxy-2,8-dimethyl- 212
  —, 6-Methoxy-2-methyl- 186
  —, 7-Methoxy-2-methyl- 186
  Cyclopent-2-enon, 2-Furfuryl-4-hydroxy-3-methyl- 208

$C_{11}H_{12}O_3$ *(Fortsetzung)*
Furan-2-on, 4-Benzyl-4-hydroxy-dihydro- 201
—, 3-[3-Hydroxy-benzyl]-dihydro- 200
—, 3-[4-Hydroxy-benzyl]-dihydro- 200
—, 4-[α-Hydroxy-benzyl]-dihydro- 201
—, 5-[3-Hydroxy-benzyl]-dihydro- 199
—, 3-Hydroxy-3-methyl-5-phenyl-dihydro- 207
—, 3-Hydroxy-4-methyl-5-phenyl-dihydro- 206
—, 5-[2-Hydroxy-4-methyl-phenyl]-dihydro- 204
—, 5-[2-Hydroxy-5-methyl-phenyl]-dihydro- 203
—, 5-Hydroxymethyl-3-phenyl-dihydro- 207
—, 5-[4-Hydroxy-3-methyl-phenyl]-dihydro- 202
—, 3-[2-Methoxy-phenyl]-dihydro- 184
—, 3-[4-Methoxy-phenyl]-dihydro- 184
—, 5-[2-Methoxy-phenyl]-dihydro- 180
—, 5-[4-Methoxy-phenyl]-dihydro- 181
—, 5-Methyl-5-phenoxy-dihydro- 10
—, 5-Phenoxymethyl-dihydro- 13
—, 3-Salicyl-dihydro- 209
—, 3-*m*-Tolyloxy-dihydro- 4
Isochroman-1-on, 8-Methoxy-3-methyl- 189
Naphtho[1,8-*bc*]furan-2-on, 6-Hydroxy-2a,5,5a,6,8a,8b-hexahydro- 215
—, 6-Hydroxy-4,5,5a,6,8a,8b-hexahydro- 215
Phthalid, 6-Äthoxy-5-methyl- 179
—, 3-Äthyl-3-methoxy- 193
—, 3-Äthyl-4-methoxy- 194
—, 5-Hydroxy-3,3,6-trimethyl- 214
—, 3-Isopropoxy- 156
—, 3-Methoxy-3,7-dimethyl- 195
—, 6-Methoxy-3,3-dimethyl- 195
—, 7-Methoxy-4,6-dimethyl- 198
—, 3-Propoxy- 156
$C_{11}H_{12}O_4$
Benzofuran-2-on, 3-Acetoxy-7-methyl-5,6-dihydro-4*H*- 140
—, 7-Acetoxy-3-methyl-4,5-dihydro-3*H*- 140
—, 7-Acetoxy-3-methyl-5,6-dihydro-4*H*- 140
Chroman-4-on, 2-Hydroxy-7-methoxy-3-methyl- 323
Propan-1,3-dion, 1-[2-Hydroxy-4-methoxy-phenyl]-2-methyl- 323
$C_{11}H_{13}NO_3$
Benz[*b*]oxepin-5-on, 8-Methoxy-3,4-dihydro-2*H*-, oxim 185
Chroman-4-on, 6-Hydroxy-2,2-dimethyl-, oxim 210
—, 7-Hydroxy-2,6-dimethyl-, oxim 212

—, 7-Hydroxy-2,8-dimethyl-, oxim 213
—, 7-Methoxy-2-methyl-, oxim 186
$C_{11}H_{13}NO_9$
Furan, 2-Acetoxy-2-diacetoxymethyl-5-nitro-2,5-dihydro- 57
—, 2-Acetoxy-5-diacetoxymethyl-2-nitro-2,5-dihydro- 57
$C_{11}H_{13}N_3O_3$
Chroman-4-on, 7-Methoxy-, semicarbazon 172
$C_{11}H_{14}O_3$
4,7-Methano-isobenzofuran-1-on, 3-Äthoxy-3a,4,7,7a-tetrahydro-3*H*- 140
Pent-2-enal, 5-Äthoxy-5-[2]furyl- 139
Pyran-2-on, 6-Cyclopent-1-enyl-4-methoxy-5,6-dihydro- 140
$C_{11}H_{14}O_4$
Benzofuran-2-on, 7-Acetoxy-3-methyl-3a,4,5,7a-tetrahydro-3*H*- 120
Chroman-2-on, 3-Acetoxy-4a,5,8,8a-tetrahydro- 120
1-Oxa-spiro[4.5]dec-3-en-2-on, 4-Acetoxy- 120
$C_{11}H_{15}N_3O_4$
Äthanon, 2-Butyryloxy-1-[2]furyl-, semicarbazon 96
$C_{11}H_{16}OS_2$
Äthanon, 1-[5-Isopentylmercapto-[2]thienyl]- 95
—, 1-[5-Pentylmercapto-[2]thienyl]- 94
Thiophen-2-carbaldehyd, 5-Hexylmercapto- 86
$C_{11}H_{16}O_3$
Benzofuran-2-on, 6-Hydroxy-4,4,7a-trimethyl-5,6,7,7a-tetrahydro-4*H*- 123
Butyraldehyd, 2-[α-Äthoxy-furfuryl]- 119
3,5-Methano-cyclopenta[*b*]furan-2-on, 7-Hydroxy-3a,4,4-trimethyl-hexahydro- 124
4a,1-Oxaäthano-naphthalin-10-on, 4-Hydroxy-octahydro- 123
1-Oxa-spiro[5.5]undec-3-en-2-on, 4-Methoxy- 122
Pyran-2-on, 6-Cyclopentyl-4-methoxy-5,6-dihydro- 121
$C_{11}H_{16}O_4$
Benzofuran-2-on, 5-Acetoxy-7a-methyl-hexahydro- 69
Chroman-2-on, 3-Acetoxy-hexahydro- 68
Furan-2-on, 3-Acetoxy-4-äthyl-5-propyl-5*H*- 68
—, 3-Acetoxy-4-pentyl-5*H*- 67
—, 5-Methyl-5-tetrahydropyran-2-yloxymethyl-5*H*- 61
1-Oxa-spiro[4.5]dec-3-en-2-on, 4-[2-Hydroxy-äthoxy]- 120

$C_{11}H_{16}O_8$
Furan-2-on, 5-Glucopyranosyloxymethyl-
5H- 56
$C_{11}H_{17}NO_4$
Furan-2-on, 3-Butyl-4-
dimethylcarbamoyloxy-5H- 64
$C_{11}H_{17}N_3OS_2$
Äthanon, 1-[5-Äthyl-2-äthylmercapto-
[3]thienyl]-, semicarbazon 117
Thiophen-2-carbaldehyd, 5-Pentyloxy-,
thiosemicarbazon 84
$C_{11}H_{17}N_3O_3$
Furan-2-carbaldehyd, 5-Butoxymethyl-,
semicarbazon 113
$C_{11}H_{17}N_3S_3$
Thiophen-2-carbaldehyd,
5-Isopentylmercapto-,
thiosemicarbazon 88
—, 5-Pentylmercapto-,
thiosemicarbazon 88
$C_{11}H_{18}O_3$
Benzofuran-2-on, 7-Hydroxy-3a,6,7-
trimethyl-hexahydro- 76
—, 7-Hydroxy-4,4,7a-trimethyl-
hexahydro- 76
Butan-1-on, 1-[1,2-Epoxy-cyclohexyl]-
3-methoxy- 73
Butan-2-on, 4-Methoxy-1-[2-methyl-
tetrahydro-pyran-4-yliden]- 69
Furan-2-on, 3-Cyclohexyl-5-
hydroxymethyl-dihydro- 76
—, 5-Cyclohexyloxy-5-methyl-dihydro-
10
Furan-3-on, 4-[1-Methoxy-äthyliden]-
2,2,5,5-tetramethyl-dihydro- 70
p-Menthan-2-on, 1,6-Epoxy-8-methoxy-
73
2-Oxa-bicyclo[2.2.2]octan-6-on,
5-Methoxy-1,3,3-trimethyl- 74
Pyran-2-on, 4-Isopropenyl-6-
[1-methoxy-äthyl]-tetrahydro- 70
—, 6-[1-Methoxy-1-methyl-butyl]-3,4-
dihydro- 69
$C_{11}H_{18}O_4$
Furan-2-on, 3-Acetoxy-4-pentyl-
dihydro- 41
$C_{11}H_{19}NO_4$
β-Alanin, N-[3-Hydroxy-4,4-dimethyl-
dihydro-[2]furyliden]-,
äthylester 28
$C_{11}H_{19}N_3O_3$
2-Oxa-bicyclo[2.2.2]octan-6-on,
5-Hydroxy-1,3,3-trimethyl-,
semicarbazon 74
$C_{11}H_{20}O_3$
Butan-2-on, 4-[4-Hydroxy-2,6-
dimethyl-tetrahydro-pyran-3-yl]- 44
—, 4-Methoxy-1-[2-methyl-tetrahydro-
pyran-4-yl]- 43

Furan-2-on, 5-[1,3-Dimethyl-butoxy]-
5-methyl-dihydro- 10
—, 3-Hexyl-5-hydroxymethyl-dihydro- 45
—, 5-Hexyloxymethyl-dihydro- 13
Pyran-2-on, 4-Isopropyl-6-[1-methoxy-
äthyl]-tetrahydro- 43
$C_{11}H_{20}O_5$
Oxepan-2-on, 7-Diäthoxymethoxy- 18
$C_{11}H_{21}N_3O_3$
Äthanon, 1-[6-Äthoxy-6-methyl-
tetrahydro-pyran-2-yl]-,
semicarbazon 35
Pyran-2-carbaldehyd, 6-Äthoxy-2,5-
dimethyl-tetrahydro-,
semicarbazon 36
$C_{11}H_{22}O_4$
Furan-3-carbaldehyd, 2-Äthoxy-
tetrahydro-, diäthylacetal 17
Pyran-2-carbaldehyd, 6-Methoxy-2,5-
dimethyl-tetrahydro-, dimethylacetal 36

C_{12}-Gruppe

$C_{12}H_7ClN_2O_6S$
Keton, [5-Chlor-4-nitro-[2]thienyl]-
[2-methoxy-5-nitro-phenyl]- 493
$C_{12}H_8Br_2O_4$
Furan-2-on, 3-Acetoxy-4-brom-5-[4-brom-
phenyl]-5H- 310
$C_{12}H_8Cl_2O_4$
Cumarin, 7-Acetoxy-3,6-dichlor-4-
methyl- 346
Furan-2-on, 5-[4-Acetoxy-phenyl]-3,4-
dichlor-5H- 310
$C_{12}H_8N_2O_7$
Pyran-4-on, 3-[2,4-Dinitro-phenoxy]-
2-methyl- 91
$C_{12}H_8N_2O_8$
Chromen-4-on, 5-Acetoxy-2-methyl-6,8-
dinitro- 316
Cumarin, 6-Acetoxy-4-methyl-5,7-
dinitro- 332
$C_{12}H_8O_2S$
Naphtho[1,8-bc]thiophen-2-on,
8-Methoxy- 569
$C_{12}H_8O_3$
Naphtho[1,2-b]furan-2-on, 4-Hydroxy-
3H- 570
—, 5-Hydroxy-3H- 570
Naphtho[1,8-bc]furan-2-on, 3-Methoxy- 569
Naphtho[2,3-b]furan-2-on, 4-Hydroxy-
3H- 570
Naphtho[2,3-c]furan-1-on, 4-Hydroxy-
3H- 570
$C_{12}H_8O_4$
Pyran-4-on, 3-Benzoyloxy- 82
$C_{12}H_9BrOS_2$
Keton, [5-Brom-[2]thienyl]-
[4-methylmercapto-phenyl]- 497

$C_{12}H_9BrO_2S$
Keton, [3-Brom-4-hydroxy-phenyl]-
[5-methyl-[2]thienyl]- 503
—, [3-Brom-4-methoxy-phenyl]-[2]-
thienyl- 497
—, [5-Brom-[2]thienyl]-[4-methoxy-
phenyl]- 497

$C_{12}H_9BrO_4$
Chromen-4-on, 7-Acetoxy-2-brommethyl-
319
Cumarin, 7-Acetoxy-3-brom-4-methyl-
347
—, 7-Acetoxy-4-brommethyl- 349
—, 7-Acetoxy-6-brom-4-methyl- 348
Furan-2-on, 3-Acetoxy-4-brom-5-phenyl-
5H- 309

$C_{12}H_9Br_3O_3$
Cumarin, 3,6,8-Tribrom-5-methoxy-4,7-
dimethyl- 384

$C_{12}H_9ClN_4O_6$
Furan-2-carbaldehyd, 5-Hydroxymethyl-,
[5-chlor-2,4-dinitro-
phenylhydrazon] 105

$C_{12}H_9ClOS_2$
Keton, [5-Chlor-[2]thienyl]-
[4-methylmercapto-phenyl]- 497

$C_{12}H_9ClO_2S$
Keton, [3-Chlor-4-hydroxy-phenyl]-
[5-methyl-[2]thienyl]- 503
—, [3-Chlor-4-methoxy-phenyl]-
[2]thienyl- 496
—, [5-Chlor-[2]thienyl]-[2-methoxy-
phenyl]- 493
—, [5-Chlor-[2]thienyl]-[4-methoxy-
phenyl]- 496

$C_{12}H_9ClO_3$
Cumarin, 3-[2-Chlor-vinyl]-7-hydroxy-
4-methyl- 503
Cyclopenta[c]chromen-4-on, 8-Chlor-7-
hydroxy-2,3-dihydro-1H- 505
Keton, [5-Chlor-2-methoxy-phenyl]-[2]-
furyl- 492
Pyran-2-on, 6-Chlor-4-[4-methoxy-
phenyl]- 491

$C_{12}H_9ClO_3S$
Äthanon, 1-[3-Acetoxy-5-chlor-benzo-
[b]thiophen-2-yl]- 358

$C_{12}H_9ClO_4$
Chromen-4-on, 6-Acetoxy-3-chlor-2-
methyl- 316
Cumarin, 6-Acetoxy-7-chlor-4-methyl- 331
—, 7-Acetoxy-3-chlor-4-methyl- 344
—, 7-Acetoxy-6-chlor-4-methyl- 344
—, 7-Acetoxy-8-chlor-4-methyl- 346
—, 7-Chloracetoxy-4-methyl- 336
—, 6-Chlor-4-propionyloxy- 291

$C_{12}H_9Cl_3O_3$
Äthanon, 2,2,2-Trichlor-1-[5-methoxy-
3-methyl-benzofuran-2-yl]- 389

—, 2,2,2-Trichlor-1-[6-methoxy-3-
methyl-benzofuran-2-yl]- 391

$C_{12}H_9Cl_3O_4$
Phthalid, 4-Acetoxy-5-methyl-3-
trichlormethyl- 196
—, 4-Acetoxy-6-methyl-3-
trichlormethyl- 196
—, 6-Acetoxy-4-methyl-3-
trichlormethyl- 197
—, 6-Acetoxy-5-methyl-3-
trichlormethyl- 196

$C_{12}H_9F_3O_3$
Äthanon, 2,2,2-Trifluor-1-[5-methoxy-
3-methyl-benzofuran-2-yl]- 389
—, 2,2,2-Trifluor-1-[6-methoxy-3-
methyl-benzofuran-2-yl]- 390
—, 2,2,2-Trifluor-1-[7-methoxy-3-
methyl-benzofuran-x-yl]- 391
—, 2,2,2-Trifluor-1-[7-methoxy-3-
methyl-benzofuran-2-yl]- 391
Cumarin, 5-Methoxy-4-methyl-7-
trifluormethyl- 383
—, 7-Methoxy-4-methyl-trifluormethyl-
381

$C_{12}H_9NO_4S$
Äthanon, 1-[4-Nitro-5-phenoxy-[2]-
thienyl]- 94

$C_{12}H_9NO_6$
Chromen-4-on, 5-Acetoxy-2-methyl-8-
nitro- 315
—, 7-Acetoxy-2-methyl-8-nitro- 321
Cumarin, 6-Acetoxy-4-methyl-5-nitro-
332
—, 7-Acetoxy-4-methyl-6-nitro- 351
—, 7-Acetoxy-4-methyl-8-nitro- 351

$C_{12}H_9N_5O_8$
Äthanon, 2-Hydroxy-1-[5-nitro-[2]-
furyl]-, [2,4-dinitro-
phenylhydrazon] 97
Furan-2-carbaldehyd, 5-Hydroxymethyl-,
pikrylhydrazon 105

$C_{12}H_{10}BrN_3O_4$
Furan-2-carbaldehyd, 5-Hydroxymethyl-,
[5-brom-2-nitro-phenylhydrazon]
105

$C_{12}H_{10}Br_2O_3$
Chromen-4-on, 3-Äthyl-6,8-dibrom-7-
hydroxy-2-methyl- 399
Cumarin, 6-Äthyl-3,8-dibrom-7-
hydroxy-4-methyl- 406
—, 3,8-Dibrom-5-methoxy-4,7-dimethyl-
384
—, 6,8-Dibrom-5-methoxy-4,7-dimethyl-
384

$C_{12}H_{10}ClN_3O_4$
Furan-2-carbaldehyd, 5-Hydroxymethyl-,
[5-chlor-2-nitro-phenylhydrazon]
104

$C_{12}H_{10}Cl_2O_3$
  Äthanon, 1-[6,7-Dichlor-5-methoxy-2-
    methyl-benzofuran-3-yl]- 388
  Cumarin, 3-[2,2-Dichlor-äthyl]-7-
    hydroxy-4-methyl- 403
$C_{12}H_{10}HgO_5$
  Cumarin, 6-Acetoxomercuriooxy-4-
    methyl- 329
$C_{12}H_{10}N_2O_7$
  Cumarin, 7-Methoxy-3,4-dimethyl-6,8-
    dinitro- 380
$C_{12}H_{10}N_2O_8$
  Furan-2-on, 3-[3,5-Dinitro-
    benzoyloxymethyl]-dihydro- 15
$C_{12}H_{10}N_4O_4S_2$
  Thiophen-2-carbaldehyd,
    5-Methylmercapto-, [2,4-dinitro-
    phenylhydrazon] 86
$C_{12}H_{10}N_4O_6$
  Furan-2-carbaldehyd, 5-Hydroxymethyl-,
    [2,4-dinitro-phenylhydrazon] 105
$C_{12}H_{10}N_4O_6S_2$
  Thiophen-2-carbaldehyd,
    5-Methansulfonyl-, [2,4-dinitro-
    phenylhydrazon] 87
$C_{12}H_{10}OS_2$
  Äthanon, 2-Phenylmercapto-1-[2]
    thienyl- 100
  Keton, [4-Methylmercapto-phenyl]-[2]
    thienyl- 497
$C_{12}H_{10}O_2S$
  Äthanon, 2-Hydroxy-2-phenyl-1-[2]
    thienyl- 499
  —, 2-Hydroxy-2-phenyl-1-[3]thienyl-
    500
  Keton, [4-Hydroxy-phenyl]-[5-methyl-
    [2]thienyl]- 503
  —, [2-Methoxy-phenyl]-[2]thienyl-
    493
  —, [3-Methoxy-phenyl]-[2]thienyl-
    494
  —, [4-Methoxy-phenyl]-[2]thienyl- 496
$C_{12}H_{10}O_3$
  Äthanon, 1-[2]Furyl-2-hydroxy-2-
    phenyl- 499
  —, 2-[2]Furyl-2-hydroxy-1-phenyl- 500
  Benzofuran-5-carbaldehyd, 4-Hydroxy-
    2-isopropenyl- 504
  Cumarin, 8-Allyl-7-hydroxy- 503
  —, 4-Allyloxy- 287
  —, 7-Allyloxy- 296
  —, 7-Methoxy-3-vinyl- 498
  Cyclopenta[b]chromen-9-on, 6-Hydroxy-
    2,3-dihydro-1H- 504
  —, 8-Hydroxy-2,3-dihydro-1H- 504
  Cyclopenta[c]chromen-4-on, 7-Hydroxy-
    2,3-dihydro-1H- 504
  Furan-2-carbaldehyd, 5-[4-Methoxy-
    phenyl]- 497

  Furan-2-on, 3-[3-Hydroxy-benzyliden]-5-
    methyl-3H- 502
  —, 3-[4-Hydroxy-benzyliden]-5-methyl-
    3H- 502
  —, 5-[2-Hydroxy-styryl]-3H- 500
  —, 5-[4-Hydroxy-styryl]-3H- 500
  —, 5-Methyl-3-salicyliden-3H- 502
  Keton, [2]Furyl-[2-hydroxy-3-methyl-
    phenyl]- 501
  —, [2]Furyl-[2-hydroxy-4-methyl-
    phenyl]- 502
  —, [2]Furyl-[2-hydroxy-5-methyl-
    phenyl]- 501
  —, [2]Furyl-[4-hydroxy-3-methyl-
    phenyl]- 501
  —, [2]Furyl-[3-methoxy-phenyl]- 493
  —, [2]Furyl-[4-methoxy-phenyl]- 494
  Pyran-2-on, 4-Methoxy-6-phenyl- 490
  —, 6-[4-Methoxy-phenyl]- 491
  Pyran-4-on, 2-Methoxy-6-phenyl- 491
$C_{12}H_{10}O_3S$
  Äthanon, 1-[3-Acetoxy-benzo[b]
    thiophen-2-yl]- 356
$C_{12}H_{10}O_4$
  Äthanon, 1-[3-Acetoxy-benzofuran-2-
    yl]- 355
  —, 1-[4-Acetoxy-benzofuran-2-yl]-
    359
  —, 1-[6-Acetoxy-benzofuran-2-yl]- 360
  —, 2-Acetoxy-1-benzofuran-2-yl- 361
  Benzofuran-2-carbaldehyd, 6-Acetoxy-
    3-methyl- 364
  Benzofuran-2-on, 3-[1-Acetoxy-äthyliden]-
    3H- 363
  Chromen-4-on, 2-Acetoxymethyl- 322
  —, 3-Acetoxy-2-methyl- 312
  —, 5-Acetoxy-2-methyl- 313
  —, 7-Acetoxy-3-methyl- 323
  Cumarin, 7-Acetonyloxy- 299
  —, 4-Acetoxy-3-methyl- 324
  —, 4-Acetoxy-6-methyl- 353
  —, 5-Acetoxy-4-methyl- 326
  —, 6-Acetoxy-4-methyl- 330
  —, 6-Acetoxy-7-methyl- 354
  —, 7-Acetoxy-4-methyl- 335
  —, 7-Acetoxy-5-methyl- 353
  —, 7-Acetoxy-6-methyl- 354
  —, 8-Acetoxy-3-methyl- 325
  —, 4-Propionyloxy- 287
  —, 7-Propionyloxy- 299
  Furan-2-on, 3-Acetoxy-4-phenyl-3H-
    310
  —, 4-[4-Acetoxy-phenyl]-5H- 312
  —, 4-Acetoxy-5-phenyl-5H- 309
  —, 5-[2-Acetoxy-phenyl]-3H- 308
  —, 5-[4-Acetoxy-phenyl]-3H- 309
  —, 3-Benzoyloxy-4-methyl-5H- 58
  —, 3-Benzoyloxy-5-methyl-5H- 56
  —, 4-Benzoyloxy-5-methyl-5H- 55

$C_{12}H_{10}O_4S$
Essigsäure, [2-Benzofuran-2-yl-2-oxo-äthylmercapto]- 361

$C_{12}H_{10}O_4S_2$
Verbindung $C_{12}H_{10}O_4S_2$ aus 4-Methoxy-6-methyl-pyran-2-thion 91

$C_{12}H_{10}O_5$
Äther, Bis-[5-formyl-furfuryl]- 102
Cumarin, 6-Methoxycarbonyloxy-4-methyl- 330
Essigsäure, [2-Methyl-4-oxo-4H-chromen-7-yloxy]- 318
—, [4-Methyl-2-oxo-2H-chromen-7-yloxy]- 338

$C_{12}H_{10}O_5S$
Cumarin, 7-Äthylensulfonyloxy-4-methyl- 341

$C_{12}H_{10}O_6S$
Essigsäure, [2-Oxo-2H-chromen-2-sulfonyl]-, methylester 285
Propionsäure, 3-[2-Oxo-2H-chromen-3-sulfonyl]- 286

$C_{12}H_{10}S_3$
Äthanthion, 2-[4-Mercapto-[2]thienyl]-1-phenyl- 499

$C_{12}H_{11}BrO_3$
Chromen-4-on, 3-Äthyl-8-brom-7-hydroxy-2-methyl- 399
—, 6-Äthyl-8-brom-7-hydroxy-2-methyl- 401
Cumarin, 3-Äthyl-6-brom-7-hydroxy-4-methyl- 403
—, 6-Brom-5-hydroxy-3,4,7-trimethyl- 410
—, 8-Brom-5-hydroxy-3,4,7-trimethyl- 410
—, 8-Brom-5-methoxy-4,7-dimethyl- 384
Furan-2-on, 4-Brom-3-methoxy-5-p-tolyl-5H- 369
—, 5-[4-Brom-phenyl]-5-methoxy-3-methyl-5H- 370
—, 5-[4-Brom-phenyl]-5-methoxy-4-methyl-5H- 370

$C_{12}H_{11}BrO_4$
Benzofuran-2-on, 5-Acetoxy-4-brom-6,7-dimethyl-3H- 193
—, 5-Acetoxy-6-brom-4,7-dimethyl-3H- 193

$C_{12}H_{11}ClO_3$
But-2-en-1-on, 3-Chlor-1-[6-hydroxy-2,3-dihydro-benzofuran-5-yl]- 412
Cumarin, 3-Äthyl-6-chlor-7-hydroxy-4-methyl- 402
—, 6-Äthyl-8-chlor-5-hydroxy-4-methyl- 404
—, 8-Äthyl-6-chlor-5-hydroxy-4-methyl- 404
—, 6-Chlor-5-hydroxy-3,4,7-trimethyl- 410

—, 8-Chlor-5-hydroxy-3,4,7-trimethyl- 410

$C_{12}H_{11}ClO_4$
Cumarin, 6-Chlor-7-[2-hydroxy-äthoxy]-4-methyl- 344

$C_{12}H_{11}Cl_3O_3$
Phthalid, 3-[2,2,2-Trichlor-1,1-dimethyl-äthoxy]- 157

$C_{12}H_{11}NO_2$
Cyclopenta[c]chromen-4-on, 7-Hydroxy-2,3-dihydro-1H-, imin 505
Furan-2-carbaldehyd, 5-Hydroxymethyl-, phenylimin 102

$C_{12}H_{11}NO_2S$
Äthanon, 2-Hydroxy-2-phenyl-1-[3]thienyl-, oxim 500

$C_{12}H_{11}NO_3$
Furan-2-carbaldehyd, 5-Hydroxymethyl-, [4-hydroxy-phenylimin] 103
Keton, [2]Furyl-[4-methoxy-phenyl]-, oxim 495

$C_{12}H_{11}NO_4$
Cumarin, 4-Dimethylcarbamoyloxy- 288

$C_{12}H_{11}NO_5$
Chromen-4-on, 3-Äthyl-7-hydroxy-2-methyl-8-nitro- 399
Cumarin, 7-Methoxy-3,4-dimethyl-6-nitro- 379
—, 7-Methoxy-3,4-dimethyl-8-nitro- 380

$C_{12}H_{11}NO_6$
Furan-2-on, 3-Methyl-3-[4-nitro-benzoyloxy]-dihydro- 15
Valeriansäure, 4-Hydroxy-3-[4-nitro-benzoyloxy]-, lacton 11

$C_{12}H_{11}N_3O_2S_2$
Thiophen-2-carbaldehyd, 5-Methylmercapto-, [4-nitro-phenylhydrazon] 86

$C_{12}H_{11}N_3O_3S$
Thiophen-2-carbaldehyd, 5-Methoxy-, [4-nitro-phenylhydrazon] 84

$C_{12}H_{11}N_3O_4$
Äthanon, 2-Hydroxy-1-[5-nitro-[2]furyl]-, phenylhydrazon 96
Furan-2-carbaldehyd, 5-Hydroxymethyl-, [4-nitro-phenylhydrazon] 104

$[C_{12}H_{11}O_2]^+$
Chromenylium, 3-Acetyl-2-methyl- 399
$[C_{12}H_{11}O_2]ClO_4$ 399

$C_{12}H_{12}ClO_5P$
Cumarin, 6-Äthyl-7-[chlor-hydroxy-phosphoryloxy]-4-methyl- 406

$C_{12}H_{12}ClO_5PS$
Cumarin, 3-Chlor-7-dimethoxythiophosphoryloxy-4-methyl- 344
—, 6-Chlor-7-dimethoxythiophosphoryloxy-4-methyl- 345

$C_{12}H_{12}N_2O_2$
Furan-2-carbaldehyd, 5-Hydroxymethyl-, phenylhydrazon 104

$C_{12}H_{12}N_2O_2S_3$
Sulfid, Bis-[5-acetylamino-[2]-thienyl]- 48
—, Bis-[5-acetylimino-4,5-dihydro-[2]-thienyl]- 48

$C_{12}H_{12}N_2O_2S_4$
Disulfid, Bis-[5-acetylamino-[2]-thienyl]- 48
—, Bis-[5-acetylimino-4,5-dihydro-[2]-thienyl]- 48

$C_{12}H_{12}N_2O_5$
Äther, Bis-[5-(hydroxyimino-methyl)-furfuryl]- 104

$C_{12}H_{12}N_4O_3S_2$
Furfural, 5-Sulfanilyl-, thiosemicarbazon 82

$C_{12}H_{12}N_4O_5$
Pyrano[4,3-c]pyrazol, 1-[2,4-Dinitro-phenyl]-1,3a,4,6,7,7a-hexahydro- 19

$C_{12}H_{12}O_2S$
Benzo[b]thiophen-3-on, 2-Butyryl- 411
Butan-1-on, 1-[3-Hydroxy-benzo[b]-thiophen-2-yl]- 411

$C_{12}H_{12}O_3$
Äthanon, 1-[3-Hydroxy-4,6-dimethyl-benzofuran-2-yl]- 413
—, 1-[5-Hydroxy-2,6-dimethyl-benzofuran-3-yl]- 413
—, 1-[5-Hydroxy-2,7-dimethyl-benzofuran-3-yl]- 413
—, 1-[4-Methoxy-3-methyl-benzofuran-5-yl]- 391
—, 1-[5-Methoxy-2-methyl-benzofuran-3-yl]- 387
—, 1-[6-Methoxy-3-methyl-benzofuran-2-yl]- 389
—, 1-[6-Methoxy-3-methyl-benzofuran-5-yl]- 393
—, 1-[6-Methoxy-3-methyl-benzofuran-7-yl]- 394
Benzofuran-2-carbaldehyd, 6-Methoxy-3,7-dimethyl- 395
Benzofuran-3-carbaldehyd, 2-Äthyl-7-methoxy- 388
Benzofuran-2-on, 3-[1-Methoxy-propyliden]-3H- 386
Benzofuran-3-on, 2-Acetyl-4,6-dimethyl- 413
—, 2-Isopropyliden-6-methoxy- 387
—, 2-[3-Oxo-butyl]- 411
Butan-2-on, 4-[3-Hydroxy-benzofuran-2-yl]- 411
But-2-en-1-on, 1-[6-Hydroxy-2,3-dihydro-benzofuran-5-yl]- 412

Chromen-4-on, 7-Äthoxy-2-methyl- 317
—, 2-Äthyl-7-hydroxy-3-methyl- 399
—, 2-Äthyl-7-hydroxy-5-methyl- 400
—, 3-Äthyl-5-hydroxy-2-methyl- 398
—, 3-Äthyl-7-hydroxy-2-methyl- 399
—, 6-Äthyl-7-hydroxy-2-methyl- 401
—, 2-Äthyl-7-methoxy- 370
—, 3-Äthyl-2-methoxy- 371
—, 3-Äthyl-6-methoxy- 371
—, 6-Hydroxy-3-isopropyl- 398
—, 6-Hydroxymethyl-2,3-dimethyl- 408
—, 6-Hydroxy-3-propyl- 397
—, 5-Hydroxy-2,3,7-trimethyl- 409
—, 6-Hydroxy-2,5,8-trimethyl- 409
—, 7-Hydroxy-2,3,5-trimethyl- 408
—, 7-Hydroxy-2,3,8-trimethyl- 409
—, 7-Methoxy-2,3-dimethyl- 374
—, 7-Methoxy-2,5-dimethyl- 376
—, 7-Methoxy-2,6-dimethyl- 376
—, 7-Methoxy-2,8-dimethyl- 377
Cumarin, 6-Äthoxy-4-methyl- 330
—, 7-Äthoxy-4-methyl- 334
—, 3-Äthyl-6-hydroxy-4-methyl- 401
—, 3-Äthyl-7-hydroxy-4-methyl- 401
—, 5-Äthyl-7-hydroxy-4-methyl- 404
—, 6-Äthyl-5-hydroxy-4-methyl- 404
—, 6-Äthyl-7-hydroxy-4-methyl- 404
—, 6-Äthyl-7-hydroxy-5-methyl- 408
—, 7-Äthyl-6-hydroxy-4-methyl- 406
—, 8-Äthyl-5-hydroxy-4-methyl- 407
—, 8-Äthyl-7-hydroxy-4-methyl- 407
—, 3-Äthyl-4-methoxy- 371
—, 3-Äthyl-7-methoxy- 372
—, 3-[1-Hydroxy-äthyl]-7-methyl- 404
—, 7-Hydroxy-4-propyl- 398
—, 7-Hydroxy-5-propyl- 398
—, 5-Hydroxy-3,4,7-trimethyl- 409
—, 6-Hydroxy-3,4,7-trimethyl- 410
—, 6-Hydroxy-4,7,8-trimethyl- 411
—, 6-Hydroxy-5,7,8-trimethyl- 411
—, 7-Hydroxy-3,4,5-trimethyl- 409
—, 7-Hydroxy-4,6,8-trimethyl- 410
—, 7-Isopropoxy- 295
—, 5-Methoxy-4,7-dimethyl- 382
—, 6-Methoxy-3,4-dimethyl- 377
—, 7-Methoxy-3,4-dimethyl- 378
—, 7-Methoxy-4,8-dimethyl- 385
—, 7-Propoxy- 295
Dibenzofuran-2-on, 9b-Hydroxy-3,4,4a,9b-tetrahydro-1H- 411
Furan-2-on, 5-[4-Äthoxy-phenyl]-3H- 308
—, 3-Benzyl-4-methoxy-5H- 366
—, 4-[2-Methoxy-benzyl]-5H- 367
—, 4-[4-Methoxy-benzyl]-5H- 367
—, 3-[4-Methoxy-benzyliden]-dihydro- 368
—, 5-[2-Methoxy-5-methyl-phenyl]-3H- 369

$C_{12}H_{12}O_3$ *(Fortsetzung)*
Furan-2-on, 5-[4-Methoxy-2-methyl-phenyl]-3H- 368
—, 5-[4-Methoxy-3-methyl-phenyl]-3H- 369
Indeno[2,1-b]pyran-2-on, 4a-Hydroxy-4,4a,9,9a-tetrahydro-3H- 416
1,4-Methano-benz[c]oxepin-3-on, 8-Methoxy-4,5-dihydro-1H- 396
1,4-Methano-benz[d]oxepin-2-on, 10-Methoxy-4,5-dihydro-1H- 396
Naphtho[1,2-b]furan-2-on, 3-Hydroxy-3a,4,5,9b-tetrahydro-3H- 414
—, 6-Hydroxy-3a,4,5,9b-tetrahydro-3H- 414
—, 8-Hydroxy-3a,4,5,9b-tetrahydro-3H- 415
Naphtho[2,1-b]furan-2-on, 8-Hydroxy-3a,4,5,9b-tetrahydro-1H- 416
Propan-1-on, 1-[6-Hydroxy-3-methyl-benzofuran-2-yl]- 412
—, 1-[6-Hydroxy-3-methyl-benzofuran-7-yl]- 412
Pyran-2-on, 4-Methoxy-6-phenyl-5,6-dihydro- 365

$C_{12}H_{12}O_4$
Benzofuran-5-carbaldehyd, 6-Acetoxy-3-methyl-2,3-dihydro- 191
Chroman-4-on, 3-Acetoxy-2-methyl- 185
Furan-2-on, 5-Acetoxy-3-phenyl-dihydro- 184
—, 3-Benzoyloxy-4-methyl-dihydro- 17
Isochroman-1-on, 8-Acetoxy-3-methyl- 189
Phthalid, 6-Acetoxy-3,3-dimethyl- 195
Valeriansäure, 3-Benzoyloxy-4-hydroxy-, lacton 11

$C_{12}H_{12}O_4S$
Cumarin, 3-[Propan-1-sulfonyl]- 285

$C_{12}H_{12}O_5$
Benzoesäure, 3-Methyl-4-[2-oxo-tetrahydro-[3]furyloxy]- 5
—, 5-Methyl-2-[2-oxo-tetrahydro-[3]furyloxy]- 5
Propionsäure, 3-[4-Oxo-chroman-7-yloxy]- 171

$C_{12}H_{12}O_5S$
Cumarin, 7-Äthansulfonyloxy-4-methyl- 340
—, 5-Methansulfonyloxy-4,7-dimethyl- 383

$C_{12}H_{13}BrO_3$
Furan-2-on, 5-[4-Brom-phenyl]-5-methoxy-4-methyl-dihydro- 206

$C_{12}H_{13}ClO_3$
Furan-2-on, 5-[2-Äthoxy-5-chlor-phenyl]-dihydro- 180

—, 5-[4-Äthoxy-3-chlor-phenyl]-dihydro- 182
—, 5-[5-Chlor-2-methoxy-4-methyl-phenyl]-dihydro- 205
—, 5-[2-Chlor-5-methoxy-phenyl]-5-methyl-dihydro- 205
—, 5-[3-Chlor-4-methoxy-phenyl]-3-methyl-dihydro- 207
—, 5-[5-Chlor-2-methoxy-phenyl]-3-methyl-dihydro- 207
—, 3-[4-Chlor-phenyl]-3-[2-hydroxy-äthyl]-dihydro- 221

$C_{12}H_{13}NO_3$
Chromen-4-on, 7-Methoxy-2,6-dimethyl-, oxim 376

$C_{12}H_{13}NO_5$
Phthalid, 3-[β-Nitro-isobutoxy]- 157
Propionsäure, 3-[4-Hydroxyimino-chroman-7-yloxy]- 172

$C_{12}H_{13}N_3O_3$
Äthanon, 1-[4-Hydroxy-3-methyl-benzofuran-5-yl]-, semicarbazon 392
—, 1-[6-Hydroxy-3-methyl-benzofuran-2-yl]-, semicarbazon 390
—, 1-[6-Hydroxy-3-methyl-benzofuran-5-yl]-, semicarbazon 393
—, 1-[6-Hydroxy-3-methyl-benzofuran-7-yl]-, semicarbazon 395
—, 1-[4-Methoxy-benzofuran-5-yl]-, semicarbazon 364

$C_{12}H_{13}N_3O_4$
Acetaldehyd, [4-Hydroxy-dihydro-[2]furyliden]-, [4-nitro-phenylhydrazon] 60

$C_{12}H_{13}O_4PS_2$
Chromen-2-thion, 7-Dimethoxythiophosphoryloxy-4-methyl- 352

$C_{12}H_{13}O_5PS$
Cumarin, 6-Dimethoxythiophosphoryloxy-4-methyl- 330
—, 7-Dimethoxythiophosphoryloxy-4-methyl- 342

$C_{12}H_{14}O_2S$
Phthalid, 3-Butylmercapto- 162
—, 3-sec-Butylmercapto- 162

$C_{12}H_{14}O_3$
Benzofuran-2-on, 7-Äthyl-6-hydroxy-3,5-dimethyl-3H- 224
Benz[b]oxepin-5-on, 4-Hydroxy-7,8-dimethyl-3,4-dihydro-2H- 222
Chroman-6-carbaldehyd, 5-Hydroxy-2,2-dimethyl- 222
—, 7-Hydroxy-2,2-dimethyl- 222
Chroman-2-on, 7-Äthoxy-4-methyl- 187
—, 6-Hydroxy-5,7,8-trimethyl- 223
Chroman-4-on, 6-Hydroxy-2,2,7-trimethyl- 223

$C_{12}H_{14}O_3$ (Fortsetzung)
Chroman-4-on, 6-Methoxy-2,2-dimethyl- 210
—, 7-Methoxy-2,2-dimethyl- 211
—, 7-Methoxy-2,6-dimethyl- 212
—, 7-Methoxy-2,8-dimethyl- 212
Furan-2-on, 5-[4-Äthoxy-phenyl]-dihydro- 181
—, 3-Äthyl-3-hydroxy-5-phenyl-dihydro- 219
—, 5-Äthyl-4-[4-hydroxy-phenyl]-dihydro- 219
—, 3-Benzyl-4-hydroxy-4-methyl-dihydro- 218
—, 3-Benzyl-5-hydroxymethyl-dihydro- 218
—, 5-Benzyloxymethyl-dihydro- 14
—, 3-[2,4-Dimethyl-phenoxy]-dihydro- 4
—, 3-[2-Hydroxy-äthyl]-3-phenyl-dihydro- 220
—, 3-[4-Methoxy-benzyl]-dihydro- 200
—, 5-[3-Methoxy-benzyl]-dihydro- 199
—, 3-[2-Methoxy-5-methyl-phenyl]-dihydro- 204
—, 3-[4-Methoxy-3-methyl-phenyl]-dihydro- 204
—, 5-[2-Methoxy-4-methyl-phenyl]-dihydro- 205
—, 5-Methoxy-5-methyl-3-phenyl-dihydro- 207
—, 5-[2-Methoxy-5-methyl-phenyl]-dihydro- 203
—, 5-[4-Methoxy-2-methyl-phenyl]-dihydro- 201
—, 5-[4-Methoxy-3-methyl-phenyl]-dihydro- 202
—, 5-[2-Methoxy-phenyl]-5-methyl-dihydro- 205
—, 5-[4-Methoxy-phenyl]-4-methyl-dihydro- 206
—, 5-[4-Methoxy-phenyl]-5-methyl-dihydro- 206
—, 5-m-Tolyloxymethyl-dihydro- 14
—, 5-o-Tolyloxymethyl-dihydro- 13
—, 5-p-Tolyloxymethyl-dihydro- 14
Isochromen-6-on, 8-Hydroxy-3,4,5-trimethyl-3,4-dihydro- 223
Phthalid, 3-Butoxy- 156
—, 3-sec-Butoxy- 156
—, 3-tert-Butoxy- 157
—, 3-Isobutoxy- 157
—, 3-Methoxy-3,6,7-trimethyl- 215
—, 5-Methoxy-3,3,6-trimethyl- 214
Pyran-2-carbaldehyd, 6-Phenoxy-tetrahydro- 18
Pyran-2-on, 6-[4-Methoxy-phenyl]-tetrahydro- 199

$C_{12}H_{14}O_4$
Furan-2-on, 5-[4-(2-Hydroxy-äthoxy)-phenyl]-dihydro- 182

—, 5-[2-Methoxy-phenoxymethyl]-dihydro- 14
Phthalid, 3-[β-Methoxy-isopropoxy]- 158

$C_{12}H_{14}O_5S$
Furan-2-on, 4-Methyl-3-[toluol-4-sulfonyloxy]-dihydro- 17

$C_{12}H_{15}NO_2$
Furan-2-on, 3-[2-Hydroxy-äthyl]-3-phenyl-dihydro-, imin 220
—, 3-Hydroxy-4,4-dimethyl-dihydro-, phenylimin 28

$C_{12}H_{15}N_3O_2S$
Chroman-4-on, 7-Methoxy-2-methyl-, thiosemicarbazon 187

$C_{12}H_{15}N_3O_3$
Äthanon, 1-[7-Hydroxy-chroman-6-yl]-, semicarbazon 210
Benz[b]oxepin-5-on, 8-Methoxy-3,4-dihydro-2H-, semicarbazon 185
Chroman-4-on, 6-Äthyl-7-hydroxy-, semicarbazon 209
—, 6-Hydroxy-2,2-dimethyl-, semicarbazon 211
—, 7-Methoxy-2-methyl-, semicarbazon 187
Cyclopent-2-enon, 2-Furfuryl-4-hydroxy-3-methyl-, semicarbazon 209

$C_{12}H_{15}O_6P$
Furan-2-on, 3-[Hydroxy-phenoxy-phosphoryloxy]-4,4-dimethyl-dihydro- 27

$C_{12}H_{16}O_3$
Pyran-2-on, 4-Äthoxy-6-cyclopent-1-enyl-5,6-dihydro- 141

$C_{12}H_{16}O_4$
Furan-2-on, 4-[4-Acetoxy-cyclohexyl]-5H- 121

$[C_{12}H_{18}NO_4S]^+$
Sulfonium, [2-(5-Nitro-[2]furyl)-2-oxo-äthyl]-dipropyl- 99
$[C_{12}H_{18}NO_4S]Br$ 99

$C_{12}H_{18}OS_2$
Äthanon, 1-[5-Hexylmercapto-[2]thienyl]- 95
Thiophen-2-carbaldehyd, 5-Heptylmercapto- 86

$C_{12}H_{18}O_3$
1,3a-Äthano-cyclohepta[c]furan-3-on, 8a-Hydroxy-1-methyl-hexahydro- 125
1,6-Epoxido-naphthalin-4-on, 6-Methoxy-5-methyl-octahydro- 124
Isobenzofuran-1-on, 3-Äthoxy-5,6-dimethyl-3a,4,7,7a-tetrahydro-3H- 122
4,7-Methano-benzofuran-2-on, 3-Hydroxy-7,8,8-trimethyl-hexahydro- 125

$C_{12}H_{18}O_3$ *(Fortsetzung)*
 4a,1-Oxaäthano-naphthalin-10-on,
  4-Methoxy-octahydro- 123
 6-Oxa-dispiro[4.1.4.2]tridecan-12-on,
  13-Hydroxy- 125
 Pyran-2-on, 4-Äthoxy-6-cyclopentyl-
  5,6-dihydro- 121
$C_{12}H_{18}O_4$
 Cyclopenta[c]pyran-1-on, 3-Acetoxy-
  4,7-dimethyl-hexahydro- 71
 Furan-2-on, 4-Acetoxy-4-cyclohexyl-
  dihydro- 71
 —, 3-Acetoxy-4-isohexyl-5H- 70
$C_{12}H_{19}NO_4$
 Furan-2-on, 4-Dimethylcarbamoyloxy-3-
  isopentyl-5H- 67
$C_{12}H_{19}N_3S_3$
 Thiophen-2-carbaldehyd,
  5-Hexylmercapto-,
  thiosemicarbazon 89
$C_{12}H_{20}O_3$
 Benzofuran-2-on, 7-Methoxy-4,4,7a-
  trimethyl-hexahydro- 76
 Butan-1-on, 1-[2,2-Dimethyl-3,6-dihydro-
  2H-pyran-4-yl]-3-methoxy- 75
 —, 3-Methoxy-1-[2,2,5-trimethyl-2,5-
  dihydro-[3]furyl]- 75
 Butan-2-on, 1-[2,2-Dimethyl-
  tetrahydro-pyran-4-yliden]-4-
  methoxy- 75
 —, 4-Methoxy-1-[2,2,5-trimethyl-
  dihydro-[3]furyliden]- 75
 Dec-8-ensäure, 3,5-Dihydroxy-5,9-
  dimethyl-, 3-lacton 77
 Essigsäure, [1,4-Dihydroxy-p-menthan-
  3-yl]-, 1-lacton 77
 —, [1,4-Dihydroxy-p-menthan-3-yl]-,
  4-lacton 78
 —, [1,8-Dihydroxy-neomenthyl]-,
  8-lacton 77
 2-Oxa-bicyclo[3.3.1]nonan-3-on,
  6-[α-Hydroxy-isopropyl]-1-methyl- 78
$C_{12}H_{20}O_4$
 Furan-2-on, 3-Hexanoyloxy-4,4-
  dimethyl-dihydro- 24
$C_{12}H_{21}N_3O_3$
 2-Oxa-bicyclo[2.2.2]octan-6-on,
  5-Methoxy-1,3,3-trimethyl-,
  semicarbazon 74
$C_{12}H_{22}O_3$
 Butan-1-on, 1-[2,2-Dimethyl-
  tetrahydro-pyran-4-yl]-3-methoxy- 44
 —, 3-Methoxy-1-[2,2,5-trimethyl-
  tetrahydro-[3]furyl]- 45
 Butan-2-on, 1-[2,2-Dimethyl-
  tetrahydro-pyran-4-yl]-4-methoxy-
  44
 —, 4-Methoxy-1-[2,2,5-trimethyl-
  tetrahydro-[3]furyl]- 45

 Furan-2-on, 5-Heptyloxymethyl-
  dihydro- 13
 —, 5-Hexyl-3-methoxy-5-methyl-
  dihydro- 44
 Oxacyclotridecan-7-on, 8-Hydroxy- 45
$C_{12}H_{22}O_4S$
 $1\lambda^6$-Thiophen-3-on, 2,4-Di-*tert*-butyl-
  4-hydroxy-1,1-dioxo-dihydro- 46
$C_{12}H_{23}N_3O_3$
 Butan-2-on, 4-[4-Hydroxy-2,6-dimethyl-
  tetrahydro-pyran-3-yl]-,
  semicarbazon 44
$C_{12}H_{24}O_4$
 Pyran-2-carbaldehyd, 6-Äthoxy-
  tetrahydro-, diäthylacetal 18
 Pyran-3-carbaldehyd, 2-Äthoxy-
  tetrahydro-, diäthylacetal 19

C_{13}-Gruppe

$C_{13}H_5N_3O_9$
 Benzo[c]chromen-6-on, 3-Hydroxy-
  2,4,8-trinitro- 606
$C_{13}H_6Cl_2O_2S$
 Thioxanthen-9-on, 1,6-Dichlor-4-
  hydroxy- 604
$C_{13}H_7ClO_2S$
 Naphtho[1,2-b]thiophen-2-carbaldehyd,
  6-Chlor-3-hydroxy- 607
 —, 9-Chlor-3-hydroxy- 607
$C_{13}H_8N_2O_8$
 Pyran-4-on, 5-[3,5-Dinitro-
  benzoyloxy]-2-methyl- 92
$C_{13}H_8OS_2$
 Thioxanthen-9-on, 2-Mercapto- 601
$C_{13}H_8O_2S$
 Naphtho[1,2-b]thiophen-2-carbaldehyd,
  3-Hydroxy- 607
 Naphtho[2,1-b]thiophen-2-carbaldehyd,
  1-Hydroxy- 608
 Naphtho[2,3-b]thiophen-2-carbaldehyd,
  3-Hydroxy- 607
$C_{13}H_8O_3$
 Benzo[c]chromen-6-on, 3-Hydroxy- 606
 —, 4-Hydroxy- 607
 —, 7-Hydroxy- 607
 —, 9-Hydroxy- 607
 Benzo[f]chromen-3-on, 5-Hydroxy- 605
 —, 9-Hydroxy- 605
 Xanthen-3-on, 6-Hydroxy- 604
 Xanthen-9-on, 1-Hydroxy- 598
 —, 2-Hydroxy- 600
 —, 3-Hydroxy- 601
 —, 4-Hydroxy- 603
$C_{13}H_8O_4$
 Naphtho[1,8-bc]furan-2-on, 3-Acetoxy- 569
$C_{13}H_9BrO_3$
 Propenon, 1-[5-Brom-2-hydroxy-phenyl]-
  3-[2]furyl- 571

$C_{13}H_9ClO_4$
Pyran-2-on, 4-[4-Acetoxy-phenyl]-6-chlor- 491
Pyran-4-on, 5-Benzoyloxy-2-chlormethyl- 92

$C_{13}H_9N_3O_8$
Furan-2-carbaldehyd, 5-[(2,4-Dinitro-phenylcarbamoyloxy)-methyl]- 102

$C_{13}H_9N_5O_4S_2$
Äthanon, 1-[2]Thienyl-2-thiocyanato-, [2,4-dinitro-phenylhydrazon] 100

$C_{13}H_9O_6P$
Xanthen-9-on, 2-Phosphonooxy- 601

$C_{13}H_{10}Cl_4O_4$
Phthalid, 3-Äthyl-4,5,6,7-tetrachlor-3-propionyloxy- 194

$C_{13}H_{10}N_2O_6$
Furan-2-carbaldehyd, 5-[(4-Nitro-phenylcarbamoyloxy)-methyl]- 102

$C_{13}H_{10}N_2O_8$
Cumarin, 7-Acetoxy-3,4-dimethyl-6,8-dinitro- 380

$C_{13}H_{10}N_4O_4$
Furan-2-carbaldehyd, 5-Hydroxymethyl-, [2-cyan-4-nitro-phenylhydrazon] 108
—, 5-Hydroxymethyl-, [4-cyan-2-nitro-phenylhydrazon] 109

$C_{13}H_{10}O_2S$
Propenon, 3-[3-Hydroxy-phenyl]-1-[2]thienyl- 573

$C_{13}H_{10}O_3$
Benzo[g]chromen-2-on, 5-Hydroxy-3,4-dihydro- 575
Benzo[h]chromen-2-on, 5-Hydroxy-3,4-dihydro- 575
Naphtho[1,2-b]furan-2-on, 4-Hydroxy-3-methyl-3H- 576
Naphtho[1,2-c]furan-1-on, 3-Methoxy-3H- 570
Naphtho[2,3-b]furan-2-on, 4-Hydroxy-3-methyl-3H- 576
Propenon, 1-[2]Furyl-3-[3-hydroxy-phenyl]- 573
—, 3-[2]Furyl-1-[2-hydroxy-phenyl]- 571
—, 3-[2]Furyl-1-[4-hydroxy-phenyl]- **571**

$C_{13}H_{10}O_3S$
Äthanon, 2-Benzoyloxy-1-[2]thienyl- 100
Keton, [3-Acetoxy-phenyl]-[2]thienyl- 494
—, [4-Acetoxy-phenyl]-[2]thienyl- 496

$C_{13}H_{10}O_4$
Äthanon, 1-[3-Benzoyloxy-[2]furyl]- 93

—, 2-Benzoyloxy-1-[2]furyl- 95
Pyran-2-on, 4-Benzoyloxy-6-methyl- 90
Pyran-4-on, 2-Benzoyloxy-6-methyl- 90
—, 5-Benzoyloxy-2-methyl- 91

$C_{13}H_{11}BrOS_2$
Keton, [4-Äthylmercapto-phenyl]-[5-brom-[2]thienyl]- 497

$C_{13}H_{11}BrO_2S$
Keton, [3-Brom-4-methoxy-phenyl]-[5-methyl-[2]thienyl]- 503

$C_{13}H_{11}BrO_3$
Cumarin, 7-[2-Brom-allyloxy]-4-methyl- 335

$C_{13}H_{11}BrO_4$
Cumarin, 5-Acetoxy-6-brom-4,7-dimethyl- 384
—, 7-Acetoxy-6-brom-3,4-dimethyl- 379
—, 6-Brom-4-methyl-7-propionyloxy- 348

$C_{13}H_{11}ClN_4O_6$
Furan-2-carbaldehyd, 5-Hydroxymethyl-, [(5-chlor-2,4-dinitro-phenyl)-methyl-hydrazon] 106

$C_{13}H_{11}ClO_2S$
Keton, [3-Chlor-4-methoxy-phenyl]-[5-methyl-[2]thienyl]- 503

$C_{13}H_{11}ClO_3$
Benzo[c]chromen-6-on, 2-Chlor-3-hydroxy-7,8,9,10-tetrahydro- 514
Cumarin, 3-[2-Chlor-vinyl]-5-hydroxy-4,7-dimethyl- 511
—, 3-[2-Chlor-vinyl]-7-methoxy-4-methyl- 504
Keton, [4-Äthoxy-3-chlor-phenyl]-[2]furyl- 495
Pyran-2-on, 6-Chlor-4-[4-methoxy-3-methyl-phenyl]- 498

$C_{13}H_{11}ClO_4$
Cumarin, 5-Acetoxy-3-chlor-4,7-dimethyl- 381
—, 7-Acetoxy-3-chlor-4,5-dimethyl- 381
—, 7-Acetoxy-6-chlor-3,4-dimethyl- 379
—, 3-Chlor-4-methyl-7-propionyloxy- 344
—, 6-Chlor-4-methyl-7-propionyloxy- 345
O-Acetyl-Derivat $C_{13}H_{11}ClO_4$ aus 6-Chlor-5-hydroxy-4,7-dimethyl-cumarin 383

$C_{13}H_{11}Cl_3O_3$
Cumarin, 4,6-Dimethyl-3-[2,2,2-trichlor-1-hydroxy-äthyl]- 425

$C_{13}H_{11}NO_4$
Pyran-4-on, 2-Methyl-3-phenylcarbamoyloxy- 91

$C_{13}H_{11}NO_5$
Benzo[c]chromen-6-on, 3-Hydroxy-4-nitro-7,8,9,10-tetrahydro- 514

$C_{13}H_{11}NO_5S$
Furfural, 5-[N-Acetyl-sulfanilyl]- 82

$C_{13}H_{11}NO_5S_2$
Phthalamidsäure, N-[5-Methansulfonyl-[2]thienyl]- 49
—, N-[5-Methansulfonyl-3H-[2]thienyliden]- 49

$C_{13}H_{11}NO_6$
Cumarin, 7-Acetoxy-3,4-dimethyl-8-nitro- 380
Furan-2-on, 4,5-Dimethyl-3-[4-nitro-benzoyloxy]-5H- 61

$C_{13}H_{11}N_3O_5$
Furan-2-carbaldehyd, 5-Hydroxymethyl-, [4-nitro-benzoylhydrazon] 107

$C_{13}H_{11}N_5O_8$
Furan-2-carbaldehyd, 5-Hydroxymethyl-, [methyl-pikryl-hydrazon] 106
—, 5-Methoxymethyl-, pikrylhydrazon 111

$C_{13}H_{12}BrN_3O_4$
Furan-2-carbaldehyd, 5-Hydroxymethyl-, [(4-brom-2-nitro-phenyl)-methyl-hydrazon] 106

$C_{13}H_{12}ClN_3O_4$
Furan-2-carbaldehyd, 5-Hydroxymethyl-, [(4-chlor-2-nitro-phenyl)-methyl-hydrazon] 106

$C_{13}H_{12}Cl_2O_3$
Cumarin, 3-[2,2-Dichlor-äthyl]-5-hydroxy-4,7-dimethyl- 426
—, 3-[2,2-Dichlor-äthyl]-7-methoxy-4-methyl- 403

$C_{13}H_{12}N_2O_3$
Furan-2-carbaldehyd, 5-Hydroxymethyl-, benzoylhydrazon 107

$C_{13}H_{12}N_2O_4$
Furan-2-carbaldehyd, 5-Hydroxymethyl-, [4-hydroxy-benzoylhydrazon] 109
—, 5-Hydroxymethyl-, salicyloylhydrazon 109

$C_{13}H_{12}N_2O_8$
Furan-2-on, 3-[3,5-Dinitro-benzoyloxy]-4,4-dimethyl-dihydro- 25
—, 3-[3,5-Dinitro-benzoyloxymethyl]-5-methyl-dihydro- 21
—, 5-[3,5-Dinitro-benzoyloxymethyl]-3-methyl-dihydro- 19
Pyran-2-on, 5-[3,5-Dinitro-benzoyloxy]-3-methyl-tetrahydro- 19

$C_{13}H_{12}N_4O_5$
Äthanon, 2-Hydroxy-1-[5-nitro-[2]furyl]-, [4-phenyl-semicarbazon] 97

$C_{13}H_{12}N_4O_6$
Furan-2-carbaldehyd, 5-Hydroxymethyl-, [(2,4-dinitro-phenyl)-methyl-hydrazon] 106
—, 5-Methoxymethyl-, [2,4-dinitro-phenylhydrazon] 111

$C_{13}H_{12}OS_2$
Äthanon, 2-Benzylmercapto-1-[2]thienyl- 100
Keton, [4-Äthylmercapto-phenyl]-[2]thienyl- 497

$C_{13}H_{12}O_2S$
Äthanon, 2-[4-Methoxy-phenyl]-1-[2]thienyl- 499
Keton, [5-Äthyl-[2]thienyl]-[4-hydroxy-phenyl]- 509
—, [4-Methoxy-phenyl]-[5-methyl-[2]thienyl]- 503
Thiophen-2-on, 3-[4-Methoxy-benzyliden]-5-methyl-3H- 502

$C_{13}H_{12}O_3$
Äthanon, 1-[6-Hydroxy-2-isopropenyl-benzofuran-5-yl]- 511
Benzo[c]chromen-6-on, 2-Hydroxy-7,8,9,10-tetrahydro- 513
—, 3-Hydroxy-7,8,9,10-tetrahydro- 513
Benzofuran-5-carbaldehyd, 2-Isopropenyl-4-methoxy- 504
Chromen-4-on, 8-Allyl-7-hydroxy-2-methyl- 510
—, 7-Allyloxy-2-methyl- 318
Cumarin, 3-Allyl-7-hydroxy-4-methyl- 510
—, 8-Allyl-7-hydroxy-4-methyl- 510
—, 8-Allyl-7-hydroxy-5-methyl- 511
—, 7-Allyloxy-4-methyl- 335
—, 7-Allyloxy-5-methyl- 352
Cyclopenta[c]chromen-4-on, 7-Hydroxy-2-methyl-2,3-dihydro-1H- 515
—, 9-Hydroxy-7-methyl-2,3-dihydro-1H- 515
Dibenzofuran-4-on, 7-Methoxy-2,3-dihydro-1H- 506
Furan-2-on, 4-[4-Allyl-3-hydroxy-phenyl]-5H- 509
—, 5-[4-Methoxy-styryl]-3H- 500
Keton, [4-Äthoxy-phenyl]-[2]furyl- 494
—, [2]Furyl-[2-hydroxy-4,5-dimethyl-phenyl]- 508
—, [2]Furyl-[2-hydroxy-4,6-dimethyl-phenyl]- 508
Pyran-2-on, 4-Äthoxy-6-phenyl- 490
—, 4-[4-Methoxy-phenyl]-6-methyl- 498
—, 4-[4-Methoxy-phenyl]-6-methylen-5,6-dihydro- 498
Xanthen-9-on, 6-Hydroxy-1,2,3,4-tetrahydro- 512

$C_{13}H_{12}O_4$
Äthanon, 1-[4-Acetoxy-3-methyl-
benzofuran-5-yl]- 391
—, 1-[5-Acetoxy-2-methyl-benzofuran-
3-yl]- 387
—, 1-[6-Acetoxy-3-methyl-benzofuran-
2-yl]- 390
—, 1-[6-Acetoxy-3-methyl-benzofuran-
5-yl]- 393
—, 1-[6-Acetoxy-3-methyl-benzofuran-
7-yl]- 394
Chroman-2-on, 3-[1-Acetoxy-äthyliden]-
372
Chromen-4-on, 6-Acetoxy-3-äthyl- 371
—, 5-Acetoxy-2,3-dimethyl- 373
—, 6-Acetoxy-2,3-dimethyl- 373
—, 7-Acetoxy-2,3-dimethyl- 374
—, 7-Acetoxy-2,5-dimethyl- 376
Cumarin, 7-Acetonyloxy-4-methyl- 335
—, 4-Acetoxy-3-äthyl- 371
—, 7-Acetoxy-6-äthyl- 372
—, 4-Acetoxy-3,7-dimethyl- 380
—, 4-Acetoxy-3,8-dimethyl- 380
—, 4-Acetoxy-5,8-dimethyl- 386
—, 4-Acetoxy-6,8-dimethyl- 386
—, 5-Acetoxy-4,7-dimethyl- 383
—, 6-Acetoxy-3,4-dimethyl- 377
—, 6-Acetoxy-4,7-dimethyl- 385
—, 7-Acetoxy-3,4-dimethyl- 378
—, 7-Acetoxy-4,6-dimethyl- 381
—, 7-Acetoxy-4,8-dimethyl- 385
—, 7-Acetoxy-5,8-dimethyl- 386
—, 4-Butyryloxy- 287
—, 7-Butyryloxy- 300
—, 4-Methyl-5-propionyloxy- 326
—, 4-Methyl-7-propionyloxy- 336
—, 6-Methyl-4-propionyloxy- 353
Furan-2-on, 4-Acetoxy-3-benzyl-5H-
366
—, 3-[2-Acetoxy-benzyliden]-dihydro-
367
—, 3-[3-Acetoxy-benzyliden]-dihydro-
367
—, 3-[4-Acetoxy-benzyliden]-dihydro-
368
—, 5-[2-Acetoxy-4-methyl-phenyl]-3H-
369
—, 5-[2-Acetoxy-5-methyl-phenyl]-3H-
369
—, 5-[4-Acetoxy-3-methyl-phenyl]-3H-
369
—, 4-[2-Acetoxy-phenyl]-5-methyl-3H-
369
—, 4-Benzoyloxy-5,5-dimethyl-5H- 60
$C_{13}H_{12}O_5$
Essigsäure, [7-Acetyl-3-methyl-
benzofuran-6-yloxy]- 394
—, [2,3-Dimethyl-4-oxo-4H-chromen-6-
yloxy]- 373

—, [2,3-Dimethyl-4-oxo-4H-chromen-7-
yloxy]- 374
$C_{13}H_{12}O_5S$
Cumarin, 4-Methyl-7-[prop-1-en-1-
sulfonyloxy]- 341
—, 4-Methyl-7-[prop-2-en-1-
sulfonyloxy]- 341
$C_{13}H_{12}O_6S$
Essigsäure, [2-Oxo-2H-chromen-3-
sulfonyl]-, äthylester 285
Propionsäure, 3-[2-Oxo-2H-chromen-3-
sulfonyl]-, methylester 286
$C_{13}H_{13}BrO_3$
Chromen-4-on, 8-Brom-7-hydroxy-2-
methyl-6-propyl- 419
Cumarin, 6-Äthyl-8-brom-7-hydroxy-
3,4-dimethyl- 424
—, 8-Äthyl-3-brom-7-hydroxy-4,6-
dimethyl- 427
—, 3-Äthyl-6-brom-7-methoxy-4-methyl-
403
—, 6-Äthyl-3-brom-7-methoxy-4-methyl-
406
—, 3-[1-Brom-äthyl]-7-methoxy-4-
methyl- 403
—, 6-Brom-7-hydroxy-4-methyl-3-
propyl- 420
Furan-2-on, 5-Äthoxy-5-[4-brom-phenyl]-
4-methyl-5H- 370
—, 5-[4-Brom-phenyl]-5-methoxy-3,4-
dimethyl-5H- 396
$C_{13}H_{13}ClO_3$
Chromen-4-on, 8-Chlormethyl-7-
methoxy-2,3-dimethyl- 409
Cumarin, 3-Äthyl-6-chlor-5-hydroxy-
4,7-dimethyl- 426
—, 3-Äthyl-8-chlor-5-hydroxy-4,7-
dimethyl- 426
—, 6-Äthyl-8-chlor-5-hydroxy-3,4-
dimethyl- 424
—, 8-Äthyl-6-chlor-5-hydroxy-3,4-
dimethyl- 424
—, 6-Chlor-5-hydroxy-4-methyl-8-
propyl- 421
—, 6-Chlor-7-hydroxy-4-methyl-3-
propyl- 420
—, 8-Chlor-5-hydroxy-4-methyl-6-
propyl- 421
$C_{13}H_{13}NO_2$
Furan-2-carbaldehyd, 5-Hydroxymethyl-,
o-tolylimin 103
—, 5-Hydroxymethyl-, p-tolylimin 103
$C_{13}H_{13}NO_3$
Äthanon, 1-[6-Hydroxy-2-isopropenyl-
benzofuran-5-yl]-, oxim 512
Furan-2-carbaldehyd, 5-Hydroxymethyl-,
[4-methoxy-phenylimin] 104
Keton, [4-Äthoxy-phenyl]-[2]furyl-,
oxim 495

$C_{13}H_{13}NO_4$
Cumarin, 7-Dimethylcarbamoyloxy-4-methyl- 338

$C_{13}H_{13}NO_5S$
Äthanon, 1-[2]Furyl-2-hydroxy-, [O-(toluol-4-sulfonyl)-oxim] 96

$C_{13}H_{13}NO_6$
Furan-2-on, 4,4-Dimethyl-3-[4-nitro-benzoyloxy]-dihydro- 24

$C_{13}H_{13}N_3O_2S_2$
Thiophen-2-carbaldehyd, 5-Äthylmercapto-, [4-nitro-phenylhydrazon] 87

$C_{13}H_{13}N_3O_3$
Äthanon, 1-[2]Furyl-2-hydroxy-2-phenyl-, semicarbazon 499
Benzofuran-2-carbonylazid, 7-Äthyl-6-hydroxy-3,5-dimethyl- 224
Furan-2-carbaldehyd, 5-Hydroxymethyl-, [4-amino-benzoylhydrazon] 110

$C_{13}H_{13}N_3O_3S$
Äthanon, 1-[5-Methoxy-[2]thienyl]-, [4-nitro-phenylhydrazon] 93
Thiophen-2-carbaldehyd, 5-Äthoxy-, [4-nitro-phenylhydrazon] 84

$C_{13}H_{13}N_3O_4$
Furan-2-carbaldehyd, 5-Hydroxymethyl-, [methyl-(2-nitro-phenyl)-hydrazon] 105
—, 5-Hydroxymethyl-, [methyl-(4-nitro-phenyl)-hydrazon] 105

$C_{13}H_{14}ClO_5P$
Cumarin, 7-[Chlor-hydroxy-phosphoryloxy]-4-methyl-6-propyl- 421

$[C_{13}H_{14}NO_2]^+$
Ammonium, [5-Hydroxymethyl-furfuryliden]-methyl-phenyl- 103
$[C_{13}H_{14}NO_2]ClO_4$ 103

$C_{13}H_{14}N_2O_2$
Furan-2-carbaldehyd, 5-Methoxymethyl-, phenylhydrazon 111

$C_{13}H_{14}O_3$
Äthanon, 1-[5-Äthyl-6-hydroxy-3-methyl-benzofuran-7-yl]- 428
—, 1-[7-Äthyl-4-hydroxy-3-methyl-benzofuran-5-yl]- 428
—, 1-[2-Äthyl-7-methoxy-benzofuran-3-yl]- 413
—, 1-[5-Hydroxy-2,2-dimethyl-2H-chromen-6-yl]- 423
—, 1-[4-Hydroxy-2-isopropyl-benzofuran-6-yl]- 428
Butan-1-on, 1-[6-Hydroxy-3-methyl-benzofuran-2-yl]- 427
—, 1-[6-Hydroxy-3-methyl-benzofuran-7-yl]- 428
Chromen-4-on, 7-Äthoxy-2,3-dimethyl- 374
—, 2-Äthyl-7-hydroxy-3,5-dimethyl- 423
—, 3-Äthyl-5-hydroxy-2,7-dimethyl- 423
—, 2-Äthyl-7-methoxy-3-methyl- 399
—, 2-Äthyl-7-methoxy-5-methyl- 401
—, 6-Äthyl-7-methoxy-2-methyl- 401
—, 3-Butyl-6-hydroxy- 417
—, 5-Hydroxy-2-methyl-3-propyl- 418
—, 7-Hydroxy-2-methyl-3-propyl- 418
—, 7-Hydroxy-2-methyl-6-propyl- 419
—, 7-Hydroxy-3-methyl-2-propyl- 419
—, 7-Hydroxy-5-methyl-2-propyl- 419
—, 6-Hydroxy-2,5,7,8-tetramethyl- 427
—, 7-Isopropoxy-2-methyl- 318
—, 2-Methoxy-3-propyl- 397
—, 6-Methoxy-3-propyl- 397
—, 7-Methoxy-2-propyl- 397
—, 7-Methoxy-2,3,5-trimethyl- 408
—, 7-Methoxy-2,3,8-trimethyl- 409
—, 2-Methyl-7-propoxy- 318
Cumarin, 7-Äthoxy-3,4-dimethyl- 378
—, 3-Äthyl-5-hydroxy-4,7-dimethyl- 425
—, 3-Äthyl-6-hydroxy-4,7-dimethyl- 426
—, 3-Äthyl-7-hydroxy-4,5-dimethyl- 423
—, 6-Äthyl-5-hydroxy-4,7-dimethyl- 427
—, 6-Äthyl-7-hydroxy-3,4-dimethyl- 424
—, 6-Äthyl-7-hydroxy-4,8-dimethyl- 427
—, 7-Äthyl-6-hydroxy-3,4-dimethyl- 425
—, 8-Äthyl-7-hydroxy-4,5-dimethyl- 426
—, 8-Äthyl-7-hydroxy-4,6-dimethyl- 427
—, 3-Äthyl-7-methoxy-4-methyl- 402
—, 4-Äthyl-7-methoxy-3-methyl- 401
—, 6-Äthyl-7-methoxy-4-methyl- 405
—, 7-Äthyl-6-methoxy-4-methyl- 406
—, 8-Äthyl-5-methoxy-4-methyl- 407
—, 8-Äthyl-7-methoxy-4-methyl- 407
—, 7-Butoxy- 295
—, 4-Butyl-7-hydroxy- 417
—, 6-Butyl-7-hydroxy- 418
—, 6,8-Diäthyl-5-hydroxy- 422
—, 7-Hydroxy-3-isopropyl-4-methyl- 422
—, 5-Hydroxy-4-methyl-6-propyl- 421
—, 5-Hydroxy-7-methyl-4-propyl- 422
—, 7-Hydroxy-4-methyl-3-propyl- 420
—, 7-Hydroxy-4-methyl-6-propyl- 421
—, 7-Isobutoxy- 296
—, 7-Isopropoxy-4-methyl- 334
—, 4-Methoxy-3-propyl- 397

$C_{13}H_{14}O_3$ *(Fortsetzung)*
Cumarin, 7-Methoxy-4-propyl- 398
—, 7-Methoxy-3,4,5-trimethyl- 409
—, 4-Methyl-7-propoxy- 334
Furan-2-on, 3-[2-Äthoxy-benzyliden]-dihydro- 367
—, 5-Methoxy-3,4-dimethyl-5-phenyl-5H- 396
—, 5-[4-Propoxy-phenyl]-3H- 308
Naphtho[1,2-b]furan-2-on, 3-Hydroxy-3-methyl-3a,4,5,9b-tetrahydro-3H- 431
—, 8-Hydroxy-3-methyl-3a,4,5,9b-tetrahydro-3H- 431
—, 6-Methoxy-3a,4,5,9b-tetrahydro-3H- 414
—, 8-Methoxy-3a,4,5,9b-tetrahydro-3H- 415
Naphtho[2,1-b]furan-2-on, 6-Hydroxy-9-methyl-3a,4,5,9b-tetrahydro-1H- 432
—, 8-Hydroxy-1-methyl-3a,4,5,9b-tetrahydro-1H- 431
—, 8-Methoxy-3a,4,5,9b-tetrahydro-1H- 416
Propan-1-on, 1-[6-Methoxy-3-methyl-benzofuran-2-yl]- 412
Pyran-2-on, 4-Äthoxy-6-phenyl-5,6-dihydro- 366
—, 6-[4-Methoxy-benzyliden]-tetrahydro- 396
Spiro[benzofuran-2,1'-cyclohexan]-3-on, 4'-Hydroxy- 429

$C_{13}H_{14}O_4$
Äthanon, 1-[6-Acetoxy-3-methyl-2,3-dihydro-benzofuran-5-yl]- 213
Benzofuran-2-on, 3-Acetoxy-4,6,7-trimethyl-3H- 214
—, 5-Acetoxy-4,6,7-trimethyl-3H- 214
Chroman-4-on, 7-Acetoxy-2,2-dimethyl- 211
Furan-2-on, 3-Benzoyloxy-4,4-dimethyl-dihydro- 24
Naphtho[1,8-bc]furan-2-on, 6-Acetoxy-2a,5,5a,6,8a,8b-hexahydro- 216
—, 6-Acetoxy-4,5,5a,6,8a,8b-hexahydro- 215
Phthalid, 5-Acetoxy-3,3,6-trimethyl- 214

$C_{13}H_{14}O_4S$
Cumarin, 3-[Butan-1-sulfonyl]- 285

$C_{13}H_{14}O_5$
Furan-2-on, 4,4-Dimethyl-3-salicyloyloxy-dihydro- 25
Phthalid, 3-[1-Äthoxycarbonyl-äthoxy]- 161

$C_{13}H_{14}O_5S$
Cumarin, 4-Methyl-7-[propan-1-sulfonyloxy]- 340

—, 4-Methyl-7-[propan-2-sulfonyloxy]- 340

$C_{13}H_{15}ClO_3$
Furan-2-on, 3-Äthyl-5-[3-chlor-4-methoxy-phenyl]-dihydro- 220
—, 3-Äthyl-5-[5-chlor-2-methoxy-phenyl]-dihydro- 220
—, 5-[3-Chlor-4-propoxy-phenyl]-dihydro- 183
—, 5-[5-Chlor-2-propoxy-phenyl]-dihydro- 180

$C_{13}H_{15}NO_4$
Furan-2-on, 3-[2-Phenylcarbamoyloxy-äthyl]-dihydro- 21

$C_{13}H_{15}N_3O_3$
Äthanon, 1-[3-Hydroxy-4,6-dimethyl-benzofuran-2-yl]-, semicarbazon 413
—, 1-[4-Methoxy-3-methyl-benzofuran-5-yl]-, semicarbazon 392
—, 1-[6-Methoxy-3-methyl-benzofuran-2-yl]-, semicarbazon 390
—, 1-[6-Methoxy-3-methyl-benzofuran-7-yl]-, semicarbazon 395
Benzofuran-3-carbaldehyd, 2-Äthyl-7-methoxy-, semicarbazon 388
Benzofuran-3-on, 2-Acetyl-4,6-dimethyl-, semicarbazon 413
Propan-1-on, 1-[6-Hydroxy-3-methyl-benzofuran-2-yl]-, semicarbazon 412

$C_{13}H_{15}O_4PS$
Cumarin, 7-[Äthoxy-methyl-thiophosphinoyloxy]-4-methyl- 342

$C_{13}H_{15}O_4PS_2$
Chromen-2-thion, 7-Diäthoxythiophosphoryloxy- 303

$C_{13}H_{15}O_5PS$
Cumarin, 4-Diäthoxythiophosphoryloxy- 290
—, 7-Diäthoxythiophosphoryloxy- 302

$C_{13}H_{15}O_6P$
Cumarin, 4-Diäthoxyphosphoryloxy- 290

$C_{13}H_{16}O_2S$
Thiophen-3-on, 2-[3-Phenoxy-propyl]-dihydro- 30
—, 5-[3-Phenoxy-propyl]-dihydro- 30

$C_{13}H_{16}O_3$
Äthanon, 1-[5-Hydroxy-2,2-dimethyl-chroman-6-yl]- 226
—, 1-[6-Hydroxy-2-isopropyl-2,3-dihydro-benzofuran-5-yl]- 228
—, 1-[6-Hydroxy-2-isopropyl-2,3-dihydro-benzofuran-7-yl]- 228
Chroman-4-on, 6-Hydroxy-2,2,7,8-tetramethyl- 226
—, 6-Hydroxy-2,5,7,8-tetramethyl- 227

$C_{13}H_{16}O_3$ *(Fortsetzung)*
Furan-2-on, 3-[2-Äthoxy-benzyl]-
dihydro- 200
—, 5-[2-Äthoxy-5-methyl-phenyl]-
dihydro- 203
—, 5-[4-Äthoxy-2-methyl-phenyl]-
dihydro- 201
—, 5-[4-Äthoxy-3-methyl-phenyl]-
dihydro- 202
—, 3-Äthyl-5-[4-methoxy-phenyl]-
dihydro- 220
—, 5-Äthyl-4-[4-methoxy-phenyl]-
dihydro- 219
—, 5-Äthyl-5-[2-methoxy-phenyl]-
dihydro- 219
—, 5-[5-Äthyl-2-methoxy-phenyl]-
dihydro- 218
—, 5-Äthyl-5-[4-methoxy-phenyl]-
dihydro- 219
—, 3-Äthyl-5-phenoxymethyl-dihydro-
31
—, 3-Benzyloxy-4,4-dimethyl-dihydro-
23
—, 4-[4-Hydroxy-phenyl]-5-
propyl-dihydro- 225
—, 3-[4-Methoxy-benzyl]-5-methyl-
dihydro- 218
—, 5-[2-Methoxy-5-methyl-phenyl]-5-
methyl-dihydro- 219
—, 5-[4-Methoxy-phenäthyl]-dihydro-
218
—, 4-[4-Methoxy-phenyl]-3,3-dimethyl-
dihydro- 221
—, 5-[4-Methoxy-phenyl]-3,4-dimethyl-
dihydro- 221
—, 5-[4-Methoxy-phenyl]-3,5-dimethyl-
dihydro- 221
—, 5-Phenäthyloxymethyl-dihydro- 14
—, 5-[4-Propoxy-phenyl]-dihydro- 181
Furan-3-on, 5-[4-Methoxy-phenyl]-2,2-
dimethyl-dihydro- 221
Isochroman-1-on, 8-Hydroxy-3,3,6,7-
tetramethyl- 227
Isochroman-3-on, 1-Hydroxymethyl-
4,4,7-trimethyl- 227
Pyran-2-on, 6-[4-Äthoxy-phenyl]-
tetrahydro- 199
—, 3-[4-Methoxy-benzyl]-tetrahydro- 217
—, 6-[4-Methoxy-phenyl]-6-methyl-
tetrahydro- 217
Pyran-4-on, 5-Hydroxymethyl-5-methyl-
2-phenyl-tetrahydro- 224
$C_{13}H_{16}O_4$
Furan-2-on, 3-[2-Äthoxy-α-hydroxy-
benzyl]-dihydro- 367
—, 5-[2-(2-Hydroxy-äthoxy)-5-methyl-
phenyl]-dihydro- 204
—, 5-[4-(2-Hydroxy-äthoxy)-2-methyl-
phenyl]-dihydro- 202

—, 5-[4-(2-Hydroxy-äthoxy)-3-methyl-
phenyl]-dihydro- 203
$C_{13}H_{16}O_5S$
Furan-2-on, 4,4-Dimethyl-3-[toluol-4-
sulfonyloxy]-dihydro- 26
$C_{13}H_{17}NO_3$
Äthanon, 1-[6-Hydroxy-2-isopropyl-2,3-
dihydro-benzofuran-5-yl]-, oxim
228
Chroman-4-on, 6-Hydroxy-2,2,7,8-
tetramethyl-, oxim 226
—, 6-Hydroxy-2,5,7,8-tetramethyl-,
oxim 227
$C_{13}H_{17}N_3O_3$
Chroman-4-on, 6-Hydroxy-2,2,7-
trimethyl-, semicarbazon 223
—, 7-Methoxy-2,2-dimethyl-,
semicarbazon 212
$C_{13}H_{18}O_4$
4a,1-Oxaäthano-naphthalin-10-on,
4-Acetoxy-octahydro- 124
Pyran-2-on, 3-Acetoxy-6-cyclohexyl-
5,6-dihydro- 123
$C_{13}H_{20}OS_2$
Äthanon, 1-[5-Heptylmercapto-[2]-
thienyl]- 95
$C_{13}H_{20}O_3$
Pyran-2-on, 4-Hepta-1,3-dienyl-3-
hydroxymethyl-tetrahydro- 126
Spiro[cyclohexan-1,1'-isobenzofuran]-3'-on,
3'a-Hydroxy-hexahydro- 126
$C_{13}H_{20}O_4$
Benzofuran-2-on, 7-Acetoxy-4,4,7a-
trimethyl-hexahydro- 76
$C_{13}H_{21}N_3S_3$
Thiophen-2-carbaldehyd,
5-Heptylmercapto-,
thiosemicarbazon 89
$C_{13}H_{22}O_3$
Butan-1-on, 3-Methoxy-1-[2,2,5,5-
tetramethyl-2,5-dihydro-[3]furyl]-
77
Butan-2-on, 4-Methoxy-1-[2,2,5,5-
tetramethyl-dihydro-[3]furyliden]-
77
Cyclopenta[b]furan-2-on, 3-Hydroxy-
3,4,4,5,5,6a-hexamethyl-hexahydro-
78
3,7-Oxaäthano-benzofuran-2-ol,
3,6,6,7a-Tetramethyl-octahydro- 79
3-Oxa-bicyclo[3.3.1]nonan-2-carbaldehyd,
9-Hydroxy-2,6,6,9-tetramethyl- 79
Verbindung $C_{13}H_{22}O_3$ aus 3-Hydroxy-
3,4,4,5,5,6a-hexamethyl-hexahydro-
cyclopenta[b]furan-2-on-imin 79
$C_{13}H_{22}O_4$
Propionaldehyd, 3-Äthoxy-3-[2]furyl-,
diäthylacetal 114

$C_{13}H_{23}NO_2$
Cyclopenta[b]furan-2-on, 3-Hydroxy-3,4,4,5,5,6a-hexamethyl-hexahydro-, imin 78

$C_{13}H_{23}NO_3$
Cyclopenta[b]furan-2-on, 3-Hydroxy-3,4,4,5,5,6a-hexamethyl-hexahydro-, oxim 79

$C_{13}H_{24}O_3$
Butan-1-on, 3-Methoxy-1-[2,2,5,5-tetramethyl-tetrahydro-[3]furyl]- 46
Butan-2-on, 4-Methoxy-1-[2,2,5,5-tetramethyl-tetrahydro-[3]furyl]- 46
Furan-2-on, 5-Hydroxymethyl-3-octyl-dihydro- 47
—, 5-Octyloxymethyl-dihydro- 13
Pyran-2-on, 4-Heptyl-3-hydroxymethyl-tetrahydro- 46

$C_{13}H_{26}O_4$
Acetaldehyd, [4-Äthoxy-tetrahydro-pyran-4-yl]-, diäthylacetal 28

C_{14}-Gruppe

$C_{14}H_9ClO_2S$
Phthalid, 3-[4-Chlor-phenylmercapto]- 162
Thioxanthen-9-on, 1-Chlor-4-hydroxy-2-methyl- 614

$C_{14}H_9ClO_3$
Phthalid, 3-[4-Chlor-phenoxy]- 158
Xanthen-9-on, 3-Chlor-6-methoxy- 603

$C_{14}H_9NO_2S$
Benzo[f]chromen-1-on, 2-Thiocyanato-2,3-dihydro- 575

$C_{14}H_9NO_4S$
Phthalid, 3-[4-Nitro-phenylmercapto]- 162

$C_{14}H_9NO_6S$
Phthalid, 3-[4-Nitro-benzolsulfonyl]- 163

$C_{14}H_{10}Cl_2OS_2$
Propenon, 1-[3-Chlor-4-methylmercapto-phenyl]-3-[5-chlor-[2]thienyl]- 573

$C_{14}H_{10}O_2S$
Benzo[c]thiophen-1-on, 3-[4-Hydroxy-phenyl]-3H- 613
Phthalid, 3-Phenylmercapto- 162
Thioxanthen-9-on, 1-Hydroxy-4-methyl- 618
—, 2-Hydroxy-3-methyl- 615
—, 2-Hydroxy-4-methyl- 619
—, 4-Hydroxy-1-methyl- 614

$C_{14}H_{10}O_3$
Äthanon, 1-[2-Hydroxy-dibenzofuran-1-yl]- 626
—, 1-[2-Hydroxy-dibenzofuran-3-yl]- 627
—, 1-[4-Hydroxy-dibenzofuran-3-yl]- 628
Benzo[c]chromen-6-on, 1-Hydroxy-3-methyl- 625
—, 2-Hydroxy-9-methyl- 626
—, 3-Hydroxy-1-methyl- 625
—, 3-Hydroxy-9-methyl- 626
—, 2-Methoxy- 605
—, 3-Methoxy- 606
—, 4-Methoxy- 607
Benzo[f]chromen-3-on, 8-Hydroxy-1-methyl- 623
—, 9-Hydroxy-1-methyl- 624
—, 9-Hydroxy-2-methyl- 624
Benzo[g]chromen-2-on, 4-Methoxy- 598
Benzo[g]chromen-4-on, 10-Hydroxy-2-methyl- 614
Benzo[h]chromen-2-on, 5-Hydroxy-4-methyl- 621
—, 6-Hydroxy-4-methyl- 621
—, 7-Hydroxy-4-methyl- 621
—, 8-Hydroxy-4-methyl- 622
—, 9-Hydroxy-4-methyl- 622
—, 10-Hydroxy-4-methyl- 623
—, 4-Methoxy- 604
—, 6-Methoxy- 605
Benzofuran-2-on, 3-[4-Hydroxy-phenyl]-3H- 609
Dibenzofuran-1-carbaldehyd, 4-Methoxy- 608
Dibenzofuran-3-carbaldehyd, 2-Methoxy- 608
Furan-2-on, 4-[6-Hydroxy-[2]naphthyl]-5H- 609
Phthalid, 3-[2-Hydroxy-phenyl]- 613
—, 3-[4-Hydroxy-phenyl]- 613
Xanthen-3-on, 6-Hydroxy-9-methyl- 620
Xanthen-9-on, 1-Hydroxy-2-methyl- 614
—, 1-Hydroxy-3-methyl- 615
—, 1-Hydroxy-6-methyl- 616
—, 3-Hydroxy-5-methyl- 619
—, 3-Hydroxy-6-methyl- 616
—, 1-Methoxy- 599
—, 2-Methoxy- 600
—, 3-Methoxy- 602
—, 4-Methoxy- 603

$C_{14}H_{10}O_4$
O-Acetyl-Derivat $C_{14}H_{10}O_4$ aus 4-Hydroxy-3H-naphtho[1,2-b]furan-2-on 570
O-Acetyl-Derivat $C_{14}H_{10}O_4$ aus 4-Hydroxy-3H-naphtho[2,3-b]furan-2-on 570
O-Acetyl-Derivat $C_{14}H_{10}O_4$ aus 4-Hydroxy-3H-naphtho[2,3-c]furan-1-on 570

$C_{14}H_{10}O_4S$
10λ⁶-Thioxanthen-9-on, 4-Hydroxy-1-methyl-10,10-dioxo- 614

$C_{14}H_{11}BrO_2S$
Keton, [3-Allyl-4-hydroxy-phenyl]-[5-brom-[2]thienyl]- 577
—, [4-Allyloxy-phenyl]-[5-brom-[2]thienyl]- 497
Propenon, 1-[5-Brom-[2]thienyl]-3-[2-methoxy-phenyl]- 573
—, 1-[5-Brom-[2]thienyl]-3-[4-methoxy-phenyl]- 574

$C_{14}H_{11}ClOS_2$
Propenon, 1-[3-Chlor-4-methylmercapto-phenyl]-3-[2]thienyl- 572

$C_{14}H_{11}ClO_2S$
Keton, [3-Allyl-4-hydroxy-phenyl]-[5-chlor-[2]thienyl]- 576
—, [4-Allyloxy-phenyl]-[5-chlor-[2]thienyl]- 496
Propenon, 1-[3-Chlor-4-methoxy-phenyl]-3-[2]thienyl- 572

$C_{14}H_{11}ClO_4$
Cumarin, 7-Acetoxy-3-[2-chlor-vinyl]-4-methyl- 504

$C_{14}H_{11}ClO_5$
Pyran-4-on, 2-Chlormethyl-5-phenoxyacetoxy- 92

$C_{14}H_{11}NO_2S$
Phthalid, 3-[4-Amino-phenylmercapto]- 163

$C_{14}H_{11}NO_3$
Äthanon, 1-[4-Hydroxy-dibenzofuran-3-yl]-, oxim 628
Dibenzofuran-3-carbaldehyd, 2-Methoxy-, oxim 608

$C_{14}H_{11}NO_4S$
Phthalid, 3-Sulfanilyl- 163

$C_{14}H_{11}NO_6$
Pyran-2-on, 6-Methyl-4-[(4-nitro-phenyl)-acetoxy]- 90
Pyran-4-on, 6-Methyl-2-[(4-nitro-phenyl)-acetoxy]- 90

$C_{14}H_{11}N_5O_9$
Furan-2-carbaldehyd, 5-Acetoxymethyl-, pikrylhydrazon 113

$C_{14}H_{12}Cl_2O_4$
Cumarin, 7-Acetoxy-3-[2,2-dichlor-äthyl]-4-methyl- 403

$C_{14}H_{12}N_4O_4$
Furan-2-carbaldehyd, 5-Hydroxymethyl-, [(2-cyan-4-nitro-phenyl)-methylhydrazon] 109

$C_{14}H_{12}O_2S$
Keton, [3-Allyl-4-hydroxy-phenyl]-[2]thienyl- 576
—, [4-Allyloxy-phenyl]-[2]thienyl- 496

Propenon, 1-[4-Methoxy-phenyl]-3-[2]thienyl- 572
—, 3-[2-Methoxy-phenyl]-1-[2]thienyl- 573
—, 3-[4-Methoxy-phenyl]-1-[2]thienyl- 574

$C_{14}H_{12}O_3$
1,10-Epoxido-anthracen-9-on, 5-Hydroxy-1,4a,9a,10-tetrahydro-4H- 579
Furan-2-on, 3-[2]Naphthyloxy-dihydro- 4
Hepta-2,4,6-triensäure, 5-Hydroxy-3-methoxy-7-phenyl-, lacton 570
Naphtho[1,8-bc]furan-5-on, 6-Hydroxy-2,3,8-trimethyl- 579
Propenon, 3-[2]Furyl-1-[2-hydroxy-5-methyl-phenyl]- 576
—, 1-[2]Furyl-3-[2-methoxy-phenyl]- 573
—, 1-[2]Furyl-3-[4-methoxy-phenyl]- 574
—, 3-[2]Furyl-1-[3-methoxy-phenyl]- 571
—, 3-[2]Furyl-1-[4-methoxy-phenyl]- 572
Pyran-4-on, 2-Methoxy-6-styryl- 571

$C_{14}H_{12}O_4$
Cumarin, 4-Acetoxy-3-allyl- 503
—, 6-Crotonoyloxy-4-methyl- 330
Cyclopenta[b]chromen-9-on, 6-Acetoxy-2,3-dihydro-1H- 504
Cyclopenta[c]chromen-4-on, 7-Acetoxy-2,3-dihydro-1H- 505

$C_{14}H_{13}BrO_2S$
Butan-1-on, 1-[5-Brom-[2]thienyl]-2-[4-hydroxy-phenyl]- 516

$C_{14}H_{13}BrO_4$
Cumarin, 7-Acetoxy-3-äthyl-6-brom-4-methyl- 403
—, 5-Acetoxy-6-brom-3,4,7-trimethyl- 410
—, 5-Acetoxy-8-brom-3,4,7-trimethyl- 410
—, 3-Brom-7-butyryloxy-4-methyl- 347
—, 6-Brom-7-butyryloxy-4-methyl- 348

$C_{14}H_{13}Br_3O_3$
Cumarin, 3-Brom-6-[2,3-dibrom-3-methyl-butyl]-7-hydroxy- 517

$C_{14}H_{13}ClO_3$
Cumarin, 6-Äthyl-3-[2-chlor-vinyl]-7-hydroxy-4-methyl- 519

$C_{14}H_{13}ClO_4$
Cumarin, 5-Acetoxy-6-äthyl-8-chlor-4-methyl- 404
—, 5-Acetoxy-8-äthyl-6-chlor-4-methyl- 404
—, 7-Acetoxy-3-äthyl-6-chlor-4-methyl- 402
—, 5-Acetoxy-6-chlor-3,4,7-trimethyl- 410
—, 5-Acetoxy-8-chlor-3,4,7-trimethyl- 410
—, 7-Butyryloxy-6-chlor-4-methyl- 345
—, 7-[α-Chlor-isovaleryloxy]- 300

$C_{14}H_{13}ClO_5S$
Cumarin, 7-[3-Chlor-but-2-en-1-sulfonyloxy]-4-methyl- 341
$C_{14}H_{13}Cl_3O_3$
Cumarin, 4,6-Dimethyl-3-[2,2,2-trichlor-1-methoxy-äthyl]- 425
$C_{14}H_{13}NO_5$
Pyran-4-on, 3-[α-Hydroxy-3-nitro-benzyl]-2,6-dimethyl- 516
$C_{14}H_{13}NO_6$
Furan-2-on, 3-[4-Nitro-benzoyloxy]-5-propyl-5H- 62
$C_{14}H_{13}N_3O_4$
Äthanon, 2-Benzoyloxy-1-[2]furyl-, semicarbazon 96
Furan-2-carbaldehyd, 5-Hydroxymethyl-, [phenyloxamoyl-hydrazon] 107
$C_{14}H_{13}N_3O_6$
Furan-2-carbaldehyd, 5-Hydroxymethyl-, [2-hydroxymethyl-5-nitro-benzoylhydrazon] 109
$C_{14}H_{13}N_5O_8$
Furan-2-carbaldehyd, 5-Äthoxymethyl-, pikrylhydrazon 112
$C_{14}H_{14}Br_2O_3$
Cumarin, 6-[2,3-Dibrom-3-methyl-butyl]-7-hydroxy- 433
$C_{14}H_{14}Cl_2O_3$
Cumarin, 6-Äthyl-3-[2,2-dichlor-äthyl]-7-hydroxy-4-methyl- 437
Furan-2-on, 3,4-Dichlor-5-[4-hydroxy-5-isopropyl-2-methyl-phenyl]-5H- 432
$C_{14}H_{14}N_2O_4$
Furan-2-carbaldehyd, 5-Hydroxymethyl-, [2-hydroxymethyl-benzoylhydrazon] 109
$C_{14}H_{14}N_2O_8$
Valeriansäure, 2-[3,5-Dinitro-benzoyloxy]-4-hydroxy-3,3-dimethyl-, lacton 33
$C_{14}H_{14}N_4O_4S_2$
Furfural, 5-[N-Acetyl-sulfanilyl]-, thiosemicarbazon 83
$C_{14}H_{14}N_4O_6$
Furan-2-carbaldehyd, 5-Äthoxymethyl-, [2,4-dinitro-phenylhydrazon] 111
Oxalsäure-bis-[5-hydroxymethyl-furfurylidenhydrazid] 108
$C_{14}H_{14}N_4O_7$
Furan-2-carbaldehyd, 5-Hydroxymethyl-, [5-äthoxy-2,4-dinitro-phenylhydrazon] 106
$[C_{14}H_{14}N_5O_7S]^+$
Sulfonium, [2-(2,4-Dinitro-phenylhydrazono)-2-(5-nitro-[2]furyl)-äthyl]-dimethyl- 99
$[C_{14}H_{14}N_5O_7S]Br$ 99

$C_{14}H_{14}O_2S$
Äthanon, 2-[4-Äthoxy-phenyl]-1-[2]thienyl- 499
Butan-1-on, 2-[4-Hydroxy-phenyl]-1-[2]thienyl- 516
Keton, [5-Äthyl-[2]thienyl]-[4-methoxy-phenyl]- 510
—, [2,5-Dimethyl-[3]thienyl]-[4-methoxy-phenyl]- 510
$C_{14}H_{14}O_3$
Äthanon, 1-[6-Methoxy-2-isopropenyl-benzofuran-5-yl]- 511
Benzo[c]chromen-6-on, 1-Hydroxy-3-methyl-7,8,9,10-tetrahydro- 519
—, 2-Hydroxy-9-methyl-7,8,9,10-tetrahydro- 520
—, 3-Hydroxy-8-methyl-7,8,9,10-tetrahydro- 520
—, 3-Hydroxy-9-methyl-7,8,9,10-tetrahydro- 520
—, 3-Hydroxy-10-methyl-7,8,9,10-tetrahydro- 521
Chromen-4-on, 8-Allyl-7-methoxy-2-methyl- 510
Cumarin, 6-Allyl-5-hydroxy-4,7-dimethyl- 518
—, 6-Allyl-7-hydroxy-4,8-dimethyl- 519
—, 8-Allyl-5-hydroxy-4,7-dimethyl- 519
—, 5-Allyloxy-4,7-dimethyl- 382
—, 7-Allyloxy-4,8-dimethyl- 385
—, 7-Hydroxy-6-[3-methyl-but-2-enyl]- 517
—, 7-Hydroxy-8-[3-methyl-but-2-enyl]- 518
—, 7-[3-Methyl-but-2-enyloxy]- 296
Cyclopenta[c]chromen-4-on, 8-Äthyl-7-hydroxy-2,3-dihydro-1H- 521
—, 9-Hydroxy-2,7-dimethyl-2,3-dihydro-1H- 522
Cyclopenta[b]furan-2-on, 4-[4-Methoxy-phenyl]-3,4,5,6-tetrahydro- 512
Furan-2-on, 3-[4-Methoxy-phenäthyl]-5-methylen-5H- 509
Keton, [2]Furyl-[4-propoxy-phenyl]- 494
Pyran-2-on, 4-[2-Methoxy-5-methyl-phenyl]-6-methyl- 507
—, 4-[4-Methoxy-3-methyl-phenyl]-6-methyl- 507
—, 4-[2-Methoxy-5-methyl-phenyl]-6-methylen-5,6-dihydro- 507
—, 4-[4-Methoxy-3-methyl-phenyl]-6-methylen-5,6-dihydro- 507
—, 4-Methoxy-6-phenäthyl- 506

$C_{14}H_{14}O_3$ *(Fortsetzung)*
  Pyran-2-on, 4-Methoxy-6-styryl-5,6-
    dihydro- 506
  Pyran-4-on, 2-Methoxy-6-phenäthyl- 506
  Xanthen-9-on, 6-Hydroxy-4-methyl-
    1,2,3,4-tetrahydro- 519
$C_{14}H_{14}O_4$
  Äthanon, 1-[5-Acetoxy-2,6-dimethyl-
    benzofuran-3-yl]- 413
  —, 1-[5-Acetoxy-2,7-dimethyl-
    benzofuran-3-yl]- 413
  Chroman-2-on, 3-[1-Acetoxy-äthyliden]-
    6-methyl- 404
  Chromen-4-on, 5-Acetoxy-3-äthyl-2-
    methyl- 399
  —, 7-Acetoxy-6-äthyl-2-methyl- 401
  —, 6-Acetoxy-3-isopropyl- 398
  —, 6-Acetoxymethyl-2,3-dimethyl- 408
  —, 5-Acetoxy-2,3,7-trimethyl- 409
  —, 7-Acetoxy-2,3,5-trimethyl- 408
  Cumarin, 5-Acetoxy-8-äthyl-4-methyl-
    407
  —, 6-Acetoxy-7-äthyl-4-methyl- 406
  —, 7-Acetoxy-3-äthyl-4-methyl- 402
  —, 7-Acetoxy-6-äthyl-4-methyl- 405
  —, 7-Acetoxy-8-äthyl-4-methyl- 407
  —, 4-Acetoxy-3-propyl- 398
  —, 7-Acetoxy-4-propyl- 398
  —, 7-Acetoxy-5-propyl- 398
  —, 5-Acetoxy-3,4,7-trimethyl- 410
  —, 6-Acetoxy-3,4,7-trimethyl- 410
  —, 6-Acetoxy-5,7,8-trimethyl- 411
  —, 5-Butyryloxy-4-methyl- 326
  —, 7-Butyryloxy-4-methyl- 336
  —, 7-Isovaleryloxy- 300
  Naphtho[1,2-b]furan-2-on, 3-Acetoxy-
    3a,4,5,9b-tetrahydro-3H- 414
  —, 6-Acetoxy-3a,4,5,9b-tetrahydro-
    3H- 415
  —, 8-Acetoxy-3a,4,5,9b-tetrahydro-
    3H- 415
  Propan-1-on, 1-[6-Acetoxy-3-methyl-
    benzofuran-2-yl]- 412
$C_{14}H_{14}O_5$
  Essigsäure, [2-Äthyl-3-methyl-4-oxo-
    4H-chromen-7-yloxy]- 400
  —, [2-Methyl-4-oxo-4H-chromen-7-yloxy]-,
    äthylester 318
$C_{14}H_{14}O_6$
  Phthalsäure-mono-[4,4-dimethyl-2-oxo-
    tetrahydro-[3]furylester] 25
$C_{14}H_{15}BrO_3$
  Cumarin, 6-Brom-7-methoxy-4-methyl-3-
    propyl- 420
  —, 3-[1-Brom-propyl]-7-methoxy-4-
    methyl- 420
  Naphtho[1,2-b]furan-2-on, 7-Brom-8-
    hydroxy-3,6-dimethyl-3a,4,5,9b-
    tetrahydro-3H- 442

$C_{14}H_{15}ClO_3$
  Cumarin, 6-Chlor-7-hydroxy-3-
    isobutyl-4-methyl- 435
  —, 3-[2-Chlor-propyl]-5-hydroxy-4,7-
    dimethyl- 436
$C_{14}H_{15}ClO_5S$
  Cumarin, 7-[4-Chlor-butan-1-
    sulfonyloxy]-4-methyl- 340
$C_{14}H_{15}NO_3$
  Furan-2-carbaldehyd, 5-Hydroxymethyl-,
    [4-äthoxy-phenylimin] 104
$C_{14}H_{15}N_3O_2S_2$
  Thiophen-2-carbaldehyd,
    5-Isopropylmercapto-, [4-nitro-
    phenylhydrazon] 87
  —, 5-Propylmercapto-, [4-nitro-
    phenylhydrazon] 87
$C_{14}H_{15}N_3O_3$
  Äthanon, 1-[6-Hydroxy-2-isopropenyl-
    benzofuran-5-yl]-, semicarbazon 512
  Dibenzofuran-4-on, 7-Methoxy-2,3-dihydro-
    1H-, semicarbazon 506
$C_{14}H_{15}N_3O_3S$
  Thiophen-2-carbaldehyd, 5-Propoxy-,
    [4-nitro-phenylhydrazon] 84
$C_{14}H_{15}N_3O_4$
  Äthanon, 1-[4-Acetoxy-3-methyl-
    benzofuran-5-yl]-, semicarbazon
    392
  Furan-2-carbaldehyd, 5-Äthoxymethyl-,
    [2-nitro-phenylhydrazon] 111
$[C_{14}H_{15}N_4O_5S]^+$
  Sulfonium, [2-(2,4-Dinitro-phenylhydr-
    azono)-2-[2]furyl-äthyl]-dimethyl- 98
  $[C_{14}H_{15}N_4O_5S]Br$ 98
$C_{14}H_{15}O_5PS$
  Cyclopenta[c]chromen-4-on,
    7-Dimethoxythiophosphoryloxy-2,3-
    dihydro-1H- 505
$C_{14}H_{16}BrO_5PS$
  Cumarin, 3-Brom-7-
    diäthoxythiophosphoryloxy-4-
    methyl- 347
$C_{14}H_{16}ClO_5P$
  Cumarin, 6-Butyl-7-[chlor-hydroxy-
    phosphoryloxy]-4-methyl- 435
$C_{14}H_{16}ClO_5PS$
  Cumarin, 3-Chlor-7-
    diäthoxythiophosphoryloxy-4-
    methyl- 344
  —, 6-Chlor-7-
    diäthoxythiophosphoryloxy-4-
    methyl- 345
$C_{14}H_{16}ClO_6P$
  Cumarin, 6-Chlor-7-
    diäthoxyphosphoryloxy-4-methyl- 345
$C_{14}H_{16}NO_7PS$
  Cumarin, 7-Diäthoxythiophosphoryloxy-
    4-methyl-8-nitro- 351

$C_{14}H_{16}N_2O_2$
Furan-2-carbaldehyd, 5-Äthoxymethyl-, phenylhydrazon 111

$C_{14}H_{16}N_6O_6$
Furan-2-carbaldehyd, 5-Hydroxymethyl-, [5-(N',N'-dimethyl-hydrazino)-2,4-dinitro-phenylhydrazon] 110

$C_{14}H_{16}O_3$
Butan-1-on, 1-[6-Methoxy-3-methyl-benzofuran-2-yl]- 427
Chromen-4-on, 6-Äthoxymethyl-2,3-dimethyl- 408
—, 2-Äthyl-7-methoxy-3,5-dimethyl- 423
—, 3-Äthyl-7-methoxy-2,8-dimethyl- 423
—, 7-Butoxy-2-methyl- 318
—, 6-Butyl-7-hydroxy-2-methyl- 434
—, 3-Butyl-2-methoxy- 417
—, 3-Butyl-6-methoxy- 417
—, 5-Hydroxy-3,5-dimethyl-2-propyl- 436
—, 6-Hydroxy-2,3,5,7,8-pentamethyl- 438
—, 6-Hydroxy-3-pentyl- 432
—, 5-Methoxy-2-methyl-3-propyl- 418
—, 7-Methoxy-2-methyl-6-propyl- 419
—, 7-Methoxy-2-methyl-8-propyl- 420
—, 7-Methoxy-3-methyl-2-propyl- 419
—, 7-Methoxy-5-methyl-2-propyl- 419
Cumarin, 8-Äthyl-7-hydroxy-3,4,5-trimethyl- 438
—, 3-Äthyl-7-methoxy-4,5-dimethyl- 424
—, 6-Äthyl-7-methoxy-3,4-dimethyl- 424
—, 7-Äthyl-6-methoxy-3,4-dimethyl- 425
—, 7-Butoxy-4-methyl- 334
—, 3-Butyl-7-hydroxy-4-methyl- 434
—, 6-Butyl-5-hydroxy-4-methyl- 434
—, 6-Butyl-7-hydroxy-4-methyl- 434
—, 3-Butyl-4-methoxy- 417
—, 3,6-Diäthyl-7-hydroxy-4-methyl- 437
—, 3,7-Diäthyl-6-hydroxy-4-methyl- 437
—, 6,8-Diäthyl-5-hydroxy-4-methyl- 438
—, 6,8-Diäthyl-5-hydroxy-7-methyl- 438
—, 6,8-Diäthyl-7-hydroxy-4-methyl- 438
—, 3,4-Diäthyl-7-methoxy- 422
—, 6-Hydroxy-4,7-dimethyl-3-propyl- 436
—, 7-Hydroxy-4,5-dimethyl-8-propyl- 436
—, 7-Hydroxy-4,8-dimethyl-6-propyl- 436

—, 7-Hydroxy-3-isobutyl-4-methyl- 435
—, 7-Hydroxy-6-isobutyl-4-methyl- 435
—, 7-Hydroxy-6-isopentyl- 433
—, 7-Hydroxy-8-isopentyl- 434
—, 7-Hydroxy-4-pentyl- 432
—, 7-Hydroxy-6-pentyl- 433
—, 7-Isobutoxy-4-methyl- 334
—, 7-Isopentyloxy- 296
—, 5-Methoxy-7-methyl-4-propyl- 422
—, 7-Methoxy-4-methyl-6-propyl- 421
Cyclopenta[b]furan-2-on, 4-[4-Methoxy-phenyl]-hexahydro- 429
Furan-2-on, 5-[4-Butoxy-phenyl]-3H- 308
—, 5-[4-Hydroxy-5,6,7,8-tetrahydro-[1]naphthyl]-dihydro- 438
—, 3-[4-Isopropoxy-benzyliden]-dihydro- 368
—, 4-[3-(4-Methoxy-phenyl)-propyl]-5H- 417
Naphtho[1,2-b]furan-2-on, 8-Hydroxy-3,6-dimethyl-3a,4,5,9b-tetrahydro-3H- 441
—, 8-Hydroxy-6,9-dimethyl-3a,4,5,9b-tetrahydro-3H- 442
—, 8-Methoxy-3-methyl-3a,4,5,9b-tetrahydro-3H- 431
Naphtho[2,1-b]furan-2-on, 6-Methoxy-9-methyl-3a,4,5,9b-tetrahydro-1H- 432
—, 8-Methoxy-1-methyl-3a,4,5,9b-tetrahydro-1H- 432
Naphtho[2,3-c]furan-1-on, 4-Methoxy-3-methyl-5,6,7,8-tetrahydro-3H- 431
2-Oxa-bicyclo[2.2.2]octan-3-on, 1-Methoxy-4-phenyl- 429
Oxepan-2-on, 7-[4-Methoxy-benzyliden]- 416
Phthalid, 3-Cyclohexyloxy- 157
Pyran-2-on, 4-Methoxy-6-phenäthyl-5,6-dihydro- 416
Spiro[benzocyclohepten-5,2'-furan]-5'-on, 6-Hydroxy-6,7,8,9,3',4'-hexahydro- 441
Spiro[benzofuran-2,1'-cyclopentan]-3-on, 6-Methoxy-2'-methyl- 430
Xanthen-9-on, 6-Methoxy-1,2,3,4,4a,9a-hexahydro- 430

$C_{14}H_{16}O_4$
Benz[b]oxepin-5-on, 4-Acetoxy-7,8-dimethyl-3,4-dihydro-2H- 222
Chroman-2-on, 6-Acetoxy-5,7,8-trimethyl- 223
Cumarin, 6-Äthyl-7-[2-hydroxy-äthoxy]-4-methyl- 405
Phthalid, 3-Hexanoyloxy- 161

$C_{14}H_{16}O_5$
Furan-2-on, 3-Benzyloxycarbonyloxy-4,4-dimethyl-dihydro- 25

$C_{14}H_{16}O_5S$
Cumarin, 7-[Butan-1-sulfonyloxy]-4-methyl- 340
—, 4-Methyl-7-[2-methyl-propan-1-sulfonyloxy]- 341
2-Oxa-bicyclo[2.2.2]octan-3-on, 6-[Toluol-4-sulfonyloxy]- 64
6-Oxa-bicyclo[3.2.1]octan-7-on, 4-[Toluol-4-sulfonyloxy]- 63

$C_{14}H_{16}O_8$
Phthalid, 3-Glucopyranosyloxy- 161

$C_{14}H_{17}ClO_3$
Furan-2-on, 5-[2-Butoxy-5-chlor-phenyl]-dihydro- 181
—, 5-[4-Butoxy-3-chlor-phenyl]-dihydro- 183
—, 5-[3-Chlor-4-methoxy-phenyl]-3-propyl-dihydro- 226
—, 5-[5-Chlor-2-methoxy-phenyl]-3-propyl-dihydro- 225

$C_{14}H_{17}NO_4S$
Cystein, S-[2-Oxo-4-phenyl-tetrahydro-[3]furylmethyl]- 208
—, S-[2-Oxo-5-phenyl-tetrahydro-[3]furylmethyl]- 207

$C_{14}H_{17}N_3O_3$
Äthanon, 1-[5-Äthyl-6-hydroxy-3-methyl-benzofuran-7-yl]-, semicarbazon 428

$C_{14}H_{17}O_4PS_2$
Chromen-2-thion, 7-Diäthoxythiophosphoryloxy-4-methyl- 352

$C_{14}H_{17}O_5PS$
Cumarin, 6-Diäthoxythiophosphoryloxy-4-methyl- 331
—, 7-Diäthoxythiophosphoryloxy-4-methyl- 343

$C_{14}H_{18}N_4O_6$
Furan-3-on, 4-Hydroxy-2,2,5,5-tetramethyl-dihydro-, [2,4-dinitro-phenylhydrazon] 40
Hexan-3-on, 1,2-Epoxy-5-methoxy-2-methyl-, [2,4-dinitro-phenylhydrazon] 33
—, 4,5-Epoxy-1-methoxy-2-methyl-, [2,4-dinitro-phenylhydrazon] 33
Pyran-3-carbaldehyd, 4-Hydroxy-2,6-dimethyl-tetrahydro-, [2,4-dinitro-phenylhydrazon] 37

$C_{14}H_{18}N_4O_7$
Äthylendiamin, N-Äthoxyoxalyl-N'-[5-hydroxymethyl-furfurylidenhydrazinooxalyl]- 108

$C_{14}H_{18}O_2S$
Furan-3-on, 2-[1-Benzylmercapto-äthyl]-4-methyl-dihydro- 32
—, 2-[Benzylmercapto-methyl]-2,5-dimethyl-dihydro- 33
Pyran-4-on, 3-Benzylmercapto-2,5-dimethyl-tetrahydro- 32

$C_{14}H_{18}O_3$
Äthanon, 1-[2-Isopropyl-6-methoxy-2,3-dihydro-benzofuran-5-yl]- 228
Chroman-2-on, 6-Hydroxy-3-isopentyl- 231
—, 5-Hydroxy-4,4,6,7,8-pentamethyl- 232
—, 6-Hydroxy-4,4,5,7,8-pentamethyl- 232
Chroman-4-on, 6-Hydroxy-2,2,5,7,8-pentamethyl- 232
—, 6-Methoxy-2,5,7,8-tetramethyl- 227
Furan-2-on, 3-Äthyl-5-[4-methoxy-3-methyl-phenyl]-dihydro- 225
—, 5-[4-Butoxy-phenyl]-dihydro- 181
—, 5-[4-Hydroxy-5-isopropyl-2-methyl-phenyl]-dihydro- 229
—, 3-Hydroxy-5-methyl-3-[4-methyl-phenäthyl]-dihydro- 229
—, 3-[2-Hydroxy-propyl]-5-methyl-3-phenyl-dihydro- 231
—, 5-[4-Isobutoxy-phenyl]-dihydro- 182
—, 3-[4-Isopropoxy-benzyl]-dihydro- 200
—, 5-Isopropyl-5-[4-methoxy-phenyl]-dihydro- 226
—, 4-[4-Methoxy-phenyl]-5-propyl-dihydro- 225
—, 5-[3-(3-Methoxy-phenyl)-propyl]-dihydro- 224
—, 5-[4-Methoxy-phenyl]-3-propyl-dihydro- 225
—, 5-[4-Methoxy-phenyl]-5-propyl-dihydro- 225
—, 5-[2-Methoxy-5-propyl-phenyl]-dihydro- 225
—, 5-[2-Methyl-4-propoxy-phenyl]-dihydro- 201
—, 5-[3-Methyl-4-propoxy-phenyl]-dihydro- 202
—, 5-[5-Methyl-2-propoxy-phenyl]-dihydro- 203
—, 5-[3-Phenyl-propoxymethyl]-dihydro- 14
Pyran-2-carbaldehyd, 2,5-Dimethyl-6-phenoxy-tetrahydro- 36
Verbindung $C_{14}H_{18}O_3$ aus 6-Hydroxy-4,4,5,7,8-pentamethyl-chroman-2-on 232

$C_{14}H_{18}O_{10}$
Weinsäure, Di-O-acetyl-, mono-[2-oxo-4,4-dimethyl-tetrahydro-[3]furylester] 26

$C_{14}H_{19}BrN_2O_2$
 Pyran-3-carbaldehyd, 4-Hydroxy-2,6-dimethyl-tetrahydro-, [4-brom-phenylhydrazon] 37

$C_{14}H_{19}NO_3$
 Äthanon, 1-[2-Isopropyl-6-methoxy-2,3-dihydro-benzofuran-5-yl]-, oxim 228

$C_{14}H_{19}N_3O_2S$
 Thiophen-3-on, 2-[3-Phenoxy-propyl]-dihydro-, semicarbazon 30
 —, 5-[3-Phenoxy-propyl]-dihydro-, semicarbazon 30

$C_{14}H_{19}N_3O_3$
 Chroman-4-on, 6-Hydroxy-2,2,7,8-tetramethyl-, semicarbazon 227
 Furan-3-on, 5-[4-Methoxy-phenyl]-2,2-dimethyl-dihydro-, semicarbazon 221

$C_{14}H_{19}N_3O_4$
 Furan-2-carbaldehyd, 5-Hydroxymethyl-, [cyclohexyloxamoyl-hydrazon] 107
 Pyran-3-carbaldehyd, 4-Hydroxy-2,6-dimethyl-tetrahydro-, [4-nitro-phenylhydrazon] 37

$C_{14}H_{20}N_2O_2$
 Furan-3-on, 4-Hydroxy-2,2,5,5-tetramethyl-dihydro-, phenylhydrazon 40
 Pyran-3-carbaldehyd, 4-Hydroxy-2,6-dimethyl-tetrahydro-, phenylhydrazon 37

$C_{14}H_{20}O_2S$
 [10](2,5)Thienophan-5-on, 6-Hydroxy- 142

$[C_{14}H_{22}NO_4S]^+$
 Sulfonium, Dibutyl-[2-(5-nitro-[2]furyl)-2-oxo-äthyl]- 99
 $[C_{14}H_{22}NO_4S]Br$ 99

$C_{14}H_{22}OS_2$
 Äthanon, 1-[5-Octylmercapto-[2]-thienyl]- 95

$C_{14}H_{22}O_3$
 1,4-Äthano-cyclopenta[c]pyran-3-on, 8-Hydroxy-9-isopropyl-7a-methyl-hexahydro- 127
 7-Oxa-dispiro[5.1.5.2]pentadecan-14-on, 15-Hydroxy- 126

$C_{14}H_{22}O_4$
 O-Acetyl-Derivat $C_{14}H_{22}O_4$ aus 3,5-Dihydroxy-5,9-dimethyl-dec-8-ensäure-3-lacton 78

$[C_{14}H_{23}O_2S]^+$
 Sulfonium, Dibutyl-[2-[2]furyl-2-oxo-äthyl]- 98
 $[C_{14}H_{23}O_2S]Br$ 98

$C_{14}H_{24}O_3$
 Furan-2-on, 5-Äthoxy-4,5-di-*tert*-butyl-5H- 77

 Pyran, 4-Methoxy-5-octanoyl-3,6-dihydro-2H- 78

$C_{14}H_{24}O_4$
 Furan-2-on, 3-Butyl-4-isovaleryloxy-5-methyl-dihydro- 41

$C_{14}H_{24}O_5S$
 $1\lambda^6$-Thiophen-3-on, 4-Acetoxy-2,4-di-*tert*-butyl-1,1-dioxo-dihydro- 46

$C_{14}H_{28}O_4$
 Pyran-2-carbaldehyd, 6-Äthoxy-2,5-dimethyl-tetrahydro-, diäthylacetal 36

C_{15}-Gruppe

$C_{15}H_7Br_2ClO_3$
 Keton, [5-Brom-benzofuran-2-yl]-[3-brom-5-chlor-4-hydroxy-phenyl]- 722
 —, [5-Chlor-benzofuran-2-yl]-[3,5-dibrom-4-hydroxy-phenyl]- 722

$C_{15}H_7Br_3O_3$
 Cumarin, 6,8-Dibrom-3-[4-brom-phenyl]-7-hydroxy- 714
 —, 3,6,8-Tribrom-7-hydroxy-4-phenyl- 718

$C_{15}H_7N_3O_9$
 Chromen-4-on, 7-Hydroxy-6,8-dinitro-2-[4-nitro-phenyl]- 700

$C_{15}H_8BrClO_3$
 Keton, [5-Brom-benzofuran-2-yl]-[3-chlor-4-hydroxy-phenyl]- 722

$C_{15}H_8BrNO_5$
 Benzofuran-3-on, 2-Benzyliden-7-brom-6-hydroxy-5-nitro- 724

$C_{15}H_8Br_2O_3$
 Chromen-4-on, 6,8-Dibrom-2-[2-hydroxy-phenyl]- 702
 —, 6,8-Dibrom-2-[3-hydroxy-phenyl]- 703
 Cumarin, 3,6-Dibrom-7-hydroxy-4-phenyl- 717
 —, 3,8-Dibrom-7-hydroxy-4-phenyl- 717
 —, 6,8-Dibrom-7-hydroxy-3-phenyl- 713
 —, 6,8-Dibrom-7-hydroxy-4-phenyl- 718
 Dibrom-Derivat $C_{15}H_8Br_2O_3$ aus 6-Hydroxy-4-phenyl-cumarin 716

$C_{15}H_8Cl_2O_3$
 Chromen-4-on, 6,8-Dichlor-2-[2-hydroxy-phenyl]- 701
 —, 6,8-Dichlor-2-[4-hydroxy-phenyl]- 705
 Keton, [5-Chlor-benzofuran-2-yl]-[3-chlor-4-hydroxy-phenyl]- 721

$C_{15}H_8N_2O_7$
Chromen-4-on, 5-Hydroxy-6,8-dinitro-2-phenyl- 690
—, 7-Hydroxy-6,8-dinitro-2-phenyl- 700
$C_{15}H_8O_3$
Anthra[1,9-bc]furan-1,6-dion, 10bH- 789
Anthra[9,1-bc]furan-2,6-dion, 10bH- 789
Anthra[1,9-bc]furan-1-on, 6-Hydroxy- 789
Anthra[9,1-bc]furan-2-on, 6-Hydroxy- 789
Fluoreno[4,3-b]furan-6-on, 4-Hydroxy- 788
$C_{15}H_9BrO_3$
Cumarin, 3-Brom-7-hydroxy-4-phenyl- 717
—, 6-Brom-3-[4-hydroxy-phenyl]- 715
—, 6-Brom-7-hydroxy-3-phenyl- 712
—, 8-Brom-7-hydroxy-3-phenyl- 713
$C_{15}H_9ClO_3$
Chromen-4-on, 6-Chlor-2-[2-hydroxy-phenyl]- 701
—, 2-[4-Chlor-phenyl]-7-hydroxy- 698
—, 3-[4-Chlor-phenyl]-7-hydroxy- 709
Cumarin, 6-Chlor-7-hydroxy-4-phenyl- 717
—, 3-Chlor-4-phenoxy- 290
—, 3-[4-Chlor-phenyl]-7-hydroxy- 712
—, 3-[4-Chlor-phenyl]-8-hydroxy- 714
Keton, Benzofuran-2-yl-[3-chlor-4-hydroxy-phenyl]- 721
—, [5-Chlor-benzofuran-2-yl]-[4-hydroxy-phenyl]- 721
$C_{15}H_9ClO_4$
Acetylchlorid, [9-Oxo-xanthen-1-yloxy]- 600
$C_{15}H_9FO_3$
Keton, Benzofuran-2-yl-[3-fluor-4-hydroxy-phenyl]- 721
$C_{15}H_9NO_4S$
Keton, [3-Hydroxy-benzo[b]thiophen-2-yl]-[3-nitro-phenyl]- 720
$C_{15}H_9NO_5$
Chromen-4-on, 5-Hydroxy-6-nitro-2-phenyl- 690
—, 5-Hydroxy-8-nitro-2-phenyl- 690
—, 7-Hydroxy-2-[4-nitro-phenyl]- 699
—, 7-Hydroxy-3-[4-nitro-phenyl]- 709
—, 7-Hydroxy-6-nitro-2-phenyl- 699
—, 7-Hydroxy-8-nitro-2-phenyl- 699
Cumarin, 7-Hydroxy-4-[4-nitro-phenyl]- 718
Phthalid, 6-Nitro-3-salicyliden- 728
$C_{15}H_{10}BrNO_5$
Chroman-4-on, 3-Brom-5-hydroxy-6-nitro-2-phenyl- 632

$C_{15}H_{10}Br_2O_3$
Chroman-4-on, 6,8-Dibrom-2-[2-hydroxy-phenyl]- 637
—, 6,8-Dibrom-2-[3-hydroxy-phenyl]- 637
Phthalid, 5-Brom-3-[4-brom-phenyl]-3-methoxy- 612
$[C_{15}H_{10}ClO_2]^+$
Chromenylium, 6-Chlor-3-hydroxy-2-phenyl- 630
$[C_{15}H_{10}ClO_2]ClO_4$ 630
$C_{15}H_{10}Cl_2O_3$
Chroman-4-on, 6,8-Dichlor-2-[2-hydroxy-phenyl]- 637
—, 6,8-Dichlor-2-[4-hydroxy-phenyl]- 639
$C_{15}H_{10}O_2S$
Benzo[b]thiophen-3-ol, 6-Benzoyl- 727
Benzo[b]thiophen-3-on, 6-Benzoyl- 727
Cumarin, 3-Phenylmercapto- 285
Keton, Benzo[b]thiophen-3-yl-[4-hydroxy-phenyl]- 726
—, [3-Hydroxy-benzo[b]thiophen-2-yl]-phenyl- 720
$C_{15}H_{10}O_3$
Benzofuran-6-ol, 7-Benzoyl- 727
Benzofuran-2-on, 3-Benzyliden-6-hydroxy-3H- 726
Benzofuran-3-on, 2-Benzyliden-4-hydroxy- 722
—, 2-Benzyliden-6-hydroxy- 723
—, 2-[3-Hydroxy-benzyliden]- 725
—, 2-[4-Hydroxy-benzyliden]- 725
—, 2-Salicyliden- 724
Chromen-4-on, 2-[2-Hydroxy-phenyl]- 701
—, 2-[3-Hydroxy-phenyl]- 702
—, 2-[4-Hydroxy-phenyl]- 703
—, 5-Hydroxy-2-phenyl- 688
—, 5-Hydroxy-3-phenyl- 707
—, 6-Hydroxy-2-phenyl- 691
—, 6-Hydroxy-3-phenyl- 707
—, 7-Hydroxy-2-phenyl- 692
—, 7-Hydroxy-3-phenyl- 707
—, 8-Hydroxy-2-phenyl- 700
Chromen-7-on, 6-Hydroxy-2-phenyl- 686
Cumarin, 3-[2-Hydroxy-phenyl]- 714
—, 3-[4-Hydroxy-phenyl]- 715
—, 5-Hydroxy-4-phenyl- 715
—, 6-Hydroxy-4-phenyl- 715
—, 7-Hydroxy-3-phenyl- 712
—, 7-Hydroxy-4-phenyl- 716
—, 8-Hydroxy-3-phenyl- 714
Isocumarin, 3-[4-Hydroxy-phenyl]- 718
Keton, Benzofuran-2-yl-[4-hydroxy-phenyl]- 721

$C_{15}H_{10}O_3$ *(Fortsetzung)*
Keton, [2]Furyl-[1-hydroxy-[2]naphthyl]- 719
—, [2]Furyl-[2-hydroxy-[1]naphthyl]- 719
—, [3-Hydroxy-benzofuran-2-yl]-phenyl- 719
—, [6-Hydroxy-benzofuran-2-yl]-phenyl- 720

$C_{15}H_{10}O_3S_2$
$1\lambda^6$-Thiochromen-4-on, 1,1-Dioxo-2-phenylmercapto- 283

$C_{15}H_{10}O_4$
Benzo[c]chromen-6-on, 2-Acetoxy- 606
—, 3-Acetoxy- 606
Benzo[f]chromen-3-on, 2-Acetoxy- 605
Benzo[h]chromen-2-on, 4-Acetoxy- 605
Naphtho[1,2-b]furan-4,5-chinon, 3-Acetyl-2-methyl- 649
Phthalid, 3-Benzoyloxy- 161
Xanthen-9-on, 1-Acetoxy- 599
—, 3-Acetoxy- 602
—, 4-Acetoxy- 603

$C_{15}H_{10}O_4S$
Keton, [3-Hydroxy-1,1-dioxo-$1\lambda^6$-benzo[b]thiophen-2-yl]-phenyl- 720

$C_{15}H_{10}O_5$
Essigsäure, [9-Oxo-xanthen-1-yloxy]- 600

$C_{15}H_{10}O_6S$
Chromen-4-on, 2-Phenyl-3-sulfooxy- 687

$C_{15}H_{11}BrO_3$
Äthanon, 2-Brom-1-[2-methoxy-dibenzofuran-3-yl]- 627
Benzo[f]chromen-3-on, 10-Brom-9-methoxy-2-methyl- 625
Phthalid, 5-Brom-3-methoxy-3-phenyl- 612

$C_{15}H_{11}BrO_3S_2$
$1\lambda^6$-Thiochroman-4-on, 3-Brom-1,1-dioxo-2-phenylmercapto- 169

$C_{15}H_{11}ClO_2S$
Thioxanthen-9-on, 1-Chlor-6-methoxy-4-methyl- 620

$C_{15}H_{11}ClO_3$
Äthanon, 2-Chlor-1-[4-methoxy-dibenzofuran-1-yl]- 627
Chroman-4-on, 6-Chlor-2-[2-hydroxy-phenyl]- 637
Xanthen-9-on, 1-Chlor-6-methoxy-4-methyl- 620
—, 1-Chlor-7-methoxy-4-methyl- 620
—, 1-Chlor-8-methoxy-4-methyl- 620

$C_{15}H_{11}ClO_4$
Pyran-4-on, 2-Chlormethyl-5-cinnamoyloxy- 92

$C_{15}H_{11}FO_3$
Chroman-4-on, 6-Fluor-2-[3-hydroxy-phenyl]- 637

$C_{15}H_{11}NOS$
Benzo[b]thiophen-3-ol, 2-[Phenylimino-methyl]- 306
Benzo[b]thiophen-3-on, 2-Anilinomethylen- 306

$C_{15}H_{11}NO_4$
Essigsäure, [9-Oxo-xanthen-1-yloxy]-, amid 600
Naphtho[1,8-bc]furan-2-on, 3-Acetoxy-, acetylimin 569

$C_{15}H_{11}NO_4S$
Cumarin, 3-Sulfanilyl- 286

$C_{15}H_{11}NO_5$
Benzo[f]chromen-3-on, 9-Methoxy-2-methyl-10-nitro- 625
Chroman-4-on, 2-[4-Hydroxy-3-nitro-phenyl]- 641
—, 5-Hydroxy-6-nitro-2-phenyl- 632
—, 6-Hydroxy-2-[3-nitro-phenyl]- 633
—, 6-Hydroxy-2-[4-nitro-phenyl]- 633
—, 7-Hydroxy-2-[3-nitro-phenyl]- 636
—, 7-Hydroxy-6-nitro-2-phenyl- 636
—, 7-Hydroxy-8-nitro-2-phenyl- 636
Dibenz[b,f]oxepin-10-on, 6-Methoxy-2-nitro-11H- 613

$[C_{15}H_{11}O_2]^+$
Chromenylium, 3-Hydroxy-2-phenyl- 630
$[C_{15}H_{11}O_2]ClO_4$ 630
$[C_{15}H_{11}O_2]Cl \cdot [C_{15}H_{11}O_2]FeCl_4$ 630

$C_{15}H_{12}N_2O_5$
Dibenz[b,f]oxepin-10-on, 6-Methoxy-2-nitro-11H-, oxim 613

$C_{15}H_{12}N_4O_6$
Benzofuran-5-carbaldehyd, 6-Hydroxy-2,3-dihydro-, [2,4-dinitro-phenylhydrazon] 173

$C_{15}H_{12}O_2S$
Chroman-2-on, 4-Phenylmercapto- 166

$C_{15}H_{12}O_3$
Äthanon, 1-[5-Hydroxy-2-methyl-naphtho[1,2-b]furan-3-yl]- 649
—, 1-[2-Methoxy-dibenzofuran-1-yl]- 626
—, 1-[2-Methoxy-dibenzofuran-3-yl]- 627
—, 1-[4-Methoxy-dibenzofuran-1-yl]- 627
—, 1-[4-Methoxy-dibenzofuran-3-yl]- 628
Benzo[c]chromen-6-on, 3-Hydroxy-1,9-dimethyl- 648
—, 9-Hydroxy-2,7-dimethyl- 649
—, 4-Methoxy-2-methyl- 625
Benzo[f]chromen-3-on, 9-Methoxy-2-methyl- 624
Benzo[g]chromen-4-on, 10-Methoxy-2-methyl- 614

$C_{15}H_{12}O_3$ *(Fortsetzung)*
  Benzo[h]chromen-2-on, 8-Hydroxy-4,6-dimethyl- 648
  —, 9-Hydroxy-4,6-dimethyl- 648
  —, 4-Methoxy-6-methyl- 623
  —, 7-Methoxy-4-methyl- 622
  —, 10-Methoxy-4-methyl- 623
  Benzo[h]chromen-4-on, 6-Methoxy-2-methyl- 621
  Benzofuran-2-on, 3-Benzyl-3-hydroxy-3H- 644
  Chromen-2-on, 6-Hydroxy-4-phenyl- 641
  —, 7-Hydroxy-4-phenyl- 642
  Chroman-4-on, 2-[2-Hydroxy-phenyl]- 636
  —, 2-[4-Hydroxy-phenyl]- 637
  —, 3-Hydroxy-2-phenyl- 630
  —, 5-Hydroxy-2-phenyl- 632
  —, 6-Hydroxy-2-phenyl- 632
  —, 7-Hydroxy-2-phenyl- 633
  Dibenz[b,f]oxepin-10-on, 6-Methoxy-11H- 613
  Furan-2-on, 4-[6-Methoxy-[2]naphthyl]-5H- 609
  —, 5-[2-Methoxy-[1]naphthyl]-3H- 608
  —, 5-[6-Methoxy-[2]naphthyl]-3H- 609
  Isochroman-1-on, 4-Hydroxy-3-phenyl- 643
  Phthalid, 3-Benzyloxy- 158
  —, 3-[α-Hydroxy-benzyl]- 645
  —, 3-Hydroxymethyl-3-phenyl- 646
  —, 3-[2-Hydroxy-5-methyl-phenyl]- 646
  —, 3-Methoxy-3-phenyl- 610
  —, 3-[4-Methoxy-phenyl]- 613
  —, 3-p-Tolyloxy- 158
  Xanthen-9-on, 3-Äthoxy- 602
  —, 1-Hydroxy-3,5-dimethyl- 647
  —, 1-Hydroxy-3,6-dimethyl- 648
  —, 2-Methoxy-7-methyl- 615
  —, 3-Methoxy-5-methyl- 619

$C_{15}H_{12}O_3S$
  Äthanon, 2-Cinnamoyloxy-1-[2]thienyl- 100

$C_{15}H_{12}O_3S_2$
  $1\lambda^6$-Thiochroman-4-on, 1,1-Dioxo-2-phenylmercapto- 169

$C_{15}H_{12}O_4$
  O-Acetyl-Derivat $C_{15}H_{12}O_4$ aus 5-Hydroxy-3,4-dihydro-benzo[g]chromen-2-on 575
  O-Acetyl-Derivat $C_{15}H_{12}O_4$ aus 5-Hydroxy-3,4-dihydro-benzo[h]chromen-2-on 575
  O-Acetyl-Derivat $C_{15}H_{12}O_4$ aus 4-Hydroxy-3-methyl-3H-naphtho[1,2-b]furan-2-on 576
  O-Acetyl-Derivat $C_{15}H_{12}O_4$ aus 4-Hydroxy-3-methyl-3H-naphtho[2,3-b]furan-2-on 576

$C_{15}H_{12}O_6S$
  Chroman-4-on, 2-Phenyl-7-sulfooxy- 635
  —, 2-[4-Sulfooxy-phenyl]- 639

$C_{15}H_{13}BrO_3$
  Benzo[f]chromen-1-on, 3-Äthoxy-2-brom-2,3-dihydro- 576

$C_{15}H_{13}ClO_2S$
  Propenon, 1-[3-Chlor-4-methoxy-phenyl]-3-[5-methyl-[2]thienyl]- 577

$C_{15}H_{13}ClO_3$
  Propenon, 1-[2-Chlor-4-methoxy-5-methyl-phenyl]-3-[2]furyl- 576

$C_{15}H_{13}ClO_4$
  Cumarin, 5-Acetoxy-3-[2-chlor-vinyl]-4,7-dimethyl- 511

$C_{15}H_{13}NO_2$
  Chroman-3-on, 2-[2-Hydroxy-phenyl]-, imin 630
  Phenol, 2-[3-Amino-2H-chromen-2-yl]- 630

$C_{15}H_{13}NO_3$
  Äthanon, 1-[4-Methoxy-dibenzofuran-1-yl]-, oxim 627
  —, 1-[4-Methoxy-dibenzofuran-3-yl]-, oxim 628
  Chroman-4-on, 2-[4-Hydroxy-phenyl]-, oxim 639
  —, 3-Hydroxy-2-phenyl-, oxim 631
  Dibenz[b,f]oxepin-10-on, 6-Methoxy-11H-, oxim 613

$C_{15}H_{14}BrN_3OS_2$
  Propenon, 1-[5-Brom-[2]thienyl]-3-[4-methoxy-phenyl]-, thiosemicarbazon 574

$C_{15}H_{14}Cl_2O_4$
  Cumarin, 5-Acetoxy-3-[2,2-dichlor-äthyl]-4,7-dimethyl- 426

$C_{15}H_{14}N_2O_8$
  Benzofuran-2-on, 7-[3,5-Dinitro-benzoyloxy]-hexahydro- 66

$C_{15}H_{14}N_4O_6S$
  Thiophen-2-carbaldehyd, 5-[2-Acetoxy-äthyl]-, [2,4-dinitro-phenylhydrazon] 115

$C_{15}H_{14}O_2S$
  Keton, [3-Allyl-4-hydroxy-phenyl]-[5-methyl-[2]thienyl]- 579
  —, [4-Allyloxy-phenyl]-[5-methyl-[2]thienyl]- 503

$C_{15}H_{14}O_3$
  Benzofuran-2-on, 3-Methoxy-7-phenyl-5,6-dihydro-4H- 578
  But-3-en-2-on, 4-[5-(4-Methoxy-phenyl)-[2]furyl]- 577
  Furan-2-on, 5-[2-Methoxy-[1]naphthyl]-dihydro- 577

$C_{15}H_{14}O_3$ *(Fortsetzung)*
Furan-2-on, 5-[6-Methoxy-[1]naphthyl]-dihydro- 577
—, 5-[6-Methoxy-[2]naphthyl]-dihydro- 578

$C_{15}H_{14}O_4$
Äthanon, 1-[6-Acetoxy-2-isopropyl-benzofuran-5-yl]- 511
Benzo[c]chromen-6-on, 2-Acetoxy-7,8,9,10-tetrahydro- 513
—, 3-Acetoxy-7,8,9,10-tetrahydro- 513
Benzo[6,7]cyclohepta[1,2-b]furan-2-on, 3-Acetoxy-3,4,5,6-tetrahydro- 512
Cumarin, 4-Methyl-7-[3-methyl-crotonoyloxy]- 336
Cyclopenta[c]chromen-4-on, 7-Acetoxy-2-methyl-2,3-dihydro-1H- 515
—, 9-Acetoxy-7-methyl-2,3-dihydro-1H- 516

$C_{15}H_{15}ClO_3$
Keton, [5-tert-Butyl-3-chlor-2-hydroxy-phenyl]-[2]furyl- 523

$C_{15}H_{15}ClO_4$
Cumarin, 5-Acetoxy-3-äthyl-6-chlor-4,7-dimethyl- 426
—, 5-Acetoxy-3-äthyl-8-chlor-4,7-dimethyl- 426
—, 7-Acetoxy-6-chlor-4-methyl-3-propyl- 420

$C_{15}H_{15}IO_3$
Norbornan-2-carbonsäure, 6-Hydroxy-5-jod-3-[4-methoxy-phenyl]-, lacton 522

$C_{15}H_{15}NO_5S_2$
Cumarin, 4-Methyl-7-[4-thiocyanato-butan-1-sulfonyloxy]- 342

$C_{15}H_{15}NO_6$
Benzofuran-2-on, 7-[4-Nitro-benzoyloxy]-hexahydro- 66

$C_{15}H_{15}N_3OS_2$
Propenon, 3-[4-Methoxy-phenyl]-1-[2]-thienyl-, thiosemicarbazon 574

$C_{15}H_{15}N_5O_8$
Furan-2-carbaldehyd, 5-Äthoxymethyl-, [methyl-pikryl-hydrazon] 112

$[C_{15}H_{15}O_2]^+$
Xanthylium, 3,3-Dimethyl-1-oxo-1,2,3,4-tetrahydro- 525
[$C_{15}H_{15}O_2$]Cl 525

$C_{15}H_{16}Br_2O_3$
Cumarin, 6-[2,3-Dibrom-3-methyl-butyl]-7-methoxy- 433
—, 8-[2,3-Dibrom-3-methyl-butyl]-7-methoxy- 434
Isobenzofuran-1-on, 3a-Brom-3-[4-brom-phenyl]-3-methoxy-hexahydro- 440

$C_{15}H_{16}ClO_5PS$
Benzo[c]chromen-6-on, 2-Chlor-3-dimethoxythiophosphoryloxy-7,8,9,10-tetrahydro- 514

$C_{15}H_{16}N_2O_3$
Furan-2-carbaldehyd, 5-Äthoxymethyl-, benzoylhydrazon 112

$C_{15}H_{16}N_2O_8$
Valeriansäure, 5-[3,5-Dinitro-benzoyloxy]-4-hydroxy-2-isopropyl-, lacton 39
—, 5-[3,5-Dinitro-benzoyloxy]-4-hydroxy-3-isopropyl-, lacton 38

$C_{15}H_{16}N_4O_6$
Malonsäure-bis-[5-hydroxymethyl-furfurylidenhydrazid] 108

$C_{15}H_{16}N_4O_7$
Furan-2-carbaldehyd, 5-Hydroxymethyl-, [(5-äthoxy-2,4-dinitro-phenyl)-methyl-hydrazon] 107

$C_{15}H_{16}O_3$
Anthron, 2,3-Epoxy-10-hydroxy-10-methyl-1,2,3,4,4a,9a-hexahydro- 529
Benzo[c]chromen-6-on, 2-Äthyl-3-hydroxy-7,8,9,10-tetrahydro- 526
—, 1-Hydroxy-3,8-dimethyl-7,8,9,10-tetrahydro- 526
—, 1-Hydroxy-3,9-dimethyl-7,8,9,10-tetrahydro- 526
—, 1-Hydroxy-3,10-dimethyl-7,8,9,10-tetrahydro- 527
—, 3-Hydroxy-1,9-dimethyl-7,8,9,10-tetrahydro- 526
—, 3-Methoxy-8-methyl-7,8,9,10-tetrahydro- 520
—, 3-Methoxy-9-methyl-7,8,9,10-tetrahydro- 521
—, 3-Methoxy-10-methyl-7,8,9,10-tetrahydro- 521
Benzofuran-3-on, 2-Cyclohexyliden-6-methoxy- 519
Chromen-4-on, 8-Äthyl-7-hydroxy-6-isopropyl-2-methyl- 524
Cumarin, 6-Äthyl-3-allyl-7-hydroxy-4-methyl- 523
—, 7-Methoxy-6-[3-methyl-but-2-enyl]- 517
—, 7-Methoxy-8-[3-methyl-but-2-enyl]- 518
—, 4-Methyl-7-[3-methyl-but-2-enyloxy]- 335
Cyclopenta[c]chromen-4-on, 8-Äthyl-7-hydroxy-2-methyl-2,3-dihydro-1H- 527
2,9-Epoxido-anthracen-10-on, 3-Hydroxy-9-methyl-2,3,4,4a,9,9a-hexahydro-1H- 530
Keton, [4-Butoxy-phenyl]-[2]furyl- 494

$C_{15}H_{16}O_3$ (Fortsetzung)
 Keton, [2]Furyl-[2-hydroxy-
  3-isopropyl-6-methyl-phenyl]- 523
 —, [2]Furyl-[4-hydroxy-5-isopropyl-2-
  methyl-phenyl]- 523
 Naphtho[1,2-b]furan-2-on, 8-Hydroxy-
  3,6,9-trimethyl-5,9b-dihydro-4H-
  528
 1-Oxa-spiro[4.5]dec-3-en-2-on,
  4-Phenoxy- 119
 Pyran-4-on, 2-[4-Methoxy-phenäthyl]-
  6-methyl- 516
$C_{15}H_{16}O_4$
 Butan-1-on, 1-[6-Acetoxy-3-methyl-
  benzofuran-2-yl]- 428
 Chromen-4-on, 7-Acetoxy-2-äthyl-3,5-
  dimethyl- 423
 —, 5-Acetoxy-2-methyl-3-propyl- 418
 —, 7-Acetoxy-2-methyl-3-propyl- 418
 —, 6-Acetoxy-2,5,7,8-tetramethyl- 427
 —, 6-Acetyl-5-hydroxy-2-
  methyl-3-propyl- 418
 —, 8-Acetyl-5-hydroxy-2-methyl-3-
  propyl- 418
 Cumarin, 6-Acetoxy-3-äthyl-4,7-
  dimethyl- 426
 —, 6-Acetoxy-7-äthyl-3,4-dimethyl-
  425
 —, 7-Acetoxy-6-äthyl-3,4-dimethyl-
  424
 —, 7-Acetoxy-8-äthyl-4,5-dimethyl-
  426
 —, 7-Acetoxy-6-butyl- 418
 —, 7-Acetoxy-3-isopropyl-4-methyl-
  422
 —, 5-Acetoxy-7-methyl-4-propyl- 422
 —, 7-Acetoxy-4-methyl-3-propyl- 420
 —, 7-Acetoxy-4-methyl-6-propyl- 421
 —, 6-Äthyl-4-methyl-7-propionyloxy-
  405
 —, 4-Hexanoyloxy- 287
 —, 7-Isovaleryloxy-4-methyl- 336
 —, 4-Methyl-7-valeryloxy- 336
 Furan-2-on, 3-Cinnamoyloxy-4,4-
  dimethyl-dihydro- 25
 2-Oxa-bicyclo[2.2.2]octan-3-on,
  1-Acetoxy-4-phenyl- 429
 Spiro[benzofuran-2,1'-cyclohexan]-3-on,
  4'-Acetoxy- 430
$C_{15}H_{16}O_5$
 Cumarin, 7-Äthoxycarbonyloxy-6-äthyl-
  4-methyl- 405
 Essigsäure, [7-Acetyl-3-methyl-
  benzofuran-6-yloxy]-, äthylester
  394
 —, [2,3-Dimethyl-4-oxo-4H-chromen-6-
  yloxy]-, äthylester 373
 —, [2,3-Dimethyl-4-oxo-4H-chromen-7-
  yloxy]-, äthylester 374

$C_{15}H_{16}O_6$
 Furan-2-on, 3-[2-Acetoxy-benzoyloxy]-
  4,4-dimethyl-dihydro- 25
 Naphtho[1,8-bc]furan-2-on,
  6-[3-Carboxy-propionyloxy]-
  2a,5,5a,6,8a,8b-hexahydro- 216
$C_{15}H_{16}O_7$
 Cumarin, 4-Methyl-7-xylopyranosyloxy-
  338
$C_{15}H_{16}O_8$
 Cumarin, 4-Glucopyranosyloxy- 290
 —, 7-Glucopyranosyloxy- 301
$C_{15}H_{17}BrO_3$
 Naphtho[1,2-b]furan-2-on, 7-Brom-8-
  hydroxy-3,6,9-trimethyl-3a,4,5,9b-
  tetrahydro-3H- 455
$C_{15}H_{17}NO_5$
 Naphtho[1,2-b]furan-2-on, 8-Hydroxy-
  3,6,9-trimethyl-7-nitro-3a,4,5,9b-
  tetrahydro-3H- 456
$C_{15}H_{17}NO_6$
 Pyran-2-on, 3-[3-(4-Nitro-benzoyloxy)-
  propyl]-tetrahydro- 35
$C_{15}H_{17}N_3O_2S_2$
 Thiophen-2-carbaldehyd,
  5-Butylmercapto-, [4-nitro-
  phenylhydrazon] 88
 —, 5-Isobutylmercapto-, [4-nitro-
  phenylhydrazon] 88
$C_{15}H_{17}O_4PS_2$
 Benzo[c]chromen-6-thion,
  3-Dimethoxythiophosphoryloxy-
  7,8,9,10-tetrahydro- 515
$C_{15}H_{17}O_5PS$
 Benzo[c]chromen-6-on,
  3-Dimethoxythiophosphoryloxy-
  7,8,9,10-tetrahydro- 513
$C_{15}H_{18}N_6O_6$
 Furan-2-carbaldehyd, 5-Hydroxymethyl-,
  {[5-(N',N'-dimethyl-hydrazino)-
  2,4-dinitro-phenyl]-methyl-
  hydrazon} 110
$C_{15}H_{18}O_3$
 Benzo[h]chromen-4-on, 6-Hydroxy-2,2-
  dimethyl-2,3,7,8,9,10-hexahydro-
  448
 Benzofuran-2-on, 5-Benzyloxy-
  hexahydro- 65
 Chromen-4-on, 7-Methoxy-3,5-dimethyl-
  2-propyl- 436
 Cumarin, 6-Äthyl-7-hydroxy-4-methyl-
  3-propyl- 446
 —, 7-Äthyl-6-hydroxy-4-methyl-3-
  propyl- 446
 —, 3-Butyl-5-hydroxy-4,7-dimethyl-
  445
 —, 6-Butyl-7-methoxy-4-methyl- 434
 —, 3,8-Diäthyl-7-hydroxy-4,5-
  dimethyl- 446

$C_{15}H_{18}O_3$ *(Fortsetzung)*
  Cumarin, 6,8-Diäthyl-5-hydroxy-4,7-dimethyl- 447
  —, 6,8-Diäthyl-7-hydroxy-4,5-dimethyl- 447
  —, 3,6-Diäthyl-7-methoxy-4-methyl- 437
  —, 6-Hexyl-7-hydroxy- 444
  —, 5-Hydroxy-6-isopentyl-4-methyl- 445
  —, 7-Hydroxy-3-isopentyl-4-methyl- 444
  —, 7-Hydroxy-6-isopentyl-4-methyl- 445
  —, 7-Hydroxy-8-isopentyl-4-methyl- 445
  —, 5-Hydroxy-4-methyl-7-pentyl- 444
  —, 7-Hydroxy-4-methyl-3-pentyl- 444
  —, 7-Hydroxy-3,4,5-trimethyl-8-propyl- 446
  —, 6-Isopentyl-7-methoxy- 433
  —, 8-Isopentyl-7-methoxy- 434
  —, 7-Isopentyloxy-4-methyl- 334
  Furan-2-on, 3-[4-*sec*-Butoxy-benzyliden]-dihydro- 368
  —, 3,4-Diäthyl-5-[4-methoxy-phenyl]-3H- 432
  —, 5-[4-Methoxy-5,6,7,8-tetrahydro-[1]naphthyl]-dihydro- 438
  Naphtho[1,2-*b*]furan-2-on, 4-Hydroxy-3,6,9-trimethyl-3a,4,5,9b-tetrahydro-3H- 451
  —, 8-Hydroxy-3,6,9-trimethyl-3a,4,5,9b-tetrahydro-3H- 452
  Naphtho[1,8-*bc*]furan-7-on, 6-Hydroxy-2,2,5,8-tetramethyl-4,5-dihydro-2H,3H- 457
  Naphtho[2,3-*b*]furan-2-on, 8-Hydroxy-3,5,6-trimethyl-3a,4,9,9a-tetrahydro-3H- 448
  —, 8-Hydroxy-3,5,7-trimethyl-3a,4,9,9a-tetrahydro-3H- 449
  2-Oxa-bicyclo[2.2.2]octan-3-on, 1-[4-Methoxy-phenyl]-4-methyl- 441
  Spiro[benzocyclohepten-5,2'-pyran]-6'-on, 6-Hydroxy-6,7,8,9,4',5'-hexahydro- 447
  Xanthen-9-on, 6-Methoxy-7-methyl-1,2,3,4,4a,9a-hexahydro- 441

$C_{15}H_{18}O_4$
  Äthanon, 1-[6-Acetoxy-2-isopropyl-2,3-dihydro-benzofuran-5-yl]- 228
  Cumarin, 7-[2-Hydroxy-äthoxy]-4-methyl-6-propyl- 421
  Isochroman-1-on, 8-Acetoxy-3,3,6,7-tetramethyl- 228

$C_{15}H_{18}O_5$
  Butan-1,3-dion, 1-[2-Hydroxy-4-tetrahydropyran-2-yloxy-phenyl]- 317

$C_{15}H_{18}O_5S$
  Benzofuran-2-on, 7-[Toluol-4-sulfonyloxy]-hexahydro- 66

$C_{15}H_{19}ClO_3$
  Furan-2-on, 3-Butyl-5-[3-chlor-4-methoxy-phenyl]-dihydro- 230
  —, 3-Butyl-5-[5-chlor-2-methoxy-phenyl]-dihydro- 230
  —, 5-[3-Chlor-4-pentyloxy-phenyl]-dihydro- 183
  —, 5-[5-Chlor-2-pentyloxy-phenyl]-dihydro- 181

$C_{15}H_{19}NO_3$
  Xanthen-9-on, 6-Methoxy-7-methyl-1,2,3,4,4a,9a-hexahydro-, oxim 441

$C_{15}H_{19}NO_4$
  Benzofuran-6-ol, 2-Äthoxycarbonylimino-7-äthyl-3,5-dimethyl-2,3-dihydro- 224

$C_{15}H_{20}N_4O_6$
  Heptan-4-on, 2,3-Epoxy-6-methoxy-3-methyl-, [2,4-dinitro-phenylhydrazon] 40

$C_{15}H_{20}O_3$
  Azuleno[4,5-*b*]furan-2-on, 6-Hydroxy-3,6,9-trimethyl-3a,4,5,6,8,9b-hexahydro-3H- 234
  Chroman-2-on, 6-Isopentyl-7-methoxy- 232
  —, 8-Isopentyl-7-methoxy- 232
  —, 5-Methoxy-4,4,6,7,8-pentamethyl- 233
  6,9-Cyclo-cyclobuta[1,2]pentaleno[1,6a-*b*]furan-2-on, 7a-Hydroxy-3,6,8-trimethyl-octahydro- 236
  Furan-2-on, 5-Äthyl-5-[2-methoxy-4,5-dimethyl-phenyl]-dihydro- 230
  —, 5-[2-Butoxy-5-methyl-phenyl]-dihydro- 204
  —, 5-[4-Butoxy-2-methyl-phenyl]-dihydro- 201
  —, 5-[4-Butoxy-3-methyl-phenyl]-dihydro- 202
  —, 5-[5-Butyl-2-methoxy-phenyl]-dihydro- 229
  —, 5-Butyl-5-[4-methoxy-phenyl]-dihydro- 230
  —, 3,4-Diäthyl-5-[4-methoxy-phenyl]-dihydro- 231
  —, 4-[4-Hydroxy-phenyl]-5-pentyl-dihydro- 233
  —, 5-[2-Isobutoxy-5-methyl-phenyl]-dihydro- 204
  —, 5-[4-Isobutoxy-2-methyl-phenyl]-dihydro- 201
  —, 5-[4-Isobutoxy-3-methyl-phenyl]-dihydro- 203
  —, 5-Isobutyl-5-[4-methoxy-phenyl]-dihydro- 231

$C_{15}H_{20}O_3$ (Fortsetzung)
Furan-2-on, 5-[4-Isopentyloxy-phenyl]-dihydro- 182
—, 5-[5-Isopropyl-4-methoxy-2-methyl-phenyl]-dihydro- 229
—, 5-[4-Methoxy-3-methyl-phenyl]-3-propyl-dihydro- 230
Naphtho[2,3-b]furan-9-on, 6-Hydroxy-3,4a,5-trimethyl-4a,5,6,7,8,8a-hexahydro-4H- 235

$C_{15}H_{20}O_4$
Phthalid, 3-[β-Butoxy-isopropoxy]- 158
Propionsäure, 2-Hydroxy-2-[1-hydroxy-1,2,3,4-tetrahydro-[2]naphthyl]-, äthylester 431

$C_{15}H_{22}O_3$
Azuleno[4,5-b]furan-2-on, 6-Hydroxy-3,6,9-trimethyl-3a,4,5,6,6a,7,8,9b-octahydro-3H- 144
Azuleno[4,5-c]furan-2-on, 9-Hydroxy-3,6,9a-trimethyl-5,6,6a,7,8,9,9a,9b-octahydro-4H- 144
Benzofuran-2-on, 4-Hydroxy-7-isopropenyl-3,6-dimethyl-6-vinyl-hexahydro- 143
6,9a-Cyclo-azuleno[4,5-b]furan-2-on, 7-Hydroxy-3,6,6a-trimethyl-octahydro- 145
4a,8-Cyclo-dibenz[be]oxocin-6-on, 7a-Hydroxy-12-methyl-dodecahydro- 146
Isobenzofuran-4-on, 5-Methoxy-1,1,3,3,7,7-hexamethyl-3,7-dihydro-1H- 142
Naphtho[1,2-c]furan-3-on, 6-Hydroxymethyl-6,9a-dimethyl-3a,4,5,5a,6,9,9a,9b-octahydro-1H- 145
Naphtho[2,3-b]furan-2-on, 6-Hydroxy-3,8a-dimethyl-5-methylen-decahydro- 145
Oxetan-2-on, 3-Hydroxy-4-methyl-4-[2-(2,6,6-trimethyl-cyclohex-2-enyl)-vinyl]- 143
Propionsäure, 2-[4,7-Dihydroxy-1,6-dimethyl-octahydro-1,5-cyclo-azulen-3a-yl]-, 4-lacton 146

$C_{15}H_{23}BrO_3$
Naphtho[1,2-b]furan-2-on, 7-Brom-8-hydroxy-3,5a,9-trimethyl-decahydro- 136

$C_{15}H_{24}OS_2$
Äthanon, 1-[5-Nonylmercapto-[2]-thienyl]- 95

$C_{15}H_{24}O_3$
1,4-Äthano-cyclopent[c]oxepin-9-on, 8-Hydroxy-1,3,3,6-tetramethyl-octahydro- 137
Azuleno[4,5-b]furan-2-on, 4-Hydroxy-3,6,9-trimethyl-decahydro- 129

—, 4-Hydroxy-3,6,9a-trimethyl-decahydro- 128
—, 6-Hydroxy-3,6,9-trimethyl-decahydro- 130
Azuleno[6,5-b]furan-2-on, 4-Hydroxy-3,4a,8-trimethyl-decahydro- 128
Cyclodeca[b]furan-2-on, 4-Hydroxy-3,6-dimethyl-10-methylen-decahydro- 127
—, 9-Hydroxy-3,6,10-trimethyl-3a,4,5,8, 9,10,11,11a-octahydro-3H- 127
Naphthalin-2-on, 7-[α,β-Epoxy-isopropyl]-8a-hydroxy-1,4a-dimethyl-octahydro- 128
Naphtho[1,2-b]furan-2-on, 4-Hydroxy-3,5a,9-trimethyl-decahydro- 132
—, 8-Hydroxy-3,5a,9-trimethyl-decahydro- 133
Naphtho[1,2-c]furan-3-on, 6-Hydroxy-methyl-6,9a-dimethyl-decahydro- 136
Naphtho[2,3-b]furan-2-on, 6-Hydroxy-3,5,8a-trimethyl-decahydro- 131
—, 8-Hydroxy-3,5,8a-trimethyl-decahydro- 132
Verbindung $C_{15}H_{24}O_3$ aus 4-Hydroxy-7-isopropenyl-3,6-dimethyl-6-vinyl-hexahydro-benzofuran-2-on 143

$C_{15}H_{24}O_4$
Pent-2-enal, 5-Äthoxy-5-[2]furyl-, diäthylacetal 140
Pent-4-enal, 3-Äthoxy-5-[2]furyl-, diäthylacetal 139
O-Acetyl-Derivat $C_{15}H_{24}O_4$ aus 9-Hydroxy-2,6,6,9-tetramethyl-3-oxa-bicyclo[3.3.1]nonan-2-carbaldehyd und aus 3,6,6,7a-Tetramethyl-octahydro-3,7-oxaäthano-benzofuran-2-ol 79

$C_{15}H_{26}O_3$
Benzofuran-2-on, 6-Äthyl-4-hydroxy-7-isopropyl-3,6-dimethyl-hexahydro- 80
Cyclodeca[b]furan-2-on, 4-Hydroxy-3,6,10-trimethyl-decahydro- 79
—, 9-Hydroxy-3,6,10-trimethyl-decahydro- 80

C_{16}-Gruppe

$C_{16}H_9BrO_4$
Cumarin, 7-Benzoyloxy-6-brom- 303

$C_{16}H_9Br_3O_3$
Cumarin, 6,8-Dibrom-3-[4-brom-phenyl]-7-methoxy- 714
—, 3,6,8-Tribrom-7-methoxy-4-phenyl- 718

$C_{16}H_9ClO_4$
Cumarin, 7-Benzoyloxy-6-chlor- 302

$C_{16}H_{10}BrClO_3$
Chromen-4-on, 2-[3-Brom-4-methoxy-phenyl]-3-chlor- 706
Keton, [5-Brom-benzofuran-2-yl]-[3-chlor-4-methoxy-phenyl]- 722

$C_{16}H_{10}BrNO_5$
Chromen-4-on, 2-[5-Brom-2-methoxy-phenyl]-6-nitro- 702

$C_{16}H_{10}Br_2O_3$
Benzofuran-3-on, 5-Brom-2-[5-brom-2-methoxy-benzyliden]- 725
Chromen-4-on, 3-Brom-2-[3-brom-4-methoxy-phenyl]- 706
—, 6-Brom-2-[5-brom-2-methoxy-phenyl]- 702
—, 6,8-Dibrom-2-[4-methoxy-phenyl]- 706
Cumarin, 6,8-Dibrom-7-hydroxy-4-methyl-3-phenyl- 748
—, 3,6-Dibrom-7-methoxy-4-phenyl- 717
—, 3,8-Dibrom-7-methoxy-4-phenyl- 718
—, 6,8-Dibrom-7-methoxy-3-phenyl- 713
—, 6,8-Dibrom-7-methoxy-4-phenyl- 718

$C_{16}H_{10}Cl_2O_3$
Chromen-4-on, 6,8-Dichlor-2-[2-methoxy-phenyl]- 701
—, 6,8-Dichlor-2-[4-methoxy-phenyl]- 705

$C_{16}H_{10}N_2O_7$
Chromen-4-on, 2-[3,5-Dinitro-phenyl]-6-methoxy- 692
—, 7-Methoxy-6,8-dinitro-2-phenyl- 700
—, 5-Methoxy-8-nitro-2-[4-nitro-phenyl]- 691

$C_{16}H_{10}O_3$
Anthra[1,9-bc]furan-1,6-dion, 3-Methyl-10bH- 790
Anthra[1,9-bc]furan-1-on, 6-Hydroxy-3-methyl- 790
Fluoreno[4,3-b]furan-6-on, 4-Hydroxy-8-methyl- 789
—, 4-Methoxy- 788

$C_{16}H_{10}O_3S$
Benzo[b]thiophen-3-carbaldehyd, 2-Benzoyloxy- 307
Benzo[b]thiophen-2-on, 3-Benzoyloxymethylen-3H- 307

$C_{16}H_{10}O_4$
Cumarin, 4-Benzoyloxy- 288
—, 7-Benzoyloxy- 300

$C_{16}H_{10}O_5$
Phthalid, 3,3′-Oxy-di- 161

$C_{16}H_{11}BrO_3$
Benzofuran-3-on, 2-[5-Brom-2-methoxy-benzyliden]- 725

Chromen-4-on, 2-[3-Brom-4-methoxy-phenyl]- 706
—, 2-[5-Brom-2-methoxy-phenyl]- 702
—, 3-Brom-2-[4-methoxy-phenyl]- 705
—, 6-Brom-7-methoxy-3-phenyl- 709
—, 7-Brom-2-[4-methoxy-phenyl]- 706
—, 8-Brom-5-methoxy-2-phenyl- 689
—, 2-Brommethyl-7-hydroxy-3-phenyl- 740
Cumarin, 6-Brom-7-hydroxy-4-methyl-3-phenyl- 747
—, 8-Brom-7-hydroxy-4-methyl-3-phenyl- 748
—, 3-Brom-7-methoxy-4-phenyl- 717
—, 6-Brom-7-methoxy-3-phenyl- 713
—, 8-Brom-7-methoxy-3-phenyl- 713
—, 3-[4-Brom-phenyl]-7-hydroxy-4-methyl- 748

$C_{16}H_{11}Br_2ClO_3$
Chroman-4-on, 3-Brom-2-[3-brom-4-methoxy-phenyl]-3-chlor- 706

$C_{16}H_{11}Br_3O_3$
Chroman-4-on, 3,3-Dibrom-2-[3-brom-4-methoxy-phenyl]- 641

$C_{16}H_{11}ClN_4O_5S$
Benzo[b]thiophen-2-carbaldehyd, 6-Chlor-3-hydroxy-4-methyl-, [2,4-dinitro-phenylhydrazon] 365

$C_{16}H_{11}ClO_2S$
Cumarin, 4-Benzylmercapto-3-chlor- 291

$C_{16}H_{11}ClO_3$
Chromen-4-on, 3-Chlor-2-[4-methoxy-phenyl]- 705
—, 7-Chlor-2-[4-methoxy-phenyl]- 705
—, 2-[4-Chlor-phenyl]-6-methoxy- 691
—, 3-[4-Chlor-phenyl]-7-methoxy- 709
Cumarin, 3-Chlor-7-methoxy-4-phenyl- 717
—, 3-[4-Chlor-phenyl]-7-hydroxy-4-methyl- 747
Keton, Benzofuran-2-yl-[3-chlor-4-methoxy-phenyl]- 721
—, [5-Chlor-benzofuran-2-yl]-[4-hydroxy-3-methyl-phenyl]- 752
—, [5-Chlor-6-hydroxy-3-methyl-benzofuran-7-yl]-phenyl- 758

$C_{16}H_{11}ClO_3S$
Äthanon, 1-[4-Acetoxy-8-chlor-naphtho[2,3-b]thiophen-2-yl]- 626

$C_{16}H_{11}Cl_3O_3$
Benzo[h]chromen-2-on, 4-Methyl-3-[2,2,2-trichlor-1-hydroxy-äthyl]- 662

$C_{16}H_{11}FO_3$
Chromen-4-on, 7-Fluor-2-[4-methoxy-phenyl]- 705
Keton, Benzofuran-2-yl-[3-fluor-4-methoxy-phenyl]- 721

$C_{16}H_{11}IO_3$
Chromen-4-on, 7-Jod-2-[4-methoxy-phenyl]- 706

$C_{16}H_{11}NO_3$
Fluoreno[4,3-b]furan-6-on, 4-Methoxy-, oxim 788

$C_{16}H_{11}NO_4S$
Benzo[b]thiophen-3-on, 5-Methoxy-2-[4-nitro-benzyliden]- 723

$C_{16}H_{11}NO_5$
Benzofuran-3-on, 2-Benzyliden-6-methoxy-5-nitro- 724
—, 6-Methoxy-2-[2-nitro-benzyliden]- 724
Chroman-4-on, 7-Hydroxy-3-[3-nitro-benzyliden]- 736
—, 7-Hydroxy-3-[4-nitro-benzyliden]- 736
Chromen-4-on, 7-Hydroxy-2-methyl-3-[4-nitro-phenyl]- 741
—, 7-Hydroxy-8-nitro-2-p-tolyl- 738
—, 6-Methoxy-2-[4-nitro-phenyl]- 692
—, 6-Methoxy-8-nitro-2-phenyl- 692
—, 7-Methoxy-2-[3-nitro-phenyl]- 699
—, 7-Methoxy-2-[4-nitro-phenyl]- 700
—, 7-Methoxy-3-[4-nitro-phenyl]- 709
—, 7-Methoxy-6-nitro-2-phenyl- 699
—, 7-Methoxy-8-nitro-2-phenyl- 699
—, 2-[2-Methoxy-phenyl]-6-nitro- 702
—, 2-[4-Methoxy-phenyl]-6-nitro- 706
Cumarin, 7-Hydroxy-4-methyl-3-[4-nitro-phenyl]- 749
—, 7-Hydroxy-5-methyl-4-[4-nitro-phenyl]- 750
Keton, [3-Hydroxy-5-methyl-benzofuran-2-yl]-[4-nitro-phenyl]- 755
Phthalid, 3-[4-Methoxy-benzyliden]-6-nitro- 728

$C_{16}H_{11}O_5PS$
Cumarin, 4-Methyl-7-[2-thioxo-$2\lambda^5$-benzo[1,3,2]dioxaphosphol-2-yl]- 343

$C_{16}H_{12}BrClO_3$
Chroman-4-on, 3-Brom-3-chlor-2-[4-methoxy-phenyl]- 705

$C_{16}H_{12}Br_2O_3$
Benzofuran-3-on, 2-Brom-2-[α-brom-4-methoxy-benzyl]- 644
Chroman-4-on, 3,3-Dibrom-2-[4-methoxy-phenyl]- 640
—, 6,8-Dibrom-2-[4-methoxy-phenyl]- 640

$C_{16}H_{12}Cl_2O_3$
Äthanon, 2-Chlor-1-[8-(2-chlor-1-hydroxy-äthyl)-dibenzofuran-2-yl]- 663
Chroman-4-on, 6,8-Dichlor-2-[2-methoxy-phenyl]- 637

—, 6,8-Dichlor-2-[4-methoxy-phenyl]- 639

$C_{16}H_{12}N_2O_8$
Pyran-4-on, 2-Allyl-3-[3,5-dinitro-benzoyloxy]-6-methyl- 139
—, 3-[3,5-Dinitro-benzoyloxy]-6-methyl-2-propenyl- 139

$C_{16}H_{12}N_4O_5S$
Äthanon, 1-[3-Hydroxy-benzo[b]thiophen-2-yl]-, [2,4-dinitro-phenylhydrazon] 357

$C_{16}H_{12}N_4O_6$
Chromen-4-on, 7-Hydroxy-2-methyl-, [2,4-dinitro-phenylhydrazon] 318

$C_{16}H_{12}N_4O_7S$
Äthanon, 1-[3-Hydroxy-1,1-dioxo-$1\lambda^6$-benzo[b]thiophen-2-yl]-, [2,4-dinitro-phenylhydrazon] 358

$C_{16}H_{12}OS_2$
Äthanon, 1-Benzo[b]thiophen-2-yl-2-phenylmercapto- 362
—, 1-Benzo[b]thiophen-3-yl-2-phenylmercapto- 362

$C_{16}H_{12}O_2S$
Benzo[b]thiophen-2-on, 3-[2-Methoxy-benzyliden]- 727
Benzo[b]thiophen-3-on, 2-Benzyliden-5-methoxy- 723
—, 2-Benzyliden-6-methoxy- 724
—, 2-[3-Hydroxy-benzyliden]-5-methyl- 755
—, 2-[4-Hydroxy-benzyliden]-5-methyl- 756
Chromen-4-thion, 2-[4-Methoxy-phenyl]- 706
—, 7-Methoxy-2-phenyl- 700
Cumarin, 3-p-Tolylmercapto- 285
Keton, Benzo[b]thiophen-3-yl-[4-methoxy-phenyl]- 726

$C_{16}H_{12}O_3$
Äthanon, 1-[4-Hydroxy-benzofuran-5-yl]-2-phenyl- 751
Benz[b]indeno[4,5-d]furan-3-on, 5-Methoxy-1,2-dihydro- 728
Benzo[h]cyclopenta[c]chromen-6-on, 1-Hydroxy-8,9-dihydro-7H- 759
—, 2-Hydroxy-8,9-dihydro-7H- 759
—, 3-Hydroxy-8,9-dihydro-7H- 760
—, 4-Hydroxy-8,9-dihydro-7H- 760
—, 11-Hydroxy-8,9-dihydro-7H- 760
Benzofuran-2-on, 3-Benzyliden-6-hydroxy-4-methyl-3H- 758
—, 3-Benzyliden-6-methoxy-3H- 726
—, 3-[α-Methoxy-benzyliden]-3H- 727
Benzofuran-3-on, 2-Benzyliden-6-hydroxy-5-methyl- 755
—, 2-Benzyliden-4-methoxy- 722
—, 2-Benzyliden-6-methoxy- 723
—, 2-[4-Hydroxy-benzyliden]-5-methyl- 756

$C_{16}H_{12}O_3$ *(Fortsetzung)*
Benzofuran-3-on, 2-[4-Methoxy-
   benzyliden]- 725
Chroman-4-on, 3-[3-Hydroxy-
   benzyliden]- 737
—, 3-Salicyliden- 737
Chromen-4-on, 3-Benzyl-6-hydroxy-
   735
—, 5-Hydroxy-7-methyl-2-phenyl- 745
—, 6-Hydroxy-2-methyl-3-phenyl- 739
—, 7-Hydroxy-2-methyl-3-phenyl- 740
—, 7-Hydroxy-3-methyl-2-phenyl- 741
—, 7-Hydroxy-5-methyl-2-phenyl- 742
—, 7-Hydroxy-8-methyl-2-phenyl- 746
—, 2-[2-Hydroxy-phenyl]-6-methyl- 743
—, 5-Hydroxy-2-*p*-tolyl- 738
—, 7-Hydroxy-2-*p*-tolyl- 738
—, 2-[2-Methoxy-phenyl]- 701
—, 2-[3-Methoxy-phenyl]- 703
—, 2-Methoxy-3-phenyl- 707
—, 2-[4-Methoxy-phenyl]- 703
—, 3-Methoxy-2-phenyl- 686
—, 3-[2-Methoxy-phenyl]- 710
—, 5-Methoxy-2-phenyl- 688
—, 6-Methoxy-2-phenyl- 691
—, 6-Methoxy-3-phenyl- 707
—, 7-Methoxy-2-phenyl- 693
—, 7-Methoxy-3-phenyl- 708
—, 8-Methoxy-2-phenyl- 701
—, 2-Phenoxymethyl- 322
Chromen-7-on, 5-Hydroxy-4-methyl-2-
   phenyl- 742
—, 2-[4-Methoxy-phenyl]- 686
—, 5-Methoxy-2-phenyl- 685
Cumarin, 7-Benzyloxy- 297
—, 4-Benzyl-7-hydroxy- 737
—, 5-Hydroxy-4-methyl-3-phenyl- 746
—, 6-Hydroxy-7-methyl-4-phenyl- 750
—, 7-Hydroxy-4-methyl-3-phenyl- 747
—, 7-Hydroxy-5-methyl-3-phenyl- 749
—, 7-Hydroxy-5-methyl-4-phenyl- 750
—, 7-Hydroxy-6-methyl-4-phenyl- 750
—, 7-Hydroxy-8-methyl-4-phenyl- 751
—, 7-Hydroxy-3-*p*-tolyl- 739
—, 7-Hydroxy-4-*m*-tolyl- 738
—, 7-Hydroxy-4-*p*-tolyl- 739
—, 8-Hydroxy-3-*p*-tolyl- 739
—, 3-[2-Methoxy-phenyl]- 714
—, 3-[4-Methoxy-phenyl]- 715
—, 4-Methoxy-3-phenyl- 710
—, 5-Methoxy-4-phenyl- 715
—, 7-Methoxy-3-phenyl- 712
—, 7-Methoxy-4-phenyl- 716
—, 8-Methoxy-3-phenyl- 714
—, 3-Salicyl- 736
5,10-Epoxido-dibenzo[*a,d*]cyclohepten-
   11-on, 10-Methoxy-5,10-dihydro- 728
Furan-2-on, 3-[4-Hydroxy-phenyl]-5-
   phenyl-5*H*- 731

—, 5-[4-Phenoxy-phenyl]-3*H*- 309
Isocumarin, 3-[4-Hydroxy-2-methyl-
   phenyl]- 751
—, 3-[4-Hydroxy-3-methyl-phenyl]- 751
—, 3-[4-Methoxy-phenyl]- 719
Keton, Benzofuran-2-yl-[2-hydroxy-5-
   methyl-phenyl]- 752
—, Benzofuran-2-yl-[4-methoxy-phenyl]-
   721
—, [3-Hydroxy-5-methyl-benzofuran-2-
   yl]-phenyl- 755
—, [6-Hydroxy-3-methyl-benzofuran-2-
   yl]-phenyl- 753
—, [6-Hydroxy-3-methyl-benzofuran-7-
   yl]-phenyl- 758
—, [6-Methoxy-benzofuran-2-yl]-
   phenyl- 721
Phthalid, [2-Methoxy-benzyliden]-
   727
—, [4-Methoxy-benzyliden]- 728
Xanthen-9-on, 2-Allyl-1-hydroxy- 759
—, 1-Allyloxy- 599
$C_{16}H_{12}O_4$
Benzo[*c*]chromen-6-on, 1-Acetoxy-3-
   methyl- 625
—, 2-Acetoxy-9-methyl- 626
—, 3-Acetoxy-1-methyl- 625
—, 3-Acetoxy-9-methyl- 626
Benzo[*f*]chromen-3-on, 8-Acetoxy-1-
   methyl- 624
—, 9-Acetoxy-1-methyl- 624
Benzo[*h*]chromen-2-on, 4-Acetoxy-6-
   methyl- 623
—, 6-Acetoxy-4-methyl- 621
—, 7-Acetoxy-4-methyl- 622
—, 9-Acetoxy-4-methyl- 622
—, 10-Acetoxy-4-methyl- 623
Benzofuran-2-on, 3-[4-Acetoxy-phenyl]-
   3*H*- 609
Dibenz[*c,e*]oxepin-5-on, 7-Acetoxy-
   7*H*- 613
Furan-2-on, 5-[6-Acetoxy-[2]naphthyl]-
   3*H*- 609
Furan-3-on, 2-Hydroperoxy-2,5-
   diphenyl- 733
Phthalid, 3-Acetoxy-3-phenyl- 611
Xanthen-9-on, 1-Acetonyloxy- 599
—, 2-Acetonyloxy- 601
—, 1-Acetoxy-3-methyl- 615
—, 3-Acetoxy-5-methyl- 620
—, 3-Acetoxy-6-methyl- 616
$C_{16}H_{12}O_4S$
1λ^6-Benzo[*b*]thiophen-3-on,
   2-[4-Methoxy-benzyliden]-1,1-
   dioxo- 726
Cumarin, 3-[Toluol-α-sulfonyl]- 285
$C_{16}H_{12}O_5S$
Chromen-4-on, 3-Methansulfonyloxy-2-
   phenyl- 687

$C_{16}H_{12}O_5S$ *(Fortsetzung)*
  Cumarin, 7-Benzolsulfonyloxy-4-
    methyl- 341
$C_{16}H_{13}BrN_2OS$
  Äthanon, 1-[3-Hydroxy-benzo[b]-
    thiophen-2-yl]-, [4-brom-
    phenylhydrazon] 356
$C_{16}H_{13}BrO_3$
  Chroman-4-on, 3-Brom-2-[4-methoxy-
    phenyl]- 639
  —, 3-Brom-7-methoxy-2-phenyl- 635
  —, 6-Brom-7-methoxy-2-phenyl- 636
  —, 7-Brom-2-[4-methoxy-phenyl]- 640
  Xanthen-9-on, 2-[2-Brom-propyl]-1-
    hydroxy- 661
  —, 2-[3-Brom-propyl]-1-hydroxy- 662
$C_{16}H_{13}BrO_4$
  Verbindung $C_{16}H_{13}BrO_4$ aus 6-Brom-7-
    methoxy-3-phenyl-chromen-4-on 709
$C_{16}H_{13}ClN_2OS$
  Äthanon, 1-[5-Chlor-3-hydroxy-benzo[b]-
    thiophen-2-yl]-, phenylhydrazon 359
  Benzo[b]thiophen-2-carbaldehyd,
    6-Chlor-3-hydroxy-4-methyl-,
    phenylhydrazon 365
$C_{16}H_{13}FO_3$
  Chroman-4-on, 6-Fluor-2-[4-methoxy-
    phenyl]- 639
$C_{16}H_{13}IO_3$
  Chroman-4-on, 7-Jod-2-[4-methoxy-
    phenyl]- 641
$C_{16}H_{13}NOS$
  Äthanon, 1-[3-Hydroxy-benzo[b]-
    thiophen-2-yl]-, phenylimin 356
$C_{16}H_{13}NO_2$
  Furan-2-carbaldehyd, 5-Hydroxymethyl-,
    [2]naphthylimin 103
  Keton, [6-Hydroxy-3-methyl-benzofuran-
    2-yl]-phenyl-, imin 753
$C_{16}H_{13}NO_4$
  O-Acetyl-Derivat $C_{16}H_{13}NO_4$ aus
    1-[4-Hydroxy-dibenzofuran-3-yl]-
    äthanon-oxim 628
$C_{16}H_{13}NO_5$
  Chroman-4-on, 2-[4-Methoxy-3-nitro-
    phenyl] 641
  —, 7-Methoxy-2-[3-nitro-phenyl]- 636
  —, 7-Methoxy-2-[4-nitro-phenyl]- 636
  —, 2-[4-Methoxy-phenyl]-6-nitro- 641
  Propan-1-on, 2,3-Epoxy-1-[4-methoxy-
    phenyl]-3-[2-nitro-phenyl]- 629
  —, 2,3-Epoxy-1-[4-methoxy-phenyl]-3-
    [4-nitro-phenyl]- 629
$C_{16}H_{13}N_3O_3S$
  Äthanon, 1-[3-Hydroxy-benzo[b]-
    thiophen-2-yl]-, [2-nitro-
    phenylhydrazon] 356
  —, 1-[3-Hydroxy-benzo[b]thiophen-2-yl]-,
    [3-nitro-phenylhydrazon] 357

  —, 1-[3-Hydroxy-benzo[b]thiophen-2-yl]-,
    [4-nitro-phenylhydrazon] 357
$C_{16}H_{13}N_3O_5S$
  Äthanon, 1-[3-Hydroxy-1,1-dioxo-
    $1\lambda^6$-benzo[b]thiophen-2-yl]-,
    [2-nitro-phenylhydrazon] 358
$[C_{16}H_{13}O_3]^+$
  Chromenylium, 4-Hydroxy-2-[4-methoxy-
    phenyl]- 704
    $[C_{16}H_{13}O_3]Cl$ 704
    $[C_{16}H_{13}O_3]Br$ 704
$C_{16}H_{14}N_2O_2$
  Chromen-4-on, 2-[4-Methoxy-phenyl]-,
    hydrazon 705
  —, 7-Methoxy-2-phenyl-,
    hydrazon 698
$C_{16}H_{14}N_2O_3S$
  Äthanon, 1-[3-Hydroxy-1,1-dioxo-
    $1\lambda^6$-benzo[b]thiophen-2-yl]-,
    phenylhydrazon 358
$C_{16}H_{14}N_2O_8$
  Pyran-4-on, 3-[3,5-Dinitro-
    benzoyloxy]-6-methyl-2-propyl-
    118
$C_{16}H_{14}N_4O_5S$
  Thiochroman-4-on, 8-Methoxy-,
    [2,4-dinitro-phenylhydrazon] 173
$C_{16}H_{14}N_4O_6$
  Äthanon, 1-[5-Hydroxy-2,3-dihydro-
    benzofuran-6-yl]-, [2,4-dinitro-
    phenylhydrazon] 191
  —, 1-[6-Hydroxy-2,3-dihydro-
    benzofuran-5-yl]-, [2,4-dinitro-
    phenylhydrazon] 190
  Benzofuran-5-carbaldehyd, 6-Hydroxy-3-
    methyl-2,3-dihydro-, [2,4-dinitro-
    phenylhydrazon] 191
  Chroman-3-on, 7-Methoxy-,
    [2,4-dinitro-phenylhydrazon] 169
  —, 8-Methoxy-, [2,4-dinitro-
    phenylhydrazon] 169
  Chroman-4-on, 7-Hydroxy-2-methyl-,
    [2,4-dinitro-phenylhydrazon] 186
  —, 7-Methoxy-, [2,4-dinitro-
    phenylhydrazon] 172
$C_{16}H_{14}O_2S$
  Chroman-2-on, 6-Methyl-4-
    phenylmercapto- 187
  —, 4-o-Tolylmercapto- 166
  —, 4-p-Tolylmercapto- 166
  Thiochroman-4-on, 8-Methoxy-5-phenyl-
    642
$C_{16}H_{14}O_3$
  Äthanon, 1-[6-Hydroxy-2,3-dihydro-
    benzofuran-5-yl]-2-phenyl- 659
  Benzo[h]chromen-2-on, 9-Hydroxy-
    4,6,10-trimethyl- 662
  Benzofuran-6-ol, 5-Benzoyl-3-methyl-
    2,3-dihydro- 660

$C_{16}H_{14}O_3$ *(Fortsetzung)*
  Benzofuran-3-on, 2-Benzyl-2-methoxy- 643
  Chroman-8-carbaldehyd, 7-Hydroxy-2-phenyl- 657
  Chroman-2-on, 7-Benzyloxy- 168
  —, 5-Hydroxy-7-methyl-4-phenyl- 659
  —, 7-Hydroxy-5-methyl-4-phenyl- 658
  —, 4-[4-Hydroxy-phenyl]-4-methyl- 658
  —, 4-[4-Methoxy-phenyl]- 642
  —, 6-Methoxy-4-phenyl- 641
  —, 7-Methoxy-4-phenyl- 642
  Chroman-4-on, 3-Benzyl-3-hydroxy- 653
  —, 7-Benzyloxy- 171
  —, 7-Hydroxy-2-methyl-2-phenyl- 654
  —, 7-Hydroxy-3-methyl-2-phenyl- 654
  —, 7-Hydroxy-5-methyl-2-phenyl- 655
  —, 7-Hydroxy-6-methyl-2-phenyl- 655
  —, 7-Hydroxy-8-methyl-2-phenyl- 657
  —, 6-Hydroxy-2-*p*-tolyl- 654
  —, 7-Hydroxy-2-*m*-tolyl- 654
  —, 7-Hydroxy-2-*o*-tolyl- 653
  —, 7-Hydroxy-2-*p*-tolyl- 654
  —, 2-[4-Methoxy-phenyl]- 638
  —, 5-Methoxy-2-phenyl- 632
  —, 6-Methoxy-2-phenyl- 632
  —, 7-Methoxy-2-phenyl- 634
  Furan-2-on, 3-Hydroxy-4,4-diphenyl-dihydro- 652
  —, 3-Hydroxy-4,5-diphenyl-dihydro- 651
  —, 3-Hydroxy-5,5-diphenyl-dihydro- 650
  —, 5-[4-Phenoxy-phenyl]-dihydro- 182
  Isochroman-3-on, 1-[4-Methoxy-phenyl]- 643
  Naphthalin-1-on, 2-Furfuryliden-6-methoxy-3,4-dihydro-2*H*- 643
  Penta-1,4-dien-3-on, 1-[2]Furyl-5-[4-methoxy-phenyl]- 628
  Phthalid, 3-Äthoxy-3-phenyl- 610
  —, 3-Benzyl-3-methoxy- 644
  —, 3-[1-Hydroxy-äthyl]-3-phenyl- 661
  —, 3-[α-Hydroxy-benzyl]-3-methyl- 661
  —, 3-[4-Methoxy-benzyl]- 645
  —, 3-Methoxy-4-methyl-3-phenyl- 647
  —, 3-Methoxy-7-methyl-3-phenyl- 647
  —, 3-Methoxy-3-*o*-tolyl- 646
  Propan-1-on, 2,3-Epoxy-1-[2-methoxy-phenyl]-3-phenyl- 628
  —, 2,3-Epoxy-1-[4-methoxy-phenyl]-3-phenyl- 629
  —, 2,3-Epoxy-3-[4-methoxy-phenyl]-1-phenyl- 629
  —, 1-[2-Methoxy-dibenzofuran-3-yl]- 649
  Xanthen-9-on, 1-Methoxy-3,5-dimethyl- 647
  —, 1-Methoxy-3,6-dimethyl- 648

$C_{16}H_{14}O_3S_2$
  Propionsäure, 3-[4-Oxo-3,4-dihydro-2*H*-benzo[*h*]thiochromen-7-ylmercapto]- 575

$C_{16}H_{14}O_4$
  Benzofuran-2-on, 3-Acetoxy-7-phenyl-5,6-dihydro-4*H*- 579
  Naphtho[1,2-*b*]furan-2-on, 5-Acetoxy-3,3-dimethyl-3*H*- 579
  Phthalid, 3-[2-Phenoxy-äthoxy]- 158

$C_{16}H_{14}O_4S$
  Furan-2-on, 3-Benzolsulfonyl-3-phenyl-dihydro- 183

$C_{16}H_{15}BrO_3S$
  Butan-1-on, 2-[4-Acetoxy-phenyl]-1-[5-brom-[2]thienyl]- 517

$C_{16}H_{15}ClO_4$
  Cumarin, 7-Acetoxy-6-äthyl-3-[2-chlor-vinyl]-4-methyl- 519

$C_{16}H_{15}NO_2S_2$
  Thiophen-2-on, 5-[[1]Naphthylcarbamoylmercapto-methyl]-dihydro- 15

$C_{16}H_{15}NO_3S$
  Furan-2-on, 3-Benzolsulfonyl-3-phenyl-dihydro-, imin 183

$C_{16}H_{15}NO_6$
  1-Oxa-spiro[4.5]dec-3-en-2-on, 3-[4-Nitro-benzoyloxy]- 119

$C_{16}H_{15}N_3O_3$
  Chroman-4-on, 3-Hydroxy-2-phenyl-, semicarbazon 631

$C_{16}H_{16}Br_2O_4$
  Isobenzofuran-1-on, 3-Acetoxy-3a-brom-3-[4-brom-phenyl]-hexahydro- 440

$C_{16}H_{16}Cl_2O_4$
  Cumarin, 7-Acetoxy-6-äthyl-3-[2,2-dichlor-äthyl]-4-methyl- 437

$C_{16}H_{16}N_2O_8$
  Benzofuran-2-on, 7-[3,5-Dinitro-benzoyloxy]-3-methyl-hexahydro- 69

$C_{16}H_{16}N_4O_7$
  Furan-2-carbaldehyd, 5-Äthoxymethyl-, [acetyl-(2,4-dinitro-phenyl)-hydrazon] 112

$C_{16}H_{16}O_2S$
  Keton, [5-Äthyl-[2]thienyl]-[3-allyl-4-hydroxy-phenyl]- 580

$C_{16}H_{16}O_3$
  Benzo[*h*]chromen-4-on, 6-Methoxy-2,2-dimethyl-2,3-dihydro- 579
  Benzofuran-2-on, 3-Äthoxy-7-phenyl-5,6-dihydro-4*H*- 578
  Furan-2-on, 5-[2-Äthoxy-[1]naphthyl]-dihydro- 577
  —, 5-[6-Äthoxy-[2]naphthyl]-dihydro- 578
  Keton, [2-Allyloxy-4,5-dimethyl-phenyl]-[2]furyl- 508

$C_{16}H_{16}O_3S$
Butan-1-on, 2-[4-Acetoxy-phenyl]-1-
[2]thienyl- 516
$C_{16}H_{16}O_4$
Benzo[c]chromen-6-on, 1-Acetoxy-3-
methyl-7,8,9,10-tetrahydro- 520
—, 3-Acetoxy-8-methyl-7,8,9,10-
tetrahydro- 520
—, 3-Acetoxy-9-methyl-7,8,9,10-
tetrahydro- 521
—, 3-Acetoxy-10-methyl-7,8,9,10-
tetrahydro- 521
Cumarin, 7-Acetoxy-6-[3-methyl-but-2-
enyl]- 517
Cyclopenta[c]chromen-4-on, 7-Acetoxy-8-
äthyl-2,3-dihydro-1H- 521
—, 9-Acetoxy-2,7-dimethyl-2,3-dihydro-
1H- 522
1-Oxa-spiro[4.5]dec-3-en-2-on,
4-Benzoyloxy- 120
$C_{16}H_{16}O_6$
Chromen-4-on, 6-[(3-Carboxy-
propionyloxy)-methyl]-2,3-
dimethyl- 408
$C_{16}H_{17}BrO_4$
Isobenzofuran-1-on, 3-Acetoxy-3-
[4-brom-phenyl]-hexahydro- 440
Naphtho[1,2-b]furan-2-on, 8-Acetoxy-7-
brom-3,6-dimethyl-3a,4,5,9b-
tetrahydro-3H- 442
$C_{16}H_{17}ClO_3$
Cumarin, 6-Butyl-3-[2-chlor-vinyl]-7-
hydroxy-4-methyl- 531
$C_{16}H_{17}NO_6$
Benzofuran-2-on, 3-Methyl-7-[4-nitro-
benzoyloxy]-hexahydro- 68
$C_{16}H_{17}N_3O_4$
Furan-2-carbaldehyd, 5-Hydroxymethyl-,
[(2,4-dimethyl-phenyloxamoyl)-
hydrazon] 107
$C_{16}H_{18}Br_2O_3$
Isobenzofuran-1-on, 3-Äthoxy-3a-brom-
3-[4-brom-phenyl]-hexahydro- 440
$C_{16}H_{18}ClO_5PS$
Cyclopenta[c]chromen-4-on, 8-Chlor-7-
diäthoxythiophosphoryloxy-2,3-
dihydro-1H- 505
$C_{16}H_{18}Cl_2O_3$
Cumarin, 6-Butyl-3-[2,2-dichlor-
äthyl]-7-hydroxy-4-methyl- 458
$C_{16}H_{18}N_4O_6$
Bernsteinsäure-bis-[5-hydroxymethyl-
furfurylidenhydrazid] 108
$C_{16}H_{18}O_2S$
1-Oxa-spiro[4.5]dec-3-en-2-on,
4-Benzylmercapto- 120
$C_{16}H_{18}O_3$
Anthra[1,2-b]furan-2-on, 3-Hydroxy-
3a,4,5,7,8,9,10,11b-octahydro-3H- 533

Benzo[c]chromen-6-on, 2-Äthyl-3-
hydroxy-8-methyl-7,8,9,10-
tetrahydro- 531
—, 2-Äthyl-3-hydroxy-9-methyl-
7,8,9,10-tetrahydro- 532
—, 2-Äthyl-3-hydroxy-10-methyl-
7,8,9,10-tetrahydro- 532
—, 3-Äthyl-1-hydroxy-9-methyl-
7,8,9,10-tetrahydro- 532
—, 3-Hydroxy-7,9,9-trimethyl-
7,8,9,10-tetrahydro- 532
—, 1-Methoxy-3,8-dimethyl-7,8,9,10-
tetrahydro- 526
—, 1-Methoxy-3,9-dimethyl-7,8,9,10-
tetrahydro- 527
Benzofuran-2-on, 4-[4-Methoxy-phenyl]-7-
methyl-4,5,6,7-tetrahydro-3H- 525
—, 4-[4-Methoxy-phenyl]-7-methyl-
5,6,7,7a-tetrahydro-4H- 524
—, 6-[4-Methoxy-phenyl]-4-methyl-
5,6,7,7a-tetrahydro-3H- 524
Chroman-2-on, 4-[4-Methoxy-phenyl]-
5,6,7,8-tetrahydro- 524
Chromen-4-on, 8-Äthyl-6-isopropenyl-
7-methoxy-2-methyl- 524
Cyclopenta[c]chromen-4-on, 6,8-Diäthyl-
9-hydroxy-2,3-dihydro-1H- 533
Isobenzofuran-1-on, 3-[4-Methoxy-
benzyliden]-
hexahydro- 525
—, 3-[4-Methoxy-phenyl]-3-methyl-
3a,4,7,7a-tetrahydro-3H- 525
Keton, [2]Furyl-[5-isopropyl-4-
methoxy-2-methyl-phenyl]- 523
—, [2]Furyl-[4-pentyloxy-phenyl]-
495
Naphtho[1,2-b]furan-2-on, 8-Methoxy-
3,5a,9-trimethyl-5,5a-dihydro-4H-
528
—, 8-Methoxy-3,6,9-trimethyl-5,9b-
dihydro-4H- 529
—, 9-Methoxy-3,6,8-trimethyl-4,5-
dihydro-3H- 528
Pentan-1-on, 3-[2]Furyl-1-[4-methoxy-
phenyl]- 522
Phenanthro[4,5-bcd]furan-9b-carbaldehyd,
5-Methoxy-1,2,3,8,9,9a-hexahydro-
3aH- 530
Phenanthro[4,5-bcd]furan-3-on,
5-Methoxy-9b-methyl-1,3a,8,9,9a,9b-
hexahydro-2H- 530
$C_{16}H_{18}O_4$
Benzofuran-2-on, 5-Benzoyloxy-7a-
methyl-hexahydro- 69
Chromen-4-on, 7-Acetoxy-3,5-dimethyl-
2-propyl- 436
—, 6-Acetoxy-3-pentyl- 432
—, 2-Äthyl-3,5-dimethyl-7-
propionyloxy- 423

$C_{16}H_{18}O_4$ (Fortsetzung)
  Cumarin, 6-Acetoxy-3,7-diäthyl-4-
    methyl- 437
  —, 7-Acetoxy-3,6-diäthyl-4-methyl-
    437
  —, 6-Acetoxy-4,7-dimethyl-3-propyl-
    436
  —, 7-Acetoxy-3-isobutyl-4-methyl-
    435
  —, 7-Acetoxy-6-isopentyl- 433
  —, 7-Acetoxy-6-pentyl- 433
  —, 6-Äthyl-7-butyryloxy-4-methyl-
    405
  —, 7-Hexanoyloxy-4-methyl- 336
  Furan-3-on, 4-Benzoyloxymethylen-
    2,2,5,5-tetramethyl-dihydro- 68
  Naphtho[1,2-b]furan-2-on, 8-Acetoxy-3,6-
    dimethyl-3a,4,5,9b-tetrahydro-3H-
    442
  —, 8-Acetoxy-6,9-dimethyl-3a,4,5,9b-
    tetrahydro-3H- 443
$C_{16}H_{18}O_5$
  Essigsäure, [2-Äthyl-3-methyl-4-oxo-
    4H-chromen-7-yloxy]-, äthylester
    400
$C_{16}H_{18}O_8$
  Chromen-4-on, 7-Glucopyranosyloxy-3-
    methyl- 323
  Cumarin, 7-Galactopyranosyloxy-4-
    methyl- 338
  —, 4-Glucopyranosyloxy-6-methyl- 353
  —, 7-Glucopyranosyloxy-4-methyl- 338
  Furan-2-on, 4-[4-Glucopyranosyloxy-
    phenyl]-5H- 312
$C_{16}H_{19}NO_3$
  Benzofuran-2-on, 5-[1-Cyan-1-methyl-
    äthoxy]-3,3,4,7-tetramethyl-3H-
    224
$C_{16}H_{19}N_3O_2S_2$
  Thiophen-2-carbaldehyd,
    5-Isopentylmercapto-, [4-nitro-
    phenylhydrazon] 88
  —, 5-Pentylmercapto-, [4-nitro-
    phenylhydrazon] 88
$[C_{16}H_{19}N_4O_5S]^+$
  Sulfonium, Diäthyl-[2-(2,4-dinitro-
    phenylhydrazono)-2-[2]furyl-äthyl]- 98
  $[C_{16}H_{19}N_4O_5S]Br$ 98
$C_{16}H_{19}O_5PS$
  Cyclopenta[c]chromen-4-on,
    7-Diäthoxythiophosphoryloxy-2,3-
    dihydro-1H- 505
$C_{16}H_{20}O_3$
  Benzofuran-2-on, 5-Benzyloxy-7a-
    methyl-hexahydro- 69
  —, 4-[4-Methoxy-phenyl]-7-methyl-
    hexahydro- 447
  —, 7a-[4-Methoxy-phenyl]-5-methyl-
    hexahydro- 447

Chromen-4-on, 3-Hexyl-2-methoxy- 443
Cumarin, 6-Äthyl-3-butyl-7-hydroxy-4-
  methyl- 458
—, 7-Äthyl-3-butyl-6-hydroxy-4-
  methyl- 458
—, 3-Äthyl-7-hydroxy-4,5-dimethyl-8-
  propyl- 459
—, 8-Äthyl-7-hydroxy-4,5-dimethyl-3-
  propyl- 459
—, 6-Äthyl-7-methoxy-4-methyl-3-
  propyl- 446
—, 6-Heptyl-7-hydroxy- 457
—, 7-Heptyloxy- 296
—, 3-Hexyl-7-hydroxy-4-methyl- 457
—, 3-Hexyl-4-methoxy- 443
—, 7-Hexyloxy-4-methyl- 335
—, 8-Isopentyl-7-methoxy-4-methyl-
  445
Furan-2-on, 5-[3-Äthoxy-5,6,7,8-
  tetrahydro-[2]naphthyl]-dihydro-
  439
—, 5-[4-Äthoxy-5,6,7,8-tetrahydro-[1]-
  naphthyl]-dihydro- 439
Naphtho[1,2-b]furan-2-on, 8-Methoxy-
  3,5a,9-trimethyl-5,5a,6,7-tetrahydro-
  4H- 451
Naphtho[2,3-b]furan-2-on, 8-Methoxy-
  3,5,7-trimethyl-3a,4,9,9a-tetrahydro-
  3H- 449
Propenon, 3-[4-Methoxy-phenyl]-1-
  [6-methyl-tetrahydro-pyran-2-yl]-
  443
$C_{16}H_{20}O_4$
  Chroman-2-on, 6-Acetoxy-3-isopentyl-
    232
  Cumarin, 6-Butyl-7-[2-hydroxy-äthoxy]-
    4-methyl- 435
  Valeriansäure, 5-Benzoyloxy-2-butyl-4-
    hydroxy-, lacton 42
  —, 5-Benzoyloxy-4-hydroxy-2-isobutyl-,
    lacton 42
$C_{16}H_{21}ClO_3$
  Furan-2-on, 5-[3-Chlor-4-hexyloxy-
    phenyl]-dihydro- 183
  —, 5-[5-Chlor-2-hexyloxy-phenyl]-
    dihydro- 181
  —, 5-[3-Chlor-4-methoxy-phenyl]-3-
    pentyl-dihydro- 234
$C_{16}H_{21}NO_3$
  Cumarin, 7-[2-Diäthylamino-äthoxy]-4-
    methyl- 338
$C_{16}H_{21}N_3O_3$
  Benzo[h]chromen-4-on, 6-Hydroxy-2,2-
    dimethyl-2,3,7,8,9,10-hexahydro-,
    semicarbazon 448
$C_{16}H_{21}O_4PS_2$
  Chromen-2-thion,
    7-Diisopropoxythiophosphoryloxy-4-
    methyl- 352

$C_{16}H_{21}O_5PS$
Cumarin, 6-Äthyl-7-diäthoxythiophosphoryloxy-4-methyl- 406
—, 7-Diisopropoxythiophosphoryloxy-4-methyl- 343

$C_{16}H_{22}N_4O_6$
Furan-3-on, 2,5-Diäthyl-4-hydroxy-2,5-dimethyl-dihydro-, [2,4-dinitrophenylhydrazon] 44
Octan-3-on, 4,5-Epoxy-1-methoxy-5-methyl-, [2,4-dinitrophenylhydrazon] 42

$C_{16}H_{22}O_2S$
Phthalid, 3-[1,1,2,2-Tetramethyl-butylmercapto]- 162

$C_{16}H_{22}O_3$
Furan-2-on, 5-[4-Hexyloxy-phenyl]-dihydro- 182
—, 5-Isopentyl-5-[4-methoxy-phenyl]-dihydro- 234
—, 5-[2-Isopentyloxy-5-methyl-phenyl]-dihydro- 204
—, 5-[4-Isopentyloxy-2-methyl-phenyl]-dihydro- 201
—, 5-[4-Isopentyloxy-3-methyl-phenyl]-dihydro- 203
—, 5-[2-Methoxy-5-pentyl-phenyl]-dihydro- 233
—, 4-[4-Methoxy-phenyl]-5-pentyl-dihydro- 233
—, 5-[4-Methoxy-phenyl]-3-pentyl-dihydro- 234
Phthalid, 3-Octyloxy- 157

$C_{16}H_{22}O_4$
Isobenzofuran-4-on, 5-Acetoxy-1,1,3,3,7,7-hexamethyl-3,7-dihydro-1H- 142

$C_{16}H_{24}O_3$
4a,8-Cyclo-dibenz[be]oxocin-6-on, 7a-Hydroxy-12-methyl-dodecahydro- 146

$C_{16}H_{24}O_6S$
Furan-2-on, 4,4-Dimethyl-3-[2-oxo-bornan-10-sulfonyloxy]-dihydro- 26

$C_{16}H_{26}Cl_2O_3$
Furan-2-on, 3,4-Dichlor-5-dodecyloxy-5H- 52

$[C_{16}H_{26}NO_4S]^+$
Sulfonium, Diisopentyl-[2-(5-nitro-[2]furyl)-2-oxo-äthyl]- 99
$[C_{16}H_{26}NO_4S]Br$ 99

$C_{16}H_{26}O_3S_2$
Äther, Bis-[6,6-dimethyl-4-oxo-tetrahydro-thiopyran-3-ylmethyl]- 35

$C_{16}H_{26}O_4$
O-Formyl-Derivat $C_{16}H_{26}O_4$ aus 6-Äthyl-4-hydroxy-7-isopropyl-3,6-dimethyl-hexahydro-benzofuran-2-on 80

$C_{16}H_{26}O_5S$
Naphtho[1,2-c]furan-3-on, 6-Methansulfonyloxymethyl-6,9a-dimethyl-decahydro- 137

$C_{16}H_{26}O_6$
Peroxid, Bis-[6-acetyl-2-methyl-tetrahydro-pyran-2-yl]- 35

$[C_{16}H_{27}O_2S]^+$
Sulfonium, [2-[2]Furyl-2-oxo-äthyl]-diisopentyl- 98
$[C_{16}H_{27}O_2S]Br$ 98

$C_{16}H_{28}O_4$
Furan-2-on, 3-Hexyl-4-isovaleryloxy-5-methyl-dihydro- 45

$C_{16}H_{28}O_6$
Pyrano[4,3-d][1,3]dioxin-4-ol, 2-[4-Hydroxy-2,6-dimethyl-tetrahydro-pyran-3-yl]-5,7-dimethyl-tetrahydro- 37

$C_{16}H_{30}O_3$
Oxacycloheptadecan-2-on, 10-Hydroxy- 47
Pyran-2-on, 3,5-Diäthyl-6-[1-hydroxymethyl-propyl]-4-propyl-tetrahydro- 47

C_{17}-Gruppe

$C_{17}H_9Cl_3O_4$
Chromen-4-on, 3-Acetoxy-6,8-dichlor-2-[2-chlor-phenyl]- 687

$C_{17}H_{10}Br_2O_4$
Chromen-4-on, 3-Acetoxy-6,8-dibrom-2-phenyl- 688
Cumarin, 7-Acetoxy-6,8-dibrom-3-phenyl- 713
—, 7-Acetoxy-6,8-dibrom-4-phenyl- 718

$C_{17}H_{10}Cl_2N_4O_6$
Keton, [3,5-Dichlor-2-hydroxy-phenyl]-[2]furyl-, [2,4-dinitrophenylhydrazon] 492

$C_{17}H_{10}Cl_2O_3$
Propenon, 1-[5-Chlor-benzofuran-2-yl]-3-[5-chlor-2-hydroxy-phenyl]- 798

$C_{17}H_{10}Cl_2O_4$
Chromen-4-on, 3-Acetoxy-6,8-dichlor-2-phenyl- 687
—, 7-Dichloracetoxy-2-phenyl- 694
Cumarin, 7-[2,4-Dichlor-benzoyloxy]-4-methyl- 337

$C_{17}H_{10}Cl_2O_5$
Benzoesäure, 3,5-Dichlor-2-[2-oxo-2H-chromen-3-ylmethoxy]- 325

$C_{17}H_{10}N_2O_8$
Chromen-4-on, 5-Acetoxy-6,8-dinitro-2-phenyl- 690
Cumarin, 6-Benzoyloxy-4-methyl-5,7-dinitro- 332

$C_{17}H_{10}O_3$
Benzo[b]xanthen-12-on, 1-Hydroxy- 811
$C_{17}H_{10}O_4$
Anthra[1,9-bc]furan-1-on, 6-Acetoxy- 789
Anthra[9,1-bc]furan-2-on, 6-Acetoxy- 789
Fluoreno[4,3-b]furan-6-on, 4-Acetoxy- 788
$C_{17}H_{11}BrN_4O_6$
Keton, [5-Brom-2-hydroxy-phenyl]-[2]furyl-, [2,4-dinitro-phenylhydrazon] 493
$C_{17}H_{11}BrO_4$
Cumarin, 7-Acetoxy-4-[4-brom-phenyl]- 717
—, 7-Acetoxy-6-brom-3-phenyl- 713
—, 7-Acetoxy-8-brom-3-phenyl- 713
—, 7-Benzoyloxy-6-brom-4-methyl- 348
$C_{17}H_{11}Br_2NO_5$
Chromen-4-on, 3-Brom-2-[3-brom-4-methoxy-phenyl]-6-methyl-8-nitro- 745
—, 3-Brom-2-[5-brom-2-methoxy-phenyl]-6-methyl-8-nitro- 744
$C_{17}H_{11}ClN_4O_6$
Keton, [5-Chlor-2-hydroxy-phenyl]-[2]furyl-, [2,4-dinitro-phenylhydrazon] 492
$C_{17}H_{11}ClO_4$
Chromen-4-on, 7-Acetoxy-3-[4-chlor-phenyl]- 709
—, 3-Chloracetoxy-2-phenyl- 686
—, 7-Chloracetoxy-2-phenyl- 694
Cumarin, 7-Benzoyloxy-6-chlor-4-methyl- 345
—, 7-[4-Chlor-benzoyloxy]-4-methyl- 336
$C_{17}H_{11}Cl_2NO_4$
Cumarin, 3-[2-Carbamoyl-4,6-dichlor-phenoxymethyl]- 326
$C_{17}H_{11}Cl_3O_4$
Phthalid, 4-Benzoyloxy-5-methyl-3-trichlormethyl- 196
—, 6-Benzoyloxy-5-methyl-3-trichlormethyl- 196
$C_{17}H_{11}FO_4$
Chromen-4-on, 3-Acetoxy-7-fluor-2-phenyl- 687
$C_{17}H_{11}F_3N_4O_6$
Äthanon, 2,2,2-Trifluor-1-[6-methoxy-benzofuran-2-yl]-, [2,4-dinitro-phenylhydrazon] 361
$C_{17}H_{11}NO_6$
Chromen-4-on, 3-Acetoxy-2-[3-nitro-phenyl]- 688
—, 3-Acetoxy-2-[4-nitro-phenyl]- 688
—, 3-Acetoxy-6-nitro-2-phenyl- 688

—, 5-Acetoxy-8-nitro-2-phenyl- 690
—, 7-Acetoxy-3-[4-nitro-phenyl]- 710
Cumarin, 6-Benzoyloxy-4-methyl-5-nitro- 332
—, 7-Benzoyloxy-4-methyl-6-nitro- 351
—, 7-Benzoyloxy-4-methyl-8-nitro- 351
Furan-2-on, 3-Benzoyloxy-4-[2-nitro-phenyl]-5H- 311
O-Acetyl-Derivate $C_{17}H_{11}NO_6$ aus 7-Hydroxy-8-nitro-2-phenyl-chromen-4-on 699
$C_{17}H_{12}BrNO_5$
Chromen-4-on, 2-[3-Brom-4-methoxy-phenyl]-6-methyl-8-nitro- 745
—, 2-[5-Brom-2-methoxy-phenyl]-6-methyl-8-nitro- 743
—, 2-[5-Brom-2-methoxy-phenyl]-8-methyl-6-nitro- 746
$C_{17}H_{12}Br_2O_3$
Chromen-4-on, 6-Brom-7-[2-brom-äthoxy]-2-phenyl- 698
Cumarin, 8-Benzyl-3,6-dibrom-7-hydroxy-4-methyl- 766
—, 6,8-Dibrom-7-methoxy-4-methyl-3-phenyl- 749
Keton, [2-Äthyl-benzofuran-3-yl]-[3,5-dibrom-4-hydroxy-phenyl]- 772
—, [3-Äthyl-benzofuran-2-yl]-[3,5-dibrom-4-hydroxy-phenyl]- 774
$C_{17}H_{12}Cl_2O_3$
Keton, [5,6-Dichlor-3-methyl-benzofuran-2-yl]-[4-methoxy-phenyl]- 754
$C_{17}H_{12}N_4O_6$
Keton, [2]Furyl-[2-hydroxy-phenyl]-, [2,4-dinitro-phenylhydrazon] 492
—, [2]Furyl-[4-hydroxy-phenyl]-, [2,4-dinitro-phenylhydrazon] 495
$C_{17}H_{12}O_2S$
Keton, [4'-Hydroxy-biphenyl-4-yl]-[2]thienyl- 792
$C_{17}H_{12}O_3$
Äthanon, 1-[3-Methoxy-phenanthro[4,5-bcd]furan-1-yl]- 791
Benzo[c]xanthen-7-on, 10-Hydroxy-5,6-dihydro- 799
Chromen-4-on, 7-Hydroxy-2-styryl- 794
Cumarin, 3-[2-Hydroxy-styryl]- 795
—, 3-[3-Hydroxy-styryl]- 796
—, 3-[4-Hydroxy-styryl]- 796
—, 7-Hydroxy-4-styryl- 796
Naphtho[2,1-c]chromen-6-on, 3-Hydroxy-7,8-dihydro- 799
Phenanthro[4,5-cde]oxepin-4-on, 6-Methoxy-6H- 790

$C_{17}H_{12}O_3$ (Fortsetzung)
 Propenon, 1-Benzofuran-2-yl-3-
  [2-hydroxy-phenyl]- 797
 —, 1-Benzofuran-2-yl-3-[3-hydroxy-
  phenyl]- 798
$C_{17}H_{12}O_3S$
 Keton, [3-Acetoxy-benzo[b]thiophen-2-
  yl]-phenyl- 720
$C_{17}H_{12}O_4$
 Äthanon, 1-[4-Benzoyloxy-benzofuran-
  2-yl]- 359
 —, 1-[4-Benzoyloxy-benzofuran-5-yl]-
  364
 Benzofuran-2-on, 3-[α-Acetoxy-
  benzyliden]-3H- 727
 —, 6-Acetoxy-3-benzyliden-3H- 727
 Benzofuran-3-on, 6-Acetoxy-2-
  benzyliden- 724
 Chromen-4-on, 2-[4-Acetoxy-phenyl]- 704
 —, 3-Acetoxy-2-phenyl- 686
 —, 5-Acetoxy-2-phenyl- 689
 —, 5-Acetoxy-3-phenyl- 707
 —, 6-Acetoxy-2-phenyl- 691
 —, 6-Acetoxy-3-phenyl- 707
 —, 7-Acetoxy-2-phenyl- 694
 —, 7-Acetoxy-3-phenyl- 708
 —, 8-Acetoxy-2-phenyl- 701
 —, 3-Benzoyloxy-2-methyl- 313
 —, 5-Benzoyloxy-2-methyl- 313
 —, 7-Benzoyloxy-2-methyl- 318
 Cumarin, 3-[2-Acetoxy-phenyl]- 715
 —, 3-[4-Acetoxy-phenyl]- 715
 —, 4-Acetoxy-3-phenyl- 710
 —, 5-Acetoxy-4-phenyl- 715
 —, 6-Acetoxy-4-phenyl- 716
 —, 7-Acetoxy-3-phenyl- 712
 —, 7-Acetoxy-4-phenyl- 716
 —, 8-Acetoxy-3-phenyl- 714
 —, 5-Benzoyloxy-4-methyl- 327
 —, 6-Benzoyloxy-4-methyl- 330
 —, 7-Benzoyloxy-4-methyl- 336
 —, 7-Phenacyloxy- 299
 —, 4-Phenylacetoxy- 288
 5,10-Epoxido-dibenzo[a,d]cyclohepten-
  11-on, 10-Acetoxy-5,10-dihydro- 729
 Furan-2-on, 4-Benzoyloxy-5-phenyl-
  5H- 309
 Isocumarin, 3-[4-Acetoxy-phenyl]-
  719
 —, 8-Benzoyloxy-3-methyl- 355
$C_{17}H_{12}O_5$
 Cumarin, 4-[2-Methoxy-benzoyloxy]-
  288
 —, 4-[4-Methoxy-benzoyloxy]- 289
 Essigsäure, [4-Oxo-2-phenyl-
  4H-chromen-7-yloxy]- 695
$C_{17}H_{12}O_6$
 Methan, Bis-phthalidyloxy- 160

$C_{17}H_{13}BrO_3$
 Benzofuran-3-on, 7-Brom-2-[4-methoxy-
  benzyliden]-5-methyl- 756
 Chromen-4-on, 6-Äthyl-8-brom-7-
  hydroxy-2-phenyl- 767
 —, 3-Brom-2-[4-methoxy-phenyl]-6-
  methyl- 744
 —, 8-Brom-2-[4-methoxy-phenyl]-6-
  methyl- 745
 Chromen-7-on, x-Brom-5-methoxy-6-
  methyl-2-phenyl- 743
 Cumarin, 8-Benzyl-3-brom-7-hydroxy-4-
  methyl- 765
 —, 6-Brom-7-methoxy-4-methyl-3-
  phenyl- 748
 —, 8-Brom-7-methoxy-4-methyl-3-
  phenyl- 748
 —, 3-[4-Brom-phenyl]-7-methoxy-4-
  methyl- 748
 Furan-3-on, 4-Brom-2-methoxy-2,5-
  diphenyl- 734
 —, 2-[4-Brom-phenyl]-2-methoxy-5-
  phenyl- 734
 —, 5-[4-Brom-phenyl]-2-methoxy-2-
  phenyl- 734
 Keton, [5-Brom-3-methyl-benzofuran-2-
  yl]-[4-methoxy-phenyl]- 754
$C_{17}H_{13}BrO_4$
 Chromen-4-on, 6-Brom-7-[2-hydroxy-
  äthoxy]-2-phenyl- 698
$C_{17}H_{13}ClO_2S$
 Cumarin, 4-Benzylmercapto-3-chlor-6-
  methyl- 353
$C_{17}H_{13}ClO_3$
 Chromen-4-on, 3-Chlor-2-[4-methoxy-
  phenyl]-6-methyl- 744
 Cumarin, 3-Benzyl-6-chlor-7-hydroxy-
  4-methyl- 765
 —, 3-[4-Chlor-phenyl]-7-methoxy-4-
  methyl- 747
 Furan-2-on, 5-[4-Chlor-phenyl]-5-
  methoxy-3-phenyl-5H- 730
 Furan-3-on, 4-Chlor-2-methoxy-2,5-
  diphenyl- 733
 Keton, [2-Äthyl-5-chlor-benzofuran-3-
  yl]-[4-hydroxy-phenyl]- 772
 —, [5-Chlor-benzofuran-2-yl]-
  [4-methoxy-3-methyl-phenyl]- 752
 —, [5-Chlor-6-methoxy-3-methyl-
  benzofuran-7-yl]-phenyl- 758
 —, [5-Chlor-3-methyl-benzofuran-2-yl]-
  [4-methoxy-phenyl]- 754
$C_{17}H_{13}NOS$
 Benzo[b]thiophen-3-ol,
  2-[3-Phenylimino-propenyl]- 498
 Benzo[b]thiophen-3-on,
  2-[3-Phenylimino-propenyl]- 498

$C_{17}H_{13}NO_5$
Chroman-4-on, 7-Methoxy-3-[3-nitro-benzyliden]- 736
—, 7-Methoxy-3-[4-nitro-benzyliden]- 736
Chromen-4-on, 2-[2-Methoxy-phenyl]-8-methyl-6-nitro- 746
Cumarin, 7-Methoxy-4-methyl-3-[4-nitro-phenyl]- 749
Furan-2-on, 3-Methoxy-4-[4-nitro-phenyl]-5-phenyl-5H- 730

$C_{17}H_{13}NO_5S$
Cumarin, 3-[N-Acetyl-sulfanilyl]- 286

$C_{17}H_{13}NO_6$
Chroman-4-on, 6-Acetoxy-2-[4-nitro-phenyl]- 633

$[C_{17}H_{13}O_2]^+$
Chromenylium, 3-Acetyl-2-phenyl- 767
 $[C_{17}H_{13}O_2]Cl$ 767
—, 3-Benzoyl-2-methyl- 764
 $[C_{17}H_{13}O_2]Cl$ 764

$C_{17}H_{14}BrClO_3$
Chroman-4-on, 3-Brom-3-chlor-2-[4-methoxy-phenyl]-6-methyl- 657

$C_{17}H_{14}BrNO_3$
Keton, [5-Brom-3-methyl-benzofuran-2-yl]-[4-methoxy-phenyl]-, oxim 754

$C_{17}H_{14}Br_2O_3$
Benzofuran-3-on, 2-Brom-2-[α-brom-4-methoxy-benzyl]-6-methyl- 660
—, 2-Brom-2-[α-brom-4-methoxy-benzyl]-7-methyl- 660
Chroman-4-on, 6-Äthyl-3,8-dibrom-7-hydroxy-2-phenyl- 666
—, 3,3-Dibrom-2-[4-methoxy-phenyl]-6-methyl- 657

$C_{17}H_{14}ClNO_3$
Keton, [5-Chlor-3-methyl-benzofuran-2-yl]-[4-methoxy-phenyl]-, oxim 754

$C_{17}H_{14}N_4O_6$
Äthanon, 1-[4-Hydroxy-3-methyl-benzofuran-5-yl]-, [2,4-dinitro-phenylhydrazon] 392
—, 1-[5-Hydroxy-2-methyl-benzofuran-3-yl]-, [2,4-dinitro-phenylhydrazon] 388
—, 1-[6-Hydroxy-3-methyl-benzofuran-2-yl]-, [2,4-dinitro-phenylhydrazon] 390
—, 1-[6-Hydroxy-3-methyl-benzofuran-5-yl]-, [2,4-dinitro-phenylhydrazon] 393
—, 1-[4-Methoxy-benzofuran-5-yl]-, [2,4-dinitro-phenylhydrazon] 364
Benzofuran-2-carbaldehyd, 6-Methoxy-3-methyl-, [2,4-dinitro-phenylhydrazon] 364
Chromen-4-on, 7-Methoxy-2-methyl-, [2,4-dinitro-phenylhydrazon] 319
Furan-2-carbaldehyd, 5-Hydroxymethyl-, [(2,4-dinitro-[1]naphthyl)-methyl-hydrazon] 106

$C_{17}H_{14}N_4O_7$
Benzofuran-5-carbaldehyd, 6-Acetoxy-2,3-dihydro-, [2,4-dinitro-phenylhydrazon] 173

$C_{17}H_{14}O_2S$
Benzo[b]thiophen-3-on, 2-[4-Methoxy-benzyliden]-5-methyl- 757
Propan-1-on, 3-[Benzo[b]thiophen-3-yl]-3-hydroxy-1-phenyl- 771

$C_{17}H_{14}O_3$
Äthanon, 1-[4-Benzyloxy-benzofuran-2-yl]- 359
—, 1-[6-Benzyloxy-benzofuran-2-yl]- 360
—, 1-[4-Methoxy-benzofuran-5-yl]-2-phenyl- 752
Benzo[b]cyclopenta[c]chromen-6-on, 1-Methoxy-8,9-dihydro-7H- 759
—, 4-Methoxy-8,9-dihydro-7H- 760
Benzofuran-2-carbaldehyd, 3-Benzyl-6-methoxy- 752
—, 6-Methoxy-3-m-tolyl- 759
Benzofuran-3-on, 5-Äthyl-2-benzyliden-6-hydroxy- 774
—, 2-Benzyliden-6-methoxy-4-methyl- 754
—, 2-[2-Methoxy-benzyliden]-5-methyl- 755
—, 2-[4-Methoxy-benzyliden]-5-methyl- 756
—, 2-[4-Methoxy-benzyliden]-6-methyl- 757
—, 2-[4-Methoxy-benzyliden]-7-methyl- 757
But-3-ensäure, 2,3-Epoxy-4,4-diphenyl-, methylester 729
Chroman-4-on, 3-[3-Methoxy-benzyliden]- 737
—, 3-[4-Methoxy-benzyliden]- 737
Chromen-4-on, 3-Benzyl-7-hydroxy-2-methyl- 764
—, 2-Benzyl-7-methoxy- 735
—, 3-Benzyl-6-methoxy- 735
—, 2-Benzyloxymethyl- 322
—, 7-Benzyloxy-2-methyl- 318
—, 7-Hydroxy-2,6-dimethyl-3-phenyl- 768
—, 7-Hydroxy-3,8-dimethyl-2-phenyl- 769
—, 6-Hydroxymethyl-3-methyl-2-phenyl- 769
—, 2-[4-Hydroxy-phenyl]-5,7-dimethyl- 770
—, 2-[4-Methoxy-benzyl]- 735
—, 6-Methoxy-2-methyl-3-phenyl- 739
—, 7-Methoxy-2-methyl-3-phenyl- 740

$C_{17}H_{14}O_3$ *(Fortsetzung)*
  Chromen-4-on, 7-Methoxy-3-methyl-2-phenyl- 741
  —, 7-Methoxy-5-methyl-2-phenyl- 743
  —, 2-[2-Methoxy-phenyl]-6-methyl- 743
  —, 2-[4-Methoxy-phenyl]-6-methyl- 744
  —, 2-[4-Methoxy-phenyl]-7-methyl- 745
  —, 2-[4-Methoxy-phenyl]-8-methyl- 746
  Chromen-7-on, 5-Hydroxy-4,6-dimethyl-2-phenyl- 769
  —, 5-Hydroxy-4,8-dimethyl-2-phenyl- 769
  —, 5-Methoxy-6-methyl-2-phenyl- 743
  —, 5-Methoxy-8-methyl-2-phenyl- 746
  Cumarin, 7-Äthoxy-4-phenyl- 716
  —, 4-Äthyl-7-hydroxy-3-phenyl- 767
  —, 6-Äthyl-7-hydroxy-4-phenyl- 768
  —, 7-Äthyl-6-hydroxy-4-phenyl- 768
  —, 3-Benzyl-7-hydroxy-4-methyl- 764
  —, 4-Benzyl-5-hydroxy-7-methyl- 765
  —, 8-Benzyl-7-hydroxy-4-methyl- 765
  —, 4-Benzyl-7-methoxy- 738
  —, 7-Benzyloxy-4-methyl- 335
  —, 7-Hydroxy-4,5-dimethyl-3-phenyl- 770
  —, 7-Hydroxy-4-phenäthyl- 763
  —, 3-[2-Methoxy-benzyl]- 736
  —, 5-Methoxy-4-methyl-3-phenyl- 746
  —, 7-Methoxy-4-methyl-3-phenyl- 747
  —, 7-Methoxy-5-methyl-3-phenyl- 749
  —, 7-Methoxy-8-methyl-4-phenyl- 751
  —, 4-[4-Methoxy-phenyl]-6-methyl- 750
  —, 4-[4-Methoxy-phenyl]-7-methyl- 751
  —, 7-Methoxy-4-*p*-tolyl- 739
  Dibenzo[*c,h*]chromen-6-on, 1-Hydroxy-7,8,9,10-tetrahydro- 774
  —, 2-Hydroxy-7,8,9,10-tetrahydro- 775
  —, 3-Hydroxy-7,8,9,10-tetrahydro- 775
  —, 4-Hydroxy-7,8,9,10-tetrahydro- 775
  —, 12-Hydroxy-7,8,9,10-tetrahydro- 776
  Furan-2-on, 4-Methoxy-3,5-diphenyl-5*H*- 731
  —, 5-Methoxy-4,5-diphenyl-5*H*- 729
  —, 3-[4-Methoxy-phenyl]-5-phenyl-5*H*- 731
  —, 5-[4-Methoxy-phenyl]-3-phenyl-5*H*- 731
  Furan-3-on, 2-Methoxy-2,5-diphenyl- 732
  —, 5-Methoxy-2,2-diphenyl- 729

  Isocumarin, 3-[4-Hydroxy-2,5-dimethyl-phenyl]- 771
  —, 3-[4-Hydroxy-2,6-dimethyl-phenyl]- 771
  Keton, [2-Äthyl-benzofuran-3-yl]-[4-hydroxy-phenyl]- 772
  —, [3-Äthyl-benzofuran-2-yl]-[4-hydroxy-phenyl]- 773
  —, Benzofuran-2-yl-[2-methoxy-5-methyl-phenyl]- 752
  —, [6-Methoxy-3-methyl-benzofuran-2-yl]-phenyl- 753
  —, [6-Methoxy-3-methyl-benzofuran-7-yl]-phenyl- 758
  Phthalid, [4-Äthoxy-benzyliden]- 728

$C_{17}H_{14}O_4$
  Äthanon, 1-[5-Acetoxy-2-methyl-naphtho[1,2-*b*]furan-3-yl]- 649
  —, 1-[4-Benzoyloxy-2,3-dihydro-benzofuran-2-yl]- 190
  Benzo[*c*]chromen-6-on, 3-Acetoxy-1,9-dimethyl- 649
  —, 9-Acetoxy-2,7-dimethyl- 649
  Benzo[*f*]chromen-3-on, 2-Methyl-9-propionyloxy- 624
  Benzofuran, 5-Acetyl-6-benzoyloxy-2,3-dihydro- 190
  Benzofuran-2-on, 3-Acetoxy-3-benzyl-3*H*- 644
  Chroman-2-on, 6-Acetoxy-4-phenyl- 641
  —, 7-Acetoxy-4-phenyl- 642
  Chroman-4-on, 2-[2-Acetoxy-phenyl]- 637
  —, 2-[4-Acetoxy-phenyl]- 638
  —, 3-Acetoxy-2-phenyl- 631
  —, 7-Acetoxy-2-phenyl- 634
  Chromen-4-on, 7-[2-Hydroxy-äthoxy]-2-phenyl- 694
  1,4-Epoxido-benzo[*d*][1,2]dioxepin-5-on, 1-Äthyl-4-phenyl-1*H*- 193
  Isochroman-1-on, 8-Benzoyloxy-3-methyl- 189
  Phthalid, 3-[α-Acetoxy-benzyl]- 646
  —, 3-Äthyl-3-benzoyloxy- 193
  Xanthen-9-on, 1-Acetoxy-3,5-dimethyl- 647
  —, 1-Acetoxy-3,6-dimethyl- 648

$C_{17}H_{14}O_4S$
  $1\lambda^6$-Benzo[*b*]thiophen-3-on, 2-[4-Methoxy-benzyliden]-5-methyl-1,1-dioxo- 757
  —, 2-[4-Methoxy-benzyliden]-6-methyl-1,1-dioxo- 757
  —, 2-[4-Methoxy-benzyliden]-7-methyl-1,1-dioxo- 758

$C_{17}H_{14}O_5$
  Essigsäure, [9-Oxo-xanthen-1-yloxy]-, äthylester 600

$C_{17}H_{14}O_5S$
Chromen-4-on, 2-Methyl-3-[toluol-4-sulfonyloxy]- 313
Cumarin, 4-Methyl-6-[toluol-4-sulfonyloxy]- 330
—, 4-Methyl-7-[toluol-α-sulfonyloxy]- 342
—, 4-Methyl-7-[toluol-4-sulfonyloxy]- 342

$C_{17}H_{15}BrO_2$
But-2-en-1-on, 1-[4-Brom-phenyl]-3-[4-methoxy-phenyl]- 791

$C_{17}H_{15}BrO_3$
Chroman-4-on, 3-Brom-2-[4-methoxy-phenyl]-6-methyl- 656

$C_{17}H_{15}NO_2$
Furan-2-on, 3-[4-Methoxy-phenyl]-5-phenyl-3H-, imin 730
[2]Furylamin, 3-[4-Methoxy-phenyl]-5-phenyl- 730

$C_{17}H_{15}NO_3$
Benzofuran-2-carbaldehyd, 6-Methoxy-3-m-tolyl-, oxim 759

$C_{17}H_{15}NO_5S$
Chroman-2-on, 4-[N-Acetyl-sulfanilyl]- 166

$[C_{17}H_{15}O_2S]^+$
Chromenylium, 7-Methoxy-4-methylmercapto-2-phenyl- 700
$[C_{17}H_{15}O_2S]I$ 700
—, 2-[4-Methoxy-phenyl]-4-methylmercapto- 706
$[C_{17}H_{15}O_2S]I$ 706

$C_{17}H_{16}N_2OS$
Äthanon, 1-[3-Hydroxy-benzo[b]thiophen-2-yl]-, o-tolylhydrazon 357

$C_{17}H_{16}N_2O_2S$
Äthanon, 1-[3-Hydroxy-benzo[b]thiophen-2-yl]-, [2-methoxy-phenylhydrazon] 357
—, 1-[3-Hydroxy-benzo[b]thiophen-2-yl]-, [4-methoxy-phenylhydrazon] 357

$C_{17}H_{16}N_2O_3S$
Äthanon, 1-[3-Hydroxy-1,1-dioxo-1λ⁶-benzo[b]thiophen-2-yl]-, o-tolylhydrazon 358

$C_{17}H_{16}N_2O_4S$
Äthanon, 1-[3-Hydroxy-1,1-dioxo-1λ⁶-benzo[b]thiophen-2-yl]-, [2-methoxy-phenylhydrazon] 358

$C_{17}H_{16}N_4O_6$
Äthanon, 1-[7-Hydroxy-chroman-6-yl]-, [2,4-dinitro-phenylhydrazon] 210
—, 1-[4-Hydroxy-3-methyl-2,3-dihydro-benzofuran-5-yl]-, [2,4-dinitro-phenylhydrazon] 213
—, 1-[6-Hydroxy-3-methyl-2,3-dihydro-benzofuran-5-yl]-, [2,4-dinitro-phenylhydrazon] 213
—, 1-[5-Methoxy-2,3-dihydro-benzofuran-6-yl]-, [2,4-dinitro-phenylhydrazon] 191
Chroman-4-on, 6-Hydroxy-2,2-dimethyl-, [2,4-dinitro-phenylhydrazon] 210
—, 7-Hydroxy-2,2-dimethyl-, [2,4-dinitro-phenylhydrazon] 211
—, 7-Methoxy-2-methyl-, [2,4-dinitro-phenylhydrazon] 186

$C_{17}H_{16}O_2S$
Chroman-2-on, 4-Benzylmercapto-6-methyl- 188
—, 6-Methyl-4-o-tolylmercapto- 187
—, 6-Methyl-4-p-tolylmercapto- 188
Naphthalin-1-on, 2-Furfuryliden-6-methyl-7-methylmercapto-3,4-dihydro-2H- 659

$C_{17}H_{16}O_3$
Äthanon, 1-[5-Hydroxy-2-methyl-6,9-dihydro-6,9-äthano-naphtho[1,2-b]furan-3-yl]- 671
—, 1-[7-Hydroxy-2-phenyl-chroman-8-yl]- 666
Benzofuran-2-on, 5-Hydroxy-4,6,7-trimethyl-3-phenyl-3H- 670
Butan-1-on, 1-[2-Methoxy-dibenzofuran-3-yl]- 662
Chalkon, 2',5'-Dimethoxy- 846
—, 2'-Hydroxy-4'-methoxy-6'-methyl- 755
Chroman-6-carbaldehyd, 7-Hydroxy-8-methyl-2-phenyl- 669
Chroman-8-carbaldehyd, 7-Hydroxy-5-methyl-2-phenyl- 668
—, 7-Hydroxy-6-methyl-2-phenyl- 669
Chroman-2-on, 5-Methoxy-7-methyl-4-phenyl- 659
—, 4-[4-Methoxy-phenyl]-4-methyl- 658
—, 4-[4-Methoxy-phenyl]-6-methyl- 658
—, 4-[4-Methoxy-phenyl]-7-methyl- 659
Chroman-3-on, 6-Hydroxy-5,7-dimethyl-2-phenyl- 667
Chroman-4-on, 6-Äthoxy-2-phenyl- 633
—, 3-Äthyl-7-hydroxy-2-phenyl- 665
—, 6-Äthyl-7-hydroxy-2-phenyl- 666
—, 8-Äthyl-7-hydroxy-2-phenyl- 666
—, 2-[2-Hydroxy-phenyl]-5,7-dimethyl- 667
—, 2-[3-Hydroxy-phenyl]-5,7-dimethyl- 667
—, 2-[4-Hydroxy-phenyl]-5,7-dimethyl- 668
—, 3-[3-Methoxy-benzyl]- 653
—, 3-[4-Methoxy-benzyl]- 653
—, 7-Methoxy-5-methyl-2-phenyl- 655
—, 8-Methoxy-6-methyl-2-phenyl- 655
—, 2-[4-Methoxy-phenyl]-6-methyl- 656

$C_{17}H_{16}O_3$ (Fortsetzung)
  Furan-2-on, 5-[α-Hydroxy-benzhydryl]-
    dihydro- 663
  —, 5-Hydroxymethyl-3,3-diphenyl-
    dihydro- 664
  —, 5-[4-Methoxy-biphenyl-3-yl]-
    dihydro- 650
  —, 5-[2-Methoxy-phenyl]-5-phenyl-
    dihydro- 651
  —, 5-[4-Methoxy-phenyl]-3-phenyl-
    dihydro- 652
  Naphtho[8a,1,2-de]chromen-3-on,
    8-Methoxy-5,6-dihydro-2H- 663
  2-Oxa-norbornan-3-on, 1-[6-Methoxy-
    [2]naphthyl]- 663
  Phenanthro[4,3-b]furan-2-on, 3-Methoxy-
    5,5a,6,7-tetrahydro-4H- 663
  Phenanthro[4,5-bcd]furan-3-on,
    5-Methoxy-9b-vinyl-1,3a,9a,9b-
    tetrahydro-2H- 663
  Phthalid, 3-Äthoxy-3-benzyl- 644
  —, 3-[2,4-Dimethyl-phenyl]-3-methoxy-
    661
  —, 3-Isopropoxy-3-phenyl- 610
  —, 3-Methoxy-4,7-dimethyl-3-phenyl-
    661
  —, 3-Methoxy-7-methyl-3-o-tolyl- 661
  Propan-1-on, 2,3-Epoxy-1-[2-methoxy-
    5-methyl-phenyl]-3-phenyl- 652
  —, 2,3-Epoxy-3-[4-methoxy-phenyl]-1-
    p-tolyl- 652
  Pyran-2-on, 5-Hydroxy-6,6-diphenyl-
    tetrahydro- 663
  Xanthen-9-on, 3-Butoxy- 602
$C_{17}H_{16}O_4$
  Chroman-4-on, 7-[2-Hydroxy-äthoxy]-2-
    phenyl- 634
  Zimtsäure, 3-[3-Methoxy-phenoxy]-,
    methylester 716
$C_{17}H_{17}BrO_3$
  Naphtho[8a,1,2-de]chromen-3-on, 10-Brom-
    8-methoxy-1,5,6,12a-tetrahydro-
    2H- 583
  —, 11-Brom-8-methoxy-1,5,6,12a-
    tetrahydro-2H- 583
  —, 12-Brom-8-methoxy-1,5,6,12a-
    tetrahydro-2H- 583
$C_{17}H_{17}NO_3$
  Chroman-3-on, 6-Hydroxy-5,7-dimethyl-
    2-phenyl-, oxim 667
  Chroman-4-on, 3-[4-Methoxy-benzyl]-,
    oxim 653
$C_{17}H_{17}N_3O_4$
  Chroman-4-on, 6-Hydroxy-2,2-dimethyl-,
    [4-nitro-phenylhydrazon] 210
$[C_{17}H_{17}O_2]^+$
  Spiro[cyclopentan-1,3'-xanthenylium],
    1'-Oxo-1',4'-dihydro-2'H- 585
    $[C_{17}H_{17}O_2]$Cl 585

$C_{17}H_{17}O_5PS$
  Benzo[c]chromen-6-on,
    3-Diäthoxythiophosphoryloxy- 606
$C_{17}H_{18}N_4O_6$
  Pent-2-enal, 5-Äthoxy-5-[2]furyl-,
    [2,4-dinitro-phenylhydrazon] 139
$C_{17}H_{18}O_2S$
  Naphth[2,1-f]isothiochromen-12-on,
    8-Hydroxy-1,3,4,4a,4b,5,6,12a-
    octahydro- 586
  Propenon, 3-[4-Hydroxy-5-isopropyl-2-
    methyl-phenyl]-1-[2]thienyl- 584
$C_{17}H_{18}O_3$
  Furan-2-on, 4-[6-Methoxy-[2]naphthyl]-
    3,3-dimethyl-dihydro- 580
  —, 5-[6-Propoxy-[2]naphthyl]-dihydro-
    578
  Naphtho[2,3-c]chromen-6-on,
    3-Hydroxy-7,7a,8,9,10,11a,12-
    octahydro- 585
  Naphtho[8a,1,2-de]chromen-3-on,
    8-Methoxy-1,5,6,12a-tetrahydro-
    2H- 582
  Phenanthro[4,5-bcd]furan-3-on,
    5-Methoxy-9b-vinyl-1,3a,8,9,9a,9b-
    hexahydro-2H- 584
  Pyran-2-on, 4-[6-Hydroxy-[2]naphthyl]-
    5,5-dimethyl-tetrahydro- 585
$C_{17}H_{18}O_4$
  Anthron, 10-Acetoxy-2,3-epoxy-10-
    methyl-1,2,3,4,4a,9a-hexahydro-
    529
  Benzo[c]chromen-6-on, 1-Acetoxy-3,8-
    dimethyl-7,8,9,10-tetrahydro- 526
  —, 1-Acetoxy-3,9-dimethyl-7,8,9,10-
    tetrahydro- 527
  —, 1-Acetoxy-3,10-dimethyl-7,8,9,10-
    tetrahydro- 527
  Cumarin, 7-Acetoxy-6-äthyl-3-allyl-4-
    methyl- 524
  Cyclopenta[c]chromen-4-on, 7-Acetoxy-8-
    äthyl-2-methyl-2,3-dihydro-1H-
    528
  Naphtho[1,2-b]furan-2-on, 8-Acetoxy-
    3,5a,9-trimethyl-5,5a-dihydro-4H-
    528
  —, 8-Acetoxy-3,6,9-trimethyl-5,9b-
    dihydro-4H- 529
$C_{17}H_{19}BrO_3$
  Naphtho[8a,1,2-de]chromen-3-on, 10-Brom-
    8-methoxy-1,5,6,11,12,12a-hexahydro-
    2H- 535
$C_{17}H_{19}BrO_4$
  Naphtho[1,2-b]furan-2-on, 8-Acetoxy-7-
    brom-3,6,9-trimethyl-3a,4,5,9b-
    tetrahydro-3H- 456
$C_{17}H_{19}NO_4$
  Furan-2-on, 4-[4-Phenylcarbamoyloxy-
    cyclohexyl]-5H- 122

$C_{17}H_{19}NO_6$
Furan-2-on, 4-Cyclohexyl-3-[4-nitro-benzoyloxy]-dihydro- 71
—, 5-Hexyl-3-[4-nitro-benzoyloxy]-5H- 70
—, 4-[x-(4-Nitro-benzoyloxy)-cyclohexyl]-dihydro- 71
Naphtho[1,2-b]furan-2-on, 8-Acetoxy-3,6,9-trimethyl-7-nitro-3a,4,5,9b-tetrahydro-3H- 457

$C_{17}H_{19}N_3O_4$
Furan-2-carbaldehyd, 5-Hydroxymethyl-, [(2,4,5-trimethyl-phenyloxamoyl)-hydrazon] 107

$C_{17}H_{20}ClO_5PS$
Benzo[c]chromen-6-on, 2-Chlor-3-diäthoxythiophosphoryloxy-7,8,9,10-tetrahydro- 514

$C_{17}H_{20}ClO_6P$
Benzo[c]chromen-6-on, 2-Chlor-3-diäthoxyphosphoryloxy-7,8,9,10-tetrahydro- 514

$C_{17}H_{20}NO_7PS$
Benzo[c]chromen-6-on, 3-Diäthoxythiophosphoryloxy-4-nitro-7,8,9,10-tetrahydro- 515

$C_{17}H_{20}O_3$
Benzo[c]chromen-6-on, 2-Äthyl-3-methoxy-8-methyl-7,8,9,10-tetrahydro- 531
—, 2-Äthyl-3-methoxy-9-methyl-7,8,9,10-tetrahydro- 532
—, 2-Äthyl-3-methoxy-10-methyl-7,8,9,10-tetrahydro- 532
—, 3-Butoxy-7,8,9,10-tetrahydro- 513
—, 1-Hydroxy-9-methyl-3-propyl-7,8,9,10-tetrahydro- 535
Cyclopenta[c]chromen-4-on, 6,8-Diäthyl-9-hydroxy-2-methyl-2,3-dihydro-1H- 536
—, 9-Hydroxy-7-pentyl-2,3-dihydro-1H- 535
Hexan-1-on, 3-[2]Furyl-1-[4-methoxy-phenyl]- 530
Naphtho[8a,1,2-de]chromen-3-on, 8-Methoxy-1,5,6,11,12,12a-hexahydro-2H- 534
Phenanthro[4,5-bcd]furan-3-on, 9b-Äthyl-5-methoxy-1,3a,8,9,9a,9b-hexahydro-2H- 535

$C_{17}H_{20}O_4$
Cumarin, 7-Acetoxy-6-äthyl-4-methyl-3-propyl- 446
—, 4-Acetoxy-3-butyl-6,8-dimethyl- 445
—, 5-Acetoxy-3-butyl-4,7-dimethyl- 445
—, 7-Acetoxy-6-hexyl- 444
—, 7-Acetoxy-3-isopentyl-4-methyl- 445

—, 7-Acetoxy-6-isopentyl-4-methyl- 445
—, 5-Acetoxy-4-methyl-7-pentyl- 444
—, 7-Acetoxy-4-methyl-3-pentyl- 444
Furan-3-on, 4-[1-Benzoyloxy-äthyliden]-2,2,5,5-tetramethyl-dihydro- 70
Naphtho[1,2-b]furan-2-on, 4-Acetoxy-3,6,9-trimethyl-3a,4,5,9b-tetrahydro-3H- 451
—, 8-Acetoxy-3,5a,9-trimethyl-5,5a,6,7-tetrahydro-4H- 451
—, 8-Acetoxy-3,6,9-trimethyl-3a,4,5,9b-tetrahydro-3H- 454
Naphtho[2,3-b]furan-2-on, 8-Acetoxy-3,5,6-trimethyl-3a,4,9,9a-tetrahydro-3H- 448
—, 8-Acetoxy-3,5,7-trimethyl-3a,4,9,9a-tetrahydro-3H- 450
7-Oxa-norbornan-2-on, 3-Benzoyloxy-1-isopropyl-4-methyl- 74

$C_{17}H_{20}O_5S$
Furan-2-on, 4-[4-(Toluol-4-sulfonyloxy)-cyclohexyl]-5H- 122

$C_{17}H_{20}O_8$
Chromen-4-on, 7-Glucopyranosyloxy-2,3-dimethyl- 375
Cumarin, 7-Glucopyranosyloxy-3,4-dimethyl- 378

$C_{17}H_{21}BrO_3$
6-Oxa-bicyclo[3.2.1]octan-7-on, 1-[2-Brom-5-methoxy-phenäthyl]-8-methyl- 459

$C_{17}H_{21}N_3O_2S_2$
Thiophen-2-carbaldehyd, 5-Hexylmercapto-, [4-nitro-phenylhydrazon] 88

$C_{17}H_{21}N_3O_3$
Pentan-1-on, 3-[2]Furyl-1-[4-methoxy-phenyl]-, semicarbazon 522

$C_{17}H_{21}O_4PS_2$
Benzo[c]chromen-6-thion, 3-Diäthoxythiophosphoryloxy-7,8,9,10-tetrahydro- 515

$C_{17}H_{21}O_5PS$
Benzo[c]chromen-6-on, 3-Diäthoxythiophosphoryloxy-7,8,9,10-tetrahydro- 514
Cumarin, 8-Allyl-7-diäthoxythiophosphoryloxy-4-methyl- 511

$C_{17}H_{21}O_6P$
Benzo[c]chromen-6-on, 3-Diäthoxyphosphoryloxy-7,8,9,10-tetrahydro- 513

$C_{17}H_{22}O_3$
Cumarin, 6-Hexyl-7-methoxy-4-methyl- 458
—, 7-Hydroxy-4,5-dimethyl-3,8-dipropyl- 459

$C_{17}H_{22}O_3$ *(Fortsetzung)*
  Furan-2-on, 5-[4-Propoxy-5,6,7,8-
    tetrahydro-[1]naphthyl]-dihydro- 439
  5,9-Methano-benzocyloocten-11-on,
    10-[2]Furyl-4a-hydroxy-
    dodecahydro- 460
  2-Oxa-bicyclo[2.2.2]octan-3-on,
    6-Äthyl-1-[4-methoxy-phenyl]-5-
    methyl- 459
$C_{17}H_{22}O_4$
  6,9-Cyclo-cyclobuta[1,2]pentaleno-
    [1,6a-b]furan-2-on, 7a-Acetoxy-3,6,8-
    trimethyl-octahydro- 236
  Naphtho[1,2-b]furan-2-on, 8-Acetoxy-
    3,5a,9-trimethyl-5,5a,6,7,8,9b-
    hexahydro-3H- 236
  Naphtho[2,3-b]furan-9-on, 6-Acetoxy-
    3,4a,5-trimethyl-4a,5,6,7,8,8a-
    hexahydro-4H- 235
  Valeriansäure, 5-Benzoyloxy-4-hydroxy-
    2-isopentyl-, lacton 43
$C_{17}H_{22}O_5S$
  Benzofuran-2-on, 7-Benzolsulfonyloxy-
    4,4,7a-trimethyl-hexahydro- 77
  Cyclopenta[c]pyran-3-on,
    4,7-Dimethyl-5-[toluol-4-
    sulfonyloxy]-hexahydro- 72
  Desoxyverbanol, O-[Toluol-4-sulfonyl]-
    72
$C_{17}H_{23}ClO_3$
  Furan-2-on, 5-[3-Chlor-4-methoxy-
    phenyl]-3-hexyl-dihydro- 238
  —, 5-[5-Chlor-2-methoxy-phenyl]-3-
    hexyl-dihydro- 237
$C_{17}H_{23}O_5PS$
  Cumarin, 7-Diäthoxythiophosphoryloxy-
    4-methyl-6-propyl- 422
$[C_{17}H_{24}NO_3]^+$
  Ammonium, Diäthyl-methyl-[2-(4-methyl-
    2-oxo-2H-chromen-7-yloxy)-äthyl]- 338
  $[C_{17}H_{24}NO_3]I$ 338
$C_{17}H_{24}O_3$
  Furan-2-on, 3-Hexyl-5-[4-methoxy-
    phenyl]-dihydro- 237
  —, 5-[5-Hexyl-2-methoxy-phenyl]-
    dihydro- 237
  —, 5-Hexyl-5-[4-methoxy-phenyl]-
    dihydro- 237
  —, 5-[2-Hexyloxy-5-methyl-phenyl]-
    dihydro- 204
  —, 5-[4-Hexyloxy-2-methyl-phenyl]-
    dihydro- 202
  —, 5-[4-Hexyloxy-3-methyl-phenyl]-
    dihydro- 203
  —, 5-[4-Methoxy-3-methyl-phenyl]-3-
    pentyl-dihydro- 237
$C_{17}H_{24}O_4$
  Ambros-7(11)-en-12-säure, 4-Acetoxy-6-
    hydroxy-, lacton 144

Naphtho[1,2-c]furan-3-on,
    6-Acetoxymethyl-6,9a-dimethyl-
    3a,4,5,5a,6,9,9a,9b-octahydro-1H-
    145
  Naphtho[2,3-b]furan-2-on, 8-Acetoxy-
    3,5,8a-trimethyl-3a,5,6,7,8,8a,9,9a-
    octahydro-3H- 144
  Non-5-en-4-on, 9-Acetoxy-9-[3]furyl-
    2,6-dimethyl- 142
  Non-6-en-4-on, 9-Acetoxy-9-[3]furyl-
    2,6-dimethyl- 142
  Propionsäure, 2-[6-Acetoxy-2-hydroxy-
    3-isopropenyl-4-methyl-4-vinyl-
    cyclohexyl]-, lacton 143
  Zimtsäure, 4-Heptyloxy-2-methoxy- 296
$C_{17}H_{26}O_4$
  1,4-Äthano-cyclopent[c]oxepin-9-on,
    8-Acetoxy-1,3,3,6-tetramethyl-
    octahydro- 137
  Azuleno[4,5-b]furan-2-on, 4-Acetoxy-
    3,6,9-trimethyl-decahydro- 129
  —, 4-Acetoxy-3,6,9a-trimethyl-
    decahydro- 129
  Azuleno[6,5-b]furan-2-on, 4-Acetoxy-
    3,4a,8-trimethyl-decahydro- 128
  Germacr-1(10)-en-12-säure, 3-Acetoxy-
    6-hydroxy-, lacton 127
  Hepta-2,6-dienal, 5-Äthoxy-7-[2]furyl-,
    diäthylacetal 199
  Naphtho[1,2-b]furan-2-on, 8-Acetoxy-
    3,5a,9-trimethyl-decahydro- 135
  Naphtho[2,3-b]furan-2-on, 6-Acetoxy-
    3,5,8a-trimethyl-decahydro- 131
  —, 8-Acetoxy-
    3,5,8a-trimethyl-decahydro- 132
  O-Acetyl-Derivat $C_{17}H_{26}O_4$ aus einer
    Verbindung $C_{15}H_{24}O_3$ s. bei
    4-Hydroxy-7-isopropenyl-3,6-
    dimethyl-6-vinyl-hexahydro-
    benzofuran-2-on 143
$C_{17}H_{28}OS_2$
  Thiophen-2-carbaldehyd,
    5-Dodecylmercapto- 86
$C_{17}H_{28}O_3$
  Isochroman-3-on, 1-[4-Hydroxy-4-
    methyl-pentyl]-1,6-dimethyl-
    4a,7,8,8a-tetrahydro- 137
  Spiro[furan-2,1'-naphthalin]-5-on,
    2'-Hydroxy-2',5',5',8'a-
    tetramethyl-decahydro- 138
$C_{17}H_{28}O_4$
  O-Acetyl-Derivat $C_{17}H_{28}O_4$ aus
    6-Äthyl-4-hydroxy-7-isopropyl-
    3,6-dimethyl-hexahydro-
    benzofuran-2-on 80
$C_{17}H_{30}O_3$
  Isochroman-3-on, 1-[4-Hydroxy-4-
    methyl-pentyl]-1,6-dimethyl-
    hexahydro- 81

C_{18}-Gruppe

$C_{18}H_8Cl_2O_4S$
Sulfid, Bis-[4-chlor-2-oxo-
2H-chromen-3-yl]- 286

$C_{18}H_{10}O_5$
Äther, Bis-phthalidylidenmethyl- 308

$C_{18}H_{10}O_6S$
Sulfon, Bis-[2-oxo-2H-chromen-3-yl]-
286

$C_{18}H_{12}Br_2O_4$
Cumarin, 7-Acetoxy-6,8-dibrom-4-
methyl-3-phenyl- 749
Furan-3-on, 2-Acetoxy-2,5-bis-
[4-brom-phenyl]- 734

$C_{18}H_{12}Cl_2O_5$
Benzoesäure, 3,5-Dichlor-2-[2-oxo-
2H-chromen-3-ylmethoxy]-,
methylester 325

$C_{18}H_{12}N_2O_2S_2$
Hydrazin, Bis-[3-hydroxy-benzo[b]-
thiophen-2-ylmethylen]- 306

$C_{18}H_{12}N_2O_8$
Furan-2-on, 3-Benzyl-4-[2,4-dinitro-
benzoyloxy]-5H- 366

$C_{18}H_{12}O_2S$
Anthron, 10-Hydroxy-10-[2]thienyl-
812
Benzo[f]naphtho[1,8-bc]thiepin-12-on,
6-Methoxy- 812

$C_{18}H_{12}O_3$
Naphtho[2,3-c]furan-1-on, 4-Hydroxy-9-
phenyl-3H- 812

$C_{18}H_{12}O_4$
Anthra[1,9-bc]furan-1-on, 6-Acetoxy-
3-methyl- 790
Cumarin, 4-Cinnamoyloxy- 288

$C_{18}H_{12}O_6$
Cumarin, 4-[2-Acetoxy-benzoyloxy]-
289
—, 4-[3-Acetoxy-benzoyloxy]- 289
—, 4-[4-Acetoxy-benzoyloxy]- 289

$C_{18}H_{13}BrO_2S$
Äthanon, 2-[5-Brom-[2]thienyl]-2-
hydroxy-1,2-diphenyl- 801

$C_{18}H_{13}BrO_3$
Propenon, 1-Benzofuran-2-yl-3-
[5-brom-2-methoxy-phenyl]- 798
—, 1-[2-Brom-6-hydroxy-3-methyl-
benzofuran-7-yl]-3-phenyl- 805
Pyran-2-on, 6-[4-Brom-phenyl]-4-
[4-methoxy-phenyl]- 791

$C_{18}H_{13}BrO_4$
Chromen-4-on, 7-Acetoxy-2-brommethyl-
3-phenyl- 741
Cumarin, 7-Acetoxy-6-brom-4-methyl-3-
phenyl- 748
—, 7-Acetoxy-3-[4-brom-phenyl]-4-
methyl- 748

Furan-2-on, 5-Acetoxy-4-brom-3,5-
diphenyl-5H- 731
Furan-3-on, 2-Acetoxy-4-brom-2,5-
diphenyl- 734

$C_{18}H_{13}ClO_2S$
Keton, [3'-Chlor-4'-methoxy-biphenyl-
4-yl]-[2]thienyl- 793

$C_{18}H_{13}ClO_3$
Propenon, 1-[5-Chlor-6-methoxy-[2]-
naphthyl]-3-[2]furyl- 797

$C_{18}H_{13}ClO_4$
Äthanon, 1-[6-Benzoyloxy-5-chlor-3-
methyl-benzofuran-7-yl]- 395
Cumarin, 7-Acetoxy-3-[4-chlor-phenyl]-
4-methyl- 747
Furan-2-on, 5-Acetoxy-5-[4-chlor-phenyl]-
3-phenyl-5H- 730
Furan-3-on, 2-Acetoxy-4-chlor-2,5-
diphenyl- 734
Keton, [6-Acetoxy-5-chlor-3-methyl-
benzofuran-7-yl]-phenyl- 758

$C_{18}H_{13}Cl_3O_4$
Benzo[h]chromen-2-on, 3-[1-Acetoxy-
2,2,2-trichlor-äthyl]-4-methyl- 662

$C_{18}H_{13}NO_6$
Chroman-4-on, 7-Acetoxy-3-[3-nitro-
benzyliden]- 736
—, 7-Acetoxy-3-[4-nitro-benzyliden]-
737
Chromen-4-on, 7-Acetoxy-2-methyl-3-
[4-nitro-phenyl]- 741
Cumarin, 7-Acetoxy-4-methyl-3-
[4-nitro-phenyl]- 749
Furan-2-on, 3-Benzyl-4-[4-nitro-
benzoyloxy]-5H- 366

$C_{18}H_{14}Br_2O_3$
Cumarin, 8-Benzyl-3,6-dibrom-7-
methoxy-4-methyl- 766
Keton, [2-Äthyl-benzofuran-3-yl]-
[3,5-dibrom-4-methoxy-phenyl]-
773

$C_{18}H_{14}Cl_2O_4S$
$1\lambda^6$-Thiophen-3-on, 2,5-Bis-[4-chlor-
phenyl]-4-methoxy-2-methyl-1,1-
dioxo- 761

$C_{18}H_{14}N_2O_8$
Cyclopent-2-enon, 4-[3,5-Dinitro-
benzoyloxy]-2-furfuryl-3-methyl-
209

$C_{18}H_{14}N_4O_6$
Keton, [2]Furyl-[2-hydroxy-3-methyl-
phenyl]-, [2,4-dinitro-
phenylhydrazon] 501
—, [2]Furyl-[2-hydroxy-4-methyl-
phenyl]-, [2,4-dinitro-
phenylhydrazon] 502
—, [2]Furyl-[2-hydroxy-5-methyl-
phenyl]-, [2,4-dinitro-
phenylhydrazon] 501

$C_{18}H_{14}N_4O_6$ *(Fortsetzung)*
Keton, [2]Furyl-[4-hydroxy-3-methyl-phenyl]-, [2,4-dinitro-phenylhydrazon] 501

$C_{18}H_{14}N_4O_7$
Benzofuran-2-carbaldehyd, 6-Acetoxy-3-methyl-, [2,4-dinitro-phenylhydrazon] 365

$C_{18}H_{14}O_2S$
Chromen-4-thion, 2-[4-Methoxy-styryl]- 795
Keton, [4-Hydroxy-phenyl]-[5-*p*-tolyl-[2]thienyl]- 801
—, [4'-Methoxy-biphenyl-4-yl]-[2]-thienyl- 793
Phenanthro[4,5-*cde*]oxepin-4-on, 6-Äthylmercapto-6*H*- 790
Pyran-2-thion, 5-Methoxy-4,6-diphenyl- 791
Pyran-4-thion, 2-[4-Methoxy-phenyl]-6-phenyl- 792

$C_{18}H_{14}O_3$
Chromen-4-on, 8-Allyl-7-hydroxy-2-phenyl- 804
—, 7-Allyloxy-2-phenyl- 693
—, 7-Hydroxy-3-methyl-2-styryl- 801
—, 2-[4-Methoxy-styryl]- 795
—, 6-Methoxy-2-styryl- 794
—, 7-Methoxy-2-styryl- 795
—, 2-Methyl-3-phenyl-5-vinyloxy- 739
Cumarin, 4-[3-Hydroxy-styryl]-7-methyl- 803
—, 4-[4-Hydroxy-styryl]-7-methyl- 804
—, 7-Methoxy-4-styryl- 797
Furan-2-on, 3-Benzyliden-5-[4-methoxy-phenyl]-3*H*- 793
—, 5-Benzyliden-4-methoxy-3-phenyl-5*H*- 794
—, 3-[4-Methoxy-benzyliden]-5-phenyl-3*H*- 794
Indeno[1,2-*b*]furan-4-on, 3-[4-Methoxy-phenyl]-2,3-dihydro- 798
Phenanthro[4,5-*cde*]oxepin-4-on, 6-Äthoxy-6*H*- 790
Propenon, 1-Benzofuran-2-yl-3-[2-methoxy-phenyl]- 798
—, 1-Benzofuran-2-yl-3-[4-methoxy-phenyl]- 798
—, 3-[2]Furyl-1-[4-methoxy-[1]-naphthyl]- 797
—, 3-[2]Furyl-1-[6-methoxy-[2]-naphthyl]- 797
—, 1-[3-Hydroxy-5-methyl-benzofuran-2-yl]-3-phenyl- 804
—, 1-[6-Hydroxy-3-methyl-benzofuran-7-yl]-3-phenyl- 805
Pyran-2-on, 6-[α-Hydroxy-benzyl]-3-phenyl- 799

—, 5-Methoxy-4,6-diphenyl- 791
—, 3-[4-Methoxy-phenyl]-6-phenyl- 792
—, 4-[4-Methoxy-phenyl]-6-phenyl- 791
Pyran-4-on, 2-[4-Methoxy-phenyl]-6-phenyl- 792

$C_{18}H_{14}O_4$
Äthanon, 1-[4-Benzoyloxy-3-methyl-benzofuran-5-yl]- 392
—, 1-[6-Benzoyloxy-3-methyl-benzofuran-2-yl]- 390
—, 1-[6-Benzoyloxy-3-methyl-benzofuran-7-yl]- 394
Benzofuran-3-on, 6-Acetoxy-2-benzyliden-5-methyl- 755
—, 4-Benzoyloxy-2-isopropyliden- 387
Chroman-4-on, 3-[3-Acetoxy-benzyliden]- 737
Chromen-4-on, 6-Acetoxy-3-benzyl- 735
—, 5-Acetoxy-7-methyl-2-phenyl- 745
—, 7-Acetoxy-2-methyl-3-phenyl- 740
—, 7-Acetoxy-3-methyl-2-phenyl- 741
—, 7-Acetoxy-5-methyl-2-phenyl- 743
—, 2-[2-Acetoxy-phenyl]-6-methyl- 743
—, 5-Benzoyloxy-2,3-dimethyl- 373
—, 7-Benzoyloxy-2,3-dimethyl- 374
—, 7-Benzoyloxy-2,5-dimethyl- 376
Cumarin, 3-[2-Acetoxy-benzyl]- 736
—, 4-Acetoxy-3-benzyl- 735
—, 7-Acetoxy-4-benzyl- 738
—, 4-Acetoxy-6-methyl-3-phenyl- 750
—, 4-Acetoxy-7-methyl-3-phenyl- 750
—, 4-Acetoxy-8-methyl-3-phenyl- 750
—, 5-Acetoxy-4-methyl-3-phenyl- 747
—, 6-Acetoxy-7-methyl-4-phenyl- 751
—, 7-Acetoxy-4-methyl-3-phenyl- 747
—, 7-Acetoxy-5-methyl-3-phenyl- 749
—, 7-Acetoxy-4-*m*-tolyl- 738
—, 7-Acetoxy-4-*p*-tolyl- 739
—, 6-Äthyl-7-benzoyloxy- 373
—, 4-Methyl-7-phenacyloxy- 335
—, 4-Methyl-7-*m*-toluoyloxy- 337
—, 4-Methyl-7-*o*-toluoyloxy- 337
—, 4-Methyl-7-*p*-toluoyloxy- 337
—, 4-[3-Phenyl-propionyloxy]- 288
Furan-2-on, 4-Acetoxy-3,5-diphenyl-5*H*- 731
—, 4-Acetoxy-5,5-diphenyl-5*H*- 729
—, 5-Acetoxy-3,5-diphenyl-5*H*- 730
—, 4-Benzoyloxy-3-benzyl-5*H*- 366
Furan-3-on, 2-Acetoxy-2,5-diphenyl- 733
Keton, [6-Acetoxy-3-methyl-benzofuran-7-yl]-phenyl- 758
Xanthen-9-on, 1-Acetoxy-2-allyl- 759

$C_{18}H_{14}O_5$
Essigsäure, [3-Methyl-4-oxo-2-phenyl-
4H-chromen-7-yloxy]- 742
—, [4-Oxo-2-phenyl-4H-chromen-7-yloxy]-,
methylester 695
$C_{18}H_{14}O_6$
Äthan, 1,2-Bis-phthalidyloxy- 158
$C_{18}H_{15}BO_6S$
Thioxanthen-9-on,
1-Diacetoxyboryloxy-4-methyl- 618
$C_{18}H_{15}BrO_3$
Furan-3-on, 2-Äthoxy-4-brom-2,5-
diphenyl- 734
Keton, [3-Äthyl-5-brom-benzofuran-2-
yl]-[4-methoxy-phenyl]- 773
—, [7-Brom-3,5-dimethyl-benzofuran-2-
yl]-[4-methoxy-phenyl]- 774
Verbindung $C_{18}H_{15}BrO_3$ aus
3-[4-Methoxy-phenyl]-2,3-dihydro-
indeno[1,2-b]furan-4-on 798
$C_{18}H_{15}BrO_4$
Furan-2-on, 5-Acetoxy-4-brom-3,5-
diphenyl-dihydro- 651
Xanthen-9-on, 1-Acetoxy-2-[3-brom-
propyl]- 662
$C_{18}H_{15}BrO_5$
Chromen-4-on, 6-Brom-7-
[2,3-dihydroxy-propoxy]-2-phenyl-
698
$C_{18}H_{15}ClO_3$
Chromen-4-on, 8-Chlormethyl-7-
methoxy-3-methyl-2-phenyl- 769
Furan-3-on, 2-Äthoxy-4-chlor-2,5-
diphenyl- 733
Keton, [2-Äthyl-5-chlor-benzofuran-3-
yl]-[4-methoxy-phenyl]- 772
—, [3-Äthyl-5-chlor-benzofuran-2-yl]-
[4-methoxy-phenyl]- 773
Verbindung $C_{18}H_{15}ClO_3$ aus
3-[4-Methoxy-phenyl]-2,3-dihydro-
indeno[1,2-b]furan-4-on 798
$C_{18}H_{15}NO_3$
Indeno[1,2-b]furan-4-on, 3-[4-Methoxy-
phenyl]-2,3-dihydro-, oxim 798
Pyran-4-on, 2-[4-Methoxy-phenyl]-6-
phenyl-, oxim 792
$C_{18}H_{15}NO_4$
Äthanon, 1-[2-Methyl-5-
phenylcarbamoyloxy-benzofuran-3-
yl]- 388
Benzofuran-3-on, 2-Isopropyliden-4-
phenylcarbamoyloxy- 387
$C_{18}H_{15}NO_6$
Chroman-4-on, 2,2-Dimethyl-7-
[4-nitro-benzoyloxy]- 211
Cyclopent-2-enon, 2-Furfuryl-3-
methyl-4-[4-nitro-benzoyloxy]- 208
Furan-2-on, 5-[3-(4-Nitro-benzoyloxy)-
benzyl]-dihydro- 200

$C_{18}H_{15}N_3O_5$
Äthanon, 1-[6-Acetoxy-benzofuran-2-yl]-,
[4-nitro-phenylhydrazon] 360
$C_{18}H_{16}BrNO_3$
Keton, [3-Äthyl-5-brom-benzofuran-2-
yl]-[4-methoxy-phenyl]-, oxim 774
$C_{18}H_{16}Br_2O_3$
Cyclopenta[a]phenanthren-15,17-dion, 16,16-
Dibrom-3-methoxy-6,7,8,12,13,14-
hexahydro- 671
Phenanthro[1,2-c]furan-1-on,
3-Dibrommethylen-7-methoxy-
3a,3b,4,5,11,11a-hexahydro-3H- 671
Phenanthro[1,2-c]furan-3-on,
1-Dibrommethylen-7-methoxy-3a,3b,4,
5,11,11a-hexahydro-1H- 671
$C_{18}H_{16}ClNO_3$
Keton, [3-Äthyl-5-chlor-benzofuran-2-
yl]-[4-methoxy-phenyl]-, oxim 773
$[C_{18}H_{16}NO_2]^+$
Ammonium, [5-Hydroxymethyl-
furfuryliden]-diphenyl- 103
$[C_{18}H_{16}NO_2]ClO_4$ 103
$C_{18}H_{16}N_2O_3$
Chromen-4-on, 7-Methoxy-2-phenyl-,
acetylhydrazon 698
$C_{18}H_{16}N_4O_6$
Äthanon, 1-[3-Hydroxy-4,6-dimethyl-
benzofuran-2-yl]-, [2,4-dinitro-
phenylhydrazon] 413
—, 1-[5-Hydroxy-2,7-dimethyl-
benzofuran-3-yl]-, [2,4-dinitro-
phenylhydrazon] 413
—, 1-[6-Methoxy-3-methyl-benzofuran-2-
yl]-, [2,4-dinitro-phenylhydrazon]
390
Benzofuran-2-carbaldehyd, 6-Methoxy-
3,7-dimethyl-, [2,4-dinitro-
phenylhydrazon] 395
Benzofuran-3-on, 2-Acetyl-4,6-
dimethyl-, [2,4-dinitro-
phenylhydrazon] 413
$C_{18}H_{16}N_4O_7$
Benzofuran-5-carbaldehyd, 6-Acetoxy-3-
methyl-2,3-dihydro-, [2,4-dinitro-
phenylhydrazon] 192
$C_{18}H_{16}N_6O_8$
Benzol, 1,5-Bis-[5-hydroxymethyl-
furfurylidenhydrazino]-2,4-
dinitro- 110
$C_{18}H_{16}O_3$
Äthanon, 1-[3-Benzyl-6-methoxy-
benzofuran-2-yl]- 771
Benzofuran-2-on, 3-Benzyliden-5-hydroxy-
4,6,7-trimethyl-3H- 780
Benzofuran-3-on, 2-Benzyliden-6-
hydroxy-5-propyl- 779
But-3-ensäure, 2,3-Epoxy-4,4-diphenyl-,
äthylester 729

$C_{18}H_{16}O_3$ *(Fortsetzung)*
Chromen-4-on, 7-Äthoxy-2-benzyl- 735
—, 5-Äthoxy-2-methyl-3-phenyl- 739
—, 7-Äthoxy-2-methyl-3-phenyl- 740
—, 6-Äthyl-7-benzyloxy- 372
—, 2-Äthyl-7-methoxy-3-phenyl- 767
—, 2-Benzyl-7-hydroxy-3,5-dimethyl- 778
—, 2-Benzyl-7-methoxy-3-methyl- 764
—, 2-Benzyl-7-methoxy-5-methyl- 764
—, 3-Benzyl-7-methoxy-2-methyl- 764
—, 7-Hydroxy-2-mesityl- 776
—, 2-[4-Methoxy-2,6-dimethyl-phenyl]- 763
—, 7-Methoxy-2,8-dimethyl-3-phenyl- 769
—, 7-Methoxy-3,8-dimethyl-2-phenyl- 769
—, 2-Methoxy-3-[1-phenyl-äthyl]- 763
—, 2-[4-Methoxy-phenyl]-5,7-dimethyl- 770
Chromen-7-on, 5-Methoxy-4,8-dimethyl-2-phenyl- 770
—, 5-Methoxy-6,8-dimethyl-2-phenyl- 770
Cumarin, 4-Äthyl-7-methoxy-3-phenyl- 767
—, 3-Benzyl-5-hydroxy-4,7-dimethyl- 779
—, 3-Benzyl-7-hydroxy-4,5-dimethyl- 778
—, 4-Benzyl-5-methoxy-7-methyl- 765
—, 5-Benzyloxy-4,7-dimethyl- 383
—, 7-Methoxy-4,5-dimethyl-3-phenyl- 770
—, 4-[2-Methoxy-4-methyl-phenyl]-6-methyl- 767
—, 4-[2-Methoxy-4-methyl-phenyl]-7-methyl- 767
—, 4-[2-Methoxy-5-methyl-phenyl]-6-methyl- 766
—, 4-[2-Methoxy-5-methyl-phenyl]-7-methyl- 767
—, 4-Methoxy-3-[1-phenyl-äthyl]- 763
Cyclopentanon, 2-Furfuryliden-5-[4-methoxy-benzyliden]- 762
Dibenzo[c,h]chromen-6-on, 1-Methoxy-7,8,9,10-tetrahydro- 775
—, 4-Methoxy-7,8,9,10-tetrahydro- 775
Furan-2-on, 5-Benzyl-3-[4-methoxy-phenyl]-5H- 761
—, 3-[4-Benzyloxy-benzyliden]-dihydro- 368
—, 5-[4-Methoxy-benzyl]-3-phenyl-5H- 761
Furan-3-on, 2-Äthoxy-2,5-diphenyl- 732
—, 5-Äthoxy-2,2-diphenyl- 729

—, 2-Methoxy-4-methyl-2,5-diphenyl- 761
Hepta-1,4,6-trien-3-on, 7-[2]Furyl-1-[4-methoxy-phenyl]- 760
Keton, [2-Äthyl-benzofuran-3-yl]-[4-methoxy-phenyl]- 772
—, [3-Äthyl-benzofuran-2-yl]-[4-methoxy-phenyl]- 773
—, [3,5-Dimethyl-benzofuran-2-yl]-[4-methoxy-phenyl]- 774
1,4-Methano-benz[c]oxepin-3-on, 10-Hydroxymethyl-5-phenyl-4,5-dihydro-1H- 780
Naphtho[2,3-c]furan-1-on, 4-Hydroxy-9-phenyl-3a,4,9,9a-tetrahydro-3H- 780
2-Oxa-norbornan-3-on, 6-Hydroxy-1,6-diphenyl- 780
Spiro[fluoren-9,3'-furan]-2'-on, 4'-Hydroxy-5',5'-dimethyl-4',5'-dihydro- 781

$C_{18}H_{16}O_4$
Chroman-8-carbaldehyd, 7-Acetoxy-2-phenyl- 657
Chroman-2-on, 5-Acetoxy-7-methyl-4-phenyl- 659
—, 4-[4-Acetoxy-phenyl]-4-methyl- 658
Chroman-4-on, 7-Acetoxy-2-methyl-2-phenyl- 654
—, 7-Acetoxy-3-methyl-2-phenyl- 654
Furan-2-on, 3-Acetoxy-5,5-diphenyl-dihydro- 651
—, 4-Acetoxy-3,5-diphenyl-dihydro- 652

$C_{18}H_{16}O_4S$
1λ^6-Thiophen-3-on, 4-Methoxy-2-methyl-1,1-dioxo-2,5-diphenyl- 761

$C_{18}H_{16}O_5$
Chromen-4-on, 7-[2,3-Dihydroxy-propoxy]-2-phenyl- 694

$C_{18}H_{16}O_5S$
Cumarin, 4,7-Dimethyl-5-[toluol-4-sulfonyloxy]- 383

$C_{18}H_{17}NO_3$
Keton, [3,5-Dimethyl-benzofuran-2-yl]-[4-methoxy-phenyl]-, oxim 774

$C_{18}H_{18}N_4O_6$
Chroman-6-carbaldehyd, 7-Hydroxy-2,2-dimethyl-, [2,4-dinitro-phenylhydrazon] 222
Chroman-4-on, 6-Hydroxy-2,2,7-trimethyl-, [2,4-dinitro-phenylhydrazon] 223
—, 6-Methoxy-2,2-dimethyl-, [2,4-dinitro-phenylhydrazon] 211
—, 7-Methoxy-2,2-dimethyl-, [2,4-dinitro-phenylhydrazon] 212

$C_{18}H_{18}O_3$
Chroman-4-on, 3-Äthyl-7-methoxy-2-phenyl- 666
—, 7-Benzyloxy-2,2-dimethyl- 211
—, 2-[4-Methoxy-phenyl]-5,7-dimethyl- 668
Furan-2-on, 5-[4-Äthoxy-biphenyl-3-yl]-dihydro- 650
—, 3-Benzyl-4-[α-hydroxy-benzyl]-dihydro- 671
—, 3-Benzyl-3-hydroxy-5-p-tolyl-dihydro- 672
—, 4-Benzyl-3-hydroxy-5-p-tolyl-dihydro- 671
—, 5-[5-Benzyl-2-methoxy-phenyl]-dihydro- 664
—, 4-[6-Methoxy-[2]naphthyl]-3,3,5-trimethyl-3H- 669
—, 5-[6-Methoxy-[2]naphthyl]-3,3,4-trimethyl-3H- 669
Phenanthro[1,2-b]furan-2-on, 7-Methoxy-11a-methyl-3a,10,11,11a-tetrahydro-1H- 670
Phthalid, 3-Benzyl-3-isopropoxy- 645
—, 3-Benzyl-3-propoxy- 645
—, 3-tert-Butoxy-3-phenyl- 610
13,17-Seco-östra-1,3,5,7,9-pentaen-17-säure, 3,13-Dihydroxy-, 13-lacton 674
Xanthen-9-on, 2-tert-Butyl-7-methoxy- 670

$C_{18}H_{19}ClO_4$
Cumarin, 7-Acetoxy-6-butyl-3-[2-chlor-vinyl]-4-methyl- 531

$C_{18}H_{19}N_3O_3$
Chroman-4-on, 2-[4-Hydroxy-phenyl]-5,7-dimethyl-, semicarbazon 668

$[C_{18}H_{19}O_2]^+$
Spiro[cyclohexan-1,3'-xanthenylium], 1'-Oxo-1',4'-dihydro-2'H- 587
$[C_{18}H_{19}O_2]Cl$ 587

$C_{18}H_{19}O_6P$
Furan-2-on, 3-Diphenoxyphosphoryloxy-4,4-dimethyl-dihydro- 27

$C_{18}H_{20}Cl_2O_4$
Cumarin, 7-Acetoxy-6-butyl-3-[2,2-dichlor-äthyl]-4-methyl- 458

$C_{18}H_{20}O_2S$
Naphth[2,1-f]isothiochromen-12-on, 8-Methoxy-1,3,4,4a,4b,5,6,12a-octahydro- 586
Propenon, 3-[5-Isopropyl-4-methoxy-2-methyl-phenyl]-1-[2]thienyl- 585

$C_{18}H_{20}O_3$
Furan-2-on, 5-[6-Butoxy-[2]naphthyl]-dihydro- 578
Hept-1-en-3-on, 1-[2]Furyl-5-[4-methoxy-phenyl]- 584
—, 5-[2]Furyl-1-[4-methoxy-phenyl]- 584

Naphtho[2,3-c]chromen-6-on, 1-Hydroxy-3-methyl-7,7a,8,9,10,11,11a,12-octahydro- 588
—, 3-Methoxy-7,7a,8,9,10,11,11a,12-octahydro- 586
Naphtho[8a,1,2-de]chromen-3-on, 8-Methoxy-2-methyl-1,5,6,12a-tetrahydro-2H- 587
—, 8-Methoxy-4-methyl-1,5,6,12a-tetrahydro-2H- 587
Phenanthro[1,2-b]furan-2-on, 7-Methoxy-11a-methyl-3a,4,5,10,11,11a-hexahydro-1H- 586
Pyran-2-on, 4-[6-Methoxy-[2]naphthyl]-3,3-dimethyl-tetrahydro- 585
—, 4-[6-Methoxy-[2]naphthyl]-5,5-dimethyl-tetrahydro- 585
—, 5-[6-Methoxy-[2]naphthyl]-6,6-dimethyl-tetrahydro- 585

$C_{18}H_{20}O_4$
Benzo[c]chromen-6-on, 3-Acetoxy-2-äthyl-8-methyl-7,8,9,10-tetrahydro- 531
—, 3-Acetoxy-2-äthyl-9-methyl-7,8,9,10-tetrahydro- 532
—, 3-Acetoxy-2-äthyl-10-methyl-7,8,9,10-tetrahydro- 532

$C_{18}H_{20}O_4S$
$2\lambda^6$-Naphth[2,1-f]isothiochromen-12-on, 8-Methoxy-2,2-dioxo-1,3,4,4b,5,6,12a-octahydro- 586

$C_{18}H_{21}N_3O_3$
Phenanthro[4,5-bcd]furan-3-on, 5-Methoxy-9b-vinyl-1,3a,8,9,9a,9b-hexahydro-2H-, semicarbazon 584

$C_{18}H_{22}N_4O_6$
6-Oxa-dispiro[4.1.4.2]tridecan-12-on, 13-Hydroxy-, [2,4-dinitro-phenylhydrazon] 125

$C_{18}H_{22}O_2S$
Naphth[2,1-f]isothiochromen-12-on, 8-Methoxy-1,3,4,4a,4b,5,6,10b,11,12a-decahydro- 536

$C_{18}H_{22}O_3$
Benz[b]indeno[2,1-d]oxepin-6-on, 10-Methoxy-1,2,3,4,4a,7,7a,12,12a,12b-decahydro- 536
Benzo[c]chromen-6-on, 3-Butyl-1-hydroxy-9-methyl-7,8,9,10-tetrahydro- 537
—, 1-Hydroxy-3-pentyl-7,8,9,10-tetrahydro- 537
4,11a-Methano-indeno[2,1-c]oxocin-1-on, 11-Hydroxymethyl-4,10-dimethyl-3,4,5,6,6a,11-hexahydro- 539
4,11a-Methano-indeno[2,1-c]oxocin-3-on, 11-Hydroxymethyl-4,10-dimethyl-5,6,6a,11-tetrahydro-4H- 539

$C_{18}H_{22}O_3$ *(Fortsetzung)*
  17-Oxa-D-homo-östra-1,3,5(10)-trien-16-on, 3-Hydroxy- 539
  17a-Oxa-D-homo-östra-1,3,5(10)-trien-17-on, 3-Hydroxy- 537
  17-Oxa-östra-1,3,5(10)-trien-16-on, 3-Methoxy- 536

$C_{18}H_{22}O_4$
  Cumarin, 6-Acetoxy-7-äthyl-3-butyl-4-methyl- 458
  —, 7-Acetoxy-6-äthyl-3-butyl-4-methyl- 458
  —, 7-Acetoxy-3-hexyl-4-methyl- 457

$C_{18}H_{22}O_5S$
  4a,1-Oxaäthano-naphthalin-10-on, 4-[Toluol-4-sulfonyloxy]-octahydro- 124

$C_{18}H_{22}O_8$
  Cumarin, 3-Äthyl-7-glucopyranosyloxy-4-methyl- 402

$C_{18}H_{23}NO_3$
  Benzofuran-2-on, 5-[1-Cyan-1-methyl-äthoxy]-4-isopropyl-3,3,7-trimethyl-3H- 233
  —, 5-[1-Cyan-1-methyl-äthoxy]-7-isopropyl-3,3,4-trimethyl-3H- 233

$C_{18}H_{23}NO_5$
  Essigsäure, [2-Äthyl-3-methyl-4-oxo-4H-chromen-7-yloxy]-, [2-dimethylamino-äthylester] 400

$C_{18}H_{23}N_3O_2S_2$
  Thiophen-2-carbaldehyd, 5-Heptylmercapto-, [4-nitro-phenylhydrazon] 89

$C_{18}H_{23}N_3O_3$
  Hexan-1-on, 3-[2]Furyl-1-[4-methoxy-phenyl]-, semicarbazon 530
  Phenanthro[4,5-*bcd*]furan-3-on, 9b-Äthyl-5-methoxy-1,3a,8,9,9a,9b-hexahydro-2H-, semicarbazon 535

$C_{18}H_{23}N_3O_4$
  2-Oxa-bicyclo[2.2.2]octan-6-on, 5-Benzoyloxy-1,3,3-dimethyl-, semicarbazon 75

$C_{18}H_{23}O_5PS$
  Benzo[*c*]chromen-6-on, 3-Dimethoxythiophosphoryloxy-7,9,9-trimethyl-7,8,9,10-tetrahydro- 533

$C_{18}H_{24}O_3$
  Furan-2-on, 5-[4-Butoxy-5,6,7,8-tetrahydro-[1]naphthyl]-dihydro- 439

$C_{18}H_{24}O_5S$
  Cumarin, 4-Methyl-7-[octan-1-sulfonyloxy]- 341

$C_{18}H_{25}O_5PS$
  Cumarin, 6-Butyl-7-diäthoxythiophosphoryloxy-4-methyl- 435

$C_{18}H_{26}O_3$
  Chroman-4-on, 7-Heptyl-6-hydroxy-2,2-dimethyl- 239
  Furan-2-on, 5-[5-Heptyl-2-methoxy-phenyl]-dihydro- 238
  —, 5-[4-Heptyloxy-3-methyl-phenyl]-dihydro- 203
  Östran-3-on, 5,10-Epoxy-17-hydroxy- 240

$C_{18}H_{28}Cl_2O_4$
  Furan-2-on, 3,4-Dichlor-5-myristoyloxy-5H- 52

$C_{18}H_{28}O_3$
  Pyran-2-on, 6-[2,4-Di-*sec*-butyl-1-hydroxy-cyclopentyl]- 147
  3,5-Seco-A-nor-androstan-3-säure, 5,17-Dihydroxy-, 5-lacton 147

$C_{18}H_{29}N_3O_4$
  1,4-Äthano-cyclopent[*c*]oxepin-9-on, 8-Acetoxy-1,3,3,6-tetramethyl-octahydro-, semicarbazon 137

$C_{18}H_{31}N_3S_3$
  Thiophen-2-carbaldehyd, 5-Dodecylmercapto-, thiosemicarbazon 89

$C_{18}H_{32}O_4$
  Pyran-2-on, 6-[1-Acetoxymethyl-propyl]-3,5-diäthyl-4-propyl-tetrahydro- 47

$C_{18}H_{34}O_3$
  Furan-2-on, 5-[1-Hydroxy-tetradecyl]-dihydro- 47
  Pyran-2-on, 5-Hydroxy-6-tridecyl-tetrahydro- 47

C_{19}-Gruppe

$C_{19}H_8Br_4O_3$
  Xanthen-3-on, 2,4,5,7-Tetrabrom-6-hydroxy-9-phenyl- 820

$C_{19}H_{10}BrNO_5$
  Xanthen-3-on, 2-Brom-4-hydroxy-7-nitro-9-phenyl- 821

$C_{19}H_{10}Cl_2O_3$
  Benzo[*f*]chromen-3-on, 2-[3,4-Dichlor-phenyl]-9-hydroxy- 825

$C_{19}H_{10}N_2O_7$
  Xanthen-3-on, 4-Hydroxy-5,7-dinitro-9-phenyl- 821

$C_{19}H_{10}O_3$
  Indeno[1,2-*b*]naphtho[2,1-*d*]furan-7-on, 5-Hydroxy- 841

$C_{19}H_{11}BrO_3$
  Benzo[*f*]chromen-3-on, 2-[4-Brom-phenyl]-7-hydroxy- 824
  —, 2-[4-Brom-phenyl]-9-hydroxy- 825
  Benzo[*h*]chromen-2-on, 3-[4-Brom-phenyl]-6-hydroxy- 824

$C_{19}H_{11}ClO_3$
Benzo[f]chromen-3-on, 2-[4-Chlor-phenyl]-7-hydroxy- 824
—, 2-[4-Chlor-phenyl]-8-hydroxy- 825
—, 2-[4-Chlor-phenyl]-9-hydroxy- 825
Benzo[h]chromen-2-on, 3-[2-Chlor-phenyl]-6-hydroxy- 824
—, 3-[4-Chlor-phenyl]-6-hydroxy- 824

$C_{19}H_{11}FO_3$
Benzo[f]chromen-3-on, 2-[3-Fluor-4-hydroxy-phenyl]- 825

$C_{19}H_{11}NO_5$
Xanthen-3-on, 4-Hydroxy-7-nitro-9-phenyl- 821
—, 6-Hydroxy-9-[2-nitro-phenyl]- 820

$C_{19}H_{12}N_4O_5S$
Naphtho[2,1-b]thiophen-2-carbaldehyd, 1-Hydroxy-, [2,4-dinitro-phenylhydrazon] 608

$C_{19}H_{12}O_3$
Benzo[f]chromen-1-on, 3-[4-Hydroxy-phenyl]- 826
Benzo[f]chromen-3-on, 5-Hydroxy-2-phenyl- 824
—, 6-Hydroxy-2-phenyl- 824
—, 7-Hydroxy-2-phenyl- 824
—, 8-Hydroxy-2-phenyl- 825
—, 9-Hydroxy-2-phenyl- 825
Benzo[g]chromen-4-on, 2-[2-Hydroxy-phenyl]- 820
Benzo[h]chromen-2-on, 6-Hydroxy-3-phenyl- 823
Benzo[h]chromen-4-on, 2-[4-Hydroxy-phenyl]- 822
—, 7-Hydroxy-2-phenyl- 821
Chromen-4-on, 5-Hydroxy-2-[1]-naphthyl- 827
—, 7-Hydroxy-2-[1]naphthyl- 828
—, 7-Hydroxy-2-[2]naphthyl- 828
Cumarin, 7-Hydroxy-4-[1]naphthyl- 829
Dibenzofuran, 1-Benzoyl-2-hydroxy- 827
Keton, Benzofuran-2-yl-[4-hydroxy-[1]-naphthyl]- 829
—, [3-Hydroxy-benzofuran-2-yl]-[1]-naphthyl- 829
—, [3-Hydroxy-benzofuran-2-yl]-[2]-naphthyl- 830
Xanthen-3-on, 6-Hydroxy-9-phenyl- 820
Xanthen-9-on, 3-Phenoxy- 602

$C_{19}H_{12}O_5S$
Xanthen-9-on, 1-Benzolsulfonyloxy- 600

$C_{19}H_{13}BrO_3$
Benzo[f]chromen-1-on, 3-[5-Brom-2-hydroxy-phenyl]-2,3-dihydro- 815

$C_{19}H_{13}N_3O_5S$
Benzo[b]thiophen-3-ol, 2-[5-(2,4-Dinitro-phenylimino)-penta-1,3-dienyl]- 575
Benzo[b]thiophen-3-on, 2-[5-(2,4-Dinitro-phenylimino)-penta-1,3-dienyl]- 575

$C_{19}H_{13}N_3O_6$
Benzofuran-3-ol, 2-[5-(2,4-Dinitro-phenylimino)-penta-1,3-dienyl]- 574
Benzofuran-3-on, 2-[5-(2,4-Dinitro-phenylimino)-penta-1,3-dienyl]- 574

$C_{19}H_{14}Br_2O_4$
Cumarin, 7-Acetoxy-8-benzyl-3,6-dibrom-4-methyl- 766

$C_{19}H_{14}N_2OS$
Naphtho[1,2-b]thiophen-2-carbaldehyd, 3-Hydroxy-, phenylhydrazon 607

$C_{19}H_{14}OS_2$
Propenon, 1-[4-Phenylmercapto-phenyl]-3-[2]thienyl- 572
—, 3-[4-Phenylmercapto-phenyl]-1-[2]-thienyl- 574

$C_{19}H_{14}O_3$
Benzo[f]chromen-1-on, 2-Hydroxy-2-phenyl-2,3-dihydro- 815
—, 3-[2-Hydroxy-phenyl]-2,3-dihydro- 815
Benzo[h]chromen-4-on, 2-[2-Hydroxy-phenyl]-2,3-dihydro- 814
—, 2-[3-Hydroxy-phenyl]-2,3-dihydro- 814
—, 2-[4-Hydroxy-phenyl]-2,3-dihydro- 814
Naphtho[1,2-c]furan-1-on, 3-Methoxy-3-phenyl-3H- 812
Naphtho[2,1-b]furan-2-on, 1-[4-Methoxy-phenyl]-1H- 812
Phthalid, 3-[2-Methoxy-[1]naphthyl]- 813

$C_{19}H_{14}O_4$
Benzo[c]xanthen-7-on, 10-Acetoxy-5,6-dihydro- 799
Cumarin, 3-[2-Acetoxy-styryl]- 796
—, 3-[3-Acetoxy-styryl]- 796
—, 3-[4-Acetoxy-styryl]- 796
—, 7-Acetoxy-4-styryl- 797
—, 7-Cinnamoyloxy-4-methyl- 337
Cyclopenta[c]chromen-4-on, 7-Benzoyloxy-2,3-dihydro-1H- 505
Furan-2-on, 3-[3-Acetoxy-benzyliden]-5-phenyl-3H- 794
—, 3-[4-Acetoxy-benzyliden]-5-phenyl-3H- 794
Pyran-2-on, 4-Acetoxy-3,6-diphenyl- 792
Verbindung $C_{19}H_{14}O_4$ aus 7-Hydroxy-2-phenyl-chroman-4-on 634

$C_{19}H_{15}BO_6S$
Keton, [3-Diacetoxyboryloxy-benzo[b]thiophen-2-yl]-phenyl- 720

$C_{19}H_{15}BO_8S$
Keton, [3-Diacetoxyboryloxy-1,1-dioxo-$1\lambda^6$-benzo[b]thiophen-2-yl]-phenyl- 720

$C_{19}H_{15}BrO_4$
Cumarin, 7-Acetoxy-8-benzyl-3-brom-4-methyl- 765

$C_{19}H_{15}ClN_2O_3$
Furan-2-carbaldehyd, 5-[4-Chlorphenoxymethyl]-, benzoylhydrazon 112

$C_{19}H_{15}NOS$
Benzo[b]thiophen-3-ol, 2-[5-Phenylimino-penta-1,3-dienyl]- 574
Benzo[b]thiophen-3-on, 2-[5-Phenylimino-penta-1,3-dienyl]- 574

$[C_{19}H_{15}O_2]^+$
Xanthylium, 1-Oxo-3-phenyl-1,2,3,4-tetrahydro- 807
$[C_{19}H_{15}O_2]Cl$ 807

$C_{19}H_{16}N_4O_6$
Äthanon, 1-[6-Hydroxy-2-isopropenyl-benzofuran-5-yl]-, [2,4-dinitrophenylhydrazon] 512
Keton, [2]Furyl-[2-hydroxy-4,5-dimethyl-phenyl]-, [2,4-dinitrophenylhydrazon] 508
—, [2]Furyl-[2-hydroxy-4,6-dimethyl-phenyl]-, [2,4-dinitrophenylhydrazon] 508

$C_{19}H_{16}N_4O_7$
Äthanon, 1-[4-Acetoxy-3-methyl-benzofuran-5-yl]-, [2,4-dinitrophenylhydrazon] 392
—, 1-[6-Acetoxy-3-methyl-benzofuran-5-yl]-, [2,4-dinitro-phenylhydrazon] 393

$C_{19}H_{16}OS_2$
Thiochromen-4-thion, 2-[4-Methoxy-styryl]-3-methyl- 802

$C_{19}H_{16}O_2S$
Äthanon, 2-Hydroxy-2-[5-methyl-[2]thienyl]-1,2-diphenyl- 806
—, 2-Methoxy-1,2-diphenyl-2-[2]thienyl- 800
Chromen-4-thion, 2-[4-Methoxy-styryl]-3-methyl- 802
Keton, [4-Methoxy-phenyl]-[5-p-tolyl-[2]thienyl]- 801
Pyran-2-thion, 5-Methoxy-4-phenyl-6-p-tolyl- 800
Thiopyran-2-on, 3-[4-Methoxy-benzyliden]-6-phenyl-3,4-dihydro- 799

$C_{19}H_{16}O_3$
Chromen-4-on, 8-Allyl-7-hydroxy-2-methyl-3-phenyl- 806
—, 8-Allyl-7-methoxy-2-phenyl- 804
—, 7-Allyloxy-2-methyl-3-phenyl- 740
—, 7-Methoxy-3-methyl-2-styryl- 801
—, 2-[4-Methoxy-styryl]-6-methyl- 802
—, 2-[4-Methoxy-styryl]-7-methyl- 802
Cumarin, 4-[2-Methoxy-styryl]-6-methyl- 803
—, 4-[2-Methoxy-styryl]-7-methyl- 803
—, 4-[3-Methoxy-styryl]-7-methyl- 803
—, 4-[4-Methoxy-styryl]-6-methyl- 803
—, 4-[4-Methoxy-styryl]-7-methyl- 804
Cyclopenta[f]chromen-1-on, 3-[4-Methoxy-phenyl]-8,9-dihydro-7H- 806
Cyclopenta[g]chromen-4-on, 2-[4-Methoxy-phenyl]-7,8-dihydro-6H- 805
Dibenzofuran-2-on, 4-[4-Methoxy-phenyl]-4,4a-dihydro-3H- 806
Furan-2-on, 5-[4-Äthoxy-phenyl]-3-benzyliden-3H- 793
—, 3-Benzyliden-5-[2-methoxy-5-methyl-phenyl]-3H- 801
—, 3-Benzyliden-5-[4-methoxy-3-methyl-phenyl]-3H- 801
Pyran-2-on, 4-[5-Methoxy-2-methyl-phenyl]-6-phenyl- 800
—, 5-Methoxy-4-phenyl-6-p-tolyl- 800
Xanthen-1-on, 4a-Hydroxy-3-phenyl-2,3,4,4a-tetrahydro- 807

$C_{19}H_{16}O_4$
Benzofuran-3-on, 6-Acetoxy-5-äthyl-2-benzyliden- 774
Chromen-4-on, 7-Acetoxy-3-benzyl-2-methyl- 764
—, 7-Acetoxy-2,6-dimethyl-3-phenyl- 768
—, 2-[4-Acetoxy-phenyl]-5,7-dimethyl- 770
—, 3-Äthyl-5-benzoyloxy-2-methyl- 399
Cumarin, 6-Acetoxy-7-äthyl-4-phenyl- 768
—, 7-Acetoxy-4-äthyl-3-phenyl- 768
—, 7-Acetoxy-6-äthyl-4-phenyl- 768
—, 5-Acetoxy-4-benzyl-7-methyl- 765
—, 4-Acetoxy-5,7-dimethyl-3-phenyl- 771
—, 4-Acetoxy-7,8-dimethyl-3-phenyl- 771
—, 4-Acetoxy-3-[1-phenyl-äthyl]- 763
—, 5-Äthyl-7-benzoyloxy-4-methyl- 404

$C_{19}H_{16}O_4$ *(Fortsetzung)*
  Cumarin, 6-Äthyl-7-benzoyloxy-4-methyl- 405
  —, 7-Äthyl-6-benzoyloxy-4-methyl- 406
  —, 8-Äthyl-5-benzoyloxy-4-methyl- 407
  —, 8-Äthyl-7-benzoyloxy-4-methyl- 408
  Furan-2-on, 3-Benzyl-4-phenylacetoxy-5H- 366
  Furan-3-on, 2-Acetoxy-4-methyl-2,5-diphenyl- 762
  —, 2,5-Diphenyl-2-propionyloxy- 733
  Keton, [3-Acetoxy-phenyl]-[2-äthyl-benzofuran-3-yl]- 772
  —, [4-Acetoxy-phenyl]-[2-äthyl-benzofuran-3-yl]- 772
$C_{19}H_{16}O_5$
  Chromen-4-on, 7-[2-Acetoxy-äthoxy]-2-phenyl- 694
  Essigsäure, [4-Oxo-2-phenyl-4H-chromen-7-yloxy]-, äthylester 695
$C_{19}H_{16}O_5S$
  1λ^6-Thiophen-3-on, 4-Acetoxy-2-methyl-1,1-dioxo-2,5-diphenyl- 761
$C_{19}H_{16}O_6$
  Naphtho[1,8-bc]furan-2-on, 6-[2-Carboxy-benzoyloxy]-2a,5,5a,6,8a,8b-hexahydro- 216
  Propan, 1,2-Bis-phthalidyloxy- 158
$C_{19}H_{17}BrO_3$
  Chromen-4-on, 8-[2-Brom-propyl]-7-hydroxy-2-methyl-3-phenyl- 782
$C_{19}H_{17}NOS_2$
  Propan-1-on, 3-[2-Amino-phenylmercapto]-3-phenyl-1-[2]-thienyl- 507
$C_{19}H_{17}NO_5S$
  Keton, [2]Furyl-[4-methoxy-phenyl]-, [O-(toluol-4-sulfonyl)-oxim] 495
$C_{19}H_{17}NO_6$
  Furan-2-on, 3-[2-(4-Nitro-benzoyloxy)-äthyl]-3-phenyl-dihydro- 220
$C_{19}H_{17}N_3O_4$
  Äthanon, 1-[4-Benzoyloxy-3-methyl-benzofuran-5-yl]-, semicarbazon 392
$C_{19}H_{18}N_6O_8$
  Benzol, 1-[5-Hydroxymethyl-furfurylidenhydrazino]-5-[(5-hydroxymethyl-furfuryliden)-methyl-hydrazino]-2,4-dinitro- 110
$C_{19}H_{18}O_3$
  Benzofuran-3-on, 2-Benzyliden-5-butyl-6-hydroxy- 782

  —, 7-Isopropyl-4-methyl-2-salicyliden- 783
  Chroman-4-on, 6-Allyl-8-methoxy-2-phenyl- 778
  Chromen-4-on, 2-Benzyl-7-methoxy-3,5-dimethyl- 778
  —, 2-Mesityl-7-methoxy- 776
  Cumarin, 3-Benzyl-5-methoxy-4,7-dimethyl- 779
  —, 4-Methoxy-3-[2-phenyl-propyl]- 776
  Cyclopentanon, 3,4-Epoxy-5-hydroxy-2,2-dimethyl-3,4-diphenyl- 783
  Furan-2-on, 5-Biphenyl-4-yl-5-methoxy-3,4-dimethyl-5H- 776
  Furan-3-on, 2-Äthoxy-4-methyl-2,5-diphenyl- 762
  Keton, [3-Äthyl-5-methyl-benzofuran-2-yl]-[4-methoxy-phenyl]- 780
  —, Benzofuran-2-yl-[4-hydroxy-5-isopropyl-2-methyl-phenyl]- 782
  —, Benzofuran-2-yl-[6-hydroxy-3-isopropyl-2-methyl-phenyl]- 782
  6-Oxa-bicyclo[3.2.1]octan-7-on, 1-Hydroxy-2,3-diphenyl- 783
$C_{19}H_{18}O_4$
  Benzofuran-2-on, 5-Acetoxy-4,6,7-trimethyl-3-phenyl-3H- 670
  Chroman-4-on, 7-Acetoxy-3-äthyl-2-phenyl- 666
  —, 2-[3-Acetoxy-phenyl]-5,7-dimethyl- 667
  —, 2-[4-Acetoxy-phenyl]-5,7-dimethyl- 668
  Cyclopenta[b]furan-2-on, 6a-Acetoxy-4-[2]naphthyl-hexahydro- 670
  Isochroman-1-on, 3-Acetoxy-4,4-dimethyl-3-phenyl- 669
  Isochroman-3-on, 1-Acetoxy-4,4-dimethyl-1-phenyl- 669
$C_{19}H_{18}O_5$
  Essigsäure, [4-Oxo-2-phenyl-chroman-7-yloxy]-, äthylester 634
$C_{19}H_{18}O_8$
  Xanthen-9-on, 2-Glucopyranosyloxy- 601
  —, 3-Glucopyranosyloxy- 602
  —, 4-Glucopyranosyloxy- 603
$C_{19}H_{19}Cl_2NO_2S$
  Thioxanthen-9-on, 1,6-Dichlor-4-[2-diäthylamino-äthoxy]- 604
$C_{19}H_{19}NO_3$
  Chromen-4-on, 7-[2-Dimethylamino-äthoxy]-2-phenyl- 696
  Keton, [3-Äthyl-5-methyl-benzofuran-2-yl]-[4-methoxy-phenyl]-, oxim 780
$C_{19}H_{19}O_6P$
  Chromen-4-on, 7-Diäthoxyphosphoryloxy-2-phenyl- 698

C₁₉H₂₀ClNO₂S
Thioxanthen-9-on, 1-Chlor-4-
 [2-diäthylamino-äthoxy]- 604
C₁₉H₂₀N₄O₆
Äthanon, 1-[6-Hydroxy-2-isopropyl-2,3-
 dihydro-benzofuran-5-yl]-,
 [2,4-dinitro-phenylhydrazon] 228
—, 1-[6-Hydroxy-2-isopropyl-2,3-
 dihydro-benzofuran-7-yl]-,
 [2,4-dinitro-phenylhydrazon] 229
Chroman-4-on, 6-Hydroxy-2,2,7,8-
 tetramethyl-, [2,4-dinitro-
 phenylhydrazon] 226
C₁₉H₂₀O₃
Benzo[c]chromen-6-on, 3-[1-Äthyl-
 propyl]-1-hydroxy-9-methyl- 679
—, 1-Hydroxy-9-methyl-2-pentyl- 676
—, 1-Hydroxy-9-methyl-3-pentyl- 677
—, 1-Hydroxy-9-methyl-4-pentyl- 678
—, 2-Hydroxy-9-methyl-3-pentyl- 678
—, 3-Hydroxy-9-methyl-1-pentyl- 676
—, 3-Hydroxy-9-methyl-2-pentyl- 677
—, 3-Hydroxy-9-methyl-4-pentyl- 679
Chroman-2-on, 4-[2-Methoxy-4-methyl-
 phenyl]-4,6-dimethyl- 672
—, 4-[2-Methoxy-4-methyl-
 phenyl]-4,7-dimethyl- 673
—, 4-[2-Methoxy-5-methyl-phenyl]-4,6-
 dimethyl- 672
—, 4-[2-Methoxy-5-methyl-phenyl]-4,7-
 dimethyl- 672
Furan-2-on, 5-[2-Äthoxy-5-benzyl-
 phenyl]-dihydro- 664
—, 3-Benzyl-3-hydroxy-5-phenäthyl-
 dihydro- 676
—, 5-[4-Propoxy-biphenyl-3-yl]-
 dihydro- 650
Phthalid, 3-[2,4-Dimethyl-phenyl]-3-
 methoxy-4,7-dimethyl- 673
Propan-1-on, 2,3-Epoxy-1-mesityl-3-
 [2-methoxy-phenyl]- 672
13,17-Seco-östra-1,3,5,7,9-pentaen-17-
 säure, 13-Hydroxy-3-methoxy-,
 lacton 675
Spiro[furan-2,1'-phenanthren]-5-on,
 7'-Methoxy-2'-methyl-3,4,3',4'-
 tetrahydro-2'H- 674
Xanthen-9-on, 4-tert-Butyl-7-methoxy-
 1-methyl- 673
—, 2-Methoxy-7-tert-pentyl- 673
C₁₉H₂₀O₄
Naphtho[2,3-c]chromen-6-on,
 3-Acetoxy-7,7a,8,9,10,11,11a,12-
 octahydro- 586
C₁₉H₂₀O₈
Propenon, 3-[2]Furyl-1-
 [4-glucopyranosyloxy-phenyl]- 572
C₁₉H₂₁NO₃
Xanthen-9-on, 2-[2-Diäthylamino-
 äthoxy]- 601
—, 4-[2-Diäthylamino-äthoxy]- 603
C₁₉H₂₂O₃
Benzo[c]chromen-6-on, 8-Cyclohexyl-3-
 hydroxy-7,8,9,10-tetrahydro- 589
Cumarin, 6-[3,7-Dimethyl-octa-2,6-
 dienyl]-7-hydroxy- 588
—, 7-[3,7-Dimethyl-octa-2,6-
 dienyloxy]- 296
Naphtho[2,3-c]chromen-6-on, 2-Äthyl-
 3-hydroxy-7,7a,8,9,10,11,11a,12-
 octahydro- 589
Oct-1-en-3-on, 1-[2]Furyl-5-
 [4-methoxy-phenyl]- 587
Pyrano[3,2-b]xanthen-2-on, 7,7,10a-
 Trimethyl-6a,7,8,9,10,10a-hexahydro-
 6H- 588
C₁₉H₂₂O₄
Cyclopenta[c]chromen-4-on, 9-Acetoxy-7-
 pentyl-2,3-dihydro-1H- 535
C₁₉H₂₂O₈
Furan-2-on, 4-[4-Allyl-3-
 glucopyranosyloxy-phenyl]-5H- 509
C₁₉H₂₃N₃O₃
Hept-1-en-3-on, 1-[2]Furyl-5-
 [4-methoxy-phenyl]-, semicarbazon
 584
—, 5-[2]Furyl-1-[4-methoxy-phenyl]-,
 semicarbazon 584
C₁₉H₂₄O₂S
Naphth[2,1-f]isothiochromen-12-on,
 8-Methoxy-12a-methyl-1,3,4,4a,4b,
 5,6,10b,11,12a-decahydro- 539
C₁₉H₂₄O₂Se
Androsta-1,4-dien-3-on, 6,19-
 Episeleno-17-hydroxy- 542
C₁₉H₂₄O₃
Benzo[c]chromen-6-on, 1-Hydroxy-3-
 isopentyl-9-methyl-7,8,9,10-
 tetrahydro- 542
—, 1-Hydroxy-9-methyl-3-[1-methyl-
 butyl]-7,8,9,10-tetrahydro- 541
—, 1-Hydroxy-8-methyl-3-pentyl-
 7,8,9,10-tetrahydro- 540
—, 1-Hydroxy-9-methyl-3-pentyl-
 7,8,9,10-tetrahydro- 540
—, 1-Hydroxy-10-methyl-3-pentyl-
 7,8,9,10-tetrahydro- 541
—, 2-Hydroxy-9-methyl-3-pentyl-
 7,8,9,10-tetrahydro- 541
Cyclohepta[c]chromen-6-on, 1-Hydroxy-3-
 pentyl-8,9,10,11-tetrahydro-7H- 539
17-Oxa-D-homo-östra-1,3,5(10)-trien-16-on,
 3-Methoxy- 539
17a-Oxa-D-homo-östra-1,3,5(10)-trien-17-
 on, 3-Methoxy- 538
C₁₉H₂₄O₅
Cumarin, 7-[6,7-Dihydroxy-3,7-
 dimethyl-oct-2-enyloxy]- 298

$C_{19}H_{24}O_{12}$
Furan-2-on, 3-Methyl-4-[tetra-O-acetyl-glucopyranosyloxy]-5H- 58
—, 5-[Tetra-O-acetyl-glucopyranosyloxymethyl]-5H- 57

$C_{19}H_{25}NO_5$
Essigsäure, [2,3-Dimethyl-4-oxo-4H-chromen-6-yloxy]-, [2-diäthylamino-äthylester] 374
—, [2,3-Dimethyl-4-oxo-4H-chromen-7-yloxy]-, [2-diäthylamino-äthylester] 374

$C_{19}H_{25}N_3O_2S$
Naphth[2,1-f]isothiochromen-12-on, 8-Methoxy-1,3,4,4a,4b,5,6,10b,11, 12a-decahydro-, semicarbazon 536

$C_{19}H_{25}O_4PS_2$
Benzo[c]chromen-6-thion, 3-Diisopropoxythiophosphoryloxy-7,8,9,10-tetrahydro- 515

$C_{19}H_{25}O_5PS$
Benzo[c]chromen-6-on, 3-Diisopropoxythiophosphoryloxy-7,8,9,10-tetrahydro- 514

$C_{19}H_{26}O_3$
Androst-4-en-3-on, 6,7-Epoxy-17-hydroxy- 461
Androst-6-en-3-on, 4,5-Epoxy-17-hydroxy- 461
Chromen-4-on, 3-Decyl-6-hydroxy- 460
Cumarin, 3-Butyl-5-hydroxy-4-methyl-7-pentyl- 461
—, 7-[3,7-Dimethyl-octyloxy]- 296
6-Oxa-bicyclo[3.2.1]octan-7-on, 8-Äthyl-5-[3-methoxy-phenäthyl]-1-methyl- 460

$C_{19}H_{26}O_4$
4-Oxa-östr-5-en-3-on, 17-Acetoxy- 238
4-Oxa-östr-5(10)-en-3-on, 17-Acetoxy- 238

$C_{19}H_{27}ClO_4$
4-Oxa-5-östran-3-on, 17-Acetoxy-5-chlor- 146

$C_{19}H_{28}O_3$
Androstan-3-on, 1,2-Epoxy-17-hydroxy- 242
—, 4,5-Epoxy-17-hydroxy- 242
Androstan-17-on, 5,6-Epoxy-3-hydroxy- 243
—, 9,11-Epoxy-3-hydroxy- 245
—, 11,12-Epoxy-3-hydroxy- 246
Chroman-8-carbaldehyd, 7-Heptyl-6-hydroxy-2,2-dimethyl- 240
Chroman-4-on, 7-Heptyl-6-hydroxy-2,2,8-trimethyl- 240
—, 7-Heptyl-6-methoxy-2,2-dimethyl- 239
17-Oxa-D-homo-androst-5-en-16-on, 3-Hydroxy 241

17-Oxa-D-homo-androst-5-en-17a-on, 3-Hydroxy- 241
17a-Oxa-D-homo-androst-5-en-17-on, 3-Hydroxy- 240

$C_{19}H_{29}NO_3$
Chroman-4-on, 7-Heptyl-6-hydroxy-2,2,8-trimethyl-, oxim 240

$C_{19}H_{30}O_3$
4-Oxa-androstan-3-on, 17-Hydroxy-17-methyl- 151
17-Oxa-D-homo-androstan-16-on, 3-Hydroxy- 150
17a-Oxa-D-homo-androstan-17-on, 3-Hydroxy- 148

$C_{19}H_{32}O_4$
O-Acetyl-Derivat $C_{19}H_{32}O_4$ aus 1-[4-Hydroxy-4-methyl-pentyl]-1,6-dimethyl-hexahydro-isochroman-3-on 81

$C_{19}H_{32}O_5$
Cyclodeca[b]furan-2-on, 4-[β-Hydroxy-isobutyryloxy]-3,6,10-trimethyl-dodecahydro- 79

$C_{19}H_{36}O_3$
Furan-2-on, 5-[1-Methoxy-tetradecyl]-dihydro- 48

C_{20}-Gruppe

$C_{20}H_{11}NO_6$
Xanthen-9-on, 1-[4-Nitro-benzoyloxy]- 600

$C_{20}H_{12}BrNO_5$
Benzo[h]chromen-4-on, 2-[2-Brom-5-methoxy-phenyl]-6-nitro- 822
—, 2-[3-Brom-4-methoxy-phenyl]-6-nitro- 823
—, 2-[5-Brom-2-methoxy-phenyl]-6-nitro- 822
Naphtho[1,2-b]furan-3-on, 2-[5-Brom-2-methoxy-benzyliden]-5-nitro- 827
Xanthen-3-on, 2-Brom-4-hydroxy-1-methyl-7-nitro-9-phenyl- 833

$C_{20}H_{12}Br_2O_3$
Benzo[h]chromen-4-on, 6-Brom-2-[2-brom-5-methoxy-phenyl]- 822
—, 6-Brom-2-[3-brom-4-methoxy-phenyl] 823
—, 6-Brom-2-[5-brom-2-methoxy-phenyl]- 821
Naphtho[1,2-b]furan-3-on, 5-Brom-2-[5-brom-2-methoxy-benzyliden]- 826
Phthalid, 3-[3,5-Dibrom-4-hydroxy-phenyl]-3-phenyl- 831

$C_{20}H_{12}Cl_2O_3$
Phthalid, 3,4-Bis-[4-chlor-phenyl]-7-hydroxy- 832

$C_{20}H_{12}O_2S$
Naphtho[3,2,1-*kl*]thioxanthen-9-on, 13b-Hydroxy-13b*H*- 841

$C_{20}H_{12}O_4$
Benzo[*f*]chromen-3-on, 2-Benzoyloxy- 605
Xanthen-9-on, 1-Benzoyloxy- 599

$C_{20}H_{13}BrO_3$
Benzo[*h*]chromen-4-on, 6-Brom-2-[2-methoxy-phenyl]- 821
—, 6-Brom-2-[4-methoxy-phenyl]- 823
Naphtho[1,2-*b*]furan-3-on, 5-Brom-2-[2-methoxy-benzyliden]- 826
—, 5-Brom-2-[4-methoxy-benzyliden]- 827
Phthalid, 3-[5-Brom-2-hydroxy-phenyl]-3-phenyl- 831

$C_{20}H_{13}ClO_2S$
Xanthen-9-on, 6-Chlor-4-methyl-1-phenylmercapto- 617

$C_{20}H_{13}ClO_3$
Benzo[*f*]chromen-3-on, 2-[4-Chlor-phenyl]-10-hydroxy-7-methyl- 834

$C_{20}H_{13}ClO_4$
Phthalid, 3-Acetoxy-3-[6-chlor-[1]naphthyl]- 812
—, 3-Acetoxy-3-[7-chlor-[1]naphthyl]- 813

$C_{20}H_{13}ClO_4S$
Xanthen-9-on, 1-Benzolsulfonyl-6-chlor-4-methyl- 617

$C_{20}H_{13}NO_5$
Benzo[*h*]chromen-4-on, 2-[4-Methoxy-phenyl]-6-nitro- 823
Xanthen-3-on, 4-Hydroxy-1-methyl-7-nitro-9-phenyl- 833
—, 4-Hydroxy-2-methyl-7-nitro-9-phenyl- 833

$C_{20}H_{14}Br_2O_3$
Benzofuran-3-on, 2-Brom-2-[brom-(2-methoxy-[1]naphthyl)-methyl]- 816

$C_{20}H_{14}Cl_2N_2O_2S_2$
Benzo[*b*]thiophen-2-carbaldehyd, 6-Chlor-3-hydroxy-4-methyl-, azin 365

$C_{20}H_{14}OS_2$
Thioxanthen-9-on, 4-Methyl-1-phenylmercapto- 618

$C_{20}H_{14}O_2S$
Xanthen-9-on, 3-*p*-Tolylmercapto- 603

$C_{20}H_{14}O_2S_3$
Sulfid, Bis-[2-benzo[*b*]thiophen-3-yl-2-oxo-äthyl]- 362

$C_{20}H_{14}O_3$
Benzo[*f*]chromen-1-on, 3-[2-Methoxy-phenyl]- 826
—, 3-[4-Methoxy-phenyl]- 826
Benzo[*f*]chromen-3-on, 7-Hydroxy-10-methyl-2-phenyl- 834
—, 8-Hydroxy-7-methyl-2-phenyl- 834
—, 9-Hydroxy-10-methyl-2-phenyl- 835
—, 10-Hydroxy-7-methyl-2-phenyl- 834
—, 7-Hydroxy-2-*p*-tolyl- 833
Benzo[*g*]chromen-4-on, 2-[2-Methoxy-phenyl]- 820
Benzo[*h*]chromen-2-on, 6-Hydroxy-5-methyl-3-phenyl- 833
Benzo[*h*]chromen-4-on, 2-[2-Methoxy-phenyl]- 821
—, 2-[4-Methoxy-phenyl]- 822
Benzofuran-2-on, 7-Hydroxy-3,3-diphenyl-3*H*- 830
Benzofuran-3-on, 2-[2-Methoxy-[1]naphthylmethylen]- 829
Chromen-4-on, 2-[2-Methoxy-[1]naphthyl]- 828
Dibenz[*b,e*]oxepin-6-on, 3-Hydroxy-11-phenyl-11*H*- 833
Keton, Benzofuran-2-yl-[4-methoxy-[1]naphthyl]- 829
—, [3-Hydroxy-5-methyl-benzofuran-2-yl]-[2]naphthyl- 835
—, [5-Hydroxy-2-methyl-naphtho[1,2-*b*]furan-3-yl]-phenyl- 835
—, [2-Methoxy-dibenzofuran-3-yl]-phenyl- 827
Naphtho[2,1-*b*]furan-1-on, 2-[4-Methoxy-benzyliden]- 827
Phthalid, 7-Hydroxy-3,4-diphenyl- 832
—, 3-[2-Hydroxy-phenyl]-3-phenyl- 830
—, 3-[4-Hydroxy-phenyl]-3-phenyl- 831
—, 3-Phenoxy-3-phenyl- 611
Xanthen-3-on, 6-Methoxy-9-phenyl- 820
Xanthen-9-on, 4-Methyl-1-phenoxy- 616

$C_{20}H_{14}O_4S_3$
Sulfon, Bis-[2-benzo[*b*]thiophen-3-yl-2-oxo-äthyl]- 362

$C_{20}H_{14}O_5$
Äther, Bis-[4-(5-oxo-2,5-dihydro-[3]furyl)-phenyl]- 312

$C_{20}H_{14}O_5S$
Xanthen-9-on, 1-Benzolsulfonyloxy-3-methyl- 615
—, 1-[Toluol-4-sulfonyloxy]- 600

$C_{20}H_{14}O_5S_2$
10λ^6-Thioxanthen-9-on, 1-Benzolsulfonyl-4-methyl-10,10-dioxo- 618

$C_{20}H_{14}O_6$
Äthan, 1,2-Bis-[2-oxo-2*H*-chromen-7-yloxy]- 297
[3,3']Bichromenyl-2,2'-dion, 4,4'-Dimethoxy- 291
But-2-in, 1,4-Bis-phthalidyloxy- 159

$C_{20}H_{14}O_8$
Cumarin, 4-[3,4-Diacetoxy-benzoyloxy]- 289

$C_{20}H_{15}BrO_4$
Propenon, 1-[6-Acetoxy-2-brom-3-methyl-benzofuran-7-yl]-3-phenyl- 805

$C_{20}H_{15}Br_3O_4$
Propan-1-on, 1-[6-Acetoxy-2-brom-3-methyl-benzofuran-7-yl]-2,3-dibrom-3-phenyl- 779

$C_{20}H_{15}ClO_2S$
Propenon, 1-[3'-Chlor-4'-methoxy-biphenyl-4-yl]-3-[2]thienyl- 813
Thiophen-2-carbaldehyd, 5-[4'-Chlor-4-methoxy-stilben-α-yl]- 813

$C_{20}H_{15}ClO_3$
Propenon, 1-[3'-Chlor-4'-methoxy-biphenyl-4-yl]-3-[2]furyl- 813

$C_{20}H_{16}N_2O_2S_2$
Verbindung $C_{20}H_{16}N_2O_2S_2$ aus 1-[3-Hydroxy-benzo[b]thiophen-2-yl]-äthanon 356

$C_{20}H_{16}N_2O_8$
Spiro[benzofuran-2,1'-cyclohexan]-3-on, 4'-[3,5-Dinitro-benzoyloxy]- 430

$C_{20}H_{16}N_4O_6$
Propenon, 3-[2]Furyl-1-[3-methoxy-phenyl]-, [2,4-dinitro-phenylhydrazon] 571

$C_{20}H_{16}OS_2$
Propenon, 1-[5-Methyl-[2]thienyl]-3-[4-phenylmercapto-phenyl]- 577

$C_{20}H_{16}O_2S$
Propenon, 1-[4'-Methoxy-biphenyl-4-yl]-3-[2]thienyl- 813

$C_{20}H_{16}O_3$
Benz[de]isochroman-1-on, 3-Äthoxy-3-phenyl-3H- 812
Benzo[f]chromen-1-on, 3-[4-Methoxy-phenyl]-2,3-dihydro- 815
Benzo[h]chromen-4-on, 2-[4-Methoxy-phenyl]-2,3-dihydro- 815
Naphtho[1,2-c]furan-1-on, 8-Methoxy-3-methyl-3-phenyl-3H- 816
—, 3-[2-Methoxy-phenyl]-3-methyl-3H- 816
—, 3-[4-Methoxy-phenyl]-3-methyl-3H- 816
Naphtho[1,2-c]furan-3-on, 8-Methoxy-1-methyl-1-phenyl-1H- 816
Phthalid, 3-[4-Methoxy-[1]naphthyl]-3-methyl- 817
Propan-1-on, 2,3-Epoxy-3-[4-methoxy-phenyl]-1-[2]naphthyl- 814

$C_{20}H_{16}O_4$
Chromen-4-on, 7-Acetoxy-3-methyl-2-styryl- 801
Cumarin, 4-[3-Acetoxy-styryl]-7-methyl- 804

—, 4-[4-Acetoxy-styryl]-7-methyl- 804
Pyran-2-on, 4-Acetoxy-3-benzyl-6-phenyl- 799
—, 6-[α-Acetoxy-benzyl]-3-phenyl- 800

$C_{20}H_{16}O_5$
Essigsäure, [4-Oxo-2-phenyl-4H-chromen-7-yloxy]-, allylester 696

$C_{20}H_{17}BrN_4O_5S$
Butan-1-on, 1-[5-Brom-[2]thienyl]-2-[4-hydroxy-phenyl]-, [2,4-dinitro-phenylhydrazon] 517

$C_{20}H_{17}N_3S_3$
Propenon, 1-[4-Phenylmercapto-phenyl]-3-[2]thienyl-, thiosemicarbazon 572

$C_{20}H_{18}N_4O_5S$
Butan-1-on, 2-[4-Hydroxy-phenyl]-1-[2]thienyl-, [2,4-dinitro-phenylhydrazon] 516

$C_{20}H_{18}O_2S$
Propan-1-on, 3-[2]Furyl-1-phenyl-3-p-tolylmercapto- 508

$C_{20}H_{18}O_3$
Chromen-4-on, 2-[2-Äthoxy-styryl]-6-methyl- 802
—, 8-Allyl-7-methoxy-2-methyl-3-phenyl- 807
—, 2-[4-Methoxy-styryl]-3,7-dimethyl- 806
—, 2-[4-Methoxy-styryl]-5,8-dimethyl- 806
Propenon, 1-[5-Hydroxy-2,2-dimethyl-2H-chromen-6-yl]-3-phenyl- 807

$C_{20}H_{18}O_4$
Benzofuran-2-on, 5-Acetoxy-3-benzyliden-4,6,7-trimethyl-3H- 780
Benzofuran-3-on, 6-Acetoxy-2-benzyliden-5-propyl- 779
Cumarin, 5-Acetoxy-3-benzyl-4,7-dimethyl- 779
—, 6-Äthyl-7-benzoyloxy-3,4-dimethyl- 424
—, 7-Äthyl-6-benzoyloxy-3,4-dimethyl- 425
Pyran-2-on, 6-Methyl-4-[4-phenyl-phenacyloxy]-5,6-dihydro- 59

$C_{20}H_{18}O_4S$
Propan-1-on, 3-[2]Furyl-1-phenyl-3-[toluol-4-sulfonyl]- 508

$C_{20}H_{18}O_5$
Äther, Bis-[4-(5-oxo-tetrahydro-[2]furyl)-phenyl]- 182
Essigsäure, [3-Methyl-4-oxo-2-phenyl-4H-chromen-7-yloxy]-, äthylester 742
—, [4-Oxo-2-phenyl-4H-chromen-7-yloxy]-, isopropylester 695
—, [4-Oxo-2-phenyl-4H-chromen-7-yloxy]-, propylester 695

$C_{20}H_{18}O_6$
Butan, 1,3-Bis-phthalidyloxy- 159
—, 1,4-Bis-phthalidyloxy- 159
—, 2,3-Bis-phthalidyloxy- 159
Propan, 2-Methyl-1,2-bis-
  phthalidyloxy- 159

$C_{20}H_{20}N_2O_2$
Propenon, 1-[5-Hydroxy-2,2-dimethyl-
  2H-chromen-6-yl]-3-phenyl-,
  hydrazon 807

$C_{20}H_{20}N_6O_8$
Benzol, 1,5-Bis-[(5-hydroxymethyl-
  furfuryliden)-methyl-hydrazino]-
  2,4-dinitro- 111

$C_{20}H_{20}O_3$
Benzofuran-3-on, 2-Benzyliden-6-
  hydroxy-5-pentyl- 784
—, 7-Isopropyl-2-[4-methoxy-
  benzyliden]-4-methyl- 783
Cumarin, 7-Hydroxy-8-[3-methyl-3-
  phenyl-butyl]- 783
—, 4-Methoxy-3-[1-phenyl-butyl]- 781
—, 4-Methoxy-3-[2-phenyl-butyl]- 781
Furan-2-on, 5-Allyloxymethyl-3,3-
  diphenyl-dihydro- 664
Keton, Benzofuran-2-yl-[3-isopropyl-
  6-methoxy-2-methyl-phenyl]- 782
—, Benzofuran-2-yl-[5-isopropyl-4-
  methoxy-2-methyl-phenyl]- 782
—, [4-Hydroxy-phenyl]-[7-isopropyl-
  3,4-dimethyl-benzofuran-2-yl]-
  784
1-Oxa-spiro[4.5]dec-3-en-2-on,
  3-[1]Naphthylmethoxy- 119
Phthalid, 3-Cyclohexyloxy-3-phenyl- 610

$C_{20}H_{20}O_4$
Benzofuran-2-on, 5-Acetoxy-3-benzyl-
  4,6,7-trimethyl-3H- 673
13,17-Seco-östra-1,3,5,7,9-pentaen-17-
  säure, 3-Acetoxy-13-hydroxy-,
  lacton 675

$C_{20}H_{20}O_4S$
1λ⁶-Thiophen-3-on, 4-Äthoxy-2-äthyl-
  1,1-dioxo-2,5-diphenyl- 776

$C_{20}H_{20}O_5$
Essigsäure, [8-Formyl-2-phenyl-
  chroman-7-yloxy]-, äthylester 657

$C_{20}H_{21}NO_2$
Furan-2-on, 5-Allyloxymethyl-3,3-
  diphenyl-dihydro-, imin 665

$C_{20}H_{22}ClNO_2S$
Thioxanthen-9-on, 1-Chlor-4-
  [2-diäthylamino-äthoxy]-2-methyl-
  614

$[C_{20}H_{22}NO_3]^+$
Ammonium, Trimethyl-[2-(4-oxo-2-phenyl-
  4H-chromen-
  7-yloxy)-äthyl]- 697
  $[C_{20}H_{22}NO_3]I$ 697

$C_{20}H_{22}O_3$
Benzo[c]chromen-6-on, 2-Hexyl-3-
  hydroxy-9-methyl- 680
—, 1-Methoxy-9-
  methyl-2-pentyl- 677
—, 1-Methoxy-9-methyl-4-pentyl- 678
Chroman-2-on, 7-Hydroxy-8-[3-methyl-
  3-phenyl-butyl]- 679
Furan-2-on, 5-[5-Benzyl-2-propoxy-
  phenyl]-dihydro- 664
—, 5-[4-Butoxy-biphenyl-3-yl]-
  dihydro- 650
—, 3,3-Diäthyl-5-[6-methoxy-[2]naphthyl]-
  4-methyl-3H- 676
—, 5-Mesityl-5-methoxy-3-phenyl-
  dihydro- 676
Propan-1-on, 1-[5-Hydroxy-2,2-
  dimethyl-chroman-6-yl]-3-phenyl- 679

$C_{20}H_{22}O_4$
Naphtho[2,3-c]chromen-6-on,
  1-Acetoxy-3-methyl-7,7a,8,9,10,11,
  11a,12-octahydro- 588
6-Oxa-dispiro[4.1.4.2]tridecan-12-on,
  13-Benzoyloxymethylen- 141

$C_{20}H_{22}O_4S$
1λ⁶-Naphtho[2,1-f]thiochromen-4-on,
  8-Methoxy-2,4a-dimethyl-1,1-dioxo-
  4a,4b,5,6,12,12a-hexahydro- 679

$C_{20}H_{23}NO_2S$
Thioxanthen-9-on, 1-[2-Diäthylamino-
  äthoxy]-5-methyl- 620

$C_{20}H_{24}O_3$
Benzo[c]chromen-6-on, 2-Cyclohexyl-3-
  hydroxy-9-methyl-7,8,9,10-
  tetrahydro- 590
Cumarin, 6-[3,7-Dimethyl-octa-2,6-
  dienyl]-7-methoxy- 588
19-Nor-pregna-1,3,5(10)-trien-20-on,
  16,17-Epoxy-3-hydroxy- 590
Oct-1-en-3-on, 1-[2]Furyl-5-
  [4-methoxy-phenyl]-7-methyl- 588
6-Oxa-bicyclo[3.2.1]octan-7-on,
  8-Äthyl-5-[3-methoxy-4-methyl-
  phenyläthinyl]-1-methyl- 589
Propenon, 1-[2,5-Dimethyl-[3]furyl]-
  3-[5-isopropyl-4-methoxy-2-methyl-
  phenyl]- 588

$C_{20}H_{24}O_4$
Benzo[c]chromen-6-on, 1-Acetoxy-3-
  pentyl-7,8,9,10-tetrahydro- 537
17a-Oxa-D-homo-östra-1,3,5(10)-trien-
  17-on, 3-Acetoxy- 538

$C_{20}H_{24}O_8$
Cumarin, 7-Glucopyranosyloxy-8-
  [3-methyl-but-2-enyl]- 518

$C_{20}H_{25}N_3O_3$
Oct-1-en-3-on, 1-[2]Furyl-5-
  [4-methoxy-phenyl]-, semicarbazon
  587

$C_{20}H_{26}N_4O_6$
7-Oxa-dispiro[5.1.5.2]pentadecan-14-on,
15-Hydroxy-, [2,4-dinitrophenylhydrazon] 127

$C_{20}H_{26}O_3$
Benzo[c]chromen-6-on, 3-[1-Äthylbutyl]-1-hydroxy-9-methyl-7,8,9,10-tetrahydro- 543
—, 9-Äthyl-1-hydroxy-3-pentyl-7,8,9,10-tetrahydro- 544
—, 3-[1-Äthyl-2-methyl-propyl]-1-hydroxy-9-methyl-7,8,9,10-tetrahydro- 544
—, 3-[1,1-Dimethyl-butyl]-1-hydroxy-9-methyl-7,8,9,10-tetrahydro- 544
—, 3-[1,2-Dimethyl-butyl]-1-hydroxy-9-methyl-7,8,9,10-tetrahydro- 544
—, 2-Hexyl-3-hydroxy-9-methyl-7,8,9,10-tetrahydro- 542
—, 3-Hexyl-1-hydroxy-9-methyl-7,8,9,10-tetrahydro- 542
—, 1-Hydroxy-7,9-dimethyl-3-pentyl-7,8,9,10-tetrahydro- 544
—, 1-Hydroxy-8,9-dimethyl-3-pentyl-7,8,9,10-tetrahydro- 545
—, 1-Hydroxy-9,9-dimethyl-3-pentyl-7,8,9,10-tetrahydro- 545
—, 1-Hydroxy-3-isohexyl-9-methyl-7,8,9,10-tetrahydro- 543
—, 1-Hydroxy-9-methyl-3-[2-methylpentyl]-7,8,9,10-tetrahydro- 543
—, 1-Hydroxy-9-methyl-3-[3-methylpentyl]-7,8,9,10-tetrahydro- 543
—, 1-Hydroxy-9-methyl-3-[1-methylphenyl]-7,8,9,10-tetrahydro- 543
19-Nor-pregn-20-in-3-on, 5,10-Epoxy-17-hydroxy- 546
Phenanthren-3-on, 2-Furfuryliden-7-hydroxy-4b-methyl-dodecahydro- 545

$C_{20}H_{26}O_4$
4-Oxa-androsta-5,16-dien-3-on, 17-Acetoxy- 460

$C_{20}H_{26}O_5S$
Pyran-2-on, 4-Hepta-1,3-dienyl-3-[toluol-4-sulfonyloxymethyl]-tetrahydro- 126

$C_{20}H_{26}O_6$
Cyclodeca[b]furan-2-on, 4-[4-Hydroxy-2-hydroxymethyl-crotonoyloxy]-6,10-dimethyl-3-methylen-3a,4,5,8,9,11a-hexahydro-3H- 234

$C_{20}H_{27}NO_5$
Essigsäure, [2-Äthyl-3-methyl-4-oxo-4H-chromen-7-yloxy]-, [2-diäthylamino-äthylester] 400

$C_{20}H_{27}O_5PS$
Benzo[c]chromen-6-on, 3-Diäthoxythiophosphoryloxy-7,9,9-trimethyl-7,8,9,10-tetrahydro- 533

$C_{20}H_{28}O_3$
Androst-4-en-3-on, 9,11-Epoxy-17-hydroxy-17-methyl- 464
Cyclohexanon, 2,3-Epoxy-6-[1-hydroxy-5-isopropenyl-2-methyl-cyclohex-2-enyl]-5-isopropenyl-2-methyl- 463
Furan-2-on, 5-[4-Hexyloxy-5,6,7,8-tetrahydro-[1]naphthyl]-dihydro- 439
Labda-7,14-dien-6-on, 9,13;15,16-Diepoxy- 462
Labda-7,13(16),14-trien-6-on, 15,16-Epoxy-9-hydroxy- 462
6-Oxa-bicyclo[3.2.1]octan-7-on, 8-Äthyl-5-[3-methoxy-4-methylphenäthyl]-1-methyl- 461
Phenanthro[3,2-b]furan-9-on, 4-Hydroxymethyl-4,7,11b-trimethyl-$\Delta^{7a,10a}$-decahydro- 463
Verbindungen $C_{20}H_{28}O_3$ aus 2,3-Epoxy-6-[1-hydroxy-5-isopropenyl-2-methyl-cyclohex-2-enyl]-5-isopropenyl-2-methyl-cyclohexanon 463

$C_{20}H_{28}O_4$
4-Oxa-androst-5-en-3-on, 17-Acetoxy- 239

$C_{20}H_{30}O_2S$
Phthalid, 3-Dodecylmercapto- 162

$C_{20}H_{30}O_3$
Androstan-17-carbonsäure, 3,12-Dihydroxy-, 12-lacton 250
Androstan-3-on, 4,5-Epoxy-17-hydroxy-17-methyl- 249
—, 9,11-Epoxy-17-hydroxy-17-methyl- 250
Heptan-2-on, 1-[8-Hydroxy-7-methyl-3-propyl-isochroman-6-yl]- 246
4a,1-Oxaäthano-phenanthren-12-on, 9-Hydroxy-1,4b,7-trimethyl-7-vinyl-dodecahydro- 247
—, 10-Hydroxy-1,4b,7-trimethyl-7-vinyl-dodecahydro- 248

$C_{20}H_{30}O_5$
Äther, Bis-[4,7-dimethyl-1-oxo-octahydro-cyclopenta[c]pyran-3-yl]- 72

$C_{20}H_{30}O_5S$
Pyran-2-on, 4-Heptyl-3-[toluol-4-sulfonyloxymethyl]-tetrahydro- 46

$C_{20}H_{31}N_3O_3$
Chroman-4-on, 7-Heptyl-6-hydroxy-2,2,8-trimethyl-, semicarbazon 240

$C_{20}H_{32}Cl_2O_4$
Furan-2-on, 3,4-Dichlor-5-palmitoyloxy-5H- 52

$C_{20}H_{32}O_3$
4a,1-Oxaäthano-phenanthren-12-on, 7-Äthyl-9-hydroxy-1,4b,7-trimethyl-dodecahydro- 152
—, 7-Äthyl-10-hydroxy-1,4b,7-trimethyl-dodecahydro- 151
4-Oxa-pregnan-3-on, 20-Hydroxy- 151

$C_{20}H_{32}O_8$
Di-O-acetyl-Derivat $C_{20}H_{32}O_8$ aus 2-[4-Hydroxy-2,6-dimethyl-tetrahydro-pyran-3-yl]-5,7-dimethyl-tetrahydro-pyrano[4,3-d]-[1,3]dioxin-4-ol 37

$C_{20}H_{34}O_3$
Naphth[2,1-b]oxocin-5-on, 10-Hydroxy-3,6a,9,9,12a-pentamethyl-tetradecahydro- 138

$C_{20}H_{36}O_3$
4a,1-Oxaäthano-phenanthren-12-on, 7-[α-Hydroxy-isopropyl]-1,4-dimethyl-dodecahydro- 151

C_{21}-Gruppe

$C_{21}H_{12}O_3$
Dibenzo[a,c]xanthen-14-on, 11-Hydroxy- 852

$C_{21}H_{12}O_8$
Malonsäure-bis-[2-oxo-2H-chromen-7-ylester] 300

$C_{21}H_{13}NO_5$
Chromen-4-on, 7-Hydroxy-2-[2-nitro-phenyl]-3-phenyl- 841
—, 7-Hydroxy-3-[2-nitro-phenyl]-2-phenyl- 842
—, 7-Hydroxy-3-[4-nitro-phenyl]-2-phenyl- 842

$C_{21}H_{13}NO_6$
Benzo[h]chromen-2-on, 4-Methyl-7-[4-nitro-benzoyloxy]- 622
Xanthen-9-on, 3-Methyl-1-[4-nitro-benzoyloxy]- 615

$[C_{21}H_{13}O_4]^+$
Benzo[4,5]furo[3,2-b]chromenylium, 3,8-Dihydroxy-11-phenyl- 723
$[C_{21}H_{13}O_4]Cl$ 723

$C_{21}H_{14}N_4O_6$
Keton, [2]Furyl-[1-hydroxy-[2]naphthyl]-, [2,4-dinitro-phenylhydrazon] 719

$C_{21}H_{14}O_3$
Chromen-4-on, 7-Hydroxy-2,3-diphenyl- 841
Chromen-7-on, 8-Hydroxy-2,4-diphenyl- 842
Cumarin, 7-Hydroxy-3,4-diphenyl- 843
—, 4-[4-Hydroxy-phenyl]-3-phenyl- 843

$C_{21}H_{14}O_3S$
Thioxanthen-9-on, 2-Benzoyloxy-3-methyl- 615
—, 2-Benzoyloxy-4-methyl- 619
—, 4-Benzoyloxy-1-methyl- 614

$C_{21}H_{14}O_4$
Benzo[g]chromen-4-on, 2-[2-Acetoxy-phenyl]- 820
Benzo[h]chromen-4-on, 7-Acetoxy-2-phenyl- 821
Chromen-4-on, 7-Acetoxy-2-[1]naphthyl- 828
—, 7-Acetoxy-2-[2]naphthyl- 828
Cumarin, 7-Acetoxy-4-[1]naphthyl- 829
Xanthen-9-on, 1-Benzoyloxy-3-methyl- 615
—, 1-Phenacyloxy- 599

$C_{21}H_{14}O_5S$
10λ⁶-Thioxanthen-9-on, 4-Benzoyloxy-1-methyl-10,10-dioxo- 614

$C_{21}H_{15}ClO_2S$
Xanthen-9-on, 6-Chlor-4-methyl-1-m-tolylmercapto- 617
—, 6-Chlor-4-methyl-1-o-tolylmercapto- 617
—, 6-Chlor-4-methyl-1-p-tolylmercapto- 618

$C_{21}H_{15}ClO_4S$
Xanthen-9-on, 6-Chlor-4-methyl-1-[toluol-2-sulfonyl]- 617
—, 6-Chlor-4-methyl-1-[toluol-3-sulfonyl]- 617
—, 6-Chlor-4-methyl-1-[toluol-4-sulfonyl]- 618

$C_{21}H_{15}IO_3$
Chroman-4-on, 7-Hydroxy-3-jod-2,3-diphenyl- 836

$C_{21}H_{15}NO_5$
Xanthen-3-on, 4-Hydroxy-1,2-dimethyl-7-nitro-9-phenyl- 837

$[C_{21}H_{16}NO]^+$
Xanthylium, 9-[2-Anilino-vinyl]- 647
$[C_{21}H_{16}NO]ClO_4$ 647
—, 9-[2-Phenylimino-äthyl]- 647
$[C_{21}H_{16}NO]ClO_4$ 647

$C_{21}H_{16}N_4O_6$
Äthanon, 1-[5-Hydroxy-2-methyl-naphtho[1,2-b]furan-3-yl]-, [2,4-dinitro-phenylhydrazon] 649
Chroman-4-on, 7-Hydroxy-2-phenyl-, [2,4-dinitro-phenylhydrazon] 635

$C_{21}H_{16}OS_2$
Thioxanthen-9-on, 4-Methyl-1-m-tolylmercapto- 619
—, 4-Methyl-1-o-tolylmercapto- 618
—, 4-Methyl-1-p-tolylmercapto- 619

$C_{21}H_{16}O_2S$
Xanthen-9-on, 4-Methyl-1-m-tolylmercapto- 616
—, 4-Methyl-1-o-tolylmercapto- 616
—, 4-Methyl-1-p-tolylmercapto- 617

$C_{21}H_{16}O_3$
Äthanon, 1-[4-Hydroxy-3-xanthen-9-yl-phenyl]- 837
Benzofuran-2-on, 5-Methoxy-3,3-diphenyl-3H- 830
Chroman-2-on, 7-Hydroxy-3,4-diphenyl- 836
Chroman-4-on, 6-Hydroxy-2,3-diphenyl- 835
—, 7-Hydroxy-2,3-diphenyl- 836
Dibenz[b,e]oxepin-6-on, 3-Methoxy-11-phenyl-11H- 833
Phthalid, 3-Biphenyl-4-yl-3-methoxy- 830
—, 3-[4-Hydroxy-2-methyl-phenyl]-3-phenyl- 836
—, 3-[4-Hydroxy-3-methyl-phenyl]-3-phenyl- 836
—, 7-Methoxy-3,4-diphenyl- 832
—, 3-[2-Methoxy-phenyl]-3-phenyl- 830
—, 3-[3-Methoxy-phenyl]-3-phenyl- 831
—, 3-[4-Methoxy-phenyl]-3-phenyl- 831

$C_{21}H_{16}O_4$
Benzo[f]chromen-1-on, 2-Acetoxy-2-phenyl-2,3-dihydro- 815
Benzo[h]chromen-4-on, 2-[2-Acetoxy-phenyl]-2,3-dihydro- 814
—, 2-[4-Acetoxy-phenyl]-2,3-dihydro- 815
Naphtho[1,2-c]furan-3-on, 1-Acetoxy-1-p-tolyl-1H- 816
Phthalid, 3-Acetoxy-5-methyl-3-[2]naphthyl- 817
—, 3-Acetoxy-6-methyl-3-[1]naphthyl- 817
—, 3-Acetoxy-6-methyl-3-[2]naphthyl- 817

$C_{21}H_{16}O_4S$
Xanthen-9-on, 4-Methyl-1-[toluol-2-sulfonyl]- 616
—, 4-Methyl-1-[toluol-3-sulfonyl]- 617
—, 4-Methyl-1-[toluol-4-sulfonyl]- 617

$C_{21}H_{16}O_5S_2$
$10\lambda^6$-Thioxanthen-9-on, 4-Methyl-10,10-dioxo-1-[toluol-2-sulfonyl]- 618
—, 4-Methyl-10,10-dioxo-1-[toluol-3-sulfonyl]- 619
—, 4-Methyl-10,10-dioxo-1-[toluol-4-sulfonyl]- 619

$C_{21}H_{16}O_6$
Propan, 1,3-Bis-[2-oxo-2H-chromen-7-yloxy]- 297

$C_{21}H_{17}ClO_2S$
Äthanon, 1-[5-(4'-Chlor-4-methoxy-stilben-α-yl)-[2]thienyl]- 818

$C_{21}H_{18}ClNO_2S$
Äthanon, 1-[5-(4'-Chlor-4-methoxy-stilben-α-yl)-[2]thienyl]-, oxim 818

$C_{21}H_{18}ClN_3O_2S$
Thiophen-2-carbaldehyd, 5-[4'-Chlor-4-methoxy-stilben-α-yl]-, semicarbazon 814

$C_{21}H_{18}N_2O_2$
Chroman-4-on, 3-Hydroxy-2-phenyl-, phenylhydrazon 631

$C_{21}H_{18}N_2O_2S_2$
$1\lambda^6$-Thiochroman-4-on, 1,1-Dioxo-2-phenylmercapto-, phenylhydrazon 169

$C_{21}H_{18}O_2S$
Äthanon, 1-[5-(4-Methoxy-stilben-α-yl)-[2]thienyl]- 817
Keton, [3-Allyl-4-hydroxy-phenyl]-[5-p-tolyl-[2]thienyl]- 818
—, [4-Allyloxy-phenyl]-[5-p-tolyl-[2]thienyl]- 801

$C_{21}H_{18}O_3$
Äthanol, 1-[5-Hydroxy-2-methyl-naphtho[1,2-b]furan-3-yl]-1-phenyl- 649
Chromen-4-on, 8-Allyl-7-allyloxy-2-phenyl- 804
—, 6,8-Diallyl-7-hydroxy-2-phenyl- 818
Naphtho[1,2-b]furan-5-ol, 3-[1-Hydroxy-1-phenyl-äthyl]-2-methyl- 835
Naphtho[1,2-c]furan-3-on, 1-[4-Methoxy-phenyl]-4,8-dimethyl-1H- 818

$C_{21}H_{18}O_4$
Cumarin, 7-Benzoyloxy-6-[3-methyl-but-2-enyl]- 517

$C_{21}H_{18}O_6$
Chromen-4-on, 6-[3-Carboxy-propionyloxymethyl]-3-methyl-2-phenyl- 769

$C_{21}H_{19}ClN_4O_6$
Keton, [5-tert-Butyl-3-chlor-2-hydroxy-phenyl]-[2]furyl-, [2,4-dinitro-phenylhydrazon] 523

$C_{21}H_{19}NO_2S$
Äthanon, 1-[5-(4-Methoxy-stilben-α-yl)-[2]thienyl]-, oxim 817

$C_{21}H_{19}NO_2S_2$
Propan-1-on, 3-[2-Acetylamino-phenylmercapto]-3-phenyl-1-[2]thienyl- 508

$C_{21}H_{20}N_4O_6$
Keton, [2]Furyl-[2-hydroxy-3-isopropyl-6-methyl-phenyl]-, [2,4-dinitro-phenylhydrazon] 523

$C_{21}H_{20}O_3$
Chromen-4-on, 3-Äthyl-2-[4-methoxystyryl]-7-methyl- 808
Furan-2-on, 3-Benzyliden-5-[4-butoxyphenyl]-3H- 793
Propan-1-on, 1-[2]Furyl-3-hydroxy-2,2-dimethyl-3,3-diphenyl- 808

$C_{21}H_{20}O_4$
Benzofuran-3-on, 6-Acetoxy-2-benzyliden-5-butyl- 782
Cumarin, 3,6-Diäthyl-7-benzoyloxy-4-methyl- 437
6-Oxa-bicyclo[3.2.1]octan-7-on, 1-Acetoxy-2,3-diphenyl- 783

$C_{21}H_{20}O_5$
Essigsäure, [4-Oxo-2-phenyl-4H-chromen-7-yloxy]-, butylester 695
—, [4-Oxo-2-phenyl-4H-chromen-7-yloxy]-, sec-butylester 695
—, [4-Oxo-2-phenyl-4H-chromen-7-yloxy]-, isobutylester 695

$C_{21}H_{20}O_6$
Propan, 2,2-Dimethyl-1,3-bis-phthalidyloxy- 159

$C_{21}H_{20}O_8$
Chromen-4-on, 2-[4-Glucopyranosyloxyphenyl]- 704
—, 3-Glucopyranosyloxy-2-phenyl- 687
—, 5-Glucopyranosyloxy-2-phenyl- 689
—, 7-Glucopyranosyloxy-2-phenyl- 697
—, 7-Glucopyranosyloxy-3-phenyl- 708

$C_{21}H_{21}NO_5$
Essigsäure, [4-Oxo-2-phenyl-4H-chromen-7-yloxy]-, [2-dimethylamino-äthylester] 696

$C_{21}H_{22}N_4O_6$
Benzo[h]chromen-4-on, 6-Hydroxy-2,2-dimethyl-2,3,7,8,9,10-hexahydro-, [2,4-dinitro-phenylhydrazon] 448

$C_{21}H_{22}O_3$
Benzofuran-3-on, 2-Benzyliden-5-hexyl-6-hydroxy- 786
Chromen-4-on, 6-Hexyl-7-hydroxy-2-phenyl- 785
Cumarin, 7-Methoxy-8-[3-methyl-3-phenyl-butyl]- 784
Keton, [2-Äthyl-benzofuran-3-yl]-[4-hydroxy-5-isopropyl-2-methylphenyl]- 785
—, [3-Äthyl-benzofuran-2-yl]-[4-hydroxy-5-isopropyl-2-methylphenyl]- 785
—, [7-Isopropyl-3,4-dimethyl-benzofuran-2-yl]-[4-methoxyphenyl]- 784
2-Oxa-spiro[4.5]dec-3-en-1-on, 3-[6-Methoxy-[2]naphthyl]-4-methyl- 785

$C_{21}H_{22}O_4$
Benzo[c]chromen-6-on, 1-Acetoxy-3-[1-äthyl-propyl]-9-methyl- 679
—, 1-Acetoxy-9-methyl-3-pentyl- 678
—, 2-Acetoxy-9-methyl-3-pentyl- 678
—, 3-Acetoxy-9-methyl-1-pentyl- 676
13,17-Seco-östra-1,3,5,7,9-pentaen-17-säure, 13-Hydroxy-3-propionyloxy-, lacton 675

$C_{21}H_{22}O_8$
Chroman-4-on, 2-[4-Glucopyranosyloxyphenyl]- 638
—, 6-Glucopyranosyloxy-2-phenyl- 633
—, 7-Glucopyranosyloxy-2-phenyl- 635

$C_{21}H_{22}O_{10}$
Cumarin, 4-Methyl-7-[tri-O-acetylxylopyranosyloxy]- 338

$C_{21}H_{23}NO_3$
Chromen-4-on, 7-[2-Diäthylaminoäthoxy]-2-phenyl- 697

$C_{21}H_{24}N_4O_6$
Naphtho[2,3-b]furan-9-on, 6-Hydroxy-3,4a,5-trimethyl-4a,5,6,7,8,8a-hexahydro-4H-, [2,4-dinitrophenylhydrazon] 236

$C_{21}H_{24}O_3$
Furan-2-on, 5-[5-Benzyl-2-butoxyphenyl]-dihydro- 664
—, 5-[4-Pentyloxy-biphenyl-3-yl]-dihydro- 650
—, 3,3,4-Triäthyl-5-[6-methoxy-[2]naphthyl]-3H- 680

$C_{21}H_{24}O_4$
Cumarin, 7-Acetoxy-6-[3,7-dimethyl-octa-2,6-dienyl]- 589
Naphtho[2,3-c]chromen-6-on, 3-Acetoxy-2-äthyl-7,7a,8,9,10,11,11a,12-octahydro- 589

$C_{21}H_{26}O_3$
19-Nor-pregna-1,3,5(10)-trien-20-on, 16,17-Epoxy-3-methoxy- 590

$C_{21}H_{26}O_3Se$
Androsta-1,4-dien-3-on, 17-Acetoxy-6,19-episeleno- 542

$C_{21}H_{26}O_4$
Benzo[c]chromen-6-on, 1-Acetoxy-3-isopentyl-9-methyl-7,8,9,10-tetrahydro- 542
—, 1-Acetoxy-9-methyl-3-pentyl-7,8,9,10-tetrahydro- 540
—, 2-Acetoxy-9-methyl-3-pentyl-7,8,9,10-tetrahydro- 541
Cyclopent-2-enon, 4-[2,2-Dimethyl-3-(2-methyl-propenyl)-cyclopropancarbonyloxy]-2-furfuryl-3-methyl- 208
17a-Oxa-D-homo-östra-1,3,5(10)-trien-17-on, 3-Propionyloxy- 538

$C_{21}H_{26}O_4$ *(Fortsetzung)*
O-Benzoyl-Derivat $C_{21}H_{26}O_4$ aus 8-Hydroxy-9-isopropyl-7a-methyl-hexahydro-1,4-äthano-cyclopenta[c]pyran-3-on 127

$C_{21}H_{27}ClO_4$
5a,8-Methano-cyclohepta[5,6]naphtho[2,1-b]furan-2-on, 12a-Chloracetoxy-10b-methyl-Δ^3-dodecahydro- 462

$C_{21}H_{27}N_3O_3$
Oct-1-en-3-on, 1-[2]Furyl-5-[4-methoxy-phenyl]-7-methyl-, semicarbazon 588

$C_{21}H_{28}BrFO_3$
Pregn-9(11)-en-20-on, 5-Brom-16,17-epoxy-6-fluor-3-hydroxy- 468

$C_{21}H_{28}O_3$
Benzo[c]chromen-6-on, 2-Heptyl-3-hydroxy-9-methyl-7,8,9,10-tetrahydro- 546
—, 3-Heptyl-4-hydroxy-9-methyl-7,8,9,10-tetrahydro- 546
—, 1-Hydroxy-9-methyl-3-[1-methylhexyl]-7,8,9,10-tetrahydro- 546

$C_{21}H_{28}O_4$
Androst-4-en-3-on, 17-Acetoxy-11,18-epoxy- 461
5a,8-Methano-cyclohepta[5,6]naphtho[2,1-b]furan-2-on, 12a-Acetoxy-10b-methyl-Δ^3-dodecahydro- 462

$C_{21}H_{30}Br_2O_4$
17-Oxa-D-homo-androstan-16-on, 3-Acetoxy-5,6-dibrom- 150
17-Oxa-D-homo-androstan-17a-on, 3-Acetoxy-5,6-dibrom- 150
17a-Oxa-D-homo-androstan-17-on, 3-Acetoxy-5,6-dibrom- 149

$C_{21}H_{30}Cl_2O_3$
Pregnan-20-on, 5,6-Dichlor-16,17-epoxy-3-hydroxy- 257

$C_{21}H_{30}D_2O_4$
4-Oxa-A-homo-5-androstan-3-on, 17-Acetoxy-11,12-dideuterio- 147

$C_{21}H_{30}O_3$
3,5-Cyclo-pregnan-6-on, 18,20-Epoxy-21-hydroxy- 469
Furan-2-on, 5-[4-Heptyloxy-5,6,7,8-tetrahydro-[1]naphthyl]-dihydro- 439
18-Nor-pregn-4-en-3-on, 13,14-Epoxy-20-hydroxy-17-methyl- 465
Pregn-4-en-3-on, 16,17-Epoxy-20-hydroxy- 466
—, 20,21-Epoxy-17-hydroxy- 464
Pregn-5-en-20-on, 16,17-Epoxy-3-hydroxy- 466
Pregn-7-en-20-on, 16,17-Epoxy-3-hydroxy- 468

$C_{21}H_{30}O_4$
Androstan-3-on, 17-Acetoxy-1,2-epoxy- 242
—, 17-Acetoxy-4,5-epoxy- 243
Androstan-17-on, 3-Acetoxy-5,6-epoxy- 244
—, 3-Acetoxy-9,11-epoxy- 245
—, 3-Acetoxy-11,12-epoxy- 246
—, 3-Acetoxy-14,15-epoxy- 246
17-Oxa-D-homo-androst-5-en-16-on, 3-Acetoxy- 242
17-Oxa-D-homo-androst-5-en-17a-on, 3-Acetoxy- 241
17a-Oxa-D-homo-androst-5-en-17-on, 3-Acetoxy- 241

$C_{21}H_{31}BrO_4$
3,5a-Methano-naphth[2,1-b]oxepin-4-on, 9-Acetoxy-12-brom-3,8,8,11a-tetramethyl-dodecahydro- 151

$C_{21}H_{32}O_3$
Chroman-2-on, 3-Dodecyl-6-hydroxy- 251
Heptan-2-on, 1-[8-Methoxy-7-methyl-3-propyl-isochroman-6-yl]- 246
A-Nor-pregnan-21-säure, 2,16-Dihydroxy-20-methyl-, 16-lacton 257
Pregnan-11-on, 17,20-Epoxy-3-hydroxy- 251
—, 20,21-Epoxy-3-hydroxy- 251
Pregnan-20-on, 5,6-Epoxy-3-hydroxy- 252
—, 9,11-Epoxy-3-hydroxy- 254
—, 16,17-Epoxy-3-hydroxy- 254

$C_{21}H_{32}O_4$
17-Oxa-D-homo-androstan-17a-on, 3-Acetoxy- 149
17a-Oxa-D-homo-androstan-17-on, 3-Acetoxy- 149

$C_{21}H_{33}BrO_3$
Pregnan-20-on, 16-Brom-3,17-dihydroxy- 255

$C_{21}H_{33}NO_3$
Heptan-2-on, 1-[8-Methoxy-7-methyl-3-propyl-isochroman-6-yl]-, oxim 247

C_{22}-Gruppe

$C_{22}H_{12}N_2O_8$
Chromen-4-on, 7-[4-Nitro-benzoyloxy]-2-[4-nitro-phenyl]- 700

$C_{22}H_{12}O_4$
Fluoreno[4,3-b]furan-6-on, 4-Benzoyloxy- 788

$C_{22}H_{14}O_3$
Dibenzo[a,c]xanthen-14-on, 11-Methoxy- 852
Naphtho[2,1-b]furan-2-on, 1-[2-Hydroxy-[1]naphthyl]-1H- 853

$C_{22}H_{14}O_4$
Chromen-4-on, 3-Benzoyloxy-2-phenyl- 687
—, 7-Benzoyloxy-2-phenyl- 694
Cumarin, 4-Benzoyloxy-3-phenyl- 710
—, 7-Benzoyloxy-4-phenyl- 716

$C_{22}H_{14}O_5$
Cumarin, 3-Phenyl-4-salicyloyloxy- 710

$C_{22}H_{15}NO_5$
Chromen-4-on, 7-Benzyloxy-6-nitro-2-phenyl- 699
—, 7-Methoxy-2-[2-nitro-phenyl]-3-phenyl- 842
—, 7-Methoxy-3-[2-nitro-phenyl]-2-phenyl- 842

$[C_{22}H_{15}O_4]^+$
Benzo[4,5]furo[3,2-b]chromenylium, 3-Hydroxy-8-methoxy-11-phenyl- 723
$[C_{22}H_{15}O_4]Cl$ 723

$C_{22}H_{16}Br_2O_3$
Benzofuran-3-on, 2-[4-Benzyloxy-α-brom-benzyl]-2-brom- 644

$C_{22}H_{16}N_2O_4$
o-Phenylendiamin, N,N'-Bis-[2-hydroxy-phenacyliden]- 155

$C_{22}H_{16}N_4O_4S_2$
Äthanon, 1-Benzo[b]thiophen-2-yl-2-phenylmercapto-, [2,4-dinitro-phenylhydrazon] 362
—, 1-Benzo[b]thiophen-3-yl-2-phenylmercapto-, [2,4-dinitro-phenylhydrazon] 362

$C_{22}H_{16}N_4O_7$
Verbindung $C_{22}H_{16}N_4O_7$ aus 2-Acetonyloxy-xanthen-9-on 601

$C_{22}H_{16}O_2S$
Benzo[h]chromen-4-thion, 2-[4-Methoxy-styryl]- 844

$C_{22}H_{16}O_3$
Anthra[9,1-bc]furan-2-on, 6-Hydroxy-3-methyl-10b-phenyl-6,10b-dihydro- 848
Benz[b]indeno[1,2-d]furan-6-on, 3-Hydroxy-5a-methyl-10b-phenyl-5a,10b-dihydro- 848
Benz[b]indeno[2,1-d]furan-10-on, 3-Hydroxy-10a-methyl-5a-phenyl-5a,10a-dihydro- 848
Benz[6,7]indeno[1,2-b]furan-9-on, 10a-Methoxy-7-phenyl-8,10a-dihydro- 844
Benzo[g]chromen-4-on, 10-Methoxy-2-styryl- 843
Benzo[h]chromen-2-on, 4-[2-Methoxy-styryl]- 844
—, 4-[4-Methoxy-styryl]- 844
Benzo[h]chromen-4-on, 2-[2-Methoxy-styryl]- 844
—, 2-[4-Methoxy-styryl]- 844

Benzofuran-3-on, 2-[4-Benzyloxy-benzyliden]- 726
Chroman-4-on, 3-Benzyliden-6-hydroxy-2-phenyl- 846
Chromen-4-on, 6-Benzyl-7-hydroxy-2-phenyl- 846
—, 2-[4-Benzyloxy-phenyl]- 704
—, 6-Benzyloxy-2-phenyl- 691
—, 7-Benzyloxy-2-phenyl- 694
—, 7-Benzyloxy-3-phenyl- 708
Chromen-5-on, 7-Methoxy-2,4-diphenyl- 842
Chromen-7-on, 5-Methoxy-2,4-diphenyl- 842
—, 6-Methoxy-2,4-diphenyl- 842
Cumarin, 7-Benzyloxy-4-phenyl- 716
—, 3-[4-Hydroxy-phenyl]-6-methyl-4-phenyl- 847
—, 6-Methoxy-3,4-diphenyl- 843
—, 7-Methoxy-3,4-diphenyl- 843
Dibenz[b,e]oxepin-6-on, 3-Hydroxy-11-[1-phenyl-äthyliden]-11H- 847
Indeno[1,2-b]furan-2-on, 8b-Methoxy-4-[2]naphthyl-3,8b-dihydro- 845

$C_{22}H_{16}O_4$
Chroman-2-on, 7-Benzoyloxy-4-phenyl- 642
Chroman-4-on, 3-Benzoyloxy-2-phenyl- 631
Dibenz[b,e]oxepin-6-on, 3-Acetoxy-11-phenyl-11H- 833
Furan-3-on, 2-Hydroperoxy-2,4,5-triphenyl- 845
Keton, [5-Acetoxy-2-methyl-naphtho-[1,2-b]furan-3-yl]-phenyl- 835
Phthalid, 7-Acetoxy-3,4-diphenyl- 832
—, 3-[2-Acetoxy-phenyl]-3-phenyl- 830

$C_{22}H_{16}O_5S$
Chromen-4-on, 2-Phenyl-5-[toluol-4-sulfonyloxy]- 689
—, 2-Phenyl-7-[toluol-4-sulfonyloxy]- 697
—, 3-Phenyl-7-[toluol-4-sulfonyloxy]- 709

$C_{22}H_{16}O_{10}$
Cumarin, 4-[3,4,5-Triacetoxy-benzoyloxy]- 289

$[C_{22}H_{18}ClN_2O_3]^+$
Xanthylium, 4-[2-Chlor-3-(4-nitro-anilino)-allyliden]-1,2,3,4-tetrahydro- 581
—, 4-[2-Chlor-3-(4-nitro-phenylimino)-propyliden]-1,2,3,4-tetrahydro- 581

$C_{22}H_{18}N_4O_5S$
Thiochroman-4-on, 8-Methoxy-5-phenyl-, [2,4-dinitro-phenylhydrazon] 642

$C_{22}H_{18}N_4O_6$
Chroman-8-carbaldehyd, 7-Hydroxy-2-phenyl-, [2,4-dinitrophenylhydrazon] 658

$C_{22}H_{18}O_3$
Chroman-2-on, 7-Methoxy-3,4-diphenyl- 836
Chroman-4-on, 7-Benzyloxy-2-phenyl- 634
—, 7-Methoxy-2,3-diphenyl- 836
Furan-2-on, 4-Hydroxy-3,4,5-triphenyl-dihydro- 838
Propan-1-on, 1-Biphenyl-4-yl-2,3-epoxy-3-[4-methoxy-phenyl]- 835

$C_{22}H_{18}O_4$
Naphtho[1,2-c]furan-1-on, 3-Acetoxy-3-[2,3-dimethyl-phenyl]-3H- 818
Phthalid, 3-[2-Biphenyl-2-yloxy-äthoxy]- 158

$[C_{22}H_{19}BrNO]^+$
Xanthylium, 4-[3-Anilino-2-bromallyliden]-1,2,3,4-tetrahydro- 582
$[C_{22}H_{19}BrNO]FeCl_4$ 582
—, 4-[2-Brom-3-phenyliminopropyliden]-1,2,3,4-tetrahydro- 582
$[C_{22}H_{19}BrNO]FeCl_4$ 582

$[C_{22}H_{19}ClNO]^+$
Xanthylium, 4-[3-Anilino-2-chlor-allyliden]-1,2,3,4-tetrahydro- 580
$[C_{22}H_{19}ClNO]FeCl_4$ 580
—, 4-[2-Chlor-3-phenyliminopropyliden]-1,2,3,4-tetrahydro- 580
$[C_{22}H_{19}ClNO]FeCl_4$ 580

$C_{22}H_{20}ClN_3O_2S$
Äthanon, 1-[5-(4'-Chlor-4-methoxy-stilben-α-yl)-[2]thienyl]-, semicarbazon 818

$C_{22}H_{20}N_4O_6$
Benzo[h]chromen-4-on, 6-Methoxy-2,2-dimethyl-2,3-dihydro-, [2,4-dinitro-phenylhydrazon] 580

$C_{22}H_{21}N_3O_2S$
Äthanon, 1-[5-(4-Methoxy-stilben-α-yl)-[2]thienyl]-, semicarbazon 817

$C_{22}H_{22}O_3$
Furan-2-on, 4-[α,α'-Diäthyl-4'-hydroxy-stilben-4-yl]-5H- 808

$C_{22}H_{22}O_4$
Benzofuran-3-on, 6-Acetoxy-2-benzyliden-5-pentyl- 784
Cumarin, 6-Äthyl-7-benzyloxy-4-methyl-3-propyl- 446
Naphtho[2,3-b]furan-2-on, 8-Benzyloxy-3,5,7-trimethyl-3a,4,9,9a-tetrahydro-3H- 450

$C_{22}H_{22}O_5$
Essigsäure, [4-Oxo-2-phenyl-4H-chromen-7-yloxy]-, isopentylester 696

—, [4-Oxo-2-phenyl-4H-chromen-7-yloxy]-, [2-methyl-butylester] 696
—, [4-Oxo-2-phenyl-4H-chromen-7-yloxy]-, pentylester 696

$C_{22}H_{22}O_8$
Chromen-4-on, 7-Glucopyranosyloxy-2-methyl-3-phenyl- 740
—, 7-Glucopyranosyloxy-3-methyl-2-phenyl- 742

$C_{22}H_{23}NO_4$
Naphtho[2,3-b]furan-2-on, 3,5,7-Trimethyl-8-phenylcarbamoyloxy-3a,4,9,9a-tetrahydro-3H- 450

$C_{22}H_{23}N_3O_3$
Propan-1-on, 1-[2]Furyl-3-hydroxy-2,2-dimethyl-3,3-diphenyl-, semicarbazon 808

$C_{22}H_{24}N_2O_8$
Ambros-7(11)-en-12-säure, 4-[3,5-Dinitro-benzoyloxy]-6-hydroxy-, lacton 144

$C_{22}H_{24}N_8O_9$
Oxacycloundecan-6,7-dion-bis-[2,4-dinitro-phenylhydrazon] 42

$C_{22}H_{24}O_3$
Furan-2-on, 4-[α,α'-Diäthyl-4'-hydroxy-bibenzyl-4-yl]-5H- 786
Keton, [2-Äthyl-benzofuran-3-yl]-[5-isopropyl-4-methoxy-2-methyl-phenyl]- 785
—, [3-Äthyl-benzofuran-2-yl]-[5-isopropyl-4-methoxy-2-methyl-phenyl]- 785

$C_{22}H_{24}O_4$
6,9-Cyclo-cyclobuta[1,2]pentaleno[1,6a-b]furan-2-on, 7a-Benzyloxy-3,6,8a-trimethyl-octahydro- 236

$C_{22}H_{26}O_3$
Butan-1-on, 2,3-Epoxy-4-hydroxy-1,4-dimesityl- 681
Furan-2-on, 5-[5-Benzyl-2-pentyloxy-phenyl]-dihydro- 664
19-Nor-pregna-1,3,5(10),20-tetraen-21-carbonsäure, 17-Hydroxy-3-methoxy-, lacton 680
19-Nor-pregna-1,3,5(10),6-tetraen-20-on, 16,17-Epoxy-3-methoxy-1-methyl- 681

$C_{22}H_{26}O_4$
Eudesm-4(15)-en-12-säure, 3-Benzoyloxy-8-hydroxy-, lacton 145
19-Nor-pregna-1,3,5(10)-trien-20-on, 3-Acetoxy-16,17-epoxy- 590
7-Oxa-dispiro[5.1.5.2]pentadecan-14-on, 15-Benzoyloxymethylen- 144
Propionsäure, 2-[6-Benzoyloxy-2-hydroxy-3-isopropenyl-4-methyl-4-vinyl-cyclohexyl]-, lacton 143

$C_{22}H_{27}NO_4$
Ambros-7(11)-en-12-säure, 6-Hydroxy-4-phenylcarbamoyloxy-, lacton 144

$C_{22}H_{28}O_3$
19-Nor-pregna-1,3,5(10)-trien-21-carbonsäure, 17-Hydroxy-3-methoxy-, lacton 590
19-Nor-pregna-1,3,5(10)-trien-20-on, 16,17-Epoxy-3-methoxy-1-methyl- 591

$C_{22}H_{28}O_4$
Naphtho[2,3-b]furan-2-on, 6-Benzoyloxy-3,5,8a-trimethyldecahydro- 132

$C_{22}H_{28}O_{13}$
Cumarin, 7-Cellobiosyloxy-4-methyl- 340
—, 7-Maltosyloxy-4-methyl- 339

$C_{22}H_{30}O_3$
Benzo[c]chromen-6-on, 3-[1,2-Dimethyl-hexyl]-1-hydroxy-9-methyl-7,8,9,10-tetrahydro- 548
—, 1-Hydroxy-9-methyl-3-[1-methyl-heptyl]-7,8,9,10-tetrahydro- 547
—, 3-Hydroxy-9-methyl-2-[1-methyl-heptyl]-7,8,9,10-tetrahydro- 547
—, 1-Hydroxy-9-methyl-3-octyl-7,8,9,10-tetrahydro- 547
—, 3-Hydroxy-9-methyl-2-octyl-7,8,9,10-tetrahydro- 547
—, 1-Hydroxy-9-methyl-3-[1-propyl-pentyl]-7,8,9,10-tetrahydro- 548
Pregna-5,20-dien-21-carbonsäure, 3,17-Dihydroxy-, 17-lacton 548

$C_{22}H_{30}O_4$
4a,1-Oxaäthano-phenanthren-12-on, 9-Acetoxy-1,4b,7-trimethyl-7-vinyl-1,3,4,4b,5,6,7,8,10,10a-decahydro-2H- 464
4-Oxa-pregna-5,17(20)-dien-3-on, 20-Acetoxy- 463
Pregn-5-en-20-on, 16,17-Epoxy-3-formyloxy- 467

$C_{22}H_{31}O_5PS$
Benzo[c]chromen-6-on, 3-Diisopropoxythiophosphoryloxy-7,9,9-trimethyl-7,8,9,10-tetrahydro- 533

$C_{22}H_{32}O_2$
Verbindung $C_{22}H_{32}O_2$ aus 3-Acetoxy-16-hydroxy-20-methyl-pregnan-21-säure-lacton 260

$C_{22}H_{32}O_3$
Cumarin, 6-Dodecyl-5-hydroxy-4-methyl- 469
—, 6-Dodecyl-7-hydroxy-4-methyl- 469
23,24-Dinor-20-chol-4-en-3-on, 20,22-Epoxy-21-hydroxy- 469
Pregn-5-en-16-carbonsäure, 3,20-Dihydroxy-, 20-lacton 470

Pregn-5-en-21-carbonsäure, 3,17-Dihydroxy-, 17-lacton 470
Pregn-5-en-20-on, 16,17-Epoxy-3-hydroxy-6-methyl- 471
—, 16,17-Epoxy-3-methoxy- 467

$C_{22}H_{32}O_4$
Androstan-17-carbonsäure, 3-Acetoxy-12-hydroxy-, lacton 250
—, 3-Acetoxy-14-hydroxy-, lacton 251
Androstan-3-on, 1,2-Epoxy-17-propionyloxy- 242
Androstan-17-on, 5,6-Epoxy-3-propionyloxy- 244
Heptan-2-on, 1-[8-Acetoxy-7-methyl-3-propyl-isochroman-6-yl]- 247
D-Homo-androstan-17-on, 3-Acetoxy-5,6-epoxy- 249
D-Homo-androstan-17a-on, 3-Acetoxy-5,6-epoxy- 249
4a,1-Oxaäthano-phenanthren-12-on, 9-Acetoxy-7-äthyl-1,4b,7-trimethyl-1,3,4,4b,5,6,7,8,10,10a-decahydro-2H- 247
—, 9-Acetoxy-1,4b,7-trimethyl-7-vinyl-dodecahydro- 248
—, 10-Acetoxy-1,4b,7-trimethyl-7-vinyl-dodecahydro- 248

$C_{22}H_{34}O_3$
Phthalid, 3-Tetradecyloxy- 157
Pregnan-21-carbonsäure, 3,17-Dihydroxy-, 17-lacton 258
Pregnan-21-säure, 3,12-Dihydroxy-20-methyl-, 12-lacton 262
—, 3,16-Dihydroxy-20-methyl-, 16-lacton 258

$C_{22}H_{34}O_4$
4a,1-Oxaäthano-phenanthren-12-on, 10-Acetoxy-7-äthyl-1,4b,7-trimethyl-dodecahydro- 152

$C_{22}H_{40}O_4$
Furan-2-on, 4,4-Dimethyl-3-palmitoyloxy-dihydro- 24

$C_{22}H_{42}O_3$
Oxacyclotricosan-12-on, 13-Hydroxy- 48

C_{23}-Gruppe

$C_{23}H_{10}Br_4O_3$
Tetrabrom-Derivat $C_{23}H_{10}Br_4O_3$ aus 6-Hydroxy-9-[1]naphthyl-xanthen-3-on und aus 6-Hydroxy-9-[2]naphthyl-xanthen-3-on 858

$C_{23}H_{12}O_3$
Benzo[h]phenanthro[1,10,9-cde]chromen-6-on, 14-Hydroxy- 861

$C_{23}H_{14}N_4O_7$
Fluoreno[4,3-b]furan-6-on, 4-Acetoxy-, [2,4-dinitro-phenylhydrazon] 788

$C_{23}H_{14}O_3$
Benzo[f]chromen-1-on, 3-[1-Hydroxy-[2]naphthyl]- 859
—, 3-[3-Hydroxy-[2]naphthyl]- 859
Benzo[g]chromen-4-on, 2-[2-Hydroxy-[1]naphthyl]- 857
Benzo[h]chromen-4-on, 2-[1-Hydroxy-[2]naphthyl]- 858
—, 2-[3-Hydroxy-[2]naphthyl]- 858
Xanthen-3-on, 6-Hydroxy-9-[1]-naphthyl- 857
—, 6-Hydroxy-9-[2]naphthyl- 857

$C_{23}H_{14}O_4$
Dibenzo[a,c]xanthen-14-on, 11-Acetoxy- 852

$C_{23}H_{14}O_5S$
Benzo[b]xanthen-12-on, 1-Benzolsulfonyloxy- 811

$C_{23}H_{16}O_3$
Chroman-4-on, 2-[9]Anthryl-7-hydroxy- 855
Furan-2-on, 3-Benzyliden-5-[4-phenoxy-phenyl]-3H- 793

$C_{23}H_{16}O_4$
Chromen-4-on, 7-Benzoyloxy-3-methyl-2-phenyl- 742
Cumarin, 7-Benzoyloxy-4-benzyl- 738
—, 7-Benzoyloxy-4-p-tolyl- 739
Furan-2-on, 4-Benzoyloxy-5,5-diphenyl-5H- 729
Furan-3-on, 2-Benzoyloxy-2,5-diphenyl- 733

$C_{23}H_{16}O_8$
Malonsäure-bis-[4-methyl-2-oxo-2H-chromen-7-ylester] 337

$C_{23}H_{17}NO_5$
Chroman-4-on, 2-[4-Methoxy-phenyl]-3-[2-nitro-benzyliden]- 846

$[C_{23}H_{17}O_2]^+$
Chromenylium, 4-Phenacyl-2-phenyl- 851
$[C_{23}H_{17}O_2]FeCl_4$ 851

$C_{23}H_{18}N_2O_6S$
Furan-2-on, 5-[(2,4-Dinitro-phenylmercapto)-methyl]-3,3-diphenyl-dihydro- 665

$C_{23}H_{18}N_4O_6$
Äthanon, 1-[6-Benzyloxy-benzofuran-2-yl]-, [2,4-dinitro-phenylhydrazon] 360
—, 1-[4-Methoxy-benzofuran-5-yl]-2-phenyl-, [2,4-dinitro-phenylhydrazon] 752
Benzofuran-2-carbaldehyd, 3-Benzyl-6-methoxy-, [2,4-dinitro-phenylhydrazon] 753

$C_{23}H_{18}O_2S$
Chromen-4-on, 2-[β-Phenylmercapto-phenäthyl]- 762

$C_{23}H_{18}O_3$
Benz[b]indeno[1,2-d]furan-6-on, 3-Hydroxy-1,5a-dimethyl-10b-phenyl-5a,10b-dihydro- 851
Benz[b]indeno[2,1-d]furan-10-on, 3-Hydroxy-1,10a-dimethyl-5a-phenyl-5a,10a-dihydro- 851
Benzo[h]chromen-4-on, 2-[4-Methoxy-styryl]-3-methyl- 848
Chroman-4-on, 3-Benzyliden-6-methoxy-2-phenyl- 846
—, 3-[4-Methoxy-benzyliden]-2-phenyl- 846
Chromen-5-on, 7-Methoxy-6-methyl-2,4-diphenyl- 847
Chromen-7-on, 5-Methoxy-8-methyl-2,4-diphenyl- 847
Cumarin, 6-Bibenzyl-α-yl-7-hydroxy- 850
—, 8-Bibenzyl-α-yl-7-hydroxy- 850
Furan-3-on, 2-Methoxy-2,4,5-triphenyl- 845
Keton, [6-Benzyloxy-3-methyl-benzofuran-2-yl]-phenyl- 753
Naphtho[3,2,1-kl]xanthen-9-on, 13b-Methoxy-2,7-dimethyl-13bH- 849

$C_{23}H_{18}O_4$
Chroman-4-on, 7-Acetoxy-2,3-diphenyl- 836
Furan-2-on, 3-Benzoyloxy-4,5-diphenyl-dihydro- 651

$C_{23}H_{18}O_5$
Chroman-4-on, 3-[4-Methoxy-benzoyloxy]-2-phenyl- 631

$C_{23}H_{19}NO_2$
Chromen-4-on, 2-[4-Methoxy-phenyl]-, benzylimin 704

$C_{23}H_{20}N_4O_6$
Äthanon, 1-[7-Hydroxy-2-phenyl-chroman-8-yl]-, [2,4-dinitro-phenylhydrazon] 667
Chroman-6-carbaldehyd, 7-Hydroxy-8-methyl-2-phenyl-, [2,4-dinitro-phenylhydrazon] 669
Chroman-8-carbaldehyd, 7-Hydroxy-5-methyl-2-phenyl-, [2,4-dinitro-phenylhydrazon] 668
—, 7-Hydroxy-6-methyl-2-phenyl-, [2,4-dinitro-phenylhydrazon] 669

$C_{23}H_{20}O_4$
Naphtho[1,2-c]furan-1-on, 3-Acetoxy-3-[4-isopropyl-phenyl]-3H- 819
—, 3-Acetoxy-3-[3,4,5-trimethyl-phenyl]-3H- 819
Naphtho[1,2-c]furan-3-on, 1-Acetoxy-1-[4-isopropyl-phenyl]-1H- 819
—, 1-Acetoxy-1-[3,4,5-trimethyl-phenyl]-1H- 819

[$C_{23}H_{21}ClNO_2$]⁺
Xanthylium, 4-[3-p-Anisidino-2-chlorallyliden]-1,2,3,4-tetrahydro- 581
[$C_{23}H_{21}ClNO_2$]ClO_4 581
—, 4-[2-Chlor-3-(4-methoxyphenylimino)-propyliden]-1,2,3,4-tetrahydro- 581
[$C_{23}H_{21}ClNO_2$]ClO_4 581
[$C_{23}H_{21}N_2O$]⁺
Xanthylium, 9-[2-(4-Dimethylaminoanilino)-vinyl] 647
[$C_{23}H_{21}N_2O$]ClO_4 647
—, 9-[2-(4-Dimethylaminophenylimino)-äthyl]- 647
[$C_{23}H_{21}N_2O$]ClO_4 647
$C_{23}H_{24}N_4O_6$
Naphtho[8a,1,2-de]chromen-3-on, 8-Methoxy-1,5,6,11,12,12a-hexahydro-2H-, [2,4-dinitro-phenylhydrazon] 534
$C_{23}H_{24}N_4O_7$
7-Oxa-norbornan-2-on, 3-Benzoyloxy-1-isopropyl-4-methyl-, [2,4-dinitrophenylhydrazon] 74
$C_{23}H_{24}O_3$
Dibenzo[c,h]chromen-6-on, 8-Cyclohexyl-1-hydroxy-7,8,9,10-tetrahydro- 809
—, 8-Cyclohexyl-2-hydroxy-7,8,9,10-tetrahydro- 809
—, 8-Cyclohexyl-3-hydroxy-7,8,9,10-tetrahydro- 810
Furan-2-on, 4-[α,α'-Diäthyl-4'-methoxy-stilben-4-yl]-5H- 808
$C_{23}H_{24}O_4$
Benzofuran-3-on, 6-Acetoxy-2-benzyliden-5-hexyl- 786
Chromen-4-on, 7-Acetoxy-6-hexyl-2-phenyl- 785
Cumarin, 6-Äthyl-7-benzoyloxy-3-butyl-4-methyl- 458
$C_{23}H_{24}O_5$
Essigsäure, [4-Oxo-2-phenyl-4H-chromen-7-yloxy]-, hexylester 696
$C_{23}H_{24}O_{12}$
Cumarin, 4-[Tetra-O-acetyl-glucopyranosyloxy]- 290
—, 7-[Tetra-O-acetyl-glucopyranosyloxy]- 301
$C_{23}H_{25}NO_5$
Essigsäure, [4-Oxo-2-phenyl-4H-chromen-7-yloxy]-, [2-diäthylamino-äthylester] 696
$C_{23}H_{26}O_3$
Benzofuran-3-on, 2-[4-Hydroxy-5-isopropyl-2-methyl-benzyliden]-7-isopropyl-4-methyl- 787

Furan-2-on, 4-[α,α'-Diäthyl-4'-methoxy-bibenzyl-4-yl]-5H- 786
19-Nor-carda-1,3,5,7,9-pentaenolid, 3-Methoxy- 787
[$C_{23}H_{28}NO_3$]⁺
Ammonium, Triäthyl-[2-(4-oxo-2-phenyl-4H-chromen-7-yloxy)-äthyl]- 697
[$C_{23}H_{28}NO_3$]I 697
$C_{23}H_{28}O_3$
Furan-2-on, 5-[5-Benzyl-2-hexyloxy-phenyl] dihydro 661
$C_{23}H_{30}O_3$
Carda-3,5,20(22)-trienolid, 14-Hydroxy- 591
Carda-5,14,20(22)-trienolid, 3-Hydroxy- 592
Carda-8,14,20,(22)-trienolid, 3-Hydroxy- 592
Carda-14,16,20(22)-trienolid, 3-Hydroxy- 593
19,21-Dinor-chola-1,3,5(10)-trien-24-säure, 17-Hydroxy-3-methoxy-, lacton 591
19,24-Dinor-chola-1,3,5(10)-trien-23-säure, 17-Hydroxy-3-methoxy-, lacton 591
Verbindung $C_{23}H_{30}O_3$ aus 3-Hydroxy-carda-8,14,20(22)-trienolid 592
$C_{23}H_{30}O_4$
Pregna-7,9(11)-dien-20-on, 3-Acetoxy-16,17-epoxy- 546
$C_{23}H_{30}O_5$
Keton $C_{23}H_{30}O_5$ aus 3-Hydroxy-card-8(14)-enolid 474
$C_{23}H_{32}Cl_2O_4$
Pregnan-20-on, 3-Acetoxy-5,6-dichlor-16,17-epoxy- 257
$C_{23}H_{32}O_3$
Benzo[c]chromen-6-on, 3-[1,1-Dimethyl-heptyl]-1-hydroxy-9-methyl-7,8,9,10-tetrahydro- 549
—, 3-[1,2-Dimethyl-heptyl]-1-hydroxy-9-methyl-7,8,9,10-tetrahydro- 549
—, 1-Hydroxy-9-methyl-3-[1-methyl-octyl]-7,8,9,10-tetrahydro- 549
—, 1-Hydroxy-9-methyl-3-[1,2,4-trimethyl-hexyl]-7,8,9,10-tetrahydro- 549
Carda-5,20(22)-dienolid, 3-Hydroxy- 550
Carda-8(14),20(22)-dienolid, 3-Hydroxy- 552
Carda-8,20(22)-dienolid, 3-Hydroxy- 552
Carda-14,16-dienolid, 3-Hydroxy- 558
Carda-14,20(22)-dienolid, 3-Hydroxy- 554
Carda-16,20(22)-dienolid, 3-Hydroxy- 557

$C_{23}H_{32}O_4$
18-Nor-pregn-4-en-3-on, 20-Acetoxy-13,14-epoxy-17-methyl- 465
Pregn-4-en-3-on, 20-Acetoxy-16,17-epoxy- 466
—, 21-Acetoxy-17,20-epoxy- 464
Pregn-5-en-20-on, 3-Acetoxy-16,17-epoxy- 467
Pregn-7-en-20-on, 3-Acetoxy-9,11-epoxy- 465
—, 3-Acetoxy-16,17-epoxy- 468
Pregn-9(11)-en-20-on, 3-Acetoxy-16,17-epoxy- 468
Pregn-16-en-20-on, 3-Acetoxy-14,15-epoxy- 465
Verbindung $C_{23}H_{32}O_4$ aus 3-Acetoxy-16,17-epoxy-17-pregn-5-en-20-on 468

$C_{23}H_{32}O_5$
Naphtho[1,8-*bc*]furan-2-on, 6-[*p*-Menthan-3-yloxy-acetoxy]-2a,5,5a,6,8a,8b-hexahydro- 217
Keton $C_{23}H_{32}O_5$ aus 3-Hydroxy-card-8(14)-enolid 474

$C_{23}H_{33}BrO_4$
Pregnan-20-on, 3-Acetoxy-21-brom-16,17-epoxy- 257

$C_{23}H_{33}N_3O_2S_2$
Thiophen-2-carbaldehyd, 5-Dodecylmercapto-, [4-nitro-phenylhydrazon] 89

$C_{23}H_{34}Br_2O_3$
24-Nor-cholan-23-säure, 5,6-Dibrom-3,17-dihydroxy-, 17-lacton 266

$C_{23}H_{34}O_3$
Card-8(14)-enolid, 3-Hydroxy- 474
Card-14-enolid, 3-Hydroxy- 474
Card-20(22)-enolid, 3-Hydroxy- 471
24-Nor-chol-5-en-23-säure, 3,17-Dihydroxy-, 17-lacton 475, 476

$C_{23}H_{34}O_4$
Chroman-2-on, 6-Acetoxy-3-dodecyl- 251
A-Nor-pregnan-21-säure, 2-Acetoxy-16-hydroxy-20-methyl-, lacton 257
Phenanthro[2,1-*b*]furan-2-on, 7-Acetoxy-3a,3b,6,6,9a-pentamethyl-Δ^{11}-dodecahydro- 251
Pregnan-11-on, 3-Acetoxy-17,20-epoxy- 252
Pregnan-20-on, 3-Acetoxy-5,6-epoxy- 253
—, 3-Acetoxy-9,11-epoxy- 254
—, 3-Acetoxy-14,15-epoxy- 254
—, 3-Acetoxy-16,17-epoxy- 256
Pregnan-18-säure, 3-Acetoxy-20-hydroxy-, lacton 252

$C_{23}H_{35}NO_4$
Pregnan-20-on, 3-Acetoxy-5,6-epoxy-, oxim 254

$C_{23}H_{35}N_3O_4$
D-Homo-androstan-17-on, 3-Acetoxy-5,6-epoxy-, semicarbazon 249
D-Homo-androstan-17a-on, 3-Acetoxy-5,6-epoxy-, semicarbazon 249

$C_{23}H_{36}O_3$
Cardanolid, 3-Hydroxy- 263
—, 11-Hydroxy- 266
21-Nor-cholan-24-säure, 3,20-Dihydroxy-, 20-lacton 263
24-Nor-cholan-23-säure, 3,17-Dihydroxy-, 17-lacton 266

$C_{23}H_{40}OS_2$
Thiophen-2-carbaldehyd, 5-Octadecylmercapto- 86

C_{24}-Gruppe

$C_{24}H_{14}O_4$
Benzo[*b*]xanthen-12-on, 1-Benzoyloxy- 811
Xanthen-9-on, 1-[2]Naphthoyloxy- 600

$C_{24}H_{16}Br_2O_4$
Cumarin, 7-Benzoyloxy-8-benzyl-3,6-dibrom-4-methyl- 766

$C_{24}H_{16}O_3$
Benz[*de*]isochromen-1-on, 3-[4-Hydroxy-phenyl]-3-phenyl-3*H*- 860
Benzo[*f*]chromen-1-on, 3-[1-Methoxy-[2]naphthyl]- 859
—, 3-[2-Methoxy-[1]naphthyl]- 859
—, 3-[3-Methoxy-[2]naphthyl]- 859
Benzo[*g*]chromen-4-on, 2-[2-Methoxy-[1]naphthyl]- 857
—, 2-[3-Methoxy-[2]naphthyl]- 857
Benzo[*h*]chromen-4-on, 2-[1-Methoxy-[2]naphthyl]- 858
—, 2-[3-Methoxy-[2]naphthyl]- 858
Naphtho[2,1-*b*]furan-2-on, 8-Hydroxy-1,1-diphenyl-1*H*- 859
Phthalid, 3-[2-Hydroxy-[1]naphthyl]-3-phenyl- 860
—, 3-[4-Hydroxy-[1]naphthyl]-3-phenyl- 860

$C_{24}H_{16}O_4$
Naphtho[1,2-*c*]furan-1-on, 3-Acetoxy-3-[1]naphthyl-3*H*- 853
Naphtho[1,2-*c*]furan-3-on, 1-Acetoxy-1-[1]naphthyl-1*H*- 852
—, 1-Acetoxy-1-[2]naphthyl-1*H*- 852
Naphtho[2,1-*b*]furan-2-on, 1-[2-Acetoxy-[1]naphthyl]-1*H*- 853

$C_{24}H_{16}O_6$
Cumarin, 4-[2-Acetoxy-benzoyloxy]-3-phenyl- 710

$C_{24}H_{17}BrO_4$
Cumarin, 7-Benzoyloxy-8-benzyl-3-brom-4-methyl- 766

$C_{24}H_{18}O_3$
Äthanon, 2-[6-Methoxy-2-phenyl-chromen-4-yliden]-1-phenyl- 854
—, 2-[7-Methoxy-2-phenyl-chromen-4-yliden]-1-phenyl- 855
—, 2-[8-Methoxy-2-phenyl-chromen-4-yliden]-1-phenyl- 855
Benzo[f]chromen-1-on, 3-[2-Methoxy-[1]naphthyl]-2,3-dihydro- 855
Benzophenon, 4-Methoxy-4'-[5-phenyl-[2]furyl]- 853
Chromen-4-on, 7-Benzyloxy-2-styryl- 795
—, 7-Methoxy-3-phenyl-2-styryl- 854
Cumarin, 4-[4-Methoxy-styryl]-3-phenyl- 855
Keton, [2,5-Diphenyl-[3]furyl]-[4-methoxy-phenyl]- 854
Pyran-2-on, 6-[4-Methoxy-phenyl]-4,5-diphenyl- 853

$C_{24}H_{18}O_4$
Anthra[9,1-bc]furan-2-on, 6-Acetoxy-3-methyl-10b-phenyl-6H- 848
Chromen-4-on, 7-Acetoxy-6-benzyl-2-phenyl- 847
—, 6-Benzoyloxymethyl-3-methyl-2-phenyl- 769
Cumarin, 7-Benzoyloxy-3-benzyl-4-methyl- 765
Dibenz[b,e]oxepin-6-on, 3-Acetoxy-11-[1-phenyl-äthyliden]-11H- 848
Furan-2-on, 4-Benzoyloxy-5-benzyl-3-phenyl-5H- 761
Furan-3-on, 2-Acetoxy-2,4,5-triphenyl- 845
—, 2-Benzoyloxy-4-methyl-2,5-diphenyl- 762
O-Acetyl-Derivat $C_{24}H_{18}O_4$ aus 3-Hydroxy-10a-methyl-5a-phenyl-5a,10a-dihydro-benz[b]indeno[2,1-d]-furan-10-on und aus 3-Hydroxy-5a-methyl-10b-phenyl-5a,10b-dihydro-benz[b]indeno[1,2-d]furan-6-on 848

$C_{24}H_{19}BrO_3$
Furan-2-on, 4-Benzyl-5-[4-brom-phenyl]-5-methoxy-3-phenyl-5H- 850

$C_{24}H_{19}ClO_3$
Furan-2-on, 4-Benzyl-5-[4-chlor-phenyl]-5-methoxy-3-phenyl-5H- 850

$C_{24}H_{19}NOS$
Thiophen-2-carbaldehyd, 5-Propoxy-, pyren-1-ylimin 83

$C_{24}H_{19}NS_2$
Thiophen-2-carbaldehyd, 5-Propylmercapto-, pyren-1-ylimin 86

$C_{24}H_{20}N_4O_6$
Äthanon, 1-[3-Benzyl-6-methoxy-benzofuran-2-yl]-, [2,4-dinitro-phenylhydrazon] 772

$C_{24}H_{20}N_4O_7$
Chroman-8-carbaldehyd, 7-Acetoxy-2-phenyl-, [2,4-dinitro-phenylhydrazon] 658

$C_{24}H_{20}O_2S$
Chromen-4-on, 2-[β-m-Tolylmercapto-phenäthyl]- 763
—, 2-[β-o-Tolylmercapto-phenäthyl]- 762
—, 2-[β-p-Tolylmercapto-phenäthyl]- 763
Cumarin, 6-Methyl-4-[β-phenylmercapto-phenäthyl]- 776
—, 7-Methyl-4-[β-phenylmercapto-phenäthyl]- 777

$C_{24}H_{20}O_3$
Äthanon, 2-[6-Methoxy-2-phenyl-4H-chromen-4-yl]-1-phenyl- 850
—, 2-[7-Methoxy-2-phenyl-4H-chromen-4-yl]-1-phenyl- 851
—, 2-[8-Methoxy-2-phenyl-4H-chromen-4-yl]-1-phenyl- 851
Cumarin, 6-Bibenzyl-α-yl-7-methoxy- 850
Furan-3-on, 2-Äthoxy-2,4,5-triphenyl- 845
Naphtho[3,2,1-kl]xanthen-9-on, 13b-Äthoxy-2,7-dimethyl-13bH- 849

$C_{24}H_{20}O_4S$
Cumarin, 4-[β-Benzolsulfonyl-phenäthyl]-7-methyl- 777

$[C_{24}H_{21}BrNO_2]^+$
Xanthylium, 4-[3-(N-Acetyl-anilino)-2-brom-allyliden]-1,2,3,4-tetrahydro- 582

$[C_{24}H_{21}ClNO_2]^+$
Xanthylium, 4-[3-(N-Acetyl-anilino)-2-chlor-allyliden]-1,2,3,4-tetrahydro- 580

$C_{24}H_{21}NO_4$
Spiro[benzofuran-2,1'-cyclohexan]-3-on, 4'-[1]Naphthylcarbamoyloxy- 430

$C_{24}H_{22}Cl_2O_3Te$
Furan-2-on, 5-{[Dichlor-(4-methoxy-phenyl)-λ⁴-tellanyl]-methyl}-3,3-diphenyl-dihydro- 665

$C_{24}H_{22}O_3$
Phthalid, 3-[4-Hydroxy-2-isopropyl-5-methyl-phenyl]-3-phenyl- 839
—, 3-[4-Hydroxy-5-isopropyl-2-methyl-phenyl]-3-phenyl- 839

$C_{24}H_{22}O_4$
Pyran-2-on, 6-Cyclopent-1-enyl-4-[4-phenyl-phenacyloxy]-5,6-dihydro- 141

$C_{24}H_{24}N_4O_5S$
Naphth[2,1-f]isothiochromen-12-on, 8-Methoxy-1,3,4,4a,4b,5,6,12a-octahydro-, [2,4-dinitro-phenylhydrazon] 586

$C_{24}H_{24}O_3$
D-Homo-gona-1,3,5(10),9(11)-tetraen-17a-on, 17-Furfuryliden-3-methoxy- 819

$C_{24}H_{24}O_4$
Chromen-4-on, 7-Acetoxy-6-cyclohexyl-2-methyl-3-phenyl- 809

$C_{24}H_{26}N_6O_{10}$
Citronensäure-tris-[5-hydroxymethyl-furfurylidenhydrazid] 110

$C_{24}H_{26}O_3$
Chrysen-3-on, 1-[2]Furyl-8-methoxy-12a-methyl-1,4b,5,6,10b,11,12,12a-octahydro-2H- 810
D-Homo-gona-1,3,5(10)-trien-17a-on, 17-Furfuryliden-3-methoxy- 810
Propenon, 3-[2-Äthyl-benzofuran-3-yl]-1-[5-isopropyl-4-methoxy-2-methyl-phenyl]- 809

$C_{24}H_{26}O_4$
Chromen-4-on, 7-Acetoxy-6-hexyl-2-methyl-3-phenyl- 787
Furan-2-on, 4-[4'-Acetoxy-α,α'-diäthyl-bibenzyl-4-yl]-5H- 786

$C_{24}H_{26}O_6$
Pentan, 2,2,4-Trimethyl-1,3-bis-phthalidyloxy- 159

$C_{24}H_{26}O_{12}$
Chromen-4-on, 3-Methyl-7-[tetra-O-acetyl-glucopyranosyloxy]- 323
Cumarin, 4-Methyl-7-[tetra-O-acetyl-galactopyranosyloxy]- 339
—, 4-Methyl-7-[tetra-O-acetyl-glucopyranosyloxy]- 339
—, 6-Methyl-4-[tetra-O-acetyl-glucopyranosyloxy]- 353
Furan-2-on, 4-[4-(Tetra-O-acetyl-glucopyranosyloxy)-phenyl]-5H- 312

$C_{24}H_{28}N_8O_9$
Oxacyclotridecan-7,8-dion-bis-[2,4-dinitro-phenylhydrazon] 45

$C_{24}H_{28}O_3$
Benzofuran-3-on, 7-Isopropyl-2-[5-isopropyl-4-methoxy-2-methyl-benzyliden]-4-methyl- 787
Bufa-3,5,14,20,22-pentaenolid, 19-Hydroxy- 787
Phthalid, 3-p-Menthan-3-yloxy-3-phenyl- 611

$C_{24}H_{28}O_4$
Cumarin, 7-[5,5,8a-Trimethyl-2-methylen-6-oxo-decahydro-[1]-naphthylmethoxy]- 299
19-Nor-card-1,3,5(10),20(22)-tetraenolid, 3-Acetoxy- 681
4-Oxa-östr-5-en-3-on, 17-Benzoyloxy- 238
4-Oxa-östr-5(10)-en-3-on, 17-Benzoyloxy- 238

$C_{24}H_{29}ClO_4$
4-Oxa-5-östran-3-on, 17-Benzoyloxy-5-chlor- 147

$C_{24}H_{30}N_4O_6$
Chroman-4-on, 7-Heptyl-6-hydroxy-2,2-dimethyl-, [2,4-dinitro-phenylhydrazon] 239

$C_{24}H_{30}O_3$
Bufa-3,5,20,22-tetraenolid, 14-Hydroxy- 682
Bufa-14,16,20,22-tetraenolid, 3-Hydroxy- 683
Cumarin, 7-[3,7,11-Trimethyl-dodeca-2,6,10-trienyloxy]- 297
D-Homo-18-nor-androst-9(11)-en-17a-on, 17-Furfuryliden-3-hydroxy- 682
Naphtho[1,2-b]furan-3-ol, 5-Lauroyl- 681
Naphtho[1,2-b]furan-3-on, 5-Lauroyl- 681

$C_{24}H_{30}O_4$
Carda-14,16,20(22)-trienolid, 3-Formyloxy- 594
Cumarin, 7-[5-(3-Hydroxy-2,2-dimethyl-6-methylen-cyclohexyl)-3-methyl-pent-2-enyloxy]- 297
—, 7-[6-Hydroxy-5,5,8a-trimethyl-2-methylen-decahydro-[1]-naphthylmethoxy]- 298
—, 7-[3-Methyl-5-(1,3,3-trimethyl-7-oxa-[2]norbornyl-pent-2-enyloxy]- 300

$C_{24}H_{30}O_5$
Buttersäure, 2-Methyl-4-[2,3,6-trimethyl-6-(2-oxo-2H-chromen-7-yloxymethyl)-cyclohex-2-enyl]- 300
Cumarin, 7-[6-Hydroxy-5,5,8a-trimethyl-octahydro-spiro[naphthalin-2,2'-oxiran]-1-ylmethoxy]- 301

$C_{24}H_{32}O_3$
Bufa-14,20,22-trienolid, 3-Hydroxy- 595
D-Homo-18-nor-androstan-17a-on, 17-Furfuryliden-3-hydroxy- 595

$C_{24}H_{32}O_4$
Androstano[16,17-c]furan-11-on, 3-Acetoxy-5'-methyl- 548

$C_{24}H_{33}NO_6$
Pregn-5-en-21-säure, 3-Acetoxy-16-hydroxy-20-methyl-6-nitro-, lacton 471

$C_{24}H_{34}O_3$
Benzo[c]chromen-6-on, 3-[1,2-Dimethyl-octyl]-1-hydroxy-9-methyl-7,8,9,10-tetrahydro- 558
—, 1-Hydroxy-9-methyl-3-[1-methyl-nonyl]-7,8,9,10-tetrahydro- 558

$C_{24}H_{34}O_3$ *(Fortsetzung)*
Carda-5,20(22)-dienolid, 3-Hydroxy-22-methyl- 559
21-Nor-chola-5,22-dien-24-säure, 3-Hydroxy-22-hydroxymethyl-, 22-lacton 558
Undecan-6-on, 4-[2]Furyl-8-[4-methoxy-phenyl]-2,10-dimethyl- 548
Verbindung $C_{24}H_{34}O_3$ aus 3-Acetoxy-16-hydroxy-20-methyl-pregnan-21-säure-lacton 259

$C_{24}H_{34}O_4$
Cumarin, 7-Acetoxy-6-dodecyl-4-methyl- 469
Pregn-5-en-16-carbonsäure, 3-Acetoxy-20-hydroxy-, lacton 470
Pregn-20-en-21-carbonsäure, 3-Acetoxy-17-hydroxy-, lacton 470
Pregn-5-en-20-on, 3-Acetoxy-16,17-epoxy-6-methyl- 471
Pregn-17(20)-en-21-säure, 3-Acetoxy-16-hydroxy-20-methyl-, lacton 470

$C_{24}H_{36}O_3$
Chol-5-en-24-säure, 3,20-Dihydroxy-, 20-lacton 476
21-Nor-chol-22-en-24-säure, 3-Hydroxy-22-hydroxymethyl-, 22-lacton 475

$C_{24}H_{36}O_4$
Pregnan-21-carbonsäure, 3-Acetoxy-17-hydroxy-, lacton 258
Pregnan-20-on, 3-Acetoxy-5,6-epoxy-16-methyl- 261
Pregnan-21-säure, 3-Acetoxy-12-hydroxy-20-methyl-, lacton 262
—, 3-Acetoxy-16-hydroxy-20-methyl-, lacton 259

$C_{24}H_{38}O_3$
Bufanolid, 3-Hydroxy- 268
—, 14-Hydroxy- 269
Cholan-24-säure, 3,20-Dihydroxy-, 20-lacton 269
—, 11,12-Dihydroxy-, 12-lacton 269
Furan-2-on, 4-[Hydroxy-phenyl]-5-tetradecyl-dihydro- 267
Phthalid, 3-Hexadecyloxy- 157

$C_{24}H_{40}O_3$
Tridecan-1-on, 13-Cyclopent-2-enyl-1-[4-methoxy-5,6-dihydro-2H-pyran-3-yl]- 152

$C_{24}H_{40}O_4$
Bufotalansäure 268
Furan-2-on, 3-Linoleoyloxy-4,4-dimethyl-dihydro- 24
Pregnan, 18,20-Epoxy-3,3,20-trimethoxy- 252

$C_{24}H_{42}O_3$
Tridecan-1-on, 13-Cyclopentyl-1-[4-methoxy-5,6-dihydro-2H-pyran-3-yl]- 138

$C_{24}H_{43}N_3S_3$
Thiophen-2-carbaldehyd, 5-Octadecylmercapto-, thiosemicarbazon 89

C_{25}-Gruppe

$C_{25}H_{14}O_4$
Benzo[h]phenanthro[1,10,9-cde]chromen-6-on, 14-Acetoxy- 861

$C_{25}H_{16}O_3$
Keton, [5-Hydroxy-2-phenyl-naphtho[1,2-b]furan-3-yl]-phenyl- 861

$C_{25}H_{16}O_4$
Benzo[f]chromen-1-on, 3-[1-Acetoxy-[2]naphthyl]- 859
—, 3-[3-Acetoxy-[2]naphthyl]- 859
Benzo[g]chromen-4-on, 2-[2-Acetoxy-[1]naphthyl]- 857
Benzo[h]chromen-4-on, 2-[1-Acetoxy-[2]naphthyl]- 858
—, 2-[3-Acetoxy-[2]naphthyl]- 858

$C_{25}H_{17}BrO_4$
Keton, [4-Acetoxy-2-(4-brom-phenyl)-5-phenyl-[3]furyl]-phenyl- 854
—, [4-Acetoxy-2,5-diphenyl-[3]furyl]-[4-brom-phenyl]- 854

$C_{25}H_{18}O_3$
Naphtho[2,1-b]furan-2-on, 8-Methoxy-1,1-diphenyl-1H- 859
Phthalid, 3-[2-Methoxy-[1]naphthyl]-3-phenyl- 860
—, 3-[4-Methoxy-[1]naphthyl]-3-phenyl- 861

$C_{25}H_{18}O_4$
Keton, [4-Acetoxy-2,5-diphenyl-[3]furyl]-phenyl- 853
Propenon, 1-[6-Benzoyloxy-3-methyl-benzofuran-7-yl]-3-phenyl- 805

$C_{25}H_{19}ClO_4$
Furan-2-on, 5-Acetoxy-4-benzyl-5-[4-chlor-phenyl]-3-phenyl-5H- 850

$C_{25}H_{19}NO_6$
Spiro[fluoren-9,3'-furan]-2'-on, 5',5'-Dimethyl-4'-[4-nitro-benzoyloxy]-4',5'-dihydro- 781

$C_{25}H_{20}O_3$
Chromen-4-on, 3-Benzyl-7-methoxy-2-styryl- 856
Furan-2-carbaldehyd, 5-Trityloxymethyl- 102

$C_{25}H_{20}O_4$
Cumarin, 5-Benzoyloxy-3-benzyl-4,7-dimethyl- 779
—, 4,5-Dimethyl-3-phenyl-7-phenylacetoxy- 770
Dibenz[b,e]oxepin-6-on, 3-Acetoxy-11-[1-phenyl-propyliden]-11H- 851
Furan-2-on, 5-Acetoxy-4-benzyl-3,5-diphenyl-5H- 849

$C_{25}H_{20}O_4$ *(Fortsetzung)*
  O-Acetyl-Derivat $C_{25}H_{20}O_4$ aus 3-Hydroxy-1,5a-dimethyl-10b-phenyl-5a,10b-dihydro-benz[b]indeno[1,2-d]furan-6-on und aus 3-Hydroxy-1,10a-dimethyl-5a-phenyl-5a,10a-dihydro-benz[b]-indeno[2,1-d]furan-10-on 851

$C_{25}H_{20}O_8$
  Malonsäure, Butyl-, bis-[2-oxo-2H-chromen-7-ylester] 300

$C_{25}H_{22}O_2S$
  Cumarin, 6-Methyl-4-[β-m-tolylmercapto-phenäthyl]- 777
  —, 6-Methyl-4-[β-p-tolylmercapto-phenäthyl]- 777
  —, 7-Methyl-4-[β-m-tolylmercapto-phenäthyl]- 777
  —, 7-Methyl-4-[β-o-tolylmercapto-phenäthyl]- 777
  —, 7-Methyl-4-[β-p-tolylmercapto-phenäthyl]- 778

$C_{25}H_{22}O_3$
  Pyran-2-on, 6-Äthoxy-4,5,6-triphenyl-3,6-dihydro- 849
  16,17-Seco-östra-1,3,5,7,9,15-hexaen-18-säure, 16-Hydroxy-3-methoxy-16-phenyl-, lacton 852

$C_{25}H_{22}O_4S$
  Cumarin, 7-Methyl-4-[β-(toluol-4-sulfonyl)-phenäthyl]- 778

$C_{25}H_{24}Cl_2O_3Te$
  Furan-2-on, 5-{[(4-Äthoxy-phenyl)-dichlor-λ⁴-tellanyl]-methyl}-3,3-diphenyl-dihydro- 665

$C_{25}H_{24}O_5S$
  Benzo[c]chromen-6-on, 1-Benzolsulfonyloxy-9-methyl-2-pentyl- 677
  —, 1-Benzolsulfonyloxy-9-methyl-4-pentyl- 678

$C_{25}H_{26}O_3$
  D-Homo-östra-1,3,5(10)9,(11)-tetraen-17a-on, 17-Furfuryliden-3-methoxy- 820

$C_{25}H_{26}O_4$
  17a-Oxa-D-homo-östra-1,3,5(10)-trien-17-on, 3-Benzoyloxy- 538

$C_{25}H_{28}O_3$
  D-Homo-östra-1,3,5(10)-trien-17a-on, 17-Furfuryliden-3-methoxy- 811

$C_{25}H_{28}O_{12}$
  Chromen-4-on, 2,3-Dimethyl-7-[tetra-O-acetyl-glucopyranosyloxy]- 375
  Cumarin, 3,4-Dimethyl-7-[tetra-O-acetyl-glucopyranosyloxy]- 379

$C_{25}H_{30}O_4$
  4-Oxa-androst-5-en-3-on, 17-Benzoyloxy- 239

$C_{25}H_{32}N_4O_6$
  Chroman-4-on, 7-Heptyl-6-hydroxy-2,2,8-trimethyl-, [2,4-dinitro-phenylhydrazon] 240

$C_{25}H_{32}O_3$
  D-Homo-androst-9(11)-en-17a-on, 17-Furfuryliden-3-hydroxy- 683

$C_{25}H_{32}O_4$
  Carda-8,14,20(22)-trienolid, 3-Acetoxy- 593
  Carda-14,16,20(22)-trienolid, 3-Acetoxy- 594
  O-Acetyl-Derivat $C_{25}H_{32}O_4$ aus 3-Hydroxy-carda-5,14,20,(22)-trienolid 592

$C_{25}H_{34}O_3$
  D-Homo-androstan-17a-on, 17-Furfuryliden-3-hydroxy- 596
  21-Nor-chola-5,20,23-trien-24-carbonsäure, 3,20-Dihydroxy-23-methyl-, 20-lacton 596

$C_{25}H_{34}O_4$
  Anhydrocerberigenin, O-Acetyl- 552
  Carda-5,20(22)-dienolid, 3-Acetoxy- 550
  Carda-8(14),20(22)-dienolid, 3-Acetoxy- 553
  Carda-8,20(22)-dienolid, 3-Acetoxy- 552
  Carda-14,20(22)-dienolid, 3-Acetoxy- 555
  Carda-16,20(22)-dienolid, 3-Acetoxy- 557
  21-Nor-chola-5,20-dien-24-säure, 3-Acetoxy-20-hydroxy-, lacton 550

$C_{25}H_{35}BrO_4$
  Verbindung $C_{25}H_{35}BrO_4$ aus 14-Brom-3,13-dihydroxy-27-nor-ursan-28-säure-13-lacton 484

$C_{25}H_{36}Br_2O_4$
  24-Nor-cholan-23-säure, 3-Acetoxy-5,6-dibrom-17-hydroxy-, lacton 266

$C_{25}H_{36}O_4$
  Card-5-enolid, 3-Acetoxy- 474
  Card-20(22)-enolid, 3-Acetoxy- 472
  21-Nor-chol-20-en-24-säure, 3-Acetoxy-20-hydroxy-, lacton 471
  24-Nor-chol-5-en-23-säure, 3-Acetoxy-17-hydroxy-, lacton 475, 476
  24-Nor-chol-20(22)-en-23-säure, 3-Acetoxy-12-hydroxy-, lacton 475

$C_{25}H_{38}O_3$
  Cumarin, 3-Hexadecyl-7-hydroxy- 477
  —, 7-Hydroxy-4-methyl-5-pentadecyl- 477

$C_{25}H_{38}O_4$
  Cardanolid, 3-Acetoxy- 264
  21-Nor-cholan-24-säure, 3-Acetoxy-20-hydroxy-, lacton 263

$C_{25}H_{38}O_4$ *(Fortsetzung)*
24-Nor-cholan-23-säure, 3-Acetoxy-12-hydroxy-, lacton 267
—, 3-Acetoxy-17-hydroxy-, lacton 266
Pregnan-21-säure, 16-Hydroxy-20-methyl-3-propionyloxy-, lacton 261

$C_{25}H_{40}O_3$
Furan-2-on, 4-[4-Methoxy-phenyl]-5-tetradecyl-dihydro- 267
—, 5-[4-Methoxy-phenyl]-3-tetradecyl-dihydro- 267

C_{26}-Gruppe

$C_{26}H_{16}O_4$
Chromen-4-on, 7-Benzoyloxy-2-[1]naphthyl- 828
—, 7-Benzoyloxy-2-[2]naphthyl- 828

$C_{26}H_{17}BrO_3$
Benzo[h]chromen-4-on, 2-[4-Benzyloxyphenyl]-6-brom- 823

$C_{26}H_{17}NO_5$
Benzo[h]chromen-4-on, 2-[4-Benzyloxyphenyl]-6-nitro- 823

$C_{26}H_{18}N_4O_6$
Benzofuran-3-on, 2-[2-Methoxy-[1]naphthylmethylen]-, [2,4-dinitrophenylhydrazon] 829

$C_{26}H_{18}O_3$
Phthalid, 3-[2-Hydroxy-biphenyl-x-yl]-3-phenyl- 862
—, 3-[4-Hydroxy-biphenyl-x-yl]-3-phenyl- 862

$C_{26}H_{18}O_4$
Chromen-4-on, 7-Cinnamoyloxy-2-styryl- 795
Naphtho[2,1-b]furan-2-on, 8-Acetoxy-1,1-diphenyl-1H- 860

$C_{26}H_{22}O_3$
Äthanon, 2-[8-Methoxy-2-p-tolyl-chromen-4-yliden]-1-p-tolyl- 856
Chromen-4-on, 3-Benzyl-2-[4-methoxystyryl]-7-methyl- 856

$C_{26}H_{22}O_4$
Chromen-4-on, 2-Benzyl-3,5-dimethyl-7-phenylacetoxy- 778

$C_{26}H_{24}N_4O_8$
Essigsäure, {8-[(2,4-Dinitrophenylhydrazono)-methyl]-2-phenyl-chroman-7-yloxy}-, äthylester 658

$C_{26}H_{24}O_{10}$
Cumarin, 3-Phenyl-4-[tri-O-acetyl-arabinopyranosyloxy]- 711
—, 3-Phenyl-4-[tri-O-acetyl-xylopyranosyloxy] 711

$C_{26}H_{26}N_4O_6$
Propan-1-on, 1-[5-Hydroxy-2,2-dimethyl-chroman-6-yl]-3-phenyl-, [2,4-dinitro-phenylhydrazon] 680

$C_{26}H_{26}O_3$
Benzo[c]chromen-6-on, 1-Benzyloxy-9-methyl-2-pentyl- 677
—, 1-Benzyloxy-9-methyl-4-pentyl- 678

$C_{26}H_{30}O_4$
6-Oxa-B-homo-androsta-2,4-dien-7-on, 17-Benzoyloxy- 461

$C_{26}H_{30}O_6$
Verbindung $C_{26}H_{30}O_6$ aus 5-Hydroxy-4,6,7-trimethyl-3H-benzofuran-2-on 214

$C_{26}H_{30}O_{12}$
Chromen-4-on, 2-Äthyl-3-methyl-7-[tetra-O-acetyl-glucopyranosyloxy]- 400
Cumarin, 3-Äthyl-4-methyl-7-[tetra-O-acetyl-glucopyranosyloxy]- 402

$C_{26}H_{32}O_4$
Androstan-17-on, 3-Benzoyloxy-5,6-epoxy- 245
—, 3-Benzoyloxy-9,11-epoxy- 245
Bufa-14,16,20,22-tetraenolid, 3-Acetoxy- 683

$C_{26}H_{32}O_5$
Cumarin, 7-[5-(3-Acetoxy-2,2-dimethyl-6-methylen-cyclohexyl)-3-methyl-pent-2-enyloxy]- 297
—, 7-[6-Acetoxy-5,5,8a-trimethyl-2-methylen-decahydro-[1]naphthylmethoxy]- 298

$C_{26}H_{34}O_2S$
Pregn-5-en-20-on, 3-Hydroxy-21-[2]thienylmethylen- 684

$C_{26}H_{34}O_3$
Pregn-5-en-20-on, 21-Furfuryliden-3-hydroxy- 684

$C_{26}H_{34}O_4$
Bufa-14,20,22-trienolid, 3-Acetoxy- 596
4-Oxa-A-homo-5-androstan-3-on, 17-Benzoyloxy- 148

$C_{26}H_{34}O_5$
Galbansäure-äthylester 300

$C_{26}H_{36}O_4$
Carda-5,20(22)-dienolid, 3-Acetoxy-22-methyl- 559
Chola-5,22-dien-24-säure, 3-Acetoxy-20-hydroxy-, lacton 476
21-Nor-chola-5,22-dien-24-säure, 3-Acetoxy-22-hydroxymethyl-, lacton 559

$C_{26}H_{36}O_5$
Chroman-2-on, 7-[6-Acetoxy-2,5,5,8a-tetramethyl-decahydro-[1]naphthylmethoxy]- 168

$C_{26}H_{37}NO_6$
O-Phenylcarbamoyl-Derivat $C_{26}H_{37}NO_6$ aus 4-[β-Hydroxy-isobutyryloxy]-3,6,10-trimethyl-dodecahydro-cyclodeca[b]furan-2-on 80

$C_{26}H_{38}O_4$
Chol-5-en-24-säure, 3-Acetoxy-20-hydroxy-, lacton 476
Chromen-4-on, 7-Acetoxy-2-methyl-3-tetradecyl- 475
21-Nor-chol-22-en-24-säure, 3-Acetoxy-22-hydroxymethyl-, lacton 475

$C_{26}H_{40}O_3$
Cumarin, 6-Hexadecyl-5-hydroxy-4-methyl- 477
—, 6-Hexadecyl-7-hydroxy-4-methyl- 477

$C_{26}H_{40}O_4$
Bufanolid, 3-Acetoxy- 268
Cardanolid, 3-Propionyloxy- 265
Cholan-24-al, 3-Acetoxy-16,22-epoxy- 269
Cholan-24-säure, 3-Acetoxy-20-hydroxy-, lacton 269
3-Oxa-A-homo-androstan-4-on, 17-Cyclohexancarbonyloxy- 148
4-Oxa-A-homo-androstan-3-on, 17-Cylohexancarbonyloxy- 148

$C_{26}H_{40}O_8$
Labda-8(20),13-dien-16-säure, 19-Glucopyranosyloxy-15-hydroxy-, lacton 247

$C_{26}H_{42}O_2S$
Phthalid, 3-Octadecylmercapto- 162

$C_{26}H_{42}O_3$
Chrysen-1-carbonsäure, 2,3-Dihydroxy-2,4b,6a,9,9,10b,12a-heptamethyl-octadecahydro-, 3-lacton 271
Furan-2-on, 5-Hexadecyl-4-[4-hydroxy-phenyl]-dihydro- 270
27-Nor-furostan-25-on, 3-Hydroxy- 270

$C_{26}H_{46}O_3$
Cyclohex-2-enon, 4,5-Epoxy-4-hexadecyloxy-2,3,5,6-tetramethyl- 122

C_{27}-Gruppe

$C_{27}H_{16}Cl_2O_4$
Phthalid, 4-Benzoyloxy-3,7-bis-[4-chlor-phenyl]- 832
—, 7-Benzoyloxy-3,4-bis-[4-chlor-phenyl]- 832

$C_{27}H_{17}BrO_3$
Keton, [4-Brom-5-hydroxy-2,3-diphenyl-benzofuran-6-yl]-phenyl- 866
—, [4-Brom-7-hydroxy-2,3-diphenyl-benzofuran-6-yl]-phenyl- 867
—, [6-Brom-5-hydroxy-2,3-diphenyl-benzofuran-4-yl]-phenyl- 865

$C_{27}H_{18}N_4O_7$
Verbindung $C_{27}H_{18}N_4O_7$ aus 1-Phenacyloxy-xanthen-9-on 599

$C_{27}H_{18}O_3$
Benz[b]indeno[1,2-d]furan-6-on, 3-Hydroxy-5a,10b-diphenyl-5a,10b-dihydro- 868
Keton, [5-Hydroxy-2,3-diphenyl-benzofuran-4-yl]-phenyl- 864
—, [5-Hydroxy-2,3-diphenyl-benzofuran-6-yl]-phenyl- 865
—, [6-Hydroxy-2,3-diphenyl-benzofuran-5-yl]-phenyl- 865
—, [7-Hydroxy-2,3-diphenyl-benzofuran-6-yl]-phenyl- 866

$C_{27}H_{18}O_4$
Phthalid, 7-Benzoyloxy-3,4-diphenyl- 832

$C_{27}H_{19}NO_3$
Keton, [6-Hydroxy-2,3-diphenyl-benzofuran-5-yl]-phenyl-, oxim 865
—, [7-Hydroxy-2,3-diphenyl-benzofuran-6-yl]-phenyl-, oxim 867

$C_{27}H_{20}O_2S$
Benzo[h]chromen-2-on, 4-[β-Phenylmercapto-phenäthyl]- 837

$C_{27}H_{20}O_3$
Phthalid, 3-[2-Methoxy-biphenyl-x-yl]-3-phenyl- 862
—, 3-[4-Methoxy-biphenyl-x-yl]-3-phenyl- 862

$C_{27}H_{20}O_9$
Propan, 1,2,3-Tris-phthalidyloxy- 160

$C_{27}H_{21}ClN_4O_5S$
Äthanon, 1-[5-(4'-Chlor-4-methoxy-stilben-α-yl)-[2]thienyl]-, [2,4-dinitro-phenylhydrazon] 818

$C_{27}H_{22}N_4O_5S$
Äthanon, 1-[5-(4-Methoxy-stilben-α-yl)-[2]thienyl]-, [2,4-dinitro-phenylhydrazon] 817

$C_{27}H_{24}O_8$
Malonsäure, Butyl-, bis-[4-methyl-2-oxo-2H-chromen-6-ylester] 330
—, Butyl-, bis-[4-methyl-2-oxo-2H-chromen-7-ylester] 337

$C_{27}H_{26}O_{12}$
Xanthen-9-on, 2-[Tetra-O-acetyl-glucopyranosyloxy]- 601
—, 3-[Tetra-O-acetyl-glucopyranosyloxy]- 603
—, 4-[Tetra-O-acetyl-glucopyranosyloxy]- 604

$C_{27}H_{30}O_{12}$
Äthanon, 1-[2-Isopropenyl-6-(tetra-O-acetyl-glucopyranosyloxy)-benzofuran-5-yl]- 511
Furan-2-on, 4-[4-Allyl-3-(tetra-O-acetyl-glucopyranosyloxy)-phenyl]-5H- 509

$C_{27}H_{32}O_5$
Chroman-4-on, 2-{4-[Menthyloxy-acetoxy]-phenyl}- 638
—, 7-[Menthyloxy-acetoxy]-2-phenyl- 635

$C_{27}H_{34}N_4O_6$
Pregn-5-en-20-on, 16,17-Epoxy-3-hydroxy-, [2,4-dinitro-phenylhydrazon] 467

$C_{27}H_{34}O_4$
Androstan-17-carbonsäure, 3-Benzoyloxy-12-hydroxy, lacton 250

$C_{27}H_{36}O_4$
D-Homo-androstan-17a-on, 3-Acetoxy-17-furfuryliden- 596
21-Nor-chola-5,20,23-trien-24-carbonsäure, 3-Acetoxy-20-hydroxy-23-methyl-, lacton 597

$C_{27}H_{40}O_3$
Cyclopenta[c]chromen-4-on, 7-Hydroxy-9-pentadecyl-2,3-dihydro-1H- 559
27-Nor-ergosta-5,24-dien-26-säure, 3,28-Dihydroxy-, 28-lacton 559

$C_{27}H_{40}O_4$
Cumarin, 7-Acetoxy-4-methyl-5-pentadecyl- 477

$C_{27}H_{42}O_3$
Cumarin, 7-Hydroxy-5-pentadecyl-4-propyl- 478
Furost-20(22)-en-3-on, 26-Hydroxy- 478

$C_{27}H_{43}N_3O_4$
Cholan-24-al, 3-Acetoxy-16,22-epoxy-, semicarbazon 269

$C_{27}H_{44}O_3$
Cholestan-3-on, 2,5-Epoxy-6-hydroxy- 277
Cholestan-7-on, 5,6-Epoxy-3-hydroxy- 273
—, 8,9-Epoxy-3-hydroxy- 274
—, 8,14-Epoxy-3-hydroxy- 275
Furan-2-on, 3-Hexadecyl-5-[4-methoxy-phenyl]-dihydro- 270
—, 5-Hexadecyl-4-[4-methoxy-phenyl]-dihydro- 270
B-Nor-cholestan-6-carbaldehyd, 5,6-Epoxy-3-hydroxy- 276
25,26,27-Trinor-dammaran-24-säure, 3,20-Dihydroxy-, 20-lacton 271

$C_{27}H_{45}N_3O_3$
27-Nor-furostan-25-on, 3-Hydroxy-, semicarbazon 270

$C_{27}H_{46}O_3$
7a-Oxa-B-homo-cholestan-7-on, 3-Hydroxy- 153

C_{28}-Gruppe

$C_{28}H_{16}Cl_2O_4S$
Sulfid, Bis-[1-(4-chlor-phenyl)-3-oxo-phthalan-1-yl]- 612

$C_{28}H_{18}O_4$
Chromen-4-on, 7-Benzoyloxy-2,3-diphenyl- 841
Naphtho[1,2-c]furan-3-on, 1-Acetoxy-1-[3]phenanthryl-1H- 863
Phenanthro[9,10-c]furan-1-on, 3-Acetoxy-3-[1]naphthyl-3H- 864

$C_{28}H_{18}O_4S$
Sulfid, Bis-[3-oxo-1-phenyl-phthalan-1-yl]- 612

$C_{28}H_{18}O_5$
Phthalid, 3-[2-Benzoyl-benzoyloxy]-3-phenyl- 611

$C_{28}H_{18}O_7S_2$
Äther, Bis-[1,1,3-trioxo-2-phenyl-2,3-dihydro-1λ^6-benzo[b]thiophen-2-yl]- 609

$C_{28}H_{20}Cl_2O_3$
Furan-3-on, 2,5-Bis-[4'-chlor-biphenyl-4-yl]-4-hydroxy-dihydro- 862

$C_{28}H_{20}O_3$
Benzo[h]chromen-2-on, 4-[4-Methoxy-styryl]-3-phenyl- 868
Benzo[h]chromen-4-on, 2-[2-Methoxy-styryl]-3-phenyl- 867
—, 2-[4-Methoxy-styryl]-3-phenyl- 867
Chromen-7-on, 2-Biphenyl-4-yl-6-methoxy-3-phenyl- 864
Keton, [5-Methoxy-2,3-diphenyl-benzofuran-6-yl]-phenyl- 865
—, [5-Methoxy-2,3-diphenyl-benzofuran-7-yl]-phenyl- 867
—, [7-Methoxy-2,3-diphenyl-benzofuran-6-yl]-phenyl- 866

$C_{28}H_{22}O_2S$
Benzo[h]chromen-2-on, 4-[β-m-Tolylmercapto-phenäthyl]- 837
—, 4-[β-o-Tolylmercapto-phenäthyl]- 837
—, 4-[β-p-Tolylmercapto-phenäthyl]- 837

$C_{28}H_{22}O_3S_2$
Propan-1-on, 1-Dibenzothiophen-3-yl-3-phenyl-3-[toluol-4-sulfonyl]- 838

$C_{28}H_{22}O_4$
Naphtho[1,2-c]furan-1-on, 3-Benzoyloxy-3-[3,4,5-trimethyl-phenyl]-3H- 819

$C_{28}H_{24}O_4$
Keton, [4-Acetoxy-2,5-diphenyl-[3]furyl]-mesityl- 856

$C_{28}H_{28}O_3$
Chromen-4-on, 7-Benzyloxy-6-hexyl-2-phenyl- 785

$C_{28}H_{32}O_{12}$
Cumarin, 8-[3-Methyl-but-2-enyl]-7-[tetra-O-acetyl-glucopyranosyloxy]- 518

$C_{28}H_{36}O_4$
Pregn-5-en-20-on, 3-Acetoxy-21-furfuryliden- 684

$C_{28}H_{36}O_5S$
3,5-Cyclo-pregnan-6-on, 18,20-Epoxy-21-[toluol-4-sulfonyloxy]- 469

$C_{28}H_{38}O_3$
Naphtho[1,2-*b*]furan-3-ol, 5-Palmitoyl- 684
Naphtho[1,2-*b*]furan-3-on, 5-Palmitoyl- 684

$[C_{28}H_{42}NO_4]^+$
Carda-5,20(22)-dienolid, 3-Trimethylammonioacetoxy- 551

$C_{28}H_{42}O_3$
Benzo[*c*]chromen-6-on, 3-Hydroxy-1-pentadecyl-7,8,9,10-tetrahydro- 560
Ergosta-8,22-dien-7-on, 5,6-Epoxy-3-hydroxy- 561
Ergosta-5,24-dien-26-säure, 3,28-Dihydroxy-, 28-lacton 561

$C_{28}H_{42}O_4$
Chromen-4-on, 7-Acetoxy-3-hexadecyl-2-methyl- 477
Cumarin, 7-Acetoxy-6-hexadecyl-4-methyl- 478

$C_{28}H_{44}O_3$
Cumarin, 7-Hydroxy-4-methyl-6-octadecyl- 479
A,24-Dinor-oleanan-28-säure, 2,13-Dihydroxy-, 13-lacton 483
Ergost-22-en-7-on, 5,6-Epoxy-3-hydroxy- 480
—, 9,11-Epoxy-3-hydroxy- 482

$C_{28}H_{44}O_4$
27-Nor-furostan-25-on, 3-Acetoxy- 271

$C_{28}H_{45}N_3O_3$
Furost-20(22)-en-3-on, 26-Hydroxy-, semicarbazon 478

$C_{28}H_{46}O_3$
Ergostan-7-on, 5,6-Epoxy-3-hydroxy- 277
19-Nor-cholestan-6-on, 9,10-Epoxy-3-methoxy-5-methyl- 275

$C_{28}H_{48}O_3$
12a-Oxa-C-homo-ergostan-12-on, 3-Hydroxy- 154

$C_{28}H_{50}O_3$
Cyclohexa-2,5-dienon, 4-Äthoxy-4-hexadecyloxy-2,3,5,6-tetramethyl- 123

C_{29}-Gruppe

$C_{29}H_{19}BrO_4$
Keton, [5-Acetoxy-4-brom-2,3-diphenyl-benzofuran-6-yl]-phenyl- 866

—, [5-Acetoxy-6-brom-2,3-diphenyl-benzofuran-4-yl]-phenyl- 865
—, [7-Acetoxy-4-brom-2,3-diphenyl-benzofuran-6-yl]-phenyl- 867

$C_{29}H_{20}O_4$
Benz[*b*]indeno[1,2-*d*]furan-6-on, 3-Acetoxy-5a,10b-diphenyl-5a,10b-dihydro- 868
Chroman-4-on, 6-Benzoyloxy-3-benzyliden-2-phenyl- 846
Keton, [5-Acetoxy-2,3-diphenyl-benzofuran-4-yl]-phenyl- 864
—, [5-Acetoxy-2,3-diphenyl-benzofuran-6-yl]-phenyl- 866
—, [6-Acetoxy-2,3-diphenyl-benzofuran-5-yl]-phenyl- 865
—, [7-Acetoxy-2,3-diphenyl-benzofuran-6-yl]-phenyl- 867

$C_{29}H_{20}O_5$
Chalkon, 2′,5′-Bis-benzoyloxy- 846
Cumarin, 4-[2-Benzyloxy-benzoyloxy]-3-phenyl- 710

$[C_{29}H_{21}O_2]^+$
Chromenylium, 4-[α′-Oxo-bibenzyl-α-yl]-2-phenyl- 869
$[C_{29}H_{21}O_2]FeCl_4$ 869

$C_{29}H_{22}N_4O_6$
Keton, [6-Benzyloxy-3-methyl-benzofuran-2-yl]-phenyl-, [2,4-dinitro-phenylhydrazon] 754

$C_{29}H_{22}O_3$
Benzo[*h*]chromen-4-on, 3-Benzyl-2-[2-methoxy-styryl]- 868
—, 3-Benzyl-2-[4-methoxy-styryl]- 868
Chromen-4-on, 6-Benzyl-7-benzyloxy-2-phenyl- 846

$C_{29}H_{28}O_{12}$
Chromen-4-on, 2-Phenyl-3-[tetra-O-acetyl-glucopyranosyloxy]- 687
—, 2-Phenyl-7-[tetra-O-acetyl-glucopyranosyloxy]- 697
—, 3-Phenyl-7-[tetra-O-acetyl-glucopyranosyloxy]- 708
—, 2-[4-(Tetra-O-acetyl-glucopyranosyloxy)-phenyl]- 704
Cumarin, 3-Phenyl-4-[tetra-O-acetyl-galactopyranosyloxy]- 711
—, 3-Phenyl-4-[tetra-O-acetyl-glucopoyranosyloxy]- 711
—, 3-Phenyl-4-[tetra-O-acetyl-mannopyranosyloxy]- 711

$C_{29}H_{30}O_{12}$
Chroman-4-on, 2-Phenyl-7-[tetra-O-acetyl-glucopyranosyloxy]- 635
—, 2-[4-(Tetra-O-acetyl-glucopyranosyloxy)-phenyl]- 639

$C_{29}H_{31}NO_4$
Butan-1-on, 2,3-Epoxy-1,4-dimesityl-4-phenylcarbamoyloxy- 681

$C_{29}H_{38}O_4$
Pregnan-21-säure, 3-Benzoyloxy-16-hydroxy-20-methyl-, lacton 261
$C_{29}H_{39}BrO_6$
Verbindung $C_{29}H_{39}BrO_6$ aus 14-Brom-3,13-dihydroxy-27-nor-ursan-28-säure-13-lacton 484
$C_{29}H_{40}O_4$
D-Homo-18-nor-androstan-17a-on, 17-Furfuryliden-3-[tetrahydropyran-2-yloxy]- 595
$C_{29}H_{40}O_5S$
Pregnan-21-säure, 16-Hydroxy-20-methyl-3-[toluol-4-sulfonyloxy]-, lacton 261
$C_{29}H_{42}O_4$
Cyclopenta[c]chromen-4-on, 7-Acetoxy-9-pentadecyl-2,3-dihydro-1H- 559
27-Nor-ergosta-5,24-dien-26-säure, 3-Acetyl-28-hydroxy-, lacton 560
$C_{29}H_{42}O_7$
Carda-14,20(22)-dienolid, 3-Rhamnopyranosyloxy- 556
$C_{29}H_{42}O_8$
Carda-5,20(22)-dienolid, 3-Glucopyranosyloxy- 551
$C_{29}H_{44}O_3$
24-Nor-olean-12-en-28-al, 16,21-Epoxy-22-hydroxy- 562
$C_{29}H_{44}O_4$
Fesan-26-säure, 3-Acetoxy-22-hydroxy-, lacton 479
$C_{29}H_{45}BrO_3$
27-Nor-ursan-28-säure, 14-Brom-3,13-dihydroxy-, 13-lacton 484
$C_{29}H_{45}N_3O_2S_2$
Thiophen-2-carbaldehyd, 5-Octadecylmercapto-, [4-nitrophenylhydrazon] 89
$C_{29}H_{46}O_4$
Cholestan-3-on, 6-Acetoxy-2,5-epoxy- 277
Cholestan-4-on, 3-Acetoxy-5,6-epoxy- 273
Cholestan-7-on, 3-Acetoxy-5,6-epoxy- 273
—, 3-Acetoxy-8,9-epoxy- 274
—, 3-Acetoxy-8,14-epoxy- 275
Cholestan-15-on, 3-Acetoxy-8,14-epoxy- 275
Furostan-26-al, 3-Acetoxy- 272
B-Nor-cholestan-6-carbonsäure, 3-Acetoxy-5-hydroxy-, lacton 276
17,21-Seco-22,29,30-trinor-hopan-21-säure, 6-Acetoxy-17-hydroxy-, lacton 272
25,26,27-Trinor-dammaran-24-säure, 3-Acetoxy-20-hydroxy-, lacton 272

$C_{29}H_{47}N_3O_4$
27-Nor-furostan-25-on, 3-Acetoxy-, semicarbazon 271
$C_{29}H_{48}O_4$
7a-Oxa-B-homo-cholestan-7-on, 3-Acetoxy- 153
$C_{29}H_{48}O_5$
B-Nor-cholestan-6-carbonsäure, 3-Acetoxy-5-hydroxy- 276

C_{30}-Gruppe

$C_{30}H_{22}O_4S$
Sulfid, Bis-[3-oxo-1-p-tolyl-phthalan-1-yl]- 646
$C_{30}H_{25}NO_5S_2$
Propan-1-on, 3-[3-Acetylamino-4-methoxy-benzolsulfonyl]-1-dibenzothiophen-3-yl-3-phenyl- 838
$C_{30}H_{26}O_3$
Furan-3-on, 4-Hydroxy-2,5-diphenyl-2,5-di-p-tolyl-dihydro- 863
$C_{30}H_{26}O_9$
Hexan, 1,2,6-Tris-phthalidyloxy- 160
$C_{30}H_{30}O_{12}$
Chromen-4-on, 3-Methyl-2-phenyl-7-[tetra-O-acetyl-glucopyranosyloxy]- 742
$C_{30}H_{35}NO_6$
Carda-5,20(22)-dienolid, 3-[4-Nitro-benzoyloxy]- 551
$C_{30}H_{36}O_4$
Carda-5,20(22)-dienolid, 3-Benzoyloxy- 550
Carda-14,20(22)-dienolid, 3-Benzoyloxy- 555
$C_{30}H_{40}O_3$
Cumarin, 7-Hydroxy-5-pentadecyl-4-phenyl- 788
Xanthen-3-on, 9-Heptadec-8-enyl-6-hydroxy- 788
$C_{30}H_{42}O_3$
Naphtho[1,2-b]furan-3-ol, 5-Stearoyl- 684
Naphtho[1,2-b]furan-3-on, 5-Stearoyl- 684
$C_{30}H_{42}O_7$
Carda-14,16,20(22)-trienolid, 3-Digitalopyranosyloxy- 594
$C_{30}H_{43}Br_3O_4$
A,24-Dinor-oleanan-28-säure, 13-Hydroxy-2-tribromacetoxy-, lacton 483
$C_{30}H_{44}O_3$
Cholesta-3,5-dieno[3,2-b]furan-5'-on, 4'-Methoxy- 597

$C_{30}H_{44}O_4$
Benzo[c]chromen-6-on, 3-Acetoxy-1-pentadecyl-7,8,9,10-tetrahydro- 561
Ergosta-8,22-dien-7-on, 3-Acetoxy-5,6-epoxy- 561
Ergosta-5,24-dien-26-säure, 3-Acetoxy-28-hydroxy-, lacton 561

$C_{30}H_{44}O_7$
β-Anhydrodigitoxigenin, O-Digitalopyranosyl- 557
—, O-Thevetopyranosyl- 556
Carda-14,20(22)-dienolid, 3-Thevetopyranosyloxy- 556

$C_{30}H_{46}Br_2O_4$
Ergostan-7-on, 3-Acetoxy-22,23-dibrom-9,11-epoxy- 280
Ergostan-11-on, 3-Acetoxy-22,23-dibrom-7,8-epoxy- 278

$C_{30}H_{46}O_2$
Olean-2-en-28-säure, 13-Hydroxy-, lacton 489

$C_{30}H_{46}O_3$
Cholest-3-eno[3,2-b]furan-5'-on, 4'-Methoxy- 562
Lup-20(29)-en-28-säure, 3,21-Dihydroxy-, 21-lacton 568
Olean-11-en-28-säure, 3,13-Dihydroxy-, 13-lacton 566
Taraxer-9(11)-en-12-on, 14,15-Epoxy-3-hydroxy- 564
Urs-9(11)-en-12-on, 13,18-Epoxy-3-hydroxy- 564
Urs-11-en-28-säure, 3,13-Dihydroxy-, 13-lacton 566
Urs-13(18)-en-28-säure, 3,20-Dihydroxy-, 20-lacton 565

$C_{30}H_{46}O_4$
Cumarin, 7-Acetoxy-4-methyl-6-octadecyl- 479
Ergost-22-en-7-on, 3-Acetoxy-5,6-epoxy- 480
—, 3-Acetoxy-8,9-epoxy- 481
—, 3-Acetoxy-8,14-epoxy- 482
—, 3-Acetoxy-9,11-epoxy- 482
Ergost-22-en-11-on, 3-Acetoxy-7,8-epoxy- 480
Ergost-22-en-15-on, 3-Acetoxy-7,8-epoxy- 481

$C_{30}H_{47}BrO_3$
Oleanan-28-säure, 12-Brom-3,13-dihydroxy-, 13-lacton 489

$C_{30}H_{48}O_3$
Cholestano[3,2-b]furan-5'-on, 4'-Methoxy-3H- 483
Lupan-28-säure, 3,21-Dihydroxy-, 21-lacton 485
Oleanan-28-säure, 3,13-Dihydroxy-, 13-lacton 488

—, 3,19-Dihydroxy-, 19-lacton 486
18,19-Seco-olean-9(11)-en-19-säure, 3,18-Dihydroxy-, 18-lacton 485
Ursan-28-säure, 3,13-Dihydroxy-, 13-lacton 487
—, 3,20-Dihydroxy-, 20-lacton 487

$C_{30}H_{48}O_4$
Cholestan-7-on, 3-Acetoxy-8,9-epoxy-4-methyl- 278
—, 3-Acetoxy-8,14-epoxy-4-methyl- 279
Ergostan-7-on, 3-Acetoxy-5,6-epoxy- 277
—, 3-Acetoxy-8,9-epoxy- 278
—, 3-Acetoxy-8,14-epoxy- 279
Ergostan-15-on, 3-Acetoxy-8,14-epoxy- 279
15-Oxa-D-homo-ergost-8(14)-en-16-on, 3-Acetoxy- 277

$C_{30}H_{50}O_4$
[3a,3'a]Bibenzofuranyl-2,2'-dion, 6,6'-Diäthyl-7,7'-diisopropyl-3,6,3',6'-tetramethyl-octahydro- 80
12a-Oxa-C-homo-ergostan-12-on, 3-Acetoxy- 154

C_{31}-Gruppe

$C_{31}H_{20}O_3$
Keton, [4-Hydroxy-1,2-diphenyl-naphtho[2,1-b]furan-5-yl]-phenyl- 870
—, [5-Hydroxy-2,3-diphenyl-naphtho[1,2-b]furan-4-yl]-phenyl- 869
—, [7-Hydroxy-1,2-diphenyl-naphtho[2,1-b]furan-6-yl]-phenyl- 871

$C_{31}H_{20}O_4$
Naphtho[2,1-b]furan-2-on, 8-Benzoyloxy-1,1-diphenyl-1H- 860

$C_{31}H_{21}NO_3$
Keton, [4-Hydroxy-1,2-diphenyl-naphtho[2,1-b]furan-5-yl]-phenyl-, oxim 870
—, [5-Hydroxy-2,3-diphenyl-naphtho[1,2-b]furan-4-yl]-phenyl-, oxim 870

$C_{31}H_{24}N_4O_6$
Furan-2-carbaldehyd, 5-Trityloxymethyl-, [2,4-dinitrophenylhydrazon] 112

$C_{31}H_{27}BrO_3$
Keton, [5-Brom-6-methoxy-2,5,6-triphenyl-tetrahydro-pyran-2-yl]-phenyl- 863

$C_{31}H_{28}O_3$
16,17-Seco-östra-1,3,5,7,9-pentaen-18-säure, 16-Hydroxy-3-methoxy-16,16-diphenyl-, lacton 863

$C_{31}H_{29}N_3O_3$
Furan-3-on, 4-Hydroxy-2,5-diphenyl-2,5-
di-*p*-tolyl-dihydro-, semicarbazon
863

$C_{31}H_{30}O_3$
17-Oxa-D-homo-östra-1,3,5(10),14-tetraen-
17a-on, 3-Methoxy-16,16-diphenyl-
861

$C_{31}H_{32}O_3$
17-Oxa-D-homo-östra-1,3,5(10)-trien-17a-
on, 3 Methoxy-16,16-diphenyl- 857

$C_{31}H_{36}O_3$
17-Oxa-D-homo-androst-5-en-17a-on,
3-Hydroxy-16,16-diphenyl- 839

$C_{31}H_{37}NO_5$
Spiro[benzofuran-2,1'-cyclohexan]-3-on,
4'-[*N*-Menthyl-phthalamoyloxy]- 430

$C_{31}H_{40}O_4$
Chol-5-en-24-säure, 3-Benzoyloxy-20-
hydroxy-, lacton 477

$C_{31}H_{46}O_4$
Cholest-3-eno[3,2-*b*]furan-5'-on,
4'-Acetoxy- 562
24-Nor-olean-12-en-28-al, 22-Acetoxy-
16,21-epoxy- 563
11,12-Seco-19-nor-lanosta-5,7,9-trien-12-
säure, 3-Acetoxy-7-hydroxy-,
lacton 562
11,12-Seco-19-nor-tirucalla-5,7,9-trien-
12-säure, 3-Acetoxy-7-hydroxy-,
lacton 562

$C_{31}H_{47}BrO_4$
27-Nor-ursan-28-säure, 3-Acetoxy-14-
brom-13-hydroxy-, lacton 485

$C_{31}H_{48}O_3$
Friedel-1-en-3-on, 7,24-Epoxy-1-
methoxy- 567
Friedel-2-en-1-on, 7,24-Epoxy-3-
methoxy- 567
Lanosta-7,24-dien-26-säure,
23-Hydroxy-3-methoxy-, lacton 563
Lanosta-9(11),24-dien-26-säure,
23-Hydroxy-3-methoxy-, lacton 563
Lanost-8-en-21-säure, 3,23-Dihydroxy-
24-methylen-, 23-lacton 568

$C_{31}H_{48}O_4$
Cholestano[3,2-*b*]furan-5'-on,
4'-Acetoxy- 483
Oleanan-28-säure, 3-Formyloxy-19-
hydroxy-, lacton 486
Stigmast-22-en-7-on, 3-Acetoxy-8,9-
epoxy- 483
—, 3-Acetoxy-8,14-epoxy- 484

$C_{31}H_{49}Br_2N_3O_4$
Ergostan-7-on, 3-Acetoxy-22,23-dibrom-
9,11-epoxy-, semicarbazon 280

$C_{31}H_{50}O_3$
Lanost-7-en-26-säure, 23-Hydroxy-3-
methoxy-, lacton 485

$C_{31}H_{50}O_4$
Ergostan-11-on, 3-Acetoxy-7,8-epoxy-
9-methyl- 280

$C_{31}H_{52}O_3$
Lanostan-26-säure, 23-Hydroxy-3-
methoxy-, lacton 280

$C_{31}H_{54}O_3$
Chroman-6-on, 8a-Äthoxy-2,5,7,8-
tetramethyl-2-[4,8,12-trimethyl-
tridecyl]-8a*H*- 154

C_{32}-Gruppe

$C_{32}H_{22}O_3$
Keton, [4-Methoxy-1,2-diphenyl-naphtho-
[2,1-*b*]furan-5-yl]-phenyl- 870
—, [5-Methoxy-2,3-diphenyl-naphtho-
[1,2-*b*]furan-4-yl]-phenyl- 869
—, [7-Methoxy-1,2-diphenyl-naphtho-
[2,1-*b*]furan-6-yl]-phenyl- 871

$C_{32}H_{26}O_6$
Peroxid, Bis-[4,5-dimethyl-2-oxo-3-
phenyl-2,3-dihydro-benzofuran-3-
yl]- 660
—, Bis-[4,6-dimethyl-2-oxo-3-phenyl-
2,3-dihydro-benzofuran-3-yl]- 660

$C_{32}H_{46}O_8$
β-Anhydrodigitoxigenin, O-[O²-Acetyl-
digitalopyranosyl]- 557
—, O-[O²-Acetyl-thevetopyranosyl]- 556

$C_{32}H_{48}O_4$
Friedel-1-en-3-on, 1-Acetoxy-7,24-
epoxy- 567
D-Friedo-urs-9(11)-en-12-on,
3-Acetoxy-14,15-epoxy- 563
Lup-20(29)-en-28-säure, 3-Acetoxy-21-
hydroxy-, lacton 568
Olean-11-en-28-säure, 3-Acetoxy-13-
hydroxy-, lacton 566
Olean-12-en-28-säure, 3-Acetoxy-15-
hydroxy-, lacton 566
Taraxer-9(11)-en-12-on, 3-Acetoxy-
14,15-epoxy- 564
Urs-9(11)-en-12-on, 3-Acetoxy-13,18-
epoxy- 565
Urs-11-en-28-säure, 3-Acetoxy-13-
hydroxy-, lacton 566
Urs-13(18)-en-28-säure, 3-Acetoxy-20-
hydroxy-, lacton 565

$C_{32}H_{49}BrO_4$
Oleanan-28-säure, 3-Acetoxy-12-brom-
13-hydroxy-, lacton 489

$[C_{32}H_{50}NO_4]^+$
27-Nor-ergosta-5,24-dien-26-säure,
28-Hydroxy-3-trimethylammonio-
acetoxy-, lacton 560

$C_{32}H_{50}O_4$
Lupan-28-säure, 3-Acetoxy-21-hydroxy-, lacton 486
Oleanan-28-säure, 3-Acetoxy-13-hydroxy-, lacton 488
—, 3-Acetoxy-19-hydroxy-, lacton 487
18,19-Seco-13-olean-9(11)-en-19-säure, 3-Acetoxy-18-hydroxy-, lacton 485
Ursan-28-säure, 3-Acetoxy-13-hydroxy-, lacton 487
—, 3-Acetoxy-20-hydroxy-, lacton 487

$C_{32}H_{52}O_4$
Dammaran-12-on, 3-Acetoxy-13,17-epoxy- 281

$C_{32}H_{52}O_5$
Verbindung $C_{32}H_{52}O_5$ aus 3-Acetoxy-9,11-epoxy-ergost-22-en-7-on 483

$C_{32}H_{54}O_4$
7a-Oxa-B-homo-cholestan-7-on, 3-Pivaloyloxy- 153

C_{33}-Gruppe

$C_{33}H_{22}O_4$
Keton, [4-Acetoxy-1,2-diphenyl-naphtho[2,1-*b*]furan-5-yl]-phenyl- 870
—, [5-Acetoxy-2,3-diphenyl-naphtho[1,2-*b*]furan-4-yl]-phenyl- 869
—, [7-Acetoxy-1,2-diphenyl-naphtho[2,1-*b*]furan-6-yl]-phenyl- 871

$C_{33}H_{48}O_3$
Verbindung $C_{33}H_{48}O_3$ aus 3-Acetoxy-2'-methylen-6,7-dihydro-5,8-ätheno-ergost-22-eno[6,7-*c*]furan-5'-on 685

$C_{33}H_{50}O_4$
Eburica-7,9(11)-dien-21-säure, 3-Acetoxy-16-hydroxy-, lacton 569
Lanost-8-en-21-säure, 3-Acetoxy-23-hydroxy-24-methylen-, lacton 568
Verbindung $C_{33}H_{50}O_4$ aus 3-Acetoxy-2'-methylen-6,7-dihydro-5,8-ätheno-ergost-22-eno[6,7-*c*]furan-5'-on 685

$C_{33}H_{50}O_8$
27-Nor-ergosta-5,24-dien-26-säure, 3-Glucopyranosyloxy-28-hydroxy-, lacton 560

C_{34}-Gruppe

$C_{34}H_{21}BrO_4$
Keton, [5-Benzoyloxy-4-brom-2,3-diphenyl-benzofuran-6-yl]-phenyl- 866

$C_{34}H_{22}O_4$
Keton, [5-Benzoyloxy-2,3-diphenyl-benzofuran-4-yl]-phenyl- 864
—, [5-Benzoyloxy-2,3-diphenyl-benzofuran-6-yl]-phenyl- 866
—, [6-Benzoyloxy-2,3-diphenyl-benzofuran-5-yl]-phenyl- 865
—, [7-Benzoyloxy-2,3-diphenyl-benzofuran-6-yl]-phenyl- 867

$C_{34}H_{26}O_3$
Butan-1-on, 1-[10-[2]Furyl-[9]anthryl]-4-hydroxy-4,4-diphenyl- 871

$C_{34}H_{36}O_3$
Naphtho[1,2-*c*]furan-3-on, 6,9a-Dimethyl-6-trityloxymethyl-3a,4,5,5a,6,9,9a,9b-octahydro-1*H*- 145

$C_{34}H_{38}O_3$
Naphtho[1,2-*c*]furan-3-on, 6,9a-Dimethyl-6-trityloxymethyl-decahydro- 136

$C_{34}H_{42}O_3$
Pregnan-11-on, 3,9-Epoxy-21-hydroxy-20-methyl-21,21-diphenyl- 839

$C_{34}H_{46}O_4$
Fesan-26-säure, 3-Benzoyloxy-22-hydroxy-, lacton 479

$C_{34}H_{48}N_8O_9$
Oxacyclotricosan-12,13-dion-bis-[2,4-dinitro-phenylhydrazon] 48

$C_{34}H_{48}O_4$
Cholestan-4-on, 3-Benzoyloxy-5,6-epoxy- 273
Cholestan-7-on, 3-Benzoyloxy-5,6-epoxy- 273
—, 3-Benzoyloxy-9,11-epoxy- 275
Cholestan-16-on, 3-Benzoyloxy-14,15-epoxy- 276
15-Oxa-D-homo-cholest-8(14)-en-16-on, 3-Benzoyloxy- 271

$C_{34}H_{48}O_9$
Carda-14,20(22)-dienolid, 3-[Di-O-acetyl-digitalopyranosyloxy]- 556
—, 3-[Di-O-acetyl-thevetopyranosyloxy]- 556

$C_{34}H_{48}O_{12}$
Labda-8(20),13-dien-16-säure, 15-Hydroxy-19-[tetra-O-acetyl-glucopyranosyloxy]-, lacton 247

$C_{34}H_{50}O_3$
Verbindung $C_{34}H_{50}O_3$ aus 3-Acetoxy-2'-methylen-6,7-dihydro-5,8-ätheno-ergost-22-eno[6,7-*c*]furan-5'-on 685

$C_{34}H_{50}O_4$
7a-Oxa-B-homo-cholestan-7-on, 3-Benzoyloxy- 153
15-Oxa-D-homo-cholestan-16-on, 3-Benzoyloxy- 153

C_{35}-Gruppe

$C_{35}H_{44}O_3$
24-Nor-cholan-11-on, 3,9-Epoxy-23-hydroxy-23,23-diphenyl- 839

$C_{35}H_{48}O_{10}$
Carda-14,20(22)-dienolid, 3-[Tri-O-acetyl-rhamnopyranosyloxy]- 557

$C_{35}H_{50}O_4$
5,8-Ätheno-ergost-22-eno[6,7-c]furan-5'-on, 3-Acetoxy-2'-methylen-6,7-dihydro- 685

$C_{35}H_{50}O_9$
Ergostan-5,7-dicarbonsäure, 3-Acetoxy-8-dihydroxymethyl-6-formyloxycarbonyl-, dilacton 597

$C_{35}H_{52}O_4$
5,8-Ätheno-ergostano[6,7-c]furan-5'-on, 3-Acetoxy-2'-methylen-6,7-dihydro- 597

$C_{35}H_{52}O_5$
Verbindung $C_{35}H_{52}O_5$ aus 3-Acetoxy-2'-methylen-6,7-dihydro-5,8-ätheno-ergost-22-eno[6,7-c]furan-5'-on 685

$C_{35}H_{52}O_{13}$
Carda-5,20(22)-dienolid, 3-Maltosyl- 551

$C_{35}H_{56}O_4$
5,8-Äthano-ergostano[6,7-c]furan-5'-on, 3-Acetoxy-2'-methyl-dihydro- 490

C_{36}-Gruppe

$C_{36}H_{34}O_6$
Peroxid, Bis-[7-isopropyl-4-methyl-2-oxo-3-phenyl-2,3-dihydro-benzofuran-3-yl]- 673

$C_{36}H_{42}O_{20}$
Cumarin, 7-[Hepta-O-acetyl-cellobiosyloxy]-4-methyl- 340
—, 7-[Hepta-O-acetyl-maltosyloxy]-4-methyl- 340

$C_{36}H_{46}O_3$
Cholan-11-on, 3,9-Epoxy-24-hydroxy-24,24-diphenyl- 839

$C_{36}H_{50}Br_2N_4O_7$
Ergostan-7-on, 3-Acetoxy-22,23-dibrom-9,11-epoxy-, [2,4-dinitro-phenylhydrazon] 280

$C_{36}H_{50}N_4O_7$
Ergost-22-en-7-on, 3-Acetoxy-8,9-epoxy-, [2,4-dinitro-phenylhydrazon] 482
—, 3-Acetoxy-8,14-epoxy-, [2,4-dinitro-phenylhydrazon] 482

$C_{36}H_{52}O_{12}$
Carda-14,16,20(22)-trienolid, 3-[O4-Glucopyranosyl-digitalopyranosyloxy]- 594

C_{37}-Gruppe

$C_{37}H_{28}O_{12}$
Propan, 1,3-Bis-phthalidyloxy-2,2-bis-phthalidyloxymethyl- 160

$C_{37}H_{50}O_{12}$
Carda-5,20(22)-dienolid, 3-[Tetra-O-acetyl-glucopyranosyloxy]-1- 551

$C_{37}H_{52}O_4$
Oleanan-28-säure, 3-Benzoyloxy-19-hydroxy-, lacton 487

$C_{37}H_{52}O_{12}$
Card-20(22)-enolid, 3-[Tetra-O-acetyl-glucopyranosyloxy]- 474

C_{38}-Gruppe

$C_{38}H_{24}O_4$
Keton, [4-Benzoyloxy-1,2-diphenyl-naphtho[2,1-b]furan-5-yl]-phenyl- 870
—, [5-Benzoyloxy-2,3-diphenyl-naphtho[1,2-b]furan-4-yl]-phenyl- 870
—, [7-Benzoyloxy-1,2-diphenyl-naphtho[2,1-b]furan-6-yl]-phenyl- 871

$C_{38}H_{32}O_6$
Verbindung $C_{38}H_{32}O_6$ aus 4-[2-Methoxy-styryl]-6-methyl-cumarin 803
— $C_{38}H_{32}O_6$ aus 4-[4-Methoxy-styryl]-6-methyl-cumarin 803
— $C_{38}H_{32}O_6$ aus 4-[4-Methoxy-styryl]-7-methyl-cumarin 804

C_{40}-Gruppe

$C_{40}H_{28}Cl_2N_6O_5$
Furan-3,4-dion, 2,5-Bis-[4'-chlor-biphenyl-4-yl]-, bis-[4-nitro-phenylhydrazon] 862

C_{41}-Gruppe

$C_{41}H_{58}O_{12}$
27-Nor-ergosta-5,24-dien-26-säure, 28-Hydroxy-3-[tetra-O-acetyl-glucopyranosyloxy]-, lacton 560

C_{42}-Gruppe

$C_{42}H_{58}O_3$
β,β-Carotin-4-on, 4'-Äthoxy-5',6'-epoxy-5',6'-dihydro- 840
—, 4'-Äthoxy-5',8'-epoxy-5',8'-dihydro- 840

C₄₄-Gruppe

C₄₄H₃₂O₆
Verbindung $C_{44}H_{32}O_6$ aus 4-[2-Methoxystyryl]-benzo[*h*]chromen-2-on 844
— $C_{44}H_{32}O_6$ aus 4-[4-Methoxy-styryl]-benzo[*h*]chromen-2-on 844

[C₄₄H₃₆Cl₂N₂O₂]⁺
Benzidin, *N,N'*-Bis-[2-chlor-3-(2,3-dihydro-1*H*-xanthylium-4-yliden)-propenyl]- 581
—, *N,N'*-Bis-[2-chlor-3-(2,3-dihydro-1*H*-xanthylium-4-yliden)-propyliden]- 581

C₄₆-Gruppe

C₄₆H₃₂O₁₆
Glucopyranosid, Phthalidyl-[tetra-O-phthalidyl- 161

C₄₉-Gruppe

C₄₉H₆₆O₂₀
Carda-5,20(22)-dienolid, 3-[Hepta-O-acetyl-maltosyl]- 551
Verbindung $C_{49}H_{66}O_{20}$ s. bei 3-[Hepta-O-acetyl-maltosyl]-carda-5,20(22)-dienolid 551